B-7　定义自动依联和社会中介依联并举例。

B-8　定义非条件强化物、条件强化物和泛化型强化物、泛化型惩罚物并举例。

B-9　定义操作式消退并举例。

B-10　定义刺激控制并举例。

B-11　定义区辨、泛化和维持并举例。

B-12　定义动因操作并举例。

B-13　定义规则掌控的行为和依联塑造的行为并举例。

B-14　定义语言操作并举例。

B-15　定义衍生刺激关系并举例。

C. 测量、数据呈现和解释

C-1　建立行为的操作性定义。

C-2　区分行为的直接测量、间接测量和产物测量。

C-3　测量行为的发生(如计数、频率、比率、百分比)。

C-4　测量行为的时间维度(如持续时间、潜伏期、反应间隔时间)。

C-5　测量行为的形式和强度(如形态、等级大小)。

C-6　测量达到标准的尝试次数。

C-7　设计和实施抽样程序(即时距记录、时间抽样)。

C-8　评估测量程序的效度和信度。

C-9　依照行为的维度以及观察与记录的必要准备,选择一个测量系统以获得具有代表性的数据。

C-10　用图表表达相关的数量关系(如等距图、条形图、累积记录)。

C-11　解释图表数据。

D. 实验设计

D-1　区分因变量和自变量。

D-2　区分内部效度和外部效度。

D-3　确认单一被试实验设计的定义性特征(如个体作为自己的对照、重复测量、预测、验证和复制)。

D-4　描述单一被试实验设计相比于分组设计的优势。

D-5　使用单一被试实验设计(如倒返设计、多基线设计、多因素设计、变标准设计)。

D-6　描述实施比较分析、成分分析和参数分析的理由。

（第3版）

Third Edition

Applied Behavior
Analysis

应用行为分析

约翰·O. 库珀（John O. Cooper）
[美] 蒂莫西·E. 赫伦（Timothy E. Heron） 著
威廉·L. 休厄德（William L. Heward）

 美国展望教育中心 译

华夏出版社
HUAXIA PUBLISHING HOUSE

谨以此书献给杰克·迈克尔（Jack Michael），他对行为分析领域做出的非凡贡献将继续造福于众多教授和运用这门科学的人，尤其是那些通过运用这门科学提升学习能力的人。

杰克·L. 迈克尔

照片来源：安伯·赫特森（Amber Hutson）

"人们可能会问，能够识别和正确地命名这些不同的效果有什么价值。我会这样回答，就我目前所知，至少对我自己而言，除非我能把某些事说得很清楚，否则就表示我对这些事还不算明白。"*

---

* 引自《每个行为分析学生都应该学习的：对行为变量的多重影响进行分类的系统》（*What Every Student of Behavior Analysis Ought to Learn: A System for Classifying the Multiple Effects of Behavioral Variables*），杰克·迈克尔著。

译 者 序

应用行为分析（Applied Behavior Analysis, ABA）既是这门科学的名称，也是这本书的书名。30年来，应用行为分析领域的理论知识与实务操作飞速发展，库珀博士（Dr. Cooper）、赫伦博士（Dr. Heron）和休厄德博士（Dr. Heward）三位作者领衔撰写的《应用行为分析》一书始终是学者、教育工作者、学生和实务工作者的案头必备读物。美国展望教育中心（SEEK Education）致力于推广应用行为分析，因此，自12年前起就不计成本地投入《应用行为分析（第2版）》的中文翻译工作之中。本书第3版的内容更深更广，甫一问世，展望教育中心就承担了艰巨的翻译工作。为中文读者服务，我们深感荣幸。

翻译从来不是一件容易的事。诚如三位作者在本书第2版的中文版出版时所说："一项工作成果被认为具有翻译出版的价值，这是很高的荣誉。"本着这样的初衷，展望教育中心邀请居住在美国和中国的学者和专业人士参与翻译工作，在第2版的基础上务求译文更易理解，使其能在中文使用者中间达成最大共识。需要特别说明的是，许多英语词汇在不同地区被译成中文时常有差异，为了能与国际接轨，我们参考了美国行为分析师认证委员会（Behavior Analyst Certification Board, BACB）在2016—2019年更新的相关文件的译法，包括但不限于《行为分析师专业伦理执行条例》《名词解释》和《行为分析师认证委员会第5版任务清单》，以此作为术语翻译的主要依据。对于那些未见诸BACB翻译标准的词汇，则尽力提供我们认为最理想的译法，在切合各章作者的原意的基础上，力求符合中文读者的阅读习惯。[1] 未尽完美之处，请读者不吝指教。

本书共有31章，由14位译者共同翻译，我们对所有译者携手完成这项重大的任务表示衷心的感谢。以下是每人负责翻译的章节和他们的简介（按负责章节出现顺序）：张娥（BCBA-D, 堪萨斯大学应用行为科学博士），第1章、第2章；陆雯（加州大学社会生态学学士），第3章、第4章；陈慧聪（圣路易斯大学市场营销专业博士），第5章、第28章、第29章、第30章；王丽淳（BCBA, 彰化师范大学复健咨商硕士），第6章；彭雅真（BCBA, 加州州立大学洛杉矶分校咨商硕士），第7章；陈乃瑜（台北大学历史法律双学士），第8章、第9章、第10章、第11章；林珊（南加利福尼亚大学传播管理专业硕士），第12章、第13章、第15章、第18章、第21章、第22章、第24章、第25章；田凯倩（堪萨斯大学特殊教育博士），第14章；陈彦璋（BCaBA, 高雄医学大学职能治疗学学士），第16章、第17章；廖旖旎（中山大学心理学系副研究员），第19章、第23章；何舜瑶（BCBA-D, 执业临床心理学家，加州莱特研究所临床心理学博士），第20章、第26章；刘灵杰（中山大学心理学硕士），第23章；王嘉琦（BCBA, 犹他大学健康教育硕士），第27章；吴学颖（亚利桑那州立大学电脑资讯系统学士），第31章。此外，他们的姓名还将出现在各章首页。

我谨代表展望教育中心和翻译团队，祝福本书的读者与应用行为分析领域永续精进。

美国展望教育中心执行长
简惠文

---

[1] 编注：本书中个别术语的译法根据中国内地心理学专业术语的常用译法略作调整，请读者注意。

关于作者

蒂莫西·E. 赫伦（左）、约翰·O. 库珀（中）和威廉·L. 休厄德（右）

照片来源：吉尔·C. 达尔迪（Jill C. Dardig）

约翰·O. 库珀、蒂莫西·E. 赫伦和威廉·L. 休厄德都是俄亥俄州立大学的教师，他们任教的时间加起来长达 90 年。他们合作训练特殊教育课堂教师以及领导人员，这些教师和领导人员在自己的工作中都遵循应用行为分析的哲学、科学和技术原理。他们与同事在俄亥俄州立大学创立特殊教育及应用行为分析的博士班，这是第一个由国际应用行为分析协会（Association for Behavior Analysis International）认证的博士班课程。在职业生涯中，约翰、蒂莫西与威廉都各自获得了俄亥俄州立大学校友会颁发的杰出教学奖，这是俄亥俄州立大学授予教学优异者的最高荣誉。此外，他们还是剑桥行为研究中心（Cambridge Center for Behavioral Studies）设立的埃伦·P. 里斯奖（Ellen P. Reese Award）的共同获奖人，剑桥行为研究中心授予他们这一奖项旨在感谢他们在行为概念传播中所做的贡献。

约翰·O. 库珀，教育学博士，俄亥俄州立大学教育暨人类生态学学院荣誉教授。约翰的研究兴趣包括精准教学（precision teaching）、内在行为（inner behavior）、流畅度的建立（fluency building）和语言行为（verbal behavior）。他曾担任标准速线学会（Standard Celeration Society）的会长，也曾是行为分析促进学会（Society for the Advancement of Behavior Analysis）理事会成员、国际行为分析协会的执行委员会应用代表，以及研究生课程认证委员会主席。

蒂莫西·E. 赫伦，教育学博士，俄亥俄州立大学教育暨人类生态学学院荣誉教授。蒂莫西的研究兴趣包括辅导学习系统（tutoring systems）、残障学生在普通教育教室中的融合、咨询和自我纠正教学法（self-correction instructional approaches）。蒂莫西是《教育顾问：协助融合教室中的专业人士、家长与学生（第 4

版)》(*The Educational Consultant: Helping Professionals, Parents, and Students in Inclusive Classrooms, Fourth Edition*)的作者之一［2001年与凯瑟琳·哈里斯（Kathleen Harris）合著］。自2000年以来，蒂莫西一直是一名活跃的联邦航空管理署金印认证的飞行教官。他撰写了《飞行仪器：10个必须了解和记住的原理》(*Instrument Flying: 10 Indispensable Principles to Know and Remember*)，并持续将应用行为分析的原理和程序运用在下一代飞行员的培训中。

威廉·L. 休厄德，教育学博士，认证行为分析师—博士级（BCBA-D），俄亥俄州立大学教育暨人类生态学学院荣誉教授。威廉的研究兴趣包括以"低科技"方法提高团体教学的有效性和促进新习得技能的泛化与维持。他独立撰写或与其他作者合著了五部著作，包括《特殊儿童：介绍特殊教育（第11版）》［*Exceptional Children: An Introduction to Special Education, Eleventh Edition*，2017年与希拉·阿伯—摩根（Sheila Alber-Morgan）和莫伊拉·康拉德（Moira Konrad）合著］、《在这里签名：儿童及其父母的合同书》(*Sign Here: A Contracting Book for Children and Their Parents*，2016年与吉尔·C. 达尔迪合著）。威廉是国际行为分析协会的会员及前任会长，他曾获得美国心理学会第25分部颁发的弗雷德·S. 凯勒行为教育奖（Fred S. Keller Behavioral Education Award），以及西密歇根大学（Western Michigan University）颁发的心理学系杰出校友奖。

章 节 作 者

托马斯·S. 克里奇菲尔德（Thomas S. Critchfield），哲学博士，伊利诺伊州立大学（Illinois State University）心理学系教授。他在西弗吉尼亚大学（West Virginia University）获得行为分析博士学位，并在约翰斯·霍普金斯大学（Johns Hopkins University）医学院完成博士后研究。托马斯是国际行为分析协会和美国心理学会第 25 分部的研究员和前任会长，曾担任《实验行为分析杂志》（*Journal of the Experimental Analysis of Behavior*）、《行为科学展望》（*Perspectives on Behavior Science*）、《墨西哥行为分析杂志》（*Mexican Journal of Behavior Analysis*）和《海螺共和国心理学档案馆》（*Conch Republic Archives of Psychology*）的副主编。他的兴趣包括衍生刺激关系（derived stimulus relations）、惩罚和负强化（punishment and negative reinforcement）、有效的教学（effective instruction）以及从基础到临床科学转化过程研究（the process of bench-to-bedside scientific translation）。

托马斯·R. 弗里曼（Thomas R. Freeman），理学硕士，认证行为分析师，ABA 技术公司（ABA Technologies, Inc.）资深副总裁，专注于推广行为科学，包括帮助佛罗里达理工学院（Florida Institute of Technology）的应用行为分析线上课程创建内容与编写教材。托马斯在应用行为分析领域拥有近 40 年的从业经验，在马萨诸塞州和佛罗里达州担任过多项临床、督导和行政方面的职位。他还参与了婆罗洲猩猩和夏威夷飞旋海豚的动物行为研究，并担任夏威夷大学座头鲸研究项目的实务主管。托马斯致力于将行为分析应用于解决与主流社会需求有关的问题（如普通教育、环境问题）和应对常见的个人挑战（如焦虑、抑郁和悲伤）。他特别感兴趣的是将应用行为分析和精神疾病服务协调应用，辨识哪些是循证实践（哪些不是），以及对伦理学演进的研究。

布赖恩·A. 艾瓦塔（Brian A. Iwata），哲学博士，佛罗里达大学杰出的心理学与精神病学教授。他和他的学生发表了 250 多篇关于学习与行为障碍以及功能分析方法的文章。布赖恩曾是《应用行为分析杂志》（*Journal of Applied Behavior Analysis*）的编辑，并担任过国际行为分析协会、美国心理学会第 33 分部、行为分析促进学会、实验行为分析协会及佛罗里达州行为分析协会的会长。布赖恩曾担任美国国立卫生研究院（NIH）和美国国家心理健康研究院（NIMH）研究分会的要职，并且是美国智力与发展性障碍协会、美国心理学会、国际行为分析协会和心理科学协会的会员。2015 年，他获得美国心理学会颁发的心理学应用终身成就金质奖章。

琳达·A. 雷布兰克（Linda A. LeBlanc），哲学博士，认证行为分析师－博士级（BCBA-D），执业心理学家，雷布兰克行为咨询公司（LeBlanc Behavioral Consulting）总裁。她于 1996 年在路易斯安那州立大学（Louisiana State University）获得博士学位。在此之前，她曾在克莱蒙特·麦肯纳学院（Claremont

McKenna College)、西密歇根大学和奥本大学（Auburn University）任教，并担任特林佩特行为健康中心（Trumpet Behavioral Health）的执行主任。她的研究兴趣集中在孤独症的行为治疗、以技术为基础的行为干预、老年行为学、督导和导师指导，以及与人类服务有关的系统开发。雷布兰克博士曾任《行为分析实践》(Behavior Analysis in Practice)、《语言行为分析》(Analysis of Verbal Behavior)和《应用行为分析杂志》的副主编。她是《儿童教育与治疗》(Education and Treatment of Children)的资深主编，并于2020至2022年担任《应用行为分析杂志》的主编。琳达于2016年获得美国心理学会纳森·H.阿兹林奖（Nathan H. Azrin Award），美国心理学会授予她这一奖项旨在肯定她在应用行为分析领域所做出的卓越贡献，同时，她也是国际行为分析协会的会员。

乔斯·马丁内斯—迪亚斯（Jose Martinez-Diaz），哲学博士，认证行为分析师—博士级，佛罗里达理工学院应用行为分析学院教授、系主任。他是ABA技术公司的首席执行官，这是一家致力于教学方法开发与设计的公司。他在美国西弗吉尼亚大学获得临床心理学博士学位，重点关注行为分析与治疗。乔斯的主要兴趣是实务工作者的培训、专业和伦理议题、教学方法的开发与设计、组织行为管理以及行为的概念分析。乔斯曾担任佛罗里达行为分析学会（Florida Association of Behavior Analysis, FABA）会长、行为分析师认证委员会（Behavior Analyst Certification Board, BACB）理事、专业行为分析师协会（Association of Professional Behavior Analysts, APBA）理事和剑桥行为研究中心（Cambridge Center for Behavioral Studies）理事。乔斯以其对行为分析的有效和伦理实践的贡献，获得了专业行为分析师协会颁发的杰里·舒克奖（Jerry Shook Award）和佛罗里达行为分析学会颁发的查尔斯·H.考克斯奖（Charles H. Cox Award），这些奖项旨在表彰他对佛罗里达州行为分析的应用服务及其他各方面的提升所做出的杰出贡献。

杰克·迈克尔（Jack Michael），哲学博士，西密歇根大学心理学系荣誉教授，在该校任教长达36年。他主要的学术兴趣在于语言行为、动因的基础理论，以及行为分析的专业术语（technical terminology of behavior analysis）。杰克为国际行为分析协会的创立做出了贡献，并担任第三任会长。他的著作包括所有的行为分析师必读的一本教科书——《行为分析的概念和原理》(Concepts and Principles of Behavior Analysis, 2004)。作为国际行为分析协会和美国心理学会的资深会员，迈克尔博士获得了很多荣誉和认可，包括行为分析协会颁发的行为分析杰出服务奖（Distinguished Service to Behavior Analysis Award），2002年美国心理学会第25分部为表彰他对转化研究所做的贡献颁发的唐黑克奖（Don Hake Award），2012年实验行为分析协会颁发的维克托·拉蒂斯终身贡献奖（Victor Laties Lifetime of Service Award），以及西密歇根大学授予教师的两项最高荣誉：杰出学者奖和杰出教学奖。2012年，杰克成为首位由国际行为分析协会的语言行为特别研究小组颁发的以他的名字命名的奖项的获得者。

卡约·F.米格尔（Caio F. Miguel），哲学博士，认证行为分析师—博士级，加州州立大学萨克拉门托分校（California State University, Sacramento）心理学系教授。他的研究兴趣涵盖动因、语言行为、内隐中介（covert mediation）和衍生刺激关系等领域的基础、应用和概念问题的研究。卡约曾担任《语言行为分析》的编辑和《应用行为分析杂志》的副主编。他的文章发表在英语、葡萄牙语和西班牙语等语言的期刊上，他的足迹遍布北美洲、南美洲和欧洲，并做过数百次专题演讲。卡约获得了2013—2014年加州州立大学萨克拉门托分校社会学与跨学科研究学院颁发的杰出学术工作奖，以及2014年国际行为分析协会学生委员会颁发的杰出导师奖。

南希·A. 尼夫（Nancy A. Neef），哲学博士，俄亥俄州立大学教育与人类生态学院荣誉教授。她曾担任《应用行为分析杂志》的编辑和实验行为分析协会会长，并在国际行为分析协会的出版执行理事会担任主席。南希发表了60多篇有关发育迟缓、研究方法和教学技术的文章。她的研究主要集中于基础研究在评估和治疗注意力缺陷与多动障碍（assessment and treatment of attention-deficit hyperactivity disorder）中的拓展和应用。南希曾获得西密歇根大学首届心理学杰出校友成就奖和美国心理学会第25分部2006年应用行为分析杰出研究奖。

斯蒂芬妮·M. 彼得森（Stephanie M. Peterson），哲学博士，认证行为分析师－博士级，西密歇根州立大学心理学系教授、主任。她的主要研究兴趣在于治疗严重问题行为中的选择和并存强化程序表（concurrent schedules of reinforcement），以及问题行为的功能分析。斯蒂芬妮还对行为分析在教育干预和教师培训中的应用感兴趣。她曾担任《应用行为分析杂志》和《行为分析师》（The Behavior Analyst）的编辑委员会委员，目前担任《儿童教育与治疗》（Education and Treatment of Children）的高级编辑。她曾是行为分析师认证委员会的理事会成员。

卡萝尔·皮尔格林（Carol Pilgrim），哲学博士，北卡罗来纳大学威尔明顿分校（University of North Carolina, Wilmington）心理学系教授。她的主要研究兴趣是关系刺激控制（relational stimulus control）的分析、应用和治疗，尤其是刺激等价（stimulus equivalence）。卡萝尔曾是《行为分析师》的编辑，也曾担任《实验行为分析杂志》和《行为分析师》的副主编。她担任过国际行为分析协会、行为分析促进学会、美国心理学会第25分部和东南行为分析协会（Southeastern Association for Behavior Analysis）的会长。卡萝尔是国际行为分析协会和美国心理学会第25分部的会员，曾获得北卡罗来纳州理事会杰出教学奖（North Carolina Board of Governors Teaching Excellence Award, 2003）、北卡罗来纳大学教师奖学金（UNCW Faculty Scholarship Award, 2000）、研究生导师奖（2008），以及国际行为分析协会学生委员会杰出导师奖（ABAI Student Committee Outstanding Mentor Award, 2006）和行为分析杰出服务奖（Distinguished Service to Behavior Analysis Award, 2017）。

露丝·安妮·雷费尔特（Ruth Anne Rehfeldt），哲学博士，认证行为分析师－博士级，南伊利诺伊大学（Southern Illinois University）行为分析与治疗学教授。她在内华达大学（University of Nevada）获得了博士学位。雷费尔特博士发表了100多篇关于行为分析的文章，涉及语言行为的基础与应用研究，以及衍生关系反应（derived relational responding）、关系框架理论（relational frame theory）、接纳与承诺疗法（acceptance and commitment therapy）。露丝·安妮曾担任《心理学记录》（The Psychological Record）杂志的编辑和业务经理12年。她曾任和现任很多行为分析期刊的编委，这些期刊包括《应用行为分析杂志》《实验行为分析杂志》和《语言行为分析》。她在国际行为分析协会担任过多个领导职务。雷费尔特博士在南伊利诺伊大学任职期间获得了多项教学和研究成果奖。

理查德·G. 史密斯（Richard G. Smith），哲学博士，认证行为分析师－博士级，德州执业行为分析师（LBA-TX），北得克萨斯大学（University of North Texas）行为分析学系副教授，并担任系主任13年。理查德在佛罗里达大学获得硕士和博士学位。他的主要研究兴趣是有关行为异常和发育迟缓人士的评估和治疗，尤其关注动因变量（motivational variables）和功能分析程序的发展，以及使用复杂的研究设计考察行为基本原理对行为治疗效果的影响。理查德曾担任《应用行为分析杂志》的副主编,并获得了美国心理学会第25分部的B. F. 斯金纳新研究员创新和重要研究成果奖(B. F. Skinner Award for Innovative and Important Research by a New Researcher, 1997)、美国智力和发展性障碍协会得克萨斯分会研究成果奖(Texas Chapter of the American Association on Intellectual and Developmental Disabilities' Research Award, 2000)、得克萨斯行为分析协会的得克萨斯行为分析职业贡献奖(Texas Association for Behavior Analysis' Career Contributions to Behavior Analysis in Texas Award, 2014)、北得克萨斯大学校长特别教师表彰奖(University of North Texas President's Special Faculty Recognition Award, 2017)。

马克·L. 桑德伯格(Mark L. Sundberg),哲学博士,认证行为分析师—博士级,执业心理学家。他专门从事语言研究,以及针对语言迟缓儿童和成人的语言评估和干预计划的开发。马克是《语言行为分析》杂志的创始人和前任编辑,曾担任北加州行为分析协会(Northern California Association for Behavior Analysis)会长、国际行为分析协会出版委员会主席,还曾服务于B. F. 斯金纳基金会董事会。马克是《语言行为里程碑评估及安置程序》(The Verbal Behavior Milestones Assessment and Placement Program, VB-MAPP)的作者,也是《孤独症或其他发展性障碍儿童的语言教学》(Teaching Language to Children with Autism or Other Developmental Disabilities)和《基本语言和学习能力评估》(Assessment of Basic Language and Learning Skills: The ABLLS)的作者之一[与詹姆斯·W. 帕廷顿(James W. Partington)合著]。马克曾获得多个奖项,包括2001年西密歇根大学颁发的心理学系杰出校友奖,以及2013年国际行为分析协会的语言行为特别研究小组颁发的杰克·迈克尔语言行为杰出贡献奖。

前　言

就像 17 年前，当我们开始撰写本书的上一版时，我们对第 3 版最主要的期望是对应用行为分析做出准确、全面和最新的描述。所要呈现的成果是一部需要集中精力和认真研读的著作。

尽管《应用行为分析（第 3 版）》卷帙浩繁、内容丰富，包含对概念、原理、程序和相关议题的深入讨论，它仍应被视为一部入门级的书籍，原因有二。第一，读者不需要具备任何专门的先备知识就能理解其中的内容。第二，要获得对应用行为分析的全面了解，还需要开展超出本书范围的大量研究和经指导获得的经验。本书中的每一个主题都是在其他地方深入探讨过的。学习应用行为分析的学生应该通过阅读其他资料来巩固他们从本书中学到的知识。要完全掌握和理解应用行为分析，需要多少阅读量呢？应用行为分析的创始人之一唐贝尔（Don Baer, 2005）估计：

> 要充分理解行为分析的理论和实验方面的基本原理和范式，需要大约 2000 页的阅读量和一些实验室经验。ABA 有着与行为分析的理论和实验分支相同的基本原理，并在此基础上增加了更多的次级原理、策略和方法，使这些基本原理应用于现实世界时会像在实验室里一样成功。ABA 还增加了一套有关伦理和人道实践的原则，其中最重要的是需要通过持续的和广泛的测量和实验来确定我们手上的特定案例进展顺利，并将继续进展顺利，因为它会随着进展而变化。据我估计，要了解全部知识，需要大约 3000 页的阅读量和几年的在督导下实践的经验。（pp. 27-28）

自 1968 年正式成立以来，这个领域已取得了令人瞩目的发展成果，以至于贝尔的 3000 页阅读任务现在可能要超过 4000 页，甚至更多。我们相信，本书的 900 多页内容将成为贝尔布置的阅读任务的一部分，为很多未来的行为分析师提供帮助。关于应用行为分析以及行为分析的概念和基础研究分支，全书引用了大量拓展阅读的具体建议。

再次强调，虽然我们的目标是为改变和分析社会重要行为提供原理和程序上的完整描述，但读懂这本书代表的是学习应用行为分析的开始，而不是结束。作为教科书作者和章节撰稿人，如果我们和将本书指定为阅读材料的教师们携手努力并取得成功，那么专注于此的学生将获得一个全面的应用行为分析基础知识的技能库。接下来，这些知识会成为更深入的研究和在督导下实践的基础，最终导向为独立改变行为和理解行为而努力，而这些努力在科学上是合理的，在社会上是重要的，在伦理上是恰当的。

术语

对任何科学活动进行有意义的描述，都需要一套标准的技术术语。有效地交流应用行为分析的设计、实施、结果和／或理论的基础，需要正确使用该学科的术语。在全书中，我们尽力以概念系统化和前后一致的方式来定义和使用行为分析的术语。掌握应用行为分析的专业词汇是拥抱这门科学，以及以研究者、实务工作者或消费者的身份有效参与的重要起点。我们鼓励学生努力学习这个领域的专业术语。为此，本书第 3 版提供了一个包含 500 多个专业术语和概念的术语表[1]。

参考资料、摘录、注释和图表

任何科学学科的入门教材的最重要的功能就是让学生接触该领域的实证和概念文献。本版包含 2700 多条对主要来源出版物的引用，包括具有历史意义的重要实验［例如，B. F. 斯金纳在 1938 年出版的《有机体的行为》(The Behavior of Organisms) 一书中提供的第一张图］，以及应用行为分析研究中经典的和现代的案例——其中大多数发表在本领域的旗舰期刊《应用行为分析杂志》(Journal of Applied Behavior Analysis) 上。我们还大量使用了代表概念文献的主要出版物中的引文和摘录。我们这样做，不仅是因为这些作者提供了具有历史性和 / 或技术性的权威观点，还因为能够使学生接触和阅读更多本领域中丰富的原始文献。

第 3 版中有来自同行评议研究的 150 多个数据图表，其中很多图表都附有关于该研究方法的详细说明。我们提供很多程序、图表和参考资料出于四个方面的目的。第一，我们希望通过实际应用和真实数据，而不是假设性的例子，来说明行为分析的原理和程序。第二，阅读程序说明有助于学生理解研究者和实务工作者为了解决问题以及呈现变量之间的功能关系而必须达到的高技术精度和对复杂环境的控制。第三，这些参考文献能为对这些说明或图表感兴趣的学生提供寻找原始研究的方向，以便进行更深入的研究。第四，通过实践以及与师长、同学的讨论，图表能为学生提供多种机会，发展和完善更高水平的视觉化分析技能。

第 3 版内容的改进和特点

自第 2 版出版以来，应用行为分析已经变得更加成熟和深刻。虽然行为的基本原理没有改变，但行为科学的三个相互关联的领域——理论、基础研究和应用研究——所取得的进展提高了我们对这些原理的认识，并在开发和应用有效且人道的行为改变干预方面提高了有效性。这些进展反映在本版所列出的 1000 多条有关行为分析的概念、基础研究和应用文献的参考资料中。

由杰出作者撰写的章节

第 3 版包括由应用行为分析领域中的几位著名学者撰写的七章内容。这些作者包括《应用行为分析杂志》的现任和两位前任编辑，《语言行为分析》的两位前任编辑，以及《实验行为分析杂志》的副主编。这些著名且多产的行为分析师首先在出版物中报告了行为分析中的一些最重要的成果。

负强化

在第 12 章 "负强化" 中，里克·史密斯（Rick Smith）和布赖恩·艾瓦塔（Brian Iwata）对这种常常被误解和误用的强化形式提供了权威性的说明。除了精确地定义这个原理，消除对它的误解，以及讲述它在各种情况下的应用外，史密斯和艾瓦塔还编写了将负强化纳入行为改变干预的具体指南。

动因

直到最近，动因，心理学理论和日常行为解释中的一个重要课题，一直都是行为分析中的一个被假定但未被充分理解的课题。很大程度上得益于杰克·迈克尔的工作，行为分析师现在对动因及其在应用行为分析中的作用有了更好的理解。在第 16 章 "动因操作" 中，杰克·迈克尔和卡约·米格尔（Caio Miguel）解释了某些前提事件如何产生双重动因的效果：一种是行为改变效果，它使某些特定行为更有可能（或更不可能）发生；另一种是价值改变效果，它使某些事件作为强化的效果更大（或更小）。

1　编注：关注微信公众号 "华夏特教"，即可在线浏览或下载本表和参考文献。

语言行为

在第 18 章"语言行为"中,马克·桑德伯格将斯金纳的语言行为的功能分析与用传统方法看待语言进行了对比,定义并举例说明了初级语言操作的基本类型(如提要求、命名、交互式语言),并讲述了这些概念在设计和实施语言干预计划中的含义和应用。

以等价为基础的教学

在第 19 章"以等价为基础的教学"中,卡萝尔·皮尔格林(Carol Pilgrim)以西德曼(Sidman)关于刺激等价的开创性研究为基础,解释了学习者在没有接受这些技能的直接教学下获得新技能和语言关系的条件。皮尔格林定义了以等价为基础的教学,描述了它的关键成果——类形成、延迟新兴、类扩大和类合并、功能转移和情境控制——并展示了如何设计课程以改善这些成果。

非等价关系

在第 20 章"以非等价关系设计新兴学习"中,汤姆·克里奇菲尔德(Tom Critchfield)和露丝·安妮·雷费尔特(Ruth Anne Rehfeldt)解释了人们如何理解一个任意关系的世界,并在其中有效运作。在这种任意关系的世界里,刺激"一起发挥作用",不是因为它们有共同的物理属性,而是因为社会—语言的强化依联教会人们以某种方式将它们联系起来。本章描述了关系框架理论(RFT)和以 RFT 为基础的一种治疗方法——接纳与承诺疗法(ACT)。

功能性行为评估

在第 27 章"功能性行为评估"中,斯蒂芬妮·彼得森(Stephanie Peterson)和南希·尼夫(Nancy Neef)描述了应用行为分析中的一项重要进展。功能性行为评估已成为一种成熟的方法,用于发现个人问题行为的功能(例如,为了获得社会性关注、回避被分配的任务、提供感觉刺激),获取信息,以便实务工作者制订干预计划,教授具有相同功能的适应性替代行为。

伦理

在第 31 章"应用行为分析师的伦理责任与专业责任"中,汤姆·弗里曼(Tom Freeman)、琳达·勒布朗(Linda LeBlanc)和乔斯·马丁内斯—迪亚斯(Jose Martinez-Diaz)阐明了什么是伦理行为,解释了为什么伦理行为是应用行为分析师的技能库中不可或缺的一部分,回顾了行为分析师的伦理执行条例,并描述了用于确保和评估伦理实践的具体程序。本章还介绍了有关行为服务与服务对象的新内容(如知情同意、利益冲突),以及很重要的一个部分,即新技术、社交媒体和专业网络在支持伦理行为上的伦理意义。

行为分析师认证委员会、BCBA®、BCaBA®、行为分析师任务清单第 5 版的相关内容

行为分析师认证委员会(BACB®)是一家非营利性公司,成立于 1998 年,旨在满足行为分析师、政府和行为分析服务消费者的专业资格认定需求。要获得认证行为分析师(BCBA®)或认证助理行为分析师(BCaBA®)资质,必须符合学历、教育和实践经验的资格要求,然后通过一个心理测量的严格考试。BCBA 和 BCaBA 考试以 BCBA / BCaBA 任务清单(第 5 版;BACB, 2017a)为基础,该清单由 16 位主题专家制订,随后通过对 6000 多名 BACB 持证人的问卷调查验证其有效性(BACB, 2017b)。完整的 BCBA / BCaBA 任务清单(第 5 版)印在本书的环衬上。

我们已将本书的内容与 BACB 认定的入门级行为分析师所需执行的任务联系起来。每章的开头都有一个表,列出了该章所涉及的任务清单项目。由于应用行为分析的复杂性,其中的概念和原理及其应用是相互关联的,很难有效地以线性方式呈现,因此,某些任务清单项目会出现在不止一章之中。

本书介绍了合格的行为分析师必须具备的基本知识。虽然掌握这些内容有助于你在 BCBA 或 BCaBA

考试中获得合格分数，但还必须了解两个重要的限制条件。第一，BCBA 和 BCaBA 考试所要求掌握的知识超过这本教科书或任何一本教科书包含的内容。因此，为了进一步准备考试，我们鼓励学生研读原始文献资料，参与有督导的实习，并与值得信赖和有胜任能力的导师讨论个人感兴趣的领域。第二，无论这本教科书的内容多么翔实、丰富和符合本领域的发展趋势，无论学生对本书的内容理解得多么透彻，他/她都还不能完全胜任行为分析师的工作。成功完成行为分析所需的课程只是成为 BCBA 或 BCaBA 的一个准备步骤。了解有关 BACB 要求的最新信息，请登录行为分析师认证委员会的网站：www.BACB.com.

行为分析师认证委员会（2017a）。BCBA / BCaBA 任务清单（第 5 版）。Littleton, CO: Author.

行为分析师认证委员会（2017b，1 月）。BACB 通报。https://www.bacb.com/wp-content/uploads/170113-newsletter.pdf

正文的组织与结构

本书共 31 章，分为 13 个部分。第一部分的两章描述了所有科学工作的一些基本原则，概述了行为分析作为一种理解行为的自然科学方法的历史，定义了应用行为分析，并描述了这门科学的原理和概念。第二部分和第三部分检视了应用行为分析的必要元素。第二部分介绍了选择、定义和测量应用行为的考虑因素、标准和程序。第三部分的五章探讨了行为与环境关系的实验分析的具体策略的逻辑和操作，以及有关计划、复制和评估行为分析的一些议题。

第四部分至第六部分的七章探讨了两个最重要的行为原理——强化和惩罚，前提事件如何改变一个人反应的动因，以及在环境条件的区辨控制下行为如何变化。第七部分详细讨论了 B. F. 斯金纳的语言行为分析及其在语言发展上的意义和应用。第八部分的五章介绍了应用行为分析师如何使用以等价为基础的教学、非等价关系、模仿、示范、观察学习、塑造和串链等方法发展新的技能和从简单到复杂的行为模式。

第九部分详细介绍了如何通过非惩罚干预来减少问题行为：消退、差别强化和前提干预。第十部分讲述了功能性行为评估，这是确定问题行为对一个人的作用的复杂方法，介绍了哪些重要信息可用于设计用具有相同功能的适应性替代行为来取代问题行为的干预方案。

第十一部分介绍了四种行为改变技术的特殊应用：代币经济、依联契约、团体依联和自我管理。第十二部分概述了提高行为改变工作产生泛化结果的可能性的策略和方法：行为改变跨时间维持，行为改变发生于训练情境以外的恰当情境和环境中，并影响其他有用的行为。本书最后一部分阐述了行为分析师的伦理责任和专业责任，以及新技术、社交媒体和专业网络的伦理意义。

学生和教师的补充资源

教师的资源手册和试题库（ISBN 0-13-481312X）

教师的资源手册包括有关学习活动的建议、额外的体验式第一手练习、补充讲座、案例研究分析、讨论主题、小组活动以及额外的媒体资源。与本书配套的试题库包括多项选择题和论述题两种题型。有些题目（初级问题）只要求学生辨识或解释他们所学的概念和原理。但其他的很多题目（高级问题）要求学生将这些相同的概念和原理应用于具体的课堂情境，即应用于实际的学生行为和教学策略。

PowerPoint® 幻灯片（ISBN 0-13-4752643）

PowerPoint 幻灯片包括关键概念的总结、图表和其他图形辅助工具，可提高学习效果。它们旨在帮助学生理解、组织和记忆核心概念与理论。

致 谢

《应用行为分析（第3版）》是很多人共同努力的结晶。虽然限于篇幅而无法逐一感谢所有的人，但我们还是要感谢在过去的三年里为本书的内容撰写和制作做出重大贡献的人。首先，我们对七章的作者深表感谢：里克·史密斯和布赖恩·艾瓦塔（负强化），杰克·迈克尔和卡约·米格尔（动因操作），马克·桑德伯格（语言行为），卡萝尔·皮尔格林（以等价为基础的教学），汤姆·克里奇菲尔德和露丝·安妮·雷费尔特（以非等价关系设计新兴学习），斯蒂芬妮·彼得森和南希·尼夫（功能性行为评估），汤姆·弗里曼、琳达·勒布朗和乔斯·马丁内斯—迪亚斯（应用行为分析师的伦理责任与专业责任）。得益于这些学者所付出的努力，第3版的读者可以了解由他们的研究成果所协助定义和发展的应用行为分析领域中的一些重要课题。

我们感谢行为分析师认证委员会（BACB）允许我们在本书的修订版中纳入行为分析师认证委员会BCBA / BCaBA任务清单（第5版）。我们特别感谢行为分析师认证委员会执行长吉姆·卡尔（Jim Carr）。吉姆慷慨地延续了我们在第2版中与杰里·舒克（Jerry Shook）首次达成的与BACB之间的合作约定。

简·蒙哥马利（Jan Montgomery, 佛罗里达理工学院）、贝萨妮·赖夫（Bethany Raiff, 罗恩大学）、科里·罗伯逊（Corey Robertson, 佛罗里达理工学院）、蒂娜·赛德纳（Tina Sidener, 卡德韦尔大学）和卡洛斯·A. 苏卢阿加（Carlos A. Zuluaga, 佛罗里达理工学院）对第2版进行了细致的评审，提出了有益的改进建议，我们将其纳入本版。第3版也受益于以下同行的参与和帮助：比尔·埃亨（Bill Ahearn, 新英格兰儿童中心）、希拉·阿伯—摩根（Sheila Alber-Morgan, 俄亥俄州立大学）、尼古拉·阿利波夫（Nikolay Alipov, 俄罗斯国立研究医科大学）、费尔南多·阿门达里兹（Fernando Armendariz, 佛罗里达行为分析学会）、朱达·阿克斯（Judah Axe, 西蒙斯学院）、文斯·卡蓬（Vince Carbone, 卡蓬诊所）、简惠文（Sharon Chien, 展望教育中心）、达琳·克龙—托德（Darlene Crone-Todd, 塞伦大学）、阿莉斯·迪金森（Alyce Dickinson, 西密歇根大学）、安卡·杜米特雷斯库（Anca Dumitrescu, ATCA, 罗马尼亚）、龙尼·迪特里希（Ronnie Dietrich, 温学院）、蒂姆·哈肯伯格（Tim Hackenberg, 里德学院）、路易斯·哈戈皮安（Louis Hagopian, 肯尼迪克里格学院）、罗布·霍尔德萨姆贝克（Rob Holdsambeck, 剑桥行为研究中心）、米基·基南（Mickey Keenan, 北爱尔兰奥斯特大学）、特蕾西·凯特林（Tracy Kettering, 班克罗夫特）、乔纳森·金博尔（Jonathan Kimball, 缅因州私人执业）、莫伊拉·康拉德（Moira Konrad, 俄亥俄州立大学）、道格拉斯·科斯捷维奇（Douglas Kostewicz, 匹兹堡大学）、里克·库比纳（Rick Kubina, 宾夕法尼亚州立大学）、埃德·莫里斯（Ed Morris, 堪萨斯大学）、戴夫·帕尔默（Dave Palmer, 史密斯学院）、罗伯特·罗斯（Robert Ross, 比肯ABA服务）、汉克·施林格（Hank Schlinger, 加利福尼亚州立大学洛杉矶分校）、迈达·瑟斯（Majda Seuss, 国际行为分析协会）和珍妮特·特怀曼（Janet Twyman, 学习创新中心）。

将2500多页手稿变成你现在拿在手上的这本书，得益于培生出版集团优秀的出版专业团队的支持和贡献。文字编辑乔安妮·"邦尼"·贝姆（Joanne "Bonnie" Boehme）将粗糙的零散文字变成清晰易懂的文章，这项才能在每一页都体现得淋漓尽致。而如果有不通顺的地方，则是我们的责任。制作编辑克拉拉·巴图内克（Clara Bartunek）和内容制作人贾内尔·罗杰斯（Janelle Rogers）自始至终与我们密切配合，耐心工作。我们的前任编辑安·卡斯特尔·戴维斯（Ann Castel Davis）在说服我们撰写本版方面发挥了重要作用，我们感谢安和主编兼发行人凯文·戴维斯（Kevin Davis），感谢他们长期以来在这本书上所倾注的心血，以及在出版行为分析和以实证为基础的特殊教育书籍方面投入的热情。

还有，同样非常重要的是，在那些我们要感谢对"白皮书"做出重要和持续贡献的人当中，有一位名叫基思·"杜奇"·范诺曼（Keith "Dutch" Van Norman），杜奇为本书的第2版和第3版设计了富有创造性和吸引力的封面。谢谢你，杜奇！

纵观我们的职业生涯，我们每个人都从我们的导师、同事和学生那里受益匪浅，他们为我们提供了指导、典范和灵感，让我们得以尝试撰写《应用行为分析》这样一本书。如果说我们在某种程度上实现了撰写本书的目标，那么他们每一位都在其中扮演了重要的角色。对于最早教授我们有关应用行为分析的教授——索尔·阿克塞尔罗德（Saul Axelrod）、万斯·科特（Vance Cotter）、托德·埃舒斯（Todd Eachus）、迪克·马洛特（Dick Malott）、杰克·迈克尔、乔·斯普拉德林（Joe Spradlin）以及唐惠利（Don Whaley）——我们将永远感激不尽。俄亥俄州立大学的很多教师同事帮助我们创造并维持了一个学术环境，以提高残障学习者的福祉为目标的应用行为分析的发展、教学和应用工作在这个环境里受到了重视。我们感谢他们每个人和他们共同的支持。我们还要特别感谢长期担任系主任的托马斯·M.斯蒂芬斯（Thomas M. Stephens）的持续支持和领导。虽然汤姆不曾接受行为分析师的训练，但他坚定地致力于以实证为基础的教学和对学生表现的直接和频繁的测量。汤姆提供了我们所需要的行政支持，这种支持有时是以保护的形式，使我们得以在一个由非行为学观点主导的学校里建立应用行为分析课程项目。我们也要感谢我们的很多学生，多年来，我们非常幸运地与他们一起上课学习，教学相长。他们的热忱和奉献精神启发、鞭策和鼓励着我们。

最后，我们要感谢已逝的和健在的家人对我们的支持：邦尼（Bunny）、克里斯（Chris）、沙伦（Sharon）、格雷格（Greg）、布赖恩（Brian）、卡罗尔（Carroll）和贝拉·库珀（Vera Cooper）；玛吉·赫伦（Marge Heron）、凯西（Kathy）、帕特里克（Patrick）、莱布·罗杰斯（Leia Rogers）、克里斯蒂娜（Christine）、马特（Matt）、奥德丽（Audrey）、布雷迪·哈什（Brady Harsh）、雷（Ray）和伯尼斯·赫伦（Bernice Heron）；吉尔·达迪格（Jill Dardig）、李·休厄德（Lee Heward）、林恩·休厄德（Lynn Heward）、马库斯·邦德（Marcus Bonde）、乔（Joe）和海伦·休厄德（Helen Heward）。没有他们的恒久不渝的爱和支持，我们绝不可能尝试撰写本书的第1版，更不必说第2版和第3版！

简 要 目 录

第一部分 基本概念介绍

第 1 章 应用行为分析的定义与特征 3
第 2 章 基本概念与原理 32

第二部分 选择、定义与测量行为

第 3 章 选择与定义目标行为 63
第 4 章 测量行为 93
第 5 章 改善与评估行为测量的质量 126

第三部分 评估与分析行为改变

第 6 章 建构与解释行为数据的图表呈现 155
第 7 章 分析行为改变：基本假设与策略 192
第 8 章 倒返设计与多因素设计 212
第 9 章 多基线设计与变标准设计 241
第 10 章 计划与评估应用行为分析研究 268

第四部分 强化

第 11 章 正强化 313
第 12 章 负强化 358
第 13 章 强化程序表 374

第五部分 惩罚

第 14 章 正惩罚 405
第 15 章 负惩罚 437

第六部分 前提变量

第 16 章 动因操作 461

第 17 章　刺激控制 489

第七部分　语言行为

第 18 章　语言行为 513

第八部分　发展新行为

第 19 章　以等价为基础的教学 565
第 20 章　以非等价关系设计新兴学习 623
第 21 章　模仿、示范与观察学习 661
第 22 章　塑造 678
第 23 章　串链 698

第九部分　以非惩罚程序减少行为

第 24 章　消退 727
第 25 章　差别强化 743
第 26 章　前提干预 766

第十部分　功能评估

第 27 章　功能性行为评估 785

第十一部分　特殊应用

第 28 章　代币经济、团体依联与依联契约 819
第 29 章　自我管理 851

第十二部分　促进泛化型行为改变

第 30 章　行为改变的泛化与维持 895

第十三部分　伦理

第 31 章　应用行为分析师的伦理责任与专业责任 949

详 细 目 录

第一部分　基本概念介绍

第 1 章　应用行为分析的定义与特征　3
　　科学：基本特征与定义　4
　　行为分析简史　10
　　应用行为分析的特征　21
　　应用行为分析的定义　25
　　摘要　30

第 2 章　基本概念与原理　32
　　行为　34
　　环境　36
　　应答式行为　39
　　操作式行为　42
　　认识人类行为的复杂性　54
　　摘要　57

第二部分　选择、定义与测量行为

第 3 章　选择与定义目标行为　63
　　评估在应用行为分析中的作用　64
　　行为分析师使用的评估方法　66
　　评估潜在目标行为的社会重要性　76
　　排列目标行为的优先顺序　83
　　定义目标行为　86
　　设定行为改变的标准　90
　　摘要　90

第 4 章　测量行为　93
　　测量在应用行为分析中的定义和功能　94
　　行为的可测量维度　97
　　测量行为的方法　109

　　　　使用永久性产物测量行为 ·· 117
　　　　测量工具 ·· 121
　　　　选择测量方法 ·· 123
　　　　摘要 ·· 124

第 5 章　改善与评估行为测量的质量 ·· 126
　　　　值得信赖的测量指标 ·· 127
　　　　对有效测量的威胁 ·· 129
　　　　对准确和可靠测量的威胁 ·· 133
　　　　评估行为测量的准确性和信度 ·· 136
　　　　使用观察者间一致性评估行为测量 ······································ 139
　　　　摘要 ·· 150

第三部分　评估与分析行为改变

第 6 章　建构与解释行为数据的图表呈现 ······································ 155
　　　　行为数据的图表呈现的目的和益处 ······································ 157
　　　　应用行为分析师使用的图表 ·· 159
　　　　建构线图 ·· 176
　　　　解释图表呈现的行为数据 ·· 181
　　　　摘要 ·· 189

第 7 章　分析行为改变：基本假设与策略 ······································ 192
　　　　行为分析的概念与假设 ·· 193
　　　　应用行为分析实验的组成部分 ·· 196
　　　　稳定状态策略和基线逻辑 ·· 201
　　　　摘要 ·· 209

第 8 章　倒返设计与多因素设计 ·· 212
　　　　倒返设计 ·· 213
　　　　多因素设计 ·· 224
　　　　摘要 ·· 238

第 9 章　多基线设计与变标准设计 ·· 241
　　　　多基线设计 ·· 242
　　　　变标准设计 ·· 260
　　　　摘要 ·· 265

第 10 章　计划与评估应用行为分析研究 ······································ 268
　　　　行为分析研究中单个被试的重要性 ······································ 269

灵活性在实验设计中的重要性	273
内部效度：控制实验设计中潜在的混杂来源	278
社会效度：评估行为改变和实现行为改变的处理的应用价值	286
外部效度：复制实验以确定研究结果的泛化性	294
评估应用行为分析研究	299
摘要	307

第四部分　强化

第 11 章　正强化 313

正强化的定义	315
强化物的分类	327
潜在强化物的辨识	334
正强化的控制程序	349
有效使用强化	351
摘要	355

第 12 章　负强化 358

负强化的定义	359
逃避依联和回避依联	361
负强化的特征	363
负强化的应用	366
作为负强化功能的教师和照顾者的反应改变	371
使用负强化的伦理考虑	372
摘要	372

第 13 章　强化程序表 374

间歇强化	375
定义基本的间歇强化程序表	376
程序表的效果和表现的一致性	376
淡化间歇强化	385
基本间歇强化程序表的变体	386
复合强化程序表	391
关于在应用情境中使用强化程序表的观点	398
摘要	400

第五部分　惩罚

第 14 章　正惩罚 405
- 惩罚的定义与特征 407
- 影响惩罚有效性的因素 413
- 惩罚可能产生的副作用和问题 418
- 正惩罚干预 421
- 使用惩罚的准则 426
- 使用惩罚的伦理考虑 430
- 结论性观点 433
- 摘要 434

第 15 章　负惩罚 437
- 从正强化中罚时出局的定义 438
- 应用情境中的罚时出局策略 439
- 有效使用罚时出局 443
- 反应代价的定义 449
- 实施反应代价的方法 453
- 有效使用反应代价 454
- 使用反应代价的考虑因素 456
- 摘要 457

第六部分　前提变量

第 16 章　动因操作 461
- 动因操作的定义和特征 462
- 区分动因操作与区辨刺激 468
- 非条件动因操作 470
- 惩罚的动因操作 472
- 动因操作的多种效果 473
- 条件动因操作 474
- 动因操作对处理效果泛化性的意义 484
- 动因操作对应用行为分析的意义 484
- 摘要 485

第 17 章　刺激控制 489
- 刺激控制：基本概念与流程 490

发展刺激控制 ··· 495
　　刺激控制转移 ··· 503
　　摘要 ·· 508

第七部分　语言行为

第 18 章　语言行为 ·· 513
　　斯金纳（1957）的语言行为分析 ··· 515
　　细述语言操作和听者行为 ·· 520
　　听者行为 ·· 537
　　自动附加语言行为 ·· 540
　　斯金纳（1957）的语言行为分析的应用 ··· 542
　　语言评估的应用和干预 ·· 543
　　丧失语言行为 ·· 555
　　摘要 ·· 557

第八部分　发展新行为

第 19 章　以等价为基础的教学 ··· 565
　　研究基础与核心概念 ··· 567
　　设计以等价为基础的教学 ·· 585
　　应用与泛化性 ·· 603
　　从替代理论方法到关系反应延伸的应用 ·· 614
　　结束语 ··· 620
　　摘要 ·· 620

第 20 章　以非等价关系设计新兴学习 ··· 623
　　什么是非等价关系？它们为何重要？ ··· 625
　　非等价关系词汇 ··· 627
　　非等价关系的一些类型 ·· 630
　　理论基础 ·· 637
　　非等价关系与心理建设的全貌 ·· 643
　　衍生刺激关系与总体幸福感 ·· 648
　　最终的评论 ··· 658
　　摘要 ·· 658

第 21 章　模仿、示范与观察学习 ·· 661
　　模仿 ·· 662

示范 ··· 669
　　观察学习 ·· 672
　　摘要 ··· 676

第22章　塑造 ·· 678
　　塑造的定义 ··· 680
　　跨反应形态与反应形态内的塑造 ··· 684
　　提高塑造效率 ·· 687
　　响板训练 ··· 688
　　塑造的新兴应用 ··· 690
　　关于塑造的指南 ··· 691
　　学习塑造 ··· 694
　　摘要 ··· 696

第23章　串链 ·· 698
　　行为链的定义 ·· 699
　　实施串链的理由 ··· 701
　　以任务分析建立行为链 ·· 701
　　行为串链方法 ·· 707
　　选择一种串链方法 ·· 714
　　中断和打破行为链 ·· 714
　　链的故障排查 ·· 720
　　影响行为链表现的因素 ·· 721
　　摘要 ··· 723

第九部分　以非惩罚程序减少行为

第24章　消退 ·· 727
　　消退的定义 ··· 728
　　消退程序 ··· 730
　　消退的二级效应 ··· 734
　　影响消退阻抗的变量 ··· 737
　　有效使用消退 ·· 738
　　何时不能使用消退 ·· 740
　　摘要 ··· 741

第25章　差别强化 ··· 743
　　差别强化的定义 ··· 744

对替代行为的差别强化（DRA） 745
　　　对其他行为的差别强化（DRO） 750
　　　对低频率反应的差别强化（DRL） 758
　　　摘要 763

第26章　前提干预 766
　　　前提干预的定义和分类 767
　　　非依联强化 769
　　　高概率指令序列 774
　　　功能性沟通训练 777
　　　预设的干预 779
　　　摘要 782

第十部分　功能评估

第27章　功能性行为评估 785
　　　行为的功能 786
　　　功能性行为评估在干预和预防中的作用 787
　　　功能性行为评估方法概述 789
　　　实施功能性行为评估 801
　　　以个案范例说明功能性行为评估的流程 804
　　　摘要 814

第十一部分　特殊应用

第28章　代币经济、团体依联与依联契约 819
　　　代币经济 820
　　　团体依联 830
　　　依联契约 840
　　　摘要 850

第29章　自我管理 851
　　　"自我"作为行为的控制者 852
　　　自我管理的定义 853
　　　自我管理的应用、优点和益处 857
　　　以前提为基础的自我管理策略 863
　　　自我监控 866
　　　自我管理的后果 875

其他自我管理策略 ································· 881
对实施有效的自我管理计划的建议 ··················· 886
行为改变行为 ································· 890
摘要 ······································· 890

第十二部分 促进泛化型行为改变

第30章 行为改变的泛化与维持 ························· 895
泛化型行为改变：定义与关键概念 ··················· 897
为泛化型行为改变制订计划 ························· 905
促进泛化型行为改变的策略和技术 ··················· 908
修改和终止成功的干预 ····························· 938
促进泛化结果的指导原则 ··························· 941
摘要 ·· 944

第十三部分 伦理

第31章 应用行为分析师的伦理责任与专业责任 ············ 949
什么是伦理以及伦理为什么重要？ ··················· 951
应用行为分析师的专业执业标准 ····················· 957
确保专业的胜任能力 ······························· 958
服务对象的服务中的伦理议题 ······················· 963
与其他专业人士协同合作 ··························· 971
社交媒体与新技术 ································· 973
倡导服务对象的权益 ······························· 975
利益冲突 ·· 978
创造伦理实践的文化 ······························· 978
结论 ·· 980
摘要 ·· 980

尾声 ·· 983
译者简介 ·· 985

第一部分

基本概念介绍

第1章　应用行为分析的定义与特征

第2章　基本概念与原理

我们相信，在学习分析和改变行为的具体原理和程序之前，应该向学习应用行为分析的学生介绍该学科的历史和概念基础。对行为分析的科学和哲学基础的基本认识和理解是透彻理解该学科的性质、范围和潜力的必要条件。我们也相信，对基本概念、原理和术语的初步概述能够使行为分析的深入研究更加有效。第一部分中的两章即基于这两个信念。第 1 章讲述了应用行为分析的科学、概念和哲学根源，并确定了该学科的定义范畴、特征和总体目标。第 2 章定义了该领域的基本要素——行为以及影响行为的环境前提和后果事件，并介绍了描述这些元素之间关系的关键术语和原理。

第 1 章　应用行为分析的定义与特征

关键词

应用行为分析（applied behavior analysis, ABA）
行为主义（behaviorism）
决定论（determinism）
实证论（empiricism）
实验（experiment）
实验行为分析（experimental analysis of behavior, EAB）
解释性虚构（explanatory fiction）
功能分析 / 函数分析（functional analysis）
功能关系（functional relation）
假设性构念（hypothetical construct）
心灵主义（mentalism）
方法论行为主义（methodological behaviorism）
简约（parsimony）
哲学存疑（philosophic doubt）
实用主义（pragmatism）
激进行为主义（radical behaviorism）
复制（replication）
科学（science）

➡ 本章由张娥翻译。

行为分析师认证委员会 BCBA/BCaBA 任务清单（第5版）
第一部分：基础
A. 哲学理解
A-1 确认行为分析作为一门科学的目的（即描述、预测和控制）。 A-2 解释行为分析科学的哲学假设（如自然选择、决定论、实证论、简约和实用主义）。 A-3 从激进行为主义的角度描述和解释行为。 A-4 区分行为主义、实验行为分析、应用行为分析和行为分析科学指导下的专业实践。 A-5 描述和定义应用行为分析的维度（Baer, Wolf, & Risley, 1968）。

©2017 The Behavior Analyst Certification Board, Inc.® (BACB®). 保留所有权利。本文件的当前版本可在 www.bacb.com 网站查阅。如需转载、复制或分发本文件，或有疑问，请直接联系行为分析师认证委员会。

> 自孩提时代起，我就发现，对我来说最大的强化物是一种名为"理解"的东西。我喜欢探索事情是如何运作的。在世界上所有可被理解的事情中，我清楚地认识到，最吸引我的是人们做的事情。我以日常的物理科学现象为起点，探索收音机是怎么发出声音的，电流如何形成，时钟的指针为什么会转动，等等，这些对我来说都很有趣。但当我清楚地意识到，我们也可以了解人如何运作时——不仅仅是生物学意义上的，而且是行为学意义上的——我认为这是最有趣的。我确信这是公认的最有意思的话题。若有一门关于行为的，关于我们做什么、我们是谁的科学，谁能够抗拒呢？
>
> ——唐纳德·M. 贝尔（Donald M. Baer），在休厄德和伍德的书中（2003, p. 302）

应用行为分析是一门致力于理解和改善人类行为的科学。其他学科也有类似的目的。那么应用行为分析与其他学科有何不同呢？答案在于应用行为分析的关注点、目标和方法。应用行为分析师关注具有社会重要性的行为，用基于研究的方法和策略干预和改善目标行为，并运用科学研究方法——客观描述、测量和实验——呈现干预与行为改善之间的关系。简而言之，应用行为分析，或称ABA，是一种科学方法，用于发现能够切实影响具有社会重要性的行为的环境变量，并利用这些发现开发能够改善行为的技术。

本章概述了行为分析的历史和发展历程，讨论了这门科学的哲学基础，界定了应用行为分析的定义维度和特征。由于应用行为分析首先是一门科学，本章先从所有学科的科学家的通用准则讲起。

科学：基本特征与定义

科学是一种对有关物质世界的知识进行探索和组织的系统化方法。在给科学下定义之前，本章先讨论科学的目的以及指导所有科学家工作的基本假设和态度，这在各个研究领域中普遍适用。

科学的目的

科学的总体目标是实现对研究现象的全面理解——就应用行为分析而言，它研究的现象是具有社会重要性的行为改变。科学不同于其他知识来源或获取有关周围世界的知识的方式（如冥想、常识、逻辑、权威人士、宗教或精神信仰、政治活动、广告和证明）。科学力图发现自然的真理：独立于任何个人或团体（包括科学家在内）的观念和信念而存在和运行的事实和普遍规律。因此，科学知识必须与任何个人、政治、经济或其他寻求知识的目的区分开。虽然科学经常被误用，但科学不是验证任何团体、公司、政府或机构所偏好的"真理"版本的工具。

不同类型的科学研究所产生的知识分属以下三个理解层次：描述、预测和控制。每一个理解层次对于特定领域的科学知识都有其贡献。

描述

系统化观察有助于科学家准确地描述某一现象，从而加深对该现象的理解。描述性知识包含一系列关于可被量化、分类和验证与其他已知事实间的可能关系的可观察事件的事实——这对于任何科学学科来说，都是必要且重要的活动。从描述性研究中获得的知识通常会为其他研究提出可能的假设或问题。

19世纪初，博物学家、画家约翰·詹姆斯·奥杜邦（John James Audubon）的著作是描述性科学的一个经典的例子。在自然栖息地观察鸟类的时候，他用大量的田野笔记记录下它们的习性，并详细地绘制了图谱。他发现了25种新鸟类。其主要著作《美国鸟类》（*The Birds of America*, 1827—1838）中有435幅等比例的自然栖息地的鸟类手绘图谱，是公认的质量最高的鸟类学著作之一。

怀特（White, 1975）对课堂教师的正面语言（口头赞扬和鼓励）和负面语言（批评和责备）的"自然频率"的研究是应用行为分析中描述性研究的一个例子。通过观察104名一年级至十二年级的课堂教师，他得出了两个主要结论：（1）教师赞扬学生的频率随所教年级的升高而降低；（2）在二年级以上各年级中，教师使用负面语言的频率显著高于正面语言的频率。这项描述性研究的结果促进了数十项后续研究的开展，目的是找出是什么因素导致了这个令人失望的结果，分析正负面语言比例失调对学生行为的影响，以及如何促进教师有效地运用赞扬（例如，Alber, Heward, & Hippler, 1999; Duchaine, Jolivette, & Fredrick, 2011; Fullerton, Conroy, & Correa, 2009; Mrachko, Kostewicz, & Martin, 2017; Niwayama & Tanaka-Matsumi, 2016; Sutherland, Wehby, & Yoder, 2002）。

预测

当重复观察显示两个事件持续共变时，科学理解就进入了第二个层次。也就是说，当一个事件（如冬季来临）发生时，另一个事件的发生（如某种鸟类南飞）具有某种特定的概率。当两个事件呈系统性共变时，这种共变关系叫作相关关系（correlation），它可用于预测一个事件发生时另一个事件发生的相对概率。"我们显然不能干预或操纵恒星或行星的运动，但通过研究它们的运动，我们可以测算季节，以及预测何时种植作物将会丰收。"（Moore, 2010, p. 48）

由于研究者并未操纵或控制变量，相关研究无法证明被观测的变量是否导致了另一个变量的变化，因此无法推断其因果关系。虽然天气炎热与溺水死亡的发生率增加之间有很强的相关性，但我们不能因此臆断湿热的天气会导致人溺水。炎热的天气也与其他因素相关，例如，到水中消热解暑的人（包括会游泳的人和不会游泳的人）数量增多，而人们发现很多溺水事故与饮酒或服用药物、相关游泳技能、激流和缺乏救生员监督等因素有关[1]。

除有助于预测外，相关研究的结果还可以揭示可用实验研究来探究的因果关系的可能性。在应用行为分析的研究文献中，最常见的相关研究比较了两个或两个以上可观测变量（不可操纵）的相对比率或条件概率（例如，Atwater & Morris, 1988; Symons, Hoch, Dahl, & McComas, 2003; Thompson & Iwata, 2001）。例如，麦克查尔和汤普森（McKerchar & Thompson, 2004）的研究发现，14名学龄前儿童的问题行为与随后发生的后果事件之间存在相关性：引起教师关注（100%）、向儿童展示某种材料或物品（79%）和逃避教学任务（33%）。这项研究的结果不仅为常用于分析临床环境中维持儿童问题行为的变量的社会性后果提供了实证，而且增强了对预测的信心，即基于评估调查结果的干预与学前班的自然情境具有相关性（参看第27章）。此外，教师对问题行为的反应很有可能维持和增强了问题行为，麦克查尔和汤普森在研究发现中

---

[1] 对随机选择的两个变量进行密切追踪测量会产生假性相关关系［例如，有机食品年销售额上升和孤独症发病率上升（Redditor Jasonp55, 2018）、人造黄油人均消费量上升和缅因州离婚率上升（Vigen, 2015）］。更多荒谬的例子，请参看维根（Vigen, 2015）的相关文章；关于该谬误的详细解释，请参看韦斯特、伯格斯特龙和伯格斯特龙（West, Bergstrom, & Bergstrom, 2010）的相关文章。

还指出：应加强对教师的培训，以使他们能用更有效的方式应对问题行为。

控制

具有一定可信度的预测能力是一项宝贵而实用的科学成果；有预测才能有准备。然而，科学最大的潜在益处来自科学理解的第三个层次——控制，这是最高的层次。物理学和生物学中的科学发现的各种控制证据已被应用于我们司空见惯的日常技术之中：巴氏杀菌牛奶和供我们储存牛奶的冰箱；流感疫苗和搭载我们接种疫苗的汽车；止痛药和充斥着大量该药物广告及新闻报道的电视机等。

> 科学的"系统"就像规律一样，帮助我们更有效地处理某个领域的问题……当我们发现了支配我们周围世界的某一部分的规律时，我们就准备好有效地应对这一部分的世界了。通过预测事件的发生，我们能够为之做好准备。通过按系统规律指定的方式安排条件，我们不仅预测，我们还控制：我们"导致"某个事件发生或具备某些特征。（Skinner, 1953, pp. 13–14）

函数关系是行为分析中基础研究和应用研究的主要成果，为行为改变技术的发展提供了最具价值和最实用的科学理解。当一个控制良好的实验证明某个事件（因变量）的特定改变是由另一个事件（自变量）的特定操纵切实引发，且该因变量的改变不太可能是由于受到其他外来因素（混杂变量）的影响时，两个事件之间就存在**函数关系**。

约翰斯顿和彭尼帕克（Johnston & Pennypacker, 1980）将函数关系描述为"自然科学研究在行为及其决定变量之间关系上的最终成果"（p. 16）。

> 这种"相关性"可以用 $y=f(x)$ 表示，其中 x 是函数的自变量或参数，y 是因变量。为了证实观察到的关系的确具有函数关系，必须独立控制 x，并证明它们是产生 y 的充分条件……然而，如果能够证明必要性（y 仅在 x 出现时产生），则关系更具说服力。运用实验方法确定函数关系是形式最为完整而简洁的实证研究。（Johnston & Pennypacker, 1993a, p. 239）

经由科学探索获得的对函数关系的理解是各个领域应用技术的基础。

科学的假设和态度

> 科学，首先是一套态度。
>
> ——B. F. 斯金纳（1953, p. 12）

科学的定义不在于试管、光谱仪或电子加速器等设备，而在于科学家的行为。要想理解任何一门科学，我们就要超越最显而易见的仪器和设备，去考察科学家的作为[1]。对知识的追求要遵循科学的一般方法论准则和预期，如此才能真正称为科学。对于可通过科学方法探究的事件本质、基本策略的一般概念以及考察发现的视角，所有科学家都有一套通用的基本假设。这些科学态度（attitudes of science）——决定论（determinism）、实证论（empiricism）、实验法（experimentation）、复制（replication）、简约（parsimony）和哲学存疑（philosophic doubt）——构成了一套指导所有科学家工作的重要假设和价值观念（Whaley & Surratt, 1968）。

决定论

科学以**决定论**假设为基础。科学家假设宇宙是一个有法则、有秩序的地方，所有现象的发生都是其他

---

1 斯金纳（1953）指出，虽然望远镜和回旋加速器为我们呈现了一幅"引人注目的科学实践图景"（p. 12），没有这些设备，科学就无法取得显著的进步，但这些设备与仪器并非科学本身。"科学也不能用精确的测量来界定。我们可能会并不科学严谨地进行测量和数学运算，正如我们没有这些辅助也有可能做到科学严谨。"（p. 12）科学仪器使科学家得以更好地接触研究对象，而测量与数学帮助科学家更精确地描述和控制关键变量。

事件的结果。换言之，事件不会无缘无故地发生，它们与其他因素有系统地相互关联，而这些因素都是人们可以进行科学研究的物理现象。

偶然论（accidentalism）认为事件的发生纯属偶然且没有原因，宿命论（fatalism）认为事件如何发展是预先决定的，它们的哲学立场与决定论相对立。如果宇宙的运行遵循偶然论或宿命论，那么关于函数关系的科学发现以及利用这些发现去改善形势就不可能实现。

> 如果我们要将科学方法用于人类事务领域，就必须假设行为是有法则的，而且是确定的。我们期望发现一个人的行为是某些特定情况的结果，并且一旦发现了这些情况，我们就可以预测并在某种程度上决定他的行为。（Skinner, 1953, p. 6）

决定论在科学实践中扮演着关键的双重角色：它既是一种不适合证明的哲学立场，又是每一次实验所寻求的证实。换言之，科学家首先假定法则存在，然后探寻法则关系（Delprato & Midgley, 1992）。

实证论

> 当你能够测量并用数字表达自己说的话时，这代表你有所了解；而当你无法测量，也无法用数字表达时，则你的知识匮乏且不能令人满意。
>
> ——洛德·凯尔文（Lord Kelvin, 1824—1907）

科学知识首先建立在**实证论**的基础上，它指的是对感兴趣的现象进行客观观察和测量的实践活动。这里的客观是指"不受科学家的个人偏见、品味和个人意见的影响……实证方法带来的结果是客观的，因为任何人都能加以检视，且不取决于个别科学家的主观信念"（Zuriff, 1985, p. 9）。在前科学时代（以及现在的非科学和伪科学活动中）（Nichols, 2017），知识曾经是（现在也是）冥想、推测、个人意见、权威及逻辑"明显"的常识的产物。而科学家的实证态度则要求在详尽描述、系统化和重复测量以及对关注的现象进行精确量化的基础上进行客观观察。

与所有的科学领域一样，实证论也是行为分析的首要原则。理解、预测和改善行为的一切努力成果都取决于行为分析师对所关注行为的发生与否进行完整定义、系统观察和准确可靠测量的能力。

实验

实验（experimentation）是大多数科学研究都会运用的基本策略。惠利和萨拉特（Whaley & Surratt, 1968）通过下面这则逸事介绍了实验的必要性。

> 有一个住在郊区住宅区的男人，一天晚上，他看到邻居向四周鞠躬，哼着奇怪的曲子，并在前院草坪上边击打小鼓，边旋转跳跃，他感到非常惊讶。目睹这样的仪式一月有余，强烈的好奇心驱使他前去一探究竟。
>
> "你为什么每晚都要举行这样的仪式呢？"男人问他的邻居。
>
> "这样可以保佑我的房子不被老虎入侵。"邻居回答道。
>
> "天啊！"男人说，"你不知道方圆千里之内都没有老虎吗？"
>
> "是啊。"邻居微笑着说，"确实有效，不是吗？"（pp. 23-2—23-3）

当观察到事件之间存在共变关系或多个事件相继发生时，它们之间可能就存在一种函数关系，但其他因素可能也会对因变量的观察值产生影响。为了探究函数关系存在的可能性，必须做一个（一系列更佳）实验，系统化地控制和操纵存在因果关系的因素，并仔细观察研究事件受到的影响。

精确预测和控制任何现象（包括老虎出现在某人的后院）需要通过界定和操纵影响这些现象的因素来

实现。上述个体可以使用实验方法评估仪式的有效性，首先搬至老虎经常出没的地区，然后系统化地操纵驱虎仪式（例如，一周不举行，下一周举行，再一周不举行，再下一周举行），同时观察和记录仪式举行和不举行时老虎出没的情况。

> 实验方法是对某类事件的相关变量进行分离的一种研究方法……运用实验方法时，可以每次只改变一个因素（自变量）而保持其他方面的条件不变，然后观察这一改变对目标行为（因变量）的影响。理想情况下，可以得到一个函数关系。使用实验控制的正规化技术的目的是确保除对照条件之外的其他条件都相同。实验方法的使用是区分实验行为分析和其他研究方法的一个必要条件。（Dinsmoor, 2003, p. 152）

因此，**实验**（experiment）是在两种或两种以上条件下，对所关注现象（因变量）的某些方面进行控制比较，其中每次只改变一个因素（自变量）的条件。关于应用行为分析的实验策略和方法，本书将在第7章到第10章中加以论述。

本章引用的研究大多是已被证明或发现的目标行为与一个或多个环境变量之间的函数关系的实验，这些研究完成了函数分析（functional analysis）。**functional analysis** 一词在当代行为分析文献中有两层含义（函数分析、功能分析），展示出环境变量与行为之间的函数关系是其最原始，也是最基本的用法。

施林格和诺曼德（Schlinger & Normand, 2013）指出，斯金纳在《科学与人类行为》（*Science and Human Behavior*）一书中使用了36次函数分析，并引用了如下例子。

> 行为是一个函数，其外部变量（external variables）可供我们进行因果分析或**函数分析**。我们试图预测和控制单个有机体的行为。"因变量"是我们所找到的原因的结果，"自变量"（行为的原因）是行为作为函数的外部条件。两者之间的关系——行为中的"因果关系"——是一个科学规律。（Skinner, 1953, p. 35, 加粗部分为补述）

艾瓦塔、多尔西、斯利费尔、鲍曼和里奇曼（Iwata, Dorsey, Slifer, Bauman, & Richman, 1982）在其具有开创性的文章中介绍了 functional analysis 的第二个，也是当前最受认可的用法（功能分析），即确定用于维持问题行为的环境变量和依联（contingency）的实验方法论（参看第27章）。functional analysis 的最初含义（函数分析）为实验行为科学奠定了基础；作为一种评估问题行为的控制变量的方法，功能分析影响着有效的治疗方法的设计。

复制

无论设计和实施得多么完善，也无论结果多么清晰且令人印象深刻，单一实验的结果都永远无法得到任何科学领域的认可。虽然单一实验的数据本身的价值不可否认，但只有在单一实验被复制多次且得到基本模式相同的结果之后，科学家才会认同这些发现。

复制，即重复实验（以及在实验中重复自变量条件），"渗透到实验方法的每一个角落和缝隙"（Johnston & Pennypacker, 1993a, p. 244）。复制是科学家考察某些研究结果的信度（reliability）和有用性以及发现错误的主要方法（Johnston & Pennypacker, 1980; 1993a; Sidman, 1960）。复制——而非科学家的滴水不漏或抱诚守真——是科学进行自我修正并最终得到正确结果的主要原因（Skinner, 1953）。

一个实验要重复得出多少次相同的结果，科学界才会接受其发现呢？关于重复的次数，没有一定之规。结果对于理论或实践越重要，需要重复的次数就越多。关于复制在行为研究中的作用以及应用行为分析师使用的复制策略，本书将在第7章到第10章中加以论述。

简约

字典上对"简约"的定义是"极为简略",它以一种特殊的方式精准地描述了科学家的行为。作为一种科学态度,**简约**要求科学家解释研究对象时,在考虑更复杂或更抽象的解释之前,先从实验或概念上对其进行简单而合乎逻辑的解释。简约的阐释有助于科学家在其领域现有的知识库中进行评估和适应新的发现。完全简约的阐释只包括必要的和足以解释当前现象的要素。简约的态度对于科学的解释至关重要,因而某些时候也被称为简约法则(Law of Parsimony)(Whaley & Surratt, 1968),"法则"出自奥卡姆的威廉(William of Occam, 1285—1349)的《奥卡姆剃刀》(*Occam's Razor*),其中提到"解释任何事情都不应增加不必要的实体数"。换言之,对于同一现象的两种互相竞争的有力解释,我们应该排除额外变量(extraneous variables),选择最简单的解释,也就是需要最少的假设的那种解释。

哲学存疑

哲学存疑的态度要求科学家不断地质疑既定事实的真实性。科学家必须始终把科学知识视为暂时性的知识,必须愿意放弃自己最珍视的信念和研究发现,并代之以新发现的知识。

优秀的科学家会保持合理的怀疑态度。怀疑他人的研究可能比较容易,困难的是,科学家要对自己的发现或解释是错误的可能性保持开放的态度并寻找证据,这也是科学家具备的重要特质。"科学乐于接受与愿望相反的事实。"(Skinner, 1953, p. 12)。如奥利弗·克伦威尔(Oliver Cromwell, 1650)在另一篇文章中所言:"我恳求你……想想你可能搞错了。"对真正的科学家而言,"新的发现不是问题,而是进一步调查研究和拓宽理解的机会"(Todd & Morris, 1993, p. 1159)。实务工作者也应像研究者一样保持怀疑。持怀疑论的实务工作者不仅在新的实践开始之前需要科学证据,在实践过程中也会持续评估其有效性。实务工作者必须对影响新理论、疗法或临床治疗的有效性的不同寻常的主张抱持严苛的怀疑态度(Foxx & Mulick, 2016; Maurice, 2017)。

听起来好到令人难以置信的主张通常值得怀疑。不同寻常的主张需要不同寻常的证据(Sagan, 1996; Shermer, 1997)。那么,这样的证据包括什么呢?严格来讲,当主张评估教育的有效性时,证据就是运用科学方法验证主张、理论或实践的有效性的结果。检验实施得越严格,重复得越频繁,被证实得越广泛,就越能形成这样的证据。经过特别良好的检验后,证据就变得不同寻常了。(Silvestri & Heward, 2016, p. 149)

我们用两则忠告来结束关于哲学存疑的讨论,一则来自卡尔·萨根(Carl Sagan),另一则来自斯金纳:"问题不在于我们是否喜欢通过一系列推理得出的结论,而在于这个结论是否遵循基本前提或出发点,以及基本前提是否真实。"(Sagan, 1996, p. 210)"没有任何常规是永远不变的。改变并准备再度改变。接受没有永恒不变的真理。做实验去。"(Skinner, 1979, p. 346)

其他重要态度与价值观

以上讨论的六种科学态度是科学的必要特征,为理解应用行为分析提供了重要的背景知识。最富成效和最成功的科学家也具有以下特征:缜密、好奇、坚毅、勤奋、道德和诚实。科学家具备这些特质,有利于科学的进步。

科学的定义

科学没有普遍认可的标准定义。在此,我们提出以下定义,包含上述的科学目的与态度,适用于各个研究主题。**科学**是理解自然现象的系统化研究方法,具有描述、预测和控制的明显特征,决定论为其基本假设,实证论为其主要方针,实验法为其基本策略,复制为其可信性的必要条件,简约为其固有价值,哲学存疑为其指引良知。

行为分析简史

行为分析科学包含哲学、基础研究和应用研究这三个相互关联的领域。**行为主义**（behaviorism）是行为科学的哲学，基础研究属于实验行为分析（experimental analysis of behavior, EAB），而应用行为分析（applied behavior analysis, ABA）关注的是发展技术以改善行为。要充分理解应用行为分析，需要将其置于哲学思维、基础研究传统和研究结果的背景下考虑，应用行为分析发源于此并关联至今。这一部分将简单描述行为主义的基本原理，并概述行为分析发展过程中的重大标志性事件[1]。表1.1列出了自20世纪30年代以来对行为分析的发展做出贡献的主要书籍、期刊和专业组织。

华生的刺激—反应行为主义

20世纪初，心理学研究聚焦于意识、意象和其他心理过程。内省是其主要的研究方法，它指的是细致地观察自己能够意识到的思维和感觉。在20世纪的头10年，有几位作者在文章中将心理学定义为行为的科学（参看Kazdin, 1978），约翰·B. 华生（John B. Watson）被公认为心理学领域的新方向的代言人。华生（1913）的《行为主义者眼中的心理学》（*Psychology as the Behaviorist Views It*）一文颇具影响力，文中写道：

> 在行为主义者眼中，心理学是自然科学中的一个纯粹客观的实验分支。它的理论目标是预测和控制行为。内省并不是心理学方法的基本组成部分，心理学数据的科学价值也不取决于其能够解释意识的程度。（p. 158）

华生主张，心理学的研究对象不应是精神状态或心理过程，而应是可观察的行为。此外，作为一门自然科学，对行为的客观研究应该包含对环境刺激（stimulus, S）与其引起的反应（response, R）之间关系的直接观察。华生的行为主义被称为"刺激—反应（stimulus-response, S-R）心理学"。虽然科学证据不足以支持它成为大多数行为的可靠解释，但华生确信他的新行为主义能够预测和控制人类行为，并帮助实务工作者在教育、商业和法律等各领域提高绩效。华生（1924）提出了关于人类行为的大胆主张，如下面这则著名的引文所示。

> 给我一打健康的婴儿，一个由我支配的特殊环境，让我在这个环境里养育他们，我可以保证，任选其中一位，无论其先祖的才能、爱好、倾向、能力、职业和种族情况如何，我都可以将其训练成为我选定的任何一种人——医生、律师、艺术家、企业家，是的，甚至乞丐和盗贼。虽然无法用事实证明，我也承认这一点，但持相反观点的人也是如此，而且他们已经反对了几千年。（p. 104）

华生提出的如此特别的主张其实非常不恰当，因为它夸大了预测和控制人类行为的能力，也超出了现有的科学知识范畴。引用这段话除了用于质疑其理论外，也用于质疑一般的行为主义，尽管构成当代行为分析基础的行为主义与S-R范式有着本质上的不同。不过，华生的贡献仍然有其重要意义：他强有力地证明了行为研究作为一门自然科学，其重要性与物理科学和生物科学不分伯仲[2]。

---

[1] 关于行为分析历史的翔实而有趣的描述，请参看古多尔（Goodall, 1972），格里西奥（Guericio, 2018），哈肯伯格（Hackenberg, 1995），迈克尔（Michael, 2004），莫里斯、托德、米奇利、施奈德和约翰逊（Morris, Todd, Midgley, Schneider, & Johnson, 1990），芒乔伊和科恩（Mountjoy & Cone, 1997），里斯利（Risley, 2005），西德曼（Sidman, 2002），斯金纳（1956, 1979），斯托克斯（Stokes, 2003），瓦尔加斯、瓦尔加斯和纳普（Vargas, Vargas, & Knapp, 2017）的相关文章，以及《行为分析师》（*The Behavior Analyst*）2003年秋季版文章专栏。

[2] 关于华生的生平传记和对行为分析的贡献及相关学术研究，请参看卡坦尼亚（Catania, 1993）、莫里斯（2013）以及莫罗（Morrow, 2017）的相关文章。

表 1.1　在行为分析的发展和传播过程中起到重要作用的书籍、期刊和组织

年代	书籍	期刊	组织
20世纪30年代	《有机体的行为》(The Behavior of Organisms)——斯金纳(1938)	《心理记录》(The Psychological Record, 1937)	
20世纪40年代	《瓦尔登湖第二》(Walden Two)——斯金纳(1948)		
20世纪50年代	《心理学原理》(Principles of Psychology)——凯勒、舍恩菲尔德(Keller & Schoenfeld, 1950) 《科学与人类行为》(Science and Human Behavior)——斯金纳(1953) 《强化程序表》(Schedules of Reinforcement)——费尔斯特、斯金纳(Ferster & Skinner, 1957) 《语言行为》(Verbal Behavior)——斯金纳(1957)	《实验行为分析杂志》(1958)	实验行为分析协会(SEAB, 1957)
20世纪60年代	《科学研究策略》(Tactics of Scientific Research)——西德曼(1960) 《儿童发展(第一卷、第二卷)》(Child Development, Vols. I & II)——比茹、贝尔(Bijou & Baer, 1961, 1965) 《行为分析》(The Analysis of Behavior)——霍兰、斯金纳(Holland & Skinner, 1961) 《行为矫正研究》(Research in Behavior Modification)——克拉斯纳、乌尔曼(Krasner & Ullmann, 1965) 《操作式行为：研究与应用领域》(Operant Behavior: Areas of Research and Application)——霍尼格(Honig, 1966) 《人类操作式行为分析》(The Analysis of Human Operant Behavior)——里斯(Reese, 1966) 《行为分析原理》(Principles of Behavioral Analysis)——米伦森(Millenson, 1967) 《行为原理》(Behavior Principles)——费尔斯特、佩罗特(Ferster & Perrott, 1968) 《强化依联：理论分析》(Contingencies of Reinforcement: A Theoretical Analysis)——斯金纳(1969)	《应用行为分析杂志》(1968)	美国心理学会第25分部实验行为分析(American Psychological Association's Division 25 Experimental Analysis of Behavior, 1964) 英国实验行为分析小组[Experimental Analysis of Behaviour Group (UK), 1965]
20世纪70年代	《超越自由与尊严》(Beyond Freedom and Dignity)——斯金纳(1971) 《行为的基本原理》(Elementary Principles of Behavior)——惠利、马洛特(Whaley & Malott, 1971) 《关于行为主义》(About Behaviorism)——斯金纳(1974) 《单一个案实验设计》(Single Case Experimental Designs)——赫森、巴洛(Hersen & Barlow, 1976)	《行为主义》(Behaviorism, 1972)[1990年更名为《行为与哲学》(Behavior and Philosophy)] 《墨西哥行为分析杂志》(Revista Mexicana de Analisis de la Conducta, 1975) 《行为程序》(Behavioural Processes, 1976) 《行为矫正》(Behavior	挪威行为分析学会(Norwegian Association for Behavior Analysis, 1973) 中西部行为分析学会(MABA)[Midwestern Association for Behavior Analysis,

（续表）

年代	书籍	期刊	组织
	《应用行为分析程序与儿童及青少年》（Applying Behavior-Analysis Procedures with Children and Youth）——祖尔策—阿扎罗夫、麦尔（Sulzer-Azaroff & Mayer, 1977） 《学习》（Learning）——卡坦尼亚（Catania, 1979）	Modification, 1977） 《组织行为管理杂志》（Journal of Organizational Behavior Management, 1977） 《儿童教育与治疗》（Education & Treatment of Children, 1977） 《行为分析师》（The Behavior Analyst, 1978）	MABA, 1974］ 墨西哥行为分析学会（Mexican Society of Behavior Analysis, 1975） 行为分析学会（Association for Behavior Analysis, 1978）（原MABA）
20世纪80年代	《人类行为研究策略》（Strategies and Tactics of Human Behavioral Research）——约翰斯顿、彭尼帕克（1980） 《行为主义：概念的重建》（Behaviorism: A Conceptual Reconstruction）——苏里夫（Zuriff, 1985） 《行为分析的最新问题》（Recent Issues in the Analysis of Behavior）——斯金纳（1989）	《精准教学与培养杂志》（Journal of Precision Teaching and Celeration, 1980）（原《精准教学杂志》） 《语言行为分析》（Analysis of Verbal Behavior, 1982） 《行为干预》（Behavioral Interventions, 1986） 《日本行为分析杂志》（Japanese Journal of Behavior Analysis, 1986） 《行为分析文摘》（Behavior Analysis Digest, 1989） 《行为药理学》（Behavioural Pharmacology, 1989）	行为分析促进学会（1980） 剑桥行为研究中心（Cambridge Center for Behavioral Studies, 1981） 日本行为分析学会（Japanese Association for Behavior Analysis, 1983）
20世纪90年代	《行为分析概念与原理》（Concepts and Principles of Behavior Analysis）——迈克尔（1993） 《理解行为主义：科学、行为与文化》（Understanding Behaviorism: Science, Behavior, and Culture）——鲍姆（Baum, 1994） 《激进行为主义：哲学与科学》（Radical Behaviorism: The Philosophy and the Science）——基耶萨（Chiesa, 1994） 《等价关系与行为》（Equivalence Relations and Behavior）——西德曼（1994） 《行为分析与学习》（Behavior Analysis and Learning）——皮尔斯、埃普林（Pierce & Epling, 1995） 《问题行为的功能分析》（Functional Analysis of Problem Behavior）——雷普、霍纳（Repp & Horner, 1999）	《行为与社会问题》（Behavior and Social Issues, 1991） 《行为教育杂志》（Journal of Behavioral Education, 1991） 《积极行为干预杂志》（Journal of Positive Behavior Interventions, 1999） 《当今行为分析师》（The Behavior Analyst Today, 1999）	行为分析培训课程认证（行为分析学会）［Accreditation of Training Programs in Behavior Analysis（Association for Behavior Analysis）, 1993］ 行为分析师认证委员会（BACB, 1998）
21世纪00年代	《关系框架理论：对人类语言与认知的后斯金纳解释》（Relational Frame Theory: A Post-Skinnerian Account of Human Language and Cognition）——海斯、巴恩斯—霍姆斯、罗奇（Hayes, Barnes-Holmes, & Roche, 2001）	《欧洲行为分析杂志》（European Journal of Behavior Analysis, 2000） 《行为学发展通报》（Behavioral Development Bulletin, 2002）	欧洲行为分析协会（European Association for Behaviour Analysis, 2002）

（续表）

年代	书籍	期刊	组织
	《激进行为主义的概念基础》（Conceptual Foundations of Radical Behaviorism）——穆尔（Moore, 2008）	《早期密集行为干预杂志》（Journal of Early and Intensive Behavior Intervention, 2004） 《巴西行为分析杂志》（Brazilian Journal of Behavior Analysis, 2005） 《国际行为咨询与治疗杂志》（International Journal of Behavioral Consultation and Therapy, 2005）	专业行为分析师协会（APBA）（Association for Professional Behavior Analysts, APBA, 2007） 国际行为分析协会（ABAI, 2008）（原ABA）
21世纪10年代	《应用行为分析手册》（Handbook of Applied Behavior Analysis）——费希尔、皮亚扎、罗恩（Fisher, Piazza, & Roane, 2011） 《后果的科学》（The Science of Consequences）——施奈德（2012） 《APA行为分析手册》（APA Handbook of Behavior Analysis）——马登（Madden, 2013） 《ABA实务工作者的激进行为主义》（Radical Behaviorism for ABA Practitioners）——约翰斯顿（2013） 《威利—布莱克韦尔操作与经典条件作用手册》（The Wiley-Blackwell Handbook of Operant and Classical Conditioning）——麦克斯威尼、墨菲（McSweeney & Murphy, 2014）	《后天的影响：人类行为科学如何改善我们的生活和世界》（The Nurture Effect: How the Science of Human Behavior Can Improve Our Lives & Our World）——比格兰（Biglan, 2015） 《行为分析实践》（Behavior Analysis in Practice, 2011） 《情境行为科学杂志》（Journal of Contextual Behavioral Science, 2012） 《操作》（Operants, 2014） 《行为分析：研究与实践》（Behavior Analysis: Research and Practice, 2015）（原《当今行为分析师》） 《行为科学的视角》（Perspectives on Behavior Science, 2018）（原《行为分析师》）	首位获得BACB认证的注册行为技术员（RBT）（2014） BACB认证的第30000位行为分析师（2018） 来自63个国家/地区的超过26000名ABAI及其附属分会会员（2018）

注：所列书籍的出版年份为其首发年。部分书籍有更新的版本。

左图：约摄于1945年，斯金纳在印第安纳大学的实验室；右图：约摄于1967年。

实验行为分析

> [科学]是对秩序的探索。科学始于观察单一事件,我们都是如此,但它能迅速延伸至一般规律,即科学规律。
>
> ——斯金纳(1953, pp. 13–14)
>
> 我从巴甫洛夫(Pavlov)那里获得了线索:控制条件,你就会发现秩序。
>
> ——斯金纳(1956, p. 223)

行为分析的实验分支正式形成于斯金纳的《有机体的行为》(1938)一书的出版。该书概括了斯金纳从1930年到1937年的实验室研究成果,并提出了应答式(respondent)和操作式(operant)两种行为。

应答式行为(respondent behavior)是一种反身性行为(reflexive behavior),就如同巴甫洛夫(1927)的惯例。应答是被先前刚刚出现的刺激所诱发或"引导"的。前提刺激(如强光)和它所诱发的反应(如瞳孔收缩)形成了一个叫作反射(reflex)的功能单元。应答式行为实质上是非自主的,无论何时,只要诱发刺激出现,应答式行为就会产生。

斯金纳"有兴趣对所有的行为做出科学解释,甚至包括被笛卡尔(Descartes)划归为'意志的'和不在科学范围内的行为"(Glenn, Ellis, & Greenspoon, 1992, p. 1330)。但是,同当时其他的心理学家一样,斯金纳发现很多行为是S-R范式无法解释的,尤其是那些环境中没有明显前提引发的行为。与具有明显诱发事件的反身性行为相比,有机体的很多行为都表现出自发性或"自主性"。为了解释这些"自主性"行为的发生机制,其他心理学家提出了以**假设性构念**(hypothetical construct)形式存在于有机体内部的中介变量,如认知过程、内驱力、自由意志等。斯金纳采用了不同的策略。他没有创造假设性构念这种假定的、无法观察的,也无法通过实验操纵的实体,而是继续在环境中寻找没有明显前提引发的行为的决定因素。

他并未否认生理变量在决定行为方面的作用,他只是觉得那是其他学科的范畴,他继续致力于评估环境的因果作用。对他而言,这一决定意味着要及时寻找其他可能。经过刻苦钻研,斯金纳积累了很多重要的证据,尽管与直觉相悖,它们仍然证明了行为改变较少受到前提刺激的影响(虽然情境很重要),而更多受到紧随其后的后果(即依联于它的后果)的影响。这一概念的基本表述为S-R-S,也就是著名的三项依联(three–term contingency)。这一模式并未取代S-R模式,例如,我们饥饿时闻到烹饪食物的香味会分泌唾液。然而,它确实解释了环境如何"选择"大部分的习得性行为。

三项依联是斯金纳提出的一个新范式。他在行为和学习方面的研究中所取得的成就并不逊于玻尔(Bohr)的原子模型或孟德尔(Mendel)的遗传因子假说。(Kimball, 2002, p. 71)

斯金纳将第二类行为称为操作式行为(operant behavior)[1]。操作式行为并非由前提刺激诱发,而是受行为之后的刺激变化的影响。斯金纳对我们理解行为做出的最有价值和最基本的贡献在于他发现了后果对行为的影响以及针对这一影响所做的实验分析。作为分析的主要单元的操作式三项依联是一个革命性的概念突破。

斯金纳(1938)认为操作式行为分析"与环境的关系独特,因而被归为另一个独立而重要的研究领域"(p. 438)。他将这门新科学命名为**实验行为分析**,并概述了它的实践方法论。简单地讲,斯金纳记录了单个被试(开始是老鼠,之后是鸽子)在一个受控制的标准化实验箱中的特定行为发生的频率。

斯金纳在《有机体的行为》中提供的第一组数据是一张图(p. 67),展示了在老鼠压杆后立即给出食

---

[1] 在《有机体的行为》一书中,斯金纳称应答式行为的条件作用为S型条件作用,称操作式行为的条件作用为R型条件作用,但这些概念很快就被废弃不用了。应答式条件作用与操作式条件作用以及三项依联将在第2章中进一步界定和讨论。

物粒"导致行为发生改变的记录"（参看图 1.1）。斯金纳指出，前三次在反应后喂食"未产生可观察到的效果"，而在"第四次反应后，反应频率大幅增加，并快速增至最大值"（pp. 67–68）。

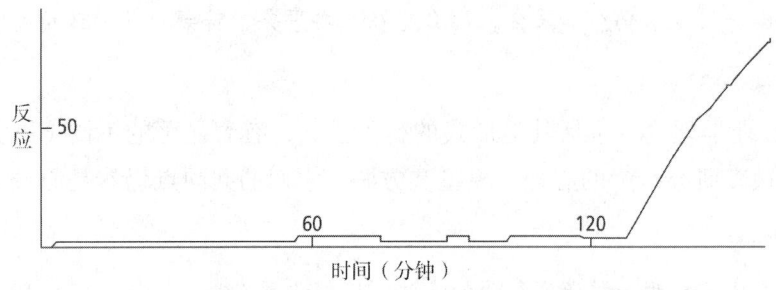

原始条件作用

所有压杆反应都得到了强化。前三次强化明显无效，第四次强化后，反应频率迅速增加。

图 1.1 斯金纳的《有机体的行为：一项实验分析》（1938）中的第一组数据

根据 B. F. Skinner. *The Behavior of Organisms: An Experimental Analysis*, p. 67. 1938 年原始版权归阿普尔顿世纪公司所有。1991 年版权归 B. F. 斯金纳基金会所有。Cambridge, MA. 经授权使用。

斯金纳的研究程序演变成了一种良好的实验方法，清晰有力地展示了行为与各种环境事件之间可靠有序的功能关系[1]。20 世纪 30 到 50 年代，斯金纳与他的同事和学生进行了数以千次计的实验室实验，通过系统化地操纵行为前后的刺激排列和次序，发现并验证了操作式行为的基本原理。时至今日，这些原理依然是行为分析的实证基础。对行为原理（对行为和环境事件之间的功能关系的一般性描述）和从这些原理中提炼出来的行为改变策略的描述构成了本书的主要内容。

斯金纳的激进行为主义

> 行为分析师打破了心灵创造行为的神话。从哲学和实证上来说，行为分析师认为，我们何时何地做什么，便是什么。
>
> ——默里·西德曼（Murray Sidman, 2013, p. xvi）

斯金纳不仅开创了实验行为分析，还撰写了大量与这门科学有关的哲学书籍。毫无疑问，无论是在引导行为科学的实务操作方面，还是在将原理推广至其他新领域方面[2]，斯金纳的著作都是最具影响力的。1948 年，斯金纳出版了《瓦尔登湖第二》，这是一部虚构类书籍，讨论了如何将行为哲学与原理应用到乌托邦社会之中（Altus & Morris, 2009）。随后，在其经典著作《科学与人类行为》（1953）中，斯金纳设想了如何将行为原理应用到复杂的人类行为领域，如教育、宗教、政府管理、法律及心理治疗领域。

斯金纳的大部分著作致力于发展和解释他的行为主义哲学。在《关于行为主义》（1974）一书的开篇，他写道：

---

[1] 斯金纳开创的实验方法的大多数方法学特征（例如，以反应频率作为主要因变量、被试内实验比较、图表数据显示的视觉化分析）一直延续到行为分析的基础和应用研究之中（例如，Fisher, Piazza, & Roane, 2011; Lattal, 2013; Perone & Hursh, 2013）。本书第三部分的第 5 章对应用行为分析师如何使用该实验方法进行了描述。

[2] 斯金纳是公认的 20 世纪最杰出的心理学家（Haagbloom et al., 2002）。他独立或与他人共同撰写了 291 篇一手文献和自传三部曲 [《我的生活细节》（*Particulars of My Life*, 1976）、《一个行为主义者的塑造》（*The Shaping of a Behaviorist*, 1979）和《后果问题》（*A Matter of Consequences*, 1983）]。斯金纳的很多书籍都可以在 B. F. 斯金纳基金会（bfskinner.org）以自主出价的形式购买。在斯金纳生前和去世后，有大量关于他的传记和文章。弗雷德·凯勒（Fred Keller）的《伯尔赫斯·弗雷德里克·斯金纳（1904—1990）：谢谢你》[*Burrhus Frederic Skinner (1904–1990): A Thank You*, 1976]，他的女儿朱莉·瓦尔加斯（Julie Vargas）的《B. F. 斯金纳——最后几天》（*B. F. Skinner—The Last Few Days*, 1990），查尔斯·卡坦尼亚（Charles Catania）的《B. F. 斯金纳，有机体》（*B. F. Skinner, Organism*, 1992），丹尼尔·比约克（Daniel Bjork）的《B. F. 斯金纳：一种生活》（*B. F. Skinner: A Life*, 1997），罗伯特·爱泼斯坦（Robert Epstein）的《作为自我管理者的斯金纳》（*Skinner as Self-Manager*, 1997），弗雷德里克·托茨（Frederick Toates）的《伯尔赫斯·F. 斯金纳：行为的塑造者》（*Burrhus F. Skinner: Shaper of Behaviour*, 2009）以及《操作》2017 年第一季刊中的一系列文章提供了关于斯金纳及其研究的有趣而翔实的见解。莫里斯、阿尔特斯和史密斯（Morris, Altus, & Smith, 2005）详细阐述了斯金纳对应用行为分析所做出的贡献。史密斯和莫里斯（Smith & Morris, 2018）持续更新斯金纳的相关文献的书目索引、参考文献及其他材料。

> 行为主义不是人类行为的科学，而是人类行为科学的哲学。它提出的一些问题包括：这样一门科学真的可能吗？它能描述人类行为的每一个方面吗？它可以使用哪些方法？它的规律是否像物理学和生物学一样有效？它会导致发展出一门技术吗？如果会，那么它在人类事务中将会扮演什么角色呢？（p.1）

斯金纳开创的行为主义与其他心理学理论，包括其他形式的行为主义，有着显著的不同（事实上是根本不同）。尽管过去和现在都有很多研究行为的心理学模型和方法，它们的共同点仍然是**心灵主义**（mentalism）。

> 一般来讲，我们可以将**心灵主义**定义为一种研究行为的方法，它假设存在一个不同于行为维度的心理或"内在"维度。这个维度通常是指神经的、心灵的、精神的、主观的、概念上的或假设性的属性。心灵主义进一步假设，这个维度上的现象会直接引起某些类型的行为，如果不是直接引起，至少也会间接地起作用。这些现象通常被认定为某种法则、状态、机制、过程或实体，从发生或起源上来说与行为具有因果关系。心灵主义认为对这些现象的起因的关注充其量是偶然事件。最后，心灵主义坚称对行为恰当的因果解释必须直接回归到这些心理现象的功效上。（Moore, 2003, pp. 181–182）

假设性构念和解释性虚构（explanatory fiction）是心灵主义的惯用手法，长期主导西方知识分子的思想和大多数心理学理论（笛卡尔、弗洛伊德和皮亚杰），这种情况直到 21 世纪依然存在。例如，弗洛伊德创造了一个假设性构念下的复杂心理世界——本我（id）、自我（ego）和超我（superego）——并认为这是理解个人行为的关键。

假设性构念——"一个理论术语，指可能存在但此刻无法观察到的过程或实体"（Moore, 1995, p. 36）——既无法观察也无法用实验操纵（MacCorquodale & Meehl, 1948; Zuriff, 1985）。自由意志、准备状态、先天释放者、语言获得装置、记忆存储和提取机制以及信息加工都是从行为中推论出来的假设性构念的例子。虽然斯金纳（1953, 1974）明确指出，如果因为某些影响行为的事件无法被其他人观察到就不加以考虑，这是错误的，但他认为使用假定的无法观察到的心灵虚构（即假设性构念）解释行为的因果关系，对功能性解释（functional account）毫无益处。

试想一个典型的实验室场景：一只没有食物来源的老鼠每当灯光亮起时按压杠杆，就可以获得食物，而灯不亮时则很少按压杠杆（即使压杆，也不会提供食物）。至于这只老鼠为何只在灯亮时按压杠杆，大多数人会回答，当杠杆被压下时，老鼠在灯光亮起与提供食物这两件事之间"建立了联结"。建立这种联结的结果就是这只老鼠现在"知道"（know）要在灯亮时按压杠杆。将老鼠的行为归因于一个假设性的认知过程，如上所述的联结或所谓的"知识"（knowledge）无助于对这个情况进行功能性解释。首先，环境（此案例中为实验者）匹配了压杆时灯光和食物的可获得性，而并不取决于老鼠。其次，用来解释被观察行为的知识或其他认知过程，其本身并未被明确解释，这需要更多的推测。

用来解释老鼠表现的"知识"是**解释性虚构**的一个例子。虚构变量往往只是可观察行为的另一个名字，它对于理解那些发展或维持行为的变量并无帮助。解释性虚构是"以循环的方式看待一个情境的原因和结果"的关键要素（Heron, Tincani, Peterson, & Miller, 2005, p. 274），但会导致错误的理解。

> 从可观察的行为转向想象的内在世界的过程仍在继续。有时，它仅仅是一种语言学实践。我们倾向于用形容词和动词构成名词，然后必须为这些名词找到其所代表的事情。我们说一条绳子很结实，不久后，我们会说到它的强度。我们认为它具有一种特殊的抗拉强度，然后解释这条绳子很结实是**因为**它具有抗拉强度。当事情变得更加复杂时，错误就不那么明显，但会更难解释。

现在思考一个行为学上类似的例子。一个人曾经因为走在湿滑的路面上而承受了轻微的惩罚后果，之后他可能会用我们描述为谨慎的方式走路。接下来，我们会说他走路谨慎或表现得谨慎。到这里，这些说法还无伤大雅，而一旦我们说他**因为**谨慎才小心翼翼地走路，这就有问题了。（Skinner, 1974, pp. 165-166, 着重强调的部分）

人们普遍认为斯金纳否认所有不能通过观察者间一致性（interobserver agreement）独立验证的事件。但是，斯金纳很早就明确表示，比起观察者间一致性，他更重视有效的行动。

概念优劣的最终标准不在于两个人能否达成一致，而在于使用这个概念的科学家能否成功地操作他的材料——有必要的话，一切都由他自己独立操作。鲁滨逊·克鲁索（Robinson Crusoe）认为，重要的不在于他是否认同自己，而在于他控制自然的效果。（Skinner, 1945, p. 293）

实用主义是一种哲学立场，指"某个说法的真理价值取决于其促进有效行动的程度"（Moore, 2008, p. 400），现在仍然是行为分析师判断其发现的价值的主要标准（Leigland, 2010; Moxley, 2004）[1]。

事实上，除斯金纳的激进行为主义外，还有多种行为主义：结构主义（structuralism）、方法论行为主义（methodological behaviorism）和将认知当作因果因素的行为主义（例如，认知行为矫正和社会学习理论）。结构主义和方法论行为主义对于那些在客观评估时不具有操作性定义的所有事件持拒斥态度。结构主义者规避心灵主义，将自己的研究限制在对行为的描述上。他们不做科学操纵，因此无法解决因果因素的问题。方法论行为主义者不同于结构主义者，他们会通过科学操纵寻找事件之间的功能关系。一些早期的行为主义者对将科学建立在无法观察的现象上感到不安，要么否认"内在变量"的存在，要么将它们排除在科学领域以外。这种取向通常被称为**方法论行为主义**。

方法论行为主义者承认心理事件的存在，但在进行行为分析时不对其加以考虑（Skinner, 1974）。方法论行为主义者关注外显事件而排除内隐事件，致使人类行为的知识库的构建受到限制，并且有碍于行为科学的革新。方法论行为主义因忽视对行为主要部分的理解而具有局限性。

与另一种常见的误解相反，斯金纳并不反对认知心理学对内隐事件（即发生在"体表内"的事件）的关注（Moore, 2000）。斯金纳是第一位认为思维和感觉（他称之为"内隐事件"）如同可外部观察的行为一样可以用相同的概念和实验工具加以分析的行为主义者，而不将其视为存在于内心的、依照另一套心理世界原理运行的现象或变量。"我认为我的牙痛如同我的打字机一样，都是物理性的。"（Skinner, 1945, p. 294）

基本上，斯金纳的行为主义对内隐事件有三个主要假设：（1）内隐事件，如思维和感觉，都是行为；（2）发生在体表内的行为与其他（"外显"）行为的差别只在于前者难以触及；（3）内隐行为受到与可外部观察的行为相同类型的变量的影响（即是它的函数）。

我们不需要假设发生在有机体体表内的事件会因此具有特殊属性。就我们所知，内隐事件的特点是有限的可及性（limited accessibility），而不具有任何特殊的结构性质。（Skinner, 1953, p. 257）

通过将内隐事件整合到行为的总体概念体系中，斯金纳建立了一套**激进行为主义**，试图理解所有的人类行为。"体表内有什么，我们如何了解它？我相信，答案就是激进行为主义的核心所在。"（Skinner, 1974, p. 218）激进行为主义中的**激进**一词的正确含义是**广泛和彻底**，表示该哲学包含外显的和内隐的所有行为。**激进**也是斯金纳式行为主义的恰当修饰语，因为它意味着与其他概念体系严重背

---

[1] 实用主义在激进行为主义中的性质和作用是人们讨论和辩论的长期话题（例如，Barnes-Holmes, 2000; Baum, 2017; Moore, 2008; Schoneberger, 2016; Tourinho & Neno, 2003; Zuriff, 1980）。

离，它要求我们对人类的思考方式做出最为剧烈的变革。字面上几乎由内到外地完全颠覆了对行为的解释。（Skinner, 1974, p. 256）

斯金纳和激进行为主义哲学家承认事件建立在认知加工等虚构概念之上。激进行为主义并未将行为科学局限于能够被多人察觉的现象上。在激进行为主义者眼中，"观察"（observe）意指"接触到"（coming into contact with）（Moore, 1984）。激进行为主义者认为，内隐事件，如思考和感觉到蛀牙产生的刺激，与外显事件，如朗读和听到乐器产生的声音，并无不同。斯金纳（1974）认为，"感觉到的或内心觉察到的并不是非物质世界的知觉、心理或精神生活，而是观察者自己的身体"。（pp. 18-19）

对内隐事件的分析是激进行为主义的一个主要视角，是综合性行为科学不可或缺的一部分（Palmer, 2011）。穆尔（1980, 2015）简明扼要地指出：

> 对激进行为主义而言，内隐事件指的是个人对只有自己可察觉的特定刺激做出反应的事件。针对这些刺激的反应，其本身可能是外显的，即其他人可以观察到；也可能是内隐的，即只有参与其中的个体可以接触到。尽管如此，套用斯金纳（1953）的说法，我们不需要假设发生在体表内的事件会因此有什么特别的属性……对于激进行为主义而言，个体对内隐刺激的反应就如同对外显刺激的反应，均是有规律可循且相似的。（1980, p. 460）
>
> 这些事件对于理解行为的复杂性至关重要。同样重要的是，它们不需要用与可外部观察的行为事件不同的术语或概念进行表述。（2015, p. 18）

科学家和实务工作者均受其社会背景的影响，而机构和学校则由心灵主义主导（Heward & Cooper, 1992; Kimball, 2002）。除了行为原理的知识，坚守激进行为主义哲学也可以帮助科学家和实务工作者抵抗心灵主义方法，即拒绝探索环境中的控制变量，而转向用解释性虚构来理解行为。本书介绍的行为原理和程序均适用于外显和内隐事件。激进行为主义是本书所秉持的哲学立场。

正如弗里曼（Friman, 2017）所指出的，斯金纳的行为主义将行为视为一门自然科学。

> 站在这一立场上，他提出了一个更为宏大的观点，具体来说，行为仅仅是一种由物理（环境）事件引发、维持、增强或减弱的物理现象。换句话说，他认为行为是环境条件及其背景的函数。这是人类为理解、认识和探索自身行为提出的最强大的观点，特别是当人类行为存在问题的时候。（p. 176）

本书未对激进行为主义进行深入的讨论。重视学习应用行为分析的学生应该仔细研读斯金纳的原著，以及其他作者对行为科学哲学基础的评论、分析和拓展[1]。［参看信息箱 1.1 中唐贝尔（Don Baer）关于激进行为主义的意义和重要性的观点。］

信息箱 1.1

行为主义是什么？

唐贝尔热爱行为科学。他喜欢写相关的文章，也乐于谈论它。唐以无人能及的即席演说能力而闻名，总是能将复杂的哲学、实验和专业议题从概念、实践和人类情感的角度进行透彻分析，

---

[1] 关于激进行为主义作为行为科学哲学的意义和有用性的精彩讨论和激烈辩论，请参看鲍姆（2011, 2017），卡坦尼亚和哈尔纳德（Catania & Harnad, 1988），基耶萨（1994），迪勒和拉塔尔（Diller & Lattal, 2008），约翰斯顿（2013），穆尔（2008, 2011），帕尔默（Palmer, 2011）以及拉克林（Rachlin, 2018）的相关文章。

他如同伟大的作家般运用词汇和语法，如同大师级的故事家般进行讲述。他了解自己的听众，他更了解自己的科学。

三十年间，俄亥俄州立大学特殊教育系的师生曾三次幸运地邀请到贝尔教授作为杰出客座教授在博士班开展题为"当代特殊教育议题与应用行为分析"（Contemporary Issues in Special Education and Applied Behavior Analysis）的专题研讨。以下问答节选自贝尔教授的三场远程研讨会中的两场。

如果街上有人走过来问你："行为主义是什么？"你会如何回答？

行为主义的重点在于人类行为可以被理解。传统上，普通人和心理学家都试图理解行为，将行为视作所思、所感、所需、所算的结果。但我们不必如此思考。我们可以将其视为一个过程，行为凭其自身条件发生且有其自身原因，而且这些原因很多时候可以在外部环境中找到。

行为分析是一门研究如何设计环境以促使我们想要的行为较常出现、不想要的行为较少出现的科学。行为主义是对环境如何运作的理解，它使我们更聪明、更有条理、更负责任，因此我们可以更少地遭受惩罚和失望。行为主义的一个中心点是：我们可以重塑环境去完成一些事情，这远比改造内在自我要容易。

曾经有记者问协助发明第一颗原子弹的物理学家爱德华·特勒（Edward Teller）："你能向非科学家解释一下，科学，尤其是物理学，为什么如此令你着迷吗？"特勒回答："不能。"我觉得特勒应该是认为非科学家无法体会、理解或欣赏物理学及其个人兴趣。如果有位非科学家问你："科学，尤其是人类行为科学，为什么如此令你着迷呢？"你会如何回答？

几年前，埃德·莫里斯（Ed Morris）在行为分析协会的年会上组织了一个座谈会讨论该议题。会中，杰克·迈克尔谈到，虽然我们学科的一些重大问题和挑战是如何告诉社会我们是谁、我们做什么和我们能做什么，但试图让普通人用三言两语来总结行为分析是不合理的。他举了这样一个例子，试想一位量子物理学家在一个鸡尾酒会上被人问道："量子物理是什么？"杰克说，这位物理学家非常有可能，也应该这样回答："我无法用三言两语回答你。你应该来上我的课。"

我对杰克的说法感同身受。但我也知道，当人们面对这种将学科和社会联系起来的政治议题时，它可能是一个真实的答案，却不是一个好的答案。它不是一个听了会让人欣喜的答案，实际上，人们甚至会很难接受……因此，我想我们需要坦诚相待。如果必须说明我留在这个领域是为了什么，我想我会说，自孩提时代起，我就发现，对我来说最大的强化物是一种名为"理解"的东西。我喜欢探索事情是如何运作的。在世界上所有可被理解的事情中，我清楚地认识到，最吸引我的是人们做的事情。我以日常的物理科学现象为起点，探索收音机是怎么发出声音的，电流如何形成，时钟的指针为什么会转动，等等，这些对我来说都很有趣。但当我清楚地意识到，我们也可以了解人如何运作时——不仅仅是生物学意义上的，而且是行为学意义上的——我认为这是最有趣的。我确信这是公认的最有意思的话题。若有一门关于行为的，关于我们做什么、我们是谁的科学，谁能够抗拒呢？

改编自 W. L. Heward & L. Wood (2003). Thursday Afternoons with Don: Selections from Three Teleconference Seminars on Applied Behavior Analysis. In K. S. Budd & T. Stokes (Eds.), *A Small Matter of Proof: The Legacy of Donald M. Baer* (pp. 293–310). Reno, NV: Context Press. 经授权使用。

应用行为分析

第一项关于操作式行为原理的人类应用研究来自富勒（Fuller, 1949）。研究对象是一名 18 岁的重度发展性障碍男孩，用当时的话来说，就是一位"植物人"（vegetative idiot）。他躺在床上，无法翻身。每当这个年轻男孩移动右臂时（选择右臂是因为他很少移动它），富勒就用注射器往他的嘴里注入少量温的甜牛奶。在四个时段内，男孩竟能以每分钟三次的比率将他的手臂举到垂直的位置[1]。

主治医师认为男孩不可能学会任何东西。据他们说，男孩在 18 年的生命中没有学会任何事情。然而，在四个实验时段内，通过应用操作式条件技术，他的行为反应增加了，并且达到了相当可观的水平。参与或观察了该实验的人认为，如果时间允许，其他反应可能会被条件化和区辨学习。（Fuller, 1949, p. 590）

20 世纪 50 年代到 60 年代初期，研究者使用实验行为分析方法检验在实验室中的非人类被试所体现的行为原理是否可以复制到人类身上。根据汤普森和哈肯伯格（2009）的说法，"应用分析领域起源自实验行为分析，就像亚当的肋骨一样"（p. 271）。

很多针对人类被试的早期研究是在诊所或实验室环境中进行的。虽然对参与者来说，这些实验带来的益处是能学到新的行为，但研究者的主要目的是判断在实验室中发现的基本行为原理是否适用于人类。例如，悉尼·比茹（Sidney Bijou, 1955, 1957, 1958）[2] 针对若干典型发育被试和智力障碍被试进行了几项行为原理的研究；唐贝尔（1960, 1961, 1962）研究了惩罚、逃避和回避依联对学龄前儿童的影响；而奥格登·林斯利（Ogden Lindsley, 1956; Lindsley & Skinner, 1954）评估了操作式条件作用对精神分裂症成人行为的影响。这些早期的研究者清楚地证明了行为原理适用于人类行为，也为应用行为分析的后续发展铺平了道路。

行为分析的分支后来被称为应用行为分析（applied behavior analysis, ABA），它可追溯至 1959 年艾伦和迈克尔（Ayllon & Michael）发表的论文《作为行为工程师的精神科护士》（*The Psychiatric Nurse as a Behavioral Engineer*）。作者描述了某所州立医院的一线护理人员如何使用以行为原理为基础的各种技术来改善精神病患者或智力障碍人士的功能。20 世纪 60 年代，很多研究者开始运用行为原理改善具有社会重要性的行为，但这些早期的开拓者面临很多问题，例如，测量行为、控制和操纵变量的实验室技术尚不具备，或是技术不适用于应用情境。因此，这些应用行为分析的早期实践者不得不边实践边开发新的实验程序。当时，这些新学科所能获得的资助很少，研究者也没有适当的渠道发表研究论文，因此很难互相沟通方法论问题上的发现和解决方案。大多数期刊编辑不太愿意刊登使用不同于主流社会科学的实验方法的研究，那时的主流社会科学依赖于大量的被试和统计推断检验。

尽管存在这些问题，它仍然是一个令人振奋的时代，很多重要的新发现不断涌现。例如，这一时期出现了大量行为原理在教育领域中的开拓性应用（例如，O'Leary & O'Leary, 1972; Ulrich, Stachnik, & Mabry, 1974）。衍生出的教学程序包括依联教师赞扬和关注（Hall, Lund, & Jackson, 1968）、代币强化系统（Birnbrauer, Wolf, Kidder, & Tague, 1965）、课程设计（Becker, Engelmann, & Thomas, 1975）和程式化教学（Bijou, Birnbrauer, Kidder, & Tague, 1966; Markle, 1962）。早期的应用行为分析师提出的改善学生表现的基本方法为运用行为方法进行课程设计、教学方法的使用、课堂管理以及学习的泛化与维持提供了基础，并在之后的几十年中一直沿用（参看 Twyman, 2013）。

20 世纪 60 年代和 70 年代早期，有关应用行为分析的大学课程出现在美国亚利桑那州立大学（Arizona State University）、佛罗里达州立大学、纽约州立大学石溪分校（State University of New York at Stony

---

1　博伊尔和格里尔（Boyle & Greer, 1983）发表了关于富勒的经典研究的延伸研究结果，其实验对象是昏迷的患者。

2　针对悉尼·比茹杰出的职业生涯及其为行为分析学科的建立和发展做出的诸多贡献，莫里斯（2008, 2009）进行了具有个人特色的详细介绍。

Brook）、伊利诺伊大学、印第安纳大学（Indiana University）、堪萨斯大学（University of Kansas）、俄亥俄州立大学、俄勒冈大学（University of Oregon）、南伊利诺伊大学、华盛顿大学（University of Washington）、西弗吉尼亚大学、西密歇根大学等。通过教学与研究，这些课程的教师对这一领域的快速发展做出了重要贡献[1]。

1968年，有两个重大事件标志着现代应用行为分析的正式形成。第一个是《应用行为分析杂志》创刊。作为美国首个以应用问题为专题的期刊，它为使用实验行为分析方法的研究者提供了一个发表研究成果的渠道。《应用行为分析杂志》一直都是应用行为分析领域的旗舰期刊。很多发表于该刊物的早期文章都成了展示如何实施和解释应用行为分析的范例，应用与实验方法也由此得到了改进。

第二个重大事件是唐纳德·M. 贝尔、蒙特罗斯·M. 沃尔夫（Montrose M. Wolf）和托德·R. 里斯利（Todd R. Risley）发表了论文《应用行为分析的若干当代维度》（*Some Current Dimensions of Applied Behavior Analysis*）。这三位作者也是新学科的创始人，他们提出了应用行为分析中评价研究和实务工作是否充分的标准，并概述了他们为本领域的研究者所设想的工作范畴。这篇标志性论文是在应用行为分析领域中引用得最为广泛的出版物，且被普遍视为对这一学科的标准描述。

应用行为分析的特征

贝尔、沃尔夫和里斯利（1968）认为，应用行为分析应该是应用的（applied）、行为的（behavioral）、分析的（analytic）、技术性的（technological）、概念系统化的（conceptually systematic）、有效的（effective）和能够产生泛化结果（generalized outcomes）的。1987年，贝尔及其同事指出，他们早在二十年前提出的"行为分析实施的七点自觉指导"（seven self-conscious guides to behavior analytic conduct, p. 319）"至今仍然实用，仍然代表着被称作应用行为分析的当代维度"（p. 314）。他们提出的七个维度仍然是用于识别应用行为分析研究的相关标志。

应用的

应用行为分析中的"应用"一词表明 ABA 致力于有效改善行为以提升和改善人们的生活质量。为达到这一标准，研究者或实务工作者必须选择对参与者而言具有社会重要性的行为加以改变，如社会、语言、学术、日常生活、自我护理、职业和 / 或休闲娱乐行为等，以改善他们的日常生活体验，以及 / 或是影响他们的重要他人（如父母、教师、同事、雇主），使他们能够更加积极地与参与者相处。

行为的

起初，纳入这个显而易见的标准可能显得很多余，毕竟应用行为分析自然是有关"行为的"。然而，贝尔及其同事（1968）针对这一标准提出了三个重要的论点。第一，并非所有的行为都适用；选出来用于研究的行为必须是需要改善的行为，而不是与所关注的行为相似的行为，或被试对行为的口头描述。行为分析要进行的是"行为的"（of behavior）研究，而不是"关于行为的"（about behavior）研究。例如，要评估一个孩子在学校与他人的相处状态，应用行为分析师会直接观察和清楚测量孩子们之间的课堂互动情况，而不是使用间接测量，如孩子在社会测量图上的回答，或通过问卷让孩子回答自己与其他孩子相处的情况。

第二，行为必须是可测量的。在应用研究中，精确可靠的行为测量与其在基础研究中的作用同等重要。应用研究者必须在自然环境中应对测量具有社会重要性的行为时遇到的挑战，必须直面挑战且不能测量非行为的替代品。

---

[1] 关于描述其中五所大学的应用行为分析课程的历史的文章，请参看《应用行为分析杂志》1993年冬季版。肯尼思·古多尔（Kenneth Goodall）在其文章《行为塑造者》（*The Behavior Shapers*, 1972）中对本领域的开拓者的工作进行了有趣的介绍。

第三，在研究中发现行为有所改变时，必须追问行为改变的主体。或许只是观察者的行为改变了。"因此清楚测量观察者的信度不只是一种好的技术，也是判定是否属于恰当的行为研究的主要标准。"（Baer et al., 1968, p. 93）或许实验者本身的行为产生了非预期的改变，因此不宜将在被试的行为中观察到的任何变化都归因于被操纵的自变量。应用行为分析师应尝试监测参与研究的所有人的行为。

分析的

当实验者证明可操纵的事件和目标行为在某些可测量的维度上的可靠变化之间存在功能关系时，此应用行为分析研究就是"分析的"。换言之，该实验者必须能够控制该行为出现与否。然而，有时社会并不允许为满足实验方法的要求而重复性地操纵重要行为。因此，应用行为分析师必须在环境与行为的限制下，尽可能地展示出最高程度的控制，然后必须展示其研究成果以接受研究用户的检视判断。最终问题在于可信度（believability）：研究者是否实现了实验控制并展示出了可靠的功能关系？

分析维度不仅能使应用行为分析展示出它的有效性，而且提供了它所推荐的干预措施与具有社会重要性的结果之间的功能关系和可复制关系的重要证明。

> 作为一门以数据与设计为基础的学科，我们处于万众瞩目的位置，因为它证明了行为可以按照我们的技术所规定的方式运作。我们并非理论化地论述行为**可以**如何运作，而是系统化地描述行为**是**如何在真实世界中运作的，并且设计的水平和测量系统的可靠性与有效性毋庸置疑。虽然我们有能力证明行为能以某种方式运作，但不代表该行为**不能**以其他方式运作：我们的学科不否定任何其他的研究方法，只是要在实验证明的层面确认自己知道很多**充分**条件……我们的主题是行为改变，我们可以指明一些**可执行的**充分条件。（D. M. Baer, 私人谈话, 1982 年 10 月 21 日，原文中强调的部分）

技术性的

当一项应用行为分析研究的所有操作程序都能被足够详细清楚地界定和描述，"能使任何一位读者很好地复制该应用并得到相同的结果"时，该研究就是"技术性的"（Baer, Blount, Detrich, & Stokes, 1987, p. 320）。

> 只说明被试做出 R_1 反应时要怎么做是不够的；说明被试做出 R_2、R_3 等替代性反应后要做什么也是至关重要的。例如，大家可能听到过这样的说法，当小孩发脾气时，将他关在他的房间里，持续一段时间，通常可以消除他的脾气。除非这个程序描述还能说明如果小孩出现尝试提前离开房间，或踢开窗户，或在墙上涂粪便，或开始发出要窒息的声音等情况该如何应对，否则它就不是精确的技术描述。（Baer et al., 1968, pp. 95-96）

无论一种行为改变方法在任何特定研究中的效果有多好，如果实务工作者无法进行复制，那它就没有多少价值。开发行为改变的可复制技术是 ABA 自创立以来的一个定义性特征和不断追求的目标。行为策略对其他人来说是可复制和可传授的。如果干预方法不能以足够的忠实度复制以获得相似的成果，那么它就不能被视为技术。

要检验一个程序描述的技术充分性，一个好的方法是请一位接受过应用行为分析训练的人员仔细阅读该描述，然后详细地执行该程序。如果发生任何错误、增加任何操作、省略任何步骤，或是提出任何需要进一步解释书面描述的问题，那就说明该描述不具备足够的技术性，还需要改进。

概念系统化的

虽然贝尔及其同事（1968）没有进行明确阐述，但应用行为分析的定义性特征之一就是关注用以改善行为的干预类型。虽然有大量的策略和具体程序可用以改变行为，但它们几乎都是从相对较少的行为基本原理中衍生和/或组合而来的。因此，贝尔及其同事认为，应用行为分析的研究报告应做到"概念系统化"，也就是说，针对改变行为的程序以及这些程序如何或为何有效的解释，需要从其发源的相关原理的角度加以说明。

贝尔及其同事（1968）针对应用行为分析使用概念系统提出了一个有力的理由。首先，将特定程序与基本原理相联系，或许可以让研究用户从相同的原理中推导出其他类似的程序。其次，一种技术要发展成一门综合学科，需要概念系统化，而不只是一些"策略的堆砌"。松散的策略集合无法实现系统化扩展，而且很难进行学习和教授。

有效的

行为技术的有效应用必须切实改善被研究的行为。"在应用中，某个变量的理论重要性通常不是主要议题。其实际重要性，特别是其改变行为的能力具有重要的社会意义，才是基本的标准。"（Baer et al., 1968, p. 96）就一些研究产生具有理论重要性或统计意义的结果而言，若要判断它是"有效的"，应用行为分析研究必须引起具有临床或社会重要性的行为改变。

对于某一特定被试的某一特定行为，需要改变多少才能被视为具有重要的社会意义，这是一个实际的问题。贝尔及其同事认为，答案最有可能来自那些必须面对该行为的人，应该问他们行为应被改变到什么程度。产生对参与者和/或参与者周围的人来说有意义的行为变化的必要性，推动行为分析师寻找"稳健的"（robust）变量，即对行为产生重大且一致的影响的干预措施（Baer, 1977a）。

20年后，当贝尔及其同事再度检视有效性的维度时，他们（1987）认为ABA的有效性也应由第二种结果来检验：目标行为的变化在多大程度上导致最初选择这些行为进行改变的原因发生显著变化。如果被试的生活没有发生改变，那么ABA可能只是达到了一定程度上的有效性水平，而未能达到具有重要社会效度的水平（Wolf, 1978）。

我们或许教授了很多社交技能，却并未检视是否真的能够改善被试的社交生活；我们教授了很多礼仪技巧，却并未检视是否真的有人注意或在意；我们教授了很多安全技能，却并未检视是否真的让被试的生活变得更加安全；我们教授了很多语言技能，却并未检视被试是否真正使用并开展了不同于以往的互动；我们教授了很多任务技能，却并未检视这些任务的实际价值。总之，我们教授了很多生存技能，却并未检视被试后续实际的生存状况（Baer et al., 1987, p. 322）。

泛化性

如果某个行为改变能够持续一段时间，能够出现在最初导致这种改变的干预实施的环境以外，并且/或者扩展到非直接干预的其他行为上，那么该行为改变就具有"泛化性"（generality）。行为改变在原始治疗程序结束后还能持续就是具有泛化性。如果目标行为改变的治疗程序的功能在非治疗环境或情境下发生，那么其泛化性就显而易见了。当某些非重点干预的行为发生改变时，也说明具有泛化性。虽然并非所有的泛化实例都具有适应性（例如，初级阅读者刚刚学会 pet 和 ripe 中 p 的发音，那么当他看到 phone 中的 p 时，可能也会发出同样的音），但是理想的泛化行为改变仍是应用行为分析项目的一个重要成果，因为这些泛化的改变代表了行为改善的额外红利。我们将在第30章中详细介绍促进行为改变获得理想泛化的策略和手段。

自贝尔、沃尔夫和里斯利（1968）提出将这七个维度作为应用行为分析的定义性特征以来，已经过去五十多年了。关于这些维度对当代ABA研究的有用性的深刻讨论，请参看阿克塞尔罗德（Axelrod, 2017），卡塔尔多（Cataldo, 2017），克里奇菲尔德和里德（Critchfield & Reed, 2017）以及弗里曼（Friman, 2017）的相关文章。

ABA 的其他特征

应用行为分析为社会提供了一种负责任的、公开的、可行的、授权的和乐观的问题解决方法（Heward, 2005）。这些特征应使行为分析师"感觉良好"，并使很多领域的决策者和消费者将应用行为分析视为实现结果优化的宝贵而重要的知识来源。

负责任的

应用行为分析师关注有效性，他们专注于切实影响行为且可被探讨的环境变量，并通过直接和频繁的测量来探测行为的改变，这使得他们负有一种无可回避又具有社会价值的责任。直接和频繁的测量是 ABA 实践的基础，也是最重要的部分，它使行为分析师得以确认自己是否获得了成功，同样重要的是，失败的经历使他们得以努力修正错误以获得成功（Bushell & Baer, 1994; Greenwood & Maheady, 1997）。

> 在行为分析的逻辑中，失败总是能够提供有用的信息，如同它在工程学里一样。对缺乏进展持续地做出反应是 ABA 的明确标志。（Baer, 2005, p. 8）

甘布里尔（Gambrill, 2003）对应用行为分析的责任感（sense of accountability）和自我修正（self-correcting）的本质进行了清楚的描述。

> 应用行为分析是一种理解行为的科学方法，我们在其中猜测并批判性地检验各种想法，而非猜测并再次猜测。它是一个从错误中学习如何解决问题的过程。虚假知识和惰性知识在这里不会受到重视。（p. 67）

公开的

"关于 ABA 的所有内容都是可见的、公开的、明确的和直截了当的。ABA 不需要短暂的、神秘的或形而上学的解释；没有隐秘的治疗方法；没有魔法。"（Heward, 2005, p. 322）ABA 公开透明的本质提升了其在教育、养育子女、员工生产能力、老年病学、健康与安全以及社会工作等领域（仅列举一部分）的价值，这些领域的目标、方法和结果对很多用户而言利益攸关。

可行的

教师、家长、教练、职场管理者，甚至有时参与者自己都采用了很多 ABA 研究中很有效的干预措施。这体现了 ABA 的实用要素。"虽然'做 ABA'绝不仅仅是学会实施几个简单的程序，但它也并非复杂或困难到令人望而却步。如很多教师所言，对在教室内实施行为策略最好的描述可能就是'继续努力工作'。"（Heward, 2005, p. 322）

授权的

ABA 为实务工作者提供真正有用的工具。知道如何实施并拥有实施工具会使实务工作者更有信心。看到自己的服务对象、学生、队友或自身行为改善的数据，不仅会使人感觉良好，而且能够增强信心以应对未来更艰巨的挑战。

乐观的

具备知识和技能的行为分析实务工作者有四个真正乐观的理由。第一，如同斯特兰和约瑟夫（Strain & Joseph, 2004）所言：

> 从本质上来说，由行为主义倡导的环境观点是乐观的，它主张（纯基因因素除外）所有个体拥有大致相同的潜力。行为主义者假设不良结果源自环境和经验塑造人的当前行为的方式，而没有假设个

体存在某些基本的内在特质。一旦确定了这些环境和经验因素，我们就可以设计预防和干预计划以改善结果。因此，强调外部控制的行为方法……为每个个体的可能性提供了一个概念模型。（Strain et al., 1992, p. 58）

第二，直接和持续的测量能够使实务工作者发现微小的、易被忽略的行为改进。第三，实务工作者使用能带来积极结果的行为改变策略（行为干预最常见的结果）越频繁，其对未来成功的预期就越乐观。

"为什么不呢？"所表达出的乐观主义意识向来是ABA的核心部分，并且从发展初期开始就对其产生了深远的影响。为什么我们不能教授一个还不会说话的人说话呢？为什么我们不尝试改变幼儿所处的环境，使其展现出更多的创造力呢？为什么我们要假设某个发育迟缓的人学不会跟我们中的大多数人做同样的事情呢？为什么不试试看呢？（Heward, 2005, p. 323）

第四，在教授被认为无法教育的学生方面，ABA 的同行评议文献提供了很多成功的例证。ABA 不断地获得成功，自然激发了乐观情绪，使人们相信未来的新进展将会解决现有技术无法解决的行为挑战。例如，为了回应一些人关于重度障碍人士无法教育的观点，唐贝尔提出了以下看法。

我们中的一些人并不理会这两个论点：所有人都是可教育的，一些人是无法教育的，而是尝试使用实验方法教育某些早先无法教育的人。相对于明显可以教育的群体，通过这些实验，我们缩小了明显无法教育的群体规模。显然，我们还未完成这一旅程。如果我们能够简单地、不带有预测地去追寻，那么为什么要预测它的结果呢？我们何不继续追寻，看着明显无法教育的一小群人中只剩下一位老人，这一天能否实现呢？如果这一天真的来临了，那会是非常美好的一天，而接下来的一天会更加美好。（D. M. Baer, 2002 年 2 月 15 日，私人谈话，引自 Heward, Alber-Morgan, & Konrad, 2017, p. 404）

应用行为分析的定义

本章先阐明了应用行为分析是一门科学，具有理解和改善有社会重要性的行为的双重目的。然后描述了对科学探究来说至关重要的态度、假设和方法，简要回顾了行为分析科学和哲学的发展历程，并陈述了 ABA 的特征。这些都为给出应用行为分析的定义提供了必要的背景。

应用行为分析是一门科学，它将从行为原理中发展而来的策略系统化地应用于改善具有社会重要性的行为，并通过实验确定造成行为改变的变量。

这个定义包含六个关键要素。第一个，应用行为分析是一门科学，这意味着ABA研究者和实务工作者受到科学探究的态度与方法的引导。第二个，所有的行为改变程序均以系统化与技术性的方式描述与实施。第三个，并非任何改变行为的方法都有资格被称为应用行为分析——只有那些从基本行为原理中发展出来的策略才可被纳入此范围。第四个，应用行为分析关注的焦点是具有社会重要性的行为。定义的第五个和第六个要素说明了应用行为分析的两大目标：改善与理解。应用行为分析追求对重要行为进行有意义的改善，并对导致行为改善的因素进行分析[1]。

---

1 弗曼和莱珀（Furman & Lepper, 2018）对应用行为分析的这一定义有异议，因为它"采用了主观标准（即社会相关性和/或对人和社会的重要性），而超出了客观科学的范畴"（p. 103），并建议将 ABA 定义为"对行为改变的科学研究，利用行为原理引发或诱发目标行为的变化"（p. 104）。我们认为具有社会重要性的行为是构成ABA定义的基本要素。它所体现的科学和行为主义哲学，旨在寻求行为改变以提高人们的生活质量（Kimball & Heward, 1993; Skinner, 1971; 1974）。评估和验证目标行为改变的社会重要性以及行为改变在多大程度上提高了参与者的生活质量的客观（即科学）方法将在第 3 章和第 10 章中加以论述。

以行为科学为指导的行为分析科学与专业实践的四个相关领域

行为分析科学及其在人类问题上的应用包括四个领域：行为分析的三个分支——激进行为主义、实验行为分析、应用行为分析以及受行为科学影响和指导的应用于各个领域的专业实践。图1.2展现了各相关领域的定义性特征与特色。虽然大多数行为分析师的工作主要集中于图1.2中的一到两个领域，但他们通常会同时涉及多个领域（Hawkins & Anderson, 2002; Moore & Cooper, 2003）。

	激进行为主义	实验行为分析（EAB）	应用行为分析（ABA）	行为分析指导下的实践
领域	理论和哲学	基础研究	应用研究	帮助人们更成功地行事
主要活动	概念和哲学分析	设计、实施、解释和报告基础实验	设计、实施、解释和报告应用实验	设计、实施和评估行为改变计划
主要目标与产品	理论性地解释所有与现有数据一致的行为	发现和澄清基本行为原理以及行为和控制变量之间的功能关系	一种改善具有社会重要性的行为的技术；具有社会重要性的行为和控制变量之间的功能关系	改善参与者/服务对象的行为的结果即改善参与者的生活
次要目标	确定缺乏实证数据和存在分歧的领域并提供解决方法	确定EAB和/或ABA需要进一步研究的问题；提出理论议题	确定EAB和/或ABA需要进一步研究的问题；提出理论议题	在实现主要目标的基础上提高效率；可能是确定ABA和EAB的研究问题
与现有数据库的一致性程度	尽可能一致，但理论上从目的上来说必须超越现有数据库	完全一致——虽然数据组之间存在差异，但EAB提供基础研究数据库	完全一致——虽然数据组之间存在差异，但ABA提供应用研究数据库	尽可能一致，但实务工作者很多时候必须处理一些现有数据库中未涵盖的情况
可测试性	部分具有——不是所有关注的行为或变量都能接触到（如种系发生的依联）	大部分具有——技术性的限制阻碍了对某些变量的测量和实验操纵	大部分具有——与EAB相同的限制，加上应用情境中可能存在的限制（如伦理考虑、无法控制的事件）	部分具有——不是所有关注的行为或变量都能接触到（如学生的家庭生活）
适用范围	最大 → 范围广，因为理论上希望能够解释所有的行为	EAB数据库允许的范围内	ABA数据库允许的范围内	最小 → 范围窄，因为实务工作者的主要目标是针对特定的情况提供帮助
精确度	最小 → 精确度最低，因为理论涵盖的所有行为中不存在实验数据	在EAB对实验控制的现有技术和研究者技能下尽可能做到精确	在ABA对实验控制的现有技术和研究者技能下尽可能做到精确	最大 → 需要达到最高的精确度以便最有效地改变特定行为

（中间分隔栏：转换行为分析*）

* 转换行为分析在EAB和ABA之间架起了一座桥梁（参看McIlvane, 2009）。

图1.2　四个行为分析科学与实践领域比较关系图

探寻理论和概念化议题的激进行为主义亦属于行为分析的哲学领域。此类例子包括格伦（Glenn, 2004）对行为与文化实践的相互作用的探讨；施林格（Schlinger, 2008b）将倾听视为语言行为的分析；迪伦伯格和基南（Dillenburger & Keenan, 2005）对丧亲问题的讨论；莱宁（Layng, 2017）对情绪与情绪行为的理论描述；M. 马洛特（M. Malott, 2016）对领导力的检验。

实验行为分析是科学的基础研究分支。基础研究包括实验室环境中（大部分）的实验，其以人类和非人类为实验对象，以发现、拓展和明确基本行为原理为目的。EAB研究者研究的主题广泛，包括有机体如何在复杂环境中引导他们的注意力（Shahan, 2013）、决策（Mazur & Fantino, 2014）、记忆和遗忘（White, 2013）、延迟折扣（Odum, 2011）以及操作式行为的变异性（Neuringer & Jensen, 2013）[1, 2]。

应用行为分析实施实验的目的在于发现和厘清具有社会重要性的行为与其控制变量之间的功能关系，以便进一步开发人性化的和有效的行为改变技术。应用行为分析研究的例子有：塔博克斯、华莱士和威廉斯（Tarbox, Wallace, & Williams, 2003）对残障人士擅自离开的行为（未经允许跑开或离开护理人员）进行评估和治疗；罗曼诺维奇和兰姆（Romanowich & Lamb, 2015）研究各种强化程序表（schedules of reinforcement）对吸烟者戒烟的影响；克拉布特里、阿伯—摩根和康拉德（Crabtree, Alber-Morgan, & Konrad, 2010）的实验研究故事元素的自我监督对有学习障碍的高中生阅读理解的影响；波林及其同事诱导非洲巨鼠寻找未引爆的地雷（Poling et al., 2010），检测结核病患者（Poling et al., 2017），搜寻因自然灾害、战争或恐怖主义行为或工程失败而被困在倒塌的建筑物废墟下的人（La Londe et al., 2015）。

"行为分析不仅仅是其基础研究、应用研究和概念方案的总和。行为分析是它们之间的相互关系，其中每个分支都从其他分支中汲取力量并提高完整性。随着行为分析的统一性得以明确，行为分析的整体大于其部分之和。"（Morris, Todd, Midgley, Schneider, & Johnson, 1990, p. 136）转换研究是基础领域和应用领域之间具有共生关系的证据。转换研究包括为连接基础领域和应用领域充当"桥梁"的基础研究，以及将基础研究衍生的知识"转换为供社区使用的最先进的临床实践"（Lerman, 2003, p. 415）。在关于代币强化（token reinforcement）的转换研究的综述中，哈肯伯格（Hackenberg, 2018）表示，行为分析科学的三个领域都能从基础研究和应用研究的相互影响中受益。

> 与标准的转换研究（基于将分析从实验室转移到应用领域的单向模型）不同，代币系统的研究工作最好通过实验室和应用研究之间的双向互动来进行，其中，应用问题引发了对基本机制的研究。当以一项分析为基础并对其起促进作用时，关于代币经济的应用研究可能会处于理论发展的前沿，它有助于制订科学研究议程。（p. 393）[3]

行为分析的专业服务属于第四个领域。行为分析实务工作者设计、实施和评估行为改变计划，其中的行为改变策略源自基础研究者发现的基本行为原理，并且应用研究者已经证实了其对具有社会重要性的行为的有效性。例如，当治疗师对一个孤独症孩子开展入户治疗时，经常会为孩子提供将社交和语言技能运用于日常生活的自然情境的机会，并确保有强化事件紧跟在孩子的反应之后。还有，一位接受过行为分析训练的课堂教师使用正强化（positive reinforcement）和刺激渐褪（stimulus fading）的方法，教授学生依照鱼的形状、大小及鱼鳍的位置对鱼进行辨识和分类。

虽然四个领域中的任何一个领域均可独自定义和实践，但任何一个都不应完全独立于其他领域的发展，也不会不受其他领域的影响。科学及其发现的有效应用会从四个领域之间的相互联系和相互影响中受益。

ABA 的前景与潜力

在一篇题为《应用行为分析的未来主义视角》（A Futuristic Perspective for Applied Behavior Analysis）的文章中，乔恩·贝利（Jon Bailey, 2000）指出：

---

1 并存程序表（concurrent schedules）中的决策、延迟折扣和操作变异性（operant variability）将分别在第 13、29 和 30 章中加以讨论。

2 关于行为分析基础研究的现状、任务和未来发展的观点，请参看基利恩（Killeen, 2018），马尔（Marr, 2017）以及利、马奥尼和波林（Li, Mahoney, & Poling, 2018）的一系列特邀文章。

3 了解有关转换研究的更多信息，请参看克里奇菲尔德（Critchfield, 2011a, b）和《行为分析师》2009 年秋季版文章和 2011 年春季版文章。

> 对我而言，应用行为分析具有前所未有的现实意义，并为公民、家长、教师、企业和政府领导提供了其他任何心理学方法都无法比拟的优势……据我所知，没有其他任何一种心理学方法能以提供当今最棘手的社会问题的最新解决方案而自夸。(p. 477)

我们也相信，通过 ABA 的实用主义和运用自然科学方法的研究，我们可以发现真正影响具有社会重要性的行为的环境变量，并开发可以实际利用这些发现的技术，从而为人类解决很多问题带来最大的希望。重要的是，我们必须认识到 ABA 提供的"行为如何运作"的知识是不完善的，即使是在基本原理的层面上，那些从知识中提炼出来的改变行为的技术也是不完善的。人们对行为的某些方面相对而言知之甚少，尚需进行更多的研究，如基础研究和应用研究，以明确、拓展和修正所有现有的知识。

然而，应用行为分析研究和实践在诸多领域中改善了人类的表现和参与者的生活质量。图 1.3 列出了通过非正式文献检索和调查确定的 230 多个应用行为分析研究主题中的一部分（Heward & Critchfield, 2019）。虽然这个从 A 到 Z 的主题列表看起来多种多样且令人印象深刻，但行为问题还未完全解决，学习目标还未完全实现，很多重要的问题和挑战有待分析。本书的其余部分是对基础知识的介绍，帮助读者对应用行为分析这门仍然年轻而有前途的科学进行更全面、更充分的理解。

A

注意力缺陷与多动障碍（Bicard & Neef, 2002）、老化（Baker & LeBlanc, 2014）、攻击行为（Brosnan & Healy, 2011）、艾滋病（DeVries et al., 1991）、酗酒（Fournier et al., 2004）、阿尔茨海默病（LeBlanc et al., 2006）、神经性厌食症（Solanto et al., 1994）、动物训练（Protopopova et al., 2016）、孤独症（Ahearn & Tiger, 2013）、航空安全（Rantz & Van Houten, 2013）

B

棒球（Heward, 1978）、篮球（Kladopoulos & McComas, 2001）、拒绝就寝（Friman et al., 1999）、行为药理学（Roll, 2014）、自行车安全（Okinaka & Shimazaki, 2011）、21 点纸牌游戏技能（Speelman et al., 2015）、盲文（Scheithauer & Tiger, 2014）、乳腺癌检测（Bones et al., 2016）、磨牙（Barnoy et al., 2009）、霸凌（Ross et al., 2009）

C

咖啡因中毒（Foxx & Rubinoff, 1979）、癌症预防（Lombard et al., 1991）、虐待儿童（Van Camp et al., 2003）、气候变化（Heward & Chance, 2010）、运动员训练（Stokes et al., 2010）、大学教学（Kellum et al., 2001）、同情（Geller, 2012）、合作学习（Maheady et al., 2006）、创造力（Winston & Baker, 1985）、哭泣（Bowman, 2013）、具有文化适应性的社交技能教学（Lo et al., 2015）

D

舞蹈（Quinn et al., 2015）、妄想性言语（Travis & Sturmey, 2010）、痴呆（Engelman et al., 1999）、抑郁症（Follette & Darrow, 2014）、发展性障碍（Kurtz & Lind, 2013）、糖尿病（Raiff et al., 2016）、药物成瘾（Silverman et al., 2011）、阅读障碍（Denton & Meindl, 2016）

E

教育（Heward et al., 2005）、私奔（Kodak et al., 2004）、节能（Staats et al., 2000）、遗尿症（Friman & Jones, 2005）

F

牙医恐惧症（Conyers et al., 2004）、进食障碍（Volkert & Piazza, 2012）、花样滑冰（Hume et al., 1985）、消防安全（Garcia et al., 2016）、食品银行捐赠（Farrimond & Leland, 2006）、足球（Ward & Carnes, 2002）、家庭寄养（Hawkins et al., 1985）

G

赌博（Dixon et al., 2015）、游戏化（Morford et al., 2014）、性别暴力（Szabo et al., 2019）、老年病学（Gallagher & Keenan, 2000）、高尔夫球（Simek et al., 1994）、枪支安全（Miltenberger et al., 2005）

H

扯头发（Rapp et al., 1999）、写字（Trap et al., 1978）、幸福（Parsons et al., 2012）、头痛（Fitterling et al., 1988）、公路安全（Van Houten et al., 1985）、家庭作业（Alber et al., 2002）、骑马（Kelley & Miltenberger, 2016）、驯马（Fox & Belding, 2015）、人质谈判（Hughes, 2006）、卫生（Fournier & Berry, 2013）

I

冲动（Barry & Messer, 2003）、失禁（Adkins & Mathews, 1997）、工业安全（Fox et al., 1987）、婴儿护理（Dachman, et al., 1986）、感染控制（Babcock et al., 1992）、智力障碍（Frederick et al., 2013）

J

求职（Azrin et al., 1975）、共同注意（Taylor & Hoch, 2008）、青少年司法（Kirigin et al., 1982）

K

键盘练习（DeFulio, 2011）、预防儿童拐卖（Gunby et al., 2010）、厨房技能（Trask-Tyler et al., 1994）、盗窃癖（Kohn, 2006）

L

地雷探测（Edwards et al., 2015）、语言获得（Drasgow, et al., 1998）、学习障碍（Wolfe et al., 2000）、休闲技能（Schleien et al., 1981）、乱扔垃圾（Powers et al., 1973）、封锁演习程序（Dickson & Vargo, 2017）

M

武术（BenitezSantiago & Miltenberger, 2016）、数学（Hunter et al., 2016）、医疗程序（Hagopian & Thompson, 1999）、医疗培训（Levy et al., 2016）、精神卫生（A-tjak et al., 2015）、音乐技能（Griffith et al., 2018）、近视（Collins et al., 1981）

N

咬指甲（Heffernan & Lyons, 2016）、紧张习惯（参看咬指甲、扯头发）、噪声（Ring et al., 2014）、不服从（Mace et al., 1988）、营养（Horne et al., 2009）

O

肥胖（De Luca & Holborn, 1992）、观察学习（DeQuinzio & Taylor, 2015）、强迫症（Penney et al., 2016）、组织行为管理（Rodriguez, 2011）、中耳炎（O'Reilly, 1997）

P

惊恐障碍、育儿（Miltenberger & Crosland, 2014）、儿科学（Friman & Piazza, 2011）、恐惧症（Tyner et al., 2016）、肢体活动（Kuhl et al., 2015）、体育（McKenzie et al., 2009）、异食癖（Hagopian et al., 2011）、游戏技能（Davis-Temple et al., 2014）、普拉德-威利综合征（Page et al., 1983）、问题解决（Axe et al., 出版中）、拖延症（Johnson et al., 2016）、公共卫生（Biglan & Glenn, 2013）、公开演讲（Mancuso & Miltenberger, 2016）

Q

质量控制（Kortick & O'Brien, 1996）、定量分析技能（Fienup & Critchfield, 2010）、提问/回答（Ingvarsson et al., 2007）

R

射线屏蔽、阅读（Twyman et al., 2005）、回收利用（O'Conner et al., 2010）、抢劫（Schnelle et al., 1979）、英式橄榄球（Mellalieu et al., 2006）、反刍（Woods et al., 2013）

S

安全性行为（Honnen & Kleinke, 1990）、全校范围行为支持（Freeman et al., 2016）、安全带使用（Van Houten et al., 2010）、第二语言获得（May et al., 2016）、自伤（Lerman & Iwata, 1993）、自我管理（Reynolds et al., 2014）、性虐待（Lumley et al., 1998）、分享（Marzullo-Kerth et al., 2011）、睡眠障碍（Piazza et al., 1997）、英氏足球（Brobst & Ward, 2002）、拼写（McNeish et al., 1992）、刻板行为（Ahearn et al., 2003）、口吃（Wagaman et al., 1995）、物质滥用（Roll et al., 2009）、可持续性（Leeming et al., 2013）、游泳（Hume & Crossman, 1992）

T

发脾气（Williams, 1959）、结核病检测（Poling et al., 2017）、教师培训（Kretlow et al., 2012）、吸吮拇指（Friman, 2000）、烟草使用（Romanowich & Lamb, 2015）、如厕（Greer et al., 2016）、刷牙（Poche et al., 1982）、抽动秽语综合征（Azrin & Peterson, 1988）、田径（Scott et al., 1997）、创伤性脑损伤（Heinicke et al., 2009）

U

城市搜索救援（Edwards et al., 2016）、普遍预防措施（Luke & Alavosius, 2011）

V

蓄意破坏（Mayer et al., 1983）、视敏度（Collins et al., 1981）、发声性抽动（Wagaman et al., 1995）、职业培训（Cullen et al., 2017）、嗓音障碍（Shriberg, 1971）

W

减肥（VanWormer, 2004）、工作场所安全（Abernathy & Lattal, 2014）、写作障碍（Didden et al., 2007）、写作技能（Hansen & Wills, 2014）

X

X射线屏蔽（Greene & Neistat, 1983）

Y

礼让行人（Bennett et al., 2014）、瑜伽（Downs, 2015）、青少年体育（Luiselli et al., 2011）

Z

动物园动物福利（Maple & Segura, 2015）

注：改编自 W. L. Heward & T. S. Critchfield (2019). ABA from A-to-Z. 书稿正在写作中。引用三位或三位以上合著者的文献时以"et al."标注。

图 1.3　ABA：从 A 到 Z 全面提高人们的生活质量

摘要

科学：基本特征与定义

1. 不同类型的科学研究提供了能够描述、预测和/或控制所研究的现象的知识。

2. 描述性研究提供了一系列可观察事件的事实，这些事实可被量化和分类，且与其他已知事实之间的可能关系可被检验。

3. 从两个事件的系统性共变（相关）研究中得出的知识可用于预测某一事件基于其他事件出现的发生可能性。

4. 如果某一实验结果表明对某一事件（自变量）进行特定的操纵能够导致另一事件（因变量）发生改变，且该因变量的改变不太可能是外来因素（混杂变量）的结果，则该实验发现的功能关系可用于控制所研究的现象。

5. 所有领域的科学家的行为都具有一些共同的假设和态度：

- 决定论：假设宇宙是一个有秩序、有法则的地方，所有现象的发生都是其他事件的结果。
- 实证论：客观地观察所关注的现象。
- 实验：在两种或两种以上条件下，对所关注现象（因变量）的某些方面进行控制比较，其中每次只改变一个因素（自变量）的条件。
- 复制：重复实验（以及实验中自变量的条件）以检验发现的信度和有用性。
- 简约：在考虑更复杂或更抽象的解释之前，须从实验或概念上对其进行简单而合乎逻辑的解释。
- 哲学存疑：不断地质疑所有科学理论和知识的真实性和有效性。

行为分析简史

6. 行为分析由三大分支构成：行为主义、实验行为分析（EAB）和应用行为分析（ABA）。

7. 华生主张的行为主义的早期模式被称作刺激—反应（S-R）心理学，它无法在没有明显的前提刺激的情况下解释行为发生的原因。

8. 斯金纳创立了实验行为分析（EAB），它是一种自然科学方法，用以发现行为和各种环境变量之间有序和可靠的关系。

9. EAB 具有以下方法论特征：

- 反应频率是最普遍的因变量。
- 重复的或连续的测量由谨慎定义的反应类（response classes）构成。
- 被试内实验比较取代了实验组和控制组的行为比较。
- 图表数据的视觉化分析优于统计推断。
- 相比于形式理论检验，更重视功能关系的描述。

10. 经过数千次的实验室实验，斯金纳和同事及学生发现并证实了操作式行为的基本原理，这些原理为现代行为分析提供了实证基础。

11. 斯金纳撰写了大量关于行为科学的哲学内容（他称之为激进行为主义）。激进行为主义试图解释所有的行为，包括思维和感觉等内隐事件。

12. 方法论行为主义是一种哲学立场，它将无法公开观察的行为事件摒除在科学领域之外。

13. 心灵主义是一种理解行为的方法，它假设存在一个不同于行为维度的心理或"内在"维度，这个维度上的现象会直接引起某些类型的行为，或至少间接地起到作用。心灵主义基于假设性构念和解释性虚构之上。

14. 实用主义是一种哲学立场，它认为科学陈述的真理或价值取决于其促进有效行动的程度。

15. 第一篇关于操作式条件作用在人类被试中的应用报告是由富勒（1949）完成的，在该研究中，一位有重度障碍的少年的举手反应被条件化。

16. 应用行为分析的正式形成可追溯至1959年艾伦和迈克尔发表的论文《作为行为工程师的精神科护士》。

17. 现代应用行为分析（ABA）始于1968年《应用行为分析杂志》（*JABA*）创刊。

应用行为分析的特征

18. 贝尔、沃尔夫和里斯利（1968）指出，研究或行为改变计划符合以下七个定义维度方可被视为应用行为分析。

· 应用的：研究对被试具有社会重要性和直接重要性的行为。
· 行为的：对需要改善的实际行为进行精确的测量，并记录被试的行为改变。
· 分析的：实现对行为的发生与不发生的实验控制，并证明是否存在功能关系。
· 技术性的：研究中使用的所有程序的书面描述足够完整和详细，以便其他人能够加以复制。
· 概念系统化的：行为改变干预的方法源于基本的行为原理。
· 有效的：充分改善行为，为参与者/服务对象提供实际的结果。
· 泛化性：产生的行为改变能够持续一段时间并出现在其他环境中，并且/或者能够扩展到其他行为上。

19. ABA为社会提供了一种负责任的、公开的、可行的、授权的和乐观的解决很多问题的方法。

应用行为分析的定义

20. 应用行为分析是一门科学，它将从行为原理中发展而来的策略系统化地应用于改善具有社会重要性的行为，并通过实验确定造成行为改变的变量。

21. 行为分析师的工作涉及四个相关领域中的一个或多个：行为主义（理论与哲学议题）、实验行为分析（基础研究）、应用行为分析（应用研究）和专业实践（为消费者提供行为分析服务）。

22. 转换研究连接了基础研究和应用研究，并影响着这两个领域。

23. ABA的自然科学方法可用以发现真正影响具有社会重要性的行为的环境变量，并开发可以实际利用这些发现的技术，从而为人类解决很多问题带来最大的希望。

24. 应用行为分析研究和实践在诸多领域中改善了人类的表现和参与者的生活质量，但问题尚未完全解决，很多重要问题、挑战和机遇依然存在。

第 2 章 基本概念与原理

关键词

前提（antecedent）
自动强化（automatic reinforcement）
强化的自动化（automaticity of reinforcement）
厌恶刺激（aversive stimulus）
行为（behavior）
行为改变策略（behavior change tactic）
条件惩罚物（conditioned punisher）
条件反射（conditioned reflex）
条件强化物（conditioned reinforcer）
条件刺激（conditioned stimulus）
后果（consequence）
依联（contingency）
依联塑造的行为（contingency-shaped behavior）
依联（contingent）
剥夺（deprivation）
区辨操作（discriminated operant）
区辨刺激（discriminative stimulus, S^D）
环境（environment）
消退（extinction）
习惯化（habituation）
高阶条件作用（higher-order conditioning）
强化历史（history of reinforcement）
共同控制（joint control）
动因操作（motivating operation）
负惩罚（negative punishment）

➡ 本章由张娥翻译。

负强化（negative reinforcement）
中性刺激（neutral stimulus）
个体发生史（ontogeny）
操作式行为（operant behavior）
操作式条件作用（operant conditioning）
种系发生史（phylogeny）
正惩罚（positive punishment）
正强化（positive reinforcement）
行为原理（principle of behavior）
惩罚物（punisher）
惩罚（punishment）
反射（reflex）
强化（reinforcement）
强化物（reinforcer）
技能库（repertoire）
应答式行为（respondent behavior）
应答式条件作用（respondent conditioning）
应答式消退（respondent extinction）
反应（response）
反应类（response class）
规则掌控的行为（rule-governed behavior）
自然选择（selectionism）
社会中介依联（socially mediated contingency）
刺激（stimulus）
刺激类（stimulus class）
刺激控制（stimulus control）
刺激—刺激匹配（stimulus-stimulus pairing）
三项依联（three-term contingency）
非条件惩罚物（unconditioned punisher）
非条件强化物（unconditioned reinforcer）
非条件刺激（unconditioned stimulus）

行为分析师认证委员会 BCBA/BCaBA 任务清单（第 5 版）
第一部分：基础
A.哲学理解
A-2 解释行为分析科学的哲学假设（如自然选择、决定论、简约、实用主义）。
B.概念和原理
B-1 定义行为、反应和反应类并举例。
B-2 定义刺激和刺激类并举例。
B-3 定义应答式条件作用和操作式条件作用并举例。
B-4 定义正强化依联和负强化依联并举例。
B-7 定义自动依联和社会中介依联并举例。
B-8 定义非条件强化物、条件强化物和泛化型强化物、泛化型惩罚物并举例。
B-9 定义操作式消退并举例。
B-10 定义刺激控制并举例。
B-11 定义区辨、泛化和维持并举例。
B-12 定义动因操作并举例。
B-13 定义规则掌控的行为和依联塑造的行为并举例。

©2017 The Behavior Analyst Certification Board, Inc.,® (BACB®). 保留所有权利。本文件的当前版本可在 www.bacb.com 网站查阅。如需转载、复制或分发本文件，或有疑问，请直接联系行为分析师认证委员会。

> 人们必须了解有机体是如何通过它与环境的交互作用而改变的，以及新的环境—行为关系是如何习得的和非习得的。
>
> ——杰克·L. 迈克尔（Jack L. Michael, 2004, p. 1）

本章定义了对行为进行科学分析所需的基本概念，并介绍了通过这种分析发现的基本原理。行为是我们要考察的第一个概念，它是所有原理中最基本的。对应用行为分析师而言，最重要的控制变量位于环境之中，因此，我们接下来对环境和刺激的概念进行了定义。然后，本章介绍了一些关于行为—环境关系的科学研究的基本发现，描述了两种不同类型的行为——应答式行为和操作式行为，并介绍了环境影响各种行为的基本方式——应答式条件作用（respondent conditioning）和操作式条件作用（operant conditioning）。三项依联（three-term contingency）是一个用来表示应答式行为与环境之间的时间（temporal）关系和功能关系的概念，作为应用行为分析的一个焦点，其重要性也得到了阐释[1]。本章最后一部分说明了人类行为的复杂性，提醒我们——行为分析师掌握的主题知识并不完整，尽管它会不断扩展和逐渐成熟，并指出了在应用情境中试图改变行为时面临的一些困难和挑战。

行为

行为到底是什么？简而言之，行为是生物体的活动。人类行为指的是人类的一切所作所为，包括他们如何运动，他们的所说、所想和所感。撕开一袋花生是行为，而想象打开袋子后，花生吃起来口感有多好也是一种行为。阅读这个句子是行为，如果你拿着这本书，那么感受它的重量和形状也是一种行为。

---

[1] 读者无须畏惧本章中大量的专有名词和概念。除应答式行为外，本章介绍的每一个概念都会在后面的章节中详加讨论。本章对基本概念和原理的初步描述能够为读者提供背景信息，有助于理解尚未给出详细解释的文本内容。

虽然行动（activity）和运动（movement）等词语表达出了行为的一般概念，但出于科学的目的，我们需要一个更加精确的定义。科学学科如何界定其主题，会对恰当的和可能的测量、实验和理论分析方法产生深远的影响。

斯金纳（1938）将行为定义为"有机体或其部分在自身或各种外部对象及场所提供的参考系中的运动"（p. 6）。在这个定义的基础上，约翰斯顿和彭尼帕克（1980，1993，2009）阐明了迄今为止概念上最正确和实证上最完整的关于行为的定义。在《行为研究策略与技术（第3版）》（Strategies and Tactics of Behavioral Research, third edition）中，作者对**行为**的定义如下：

> 行为是有机体与环境的交互作用的一部分，其中涉及有机体的某个部分的运动。（2009, p. 31）

约翰斯顿和彭尼帕克对该定义的各个部分进行了探讨，因为这个定义与研究者和实务工作者有关。有机体一词将行为的主题限定在生物体的活动之中，而将其他一些说法，如股票市场的"行为"，排除在科学使用这个术语的范畴之外。有机体与环境的交互作用（an organism's interaction with the environment）这个短语"避免了暗指行为是有机体的一部分，并强调了对互动状态的要求"（2009, p. 31）。作者在第2版中详细阐述了该定义的这一关键部分。

> 行为不是有机体的特性或属性。它只发生在有机体与其周围环境（包括有机体自身）存在互动的情况下。这意味着无论是真实的还是假定的，有机体的独立状态都不是行为事件，因为不存在互动的过程。**饥饿**或**焦虑**是这种状态的例子，它们有时会与所要解释的行为混淆，因为它们都未说明饥饿的或焦虑的有机体与环境之间的交互作用，因此不能被视作行为。
>
> 类似地，环境中独立的条件或改变无法构成行为的发生，因为没有特定的交互作用。某个人在雨中行走时淋湿了，但"淋湿了"并不是一个行为的例子。儿童可能会因为做对数学题而得到代币，但"得到代币"不是行为。得到代币意味着环境中发生的改变，但它不要求或不需要儿童运动。与此相反，做数学题和把代币放入口袋都是行为事件，因为环境既能辅助儿童的行动，之后又会被行为改变。（Johnston & Pennypacker, 1993, p. 24, 着重强调的部分）

除了将有机体的静止状态排除在外，这一定义也不把由独立的物理外力造成的身体运动视作行为事件。例如，被强风吹走不是行为，因为如果风力足够强，非有机体和有机体的运动方式是类似的[1]。

无论规模大小，有机体的某个部分的运动（movement of some part of the organism）这个短语将行为定义为运动。

"一个反应要被观察到，就必须影响环境——它必须对观察者或仪器产生影响，而这反过来又会影响观察者。一小群肌肉纤维的收缩与按压杠杆或走8字一样，都是如此"（Skinner, 1969, p. 130）。行为包括无法被他人观察到的皮肤内身体部位的运动。正如卡坦尼亚（2013）指出的，聆听音乐时，将注意力转移到不同的乐器上，并不涉及头部、眼睛或其他任何明显的身体部位的运动。

行为（behavior）一词通常指具有特定功能（如饮食行为、问候行为和写作行为）的一类反应[2]。反

1　奥格登·林斯利（Ogden Lindsley）在20世纪60年代中期提出了死人测验（dead man test），用于帮助教师确定他们所测量和改变的是真正的行为，而非像"安静"这种无生命的状态（参看第3章）。根据该测验，如果一个死人能做到，那就不是行为。被强风吹倒不是行为（因为一个死人也可以被风吹倒），但是某人在被强风吹倒时用胳膊和手挡在脸前，蜷缩着，翻滚着，喊着"哇"，则是行为。克里奇菲尔德（Critchfield, 2016）提供了一些关于死人测验的历史背景，并针对其作为测量指南的有用性进行了审慎的评论。

2　大多数行为分析师既把行为用作不可数名词，也把它用作可数名词。用作不可数名词时，泛指该领域的主题或某种行为类型或行为类（如操作式行为、学习行为）；用作可数名词时，则表示具体的行为实例（如两次攻击行为）。行为一词通常隐含在叙述中而不必表达出来。我们认同弗里曼（2004）的建议，在大多数情况下，"如果我们关注的行为是打人和吐口水，那就直接说'打人'和'吐口水'。之后，当我们要给这些想法一个统称时，我们就可以称它们为行为"（p. 105）。

应（response）指的是一个特定的行为。**反应**的一个专业定义是"有机体的效应器的活动（action of an organism's effector）。效应器是指位于传出神经纤维末梢的器官，专门以机械方式、化学方式或其他能量改变方式来改变其环境"（Michael, 2004, p. 8, 原文中的楷体字部分）。人体效应器包括横纹肌（即骨骼肌，如二头肌和四头肌）、平滑肌（如胃和膀胱）和腺体（如肾上腺和垂体腺）。

行为也可以用它的形式或物理特征来描述。反应形态（response topography）指的是行为的物理外观或形式。例如，打开一袋花生的手和手指的动作可以通过它们的形态元素进行描述。然而，仔细观察会发现，某人每次打开零食袋的形态都有差别。这种差别可能很细微，但是每一个"打开袋子的反应"都不同于其他的反应。

虽然有时用形态来描述行为是有用的，但行为分析的特征是针对行为对环境的影响进行功能分析。**反应类**（response class）是指一组具有相同功能的反应（就是说，组中的每一个反应都对环境产生相同的效果）。某些反应类包含形式迥异的反应——想象一下，提出"做点别人预料不到的事"这个要求，得到的各种反应会千差万别（Neuringer, 2009），而某些反应类的形态变化却很有限（如一个人的签名，四缝线快速球的正确握法）。

之所以强调行为的功能分析比强调行为的结构或形态描述更重要，还有一个原因是，两个相同形态的反应会因控制变量的不同而成为完全不同的行为。例如，看到 f-i-r-e 这几个字母而说出"火"（fire）和在拥挤的戏院闻到烟味或看到火焰而大叫"火"，是两种截然不同的行为。

行为分析师至少以两种方式使用**技能库**（repertoire）这个术语。技能库有时被用来指一个人会做的所有行为，但更常用来说明一个人具备与特定情境或任务相关的知识和技能集合。从后一种意义来看，我们每个人都已习得了多种技能库。例如，我们每个人都有一些适合非正式社会情境的技能库，这些技能库与我们用来应付正式社交情境的行为存在些许不同（或大不相同）。再者，每个人都具有和语言技能、学业任务、日常生活、休闲娱乐等方面相关的技能库。读完本书后，你在应用行为分析方面的知识和技能库将会有所提升。

环境

所有行为都是在环境背景中发生的；行为不能在环境空白或真空中发出。约翰斯顿和彭尼帕克（2009）对环境（environment）做出如下定义，并特别指出该定义对行为科学的影响。

> **环境**是指有机体所处的一整套物理环境。这个术语是全面的，因为物理世界的任何方面都可能对行为产生影响。这个术语也是具体的，因为对任何一个特定行为来说，重点通常只在于那些在功能上与个别反应相关的环境事件上……
>
> 相关环境甚至可以包括做出行为的有机体。当你抓痒时，对皮肤的刺激作为一种负强化物，可能会增强瘙痒的缓解效果，从而增加抓痒行为发生的可能性。我们的身体是与反应相关的前提和后果环境事件的一种持续的来源。这一事实提醒我们，在理解行为的时候，皮肤并不是一个特别重要的边界。（p. 29）

环境是复杂而动态的事件世界，时时刻刻都在变化。当行为分析师描述环境的特定方面时，他们是在谈论刺激条件或事件。**刺激**（stimulus）是"一种通过有机体的感受器细胞影响有机体的能量改变方式"（Michael, 2004, p. 7）。人类具有能够探测身体内外的刺激改变的感受器系统。外感受器（exteroceptor）是用来探测外部刺激的感觉器官，并使视觉、听觉、嗅觉、味觉和皮肤触觉成为可能。身体内有两种能够敏锐察觉刺激改变的感觉器官，一个是内感受器（interoceptor），对内脏刺激敏感（如感觉胃痛）；另一个是本体感受器（proprioceptor），使运动和平衡产生的运动觉和前庭觉成为可能。应用行为分析师最常研究发生于体外的刺激改变所产生的效果。外部刺激条件和事件不仅比内部条件更容易观察和操纵，而且是我们所生活的物理世界和社会世界的主要特征。

环境主要通过刺激改变而非静态的刺激条件来影响行为。正如迈克尔（2004）指出的，当行为分析师说到一个刺激的呈现或发生时，他们通常指的是刺激改变。

> 例如，在应答式条件作用中，条件刺激可能是一个音调。然而，相关的事件其实是从没有声音到有声音的改变……虽然这一点不特别说明就可以理解，但在分析更为复杂的现象时可能会被忽略。操作式区辨刺激、条件强化物、条件惩罚物和条件动因变量作为刺激改变而非静态条件通常也很重要。（Michael, 2004, pp. 7–8）[1]

信息箱 2.1 "行为流" 说明了行为和环境的连续的、不断变化的本质。

分类和描述刺激

刺激事件可以从以下三种维度来描述：形式维度（通过它们的物理特征）、时间维度（通过它们相对于某个所关注行为的发生时间）和功能维度（通过它们对行为的影响）。行为分析师用**刺激类**（stimulus class）一词来表示在一个或多个维度上有一套预先决定的共同元素的刺激组。

信息箱 2.1

行为流

虽然刺激和反应的概念已被证明有助于对行为进行概念、实验和应用分析，但重要的是要认识到刺激和反应在本质上并不以离散事件的形式存在。科学家和实务工作者所识别的刺激和反应是有机体与其环境之间持续动态的交互作用的可检测的"切片"。米基·基南和卡罗拉·迪伦伯格（Mickey Keenan & Karola Dillenburger, 2013）将这个过程称为"行为流"。他们的说明和描述如下。

该图显示个体的生命是一个连续的过程。

初次见一个人时，我们观察到的只是他生命中的一个瞬间。

---

1 此处提到的应答式条件作用和操作式作用原理会在本章后面进行介绍。

作为连续过程的人的形象很难被保留下来。

这种情况的一个后果是,我们通常会进行心灵主义的分析。也就是说,我们试图通过解释发生在一个人体内、大脑或意识中的事情来解释该个体的行为。

然而,自然科学的视角使我们能够将作为连续过程的人的形象保留下来。从这个角度看,科学探究的目的是将这一连续过程的各个部分与产生这个过程的自变量联系起来。所谓的心理事件也是连续过程的一部分,而不是对所观察情况的解释。

图片和说明文字引自 M. Keenan & K. Dillenburger (2013). *Behaviour Analysis: A Primer*. 2013 年版权归凯尔特边地制造所有。经授权使用。

刺激的形式维度

行为分析师通常根据刺激的形式维度(formal dimensions of stimuli)来描述、测量和操纵刺激,如尺寸、颜色、强度、重量以及相对于其他物体的空间位置。刺激可以是非社会性的(如一束红光、一个高频音),也可以是社会中介的(如一个朋友问:"要再来点花生吗?")。

刺激的时间轨迹

因为行为和影响行为的环境条件随时间发生,所以刺激改变的时间位置(temporal location of stimulus change)非常重要。特别是,行为受发生于该行为之前和行为之后不久的刺激改变的影响最大。**前提**(antecedent)这个术语指的是存在或发生于所关注行为之前的环境条件或刺激改变。

由于行为不能离开环境而发生,每个反应都是在一个特定的情境或一组前提条件下发生的。无论学习者、行为分析师或教师是否已经做好计划甚或意识到它们的存在,这些前提事件在学习和动因上都会起到重要作用。

例如,与学生在限时作答的数学测验中的表现具有功能性相关的前提可能包括:学生在考前一晚的睡眠时间;教室内的温度、光线和座位安排;老师提醒全班学生,此次测验得分超过个人最好成绩可以免写一次家庭作业；此次测验中数学题目的具体类型、版式和顺序。其中的每一个前提变量（及其他）都有可能对学生的表现产生或大或小甚或察觉不到的效果，这些效果随学生对特定前提的经验的不同而改变。（Heward & Silvestri, 2005, p. 1135）

后果（consequence）是指所关注行为之后的刺激改变。有些后果，特别是那些与当下动因状态相关的和紧跟在行为之后的后果，对未来的行为能够产生重大影响，而其他一些后果则几乎不产生影响。

与前提刺激事件类似，后果也可能是非社会性的或社会中介的。在一个**社会中介依联**（socially mediated contingency）中，另一个人成为行为的前提刺激和/或后果。表2.1列出了非社会性的和社会中介的四种行为的前提和后果事件的各种组合的例子。

表2.1　前提（情境）和后果事件可以是非社会性的（楷体）、社会中介的（宋体），或者是两者的结合

环境情境	反应	后果
饮料贩卖机	投币	冷饮
桌上有五个杯子	"一、二、三、四、五个杯子"	老师点头微笑
朋友说"左转"	左转	到达目的地
朋友问"现在几点了？"	六点十五分	朋友说"谢谢"

引自S. S. Glenn (2004). Individual Behavior, Culture, and Social Change. *The Behavior Analyst*, 27, p. 136. 2004年版权归行为分析协会所有。经授权使用。

单一刺激改变的多种功能

有些刺激改变能够对行为产生即时的、强大的控制作用，而其他一些则会产生延迟的效果或不产生明显的效果。虽然我们可以，也经常用物理性质（如音调和声音的分贝等级、一个人的手和手臂运动的形态）描述刺激，但理解刺激改变的最佳方式是对它们在行为上产生的效果做功能分析。例如，同样分贝的音调，在一个情境或一组情境中，可能是查看烘干机里的衣服时发出的提示音，而在另一个情境中，则可能是系安全带的警告信号；同样的手和手臂的动作，在一个情境中，可能会让某人微笑并打招呼，而在另一个情境中，则可能引发对方的怒视和不礼貌的手势。

刺激改变对行为有一种或两种基本的功能或效果：（1）增加或减少行为频率的即时但短暂的效果；（2）影响行为在未来发生频率的延迟但相对长久的效果（Michael, 1995）。例如，在一个乌云密布的日子里，一场突如其来的滂沱大雨可能会立即增加个体所有与避雨有关的行为的出现频率，这些行为在过去使个体成功地躲避了雨，如撑开伞或跑去找遮雨篷。一个曾经遭逢大雨却没有带伞的人，未来在阴天里更有可能带伞。

应答式行为

世界上所有生物性完整的有机体都能依照可预期的方式对某些刺激做出反应，且无须经过学习。这些现成的行为可以保护有机体避免有害的刺激（如为清除角膜上的微粒而流泪和眨眼），帮助有机体调节内部平衡和减少消耗（如改变心率和呼吸以应对温度和活动水平的变化），并促进繁殖（如性唤起）。这些刺激—反应关系就叫作**反射**，它们是有机体的遗传禀赋的一部分，是自然演化的产物，来源于其对物种生存的价值。某一特定物种的每一个健全的成员都与生俱来地拥有相同的非条件（或非习得）反射的技能库。反射为有机体提供了一套针对特定刺激的内置反应，这些是单个有机体没有时间去学习的行为。表2.2提供了人类常见的非条件反射的例子。

表 2.2　人类的非条件反射的例子

非条件刺激	非条件反应	效应器的类型
大的声响或触碰到角膜	眨眼（合眼）	横纹肌
眼睑下的触觉刺激或化学刺激物（烟）	泪腺分泌（流泪）	腺体
鼻黏膜刺激	打喷嚏	横纹肌和平滑肌
喉咙刺激	咳嗽	横纹肌和平滑肌
低温	颤抖，表面血管收缩	横纹肌和平滑肌
高温	流汗，表面血管扩张	腺体，平滑肌
大的声响	鼓膜张肌和镫骨肌收缩（降低耳膜振动的幅度）	横纹肌
嘴里有食物	分泌唾液	腺体
胃里有难以消化的食物	呕吐	横纹肌和平滑肌
手或脚上的疼痛刺激	手或脚收回	横纹肌
一个疼痛的、强烈的或不寻常的刺激	激活综合征症状如下：	
	心跳加速	心肌
	肾上腺素分泌	腺体
	肝脏将糖分释放到血液中	腺体
	内脏血管收缩	平滑肌
	骨骼肌血管扩张	平滑肌
	皮肤电反应（GSR）	腺体
	瞳孔扩散（及其他）	平滑肌

引自 J. L. Michael (2004). *Concepts and Principles of Behavior Analysis* (rev. ed.), pp. 10–11. 2004 年版权归行为分析促进学会所有。Kalamazoo, MI.

"刺激—反应"反射中的反应部分叫作应答式行为。**应答式行为**（respondent behavior）是由前提刺激诱发的行为。应答式行为是由行为之前的刺激诱导或引发的，除此之外，该反应的发生不需要其他任何条件。例如，亮光照入眼睛（前提刺激）会诱发瞳孔收缩（应答式行为）。如果与此相关的身体部位（如感受器和效应器）完好无损，那么瞳孔每次都会收缩。然而，如果诱发刺激在短时间内反复呈现，那么反应的强度或等级大小就会下降，在某些情况下，反应可能根本不会发生。这种反应强度逐渐降低的过程叫作**习惯化**（habituation）。

应答式条件作用

原先的中性刺激可以通过一个学习过程获得诱发反应的能力，这个学习过程叫作**应答式条件作用**［也被称作巴甫洛夫条件作用（Pavlovian conditioning）和经典条件作用（classical conditioning）］。在研究狗的消化系统时，俄国生理学家伊万·彼得罗维奇·巴甫洛夫（Ivan Petrovich Pavlov, 1849—1936）注意到，每当他的实验室助手打开笼门喂食时，这些动物就会流口水。狗不会因为看到穿实验服的人就自然而然地流口水，但在巴甫洛夫的实验室里，门一打开，狗就持续地流口水。这激发了他的好奇心，于是，巴甫洛夫（1927）设计并实施了一系列史上著名的实验。[1]

巴甫洛夫在喂狗前的瞬间启动了一个节拍器。在实施这个**刺激—刺激匹配**（stimulus-stimulus pairing）程序之前，口中的食物是一个**非条件刺激**（unconditioned stimulus, US），能够诱发唾液分泌，而节拍器发出的声响是一个**中性刺激**（neutral stimulus, NS），不会诱发唾液分泌。经过几次在节拍器发出声响

---

[1] 格雷（Gray, 1979）对巴甫洛夫的研究进行了精彩而有趣的描述。"虽然多年来，研究巴甫洛夫条件作用的实验准备工作已有所扩展，但巴甫洛夫对狗的研究描述了关键的经验现象和理论过程，这是很多现代的研究者仍在探索的。针对以巴甫洛夫条件作用为理论依据的基本联结学习过程的研究，使人们对实验设计、学习如何发生以及基本过程如何为很多假定的高阶学习形式奠定基础等问题产生了大量的洞见。"（K. M. Lattal, 2013, p. 283）

后呈现食物的试验，狗开始对节拍器的声响产生分泌唾液的反应，该节拍器因此变成了一个**条件刺激**（conditioned stimulus, CS），形成了一个**条件反射**（conditioned reflex）[1]。当NS刚好在US之前出现，或和US同时出现时，产生的应答式条件作用最为有效。然而，有时即使NS和US的发生之间有相当的延迟，甚至出现逆向条件作用，即US在NS之前出现，条件作用仍然有效。

应答式消退

巴甫洛夫还发现，条件反射一旦形成，如果条件刺激在缺少非条件刺激的情况下反复出现，形成的条件反射将会变弱，甚至终止。例如，如果节拍器发出的声响反复出现，而食物却没有伴随其出现或在其之后出现，那么节拍器的声响就会失去诱发唾液分泌的能力。这样反复呈现条件刺激而无非条件刺激伴随出现，直到条件刺激不再诱发条件反应的过程，叫作**应答式消退**（respondent extinction）。

图 2.1 是应答式条件作用和应答式消退的示意图。在这个例子中，青光眼检测装置喷出的气体就是眨

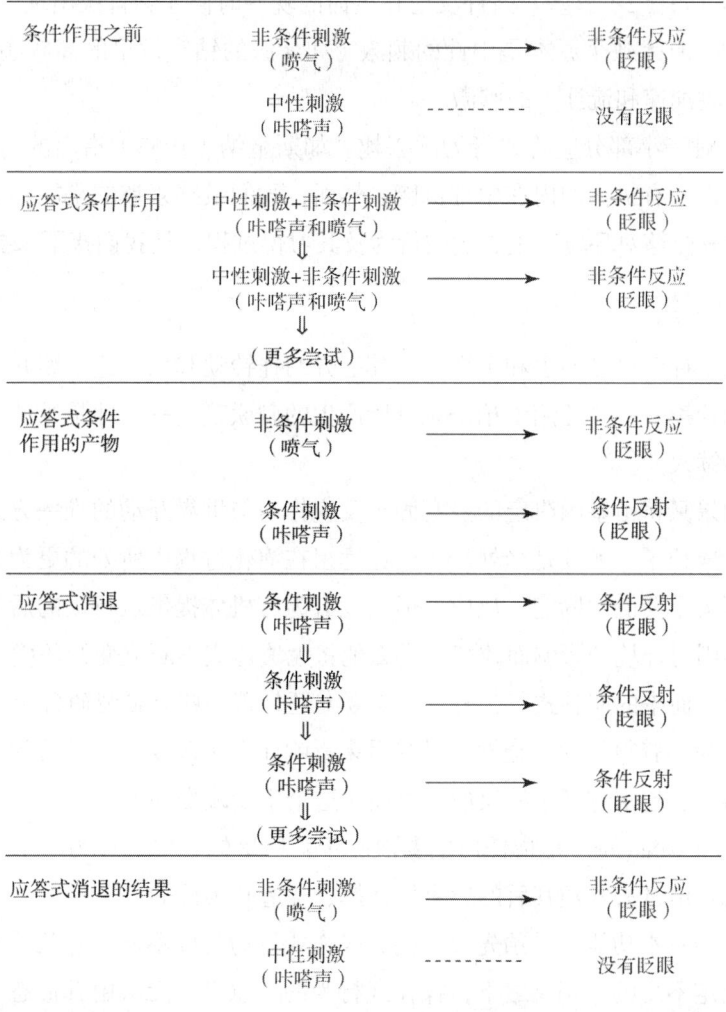

图 2.1 应答式条件作用和应答式消退的示意图。图的最上面一层是一个非条件反射：喷气（非条件刺激，或 US）诱发眨眼（非条件反应，或 UR）。在条件作用之前，咔嗒声（一个中性刺激，或 NS）对眨眼没有影响。应答式条件作用包括一个刺激—刺激匹配程序，其中，咔嗒声反复在喷气之前出现，或和喷气同时出现。应答式条件作用的产物是条件反射（CR）：在这个例子中，咔嗒声已经变成了一个条件刺激（CS），在单独呈现时也可诱发眨眼。图的最下面二层展示了应答式消退的过程和结果：反复单独呈现条件刺激将降低其诱发眨眼的能力，直到条件刺激最后又变回中性刺激。非条件反射在应答式条件作用之前、之中、之后都保持不变。

---

1 非条件刺激和条件刺激是表示应答式关系中的刺激部分时最常用的术语。然而，由于这些术语指向不明，既指刺激改变的即时引发性（诱发）效果，又指有些永久和延迟的功能改变效果（对其他刺激的条件作用效果），迈克尔（1995）建议谈论这些变量的引发性功能时，使用非条件诱发者（unconditioned elicitor, UE）和条件诱发者（conditioned elicitor, CE）这两个术语。

眼反射的非条件刺激（US）。眼科医生用手指按下装置上的按钮，会发出微弱的咔嗒声。在条件作用之前，咔嗒声是一个中性刺激（NS）：它对眨眼没有任何影响。但在咔嗒声和装置喷出的气体匹配几次之后，手指按下按钮发出的声音就成了一个条件刺激（CS）：它是一个条件反射，能够诱发眨眼行为。

条件反射也可以通过一个中性刺激（NS）和一个条件刺激（CS）的刺激—刺激匹配来建立，这种应答式条件作用叫作**高阶（或二阶）条件作用**［higher-order (or secondary) conditioning］。例如，二阶应答式条件作用可能会在上述的青光眼检测中出现，患者已经学会一听到按钮发出的咔嗒声就眨眼。每次触碰会发出咔嗒声（CS）的按钮之前，患者会注意到眼科医生手指的微小动作（NS），在几次 NS-CS 匹配之后，眼科医生手指的微小动作就可能成为一个可以诱发眨眼的条件刺激（CS）[1]。

应答式行为的形式或形态在人的一生中不会改变，即使有改变，也是很小的。但存在两个例外：（1）有些反射会随着个体的成熟而消失，例如，抓握手掌中的物体，这种反射大约在婴儿三个月大后就会逐渐消失（Bijou & Baer, 1965）；（2）有些非条件反射在生命的晚些时候才会首次出现，例如，性唤起和繁殖。然而，在个体的一生中，有无数个原本是中性的刺激（如牙医的钻头发出的高频嗡嗡声），可能会变成可诱发应答式行为（如心跳加速和流汗）的刺激。

应用行为分析师只对一小部分应答式行为感兴趣。如斯金纳（1953）指出的，"反射，无论是条件的还是其他形式，都主要涉及有机体的内在生理机能。然而，我们最感兴趣的是能够对周围环境产生某种影响的行为"（p. 59）。这种能够对环境产生影响的行为及其习得过程，是我们接下来要研究的内容。

操作式行为

一个女婴在婴儿床上挥动自己的手和手臂，使其上方的挂铃动起来。这个婴儿实际上是在对环境进行操作，而挂铃的移动和铃声——婴儿用手拍击玩具所产生的刺激改变——即是她的行为的后果。这些后果也造成了婴儿动作的持续改变。

某一物种的成员如果只将由基因决定的一套固定反应作为与世界互动的唯一方式，他们会发现很难生存下去，更不用说茁壮成长了，尤其是当处于一个比远祖在演化过程中所处的更为复杂的环境中时。虽然应答式行为包含一套至关重要的"固定"反应，但它没有为有机体提供从行动的后果中学习的能力。一个有机体，其行为如果不因对环境的影响而改变，那么他将无法适应不断改变的环境。

幸运的是，除了遗传而来的应答式行为外，人类婴儿还带着一些未定型的行为（uncommitted behavior）来到这个世界，这些行为具有很强的可塑性，易受后果影响而发生改变。这类行为叫作操作式行为，它可使婴儿在一生中学习新的、越来越复杂的反应，以面对这个不断改变的世界。[2]

操作式行为（operant behavior）是指任何主要取决于其后果的历史的行为。不同于应答式行为由前提事件诱发，操作式行为是由过去紧随其后的后果所选择、塑造和维持的。

应答式行为的形态和基本功能都是预先决定的，操作式行为与此不同，它几乎有无限的形式。应答式行为的形式和功能是固定不变的。相比之下，操作式行为的"意义"无法由其形态来决定。操作式行为依其效果来做功能性的定义。不仅相同的操作式行为常常包含多种不同形态的反应（如一位用餐者可能会通过点头、用手点指一杯水或对服务员说"是"来获得一杯水），而且，正如斯金纳（1969）所解释的那样，相同的动作在不同的情况下可能会构成意义不同的操作式行为。

---

1 进一步了解巴甫洛夫条件作用，请参看戈特利布和比盖伊（Gottlieb & Begej, 2014）、K. M. 拉塔尔（K. M. Lattal, 2013）以及威廉斯（Williams, 2014）的相关文章，其中有详细的描述和大量的例子。

2 动词"发出"（emit）是与操作式行为结合使用的。该词的使用非常符合操作式行为的定义，它允许将行为后果作为主要的控制变量。动词"诱发"（elicit）不适合与操作式行为结合使用，因为它意味着前提刺激对行为具有主要的控制作用。多米扬（Domjan, 2016）认为，对于区分经典条件作用（应答式）行为和操作式行为来说，诱发和发出这两个术语已不再有用或不再准确。

水流过一个人的手掌也许足以作为一种形态上的描述，但"某人在洗手"就是一种"操作"，因为一个人只要以前做过这个动作，他的手就会变干净——这种情况已经具有强化性，因为，比如说，它使受到批评或被传染疾病的威胁降到最低。形态完全相同的行为，在下面两种情况下，可能会成为另一个操作的一部分，一是强化由手的简单刺激（如搔痒）构成，二是引发一个正在学洗手的孩子的模仿行为。（p. 127）

在确认行为是应答式还是操作式方面，形态起的作用很小或几乎没有作用。例如，由疼痛刺激诱发的哭泣是应答式行为，但当父母的关注成为哭泣的功能时，同样的眼泪产物就是操作式的（参看 Bowman, Hardesty, & Mendres-Smith, 2013; Epstein, 2012）。

表 2.3 对比了应答式行为与操作式行为的定义性特征和关键特征。

表 2.3 对比应答式行为与操作式行为的定义性特征和关键特征

特征	应答式行为	操作式行为
定义	行为由前提刺激诱发。	行为由其后果选择。
基本单元	反射：一个前提刺激诱发一个特定反应（S-R）。	操作式反应类：对环境产生相同影响的一组反应，以三项依联来描述前提刺激条件、行为和后果（A-B-C）间的关系。
例子	新生儿对触摸的抓握和吸吮；瞳孔遇亮光收缩；喉咙刺激产生的咳嗽/呕吐；闻到食物的气味分泌唾液；从疼痛刺激中收回手；刺激引发性唤起。	说话、走路、弹钢琴、骑自行车、数零钱、烤饼、打曲线球、听笑话大笑、想祖父母、读这本书。
最常产生此类反应（非定义性特征）的身体部位（效应器）	主要是平滑肌和腺体（肾上腺素分泌）；有时是横纹（骨骼）肌（如轻敲膝盖骨下方引起的膝跳反射）。	主要是横纹（骨骼）肌；有时是平滑肌和腺体。
对单个有机体的功能或有用性	维持有机体内部的低消耗状态；提供一套有机体没有时间学习的"现成的"生存反应。	能够在不断变化、无法预测到演化过程的环境中进行有效的互动和适应。
对物种的功能或有用性	间接（保护性反射帮助个体存活到繁殖年龄）和直接（与繁衍有关的反射）促进物种的延续。	对后果最敏感的个体更有可能生存和繁衍下去。
条件作用的过程	应答式（又称经典或巴甫洛夫）条件作用：通过刺激—刺激匹配程序，一个中性刺激（NS）在一个非条件（US）或条件（CS）诱发刺激之前出现或同时出现，中性刺激变成了可以诱发反应的条件刺激，一个条件反射就形成了（参看图 2.1）。	操作式条件作用：紧随一个反应之后出现的某些刺激改变，在相似的条件下能够增加（强化）或减少（惩罚）相似的反应在未来的发生频率。以前的中性刺激改变因与其他强化物或惩罚物的刺激—刺激匹配而成为条件强化物或惩罚物。
技能库的局限性	反应的形态和功能是由物种的自然演化（种系发生史）决定的。某一物种中所有生物性完整的成员都具有一套相同的非条件反射。虽然新形成的应答式行为不是习得的，而是取决于该个体所经历的（个体发生史）刺激—刺激匹配，但无数的条件反射可能会出现在个体的技能库中。	每个人的操作式行为技能库的形态和功能在其一生中（个体发生史）都是由后果所选择的。新的、更复杂的操作式反应类会出现。一些人类操作的反应产物（如飞机）使一些单靠解剖学结构无法完成的行为（如飞行）成为可能。

经后果而来的选择

人类行为是以下三者的联合产物：(i) 负责物种自然选择的生存依联；(ii) 负责物种成员获得技能库的强化依联；(iii) 由社会环境维持的特殊依联。（当然，归根结底，这是自然选择的问题，因为操作式条件作用是一个演化的过程，其中的文化习俗是特殊的应用。）

——B. F. 斯金纳（1981, p. 502）

斯金纳的发现及之后对经后果而来的操作式选择的阐释被恰当地称为"革命性的"和"其他行为原理的基石"（Glenn, 2004, p. 134）。**自然选择**（selectionism）"建构了生命科学的新范式。该论点的基本信念是，所有的生命形式，从单细胞到复杂的文化，进化都是与功能相关的选择的结果"。（Pennypacker, 1994, pp. 12–13）

经后果而来的选择在单个有机体的一生中都会发生（**个体发生史**），其与达尔文（Darwin, 1872, 1958）的物种演化史（**种系发生史**）[1]中的自然选择具有概念上的相似性。在回答"为什么长颈鹿的脖子很长"这个问题时，鲍姆（Baum, 2017）对自然选择进行了精彩的描述。

达尔文的伟大贡献在于发现了一个可以解释为什么种系发生遵循某个特定路线的相对简单的机制。达尔文认为，长颈鹿脖子的历史不仅仅是一系列变化，还是一个选择的历史。选择的主体是什么？不是万能的造物主，不是大自然，也不是长颈鹿，而是一个自然的机械过程：自然选择。

任何有机体的种群中都存在个体差异。存在差异的部分原因是环境因素（如营养），也有基因遗传的因素。以长颈鹿的祖先为例，它们曾经生活的地方是现在的非洲塞伦盖蒂平原，基因上的差异是指有些长颈鹿的脖子较短，有些脖子较长。

然而，随着气候渐渐改变，新的、较高的植物种类变得更为常见。一般而言，脖子较长的长颈鹿祖先可以把脖子伸得更高，吃到更多食物。因此，它们更健康一点，抵御疾病的能力更强一点，更容易躲避捕食者一点。任何一个脖子较长的个体都有可能在没有后代的情况下死亡，但一般而言，脖子较长的个体拥有更多的后代，这些后代往往也更容易生存和繁衍。随着长脖子变得越来越常见，新的基因组合产生了，带来的结果就是有些后代的脖子比祖先的还长，而且表现得更好。随着长脖子的长颈鹿持续比短脖子的长颈鹿繁衍得更多，种群中长脖子的个体也就越来越多，整个种群脖子的平均长度也越来越长。（pp. 59–60）

正如自然选择要求单个有机体的种群具有多样的物理特征（如长颈鹿的脖子长短不一），经后果而来的操作式选择也要求在行为上有所变化。那些能够产生最有利结果的行为会被选中并"幸存"下来，从而形成更具适应力的技能库。自然选择赋予了人类一系列最初尚未定型的行为（如婴儿的牙牙学语和移动四肢），这些行为具有很强的可塑性，且易受紧随其后的后果的影响。正如格伦（2004）所指出的那样。

通过为人类配备很大程度上未定型的行为技能库，自然选择为我们人类的本地化行为适应提供了广阔的空间。但如果没有……人类行为对操作式选择的敏感性，尚未定型的人类技能库可能会很致命。虽然很多物种都具有这种行为特征，但人类对选择的行为依联似乎是最为精细敏感的。（Schwartz, 1974, p. 139）

操作式条件作用

操作式条件作用在人类一生经历的各种活动中似乎随处可见。它存在于我们最微妙的区辨和我们最细微的技能之中，存在于我们最早的原生习惯之中，存在于最精妙的创造性思维之中。

——凯勒和舍恩菲尔德（1950, p. 64）

---

[1] 进一步了解自然选择在达尔文进化生物学和斯金纳行为主义中的作用，请参看莱昂、劳伦蒂和豪伊杜（Leão, Laurenti, & Haydu, 2016），莫克斯利（Moxley, 2004）以及里斯（1994）的相关文章。

操作式条件作用（operant conditioning）是指后果对行为的选择的过程和效果。[1] 从操作式条件作用的角度来看，功能性后果是指在一个既定反应后立即出现的一个刺激改变，且该刺激改变影响相似反应在未来发生的频率。"在操作式条件作用中，我们'增强'一个操作，是为了让一个反应发生的可能性更大，事实上，的确更频繁（发生）了。"（Skinner, 1953, p. 65）如果婴儿用手拍打挂铃所导致的挂铃的移动和产生的声音增加了她之后将手移向该玩具的发生频率，那么就表示操作式条件作用已经形成。

当操作式条件作用包含反应频率的增加时，就表示**强化**（reinforcement）已经发生，而其中的后果，在这个例子中就是挂铃的移动和声音，叫作**强化物**（reinforcer）。[2] 虽然操作式条件作用最常用来表示强化的"增强"效果，如斯金纳较早前的描述，但它也包括惩罚原理。如果挂铃的移动和铃声减少了婴儿用手拍打的频率，则表示**惩罚**（punishment）已经发生，而挂铃的移动和声音就叫作**惩罚物**（punisher）。在我们进一步探索强化原理和惩罚原理之前，重要的是辨别后果影响行为的几个重要条件。

后果只影响未来的行为

后果只影响未来的行为。具体而言，一个行为的后果会影响相似反应在相似的刺激条件下在未来发生的相对频率。这个观点也许看似太过不言自明而不值一提，因为无论是从逻辑上还是从物理上来说，在后果事件发生之前，行为已经结束，所以一个后果事件不可能影响在其之前发生的行为。但即便如此，"行为受控于其后果"的说法还是引发了疑问。（参看信息箱 2.2 "当电话铃声响起时"，这部分内容进一步讨论了这个明显的逻辑谬误。）

信息箱 2.2

当电话铃声响起时

教授准备讲解下一个要点时，前排一只手举了起来，引起了他的注意。

教授：什么事？

学生：您所说的操作式行为，如说话、写字、跑步、阅读、开车，几乎囊括了我们做的每件事——您说所有这些行为都受控于它们的后果，也就是受控于反应发出之后所发生的事吗？

教授：是的，我是这么说的。

学生：嗯，那我不是很理解了。当电话铃声响起时，我拿起话筒，这是一个操作式反应，对吗？我的意思是，电话铃响时接电话，在遗传演化上肯定不是一种有助于物种生存的反射。所以，我们讨论的是操作式行为，对吗？

教授：对。

学生：好，那怎么能说我拿起电话是受控于它的后果呢？我接电话是因为它响了，其他人也是如此。是电话铃声控制了反应。而电话铃声不会是后果，因为它是在反应之前发生的。

教授犹豫着如何回答，由于迟疑的时间过长，这位学生觉得自己是个英雄，抓到了教授讲述理论概念过于草率的把柄，而且这一概念与每天的现实生活几乎或完全不相关。与此同时，其他自以为有理的学生也纷纷讨论起来。

---

[1] 若非另有说明，行为一词在本书后面部分都指操作式行为。

[2] 斯金纳（1966）将反应频率作为其研究的基本数据。增强一个操作式行为就是使它发生得更加频繁。然而，频率并不是行为唯一可测量和可塑造的维度。正如我们将在第 3 章和第 4 章中看到的，有时，行为改变的持续时间、潜伏期、等级大小和 / 或形态也具有实际的重要意义。

> 另一位学生：那看到停车标志时踩刹车呢？标志控制着踩刹车的反应，但它也不是后果啊。
>
> 教室后排的一位学生：举一个教室里很常见的例子。当一个小孩在他的练习册上看到2+2而写出4时，这个写出数字4的反应是受书面问题本身控制的。若非如此，人们如何学到任何问题的正确答案呢？
>
> 几乎全班：是啊，没错！
>
> 教授：（带着苦笑）你们都是对的……可我也是。
>
> 教室里的另一位学生：您这是什么意思？
>
> 教授：这正是我接下来要讲的要点，我希望你们能够弄懂它（教授向引发这场讨论的学生微笑着表示感谢，然后继续往下讲）。在我们周围，我们每天都会接触到无数的刺激改变的条件，你们描述的情况都是行为分析师所说的刺激控制的例子，这些例子非常好。如果有既定刺激时某一既定行为的发生频率高于没有该刺激时的发生频率，我们就说刺激控制起了作用。刺激控制是行为分析中的一个非常重要的原理，这学期会有大量相关的讨论。
>
> 但这里有一个重点：一个区辨刺激是指一个发生在被关注的反应之前的前提事件，它之所以具备引发一个特定反应类的能力，是因为它在过去与特定的后果匹配起来了。所以，导致你拿起话筒的不只是电话铃声。事实上，这是因为过去在铃声响起时接电话后随即出现了某个人的声音。那个人对你说话，是你拿起话筒的后果，这件事选择了你一开始接电话的行为，但你只有在电话铃响时才会拿起话筒。为什么呢？因为你已经知道只有在电话铃响时，才会有一个人在电话的另一端。所以我们可以说，后果是选择操作式行为的最终控制因素，但前提刺激通过与不同后果的匹配，也可以指明可能的后果。这一概念就是三项依联，对它的理解、分析和操纵是应用行为分析的核心。

后果选择的是反应类而非个别反应

受强化效果影响而发出的反应与先前强化过的反应之间会存在些许不同，但与之前的反应至少共有一个相同的功能元素，从而产生相同的后果。

> 强化增强了在形态上与被强化的反应不同的反应。例如，当我们强化按压杠杆的行为或说"你好"时，形态不同的反应就更有可能发生。这是一种具有重要生存价值的行为特征……因为如果强化只增强完全相同的反应，有机体将很难获得有效的技能库。(Skinner, 1969, p. 131)

这些形态不同但功能相似的反应类受到操作式条件作用的增强或减弱。"一个操作式活动是对环境有相同影响的一组行动。"（Baum, 2017, p. 84）"当说到强化增加了强化之前刚刚出现的行为类型在未来的出现频率时，其中就暗含了"反应类的概念（Michael, 2004, p. 9）。如本书后面章节将要讲述的，反应类的概念是发展和阐释新行为的关键。

如果后果（或自然演化）只选择很小的反应范围（或基因型），其效果会"趋向过度一致和某种完美"（Moxley, 2004, p. 110），这可能会使行为（或物种）在不断变化的环境中面临消退（或灭绝）的危机。例如，如果挂铃的移动和声音只强化了精确而狭窄的范围内的手臂和手的动作，而其他相似的动作被排除在外，那么倘若某一天，婴儿的母亲把挂铃挂在婴儿床上的不同位置，婴儿就无法获得强化了。

即时后果的效果最好

行为对反应之后立即发生或在反应之后几秒之内发生的刺激改变最为敏感。

强调强化即时性的重要性十分必要。在反应之后延迟超过几秒的事件不会**直接地**增加其在未来的发生频率。当人类行为明显地受到延迟已久的后果的影响时，这个改变是源于人类复杂的社会历史和语言历史，而不能被视作一个单纯通过强化而增强行为的例子（p. 110）……［如同强化一样，］反应发生的时间和刺激改变发生的时间（R 和 SP 之间）相隔愈长，惩罚改变相关反应频率的效果就愈差，但我们还不了解其影响的极限值。（Michael, 2004, p. 36, 原文中强调的部分，方括号中的文字为补述）

后果选择任一行为

强化与惩罚是"机会均等"的选择者。行为与对其具有增强或减弱功能的后果之间未必有逻辑的、健康的或（从长期来看）适应上的关联。任何在强化（或惩罚）之前刚刚出现的行为都会增加（或减少）。

这种行为和后果之间的关联是一种功能性的时间关系（temporal relation），而非形态或逻辑上的关系。"就有机体而言，依联唯一重要的属性就是时间性。强化物跟随在反应之后出现。至于它是怎么产生的，并不重要。"（Skinner, 1953, p. 85, 原文中强调的部分）在操作式条件作用中，行为以随机方式得到强化（或惩罚），这体现在无明显目的或无明显功能的特异行为的发生上。以一位扑克牌玩家迷信的玩牌动作为例，他总是以一种特殊的方式轻叩或排列自己手上的牌，因为相似的动作在以往总是给他带来好牌。

操作式条件作用自动发生

操作式条件作用不需要人的意识参与。"对得到强化的个体［其行为］而言，强化关联无须显而易见。"（Skinner, 1953, p. 75, 方括号中的文字为补述）这句话指的是**强化的自动化**（automaticity of reinforcement），也就是说，无论个体是否意识到自己的行为正在或已经被强化，行为都会被其后果改变。[1] 一个人不需要理解或说出其行为和后果之间的关系，甚至不需要知道后果已经发生，强化就会"起作用"。

强化

强化是最重要的行为原理，也是行为分析师设计大多数行为改变计划的关键要素（Flora, 2004; Northup, Vollmer, & Serrett, 1993）。如果反应之后发生的一个刺激改变导致相似的反应发生得更加频繁，那么**强化**就产生了。[2] 虽然在大多数情况下，必须在几个反应之后都给予强化，才会形成明显的条件作用，但有时只给予一个强化物，行为也会发生明显的改变。

大多数具有强化物功能的刺激改变可以被操作性地描述为：（1）在环境中增加一个新的刺激（或增加强度）；（2）从环境中去除一个已经存在的刺激（或降低强度）[3]。这两种操作提供了两种形式的强化，称为正强化和负强化（参看图 2.2）。

在**正强化**（positive reinforcement）中，行为之后立即呈现一个刺激会导致相似的反应出现得更加频繁。婴儿用手拍打挂铃的行为增多，是因为这样做可以引起运动和声音，这就是一个正强化的例子。同样，孩子独立玩耍的能力得到加强，是因为每当孩子玩耍时，父母就会给予他赞扬和关注。正强化的概念以及运用它来促进恰当行为的程序将在第 11 章中详加描述。

过去的反应导致某一刺激撤除或终止，从而导致行为出现得更加频繁，这样的操作叫作**负强化**（negative reinforcement）。斯金纳（1953）用**厌恶刺激**（aversive stimulus）一词来说明刺激条件的终止具有强化功能。现在我们假设父亲或母亲对挂铃进行设置，使其在一段时间内自动播放音乐，并假设如果婴儿

---

1 强化的自动化和自动强化（automatic reinforcement）是不同的概念。**自动强化**是指一种行为引起自身强化的假设，如同搔痒产生的感觉刺激（Vaughn & Michael, 1982）。在实践中，当实验分析无法识别维持问题行为的强化物时，就假定存在某种形式的自动强化。自动强化将在第 11 章和第 27 章中进行讲述。

2 一些杰出的行为分析师在延迟后果是否具有强化功能上持不同意见（Bradley & Poling, 2010）。第 11 章、第 29 章和第 30 章将讨论行为改变计划中延迟后果的使用及其效果。

3 马洛特和沙恩（Malott & Shane, 2014）将这两种操作称为"刺激加法"和"刺激减法"。

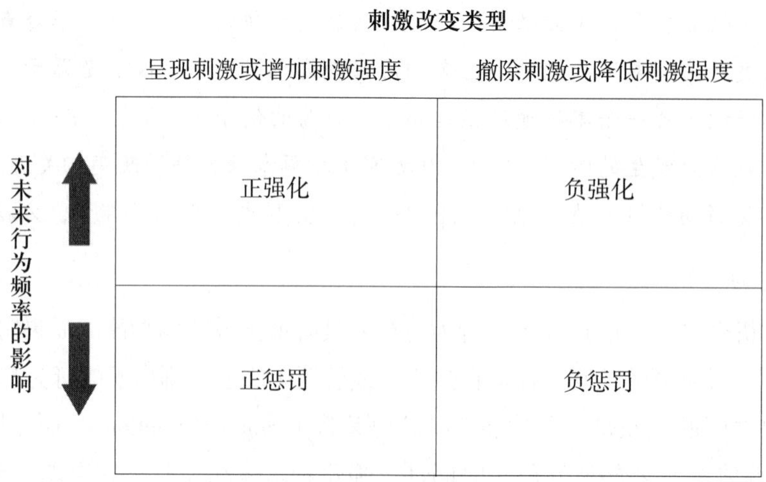

刺激改变类型

	呈现刺激或增加刺激强度	撤除刺激或降低刺激强度
对未来行为频率的影响 ↑	正强化	负强化
对未来行为频率的影响 ↓	正惩罚	负惩罚

图 2.2 正强化、负强化和正惩罚、负惩罚是依据行为之后紧跟的刺激改变操作的类型以及该操作对行为在未来发生频率的影响来定义的。

用手或脚拍打或移动挂铃，音乐就会立即停止几秒。如果婴儿更加频繁地拍打挂铃以终止音乐，就表示负强化正在起作用，而音乐可以称为令人厌恶的（刺激）。

负强化的特点是逃避或回避依联。当淋浴的水突然变烫时，跳出浴室的行为会受到逃避烫水的负强化。同样，如果送一个行为不良的学生去校长室使得该生避免了一项令人厌恶的（对该生来说）课堂活动，那么当问题行为发生时送校长室可能会起到负强化的作用。

负强化的概念困扰着很多学习行为分析的学生。大部分的困惑可追溯至这一术语反复变化的早期历史和发展，以及心理学和教育学的教科书和教授们对它的误用。[1] 最常见的错误是将负强化等同于惩罚。为避免发生这一错误，迈克尔（2004）提供了如下建议。

> 如果有人问你下列问题，试想你将如何回应：(1) 你是否喜欢负强化；(2) 你更喜欢正强化还是负强化。你对第一个问题的答案应是：你真的喜欢负强化，负强化包含了去除或终止某个已经存在的厌恶条件。**负强化**这个术语**仅仅**指刺激的终止。在一个实验程序中，该刺激当然必须先被启动，然后依联于关键反应才能终止。没有人希望厌恶刺激被启动，它一旦启动，人们通常希望将其终止。你对第二个问题的答案应是：在不了解涉及的正强化、负强化的具体细节的情况下，你无法选择。常见的错误是选择正强化，但去除剧烈疼痛一定会比获得少量金钱奖励或食物更可取，除非食物严重匮乏。（p. 32, 原文中的加粗和黑体字部分）

负强化将在第 12 章中进行详细的讲述。请记住：强化这一术语总是表示行为发生的次数增多，而修饰语正和负描述的是刺激改变操作的类型，它能对后果做出最佳的诠释（即增加或撤除一个刺激），有助于区辨正强化、负强化的原理和应用。

一个行为通过强化得以建立后，并不需要在它每次发生时都进行强化。很多行为在间歇强化程序表（schedules of intermittent reinforcement）下可以维持在较高水平。第 13 章将对各种强化程序表（schedules of reinforcement）及其对行为的影响进行讲述。然而，如果撤除先前所有对反应类的强化，那么基于**消退原理**（principle of extinction）的程序，该行为发生的频率将逐渐降低到被强化前的水平，甚至完全不再发生。第 24 章将讲述消退原理以及如何运用基于消退的行为改变策略来减少不当行为。

---

[1] 关于行为主义和行为分析的错误表述的例子及其对实务工作者的培训和为服务对象提供服务的影响，请参看库克（Cooke, 1984）、休厄德（2005）、休厄德和库珀（1992）、莫里斯（2009）、施林格（2018）以及托德和莫里斯（1983, 1992）的相关文章。

惩罚

惩罚跟强化一样是用功能来定义的。当反应发生之后立即呈现一个刺激改变，导致相似的反应发生的频率降低时，**惩罚**就产生了。同样，惩罚可以通过两种刺激改变操作中的任何一种来实现（参看图 2.2 底部的两个方格）。与强化一样，正惩罚和负惩罚这两个术语的修饰词既不表示行为改变的意图，也不表示引发的行为改变是否恰当。它们只表明作为惩罚后果的刺激改变是被呈现的（**正惩罚**），还是被撤除的（**负惩罚**）。[1]

与正强化和负强化一样，很多行为改变程序都包含两种基本的惩罚操作。虽然有的教科书保留惩罚这一术语以描述涉及正惩罚的程序，并将从正强化中罚时出局（time-out from positive reinforcement）和反应代价（response cost）描述为独立的"原理"或惩罚类型，但这两种减少行为的方法都是以负惩罚为基础的（参看第 15 章）。

强化和惩罚都可以通过两种不同操作中的任何一种来完成，这取决于后果是由呈现一个新的刺激（或提高当前刺激的强度）构成，还是由撤除环境中已存在的刺激（或降低强度）构成（Morse & Kelleher, 1977; Skinner, 1953）。一些行为分析师认为，从功能和理论的角度出发，仅仅两种原理就可以描述行为后果的基本效果——强化和惩罚。[2] 然而，从程序的角度来看（对应用行为分析师而言是一个关键因素），很多行为改变策略都衍生自图 2.2 所示的四种操作。

大多数行为改变程序都涉及几种行为原理（参看信息箱 2.3）。对基本行为原理具有扎实的概念性理解，对行为分析师而言至关重要。这方面的知识不仅有助于更好地分析当前的控制变量，还可以通过识别各种行为原理在特定情况下可能发挥的作用而进行更为有效的行为干预设计与评估。

具有强化物和惩罚物功能的刺激改变

因为操作式条件作用涉及行为后果，所以任何想要运用操作式条件作用来改变行为的人，都必须能够辨认并控制相关后果的发生。因此，对应用行为分析师而言，一个很重要的问题是：什么样的刺激改变具有强化物和惩罚物的功能？

非条件强化和惩罚

即使有机体未曾有过与某些刺激相关的特定的学习历史，有些刺激改变仍具有强化功能。如果一个刺激改变在没有与其他形式的强化匹配的情况下，仍然有可能增加行为在未来发生的次数，那么这个刺激改变就叫作**非条件强化物**（unconditioned reinforcer）。[3] 例如，诸如食物、水和性刺激等可以帮助有机体生物维持和物种生存的刺激，通常都作为非条件强化物来发挥作用。前面两句中的"可能"和"通常"这两个词说明了一个重要的限定条件，即非条件强化物的瞬时有效性受当时的**动因操作**（motivating operations）的影响。例如，食物的呈现若要具有强化物功能，则某种程度的食物**剥夺**（deprivation）是必要的。而如果一个人刚刚吃下很多食物，那么食物就不太可能具有强化功能。动因操作的本质和功能将在第 16 章进行详细讲述。

同样，**非条件惩罚物**（unconditioned punisher）是在没有与其他任何形式的惩罚匹配的情况下，可以减少在它之前的任何行为在未来发生次数的刺激改变。非条件惩罚物包括可能造成组织损伤（如损害体细胞）的疼痛刺激。然而事实上，有机体的感受器几乎会对所有的刺激敏感——如光亮、声音和温度——即

---

1 福克斯（Foxx, 1982）提出 I 型惩罚（Type I punishment）和 II 型惩罚（Type II punishment）这两个术语来分别指代正惩罚和负惩罚。一些行为分析师和实务工作者仍在使用福克斯的术语。马洛特和沙恩（2014）将负惩罚称为处罚依联（penalty contingency）。

2 迈克尔（1975）、巴伦和加利齐奥（Baron & Galizio, 2005）提出了令人信服的论点，即正强化和负强化是相同的基本操作式关系的例子。这一问题将在第 12 章中进一步讨论。

3 有的作者使用主要或非习得性等修饰词来标识非条件强化物和非条件惩罚物。

> **信息箱 2.3**
>
> **区分行为原理与行为改变策略**
>
> 行为原理描述了一种基本的行为—环境关系，这种关系已经过数百次甚至数千次实验的反复验证。**行为原理**描述了行为与其一个或多个控制变量（公式为 $y=fx$）之间的函数关系，该函数关系具有跨单个有机体、物种、情境和行为的彻底的普遍性。行为原理是经过很多实验推断得出的经验性概括。原理描述了行为是如何运作的。原理的例子包括强化、惩罚和消退。
>
> 一般而言，行为改变策略是将一个或多个行为原理操作化或付诸实践的一种方法。**行为改变策略**是一种基于研究、具有技术一致性的方法，它来源于一个或多个基本行为原理，具有充分的跨被试、情境和/或行为的普遍性，以保证它的编写和传播。行为改变策略构成了应用行为分析的技术层面。行为改变策略的例子包括逆向串链（backward chaining）、对其他行为的差别强化（differential reinforcement of other behavior）、塑造（shaping）、反应代价以及从正强化中罚时出局。
>
> 因此，行为原理描述了行为—环境关系如何运作的基本科学规律，而行为改变策略描述的是应用行为分析师如何将原理付诸实践，其目的是帮助人们学习和运用具有社会重要性的行为。行为原理数量相对较少，但衍生出的行为改变策略很多。进一步说，强化是一个行为原理，因为它描述了一个行为、即时后果和相似条件下行为在未来发生次数增多之间的规律性关系。然而，在代币经济（token economy）中给出一个打钩标记和提供依联赞扬则是源自强化原理的行为改变策略。再举一个例子，惩罚是一个行为原理，因为它描述了一个结果的呈现和相似行为在未来发生次数减少之间的既定功能关系。与此形成对照的是，反应代价和罚时出局是基于惩罚原理而改变行为的策略。

便刺激程度尚不至于造成组织损伤，该刺激也可被加强到能够抑制行为的程度（Bijou & Baer, 1965）。

具有非条件强化物和惩罚物功能的事件是物种自然演化（种系发生史）的产物。马洛特、蒂莱玛和格伦（Malott, Tillema, & Glenn, 1978）这样描述"奖励"和"厌恶物"的自然选择。[1]

> 有一些奖励和厌恶物控制着我们的行动，这源于我们这一物种的演化方式，我们称之为非习得性奖励或厌恶物。我们遗传了一种生物结构，这种生物结构使有的刺激具有奖励性或厌恶性。这种结构之所以会进化，是因为奖励有助于我们的祖先生存，而厌恶物则威胁着他们的生存。有些非习得性奖励，如食物和液体，通过改善我们的体细胞来帮助我们生存。其他非习得性奖励则通过促进生育和照料后代来帮助我们的物种生存——这些刺激包括交配和养育所产生的奖励性刺激。很多非习得性厌恶物通过破坏我们的体细胞来危害我们的生存，如烧伤、割伤和瘀伤。（p.9）

虽然非条件强化物和惩罚物对人类的生存是至关重要的，也是必要的，但在由诸如工作、娱乐和社交等活动组成的日常生活中，却很少有行为直接受控于这样的事件。例如，虽然每天去上班可以赚得买食物的钱，但吃食物的依联延迟太久，以致无法对任何挣钱的行为产生直接的操作控制。请记住：行为受其即

---

[1] 除了将厌恶刺激（aversive stimulus）用作负强化物（negative reinforcer）的同义词外，斯金纳（1953）还用这一术语来指发出或呈现时起到惩罚功能的刺激，很多行为分析师在实践中沿用这一说法（例如，Alberto & Troutman, 2013; Malott & Shane, 2014; Miltenberger, 2016）。厌恶刺激一词（以及谈到运用这类刺激的行为改变技术时的厌恶控制）在行为分析文献中被广泛使用，意指以下三种不同的行为功能中的一种或多种，厌恶刺激可能是：（1）如果该刺激的终止使行为增加，则是一种负强化物；（2）如果该刺激的呈现使行为减少，则是一种惩罚物；（3）如果该刺激的呈现增加了行为在当前发生的频率，而在该行为之前已终止该刺激，则是一种动因操作（参看第 16 章）。进行技术上的说明或写作时，行为分析师必须谨慎使用像厌恶这种具有多重含义的术语，以免表达出非预期的含义（Michael, 1995）。

时后果的影响最大。

条件强化物和惩罚物

在其他强化物（或惩罚物）出现之前或同时呈现或发生的刺激事件或条件，可能会在它们发生之后以后果的方式呈现时获得强化（或惩罚）行为的能力。这些刺激改变叫作**条件强化物**（conditioned reinforcer）和**条件惩罚物**（conditioned punisher），它们发挥强化物和惩罚物功能，因为它们曾与其他强化物和惩罚物匹配。[1] 创造了条件强化物和惩罚物的刺激-刺激匹配程序与用于应答式条件作用的程序是相同的，只是其"结果是一个发挥强化物［或惩罚物］功能的刺激，而不是诱发一个反应的刺激"（Michael, 2004, p. 66, 方括号中的文字为补述）。

条件强化物和惩罚物与任何生理需要或解剖学结构都无关，它们矫正行为的能力是每个人与其环境互动的特殊历史的结果（个体发生史）。一方面，由于没有两个人能够以完全相同的方式体验世界，在任一特定时间内（考虑到相关的动因操作）可作为条件强化物和惩罚物的事件清单对每个个体而言都是独特且不断变动的；另一方面，如果两个人有相似的经验（如学校教育、职业和文化），那么他们就有可能以相似的方式受到相似事件的影响。社会性赞扬和关注在很多文化中都是普遍有效的条件强化物。因为社会性关注和赞同（还有不赞同）常与其他很多强化物（和惩罚物）匹配，它们对人类的行为具有强大的控制力，这些议题将在后面有关具体的行为改变策略的章节中进行探讨。

由于生活在共同文化中的人们有着相似的历史，因此，对一名实务工作者而言，从已在其他相似的服务对象身上证实有效的刺激类中为另一位特定的服务对象寻找可能的条件强化物和惩罚物并非没有道理。然而，为帮助读者深刻理解操作式条件作用的本质，我们有意避免呈现可能具有强化物和惩罚物功能的刺激清单。莫尔斯和凯莱赫（Morse & Kelleher, 1977）很好地阐述了这一重要观点。

> 作为环境"事物"，强化物和惩罚物似乎比正在进行的行为中的有序地随时间发生的改变更为真实。这样的观点具有欺骗性。因为没有任何概念可以可靠地预测事件何时会成为强化物或惩罚物，**强化物和惩罚物的定义性特征是它们如何改变行为**［加粗部分为补述］。增加或减少随后某一反应发生次数的事件可能无法以相同的方式影响其他反应。
>
> 将强化描述为一个强化物的呈现依联于一个反应，这样的描述倾向于强调事件而忽视了依联关系与前提和后续行为的重要性。是它们**如何**［加粗部分为补述］改变行为定义了**强化物和惩罚物**这两个术语。因此，这种有规律的行为改变才是这些定义的关键。把特定环境事件，如呈现食物或电击，假设为强化物和惩罚物是**不**［加粗部分为补述］恰当的，除非在该特定反应之后安排的特定环境事件可以改变反应的频率。
>
> 一个刺激与一个强化物相匹配就被认为变成了一个条件强化物，但其实改变的是行为的主体而不是刺激。当然，这样来说明条件强化物，是一种有用而简略的表达方式，就像谈论强化物要比谈论一个发生于某个特定反应之后且造成相似反应发生次数增多的事件来得方便。后面一种表达看起来有些烦琐，但它具有实证参照的优势。因为很多不同的反应可被后果事件塑造，而且一个既定的后果事件往往能够有效地改变不同个体的行为，所以在不具体说明被改变行为的情况下谈论强化物就成了常见的做法。但这些常见的做法会带来一些不良的后果。它们导致了一些错误的观点，即反应是没有规律的，事件的强化效果或惩罚效果是事件本身的特定属性。（pp. 176-177, 180）

莫尔斯和凯莱赫（1977）的观点对理解功能性的行为-环境关系极其重要。强化和惩罚不只是某些刺

---

1 有的作者使用二阶或习得性等修饰词来标识条件强化物和条件惩罚物。

激事件的产物，这些刺激事件在没有考虑既定的行为和环境条件的情况下被称为强化物和惩罚物。刺激没有固有或标准的物理属性决定其作为强化物和惩罚物的永久地位。事实上，一个刺激可以在一组条件下发挥正强化物的功能，也可以在不同的条件下发挥负强化物的功能。正如正强化物不可用令人愉快或满意等术语来定义一样，厌恶刺激也不可用令人讨厌或不悦等术语来定义。强化物和惩罚物这两个术语的使用不应基于某一刺激事件对行为的假设性效果或该刺激事件本身的任何固有属性。莫尔斯和凯莱赫（1977）接着说：

> 当把表格的边缘指定为刺激类（正—负；令人愉快—令人不悦）和实验操作（刺激呈现—刺激撤除）时，表格中的小格从定义上来说是各种不同的强化和惩罚。但有一个问题，小格中显示的过程已被假定将刺激分成正、负两类；还有一个问题，这里暗含了一个假设，即呈现或撤除某一特定刺激具有不变的效果。如果把表格的边缘指定为经验操作，这些关系就会更清楚……行为过程的描述依赖于经验观察。相同的刺激事件在不同的条件下可能会增加行为的发生次数，也可能会减少行为的发生次数。在前一种情况下，这一过程叫作**强化**，在后一种情况下，叫作**惩罚**。（p. 180）

即使冒着赘述的风险，我们也要重申这一重要的概念。强化物和惩罚物代表刺激事件的功能性分类，其归属并非基于刺激改变的物理性质或事件本身。的确，考虑到一个人的既定个人历史、当前的动因状态和环境条件，"如果适当地选择改变的特征以及该改变与观察到的反应的时间关系，任何刺激改变都可以成为一个'强化物'"（Schoenfeld, 1995, p. 184）。因此，"一切都是相对的"这句话对理解功能性的行为—环境关系非常重要。

区辨操作和三项依联

我们已经讨论了后果在影响行为未来发生方面的作用。但操作式条件作用的影响不只是建立了行为和后果之间的功能关系，它还建立了行为和某些前提条件之间的功能关系。

> 与"**如果 A，那么 B**"公式（如 S-R 公式）不同，"**AB- 因为 -C**"公式是"事件（B）与其背景（A）之间的关系是因为后果（C）"的一般陈述。应用到斯金纳的三项依联上，情境和（B）行为之间关系的存在是因为先前 AB（情境—行为）关系发生的后果（C）。这个观点就是，强化增强的是情境—行为关系，而非只是增强行为。（Moxley, 2004, p. 111）

强化不仅选择行为的某些形式，它还选择未来会引发（增加可能性）反应类的实例的环境条件。一个行为在某些前提条件下比其在其他前提条件下发生得更加频繁，叫作**区辨操作**（discriminated operant）。因为一个区辨操作在一个特定刺激呈现时比在此特定刺激不存在时发生得更加频繁，所以说它处于**刺激控制**（stimulus control）之下。接电话即是一种区辨操作，在信息箱 2.2 中，教授和学生讨论了这一日常行为。电话铃声可以作为接电话的**区辨刺激**（discriminative stimulus, S^D），因为我们只在电话铃响时接电话，电话铃没响时不会去接电话。

正如强化物或惩罚物不能用它们的物理特征来识别，刺激也没有固有的维度或属性以使它们发挥区辨刺激的功能。操作式条件作用将行为置于前提刺激的各种属性和数值的控制之下（如尺寸、形状、颜色以及与另一刺激的空间关系），至于这些特征是什么，是无法预先决定的（刺激控制将在第 17 章中进行详细讲述）。

> 在一个操作式行为受到强化时呈现任何刺激，该刺激都会获得一种控制力，即当刺激呈现时，行为的发生频率会更高。这样的刺激并不会起到刺激作用，因为它不会强行诱发反应。它只是反应产生和

被强化的场合（occasion）的一个基本方面。这个区别可用区辨刺激（或S^D）一词来清楚说明。关于有机体与其环境之间的交互作用的恰当表述必须始终明确以下三件事：（1）反应发生的场合；（2）反应本身；（3）强化的后果。它们之间的相互关系就是"强化的依联"。（Skinner, 1969, p. 7）

区辨操作起源于三项依联。**三项依联**——前提（**a**ntecedent）、行为（**b**ehavior）、后果（**c**onsequence）——有时也叫作行为分析的ABC。图2.3展示了三项依联的例子，包括正强化、负强化、正惩罚和负惩罚。[1] 行为分析科学中关于人类行为的预测和控制的大部分研究发现都涉及三项依联，三项依联"被视作操作式行为分析的基本分析单元"（Glenn, Ellis, & Greenspoon, 1992, p. 1332）。

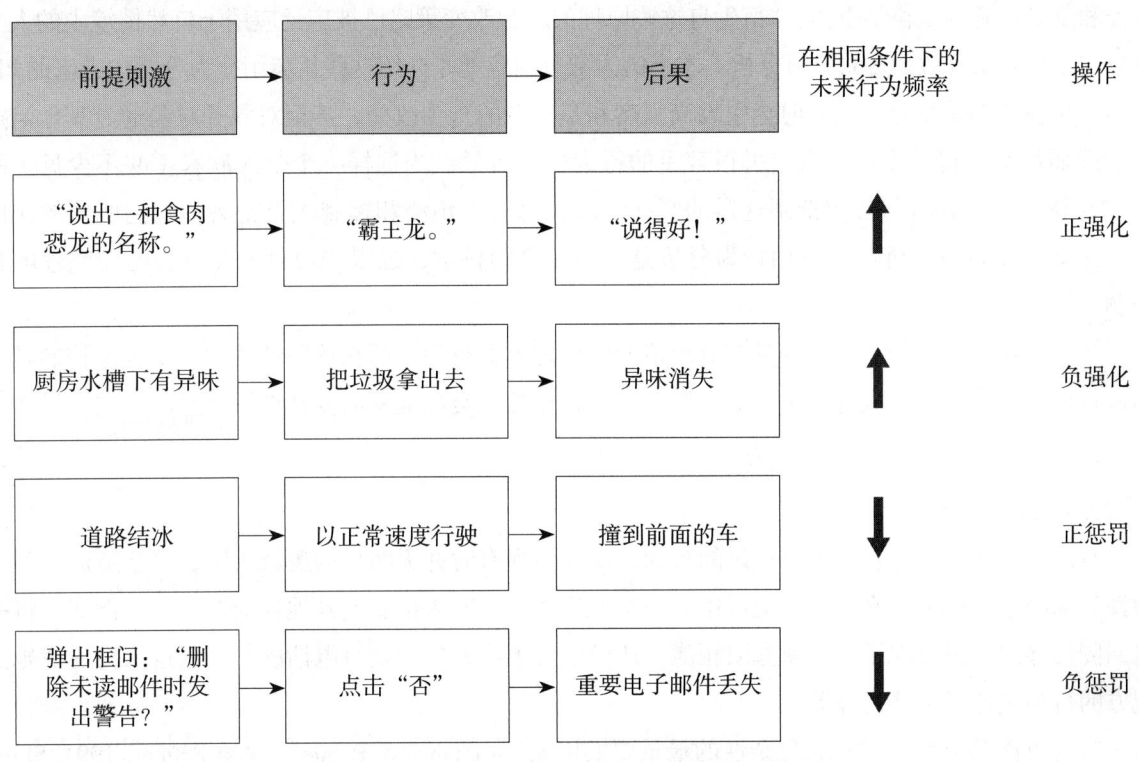

图2.3 通过三项依联对强化和惩罚操作进行说明

四项依联分析将动因事件纳入考量，这些动因事件能够使某些刺激改变暂时具有更多或更少的强化性。第11章将对四项依联进行介绍，第16章将进行详细讲述。

依联（contingency）这个术语在行为分析文献中具有多重含义，它说明了行为、前提和后果变量之间各种类型的时间和功能关系（Catania, 2013; Lattal, 1995; Lattal & Shahan, 1997; Vollmer & Hackenberg, 2001）。依联最普遍的含义可能是一个特定后果对行为发生的依赖性（dependency）。当一个强化物（或惩罚物）被说成**依联**于（be contingent on）一个特定行为时，该行为必须被发出，后果才能产生。例如，在说了"说出一种食肉恐龙的名称"后，老师说的"说得好！"依赖于学生的反应："霸王龙"（或同类恐龙中的另一种）。[2]

依联这个术语也涉及行为与其后果的时近性（temporal contiguity）。前面说过，行为是被其即时后果选择的，而无论后果是由行为所产生的，还是由行为所决定的。关于依联的含义，斯金纳（1953）的说法

---

1 依联示意图（如图2.3所示）是说明行为和环境事件之间的时间和功能关系的有效方法。其他类型的依联示意图以及关于运用它们来教授和学习行为分析的建议，请看看戈德华特和阿克（Goldwater & Acker, 1995）、马洛特和沙恩（2014）、马塔尼（Mattaini, 1995）以及图古德（Toogood, 2012）的相关文章。状态表示法是将复杂的依联关系和实验程序可视化的另一种方法（Mechner, 1959; Michael & Shafer, 1995）。

2 使强化依联于（to make reinforcement contingent）这个短语描述了研究者或实务工作者的行为：只有在目标行为发生后才给予强化物。

是,"就有机体而言,依联唯一重要的属性就是时间性"(1953, p. 85)。

认识人类行为的复杂性

> 行为——无论是人类行为还是其他行为——仍是一项非常困难的课题。
>
> ——B. F. 斯金纳(1969, p. 114)

通过实验行为分析,人们发现了一些基本原理——说明了行为如何以环境变量(environmental variables)的功能来运作。这些原理中,有一些本章已经进行了介绍,它们在成千上万次的实验中得到证明、验证和复制,它们是科学事实。[1] 衍生自这些原理的行为改变策略已被广泛应用于自然情境中的人类行为,并以越来越复杂有效的方式进行分析。本书的大部分内容就是介绍这些从应用行为分析中得来的知识。

行为分析技术的系统化应用有时会引发高强度和高速度的行为改变,甚至对服务对象通过其他治疗方式进行治疗而没有取得效果的、看上去很棘手的行为也能奏效。当这样一个令人欣喜(并不少见)的结果产生时,新手行为分析师必须抵制这样的倾向,即认为关于预测和控制人类行为,我们所知的比所做的要多。正如第1章所坦陈的,应用行为分析是一门年轻的科学,远未实现对人类行为的彻底理解和技术性控制。

应用行为分析师面临的一大挑战是在应用情境中处理人类行为,而在这些情境中,实验室控制是不可能、不可行或不道德的。造成这个困难的因素有很多,包括人类技能库的复杂性、无数的控制变量和个体差异。

人类技能库的复杂性

人类有巨大的潜能学习各种不可思议的行为。反应序列有时并无明显的逻辑组织,这会造成人类行为的复杂性(Skinner, 1953)。在一个反应链中,一个反应产生的效果会影响其他反应的发生。例如,将一件冬衣送回阁楼导致重新发现了一本家庭旧相簿,从而引发了给海伦阿姨打电话的行为,这又为去找她的苹果派配方的行为创造了条件,等等。

语言行为可能是导致人类行为复杂性的最重要的因素(Donahoe & Palmer, 1994; Palmer, 1991; Skinner, 1957;参看第18章)。除了无法识别所说的和所做的不一致带来的问题外,语言行为本身通常就是很多其他语言或非语言行为的一个控制变量。通过遵循语言规则中描述的依联(例如,"拉动杠杆的同时按下选择按钮"),我们在没有直接经历依联的情况下仍可以有效行动(例如,在国外操作一台复杂的自动售货机)。"学习规则可能比用它们所描述的依联来塑造行为要更快。当依联复杂或不明确,或基于任何其他原因而不是很有效时,规则尤其有价值。"(Skinner, 1974, p. 129)斯金纳将语言陈述控制的行为称为**规则掌控的行为**(rule-governed behavior),将其与通过直接经历依联而来的**依联塑造的行为**(contingency-shaped behavior)区分开来。[2]

操作式学习并不总是缓慢的、渐进的过程;有时,新的、复杂的人类行为技能库会在几乎没有直接条件作用的情况下快速出现(Epstein, 1991; Sidman, 1994)。默里·西德曼关于刺激等价(stimulus equivalence)的开创性研究表明,在某些条件下,学习者能够在缺少关于这些技能和关系的直接教学下获得新的技能和语言关系(参看 Critchfield, Barnes-Holmes, & Dougher, 2018)。新行为是相关技能和关系教学的产物。这项研究除了刺激等价外,还有各种名称,包括生成教学(generative instruction)、以等价为基础

---

[1] 同所有的科学发现一样,如果未来的研究发现了更多有价值的数据资料,这些事实会被修正,甚至被取代。

[2] 在塑造的过程中,一个新的行为是通过连续强化接近最终形式的行为而逐渐获得的(参看第22章)。由于自然环境很少(如果有的话)真正塑造新的行为,因此,依联选择的行为(contingency-selected behavior)这一术语可能比依联塑造的行为更为合适。

的教学（equivalence-based instruction）和衍生关系反应（derived relational responding），这将在第19章和第20章中进行讲述。

有一种快速学习的类型叫作依联内收（contingency adduction），在此过程中，在一组条件下被选择和塑造的行为后来被另一组不同的依联所吸收，并在一个人的技能库中展现出新的功能（Adronis, 1983; Layng & Adronis, 1984）。约翰逊和莱宁（Johnson & Layng, 1992, 1994）描述了几个依联内收的例子，在这些例子中，简单的（成分）技能（如加法、减法和乘法，分离和求简单线性方程中的 x），在熟练掌握后，在没有明显的教学指导下，合并形成新的、复杂的（合成）行为模式（如分解复杂的方程）。可以用这种方式来设计课程，即通过教授概念和关系的选择，帮助学生获得非直接教授的概念和关系。

将一系列不同的操作式行为结合在一起，形成新的、复杂的操作式行为（Glenn, 2004），这些操作式行为产生的反应产物又会使行为的获得超越解剖学结构的空间和机械的限制成为可能。

> 人类可以说是具有无限的可能性，尤其是在不断演进的文化实践的背景下，操作式行为的产物已变得日益复杂。例如，解剖学结构的限制阻止了飞行这一操作式行为出现在人类行为技能库中，直到飞机成为行为产物。自然选择在操作单元的个体发生史中的束缚已大大放宽。（Glenn et al., 1992, p. 1332）

控制变量的复杂性

行为是由其后果选择的。这个操作式行为的宏大原理听似（天真）简单，然而，"如同其他科学原理一样，简单的形式掩盖了其所描述的宇宙的复杂性"（Glenn, 2004, p. 134）。环境与其对行为的影响是非常复杂的。

斯金纳（1957）指出："（1）一个单一反应的强度可能是，而且通常是多个变量的函数；（2）一个单一变量通常影响多个反应。"（p. 227）虽然这里斯金纳是在论述语言行为，但多重原因和多重效果是很多行为—环境关系的特征。

很多行为都是由多种原因引起的。在一种叫作**共同控制**（joint control）的现象（Lowenkron, 1998, 2006; Palmer, 2006）中，一个人自身的语言行为的两种独立但相互关联的形式结合后，可以获得对某个反应的刺激控制，但在缺乏其中任何一种形式的情况下，该刺激控制都不会发生。例如，当一个人坐在厨房里用笔记本电脑写作时，她需要一本特定的书作为参考。她可能会对自己说"我需要《关于行为主义》这本书"，她在走到存放这本书的那个房间的途中多次重复书名［仿说（echoic）］。她一本一本地读着书柜里书的名字（语言行为的另一种形式），直到发出"关于行为主义"的反应时，该反应的形态与自我仿说配对（match）了。这两个控制源的出现中介了所需书籍的选择。[1]

并存依联（concurrent contingencies）也可以结合在一起，使一个行为在特定情境中发生的可能性更高或更低。我们最终归还邻居的除草机也许不只是因为他常邀请我们进门喝咖啡，还因为归还工具可以减少我们因借用了它两周而产生的"罪恶感"。

并存依联通常会争相控制不兼容的行为（incompatible behaviors）。我们不能一边看《棒球之夜》一边学习（适度地），为即将到来的考试做准备。代数求和（algebraic summation）虽然不是一个行为分析的术语，但它有时会被用来描述多重并存依联对行为的影响。发生的行为被认为是竞争性依联"相互抵消"的产物，如同在一个代数方程中一样。

行为共变（behavioral covariation）阐明了一种多重效果。例如，莱尔曼、凯利、福恩德兰和范坎普

---

[1] 这个例子改编自西德纳（Sidener, 2006）。关于共同控制的更多例子，请参看第18章"语言行为"。

（Lerman, Kelley, Vorndran, & Van Camp, 2003）发现，阻挡（blocking）一种问题行为的发生能够减少该行为的发生，但同一反应类中问题行为的其他形态会附带增加。作为多重效果的另一个例子，除了抑制其后续行为在未来的发生外，厌恶刺激的呈现可能还会诱发应答式行为，并引发逃避和回避行为——一个事件的三种不同效果。

情绪往往是应答式行为和操作式行为的混合体。应答式条件作用和操作式条件作用的交互作用进一步增加了确定因果变量的难度。例如，在刺激控制安排中嵌入的巴甫洛夫（刺激—强化物）依联可能会限制操作式（反应—强化物）依联的有效性（参看 Nevin, 2009）。戈恩（Gorn, 1982）的一项研究表明，将一个人喜欢的音乐（积极情绪反应的非条件刺激）与一个广告产品（中性刺激）匹配起来，可能会对其对于产品的情绪反应起到条件刺激的作用，从而诱发积极的情绪反应，并影响购买产品这一操作式行为。

所有这些复杂的、并存的、相互关联的依联使行为分析师难以识别和控制相关变量。应用行为分析师所处的环境有时被描述为"在嘈杂的背景下发生强化"的地方，也就不足为奇了（Vollmer & Hackenberg, 2001, p. 251）。

因此，作为行为分析师，当我们努力理解控制变量间的相互关系和复杂性时，我们应该认识到实现有意义的行为改变可能需要一些时间以及很多次的试错。唐贝尔（1987）意识到，以我们目前的技术水平，一些困扰社会的重大问题（如贫穷、药物成瘾和文盲问题）可能很难解决。他指出了解决这些复杂问题所面临的三大障碍。

（1）我们还未被授权解决这些重大的遗留问题；（2）我们还没有分析如何授予我们自己权力去尝试解决它们；（3）当我们真的授予我们自己权力去尝试解决它们时，我们却还没有做系统—分析的任务分析，而它对解决这些问题是非常重要的。根据我的经验，那些似乎极为艰巨的工程之所以艰巨，是因为：（1）与现有系统的状况相比，我缺少强大的暂时强化物，而必须在微弱的控制操作时等待机会；（2）我没有对问题进行正确的任务分析，而必须在试错中挣扎；（3）当我有一个有效的暂时强化物，并对问题进行正确的任务分析时，长期的问题就只是需要任务分析中的一系列行为改变，也许是很多人的行为改变，虽然他们当中的每一个个体的改变是相对容易和快速的，但他们一系列的行为改变所需的更多是时间而非努力，这个过程更多是烦琐的而非艰巨的。（pp. 335, 336–337）

个体差异

人们对同一组环境条件常常有不同的反应，有时甚至是天差地别。这一事实有时被引用为证据，证明基于环境选择的行为原理并不存在，至少不能为强劲可靠的行为改变技术提供基础。于是，有人认为，因为人们常常对同一组依联做出不同的反应，所以行为的控制必定来自人的内在。在反驳这一论点时，西德曼（2013）认识到复杂的学习历史可以解释我们的很多个体差异，他指出，科学原理的发现，将我们彼此联系起来，也将人类与宇宙联系起来，这是令人兴奋的事情。

> 行为控制最有力的一个来源是我们的个人行为史，在我们每个人的复杂网络中，它诱使我们放弃并要求独立……主张内在的自我控制。与其说自己具有先天优势，不如说我一直觉得认识到自己与宇宙的其他部分同在，并发现能够将我与其他一切联系起来的规律，是一件令人兴奋的事。（p. xvi）

当我们每个人经历各种不同的强化（和惩罚）依联时，一些行为会被增强（由依联进行选择），而另一些会被减弱。这就是操作式条件作用的本质，也可以说是人类的本质。因为没有两个人会以完全相同的方式体验世界，我们每个人都是带着不同的**强化历史**（history of reinforcement）来到一个特定的情境里的。每个人带到任何情境中的行为技能库都是由他或她独特的强化历史所选择、塑造和维持的。每个人独特的技能库将他或她定义为一个独特的个体。我们做什么，我们就是什么，我们做的是我们已学会做的。"人在最初时只是一个有机体，而当他获得行为技能库时，他就会成为一个人或者成为他自己。"（Skinner, 1974, p. 231）

不必将个体对当前刺激条件的反应差异归因于内部特征或倾向的差异，而应将其归因于不同强化历史的有序结果。行为分析师还必须考虑到人们对刺激的不同敏感性（如听力损失、视力障碍），以及反应机制的差异（如脑性瘫痪），以此来设计方案的各个组成部分，以确保所有的参与者最大限度地接触到相关的依联（Heward, Alber-Morgan, & Konrad, 2017）。

在应用情境中改变行为的障碍

对后勤、财务、社会政治、法律和/或伦理因素的考虑，使在人们生活、工作和娱乐的"嘈杂"的应用情境中解决人类行为的复杂性问题的难度更大，应用行为分析师有时无法实施有效的行为改变计划。大多数应用行为分析师因工作所在机构的资源有限，可能无法收集到足够的数据以做出完整的分析。除此之外，参与者、家长、管理者，甚至一般大众，有时都会限制行为分析师在有效干预计划上做出的选择（如"我们不想让学生为了代币而工作"）。出于法律或伦理方面的考虑，他们可能也会排除用实验这种方式来确定某个重要行为的控制变量。行为分析师的伦理考虑将在第 31 章中进行讨论。

每一项实践的复杂性加上前面提到的行为和环境的复杂性，使对具有社会重要性的行为进行应用行为分析成了一项具有挑战性的任务。然而，不必使这项任务过于繁重，而且没有什么任务比造福人类更具价值或更重要了。

有时，一些人认为，对行为的科学研究无法解释人类的创造，如美和幽默的创造，或对事物的审美行为。海因兰（Hineline, 2005）、帕尔默（Palmer, 2018）、梅希纳（Mechner, 2017）以及钮林杰和詹森（Neuringer & Jensen, 2013）从行为分析的角度讨论了美学和创造力，包括从文学美学到木工工具的工艺等各种话题。

知道了行为是如何习得的，会不会在某种程度上损及人类经验的质量和享受呢？例如，我们对影响创造性行为的变量增进了解，会不会减少一幅笔触有力的绘画作品和一首优美动听的交响乐所引发的强烈情感，或者降低对创作这些艺术品的艺术家们的欣赏程度呢？我们认为不会，而且我们鼓励你在研读本书所介绍和详细论述的基本概念时，思考一下内文（Nevin, 2005）对行为科学如何增加人类经验所做的回应。

> 在《物种起源》（Origin of Species, 1859）一书的结尾，达尔文邀请我们到一个丰饶的海岸边沉思，那里有植物和鸟类，有昆虫和蠕虫；我们惊叹于那里的复杂性、多样性和栖居动物的相互依存，敬畏于上述的种种都依循繁殖、竞争和自然选择的法则。我们对丰饶海岸的喜爱之情，对栖居其上的动物的热爱之情，不会因我们拥有演化法则的知识而减弱；同样，我们对人类活动的复杂世界的喜爱之情，对人生舞台上的演出者的热爱之情，也不会因我们拥有浅薄但日益增多的行为法则的知识而减弱。
>
> ——托尼·内文（Tony Nevin），私人谈话（2005 年 12 月 19 日）

摘要

行为

1. 行为是生物体的活动。

2. 从技术层面上来说，行为是"有机体与环境的交互作用的一部分，其中涉及有机体某些部分的运动"（Johnston & Pennypacker, 2009, p. 31）。

3. 行为这个术语通常用来指较大的反应组或反应类，它们共有某种形态维度或功能。

4. 反应是指一次特定的行为。

5. 反应形态是指行为的物理外观或形式。

6. 反应类是对环境产生相同效果的一组形态不同的反应。

7. 技能库是指一个人会做的所有行为，也可以指与某特定情境或任务有关的一组行为。

环境

8. 环境是有机体或有机体的参照部分所处的物理情境和环境。

9. 刺激是"一种通过有机体的感受器细胞来影响有机体的能量改变方式"（Michael, 2004, p. 7）。

10. 环境主要通过刺激改变而非静态的刺激条件来影响行为。

11. 刺激事件可以从形式维度（通过它们的物理特征）、时间维度（通过它们的发生时间）和功能维度（通过它们对行为的影响）来描述。

12. 刺激类是指在形式、时间和/或功能维度上共有特定共同元素的刺激组。

13. 前提条件或刺激改变存在或出现于所关注的行为之前。

14. 后果是在所关注的行为之后发生的刺激改变。

15. 刺激改变对行为有一种或两种基本的效果：（1）即时但短暂地增加或减少当前行为的发生频率；（2）延迟但相对长久地影响行为在未来的发生频率。

应答式行为

16. 应答式行为是由前提刺激诱发的。

17. 反射是一种刺激—反应关系，包括一个前提刺激与其诱发的应答式行为（如亮光—瞳孔收缩）。

18. 一个特定物种的所有健康的成员都与生俱来地拥有相同的非条件反射。

19. 一个非条件刺激（如食物）与其诱发的应答式行为（如唾液分泌）叫作非条件反射。

20. 条件反射是应答式条件作用的产物，即刺激—刺激匹配程序，其中，一个中性刺激和一个非条件刺激同时呈现，直到这个中性刺激变成一个能够诱发条件反应的条件刺激。

21. 将一个中性刺激与一个条件刺激匹配，也可产生条件反射——这一过程叫作高阶（或二阶）应答式条件作用。

22. 反复呈现条件刺激而无非条件刺激伴随出现，直到条件刺激不再诱发条件反应，应答式消退就产生了。

操作式行为

23. 操作式行为是由其后果选择的。

24. 与形态和基本功能是预先决定的反应式行为不同，操作式行为几乎有无限的形式。

25. 后果选择的行为在单个有机体（个体发生史）的一生中都会发生，其与达尔文的物种演化史（种系发生史）中的自然选择具有概念上的相似性。

26. 包括强化和惩罚在内的操作式条件作用是指后果对行为的选择过程和效果：

· 后果只能影响未来的行为。

· 后果选择的是反应类而非个别反应。

· 即时后果的效果最好。

· 后果选择其之前发生的任何行为。

· 操作式条件作用自动发生。

27. 大多数具有强化物或惩罚物功能的刺激改变可被描述为：（1）在环境中增加一个新的刺激；（2）从环境中去除一个已经存在的刺激。

28. 正强化：在一个反应之后立即呈现一个刺激，导致相似的反应出现得更频繁。

29. 负强化：在一个反应之后立即撤除一个刺激，导致相似的反应出现得更频繁。

30. 厌恶刺激一词通常被用来指刺激条件的终止具有强化功能。

31. 消退（撤除对先前已经强化的行为的所有强化），导致反应发生的频率降低到被强化前的水平。

32. 正惩罚：在一个反应之后立即呈现一个刺激，导致相似的反应出现得更少。

33. 负惩罚：在一个反应之后立即撤除一个刺激，导致相似的反应出现得更少。

34. 行为原理描述了行为与其一个或多个控制变量之间的函数关系，该函数关系具有跨有机体、物种、情境和行为的彻底的普遍性。

35. 行为改变策略是一种具有技术一致性的行为改变方法，它来源于一个或多个基本行为原理。

36. 非条件强化物和惩罚物功能与之前的任何学习历史无关。

37. 刺激改变具有条件强化物和惩罚物的功能，是其先前和其他强化物或惩罚物匹配的结果。

38. 动因操作的一个重要功能是影响当前刺激改变的强化或惩罚的价值。例如，剥夺和餍足是能够使食物成为更有效或更无效的强化物的动因操作。

39. 一个区辨操作在某些前提条件下比在其他前提条件下发生得更频繁，这样的结果叫作刺激控制。

40. 刺激控制是指操作式反应在呈现和不呈现前提刺激的情况下所观察到的不同的反应频率。前提刺激通过与过去的某些特定的后果匹配而获得控制操作式行为的能力。

41. 三项依联——前提、行为和后果——是操作式行为分析的基本分析单元。

42. 如果一个强化物（或惩罚物）依联于一个特定的行为，那么该行为必须被发出，后果才能产生。

43. 所有应用行为分析的程序都涉及操纵三项依联中的一个或多个组成部分。

认识人类行为的复杂性

44. 人类有能力获得大量的行为技能库。反应链和语言行为也使人类行为变得极其复杂。

45. 控制人类行为的变量往往非常复杂。很多行为都有多重原因。

46. 强化历史和有机体损伤方面的个体差异也使对人类行为的分析和控制变得困难。

47. 基于实践、后勤、财务、社会政治、法律和/或伦理方面的原因，应用行为分析师有时无法对行为进行有效的分析。

第二部分

选择、定义与测量行为

第 3 章　选择与定义目标行为

第 4 章　测量行为

第 5 章　改善与评估行为测量的质量

由于应用行为分析师必须实现改善人们生活质量的行为改变并做好记录，因此，他们需要谨慎地选择行为和系统化地测量行为，以便形成应用行为分析的操作基础。第3章讲述了评估在行为分析中的作用、行为分析师使用的主要评估方法、如何识别和评估潜在目标行为的社会重要性、如何确定目标行为的优先顺序、如何定义所选择的行为以进行准确可靠的测量，并讨论了设定行为改变标准的方案。第4章阐释了测量在应用行为分析中的作用、定义了行为的可测量维度、描述了测量行为的程序和工具，并提出了选择测量系统的准则。第5章确定了可靠的测量指标，阐明了对行为测量的效度、准确性和可靠性的常见威胁，提出了应对这些威胁的策略，并描述了评估行为测量的准确性和质量的方法。

第 3 章 选择与定义目标行为

关键词

ABC 记录（ABC recording）

逸事观察（anecdotal observation）

行为核查表（behavior checklist）

行为评估（behavioral assessment）

行为交点（behavioral cusp）

生态评估（ecological assessment）

以功能为基础的定义（function-based definition）

适应（habilitation）

正常化（normalization）

关键行为（pivotal behavior）

反应性（reactivity）

行为规则的关联性（relevance of behavior rule）

社会效度（social validity）

目标行为（target behavior）

以形态为基础的定义（topography-based definition）

➡ 本章由陆雯翻译。

行为分析师认证委员会 BCBA/BCaBA 任务清单（第 5 版）

第二部分：应用

F. 行为评估

F-1 在个案开始之初就检查记录和可获得的数据（如教育、医疗、历史数据）。

F-2 确定行为分析服务的需求。

F-3 确定具有社会重要性的行为改变目标及其优先顺序。

F-4 评估相关技能的优势和不足。

H. 选择并实施干预

H-1 用可观察和可测量的术语描述干预目标。

H-2 依据评估结果和可获得的最佳科学证据确认潜在的干预措施。

H-3 依据服务对象的偏好、支持环境、风险、限制和社会效度等因素推荐干预目标和策略。

H-4 当希望一个目标行为减少时，选择一个可接受的替代行为建立或增加。

©2017 The Behavior Analyst Certification Board, Inc.,® (BACB®). 保留所有权利。本文件的当前版本可在 www.bacb.com 网站查阅。如需转载、复制或分发本文件，或有疑问，请直接联系行为分析师认证委员会。

应用行为分析关注的是行为上的改善，这种改善是可预测和可复制的。然而，并不是任何行为都要关注：应用行为分析师改善的是对个体及与个体互动者有即时和持久效果的具有社会重要性的行为。这些行为包括语言、社交、运动和学术技能。

一个重要且被普遍认同的前提步骤是选择正确的行为作为评估、测量与改变的目标（Lerman, Iwata, & Hanley, 2013）。莱尔曼等人（2013）指出："特定的目标行为被选择的原因通常是，它们可以通过让一个人获得新的强化物和其他强化环境的方式，在短期和长期内改善他的生活质量。"（p. 86）

本章介绍了评估在应用行为分析中的作用、三种主要的行为评估方法、如何评估潜在目标行为的社会重要性并确定其优先顺序，以及如何应用标准来定义目标行为。

评估在应用行为分析中的作用

在任何系统化教学模式中，评估历来都被视为四个阶段中的第一阶段。这四个阶段模式包括：评估、计划、实施、评价（Stephens, 1976）。全面的行为评估可为计划提供信息，为实施提供指导，为评价提供帮助。

行为评估的定义与目的

传统的心理和教育评估通常包括一系列常模参照、标准参照或以课程为基础的评估，并辅以观察、逸事报告和历史数据，以确定学习者在认知、学术、社交和 / 或心理运动领域中的优势和劣势。

相反，**行为评估**则包括间接和直接的程序，如访谈、核查表和测验，目的是辨识和定义特定的目标行为。除了辨识需要改变的行为外，全面的行为评估还可以揭示变量之间的功能关系，提供资源、资产、重要他人、竞争依联、维持和泛化因素，以及强化物（或惩罚物）的相关背景，这些因素可以结合起来，提高干预效率（Brown, McDonnell, & Snell, 2016）。[1]

瓦克尔、伯格、哈丁和库珀—布朗（Wacker, Berg, Harding, & Cooper-Brown, 2011）指出，行为评估的

---

[1] 问题行为可以运用一个叫作功能性行为评估（functional behavior assessment）的三步骤过程进行实证评估，目的是辨识和系统化地操纵可能控制问题行为发生的前提和 / 或后果。第 27 章将对这个过程进行详细介绍。

主要目标是"辨识与目标行为的增加或减少有关的环境变量"(p. 165)。莱恩汉(Linehan, 1977)简洁地描述了行为评估的目的:"找出服务对象的问题是什么,以及如何改善它。"(p. 31)瓦克尔等人的定义和莱恩汉的定义中隐含的一个概念是,行为评估不只是描述和分类行为能力及缺陷的实践。简而言之,行为评估不仅限于试图获得心理测验分数、年级当量数据或评级测量结果,尽管这些发现在其他方面可能富有价值。开展行为评估,能够发现行为在个体环境中发挥的功能(如获得社会关注、逃避或回避任务)。一个建构良好的、详尽的行为评估可以辨识出控制行为的关键变量,并指导实务工作者对这些变量进行操纵,以使学习者受益,从而有针对性地实施后续干预,并获得更多的成功机会。正如布雷、沃尔默和拉普(Bourret, Vollmer, & Rapp, 2004)指出的:"评估的关键考验在于……它能在多大程度上对有效教学策略做出区分。"(p. 140)

行为评估的阶段

霍金斯(Hawkins, 1979)的行为评估概念化包含五个阶段:(1)筛选;(2)定义和量化问题,以及设定结果标准;(3)准确指出目标行为;(4)监控进度;(5)后续追踪。这五个阶段构成了大致的时间先后顺序,不过它们经常会发生重叠。本书的第三部分"评估与分析行为改变"描述了评估的监控和后续追踪阶段。本章主要涉及评估的干预功能、**目标行为**——进行改变的特定行为——的选择和定义。

为了更好地提供服务,应用行为分析师必须知道哪些因素构成了具有社会重要性的行为,具备使用恰当的评估方法和工具分析数据的技术能力,并能将评估数据与干预策略进行匹配。例如,阅读辅导专家必须了解一名合格的阅读者的关键行为,能够通过连续的识别、解码和理解技能来判断学习者的进展情况,并提供适当的、有效的指导。简而言之,分析师必须了解目标行为的全部范围和顺序。

评估前的注意事项

为了准确指出目标行为,行为分析师在实施非正式或正式行为评估前必须解决两个基本问题。第一个问题是:谁有权限,并经准许,拥有资源和技能完成评估以及干预服务对象?如果实务工作者没有获得授权或许可,那么分析师在评估和干预中所能发挥的作用会受到限制。例如,假设一位行为分析师在排队结账,旁边有一位家长正试图处理孩子的极端破坏性行为。这位行为分析师是否有权当场做问题评估,或者给家长提供一项干预建议?答案是否定的。但是,如果同样的情况发生在对家长开展的"辅导课程"期间,而且家长事先已请求帮助,那么分析师就可以进行评估并就干预措施提出建议。

第二个问题是:目前有哪些记录、资源或数据可以阐明过去为辨识、治疗和评价目标行为所做的工作?行为分析师至少应该检查和回顾相关的医学、教育或历史数据。显然,应先排除疑似异常行为的所有医学原因。一个有严重病症但尚未确诊的儿童可能会表现出行为问题,而病症可能源自眼睛(弱视)、耳朵(中耳炎)或产前造成的问题(胎儿酒精综合征),如果仅通过行为措施进行治疗,将无法获得预期的效果。在医学上对这些致病因素进行预处理,可使以后的教育和/或行为干预更具针对性。

同样,实务工作者应对先前的教育和行为干预进行分析。通过检查叙事报告、分析基于数据的图表以及访谈照顾者,技能娴熟的分析师可以对目标行为的性质、发展范围和顺序以及能够维持目标行为的强化物和惩罚物有一定的了解。此外,还可以对先前所做干预的处理完整度进行判断。过去的某项干预措施(如消退)被用来减少在课堂上喊叫,但可能由于照顾者误以为喊叫逐渐减少意味着失败,该干预措施被过早地抛弃了。还有一种情况是,在训练环境中(如特殊教育教室或康复发展中心)得以成功处理的不良行为可能会因儿童未曾接受泛化教学而在非训练环境中(如家庭或社区情境)重又出现。

实际上,应用行为分析师不仅必须认识到评估在四个阶段(评估—计划—实施—评价)中的作用,还要知道影响行为的所有个人、社会和环境因素。只有这样，分析师才能运用自己的行为分析技能来评估行为并最终改变行为。[1] 图 3.1 概述了专业评估的四个基石。

1. 认识专业限制。	・确保拥有评估问题或提出干预建议的权限。 ・不要进行超出专业培训或执照许可范围的测试。 ・拒绝在不良条件下进行评估（例如，学习者患病、环境分散了注意力、分析师需要赶时间）。
2. 承担工作责任。	・小心、周到、谨慎地解释。 ・确认转介和测试的假设（即安置发生变化，生成干预策略）。
3. 保守秘密。	・对评估信息保密。获取已签署并注明日期的信息发布（Release of Information, ROI）文件。 ・确保只和有资格获得评估结果的人员分享评估结果。 ・当保密性可能会受影响时（如危及生命的情况）寻求指导。
4. 遵守专业、管理和伦理标准。	・使用技术上可靠且有效的措施和程序进行评估。 ・遵循适当的标准程序。 ・检查并分析所有相关的医学、教育和历史数据。 ・推荐最有效而破坏性最小的干预措施。

图 3.1　专业评估的四个基石

行为分析师使用的评估方法

行为分析师使用各种评估方法来辨识哪些是要改变的目标行为。全面的行为评估通常包括间接和直接两种方法。[2]

间接评估

访谈、核查表和评定量表属于间接评估方法，因为通过这些方法获得的数据来自对事件的回忆、重构和/或主观的等级顺序评定。评估者可以对服务对象和/或与其定期接触的人（如老师、父母、护理人员）进行访谈、获取他们的核查表和评定量表。

间接评估包括开放式和封闭式两种形式（Fryling & Baires, 2016）。开放式间接评估（open-ended indirect assessments）鼓励信息提供者自由发表有关目标行为的评论，在数量、频率、强度和持续时间，以及围绕这些行为发生的刺激和条件（马里奥多久出现一次自伤行为？）方面的评论都不受限制。信息提供者对一系列问题的叙述通常会导致后续问题，这些问题为探寻控制行为的可能变量提供了更多的背景和内容信息（马里奥的自伤行为是在家里发生得更频繁还是在学校里发生得更频繁？）。

封闭式间接评估（closed-ended indirect assessments）要求信息提供者使用李克特量表（Likert scale）对一系列问题进行评分，并生成一个总分，为辨识控制行为的可能变量提供指引（例如，使用量表对马里奥的自伤行为进行评分：5=经常；3=有时；1=很少）。图 3.2 比较了封闭式间接评估和开放式间接评估的优势和局限性。

---

[1] 第 31 章"应用行为分析师的伦理责任与专业责任"详细探讨了这一重要议题。
[2] 行为分析师使用其他形式的评估来指导有效干预方案的设计，本书其他章节讲述了这些评估方法：偏好评估与强化物评估（第 11 章）、惩罚物评估（第 14 章）和功能性行为评估（第 27 章）。

	封闭式间接评估	开放式间接评估
优势	・确保有关于某些群体的共同控制变量的信息。 ・快速且易于管理。 ・只需具备一些特定技能。	・有可能获得各种不同的背景变量信息。 ・有机会与信息提供者建立融洽关系并聆听他或她的个体经验。
局限性	・只询问有关预设变量的问题。 ・可能是非功能性的（即假阳性）。 ・未接受 ABA 训练者有可能误用。 ・几乎没有机会与信息提供者建立融洽关系。	・与封闭式间接评估相比，所需时间较长。 ・可能包含与功能无关的信息。 ・解读评估需要运用行为分析技能。 ・需要运用临床访谈技能以获取信息和发展融洽关系。

引自 M. J. Fryling & N. A. Baires (2016). The Practical Importance of the Distinction Between Open and Closed-Ended Indirect Assessments. *Behavior Analysis in Practice*, 9(2), p. 150. 2016 年版权归国际行为分析协会所有。经授权转载。

图 3.2　封闭式间接评估与开放式间接评估的优势和局限性

以下部分描述了服务对象、重要他人、核查表和评定量表在间接评估中的作用。

访谈服务对象

行为访谈通常是辨识潜在目标行为的第一步，也是可以通过随后的直接观察或实证分析来证实或推翻的重要一步。行为访谈与传统访谈的不同之处在于所提问题的类型和获取信息的水平。行为分析师主要通过是什么和什么时候这两类问题来提问。这些问题往往集中于一个行为事件出现之前、期间和之后存在的环境条件。辨识与行为相关的环境事件为形成关于这些变量的控制功能的假设和设计干预方案提供了有价值的信息。假设的形成会导致实验性的操纵和功能关系的发现（参看第 26 章）。

图 3.3 提供了以是什么和什么时候这类恰当的句型来提问题的例子。这一系列问题是由一位行为咨询师开发出来的，用以回应一位教师的请求，即减少自己对表现出不听话和破坏性行为的学生的消极关注频率。类似的问题也可用于处理家庭或社区情境中出现的状况（Sugai & Tindal, 1993）。

问题辨识访谈表格

转介原因：教师请求帮助以减少自己对有喊叫、不服从等破坏性行为的学生的消极关注。

1. 你能用自己的话定义这个促使你请求帮助的问题行为吗？
2. 目前你还关注其他任何与教师相关的行为吗？
3. 当你给予消极教师关注时（即当你关注喊叫或不服从行为时），就在消极教师关注即将出现之前，通常会发生什么？
4. 在消极教师关注出现之后，通常会发生什么？
5. 当你对学生的不服从行为大声呵斥或给予关注时，他们的反应是什么？
6. 学生表现出哪些行为会使你不太可能以消极的方式关注他们？
7. 你尝试过使用其他干预手段吗？它们的效果如何？

图 3.3　行为访谈问题样例

访谈重要他人

有时，行为分析师无法亲自访谈服务对象，或者需要从服务对象生活中的重要他人（如家长、老师、同事）那里获取信息。在这种情况下，分析师就会对一个或多个重要他人进行访谈。当被要求对一个行为问题或缺陷进行描述时，这些重要他人通常会以一般性词汇或标签展开描述，但通过这些词汇或标签无法确定需要改变的特定行为，而且它们经常暗指服务对象的内在本质才是原因（如恐惧、具有攻击性、缺乏动因、懒惰、退缩)。行为分析师通过询问结构化的问题，帮助重要他人从特定行为、环境条件和与那些行为相关的事件方面描述问题。例如，访谈家长时，以下问题有助于聚焦孩子的"不服从"和"不成熟"的行为实例。

- 德里克做了什么导致你认为他的行为不成熟或不服从？
- 在一天中的什么时候，德里克看起来最不成熟（或最不服从）？
- 在某些情境或场所中，德里克会做出不服从或不成熟的行为吗？如果会，是在哪里？他做了什么？
- 德里克有多少种不同方式表现他的不成熟（或不服从）？
- 德里克最常出现的不服从行为是什么？
- 当德里克做出这些行为时，你和其他家庭成员如何应对？
- 如果德里克如你所愿，变得更加成熟和独立，那么他的行为和现在会有什么不同？

图 3.4 是一张表格，家长、照顾者和重要他人可以用它来确定可能的目标行为。

5+5 行为清单

孩子的姓名：＿＿＿＿＿＿＿＿＿＿＿＿＿＿＿＿＿＿＿＿＿＿
填表人：＿＿＿＿＿＿＿＿＿＿＿＿＿＿＿＿＿＿＿＿＿＿＿＿
填表人与孩子的关系：＿＿＿＿＿＿＿＿＿＿＿＿＿＿＿＿＿＿

＿＿＿＿现在会做的 5 件好事	我希望看到 ＿＿＿＿ 学会更常（或更少）做的 5 件事
1. ＿＿＿＿＿＿＿＿＿＿＿＿＿	1. ＿＿＿＿＿＿＿＿＿＿＿＿＿
2. ＿＿＿＿＿＿＿＿＿＿＿＿＿	2. ＿＿＿＿＿＿＿＿＿＿＿＿＿
3. ＿＿＿＿＿＿＿＿＿＿＿＿＿	3. ＿＿＿＿＿＿＿＿＿＿＿＿＿
4. ＿＿＿＿＿＿＿＿＿＿＿＿＿	4. ＿＿＿＿＿＿＿＿＿＿＿＿＿
5. ＿＿＿＿＿＿＿＿＿＿＿＿＿	5. ＿＿＿＿＿＿＿＿＿＿＿＿＿

说明：首先，在左栏列出你的孩子（或学生）现在能够规律地做出的 5 种良好行为，这是你希望他/她继续做的事情。接着，在右栏列出你希望看到孩子更常做的 5 种行为（孩子有时会做但应该更常做的事情），以及（或者）你希望他/她少做（或完全不做）的不良行为。你可以在任一栏列出 5 种以上行为，也可以试着在每一栏至少列出 5 种行为。

图 3.4　用于确定可能的目标行为的表格

除了寻求重要他人的帮助以确定目标行为和可能的控制变量外，行为分析师有时也会通过访谈来判断重要他人愿意并能够协助实施后续干预计划的程度。如果没有家长、兄弟姐妹、教师助理和学校或机构工作人员的帮助，行为改变计划在最初实施后会因为无法保持任何程度的处理完整性而难以取得成功或维持下去。

随着访谈的进行，一些服务对象或他们的重要他人可能会被要求填写一份问卷或一份需求评估调查

（needs assessment survey）。这种问卷和需求评估调查已经在多个人类服务领域被开发出来，用以完善或拓展访谈过程（Altschuld & Witkin, 2000）。这类评估结果对于进一步选择和定义目标行为或确定可能的干预措施很有帮助。例如，一位寻求行为治疗以帮助自己戒烟的服务对象可能会在问卷或调查中做出回应，说明自己每天吸烟的数量以及在什么情况下吸烟（如早上喝咖啡的休息时间、晚餐后、堵车时）。这些从服务对象那里收集的数据可以揭示出与目标行为相关的前提条件。

核查表和评定量表

行为核查表和评定量表可以单独使用，也可以与访谈相结合，用以确定潜在的目标行为（Kelley, LaRue, Roane, & Gadaire, 2011）。**行为核查表**对特定的行为以及每个行为发生的条件（即可能影响行为频率、强度或持续时间的前提与后果事件）进行描述。可以创建特定情境或特定方案的核查表以评估一个特定的行为（如刷牙）或特定的技能领域（如社交技能）。

使用李克特系统的评定量表（例如，从 1 到 5 或从 1 到 10 的数字范围）通过使用定序尺度来更精确地描述和量化所关注的目标行为。当使用以数字为基础的量表时，有时会计算出一个总分以对目标行为的重要性提供进一步的指导。《教师与员工功能评估核查表》（*Functional Assessment Checklist for Teachers and Staff*）（March et al., 2000）结合了核查表和评定量表，以帮助说明目标行为及其发生的条件（参看图3.5）。不过，每当使用顺序量表，并涉及数据解释时，行为分析师都要留心默比茨、莫里斯和格里普（Merbitz, Morris, & Grip, 1989）提出的明智建议。

> 顺序水平量表广泛应用于康复治疗。当一个基本维度的方向（如意识）可以被描述而测量单位不能被描述时，这种量表提供了关于现象的等级顺序特征。遗憾的是，由这些量表产生的信息很难解释，而且容易被人误用。（p. 308）

教师与员工功能评估核查表（FACTS–A 部分）

步骤 1　学生的姓名／年级：＿＿＿＿＿＿＿＿＿＿　日期：＿＿＿＿＿＿＿＿
　　　　访谈者：＿＿＿＿＿＿＿＿＿＿　受访者：＿＿＿＿＿＿＿＿

步骤 2　**学生简介**：请至少列出学生的三个优势或对学校的三项贡献。
　　　　＿＿＿＿＿＿＿＿＿＿＿＿＿＿＿＿＿＿＿＿＿＿＿＿＿＿＿

步骤 3　**问题行为**：辨识问题行为。

＿＿ 迟到	＿＿ 打架／身体攻击	＿＿ 破坏	＿＿ 盗窃
＿＿ 无反应	＿＿ 用语不当	＿＿ 不服	＿＿ 蓄意破坏
＿＿ 退缩	＿＿ 语言骚扰	＿＿ 工作未完成	＿＿ 其他＿＿
	＿＿ 语言表达不当	＿＿ 自伤	

　　　　描述问题行为：＿＿＿＿＿＿＿＿＿＿＿＿＿＿＿＿＿＿＿＿＿

步骤 4　**指出日常惯例**：问题行为最有可能在哪里、什么时间、和谁在一起时发生。

时间表	活动	问题行为发生的可能性	具体问题行为
	上学前	低　　　　　　　　高 1　2　3　4　5　6	
	上数学课	低　　　　　　　　高 1　2　3　4　5　6	
	换课	低　　　　　　　　高 1　2　3　4　5　6	
	上语文课	低　　　　　　　　高 1　2　3　4　5　6	
	休息	低　　　　　　　　高 1　2　3　4　5　6	
	阅读	低　　　　　　　　高 1　2　3　4　5　6	
	吃午餐	低　　　　　　　　高 1　2　3　4　5　6	
	上科学课	低　　　　　　　　高 1　2　3　4　5　6	
	换课	低　　　　　　　　高 1　2　3　4　5　6	
	集合学习	低　　　　　　　　高 1　2　3　4　5　6	
	上美术课	低　　　　　　　　高 1　2　3　4　5　6	

步骤5　　选择1~3个日常惯例进行进一步评估：根据（1）活动（条件）的相似度（评分为4、5或6的），以及（2）问题行为的相似度进行选择。完成所确定的每个日常惯例的FACTS–B部分。

教师与员工功能评估核查表（FACTS–B部分）

步骤1　　学生的姓名/年级：_____　　日期：_____
　　　　　访谈者：_____　　受访者：_____

步骤2　　**日常惯例/活动/背景**：评估了FACTS–A部分中的哪个日常惯例（一个即可）？

日常惯例/活动/背景	问题行为

步骤3　　提供关于问题行为的更多详细信息：

问题行为看起来是什么样的？
问题行为多久发生一次？
问题行为发生时会持续多长时间？
问题行为的强度/危险程度如何？

步骤 4　哪些事件可以用来预测问题行为什么时候发生？（预测物）

相关问题（情境事件）		环境特征	
___ 疾病	其他：	___ 谴责/纠正	___ 有组织的活动
___ 用药	_____	___ 身体需求	___ 自由活动时间
___ 消极社交	_____	___ 孤立无援	___ 任务太无聊
___ 家庭纠纷	_____	___ 跟同龄人在一起	___ 活动时间太长
___ 学业失败	_____	___ 其他	___ 任务太困难

步骤 5　什么后果看起来最有可能维持问题行为？

得到的东西		回避或逃避的东西	
___ 成人关注	其他：	___ 困难的任务	其他：
___ 同龄人关注	_____	___ 谴责	_____
___ 喜欢的活动	_____	___ 同龄人的消极影响	_____
___ 金钱/事物	_____	___ 体力劳动	_____
		___ 成人关注	

行为摘要

步骤 6　确定将用于建立行为支持计划的摘要。

情境事件和预测物	问题行为	维持行为的后果

步骤 7　你对<u>行为摘要</u>的准确性有多大信心？

没什么信心　　　　　　　　　　　　　　　　　　　非常有信心
　　1　　　2　　　3　　　4　　　5　　　6

步骤 8　目前采取了哪些措施来控制问题行为？

问题行为的预防策略			问题行为的应对策略		
___ 时间表变更	无：___	其他：___	___ 谴责	无：___	其他：___
___ 换座位	_____		___ 转介	_____	
___ 课程改革	_____		___ 扣留	_____	

引自 R. E. March, R. H. Horner, T. Lewis-Palmer, D. Brown, D. Crone, A. W. Todd, & E. Carr (2000). *Functional Assessment Checklist for Teachers and Staff (FACTS)*, 俄勒冈大学尤金分校教育学院教育与社区支持。经授权转载。

图 3.5　教师与员工功能评估核查表

直接评估

测验和直接观察是直接评估方法，因为由这些程序得出的结果能提供可测量且经过验证的关于学习者行为的信息。标准化测验和观察是直接评估的两种主要方法。

标准化测验

学术界早已开发出成千上万种标准化测验来评估行为（参看 Carlson, Geisinger, & Jonson, 2017）。每次实施一项标准化测验，相同的问题和任务都会以特定的程序呈现，并采用相同的计分标准。有一些标准化测验会提供常模参照分数，这意味着在测验的开发过程中，它会从测验设计的目标群体中选取大量样本进行施测，由测验产生的计分表格和图表则可在以后作为绘图、制表或计算结果的参照。测验分数以正态分布曲线的形式在图表中体现。参看信息箱 3.1 "常模参照测验分数入门"。

信息箱 3.1

常模参照测验分数入门

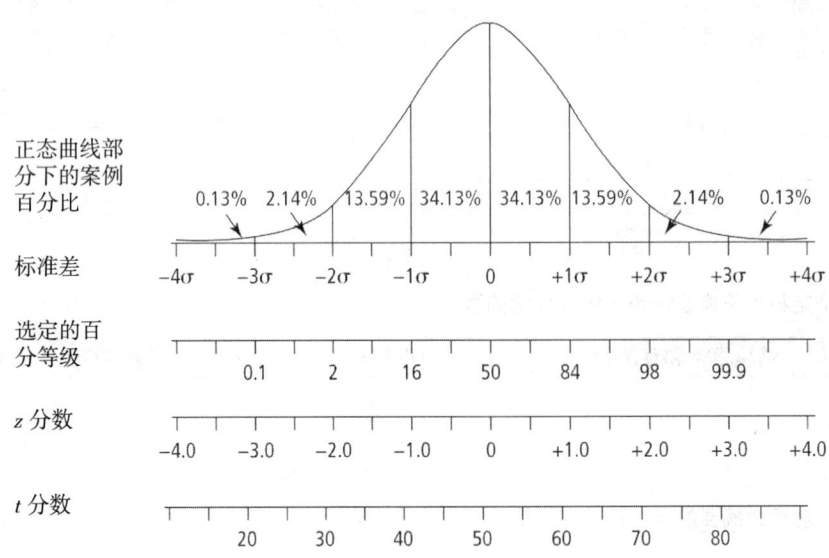

图 A　正态分布中的百分位数分数、z 分数和 t 分数之间的关系

引自 S. M. Brookhart & A. J. Nitko (2019). *Educational Assessment of Students*, 8th ed., p. 391, Upper Saddle River, NJ: pearson. 经授权转载。

常模参照测验将个人表现与一个具有可比性的常模群体进行比较。这些测验提供了很多指标，实务工作者可以参考它们来做决策。百分位数、z 分数和 t 分数是三个被广泛使用和报告的常模参照分数。图 A 显示了正态分布中这些分数和其他常模参照分数的关系。

标准化测验可以产生很多实务工作者借以做决策的指标。在这条"正态曲线"的下面标出的一些关键指标可用于将个人表现与具有可比性的常模群体的表现进行比较。最受关注的测验分数是百分等级、z 分数和 t 分数。

百分等级

百分等级将分数与标准差对齐。平均分是第 50 百分位数，位于分布的中间。分数为 84 分，表示测验者的分数等于或高于 84% 的参加标准化测验的人，相当于比平均值高出 1 个标准差。

z 分数

z 分数表示一个分数低于、等于或高于完成评估群体的平均值的标准差。z 分数为 +1.0 等于 1 个标准差，也等于第 84 百分位数。

t 分数

t 分数是一个平均数为 50、标准差为 10 的标准分数。在我们强调的例子中，t 分数为 50，位于分布的中间，等于第 50 百分位数（请阅读上面的百分位数比例）。

另外两个值得关注的衍生分数是年级当量分数和年龄当量分数（未在正态曲线上呈现）。

年级当量分数

一个年级当量分数，比如 5.5，意味着学习者的原始分数（在测验中回答正确的总题数）等于常模群体中的学习者在五年级中期获得的平均原始分数。这个分数不提供任何有关个人拥有或缺乏的具体技能的信息。

年龄当量分数

一个年龄当量分数，比如 4.6，意味着学习者的原始分数（在测验中回答正确的总题数）等于常模群体中的学习者 4 岁时获得的平均原始分数。这个分数不提供任何有关个人拥有或缺乏的具体技能的信息。

想要了解更多有关标准化测验以及常模参照分数的信息，请参看布鲁克哈特和尼特科（Brookhart & Nitko, 2019），以及萨尔维亚、伊塞尔代克和博尔特（Salvia, Ysseldyke, & Bolt, 2013）的有关评估的文章。

然而，市面上大多数标准化测验都无助于行为评估，因为测验结果无法直接转化为用于教学或治疗的目标行为。例如，学校中常用的标准化测验，如艾奥瓦州基本技能测验（Iowa Tests of Basic Skills）（Hoover, Dunbar, & Frisbie, 2007）、皮博迪个人成就测验（Peabody Individual Achievement Test–R/NU）（Markwardt, 2005）和广泛成就测验（Wide Range Achievement Test–5, WRAT–5）（Wilkinson & Robertson, 2017），其结果可能只表明一个四年级学生在数学上的表现达到三年级水平，在阅读方面达到一年级水平。这样的信息有助于判断这个学生在这些科目上与一般学生相比表现如何，但它无法指出该学生已经掌握哪些具体的数学技能或阅读技能，也不能为启动一套补救、干预或改进计划提供充分的指导。

最后，从实践的角度来看，由于牵涉执照方面的规定，行为分析师可能无法实施某项既定的标准化测验。例如，只有持有执照的心理学家才能实施某些类型的智力测验和人格测验。

当测验能够针对所关注的个体行为表现进行特定的测量时，它将是最有用的行为评估工具。实务工作者经常使用标准参照评估和以课程为基础的评估来帮助改变目标行为。

标准参照评估

标准参照评估（criterion-referenced assessment, CRA）能够衡量儿童在大众普遍接受的"发展里程碑"上的技能表现。例如，大多数 12 个月大的幼儿可以坐稳、独自站立、走几步路、伸手越过身体中线，以及跟大人一起玩滚球。在对 CRA 进行计分时，教师可能会针对所测量的每项相关技能用"+""–"或"E"来标记，分别表示该项技能存在、不存在或正在出现。

以课程为基础的评估

相比之下，以课程为基础的评估（curriculum-based assessment, CBA）尤其有用，因为获得的数据来自学习者根据计划的课程（即课程安排）所执行的每日或每周任务产生的独有的反应表现（Overton, 2006）。以课程为基础的评估的典型例子有：在一周结束时，一名学习者根据 5 天的单词表进行拼写测验，或者一名中学生读完课文的某个章节后参加科学测验。CBA 数据可以在形成性基础（如记录错误模式或相对进度）上收集，也可以在总结性时间表（如每年一次）上收集，在运动（粗大和精细）、语言（接受性和表达性）、自理或认知等领域使用。教师将记录总成绩，或根据学习者的发展水平，将技能领域内的相关任务标记为能独立完成、半独立完成或完全不能完成。

直接观察

在自然环境中对服务对象进行直接和重复观察，有助于确定评估和最终选择哪个行为作为目标行为。不过，实务工作者需要注意的是，观察可能会产生有局限的和不准确的信息。例如，如果只在上午、家里或只在服务对象与特定的照顾者在一起时收集数据，那么在下午、学校里或与不同的照顾者在一起时的"目标"行为就可能被掩盖。如果将直接观察扩展到更为广泛的环境、人员或行为上，那么会有很大机会提高直接评估的整体质量，但在对变量进行操纵之前，直接评估还称不上是一个完整的分析（Thompson & Borrero, 2011）。

比茹、彼得森和奥尔特（Bijou, Peterson, & Ault, 1968）最早描述了直接连续观察的一种基本形式，叫作 **ABC 或逸事观察**（anecdotal observation）。通过 **ABC 记录**（ABC recording），当事件在服务对象的自然环境中发生时，观察者以描述性的、按照时间顺序的方式记录所关注的所有行为、前提条件和后果（Cooper, 1981）。这种技术产生的行为评估数据可用于确定潜在的目标行为。[1]

逸事观察能够为服务对象的行为模式提供整体性的描述。这种针对服务对象在自然情境中的行为的详细记录，为其本人和其他参与行为改变计划的人员提供了问责证据，而且对设计干预措施非常有帮助。

使用表格按时间顺序记录相关的前提、行为和后果，有助于准确描述实时发生的行为实例。例如，洛（Lo, 2003）使用如图 3.6 所示的表格记录一名四年级特殊教育学生的逸事观察，老师抱怨这名学生经常讲话和离开座位，既影响自己的学习，又扰乱班级的秩序。ABC 观察也可以在依据访谈和/或初始观察所得信息而为服务对象单独创建的，有特定前提、行为和后果事件的核查表上进行记录。（参看图 27.3）

做 ABC 记录时，要求观察者全神贯注地观察被观察者 20 到 30 分钟。因此，假如教室里的一位老师正在做其他活动，如管理阅读小组、在黑板上讲解数学题或正在组织全班性的互相辅导，那么这位老师就不能轻易地开展这一评估。下面是一些关于逸事直接观察的要点和建议。

- 记录服务对象的言行以及发生在他身上的每一件事。
- 使用自创的速记或缩写方式来提高记录效率，但要确保笔记在观察结束之后能立即得到准确地还原。
- 只记录看到或听到的举动，而不对这些举动进行解读。
- 写下在每个所关注的反应之前刚刚发生和之后立即发生的事情，以此记录每个反应的时间顺序。
- 记录服务对象的每个行为实例大概的持续时间，记下每个行为实例开始与结束的时间。
- 要注意，连续的逸事观察通常是一种具有干扰性的记录方法。当人们看到有人拿着笔和记录板盯着自己时，大多数人会有与往常不同的表现。知道了这一点，观察者就应尽可能保持隐蔽（例如，与被试保持适当的距离，避免目光接触）。
- 持续观察几天，以减少服务对象对于被他人观察的新奇感，从而通过重复的观察做出对日常行为的有效描述。

生态评估

行为分析师明白，人类行为受到多种事件的影响，而且很多事件能够对行为产生多种影响（参看 Michael, 1995）。生态评估方法认识到了环境与行为之间复杂的相互关系。**生态评估**（ecological assessment）需要收集大量关于个体及其生活和工作的各种环境信息。能够影响个人行为的因素很多，包括生理状态、

---

[1] ABC 记录将在第 27 章"功能性行为评估"中进一步讨论。

学生：学生 4	日期：2003 年 3 月 10 日	地点：特殊教育资源教室（数学课）
观察者：实验者	开始时间：下午 2:40	结束时间：下午 3:00

时间	前提（A）	行为（B）	后果（C）
2:40	老师告诉学生要安静地写数学作业	在教室里到处走动并看着其他学生	老师说："除了你，每个人都在写作业，我不需要告诉你该做什么。"
	✓	坐回座位，嘴里发出怪声	一位女同学说："你能不能安静点？"
	✓	对那位女同学说："什么？我吗？"停止发出怪声	同学们继续写作业
2:41	数学作业	坐在座位上安静地写作业	没有人关注他
	数学作业	用手敲桌子	特教助理要求他停下来
2:45	数学作业	嘴里发出声音	没有人关注他
	数学作业	喊了三次老师的名字，并拿着作业走到她面前	老师教他解答数学题
2:47	每个人都在安静地写作业	起立，离开座位	老师要求他坐下来写作业
	✓	坐下写作业	没有人关注他
	每个人都在安静地写作业	站起来跟一位同学说话	老师要求他坐下来写作业
	✓	回到座位上写作业	没有人关注他
2:55	数学作业，没有人关注他	用手抓住一位男同学，请求他帮忙写作业	同学拒绝
	✓	请求另一位男同学帮忙	同学帮忙
2:58	✓	告诉老师他已经写完作业了，现在轮到他玩电脑了	老师要求他把作业交上去，并告诉他还没轮到他玩电脑
	✓	抱怨为什么还没有轮到他	老师向他解释说，还有人在用电脑，并叫他找本书来读
	✓	站在一位同学后面看他玩电脑游戏	老师忽视他

改编自 Y. Lo. *Functional Assessment and Individualized Intervention Plans: Increasing the Behavior Adjustment of Urban Learners in General and Special Education Settings*, p. 317, 未发表的博士论文。Columbus, OH: The Ohio State University. 经授权使用。

图 3.6　ABC 逸事记录表格的例子

环境的物理方面（如照明、座位安排、噪声等级）、与他人的互动、家庭环境以及过去的强化历史。其中的每一个因素都代表一个潜在的评估领域。

虽然一个详尽的生态评估可以提供大量的描述性数据，但评估的基本目的在于确定最严重的行为问题及其可能的解决之道，这一点不应被遗忘。使用生态评估容易走向极端，收集过多不必要的信息。生态评估可能会花费专业人士和服务对象大量的时间，而且有可能引发有关保密性的伦理问题，甚至法律问题（Koocher & Keith-Spiegel, 1998）。归根结底，评估者必须保持良好的判断力以确定哪些评估信息是必需的。关于生态评估对特教老师的作用，赫伦和休厄德（1988）提出以下建议。

使用生态评估的关键在于知道使用它的时机……教育工作者必须致力于成为敏锐的辨别者，要能够分辨：（1）在哪些情况下，一项干预计划有可能影响学生的所关注行为以外的行为；（2）在哪些情况下，孤立地看待目标行为时预估为有效的干预计划，可能因其他生态变量的引入而变得无效。(p. 231)

评估的反应性效应

反应性（reactivity）是指评估对被评估行为的影响。反应性最容易发生在观察具有干扰性的情况下，也就是说，被观察者察觉到了观察者的存在和目的（Kazdin, 2010）。研究表明，在应用情境中，观察者的存在会影响被试的行为（Mercatoris & Craighead, 1974; White, 1977）。最具干扰性的评估程序也许是那些要求参与者监控和记录自己行为的评估。关于自我监控的研究显示，自我监控程序通常会影响被评估的行为（Kirby, Fowler, & Baer, 1991）。[1]

然而，研究显示，即使观察者的存在影响了被观察者的行为，反应性效应也只是暂时的（例如，Kazdin, 1982）。尽管如此，行为分析师还是尽可能地使观察越隐蔽越好，以此来减少反应性，重复观察，直到明显的反应性效应消退，并在解释观察结果时将可能的反应性效应考虑在内。

选择评估方法

除了选择用于确定目标行为的评估方法和工具外，行为分析师还要实施评估以指导有效干预措施的设计。这就需要对各种变量进行实验操纵，本书的其他章节会加以阐述：偏好和强化物评估（第 11 章）、惩罚物评估（第 14 章）和功能性行为分析（第 27 章）。

考虑到评估方法存在多种可能性，行为分析师应如何平衡为收集更多"评估"数据而推迟实施干预措施与提前启动干预措施这两者之间的成本效益，凯利及其同事（2011）提供了一条准则。

> 归根结底，最佳的实践可能需要包含一系列评估，包括一个结构化访谈、至少一个评定量表、直接观察以及对环境变量的实验操纵。这些评估方法的组合很可能产生……一个理想的结果。（p. 189）

我们重申一个关键点：假设评估工具具有合理的信度和效度，并且评估是按照专业标准实施的，那么评估过程中最重要的元素就不在于数据的收集，而在于对数据的分析。如凯利等人所述（2011），如果经过分析证明无法产生理想的结果，实务工作者也不应感到沮丧。相反，他们应该"在原先失败的和无效的分析的基础上再次尝试……在行为分析的逻辑中，失败总是有参考价值的"（Baer, 2005, p. 8）。

评估潜在目标行为的社会重要性

过去，当教师、治疗师或其他人类服务专业人士确定应该对服务对象的行为进行评估时，几乎没有什么问题会被拿出来讨论。对一位训练有素的行为分析师来说，情况却不会是这样。由于行为分析师拥有改变行为的有效技术，因此必须承担责任。支撑评估和干预计划的目标和原理都必须接受消费者（即服务对象及其家人）和其他可能受到影响的人（即社会）的严格检视。在选择目标行为时，实务工作者应首先考虑谁的行为接受评估和改变，以及为什么如此。

目标行为的选择不应该仅仅是为了他人的基本利益（例如，Winett & Winkler, 1972，"别动，安静，听话"），仅仅为了维持现状（Budd & Baer, 1976; Holland, 1978），或是因为它们引发了某些人改变服务对象行为的兴趣。例如，假设在一家儿童发展日托中心里，新任主任宣布了一个年度目标，即所有的儿童都要学会说话，而实际上，比较恰当的做法是在一个更全面的沟通选择范围（如手语、图片交换沟通系统）内进行评估（并且随后进行干预）。选择"说话"作为所有儿童的目标，与提供专门服务以满足儿童个别需求这一更为根本的和值得称赞的目标形成了鲜明的对比。

诚然，判断哪些行为需要改变是一件困难的事，但实务工作者在选择目标行为时也并非没有方向。很多研究者早已针对如何选择目标行为提出了准则和标准（例如，Bailey & Lessen, 1984; Bosch & Fuqua, 2001; Hawkins, 1984; Komaki, 1998; Rosales-Ruiz & Baer, 1997）。总体而言，所有的准则都围绕着一个核心问题：提出的行为改变计划能够在多大程度上改善服务对象的生活体验？这个问题的关键答案完全取决于"适应"的概念。

---

1 评估的反应性效应不一定是负面的。自我监控不仅是一种评估程序，也已成为一种治疗程序。请参看第 29 章。

适应的定义

霍金斯（1984）认为任何行为改变的潜在意义都应被置于**适应**（habilitation）的背景下考虑，他这样定义适应："一个人的技能库能够将他自己和他人的长短期强化物最大化和将长短期惩罚物最小化的程度。"（p. 284）

霍金斯（1986）列举了这个定义的几个优点：（1）它对行为分析师来说是一个很熟悉的概念；（2）它用可测量的结果来定义干预处理；（3）它适用于各种适应性活动；（4）它以非批判性方式处理个人和社会的需求；（5）它将调整视为一个非缺陷导向的适应性连续体中的一环；（6）它具有文化和情境的相关性。

预先判断一个特定的行为改变将如何改善个体的整体适应（调整、胜任能力）情况是非常困难的。我们实在无法预知一个行为改变未来能被证明具有多少实用性或功能性（Baer, 1981, 1982），即使它的短期效用是可以预测的。但是，应用行为分析师在选择目标行为时，最重要的、必须首先考虑的是真正有用和具有适应性（Hawkins, 1991）。实际上，如果一个潜在的目标行为符合适应的标准，那么个体就非常有可能：（1）在未来获得额外的强化物；（2）回避潜在的惩罚物。

从伦理和实用的角度来看，任何目标行为都必须直接或间接地使个体本身受益。根据下述的十个关键问题来检视可能的目标行为，将有助于厘清它们相对的社会重要性和适应性价值。图3.7以表格的形式整理出了这些问题，可用来评估目标行为的社会重要性。

服务对象/学生的姓名：_____ 日期：_____
填表人：_____
评估者与服务对象/学生的关系：_____
行为：_____

考虑因素	评估	理由/评价
干预结束后，此行为有可能在服务对象的自然环境中产生强化吗？	是　　否　　不确定	
此行为是一个更复杂和更具功能性的技能的必要先备技能吗？	是　　否　　不确定	
此行为会使服务对象接触更多可以获得和使用其他重要行为的环境吗？	是　　否　　不确定	
改变此行为会使他人倾向于以较恰当和支持的态度与服务对象互动吗？	是　　否　　不确定	
此行为是一个关键行为或行为交点吗？	是　　否　　不确定	
这是一个与年龄相符的行为吗？	是　　否　　不确定	
如果此行为需要从服务对象的技能库中减少或消除，已选出可替代的适应性和功能性行为了吗？	是　　否　　不确定	
此行为能代表实际的问题/目标吗，或只是与之间接相关？	是　　否　　不确定	
这只是"说说而已"，还是真正所关注的行为？	是　　否　　不确定	
如果目标本身不是一个特定行为（如减重20磅*），那么此行为有助于达到目标吗？	是　　否　　不确定	

摘要笔记/评价：_____

*编注：磅是英美制质量或重量单位，1磅合0.4536千克。

图3.7　潜在目标行为的社会重要性评估表

干预结束后，此行为会在服务对象的自然环境中产生强化吗？

要确定某个目标行为是否对服务对象具有功能性，行为分析师、重要他人以及服务对象本人，如果有可能的话，都应询问所建议的行为改变在个人的日常生活中能否得到强化。艾伦和阿兹林（Ayllon & Azrin, 1968）将此称为行为规则的关联性（relevance of behavior rule），它指的是，只有当该目标行为很可能在个人的自然环境中产生强化时，才应被选定为目标行为。在行为改变计划终止后，新的行为产生强化的可能性如何，是判断这个新行为能否维持下去从而可能对个人产生长期利益的主要因素。

判断在没有干预的情况下目标行为发生是否会得到强化，也有助于弄清所建议的行为改变主要是为了个人的利益还是为了他人的利益。例如，即使有家长的期望或压力，试图教授一名在沟通和社交技能方面普遍存在缺陷的重度发展性障碍学生数学技能，也是没有什么价值的。而教授沟通技能，让这名学生在当前的环境中与他人更有效地互动，应该优先于她在未来可能会用到的技能（如在杂货店里找零钱）。有时，要恰当地选择目标行为，不是因为它们能为个人带来直接利益，而是因为能带来重要的间接利益。间接利益可以以几种不同的方式出现，正如下面的问题所描述的那样。

此行为是一个实用技能的必要先备技能吗？

有些行为本身并不重要，之所以能被选作教学目标，是因为它们是学习其他功能性行为的必要先备技能。例如，阅读技能方面的研究显示，教授音素意识会对阅读技能的获得产生积极的影响（例如，最初、中间和最后的单独和混合的声音组合）（National Reading Panel, 2000）。[1]

此行为会使服务对象接触更多获得和使用其他重要行为的环境吗？

霍金斯（1986）将"接触行为"（access behaviors）这一目标描述成为服务对象创造间接利益的一个手段。例如，在特殊教育中，教育学生要完成作业，跟老师和同学的互动要有礼貌和恰当，以及遵循老师的指令，因为这些行为不仅在当前的环境中有助于他们的进步，而且很可能会提高他们进入普通教育课堂的接受度和适应程度。

改变此行为会使他人倾向于以较恰当和支持的态度与服务对象互动吗？

当行为改变成为某个人生活中重要他人的首要关切时，就会出现另一种间接利益。该行为改变可能会促使重要他人以更有益于那个人的方式与之互动。例如，假设一位老师希望学生家长实施一项家庭教学计划，他相信家长每晚只要花10分钟的时间陪孩子玩词汇游戏，学生的语言能力就会有大幅度的提升。然而，老师和其中一名学生的家长面谈后才发现，虽然他们也关心孩子薄弱的语言能力，但对他们来说，更迫切的需求是，孩子能够整理自己的房间以及在晚饭后帮忙清洗碗筷。虽然老师认为，就学生的最终福祉而言，整理房间和清洗碗筷不如语言发展重要，但如果杂乱的房间和满是脏碗的水槽妨碍了积极的亲子互动（包括玩老师希望的词汇积累游戏），那么这些家务就可能是重要的目标行为。在这种情况下，为了给家长带来直接和即时的益处，日常家务可以被选定为目标行为，我们期望家长因女儿整理卧室和帮忙洗碗而感到开心，从而更愿意帮助女儿开展一些与学校相关的活动。

此行为是一个行为交点或关键行为吗？

行为分析师通常使用砌砖块的方式来开发服务对象的技能库。例如，在教授一项复杂的技能（如两位数乘法）之前，先教授比较简单和容易学会的技能（如加法、重组、个位数乘法），或者在教授怎么系鞋带时，以系统化的方式教授交叉鞋带、打蝴蝶结、把结打紧等技能。技能要素被掌握后，它们会组合

1　请勿混淆目标行为的间接利益与间接教学，目标行为的间接利益是另一个重要行为的必要先备技能，而间接教学涉及选择一个有别于行为的真正目的的目标行为，因为两者被认为是相互关联的（例如，让阅读技能不佳的学生练习区辨形状或走平衡木）。直接性对于选择目标行为的重要性将在这一部分后面进行讨论。

成越来越复杂的行为。在这个发展性技能连续体的任何一点上，当一个人的表现达到标准水平时，立刻就能得到强化，然后实务工作者会决定是否进入下一个技能层级。事实已经证明这种方法既有系统性又有条理性，但行为分析师仍在研究提高新行为开发效率的方法（参看第19章至第23章）。选择行为交点（behavioral cusp）和关键行为作为目标行为，可能有助于推进这项工作。

行为交点

当学习者做出一个新的行为，创造了接触强化物的机会，而且若无此行为就无法得到这些强化物的时候，一个**行为交点**就发生了。用不同的术语来表述就是，当学到的行为使个人有机会接触到一组依联，这组依联超出了原本因一个或一系列目标行为发生而给予的强化物，这时就可以说行为交点发生了。

罗萨莱斯—鲁伊斯和贝尔（Rosales-Ruiz & Baer, 1997）这样定义行为交点。

> （一个）行为所引起的一些后果超越了行为改变本身，其中一些后果可能被认为是重要的……一个行为改变之所以能被称作行为交点，是因为它能使个体的技能库接触到新的环境，尤其是新的强化物和惩罚物、新的依联、新的反应、新的刺激控制，以及具有维持性或破坏性依联的新群体。当一些或所有这类事件发生时，个体的技能库就会扩大；它会经历新旧技能库的有差别的选择性维持，而这或许会导致出现某些更进一步的行为交点。（p. 534）

罗萨莱斯—鲁伊斯和贝尔（1997）将爬行、阅读和泛化模仿作为行为交点的例子，因为这样的行为"突然打开了孩子的世界，使他们接触到新的依联，因而将发展出很多新的重要行为"（p. 535，楷体字为着重强调的部分）。

行为交点不同于行为成分或先备行为，因为行为交点最终会在新的环境中引发新的行为，这些环境带给学习者不同的社会、感官或个人的刺激控制（Lerman et al., 2013; Twyman, 2011）。对于婴儿来说，特定的手臂、头、腿或位置移动都是爬行的行为成分，爬行是行为交点，因为它使婴儿有能力接触到作为强化来源（如玩具、父母）的新刺激，而这反过来又开启了一系列可以塑造和选择其他适应性行为的依联。这些新的依联由此成为学习者以及他所在的生活社区中的重要他人可以接触到的依联。

罗萨莱斯—鲁伊斯和贝尔（1997）对学习者在任务分析中执行的一系列任务并因完成每个步骤而得到相关强化物，与让学习者能接触到很多新的强化依联的一个行为交点这两者进行了区分。用通俗的话说，一个行为交点就好比树干上长出的树枝，在这个"交点"树枝上还有可能冒出更多的分支。

罗萨莱斯—鲁伊斯和贝尔（1997）总结了将行为交点确定为目标行为的作用。

> 行为交点的重要性通过以下几个方面进行判断：（1）该行为交点可以在多大程度上系统化地引发行为改变；（2）该行为交点能否系统化地使行为接触到新的行为交点；（3）大众认为这些改变对有机体是否重要，而大众的观点又常常受到社会规范和对儿童应在何时发展何种行为的预期的控制。（Rosales-Ruiz & Baer, 1997, p. 537）

通过基于行为交点的潜能来辨识和评估目标行为，实务工作者可以为他们的行为计划提供一些"附加值"。博施和希克森（Bosch & Hixson, 2004）提出了一系列行为分析师可以采取的行动和采用的问题，以便确定行为交点（参看图3.8）。如果右栏中大多数问题的答案都是"是"，那么就可以很好地证明该行为是一个交点行为。

最后，特怀曼（Twyman, 2011）对当前或未来的技术如何帮助实务工作者发展和改善行为交点提供了亟须的指引。无论是通过网站、智能手机、iPad/平板电脑应用程序、社交媒体、仿真、虚拟学习应用程序，还是通过在线教学，行为分析师都可以进一步探索如何设计交点行为，以提高服务对象的学习能力。

需要的信息	行为交点的确定
列出针对该目标行为的直接强化物：社交的、自动的、条件的、非条件的。	该行为会接触到新的强化物吗？
列出并描述新的目标行为将要接触的环境。	该行为允许接触到新的选择性环境吗？
列出可能会增强或减弱行为改变价值的来自学校人员或家庭的信念和期望。	该行为符合此人所属社会社区的要求吗？
列出大众的反应，如微笑、发出笑声等。	该行为对大众来说是强化物吗？
列出不当行为及其严重性，包括频率、持续时间、强度等，以及对环境的影响。	该行为会干扰或替代不当行为吗？
列出随后受影响的行为/技能库。	该行为会因为是先备行为或更复杂的反应的成分而促进后续学习吗？
随着时间的推移，身体或情感受到影响的人的大概数量。	该行为会影响很多人吗？
估算随时间的推移将造成的人身/财产损失、医疗保健、诉讼等费用金额。	如果不能建立这个行为，将会付出高昂的代价吗？

引自 S. Bosch & M. D. Hixson. The Final Piece to a Complete Science of Behavior: Behavior Development and Behavioral Cusps. *The Behavior Analyst Today*, 5(2), 2004, pp. 244-254.

图 3.8　确定行为交点的行动与问题

关键行为

关键行为是这样一种行为——一旦习得就会在其他未经训练的适应性行为上产生相应的改变或共变。例如，凯格尔、卡特和克格尔（2003）的研究指出，教授孤独症儿童提升"自我主动性"（如接近他人）可能是一个关键行为。做选择、自我管理和功能性沟通训练也可以被视为关键行为，因为一旦学会了这些行为，他们很可能会在未经训练的环境中产生适应性变化。

凯格尔和克格尔（2018）及其他同事研究了广泛领域的关键行为评估与治疗方法（如社交技能、沟通、学业表现、破坏性行为）（Koegel, Bradshaw, Ashbaugh, & Koegel, 2014; Koegel, Koegel, Green-Hopkins, & Barnes, 2010; Koegel, Koegel, & Schreibman, 1991）。"来自孤独症儿童的纵向研究数据显示，关键主动性行为的存在可能是更有利于长期成果的一个预后指标，之所以称为'关键'，是因为它似乎会在很多领域引发普遍的积极改变。"（Koegel, Carter, & Koegel, 2003, p. 134）自我主动性的提升对于未经训练的反应类（如提问题和在对话时增加语汇量与多样性）的出现是至关重要的。

评估和锁定关键行为对实务工作者和服务对象来说都是有利的。从实务工作者的角度来看，也许能够在相对较少的教学时段内做完评估，并训练那些后来能在未经训练的环境中做出的或跨未经训练反应而做出的关键行为（Koegel et al., 2003）。从服务对象的角度来看，学习关键行为可以缩短干预时长、提供个体与环境互动的新技能库、改善学习效率、增加接触强化物的机会。正如凯格尔及其同事总结的那样："使用教授残障儿童在自然情境中引发学习语言机会的程序，对于希望在语言教学课程外持续学习的言语语言治疗师或其他特殊教育人士而言，可能尤其有用。"（p. 143）

这是一个与年龄相符的行为吗？

多年以前，人们经常看到发展性障碍成人被教授普通人很少做或从来不做的行为。或许是心理年龄概念的副产物，当时，人们认为一名仅具有 10 岁语言能力的 35 岁女性应该玩布娃娃。选择这样的目标行为不仅带有贬抑性，而且这些行为的出现会降低个体环境中的其他人为更理想的适应性行为创造机会并加以强化的可能性，而这些更理想的适应性行为可以引导个体过上更加正常和充实的生活。

正常化（normalization）原理指的是逐渐利用更为典型的环境、期待和程序"以建立和/或维持尽可能文化正常的个人行为"（Wolfensberger, 1972, p. 28）。

正常化不是一种单一的技术，而是一种哲学立场，它秉持的目标是尽最大的可能让残障人士在环境和社交上融入社会主流。

选择与年龄和情境相符的目标行为，除了哲学和伦理上的原因外，应该再次强调，那些接触得到强化的适应性、独立性和社会性行为比接触不到强化的行为更有可能得到维持。例如，教授一个17岁男孩做运动、培养兴趣爱好以及学习与音乐相关的休闲技能，比教他玩玩具卡车和堆积木更具有功能性。一个有这些行为的少年——即使是以适应的方式——有更好的机会以一般的、常见的方式与同龄群体互动，这可能有助于确保他新习得的技能得到维持，并提供学习其他适应性行为的机会。

如果所建议的目标行为被减少或消除，取而代之的适应性行为是什么？

实务工作者绝不应在还没做到以下两件事的时候就计划减少或消除个体技能库中的某个行为：（1）确定一个可供替代的适应性行为［也被称作公平匹配规则（fair pair rule）］；（2）设计干预计划以确保个体能够习得替代行为。教师和其他人类服务专业人员应致力于建立积极的、具有适应性的技能库，而非只对他们认为很麻烦的行为做出反应和进行消除（Brown et al., 2016）。即使一个孩子的适应不良行为可能极其令人讨厌，甚至具有破坏性，这些不良反应也已被证实对孩子来说是有功能的。换言之，适应不良行为在过去为这个孩子产生过强化物以及/或者帮助过这个孩子回避或逃避惩罚物。一项只否定强化手段的方案并不是一种建设性的路径，因为它没有教授孩子如何用适应性行为取代不当行为。

消除不想要的行为的一些最有效和最受推崇的方法主要集中在发展理想的替代行为上。戈尔戴蒙德（Goldiamond, 1997）建议使用"建构性"方法，与消除性方法相反，这种方法是用来分析和干预行为问题的。在建构性方法中，"问题的解决之道在于建构技能库（或者恢复或转移到新的情境中），而非消除技能库"（Goldiamond, 1974, p. 14）。最后，使用"公平匹配"规则有助于确保以不兼容的适应性行为来替代适应不良行为。

如果无法找出强有力的特定而积极的替代行为，那么消除不理想的目标行为就不具有说服力。例如，一位课堂老师想要通过一项行为改变计划来维持学生上阅读课时坐在座位上的行为，他必须超越"学生需要坐在座位上做作业"这样简单的想法，而选择促进目标达成的材料和设计依联，并引发学生完成作业的动因。

此行为能代表实际的问题或目标吗，还是只与之间接相关？

教育中的一个常见的错误是教授相关的行为而不教授所关注的行为。很多行为改变计划在设计上是要增加专注任务（on-task）行为，但主要目标应该是增加生产成果或工作成果。选择专注任务行为是因为生产效率高的人也倾向于专注于任务。然而，如同专注任务的一般定义，一名学生有可能专注于任务（如坐在座位上、安静、面向或处理学业材料），但只产出很少的工作成果或根本不产出工作成果。

不应将锁定所需的先备技能与选择那些不直接代表或不满足实施行为分析的主要理由的目标行为相混淆。先备技能不是作为最终行为而被教授的，而是被视为所要达成的最终行为的必需要素。相关但间接的行为对于达到计划的真实目标而言并不是必需的，而这些行为本身也不是教学计划真正想要取得的成果。在尝试检测间接性时，行为分析师应提出两个问题：这个行为是计划中的最终行为的必要先备技能吗？这个行为是教学计划真正的目标所在吗？如果其中任何一个问题的答案是肯定的，那么该行为就符合成为目标行为的条件。

这只是说说而已，还是真正所关注的行为？

非行为疗法的一个特点是高度依赖人们说他们做了什么以及他们为什么这么做，服务对象的语言行为被认为是重要的，因为它被认为能够反映服务对象的内在状态和控制服务对象行为的心理过程。因此，让一个人用不同的方式谈论自己（如以一种更健康、更积极和更少自我贬抑的方式）被视为解决个人问题的一个重要步骤。有些人将这种态度上的转变视为治疗的首要目标。

与此形成对照的是，行为分析师将人们所说的和所做的区分开来（Skinner, 1953）。知（knowing）与行（doing）并不等同。让一个人能够借由逻辑性的讲述来了解自己的适应不良行为，并不意味该行为就会朝着建设性的方向改变。赌徒可能知道强迫性地下注会毁掉自己的人生，而只要停止下注就可以停止输钱。他甚至能向治疗师讲述这些事实，并令人信服地表示自己不会再赌博，但他仍可能继续下注。

因为语言行为可以用于描述人们所做的事，因此有时会与行为表现本身相混淆。在少年犯学校任教的一位老师引入了一项新的数学课程，包括教学游戏、小组练习、限时测验以及自我绘图。学生用负面评价回应："这太蠢了！""哼！我才不要写下我做了什么事情！""这些测验我连做都不想做！"如果这位老师仅仅关注学生对数学课的评价，那么这个课程可能在第一天就要被抛弃了。然而这位老师知道，在少年犯的同龄群体中，对学校和课业做出负面评价是意料之中的事，她的学生们的负面言论在过去能使他们回避掉自己不喜欢的课业。因此，这位老师忽视了这些负面评价，只在学生参与数学课时关注并奖励他们计算的准确性和速度。在一周内，负面言论几乎消失了，而且学生的数学成绩达到了有史以来的最高水平。

当然，在某些情况下，所关注的行为就是服务对象说的话。帮助一个人减少自我贬抑言论的次数，同时增加正面自我描述的频率，就是一个以谈话作为目标行为的例子。这不是因为自我贬抑的言论是不良自我概念的标志，而是因为服务对象的语言行为就是问题所在。

在每一个案例中，都必须确定到底哪个行为是该计划所期待的功能性结果：是一项技能或一个动作表现，还是一个语言行为？在某些情况下，行（doing）与言（talking）的行为可能是很重要的。一位应聘修理割草机岗位的受训员，如果能够口头描述他将如何修理割草机上不好用的启动器，则更有可能获得这份工作。而一旦被录用，如果他在修理割草机方面技术好、效率高，那么他就能保住这份工作。相反，如果一个人只是说他会如何修理割草机，却做不到，那么他就很难一直做下去。目标行为必须具有功能性。

如果行为改变计划的目标不是一个行为呢？

人们想要在生活中做出的一些重要的改变，其中一些并不是行为，而是某些其他行为的结果或产物。减重就是一个例子。从表面上看，目标行为的选择简单明了——减重。磅数可以准确测量，然而，重量，或更准确地说，减掉重量，并不是一个行为。减掉重量不是一个可以定义和执行的特定反应；它是其他行为——显著地减少食物摄取和/或增加运动量——的产物或结果。饮食和运动都是可定义、可观察的行为，可以用精确的计量单位来衡量。

有些精心设计的减重计划并不成功，因为它将行为改变的依联放在了目标（减掉重量）上，而没有放在实现目标的必要行为上。减重计划的目标行为应该是食物摄取和运动水平的测量，并设计干预策略以解决这些行为（例如，De Luca & Holborn, 1992; McGuire, Wing, Klem, & Hill, 1999）。在减重计划的实施过程中，应该测量重量，并做成图表，这并不是因为它是所关注的目标行为，而是因为减掉的重量体现了增加运动量或减少食物摄取量的积极效果。

重要目标不是行为，而是其他行为的最终产物的例子还有很多。例如，取得更好的成绩是一个目标，实现这个目标要花更多的时间训练技能、按照训练表现得到的反馈去做、加入比学习者的学业表现更好的群体并模仿他们的表现，等等。行为分析师通过选择与这些目标最直接相关、功能性相关的行为来帮助服务对象实现目标。

一些由服务对象表述和他人为服务对象表述的目标并不是特定目标行为的直接产物，而是一个比较宽泛的一般性目标：要更成功、要结交更多的朋友、要更有创造力、要学到良好的体育精神、要将自我概念建立得更好，等等。显然，这些目标没有一个是以具体行为来定义的，而且所有的目标在行为成分上都比减重或取得更好的成绩更加复杂。像成功这一类的目标代表的是一组有关联的行为，或是行为的一个普遍模式。这类目标是一种标签，用来描述以某种方式行事的人。选择能够帮助服务对象或学生实现这类目标的行为作为目标行为，其困难程度甚至比这些行为本身的复杂性所显示的还要高，因为这些目标本身所代表的意义往往是因人而异的。成功，涉及各式各样的行为，对一个人来说，成功代表高收入和拥有职称；对另一个人来说，成功意味着强烈的工作满足感和充足的休闲时间。行为分析师在评估和确定目标行为的过程中扮演着重要的角色，即帮助服务对象选择和定义个人的行为，这些做法加起来能使服务对象拥有更好的生活品质，那些根据自己的期望来评估服务对象的技能库的人们也会因此提高生活质量。

排列目标行为的优先顺序

一旦确定了"一大堆"符合条件的目标行为，就必须确定它们的优先顺序。有时，从行为评估中得到的信息指向一个人的技能库中的某一特定部分，这个部分比其他部分更需要得到改善。然而，更常见的情况是，评估揭示出的有时是需要改变的一系列相关的行为，而有时是需要改变但不那么相关的行为。直接观察，再加上行为访谈和需求评估，可能会揭露出一长串需要改善的重要行为。针对前一节阐述的考虑因素进行仔细评估之后，如果仍有不止一个符合条件的目标行为，那么问题就将变成：应该先改变哪一个行为？根据以下九个问题衡量每一个潜在的目标行为，有助于确定应该先关注哪个行为，以及处理其余行为的顺序。

1. 该行为会给服务对象或其他人带来任何危险吗？ 对服务对象或其他人的安全或健康造成危害或构成严重威胁的行为必须优先处理。

2. 个人将有多少机会使用这个新的行为？ 或该行为问题多久发生一次？一名一直写反字母的学生与一名只是偶尔写反字母的学生相比，前者的问题更大。如果面临两个选择，即是先教一名职前学生怎样准备自己的午餐盒，还是教他学习如何计划每年为期两周的假期？那么前者优先，因为这名准员工可能每天都需要自己准备午餐盒。

3. 该问题或技能缺陷存在多长时间了？ 一个长期性的问题行为（如欺凌）或技能缺陷（如缺乏社交技能）应优先于间断性或最近刚刚出现的问题。

4. 改变该行为能为个人带来更高的强化频率吗？ 如果所有的其他考虑因素都相同，一个能为服务对象带来更高的、稳定的强化水平的行为应优先于一个仅产生很少的额外强化的行为。

5. 该目标行为对未来技能发展和独立执行功能的相对重要性是什么？ 应该根据每一个目标行为与其他重要行为的相关性（即先备的或支持性的）来判断目标行为，其他重要行为指的是在未来个体达到最佳学习和发展状态以及最大限度地独立执行功能所必需的行为。

6. 改变该行为能够减少来自他人的负面关注或不必要的关注吗？ 有些行为之所以适应不良，不是因为行为本身有任何问题，而是因为该行为给服务对象带来了不必要的问题。有些发展性障碍人士和肌肉运动障碍人士用餐时无法恰当地使用餐具和餐巾，因而在公开场合进行积极社交的机会有所减少。诚然，改善公众教育和提升公共意识也很有必要，但如果不考虑公众反应的消极影响，那就太天真了。另外，不教授他们更恰当的用餐技能可能对他们是不利的。如果矫正该行为有可能使他们有机会接触到更正常的情境或更重要的学习环境，那么在公众场合表现出的异于常人的行为举止就应该被列为高度优先的目标行为。

7. 新的行为会对重要他人产生强化吗？ 个人的行为只为方便他人或维持现状而被改变是不合理的，也是不应该的，但个人的行为改变对其生活中的重要他人造成的影响也不应被忽视。这个问题最好由重要他人自己来回答，因为没有直接参与其生活的人常常完全无法理解，当看到自己19岁的有重度智力障碍的孩子学会在他人的要求下冲马桶，或能用手指着她还想要添加的食物时，会获得多么大的满足感。我猜测普通的纳税人不会认为卡丽获得这些技能对他/她而言是多么"有意义"的事。还有，虽然我们还不能说卡丽会冲马桶在多大程度上提高了她个人的强化/惩罚比例，但我可以作证，这提高了我作为一个家长的强化/惩罚比例。（Hawkins, 1984, p. 285）

8. 成功改变该目标行为的可能性有多大？ 有些行为比其他行为更难改变。至少有四种信息来源有助于评估改变某一特定行为的困难程度，或者更准确地说，有助于预测改变某一特定行为的容易程度或成功的可能性。第一，研究文献如何讲述关于改变这种行为所做过的尝试？很多应用行为分析师所面对的目标行为早已被人研究过，实务工作者应该及时了解其应用领域里已经发表的研究报告。这类知识不仅有可能帮助你选择已经被证实有效的行为改变技术，还有可能帮助你预测困难的程度或成功的机会。

第二，实务工作者的经验如何？实务工作者自身的胜任能力以及对所关注问题行为拥有的经验都应该被纳入考虑。一位成功处理过不听话和有攻击行为的儿童的教师，可能已有很多有效的行为管理策略可以派上用场。然而，同样是这位教师，他可能会认为自己在处理那名学生的书写语言技能的重大缺陷上能力有所欠缺。

第三，可以在多大程度上有效控制服务对象环境中的重要变量？某个特定行为能否被改变并不是问题的关键。在应用情境中，辨识，然后持续地操纵特定目标行为的控制变量，将决定这个行为会不会被改变。

第四，是否有可利用的资源来实施干预并维持足够长的时间，而且具备一定的忠实度（fidelity）和强度（intensity），从而获得期望的成果？无论治疗计划设计得多么专业，如果没有适当的实施干预措施所需的人力和其他资源，那么执行的结果就很可能会令人失望。

9. 改变该行为需要花费多少成本？ 实施任何系统化的行为改变计划之前，都应先考虑成本。然而，对几个可能的目标行为做成本效益分析并不意味着如果一项教学计划花费过高就不应实施。一些主要法院已经裁定，不得以缺乏公共资金为由，拒绝为儿童提供适当的教育，无论其残障程度如何（参看Yell & Drasgow, 2000）。一项行为改变计划的成本不能通过简单地将花费在设备、教材、交通、员工薪资等方面的支出加在一起来计算，还应考虑到该行为改变计划会占用服务对象多少时间。例如，假使教授一名有重度障碍的儿童一项精细动作技能要耗费他一天中的大部分时间，导致儿童仅剩一点点时间可以用来学习其他重要的行为，如沟通、休闲和生活自理，那么该精细动作技能目标的成本可能就太过高昂了。

发展和使用目标行为排序表

给清单中的每一个潜在目标行为赋予一个数字等级，就能显示出这些行为的优先顺序。图3.9呈现了这样一个排序表，它是在达尔丁和休厄德（Darding & Heward, 1981）描述的系统的基础上修改而成的，用于残障学生排序和选择学习目标。针对每个优先顺序变量，给每个行为赋予一个数值，代表它在每个优先变量上价值的高低（例如，在0到4之间，0表示没有价值或贡献，4表示具有最大的价值或利益）。

服务对象/学生的姓名：_____ 日期：_____
填表人：_____
评估者与服务对象/学生的关系：_____

说明：使用以下指数，根据每个潜在目标行为符合或满足每个优先顺序标准的程度进行排序。将所有团队成员对每个潜在目标行为的排名加和。总分最高的行为应将被假定为最优先干预的对象。可以增加关于特定课程或个人情况的其他标准，这些标准的权重可以不同。

指数：0= 没有或从未有过；1= 很少；2= 也许或有时候；3= 可能或经常；4= 是的或总是

潜在目标行为

(1)_____ (2)_____ (3)_____ (4)_____

优先顺序标准	(1)	(2)	(3)	(4)
这个行为会给个人或他人造成危险吗？	0 1 2 3 4	0 1 2 3 4	0 1 2 3 4	0 1 2 3 4
在自然环境中，个人将有多少机会使用这项新技能，或问题行为多久发生一次？	0 1 2 3 4	0 1 2 3 4	0 1 2 3 4	0 1 2 3 4
问题或技能缺陷存在多长时间了？	0 1 2 3 4	0 1 2 3 4	0 1 2 3 4	0 1 2 3 4
改变这个行为会为个人带来更高的强化频率吗？	0 1 2 3 4	0 1 2 3 4	0 1 2 3 4	0 1 2 3 4
这个目标行为对未来技能发展和独立执行功能的相对重要性是什么？	0 1 2 3 4	0 1 2 3 4	0 1 2 3 4	0 1 2 3 4
改变这个行为会减少来自他人的负面关注或不必要的关注吗？	0 1 2 3 4	0 1 2 3 4	0 1 2 3 4	0 1 2 3 4
改变这个行为会对重要他人产生强化吗？	0 1 2 3 4	0 1 2 3 4	0 1 2 3 4	0 1 2 3 4
成功改变这个行为的可能性有多大？	0 1 2 3 4	0 1 2 3 4	0 1 2 3 4	0 1 2 3 4
改变这个行为需要花费多少成本？	0 1 2 3 4	0 1 2 3 4	0 1 2 3 4	0 1 2 3 4
总分	_____	_____	_____	_____

图 3.9　排列潜在目标行为优先顺序的工作表

为老年人设计行为改变计划的专业人士可能会坚持认为能够带来直接利益的目标行为应该优先考虑。为残障中学生提供服务的教育工作者可能会主张注重技能发展和独立执行功能的行为应该优先考虑。

有时，行为分析师、服务对象和/或重要他人之间的目标会互相冲突。父母可能希望他们的青春期女儿周末晚上十点半前回家，但女儿可能想在外面待到半夜。学校可能希望行为分析师制订一项计划，以提高学生对不受欢迎的着装规定的遵守程度，行为分析师可能认为着装规定的某些细节还有修改的余地，但他的个人意见并未取得校方同意。那么问题来了，究竟由谁来决定什么事情对谁才是最好的？

减少和解决冲突的一个方法是让服务对象、家长、工作人员和管理者都参与确定目标的过程。例如，在可能的情况下，家长和学生积极参与短期目标和长期目标的选择，这是最理想的情况。所有的重要人物都参与进来，不仅可以解决和避免目标设定的冲突，还可以提供与计划设计的其他方面相关的宝贵信息（如找出可能的强化物）。讨论评估结果，并允许每名参与者针对每个建议的目标或目标行为的相对优点提出意见，往往可以在最佳方向上产生共识。计划设计者不应预先认定排序第一的行为就必然是具有最高优先级的目标行为。然而，如果个人生活中的重要人物经历了如图3.9所示的排序过程，那么他们很可能会看到彼此同意与不同意的领域，从而进一步讨论目标行为的选择，并将注意力集中在那些行为所涉及的关键点上。

定义目标行为

在对一个行为进行分析之前，必须先对其进行明确、客观和简洁的定义。建构目标行为的定义时，应用行为分析师必须考虑到这些定义在功能上和形态上的含义。

应用行为分析中目标行为定义的作用和重要性

应用行为分析的效度来自以系统化的方式探索和组织有关人类行为的知识。代表科学知识效度的最基本形式就是复制。当预测的行为效果能够重现时，行为的原理就得到了证实，同时，实践的方法也会被发展出来。但是，如果应用行为分析师采用了其他科学家无法使用的行为定义，复制的可能性就会降低。没有了复制，数据的有用性和意义在这些特定参与者的范围之外就无法被确认，这样就会限制这门学科发展成为一门实用性的技术（Baer, Wolf, & Risley, 1968）。没有明确的、完善的目标行为的定义，研究者就无法准确地、可靠地测量在研究内或跨研究间的相同反应类，也无法汇总、比较和解释他们的数据。[1]

虽然实务工作者可能并不那么在意其他人的复制或该领域的发展，但清楚明确的目标行为定义对他们而言也是必要的。大多数行为分析计划不是为了促进行为分析这个领域的发展而实施的，它们是由教育工作者、临床工作者和其他人类服务专业人员为改善服务对象的生活而实施的。然而，对目标行为进行准确和持续的评估是行为分析的应用的潜在要求，因此，必须对行为进行明确的定义。

专注于不断努力为服务对象提供最佳服务的实务工作者可能会问："只要我知道当我说［目标行为的名称］时指的是什么不就行了，为什么非得写下具体的定义呢？"首先，一个良好的行为定义是可操作的，它提供了获得关于行为出现和不出现的完整信息的机会，也使实务工作者能够始终准确和及时地应用干预程序。其次，一个良好的定义增加了对计划的有效性进行准确度和可信度评估的可能性。一项评估不仅必须足够准确，以指导计划实施过程中的各项决策，而且评估的数据对与计划有效性有利益相关的人们来说必须是可信的。因此，即使实务工作者可能对于向全体同行展示分析过程不感兴趣，也必须始终将向服务对象、家长和管理者展示计划的有效性（即承担责任）放在心上。

两类目标行为的定义

目标行为可以用功能或形态的方式来定义。

以功能为基础的定义

以功能为基础的定义（function-based definition）将反应定义为仅根据对环境的共同影响而形成的目标反应类中的成员。例如，欧文、汤普森、特纳和威廉斯（Irvin, Thompson, Turner, & Williams, 1998）给"吮手"下的定义是，任何会导致"手指、手或手腕接触到口、唇或舌头"的行为（p. 377）。图3.10列出了几个以功能为基础的定义。

应用行为分析师应尽可能使用以功能为基础的定义，原因如下。

- 以功能为基础的定义包含反应类的所有相关形式。然而，基于一个特定形态清单而得出的目标行为的定义可能会遗漏反应类里的一些相关反应，以及/或者涵盖一些不相关的反应形态。例如，以孩子们所说的和所做的特定事情来定义他们邀请同伴一起玩的行为，可能会漏掉同伴以互动游戏来回应时的反应，以及/或者把同伴拒绝的行为囊括进来。
- 行为的结果或功能是最重要的。即使对于以形式或美感为核心价值而被视为具有社会重要性的目标行为，这个说法同样适用。例如，书法家流畅的笔触、体操运动员优雅的地板动作，都是重要的（即被选中的）目标，因为它们对他人的影响或功能是重要的（如得到书法老师的称赞、体操裁判

---

[1] 第4章将对准确和可靠地测量行为的程序进行讨论。

> **儿童在堆积木上的创造力**
> 　　儿童堆积木的行为是根据其作品，也就是积木形式，进行定义的。研究者创建了一个清单，上面列出了 20 个非特定但常见的积木形式，包括：
> 　　拱门——把一块积木放置在不相邻的两块较低的积木上。
> 　　坡道——一块积木斜靠另一块积木，或一块三角形积木靠在另一块三角形积木旁，模拟出一个坡道。
> 　　楼层——将两块或多块积木一个接一个地往上叠，上层积木只搭在下层积木上。
> 　　高塔——两块或多块积木搭成的楼层，最底层积木的高度至少是其宽度的两倍。（Goetz & Baer, 1973, pp. 210-211）
>
> **肥胖男孩做运动**
> 　　骑健身脚踏车——车轮每转一圈构成一次反应，由磁性计数器自动记录每一次反应。（DeLuca & Holborn, 1992, p. 672）
>
> **驾驶者遵守停车标志**
> 　　完全停止——一辆车的轮胎如果在车辆进入路口前全部停止转动，观察者就将之记录为完全停止。（Van Houten & Retting, 2001, p. 187）
>
> **办公室职员做资源回收**
> 　　回收办公用纸——在资源回收桶或垃圾桶内发现的可回收办公用纸的磅数和盎司*数。对于所有被认定为可回收的纸类和不可回收的纸类，都需要做出清晰的界定并举例。（Brothers, Krantz, & McClannahan, 1994, p. 155）
>
> **防止儿童把玩枪械的安全技能**
> 　　碰触枪械——儿童身体的任何部位或使用任何物品（如玩具）碰触到枪械而造成枪械的移动。
> 　　离开现场——儿童在看到枪械后的 10 秒钟内自行离开放置枪械的房间。（Himle, Miltenberger, Flessner, & Gatheridge, 2004, p. 3）

* 编注：盎司是英美制重量单位，1 盎司合 28.3495 克。

图 3.10　各种目标行为的以功能为基础的定义

给予高分）。

- 功能性定义通常比以形态为基础的定义更加简单和简洁，从而使测量更容易、更准确、更可靠，并为干预计划的持续实施创造了条件。例如，沃德和卡恩斯（Ward & Carnes, 2002）在针对大学橄榄球运动员的技能运用情况的研究中，根据"如果进攻持球员被拦下"这一明确而简单的定义（p. 3），记录下了一个正确的擒抱（tackle）动作。

以功能为基础的定义也可用于以下情况：行为分析师无法直接地、可靠地得到目标行为的自然结果，或是基于伦理或安全原因，无法使用目标行为的自然结果。在这种情况下，可以考虑代用的以功能为基础的定义（function-based definition by proxy）。例如，擅自离开（即未经同意，从照顾者身旁跑开或走开）的自然结果就是孩子走失。塔博克斯、华莱士和威廉斯（Tarbox, Wallace, & Williams, 2003）将擅自离开定义为"未经同意而离开治疗师超过 1.5 米的任何移动"（p. 240），这样他们就能以安全和有意义的方式测量并处理这个具有社会重要性的目标行为了。

以形态为基础的定义

以形态为基础的定义（topography-based definition）是由行为的外观或形式来确定目标行为的实例。以形态为基础的定义应在以下情况下使用：（1）行为分析师无法直接地、可靠地或容易地得到目标行为的功能结果；（2）由于自然环境中的每一个行为实例不产生相关的结果，或由于结果是由其他事件产生的，因此行为分析师不能把行为的功能作为依据。例如，西尔韦斯特里（Silvestri, 2004）根据陈述所使用的词语对两类积极的教师陈述进行定义和测量，而不是根据这些评论是否产生特定的结果来定义和测量。（参看图 3.11）

一般的积极陈述

　　一般的积极陈述被定义为教师对一名或多名学生的行为或工作成果做出的能被听见的表示满意或称赞的陈述（如"我以你为荣！""你们每个人做得都很棒！"）。教师以教室里其他成人为对象发出的言论，如果声音大到学生们都听得见，而且言论内容与学生的行为或工作成果有直接的关系（如"今天我的学生们如此安静地做功课，你不感动吗？"），那么也记录为一般的积极陈述。这一系列既不指明学生的姓名，也不指明学生的行为的积极评价，如果间隔时间不超过两秒，则被记录为一个陈述。例如，批改三四名学生的作业时，如果教师说："很好，很好，很好。我很满意。"那么就记录为一个陈述。

　　教师的言论不被记录为一般的积极陈述的例子包括：（1）说出具体的行为或学生的姓名；（2）中性的陈述，仅表示某个学业上的反应是正确的（如"可以的""对的"）；（3）与学生的行为无关的积极陈述（如对同事说："谢谢你帮我送交考勤表。"）；（4）难以理解或听不清楚的陈述。

具体行为的积极陈述

　　具体行为的积极陈述明确地以一个可观察的行为作为对象（如"谢谢你把铅笔放回去"）。具体的积极陈述可以指一般的教室内行为（如"你做得很好！安静地走回了自己的座位"）或学习表现（如"那是一个超级聪明的回答！"）。如果要记录为单独的反应，那么具体的积极陈述与另一个陈述要间隔两秒钟，或者与得到称赞的行为有所区分。换句话说，如果教师说出了一个理想的行为，然后把几个表现出这个行为的学生姓名说出来，那么就记录为一个陈述（如"玛丽萨、托尼和马克，你们用完材料后归还原位，做得很好"）。而如果教师的积极陈述中提到了几个不同的行为，那么就记录为多个陈述，而不论一个评价的结束与下一个评价的开始之间隔了多久。例如，"杰德，你好棒！这么快就清理干净了！查尔斯，谢谢你把作业本放回去！同学们，谢谢你们安静地排好队！"这些会记录成三个积极陈述。

　　改编自 S. M. Silvestri. *The Effects of Self-Scoring on Teachers' Positive Statements during Classroom Instruction* (pp. 48–49), 未发表的博士论文。Columbus, OH: The Ohio State University. 经授权使用。

图 3.11　以形态为基础的定义下的两类教师陈述

以形态为基础的定义也可用于在自然环境中有时因反应类的非理想变化而产生相关结果的目标行为。例如，即使是笨拙地挥起高尔夫球杆，有时也会获得好成绩（如球落在果岭上），所以最好根据球杆与球员的脚、臀部、头部、手的姿势和移动来定义正确的挥杆行为。

以形态为基础的定义应涵盖自然环境中能够产生相关结果的所有反应形式。虽然形态为定义目标行为提供了一个重要元素，但应用行为分析师必须特别注意，不要仅以形态为基础选择目标行为（参看信息箱 3.2）。

信息箱 3.2

这些行为问题有多严重？

假设你是一位行为分析师，你要设计和协助实施一项干预计划来改变这四个行为。

1. 一名儿童反复举起手臂，手指张开、向手心合起，以一开一合的动作进行。
2. 一位发展性障碍人士用手用力按压自己的眼睛，并用指关节快速搓揉眼睛。
3. 一名高中生每天多次有节奏地用手指上下敲打，有时会持续 10~15 分钟。
4. 一个人反复用力抓挠并挤压另一个人的手臂和腿，使那个人畏缩并发出哀叫："哎哟！"

一个问题行为会给个体或在当前或未来与其同处在一个环境之中的他人造成多大的困扰？你会将每个行为评定为轻微、中度或严重的问题吗？你认为将每个行为作为目标以减少或消除这四人的技能库中的这些行为有多重要？

对于上述问题，无法仅从形态描述中获得恰当的解答。只有在定义该行为的环境前提和后果的背景中才能界定操作式行为的意义和相对重要性。以下是上述四个例子中每个人实际在做的事情。

1. 一个幼儿正在学习挥手道别："再见。"
2. 一个过敏的男人正在揉眼睛以缓解瘙痒。
3. 一名学生正在练习打出冷僻难懂的语句以提高其用键盘打字的流畅度和持久力。
4. 一位按摩师正在为一位感到满意和愉快的顾客进行令其放松下来的深层肌肉按摩。

应用行为分析师必须牢记，任何行为的意义均取决于其功能而非其形态。不应仅根据形态来确定某个行为是否应该改变。

注：例子1和例子2改编自迈耶和埃文斯（Meyer & Evans, 1989），p. 53.

撰写目标行为定义

一个良好的目标行为定义能够准确、完整和简明地描述想要改变（因此也需要进行测量）的行为。它同时也说明了行为定义中不包括的内容。"发出声音要求离开餐桌"是一种可观察、可测量和可计数的行为。相比之下，"举止得体"并不是对任何特定行为的描述，它仅仅意味着一个礼貌的、可被社会接受的行为的一般反应类。霍金斯和多贝斯（Hawkins & Dobes, 1977）描述了一个良好的目标行为定义的三个特征，这些特征在今天仍如四十多年前发表时一样有效和实用。

1. 定义应该是**客观的**，仅指出行为（如果必要的话，也包括环境）的可观察的特征，或将任何推论性的词汇（如"表达敌意""打算帮忙"或"表现出兴趣"）转换成更为客观的词汇。
2. 定义应该是**清晰的**，具有可读性且不模棱两可，以便有经验的观察者可以看懂并很容易地进行正确的解读。
3. 定义应该是**完整的**，对于什么可以作为反应实例、什么不是反应实例而应被排除在外，划定一个"边界"，从而在所有可能发生的情境中为观察者提供指导，以尽量避免他们自行判断。（p. 169）

简而言之，首先，一个良好的定义必须是客观的，确保你所定义的目标行为的特定实例能够被可靠地观察和记录。一个客观的定义可以提高计划效果评估的准确度和可信度。其次，一个清晰的定义必须是技术性的，这意味着其他人可以使用和复制它（Baer et al., 1968）。因此，一个清晰的定义对于当前或未来的目的具有操作式功能。最后，一个完整的定义可以区辨什么是目标行为的例子、什么不是目标行为的例子。一个完整的定义可以使其他人以标准化的方式记录下目标行为的发生，而不会记录下目标行为未发生的例子。一个完整的定义是对所关注行为的精确而简明的描述。请看图3.10和图3.11中目标行为的定义是如何达到客观、清晰和完整的标准的。

莫里斯（1985）建议使用以下三个问题来检验目标行为的定义。

1. 你能计算出一个行为在15分钟内、一小时内或一天内出现的次数吗？或者，你能计算出孩子做出该行为需要花费多少分钟吗？也就是说，你能告诉别人该行为今天出现了多少次或持续了多少分钟吗？（你的回答应该是"能"。）
2. 当你告诉一个陌生人你打算矫正的一个目标行为时，他/她能确切地知道要探寻的究竟是什么吗？换句话说，当行为出现时，你能真正看到孩子做出了该行为吗？（你的回答应该是"能"。）
3. 你能将目标行为分解成更小的行为成分，每个成分都比原始的目标行为更具体、更容易观察到吗？（你的回答应该是"不能"。）

有人建议，或许应该开发一个标准化目标行为定义的原始资料库，因为这将增加应用研究者之间进行精确复制的可能性，也将节省发展和检验特定情境下的定义所耗费的大量时间，对此，贝尔（1985）提出了以下观点。实施应用行为分析计划是因为有人（如教师、家长、个人自己）"抱怨"说某个行为需要改变。在应用行为分析中，一个行为的定义只有在能够使观察者捕捉到抱怨者所关心行为的每个方面，而非其他行为的每个方面时，才具有有效性。因此，从应用的角度看待有效性，目标行为的定义应该是针对特定情境的。试图将行为的定义标准化，不太可能产生跨所有情境的相似性。

设定行为改变的标准

在应用行为分析中，选择目标行为进行研究，原因在于它们对相关人员的重要性。应用行为分析师试图增加、维持和泛化具有适应性的、理想的行为，减少适应不良的、不理想的行为。行为分析工作不仅锁定了重要的行为，而且以积极和富有意义的方式改变这些行为，这样的行为分析过程就可以说具有**社会效度**（social validity）[1]。然而，一个目标行为改变多少，才能对个人的生活产生有意义的影响呢？

范霍滕（Van Houten, 1979）提供了一个在开始修改目标行为之前需要明确预期结果标准的理由。

> 如果考虑到大多数行为都存在一个反应范围，在这个范围里的行为表现就是最具适应性的行为表现，那么这个步骤［明确结果标准］就与上一个步骤［选择具有社会重要性的目标行为］同等重要了。当一个特定行为的反应范围未知时，在表现高于或低于这些范围时可能就会终止干预处理。如此一来，该行为就不会在最佳范围内出现……
>
> 为了确认什么时候开始和终止一项干预处理，实务工作者需要有可遵循的社会效度的标准。
>（pp. 582, 583）

范霍滕（1979）提出了两种确定具有社会有效性的目标的基本方法：（1）评估那些被认为具有高度胜任能力的人的表现；（2）通过实验操纵不同的表现水平，以确定哪些在实证上能够产生最佳结果。

无论采用哪种方法，在干预开始之前明确处理目标，可为之后继续或终止处理提供指导原则。另外，设定客观的、预先确定的目标有助于消除与评估计划效果有关的人士之间的分歧或偏见。

摘要

评估在应用行为分析中的作用

1. 行为评估包括间接方法、直接方法和实证方法，用以辨识、定义和确定目标行为的功能。
2. 行为评估包含五个阶段或功能：（1）筛选；（2）定义和量化问题或目标；（3）准确指出要处理的目标行为；（4）监控进度；（5）后续追踪。
3. 实施行为评估前，行为分析师必须判断自己是否具有权限、许可、资源和技能来评估和改变行为。过去和现在的医疗、教育和历史事件的记录都应该作为完整的行为评估的一部分以备检查和分析。

行为分析师使用的评估方法

4. 获得评估信息的三种主要方法——间接方法、直接方法和实证方法——分别是：（1）访谈、使用核查表/评定量表；（2）测验和直接观察；（3）功能性行为分析和强化物/惩罚偏好评估方法。
5. 服务对象访谈用来确定服务对象对问题行为或要达到的目标的描述。强调是什么、什么时候与在哪里的问题；聚焦于服务对象的实际行为与重要他人对该行为的反应。
6. 问卷和需求评估调查有时可由服务对象自己填写，以补充访谈所收集到的信息。

---

[1] 社会效度的第三个组成部分是关于改变行为的程序的社会接受度。第 10 章将讲述用于评估行为改变的社会效度的程序。

7. 服务对象有时被要求自我监控特定的情境或行为。自己收集的数据对选择和定义目标行为很有用处。

8. 有时，也可以访谈其他重要他人以收集评估信息，在某些情况下，还可以明确他们是否愿意且能够协助实施干预方案。

9. 使用包含对各种技能的特定描述的行为核查表进行直接观察，可以找出可能的目标行为。

10. 逸事观察又称 ABC 记录，当事件发生在服务对象的自然环境中时，它可以提供所有所关注行为及其前提条件和后果的包含时间顺序的描述性记录。

11. 生态评估收集大量关于个人及其生活和工作环境的信息（如生理状态、环境的物理方面、与他人的互动、过去的强化历史）。对大多数应用行为分析计划来说，一份完整的生态评估既不是必要的，也不是必需的。

12. 反应性指的是评估程序对被评估行为的影响，行为分析师应尽可能使用隐蔽的评估方法，重复观察，直到明显的反应性效应消退，并在解释观察结果时将可能的反应性效应考虑在内。

13. 选择能够产生可靠、有效结果的评估方法，根据专业标准进行评估，并在解释结果时谨慎地分析。

评估潜在目标行为的社会重要性

14. 在应用行为分析中，目标行为必须是具有社会重要性的行为，且该行为能够提升个人的适应能力（调整、胜任能力和生活质量）。

15. 通过考虑以下方面，可以明确潜在目标行为的相对社会重要性和适应性价值。

· 该行为在个人的日常生活中会被强化吗？行为规则的关联性要求目标行为必须在干预结束后的环境中仍能对人产生强化。

· 该行为是一个实用技能的必要先备技能吗？

· 该行为会使个人接触更多可以学习或使用其他重要行为的环境吗？

· 该行为会使他人倾向于以较恰当和支持的态度与个人互动吗？

· 该行为是一个交点行为或关键行为吗？交点行为具有远超其特有行为改变本身的突发和明显的后果，因为这些后果会使个人接触到新的环境、强化物、依联、反应和刺激控制。学习关键行为可以在未经训练的行为上产生相应的改变或共变。

· 该行为是一个与年龄相符的行为吗？

· 当要减少或消除某一行为时，必须选择一个符合期望且具有适应性的行为来替代它。

· 该行为能代表实际的问题或要达成的目标吗，或只是与之间接相关？

· 不要将实际所关注的行为与服务对象的语言行为相混淆。然而，在有些情况下，语言行为就是所关注的行为，这时就应该选择语言行为作为目标行为。

· 如果个人的目标不是一个特定行为，那么就必须选择一个或多个目标行为，以产生符合期望的结果或状态。

排列目标行为的优先顺序

16. 评估往往会揭示出不止一个可作为行为目标的可能的行为或技能领域。潜在目标行为的优先顺序可以由以下关键问题来确定：相对的危险性、频率、长期存在、强化的可能性、与未来技能发展和独立执行功能的关联性、减少他人的消极关注、成功的可能性以及成本。

17. 个人、家长和/或其他重要家庭成员、工作人员和管理者共同参与目标行为的辨识和优先顺序排列，有助于减少目标冲突。

定义目标行为

18. 明确的、完善的目标行为定义对研究者在研究内和跨研究中准确地、可靠地测量相同反应类，或汇总、比较和解释他们的数据是必要的。

19. 一个良好的目标行为定义对实务工作者收集正确的、可信的数据是必要的，以指导计划实施过程中的决定、始终如一地应用程序，以及对服务对象、家长和管理者负责。

20. 以功能为基础的定义将反应定义为仅根据对环境的共同影响而形成的目标反应类中的成员。

21. 以形态为基础的定义是由行为的外观或形式来确定目标行为的实例。

22. 一个良好的行为目标定义必须是客观、清晰和完整的，而且必须能够区辨什么是目标行为的例子，什么不是目标行为的例子。

23. 如果一个目标行为定义能够使观察者捕捉到"抱怨者"所关心行为的每个方面，那么这个目标行为定义就是有效的。

设定行为改变的标准

24. 如果一个行为改变大大改善了个人生活的某些方面，那么这个改变就具有社会效度。

25. 在开始修改目标行为之前，需要先明确结果标准，这个结果标准要说明希望或需要行为改变达到什么程度。

26. 确定行为表现标准是否具有社会效度的两种方法是：（1）评估那些被认为具有高度胜任能力的人的表现；（2）通过实验操纵不同的表现水平，以确定哪些能够产生最佳结果。

第 4 章　测量行为

关键词

人为结果（artifact）
加速率（celeration）
计数（count）
回合尝试（discrete trial）
持续时间（duration）
事件记录（event recording）
自由操作（free operant）
频率（frequency）
反应间隔时间（interresponse time, IRT）
潜伏期（latency）
等级大小（magnitude）
测量（measurement）
永久性产物测量（measurement by permanent product）
瞬间时间抽样（momentary time sampling）
部分时距记录（partial-interval recording）
百分比（percentage）
计划式活动核查（planned activity check, PLACHECK）
比率/速率（rate）
重复性（repeatability）
时间范围（temporal extent）
时间所在点（temporal locus）
时间抽样（time sampling）
形态（topography）
达到标准的尝试次数（trials-to-criterion）
全部时距记录（whole-interval recording）

➜ 本章由陆雯翻译。

行为分析师认证委员会 BCBA/BCaBA 任务清单（第 5 版）
第一部分：基础
C. 测量、数据呈现和解释
C-2 区分行为的直接测量、间接测量和产物测量。
C-3 测量行为的发生（如计数、频率、比率、百分比）。
C-4 测量行为的时间维度（如持续时间、潜伏期、反应间隔时间）。
C-5 测量行为的形式和强度（如形态、等级大小）。
C-6 测量达到标准的尝试次数。
C-7 设计和实施抽样程序（即时距记录、时间抽样）。
C-9 依照行为的维度以及观察与记录的必要准备，选择一个测量系统以获得具有代表性的数据。

©2017 The Behavior Analyst Certification Board, Inc.® (BACB®). 保留所有权利。本文件的当前版本可在 www.bacb.com 网站查阅。如需转载、复制或分发文件，或有疑问，请直接联系行为分析师认证委员会。

今天早上醒来时，我看了一眼时钟，看看我睡了几个小时。（我是继续躺在床上呢，还是起床呢？我起床了。）我洗了澡，刮了胡子，刷了牙，然后踏上体重秤称体重。（我的体重是跟昨天一样，还是减少了，或者增加了呢？我重了两磅。）我开始思考我们人类在日常活动中进行了多少次测量，而在绝大多数情况下，我们完全没有察觉到自己实施了行为测量。

吃早餐时，我煮了咖啡（4 勺咖啡，加 4 杯半水），并在烤箱中放了一个英式松饼（将烤箱的温度设定为烘烤松饼的适宜温度）。我吃了早餐，然后去社区娱乐中心做晨练。

我上了车，里程表告诉我每小时行驶了多少英里[1]。（我没有超速。）汽油表告诉我油箱中还有多少汽油。（足够开到娱乐中心，再回家，然后还可以去别的地方。）

在娱乐中心，我观察人们在跑道上散步或跑步。一位步行者用手持式计数器记录自己走了几圈，一位跑步者每跑完一圈就瞥一眼时钟，还有几位步行者和跑步者的手腕上戴着数字计步器。在娱乐中心的其他地方，人们计数，并记录着他们在自由重量和力量训练器械上重复了多少个回合。

如此这般的行为贯穿着人们的一整天。测量在我们的日常生活中占了很大的一部分，它极大地改善了我们与环境互动的质量。正如测量在我们的环境中发挥着极为重要的作用，它也是应用行为分析中所有活动的基础。

测量是所有科学发现的基础，也是开发和成功应用这些发现的衍生技术的基础。直接和频繁的测量构成了应用行为分析的基础。应用行为分析师使用测量来检测和比较各种环境安排对具有社会重要性的行为的获得、维持和泛化的影响。

关于行为，应用行为分析师可以且应该测量的究竟是什么？这些测量应该如何实施？一旦获得了这些测量结果，我们又该如何处理？本章确认了哪些行为维度可以被测量，并阐述了应用行为分析师经常使用的测量方法。首先，我们讲述在应用行为分析中，测量的定义和功能是什么。

测量在应用行为分析中的定义和功能

测量是运用定量标记来描述和区分物体与自然事件的过程。"[它] 将一个代表维度量的观察范围的数字与一个恰当的单位联系在一起，这个数字和单位共同构成那个物体或事件的量数。"（Johnston & Pennypacker, 1993a, p. 95）应用行为分析中的测量包括三个步骤：（1）确定要测量的行为；（2）使用可观

---

[1] 编注：英里是英美制长度单位，1 英里合 1.6093 千米。

察的术语来定义行为；（3）选择恰当的观察和数据记录方法（Gast, 2014）。第三章介绍了如何选择和定义目标行为，本章将详细说明行为的测量方法。

布卢姆、费希尔和奥姆（Bloom, Fischer, & Orme, 2003）将测量描述为：使用一套标准的基于共识的规则，对事件、现象或被观察的属性的发生状况给予定量或定性标记的行为或过程。他们指出，测量的概念包括测量目标的特征、测量工具的质量与适当性、测量者的技术能力，以及对测量结果的使用。总之，测量使用一套能够传达共同意义的标记，为研究者、实务工作者和消费者提供了一个共同的方法以描述和比较行为。

研究者需要测量

> 华生博士："你认为那意味着什么？"福尔摩斯："我还没有拿到任何数据。在拿到数据之前就形成理论是一个重大的错误。人们会不自觉地开始扭曲事实以适应理论，而不是使理论符合事实。"
> ——摘自阿瑟·柯南·道尔的《波西米亚丑闻》（A Scandal in Bohemia）

测量是科学家将实证主义操作化的方式。客观的测量使科学家得以（实际上也必须）用精确、一致和可公开验证的方式描述他们观察到的现象。如果没有测量，科学知识的三个层次——描述、预测和控制——将沦为基于"科学家的个人偏见、品味和私人意见"的猜测（Zuriff, 1985, p. 9），而我们将生活在炼金术士对长生不老丹药的假设胜过化学家通过实验获得的制剂化化合物的世界里。

行为分析师测量行为是为了回答具有社会重要性的行为和环境变量之间是否存在功能关系，以及这个功能关系的本质是什么的问题。测量使得人们可以对一个人在不同环境条件下和在不同环境条件间的行为进行比较，从而有可能以实证为基础，得出关于那些环境条件对行为有何影响的结论。例如，邓拉普（Dunlap）及其同事（1994）测量了学生在可选择和无选择的条件下的任务参与情况和破坏性行为。测量结果显示了每种条件下两个目标行为的水平，当提供选择机会或不提供选择机会时，目标行为是否发生改变，改变的程度如何，以及每种条件下关于行为的变异程度或稳定程度等信息。

研究者能否实现对行为改变的科学理解，取决于其对这个行为改变的测量能力。测量使检测和验证关于环境如何影响行为的几乎每一个发现成为可能。行为分析的基础和应用这两个分支的实证数据库是由系统化收集行为测量的数据组成的。实际上，《应用行为分析杂志》和《实验行为分析杂志》中的每一个图表都展示了某个行为测量的持续的记录或总结。简而言之，测量为以具有科学意义的方式学习和讨论行为提供了最根本的基础。[1]

实务工作者需要测量

行为实务工作者致力于通过改变对服务对象来说具有社会重要性的行为来改善他们的生活。实务工作者一开始就要测量行为以确定目标行为的当前水平，以及是否有必要针对该水平进行干预。如果有必要进行干预，那么实务工作者要衡量通过自己的努力所能够取得的成效。实务工作者通过测量了解行为是否发生改变、何时发生改变以及行为改变的程度和持续时间，在干预之前、期间和之后的行为变异程度或稳定程度，在其他环境或情境下有没有发生重要的行为改变，以及重要的行为改变有没有延伸到其他的行为上。

在干预过程中对行为进行频繁测量［形成性评估（formative assessment）］有助于实施者对干预的继续、修正或终止做出动态的、以数据为基础的决策。实务工作者也要比较干预前后目标行为的测量结果（有时包括在非干预环境或情境下获得的干预前后的测量结果），以评价行为改变计划的总体效果［总结性评价（summative evaluation）］。

---

1 测量是科学理解的必要条件，但不是充分条件（参看第 7 章）。

如果没有对目标行为进行测量并实现频繁测量，实务工作者很容易犯以下错误：（1）在没有发生真正的行为改变的情况下继续实施无效的干预；（2）由于主观判断未能发现行为改善（例如，如果不进行测量，教师就不太可能知道学生的口语阅读速度已从每分钟 70 个单词增加到了 80 个单词）而中断有效的干预。直接和频繁的测量使实务工作者能够发现他们已经取得的成功，同样重要的是，也使他们能够发现他们的失败，从而帮助他们做出改变，从失败走向成功（Bushell & Baer, 1994; Greenwood & Maheady, 1997; Gast, 2014）。

> 我们的行为改变技术也是行为测量和实验设计的技术；它发展成为一整套技术，而且只要保持这套技术的完整性，它就会是一项能够"自我评估"的事业。它的成功展现在行为进步上可知的等级大小；而它的失败几乎会立即被人察觉；无论其结果为何，它们都应归因于已知的操作和程序，而不是偶发的事件或巧合。（D. M. Baer, 1982 年 10 月 21 日）

除了促使正在进行的计划持续受到监测以及做出以数据为基础的决策外，频繁的测量还为实务工作者和服务对象提供了其他一些重要的好处。

- **测量有助于实务工作者优化他们的效能**。要想获得最佳效果，实务工作者必须在时间和资源上实现行为改变效率的最大化。唯有密切、持续地保有与结果相关的数据，实务工作者才有可能获得最大的效益和效能（Bushell & Baer, 1994）。在谈到直接和频繁的测量在最大化课堂实践的效能方面的关键作用时，西德曼（2000）指出，教师"必须保持对学生发出的信息的关注，并随时准备做出尝试和评价上［教学方法上］的修正。如此一来，教学不仅是改变学生的行为，它也是一个互动的社会过程"（p. 23，方括号中的文字为补述）。直接和频繁的测量是实务工作者接收关于他们的服务对象的信息的过程。

- **测量有助于实务工作者对宣称"以证据为基础"的行为治疗的正当性进行验证**。人们越来越期望实务工作者能够实施以证据为基础的治疗，在某些领域，甚至会以法律的形式做出如此规定。循证实践（evidence-based practice）是已被大量高质量的、经过同行评议的科学研究所证实有效的治疗或干预。在实施任何行为治疗时，不管这项治疗背后有什么类型或数量的研究证据支持，实务工作者都可以且应该通过直接和频繁的测量来验证其对学生或服务对象的有效性。

- **测量有助于实务工作者辨别并终止使用以伪科学、风潮、流行或意识形态为基础的行为治疗**。很多用在发展性障碍人士和孤独症人士身上的具有争议性的行为治疗（如辅助沟通、拥抱疗法、大剂量维生素、奇怪饮食疗法、重量背心、海豚辅助疗法），其有效性尚缺乏足够的科学证据，但仍受到人们的推崇（Foxx & Mulick, 2016）。这些所谓的突破性疗法已令很多人大失所望，并错过了宝贵的教学或治疗时间，在某些情况下，甚至导致了灾难性的后果（Maurice, 1993; Todd, 2012）。尽管那些得到良好控制的研究已经揭示出这些治疗方法中有很多是无效的，尽管这些治疗计划因为在效果、风险与收益上缺乏充分的科学证据而不能被合理化，家长和实务工作者仍被各种真诚与善意的感言轰炸。实务工作者在寻找和验证有效的治疗方法，并一并根除那些得到感言和华而不实的互联网广告的大力支持的疗法时，测量是最佳的盟友。实务工作者对这些宣称有效的方法应保持合理的怀疑态度。有关这个问题的进一步讨论，请参看信息箱 31.5。

赫伦、廷卡尼、彼得森和米勒（Heron, Tincani, Peterson, & Miller, 2005）用柏拉图的"洞穴寓言"（Allegory of the Cave）来比喻那些使用未经检验的伪教育理念的教师和某些实务工作者，他们认为，如果实务工作者能够采用科学方法，摒弃伪教育理论和哲学，将会取得更好的效果。对自己实施的干预和治疗计划的效果进行直接和频繁的测量，这样的实务工作者会得到实证的支持，从而避免迫于政治压力或社会压力而采用未经证实有效的治疗方法。在真正意义上，他们是用卡尔·萨根（1996）所说的"胡扯检测工具"（baloney detection kit）来武装自己。

- **测量有助于实务工作者对服务对象、消费者、雇主和社会负责。**实务工作者应当用直接和频繁的行为测量来回答家长和照顾者提出的关于他们的孩子或服务对象的发展问题。
- **测量有助于实务工作者达到伦理规范的标准。**行为分析实务工作者的行为伦理规范要求他们对服务对象的行为进行直接和频繁的测量（行为分析师认证委员会，2018年；本书第31章）。要检验服务对象接受有效治疗的权利是否受到重视，就必须对所寻求或计划治疗的目标行为进行测量。如果没有对与服务对象相关的行为改变的性质和程度进行测量，就接近于渎职。考夫曼（2005）就测量与教育伦理实践之间的关系提出以下观点。

> 如果教师无法或不愿准确指出和测量其所教授学生的相关问题行为，那么他/她大概不会很有效能……因此，没有准确的定义与测量这些行为是过多还是不足，将是一个重大的错误；这就类似于护士不测量生命体征（心率、呼吸、体温和血压）的渎职行为。或许他/她认为自己过于忙碌，对生命体征做主观估计已经足够，认为生命体征只是对病人健康状况的表面估计，或是生命体征并不能反映潜在病症的本质。教学致力于实施行为改变这项任务——可以明显地改善行为。那么，如果不对由教师的教学方法引起的行为改变进行精确定义和可靠测量，对于这样的教育实践，你会如何评价呢？这是经不起推敲，站不住脚的。(p. 439)

行为的可测量维度

如果一个朋友让你去测量一张咖啡桌，你大概会问他为什么想要测量这张桌子。换句话说，他希望测量结果提供给他关于桌子的哪些信息？他是想知道高度、长度和宽度吗？是想知道桌子有多重吗？也许他是对桌子的颜色感兴趣？针对测量桌子的不同原因，需要测量桌子的不同维度量（如长度、质量和光反射）。

行为就像咖啡桌和物理世界中的其他所有实体一样，具备可测量的各种特征。由于行为是在一段时间内或跨时间发生的，它有三个基本的、可测量的维度量（dimensional quantity）。约翰斯顿和彭尼帕克（1993）将这些维度量描述如下。

- **重复性**[repeatability, 也称为**可数性**（countability）]：行为实例可在一段时间内重复发生（即行为是可计数的）。
- **时间范围**（temporal extent）：每个行为实例都在一定的时间内发生（即行为的持续时间是可测量的）。
- **时间所在点**（temporal locus）：每个行为实例都在与其他事件有关的某个时间点发生（即行为什么时候发生是可测量的）。

图 4.1 是重复性、时间范围和时间所在点的图示。无论是单独看还是结合在一起看，这些维度量都为行为分析师提供了基本和衍生的测量方法。接下来，我们将对这些行为维度，以及另外两个可测量的维度——行为的形式和强度——进行讨论。

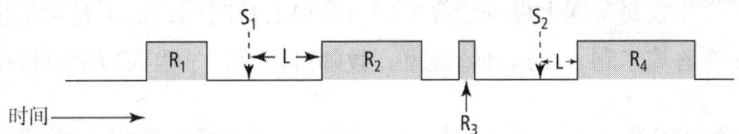

图 4.1 重复性、时间范围与时间所在点等维度量的图示。重复性体现为观察期内的一个反应类（R_1、R_2、R_3 和 R_4）的 4 个实例的计数。时间线上凸起的阴影部分代表每个反应的时间范围（即持续时间）。两个前提刺激事件（S_1 与 S_2）与其后两个反应（R_2 与 R_4）之间的时间（←L→）代表那两个反应的时间所在点的一个方面（反应潜伏期）。

以重复性为基础的测量

计数

计数（count）是对行为发生次数的简单计算。虽然行为多久发生一次常常是主要的关注点，但只有计数的测量可能无法提供足够的信息，以使行为分析师做出关于干预计划的有用的决定或分析。例如，凯蒂连续在三节数学课上做两位数以上的除法，她的正确答题数为 5 道、10 道和 15 道，这样的数据可以表明她的成绩有所提高。然而，如果这三个计数测量分别是在 5 分钟、20 分钟和 60 分钟的观察期内获得的，那么这就意味着对凯蒂的表现将有一种非常不同的解释。所以，在报告计数测量时，始终要标注观察或计数时间。

比率

将计数和观察时间结合起来，就可得出比率（rate），这是行为分析中使用最为广泛的测量方法之一。斯金纳（1953）认为反应比率是行为研究的基本测量方法。他发明了累积记录器，该设备可以自动产生实验被试的操作式反应比率的图形记录（参看图 1.1）。

比率的定义是单位时间内的反应数。[1] 比率量数则是由计数（反应数）和时间（获取计数的观察时间）这两个维度量组成的比例。将反应的计数转换成比率会使测量更有意义。例如，知道由美在 1 分钟内读对了 95 个字，读错了 4 个字；李在 10 分钟内写了 250 个字；琼的自伤行为在 1 小时内发生了 17 次。这些都提供了重要的信息和背景。先前提及的凯蒂在数学课上的表现的三个计数，如果用比率来表示，她连续在三节课上答对除法题目的比率分别为每分钟 1.0 道、0.5 道和 0.25 道。

比率的形式常常是每 30 秒的计数、每分钟的计数、每小时的计数、每天的计数，或者偶尔呈现为每周的计数、每月或每年的计数。只要在实验内或跨实验间的时间单位都采用同样的标准，就可以比较比率量数。例如，一名学生在四个持续时间不等的日常课堂活动中，分别在 20 分钟里有 12 次随意发言、12 分钟内有 8 次随意发言、15 分钟内有 9 次随意发言、18 分钟内有 12 次随意发言，则他的反应比率分别为每分钟 0.60 次、0.67 次、0.60 次和 0.67 次。

以下六条准则和指南可以帮助研究者和实务工作者以最恰当的方式获取、描述和解释计数和比率的数据。

标注计数时间。行为分析师使用两种方法来计算反应比率：(1) 总观察时间；(2) 总反应间隔时间（IRT）（Johnston & Pennypacker, 2009）。应用行为分析师最常使用总观察时间计算比率。在计算总 IRT 时，分析师首先测量每一个反应的 IRT（即一个行为的两个连续实例之间的时间量），然后计算 IRT 的总和。（参看本章后面有关 IRT 的部分。）

在使用反应比率时，实务工作者必须将观察时间的长度（即计数时间）纳入其中。在不参考计数时间的情况下比较比率数值，可能会导致对数据的错误解释。例如，如果萨莉和莉莲各自以每英里 7 分钟[2]的速度跑步，在不知道她们所跑距离的情况下，我们无法比较她们的表现。以每英里 7 分钟的速度跑 1 英里和以每英里 7 分钟的速度跑马拉松（26.2 英里），这是两个不同层级的行为表现。

如果计数时间随不同的观察时段而改变，那么在报告比率数值时就应包含每个观察时段对应的计数时间。例如，教师记录下学生在每节课上做一组算术题所需要的总时间，而不是给学生设定一个固定的计数时间（如计时 1 分钟）作答算术题。在这种情况下，教师可以报告学生在每个时段中每分钟答对和答错的

---

[1] 请注意，行为分析文献中用**频率**（frequency）来表示计数和比率两者，这种做法可能会造成混淆和误解。默比茨、默比茨和彭尼帕克（Merbitz, Merbitz, & Pennypacker, 2016）提出了将频率仅用于表示平均比率的理由。卡尔、诺西克和卢克（Carr, Nosik, & Luke, 2018）调查了当代行为分析期刊和教科书中频率的用法，发现"频率的主要用法是计数，而不是比率"（p. 436）。卡尔等人鼓励行为分析师将频率用作计数的同义词。

[2] 编注：每英里 7 分钟约合 3.83 米 / 秒。

题目数量，也可以报告每个时段的计数时间，因为每个时段内的计数时间是不同的。

评估技能发展时计算正确和错误的反应比率。 当参与者有机会做出正确或错误的反应时，研究者应记录参与者的每个行为的反应比率。计算正确和错误的反应比率对于评估技能发展来说至关重要，因为只知道正确的反应比率并不能帮助行为分析师或参与者评估一个正在改善的行为表现。正确反应的比率本身可以体现表现的改善，但如果错误的反应比率也在增加，那么这种改善可能就是一种假象。将正确率和错误率的测量结合起来，可以提供重要的信息，帮助教师评估学生的进步情况。在理想的情况下，正确率会朝着一个表现的标准不断提高，而错误率则朝着表现的标准不断降低。此外，关于正确率和错误率的报告可以提供比例准确性的评估，同时维持测量的维度量（例如，每分钟有 20 个正确反应和 5 个错误反应 =80% 的准确性，或是 4 倍的比例准确性）。

反应的正确率和错误率为表现流畅度（即熟练度）的评估提供了必要的数据（Kubina, 2005）。评估流畅度需要测量单位时间内正确和错误的反应数（即比例准确性）。实务工作者不能只使用正确率来评估流畅度，因为流畅的表现也必须是准确的表现。

考虑反应的变化复杂性。 只有在观察期内和跨观察期间，从一个反应到下一个反应出现的困难和复杂程度都维持恒定时，反应比率才是代表技能获得和流畅表现发展的敏感且恰当的量数。前面讨论的反应比率是整个时间单位里的，其中反应要求从一个反应到下一个反应在本质上都必须是相同的，然而，很多重要的行为是两个或更多个行为成分的复合体，而不同的情境会使行为成分出现不同的顺序或组合。

将多成分行为的各种复杂之处纳入考量的一个反应比率的测量方法是，计数达到正确反应所需要的运算次数。例如，行为分析师在测量学生在数学计算上的表现时，与其将用借位重组（regrouping）解答两位数加三位数的加法问题时的答案计数为正确或错误，不如考虑对学生在每道题的正确解题顺序上完成了几个步骤进行计数。赫尔维格（Helwig, 1973）用解答一道数学题所需的运算次数来计算学生的反应比率。在每一个测验时段内，给学生一组从包含 120 个问题的题库中随机挑选的 20 道乘法和除法题目，教师记录下每个测验时段的持续时间。所有的题目都有两种类型：a×b=c 与 a÷b=c。学生必须在每道题中找到下列四个因子中的一个：乘积、被除数、除数或商。根据不同的题目，找出缺少的因子（问号处）需要 1 到 5 次运算。例如，在解答 55×5=? 这个问题时，写出 275 这个答案将被记录为 4 个正确反应，因为找出这个缺少的因子需要 4 次运算。

1. 个位数相乘：5×5=25。
2. 写下个位数的 5，并将 2 带入十位数。
3. 十位数相乘：5×5（0）=25（0）。
4. 加上被带入十位数的 2，并写下和（27）。

如果可以用多种方法找到答案，则计算平均的运算次数。例如，4×?=164 的答案，可以通过两次乘法运算和四次除法运算获得。平均运算次数为 3。赫尔维格计算了学生在每 20 道题目中正确完成和错误完成的运算次数，并报告了正确和错误的反应比率。

使用比率测量自由操作。 反应比率对所有具有自由操作特征的行为而言都是一个有用的测量量数。**自由操作**（free operant）指的是具有以下特征的行为：有离散的起始和结束，不依赖区辨刺激，在时间与空间上需要有机体最小的位移（一旦完成一个反应，有机体立即准备发出该类中的另一个反应），而且反应发生的比率范围很广。斯金纳（1966）在发展实验行为分析时，将自由操作的反应比率作为主要的因变量。老鼠按压杠杆与鸽子啄按键是非人类动物实验研究中典型的自由操作反应。很多具有社会重要性的行为都符合自由操作的定义：在 1 分钟的计数时间内读出的字数、每分钟拍打头部几下、3 分钟内写下的字母笔画数。

反应比率是测量自由操作的一种比较理想的方法，因为它对行为值的改变非常敏感（例如，朗读的速率范围可能出现在每分钟正确念出 0 到 250 个或更多字之间），而且它通过定义每个时间单位的计数提供了清晰而准确的测量。

不要用比率测量发生在回合尝试中的行为。反应比率不适合用来测量只能发生于有限或受限制的情境中的行为。例如，在**回合尝试**（discrete trials）中发生的行为，其反应比率受到特定的反应发出机会的控制。非人类动物实验研究所使用的典型回合尝试包括从迷宫的起点移动到终点，或从穿梭箱的一端移动到另一端。回合尝试的应用实例包括对教师呈现的一系列快闪卡片做出反应，在教师的辅助下回答问题，以及当他人呈现一个模板颜色时，从一排三种颜色中指出与模板颜色配对的颜色。在上述每一个例子中，反应比率都受到区辨刺激的呈现的控制。由于在回合尝试中发生的行为受制于机会，因此应该使用其他量数，如反应机会的百分比（反应在那些机会中发出）或达到标准的尝试次数，而不应该使用比率测量。

不要用比率测量长时间发生的连续行为。对于长时间发生的连续行为，如在游乐场里参与游戏或在课堂活动中执行任务，比率不是一个良好的量数。对于这类行为，最好的测量方法是记录其在特定时间点是处于"打开"还是"关闭"状态，以时距记录来生成持续时间的数据或估计的持续时间的数据。

加速率

就像当驾驶员踩下油门时汽车会加速，而当驾驶员放开油门或踩下刹车时汽车会减速一样，反应的比率也是会加速和减速的。**加速率**（celeration）是加速（acceleration）和减速（deceleration）的词根，是对反应比率如何随时间变化的一种测量。当研究参与者在连续的计数时间内反应加快时，就是反应比率加速；而在连续观察中反应放慢时，就是反应减速。应用行为分析师在描述反应比率增加或减少时，应该使用术语加速或减速。

加速率是单位时间内的计数除以单位时间的量数，或者用速率除以单位时间来表示（Graf & Lindsley, 2002; Kubina, 2005）。加速率——速率变化——是对行为改变的动态模式的直接测量，例如，从反应的一个稳定状态转换到另一个状态，以及获得行为表现的流畅水平（Cooper, 2005）。标准速线图表提供了一个显示加速率测量值的标准格式，四种标准速线图表用来显示：（1）每天；（2）每周；（3）每月；（4）每年为单位的速率。这四个图表为查看和解释加速率提供了不同水平的放大率。第 6 章将介绍在标准速线图表上绘制和解释加速率数据的方法。

以时间范围为基础的测量

持续时间

持续时间（duration）是反应从开始到结束之间的时间量，是时间范围的基本量数。应用行为分析师用标准的时间单位来测量持续时间（例如，恩里克今天和他的同伴导师一起工作了 6 分 24 秒）。

在测量一个人做出目标行为的时间量时，持续时间是一个重要的指标。应用行为分析师测量一个人从事目标行为的持续时间是否过长或过短，例如，一名发展性障碍儿童一次哭闹的时间超过一个小时，或一名学生在一项学业任务上保持专注的时间不超过 30 秒。

持续时间也适用于测量发生比率（或速率）非常高的行为（如身体摇晃，头部、手、腿的快速抽动），或发生时会维持较长时间的任务取向的连续行为（如合作游戏、专注任务行为、不专注任务行为）。

行为研究者和实务工作者通常会测量两种持续时间中的一种或两种：每个观察时段的总持续时间和行

为每次发生的持续时间。

每个时段的总持续时间。 总持续时间是个体从事目标行为的累积时间的量数。应用行为分析师用两种程序测量和报告总持续时间。一种方法是记录目标行为在一个观察期内发生的累积时间。当孩子在自由游戏时间内开始独自玩耍时，观察者启动秒表计时，测量孩子独自玩耍的总时间。当他停止独自玩耍时，观察者就暂停秒表计时，但不归零。当孩子又回到独自玩耍的状态时，观察者再次启动秒表计时。观察者继续按照孩子开始和结束独自玩耍的回合来启动和暂停秒表。如果观察时段的持续时间保持不变（如10分钟），那么可以用标准时间单位报告每个观察时段的总持续时间数据（如6分30秒的自由玩耍时间）。如果观察时段的持续时间有所变化，那么就必须将每个时段的自由玩耍总持续时间换算成总观察时间的百分比（例如，在10分钟时段内独自玩耍的时间为6分30秒，记录为65%）。

周、艾瓦塔、戈夫和肖尔（Zhou, Iwata, Goff, & Shore, 2001）用总持续时间测量方法来评估重度发展性障碍人士对休闲物品的偏好。在2分钟的实验尝试里，他们用秒表记录参与者用手摆弄某个物品（如双手与该物品的接触）的时间。每次评估都包括三个2分钟的尝试，他们将每次尝试中的接触持续时间加起来，以秒数报告总数结果。麦科德、艾瓦塔、加伦斯基、埃林森和汤姆森（McCord, Iwata, Galensky, Ellingson, & Thomson, 2001）测量了两名重度智力障碍成人出现问题行为的总持续时间，并以秒数报告结果（参看图6.6）。

另一个记录总持续时间的量数是一个人完成某项特定的任务所花费的时间，而不特别说明要在一个最长或最短的观察期内完成。例如，一个人早上起床后洗漱和穿衣去上班所花费的时间，或一名半工半读的高中生补好一个漏气的轮胎所需的时间。

每次发生的持续时间。 每次发生的持续时间是指目标行为的每个实例发生的持续时间。例如，格林、贝利和巴伯（Greene, Bailey, & Barber, 1981）用录音设备自动记录：（1）校车上孩子制造的噪声干扰次数超过特定的声音阈值的次数；（2）每次干扰保持在该阈值以上的持续时间（以秒为单位）。研究者以每次噪声干扰发生的平均持续时间作为评估干预效果的一个量数。

选择与结合计数和持续时间的量数。 计数、总持续时间和每次发生的持续时间，这些测量提供了看待行为的不同视角。计数和持续时间测量的是行为不同的维度量，而这些差异为选择哪个或哪些维度进行测量提供了基础。计数测量的是重复性，而持续时间记录测量的是时间范围。例如，教师认为某名学生的离席行为"太过频繁"，那么他可以将学生每次离席的行为都记录下来。离席是独立的行为，而且发生比率不太可能高到难以计算其发生次数。由于任何离席行为都有可能发生较长一段时间，而且学生离席的总时间是该行为具有社会重要性的一个方面，因此，教师也可以记录下这个行为的总持续时间。

使用计数测量离席行为可以提供学生离开座位的次数，而总持续时间的测量则可以显示学生在观察期内离席时间的数量和比例。由于时间范围的关联性，这个案例用持续时间来测量比用计数来测量更为合适。教师可能会观察到学生在30分钟的观察期内离开了座位一次，30分钟内发生一次的行为可能不会被视为一个问题。但是，如果学生在观察期的第1分钟就离开座位，并且在观察期的剩余时间里没有回来，那么对于该行为的看法就会截然不同。

在这种情况下，每次发生的持续时间记录会比计数或总持续时间记录更好，因为每次发生的持续时间可以测量行为的重复性（即反应比率）和行为的时间范围。每次发生的持续时间测量提供给行为分析师的信息是学生离席的次数以及每次离席的持续时间。每次发生的持续时间通常比总持续时间更受欢迎，因为比率对于目标行为发生的次数和持续时间比较敏感。此外，如果出于其他目的而需要用到总持续时间，那么可以将每一个已计数和计时的行为实例的个别持续时间相加。然而，如果行为的持久性（如学业反应、运动动作）是主要的关注点，那么总持续时间记录可能就足够了（如朗读 5 分钟、自由写作 10 分钟）。

以时间所在点为基础的测量

时间所在点（temporal locus）是指：（1）当与其他感兴趣的事件有关而发生了一个行为时（例如，一个前提事件的出现与行为发生之间的潜伏期）；（2）一个反应类的两个连续实例之间的时间量。这两个参照点为测量反应潜伏期和反应间隔时间（IRT）提供了背景，它们是行为分析文献中最常报告的时间所在点的两个量数。

潜伏期

潜伏期（latency）是从刺激出现到随后的反应出现之间的时间量[1]。如果应用行为分析师关注的是从"有机会做出一个行为"到"被试发起目标行为"之间过了多少时间，那么潜伏期会是一个合适的量数。例如，爱德华兹、拉隆德、考克斯、威特金斯和波林（Edwards, La Londe, Cox, Weetjens, & Poling, 2016）研究了强化程序表（参看第 13 章）对老鼠寻找被困在瓦砾中的活人的影响。"老鼠每天接受 10 次实验尝试，在每次尝试中，老鼠的释放点和两个坐在瓦砾堆中的人类目标的位置都是随机选择的。"（p. 200）研究者记录下：（1）从老鼠在搜索区的释放点出发到找到在仿真瓦砾下预先就位的人类目标并将两只前爪放在目标身上，这中间的潜伏期；（2）蜂鸣声响起后，老鼠从人类目标位置回到释放点的第二个潜伏期。这项重要的研究强调了迅速找到被困在瓦砾中的活人并为其提供治疗的必要性。

过短的潜伏期也受到了关注。一名学生没有等老师说完问题就开始回答，可能会因此回答错误。一个只要被同伴稍微挑衅一下就立刻展开报复的少年，没有时间去考虑其他可以缓和局面并改善互动的替代行为。

行为分析师通常会以每个观察期的平均值、中位数和个别潜伏期的范围来报告反应潜伏期的数据。例如，莱尔曼、凯利、福恩德兰、库恩和拉鲁（Lerman, Kelley, Vorndran, Kuhn, & LaRue, 2002）用潜伏期测量来评估不同强化物的等级大小（如给予 20 秒、60 秒或 300 秒接触强化物）对强化后暂停（postreinforcement pause）——强化后的一段时间不出现反应——的影响。研究者测量了每一个从接触强化物时距结束到目标行为（一个沟通反应）的第一个实例出现之间的秒数，然后计算在每个时段中测量到的平均值、中位数和反应潜伏期的范围，并绘制图表（参看 Lerman et al., 2002, p. 41）。

反应间隔时间

反应间隔时间（interresponse time, IRT）是一个行为的两个连续实例之间的时间量的量数。同反应潜伏期一样，反应间隔时间是一种有关时间所在点的测量方法，因为它能确定一个特定的行为实例与其他事件（即前一次反应）有关而何时发生。图 4.2 是一个反应间隔时间的图示。

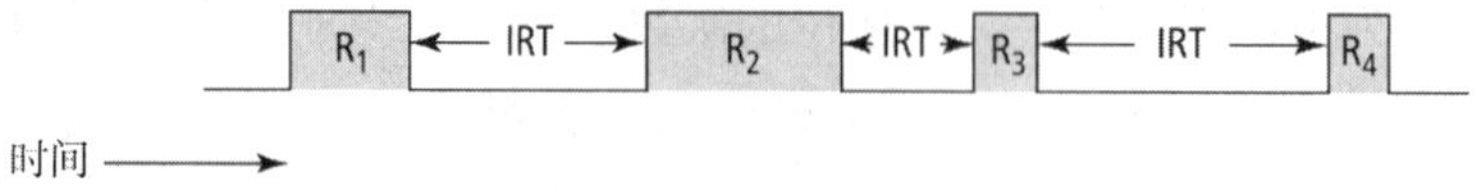

| R₁ |← IRT →| R₂ |←IRT→| R₃ |← IRT →| R₄ |

时间 ⟶

图 4.2 三个反应间隔时间（IRT）的图示。IRT 是指从一个反应终止到下一个反应起始之间的时间，是最常用来测量时间所在点的量数。

IRT 虽然是对时间所在点的直接测量，但是它与反应比率存在功能上的关系。较短的 IRT 伴随着较高的反应比率，而较长的 IRT 则发生于较低的反应比率之中。当同一个反应类的各个实例之间的时间很重要时，应用行为分析师就会测量 IRT。IRT 为实施和评估使用对低频率行为的差别强化（DRL）和对高频率行为的差别强化（DRH）的干预提供基本的量数，这种干预程序运用强化来减少（即 DRL）或增加（即

---

[1] 潜伏期最常用来描述一个前提刺激改变的出现与一个反应的开始之间的时间量。然而，这一术语可用来表示与任何类型的前提事件有关而发生的一个反应的时间所在点的量数。请参看约翰斯顿和彭尼帕克（2009）的相关文章。

DRH）反应比率（参看第 25 章）。同潜伏期的数据一样，人们报告 IRT 测量值时，最常以图表来呈现每个观察期的平均值（或中位数）和范围。

IRT 测量经常出现在检验强化程序表的效果（Bejarano & Hackenberg, 2007），以及与条件强化（Bejarano & Hackenberg, 2007）、延迟强化（Lattal & Ziegler, 1982）和惩罚（Galbicka & Platt, 1984）有关的变量的基础行为分析实验中。在为数不多的以 IRT 测量为特色的应用研究中，伦诺克斯、米尔滕贝格尔和唐纳利（Lennox, Miltenberger, & Donnelly, 1987）所做的研究减少了三名重度智力障碍成人的快速进食问题。他们的干预程序结合了对低频率反应的差别强化（DRL；参看第 25 章）（要求个案在做出一个吃东西的反应前必须有 15 秒的 IRT）、反应中断（阻挡自上一个反应起 15 秒内任何吃东西的反应），以及辅助参与者在那 15 秒的间隔内做出不兼容的行为（放下叉子，把手放在腿上）。

衍生的量数

行为分析师经常使用百分比（percentage）和达到标准的尝试次数（trials-to-criterion）这两个量数，这是从直接测量行为的维度量中衍生出来的两种数据形式。

百分比

百分比是一个比例（ratio，即部分在总体中的占比），它的形成来自相同维度量的结合，如计数（即计数除以计数）或时间（即持续时间除以持续时间，潜伏期除以潜伏期）。百分比表示在每 100 个某事件可能发生的机会中，事件实际发生的次数所占的比例。例如，如果一名学生正确回答了 50 道考题中的 39 道，那么准确率的计算方式为正确答案的数量除以题目的总数，然后乘以 100%（$39 \div 50 \times 100\% = 78\%$）。

在应用行为分析中，百分比常用于报告参与者的反应准确性。例如，沃德和卡恩斯（2002）的研究使用了正确表现百分比来评估"目标设定"和"公开发布"对大学橄榄球队的线卫（linebacker）执行三项防守技能的影响。研究者记录了每名球员正确和错误地判读场上形势（read）、跑位（drop）和擒抱的计数，并根据每项技能的机会次数计算准确率。（图 9.3 呈现了本研究的数据。）佩图斯多蒂尔和阿圭勒（Petursdottir & Aguilar, 2016）用正确率的数据报告了在模板配对尝试中，三名幼儿园男孩的接受性辨识任务的获得是刺激呈现顺序的函数。

应用行为分析师常常使用百分比来报告观察时距内目标行为发生的比例。这些测量通常会以一个时段内的时距百分比来呈现（如图 6.4 和图 12.7）。百分比也可以用来计算整个观察时段。尼夫、比卡尔和云多（Neef, Bicard, & Endo, 2001）在一项研究中分析了强化物的质量、即时性和反应需力对于注意力缺陷与多动障碍学生的冲动行为的差别性影响。他们报告了每名学生分配给两组并存的数学问题的时间百分比（例如，分配给能产生高质量延迟强化物的数学问题的时间 ÷ 可能的总时间 × 100% = %）。

百分比被广泛地应用于教育学、心理学和大众媒体，大多数人都可以理解百分比表示的比例关系。然而，人们常常不恰当地使用百分比，因此，我们提供几点有关百分比的使用和解释的注意事项。

当使用 100 或更大的除数（或分母）进行计算时，百分比能够最准确地反映行为的水平和变化。但是，行为分析师使用的大多数百分比是用比 100 小很多的除数来计算的。以小除数为基础的百分比测量会因为行为的微小变化而受到过大的影响。例如，每 10 次机会中只有 1 个反应发生变化会使百分比改变 10%。吉尔福德（Guilford, 1965）提醒人们，使用除数小于 20 的百分比计算是不明智的选择。为了达到研究目的，我们建议应用行为分析师在设计测量系统时，尽可能以不少于 30 个反应机会或观察时距为基础计算结果百分比。

百分比的变化可能会错误地体现行为的改善。例如，即使错误反应的发生情况保持不变或者变得更差，准确率也有可能提高。假设一名学生周一回答数学问题的准确率为50%（10道题中答对5道），周二为60%（20道题中答对12道）。虽然比例准确性提高了，但其实错误的数量也增加了（从周一的5道增加到周二的8道）。

虽然没有其他量数能比百分比更好地表示比例关系，但由于百分比没有行为的维度量，因此将其作为行为量来使用会受到限制。[1] 例如，百分比不能用于评估熟练或流畅行为的发展，因为熟练度的评估必须参照计数和时间。不过，百分比可以显示出目标行为在熟练度发展过程中的比例准确性。

使用百分比测量行为改变的另一个限制是数据上存在"上限和下限"。例如，用正确率评估学生的阅读表现，在成绩的测量上会造成人为的天花板效应。如果学习者正确地读出了100%出现的单词，那么在这样的量数下，无法体现出她的进步。

同一组数据可能会呈现出不同的百分比样貌，每个百分比都意味着截然不同的解释。例如，一名学生在包含20道题目的考试前测中答对了4道题（20%），而在相同的20道题目的后测中答对了16道题（80%），对于学生从前测到后测的进步（60%），最直接的描述是用原始基础值或除数（20道题）来比较两个量数。因为学生在后测中比在前测中多答对了12道题，所以他的后测表现可以报告为比前测表现提高（分数增加）了60%。而考虑到学生的后测分数显示出其在正确反应上取得了4倍的进步，有些人可能会把后测成绩报告为比前测成绩提高了300%——这与取得了60%进步的解释完全不同。

虽然有时有人报告的百分比会超过100%，但严格来说，这样做是不正确的。虽然一个超过100%的行为改变可能会令人满意，让人印象深刻，但这在数学上是不可能的。百分比是一个部分在总体中所占比例的量数，y（总数）之中的 x（部分）表示为100中的1份。某个事物中的某个比例所占部分不能超过这一事物的全部或小于0（即不存在负的百分比）。教练最喜欢"总是付出110%的努力"的运动员，而实际上这是不可能的。[2]

达到标准的尝试次数

达到标准的尝试次数是达到预设表现水平所需的反应机会数量的量数。一次尝试由什么构成，要视目标行为的性质、相关的情境变量和前提刺激以及理想的表现水平而定。像系鞋带之类的技能，每一次系鞋带的机会都可视为一次尝试，而对于达到标准的尝试次数的数据报告方式，则是学习者在没有辅助或帮助下正确地系好鞋带所需要的尝试次数。对于涉及问题解决或区辨而必须在大量的例子中应用才能发挥作用的行为，一次尝试可能会包含一组或一系列反应机会，其中每个反应机会都涉及问题和区辨的不同范例的呈现。例如，区辨字母o的短元音和长元音的一次尝试，可能是一组连续的10个反应机会，其中每个反应机会都是一个包含字母o的单词的呈现，而带有短元音和长元音的o的单词 [如hot（热的）、boat（船）] 是以随机顺序呈现的。达到标准的尝试次数的数据可以报告为学习者能够完成全部的10个单词中的o的正确发音所需的由10次机会组成的尝试次数。计数是基本的量数，达到标准的尝试次数的数据从其中产生。

行为分析师也可以使用其他基本量数作为达到标准的尝试次数的数据（即比率、持续时间和潜伏期）。例如，有一个任务是需要使用借位方法来解答两位数的减法问题，对学习者达到标准的尝试次数可以这样测量：学习者要完成多少张包含20道随机生成且顺序不定的题目的练习卷，才能最终在3分钟或更短的

---

1 因为百分比是基于相同维度量的比率，所以维度量会被抵消而不再存在于百分比中。例如，一个由正确反应数除以反应机会数而产生的准确率会移除掉实际的计数。然而，由不同维度量产生的比率保留了每个组成部分的维度量。例如，比率保留了单位时间内的计数。有关进一步的说明，请参看约翰斯顿和彭尼帕克（2009）的相关文章。

2 当有人报告了一个超过100%的百分比时（如"我们的共同基金在最近的熊市中上涨了120%"），他有可能使用的是与之前的基本单位相比较因而表述错误的百分比，而不是它本身所占的比率。在这个例子中，共同基金20%的上涨使其价值比熊市开始时的价值高1.2倍。

时间内正确作答一张卷子上所有的 20 道题目。

达到标准的尝试次数常被计算和报告为治疗或教学方法"成本"的一个重要方面的事后回溯量数。例如，特拉斯克—泰勒、格罗西和休厄德（Trask-Tyler, Grossi, & Heward, 1994）对三名有视力障碍和发展性障碍的学生进行研究，学生在两节课中连续两次在没有帮助的情况下按照三种食谱准备食物，研究者用每名学生所需要的教学尝试次数来报告研究结果。每种食谱含有 10 至 21 个任务分析步骤。

达到标准的尝试次数常被用来比较两种或多种治疗或教学方法的相对效率。例如，一名学生每周用两种不同的方式学习单词的拼写，教师比较两种方式下各需要多少次练习尝试才能达到熟练掌握的程度，以此判断学生用哪种方法学习更有效率。有时，达到标准的尝试次数的数据可以用达到预设的表现标准所需的教学分钟数来补充（例如，Holcombe, Wolery, Werts, & Hrenkevich, 1993; Repp, Karsh, Johnson, & Van Laarhoven, 1994）。

在整个研究过程中，也可以把达到标准的尝试次数当作一个因变量进行数据的收集和分析。例如，R. 贝尔（R. Baer, 1987）在一项评估咖啡因对学龄前儿童行为影响的研究中，将匹配关联记忆任务的达到标准的尝试次数作为因变量，并记录、绘图。

对于评估学习者在获得一个有关联的概念类方面的能力增长，达到标准的尝试次数的数据也是很有用的。例如，教授儿童诸如红色的概念，教学方式可能包括向儿童呈现"红色"和"非红色"的物品以及差别强化正确反应。达到标准的尝试次数的数据可能包括在儿童达到特定的区辨表现水平前所需要的"红色"和"非红色"示例的数量。然后可以用同样的教学程序和数据收集程序教授儿童其他颜色的概念。如果数据显示儿童掌握每个新教授的颜色所需要的尝试次数少于学习前几个颜色时所需的教学尝试次数，那么这可能就是儿童在学习颜色概念上的灵敏度有所提高的证据。

定义的量数

除了先前讨论过的基本维度和衍生维度外，行为也可以通过其形式和强度来定义和测量。反应的形式（即形态）和强度（即等级大小）都不是行为的基本维度量，但它们都是用来定义和验证很多反应类的发生的重要参数。行为分析师通过测量反应的形态或等级大小来判断该反应是否代表目标行为的发生。如果根据形态或等级大小验证了行为的发生，那么接下来就要以计数、时间范围或时间所在点的一个或多个方面来测量。换句话说，有时需要测量形态或等级大小以确定目标反应类的实例是否已经发生，而后续对这些反应的量化的记录、报告和分析则是以基本和衍生的测量方式进行的，如计数、比率、持续时间、潜伏期、反应间隔时间、百分比和达到标准的尝试次数。

形态

形态是行为的物理形式或外观，是一个可测量、可延展的行为维度。由于形式变化的反应可以从彼此之中检测出来，因此行为的形态是一个可测量的维度。而形态是行为的一个可延展的方面，则可由以下事实得到证明：不同形式的反应是由它们的后果塑造和选择的。

具有广泛差异性的形态的一组反应可能具有相同的功能（即形成同一个反应类）。例如，图 4.3 所示的英文单词"topography"（形态）虽然以各种不同的书写方式呈现出来，但对大多数读者都能产生相同的效果。然而，有些反应类中的成员资格仅限于在狭窄范围形态内的反应。虽然图 4.3 中的每一种反应形态都能达到多数书写沟通的功能性要求，但没有一种能达到具有高级书法技能的学生需要达到的标准。

对有些活动来说，重要的是从事这些活动时行为本身的形式、风格或艺术性（如绘画、雕塑、舞蹈、体操），在这种情况下，行为形态显然是最重要的。当行为的功能性结果与特定的行为形态高度相关时，对具有不同形态的反应进行测量和提供差别性后果也很重要。一个在课堂上坐姿良好并注视着教师

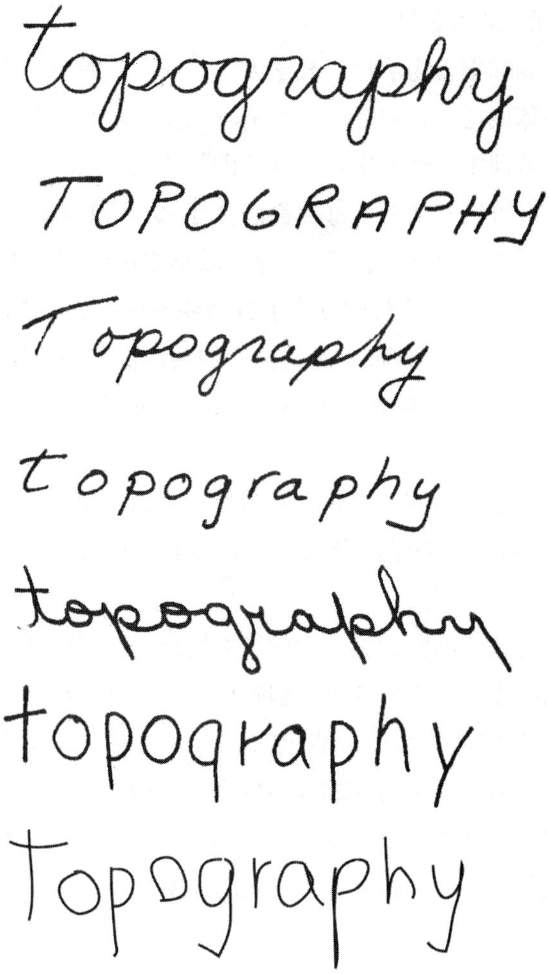

图 4.3 形态是行为的物理形式或外观，是一个可测量的行为维度。

的学生比一个没精打采、头靠在桌子上的学生更有可能获得教师的积极关注和学业参与的机会（Schwarz & Hawkins, 1970）。篮球运动员罚球时以某个形态投篮会比用个人特有的方式投篮具有更高的命中率（Kladopoulos & McComas, 2001；参看图 6.3）。

特拉普、米尔纳—戴维斯、约瑟夫和库珀（Trap, Milner-Davis, Joseph, & Cooper, 1978）测量了一年级学生草写笔迹的形态，使用透明塑料覆盖板比较了孩子们写的大小写字母与模板字母之间的差异（参看图 4.4）。研究者计算了字母的正确笔画数——那些符合所有特定形态上的标准（例如，所有字母笔迹都在覆盖板的 2 毫米范围内，笔画相连、完整、足够长）——并使用每名学生的全部正确笔画所占百分比评估教师的视觉反馈和语言反馈以及颁发成就证书对儿童获得草书手写技能的影响。

等级大小

等级大小是反应的力度或强度。一些行为是否产生理想的结果依联于反应是否达到或高于（或低于）一定的强度或力度。转动螺丝刀时必须使出足够的力气，才能拴紧或取下螺丝钉；使用铅笔在纸上写字时必须施以足够的力量，才能在纸上留下清晰的痕迹。相反，对错位的螺丝钉或螺栓施加过大的扭力，很可能会损坏螺纹，而使用铅笔时太过用力，则会折断笔尖。

有几项研究测量了被认为太大声或太小声的说话或其他发声的等级大小（Koegel & Frea, 1993）。施瓦茨和霍金斯（Schwarz & Hawkins, 1970）测量了一名六年级女孩卡伦的声音大小，她在课堂上说话很轻，其他人一般听不到她的声音。在每天的两节课上，卡伦的声音被记录在录像带中（录像带同时用来收集另外两个行为的数据：卡伦摸脸和保持低头垂肩坐姿的时间）。接着，研究者将录像带通过一个有响

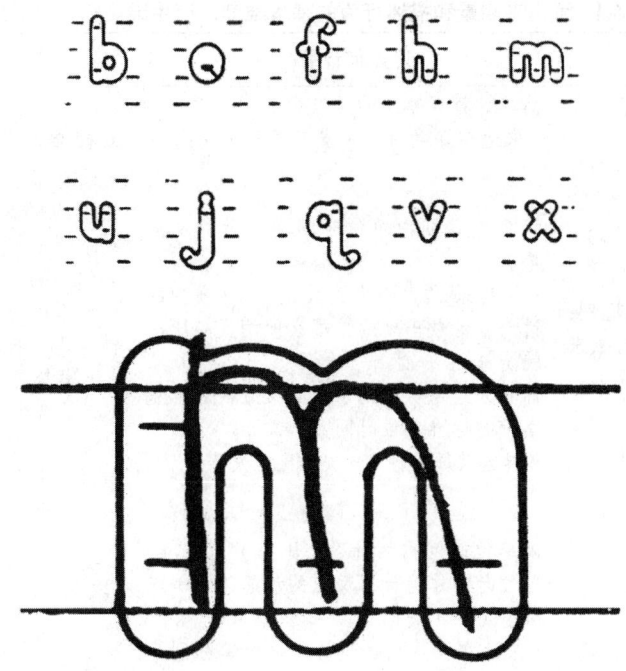

图 4.4 使用透明覆盖板测量手写字母的内外界线的示例,以及使用透明覆盖板测量字母 m 的书写表现的图示。由于字母 m 的垂直笔画超出了边界,因此不符合正确反应的形态标准。

引自 J. J. Helwig, J. C. Johns, J. E. Norman, & J. O. Cooper (1976). The Measurement of Manuscript Letter Strokes. *Journal of Applied Behavior Analysis*, 9, p. 231. 1976 年版权归实验行为分析协会所有。经授权使用。

度指示器的录音机播放出来,并计算指针在响度计上超过某个特定水平的次数。施瓦茨和霍金斯用卡伦每说 100 个字时指针变化的次数(比例)作为主要测量方法,评估干预措施对提高卡伦上课时的音量的效果。

埃杰顿和瓦恩(Edgerton & Wine, 2017)使用数字平板电脑和应用程序(Voice Meter Pro™)测量了一名孤独症男孩的音量,这名男孩说话时的音量经常低于一般对话时的音量。该应用程序显示了一个会随着周围声音水平的变化而升降的温度计,并通过不同的背景颜色、动画人物和文字的辅助("大声点,我听不到!""好多了""太大声了!")发出信号以使说者改变音量。研究者校准了该应用程序以检测三个水平的声音大小(太轻、交谈式音量和太大声),并记录下男孩以交谈式音量回答问题的次数。

格林、贝利和巴伯(1981)使用自动化录音设备测量了中学生在校车上吵闹的噪声等级大小。这个录音设备可以被设置成只在声音水平超过预定标准时才启动。该设备会自动记录声音爆发超过特定标准(93分贝)的次数,以及声音保持在高于该标准的总持续时间(以秒为单位)。当噪声水平超过特定标准时,所有的学生都能看到控制板上的灯自动亮起;当灯熄灭时,学生们在乘车途中会听到音乐响起;而当噪声干扰的次数低于特定标准时,学生们可以参加抽奖活动。这项干预措施极大地减少了大声喧哗的行为和其他问题行为。格林及其同事报告了噪声干扰的次数和每次发生的平均持续时间,以此作为评估干预效果的量数。[1] 表 4.1 总结了行为的可测量维度与其使用时的注意事项。

---

[1] 研究者有时会操纵和控制反应形态和等级大小以评估它们作为自变量的可能影响。皮亚扎、罗恩、肯尼、博尼和阿布特(Piazza, Roane, Kenney, Boney, & Abt, 2002)分析了不同的反应形态对三位女性出现异食行为(如摄取可能危及生命的无营养成分的物质)的影响。异食物品放在不同的地方,被试需要以不同的方式做出反应(如伸手、弯腰、坐到地上、打开容器)来获得它们。当需要以更复杂的反应形态来获得异食物品时,她们的异食行为减少了。范霍滕(1993)报告说,一名男孩长期以来频繁而用力地打自己的脸,当他戴上 1.5 磅重的腕部负重时,打脸的次数立即降为零。诸如此类的研究表明,当人们必须发出在形态或等级大小上比较费力的反应才能做出某些行为时,问题行为可能就会减少(Friman & Poling, 1995)。

表 4.1　可用来测量和描述行为的基本维度、衍生维度和定义维度

基本量数	如何计算	注意事项
计数：个体发出反应的次数。	简单计算观察到的反应数。 • 朱达在课堂讨论中发表了 5 次评论。	• 用于计算比率、加速率、百分比和达到标准的尝试次数。 • 通过报告计数时间，最大限度地减少错误的解释。 • 评估技能发展和流畅度需要测量正确和错误的反应比率。
比率：每个观察时间内的计数比例；常常以每个标准单位时间内的计数来表示（如每分钟、每小时、每天）。	报告观察期内单位时间内记录的反应数。 • 如果朱达的评论次数是在 10 分钟的讨论中计数出来的，那么他的反应比率就是每 10 分钟有 5 次评论。计算方式通常为记录到的反应数除以观察时的标准单位时间数。 • 朱达以每分钟 0.5 次的比率发表评论。	• 计算反应比率时要考虑各种变化复杂性和困难状况。 • 比率是对重复性的变化最敏感的量数。 • 测量自由操作的理想方法。 • 对于在回合尝试中发生的行为或持续时间较长的行为来说，测量效果不佳。 • 对行为的重复性最敏感的量数。
加速率：反应比率随时间的改变（加速或减速）。	以单位时间内的计数（比率）为基准/单位时间作为计算反应的加速（乘）或减速（除）的因数。 • 朱达在 4 周内评论的平均比率分别为每分钟 0.1、0.2、0.4 和 0.8 次，连接这四个比率的一条趋势线显示出每周 2 倍的加速率。	• 揭示行为改变的动态模式，如从一个稳定状态转换到另一个稳定状态和流畅度的获得。 • 在标准速线图中用一条趋势线呈现（参看第 6 章）。 • 建议最少测量 7 个比率来计算加速率。
持续时间：反应从开始到结束之间的时间量。	总持续时间：两种方法：(1) 将一个观察期内每个反应的个别时间量加起来；(2) 记录个体参与某项活动的总时间或完成某项任务所需的总时间，而不设最短或最长的观察期。 • 朱达今天在课堂上评论了 1.5 分钟。 每次发生的持续时间：记录行为的每个实例发生的持续时间；通常以平均值或中位数和每个时段的持续时间来报告。 • 朱达今天的 5 次评论的平均持续时间为 11 秒，范围为 3 至 24 秒。	• 当目标行为的问题在于它发生的持续时间太长或太短时，持续时间是重要的量数。 • 当行为发生的比率非常高，而且难以进行准确的事件记录（如手指轻弹）时，持续时间是有用的量数。 • 对于没有明显起点和难以进行事件记录的行为（如哼唱）来说，持续时间是有用的量数。 • 对于任务取向的行为或连续行为（如合作游戏）来说，持续时间是有用的量数。 • 每次发生的持续时间通常比总持续时间更受欢迎，因为前者囊括了计数和总持续时间的数据。 • 当目标是增加行为的持久性时，应使用总持续时间进行测量。 • 测量每次发生的持续时间需要计算反应数，这可用来计算反应的比率。
潜伏期：从刺激出现到随后的反应出现之间的时间。	记录从前提刺激事件的开始到反应开始之间的时间；通常以平均值或中位数和每个时段的潜伏期范围来报告。 • 朱达今天在一位同学评论结束到自己发表评论之间有 30 秒的平均潜伏期（范围为 5 至 90 秒）。	• 当目标行为的问题在于它发生的潜伏期太长或太短时，潜伏期是重要的量数。 • 潜伏期减少可能意味着某些技能的掌握程度有所提高。
反应间隔时间（IRT）：一个反应类的两个连续实例之间的时间量。	记录从上一个反应结束到下一个反应开始之间的时间；通常以每个时段的 IRT 平均值或中位数和每个时段的 IRT 范围来报告。 • 朱达今天评论的 IRT 中位数为 2 分钟，范围为 10 秒至 5 分钟。	• 当反应之间的时间或行为节奏是关注的重点时，IRT 是重要的量数。 • 虽然是一种时间所在点的量数，但与反应的比率有关。 • 当实施和评估对低频率行为的差别强化时，IRT 是重要的量数（参看第 23 章）。

（续表）

衍生量数	如何计算	注意事项
百分比：一个比例，以每一百个中有多少个来表示；通常指某类反应的数量在反应总数（或这种反应可能发生的机会或时距）中所占的比例。	将达到特定标准的反应（如正确的反应、最小IRT的反应、特定形态的反应）数量除以发生的反应总数（或反应机会总数），然后乘以100%。 • 朱达今天有70%的评论跟讨论的主题有关。	• 用小于20的除数得出的百分比可能会因为行为的微小变化而受到过大的影响。建议研究时至少包含30个观察时距或反应机会。 • 百分比的变化可能会错误地体现行为的改善。 • 始终要报告百分比测量所依据的除数。 • 不能用于评估熟练度或流畅度。 • 对行为表现设置上限和下限（即不能超过100%或低于0%）。 • 同一组数据可能会呈现出截然不同的百分比样貌。 • 在计算由不同分母得出的百分比[如90%（9/10），87.5%（7/8），33%（1/3），100%（1/1）]的总体百分比时，要将组成百分比的各分子的总和（如18）除以各分母的总和（如18/22=81.8%）。而这些百分比本身的平均值是一个不同的结果[如（90%+87.5%+33%+100%）/4=77.6%]。
达到标准的尝试次数：达到预设表现标准所需的反应数、教学尝试次数或练习机会数。	将学习者达到特定标准所需的反应或练习尝试次数加起来。 • 朱达需要14个学习回合，每个回合包含10次评论机会，才能做到连续两个时段都在每10次机会中发表8次符合主题的评论。	• 提供一个对治疗或教学方法"成本"的事后回溯描述。 • 当比较不同的教学或训练方法的相对效率时，达到标准的尝试次数是有用的量数。 • 当评估学习者掌握新技能（灵敏度）的速率变化时，达到标准的尝试次数是有用的量数。

定义量数	如何计算	注意事项
形态：行为的形式或外观。	用于确定反应是否符合形态标准；用一个或多个基本或衍生的量数（如符合形态标准的反应的百分比）来测量和报告符合这些标准的反应。 • 在阿曼达85%的高尔夫挥杆动作中，从上杆到随挥送杆，挥杆平面保持在正负2度之间。	• 当理想的行为结果依联于反应符合某些特定形态时，形态是重要的量数。 • 在重视形式、风格或艺术性的表演领域，形态是重要的量数。
等级大小：行为的强度或力度。	用于确定反应是否符合等级大小标准；用一个或多个基本或衍生的量数（如符合等级大小标准的反应的计数）来测量和报告符合这些标准的反应。 • 60磅，做了20次。	• 当理想的行为结果依联于反应在某个特定等级大小的范围内时，等级大小是重要的量数。

测量行为的方法

应用行为分析师最常用的行为测量方法包含以下一种或多种方法的结合：事件记录（event recording）、计时（timing）和各种时间抽样（time sampling）方法。

事件记录

事件记录包含多种用以检测和记录所关注行为的发生次数的程序。例如，库沃、勒奇、勒尔坎、加法尼和波彭（Cuvo, Lerch, Leurquin, Gaffaney, & Poppen, 1998）用事件记录来测量工作要求和强化程序表对智力障碍成人和学龄前儿童参与适龄任务（如成人给银器分类、儿童扔豆袋或跨栏跳）时的选择行为的影响。研究者记录下每件完成分类的银器、每个扔出去的豆袋和每个跨过的栏架。

事件记录也用于测量回合尝试行为，其中每个反应尝试或机会的计数为 1 或 0，分别代表目标行为发生或未发生。图 4.5 是一个表格，记录了一名残障学龄前儿童和他的典型发育同伴在嵌入课堂活动的一系列教学尝试中发生的模仿反应（Valk, 2003）。在每次尝试中，观察者记录下目标儿童和同伴的正确反应、无反应、近似反应或不当反应的发生情况，然后在代表每种行为的字母上画圈或横线。在这个表格中，观察者也可以记录下教师是否辅助或赞扬了目标儿童的模仿行为。

时段日期：<u>5月21日</u>　　时段号码：<u>16</u>　　观察者：<u>珍妮</u>
目标儿童：<u>乔丹</u>　　同伴：<u>伊桑</u>　　观察者间一致性（IOA）日：(是)　否
目标行为：<u>将积木放在建筑物上</u>　　条件：<u>5秒的时间延迟</u>
代码：C= 正确　　N= 无反应　　A= 近似　　I= 不当

尝试	目标儿童的行为	教师对目标儿童的行为	同伴的行为	教师的赞扬
1	(C) N A I	辅助　(赞扬)	(C) N A I	(赞扬)
2	(C) N A I	辅助　(赞扬)	(C) N A I	(赞扬)
3	(C) N A I	辅助　(赞扬)	(C) N A I	(赞扬)
4	C N (A) I	(辅助)　赞扬	(C) N A I	(赞扬)
5	(C) N A I	辅助　(赞扬)	C N (A) I	赞扬
6	C N (A) I	(辅助)　赞扬	(C) N A I	(赞扬)
7	(C) N A I	辅助　(赞扬)	(C) N A I	(赞扬)
8	(C) N A I	辅助　(赞扬)	(C) N A I	(赞扬)
9	(C) N A I	辅助　(赞扬)	(C) N A I	(赞扬)
10	(C) N A I	辅助　(赞扬)	(C) N A I	(赞扬)

目标儿童的正确数：<u>8</u>　　　　　　　　　同伴的正确数：<u>9</u>

****

目标行为：<u>将贴纸贴在纸上</u>　　　　　　条件：<u>5秒的时间延迟</u>

尝试	目标儿童的行为	教师对目标儿童的行为	同伴的行为	教师的赞扬
1	(C) N A I	辅助　(赞扬)	C (N) A I	赞扬
2	C N (A) I	(辅助)　赞扬	(C) N A I	(赞扬)
3	C N (A) I	(辅助)　赞扬	(C) N A I	(赞扬)
4	(C) N A I	辅助　(赞扬)	(C) N A I	(赞扬)
5	C N (A) I	(辅助)　赞扬	(C) N A I	(赞扬)
6	C N (A) I	(辅助)　赞扬	C N A (I)	赞扬
7	C N A (I)	(辅助)　赞扬	(C) N A I	(赞扬)
8	C N (A) I	(辅助)　赞扬	(C) N A I	赞扬
9	(C) N A I	辅助　(赞扬)	(C) N A I	赞扬
10	(C) N A I	辅助　(赞扬)	(C) N A I	赞扬

目标儿童的正确数：<u>4</u>　　　　　　　　　同伴的正确数：<u>8</u>

图 4.5　记录两名儿童和一名教师在一系列回合尝试教学中的行为数据收集表

改编自 J. E. Valk (2003). *The Effects of Embedded Instruction within the Context of a small Group on the Acquisition of Imitation Skills of Young Children with Disabilities*, p. 167. 未发表的博士论文。The Ohio State University. 经授权使用。

事件记录的注意事项。很多应用行为分析师使用非自动化事件记录，这很容易做到，大多数人通常都可以在第一次尝试时就准确地计算出离散的行为。如果反应比率不太高，非自动化事件记录可能就不会干扰到其他活动。例如，教师可以在统计目标行为发生情况的同时继续进行教学。事件记录可为大多数行为提供有用的数据，不过，目标行为的每个实例都必须有离散的起点和终点。事件记录适用的目标行为的例子包括学生对问题的口头回答、学生对数学问题的书面回答，以及父母对子女的行为的赞扬。而像哼唱这样的行为则很难通过事件记录来测量，因为观察者很难判断一次哼唱何时结束以及另一次哼唱何时开始。对于在定义上没有特定的离散动作或物体关系的行为，如在自由游戏活动中使用材料的行为，要进行事件记录是很困难的。因为使用教材不是一个特定离散动作或物体关系的呈现，因此，观察者可能难以判断一次材料使用行为何时开始、何时结束，以及另一次材料使用何时开始。

关于非自动化事件记录，需要考虑的另一个因素是，目标行为的发生比率不应高到观察者难以准确计数每一个离散发生的行为。事件记录难以测量的高比率行为包括快速说话、身体晃动和轻敲物体。

此外，事件记录无法针对发生较长时间的目标行为提供准确的量数，如专注于任务、倾听、独自安静地玩耍、离开自己的座位或吮吸拇指。任务取向的行为或连续行为（如"专注于任务"）就是不能用事件记录来表示的目标行为的例子。跨时间发生的连续行为类通常不是应用行为分析师主要的关注点。例如，与读对和读错的单词数量，或答对和答错的阅读理解问题的数量相比，阅读本身不是多么要紧的事情。同样，测量表现出理解力的行为比测量"倾听行为"更重要，而在自己的座位上独立学习期间，学生发出的学业反应的数量比专注于任务（不分心）更重要。

计时

行为分析师使用各种计时设备和程序测量持续时间、反应潜伏期和反应间隔时间。

对持续时间的计时

研究者经常使用半自动化计算机驱动系统记录持续时间。然而，实务工作者很可能会使用非自动化仪器记录持续时间。最精确的非自动化仪器是数字秒表。实务工作者可以使用手表和挂钟测量持续时间，但获得的测量结果不如使用秒表来得精确。

在每个观察时段内，用秒表记录目标行为的总持续时间的程序是：（1）在行为开始时启动秒表；（2）在这个事件结束时停止计表。然后，不必重置秒表，观察者在行为第二次发生时再次启动秒表，并在第二个事件结束时停止计表。观察者继续以这种方式累积持续时间直到观察期结束，然后将秒表上显示的总持续时间记录到数据表中。

对潜伏期和反应间隔时间的计时

测量潜伏期和 IRT 的程序与用于测量持续时间的程序相似。测量潜伏期需要精确地检测和记录从每次被关注的前提刺激事件出现到目标行为开始之间的时间。测量 IRT 需要记录从每次目标行为终止到下一个反应开始之间的精确时间。

时间抽样

时间抽样指的是观察和记录在时距内或在特定时刻发生的行为的各种方法。基本程序包括将观察期分为多个时距，然后记录每个时距内或每个时距结束时行为出现与否。

时间抽样是从生态学家对野外动物行为的研究中发展出来的（Altmann, 1974）。由于持续观察动物是不可能的，也是不可行的，因此，这些科学家安排了相当短暂但频繁的观察时距的系统化程序表。从这些"样本"中获得的测量被认为能够代表整个收集时间内的行为。例如，我们对黑猩猩和其他灵长类动物行为的了解大多基于像珍妮·古道尔（Jane Goodall, 1991）这样的研究者使用时间抽样观察方法收集的数据。

应用行为分析师使用三种形式的时间抽样：全部时距记录（whole-interval recording）、部分时距记录（partial-interval recording）和瞬间时间抽样（momentary time sampling）。[1]

全部时距记录

全部时距记录常用于测量连续行为（如合作游戏），以及发生比率高到观察者很难区分一个反应和另一个反应（如摇晃、哼唱），但在任何特定时间出现仍能被检测到的行为。**全部时距记录**的观察期可分为一系列短暂的时距（如 5 至 10 秒）。在每个时距结束时，观察者记录下目标行为是否在整个时距内都发生了。使用全部时距记录得到的数据通常会低估行为实际发生的观察期的总体百分比。观察时距越长，全部时距记录就越有可能低估行为的实际发生数量。

使用全部时距记录收集的数据，以有目标行为发生的全部时距的百分比的记录来报告。因为全部时距记录代表个体在整个观察期内从事目标行为的时间所占的比例，因此全部时距记录的数据会得出总持续时间估计值。例如，假设一个全部时距观察期由 6 个 10 秒的时距（1 分钟的时间范围）组成，如果这 6 个全部时距中的 4 个时距出现了目标行为，而其余 2 个时距没有出现，那么全部时距记录将得出 40 秒的总持续时间估计值。

图 4.6 是一个全部时距记录表的例子，用于测量 4 名学生在座位上学习时的专注任务行为（Ludwig, 2004）。将每分钟分为 4 个 10 秒的观察时距，每个观察时距后有 5 秒的时间，观察者在这 5 秒内记录前 10 秒内目标行为的发生或未发生情况。观察者首先连续观察第一名学生 10 秒钟，然后在接下来的 5 秒钟内移开视线，并在记录表上圈选"是"或"否"，记录第一名学生在过去的 10 秒钟内是否一直专注于任务。在记录第一名学生的行为的 5 秒时距之后，观察者将视线转移至第二名学生并连续观察 10 秒钟，然后在表上记录下第二名学生的行为。对第三名和第四名学生使用同样的观察和记录程序。通过这种方式，就可以观察和记录下每名学生在每分钟的一个 10 秒时距里的专注任务行为。

在 30 分钟的观察期内，继续按顺序观察和记录时距，可以为每名学生的专注任务行为提供 30 个 10 秒的测量值（即样本）。图 4.6 所记录的第 17 个时段的数据显示，观察者判断 4 名学生在这个时距内保持任务专注的百分比分别为 87%、93%、60% 和 73%。虽然获取这些数据的目的是呈现出整个观察期内每名学生的行为水平，但不能忘记的一点是，在 30 分钟的观察期中，每名学生的被观察时间总共只有 5 分钟。

观察者使用任何形式的时间抽样时，都应在各个时距内进行某种反应的记录。例如，使用如图 4.6 所示的表格，观察者通过圈选"是"或"否"来记录目标行为在每个时距内发生或未发生的情况。如果有一些时距没有任何标记，那就会增加记录表中数据缺漏的可能性，并将观察结果标记在错误的时距空格里。

所有的时间抽样方法都需要一个计时设备，作为每个观察和记录时距的开始和结束的信号。观察者使用铅笔、纸、笔记板和计时器进行时距测量，通常也会将秒表附在笔记板上。然而，在观察和记录行为的同时又要看着秒表，这可能就会对测量的准确性产生负面影响。针对这个问题，一个有效的解决方法是，观察者用耳机收听预先录制的、能够提示观察和记录时距的听觉信号。例如，使用上述全部时距记录程序的观察者可以听一系列预先录好的声音，如"观察学生 1"，10 秒后听到"记录学生 1"；5 秒后听到"观察学生 2"，10 秒后听到"记录学生 2"；以此类推。

触觉辅助设备也可用于提示观察时距。例如，Gentle Reminder（dan@gentlereminder.com）和 MotivAider（www.habitchange.com）是两种小型计时器，可以按照用户设定的时距振动。

---

[1] 应用行为分析文献中出现了各种各样的术语来描述涉及观察和记录在特定时距内或时距结束时的行为测量程序。有的作者在使用时间抽样时，只用于描述瞬间时间抽样。我们将全部时距记录和部分时距记录视为时间抽样方法，是因为它们产生的数据提供了观察期内目标行为的代表性"样本"。

专注任务行为记录表

日期：_5月7日_　　　　　　团体号码：_1_　　　　　　时段号码：_17_
观察者：_罗宾_　　　　　观察者间一致性的时段：___是 _x_ 否
实验条件：_基线_　　专注任务行为 _生产力_
观察开始时间：_9:42_　　　观察结束时间：_10:12_

10秒时距	学生1		学生2		学生3		学生4	
1	(是)	否	(是)	否	(是)	否	是	(否)
2	(是)	否	(是)	否	(是)	否	(是)	否
3	(是)	否	(是)	否	是	(否)	(是)	否
4	(是)	否	(是)	否	(是)	否	(是)	否
5	(是)	否	(是)	否	(是)	否	(是)	否
6	(是)	否	(是)	否	(是)	否	是	(否)
7	(是)	否	(是)	否	(是)	否	(是)	否
8	(是)	否	(是)	否	(是)	否	(是)	否
9	是	(否)	(是)	否	(是)	否	(是)	否
10	(是)	否	(是)	否	(是)	否	(是)	否
11	(是)	否	(是)	否	(是)	否	(是)	否
12	(是)	否	是	(否)	(是)	否	(是)	否
13	(是)	否	(是)	否	(是)	否	(是)	否
14	是	(否)	(是)	否	(是)	否	(是)	否
15	(是)	否	(是)	否	是	(否)	(是)	否
16	(是)	否	(是)	否	是	(否)	(是)	否
17	(是)	否	(是)	否	(是)	否	(是)	否
18	(是)	否	(是)	否	(是)	否	(是)	否
19	是	(否)	(是)	否	(是)	否	(是)	否
20	(是)	否	(是)	否	(是)	否	(是)	否
21	(是)	否	(是)	否	(是)	否	(是)	否
22	(是)	否	(是)	否	(是)	否	(是)	否
23	(是)	否	(是)	否	(是)	否	(是)	否
24	(是)	否	(是)	否	(是)	否	(是)	否
25	(是)	否	(是)	否	(是)	否	(是)	否
26	(是)	否	(是)	否	(是)	否	(是)	否
27	(是)	否	(是)	否	(是)	否	(是)	否
28	(是)	否	(是)	否	(是)	否	(是)	否
29	(是)	否	(是)	否	(是)	否	(是)	否
30	(是)	否	(是)	否	(是)	否	(是)	否
总和	26	4	28	2	18	12	22	8
专注任务的时距%	86.6%		93.3%		60.0%		73.3%	

(是) = 专注任务　　　　　　　　　(否) = 不专注任务

图 4.6 用于对 4 名学生在座位上独立学习期间的专注任务行为进行全部时距记录的观察表

改编自 R. L. Ludwig (2004). *Smiley Faces and Spinners: Effects of Self-Monitoring of Productivity with an Indiscriminable Contingency of Reinforcement on the On-Task Behavior and Academic Productivity by Kindergarteners During Independent Seatwork*, p. 101. 未发表的硕士论文。The Ohio State University. 经授权使用。

部分时距记录

使用**部分时距记录**时，观察者要记录的是在时距内的任何一个时间点上是否出现了行为。部分时距时间抽样并不关注该行为在时距内发生了多少次或行为持续了多长时间，而只关注行为是否在时距内的某个时间点出现。如果目标行为在时距内多次发生，它依然会被记录为只发生了一次。如果观察者使用部分时距记录来测量学生的破坏性行为，那么如果在时距内的任何时间发生了符合目标行为定义的任何形式的破坏性行为，就都会把这个时距记录为"有行为发生"。也就是说，即使学生在 6 秒的时距中只有 1 秒钟发生了破坏性行为，该时距也会被记录为发生了破坏性行为。因此，通过部分时距记录获得的数据往往会高估行为实际发生的观察期（即总持续时间）的总体百分比。

部分时距数据与全部时距数据一样，最常以所有被观察到有目标行为发生的总时距的百分比来报告。部分时距数据用于表示整个观察期内有目标行为出现的时距所占的比例，但部分时距记录的结果与全部时距记录的结果不同，部分时距记录的结果不能提供关于行为每次发生的持续时间的任何信息。这是因为目标行为的任何实例，无论其持续时间多短，都会导致该时距被当作有行为发生来记录。

如果观察者使用较短的观察时距来测量每次发生持续时间都很短的离散反应，那么获得的数据可以提供最低反应比率的一个粗略估计。例如，用 6 秒的连续时距（即时距相连，中间不会有间断以致观察不到行为）组成的部分时距记录，测量到某一行为在总时距 50% 的比例中出现，它显示的是每分钟 5 个的最低反应比率（平均而言，10 个时距中有 5 个时距每分钟至少出现了 1 次反应）。虽然部分时距记录常常会高估总持续时间，但它很可能会低估高计数行为的发生比率。这是因为一个人在一个时距内发出 8 个非语言声音与其在一个时距内只发出 1 个声音，这两个时距在记录上是相同的。当研究者需要用比时距记录更敏感的量数来评估和理解目标行为时，可以选择使用反应比率。

由于使用部分时距记录的观察者只需记录每个时距内是否有行为在任何时间点上出现（相比之下，使用全部时距记录必须在整个时距内持续地观察行为是否出现），因此同时测量多个行为是可以做到的。图 4.7 展示的是一张表格中的一部分，该研究使用了 20 秒时距的部分时距记录来测量 3 名学生的 4 个反应类。观察者在第一个 20 秒时距内观察学生 1，在接下来的 20 秒内观察学生 2，再在接下来的 20 秒内观察学生 3。在观察期的每一分钟里，每名学生被观察的时间为 20 秒。如果学生在观察时距内的任何时刻做出任何被测量的行为，观察者就会标出与该行为相对应的字母。如果学生在时距内没有做出任何被测量的行为，观察者就会标记"N"，表示未发生目标行为。例如，在学生 1 被观察的第一个时距中，他说"太平洋"（一个学业反应）。在学生 2 被观察的第一个时距中，她离开座位，并扔出去一支铅笔（属于"其他破坏性行为"反应类中的一个行为）。学生 3 在第一个观察时距内未发出 4 种目标行为中的任何一种。

	1	2	3	4
学生 1	ⒶT S D N	ⒶT S D N	A Ⓣ S D N	A T S D Ⓝ
学生 2	A T Ⓢ Ⓓ N	A Ⓣ Ⓢ D N	A T S Ⓓ N	Ⓐ T S D N
学生 3	A T S D Ⓝ	A T S Ⓓ N	Ⓐ T S Ⓓ N	A Ⓣ S D N

代号：
A= 学业反应
T= 讲话
S= 离座
D= 其他破坏性行为
N= 未发生目标行为

图 4.7　用于对 3 名学生表现 4 种反应类行为进行部分时距记录的表格的部分内容

瞬间时间抽样

使用**瞬间时间抽样**的观察者记录的是在每个时距结束的时刻，目标行为是否正在发生。如果实施 1 分钟时距的瞬间时间抽样，观察者将会在观察期到来 1 分钟的那一刻观察该个体，立即判断目标行为是否正在发生，并在记录表上注明这一判断。1分钟后（即自观察期开始2分钟时），观察者将再次观察个体，然后记录目标行为是否发生。这个程序将持续到整个观察期结束。

与时距记录方法一样，通过瞬间时间抽样获得的数据通常会以有行为发生的时距占全部时距的百分比来报告，并用于估计行为发生在总观察期中所占时间的比例。

瞬间时间抽样的一个重要的优点是观察者不需要持续地关注测量，而时距记录方法则要求观察者全神贯注。

由于对个体的观察只有短暂的一瞬间，因此，瞬间时间抽样会遗漏个体的很多行为。瞬间时间抽样主要用于测量连续的活动行为，如从事一项任务或活动，因为这样的行为比较容易辨识。不建议使用瞬间时间抽样测量低计数的、持续时间短的行为。

很多研究已经将使用瞬间时间抽样和不同持续时间的时距记录获得的测量值与使用连续持续时间记录获得的测量值进行了比较（例如，Alvero, Struss, & Rappaport, 2007; Gunter, Venn, Patrick, Miller, & Kelly, 2003; Hanley, Cammilleri, Tiger, & Ingvarsson, 2007; Meany–Daboul, Roscoe, Bourret, & Ahearn, 2007; Powell, Martindale, Kulp, Martindale, & Bauman, 1977; Saudargas & Zanolli, 1990; Test & Heward, 1984）。总体来说，研究发现，当时距大于2分钟时，瞬间时间抽样既会高估也会低估通过连续持续时间记录获得的数据。在时距不超过1分钟的情况下，使用瞬间时间抽样获得的数据所产生的数据路径与连续持续时间记录的数据路径相类似。

计划式活动核查

计划式活动核查（planned activity check, PLACHECK）是瞬间时间抽样的一个变体，它使用人头计数来测量"群体行为"。使用计划式活动核查的教师在每个时距结束时观察一组学生，计算从事目标活动的学生人数，并将计算结果与该群体的学生总数一起记录下来。多克和里斯利（Doke & Risley, 1972）使用通过计划式活动核查测量获得的数据比较学生在规定和自选的课前活动中的群体参与情况。观察者在3分钟的时距结束时，计算在规定或自选活动区域中的学生人数，然后计算这两个区域中实际参与活动的学生人数。他们将这些数据作为参与规定活动或自选活动的学生的各自百分比进行报告。

戴尔、施瓦茨和卢斯（Dyer, Schwartz, & Luce, 1984）使用计划式活动核查的一种变体测量居住在住宅设施中参与适龄活动和功能性活动的残障学生的百分比。当学生进入观察区时，观察者单独观察他们一段时间以便确定他们参与的活动。学生被观察的顺序是预先设定好的，每名学生被观察的时间不超过10秒。

阿门达里兹和昂布里特（Armendariz & Umbreit, 1999）做了一项研究，检验反应卡对三年级学生每天在数学课上的破坏性行为的影响。他们在每个1分钟的时距结束时记录下每名学生是否做出了破坏性行为。他们将所有在不使用反应卡（基线）时段得到的计划式活动核查数据结果绘制成图表，显示1分钟标记点到来时做出破坏性行为的学生所占的百分比，然后对所有在使用反应卡时段收集到的数据进行同样的处理。阿门达里兹和昂布里特清晰而有力地描绘了在使用反应卡和不使用反应卡的普通课程中，从开始到结束期间"群体行为"的差异。

人们可以在文献中找到计划式活动核查测量的其他变体，不过它们通常被称为时间抽样或瞬间时间抽样。例如，麦肯齐（McKenzie）及其同事开发了两个计划式活动核查类型的观察系统SOPLAY和SOPARC，用于测量学校和社区游戏环境中儿童的体育活动（McKenzie & Cohen, 2006; McKenzie, Marshall, Sallis, & Conway, 2000）。"SOPLAY和SOPARC使用群体瞬间时间抽样的形式（即连续的观察'快照'）记录特定目标区域中的体育活动水平（即久坐、步行/适度的、剧烈的）。计算一个区域的人数本身就是一项重要的工作，因为它可以显示出空间/设施对学校或社区体育活动目标的支持程度。"（McKenzie, 2016, pp. 335, 336）

辨认时间抽样测量方法之间及其与连续测量方法之间的差异

如前所述，所有的时间抽样方法都只能提供对行为实际发生情况的估计。不同的时间抽样程序会产生不同的结果，从而可能会影响决策和解释。拉普及其同事开展的一系列研究比较了瞬间时间抽样（MTS）和部分时距记录（PIR）的敏感度，以检测在连续持续时间量数上明显的小幅、中等和大幅行为改变（Carroll, Rapp, Colby-Dirksen, & Lindenberg, 2009; Devine, Rapp, Testa, Henrickson, & Schnerch, 2011; Rapp, Colby-Dirksen, Michalski, Carroll, & Lindenberg, 2008）。这些研究者将在不同的观察期（10 分钟、30 分钟和 60 分钟的时段）内通过由各种长短时距（10 秒、20 秒、30 秒、1 分钟和 2 分钟的时距）组成的 MTS 和 PIR 获得的测量结果与连续测量（持续时间或事件记录）提供的数据进行了比较。拉普等人（2008）发现，时距不超过 30 秒的 MTS 能够可靠地检测到持续事件中的大多数中等和大幅变化，时距为 1 分钟的 MTS 可以检测到持续事件中的大多数大幅变化，而时距为 10 秒或更长的 PIR 则不能检测到持续事件中的大幅百分比的变化。如果观察时段较长，时距最长为 30 秒的瞬间时间抽样可以检测到在持续事件和比率事件中的大范围变化。

迪瓦恩（Devine）及其同事（2011）发现，时距为 30 秒的瞬间时间抽样可以在更长的观察期内检测到持续事件和比率事件的大范围变化。这些作者得出的结论是：

> 资源有限的实务工作者可以在较短的观察时段内用较短时距的 PIR 或 MTS 来测量行为改变，或在较长的观察时段内用较长且有相当的敏感度的 MTS 来测量行为改变。例如，在 10 分钟的时段内使用 10 秒的 MTS 和在 30 分钟的时段内使用 30 秒的 MTS，对持续事件的改变具有相当的检测敏感度。类似地，在 10 分钟的时段内使用 10 秒的 PIR 和在 30 分钟的时段内使用 30 秒的 MTS，两者都对频率事件的变化很敏感。在这两种情况下，10 分钟的时段所需要的观察次数与 30 分钟的时段所需要的观察次数相同。（pp. 120-121）

图 4.8 显示了使用不同的时间抽样方法测量同一行为所获得的结果差异有多大。阴影条表示在一个划分为 10 个连续时距的观察期中，该行为在哪些时间出现。阴影条揭示了行为的三维量：重复性（行为的七个实例）、时间范围（每个反应的持续时间）和时间所在点（阴影条之间的空间表示反应间隔时间）。

由于应用行为分析使用的时间抽样方法最常被理解为对行为在总观察期内所占比例的测量，因此，将通过时间抽样方法得到的结果和通过持续时间连续测量得到的结果进行比较是非常重要的。连续测量显示，图 4.8 所描述的行为在观察期内 55% 的时间中出现。而当使用全部时距记录方法来记录在同一观察期内的同一行为时，得到的测量却严重低估了该行为的实际发生情况（即 30% 对比 55%），部分时距记录则严重高估了行为的实际发生情况（即 70% 对比 55%），而由瞬间时间抽样得到的估计非常接近行为的实际发生情况（即 50% 对比 55%）。

虽然瞬间时间抽样能够产生最接近行为实际发生情况的测量，但它并不总是首选的测量方法。在观察期内，由于行为的不同分布（即时间所在点），即使在如图 4.8 所示的时段内的总计数和持续时间相同，三种时间抽样方法的结果也会大不相同。

通过不同的测量方法获得的测量结果之间的差异通常以每种方法的相对准确性或不准确性来描述。然而，准确性不是这里的焦点议题。如果图 4.8 中的阴影条代表行为的真实值，那么每种时间抽样方法都是完全准确的，所得数据就是应用每种方法应该得到的数据。不准确使用测量方法的一个例子是，如果观察者使用全部时距记录，会将行为标记为在图 4.8 中的第二个时距内发生了，但其实按照全部时距记录的规

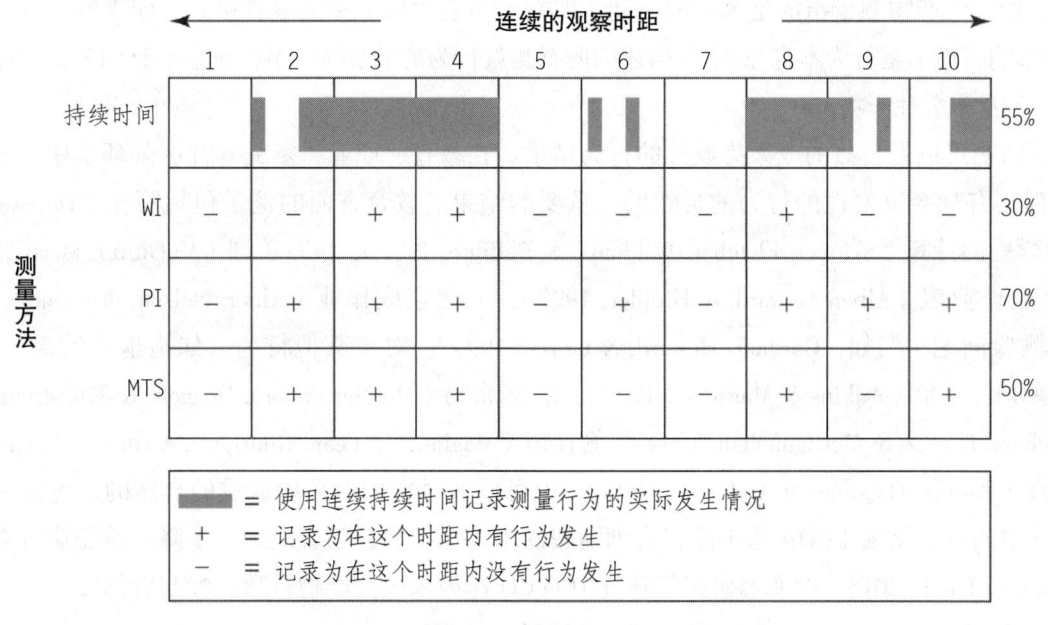

图 4.8 使用三种不同的时间抽样方法获得的针对同一行为的测量值与使用连续持续时间记录获得的测量值进行比较。

则，第二个时距不能算作有行为发生。

但是，如果观察期内的行为发生比率实际上是 55%，那么我们应该将 30% 和 70% 的错误和误导性测量称作什么——如果也不称之为不准确的话？在这种情况下，误导性数据是所使用的测量方法产生的人为结果（artifact）。**人为结果**是一种因其被检验或测量的方式而看起来存在的现象。通过全部时距记录获得的 30% 的测量结果和通过部分时距记录获得的 70% 的测量结果是这些测量的实施方式的人为结果。从全部时距记录和部分时距记录得到的数据分别持续低估和高估了使用连续持续时间记录测量到的行为的实际发生情况，这是众所周知的人为结果的一个例子。

很显然，时距测量和瞬间时间抽样会导致数据分析中出现一些变异性，因此，在解释应用这些测量方法获得的结果时必须特别小心。第 5 章将讨论一些测量人为结果的常见原因及其避免方法。

使用永久性产物测量行为

我们可以通过观察一个人的行动，并在我们所关注的反应发生时记录下来，实现对行为的实时测量。例如，教师可以计算学生在课堂讨论中举手的次数。对于有些行为，可以通过在它们对环境产生影响的当下把那些影响记录下来，从而得到实时测量。例如，每当击球手将球打到二垒的右外场那一侧时，棒球教练就会在手持式计数器上按一下。

对于有些行为，我们可以在其发生后再进行测量。一个对环境产生持续影响的行为，如果它所产生的影响或留下的产物在实施测量之前保持不变，就可以在其发生后再进行测量。例如，如果击球手在练习时段内击中的棒球在飞行过程中没有受到阻碍，而且那些打出去的球留在了地上，那么在击球手完成练习后，击球教练可以通过计算留在二垒的右外场那一侧的球数来收集关于击球手表现的数据。

行为发生后，通过观察行为对环境产生的影响来测量行为，称作**永久性产物测量**（measurement by permanent product）。永久性产物指的是行为产生的环境改变，其持续时间足够实施测量。

虽然永久性产物测量经常被错误地描述为一种测量行为的方法，但它并非指任何特定的测量程序或方法。相反，永久性产物测量指的是测量的时间（即在行为发生后）和测量者接触（即观察）行为的媒介（即行为的影响，而不是行为本身）。本章描述的所有测量行为的方法——事件记录、计时和时间抽样——都可以用来测量永久性产物。

永久性产物可以是自然的或人为设计的行为结果。在教育、职业、家庭和社区等环境中，永久性产物是一系列具有社会重要性的行为的自然的、重要的结果。教育方面的例子包括写作（Dorow & Boyle, 1998）、数学题的计算（Skinner, Fletcher, Wildmon, & Belfiore, 1996）、拼写单词（McGuffin, Martz, & Heron, 1997）、完成作业表（Alber, Heward, & Hippler, 1999）、上交家庭作业（Alber, Nelson, & Brennan, 2002），以及回答测验问题（例如，Gardner, Heward, & Grossi, 1994）。对于其他行为，如拖地和洗碗（Grossi & Heward, 1998）、失禁（Adkins & Matthews, 1997）、浴室涂鸦（Mueller, Moore, Doggett, & Tingstrom, 2000）、回收（Brothers, Krantz, & McClannahan, 1994）、偷食物（Maglieri, DeLeon, Rodriguez-Catter, & Sevin, 2000），以及捡垃圾（Powers, Osborne, & Anderson, 1973），也可以通过它们对环境造成的自然的、重要的改变来测量。呼气中的一氧化碳（CO）水平随着香烟消费的增多而上升，随着戒烟而下降。罗曼诺维奇和兰姆（Romanowich & Lamb, 2015）的戒烟研究将呼气中的 CO 作为永久性产物量数。参与者深吸一口气，屏住呼吸 20 秒，然后对着 Vitalograph™ CO 检测仪的吹嘴呼气 20 秒钟。

很多具有社会重要性的行为对物理环境没有直接影响。口头阅读、保持良好的坐姿和重复拍手等，在一般环境中都不会留下任何自然产物。不过，针对这类行为的测量往往可以用人为设计的永久性产物来实现。例如，通过对学生大声朗读的录音（Eckert, Ardoin, Daly, & Martens, 2002），对女孩上课时的坐姿的录像（Schwarz & Hawkins, 1970），以及对男孩拍手的动作的录像（Ahearn, Clark, Gardenier, Chung, & Dube, 2003），研究者可以得到人为设计的永久性产物，从而实现对这些行为的测量。

在测量只有暂时的自然的永久性产物的行为时，人为设计的永久性产物有时是很实用的。例如，戈茨和贝尔（Goetz & Baer, 1973）通过拍摄儿童搭建出来的积木建筑的照片来测量儿童拼搭的积木的形式变化。图希格和伍兹（Twohig & Woods, 2001）则是通过咬指甲的人的手的照片来测量指甲的长度。

永久性产物测量的优势

使实务工作者有精力关注其他任务。 不必在行为发生时进行观察和记录，实务工作者得以在观察期内关注其他的任务。例如，教师在课堂讨论中对学生的问题、评论和谈话进行录音，就可以集中精力听学生说什么，从而提供个别化的帮助，等等。

能够测量一些在不便记录或无法记录的时间和地点发生的行为。 很多具有社会重要性的行为发生在研究者或实务工作者不便接近或无法接近的时间和地点。当目标行为发生得不太频繁、发生在各种环境中或发生的持续时间比较长，以至于难以被观察时，人们就会测量永久性产物。例如，音乐教师可以让学吉他的学生在家里把每日练习时段的部分内容录制成音频。

测量可能会更准确、更完整、更连续。 虽然在行为发生的当下进行测量能够得到最直接的数据，但不代表这就是最准确、最完整和最具代表性的数据。如果观察者使用永久性产物测量来记录行为，他就可以有更多的时间重新给观察作业表评分，或再次观看录像记录。有了录像记录，观察者可以放慢、暂停和重复观察时段的各个部分，甚至可以使行为"保持静止"，以便在必要时重复检查和测量。观察者可能会看到或听到行为的其他细微差别和不同方面的信息，或在现场完全被忽略或遗漏的其他行为。

行为录像或录音记录有助于观察者连续测量目标行为的所有实例。拥有了所有实例的永久性产物，就可以使用内置的校准数字计时器（如在录像机或数字录音机上）进行评分，方法是在观察时段开始时将其设置为 0 秒（或片头的第一帧），记录行为开始和结束的确切时间。此外，软件程序促进了基于准确计时的数据收集和分析。PROCODER 是一个可以协助收集和分析行为录像记录的软件系统。根据米尔滕贝格尔、拉普和朗（Miltenberger, Rapp, & Long, 1999）的观点，"通过记录目标行为在观察时段中开始和结束的确切时间，我们可以报告该行为的频率（或比率）或持续时间"（p. 119）。[1]

使用永久性产物测量可以收集到更多参与者的数据。观察者可以观看一次录像记录并测量一名参与者的行为，然后回放该录像并测量第二名参与者的行为。

促进关于观察者间一致性和处理完整度（treatment integrity）的数据收集。录像或录音记录可以为数据收集工作提供帮助，如获得观察者间一致性（参看第 5 章）和评估处理完整度（参看第 10 章）。永久性产物使行为的重复测量成为可能，而不需要再将多名观察者带入研究或行为处理的环境之中。

使对复杂行为和多种反应类的测量成为可能。永久性产物，尤其是行为的录像记录，使人们可以在喧闹的社会环境中对复杂行为和多种反应类进行测量。施瓦茨和霍金斯（1970）从在两节课上拍摄的录像中得到了一名小学生的姿势、音量和摸脸行为的测量值，这三种行为是这个女孩"低自尊"的操作化结果。研究者能够反复观看录像带，并对不同的行为进行评分。在这项研究中，作为干预的一部分，女孩也观看了录像，并评估了自己的行为。

图 4.9 是西尔韦斯特里（Silvestri, 2004）使用的一个记录表格的例子，研究者用课堂教学的录音带测量教师的三类陈述：一般的积极陈述、具体的积极陈述和消极陈述。（关于这些行为的定义，参看图 3.11。）任何课堂上的移动、多种声音和一般程度的喧哗吵闹，这些因素加起来会使实地观察者针对那些行为实施的持续检测和准确记录变得异常困难，甚至根本无法开展。每位参与研究的教师都佩戴了一个小型无线麦克风，它能够将信号传输到与盒式磁带录音机相连接的一个接收器上，使测量得以进行。

判断永久性产物测量是否适用

使用永久性产物测量的优势相当可观，而且它看起来总是比实时测量更为可取。回答以下四个问题，可以帮助实务工作者和研究者判断永久性产物测量是否适用：是否需要实时测量？行为是否可以用永久性产物来测量？获得人为设计的永久性产物是否会对行为产生不当影响？需要花费多少成本？

是否需要实时测量？

应用行为分析的一个定义性特征和主要优点是以数据为基础确定行为处理程序和实验条件。以数据为基础的决策需要的不仅是直接和频繁的行为测量，还需要持续和及时地获取那些测量提供的数据。在行为发生的当下进行测量，提供的是最直接的、立即可得的数据。虽然在某些情况下可以用永久性产物进行实时测量（例如，在击球手练习击球时，计算每个落在二垒右侧的球），但永久性产物测量通常是在教学或实验时段结束后才进行的。

要从录像或录音记录中得到测量结果，必须等到录制时段结束后观看记录时才能做到。如果关于行为处理的决策是在每一个时段的基础上做出的，那么只要能在下一个时段之前从录像中获取数据，这个行为与测量之间的延迟就不会造成问题。然而，如果在某个时段中必须根据参与者的行为随时做出决策，那就必须进行实时测量。假设行为分析师为了降低服务对象的自伤行为的发生比率，将提供偏好刺激依联于增加的无自伤行为发生的持续时间，那么要准确地实施这个处理程序，就需要对反应间隔时间进行实时测量。

---

[1] 爱德华兹和克里斯托弗森（Edwards & Christophersen, 1993）描述了时滞录像机（TLVCR），这种录像机能够在 2~400 小时的观察期内自动记录下 2 个小时的行为样本。如果将 TLVCR 设定为记录 12 个小时，那么 TLVCR 将记录每秒当中的 0.10 秒。这样的系统对于记录比率极低的行为和持续时间较长的行为（如儿童的睡眠行为）非常有用。

参与者：_T1_   时段日期：_4月23日_   预期条件：_自评泛化_
观察者：_苏珊_   观察日期：_4月23日_   观察的持续时间：_15:00_   十进位：_15.0_

将积极陈述和消极陈述、相应的时间指标和重复陈述的时间指标誊写到下面的方框中。

一般积极（记录第一个实例）	时间指标	重复陈述的时间指标		具体积极（记录第一个实例）	时间指标	重复陈述的时间指标		消极（记录第一个实例）	时间指标	重复陈述的时间指标
好极了	0:17	1:37	3:36	我喜欢你这样帮助她	1:05					
		4:00	4:15							
		7:45	9:11	谢谢你没有说话	1:57	2:10	3:28			
		10:22	10:34							
很棒	0:26	1:44	1:59	很好——很好的大字	2:45	6:53	8:21			
		9:01	11:52			9:56				
		12:09		你举手了，做得很棒	3:37	4:33				
很好	0:56	1:22	4:42	做得真好，这是一个新字	3:46					
		5:27	5:47							
		6:16	6:38	谢谢你的专注	4:56					
		8:44	9:25							
真聪明	5:14	7:06	11:59	谢谢你没有写字	7:50					
跟我击个掌	8:00									

计数：2.8	重复率：83%	计数：13	重复率：46%	0	重复率：
数量/分钟：1.9		数量/分钟：0.9			
所有积极：	计数：41	数量/分钟：2.7	重复率：71%		

图4.9 用于记录录像和录音中的三类教师陈述的计数和时间所在点的数据收集表

引自 S. M. Silvestri (2004). *The Effects of Self-Scoring on Teachers' Positive Statements During Classroom Instruction*, p. 124. 未发表的博士论文。The Ohio State University. 经授权使用。

行为可以用永久性产物来测量吗？

并非所有的行为都适合用永久性产物来测量。有些行为会对环境产生相当长久的改变，但对于测量目的而言，有些改变是不可靠的。例如，自伤行为通常会产生长期的影响（瘀青、红肿，甚至破皮和流血），这些可以在行为发生后进行测量。但是，通过定期检查服务对象的身体，并不能获得关于自伤行为的准确测量值。皮肤青紫、擦伤和其他类似的疤痕都只能表明当事人受过伤，但很多重要的问题仍未得到解答。自伤行为发生了多少次？是否发生过未在皮肤上留下可观察痕迹的自伤行为？每次发生的皮肤组织损伤都是自伤行为的结果吗？对于评估任何干预处理的效果而言，这些都是重要的问题，但是，由于这些永久性产物对自伤行为的测量不够精确，因此无法确定以上问题的答案。适合用永久性产物进行测量的行为必须符合以下两条规则。

规则一：目标行为的每次发生都必须产生相同的永久性产物。永久性产物必须是所测量行为的每个实例的结果。符合目标行为定义的行为的所有形态变化和不同等级大小的所有反应都必须产生相同的永久性产物。通过计算员工的"成品"箱中正确组装的部件数量来测量他的劳动生产率，就符合这条规则。在本案例中，一次目标行为发生的功能性定义是一个正确组装的部件。用皮肤上的痕迹来测量自伤行为并不符合规则一，因为某些自伤行为反应不会留下可识别的痕迹。

规则二：永久性产物只能由目标行为产生。这条规则要求永久性产物不能来自：（1）参与者的目标行为以外的任何行为；（2）参与者以外的任何人的行为。用员工的"成品"箱中正确组装的部件来测量他的生产率，如果观察者可以确保：（1）员工没有把并非自己组装的部件放进箱里；（2）员工的箱里已经组装完成的部件中没有一个是其他人放进去的，那么就符合规则二。以皮肤上的痕迹作为永久性产物来测量自伤行为不符合规则二。因为皮肤上的痕迹有可能是当事人的其他行为（例如，跑得太快，导致被绊倒并撞到头；踩到毒藤）或其他人的行为（例如，被别人打）造成的。

获得人为设计的永久性产物是否会对行为产生不当影响？实务工作者和研究者应该始终将反应性考虑在内，即考虑到测量程序对被测量行为的影响。当观察和测量程序具有干扰性时，最有可能发生反应性。干扰性的测量会改变环境，而环境可能又会影响被测量的行为。通过录制设备获得的永久性产物，其存在可能导致人的行为改变，这被称作人为设计的永久性产物（contrived permanent products）。例如，对谈话进行录音或录像可能会鼓励参与者少说话或多说话。但是，应该认识到，人类观察者的存在所造成的反应性是一种常见的现象，而且反应性的影响通常是暂时的（例如，Haynes & Horn, 1982; Kazdin, 1982, 2001）。即便如此，观察者还是应该对所使用设备可能对目标行为造成的影响有所预期。

获得和测量永久性产物需要花费多少成本？在判断用永久性产物测量某个目标行为是否合适时，最后需要考虑的几个问题是可用性、成本和所需的努力程度。如果需要靠录制设备获得人为设计的行为产物，那么当前是否有这样的设备可以使用？如果没有，购买或租用设备的费用是多少？刚开始需要花多少时间学习使用设备？在研究或行为改变计划实施期间，设置、存放和使用设备的难度有多大，耗费多少时间？

测量工具

低科技

这里介绍的低科技测量工具在应用行为分析中有着悠久的历史，研究者和实务工作者将继续使用这些"老派"工具，因为它们功能齐全，使用方便，而且价格低廉。

- **铅笔和纸质数据表**。观察者在数据表上记录行为的发生和未发生情况，如图 4.5、图 4.6、图 4.7 和图 4.9 所示。
- **腕式计数器**。腕式计数器在计算行为时很有用。大多数腕式计数器可以记录 0~99 次反应。这些计数器可以在体育用品商店或大型百货商店购买。
- **手动数码计数器**。与腕式计数器类似，手动数码计数器常被杂货连锁店、自助餐厅、军队食堂和收费站用于统计接受服务的人数。这些机械式计数器有单通道与多通道之分，可以舒适地放在手掌上。通过练习，应用行为分析师可以单手快速而可靠地操作多通道计数器。数码计数器可以在办公用品商店购买。
- **腕式算盘和鞋带式计数器**。兰德里和麦格里维（Landry & McGreevy, 1984）描述了两种用于测量行为的算盘计数器，腕式算盘计数器是由将清理烟斗用的金属丝和附着在皮制腕带上的珠子组合起来制成的算盘，算盘的行数分别代表 1 和 10，观察者可以滑动算盘式的珠子来计算 1~99 次行为的发生。此外，也可以以同样的方式用鞋带算盘计数器来计算反应的数量，只是要把珠子改为在系于钥匙链的鞋带上滑动，可以将钥匙链挂在观察者身上的皮带、皮带环或其他衣服（如纽扣孔）上。

- **遮蔽胶带**。实务工作者可以在自己的手腕、衣服或桌子上贴一些遮蔽胶带，用来计算行为事件。
- **硬币、纽扣、回形针**。每当目标行为发生时，观察者将一个小物件从一个口袋里移到另一个口袋里。

高科技测量工具

自斯金纳发明累积记录器以来，自动测量被试的反应一直是实验行为分析的标准做法（Lattal, 2004; Sakagami & Lattal, 2016）。在当今的实验行为分析实验室中，机电式累积记录器已经被以计算机为基础的测量工具取代。研究者可以将复杂的硬件和软件系统编程，以便在整个实验时段中连续测量多个反应类的比率、持续时间、潜伏期、反应间隔时间和/或等级大小。

对应用行为分析师来说，计算机辅助的测量和数据分析工具已经变得越来越精细和实用。研发者已经制造出适用于观察性测量的数据收集和分析的软件，可以安装在笔记本电脑（Bullock, Fisher, & Hagopian, 2017）、平板电脑和智能手机等移动设备（Operant Systems Inc., 2017）、掌上电脑（PDA）（Fogel, Miltenberger, Graves, & Koehler, 2010）以及自动记录运动情况（如步数和行走距离）的可穿戴设备（Hayes & Van Camp, 2015; Valbuena, Miltenberger, & Solley, 2015）上。

实务工作者在行为处理时段使用为收集数据设计的应用程序，点击触摸屏上代表反应类、辅助级别和后果的图标（例如，Richard, Taylor, DeQuinzio, & Katz, 2010; Sleeper et al., 2017）。在时段结束时，实务工作者可以添加备注，并点击一个图标，生成可供立即检查的图表。

微芯片技术的发展提升了这些系统的测量能力和数据分析能力，并使软件变得越来越容易学习和应用。使用这些电脑工具的观察者可以记录多个以频率和持续时间为基础的行为，包括回合尝试、单位时间内的反应数、持续时间、潜伏期、反应间隔时间，以及用于时间抽样测量的固定时距和可变时距。

这些系统可以将计算出来的数据显示为比率、持续时间、潜伏期、反应间隔时间、时距百分比、尝试百分比和条件概率［例如，BDataPro (Bullock, Fisher, & Hagopian, 2017); MOOSES (Tapp, Wehby, & Ellis, 1995); BEST (Behavioral Evaluation Strategy and Taxonomy) (Sidenar, Shabani, & Carr, 2004)］。[1]

在综合处理反应比率、时间序列分析、条件概率、顺序依赖性、相互关系和事件组合时，与非自动化测量系统相比，以计算机为基础（自动化）的观察和测量系统具有明显的优势。自动测量有助于对复杂的数据集进行聚类和分析，因为这些系统允许同时记录多个行为的多个维度，因此，使用计算机辅助系统可以从对纸笔方法来说过于困难且费时的视角去检视和分析那些测量结果。

除了记录和计算数据外，一些系统还能生成图表（例如，Sleeper et al., 2017）和分析观察者间一致性（如较小/较大、总体、发生、不发生），以及根据音频和视频文档进行测量。

与常用的纸笔数据记录和分析方法相比，自动化计算机驱动系统有可能提高观察者间一致性、观察性测量的信度和数据计算的效率（Kahng & Iwata, 1998）。自动化测量可以消除很多人类观察者的误差（如观察者漂移、期望偏差）。

我们相信，数码测量工具的不断发展将使应用行为分析的研究与实践更加丰富。但是，关于行为的自动化测量，有一些需要特别注意的地方。由于机器有可能损坏，程序员也有可能出错，因此必须对设备进行监控。康、英瓦松、奎格、塞金杰和泰克曼（Kahng, Ingvarsson, Quigg, Seckinger, & Teichman, 2011）提醒

---

1 在布洛克、费希尔和阿戈皮昂（Bullock, Fisher, & Hagopian, 2001）、埃默森、里弗和费尔斯（Emerson, Reever, & Felce, 2000）、格拉利、岑克、伍兹、罗和舒尔茨（Gravlee, Zenk, Woods, Rowe, & Schultz, 2006）、康和艾瓦塔（Kahng & Iwata, 1998, 2000）、诺尔德斯、特林内斯、亨德里克森和詹森（Noldus, Trienes, Hendriksen, & Jansen, 2000）、赛德纳尔、沙巴尼和卡尔（Sidenar, Shabani, & Carr, 2004）、塔普和沃尔登（Tapp & Walden, 2000），以及塔普和韦比（Tapp & Wehby, 2000）等人的文章中可以找到有关各种计算机辅助的行为测量系统的描述。

使用自动化测量的应用行为分析师:"使用这类计算机软件的前提是,它们在数据收集方面能够提供的改善必须对所关注的行为和数据收集的最终目标足够重要。"(p. 117)

选择测量方法

毋庸赘言,测量方法必须适合我们想要测量的目标行为的维度(如用事件记录测量比率,用计时测量持续时间和潜伏期),然而,针对特定的情况选择最恰当的测量方法并不是那么简单的事情。研究者和实务工作者还必须考虑行为改变的目标和行为改变的预期方向、检测行为发生的相对难易程度、测量行为的环境和时间,以及观察和记录行为的人员的可用性和技能(Fiske & Delmolino, 2012; Gast, 2014; LeBlanc, Raetz, Sellers, & Carr, 2016)。勒布朗(LeBlanc)及其同事(2016)提出的用于选择测量方法的决策模型为实务工作者提供了有用的指导(参看图4.10)。

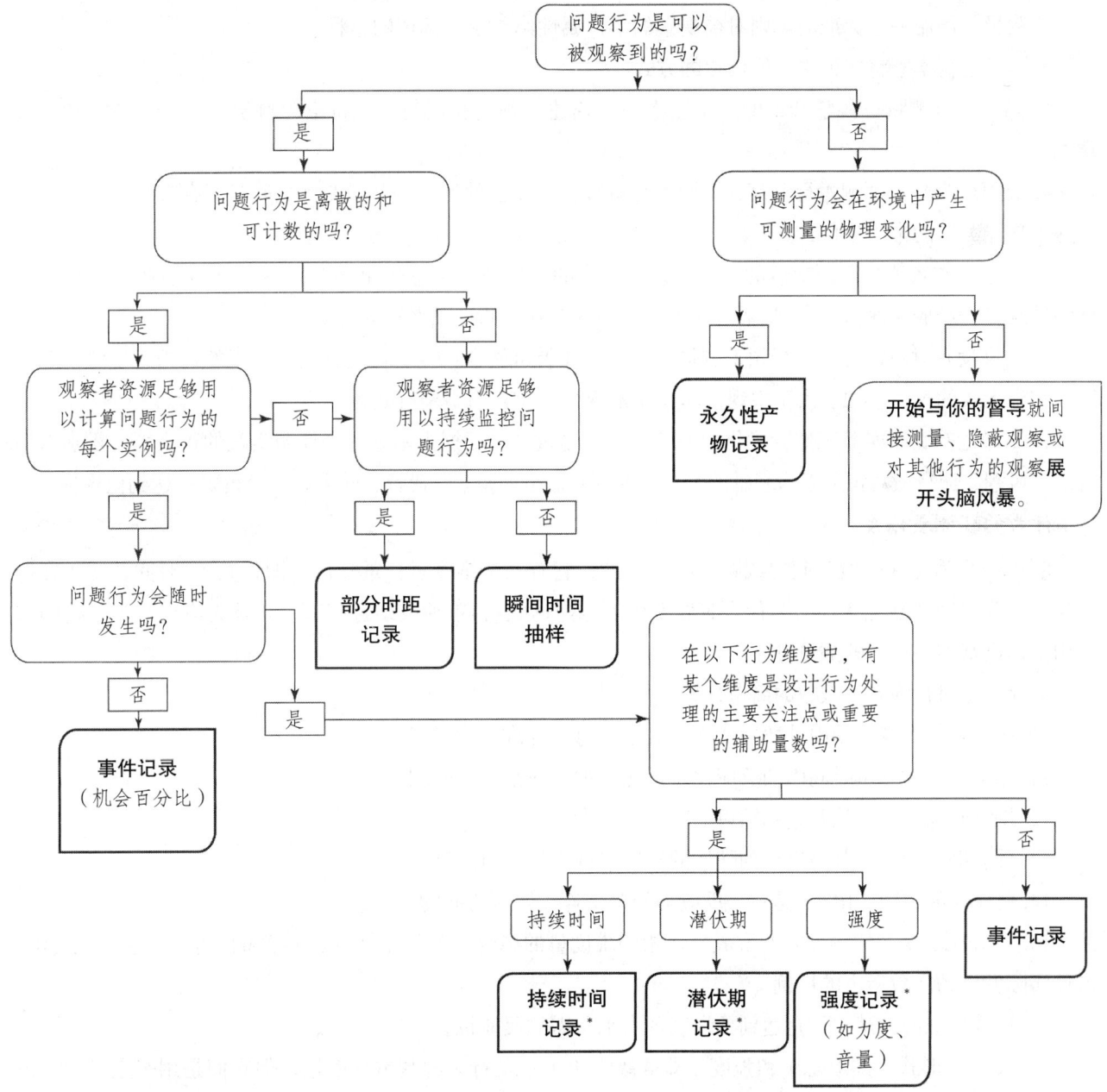

图 4.10 选择问题行为测量程序的决策模型。注意:标有 * 的是也能产生计数数据的测量程序。

引自 L. A. LeBlanc, P. B. Raetz, T. P. Sellers, & J. E. Carr (2016). A Proposed Model for Selecting Measurement Procedures for the Assessment and Treatment of Problem Behavior. *Behavior Analysis in Practice*, 9(1), p. 79. 2016年版权归国际行为分析协会所有。经授权使用。

实务工作者应该在观察和测量目标行为与有计划的使用数据方面平衡好所需的资源。在设计行为测量系统时，一句古老的谚语"你可以做，并不意味着你应该做"可能会是一个有用的指引。记录服务对象发出的每一个反应以及治疗师提供的每一个辅助和后果并不总是必要的（Lerman, Dittlinger, Fentress, & Lanagan, 2011; Najdowski et al., 2009）。收集所需的行为量数的类型和数量，以便针对处理效果做出及时的、以数据为基础的决定。如果测量不能为决策者提供与相关结果数据密切而持续的联系，那么这样的测量可能是多余的（参看 Bushell & Baer, 1994）。

关于设计行为测量系统需要考虑的其他事项和问题，将在第 5 章中加以讨论。

摘要

测量在应用行为分析中的定义和功能

1. 测量是使用一套标准的规则对被观察的事件属性给予定量标记的过程。

2. 测量是科学家将实证主义操作化的方式。

3. 如果没有测量，科学知识的三个层次——描述、预测和控制——将沦为科学家的个人猜测和主观意见。

4. 应用行为分析师测量行为是为了回答具有社会重要性的行为和环境变量之间是否存在功能关系，以及这个功能关系的本质是什么。

5. 实务工作者测量干预前后的行为以评价治疗的总体效果（总结性评价），并在干预过程中对行为进行频繁测量（形成性评估），以此来指导关于干预的继续、修正或终止等决策。

6. 如果没有对目标行为进行频繁测量，实务工作者可能会：（1）在没有发生真正的行为改变的情况下继续实施无效的干预；（2）由于主观判断未能发现行为改善而中断有效的干预。

7. 测量也有助于实务工作者优化他们的效能；通过"以证据为基础"来证明实践的正当性；辨别以伪科学、风潮、流行或意识形态为基础的治疗；能够对服务对象、消费者、雇主和社会负责；达到伦理标准。

行为的可测量维度

8. 由于行为是在一段时间内或跨时间发生的，它有三个维度量：重复性（即计数）、时间范围（即持续时间）和时间所在点（即行为什么时候发生）。这些属性，单独或结合起来，能够为应用行为分析师在运用上提供基本或衍生的测量方法。

9. 计数是对行为发生次数的简单计算。

10. 比率是每个观察期内计数的比例，表示为每个标准单位时间内的计数。

11. 加速率是对单位时间内的反应比率变化（加速或减速）的测量。

12. 持续时间是行为从开始到结束之间的时间量。

13. 反应潜伏期是从刺激出现到随后的反应出现之间的时间测量。

14. 反应间隔时间（IRT）是一个反应类的两个连续实例之间的时间量。

15. 百分比是一个比例，它的形成来自相同维度量的结合，表示在每 100 个某事件可能发生的机会中，事件实际发生的次数所占的比例。

16. 达到标准的尝试次数是达到预设表现水平所需的反应机会数量的量数。

17. 反应的形式（即形态）和强度（即等级大小）不是行为的基本维度量，但它们是用来定义和验证很多反应类的发生的重要定量参数。

18. 形态是行为的物理形式或外观。

19. 等级大小是反应发出时的力度或强度。

测量行为的方法

20. 事件记录包含多种用以检测和记录所关注行为的被观察次数的程序。

21. 时间抽样指的是观察和记录在时距内或在特定时刻发生的行为的各种方法。

22. 观察者使用全部时距记录时，将观察期分为一系列相等的时距。在每个时距结束时，记录目标行为是否在整个时距内发生了。

23. 观察者使用部分时距记录时，将观察期分为一系列相等的时距。在每个时距结束时，记录行为是否在整个时距内的任何一个时间点上发生过。

24. 观察者使用瞬间时间抽样时，将观察期分为一系列时距。在每个时距结束时，记录行为是否在那个特定的时刻发生了。

25. 计划式活动核查是瞬间时间抽样的一种变体，观察者记录群体中的每个人是否从事目标行为。

使用永久性产物测量行为

26. 行为发生后，通过测量其对环境产生的影响来测量行为，称作永久性产物测量。

27. 很多行为的测量可以通过人为设计的永久性产物来完成。

28. 使用永久性产物测量行为具备很多优势：使实务工作者有精力关注其他任务；能够测量一些在不便记录或无法记录的时间和地点发生的行为；测量可能会更准确、更完整、更连续；促进关于观察者间一致性和处理完整度的数据收集；使对复杂行为和多种反应类的测量成为可能。

29. 如果在治疗时段中必须随时做出关于干预处理的决策，那么永久性产物测量可能并不适用。

30. 适合用永久性产物进行测量的行为必须符合两条规则。规则一：目标行为的每次发生都必须产生相同的永久性产物；规则二：永久性产物只能由目标行为产生。

测量工具

31. 低科技工具具有功能性，使用方便，价格低廉，而且利于研究、教学和行为处理。

32. 用于行为测量和数据分析的高科技工具、数码工具和计算机软硬件系统已经变得越来越精细和易于使用。

33. 研发者已经制造出适用于观察性测量的数据收集和分析的软件，可以安装在笔记本电脑、手持电脑、掌上电脑和台式电脑上。这些测量工具为研究者和实务工作者提供了具有实用价值、高效和易于使用的优势。

选择测量方法

34. 选择测量方法时，应该考虑行为改变的目标和行为改变的预期方向、检测行为发生的相对难易程度、测量行为的环境和时间，以及观察和记录行为的人员的可用性和技能。

第 5 章　改善与评估行为测量的质量

关键词

准确性（accuracy）

可信度（believability）

校准（calibration）

连续测量（continuous measurement）

直接测量（direct measurement）

非连续测量（discontinuous measurement）

准确每时距计数 IOA（exact count-per-interval IOA）

间接测量（indirect measurement）

观察者间一致性（interobserver agreement, IOA）

逐一时距比较 IOA（interval-by-interval IOA）

平均每时距计数 IOA（mean count-per-interval IOA）

平均每一行为发生持续时间 IOA（mean duration-per-occurrence IOA）

测量偏差（measurement bias）

中性观察者（naive observer）

观察值（observed value）

观察者漂移（observer drift）

观察者反应性（observer reactivity）

信度（reliability）

记分时距 IOA（scored-interval IOA）

总计数 IOA（total count IOA）

总持续时间 IOA（total duration IOA）

逐一尝试比较 IOA（trial-by-trial IOA）

真实值（true value）

非记分时距 IOA（unscored-interval IOA）

效度（validity）

➡ 本章由陈慧聪翻译。

行为分析师认证委员会 BCBA/BCaBA 任务清单（第 5 版）
第一部分：基础
C. 测量、数据呈现和解释
C-8 评估测量程序的效度和信度。 C-9 依照行为的维度以及观察与记录的必要准备，选择一个测量系统以获得具有代表性的数据。

©2017 The Behavior Analyst Certification Board, Inc.,® (BACB®). 保留所有权利。本文件的当前版本可在 www.bacb.com 网站查阅。如需转载、复制或分发本文件，或有疑问，请直接联系行为分析师认证委员会。

  朋友三人——约翰、蒂姆和比尔——一起骑单车。骑行结束时，约翰看着安装在车把上的码表说："我们骑了 68 英里。好极了！""我的码表显示的里程数是 67.5 英里。一次很棒的骑单车体验，伙伴们！"蒂姆回应说。第三位单车骑行者比尔下了车，揉着自己的臀部说："天啊，我浑身酸痛！我们一定骑了 100 英里！"几天后，这三位朋友再次骑完了相同的路线。约翰的码表显示的里程数是 68 英里，蒂姆的码表显示的里程数是 70 英里，而比尔，由于没有像第一次骑行后那样酸痛，因此说他们骑了 90 英里。在相同的乡村公路上进行第三次骑行后，约翰、蒂姆和比尔报告的骑车里程数分别是 68 英里、65 英里和 80 英里。

  通过测量行为获得的数据是行为研究者和实务工作者用以指导和评估其工作的主要材料。应用行为分析师测量具有重要社会意义的行为，有助于确定哪些行为需要改变，检测和比较不同的干预措施对需要改变的目标行为的影响，并评估行为改变的获得、维持和泛化情况。

  行为分析师无论是作为研究者，还是作为实务工作者，所做的很多工作都依赖于测量，因此，由测量产生的数据的合理性程度必然是至关重要的。这些数据能否有意义地反映测量行为的初衷？能否代表实际发生的行为的真实状况？能否提供关于行为的连贯一致的描述？换句话说，这些数据是否可信？

  第 4 章阐明了行为的可测量维度，并描述了应用行为分析中最常用的测量方法。本章主要讨论如何改善和评估行为测量的质量。首先，我们定义了值得信赖的测量的基本指标：效度、准确性和信度。然后，我们指出了测量过程中的常见威胁，并提供了应对这些威胁的建议。本章的最后几个部分则详细介绍了评估行为测量的准确性、信度和可信度的程序。

值得信赖的测量指标

  在本章开篇讲述的单车逸事中，三位骑行者报告的里程数测量值得信赖的程度如何？三人之中，哪一位提供的里程数可以被当作对骑行活动的科学描述？要想成为对某个事件的科学描述，测量就必须是有效的、准确的和可靠的。这三位朋友的测量是否具有效度、准确性和信度这些特质呢？

效度

  当测量产生的数据与所测量的现象和测量的原因直接相关时，这样的测量就是具有**效度**的测量。判断测量的效度要围绕这个基本的问题来进行：作为考察重点的行为的相关维度是否得到了直接和真实的测量？

  三位骑行者对骑行里程数的测量是否具有效度？因为这些骑行者想知道自己每次骑了多远，所以骑行里程数就是骑行行为的一个相关或有效的维度。如果骑行者的主要关注点是他们骑了多久或骑得多快，那么骑行里程数就不是一个有效的量数。约翰和蒂姆用他们的码表直接测量各自的骑行里程数，这是一种有效的测量。而比尔是用间接测量（其臀部的相对舒适度）来确定自己的骑行里程数，因此，比尔的里程数据的效度值得怀疑。对于所关注的实际行为，直接测量的效度总是高于间接测量的效度，因为直接测量不需要推断其与行为之间的关系，而间接测量则总是需要做出这样的推断。虽然酸痛感可能与骑行的距离有关，但由于酸痛感还受其他因素的影响，比如，坐在车座上的时间、路面平坦程度、骑行速度以及一个人最近骑单车的频繁程度等，因此，用酸痛感来测量里程数，其效度是很低的。

应用行为分析中的有效测量需要具备三个同样重要的元素：（1）直接测量具有重要社会意义的目标行为（参看第3章）；（2）测量与行为问题或关注焦点相关的目标行为的某个维度（如比率、持续时间）（参看第4章）；（3）确保数据能够代表在与行为问题或关注焦点最为相关的情境下和时间内的行为发生情况。如果这些元素中的任何一个受到怀疑或有所欠缺——无论为产生数据而采用的测量方式多么准确和可靠——其所得数据的效度都会受到影响，甚至有可能毫无意义。

准确性

当用于测量时，**准确性**（accuracy）指的是**观察值**（observed value）（即通过测量一个事件产生的定量标记）与该事件的真实值相匹配的程度。换句话说，测量的准确性是根据测量结果与被测量事件的真实值之间的对应程度而定的。获得**真实值**（true value）需要特殊的观察和记录程序，并且"这些程序必须与用于产生被评估数据的程序有所区别，这些区别必须具有将产生误差的可能性降到最低的效果，最好能低到极为罕见的程度"（Johnston & Pennypacker, 2009, pp. 136–137）。

三位骑行者测量的里程数的准确性如何？由于每位骑行者针对同一事件报告的测量结果各不相同，因此他们的数据有可能都是不准确的。他们的一位朋友李对三位骑行者声称的训练里程数持怀疑态度，李曾驾车经过相同的乡村公路，他的车上装有经过全球卫星定位系统（GPS）校准的里程表。行程结束时，他的里程表上显示为58英里。李把使用这个里程表获得的测量值作为这段路程的真实值，他认为三位骑行者的测量值都不准确。每位骑行者都高估了真实的里程数。

通过比较约翰、蒂姆和比尔报告的里程数和这段路程的真实值，李发现，不仅骑行者的数据不准确，而且他们报告的数据全部被一种特殊的测量误差污染了，这种误差叫作测量偏差。**测量偏差**（measurement bias）指的是非随机产生的测量误差——可能会偏向某个方向的测量误差。随机产生的测量误差既有可能高估真实值，也有可能低估真实值，这两者的可能性一样大。由于约翰、蒂姆和比尔一直高估了他们骑行的实际里程数，因此他们的数据存在测量偏差。

信度

信度是指测量的一致性，具体而言，是对同一事件进行重复测量产生相同数值的程度。换句话说，可靠的测量就是具有一致性的测量。与效度和准确性一样，信度是一个相对的概念，它是一个程度问题。重复测量同一事件获得的观察值越接近，信度就越高。相反，重复测量同一事件获得的观察值差异越大，信度就越低。

那么骑行者们的测量结果的可靠程度如何呢？由于约翰每次测量相同的路线得到的都是相同的数值，即68英里，因此他的测量具有完全的信度。蒂姆三次测量相同路线的结果——67.5、70和65英里——各不相同，彼此最大相差5英里之多。因此，蒂姆的测量不如约翰的可靠。

比尔的测量系统在三人当中是最不可靠的，对相同路程的测量值从80英里到100英里不等。

效度、准确性和信度的相对重要性

行为测量应该为评估行为改变以及指导研究和治疗的决策提供真实的数据。最高质量的数据（即在提升科学知识水平或指导实践上最有用和最值得信赖的数据）是由有效、准确和可靠的测量产生的（参看图 5.1）。效度、准确性和信度都是相对的概念，每一个指标都可能高也可能低。

当测量……时			……产生的数据会……
有效	准确	可靠	
是	是	是	……对提升科学知识水平和指导以数据为基础的实践最有用。
否	是	是	……对于实施测量的目的而言毫无意义。
是	否	是	……总是错误的。[a]
是	是	否[b]	……有时是错误的。[c]

a 如能针对在标准尺寸和方向上具有一致性的测量误差进行调整，不准确的数据仍然可用。
b 在一个数据集中，即使每项数据的准确性都能得到确认，其信度仍可能是一个有待进一步讨论的问题。然而，在实践中，出现这种情况的可能性很低，因此，明确观察者持续一致地应用了有效和准确的测量系统进行测量，有助于提升数据集总体的值得信赖的程度。
c 使用者无法区分好的数据和坏的数据。

图 5.1 有效、准确和可靠的测量能够为科学和以科学为基础的实践提供最值得信赖和最有用的数据。

测量必须既有效又准确，这样得到的数据才值得信赖。如果测量是无效的，那么准确性就失去了意义。准确地测量一个并非研究重点的行为、准确地测量目标行为的一个不相关的维度，或是在不能代表与分析相关的情境下或时间内准确地测量行为，都会产生无效的数据。相反，在相关的情境下或时间里测量正确行为的一个有意义的维度，但如果观察值提供的是对行为的不准确描述，那么这样的数据也没有什么用处。从不准确的测量中获得的数据会使其他有效的测量变得无效。

绝不能将信度与准确性相混淆。虽然约翰的码表提供了完全可靠的测量，但那些数据是完全不准确的。如果没有首先关注到数据的准确性而只关注其信度，这说明错把信度当成了准确性。对研究者或正在阅读一份已发表的研究报告的人来说，问题不应该是"数据是可靠的吗？"而应该是"数据是准确的吗？"（Johnston & Pennypacker, 1993a, p. 146）

如果准确性比信度重要——的确如此——那么为什么研究者和实务工作者还要关注测量的信度呢？虽然信度高并不意味着准确性高，但信度低却揭露了准确性方面的问题。由于蒂姆和比尔的测量并不可靠，我们知道他们报告的数据里至少有一部分不可能是准确的，因此，这样的认知可以并且应该导向对他们的测量工具和程序的准确性进行查证。

高度可靠的测量意味着，无论测量系统中存在何种程度的准确性（或不准确性），都会在数据中得到一致的体现。如果可以确定约翰的码表能够可靠地获取比真实值高出一个固定数量或比例的观察值，那么就可以调整数据以适应那个固定程度的不准确性。

本章接下来的两个部分将会讲述应对行为测量的效度、准确性和信度面临的常见威胁的方法。

对有效测量的威胁

行为数据的效度会受到威胁的三种情况：测量是间接的；测量的是目标行为的错误维度；测量的实施方式导致产生的数据是某个真实事件的人为结果。

间接测量

间接测量是指研究者或实务工作者对实际关注的行为的替代物进行测量。间接测量提供二手的或

"过滤后"的信息，它需要研究者或实务工作者对所测量的事件与实际关注的行为之间的关系做出推断（Komaki, 1998）。例如，在一份旨在了解调查对象与同伴的社会互动情况的问卷中，一名学生所做的回答就是一种间接测量。用学生在标准化数学成就测验中的分数作为掌握程度的指标是另一个间接测量的例子。这两个例子都需要在所测量的行为和实际关注的行为上做出推断。相比之下，学生在由最近所学的课程内容中的数学问题组成的设计合理的测验中的得分是一种**直接测量**，它不需要推断这对于学生在课程中的表现意味着什么（例如，Hosp & Hosp, 2003; Stecker, Fuchs, & Fuchs, 2005）。相反，当所测量的行为与某项调查或行为改变计划的重点行为完全相同时，就说明实施了直接测量。

间接测量在应用行为分析中很少出现，因为要符合应用行为分析的"应用"维度，就要对具有重要社会意义的行为进行有针对性的、有意义的（即有效的）测量。然而，有时研究者或实务工作者无法直接和可靠地接触到所关注的行为，因此必须使用某种形式的间接测量。在研究患者是否遵医嘱这一问题时，由于研究者无法直接观察和测量患者在家中的行为，他们只能依靠患者的自我报告来获取数据（例如，La Greca & Schuman, 1995）。[1]

间接测量有时会被用在与内隐事件或情感状态有关的推断上。例如，格林和里德（Green & Reid, 1996）用直接测量微笑来表现重度多重障碍人士的"快乐"。然而，研究内隐事件并不必然涉及间接测量。一位接受过训练的研究参与者观察自己的内隐事件，就是直接测量被关注的行为（例如，Kostewicz, Kubina, & Cooper, 2000; Kubina, Haertel, & Cooper, 1994）。

一旦使用了间接测量，研究者就有责任提供证据，证明其所测量的事件能够以某种可靠而有意义的方式直接反映研究者期望得出结论的有关行为的某些特质（Johnston & Pennypacker, 2009）。换句话说，研究者有责任为其研究数据的效度提供令人信服的实证。效度的论证不能通过简单地将声称要测量的事物的名称标签贴到实际测量的事物上来实现，尽管人们有时试图这样做。关于这一点，马尔（Marr, 2003）讲述了一段有关亚伯拉罕·林肯（Abraham Lincoln）的逸事。

"先生，这头驴有几条腿？"

"四条腿，林肯先生。"

"它有几条尾巴？"

"一条尾巴，林肯先生。"

"先生，如果我们现在把一条尾巴称作一条腿，那么这头驴有几条腿？"

"五条腿，林肯先生。"

"不，先生，你不能通过把一条尾巴称作一条腿，就把它变成一条腿。"（pp. 66–67）

测量目标行为的错误维度

与间接测量相比，测量被关注行为的错误维度会更加频繁地对行为测量的效度造成威胁。有效的测量产生的数据与人们试图通过测量来回答的行为问题相关。当测量产生的行为维度值与测量行为的原因不切合或不相关时，效度就会受到影响。

约翰斯顿和彭尼帕克（1980）提供了一个绝佳的例子，说明了测量一个符合测量原因的维度的重要性。"当茶壶内的水温升高时，将一把直尺插进去，可以得到关于水深的非常可靠的测量值，但它几乎不能提供关于温度变化的任何信息。"（p. 192）虽然直尺的测量单位很适合用来测量长度，或者在这个例子中测量的是水的深度，但它对于测量温度来说是完全无效的。如果测量水的目的是确定水是否已经达到泡

---

[1] 关于提高自陈报告准确性的策略，可参看克里奇菲尔德、塔克和武奇尼（Critchfield, Tucker, & Vuchinich, 1998）以及芬尼、帕特南和博伊德（Finney, Putnam, & Boyd, 1998）的相关文章。

茶的理想温度，那么温度计才是正确的测量工具。

如果你有兴趣用朗读来测量学生的学习耐力，只计算每分钟朗读正确和错误的字数，而不测量和报告学生朗读的总时间，是无法提供关于学习耐力的有效数据的。每分钟朗读的字数并不切合测量朗读的原因（即学习耐力）。要测量耐力，实务工作者需要报告朗读的持续时间（如 30 分钟）。类似地，测量学生做出正确反应的尝试百分比并不能提供有效数据来回答关于学生发展某项技能的流畅度的问题，而测量每分钟的正确反应数和反应速率的变化（加速率）则可以回答这个问题。

测量的人为结果

直接测量具有重要社会意义的目标行为的相关维度并不能保证测量一定是有效的。无论数据多么准确或可靠，当它无法提供有意义的（即有效的）行为表述时，其效度都会降低。当数据因实施测量的方式而提供的是无根据的或有误导性的行为描述时，这样的数据称作人为结果（artifact）。正如在第 4 章中介绍的，测量的人为结果（measurement artifact）指的是因测量方式而看起来存在的某个事物。非连续测量、安排不当的测量期以及使用不敏感或有限度的测量量尺是造成测量的人为结果的常见原因。

非连续测量

由于行为是一种动态的、连续的现象，会随着时间的推移而发生和变化，因此在行为分析的研究和实践中，连续测量是一项黄金标准。**连续测量**（continuous measurement）是一种能够检测到观察期内所有目标行为实例的测量方式。由于自动化数据收集技术的发展，行为研究中的连续测量已呈现越来越多的趋势（Kostewicz, King, Datchuk, & Brennan, 2016）。

非连续测量（discontinuous measurement）是使所关注的反应类中的某些实例可能不被检测到的任何一种测量形式。由非连续测量产生的数据集——无论多么准确和可靠——都有可能是测量的人为结果，而非行为事件的准确描述。

在缺乏自动化测量技术的情况下，连续测量可能会受到以下因素的限制：被测量的目标行为的本质；必须被测量行为的服务对象或参与者的数量；观察期的数量、持续时间和时程安排；是否有训练有素的人员观察和收集数据。在这种情况下，应用行为分析师通常会使用第 4 章中讲述的三种主要的非连续测量方法之一（部分时距记录、全部时距记录或瞬间时间抽样）。

汤姆森、霍姆伯和贝尔（Thomson, Holmber, & Baer, 1974）的一项研究论证了非连续测量可能导致的数据集里的人为变异性的程度。一位经验丰富的观察者使用三种不同的程序安排时间抽样观察，测量一所幼儿园中的 4 名被试（2 名教师和 2 名儿童）在 64 分钟的时段内的行为。汤姆森及其同事将这三种时间抽样程序称为邻近抽样程序、交替抽样程序和顺序抽样程序。在每个时间抽样程序中，每名被试都被分配到观察者四分之一（即 16 分钟）的观察时间。

使用邻近式观察时间表时，观察者在第一个 16 分钟内记录下被试 1 的行为，在第二个 16 分钟内记录下被试 2 的行为，以此类推，直到 4 名被试全部被观察完毕。在交替模式中，被试 1 和被试 2 在前半个时段中被交替观察，在后半个时段中，被试 3 和被试 4 以同样的方式被观察。具体来说，被试 1 在第一个 4 分钟内被观察，被试 2 在接下来的 4 分钟内被观察，被试 1 继续在下一个 4 分钟内被观察，以此类推，直到 32 分钟后结束。在后半个时段的 32 分钟内，以同样的方式对被试 3 和被试 4 进行观察。使用顺序方法对 4 名被试进行 4 分钟系统化循环观察。被试 1 在第一个 4 分钟内被观察，被试 2 在第二个 4 分钟内被观察，被试 3 在第三个 4 分钟内被观察，被试 4 在第四个 4 分钟内被观察。这个顺序重复了 4 次，观察时间共计 64 分钟。

为了得出与每个时间抽样计划相关的数据中的人为变异的百分比，汤姆森及其同事（1974）将上述观察者的数据与每名被试在相同的 64 分钟时段内在连续测量下产生的"实际比率"进行了比较。研究结果清楚地显示，邻近式时间表和交替式时间表所产生的数据是最不具代表性的（因此是较为无效的）目标行为测量值（与连续测量相比，变异量通常会超过 50%），而顺序抽样程序所产生的结果与通过连续记录获得的数据比较接近（与连续测量相比，变异量从 4% 到 11% 不等）（参看 Tiger et al., 2013）。

尽管有其固有的局限性，应用行为分析的很多研究仍然会使用非连续测量，在这些研究中，单独一位观察者要在同一时段内测量多名被试的行为。为了尽可能地减少非连续测量对效度造成的威胁，需要仔细考虑如何安排观察和测量期。不频繁的测量无论多么准确和可靠，往往都会产生人为结果。虽然单独一次的测量可以揭示出目标行为在某个特定时间点发生与否的情况，但它可能不代表该行为的常态值。[1] 一般而言，应该每天或频繁安排观察时段，即使是短暂的观察周期，也应如此。

理想情况下，所关注行为每一次发生的情况都应该被记录。然而，当可利用的资源不足，无法在整个观察期内使用连续测量时，就必须使用抽样程序。如果样本能够代表所关注行为的真实参数的有效近似值，那么抽样程序可能就足以用于做决策和分析。当无法在整个观察期内进行连续测量时，一般来说，最好能够对均匀分布于整个时段中的多个短暂时距的目标行为进行抽样，而不是使用较长但次数较少的时距（Thomson et al., 1974; Thompson, Symons, & Felce, 2000）。例如，测量一名被试的行为，使用 30 个均匀分布在 30 分钟观察期内的 10 秒钟时距，可能会比在半小时内只用一次 5 分钟的时间观察一个人产生的数据更具代表性。

用过短或过长的观察时距测量行为可能会导致数据严重高估或低估行为发生的真实次数。例如，使用以 10 分钟为一时距的部分时距记录测量不专注任务行为，其产生的数据可能会使最勤奋的学生看起来非常不专心。

安排不当的测量期

观察时间表应该是标准化的，以便在整个观察时段内行为的发生或不发生有同等的机会被观察到，也使各观察时段的环境条件保持一致。当这些要求都不满足时，由此产生的数据可能就无法代表真实事件，因此是无效的。如果把观察期安排在行为发生的频率并不典型的时间和/或地点，那么数据可能就无法代表高比率或低比率的反应期。例如，如果只测量学生在每天 20 分钟的合作学习小组活动的头 5 分钟内的专注任务情况，那么得出的数据可能会使专注任务行为的频率看起来比整个活动的实际情况高。

当数据被用来评估一项干预或治疗的效果时，应选择最保守的观察时间。也就是说，应该在目标行为的发生率最有可能与治疗所期望或预期产生的结果不同的时候对其进行测量。如果行为改变的目标是减少发生率，那么测量应该在这些行为最有可能以最高反应比率发生的时候进行。相反，对于行为改变的目标为增加发生率的测量，则应该在高比率反应最不可能出现时进行。如果不涉及干预——如同描述性研究中的情况——那么应该选择最有可能产生对该行为具有代表性的数据的观察时间。

不敏感和/或有限度的测量量尺

数据出现人为结果，可能是因为使用的测量量尺无法检测到全部的相关值，或对有意义的行为改变不够敏感。使用无法检测到全部相关表现的测量量尺获得的数据，可能会错误地暗示行为不可能在低于或高于所获得的测量值水平上发生，因为量尺已对行为表现设定了人为的下限或上限。例如，测量学生朗读的流畅度时，让学生在一分钟内读完一段 100 字的文章，由此得出的数据可能显示他的最高表现就是一分钟 100 字。

对行为的相关改变的敏感度过高或过低的测量量尺可能会产生误导性的数据，使人们以为有意义的行

1　单独的测量，如前测和后测，可以提供在教学或治疗前后关于个人的知识和技能的一些有价值的信息。第 30 章将讨论使用探测（probe）这个不常用但系统化的测量方法来评估行为改变的维持和泛化。

为改变已经（或尚未）发生。例如，在评估干预对改善制造工厂质量管理的效果时，如果零件正确组装率由 92% 的基线水平提高到 97% 至 98% 这个范围，而这恰好是不合格与合格（即有利润）表现之间的差别，那么使用以 10% 为增幅单位的百分比测量量尺可能就无法揭示出表现上的重要改变。

对准确和可靠测量的威胁

在应用行为分析中，人为错误是对数据的准确性和信度的最大威胁。应用行为分析与实验行为分析不同，在实验行为分析中，测量通常是自动化的；而应用行为分析中的大部分调查是由人类观察者来测量行为[1]。造成人为测量错误的因素包括设计不当的测量系统、观察者训练不足以及对数据结果的期望。

设计不当的测量系统

不必要的麻烦和不好用的测量系统会造成准确性和信度的不必要的损失。在应用情境中收集行为数据需要专注、敏锐的判断力和不懈的努力。测量系统使用起来越费劲、越困难，观察者就越不可能持续地检测和记录目标行为的所有实例。尽可能地简化测量系统可以将测量误差降到最低。

影响测量复杂性的变量包括观察对象的数量、记录行为的数量、观察期的持续时间和/或观察时距的持续时间，所有这些变量都有可能影响测量的质量。例如，观察多个人比观察一个人要复杂，记录多个行为比记录一个行为要复杂，使用 5 秒邻近观察时距而没有在时距之间预留时间记录观察结果比使用有预留时间记录数据的系统要困难。

关于减少测量复杂性的具体建议，要根据研究的特质而定。然而，当使用时间抽样测量时，应用行为分析师可以考虑做一些调整，如减少同时观察的个体或行为的数量、减少观察时段的持续时间（如从 30 分钟减少到 15 分钟），以及增加时距的持续时间（如从 5 秒增加到 10 秒）。此外，要求观察者在训练期间做更多的练习、设立一个更高的关于行为编码的掌握标准，以及更频繁地向观察者提供反馈，也可以减少复杂测量可能造成的负面影响。

观察者训练不足

必须特别关注对观察者的选择和训练。对观察者进行明确和系统化的训练对于收集值得信赖的数据至关重要。观察和记录编码系统要求观察者根据其他行为或事件的复杂和动态的背景区辨特定的行为类或事件类的发生与否，并将自己的观察结果记录在数据表上。观察者必须了解所要测量的每个行为或事件的定义、每个事件的编码符号系统或图标、一套通用的记录程序（如在数据收集表上做标记、按键、触碰图标）以及如何纠正记录错误（如应写减号而不是加号、应按 F5 键而不是 F6 键、应触碰"不专注任务"图标而不是"专注任务"图标）。

谨慎地选择观察者

无可否认，应用研究者常常急于寻找数据收集者，但并非所有的志愿者都应该被接受而进行训练。研究者应该对潜在观察者进行面试，判断他们过去在观察和测量活动方面的经验、目前的时间安排和对即将到来的工作的承诺、工作伦理和动机，以及全部的社交技能。面试过程中，可以用一个前测来判断他们当前的观察水平和其他技能水平。为了达到这一目的，可以让潜在观察者观看一段视频短片，短片中出现的行为与他们可能会被要求观察的行为类似，并对照某个标准记录下他们的表现。

训练观察者达到胜任能力的客观标准

在进入应用情境进行观察之前，受训的观察者应达到特定的记录能力标准。训练期间，观察者应练习

---

1 我们建议尽可能使用自动化数据记录设备。例如，为了测量男孩在固定单车上的运动量，德卢卡和霍尔本（DeLuca & Holborn, 1992）使用磁性计数器自动记录车轮转动的次数。

记录目标行为和非目标行为的例子,并接受批评和关于表现的反馈。在实际收集数据前,观察者应进行多次练习。训练应持续到达到预定的标准为止(如在连续两个或三个时段内准确率达到95%)。例如,科马基(Komaki, 1998)训练观察者测量军方人员对重型设备的预防性维护任务的完成情况时,要求连续三个观察时段内的数据与真实值之间的一致性至少达到90%。

可以使用各种方法训练观察者。这些方法包括样本故事情节、叙事性描述、录像示范流程(参看第21章)、角色扮演以及在将要收集实际数据的环境中练习。自然情境中的练习尤其有益,因为它可以让观察者和参与者学习适应彼此的存在,可以减少观察者的存在对参与者的行为造成的反应性效应。例如,一项研究要测量有学习障碍的初中生在合作学习小组活动中出现的恰当和不恰当的寻求同伴反应,以及同伴对那些反应的三种回应类型(教学式反馈、赞扬和消极陈述),它要求受训的观察者先演示准确记录的做法(将实验者对事件的描述作为真实值),然后在与实验情境相似的教室里练习观察和测量那些事件。

> 第一作者创作了两个观察训练脚本,每个脚本包括观察者可能遇到的十个不同的合作学习小组互动情节。这些情节包括恰当和不恰当的寻求同伴反应和同伴的各种回应。第一作者与观察者讨论第一个脚本,演示如何在记录表上注记每一个情节。然后每位观察者根据第二个脚本独立完成一份记录表。当观察者与第一作者在学生寻求同伴反应和同伴协助的频率和类型上达到至少95%的观察者间一致性时,观察者开始练习收集语言课堂上合作学习小组活动期间的数据。当观察者与第一作者再次在课堂活动上达到至少95%的观察者间一致性时,就正式开始收集基线数据。(Wolford, Alber, & Heward, 2001, p. 164)

下列步骤是以系统化方式训练观察者的一个例子。

步骤1 受训者阅读目标行为的定义,熟悉数据收集表和记录观察的程序,学习正确使用任何测量或记录工具(如录音机、秒表、笔记本电脑、掌上电脑、条码扫描器)。

步骤2 受训者练习记录行为情节的简化叙事性描述,直到他们在预定数量的行为实例上达到100%的准确性。

步骤3 受训者练习更长的、更复杂的行为情节的叙事性描述,直到他们在预定数量的行为实例上达到100%的准确性。

步骤4 受训者通过录像或角色扮演的情节练习观察和记录数据,这些情节所描述的目标行为的速度和复杂性与自然环境中发生的行为相同。训练所用情节应该有脚本,并按顺序逐步提高难度,以便让受训者练习对目标行为的发生与否做区辨。让受训者对同一系列的情节再次进行观察记录,对两次测量得到的数据进行信度比较,可以评估受训者在应用测量系统上的一致性。受训者持续实施这个步骤,直到他们达到预先设定的准确性和信度标准。(如果研究涉及从自然永久性产物如作文或学术工作表中收集数据,那么在实施步骤2到步骤4时应该为受训者提供记分更全面和更难记分的例子进行练习。)

步骤5 观察者训练的最后一步是让观察者在自然环境中练习收集数据。由一位经验丰富的观察者陪同受训者,同时、独立地测量目标行为。每个练习时段结束时,受训者和经验丰富的观察者都要比较各自的数据记录表,并讨论有问题的或此前未曾预见的实例。训练持续进行,直到双方之间达到预先设定的观察者间一致性标准(如在连续三个观察时段内至少达到90%的观察者间一致性)。

提供持续训练以尽量减少观察者漂移

在研究过程中,观察者有时会在不知不觉中改变他们使用测量系统的方式,这被称作**观察者漂移**(observer drift),这些数据收集方式上的无意间的改变可能会产生测量误差。观察者漂移通常意味着观察者对训练时使用的目标行为定义在后来做出了不同的解读。当观察者扩展或窄化目标行为的原始定义时，就会发生观察者漂移。例如，在某项研究的第一周被观察者记录为儿童"不服从"行为的实例，可能会在研究的最后一周被当作"服从"行为的实例，观察者漂移有可能是出现这种情况的原因。观察者通常意识不到自己在测量中发生了漂移。

在整个研究过程中，不定期地对观察者进行再训练或补充强化训练，可以将观察者漂移减少至最低程度。持续训练可以使观察者在其测量的准确性和信度方面得到频繁的反馈。持续训练可以是有规律的、按照预先计划的时间（如每周五早上）进行，也可以采取随机的方式进行。

无意间对观察者造成的影响

理想情况下，观察者报告的数据只受目标行为实际发生与否的影响，这是观察者在训练中学到的测量方式。然而，在现实中，各种无意间造成的和不希望出现的对观察者的影响可能会威胁到他们报告的数据的准确性和信度。造成这种测量误差的常见原因包括观察者对数据的预期结果的预设，以及意识到其他人也在测量同一个行为。

观察者期望

观察者期望目标行为在特定条件下发生在某个水平上，或期望因在环境中做了某个改变，目标行为随之改变，这样的期望会对准确测量造成严重的威胁。例如，如果一位观察者相信或预测教师实施代币经济会减少学生的不当行为，那么她在代币强化条件下记录到的不当行为可能会比在没有这种期望的情况下记录到的少。受观察者的期望或为获得令研究者满意的结果而做出努力的影响的数据会带有测量偏差的特征。

尽可能减少观察者的期望造成的测量偏差，最可靠的方法是雇用中性观察者（naive observer）。彻底的**中性观察者**训练有素，且对研究目的和/或某个阶段或观察期内的实验条件一无所知。研究者应告知受训的观察者，他们将得到与研究目的相关的有限信息以及这样安排的原因。然而，维持观察者的中性往往是一件困难的事，有时甚至是不可能做到的事。

当观察者了解到某项调查的目的或假设的结果时，可以通过使用目标行为的定义和较保守地描述了目标行为的记录程序（如以 10 秒而非 5 秒的全部时距来记录专注任务行为）来使测量偏差减少到最低程度。此外，坦诚而持续地同观察者讨论收集准确数据的重要性，以及频繁地向观察者反馈他们的数据与真实值或中性观察者的数据之间的一致性程度，也可以减少测量偏差。给予观察者的反馈不应涉及他们的数据与治疗的目标或假设的结果相符与否的程度方面的信息。

观察者反应性

因观察者意识到其他人正在评估自己报告的数据而产生的测量误差称作**观察者反应性**（observer reactivity）。如同当参与者意识到自己的行为正被其他人观察时会出现反应性一样，观察者的行为（即他们记录和报告的数据）也会受到其他人正在评估数据的影响。例如，如果观察者知道研究者或另一位观察者正同时观察同一个行为，或者之后会利用录像或录音监控他们的测量，那么可能就会出现观察者反应性。如果观察者预期另一位观察者会以某种方式记录该行为，那么他的数据可能就会受到他所预期的另一位观察者可能记录的内容的影响。

监控观察者时，尽可能地不引起注意，并按照不易预测的时间安排进行，这样有助于减少观察者反应性。如果观察者不止一人，将他们拉开距离或用隔板隔开能够减少他们的测量结果彼此影响的可能性。某些研究和临床情境中使用的单面镜可以消除主要观察者和辅助观察者之间的视线接触。如果对研究时段进行了录音或录像，那么辅助观察者可以在主要观察者完成工作以后的时间里测量行为，两人根本不必碰面。在不可能提供单面镜而录音或录像又可能会造成干扰的情境中，辅助观察者可以在主要观察者不知道的时间开始测量。例如，如果主要观察者从第一个时距开始测量行为，那么辅助观察者可以在 10 分钟后再开始进行测量，用于比较的时距从第十分钟之后才开始，而忽略在此之前主要观察者已经记录的时距。

评估行为测量的准确性和信度

在设计出能够有效反映目标行为的测量系统，并训练观察者使用这个系统以尽可能得出准确和可靠的数据之后，研究者的下一个与测量相关的任务是评估数据实际上的准确和可靠程度。事实上，所有评估行为数据的准确性和信度的程序都需要某种形式的"对测量系统的测量"。

评估测量的准确性

当观察值（即通过测量一个事件得到的数字）与事件的真实值相吻合时，测量就是准确的。要确定数据准确性的根本原因显而易见：没有人愿意将研究结论或治疗决策建立在错误数据的基础之上。更确切地说，实施准确性评估有四个相互关联的目的。第一，在分析的早期对数据的质量做出评判，确定其是否足以作为实验或治疗决策的基础，这很重要。关于数据具有准确性这一点，研究者或实务工作者必须努力说服的第一个人是自己。第二，准确性评估能够发现和纠正测量误差的特定实例。本章稍后将讨论的另外两种评估数据质量的方法——信度评估和观察者间一致性——虽然可以帮助行为分析师察觉到测量误差的可能性，但这两种方法都不能指出误差出现在哪里。只有直接评估测量准确性才能使实务工作者或应用研究者发现并纠正错误数据。

实施准确性评估的第三个原因是它可以揭示测量误差的一致性模式，以便对测量系统进行校准（calibration）。**校准**时，需要将测量系统产生的数据与已知的标准或真实值进行比较，如果有必要，可以调整测量系统，使其产生的数据与已知的标准相吻合。例如，知道约翰的码表可靠地测得的路程是 68 英里，但真实值却是 58 英里，那么骑行者不仅要纠正手上的数据（在这种情况下，向对方和他们的朋友李坦白自己并没有如先前所宣称的骑了那么远），而且要校准约翰的码表（在这种情况下，调整约翰的单车车轮周长的设定），以便使未来的测量保持准确。

马福德、泽莱尼、费希尔、克卢姆和欧文（Mudford, Zeleny, Fisher, Klum, & Owen, 2011）通过对同一事件的观察值与标准（已知）值的比较来校准人类观察者的测量。五位经验丰富的观察者和五位新手观察者参与了这项研究。观察者观看了两位成年人扮演的治疗师和服务对象的脚本演示录像，并用笔记本电脑记录了三种行为（服务对象捏治疗师、治疗师示范辅助、治疗师使用语言 + 手势的辅助）。每位观察者按随机顺序观看 10 个时长都为 10 分钟的录像样本。每个样本包括不同数量（0~80 个）的捏的行为和 15 个随机分布的治疗师辅助。

由于研究使用的录像样本是有脚本的，因此三个目标行为各自的发生次数都是一个已知的（真实）值。通过播放、暂停、倒回和重放录像，本研究的三位共同作者在独立作业的情况下，将样本中每个反应的发生时间记录下来，精确到秒，并将这样的记录称为"标准记录"。"各独立记录之间唯一的差异是反应发生的确切时间。出现差异时，三位作者一同观看样本，直到他们就行为发生的时间达成共识。"（p. 575）

马福德等人（2011）在使用三种不同的观察者间一致性的计算方法和线性回归对每位观察者的数据与"标准记录"进行比较后，得出结论："所有经验丰富的观察者在准确性和精确度上都与标准记录具有几乎一致的高水平的一致性……在准确性和精确度上，总体而言，新手观察者并没有远远落后于经验丰富的观察者。"（p. 582）虽然这些研究结果只适用于被评估的测量系统和观察者，但这项研究展示了一种可用于提高应用行为分析师所收集数据的准确性的校准方法。

校准任何一种测量工具，无论是机械设备还是人类观察者，都需要将用此工具测得的数据与真实值进行比对。通过 GPS 里程表获得的里程数可以作为校准约翰的码表的真实值。校准计时设备，如秒表或倒数计时器，可以将其与一个已知的标准"铯原子钟"进行比对[1]。如果将计时设备与原子钟比对后没有发现差异，或是差异对测量目的而言在可容忍的范围内，那么校准的程序就完成了。如果发现两者之间存在显著差异，那么就需要将计时设备重新设定标准。我们建议在分析的初始阶段频繁做准确性评估，然后，如果经评估得出了较高的准确性，那么就可以减少检查记录工具校准的次数。

实施准确性评估的第四个原因是要向消费者保证数据的准确性。在研究报告中纳入准确性评估的结果有助于读者判断提供结果解释的数据是否值得信赖。

确定真实值

某些行为的真实值显而易见，而且能得到普遍认同。例如，在数学和拼写这种学业领域中的正确反应，获得其真实值的方法简单明了。算术题 2+2=? 的真实值是 4，而《牛津英语词典》(*Oxford English Dictionary*) 则是评估测量英文单词拼写准确性的真实值的来源。[2]

虽然并非放诸四海而皆准，但应用研究者和实务工作者感兴趣的很多具有重要社会意义的行为的真实值可以根据当地的具体情况来确定。例如，在一所烹饪学校的一次测验中，关于"说出三种推荐用于增加肉汤浓稠度的淀粉"这一问题，其正确反应就没有普遍认同的真实值。然而，对参加这个测验的学生而言，在教师的课程材料中可以找到它的真实值。

> 获得真实值的方法并不是唯一的。它只需符合两项要求：（1）获得真实值的程序必须与用于收集接受评估的数据的程序不同；（2）获得真实值的程序必须包含避免或移除可能的误差来源的特殊步骤。(Johnston & Pennypacker, 2009, p. 146)

在前面提到的每个例子中，真实值的来源都独立于被评估的数值。应用行为分析师研究的很多行为的真实值很难确定，因为确定真实值的过程必须和用于获得与真实值相比较的数据的测量程序不同。

这的确很困难，但并非不可能。例如，在前面讲述的马福德及其同事（2011）的校准研究中，获得真实值的程序就符合以下两项要求：（1）获得真实值的程序与观察者记录数据的程序不同（研究者利用暂停和重放录像来测量行为）；（2）校准过程包含特殊的步骤（当彼此的测量存在差异时，研究者一同观看录像，直到在一秒钟的可容忍范围内达成一致）。

人们很容易误将看似真实值的测量值当作真正的真实值。例如，假设有四位训练有素且经验丰富的观察者观看一段教师和学生互动的录像。他们的任务是辨识教师赞扬依联于学生完成学业要求的所有实例的真实值。每位观察者单独观看录像，并计数所有的依联教师赞扬。在完成各自的观察记录后，四位观察者分享他们的测量结果，讨论差异，并提出差异出现的可能原因。观察者第二次独立地记录依联赞扬。之后，他们再次分享并讨论结果。经过几次重复记录和分享，所有的观察者都认为他们已经记录了教师赞扬的每一个实例。然而，观察者并未得出教师赞扬次数的真实值，之所以如此，有两个原因：（1）观察者无法将他们对教师赞扬的测量与一个独立的教师赞扬的标准进行校准；（2）用于辨识教师赞扬的所有实例的过程可能存在偏差（如其中一位观察者可能已使其他观察者相信她的测量结果代表了真实值）。当真实值无法确定时，研究者必须依靠信度评估和观察者间一致性的测量值来评估数据的质量。

---

[1] 美国的官方时间可在美国国家标准与技术研究所的网站（https://www.time.gov）上获取。铯原子钟虽然目前仍是实验性的，但就不确定性、稳定性和可重复性这三个新兴的标准而言，它已超过铯原子钟的准确性！

[2] 在英语中，一个单词的首选拼法可能会发生变化[如 judgement（判断力）变成了 judgment]，在这种情况下，一个新的真实值就确定下来了。

准确性评估的程序

确定测量准确性是直接计算每个测量值或数据与其真实值相对应程度的过程。例如，研究者或实务工作者在评估一名评分者给学生在 30 个单词的拼写测验中的表现所打分数的准确性时，会将评分者在测验中对每个单词的评分与该单词在词典中的真实值进行比对。测验中与词典提供的正确字母顺序（即正确拼写）相吻合的每个单词被评分者标记为正确，以及与词典中的拼写不一致的单词被评分者标记为不正确，都是评分者的准确测量。如果评分者对测验的 30 个单词中的 29 个单词的原始打分与这些单词的真实值相符，那么评分者的测量准确率就是 96.7%。

虽然研究者或实务工作者一个人就可以对所收集数据的准确性进行评估，但人们通常还是会使用多位独立观察者。布朗、邓恩和库珀（Brown, Dunne, & Cooper, 1996）在一项朗读测验的研究中描述了他们用于评估测量准确性的程序。

> 一位独立观察者通过查看学生每天的延迟一分钟口头复述的录音带来评估我们测量的准确性，提供我们对延迟复述的计数与录音带中正确和错误复述的真实值之间的相似程度的评估。这位独立观察者每天从一顶帽子中随机抽出一名学生的名字，然后听该学生的录音带，并使用与教师所用相同的定义对正确和错误的复述打分。观察者的分数与教师的分数进行比较。如果这些分数之间存在差异，那么观察者会和教师一同重听录音带（即真实值）以辨识差异的来源，并在数据记录表和标准速线图上纠正计数错误。观察者还使用秒表对录音内容的持续时间进行计时，以确保计时的准确性。对于时间差异超过 5 秒的情况，我们计划让教师对学生的报告或复述重新计时，并重新计算每分钟出现正确和错误复述的频率。然而，所有的计时都符合差异小于 5 秒的准确性的定义。（p. 392）

准确性评估报告

除了描述用于评估数据准确性的程序外，研究者还应该报告接受准确性检查的测量值及其百分比、所发现的准确性的程度、所检测到的测量误差的程度，以及这些测量误差在数据中是否已得到纠正。布朗及其同事（1996）用以下叙述性文字来报告他们的准确性评估的结果。

> 在被检查的 37 个观察时段中，独立观察者和教师在 23 个时段上达到了 100% 的一致。教师和观察者一同重听了录音带，以确定存在测量差异的 14 个时段的测量误差的来源，并纠正了测量误差。然后将从再次检查后的 37 个时段中得到的准确数据呈现在标准速线图上。测量误差的幅度很小，每次观察时通常只有 1~3 个有争议的数据。（p. 392）

对准确性评估结果的全面描述有助于研究报告的读者评估报告中所有数据的准确性。例如，假设研究者报告说，她对随机挑选的 20% 的数据进行了准确性检查，发现这些测量值的准确率为 97%，而 3% 的误差是无偏差的（nonbiased），并根据需要纠正了被评估的数据。这样，该研究报告的读者就会知道其中 20% 的数据是 100% 准确的，而且会相当确信其余 80% 的数据（即那些没有经过准确性检查的数据）中有 97% 是准确的。

评估测量的信度

当重复测量同一事件而能获得相同的测量值时，测量就是可靠的。当同一位观察者从存档的反应产物如视听产物和其他形式的永久性产物中重复测量同一个数据集而获得了一致的结果时，信度就得以确立。观察的一致性模式出现的频率越高，测量就越可靠。相反，如果重复的观察没有产生相似的观察值，数据就会被认为是不可靠的。这会导致人们对准确性的担心，而准确性是测量质量的主要指标。

但是，如同我们反复指出的那样，可靠的数据不一定是准确的数据。正如那三位骑行者所发现的，完全可靠的（即一致的）测量有可能是完全错误的。如果将测量的信度作为判断其准确性的基础，就会如哲学家维特根斯坦（Wittgenstein, 1953）所说的那样："就好像有人买好几份相同的早报，用以说服自己它所刊载的内容就是事实。"（p. 94）

然而，在很多研究和大多数实践应用中，检查每个测量值的准确性是不可能或不可行的。在其他情况下，所测量的目标行为的真实值可能很难确定。当确定每个数据的准确性是不可能或不实际的，或是无法得到真实值时，知道某个测量系统的应用具有高度的一致性有助于提升数据总体的值得信赖的程度。虽然高信度不能保证高准确性，但低水平的信度却足以发出一个信号，即在能够找出和修复测量系统中的问题之前，其所产生的数据值得怀疑，甚至可以舍弃不用。

评估行为测量的信度需要有自然的或人为设计的永久性产物，以便观察者能够重复测量相同的事件。例如，要对学生作文中的形容词或动词数量等变量的测量进行信度检查，可以通过让观察者对作文重复打分来完成。要对家长在晚餐时给予孩子的反应辅助和反馈陈述的数量和类型的测量进行信度检查，可以通过让观察者重新播放家庭晚餐时间的录像并打分，然后比较两次测量的数据来实现。

观察者第一次测量完永久性产物后，不应在短时间内就对相同的产物展开第二次测量。这样做可能会导致第二次打分的测量结果受到观察者对第一次打分的记忆的影响。为了避免这种不良的影响，研究者可以在需要观察者记录的"新数据"序列中随机插入一些以前打过分的作文或录像。

使用观察者间一致性评估行为测量

在应用行为分析中，观察者间一致性是最常用的测量质量的指标（Kostewicz et al., 2016）。**观察者间一致性**（interobserver agreement, IOA）是指两位或多位独立观察者在测量相同的事件后报告相同的观察值的程度。

观察者间一致性的用途和好处

获得和报告观察者间一致性可以达到四个不同的目的：第一，IOA 可以作为判断新手观察者的胜任能力的依据。如前所述，新受训的观察者和有经验的观察者之间高度的一致性，就是新手观察者使用与有经验的观察者相同的方式测量行为达到某种程度的客观指标。

第二，在整个研究过程中系统化地评估 IOA 可以检测出观察者漂移。当观察者们在研究初始测量相同的行为事件得到相同或几乎相同的观察值（即 IOA 很高），而在研究后期对相同的事件得到不同的测量值（即 IOA 变低）时，其中一位观察者使用的目标行为定义可能发生了漂移。IOA 评估的恶化无法明确指出观察者的哪些数据受到了漂移（或其他任何造成不一致的原因）的影响，但这样的信息揭示了进一步评估数据和/或对观察者进行再训练和校准的必要性。

第三，知道两位或多位观察者稳定地获得相似的数据可以使人们更加相信目标行为的定义清晰明确，测量编码和系统的使用也不会太难。第四，在雇用多位观察者担任数据收集者的研究中，稳定的高 IOA 水平可以使人们更加相信数据的变异性不是由哪位或哪几位观察者恰好在某个特定时段当值导致的，因此，数据的变化更有可能反映行为的真实变化。

前两个评估 IOA 的原因是具有主动性的：它们帮助研究者判断和描述观察者达到训练标准的程度，以及检测观察者使用此测量系统时可能出现的漂移。后两个使用 IOA 的目的或好处是总结性描述观察者们在测量上的一致性。通过报告 IOA 评估结果，研究者使消费者得以判断数据的相对可信度（believability）是否值得信赖和解释。

获得有效的 IOA 测量的必要条件

有效的 IOA 评估取决于三个同等重要的标准。虽然这些标准可能是显而易见的，但仍然有必要做出更加明确的说明。两位观察者（通常是两位，但也可能更多）必须做到：（1）使用相同的观察编码和测量系统；（2）观察和测量相同的参与者和事件；（3）独立地观察和记录行为，不受其他观察者的影响。

观察者必须使用相同的观察系统

基于前述四种原因中的任何一种原因而进行观察者间一致性的评估时，观察者必须使用相同的目标行为的定义、相同的观察程序和编码，以及相同的测量工具。除了使用相同的测量系统之外，所有的观察者在参加为了评估数据可信度（而不是为了评估受训观察者的表现）而实施的 IOA 测量之前，都应该接受过完全相同的测量系统训练，并在使用测量系统的胜任能力上达到相同的水平。

观察者必须测量相同的事件

观察者必须在相同的观察时距和观察期内对相同的被试进行观察。如果用于评估 IOA 的数据来自现场的实时测量，那么两位观察者必须同时在情境中实施并完成测量。实时观察者必须被安排在恰当的位置，以便对被试和环境有相似的视野。例如，分别坐在教室两边的两位观察者可能会得到不同的测量值，因为不同的有利位置只能使其中一位观察者看到或听到目标行为的某些发生实例。

不同观察者的观察时间必须非常精准地同时开始和结束，其间差异即使只有几秒钟，也可能会产生重大的测量差异。为了避免出现这样的情况，可以在观察情境以外的地方同时启动计时设备，但在开始收集数据之前，知道数据收集实际上会在预先安排好的时间点开始（如精准地在第五分钟的第一秒开始）。此外，还有一种不太理想的方式，即在观察开始的那个时间点，由一位观察者向另一位观察者发出测量开始的信号。

一个常见且有效的程序是，让两位观察者用耳机同时接收预先录制的每个观察时距开始和结束的音频信号（参看第 4 章）。使用一种并不昂贵的分线装置可以将两个耳机接在相同的播放设备上，使观察者得以不受干扰地同时接收信号，而不需要相互依赖。

当用于评估 IOA 的数据来自永久性产物时，两位观察者不必同时测量行为。例如，观察者可以在不同的时间观看或听取相同的录像或录音并记录数据。但是，必须制订恰当的程序以确保两位观察者观看或听取的是同一段录像或录音，而且是在磁带上完全相同的位置开始和停止他们的独立观察。当目标行为产生的是自然的永久性产物，如完成的作业或制作的手工制品时，为了确保两位观察者测量的是相同的事件，可以包含这样一些程序，如在物件上清楚地标明观察时段的序号、日期、物件的状况和被试的名字，并妥善保管反应产物，确保它们不被破坏，以便辅助观察者从这些永久性产物中获得自己的测量值。

观察者必须是独立的

构成有效的 IOA 评估的第三个必备要素是确保任何一位观察者都不受其他观察者测量的影响，因此必须有相应的程序保证每位观察者的独立性。例如，实施现场实时行为测量时，观察者们站或坐的位置不能离得太近，以免有观察者发现另一位观察者或受到其他观察者记录的影响（Johnston & Pennypacker, 2009）。

将一位观察者已经做过标记的学业工作表或书面作业交给辅助观察者继续做观察记录会破坏辅助观察者的独立性。为了保持独立性，辅助观察者必须在来自相同被试的、没有做过标记的工作表或作业的影印本上完成其观察记录。

计算 IOA 的方法

计算 IOA 的方法很多，每种方法在观察者间一致性和不一致性的本质和程度上都提供了略微不同的观点（例如，Hartmann, 1977; Hawkins & Dotson, 1975; Page & Iwata, 1986; Mudford, Taylor, & Martin, 2009; Repp, Dietz, Boles, Dietz, & Repp, 1976）。接下来，我们将根据第 4 章描述的测量行为数据的三种主要方法：事件记录、计时和时距记录或时间抽样法，解释不同 IOA 的格式。虽然有时也会使用其他统计方法，但迄今为止，应用行为分析领域中使用最普遍的报告 IOA 的方式是观察者间一致性百分比。[1] 因此，我们将提供每一种 IOA 百分比的计算公式。

由事件记录法获得的数据的 IOA

计算通过事件记录法获得的数据的观察者间一致性时，采用的各种方法是基于比较：（1）每位观察者在每个测量期内记录的全部计数；（2）每位观察者在测量期内的一系列较小时距内的每个时距的计数累计；（3）每位观察者以逐一尝试比较为基础记录的 1 或 0 的计数。

总计数 IOA（total count IOA）。[2] 这是事件记录数据中比较每位观察者在每个测量期内所记录的总计数的最简单粗略的 IOA 指标。**总计数 IOA** 的报告方法是两位观察者记录到的反应总数一致性的百分比，计算方法是用较小的计数除以较大的计数，再乘以 100%，公式如下所示：

$$\frac{较小的计数}{较大的计数} \times 100\% = 总计数 IOA$$

例如，假设一位居家儿童照顾者在 30 分钟的观察期内记录下 9 岁的米切尔总共说了 10 次粗话，而辅助观察者在相同的时间内记录下米切尔总共说了 9 次粗话，那么这个观察期内的总计数 IOA 就是 90%（即 9÷10×100%=90%）。

解释总计数 IOA 时必须非常谨慎，因为一致性高并不能保证两位观察者记录的是同一个行为实例。例如，两位观察者测量米切尔说粗话的行为，而报告的数据可能距离测量多个相同的行为达到 90% 的一致性水平还差得很远，下面就是造成这种结果的无数种可能性中的一种。儿童照顾者在她的数据表中记录的总数为 10 次的说粗话行为有可能都出现在 30 分钟观察期内的前 15 分钟，而辅助观察者在这段时间内却只记录了总数为 9 次的说粗话行为中的 4 次。

平均每时距计数 IOA（mean count-per-interval IOA）。观察者们的计数数据之间的显著一致性意味着他们测量的是相同的事件，这种可能性可以通过以下方式来提高：（1）将整个观察时段切割成一系列较短的计数时间；（2）让观察者记录每个时距内行为发生的次数；（3）计算两位观察者在每个时距内观察次数的一致性；（4）以每个单一时距的一致性作为计算整个观察期的 IOA 的基础。图 5.2 所呈现的假设性数据被用来说明计算每时距计数 IOA 的两种方法：平均每时距计数法（mean count-per-interval）和准确每时距计数法（exact count-per-interval）。在 30 分钟的观察期内，两位观察者独立地计算了 6 个 5 分钟的时距内各自看到目标行为实例的次数。

虽然每位观察者在 30 分钟内都记录到了 15 个反应，但他们的数据表却显示观察期内存在着高度的不一致。虽然整个观察期的总计数 IOA 是 100%，但在每个 5 分钟时距内，两位观察者之间的一致性范围却是从 0% 到 100%，由此得出的平均每时距计数 IOA 是 65.3%。

---

1 IOA 可以通过计算积差相关系数（product-moment correlations）得出，其数值介于 -1.0 和 +1.0 之间。然而，用相关系数表示 IOA 有两个主要的缺点：（1）如果某位观察者始终比其他观察者记录到更多的行为发生次数，那么就会造成较高的相关系数；（2）相关系数无法保证观察者在行为的任何一个特定实例的发生与否上达成一致（Poling, Methot, & LeSage, 1995）。哈特曼（Hartmann, 1977）描述了使用 kappa 系数（k）作为测量 IOA 的一种方式。k 统计量是由科恩（Cohen, 1960）提出的，作为一种计算程序，可用于确定观察者之间由偶然因素造成的一致性的占比。然而，在行为分析文献中，很少有人报告 k 值。

2 在应用行为分析文献中，有多种术语用于表示计算 IOA 的同一种方法，而且相同的术语有时会代表不同的含义。我们认为这里使用的术语 IOA 代表了这一学术领域中最普遍的用法。为了指出并保留不同类型的 IOA 测量值的一些有意义的区别，我们将介绍几个不同的术语。

时距（时间）	观察者1	观察者2	每时距IOA
1（1:00 – 1:05）	///	//	2/3 = 67%
2（1:05 – 1:10）	///	///	3/3 = 100%
3（1:10 – 1:15）	/	//	1/2 = 50%
4（1:15 – 1:20）	////	///	3/4 = 75%
5（1:20 – 1:25）	0	/	0/1 = 0%
6（1:25 – 1:30）	////	////	4/4 = 100%
	总计数 =15	总计数 =15	平均每时距计数 IOA=65.3% ［（67%+100%+50%+75%+0%+100%）/6=65.3%］ 准确每时距计数 IOA=33% （时距2和6）/总时距 2/6=33%

图 5.2 针对在较小时距内计数的事件记录数据，计算其观察者间一致性（IOA）的两种方式。

平均每时距计数 IOA 的计算公式如下：

$$\frac{时距1 IOA + 时距2 IOA + 时距 nIOA}{n 个时距} \times 100\% = 平均每时距计数 IOA$$

准确每时距计数 IOA（exact count-per-interval IOA）。在大多数通过事件记录法获得的数据集中，对 IOA 最严格的描述来自计算**准确每时距计数 IOA**——两位观察者记录到相同的行为计数的时距在总时距数中所占的百分比。图5.2显示，在6个时距中，两位观察者只在两个时距内记录到相同的反应数，因此，准确每时距计数 IOA 是33%。

准确每时距计数 IOA 的计算公式如下：

$$\frac{IOA 为 100\% 的时距数}{n 个时距} \times 100\% = 准确每时距计数 IOA$$

逐一尝试比较 IOA（trial-by-trial IOA）。两位观察者测量了回合尝试行为（discrete trial behavior）的发生与否，对这种行为的每一次尝试或每一个反应机会的计数只能是0或1，在这种情况下，其一致性可以通过比较不同观察者的总计数或逐一比较尝试计数来计算。计算回合尝试数据的总计数 IOA 的公式与计算自由操作数据的总计数 IOA 的公式相同：在两位观察者报告的两个计数中，用较小的计数除以较大的计数，再乘以100%，但在这种情况下，每位观察者记录的行为发生的尝试数才是计数。例如，假设在一位研究者对一名儿童展示一张有趣图片的20次尝试中，该研究者与另一位观察者各自独立地测量了儿童的微笑行为发生与否的次数。观察时段结束时，两位观察者比较了数据表，发现他们分别记录了14次和15次出现微笑的尝试。这个观察时段的总计数 IOA 是93%（即14÷15×100% = 93%），这可能会导致没有经验的研究者得出结论：目标行为的定义已经十分清晰，而且两位观察者都对目标行为做出了一致的测量。然而，这些结论是没有根据的。

回合尝试数据的总计数 IOA 与自由操作数据的总计数 IOA 受到相同的限制：它倾向于高估实际的一致性程度，而且无法明确指出有多少个反应或者哪些反应、尝试或项目造成了一致性上的问题。比较两位观察者的14次和15次尝试这两个计数，可以发现，在20次尝试中，他们对微笑行为发生与否的观察只有一次尝试是不一致的。然而，存在这样一种可能，即研究者记录为"没有微笑"的6次尝试中的任意一次被辅助观察者记录为"微笑",而辅助观察者记录为"没有微笑"的5次尝试中的任意一次被研究者记录为"微笑"。由此可知,93%的总计数IOA可能大大高估了两位观察者在那个时段内测量儿童行为的实际的一致性。

对回合尝试数据而言,**逐一尝试比较IOA**是一个更保守和更有意义的观察者间一致性的指标,其计算公式如下:

$$\frac{\text{具有一致性的尝试（项目）数}}{\text{总尝试（项目）数}} \times 100\% = \text{逐一尝试比较 IOA}$$

在前面的例子中,如果按照一致性程度最低的情况来计算,也就是主要观察者记录为"没有微笑"的6次尝试全部被辅助观察者记录为"微笑",而辅助观察者记录为"没有微笑"的5次尝试全部被研究者记录为"微笑",那么两位观察者的数据的逐一尝试比较IOA就是45%(即用记录一致的9次尝试除以20次尝试,再乘以100%)。

通过计时获得的数据的IOA

通过对持续时间、反应潜伏期或反应间隔时间(IRT)的计时得到的数据,其观察者间一致性的获得和计算方法本质上与事件记录法相同。两位观察者独立地对目标行为的持续时间、潜伏期或IRT进行计时,IOA是通过比较每位观察者在每个观察时段内获得的总时间,或每位观察者记录的每次行为发生的时间(为了测量持续时间),或每个反应的时间(为了测量潜伏期或IRT)而计算得出的。

总持续时间IOA(total duration IOA)。总持续时间IOA的计算方法是,在观察者们报告的两个持续时间中,用较短的持续时间除以较长的持续时间,再乘以100%。

$$\frac{\text{较短的持续时间}}{\text{较长的持续时间}} \times 100\% = \text{总持续时间 IOA}$$

与事件记录数据的总计数IOA一样,高的总持续时间IOA并不代表各个观察者对相同的行为发生记录了相同的持续时间。因为观察者对个别反应的计时的显著差异有可能在总和计算中被抵消掉。例如,假设两位观察者记录到5次行为发生的持续时间如下(以秒为单位):

	反应1	反应2	反应3	反应4	反应5
观察者1	35	15	9	14	17
(总持续时间=90秒)					
观察者2	29	21	7	14	17
(总持续时间=85秒)					

这些数据的总持续时间IOA也许是令人欣慰的94.4%(即$85 \div 90 \times 100\% = 94.4\%$)。然而,在5个反应中,只有1个反应的持续时间在两位观察者的记录中是相同的,而且在他们对其他反应的计时中差异最大的达6秒之久。不过,虽然知道总持续时间IOA存在这种局限性,但当总持续时间被记录并作为因变量进行分析时,报告总持续时间IOA还是恰当的。在可能的情况下,应该用平均每一行为发生持续时间IOA来对总持续时间IOA进行补充说明,下面就将介绍这部分内容。

平均每一行为发生持续时间IOA(mean duration-per-occurrence IOA)。针对与每一行为发生持续时间有关的数据,应该计算它的平均每一行为发生持续时间IOA,对总持续时间数据而言,这是更为保守的IOA评估,通常也更有意义。**平均每一行为发生持续时间IOA**的计算公式与平均每时距计数IOA的计算公式类似。

$$\frac{\text{反应1持续时间 IOA} + \text{反应2持续时间 IOA} + \text{反应}n\text{持续时间 IOA}}{n\text{个反应持续时间 IOA}} \times 100\% = \text{平均每反应持续时间 IOA}$$

使用这个公式来计算两位观察者针对 5 次反应的计时数据的平均每一行为发生持续时间 IOA，步骤如下：

1. 计算每个反应每次发生的持续时间 IOA：反应 1 是 29÷35 = 0.83；反应 2 是 15÷21 = 0.71；反应 3 是 7÷9 = 0.78；反应 4 是 14÷14 = 1.0；反应 5 是 14÷17 = 0.82
2. 将每次行为发生的 IOA 百分比相加：0.83 + 0.71 + 0.78 + 1.00 + 0.82 = 4.14
3. 用每次行为发生的 IOA 之和除以两位观察者测量持续时间的反应总数：4.14÷5 = 0.828
4. 用这个数字乘以 100%，再四舍五入，取最接近的整数：0.828×100% = 83%

这个基本公式也被用来计算潜伏期和 IRT 数据的平均每反应潜伏期 IOA（mean latency-per-response IOA）或平均每反应间隔时间 IOA（mean IRT-per-response IOA）。一位观察者绝不应该把在一个观察时段内获得的延迟或 IRT 的计时相加，并将总时间与另一位观察者获得的同类总时间做比较，以此作为计算潜伏期和 IRT 测量值的 IOA 的基础。

除了报告每次行为发生的平均一致性以外，还可以通过这样的方式加强对计时数据的 IOA 评估，即加入与观察者之间计时差异范围和每位观察者在特定的误差范围内获得的反应数的百分比有关的信息。例如，研究者可能会报告："参与者 1 的服从行为的平均每一行为发生持续时间 IOA 是 87%（跨反应的一致性范围是从 63% 到 100%），辅助观察者获得的所有计时数据中有 96% 与主要观察者的测量值的差异在 ±2 秒之内。"

通过时距记录 / 时间抽样获得的数据的 IOA

应用行为分析师在计算时距数据的 IOA 时，通常使用的三种方法是逐一时距比较 IOA、记分时距 IOA 和非记分时距 IOA。

逐一时距比较 IOA（interval-by-interval IOA）。在使用逐一时距比较 IOA（有时也被称为逐点法、总时距法或逐区块法）时，主要观察者在每个时距内所做的记录要与辅助观察者在相同时距内所做的记录进行配对比较。逐一时距比较 IOA 的计算公式如下：

$$\frac{一致的时距数}{一致的时距数 + 不一致的时距数} \times 100\% = 逐一时距比较\ IOA$$

基于两位观察者在 10 个时距内对行为发生（×）和行为未发生（0）的记录，图 5.3 中的假设性数据呈现了逐一时距比较 IOA 的计算方法。观察者的数据表显示，他们在 10 个时距中有 7 个时距（时距 2、3、4、5、7、9 和 10）在行为发生或未发生上达成了一致。这个数据集的逐一时距比较 IOA 是 70%〔即 7÷（7+3）×100% = 70%〕。

逐一时距比较 IOA										
时距编号→	1	2	3	4	5	6	7	8	9	10
观察者 1	×	×	×	0	×	×	0	×	×	0
观察者 2	0	×	×	0	×	0	0	0	×	0

×= 在此时距内有行为发生
0 = 在此时距内没有行为发生

图 5.3 计算逐一时距比较 IOA 时，将两位观察者对行为发生或未发生的记录中达成一致的时距数量（阴影部分时距：2、3、4、5、7、9、10）除以观察时距的总数（10）。这组数据的逐一时距比较 IOA 是 70%（7/10）。

当观察者测量的行为的发生率非常低或非常高时，逐一时距比较 IOA 可能会高估观察者间实际的一致性。这是因为逐一时距比较 IOA 会受到观察者之间随机或偶然的一致性的影响。例如，有一个行为的实际发生频率是它在 10 个观察时距中大约只在 1 个或 2 个时距内发生，即使一名训练不足、不可靠的观察者漏记了某几次行为的发生，并将某些行为未发生的时距误记成行为发生，都可能会使这名观察者将大部分时距记录成行为未发生。这种偶然一致性可能会导致逐一时距比较 IOA 变得相当高，有两种 IOA 方法可以最大限度地降低行为发生率非常低或非常高的时距数据的偶然一致性效应，即记分时距 IOA 和非记分时距 IOA（Hawkins & Dotson, 1975）。

　　记分时距 IOA（scored-interval IOA）。只有其中一位或两位观察者都记录到目标行为发生的时距会用于计算**记分时距 IOA**。当两位观察者在相同的时距内都记录到行为发生时，这个时距算作一致；而某时距内，一位观察者记录到行为发生而另一位记录的却是行为未发生，那么这个时距算作不一致。例如，在图 5.4 所示的数据中，只有时距 1、3 和 9 的数据会用于计算记分时距 IOA。时距 2、4、5、6、7、8 和 10 的数据会被舍去不用，因为两位观察者对这些时距的记录都是行为未发生。由于在三个记分时距中，两位观察者都认为有行为发生的时距只有一个（时距 3），因此记分时距 IOA 是 33%（用 1 个一致的时距除以 1 个一致的时距与 2 个不一致的时距的和，再乘以 100%，等于 33%）。

记分时距 IOA										
时距编号→	1	2	3	4	5	6	7	8	9	10
观察者 1	×	0	×	0	0	0	0	0	0	0
观察者 2	0	0	×	0	0	0	0	0	×	0

× = 在此时距内有行为发生
0 = 在此时距内没有行为发生

图 5.4　计算记分时距 IOA 时，只使用那些在两位观察者中至少有一位记录到行为发生的时距（阴影部分时距：1、3、9）。这组数据的记分时距 IOA 是 33%（1/3：时距 3）。

　　对发生率较低的行为来说，相比于逐一时距比较 IOA，记分时距 IOA 是一种更为保守的测量一致性的方法。这是因为记分时距 IOA 忽略了很可能产生偶然一致性的时距。例如，如果使用逐一时距比较方法来计算图 5.4 中的数据的 IOA，那么将会得到 80% 的一致性。为了避免过度高估和产生可能造成误导的 IOA 测量值，我们建议对于发生频率约为 30% 或在更少的时距内发生的行为，使用记分时距观察者间一致性。

　　非记分时距 IOA（unscored interval IOA）。只有其中一位或两位观察者都记录为目标行为未发生的时距才会被考虑用于计算**非记分时距 IOA**。当两位观察者在相同的时距内都记录为行为未发生时，这个时距算作一致；而某时距内，一位观察者记录为行为未发生而另一位观察者记录到行为发生，那么这个时距算作不一致。例如，在图 5.5 中，只有时距 1、4、7 和 10 这四个时距的数据会用于计算非记分时距 IOA，因为至少有一位观察者对这些时距的记录是行为未发生。两位观察者一致认为行为在时距 4 和 7 中未发生。因此，在这个例子中，非记分时距 IOA 是 50%（用 2 个一致的时距除以 2 个一致的时距与 2 个不一致的

非记分时距 IOA										
时距编号→	1	2	3	4	5	6	7	8	9	10
观察者 1	×	×	×	0	×	×	0	×	×	0
观察者 2	0	×	×	0	×	×	0	×	×	×

× = 在此时距内有行为发生
0 = 在此时距内没有行为发生

图 5.5　计算非记分时距 IOA 时，只使用两位观察者中至少一人记录为目标行为未发生的时距（阴影部分时距：1、4、7、10）。这组数据的非记分时距 IOA 是 50%（2/4：时距 4 和 7）。

时距的和，再乘以 100%，等于 50%）。

对发生率相对较高的行为来说，相比于逐一时距比较 IOA，非记分时距 IOA 是一种更为严格的评估观察者间一致性的方法。为了避免过度高估和产生可能造成误导的 IOA 测量值，我们建议对于发生频率约为 70% 或在更多的时距内发生的行为，使用非记分时距观察者间一致性。

图 5.6 总结了上述每一种 IOA 的计算公式。

IOA 类型	公式
总计数	$\dfrac{较小的计数}{较大的计数} \times 100\%$
平均每时距计数	$\dfrac{时距1 IOA + 时距2 IOA + 时距n IOA}{n 个时距} \times 100\%$
准确每时距计数	$\dfrac{IOA 为 100\% 的时距数}{n 个时距} \times 100\%$
逐一尝试比较	$\dfrac{具有一致性的尝试（项目）数}{总尝试（项目）数} \times 100\%$
总持续时间	$\dfrac{较短的持续时间}{较长的持续时间} \times 100\%$
平均每一行为发生持续时间	$\dfrac{反应1持续时间 IOA + 反应2持续时间 IOA + 反应n持续时间 IOA}{n 个反应持续时间 IOA} \times 100\%$
逐一时距比较	$\dfrac{一致的时距数}{一致的时距数 + 不一致的时距数} \times 100\%$
记分时距	$\dfrac{任何一位观察者记录到行为发生的时距数}{记录到行为发生的总时距数} \times 100\%$
非记分时距	$\dfrac{任何一位观察者记录为行为未发生的时距数}{记录为行为未发生的总时距数} \times 100\%$

图 5.6 各种观察者间一致性的计算公式

选择、获得和报告观察者间一致性时的注意事项

接下来的指南和建议是根据有关使用观察者间一致性评估行为测量质量的一系列问题组织起来的。

应该多久获得一次 IOA，应该在什么时候获得 IOA？

在研究的每个条件和每个阶段中，都应进行观察者间一致性评估，而且应分布在一周中的不同日子、一天中的不同时间以及不同情境下和不同观察者之间。按照这种方式安排 IOA 评估可以确保评估结果能够为研究中获得的所有数据提供一种具有代表性（即有效）的描述。通常的建议是，至少对研究中 20% 的实验时段进行观察者间一致性评估，最好能在 25% 至 33% 之间（Gast & Ledford, 2014; Kennedy, 2005; Poling, Methot, & LeSage, 1995）。

一般而言，与使用永久性产物获得数据的研究相比，使用实时测量获得数据的研究进行 IOA 评估的时段占全部时段的百分比要更高。

使用观察者间一致性评估数据的频率取决于测量编码的复杂度、观察者的数量和经验、实验条件和阶段的数量以及 IOA 评估本身的结果。在涉及复杂的或新的测量系统、缺乏经验的观察者以及多个条件和阶段的研究中，实施观察者间一致性评估的频率应该会比较高。如果在研究早期恰当地使用了保守的方法获得和计算 IOA 并显示出高度的一致性，那么随着研究的进行，实施 IOA 评估的时段数目和比例就可以逐渐减少。例如，在研究分析的开始阶段，可能在每个时段都会实施 IOA 评估，然后减少到每四个或每五个

时段安排一次。

获得和报告 IOA 时应该注意哪些变量？

一般而言，研究者应该在与他们报告和讨论其研究结果相同的层面上获得和报告 IOA。例如，研究者在分析两种处理条件对 4 名参与者在两种情境下的两个行为的相对影响时，应该按照不同的处理条件和情境分别报告每名参与者的两个行为的 IOA 结果。这可以使阅读和使用该研究结果的人有能力判断实验中每个部分的数据的相对可信度。

应该使用哪种方法计算 IOA？

没有任何一种 IOA 计算方法在所有的情况下都是最佳的方法。由于每种方法在不同的情况下都会出现系统性的偏差（Mudford, Martin, Hui, & Taylor, 2009），行为分析师应选择最适合其所使用的测量系统和所得数据集的 IOA 方法。一般而言，计算 IOA 时，应优先采用较为严格和保守的方法，而不是那些可能会因偶然因素而高估实际的一致性的方法。对于事件记录数据，我们建议在逐一尝试比较或逐一项目比较的基础上报告总体 IOA，或许还可以以单独计算正确反应和错误反应的 IOA 作为补充。对于通过时距或时间抽样测量获得的数据，我们建议除逐一时距比较 IOA 外，根据行为的相对频率，以记分时距 IOA 或非记分时距 IOA 作为补充。当主要观察者记录目标行为发生在约 30% 或更少的时距内时，除逐一时距比较 IOA 外，记分时距 IOA 可作为一种较为保守的补充。相反，当主要观察者记录目标行为发生在约 70% 或更多的时距内时，除逐一时距比较 IOA 外，非记分时距 IOA 可作为补充。如果目标行为的发生率在研究的不同条件下或阶段之间会从非常低变到非常高，或从非常高变到非常低，那么可能就需要同时报告非记分时距 IOA 和记分时距 IOA。

如果不能确定应该用哪种方式报告 IOA，那么计算并呈现不同形式的 IOA 将有助于读者对数据的可信度做出自己的判断。然而，如果解释或做决策时使用的数据能否被接受取决于选择哪种 IOA 计算公式，那么数据值得信赖的程度就会引起深深的担忧，必须予以解决。

怎样的 IOA 水平是可接受的？

仔细收集和保守计算得到的 IOA 评估，随着一致性接近 100%，会进一步提高数据集的可信度。按照应用行为分析在观察记录方面的惯例，对独立观察者的期望是能达到至少 80% 的平均一致性。然而，如同肯尼迪（Kennedy, 2005）所指出的："并没有科学的理由可以支持达到 80% 的必要性，这只是因为研究者长期使用这个标准作为可接受度的基准点，而这个标准能让他们成功完成研究活动。"（p. 120）

根据克莱因曼等人（Kleinmann et al., 2009）的说法，"按照学术惯例，平均[观察者间]一致性至少要达到 85% 或更高"（p. 474）。然而，在特定情况下，各种因素可能会使 85% 的标准变得过低或过高（Kazdin, 2011）。例如，对学生的作文字数的测量，如果 IOA 为 95%，应该会使人们对数据值得信赖的程度产生严重的怀疑。从永久性产物中获得的计数数据，其 IOA 为 100% 或非常接近 100% 才能提高其可信度。然而，当在复杂的环境中同时测量多名被试的多个行为时，即使平均 IOA 低于 80%，有些分析师也会接受这样的数据，尤其是如果这个平均 IOA 是以足够数量且一致性在较小差异范围内（如 75%~83%）的个别 IOA 评估为基础。

在确定可接受的 IOA 水平时，数据所揭示的行为改变程度也应纳入考量。当从一个条件到另一个条件所产生的行为改变很小时，数据的变异性可能更多代表的是不一致的观察而非行为的实际改变。因此，跨条件间的行为改变越小，可接受的 IOA 百分比的标准就应该定得越高。

应该如何报告 IOA？

IOA 分数可以用叙述、表格和图表等形式来报告。无论选择哪种形式，重要的是要说明观察者间一致性的评估是如何进行的（how）、何时进行的（when）以及多久进行一次（how often）。

叙事性描述。 报告 IOA 最常见的方式是对一致性百分比的平均值和范围进行简单的叙事性描述。例如，克拉夫特、阿伯和休厄德（Craft, Alber, & Heward, 1998）在一项测量 4 个因变量的研究中，对其 IOA 评估的方法和结果描述如下。

学生的寻求（关注）行为和教师的赞扬行为。辅助观察者在研究的 40 个时段中的 12 个时段（30%）内做了观察记录。两位观察者同时独立地观察 4 名学生，记录他们发出的寻求反应的次数和他们得到教师赞扬的次数。观察者所记录的叙事笔记使每个寻求行为实例都能被辨识出来，以便作为一致性的依据。以逐一实例比较为基础计算观察者间一致性，是用一致性的总数除以一致性的总数与不一致性的总数的和，再乘以 100%。学生寻求行为的频率的一致性范围从 88.2% 到 100% 不等；教师针对寻求行为给予赞扬的频率的一致性在 4 名学生身上都是 100%；教师在学生未发生寻求行为而主动给予赞扬的频率的一致性范围从 93.3% 到 100% 不等。

作业完成度和准确性。辅助观察者在 10 个（25%）时段内独立记录了每名学生的作业完成度和准确性。4 名学生的拼写作业完成度和准确性的观察者间一致性都是 100%。(p. 403)

表格。 表 5.1 是以表格形式报告观察者间一致性结果的例子。克兰茨和麦克兰纳汉（Krantz & McClannahan, 2003）报告了 3 名儿童在每个实验条件下的 3 种社会互动的 IOA 的范围和平均值。

表 5.1 关于参与者在不同实验条件下的每个因变量的观察者间一致性结果的报告的例子

不同儿童在不同条件下，用脚本、延伸对话和非脚本三种方式进行互动的观察者间一致性的范围和平均百分比。

	条件								
	基线		教学		新接受者		渐褪脚本		新活动
互动类型	范围	平均值	范围	平均值	范围	平均值	范围	平均值	范围	平均值
脚本										
戴维			88–100	94	100		100			
杰里迈亚			89–100	98	100		_a			
本			80–100	98	90		_a			
延伸对话										
戴维			75–100	95	87–88	88	90–100	95		
杰里迈亚			83–100	95	92–100	96	_a			
本			75–100	95		95	_a			
非脚本										
戴维	100		100		87–88	88	97–100	98	98–100	99
杰里迈亚	100		100		88–100	94	93–100	96		98
本	100		100			100	92–93	92	98–100	99

a 在渐褪脚本的条件下，无法获得有关脚本反应和延伸对话的数据，因为观察者间一致性是在去除脚本后获得的（即因为没有脚本，所以只可能有非脚本的反应）。

引自 P. J. Krantz & L. E. McClannahan (1998). Social Interaction Skills for Children with Autism: A Script-Fading Procedure for Beginning Readers. *Journal of Applied Behavior Analysis*, 31, p. 196. 1998 年版权归实验行为分析协会所有。经授权转载。

图表呈现。 如图 5.7 所示，通过在主要观察者的数据图上标示辅助观察者获得的数据，可以形象化地呈现观察者间一致性。在同一个图表上观察两位观察者的数据，可以看出观察者间一致性的程度以及是否存在观察者漂移或偏差。图5.7所示的一项假设性研究显示没有出现观察者漂移现象，因为辅助观察者的测量值和主要观察者的测量值呈现同步的改变。虽然在用以评估两位观察者IOA的10个时段中只有2个时段获得了相同的测量值（时段3和8），但两位观察者的测量都没有出现持续高于或低于另一人所测数值的情况，这表明不存在观察者偏差。如果高估和低估是以随机模式出现的，通常就是不存在偏差的证明。

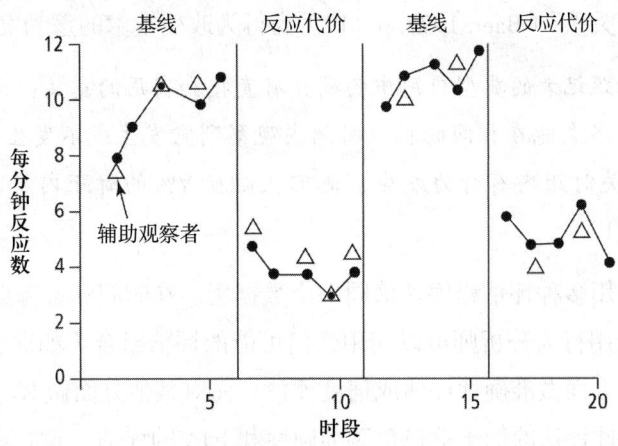

图5.7　将辅助观察者的数据与主要观察者的数据绘制在同一张图上，通过视觉图像直观地呈现观察者间一致性的程度和性质，使读者得以评估观察者漂移、偏差以及功能关系是否存在的结论。

除了揭示观察者漂移和偏差外，图5.7中的数据还说明用图表呈现IOA评估还有第三种提高测量可信度的方式。当主要观察者报告的数据显示在不同条件下或阶段之间发生了明显的行为改变，而辅助观察者报告的所有测量值也都落在主要观察者获得的观察值范围内时，人们就会更加相信这些数据代表了所测量行为的实际改变，而不是主要观察者自己因受到漂移或实验以外的意外事件的影响而发生的行为改变。同样，图表呈现所显示的测量者间的不一致可能会降低读者对证明功能关系存在的信心（Ledford, Artman, Wolery, & Wehby, 2012; Ledford & Wolery, 2013）。

虽然应用行为分析领域里已发表的研究报告很少包括IOA的图表呈现[1]，但在研究过程中，对创建和使用这种呈现的研究者而言，它却是一种简单而直接的方法，它使研究者得以检测到观察者在测量行为上的一致性（或不一致性）的模式，而比较一系列百分比时可能无法那么清楚地显示出来。

应该使用哪种方法评估测量的质量：准确性、信度或观察者间一致性？

对测量的准确性、测量的信度以及不同观察者间获得相同测量值的程度的评估提供了关于数据质量的不同指标。归根结底，对测量质量实施任何类型的评估都是为了获得定量的证据，并据以达成两个目标：在研究过程中改善测量质量，以及判断数据的可信度并说服他人相信数据是值得信赖的。

在确保测量内容和测量方式具有效度之后，应用行为分析师应该尽可能选择评估测量的准确性，而非优先选择信度或观察者间一致性。如果可以确定一个数据集中的所有测量值的准确性都符合可接受的标准，那么对于测量的信度和观察者间一致性的质疑就没有实质意义了。对准确性已获确认的数据，不必再进行额外的信度或IOA评估。

当因得不到真实值而无法评估测量的准确性时，信度评估就是质量的次佳指标。如果自然的或人为设计的永久性产物可以存档，那么应用行为分析师就可以评估测量的信度，让消费者知道观察者在不同的时段、不同的条件下、不同的阶段对行为的测量是一致的。

1　阿尔特曼、沃勒里和约德（Artman, Wolery, & Yoder, 2012）对1977年至2009年5月发表在《应用行为分析杂志》上的所有文章进行了人工搜索，发现只有四项研究在同一个图表里呈现了两位观察者的数据（Luce, Delquardi, & Hall, 1980; Tertinger, Greene, & Lutzker, 1984; Van Houten & Nau, 1980; Van Houten & Rolider, 1984）。阿尔特曼等人发现，在1984年 JABA 刊登了包含图表呈现IOA的文章之后的25年里，该刊物再没出现以图表方式呈现IOA的文章。

当真实值和永久性产物存档都无法获得时，观察者间一致性可以为数据提供一定程度的可信度。虽然 IOA 不是测量的效度、准确性或信度的直接指标，但它已被证明是应用行为分析中的一个有价值和有用处的研究工具。数十年来，在应用行为分析领域里已发表的研究论文中，报告观察者间一致性一直是被期待的，甚至可以说是不可或缺的一个组成部分。虽然有其局限性，"但在该领域已被广泛使用的观察者间一致性的基本测量方法却完全关乎"（Baer, 1977, p. 119）为行为改变技术的蓬勃发展所做的努力。

一致性百分比在时距记录的典型应用中的确具有直接和实用的意义：两位观察者观察一名被试并使用相同的行为定义，多久能在相同的标准时间内观察到它发生或不发生一次目标行为？这个答案："他们认同在 X% 的相关时距内有行为发生，他们认同在 Y% 的时距内没有行为发生。"是极为有用的。（Baer, 1977, p. 118）

没有理由阻止研究者使用多种评估程序评估同一个数据集。在时间和资源允许的情况下，不同的评估组合或许是更为可取的。应用行为分析师可以使用任何可能的评估组合（如准确性加 IOA，信度加 IOA）。此外，可以对数据集的某些方面做准确性评估或信度评估，而对其他方面做 IOA 评估。先前提及的布朗及其同事（1996）报告的准确性评估的例子就包含对准确性和 IOA 的评估。独立观察者记录了学生的正确延迟复述和错误延迟复述。当 IOA 小于 100% 时，对该学生和那个时段的数据进行了准确性评估。IOA 被用来作为评估工具以提高可信度，也作为一个程序来筛选哪些数据需要做准确性评估。

摘要

值得信赖的测量指标

1. 为了实现在科学上的最大用处，测量必须是有效的、准确的和可靠的。

2. 应用行为分析中的有效测量包含三个同样重要的元素：（1）直接测量具有重要社会意义的目标行为；（2）测量与行为问题或关注焦点相关的目标行为的某个维度；（3）确保数据能够代表在与测量原因最为相关的情境下和时间内的行为发生情况。

3. 当观察值，即通过测量一个事件得到的数据，与事件的真实状态或真实值相吻合时，测量就是准确的。

4. 当重复测量同一事件而能获得相同的测量值时，测量就是可靠的。

对有效测量的威胁

5. 间接测量——测量与所关注的行为不同的行为——会对效度造成威胁，因为它需要研究者或实务工作者对所获得的测量结果与实际关注的行为之间的关系做出推断。

6. 使用间接测量的研究者必须提供证据，证明其所测量的行为能够以某种可靠而有意义的方式直接反映研究者期望得出结论的有关行为的某些特质。

7. 测量一个与测量行为的原因不切合或不相关的行为维度，效度就会受到影响。

8. 测量的人为结果指的是数据因实施测量的方式而提供的是无根据的或有误导性的行为描述。非连续测量、不恰当的观察安排以及不敏感或有限度的测量量尺是造成测量的人为结果的常见原因。

对准确和可靠测量的威胁

9. 应用行为分析中的大部分调查使用人类观察者来测量行为，而人为错误是对数据的准确性和信度的最大威胁。

10. 造成测量误差的因素包括设计不当的测量系统、观察者训练不足以及对数据呈现样貌的期望。

11. 观察者应接受系统化的训练并练习使用测量系统，在收集数据前应达到预先设定的准确性和信度的标准。

12. 观察者漂移——观察者在研究过程中在测量系统的使用方法上的无意间的改变——可以通过补充强化训练和对测量的准确性和信度提供反馈来尽量减少这种情况。

13. 观察者对预测的或希望出现的结果的期望和认识会损害数据的准确性和信度。

14. 给予观察者的反馈不应涉及他们的数据与假设的结果或治疗的目标相符与否的程度方面的信息。

15. 使用中性观察者可以避免由观察者的期望引起的测量偏差。

16. 观察者反应性是因观察者意识到其他人正在评估自己报告的数据而产生的测量误差。

评估行为测量的准确性和信度

17. 研究者和实务工作者评估数据的准确性可以：（1）在分析的早期确定数据是否可用于做实验或治疗上的决策；（2）发现并纠正测量误差；（3）检测出测量误差的一致性模式，并以此引导整个测量系统的改善和校准；（4）告知其他人数据的相对值得信赖的程度。

18. 评估测量准确性是直接计算每个测量值或数据与其真实值相对应程度的过程。

19. 很多行为分析师所关注行为的真实值显而易见且能得到普遍认同，真实值也可以根据当地的具体情况来确定。某些行为（如合作游戏）的真实值很难确定，因为确定真实值的过程必须和用于获得与真实值相比较的数据的测量程序不同。

20. 评估观察者在多大程度上使用了有效和准确的测量系统，为数据总体的值得信赖的程度提供了一个有用的指标。

21. 评估测量的信度需要有自然的或人为设计的永久性产物，以便观察者能够重复测量相同的行为事件。

22. 虽然高信度不能保证高准确性，但低水平的信度却足以发出一个信号，即在能够找出和修复测量系统中的问题之前，其所产生的数据值得怀疑，甚至可以舍弃不用。

使用观察者间一致性评估行为测量

23. ABA 中最常用的测量质量的指标是观察者间一致性（IOA），IOA 是指两位或多位独立观察者在测量相同的事件后报告相同的观察值的程度。

24. 研究者和实务工作者使用 IOA 测量：（1）判断新手观察者的胜任能力；（2）检测观察者漂移；（3）判断目标行为的定义是否清晰，测量系统是否便于使用；（4）说服他人相信数据的相对可信度。

25. 测量 IOA 需要两位或多位观察者做到：（1）使用相同的观察编码和测量系统；（2）观察和测量相同的参与者和事件；（3）独立地观察和记录行为，不受其他观察者的影响。

26. 计算 IOA 的方法有很多种，每种方法在观察者间一致性和不一致性的程度和本质上都提供了略微不同的观点。

27. 观察者间一致性百分比是 ABA 中使用最普遍的报告 IOA 的方式。

28. 使用通过事件记录法获得的数据计算 IOA 时是基于比较：（1）每位观察者在每个测量期内记录的全部计数；（2）每位观察者在测量期内的一系列较小时距内的每个时距的计数累计；（3）每位观察者以逐一尝试比较为基础记录的 1 或 0 的计数。

29. 对事件记录数据而言，总计数 IOA 是最简单粗略的 IOA 指标，而对大多数通过事件记录法获得的数据集而言，准确每时距计数 IOA 是最严格的指标。

30. 通过对持续时间、反应潜伏期或反应间隔时间（IRT）的计时得到的数据，其 IOA 的计算方法本质上与事件记录法相同。

31. 总持续时间 IOA 的计算方法是，在观察者们报告的两个持续时间中，用较短的持续时间除以较长的持续时间。对总持续时间数据而言，平均每一行为发生持续时间 IOA 是更为保守的 IOA 评估，通常也更有意义，而且针对与每一行为发生持续时间有关的数据，都应该计算它的平均每一行为发生持续时间 IOA。

32. 计算时距数据的 IOA 时，通常使用的三种方法是逐一时距比较 IOA、记分时距 IOA 和非记分时距 IOA。

33. 由于受到观察者之间随机或偶然的一致性的影响，逐一时距比较 IOA 可能会高估观察者测量发生率非常低或非常高的行为时的一致性。

34. 对于发生频率较低的行为，建议使用记分时距 IOA；对于发生频率较高的行为，建议使用非记分时距 IOA。

35. 在研究的每个条件和每个阶段中，都应进行 IOA 评估，而且应分布在一周中的不同日子、一天中的不同时间以及不同情境下和不同观察者之间。

36. 研究者应该在与他们报告和讨论其研究结果相同的层面上获得和报告 IOA。

37. 应优先采用更为严格和保守的 IOA 方法，而不是那些可能会因偶然因素而高估一致性的方法。

38. 一般可接受的 IOA 值是 80%，但这并非一成不变的标准。在确定可接受的 IOA 水平时，必须考虑被测量行为的本质和数据所揭示的行为改变的程度。

39. IOA 分数可以用叙述、表格和图表等形式来报告。

40. 研究者可以同时使用多个指标评估数据的质量（如准确性加 IOA，信度加 IOA）。

第三部分

评估与分析行为改变

第6章 建构与解释行为数据的图表呈现

第7章 分析行为改变：基本假设与策略

第8章 倒返设计与多因素设计

第9章 多基线设计与变标准设计

第10章 计划与评估应用行为分析研究

第二部分描述了选择和定义目标行为的考虑因素和程序，概述了测量行为的详细方法，并检验了改善、评估和报告行为测量的准确性的技术。这些测量的产物——数据（data）——是行为分析师据以工作的材料。但是，行为分析师要如何使用这些数据呢？第三部分的五章聚焦于行为数据的呈现和解释，以及分析干预效果的实验的设计、实施和评估。

第6章介绍了行为数据的图表呈现的目的和益处，阐明了在应用行为分析中使用的图表类型，解释了如何建构线图，并描述了行为分析师如何解释图表所呈现的数据。

虽然测量和图表呈现可以显示出行为是否发生改变、何时发生改变以及在多大程度上发生改变，但仅凭这些信息无法揭示是什么造成了行为的改变。第7章至第10章专门讨论应用行为分析中的分析是由什么构成的。第7章概述了行为分析的概念和假设，描述了行为分析中实验的必要组成部分，并解释了研究者和实务工作者如何使用稳定状态策略以及基本逻辑三要素——预测、验证和复制——发现和验证行为及其控制变量之间的功能关系。第8章和第9章描述了倒返设计、多因素设计、多基线设计和变标准设计——这是应用行为分析中最常用的实验设计。第10章涵盖了获得对行为研究更全面的理解所需涉及的广泛议题。任何科学的研究方法都应能反映其主要议题的特征，从这一假设出发，我们检验了分析服务对象或研究参与者的行为的重要性，讨论了实验设计中灵活性的价值，辨识了影响实验的内部效度的常见混淆，介绍了评估行为改变和实现这些改变的干预处理的社会效度的方法，并解释了如何用复制确定研究的外部效度。第10章总结了在评估已发表的应用行为分析研究成果的"优点"时应考虑的一系列议题和问题。

第 6 章 建构与解释行为数据的图表呈现

关键词

条形图（bar graph）

图表（graph）

比例刻度（ratio scale）

累积记录（cumulative record）

自变量（independent variable）

散点图（scatterplot）

累积记录器（cumulative recorder）

水平（level）

进展中分线（split-middle line of progress）

数据（data）

线图（line graph）

标准速线图（Standard Celeration Chart）

数据路径（data path）

局部反应比率（local response rate）

趋势（trend）

因变量（dependent variable）

总体反应比率（overall response rate）

变异性（variability）

等间距刻度（equal-interval scale）

精准教学（precision teaching）

视觉化分析（visual analysis）

➡ 本章由王丽淳翻译。

行为分析师认证委员会 BCBA/BCaBA 任务清单（第 5 版）

第一部分：基础

C. 测量、数据呈现和解释

C-10 用图表表达相关的数量关系（如等距图、条形图、累积记录）。

C-11 解释图表数据。

©2017 The Behavior Analyst Certification Board, Inc.® (BACB®). 保留所有权利。本文件的当前版本可在 www.bacb.com 网站查阅。如需转载、复制或分发本文件，或有疑问，请直接联系行为分析师认证委员会。

应用行为分析师通过直接和重复的测量来量化行为改变。这些测量的产物称为**数据**，它是应用行为分析师据以工作的材料。在日常使用中，数据一词指的是各种各样的、常常是不精确的和用于推断事实的主观信息。在科学使用中，数据指的是"测量的结果，通常以量化的形式呈现"（Johnston & Pennypacker, 1993a, p. 365）。[1]

由于行为改变是动态的、持续进行的，因此，行为分析师——实务工作者和研究者——必须直接和持续地接触目标行为。从行为改变计划或研究中获得的数据为每一个重要的决定提供了实证基础：继续当前的干预或实验条件，实施不同的干预或条件，或重回先前的条件。但是，从原始数据（一系列数字）中做出有效和可靠的决定是很难的，甚至是不可能实现的，而且效率低下。检查一长串的数字，只会发现行为出现了非常突然的巨大改变，或是一点改变都没有，而行为改变的重要特征可能就被轻易地忽略了。

看看下面的三组数据，每组都是一连串数字，代表不同目标行为的连续测量。

第一组数据显示了在两个条件（A 和 B）下分别发出的反应数。

条件 A	条件 B
120、125、115、130、126、130、123、120、120、127	114、110、115、121、110、116、107、120、115、112

第二组数据是正确反应百分比的连续测量值：80、82、78、85、80、90、85、85、90、92

第三组数据是连续数个上课日测量的每分钟反应数：35、42、33、30、25、38、41、35、35、32、40、35、49、33、30

这些数字告诉了你什么信息？你能从每组数据中得出什么结论？你花了多长时间得出你的结论？你对这些结论有多大把握？如果这些数据集包含更多需要解释的测量值怎么办？其他对这项行为改变计划或研究有兴趣的人得出相同结论的可能性有多大？如何将这些数据直接、有效地传达给其他人？本章将用图表来帮助你回答这些问题。

图表（graph）是视觉化地呈现一系列测量结果和相关变量之间关系的一种相对简单的形式，它能够帮助人们"理解"定量的信息。图表是应用行为分析师用来组织、储存、解释和沟通他们的工作成果的主要工具。图 6.1 是前面提到的三组数据的图表。上图显示了在条件 B 下测量到的反应水平低于条件 A 下的。中图显示了随着时间的推移，正确反应有上升的趋势。下图清楚地显示了一种变异性的反应模式，其特点是在每周开始时反应率较高，随着越来越接近每周的末尾，呈现出下降的趋势。图 6.1 中的图表说明了行为随时间改变的三个基本属性——水平、趋势和变异性——本章后面将会详细讨论每一个属性。行为数据的图表呈现是说明和沟通行为改变的这些方面的有效手段。

---
1 虽然 data 通常使用单数形式 [如 "The data *shows* that..."（"数据显示……"）]，但它其实是 datum 这个起源于拉丁语的名词的复数形式。因此，data 的正确用法是与动词的复数形式一起使用 [如 "The data *are*..."（"数据是……"）]。

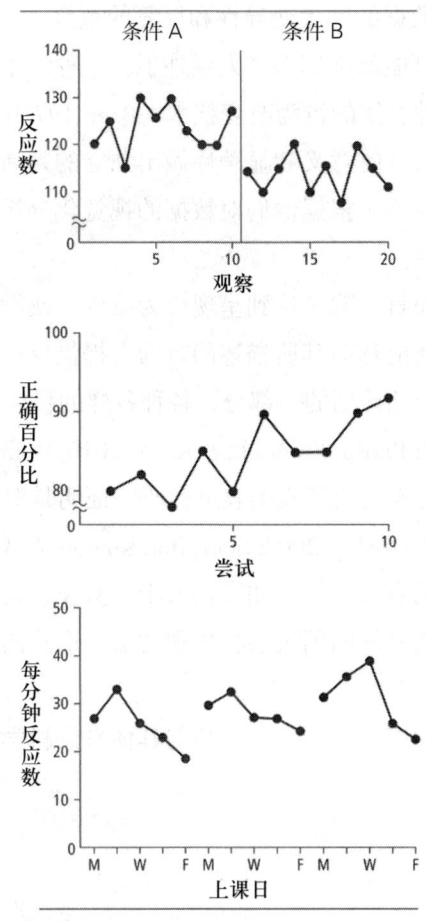

图 6.1 三组假设性数据的图表呈现说明了在不同条件下反应水平的变化（上）、趋势（中）和周期变异性（下）。

行为数据的图表呈现的目的和益处

> 本质上，图表的功能是以一种易于理解和吸引人的方式来描述和总结数据，以使人们能够快速而准确地分析事实。
>
> ——帕森松和贝尔（Parsonson & Baer, 1978, p. 134）

行为数据的图表呈现和视觉化分析为行为分析师及其服务对象提供了七项益处。第一，在观察期结束后立即将行为的每个测量值标示在图表上，使实务工作者或研究者得以立即获得参与者行为的持续视觉化记录。对行为改变的连续评估使人们能够做出符合参与者表现的干预处理和实验决定。图表可以提供"与相关结果数据密切而持续的联系"，从而实现"可测量的优质操作"（Bushell & Baer, 1994, p. 9）。

第二，以一种易于分析的形式直接而持续地接触数据，使研究者能够探索行为发生过程中的那些引人关注的变化。一些关于行为的最重要的研究发现之所以能够顺利获得，是因为科学家是跟随数据所反映的线索开展研究的，而不是一味地遵循预先制订的实验计划（Sidman, 1960, 1994; Skinner, 1956）。

第三，同行为改变的统计分析一样，图表是判断的辅助工具：辅助实务工作者、研究者和消费者解释研究或干预处理结果（Michael, 1974）。然而，与分组比较研究使用的统计推断检验相比，图表数据的视觉化分析花费的时间较少，相对而言更容易学习，不以预设的或任意的水平来判断行为改变的显著性，而且不要求待分析的数据符合预设的数学性质或统计假设。[1]

第四，视觉化分析是确定行为改变显著性的一种保守的方法。当用数据绘制成的图表展示出实验或处

---

[1] 第 10 章对图表数据的视觉化分析与根据显著性统计检验所做的推断进行了比较。

理条件内、跨实验或跨处理条件下数据的巨大变异性和反复的重叠（overlap）时，根据数学概率检验，这个行为改变被认为具有统计学意义可能就不那么令人意外了。这种为了实现强有力的干预而对弱变量的筛除使应用行为分析师得以发展出一种有用的行为改变技术（Baer, 1977b）。[1]

第五，图表使人们得以对行为改变的意义和显著性做出独立的判断和解释，它也鼓励人们这样做。应用行为分析报告的读者可以（而且应该）根据他们对数据的视觉化分析独立地得出自己的结论，而不是依赖基于数据的统计操作或作者的解释。[2]

第六，对研究者或实务工作者而言，除了达到呈现行为改变（或没有行为改变）与其所操纵的变量之间的关系这一主要目的以外，图表还能够向其所描述的行为人提供反馈。很多研究指出，当参与者得到图表反馈时，无论是单独的还是作为干预计划的一部分，各种各样的目标行为表现都出现了改善（例如，Gil & Carter, 2016; Grossi & Heward, 1998; Perrin, Fredrick, & Klick, 2016; Quinn, Miltenberger, Abreu, & Narozanick, 2017; Squires et al., 2008）。将自己的表现绘制成图表也被研究证明是对各种学业和行为改变目标的一种有效的干预（例如，Kasper-Ferguson & Moxley, 2002; Stolz, Itoi, Konrad, & Alber-Morgan, 2008）。

第七，图表能够促进各个领域的有关人士（如专业人士、家长、负责决策的政府官员）在行为改变领域进行沟通、传播和理解。一个建构良好的图表会将单独的数字形式的数据汇集起来，使相关元素呈现视觉显著性，从而获得普遍的理解。

对图表数据呈现的广泛而深入的应用使行为分析师与其他自然科学领域的科学家站在了一起（参看信息箱 6.1）。

信息箱 6.1

行为分析期刊中图表的专属版面

翻开任何一期《应用行为分析杂志》（*JABA*），看到一篇报告实验研究的文章，你很可能会看到一个图表。如果没有看到，向左或向右翻一两页，几乎肯定会出现一个图表。

这很重要吗？是的，很重要，有几个原因。首先，*JABA* 频繁地使用图表，强调了数据的视觉化分析在应用行为分析中的核心作用，以及实务工作者、研究者、期刊审稿人和编辑在创建和解释图表呈现方面肩负的责任。其次，与不太成熟的软科学（即社会科学）相比，图表在科学学科（即自然科学）期刊中所占的版面比例更大，而这些学科被认为更加成熟、稳固，并且在专业知识上有着更多共识（Arsenault, Smith, & Beauchamp, 2006; Best, Smith, & Stubbs, 2001; Cleveland, 1984; Smith, Best, Stubbs, Johnston, & Bastiani-Archibald, 2000）。

在这方面，行为分析期刊与其他科学学科期刊相比如何？为了阐明这个问题，库比纳、科斯特维奇和达休克（Kubina, Kostewicz, & Datchuk, 2008）分别从三个年度（1995、2000 和 2005）的行为分析期刊中随机选择一期的研究文章，计算其中图表专用的版面所占的比例，即图表区域比例（fractional graph area, FGA），不包括并非以图表方式显示定量数据的示意图和流程图。

库比纳及其同事（2008）报告了所有行为分析期刊的平均 FGA 值，包括《行为疗法》（*Behavior Therapy*）、《儿童与家庭疗法》（*Child and Family Therapy*）、《认知与行为实践》（*Cognitive*

---

[1] 高明的视觉化分析并非这么简单，本章后面和第 10 章中将有更清晰的说明。
[2] 同统计数据一样，人们也可以通过操作图表，大体上弄清楚如何解释数据。与统计数据不同的是，行为分析中使用的大多数图表呈现提供了直接接触原始数据的机会，对此感到好奇或有疑问的读者可以将数据重新绘制成图表，并再次进行观察。

and Behavioral Practices）以及《行为疗法与实验性精神病学》（*Behavior Therapy and Experimental Psychiatry*）等（参看图 A）。FGA 值最高的四种行为分析期刊，其数值范围从《语言行为分析》（*The Analysis of Verbal Behavior*）的 0.08 到《实验行为分析杂志》（*Journal of the Experimental Analysis of Behavior, JEAB*）的 0.17 不等，与自然科学类期刊的 FGA 值相当，其范围从地质学的 0.06 到化学的 0.18〔由克利夫兰（Cleveland, 1984）测量〕。

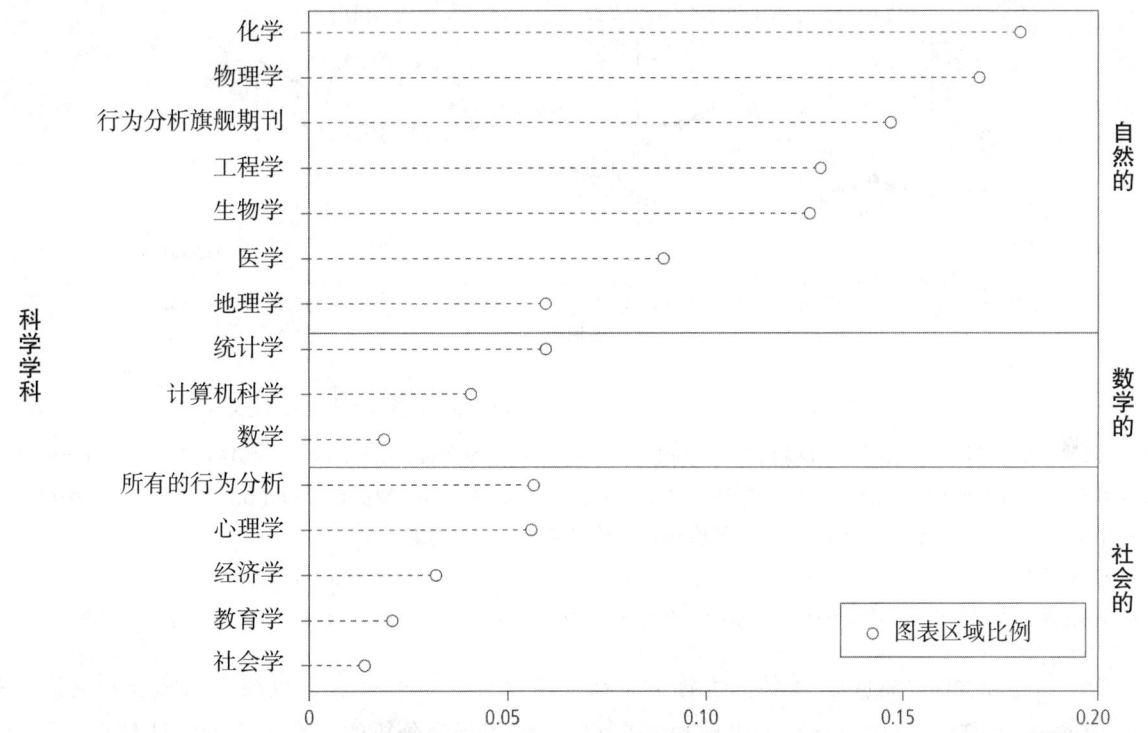

图 A 各种科学学科期刊中用于图表数据呈现的专属版面比例（行为分析旗舰期刊指的是 *JABA* 和 *JEAB*）

引自 R. M. Kubina, D. E. Kowtewicz, & S. M. D. Datchuk (2008). An initial Survey of Fractional Graph and Table Area Behavioral Journals. *The Behavior Analyst*, 31, p. 65. 2008 年版权归国际行为分析协会所有。经授权使用。

在库比纳及其同事的发现中，值得注意的是，行为分析旗舰期刊（*JABA* 和 *JEAB*）的综合 FGA 值为 0.147，在自然科学中排名第三，仅次于化学和物理学。虽然这项研究报告的作者提醒人们他们发表的结果仅来自每种期刊中的三期，但同时指出，贝斯特、史密斯和斯塔布斯（Best, Smith, & Stubbs, 2001）对图表专用版面的独立评估中，对 *JEAB* 给出了相同的测量值，即 0.17。

应用行为分析师使用的图表

应用行为分析师最常使用的图表呈现有线图、条形图、累积记录、比例图和散点图。

线图

简单线图（line graph）或频率多边形图（frequency polygon）是应用行为分析中最常见的图表形式。以 17 世纪勒内·笛卡尔（René Descartes）创建的笛卡尔坐标系（Cartesian coordinate system）为基础，线图是一个由两条被称作轴（axes）的垂直参照线相交而形成的二维区域。两轴围成的区域内的任何一点代表相交线所描述的两个维度（或变量）值之间的特定关系。在应用行为分析中，线图上的每一个点显示的是目标行为的某些可量化的维度（即**因变量**）与特定时间点和/或测量实施中的特定环境条件（即**自变量**）之间的关系。比较图表上的数据点，可以看出水平、趋势和/或变异性在条件内或跨条件的状态和改变的程度。

基本线图的组成部分

虽然每个图表完成后看起来差别很大，但所有正确建构的线图都具有某些相同的元素。简单线图的基本组成如图6.2所示，下面将逐一加以介绍。

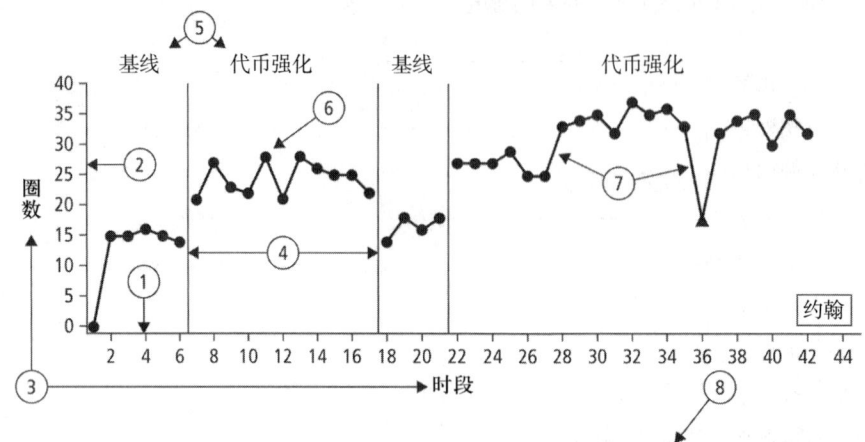

图1 每名参与者在每个时段内走完的圈数。三角形表示那一天参与者来走圈时迟到了。

图6.2 简单线图的主要组成部分：（1）横轴（horizontal axis）；（2）纵轴（vertical axis）；（3）轴标签（axis labels）；（4）条件改变线（condition change lines）；（5）条件标签（condition labels）；（6）数据点（data points）；（7）数据路径（data path）；（8）图表说明（figure caption）。（原图包括另外四名参与者的图表。）

根据 H. Krentz, R. Miltenberger, & D. Valbuena (2016). Using Token Reinforcement to Increase Walking for Adults with Intellectual Disabilities. *Journal of Applied Behavior Analysis*, 49, p. 749. 2016年版权归实验行为分析协会所有。

1. 横轴（horizontal axis）。横轴，也称为 x 轴或横坐标，是一条水平直线，通常表示时间的推移（passage of time）和自变量的出现、未出现和/或其值。应用行为分析的一个定义性特征是在一段时间内对行为的重复测量。时间也是一个不可避免的维度，因为所有自变量的操纵都发生在时间这个维度上。大多数线图都在横轴上标出相等的间距来表示时间的推移。图6.2中的横轴表示工作日上午 9:00 到 10:00 的连续观察时段。

有些图表的横轴表示自变量的不同值，而不是时间。例如，拉利、梅斯、利夫齐和凯茨（Lalli, Mace, Livezey, & Kates, 1998）在他们的一张研究图表的横轴上画出从小于0.5米到9.0米的刻度，用来显示一名重度智力障碍女孩的自伤行为是如何随着治疗师与女孩之间距离的增加而减少的。

2. 纵轴（vertical axis）。纵轴，也称为 y 轴或纵坐标，是从横轴的最左端向上画的一条垂直线。纵轴通常表示因变量的数值范围，在应用行为分析中指的是一些可量化的行为维度。横轴与纵轴的相交点称为原点（origin），通常代表因变量的值为0（zero value），不过并非一定如此。纵轴上的每个向上的连续点代表一个更大的因变量的值。最常见的做法是用**等间距刻度**（equal-interval scale）来标记纵轴，轴上的每个相等距离的标记代表行为改变的相等绝对数量。图6.2中的纵轴表示1小时内走完的50米为一圈的圈数。

3. 轴标签（axis label）。轴标签是对每个轴以及沿轴刻度所代表的行为维度的简要描述；通常情况下，纵轴为反应的测量值，横轴为跨时间的实验条件。

4. 条件改变线（condition change line）。条件改变线是从横轴向上画的垂直线，表示自变量发生改变的时间点。图6.2中的条件改变线指的是研究者称为代币强化（token reinforcement）的一个干预处理的引入或撤除。

5. 条件标签（condition label）。条件标签是写在图表上方且与横轴平行的单个词语或简短的描述性短语。这些标签指明了研究中各阶段所实施的实验条件（即自变量的出现、未出现或自变量的某些值）。[1]

6. 数据点（data point）。图表上的每个数据点代表两个事实：（1）在一个特定的观察期内记录的目标行为的可量化的测量值；（2）进行该特定测量时的时间和/或实验条件。以图6.2中的两个数据点为例，我们可以看到约翰在时段6（第一个基线阶段的最后一个时段）走了14圈，在时段7（代币强化条件下的第一阶段的第一个时段）走了21圈。

7. 数据路径（data path）。用一条直线将特定条件下的连续数据点连接起来，就形成了一个数据路径。数据路径代表连续数据点之间行为的水平和趋势，它是解释和分析图表数据的主要关注点。由于在应用行为分析中很少连续不断地观察和记录行为，因此，数据路径代表对连续两次测量间的行为发生实际过程的估计。单位时间内所做的测量和由此得来的数据点越多（假定观察和记录系统是准确的），数据路径所提供的信息就越可信。

8. 图表说明（figure caption）。图表说明是一个简要的陈述，它结合了轴与条件标签，为读者提供足够的信息来辨识自变量与因变量。图表说明应解释任何可能影响自变量的符号（参看图6.2）或能够观察到但并非计划中的事件，并指明和澄清图表中任何可能造成混淆的特征（参看图6.6和图6.7）。

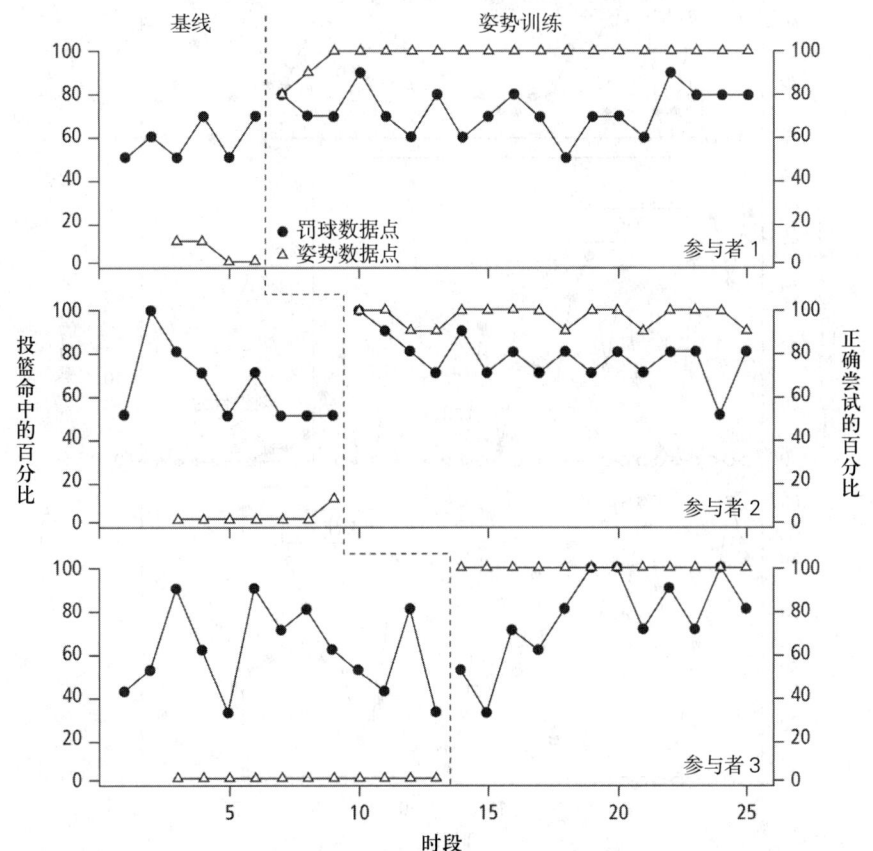

图1 每名参与者跨时段的投篮命中（实心圆）的百分比和以正确姿势投篮（空心三角形）的百分比

图6.3 具有多种数据路径的图表显示了自变量（姿势训练）对因变量的两个维度（准确性和形态）的影响。

引自 C. N. Kladopoulos & J. J. McComas (2001). The Effects of Form Training on Foul-Shooting Performance in Members of a Women's College Basketball Team. *Journal of Applied Behavior Analysis*, 34, p. 331. 2001年版权归实验行为分析协会所有。经授权使用。

---
1 条件（condition）和阶段（phrase）这两个术语互相关联，但不是同义词。严格地说，条件指的是实际的环境安排；阶段指的是研究或行为改变计划中的一个时期。

简单线图的变体：多种数据路径

线图是用来呈现行为改变的一种非常通用的工具。图6.2是一个形式最简单的线图的例子（单一的数据路径显示了一系列跨时间和跨实验条件的连续的行为测量），而通过增加多种数据路径，线图可以呈现更为复杂的行为—环境关系。在应用行为分析中，经常使用具有多种数据路径的图表来表示：（1）同一行为的两个或多个维度；（2）两个或多个不同行为；（3）不同的和交替实施的实验条件下的同一行为；（4）与自变量值的改变相对应的目标行为的改变；（5）两名或多名参与者的行为。

同一行为的两个或多个维度。通过在同一个图表上展现因变量的多个维度，可以实现关于自变量对这些因变量在不同维度上的绝对影响和相对影响的视觉化分析。图6.3显示了一项关于三名大学生女子篮球队队员接受正确罚球姿势训练的效果的研究结果（Kladopoulos & McComas, 2001）。连接空心三角形数据点而形成的数据路径显示了以正确姿势罚球的百分比的变化，而连接实心数据点而形成的数据路径则揭示了

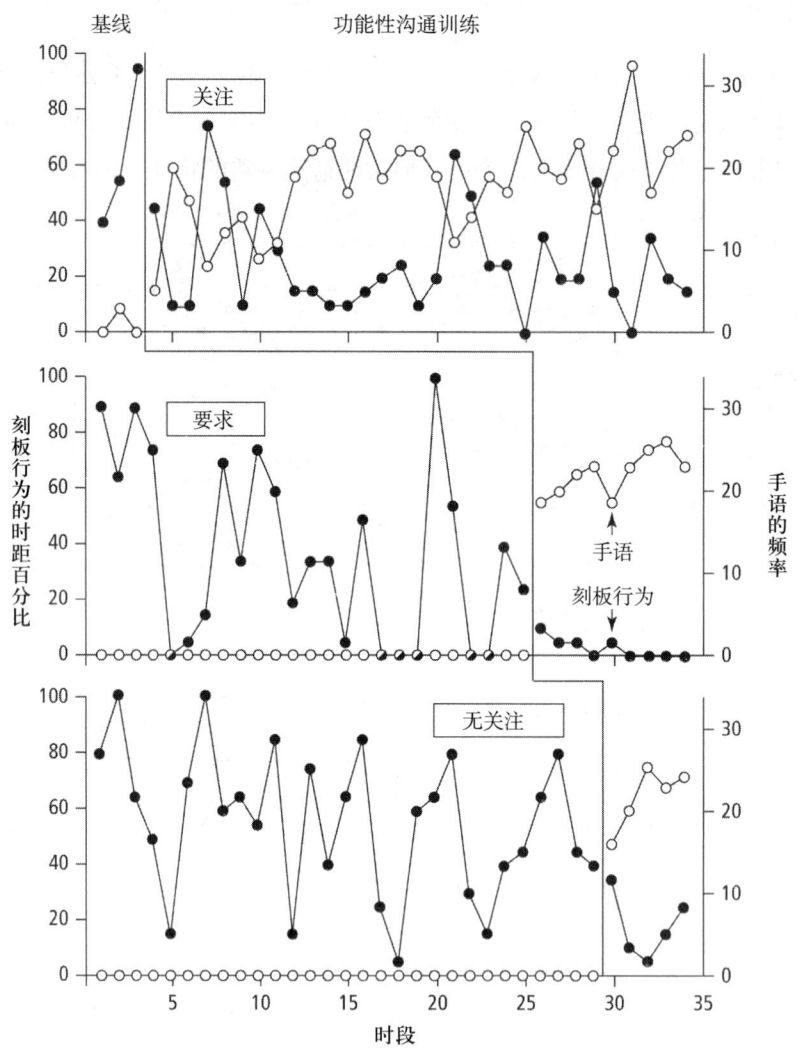

图2　詹姆斯的刻板行为在关注、要求和无关注条件下的发生情况。排列于左侧 y 轴的是刻板行为的时距百分比，排列于右侧 y 轴的是每时段手语的频率。

图6.4　具有多种数据路径的图表显示了一名参与者在基线和训练期间跨三种不同条件的两个不同行为的表现。注意双纵轴所代表的不同维度和刻度。

引自 C. H. Kennedy, K. A. Meyer, T. Knowles, & S. Shukla (2000). Analyzing the Multiple Functions of Stereotypical Behavior for Students with Autism: Implications for Assessment and Treatment. *Journal of Applied Behavior Analysis*, 33, p. 565. 2000年版权归实验行为分析协会所有。经授权使用。

罚球命中的百分比。如果实验者只记录队员的罚球姿势并制成图表，他们无法得知训练所关注的目标行为（正确的罚球姿势）的任何改善与因具有社会重要性而被认为是最终要判断的所研究的行为（罚球的准确性）究竟有多大关联。用同一个图表来测量和绘制罚球姿势和训练结果，实验者能够分析他们的处理程序对因变量的两个重要维度造成的影响。

两个或多个不同行为。多种数据路径也用于同时比较实验操作对两个或多个不同行为的影响。如果将两个行为同时呈现在同一个图表上，就会比较容易判断两个行为的变化是否由自变量的改变导致。图6.4显示了一项关于功能性沟通训练（functional communication training）策略的研究，包括一名孤独症男孩在三种不同条件下表现出的刻板行为（如重复的身体动作、摇晃）的时距百分比，以及举手要求获得关注（在"关注"条件下）、用手语表达要求休息（在"要求"条件下）和用手语获得喜欢的实物刺激（在"无关注"条件下）的次数（Kennedy, Meyer, Knowles, & Shukla, 2000）。[1] 通过记录刻板反应和恰当行为并制成图表，研究者能够判断替代性沟通反应（举手和手语）的增加是否伴随着刻板行为的减少。请注意，图6.4还包括第二个纵轴，显示了维度的单位和手语频率的刻度。由于两边刻度不同，读者在看双纵轴图表时必须谨慎，在评估行为改变的等级大小时尤其要注意。

在不同条件下测量同一行为。多种数据路径也可用于表示在整个实验阶段中交替实施的不同实验条件下对同一行为的测量。图6.5显示了一名有发展性障碍的6岁女孩在四种不同实验条件下每分钟的自伤反应数（Moore, Mueller, Dubard, Roberts, & Sterling-Turner, 2002）。将个体在多种实验条件下的行为绘制在同一组坐标轴上，可以视觉化比较任一时间点上反应的绝对水平（absolute levels）的差异，以及随着时间的推移行为表现的相对改变。

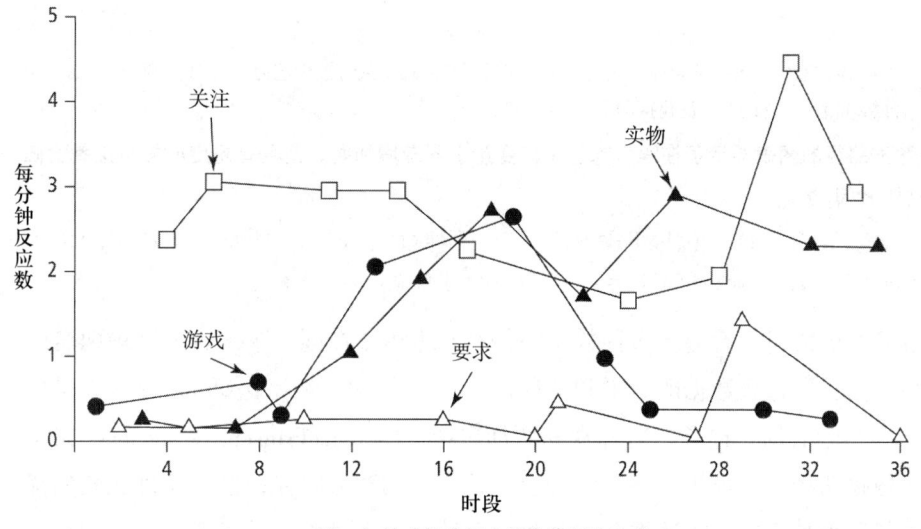

图1 初始功能分析中的自伤行为比率

图6.5 具有多种数据路径的图表显示了同一行为在四种不同条件下的测量结果。

根据J. W. Moore, M. M. Mueller, M. Dubard, D. S. Roberts, & H. E. Sterling-Turner (2002). The Influence of Therapist Attention on Self-injury during a Tangible Condition. *Journal of Applied Behavior Analysis*, 35, p. 285. 2002年版权归实验行为分析协会所有。经授权使用。

自变量值的改变。多种数据路径图表也可用于展现目标行为（表示为一个数据路径）相对于自变量（表示为另一个数据路径）值的改变而发生的改变。在图6.6中的两个图表里，各有一个数据路径显示了问题行为的持续时间（左侧y轴刻度以秒为单位）相对于第二个数据路径所描述的噪声等级的改变（右侧y轴刻度以分贝为单位）（McCord, Iwata, Galensky, Ellingson, & Thomson, 2001）。

---

1 第26章将对功能性沟通训练进行介绍。

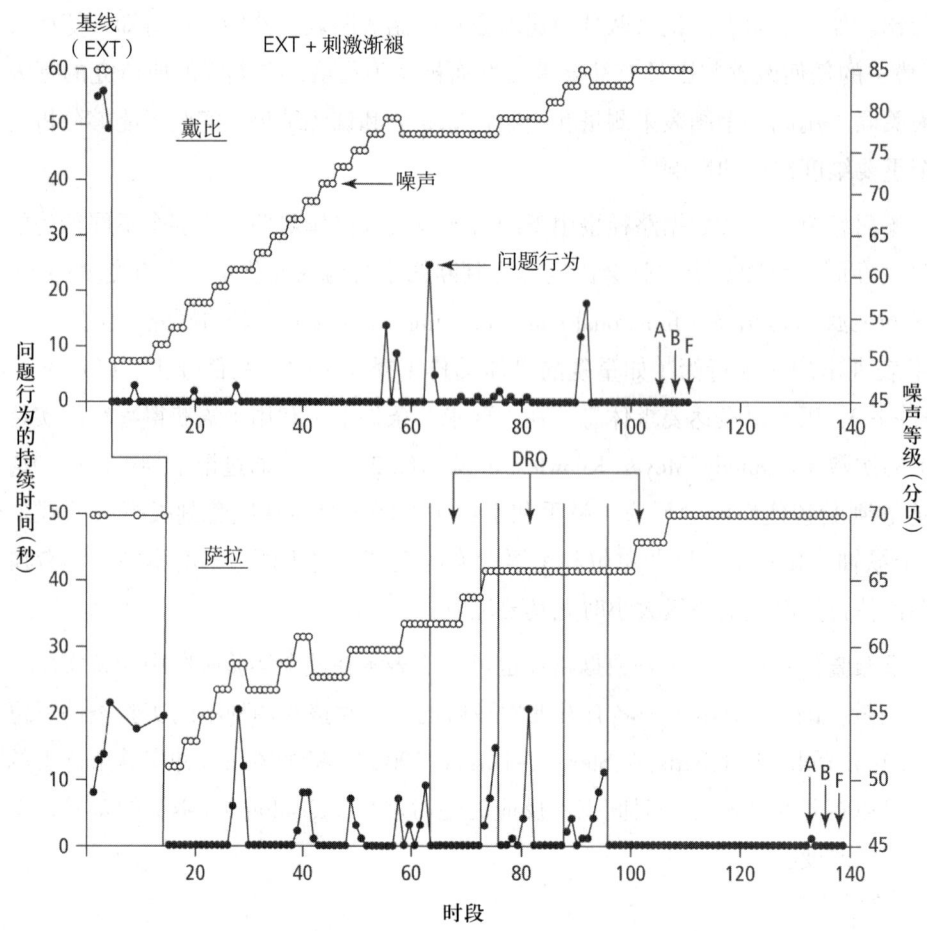

图 4 戴比和萨拉的干预处理的评估结果。接近干预处理结束时被标记为 A 和 B 的两个时段表示在自然环境中进行的两次泛化探测，F 表示追踪探测。

图 6.6 使用两个数据路径的图表显示了在噪声等级（自变量）逐渐增加时，两名有重度或极重度智力障碍的成人的问题行为（因变量）的持续时间。

引自 B. E. McCord, B. A. Iwata, T. L. Galensky, S. A. Ellingson, & R. J. Thomson (2001). Functional Analysis and Treatment of Problem Behavior Evoked by Noise. 经约翰威立出版有限公司授权转载。

两名或多名参与者的同一行为。多种数据路径有时也用于在同一个图表上展现两名或多名参与者的行为。根据每个数据路径所包含数据的水平和变异性，在一组坐标轴上最多可以有效地呈现四个不同的数据路径。不过这并不是绝对的，迪登、普林森和西加富斯（Didden, Prinsen, & Sigafoos, 2000）就曾在一个图表上呈现了五个数据路径。但如果在一个图表上呈现太多的数据路径，进行额外比较的优势可能就会因有过多的视觉"干扰"而被削弱。将数据路径和条形图结合起来可以帮助读者区分不同行为或不同事件的测量结果。在一项评估如厕训练的干预研究中，格里尔、内贝特和多齐尔（Greer, Neibert, & Dozier, 2016）用一个数据路径代表自我启动的次数，用另一个数据路径代表恰当排便的百分比，用条形图代表如厕中发生意外的次数（参看图 6.7）。

条形图

条形图（bar graph），或称柱状图，是一种简单且广泛适用的总结数据的图表形式。条形图舍弃了对数据的变异性和趋势（这些信息在线图中是很明显的）的展现，换来的是以简单和易于解释的形式总结和比较大量数据的效率。

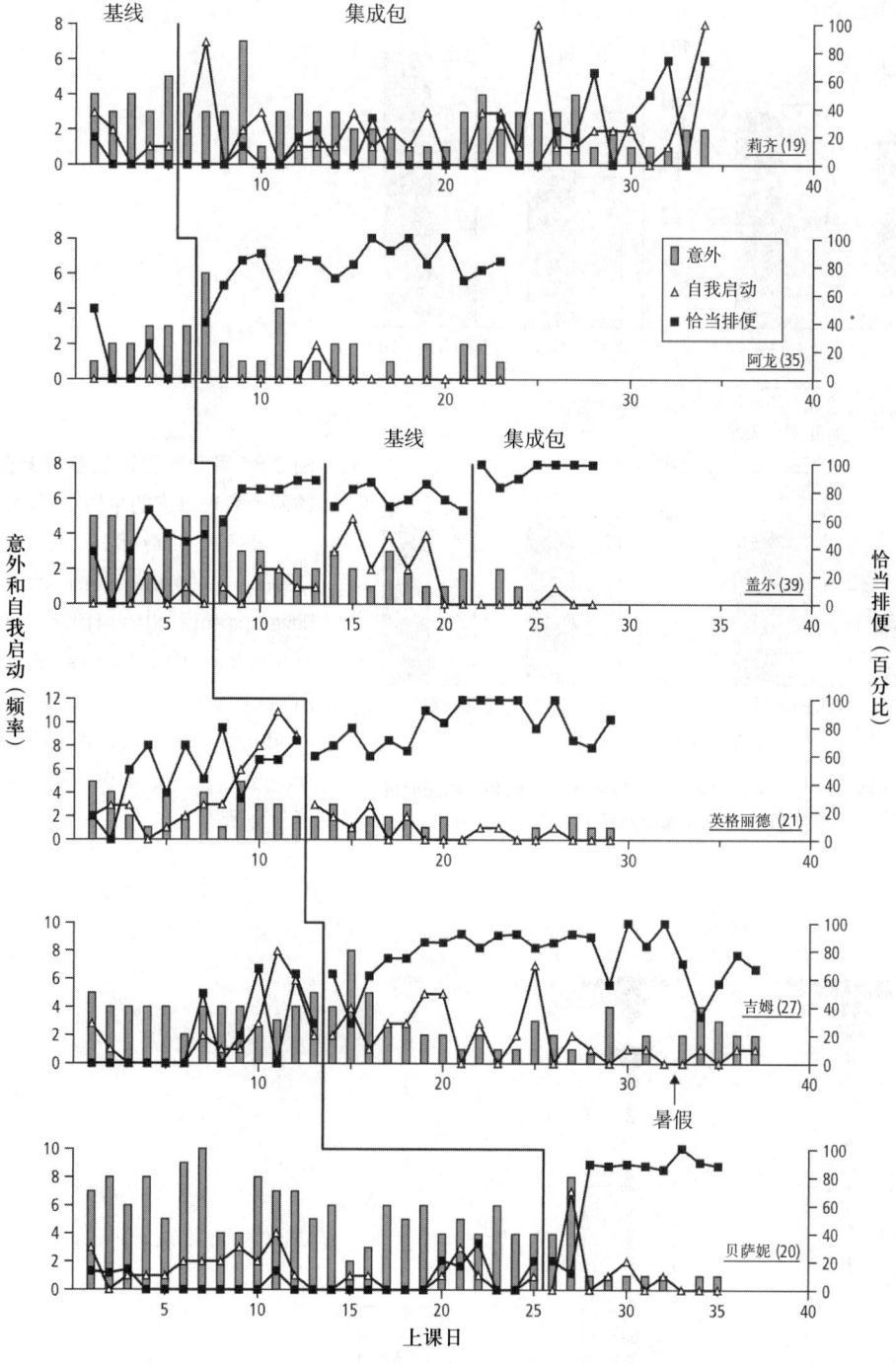

图 1 针对为儿童使用的如厕训练集成包的成分分析的结果

图 6.7 通过数据路径和条形图的结合使用，图表呈现了三种反应类的改变。

引自 B. D. Greer, P. L. Neibert, & C. L. Dozier (2016). A Component Analysis of Toilet-Training Procedures Recommended for Young Children. *Journal of Applied Behavior Analysis*, 49, p. 76. 2016年版权归实验行为分析协会所有。经授权转载。

条形图经常用于总结一名参与者或一组参与者在不同条件下的表现。例如，图6.8显示了四名学生在基线条件以及在学习时获得教师关注后进行的泛化与维持相结合的训练条件下完成和正确完成的拼写作业题目在全部题目中所占的平均百分比（Craft, Alber, & Heward, 1998）。

条形图展现了对集中趋势的测量，如各个条件下的平均值或中位数，它可能会掩盖数据中重要的变异性。由平均值或中位数表示的测量值范围可以用范围条形图（range bars）显示（例如，Putnam & Tiger, 2016）。图6.9是一个将测量值范围和个人表现同时显示出来的条形图例子。

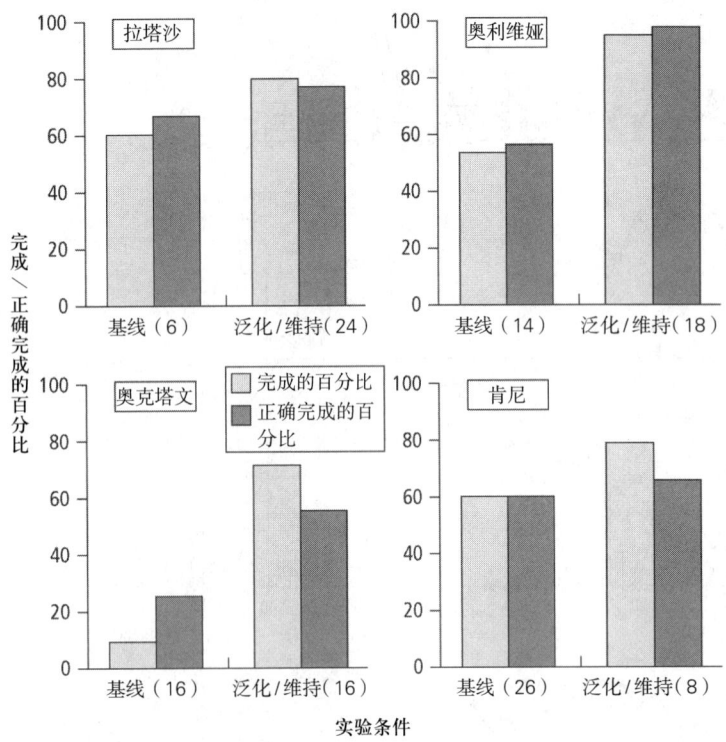

图4 在基线条件以及综合泛化与维持的条件下，每名学生完成和正确完成拼写作业题目的平均百分比。括号中的数字表示每个条件的实施时段总数。

图 6.8 用条形图比较参与者在不同实验条件下的两个表现维度的平均水平。

根据 M. A. Craft, S. R. Alber, & W. L. Heward (1998). Teaching Elementary Students with Developmental Disabilities to Recruit Teacher Attention in a General Education Classroom Effect on Teacher Praise and Academic Productivity. *Journal of Applied Behavior Analysis*, 31, p. 410. 1998 年版权归实验行为分析协会所有。

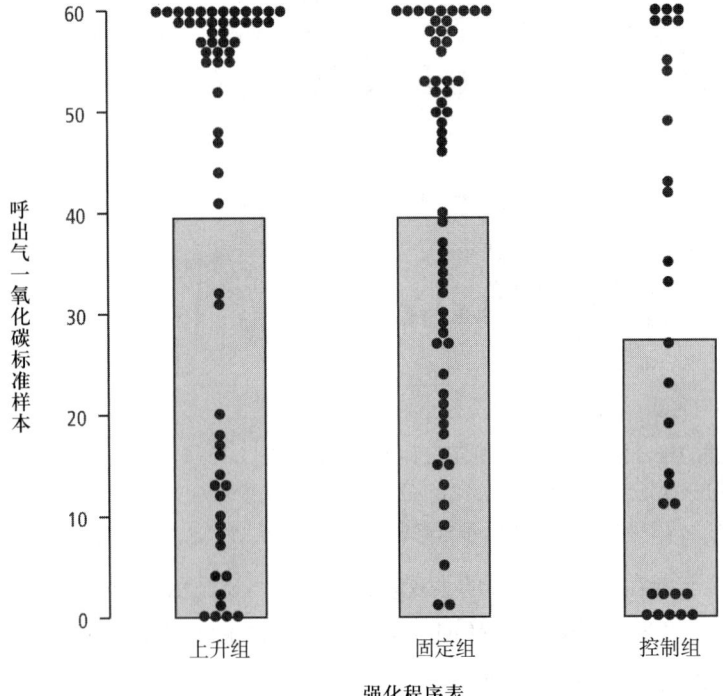

图2 呼出气一氧化碳样本 <3ppm 跨组间的总数。每个实心圆代表一名参与者。灰色区域代表每组参与者的呼出气一氧化碳样本 <3ppm 的平均百分比。

图 6.9 用条形图比较三组参与者在不同实验条件下的表现，数据点代表每名参与者。

引自 P. Romanowich & R. J. Lamb (2015). The Effects of Fixed Versus Escalating Reinforcement Schedules on Smoking Abstinence. *Journal of Applied Behavior Analysis*, 48, p. 33. 2015 年版权归实验行为分析协会所有。经授权使用。

条形图也用于呈现离散的数据集，这些数据集没有据以设定横轴刻度的共同基础维度。例如，在一项分析建立型操作对偏好评估的影响的研究中，戈特沙尔克、利比和格拉夫（Gottschalk, Libby, & Graff, 2000）使用条形图来显示四名儿童伸手并拿起不同物品的尝试百分比（参看图6.10）。

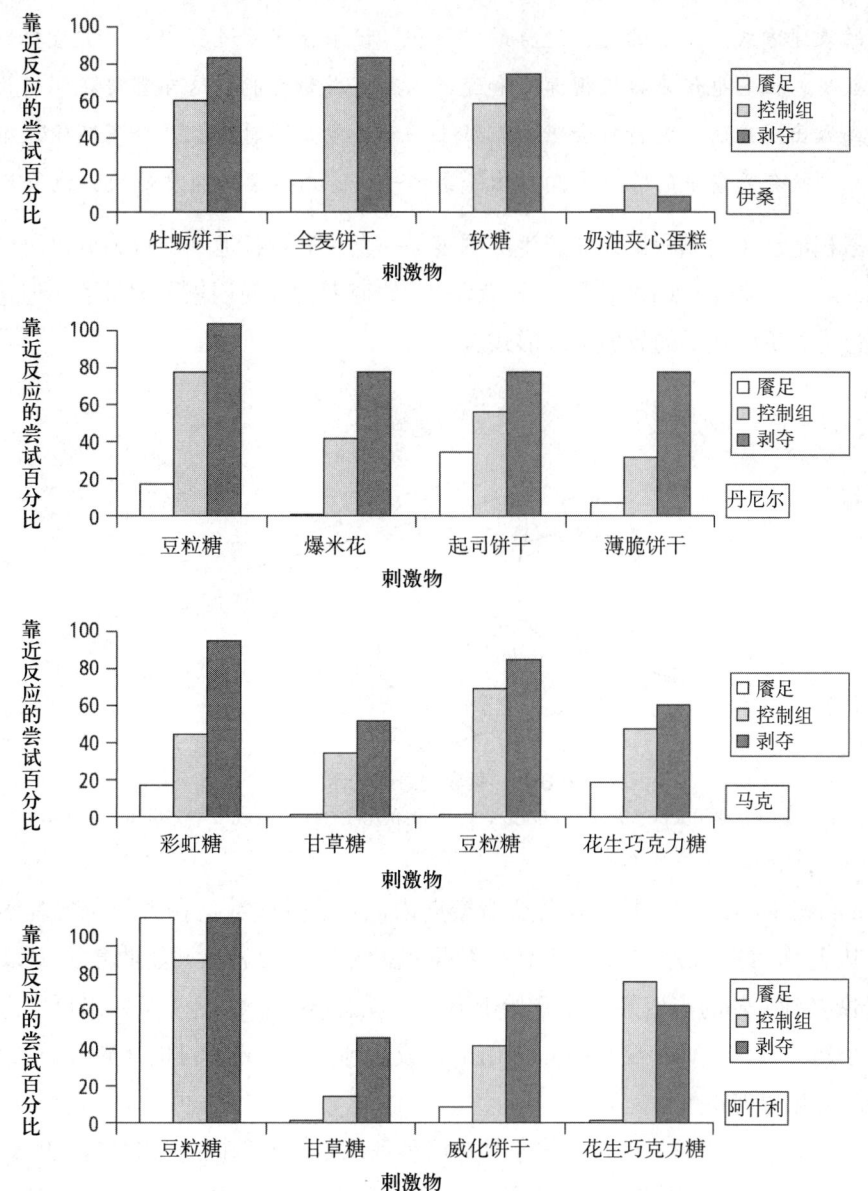

图1 伊桑、丹尼尔、马克和阿什利跨条件的靠近反应的百分比

图6.10 条形图用于总结和呈现在离散条件下获得的测量结果，它没有据以设定横轴刻度的共同基础维度（如时间、刺激呈现的持续时间）。

根据 J. M. Gottschalk, M. E. Libby, & R. B. Graff (2000). The Effects of Establishing Operations on Preference Assessment Outcomes. *Journal of Applied Behavior Analysis*, 33, p. 87. 2000年版权归实验行为分析协会所有。

有些条形图的 y 轴刻度可以为负值/低于零，以显示高于或低于基线平均值或某个时间点的行为改变量（例如，Greer, Neibert, & Dozier, 2016; Jessel, Ghaemmaghami, 2016; Meindl, Ivy, Miller, Neef, & Williamson, 2013）。

累积记录

20世纪30年代，斯金纳发明了**累积记录器**（cumulative recorder），这种设备可以自动将被试的行为比率制成图表。费尔斯特和斯金纳（1957）写了一部书，记载了6年来针对强化程序表（schedules of reinforcement）所做的实验研究，他们对累积记录的描述如下。

在这项研究中，用图表展现横坐标的时间与纵坐标的反应数之间的关系已被证实是对所观察到的行为最实用的表述方式。幸运的是，这样的"累积"记录在实验过程中可以被直接制作出来。虽然记录的是原始数据，但它也使直接检视速率和速率的改变成为可能，这在直接观察行为时是不可能做到的……每当鸟做出反应时，指针就会跟着在纸上移动一步。同时，机器会不断输送纸张。如果鸟没有做出任何反应，就会沿着纸的输送方向画出一条水平线。鸟啄食的速度越快，线条就越陡。（p. 23）

数十年来，累积记录（由累积记录器产生的图表）一直是世界各地基础行为分析研究实验室主要的数据呈现形式（Kangas & Cassidy, 2010）。虽然现在的行为研究者很少使用累积记录器，但累积图仍然是实验行为分析和应用行为分析中重要的数据呈现形式。[1]

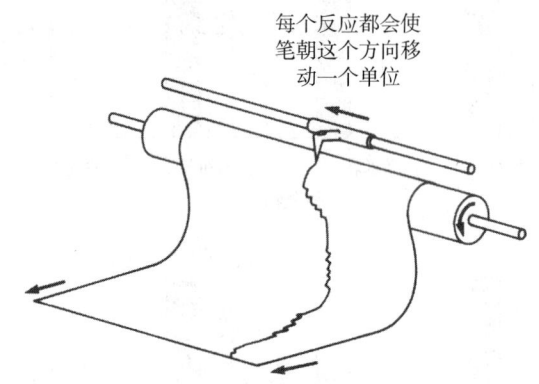

图 6.11　累积记录器的示意图

根据 C. B. Ferster & B. F. Skinner (1957). *Schedules of Reinforcement*. pp. 24–25, Upper Saddle River, NJ: Prentice Hall. 1957 年版权归普伦蒂斯霍尔出版社所有。

累积记录（cumulative record）是由在每个观察期内记录的反应数与在先前所有观察期内记录的反应总数相加而得（因此称为累积）。累积图上任一数据点的 y 轴值代表从开始收集数据以来记录的反应总数。当数据路径恢复到 y 轴的零值并重新开始上升时，就意味着特例出现了。当反应总数超出 y 轴刻度的上限、实施一个新的条件（Wilson & Gratz, 2016），或达到一个表现标准时（Williams, Perez-Gonzales, & Queiroz, 2005），就意味着需要重置。

图 6.12 显示了一名智力障碍男性在基线条件和两种训练条件下掌握的拼写单词的累积数（Neef, Iwata, & Page, 1980）。该个体在 12 个基线时段内掌握了 1 个单词（拼写正确时给予社会性赞扬，拼写错误时则将该单词重写三遍），在穿插（interspersal）条件（基线程序加上在每个未知单词后呈现一个之前学会的单词）下掌握了 22 个单词，在密集强化条件（基线程序加上在每次尝试后对专心和字写得整齐等与任务相关的行为给予社会性赞扬）下掌握了 11 个单词。

除了能够展现在任何特定时间点记录的反应总数外，累积记录还能够展现总体和局部的反应比率。比率指的是每时间单位内发出的反应数，在应用行为分析中通常报告为每分钟反应数。**总体反应比率**（overall response rate）指的是某一特定时期内的平均反应比率，如在实验的一个特定时段、阶段或条件下。总体反应比率的计算方法是用该时期内记录的反应总数除以横轴上标记的观察期数。在图 6.12 中，在穿插条件和密集强化条件下，总体反应比率分别是每时段掌握 0.46 个单词和 0.23 个单词。[2]

1　了解累积记录器在行为分析发展过程中的有趣历史和发挥的作用，请参看拉塔尔（2004）以及莫里斯和史密斯（2004）的相关文章。

2　严格来讲，图 6.12 并没有反映出真正的反应比率，因为它测量的是正确拼写的单词数量，而不是拼写的速度。不过，每个数据路径的梯度反映了在每个时段内掌握单词拼写的"速度"，每个时段总共呈现 10 个新单词。

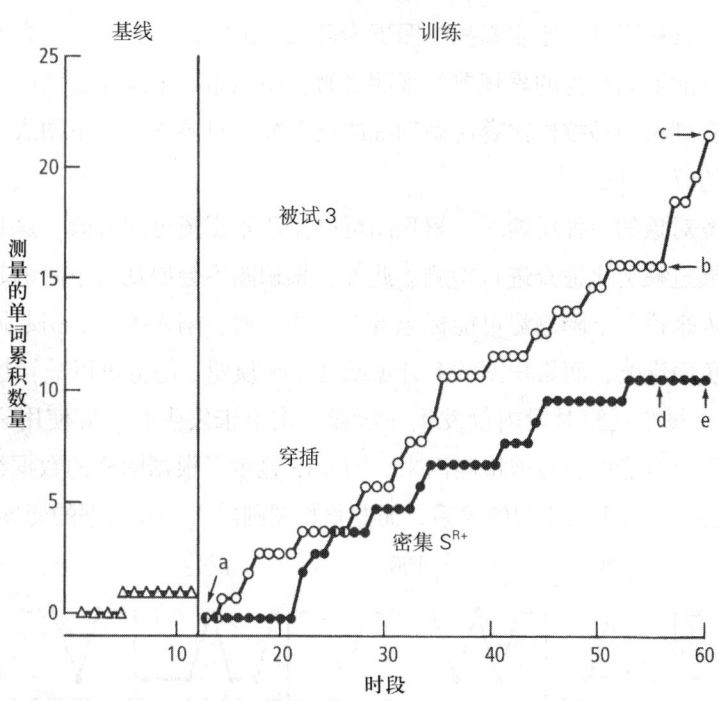

图 6.12 一名智力障碍男性在基线阶段、穿插训练阶段和密集强化训练阶段学会拼写的单词数量的累积图。添加了点 a-e 以说明总体和局部反应比率之间的差异。

根据 N. A. Neef, B. A. Iwata, & T. J. Page (1980). The Effects of Interspersal Training Versus High Density Reinforcement on Spelling Acquisition and Retention. *Journal of Applied Behavior Analysis*, 13, p. 156. 1980 年版权归实验行为分析协会所有。经授权改编。

从累积记录上看，梯度越大，反应比率越高。为了在累积图上视觉化展现总体比率，应该用一条直线将一系列观察的第一个数据点和最后一个数据点连接起来。图 6.12 中连接点 a 和 c 的直线代表学习者在穿插条件下掌握单词拼写的总体比率。连接点 a 和 e 的直线代表在密集强化条件下的总体比率。相对反应比率可以通过视觉化比较两条斜线的梯度来判断：梯度越大，反应比率越高。对 a-c 和 a-e 的梯度的视觉化比较表明在穿插条件下产生了较高的总体反应比率。

反应比率在一个特定时期内常常会有波动。**局部反应比率**（local response rate）一词意指比特定的总体比率所占时间范围更小的时期内的反应比率。在图 6.12 所示的研究的最后四个时段中，学习者在穿插训练（梯度 b-c）过程中表现出的局部反应比率远高于该条件下的总体反应比率。同时，他在密集强化条件下的最后四个时段（梯度 d-e）中的表现显示出局部反应比率低于他在该条件下的总体比率。

图例展现出的表示比率的梯度能够有效地帮助人们确定和比较在同一组坐标轴上绘制的累积曲线的阶段内和跨阶段的相关反应比率（例如，Kennedy & Souza, 1995, 图 2）。然而，在累积记录中，极高的反应比率之间很难进行视觉化比较。

> 虽然反应的比率与曲线的梯度成正比例关系，但当梯度超过 80 度时，角度上的微小差异代表着比率上的巨大差异；虽然这些可以准确地测量，但无法通过［视觉化］检查轻易地进行评估。（Ferster & Skinner, 1957, pp. 24-25）

虽然从持续记录中获得的累积记录是对已知的行为数据最直接的描述性呈现，但除了极高比率之间难以比较外，另外两个行为特征可能也很难在某些累积图上进行判断。第一，虽然在累积图上很容易找到开始收集数据以来的反应总数，但考虑到数据点的数量和纵轴的刻度比例，确定任一特定时段内记录的反应数可能很难实现。第二，在从一种比率到另一种比率的转换过程中，梯度的逐渐变化在累积图上可能很难被察觉。

在以下四种情况下，累积图可能比非累积线图更为可取。第一，当一段时间内发出的反应总数非常重要或朝着特定目标的进展能够以行为的累积单位来测量时，使用累积记录是合适的。例如，学习的新单词数量、存下的钱或为即将到来的马拉松比赛所做训练的英里数。只要查看一下图表中最新的数据点，就能了解到这个时间点为止的行为总量。

第二，当作为给服务对象的一种反馈时，累积图可能比非累积图更加有效。这是因为总体的进展和相对的表现比率都很容易通过视觉化检查进行检测。此外，累积图不会展现出下降的趋势；它要么上升，要么处于平顶期。对一些人来说，下降趋势可能标志着个人的失败、陷入困境、引起同龄人团体中某些成员的报复，或对他们产生负面影响，而累积图的上升（或处于平顶期）趋势可以减轻这类担忧。

第三，当目标行为在每个观察时段内仅发生一次或一次也未发生时，应使用累积记录。在这些情况下，干预的效果在累积图上可能更容易被检测出来。图 6.13 显示了根据同样的数据绘制的非累积图和累积图。累积图清楚地显示出行为与干预之间的关系，而非累积图则给人一种数据的变异性比实际要高的印象。

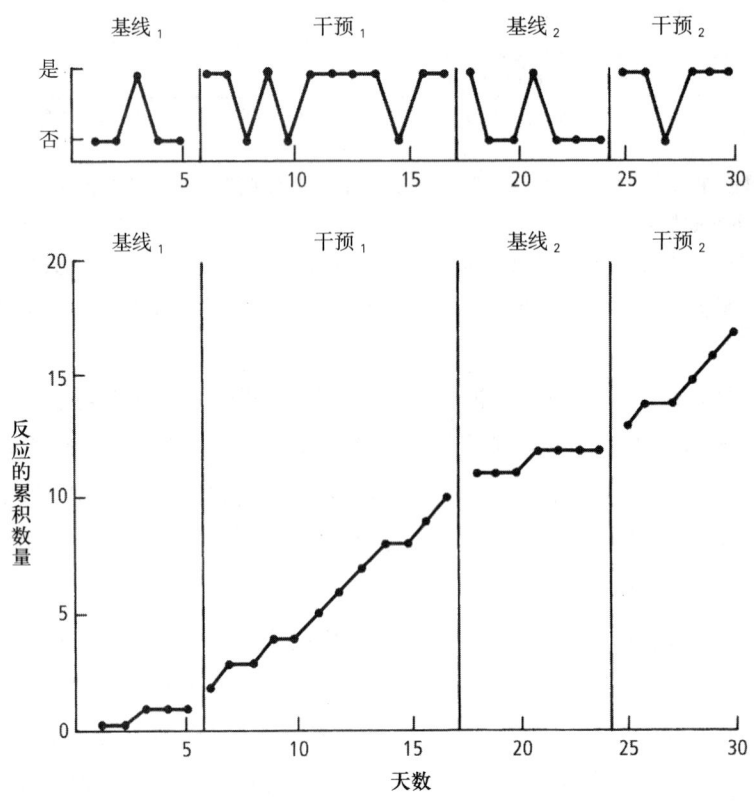

图 6.13 将同一组假设性数据绘制成非累积图和累积图。累积图更加清楚地揭示了在每个测量期内只发生一次的行为的模式和反应的改变。

根据 W. L. Heward, J. C. Dardig, & A. Rossett (1979). *Working with Parents of Handicapped Children*. p. 100, Columbus, OH: Charles E. Merrill. 1979 年版权归查尔斯·E. 梅里尔所有。

第四，累积记录能够"揭示行为与环境变量之间的复杂关系"（Johnston & Pennypacker, 2009, p. 317）。图 6.14 是一个极佳的例子，说明了累积记录何以能够对行为改变进行详细的分析（Hanley, Iwata, & Thompson, 2001）。以 10 秒为时距累积成单个时段的数据来绘图，研究者发现了一种逐一时段（session-by-session）数据图表所无法展现的反应模式。将结果累积制成图表以比较三个时段的数据路径（多重 #106、混合 #107 和混合 #112），揭示出两种在混合程序表（mixed schedules）中可能会出现的不恰当的反应模式（在此研究中，按压一个开关来启动一个能够说"请跟我讲话"的语音输出设备，作为自伤行为和攻击的替代反应），以及将与程序表相关的刺激纳入其中的好处（多重 #106）。

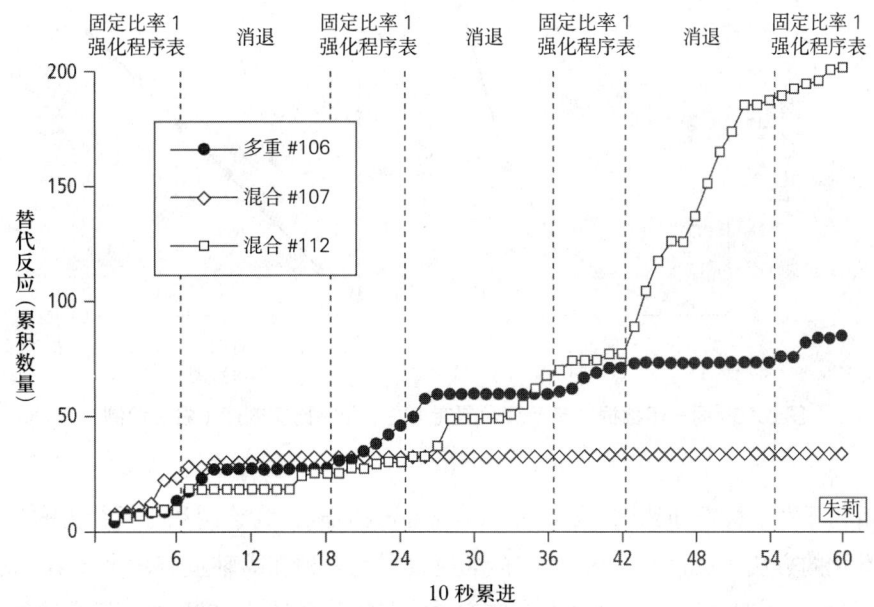

图 4 从朱莉的与程序表相关的刺激的评估中得出的跨三个时段的程序表成分的替代反应的累积数量。空心符号代表两种混合程序表的时段,实心符号代表多重程序表的时段。

图 6.14 将累积记录用于详细分析和比较一项研究的特定时段内跨多重强化程序表和混合强化程序表的成分的行为。

根据 G. P. Hanley, B. A. Iwata, & R. H. Thompson (2001). Reinforcement Schedule Thinning Following Treatment with Functional Communication Training. *Journal of Applied Behavior Analysis*, 34, p. 33. 2001 年版权归实验行为分析协会所有。经授权使用。

比例图

到目前为止,我们讨论的所有线图都是等距图,也就是在每个轴上的任意两个连续数据点之间的距离都是相同的。在横轴上,第 1 天和第 2 天的数据之间的距离与第 11 天和第 12 天之间的距离相同;在纵轴上,每分钟 10 个和 20 个反应数之间的距离与每分钟 35 个和 45 个反应数之间的距离在视觉上也是一致的。在等距图中,无论表现是进步还是退步,纵轴上相等的垂直距离都代表等量的行为改变。

另一种考察行为改变的方法是检视比例或相对改变。**比例刻度**(ratio scale)很适合用于呈现比例的改变(proportional change)。在比例刻度上,被测量的变量的等比例改变以相等的垂直距离显示出来。因为行为的测量和记录是随着时间的推移而进行的,而时间又是以相等的间距推移的,所以横轴以等间距做标记,只有纵轴使用比例刻度。因此,**比例图**(ratio chart)是指只有一个轴以比例作为刻度标记的图表。

比例图提供了一个不同的视角,即它检测的是相对的行为改变,而不是绝对的行为改变。例如,从每分钟 4 个反应到每分钟 8 个反应这样的两倍比率变化与每分钟 50 个反应到每分钟 100 个反应的两倍比率变化在比例图上所显示出来的是一样的。同样,反应从每分钟 75 个减少到每分钟 50 个(降低了三分之一)与从每分钟 12 个减少到每分钟 8 个(降低了三分之一)在纵轴上的距离是相同的。

图 6.15 显示了把相同的数据绘制成等距图〔有时称为线性图(linear chart)、算术图(arithmetic chart)或加减图(add-subtract chart)〕和比例图〔有时称为半对数图(semilogarithmic chart)〕。在算术图上表现为指数曲线的行为改变在比例图上是一条直线。图 6.15 中的比例图的纵轴是以 2 为底的对数或 ×2 的周期作为刻度单位的,也就是说沿着纵轴向上的每个周期都代表前一个周期的 2 倍增长(即翻倍或 100% 的增长)。

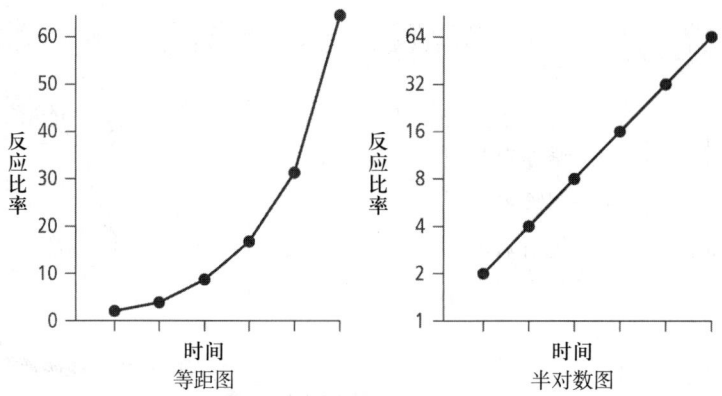

图 6.15 同一组数据以等距算术刻度（左）和等比例刻度（右）绘制。

标准速线图

奥格登·林斯利开发了**标准速线图**（standard celeration chart），为绘制和分析行为的频率如何随时间变化提供了一种标准化的方法（Lindsley, 1971）。标准速线图是一种在纵轴上有六个 ×10 周期的比例图，适用的反应比率低至每 24 小时 1 次（每分钟 0.000695 次），高至每分钟 1000 次。标准速线图共有四种，它们之间的差别在于横轴的刻度：包含 140 个日历天数的日图、周图、月图和年图。最常用的是图 6.16 所示的日图。

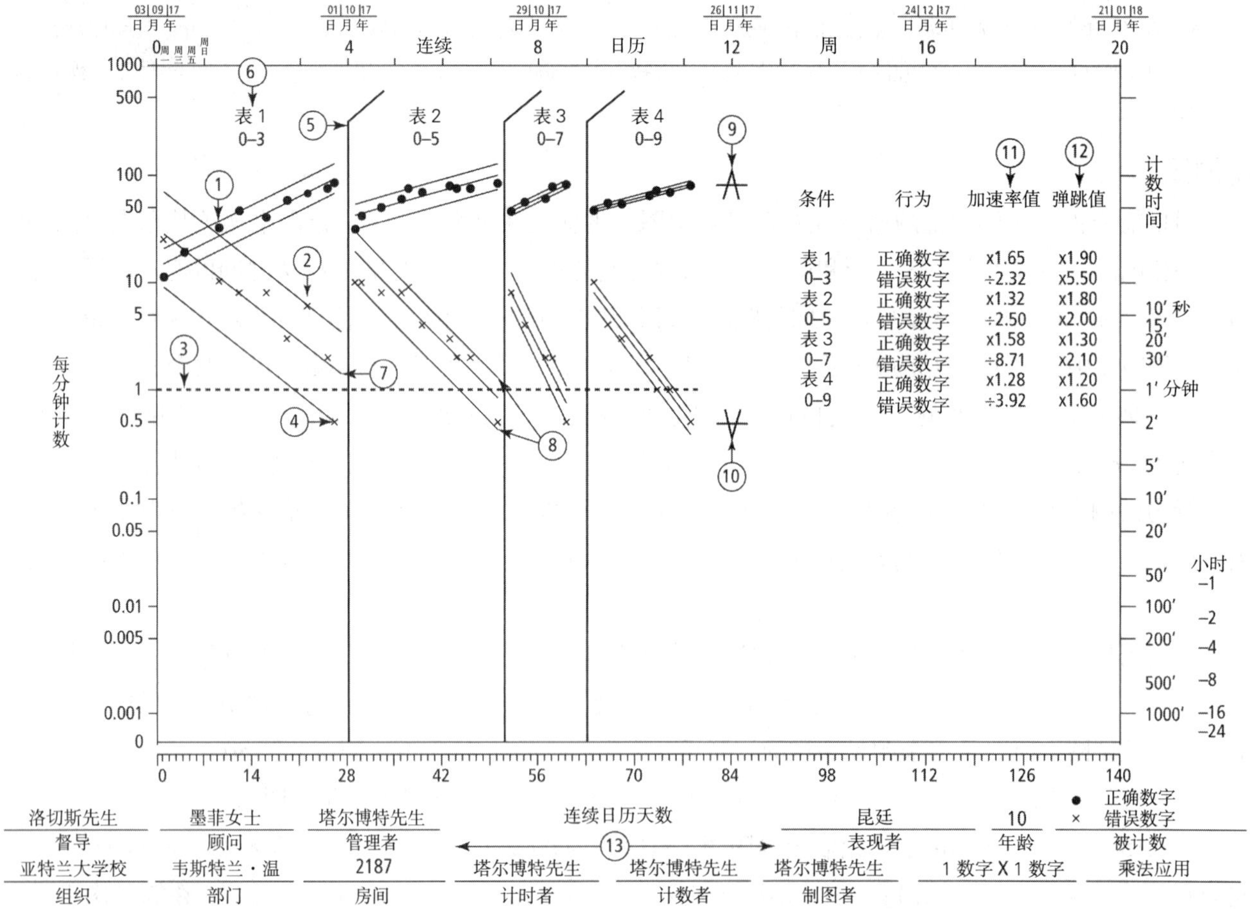

图 6.16 制作标准速线图的基本惯例（关于编号元素的说明，参看表 6.1）

标准速线图的范例创建自 Douglas E. Kostewicz, Ph.D., BCBA-D, University of Pittsburgh. 经授权使用。

人们一般认为图表的规模以及纵轴和横轴上一致的刻度是标准速线图之所以标准的关键所在，其实不然。使标准速线图成为标准的是对加速率的一致性呈现，即对频率随着时间的推移发生的改变所做的线性测量，是单位时间内频率乘以或除以的因子。加速和减速这两个术语则用于形容上升表现和下降表现。

在所有的标准速线图上，从左下角到右上角绘制的直线的梯度是 34°。这个梯度的加速率值为 ×2（读作"乘以 2"）。加速率用乘号或除号表示。×2 的加速率代表每个加速率周期的频率翻倍。日图的加速率周期是一周，周图的加速率周期是一个月，月图的加速率周期是 6 个月，年图的加速率周期是 5 年。

有一个教学上的决策系统叫作**精准教学**（precision teaching），开发这个系统就是为了和标准速线图一起使用。使用精准教学有以下几个前提：（1）测量学习的最佳方法是测量反应比率的改变；（2）学习的发生最常体现为行为的成比例改变；（3）过去的表现改变可以预测未来的学习情况。图 6.16 显示了如何实施精准教学以帮助学生作答个位数相乘的乘法题。每周给学生布置几次个位数相乘的乘法作业，并告知学生要在 1 分钟内尽可能多地答题。在最初阶段，作业单由数字为 0 到 3 之间的题目组成（如 3×3，2×1，0×1）。当学生达到每分钟 80 道题的正确作答数量和零错误这两个目标时，他就会开始练习数字范围更大的题目，他的表现则由更多样化的题目组成的抽样练习来评估。他达到针对最后一张作业单设立的目标，完成所有可能的个位数乘法运算的抽样，就获得了这项技能。标准速线图显示学生达到第一组作业单的目标所用的时间最长，而接下来的每个目标都完成得更快且出现的错误更少。变异性降低，精准教学教师称之为弹跳（bounce），即每一种连续的练习作业单的修正显示了更为严格的刺激控制。表 6.1 提供了图 6.16 中图表元素的名称和说明。[1]

表 6.1　精准教学使用的标准速线图元素（编号参考图 6.16）

图表元素	说明和制图惯例
1. 加速目标频率	在恰当的日线上，用实心点表示加速反应。
2. 减速目标频率	在恰当的日线上，用 × 表示减速反应。
3. 时间栏	在日图上，用水平实线表示每天的反应时间。
4. 无计数（0 次）	在记录期间，没有发生加速（即点）或减速（即 ×）的行为，并在时间栏下方距离 ÷2 处绘制图表。
5. 条件改变线	在一段干预的最后一天和一段新的干预的第一天之间绘制的垂直线。
6. 条件改变标签	简要描述条件/干预。
7. 加速率线	一条直线代表每个条件下 5 天或 5 天以上的加速或减速情况。在纸上徒手绘图；用线性回归法自动计算，并绘制在一些数字图表上。
8. 弹跳线	行为表现变异性的测量值。加速率线的上方和下方的平行直线涵盖了大部分的表现。上方的弹跳线穿过上方大部分的点（极端值除外）；下方的弹跳线穿过下方大部分的点（极端值除外）。
9. 加速频率目标	代表目标行为加速达到期望的频率和达到的日期的符号。用横条绘制期望的频率和日期，并在相交点插入向上的符号。
10. 减速频率目标	代表目标行为减速达到期望的频率和达到的日期的符号。用横条绘制期望的频率和日期，并在相交点插入向下的符号。
11. 加速率值	图表或文字段落中的加速（×）和减速（÷）的符号展现了行为的改变。
12. 弹跳值	在一种条件下加速和减速的弹跳总量（即变异性）。始终写为"×"值。

1　关于标准速线图的详细说明和精准教学教师如何使用标准速线图，请参看库珀、库比纳和马兰加（Cooper, Kubina, & Malanga, 1998），格拉夫和林斯利（Graf & Lindsley, 2002），约翰逊和斯特里特（Johnson & Street, 2014），库比纳和尤维奇（Kubina & Yurich, 2012），林斯利（Lindsley, 1990, 1992, 1996）以及彭尼帕克、古铁雷斯和林斯利（Pennypacker, Gutierrez, & Lindsley, 2003）的相关文章。

(续表)

图表元素		说明和制图惯例
13. 图表空白处	督导	每月查看图表，向顾问或管理者提供建议
	顾问	向管理者或表现者提供建议
	管理者	每天与表现者一起工作
	组织	被记录的行为表现发生的地方
	部门	组织内的位置或分部门
	房间	做记录的房间
	计数者	对表现者的行为进行计数
	表现者	图表展现其行为表现的学习者
	制图者	将记录的行为表现数据制作成图表的人
	被计数	对表现者的可计数行为的描述
	小的未标识空白	选填：表现者的年龄
	大的未标识空白	选填：额外的相关信息

Douglas Kostewicz, Ph. D., BCBA-D, University of Pittsburgh. 经授权使用。

散点图

散点图（scatterplot）是一种图表呈现，它显示了一个数据集中各个测量值相对于 x 轴和 y 轴描述的变量的相对分布情况。散点图上的数据点是不相连的。散点图显示了一个轴所描述的变量值的变化与另一个轴的变量值所代表的变化之间的关联程度。数据点沿着平面或群集的线条所形成的模式表明了它们之间的特定关系。例如，迈因德尔等人（Meindl et al., 2013）给出的散点图显示了学生在一套训练闪卡上表现的流畅度越高，在一套泛化卡片上表现的流畅度下降幅度越大（参看图 6.17）。这一发现支持了研究者的假

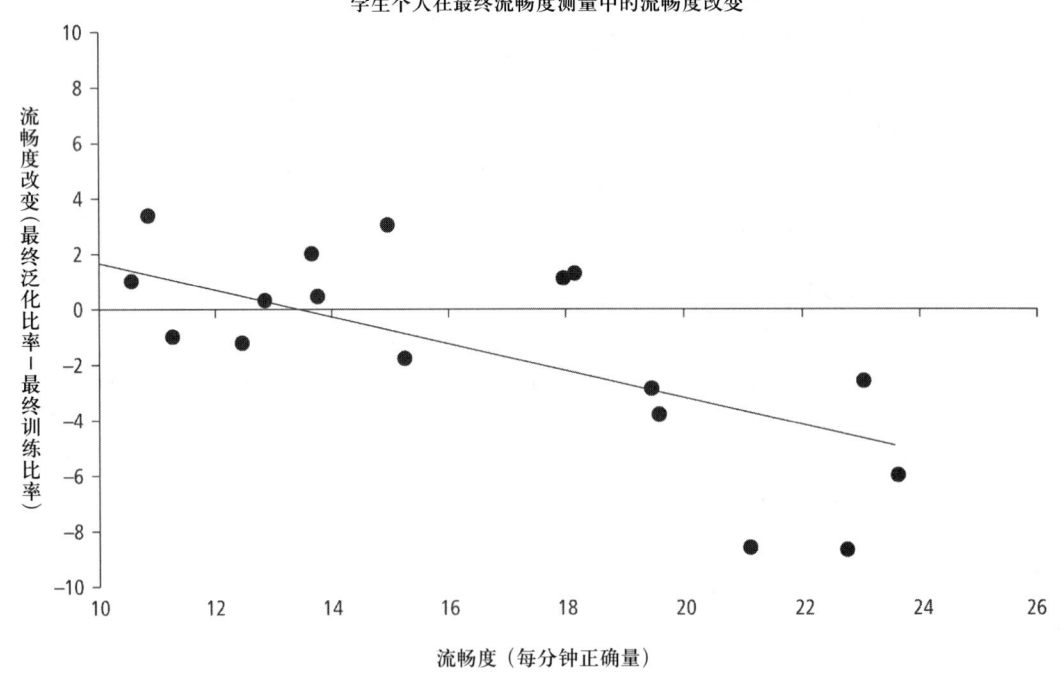

图 2 散点图描绘了学生在最终训练时间点的流畅度与从最终训练时间点到泛化测试的流畅度改变之间的关系。

图 6.17 散点图描绘了学生在最终训练时间点的流畅度与从最终训练时间点到泛化测试的流畅度改变之间的关系。

引自 J. N. Meindl, J. W. Ivy, N. Miller, N. A. Neet, & R. L. Williamson (2013). An Examination of Stimulus Control in Fluency-Based Strategies: SAFMEDS and Generalization. *Journal of Behavioral Education*, 22, p. 238. 2013 年版权归施普林格科学 + 商业媒体所有。经授权使用。

设，即学生对训练闪卡的反应在一定的程度上受到卡片的不相关刺激特征的控制（如卡片上特定位置的特定单词），而这抑制了对新卡片的泛化。

散点图也可以揭示不同数据子集之间的关系。例如，博伊斯和盖勒（Boyce & Geller, 2001）制作了图 6.18 所示的散点图，考察来自不同人口统计学特征群体的个体行为与驾驶车速和车距这些代表安全驾驶行为元素的比例之间的关系（例如，比较年轻男性的数据点落在图表中的风险区和其他组别的驾驶者的数据点落在风险区的比例）。每一个数据点都展现了一名驾驶者在车速和车距方面的行为，以及该车速和车距被认为是安全的还是存在意外风险的。这样的数据可用于对特定人口群体进行有针对性的干预。

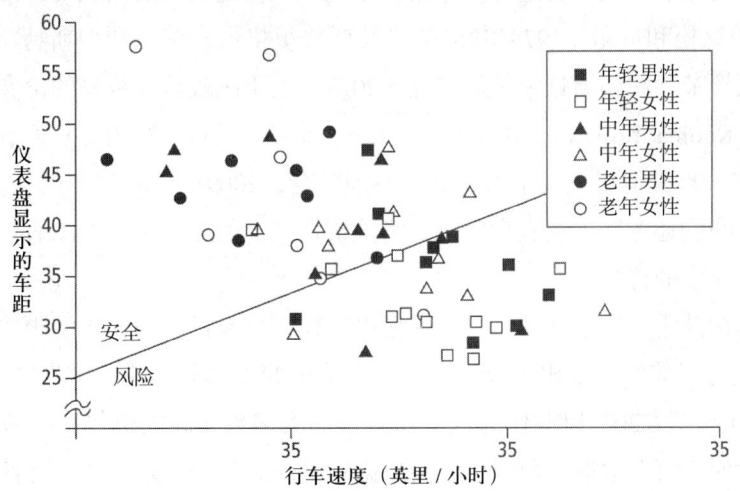

图 6.18 散点图显示了来自不同人口统计学特征群体的个体行为与安全驾驶标准测量之间的关系。

根据 T. E. Boyce & E. S. Geller (2001). A Technology to Measure Multiple Driving Behaviors without Self-Report or Participant Reactivity. *Journal of Applied Behavior Analysis*, 34, p. 49. 2001年版权归实验行为分析协会所有。经授权使用。

应用行为分析师有时会使用散点图来考察目标行为的时间分布（例如，Kahng et al., 1998; Symons, McDonald, & Wehby, 1998; Touchette, MacDonald, & Langer, 1985）。图谢特（Touchette）及其同事描述了一个观察和记录行为的过程，并由此产生了一个散点图，用图表来展现该行为的发生是否通常与特定时段有关联。关于如何使用散点图进行记录，第 27 章将进一步说明。

其他图表呈现

应用行为分析师还使用了各式各样的图表形式来呈现和沟通行为数据。例如，赖夫、贾维斯和达莱里（Raiff, Jarvis, & Dallery, 2016）创建了一个由一系列不同色度的水平方框组成的图表呈现，用于说明患者在基线条件和干预条件下使用抗糖尿病药物治疗的依从性。罗马诺维希和兰姆（Romanowich & Lamb, 2015）用水平条形图说明和比较了参与者在治疗接受度量表上的评分。其他的图表形式还有气泡图（bubble graph）（例如，Schultz, Kohn, & Musto, 2017）、点图（dot chart）（参看信息箱 6.1 中的图 A）和频率剖面图（frequency profiles）（Epstein, Mejia, & Robertson, 2017）。

应用行为分析研究者设计了具有创造性的图表工具组合来展示数据，以此来考察、理解和分析研究结果。在卡米莱里和汉利（Cammilleri & Hanley, 2005, 本书中的图 29.10）、法赫米、艾瓦塔和米德（Fahmie, Iwata, & Mead, 2016, 图 1）、英瓦松、克雷默、卡普、彼得斯多蒂尔和马西亚斯（Ingvarsson, Kramer, Carp, Pétursdóttir, & Macias, 2016, 图 5），以及琼斯、卡尔和菲利（Jones, Carr, & Feeley, 2006, 图 10）的相关文章中可以找到一些有趣和有影响力的例子。[1]

---

[1] 查尔斯·米纳德（Charles Minard）的"空间—时间—故事"图表也许可以说是将视觉呈现技术结合起来的终极范例，这个图表用于解释 1812—1813 年惨遭失败的拿破仑在征俄战争中六个变量之间的相互关系［参看塔夫特（Tufte, 1983, p. 41）］。塔夫特称米纳德的图表可能是"有史以来画得最好的统计图表"（p. 40）。

建构线图

建构有效的、不失真的图表呈现所需的技能和行为分析师的技能库中的任何一项同等重要。[1] 随着应用行为分析的不断发展,关于图表建构的某些风格惯例和期望也随之而来。一个有效的图表可以准确、完整和清楚地展示数据,并使读者尽可能容易地理解数据。制图者必须努力满足这些要求,同时对图表的设计或建构中可能产生失真和偏误的特征保持警惕——无论是制图者还是未来的读者,在解释图表所描述的行为改变的程度和本质时都是如此。

虽然图表在应用行为分析中发挥着重要的作用,但关于如何建构行为图表的详细论述却鲜少发表。值得注意的几个例外是帕森松和贝尔(1978,1986)以及斯普里格斯、莱恩和加斯特(Spriggs, Lane, & Gast, 2014)的著作中的相关章节,约翰斯顿和彭尼帕克(2009)关于图表呈现策略的论文,以及库比纳、科斯特维奇、布伦南和金(Kubina, Kostewicz, Brennan, & King, 2015)最近在行为分析期刊上发表的关于图表的评论文章。这些文献和来自其他组织或个人(美国心理学会,2009;Tufte, 2001)的建议为这一部分的撰写提供了帮助。此外,我们还考察了发表在应用行为分析期刊上的数以百计的图表,以求发现那些最能清楚地传达数据所讲述的故事的特征。

虽然关于图表的建构几乎没有硬性规定,但遵循以下惯例将有助于制作出清晰的、设计合理的图表呈现,并在形式和外观上与当前的实践相吻合。虽然本章给出的大部分建议是由贯穿全书的图表来说明的,但我们仍制作了图 6.19 和图 6.20,以此作为这里所建议的大多数实践的范例。一般而言,这些建议适用于所有的行为图表。然而,每个数据集和产生这些数据的条件对制图人来说都具有各自的挑战性。

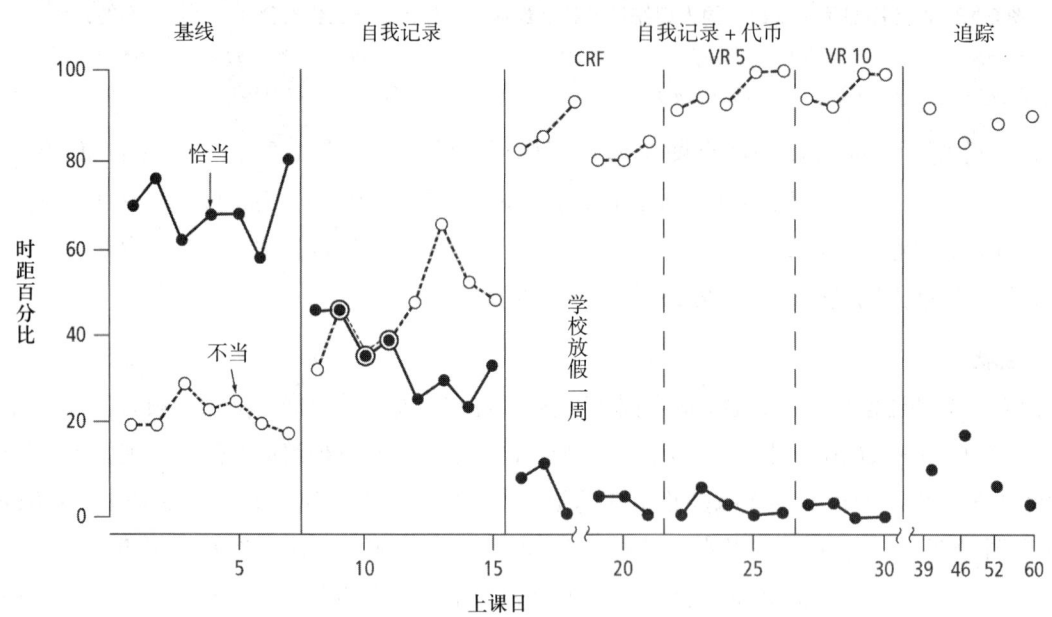

图 1 一名 8 岁男孩做出恰当行为和不当行为的 10 秒时距百分比。每个时距都按恰当、不当或两者皆非来记录,因此,这两种行为的总和不会总是 100%。

图 6.19 用假设性数据图说明建构行为图表的各种惯例和准则。

---

1 尽管自 20 世纪 90 年代中期以来,在行为分析期刊上刊登的大多数图表和实务工作者使用的很多图表都是由计算机软件绘制而成的,我们仍然认为应用行为分析师必须知道如何手绘图表。掌握了手绘图表所需的知识和技能,将能更有效地使用绘图软件(本章后面会提到这一点)。

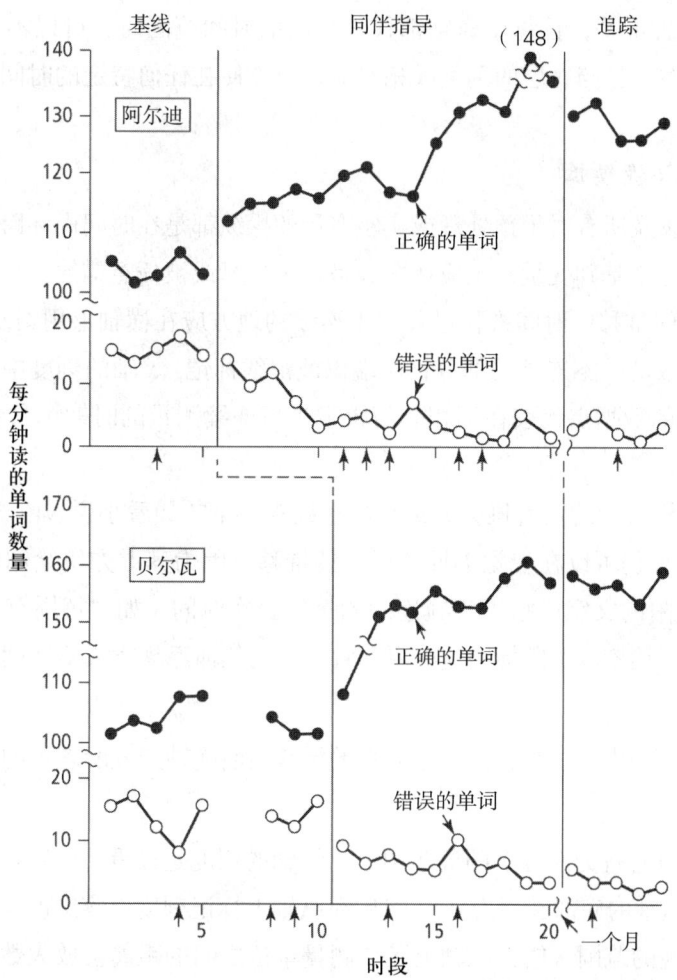

图1 阿尔迪和贝尔瓦在每个时段后的1分钟探测期内正确和错误读出的单词数量。横轴下方的箭头表示学生在哪些时段使用了从家中带来的阅读材料。

图 6.20 用假设性数据图说明建构行为图表的各种惯例和准则。

轴的绘制、刻度安排和标识

纵轴和横轴的比例

纵轴和横轴的相对长度,加上两轴的刻度,决定了图表放大或缩小一个特定数据集的变异性的程度。高度和宽度的比例平衡可使数据点既不靠得太近也不隔得太远,由此可以提高图表的可读性。行为学文献建议纵轴与横轴的比例或相对长度在 5∶8(Johnston & Pennypacker, 2009)到 3∶4(Katzenberg, 1975)之间。塔夫特(2001)的《定量信息的视觉呈现》(*The Visual Display of Quantitative Information*)一书是一个关于有效绘图技术的指南和范例的绝妙宝库,该书建议纵轴和横轴的比例为 5∶8。

纵轴长度约为横轴长度的三分之二,对大多数行为图表来说是相当合适的。当一个图表包含多组轴,且其中一组叠在另一组的上方时,以及/或者当在横轴上绘制的数据点的数量非常多时,可以适当减小纵轴的相对长度(如图 6.2 和图 6.7 所示)。

安排横轴刻度

横轴应以相等的间距来标记,每个单位从左至右代表按时间顺序排列的相等时段或反应机会,行为在这些时段或机会中已被测量(或将被测量),由此对行为改变做出解释(如天数、时段、尝试)。不需要在 x 轴上标记出每一个数据点。为了避免造成视觉上的混乱,可以在轴的外侧以有规律的间隔增幅画上刻度线,并相应地进行编号(按照 5 秒、10 秒、20 秒)。

当两组或更多组轴垂直堆叠，且每个横轴都代表相同的时间范围时，可以不为横轴的刻度编号。不过，每层横轴都应有刻度线，且与底层的刻度线相对应，以方便在任何特定的时间点比较各层的行为表现（参看图6.4）。

在横轴上表示时间的不连续性

行为改变及其测量，以及所有对干预处理或实验变量的操纵都是在时间内和跨时间进行的。因此，在所有的实验中，时间都是一个基础变量，不应在图表呈现中失真或被任意描绘。横轴上每个相等间隔的单位都应代表一段相等的时间推移。时间推移过程中不连续的地方应在横轴上用刻度中断（scale break）来表示：在轴上画出一个开放的、不连接的部分，两端以波浪线标记。x轴的刻度中断也可用于表示未收集数据的时期或有规律间隔的数据点代表在不相等间距下进行连续测量的时期（参看图6.19中追踪条件下上课日的编号）。

当测量发生在针对目标行为的发生机会而进行的连续观察下（如看小说、吃饭、打网球），而没有使用标准的时间单位时，横轴仍可以在视觉上反映时间的推移，因为其上方所绘制的数据是一个接着一个记录的。而这样的图表所附的文字应指出实施连续测量的真实时间（如"每周有两个或三个同伴指导时段"），并且应清楚地说明或用刻度中断标明这一时间背景中的任何不规律或不连续的地方（参看图6.20）。

标识横轴

在横轴下方与横轴平行的中间位置，用一个简短的标签指明横轴刻度所表示的维度。

安排纵轴刻度

在表示行为改变（或没有行为改变）的等距图上，纵轴的刻度是最重要的特征。通常的做法是将原点标记为0（在累积图上，纵轴的底部必须为0），然后在纵轴上标记刻度以容纳所有的数据值并涵盖具有重要社会意义的／理想的表现的范围。增大纵轴上各个测量单位之间的距离会放大数据的变异性，而缩小纵轴上的测量单位则会减弱对数据集变异性的描绘。制图者应该根据几个不同的纵轴刻度来绘制数据集，要注意，失真的图表呈现可能会导致不恰当的解释（Dart & Radley, 2017）。

当0值没有意义时，可以截断y轴。"绘制图表要忠实于数据。有些数据的值永远不会是0——比如说，一个活人的体温。"（Yanofsky, 2015）爱德华·塔夫特（2017）表示认同："不要以掩盖数据线本身的情况为代价，耗费大量的纵轴空白空间来尝试向下延伸到0点。"（n.p.）

绘制纵轴的刻度时，应考虑到各个水平的行为改变对被绘制的行为所具有的社会重要性。如果行为表现中相对较小的数值改变具有社会意义，那么y轴的刻度就应该能反映较小的数值范围。例如，在一个训练项目中，工厂员工正确执行安全检查表中的步骤的百分比从干预前未达安全范围的85%至90%提高到干预后的接近零意外事故水平的98%至100%。而要最有效地呈现这些数据，纵轴应集中在80%至100%这个范围。然而，当行为中较小的数值改变不具有社会重要性，且被压缩的刻度所掩盖的变异程度无关紧要时，则应缩小纵轴的刻度。

在纵轴外侧有规律间隔的刻度线的水平编号可以减少视觉上的混乱，并且有助于读取刻度。画纵轴时，不应延伸到代表最大值的刻度线之外。

当数据集包括几个为0的测量值时，纵轴的起点宜取在略高于横轴的位置，使数据点不致直接落在轴上。这样可以使图表更加简洁，并帮助读者将0值数据点与其他接近0值的数据点区分开来（参看图6.19）。

在大多数情况下，不应在纵轴上使用刻度中断。但是，当范围大不相同且不重叠的两个数据集呈现在同一个y轴上时，可以使用刻度中断分隔开每个数据集所涉及的测量范围（参看图6.20）。

在多层次图表中，每个纵轴上的相等距离都应代表相等的行为改变量，以帮助比较跨层次数据。另外，只要有可能，多层次图表的每个纵轴上的相似位置都应代表相似的因变量绝对值。当一个层次与另一个层次的行为测量差异会导致一个或多个过长的纵轴时，可以使用刻度中断来凸显绝对值的差异，并帮助跨层次做点对点的比较。

当在纵轴上绘制的范围值超过与横轴成比例长度的轴所能显示的范围时，也可以把图表分隔成跨两个或多个层次的图。例如，库克、拉普和舒尔策（Cook, Rapp, & Schulze, 2015）在一项关于服从的研究中，使用了三层次图来展示研究结果（参看本书的图 9.11）。顶层的纵轴以秒为单位，中层以分钟为单位，底层以小时为单位。每下一层的横轴代表实验尝试测量的时间的延续。

标识纵轴

纵轴左侧中间位置应该有一个与纵轴平行的简短标签，以界定轴上的刻度所代表的维度。在多层次图表中，可以将所有界定纵轴所描述的维度标签归为一个组别而置于其左侧中间位置。界定每组轴内的不同行为（或其他一些相关方面）的额外标签有时会置于每个纵轴的左侧，并与纵轴平行。这些单独的层次标签应置于界定所有纵轴刻度所代表的维度标签的右侧，字号要小一些。

辨识实验条件

条件改变线

从横轴向上延伸的垂直线代表的是干预处理或实验程序的改变。条件改变线应置于代表条件改变之前最后测量的数据点之后（其右边）和代表程序改变之后第一次测量的数据点之前（其左边）。这样，数据点就会清晰地落在改变线的两侧，而不会落在线上。将条件改变线的高度绘制得与纵轴的高度相同，可以帮助读者估计靠近纵轴范围顶端的数据点的值。

条件改变线可以用实线表示，也可以用虚线表示。然而，当一项实验或干预计划的进行条件中包含相对较小的改变时，应该将实线和虚线结合起来使用，以区分条件中主要和次要的变化。例如，图 6.19 中的实线表示从基线条件到自我记录条件，到自我记录+代币条件，再到追踪条件的改变，虚线则表示强化程序表从连续强化（CRF）到可变比率 5（VR 5），再到自我记录+代币条件下的可变比率 10（第 13 章将对连续强化程序表和可变比率强化程序表进行论述）。

当沿着多层次图表的各个横轴上的不同点对一个自变量进行相同的操纵时，用折线连接从一层到下一层的条件改变线，可以比较容易地跟进实验中事件发生的顺序和时间（参看图 6.20）。

实验或干预处理计划中发生的意外事件，以及程序上的一些微小改变，如果不能用条件改变线标明，那么可以在相关数据点的旁边（参看图 6.6）或紧邻 x 轴的下方（参看图 6.20）用小箭头、星号或其他符号标明。图表说明应该对所有特殊符号的意义进行解释。

条件标签

代表实验中每个时期实际实施条件的标签位于条件改变线所划定的空间上方的中间位置。只要空间允许，条件标签应该平行于横轴。标签应该简短但具有描述性（如依联赞扬优于治疗），标签使用的术语或短语应该与文中描述条件的文字相同。当受到空间或设计的限制而无法写出完整的标签时，可以使用缩写。一个单独的条件标签应该置于上方，横跨代表该条件下的微小改变的各个标签（参看图 6.19）。有时会在条件标签中加入数字，以表示该条件在研究期间实际实施的次数（如基线 1、基线 2）。

绘制数据点与绘制数据路径

数据点

手绘图表数据时，行为分析师必须格外注意，确保将每个数据点精确地绘制在与它所代表的测量值相对应的横坐标和纵坐标上。数据点位置的不准确是图表呈现中不必要的误差来源，它可能会导致临床判断和/或实验方法上的错误。仔细挑选绘图纸，绘图纸网格线的大小和间距要与将要绘制的数据相适应，这有助于数据点的准确绘制。如果不得不在纵轴上的一小段距离内画出很多不同的值，那么应该使用每英寸[1]有很多个网格线的绘图纸。

如果一个数据点超出了纵轴刻度所描述的数值范围，那么就把它画在紧邻超出的刻度的上方，并在数据点旁边用括号标明它的实际测量值。朝向和背向刻度外数据点的数据路径中断也有助于凸显其差异（参看图 6.20 的第 19 个时段）。

数据点应该用粗体的符号标记，以便更加容易地与数据路径进行区分。当一个图表上只呈现一个数据集时，最常用的符号是实心点。当在同一组坐标轴上绘制多个数据集时，应使用不同的几何符号来代表各个数据集。应为每一个数据集选择不同的符号，以便当数据点落在图表上的同一坐标或同一坐标附近的时候，能够把每一个数据点的值都清楚地识别出来（参看图 6.19 的第 9-11 个时段）。

数据路径

数据路径是通过从特定的数据集中的一个数据点的中心画一条到下一个数据点的中心的直线而形成的。特定的数据集中的所有数据点都以这种方式连接，但以下情况例外：

· 落在条件改变线两侧的数据点是不相连的。
· 在没有测量行为的重要时间跨度内，数据点不应相连。这样做意味着由此产生的数据路径代表了在没有进行测量的时间跨度内的行为水平和趋势。
· 数据点不应跨越横轴上的非连续时间而相连（参看图 6.19 的学校放假一周）。
· 在按规律排定的测量期前后，如果没有收集到数据，或遗失、损毁或出于其他原因无法获得数据（如参与者缺席、录音设备故障），那么这些数据点不应相连（参看图 6.20 中贝尔瓦的图表的基线条件）。
· 追踪或后续检查的数据点不应相连（参看图 6.19），除非它们代表连续的测量值，且测量所采用的时间间隔与实验中其余阶段测量过程中所采用的时间间隔相同（参看图 6.20）。

当多种数据路径呈现在同一个图表上时，除了使用不同符号代表数据点以外，还可以使用不同样式的线条来帮助读者区分不同的数据路径（参看图 6.19）。每个数据路径所代表的行为都应标注清楚，可以使用文字标签并以箭头指向数据路径（参看图 6.19 和图 6.20），或使用图例来说明符号样式和线条样式（参看图 6.13）。当两个数据集经过同一路径时，它们的线条应该画得很接近且相互平行，以帮助阐明情况（参看图 6.19 的第 9-11 个时段）。

撰写图表说明

图表说明应写在图表的下方，对图表进行简要而完整的描述。说明还应引导读者关注图表上任何一个可能被忽略的特征（如刻度改变），并解释所有附加符号所代表的特殊事件的意义。

图表的印刷

图表的印刷应该使用单一的颜色——黑色。虽然使用彩色可以增强视觉呈现的吸引力并凸显出某些特征，但在数据的科学表述上，不提倡这样做。我们必须尽全力让数据本身说话。使用彩色来印刷可能会使

---

1 编注：英寸是英美制长度单位，1 英寸合 2.54 厘米。

人们对行为表现或实验效果的理解不同于对用黑色呈现的相同数据的理解。另外，图和表都可能会被转载到期刊和书籍上，这也是只使用黑色来书写或印刷的一个原因。

用计算机软件建构图表

制作计算机生成图表的软件程序非常普遍，而且越来越精密和易于使用。本书中的大多数图表呈现都是用计算机软件建构的。尽管与手工绘图相比，使用计算机绘图程序可以节省大量的时间，仍应仔细检视可用的刻度范围和印刷容量，以确保数据点位置准确，数据路径印刷精确。

大多数计算机生成的图表是用 Microsoft Excel 软件制作的。有详细的任务分析（task analyses）和使用 Microsoft Excel 制作行为图表的分步说明可供参考（例如，Cole & Witts, 2015; Deochand, 2017; Deochand, Costello, & Fuqua, 2015; Dixon et al., 2009; Lo & Konrad, 2007）。范泽洛和布雷（Vanselow & Bourret, 2012）开发了一个关于使用 Excel 制作图表的在线互动教程。

能够从数字化收集的或实务工作者上传的数据中自动创建图表的软件程序可以帮助工作者将节省下来的时间用于其他的临床或教学活动。自动绘图软件可以帮助临床工作者持续获得关于服务对象表现的最新状态的图表，从而得以更频繁地做出以数据为基础的决策（例如，Pinkelman & Horner, 2016; Sleeper et al., 2017）。

解释图表呈现的行为数据

如果一项干预产生了巨大的、可复制的，而且会持续一段时间的行为改变，那么这些干预效果在一个设计良好的图表呈现上应该是显而易见的。在这种情况下，只接受过极少的训练或没有接受过正规的行为分析训练的人也能正确地阅读图表。然而，很多时候，行为改变并没有那么显著、一致或持久。行为有时会以零散的、暂时的、延迟的或看似不受控制的方式改变；而有时，行为可能根本就没有改变。呈现这些类型的数据模式的图表往往能够揭示出关于行为及其控制变量的相当重要和引人关注的细微差异。

行为分析师使用了一种系统化的检验方法来解释图表呈现的数据，这种方法叫作**视觉化分析**（visual analysis）。在行为分析领域中，分析数据的主要方法就是对显示了环境变量的存在与否与行为改变之间的关系的图表进行视觉化检查。对一项应用行为分析实验的数据进行视觉化分析，旨在回答两个问题：（1）行为是否以一种有意义的方式发生了改变？（2）如果发生了这种改变，那么在多大程度上可以将行为改变归因于自变量？虽然视觉化分析没有正式的规则，但行为的动态本质、开发有效干预在科学和技术上的必要性，以及"产生具有社会意义的表现水平"的应用层面的要求，这些因素结合起来使得行为分析师在解读图表时，将注意力集中在所有行为数据的某些共同属性上：（1）变异性（variability）；（2）水平（level）；（3）趋势（trend）。视觉化分析既需要在一项实验的条件下和阶段内检验这三个属性，也需要跨条件和阶段检验这三个属性。[1]

在试图解读一个图表所呈现的数据之前，读者应仔细检视图表的整体结构。首先，阅读图例、轴标签和所有的条件标签，获得关于图表内容的基本理解。然后，读者应查看每个轴的刻度，注意其位置、数值，以及任何刻度中断的相对显著性。这名制图者有没有截断纵轴的刻度以强调行为改变？

> 关于这一点的一个常见抱怨是，当没有标签的时候，它看起来会很奇怪。首先，这就是图表要有刻度的原因所在。一名读者没有看清标识好的坐标轴而去指责一名制图者，就像指责一家超市卖给某个人会使他过敏的食物一样。
>
> 其次，图表对数据的某些方面强调到了什么程度，这是对所传达信息的判断，而不是对图表制作

---

[1] 一些研究已经评估了对行为分析的学习者和实务工作者进行视觉化数据分析的技能训练方法（例如，Kahng et al., 2010; Stewart, Carr, Brandt, & McHenry, 2007; Vanselow, Thompson, & Karsina, 2011; Wolfe & Slocum, 2015; Young & Daly, 2016）。

的判断。当然，这种思维方式可能会产生误导性的呈现，但这与文字展示又有何不同呢？图表应该公平，而非均等。（Yanofsky, 2015, n.p.）

接着，视觉化追踪每个数据路径，以确定各个数据点是否恰当地相连。每个数据点代表的是单独一次的测量或观察，还是"成群"的数据——每个数据点代表的是多次测量的平均值或某些其他的概括性数据？数据显示的是单个被试的表现，还是一组被试的平均表现？如果成群的或团体的数据都在呈现之列，那么图表有没有提供计分的范围或变异的视觉化描述？或者说，数据本身是否支持对折叠在图表里的变异量做出判定？例如，如果横轴的刻度以周为单位，每个数据点代表一名学生一周内每天进行5个单词的拼写测验的平均分数，那么数据点落在0值附近或封闭式刻度的上端，如4.8，就没有什么问题，因为它们可能是那一周每天得分的微小变异性的结果。然而，靠近中间刻度的数据点，如2~3，则有可能是稳定的或高度变异的表现造成的。

只有当读者确信图表被恰当地建构，并且没有扭曲它所代表的事件时，才能对数据进行考察，以发现每个研究条件下的数据揭示了关于行为的什么信息。如果读者怀疑图表的结构扭曲、夸大或掩盖了重要的特征，那么就不应对数据进行解释或判断（参看信息箱6.2）。

信息箱 6.2

不要被漂亮的图表蒙蔽

图表呈现以视觉化的方式讲述它们所代表的数据的故事。但就像讲故事的人可以通过选择和编排带有偏误的字词和短语来达到掩盖、扭曲和误导的目的一样，制图者也可以通过操纵图表的特征来使针对数据做出某些解释的可能性变得更大或更小。当你看到一个图表呈现时，问问自己，设计这个图表是为了讲述一个准确反映基础数据的故事，还是为了讲述一个更接近设计者希望你相信的故事。常见的几种使人受蒙蔽的图表形式有：可疑的刻度截断或延展图表的坐标轴；无关的颜色和灰度提示；带有误导性的标签、图例和说明；y 轴不包括0值的条形图（Bergstrom & West, 2018a）。

为什么条形图在因变量轴上必须有0值，而线图不需要呢？我们的观点是，这两种类型的图表所讲述的故事不同。根据它们的设计理由，条形图强调每一类别相关的数值的绝对等级大小（absolute magnitude），而线图强调因变量（通常是 y 值）随自变量（通常是 x 值）变化而发生的变化。

为了使条形图提供所绘制的数值的代表性印象，每个长条的视觉重量——页面上的墨水量，如果你愿意——必须与该长条的数值成比例。将轴设置在0值以上会干扰这个原则。例如，如果我们制作一个条形图，数值分别为15和20，而将轴的起点设为10，那么20对应的长条的视觉重量就是15对应的长条的视觉重量的两倍，尽管20的数值实际上只是15的三分之四（Bergstrom & West, 2018b, n.p.）。

不要被那些比较彼此之间没有逻辑关系或可能的关系的数据集的图表蒙蔽。以图A为例，它比较了曾经赢得世界棒球大赛的来自美国的球队和来自美国以外国家的球队的数量。此图所讲述的故事是，相对于其他国家，美国在棒球世界中拥有统治地位。虽然所描述的数据是准确的，但它们代表的机会截然不同。从1903年第一届世界大赛到1968年，来自美国以外国家的大联盟球队数目是0。从1969年到2004年，蒙特利尔博览会队（Montreal Expos）参加了国家联盟的比赛。而1992年和1993年的世界大赛冠军多伦多蓝鸟队（Toronto Blue Jays）在1977年才加入美国联盟。

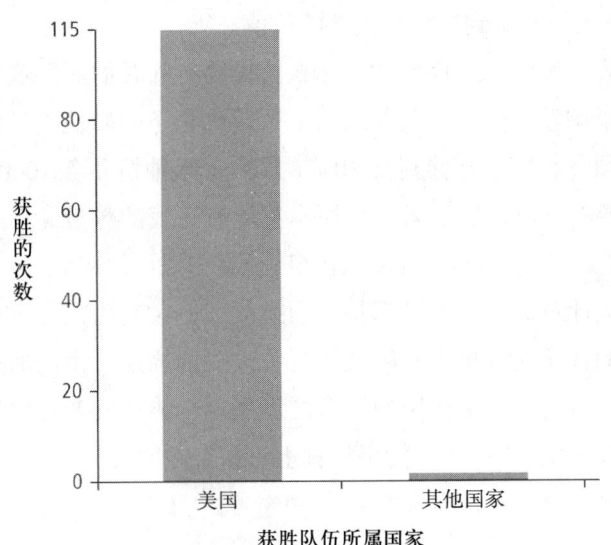

图A　世界棒球大赛中获胜队伍所属国家（1903—2017）

比较其中每个数据集都有不同刻度的多个数据集可能会制作出更具欺骗性的图表。比较图表上的多个数据系列时，必须格外小心，要注意每个系列的刻度都不相同。图B显示了在玉米和大豆作物上使用除草剂草甘膦［glyphosate, 商品名为农达（Roundup）］与癌症发病率上升之间的相关性。作者报告说："我们发现与肝癌、肾癌、膀胱/尿道癌和甲状腺癌有很强的相关性……特别是甲状腺癌和膀胱癌似乎与GE［基因改造］作物的出现和草甘膦的应用有关。"（Swanson, Leu, Abrahamson, & Wallet, 2014, p. 16, 方括号中的文字为补述）

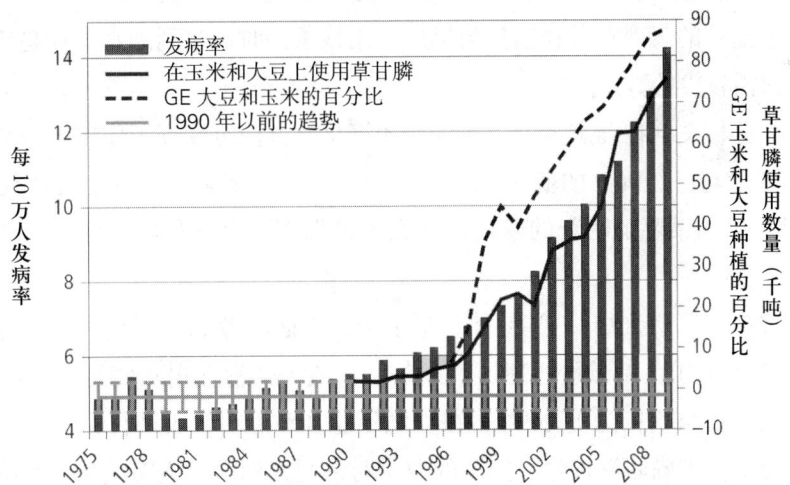

图B　图表显示，甲状腺癌发病率的上升与在经基因改造的美国玉米和大豆作物上使用除草剂草甘膦之间存在相关性。

引自 N. L. J. Abrahamson & B. Wallet (2014). Genetically Engineered Crops, Glyphosate and Deterioration of Health in the United States of America. *Journal of Organic Systems*, 9, p. 18. 2014年版权归《有机系统杂志》所有。经授权使用。

接触农达很可能会产生健康方面的严重后果，但无论后果是什么，这个图表都不具有说服力。首先，显而易见的一点是，相关关系不等于因果关系。例如，一个人可能发现使用手机和高血压之间存在类似的相关性，甚或发现使用手机和使用农达之间也存在类似的相关性！作者没有提出

> 因果关系的主张，而我们也没有看到探究相关性的价值。
>
> 左边的纵轴没有 0 值，我们已经解释过为什么这样是有问题的。但这种情况更糟。右边那个纵轴的刻度和截距都做了调整，使得红色曲线追上了黄色长条的峰值。最值得注意的是，要使曲线如此显现，那个轴必须一直向下延伸到负 10% 的 GE 玉米种植和负 10000 吨的草甘膦使用！我们已经提到过 y 轴不需要有 0 值，但如果一个原本只能有正值的数量（百分比或吨数）变成了负值，这就应该引起警觉了。（Bergstrom & West, 2018b，原文中强调的部分，n.p.）
>
> 虽然识破图表里的诡计对每个人来说都是一项挑战，但对应用行为分析师来说尤为重要，因为他们依靠对图表数据的视觉化分析来判断关于行为改变的描述。幸运的是，行为分析研究和实践的一个特征是透明化。行为分析中使用的很多图表呈现都能让读者直接接触到原始数据，这使得好奇或持怀疑态度的读者可以在一组新的坐标轴上重新绘制数据。

条件内的视觉化分析

考察特定条件下的数据是为了确定：（1）数据点的数量；（2）数据中变异性的性质和范围；（3）行为测量的绝对水平和相对水平；（4）数据中任何趋势的方向和程度。[1]

数据点的数量

首先，读者应该确定每个实验条件下报告的数据数量。这需要对数据点进行简单的计数。一般而言，单位时间内测量因变量的次数越多，测量进行的时间越长，人们对于数据路径对行为改变的真实过程的估计就越有信心（当然，前提是要有一个有效和准确的观察和测量系统）。

在一个特定条件下，提供可信的行为记录所需的数据点数量也取决于研究中同一条件重复了多少次。通常情况下，如果数据描绘的表现水平和趋势与早期应用该条件时观察到的水平和趋势相同，那么在实验条件的后续复制中就只需较少的数据点。

已发表的应用行为分析文献在确定多少个数据点才算足够方面也发挥了作用。一般而言，如果实验探究的是以前研究过的变量与已经确立的变量之间的关系，而实验结果也和以前的研究结果相似，那么实验就只需较短的阶段。而如果要证明新的发现，那么无论探究的是不是新的变量，都需要更多的数据来证明。

规则是"数据越多越好"，但也有一些例外。基于伦理方面的考虑，不允许在行为几乎没有或完全没有改善预期的实验条件下（如在无干预处理的基线条件下或一个旨在揭示使行为问题恶化的变量的条件下）重复测量某些行为（如自伤行为）。此外，在被试不能合乎逻辑地表现行为的情况下，重复测量也没有什么意义（如在测量学生正确回答长除法问题的数量时，观察到学生连完成乘法和减法运算的必要成分技能都尚未学会）。当行为实际上没有机会发生时，也不需要太多数据点去证明行为没有发生。

熟悉所测量的反应类和测量实施的条件，或许能最大限度地帮助图表的读者确定多少个数据点才能构成可信度。特定条件或阶段内需要多少数据，在一定程度上也取决于那项研究所采用的分析策略。关于实验设计的策略，第 7 章至第 10 章将进行阐述。

变异性

重复测量行为产生不同结果的频率和程度被称作**变异性**。特定条件下的高度变异性（或"弹跳"）通常表明研究者或实务工作者对影响行为的因素控制不足。（一个重要的例外是，干预的目的就是产生高度

---

1 当每个数据点代表多个测量值时，可能需要对数据进行时段内分析，以检测在汇总数据呈现中不甚明显的行为功能和趋势（Fahmie & Hanley, 2008）。请参看图 6.14 的例子。

的变异性。）一般来说，特定条件下的变异性越大，建立一个可预测的行为表现模式所需的数据点数量就越多。相反，当这些数据显示出的变异性较小时，呈现一个可预测的行为表现模式所需的数据点数量就越少。

实务工作者和研究者还应注意以周期性模式出现的变异性，如图6.1中最下面的图表所示。

水平

一组行为测量值收敛于纵轴上的某个刻度值，该值被称作**水平**。在行为数据的视觉化分析中，根据 y 轴上的水平的绝对值（平均值、中位数和/或范围）、稳定性或变异性的程度和从一个水平到另一个水平的改变程度来考察一个条件下的行为水平。图6.21展示了四种不同组合的水平和变异性。

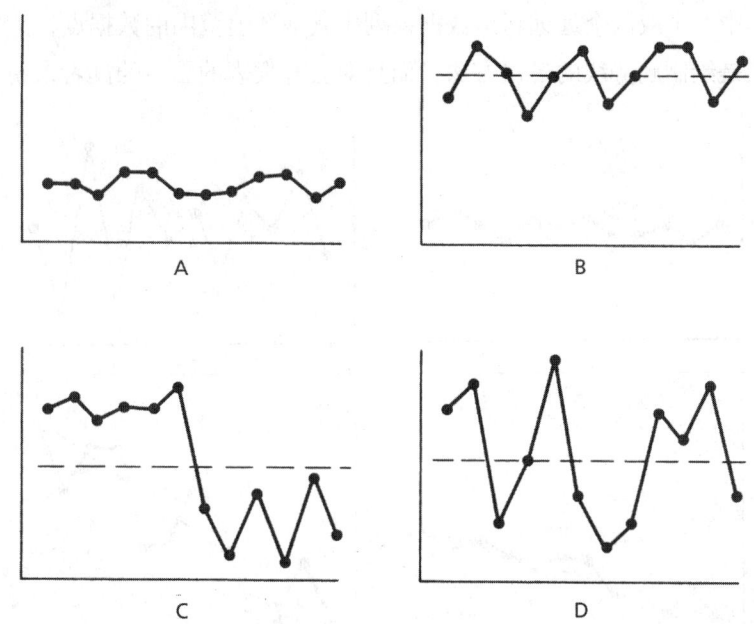

图6.21 四种数据路径说明了：（A）反应水平低而稳定；（B）反应水平高而多变；（C）反应水平在初期高而稳定，后期低而多变；（D）反应模式极其多变，不能表明任何总体反应水平。图B、图C和图D的水平虚线代表了反应的平均水平。

一个条件下的一系列行为测量的平均水平可以通过添加一条平均水平线（mean level line）来说明：在一个条件下，一条水平虚线经过一系列数据点，这条水平虚线对应于纵轴上的点就等于这一系列测量值的平均值。虽然平均水平线能够为特定条件下或阶段内的平均表现提供易于理解的概括性信息，但在使用和解释平均水平线时应该谨慎。对于高度稳定的数据路径，平均水平线不会造成重大缺陷。然而，一系列数据点内的变异性越低，对平均水平线的需求就越低。例如，对于图6.21中的图A，画平均水平线就没多大意义。虽然图6.21中的图B、图C和图D都添加了平均水平线，但只有图B中的平均水平线提供了对于行为水平的恰当的视觉化概括。图C中的平均水平线并不能代表该阶段内的任何行为量数。对于图C中的数据点所显示的行为，对其特征的最佳描述是在一个条件下有两个截然不同的水平，这就有必要好好探究是什么因素造成了如此明显的水平改变。图D中的平均水平线是不恰当的，因为数据的变异性非常大，12个数据点中只有4个落在平均水平线附近。

中位水平线（median level line）是将一个条件下的总体行为水平进行视觉化概括的另一种方法。因为中位水平线代表了一个条件下最典型的行为表现，它不太容易受远远超出测量值范围的一两个数值的影响。因此，人们应使用中位水平线而非平均水平线来形象地表示含有几个或高或低的离群值的一系列数据点的集中趋势。

确定一个条件下的水平变化的方法是计算第一个和最后一个数据点之间 y 轴上绝对值的差异。还有一种方法不太容易受数据变异性的影响，就是比较一个条件下头三个数据点的中位数和最后三个数据点的中位数之间的差异（Koenig & Kunzelmann, 1980）。

趋势

一个数据路径的总体方向就是它的**趋势**（trend）。人们根据其方向（增加、减少或零趋势）、程度或幅度及其周围数据点的变异程度来描述趋势。图 6.22 中的图表展现了各种不同的趋势。图表上的一系列数据点的趋势的方向和程度可以用一条经过各个数据点的直线来视觉化表示，这条直线被称作趋势线（trend line）或进展线（line of progress）。目前已经开发出了几种计算和拟合一系列数据的趋势线的方法。人们可以简单地检视图表数据，然后画出一条穿过那些数据的视觉上的最佳拟合直线。针对这种手绘方法，林斯利（1985）建议忽略其中一个或两个远远超出数据系列中其他数值范围的数据点，然后绘制拟合其余数据点的趋势线。虽然手绘是绘制趋势线的最快方法，而且对公开发表的图表的读者来说很有用，但手绘的趋

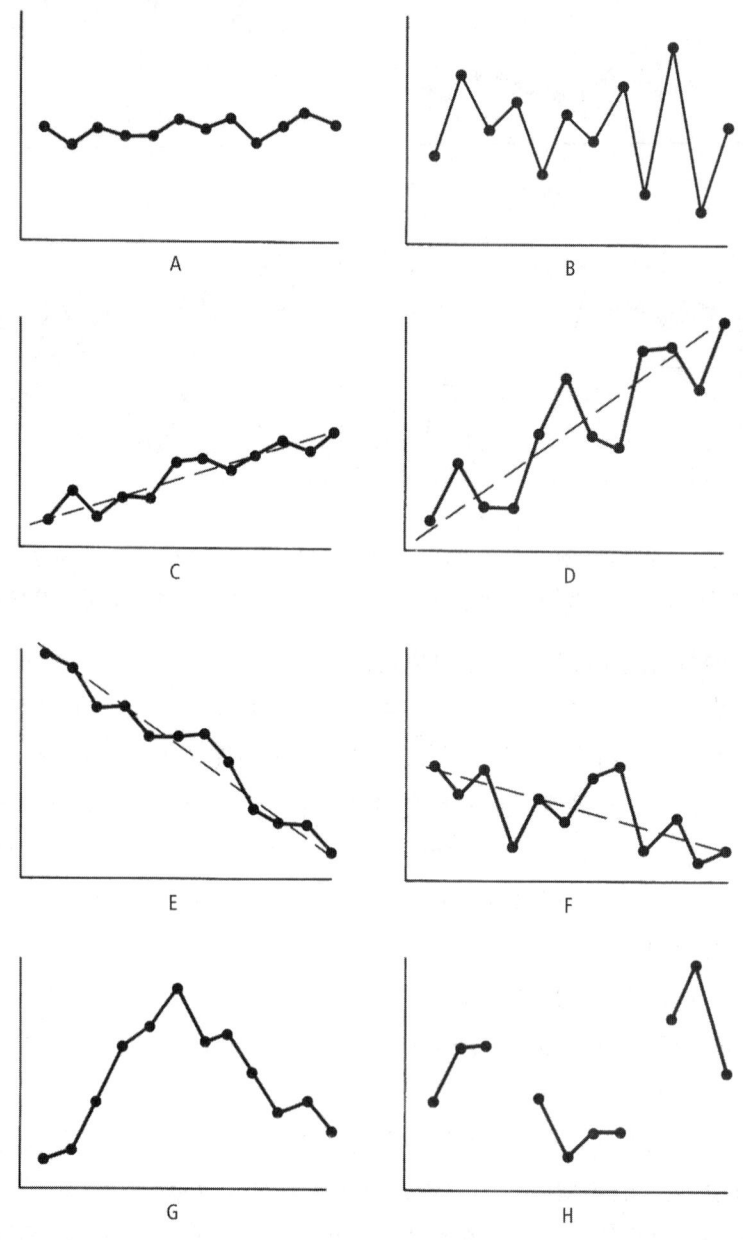

图 6.22　表示趋势方向、程度和变异性的各种组合的数据模式：（A）零趋势，高稳定性；（B）零趋势，高变异性；（C）逐渐增加的稳定趋势；（D）快速增加的变异趋势；（E）快速减少的稳定趋势；（F）逐渐减少的变异趋势；（G）先快速增加，随后快速减少的趋势；（H）不具有意义的趋势，变异性太大，数据遗失。图 C 至图 F 均已添加进展中分线。

势线未必总能准确地反映趋势，而且通常不会出现在公开发表的图表中。

趋势线也可以用一个叫作最小二乘法线性回归方程（the ordinary least-squares linear regression equation）的数学公式来计算（McCain & McCleary, 1979; Parsonson & Baer, 1978）。以这种方式确定的趋势线具有完全可靠的优点：相同的数据集总是会得到相同的趋势线。这种方法的缺点是必须进行很多数学运算才能计算出趋势线。使用一个可以执行这种运算的计算机程序可以在计算最小二乘法趋势线时打消时间上的顾虑。

一种比手绘法更可靠、比线性回归法更省时的计算和绘制进展线的方法是**进展中分线**（split-middle line of progress）。怀特（White, 2005）开发了进展中分线技术，并将其用于在半对数图上绘制比率数据，事实证明它是一项有用的技术，人们可以根据这类数据预测未来的行为。也可以为等间距纵轴上的数据画进展中分线，但必须记住，这样画出来的线只是对总体趋势的一个估计（Bailey, 1984）。趋势线不能以任何方法用跨越纵轴上的刻度中断的数据点来绘制，通常也不应跨越横轴上的刻度中断来绘制。

在半对数图上绘制的数据趋势的加速和减速的具体程度可以用数字予以量化。例如，在每日标准速线图中，"乘以2"（times-2）的加速率表示反应比率每周翻一倍，而"乘以1.25"（times-1.25）表示反应比率每周增加四分之一。"除以2"（divide-by-2）的加速率表示反应比率每周将是前一周的一半，而"除以1.5"表示频率每周减少三分之一。

没有直接的方法可以视觉化地确定绘制在等距图中的数据的趋势增加或减少的具体比率。但是，通过对贯穿等距图中的数据的趋势线进行视觉化比较，可以获得有关行为改变的相对比率的重要信息。

如果所有的数据点都落在趋势线上或接近趋势线，这样的趋势可能就是高度稳定的（参看图6.22中的图C和图E）。即使数据点之间存在高度变异性，数据路径也可以具有某种趋势（参看图6.22中的图D和图F）。

不同条件间的视觉化分析

在检视完一项研究中的每个条件下或阶段内的数据后，视觉化分析开始比较不同条件间的数据。要想得出正确的结论，就要在不同条件和相似条件间比较前面讨论过的行为数据的属性——水平、趋势和变异性。

条件改变线表示在一个特定时间点上操纵了一个自变量。要确定在该时间点上是否发生了即时的行为改变，我们需要考察条件改变线之前的最后一个数据点与新条件下的第一个数据点之间的差异。

还要根据不同条件间的总体表现水平对数据进行考察。一般而言，当一个条件下的所有数据点都落在相邻条件下的所有数据点的数值范围之外（即在一个条件下获得的最高值和在另一个条件下获得的最低值之间不存在数据点的重叠）时，行为从一个条件到另一个条件下发生了改变就是毫无疑问的。当相邻条件下的很多数据点在纵轴上相互重叠时，读者对与条件改变相关的自变量造成的影响的信心就会降低。[1]

平均水平线或中位水平线有助于考察不同条件间的总体水平。然而，使用平均水平线或中位水平线来总结和比较跨条件的总体数据的集中趋势会造成两个严重的问题。第一，视觉呈现的读者必须注意避免让"集中趋势量数之间的巨大差异在视觉上压倒同样大的不受控制的变异性的存在"（Johnston & Pennypacker, 1980, p. 351）。在图表呈现中强调行为表现的平均改变，可以表明获得了比数据所证明的更高程度的实验控制。在图6.23的上图中，条件B中一半的数据点落在了条件A中的测量值范围内，但其平均水平线仍显示出行为发生了明显的改变。第二，集中趋势量数可能会掩盖数据中的重要趋势，这意味着除了集中趋势指标所提供的解释以外，可能还存在其他的解释。虽然平均线或中位线准确地反映了行为的平均表现或

---

[1] 一个有记录的行为改变是否应被解释为自变量影响下的产物，取决于该研究使用的实验设计。第7章至第10章将对实验设计的策略和技术进行介绍。

典型表现，但两者都没有说明表现是增加了还是减少了。以图 6.23 的下图为例，平均线显示出条件 B 下的表现水平高于条件 A，但通过考察趋势可以看出条件 A 和 B 之内与它们之间存在截然不同的行为改变样态。

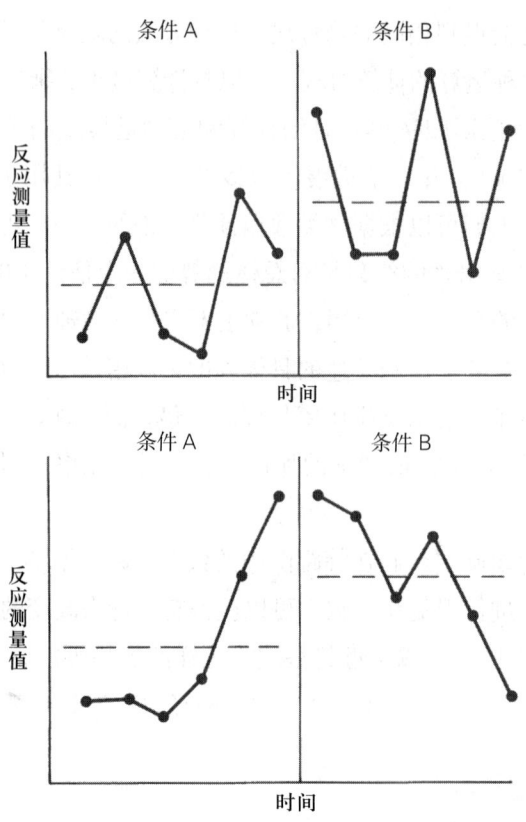

图 6.23　不恰当地使用平均水平线会诱导读者做出条件 B 的总体反应水平较高的解读，而事实上，极大的变异性（上图）和趋势（下图）应导向不同的结论。

分析行为数据时，还应注意，在新条件实施了一段时间后，行为水平是否出现任何改变，以及是否有任何水平改变在新条件下早期出现而后又消失了。这种延迟或暂时的影响可能意味着自变量必须在行为发生改变之前存在一段时间，或者这个暂时的水平改变是由非控制变量造成的。而无论是哪种情况，都需要进一步研究，以便能够隔离和控制相关的变量。

相邻条件间的数据的视觉化分析包括考察每个条件下的数据所表现出的趋势，以确定在第一个条件下发现的趋势在随后的条件下是否在方向或梯度上发生了改变。在实践中，由于一个系列中的每个数据点都会影响水平和趋势，因此要将这两个特征结合起来考察。图 6.24 展现了各种模式化的数据路径，说明了相邻条件间在水平和趋势上的改变或无改变的四种基本组合。当然，很多其他的数据模式也可以呈现出相同的特征。消除了重复测量行为中所发现的大部分变异性的理想化直线数据路径已用于强调水平和趋势。

视觉化分析不仅包括对相邻条件间的水平和趋势的改变进行考察和比较，还包括对跨相似条件的行为表现进行考察。要解释从应用行为分析中获得的数据有何意义，仅仅有视觉化分析以及对水平、趋势和变异性的辨识和描述是不够的。当一项干预方案或研究过程证明行为发生了改变时，接下来要问的问题是：行为的改变是因受到了干预处理的影响还是实验变量的影响？第三部分的其他章将描述应用行为分析师使用的实验设计的策略和技术，以期能够提供一个有意义的答案。

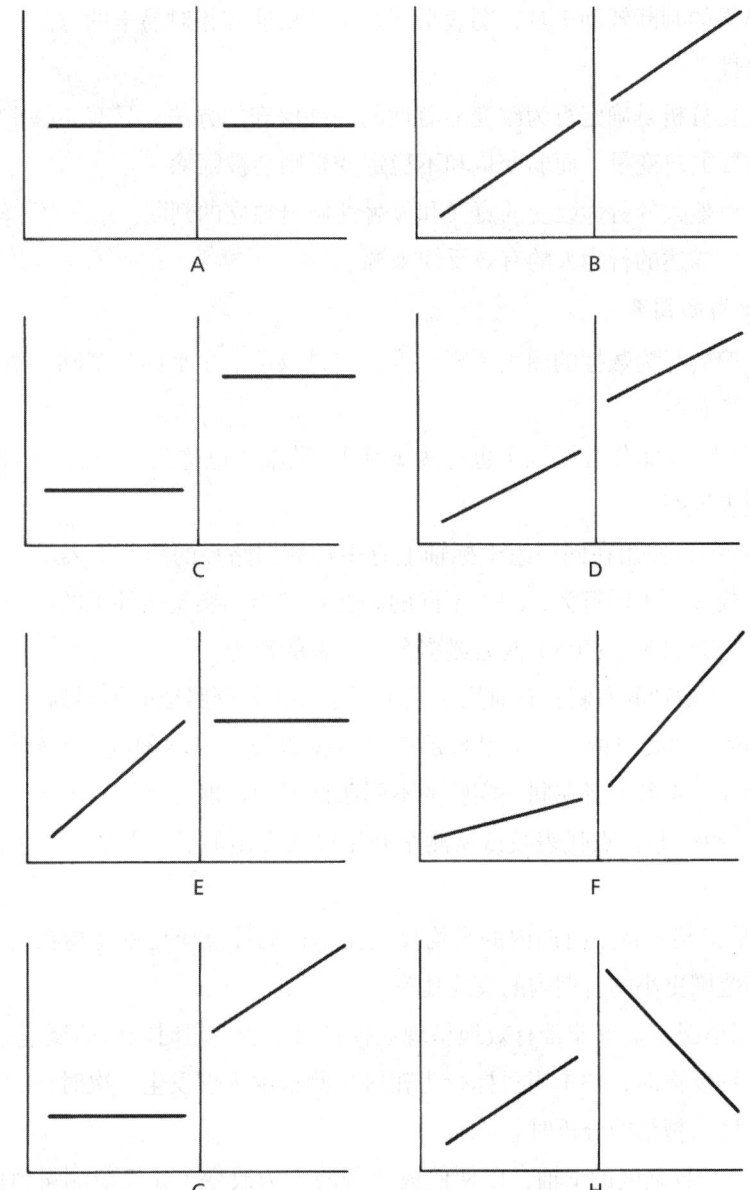

图 6.24 模式化的数据路径展示了两个相邻条件间的水平和趋势的改变或无改变的不同组合：图 A 和图 B 表示两个条件间在水平或趋势上没有改变；图 C 和图 D 表示在水平上有改变，在趋势上没有改变；图 E 和图 F 表示在水平上没有立即改变，在趋势上有改变；图 G 和图 H 表示在水平和趋势上都有改变。

引自 R. R. Jones, R. S. Vaught, & M. R. Weinrott (1977). Time-series Analysis in Operant Research. *Journal of Applied Behavior Analysis*, 10, p. 157. 1977 年版权归实验行为分析协会所有。经授权改编。

摘要

1. 应用行为分析师通过直接和重复地测量行为来记录和量化行为改变，这些测量的产物称为*数据*。
2. 图表是视觉化地呈现一系列测量结果和相关变量之间关系的一种相对简单的形式。

行为数据的图表呈现的目的和益处

3. 将收集到的行为的每个测量值绘制成图表，可以为实务工作者或研究者提供参与者行为的即时和持续的视觉记录，使他们得以做出符合参与者表现的干预处理和实验决定。
4. 以一种易于分析的形式直接而持续地接触数据，使实务工作者或研究者能够辨识和探究行为发生过程中的那些引人关注的变化。

5. 作为解释实验结果的判断辅助工具，图表呈现是一种快速和相对易学的方法，而且不以任意的水平来判断行为改变的显著性。

6. 图表数据的视觉化分析是确定行为改变显著性的一种保守的方法；只有能够重复产生有意义影响的自变量才会被认为是重要的自变量，而弱变量和不稳定变量则会被筛除。

7. 图表使人们得以对他人的行为改变的意义和显著性做出独立的判断。

8. 图表可以作为其所描述的行为人的有效反馈来源。

应用行为分析师使用的图表

9. 线图是使用最普遍的行为数据的图表呈现形式，它是以笛卡尔平面为基础，由两条垂直线相交而形成的二维区域。

10. 简单线图的主要组成部分有横轴（也称为 x 轴）、纵轴（也称为 y 轴）、条件改变线、条件标签、数据点、数据路径和图表说明。

11. 在应用行为分析中，使用在同一组坐标轴上有多种数据路径的图表来表示：（1）同一行为的两个或多个维度；（2）两个或多个不同行为；（3）不同的和交替实施的实验条件下的同一行为；（4）与自变量值的改变相对应的目标行为的改变；（5）两名或多名参与者的行为。

12. 第二个纵轴绘制在横轴的右侧，有时用来显示用于多条数据路径的不同刻度。

13. 使用条形图有两个主要目的：（1）呈现那些没有据以设定横轴刻度的基础维度的离散数据；（2）总结和比较一名参与者或一组参与者在同一实验的不同条件下的表现。

14. 在累积记录中，每个数据点代表被试从测量开始以来发出的反应总数。累积图上的数据路径梯度越大，反应比率越高。

15. 总体反应比率是指某一特定时期内的平均反应比率；局部反应比率是指在较长一段时期内，比特定的总体比率所占时间范围更小的时期内的反应比率。

16. 累积记录在下列情况下能够非常有效地呈现数据：（1）当一段时间内的反应总数非常重要时；（2）当图表作为给被试的一种反馈时；（3）当目标行为在每个测量期内仅发生一次时；（4）当想要对一项实验的单个实例或部分数据做出精细的分析时。

17. 比例图使用一个对数刻度的 y 轴，以便使成比例的行为改变（如反应测量值的翻倍）在纵轴上以相等的距离表现出来。

18. 标准速线图是一种六周期的乘除图表，能够将加速率标准化地呈现在图表中，即对频率随着时间的推移发生的改变所做的线性测量，是单位时间内频率乘以或除以的因子。

19. 散点图显示了一个数据集中各个测量值相对于 x 轴和 y 轴描述的变量的相对分布情况。

建构线图

20. 纵轴长度约为横轴长度的三分之二。

21. 横轴以相等的间距来标记，每个间距从左至右代表按时间顺序排列的相等时段，行为在这些时段中被测量。

22. 横轴上的刻度中断表示时间的不连续性。

23. 纵轴的刻度是根据所测量行为的维度、所获得的测量值范围和目标行为改变水平所具有的社会重要性来设定的。

24. 条件改变线表示干预处理计划或自变量的操纵的改变，应被绘制得与纵轴等高。

25. 一个简短的、描述性的标签标识了实验或行为改变计划的每个条件。

26. 数据点应以粗体的实心点准确放置。当使用多种数据路径时，要用不同的几何符号来区分各个数据集。

27. 用一条直线将连续数据点连接起来，就形成了数据路径。

28. 连续数据点不应相连的情况有：（1）数据点分别落在条件改变线的两侧；（2）数据点跨越了一段没有测量行为的重要时期；（3）数据点跨越了横轴上的非连续时间；（4）在按规律排定的测量期前后，没有收集到数据，或遗失、损毁或出于其他原因无法获得数据；（5）数据点所在的追踪期或后续检查期所采用的规律时间间隔与研究中其余阶段所采用的时间间隔不同；（6）两个数据点中有一个落在纵轴所描述的数值范围以外。

29. 图表说明提供了关于图表的简要而完整的描述，给出了解释图表呈现所需的所有信息。

30. 图表应该只用黑色墨水印刷。

解释图表呈现的行为数据

31. 对图表数据进行视觉化分析，旨在回答两个问题：（1）行为是否发生了具有社会意义的改变？（2）如果发生了这种改变，那么是否可以将行为改变归因于自变量？

32. 在开始评估图表所呈现的数据之前，应仔细检查图表的结构。如果从图表的结构特征中发现存在可疑的失真情况，则应先将数据重新绘制在一组新的坐标轴上，然后再尝试对图表进行解释。

33. 考察成群的数据和代表一组被试平均表现的数据时，应该认识到图表呈现可能会减弱数据的显著变异性。

34. 对特定条件下的数据进行视觉化分析，重点在于数据点的数量、行为表现的变异性、行为表现的水平以及数据中任何趋势的方向和程度。

35. 一般而言，一个条件下的数据越多，并且数据的稳定性越高，数据路径对该段时间内的行为的估计就越可信。一个条件下的行为测量值的变异性越高，对额外数据的需求就越高。

36. 变异性指的是多次测量行为产生不同结果的频率和程度。特定条件下的高度变异性通常表明对影响行为的因素完全没有实现控制或只实现了极低程度的控制。

37. 水平指的是一系列数据点收敛于纵轴上的值。当特定条件下的数据都落在特定水平内或接近特定水平时，就认为行为相对于那个水平而言是稳定的；而如果行为测量值彼此之间差异很大，那么应将数据描述为相对于那个水平而言是具有变异性的。如果出现了极大的变异性，则表示不存在特定的行为水平。

38. 有时会把平均水平线或中位水平线添加到图表呈现中，以代表在一个条件下的总体平均表现或典型表现。在使用和解释平均水平线或中位水平线时应该谨慎，因为它们可能会掩盖数据中重要的变异性和趋势。

39. 趋势指的是一个数据路径的总体方向；人们根据其方向（增加、减少或零趋势）、程度（平缓或陡峭）及其周围数据点的变异程度来描述趋势。

40. 通过画一条经过一系列数据点的趋势线或进展线可以视觉化地呈现趋势的方向和程度。趋势线可以手绘，也可以用最小二乘法线性回归方程或进展中分线的方法来绘制。进展中分线可以快速而可靠地绘制出来，并且已被证明在分析行为改变上是有用的。

41. 通过对数据进行跨条件的视觉化分析，可以判断水平、趋势和/或变异性是否出现改变以及改变的重要程度。

第 7 章　分析行为改变：基本假设与策略

关键词

A–B 设计（A–B design）
后果确认（affirmation of the consequent）
上升基线（ascending baseline）
基线（baseline）
基线逻辑（baseline logic）
混杂变量（confounding variable）
因变量（dependent variable）
下降基线（descending baseline）
实验控制（experimental control）
实验设计（experimental design）
外部效度（external validity）
额外变量（extraneous variable）
自变量（independent variable）
内部效度（internal validity）
参数分析（parametric analysis）
练习效应（practice effects）
预测（prediction）
研究问题（research question）
复制（replication）
单一个案设计（single-case design）
稳定基线（stable baseline）
稳定状态反应（steady state responding）
稳定状态策略（steady state strategy）
变异基线（variable baseline）
验证（verification）

行为分析师认证委员会 BCBA/BCaBA 任务清单（第 5 版）
第一部分：基础
D. 实验设计
D-1 区分因变量和自变量。
D-2 区分内部效度和外部效度。
D-3 确认单一被试实验设计的定义性特征（如个体作为自己的对照、重复测量、预测、验证和复制）。
D-4 描述单一被试实验设计相比于分组设计的优势。
D-5 使用单一被试实验设计（如倒返设计、多基线设计、多因素设计、变标准设计）。
D-6 描述实施比较分析、成分分析和参数分析的理由。

©2017 The Behavior Analyst Certification Board, Inc.,® (BACB®). 保留所有权利。本文件的当前版本可在 www.bacb.com 网站查阅。如需转载、复制或分发本文件，或有疑问，请直接联系行为分析师认证委员会。

> 我们的行为改变技术也是一种行为测量与实验设计的技术；它是作为一个集成包发展起来的，并且只要它还在集成包中，它就是一个自我评估的系统。它的成功是众所周知的成功，它的失败几乎是能立即被察觉的失败；而且无论结果如何，它们都可归因于已知的信息输入和程序，而非偶然的事件或巧合。
>
> ——唐纳德·M. 贝尔（私人谈话，1982 年 10 月 21 日）

测量显示了行为是否发生改变、何时发生改变以及发生了多大的改变，但仅靠测量并不能揭示出行为发生改变的原因，或者更准确地说，无法了解行为改变是如何发生的。一项行为改变技术是否有用取决于是否了解产生行为改变的环境变量的特定安排。如果不具备这方面的知识，实务工作者为了改变行为所做的努力就只是从一堆花招中挑选出来的程序，而几乎或完全不具有从一个情境到另一个情境的泛化性。

寻找和证明具有重要社会意义的行为与控制变量之间的功能关系和可靠关系是应用行为分析的一个定义性特征。正如唐贝尔在本章的开篇所阐述的那样，应用行为分析的一个主要优势在于它坚持以实验作为证明方法，而这使它能够不断地进行自我修正以寻求有效性。

必须完成实验分析以确定某一特定行为功能是否以及如何与环境中的特定改变有关。本章介绍了应用行为分析中构成分析（analysis）的基本概念和策略。[1] 首先，我们简要回顾了一些科学的一般概念，随后讨论了有关行为的两个定义性特征和两个假设，这些特征和假设决定了最有利于研究主题的实验方法。我们还确认了应用行为分析中实验的基本组成部分，并描述了指导应用行为分析实验方法的基本逻辑。

行为分析的概念与假设

如同第 1 章所讨论的，科学家有一套共同的观念，包括对他们所研究的现象的本质的假设（决定论），对所关注的现象所应该收集的信息（实证论），对本质的运作问题的最有效的考察方法（实验法），以及应该如何评判实验的结果（使用简约法则和哲学存疑）。正如斯金纳（1953）所指出的，这些态度适用于所有科学学科，"这些科学的基本特征并不局限于任何特定的议题"。(p. 11)

科学的总体目标是全面地理解所研究的现象——就应用行为分析而言，即指具有重要社会意义的行为。科学家使用各种各样的方法以产生三个层次的理解：描述、预测和控制。首先，系统性的观察使科学

---

[1] 行为分析颇受益于两部在实验方法方面贡献卓著的著作：西德曼的《科学研究策略》（1960）与约翰斯顿和彭尼帕克的《行为研究的战略与策略》（*Strategies and Tactics of Behavioral Research*, 1980）。对每一位认真学习行为分析的学生或实务工作者而言，这两部著作都是必不可少的阅读参考书和工作参考书。

家得以准确地描述自然现象。这种描述性的知识产生了关于所观察事件的一系列事实——这些事实可以被量化和分类，而量化和分类是任何科学学科的必要和重要的元素。

当重复观察显示两个事件持续共变时，科学理解就达到了第二个层次。也就是说，一个事件（如婚姻）的发生与另一个事件（如预期寿命较长）的发生以某种可靠的概率发生关联。两个事件之间的系统性共变——称为相关——可用来预测一个事件在另一个事件存在时发生的概率。

成功预测的能力是科学的一个实用成果；有了预测，便可以开始准备工作。然而，科学最大的潜在益处来自建立实验控制中产生的第三个层次，也是科学理解的最高层次。"实验方法是一种从事件模式中分离出相关变量的方法。仅仅依赖观察到的相关性，而没有实验干预的方法，本质上是模糊不清的。"（Dinsmoor, 2003, p. 152）

实验控制：行为分析的路径和目标

行为——有机体与环境之间的交互作用——最好是通过测量施加给环境的变异引发的行为改变来分析。这句话具体说明了行为分析研究的一般策略和目标：证明目标行为发生改变是因为环境在实验操纵下出现了改变。

当通过系统性地操纵环境的某些方面（自变量）而可靠地产生了可预测的行为改变（因变量）时，就实现了**实验控制**（experimental control）。通过实验确定环境操纵对行为的影响，并证明这些影响能够可靠地产生，这就构成了应用行为分析中的分析。当行为与环境的某些特定方面之间的可靠功能关系得到具有说服力的证明时，就实现了对行为的分析。对功能关系的认识使接受过应用行为分析训练的实务工作者能够以有意义的方式可靠地改变行为。

对行为的分析"需要令人信服地证明是什么事件导致了该行为的发生或未发生。当实验者能够对某个行为进行控制时，他就实现了对该行为的分析"（Baer, Wolf, & Risley, 1968, p. 94）[1]。行为分析师寻求并重视对某个特定环境变量的实验隔离，而行为被证明是该变量的一个功能，常常会被误解为对行为因果关系的简单概念的支持。一个行为作为一个特定变量的功能而不断改变的事实并不排除该行为也会作为其他变量的功能而发生改变的可能。因此，贝尔和他的同事将实验分析描述为具有说服力地证明某个变量是观察到的行为改变的原因。虽然对一个行为的完整分析（即理解）必须考虑到它的多重原因，但当研究者分离出一个能够可靠地产生具有重要社会意义的行为改变的环境变量（或作为处理集成包的一组共同运作的变量）时，他就完成了应用（即技术上有用的）分析。应用分析还要求目标行为是在实践和伦理上都可以进行操纵的环境事件的功能。

一个实验如果能够令人信服地表明因变量的改变是自变量的函数，而不是非控制变量或未知变量的结果，就可以说具有高度的**内部效度**（internal validity）。一项内部效度存疑的研究不会对实验所考察的变量之间的功能关系产生有意义的阐述，内部效度没有说服力的研究也不具备声称其研究发现可以泛化到其他人、情境和/或行为的基础。**外部效度**（external validity）是指研究结果可以泛化到其他被试、情境和/或行为的程度。第10章将会讨论如何评估和扩展经过实验证明的功能关系的外部效度。

当计划一项实验以及随后考察从持续进行的研究中收集到的数据时，研究者必须始终注意各方面因素对内部效度的威胁。已知或怀疑会对因变量产生影响的非控制变量被称作**混杂变量**（confounding variables）。例如，研究者想分析指导式讲义（guided lecture notes）对高中生物课学生第二天测验分数的影响。研究者需要考虑的多个潜在混杂变量之一可能是每名学生在关于特定课程内容的兴趣和背景知识上的

---

[1] 研究者的受众（期刊编辑、审稿人、读者和实务工作者）最终决定了研究宣称的功能关系是否可信或具有说服力。我们将在第10章中进一步探讨研究结果的可信度。

改变（例如，一名学生上完一堂海洋生物课后，在测验中获得高分，有可能得益于他原先具备的捕鱼知识，而不是课堂提供的指导式讲义）。

评估实验的内部效度的一个主要因素是它在对所关注的研究问题开展实验的同时消除或控制混杂变量的影响的程度。消除实验中非控制变异性的所有潜在来源是一个不可能实现的理想，但所有的研究者都应该全力以赴。在现实中，实验设计的目标是尽可能地消除非控制变量，同时使除自变量外的所有其他变量的影响保持不变，也就是有目的地操纵自变量以确定它的影响。

行为：引导行为分析的定义性特征和假设

> 行为是一个很难的主题，不是因为它遥不可及，而是因为它极为复杂。由于它是一个过程，而不是一件物品，它无法轻易地被固定下来观察。行为是变化的、流动的、飘忽不定的，基于这个原因，它对科学家的才智和精力提出了非同寻常的技术要求。
>
> ——B. F. 斯金纳（1953, p. 15）

一门科学学科如何定义其主题会对理解它的最有效的实验策略产生深远的影响并施加某些限制。指导行为分析的实验方法的是行为的两个定义性特征：（1）行为是一个个体现象；（2）行为是动态且连续的，以及关于行为本质的两个假设：（1）行为是被决定的；（2）行为的变异性是外在于有机体的。

行为是一个个体现象

如果行为被定义为一个人与环境的交互作用，那么一门致力于发现行为的一般原理或规律的科学就必须研究个体的行为。群体不表现行为，个体才会表现行为。因此，行为分析的实验策略使用的是被试内（或单一个案）的分析方法。

群体的平均表现通常会产生有趣的和有用的信息，而且根据个体被选入群体的方法，可以做出有关该群体所代表的更大群体内的平均表现的概率性陈述。然而，"群体数据"并不提供任何关于个人行为或个人未来可能的表现的信息。例如，虽然管理者和纳税人可能有理由关心学生们从一个年级升入下一个年级之后阅读理解能力的平均提高情况，但对于必须决定如何改善某名学生的理解能力的教师而言，这些信息几乎没有用处。

尽管如此，了解行为与环境之间的关系在很多人身上如何运作仍然是一件至关重要的事情。行为科学只有在发现跨个体的泛化性功能关系时，才会对有用的行为改变技术有所帮助。重点是如何实现泛化性。行为分析师已经发现，探索跨个体的泛化性的行为原理的最好方法是对更多的被试复制已被证明的功能关系。

行为是动态且连续的

正如行为不能发生在环境虚空中，行为也必须发生在一段时间里。"行为是一个连续的过程，从出生到死亡。问题是这一连串的变化不会因科学目的而停止。"（Keenan & Dillenburger, 2000, p. 26）测量随着时间的推移而改变的行为是应用行为分析的一个基本特征。因此，单一的测量，甚或分散于不同时间点上的多次测量，并不能充分描述行为改变。只有连续测量才能对在环境影响的背景下发生的行为进行完整记录。由于真正的连续测量在应用情境中的可行性极低，因此，系统性地重复测量（如第 4 章和第 5 章所述）才是应用行为分析的标志。

行为是被决定的

正如第 1 章所讨论的，所有的科学家都假设宇宙是一个有法则、有秩序的地方，而且自然现象的发生与其他自然事件有关。

秩序（order）是一切科学研究的试金石。在实验行为分析中，环境变量与被试的行为之间的关系的秩序性是实验者开展实验所依据的操作假设，也是允许实验实施所观察到的事实，还是实验决策所持续聚焦的目标。（Johnston & Pennypacker, 1993a, p. 238）

行为分析师认为行为是一种自然现象，就像所有其他的自然现象一样，是被决定的。虽然决定论必然始终是一个假设——它无法被证明——但它是一个有强大实证支持的假设。

从所有的科学领域中收集到的数据表明，**决定论**适用于整个自然界。很显然，**决定论的法则**（law of determinism），即一切事物都是被决定的，也适用于行为领域……在观察实际的行为时，我们发现，在情境1中，行为是被引起的；在情境2中，行为是被引起的；在情境3中，行为是被引起的；……在情境1001中，行为是被引起的。每当实验者引入一个自变量而产生某些行为或行为的某些改变时，我们就有更进一步的**实证**证据来指出行为是被引起或被决定的。（Malott, General, & Snapper, 1973, pp. 170, 175）

行为的变异性是外在于有机体的

当重复测量揭示出在环境条件保持不变的情况下被试的反应不一致时，这样的数据被认为呈现出了变异性。在心理学和其他社会科学及行为科学（如教育学、社会学、政治科学）中最常用的实验方法对这种变异性提出了两个假设：（1）行为的变异性是有机体的内在特征；（2）行为的变异性在任何一个特定群体里的个体之间是随机分布的。这些假设具有重要的方法论意义：（1）试图控制或考察变异性是在浪费时间——它就是存在，它是既定的事实；（2）通过计算大群体内单个被试的平均表现，变异性的随机性质可以得到统计上的控制或抵消。这两个关于行为变异性的假设有可能都是错的（实证证据指向了相反的方向），而且它们所倡导的方法对行为科学是不利的。"变量不会在统计上被抵消。它们只是被掩盖了，导致其影响没有被发现。"（Sidman, 1960, p. 162）[1]

行为分析师以相当不同的方式处理数据中的变异性。在行为分析中，设计和指导实验实施的一个基本假设是，行为的变异性不是有机体的内在特征，而是环境影响的结果：研究者力求产生行为改变的自变量、实验本身的一个不受控制的方面和/或实验外不受控制或未知的因素。

外在变异性的假设提供了以下方法论意义：行为分析师不是通过平均众多被试的表现来试图掩盖变异性（从而失去了解和控制变异性的机会），而是通过实验对导致变异性的可疑因素进行操纵。寻找因果因素有助于实现对行为的科学理解，因为通过实验证明变异性的来源意味着存在另一种功能关系。在一些研究中，"寻找这些答案甚至可能比回答最初的实验问题更有价值"。（Johnston & Pennypacker, 1980, p. 226）

从纯科学的视角来看，通过实验追踪变异性的来源始终是首选的方法。然而，应用行为分析师在有问题需要解决时，往往必须将变异性视作当下的状况本身（Sidman, 1960）。有时，应用研究者既没有时间也没有资源对可疑的和可能的变异性来源进行实验操纵（例如，一位只在一天中的部分时间里与学生互动的教师不可能控制来自教室外的影响学生行为的很多个变量）。在大多数情况下，应用行为分析师会寻找足够稳定的处理变量以克服不受控制的因素引起的变异性（Baer, 1977b）。

应用行为分析实验的组成部分

要控制大自然，必须服从于大自然……但是，事物也有另外一面。一旦服从于大自然，大自然就可以被控制了。

——B. F. 斯金纳（1956, p. 232）

---

[1] 有些研究者也使用组间实验设计来获得他们认为会有更高外部效度的结果。第10章将对分组比较和被试内实验方法进行对比。

实验是科学家发现自然规律的方式。被证明有效和可靠的发现对有效的行为改变技术而言意义重大。应用行为分析的实验包含以下这些基本组成部分：

- 研究问题
- 至少一名参与者（被试）
- 至少一个行为（因变量）
- 至少一个情境
- 一个用于测量行为并持续对数据做视觉化分析的系统
- 至少一种干预或处理条件（自变量）
- 操纵自变量以确定其对因变量的影响（实验设计）

研究问题

我们做实验是为了发现一些我们不知道的东西。

——默里·西德曼（1960, p. 214）

对应用行为分析师而言，西德曼说的"我们不知道的东西"是提出了一个疑问，即具有重要社会意义的行为改善与一个或多个控制变量之间是否存在功能关系和/或功能关系的特质。一个**研究问题**要具体指明研究者想要通过实验回答什么问题。应用行为分析的研究问题有多种形式，大多数问题属于以下四种类型之一。

- **展示**——这项干预将在多大程度上起作用（即改变所关注的行为）？
- **参数**——增加或减少干预，效果会更好吗？
- **成分**——当增加或减少各种成分时，干预的效果如何？
- **比较**——一种干预是否比另一种干预更有效？（改编自 Wolery, Lane, & Common, 2018）

在已发表的一些应用行为分析的研究报告中，研究者明确地说明了他们的研究问题，如以下这些例子。

- 研究问题如下：1. 自我监控集成包对融合通识教育课堂中的残障学生完成拼写作业和数学作业有什么影响？2. 自我监控集成包对融合通识教育课堂中的残障学生的拼写作业和数学作业的准确性有什么影响？3. 如果学生在拼写作业和数学作业的完成度和准确性上取得了进步，那么他们在干预结束后的两周和三周内还能保持这样的进步吗？（Falkenberg & Barbetta, 2013, pp. 191–192）
- 这里提出四个主要的研究问题：训练有学习障碍的中学生在特殊教育课堂中获取教师的关注对以下几个方面会产生什么影响：（1）在普通教育课堂中他们发出获取关注的反应的次数；（2）在普通教育课堂中学生获得教师的赞扬的次数；（3）在普通教育课堂中学生收到教学反馈的次数；（4）在普通教育课堂中学生的学业效率和准确性。（Alber, Heward, & Hippler, 1999, p. 255）
- 实验1——在"无程序化后果""赞扬"和"已知强化物"条件下，反应有什么不同？每天三至五个"匹配"时段会在多大程度上影响在每天开始和结束时的"赞扬"时段中的反应？（Axe & Laprime, 2017, p. 330）

然而，更多时候，研究问题隐含在研究目的陈述之中。例如：

- 本研究的目的是确定自我绘图对高发残障学生的写作数量和质量的影响。（Stolz, Itoi, Konrad, & Alber-Morgan, 2008, p. 174）

- 本研究的目的是评估延迟强化程序表在三名被确诊为孤独症的儿童身上产生现有技能库内的反应的程度和产生新反应的程度。（Contreras & Betz, 2016, p. 5）
- 本研究的目的是考察使用习惯倒返来减少公开演讲中出现的填补停顿词。（Mancuso & Miltenberger, 2016, p. 188）
- 我们试图确定教授三名孤独症儿童密切关注其同伴的阅读反应是否会促进他们获得视觉词。（Taylor, DeQuinzio, & Stine, 2012, p. 815）
- 本研究的目的是确定将高偏好食物作为餐后时段的强化物时，正常的进餐是否会对行为表现产生不利影响。（Zhou, Iwata, & Shore, 2002, pp. 411–412）

无论研究问题是以问题的形式明确提出，还是隐含在研究目的陈述之中，实验的设计和实施的各个方面都应该从研究问题出发。

一个好的实验设计是能够令人信服地回答研究问题的设计，因此需要根据研究问题来建构实验设计，然后通过在该背景下的论证进行检验［有时称为"思考"（thinking through）］，而不是模仿教科书。（Baer, Wolf, & Risley, 1987, p. 319）

参与者

应用行为分析的实验最常指的是单一被试设计（single-subject design）或**单一个案设计**（single-case design）。这些术语并不意味着应用行为分析研究只有一名被试（尽管有些确实如此），它们表示的是将每名被试作为其自身的对照，以检测和分析环境变量与行为改变之间的功能关系的实验逻辑。[1] 实验者让每名被试接触到研究的每个条件（如自变量的出现和不出现），借此获得每名被试的行为的重复测量数据。在研究的每个阶段，对被试行为的测量为比较实验变量在后续各个条件下呈现或撤除的影响提供了基础。

虽然大多数的应用行为分析研究涉及多名被试，但每名被试的数据都是单独绘图记录和分析的。[2] 有些作者不使用单一个案设计或单一被试设计来命名被试作为自己的对照的实验，而使用更为贴切的描述性术语，如被试内设计（within-subject design/intrasubject design）和重复测量设计（repeated-measure design）。[3]

有时，应用行为分析师想要评估一个处理变量在一组被试中的总体影响——例如，五年级学生完成家庭作业的数量。在这种情况下，可以将完成作业的总量作为因变量进行测量、绘图和分析。但是，除非每一名学生的数据都被单独地绘制成图表并加以解释，否则，没有哪名学生的行为能够得到分析，而且群体数据也不可能代表任何个别的被试。

在使用单一参与者或少量参与者的研究中，每一名参与者都被认为是一个完整的实验，这与心理学和其他使用大量被试的社会科学在传统上使用的组间设计形成了鲜明的对比。组间设计的支持者认为，使用大量的被试可以控制前面讨论过的变异性，并提高任何研究发现对被试所属群体的泛化性（或外部效

---

[1] 将其行为是一个实验中的因变量的一个人（或多个人）称作"参与者"（participant），而不是较为传统的术语"被试"（subject），已成为一种惯例。我们在本书中同时使用了这两个术语，并敦促读者思考西德曼（2002）关于这个问题的观点："我们不再能允许称我们的被试为'被试'。因为这个词被认为是非人性化的，所以我们应该称他们为'参与者'。我认为这完全是误导，实验者在他们的实验中也是参与者。把他们当作非参与者会给我们对科学和科学家的看法带来什么影响？实验者仅仅是遵循既定的、不可打破的科学规则的机器人吗？他们只需要操纵变量并冷漠地记录操纵的结果吗？将他们区分出来，作为非参与者的操纵者和参与者行为的记录者，实际上不仅抹去了实验者的人性因素，也一并抹去了整个科学过程里的人性因素。"（p. 9）

[2] 林德富斯、阿勒—阿特拉什、莫里森和希沃德（Rindfuss, Al-Attrash, Morrison, & Heward, 1998）的研究提供了一个很好的例子来说明单一被试研究这个术语不恰当到何种程度。研究者使用倒返设计来评估使用反应卡对85名学生在5堂八年级美国历史课上的测验和考试分数的影响。虽然参与的学生数量众多，但这项研究实际上是由85个单独的实验组成的，或者说是由1个实验和84个复制组成的！

[3] 艾弗森（Iverson, 2013）给出了两个很好的理由来说明为什么应该避免将N=1的设计和单一个案设计视为同义词：（1）N=1很明显是指只使用一名被试；（2）在统计学中，N表示收集的测量值或数据点的数量，而不是被试的数量。另外，不应将单一个案设计（single-case design）与个案研究（case study）相混淆，后者确实只涉及一名参与者，而且可能需要也可能不需要实验设计。

度）。第 10 章将对基于单个被试行为的被试内比较与不同被试组的平均表现比较在实验方法上的优缺点加以讨论。

行为：因变量

应用行为分析实验中的目标行为，或更确切地说，目标行为的可测量的维度量（如比率、持续时间），被称作**因变量**（dependent variable）。它之所以被这样命名，是因为实验设计的目的就是确定行为是否的确依赖于（dependent on）（即是其函数）研究者操纵的自变量（一个或多个）。[第 3 章介绍了选择和定义符合应用行为分析中应用（applied）要求的反应类作为因变量的标准和程序。]

在有些研究中，会测量多种行为。这样做的第一个原因是以此提供数据模式，作为对将一个自变量依序应用于每个行为产生的影响进行评估和复制的对照。[1] 进行多个因变量测量的第二个原因是评估自变量对它直接应用的反应类以外的行为是否有影响以及影响的程度。这种策略可以揭示自变量是否对其他所关注的行为产生了附带的影响——无论是期望的还是非期望的。这种行为称作次级因变量（secondary dependent variable）。实验者定期测量它们的发生率，不过或许不会像记录主要因变量的测量值那样频繁。

测量多种行为还有一个原因，就是要确定实验过程中除被试外的其他人是否发生了行为改变，以及这样的改变能否反过来解释观察到的被试的行为改变。实施这种策略主要是为了评估可疑的混杂变量的影响：就正在进行中的分析而言，所测量的额外的一个或多个行为不是真正的因变量。例如，布罗登、哈勒和米茨（Broden, Hall, & Mitts, 1971）做了一项经典研究，分析了一名初中女生的自我记录对其课堂学习行为的影响。他们观察和记录教师在整个实验过程中关注她的次数。如果教师关注的频率和学生学习行为的改变发生共变，那么自我记录与学习行为之间的功能关系就无法得到证实。在这种情况下，教师的关注可能会被认为是一个潜在的混杂变量，而研究的重点可能会转移到努力通过实验控制这个混杂变量（即保持教师的关注恒定），或系统性地操纵和分析混杂变量的影响。然而，数据显示，在实验的前四个阶段，也就是最担心教师的关注可能是混杂变量的阶段，教师的关注与学习行为之间没有相关性。

情境

> 控制环境，你将会看到行为中的秩序。
>
> ——B. F. 斯金纳（1967, p. 399）

当观察到的行为变异可以归因于对环境进行的特定操纵时，就证明了功能关系。当对被试的环境的某些方面（自变量）的系统性操纵可靠地产生了可预测的行为改变（因变量）时，就实现了实验控制。而要做出这样的归因，除其他事项外，研究者还必须控制两组环境变量。第一，研究者必须在实验的每个阶段控制自变量的存在、不存在或数值。第二，研究者必须通过保持恒定来控制实验情境的所有其他方面——**额外变量**（extraneous variables）——以防止计划外的环境变异。这两项操作——精准地操纵自变量、保持实验情境的每一个其他有关方面恒定——定义了实验控制的第二个含义。

在基础的实验室研究中，实验空间的设计和布置是为了提供最大限度的实验控制。例如，照明、温度和声音都保持恒定，程序化的设备实际上保证了前提刺激的呈现和后果的给予能够按计划进行。而应用行为分析师是在具有重要社会意义的行为自然发生的场所——教室、家庭、工作场所和社区环境中开展研究的。要控制应用环境的每一个特征是不可能的，更加困难的是，被试通常每天只有一小部分的时间处在实验情境中，他们会受到在其他情境中发生的事件和依联操作的影响。

尽管应用情境是复杂且不断变化的，行为分析师仍必须尽一切努力使环境中所有看起来相关的方面保

---

[1] 这是跨行为多基线设计的显著特征，是在应用行为分析中广泛使用的一种实验策略。第 9 章将介绍多基线设计（multiple baseline design）。

持恒定。当观察到有计划外的变异发生时，研究者必须等待它们产生的影响消失或设法将它们纳入实验设计之中。在任何情况下，重复测量被试的行为都可作为一个评估计划外的环境改变是否需要予以关注的指标。

应用研究通常在不止一个情境里进行。研究者有时会使用从不同情境中获得的对同一行为的并存测量值作为对照以分析将一个自变量依序应用于每个情境的影响。[1] 研究者也在多种情境中收集数据以评估在主要情境中观察到的行为改变在其他情境中发生的程度。

测量系统和持续的视觉化分析

行为分析的初学者有时会认为这门学科专注于与行为的观察和测量有关的问题和程序。他们渴望早日进入分析这个部分。测量行为随着时间的推移而发生的改变是单一个案实验方法的主要特征。任何实验的结果都只能根据所测量的内容来呈现和解释，而研究中使用的观察和记录程序不仅决定了测量的内容，也决定了测量的质量（即基于实验数据的估计对被试的实际行为具有多少代表性——所有的行为测量，无论做得多么频繁，技术上多么精确，都是对真实值的估计）。

观察和记录程序必须以标准化的方式在每个实验时段内进行。标准化涉及测量系统的各个方面，包括目标行为（因变量）的定义、观察的时间安排、如何把记录单上的原始数据誊写到每个时段的总结表格上、将数据绘制成图表的方式，等等。正如第 5 章中详述的，测量策略中计划外的或强加的改变可能会导致不必要的变异性或混杂的处理影响。

上一章概述了行为研究者和实务工作者持续地对图表呈现进行视觉化检查以保持与实验数据直接接触的优势。行为分析师必须从数据的变化中识别出行为的水平、趋势和变异性程度的改变。由于行为是一个连续且动态的现象，因此，旨在发现其控制变量的实验设计必须保证研究者能够随着研究的进行而持续地检查和回应数据。唯有如此，行为分析师才能准备好用最能揭示功能关系且将混杂变量的影响最小化的方式来操纵当时的环境特征。

干预或处理：自变量

行为分析师要寻找行为改变与环境变量之间的功能关系。被实验者操纵以求发现是否影响了被试行为的环境的特定方面被称作**自变量**（independent variable），有时也被称作实验变量（experimental variable）、干预（intervention）或处理（treatment），实验的这个组成部分被称作自变量，是因为研究者可以独立于被试的行为或任何其他事件而控制或操纵它。（不过，我们很快就会了解到，在不考虑因变量的测量值的情况下操纵自变量是不明智的做法。）而相对来说，进行研究所需的实验情境的变化（如测量行为的观察者的出现）是以将它们对因变量的影响最小化为目标的，"实验者安排自变量的改变以便最大化……它对反应的影响"（Johnston & Pennypacker, 1980, p. 260）。

操纵自变量：实验设计

实验设计（experimental design）指的是在研究中对实验条件做出特定安排，以便对自变量的存在、不存在或不同数值的影响进行有意义的比较。自变量可以被引入、撤除、增加或减少数值，或进行跨行为、跨情境和/或跨被试的无数种组合。[2] 然而，对一名特定被试的行为，在一个特定时间点和特定情境下，实验者能做出的自变量改变只有两个基本类型：引入一个新的条件和重现一个旧的条件。从本质上来说，"实验设计不过是跨行为和跨情境地对各种新旧条件做出时间上的安排，以产生令研究者和读者都信服的

---

1 这种分析策略被称作跨情境多基线设计。第 9 章将介绍多基线设计。
2 究竟有多少种不同的实验设计？实验设计包括对这里讨论的每一个组成部分（即被试、情境、行为等）的谨慎选择和考虑，不把实验的直接复制算在内的话，我们可以说有多少个实验就有多少种实验设计。

数据"（Johnston & Pennypacker, 1980, p. 270）。

一个最简单的例子——从分析的角度来看，但从实践的角度未必如此——一个自变量可以在研究中的每一个时间段或每一个阶段内存在或不存在。当研究中的自变量处于这两种条件中的任何一种时，该实验被称作非参数研究。相反，**参数分析**（parametric analysis）旨在发现一个数值范围内的自变量的不同影响。莱尔曼、凯利、福恩德兰、库恩和拉鲁（Lerman, Kelley, Vorndran, Kuhn, & LaRue, 2002）做了一项参数分析来评估不同等级大小（获得玩具或逃避要求20秒、60秒或300秒）的强化物对强化后暂停和消退阻抗（resistance to extinction）的持续时间的影响。其他参数研究中自变量的不同数值的例子有：语言训练中较短的（2秒）、渐进的（2~20秒）和较长的（20秒）回合间隔持续时间（intertrial-interval duration）（Cariveau, Kodak, & Campbell, 2016）；小组教学中教师每分钟给予一次、两次、八次赞扬的频率（Kranak, Alber-Morgan, & Sawyer, 2017）。

当研究者关注的焦点在于比较两个或更多个处理方案的影响时，实验中就会出现多个自变量。例如，也许会将两种不同的处理与第三种处理的影响放在一起评估，这样就结合了两个变量。然而，即使实验中有多个自变量，研究者也必须注意一个简单而基本的实验规则：一次只改变一个变量。如果不遵守这个规则，就不可能将任何测量到的行为改变归因于特定的自变量。

如果同时改变两个或多个变量并发现了因变量的改变，那么就无法断定究竟是哪一个变量的改变造成了行为的改变。如果两个变量同时改变，那么有可能这两个变量对行为的改变具有相同的影响，有可能一个变量是行为改变的唯一原因或大部分原因，也有可能一个变量对行为的改变具有负面的或相反的影响，而另一个自变量强大到可以克服这个影响而产生正面的影响。这些解释中的任何一种或多种结合起来都有可能是行为改变的原因。

如前所述，应用行为分析师常常在"嘈杂"的环境中开展实验，在这样的环境中，他们需要有效地处理与个人安全或紧急状况有关的事件。在这种情况下，应用行为分析师有时会"打包"多个记录良好且有效的处理方法，做好引入多个自变量的准备。集成包式干预是将多个自变量组合或捆绑到一项计划里（如代币强化＋赞扬＋自我记录＋罚时出局）。不过，从实验分析的角度来看，一次只改变一个变量的实验规则还是要遵守的。在操纵一个处理集成包时，实验者必须确保每次进行操纵时，整个集成包都被呈现或撤除。在这种情况下，重点是要明白评估的是整个集成包，而不是集成包中个别的成分。如果未来分析师想确定集成包中每个部分的相对贡献，那么需要进行成分分析（component analysis）。第8章和第9章将讲述成分分析的实验策略。

对一个特定的研究问题而言，并不存在现成的实验设计。研究者必须避免照搬这些教科书中的"设计"：（1）需要对所要研究的功能关系的性质进行先验假设；（2）可能对非预期的行为改变不敏感。研究者应该选择并结合最适合他们的研究问题的实验策略，随时准备"通过在一个快速变化和需要临场应变的实验设计里操纵这些策略来探索相关变量"（Skinner, 1966, p. 21）。

与应用行为分析的发展和成功同时进行的，是一套用于分析行为—环境关系的强大而又极其灵活的实验策略的开发和细化，而这在很大程度上正是应用行为分析获得成功的原因所在。我们将在第8章和第9章介绍一些使用最为广泛的实验策略。然而，为了有效地选择、改进和组合这些策略，并使之成为令人信服的实验，行为分析师必须充分理解实验的推理或逻辑，为被试内实验比较提供基础。

稳定状态策略和基线逻辑

稳定状态反应（steady state responding）——"在一段时间内所测量到的维度量中显现出的变异相对较小的一种反应模式"（Johnston & Pennypacker, 1993a, p. 199）——为一种名为基线逻辑的强有力的实验推理提供了基础。**基线逻辑**（baseline logic）包含三个元素——预测、验证和复制——其中的每个元素都倚赖于一个名为稳定状态策略的整体实验方法。**稳定状态策略**（steady state strategy）需要使被试接触到一个特定条件，同时尝试消除或控制对行为的任何额外影响，并在引入下一个条件之前获得一个稳定的反应模式。

基线数据的本质和功能

行为分析师通过比较被试在不同实验条件下的行为的重复测量数据来发现行为—环境之间的关系。最常用于评估特定变量影响的方法是向在没有这个变量的情况下获得的持续行为测量中加入这个变量。这些原始数据作为**基线**（baseline），可用于与引入自变量后所观察到的任何行为改变进行比较。基线就是实验中的对照条件；基线期并不一定意味着没有教学或处理，它仅仅表示没有实验所关注的自变量而已。

为什么要建立基线？

从纯科学或纯分析的视角来看，建立基线反应水平的主要目的是将没有呈现自变量时被试的表现作为客观基础以检测自变量的影响。获得基线数据可以带来一些应用上的益处。第一，在引入处理变量之前对目标行为进行系统性观察，使研究者有机会寻找和关注在目标行为发生之前和之后出现的环境事件。通过这样的实证方法获得的前提—行为—后果之间关系的描述对于设计一项有效的干预往往是非常有价值的（参看第 25 章）。例如，基线观察显示儿童在做出破坏性爆发行为之后总能得到家长或教师的关注，那就可以据此观察来设计一项忽略爆发行为而紧随期望的行为之后给予依联关注的干预。

第二，基线数据可以为初始强化标准的设定提供宝贵的指导，在第一次要实施依联的时候，设定初始强化标准是非常重要的一步（参看第 11 章）。如果标准太高，被试将永远接触不到依联；如果标准太低，则只能预期有极少的改善或根本没有改善。

从实践的视角来看，收集基线数据的第三个理由是客观的测量优于主观的意见。系统性基线测量的结果可能会说服行为分析师或重要他人重新思考试图改变行为的必要性和价值。例如，一个行为因为最近发生了几个极端的事件而成为干预目标，但基线测量显示该行为正在减少，因此就不再定为目标行为。或者，一个行为也许因为其形态吸引了教师或家长的过度关注，但几天的客观基线测量显示行为发生的频率或水平并没有达到需要干预的程度。

基线数据模式

图 7.1 展示了由基线测量产生的四种基线数据模式的例子。这些假设性基线只代表实验者和实务工作者遇到的各种基线数据模式中的四个例子。不同的水平、趋势和变异性程度的组合有无限种可能。尽管如此，为给初入门的行为分析师提供一些指引，这里将针对图 7.1 所显示的数据模式可能导致的实验决策给出一些一般性的说明。

图 A 显示了一个相对**稳定的基线**（stable baseline）。数据没有显示出上升或下降的趋势，所有的测量值都落在一个很小的数值范围内。稳定的基线为寻找自变量的影响提供了最理想的基础或背景。如果水平、趋势和/或变异性上的改变与在如图 A 所示的稳定基线上的自变量的引入相吻合，那么我们就可以合理地怀疑这些改变可能与自变量有关。

图 B 和图 C 中的数据分别代表**上升基线**（ascending baseline）和**下降基线**（descending baseline）。图 B 中的数据路径显示行为随着时间的推移而上升的趋势，而图 C 则显示下降的趋势。应用行为分析师必须谨慎看待上升基线和下降基线的数据。应用行为分析师选择因变量是因为它们代表了需要被改变的目标行为，但上升基线和下降基线揭示了行为正处在改变之中。在这个时候引入自变量，其影响可能会被导致已经发生改变的变量所掩盖或混杂。但是，如果这位应用研究者需要立即改变行为，那该怎么办？应用的视

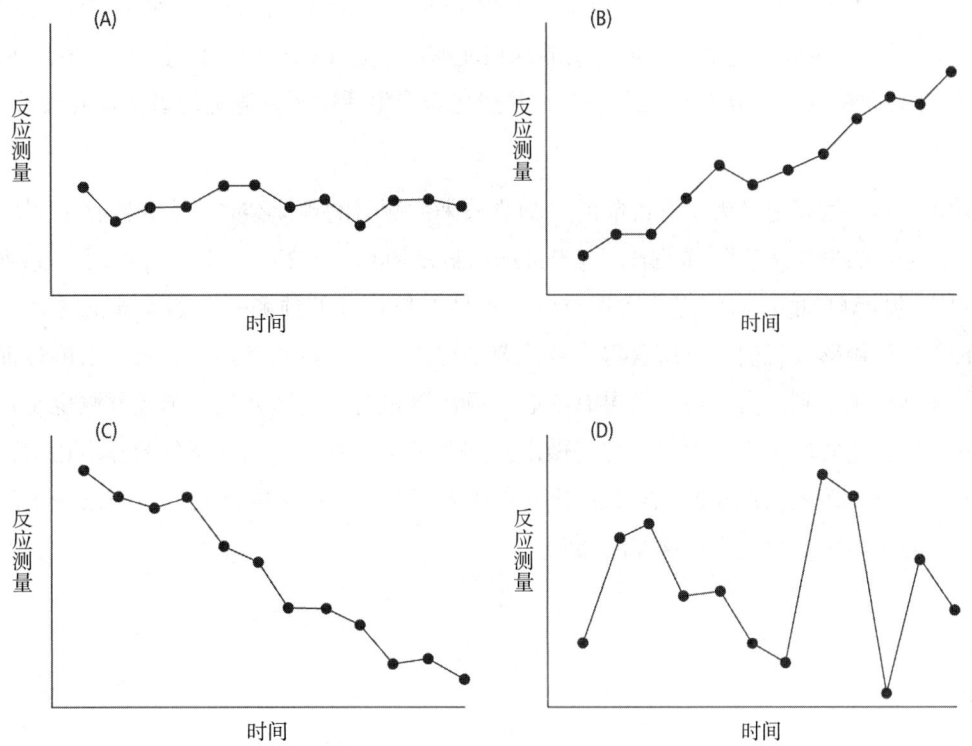

图7.1 数据模式显示了稳定基线（A）、上升基线（B）、下降基线（C）和变异基线（D）。

角可以帮助解决这个难题。

是否应该引入处理变量，取决于基线数据的趋势代表的行为表现是改善了还是恶化了。当一个上升基线或下降基线代表行为正朝着处理所期望的方向改变时，研究者应该暂停处理，并持续监测基线条件下的因变量。当行为不再改善（表现为稳定的反应）或开始恶化时，则可以应用自变量。如果趋势没有趋于平缓，并且行为持续改善，原先的问题可能就不再存在，那么也就没有理由按原计划引入处理（虽然研究者可能很想分离并分析出导致这种"自发的"改善的变量）。给一个正在改善之中的行为引入一个自变量会使研究者很难将任何持续的改善解释为自变量发挥的作用，通常也不可能这样解释。

一个代表行为表现显著恶化的上升基线或下降基线是一个立即应用自变量的重要信号。从应用的视角来看，决定开展干预是显而易见的：被试的行为越来越糟，应该引入一个旨在改善行为的处理。一个能够促成期望的行为改变的自变量很可能就是最强大的变量，尽管其他变量还在"推着"行为朝相反的方向发展，这个变量将成为行为分析师的有效处理清单中受欢迎的一员。从分析的视角来看，在一个下降基线中引入一个处理变量的决定同样是合理的，我们将在下一部分进一步讨论。

图7.1中的图D显示了一个高度不稳定的或**变异的基线**（variable baseline）。图D中的数据显示的只是不稳定反应的很多可能模式中的一种。这些数据点没有一致地落在一个狭窄的数值范围内，也没有表明任何明确的趋势。从实验的视角来看，在存在这种变异性的情况下引入自变量是不明智的。变异性被认为是环境变量的结果，而在图D所示的情形中，它似乎是以不受控制的方式运作的。必须先分离或控制这些不受控制的变异性来源，而后研究者才能有效地分析自变量的影响。

稳定的基线反应为研究者提供了关于他们所建立的实验控制程度的一个指标。"如果无法获得足够稳定的反应，实验者就无法添加一个有可能产生影响但影响还未可知的自变量。这样做会加剧混乱而导致更多的未知。"（Johnston & Pennypacker, 1980, p. 229）

然而，再次提醒，应用方面的考虑必须与纯科学上的追求达到一种平衡。应用方面的问题可能是一个亟待解决的问题（如严重的自伤行为），或者被试的环境和研究情境中的混杂变量可能会超出实验者的控制[1]。在这种情况下，引入自变量是因为希望它的存在能够产生稳定的反应。西德曼（1960）同意这样的说法："行为工程师必须在发现变异性时视之平常，并把它当作生活中不可避免的事实来处理。"（p. 192）

预测

预测（prediction）可以定义为"对目前的未知或未来的测量的预期结果。它是对所有科学和技术活动进行验证的最为考究的量化用法"（Johnston & Pennypacker, 1980, p. 120）。图 7.2 显示了一系列代表稳定基线反应模式的假设性测量值。前面五个数据点的一致性支持这样的预测——如果被试的环境没有发生改变——后续的测量值将落在目前为止所获得的数值范围之内。事实也的确如此，第六次测量证实了这样的预测。同样的预测再次得到证实，这一次更有信心，再次测量行为的结果显示本次预测也是正确的。在整个基线期（或任何其他实验条件）内，研究者做出预测并证实预测，直到有充分的理由相信在当前的条件下，反应不会有明显的改变。图 7.2 中的空心数据点代表了对未来反应的预测。鉴于已获得的测量值的稳定性，经验丰富的科学家很少会质疑这样的预测。

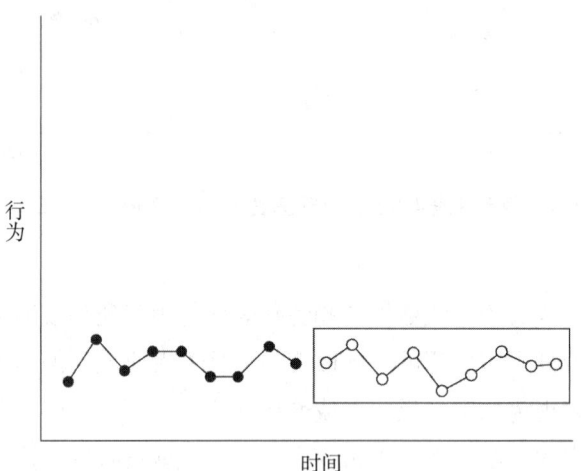

图 7.2　实心数据点代表在一个稳定的基线期内可能产生的行为的实际测量值；方框内的空心数据点代表在环境条件维持不变的情况下根据获得的测量值所预测的反应水平。

实验者或实务工作者必须做多少次测量才能有足够的信心预测未来的行为？没有任何标准或预先确定的数据点数量可以确保预测足够令人信服。不过，以下论述可以作为指导方针。

- 贝尔及其同事（1968）建议持续进行测量，直到出现"明确的稳定性"。
- 在同等条件下，多测量比少测量要好；获得的稳定反应的持续时间越长，这些测量的预测效力越强。
- 如果实验者不确定测量结果是否已经显示出稳定的反应，很可能就是还没有出现稳定的反应，那么就需要收集更多的数据，然后才能引入自变量。
- 当决定何时终止基线测量并引入自变量时，研究者对在恒定条件下所研究的行为特征的了解是极为宝贵的。这样的知识可以从在相似反应类上获得稳定基线的个人经验中，以及对从已发表的文献中发现的基线反应模式的掌握中汲取。

诸如"收集至少五个时段的基线数据"或"获得连续两周的基线测量值"之类的陈述是一种可能会产生误导或过于简化的说法。根据不同的情况，五个基线数据点或两周的基线数据可能足以也可能不足以提供一个令人信服的稳定状态反应的全貌。必须解决的问题是：数据是否已经稳定到可以为与在其他条件下

1　应用研究者必须非常小心地避免想当然地认为不需要的变异性是他的能力或资源无法分离和控制的变量的函数，以致无法继续研究潜在的重要功能关系。

收集到的测量值进行比较提供基础？这个问题只能通过在所有相关条件都保持恒定的环境中由重复测量而产生的持续预测和确认来回答。

行为分析师通常会对分析教学变量与获得新技能之间的功能关系感兴趣。在这种情况下，有时会预设基线测量值为零。例如，人们可能会期望重复观察一名从未系过鞋带的儿童以产生一个零正确反应的完全稳定的基线。然而，从未显示儿童使用过某项特定技能的随意观察并不构成一个在科学上有效的基线，也不应该用于证明任何关于教学效果的主张。可能的情况是，如果重复给予儿童做出反应的机会，儿童开始发出的目标行为水平会高于零。

练习效应（practice effects）指的是为了获得基线测量值而有机会重复发出行为，从而改善了行为表现。例如，试图获得学生解答算术题的稳定基线数据，可能会因为测量过程中固有的重复练习而造成表现改善。练习效应会混杂研究，以致无法分离和解释练习和教学对学生的最终表现各有多大影响。研究者应该使用重复的基线测量来揭示练习效应的存在或不存在。当怀疑有或已经发现有练习效应时，应该继续收集基线数据，直到达到稳定状态反应。

证明稳定基线和以实证方法控制练习效应的必要性，并不要求应用行为分析师不去实施所需要的处理或干预。对于那些不能合理预期存在于被试技能库中的行为，收集过长的基线并不会有什么收获。很多行为无法在学会某些先备技能之前发出。例如，如果儿童现在不会拿起鞋带，就没有理由期待他会系鞋带。或者，如果学生不会减法和乘法，就没有理由期待他会解答除法题。在这种情况下获得延长的基线数据是不必要的形式化（pro forma）测量。这样的测量"与其说是代表零行为，不如说是代表行为发生的零机会，当行为不能发生的时候，没有必要在测量良好的数据水平上记录行为没有发生"（Horner & Baer, 1978, p. 190）。

幸运的是，应用行为分析师既不需要放弃使用稳定状态策略，也不需要以牺牲处理条件为代价重复测量不存在的行为。第9章中讲述的多探测设计体现了以稳定状态逻辑来分析在引入自变量之前教学与获得被试技能库中不存在的行为之间的功能关系。

后果确认

稳定状态反应的预测能力使行为分析师得以采用一种被称作**后果确认**（affirmation of the consequent）的归纳逻辑形式（Johnston & Pennypacker, 1980）。后果确认背后的推理是从一个真实的前提—后果（如果A，那么B）的陈述开始的，然后这样展开：

 1. 如果A为真，那么B为真。
 2. B为真。
 3. 因此，A为真。

行为分析师的版本是这样的：

 1. 如果自变量是行为的控制因素（A），那么自变量存在时所获得的数据就会显示行为发生了改变（B）。
 2. 当自变量存在时，数据显示行为发生了改变（B为真）。
 3. 因此，自变量是该行为的控制变量（因此，A为真）。

尽管这个逻辑存在缺陷——其他因素也有可能影响A的真实性——一项成功的（即令人信服的）实验仍然会确认几种"如果A，那么B"的可能性，每种可能性都会减少自变量以外的因素造成观察到的行为改变的可能性。

图 7.3 至图 7.5 说明了如何在一个使用倒返设计的假设性实验中运用预测、验证和复制，倒返设计是行为分析师使用的较为强大的分析策略之一（参看第 8 章）。图 7.3 中的数据显示了成功的后果确认。基线期内的稳定状态反应使实验者能够预测，如果环境没有发生改变，那么后续的测量会得到近似于方框内的空心数据点所代表的数据。实验者还能够预测（更准确地说是质疑）处理条件是否会引起行为改变。在引入自变量之后，对因变量的重复测量显示行为确实发生了改变（处理条件下的实心数据点）。

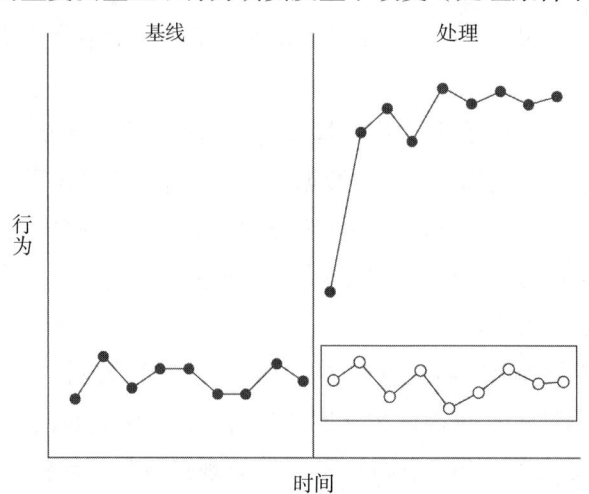

图 7.3　后果确认支持了行为与处理变量之间存在功能关系的可能性。 在处理变量存在的情况下获得的测量结果与在处理变量不存在的情况下预测的反应水平（方框内的空心数据点）是不同的。实心数据点代表 A–B 设计。

这些数据使实验者可以进行两种比较，一种是真实的，另一种是假设的。第一种比较，在自变量存在的情况下获得的测量值与在基线期内获得的测量值之间的差异支持了处理会改变行为的预测，并代表了自变量可能产生的影响的程度。第二种比较是在处理条件下获得的数据与未引入处理变量时（即图 7.3 中的方框内的空心数据点）的预测测量值之间的比较。这种比较代表了行为分析师对理想的但不可能实现的实验设计的假设性近似：在存在和不存在处理变量的情况下同时测量和比较单个被试的行为（Risley, 1969）。

虽然图 7.3 中的数据确认了最初的前提——后果的陈述——在自变量存在的情况下观察到了行为改变——但还不足以断言处理变量与行为改变之间存在功能关系。实验者还未排除其他变量造成行为改变的可能性。也许在引入自变量的同时，实验情境内部或外部出现了某个因素，而那个因素才是行为改变的原因。

虽然由处理前的基线条件和随后的一个处理条件所组成的两阶段实验（即 A-B 设计）既不能验证在基线水平上持续反应的预测，也不能复制自变量的影响，但使用 A-B 设计的研究仍可为研究和实践提供重要而有用的发现（例如，Azrin & Wesolowski, 1974; Ghaemmaghami, Hanley, & Jessel, 2016; Krueger, Rapp, Ott, Lood, & Novotny, 2013; Reid, Parsons, Phillips, & Green 1993）。

然而，如果在自变量存在的情况下没有观察到因变量的改变，那么此时就可以对处理与行为之间的关系做出更明确的陈述。如果使用对行为改变敏感的测量系统获得了对因变量的准确测量，并且按计划实施处理条件，那么在自变量存在的情况下没有行为改变就构成了对后果的否认（显示 B 为假），从而排除这个自变量而不将其作为一个控制变量。然而，基于没有观察到影响而将一个处理排除在控制变量的行列之外，这是以最高层次的实验控制为先决条件的（Johnston & Pennypacker, 1993a）。

然而，图 7.3 中的数据集显示，在自变量存在的情况下行为发生了改变，揭示了自变量与行为改变之间存在相关性。行为改变在多大程度上是自变量造成的？要回答这个问题，行为分析师需要进行基线逻辑的下一个组成部分：验证。

验证

实验者可以通过验证基线测量值不变这个原始预测来增加观察到的行为改变与引入自变量之间存在功能关系的可能性。如果证明了没有引入自变量，先前的基线反应水平将会保持不变，那么就完成了**验证**（verification）。如果能够证明这一点，那么这个操作就验证了对持续稳定基线反应的原始预测，并减少了一些非控制（混杂）变量造成观察到的行为改变的可能性。再次说明，后果确认背后的推理是支撑实验策略的逻辑。

图 7.4 说明了在我们的假设性实验中对影响的验证。当在引入自变量的情况下建立了稳定状态反应时，研究者去除了处理变量而返回先前的基线条件。这个策略能够确认两个不同的前提—后果的陈述的可能性。第一个陈述及其确认的模式如下：

1. 如果自变量是行为的控制因素（A），那么去除它将同时造成反应测量值的改变（B）。
2. 自变量的去除伴随着行为的改变（B 为真）。
3. 因此，自变量控制反应（因此，A 为真）。

第二个陈述及其确认的模式如下：

1. 如果原始基线条件控制了行为（A），那么返回基线条件将造成相似的反应水平（B）。
2. 重新回到基线条件，观察到与原始基线阶段获得的反应水平相似的反应水平（B 为真）。
3. 因此，基线条件在当时和现在都控制了行为（因此，A 为真）。

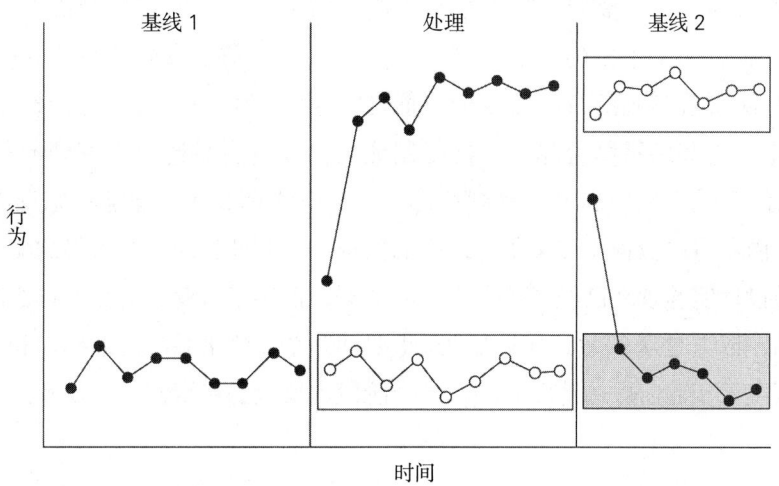

图 7.4 通过撤除一个处理变量来验证先前对基线反应水平的预测。将基线期 2 获得的测量值（阴影框内的实心数据点）与处理变量持续存在的情况下预测的反应水平（基线期 2 的空心数据点）进行比较，成功地验证和获得了第二次后果确认。

在我们的假设性实验中，基线期 2 获得的阴影区域内的六个测量值验证了对基线期 1 的预测。基线期 2 内的空心数据点代表在未去除自变量的情况下的预测反应水平。（基线逻辑的预测部分可应用于在任何实验阶段获得的稳定状态反应，基线条件和处理条件都如此。）在处理期内获得的数据（实心数据点）与基线期 2 内获得的数据（实心数据点）之间的差异确认了第一个"如果 A，那么 B"的陈述：如果处理是控制变量，那么去除它就会造成行为的改变。而在基线期 2 内获得的数据与基线期 1 内获得的数据之间的相似性则确认了第二个"如果 A，那么 B"的陈述：如果基线条件控制了之前的行为，那么重新回到基线条件将造成相似的反应水平。

和以前一样，观察到的与自变量的引入和撤除有关的行为改变除了这两个事件之间存在功能关系以外，还有其他解释。不过，认为功能关系存在的理由正变得越来越充分。当应用自变量时，观察到了行为改变；当撤除自变量时，行为再次改变，并且反应返回基线水平。在某种程度上，只要实验者有效地控制了自变量的存在与否，并保持实验情境中所有其他可能影响行为的变量恒定，就很有可能展现出功能关系。自变量的引入和撤除引起和倒返了一个重要的行为改变。验证的过程减少了自变量以外的变量造成该行为改变的可能性。

这种预测和验证的两步策略是否足以证明功能关系？有没有可能在自变量呈现和撤除时有某个非控制变量与其发生了共变，而那个非控制变量才是造成观察到的行为改变的原因？如果是这种情况，那么声称自变量与目标行为之间存在功能关系充其量是错误的，然而，最坏的情况或许是会停止找寻真正的控制变量，而对该变量的辨识和控制将有助于开发一种有效且可靠的行为改变技术。

持有适当的怀疑态度的研究者（和实务工作者/研究消费者）也会质疑实验所获得的影响的信度。这种显而易见的功能关系是稍纵即逝的、仅此一次的现象，还是重复应用自变量会可靠地（即一致地）产生相似的行为改变模式？一个有效的（即令人信服的）实验设计会产生足以回应这些重要问题的数据。为了调查不确定的信度，行为分析师应用了基线逻辑和实验设计的最后一个，也许也是最重要的一个组成部分：复制。

复制

> 复制是可信度的本质。
>
> ——贝尔、沃尔夫和里斯利（1968, p. 95）

在任何特定实验的背景下，**复制**意味着重复先前在研究中实施的自变量操纵并获得相似的结果[1]。在一个实验内进行复制有两个重要的目的。第一，复制一个先前观察到的行为改变会减少自变量以外的某些因素造成现在两次观察到的行为改变的可能性。第二，复制证明了行为改变的信度；复制可以使行为改变再次发生。这些结果结合起来，使复制成为推断自变量造成观察到的行为改变的基础。

图 7.5 在我们的假设性实验中加入了复制的部分。在基线期 2 获得稳定状态反应后，重新引入自变量。如果在处理期 2 内获得的数据（交叉阴影框内的数据点）与处理期 1 内获得的测量值相似，那么就实现了复制。我们的假设性实验现在已经产生了有力的证据，证实了自变量与因变量之间的功能关系。要有把握地断言功能关系，以下是众多决定因素当中最重要的几个：测量系统的准确性和敏感性、实验者对所有相关变量的控制程度、实验阶段的持续时间、各个阶段内反应的稳定性，以及不同条件之间行为改变的

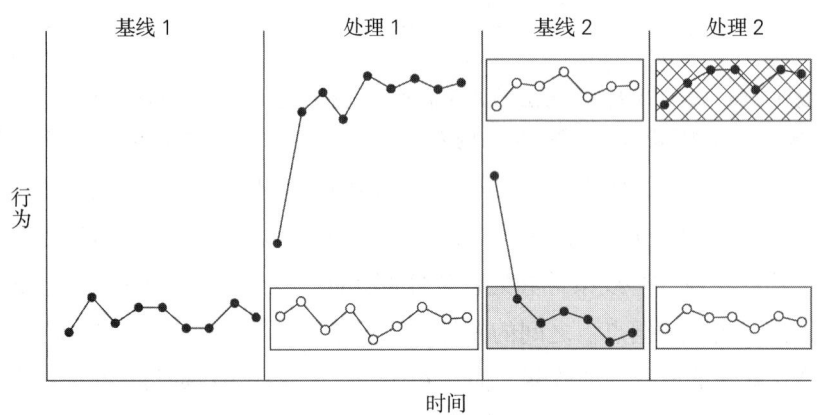

图 7.5 通过重新引入处理变量，实现了实验影响的复制。处理期 2 内获得的测量值（交叉阴影框内的数据点）增强了处理变量与目标行为之间存在功能关系的理由。

---

1 复制也指重复实验以确定过去的研究所发现的功能关系的信度，以及这些发现可以扩展到其他被试、环境和/或行为（即泛化性或外部效度）的程度。第 10 章将对实验的复制进行讨论。

速度、幅度和一致性。如果这些考虑因素都得到了满足，那么影响的复制就会成为断言功能关系的最关键的因素。

可以操纵自变量以求在实验中多次复制一个影响。至于复制多少次才能令人信服地证明功能关系，这牵涉很多考虑因素，包括先前列举的所有因素，以及是否存在能够产生相同影响的其他相似实验。

摘要

简介

1. 测量显示了行为是否发生改变、何时发生改变以及发生了多大的改变，但仅靠测量并不能揭示出行为发生改变的原因。
2. 一项行为改变技术是否有用取决于是否知道环境变量的特定安排能可靠地产生期望的行为改变形式。
3. 必须完成实验分析以确定某一特定行为功能如何与特定环境事件有关。

行为分析的概念与假设

4. 科学的总体目标是理解所研究的现象——就应用行为分析而言，即指具有重要社会意义的行为。
5. 科学在三个层次上产生理解：描述、预测和控制。
6. 描述性研究产生了关于所观察事件的一系列事实——这些事实可以被量化和分类。
7. 当两个事件系统性地共变时，就意味着存在相关性。可以预测一个事件在另一事件发生时发生的概率。

实验控制：行为分析的路径和目标

8. 科学最大的潜在益处来自建立实验控制中产生的第三个层次，也是科学理解的最高层次。
9. 当通过系统性地操纵环境的某些方面（自变量）而可靠地产生了可预测的行为改变（因变量）时，就实现了实验控制。
10. 当行为与环境的某些特定方面之间的可靠功能关系得到具有说服力的证明时，就实现了对行为的分析。
11. 功能分析不能排除所研究的行为也是其他变量的函数的可能性。
12. 一个实验如果能够令人信服地表明行为改变是自变量的函数，而不是非控制变量或未知变量的结果，则该实验具有内部效度。
13. 外部效度是指研究结果可以泛化到其他被试、情境和/或行为的程度。

行为：引导行为分析的定义性特征和假设

14. 混杂变量会对因变量造成未知的或不受控制的影响。
15. 因为行为是一个个体的现象，行为分析的实验策略使用的是被试内（或单一个案）的分析方法。
16. 因为行为是一个动态且连续的现象，随着时间的推移而发生和改变，测量随时间的推移而改变的行为是应用行为分析的一个基本特征。
17. 决定论的假设指导行为分析的实验方法。
18. 行为分析的实验方法也来自一个假设：行为的变异性是外在于有机体的，而不是固有的内在特质；也就是说，变异性是由环境变量造成的。
19. 行为分析师试图分离和实验操纵造成变异性的环境因素。

应用行为分析实验的组成部分

20. 研究问题要具体指出研究者想要通过实施实验来了解什么；实验的设计和实施的各个方面都应该从研究问题出发。

21. 应用行为分析中的实验指的是单一个案研究设计，因为检测和分析行为改变的实验逻辑将每名被试作为其自身的对照。

22. 应用行为分析实验中的因变量是目标行为的可测量的维度量。

23. 有些研究包含多个因变量，这有三个主要原因：（1）提供额外的数据路径，作为对将一个自变量依序应用于每个行为产生的影响进行评估和复制的对照；（2）评估自变量对它直接应用的反应类以外的行为是否有影响以及影响的程度；（3）确定实验过程中除被试外的其他人是否发生了行为改变，以及这样的改变能否反过来解释观察到的被试的行为改变。

24. 除了精准地操纵自变量，行为分析师还必须保持实验情境的所有其他方面恒定——额外变量——以防止计划外的环境变异。

25. 当实验情境中发生计划外的事件或变异时，行为分析师必须等待它们产生的影响消失或将它们纳入实验设计之中。

26. 在实验中，观察和测量程序必须以标准化的方式进行。

27. 由于行为是一个连续且动态的现象，因此，持续地视觉化检查数据对于确认实验过程中出现的行为水平、趋势和/或变异性的改变是必要的。

28. 安排自变量的改变是为了最大化它对目标行为的影响。

29. 实验设计一词指的是研究中对自变量在顺序和形式上的操纵。

30. 虽然由于有很多种操纵和组合自变量的方式，因此有无数种实验设计，但实验者能操作的自变量改变只有两个基本类型：引入一个新的条件和恢复一个旧的条件。

31. 参数研究比较自变量的不同数值的不同影响。

32. 基本的实验规则：一次只改变一个变量。

33. 无须遵循死板的、形式化的实验设计，行为分析师应该选择适合原始研究问题的实验策略，并随时准备"通过在一个快速变化和需要临场应变的实验设计里操纵这些策略来探索相关变量"（Skinner, 1966, p. 21）。

稳定状态策略和基线逻辑

34. 稳定状态反应使研究者得以采用一种被称作基线逻辑的归纳推理形式。基线逻辑包含三个元素：预测、验证和复制。

35. 最常用于评估特定变量影响的方法是在没有这个变量的情况下获得的持续行为测量中加入这个变量。这些干预前获得的数据作为基线，可用于与引入自变量后所观察到的任何行为改变进行比较。

36. 基线条件并不一定意味着条件本身没有教学或处理，它仅仅表示没有实验所关注的某个特定的自变量而已。

37. 收集基线数据的主要目的是建立基线作为评估自变量影响的客观基础，除此之外，还有三个收集基线数据的原因：（1）在干预之前系统性地观察目标行为，有时会得到有关前提—行为—后果之间关系的信息，这些信息对于设计一项有效的干预可能是很有用的；（2）基线数据可以为初始强化标准的设定提供宝贵的指导；（3）基线数据可能显示需要改变的目标行为已经不需要干预。

38. 四类基线数据模式：稳定基线、上升基线、下降基线和变异基线。

39. 应该在实现稳定基线反应后，再引入自变量。

40. 当一个上升基线或下降基线显示行为表现正在改善时，不应该引入自变量。

41. 当一个上升基线或下降基线显示行为表现正在恶化时，应该引入自变量。

42. 当基线不稳定或高度变异时，不应该引入自变量。

后果确认

43. 当在相对稳定的环境条件下对行为的重复测量显示变异很小或没有变异时，就可以对未来的行为做出预测。

44. 练习效应指的是为了获得重复测量值而必须提供多个机会以发出行为，从而改善了行为表现。

45. 对于在逻辑上没有机会发生的行为，延长基线测量值是没有必要的。

46. 稳定状态反应的预测能力使研究者得以采用一种被称作后果确认的归纳推理形式。

47. 虽然后果确认的逻辑存在缺陷（某些其他事件也有可能造成行为改变），但有效的实验设计会确认几种"如果 A，那么 B"的可能性，每种可能性都会减少自变量以外的因素造成观察到的行为改变的可能性。

48. 如果证明了没有引入自变量，先前的基线反应水平将会保持不变，那么就完成了验证。

49. 在一个实验内进行复制指的是通过重新引入自变量来再现先前观察到的行为改变。复制证明了行为改变的信度，减少了自变量以外的某些因素造成现在两次观察到的行为改变的可能性。

第8章　倒返设计与多因素设计

关键词

A–B–A 设计（A–B–A design）

A–B–A–B 设计（A–B–A–B design）

适应性交替处理设计（adapted alternating treatments design）

交替处理设计（alternating treatments design）

B–A–B 设计（B–A–B design）

并存链（程序表）设计 [concurrent chains (schedule) design]

对不兼容行为的差别强化 / 对替代行为的差别强化倒返技术（DRI/DRA reversal technique）

对其他行为的差别强化倒返技术（DRO reversal technique）

不可逆性（irreversibility）

多因素设计（multielement design）

多重处理干扰（multiple treatment interference）

多处理倒返设计（multiple treatment reversal design）

非依联强化（noncontingent reinforcement, NCR）

倒返技术（reversal technique）

倒返设计（reversal design）

序列效应（sequence effects）

撤除设计（withdrawal design）

➜ 本章由陈乃瑜翻译。

行为分析师认证委员会 BCBA/BCaBA 任务清单（第 5 版）
第一部分：基础
D. 实验设计

D-1 区分因变量和自变量。
     D-3 确认单一被试实验设计的定义性特征（如个体作为自己的对照、重复测量、预测、验证和复制）。
     D-5 使用单一被试实验设计（如倒返设计、多基线设计、多因素设计、变标准设计）。
     D-6 描述实施比较分析、组成部分分析和参数分析的理由。

©2017 The Behavior Analyst Certification Board, Inc.,® (BACB®). 保留所有权利。本文件的当前版本可在 www.bacb.com 网站查阅。如需转载、复制或分发本文件，或有疑问，请直接联系行为分析师认证委员会。经授权使用。

本章介绍了倒返设计和多因素设计，这两种单一个案研究策略被广泛地运用于应用行为分析。在倒返设计中，观察一个自变量的引入、撤除（或"倒返"其焦点）和重新引入对目标行为的影响。在多因素设计中，快速地交替呈现两个或更多个实验处理（或同时呈现处理，参与者可以进行选择），并关注其对目标行为的不同影响。我们阐释了每种设计如何将稳定状态策略的三个元素——预测、验证和复制——结合起来，并举例说明了这三个元素的主要变异，还介绍了选择和使用倒返设计和多因素设计的考虑因素。

倒返设计

倒返设计需要在一个特定情境下重复测量行为，它至少需要三个连续的阶段：（1）初始基线阶段，尚未引入自变量；（2）干预阶段，引入自变量并与行为保持接触；（3）通过撤除自变量，返回基线条件。在应用行为分析中广泛用于描述实验设计的符号系统里，大写字母 A 和 B 分别表示研究中的第一个条件和第二个条件。收集基线（A）数据，直到反应达到稳定状态为止。接下来，实施一个干预（B）条件，标志着处理（自变量）的存在。包含一次倒返的实验被称作 **A-B-A 设计**（A-B-A design）。虽然文献中出现过使用 A-B-A 设计的研究（例如，Armendariz & Umbriet, 1999; Christle & Schuster, 2003; Geller, Paterson, & Talbott, 1982; Jacobson, Bushell, & Risley, 1969; Raiff & Dallery, 2010），但 **A-B-A-B 设计**（A-B-A-B design）更为理想，因为重新引入 B 条件能够复制处理效果，这加强了对实验控制的证明（参看图 8.1）。

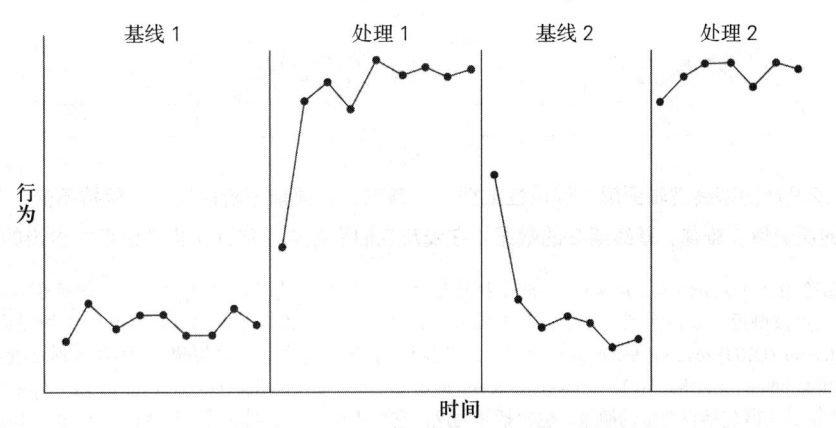

图 8.1 A-B-A-B 倒返设计的图表原型（假设性数据）

A–B–A–B 倒返是最直接，通常也是最有力的被试内设计，用于验证环境操纵和行为之间的功能关系。当一个倒返设计[1]揭示出一个功能关系时，数据会显示该行为是如何运作的。

就解释力而言，倒返设计能提供的一点也不差。在回答"这个反应是如何运作的？"这个问题时，我们可以明确指出它是这样运作的[例如，参看图 8.1]。当然，它也可能是以其他方式运作的；但是，在同意它是以任何其他方式运作的之前，我们得先看到恰当的图表。（Baer, 1975, p. 19, 方括号中的文字为补述）

贝尔的观点不容忽视：表明在一个特定变量存在或不存在的情况下，行为是以一种可预测的和可靠的方式"运作"的，只能为"行为是如何运作的？"这个问题提供一种答案而已。

对于目标反应类来说，可能存在（而且很可能存在）其他的控制变量。探索那些其他可能性的额外实验是否必要或值得，取决于获得更完整分析的社会重要性和科学重要性。

倒返设计的操作和逻辑

里斯利（2005）对倒返设计的原理和操作描述如下：

倒返设计或 ABAB 设计是沃尔夫根据克劳德·伯纳德（Claude Bernard）在实验医学中的早期例子重新创建的，它需要建立一个重复量化观察的基线，这足以看到一种趋势并预测该趋势的短期未来（A）；然后，改变条件，查看重复观察的结果是否异于原先的预测（B）；然后，再把条件改回去，查看重复观察的结果是否返回到了原先的预测（A）；最后，重新引入已改变的条件，查看重复观察的结果是否再次异于预测（B）。（pp. 280-281）[2]

由于第 7 章中使用了倒返设计来说明基线逻辑，因此，这里只需简要地回顾一下预测、验证和复制在倒返设计中的作用。图 8.2 显示了与图 8.1 相同的数据，但增加了空心数据点，以此代表在前一阶段的条件保持不变的情况下关于行为的预测测量值。在基线期 1 内获得稳定的反应模式或反处理（countertherapeutic）趋势后，引入自变量。在我们的假设性实验中，在处理期 1 内获得的测量值与基线期 1 内的测

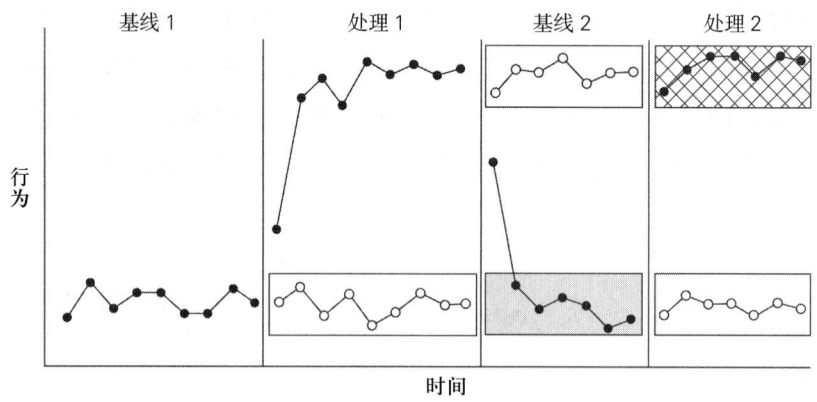

图 8.2　A–B–A–B 倒返设计的基线逻辑图解（假设性数据）。**预测**：如果前一阶段的条件保持不变，那么空心数据点（在无色框内）表示预测的测量值。**验证**：基线期 2 的数据（在浅灰色阴影框内）验证了由基线期 1 做出的预测。

1　有些作者使用**撤除设计**（withdrawal design）一词来描述以 A-B-A-B 分析为基础的实验，而将倒返设计（reversal design）一词保留给处理变量的行为焦点被倒返（或切换到另一个行为）的研究，如同本章后面介绍的对其他行为的差别强化倒返技术［differential reinforcement of other behavior (DRO) reversal technique］和对不兼容行为的差别强化 / 对替代行为的差别强化倒返技术［differential reinforcement of incompatible behavior (DRI) /differential reinforcement of alternative behavior (DRA) reversal technique］。不过，倒返设计这个行为分析师最常使用的术语其实既包括自变量的撤除，也包括其倒返，它代表研究者试图证明"行为的可逆性"（Baer, Wolf, & Risley, 1968; Thompson & Iwata, 2005）。此外，撤除设计有时也用于描述这样的实验，在这个实验中，分析完处理变量的效果后会依次撤除或部分撤除处理变量，以促进目标行为的维持（Rusch & Kazdin, 1981）。

2　里斯利（1997, 2005）认为是蒙特罗斯·沃尔夫设计了首批使用倒返设计和多基线设计的实验。"沃尔夫在这些研究中开创的研究方法是具有突破性的。这套方法后来定义了应用行为分析。"（pp. 280-281）

量值和由基线期1做出的预测测量值相比较，表明发生了行为改变，而且行为改变与干预相吻合。在处理期1获得稳定状态反应后，撤除自变量，并重新建立基线条件。如果基线期2内的反应水平与基线期1内获得的测量值相似或非常接近，那么就可以验证根据基线期1的数据所做的预测。换句话说，如果没有引入干预，并保持初始基线条件，那么预测的数据路径会如基线期2所示。当撤除自变量导致与此自变量有关的行为改变发生倒返时，就说明干预导致了观察到的行为改变。如果在处理期2重新引入自变量后，重新产生了在处理期1内观察到的行为改变，那么就实现了效果的复制，并证明了功能关系。换句话说，如果干预继续进行，并且不引入第二个基线条件，那么预测的数据路径会如处理期2所示。

兰伯特、卡特利奇、洛和休厄德（Lambert, Cartledge, Lo, & Heward, 2006）使用A-B-A-B设计来评估在四年级两个班的数学课上使用反应卡对学生的破坏性行为和学业反应的影响。在基线（A）条件下，即单一学生反应（SSR）条件，教师点一名举手的学生回答问题。

在处理（B）条件下，即反应卡（RC）条件，每名学生可以通过在一块白色叠层板上写下答案来回答教师提出的每一个问题。图8.3显示了针对两个班中的一个班里的四名学生的破坏性行为的结果。数据揭

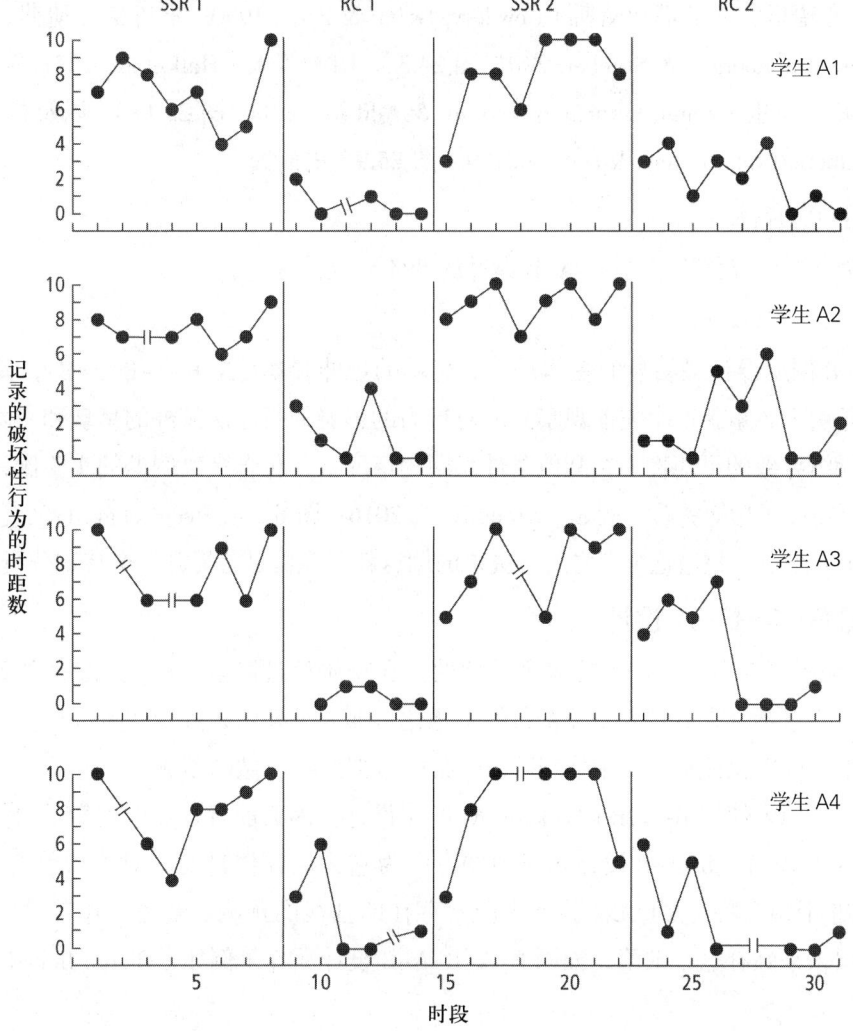

图1 A班目标学生在单一学生反应（SSR）和反应卡（RC）条件下的破坏行为的数量。数据点间的中断表示学生缺席。

图8.3 A-B-A-B倒返设计的例子

根据 M. C. Lambert, G. Cartledge, Y. Lo, & W. L. Heward (2006). Effects of Response Cards on Disruptive Behavior and Academic Responding by Fourth-Grade Urban Students. *Journal of Positive Behavioral Interventions*, 8, p. 93. 2006年版权归世哲出版公司所有。

示了反应卡的使用和破坏性行为的大幅减少之间存在明显的功能关系。这个 A–B–A–B 设计也揭示了反应卡和学业反应的增加之间存在同样明显的功能关系。

在 20 世纪 60 年代和 70 年代初，应用行为分析师几乎完全依赖 A–B–A–B 倒返设计。简单直接的 A–B–A–B 设计在应用行为分析研究的早期发挥了举足轻重的作用，因而成为这个领域的象征（Baer, 1975）。毫无疑问，原因在于，至少部分原因在于，倒返设计具有使变量显露出真实面貌的潜力——是有力而可靠的，还是薄弱而不稳定的。倒返设计在早期居于主导地位的另一个原因可能是，当时很少有其他的分析性策略能够有效地结合预测、验证和复制这三个被试内实验元素。

尽管倒返设计只是当今应用行为分析师可使用的众多实验设计中的一种，简单朴素的 A–B–A–B 设计仍然在行为分析文献中发挥着重要作用（例如，Beavers, Iwata, & Gregory, 2014; Bicard, Ervin, Bicard, & Baylot-Casey, 2012; Hine, Ardoin, & Foster, 2015; Kamps, Conklin, & Wills, 2015; Krentz, Miltenberger, & Valbuena, 2016）。本书所介绍的研究中还有其他一些倒返设计的例子：安德松和朗（Anderson & Long, 2002, 图 24.2），奥斯汀和贝文（Austin & Bevan, 2011, 图 25.10），卡米莱里和汉利（Cammilleri & Hanley, 2005, 图 30.14），考德里、艾瓦塔和佩斯（Cowdery, Iwata, & Pace, 1990, 图 25.6），迪弗、米尔滕贝格尔和斯特里克（Deaver, Miltenberger, & Stricker, 2001, 图 24.3），哈勒等人（Hall et al., 1971, 图 14.1），库恩、莱尔曼、福恩德兰和艾迪生（Kuhn, Lerman, Vorndran, & Addison, 2006, 图 23.13），以及林德伯格、艾瓦塔、康和德利昂（Lindberg, Iwata, Kahng, & DeLeon, 1999, 图 25.9）的研究。

A–B–A–B 设计的变体

很多应用行为分析研究使用了 A–B–A–B 设计的变体或延伸版本。

重复倒返

也许 A–B–A–B 倒返设计最明显的变体是一个简单的延伸版本（A–B–A–B–A–B），其中自变量再次被撤除并再次被重新引入。重新产生先前观察到的对行为的影响的每一次额外的呈现和撤除都增加了行为改变是由自变量的操纵导致的可能性。在其他条件相同的情况下，包含多次倒返的实验比只有一次倒返的实验更有说服力，更能证明功能关系［例如，Krentz et al., 2016（图 6.2）；Steege et al., 1990］。话说回来，实验也有可能达到一个冗余点，超过这个点之后，更多的倒返就不能再显著提升一个特定分析结果的说服力了。

B–A–B 设计和 B–A–B–A 设计

B–A–B 设计是从自变量（处理）的应用开始的。在初始处理阶段（B）获得稳定反应后，撤除自变量。如果行为在自变量不存在的情况下（A 条件）恶化，那么重新引入处理变量以重新达到第一个处理阶段获得的反应水平，可以验证根据初始处理阶段获得的数据路径所做的预测。

实务工作者可能偏爱使用 B–A–B 设计而非 A–B–A 设计，因为前者是在处理变量的实施中结束的。然而，就证明功能关系而言，B–A–B 设计相对薄弱，因为它无法评估自变量对干预前的反应水平的影响。B–A–B 设计中的非干预条件（A）无法验证先前不存在的基线的预测。实务工作者可以通过自变量的撤除及随后的重新引入来弥补这个缺陷，如同 B–A–B–A–B 设计那样［例如，Dixon, Benedict, & Larson, 2001（参看图 25.1）］。

由于 B–A–B 设计没有提供数据来判断在 A 条件下获得的行为测量值是否代表干预前的表现，因此不能排除序列效应（sequence effects）：在 A 条件下观察到的行为水平有可能受到了在它之前的处理条件的影响。不过，仍存在初始基线数据无法收集的紧急情况。例如，B–A–B 设计可能适合用于会对参与者或他人造成身体伤害或危险的目标行为。在这种情况下，在获得稳定的基线反应模式之前不实施可能有效的处理可能会引发伦理上的问题。例如，墨菲、鲁普雷希特、巴焦和努内斯（Murphy, Ruprecht, Baggio, &

Nunes, 1979）使用 B-A-B 设计来评估温和的惩罚与强化相结合对一名 24 岁的重度智力障碍男性的自我呛咳反应（self-choking responses）的次数的影响。在实施了 24 个时段的处理后，撤除 3 个时段的处理，记录到自我呛咳的次数立即大幅增加（参看图 8.4）。处理集成包的重新引入再次产生了第一个处理阶段内观察到的行为水平。在这项 B-A-B 研究的每个阶段内，自我呛咳反应的平均次数分别为 22 次、265 次和 24 次。

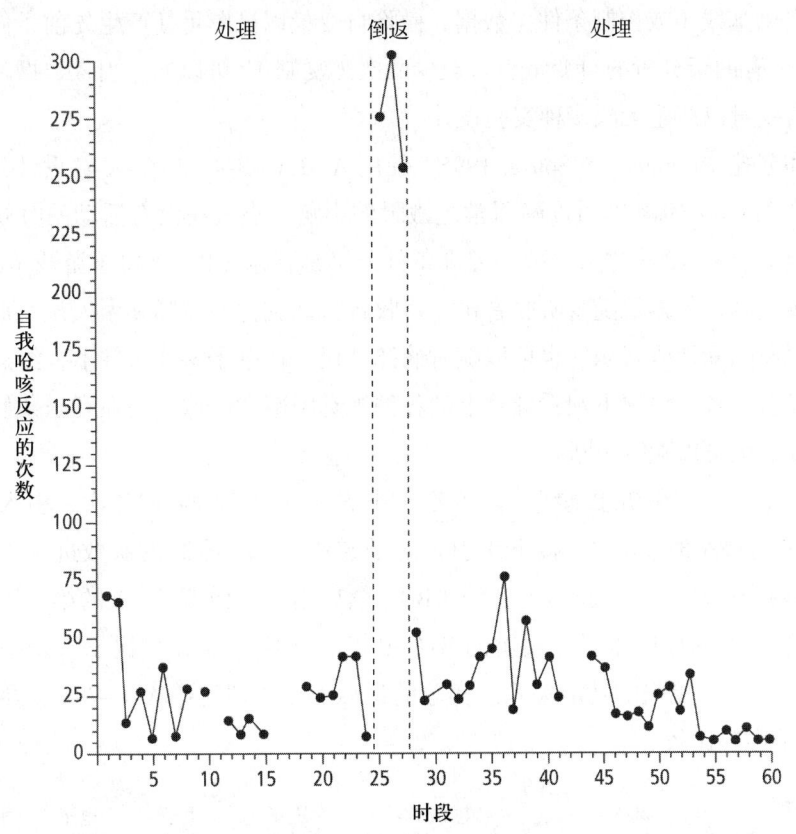

图 8.4　B-A-B 倒返设计的例子

根据 R. J. Murphy, M. J. Ruprecht, P. Baggio, & D. L. Nunes (1979). The Use of Mild Punishment in Combination with Reinforcement of Alternate Behaviors to Reduce the Self-Injurious Behavior of a Profoundly Retarded Individual. *AAESPH Review*, 4, p. 191. 1979 年版权归美国重度/极重度障碍教育学会期刊所有。

虽然行为的减少令人印象深刻，但如果墨菲及其同事（1979）收集并报告了第一次干预前的行为水平的客观测量数据，那么他们通过 B-A-B 设计得到的研究结果会更具说服力。据推测，他们基于伦理和实践上的考虑，选择不收集初始基线数据。墨菲及其同事可能曾报告说，在他们即将进行干预之前，那位男性平均每天出现 434 次自伤行为，当时学校员工使用了不同的程序来减少其自伤行为。这一传闻增加了来自 B-A-B 设计的实验数据所显示的功能关系的可信度。

其他可能需要采用 B-A-B 或 B-A-B-A 设计的情况包括：（1）当处理已经到位时（例如，Marholin, Touchette, & Stuart, 1979; Pace & Troyer, 2000）；（2）当"因为从来没有做出过这个行为（例如，对于我们很多人来说的运动、练习乐器、阅读、吃健康食品），所以行为表现的基线水平非常明显"时（Kazdin, 2011, p. 134）；（3）当行为分析师在有限的时间内证明实用且具有重要社会意义的结果时（例如，Robinson et al., 1981）；（4）当服务对象或重要他人希望立即开始干预时（例如，Kazdin & Polster, 1973）。

多处理倒返设计

使用倒返设计来比较两种或更多种实验条件对基线的影响和/或实验条件彼此之间的影响，这样的实验被称作**多处理倒返设计**（multiple treatment reversal design）。下面各种设计中的字母 C、D 等代表研究中实施的其他条件：A–B–A–C–B–C（Dickman, Bright, Montgomery, & Miguel, 2012）、A–B–C–A–C（Kamps et al., 2015）、A–B–C–A–C–B–C（Falcomata, Roane, Hovanetz, Kettering, & Keeney, 2004）、A–B–A–C–A–B–A–C–B（Hansen & Wills, 2014），以及 A–B–A–C–A–D–A–E–A–F（Wilson & Tunnard, 2014）。

这些设计被视为倒返设计的变体，因为它们体现了倒返策略的实验方法和逻辑：每一阶段的反应都为下一阶段（预测）提供基线（或控制条件）数据，撤除自变量以试图重新产生先前条件下观察到的行为水平（验证），并将每个有助于分析的自变量引入至少两次（复制）。可以通过引入、撤除、改变数值、组合和其他的方式操纵自变量以产生无限多种实验设计。

例如，肯尼迪和苏扎（Kennedy & Souza, 1995）使用 A–B–C–B–C–A–C–A–C 设计分析和比较了两种存在竞争关系的刺激源对一名 19 岁的重度障碍学生戳眼的影响。杰夫在没有活动的时候，如午餐后或等车时，用食指戳眼的行为已有 12 年之久。两种处理条件分别是音乐（B）和电子游戏（C）。在音乐条件下，给杰夫一个附有头戴式耳机的索尼随身听收音机。将收音机调到他的教师和家人认为他喜欢的电台。在这个条件下，杰夫可以不间断地听音乐，也可以随时摘掉耳机。在电子游戏条件下，给杰夫一个手持式电子游戏机，他可以在没有声音的情况下观看屏幕上的各种视觉图案和图像。与在音乐条件下一样，杰夫可以不间断地玩电子游戏，也可以随时中断。

图 8.5 显示了研究结果，在初始基线阶段（A），杰夫平均每小时戳眼 4 次，引入音乐条件（B）后，戳眼的次数减少到平均每小时 2.8 次。接下来引入电子游戏（C），戳眼的次数进一步减少到平均每小时 1.1 次。在接下来的两个阶段——重新引入音乐（B），然后是电子游戏（C）的第二阶段——获得的测量值复制了先前每个条件下的反应水平。实验的 B–C–B–C 部分揭示出，相比于音乐条件，电子游戏条件和较低的戳眼频率之间具有更强的功能关系。实验的最后五个阶段（C–A–C–A–C）则对电子游戏和基线（无处理）条件进行了实验比较。

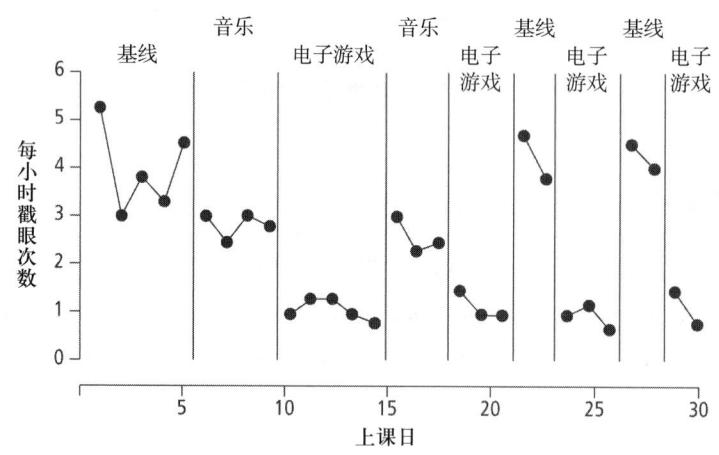

图 8.5　多处理倒返设计（A–B–C–B–C–A–C–A–C）的例子

引自 C. H. Kennedy & G. Souza (1995). Functional Analysis and Treatment of Eye Poking. *Journal of Applied Behavior Analysis*, 28, p. 33. 1995 年版权归实验行为分析协会所有。经授权转载。

在大多数情况下，不会预先计划包含多个自变量的延伸设计。行为分析师并不遵循预先决定的何时实施和如何实施实验操纵的结构，而是根据对数据的持续评估做出设计决策。例如，卡明斯和卡尔（Cummings & Carr, 2005）使用 A–B–C–A–D–BC–A–E–F–A–BF–BCDEF 设计来评估五种干预的效果，这些干预使处理集成包（BCDEF 条件）成功地消除了一名孤独症儿童的关节脱位行为。

［一个］单一实验可被视为一些连续的设计，对于阐明自变量与因变量之间的关系来说，将这些连续的设计作为一个整体是必要的。因此，可能会根据随着调查的进展而获得的数据做出一些设计决

策。这样的设计鼓励实验者在实验控制问题出现后立即以更加动态的方式寻求解决方案。(Johnston & Pennypacker, 1980, pp. 250–251)

学习应用行为分析的学生不应将上述实验设计的说明理解为关于自变量的自由操纵方法的建议。研究者必须始终遵守一次只改变一个变量的规则，必须了解合理比较的时机，以及特定操纵序列对可能从结果中得出的结论的限制。

使用倒返设计来比较两种或更多种处理的实验容易受到序列效应的混杂。**序列效应**是指被试在特定条件下的行为受到其在先前条件下的经验的影响。例如，行为分析师必须谨慎解释 A–B–C–B–C 设计的结果，该结果由以下相当常见的事件序列在实践中产生：在基线期（A）之后，实施初始处理（B），发现行为极少改善或没有改善。接下来尝试第二个处理（C），行为有所改善。然后通过重新引入第一个处理（B）进行倒返，随后回到第二个处理（C）（例如，Foxx & Shapiro, 1978）。在这种情况下，我们就所知只能谈论跟随在 B 后面的 C 的影响。在引入第二个处理条件前，重新获得原始的基线反应水平（即 A–B–A–C–A–C 序列）可以减少序列效应的威胁（或有助于揭示序列效应的存在）。

例如，A–B–A–B–C–B–C 设计可以直接比较 B 与 A 以及 C 与 B，但不能直接比较 C 与 A。由 A–B–A–B–B+C–B–B+C 组成的实验设计（例如，Jason & Liotta, 1982）可以评估 B+C 的累积效应或交互作用的效应，但不能单独揭示出 C 的作用。在这两个例子中，如果 C 在 B 之前实施，就无法确定 C 对行为有什么影响或是否有影响。操纵每个条件，使其排在实验中的每个其他条件的前面或后面（如 A–B–A–B–C–B–C–A–C–A–C）是确定答案的唯一方法。然而，操纵多个条件需要大量的时间和资源，而且这种延伸设计更容易受到成熟和其他不受实验者控制的历史变量的混杂。

非依联强化倒返技术

在实施基于正强化的干预中，可以假设观察到的行为改善是由于强化所产生的丰富环境使参与者对自己的感觉更好，而不是因为依联强化已经紧随在目标反应的特定实例之后出现。当涉及由社会性强化组成的干预时，这个假设最常被人提及。例如，有人可能会说，教师如何给予赞扬和关注并不重要；学生的行为得到改善是因为赞扬和关注营造了一个温暖和支持性的环境。然而，如果在依联强化条件下观察到的行为改善在独立于目标行为发生的相同数量的相同后果条件下会消失，那么可能就可以证明依联强化与行为改变之间具有功能关系。

这种名为**非依联强化倒返技术**［noncontingent reinforcement (NCR) reversal technique］的实验控制策略可以表明行为改变是依联强化的结果，而不仅仅是刺激事件的呈现或接触（Thompson & Iwata, 2005）。贝尔和沃尔夫（1970a）关于教师的社会性强化对学龄前儿童合作游戏的影响的研究提供了一个非依联强化倒返技术的范例（图 8.6）。研究者对该设计的用途和目的的说明如下：

［教师们首先收集了］该女童的合作行为与其他相关行为的基线数据，以及她与其他人的互动行为的基线数据。为期 10 天的观察显示，这名女童每天约有 50% 的时间接近（proximity）其他孩子（指在室内与其他孩子的距离在 3 英尺[1] 以内，或在户外与他们的距离在 6 英尺以内）。然而，尽管如此频繁地接近他人，女童仍只用一天中约 2% 的时间与其他孩子进行合作游戏。研究发现，教师们与该女童互动的时间约占 20%，而且并非所有的互动行为都是令人愉快的。因此，教师们设置了一个密集的社会性强化期，不是在合作游戏行为出现时给予强化，而是对反应没有任何要求地给予强化：教师们轮流站在女童身边，密切关注她的活动，为她提供材料，以愉快和欣赏的态度带着笑容面对她。

---

[1] 编注：英尺是英美制长度单位，1 英尺合 0.3048 米。

这样奢侈的非依联社会性强化进行了7天后，结果直截了当地显示：女童的合作游戏行为没有任何改变，尽管其他孩子很受这种场景的吸引而给予了该女童近两倍的合作互动机会。这7天没有产生有用的改变，然后教师们开始对合作行为进行有计划的强化……在依联社会性强化期内使用的强化数量不及非依联期的一半，但在12天的强化过程中，女童的合作游戏行为占比从通常的2%增加到40%。这个时候，出于确定性的考虑，教师们中断了依联强化，转而实施非依联强化。4天下来，在研究的强化期内获得的合作游戏行为几乎都消失了，在此期间女童的合作游戏行为平均约占5%。当然，研究最终返回到了实施依联社会性强化，合作游戏行为恢复到了理想的水平，并逐渐减少了教师在维持合作游戏行为中的作用。(pp. 14–15)

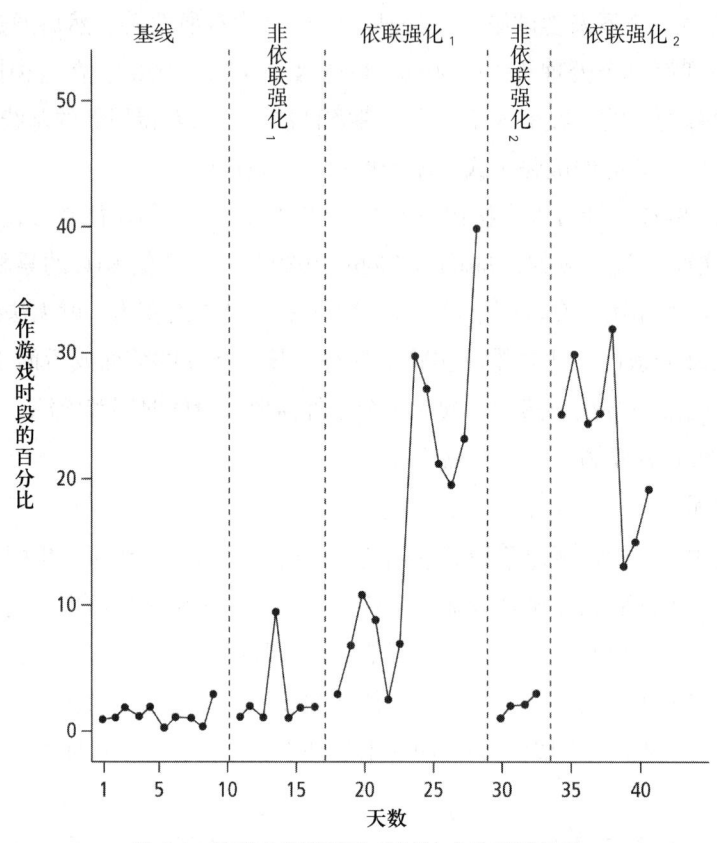

图 8.6　使用非依联强化控制技术的倒返设计

引自 D. M. Baer & M. M. Wolf (1970). Recent Examples of Behavior Modification in Pre-School Settings. *Behavior Modification in Clinical Psychology*, pp. 14-15, 编写自 C. Neuringer & J. L. Michael, Upper Saddle River, NJ: Prentice Hall. 1970 年版权归普伦蒂斯·霍尔出版社所有。经授权改编。

当不可能或不适合完全避免使用作为依联强化的事件或活动时，使用非依联强化作为控制条件是有利于证明功能关系的。例如，拉塔尔（1969）使用非依联强化作为控制条件以"倒返"游泳对夏令营中儿童刷牙的强化效果。在依联强化条件下，露营者只有在刷牙后才能去游泳；在非依联强化条件下，无论刷牙与否都可以去游泳。这些露营者在依联强化条件下刷牙更频繁。

非依联强化的程序通常是在固定或可变时间程序表中实施的，与被试的行为无关。当在先前的依联强化阶段中出现了高比率的理想行为时，非依联强化控制程序的潜在弱点就会变得很明显。在这种情况下，至少有一些按照预先决定的时间程序表给予的非依联强化实例可能会紧随目标行为的出现而出现，从而起到意外或偶然强化的作用（Thompson & Iwata, 2005）。事实上，间歇强化程序表可能是在不经意中产生的，它导致表现水平甚至比在依联强化下获得的表现水平还要高（第13章将对间歇强化程序表及其效果进行介绍）。在这种情况下，研究者可能会考虑使用下面描述的两种控制技术中的一种，这两者都涉及"倒返"依联的行为焦点。[1]

对其他行为的差别强化倒返技术

确保强化不会紧随目标行为之后立即给予的一个方法是，在被试做出目标行为以外的其他任何行为之后立即提供强化。**DRO 倒返技术**的控制条件包括在出现目标行为以外的任何行为时给予可能具有强化功能的事物（例如，Baer, Peterson, & Sherman, 1967; Osbourne, 1969; Poulson, 1983）。例如，雷诺兹和里斯利（Reynolds & Risley, 1968）使用依联教师关注来增加一名参加贫困儿童学前项目的 4 岁女孩的说话频率。在教师关注依联于女孩的说话行为期间，女孩的说话行为从基线的平均 11% 的时距增加到了 75%，然后实施 DRO 条件，在这 6 天里，教师关注女孩除说话外的任何行为，女孩的说话行为减少至 6%。然后，将教师关注依联于女孩的说话行为，女孩的说话行为"立刻增加到平均 51%"（p. 259）。

对不兼容行为的差别强化倒返技术 / 对替代行为的差别强化倒返技术

DRI/DRA 倒返技术的控制条件是，与目标行为不兼容（即这两个行为不可能同时发出）或能替代目标行为的一个特定行为出现后，立即给予与目标行为先前的依联强化相同的后果。戈茨和贝尔（Goetz & Baer, 1973）使用 DRI 控制条件研究了教师赞扬对学龄前儿童用积木进行创造性游戏的影响。图 8.7 显示了参与研究的三名儿童用积木搭建出不同形状的物体（如拱门、高楼、屋顶、坡道）的数量。在基线期（用字母 N 表示的数据点），"教师坐在一名儿童旁边，仔细而安静地看着她拼搭积木，对积木的任何具体用法既不做出批评，也不表现出热情"（p. 212）。在下一阶段（用字母 D 表示的数据点），"每当儿童放置和 / 或重新排列积木并创造出先前时段中没有出现过的搭建方式时，教师都会饶有兴趣地、热情地和愉快地做出评论……'噢！这好棒！这个不一样啊！'"（p. 212）接着，随着形状不断增多，多样性得到明确确立，教师不再仅仅撤除口头赞扬并回到初始基线条件，而是只在儿童搭建出相同形状时（用字母 S 表示的数据点）才提供描述性赞扬。"因此，在接下来的两到四个时段中，教师继续表现出兴趣、热情和愉快，但这些反应只出现在儿童放置和 / 或重新排列积木以搭建出该时段内已经出现过的一个形状时……因此，该时段内第一次出现的形状不会得到强化，同时段内该形状第二次和之后每次出现时才得到强化……'多棒啊！又做了一个拱门！'"（p. 212）实验的最后阶段是重新回到对不同形状的描述性赞扬。结果显示，儿童搭建多样的形状是为了得到教师的赞扬和评论。DRI 倒返策略使戈茨和贝尔能够断定，不只是教师的赞扬和评论导致了儿童的创意积木组合，赞扬和关注还必须与不同形状的积木形成依联，才能进一步增加积木的形状多样性。[2]

考虑倒返设计的恰当性

倒返设计的主要优点是它能够清楚地证明自变量与因变量之间存在（或不存在）功能关系。研究者通过呈现和撤除一个特定变量来可靠地"开启"和"关闭"一个目标行为，由此可以清楚而具有说服力地证明实验控制。此外，倒返设计能够量化干预前反应水平上的行为改变量，而且返回基线提供了撰写行为维持计划所需的信息。此外，完整的 A–B–A–B 设计以实施处理条件结束。[3]

---

1 严格来说，把非依联强化当作一种实验控制技术来证明强化的依联应用是其有效性的必要条件，这并不是 A-B-A 倒返设计的独立变体。从技术上讲，非依联强化倒返技术和下面要讲到的对其他行为的差别强化以及对不兼容行为的差别强化/对替代行为的差别强化倒返技术一样，都是多处理设计（multiple treatment design）。例如，图 8.6 显示贝尔和沃尔夫（1970a）在有关社会性强化的研究中使用了 A-B-C-B-C 设计，其中 B 代表非依联强化条件，C 代表依联强化条件。

2 这项研究无法确定在多大程度上可以将儿童搭建积木建筑的多样性的增加归因于关注和赞扬（"好棒"）或教师评论中的描述性反馈（"……这个不一样"），因为社会性关注和描述性反馈在这里是作为一个集成包来提供的。

3 当必须或期望在没有完整干预的情况下继续维持已经获得的行为改善水平时，则以部分或按顺序撤除干预成分的形式进行额外操作（参看 Rusch & Kazdin, 1981）。

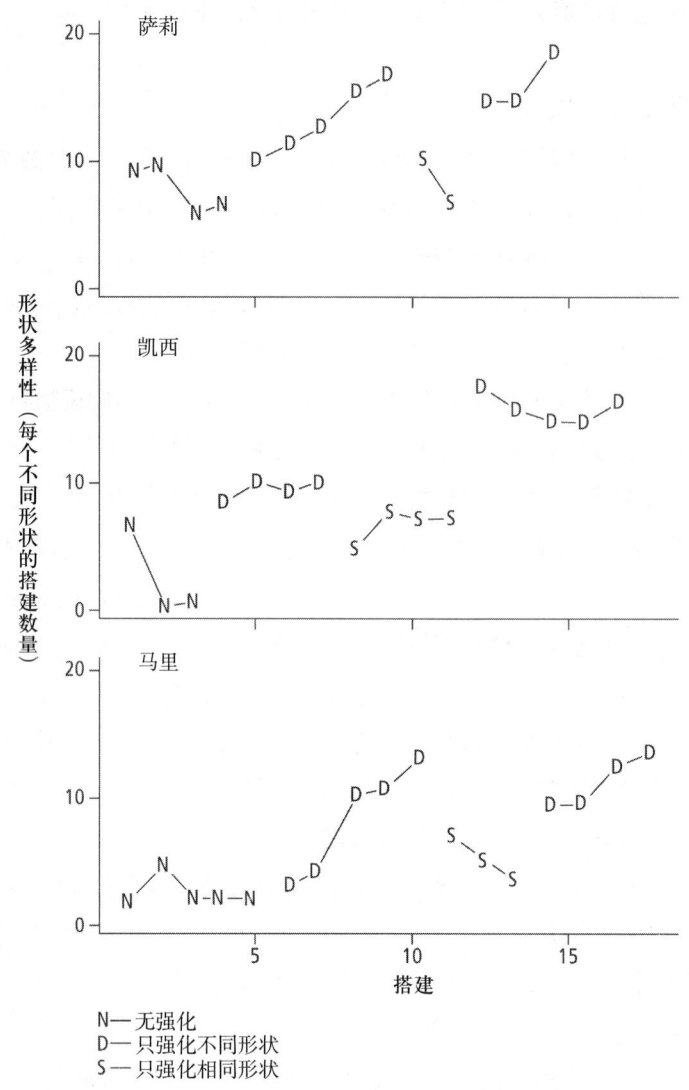

图 8.7　使用对不兼容行为的差别强化控制技术的倒返设计

根据 E. M. Goetz & D. M. Baer (1973). Social Control of Form Diversity and the Emergence of New Forms in Children's Block building. *Journal of Applied Behavior Analysis*, 6, p. 213. 1973 年版权归实验行为分析协会所有。

虽然作为一项分析工具，倒返设计有其优势，但在使用前应考虑它在科学和社会方面存在的一些潜在弊端。需要考虑的因素包括两类：不可逆性（irreversibility），这会影响这种设计的科学效用；与撤除一个看似有效的干预有关的社会、教育和伦理问题。

不可逆性：一种科学上的考虑

倒返设计不适用于评估本质为一旦呈现就无法撤除的处理变量的效果。虽然实验者在一定程度上有把握操纵涉及强化和惩罚依联的自变量——要么呈现，要么撤除依联——但有的自变量，如提供信息或示范，一旦呈现了，就不能简单地去除。例如，一群教师参加在职培训工作坊，在那期间，观察一位高级教师如何对学生使用依联赞扬和关注。如果要研究该工作坊的效果，倒返设计就不是一个有效的实验设计元素。因为教师听过了依联赞扬和关注的使用原理，看过了高级教师的示范，这些体验是无法被撤除的。这样的干预被认为是不可逆的干预。

在确定倒返是不是一种有效的分析策略时，还必须考虑因变量的不可逆性。行为的**不可逆性**意味着在较早阶段观察到的行为水平无法重现，即使实验条件与较早阶段相同（Sidman, 1960）。应用行为分析师感兴趣的目标行为中有很多都是一旦得到改善，即使导致行为改变的干预被去除，行为仍然会维持在新近提高的进步水平上。从临床或教育的角度来看，这是一种理想的状态：行为改变被证明是持久的，甚至在没有处理的情况下也能持续下去。例如，库奥赫和米伦达（Kuoch & Mirenda, 2003）在评估社会性故事对问题行为的影响时，将不可逆性作为其研究的积极成果。在社会性故事干预期间，三名孤独症儿童的问题行为水平与初始基线水平相比有所降低，而且在撤除干预之后仍维持在较低水平，研究者将这一结果描述为"社会性故事中断后行为减少的短期维持"（p. 224）。然而，如果自变量在行为改变中的作用要依赖重新获得基线反应水平来得到证明，那么不可逆性就会是一个问题。

例如，对一名幼儿的基线观察可能显示其与他人交谈和社会互动的比率非常低，低到几乎不存在。可以实施一项干预，包括由教师提供的对交谈和互动的社会强化，一段时间后，这名女孩与同龄人交谈和互动的比率可能就接近她的同学了。可以终止自变量（即教师提供的强化），以便重新获得基线期的交谈和互动比率。但这名女孩也许会继续与她的同学交谈和互动，即使导致她的行为最初改变的干预被撤除。在这种情况下，一个不受实验者控制的强化源——女孩的同学与她交谈和玩耍作为她增加与他们交谈和互动的后果——可以在教师不再提供强化后维持较高的行为比率。在这种不可逆的情况下，A–B–A–B 设计无法揭示自变量与目标行为之间的功能关系。

然而，应用行为分析的主要目标之一是通过实验处理来建立具有重要社会意义的行为，以便在没有处理的情况下，行为仍能因接触到自然的"强化群体"而维持行为改善（Baer & Wolf, 1970b）。当怀疑存在或明显存在不可逆性时，除了考虑将 DRO 或 DRI/DRA 条件作为控制技术外，研究者还可以考虑其他实验策略，特别是第 9 章将要介绍的多基线设计。多处理倒返设计需要一个可以倒返的因变量。如果多处理倒返设计的初始处理条件改变了一个不可逆的行为，那么就失去了评估和比较任何其他处理条件的效果的机会。

撤除一项有效的干预：一种社会、教育和伦理上的考虑

虽然倒返设计能够明确地证明实验控制，但撤除一项看似有效的干预以评估其在行为改变中的作用，这样的做法引起人们的担忧是合情合理的。人们必须质疑任何允许（实际上是寻求）一个已改善的行为恶化到基线反应水平的程序的恰当性。人们对倒返设计的这一基本特征表现出了各种担忧。尽管这些担忧之间存在相当多的重叠，它们仍然可以被归类为社会、教育或伦理基础这三个主要方面。

社会上的考虑。根据定义，应用行为分析是一项社会事业。行为是由人选择、定义、观察、测量和矫正的。有时，参与应用行为分析的人——管理者、教师、家长和参与者——会反对撤除一项他们认为与理想的行为改变有关的干预。即使对于所研究的行为—环境关系而言，倒返提供的可能是最无保留的描述，它仍可能不是分析策略的首选，因为关键参与者不希望干预被撤除。当倒返设计可以提供科学上最好的实验方法且不会引发伦理问题时，行为分析师可能会选择向反对者解释这项策略的操作和目的。但是，在缺少相关人员，尤其是那些将负责撤除干预的人的全力支持的情况下，试图倒返是不明智的。没有他们的合作，实验的程序完整性很容易受到损害。例如，反对撤除处理的人可能会通过实施干预或至少在他们认为最重要的部分实施干预来阻止实验返回基线条件。

教育和临床上的问题。与倒返设计有关的教育或临床上的问题通常会在两种情况下被提出来：在倒返阶段损失教学时间，以及在干预期间观察到的行为改善有可能在后来返回基线条件，然后在恢复干预时无法重新获得。长时间的倒返既不合理也不必要（Stolz, 1978）。但如果能够快速达到干预前的反应水平，倒返阶段的持续时间可能会相当短。有时仅需三个或四个时段，即可显示出初始基线的反应比率已经重新产生［例如，Ashbaugh & Peck, 1998; Cowdery et al., 1990（图 25.6）; Hall et al., 1971, 图 14.1］。两个或三个简短的倒返可以提供极具说服力的实验控制证明。对于已经改善的行为水平不会在处理变量重新引入时恢复

的担忧虽然可以理解，但并未得到实证证据的支持。数百项已发表的研究表明，在一组特定的环境条件下获得的行为可以在随后重新应用那些条件时迅速重新获得。

伦理上的考虑。 当考虑使用倒返设计来评估对自伤行为或危险行为的治疗时，严肃的伦理问题必须得到解决。对于轻度自伤行为或攻击行为，由一个或两个基线探测组成的短暂倒返阶段有时可以提供揭示功能关系所需的实证证据［例如，Akers, Higbee, Pollard, Pellegrino, & Gerencser, 2016; Kelley, Jarvie, Middlebrook, McNeer, & Drabman, 1984; Luce, Delquadri, & Hall, 1980; Murphey et al., 1979（图 8.4）］。例如，柯达、格罗和诺思拉普（Kodak, Grow, & Northrup, 2004）的研究评估了对一名注意力缺陷与多动障碍（ADHD）儿童的逃窜行为（即逃避监管）的治疗，他们只在单一时段内返回到了基线条件（参看图 8.8）。

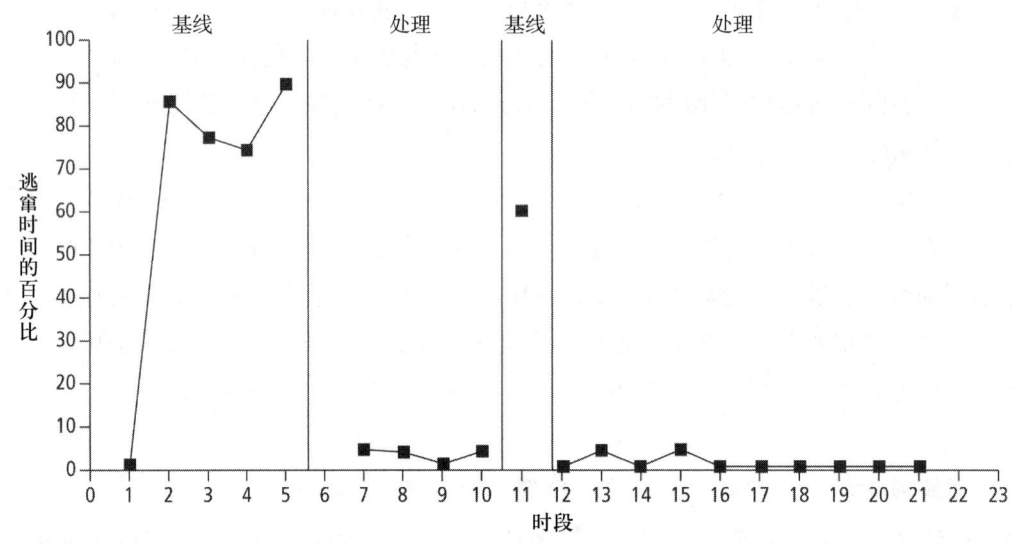

图 8.8 使用单一时段返回基线探测的倒返设计来评估和验证治疗对潜在危险行为的影响。

根据 T. Kodak, L. Grow, & J. Northrup (2004). Functional Analysis and Treatment of Elopement for a Child with Attention Deficit Hyperactivity Disorder. *Journal of Applied Behavior Analysis*, 37, p. 231. 2004 年版权归实验行为分析协会所有。

尽管如此，对某些行为而言，即使是在几个单一时段内进行探测，撤除与这一行为改善有关的干预仍然是不合伦理的。在这种情况下，必须使用不依赖倒返策略的实验设计。

多因素设计

教师、治疗师和其他负责行为改善的人经常问的一个重要问题是：哪种治疗方法对这名学生或服务对象最有效？在很多情况下，研究文献、分析师的经验和/或行为原理的逻辑延伸都指向了几种可能的干预。从几种可能的处理或处理的组合中确定哪些会产生最佳的行为改善是应用行为分析师的主要任务。如前所述，虽然多处理倒返设计（如 A-B-C-B-C）可用于比较两种或更多种处理的效果，但这类设计存在一些固有的局限。因为多处理倒返设计中的不同处理是按照特定的次序在不同的阶段实施的，所以这种设计特别容易受到序列效应的混杂（例如，处理 C 可能仅因为它跟在处理 B 之后才产生了效果）。使用倒返策略比较多种处理的第二个缺点是需要花更多的时间证明不同的效果。而教师和治疗师选择的目标行为大多需要立即得到改善。能在几种可能的方法中快速揭示出哪种处理方法最有效的实验设计，对于应用行为分析师而言是非常重要的。**多因素设计**［也被称作**交替处理设计**（alternating treatments design）］是一种用于比较两种或更多种处理的效果的合理且有效的实验方法。

多因素设计的操作和逻辑

多因素设计的特点是快速交替两种或更多种不同的处理（即自变量），同时测量它们对目标行为（即因变量）的影响。与在实验的特定阶段达到稳定状态反应后再进行实验操纵的倒返设计不同，多因素设计中的不同干预是独立于反应水平进行操纵的。为了帮助被试辨别在任何特定时间内哪种处理条件有效，实验者常常将一个独特的刺激（如一个标志、口语指令、不同颜色的作业纸）与每种处理条件联系起来。巴洛和海斯（Barlow & Hayes, 1979）提出了交替处理设计这个术语，并对其进行了描述。

> 分别绘制每次干预的数据的图表，以方便而直观地呈现出每种处理的效果。因为诸如执行时间等混杂因素（可能）已被抵消平衡，而且被试通过指令或其他区辨刺激很容易辨别两种处理，所以每种处理所对应的个别行为改变的数据绘图之间的差别应归因于处理本身，从而可以直接比较两种（或更多种）处理。（p. 200）

图8.9是一个交替处理设计的原型图，它比较了A、B两种处理对某些反应产生的效果。在交替处理设计中，不同的处理可以以多种方式交替进行。例如，处理可以是：（1）隔天交替实施，每天实施一种处理；（2）每种处理在同一天的不同时段内实施；（3）每种处理在同一时段内的不同部分实施。对一周中的哪些天、一天中的哪些时间、不同处理以什么顺序实施（如每天的第一个或第二个）以及由谁来实施不同的处理等进行抵消平衡，可以降低由处理本身以外的变量造成任何观察到的行为差别的可能性。例如，假设图8.9中的处理A和处理B每天分别在一个30分钟的时段内实施，每天实施的顺序通过掷硬币决定。

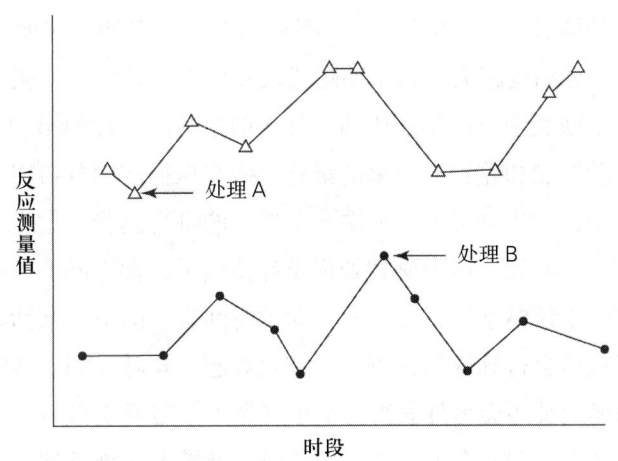

图8.9　比较两种处理（A和B）的不同效果的多因素设计的原型图

将图8.9中的数据点绘制在横轴上，以反映每天实际的处理顺序。因此，将横轴标识为时段，每一对连续的时段都是在一天内发生的。一些已发表的实验报告使用了交替处理设计，即每天（或每时段）交替呈现两个或更多个处理，将每个处理期内得到的测量值绘制在横轴上相同数据点的上方，以此表示处理是同时进行的。这种做法掩盖了事件的时间顺序，造成了研究者或读者难以发觉潜在的序列效应这一负面后果。

稳定状态策略的三个元素——预测、验证和复制——都可以在交替处理设计中找到。然而，要在这个设计的各个阶段里辨识出每一个元素并不容易。在交替处理设计中，一个特定处理的每个连续数据点都具有三种作用，它提供：（1）预测该处理下未来反应水平的基础；（2）对先前所做的该处理下的表现的预测的潜在验证；（3）复制该处理先前产生的效果的机会。

为了看出这个逻辑是如何推进的，读者应该拿一张纸，将图8.9中的每个处理的前五个时段的数据点以外的数据点遮盖起来。此时数据路径的可见部分提供了对各自处理下的未来行为表现的预测基础。将纸向右移,可以看到接下来一天的两个数据点,每个数据点都对先前的预测提供了一定程度的验证。随着更多的数据被记录下来,持续的验证将进一步加强对每个处理中的特定反应水平的预测(如果这些额外的数据与先前数据的水平和/或趋势相符)。每当回到处理 A,测量显示反应与先前处理 A 的测量值相似,而与实施处理 B 时获得的反应不同时,就发生了复制。同样,每当重新引入处理 B,导致测量值与先前处理 B 的测量值相似,而与处理 A 的反应水平不同时,就实现了另一个小型复制。一致的验证和复制序列是实验控制的证据,并且增强了研究者对这两种处理与不同反应水平之间存在功能关系的信心。

在多因素设计中,实验控制的存在和程度是通过对代表不同处理的数据路径之间的差别进行视觉化检查来确定的。检查多因素设计的数据应该包括在实验的所有比较阶段内对水平、趋势和变异性的均值偏移进行视觉化分析(Diller, Barry, & Gelino, 2016)。在这种情况下,实验控制被定义为客观和可信的证据,表明不同的处理可预测和可靠地产生了不同水平的反应(以及可能的趋势和变异性程度)。当两种处理的数据路径显示彼此没有重叠且具有稳定的水平或相反的趋势时,就清楚地证明了实验控制。图 8.9 就是这种情况,其中的数据路径没有重叠,且差别性效果的情况很明显。当数据路径出现一些重叠时,如果一个特定处理的大多数数据点落在对照处理的大多数数据点的数值范围之外,那么仍然可以在一定程度上证明对目标行为的实验控制。

两种处理造成的任何差别性效果的程度取决于它们各自的数据路径之间的垂直距离或分离度,并由纵轴的刻度来量化。垂直距离越大,两种处理对反应测量值的差别性效果就越明显。在两种处理之间显示出实验控制是有可能的,但行为改变量并不具有重要社会意义。例如,一个将个体的严重自伤行为从每小时 10 次减少到每小时 2 次的治疗可能证明了实验控制,但参与者仍在自残。然而,如果纵轴的刻度是有意义的,那么纵轴上的数据路径的分离度越大,这个差距代表社会重要效果的可能性就越大。

一项实验比较了两类团体依联奖励对四年级成绩不佳者的拼写准确性的影响(Morgan, 1978),数据显示出交替处理设计如何揭示实验控制和差别性效果的量化。研究根据前测分数将六名儿童分为能力相当的两组,每组三个人。在研究期间,学生每天进行一次五个单词的拼写测验。学生在前一天会拿到一张单词表,并且在测验前有 5 分钟的学习时间。这个交替处理设计使用了三种不同的条件:(1)无游戏,拼写测验完成后立即进行评分并将试卷返还给学生,然后开始课堂时间表上的下一项活动;(2)游戏,立即对试卷进行评分,总分最高的小组成员会得到成绩证书,并被允许起立欢呼;(3)游戏升级,由与游戏条件相同的程序组成,获胜小组的每名成员还会另外获得一个小奖品(如贴纸或铅笔)。

学生 3 的结果(参看图 8.10)表明,在无游戏条件与游戏及游戏升级条件之间都实现了对拼写准确性

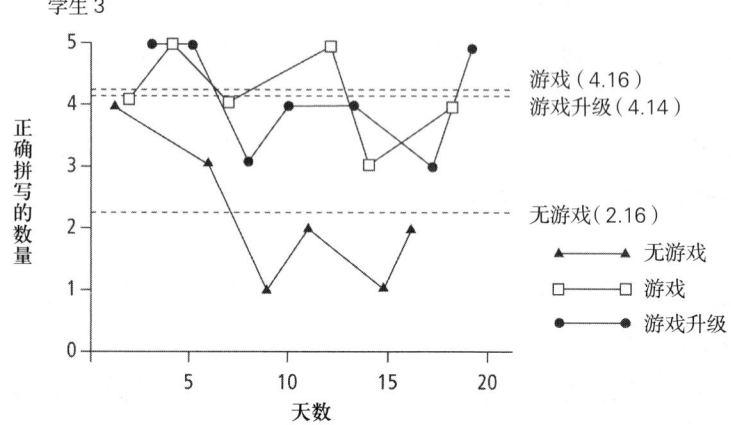

图 8.10 使用多因素设计比较三种不同处理对一名四年级学生的拼写准确性的影响。

根据 Q. E. Morgan (1978). *Comparison of Two "Good Behavior Game" Group Contingencies on the Spelling Accuracy of Fourth-Grade Students*. 未发表的硕士论文。The Ohio State University.

的实验控制。只有无游戏的前两个数据点与游戏或游戏升级的较低分数范围相重叠。然而，在整个研究过程中，游戏和游戏升级条件下的数据路径一直完全重叠，表明这两种处理下的拼写准确性没有差别。数据路径之间的垂直距离代表无游戏条件与游戏及游戏升级条件之间拼写准确性的改善量。两个游戏条件和无游戏条件之间的平均差别是每次测验两个单词。这个差别是否代表显著的进步是教育上的问题，而非数学或统计上的问题，但大多数教育工作者和家长都会认同，拼写正确率增加到五个单词中拼对两个是具有重要社会意义的，尤其是如果这个成果可以一周又一周地持续下去，那么一学年180天累积下来的效果将令人折服。学生3的拼写表现在游戏和游戏升级条件下几乎没有差别。然而，由于游戏和游戏升级处理之间缺乏实验控制，因此，即使两者之间的平均差别再大一些，也不会影响本研究的结论。

学生6在游戏升级条件下得到的拼写分数始终高于其在无游戏或游戏条件下得到的分数（参看图8.11）。学生6在游戏升级和另外两种处理条件之间表现出了实验控制，而在无游戏和游戏条件之间则没有。同样，各个处理之间的反应差别由数据路径之间的垂直距离来量化。在游戏升级和无游戏条件之间，这名个案每次测验的正确拼写单词的平均差别为1.55个。

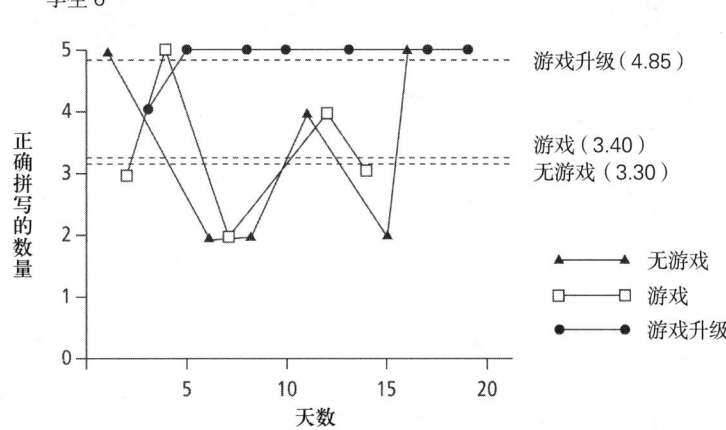

图 8.11 使用多因素设计比较三种不同处理对一名四年级学生的拼写准确性的影响。

根据 Q. E. Morgan (1978). *Comparison of Two "Good Behavior Game" Group Contingencies on the Spelling Accuracy of Fourth-Grade Students*. 未发表的硕士论文。The Ohio State University.

图8.10和图8.11说明了有关多因素设计的另外两个重点。首先，这两个图表显示了多因素设计如何使研究者得以快速地比较不同的干预。经过20个时段后，教师有了足够的实证证据来为每名学生选择最有效的后果。如果只比较两种条件，那么用于辨识最有效的干预所需的时段还可以更少。其次，这些数据强调了在个别被试水平上评估处理效果的重要性。这六名儿童在一种或两种游戏条件下正确拼写的单词数量全部比在无游戏条件下正确拼写的单词数量要多。然而，学生3在游戏或游戏升级依联中的拼写准确率得到了同样的提高；而学生6的拼写分数只有在可以获得实物奖励时才有所提高。

多因素设计的变体

多因素设计可用于将一种或多种处理与无处理或基线条件进行比较，评估集成包式干预中各个组成部分的相对作用，并进行参数研究，交替使用一个自变量的不同值以确定其对行为改变的差别性效果。下面这部分描述了多因素设计的最常见的变体。

单一阶段多因素设计

比较两种或更多种处理条件的效果的单一阶段实验是多因素设计最基本的应用（例如，Barbetta, Heron, & Heward, 1993; McNeish, Heron, & Okyere, 1992; Morton, Heward, & Alber, 1998）。例如，布雷迪和库比纳（Brady & Kubina, 2010）比较了三名有注意力缺陷与多动障碍的小学生在两种练习程序下的乘法运算流畅程度：两种程序分别是全时间练习尝试和耐力培养练习尝试。每种程序都持续 2.5 分钟，包括学生在 2 分钟的时间内尽可能多地写出个位数乘法运算作业评估中的答案，以及在 30 秒的时间内接受实验者的纠正反馈。这两种程序在答题和纠正反馈的时间分配上有所不同。全时间练习条件包括 1 个 1 分钟的练习尝试、30 秒的纠正反馈，以及 1 分钟的乘法运算作业评估。耐力培养练习条件包括 3 个 20 秒的练习尝试，中间穿插 10 秒的纠正反馈，以及 1 分钟的乘法运算作业评估。这两种练习条件每天交替进行。

图 8.12 显示了三名参与者中的一人在每日乘法运算作业评估中的结果。布雷迪和库比纳（2010）报告说，随着参与者的"3 个 20 秒时距的表现水平的提高，他们在 1 分钟的较长时距里的表现能力也提高了"（p. 90）。虽然这两种条件下的练习时间都是 1 分钟，但学生在耐力培养练习尝试条件下练习的题目数量比在全时间练习尝试条件下多了 30%。

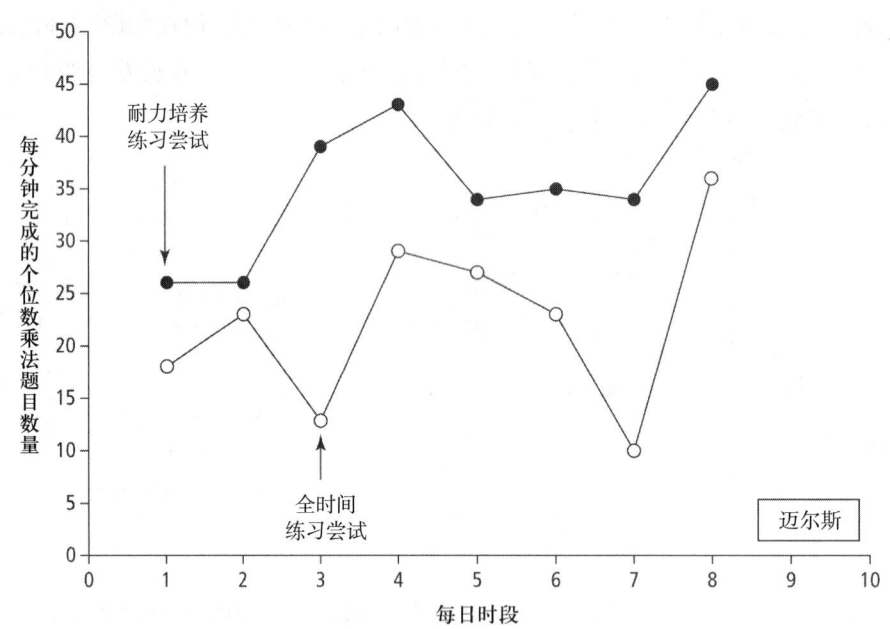

图 2　迈尔斯在耐力培养练习尝试条件和全时间尝试条件下的答题频率

图 8.12　比较两种处理条件的多因素设计

根据 K. K. Brady & R. M. Kubina, Jr (2010). Endurance of Multiplication Fact Fluency for Students with Attention Deficit Hyperactivity Disorder. *Behavior Modification*, 34(2), p. 86. 2010 年版权归世哲出版公司所有。经授权转载。

无处理条件通常会被纳入这种设计之中，作为进行比较的处理之一。例如，摩根（Morgan, 1978）的研究将无游戏条件作为无处理对照条件，比较了学生在游戏和游戏升级条件下的拼写分数（参看图 8.10 和图 8.11）。在多因素设计中，将无处理对照条件作为实验条件之一，可以提供有关（多个）干预处理和无处理下的反应有何差别的宝贵信息。然而，在无处理对照条件下获得的测量值不应被认为可以代表未知的基线反应水平。在无处理条件下获得的测量值可能仅代表穿插在一系列处理条件中的无处理条件下的反应水平，而不代表交替处理设计开始前就已存在的反应水平。

单一阶段多因素设计是对问题行为进行功能分析的主要实验工具（第 27 章）。本书中的图 6.5、图 27.7、图 27.8、图 25.10 和图 27.11 展示了使用多因素设计进行功能分析的例子。

两阶段设计：基线和比较

研究者经常使用两阶段设计，即在交替处理阶段之前收集基线测量值，直到获得稳定的反应水平或反处理趋势［例如，Kranak, Alber-Morgan, & Sawyer, 2017; Martens, Lochner, & Kelly, 1992（参看图 13.6）; Neef, Iwata, & Page, 1980（参看图 6.12）］。在处理比较阶段，基线条件可以作为一个无处理对照条件而继续执行。

怀尔德、阿特韦尔和瓦恩（Wilder, Atwell, & Wine, 2006）使用一个有初始基线阶段的多因素设计，借由典型发育学龄前儿童对其通常不遵守的指令的服从程度，评估了三个水平的处理完整度对服从行为的相对有效性，这三个指令分别是"给我（零食）""把玩具收起来"和"到这里来"。治疗师在每个时段中以每分钟一次的频率将三个指令中的一个呈现10次。服从被定义为在10秒内按照治疗师的指令去做，如果做到了，在整个研究过程中会得到治疗师的简短赞扬。在基线期内，治疗师不会对不服从行为做出反应。在交替处理阶段，治疗师对不服从行为的反应是实施百分比不同的三步辅助程序，对不服从一个指令［如"给我（零食）"］的100%尝试实施三步辅助程序；对另一个指令（如"把玩具收起来"）的50%尝试实施三步辅助程序；对第三个指令（如"到这里来"）的0%实施三步辅助程序。0%完整度条件与基线相同，作为无处理对照条件。

图8.13显示了参与研究的两名儿童的结果。对治疗师使用100%完整度的辅助干预的指令，每名儿童的服从频率最高，对50%处理完整度的指令的服从程度高于基线水平，对0%完整度（即基线条件）的指

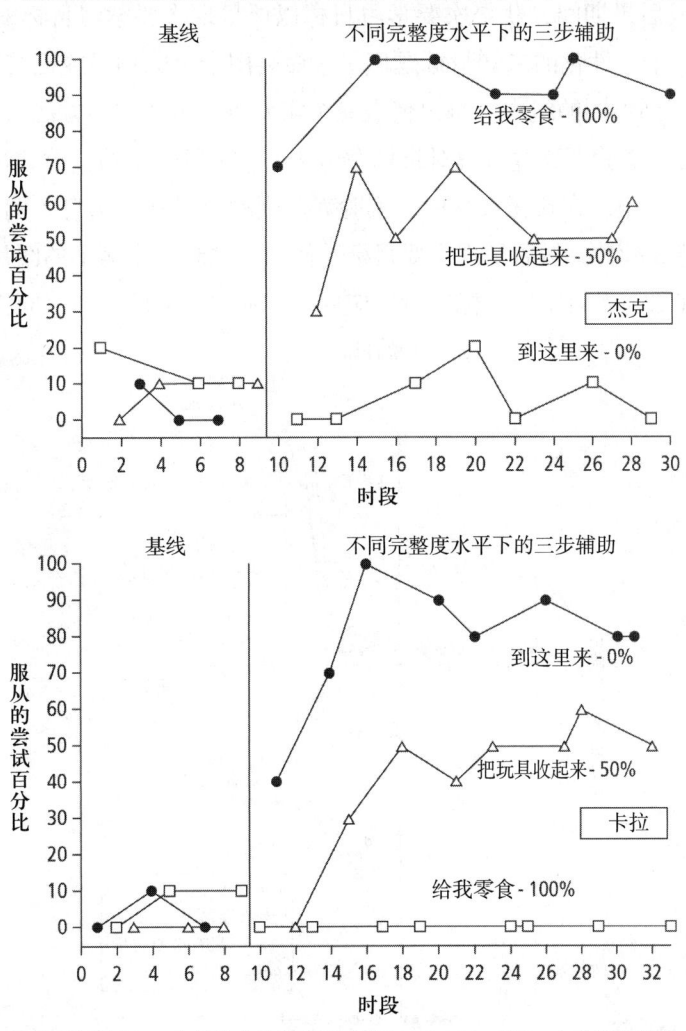

图1 跨基线与三步辅助完整度水平（即100%、50%和0%）的服从的尝试百分比

图8.13 有初始基线的多因素设计

根据 D. A., Wilder, J. Atwell, & B. Wine (2006). The Effects of Varying Levels of Treatment Integrity on Child Compliance During Treatment with a Three-Step Prompting Procedure. *Journal of Applied Behavior Analysis*, 39, p. 372. 2006年版权归实验行为分析协会所有。

令，则很少服从或从不服从。通过将对每名儿童发出的不同指令与100%完整度条件联系起来，实验者加强了100%完整度条件与最高水平服从之间的功能关系的复制。

辛德拉尔、罗森堡和威尔逊（Sindelar, Rosenberg, & Wilson, 1985）描述了一种用于比较教学程序效率的多因素设计的变体，他们称之为**适应性交替处理设计**（adapted alternating treatments design）。这个设计的比较阶段的特征是交替应用两种（通常）或更多种不同的教学方法，每种方法都应用于不同但等价的教学项目。所有项目都是相同反应类或技能类中不同形态的成员，如阅读印刷的文字、定义专业术语、拼写单词、回答数学问题和陈述历史事实。辛德拉尔及其同事对该设计的操作和目的描述如下。

> 在一个证明了两组表现相当的基线之后是一个实验条件，在这个条件下，将使用一种教学方法下的一组学习收获与使用另一种教学方法下的另一组学习收获进行比较。当一组掌握得比另一组快，且这种效果具有跨被试、情境或行为的一致性时，就证明了它们的差别。（p. 70）

弗勒代斯库和柯达（Vladescu & Kodak, 2013）使用适应性交替处理设计来分析孤独症学龄前儿童在主要目标学习尝试的前提或后果期间，获得次要学习目标以便呈现次要学习目标的信息的程度和速度。前测为每名参与者提供了一个个性化的未知目标题库——命名图卡上的物品或回答填空题（"热的反义词是__？"）。这些目标被分配到不同的组中，每组代表一个实验条件（即教学方法），通过是否呈现和何时呈现次要目标的信息来区分。实验者通过考虑对目标做出的反应中所包含的音节数量以及将听起来相似的目标放在不同的组中来平衡各组。在前提条件中，实验者呈现次要目标的信息（例如，拿起一张图片并说："这是一只海豹。"），等待3秒钟，然后呈现主要目标（例如，拿起一张狮子的图片并问："这是什么？"）。在后果条件中，实验者在参与者对主要目标有所反应后给予强化，然后立即以同样的方式呈现次要目标的

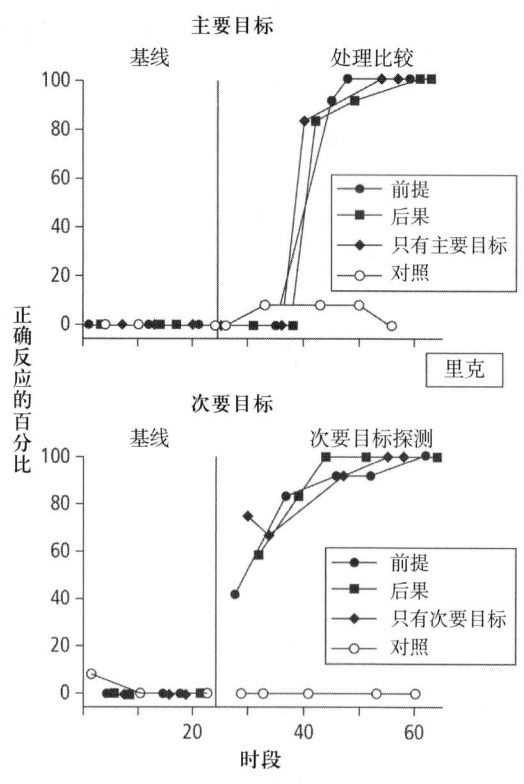

图 8.14 适应性交替处理设计

根据 J. C. Vladescu & T. M. Kodak (2013). Increasing Instructional Efficiency by Presenting Additional Stimuli in Learning Trials for Children with Autism Spectrum Disorders. *Journal of Applied Behavior Analysis*, 46, p. 812. 2013年版权归实验行为分析协会所有。

信息。错误纠正程序可以确保主要目标尝试以参与者的正确反应结束。在只有次要目标条件中，实验者在不教授主要目标的情况下呈现次要目标的信息。在只有主要目标条件中，不提供次要目标的信息。参与者对次要目标信息的获得情况是通过在其他条件实施时每一个到三个训练时段就进行一次的探测来测量的。参与者在任何条件中对次要目标的呈现所做的反应都没有得到反馈或强化。

图 8.14 显示了四名参与者中的一人的结果。里克分别在第五个时段的前提条件、第六个时段的后果条件和第五个时段的只有主要目标条件中（上图）获得了主要目标。他在前提、后果和只有次要目标条件期间的 100% 机会里正确回应了次要目标。探测显示，里克在主要目标训练期间掌握了次要目标，而且所用的时段数量与主要目标所用近似（下图）。与里克一样，研究中的另外三名儿童在没有明确教学指导的情况下掌握了次要目标。也就是说，相比于那些只呈现主要目标的条件，当次要目标的信息在前提条件或后果条件中呈现时，儿童在相似的训练时间内习得了两倍量的目标。

三阶段设计：基线、比较和最佳处理

另一种使用广泛的交替处理设计的变体包括三个有顺序的阶段：初始基线阶段、比较两个或更多个交替处理（其中一个可能是基线对照条件）的第二阶段，以及只实施最佳处理的最后阶段（例如，Heckaman, Alber, Hooper, & Heward, 1998; Mechling, 2006; Ollendick, Matson, Esvelt-Dawson, & Shapiro, 1980）。

廷卡尼（Tincani, 2004）用这样的设计来研究手语和图片交换训练对两名孤独症儿童学习提要求（mand，索要喜欢的物品）的相对有效性。[1] 这里有一个相关的研究问题，即儿童先前已具备的运动模仿技能与他们通过手语或图片交换学习提要求的能力之间是否存在关联。研究者在基线之前对每名儿童实施了两项评估。一项是刺激偏好评估（stimulus preference assessment），以确定一份包含 10~12 个偏好物品的清单（如饮料、食物、玩具），另一项是评估每名儿童模仿 27 个类似打手语所需的手、手臂和手指运动的能力。[2]

基线的目的是确保参与者在训练前无法通过图片交换、手语或口语索要偏好物品。基线尝试包括让儿童非依联性地接触偏好物品 10~20 秒，短暂地移除该物品，然后把物品放在儿童拿不到的地方。将一张 2 英寸见方、有塑料覆膜的物品图片放在儿童面前，如果儿童在 10 秒内将代表物品的图片放到实验者的手中，用手语打出物品名称或说出物品名称，实验者就把那个物品给儿童。如果没有，该物品就会被移除，然后呈现清单中的下一个物品。在三个时段的基线期间，参与者都没有发出任何形式的独立提要求行为，交替处理阶段就开始了。

本实验的手语训练程序改编自桑德伯格和帕廷顿（Sundberg & Partington, 1998）的《孤独症或其他发展性障碍儿童的语言教学》（*Teaching Language to Children with Autism or Other Developmental Disabilities*）。研究者教授了代表每个物品的最简单的美国手语。图片交换沟通系统（The Picture Exchange Communication System, PECS）训练程序改编自邦迪和弗罗斯特（Bondy & Frost, 2002）的《图片交换沟通系统训练手册》（*The Picture Exchange Communication System Training Manual*）。在这两种条件下，在每个时段里都将每个偏好物品的训练连续尝试 5~7 次，或直到参与者对该物品不感兴趣为止。这时再开始下一个物品的训练，并持续到参与者的偏好物品清单中的 10 个或 12 个物品全都呈现过为止。在研究的最后阶段，每名参与者只接受手语或 PECS 训练，具体取决于哪种方法在交替处理阶段更为有效。

图 8.15（珍妮弗）和图 8.16（卡尔）显示了两名学生在整个研究过程中的独立提要求行为的百分比。对珍妮弗而言，图片交换训练显然比手语有效。珍妮弗在基线前的评估中表现出较弱的运动模仿技能，她

---

[1] 提要求是斯金纳（1957）提出的六种基本语言操作（verbal operants）之一。第 18 章将讲述斯金纳的语言行为分析及其对应用行为分析的重要性。

[2] 第 11 章将对刺激偏好评估程序加以介绍。

尝试进行的运动模仿的正确率为 20%。在对手语训练程序稍作修改以消除卡尔对辅助的依赖后，他在手语训练期间比在图片交换训练期间更频繁地发出独立提要求行为。卡尔原有的运动模仿技能比珍妮弗要好，他在基线前的模仿评估中尝试进行的运动模仿的正确率为 43%。

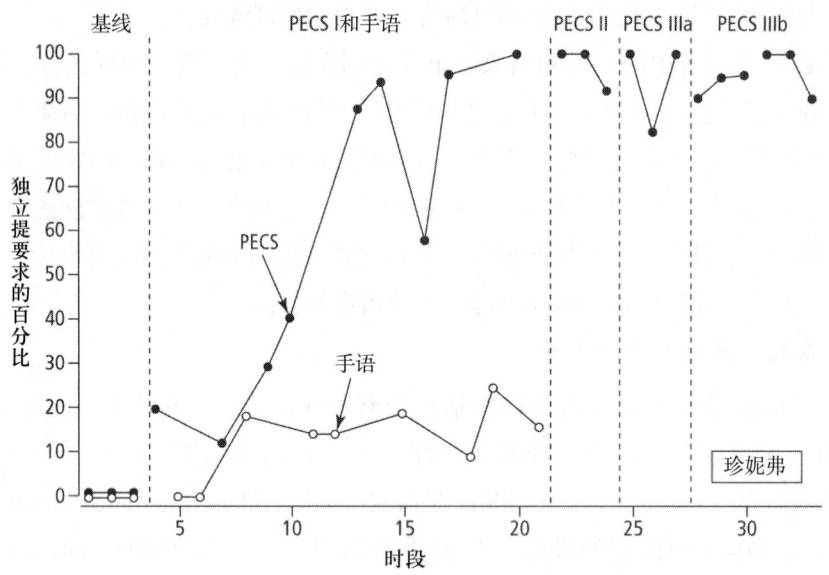

图 8.15 有初始基线和最终只实施最佳处理条件的多因素设计的例子

根据 M. Tincani (2004). Comparing the Picture Exchange Communication System and Sign Language Training for Children with Autism. *Focus on Autism and Other Developmental Disabilities*, 19, p. 160. 2004 年版权归 Pro-Ed 所有。

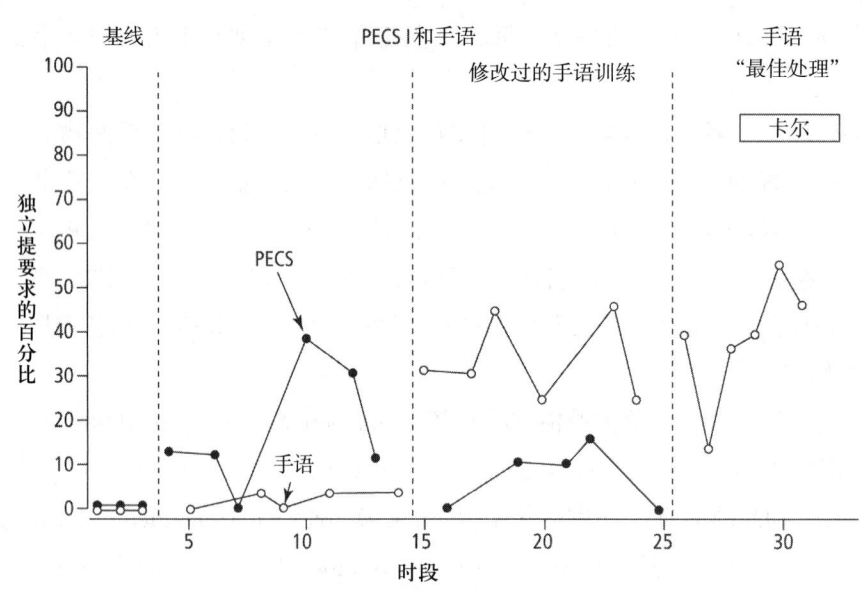

图 8.16 有初始基线和最终只实施最佳处理条件的多因素设计的例子

根据 M. Tincani (2004). Comparing the Picture Exchange Communication System and Sign Language Training for Children with Autism. *Focus on Autism and Other Developmental Disabilities*, 19, p. 159. 2004 年版权归 Pro-Ed 所有。

这项研究强调了个别分析和探索研究期间未操纵变量的可能影响的重要性。在讨论研究结果时，廷卡尼（Tincani, 2004）指出：

> 对于包括很多孤独症儿童在内的没有手部运动模仿技能的学习者而言，图片交换训练可能更为适合，至少在最初的提要求学习阶段是如此。珍妮弗在干预前的手部运动模仿技能较弱，她学习图片交换的速度比学习手语要快。对于具备中等手部运动模仿技能的学习者而言，手语训练可能同样适合，

甚至更为适合。卡尔在干预前已经具备中等程度的手部运动模仿技能，他学习手语的速度比学习图片交换训练要快。（p. 160）

三阶段设计：基线、比较和参与者的选择

另一个多因素设计的三阶段变体是一个初始基线、一个将两个或更多个处理条件（其中一个可能是基线对照条件）交替进行的比较阶段，以及一个只实施由每名参与者选择的处理的最后"选择"阶段。

乔伊特·赫斯特、多齐尔和佩恩（Jowett Hirst, Dozier, & Payne, 2016）在两个实验中使用这个阶段序列来评估：（1）对替代行为的差别强化（DRA）和反应代价（response cost, RC）这两种程序对典型发育学龄前儿童的专注任务行为的相对有效性；（2）儿童对程序的偏好。[1] 实验 I 的内容背景是小组活动，DRA 和 RC 都增加了大多数儿童的专注任务行为，而 6 名儿童中有 5 名选择 RC 比选择 DRA 要频繁。实验 II 的内容背景是个别工作任务（如照着作业单上印好的字母和形状描摹），在每个时段开始前，实验者会解释将要实施的规则和依联。

基线。"今天你会拿到白板，没有代币。当我们开始的时候，你可以做描线工作或者玩玩具。如果你工作（即描线），不会发生任何事情；如果你不工作，也不会发生任何事情。"（p. 338）

对替代行为的差别强化。"今天你会拿到绿板，上面没有任何代币。当我们开始的时候，你可以做描线工作或者玩玩具。如果你工作，就会得到一个代币；如果你不工作，就不会得到代币。结束时，你可以用你的代币换取奖品和零食。如果你没有代币，你就不会得到任何东西。"（p. 338）

反应代价。"今天你会拿到红板，上面有 10 个代币。当我们开始的时候，你可以做描线工作或者玩玩具。如果你工作，你就能保留你的代币；如果你不工作，你就会失去代币。结束时，……"［与 DRA 的说明相同］（p. 338）

选择。实验者将与每种条件（即基线、RC 和 DRA）相关的刺激（即海报和代币板）放在参与者附近，并提醒他/她与每组材料相关的依联……实验者要求参与者选择（通过点指或碰触一组材料）他/她想要进行的时段。（pp. 338–339）

除基线时段外，在每一个 5 分钟时段里的 10 个场合（时距为 15~45 秒不等）中，实验者在每次实施的条件中给予（DRA）或移除（RC）一个代币。图 8.17 显示了参与实验 II 的 DRA 和 RC 多因素比较的 10 名儿童中的 6 人的结果。所有儿童在基线期内表现出中等、不稳定或极低水平的专注任务行为。与实验 I 一样，比较阶段中的 DRA 和 RC 导致了水平大致相同的专注任务行为的增加（亚当是唯一的例外），而这些行为水平在选择阶段得以维持。两名参与者在选择阶段的每个时段内都选择了 DRA，两名只选择了 RC，另外六名则变换了他们的选择。

并存链（或程序表）设计

参与者在两个或更多个可以同时实施的处理条件中进行选择，这样的设计被称作**并存程序表**（concurrent schedule）或**并存链设计**（concurrent chains design）[2]。实验者给参与者呈现两个或更多个反应选项，每个选项都与一个独特的区辨刺激有关，并导向一组不同的处理程序。汉利、皮亚扎、费希尔和马列里（Hanley, Piazza, Fisher, & Maglieri, 2005）使用并存链设计来评估服务对象对问题行为处理的偏好。参与者是两名曾在专门处理严重问题行为的机构接受过住院治疗的儿童。功能分析显示，两名儿童都在关注条

---

1 第 25 章和第 15 章将分别介绍 DRA 和反应代价。
2 一些作者称其报告的使用并存程序表设计的研究使用的是同时性处理设计（simultaneous treatment design）。巴洛和海斯（Barlow & Hayes, 1979）提出了同时性程序表设计（simultaneous schedule design）这一术语，他们在应用文献中只能找到一个真实的例子：布朗宁（Browning, 1967）的一项研究比较了用于减少一名 10 岁男孩的吹嘘行为的三种技术。

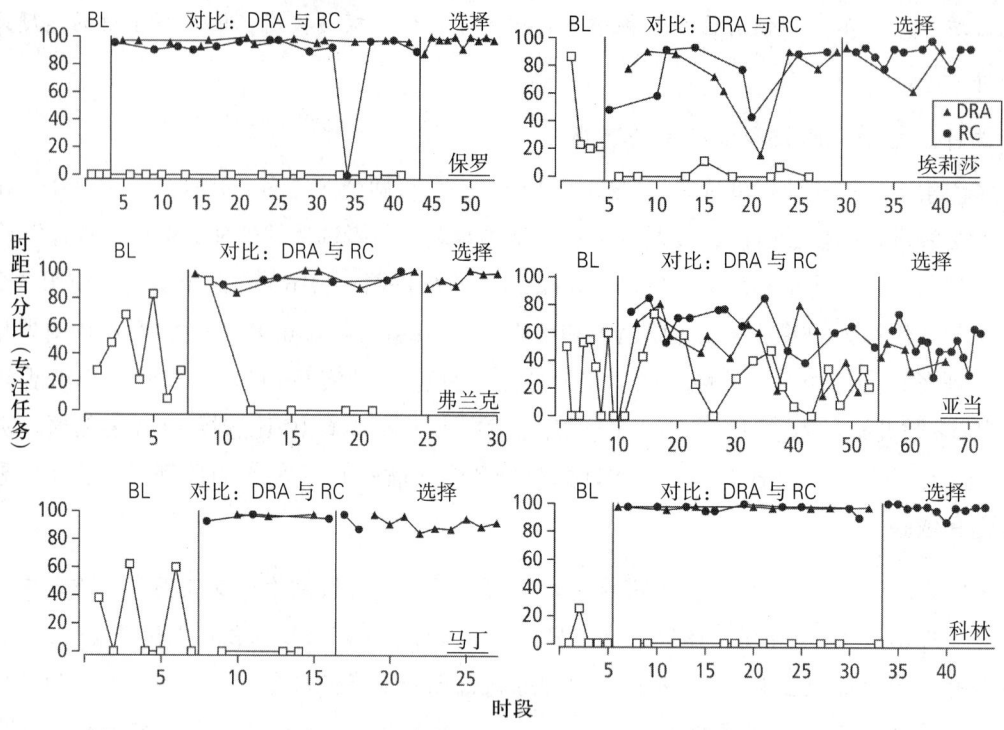

图 8.17　有初始基线和最终参与者选择阶段的多因素设计

引自 E. S. Jowett Hirst, C. L. Dozier, & S. W. Payne (2016). Efficacy of and preference for reinforcement and response cost in token economies. *Journal of Applied Behavior Analysis*, 49, p. 340. 经约翰威立出版有限公司授权转载。

件中(治疗师在每次发生问题行为后都会进行简短的责备)最常发生问题行为(打人、咬人、撞头、朝人扔东西)。然后,研究者评估(用倒返和多因素设计)了几个以功能为基础的处理对每名参与者产生的效果。功能性沟通训练(FCT)在减少两名儿童的问题行为上效果一般,而 FCT 加惩罚比单独使用 FCT 对减少两名儿童的问题行为更有效。

在 FCT 中,每名儿童被训练发出一个替代反应(贝蒂是说出"请注意"或"不好意思";杰伊是将一张印有"玩"字的卡片递给治疗师)。发出替代反应后,会得到来自治疗师的 20 秒关注。问题行为发生后,并不给予差别性后果(即消退)。FCT 加惩罚的程序与 FCT 的程序除以下两点外,其他都相同:每当发生问题行为时,"对杰伊而言,是一个把手放下 30 秒的程序(治疗师站在杰伊的身后,将他的手放在他的身体两侧);对贝蒂而言,则是一个把手放下 30 秒和视觉遮蔽的程序(治疗师站在贝蒂的身后,用一条手臂环绕她的双臂,另一只手遮住她的眼睛)"。(Hanley et al., 2005, p. 56)

然后,研究者使用并存链策略来评估每名儿童对各种处理的相对偏好。在这项分析的每个时段内,在进入治疗室前,每名儿童都会看到三个不同颜色的微型开关,每个开关对应三种处理程序中的一种:FCT、FCT 加惩罚和只有惩罚。按压其中一个开关(链接程序表中的初始环节),就要在治疗室里待 2 分钟(链接程序表中的终点环节),在这期间,儿童会经历与他/她所选择的开关相对应的依联。FCT 条件和 FCT 加惩罚条件实施的方式与处理评估的方式相同。当他们选择的是只有惩罚条件时,杰伊的问题行为会导致把手放下 30 秒的程序,贝蒂的问题行为则导致把手放下 30 秒和视觉遮蔽的程序。在使用按压开关来评估处理偏好之前,每名儿童都会被辅助去按压不同的开关,并接触到与每个开关相对应的不同依联(对杰伊进行四个接触时段,对贝蒂进行两个接触时段)。

在处理偏好时段中,在每个两环节链(按压开关,然后是 2 分钟的所选择的行为依联)之后,儿童离开治疗室并被重新安置在开关前。这个程序重复进行,对杰伊而言是直到 20 分钟过去为止,对贝蒂而言是直到记录下 10 个初始环节的反应为止。汉利及其同事(2005)描述了处理偏好评估的结果(参看图 8.18)。

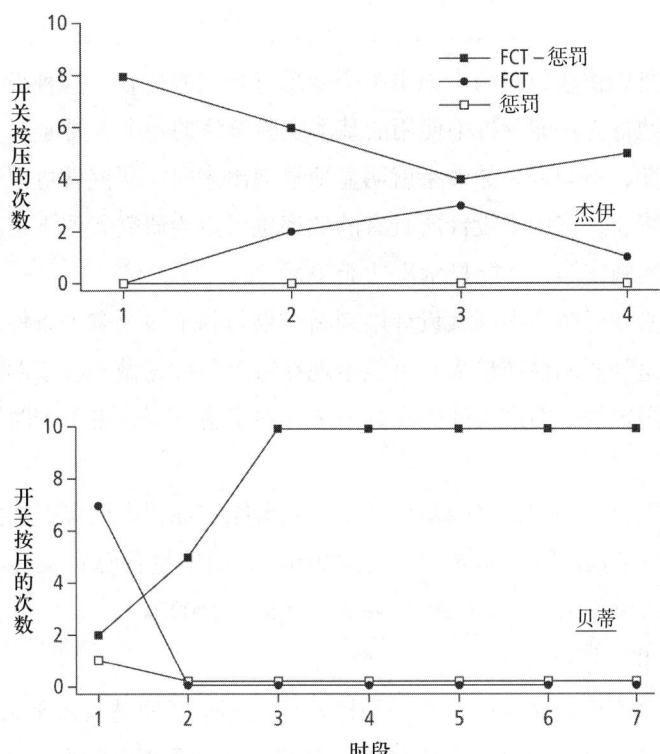

图 8.18 并存链设计，参与者的选择阶段

根据 G. P. Hanley, C. C. Piazza, W. W. Fisher, & K. A. Maglieri (2005). On the effectiveness of and preference for punishment and extinction components of function-based interventions. *Journal of Applied Behavior Analysis*, 38, p. 60. 2005 年版权归实验行为分析协会所有。经授权转载。

杰伊将大部分（79.3%）的开关按压分配给了 FCT 加惩罚干预。在贝蒂的评估中出现了对 FCT 加惩罚的偏好，因为在最后的五个时段中，将所有的开关按压都分配给了 FCT 加惩罚。这些数据提供了直接的证据，表明涉及惩罚依联的以功能为基础的处理比涉及消退或只有惩罚的干预的、以功能为基础的相似处理更受偏爱（具有强化性）。(p. 61)

读者不应该把这里介绍的多因素设计的各种变体当作这种实验策略的可能的和恰当应用的目录。还有数不尽的方法可以把一个多因素/交替处理策略融合到其他运用一个或多个倒返到基线阶段、多基线和变标准设计的实验设计中（例如，Cariveau, Kodak, & Campbell, 2016; Coon & Miguel, 2012; Saini, Gregory, Uran, & Fantetti, 2015）。

多因素设计的优点

多因素设计在评估和比较两个或更多个自变量方面具有很多优势。这里引述的益处大多来自厄尔曼和祖尔策—阿扎罗夫（Ulman & Sulzer-Azaroff, 1975）的阐述，他们首次将多因素设计的原理和可行性带进了应用行为分析领域。

无须撤除处理

交替处理设计的一个主要优点是，它不需要研究者为了证明功能关系而撤除看似有效的处理。倒返行为改善引起的伦理上的争议可以通过交替处理设计来避免。然而，不管伦理问题如何，即使其中一个交替处理是无处理对照条件，管理者和教师可能也还是更容易接受多因素设计而不是倒返设计。"看来，每隔一天或三天返回基线条件，并不像先建立一个长期的高水平的理想行为，然后再返回基线行为那样会招致教师不满。"（Ulman & Sulzer-Azaroff, 1975, p. 385）

允许快速比较

运用多因素设计常常可以快速地对两个或更多个处理进行实验比较。这种设计可以快速地显示出差别性效果，这也是它成为问题行为功能分析中使用的基本实验策略的一个主要原因（参看第 27 章）。

当在多因素设计的初期，不同处理的效果就明显地显现出来时，研究者可以转而只设计最有效的处理程序。即使实验必须提前终止，多因素设计所具有的效率也可以为研究者留下富有意义的数据。相反，倒返设计或多基线设计必须实施完毕，才能显示出功能关系。

研究者和实务工作者必须谨防在多因素设计中判断结果与两个或更多个条件之间存在功能关系，而实际上并不存在这种关系。这种假阳性结果最有可能出现在每个条件只做一次或两次测量的时候。例如，康和艾瓦塔（1999）发现，简短的多因素设计比在每个条件中实施三个或更多个时段的多因素设计更常出现假阳性结果。

找出无效的处理同样重要。例如，多因素设计使研究者能够证明彩色覆盖层并没有改善被确诊为阅读障碍的儿童的阅读流畅度（Freeze Denton & Meindle, 2016）；而重量背心并没有增加孤独症和重度与极重度智力障碍小学生的恰当入座行为（Cox, Gast, Luscre, & Ayers, 2009）。

将不可逆性问题最小化

有的行为即使是由干预产生或矫正的，在干预撤除后也不会返回基线水平，因此无法用 A–B–A–B 设计加以分析。然而，快速地交替实施处理和无处理（基线）条件可能会揭示出两种条件之间的反应差别，尤其是在实验初期，在无处理条件中的反应开始趋近于处理条件的反应水平之前。

将序列效应最小化

一个妥善实施的多因素设计可以将序列效应对实验结果的混杂程度最小化。序列效应对任何实验的内部效度都会构成威胁，涉及多种处理的研究尤其如此。对序列效应的担忧可以概括为一个简单的问题：如果处理的顺序不同，结果会相同吗？在使用倒返或多基线策略（参看第 9 章）比较两个或更多个自变量的实验中，序列效应可能极难控制，因为每个实验条件必须保持实施相当长的时间，从而产生一个特定的事件序列。然而，在多因素设计中，自变量可以以随机的方式快速交替，而不产生特定的序列。此外，每种处理都只在短时间内实施，这就减少了延滞效应的可能性（O'Brien, 1968）。多因素设计具有将序列效应最小化的能力，这使它成为实现复杂的行为分析的有力工具。

适用于不稳定的数据

在数据不稳定的情况下如何确定行为–环境的功能关系，对应用行为分析师来说是一个严肃的问题。使用稳定状态反应来预测、验证和复制行为改变是行为分析中实验推理的基础（Sidman, 1960）。然而，对应用行为分析师来说，要获得他们所关注的很多具有重要社会意义的行为的稳定基线反应是极其困难的。仅仅为被试提供重复发出目标反应的机会就能使其表现逐步改善。虽然练习效应因其在应用和科学上的重要性而值得实证研究，但其产生的不稳定基线给干预变量的分析带来了难题。在材料日益复杂的课程中，固有的任务难度水平的不断变化，也使得很多学业行为难以获得稳定状态反应。

由于不同的处理条件在多因素设计中快速交替实施，由于每个条件在研究所涵盖的每段时期内都呈现多次，由于没有任何一个条件的呈现达到相当长的时间，因此，我们可以推测任何练习效应、任务难度改变、成熟或其他历史变量在每个处理条件里都得到了同等的展现，因而对任何一个条件的影响并不会有所差别地多于或少于对其他条件的影响。例如，即使代表一名学生在接受两种教学程序后的阅读表现的两个数据路径都显示出变异和上升的趋势，这可能是练习效应和课程材料不均衡造成的，这两个数据路径之间任何一致的分离和垂直的距离仍可归因于教学程序上的差别。

能够揭示效果的泛化情况

通过交替实施所关注的不同条件，实验者得以持续评估从一个有效处理到其他所关注的条件之间的行为改变的泛化程度。例如，N. 辛格和温顿（N. Singh & Winton, 1985）在他们的异食行为研究的最后阶段，通过交替使用不同的治疗师，证明了过偿纠正（overcorrection）处理在不同的治疗师实施下的有效程度。

能够立即开始干预

一般而言，比较理想的情况是能够确定干预前的反应水平，但有时临床上需要立即尝试改变一些行为，那就必须排除干预前的重复测量。必要时，多因素设计可在没有初始基线阶段的情况下就开始实施。

考虑多因素设计的恰当性

多因素设计的优点是非常明显的。然而，与其他任何一种实验策略一样，多因素设计也存在某些缺点和待解决的问题，这些问题只能通过额外的实验来解决。

多重处理干扰

多因素设计的基本特征是两个或更多个自变量的快速交替，而不考虑每个处理下所获得的行为测量值。虽然快速交替能够将序列效应最小化，并减少比较处理所需的时间，但它提出了一个重要的问题：如果单独实施每种处理，那么在这些交替实施的任何一种处理下观察到的效果是否相同？**多重处理干扰**（multiple treatment interference）指的是一个处理对被试的行为产生的效果受到同一研究中另一个处理的效果的影响的混杂效应。

实验者必须始终对多因素设计中可能存在多重处理干扰存疑。然而，如果在交替处理阶段之后，在接下来的阶段中只实施一个处理，那么实验者就可以评估那个单独实施的处理的效果。

快速交替处理的非自然本质

快速来回转换处理并不是临床和教育干预中的典型方式。从教学的角度来看，快速地转换处理可能会被视作人为的和不可取的。然而，在大多数情况下，多因素设计所提供的对各个处理的快速比较弥补了其人为的本质。参与者是否会因为条件的快速交替而受到不良影响，这是一个只能通过实验来确定的实证问题。另外，很重要的一点是，实务工作者要记住，多因素设计的一个目的是尽快辨识出一种有效的干预，以使参与者不必忍耐无效的教学方法或处理，免得延误他们在教育或临床目标上的进展。总体来说，快速转换处理以辨识有效干预所具备的优点通常会超过这种操作可能造成的任何不良影响。

容量有限

虽然多因素设计使研究者能够用一种考究的、科学合理的方法来比较两个或更多个处理的差别性效果，但它并不是一种可以比较无限多处理条件的开放式设计。虽然有人报告过包含多达五个条件的多因素设计（例如，Didden, Prinson, & Sigafoos, 2000），但在大多数情况下，在交替处理设计的一个特定阶段内，最多只能对四个不同条件（其中之一可以是无处理对照条件）进行有效比较，而在很多情况下则只能容纳两个不同处理。要把每个处理条件的影响与交替处理设计的其他方面导致的影响区分开来，必须仔细地将每个处理与执行上所有可能相关的方面（如一天中的时间、呈现条件的顺序、情境、治疗师）进行抵消平衡。在很多应用情境中，两个或三个以上的处理之间的抵消平衡涉及的必要准备会过于繁杂，而且需要非常多的时段才能完成实验。另外，太多竞争性的处理可能会损害被试区辨不同处理的能力，从而降低设计的有效性。

处理的选择

理论上，虽然多因素设计可用于比较任何两种独立处理的效果，但在现实中，这种设计是比较受限的。为了提高区辨不同条件的概率，从而获得可靠的、可测量的行为差别的可能性，各种处理应该体现出彼此之间显著的差别。例如，一位研究者使用多因素设计来探讨教学过程中团体规模对学生的学业表现的影响，可能会包括 4 人、10 人和 20 人团体这几个条件。交替处理 6 人、7 人和 8 人团体这几个条件不太可能显示出团体规模与表现之间的差别。然而，在多因素设计中，不应仅仅因为一个处理条件可能产生的数据路径与另一个条件产生的数据路径容易区分而选择它。

应用行为分析中的应用既包括处理条件的性质，也包括所研究的行为的性质（Wolf, 1978）。选择处理条件时，一个重要的考虑因素是它们在多大程度上代表了当前的实践或想象中可以实施的实践。一项比较每天放学回家后做 5 分钟、10 分钟和 30 分钟的数学作业对数学成绩的影响的实验也许是有用的，但比较每晚做 5 分钟、10 分钟和 3 小时的数学作业的影响就没有意义了。即使这样的研究发现每晚做 3 小时的数学作业能够有效地提高学生的数学成绩，也很少会有教师、家长、管理者或学生为了单独一门学科而实施每晚做 3 小时作业的计划。

另一个考虑是，有些干预可能不会产生具有重要社会意义的行为改变，除非它们能够被贯彻一致地实施，而且要持续实施一段时间。

> 当使用多因素基线设计时，重叠的数据不一定就排除了一个实验程序的可能功效。如果在几个连续的时段中呈现相同的条件，那么逐一时段的条件交替可能会掩盖观察到的效果。因此，使用倒返设计或多基线设计也许能够证明某个特定的处理是有效的，而使用多因素基线设计却可能不行。
> （Ulman & Sulzer-Azaroff, 1975, p. 382）

对于一个特定处理在单独呈现一段时间的情况下可能有效的怀疑是一个可以通过实验来探究的实证问题。在某个层面上，如果持续地应用某个单一处理而导致行为改善，实务工作者可能就会感到满意，而不必再有进一步的行动了。然而，对确定实验控制感兴趣的实务工作者或研究者可能会回过头来运用多因素设计来比较单一处理与另一项干预下的表现。

摘要

倒返设计

1. 倒返策略（A-B-A）需要在一个特定情境下重复测量三个连续阶段里的行为：（1）基线期（无自变量）；（2）处理期（有自变量）；（3）返回基线（无自变量）。

2. 以 A-B-A-B 设计的形式重新引入自变量会极大地增强倒返设计的效力。对证明功能关系而言，A-B-A-B 设计是最直接，通常也是最有力的被试内设计。

A-B-A-B 设计的变体

3. 与只有一个倒返的设计相比，具有反复倒返的 A-B-A-B 设计的延伸版本可能能够提供更有说服力的功能关系的证明。

4. 当基于伦理或实践上的原因而不适合或不可能对目标行为实施初始基线阶段时，可以对问题行为采用 B-A-B 倒返设计。

5. 多处理倒返设计（如 A-B-A-B-C-B-C、A-B-C-A-C-B-C）使用倒返策略来比较两种或更多种实验条件对基线的影响和/或实验条件彼此之间的影响。

6. 多处理倒返设计特别容易受到序列效应的混杂。

7. 非依联强化（NCR）倒返技术使研究者得以分离和分析强化的依联。

8. 包含差别强化控制条件（DRO 和 DRI/DRA）的倒返技术也可用于分析依联强化的效果。

考虑倒返设计的恰当性

9. 以倒返策略为特征的实验设计不能有效地评估本质为一旦呈现（如教学、示范）就无法撤除的处理变量的效果。

10. 有些行为一旦在处理期间发生改变，在自变量撤除后就不会倒返至基线水平，这种行为的不可逆性妨碍了倒返设计的有效使用。

11. 撤除一个看似有效的处理变量，以便对其改变行为的功能进行科学验证，这可能会引起社会、教育和伦理上的合理担忧。

12. 一些简短的倒返阶段，有时甚至只是一个时段的基线探测，可能也足以证明可信的实验控制。

多因素设计

13. 多因素设计（也称为交替处理设计）比较了两种或更多种处理（即自变量），并测量了它们对目标行为（即因变量）的影响。

14. 在多因素设计中，一个特定处理的每个连续数据点都具有三种作用，它提供：（1）预测该处理下未来反应水平的基础；（2）对先前所做的该处理下的表现的预测的潜在验证；（3）复制该处理先前产生的效果的机会。

15. 当两种不同处理的数据路径显示彼此重叠很少或没有重叠时，就证明了实验控制。

16. 两种处理造成的任何差别性效果的程度取决于它们各自的数据路径之间的垂直距离，并由纵轴的刻度来量化。

多因素设计的变体

17. 多因素（交替处理）设计常见的变体包括以下几种：

· 交替两个或更多个（其中之一可以是无处理对照条件）条件的单一阶段设计。

· 两阶段设计：初始基线和比较阶段。

· 三阶段设计：初始基线、交替处理和单独实施最佳处理。

· 三阶段设计：初始基线、交替处理和参与者的选择。

· 并存链（或程序表）设计。

多因素设计的优点

18. 多因素（交替处理）设计的优点包括以下几点：

· 无须撤除处理。

· 快速比较处理的相对有效性。

· 将不可逆性问题最小化。

· 将序列效应最小化。

· 能够用于不稳定的数据。

· 能够用于评估效果的泛化情况。

· 能够立即开始干预。

考虑多因素设计的恰当性

19. 多因素设计容易受到多重处理干扰。然而，如果在交替处理阶段之后，在接下来的阶段中只实施一个处理，那么实验者就可以单独评估那个处理的效果。

20. 快速来回转换处理条件并不是临床或教育实践中的典型方式，它可能会被视作人为的和不可取的。
21. 一个交替处理阶段通常受限于最多四个不同的处理条件。
22. 多因素设计能够最有效地揭示出彼此存在显著差别的处理条件之间的差别性效果。
23. 如果自变量只有在持续实施一段时间后才能改变行为，那么多因素设计就不能有效地评估这些自变量的影响。

第9章 多基线设计与变标准设计

关键词

变标准设计（changing criterion design）
延迟多基线设计（delayed multiple baseline design）
跨行为多基线设计（multiple baseline across behaviors design）
跨情境多基线设计（multiple baseline across settings design）
跨被试多基线设计（multiple baseline across subjects design）
多基线设计（multiple baseline design）
多探测设计（multiple probe design）
非并存跨参与者多基线设计（nonconcurrent multiple baseline across participants design）
范围限制变标准设计（range-bound changing criterion design）

行为分析师认证委员会 BCBA/BCaBA 任务清单（第5版）

第一部分：基础

D. 实验设计

D-1 区分因变量和自变量。
D-3 确认单一被试实验设计的定义性特征（如个体作为自己的对照、重复测量、预测、验证和复制）。
D-4 描述单一被试实验设计相比于分组设计的优势。
D-5 使用单一被试实验设计（如倒返设计、多基线设计、多因素设计、变标准设计）。

©2017 The Behavior Analyst Certification Board, Inc.,® (BACB®). 保留所有权利。本文件的当前版本可在 www.bacb.com 网站查阅。如需转载、复制或分发本文件，或有疑问，请直接联系行为分析师认证委员会。经授权使用。

本章介绍了另外两种分析行为-环境关系的实验策略：多基线设计和变标准设计。在多基线设计中，在同时收集两个或更多个行为、情境或被试的基线数据后，行为分析师会跨这些行为、情境或被试依序应用干预变量，并记录其效果。变标准设计用于分析强化所需的反应水平逐步提高标准是否会产生行为改善。在这两种设计中，在引入的自变量得到应用后，或在一个新的标准建立起来后，行为从一个稳定状态

➡ 本章由陈乃瑜翻译。

基线变为一个新的稳定状态,这就证明了实验控制和功能关系。

多基线设计

在应用行为分析中,多基线设计是最广泛地用于评估处理效果的一种实验设计。它是一种高度灵活的策略,使研究者和实务工作者能够分析一个自变量跨多种行为、情境和/或被试的效果,而不必撤除处理变量,以此来验证行为改善是应用了处理的直接结果。请回顾第8章的内容,倒返设计就其本质而言,就是要撤除自变量,以便验证从基线中发展出来的预测,而在多基线设计中则无须如此。

多基线设计的操作和逻辑

贝尔、沃尔夫和里斯利(1968)在应用行为分析文献中首次描述了**多基线设计**。他们建议在两种情况下用多基线设计替代倒返设计:(1)当目标行为很可能无法倒返时(例如,一旦被处理变量改变,行为就会接触到自然存在的强化依联或维持新的表现水平的其他控制源);(2)当撤除一个看似有效的处理条件不可取、不切实际或不合乎伦理规范时。另外,有些干预,如训练或教学,是无法撤除的。终止一项正在进行的教学计划并不能重新建立训练前就已存在的条件,因为参与者"已经被教授了"。

图9.1说明了贝尔及其同事对多基线设计的基本操作的解释。

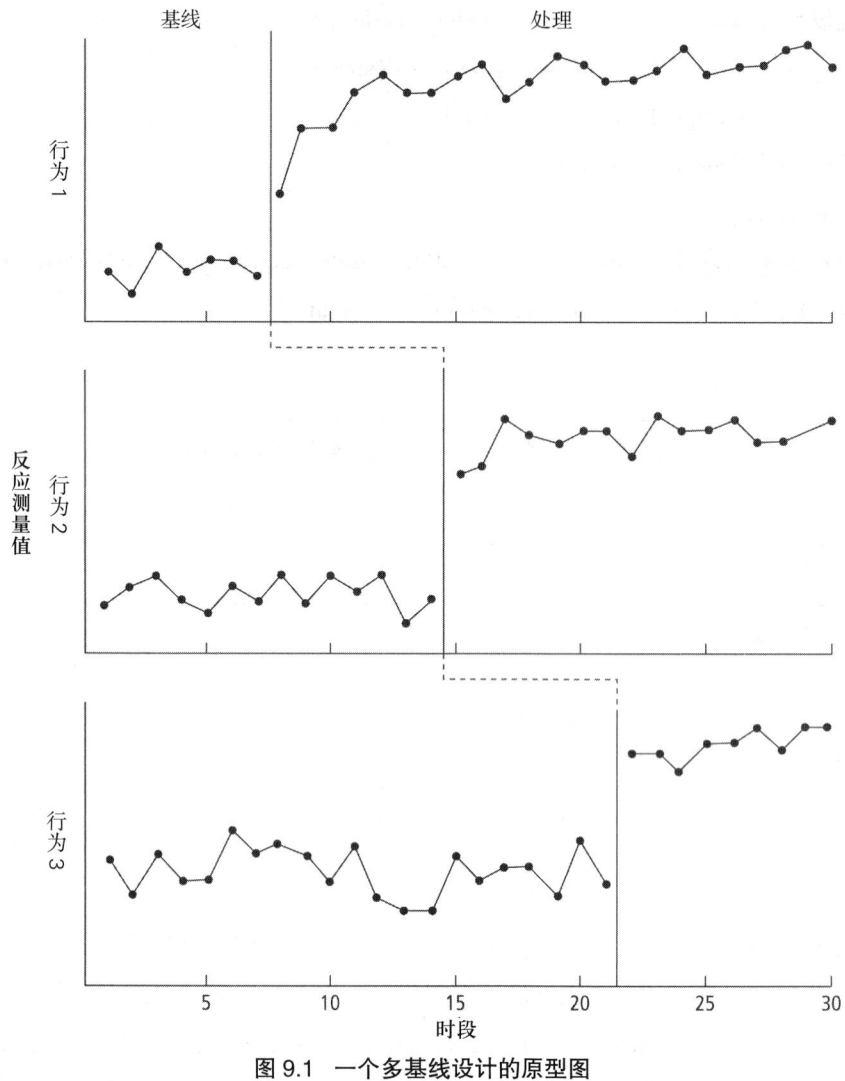

图9.1 一个多基线设计的原型图

在多基线技术中,实验者会辨识和测量若干个反应一段时间以提供基线,未来的行为改变将被拿来与这个基线进行比较而得到评估。随着基线的建立,实验者将一个实验变量应用于其中一个行为,使其发生改变，也许会注意到其他基线只有很小的改变或没有改变。如果确实如此，那么他会将实验变量应用于其他尚未改变的一个反应，而不是倒返新发生的改变。如果在这一时间点上发生改变，那么就可以证明实验变量确实有效，先前的改变并非只是巧合。然后就可以将这一变量应用于另一个反应，以此类推。实验者试图显示自己有一个可靠的实验变量，亦即只有当这个实验变量被应用于这个行为时，这个行为才会发生最大的改变。（p.94）

多基线设计有三种主要形式：

- 跨行为多基线设计（multiple baseline across behaviors design），包含同一被试的两个或更多个不同行为。
- 跨情境多基线设计（multiple baseline across settings design），包含同一被试在两个或更多个不同的情境、情况或时期中的相同行为。
- 跨被试多基线设计（multiple baseline across subjects design），包含两名或更多名不同的参与者（或群体）的相同行为。

虽然多基线设计的基本形式中只有一种被称作"跨行为"设计，但所有的多基线设计都涉及对技术上不同的（指独立的）行为延迟运用处理变量。也就是说，在跨情境多基线设计中，即使被试的同一个目标行为表现在两个或更多个情境下被测量，每个行为—情境的组合仍在概念上被视作一个不同的行为来分析。同样，在跨被试多基线设计中，每个被试—行为的组合在设计操作中也被视作一个不同的行为。

图9.2显示出与图9.1相同的数据集，增加的一些数据点代表基线条件不变时的预测测量值，阴影区域则说明了基线逻辑的三个元素——预测、验证和复制——在多基线设计中如何操作实施。[1] 当行为1达到稳定基线反应时，就会这样预测：如果环境保持不变，继续测量会显示出相似的反应水平。当研究者对这一预测有合理的充分的信心时，就可以将自变量应用于行为1。在行为1的处理阶段，空心数据点代表预测的反应水平。实心数据点则显示行为1在处理条件下的真实测量值。这些数据显示出，如果环境没有发生改变，它们与预测的行为水平之间存在差距，进而说明处理可能导致了行为改变。在多基线设计中收集到的行为1数据与A–B–A–B倒返设计的前两个阶段收集到的数据具有相同的功能。

在实验中，持续对其他行为进行基线测量，就有可能验证对行为1的预测。在多基线设计中，如果行为仍然暴露在做预测时的条件下，且在行为（或层级）的数据路径中几乎没有观察到改变或完全没有改变，那么就可以对一个行为（或层级）的预测反应水平进行验证。在图9.2中，行为2和行为3在阴影框中的基线条件数据路径部分验证了对行为1的预测。实验至此，可以做出两个推论：（1）行为1在恒定不变的环境中不会发生改变的预测是有效的，因为行为2和行为3的环境保持不变，而其反应水平也保持不变；（2）在行为1中观察到的改变是由自变量引起的，因为只有行为1暴露在自变量中，而且只有行为1发生了改变。

在多基线设计中，自变量在改变特定行为中的功能是通过未经处理的行为没有发生改变而推论出来的。然而，功能的验证并不像倒返设计那样直接显示出来，因而多基线设计在展现自变量与目标行为之间的功能关系方面本质上是一种较弱的策略（即从实验控制的角度来看，比较缺乏说服力）。然而，多基线设计借由提供验证或驳斥一系列相似预测的机会，在一定程度上弥补了这一弱点。在图9.2中，不仅对行为1的预测能够通过行为2和行为3的持续稳定基线得到验证，而且行为3在括号部分的基线数据也验证了对行为2的预测。

---

[1] 虽然本书所制作或选择用来作为实验设计策略实例的图表大多将数据绘制在非累积纵轴上，但读者需要注意，在任何类型的实验设计中收集的重复测量数据都可以通过各种图表呈现方式绘制出来。例如，拉利、扎诺利和沃恩（Lalli, Zanolli, & Wohn, 1994），以及米勒、穆尔、多格特和廷斯特伦（Mueller, Moore, Doggett, & Tingstrom, 2000）使用累积图来展示他们在多基线设计中收集的数据；而赖夫、贾维斯和达莱里（Raiff, Jarvis, & Dallery, 2016）用一个由一系列不同色调的水平方框组成的图表呈现以说明参与者在基线和处理条件下的表现，呈现了一个多基线设计的实验结果。应用行为分析的学习者应注意，不要将图表呈现数据的不同技术与实验分析策略混为一谈。

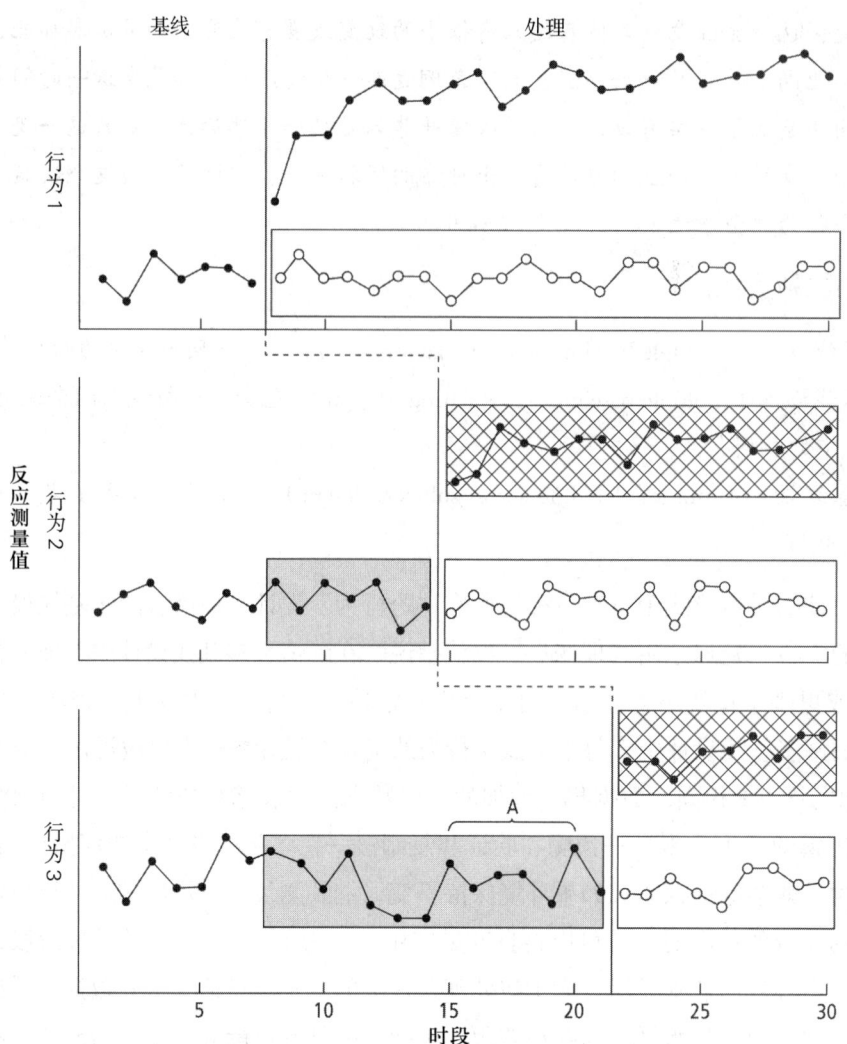

图9.2 一个多基线设计的原型图,增加的阴影部分显示了基线逻辑的元素。空心数据点代表在基线条件不变的情况下的预测测量值。行为2和行为3在阴影区域内的基线数据点验证了对行为1的预测。行为3在括号A内的基线数据验证了对行为2的预测。行为2和行为3在处理条件下获得的数据(交叉阴影)提供了实验效果的复制。

当处理条件下的行为1的反应水平已经稳定或达到预定表现标准时,就将自变量应用于行为2。如果行为2出现了类似在行为1中观察到的改变,那么就实现了自变量效果的复制(交叉阴影部分显示的数据路径)。当行为2已经稳定或达到预定表现标准时,就再将自变量应用于行为3,观察是否可以复制出效果。也可以以相似的方法将自变量应用于其他行为,直到建立(或排除)一个令人信服的功能关系,且所有需要改善的目标行为都得到处理。

与验证一样,在多基线设计中,自变量对每个行为的特定效果的复制并不是被直接操纵的。相反,自变量在实验中所产生的跨行为效果的泛化性是通过将其应用于一系列行为而得到证明的。假设对相关变量进行了准确的测量和恰当的实验控制(即在实验过程中,唯一改变的环境因素应该是自变量的存在或不存在),那么当且仅当每一次引入自变量时,就发生行为改变的话,我们对功能关系的存在就会更有信心。

在多基线设计中,跨多少个不同的行为、情境或被试,才能提供可信的功能关系的证明?贝尔、沃尔夫和里斯利(1968)认为,任何设计所需要的复制次数最终是由研究的消费者决定的。在这个意义上,使用多基线设计的实验必须包含的最低复制次数需足以说服那些会被要求对实验或研究者的主张做出回应的人(如教师、管理者、家长、资金提供者、期刊编辑)。两层级的多基线设计是一个完整的实验,它能够对自变量的有效性提供强有力的支持[例如,Grossi & Heward, 1998(参看图29.3);Harding, Wacker, Berg,

Rick, & Lee, 2004; Lindberg, Iwata, Roscoe, Worsdell, & Hanley, 2003（参看图 26.2）; McCord, Iwata, Galensky, Ellingson, & Thomson, 2001（参看图 6.6）; May, Downs, Marchant, & Dymond, 2016; Newstrom, McLaughlin, & Sweeney, 1999（参看图 28.13）; Pennington & McComas, 2017; Test, Spooner, Keul, & Grossi, 1990（参看图 23.10）]。麦克兰纳汉、麦吉、麦克达夫和克兰茨（McClannahan, McGee, MacDuff, & Krantz, 1990）曾在一个八层级的多基线设计研究中，跨十二名参与者依序应用自变量。多基线设计最常采用三至五个层级。当自变量的效果显著并能被可靠地复制时，一个三层级或四层级的多基线设计就能够令人信服地证明实验效果。可以这么说，进行的复制次数越多，证明就越有说服力。

最早出现在应用行为分析文献中的多基线设计的例子是里斯利和哈特（Risley & Hart, 1968），巴里什、桑德斯和沃尔夫（Barrish, Saunders, & Wolf, 1969），巴顿、格斯、加西亚和贝尔（Barton, Guess, Garcia, & Baer, 1970），班扬、布泽和莫里斯（Panyan, Boozer, & Morris, 1970），以及施瓦茨和霍金斯（Schwarz & Hawkins, 1970）的研究。多基线技术的一些开创性的应用在因果检查上是不明显的：作者可能没有将实验设计界定为多基线设计（例如，Schwarz & Hawkins, 1970），以及/或者没有像现在的多基线设计常用的方式那样，将一层数据叠在另一层之上，以便将所有数据呈现在同一个图表中，在当时并不都是这么做的（例如，Maloney & Hopkins, 1973; McAllister, Stachowiak, Baer, & Conderman, 1969; Schwarz & Hawkins, 1970）。

1970 年，万斯·哈勒、康妮·克里斯特勒、沙伦·克兰斯顿和邦尼·塔克（Vance Hall, Connie Cristler, Sharon Cranston, & Bonnie Tucker）发表了一篇论文，描述了三个实验，每个实验都是多基线设计的三种基本形式中的一种：跨行为、跨情境和跨被试。哈勒及其同事的论文之所以重要，不仅是因为它提供的绝佳讲解至今仍是多基线设计的典范，还因为那些研究是由教师和家长实施的，这表明实务工作者"可以运用他们现有的资源在自然环境中开展重要而有意义的研究"（p. 255）。

跨行为多基线设计

跨行为多基线设计始于对研究中的每名参与者的两个或更多个行为的同时测量。在基线条件下获得稳定状态反应后，研究者将自变量应用于其中一个行为，并对其他行为维持基线条件。当第一个行为达到稳定状态或标准水平表现时，将自变量应用于下一个行为，以此类推［例如，Davenport, Alber-Morgan, Clancy, & Kranak, 2017; Downs, Miltenberger, Biedronski, & Witherspoon 2015; Gena, Krantz, McClannahan, & Poulson, 1996; Harding et al., 2004; Higgins, Williams, & McLaughlin, 2001（参看图 28.1）]。

沃德和卡恩斯（2002）使用跨行为多基线设计来评估"自我设定目标"和"公开发布"对大学橄榄球队的五名线卫执行三项技能的影响，这三项技能是：（1）判读：线卫观察对方是要传球还是要从争球线持球跑位后，再决定自己该去的位置以防守球场的指定范围；（2）跑位：线卫根据进攻方的阵型移动到正确的位置；（3）擒抱。用摄像机将球员训练和比赛时的动作录下来。收集每名球员执行每项技术的前 10 次表现机会的数据。如果球员按照教练的比赛战术移动到指定的区域，就记录"判读"和"跑位"正确；如果进攻方的持球人被拦截，就记录"擒抱"正确。

在基线期之后，每名球员都与一名研究者会面，研究者告诉球员他的某项技能在基线期的平均表现。球员们被要求为他们在训练时段中的表现设定一个目标，但不为比赛设定目标。五名球员在基线期间的正确表现率为 60%~80%，所有球员都将正确表现率的目标定为 90%。球员们被告知，他们在每天训练中的表现会在下一个训练时段开始前公布在一张表上。每名球员的名字旁边都写有一个"Y"（是）或"N"（否），以此表示他是否达到了目标。张贴出来的表中的球员表现仅限那些得到干预的技能。这张表贴在休息室的墙上，所有球员都能看到。总教练向队里的其他球员解释了贴这张表的目的。球员们在比赛中的表现并不被记录在表中。

图9.3 显示了其中一名球员约翰的结果，约翰在所有的训练时间中，三项技能全部达到或超过了他自己设定的90%的正确表现率的目标。此外，他的进步表现也泛化到了比赛之中。研究中的其他四名球员也获得了相同的结果，说明了跨行为多基线设计是一种单一被试实验策略，其中每名被试都是他自己的对照。每名球员都构成了一个完整的实验，在这个案例中就是由其他四名球员复制了实验结果。

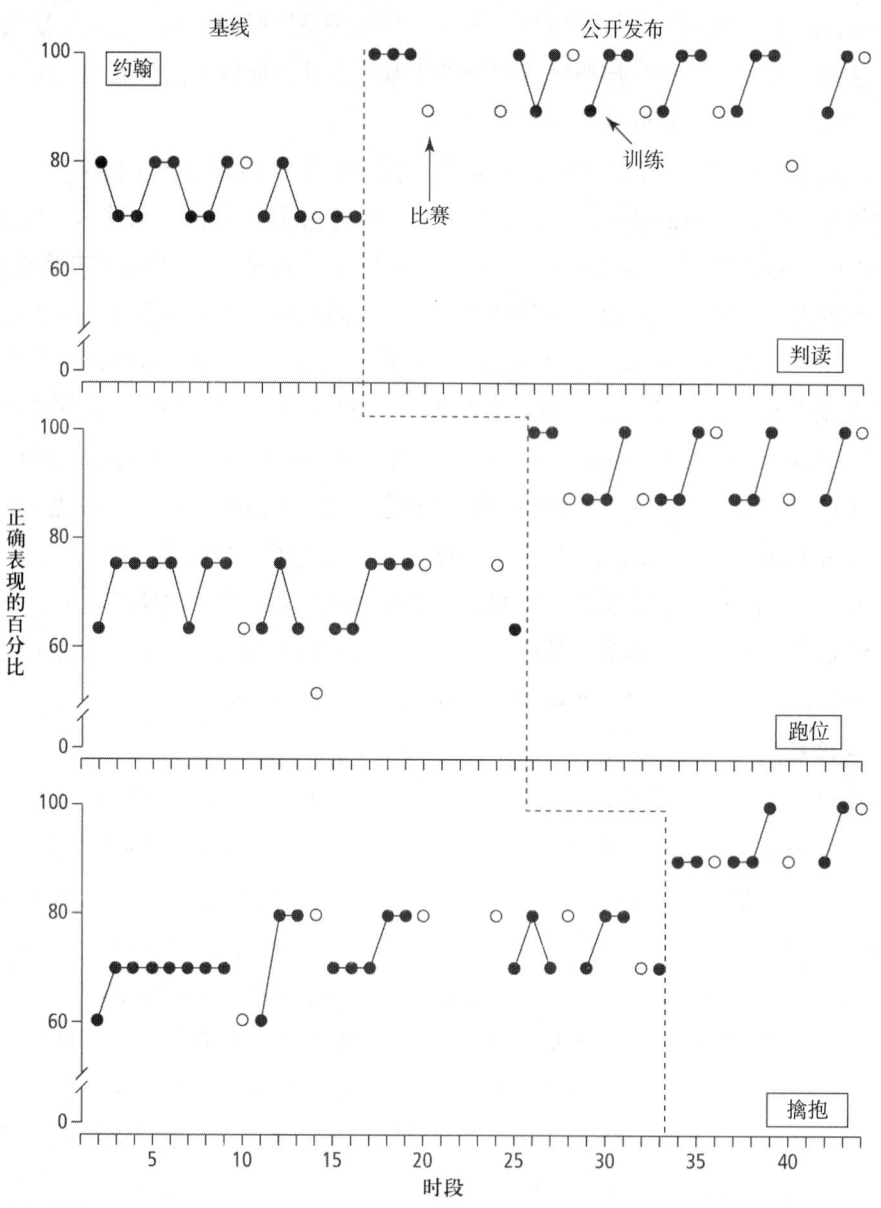

图9.3 一个跨行为多基线设计，显示了一名大学橄榄球队员在训练和比赛中的判读、跑位和擒抱的正确表现的百分比。

根据 P. Ward & M. Carnes (2002). Effects of Posting Self-Set Goals on Collegiate Football Players' Skill Execution During Practice and Games. *Journal of Applied Behavior Analysis*, 35, p. 5. 2002年版权归实验行为分析协会所有。

跨情境多基线设计

在**跨情境多基线设计**中，一个人（或群体）的单一行为在两种或更多种不同的情境或条件（如地点、一天中的时间）下被当作研究目标。在基线条件下表现出稳定反应后，将自变量引入其中一个情境，而在其他情境中仍然执行基线条件。当第一个情境中的行为改变达到最大，或行为表现达到标准水平时，将自变量应用于下一个情境，以此类推。

罗恩、凯利和费希尔（Roane, Kelly, & Fisher, 2003）采用跨情境多基线设计评估了一项治疗的效果，治疗的目标是降低一名八岁男孩将不能食用的物品放进嘴里的速度。贾森被确诊为孤独症、脑性瘫痪和中度智力障碍，他有将玩具、布、纸、树皮、植物和泥土等物品放进嘴里的历史。研究者在教室、游戏室和户外同时获得了贾森的嘴含物品的数据，这三种情境中都有各式各样的不能食用的物品，而且都有照顾者报告过贾森出现了嘴含物品的问题。在每个情境中，观察者不动声色地记录下了贾森在10分钟时段内将物品放入嘴唇之间的次数。研究者报告说，贾森的嘴含物品行为通常是由一系列离散的事件组成的，而不是一个延长了的连续事件，而且他经常同时将多个物品（不能食用的物品和食物）放进自己的嘴里。

罗恩及其同事（2003）对贾森的基线和处理条件描述如下：

> 基线条件是根据功能分析的结果来设计的，功能分析的结果显示，嘴含物品是通过自动强化来维持的，且其发生独立于社会性后果。在基线期间，治疗师是在场的（距贾森1.5~3米），但对他所有嘴含物品的行为都予以忽略（即对嘴含物品不给予任何社会性后果，允许贾森将不能食用的物品放进嘴里）。在基线期间不提供食物。处理条件与基线大致相同，唯一的不同是贾森可以不断地接触到先前被确认过可以放进嘴里的食物：口香糖、棉花糖和硬糖。贾森戴了一个装有这些物品的腰包。（pp. 580–581）[1]

图9.4显示了在每个情境中交错实施的处理及其结果。在基线期间，贾森在教室、游戏室和户外嘴含物品的平均速率分别为每分钟0.9、1.1和1.2个反应。在每个情境中引入装有食物的腰包后，嘴含物品的速率立刻下降到0或接近0。在处理期间，贾森在教室、游戏室和户外从腰包里拿出食物放进嘴里的平均速率分别为每分钟0.01、0.01和0.07个反应。这个跨情境多基线设计揭示了处理与贾森嘴含物品的速率显著下降之间具有功能关系。在处理条件期间获得的测量值全部低于基线中的最低测量值。在跨三个情境的27个处理时段中的22个时段内，贾森没有将不能食用的物品放进嘴里。

正如罗恩及其同事（2003）所开展的研究那样，在跨情境多基线设计中，不同层级的数据通常是在不同的物理环境中获得的（例如，Cushing & Kennedy, 1997; Dalton, Martella, & Marchand-Martella, 1999）。然而，在跨情境多基线设计中，不同的"情境"可能存在于同一个物理地点，彼此之间的差别来自所实施的不同依联、特定人物的存在或不存在，以及/或者一天中的不同时间。例如，在帕克（Parker）及其同事（1984）所做的一项研究中，训练室里是否有其他人存在构成了评估自变量效果的不同情境（环境）。肯尼迪、迈耶、诺尔斯和舒克拉（Kennedy, Meyer, Knowles, & Shukla, 2000，参看图6.4）在一项多基线设计研究中，以关注、需求和无关注（即实施依联）这三个条件来定义不同的情境。而在顿拉普、克恩—顿拉普、克拉克和罗宾斯（Dunlap, Kern-Dunlap, Clarke, & Robbins, 1991）使用的跨情境多基线设计中，将一个上课日的上午和下午作为不同的情境来分析修改课程对一名学生的破坏性行为和不专注任务行为的影响。

在一些使用跨情境多基线设计的研究中，参与者是多样化的、不断变化的，甚至可能是研究者不知道的人。例如，范霍滕和马朗方（Van Houten & Malenfant, 2004）使用跨繁忙街道的两个人行横道的多基线设计，评估了一项针对驾驶者的高强度执法方案对礼让行人的驾驶者的百分比和汽车—行人冲突次数的影响。沃森（Watson, 1996）使用跨大学校园中的男洗手间的多基线设计，评估了贴标语对减少洗手间里的涂鸦行为的有效性。

跨被试多基线设计

在**跨被试多基线设计**中，在同一情境中选择两个或更多个被试的同一个目标行为来进行研究。在基线条件下达到稳定状态反应后，将自变量应用于一名被试，对其他被试则仍执行基线条件。当第一名被试的反应达到稳定或标准水平时，将自变量应用于另一名被试，以此类推。在三种形式的设计中，跨被试多基线设计应用最为广泛，部分原因在于实务工作者常常面临的局面是多名服务对象或学生需要学习相同

---

[1] 第11章和第27章将分别介绍自动强化和功能分析。

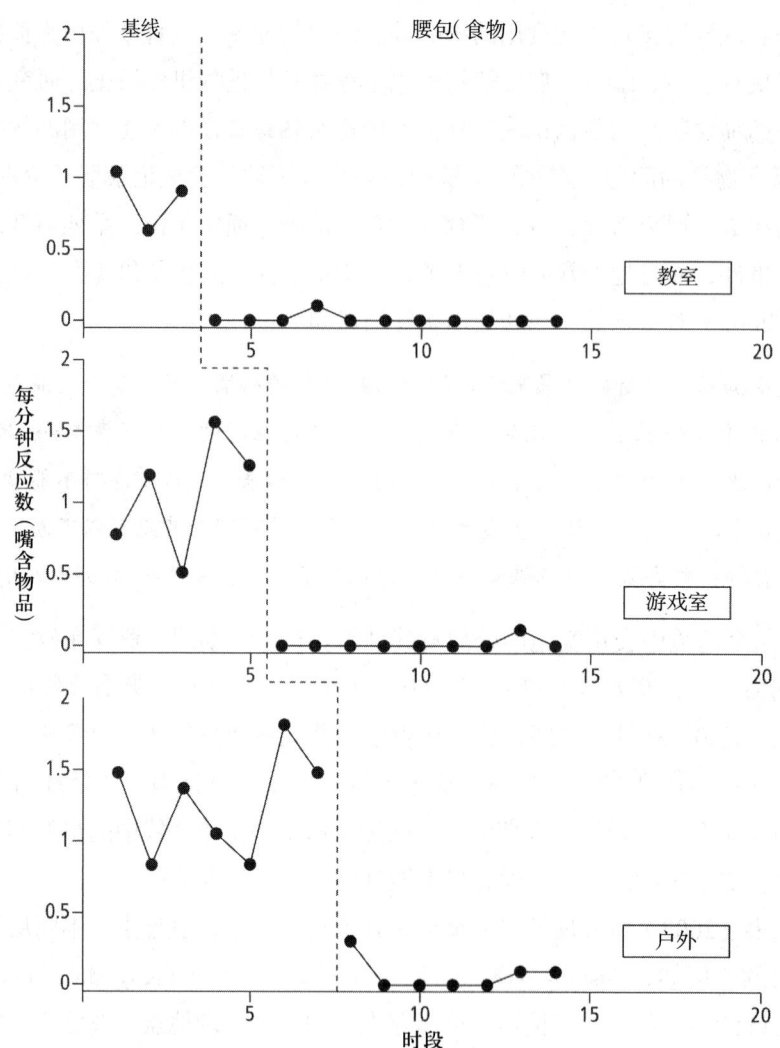

图 9.4 一个跨情境多基线设计，显示了在基线条件和处理条件期间嘴含物品的每分钟反应数。

根据 H. S. Roane, M. L. Kelly, & W. W. Fisher (2003). The Effects of Noncontingent Access to Food on the Rate of Object Mouthing across Three Settings. *Journal of Applied Behavior Analysis*, 36, p. 581. 2003 年版权归实验行为分析协会所有。

的技能或消除相同的问题行为［例如，Craft, Alber, & Heward, 1998（参看图 30.10）；Kahng, Iwata, DeLeon, & Wallace, 2000（参看图 26.1）；Killu, Sainato, Davis, Ospelt, & Paul, 1998（参看图 26.3）；Kladopoulos & McComas, 2001（参看图 6.3）］。有时，多基线设计是跨"几组"参与者来实施的［例如，Dixon & Holcomb, 2000（参看图 13.8）；Lewis, Powers, Kelk, & Newcomer, 2002（参看图 28.7）；White & Bailey, 1990（参看图 15.3）］。

谢勒和怀尔德（Scherrer & Wilder, 2008）使用跨被试多基线设计来评估对鸡尾酒服务员进行安全托送托盘培训的效果。参与者是从一家酒吧的全职员工中随机挑选的三名服务员，他们的"经理报告说，服务员们曾抱怨肌肉和关节酸疼，尤其是在繁忙的工作之后"(p. 132)。因变量是每名服务员在将托盘托送到顾客座位的过程中所表现出来的八种安全托送托盘行为的百分比（例如，根据重量决定托送托盘的位置、手指和拇指的位置、手腕姿势、托盘与身体的距离）。在为期八周的研究中，接受过培训的观察者每周有三到四天在晚班时间坐在未分配给参与者服务的桌子旁，在核查表上暗中记录他们的安全托送托盘行为。当研究结束，三名服务员被问及是否察觉到有数据收集者在记录他们的行为时，他们都说并未察觉到观察者的存在。

自变量是一个单一的训练时段，开始于八种安全托送托盘行为中的每一种都包含的三步程序：（1）培训师解释正确的姿势或技巧；（2）培训师示范正确的姿势或技巧；（3）参与者描述正确的姿势或技巧，然后演示出来。接下来是一系列的尝试，服务员必须正确演示每个姿势或技巧四次。三名参与者全部在 30~50 分钟内达到了熟练掌握的标准。

图 9.5 显示了研究结果。在基线期间，三名参与者表现出的安全托送姿势和技巧的平均百分比为 40%（沙罗）、41%（迈克）和 49%（塔尼娅）。每名参与者的表现都是变动的，在任何基线时段都没有服务员达到高达 70% 的安全表现。虽然沙罗只得到三个基线测量值，但数据的急剧下滑趋势表明她应该首先接受安全培训。每名参与者的安全托送行为在培训后都立即增加，并在研究的剩余时间内保持在较高和稳定的水平（沙罗的平均值为 96%，迈克为 93%，塔尼娅为 96%）。

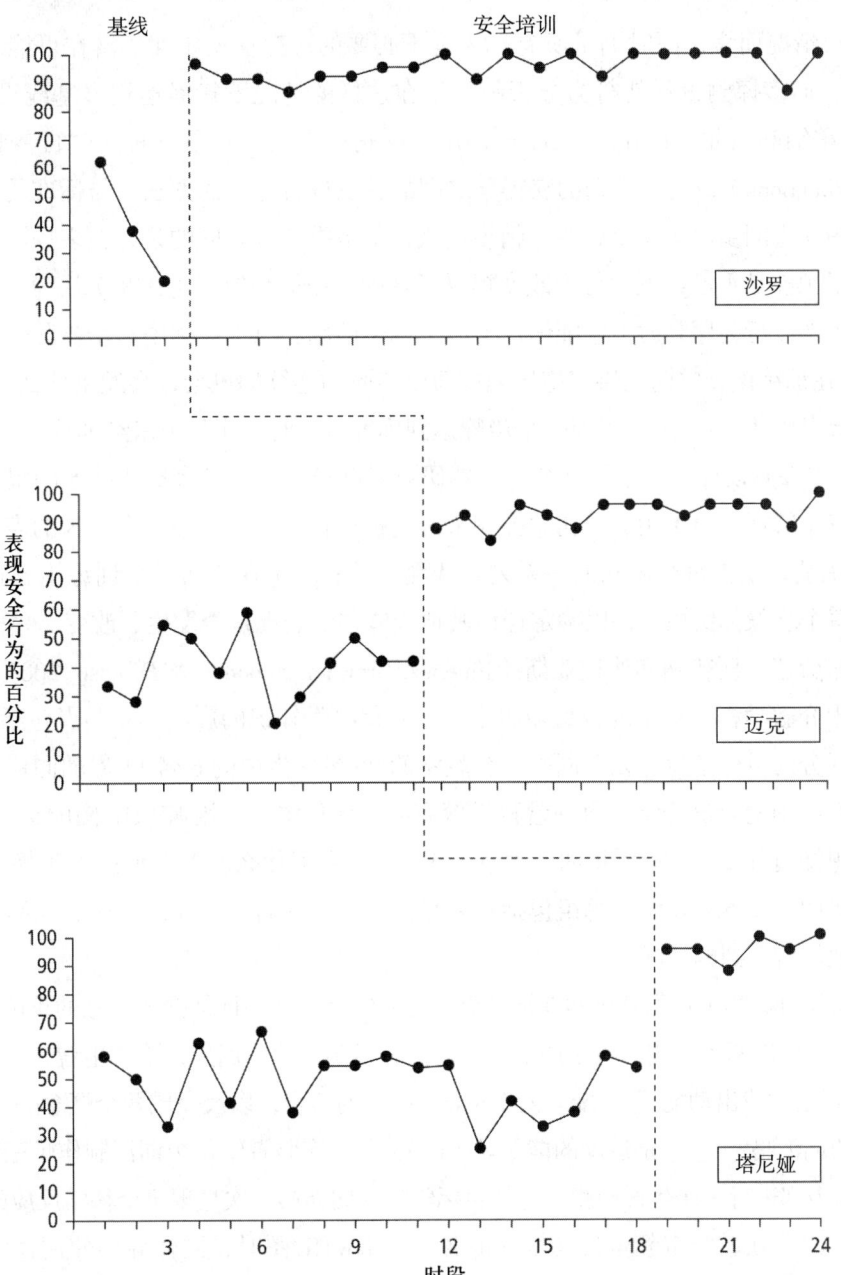

图 9.5 一个跨被试多基线设计，显示了鸡尾酒服务员在基线和安全托送培训条件期间的安全托送托盘的姿势和技巧的百分比。

引自 M. D. Scherrer & D. A. Wilder (2008). Training to Increase Safe Tray Carrying Among Cocktail Servers. *Journal of Applied Behavior Analysis*, 41, p. 134. 2008 年版权归实验行为分析协会所有。经授权转载。

多基线并不是真正的单一个案设计，因为每名被试并不是他/她自己的对照。相反，要验证根据基线数据对每名被试做的预测，必须从其他仍在基线中的被试的相对不变的基线测量值中推论出来，而效果的复制则必须从其他被试接触到自变量时产生的行为改变中推论出来。这既是跨被试多基线设计的一个缺点，也是一个潜在的优点，本章后面还将继续讨论。

多基线设计的变体

多基线设计的三种变体分别是多探测设计（multiple probe design）、延迟多基线设计（delayed multiple baseline design）和非并存跨参与者多基线设计（nonconcurrent multiple baseline across participants design）。

多探测设计

对一些行为或情况而言，同时测量所有行为是不必要的、存在反应性的潜在可能的、不切实际的或成本太高的做法，而多探测设计使行为分析师得以在这样的情况下拓展运用多基线设计的操作和逻辑。**多探测设计**是由霍纳和贝尔（Horner & Baer, 1978）首先提出的，它是一种对"自变量"与"逐步接近（successive approximations）或任务序列的获得"之间的关系进行分析的方法。与标准的多基线设计——在实验的基线阶段中一直同步收集每个行为、情境或被试的数据——不同的是，在多探测设计中，间歇测量或探测为确定在干预前是否已经发生行为改变提供了基础。霍纳和贝尔（1978）认为，当多探测设计应用于学习相关的行为链或行为序列时，它能够回答以下四个问题：（1）序列中每个步骤（行为）的初始表现水平如何？（2）在训练该步骤前提供实施序列中每个步骤的连续的机会，会发生什么？（3）随着训练的进行，每个步骤会发生什么？（4）当前一个步骤达到标准水平时，序列中未经训练的步骤会发生什么？

图 9.6 显示了多探测设计的一个原型图，虽然研究者已经开发出了多探测技术的很多变体，但其基本设计都具有以下三个特征：（1）用一个初始探测来确定被试在行为序列中每个行为的表现水平；（2）在对某个步骤进行训练前，获得每个步骤的一系列基线测量值；（3）在任何一个训练步骤达到标准水平表现后，对序列中的每个步骤都做探测，以确定任何其他步骤中的表现是否发生了改变。

希门尼斯、布劳德、斯普纳和迪比亚斯（Jimenez, Browder, Spooner, & Dibiase, 2003）使用多探测设计来分析一项同伴中介教学程序对中度智力障碍中学生获得科学知识的影响。参与者包括 5 名年龄为 11~14 岁、智商为 34~55 分的目标学生，以及同一融合教室的 26 名学生中的 6 名 11 岁的同伴导师。在整个研究过程中，普通教育教师向全班介绍了每一堂科学探究课，课程中会使用 KWHL 图的头三个字母（K=你知道什么？W=你想知道什么？H=你将如何发现？L=你学到了什么？）来辅助学生做出反应和思考。接着，将学生们分成四人或五人一组，每组包括一名目标学生和一名同伴导师，然后他们参与动手实验或在线活动，并报告他们所看到的情况。

主要的因变量是目标学生在每堂科学课结束后，对实验者实施的评估探测所做的正确反应数。每个探测包括八个反应机会：说出两个印刷的科学词汇、命名两张科学图片（例如，给学生看三张印有科学词汇或图片的闪卡，并告诉他："找出动能。"），配对两个词汇/图片的组合，以及完成两个概念陈述［例如，"你能找到完成这个陈述的词汇吗？____ 是运动的能量。"（p. 305）］。实验者给每个词汇制作了三组不同的图片。至少在每个教学单元中都进行一次体内探测，包括目标学生在同伴第一次呈现每个科学反应的尝试中的表现。

在干预期间，（1）在教师带领全班同学完成各自的 KWHL 图时，同伴导师使用恒定时间延迟程序指导目标学生使用 KWHL 图；（2）在小组活动期间，同伴导师为每个科学反应嵌入三个恒定时间延迟学习尝试。[1] 图 9.7 显示了其中一名目标学生的结果。在基线期间，杰德跨三个单元的每探测平均正确反应数为

---

[1] 时间延迟是一项将刺激控制从反应辅助（如教师点指苹果的同时说"苹果"）转换到自然刺激（如一颗苹果）的程序，第 17 章将进行讲解。

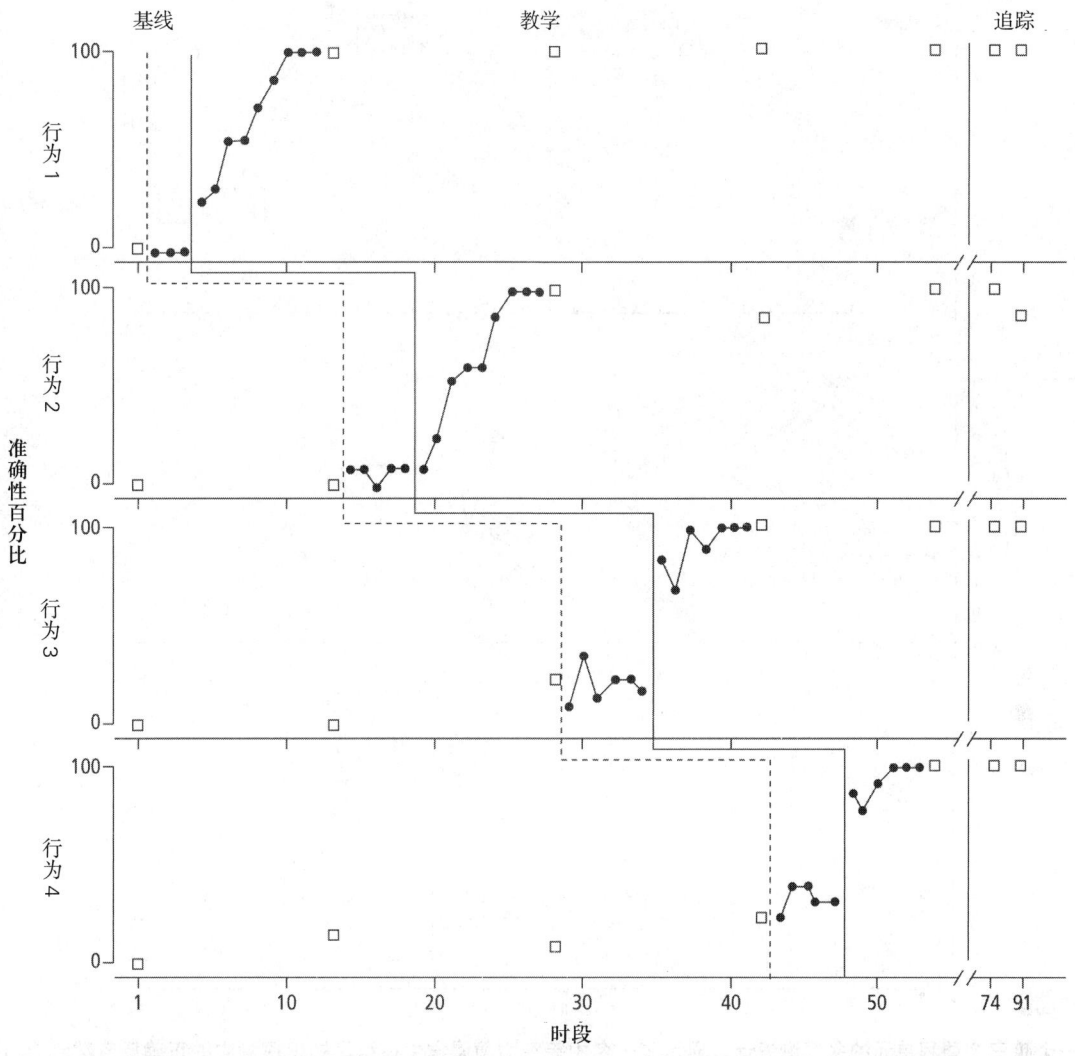

图9.6 一个多探测设计的原型图。方形数据点代表探测时段的结果，在探测时段中，所有的行为序列或行为集（1–4）都得到了测验。

1.75~2个。她在干预期间的表现有所改善，每探测平均正确反应数为6~7.8个。杰德在维持探测中的表现是，三个教学单元中有两个远远高于基线水平。其他四名目标学生也得到了相似的结果，这表明同伴中介的嵌入教学与中度智力障碍学生获得科学知识之间存在功能关系。

如果被试要学习一个技能序列，但没有掌握前面的步骤，就很难在后面的步骤中获得进步表现，多探测设计特别适合用于评估教学对学习这类技能序列的影响。例如，当学生不具备加法、减法和乘法的技能时，重复测量他解除法题的正确率，对一项分析来说没有什么帮助。霍纳和贝尔（1978）精辟地阐述了这个观点。

除法基线上不可避免的零分没有任何实际意义：除法可能就是零分（或机会，取决于测验形式），测量它其实没有实际意义。这样的测量就是*形式*而已：它们填满了多基线的图像，确实如此，但这是以一种虚幻的方式。当行为发生的机会是零的时候，测量得到的零值可不代表零个行为，所以没必要在测量良好的数据水平上记录行为没有发生，因为它根本不会发生。(p.190)

因此，当一个行为链或行为序列的任何成分都要先获得前面的成分，否则就不太可能或完全不可能获得时，使用多探测设计可以避免仪式性的基线数据收集。除了已经提到的两个用途——分析教学对复杂技能序列的影响和减少没有看似合理的发生机会的行为在基线期的测量数量——当较长的基线测量可能被证

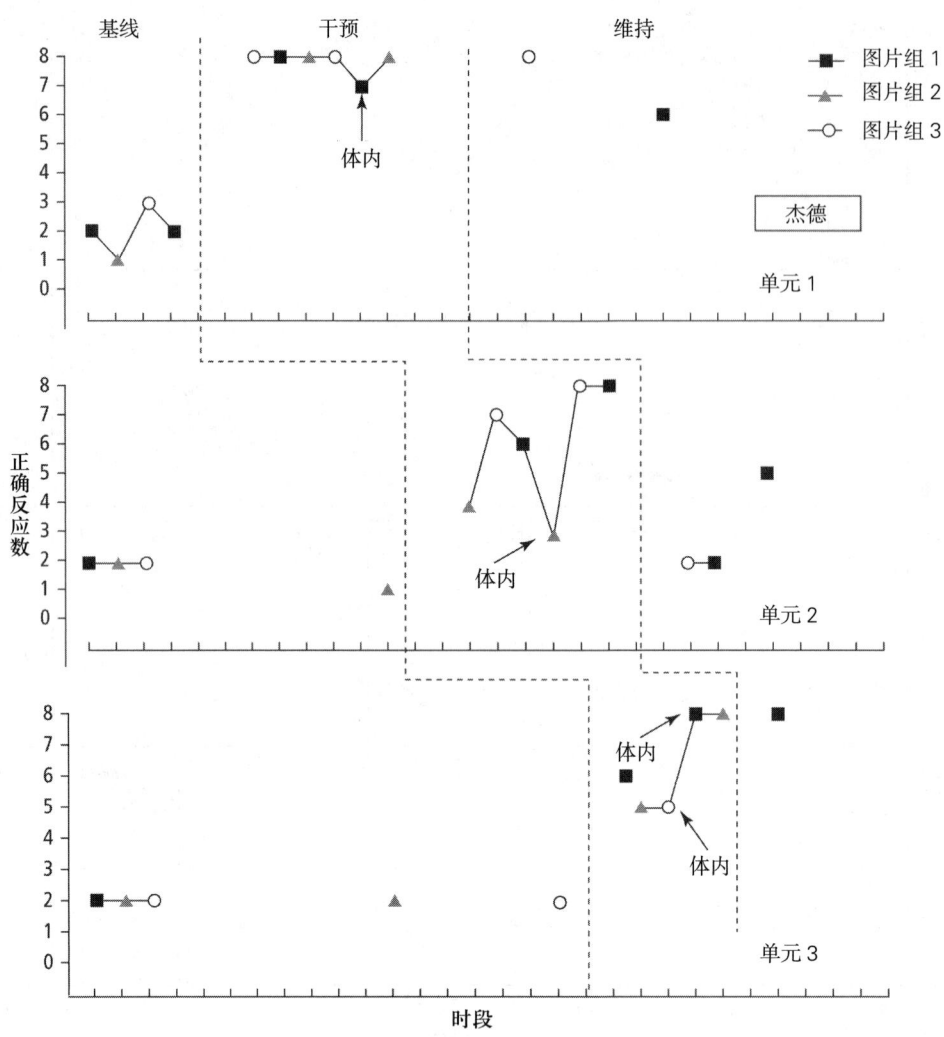

图 9.7 一个跨三个课程单元的多探测设计，显示了一名中等智力障碍学生在科学知识探测中的正确反应数会受到同伴中介的嵌入教学的影响。

引自 B. A. Jimenez, D. M. Browder, F. Spooner, & D. Dibiase (2012). Inclusive Inquiry Science Using Peer-Mediated Embedded Instruction for Students with Moderate Intellectual Disabilities. *Exceptional Children*, 78, p. 310. 2012 年版权归美国特殊儿童委员会所有。经授权转载。

明是反应性的、不切实际的或成本太高时，多探测技术是一种有效的实验策略。在非处理条件下重复测量一项技能可能会形成一种对学生而言较为厌恶的情境，而且学生可能会出现消退、厌烦或其他不良反应。谈到多基线设计时，库沃（Cuvo, 1979）认为研究者应认识到"对以下两者要权衡取舍：一方面重复施用因变量测量来建立稳定的基线；另一方面则因将参与者置于潜在的惩罚经历中而需让其面临表现受损的风险"（pp. 222-223）。此外，完整地评估一个序列里的所有技能可能需要太多的时间，而这些时间原本可以用在教学上。

其他关于多探测设计的例子可以在阿尔迪等人（Aldi et al., 2016; 参看本书中的图 21.2），阿恩岑、霍尔斯塔特罗和霍尔斯塔特罗（Arntzen, Halstadtrø, & Halstadtrø, 2003）、科尔曼—马丁和沃尔夫·赫勒（Coleman-Martin & Wolff Heller, 2004）、兰伯特及其同事（2016），梅克林、艾尔斯、普拉泽拉和普拉泽拉（Mechling, Ayres, Purrazzella, & Purrazzella, 2012），沃茨、考德威尔和沃勒里（Werts, Caldwell, & Wolery, 2016; 参看本书中的图 23.9），以及亚纳尔达、阿克曼奥卢和伊尔马斯（Yanardag, Akmanoglu, & Yilmaz, 2013）的研究中找到。

延迟多基线设计

延迟多基线技术可以用在先前计划使用的倒返设计不再可能进行或已证实无效的情况下,它也可以给一个已经可操作的多基线设计增加额外的层级,就像给一项正在进行中的研究增加新的被试那样。**延迟多基线设计**是一种实验策略,它开始于一个初始的基线和干预,并以交错或延迟的方式添加后续基线。图9.8显示了一个延迟多基线设计的原型图。这个设计采用了与全面的多基线设计相同的实验推理,唯一的例外是,在将自变量应用于先前的行为、情境或被试之后才开始收集的基线数据不能用来验证基于实验设计的更早层级所做的预测。在图9.8中,行为2和行为3的基线测量开始得足够早,这使得这些数据可以用于验证对行为1的预测。行为3的最后四个基线数据点也验证了对行为2的预测。然而,行为4的基线测量是在自变量被应用于先前的每个行为之后才开始的,因此限制了它在这个设计中额外证明复制的作用。

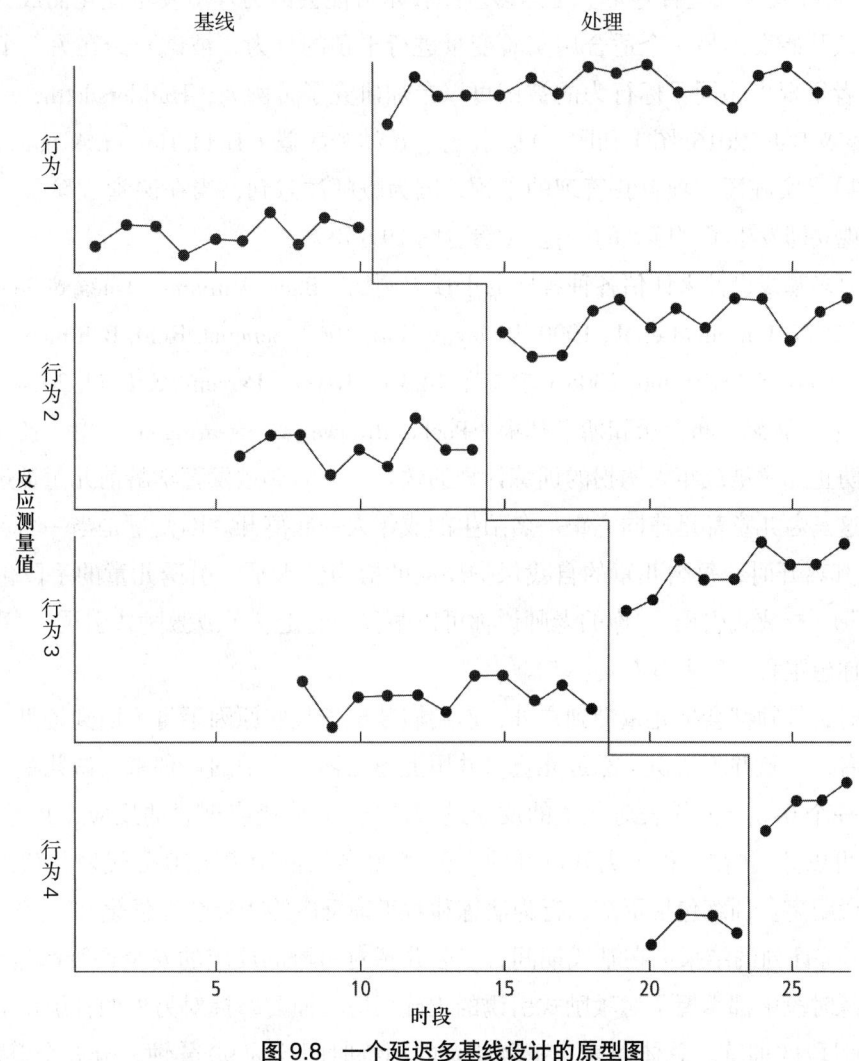

图9.8 一个延迟多基线设计的原型图

延迟多基线设计可能可以帮助行为分析师在无法实施其他实验策略的特定环境中开展研究。休厄德(1978)提出了三种情况。

倒返设计不再适合使用或不再可能使用。在应用情境中,研究环境可能会发生变化,而与先前计划使用的倒返设计所处的环境有所不同。这种变化可能涉及被试所处的环境的改变,使目标行为不再可能返回基线水平,或是家长、教师、管理者、被试/服务对象或行为分析师的行为出于任何原因而发生改变,以至于不再适合使用或不再可能使用先前计划使用的倒返设计。如果其他的行为、情境或被试适合应用自变量，那么行为分析师可以使用延迟多基线技术，并仍可探寻功能关系的证据。

因有限的资源、伦理上的考虑或实践上的困难而无法使用全面的多基线设计。当行为分析师能够控制的资源只够对一个行为、一个情境或一名被试实施初始的记录和干预，而不适合实施另一种研究策略时，就会出现这种情况。这可能是由于实施了第一项干预，更多的资源可以用于收集更多的基线。某些行为在处理前的形态和/或比率导致需要花费过多的人力资源，在这些行为得到改善后，可能就会出现这样的情况。或者，可能是一个原本不愿配合的管理者看到第一次干预的成功结果后，提供了进一步分析所需的资源。伦理上的考虑可能也排除了对某些行为进行较长的基线测量的可能（例如，Linscheid, Iwata, Ricketts, Williams, & Griffin, 1990）。此外，霍布斯和霍尔特（Hobbs & Holt, 1976）提到的"实践上的困难"，也是一个可以使用延迟基线测量的理由。

"新的"行为、情境或被试变得可用。延迟多基线技术可能会因为环境发生变化而成为一种有用的分析策略［例如，被试开始发出另一个适合用实验变量进行干预的行为，被试开始在另一个情境中发出原始的目标行为，或者呈现出相同目标行为的被试可以参加研究了（例如，Halldorsdottir, Valdimarsdottir, & Arntzen, 2017; Young & Daly, 2016, 图 1 和图 3）］。托德、霍纳和萨盖（Todd, Horner, & Sugai, 1999）应教师的要求，在课堂 B 阶段实施了一项自我管理的干预，因为教师注意到，当在课堂 A 阶段开始使用赞扬来干预时，学生的表现立即发生了"巨大的变化"（参看图 29.6）。

研究者使用延迟多基线设计来评估各种各样的干预［例如，Baer, Williams, Osnes, & Stokes, 1984; Jones, Fremouw, & Carples, 1977; Linscheid et al., 1990; Risley & Hart, 1968; Schepis, Reid, Behrmann, & Sutton, 1998; McKenzie, Smith, Simmons, & Soderlund, 2008（参看图 14.3）; Towery, Parsons, & Reid, 2014; White & Bailey, 1990（参看图 15.2）］。[1] 波赫、布劳沃和斯韦林根（Poche, Brouwer, & Swearingen, 1981）使用延迟多基线设计来评估一项旨在防止儿童被成年人诱拐的训练计划的效果。三名典型发育学龄前儿童被选作被试，因为在筛选测试期间，这三名儿童都迅速同意跟一名陌生的成年人一起离开。因变量是当一名可疑的成年人接近儿童并企图引诱其离开时，每名儿童的自我保护反应的恰当性水平。引诱儿童的手段包括简单式引诱（"你想去散步吗？"）、权威式引诱（"你的老师说你可以跟我一起走。"）或激励式引诱（"我车里有一个令人惊喜的好东西，你想跟我一起去看看吗？"）。

每个时段开始时，教师都会把儿童带到户外，然后假装出于某些原因不得不回到楼里。然后，可疑的成年人（协同研究者，儿童并不认识）靠近儿童，并用上述三种方式中的一种来引诱儿童。协同研究者同时也是观察者，用一个 0~6 分的量表对儿童的反应进行评分，6 分代表理想的反应（儿童说："不，我必须问过我的老师才可以。"并在三秒内离开可疑的人至少 20 英尺的距离），0 分代表儿童跟随可疑的人一起离开了教学楼一段距离。训练包括示范、行为演练和对正确反应给予社会性强化。

图 9.9 显示了训练计划的结果。在基线期间，三名儿童对引诱的反应的安全评级都是 0 或 1。三名儿童在一个至三个训练时段中都掌握了对激励式引诱的正确反应，而要掌握对另外两种引诱的正确反应，则还需要一个至两个时段的训练。总体而言，每名儿童的训练时间约为 90 分钟，分五个至六个时段进行。当在距离学校 150~400 英尺的人行道上对引诱进行泛化探测时，三名儿童都做出了正确反应。

虽然这项研究中的每个基线的长度相同（即有相同数量的数据点），而这与多基线设计中的各基线长度应有明显差异的一般规则相矛盾，但波赫及其同事有两个充分的理由对被试开始展开训练。第一，每名儿童近乎完全稳定的基线表现为评估训练计划提供了充分的基础（唯一的例外是，当斯坦在第四次基线观察中停留在可疑的人近旁而没有和他一起离开时，他对可疑的成年人的引诱完全不敏感）。第二，也是更

---

1 这些研究中的大部分，其实验设计被描述为多探测设计。然而，其图表呈现显示出各基线是以时间延迟的方式添加进去的。

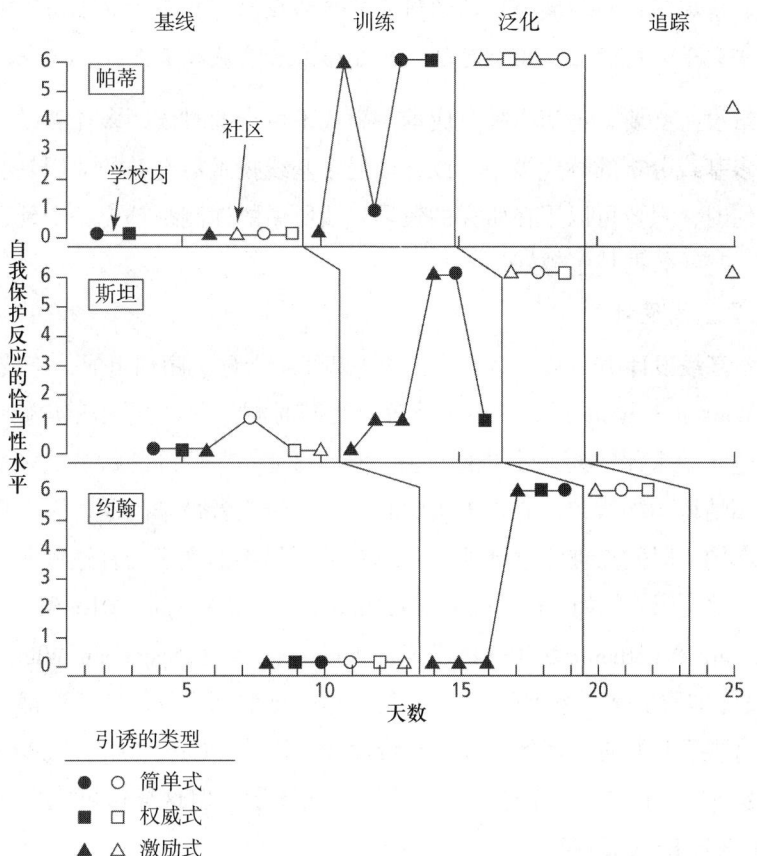

图 9.9 一个延迟多基线设计，显示了在学校和社区情境中，在基线、训练和泛化探测期间的自我保护反应的恰当性水平。实心符号代表在学校附近收集的数据；空心符号代表远离学校的地方。

根据 C. Poche, R. Brouwer, & M. Swearingen (1981). Teaching Self-Protection to Young Children. *Journal of Applied Behavior Analysis*, 14, p. 174. 1981 年版权归实验行为分析协会所有。

重要的一点，这个目标行为的性质要求我们尽快将其教授给每一名儿童。虽然从纯粹的实验角度来看，在任何多基线设计中跨不同层级持续进行不同长度的基线测量是很好的做法，但在这个例子中，考虑到使儿童反复暴露在成年人的引诱之下的同时并未提供训练的潜在危险，这种做法在伦理上是非常值得怀疑的。

延迟多基线设计存在几个局限。第一，从应用的角度来看，如果行为分析师为了矫正重要的行为，必须等待很久，那么这种设计就不是一个好的选择，尽管在所有的多基线设计中都必须考虑这个潜在的问题。第二，与标准的多基线设计相比，延迟的基线阶段包含的数据点更少，因为在标准的多基线设计中，所有的基线都是同时开始的，这会产生不同长度的较长的基线阶段。长基线如果稳定的话，可以提供一种预测能力，使实验控制得到令人信服的证明。行为分析师在使用任何形式的多基线设计时都必须确保所有的基线无论何时开始，都有足够的、不同的长度来为实验效果的比较提供可信的基础。第三，延迟多基线设计可能会掩盖因变量的相互依赖性。

任何一种多基线设计的优点在于，直到实验者应用自变量，而且仅在应用了自变量的情况下，因尚未处理而几乎或完全没被注意到的行为改变才会被注意到。在延迟多基线设计中，为后续行为收集的"延迟基线"数据可能代表了对这个设计中的其他行为进行实验操纵而导致的表现改变，因此可能并不代表实验操作前的真实水平……在这种情况下，延迟多基线设计可能会导致"假阴性"，研究者可能会错误地得出结论，认为干预对后续行为（一个或多个）是无效的，而实际上是缺乏同时获得的基线数据而导致无法发现那些行为是共变的。这是延迟多基线设计的一个主要弱点，也是在可以采用全面的多基线设计的情况下，它却成为次选的研究策略的原因。然而，这个局限可以且应该尽可能地通过在对先前基线实施干预前的至少几个时段内就开始做后续基线来克服。（Heward, 1978, pp. 8-9）

当较长的基线测量没有必要、不切实际、成本太高或不可行的时候，多探测设计和延迟多基线设计就成为行为分析师开展多基线分析的替代策略。或许延迟多基线技术最有益的应用是在已经运行的多基线设计中增加层级。无论何时，只要可以用在研究的较早阶段所做的探测来补充一个延迟基线，实验控制就会得到加强。一般来说，基线数据越多越好。

非并存跨参与者多基线设计

非并存跨参与者多基线设计由一系列相关的 A–B（基线—干预）序列组成，跨被试在不同时间点实施。

沃森和沃克曼（Watson & Workman, 1981）建议，当同时测量跨被试无法实施时，使用非并存跨参与者多基线设计作为通过实验来评估处理效果的方法。他们写道："[标准的跨被试多基线设计]所要求的同时观察显然会给在应用情境（如学校、心理健康中心）中的研究者带来问题，因为具有相同目标行为的服务对象可能只会偶尔在同一时间点被注意到。"（p. 257, 方括号中的文字为补述）非并存跨参与者多基线设计在应用行为分析中经常使用 [例如，Garcia, Dukes, Brady, Scott, & Wilson, 2016; Greer, Neibert, & Dozier, 2016（参看图 6.7）; Gunby, Carr, & LeBlanc, 2010; Kelley & Miltenberger, 2016; Speelman, Whiting, & Dixon, 2015]。

"非并存多基线设计本质上是一系列的 A–B 复制，其中每个基线阶段的长度都不相同。然后将参与者的图形垂直排列并进行视觉化检查，就像并存多基线设计一样。"（Carr, 2005, p. 220）虽然用折线连接两个或更多个 A–B 设计会产生一个"看起来像"多基线设计的图形，但这样做可能显示的是一个比所需程度更高的实验控制（Harris & Jenson, 1985）。

非并存跨参与者多基线设计在本质上比其他多基线设计的变体效力要弱。虽然这种设计包含了基线逻辑的三个元素中的两个——预测和复制——但由于没有同时基线测量，干预效果的验证被排除在外。我们建议，在非并存多基线设计研究的图表中，以能够清晰描绘出每个 A–B 序列相对于其他序列获得数据的实际时期的方式来标识横轴和安排横轴刻度（例如，参看 Carr, 2005; Harvey, May, & Kennedy, 2004, 图 2）。

使用多基线设计的假设和准则

如同所有的实验策略一样，多基线设计需要对所研究的行为—环境关系如何运作做出某些假设，即使研究原本就是为发现这些关系的存在和操作方式而进行的。在这个意义上，行为实验的设计类似于一个实证性的猜测游戏——实验者猜测，数据回答。研究者对行为及其与控制变量之间的关系做出假设，即非正式意义上的假设，然后建构实验以产生足以验证或驳倒这些猜测的数据。[1]

由于多基线设计的验证和复制取决于依序应用自变量是否导致其他行为发生改变，因此，实验者必须格外小心地计划和实施实验设计，以使数据揭示的任何关系能够提供最高程度的说服力。虽然多基线设计看起来很简单，但它的成功应用远远不止选择两个或更多个行为、情境或被试，收集一些基线数据，然后一个接一个地对行为引入处理条件。我们建议设计和实施使用多基线设计的实验时遵循以下准则。

选择独立但功能相似的基线

在多基线设计中，功能关系的证明取决于两点：（1）仍处于基线条件的行为在水平、趋势或变异性上没有显示出明显改变，而接触到自变量的行为发生了改变；（2）当且仅当将自变量应用于每个行为时，行

---

[1] 我们不应将这里使用的假设（hypothesis）这一术语与正式的假设检验模型相混淆，后者使用推断统计来证实或推翻从一个理论中推导出来的假设。正如约翰斯顿和彭尼帕克（2009）所指出的："如果研究者提出的是一个关于自然的问题，那么他们不需要陈述假设。当实验问题仅仅是问自变量与因变量之间的关系时，没有科学的理由预测我们会从数据中了解到什么。无论了解到什么，都会是有关这个关系的描述，而这关系可能是我们先前所不知道的。至于它是否符合任何人的预期，都与事实或重要性无关（西德曼）。"（p. 50）

为才发生改变。因此，实验者在使用多基线设计来分析目标行为时，必须做出两个有时看上去相互矛盾的假设。假设这些行为在功能上彼此独立（这些行为彼此之间没有共变关系），但又具有足够的相似性，当将相同的自变量应用于它们时，它们都会发生改变。任何一个假设的错误都会导致无法证明功能关系。

例如，我们假设实验者对第一个行为引入自变量，然后注意到水平和/或趋势发生了改变，但其他仍处于基线条件的行为也发生了改变。那么，仍处于基线条件的行为发生的改变是否意味着一个非控制变量造成了所有行为的改变，而自变量是一个无效的处理呢？或者，未接受处理的行为同时发生改变是否意味着第一个行为的改变受到了自变量的影响，并且已经泛化到了其他行为上呢？或者，我们假设当对第一个行为引入自变量时，第一个行为发生了改变，但后续行为在自变量应用时没有发生改变，这个复制的失败是否意味着自变量并非造成第一个行为发生改变的因素，而是另有一个因素呢？又或者，这只意味着后续行为与实验变量之间不存在功能关系，如此则提供了一种可能性，即他们所注意到的第一个行为的改变是受到了自变量的影响？

这些问题的答案可以且应该通过进一步的实验操纵来探寻。在这两种无法证明实验控制的情况下，多基线设计并不排除自变量与应用该变量时的确发生了改变的行为之间存在功能关系的可能性。在第一种情况下，由于有机会探究并有可能分离出那些强大到足以同时改变多个行为的变量，抵消了使用最初计划好的设计无法证明实验控制的失败。发现能够可靠地跨行为、情境和/或被试而产生泛化改变的变量是应用行为分析的一个主要目标，而如果实验者确信所有其他相关变量在观察到的行为改变发生之前、期间和之后都保持恒定，那么原始自变量就是进一步探究的第一个候选变量。

在第二种情况下，如果无法将一个行为的改变复制到另一个行为上，那么实验者可以探寻自变量与第一个行为之间存在功能关系的可能性，或许可以使用倒返技术，并寻求以后发现一项对没有发生改变的行为（一个或多个）而言有效的干预。另一种可能性是完全放弃原始自变量，另寻可能对所有的目标行为有效的处理。

选择并存和合理相关的多基线

为了确保多基线设计中行为在功能上的独立性，实验者所选择的反应类或情境的彼此相关的程度应足以提供看起来合理的比较方式。而对一个行为持续进行基线测量，以便为验证对另一个已经接触到自变量的行为的预测提供最坚实的基础，必须满足两个条件：（1）必须同时测量这两个行为；（2）所有影响其中一个行为的相关变量必须有机会影响其他行为。使用跨被试和跨情境多基线方法的研究常常将设计逻辑延展至其能力范围之外。例如，将一名儿童服从父母要求的稳定基线测量值作为基础来验证干预对生活在另一个家庭的儿童的服从行为的影响，是一种值得怀疑的做法。影响这两名儿童的各个变量肯定不仅仅是由实验变量的存在与否来区分的。

> 要指定多行为/情境组合作为同一个实验的一部分，有一些重要的限制。为了使多个行为和多个情境的使用成为同一个设计的一部分，进而增强实验推理，会发出两个反应（无论是一名被试的两个反应，还是两名被试各自的一个反应），测量两个反应的一般实验条件必须同时进行。不同行为/情境组合的接触［到自变量］不必同时进行，［但］它必须是完全相同的处理条件，并伴随影响两个反应和/或情境的相关额外变量。这是因为施加于一个行为/情境组合的条件必须同时有影响其他行为/情境组合的**机会**，无论实际上哪个条件对第二个组合更有影响……因此，使用两名被试在不同情境下的反应不满足有同时检测处理效果的机会这一要求。一个处理条件［以及可能导致一名被试的行为发生改变的无数其他变量］就不能与另一名被试的反应产生关联，因为第二名被试的反应会发生在一个完全不同的地方……一般而言，两个反应受一个单一处理［和所有其他相关变量］影响的合理性越

高，以数据显示只有一个行为发生改变来支持的实验控制的证明就越有力。（Johnston & Pennypacker, 1980, pp. 276–278）

基线逻辑的验证元素要在多基线设计中操作，必须满足并存性和合理影响这两个要求。然而，每当稳定基线状态因自变量的引入而发生改变时，效果的复制就会得到证明，这或多或少与变量在哪里或在何时应用无关。这种非并存和/或不相关的基线能够提供关于处理效果的泛化性的宝贵数据。可参看前面关于非并存多基线设计的讨论。

这个讨论不应被解读为一项有效的（即从逻辑上而言是完整的）多基线设计不能跨不同被试进行，而且每名被试都在不同的情境中做出反应。很多使用跨被试、反应类和/或情境的混合多基线设计的研究对开发有效的行为改变技术贡献良多［例如，Dixon et al., 1998; Durand, 1999（参看图 26.4）; Ryan, Ormond, Imwold, & Rotunda, 2002］。

我们来思考一个实验，设计这个实验是为了分析一个特定的教师培训的干预效果，这个培训也许是一个工作坊，要教教师们使用策略来增加每名学生在小组教学中的反应机会。在培训开始前，同时测量了参与研究的教师们各自班级中学生的反应机会的频率。在稳定基线建立后，首先有一名教师（或一批教师）接受工作坊提供的训练，最终，以交错多基线的方式应用于所有的教师。

在这个例子中，即使不同的被试（教师）处在不同的环境（不同的教室）中，对他们的基线条件进行比较在实验上仍然是合理的，因为可能会影响到他们的教学风格的变量是在他们做出行为的更大的共享环境（学校和教学群体）中运作的。不过，只要是涉及不同被试在不同情境中做出反应的实验，无论是提出构想还是发表成果，研究者和消费者都应该以批判的眼光看待基线比较，检视它们之间的逻辑关系。

不要过早地将自变量应用于下一个行为

重申一下，要想在多基线设计中进行验证，必须清楚地显示，当将自变量应用于一个行为并观察到改变时，在其他尚未得到处理的行为中很少或没有观察到改变。在很多研究中，由于过早地将自变量应用于后续行为，摧毁了有力证明实验控制的潜在可能。虽然在多基线策略中，通过在相邻时距内引入自变量，也能达到依序应用的操作要求，但这种紧密间隔的操纵所能提供的实验推理是非常有限的。

> 可能存在的未知的、伴随的、额外的变量的影响也许仍然很大，即使是在一两天之后。这个问题可以通过这种方式来避免：在向第一个行为/情境组合引入处理期间和之后，证明第二个组合的反应持续稳定，直到一段足够长的时间过去，以此来检测可能出现的对第二个组合的任何影响。（Johnston & Pennypacker, 1980, p. 283）

显著改变多基线的长度

一般而言，多基线设计中的基线阶段在测量数量上差别越大，设计就越有效力。数据点数量明显不同的基线可以得出明确的结论（假设有一个有效的处理变量），即每个行为不仅在应用自变量时发生改变，而且每个行为直到应用了自变量才发生改变。如果不同的基线具有相同或相似的长度，那么就存在这样的可能性：当引入自变量时所注意到的改变来自一个混杂变量，如练习或对观察和测量的反应性，而非实验变量的功能。

> 这些效应……称作练习、适应、热身、自我分析，等等；无论它们是什么，无论它们可能被称作什么，多基线设计对它们的控制是通过在引入训练集成包之前，将它们会出现的那段时间的长度（时段、日、周）予以系统化地改变……这样的控制是必要的，当设计只包含两个基线时，每个基线在实验干预前的数据点数量应尽可能地存在根本性的差异，至少呈现出两倍的差别。在干预前不去系统化

地改变基线的长度，不去尽可能地／切实地改变它们，我不觉得这有什么道理。如果不这样做……会使设计的可信度大打折扣。（D. M. Baer，私人谈话，1978年6月2日）

首先干预最稳定的基线

在理想的多基线设计中，在每个行为都达到稳定状态反应后，才会将自变量应用于任何一个行为。然而，应用行为分析师常常无法获得仅仅为增加实验分析的效力而延迟处理的选择权。当干预必须在设计的每个层级上都具有明显的稳定性之前就开始实施时，应将自变量应用于显示出最稳定基线的数据路径（或反处理趋势，如同图9.5中的萨拉）的行为、情境或被试。例如，如果一项研究要评估一个教学程序对四名学生的数学运算速率的影响，而且不存在以任何特定顺序教授这些学生的先验理由，那么教学应该从显示出最稳定基线的学生开始。然而，只有当设计中的大多数基线显示出合理的稳定性时，才应遵循这一建议。

自变量的依序应用应该是在每一次的后续应用中按照最高稳定性的顺序来进行。然而，需要再次强调的是，必须注意到应用环境中的现实情况。改变一个特定行为的社会重要性有时必须优先于满足实验设计要求的愿望。

考虑多基线设计的恰当性

多基线设计具有明显的优势，这无疑是研究者和实务工作者广泛使用它的原因。然而，必须将这些优势与它在设计上的局限和弱点进行权衡，以确定它在任何特定情况下的恰当性。

多基线设计的优点

多基线设计最重要的优点或许在于它不需要撤除一个看似有效的处理来证明实验控制。这对自伤或危及他人的目标行为来说是一个非常重要的考虑因素。多基线设计的这一特点也使得它适用于评估由性质决定了不能被撤除的自变量的效果，也适用于探究可能或已经证实无法倒返的目标行为（例如，Duker & van Lent, 1991）。此外，由于多基线设计不需要将处理成果倒返至基线水平，家长、教师或管理者可能更容易接受它作为证明干预效果的方法。

多基线设计要求依序跨多个行为、情境或被试应用自变量，这补充了很多以发展多个行为改变为目标的实务工作者的通常做法。教师的任务是帮助多名学生学习多项技能，并在多种情境中运用。同样，临床工作者通常需要帮助他们的服务对象改善一个以上的反应类，并在多种情境中发出更多的适应性行为。多基线设计非常适合评估很多实务工作者在应用情境中寻求的渐进的多个行为改变。

由于多基线设计涉及同时测量两个或更多个行为、情境或被试，因此，它在评估行为改变的泛化性方面非常有用。对多个行为的同时监控使行为分析师有机会确定自变量的操纵导致的行为的共变情况。虽然仍处于基线条件下的行为的改变消除了多基线设计证明实验控制的能力，但这样的改变揭示了自变量可能有能力产生具有良好泛化性的行为改善，从而提出了一套额外的研究问题和分析策略（例如，Odom, Hoyson, Jamieson, & Strain, 1985）。

最后，多基线设计具有相对容易概念化的优点，因此，对没有正式接受过研究方法训练的家长和教师而言，它是一种有效的实验策略。

多基线设计的局限

多基线设计至少存在三个科学上的局限或考虑因素。第一，即使自变量与其所应用的行为之间存在功能关系，多基线设计可能仍然无法证明实验控制。仍处在基线条件下的行为的改变，以及类似于在处理条件下的行为的同时改变，阻碍了原始设计中对功能关系存在的证明。第二，从某个角度来看，与倒返设计相比，多基线设计在展现实验控制方面是一种比较弱的方法。这是因为对多基线设计中的每个行为所做的基线预测的验证并不是直接由该行为提供的，而是必须通过其他行为没有发生改变而推论出来的。不过，应该对多基线设计的这一弱点与其能在跨不同行为、情境或被试中提供多次复制的优点进行权衡。第三，多基线设计提供的关于处理变量的有效性的信息比关于任何特定目标行为的功能的信息要多。

[这个]多基线与其说是对反应的实验分析，不如说是用于改变反应的技术。在倒返设计中，反应通过运作一次又一次地产生；在多基线设计中，主要是这个技术一次又一次地运作，而反应要么是每个运作一次（如果使用了不同的多个反应），要么是一个单一反应在每个情境中运作一次或对每名被试运作一次。对同一被试或同一情境下的相同行为的重复运作并不会呈现出来。然而，虽然已经不用重复运作反应，但实验技术的重复性和多样化运作却得到了最大限度的体现，这种情况在倒返设计中是不可能出现的。（Baer, 1975, p. 22）

在判断多基线设计的恰当性时，必须评估的两个重要的应用上的考虑因素是实施设计所需的时间和资源。第一，由于要先观察到处理变量对先前的行为、情境或被试产生的效果，然后才能将其应用于后续的行为、情境或被试，因此，多基线设计要求对一些行为、情境或被试暂缓干预，而且也许需要在很长的一段时间内这样做。这种延迟引发了实践和伦理方面的担忧。因为对某些行为的处理是不容延迟的，它们的重要性使得延迟处理不切实际。正如斯托尔兹（Stolz, 1978）所指出的："如果某项干预被普遍认为是有效的，那么仅仅为了实现一个多基线设计而延迟处理可能是不合伦理的。"（p. 33）第二，同时测量多个行为所需的资源必须纳入考量。当必须在多个情境中观察和测量行为时，使用多基线设计的成本可能会非常高。然而，当有理由在基线期间使用间歇探测代替连续测量时（Horner & Baer, 1978），同时测量多个行为的成本就会降低。

变标准设计

变标准设计可用于评估以渐进或逐步的方式将处理应用于单一目标行为的效果。在应用行为分析文献方面，万斯·哈勒在其作为共同作者之一的两篇论文中首次描述了变标准设计（Hall & Fox, 1977; Hartmann & Hall, 1976）。

变标准设计的操作和逻辑

读者在阅读哈特曼和哈勒（Hartmann & Hall, 1976）关于**变标准设计**的描述之前和之后可以参考图 9.10。

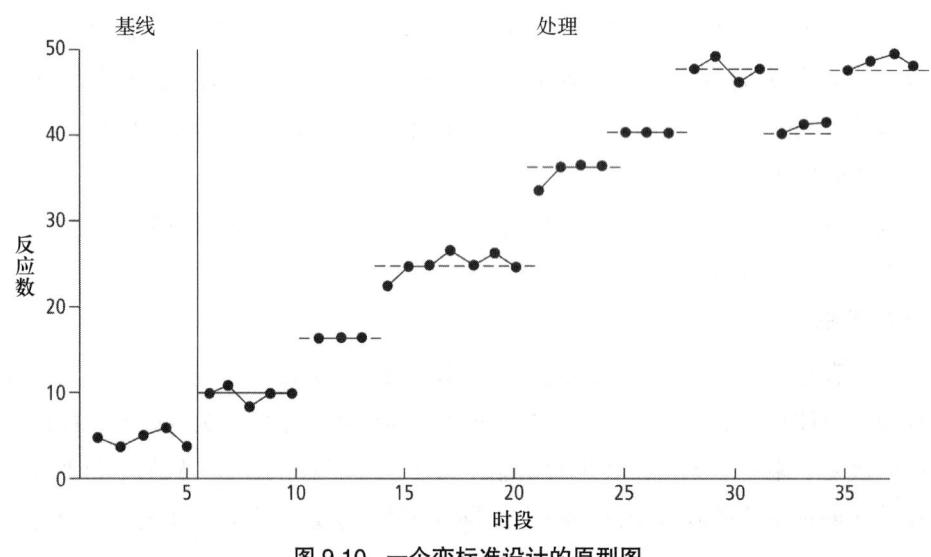

图 9.10　一个变标准设计的原型图

这个设计需要对单一目标行为进行初始基线观察。在基线阶段之后，在一系列处理阶段中的每个阶段内都要实施一项处理计划。每个处理阶段都与目标行为的一个阶梯式的标准比率改变有关。因此，设计的每个阶段都为下一个阶段提供了一个基线。当目标行为的比率随着标准的逐步改变而改变时，处理所造成的改变就会被复制，实验控制就会得到证明。(p. 527)

在变标准设计中，基线逻辑的两个元素——预测和复制——的操作是非常清晰的，当在设计的每个阶段内都达到稳定反应时，就形成了对未来反应的预测。当每一次标准改变，而行为水平也以系统化的方式改变时，就发生了复制。在这个设计中，对基于每个阶段所做的预测的验证并不那么明显，但也可以通过两种方式来实现。第一，系统化地改变阶段的长度有助于形成一种不言自明的验证形式。所做的预测是：如果标准不变，则反应水平不变。当标准没有改变，稳定反应继续进行时，预测就得到了验证。当设计可以显示无论阶段的长度如何变化，除非标准改变，否则反应水平不会改变时，实验控制就是显而易见的。哈勒和福克斯（Hall & Fox, 1977）提出了另一种验证的可能性："实验者可以返回前一个标准，如果行为符合这个标准水平，那么也是获得高度行为控制的一个有力论据。"（p. 154）图 9.10 中的倒数第二个阶段展示了这样一种倒返标准。虽然返回前一个标准水平需要暂时中断行为的稳定改善，但倒返策略对行为分析具有相当大的增强作用，除非有其他因素表明其不恰当性，否则应将其纳入变标准设计之中。

将变标准设计概念化的一种方式是将它视为多基线设计的一个变体。哈特曼和哈勒（1976, p. 530）以及哈勒和福克斯（1977, p. 164）的两项研究都以多基线形式重新绘制了变标准设计的数据，多基线的每个层级都显示了目标行为在实验所使用的一个标准水平上的发生与否的情况。一条垂直条件改变线以折线穿过各个层级，表明强化标准被提高至每个层级所代表的水平的时间点。通过绘制在每个时段内是否发出达到或超过每个层级所代表的水平的目标行为，以及在标准改成那个水平之前和之后的表现，揭示了一种多基线分析。然而，这样的多基线论证并不足以令人信服，因为代表"不同"行为的每个层级不是相互独立的。例如，如果一个目标行为在一个特定时段内发出了 10 次，那么所有代表标准为 10 个反应以下的层级都必须显示该行为发生了，所有代表标准为 11 个反应或更多的层级都必须显示该行为未发生，或反应数为零。而事实上，因绘制在另一个层级上的事件，大多数看起来显示了验证和复制效果的层级只能显示这些结果。多基线设计提供了令人信服的实验控制的证明，因为在设计中获得的每个行为的测量值均为该行为的控制变量的结果，而不是测量另一个行为的人为结果。因此，将来自变标准设计的数据重新转成多层级的多基线形式，往往会形成一个有利于实验控制的偏差局面。

虽然多基线设计并不完全相似，但变标准设计可以被概念化为分析目标行为的表现增加（或减少）的方法。正如西德曼（1960）所指出的："将强化依联于行为的某些方面的特定值，并将该值视为一个反应类，这是有可能做到的。"（p. 391）变标准设计可以成为一种有效的策略，用于显示行为重复出现新的比率是自变量（即标准改变）操纵的结果。

库克、拉普和舒尔策（Cook, Rapp, & Schulze, 2015）使用变标准设计来评估对其他行为的差别负强化（differential negative reinforcement of other behavior, DNRO）对一名 8 岁孤独症男孩佩戴医疗警报手环的持续时间的影响。乔纳的父母对儿子有在公众场所与照顾者走散的经历感到担忧，于是买了一个医疗警报手环，并将他们联系方式和乔纳的诊断信息写了在手环上。[1] 将手环戴在乔纳的手腕上会引发问题行为，包括大声喊叫、要求摘掉手环、在地板上打滚、打人、咬自己的手，以及试图通过拉扯手环和摇晃手腕来移除手环。基线包含四天内的 122 次逃避尝试。每次尝试开始时，治疗师都会说："乔纳，现在该戴你的手环了。"然后将手环戴在乔纳的手腕上。一旦问题行为出现，治疗师就立刻移除手环 30 秒。当逃避期结

---

[1] 第 12 章和第 25 章将分别详细讲述负强化和对其他行为的差别强化。

束时,开始下一次尝试。

在 DNRO 条件期间,每次尝试开始时,治疗师都会告诉乔纳:"现在该戴你的手环了。如果你能等待一段时间,我将会把它摘下来。"(p. 903)治疗师把手环戴在乔纳的手腕上,并在计时器上设定一个预定的时距。如果乔纳服从,治疗师就同时给予简短的赞扬,并移除手环,让他进入逃避期。当逃避期结束时,开始下一次尝试。如果乔纳不服从,治疗师就把手放在手环上,阻挡他试图移除手环的动作,并告知乔纳做什么才能移除手环(如"试着再等一下,不要大声喊叫"),并将时间重新设定为当前的标准等待时间。DNRO 干预的服从时间从 5 秒的标准开始。每当乔纳在连续 5 次尝试中达到标准,标准就会提高。

在逃避基线条件期间,乔纳的不服从的平均潜伏期为 6 秒(范围为 0~75 秒)(参看图 9.11;图中只绘制了最后 10 个逃避尝试数据)。库克及其同事(2015)描述了标准改变的序列和等级大小以及结果。

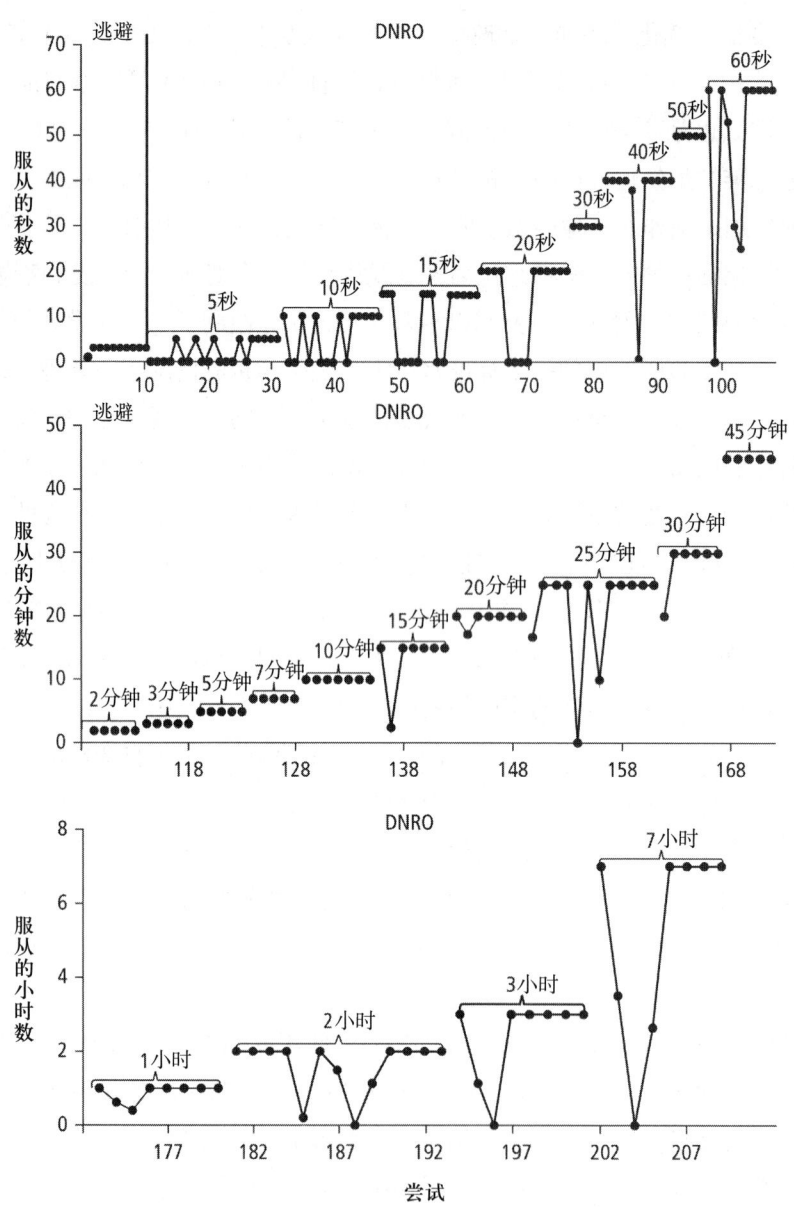

图 9.11 一个变标准设计,显示了一名 8 岁孤独症男孩在基线和对其他行为的差别负强化期间服从佩戴医疗警报手环要求的时间。

引自 J. L. Cook, J. L. Rapp, & K. A. Schulze (2015). Differential Negative Reinforcement of Other Behavior to Increase Wearing of a Medical Bracelet. *Journal of Applied Behavior Analysis*, 48, p. 904. 2015 年版权归实验行为分析协会所有。经授权转载。

我们引入一个以 5 秒为标准的 DNRO，并逐渐将标准提高至 60 秒，这需要在 3 天内完成 98 次尝试。然后，我们实施一个以 2 分钟为标准的 DNRO，并将标准延长至 45 分钟（中图）；这一标准的提高需要在 5 天内完成 64 次尝试。经过 12 天内的 37 次尝试，我们将乔纳戴手环的持续时间从 1 小时延长至 7 小时（下图）。随后，治疗师将干预扩展至乔纳的家庭和学校（数据来自第二作者）。

此后，除了为保持清洁而移除手环的短暂时间外，报告称，乔纳在接下来的两年内都持续戴着手环。（p. 905）

这项研究很好地展现了变标准设计的灵活性：21 个在等级大小上的标准改变从 5 秒到 4 小时不等。虽然一个或多个回到先前达到的标准水平的倒返可能会提供一个具有说服力的实验控制的证明（作者注意到的一个局限），但这种做法所引发的实践和伦理方面的考虑是值得怀疑的。一如既往，应用行为分析师必须在实验的各种考虑因素与以最有效的、最高效的和最合伦理的方式改善行为的需要之间取得平衡。

麦克杜格尔（McDougall, 2005）提出了**范围限制变标准设计**（range-bound changing criterion design），在这个设计中，每个干预子阶段都包含一个较低的标准和一个较高的标准，参与者的表现被期望落在这个范围内。麦克杜格尔认为，行为的"改善和实验控制的证明，在目标行为存在于或属于预先设定的范围内时，能够得到明确的展示"（p. 130）。作者报告了一项说明这个设计的研究，一名超重的成年人运用目标设定和自我绘图来增加每天跑步的时间（参看图 9.12）。在为期 19 周的基线期内，参与者只跑了 3 天，他设定的最初目标是一周中的 6 天平均每天跑 20 分钟。他还设定了 20 分钟 ±10% 的上限和下限范围，作为他在任何一天中跑步应达到的最少（18 分钟）和最多（22 分钟）时间的双标准。当达到这个目标时，参与者就将目标提高至每天 40 ± 4 分钟，然后提高至每天 60 ± 6 分钟，以此类推，最多为每天 100 ± 20 分钟，包含一个倒返至较低标准的子阶段。

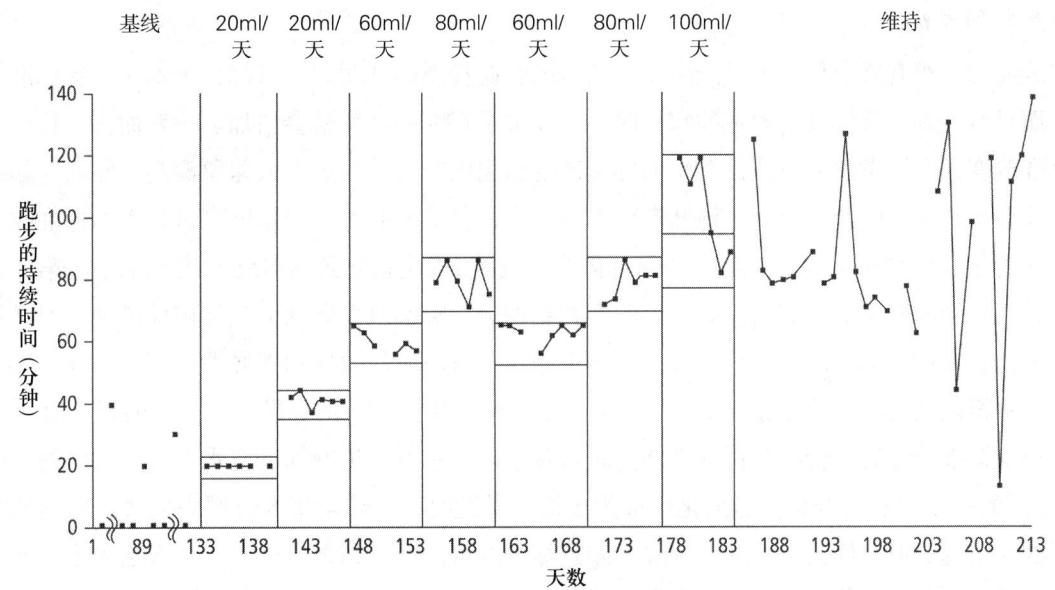

图 9.12　一个范围限制变标准设计的例子

引自 D. McDougall (2005). The Range-bound Changing Criterion Design. *Behavioral Interventions*, 20, p. 132. 2005 年版权归约翰威立出版有限公司所有。经授权转载。

与应用行为分析中使用的其他单一个案设计相比，使用纯粹的变标准设计的研究报告得相对较少[例如，Allen & Evans, 2001; DeLuca & Holborn, 1992（参看图 13.2）; Foxx & Rubinoff, 1979; Kurti & Dallery, 2013; Wilson & Gratz, 2016]。有的研究者在较大的实验设计中采用变标准策略作为一个分析要素（例如，Martella, Leonard, Marchand-Martella, & Agran, 1993; Schleien, Wehman, & Kiernan, 1981）。

使用变标准设计的准则

正确实施变标准设计需要谨慎操纵三个设计因素：阶段的长度、标准改变的等级大小和标准改变的数量。一项针对1971—2013年发表的行为研究文献的调查显示，在57种期刊上，有106篇文章报告了包含变标准设计的研究（Klein, Houlihan, Vincent, & Panahon, 2017）。作者报告称，在他们审查的图表中，只有25%达到了显示充分的实验控制的所有必要的要求。"具体而言，大多数研究缺乏实验阶段的等级大小变化（而且没有用倒返来补偿），缺乏阶段的长度变化，或者实施的标准只包含两个或更少的改变；而有些则限制了反应，强行使其达到标准或不超过标准。"（p. 60）

阶段的长度

由于变标准设计中的每个阶段都要作为一个基线来与在下一个阶段测量到的反应改变进行比较，因此，每个阶段都必须有足够的长度以达到稳定反应。"每个处理阶段必须长到足以使目标行为的比率在新的和改变了的比率上再次达到稳定；在一个标准改变之后和引入下一个标准改变之前所达到的稳定正是产生令人信服的实验控制证明的关键所在。"（Hartmann & Hall, 1976, p. 531）因此，改变较慢的目标行为需要较长的阶段。

为了提高设计的效度，变标准设计中的阶段长度应该具有相当明显的差异。为了清楚地显示变标准设计中的实验控制，目标行为不仅必须以可预测的（最好是立即的）方式改变而达到每个新标准所要求的水平，而且必须在新标准执行期间符合该标准。当目标行为紧随执行持续时间各异的逐步提高的标准而变动时，观察到的行为改变由自变量以外的因素（如成熟、练习效应）造成的可能性将会降低。在大多数情况下，研究者不应预先设定每个标准执行多少个时段。无论是延长当前标准下的阶段长度，还是引入一个新的标准，最好是让数据来引导正在进行的决策。

标准改变的等级大小

标准改变的大小有所变化，可以产生令人信服的实验控制的证明。当目标行为不仅在新标准执行时发生改变，而且改变到了新标准所规定的水平时，功能关系存在的概率就会增加。一般而言，目标行为为满足大的标准改变而立即发生的改变比对小的标准改变做出的行为改变更令人印象深刻。然而，如果标准改变太大，就会出现两个问题。第一，抛开实践上的考虑，仅从实验设计的角度来讲，大的标准改变可能会使设计无法容纳足够数量的改变（第三个设计因素），因为很快就会到达最终的表现水平。第二，从应用的角度来看，标准改变不能大到与良好的教学实践相冲突。标准改变必须大到能被检测到，但又不至于无法实现。因此，在确定标准改变的大小时，必须考虑每个阶段中的数据的变异性。较小的标准改变可用于反应水平非常稳定的情况，而在存在变异性的情况下，则需要有较大的标准改变来证明行为改变。

当使用变标准设计时，行为分析师必须防止对每个阶段中可能出现的反应水平施加人为的上限（或下限）。这方面的一个明显错误是，当强化标准为5道数学题时，只给学生5道题去完成。虽然学生完成的可能还不到5道题，但这样设定标准就排除了超越标准的可能性，结果也许是一个看起来令人印象深刻的图表，但它受到了不良实验程序的严重影响。

标准改变的数量

一般而言，目标行为达到新标准的改变的数量越多，实验控制的证明就越令人信服。例如，在图9.10所示的改变设计中，实施了8个标准改变，其中一个是倒返至先前的水平，而图9.11显示库克等人（2015）在他们的研究中引入了22个标准改变。格雷、希利、利德和海斯（Grey, Healy, Leader, & Hayes, 2009）在一项持续122个时段的研究中实施了28个标准改变。这两个案例都有足够的标准改变数量来证明实验控制。然而，实验者不能轻易地在设计中增加任何他想要的标准改变的数量。克劳托奇维尔

（Kratochwill）及其同事（2017）建议以三个标准改变作为最少数量。一个变标准设计可能容纳多少个标准改变与阶段的长度和标准改变的等级大小相互关联。较长的阶段表示完成分析所需的时间增加；在完成研究的时间有限的情况下，阶段的数量越多，每个阶段就可以越短。

考虑变标准设计的恰当性

变标准设计是行为分析师在评估系统化的行为改变时的又一个有用的策略。与多基线设计一样，变标准设计不需要倒返已获得的行为改善。不过，部分倒返至表现的较早水平可以提升这个设计证明实验控制的能力。而与多基线设计不同的是，变标准设计只需要一个目标行为。

变标准设计的几个特征限制了它的有效应用范围。这种设计只能用于已经存在于被试的技能库中的目标行为，而这有助于目标行为接受逐步矫正。然而，这个限制并不像它看起来那样严重。例如，学生在一定程度上表现出了很多种学业技能，但并未达到有用的比率。其中很多技能（如解答数学题、阅读）适合用变标准设计来分析。在满足变标准分析的设计要求的同时，让学生尽可能快速地进步可能特别困难。正如托尼和加斯特（Tawney & Gast, 1984）所指出的，"要确定既能够证明实验控制又不妨碍最佳的学习速度的标准水平"（p. 298），这项挑战是所有变标准设计都要面对的问题。

虽然有时人们建议将变标准设计作为一个实验策略来分析行为塑造计划的效果，但它其实并不适用于这一目的。在塑造中，对达到朝向终点行为（terminal behavior）逐渐改变的标准的反应——称作逐步接近——予以强化，以此发展一个起初并不存在于个体的技能库中的新行为（参看第22章）。然而，塑造所采用的反应改变标准在本质上是行为的形态，在每个新的水平上需要行为的不同形式。多探测设计更适合用于分析塑造计划，因为每个新的反应标准（逐步接近）都代表一个不同的反应类，此反应类发生的频率并不完全取决于达到塑造计划中其他标准的行为的频率。相反，变标准设计最适合用于评估教学技术对单一目标行为的比率、准确性、持续时间或潜伏期的逐步改变的影响。

摘要

多基线设计

1. 在多基线设计中，对两个或更多个行为同时开始基线测量。达到稳定基线反应后，将自变量应用于其中一个行为，而其他行为则仍处在基线条件中。在观察到第一个行为出现最大的改变后，再将自变量按顺序应用于这个设计中的其他行为。

2. 多基线设计中的实验控制是通过仅当应用自变量时行为才发生改变而得到证明的。

3. 多基线设计有三种基本形式：（1）跨行为多基线设计，包含同一被试的两个或更多个不同行为；（2）跨情境多基线设计，包含同一被试在两个或更多个不同情境中的相同行为；（3）跨被试多基线设计，包含两名或更多名不同参与者的相同行为。

多基线设计的变体

4. 如果参与者要学习一个技能序列，但没有掌握前面的步骤，就很难在后面的步骤中获得进步表现，那么多探测设计可以有效地评估教学对学习这类技能序列的影响。多探测设计也适用于较长的基线测量可能被证明是反应性的、不切实际的或成本太高的情况。

5. 在多探测设计中，在实验一开始就对设计中的所有行为进行间歇测量或探测。接下来，每当被试掌握序列中的一个行为或技能时，就进行探测。在对每个行为给予教学指导之前，要进行一系列的基线测量，直到达到稳定。

6. 延迟多基线设计是一种分析策略，可用于以下情况：（1）先前计划使用的倒返设计不再适合或不再可能使用;(2)资源有限,导致无法使用一个全面的多基线设计;(3)适合开展持续多基线分析的新的行为、情境或被试变得可用。

7. 在延迟多基线设计中,后续行为的基线测量是在设计中早期行为的基线测量开始后的某个时间开始的。只有在设计中的早期行为仍处于基线条件下时开始的基线测量才能用于验证对早期行为所做的预测。

8. 延迟多基线设计的局限包括:(1)行为分析师可能不得不等待很长时间来矫正某些行为;(2)基线阶段可能包含的数据点太少;(3)将自变量应用于设计中的早期行为后才开始其他行为的基线可能会掩盖行为的相互依赖性(共变)。

9. 非并存跨参与者多基线设计由一系列 A–B(基线—干预)序列组成,跨被试在不同时间点实施。

10. 非并存跨参与者多基线设计在本质上比其他多基线设计的变体效力弱。虽然非并存设计包含了基线逻辑的三个元素中的两个——预测和复制——但由于没有同时基线测量,干预效果的验证被排除在外。

使用多基线设计的假设和准则

11. 多基线设计中的行为在功能上应该是彼此独立的(即它们之间没有共变关系),而且它们都具有一个合理的可能性,即将自变量应用于它们时,每个行为都会发生改变。

12. 多基线设计中的行为应该同时被测量,并且要获得同等的机会受到同一组相关变量的影响。

13. 在多基线设计中,当前一个行为发生的改变达到最大,并且经过了足够长的时间来检测是否对仍处在基线条件下的行为产生了任何影响时,才能将自变量应用于下一个行为。

14. 构成多基线设计的不同行为的基线阶段的长度应该有明显的差别。

15. 在其他条件都相同的情况下,应先将自变量应用于显示最稳定基线水平或反处理趋势的行为。

16. 在多基线设计的一个或多个层级中进行一个倒返阶段可以增强对功能关系的论证。

考虑多基线设计的恰当性

17. 多基线设计的优点包括:(1)不需要撤除一个看似有效的处理;(2)依序施加自变量与很多教师和临床工作者的工作实践可以同时进行,因为他们的任务是在不同情境和/或被试中改变多个行为;(3)同时测量多个行为有助于直接监控行为改变的泛化性;(4)这个设计相对容易概念化和实施。

18. 多基线设计的局限包括:(1)如果设计中的两个或更多个行为发生共变,那么多基线设计可能无法证明功能关系,即使功能关系的确存在;(2)与倒返设计相比,多基线设计在展现自变量和一个特定行为之间的实验控制上显得较为薄弱,因为它的验证必须通过其他行为没有发生改变而推论出来;(3)多基线设计更多地用于对自变量的一般有效性进行评估,而不是对设计中的行为进行分析;(4)实施一个多基线设计的实验需要大量的时间和资源。

变标准设计

19. 变标准设计可用于评估一项处理对逐渐或逐步改善被试的技能库中已有的行为的影响。

20. 在达到稳定基线反应后,开始第一个处理阶段,此时,强化通常依联于被试达到某个特定水平(标准)的表现。这个设计包含一系列处理阶段,每个阶段都要求比前一个阶段的表现有所提高。当被试的行为与不断变化的标准相吻合时,就证明了实验控制。

21. 在一个范围限制变标准设计中,每个干预子阶段都包含一个较低的标准和一个较高的标准,被试的表现被期望落在这个范围内。

22. 将三个特征结合起来,可以确定一个变标准设计在证明实验控制方面的潜力:(1)阶段的长度;(2)标准改变的等级大小;(3)标准改变的数量。如果恢复先前的标准,而且被试的行为倒返至在先前那个标准下观察到的水平,那么变标准设计的可信度就会提高。

考虑变标准设计的恰当性

23. 变标准设计的优点是：（1）它不需要撤除或倒返一个看似有效的处理；（2）它能够在逐渐改善的行为的背景下开展实验分析，从而补充实务工作者的目标。

24. 变标准设计的局限是：（1）目标行为必须已存在于被试的技能库中；（2）纳入这个设计的必要特征可能会妨碍最佳的学习速度。

第 10 章　计划与评估应用行为分析研究

关键词

加入成分分析（add-in component analysis）
成分分析（component analysis）
直接复制（direct replication）
双盲控制（double-blind control）
退出成分分析（drop-out component analysis）
安慰剂控制（placebo control）
程序忠实度（procedural fidelity）
复制（replication）
社会效度（social validity）
系统化复制（systematic replication）
处理漂移（treatment drift）
处理完整度（treatment integrity）
处理集成包（treatment package）
I 型错误（Type I error）
II 型错误（Type II error）

➡ 本章由陈乃瑜翻译。

行为分析师认证委员会 BCBA/BCaBA 任务清单（第 5 版）
第一部分：基础
D. 实验设计
D-1 区分因变量和自变量。
D-3 确认单一被试实验设计的定义性特征（如个体作为自己的对照、重复测量、预测、验证和复制）。
D-4 描述单一被试实验设计相比于分组设计的优势。
D-5 使用单一被试实验设计（如倒返设计、多基线设计、多因素设计、变标准设计）。
D-6 描述实施比较分析、成分分析和参数分析的理由。
第二部分：应用
H. 选择和实施干预
H-6 监督服务对象的进展和处理完整度。

©2017 The Behavior Analyst Certification Board, Inc.,® (BACB®). 保留所有权利。本文件的当前版本可在 www.bacb.com 网站查阅。如需转载、复制或分发本文件，或有疑问，请直接联系行为分析师认证委员会。经授权使用。

前几章概述了选择和定义目标行为的考虑因素和程序，详述了设计和实施测量系统的策略，提出了呈现和解释行为数据的准则，并描述了揭示观察到的行为改变是否可以归因于干预的实验策略。本章检视了在设计、复制和评估行为研究时应该注意的其他问题和考虑因素，以充实本书到目前为止所描述的信息。我们首先回顾了单个被试在行为研究中的核心作用，然后讨论了灵活性在实验设计中的重要性，使用单一被试设计和组间设计的研究者如何追求内部效度和外部效度，并说明了评估干预处理的应用价值和它们所带来的行为改变的重要性和方法。本章最后给出了关于评估应用行为分析研究的可信度和有用性的建议。

行为分析研究中单个被试的重要性

任何科学的研究方法都必须与该科学主题的定义性特征相匹配。行为分析——一门致力于发现和理解行为的控制变量的科学——将其主题定义为生物体的活动，这是一种发生在单个有机体层面上的动态现象。行为分析研究方法的特征是直接和重复测量单个有机体的行为（根据定义，这是行为发生的唯一场所）。这种对单个被试的行为的关注使应用行为分析师得以发现和完善有效的评估工具和干预方法，从而改善各种各样具有社会重要性的行为。

为了进一步解释专注于单个被试或服务对象对应用行为分析的重要性，我们将其与一个研究模型进行对比，该研究模型对代表不同被试群体的总的测量值进行了比较。这种组间实验设计方法在心理学、教育学和其他社会科学的"行为研究"中已占据主导地位达几十年之久。

组间实验概要

组间实验的基本形式如下。

1. 从与研究问题（例如，XYZ 密集语音教学课程能否提高不具备阅读能力的一年级学生对无法预测的文本的解读能力？）相关的母群体（例如，某学区内所有不具备阅读能力的一年级学生）中随机挑选一群被试（例如，60 名不具备阅读能力的一年级学生）。
2. 将被试随机分为两组：实验组和对照组。
3. 对研究中的所有被试实施因变量（如解读技能的测验分数）的初始测量（前测），将每组被试各自的前测分数相加，计算每组在前测中的表现的平均值和标准差。

4. 接下来，实验组被试接触到自变量（如六周的 XYZ 教学课程），而对照组被试接触不到。

5. 在处理计划完成后，对所有被试实施因变量的后测，计算每组的后测分数的平均值和标准差。[1]

6. 研究者比较每组的分数从前测到后测的改变，对数据进行各种统计检验，从而推断出两组表现之间的任何差异可以归因于自变量的可能性。例如，假设实验组和对照组的前测平均分数相近，但后测显示实验组的分数有所提高，而对照组没有，那么统计分析将指明这一差异源自机遇（chance）的数学概率。当统计检验将机遇的作用限制在一个预先决定的可接受的程度上时——通常是 5%（20 个中有 1 个机遇）或 1%（100 个中有 1 个机遇）——研究者会得出结论，自变量造成了因变量的改变（如实验组从前测到后测的进步）。[2]

研究者以这种方式比较被试群体的测量值，主要有两个原因，这两个原因在第 7 章中都介绍过。第一个原因是，研究者假设对很多被试的表现的测量值取平均值能够控制被试间的变异性，这个假设使他们相信表现的任何改变都源自自变量。第二个原因是，研究者认为增加被试数量可以提高研究的外部效度。也就是说，对实验组被试有效的处理变量也会对样本被试所属的母群体中的其他被试有效。

在下个部分中，我们将讨论使用群体被试的第一个原因——这样做可以控制被试间的变异性。我们指出，关于典型组间设计的四个基本问题在很大程度上出自实验推理。本章后面关于复制的部分将对提高研究结果的泛化性的假设进行讨论。[3]

群体数据也许不能代表单个被试的表现

要知道，一组被试的平均表现的改变也许并不能反映任何有关单个被试的表现的情况。实验组被试的平均表现可能有所改善，但同时，组内有些被试的表现却保持不变，有些被试的表现则出现了恶化。甚至有可能是大多数被试没有改善，有些被试变得更糟，而少数被试的改善程度足以在整体上产生平均改善的结果。

组间研究可以表明，一种处理在通常情况下有效，没有哪种处理对所有人都有效，人们对同一种处理有不同的反应，等等。然而，一组被试在接触到某种处理后，平均表现有所改善，这一事实不足以成为采用这种处理的理由。必须找出造成一名被试改善和另一名被试没有改善的因素。为了发挥最大的作用，必须在人们接触一种处理并受其影响的层面上理解它：个人层面。

图 10.1 中的两个图表显示了根据组平均分数解释一项研究时可能出现的一些错误结论。两个图表展现了一个双被试组的假设性数据。两个图表中的群体数据显示从前测到后测没有改变，这意味着自变量对被试的行为没有影响。然而，图 10.1 中的左图显示，被试 A 的表现从前测到后测有所改善，而被试 B 在同一时期内的表现有所恶化。[4] 右图显示，被试 C 和被试 D 的前测和后测的测量值相同，而在前测和后测之间进行的重复测量显示了两名被试自身和彼此之间的显著的变异性。

---

1 组间实验设计的特征是跨很多被试实施少量的因变量测量（通常只有两个测量：前测和后测）。与此相反，单一个案研究需要跨少数参与者（有时只有一人）实施很多次因变量测量。行为研究者偶尔会采用前测—处理—后测的设计，通常会报告每名被试的结果以及组平均值（例如，Keintz, Miguel, Kao, & Finn, 2011; Sawyer et al., 2017）。

2 这个关于组间设计的最简单形式的概述省略了很多重要的细节和控制。对分组研究方法的详尽阐述感兴趣的读者可以查阅权威的书籍（例如，Adams & Lawrence, 2019; Campbell & Stanley, 1963; Shaddish, Cook, & Campbell, 2001）。布朗皮耶（Blampied, 2013）、布兰奇（Branch, 2014）和科洪（Colquhoun, 2014, 2016）讲述了最早由农业科学家和遗传学家 R. A. 费希尔（R. A. Fisher, 1925, 1935）倡导了几十年之久的对统计显著性检验的依赖如何阻碍稳健而可靠的科学进步。

3 对由混合多名被试的数据产生的问题的完整讨论不在本书的范围之内。我们鼓励想要更完整地理解这些重要议题的读者阅读布兰奇和彭尼帕克（Branch & Pennypacker, 2013）、约翰斯顿和彭尼帕克（1980, 1993b, 2009）以及西德曼（1960）的相关文章。

4 图 10.1 的左图中的后测数据点使人联想到那个光着脚站在冰桶里而头却在着火的男人。问他感受如何，他回答说："平均来说，我感觉很好。"

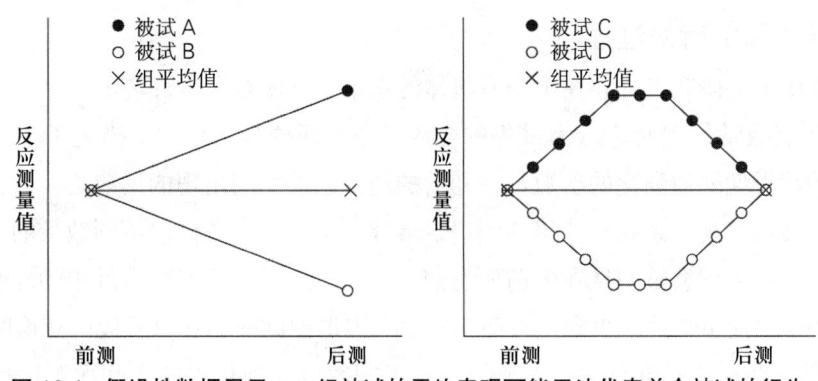

图 10.1　假设性数据显示，一组被试的平均表现可能无法代表单个被试的行为。

群体数据掩盖了变异性

与一组被试的平均表现相关的第二个问题是，它掩盖了数据中的变异性。即使如图 10.1 所示的那样，对被试 C 和被试 D 在前测与后测之间的行为实施了重复测量，研究者如果将组平均表现作为行为改变的主要指标，那么仍然会对被试内和被试间的变异性一无所知。

当重复测量显示出显著的变异性水平时，就要进行实验探索以辨识和控制造成变异性的因素。人们普遍认为，研究中的非控制变量的影响可以通过对因变量的统计操纵而得到控制，这其实是错误的。

> 统计上的控制从来就不能替代实验上的控制……确定非控制变量是否正在影响数据的唯一方法是在所能达到的最精细的分解水平上检查数据，通常是对单个被试逐一检查。通过统计方式组合数据以掩盖这种影响是没有意义的。（Johnston & Pennypacker, 1980, p. 371）

试图通过统计操纵"去除"变异性，既不能消除变异性，也不能控制造成变异性的变量。将未知变量或非控制变量的影响归因于机遇的研究者放弃了辨识和分析重要变量的机会。西德曼（1960）在他的巨著《科学研究策略》（*Tactics of Scientific Research*）中反复深入地论述了这个重要的议题。

> 对一些实验者来说，"机遇"只是对非控制变量的综合影响的一种称呼。如果这些变量事实上是可控制的，那么这个意义上的机遇就只是草率实验的一个借口，不需要更多的评论。如果非控制变量实际上是未知的，那么正如博林（Boring, 1941）所指出的，机遇是无知的同义词……行为科学最令人沮丧，同时也是最具挑战性的一个方面是行为对为数众多的变量所具有的敏感性……但这些变量不会通过统计方式被消除。它们只是被隐藏起来了，以至于它们的影响无法被看到。统计上固定不需要的变量的理由是基于这些变量的假定的随机性质……这个关于非控制变量的随机性的假设不仅是未经检验的，而且是极不可能的。在行为的世界中，随机现象就算有，也是极少的。（pp. 45, 162–163）

西德曼（1960）还对一位实验者试图用统计方式处理棘手的序列效应做出了评论。

> 他有一个锦囊妙计。通过对两名被试在条件 A 下的数据进行平均，对条件 B 下的数据也进行平均，他"去除"了序列效应，并完全避开了不可逆性的问题。通过一个简单的数学运算，两名被试变成了一名，而一个变量被消除了。事实上，它并没有消失。数量可以通过相互加减的方式消失。五个苹果减去三个苹果就是两个苹果。用笔划几下，就可轻易地改变数量，但在苹果自身消失之前，必须有人吃苹果。（p. 250）

必须"吃"才能控制任何变量的影响，这个吃的行为只能通过两种方式完成：（1）在整个实验过程中保持变量不变；（2）将可疑的因素作为自变量分离出来，并在实验过程中操纵它的存在、不存在和/或数值。

群体数据并不代表真实的行为过程

斯金纳（1938）认为，研究者必须在单个有机体的水平上证明行为—环境的关系，否则就存在这样的风险，即研究发现代表数学过程而非行为过程的合成现象。西德曼（1960）描述了一位研究者面临的挑战，他对行为在初始获得期间被强化的次数与在随后的消退条件期间出现的反应之间的关系感兴趣。单一个案方法包含向单个被试呈现一系列"获得—消退"事件，每个获得条件由不同数量的强化组成。被试在每个连续的消退阶段中的表现会被被试在先前所有的"强化—然后—消退"事件中的经验所混杂。消退期间的行为会因为累积经验而更快地减少到零，而与在每个消退测试前的获得阶段中获得的强化次数无关。

在初始获得阶段，没有任何单个被试能够接触到不同数量的强化，这个问题可以通过组间设计来解决，即将多名被试分配到不同的组中，使每组被试接触到不同的自变量值（如 5 次、10 次和 20 次强化），并比较每组被试在随后的消退条件中的平均反应速率。这样的设计可以揭示出初始获得期间强化的数量与消退期间的反应之间的关系，但是……

> 功能并不代表行为的过程。使用各自独立的组会破坏因果关系所代表的不可逆的行为过程的连续性……如果事实证明不可能在单一被试中获得强化数量与消退阻抗之间的未被污染的关系，是因为连续的消退相互影响这一事实，那么"纯粹"的关系就根本不存在。解决方法是……将我们的研究引向对实际存在的行为的研究……［而且］不要被欺骗，认为分组类型的实验能够以任何方式提供更充分的控制或更高的泛化性，从而取代单个数据。

西德曼（1960）承认，对群体数据进行比较的研究描述了"宇宙中的某种秩序"，而且可以构成一门科学的基础，他指出：

> 然而，除了最粗略的那种之外，它不可能是一门关于个体行为的科学……它是一门关于个体平均行为的科学，人们只是通过平均化过程本身联系在一起。这门科学在自然现象体系中的位置是一个需要猜测的问题。我自己的感觉是，它属于精算统计学，而不是对行为过程的研究。（pp. 274–275）

组间设计缺乏被试内复制

组间研究模型的第四个弱点是失去了在单个被试内和跨被试间的复制效果的能力。单一个案实验设计的一大优势是可以通过在设计中复制处理效果来令人信服地证明功能关系。虽然通常会有多名被试参与单一个案研究，研究者也经常将所有被试作为一个群体来描述和呈现数据，但来自单个被试的数据才是解释实验效果的基础。明智的应用行为分析师应该留意约翰斯顿和彭尼帕克（1980）的告诫："只有在单个数据合并后才出现的效果可能是人为的，并不能代表任何真实的行为过程。"（p. 257）

这个讨论不应被解读为不能或不应该使用应用行为分析的研究策略和技术来探究被试群体的整体表现。在很多应用情境中，改善群体的整体表现是具有重要社会意义的（Donaldson, Fisher, & Kahng, 2017; Friman, Finney, Rapoff, & Christophersen, 1985; Luyben, 2009）。布拉泽斯、克兰茨和麦克兰纳汉（Brothers, Krantz, & McClannahan, 1994）使用跨三个情境的多基线来评估一项增加了 25 名学校职工回收的办公用纸的磅数的干预。科佩、奥尔雷德和莫塞尔（Cope, Allred, & Morsell, 1991）使用多处理倒返设计来揭示在三个实验条件中，哪一个能够最有效地减少 558 辆汽车的驾驶者非法占用一家超市的残障人士专用停车位的问题。

然而，很重要的一点是，要记住群体数据可能无法代表单个参与者的表现，反之亦然。劳埃德、埃伯哈特和德雷克（Lloyd, Eberhardt, & Drake, 1996）比较了在小组合作学习条件下，小组强化依联和个人强化依联对西班牙语班学生的测验成绩的影响。结果显示，与个人依联条件相比，小组依联使全班学生的平均测验分数更高。然而，个别学生的不同结果使班级层面的整体进步变得不太明显。当群体结果不能代表个体表现时，研究者应该用个体结果补充群体数据，最好以图表呈现的形式补充（例如，Lloyd et al., 1996; Ryan & Hemmes, 2005）。

在某些情况下，行为分析师可能无法控制潜在被试接触到实验情境和依联，甚或无法确定谁是被试，那么因变量就必须由进入实验情境的个人所发出的反应组成。在基于社区的行为分析研究中经常使用这个方法。例如，收集群体数据并加以分析的因变量有大学校园中的资源回收（O'Conner, Lerman, & Fritz, 2010）、大学生拼车（Jacobs, Fairbanks, Poche, & Bailey 1982）、驾驶者在人行横道上的礼让行为（Crowley-Koch, Van Houten, & Lim, 2011）、购物车上的儿童安全带的使用（Barker, Bailey, & Lee, 2004），以及减少在洗手间墙壁上的涂鸦（Watson, 1996）。

灵活性在实验设计中的重要性

从某个层面来说，一个有效的实验设计就是以任意顺序操纵自变量，从而产生对研究者和读者来说既有趣又有说服力的数据。由此而论，设计一词作为动词和名词都是恰当的；想要有所作为的行为研究者必须积极地设计每一个实验，使每一个实验都实现其独特的设计。第8章和第9章介绍的原型设计是分析策略的示例，这些分析策略提供了某种形式的实验推理和控制，而这些实验推理和控制已被证明能够有效地促进人们对应用行为分析师所关注的各种现象的科学理解。

研究者不应掉入这样的陷阱：认为某一类型的研究问题、处理、行为或情境就代表着应该采用某一种（或几种）分析策略。虽然应该从已发表的研究中探索相似研究问题的实验所采用的设计中挖掘方法论思想，但并没有任何现成的实验设计等待着人们挑选，也没有哪一套规则非遵守不可。西德曼（1960）坚定地警告说，研究者如果相信存在一套特定的实验设计规则，将会产生不良的影响。

> 人们可能认同这些示例构成了在实验设计中必须遵守的一套规则。我必须极力强调这是灾难性的。我可以老调重弹，说每一条规则都有例外，但这样表达还不够有力。更为宽松的说法是，实验设计的规则是灵活的，只在恰当的地方使用。事实是，**实验设计没有规则**。（p. 214）

我们同意西德曼的观点。应用行为分析的学习者不应被引导着去相信第8章和第9章中描述的任何分析策略本身就是实验设计。[1] 尽管如此，我们仍然认为以设计形式介绍最常用的分析策略是有用的，原因有二。第一，绝大多数提升了应用行为分析的知识基础的研究都使用了包含一种或多种分析策略的实验设计。第二，我们认为检视单独的实验策略的特定例子及其应用是学习相关假设和策略原理的重要步骤，这些假设和策略原理指导着分析策略的选择和安排，进而使实验设计能够有效和令人信服地解决当前的研究问题。

结合分析策略的实验设计

结合多种分析策略的实验设计比使用单一分析策略的设计在证明实验控制上更有说服力。例如，在一个多基线设计中，撤除处理变量（返回基线），再将其重新应用于一个或多个层级中，除了使研究者得以分析自变量跨层级的有效性，还可以确定自变量与多基线的每个行为、情境或被试之间是否存在功能关系 [例如，Barker et al., 2004; Donaldson et al., 2017; Heward & Eachus, 1979; Miller & Kelley, 1994（参看图28.14）; Zhou, Goff, & Iwata, 2000]。

单一分析策略的设计在功能上可能像一条能够系住牛仔裤的腰带，而结合多种分析策略的设计就好比在裤子上另加了一条背带，使研究更有说服力或给研究增添了一抹亮色。然而，初出茅庐的研究者不应想

---

1 第8章和第9章中介绍的分析策略本身不应被视为实验设计的另一个理由是：所有的实验除了自变量操纵（如被试、情境、因变量和测量系统）的类型和顺序外，还包括设计元素。

当然地认为包含多种策略的设计在本质上就优于单一策略设计。如果额外的分析策略掩盖了简单而巧妙的单一策略设计的数据所提供的有力答案,那么运用多种分析策略的设计可能会比单一策略设计更为薄弱。

一个结合了多基线、倒返和/或多因素策略的实验设计可以为比较两个或更多个自变量的效果提供基础。哈林和肯尼迪(Haring & Kennedy, 1990)在一项实验中运用跨情境多基线和倒返策略,比较了罚时出局(time-out)和对其他行为的差别强化(DRO)对两名有重度障碍的初中生的问题行为发生率的影响(参看图10.2)。[1] 桑德拉和拉夫经常出现重复的、刻板的问题行为(如摇晃身体、大声叫喊、拍手和吐口水),干扰了课堂和社区活动。这个设计除了可以评估罚时出局和DRO干预相对于无处理基线条件的效果,还使研究者得以比较每种处理在教学任务和休闲情境中的相对效果。这个设计使哈林和肯尼迪发现罚

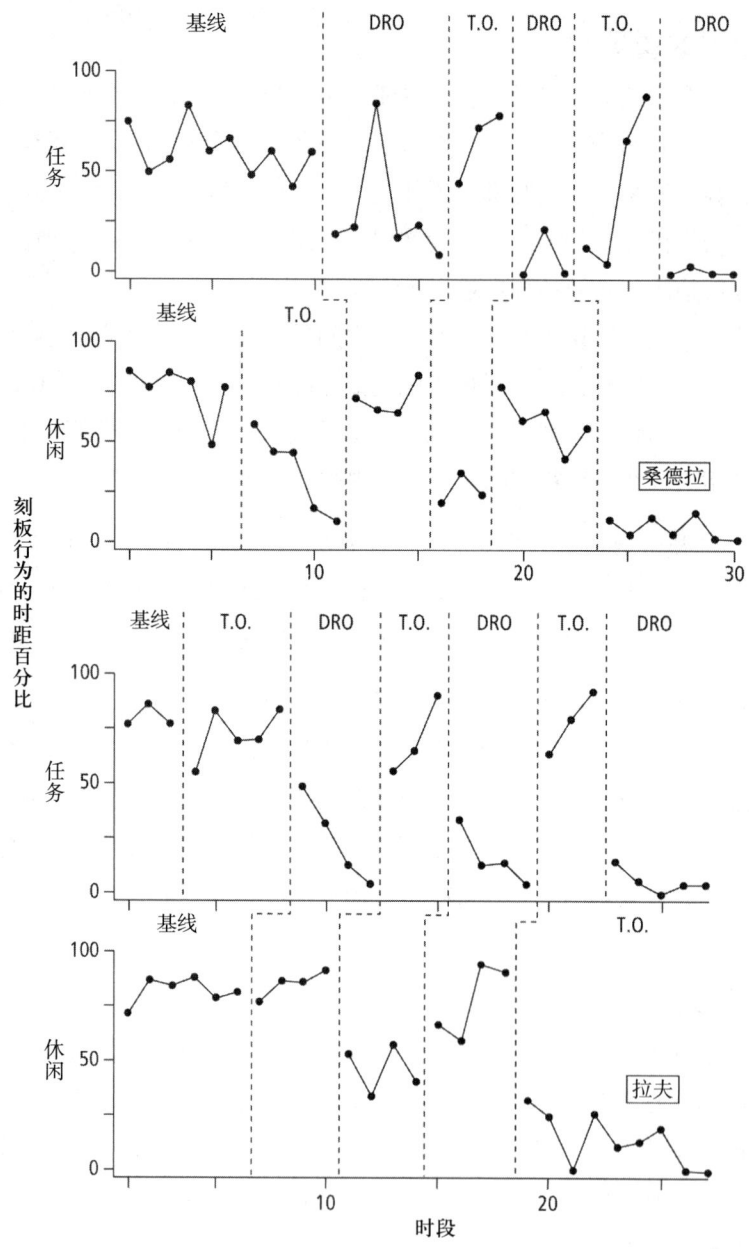

图10.2 采用跨情境多基线和跨两名被试抵消平衡的倒返策略分析罚时出局(TO)和对其他行为的差别强化(DRO)处理条件的效果的实验设计。

根据 T. G. Haring & C. H. Kennedy (1990). Contextual Control of Problem Behavior. *Journal of Applied Behavior Analysis*, 23, pp. 239-240. 1990年版权归实验行为分析协会所有。

---

[1] 第15章和第25章将分别讲述罚时出局和对其他行为的差别强化。

时出局和 DRO 干预会根据它们被应用的活动情境的不同而产生不同的结果。对这两名学生来说，在任务情境中，DRO 比罚时出局更有效地减少了问题行为；而在休闲情境中则得到了相反的结果，罚时出局减少了问题行为，而 DRO 被证明无效。

实验者还将交替处理纳入了包含多基线元素的实验设计中。例如，埃亨、克尔温、艾彻、尚茨和斯韦林金（Ahearn, Kerwin, Eicher, Shantz, & Swearingin, 1996；参看图 12.5）曾使用一个以跨被试多基线形式实施的交替处理设计，评估了处理拒食行为的两种方法的相对效果。同样，麦吉、克兰茨和麦克兰纳汉（1985）评估了对孤独症儿童进行语言教学的几个程序的效果，所使用的实验设计将跨行为成分多基线内的交替处理嵌入了整个跨被试多基线设计中。扎诺利和达格特（Zanolli & Daggett, 1998）使用由多基线、交替处理和倒返策略组成的实验设计，探究了强化比率对社交退缩的学龄前儿童的自发性社交启动的影响。

西森和巴雷特（Sisson & Barrett, 1984）运用结合了多探测、多因素和跨行为多基线策略的设计来比较两种语言训练程序的效果（参看图 10.3）。这个设计使研究者发现综合沟通法对这两名儿童的帮助更大，以及直接应用处理才能使儿童学习特定句子这个事实。第三名被试的结果显示的功能关系的形式和方向与图 10.3 所示的两名儿童的结果相同，但综合沟通程序对他的帮助没有那么明显。

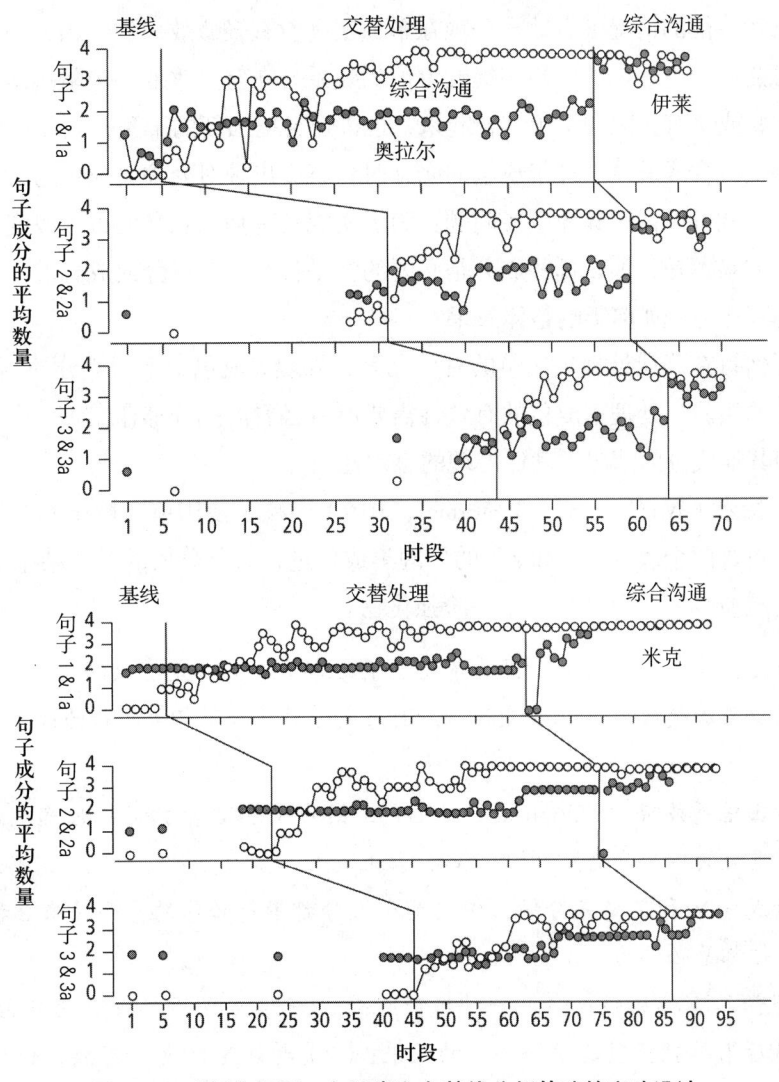

图 10.3 采用多探测、多因素和多基线分析策略的实验设计

引自 L. A. Sisson & R. P. Barrett (1984). Alternating Treatments Comparison of Oral and Total Communication Training with Minimally Verbal Retarded Children. *Journal of Applied Behavior Analysis*, 17, p. 562. 经约翰威立出版有限公司授权转载。

成分分析

当一个行为干预包含多个成分时，我们称之为一个**处理集成包**。例如，一项有效的如厕训练计划可能包括用内裤或训练裤代替尿布、设计不同时长的如厕时间表、增加液体摄入量、强化恰当的排泄行为，以及制订处理意外事故的应急方案［Greer, Neibert, & Dozier, 2016（参看图 6.7）］。多成分干预是治疗复杂的喂食障碍的常见方法。针对口含食物（把食物留在或含在口腔内不吞咽）行为的处理集成包包括以下成分的组合：准备一口孩子以前会含在嘴里的食物，再将孩子非常喜欢的食物放在位于这个食物后方的一把勺子上，呈现给孩子看；将要喂食的食物放在孩子的舌头上；能使固体食物变松软的液体；用勺子将食物放入孩子的嘴里，再将勺子翻转 180°，并将勺头移向嘴唇，把食物放在孩子的舌头上；用勺子取出含在嘴里的食物；轻触舌头后端以促进吞咽；当孩子含着食物或吐出食物时给予反应代价；针对吞咽行为给予各种形式的正强化（如喜欢的玩具）和负强化（如中断喂食）（Levin, Volkert, & Piazza, 2014; Sharp, Odom, & Jaquess, 2012）。

实务工作者和研究者基于很多原因创建、实施和评估处理集成包。这里列出几个原因：实务工作者可能认为两个或更多个以研究为基础的干预会比任何单独的干预成分更有效。包含多个成分的干预可能在跨更广泛的情境或参与者特征的情况下有效。一项在单独实施时有轻微效果的干预在与其他以研究为基础的干预共同实施时，可能会产生累加的、能够提升价值的效果。在努力改变一个阻抗多种干预的行为时，实务工作者可能会将一些或所有失败的干预结合起来，也许还会增加新的干预，从而形成一个处理集成包。

当期望的行为改变符合或遵循处理集成包的实施时，就会出现对处理集成包与行为改善之间是否存在功能关系的分析。然后就可以探讨其他重要问题：为了实现具有临床意义的行为改变，处理集成包的每个成分都必须实施吗？如果不是，那么哪些成分是必要的？是否有一个成分或成分的一个子集就足以带来行为改变？每个成分的存在与否如何影响整体效果？

成分分析是指任何旨在确认处理集成包的有效元素、处理集成包中不同成分的相对贡献和／或处理成分的必要性和充分性的实验。处理集成包的有效性需要所有必要的成分都存在。一个充分的成分或成分的子集能够在缺乏任何其他成分的情况下确保处理的有效性。

沃德-霍纳和斯特米（Ward-Horner & Sturmey, 2010）回顾了使用单一被试实验设计的成分分析，描述了使用倒返设计对包含两个成分（Y 和 Z）的处理集成包进行成分分析的潜在结果。在图 10.4 所示的假设性例子中，成分 Y 是赞扬，成分 Z 是一个一阶强化物。

结果 1 显示 Y 是必要且充分的，因为不论 Z 存在与否，Y 都是有效的。

结果 2 显示出**累加效应**（additive effect），因为成分的总和所产生的行为改变比任何成分单独产生的都要显著。

结果 3 显示出**倍增效应**（multiplicative effect），因为 Y 和 Z 单独实施时都是无效的，但这两个成分的结合产生了重大的行为改变。

结果 4 显示成分 Y 和 Z 是充分的，但这两个成分都不是必要的，而结果 2 和 3 显示成分 Y 和 Z 都不是充分的，但都是必要的。

结果 5 的解释具有挑战性：（1）一种可能性是，一起呈现两个成分使它们彼此之间建立了关系，进而影响了后来单独呈现其中一个时的效果；（2）也许 Y 之所以有效，仅仅是因为它先前是与 Z 一起呈现的；（3）Y 可能只出现在 Z 之后才有效，而如果出现在 Z 之前，Y 可能就无效。（改编自 Ward-Horner & Sturmey, 2010, p. 687）

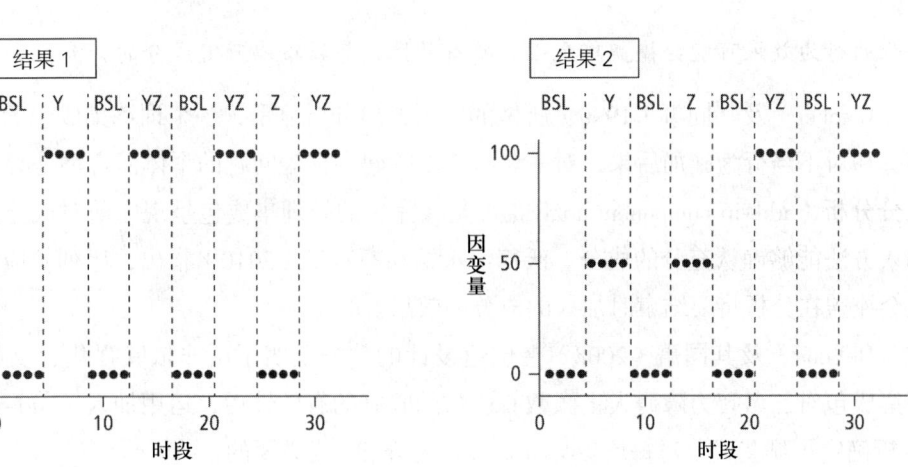
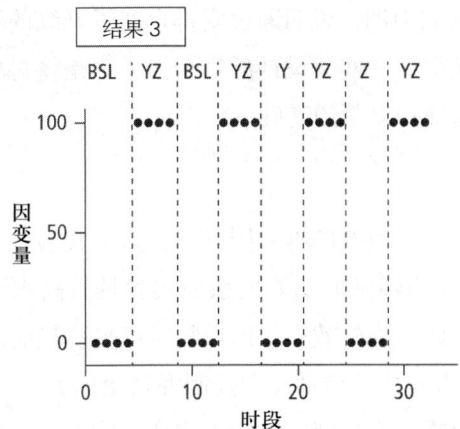
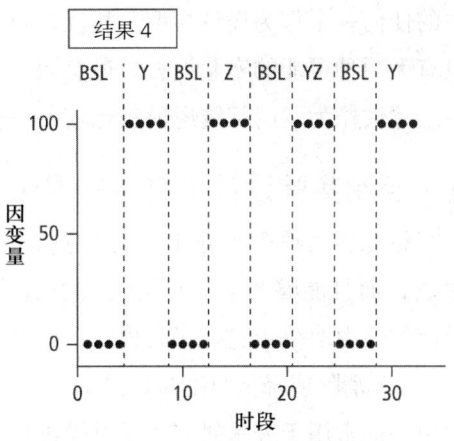
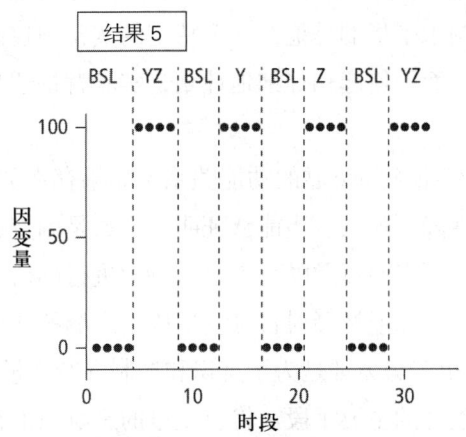

图 10.4 使用倒返设计对一个双成分处理集成包进行成分分析的潜在结果

引自 J. Ward-Horner & P. Sturmey (2010). Component Analyses Using Single-Subject Experimental Designs: A Review. *Journal of Applied Behavior Analysis*, 43, p. 690. 2010 年版权归实验行为分析协会所有。经授权转载。

沃德—霍纳和斯特米（2010）描述了两种实施成分分析的方法。在**退出成分分析**（drop-out component analysis）中，研究者呈现处理集成包，然后系统性地去除成分。如果处理的有效性在去除一个成分时减弱，那么研究者就能够确认一个必要的成分。

这种方法的主要优点是，目标行为会在第一个或第二个实验阶段内立刻得到改善，然后接下来去除成分可能会提供关于维持处理目标所需的成分的信息（L. J. Cooper et al., 1995）。它的一个缺点是，

结合成分的行为效果可能会掩盖单个成分的有效性，导致难以确定成分的必要性和充分性。（p. 687）

瓦克尔（Wacker）及其同事（1990）所做的一项退出分析显示，一个训练集成包的两个成分，包括功能性沟通训练和对不当行为施加后果，对三名有重度障碍和行为问题的个体而言都是必要的。

加入成分分析（add-in component analysis）是在完整的处理集成包呈现之前对成分进行单独或组合评估。使用加入方法能够确认充分的成分。沃德—霍纳和斯特米（2010）指出，序列效应和地板效应或天花板效应可能会掩盖在分析将要结束时加入的成分的效果。

德利翁（DeLeon）及其同事（2008）在倒返设计的数据证明了由非依联强化、反应代价和反应阻挡组成的处理集成包对三名智力障碍人士佩戴有度数的眼镜的有效性后，运用加入（add-in）或退出（drop-out）成分分析确定了哪些成分对每位参与者来说是充分和/或必要的。

我们描述了几个将分析策略结合起来的实验或用于分析处理成分的相对效果的实验，这并不是要提供这些研究中的任何一个作为设计模型。相反，目的是以它们为例，说明通过安排自变量操纵的不同组合和顺序，可以有无限种可能的实验设计。最有效（即令人信服）的实验设计的每个例子都是将对单个被试的数据进行持续评估作为运用基线逻辑三元素——预测、验证和复制的基础。

内部效度：控制实验设计中潜在的混杂来源

当一个实验能够明确地证明自变量是造成所观察到的行为改变的唯一因素时，这个实验就是有意义的和令人信服的，而且能够产生最有用的应用信息。能够证明明确的功能关系的实验具有高水平的内部效度。实验设计的效力取决于它在多大程度上能够：（1）证明可靠的效果（即重复操纵自变量而产生一致的行为模式）；（2）消除或降低自变量以外的因素产生行为改变的可能性（即控制混杂变量）。

实验控制一词常用于表示研究者通过操纵自变量而可靠地产生特定的行为改变的能力，隐含在这个术语中的观念是，研究者控制着被试的行为。然而，"行为的控制"这种说法是不准确的，因为实验者只能控制被试环境的某些方面。因此，研究者获得的实验控制水平指的是他在一个特定的实验中控制所有相关变量的程度。研究者在实验设计的背景中实施这个控制，而即使起初仔细地计划，实验背景还是会随着研究者对数据的持续检视和反应而形成最终的样貌。

如第7章所述，有效的实验设计揭示了自变量与因变量之间可靠的功能关系（如果存在的话），同时将未知变量或非控制变量造成观察到的行为改变的可能性降到最低。当能够证明自变量是因变量改变的唯一原因时，实验就具有很高的内部效度。研究者在计划一项实验以及随后考察从持续进行的研究中收集到的数据时，必须始终警惕会对内部效度造成威胁的因素。已知或怀疑对自变量造成了影响的非控制因素被称作混杂变量（参看第7章）。在研究过程中，研究者的很多努力都是为了辨识和控制混杂变量。

实现稳定状态反应是应用行为分析师评估实验控制程度的主要手段。将自变量的影响与潜在的混杂变量的影响分开，需要有明确的实证来证明潜在的混杂变量不再存在，或跨实验条件保持恒定，或被单独视为一个自变量而进行操纵。任何实验都有可能受到近乎无数个潜在的混杂变量的影响，而且就像实验设计的每个方面一样，没有关于辨识和控制混杂变量的既定规则可供研究者遵循。然而，常见的和可能的混杂来源以及一些被认为可以控制这些变量的策略还是可以辨识出来的。人们认为混杂变量主要与实验的四个元素之一有关：被试、情境、因变量的测量和自变量。

被试造成的混杂

各种各样的被试变量会混杂研究的结果。成熟（maturation）是指被试在实验过程中发生的改变，是一个潜在的混杂变量。例如，被试在一项研究的后期阶段表现出来的改善可能来自身体发育，或者学业、社会或其他行为的获得，可能与自变量的操纵无关。纳入快速变换的实验条件或随着时间的推移多次引入和撤除自变量的实验设计通常能够有效地控制成熟。

在大多数应用行为分析研究中，被试只在一天中的部分时间里处于实验情境中，并接触到研究者实施的依联。就像在任何一项研究中，假设被试在每个时段内的行为都是实验条件运作的结果。然而，在现实中，被试的行为也有可能受到发生在实验之外的事件的影响。例如，假设参与课堂讨论的频率是因变量，现在，一名一直经常参与讨论的学生在一节课前在食堂跟人打了一架，然后在上课讨论时的发言次数明显比以前少了。这名学生的行为改变可能是，也可能不是在食堂打架的结果。如果在食堂打架刚好与自变量的改变相一致，那么就很难检测或区分实验条件和实验外事件的任何影响。

虽然研究者可能会意识到有些事件是研究期间出现变异性的原因，但有很多其他潜在的混杂因素仍无法被发现。重复测量既是对这些变量的控制，也是检测这些变量的存在和影响的手段。在只有很少的因变量测量和/或测量间隔很大的研究设计中，导致被试"今天表现很糟"或不寻常的"今天表现特好"的非控制变量格外令人困扰。这也是使用前测—后测比较得来的数据评估处理计划的效果的主要弱点之一。

因为组间实验是根据被试在相关特征上的相似性（如性别、年龄、种族、文化和语言背景、目前所掌握的技能和背景知识）预测的，所以容易被被试之间的差异混杂。而对于一名或多名被试的特征可能会混杂实验结果的担心，在单一个案实验中通常不构成一个问题。第一，如果一个人的目标行为成功地改变了，他会从中受益，因此应该参与研究。第二，一名被试的特质不会混杂使用真正的被试内实验设计的研究。除了跨被试分析多基线设计外，单一个案研究中的每名参与者都充当他自己的对照，这个策略保证了被试在所有的实验条件中都是完全匹配的，因为这些被试是同一个人。第三，单一被试分析结果的外部效度并不取决于被试（一名或多名）与其他人的共有特征的相似程度。一个功能关系在多大程度上适用于其他被试，要通过对不同的被试复制实验来确定（本章后面将讨论关于复制的问题）。

情境造成的混杂

大多数应用行为分析研究是在自然情境中进行的，其中有很多变量是研究者无法控制的。在自然情境中开展的研究比在实验室中开展的研究更容易被非控制事件混杂，因为在实验室中进行的研究可以消除额外变量或保持额外变量恒定。不过，应用研究者也不是没有办法减轻情境混杂的不良影响。例如，当应用研究者观察到一个非控制事件与数据的变化相吻合时，他应该保持实验的所有可能的方面不变，直到重复测量再次显示出稳定的反应为止。如果计划外的事件看起来对目标行为产生了重大影响，或引发了实验者对该事件的兴趣，而且适合进行实验操纵，那么研究者应将该计划外的事件当作自变量，通过实验探究其可能产生的影响。

关注情境混杂的应用研究者还必须注意实验环境内外的"非法"强化（"bootleg" reinforcement）。一个经典的例子是，当在实验者不知情的情况下，被试接触到相同的物品或事件作为研究中的假定强化物时，就会出现情境混杂。在这种情况下，那些作为强化物的后果所具有的潜在有效性可能会大幅减弱。

测量造成的混杂

第4章和第5章讨论了设计一个准确的和无反应性的（nonreactive）测量系统时应该考虑的因素。然而，在一个计划良好的测量系统中，仍可能存在许许多多的混杂来源。例如，数据可能被观察者漂移、实验者的行为对观察者的影响和/或观察者偏差所混杂。虽然观察者在应用情境中常常看到自变量正在运作，因而的确很难对实验条件和预期结果一无所知，但尽量不让他们知道，可以减少观察者偏差造成的潜在混杂。与此相关的是，当观察者给永久性产物打分时，这些产物不应包含表明谁生产了它们以及它们是在什么实验条件下产生的指认标记。让观察者按随机顺序给基线和处理条件下的试卷打分，可以减少观察者漂移或观察者偏差在一个处理条件阶段内混杂数据的可能性。（这个程序更适合在观察者在实验后评估准确性或评估观察者间一致性时控制漂移或偏差。）

除非设计出一个完全不引人注目的测量系统（如使用单面镜的隐蔽系统或与被试相隔一定距离进行观察），否则必须始终将对测量程序的反应性视为一个可能的混杂因素。为了抵消这种可能的混杂，实验者必须维持足够长时间的基线条件，以便任何反应性效应都有机会出现和消失，并获得稳定反应。如果对测量的反应性产生不良影响（如攻击行为、生产中断），而且无法设计出毫不引人注目的测量程序，那么就应该考虑间歇探测。练习、适应和预热效应也会混杂测量，尤其是在基线的初始阶段。再次强调，恰当的程序是继续实施基线条件，直到获得稳定反应或变异性降到最低水平。实验者不应使用间歇探测来对预计会有练习效应的行为实施基线测量。这是因为如果目标行为容易受到练习效应的影响，那么在干预条件期间，当实施更频繁的测量时，这些效应就会出现，进而混杂自变量的效果。

自变量造成的混杂

大多数自变量是多面向的，也就是说，通常一个处理条件并非只是研究者所关注的特定变量。例如，代币经济对学生的学习效率的影响可能会受到一些变量的混杂，如学生与提供代币的教师之间的个人关系、与提供和交换代币有关的社会互动、师生对实施代币系统后表现有所改善的期待，等等。如果研究目的是分析代币强化本身的效果，那么就必须控制这些潜在的混杂变量。

施瓦茨和霍金斯（Schwarz & Hawkins, 1970）提供了一个很好的例子来说明使用控制程序排除与处理有关的某个方面导致行为改变的可能性。研究者评估了代币强化对一名有严重退缩行为的小学生的三种不良行为的影响。在治疗期间，治疗师和这个女孩每天放学后见面，观看当天早些时候拍下的该学生的课堂行为的录像。此外，治疗师对代币的提供依联于女孩被拍摄到的不当行为的逐渐减少。

施瓦茨和霍金斯发现他们的研究设计中可能潜藏着一个自变量的混杂因素。他们解释说，如果是因为实施了治疗而发生行为改善，那么问题就变成，学生的行为改善是不是因为治疗师提供的积极关注和奖励提高了她的自我概念，进而改变了她在课堂中出现的那些体现自我概念低下的不当行为？在这种情况下，施瓦茨和霍金斯就不能确定依联代币是否在学生的行为改变上发挥了重要作用。在预料到存在这个可能的混杂因素后，施瓦茨和霍金斯以一种简单而直接的方式对其进行控制。他们在基线之后实施了一个条件，让治疗师和女孩每天放学后见面，给予她社会性关注以及依联于笔迹改善的代币强化。在这个控制阶段中，三个目标行为——摸脸、弯腰驼背和声音微弱——都没有显示出任何改变，这使得研究者更有信心得出结论：女孩在后续的干预阶段出现的最终行为改善是由于代币强化。

当医学研究者设计实验来测试一种药物的效果时，他们使用一种叫作**安慰剂控制**（placebo control）的技术，将被试因服用药物而产生的预期改善的效果与真正由药物产生的效果区分开。在典型的组间设计中，实验组被试拿到的是真正的药物，对照组被试拿到的是安慰剂药片。安慰剂药片含有一种惰性物质，但它的外观、触感和味道与测试所用的真药完全一样。

应用行为分析师也在单一被试实验中采用安慰剂控制。例如，尼夫、比卡尔、延多、考里和阿曼（Neef, Bicard, Endo, Coury, & Aman, 2015）在一项研究中评估了对有注意力缺陷与多动障碍的学生的冲动行为实施药物治疗的情况，他们让药剂师把安慰剂和真药放在外观相同的胶囊里，给每名学生准备一周的量。学生和观察者都不知道每名学生服用的是真药还是安慰剂。这种被试和观察者都不知道自变量在各个时段中是否存在的控制程序被称作**双盲控制**（double-blind control）。双盲控制程序可以消除被试期望、家长和教师期望、他人差别性对待和观察者偏差造成的混杂。

处理完整度 / 程序忠实度

研究者必须确保自变量按计划精准施加，而且没有其他计划外的变量在无意中与计划内的处理一同施加。**处理完整度**指的是自变量按计划施加的程度。虽然**程序忠实度**（procedural fidelity）经常与处理完整度交替使用，但程序忠实度更准确地指向一个实验包括基线在内的所有条件中的程序正确实施的程度（Ledford & Gast, 2014）。

处理完整度低会给实验带来一个主要的混杂来源，导致很难甚至不可能有信心地解释实验结果。如果一个实验的自变量的施加方式不恰当、应用不一致、零敲碎打和/或以过量或不足量的形式提供，那么从实验所获数据中得出的结论往往——视所得结果而定——要么是假阳性（声称有功能关系但其实没有），要么是假阴性（未发现功能关系但其实有）。如果数据分析显现出功能关系的存在，那么人们就不能确定效果是由实验者所描述的处理变量造成的，还是由额外的、非控制的但实际被应用于实验中的因素造成的。然而，将没有产生显著的行为改变当作自变量无效的证据可能同样是错误的。换句话说，如果自变量按计划施加，它可能会是有效的。

应用情境中存在很多会对处理完整度造成威胁的因素（Billingsley, White, & Munson, 1980; Ledford & Gast, 2014; Peterson, Homer, & Wonderlich, 1982）。实验者偏差可能会影响研究者施加自变量的方式，使其在基线条件或比较条件下拥有不正当的优势。当自变量的应用与其在研究开始时应用的方式不同时，就会发生**处理漂移**（treatment drift）。当自变量的复杂度使实务工作者难以在实验过程中始终一致地施加所有元素时，也可能发生处理漂移。影响实施者的行为的意外事件同样有可能产生处理漂移。例如，实务工作者可能只实施一个程序中自己喜欢的部分，而只在研究者在场时才实施全部的干预。

以下关于确保和测量处理完整度的方法的讨论和例子也适用于确保在基线条件和非处理比较条件期间程序的一致性（即程序忠实度）。

精确的操作性定义。 针对处理程序给出一个完整而精确的操作性定义是实现高水平的处理完整度的第一步。除了为培训干预实施者和判断处理完整度水平提供基础外，处理条件的操作性定义也是满足应用行为分析的技术维度的必要条件（Baer, Wolf, & Risley, 1968）。如果研究者不能提供明确的处理变量的操作性定义，就会妨碍实务工作者恰当地传播和使用这项干预，也会使其他研究者难以复制并最终验证研究结果。格雷沙姆、甘斯勒和内尔（Gresham, Gansle, & Noell, 1993）建议使用与评估因变量定义的质量时所使用的明确性标准相同的标准来判断对自变量的描述。也就是说，它们应该是清楚的、简洁的、不含糊的和客观的。更具体地说，格雷沙姆及其同事还建议在四个维度上对处理进行操作性定义：语言、身体、空间和时间。他们以梅斯、格雷沙姆、伊万契奇和奥布赖恩（Mace, Gresham, Ivancic, & O'Brien, 1986）为一个罚时出局程序所下的定义作为自变量的操作性定义的一个例子。

（1）紧随目标行为发生之后（时间维度）；（2）治疗师说："不可以，去罚时出局区。"（语言维度）（3）挽着孩子的手臂，把他带到放置好的罚时出局椅上（身体维度）；（4）让孩子面对角落坐下（空间维度）；（5）如果孩子的臀部离开椅子，或转头超过45度（空间维度），治疗师用所需的最小力量引导孩子服从罚时出局程序（身体维度）；（6）在2分钟要结束时（时间维度），治疗师将椅子从角落里转过来45度（身体和空间维度），然后走开（身体维度）。（pp. 261-262）

简化、标准化和自动化。 将自变量简化和标准化，并为实施者提供基于标准的培训和练习，可以提高处理完整度。简单、精确和简要，以及需要相对较少的努力，这样的处理会比不具有这些特征的处理更有可能前后一致地实施。实务工作者对简单的、易于实施的技术也会有更高的接受度和实际使用的可能性，因此这样的技术具有一定程度的不言自明的社会效度。当然，简单是一个相对的考虑，而不是强制性的；要使一些具有社会重要性的行为发生改变，可能需要在很长的一段时间里应用密集的、复杂的干预，而且可能涉及很多人。贝尔（1987）简明扼要地说明了这一点。

> 长期存在的问题，其实从任务分析的角度而言，只是需要一系列的很多行为改变，也许涉及很多人，虽然每个行为改变都相对容易和快速，但这一系列行为改变需要的不是大量的努力，而是时间，所以它并不困难，而只是乏味。（pp. 336-337）

研究者和实务工作者不必对复杂的干预感到挫败或沮丧，但是，他们确实需要理解处理完整度的意义。在所有条件都相同的情况下，与复杂的和延长了的干预相比，简单的和简短的干预可能能够得到更准确和一致的实施。

为了确保始终一致地施加自变量，实施者应该在成本和实际情况允许的范围内将其尽可能多的方面予以标准化。他们可以通过各种方式实现处理的标准化。当一项处理需要一个复杂的和／或延长的行为序列时，一份供实施者使用的脚本可能有助于提高自变量应用的准确性和一致性。例如，赫伦、休厄德、库克和希尔（Heron, Heward, Cooke, & Hill, 1983）使用了一项脚本化课程计划以确保全班范围内的同伴导师培训方案在各组儿童中的实施方式是一致的。

如果自动化干预不会对其造成任何损害，那么研究者也许可以考虑"罐装"自变量，以便使用自动化设备来施加自变量。虽然在赫伦及其同事（1983）的研究中，导师培训视频可以消除由教师在对不同小组的学生授课时和在训练不同的指导技能时出现的讲授上的细微差异造成的任何潜在的混杂因素，但使用"罐装"讲授也会消除培训计划所期望包含的互动和个人化的方面。有些处理变量很适合自动化呈现，因为自动化既不会限制处理的可取性，也不会严重降低其在接受度或实用性方面的社会效度（如使用视频示范在家里如何节约能源）。

训练、练习和反馈。训练和练习如何恰当地施加自变量可以帮助负责实施处理或实验时段的人掌握必要的技能和知识。研究者不能假设一个在实验情境（如教室）中具备一般能力和经验的人可以保证在该情境中正确和一致地应用自变量（如实施同伴中介的指导计划）。如前所述，处理程序的详细脚本、提示卡，或其他任何可以提醒和提示人们实施干预的步骤的工具都是有帮助的。不过，研究者不应认为只要向干预实施者提供了程序手册或脚本，就能确保高水平的处理完整度。米勒及其同事（2003）发现，家长在实施儿童喂食标准程序时，需要将口头指令、示范和／或演练结合起来，以达到高水平的处理完整度。

霍华德和迪根纳罗·里德（Howard & DiGennaro Reed, 2014）发现，用书面说明来告诉训练师如何对收容所志愿者实施训练狗的服从性的程序，这种方法几乎不会带来改善，只观看一段包含正确和不正确的常规示例，就能在正确实施训练程序上"产生明显的改善"。尽管如此，这项计划最终还是要有一个简短的一对一训练时段，包括示范、描述性赞扬和反馈，直到在角色扮演中达到100%的完整度，才能使训练师达到令人满意的处理完整度水平（三位训练师完成6~14个训练时段后，平均完整度分别为88%、97%和93%）（图10.5）。

对视频示范实施处理的完整度进行评分，同样可以改善评分者实施处理的完整度。在最初的30分钟训练时段中，经训练师核查的功能分析程序的书面说明使20名研究生中的17名产生了中等水平的处理忠实度（低于85%的准确率），菲尔德、弗里德、麦吉、彼得森和杜因克肯（Field, Frieder, McGee, Peterson, & Duinkerken, 2015）让学生对视频示范实施功能分析程序的忠实度进行评分。参与观看视频示范并评分的17名学生中有16名的处理忠实度进一步提高。在最后一个条件中，7名实施功能分析程序仍未达熟练标

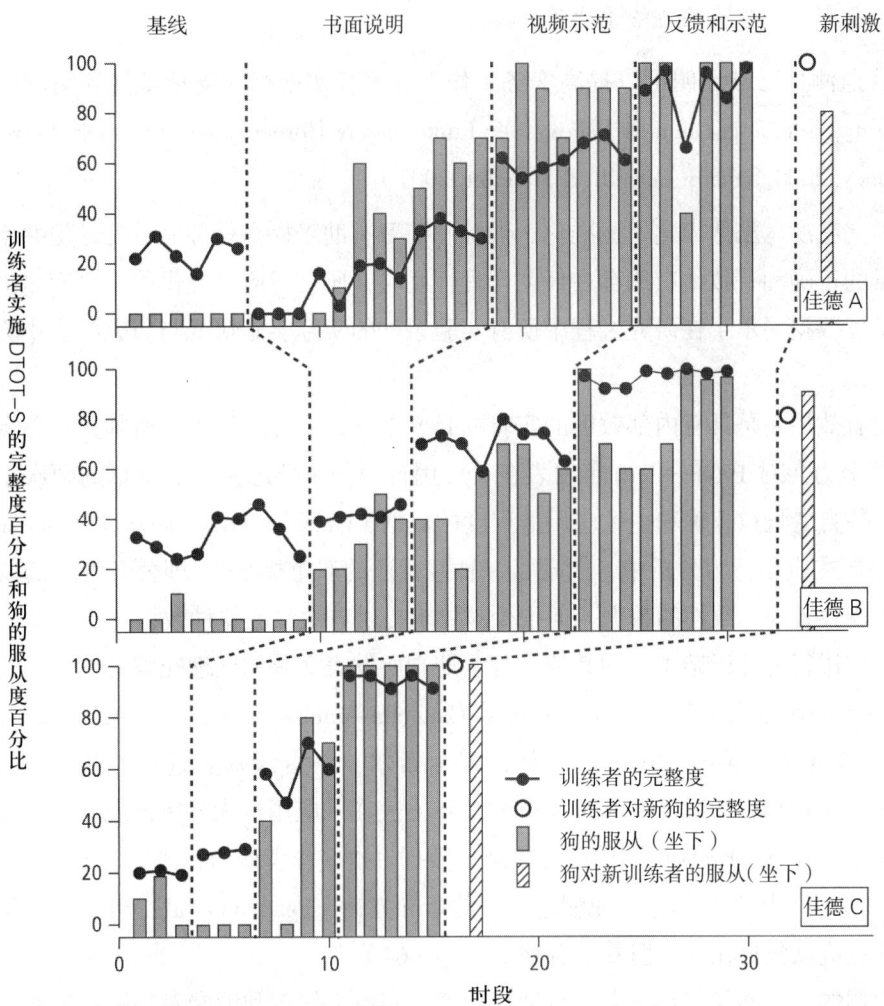

图 1 训练者实施对坐下的回合尝试服从训练（DTOT-S）的完整度以及狗服从坐下指令的情况。

图 10.5　图表呈现了处理完整度的数据和狗的服从情况。

根据 V. J. Howard & F. D. DiGennaro Reed (2014). Training shelter volunteers to teach dog compliance. *Journal of Applied Behavior Analysis*, 47, p. 351. 2014 年版权归实验行为分析协会所有。

准的学生观看了自己在先前时段中实施干预的 2 分钟视频并进行评分。通过自我观察和评分，7 名学生中有 5 名进一步提高了处理完整度。

各种不同的辅助策略可能有助于提高处理完整度。在一项关于教师对孤独症小学生的关注任务行为的赞扬率的参数分析中，教师戴着 MotivAider®（上课监控器），设定振动为每分钟有 1、2 和 8 个时距，提示教师说出赞扬的话语（Kranak, Alber-Morgan, & Sawyer, 2017）。

克雷格（Craig, 2010）报告了一种有趣的方法，用于评估自我监测和自我管理的干预对减少咬指甲的处理完整度。如果在每天一小时的时距内没有发生咬指甲行为，那么就可以兑换晚上休闲活动时间的代币。克雷格对程序的描述如下。

> 我记录了每次咬指甲发生的时间和每次给予代币强化物的时间。我在每个 DRO 时距的开始、每次给予代币后和每次咬指甲发生后都用手机拍下了我的指甲状况的照片（带有时间标记）（参看图 1）。在每晚兑换代币期间，我的室友将咬指甲发生的时间和给予代币的时间与每张照片中的时间标记进行比较。如果一个时距开始时拍摄的照片和给予代币时拍摄的照片所呈现的我的指甲状况之间没有明显差别，那么代币的给予就被记录为"正确"。与不正确给予有关的代币会被移除。不过，在这项研究

进行的过程中，没有发生不正确地给予代币。（p. 39）

表现反馈和自我监测也已被证明可以提高实务工作者和家长实施行为支持计划和明确的教学技术的完整度（例如，Codding, Feinberg, Dunn, & Pace, 2005; Pinkelman & Horner, 2016; Plavnick, Ferreri, & Maupin, 2010; Sarokoff & Strumey, 2004; Sanetti, Luiselli, & Handler, 2007）。

评估和报告处理完整度。虽然简化、标准化、训练和练习有助于提高处理完整度，但并不能保证一定会提高。当对自变量的正确和一致地应用存在任何合理怀疑时，研究者应该提供关于自变量的准确性和信度的数据。程序忠实度数据揭示了在研究过程中所有实验条件的实际实施情况与研究报告中方法部分的描述相匹配的程度。[1]

虽然对自变量的有效控制是具有内部效度的实验的必要条件，但应用行为分析师并不总会为确保处理完整度而做出足够的努力。对 1968—1990 年发表在《应用行为分析杂志》上的文章的两次审阅发现，大多数作者没有报告评估自变量被正确和一致应用的程度的数据（Gresham et al., 1993; Peterson et al., 1982）。彼得森及其同事指出，在应用行为分析中，出现了一种"奇怪的双重标准"，即公开发表的研究文章会被要求有因变量测量的观察者间一致性的数据，但很少被要求提供自变量的这种数据。

尽管最近在对《应用行为分析杂志》和其他行为学期刊所发表文章的处理完整度的数据的审阅中发现了一些改善，总体结果仍然令人失望（例如，Andzik, Cannella-Malone, & Sigafoos, 2016; Ledford & Wolery, 2013; Wheeler, Baggett, Fox, & Blevins, 2006）。例如，麦金泰尔、格雷沙姆和迪根纳罗·里德（McIntyre, Gresham, & DiGennaro Reed, 2007）报告说，1991—2005 年发表在《应用行为分析杂志》上的 152 项以学校为基础的干预研究文章中只有 30% 提供了处理完整度的数据。这些作者认为在这些研究中有 69 项（45%）"存在处理不准确的高风险，因为根据监控或测量处理的指导方针（Peterson et al., 1982），关于处理的实施或自变量的评估的信息应该包括在内，但并没有涉及"（p. 664）。

处理完整度的数据的价值不仅仅在于它在帮助审阅者、实务工作者和消费者判断一项研究结果的可信度方面的关键作用。越来越多的情况是，专业人士和政府组织在系统化的文献审阅中，将关于自变量是否如实施加的数据列为必备标准。处理完整度是美国国家孤独症中心（National Autism Center, NAC, 2015）判断一项研究的科学价值的五个维度之一（其他维度是研究设计、因变量的测量、参与者的资格和描述，以及处理效果的泛化性测量）。一项研究要想在 NAC 的科学价值评定量表中获得最高分，必须至少在 25% 的时段期间测量处理完整度，准确性达到或超过 80%，并且有 ≥ 80% 的观察者间一致性。美国教育部委派了一个专家小组，为衡量单一个案设计研究中的干预实施的忠实度制定了参数，他们指出"由于单一个案研究中的干预是随着时间的推移而实施的，因此对实施的持续测量是一个相关的考虑事项"（What Works Clearinghouse, 2018, p. A-6）。

评估和提高因变量测量的准确性和可信度的方法（参看第 5 章）完全适用于收集程序忠实度的数据。重要的是，对自变量的观察和记录为实验者提供了数据，可以表明是否有必要校准处理实施者（即使干预实施者的行为与自变量的真实值一致）。观察和校准使研究者得以持续地运用再训练和练习以确保实验过程中的高水平的处理完整度。

图 10.6 显示的是，在一项研究中，对一个逃避维持的问题行为使用处理集成包，其中对问题行为、服从和沟通实施不同质量和不同持续时间的强化，并评估强化的效果，接受过培训的观察者用如图所示的

---

[1] 处理完整度可以被当作一个自变量来操纵，以分析在实施一项干预时，完全忠实度与各种水平的忠实度，或处理"错误"的类型对参与者行为的影响［例如，Carroll, Kodak, & Fisher, 2013; DiGennaro Reed, Reed, Baez, & Maguire, 2011; Groskreutz, Groskreutz, & Higbee, 2011; Pence & St. Peter, 2015; St. Peter, Byrd, Pence, & Foreman, 2016（参看第 15 章中关于遗漏错误和类别错误的讨论）; Wilder, Atwell, & Wine, 2006（参看图 8.13）］。

表格收集处理完整度的数据（Van Norman, 2005）。观察者观看了随机挑选时段的录像带，这些时段占该研究的每个条件和阶段中所有时段的三分之一至二分之一。每个条件下的处理完整度百分比的计算方式是，用实验者在一个时段内正确完成的步骤数除以完成的步骤总数。

视频 # __1-1AL__   评分者姓名缩写：__E. B.__   日期：__2005年6月7日__

阶段 1/A (SD)

程序步骤	机会	正确	正确百分比	是	否	不适用
1. 指导者在时段<u>开始</u>时给予一个任务辅助，例如，"该工作了"或类似的话。				(是)	否	不适用
2. 如果参与者没有反应，指导者就通过更换材料或重述依联来呈现选择。	—	—	—	是	否	(不适用)
3. 休息卡（或类似物）与工作任务材料同时呈现（3秒内）。	𝍶 𝍶 𝍶 I	𝍶 𝍶 𝍶 I	16/16	(是)	否	不适用
4. 在<u>工作选择</u>（触碰与工作有关的材料）之后 a. 移除任务材料 b. 呈现一个带有绿色提示卡的计时器 c. 提供接触高偏好实物的机会 d. 跟参与者玩1分钟	𝍶 II	𝍶 II	7/7	(是)	否	不适用
5. 在要求休息之后 a. 移除任务材料 b. 呈现一个带有黄色提示卡的计时器 c. 提供接触中偏好实物和发表30秒中立评论的机会	𝍶 IIII	𝍶 IIII	8/8	(是)	否	不适用
6. 在<u>问题行为</u>出现后10秒内，指导者 a. 移除任务材料/游戏材料 b. 呈现一个带有红色提示卡的计时器 c. 10秒内不提供关注或实物				是	否	(不适用)
7. 每次呈现选择时，休息卡（类似物）是呈现在<u>参与者</u>的右手边(R)还是左手边(L)？	R R L L L R L R R L R L R L L R					

图10.6　用于记录处理完整度数据的表格的例子

改编自 R. K. Van Norman (2005). *The Effects of Functional Communication Training, Choice Making, and an Adjusting Work Schedule on Problem Behavior Maintained by Negative Reinforcement*. p. 204. 未发表的博士论文。Columbus, OH: The Ohio State University. 经授权使用。

用图表呈现处理完整度的数据可能有助于一项研究中的研究者和消费者判断干预的有效性（例如，Kranak et al., 2017）。有关评估、提高和报告程序忠实度的详细信息，可在《行为教育杂志》（*Journal of Behavioral Education*, DiGennaro Reed & Codding, 2014）的特刊以及莱德福和加斯特（Ledford & Gast, 2014）的文章中找到。

关于潜在的混杂变量的来源的概述必定是不完整的。对实验研究的内部效度的所有可能的威胁进行完整的盘点将远远超出本书的范围。呈现这样一份清单可能也会暗示研究者只需控制清单上列出的变量，而不必担心任何其他的事情。事实上，每个实验的潜在混杂因素的清单都是独特的。成功的研究者会尽可能多地质疑和探测相关变量的影响。没有任何实验设计能够控制所有的潜在混杂因素；研究者面临的挑战在于要尽可能多地减少、消除或辨识潜在的混杂变量的影响。

社会效度：评估行为改变和实现行为改变的处理的应用价值

蒙特罗斯·沃尔夫（1978）在他具有里程碑意义的文章《社会效度：主观测量的案例或应用行为分析如何找到其核心》（Social Validity: The Case for Subjective Measurement or How Applied Behavior Analysis Is Finding Its Heart）中提出了当时看来较为"激进的一个概念，即服务对象（包括受抚养人的父母和监护人，甚至是支持社会计划的纳税人）必须理解并赞同干预的目标、结果和方法"（Risley, 2005, p. 284）。沃尔夫建议从三个方面来评估一项应用行为分析研究的**社会效度**：行为改变目标的社会重要性、干预的恰当性和结果的社会重要性。

确认行为改变目标的社会重要性

行为改变目标的社会效度始于对这些目标的明确描述。

> 要评估目标的社会重要性，研究者必须准确地了解以下各层级上的行为改变工作的目标：（1）广泛的社会目标（如改善养育方式、提高社会技能、改善心血管健康、提高独立性）；（2）假定与广泛目标有关的行为类别（如养育方式——提供教学反馈、使用罚时出局等）；（3）所关注的行为类别下的反应（如使用罚时出局——将孩子带到远离他人的地方、让孩子在特定的时间内"安静地坐着"等）。可以针对这些目标层级中的任何一个进行社会效度验证。（Fawcett, 1991, pp. 235–236）

专家可以为选择具有社会效度的目标行为提供咨询。例如，凯利和米尔滕贝格尔（Kelley & Miltenberger, 2016）"通过咨询专家导师以及比较很多被认为有良好姿势的专业骑手的照片"，确定了马术技能的正确骑手姿势的任务分析（p. 141）。在一项关于行为教学策略对高中美式橄榄球运动员的表现的影响的研究中，哈里森和派尔斯（Harrison & Pyles, 2013）以及斯托克斯、路易塞利和里德（Stokes, Luiselli, & Reed, 2010）针对美国橄榄球教练协会（1995）推荐的擒抱技术进行了研究。在另一项关于向高中运动员传授橄榄球技术的研究中，斯托克斯、路易塞利、里德和弗莱明（Stokes, Luiselli, Reed, & Fleming, 2010）通过咨询有经验的进攻线卫教练，验证了他们对传球保护技术的10步骤任务分析（参看图21.5）。

在自然环境中使用预期技能的人可以帮助研究者确定具有社会效度的目标行为。在兰伯特及其同事（2016）教授一名残障少年学习篮球技术的序列的研究中，他们要求"我们观察到的一群成年人玩'接球'篮球游戏……在一场典型的'接球'篮球游戏中对每个序列的效用进行评价"（p. 206）。

范霍滕（1979）提出了两种确定目标是否具有社会效度的基本方法：（1）评估被认为有胜任能力的人的表现；（2）通过实验操纵不同的表现水平，以实证方式确定哪种表现能达到最理想的结果。一般行为者的表现可被用于辨识和确认行为改变的目标和表现的目标水平。为了使两名在餐厅工作的残障人士的社会技能训练计划达到具有社会效度的表现标准，格罗西、金博尔和休厄德（Grossi, Kimball, & Heward, 1994）对四名没有残障的餐厅员工进行了为期两周的观察，以确定他们接收到同事发出的口语的程度。观察结果显示，没有残障的员工平均接收到了90%向他们发出的语言行为。这个表现水平被选定为研究中两个目标员工的目标。

沃伦、罗杰斯-沃伦和贝尔（Warren, Rogers-Warren, & Baer, 1976）提供了一个很好的例子来测试不同表现水平的影响以确定社会效度的结果。研究者评估了儿童向同伴提议分享玩具的不同频率对同伴如何回应这些提议的影响。他们发现，当这些提议以中等频率提出时，同伴最能接受这些提议——也就是说，既不是过于频繁，也不是太少。

确认干预的社会接受度

目前已经开发出了几种用于收集消费者对行为干预接受度的意见的量表和问卷。干预评定概况（Intervention Rating Profile, IRP-15）是一个包含 15 个项目的李克特量表，用于评估教师对课堂干预接受度的认知（Martens, Witt, Elliott, & Darveaux, 1985）。行为干预评定量表（Behavior Intervention Rating Scale）是 IRP-15 的修订版和扩展版，包含 9 个关于处理有效性的额外项目（Elliot & Brock Treuting, 1991）。处理接受度评分表（The Treatment Acceptability Rating Form, TARF）则是由 20 个问题组成，家长对行为处理接受度进行评分（Reimers & Wacker, 1988）。关于这些量表、问卷以及另外六种处理接受度工具的回顾，请参看卡特（Carter, 2007）的文章。

图 10.7 展示了 TARF 的实验者修订版，范诺曼（Van Norman, 2005）使用它从每名参与者的家长、教师、治疗师和行为支持人员那里收集关于处理接受度的信息。虽然一些被询问意见的人已经目睹了对学生实施的干预，或者观看了视频，但实验者在每名消费者回答问题之前，还是会向他们宣读以下关于干预的描述。

> 首先，我们进行了一项评估，以找出是什么促使扎卡里表现出挑战性行为，如扔东西、打人和跌到地上，我们发现，扎卡里表现出挑战性行为，至少一部分是为了逃避或回避任务要求。
>
> 接下来，我们通过使用肢体辅助，以及将要求休息的反应与得到高偏好物品、大量的关注和长时间的休息（3 分钟）联系起来，教扎卡里以要求休息替代挑战性行为。
>
> 然后，我们让扎卡里做选择，一个选择是通过仅触摸工作材料（实质上就是做出任务的第一个步骤）来表示要求工作，并获得高偏好物品、关注和长时间的休息（1 分钟）；另一个选择是要求休息，并获得中偏好物品和较短时间的休息（30 秒）。在这个过程中的任何时候，如果扎卡里发生了问题行为，那么就给予他 10 秒的休息时间，但不给予关注，也不提供活动/物品。
>
> 最后，我们继续让扎卡里选择要求工作、要求休息还是表现问题行为，但现在我们要求扎卡里在获得高偏好物品、关注和 1 分钟的休息时间之前服从更多与任务有关的指令。随着每个时段的进行，我们增加了与任务有关的指令的数量，他只有在完成后才能获得高偏好的休息时间。
>
> 肢体辅助只在初始阶段用于教扎卡里学习新的反应，特别是如何要求休息和如何要求工作。除此之外，扎卡里在面对所呈现的选择时都是独立做选择。（p. 247）

一些研究者用图表呈现处理接受度的数据。库尔蒂和达莱里（Kurti & Dallery, 2013）对参加一项旨在增加步行的基于互联网的依联管理干预的 12 名成年人进行了处理接受度问卷调查。参与者使用一个从 0（完全不）到 100（非常）的视觉模拟量表来对 10 个与干预有关的项目进行评分（如容易使用、有趣、我会推荐给其他人）。研究者用图表来展示处理接受度的结果，显示每个项目的平均值、范围和单个参与者的评分（参看图 10.8）。

可以通过让实务工作者或服务对象从多种处理中选择实施或接受的方式来直接评估对干预的偏好。加博尔、弗里茨、罗阿特、罗思和古尔利（Gabor, Fritz, Roath, Rothe, & Gourley, 2016）在训练四名家长和一名教师实施针对一个问题行为的三种以强化为基础的干预达到 90% 的处理完整度后，提供了一系列时段，让每名照顾者选择在这些时段中实施哪种干预。乔伊特·赫斯特、多齐尔和佩恩（Jowett Hirst, Dozier, & Payne, 2016）评估了学龄前儿童对以差别强化或反应代价为基础的代币经济程序的偏好，使用的方法是，在"选择"阶段中，只实施每名参与者所选择的处理（参看图 8.17 及相关讨论）。

汉利及其同事曾使用并存链实验设计（参看第 8 章）来评估服务对象的处理偏好（例如，Hanley,

处理接受度评分表—修订版（TARF-R）

1. 您对建议的程序的理解有多清楚？

   ___完全不清楚___ ___ ___ ___中性___ ___ ___ ___非常清楚___

2. 对于这名学习者所关心的事项，您认为这些策略的可接受程度如何？

   ___完全无法接受___ ___ ___ ___中性___ ___ ___ ___完全可以接受___

3. 在听了关于建议的程序的描述后，您有多大的意愿实施？

   ___非常不愿意___ ___ ___ ___中性___ ___ ___ ___非常愿意___

4. 针对学习者的行为问题，您认为建议的程序的合理程度如何？

   ___非常不合理___ ___ ___ ___中性___ ___ ___ ___非常合理___

5. 实施这些策略的成本有多高？

   ___非常低___ ___ ___ ___中性___ ___ ___ ___非常高___

11. 实施建议的程序会对您的课堂造成多大的干扰？

    ___完全不会干扰___ ___ ___ ___中性___ ___ ___ ___严重干扰___

13. 您能负担这些程序的程度如何？

    ___完全负担不起___ ___ ___ ___中性___ ___ ___ ___完全负担得起___

14. 您有多喜欢建议的程序？

    ___非常不喜欢___ ___ ___ ___中性___ ___ ___ ___非常喜欢___

17. 实施这些程序后，您的学习者可能会有怎样的不适感？

    ___完全不会不适___ ___ ___ ___中性___ ___ ___ ___非常不适___

19. 您有多大的意愿改变您的课堂常规活动来实施这些程序？

    ___非常不愿意___ ___ ___ ___中性___ ___ ___ ___非常愿意___

20. 实施这些程序能良好配合您的课堂常规活动的程度如何？

    ___完全无法配合___ ___ ___ ___中性___ ___ ___ ___完全可以配合___

引自 R. K. Van Norman (2005). *The Effects of Functional Communication Training, Choice Making, and an Adjusting Work Schedule on Problem Behavior Maintained by Negative Reinforcement.* pp. 248–256. 未发表的博士论文。Columbus, OH: The Ohio State University. 经授权使用。

图 10.7 提问的例子，改编自处理接受度评分表—修订版（Reimers & Wacker, 1998），以获取消费者对治疗重度障碍中学生的挑战性行为的干预程序的接受度的意见。

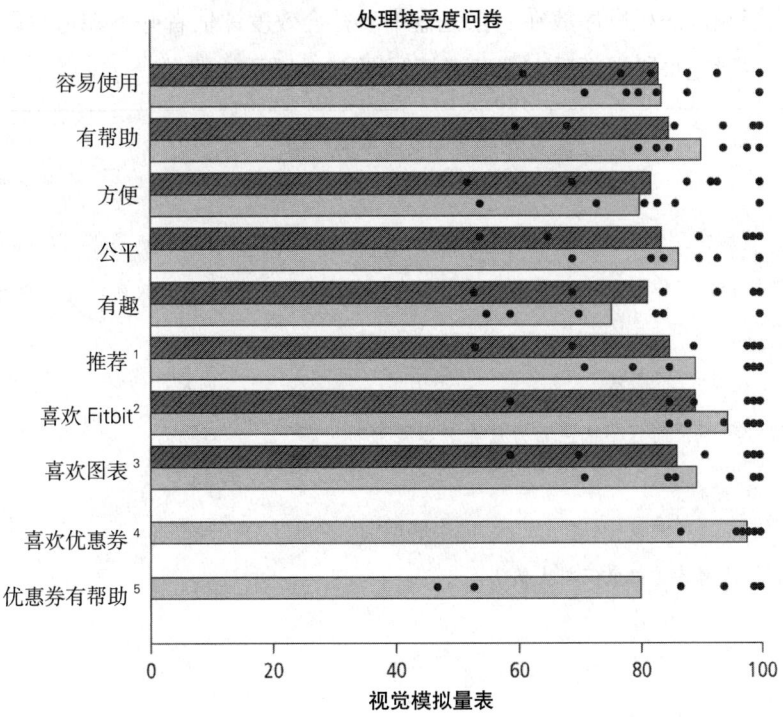

图2 实验1（灰色长条）和实验2（深灰色长条）的参与者在处理接受度问卷上的回答，其中长条代表每个项目的平均评分（1=我愿意向其他人推荐基于互联网的步行干预，2=我喜欢用Fitbit监测我的进度，3=我喜欢在图表上看到我的进度，4=我喜欢赚取优惠券，5=赚取优惠券有助于提高我的活动水平）。

图10.8 报告处理接受度数据的图表示例

根据 A. N. Kurti & J. Dallery (2013). Internet-based Contingency Management Increases Walking in Sedentary Adults. *Journal of Applied Behavior Analysis*, 46, p. 574. 2013年版权归实验行为分析协会所有。

Piazza, Fisher, Contrucci, & Maglieri, 1997; Luczynski & Hanley, 2009; Heal, Hanley, & Layer, 2009）。在倒返设计和多因素设计显示有惩罚的功能性沟通训练（functional communication training, FCT）是三个以功能为基础的处理中最有效的减少两名儿童的严重问题行为的方式之后，儿童在并存链条件期间的选择显示了他们每个人都偏好有惩罚的功能性沟通训练，而不是单独的功能性沟通训练或单独的惩罚（Hanley, Piazza, Fisher, & Maglieri, 2005; 参看图8.18及相关讨论）。

一项干预计划的社会接受度可以通过其符合最佳实践标准（Peters & Heron, 1993）以及相关的学术和专业协会的伦理、法律和专业标准的程度来判断。一般来说，这些标准需要使用以证据为基础的和最少限制的实践，向所有参与者完全公开信息，知情同意，以及有权中止参与者认为无益或无治疗意义的处理。

确认行为改变的社会重要性

应用行为分析师使用多种方法评估结果的社会效度：（1）请消费者评价参与者的表现的社会效度；（2）请专家评估参与者的表现；（3）将参与者的表现与常模样本进行比较；（4）使用标准化评估工具评估；（5）在自然环境中测试参与者的表现。

消费者的意见

评估社会效度最常用的方法是询问消费者，包括被试或服务对象，问他们是否认为在研究或计划进行期间发生了行为改变，如果发生了行为改变，他们是否认为这些行为改变是重要的和有价值的。图10.9显示了范诺曼（2005）用于获得消费者（即被试的家长、教师和教学助理，学校管理者，行为支持人员，一位职业治疗师，一位学校心理学家，以及一位心理学助理）对一项旨在减少逃避维持的挑战性行为的干预结果的社会效度的意见的问卷。范诺曼随机挑选了干预前和干预后的时段录像，制作了一系列时长为5

分钟的视频,并将这些视频以随机顺序放在一张光盘中。社会效度评估者并不知道每段视频代表的是干预前还是干预后的时段。观看完每段视频后,消费者填写图10.9所示的问卷。

干预结果的社会效度问卷

说明: 视频编号 # _____

请观看这段视频,然后在五个选项中圈出一个最能描述您对该陈述认同程度的选项。

1. 学生专注于学业或技能工作任务,坐姿得体(臀部在座位上),并把注意力放在教师或教材上。

1	2	3	4	5
非常不同意	不同意	不确定	同意	非常同意

2. 学生表现出挑战性行为,而且不把注意力放在教师或教材上。

1	2	3	4	5
非常不同意	不同意	不确定	同意	非常同意

3. 学生看起来有积极的情绪(如微笑、大笑)。

1	2	3	4	5
非常不同意	不同意	不确定	同意	非常同意

对视频中的学生行为的评论:_____
_____

对这名学生的行为的总体评论:_____
_____
_____

姓名(选填):_____
与视频中的学生的关系(选填):_____

根据 R. K. Van Norman (2005). *The Effects of Functional Communication Training, Choice Making, and an Adjusting Work Schedule on Problem Behavior Maintained by Negative Reinforcement*. p. 252. 未发表的博士论文。Columbus, OH: The Ohio State University.

图10.9　用于获得消费者对一项处理重度障碍中学生的挑战性行为的干预结果的社会效度的意见的表格

专家评估

可以请专家来判断一些行为改变的社会效度。例如,为了测量有学习障碍的高中生在学习过教师事先准备的引导式笔记后,在无外力帮助下在社会科学讲座中做笔记的技能改变的社会效度,怀特(1991)邀请16名中学社会科学教师从三个方面评价学生在基线期和干预后的讲座笔记:(1)与讲座内容相比的准确性和完整性;(2)笔记对于准备考试的实用性;(3)与一般普通教育学生所做的笔记相比,这些学生的笔记如何(教师并不知道他们所评价的笔记是在基线期所做还是在干预后所做)。

霍华德和迪根纳罗·里德(2014)从美国各地招募了186名经过认证的训狗师,以评估他所研究的狗收容所的志愿者以及配对的狗的行为改变的社会效度。研究者制作了其中一组志愿者与其所训练的狗的简短基线(训练前)和干预(训练后)视频。专家在网上观看视频,并使用包含9个项目的调查猴子(Survey-Monkey)问卷,评价了收容所的志愿者在训练前和训练后使用的狗服从性训练程序的恰当性和效果,狗是在训练前还是在训练后更适合被人收养,在有孩子的家庭中是否更好,以及对初次养宠物的人来说是否更合适等内容。

为了评估参与者的马术技能改变的社会效度，凯利和米尔滕贝格尔（Kelley & Miltenberger, 2016）向两位专业骑手和教练展示了每名参与者在基线结束时的三段视频和干预结束时的三段视频。专家根据视频中显示的骑手的目标骑乘风格来评判骑手的姿势是否正确，在李克特量表上对每段视频进行评分（1 = 非常不同意，9 = 非常同意）。专家观看视频的顺序是随机的，而且不知道每段视频是在基线期拍摄的还是在干预期拍摄的。

常模比较

范登波尔（Van den Pol）及其同事（1981）使用了快餐店里的普通顾客的表现样本来评估残障少年在经过独立点餐和付款训练之后的表现的社会效度。研究者观察了10位随机挑选的普通顾客在快餐店点餐和用餐的情况，并记录了这些顾客实施22个步骤的任务分析中的每个步骤的准确性。在22项具体技能中，除4项外，学生在追踪探测中的表现都相当于或超过了常模样本中的普通顾客的表现。

使用常模样本评估行为改变的社会效度并不限于处理后的比较。将被试的行为与常模样本的行为的持续探测进行比较，可以提供一种形成性评估方法，以测量获得了多少改善，还需要多少改善。格罗西和休厄德（1998）使用无残障员工执行餐厅任务（如刷锅碗瓢盆、将餐具放入洗碗机、拖地和扫地）的一般速率作为在餐厅接受训练的发展性障碍人士的社会效度表现标准（参看图29.3）。

斯托克斯、路易塞利、里德和弗莱明（2010）在他们的研究中评估了高中橄榄球运动员针对进攻锋线传球保护技术的行为教练策略，他们从上个赛季的比赛录像中记录了三名评分最高的首发进攻线卫的表现。这三名线卫在任务分析的10个步骤中的平均正确表现率为80%（范围为70%~90%）。研究者"采用70%~90%的范围作为我们可接受的表现标准"（p.466）。

罗德、摩根和扬（Rhode, Morgan, & Young, 1983）提供了一个形成性社会效度评估的极佳例子。他们的研究使用代币强化和自我评估程序来改善六名有行为障碍的学生的课堂行为。研究的总体目标是帮助学生增加他们的恰当课堂行为（如遵守课堂规则、完成教师分配的任务、自愿做出相关反应），并减少不当行为（如大声说话、不服从、攻击行为），以使他们能被一般教室（普通教育）接受并获得成就。在为期17周的研究过程中，研究者至少每天一次随机挑选一般教室里的学生进行观察。用于测量六名目标学生行为的观察代码和程序也被用于获得常模样本数据。

图10.10显示了六名学生在研究的每个条件和阶段期间恰当行为的平均值和范围与常模样本比较的情况。（罗德及其同事的文章中还包括单独的图表，显示了全部六名被试在资源教室和在一般教室中近90个时段内的恰当行为的百分比。）在基线期间，六个男孩的恰当行为水平远低于无残障同龄人的水平。在研究的阶段1期间，被试学会了自我评估，他们在资源教室里的行为改善了，达到了相当于一般教室同龄人的水平。然而，在阶段1期间，当被试在一般教室里时，他们的行为与常模样本中的学生相比很差。随着阶段2的进行，包括各种用于泛化和维持处理成果的策略，六名学生的恰当行为的平均水平均达到与无残障同龄人相当的水平，他们之间的变异性降低（除了一名被试在倒数第二个条件中的一个时段内没有表现出恰当行为）。

标准化测验

虽然标准化测验对应用行为分析师通常所针对的行为提供了间接的测量，但政策制定者和公众仍将这类测验的分数视为衡量行为表现的重要指标。参与洛瓦斯及其同事（Lovaas, 1987; McEachin, Smith, & Lovaas, 1993; Smith, Eikeseth, Klevstrand, & Lovaas, 1997）所开展的开创性研究的儿童在智商测验分数上的提高，是人们认可并最终接受针对孤独症儿童的早期密集行为干预是一种以证据为基础的治疗的关键所在（例如，Maine Administrators of Services for Children with Disabilities, 2000; Myers, Johnson, & the American

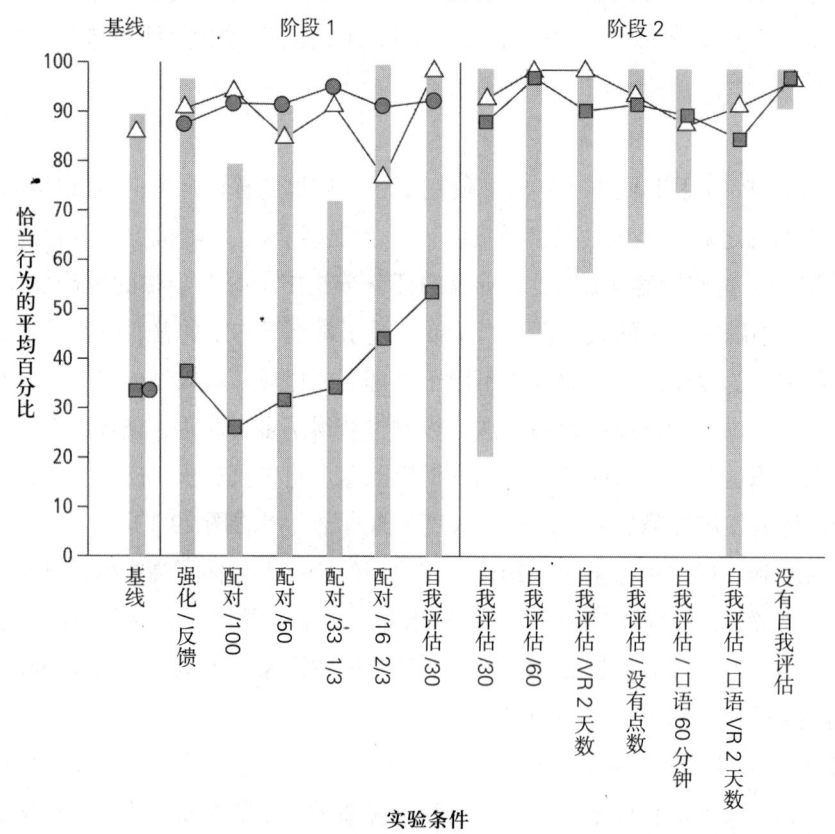

图 10.10 使用一个常模样本行为的测量来评估一项行为改变计划结果的社会效度。

根据 G. Rhode, D. P. Morgan, & K. R. Young (1983). Generalization and Maintenance of Treatment Gains of Behaviorally Handicapped Students from Resource Rooms to Regular Classrooms Using Self-Evaluation Procedures. *Journal of Applied Behavior Analysis*, 16, p. 184. 1984 年版权归实验行为分析协会所有。

Academy of Pediatrics Council on Children with Disabilities, 2007; New York State Department of Health Early Intervention Program, 1999）。后来的研究报告显示，除智商分数外，适应性行为（例如，*Vineland Adaptive Behavior Scales*, Sparrow, Balla, & Cicchetti, 2005）和儿童发育（例如，*Bayley Scales of Infant and Toddler Development*, Bayley, 2005）的标准化测验分数进一步提高了公众关于为孤独症人士提供以 ABA 为基础的教育和治疗的认识和接受度（例如，Eikeseth, 2009; Eldevik et al., 2009, 2010; Howard, Sparkman, Cohen, Green, & Stanislaw, 2005）。

学业成就测验的分数也可以证明行为改变的社会效度。在评估 Headsprout Comprehension[1] 对六名高发残障小学生的阅读理解能力的影响的研究中，卡伦、阿伯—摩根、施内尔和惠顿（Cullen, Alber-Morgan, Schnell, & Wheaton, 2014）分别以俄亥俄成就评估（Ohio Achievement Assessment，一种"高风险"测验）和 AIMweb Maze 探测为工具，测量了学生在理解短文上的表现。AIMweb Maze 是一种针对阅读理解的基于常模参照课程的测量方法（Shinn & Shinn, 2002）。

行为分析师已经创造出了可用于评估一些行为改变计划结果的社会效度的测验。艾瓦塔、佩斯、基塞尔、诺和法伯（Iwata, Pace, Kissel, Nau, & Farber, 1990）开发了自我伤害创伤量表（Self-Injury Trauma

---

[1] Headsprout Comprehension and Headsprout Early Reading 是行为分析师开发的供初级阅读者使用的计算机阅读程序（Layng, Twyman, & Stikeleather, 2004; Twyman, Layng, Stikeleather, & Hobbins, 2005）。

Scale, SITS），使研究者和治疗师能够测量自伤行为造成的伤害数量、类型、严重程度和部位。SITS 产生一个分值为 0~5 分的数量指标和严重程度指标，以及对当前风险的估计。虽然在治疗计划中收集的数据可能显示产生自伤的行为（如戳眼睛、拍打脸颊、撞头）明显减少，但治疗的社会重要性必须通过减少伤害的实际证据来验证。艾瓦塔及其同事写道：

> ……行为的社会相关性体现在它所造成的创伤性结果上。在治疗开始前测量肢体受伤的情况可以确定一个事实，那就是服务对象或被试的确表现出了必须得到高度重视的行为……相对应地，在治疗后做的伤害测量可以证实所观察到的行为改变，因为将造成伤害的反应降低到一定水平以下，应该会反映在可观察到的创伤的最终消失上。在这两种情况下，伤害数据都会提供评估社会效度的方法。（pp. 99-100）

图希格和伍兹（Twohig & Woods, 2001）使用 SITS 来验证对两名典型发育成年男性长期抠皮肤的行为进行习惯倒返（habit-reversal）治疗的结果。两名男性报告说，他们从儿童时期就开始抠皮肤，将指甲抠至脱落，拉扯或刮擦皮肤，有时会导致出血、结疤和感染。两名观察者各自独立地使用 SITS 对两名男性的手在治疗前、治疗后和追踪阶段的照片进行了评分。两名男性治疗前的照片的数量指标（NI）和严重程度指标（SI）SITS 分数分别为 1 和 2，表明左手或右手有 1~4 个伤口，皮肤表层有明显破口。两名男性治疗后的照片的 NI 和 SI 分数都为 0，表明没有明显的损伤。治疗结束四个月后拍摄的追踪照片显示，两名男性的 SITS NI 和 SI 分数都是 1，表明皮肤发红或发炎。

在现实生活中进行测验

评估学习者新获得的行为的最具社会效度的方法也许是在自然环境中对其进行真实的测验。例如，三名有学习障碍的少年学习了道路标志和交通法规，当他们通过俄亥俄州机动车管理局的考试并获得临时驾驶证时，他们所学结果的有效性就得到了验证（Test & Heward, 1983）。与此相似，三名有发展性障碍和视力障碍的中学生学习烹饪技术，当他们的朋友在探测时段结束时频繁到来并分享三人刚刚烹饪出来的食物时，他们所学结果的社会效度就得到了频繁的验证（Trask-Tyler, Grossi, & Heward, 1994）。在现实生活中进行的测验除了提供社会效度的真实评估外，也使学习者的技能库与自然发生的强化依联相联系，这可能会促进新获得的行为的维持和泛化。

在现实生活情境中观察到期望的行为改变，可能并不等同于服务对象的技能库中出现了具有社会效度的改善。这种不匹配的情况最有可能发生在：（1）目标行为不同于自然环境中具有最高价值的行为时；（2）在自然环境中观察到的行为改变的当时情境不同于最需要服务对象表现出该行为的关键情境时。斯托克斯、路易塞利、里德和弗莱明（2010）对教授高中橄榄球运动员传球保护技术的研究提供了第一种不匹配的例子。研究者发现，从训练到比赛，参与者在对进攻线卫传球保护的 10 步骤任务分析上的表现有所提高（参看图 23.5），但他们也承认"在训练和比赛中擒抱一名持球队员与 10 项技术的表现之间的关系仍然未知，因为我们没有在训练或比赛时测量成功的擒抱动作"（p. 512）。

直接观察参与者在现实生活情境中对具有最高价值行为的真实表现并不是行为改变具有社会效度的保证。如果对儿童将他们在基于课堂的计划中学到的安全过马路行为运用于自然环境的能力的评估只在白天或交通非常顺畅时进行，那么结果可能会给人们造成关于儿童在交通繁忙的时候能够安全过马路的错误和过于乐观的印象。

单一个案研究设计的一个极大优点是透明度：必须对因变量和自变量进行充分的描述，以便其他人能够实施，并使任何人都能直接获得证明行为改变的数据。这样的透明度使科学评审员、实务工作者、消费者和政策制定者得以自行判断行为改变的社会效度。[1]

外部效度：复制实验以确定研究结果的泛化性

外部效度指的是在一个特定的实验操作中发现的功能关系在不同条件下的可靠和具有社会效度的程度。一项干预如果只在限定的条件下起作用，而当原始实验的任何方面被改变时都被证明无效，那么它对于开发可靠和有用的行为改变技术的贡献将是有限的。当一个经过仔细控制的实验表明一种特定的处理方法对特定被试的目标行为产生了一致的、具有社会重要性的改善时，就应该提出这一系列问题：如果将这个处理应用于其他行为，是否同样有效？如果以某种方式改变该程序（如在一天中的不同时间实施、由其他人实施、按照不同的时间表实施），该程序是否依然有效？它在与原始实验所处情境不同的情境中是否有效？它对不同年龄、背景和技能库的参与者是否还会有效？关于外部效度的问题，既不是抽象的，也不是虚夸的，它们是实证的问题，而且如果是重要的问题，那么可以用实证的方法来解答。

一个具有外部效度或泛化性的功能关系会在各种条件下继续运作。外部效度是一个程度的问题，而不是一个"全有或全无"的属性。除了与原始变量完全一致的条件（包括原始被试），在其他任何条件下都不能复制出来的功能关系不具有外部效度。在此连续体的另一端则是，一个在任何时间、任何条件下、任何情境中，对任何行为以及对任何被试都有效的程序具有完全的泛化性（一种最不可能的情况）。大多数功能关系介于这个连续体的两端之间，而那些被发现具有较高泛化性的功能关系对应用行为分析的贡献更大。使用组间研究方法的研究者与使用被试内研究方法的研究者在追求外部效度的方式上有很大差异。

外部效度和组间研究设计

如前所述，使用组间实验设计的研究者认为使用大群体被试有两个优势。除了假设将单个被试的数据汇总起来可以控制被试间的变异性外，[2] 使用分组设计的研究者还假设一个实验中包含多名被试可以增加结果的外部效度。从表面上看，这个假设是完全合乎逻辑的，当放在适当的外推水平上来看时，它也是正确的。能够证实功能关系的被试越多，它对具有类似特征的非被试有效的可能性也就越大。而事实上，在不同情境下对各种被试证明功能关系，正是应用行为分析师记录外部效度的方式。

声称组间研究的结果对实验被试所属母群体中的其他个体具有泛化性的研究者违反了组间方法的一个基本前提，也忽略了行为的一个定义性特征。对分组设计研究结果的正确推论是从样本推论到母群体，而不是从样本推论到个体。一项实施良好的组间研究会严格奉行随机抽样方法，以确保研究的参与者是在母群体里发现的所有相关特征的异质性样本。而样本越能代表其母群体，结果对任何单个被试来说就越没有意义。

将组间研究的结果推广到其他人身上（除非特别谨慎，有时甚至推广到如图 10.1 所示的被试身上）的第二个本质问题是，组间实验无法证明任何被试的行为与他/她所处环境的某些方面之间的功能关系。从行为分析的角度来看，组间实验的结果中没有任何东西具有外部效度，没有任何东西可供泛化。约翰斯顿和彭尼帕克（2009）反复而充分地解释了这一点。

---

[1] 关于社会效度及其评估过程的更多讨论，请参看卡罗尔和圣彼得（Carroll & St. Peter, 2014），康芒和莱恩（Common & Lane, 2017），斯诺德格拉斯、钟、米丹和哈利（Snodgrass, Chung, Meadan, & Halle, 2018）的相关文章，以及《应用行为分析杂志》1991 年夏季刊中关于社会效度的特别部分。

[2] 当被试间的差异可以忽略不计或没有受到特别的关注时，假设群体数据可以描述单个参与者的行为就没有什么问题（Blampied, 2013）。一粒玉米在基因和功能上与从同一片农田里采摘的数百万粒其他玉米是一样的。人则完全是另一回事。

> 研究者的首要目标是获得真正代表自变量与因变量之间关系的数据。如果没有做到这一点，其他的都没有意义。只有当研究结果是"真实的"时，对于在其他情境下具有什么意义的问题才有价值。（p. 247）
>
> 组间设计往往本末倒置。将不同水平的自变量用于不同的群体，确保这些群体包含大量的参与者，并将他们的反应一并处理，这种策略提供的比较不能描述任何群体内的任何成员。由于无法因密切关注实验控制而将焦点放在个体身上，这些传统方法大大减少了在一开始时发现有序关系的机会。这使得跨个体的泛化性问题变得毫无意义。（p. 346）

长久以来，组间设计和统计推断主导着心理学、教育学和其他社会科学的研究。尽管长期占据主导地位，这种研究传统对促进有效的行为改变技术的开发起了多大作用仍然是值得怀疑的（Baer, 1977; Branch, 2014; Michael, 1974）。分组设计研究无法提供造成实践改善的数据，教育领域就是最明显的例子（Greer, 1983; Heward & Cooper, 1992）。课堂教学和课程决策往往更多的受时尚、潮流和意识形态的影响，而不是受通过对产生学习成果的变量进行严格和持续的实验分析获得的累积知识和理解的影响（Heron, Tincani, Peterson, & Miller, 2005; Heward, 2005; Kauffman, 2011; Zane, Weiss, Blanco, Otte, & Southwick, 2015）。

组间实验的结果不适合用来回答应用行为分析师最关注的问题——只有通过分析在所有相关条件下对个体行为的重复测量，才能找到这些问题的答案。我们认同约翰斯顿和彭尼帕克（1993b）的看法。

> 我们发现，所有此类程序所依据的推理都与行为的自然科学的主题和目标相异，无论它们所提供的数据的数学处理多么巧妙，我们都认为分组比较的效用极为有限……[分组比较实验构成了]一个几乎完全颠倒的科学探究过程；它不是用关于自然现象的问题来指引关于实验设计的决策，而是让设计模型来指引研究问题的形式和内容。这不仅与科学实验所发挥的作用背道而驰，而且分组比较设计能够提出的问题类型对理解行为的决定因素而言，大多是不恰当或不相关的。（pp. 94-95）

我们对组间设计在行为分析中的局限性的讨论，不应被误读为我们认为分组设计和统计推断在对这个世界上的科学知识的追寻中是一种没有价值的研究方法。恰恰相反，组间设计和统计推断对于寻找研究提出的各种问题的答案是非常有效的工具。恰当设计和妥善实施的组间实验为很多大规模评估的核心问题提供了具有特定可信度（即概率）的答案。例如，政府机构不关心一项新规定对任何个体造成的影响（而且可能对该规定与人的行为之间是否存在功能关系更不感兴趣），而对人口中可预测的一定比例的人的行为会受到该规定影响的概率更感兴趣（参看信息箱10.1）。前者关注的重点是行为学方面的问题，最好的解答方法是单一个案实验设计。后者关注的重点则是精算方面的问题，恰当的解答工具是组间设计的随机抽样和统计推断。

外部效度和应用行为分析

行为分析师通过复制实验来评估、建立和明确单一个案研究结果的外部效度或科学泛化性（Branch & Pennypacker, 2013）。这个背景下的**复制**指的是重复先前的实验。[1] 西德曼（1960）描述了复制的两种主要类型——直接的和系统化的。

---

[1] 约翰斯顿和彭尼帕克（1980）指出了复制实验和重现实验的结果之间的区别。他们表示，判断复制的质量只应根据"与[原始实验]相关的同等环境操纵被复制的程度……因此，人们复制程序是为了重现效果"（pp. 303-304）。然而，当大多数研究者报告"复制失败"时，他们指的是复制的结果与先前的研究获得的结果不一致（例如，Ecott, Foate, Taylor, & Critchfield, 1999; Friedling & O'Leary, 1979）。

> **信息箱 10.1**
>
> **组间研究和应用行为分析**
>
> 组间研究设计在行为科学和社会科学的广阔世界中占据主导地位。在使用名为随机对照试验（random control trial, RCT）的组间设计的研究中，每名参与者被随机分配到处理组或无处理（对照）组。"双盲"RCT通过对研究者和参与者隐瞒两组成员的身份，消除了潜在的偏见。使用各种统计工具来确定处理前和处理后的因变量测量值在各组间是否不同。一些决策机构和研究者认为RCT是实验证据的黄金标准（例如，U.S. Department of Education, 2003; Interactive Autism Network, 2019）。
>
> 应用行为分析的行为改变的基本原理和实践一直以来都在单一个案实验中被发现、完善和证明有效，RCT和其他类型的组间设计能够帮助这门科学进步吗？我们的观点是，组间研究设计可以通过两种主要方式支持应用行为分析研究。
>
> 第一，显示行为处理具有积极影响的分组研究结果可能会使资助处理措施的政策制定者、政府官员、教育和医疗保健服务管理者提高对ABA干预的认识，也使得消费者可能成为以证据为基础的处理方法的倡导者。"分组研究的积极结果可能不会让行为分析师对单个服务对象的行为控制有更多的了解，但这样的结果还是会使更多人了解行为分析。"（Iverson, 2013, p. 26）虽然数以百计的单一被试研究已经显示早期密集行为干预对孤独症儿童具有积极影响，但对孤独症的行为处理的有效性的普遍认可在很大程度上来自分组比较研究（参看 Eldevik et al., 2009, 2010; Smith, Groen, & Wynn, 2000）。在公共卫生领域，英国的组间研究显示，食物大众计划（Food Dudes program）——包括同伴示范、视频记录、奖励健康饮食和家长集成包——增加了儿童对蔬菜水果的摄入量，这项研究有助于促使爱尔兰政府将这项计划推广到爱尔兰的所有小学中（Horne et al., 2004, 2009）。
>
> 第二，在通常不以单一个案设计研究为特征的期刊和会议上传播评估行为干预的组间研究，可以提高其他学科的科学家对衍生自行为分析的处理方法的认识，这可能会带来研究议题上的合作和拓展。当行为分析师在非行为学期刊上发表组间研究报告，如关于交通安全（Van Houten, Retting, Farmer, Van Houten, & Malenfant, 2000）、医疗保健（Raiff, Barry, Ridenour, & Jitnarin, 2016）、戒烟（Dallery et al., 2017）和毒品成瘾（Madden, Petry, Badger, & Bickel, 1997）等方面时，更多的读者会了解到应用行为分析的原理和程序何以能够改善人类的状况。
>
> 关于分组研究如何促进应用行为分析的研究和实践的发展的更多讨论和例子，请参看克里奇菲尔德和柯林斯（Critchfield & Kollins, 2001）, 克里奇菲尔德和里德（Critchfield & Reed, 2017），以及汉利（2017）的相关文章。

直接复制

在**直接复制**（direct replication）中，研究者尽力复制出与先前的实验完全相同的条件。如果在直接复制中使用相同的被试，那么这个研究就是被试内直接复制（intrasubject direct replication）。实验中的被试内复制是应用行为分析研究的一个定义性特征，也是建立功能关系的存在和信度的主要策略。被试间直接复制（intersubject direct replication）维持了先前实验的每一个方面，只是参与的被试不同，但可能相似（如相同的年龄、相似的技能库）。被试间复制是确定研究结果具有跨被试泛化性的程度的主要方法。

自然情境中的很多非控制变量会使实验室以外的直接复制极为困难。尽管如此，直接复制仍然是应用行为分析中的一个常规，而不是例外。虽然很多单一个案研究只涉及一名被试（例如，Ahearn, 2003; Dixon & Falcomata, 2004; Fahmie, Iwata, & Mead, 2016; Tarbox, Williams, & Friman, 2004），但大多数已发表的应用行为分析研究报告都涉及直接的被试间复制。这是因为每名被试都可以被视为一个完整的实验。例如，在一项行为分析研究中，以完全相同的方式对同一情境中的六名被试进行自变量操纵，可以得到五个被试间复制。

系统化复制

实验的直接复制可以证明功能关系的信度，但该结果对其他条件的泛化性只能通过一系列实验来确定，在这些实验中，需要有目的地、系统化地改变研究者感兴趣的条件。在**系统化复制**（systematic replication）中，研究者有目的地改变先前实验的一个或多个方面。当系统化复制成功地重现了先前实验的结果时，它不仅证明了先前结果的信度，还通过表明在不同的条件下可以获得相同的效果而增加了先前结果的外部效度。在系统化复制中，先前实验的任何方面都可以改变：被试、情境、自变量的施加和目标行为。

由于系统化复制可以提供关于研究变量的新知识，因此，它提供的潜在回报比直接复制提供的更多。尽管系统化复制会带来一些风险，西德曼（1960）仍将其描述为一场值得一试的赌博。

> 如果系统化复制失败了，原来的实验还是要重新做，否则无法确定复制失败的原因是第二个实验引入了新变量，还是第一个实验对相关因素的控制不足。
>
> 另一方面，如果系统化复制成功了，回报是很丰厚的。不仅原来的结果的信度会提高，对其他有机体和其他实验程序的泛化性也会大幅提高。此外，这样会得到更多的数据，而这些数据是无法仅通过重复第一个实验而获得的。(pp. 111–112)

西德曼继续解释说，科学家在决定如何开展一个研究项目时，对有限资源的经济管理也必须发挥重要作用。直接复制一个漫长而昂贵的实验只能提供关于功能关系的信度的数据，而系统化复制则可以提供关于研究现象的信度和泛化性的信息。

组间研究结果的外部效度被视为特定实验的固有特征，它可以通过检视研究所用方法（如抽样程序、统计检验）而进行直接评估。但正如比恩布劳尔（Birnbrauer, 1981）所指出的，外部效度不是一个单一研究所具有的事物，而是很多研究的产物。研究者只能通过系统化复制的活跃过程来追求外部效度。

> 泛化性的建立方式，或更可能的说法是泛化性的受限方式是，累积具有内部效度的研究结果，**以及将结果置于系统化的背景中**，即找出那些特定程序似乎正在阐明的原理和参数。在最翔实的研究中，研究者会问：先前研究的积极结果**如何**能在当前的情境下，针对当前的问题而得到复制？(p. 122)

系统化复制在应用行为分析文献中占有大量篇幅。的确，我们可以令人信服地说，任何应用行为分析研究都是针对从前某一实验的至少某些方面的系统化复制。即使这些作者并未指明这一点，实际上几乎所有的实验都显示出与先前实验在程序上的明显相似性。然而，我们在这里所使用的这个术语，系统化复制，指的是为建立和说明一种功能关系的泛化性而做出的协调一致的努力。例如，哈姆雷特、阿克塞尔罗德和屈施纳（Hamlet, Axelrod, & Kuerschner, 1984）在两名 11 岁学生身上发现，学生被要求做出的眼神接触（如"［名字］，转过身来"）与对成人指令的服从之间具有功能关系。该研究报告还包括由同一研究者耗时一年对 9 名 2~21 岁的学生所做的六个复制的结果。相似的结果在 9 名复制被试中的 8 名身上得到了重现。虽然有的人可能会认为这是一个直接的被试间复制的例子，但哈姆雷特及其同事的复制是在不同的情境中进行的（即教室、家庭和机构），因此应被视为一系列的系统化复制，它不仅证明了结果的信度，也证明了跨不同年龄被试在不同情境中具有相当可观的泛化性。

跨被试的系统化复制有时会显示出不同的效果模式，研究者可能就会将其作为特定被试特征或情境变量的函数来研究这些模式。例如，哈戈皮安、费希尔、沙利文、阿奎斯托和勒布朗（Hagopian, Fisher, Sullivan, Acquisto, & LeBlanc, 1998）报告了 21 名住院患者接受功能性沟通训练的一系列系统化复制的结果，有的训练包括消退和惩罚，有的则没有。[1] 莱尔曼、艾瓦塔、肖尔和德利翁（Lerman, Iwata, Shore, & DeLeon, 1997）发现，将固定比率 1（FR 1）惩罚程序表（即每个反应都被惩罚）减弱到间歇惩罚，对五名重度智力障碍成人的自伤行为产生了不同的影响。

一些系统化复制试图在不同的情境或背景下重现另一位研究者所报告的结果。例如，萨伊格和奥马尔（Saigh & Umar, 1983）在苏丹的课堂上成功地复制了最初报告的在美国的课堂上做过的好行为游戏（Good Behavior Game）的积极结果（Barrish, Saunders, & Wolf, 1969；参看第 28 章）。萨伊格和奥马尔报告说："这种游戏的跨文化效用得到了相当程度的支持。"（p. 343）后来在北爱尔兰（Lynch & Keenan, 2018）和荷兰（van Lier, Muthen, van der Sar, & Crijnen, 2004）进行的好行为游戏的系统化复制为这项干预的有效性的跨文化泛化性提供了更多的支持。

研究者有时会报告多个实验，每个实验都是探究哪些变量会影响特定功能关系的系统化复制。例如，费希尔及其同事（1993）开展了四项研究，旨在探索有消退和惩罚的功能性沟通训练的有效性，以及没有消退和惩罚的功能性沟通训练的有效性。

当一个研究团队在一段时间内努力追求一致的若干相关研究时，这就是明显的系统化复制。在以下这些研究中可以找到这种复制方法的例子：尼夫（Neef）及其同事对注意力缺陷与多动障碍学生的冲动行为所做的实验（例如，Bicard & Neef, 2002; Neef, Bicard, & Endo, 2001; Neef, Bicard, Endo, Coury, & Aman, 2005; Neef & Markel et al., 2005）；米尔滕贝格尔及其同事对教授儿童安全技能的若干研究（例如，Himle, Miltenberger, Gatheridge, & Flessner, 2004; Johnson et al., 2006; Knudson et al., 2009; Miltenberger, 2008; Miltenberger et al., 2004; Miltenberger et al., 2005）；范霍滕及其同事 40 年来对影响驾驶者行为和行人安全的变量的探究（例如，Huitema, Van Houten, & Manal, 2014; Lebbon, Austin, Van Houten, & Malenfant, 2007; Van Houten, Malenfant, Van Houten, & Retting, 1997; Van Houten, Nau, & Marini, 1980）。

拓展一个重要系列研究所需的系统化复制往往必须由不同地点的研究者在他人的工作成果的基础上独立努力。当处于不同地理位置的独立研究团队报告了相似的研究结果时，其最终结果是得到一个具有重要科学完整性和技术价值的知识体系。这种集体努力加快和加强了干预的细化和严格测试，这对发展和完善以证据为基础的实践是非常必要的（Hitchcock, Kratochwill, & Chezan, 2015; Horner & Kratochwill, 2012）。

一个来自不同地点的独立研究团队报告了跨越数十年的系统化复制，其中一个例子是分析在小组教学中反应卡对学生的学业投入、学习成果和行为举止的影响的一组研究。[2] 研究者报告了相似的结果模式——上课时参与度提高、课程内容记住得更多，以及/或者不专注和破坏性行为减少——反应卡的使用面向各类学生（普通教育学生、特殊教育学生和将英语作为第二语言的学生）、各种课程内容（如数学、科学、社会研究和拼写）和各种教学环境（如幼儿园、小学、初中、高中和大学课堂）（例如，Armendariz & Umbreit, 1999; Bondy & Tincani, 2018; Cakiroglu, 2014; Cavanaugh, Heward, & Donelson, 1996; Davis & O'Neill, 2004; Gardner, Heward, & Grossi, 1994; Hott & Brigham, 2018; Kellum, Carr, & Dozier, 2001; Lambert, Cartledge, Lo, & Heward, 2006; Marmolejo, Wilder, & Bradley, 2004; Wood, Mabry, Kretlow, Lo, & Galloway, 2009）。

---

1 第 26 章将讲述功能性沟通训练。
2 反应卡是小卡片、标志牌或物品，学生举着它来展示他们针对教师提出的问题给出的答案。

认识到复制在应用行为分析研究的持续发展中的重要作用,《应用行为分析杂志》的编辑委员会在2017年设立了一个栏目名为"复制"的新的文章类别。

可以预见，复制越直接，文章就越短。如果是重复程序的系统化复制，就会需要更多但也不会太多的篇幅来讲述这些程序和它们在不断扩大的条件组合下的效果。例如，如果作者重复了程序，一开始未能复制结果，但后来证明了替代的控制变量，或将功能关系发生的条件和不发生的条件分离出来，那么一篇冗长的文章可能的确可以在期刊的"复制"专栏中发表。（Hanley, 2017, p. 4）

计划、实施和呈现应用行为分析研究的结果需要大量的时间、精力和专业知识。越来越多的代表科学机构、实务工作者团体和消费者的组织正在寻求对单一个案研究的系统化呈现。有效教育策略资料中心（What Works Clearinghouse）是美国教育部教育科学研究院下属的一个机构，它可能是第一个为评估和确定是否将单一个案研究纳入其发表的综合研究报告制定标准的机构。马金、布里什、沙富莱亚、弗格森和克拉克（Maggin, Briesh, Chafouleas, Ferguson, & Clark, 2014）比较了用于辨识单一个案研究的有实证支持的实践的五条评分标准。一份由26位研究者撰写的共识报告为其他研究者提供了关于提交一篇要发表在期刊上、使用单一个案实验设计的研究论文应包括哪些内容的指导方针（Tate et al., 2016a, 2016b）。

评估应用行为分析研究

到目前为止，我们指出了良好的应用行为分析应具备的很多要素。我们现在以人们在评估应用行为分析研究的质量时可能会提出的一系列问题来总结这些要素，并把它们分成四个主要类别：内部效度、社会效度、外部效度，以及科学和理论上的重要性。

内部效度

要确定一项应用行为分析的研究是否针对行为进行了分析，读者必须明确该研究是否已经证明了功能关系。做这个判断需要审慎地检视测量系统、实验设计和研究者控制潜在混杂变量的程度，以及对数据进行仔细的视觉化分析和解释。

因变量的定义和测量

评估内部效度的第一步是决定是否接受实验过程中收集的数据作为目标行为的有效测量值和准确测量值。图10.11列出了做出这个决定需要考虑的一些重要问题。

图表呈现

如果接受了将数据作为对实验过程中的因变量的有效和准确的描述，那么读者接下来应该评估研究的每个阶段中的目标行为的稳定程度。然而，在评估数据路径的稳定性之前，读者应该检查图表呈现以便发现是否有任何失真来源（如轴的刻度、横轴上时间的失真；参看第6章）。研究者或消费者如果怀疑图表中的任何元素可能会导致对数据进行空洞的解释，那么应使用一组刻度恰当的轴重新绘制数据。评估因变量在实验的不同阶段的稳定性时，必须考虑阶段或条件的长度，以及数据路径中存在的趋势。读者应该问，每个阶段内实施的条件是否会助长练习效应。如果会，那么在实验变量被操纵之前，这些效应是否有机会表现出来？

基线条件的意义

基线条件作为自变量存在时的后续表现的评估基础，它的代表性或公平性应该得到评估。换句话说，基线条件对目标行为、情境和实验所要回答的研究问题来说是否有意义？例如，米勒、哈勒和休厄德（Miler, Hall, & Heward, 1995）做了两个实验，评估了两个程序对学生解答数学题的速度和准确性的影响，

- 自变量的定义是否准确、完整和清晰?
- 如果提供目标行为的例子和非例子可以使目标行为的定义更加清晰,该研究是否提供了例子和非例子?
- 该研究是否明确指出了目标行为的最相关和最易测量的维度(如比率、持续时间)?
- 重要的伴随行为是否也得到了测量?
- 观察和记录的程序对目标行为来说是否恰当?
- 测量是否为问题行为或研究问题提供了有效的(即有意义的)数据?
- 测量刻度是否足够灵敏,其范围是否足够大,能够捕捉到目标行为中具有社会重要性的改变?
- 作者是否提供了关于观察者训练和校准的充分信息?
- 该研究中用于评估和确保测量准确性的程序是什么?
- 该研究是否在呈现结果的相同水平上报告了观察者间一致性的评估(如按被试和实验条件)?
- 观察时段的时间、活动和地点是否被安排得与问题行为或研究问题最为相关?
- 观察是否进行得足够频繁,时间安排是否足够紧凑,以提供一个令人信服的关于行为随着时间的推移而发生改变的估计?
- 研究中是否存在任何可能已经影响到观察者的行为的依联操作?
- 是否有任何预期或迹象表明因变量可能已经对测量系统产生了反应性?如果有,该研究是否使用了任何程序来评估和/或控制反应性?
- 该研究是否报告了关于数据的准确性和/或信度的恰当评估信息?

图 10.11 评估应用行为分析研究中因变量的定义和测量时应提出的问题

两个程序都在每天 10 分钟的练习时段中进行以 1 分钟为单位的尝试。在两个实验的所有条件和阶段中,学生都被要求尽其所能地回答问题,他们的表现都会得到反馈。在两个实验进行期间,学生的作业单上会有如下标记和分数。

实验者在每名学生的作业单上的错误答案旁做一个 × 记号。将正确答案数量占全部答题数量的百分比写在第一张作业单的最上方,并写下正面的评语来鼓励学生继续努力。如果一名学生的分数低于他/她以前所得过的最高分,那么就会得到诸如"继续加油,萨莉!""再快一些!"或"继续努力!"之类的评语。每当一名学生拿到他/她迄今为止的最高分时,作业单上就会出现像"干得好,吉米!这是你有史以来最棒的成绩!"这样的评语。如果一名学生得到了与其以前得过的最高分相同的分数,作业单上就会出现类似"你追平了你的最好成绩!"这样的评语。

在每个时段开始时,教师将前一天打过分数和写下评语的作业单返还给学生。以 10 分钟的连续工作作为基线条件,其中的每个时段都这样开始,教师对学生说:"我希望你们努力学习,并尽力做到最好。尽你们所能地回答问题。如果你们无法回答所有的问题,请不要担心。作业单里的问题谁都回答不完,尽最大努力就是了。"(p. 326)

在初始基线阶段之后是两个计时尝试(time-trial)条件(B 和 C),采用 A-B-A-B-C-B-C 设计。两个班级学生的结果显示,计时尝试条件与相比于基线条件有所提高的正确率和准确性之间具有明确的功能关系。然而,如果班级教师没有在每个基线时段前先指示和提醒学生尽自己所能地回答问题,学生也没有收到教师对自己的作业单的反馈,那么在计时尝试条件期间的进步表现可能就令人生疑了。即使已经证明了一个相对于这样的基线条件的明确的功能关系,应用研究者和消费者仍然可以而且应该质疑这种结果的重要性。也许学生只是不知道他们被期待快速地答题。如果学生被告知要"做得快一点",并得到了关于他们的表现的反馈、对他们的进步的赞扬和对他们回答更多问题的鼓励,也许他们在基线条件中答题的速度就会跟在计时尝试条件中的一样高。通过将每天指示学生努力学习并尽可能多地回答问题,以及将作业单返还给学生作为基线条件的组成部分，米勒及其同事获得了基线期间的有意义的数据路径，并以此为基础检验和比较两个计时尝试条件的效果。

实验设计

应检视实验设计以确定它的实验推理类型。设计中的哪些元素使预测、验证和复制成为可能？设计对于研究所探究的问题是否恰当？设计能否有效地控制混杂变量？如果需要进行成分分析和/或参数分析，设计是否为此提供了基础？

布罗萨尔、万内斯特、戴维斯和佩兴丝（Brossart, Vannest, Davis, & Patience, 2014）首先使用设计分析（design analysis）这一术语来评估单一个案实验设计对内部效度的威胁，以及区分设计分析和视觉化分析。

> 设计分析会检查实验的结构，以判断所宣称的功能关系是否有效，视觉化分析则在评估行为改变的类型和数量时检查改变的平均值、趋势、即时性和一致性。这样的视觉化分析可能有助于确定功能关系，但不能独立于对设计的评估。（p. 468）

视觉化分析和解释

尽管过去四十多年来一直有学者提出使用统计方法来评估单一被试实验设计中的行为数据，并确定功能关系是否存在（例如，Gentile, Roden, & Klein, 1972; Hartmann, 1974; Jones, Vaught, & Weinrott, 1977; Manolov & Solanas, 2013; Pfadt & Wheeler, 1995; Solomon, Howard, & Stein, 2015），视觉化检查仍然是应用行为分析中使用最为普遍的方法，也是我们认为解释数据最为恰当的方法。第6章讲述了对实验条件内和实验条件间行为数据的水平、趋势和变异性进行视觉化分析的程序和准则。这里我们将简要地介绍视觉化分析在应用行为分析中的四个有利因素。

第一，应用行为分析师对于知道行为改变是干预所产生的统计学意义上的结果没有什么兴趣。应用行为分析师关注的是产生具有社会性的行为改变。如果必须通过统计推断检验来确定单个服务对象或参与者的行为改变是否足以改善他/她的生活质量，那么答案是否定的。或者，如唐贝尔所说："如果一个问题已经解决了，你应该可以看到；如果你必须检验统计显著性，那么就意味着你还没有解决办法。"（Baer, 1977a, p. 171）

第二，视觉化分析很适合用于辨识那些能够产生强大的和可靠的效果的变量，这有助于形成有效的和强大的行为改变技术。而强大的统计分析检验可以检测自变量与因变量之间可能存在的最薄弱的相关关系，这可能会导致将薄弱而不可靠的变量纳入行为改变技术。

在确定实验效果时，可能会出现两类错误（参看图10.12）。**I型错误**（Type I error）[也被称作假阳性（false positive）]是指研究者得出自变量对因变量有影响的结论，而实际上并不存在这种关系。**II型错误**（Type II error）[也被称作假阴性（false negative）]与I型错误相反。在这种情况下，研究者得出自变量对因变量没有影响的结论，而实际上自变量对因变量有影响。[1] 理想的情况是，研究者使用合理的实验策略，结合合理的实验设计，并以恰当的数据分析方法为支撑，正确地得出自变量与因变量之间存在（或不存在）功能关系的结论。

贝尔（1977）指出，行为分析师依靠视觉化检查来确定实验效果时，I型错误的发生率会很低，但会增加II型错误的发生率。依靠统计显著性检验来确定实验效果的研究者会比行为分析师犯更多的I型错误，但几乎不会遗漏可能产生一定效果的任何变量。

1　呼喊"狼来了"的小男孩既造成了I型错误，也造成了II型错误。首先，人人都相信有狼，而其实没有狼。接着，人人都相信没有狼，而其实有狼。用"效果"一词替代"狼"，你就不会再混淆I型错误和II型错误了（Stafford, 2015）。

	实际上存在功能关系	
	是	否
研究者得出存在功能关系的结论 — 是	正确结论	I 型错误（假阳性）
研究者得出存在功能关系的结论 — 否	II 型错误（假阴性）	正确结论

图 10.12 理想的情况是，实验设计和数据分析方法帮助研究者得出关于自变量与因变量之间存在（或不存在）功能关系的正确结论，而且事实上这个关系确实是存在（或不存在）的。当功能关系实际上不存在时，得出实验结果揭示了功能关系的结论是 I 型错误。相反，当这种关系确实存在时，得出自变量对因变量没有影响的结论是 II 型错误。

犯了相对较多 I 型错误的科学家必然会记住理应影响多种行为的一长串变量清单，其中一些可预测的部分其实根本不是变量。相比之下，那些极少犯 I 型错误的科学家要记住的变量清单是相对较短的。而且更重要的是，通常只有非常强大的、一致有效的变量才会出现在这个清单上。犯 I 型错误风险较高的研究者经常会发现很多薄弱的变量。毫无疑问，他们会知道更多，尽管其中有一些是错误的，而且很多是危险的……相对于犯 II 型错误概率较高的人来说，那些犯 II 型错误概率较低的人不会经常拒绝一个实际上具有功能性的变量。同样，毫无疑问，那些犯 II 型错误概率较低的实务工作者会知道更多；但同样，那个更多的本质往往体现在它的薄弱、功能的不一致或严格的专业化上……单个被试设计实务工作者……相对于他们的使用分组范式的同事而言，犯 I 型错误的概率必然非常低，而犯 II 型错误的概率非常高。结果是，他们了解的变量较少，但这些变量通常更强大、更具一般性、更可靠，而且非常重要的是，它们有时是可操作的。这些恰恰就是一项行为技术可能赖以建立的变量。（Baer, 1977b, pp. 170–171）

第三，使用统计方法确定行为数据中是否存在功能关系的问题也存在于包含大量变异性的数据集中。这样的数据集应该促使研究者进行额外的研究，以实现更加一致的实验控制，并发现导致变异性的因素。如果研究者为了接受统计显著性检验的结果作为功能关系的证据而放弃额外的实验，那么他将面临把重要发现留在未知领域的风险。对数据的统计操纵无论多么巧妙或复杂，都不会取代对影响行为的变量进行的操纵。

显著性检验有可能发挥作用的情况通常是因变量的非控制变异性太多，以至于实验者和读者都无法确定其中是否存在可解释的关系。这是相关行为没有得到良好的实验控制的证据，在这种情况下，需要的是更有效的实验，而不是更复杂的判断上的帮助。（Michael, 1974, p. 650）

第四，大多数统计显著性检验涉及的某些假设只能应用于符合预定标准的数据集（Solomon et al., 2015）。如果那些用于确定实验效果的统计方法在应用行为分析中得到了高度重视，那么研究者可能会开始设计实验，以便计算出检验结果。由此导致的实验设计灵活性的丧失将对行为科学的持续发展产生反作用。

视觉化分析并非没有局限性。长久以来，在各种数据模式能否证明实验控制上的评分者间一致性（interrater agreement）一直是令人担忧的事情（例如，Franklin, Gorman, Beasley, & Allison, 1996; Matyas &

Greenwood, 1990; Ottenbacher, 1993）。在最早的评估视觉化分析的评分者间一致性的研究中，有一项是德普罗斯佩罗和科恩（DeProspero & Cohen, 1979）所做的研究，他们请曾担任《应用行为分析杂志》和《实验行为分析杂志》的 108 位编辑委员会成员和特邀审稿人评估 9 个 ABAB 图表中呈现的假设性数据在实验控制上令人信服的程度［范围为 0（低）~100（高）］。除了展现出"理想模式"最明显的图表外，评分者间一致性是相对较低的（皮尔逊相关系数为 0.61）。迪勒、巴里和盖利诺（Diller, Barry, & Gelino, 2016）请《应用行为分析杂志》和《实验行为分析杂志》的 19 位编辑委员会成员和 90 位认证行为分析师评估 18 个多因素设计图表中呈现的成组假设性数据路径展现实验控制的程度。这些研究者也报告了审稿人之间意见不一致的情况。相比之下，康及其同事（2010）发现，在 2002—2004 年在《应用行为分析杂志》任职的 45 位编辑委员会成员和副主编对 36 个 ABAB 图表中的假设性数据能否展现实验控制（是或否）和其展现实验控制的程度具有较高的评分者间一致性。

这些考察视觉化分析的评分者间一致性的研究存在一个局限性，即没有为参与者提供数据的背景。如果不了解关键的背景因素，应用行为分析师就无法恰当地解读图表数据。被试是谁？测量的是什么行为？是如何测量的？行为改变的目标是什么？处理变量是什么？处理是如何、何时、在何地、由何人实施的？纵轴和横轴分别代表行为改变和时间的什么刻度？

人们针对单一个案数据提出了各种结构化标准、正式的决策规则和视觉辅助（例如，Fisch, 1998; Fisher, Kelley, & Lomas, 2003; Hagopian et al., 1997; Pfadt, Cohen, Sudhalter, Romanczyk, & Wheeler, 1992）。虽然使用同一套规则或统计辅助检验的多名评分者将会达到 100% 的一致性——如果他们运用那些规则的方式是恰当的或数学计算是正确的，但这未必是一个理想的结果。在一个参与者处理情境的背景中产生的可能有意义的行为改变，在另一个背景下可能就没有意义了。

图表数据的视觉化分析一直对应用行为分析很有帮助。行为分析研究者和实务工作者会继续依靠它作为解释行为改变和辨识实验控制的主要方式。然而，行为数据的统计分析可以以多种方式支持和促进 ABA 研究（参看信息箱 10.2），我们鼓励行为分析师关注统计工具的发展。

信息箱 10.2

用统计评估来补充视觉化分析

在评估行为干预的效果时，无论多少统计计算都不能取代对变量的实验控制和对数据的视觉化分析。然而，对单一个案设计的数据所做的视觉化分析可以用统计评估来补充。行为研究者越来越频繁地使用统计工具来计算研究效果的标准尺度，以及计算探究同一个研究问题的多项研究的总体效果。

效应量：量化处理效果的等级大小

效应量（effect size）是关于一个处理变量对一个因变量的影响程度的统计量，在分组设计研究中被广泛使用。用科恩公式计算的一种效应量的范围为 −1.00~+1.00。科恩（1988）将 +0.2 的效应量描述为小，+0.5 为中，+0.8 为大。负的效应量表示处理变量具有减少或有害的效应。科恩承认，在未表明研究背景和获得效果所需的资源的情况下使用这样的术语是危险的（例如，一个被工作人员和服务对象接受的易于实施的处理所产生的微弱效果可能比一个工作人员和服务对象不喜欢的成本较高的处理所产生的显著效果更有价值）。

关于如何得出单一个案设计研究的效应量，目前还没有达成共识。美国教育部的有效教育策略资料中心（2018）建议用各种不同的工具来计算单一个案研究的处理效果的等级大小，认为如果通过多种方法得到相似的结果，就可能会得出更有力的结论。如果正确计算了处理效果的等级大小，那么任何人使用相同的统计工具都会得到相同的结果。难点在于"从令人困惑的众多可用的统计方法中做出选择"（Brossart, Vannest, Davis, & Patience, 2014, p. 467）。

为了探究不同的统计工具能否用于确定单一个案研究的效果大小，沙迪什（Shadish, 2014）邀请五种不同统计方法的开发者分析兰伯特、卡特利奇、休厄德和洛（Lambert, Cartledge, Heward, & Lo, 2006）关于反应卡对九名四年级学生在数学课上的破坏性行为的影响的研究中的九个 ABAB 数据集（图 8.3 显示了其中四名学生的数据）。使用不同的方法发现的效果"并不完全相同，但彼此之间以及与视觉化检查数据之间具有合理的一致性"（Shadish, 2014, p. 112）。费希尔和莱尔曼（Fisher & Lerman, 2014）评论这些结果时指出，兰伯特等人的研究中的数据集显示"处理效果大多是显著而明确的"，沙迪什认为，"要对视觉化分析和统计分析进行更明确的比较，需要进一步完善统计方法"（p. 247）。

元分析：相关研究的统计合成

元分析（meta-analysis）需要多种统计技术以汇总特定领域的一组研究的效应量（Borenstein, Hedges, Higgins, & Rothstein, 2009）。举两个例子，一个是马金、奥基夫和约翰逊（Maggin, O'Keefe, & Johnson, 2011）对 25 年间特殊教育研究的综合分析，另一个是斯托卡德、伍德、库欣和库利（Stockard, Wood, Coughin, & Khoury, 2018）对半个世纪以来发表的 328 项关于直接教学（direct instruction）的研究报告的定量评审。

进行跨研究单个参与者的数据汇总的元分析有时被称作巨型分析（mega-analysis）（H. Cooper & Patall, 2009）。一个例子是埃尔德维克等人（Eldevik et al., 2009）对 16 项关于孤独症儿童行为干预的分组设计研究所做的巨型分析。研究者分析了 453 名单个参与者的研究结果（309 名接受行为干预的儿童、39 名接受比较干预的儿童和 105 名对照组的儿童）。结果显示，接受行为干预的儿童在 IQ 分数（至少 +27 分）和适应性行为（至少 +21 分）方面获得可靠改变的比例远高于比较组和对照组的儿童。

有兴趣了解更多关于单一个案数据的统计工具的读者可以查阅有效教育策略资料中心（2018）的《标准手册》(*Standards Handbook*)；研究万内斯特、帕克、戈嫩和阿迪古泽尔（Vannest, Parker, Gonen, & Adiguzel, 2016）整理收藏的免费网络计算器和手稿；研读拥有统计方法专业知识的单一个案研究者撰写的文章（例如，Fisher & Lerman, 2014; Kratochwill & Levin, 2014; Solomon, Howard, & Stein, 2015）。

社会效度

应用行为分析研究报告的读者应该判断目标行为的社会重要性、程序的恰当性以及结果的社会重要性（Wolf, 1978）。

第 3 章详细介绍了应用行为分析师在选择目标行为时应该考虑的很多因素。应该根据这些因素来评估因变量的社会效度。最终，所有与目标行为选择有关的议题和考虑都指向一个问题：这个行为被测量的维度的增加（或减少）会直接或间接地改善一个人的生活吗？

对自变量的评估不仅要看其对因变量的影响，还要看其接受度、实用性和成本。无论其有效性如何，实务工作者、家长和/或服务对象出于任何原因而不接受或不喜欢的处理都不太可能得到使用。结果是，这样的处理永远没有机会对行为改变技术做出贡献。同样的道理也适用于自变量极其复杂，因而难以学习、教授和应用的情况。类似地，那些需要过多时间和/或金钱来实施的处理程序，其社会效度比那些可以快速应用和花费较少的程序的社会效度要低。

即使能从图表呈现中看出明显的行为改变，它可能也不代表对参与者和/或其环境中的重要他人而言是具有社会效度的改善。评估应用行为分析研究的结果时，读者应该提出这样的问题：既然行为已经发生了改变，那么参与者（或参与者生活中的重要他人）有没有过得更好？这个新的行为表现水平会不会导致现在或将来对被试的强化增加（或惩罚降低）？在某些情况下，询问被试（或重要他人）是否相信其行为已经得到改善是有意义的（Wolf, 1978）。

行为改变的维持与泛化

能够持久地出现在其他恰当的环境中并延伸到其他相关的行为的改善是最有益的。产生这类效果是应用行为分析的一个主要目标。（第 30 章将探讨促进行为改变的维持和泛化的策略。）在评估应用行为分析研究时，消费者应考虑行为改变的维持和泛化。一个令人印象深刻但并不持久或只限于特定的训练情境才会出现的行为改变，它的价值是有限的。

研究者是否通过在非训练情境中的追踪观察和测量报告了评估维持和泛化的结果？如果在追踪观察中没有出现明显的维持和/或泛化，实验者是否修正了他们的设计和实施程序，以试图产生和分析维持和/或泛化的发生？除此之外，读者应该问，对于特定的研究而言，反应泛化——与目标行为功能相似但未经处理的行为伴随目标行为的改变而发生的改变——是否也应该得到适当的关注。如果应该，那么实验者是否试图评估、分析或讨论了这个现象？

外部效度

如前所述，一个实验的结果对其他被试、情境和行为的泛化性不能以研究本身固有的方面来评估。行为—环境关系的泛化性只能通过系统化复制的积极过程来建立。因此，应用行为分析研究报告的读者应该将该研究的结果与其他已发表的具有相关特征的研究报告中的结果进行比较。一份已发表的研究报告的作者要在文章的引言中指出他认为与自己所做研究最为相关的其他实验。要判断一项特定研究对以前的研究结果的泛化性是否有贡献以及有多大贡献，读者必须检视文献中以前的研究结果，并将其与当前的实验结果进行比较。

虽然外部效度不应被认为是研究本身的一个特征，但单一个案实验的各种特征表明了其结果的预期或可能的泛化性水平。例如，一个实验在六名不同年龄、文化和语言背景以及技能水平的被试身上展现出了形式和程度相似的功能关系，与在六名相同年龄、背景和技能水平的被试身上展现出相同的结果的研究相比，前者意味着对其他被试具有更高的泛化性概率。[1]如果实验是在不同的情境下进行的，并由不同的人施加自变量，那么人们有理由对该结果的泛化性有更多的信心。

不具有较高外部效度的研究结果有可能对科学知识做出有意义的贡献。约翰斯顿和彭尼帕克（2009）指出："一个程序即使在狭窄的条件范围内才有效，也仍有可能相当有价值，只要我们知道那些条件是什么。"（pp. 343–344）

理论上的重要性和概念上的意义

对已发表的实验报告也应从其科学价值的角度来进行评估。一项能够证明自变量与具有社会重要性的

---

[1] 美国心理学会（2010）建议作者对研究参与者的性别、残障情况、社会经济地位和种族做出说明。利、华莱士、埃拉尔特和波林（Li, Wallace, Ehrhardt, & Poling, 2017）发现，2013—2015 年发表于行为分析期刊的 288 篇与干预有关的文章中，只有 4 篇包含上述四个描述性信息。

目标行为之间的功能关系的研究——因而从应用的角度来判断是很重要的——却可能对这个领域的发展贡献极小。[1] 可靠地重现一个重要的行为改变，同时不完全了解是哪些变量造成了观察到的功能关系，这是有可能发生的。西德曼（1960）区分了这种简单的信度与"有理解的重现能力"，后者是一种更完整的分析水平，其中所有的重要因素都已得到辨识和控制。

在考察了《应用行为分析杂志》前10卷（1968—1977年）中刊登的大部分实验文章之后，海斯、林科弗和索尔尼克（Hayes, Rincover, & Solnick, 1980）得出结论，这个领域出现了一种从概念分析转向强调服务对象治愈的技术漂移。他们警告说，完全聚焦于应用情境中的行为改善的技术层面可能会导致科学理解的丧失，他们建议更加努力地对行为进行更透彻的分析。

> 这些较为复杂的分析可能会加深我们对实际功能变量的了解，并随后提高我们制订更有效和更具一般性的行为计划的能力。也许，我们在尝试**立即**应用方面已经做得太多，而代价是**最终的**有效性的丧失，我们在鼓励开展更多具有处理意义的模拟和分析研究上做得太少。（Hayes et al., 1980, p. 283）

贝尔、沃尔夫和里斯利（1987）在《应用行为分析杂志》20周年纪念版上撰文强调，必须从行为改变的证明——即使它们可能很有说服力——转向对证明成功背后的原理的更完整的分析和概念性理解。

> 20年前，**分析的**（analytic）意味着令人信服的实验设计，而**概念的**（conceptual）意指与有关行为的综合理论的相关性……现在，往往只有在应用行为分析令人信服地证明了如何实施特定的行为改变，**以及**在行为改变方法具有系统化的概念性意义时，它才会被视为一门分析性学科。在过去的20年里，我们有时会令人信服地证明我们已经实现了特定的行为改变，但所使用的方法并不具有系统化的概念性意义——不清楚这些方法为什么有效。这样的例子让我们看到，我们有时在"应用"和"行为"上是令人信服的，但在"分析"上做得还不够。（p. 318）

莫里斯（1991）对"以发现……真正的控制关系为代价来证明行为干预的效果"的研究的兴起表示担忧（p. 413）。很多作者已经讨论过应用行为分析对分析方面的关注与对应用方面的关注同样重要［例如，Baer, 1991; Birnbrauer, 1979, 1981; Deitz, 1982; Iwata, 1991; Johnston, 1991; 参看施林格（2017）的研究报告作为回顾］。

我们认同对控制具有社会重要性的行为的变量进行更精细透彻的分析是必要的。幸运的是，通过对近期文献的检视，发现了很多以成分分析和参数分析为特征的研究实例，这些分析是更全面地认识行为的必要步骤——这种认识是开发完善而有效的行为改变技术的先决条件。本章前面介绍的几项系统化复制的研究就纳入了成分分析和参数分析。

一个现象的泛化性程度只有在其重现的所有必要条件和充分条件都被指明时才能为人所知。只有当影响功能关系的所有变量都得到辨识和明确时，一项分析才能被认为是全面的。即使如此，"全面分析"这个概念也会产生误导："对功能关系中的任何一个变量的进一步剖析或阐述都不可避免地揭示出新的变异性，而分析就会重新进行……行为的分析永远不可能全面。"（Pennypacker, 1981, p. 159）

对科学重要性的评估需要考虑作者对实验的技术性描述，以及对结果的解释和讨论。对程序的描述是否足够详细，以便至少使研究中的独特方面可被复制？[2]

1　重要的是要记得，虽然一些应用行为分析研究可能被公允地批评为肤浅的、表面的，因为它们在增进我们对行为的概念性理解上几乎没有帮助，但应用一个具有社会效度的处理变量（无论是不是一个集成包），从而把一个有意义的目标行为改善到具有社会效度的水平，这对参与者及其环境中的重要他人而言，从来都不是肤浅的、表面的。

2　理想的情况是，公开发表的研究报告中对程序的描述应包括足够的细节，以使有经验的研究者能够复制实验。然而，大多数期刊由于版面限制，往往无法容纳那么多细节。要复制已公开的研究，一般而言，我们推荐的做法是，请求原研究者提供完整的实验方案。

读者应考虑实验报告中呈现的概念完整度的水平。文献综述是否显示出了该研究与先前研究的密切整合？文献综述是否对该研究所探讨的问题提供了充分的解释？作者的结论是否基于从研究中获得的数据？作者是否尊重行为的基本原理与行为改变策略之间的差异？作者是否在没有明确说明的情况下提出了超出数据以外的推测？作者是否为进一步分析所研究的问题而提出了额外的研究方向？除了实际获得的结果外，该研究之所以重要是否还有其他原因？例如，一个实验如果展示了新的测量技术，研究了新的因变量或自变量，或纳入了新的控制混杂变量的策略，那么即使该研究未能实现实验控制或未能产生具有社会重要性的行为改变，也能够对行为分析的科学发展做出贡献。

在评估应用行为分析研究的"优良性"时，会牵涉很多标准和考量。虽然每个标准在某种程度上都很重要，但任何实验都不太可能满足所有的标准。而事实上，一个实验要被认为是有价值的，也没必要满足所有的标准。不过，将这些考量纳入研究，可以提高其社会重要性和科学价值。

摘要

行为分析研究中单个被试的重要性

1. 行为分析研究方法的特征是在实验的各个条件内和跨条件间重复测量单个有机体的行为。
2. 相比之下，组间实验遵循以下顺序：
- 从研究者所关注的母群体中随机挑选一群被试。
- 将被试随机分为实验组和对照组。
- 对每组所有被试实施因变量的前测，将每组被试各自的前测分数相加，计算平均值和标准差。
- 实验组被试接触到自变量。
- 对所有被试实施因变量的后测，计算每组的平均值和标准差。
- 使用各种统计检验来比较每组的分数从前测到后测的改变，从而推断两组表现之间的任何差异可以归因于自变量的可能性。
3. 要知道，一组被试的平均表现的改变也许并不能反映任何有关单个被试的表现的情况。
4. 为了发挥最大的作用，必须在人们接触一种处理并受其影响的层面上理解它：个人层面。
5. 一组被试的平均表现会掩盖数据中的被试间变异性。试图通过统计操纵"去除"变异性，既不能在数据中消除变异性，也不能控制造成变异性的变量。
6. 当重复测量显示出显著的变异性时，研究者应寻求辨识和控制造成变异性的因素。
7. 将未知变量或非控制变量的影响归因于机遇的研究者不太可能辨识和分析重要变量。
8. 要控制任何变量的影响，研究者必须在整个实验过程中将它保持不变，或是将它作为一个自变量来操纵。
9. 群体数据可能无法代表实际的行为过程。
10. 被试内实验设计的一大优势是，通过设计内的复制，可以令人信服地证明功能关系。
11. 在很多情境中，群体的整体表现是具有重要社会意义的。
12. 当群体结果不能代表个体表现时，研究者应该用个体结果补充群体数据。
13. 当行为分析师无法控制他人接触到实验情境或辨识单个被试时，因变量必须由进入实验情境的个人所表现出的反应组成。

灵活性在实验设计中的重要性

14. 一个有效的实验设计是以任意顺序操纵自变量，从而产生对研究问题来说既有效又有说服力的数据。

15. 没有任何现成的实验设计等待着人们挑选，也没有哪一套规则非遵守不可。

16. 为了探究感兴趣的研究问题，实验者通常必须建立一个结合各种分析策略的实验设计。

17. 成分分析是指任何旨在确认处理条件的有效元素、处理集成包中不同成分的相对贡献和/或处理成分的必要性和充分性的实验。有两种基本方法用于实施成分分析。

- 退出成分分析：研究者呈现和评估整个处理集成包，然后系统性地去除成分。
- 加入成分分析：研究者单独或组合呈现和评估成分，然后呈现完整的处理集成包。

18. 最有效的实验设计是将对单个被试的数据进行持续评估作为运用基线逻辑三元素——预测、验证和复制的基础。

内部效度：控制实验设计中潜在的混杂来源

19. 能够证明自变量与目标行为之间的明确的功能关系的实验具有高水平的内部效度。

20. 实验设计的效力取决于它在多大程度上能够：（1）证明可靠的效果；（2）消除或降低自变量以外的因素产生行为改变的可能性。

21. 虽然实验控制这个术语暗示了研究者控制着被试的行为，但研究者只能控制被试环境的某些方面。

22. 混杂变量是一个已知或怀疑对自变量造成了影响的非控制因素。

23. 人们认为混杂变量主要与实验的四个元素之一有关：被试、情境、因变量的测量和自变量。

24. 安慰剂控制将被试因接受处理而产生的预期改善的效果与真正由处理产生的效果区分开。

25. 采用双盲控制程序时，被试和观察者都不知道自变量是否存在。

26. 处理完整度指的是自变量按计划实施的程度。

27. 程序忠实度指的是一个实验包括基线在内的所有条件中的程序正确实施的程度。

28. 处理完整度低会给实验带来一个主要的混杂来源，导致很难甚至不可能有信心地解释实验结果。

29. 处理完整度的一个威胁是处理漂移，当一个实验在后期阶段中自变量的应用与研究开始时处理的实施方式不同时，就会发生处理漂移。

30. 实现高水平的处理完整度始于处理程序的精确的操作性定义。

31. 将自变量简化和标准化，并为实施者提供基于标准的培训和练习，可以提高处理完整度。

32. 研究者不应假设一个人在实验情境中具备一般的能力或经验，或向干预实施者提供了详细的书面指导或脚本，就能确保高水平的处理完整度。

33. 处理完整度/程序忠实度数据描述了实验程序的实际实施情况与研究报告中方法部分的描述相匹配的程度。

34. 在专业人士和政府组织实施的系统化的文献审阅中，处理完整度/程序忠实度数据是一项研究必备的内容。

社会效度：评估行为改变和实现行为改变的处理的应用价值

35. 一项应用行为分析研究的社会效度可以从三个方面来评估：行为改变目标的社会重要性、干预的恰当性和结果的社会重要性。

36. 在自然环境中使用预期技能的专家和其他人可以帮助研究者确定具有社会效度的目标行为。

37. 具有社会效度的目标可以通过评估被认为有高胜任能力的人的表现，以及通过实验操纵不同的表现水平来确定具有社会效度的结果，从而以实证方式来确定。

38. 目前已经开发出了几种用于收集消费者对行为干预接受度的意见的量表和问卷。

39. 对干预的偏好可以通过安排实验条件来直接评估，实务工作者或服务对象可以在这些条件下从多种处理中选择实施或接受的方式。

40. 评估结果的社会效度的方法包括：（1）请消费者评价参与者的表现的社会效度；（2）请专家评估参与者的表现；（3）将参与者的表现与常模样本进行比较；（4）标准化的评估工具；（5）在现实生活中测试参与者的表现。

外部效度：复制实验以确定研究结果的泛化性

41. 外部效度指的是在一个特定的实验操作中发现的功能关系在不同条件下的可靠和具有社会效度的程度。

42. 使用分组设计的研究者假设一项研究包含多名被试，就可以增加研究结果对其他个体的外部效度或泛化性。

43. 关于泛化性提高的假设违反了组间方法的一个基本前提：对分组设计研究结果的正确推论是从样本推论到母群体，而不是从样本推论到个体。

44. 组间实验无法证明任何被试的行为与他/她所处环境的某些方面之间的功能关系；该研究结果的外部效度毫无意义。

45. 虽然组间设计和统计显著性检验对于回答某些类型的研究问题是必要和有效的工具，但它们对有效的行为改变技术的贡献很小。

46. 应用行为分析的研究结果的泛化性是通过复制实验来评估、建立和确认的。

47. 在直接复制中，研究者尽力复制出与先前的实验完全相同的条件。

48. 在系统化复制中，研究者有目的地改变先前实验的一个或多个方面。

49. 当系统化复制成功地重现了先前实验的结果时，它不仅证明了先前结果的信度，还通过表明在不同的条件下可以获得相同的效果而增加了先前结果的泛化性。

50. 通过在特定领域中很多实验者的工作，系统化复制以计划和非计划的方式产生，其结果是得到一个具有重要科学完整性和技术价值的知识体系。

评估应用行为分析研究

51. 通过寻求与内部效度、社会效度、行为改变的维持和泛化、外部效度以及科学和理论上的重要性有关的一系列问题的答案，可以评估应用行为分析研究的质量和价值。

52. I 型错误是指研究者得出自变量对因变量有影响的结论，而实际上没有影响。II 型错误是指研究者得出自变量对因变量没有影响的结论，而实际上有影响。

53. 视觉化分析能够有效地辨识那些能够产生强大的和可靠的效果的变量，这有助于形成有效的和强大的行为改变技术。统计分析能够检测自变量与因变量之间可能存在的最薄弱的相关关系，这可能会导致变量得到辨识并将薄弱而不可靠的变量纳入行为改变技术。

54. 一项研究可能会产生从应用角度来看重要的结果——证明自变量与具有社会重要性的目标行为之间的功能关系——却对这个领域的发展贡献极小。

55. 只有当影响功能关系的所有变量都得到辨识和明确时，一项分析才能被认为是全面的。

56. 在评估一份研究报告的科学重要性时，读者应考虑该实验的技术性描述、对结果的解释和讨论，以及概念性意义和完整度的水平。

第四部分

强化

第 11 章　正强化

第 12 章　负强化

第 13 章　强化程序表

第四部分的三章专门探讨强化，这是行为分析中最重要和应用最广泛的原理。强化是一种看似简单的行为—后果关系，它是操作式行为的基石。第 11 章介绍了强化的操作和定义性效果，解释了强化物如何分类和辨识，简述了前提刺激条件如何调控强化的效果，讨论了影响强化效果的因素，概述了用于验证正强化依联是否造成反应增加的实验控制技术，并提供了有效使用强化的指南。

在第 12 章中，理查德·史密斯（Richard Smith）和布赖恩·艾瓦塔（Brian Iwata）讲述了一直以来被误解最严重的一个行为原理。史密斯和艾瓦塔将负强化定义为，刺激的终止、减少或推迟作为行为后果导致反应增加的一种操作依联；将其与正强化和惩罚进行了对比；区分了逃避依联和回避依联；介绍了可以作为负强化物的事件；说明了如何使用负强化来增强理想行为；讨论了使用负强化时面临的伦理问题。

斯金纳最重要的一个发现是强化不需要跟随每一个反应。事实上，在很多间歇强化程序表下，也就是跟随一部分而不是所有的目标行为的发生而给予强化，与在每个反应都得到强化的连续强化程序表下相比，反应的发生率更高、更稳定。第 13 章讲述了如何根据反应和/或时间要求的不同组合来形成间歇强化程序表，以及辨识与每种程序表相关的反应特征模式。了解不同强化程序表如何影响行为的实务工作者可以设计强化策略以促进更有效和更高效的新技能的获得，并提高已建立技能的表现和持久性。

第 11 章　正强化

关键词

自动强化（automatic reinforcement）

条件强化物（conditioned reinforcer）

泛化型条件强化物（generalized conditioned reinforcer）

正强化（positive reinforcement）

正强化物（positive reinforcer）

普雷马克原理（Premack principle）

强化物评估（reinforcer assessment）

反应—剥夺假设（response-deprivation hypothesis）

规则掌控的行为（rule-governed behavior）

社会中介依联（socially mediated contingency）

刺激偏好评估（stimulus preference assessment）

非条件强化物（unconditioned reinforcer）

➡ 本章由陈乃瑜翻译。

行为分析师认证委员会 BCBA/BCaBA 任务清单（第 5 版）

第一部分：基础

B. 概念和原理

B-4 定义正强化依联和负强化依联并举例。

B-7 定义自动依联和社会中介依联并举例。

B-8 定义非条件强化物、条件强化物和泛化型强化物、泛化型惩罚物并举例。

第二部分：应用

F. 行为评估

F-5 实施偏好评估。

G. 行为改变程序

G-1 使用正强化和负强化程序增强行为。

G-3 建立和使用条件强化物。

©2017 The Behavior Analyst Certification Board, Inc.®（BACB®）。保留所有权利。本文件的当前版本可在 www.bacb.com 网站查阅。如需转载、复制或分发本文件，或有疑问，请直接联系行为分析师认证委员会。

回首往事，在我看来，我在研究生院学到的最重要的东西是一个叫伯尔赫斯·弗雷德里克·斯金纳（Burrhus Frederic Skinner）的同学教我的（我叫他伯尔赫斯，其他人叫他弗雷德）。这个人有一个箱子，里面还有一个更小的箱子，他往里面放了一只饥饿的实验室老鼠。当老鼠在探索过程中按下一个从箱壁上伸出的杠杆时，就会有一粒食物掉落到杠杆下面的一个托盘中。在这样的条件下，老鼠在几分钟内，有时只要几秒钟，就能学会通过按压杠杆获得食物。当食物只是偶尔掉出来时，它甚至还会继续按压，有时速度还很快；如果食物供应被完全切断，老鼠仍会继续按压一段时间。

——弗雷德·凯勒（Fred Keller, 1982, p. 7）

正强化是最重要和应用最广泛的行为原理。虽然有些人仍然认为针对动物的实验室研究结果不适用于人类学习，但到了 20 世纪 60 年代中期，研究者确认了正强化在教育和治疗中的重要作用。"可以肯定的是，如果没有斯金纳针对强化所做的详细的实验室分析（Skinner, 1938），今天就不会有'应用行为分析'这个专业，至少不是我们所认识的那样。"（Vollmer & Hackenberg, 2001, p. 241）

《应用行为分析杂志》第一期的头条文章恰好报告了一项介绍正强化对学生行为的影响的实验（Hall, Lund, & Jackson, 1968）。六名经常发生破坏性行为或拖延行为的小学生参与了这项经典研究。

因变量（学习行为）是根据所教授的主题对每名学生分别进行定义的，大体而言，它包括学生在座位上坐好，面向恰当的人或物（如看教材或授课教师），以及课堂参与（如写作业、回答教师的问题）。自变量是教师的关注，由一名观察者给予提示，该观察者举着一张方形彩色小纸片，目标学生不太会注意到那张小纸片。提示出现后，教师走到学生的桌旁以给予目标学生关注，同时口头评论或轻拍他的肩膀。

针对全部六名学生的行为的依联教师关注产生了极为显著的效果。图 11.1 显示了其中一名三年级学生罗比的结果，罗比是一名"有特别多破坏性行为而学习行为很少的学生"（p. 3）。在基线期间，罗比在平均 25% 的观察时距内出现了学习行为。在其余的时间里，他都在玩橡皮筋、玩他口袋里的东西、与同学谈笑风生，以及玩他之前喝完牛奶的空盒。罗比得到的大部分关注是在不学习和破坏性行为之后出现的。

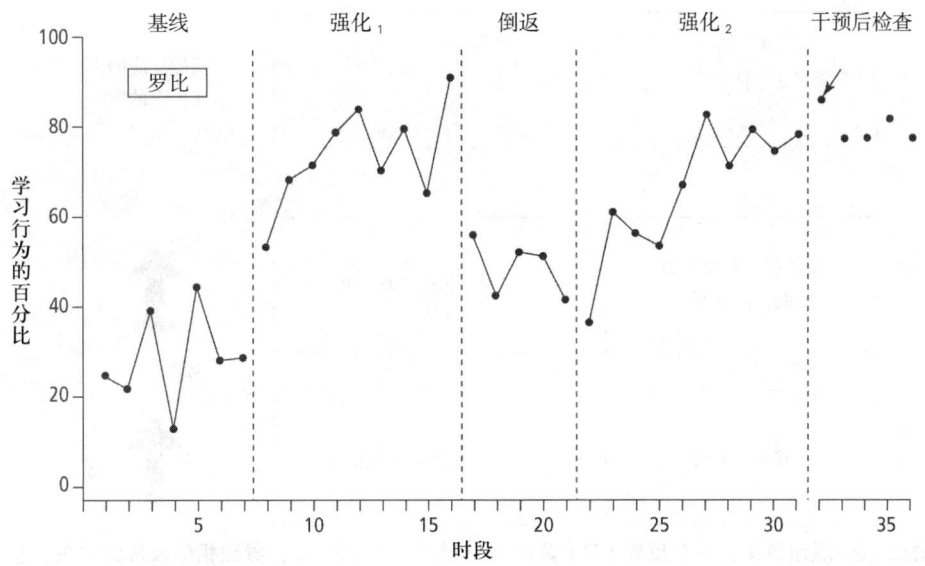

图 11.1 一名三年级学生在基线和强化条件期间的学习行为的时距百分比。干预后检查期的第一个数据点上的箭头表示提示教师提供关注的策略终止。

根据 R. V. Hall, D. Lund, & D. Jackson (1968). Effects of Teacher Attention on Study Behavior. *Journal of Applied Behavior Analysis*, 1, p. 3. 1968 年版权归实验行为分析协会所有。

在基线期之后，实验者向教师展示了罗比的学习行为的图表，介绍了先前的研究结果，在这些研究中，依联成人关注改善了儿童的行为，并讨论了提供依联社会性强化的基本原理。

依联强化的结果如下所述：在强化期 1，罗比的学习行为增加到平均 71%。当倒返回基线条件时，他的学习行为降低到平均 50%；但当罗比的老师再次对他的学习行为提供依联关注时（强化期 2），他的学习行为恢复并稳定在 70%~80% 的观察时距的水平。超过 14 周的追踪观察显示，罗比的学习行为仍维持在 79% 的水平。教师报告说，随着学习行为的增加，罗比的积极行为改变也有所增加。在强化期 2 的最后一周，罗比更连贯地完成了他的拼写作业，破坏性行为有所减少，喝牛奶时仍能继续学习，而且喝完后不再玩空的牛奶盒了。对罗比的干预正是基于正强化的原理。

本章考察了正强化的定义和本质，介绍了辨识潜在强化物和评估其效果的方法，概述了用于验证正强化依联是否造成反应增加的实验控制技术，并提供了有效使用正强化的指南。

正强化的定义

强化的原理看似简单，其实不然。"强化的基本操作功能关系如下：当一类行为（R）之后伴随着强化（S^R）时，未来这类行为发生的频率将会增加"（Michael, 2004, p. 30）。[1] 然而，正如迈克尔所指出的，关于强化效果出现的条件，有三个相关的考虑因素：（1）特定反应的结束与刺激改变（即强化物的呈现）的开始之间的时间；（2）反应发出时存在的刺激条件之间的关系；（3）动因的作用。在这一部分中，我们将考察这些必备的要素和其他几个概念，以获得对强化的全面理解。

正强化的操作和定义性效果

正强化的发生，是在一个反应出现时，立即呈现一个刺激改变，而这样将增加相似反应的未来发生率。图 11.2 说明了二项依联——在反应后紧随刺激的呈现——以及未来反应的增加，即是正强化的定义。这个二项依联是所有操作式行为的选择的基本构成要素。

---

[1] 诸如增强行为和增加未来反应的可能性这样的短语有时会被用来描述强化的基本效果。虽然这些术语偶尔会出现在本书中，但考虑到迈克尔（1995）担心使用这些术语会"促进干预变量语言的使用或提及行为的可观察方面以外所隐含的内容"（p. 274），我们最常使用增加未来发生率（或比率）来指强化的主要效果。

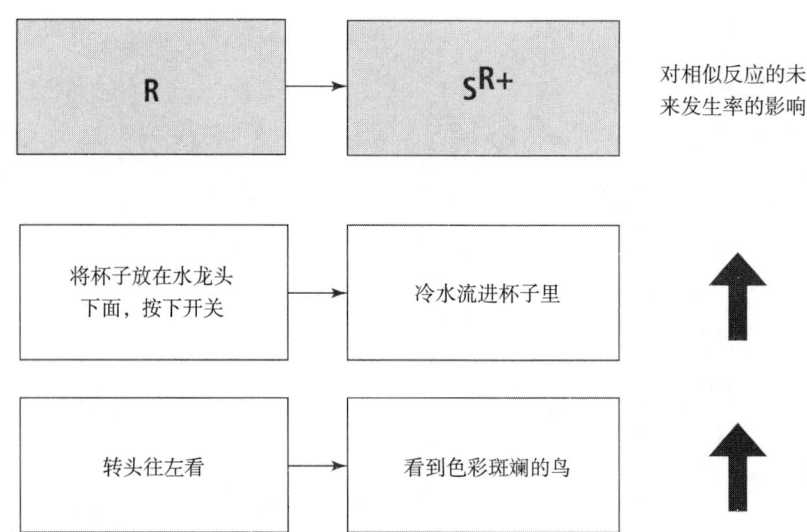

图 11.2 正强化的二项依联示意图：一个反应（R）紧随一个刺激改变（S^{R+}），导致相似反应的未来发生率增加。经 B. F. 斯金纳（1953）授权使用。*Science and Human Behavior*. 纽约：麦克米伦出版社。

作为后果而呈现的刺激，并造成后来的反应增加，这个刺激被称作**正强化物**（positive reinforcer），或者更简单的叫法：强化物。积极赞扬形式的教师关注就是增加了罗比的学习行为的强化物。冷水流进杯子里和看到色彩斑斓的鸟就是图 11.2 所示的两个行为的强化物。

重要的是要记得，强化物不会（也不能）影响在它之前的反应。提出这一点时，斯金纳（1953）提醒我们，强化影响的是操作式反应类。

> 说操作式强化"增强了它之前的反应"是不正确的。反应已经发生了，它不能被改变。改变的是同类反应在未来发生的概率。应该说是作为一个行为类的操作被条件化了，而不是作为一个特定实例的反应被条件化了。（p. 87）

斯金纳（1938, 1966）使用反应率作为他对强化所做研究的基本数据。增强一个操作，就是让它更频繁地发生。[1] 然而，比率并不是被强化选择、塑造和维持的行为的唯一维度。强化也可以改变行为的持续时间、潜伏期、反应间隔时间、等级大小和/或形态。例如，如果强化只跟随在某个特定等级范围内的反应——即高于最小力度但低于最大力度——之后，那么该范围内的反应将会更频繁地发生。以反应符合多种标准为依联的强化将改变符合那些标准的反应类（例如，高尔夫球手练习 10 英尺推球入洞的反应只有落在一个狭窄的力度范围和形式范围内才能成功）。

强化的即时性

强化的直接效果涉及"行为与其后果之间几秒之差的时间关系"（Michael, 2004, p. 161）。虽然对非人类动物的研究表明，这个时间差最多可达 30 秒，而不至于严重失效（例如，Byrne, LeSage, & Poling, 1997; Critchfield & Lattal, 1993; Wilkenfeld, Nickel, Blakely, & Poling, 1992），但反应至强化的延迟只要 1 秒，其效果就会比立即提供强化物的效果差。这是因为在延迟期间可能会出现目标行为之外的其他行为；在时间上与强化物的呈现最接近的行为将因此被增强。正如西德曼（1960）所描述的："如果强化物不能跟随在应被强化的反应之后立即出现，那么它将跟随在其他某个行为之后出现。它的主要效果就会作用于最接近强化发生之前的行为，而且肯定是偶然地与这个时间点有密切关系的行为。"（p. 371）

马洛特和沙恩（2014）对反应至强化的短暂延迟的重要性的讨论如下：

---

[1] 当"一个已存在刺激的终止或撤除"成为对导致反应增加的后果的最佳描述时，就意味着发生了负强化。正强化和负强化的基本性质和限定条件是相同的：行为在未来会增加。第 12 章将详细探讨负强化。

如果你试图强化一个反应，不要推到接近 60 秒这个极限，请往另一端推——尽量接近 0 秒。当你增加延迟时间，即使只是 3 或 4 秒，强化的直接效果也会迅速降低。甚至只延迟 1 秒，都可能会强化错误的行为。如果你要让一名幼儿看着你，并在反应出现后 1 秒给予强化物，那么你很可能会强化他朝错误方向看的行为。因此，延迟强化的一个问题在于它强化了错误的反应——那些恰好在强化物提供前出现的反应。(p. 4)

一个常见的错误观念是，经过延迟的后果可以强化行为，即使后果发生在反应发生后的几天、几周，甚或几年后。"当人类行为明显受到长期延迟后果的影响时，这种改变是通过人类复杂的社会和语言历史完成的，而不应该被认为是由强化造成的单纯的行为增强的实例。"(Michael, 2004, p. 36)

例如，假设一名学钢琴的学生为了一场全国性的比赛，每天努力地练习，持续了几个月，最终在比赛中获得了钢琴独奏第一名。虽然有些人可能会认为这个奖项强化了她每天坚持不懈的练习，但其实他们搞错了。延迟的后果并不会直接强化行为。当与语言结合起来时，延迟的后果能够通过指令控制（instructional control）和遵守规则来影响未来的行为。规则（rule）是对行为依联的语言描述（如"在 8 月 15 日前种下萝卜种子，将会在严冬来临前有所收获"）。在后果延迟太久而无法直接影响行为时，学会遵守规则是一个人的行为仍可以受到后果控制的一种方式。假如钢琴老师说："如果你从现在起到比赛那天，每天都练习指定作业一小时，那么你将有可能获得第一名。"这样的说法可以作为一个规则来影响学生每天的练琴行为。而如果学生每天练琴是因为老师定下的规则，那么她的每日练琴行为就是规则掌控的行为的一个证据。[1] 换句话说，**规则掌控的行为**（rule-governed behavior）是行为受到一个规则（即对前提—行为—后果依联的语言描述）的控制，使人类行为得以受到暂时遥远的或不可能的但具有潜在重要性的后果的间接控制。下列情况有力地显示了行为是指令控制的结果或规则掌控的行为，而非强化的直接效果（Malott, 1988; Michael, 2004）。

- 行为没有明显的即时后果。
- 反应—后果延迟超过 30 秒。
- 行为在没有强化的情况下发生改变。
- 在一个强化实例出现后，行为的发生率大幅增加。
- 行为之后不存在后果，包括不存在自动强化，但存在规则。

强化不是一个循环概念

另一个常见的错误观念是，强化是循环论证的产物，因此对于我们理解行为没有任何帮助。事实并非如此。循环论证是一种错误的逻辑形式，其中用于描述观察到的效果的名称被误以为是该效果的原因。这种因果关系的混乱是循环性的，因为观察到的效果是确定所推测原因的唯一依据。在循环论证中，所推测的原因并不独立于其结果——它们是同一件事。

这里举一个在教育领域中经常发生的循环论证的例子。一名学生在阅读方面的持续性的困难（影响）导致他被正式诊断为"学习障碍"，而这个诊断又被用来作为对其阅读困难的解释："耀西的阅读问题是他的学习障碍造成的。"你怎么知道耀西有学习障碍？因为他还没学会阅读。为什么耀西还没学会阅读？因为他的学习障碍使他无法学会阅读。就这样绕来绕去。

同样，如果我们说教师的关注增加了罗比的学习行为，因为它是一个强化物，这也是循环论证。正确

---

[1] 关于"规则掌控的行为"的精彩论述，可以在鲍姆（Baum, 1994），蔡斯和丹福思（Chase & Danforth, 1991），海斯（1989），海斯、亚耶斯、泽特尔和罗森法尔布（Hayes, Yayes, Zettle, & Rosenfarb, 1989），马洛特和加西亚（Malott & Garcia, 1991），马洛特和特罗扬·苏亚雷斯（Malott & Trojan Suarez, 2004），赖特曼和格罗斯（Reitman & Gross, 1996），以及沃恩（Vaughan, 1989）的文章中找到。

的说法是：因为罗比的学习行为是在（而且仅在）行为出现之后教师立即给予关注后增加的，所以教师的关注是一个强化物。其中的区别不只在于关系的方向不同，也并非源于某些语义上的花招。在循环论证中，所推测的原因没有作为自变量被操纵，以观察它是否会影响行为。在循环论证中，这种实验操纵是不可能实现的，因为因与果是相同的。耀西的学习障碍不能作为自变量被操纵，因为我们在这个例子中使用了这个概念，它只不过是因变量（影响）的另一个名称。

强化不是一个循环概念，因为反应—后果关系的两个成分是可以分离的，使后果得以被操纵，以确定它是否增加了在它之前发生的行为的未来发生率。爱泼斯坦（Epstein, 1982）对其描述如下：

> 如果我们能证明一个反应的频率增加是因为（而且仅仅是因为）跟随在这个反应之后发生的一个特定刺激，我们就把这个刺激称作**强化物**，把刺激的呈现称作**强化**。请注意这里并没有循环。强化是我们在观察世界上某些事件之间的某些关系时引用的一个术语……［然而，］例如，如果我们说一个特定刺激增强了一个反应行为是**因为**它是一个强化物，那么我们就是在以一种循环的方式使用**强化物**这个术语。我们应该说，正是**因为**这个刺激增强了行为，所以我们才把这个刺激称作**强化物**。(p. 4)

爱泼斯坦（1982）继续解释了使用像强化这样在行为的理论中经过实证的原理与使用循环论证之间的区别。

> 斯金纳曾在他的一些著作中推测某些行为（如语言行为）是经过强化产生的。例如，他可能认为某个特定行为之所以强大是**因为**它被强化了。这样使用强化的概念并不是循环的，而只是推测性或解释性的。在你积累了大量的数据之后，以这种方式使用"强化"这个术语是合理的……当斯金纳将一些日常行为归因于过去的强化物时，他是根据一个大数据库和在控制条件下建立的行为原理做出了合理的猜测。(p. 4)

使用得当时，强化描述了一个紧随在反应之后的刺激改变（后果）与相似反应的未来发生率增加之间经过实证的（或由一个理论或概念分析推测出的）功能关系。表 11.1 显示了卡坦尼亚（Catania, 1998）所

表 11.1 强化的词汇 *

术语	限制条件	例子
强化物（名词）	一个刺激	食物颗粒被用来作为老鼠按压杠杆的强化物。
强化的（形容词）	刺激的一个属性	强化的刺激比非强化的刺激产生得更频繁。
强化（名词）	作为一个操作，当一个反应发生时后果的实施。 作为一个过程，强化导致反应的增加。	按照固定比率强化程序表，每到第 10 次按键时就给予食物。 对猴子进行的实验显示出社会性后果产生的强化。
以强化（动词）	作为一个操作，当一个反应发生时，实施后果；是反应被强化而不是有机体被强化。 作为一个过程，通过强化操作来增加反应。	当自由游戏时间被用来强化儿童完成学校功课的行为时，儿童的成绩提高了。 这个实验的目的是研究金色星星会不会强化一年级学生之间的合作游戏行为。

* 当且仅当以下三个条件都存在时，这组词汇才是恰当的：(1) 一个反应产生某些后果；(2) 当产生这些后果时，这类反应较常发生。当不产生这些后果时，这类反应较少发生；(3) 反应发生的增加是因为反应有这些后果。相似的词汇也适用于惩罚［包括作为刺激的惩罚物（punisher）和作为动词的惩罚（punish）］，不同的是，惩罚性的后果会减少未来反应发生的可能性。

根据 A. C. Catania (2013). *Learning, Interim* (5th ed.). p. 66. Cornwall-on-Hudson, 纽约：斯隆出版社。

建议的关于强化物（reinforcer）、强化的（reinforcing）、强化（reinforcement）和以强化（to reinforce）等术语的限制条件和恰当使用的例子。信息箱11.1讲述了在谈到和写到强化时常犯的四个错误。

信息箱 11.1

人们谈论和撰写有关强化的信息时常见的错误

一套标准的专业术语是对任何科学活动做出有意义描述的先决条件。有效地沟通应用行为分析的设计、实施和结果依赖于准确地使用这门学科的专业语言。有关强化的语言包括行为分析师所使用的词汇中的一些最重要的元素。

在这里，我们将指出应用行为分析的学习者在描述以强化为基础的干预时常犯的四个错误。但是，或许最常见的错误——把负强化与惩罚相混淆——不在讨论范围之内。这部分术语的误用在第2章中已经介绍过，在第12章中还会有更多的说明。

强化个体

虽然给学习者呈现一个强化物的说法或许是恰当的（如"博比每次提出一个问题，教师就给他一个代币"），但诸如"当博比提问时，教师强化了博比"和"肖莱每次拼对一个词，就会得到赞扬的强化"这样的叙述是不正确的。因为被强化的是行为，而不是人。博比的老师强化的是提问题，而不是博比。当然，强化对整个人都有影响，因为它增强了人的技能库中的行为。然而，强化这个程序的焦点和主要影响在于强化之后的行为。

把练习当作对一项技能的强化

教育工作者有时会说学生应该练习某项技能，因为"练习会强化技能"。如果说话者是以日常用语中强化的含义来描述练习的一种常见结果，类似"使某个事物更强大"的意思（如通过嵌入钢筋来加固混凝土），那么这个表述就没什么问题。设计良好的技能训练和练习通常有助于产生更好的表现，表现形式包括行为保持得更好、潜伏期缩短、更高的反应速度和/或更高的耐力（例如，Johnson & Layng, 1994; Swanson & Sachse-Lee, 2000）。不幸的是，像"练习会强化技能"这样的表述经常被误用和误解为操作式条件作用的专业用法。

虽然经过练习，一项技能的掌握往往会变得熟练，但练习本身不可能成为该行为的强化物。练习指的是目标技能发出的形式和方法（如在1分钟内尽可能多地解答数学题）。练习是一种可以被各种不同后果强化的行为，比如喜爱的活动（如"练习解答这些数学题，然后你就可以有10分钟的空闲时间"）。根据学习者的历史和偏好，练习某项技能的机会或许可以作为练习另一项技能的强化物（如"完成你的数学题，然后你就可以做10分钟的重复阅读练习"）。

人造的强化

人们有时会对自然强化物和人造强化物进行区分，比如这种表述："随着学生的成功率的提高，我们逐渐停止使用人造强化物，如贴纸和小饰品，而更多地使用自然强化物。"一些作者认为行为原理的应用导致了"人造的控制"（例如，Smith, 1992）。行为—后果依联也许是有效的强化，也许是无效的强化，但这个依联中没有一个元素（行为、后果或由此导致的行为改变）是或可能是人造的。

任何行为改变计划中的强化依联和用于作为强化物的刺激总是人为设计的——不然也就不需要计划了——但它们从来都不是人造的（Skinner, 1982）。在谈论强化依联时，有意义的区分不在自然与人造之间，而在行为改变计划前的已存在于特定情境中的依联与作为行为改变计划的一部分而人为设计出来的依联之间（Kimball & Heward, 1993）。虽然一项行为改变计划的最终有效性可能取决于能否将人为设计的依联控制转移到自然发生的依联控制上，但并不存在人造的强化。

将强化与反馈当作同义词

一些演讲者和作者误将强化与反馈互换使用。这两个术语指的是不同的操作和结果，虽然各自有一部分包含了另一个术语的部分含义。反馈是一个人在完成一个行为后得到的与其行为的一个特定方面有关的信息（如"非常棒，凯西。两个两角五分钱等于五角钱"）。反馈最常以语言描述表现的形式来提供，但也可以用其他方式提供，如振动或光线（例如，Greene, Bailey, & Barber, 1981）。由于反馈是一个经常导致行为的未来发生率增加的后果，因此，它有时会导致错误的假设，即强化必须包含反馈，或者强化只是行为主义者对反馈的另一种叫法而已。

强化总是增加反应的未来发生率。反馈则可能导致：（1）学习者的表现的未来发生率增加，即反馈作为一种强化效果和/或作为对下一次如何反应的辅助或指令（如"贾森，你的字有进步，但不要忘了在T的上方画一横"）；（2）学习者的表现的某一方面的发生率减少，即反馈作为一个惩罚的功能或指令（如"在那次投球中，你的手肘是下垂的，不要那样做"）。反馈可能会产生多种影响，能增加表现的一个方面，也能减少另一个方面。反馈也可能对未来的反应没有任何影响。

强化是以其对未来反应的影响而被功能性地定义的；反馈则是以其形式特征（关于表现的某个方面的信息）而被定义的。任何一个概念的操作都既不是另一个概念的必要条件，也不是充分条件。也就是说，强化有可能在没有反馈的情况下发生，而反馈也有可能在没有强化效果的情况下发生。

有时使用常识性语言会更好

行为分析的专业语言很复杂，要熟练地运用它绝非易事。行为分析的初学者并不是唯一会在术语上犯错误的人。训练有素的实务工作者、资深的研究者和经验丰富的作者在谈到或写到行为分析时也会时常犯错。信心满满地使用行为的概念和原理（如正强化）解释涉及多种程序以及非控制变量和未知变量的复杂情况是不妥当的，但即使是最细心认真的行为分析师有时也会犯这种错误。

与其引用强化这个术语和概念来解释时间距离较远的后果对行为的影响，不如听从杰克·迈克尔（2004）的建议，使用日常的描述性语言和常识性关系，这可能更明智。

> 错误地使用专业语言比错误地使用常识性语言更糟糕，因为这样做是表示自己已经充分了解了所描述的情况，而这可能会阻碍人们认真尝试着去做进一步分析。在我们能提供与[强化的]间接效果相关的各种过程的准确分析之前，我们最好使用普通的描述性语言。因此，可以说"成功申请到计划经费**可能会鼓励**未来在同一方向上的努力"，但不要说得好像你得到了行为科学的实证支持。不要把劳资纠纷的成功解决说成对罢工行动的强化，也不要把一名政治候选人的成功当选说成对政治活动的强化……不要把好成绩说成对有效学习行为的强化，虽然它们无疑在某些情况下维持着学习行为，只说好成绩能使行为得到维持就好了。这样的克制会使我们中的一些人失去（错误地）展现我们的专业知识的机会，但这样还是要好得多。（p. 165, 原文中强调的部分）

强化与前提刺激条件之间的关系

强化不只增加了行为的未来发生率，它也改变了在被强化的行为之前刚刚出现的刺激的功能。通过在时间上与反应—强化物依联的匹配，前提事件获得了引发（使其更可能出现）被强化的反应类实例的能力。如同第 2 章所介绍的，区辨刺激（discriminative stimulus, S^D，读音为"ess-dee"）是一个与特定反应类的强化的可获得性相关的前提刺激。在 S^D 出现时发生的反应会产生强化；在 S^D 不出现时（这个条件被称作干扰刺激，stimulus delta, S^Δ，读音为"ess-delta"）发生的反应不会产生强化。这个强化历史导致一个人学会了在 S^D 出现的情况下做出比在 S^D 不出现的情况下更多的反应。于是，这个行为就被认为是受到了刺激控制（参看第 17 章）。

随着 S^D 的加入，强化的二项依联变成了区辨操作（discriminated operant）的三项依联。图 11.3 显示了正强化的三项依联的例子。假设冷水目前有强化性，而这个人有只在蓝色水龙头下面才得到冷水的历史，那么他就更有可能将他的杯子放在饮水机的蓝色水龙头下面（而不是红色水龙头下面）。同样，假设"看到一只色彩斑斓的鸟"目前有强化性，而一个人有在往鸣叫声方向看去时（比其他声音或寂静时）更常看到鸟的历史，那么当鸣叫声从左边传来时，转头往左看的行为会更常发生。

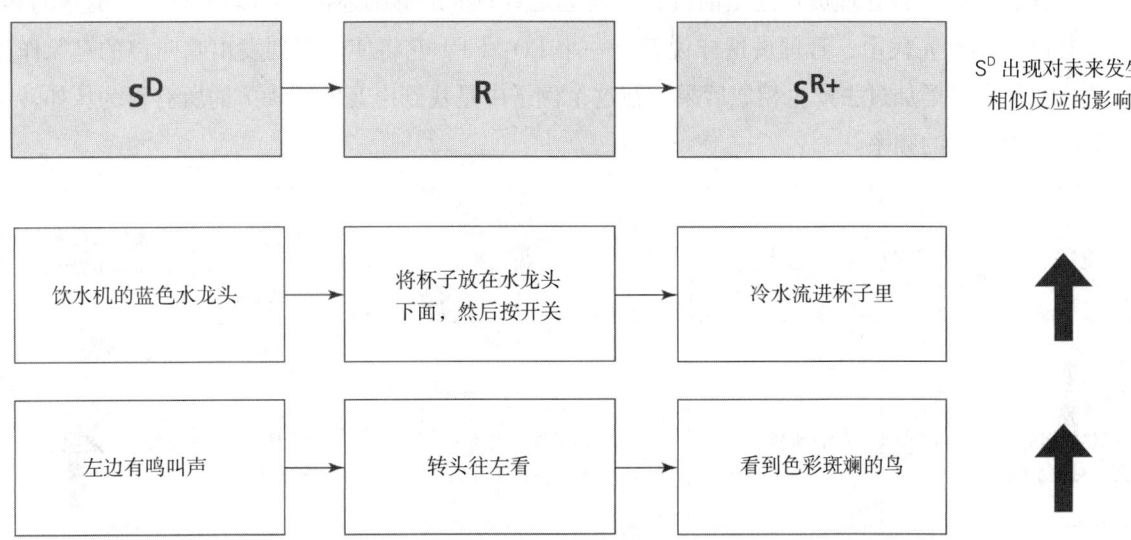

图 11.3 三项依联的示意图，说明了区辨操作产生的正强化：在一个区辨刺激（S^D）出现时发出的一个反应（R），其后紧随一个刺激改变（S^{R+}），导致未来 S^D 出现时相似反应的发生率增加。区辨操作是条件作用历史的产物，这个历史是过去在 S^D 出现时发出的反应产生了强化，而在 S^D 不出现（这个条件称作 S^Δ）时发出的反应没有得到强化（或导致得到的强化比在 S^D 条件下得到的强化的数量更少或质量更低）。

动因的作用

上一段中的"假设冷水目前有强化性"这句话是理解强化的另一个关键。虽然强化普遍被认为是激发人们动因的一种方法（而且它有可能是这样的），但任何作为强化的刺激改变的瞬时有效性都取决于当时对刺激改变所具有的动因水平。正如第 2 章曾讲述的，动因操作（motivating operation, MO）改变了作为强化的刺激改变的当前有效性。

动因操作属于环境变量，它对行为有两个影响：（1）改变一些特定的刺激、物体或事件的操作式强化有效性（价值改变效应）；（2）改变曾经被这些刺激、物体或事件强化过的所有行为的瞬时频率（行为改变效应）。价值改变效应就像反应—强化延迟一样，与条件作用时强化物的有效性有关，而如果说后果是强化的一种形式，那就意味着相关的 MO 在发挥作用，且强度足够。（Michael,

2004, p. 31）

换句话说，要使刺激改变在任何时候作为强化"发挥作用"，必须是学习者已经想要这个改变。环境条件必须具备这个关键要素，才能显现强化效果。迈克尔（2004）这样解释这一关键条件：

行为改变效应与被强化行为的未来发生频率的增加有关，必须作为第三个要素加入操作式强化关系中：在一个特定的刺激情境（S）中，当一类行为（R）之后紧接着有强化（S^R）出现时，该类行为未来在相同或相似的刺激条件中的发生频率将会增加，**但这个频率的增加将只在与该强化相关的 MO 再次发挥作用时才会出现。**（p. 31, 原文中强调的部分）

动因操作有两种形式。增加强化物的当前有效性的被称作建立型操作（establishing operation, EO）（如食物剥夺使食物成为更有效的强化物）；降低强化物的当前有效性的被称作废除型操作（abolishing operation, AO）（如食物摄入降低了食物作为强化物的有效性）。[1]

如图 11.4 所示，在区辨操作中加入建立型操作后，形成了一个四项依联。在一个闷热且没有水的房间中度过几个小时是一个 EO：（1）它使水作为强化物更有效；（2）它增加了过去产生过水的所有行为的瞬时频率。同样，一位公园管理员在远足前说，任何远足者只要能够描述出发出某种鸣叫声的鸟的颜色，就可以得到礼品店的五元代币，管理员这样说就是一个 EO：（1）它将使"看到发出鸣叫声的鸟"作为强化物更有效；（2）它将增加过去产生相似后果（在这个例子中是找到声音的源头）的所有行为（如转头环顾四周，安静地迈步）的频率。

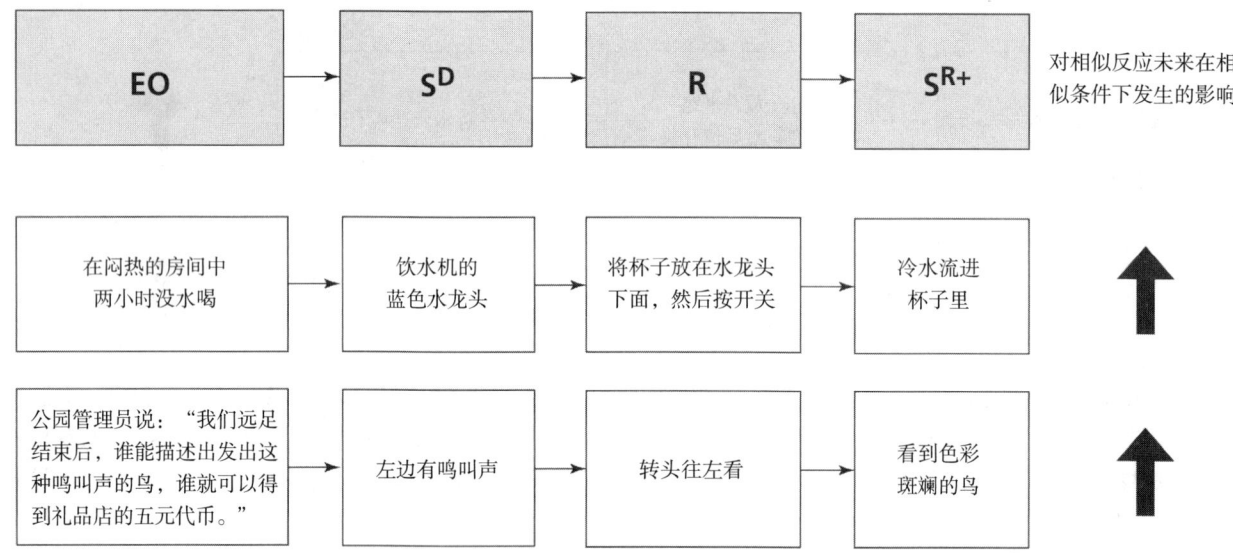

图 11.4 四项依联的示意图，说明了动因操作促进区辨操作产生正强化：一个建立型操作（EO）增加了刺激改变作为强化物的瞬时有效性，而又因此使这个 S^D 更有可能引发过去被那个刺激改变所强化的行为。

用更简单的话来说，建立型操作决定了一个人在任何特定时刻想要什么。EO 是动态的，总是在改变。强化物的有效性（需求）随着剥夺程度的增加而升高，随着餍足程度的增加而降低。沃尔默和艾瓦塔（Vollmer & Iwata, 1991）展示了三组刺激——食物、音乐和社会性关注——的强化效果在剥夺和餍足条件下如何变化。参与者是五名发展性障碍成人，因变量是两项动作任务在每分钟内的反应数量——按下开关或从一个容器中拿起小积木，然后将其放入另一个容器顶端的小孔中。每个时段持续 10 分钟，开始时，实验者说："[参与者姓名]，这样做。"并做出示范动作。在基线期间，参与者的反应不会得到任何事先设

---

[1] 第 16 章将对建立型操作进行详细说明。

定好的后果。在剥夺和餍足条件期间，反应后有食物、音乐或社会性关注的呈现。起初，每个反应后都跟随有设定好的后果，然后逐渐转变为每3、5或10个反应后才有后果。

实验者使用不同的程序来创造每个刺激类的剥夺和餍足条件。以食物为例，实验者在参与者的午餐时间前30分钟进行基线和剥夺条件时段，餍足条件时段则在参与者吃完午餐后的15分钟内进行。对于社会性关注，在参与者独处或被观察到没有与他人进行社会互动15分钟后，立即进行基线和剥夺条件时段。而在餍足条件中的每个时段前，实验者为参与者提供连续15分钟的社会互动（如玩一个简单的游戏、交谈）。

五名参与者在剥夺条件期间的反应率全部比在餍足条件下的反应率高。图11.5显示了通过对研究中的两名参与者多尼和萨姆实施社会性关注的剥夺和餍足，考察了社会性关注作为强化物的有效性的情况。其他研究者也报告了关于各种刺激和事件的剥夺和餍足作为动因操作影响强化的相对有效性的类似结果（例如，Hanley, Iwata, & Roscoe, 2006; Klatt, Sherman, & Sheldon, 2000; North & Iwata, 2005; Zhou, Iwata, & Shore, 2002）。

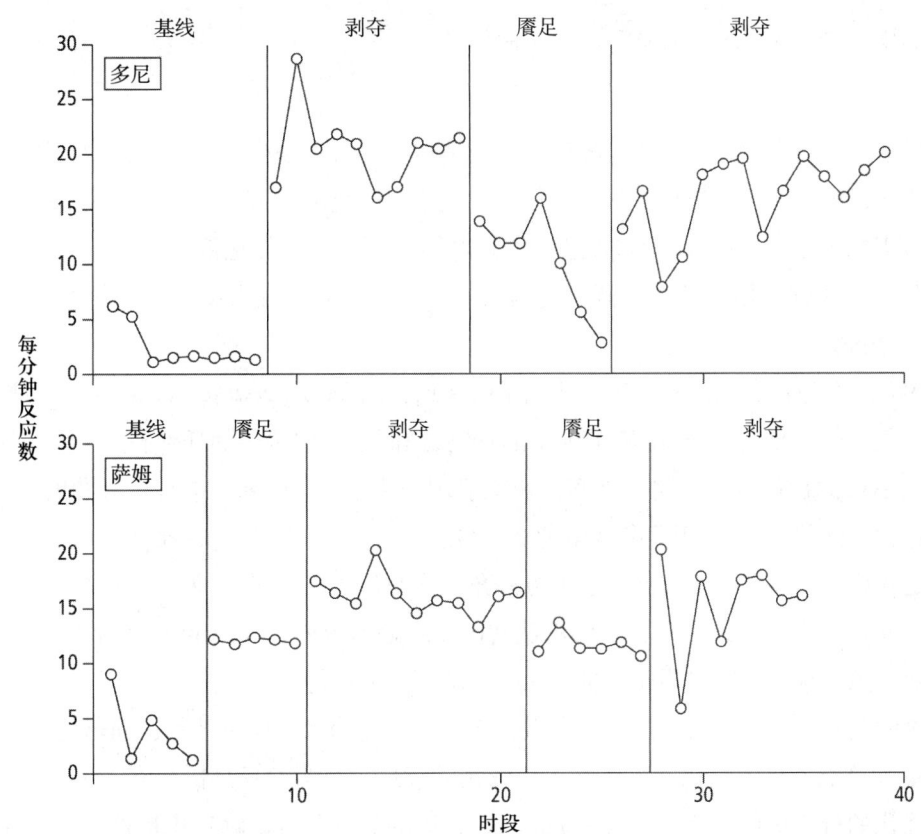

图 11.5 两名学生在基线期间和在社会性关注在剥夺和餍足条件下作为强化时每分钟的反应数量

引自 T. R. Vollmer & B. A. Iwata (1997). Establishing Operations and Reinforcement Effects. *Journal of Applied Behavior Analysis*, 24, p. 288. 1991年版权归实验行为分析协会所有。经授权转载。

强化的自动化

> 对被强化的个体来说，一个强化性的连接不需要很明显。
>
> ——B. F. 斯金纳（1953, p. 75）

有一种强化的发生不需要一个人了解或用语言表达他/她的行动与一个强化性后果之间的关系，甚或不必意识到后果已经发生，这一事实被称作强化的自动化（automaticity of reinforcement）。斯金纳（1983）

在他的自传《后果问题》(*A Matter of Consequences*)的第三卷和最后一卷中提供了一个关于自动化的有趣的例子。他描述了在一场杰出学者会议上发生的一个插曲，这些学者受邀讨论政治活动中"意图"的作用。会议期间，在某一时刻，心理学家艾瑞克·弗洛姆（Erich Fromm）开始论辩"人不是鸽子"，也许是在暗示以正强化为基础的操作分析无法解释人类行为，弗洛姆认为人类行为是思想和自由意志的产物。斯金纳讲述了接下来发生的事情。

> 我觉得我必须做点什么。我在一张小纸片上写下"注意看弗洛姆的左手。我将塑造［通过逐步接近来强化］出一个砍的动作"，并将它沿着桌子传给了哈勒克［小组中的一位成员］。弗洛姆隔着桌子坐在我的正对面，说话时主要是对着我说的。我稍微调整了一下椅子，只用余光看他。他说话时打了很多手势，每当他的左手抬起来时，我就转头直视他。如果他把手放下来，我就点头微笑。不到五分钟，他就用力地砍空气，以至于他的手表总是滑落到手背上。(pp. 150–151, 方括号中的文字为补述)

行为选择的任意性

> 对有机体而言，依联唯一的重要属性是时间性。
>
> ——B. F. 斯金纳（1953, p. 85）

强化是独立于行为与强化性后果之间的逻辑性或适应性连接而发生的，换句话说，强化增强了在它之前刚刚发生的任何行为。而行为选择所具有的任意性是理解强化的关键。其他关系（如合乎逻辑的、可取的、有用的、恰当的）必须与行为和后果之间的时间关系竞争。"说强化依联于反应，可能仅仅意味着跟随在反应之后的……条件作用的发生大概只是因为时间关系，并表现为反应和强化的顺序及接近程度。"（Skinner, 1948, p. 168）

斯金纳（1948）在他最著名的实验论文《鸽子的迷信行为》(*Superstition in the Pigeon*)中证明了强化所选择的行为的任意性。他每15秒给鸽子少量的食物，"而不考虑鸽子的任何行为"（p. 168）。强化会增强在其之前刚刚发生的任何行为，这个事实很快就显现出来了。8只鸽子中有6只发展出了独特的行为，"这些独特的行为非常鲜明，以至于两名观察者在计数上可以完全一致"（p. 168）。一只鸽子在笼子里以逆时针方向绕圈走；另一只反复将头伸向笼子上方一角。两只鸽子学会了一种"头和身体的钟摆运动，就是将头向前伸出，从左向右快速地晃动，然后再从右向左缓慢地返回"（p. 169）。在适应笼子环境或食物周期性地出现之前，鸽子从不曾以"那样明显的强度"表现出上述行为。

当装有食物的漏斗出现时，无论鸽子正在做什么，那个行为都倾向于重复，而这使得那个行为在食物下一次出现时更有可能发生。强化并不依联于（依赖的意思）行为，只是恰巧有时强化在行为之后出现。这种意外地被强化的行为称作"迷信"（superstitious），因为它并不会影响强化是否跟着出现。人类的迷信行为有很多。在体育运动中有无数的例子：一名篮球运动员在罚球前拽一下短裤，一名高尔夫球手带着他的幸运球位标，一名棒球击球员在每次投球前都要按照同样的顺序调整他的腕带，一名大学足球迷戴着由不能吃的坚果做成的看起来很可笑的项链来为他的球队带来好运。[1]

理解强化的任意性的重要性要远远超过为无害的迷信和独特的行为的发展提供可能的解释。强化在选择行为上的任意性可以解释很多适应不良和具有挑战性的行为是如何获得和维持的。例如，一位照顾者为了安慰一个正在自伤的人或改变他的行为而提供的善意的社会性关注，可能有助于塑造和维持照顾者正试图阻止或消除的行为。康、艾瓦塔、汤普森和汉利（Kahng, Iwata, Thompson, & Hanley, 2000）通过功能分

---

[1] 认为所有的迷信行为都是偶然强化的直接结果，这是错误的。很多迷信行为很可能是遵循文化习俗的结果。例如，高中棒球运动员在比赛末段拉锯时可能会将帽子反戴，这是因为他们曾看到大联盟球员在同样的情况下将帽子反戴。

析记录了社会性强化维持三名发展性障碍成人的自伤行为和攻击行为的情况。康及其同事的数据支持了这样的假设：由于强化的任意性，异常行为可能会被社会性关注所选择和维持。

自动强化

肯尼迪（1994）指出，应用行为分析师会用两种含义来定义自动强化（automatic reinforcement）这个术语。在第一种情况下，**自动强化**是由没有社会中介来确定的（Vollmer, 1994, 2006）。在这个背景下，自动强化指的是在没有其他人呈现后果的情况下发生的行为—刺激改变关系（Vaughan & Michael, 1982; Vollmer, 1994, 2006）。简而言之，自动强化的发生独立于其他人的社会中介。具有自动强化功能的反应产物通常以自然产生的感觉后果的形式呈现，例如，"听起来不错、看起来不错、尝起来不错、闻起来不错、摸起来不错，或动作本身不错"（Rincover, 1981, p. 1）。在蚊虫叮咬处抓痒以消除或减弱痒的感觉是自动强化的一个常见的例子。

在第二种情况下，当一个行为在没有任何已知强化物存在时持续发生，即假定有自动强化（Hagopian, Rooker, & Yenokyan, 2018）。在这些"默认"的情况下，自动强化被假定为控制变量（Fisher, Lindauer, Alterson, & Thompson, 1998; Ringdahl, Vollmer, Marcus, & Roane, 1997; Roscoe, Iwata, & Goh, 1998）。持续的、看似无目的的、重复的、自我刺激的行为（如晃动手指、摇动头部、摇晃身体、用脚趾走路、拽头发和抚摸身体）可能会产生感觉刺激，即具有自动强化功能。这样的"自我刺激"被认为是维持以下行为的一个因素：自伤行为（Iwata, Dorsey, Slifer, Bauman, & Richman, 1994）、刻板的重复动作、拽头发（Rapp, Miltenberger, Galensky, Ellingson, & Long, 1999）、咬指甲、咀嚼或咬嘴唇，以及旋转物品或抚摸珠宝饰品（Miltenberger, Fuqua, & Woods, 1998）。

确定一个行为可能受自动强化的维持，以及在可能的情况下隔绝或取代该强化的来源（参看图 8.5; Shore, Iwata, DeLeon, Kahng, & Smith, 1997），对于设计干预以利用该行为的自动强化性质或抵消自动强化的性质具有重要意义。正如沃尔默（1994）所说："……研究的一个明确目标应该是开发旨在辨识自动强化的特定来源的程序。有效的评估可能有助于发展包括倒返或消除维持行为的依联在内的处理。"（p. 191）假设这样的评估能够为干预提供重要线索，沃尔默进一步提出了五项干预建议，以减少或消除受自动强化维持的行为。

1. 消除或尽量减少基于医疗的建立型操作。例如，一名反复捶打自己的耳朵或搔抓自己的手臂的儿童可能会接受抗生素或药用洗液的治疗，以减少或消除捶打或搔抓反应作为负强化而建立的耳痛或过敏性瘙痒所产生的厌恶刺激。
2. 尝试一个感觉消退程序，从而消除或减少视觉、听觉或本体感觉刺激的来源。例子有戴手套、穿防护服、戴头盔等。
3. 实施对替代行为的差别强化干预，以依联于恰当行为的替代的强化来源来提供一个"选择"。行动方案是提供一个与自动强化的行为相竞争的不同的视觉、听觉或本体感觉刺激来源。例如，教人开启电动振动器、电视或音乐旋转木马以获得替代的刺激。
4. 考虑用惩罚来覆盖当前的维持依联，从而利用以下事实：（1）惩罚不需要知道特定的控制变量；（2）在紧急情况下，不容许进行长时间的检查工作来确定目前存在的强化依联。
5. 实施一项"集成包"计划。"衍生自建立型操作、感觉消退、差别强化或惩罚的任何一种特定干预都不太可能独立于其他程序而被使用。处理集成包方法在研究和临床环境中都很常用。在自动强化的情况下，集成包方法可能非常合适。"（Vollmer, 1994, p. 203）

以上这些建议都各有利弊，没有一个是能立即解决自动强化对行为影响的"灵丹妙药"。正如沃尔默（1994）所指出的："当维持行为的强化物不在治疗师或实验者的控制范围（即社会环境）内时，行为会特别难以评估和处理。"（p. 188）不过，这五项建议还是为分析师提供了一个方向，以确定它们在个别实例中的功效。

反应可能产生非条件或条件自动强化。桑德伯格、迈克尔、帕廷顿和桑德伯格（Sundberg, Michael, Partington, & Sundberg, 1996）描述了一个两阶段的条件作用历史，或许可以用来说明条件自动强化。

> 例如，一个人看完电影后在回家的路上可能会一直唱歌或哼歌，这里并没有针对唱歌这个行为的明显的直接强化。为了使这个行为成为自动强化下发生的行为，必须有一个特殊的两阶段条件作用历史。在第一阶段中，某个刺激（如一首歌）必须与一个现存的条件或非条件强化形式（如一部好看的电影、爆米花、休息）相匹配。其结果是，新的刺激可以成为一种条件强化形式（如听到这首歌，现在可能是一种新的条件强化形式）。在第二阶段中，反应的发出（无论出于什么原因）产生了一个反应产物（即由唱歌产生的听觉刺激），这一产物与先前的中性刺激（如这首歌）具有相似的形态，而现在可能有了自我增强的属性。（pp. 22-23）

一些理论家认为，自动强化可能有助于解释婴儿大量的咿咿呀呀，以及在没有他人明显干预的情况下，咿咿呀呀如何自然地从无差别的发声转变成他们的母语的语音（例如，Bijou & Baer, 1965; Mowrer, 1950; Skinner, 1957; Staats & Staats, 1963; Vaughan & Michael, 1982）。照顾者经常在抱着婴儿、喂食婴儿和给婴儿洗澡的同时说话和唱歌。由于重复地与各种强化物（如食物、温暖）相匹配，照顾者的声音可能变成了婴儿的一个条件强化物。当婴儿发出的声音与照顾者的声音一样或很接近时，婴儿的咿咿呀呀就会被自动强化。在那个时候，"独自待在托儿所的婴儿在自己发出他曾经在别人的讲话中听到过的声音时，可能就会自动强化自己的探索性发声行为"（Skinner, 1957, p. 58）。

虽然早已有人反复提出自动强化是人类早期语言获得的一个因素这一观点，但文献中很少出现对这个现象的实验分析（例如，Miguel, Carr, & Michael, 2002; Sundberg et al., 1996; Yoon & Bennett, 2000）。桑德伯格及其同事（1996）报告了刺激—刺激匹配程序对儿童在没有直接强化或反应辅助的情况下发出新的声音的影响，这是第一项显示这种影响的研究。研究被试是五名2~4岁的儿童，彼此之间的语言能力差别很大。在前匹配（基线）条件期间，父母和居家训练员坐在距离儿童几英尺远的地方，记录儿童在玩一组玩具火车和其他几个玩具时发出的每个词或声音。以连续1分钟时距收集数据。所有成人在前匹配基线期间不与被试互动。刺激—刺激匹配程序包括一名与儿童相熟的成人靠近孩子，发出一个目标声音、单词或短语，然后立即给予一个先前已被确定为对该儿童而言是一种强化形式的刺激（如挠痒痒、赞扬、把孩子放在吊床上、扶着他蹦跳）。这个刺激—刺激匹配程序实施1或2分钟，每分钟重复15次。成人在发出目标声音、单词或短语时使用不同的音高和语调。刺激—刺激匹配之后立即开始后匹配条件，在这个条件期间，成人转移到距离儿童较远的地方，重复与前匹配条件相同的做法。

在一个声音、单词或短语与一个已确定的强化物进行刺激—刺激匹配之后，在后匹配条件期间，五名儿童说出目标单词的频率都会增加。图11.6显示了对被试2（一名有孤独症的四岁男孩）实施的三个匹配中的一个代表性样本的结果。被试2拥有超过200个提要求（mand）、命名（tact）和交互式语言（intraverbal）的语言技能库，但很少自发性地发声或参与发声游戏。[1] 在前匹配条件期间，这名儿童没有说出目标单词，只是以平均每分钟0.5次的速率发出了4种其他的声音。刺激—刺激匹配程序包括在60秒内将单词"apple"（苹果）与"tickles"（挠痒痒）匹配约15次。匹配之后，被试立即在4分钟内说

---

1 提要求、命名和交互式语言——由斯金纳（1957）最先描述的三个基础语言操作——在第18章中有详细说明。

了 17 次 "apple"，相当于每分钟 4.25 次的反应速率。此外，在后匹配条件的第一分钟内，儿童说了 4 次 "tickles"。桑德伯格及其同事的研究结果证实了儿童的发声反应产物在与其他形式的强化匹配后可能具有自动条件强化的作用。

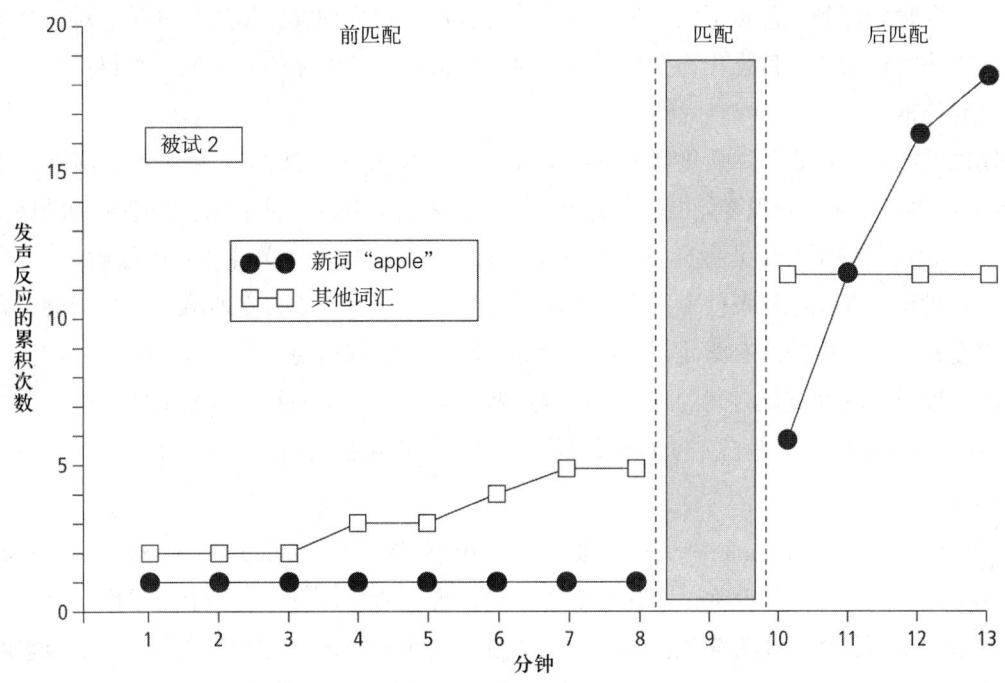

图 11.6 一名四岁孤独症儿童在新词 "apple" 与已确定的强化形式反复匹配之前和之后说出 "apple" 的累积次数。自动强化或许可以解释在匹配之后，儿童说出 "apple" 的频率为何增加。

引自 M. L. Sundberg, J. Michael, J. W. Partington, & C. A. Sundberg (1996). The Role of Automatic Reinforcement in Early Language Acquisition. *The Analysis of Verbal Behavior*, 13, p. 27. 1996 年版权归行为分析学会所有。经授权使用。

沃尔默（2006）在总结自动强化作为一个概念的应用和局限性时，提出如下建议：

- 实务工作者应认识到，并非所有的强化都是有计划的或社会中介的。
- 一些通过自动强化来维持的行为（如自我刺激、刻板行为）可能无法通过罚时出局、有计划的忽视或消退来减少或消除。
- 过快地给观察到的现象贴上**自动强化**的标签可能会限制我们的分析及其有效性，因为它妨碍了我们进一步努力去辨识真正的由强化物维持的行为。
- 当社会中介的依联难以安排或根本不可行的时候，实务工作者可以考虑将自动强化作为一个潜在目标。

强化物的分类

在这一部分，我们将根据强化物的来源和由实务工作者和研究者经常以其形式特征来描述和分类的几个实用类别来考察强化物的技术分类。无论类型或分类如何，所有的强化物都有其最重要的和定义性的特征：所有的强化物都会增加在它们之前刚刚发生的行为的未来发生率。

按来源对强化物进行分类

正如第 2 章所介绍的，强化物有两种基本类型——一种是物种演化的产物（非条件强化物），另一种是个体学习历史的结果（条件强化物）。

非条件强化物

即使学习者对某个刺激改变没有特定的学习历史，它仍然可以起到强化的作用，那么这个刺激改变就是一个**非条件强化物**（unconditioned reinforcer）。[一阶强化物（primary reinforcer）和非习得性强化物（unlearned reinforcer）这两个术语是非条件强化物的同义词。]由于非条件强化物是物种演化史（种系发生史）的产物，一个物种中所有生物性完整的成员或多或少都会受到相同的非条件强化物的强化。例如，食物、水、氧气、温暖和性刺激都是不经历学习历史就可以作为强化物发挥作用的刺激。对一个被剥夺了食物的人来说，食物将作为非条件强化物发挥作用；对一个被剥夺了液体的人来说，水将作为非条件强化物发挥作用，以此类推。

人的触摸也可能是一种非条件强化物（Gewirtz & Pelaez-Nogueras, 2000）。佩莱斯—诺格拉斯（Pelaez-Nogueras）及其同事（1996）发现婴儿更喜欢有触摸刺激的面对面互动。他们以交替平衡的顺序实施两个条件作用处理。在触摸条件下，婴儿做出目光接触反应后，成人立即给予关注（目光接触）、微笑、咕咕声和揉婴儿的腿和脚等。在无触摸条件下，婴儿做出目光接触反应后，成人立即给予目光接触、微笑和咕咕声，但不触摸婴儿。研究中的所有婴儿在包括触摸的依联条件中都出现了目光接触时间的增长、微笑和发声频率的增高，以及哭闹和抗议时间的减少。根据这些结果和一些相关研究，佩莱斯—诺格拉斯及其同事得出结论："这些结果表明……触摸刺激对婴儿行为具有一阶强化物的功能。"（p. 199）

条件强化物

条件强化物[conditioned reinforcer，有时被称作二阶强化物（secondary reinforcer）或习得性强化物（learned reinforcer）]是一个刺激改变，它先前是中性的，现已通过与一个或多个非条件强化物或条件强化物的刺激—刺激匹配而获得了作为强化物的能力。通过反复匹配，先前的中性刺激获得了与它匹配的强化物所具有的强化能力。[1]例如，在一个音调与食物反复匹配后，当食物作为强化物被提供时，当建立型操作使食物成为当前有效的强化物时，这个音调将作为强化物发挥作用。

在没有与另一个强化物通过被阿莱西（Alessi, 1992）称作语言类似物条件作用（verbal analog conditioning）匹配过程而直接进行实体匹配的情况下，中性刺激也有可能成为人类的条件强化物。

> 例如，学前班的儿童原本在作业中有好的表现时会得到M&M巧克力，如果将剪开的黄色纸片拿给他们看，并告诉他们："这些黄色纸片是大哥哥大姐姐们努力想得到的。"（Engelmann, 1975, pp. 98-100）那么其中的很多儿童会立即拒绝接受M&M巧克力，并加倍努力做作业，而只接受黄色纸片作为对他们的奖励。
>
> 我们可能会说，这些黄色纸片充当了"习得性强化物"。实验室研究结果告诉我们，中性刺激只能通过与一阶强化物（或其他"习得性强化物"）直接匹配而成为强化物。黄色纸片没有与任何强化物匹配，显然也没有与一阶强化物（即M&M巧克力）匹配。黄色纸片获得的强化属性甚至比一阶强化物M&M巧克力更加强大，这可以从儿童要求黄色纸片而拒绝M&M巧克力的行为中得到验证。（为了说明这个例子，我们假设儿童在实验时段前没有对M&M巧克力餍足。）（p. 1368）

有时，人们认为条件强化物的"力量"是由它与其他强化物匹配的次数决定的。然而，诸如"将音调与食物匹配得越频繁，音调的强化性就越高"这样的说法并不完全准确。虽然多次匹配会在一开始时增加音调作为条件强化物的可能性（虽然有时一次匹配就足够了），但音调作为强化物的瞬时有效性取决于曾与这个条件强化物匹配过的其他强化物的相关建立型操作。只与食物进行匹配的音调会是食物剥夺的学习者的有效强化物，但如果学习者刚刚吃了很多食物，那么无论音调与食物匹配过多少次，它的强化效果都会很差。

---

1 切记，是环境在做匹配，而非学习者做匹配。学习者不需要去"联系"这两个刺激。

泛化型条件强化物（generalized conditioned reinforcer）是由于与很多非条件强化物和条件强化物匹配而不依赖任何特定强化形式的当前建立型操作来产生有效性的一种条件强化物。例如，社会性关注（靠近、目光接触、赞扬）对很多人来说就是一种泛化型条件强化物，因为它过去是和很多强化物同时出现的。泛化型条件强化物与越多的强化物匹配，它在任何特定时间都有效的可能性就越大。因为它能与几乎无数种后备强化物进行交换，所以金钱是一种泛化型条件强化物，它的有效性通常独立于当前的建立型操作。

有时，人们将条件强化物称作泛化型条件强化物，是因为它能对各种不同的行为起到强化作用。然而事实并非如此。任何强化物都有能力增加在它之前刚刚发生的任何相似行为的未来发生率。一个条件强化物被称作泛化型强化物，是因为它在大范围的建立型操作条件中能够有效地发挥强化作用。由于其在各种建立型操作条件下的通用性，泛化型条件强化物为经常只能有限地控制特定强化物的建立型操作的实务工作者带来了巨大的益处。

泛化型条件强化物为实施代币经济（token economy）提供了基础。代币经济是一种以强化为基础的系统，能够改善多名参与者的多个行为（Alstot, 2015; Campbell & Anderson, 2011; Hirst, Dozier, & Payne, 2016）。在代币经济中，参与者获得代币（如点数、打钩记号、扑克筹码）依联于各种目标行为。参与者累积代币，并在特定时间从后备强化物（如自由时间、电脑时间、零食）清单中兑换他们选择的东西。第28章将详细讲述代币经济系统及其设计和实施的指导方针。

按形式属性对强化物进行分类

当应用行为分析师以物理属性来描述强化物时——这种做法可以加强研究者、实务工作者以及他们所服务的机构与人员之间的沟通——强化物通常被分为可食用强化物、感觉强化物、实体强化物、活动强化物或社会性强化物。

可食用强化物

研究者和实务工作者常常用服务对象偏好的少量食物、零食、糖果和饮料作为强化物。可食用强化物的一个有趣而重要的用途是治疗儿童的长期拒食。例如，赖尔登、艾瓦塔、芬尼、沃尔和斯坦利（Riordan, Iwata, Finney, Wohl, & Stanley, 1984）用"高偏好食物"作为强化物，以增加住院治疗的四名儿童的食物摄入量。治疗计划包括高偏好食物（如谷物、酸奶、罐装水果、冰激凌）的提供依联于食用目标食物（如蔬菜、面包、鸡蛋）。

凯利、皮亚扎、费希尔和奥伯多夫（Kelley, Piazza, Fisher, & Oberdorff, 2003）使用可食用强化物来增加三岁男孩阿尔用杯子喝水或其他饮品的行为，阿尔因为拒食和依赖奶瓶而在一家日间治疗机构接受治疗。研究者测量了阿尔喝下杯子里7.5毫升的三种饮品的尝试百分比。在基线期间，当阿尔因为喝下饮品而得到赞扬时，他喝下橙汁、水和巧克力饮料的平均百分比分别为0%、44.6%和12.5%。在正强化期间，每次阿尔喝了饮品，治疗师都会赞扬他（与在基线期内的做法一样），并将一勺桃子块（他偏爱的食物）喂到他嘴里。阿尔在正强化条件期间喝下全部三种饮品的尝试次数达到了100%。

法赫米、艾瓦塔和詹恩（Fahmie, Iwata, & Jann, 2015）发现，12名年龄为5~22岁的被诊断为智力障碍或孤独症的研究对象偏爱在15秒内获得单一可食用强化物（如M&M巧克力、葡萄干、椒盐脆饼），而不是在15秒内获得休闲用品（如音乐盒、绒毛熊、沙铃），而且那些可食用强化物比休闲强化物维持反应的时间更长。关于这些实验结果的意义，法赫米及其同事指出：

> 这些优点证实了在初步偏好评估中纳入可食用强化物是有利的。可食用强化物还有一个优点是它

在提供和递送的时候更容易、更高效，从长远来看，这可能会对训练产生全面的有利影响。然而，研究者（例如，Ferrari & Harris, 1981; Rincover & Newsom, 1985）曾强调在训练期间使用休闲刺激的相对优势，指出休闲刺激更自然，对健康的危害更小（参看行为分析师认证委员会，2014，条款4.10），而且能促进研究对象积极参与。当然，行为分析师也有责任提供最有效的治疗（行为分析师认证委员会，2014，条款2.09）。这项研究提供了一些额外的证据来帮助平衡这些目标（p. 342，BACB引文已更新至最新版本）。

感觉强化物

各种形式的感觉刺激，如振动（如按摩器）、触觉刺激（如挠痒痒、用羽毛围巾轻拂）、闪动或闪烁的光，以及音乐，都已被有效地用作强化物（例如，Bailey & Meyerson, 1969; Ferrari & Harris, 1981; Gast et al., 2000; Hume & Crossman, 1992; Rincover & Newsom, 1985; Vollmer & Iwata, 1991）。

实体强化物

诸如贴纸、小饰品、上课材料、集换式卡牌和小玩具等物品常被当作实体强化物（tangible reinforcer）。一个物品的固有价值和它作为正强化物的有效性无关。事实上，几乎任何有形的物品都可以充当强化物。还记得恩格尔曼（Engelmann, 1975）的研究中那些为黄色纸片而努力学习的幼儿园孩子们吗？

活动强化物

当将参与某些行为的机会作为强化物时，这个行为就是活动强化物（activity reinforcer）。活动强化物可能是日常活动（如玩桌游、休闲阅读、听音乐）、特权活动（如与教师共进午餐、投篮、排队排在第一个）或特殊事件（如去动物园）。

麦克沃伊和布雷迪（McEvoy & Brady, 1988）评估了使用依联获得游戏材料对三名有孤独症和行为障碍的学生完成数学作业的影响。在基线期间，教师告诉学生要尽最大努力做完数学题。如果他们在6分钟内做完了这些题目，就可以在剩余时间内做其他未完成的作业或"找其他事情做"。没有其他关于完成作业的辅助或指令。教师赞扬了完成作业的学生。

在对每名学生进行干预的第一天，学生被带到另一个教室，看到了各式各样的玩具和游戏材料。教师告诉学生，如果能够做完每天指定的数学题，就会有大约6分钟的时间来玩这些物品。图11.7显示了这个实验的结果。在基线期间，三名学生正确做完题目的比率要么很低（迪基），要么具有高度的变异性（肯和吉米）。当引入游戏活动作为依联时，每名学生的完成率都有所提高，最终超过了标准水平。

普雷马克（Premack, 1959）假设，通过在一个自由操作情境中观察行为的相对分布，可以辨识出活动强化物。普雷马克认为行为本身可以作为强化物，而在判断某个行为作为强化物的有效性时，如果做出该行为的机会依联于另一个行为，那么这个行为的相对频率就是一个重要因素。**普雷马克原理**（Premack principle）是指，创造机会让个体做出一个相对较高的自由操作（或基线）比率的行为依联于低频率行为的发生将会对低频率行为起到强化作用。对一名一向花更多的时间看电视而不是做作业的学生而言，以普雷马克原理（非正式的名称是"祖母法则"）为基础的依联可能是："你做完作业后就可以看电视了。"

以普雷马克的观点为支撑，廷伯莱克和艾利森（Timberlake & Allison, 1974）提出了**反应—剥夺假设**（response-deprivation hypothesis），作为预测有机会做出一个行为（依联行为）是否会对另一个行为（工具型反应）起到强化作用的模型，其依据是每个行为发生的相对基线比率，以及与基线相比，做出依联行为的机会是否受限。限制做出某一行为大概形同一种剥夺形式，而这种剥夺就是一个建立型操作，从而使做出该受限行为的机会成为一种有效的强化形式（Allison, 1993; Iwata & Michael, 1994）。

艾瓦塔和迈克尔（1994）引用科纳尔斯基（Konarski）及其同事的三项系列研究来证明反应—剥夺假

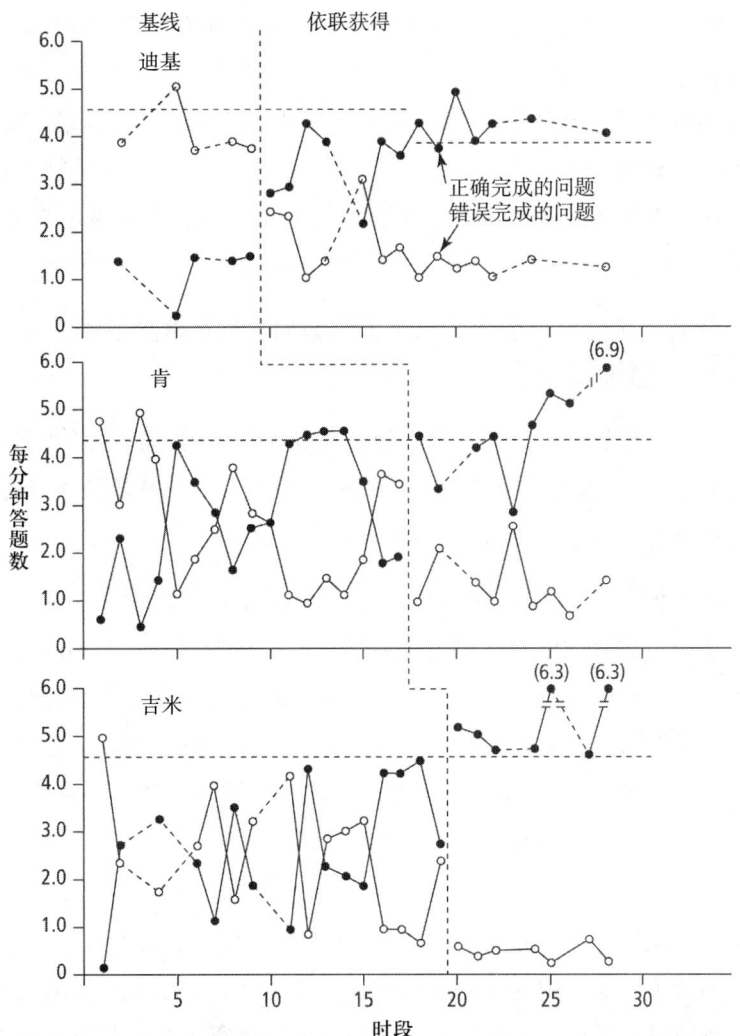

图 11.7 三名特殊教育学生在基线和依联获得游戏材料期间每分钟正确和错误完成的数学题数量。水平虚线代表标准值。

引自 M. A. McEvoy & M. P. Brady (1988). Contingent Access to Play Materials as an Academic Motivator for Autistic and Behavior Disordered Children. *Education and Treatment of Children*, 11, p. 15. 1998 年版权归儿童教育与治疗编辑评审委员会所有。经授权使用。

设的真实性和应用意义。在第一项研究中，当学生可以在纸上着色（高概率行为）依联于完成数学题（低概率行为）时，他们会花更多的时间做数学题，但只有在强化程序表与基线相比所给的着色时间受限的情况下才会如此（Konarski, Johnson, Crowell, & Whitman, 1980）。研究者发现，如果学生在做完数学题后可以得到比他们在基线期更多的时间来着色，这个依联就是无效的。研究者在接下来的一项研究中，通过将获得阅读机会（或做数学题，视被试而定）依联于做数学题（或阅读），复制了这些基本发现（Konarski, Crowell, Johnson, & Whitman, 1982）。在第三项研究中，科纳尔斯基、克罗韦尔和达根（Konarski, Crowell, & Duggan, 1985）通过考察被试内的"强化的可逆性"（reversibility of reinforcement），将反应－剥夺假设向前推进了一步。也就是说，在依联活动的反应－剥夺条件中，从事阅读或做数学题这两项活动中的任何一项都可以起到强化作用，提高在另一项活动中的表现。将阅读的反应剥夺作为依联反应，导致了做数学题（工具型反应）的增加；相反，将做数学题的反应剥夺作为依联反应，导致了阅读的增加。在全部三项研究中，反应的受限制程度是决定接触依联反应的机会是否具有强化性的关键因素。

艾瓦塔和迈克尔（1994）得出结论，科纳尔斯基及其同事的几项研究结果从整体上说明了基于反应－剥夺假设的三个预测（在以下例子中假设做作业和看电视的基线时间比率为 1 : 2）。

- 当将做出高频率的依联行为限制在基线水平以下时，对低频率的目标行为具有强化作用（例如，做30分钟作业可以看30分钟电视）。
- 当不将做出高频率的依联行为限制在基线水平以下时，对低频率行为没有强化作用（例如，做30分钟作业可以看90分钟电视）。
- 当将做出低频率行为限制在基线水平以下时，对高频率的目标行为具有强化作用（例如，看30分钟电视导致做5分钟作业）。

虽然认识到实务工作者很少会设计强化计划来提高诸如看电视这种原本发生率就比较高的行为的频率，但艾瓦塔和迈克尔（1994）提醒道：

> 在很多情况下，人们可能希望产生高度加速进展的表现（例如，在最优秀的学业表现或运动表现上，它是个好的努力方向）。在这种情况下，如果可以安排一个相对低频率行为的恰当的剥夺程序表，那么就不需要再找一个发生率更高的活动作为强化。(p. 186)

与所有其他描述性的强化物分类一样，并没有一个先验清单可以揭示哪些活动是否具有强化作用。对一名学习者起到有效强化作用的活动可能会对另一名学习者的行为产生完全不同的影响。例如，在科纳尔斯基、克罗韦尔及其同事（1982）的研究中，对三名学生来说，做数学作业是进行更多阅读的强化，而对第四名学生来说，阅读却是做数学作业的强化。很多年前，一部经典卡通片清楚地说明了这个关键点。卡通片展示了两名学生下课后尽职尽责地清理黑板和黑板擦。一名学生对另一名学生说："清理黑板擦是对你的惩罚！？我清理黑板擦可是对我完成作业的奖励。"

社会性强化物

身体接触（如拥抱、轻拍后背）、接近（如靠近、站立或坐在一个人附近）、关注和赞扬都是常见的充当社会性强化物的事件的例子。成人的关注对儿童来说是最强大，通常也是最有效的强化形式之一。依联社会性关注所具有的强化效果几乎放诸四海皆准，它引领着一些行为分析师推测社会性关注的某些方面可能涉及非条件强化（例如，Gewirtz & Pelaez-Nogueras, 2000; Vollmer & Hackenberg, 2001）。

最初的关于成人的社会性关注对儿童行为的强化作用的实验证明和发现，来自20世纪60年代早期由蒙特罗斯·沃尔夫设计，由华盛顿大学儿童发展研究所的幼儿园教师开展的四项系列研究（Allen, Hart, Buell, Harris, & Wolf, 1964; Harris, Johnston, Kelly, & Wolf, 1964; Hart, Allen, Buell, Harris, & Wolf, 1964; Johnston, Kelly, Harris, & Wolf, 1966）。里斯利（2005）对这些早期的研究描述如下：

> 我们从未见过这样强大的力量！在现实世界中，像成人关注这样无所不在的事物，只需做一点简单的调整，对儿童的行为所产生的影响的速度和强度就会令人震惊。40年后，社会性强化（积极关注、赞扬、"捕捉到他们表现良好的时刻"）已成为大多数美国家长和教师建议和训练的核心——这可以说是现代心理学最具影响力的发现。(p. 280)

由于这个长久以来为人所知但未被充分利用的现象具有深刻意义，我们将介绍第二项研究，它展示了依联关注作为儿童行为强化的效果。《应用行为分析杂志》第一卷中至少包含7项相关研究报告，这些研究建立在沃尔夫及其同事关于社会性强化的开创性研究的基础之上，并对其进行了拓展。[1] R. 万斯·哈勒（R. Vance Hall）及其同事实施了其中的两项研究。与本章介绍的哈勒、伦德和杰克逊（Hall, Lund, & Jackson, 1968）的研究，以及我们从中选取的教师对罗比使用正强化的例子一样，哈勒、班扬、拉邦和布

---

[1] 《应用行为分析杂志》第一卷（1968）是经典研究的宝库，其中所介绍的简单而巧妙的实验设计展现了操作式条件作用和依联管理的强大效果。我们强烈建议所有认真学习应用行为分析的学生从头到尾阅读该卷期刊，并不时重温以求获得灵感。

罗登（Hall, Panyan, Rabon, & Broden, 1968）报告的三个实验也能够有力地证明教师的关注作为社会性强化的效果。

其中一项实验的参与者是一名入职还不满一年的新手教师，他的班上有30名六年级学生，这些学生的破坏性行为和不专注任务行为的发生率非常高，校长将该班描述为"完全失控"。哈勒、班扬、拉邦和布罗登（1968）在整个研究期间的每个上课日的第一个小时内，在连续30分钟的观察期内测量教师的关注和学生的行为。研究者用10秒部分时距观察记录程序来测量学习行为（如写作业、看书、回答教师的问题）和非学习行为（如在不该说话时说话、离开座位、看窗外、跟同学打架或指戳同学）。观察者还记录了教师在每个时距内的关注行为的发生情况。每一次教师的语言关注被定义为直接针对一名或一群学生发出评论，如果是在恰当的学习行为之后评论，就记录为"+"，如果是在非学习行为之后评论，就记录为"-"。

在基线期间，这个班级的学习行为的平均时距百分比为44%，教师在学生做出学习行为之后发出评论的平均数为每时段1.4次（参看图11.8）。"几乎无一例外，那些跟随在学习行为之后发出的评论是以肯定的形式出现的，而那些跟随在非学习行为之后发出的评论是以口头训斥的形式出现的。"（Hall, Panyan et al., 1968, p. 316）在助教提供示范教学的一天里，全班学生的学习行为达到了90%（参看图表中箭头指向的实心数据点）。在基线期间（参看图表中箭头指向的三个空心数据点），校长与教师有三次会面机会，讨论他的试图改善学生行为的组织性程序。这些讨论时段的结果是，教师将所有的作业写在黑板上（在第一次会面后），并更换了座位表（在第三次会面后），而这些改变对学生的行为并没有产生明显的影响。

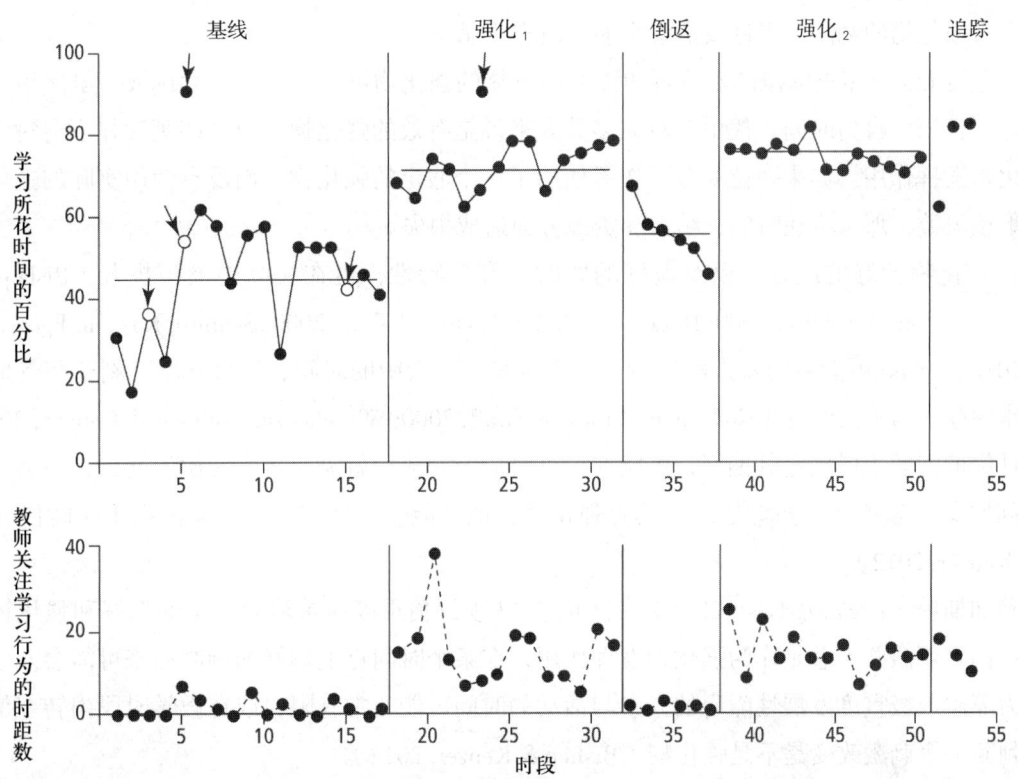

图11.8 关于在一个六年级班级的阅读课上，学生的学习行为和教师对学习行为的关注的记录。基线期＝实验程序开始前；强化期1＝增加教师对学习行为的关注；倒返期＝移除教师对学习行为的关注；强化期2＝返回到增加教师对学习行为的关注。实验程序终止后，进行至多20周的追踪检查。

引自 R. V. Hall, M. Panyan, D. Rabon, & M. Broden (1968). Instructing Beginning Teachers in Reinforcement Procedures Which Improve Classroom Control. *Journal of Applied Behavior Analysis*, 1, p. 317. 版权归实验行为分析协会所有。经授权转载。

在进入强化条件的前一天，研究者向教师展示了班级学习行为的基线数据和学习行为后教师关注的频率的基线数据。然后要求教师在学生做出学习行为时增加对他们的积极评论的频率。在这个条件期间的每个时段结束后，将班级学习行为水平和学习行为后教师评论的频率数据呈现给教师。在第一个强化阶段，教师在学习行为后发出评论的平均频率增加至 14.6 次，学习行为的平均水平为 72%。教师、校长和数据收集者都报告说，班级得到了较好的控制，噪声显著减少。

但在短暂返回基线条件期间，教师"对学习行为几乎不予强化"，于是观察到班级学习行为呈急剧下降的趋势。教师、校长和数据收集者都报告说，破坏性行为和高噪声水平又回来了。然后恢复了强化条件，结果是教师在学习行为后的评论平均频率为 14 次，学习行为的时距百分比的平均水平为 76%。

潜在强化物的辨识

> 在实验室里，我们学会了使用一个简单的测试：将一颗糖果放在我们的手掌中，给孩子看，然后将手掌紧紧合拢，看孩子会不会试图扳开手指去拿糖果。如果他/她会这样做，即使我们的手指越收越紧，那么糖果显然就是一个强化物。
>
> ——默里·西德曼（2000, p. 18）

很多行为改变计划的最终成功需要实务工作者或研究者提供一种有效的强化物，用以增加理想的目标行为的未来发生率。幸运的是，对大多数学习者来说，辨识有效的和可获得的强化物是相对容易的。西德曼（2000）描述了一种快速且简单的方法，用以判断糖果是否可能作为强化物发挥作用。然而，并非每个有可能作为强化物的刺激、事件或活动都能被放在手掌中。

辨识有重度和/或多重障碍的学习者的强大而可靠的强化物可能是一项重大挑战。虽然很多常见的事件（如赞扬、音乐、自由时间、代币）对大多数人来说是有效的强化物，但这些刺激并不会对所有学习者都作为强化物发挥作用。如果一位实务工作者使用了一个假定的强化物，而没有使用实际的强化物，导致所计划的干预失败，那么将在时间、精力和资源方面造成损失。

另外，强化物偏好的改变，以及偏好的暂时性和独特性，也在文献中屡被提及（Bishop & Kenzer, 2012; Carr, Nicholson, & Higbee, 2000; DeLeon et al., 2001; Ortiz & Carr, 2000; Shapiro, Kazemi, Pgosjana, Rios, & Mendoza, 2016）。偏好可能会随着人的年龄、兴趣水平、一天中的时间、社会互动、剥夺和餍足水平以及建立型操作的存在与否而改变（Gottschalk, Libby, & Graff, 2000; Whitehouse, Vollmer, & Colbert, 2014）。一名教师在九月份询问学生以确定其偏好，可能在一个月后或一天后就需要再问一次。同样，一名治疗师在上午时段询问服务对象什么东西对他而言具有强化性，他可能会发现这个强化刺激在下午时段并不受偏爱（Bishop & Kenzer, 2012）。

洛根和加斯特（Logan & Gast, 2001）在回顾了 13 项评估重度多重障碍人士的偏好和强化物的研究后得出结论：偏好刺激并不总是作为强化物发挥作用，在某个时间点上偏好的刺激后来可能会发生改变。另外，有行为障碍或极重度发展性障碍的人参与活动的时间可能非常有限，或在教学时段内转变偏好，因此很难明确判断一个刺激改变是不是强化物（Bishop & Kenzer, 2012）。

为了应对辨识有效强化物这项挑战，研究者和实务工作者开发了可供刺激偏好评估（stimulus preference assessment, SPA）和强化物评估（reinforcer assessment）共用的各种程序。刺激偏好评估和强化物评估经常一前一后地实施，用于判断一个被辨识为强化物的刺激是否真正发挥了强化物的作用（Kang et al., 2013; Lee, Yu, Martin, & Martin, 2010; Piazza, Fisher, Hagopian, Bowman, & Toole, 1996; Whitehouse et al., 2014）。皮亚扎等人（1996）指出：

在偏好评估期间，对相当多的刺激进行评估以便辨识出个体的偏好刺激。然后，在强化物评估期间，对其中一小部分刺激（即高偏好的刺激）的强化效果进行评估。虽然偏好评估是从大量的刺激中辨识出潜在强化物的一个有效程序，但它无法评估出那个刺激的强化效果。（pp. 1-2）

刺激偏好评估是将有可能是高偏好的刺激辨识出来，从而有可能充当强化物。正如凯利、希林斯伯格和鲍恩（Kelley, Shillingsburg, & Bowen, 2016）所说的："偏好评估的价值在于被辨识出的刺激最终可以用作具有重要社会意义的行为的强化物的程度。"（p. 394）

与此相反，强化物评估是依联于一个行为的发生而呈现高偏好的潜在强化物，并测量表现效果，以此进行直接测试（Fisher, Piazza, Bowman, & Amari, 1996）。在这一部分，我们将描述研究者和实务工作者为实施刺激偏好评估和强化物评估而开发的各种技术（参看图 11.9 和图 11.10）。这些方法形成了一个连续体，从简单和快速的到更复杂和更费时的。

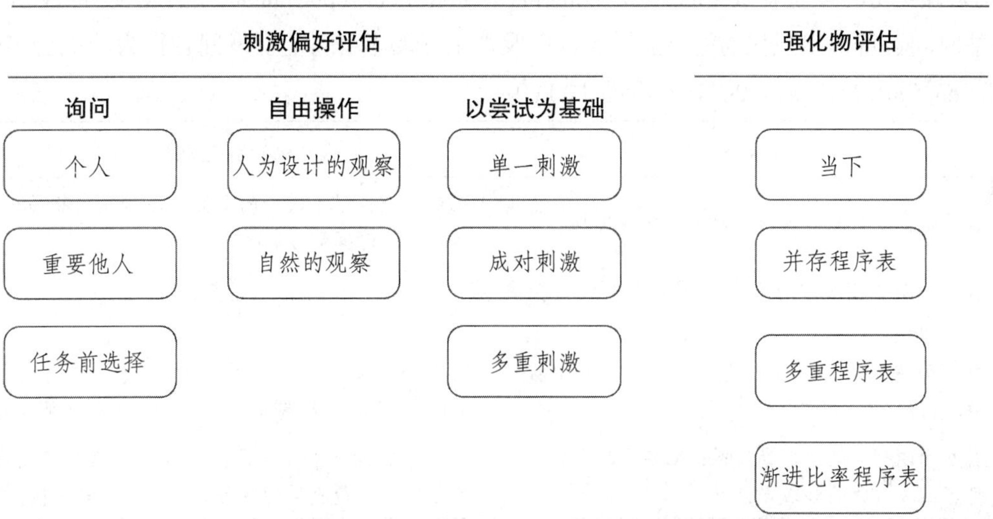

	刺激偏好评估		强化物评估
询问	自由操作	以尝试为基础	
个人	人为设计的观察	单一刺激	当下
重要他人	自然的观察	成对刺激	并存程序表
任务前选择		多重刺激	多重程序表
			渐进比率程序表

图 11.9 刺激偏好评估和强化物评估方法被用于辨识潜在强化物。

评估名称（引文）	评估说明
单一刺激（SS） （Pace et al., 1985）	跨一系列的尝试，每次呈现一个刺激。记录个体的靠近反应（如手或身体移向物品）。通过计算对每个刺激的靠近反应的百分比来建立偏好等级。
成对刺激（PS） （Fisher et al., 1992）	跨一系列的尝试，每次呈现两个刺激；在每次尝试中，个体只能靠近（即选择）一个物品。记录个体的靠近反应。通过计算对每个刺激的靠近反应的百分比来建立偏好等级。
无替换物的多重刺激（MSWO） （DeLeon & Iwata, 1996）	在每个时段开始时，把多个刺激摆放在个体面前，个体可以选择其中之一。记录个体的靠近反应。被选择的物品不会被替换，但会改变其余刺激的摆放位置。然后，个体从剩余的刺激中进行选择。重复这样的过程，直到所有的刺激都被选中，或直到个体停下来不再选择为止。通常会实施几个时段。通过计算跨所有时段对每个刺激的靠近反应的百分比来建立偏好等级。
简易自由操作（FO） （Roane et al., 1998）	把多个刺激摆放在桌面上，参与者自由使用任何物品 5 分钟。测量个体与每个物品接触的（如操纵物品）持续时间。通过对操纵每个刺激的持续时间的多少进行排序来建立偏好等级。

引自 R. B. Graff & A. M. Karsten (2012a). Assessing Preferences of Individuals with Developmental Disabilities: A Survey of Current Practices. *Behavior Analysis in Practice*, 5(2), p. 38. 经授权使用。

图 11.10 常用的刺激偏好评估

刺激偏好评估

刺激偏好评估指的是用于确定以下内容的各种程序：（1）个人差别性选择的刺激；（2）这些刺激的相对偏好值排序（从高偏好到低偏好）；（3）当任务要求、剥夺状态或强化程序表被修改时，这些偏好值的变化情况；（4）高偏好刺激物最终能否成为有效的强化物。一般而言，刺激偏好评估使用三步骤程序来实施：（1）收集大量有可能作为强化物的刺激；（2）将这些刺激系统地呈现给目标个人以辨识其偏好；（3）通过实验"测试"高偏好刺激物（有时也测试低偏好刺激物），以确定其作为强化物的条件（Livingston & Graff, 2018）。对实务工作者来说，必须将起初的潜在偏好刺激范围缩小到只剩那些有较大可能成为强化物的刺激，不然评估过程将旷日废时，导致干预迟延。

从方法上而论，SPA 至少可以以五种形式实施：单一刺激（single-stimulus, SS）、成对刺激（paired-stimulus, PS）、自由操作（free operant, FO）、有替换物的多重刺激（multiple-stimulus with item replacement, MSWI）以及无替换物的多重刺激（multiple-stimulus without item replacement, MSWO）。每种 SPA 方法在偏差、所需评估时间、辨识出强化物的可能性高低以及评估活动本身可能引发问题行为的机会多少上各有其优缺点（Karsten, Carr, & Lepper, 2011；参看图 11.11）。

方法	益处	潜在障碍
MSWO	有可能在最短的时间内辨识出多种强化物。	位置偏差；限于较小的桌面物品和较少物品；比 FO 评估需要的时间更多。
PS	有可能辨识出多种强化物，可容纳较大的桌面物品和较多物品。	位置偏差；比 MSWO 和 FO 评估需要的时间更多。
SS	有可能辨识出多种强化物，可容纳较大物品和较多活动。	假阳性结果；相较于 MSWO 和 PS 方法，辨识出相对偏好的可能性较低，除非同时测量参与刺激的持续时间。
FO	引发问题行为的可能性较低；需要的时间最少；可容纳较大物品和较多活动。	相较于其他方法，辨识出多种强化物的可能性较低，除非在没有最喜爱的物品的情况下重复评估。

注：MSWO= 无替换物的多重刺激；PS= 成对刺激；SS= 单一刺激；FO= 自由操作。

引自 A. M. Karsten, J. E. Carr, & T. L. Lepper (2011). Description of a Practitioner Model for Identifying Preferred Stimuli with Individuals with Autism Spectrum Disorders. *Behavior Modification*, 35(4), p. 350. 版权归世哲出版公司所有。经授权转载。

图 11.11 与刺激偏好评估有关的益处和障碍

如图 11.9 所示，这五种方法的变体可以归为三类：（1）请被评估者（或他的重要他人）指认他所偏爱的刺激；（2）使用自由操作程序，观察他靠近、互动或参与各种刺激的情况；（3）测量个体对以尝试为基础（trial-based）的成对刺激的反应，或者在做出偏好选择后，以替换或不替换刺激来多重呈现刺激。

在选择使用哪种方法时，实务工作者必须斟酌三种相互矛盾的观点：（1）在最短的时间内获得最多的偏好评估数据，但会出现假阳性的情况（即认为某个刺激是偏好刺激，但实际上并不是）；（2）花费更多的时间和精力实施一项更为深入的评估，虽然会使干预延迟，但有可能产生更具结论性的结果；（3）评估同事实施刺激偏好评估的技能水平，以及他们是否有任何初步或后续的培训需求（Leaf et al., 2015）。为了帮助分析师和实务工作者确定选择这五种方法的变体中的哪一种，卡尔斯坚等人（Karsten et al., 2011）提出了一个三步骤模型，它们的顺序是：（1）选择很可能产生准确的高偏好刺激顺序的 SPA；（2）根据 SPA 期间收集的实际数据来修改 SPA 方法；（3）验证高偏好刺激作为强化物的作用。

尽管如此，一个实务上的障碍就可能影响立意最佳的 SPA 模型的实施。格拉夫和卡尔斯坚（Graff & Karsten, 2012a）说，在他们的 SPA 问卷调查中，有一半以上的受访者表示他们几乎没有实施 SPA 的经验。

鉴于实施某种水平的 SPA 已成为辨识高偏好刺激和最终强化物的最佳实践的黄金标准（Leaf et al., 2018），很重要的一点是，在职前和在职水平的训练计划应解决这一问题。德利佩里、弗勒代斯库、里夫、里夫和德巴尔（Deliperi, Vladescu, Reeve, Reeve, & DeBar, 2015）简明扼要地说明了这个问题。

> 由于针对残障消费者的干预依赖强化，评估这些个体的偏好是有效计划的重要组成部分。如果无法确定可以作为强化物的刺激，那么可能会影响技能获得和行为减少计划。因此，对于提高工作人员实施偏好评估和使用这些评估产生的数据来指导他们在后续的计划中选择行为后果的可能性而言，确定和实施有效的训练程序是不可或缺的步骤。（p. 324）

信息箱 11.2 讨论了与培训实务工作者实施刺激偏好评估有关的一些问题。

信息箱 11.2

训练实务工作者实施刺激偏好评估（SPA）

辨识强化物是行为改变程序成功的关键。但由于忙碌、没有经验、职前或在职期间训练不足，当前也缺乏时间和资源，实务工作者不太可能在未接受经验丰富的分析师的训练的情况下就实施刺激偏好评估（Graff & Karsten, 2012a）。虽然以下所列的常见问题并未涵盖所有，但仍可以为缺乏经验、新手或训练不足的职前实务工作者提供一个在个体或团体训练背景下解决刺激偏好评估训练问题的起点。

要实施 SPA，必须教授哪些技能？

文献中似乎有这样的共识，即实务工作者需要三项主要技能：（1）辨识要评估的刺激物；（2）对一名同伴或实际的消费者实施 SPA；（3）对评估结果进行评分和解释，以确定高偏好和低偏好的刺激。（来源：Deliperi et al., 2015）

没有经验的实务工作者能否学会实施可靠、准确和有价值的刺激偏好评估所需的技能？

可以。虽然方法可能有所不同，而且取决于当地的可用资源、宽带互联网连接能力和培训者的技能水平，培训（或再培训）没有经验的实务工作者使用 SPA 是完全有可能实现的，甚至是令人向往的。这样做将为教师、家长或照顾者提供指导，使他们能够使用那些评估数据来进一步确定实际的强化物，这会影响他们所照顾的人的目标行为在未来的发生情况。（来源：Ringdahl et al., 1997）

训练一个没有经验的人实施 SPA 需要多长时间？

好消息是，通常几次训练课程下来，受训者就能获得足够的技能来实施 SPA，尤其是如果训练课程提供了视频示范、脚本、配音、练习、反馈和督导的组合，效果会更好。（来源：Bovi, Vladescu, DeBar, Carroll, & Sarokoff, 2017; Deliperi et al., 2015; Weldy, Rapp, & Capocosa, 2014）

是否需要"保修"工作？训练成果能维持吗？

为了维持技能，未来是否需要"加强"或"复习"课程，取决于很多变量。例如，如果新手实务工作者每年仅使用几次 SPA，那么可以预料到，他们会丧失最初学会的技能。但如果他们经常使用 SPA，就更有可能维持最初的训练成果，尤其是如果他们能收到后续的反馈并获得复习材料（先前的训练视频、嵌入式指导等），效果会更好。在这种情况下，作为培训者的行为分析师，你会对实务工作者能够维持他最初学会的技能更有信心。（来源：Deliperi et al., 2015）

SPA 训练是否仅适用于 SPA 的"询问"或"自由操作"范畴？

不是。很多研究者指出，分析师可以训练没有经验的实务工作者使用 SPA 的询问、自由操作和以尝试为基础的变体。SPA 方法的复杂性不是训练中的决定性因素或自我限制因素。没有经验的参与者可以学习各种 SPA 方法。（来源：DeLeon & Iwata, 1996; Fisher et al., 1992; Hanley, Iwata, & Roscoe, 2006; Pace, Ivancic, Edwards, Iwata, & Page, 1985）

仅使用简短的书面说明——如在期刊文章中的"方法"部分所提供的那些信息——进行培训是否足够？

可能不够。仅仅为没有经验的实务工作者提供一篇有关 SPA 的期刊文章，让他们阅读其中的方法部分，他们是不可能成功实施 SPA 的。不少研究者已经证明，仅靠书面说明不足以使没有经验的实务工作者达到在没有督导的情况下就能实施 SPA 的标准。需要有额外的补充材料来"增强"书面说明。这些增强措施可能包括提供图片、视频示范、角色扮演、配音和反馈等。（来源：Graff & Karsten, 2012b; Lavie & Sturmey, 2002; Ramon, Yu, Martin, & Martin, 2015; Roscoe & Fisher, 2008; Shapiro et al., 2016）

如果我编写一份自我指导手册，那会有效果吗？

要看情况。虽然自我指导手册可以是对摘录自期刊的简短的书面方法概要的一种改进，但手册的范围和顺序是最重要的考量。否则，你的受训者可能只是得到了等同于"单独的书面说明"的东西，而这尚未被证明是有效的。仅以这种方式使用自我指导手册，相当于一个"训练之后希望自行融会贯通"的过程。然而，如果手册提供介绍性内容、逐步指导、程序核查表、练习提问和回答以及 SPA 数据的记录、总结和解释的方法，那么手册的实用性将大大增强。如果培训者利用受训者的反馈意见来提高手册的准确性和完整性，那么随着时间的推移，手册将会变成更为有效的资料。（来源：Ramon et al., 2015）

我可以使用视频、多媒体或智能手机应用程序来教授 SPA 吗？

可以。视频方法已被证明是有效的，作为"集成包方法"组合起来使用尤其有效，包括反馈、嵌入式文本、演练和督导。此外，培训者可以使用智能手机应用程序（例如，Plickers.com）对学生群体实施基本的 SPA 形成性评估。（来源：Hansard & Kazemi, 2018; Lavie & Sturmey, 2002; Radley, Dart, Battaglia, & Ford, 2018）

我有很多实务工作者要教。我能以小组的方式开展教学吗？

可以。以小组的方式对实务工作者开展教学，可以提高培训效率，而又不会影响效果。（来源：Weldy et al., 2014）

我住在乡村/偏远地区。我可以对我的工作人员使用远程教学吗？

可以。高速宽带互联网连接的一个显著优势是可以远程建立和操作电信链接。就初始技能的获得和维持而言，即使没有亲身接触或缺少在现场的培训者，在遥远的地方训练工作人员似乎至少也可以与现场训练相提并论。（来源：Higgins, Luczynski, Carroll, Fisher, & Mudford, 2017）

如何选择一种方法来教授没有经验的实务工作者，取决于培训者对当前的工作资源（如时间、物理设施、紧急情况、地点）和消费者需求的评估。虽然很多方法可能是有效的，但根据个人教学或小组教学的情况，建议培训者遵循"示范—带领—测试"的顺序，以确保掌握初始的训练内容。如有必要，准备好提供后续的"加强"课程，以确保技术的维持和保留。不要假定"一旦教过就永远都会"，尤其是如果实务工作者在初次受训后很少有机会实施 SPA。

询问刺激偏好

一个人对各种刺激的偏好可能通过询问他喜欢什么就能确定。询问可以大大减少实施更具侵入性的刺激偏好评估所需的时间，而且经常产生可以纳入干预计划的信息。询问存在几种变体：询问目标个人、询问目标个人生活中的重要他人，或提供任务前的选择评估。

询问目标个人（asking the target person）。确定刺激偏好的一个直截了当的方法就是询问目标个人喜欢什么。典型的变体包括问开放式问题、向个人提供一份选择清单，或请他对选择清单进行排序。

- **开放式问题（open-ended questions）**。根据学习者的语言能力，使用口语或文字来实施开放式刺激偏好评估。可以要求这个人说出对各类强化物的偏好，例如，"你在空闲时间喜欢做什么？""你最喜欢的食物和饮料是什么？""有没有哪一种音乐是你喜欢的，或你有没有喜欢的歌手？"开放式评估可以通过要求学习者尽可能多地列出最喜爱的活动或物品来完成。他列出的应该不只是日常生活中喜欢的东西，还应该列出特殊的物品和活动。图 28.15 是一个有几行空白的表格，家庭成员在上面填写希望在完成依联契约的任务后得到的潜在奖励。
- **选择形式（choice format）**。这种方式可能包括询问如下问题："哪一样是你肯付出极大努力来得到的？""你更愿意得到吃的东西，如薯片、饼干或爆米花，还是更愿意做一些事，如美术创作、玩电脑游戏或去图书馆？"（Northup, George, Jones, Broussard, & Vollmer, 1996, p. 204）
- **排列顺序（rank-ordering）**。实施者可以给学习者提供一个物品或刺激清单，指示学习者按照从最喜欢到最不喜欢的顺序进行排列。

针对语言能力有限的学习者，可以展示物品的照片、图标，最好是实际的刺激（Clevenger & Graff, 2005）。例如，教师可以指着一个图标问学生："你喜欢喝果汁、玩电脑、坐公交车，还是看电视？"学生点头表示是或摇头表示不是。

研究者已经设计了一些问卷调查来评估学生的偏好。例如，小学教师可能会使用儿童强化调查表（Child Reinforcement Survey），此调查表包括四个类别的 36 种奖励：可食用的物品（如水果、爆米花）、实物（如贴纸）、活动（如美术创作、玩电脑游戏）和社会性关注（如教师或朋友说："这个我喜欢。"）（Fantuzzo, Rohrbeck, Hightower, & Work, 1991）。此外还有针对四至十二年级学生设计的学校强化调查表（School Reinforcement Survey Schedule）（Holmes, Cautela, Simpson, Motes, & Gold, 1998）和重度障碍人士的强化评估（Reinforcement Assessment for Individuals with Severe Disabilities）（Fisher, Piazza, Bowman, & Almari, 1996）。

虽然询问个人偏好相对来说并不复杂，但在确认一个偏好选择以后是否会成为强化物方面，这个程序并不会万无一失（Whitehouse et al., 2014）。"口头自我报告和后续行为之间的不一致问题，长久以来已经被人们注意到，并常常得到证实。"（Northup, 2000, p. 335）虽然一名儿童可能会将看卡通片确定为他所偏爱的事情，但看卡通片可能只在周六早上在家的时候才会作为强化物发挥作用，周日晚上在祖母家的时候就不会了。

此外，调查可能无法准确区分儿童所声称的高偏好和低偏好的强化物。诺瑟普（Northup, 2000）将注意力缺陷与多动障碍儿童的偏好调查结果与后来的强化物功能进行比较，发现他们的偏好并未超出偶然水平。"较高的假阳性数量和较低的假阴性数量再次表明，调查能够更准确地辨识出不是强化物的刺激，而辨识是强化物的刺激则不是那么准确。"（p. 337）仅仅询问一次儿童的偏好可能会导致假阳性的情况（即儿童可能会选择一个物品或刺激作为强化物，但它其实没有强化性）。

询问重要他人（asking significant others）。可以通过询问父母、兄弟姐妹、朋友或照顾者来确定他们认为学习者偏爱的活动、物品、食物、爱好或玩具，从而收集大量的潜在强化物。例如，重度障碍人士的强化物评估（Reinforcer Assessment for Individuals with Severe Disabilities, RAISD）是一份访谈协议，它要求照顾者在视觉、听觉、嗅觉、可食用、触觉和社交领域辨识出偏好刺激（Fisher et al., 1996）。然后，重要他人按照从高偏好到低偏好的可能顺序对所选物品进行排序。最后，要求重要他人确定他们所预测的特定物品可能成为强化物的条件（如饼干配牛奶与只有饼干相比）。不过，在此提醒行为分析师，应该意识到，仅根据重要他人的意见而确定为高偏好的刺激未必总能作为强化物发挥作用。费希尔等人（1996）提醒我们：仅凭照顾者的意见不足以准确辨识强化物。（p. 14）然而，当照顾者的意见与结构化访谈相结合，提供辅助、提示和多样的潜在强化物供重要他人考虑时，照顾者的报告就有可能成为其他方法的有益补充。

提供任务前的选择（offering a pretask choice）。在这种方法中，实务工作者要求参与者选择一个他想通过完成一项任务来获得的东西。然后参与者从面前的二个或三个物品中选择一个（Piazza et al., 1996）。作为任务前选择所呈现的所有刺激都是已经通过其他评估程序辨识出来的偏好刺激。例如，教师可能会这么说："罗宾，当你做完数学题时，你可以有 10 分钟的时间和马丁一起玩《战舰》游戏、安静地阅读，或帮奥布图老师准备社会课的海报，你想要选择哪项活动？" 学习者选择的行为后果不一定是比研究者或实务工作者选择的后果更有效的强化物（Smith, Iwata, & Shore, 1995）。

自由操作观察

当一个人可以从若干行为中自由选择时，他最常从事的活动往往充当依联于从事低概率行为的有效强化物。观察并记录目标个人在一段时间内可以不受任何限制地参与多项活动时所做的选择，这被称作自由操作观察（free operant observation）。记录个人花在每个刺激物或活动上的总持续时间。参与一项活动的时间越长，对这项活动受到偏爱的推论就越有力。

从程序上来说，个人是不受限制的，并且可以同时接触一组预先决定的物品或活动，或接触环境中自然存在的材料和活动。在这个过程中不要求个人做出反应，所有的刺激物都是可获得的，都在个人的视线范围内，而且伸手就能够到。任何一个物品在个人接触或选择后都不会被移除。根据奥尔蒂斯和卡尔（Ortiz & Carr, 2000）以及卡尔斯坚等人（2011）的研究，自由操作反应在评估期间不太可能产生问题行为，而如果移除刺激，则有可能观察到问题行为的出现。自由操作观察可以人为设计，也可以在自然环境中进行。

人为设计的自由操作观察（contrived free operant observation）。实务工作者使用人为设计的观察来确定一个人是否、何时、如何以及在何种程度上从事和接触每项预先决定的活动和材料。这样的观察之所以是人为设计的，原因在于研究者或实务工作者用学习者可能感兴趣的各种物品为环境"加了一点味道"。

自由操作评估预设个人有充足的时间在环境中移动和探索，并且有机会体验每一个刺激、材料或活动。在自由操作观察期之前，给予学习者对每个物品进行非依联短暂接触的机会。然后，将所有物品放在学习者可以看到且方便拿到的位置，使学习者有机会自由地从这些物品中采样和选择。观察者记录学习者接触或从事每个刺激物或活动的总持续时间。

自然的自由操作观察（naturalistic free operant observation）。对自由操作反应的自然观察是在学习者的日常环境中进行的（如操场、教室、家庭）。观察者尽可能不引人注意地关注学习者如何分配他的时间，并记录学习者花在每项活动上的分钟数。例如，图 11.12 显示了一位名叫迈克的少年如何分配每天放学后两小时的自由时间。迈克的父母收集了儿子从事每项活动的总分钟数，并记录在表格中。为期一周的总结记录显示，迈克每天都玩电脑视频游戏、看电视以及给朋友打电话。在其中的两天里，迈克花 10

分钟的时间阅读了一本从图书馆借来的书，而在周三玩了一小会儿新的玩具工程车。看电视和玩视频游戏这两项活动最常发生，而且持续时间最长。如果迈克的父母想运用本章前面介绍的普雷马克原理来增加他花在休闲阅读或玩玩具工程车上的时间（即低概率行为），那么他们可能需要使看电视和玩视频游戏（即高概率行为）依联于在休闲阅读或玩玩具工程车上花费一定的时间（即低概率行为）。

活动	周一	周二	周三	周四	周五	总计
休闲阅读	—	10	—	10	—	20
看电视	35	50	60	30	30	205
跟朋友打电话	15	15	10	20	10	70
玩视频游戏	70	45	40	60	80	295
玩玩具工程车	—	—	10	—	—	10
观察的分钟数	120	120	120	120	120	600

图 11.12　迈克在放学后两小时的自由时间里从事各项活动的分钟数

以尝试为基础的方法

在使用以尝试为基础的刺激偏好评估方法的过程中，在一系列测试中将刺激呈现给学习者，测量学习者对这些刺激的反应，以此作为偏好顺序的指标。在以尝试为基础的刺激偏好评估中，学习者的三个行为中至少有一个会被记录下来：靠近、接触（DeLeon & Iwata, 1996）和操作刺激（DeLeon, Iwata, Conners, & Wallace, 1999; Hagopian, Rush, Lewin, & Long, 2001; Roane et al., 1998）。靠近反应通常包括一个人的任何可检测的针对刺激的动作（如注视、转头、倾斜身体、伸手）；接触是计算这个人接触或拿着刺激的次数；操作是指一个人与刺激互动（如她拿着按摩器，将它贴在小腿上）的总时间或观察时距的百分比。可以做出的假设是，一个人越频繁地靠近、触摸、拿着或操作某个刺激，那个刺激就越有可能是偏好物。正如德利翁及其同事（1999）所说的："物品接触的持续时间是衡量强化物价值的一项有效指标。"（p. 114）

我们通常会根据预先决定的标准（如在 80% 或更多的时间里选择的刺激为高偏好刺激），将偏好刺激按照从高偏好到低偏好的顺序进行标记（Carr et al., 2000; Northup, 2000; Pace et al., 1985; Piazza et al., 1996）。隐含的，但可检验的假设是，高偏好刺激将充当强化物，而且在处理开始前，偏好稳定性是必要的。虽然这些假设并不总是适用于所有的情况（Higbee, Carr, & Harrison, 2000; Verriden & Roscoe, 2016），但它们已被证明是可以作为起点的有效和可行的假设。

以尝试为基础的刺激偏好评估可以以呈现刺激的方式来分类：单一刺激（连续选择）、成对刺激（强迫选择），以及有替换或无替换的多重刺激。[1]

单一刺激。 单一刺激呈现法，也被称作连续选择法或单一刺激操作偏好法，这是目前用于确定偏好的最基本的评估方法。简单来说，就是由训练有素的临床医生或教师呈现一个刺激，并记录个人对该刺激的反应或操作情况。操作行为包括在预先决定的时间内触摸、玩弄、观看或手持该刺激。一次呈现一个刺激"对于从两个或更多个刺激中做出选择有困难的人来说可能是很合适的"（Hagopian et al., 2001, p. 477）。

为了实施单一刺激评估，所有感觉系统（即视觉、听觉、前庭、触觉、嗅觉、味觉和多重感觉）的目标刺激都要在一段短暂的时间内提供给参与者。在正式的评估程序开始前，允许参与者每次对一个刺激进行采样，短暂地体验和使用这些刺激，如果是玩具，可以看看它怎么玩。接下来，以随机顺序一次呈现

---

[1] 了解详细的程序步骤和相关的样本表格以完成各种 SPA，请参看 https://www.kennedykrieger.org/sites/default/files/patient-care-files/paired_stimulus_preference_assessment.pdf.

一个刺激，并记录个人对每个刺激的反应和/或操作情况（Logan et al., 2001; Pace et al., 1985）。对于靠近、回避或排斥的反应，以发生（是或否）、计数（如每分钟触摸的次数）或持续时间（即操作一个物品所花费的时间）来记录。每个刺激都是按顺序呈现的。例如，实验者可以呈现一面镜子以确定参与者注视、触摸或完全排斥镜子（即推开它）的持续时间。每个物品都要呈现几次，呈现的顺序要有所变化。一旦所有的刺激都呈现完了，就创建一个图表顺序层级，在 x 轴上列出各个刺激，在 y 轴上列出操作的百分比。通过使用条形图分析数据，推测排名最高的刺激为偏好强化物。[1]

布托和迪甘吉（Boutot & DiGangi, 2018）使用单一刺激评估程序来辨识五个月大的唐氏综合征婴儿多米尼克的偏好玩具和非偏好玩具。如果多米尼克看成人玩的玩具超过 5 秒钟，看着玩具的同时面部表情发生改变（如微笑），或产生明显的身体动作（踢腿或挥动手臂），那么就认为该玩具是受偏爱的。通过这个方法，研究者最终确定了三个玩具，并把它们作为强化物，在"没有玩具"的条件下，增加了多米尼克在妈妈的肚子上时保持头部抬起的时间百分比（参看图 11.13）。布托和迪甘吉（2018）得出结论，可以用一种高效的、类似探测的方式应用单一刺激评估程序以辨识偏好刺激，而且研究者和家长可以用这些刺激来

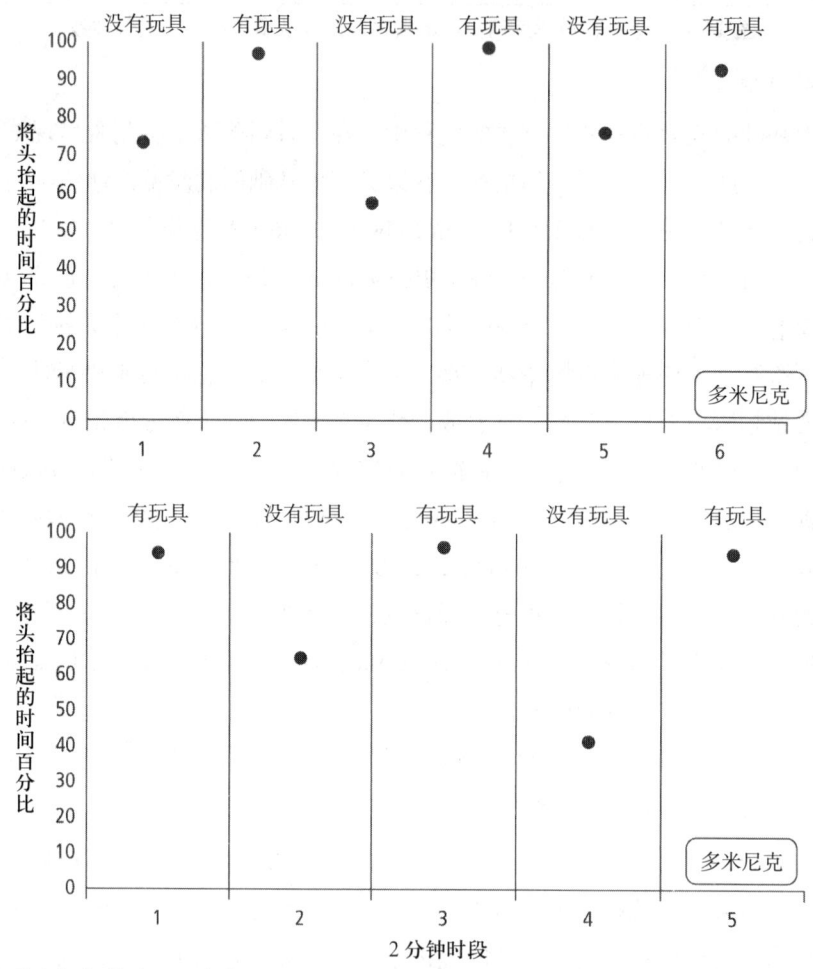

图 11.13 当多米尼克趴在妈妈的肚子上或当没有玩具呈现时，研究者（上图）或家长（下图）玩一个偏好玩具，每个 2 分钟时段中多米尼克将头抬高超过 45° 角的时间百分比。

引自 E. A. Boutot & S. A. DiGangi (2018). Effects of Activation of Preferred Stimulus on Tummy Time Behavior of an Infant with Down Syndrome and Associated Hypotonia. *Behavior Analysis in Practice*, 11, p. 146. 版权归国际行为分析协会所有。经授权转载。

---

1 关于实施单一刺激偏好评估的更多细节，包括一份样本数据单，请参看 https://www.kennedykrieger.org/sites/default/files/patient-care-files/single_stimulus_preference_assessment.pdf 以及哈戈皮安等人（2001）的相关文章。

改善唐氏综合征婴儿的重要肌肉技能。

成对刺激。使用成对刺激呈现法（有时也被称作"强迫选择"法）时，每次尝试都会同时呈现两个刺激。观察者记录学习者在这两个刺激中选择了哪一个。为了实施成对刺激评估，每个刺激都要与拟议的刺激组内所有其他刺激随机配对以进行比较（Fisher et al., 1992）。刺激组包含多少个刺激由分析师决定。例如，皮亚扎及其同事（1996）使用了66~120个成对刺激尝试来确定对强化物的偏好。从成对刺激评估中获得的数据显示了每个刺激被选择的次数。然后将这些刺激按从高偏好到低偏好的顺序排列。那些被学习者使用、玩弄、操纵或选择超过80%匹配尝试的物品被视为高偏好物品。以50%的水平为标准选择低偏好物品。佩斯（Pace）及其同事（1985）发现，成对刺激的呈现比单一刺激的呈现能够更准确地区分高偏好物品和低偏好物品。成对刺激偏好评估的优点是能够按顺序安排所有的刺激，从而提供在单一刺激呈现形式的评估中不可能提供的选择。因此，通过成对呈现最终辨识出强化物的可能性更高（Paclawskyj & Vollmer, 1995）。

由于必须呈现每一对可能的刺激，成对刺激评估可能会比同时呈现多重刺激耗费更多的时间。然而，德利翁和艾瓦塔（1996）认为，最终成对刺激法可能更高效，因为"成对刺激法所产生的更一致的结果可能表明，用更少的尝试时段，甚或单个时段，就能确定稳定的偏好"（p. 520）。[1]

多重刺激。多重刺激呈现法是费希尔及其同事（1992）开发的对成对刺激程序的延伸。接受评估的参与者从三个或更多个刺激的序列中选择一个偏好刺激（Windsor, Piche, & Locke, 1994）。通过一齐呈现多重刺激，减少了评估所花费的时间。例如，同时呈现一组中的全部六个刺激，而不是把六个刺激的所有可能的组合一组一组地呈现，直到所有成对刺激都呈现完为止。

多重刺激偏好评估的两个主要变体是有替换物的多重刺激和无替换物的多重刺激。两者的差别在于，在参与者对所呈现的刺激表达出偏好后，为了准备下一次尝试，是否移除或替换刺激。在有替换物的多重刺激程序中，学习者选择的物品将被留在所呈现的序列之中，而学习者没有选择的物品将被新的物品替换。在无替换物的多重刺激程序中，被选择的物品将从序列之中移除，重新在结构上进行排序或替换所剩物品，在下一次尝试开始时，序列中的物品数量会减少（Brodhead, Al-Dubayan, Mates, Abel, & Brouwers, 2016）。[2]

无论是哪种情况，在每次尝试开始时都这样问个体："你最想要哪一个？"（Higbee et al., 2000）或给出指令："选择一个。"（Ciccone, Graff, & Ahearn, 2005）然后继续这样做，直到原始序列中的所有物品或逐渐减少的序列中的所有物品都被选择过。虽然通过单轮尝试就有可能辨识出可作为强化物的刺激，但通常会将整个系列重复几次（Carr et al., 2000）。

在每次尝试中呈现的刺激可能是实物本身、物品图片或对物品的口头描述。对用实物实施刺激偏好评估与用物品图片实施评估进行综合对比。布罗德黑德等人（Brodhead et al., 2016）的研究显示，无替换物的多重刺激视频评估可能是对有替换物的多重刺激实物评估的适当补充。而希格比、卡尔和哈里森（Higbee, Carr, & Harrison, 1999）发现，与用物品图片实施评估相比，用实物实施评估带来了更多偏好的变化和分布。科恩—阿尔梅达、格拉夫和埃亨（Cohen-Almeida, Graff, & Ahearn, 2000）发现，实物评估的效果与口头描述偏好评估差不多，但服务对象完成口头偏好评估所用的时间更短。

总体来说，使用无替换物的多重刺激评估来辨识作为强化物发挥作用的刺激，可能比使用其他偏好评

---

1 关于实施成对刺激偏好评估的更多细节，包括一份样本数据单，请参看 https://www.kennedykrieger.org/sites/default/files/patient-care-files/paired_stimulus_preference_assessment.pdf 以及费希尔等人（1992）的相关文章。

2 关于实施无替换物的多重刺激偏好评估的更多细节，包括一份样本数据单，请参看 https://www.kennedykrieger.org/sites/default/files/patient-care-files/mswo_preference_ assessment.pdf 以及德利翁和艾瓦塔（1996）的相关文章。

估方法所需的时段或时间更少，它能展现学生偏好的高低顺序，并且由于它实施起来速度快，能够准确地辨识潜在强化物，因此适用于广泛的学生群体（Brodhead et al., 2016）。

德利翁和艾瓦塔（1996）调整了多重刺激和成对刺激这两种呈现模式，开发出了简短刺激评估（brief stimulus assessment），以减少确定刺激偏好所需的时间。大体上，在简短刺激评估中，一个特定的刺激物一旦被选中，它就不会再出现在序列之中，而后续尝试提供的物品选择数量也会随之减少（Carr et al., 2000; DeLeon et al., 2001; Roane et al., 1998）。德利翁和艾瓦塔（1996）发现，使用无替换物的多重刺激程序辨识偏好物品所花的时间大概是使用成对刺激比较程序辨识偏好物品所花时间的一半。根据希格比及其同事（2000）的观点，"有了简短刺激偏好程序，实务工作者就有了一种既高效又准确的强化物辨识方法"（pp. 72–73）。

选择和使用刺激偏好评估的指南

实务工作者可以结合评估程序来比较单一刺激与成对刺激、成对刺激与多重刺激，或自由操作与以尝试为基础的方法（Ortiz & Carr, 2000）。[1] 在日常的实务工作中，使用比较法的简短刺激呈现可能会促进强化物的确定，从而加快使用那些强化物的干预进程。出于教学和尽快启动教学的目的，卡尔斯坚等人（2011）建议运用自由操作和/或无替换物的多重刺激选项，因为它们效率高，且可能提供足够的关于强化物排序的信息。通、唐纳森和康（Tung, Donaldson, & Kang, 2017）还指出，当预期在评估过程中移除实物刺激可能会导致问题行为时，应该选用自由操作程序。

总之，刺激偏好评估的一个重要目标是将最受偏爱的，因而很可能成为强化物的那些刺激辨识出来（Kelly, Roscoe, Hanley, & Schlichenmyer, 2014）。每种偏好评估方法在辨识偏好方面都有其优势和局限性（Karsten et al., 2011; Roane et al., 1998）。实务工作者在实施刺激偏好评估时，可能会发现以下指南很有帮助（DeLeon & Iwata, 1996; Gottschalk et al., 2000; Higbee et al., 2000; Ortiz & Carr, 2000; Roane et al., 1998; Roscoe, Iwata, & Kahng, 1999）。

- 监看学习者在刺激偏好评估时段开始前的那段时间里的活动，以察觉可能影响结果的建立型操作。
- 在对各种刺激偏好评估做取舍时，以花费时间更长但最终有可能辨识出更高偏好刺激（和强化物），但也因此延迟干预的评估选项来平衡合乎成本效益的简短评估（但有可能出现假阳性的情况）。
- 在使用可以得到偏好排序的刺激偏好评估方法与使用无法得到偏好排序但可以经常实施的方法之间取得平衡以抵消偏好的转变。
- 在评估时间有限的情况下，实施简短刺激偏好评估，所呈现的物品序列数量要少一些（即三个，而不是五个或更多）。
- 把从各种评估方法和刺激偏好来源（如询问学习者和重要他人、自由操作观察和以尝试为基础的方法）中得到的数据结合起来。
- 验证以任何有效的 SPA 方法所辨识的刺激最终会作为强化物发挥作用。
- 认识到虽然个体的刺激偏好可能会随着时间的推移而趋于稳定（Kelley et al., 2016），但刺激偏好发生转变的可能性仍然存在，因而可能需要做进一步的 SPA。
- 为了缩短 SPA 评估的时间，考虑将刺激进行分类。可食用类可能包括巧克力、软糖和松脆的零食等。玩具类可能包括玩具卡车、玩具汽车和玩具消防车。如果 SPA 显示出对某个类别中的某个物品的偏爱，那么该类别中其他未评估的物品可能也可以作为强化物，即使它们最初没有被正式评估。

---

[1] 关于 SPA 效果比较的更多细节，请参看维里登和罗斯科（Verriden & Roscoe, 2016）以及卡尔斯坚等人（2011）的相关文章。

强化物评估

> 判断某个事件对某个有机体在某些条件下是否具有强化性,唯一的方法是进行直接测试。
>
> ——B. F. 斯金纳(1953, pp. 72–73)

高偏好刺激可能并不总是作为强化物发挥作用(Higbee et al., 2000);甚至对一名儿童来说,即使是他扳开西德曼的手而拿到的糖果,在某些情况下也未必会作为强化物发挥作用。相反,最低偏好的刺激在某些情况下有可能充当强化物(Gottschalk et al., 2000)。确知一个特定刺激是否可以作为强化物的唯一方法是在一个行为发生后立即呈现这个刺激,并注意它对反应造成的影响。

强化物评估指的是使用各种直接的、以数据为基础的方法,依联于目标反应而呈现一个或多个刺激,然后测量这些刺激对未来反应率的影响。研究者和实务工作者已经开发出了强化物评估方法,以确定特定刺激在不同的、不断变化的条件下作为强化物的相对效果,并评估多重刺激在特定条件下作为特定行为的强化物的相对有效性。强化物评估或分析通常是通过在"当下"呈现被猜测为强化物的刺激来实现的,也可以通过并存程序表、多重程序表或渐进比率强化程序表呈现依联于反应的刺激来实现。[1]

当下强化物评估

当学习者做出反应后立即呈现一个刺激改变——在这里是指被推断为强化物的一个刺激——然后注意到这个刺激对相似反应的未来发生率的增加所产生的影响时,实务工作者就会实施当下强化物分析(Leaf et al., 2018)。在实际应用中,能够立即获得众多假定强化物的分析师当场就要判断这些"强化物"中的哪一个有可能发挥作用,并给予学习者该强化物。当决定提供哪个强化物时,分析师要考虑学习者当前的情绪(微笑、皱眉)、先前与该刺激物的互动(靠近、操作、接触)、过去的数据显示该刺激对行为表现的有效性(增加或减少)、过去与类似物品(毛茸茸的狗、皮毛顺滑的猫)的互动,以及过去观察到的其他偏好(Leaf et al., 2012)。

利夫等人(Leaf et al., 2018)比较了正式的成对刺激偏好评估与"当下强化物分析",用于确定两名有孤独症的学龄前男孩学习简单图片标记任务的速率。在程序上,教师实施了成对刺激偏好评估以确定他们最喜爱的三个物品。在教学期间,如果男孩们正确回答了一个问题,他们将在10秒钟内得到最喜爱的三个物品中的一个。如果他们回答错误,他们将会收到反馈,指出他们的回答是错误的。在当下条件期间,可提供的物品与在成对刺激条件下的完全相同,但教师可以自行决定将哪个物品的提供依联于正确反应。他们可以在所有的学习尝试中都提供相同的强化物,也可以在每次尝试后更换强化物。决定因素是他们基于上述因素所做的当下判断。

利夫等人的研究结果显示男孩们在技能获得方面没有明显的差异——他们在两种条件下都学得很好,但从评估时间的分配情况来看,当下程序比教学条件要高效得多。利夫及其同事总结说:"当教授有学习困难的人时,必须对通过正式的偏好评估而获得的任何学习速率的增加与完成评估后剩余的教学时间的减少进行权衡,而这一点似乎常常被忽视。"(p. 23)

并存程序表的强化物评估

并存强化程序表(concurrent schedule of reinforcement)指的是,对两个或更多个行为各自独立而同时操作两个或更多个强化依联。当将其作为强化物评估的工具时,基本上是呈现两个互相竞争的刺激作为反应的后果,观察哪个刺激会使反应增加得更多。如果学习者在实施某个并存程序表成分期间出现比在实施另一个成分期间更大比例的反应增加,那么该成分所使用的依联后果的刺激就是更有效的强化物。以这

---

[1] 第13章将介绍这些强化程序表和它们对行为的影响。

种方式运用并存程序表可以显示出高偏好和低偏好刺激作为强化物的相对有效性（Koehler, Iwata, Roscoe, Rolider, & O'Steen, 2005; Piazza et al., 1996）。

并存程序表也可用于确定不同刺激的相对的和绝对的强化效果之间的差别。也就是说，在高偏好刺激不存在的情况下，依联呈现的低偏好刺激能否充当强化物？罗斯科及其同事（1999）使用并存程序表来比较高偏好和低偏好刺激作为强化物对八名发展性障碍成人的影响。他们在做完偏好评估后，用高偏好和低偏好刺激建立了一个并存强化程序表。目标反应是按压面板上的两个小开关中的任何一个。每个面板的颜色都不相同。按压面板开关会使面板中央的一个小灯亮起。在基线期之前有一个训练条件，以便在被试的技能库中建立按压面板的技能，并让他们体验反应的后果。在基线期间，按压任何一个面板开关都不会获得任何事先计划的后果。在强化阶段，一个高偏好刺激被放在面板后面的盘子上，一个低偏好刺激被放在另一个面板后面的盘子上。参与者按压任何一个面板开关都会立即得到该面板后面的盘子上的东西（即 FR 1 强化程序表）。

在使参与者能够在相同的 FR 1 程序表中选择强化物的并存强化程序表下，大多数参与者做出的大部分反应是按压会产生高偏好刺激作为强化的面板（例如，参看图 11.14 中肖恩、彼得、马特和迈克的结

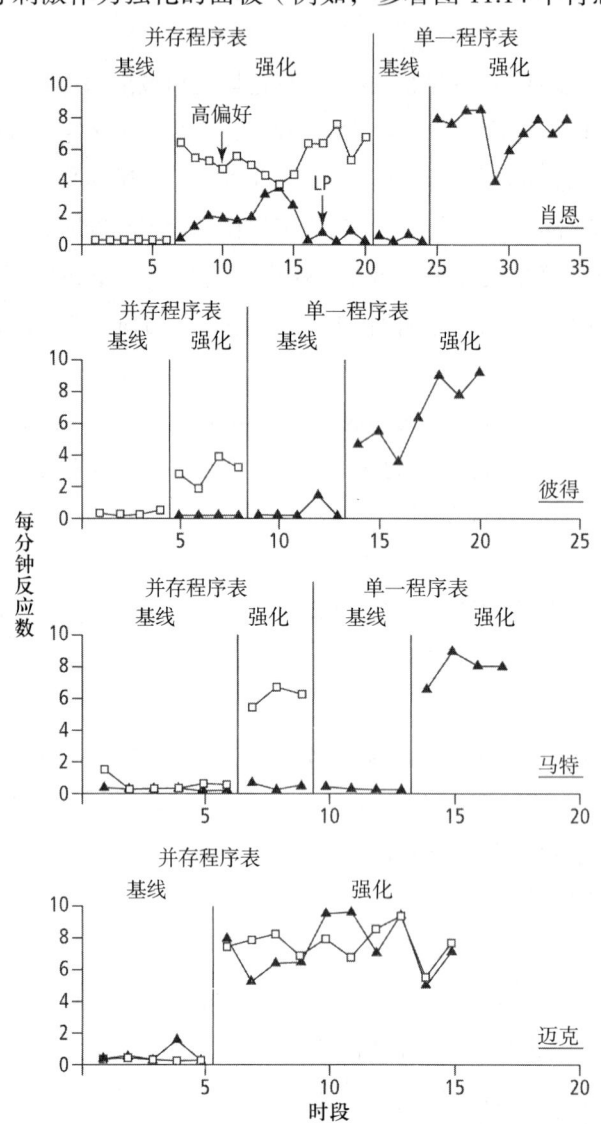

图 11.14 四名智力障碍成人在并存程序表和单一程序表的基线条件和强化条件下每分钟的反应数

引自 E. M. Roscoe, B. A. Iwata, & S. Kahng (1999). Relative versus Absolute Reinforcement Effects: Implications for Preference Assessments. *Journal of Applied Behavior Analysis*, 32, p. 489. 1999 年版权归实验行为分析协会所有。

果）。然而，当随后用单一程序表依联（即只有一个面板可以按压）提供低偏好刺激作为强化物的机会时，这些参与者显示出了比基线期更高的反应水平，与在并存程序表下对高偏好刺激的反应水平相似。罗斯科及其同事（1999）的研究展示了如何使用并存程序表来辨识某些刺激作为强化物的相对效果。该研究还表明，当一个刺激在并存程序表上被用来与另一个刺激竞争时，这个刺激作为强化物的潜在效果可能会被掩蔽或掩盖。在这种情况下，一个具有潜在强化作用的刺激可能会被过早放弃。

多重程序表的强化物评估

多重强化程序表（multiple schedule of reinforcement）针对一个单一反应，实施两个或更多个强化程序表成分，但在任何特定时间只有一个程序表成分起作用。区辨刺激发出每个程序表成分存在的信号，而那个区辨刺激在该强化程序表实施过程中会一直存在。多重程序表用于做强化物评估的一种方式是，呈现相同的刺激事件依联（即依赖反应的）于多重程序表的一个成分中的目标行为的每次发生和其他成分中的固定时间程序表（即独立于反应的）。例如，如果一位实务工作者想用多重程序表来评估社会性关注能否作为强化物发挥作用，她会在实施多重程序表的一个成分时，将提供社会性关注依联于合作游戏行为的发生，而在实施其他成分期间，实务工作者将呈现相同数量和相同种类的社会性关注，但在实施独立于合作游戏的固定时间程序表（即非依联强化）时除外。教师可在上午游戏期间应用依赖反应的程序表，而在下午游戏期间应用独立于反应的程序表。如果社会性关注具有强化效力，那么上午的小组合作游戏行为就有可能与基线比率相比有所增加，而由于关注与合作游戏行为并无直接关系，因此它应该不会对下午的合作游戏行为产生影响。这个情景应用了多重程序表，因为有一个行为类（即合作游戏），针对每一个实施中的依联有一个区辨刺激（即上午和下午的游戏时间），以及不同的强化条件（即依赖反应的和独立于反应的）。

渐进比率程序表的强化物评估

使用低反应要求（如 FR 1）的刺激偏好评估可能无法在要求高反应表现（如在 FR 10 程序表中，学生必须做完 10 道题以获得强化）而呈现刺激时预测出这个刺激作为强化物的有效性。正如德利翁、艾瓦塔、吴和沃斯德尔（DeLeon, Iwata, Goh, & Worsdell, 1997）所描述的：

> 当训练方案中使用的任务要求在给予强化前做出更多反应或付出更多努力时，当前的评估方法可能会对强化物效力做出不准确的预测……对于某些类别的强化物，强化程序表的要求同时提高可能会放大在要求较低时没有检测出来的微小的偏好差异。在这种情况下，采用低反应要求（FR 1）强化程序表的刺激偏好评估就不能准确地预测反应要求提高时强化物的相对效力。（pp. 440, 446）

渐进比率程序表提供了一个架构，用于评估在反应要求增加时，刺激作为强化物的相对有效性。在渐进比率强化程序表（progressive-ratio schedule of reinforcement）中，强化所要求的反应随着时间的推移独立于参与者的行为而系统性地增加。在渐进比率程序表中，实务工作者在每次呈现偏好刺激时逐渐提高对反应的要求，直到达到一个断点，而后反应率下降（Roane, Lerman, & Vorndran, 2001）。例如，最初每个反应都会产生强化（FR 1），然后在每 2 个反应后才给予强化（FR 2），然后可能在每 5 个、每 10 个和每 20 个反应后给予强化（FR 5、FR 10 和 FR 20）。在某个时间点，一个偏好刺激可能就不再作为强化物发挥作用了（Tustin, 1994）。

德利翁及其同事（1997）以两名智力障碍成人伊莱恩和里克作为研究对象，在一个并存程序表中加入渐进比率以测试两个相似的偏好刺激（如曲奇饼干和薄脆饼干）和两个不相似的刺激（如饮料和气球）作为按压面板上开关行为的强化物的相对有效性。一个面板是蓝色的，另一个是黄色的。实验者将两个强化物放在不同的盘子上，并在每个面板后各放一个盘子。每次尝试（里克的每个时段有 24 次尝试，伊莱恩有 14 次）包括被试按压任一面板，并立即得到面板后的盘子上的强化物。在第一阶段，使用的是 FR 1 程序表（即每次反应都会得到盘子上的物品）。后来，获得物品的反应要求逐渐提高（FR 2、FR 5、FR 10 和 FR 20）。

在 FR 1 阶段，伊莱恩和里克以大致相同的比率做出了产生两个不相似物品的反应（参看图 11.15 中上面的两个图表）。随着获得不相似刺激的反应要求的提高，伊莱恩和里克继续均等地分配他们对两个面板的反应。然而，当对最初等量的和相似的强化物（FR 1 中的食物）在不断提高的程序表要求下进行比较时，两个面板上的反应率的差异揭示了明显的和一致的偏好（参看图 11.15 中下面的两个图表）。例如，当伊莱恩需要做出更多的反应以获得食物时，她的大部分反应出现在给她薯片的面板上，而不是给她椒盐脆饼的面板。同样，随着获得强化所需的反应数量的增加，里克表现出对曲奇饼干的明显的偏爱，而不是薄脆饼干。这些结果表明，"对于某些类别的强化物，强化程序表的要求同时提高可能会放大在要求较低时没有检测出来的微小的偏好差异"（DeLeon et al., 1997, p. 446）。

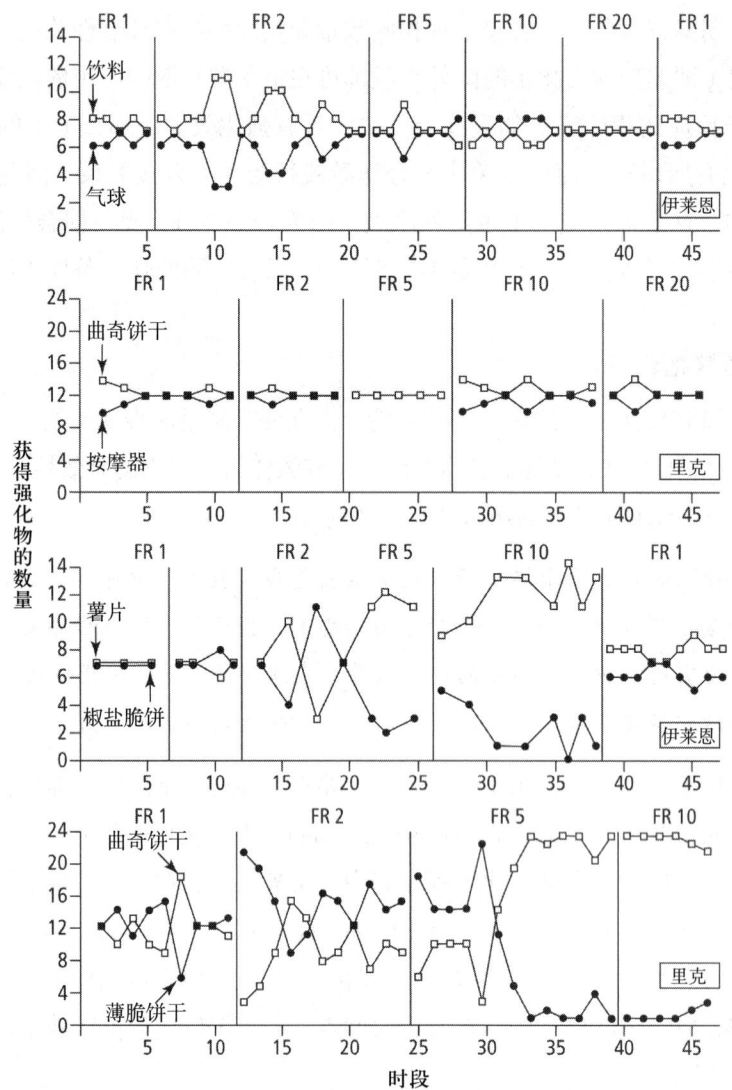

图 11.15　两名智力障碍成人在并存程序表和单一程序表的基线条件和强化条件下每分钟的反应数

引自 I. G. DeLeon, B. A. Iwata, H. Goh, & A. S. Worsdell (1997). Emergence of Reinforcer Preference as a Function of Schedule Requirements and Stimulus Similarity. *Journal of Applied Behavior Analysis*, 30, p. 444. 1997 年版权归实验行为分析协会所有。经授权使用。

在并存程序表内提高反应要求可能会反映出提高反应要求对在强化物之间做选择的影响，可能也会揭示出两个强化物是否可以相互替代以及在什么条件下可以相互替代。如果两个强化物具有相同的功能（即通过相同的建立型操作而变得有效），加上如果有一个可获得的替代强化物，那么将其中一个强化物的价格（即反应要求）提高将导致个体对这个物品的消费减少（Green & Freed, 1993）。德利翁及其同事（1997）用了一个偏爱可口可乐略胜于百事可乐的假想个体作为类比来解释图 11.15 所示的结果。

> 假设可口可乐和百事可乐的价格都是每份 1 美元，有一个人略微偏爱可口可乐，那么这个人可能会相当平均地分配对这两种饮料的选择，这也许是每隔一段时间对偏好餍足的结果，但总体来说选择可口可乐的次数还是会稍多一点。现在假设两种可乐都涨价了，一份要 5 美元。在这个价格下，对可口可乐的偏好可能就会显现出来。相比之下，以相似的安排来比较可口可乐和公交车代币，可能会得到不同的结果。再说一次，当每个物品都是 1 美元的时候，在两个选项之间做出大致相等的选择不足为奇，假设对两者的建立型操作使它们在当前具有同等的价值。然而，这些物品的功能截然不同，是不可替代的；也就是说，这个人不能随意用其中一个来交换另一个，并以相同的比率继续得到在功能上相似的强化。这个人更有可能继续均等地在两者之间选择，即使两个强化物的价格大幅上涨。
>
> 在本研究中得到的结果也是如此。当选择涉及两个可替代的物品时，如一块曲奇饼干和一块薄脆饼干，每个物品同时提高价格可能会"迫使"个体对其中一个表现出轻微的偏爱。然而，当不太可能相互替代的强化物，如一块曲奇饼干和一个按摩器，同时可得且被同样喜欢时，提高价格对偏好几乎没有影响。(pp. 446-447)

虽然当任务要求较低或强化程序表密集时，X 刺激和 Y 刺激可能会各自作为强化物发挥作用，但当任务要求提高或程序表变得更精简（即每次强化需要更多的反应）时，参与者可能会只选择 Y 刺激。德利翁及其同事（1997）指出，对这些关系保持警觉的实务工作者可能会对原来的偏好在不断变化的环境条件下保持不变的观点存疑，并在干预开始后慎重地思考如何配合任务内容规划强化的提供。也就是说，将某些类型的偏好刺激留待任务要求提高时使用，而不是在任务要求较低时用其他同等偏好的刺激来替代，可能会更好。

正强化的控制程序

人们使用正强化控制程序来操纵一个潜在强化物的依联呈现和观察对行为的未来频率的影响。控制这个术语在这里指的是需要通过实验证明依联于目标反应发生的某个刺激的呈现会作为正强化发挥作用。证明控制的存在，要比较在存在和不存在依联的情况下的反应率，然后要显示在存在和不存在依联的情况下，行为可以被"打开"和"关闭"，或者"增加"和"减少"（Baer, Wolf, & Risley, 1968）。过去，研究者和实务工作者都把倒返技术作为正强化的主要控制技术。简言之，倒返技术包括两个条件和至少四个阶段（即 ABAB）。在 A 条件中，持续测量在不存在强化依联的情况下的行为，直到行为达到稳定。不存在依联就是控制条件。在 B 条件中，强化依联呈现，继续测量相同的目标行为以评估刺激改变的影响。存在强化依联就是实验条件。如果在存在依联的情况下，反应率增加了，那么分析师就会撤除强化依联，并返回 A 条件和 B 条件，以了解存在和不存在依联是否会增加和减少目标行为。

然而，在倒返阶段使用消退作为控制条件会带来实务和概念上的问题。第一，撤除强化可能会导致消退引发的副作用（例如，最初的反应率增加、情绪反应、攻击；参看第 24 章），进而影响对控制的证明。第二，在某些情况下，可能无法完全撤除强化依联。例如，在 A 条件期间，教师不可能完全移除自己的关注。除这些问题外，汤普森和艾瓦塔（2005）还指出：

虽然消退常常能够成功地倒返正强化对行为的影响，但把它当作控制程序来使用会带来解释上的困难。实质上，消退并不足以将强化**依联**分离出来，成为控制目标反应的变量，因为仅仅是刺激呈现也有可能是一种同样有道理的解释。（p. 261，着重强调的部分）

根据汤普森和艾瓦塔（2005）的观点："正强化的理想控制程序会消除目标反应的发生和刺激的呈现之间的依联关系，同时控制着仅呈现刺激的影响。"（p. 259）他们考察了作为确定强化的控制程序的三种倒返技术的变体：非依联强化、对其他行为的差别强化和对替代行为的差别强化。[1]

非依联强化

非依联强化（NCR）是指按照固定时间（fixed-time, FT）或可变时间（variable-time, VT）程序表，独立于目标行为发生与否来呈现潜在强化物。以独立于反应的方式呈现潜在强化物可以消除目标行为与刺激呈现之间的依联关系，同时能够检测到仅仅是刺激呈现所造成的任何影响。因此，NCR 符合汤普森和艾瓦塔（2005）针对正强化的理想控制程序所制定的标准。

NCR 倒返技术需要至少五个阶段（ABCBC）：A 是基线条件；B 是 NCR 条件，以固定或可变时距程序表独立于目标行为而呈现潜在强化物；C 条件则是依联于目标行为的发生而呈现潜在强化物。然后重复 B 条件和 C 条件，以了解反应水平是否会随着反应—后果依联的存在和不存在而增加和减少。在分析的依联和非依联 B 条件和 C 条件期间，强化的质量、数量和速率应该大致相同。

NCR 经常产生持久的反应，也许是因为有时会随着独立于反应的程序表而发生的偶然强化，或者是因为相似的建立型操作和前提刺激条件引发了持久的反应。不管原因是什么，产生持久反应是 NCR 控制程序的一个局限，因为与消退程序相比，NCR 花费更多时间才能实现倒返效果（反应减少）。要实现这个效果，可能需要与 NCR 程序表进行长时间的接触。

对其他行为的差别强化

实务工作者使用对其他行为的差别强化（DRO）时，只要在设定的时距内或在特定的时间点上没有发生目标行为，就给予一个潜在强化物。DRO 倒返技术包括至少五个阶段（ABCBC）：A 是基线条件；B 是强化条件，依联于目标行为的发生而呈现潜在强化物；C 是 DRO 控制条件，依联于目标行为的不发生而呈现潜在强化物。然后，分析师重复 B 条件和 C 条件，以确定反应水平是否会随着反应—后果依联的存在和不存在而增加和减少。

DRO 程序表使强化依联能够在控制程序的倒返阶段继续呈现。在一个条件中，目标行为发生时给予强化依联。在另一个条件中，目标行为不发生时给予强化依联。DRO 控制程序可能比 NCR 程序表花费更少的时间就能产生倒返的效果，这也许是因为它消除了对目标行为的偶然强化。

对替代行为的差别强化

当对替代行为的差别强化（DRA）被用作控制条件时，依联于一个替代问题行为的理想行为的发生而呈现潜在强化物。[2]DRA 倒返技术包括至少 5 个阶段（ABCBC）：A 是基线条件；B 是强化条件，依联于目标行为的发生而呈现潜在强化物；C 条件则是依联于替代行为的发生而呈现潜在强化物（即 DRA）。然后，分析师重复 B 条件和 C 条件，以确定反应水平是否会随着反应—后果依联的存在和不存在而增加和减少。

汤普森和艾瓦塔（2005）总结了使用 DRO 和 DRA 作为控制条件程序来测试正强化的局限性。

　　［DRO 和 DRA］引入了一个在原始实验安排中未呈现的新的依联。结果是，在依联倒返下，目

1　第 8 章介绍了在单一个案实验设计背景下的 ABAB、NCR、DRO 和 DRA 控制技术，第 25 章将详细讨论 NCR、DRO 和 DRA。
2　第 25 章将讲述 DRO 和 DRA 作为减少不良行为频率的行为改变策略。

标反应减少了，这可能归因于：（1）目标行为与强化物之间的依联的终止；（2）对目标反应的不存在或对竞争反应的发生提供强化。此外，由于在依联倒返期间，强化的提供依联于反应的某些特征，因此可能难以控制实验和控制条件下刺激呈现的速率。如果反应没有迅速减少（DRO）或没有重新分配给能产生强化的反应（DRA），那么就表示控制条件下的强化速率可能比实验条件下的强化速率要低。当这种情况发生时，依联—倒返策略在功能上类似于传统的消退程序。（p. 267）

基于对涉及消退的倒返技术和它的三个变体的考虑，汤普森和艾瓦塔（2005）得出结论，NCR 能够为正强化的效果提供最彻底和最清晰的证明。

有效使用强化

我们为实务工作者提供了有效应用正强化的九条指南。这些指南主要有三个来源：实验行为分析的研究文献、应用行为分析和我们的个人经验。

为强化设定一个容易达到的初始标准

在强化应用过程中的一个常见错误是将强化的初始标准设定得太高，这阻止了学习者的行为与依联的接触。为了有效地使用强化，实务工作者应该建立一个初始标准，以便参与者的第一个反应就产生强化，然后随着表现的改善逐渐提高强化的标准。休厄德（1980）建议使用以下方法，根据学习者在基线期间的反应水平来建立强化的初始标准（参看图 11.16）。

> 对于你希望增加的行为，将初始标准设定为高于儿童的平均基线表现而低于或等于他的最佳基线表现。对于你想要减少频率的行为，强化的初始标准应该设定为低于儿童的平均基线表现而高于或等于他的最低基线表现。（p. 7）

强化标准设定公式

要增加行为：

　　基线平均＜初始标准≤基线最高表现

要减少行为：

　　基线平均＞初始标准≥基线最低表现

示例

目标行为指标	表现目标	最低	最高	基线平均	初始标准范围
独自玩耍的时间	增加	2 分钟	14 分钟	6 分钟	7~14 分钟
辨认字母表中的字母数	增加	4 个	9 个	5 个	6~9 个
完成腿部练习的次数	增加	0 次	22 次	8 次	9~22 次
正确解答数学题的百分比	增加	25%	60%	34%	40%~60%
一封信中打错的字数	减少	16 个	28 个	22 个	16~21 个
每天消耗的热量	减少	2260 卡	3980 卡	2950 卡	2260~2900 卡

引自 W. L. Heward (1980). A Formula for Individualizing Initial Criteria for Reinforcement. *Exceptional Teacher*, 1(9), p. 8. 经授权使用。

图 11.16　使用学习者的基线表现数据来设定强化的初始标准

使用等级大小足够的高质量强化物

在简单任务中能维持反应的强化物可能没有在较困难或较长久的任务中产生相似反应水平的效力。对于需要更多努力或耐力的行为，实务工作者可能需要使用质量更高的强化物。在偏好评估期间所选择的高偏好刺激有时可以作为高质量的强化物。例如，尼夫、梅斯、谢伊和谢德（Neef, Mace, Shea, & Shade, 1992）发现，强化物的给予速率较低而质量较高时，行为的发生率会增加，而强化物的给予速率较高而质量较低时，行为的发生率会减少。强化物的质量也与反应发生时学习者当前可获得的其他后果有关。

应用行为分析师将强化物的等级大小（或数量）定义为：（1）能够接触到强化物的持续时间；（2）单位时间内强化物的数量（即强化物速率）；（3）强化物的强度。提高强化物的等级大小可能与行为—强化物关系的有效性提高有关。然而，强化物等级大小的影响尚未被了解清楚，因为"考察等级大小在单一操作安排中对反应的影响的应用研究甚少"（Lerman, Kelly, Vorndran, Kuhn, & LaRue, 2002, p. 30）。考虑使用多少强化时，应该遵循这一原则："大量地强化，但不要把库存都给出去。"我们认为强化的数量应该与强化物的质量和发出目标反应所需的努力成正比。

使用各种强化物来维持强有力的建立型操作

在频繁使用下，强化物的有效性常常会降低。呈现过量的特定强化物很可能会因为餍足而降低强化物的瞬时有效性。实务工作者可以通过使用多样的强化物来最大限度地减少餍足效应。如果阅读一本关于运动的特定书籍是一个强化物，而教师仅依赖这个强化物，那么最终阅读这本书可能就不再产生强化。相反，当那些并非总是可获得的已知强化物被重新引入时，有效性可能会提高。如果一名教师已经证明"排在队伍的第一位"是一个强化物，但每周仅使用这个强化物一次，那么其强化效果会比频繁使用"排在队伍的第一位"的效果要好。

将强化物多样化可能会使较低偏好的刺激作为强化物发挥作用。例如，鲍曼、皮亚扎、费希尔、哈戈皮安和科根（Bowman, Piazza, Fisher, Hagopian, & Kogan, 1997）发现，一些学习者对各种较低偏好刺激的反应比连续接触单一的、较高偏好刺激的反应更好。另外，使用多样的强化物可以使任何一个特定强化物的效力更高。例如，埃热尔（Egel, 1981）发现，与每次成功尝试后得到一个刺激的恒定强化条件相比，当学生在各次尝试中都能得到三个随机选择的强化物中的一个时，他们的正确反应和专注任务行为更多。即使是在一个时段内，教师也能让学生从一个清单中选择多种后果。类似地，将一个强化物的属性多样化可以使它的强化效力保持更长的时间。如果将漫画书作为强化物，那么有几种不同类型的漫画书可供选择，可能会比较容易维持它们的效力。

尽可能使用直接的强化依联而不是间接的强化依联

在直接的强化依联中，发出目标反应会直接获得强化物；这里的依联不需要任何干预步骤。在非直接的强化依联中，目标反应不会直接产生强化，由实务工作者呈现强化物。研究表明，直接的强化依联可以改善表现（Koegel & Williams, 1980; Williams, Koegel, & Egel, 1981）。例如，汤普森和艾瓦塔（2000）将直接依联和间接依联的定义与**自动强化依联**（即直接的）和**社会中介依联**（即间接的）之间的区别联系起来，并总结了他们针对直接和间接强化依联下的反应获得所做的研究。

> 在这两种依联中，完成相同的任务（打开几个不同类型的容器中的一个）可以获得相同的强化物。在直接依联中，强化物放在需要被打开的容器中；在间接依联中，治疗师拿着强化物，并在任务完成后将其给予参与者。一名参与者在这两种依联中都立即以100%的准确率完成了任务。三名参与者在直接依联中表现出立即的或较大的改善。其余两名参与者只在直接强化依联中才表现出改善。在

间接依联中发生的"不相关"行为（如伸手去拿强化物而不是执行目标任务）的数据提供了一些证据，显示这些行为可能干扰了任务的执行，而且它们的发生受到了差别刺激控制的影响。（p.1）

在任何可能的情况下，实务工作者应该使用直接的强化依联，对行为技能库有限的学习者而言尤其如此。

将反应辅助与强化相结合

反应辅助是一种补充性的前提刺激，用于在存在区辨刺激的情况下引发一个正确的反应，使那个区辨刺激最终成功地控制该行为。应用行为分析师在一个目标行为发生前或发生过程中提供反应辅助。反应辅助的三种主要形式为指令、示范和肢体引导。

描述依联的指令对具有语言技能的学习者而言可以作为动因操作发挥作用，使他们更有可能更快地接触到强化物。例如，梅菲尔德和蔡斯（Mayfield & Chase, 2002）告诉正在学习五条基础代数法则的大学生，他们答对了就能赚到钱，答错了也不会受到惩罚。

布雷、沃尔默和拉普（Bourret, Vollmer, & Rapp, 2004）在评估三名孤独症参与者的口语提要求技能库时，使用了语言反应辅助。

> 每个发声评估时段包含10次尝试，每次尝试的持续时间为1分钟。在尝试开始10秒后，提供一个非特定的辅助［描述依联］（例如，"如果你想要这个，就朝我要"）。在尝试开始20秒后，提供一个包括示范出完整的目标发声的辅助（例如，"如果你想要这个，就说'薯片'"）。在尝试开始30秒后，辅助参与者说出目标反应的第一个音（例如，"如果你想要这个，就说'薯'"）。（pp. 131-132）

第17章将提供更多关于反应辅助的讨论，包括将反应辅助与强化相结合的特定程序，以及使用语言指令、示范和肢体引导的反应辅助的其他例子。

起初对行为的每一次发生都给予强化

对目标行为的每一次发生都提供强化（即连续强化）以增强行为，主要在学习一个新行为的起始阶段这么做。在行为建立后，逐渐降低强化的速率，使行为的一些（而非全部）实例得到强化（即间歇强化）。例如，一位教师最初可能会强化对闪卡上的字母做出的每一个正确反应，然后使用比率程序表来减弱强化。为了在初步学习后巩固这些反应，在两个正确反应后提供强化，如此进行几次尝试，然后在每四个正确反应后提供强化，以此类推。汉利及其同事（2001）将非常密集的固定时距（FI）1秒强化程序表（即实施一个FI程序表，在一个时距结束后出现的第一个目标反应会产生强化）按照如下间隔增量逐渐转向稀疏的强化程序表：2秒、4秒、8秒、16秒、25秒、35秒、46秒，直到最后的FI 58秒程序表。第13章将提供更多关于连续强化和间歇强化的信息。

提供依联关注和描述性赞扬

如同本章先前所讨论的，社会性关注和赞扬对大多数人来说是强有力的强化物。然而，跟随赞扬而来的行为改善往往涉及更多的东西，或者与强化的直接效果完全不同。迈克尔（2004）讨论了一个常见的概念性错误，即认为在赞扬和关注之后出现的反应增加就是强化的结果。

> 思考一下**描述性赞扬**的常见用法，提供一些社会性认可的通用信号（一个微笑，加上"做得好！"之类的评论），**以及对导致认可的行为的一个简短描述**（"我喜欢你做……的方式！"）。当人们这样赞扬一个五岁或六岁以上有正常口语的人时，赞扬可能可以作为指令或规则的一种形式而发挥作用，就如同赞扬者说："如果你想继续得到我的认可，你必须……"例如，一名工厂主管走到一名正

在清理工厂地板上的浮油的员工面前，笑容满面地说："乔治，我真的很喜欢你在别人踩到地板上的浮油之前把它清理干净。你真是太周到了。"现在，假设乔治从那次开始，每次都会将地板上的浮油清理干净（这是一个相当大的行为改变，考虑到清理浮油之后只出现过一次强化）。我们可能会怀疑，赞扬的作用不仅仅是强化，它更有可能成为规则或指令的一种形式，而出于各种原因，乔治在每次发生泄漏时都会给自己发出相似的指令。（pp. 164-165, 原文中强调的部分）

戈茨和贝尔（1973）的一项研究考察了教师赞扬对学龄前儿童用积木进行创造性游戏的影响，在研究的一个条件中，教师使用了描述性赞扬。"每当儿童放置和/或重搭积木，创造出在该时段尚未出现过的形态时，教师就会饶有兴趣、热情和愉快地评论……'哦，这个做得真好——这个与众不同！'"（p. 212）三名四岁女孩在依联描述性赞扬的每个阶段中都增加了积木形态多样性的构建。戈茨和贝尔没有进行成分分析以确定女孩们的表现改善有多少可以归因于以积极关注为形式的强化（"这个做得真好！"），或者归因于她们收到的反馈（"这个与众不同！"），这两件事使她们建立了一个要去遵循的规则（"用积木搭出不一样的东西会得到教师的关注"）。作者推测：

> 对一些儿童来说，两者[强化性关注或描述性赞扬]中的任何一个就足够了。但对其他儿童来说，两者的混合比只有其中一个更有效。如果是这样，那么就应用目的而言，积极关注和描述性赞扬的集成包可能是适用于所有儿童的最佳技术。（p. 216, 方括号中的文字为补述）

我们建议，在没有数据显示关注和赞扬对一名特定学习者产生反处理效应的情况下，实务工作者应将依联赞扬和关注纳入任何需要正强化的干预中。

逐渐增加反应至强化的延迟时间

我们在前面提到的一条指南中建议实务工作者在学习的初始阶段对目标行为的每次发生都进行强化，然后通过转变成间歇强化程序表来减少强化物的提供。由于在自然环境中维持反应的后果往往是延迟出现的，施特罗默、麦科马斯和雷费尔特（Stromer, McComas, & Rehfeldt, 2000）提醒我们，使用连续强化程序表和间歇强化程序表可能只是为日常情境设计后果的第一步。"建立行为技能库的初始实例通常需要在目标反应发生后立即使用一个设计好的后果。然而，应用行为分析师的工作也包括策略性地使用延迟强化。在日常生活中，能够产生延迟强化的行为具有很强的适应性，但它们可能难以建立和维持。"（p. 359）[1]

应用行为分析师用来帮助人们学习对延迟后果做出有效反应的策略的例子包括：（1）延迟—强化的时间间隔一开始很短，然后逐渐延长（Dixon, Rehfeldt, & Randich, 2003; Schweitzer & Sulzer-Azaroff, 1988）；（2）在延迟期间逐渐提高工作要求（Dixon & Holcomb, 2000）；（3）在延迟期间用一个活动"弥合"行为与强化物之间的"差距"（Mischel, Ebbesen, & Zeiss, 1972）；（4）给出保证式的语言指令，表示在延迟后会获得强化物（例如，"计算器会显示将存入你的储蓄账户的金额。你会在[周几]拿到你的储蓄账户中所有的硬币"）（Neef, Mace, & Shade, 1993, p. 39），这一点很重要。我们将在第30章中进一步说明如何使用延迟后果来促进行为改变的泛化和维持。

---

[1] 由连续强化程序表转为间歇强化程序表有时被描述为一种增加强化物延迟的方式（例如，Alberto & Troutman, 2006; Kazdin, 2001）。然而，除非特别说明，否则间歇强化程序表不涉及"延迟强化"。虽然在间歇强化程序表中只有目标行为的一些实例会得到强化（参看第13章），但强化是在符合依联的反应之后立即给予的。例如，在固定比率10的强化程序表中，每10个反应才产生立即强化。延迟—强化（delay-to-reinforcement）或强化延迟（reinforcement delay）描述的是在达到依联条件后，反应发生与强化物给予之间的时间间隔（如在每10个反应后45秒给予强化物）。

从人为设计的强化物逐渐转向自然发生的强化物

默里·西德曼（2000）针对自己从将行为原理应用于人类行为的"早期"中学到的东西，写下了富有洞察力和发人深省的体会，我们从中摘取部分文字来结束本章。在描述在1965—1975年实施的一个项目时，他强调对住在州政府机构中的一群6~20岁的智力障碍男孩使用正强化，西德曼回忆起他如何将代币作为泛化型条件强化物，最终导致项目工作人员的赞扬，以及学习本身成为这些男孩的强有力的强化物。

> 我们先说代币，它的优点是看得见和易于操作。后来，在男孩们学会了储存代币和了解了数目的意义后，我们就引入了点数。对某些男孩来说，点数最终可兑换成钱。当男孩们看到我们为他们赚得可以带来其他强化物的代币和点数而高兴时，我们的欢喜对他们来说也变得重要，于是，我们可以使用赞扬作为一种强化物了。随着他们学得越来越多，很多男孩发现，他们学到的东西使他们能够更有效地应对他们逐渐扩大的世界。对他们来说，学习本身变成了一种强化。（p. 19）

成功地操纵环境可能就是最终自然发生的强化物。正如斯金纳（1989）所指出的，这个强大的强化物"不需要人为设计来达到教学目的；它与任何特定种类的行为无关，因此总是可获得的。我们称之为成功"（p. 91）。

摘要

正强化的定义

1. 正强化的发生，是在一个反应出现时，立即呈现一个刺激改变，而这样将增加相似反应的未来发生率。

2. 作为后果而呈现的刺激，并造成后来的反应增加，这个刺激被称作正强化物，或者更简单的叫法：强化物。

3. 必须强调强化的即时性的重要性。反应至强化的延迟只要1秒，其效果就会比立即提供强化物的效果差。

4. 不应将长期延迟的后果对人类行为的影响归因于强化，因为这些影响会随着延迟的增加而迅速下降。

5. 有些人误以为强化是一个循环概念。循环论证是一种错误的逻辑形式，它混淆了因果，并且认为原因与后果不是相互独立的。强化不是一个循环概念，因为反应—后果关系的两个成分是可以分离的，而且后果可以被操纵，以确定它是否增加了在它之前发生的行为在未来的发生。

6. 强化不只增加了相似行为的未来发生率，它也改变了在被强化行为之前刚刚出现的刺激的功能。通过在时间上与反应—强化物依联的匹配，前提事件获得了引发（使其更可能出现）被强化的反应类实例的能力。一个因已与强化的可获得性建立了相关性而引发行为的前提刺激被称作区辨刺激（S^D）。

7. 一个区辨操作由 $S^D \to R \to S^{R+}$ 三项依联来界定。

8. 任何作为强化的刺激改变的瞬时有效性都取决于对刺激改变所具有的动因水平。建立型操作（EO）（如剥夺）提高了强化物的当前有效性；废除型操作（AO）（如餍足）降低了强化物的当前有效性。

9. 对一个区辨操作的强化的完整描述包含一个四项依联：$EO \to S^D \to R \to S^{R+}$。

10. 强化的自动化是指不需要一个人了解或用语言表达他/她的行动与一个强化性后果之间的关系，甚或不必意识到后果已经发生，就可以发生强化。

11. 强化增强了在它之前刚刚发生的任何行为；行为与强化性后果之间不需要有逻辑性或适应性连接。

12. 理解强化的任意性的重要性要远远超过为无害的迷信和独特的行为的发展提供可能的解释。强化在选择行为上的任意性可以解释很多适应不良和具有挑战性的行为是如何获得和维持的。

13. 自动强化指的是在没有他人呈现后果的情况下发生的行为—刺激改变关系，或是当一个行为在没有任何已知强化物存在时持续发生，即假定有自动强化。

强化物的分类

14. 即使学习者对某个刺激改变没有特定的学习历史，它仍然可以起到强化的作用，那么这个刺激改变就是一个非条件强化物。（一阶强化物和非习得性强化物这两个术语是非条件强化物的同义词。）

15. 条件强化物（有时被称作二阶强化物或习得性强化物）是一个刺激改变，它先前是中性的，现已通过与一个或多个非条件强化物或条件强化物的刺激—刺激匹配而获得了作为强化物的能力。

16. 泛化型条件强化物是由于与很多非条件强化物和条件强化物匹配而不依赖任何特定强化形式的当前建立型操作来产生有效性的一种条件强化物。

17. 当以物理属性来描述强化物时，它们通常被分为可食用强化物、感觉强化物、实体强化物、活动强化物或社会性强化物。

18. 普雷马克原理是指，创造机会让个体做出一个相对较高的自由操作（或基线）比率的行为依联于低频率行为的发生将会对低频率行为起到强化作用。

19. 反应—剥夺假设是一个模型，用于预测有机会做出一个行为（依联行为）是否会对另一个行为（工具型反应）起到强化作用，其依据是每个行为发生的相对基线比率，以及与基线相比，做出依联行为的机会是否受限。

潜在强化物的辨识

20. 刺激偏好评估指的是用于确定以下内容的各种程序：（1）个人差别性选择的刺激；（2）这些刺激的相对偏好值排序（从高偏好到低偏好）；（3）当任务要求、剥夺状态或强化程序表被修改时，这些偏好值的变化情况；（4）高偏好刺激物最终能否成为有效的强化物。

21. 刺激偏好评估至少可以以五种形式实施：单一刺激（SS）、成对刺激（PS）、自由操作（FO）、有替换物的多重刺激（MSWI）以及无替换物的多重刺激（MSWO）。这五种形式可以归为三类：询问目标个人和/或重要他人、实施自由操作观察和实施以尝试为基础的评估。

22. 偏好刺激并不总是作为强化物发挥作用，刺激偏好往往会随着时间的推移而改变。

23. 强化物评估指的是使用各种直接的、以数据为基础的方法来确定特定刺激在不同的、不断变化的条件下作为强化的相对效果或多重刺激在特定条件下作为特定行为的强化物的相对有效性。经常用于实施强化物评估的程序有当下程序、并存强化程序表、多重强化程序表和渐进比率强化程序表。

正强化的控制程序

24. 人们使用正强化控制程序来操纵一个潜在强化物的依联呈现和观察对行为的未来频率的影响。控制这个术语在这里指的是需要通过实验证明依联于目标反应发生的某个刺激的呈现会作为正强化发挥作用。证明控制的存在，要比较在存在和不存在依联的情况下的反应率，然后要显示在存在和不存在依联的情况下，行为可以被"打开"和"关闭"，或者"增加"和"减少"。

25. 除了使用撤除强化依联（即消退）的倒返设计作为控制条件外，还可以使用非依联强化、对其他行为的差别强化和对替代行为的差别强化作为强化的控制条件。

有效使用强化

26. 提高正强化干预有效性的指南包括：

- 为强化设定一个容易达到的初始标准。
- 使用等级大小足够的高质量强化物。

- 使用各种强化物来维持强有力的建立型操作。
- 尽可能使用直接的强化依联而不是间接的强化依联。
- 将反应辅助与强化相结合。
- 起初对行为的每一次发生都给予强化。
- 提供依联关注和描述性赞扬。
- 逐渐增加反应至强化的延迟时间。
- 从人为设计的强化物逐渐转向自然发生的强化物。

第 12 章 负强化

理查德·G. 史密斯和布赖恩·A. 艾瓦塔

关键词

回避依联（avoidance contingency）
条件负强化物（conditioned negative reinforcer）
区辨回避（discriminated avoidance）
逃避依联（escape contingency）
自由操作回避（free-operant avoidance）
负强化物（negative reinforcement）
非条件负强化物（unconditioned negative reinforcer）

行为分析师认证委员会 BCBA/BCaBA 任务清单（第 5 版）

第一部分：基础

B. 概念和原理

B-4 定义正强化依联和负强化依联并举例。

第二部分：应用

G. 行为改变程序

G-1 使用正强化和负强化程序增强行为。

©2017 The Behavior Analyst Certification Board, Inc.,® (BACB®). 保留所有权利。本文件的当前版本可在 www.bacb.com 网站查阅。如需转载、复制或分发本文件，或有疑问，请直接联系行为分析师认证委员会。

你是否当过在一间原本安静的教室里自己的手机铃声响起来的"那个人"？如果是的话，你可能在手忙脚乱试图关掉手机铃声的时刻，一边感受到教授和班里其他学生向你投来的灼热目光，一边深深地缩进你的椅子里。现在的你可能还会在进入教室前确保自己关掉了手机铃声。这两个都是负强化依联的例子，当行为导致逃避或回避厌恶事件（aversive event）时，这个行为就会增加。在教室里关掉手机铃声

➡ 本章由林珊翻译。

产生了从同学的审判式的凝视中逃脱的结果，而现在在上课前关掉手机铃声则使你得以回避任何可能出现的尴尬情况。

正如第 11 章所谈到的，正强化涉及因依联呈现刺激而增加反应的一种功能。还有一种形式是，反应能够导致刺激的终止或回避，而当这种安排导致反应增加时，学习就通过负强化发生了。本章扩展了关于操作依联的讨论，以便将负强化纳入进来。我们定义了负强化，区分了逃避依联（escape contingency）和回避依联（avoidance contingency），讲述了可作为负强化的基础的事件，介绍了使用负强化来增强行为的方法，并讨论了使用负强化时可能出现的伦理问题。对深入讨论负强化的基础和应用研究感兴趣的读者，可以参考海因兰和罗萨莱斯—鲁伊斯（Hineline & Rosales-Ruiz, 2013）以及艾瓦塔（1987）的文章。

负强化的定义

负强化依联是指反应的发生产生了刺激的终止、减少、推迟或回避，从而导致该反应的未来发生率增加。要全面描述负强化，需要详细说明它的四项依联（参看图 12.1）：（1）受负强化维持的行为的建立型操作（EO）是一个前提事件，在这个前提存在时，逃避（事件的终止）具有强化性；（2）区辨刺激（S^D）是另一个前提事件，在这个前提存在时，反应更可能得到强化；（3）反应是那个产生强化的行动；（4）强化物是那个作为 EO 的事件的终止。

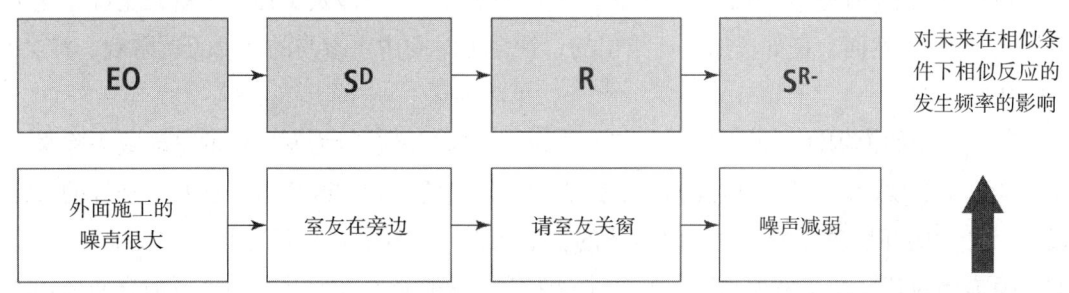

图 12.1　负强化的四项依联示意图

对比：正强化与负强化

正强化和负强化对行为有相似的影响，即两者都会导致反应增加。但是，如图 12.2 所示，它们在行为发生后的刺激改变的类型上有所不同。在这两个例子中，刺激改变（后果）都增强了在它之前发生的行为：请求哥哥姐姐做三明治的行为因获得食物而得到增强；携带雨具的行为因挡住雨水而得到增强。然而，受正强化维持的行为产生了反应出现前不存在的刺激，而受负强化维持的行为则终止了反应出现前存在的刺激：在提出要求之前，食物是不可获得的，但在提出要求之后，可以获得食物（正强化）；在举起雨伞之前，雨水会落在人的衣服上，但在举起雨伞之后，雨水不会落在衣服上（负强化）。

因此，正强化和负强化的关键区别在于在反应后发生的刺激改变的类型。很多刺激改变有清晰的起始和结束，并且涉及"全或无"的操作，如打开电视（正强化）或关掉卧室的灯（负强化）。其他的刺激改变则存在于一个从少到多的连续体中，例如，将一台立体音响的音量调高以听得更清楚（正强化），或者当声音太大时将音量调低（负强化）。然而，有时很难确定某个反应的增加是由于正强化还是负强化，因为刺激改变是难以分辨的。例如，虽然我们可以定量测量温度的改变，从而得知在某个行为之后温度是上升还是下降，但不清楚当温度为 40°F（5°C）时打开暖气到底是正强化的例子（因为这个反应"产生了热量"），还是负强化的例子（因为这个反应"驱除了寒冷"）？另一个例子则出现在奥斯本（Osborne, 1969）的一项关于在教室里使用自由时间作为强化物的经典研究中。在基线期间，观察到学生经常在长时间的学习期内离开座位。在处理期间，如果学生在 10 分钟的学习期内都留在座位上，就会得到 5 分钟的自由时

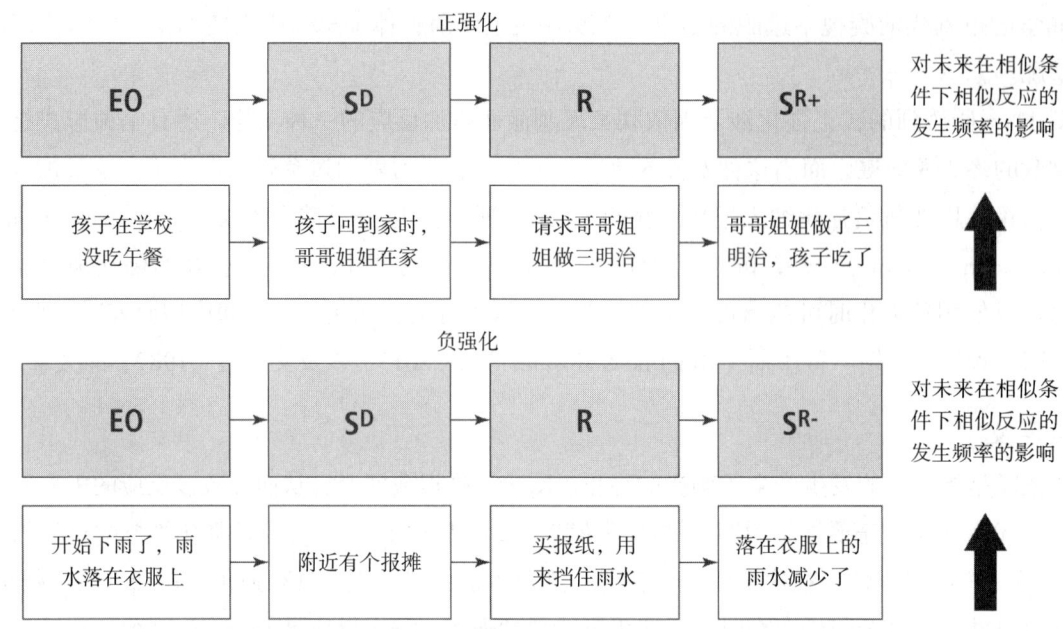

图 12.2　正强化和负强化的相同点与不同点的四项依联示意图

间，结果学生留在座位上的行为增加了。乍一看，自由时间依联似乎涉及负强化（留在座位上这个要求的终止依联于恰当行为）。然而，正如奥斯本所指出的，在自由时间中可参与的活动（玩游戏、社会互动等）可能具有正强化的功能。

鉴于一些刺激改变的模糊性，迈克尔（1975）认为，根据刺激在行为发生后的呈现或去除来区分正强化和负强化可能是不必要的。相反，他强调，根据构成"改变前"和"改变后"这两个条件的关键刺激特征来指明反应所产生的环境改变的类型才是重要的。他认为，这样做可以消除将"改变前"与"改变后"条件之间的转换描述为其一涉及呈现刺激而另一涉及去除刺激的必要性，并有助于更加全面地理解环境与行为之间的功能关系。

自迈克尔（1975）的文章发表以来，关于这个问题，并未产生什么重大改变；每一篇关于学习原理的文献仍然在强调正强化与负强化之间的区别，而在应用研究中，对负强化一词的引用已有所增加（Iwata, 2006）。为了重新探讨这一议题，巴伦和加利齐奥（Baron & Galizio, 2005）重申了迈克尔的立场，并纳入了其他的一些重点。这个术语问题是一个相当复杂的议题，可以从概念、程序和历史等多个角度来考虑，目前，关于这个议题的争论仍在继续。对这个议题感兴趣的读者可以参看针对巴伦和加利齐奥的观点做出的一系列反应（Chase, 2006; Iwata, 2006; Lattal & Lattal, 2006; Marr, 2006; Michael, 2006; Sidman, 2006）以及他们的回应（Baron & Galizio, 2006）。在试图以实证方法来考察这个问题时，遇到的一个难点是将这两种类型的依联等同起来。马贡（Magoon）及其同事在两项人类操作研究中做到了这一点（Magoon & Critchfield, 2008; Magoon, Critchfield, Merrill, Newland, & Schneider, 2017），他们使用的方法是将获得金钱的正强化与回避失去金钱的负强化进行对比。他们的研究显示出两种安排下的差别性结果，支持了这两种类型的依联在功能上具有独特性的主张。

对比：负强化与惩罚

人们有时会混淆负强化与惩罚，原因有二。第一，由于正强化俗称奖励，人们错误地将负强化视作与强化相反的专业术语（即惩罚）。然而，这里的正（positive）和负（negative）两个术语指的并不是"好"和"坏"，而是指行为之后的刺激改变的类型（呈现和终止）(Catania, 2013)。第二，它源自一个事实，即负强化和惩罚涉及的刺激从定义上来说都是"令人厌恶的"[1]。虽然相同的刺激有可能在一种背景下起负强化物的作用，而在另一种背景下起惩罚物的作用，但刺激改变的性质和它对行为的影响并不相同。在负强化依联中，原本存在的刺激被一个反应终止，并因而导致反应增加；而在惩罚依联中，原本不存在的刺激在一个反应之后呈现，并因而导致反应减少。因此，一个终止嘈杂声的反应会因具有负强化的功能而增加，但一个产生嘈杂声的反应会因具有惩罚的功能而减少（参看第14章关于惩罚的更详尽的讨论）。

逃避依联和回避依联

在最简单的形式中，负强化涉及一个**逃避依联**，在这个依联中，反应终止（产生逃避）了一个进行中的刺激。凯勒（1941）的一篇早期论文阐明了关于逃避的典型实验室研究。将一只老鼠放在实验箱里，并打开一盏明亮的灯，老鼠很快就学会了按压杠杆，从而关掉了灯。奥斯本（1969）关于自由时间依联的研究也可以作为一个在应用背景中的逃避学习的例子。就这个例子而言，其依联的重要特征是终止学习的要求，在10分钟的学习时间内留在座位上的行为产生了5分钟的逃避。

虽然在日常生活中经常会遇到涉及逃避的情况（例如，我们远离噪声源、在太阳光下遮住眼睛、从挑衅者附近逃离），但很多受负强化维持的行为都具有**回避依联**的特征，回避依联中的反应会阻止或推迟刺激的呈现。回到之前实验室的例子，实验者可以在逃避依联之外增加一项安排，在呈现亮光之前先呈现另一个刺激，如声响，而在声响存在的情况下做出的反应将消除亮光的呈现，或者推迟亮光的呈现，直到声响再次出现。这种安排被称作**区辨回避**（discriminated avoidance），在这个过程中，在信号存在的情况下做出的反应会阻止刺激的出现，而逃避该刺激是一个强化物。因为在声响存在的情况下出现的反应会得到强化，而在声响不存在的情况下出现的反应不会得到强化，所以声响是一个区辨刺激（S^D），在它存在的情况下，反应得到强化的可能性会增加（了解更多关于刺激控制的内容，请参看第17章）。

回避行为也可以在信号不存在的情况下获得。假设实验者安排了一个程序表，亮光每30秒亮5秒，并且在这个时距内的任何时刻出现一个（或多个）反应都会将时钟重置为零。这种安排被称作**自由操作回避**（free operant avoidance），因为回避行为随时可以"自由发生"，并且会延迟亮光的呈现。

阿兹林、鲁宾、奥布赖恩、艾伦和罗尔（Azrin, Rubin, O'Brien, Ayllon, & Roll, 1968）的一项有关弯腰驼背姿势的巧妙研究说明了前面讲到的三种依联（参看图12.3）。参与者佩戴一个设备，当他弯腰驼背时，这个设备会关闭一条电路。开关的闭合会产生咔嗒声，这个声音发出3秒后会出现55分贝的声响。在55分贝的声响存在的情况下矫正姿势会关闭这个声响（逃避），但如果在咔嗒声发出后3秒钟内就矫正姿势，则可以阻止55分贝声响的出现（区辨回避）。此外，维持正确姿势可以阻止咔嗒声的出现（自由操作回避）。

自由操作回避
维持正确姿势　→　回避咔嗒声和声响

区辨回避
弯腰驼背（错误姿势）　→　可听见的咔嗒声
咔嗒声发出后三秒内矫正姿势　→　回避声响

逃避
弯腰驼背（错误姿势）　→　可听见的咔嗒声
三秒内不矫正姿势　→　55分贝的声响
矫正姿势　→　声响关闭

图12.3　阿兹林及其同事（1968）用于维持正确姿势的三种负强化依联

---

[1]　令人厌恶的（aversive）一词并非用于描述刺激的固有特征，而是指刺激的呈现具有惩罚的功能或它的去除具有负强化的功能。

一个与作业管理相关的假设性例子也可以用来说明这些依联。父母在孩子放学后立即让他/她回卧室，并规定孩子完成作业后才能离开卧室，这就安排了一个逃避依联：完成作业产生逃离卧室的结果。而先发出警告的父母（例如，"如果你在10分钟内还没开始做作业，你就得在你的卧室里做"）安排的是区辨回避依联（discriminated avoidance contingency）：在听到警告之后开始做作业以回避在卧室里做作业。最后，等到晚上才提出在卧室里做作业的要求的父母安排的是自由操作回避依联（free-operant avoidance contingency）：在放学后的任何时候完成作业都可以回避稍后在卧室里做作业。从上述例子中可以看出，逃避依联和回避依联是非常不同的安排，而一些回避依联的一个特征引起了关于基本学习过程的问题。逃避依联中的环境—行为关系是清晰可辨的，也就是说，反应导致最初呈现的一个刺激的终止或减少，而回避关系对于维持和激发行为的影响则没有那么清楚。除了区辨回避的情况，回避行为往往是在没有任何明显的激发条件下发生的，而且并不在环境中产生明显的后果改变。这似乎与我们关于操作式行为的A–B–C观念并不一致：我们看到了"B"，但"A"和"C"在哪里？我们如何解释那些似乎并不符合强调即时前提和后果事件作为行为的决定因素的重要性这一概念架构的行为？（关于回避反应的更多讨论，参看信息箱12.1。）

信息箱 12.1

回避是一种不同类型的学习吗？

两因素理论

20世纪40年代，莫勒（Mowrer）开展的一项研究显示，经过几次先呈现一个声响然后紧接着给予电击之后，老鼠开始在仅有声响出现时发出逃避反应（越过一个障碍，移动到另一个地方）。莫勒认为是两个独立的过程导致了这个行为。首先，电击被视为一个非条件刺激，诱发反身性"恐惧"反应。在与电击匹配后，通过应答式条件作用（respondent conditioning），声响获得了诱发恐惧的特性。因此，莫勒断言，在声响存在的情况下出现的反应产生了逃避声响所诱发的恐惧和焦虑，而不是逃避电击。他提出了一个"两因素"理论，包括应答式和操作式两种机制，以解释回避行为。一些后续的研究提供了进一步的证据来支持这个理论，如卡明（Kamin, 1957）的研究显示，当研究者取消了原本将要到来的电击但并不终止警告声响时，回避行为会被破坏。然而，其他的研究却显示了与莫勒的理论不一致的结果。例如，所罗门、卡明和温（Solomon, Kamin, & Wynne, 1953）的研究显示，即使已经很久不再设定在信号之后出现电击，但在警告信号存在的情况下，狗仍然会继续发出回避反应。西德曼（1953, 1962）和其他人（Herrnstein & Hineline, 1966; Perone & Galizio, 1987）的研究成果显示，当电击依照程序表来呈现时，动物学会了在设定好的信号不存在的情况下推迟电击，这使莫勒的两因素理论进一步受到质疑。

焦虑作为衍生的关系反应

行为分析师还将衍生关系反应的研究结果进行拓展，用于研究涉及回避的临床问题（Dymond, 2009）。有人提出，当厌恶属性散布于通过组合的或间接的条件作用过程而建立功能的刺激类时，就会产生焦虑和恐惧症。

例如，多尔、汉密尔顿、芬克和哈林顿（Dougher, Hamilton, Fink, & Harrington, 2007）的研究显示，恐惧反应以一种有序的、分层的方式跨三个任意刺激而散布，而大学生已被训练按照小、中、大的关系对这些刺激做出反应。在"中等"刺激与一个温和电击匹配之后，一个较小的恐惧反应被记录为"较小"刺激的反应,一个较大的恐惧反应被记录为"较大"刺激存在时的反应——尽管这两种刺激都没有与电击匹配过!作者认为这些结果与涉及对先前没有和厌恶经验(如过度恐惧任何类似蜘蛛的东西的照片)匹配的刺激做出过多恐惧反应的临床问题有关,这些研究结果为基于假设性构念(如模式、信念和期望)的认知解释提供了另一种解释。

行为分析师继续研究回避的本质,与此同时,其他领域的科学家也在创造更好的方法来预测我们未来将面临什么样的挑战——来自环境和社会的挑战。疾病、贫穷和污染等问题的解决不仅取决于预测它们的发生,还取决于改变人类的行为,从而尽可能地回避其灾难性的结果。因此,行为分析师对于了解回避行为的基础决定因素和改善有效的回避技能库所做的贡献可能会直接影响我们在一个充满挑战的世界里繁荣发展的能力。

负强化的特征

通过负强化获得和维持的反应

众所周知,厌恶刺激会产生各种各样的反应(Hutchinson, 1977)。其中一些可能是应答式行为(如对强烈刺激产生的反身性动作),但本章的重点是操作式行为。如前所述,厌恶刺激的呈现可以作为逃避的 EO,并引发过去逃避相似刺激的行为。任何成功终止这个厌恶刺激的反应都会被增强;于是,通过负强化,个体得以获得并维持各种各样的行为。所有这些行为都是适应性行为,因为它们使个体能够与环境进行有效的互动;然而,有些行为比其他行为更具社会适当性。正如本章后面将要讲述的,负强化在发展学业技能中可能发挥着重要的作用,但也可能造成破坏性行为或危险行为。

起负强化物作用的事件

如果试图使用与描述正强化相同的术语来讨论通过负强化增强行为的刺激类型,就会出现一个问题。讲到正强化物时,通常会列举食物、金钱、赞扬等刺激。然而,增强行为的是刺激的呈现:食物的呈现是一个正强化物,而非食物本身。不过,我们仍经常只列举刺激,并假定人们理解"呈现"。与此类似的是,说负强化物包括电击、噪声、父母的唠叨等,也是一种不完整的描述。重要的是要记住,将某个刺激称作负强化物,指的是该刺激的去除,因为如前所述,相同的刺激在行为之前呈现时是 EO,在行为之后呈现时是惩罚。

学习历史

与正强化物的情况一样,负强化物影响行为的原因是:(1)我们对刺激有遗传的反应能力;(2)刺激的效力通过个人的学习历史而建立。在没有事先学习的情况下,去除某些刺激会增强行为,这样的刺激就是**非条件负强化物**(unconditioned negative reinforcer)。这些刺激是典型的厌恶事件,如电击、巨大的噪声、强光、极高或极低的温度,或施加于身体的强大压力。事实上,任何疼痛或不适(如头痛)的来源都会引发某些行为,而任何成功消除这些不适的反应都会得到强化。其他的刺激是**条件负强化物**(conditioned negative reinforcer),它们原本是中性事件,通过与既有的(条件或非条件)负强化物匹配而获得其效力。例如,一位骑行者看到阴云密布的天空时,通常会往回家的方向骑,因为乌云与即将到来的坏天气高度相关。各种形式的社会强制行为,如父母的唠叨,或许是最常遇到的条件负强化物。例如,提醒孩子打扫他/她的卧室可能对孩子的行为没有什么影响,除非不反应之后会有另一种后果,例如,必须待在房间里,直到打扫干净为止。当唠叨被稳定地作为将孩子送进房间的"支撑"时,孩子最终会做出打扫的反应,只为防止或阻止唠叨。有趣的是,在负强化中,中性事件(如灰暗的天空、唠叨)同时具有如下两个功能：（1）区辨刺激，因为在它们存在时做出的反应会回避另一个后果；（2）条件厌恶刺激（即条件负强化物），由于它们与另一个后果匹配，它们成为个体回避或逃避的刺激。

负强化的来源

另一种对负强化物进行分类的方式是基于它们被去除的方式（即刺激改变的来源）。在第11章中，对社会中介强化和自动强化进行了区分，社会中介强化中的后果来自他人的行动，自动强化中的后果则直接由一个独立于他人行动的反应产生。这种区分也适用于负强化。回到图12.1中的例子，我们可以看到，终止建筑噪声是一个社会性负强化的实例（室友的关窗行动）。然而，"被噪声困扰"的人本可以直接走过房间，关上窗户（自动负强化）。这个例子说明了一个事实，即很多负强化物可以以下列方式被去除或终止：当你感到头痛时，可以咨询医生（社会性的）或自行服用止痛药（自动的）；当你为考试做准备时，请室友关掉音乐（社会性的）或自己关掉（自动的）；等等。

考虑负强化的来源可以通过确定干预的重点来推进行为改变程序的设计。例如，当面对一项令人困惑的工作任务时，员工可能会仅仅为了尽快摆脱它（自动强化）而使用错误的方式来做（自动强化），或请求他人帮助（社会性强化）。除了重新给员工分配任务外，最快的解决方法是通过提供帮助来强化员工的求助行为。不过，最终，主管可能会想教授这名员工必要的技能，使其独立完成工作任务。

辨识负强化的背景

第11章概述了几种辨识正强化物的方法；与辨识负强化物的区别在于，前提事件（EO）必须与强化后果得到同等的重视，因为行为一旦发生，负强化物可能已经消失而无法被观察到。对语言能力有限而无法告知他人自己正在经历厌恶刺激的人而言，辨识EO可能会有困难。这些人可能会表现出其他行为，如发脾气、试图离开当下情境、做出破坏性行为、攻击，甚或自伤等。例如，威克斯和盖洛德—罗斯（Weeks & Gaylord-Ross, 1981）观察了重度障碍学生在没有呈现任务、呈现一项简单任务和呈现一项困难任务时的行为表现。在没有任务的条件下，极少或没有问题行为发生；而在有困难任务的条件下，问题行为的发生率比在有简单任务的条件下要高。这些结果表明，学生的问题行为是受逃避任务要求维持的，困难的任务比简单的任务更"令人厌恶"。但是，由于不知道紧随问题行为的后果是什么，因此，这些行为有可能是受其他后果维持的，如关注，而关注就是一个正强化物

艾瓦塔、多尔西、斯利弗、鲍曼和里奇曼（Iwata, Dorsey, Slifer, Bauman, & Richman, 1994）创造了一种方法，通过观察人们在一系列前提和后果事件各不相同的条件下的表现来辨识维持问题行为的依联类型。其中一个条件是呈现任务要求（EO），并且如果出现行为问题就去除要求（逃避）；相比于其他条件，在这个条件下出现问题行为的比率更高，这表明问题行为是受负强化维持的（关于这种评估方法的进一步讨论，请参看第24章）。

史密斯、艾瓦塔、吴和肖尔（Smith, Iwata, Goh, & Shore, 1995）通过辨识任务要求的某些厌恶特征，扩展了威克斯和盖洛德—罗斯（1981）以及艾瓦塔等人（1994）的发现。在首先确定他们的参与者（重度障碍人士）的问题行为是受逃避任务要求维持的之后，史密斯及其同事检视了任务的几个可能的不同维度：任务的新异度、工作时段的持续时间以及呈现要求的比率。图12.4显示了其中一项分析的结果，它描述了问题行为从时段开始到结束的频率分布和累积记录。这些数据说明了个别化评估在辨识负强化的基础方面的重要性，因为两名参与者（伊夫林和兰登）的问题行为比率随着工作时段的推进而提高，而另外两名参与者（米尔特和斯坦）的问题行为比率随着工作时段的推进而降低，这从他们的柱状图中的长条高度的降低和累积曲线梯度的降低中可以看出来。事实上，后来的一些研究（例如，Roscoe, Rooker, Pence, & Longworth, 2009）显示，如果未能考虑厌恶刺激的特异性，那么在评估问题行为时可能会导致错误的结论。

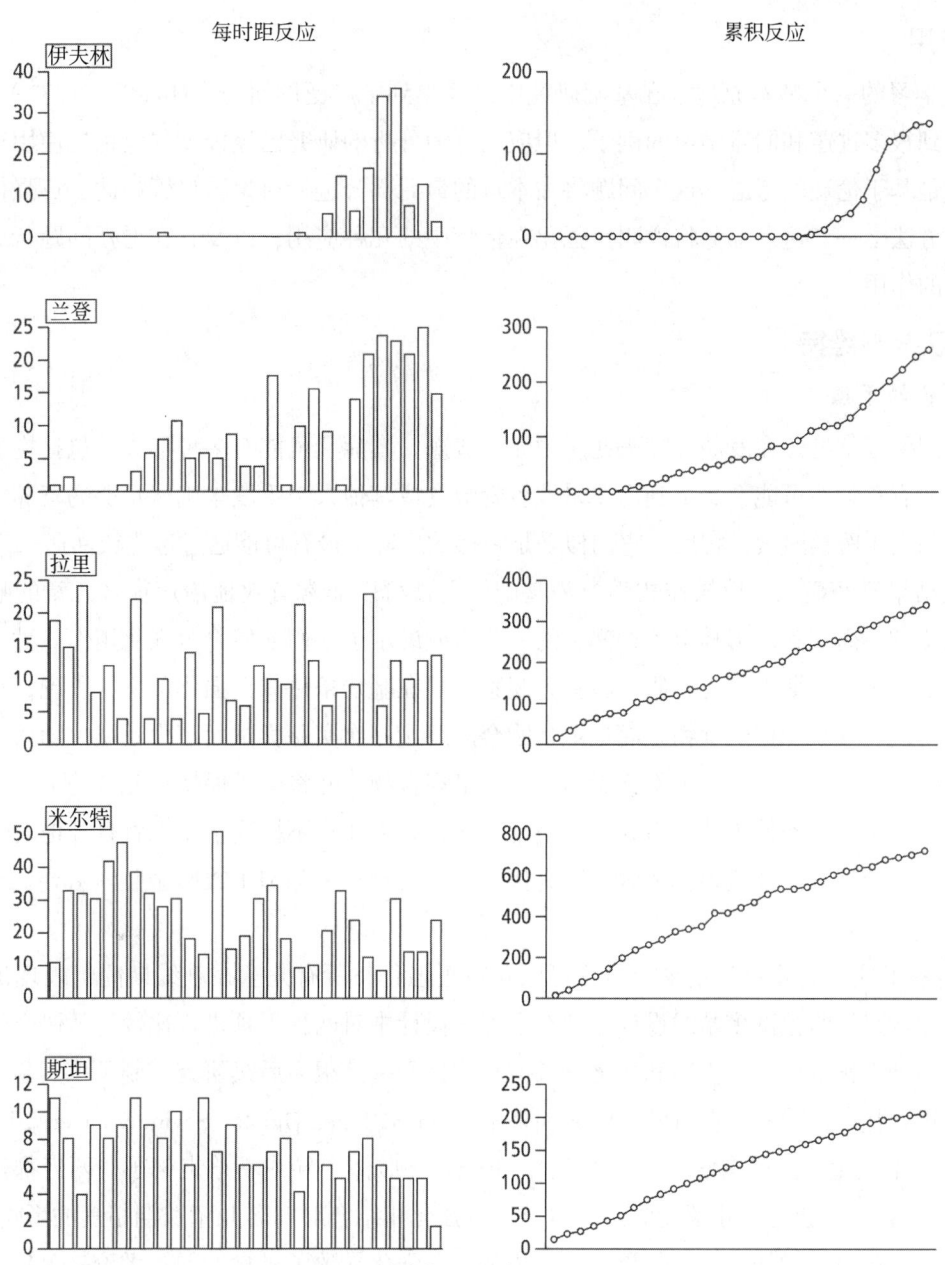

图 12.4 五名发展性障碍成人随工作时段的推进而出现自伤行为（SIB）的频率分布（左栏）和跨时段总和累积纪录（右栏）

引自 R. G. Smith, B. A. Iwata, H. Goh, & B. A. Shore (1995). Analysis of Establishing Operations for Self-Injury Maintained by Escape. *Journal of Applied Behavior Analysis*, 28, p. 526. 1995年版权归实验行为分析协会所有。经授权转载。

负强化效力的决定因素

决定负强化依联能否有效改变行为的因素与影响正强化效力的因素类似（参看第11章），它们与以下两点有关：(1) 依联的强度；(2) 竞争性依联的存在。一般而言，在以下条件下，对某个特定反应的负强化会更有效。

1. 在目标反应发生后，刺激**立即**改变。
2. 强化的**强度**很大，这指的是反应发生前和发生后所呈现的刺激的差别。
3. 目标反应的发生**持续**地产生对 EO 的逃避或推迟 EO。
4. 竞争性（非目标）反应发生时，**无法**获得强化。

负强化的应用

负强化是学习的一个基本原理,在基础研究中已经得到了广泛的研究(Hineline, 1977)。虽然在日常生活中可以看到很多逃避和回避学习的例子,但应用行为分析的研究已经极度强调优先使用正强化而非负强化,这主要是基于伦理的考虑,这个问题将在本章的最后部分进行讨论。尽管如此,负强化仍是用于建立各种行为的方法之一。这一部分将说明负强化在治疗中的几种应用,以及它在增强问题行为方面可能会在无意中发挥的作用。

恰当行为的获得与维持

对长期拒食的干预

小儿喂食问题很常见,在发展性障碍儿童中尤其普遍。其症状可能有多种形式,包括挑食、不能吃固体食物和拒绝所有食物,可能会严重到需要采取胃管喂食或其他人工手段来确保足够的营养摄入。大部分喂食问题不能归因于医学因素,相反,它们似乎是习得的反应,最有可能通过逃避或回避来维持。

很多研究结果已经显示,以操作式学习为基础的干预可以非常有效地治疗很多儿童的喂食障碍,埃亨、克尔温、艾彻、尚茨和斯韦林金(1996)的一项研究展示了他们如何将负强化用作一种干预形式。某医院的三名住院儿童有长期拒食史,研究者首先观察他们在基线条件(正强化)下的表现,在基线条件下呈现食物,获得玩具依联于接受食物。而拒绝食物会因终止一次实验尝试而产生逃避。随后,实验者比较了两种干预的效果。一个处理条件(不移走勺子)是呈现食物,并将勺子保持在儿童的下唇位置,直到他张嘴吃进去。另一个处理条件(肢体引导)是呈现食物,如果儿童不接受食物,就打开他的嘴,以便将食物送进去。这两种处理都涉及负强化依联,因为接受食物会导致去除勺子或回避肢体引导,从而终止实验尝试。

图 12.5 显示了这三名儿童的结果。尽管可以获得正强化,所有儿童在基线期间仍表现出较低的接受率。这两种干预均采用跨被试多基线设计,并在多因素设计中对两种干预进行比较。从研究的第二阶段中可以看出,这两种干预都产生了立即和显著增长的食物接受率。很多后续研究复制了该实验的结果。特别值得关注的是皮亚扎、帕特尔、古洛塔、西文和莱尔(Piazza, Patel, Gulotta, Sevin, & Layer, 2003)的一项研究,他们比较了正强化(获得偏好玩具和关注)、负强化(肢体引导或不移走勺子,两者都标记为"逃避消退",因为拒绝食物不会再终止喂食尝试)以及正负强化相结合对四名儿童长期拒食的影响。结果显示,正强化对任何儿童都没有增加进食的效果。相比之下,负强化导致了进食增加,无论是单独实施还是与正强化结合起来实施。综合来看,这些研究结果显示,如果竞争性行为(拒绝食物)产生负强化,对恰当行为的正强化可能效果有限,而维持儿童的问题行为的负强化可以用来建立替代行为。

错误纠正策略

正如第 11 章所指出的,正强化是有效教学的一个基本动因成分。教师通常会在学生表现出正确行为后给予赞扬、特权和其他形式的奖励。还有一个常见的程序是通过重复一个学习尝试、让学生练习正确的行为表现,或给学生布置额外的作业来纠正学生的错误,这一程序比正强化受到的关注要少。由于正确的表现可以回避这些补救程序,表现改善来自负强化功能的可能性并不比正强化低。

沃斯德尔(Worsdell)及其同事(2005)研究了这些依联在行为获得期间的相对贡献。学习任务是阅读闪卡上的单词,干预手段是让参与者在补救尝试中正确重复读错的单词。该程序提供了额外练习正确反应的机会,但也代表了一个回避依联。为了区别这些效力(在研究 3 中),作者实施了两种错误纠正条件。在结合练习和负强化效果的"相关"条件中,学生每读错一次,就要将读错的单词正确重复 5 次。在"不

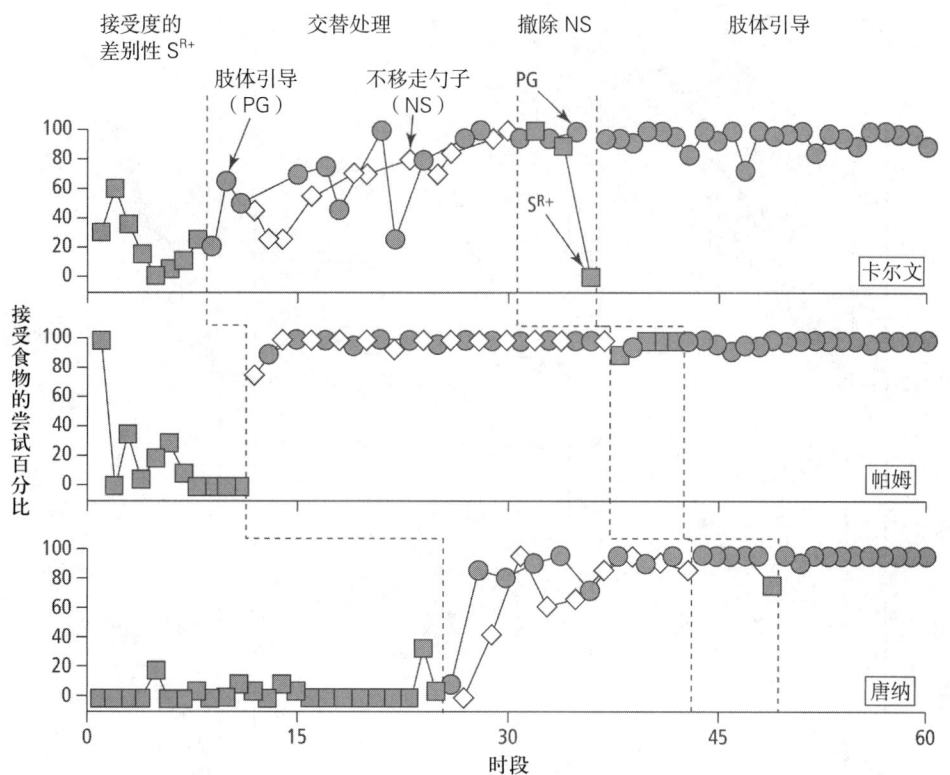

图 12.5 三名有长期拒食史的儿童在正强化的基线条件和两个处理条件期间接受食物的尝试百分比，两个处理条件分别是不移走勺子和肢体引导，它们都包含负强化依联。

引自 W. H. Ahearn, M. E. Kerwin, P. S. Eicher, J. Shantz, & W. Swearingin (1996). An Alternating Treatments Comparison of Two Intensive Interventions for Food Refusal. *Journal of Applied Behavior Analysis*. 经约翰威立出版有限公司授权转载。

相关"条件中，学生每读错一次，就要将一个不相关的、非目标的单词重复 5 次。不相关条件只包含负强化依联，因为重复不相关的单词并不提供将读错的单词读对的练习。

图 12.6 显示了研究 3 的结果，以九名参与者掌握的单词的累积数量来表示。与没有实施错误纠正程序的基线相比，所有参与者在两种错误纠正条件期间的表现都有所改善。三名参与者（特丝、阿里尔、厄尼）在"相关"错误纠正期间表现更好。然而，马克在"不相关"错误纠正期间明显更胜一筹，而其他五名参与者（海利、贝姬、卡拉、迈修、塞思）在两个条件中的表现差不多。因此，所有参与者在阅读表现上都有所改善，即使当他们练习的是与目标单词"不相关"的单词时，而且大多数参与者（九人中的六人）在练习"不相关"的单词时的表现与在练习"相关"的单词时的表现同样好或比它更好。这些结果表明，很多补救（错误纠正）程序的成功可能至少要部分归因于负强化。后来的研究（Carroll, Joachim, St. Peter, & Robinson, 2015; Kodak et al., 2016; McGhan & Lerman, 2013）考察了错误纠正程序中某些可能提高有效性的具体特征，一个一致的发现是回避依联对教学情境中的学习的促进作用。也就是说，包含补救尝试依联程序的教学比只有正确反应的正强化产生学习效果的速度更快。

问题行为的获得与维持

设计良好的教学程序能保持高度的任务参与，并促进学习进步。然而，有时由于工作要求的某些厌恶特征，呈现任务要求可能会成为逃避行为的 EO。逃避的最初形式可能包括不参与或温和的破坏形式。当对服从行为提供的正强化的效果不理想时，学习者可能就会持续地想要逃避，并可能升级为严重的问题行为。事实上，关于问题行为的评估和治疗的研究已经显示，逃避任务要求是破坏东西、攻击，甚至自伤的负强化的常见来源。这个议题在第 27 章中有更深入的探讨，由于它与负强化有特别的关联，因此

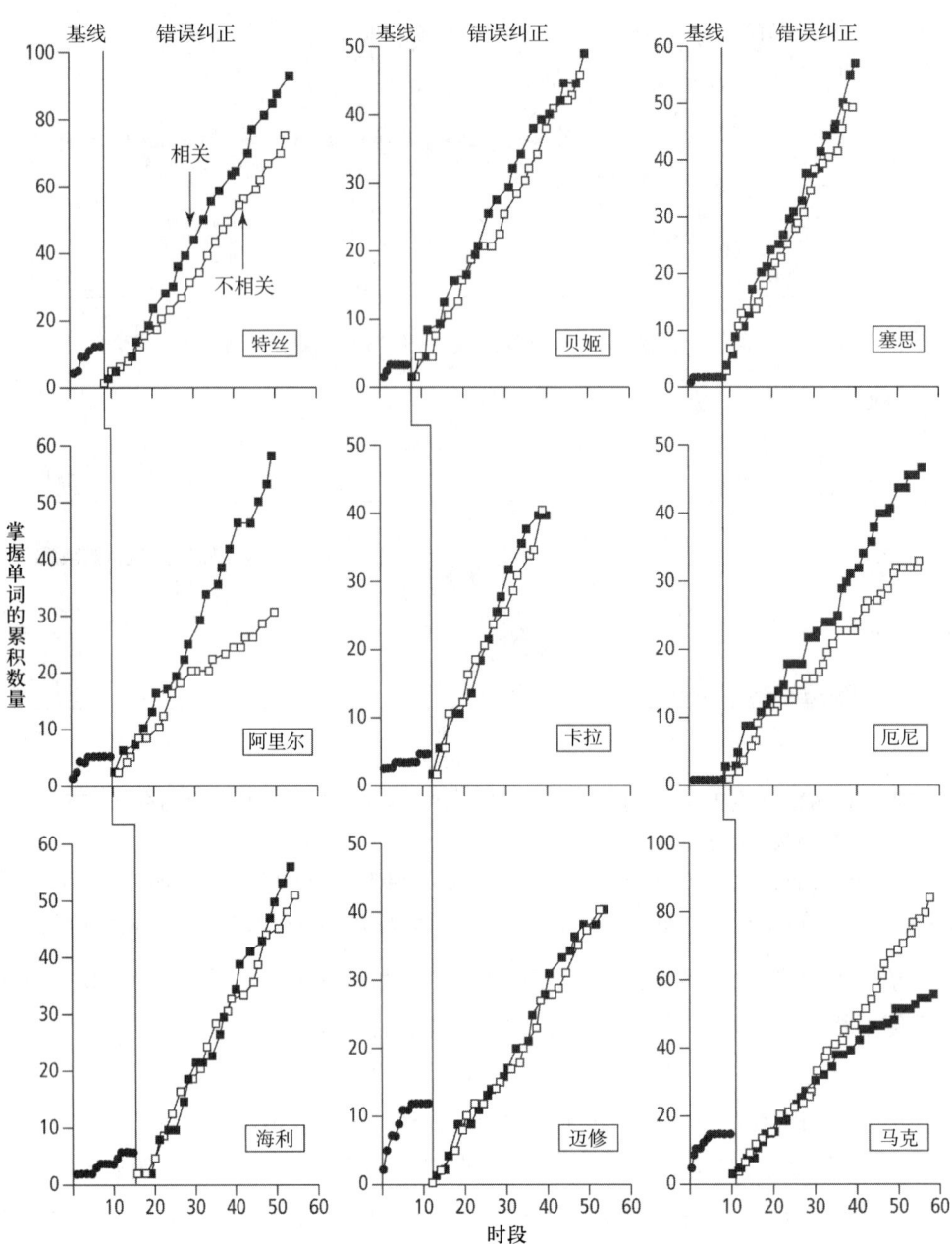

图 12.6 在基线（对正确反应进行正强化）和两个错误纠正条件期间正确读出单词的累积数量：在一个错误纠正条件中，正确反应回避了重复练习读错（相关）的单词，在另一个错误纠正条件中，正确反应回避了练习其他（不相关）的单词。"不相关"条件中的表现改善表明负强化在错误纠正程序中发挥了作用。

引自 A. S. Worsdell, B. A. Iwata, C. L. Dozier, A. D. Johnson, P. L. Neidert, & J. L. Thomason (2005). Analysis of Response Repetition as an Error-Correction Strategy During Sight-Word Reading. *Journal of Applied Behavior Analysis*, 38, p. 524. 2005 年版权归实验行为分析协会所有。经授权转载。

也在这里进行讨论。

　　奥赖利（O'Reilly, 1995）对一个人的偶发攻击行为进行了评估。参与者是一名参加日间职业训练的重度智力障碍成人。为了确定攻击行为是受正强化还是负强化维持，奥赖利观察了参与者在多因素设计中交替出现的在这两个条件下的表现。在一个条件（关注）中，治疗师忽略参与者（EO），只在攻击行为发生后进行斥责（正强化）。在第二个条件（要求）中，治疗师呈现困难任务（EO），并在攻击行为发生后短暂地停止尝试（负强化）。

　　如图 12.7 所示，在要求条件中，攻击行为较常发生，这表明它是受负强化维持的。而因为逸事报告显示，当参与者前一晚没睡好时也会出现更多的攻击行为，所以收集的两个条件数据就根据参与者前一晚的睡眠时间是多于还是少于 5 小时进行进一步的划分。睡眠剥夺后的攻击行为发生率最高。这些数据特别有趣，因为它们说明了两个前提事件——受负强化维持的行为的 EO 的综合影响：工作任务（EO #1）通常会引起逃避，而在缺乏睡眠（EO #2）的情况下更会如此。

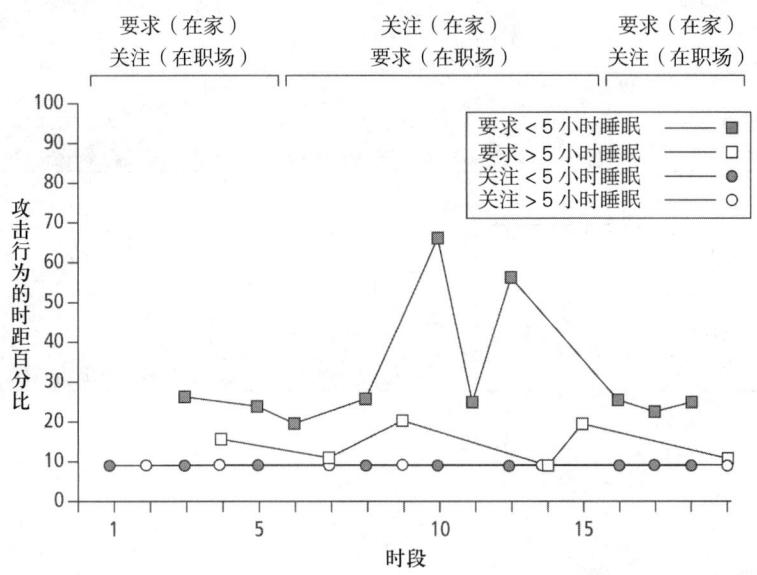

图 12.7 数据显示，以工作任务为 EO，对一名重度智力障碍成年男性受负强化维持的攻击行为的影响因睡眠剥夺而加剧。

引自 M. F. O'Reilly (1995). Functional Analysis and Treatment of Escape-Maintained Aggression Correlated with Sleep Deprivation. *Journal of Applied Behavior Analysis*, 28, p. 226. 1995 年版权归实验行为分析协会所有。经授权转载。

其他研究也得到过类似的结果，表明相当多的"背景"因素可能会中介要求情况的"厌恶"。例如，当存在中耳炎等疾病时（O'Reilly, 1997），或当要求是在照顾者关注不良（如负面言辞）的背景中提出时（Gardner, Wacker, & Boelter, 2009），任务要求可能更容易引发逃避行为。与此相反的是，操纵背景，如呈现选择任务的机会（Dyer, Dunlap, & Winterling, 1990）或选择完成任务顺序的机会（Kern, Mantegna, Vorndran, Bailin, & Hilt, 2001），或在愉快故事的背景中呈现要求（Carr, Newsom, & Binkoff, 1976），已被证明可以减少受逃避维持的问题行为。

受负强化维持的行为的消退

当操作式行为不再产生强化时，其频率会经过一个被称作消退的过程而降低。与强化的情况一样，消退既涉及一个操作（强化终止），也涉及一个效果（反应减少）。这虽然在概念上很简单，但应用消退需要考虑很多因素：（1）它在功能和程序上的变化；（2）它的直接和间接的影响，其中一些影响可能是不希望出现的；（3）可能促进或阻碍其结果的历史影响因素。因此，本书有一章（第 24 章）专门讨论消退的问题。我们在这里介绍它只是为了指出，消退代表了减少受负强化维持的行为的一种方式（最直接的方式），并强调这样一个事实：通过"不再强化行为"来终止负强化依联意味着呈现先前反应所逃避或回避的后果（即扣留负强化）。例如，如果一名儿童发牢骚和抱怨可以让他延迟去做一件不喜欢的任务，或者也许还能完全回避这个任务，那么消退将涉及恢复完成任务的要求。

行为替代的策略

差别负强化

受负强化维持的问题行为可以用很多方法来处理。一种策略是使用负强化来增强一个更具社会适当性的替代行为，正如杜兰德和卡尔（Durand & Carr, 1987）的研究所展示的。在确定四名特殊教育学生的刻板行为是受逃避任务要求维持的之后，作者教授了学生一个替代反应（"帮助我"），发出这个反应会得到帮助，从而解决手头的任务。从图12.8中可以看出，所有学生在基线期间都展现出了中等到高水平的刻板行为。在被教授使用"帮助我"这个短语后，学生开始表现出这个行为，他们的刻板行为也减少了。

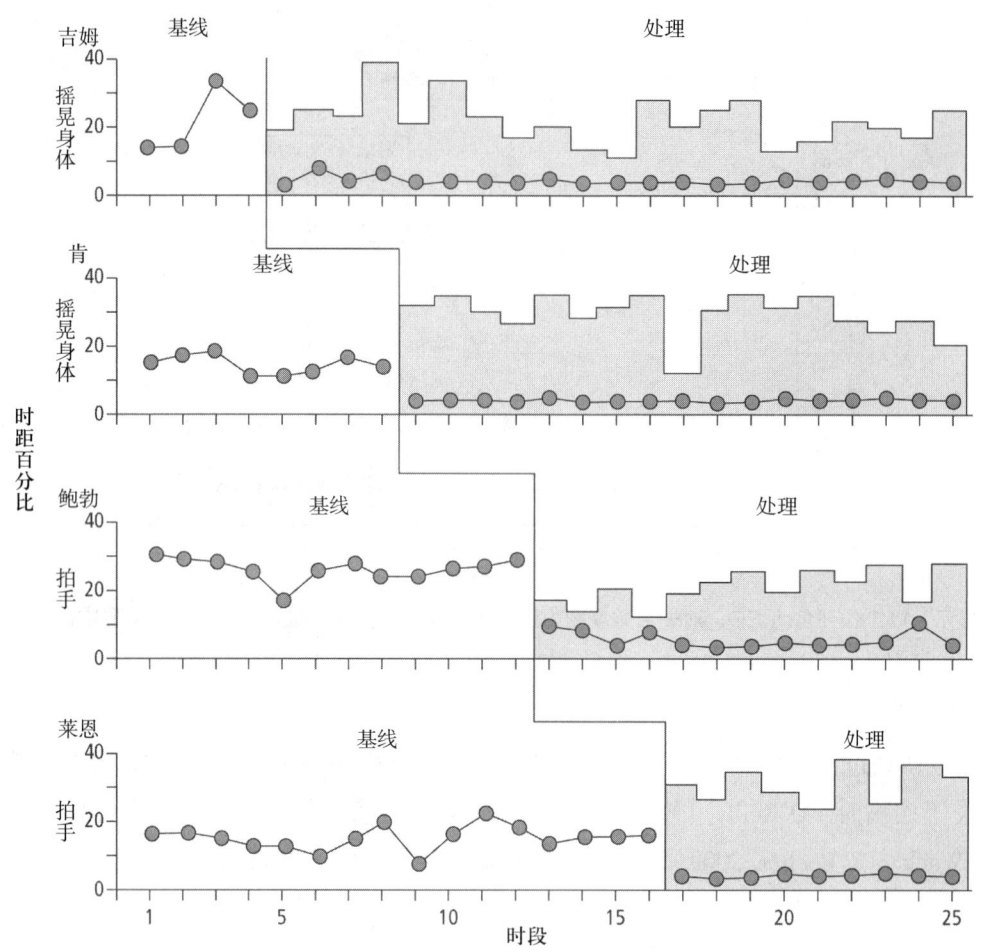

图12.8 四名特殊教育学生受逃避任务要求维持的刻板行为在基线和处理期间的发生时距百分比。研究者在处理期间教学生一个替代反应（"帮助我"）以获得帮助，从而完成手头的任务。灰色部分显示了学生使用"帮助我"这个反应的情况。

引自 V. M. Durand & E. G. Carr, E. G. (1987). Social Influences on "Self-Stimulatory" Behavior: Analysis and Treatment Application. *Journal of Applied Behavior Analysis*, 20, 128. 1987 年版权归实验行为分析协会所有。经授权转载。

杜兰德和卡尔（1987）的研究结果显示，一个理想的行为可以取代一个不理想的行为。但是，这个替代行为可能被认为是不尽理想的，因为它不一定能促进任务参与度的提高。马库斯和沃尔默（Marcus & Vollmer, 1995）在随后的研究中设法解决了这一限制。

在收集了一个小女孩的服从行为和破坏性行为的基线数据后，作者在一个倒返设计中比较了两种处理的效果。在其中一个差别负强化（differential negative reinforcement, DNR）沟通条件中，当女孩说"完成了"时，她就能得到短暂的休息。在第二个被称作 DNR 服从条件中，在女孩遵从一个指令后，就能得到短暂的休息（得到暂时休息的标准后来提高到必须遵从三个指令）。这种比较的结果（参看图12.9）显示，两种处理都显著地减少了破坏性行为的发生。然而，只有在 DNR 服从条件下，任务表现才得到改善。

差别正强化

有关问题行为的干预研究已经突显了消退作为干预的一个关键成分的重要性。然而，越来越多但目前

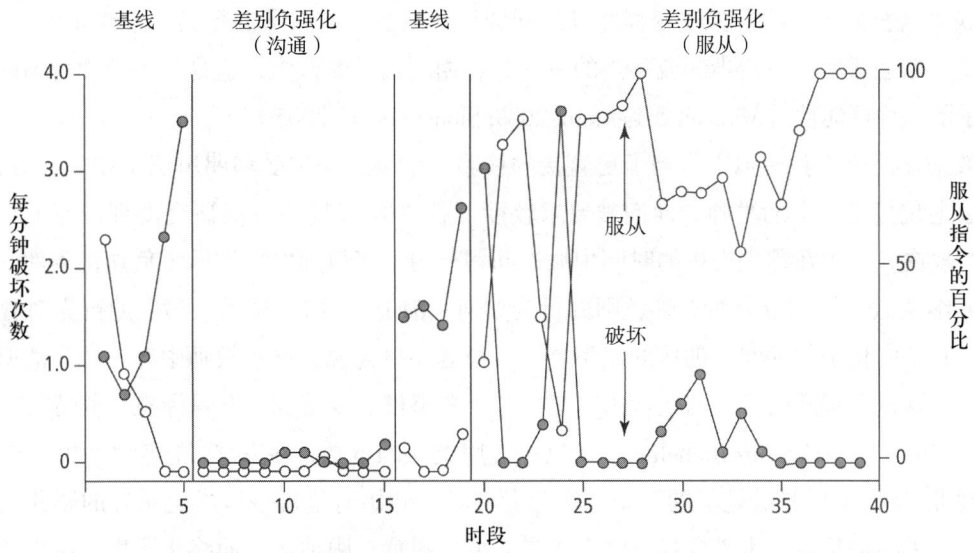

图12.9 一名五岁女孩在基线和两种差别负强化条件期间的破坏性行为和服从行为

引自 B. A. Marcus & T. R. Vollmer (1995). Effects of Differential Negative Reinforcement on Disruption and Compliance. *Journal of Applied Behavior Analysis*, 28, p. 230. 1995年版权归实验行为分析协会所有。经授权转载。

数量尚少的研究显示，即使问题行为继续被强化，以强化为基础的程序有时仍是有效的。此外，其中一些研究已经显示，当问题行为已受负强化维持时，运用正强化可以成功地增强恰当的替代行为（关于最近的评论，参看 Payne & Dozier, 2013）。

斯洛克姆和沃尔默（Slocum & Vollmer, 2015）的一项研究为这种方法提供了例证，五名儿童表现出受逃避任务要求维持的高比率问题行为，同时展现出低水平的服从。作者在一个多因素设计中比较了两种都不实施消退（即问题行为继续产生逃避）的干预。正强化是给予一个小分量的食物依联于服从行为，而负强化是给予一次30秒离开任务的休息时间依联于服从行为。作者报告说，如图12.10显示的其中一名参与者的问题行为的数据，正强化产生了更为一致的效果。在第一个处理阶段，虽然观察到正强化条件下的问题行为比率较低，但两种干预都很有效。在第二个处理阶段，正强化有效，而负强化无效。

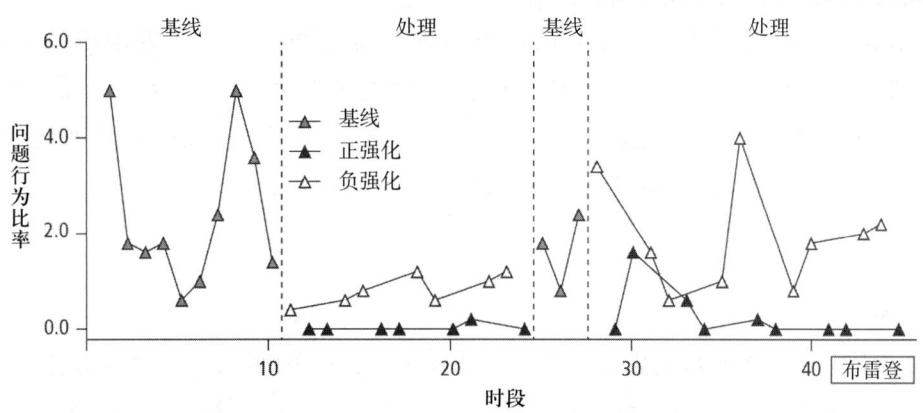

图12.10 在基线和处理条件期间的问题行为比率（注：这个图表显示了研究中的五名被试中的一名的结果。）

引自 S. K. Slocum & T. R. Vollmer (2015). A comparison of positive and Negative reinforcement for compliance to treat problem behavior maintained by escape. *Journal of Applied Behavior Analysis*. 经约翰威立出版有限公司授权转载。

作为负强化功能的教师和照顾者的反应改变

聚焦于使用上述各种程序来改善学生和服务对象行为的研究已有很多。相比之下，在服务对象行为改变对代理人（教师、治疗师等）行为的补充作用方面的研究极其罕见，然而这种关系可能反映了一个重要的负强化依联。当教师实施的行为改变程序导致问题行为减少时，教师的行为已经终止了一个厌恶事件。这类关系可能会增强任何——恰当的或不当的——具有相同效果的行为，这是关于教师行为的描述性研究的结果所显示的一种可能性（Addison & Lerman, 2009; Sloman et al., 2005）。

负强化效果在两个实验模拟中得到了更直接的检验。米勒、莱尔曼和弗里茨（Miller, Lerman, & Fritz, 2010）观察了七位接受培训的教师，他们被要求教授一名"学生"（由一名研究助理扮演）几种不同的技能。在整个时段内，学生在预先安排的时间中做出问题行为，当教师发出训斥（负强化条件）时停止做出问题行为，或继续做出问题行为而不管教师的行为如何（消退）。结果显示，学生的行为对教师的行为有明显的影响，在负强化条件期间，训斥的比率更高。作者还报告说，这些教师中有三位在消退条件期间终止了实验参与，这进一步证明了"问题行为"是一个厌恶事件。汤普森、布吕泽克、科特努瓦尔—比歇尔曼（Thompson, Bruzek, & Cotnoir-Bichelman, 2011）使用类似的方法，观察了11名大学生在模拟照顾实验中与一个"婴儿"（一个玩具娃娃）的互动。实验者在时段开始时呈现一段事先录好的婴儿哭声，视照顾者在不同条件下的不同反应（水平摇晃、竖直摇晃、模拟喂食、跟他玩）而终止哭声。结果通常显示，那些"有效"终止哭声的反应会持续下去，不再有效的反应则会被消退。

这方面的研究数据有几个意义。首先，问题行为的发生似乎是照顾者逃避和回避的EO，而且有可能引发照顾者任何能够有效终止问题行为的反应，从积极反应（发出训斥）到消极反应（限制社会互动）。其次，这一事实强调了指导父母和教师采取恰当的行为管理策略以防止出现不当行为的重要性。最后，新近教授的治疗技能的维持情况可能不仅仅受培训质量的影响；同样重要的决定因素可能是这些技能在快速解决问题方面的成功程度。

使用负强化的伦理考虑

使用正强化和负强化的伦理考虑主要源自引发目标行为的前提事件（EO）的严重程度。受正强化维持的行为的EO之中有很多具有剥夺状态的特征，剥夺如果很严重，就可能构成对权利的不当限制。与之相对，受负强化维持的行为的EO从定义上来看就是厌恶事件。当作为前提刺激呈现时，极度有害的事件作为典型行为改变计划的一部分是不合理的。

使用负强化的另一个考虑是，厌恶刺激的存在本身就可能产生与获得理想行为相竞争的行为（Hutchinson, 1977; Myer, 1971）。例如，一名社交退缩儿童身处人群之中时，可能只会尖叫和逃离，而不是和同伴们一起玩，而逃离的行为与社会互动是不兼容的。最后，在实施以负强化为基础的行为改变计划时，也可能会观察到与惩罚有关的不希望出现的副作用（参看第14章）。

摘要

负强化的定义

1. 负强化是指依联于一个反应的发生而终止、减少或推迟一个刺激，从而导致该反应的未来发生率增加。

2. 负强化依联包括：（1）一个建立型操作（EO）存在时，逃避具有强化性；（2）一个区辨刺激（S^D）存在时，反应更可能得到强化；（3）反应产生强化；（4）事件的终止成为EO。

3. 正强化与负强化的相似之处在于两者都会导致反应增加；它们的不同之处在于正强化涉及依联刺激呈现，而负强化涉及依联刺激终止。

4. 负强化与惩罚的不同之处在于：（1）负强化涉及依联刺激终止，而惩罚涉及依联刺激；（2）负强化导致反应增加，而惩罚导致反应减少。

逃避依联和回避依联

5. 逃避依联是反应终止了一个进行中的刺激。回避依联是反应延迟或阻止了一个刺激的呈现。

6. 在区辨回避中，在信号存在的情况下做出反应会阻止刺激的呈现；在自由操作回避中，在任何时间做出反应都能阻止刺激的呈现。

负强化的特征

7. 任何成功终止厌恶刺激的反应都会被增强；于是，通过负强化，个体得以获得并维持各种各样的行为。

8. 负强化在发展学业技能中可能发挥着重要的作用，但也可能造成破坏性行为或危险行为。

9. 在没有事先学习的情况下，某些刺激的去除增强了行为，这样的刺激就是非条件负强化物。而某些刺激的去除由于先前与其他负强化物匹配而增强了行为，这样的刺激就是条件负强化物。

10. 社会性负强化是指通过他人的行动来使刺激终止。自动负强化是指刺激终止是一个反应的直接结果。

11. 负强化物的辨识需要详细检查反应之前和反应之后的刺激条件。

12. 一般而言，在以下几种情况下，对某个特定反应的负强化会更有效：（1）在目标反应发生后，刺激立即改变；（2）强化的强度很大；（3）目标反应持续地产生对 EO 的逃避或推迟 EO；（4）竞争性反应发生时，无法获得强化。

负强化的应用

13. 尽管负强化是学习的一个基本原理，在基础研究中已经得到了广泛的研究，应用行为分析仍极度强调优先使用正强化而非负强化。

14. 应用研究者已经探索了负强化在治疗小儿喂食问题上的用途。

15. 通过重复一个学习尝试、让学生练习正确的行为表现，或给学生布置额外的作业等方式进行错误纠正，从而改善学生的表现，这可能具有负强化的功能。

16. 在教学期间呈现任务要求可能会成为逃避的 EO；逃避的最初形式可能包括不专注或温和的破坏形式。当对服从行为提供的正强化的效果不理想时，逃避行为可能会持续下去，甚至可能会变得更加严重。

17. 要消退受负强化维持的行为，涉及不让反应回避或终止它原先设定的后果。

18. 处理受负强化维持的问题行为的一个策略是通过负强化来增强一个更具社会适当性的替代行为。

19. 一些研究结果已经显示，在处理受负强化维持的问题行为时，使用以正强化为基础的干预可能也是有效的。

作为负强化功能的教师和照顾者的反应改变

20. 负强化的另一个维度涉及它对照顾者行为的影响。学生的问题行为是教师逃避和回避的一个 EO，而教师对问题行为的反应是受负强化维持的。

使用负强化的伦理考虑

21. 使用正强化和负强化的伦理考虑主要源自引发目标行为的前提事件（EO）的严重程度。受负强化维持的行为的 EO 大多可被视为厌恶事件。当作为前提刺激呈现时，极度有害的事件作为典型行为改变计划的一部分是不合理的。

22. 使用负强化的另一个考虑是，厌恶刺激的存在本身就可能产生与获得理想行为相竞争的行为。

第 13 章　强化程序表

关键词

附加行为（adjunctive behaviors）
交替程序表（alternative schedule, alt）
行为对照（behavioral contrast）
链接程序表（chained schedule, chain）
复合强化程序表（compound schedule of reinforcement）
并存程序表（concurrent schedule, conc）
连接程序表（conjunctive schedule, conj）
连续强化（continuous reinforcement, CRF）
对降低反应频率的差别强化（differential reinforcement of diminishing rates, DRD）
对高频率行为的差别强化（differential reinforcement of high rates, DRH）
对低频率行为的差别强化（differential reinforcement of low rates, DRL）
固定时距（fixed interval, FI）
固定比率（fixed ratio, FR）
间歇强化程序表（intermittent schedule of reinforcement, INT）
延迟程序表（lag schedule）
限时保留（limited hold）
匹配律（matching law）
混合强化程序表（mixed schedule of reinforcement, mix）
多重程序表（multiple schedule, mult）
强化后暂停（postreinforcement pause）
渐进强化程序表（progressive schedule of reinforcement）
渐进比率强化程序表［progressive-ratio (PR) schedule of reinforcement］
比率张力（ratio strain）
强化程序表（schedule of reinforcement）
淡化程序表（schedule thinning）
联结程序表（tandem schedule, tand）
可变时距（variable interval, VI）
可变比率（variable ratio, VR）

➡ 本章由林珊翻译。

行为分析师认证委员会 BCBA/BCaBA 任务清单（第 5 版）
第一部分：基础
B. 概念和原理
B-5 定义强化程序表并举例。
第二部分：应用
G. 行为改变程序
G-1 使用正强化和负强化程序增强行为。 G-14 使用强化程序减弱行为（如对替代行为的差别强化、功能性沟通训练、对其他行为的差别强化、对低频率行为的差别强化、非依联强化）。 G-22 使用程序促进维持。

©2017 The Behavior Analyst Certification Board, Inc.,® (BACB®). 保留所有权利。本文件的当前版本可在 www.bacb.com 网站查阅。如需转载、复印或分发本文件，或有疑问，请直接联系行为分析师认证委员会。经授权使用。

强化程序表（schedule of reinforcement）是描述强化依联的规则，是确定在什么条件下行为会产生强化的环境安排。连续强化和消退为所有其他强化程序表提供了界限。**连续强化**（continuous reinforcement, CRF）程序表为行为的每一次发生提供强化。例如，使用连续强化程序表的教师会在学生每次正确地认出单词时给予赞扬。能够产生连续强化的行为的例子包括打开水龙头（水流出来）、在黑暗的房间里打开电灯开关（灯亮起来）以及将钱投入自动售货机（获得物品）。在实施消退（EXT）期间，行为的不发生会产生强化（关于消退的详细介绍，参看第 24 章）。

间歇强化

在连续强化和消退之间，可能存在很多**间歇强化程序表**（intermittent schedules of reinforcement, INT），用于强化一些（而非全部）行为的发生。在间歇强化程序表中，只有选定的行为发生才会产生强化。连续强化主要是在学习新行为的初始阶段用于增强新行为。间歇强化程序表用于维持已建立的行为，尤其是在学习的维持阶段。

行为的维持

行为的维持（maintenance of behavior）指的是行为的持久改变。无论使用什么类型的行为改变技术或处理期间的成功程度如何，应用行为分析师都必须关注终止处理计划后的持续性成果。例如，索菲娅是一名七年级学生，正在学习法语，这是她的第一门外语课。过了几周，教师通知索菲娅的家长，她的这门课不及格。教师认为索菲娅在学习法语上的问题是缺乏日常语言练习导致的。家长和教师决定，如果索菲娅学习了 30 分钟的法语，当天晚上就在家庭布告栏上的表格中标一个记号。索菲娅的家长赞扬她完成了练习，并给予鼓励。在三周后的追踪会议期间，家长和教师觉得索菲娅已经做得很好了，可以停止标记号的程序了。不幸的是，几天后，她的法语成绩又一次落后了。

在这个例子中，日常法语语言练习的计划成功执行了。但是，在终止标记号程序后，成果并没有得到维持。家长和教师没有建立间歇强化程序。让我们回顾一下发生了什么，以及本可以采取的更好的方式。

例子中正确地使用了连续强化来培养日常学习行为。但是，在学习行为建立起来并终止标记号程序后，家长应该继续赞扬和鼓励日常练习，然后逐渐减少鼓励。家长可以在索菲娅练习法语期间，每隔一天赞扬一次她的学习成绩，接着减少到每四天一次，然后减少到每周一次，以此类推。使用间歇性赞扬，索菲娅可能就会在终止标记号程序后继续每天练习法语了。

渐进到自然发生的强化

大多数行为改变计划的主要目标之一是发展自然发生的活动、刺激或事件以发挥强化作用。我们希望人们因为喜爱阅读而阅读，而不是为了得到教师或家长的人为强化；我们希望人们因为享受体育活动而运动，而不是为了获得成绩或因为医生的指示；我们希望人们因为能够获得个人满足感而帮忙做家务，而不是为了赚取零用钱。在自然发生强化的进展过程中，间歇强化通常是必需的。虽然有些人因为喜欢音乐而每天花数小时练习弹奏乐器，但这种持续的行为很有可能是逐渐形成的。一开始，初学音乐的学生需要大量的强化才能继续这项活动："你今天练得真好。""我真不敢相信你弹得这么好。""你妈妈告诉我你在比赛中获得了第一名，真厉害！"这些社会性后果要与来自教师、家人和同龄人的其他后果相匹配。随着学生在音乐方面的熟练程度的提高，外部后果发生的频率会降低，而且是间歇性的。最终，即使没有他人的强化，学生还是会花费很长时间弹奏乐器，因为弹奏乐器本身已成为从事这项活动的强化物。

一些人可能将我们的音乐学生从"接受外部强化的人"到"自我强化的音乐家"的转变解释为内部动因的发展，这似乎暗示了个体内在的某些东西是维持行为的原因。从行为学的角度来看，这种观点是错误的。应用行为分析师将内部动因描述为通过操纵物理环境而获得的强化。一些人骑自行车、背包旅行、阅读、写作或帮助他人，是因为对环境的操纵为从事这些活动提供了强化。

定义基本的间歇强化程序表

比率程序表和时距程序表

应用行为分析师在大多数处理计划中直接或间接地嵌入比率和时距的间歇强化程序表，尤其是比率程序表（Lattal & Neef, 1996）。比率程序表要求在一个反应产生强化前先有一定数量的反应。如果比率强化程序表要求10个正确反应，那么只有第10个正确反应才会产生强化。时距程序表要求在一个反应产生强化前先经过一定的时间。如果时距强化程序表要求5分钟的时距，那么只有经过5分钟后个体出现的第一个正确反应才会产生强化。此后，强化依联于前一个被强化的反应后经过5分钟后出现的第一个正确反应。

比率程序表要求出现一定数量的反应才产生强化，一段时间的流逝并不改变数量依联。参与者的反应速率决定了强化的速率。个体越快完成比率要求，强化越早发生。相反，时距程序表要求经过一段时间后，单一反应才产生强化。在使用时距程序表时，个体发出的反应总数与强化物的给予时间和给予频率无关。在使用时距程序表期间，发出高速率反应并不会提高强化速率。强化仅依联于在要求的时间过去后出现的一个反应。强化的可获得性是由时距程序表的时间控制的，而比率程序表中的强化比率是"自我控制"的，这意味着个体越快完成比率要求，强化就越早发生。

固定程序表和可变程序表

应用行为分析师可以安排固定或可变的比率程序表和时距程序表以提供强化依联。在固定程序表中，反应比率或时间要求是固定的。在可变程序表中，反应比率或时间要求可以从一个被强化的反应变为另一个。比率或时距、固定或可变的依联的组合定义了四种基本的间歇强化程序表：固定比率、可变比率、固定时距和可变时距。

程序表的效果和表现的一致性

以下部分定义了四种基本的间歇强化程序表，提供了各种程序表的例子，并介绍了一些来自基础研究的、得到确认的程序表效果。

早期的实验与应用行为分析师（例如，1950—1970年）报告了非人类动物与人类之间的程序表效果的相似性。现在，很多行为分析师质疑本章接下来的部分所提到的程序表效果的泛化性。这个问题是伴随着人类被试研究的推进以及接受人类——而不是非人类动物——拥有语言的事实而产生的。语言行为使人类能够制定和使用规则，从而影响他们对强化程序表的反应（即规则掌控的行为）。杰克·迈克尔（1987）提供了一个语言规则控制程序表依联的例子。

> 人类与非人类的行为有一个极其重要的区别，就是人类有一个巨大的语言技能库，影响着人类行为的大多数方面。除了婴幼儿和重度障碍人士，参与复杂依联的效果研究的人类被试都有这个语言技能库，人们当然也期望语言技能在确定实验结果方面发挥作用。我第一次尝试在有点类似非人类操作式条件作用实验情境中研究人类行为，其中涉及一个简单的区辨程序表。人类被试按下电报键，按照可变时距程序表，得到五分硬币作为强化。不过，这个VI程序表是与一个消退周期交替进行的，当实施VI程序表时，反应控制板上的灯会亮起，当不实施时，灯会熄灭。我只给了最低限度的指令，并没有提到灯的作用。在整个30分钟的时段里，我的第一名被试以适当的高速率按下了电报键，他在灯灭条件期间的速率与在灯亮条件期间的速率没有区别。这个时段结束后，我请他尽可能多地告诉我他做了什么。他说，他因为按键而得到硬币——不是每次按都有，而是偶尔有，而且从来没有在灯灭的时候得到过。我问他为什么灯灭时还继续按。他说他当时想着也许我是想看看他是不是一个坚持不懈的人，一个即使看起来不太会成功但仍继续尝试的人，而他想向我展示他就是那种人。
>
> 他的解释相当合理，至少在其所暗示的社会历史和语言技能库可能发挥的作用方面相当合理，但是，我当然没有将这一事件解读为对行为的区辨训练效果的泛化性的挑战。(pp. 38-39)

在学习后面的有关程序表效果的内容时，要认识到参与者在应用情境中安排的强化程序表上的表现可能与基础实验室研究中预测的作为规则掌控的行为的表现有很大的不同。不过，请永远记得迈克尔在上述引文中关于泛化性的总结性评论。（另请参看本章中的"关于在应用情境中使用强化程序表的观点：间歇程序表的应用研究"。）

定义固定比率

固定比率（fixed ratio, FR）强化程序表要求完成固定数量的反应以获得强化。例如，FR 4程序表是指每4个正确（或目标）反应会产生强化。在FR 15程序表中则需要15个反应才能产生强化。斯金纳（1938）将每个比率要求概念化为一个反应单位。因此，产生强化物的是反应单位，而不仅仅是比率中的最后一个反应。

一些商业和工业上的任务是按FR程序表进行支付的（如按件计酬）。一名工人在完成特定数量的任务（如组装15件设备或采摘一箱柳橙）后可能会得到报酬。一名学生在学会5个新单词后可能会得到一张笑脸贴纸，或在完成10道数学题后得到一定数量的点数。

杰弗里斯、克罗斯兰和米尔滕贝格尔（Jeffries, Crosland, & Miltenberger, 2016）评估了平板电脑应用程序望着我的眼睛蒸汽火车（*Look in My Eyes Steam Train*）和差别强化的有效性。在平板电脑条件期间，一名儿童看着平板屏幕上的模拟眼睛，他会看到一个数字，然后在一个方格里挑选一个与其配对的数字。如果两个数字相配，"屏幕上就会出现一块煤，同时还会听到解说员说的一段赞扬的话"。儿童得到四块煤后，互动式的蒸汽火车游戏会在平板屏幕上出现一分钟。这个例子结合了CRF和FR 4强化程序表，每个正确的数字配对都会产生一块煤和赞扬的话。在四次正确配对后，儿童获得了一分钟的屏幕时间来玩蒸汽火车游戏。(参看本章"复合强化程序表"下的"联结程序表"。)

固定比率程序表的效果

表现的一致性

FR 程序表会产生一种典型的反应模式:(1) 在比率要求的第一个反应出现后,参与者完成所要求的反应,在各个反应之间几乎没有犹豫;(2) 在获得强化后,出现**强化后暂停**(postreinforcement pause)现象(即强化后参与者有一段时间没有反应)。比率的大小和强化的等级大小可能会影响强化后暂停的持续时间(Powell, 1969; Schlinger, Derenne, & Baron, 2008):大比率的要求可能产生长时间的暂停;小比率的要求可能产生短时间的暂停。较低的强化等级大小——与大比率相反——可能产生长时间的暂停,"表明等级大小和比率大小相互作用,决定暂停的程度"(Schlinger et al., 2008, p. 43)。暂停之后,参与者再次完成固定比率要求,在反应与反应之间几乎没有犹豫。分析师通常将 FR 反应的这一特征识别为暂停和行进(break-and-run)模式。

反应速率

FR 程序表通常产生高反应速率。FR 程序表中的快速反应可以最大限度地提供强化,因为反应速率越高,强化速率就越快。人们按固定比率快速工作,因为他们完成比率要求后能够得到强化。

比率的大小可能会影响 FR 程序表中的反应速率。在某种程度上,比率要求越高,反应速率就越高。学生每答对 3 道题,数学教师就在第三个正确答案出现时给予强化。按照这个比率要求,学生可能会在规定时间内完成 12 道题,得到 4 次强化。如果教师将强化依联于答对 12 道题,而不是 3 道题,那么学生可能会在更短的时间内完成更多的题。更高的比率可能会产生更高的反应速率。然而,如果比率要求过高,反应速率就会下降。最高的要求比率一部分取决于参与者过去的 FR 强化历史、动因操作、强化物的质量和等级大小,以及改变比率要求的程序。例如,如果在较长时期内逐渐提高比率要求,就可以达到极高的比率要求。

图 13.1 描绘并总结了 FR 强化程序表产生的典型效果。

定义:强化的给予依联于发出特定数量的反应。

程序表的效果:在强化后出现强化后暂停。在暂停之后,完成比率要求的反应速率较高,反应与反应之间几乎没有犹豫。比率大小既影响暂停,也影响速率。

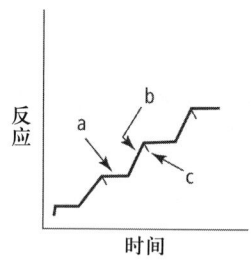

累积反应的典型图表曲线:

a = 强化后暂停
b = 反应"运行"的高速率
c = 在发出第 n 个反应后给予强化物

图 13.1　在强化进行期间的 FR 程序表效果的总结

定义可变比率

可变比率(variable ratio, VR)强化程序表要求完成可变数量的反应以产生强化物。VR 程序表以一个平均(如平均值)数量的反应作为强化的要求。例如,在 VR 10 的程序表中,平均每 10 个正确反应会产生强化。强化可以出现在 1 个、14 个、5 个、19 个反应或 n 个反应后,但强化平均需要 10 个反应(如 1+14+5+19+11=50,50/5=10)。

老虎机(独臂强盗)的运作方式是一个 VR 程序表的好例子。这些机器被设定为只在一定比率的游戏次数内吐钱。玩家无法预测下一次操作是否会中奖。玩家可能会连续赢2次或3次，然后在20次或更多次操作中都不再赢。

德卢卡和霍尔本（De Luca & Holborn, 1992）考察了VR程序表对三名肥胖儿童和三名非肥胖儿童踩运动自行车踏板的速度的影响。在每周的分析中，这些儿童可以在周一至周五使用运动自行车，但没有人鼓励他们这样做。参与者得到的指令是"想运动多久就运动多久"，以启动基线条件。在建立了稳定的

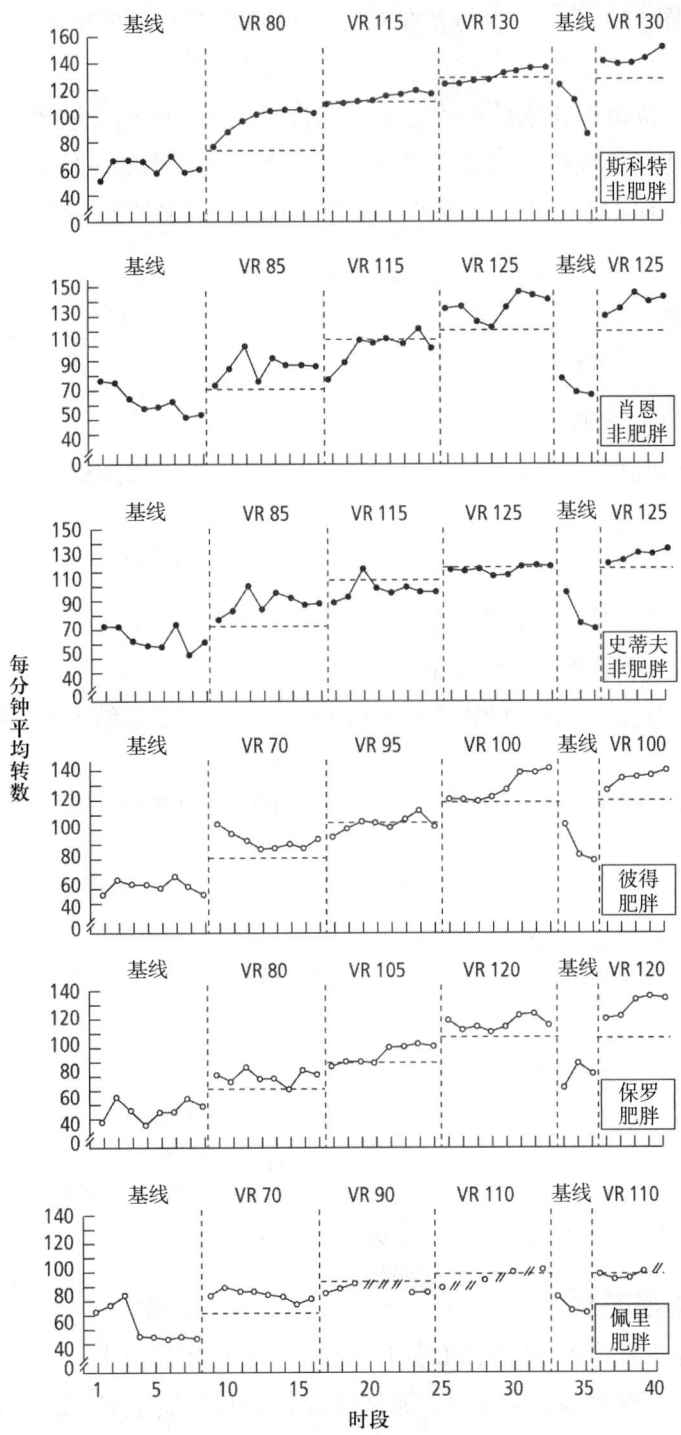

图13.2 肥胖儿童和非肥胖儿童在基线期、VR 1（VR范围为70~85）、VR 2（VR范围为90~115）、VR 3（VR范围为100~130）、返回基线以及返回VR 3阶段的每分钟平均自行车踏板转数。

引自R. V. De Luca & S. W. Holborn (1992). Effects of a Variable-Ratio Reinforcement Schedule with Changing Criteria on Exercise in Obese and Nonobese Boys. 经约翰威立出版有限公司授权转载。

基线踏板转速后，德卢卡和霍尔本引入了 VR 强化程序表。他们计算出了基线期每分钟踏板转数的平均值，并将第一个 VR 依联设定为比基线平均值快约 15% 的踏板转数。在 VR 程序表中，儿童可获得积分以换取后备强化物。德卢卡和霍尔本两次提高了 VR 程序表，每次各提高约 15%。随着每次 VR 值的提高，所有的参与者踩踏板的速度都系统性地增加了，这意味着可变比率越大，反应速率越快。德卢卡和霍尔本报告说，VR 程序表产生的反应速率高于他们先前所做的研究中 FR 程序表产生的反应速率（De Luca & Holborn, 1990）。图 13.2 显示了参与者在基线和 VR（即 VR 范围为 70~85、90~115、100~130）条件下的表现。

学生的行为通常在完成可变比率后产生强化。通常情况下，学生无法预测教师什么时候会要求他回答问题，从而获得强化。好成绩、奖励和晋升都可能在无法预测的反应数量之后获得。在检查作业时，教师可能会在一名学生完成 10 个任务后给予强化，而在另一名学生完成 3 个任务后给予强化，以此类推。

可变比率程序表的效果

表现的一致性

VR 程序表产生一致而稳定的反应速率。它们通常不会像 FR 程序表那样出现强化后暂停。没有反应暂停或许是因为参与者不知道下一个反应什么时候会产生强化。反应保持稳定是因为下一个反应可能就会产生强化。

反应速率

与 FR 程序表类似，VR 程序表通常能产生快速的反应。同样与 FR 类似的是，比率的大小会影响反应速率。在某种程度上，比率要求越高，反应速率就越高。也如同 FR 程序表，当可变比率要求在一段较长的时间内逐渐淡化时，参与者会对极高的比率要求做出反应。图 13.3 总结了 VR 强化程序表通常会产生的效果。

定义：在发出可变数量的反应后给予强化。

累积反应的典型图表曲线：

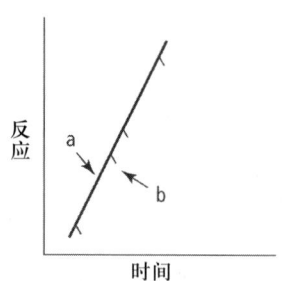

程序表的效果：完成比率要求的反应速率极高，反应与反应之间几乎没有犹豫。强化后暂停并不是 VR 程序表的特征。比率要求的大小影响反应速率。

a = 高而稳定的反应速率
b = 在发出可变数量的所要求反应后给予强化

图 13.3　在强化进行期间的 VR 程序表效果的总结

应用情境中的可变比率程序表

基础研究者使用计算机来选择和编制 VR 强化程序表。在应用情境中，VR 程序表很少以有计划且系统的方式实施。换句话说，在大多数干预中，强化物通常是在随机或偶然之下给予的。这种非系统性的强化给予并不是 VR 程序表的有效使用方法。教师可以选择和准备与基础研究中使用的 VR 程序表相似的 VR 程序表。例如，教师可以使用下列两种方法来设计 VR 比率：（1）针对特定活动选择一个最大比率（如 15 个反应）；（2）使用随机数表来为强化程序表生成特定的可变比率。随机数表可能会生成以下比率序列：8、1、1、14、3、10、14、15 和 6，从而产生一个比率范围为 1~15 个反应的 VR 8 强化程序表（平均每 8 个反应产生一个强化物）。

教师可以将以下 VR 程序作为学业或社交行为的个人或小组的强化依联。

井字游戏（Tic-Tac-Toe）VR 程序

1. 教师为个人或小组设定数字上限，所选择的最大数字越大，达到依联的可能性越小。例如，从 100 个中选到 1 的概率比从 20 个中选到 1 的概率要低。
2. 教师给个人或小组一个井字格。
3. 学生在每个方格内填入不大于最大数字的数字。例如，如果最大数字是 30，井字格可能看起来是这样的：

1	20	13
3	5	30
7	11	6

4. 教师将写了数字（不大于最大数字）的纸条放入箱子或其他容器里，每个数字都应该重复几次。例如，有 5 个 1、5 个 2、5 个 3。
5. 依联于目标行为的发生，学生从箱子里抽出一张纸条。如果纸条上的数字与井字格里的数字相符，学生就在方格里标出该数字。
6. 当学生的标记连成一条线时——水平线、垂直线或对角线，就可以获得强化物。

例如，学生每做完一项作业就可以抽出一张纸条。当井字格里有三个数字连成一条线时，学生可以从班级任务布告栏中选择一项活动（如当教师的小帮手、收牛奶钱、操作投影仪等）作为后果。

课堂抽奖 VR 程序

1. 学生成功完成指定任务后，在卡片上写下自己的名字。
2. 学生将签名卡片放入教师的桌子上的箱子内。
3. 经过一段既定的时距（如一周）后，教师从箱子里抽出一张签名卡片，宣布那名学生为中奖者。抽奖游戏可以有第一名、第二名、第三名，或任意数量的中奖者。学生获得的卡片越多，他们的卡片被抽中的机会就越多。

教师将课堂抽奖的方法用于处理各种学生成就，如阅读非指定的书籍。例如，学生每读完一本书，就在一张卡片上写下自己的名字和书名。每两周，教师从箱子里抽出一张卡片，给中奖的学生一本新书。为了使这本书成为一个格外有吸引力的后果，教师赋予学生将书捐给学校的特权，而且可以在书上签上自己的名字、班级和日期（如"布赖恩·李，五年级，将此书捐赠给上城小学图书馆，2019 年 5 月 8 日"）。

台历 VR 程序

1. 学生收到一个有底座的活页台历。
2. 教师将活页从底座上取下。
3. 教师为学生设定一个最大比率。
4. 教师将卡片从 1 到最大比率依序编号。每个数字都有多张卡片（例如，5 个 1、5 个 2）。如果希望有一个较大的平均比率，教师就多写一些大的数字；如果需要较小的平均比率，教师就多使用较小的数字。

5. 教师用打孔器在卡片上打孔，以便将卡片放入台历底座。
6. 教师或学生将卡片的顺序打乱，然后将卡片面朝下放入台历底座。
7. 指导学生每次翻一张卡片来制作自己的 VR 程序表。在完成这个比率后再翻下一张，产生下一个比率，以此类推。

学生可以使用台历底座为大多数科目（如算术）编制 VR 程序表。例如，拿到算术作业表后，学生可以翻第一张卡片。卡片上写着 5。在学生做完 5 道题后，举手示意教师完成了卡片的比率要求。教师检查学生的答案并提供反馈意见，然后针对答对的题目给予后果。学生翻第二张卡片，比率要求为 1。在完成 1 道题后，获得另一个后果。然后翻第三张卡片，卡片上写着 14。以此类推，直到整叠卡片用完。然后可以添加新的卡片或将原来的卡片重新洗牌以创造一个新的数字序列。洗牌并不会改变原来的平均值。（参看 Kauffman, Cullinan, Scranton, & Wallace, 1972, 关于使用安装在可填充的台历底座上的一副纸牌来创建适用于大多数环境的 FR 和 VR 强化程序表的描述。）

固定时距程序表

固定时距（fixed interval, FI）强化程序表为一段固定的持续时间后出现的第一个反应提供强化。在 FI 3 分钟程序表中，3 分钟后的第一个反应会产生强化物。对 FI 程序表的一个程序上的常见误解是以为仅经过一段时间就给予强化物，以为强化物是在每段固定时距结束时给予的。但是，两个被强化的反应之间的时间可能会比预设的固定时距更长。强化物在固定时距结束后是可获得的，但直到第一个反应出现，才将其给予个体。当经过一段固定时距后的某个时间点上，第一个反应出现时，这个反应会立即得到强化，而在给予强化物的同时，下一个固定时距就开始计时了。这个 FI 循环一直重复到一个训练时段结束为止。

在日常生活中很难找到 FI 程序表的例子。但有一些情况很接近 FI 程序表，并在现实中发挥着作用。例如，邮件通常在每天差不多固定的时间送达。一个人可以每天去信箱查看好几次邮件来了没有，但只有在邮件送达后第一次检查信箱才会产生强化。很多教科书上的 FI 程序表的例子，如上述邮件的例子，并不符合 FI 程序表的定义，但这些例子看起来确实与 FI 程序表相似。例如，按工作的小时数、天数、周数或月数领取薪水依联于产生薪水的那个发薪日的第一个反应。当然，要赚取薪水，就要在时距内做出很多反应，这样最终才能获得薪水。而在真正的 FI 程序表中，时距内的反应并不影响强化。

FI 程序表在应用情境中相对容易使用。在一个 FI 2 分钟程序表中，教师可以针对算术作业表上的正确答案进行强化。教师或学生可以使用具有倒计时功能的电子计时器来提示 2 分钟时距的结束，学生在该时距结束后给出的第一个正确答案会产生强化，然后教师重置计时器，记录下一个 2 分钟时距。类似地，教师可以使用计时应用程序或在时距结束时会振动的小型工具 MotivAiders®（www.habitchange.com）。

固定时距程序表的效果

表现的一致性

FI 程序表通常在时距的早期产生强化后反应暂停。最初反应速率缓慢，但在时距快要结束时，反应速率明显加快，通常在给予强化物前达到最大速率。这种临近时距结束时，反应速率逐渐加快的现象被称作 FI 扇贝曲线（FI scallop），因为其在累积图上呈现为圆角曲线（参看图 13.4）。

FI 强化后暂停和扇贝效应可以在很多日常情境中看到。当大学生被要求上交一篇学期论文时，他们通常不会立即赶到图书馆并着手写论文。更多的时候，他们会等上几天或几周，然后才开始干活。然而，随定义：在指定和恒定的时间后出现的第一个反应产生强化物。

程序表的效果：FI 程序表产生慢速到中速的反应速率，并在强化后出现反应暂停。反应在临近时距结束时速率增加。

累积反应的典型图表曲线：

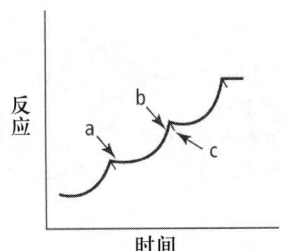

a = 强化后暂停
b = 随着时间的推移和强化开始变得可获得，反应速率增加
c = 强化物的给予依联于时距结束后的第一个正确反应

图 13.4　在强化进行期间的 FI 程序表效果的总结

着上交期限的临近，他们做作业的速度会迅速加快，很多人在上课前才最终把论文写好。期中考试或期末考试前的临时抱佛脚是 FI 扇贝效应的另一个例子。

这些强化暂停和扇贝效应的例子似乎是由 FI 强化程序表产生的。然而，事实并非如此，因为与薪水的例子一样，大学生必须在时距内完成很多反应以写出学期论文或考出好成绩，而学期论文和考试都有最后期限。在 FI 程序表中，时距内的反应与强化无关，而且 FI 程序表并没有设定反应的最后期限。

为什么 FI 程序表会产生特有的暂停和扇贝效应呢？参与者在适应了 FI 程序表后学会了：（1）区辨时间的流逝；（2）紧随一个被强化的反应之后发出的反应不会被强化。因此，在时距早期的消退也许可以说明强化后暂停的原因。FI 和 FR 强化程序表的效果的相似之处在于这两种程序表都会产生强化后暂停。然而，重要的是要认识到在每个程序表下出现的不同行为特征。在 FR 程序表下，反应以稳定的速度发出，直到完成比率要求，而在 FI 程序表下，反应以缓慢的速率开始，在临近每个时距结束时加快。

反应速率

总体来说，FI 程序表往往会产生慢速到中速的反应速率。时距的持续时间会影响强化后暂停和反应速率；在某种程度上，固定时距的要求越高，强化后暂停的时间越长，总体反应速率越低。

可变时距程序表

可变时距（variable interval, VI）强化程序表为经过一段可变的持续时间后出现的第一个正确反应提供强化。VI 程序表的显著特征是"强化与强化之间的时距以随机或近乎随机的顺序变化"（Ferster & Skinner, 1957, p. 326）。行为分析师使用强化机会提供前的平均（即平均值）时距来描述 VI 程序表。例如，在 VI 5 分钟程序表中，前一个强化和后一个强化机会之间的平均时距为 5 分钟。而 VI 5 分钟程序表中的实际时距可能是 2 分钟、5 分钟、3 分钟、10 分钟或 n 分钟（或秒）。

可变时距程序表的效果

表现的一致性

VI 强化程序表往往会产生恒定的、稳定的反应速率。累积图上的 VI 程序表的梯度看起来是一致的，几乎没有反应暂停（参看图 13.5）。VI 程序表通常很少在反应与反应之间产生犹豫。例如，无预告的突击测验往往比按固定时距安排的考试更容易使学生产生一致的学习行为。此外，当有可能进行突击测验时，学生在上课或自习期间会较少参与竞争性的不专注任务行为。突击测验常被用作 VI 程序表的一个例子，因为其表现效果与 VI 表现效果相似。但突击测验并不代表真正的 VI 程序表，因为它要求时距内有反应，对接受强化有最后期限。

定义：在变动的时距后出现的第一个反应产生强化物。

累积反应的典型图表曲线：

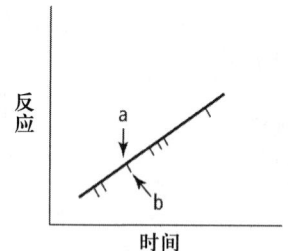

程序表的效果：VI 程序表产生慢速到中速而且恒定的、稳定的反应速率。VI 程序表下的强化后暂停就算有，也很少。

a = 稳定的反应速率；强化后暂停就算有，也很少
b = 强化物给予

图 13.5　在强化进行期间的 VI 程序表效果的总结

反应速率

VI 强化程序表往往会产生低速到中速的反应速率。与 FI 程序表一样，VI 程序表的平均时距会影响反应速率；在某种程度上，平均时距越大，总体反应速率越低。图 13.5 总结了 VI 程序表在强化进行期间通常产生的效果。

应用情境中的可变时距程序表

基础研究者使用计算机来选择和编制 VI 强化程序表，就像设计 VR 程序表那样。教师很少有计划地、系统性地应用 VI 程序表。例如，一位教师可能会使用电子倒计时器设置出从 1 分钟到 10 分钟不等的若干可变时距，但没有事先计划使用哪些时距或时距顺序如何。这种"边实施边设定"的时距选择的做法接近 VI 程序表的基本要求，不过，这并不是实施 VI 程序表时给予强化的最有效的方式。有计划地、系统性地应用变动的时距应该可以提高 VI 程序表的有效性。

例如，应用行为分析师可以选择能够维持行为表现，而且在所处情境中使用依然恰当的最大时距，无论是以秒还是以分钟来计算。应用行为分析师最好使用直接评估的数据来指导最大 VI 时距的选择，或者至少根据直接观察来做临床判断。分析师可以使用随机数表来选择 1 与最大时距之间的不同时距，然后计算平均时距以确定 VI 程序表。VI 程序表可能需要根据时距的选择进行调整。例如，如果较大的平均时距显得合理，那么教师可以将一些较小的时距换成较大的时距。相反，如果平均时距太大，那么教师可以用较小的时距来取代较大的时距。

限时保留的时距程序表

当在时距程序表中加入**限时保留**（limited hold）时，在 FI 或 VI 时距结束后的一段有限时间内，强化仍然处于可获得的状态。参与者如果不在那个有限时间内做出目标行为，就会错失获得强化的机会。例如，在附带 30 秒限时保留的 FI 5 分钟程序表中，在 5 分钟时距结束后的 30 秒内做出的第一个反应会获得强化，但只有在 5 分钟时距结束后的 30 秒内出现反应才会获得强化。如果那 30 秒内没有反应，就会失去强化机会，并开始新的时距。缩写 LH 表示使用限时保留的时距程序表（例如，FI 5 分钟 LH 30 秒，VI 3 分钟 LH 1 分钟）。在时距程序表中使用限时保留，除了可能会增加反应速率外，通常不会改变 FI 和 VI 程序表的总体反应特征。

马滕斯、洛克纳和凯利（Martens, Lochner, & Kelly, 1992）使用社会性强化的 VI 程序表来提高两名 8 岁男孩在三年级课堂上的学业参与度。班主任指出这两名男孩有严重的不专注任务行为。实验者戴着一个连接到微型录音机的耳机，里面装有在固定时间发出提示信号的录音带。在基线期间，将录音带设定为

VI 20 秒强化程序表，针对强化的可获得性，附带 0 秒限时保留。如果男孩们在 20 秒时距内没有表现出参与学业活动的行为，就会失去强化机会，直到下一次提示。在基线期之后，实验者每日以准随机分派的方式交替采用 VI 2 分钟或 VI 5 分钟强化程序表来给予依联赞扬。两名男孩在 VI 5 分钟程序表中的学业参与表现与他们在基线期内的参与表现相似（参看图 13.6）。当实施 VI 2 分钟程序表时，两名学生的学业参与度一致地高于基线或 VI 5 分钟条件下的水平。

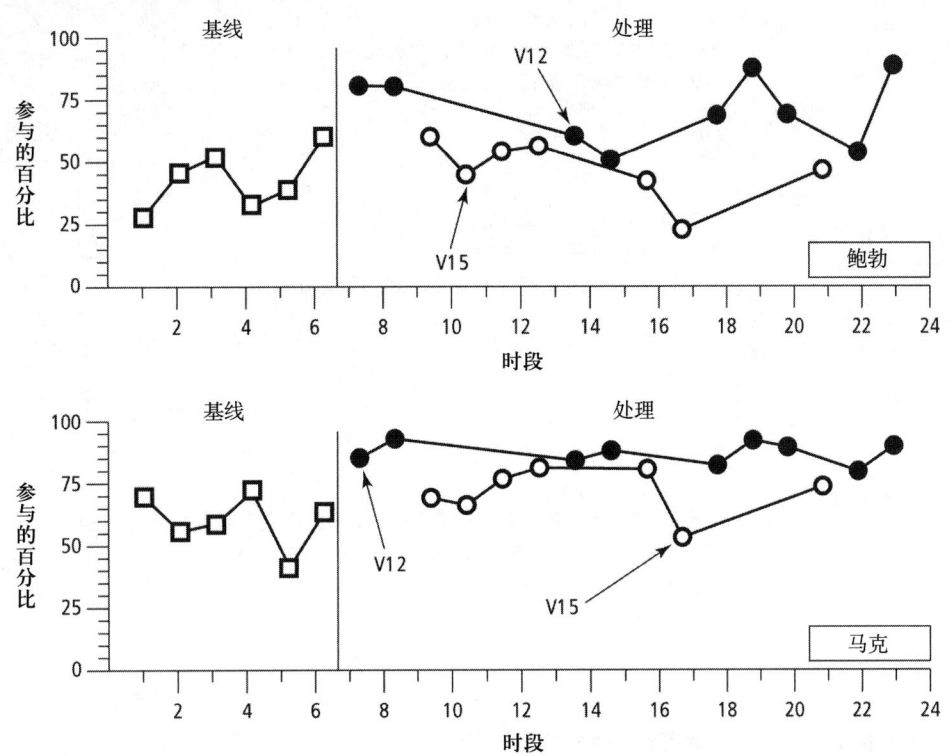

图 13.6 两名三年级男孩在基线（VI 20 秒 LH 0 秒）和处理条件（VI 2 分钟和 VI 5 分钟程序表）下的学业参与情况。

引自 B. K. Martens, D. G. Lochner, & S. Q. Kelly (1992). The Effects of Variable-Interval Reinforcement on Academic Engagement: A Demonstration of Matching Theory. 经约翰威立出版有限公司授权转载。

图 13.7 总结和比较了四种基本的间歇强化程序表。

淡化间歇强化

应用行为分析师通常使用以下两种程序中的一种来**淡化程序表**（schedule thinning）。第一种，他们通过逐渐增加反应比率或时距的持续时间来淡化一个已经存在的强化程序表。如果一名学生已经在连续两个或三个时段内有效地做出加法运算，并且对连续强化程序表反应良好，教师也许能慢慢地淡化强化依联，从答对一题就强化（连续强化）变成使用 VR 2 或 VR 3 程序表。应该以学生的表现来调整淡化的过程，从密集的程序表（即反应产生频繁的强化）到稀疏的程序表（即反应产生较低频率的强化）。应用行为分析师在淡化和持续评估学习者的表现时，应该使用小幅增量来调整淡化过程和避免失去先前取得的进步。

第二种，教师通常使用指令来清楚地传达强化程序表，以促进淡化过程的平稳过渡。指令包括规则、指南和标志。有效的间歇强化不需要参与者察觉环境的依联，但当参与者被告知什么行为表现会产生强化时，指令可以提高干预的有效性。

在从较密集转向较稀疏的强化程序表的过程中，使用突然提高的比率要求可能会产生**比率张力**（ratio strain）。此外，当比率大到强化不能维持反应水平，或反应要求超过参与者的生理能力时，也会产生比率

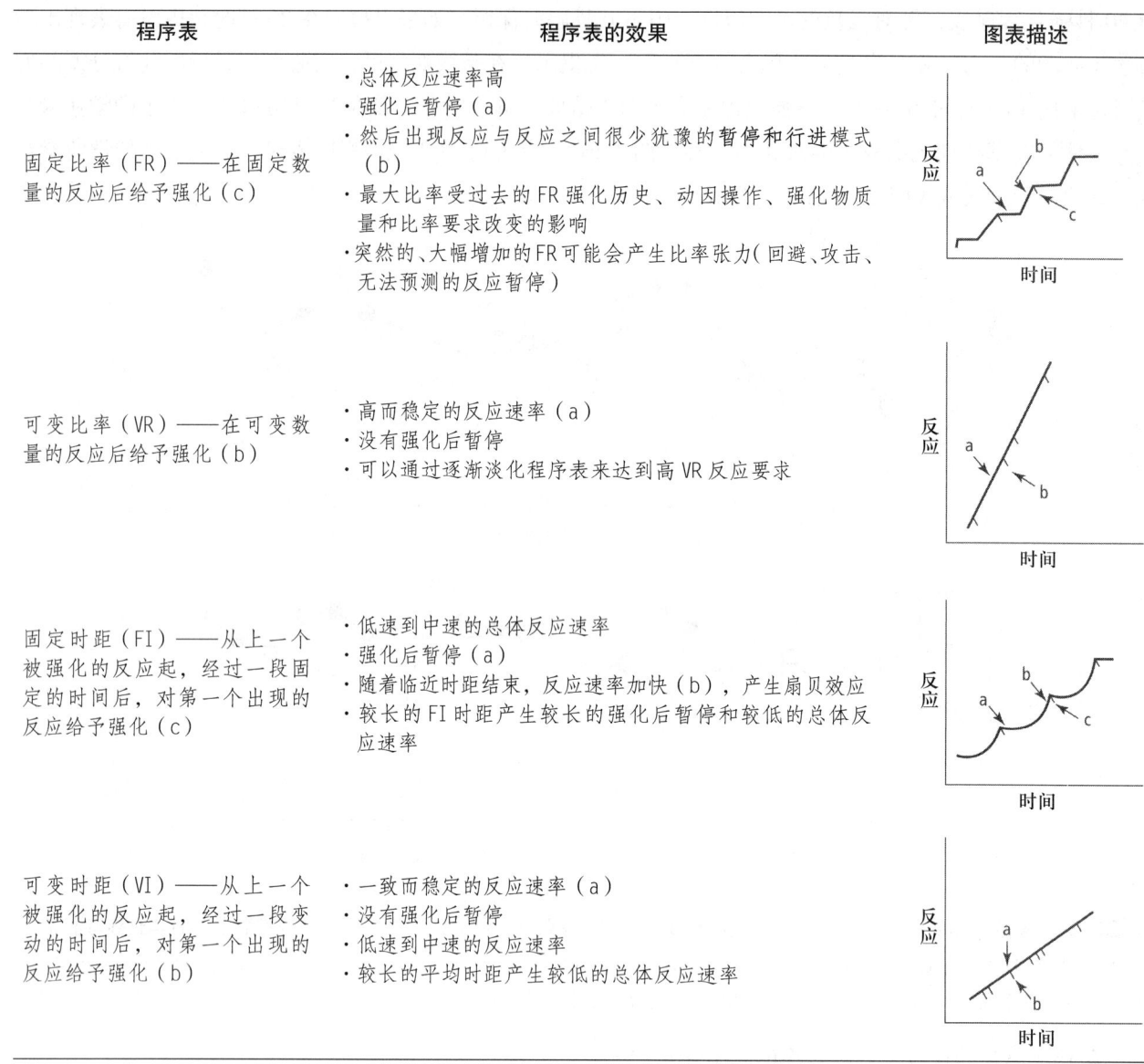

图 13.7　四种基本的间歇强化程序表的比较

张力。与比率张力有关的常见的行为特征包括回避、攻击和无法预测的反应暂停。当比率张力明显可见时，应用行为分析师应该降低比率要求。分析师可以在行为恢复后，再逐渐淡化比率要求。从防范角度而言，小幅度和逐渐地提高比率要求有助于避免比率张力的发展。

基本间歇强化程序表的变体

对反应速率的差别强化程序表

应用行为分析师经常遇到由人们实施某些行为的速率导致的行为问题。反应太不频繁或太频繁可能都不利于社会互动或学业学习。差别强化为与反应速率有关的行为问题提供了一种干预方法。对行为的特定速率的差别强化是比率程序表的一种变体。强化物的给予依联于反应发生的速率高于或低于某个预定的标准。对高于预定标准的反应提供强化被称作**对高频率行为的差别强化**（differential reinforcement of high rates, DRH）。当反应只在低于预定标准时才得到强化，那么该程序表提供了**对低频率行为的差别强化**（differential reinforcement of low rates, DRL）。DRH 程序表产生较高的反应速率。DRL 程序表产生较低的反应速率。

应用行为分析师使用三种方式来定义 DRH 和 DRL 程序表。其中一种定义是，强化只提供给由特定持续时间分隔开的反应，有时被称作间隔反应 DRH（spaced-responding DRH）或间隔反应 DRL（spaced-responding DRL）。反应间隔时间（interresponse time, IRT）是指两个反应之间的间隔时间。IRT 和反应速率是有函数关系的。长的 IRT 产生低反应速率，短的 IRT 产生高反应速率。在 DRH 程序表中，在时间标准过去之前的任何时候出现反应，反应都会产生强化。如果时间标准是 30 秒，那么只有当 IRT 为 30 秒或更少时，参与者的反应才产生强化。

在 DRL 程序表中，在预定的时间标准过去之后出现的反应才会产生强化。如果 DRL 的时间标准还是 30 秒，那么只有当 IRT 为 30 秒或更长时，反应才产生强化。

将 DRH 和 DRL 作为 IRT 强化程序表的第一个定义几乎只用于实验室情境。这样定义的 DRL 和 DRH 在实务情境里缺乏应用有两个明显的原因：（1）大多数实务情境中没有充足的自动化设备来测量 IRT 并使用 IRT 标准给予强化；（2）强化通常但不一定在每个达到 IRT 标准的反应后给予。在大多数教学情境中，这种频繁的强化会干扰学生的学习。然而，随着计算机被大量地运用于教学和学业反应练习，使用以 IRT 为基础的强化程序表来加快或减慢学业反应的机会随之提高。计算机可以监测学业反应间的暂停，并在不太干扰教学活动的情况下为每个达到 IRT 标准的反应提供后果。

基于先前介绍的实验室中用来编制 DRL 程序表的程序，戴茨（Deitz, 1977）标记并描述了另外两个在应用情境中使用对反应速率的差别强化的程序：全时段 DRH 或 DRL，以及时距 DRH 或 DRL。戴茨最初使用全时段和时距程序作为对问题行为的 DRL 干预。不过，全时段和时距程序也适用于 DRH。

如果在时段内的总反应数达到或超过一个数量标准，全时段 DRH 程序表就会提供强化。如果参与者在时段内发出少于特定数量的反应，该行为就不会被强化。全时段 DRL 程序表在程序上与 DRH 程序表相同，不同的是强化提供给达到或低于标准限制的反应。如果参与者在时段内发出的反应超过特定数量，就不给予强化。

DRH 和 DRL 程序表的时距定义指出，在时段内，只有当反应在较短的持续时间内以最小或比较理想的反应速率发生时，才可以获得强化。应用时距 DRH 程序表时，分析师将整个教学时段划分成相等的时距，当学生在时距内发出的反应数量达到或超过一个数量标准时，就在该时距结束时给予强化。时距 DRL 程序表在程序上与时距 DRH 程序表相似，不同的是强化提供给达到或低于标准限制的反应。

对降低反应频率的差别强化（differential reinforcement of diminishing rates, DRD）程序表是指，当反应数量少于基于个人表现而跨时距逐渐降低的标准时（例如，每 5 分钟少于 5 个反应，每 5 分钟少于 4 个反应，每 5 分钟少于 3 个反应），就在一个预定长度的时距结束时提供强化。戴茨和雷普（Deitz & Repp, 1973）使用一个团体 DRD 依联来减少 15 名高中毕业年级女生的不专注任务行为。他们将第一个 DRD 的标准限制设定为在每堂 50 分钟的课上出现 5 次或 5 次以下不专注任务的讲话行为。然后，DRL 的标准限制逐渐减少到 3 次或更少、1 次或更少，直至最后完全不出现讲话反应。当学生在周一至周四保持不关注任务的讲话行为不超过 DRD 限制时，他们就能获得周五的一堂自由课。

前面的 DRD 程序表的例子所使用的程序与全时段 DRL 的程序一样。DRD 也是戴茨（1977）以及戴茨和雷普（1983）所描述的时距 DRL 程序表的一个程序变体。使用时距 DRL 作为干预问题行为的典型程序是，强化的提供依联于在每个短暂的时距内发出一个反应或没有反应。在问题行为稳定在初始标准后，分析师仍维持每个时距内发出一个反应或没有反应的最高标准，但增加时距的持续时间以进一步减少问题行为。逐渐增加时距的持续时间，直到问题行为达到最终的低反应速率。

戴茨和雷普（1983）将时距 DRL 标准设定为大于每时距一个反应，然后逐渐减少每个时距的最大反应数量，而时距的持续时间保持不变（例如，每5分钟少于5个反应，每5分钟少于4个反应，每5分钟少于3个反应，等等）。使用大于每时距一个反应的最大数量标准的DRD程序表和时距DRL程序表是同一程序的不同术语。全时段和时距DRL在应用行为分析中有着悠久的应用历史。DRD则为应用行为分析师提供了一个新的，而且可能是更好的关于时距DRL程序的名称。（关于对反应速率的差别强化的详细介绍，参看第25章。）

使用延迟强化程序表增加反应变异性

反应变异性通常会为扩大重要的行为技能库创造机会，如发展解决问题的技能，改善语言获得和沟通行为，以及提高学术和社交行为水平。行为分析师将反应变异性视为一种操作，因此，反应变异性对强化依联很敏感（Neuringer, 2004; Page & Neuringer, 1985）。**延迟程序表**（lag schedule）是增加反应变异性的一种方法。延迟程序表的强化依联于一个反应以某种预定方式（如不同形态、不同顺序）出现时有别于它之前的一个或多个反应。在Lag 1程序表中，每个与先前反应不同的反应都会产生强化。Lag 2程序表的强化依联于一个与之前的2个反应都不同的反应，Lag 3程序表则要求一个反应与之前的3个反应不同，以此类推。而要在无限的延迟程序表中产生强化，则反应必须有别于之前的所有反应。

维斯科夫和唐纳森（Wiskow & Donaldson, 2016）使用延迟程序表来促进儿童对蔬菜和动物类项目的命名。参与者是初始测试时表现出低变异性水平的三名儿童。这些儿童包括两名典型发育女孩，年龄分别为三岁和四岁，以及一名被确诊为高功能孤独症的六岁男孩。

Lag 0。治疗师发出了初始指令："我们要玩分类游戏，看看你能想到多少东西。轮到你之前，安静地等待。告诉我一个正确的答案，你就会得到一个代币。我们从［某一类］开始。"治疗师在错误的答案后提供一般性的反馈（例如，"很好的尝试，不过香蕉不是蔬菜。"）。治疗师在正确的答案后给予明确的赞扬（例如，"好棒！生菜是一种蔬菜！"）和一个代币。如果儿童没有反应，治疗师就什么也不说，然后轮到下一名儿童。

Lag 1。我们仅在动物类中安排了Lag 1程序表。治疗师给出了下面这个Lag 1时段的初始指令："我们要玩分类游戏，看看你能想到多少东西。轮到你之前，安静地等待。告诉我一个答案，如果跟别人说的不一样，你将会得到一个代币。我们从［某一类］开始。"延迟程序表中的第一个正确反应不包括在内，因为这个程序表要求儿童的反应有别于先前刚刚出现的正确反应。也就是说，在Lag 1条件下，第一名参与者可以说出任何正确的反应并得到赞扬和一个代币。错误的反应不会重置程序表或加入一个因素作为新的程序表要求，当我们计算变异性百分比时，错误的反应不包括在内（pp. 476–477）。

行为分析师越来越关注反应变异性在语言行为发展中的重要性［例如，*intraverbals*, Contreras & Betz, 2016; *tacts*, Heldt & Schlinger, Jr., 2012; *phonemic variability*, Koehler-Platten, Grow, Schulze, & Bertone, 2013; *echoics*, Esch-J.W., Esch-B.E., & Love, 2009;（参看第18章）］。这些研究者（和其他人）已经证明了延迟程序表对增加不同行为（包括语言行为）的变异性的效果和对其他不同类别的参与者（如年龄、性别、残障）的效果。

黑尔特和施林格（Heldt & Schlinger, 2012）研究了Lag 3程序表对增加变异性的影响，尤其是对维持已提高的变异性的影响。参与者是一名患有孤独症和脆性X综合征的13岁男孩和一名有轻度智力障碍的4岁男孩。在Lag 3程序表中，教学者开始在每个时段内进行10次尝试：（1）说出参与者的名字；（2）呈现一张有一系列图像的图片；（3）说："你看到了什么？"当第四个反应与前三个反应都不同时，提供强化。"因此，对于前三个反应，教学者运用了不同形式的强化程序，如同戈茨和贝尔（1973）所描述的程序。到了第四个反应，教学者实施了 Lag 3 程序表，无论之前的四个反应如何（即无论是否都是新的，都是死记硬背的，都是不相关的反应，或这几项的某种组合）。在这个程序表中，教学者忽略了错误的反应，5 秒之内没有反应，或与前三个反应并无不同的反应，而继续进行下一次尝试（p. 133）。"在 Lag 3 时段终止三周后进行追踪调查。结果显示，两名参与者在 Lag 3 时段内的命名的变异性都增加了，而且这个反应的变异性在为期三周的追踪中都维持住了。（参看第 30 章中的延迟程序表。）

渐进强化程序表

渐进强化程序表（progressive schedules of reinforcement）系统地减少了时段内每个连续的强化机会，并且与参与者的行为无关。渐进比率（progressive-ratio）和延迟强化[有时被称作渐进时距（progressive interval）、基于时间的渐进延迟（time-based progressive delay）、延迟渐褪（delay fading）]的强化程序表用于强化物评估和行为干预。

渐进比率强化程序表

1961 年，霍多什（Hodos）引入了固定比率（FR）强化程序表的一种变体，该程序表在时段内以渐增步骤来提高比率要求。例如，时段开始时，对参与者实施 FR 5 强化程序表，参与者发出五个反应后得到强化。在 FR 5 的反应和强化后，按某个特定数量提高强化程序表（如从 FR 5 到 FR 10）。在 FR 10 的反应和强化后，比率再度提高（如从 FR 10 到 FR 15）。这种提高比率要求的模式一直持续到时段结束。分析师改变 PR 程序表要求的方式是：（1）使用算术级数，在每个渐进的比率上增加一个恒定的数量；（2）使用几何级数，连续增加前一个比率的恒定比例（Lattal & Neef, 1996）。这些时段内的改变定义了**渐进比率强化程序表**[progressive-ratio (PR) schedule of reinforcement]（Poling, 2010; Roane, 2008; Schlinger et al., 2008）。[1,2]

在 PR 时段内，当参与者停止做出反应时，比率通常会增加到"停滞点"。将和每个 PR 条件相关的相应的反应数量与各停滞点做比较，可以评估强化物的效力。例如，杰尔姆和斯特迈伊（Jerome & Sturmey, 2008）对三名发展性障碍成人进行了语言和图画的评估，以确定员工偏好。在语言和图画评估之后，杰尔姆和斯特迈伊使用 PR 程序表来评估他们与偏好员工互动的强化物的效力。在三名成人与偏好员工做出积极社会互动的反应下，PR 程序表上的各停滞点均高于与非偏好员工的互动反应。

> 除了用停滞点来衡量强化物的效力，PR 程序表还有一个特征，就是终点程序表数值的遗漏。也就是说，PR 程序表要求通常在整个时段内不断增加，直到反应停止一段时间（如 5 分钟），或达到预定的观察持续时间（时段上限）。因此，当使用 PR 程序表评估行为时，全部的反应输出（相对于反应速率）和停滞点数值是主要的衡量指标。（Roane, 2008, p. 155）

罗恩（2008）在一篇关于 PR 程序表的应用的文章里，建议未来在以下领域开展研究：

- 初始比率大小
- 步骤大小比率的渐进
- 反应形态对 PR 程序表下表现的影响

---

[1] 我们将 PR 强化程序表定义为在时段内增加反应要求，正如霍多什（1961）介绍的那样，但我们认识到，应用行为分析师可能会跨越连续的时段增加反应要求而非在时段内（例如，DeLeon, Iwata, Goh, & Worsdell, 1997; Wilson & Gratz, 2016）。亚尔莫洛维兹和拉塔尔（Jarmolowizc & Lattal, 2010）建议用渐进固定比率（progressive fixed-ratio, PFR）来命名反应要求从一个时段到下一个时段逐步增加的程序表。

[2] 一个逐步升级的强化程序表，其中的连续反应会产生不断增加的强化等级（例如，Romanowich & Lamb, 2010, 2015），不应将其与 PR 强化程序表相混淆。

- 增加的比率与强化物给予值之间可能的相互作用
- 使用 PR 程序表评估精神药理学治疗的效果
- 对 PR 程序表使用转换研究，将应用研究与基础研究联系起来

使用 PR 程序表时的注意事项

波林（2010）指出了下列有关受保护人群和特殊需要人士使用 PR 程序表时的顾虑。

在应用研究中——至少以贝尔、沃尔夫和里斯利（1968）在他们的开创性文章中给**应用**一词下的定义来说——程序表强化物的效力主要在于强化物是否可被用于改善一个具有重要社会意义的目标行为。它在其他情况下如何影响行为，就算是对所关注的人群（如孤独症儿童）而言，也仅在以下情况下才有价值：（1）这些信息很容易获得，因此对特殊需要人士来说成本很低；（2）这些信息使应用行为分析师得以预测程序表强化物的临床效用。PR 程序表并不是一种衡量强化物效力的特别快速的方法。此外，众所周知，暴露在长比率（如接近停滞点时）程序表下是令人厌恶的（例如，Dardano, 1973）。因此，除非有明确的抵消利益，否则，受保护人群不应暴露于 PR 程序表。时至今日，还没有对这种利益存在的证明，也没有研究者为其存在提供令人信服的论据。（p. 349）

延迟强化程序表

应用行为分析师使用了延迟强化程序表来发展自我控制能力（例如，Binder, Dixon, & Ghezzi, 2002; Dixon & Cummins, 2001）。例如，狄克逊和霍尔库姆（Dixon & Holcomb, 2000）使用延迟强化程序表来发展六名被确诊为智力障碍和精神障碍的成人的合作工作行为和自我控制能力。六名成年参与者被分为两组，分别为包括三名男性的小组 1 和包括三名女性的小组 2。在自然基线条件期间，两组得到的指令是通过交换或分享，按类别将扑克牌分成几叠（如红心与红心为一叠）。当组内有人停止分类时，狄克逊和霍尔库姆就终止该组的自然基线时段。

两组在选择基线条件和自我控制训练条件期间完成扑克牌分类任务而获得积分。两组用所获得的积分兑换汽水或录音机等物品，价值从 3 分到 100 分不等。

在选择基线条件期间，参与者可以选择在扑克牌分类开始前立即拿到 3 分，或者等扑克牌分类做完后拿到 6 分。两组都选择了马上拿到数目较少的积分，而不是在延迟强化后拿到较多的积分。

在自我控制训练期间，参与者在进行合作任务时被问道："你是要现在拿 3 分，还是要对扑克牌分类几分几秒后拿 6 分？"（pp. 612–613）。两组的延迟时间最初都是 0 秒。在小组参与任务的表现达到所要求的秒数标准后，予以渐进延迟强化，范围从 60 秒到 90 秒不等。小组 1 的延迟强化的最终目标是 490 秒，小组 2 的是 772 秒。两组都达到了延迟强化的目标。在引入渐进延迟程序后，两组在合作工作的参与度和必要的自我控制能力方面都有所提高，以渐进地选择更大的延迟强化，从而获得更多的积分。图 13.8 显示了两组成人在自然基线、选择基线和自我控制训练条件期间的表现。

应用行为分析师常用功能性沟通训练（FCT）——最受推崇的以功能为基础的干预来减少问题行为（如攻击行为、刻板行为、自伤行为、威胁、逃窜）（Greer, Fisher, Saini, Owen, & Jones, 2016）。当 FCT 中断（参看第 24 章）或强化程序表迅速淡化时，行为可能会复发。如果一个先前已减少的问题行为复发，应用行为分析师可能会实施延迟强化程序表。

例如，史蒂文森、盖齐和瓦伦顿（Stevenson, Ghezzi, & Valenton, 2016）使用 FCT（Carr & Durand, 1985）和延迟强化程序表（被称作延迟渐褪）来处理一名 9 岁孤独症男孩的逃窜行为。FCT 始于功能性行为评估（参看第 27 章）——（1）辨识强化物；（2）辨识强化恰当行为的评估过程。在 FCT 期间，男孩

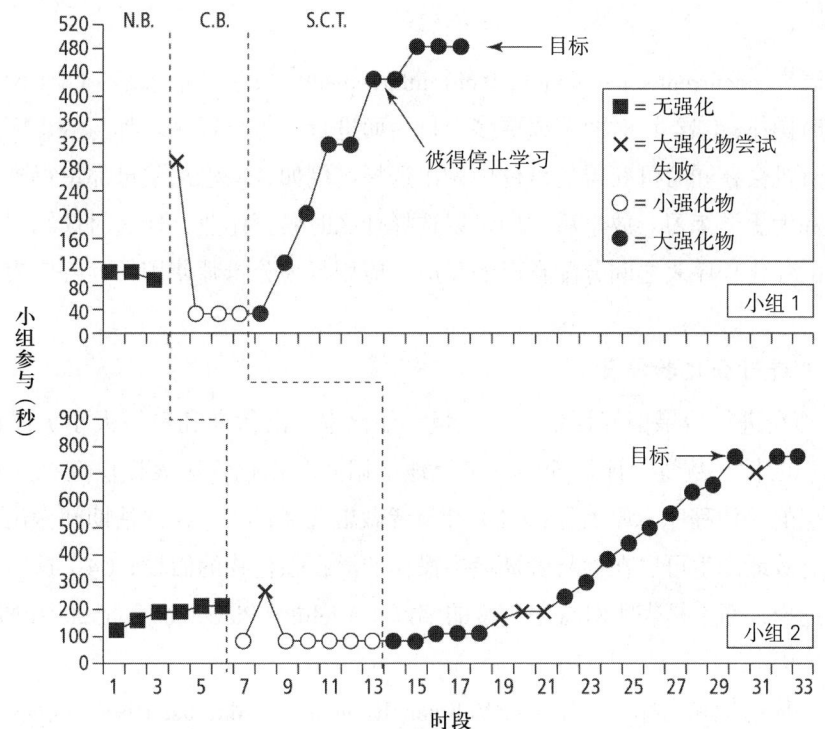

图 13.8 在合作分类扑克牌的并存延迟活动中,每组参与者在自然基线(N.B.)、选择基线(C.B.)和自我控制训练(S.C.T.)期间的参与秒数。实心圆代表正好达到标准的表现,×数据点代表低于标准的参与秒数。

引自 M. R. Dixon & S. Holcomb (2000). Teaching Self-Control to Small Groups of Dually Diagnosed Adults. *Journal of Applied Behavior Analysis*, 33, p. 613. 1992 年版权归实验行为分析协会所有。经授权转载。

学会了恰当地要求获得已被辨识的强化物,他的逃窜行为减少了。史蒂文森等人在男孩在 FCT 条件期间出现行为改善后,采用了延迟渐褪条件。延迟渐褪方法使用的是 FR 1/VI 连接强化程序表。

  在这些时段中,当戴蒙[儿童]要求获得一个物品或活动(即 FR 1 程序表)时,助教说:"你现在必须等待,所以我们继续走路吧。"VI 程序表此时开始计时,戴蒙在时距结束后提出的第一个恰当要求使其获得了相关的物品或活动。VI 成分的数值随着不同的阶段而渐进,当连续三个时段都没有出现逃窜行为时,就从 VI 15 秒调整到 VI 30 秒、VI 45 秒、VI 90 秒,最后是 VI 300 秒。(Stevenson et al., 2016, p. 171)

FCT 和延迟渐褪条件的结果显示,该儿童继续保持恰当的沟通和低频逃窜行为。他学会了等待想要的活动(参看本章后面的连接程序表)。

复合强化程序表

  应用行为分析师将两种或多种基本强化程序表——连续强化(CRF)、四种间歇强化程序表(FR、VR、FI、VI)、对不同反应速率的差别强化(DRH、DRL)和消退(EXT)结合起来,形成**复合强化程序表**(compound schedules of reinforcement)。这些基本成分程序表:

- 可以同时或相继出现;
- 可以在有或没有区辨刺激的情况下出现;
- 使强化依联于反应达到每个成分程序表各自的要求,或依联于反应达到复合程序表的综合要求(Ferster & Skinner, 1957)。

并存程序表

并存强化程序表［concurrent schedule (conc) of reinforcement］发生的情形是：（1）两个或更多个强化依联；（2）独立并同时操作；（3）针对两个或更多个行为而进行。每个程序表都与一个区辨刺激相关联。在自然环境中，人们有机会在同时可获得的事件中做出选择。例如，莎伦从父母那里得到一周的零用钱依联于完成每天的作业和大提琴练习。放学后，她可以选择什么时候写作业，什么时候练习大提琴，她可以在这两个同时可获得的强化程序表之间分配自己的反应。应用行为分析师使用并存程序表来进行强化物评估和行为干预。

使用并存程序表进行强化物评估

应用行为分析师在进行后果偏好评估、反应量（如比率、潜伏期和等级大小）评估和强化物量（如比率、持续时间、即时性、数量）评估期间，广泛地使用并存强化程序表提供选择。对并存程序表做出反应提供了一个理想的评估程序，原因是：（1）参与者做出选择；（2）在评估期间做出选择，这接近自然环境；（3）程序表有效地产生可以在参与者环境中操作的潜在强化物的假设；（4）这些评估要求参与者在各个刺激之间做出选择，而不是表明对特定刺激的偏好（Adelinis, Piazza, & Goh, 2001; Neef, Bicard, & Endo, 2001; Piazza et al., 1999）。

罗恩、沃尔默、林达尔和马库斯（Roane, Vollmer, Ringdahl, & Marcus, 1998）向参与者展示了10个物品，每次展示2个物品。参与者有5秒的时间通过伸手触摸反应来选择一个物品。选择的后果是参与者得到该物品20秒。如果参与者在5秒内没有反应，分析师就会使用语言辅助参与者做出反应，然后等待5秒，看辅助的反应是否出现。如果存在下列情况，就移除那些物品：（1）物品在前五次展示中都未被选中；（2）物品在前七次展示中只被选中两次或少于两次。参与者在剩下的物品中总共做了10次选择。在这10次机会中，物品被选中的次数形成了偏好指数（preference index）。（参看第11章中的"并存程序表的强化物评估"。）

使用并存程序表进行干预

应用行为分析师广泛地使用并存程序表来提高应用情境中的职业、学业和社交技能（例如，Cuvo, Lerch, Leurquin, Gaffaney, & Poppen, 1998; Reid, Parsons, Green, & Browning, 2001; Romaniuk et al., 2002）。例如，霍克、麦科马斯、约翰逊、法兰达和冈瑟（Hoch, McComas, Johnson, Faranda, & Guenther, 2002）为三名孤独症男孩安排了两种并存反应选择机会。这些男孩可以在一个地方与同伴或兄弟姐妹一起玩，或在另一个地方自己玩。霍克及其同事操纵获得玩具（即强化物的等级大小）和偏好物（即强化物的质量）的持续时间。在一个条件下，强化物的等级大小和质量水平在两种情境中是相同的；在另一个条件下，跟同伴或兄弟姐妹一起玩时的强化物的等级大小和质量水平比独自玩时要高。在引入强化物的等级大小和质量水平更高的条件后，男孩将更多的游戏反应分配给与同伴或兄弟姐妹一起玩的情境，而不是独自玩。强化物的等级大小和质量水平影响了这三名男孩的选择。图13.9报告了分配给并存游戏区的反应百分比。

并存程序表的表现：匹配律的形式化

库沃（Cuvo）等人（1998）报告说，并存程序表通常会产生两种反应模式。在实施并存时距程序表（并存VI/VI，并存FI/FI）时，参与者"通常不会将他们所有的反应完全分配给更丰富的程序表［即产生更高强化速率的程序表］；他们在两个程序表之间分配他们的反应，以与在每个独立程序表上实际获得的强化比例相符或接近"（p. 43）。相反，在实施并存比率程序表（并存VR/VR，并存FR/FR）时，参与者对比率程序表非常敏感，因而倾向于通过对产生更高强化速率的比率做出反应来将强化最大化。

威廉斯（Williams, 1973）指出在并存程序表中存在三种类型的交互作用。第一种，当为每个并存反

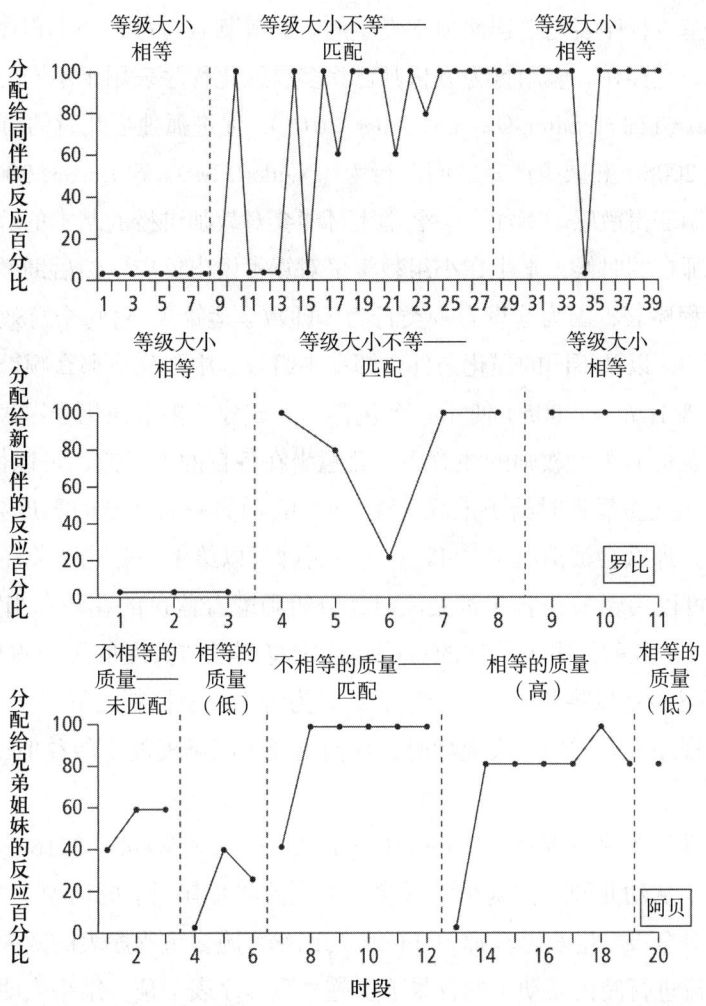

图 13.9 （上图）跨实验时段中，分配给有同伴的游戏区的反应百分比。（中图）自然情境探测中，分配给教室里有不同同伴的游戏区的反应百分比。上图和中图是对罗比的强化等级大小的分析。（下图）跨实验时段中，分配给有兄弟姐妹的游戏区的反应百分比，用于分析阿贝的强化质量。

引自 H. Hoch, J. J. McComas, L. Johnson, N. Faranda, & S. L. Guenther (2002). The Effects of Magnitude and Quality of Reinforcement on Choice Responding During Play Activities. *Journal of Applied Behavior Analysis*, 经约翰威立出版有限公司授权转载。

应安排相似的强化时，得到更高强化频率的反应的速率会增加，而其他行为的反应速率会相应减少。第二种，当一个行为产生强化而另一个行为产生惩罚时，与惩罚相关的反应的发生率会减少。这种减少可能会使产生强化的行为的反应速率增加。第三种，当一个并存程序表设定让一个反应产生强化而让另一个反应产生对厌恶刺激的回避时，回避反应的速率会随着厌恶刺激的强度或频率的增加而加快。随着回避反应的加快，通常强化程序表上的反应会减少。

匹配律（matching law）描述了实施并存强化程序表时，对各个可获得选择的反应的分配情况。一般而言，反应速率与从每个选择中得到的强化速率成正比。并存程序表的表现特征与赫恩斯坦（Herrnstein, 1961, 1970）所正式确定以及库沃等人（1998）和威廉斯（1973）所详述的关系是一致的。

区辨复合强化程序表

区辨刺激（discriminative stimulus, S^D）表明区辨复合强化程序表中每个成分程序表的存在。

多重程序表

多重程序表（multiple schedule, mult）以交替的，通常是随机的顺序呈现两个或更多个基本的强化程序表。多重程序表内的基本程序表是接连而独立发生的。区辨刺激与每个基本程序表相关联，并且只要程序表有效，那个刺激就一直存在。应用行为分析师已将多重强化程序表用于不同的处理条件——例如，淡化密集强化程序表（Greer, Fisher, Saini, Owen, & Jones, 2016），促进孤独症儿童的语言技能（例如，Sidener, Shabani, Carr, & Roland, 2006）和减少严重的问题行为（Neidert, Iwata, & Dozier, 2005）。学业行为可能也会对多重强化程序表的控制变得敏感。例如，一名学生可能会对教师讲授的基本的算术原理做出反应，也会对助教做出反应。有教师在的时候，学生在小组教学里对算术做出反应，然后助教提供个别指导和运算练习。这种情况遵循多重程序表，因为这里有一类行为（即数学运算）、对每个有效的依联的区辨刺激（即教师/助教，小组/个人），以及不同的强化条件（即在小组教学中强化不那么频繁）。

泰格和汉利（Tiger & Hanley, 2005）使用一个包含三个成分的多重强化程序表（$S^{R+}/EXT_1/EXT_2$）教授两名幼儿园儿童如何以及何时吸引教师的注意力。儿童坐在各自的桌子前，可以使用积木和串珠等材料。分析师不看他们，当一名儿童靠近时给予依联关注（S^{R+}），而另一名儿童的靠近会被消退（EXT_1），如果两名儿童都靠近分析师，那么会被消退（EXT_2）。当分析师可以给予一名儿童关注时，分析师戴着红色的花环（区辨刺激）；当可以给予另一名儿童关注时，分析师戴着蓝色的花环；当完全不给予两名儿童关注时，戴着白色的花环。"多重程序表条件的目的是确定将刺激与关注的可获得性（S^{R+}）和不可获得性（EXT_1 和 EXT_2）相关联是否足以将儿童的社会性靠近行为置于刺激控制之下。"（p. 502）当两名儿童在时段开始前收到关于多重程序表安排的口头提醒时，他们出现了区辨表现（参看 Tiger & Hanley, 2004; Tiger, Hanley, & Heal, 2006）。

托雷利、劳埃德、狄克曼和沃赫比（Torelli, Lloyd, Diekman, & Wehby, 2016）将泰格及其同事的系列研究（2004, 2005, 2006）从幼儿园延伸到小学课堂。用托雷利及其同事的话说，"当前研究的目的是评估两所公立小学课堂中，对全班学生获得教师关注的区辨比率实施多重程序表的效果。普通班级教师在共同的教学程序（即小组轮流进行阅读活动）的背景下实施多重程序表干预。结果表明，当教师关注不可获得时，多重程序表干预有效地减少了对关注的破坏性争夺"（p. 1）。

了解更多关于多重程序表在临床评估和治疗中的应用，请参看萨伊尼、米勒和费希尔（Saini, Miller, & Fisher, 2016）的相关文章，以及第 11 章中的"多重程序表的强化物评估"。

雷诺兹（1961）引入**行为对照**（behavioral contrast）这个术语来描述以下影响：（1）多重强化程序表中的一个成分程序表改变了，导致反应速率增加或减少；（2）这样的改变伴随着另一个不改变的成分的反应速率向相反的方向改变。也就是说，改变一个成分程序表的要求可能会影响其他不改变的成分的反应（例如，将多重 FR 3/FI 30 秒改为多重 FR 3/EXT 可能会导致在不改变的 FR 成分中的反应速率增加）。

例如，一位分析师使用下面这项干预来减少一名学生在教室里和操场上的破坏性行为。她设置了一个时距，如果学生在时距内没有在课堂上出现破坏性行为，就在时距结束时给予强化。如果出现了破坏性行为，分析师立即将计时器归零，开始一个新的时距。分析师对操场上的行为不予干预。这个程序有效地减少了学生在课堂上的破坏性行为，而操场上的破坏性行为也维持在较低频率。由于对其他行为的差别强化（DRO；参看第 25 章）的有效性，分析师开始通过延长时距（如 25 分钟、35 分钟和 45 分钟的时距）来淡化课堂的强化程序表。强化程序表的有效淡化维持了课堂上的恰当行为。不过，操场上的破坏性行为有所增加，这个行为对照令分析师感到意外。

虽然大多数关于行为对照的研究是在非人类被试身上进行的，但皮尔斯和埃普林（Pierce & Epling, 1995）得出结论说，这个现象很可能会出现在人类身上。我们同意并建议应用行为分析师在他们的实践中注意行为对照效应。

链接程序表

链接程序表（chained schedules, chain）与多重程序表类似。多重程序表和链接程序表都包含两种或更多种接连出现的基本程序表要求，都包含与每个独立程序表相关联的区辨刺激。链接程序表与多重程序表有三个不同点。第一，链接程序表中的基本程序表总是以特定的顺序出现，而不像多重程序表那样会以随机或不可预测的顺序出现。第二，链中各步骤的行为要求可能是相同的，也可能在不同的步骤有不同的行为要求。第三，在链中第一个步骤中做出反应所得到的条件强化就是链中第二个步骤的呈现；第二个步骤中反应所得到的条件强化就是第三个步骤的呈现，以此类推，直到链中所有的步骤都以特定的顺序完成。在实验室情境中，最后一个步骤通常会产生非条件强化；在应用情境中，最后一个步骤会产生非条件强化或条件强化。

塔博克斯、马德里德、阿圭勒、哈科沃和希夫（Tarbox, Madried, Aguilar, Jacobo, & Schiff, 2009）使用双成分链接程序表［例如，"mun"和"day"表示"Monday"（周一）；"b"和"all"表示"ball"（球）］来发展两名孤独症儿童和一名发育迟缓儿童的仿说行为。

> 在每个串链时段内，治疗师在连续三次教学尝试中尽可能迅速地呈现一个仿说行为（即治疗师在强化了前一次尝试后，立即呈现下一次尝试）。在第一次尝试中，治疗师示范了第一个成分（如"说'mun'"）。如果参与者在5秒内正确地模仿了这个成分，治疗师就给予强化，然后立即示范第二个成分（如"说'day'"）。如果参与者正确地模仿了第二个成分，治疗师就给予强化，并示范整个目标仿说行为（如"说'Monday'"），在参与者正确模仿后给予强化。在这三次尝试中的任何一次出现错误反应，就单独重复那次尝试，之后治疗师会恢复原来的顺序。(p. 903)

下面的例子显示了必须以特定顺序进行的一系列不同的精细行为。在修理自行车车头轴承组的过程中，机修工需要完成包括13个步骤的工作程序：（1）断开前刹车线；（2）卸下车把和车杆；（3）卸下前轮；（4）卸下螺母；（5）拧开调整槽；（6）将前叉从车架上取下；（7）检查槽沟；（8）给下方槽沟上油并更换轴承滚珠；（9）给上方槽沟上油并更换轴承滚珠；（10）给把手杆上油；（11）将前叉装回车架并拧紧调整槽；（12）装上垫圈；（13）调整并锁紧车头轴承组。最后的成果（即一组干净的、上过油的和调整好的自行车车头轴承组）依联于完成全部的13个步骤。（关于行为链的详细介绍，以及应用行为分析师如何帮助个人学习新的和更复杂的行为链，请参看第23章。）

非区辨强化程序表

不同于区辨复合强化程序表，非区辨复合强化程序表中的每个成分程序表的存在并没有与一个区辨刺激相关联。

混合程序表

混合强化程序表（mixed schedules of reinforcement, mix）除了没有区辨刺激来表示独立成分程序表的存在外，它所使用的程序与多重程序表是相同的。例如，在混合 FR 10/FI 1 程序表中，强化有时发生在完成10个反应之后，有时发生在前一次强化后的1分钟时距结束的第一个反应之后。

在讲述多重程序表时提到了泰格和汉利（2005）的研究，他们使用了一个包含三个成分的多重强化程序表（S^{R+}、EXT_1 和 EXT_2）来教幼儿园儿童如何在适当的时候吸引教师的注意力。他们还以时间为基础轮替使用这些成分，而没有使用区辨刺激。这个混合程序表（S^{R+}、EXT_1 和 EXT_2）"可以作为一个基线，用来评估与程序表相关的刺激对儿童的社会性靠近行为的影响"（p. 501）。

联结程序表

联结程序表（tandem schedules, tand）与链接程序表的操作类似，不同之处在于链接程序表里的成分不使用区辨刺激。在联结 FR 15/FI 2 程序表中，参与者做出 15 个反应（FR 15）后，再过 2 分钟后出现的第一个正确反应会产生强化。

杰弗里斯等人（Jeffries et al., 2016）评估了对使用平板电脑的儿童实施 CRF/FR 4 联结强化程序表的有效性。儿童看着平板屏幕上嵌在模拟眼睛里的一个数字（如 7、2），从相应的方格里挑选一个与其配对的数字。如果数字相配，屏幕上就会出现一块煤，同时，儿童还会听到解说员说的一段赞扬的话（CFR）。儿童得到四块煤（FR 4）后，出现了一个互动游戏蒸汽火车，儿童被允许玩一分钟。

虽然基础研究者在混合程序表和联结程序表的效果研究方面已经积累了大量的数据，但关于这两种程序表的应用研究却很少。随着应用行为分析师不断完善科学知识库，非区辨复合强化程序表在行为评估和干预中如何做出贡献，或许会变得显而易见。

结合反应数量与时间的程序表

交替程序表

交替程序表（alternative schedule, alt）为两个或更多个同时可获得的基本强化程序表提供了强化机会。第一个完成的程序表提供了强化，无论先完成程序表中的哪个成分。给予强化后，所有的程序表要求重新开始。在交替 FR 50/FI 5 分钟的程序表中，只要出现以下两种情况中的一种，就给予强化：（1）完成了 50 个正确反应，但 5 分钟的时距还没有结束；（2）发出了 5 分钟后的第一个反应，但发出的正确反应少于 50 个。

例如，一位教师使用交替 FR 25/FI 3 分钟强化程序表，给学生布置了 25 道数学题，3 分钟后检查学生的正确答案和错误答案。如果学生在 3 分钟结束之前完成了 25 道题，教师就检查学生的答案，并提供符合 FR 25 程序表的后果。而如果在 3 分钟之后，没有完成 25 道数学题的比率要求，那么 3 分钟之后的第一个正确答案就会产生强化。交替程序表的好处在于，如果学生在合理的时间内没有达到 FR 要求，可以给他们提供第二次强化机会。FI 为一个反应提供强化，而那个获得强化的反应可能会鼓励学生对新的 FR 要求继续做出反应。

连接程序表

连接强化程序表［conjunctive schedule (conj) of reinforcement］是在两个或更多个强化程序表的反应要求完成后给予强化。例如，当经过至少 2 分钟的时间，并且做出了 50 个反应时，学生的行为会产生强化。这种安排就是一个连接 FI 2/FR 50 强化程序表。在连接强化程序表中，如果达到了反应数量标准，那么时距结束后的第一个反应就会产生强化。

一名 14 岁的孤独症男孩在教学期间对四位治疗师中的两位表现出较高比率的攻击行为。这较高比率的攻击行为是针对先前在不同机构给男孩提供过治疗的两位治疗师。普罗加尔等人（Progar et al., 2001）对男孩进行干预，目标是将男孩对这两位治疗师的攻击行为水平降低到与对当前情境中的另外两位治疗师的攻击行为水平相同。这名男孩是在被他人要求做事（如铺床）时表现出攻击行为的，这个行为受到逃避的维持。最初的干预使用了三种后果：（1）出现试图掐人喉咙的行为时，就让他坐在椅子上，罚时出局 10 分钟；（2）对逃避进行消退（参看第 24 章）；（3）10 分钟时段内没有出现攻击行为，就进行对其他行为的差别强化（DRO；参看第 25 章）。这一干预与其他机构对男孩采用的治疗方法相同。在当前情境中，这项干预对减少男孩的攻击行为无效。

由于最初的干预无效，普罗加尔及其同事在干预中加入了连接 FR/VI–DRO 强化程序表。他们给予可食用的强化物依联于完成包含三个成分的任务,如掸灰尘或整理物品(即 FR 3 程序表),以及平均每 2.5 分钟不出现攻击行为(即 VI-DRO 150 秒)。如果出现了攻击行为,就要重置连接程序表(注:重置这个连接程序表使用的是标准程序,因为在 DRO 时距内,只要发生问题行为,就立即重置时间,从头开始)。普罗加尔及其同事证明,这种连接 FR VI-DRO 程序表大大减少了男孩对先前来自其他治疗机构的两位治疗师的攻击行为。

杜文基和波彭(Duvinky & Poppen, 1982)发现,人们在连接程序表中的表现会受到比率和时距要求的影响。当任务要求相对于时距要求较高时,人们很可能会在整段时间内稳定地工作。然而,当呈现高时距要求和低比率要求时,人们很可能会去做任务要求以外的行为。

表 13.1 描述了上述的复合强化程序表,并提供了例子。表 13.2 比较了这些程序表的定义性维度。

表 13.1　复合强化程序表的描述和例子

区辨复合强化程序表

程序表	描述	例子
并存程序表(conc)	两个或更多个强化程序表,每个程序表都有相关联的 S^D,独立和同时地操作两个或更多个行为。	学生拿到两张数学作业表,蓝色作业表上的是加法题,白色作业表上的是减法题。学生可以做其中一张,也可以两张都做,每答对 10 道加法题和每答对 5 道减法题,就可以获得一个强化物。[conc FR 10/FR 5]
多重程序表(mult)	两个或更多个基本强化程序表通常以随机顺序接连操作同一行为。每个成分程序表都有相关联的 S^D。每当反应达到实施中的程序表的反应要求时,就给予强化。	在每天的数学题练习时间,学生拿到一张蓝色作业表或白色作业表。每天都以随机方式分配两种颜色的作业表。无论哪张作业表,都包含 100 道加法题。在拿到蓝色作业表的那一天,学生每答对 10 道题就会获得强化物。在拿到白色作业表的那一天,学生每答对某个不固定数量(平均 5 道)的题目,就会获得强化物。[mult FR 10/VR 5]
链接程序表(chain)	两个或更多个基本程序表,每个都有相关联的 S^D,以特定顺序操作。成分程序表可能要求同一行为或不同行为。必须达到第一个成分的反应要求,才能呈现第二个成分的 S^D,以此类推,直到链中的所有元素都完成。在应用情境中,完成最后一个元素通常会产生非条件或条件强化。	学生拿到包含 20 道加法题的作业表。当学生答对了所有的题目时,会拿到第二张作业表,其中包含 10 道减法题。在答对 10 道减法题后,学生会获得强化物。[chain FR 20/FR 10]

非区辨复合强化程序表

程序表	描述	例子
混合程序表(mix)	两个或更多个基本程序表通常以随机顺序接连呈现。然而,与多重程序表不同的是,每个成分程序表都没有 S^D 来发出信号。	学生每天拿到的是相同颜色的数学作业表。有时,学生答对 10 道题后会获得强化物;有时,在前一次强化后,过完 1 分钟时距后的第一个正确答案会产生强化。[mix FR 10/FI 1]
联结程序表(tand)	两个或更多个基本程序表像链接程序表一样以特定的顺序操作。然而,与链接程序表不同的是,每个成分程序表都没有相关联的 S^D。	学生拿到一张有数学题的作业表。完成 15 道题就可以获得一个强化物,然后,2 分钟后完成的第一道题也会产生一个强化物。[tand FR 15/FI 2]

（续表）

程序表	描述	例子
	结合反应数量和时间的复合强化程序表	
交替程序表（alt）	强化是通过达到两个或更多个同时可获得的成分程序表中的任何一个的反应要求而获得的。获得强化与达到的是哪个成分程序表的要求无关。所有的成分程序表要求在强化后会被重置。	学生拿到一张有数学题的作业表并得到指令开始做作业。如果在3分钟内答对了15道题，就会获得一个强化物。如果在3分钟内没有达到FR要求，那么3分钟后的第一个正确答案就会产生强化。[FI 3-min/FR 15]
连接程序表（conj）	完成两个或更多个同时操作的强化程序表反应要求后，给予强化。	学生拿到一张有数学题的作业表。在答对15道题后，再过2分钟后的第一个正确答案会产生强化。[conj FR 15/FI 2]

表 13.2 复合强化程序表的定义性维度

维度	并存	多重	链接	混合	联结	交替	连接
成分程序表的数量	2个或更多	2个或更多	2个或更多	2个或更多	2个或更多	2个或更多	2个或更多
涉及反应类的数量	2个或更多	1个	1个或更多	1个	1个或更多	1个	1个
区辨刺激或每个成分程序表的提示	可能	是	是	否	否	可能	可能
成分程序表的接连呈现	否	是	是	是	是	否	否
成分程序表的同时呈现	是	否	否	否	否	是	是
强化只限于最后一个成分程序表	否	否	是	否	是	否	是
必须达到每个成分程序表的反应要求才给予强化	是	是	否	是	否	是	否

关于在应用情境中使用强化程序表的观点

间歇程序表的应用研究

基础研究者已经系统地分析了间歇强化程序表对行为的影响（例如，Ferster & Skinner, 1957）。他们的研究结果产生了明确的程序表效果。这些程序表效果在跨很多物种、反应类和实验室中具有很强的泛化性。然而，回顾有关程序表效果的应用文献（例如，*Journal of Applied Behavior Analysis*, 1968—2016）会发现，应用行为分析师并没有像基础研究者那样热情地接受对程序表效果的分析。因此，在应用情境中，程序表效果还没有被清楚地记录下来。在应用情境中，如下所列的一些非控制变量会影响参与者对强化程序表的敏感度和不敏感度。

1. 应用行为分析师发出的指令、自我指令和环境辅助工具（如日历、闹钟）会使参与者阻抗时间程序表的控制。
2. 对间歇强化程序表的反应历史可能会影响对当前实施的程序表的敏感度或不敏感度。
3. 来自强化程序表的近期历史可能比久远历史更能影响当前程序表中的表现。
4. 间歇强化程序表在很多实际应用中所要求的序列反应（如通过工作来获得薪水，为通过突击测验而学习）在强化程序表中是不常见的应用，尤其是时距程序表。
5. 应用情境中的非控制建立操作与强化程序表结合会混淆强化程序表的效果。

本章前面介绍了一些在基础研究中得到证实的程序表效果。然而，应用行为分析师在将这些效果推广到应用情境中时应小心谨慎，理由如下：

1. 强化程序表的大部分应用只是近似真实的实验室强化程序表，尤其是那些在自然环境中很少发生的时距程序表（Nevin, 1998）。
2. 应用情境中的很多非控制变量会影响参与者对强化程序表的敏感度和不敏感度（Madden, Chase, & Joyce, 1998）。

复合程序表的应用研究

虽然已有大量关于多重程序表、并存程序表和链接程序表的应用研究报告，但关于应用情境中的非区辨复合强化程序表效果的研究却很少。我们鼓励应用行为分析师探索混合程序表、联结程序表、交替程序表和连接程序表的使用。如此可以揭示这些复合程序表在应用情境中的效果以及它们与其他环境变量（如前提刺激、动因操作）的相互作用（Lattal & Neef, 1996）。

附加行为的应用研究

本章强调了强化程序表对产生强化的特定行为的影响。不过，当个体对某个特定的强化依联做出反应时，可能还会出现其他行为。这些其他行为是独立于程序表控制而发生的。这些行为的典型例子包括常见的消磨时间的行为，如涂鸦、吸烟、闲聊和喝酒。这样的行为被称作**附加行为**（adjunctive behaviors）或受程序表诱导的行为，因为这些消磨时间的行为的频率增加是其他受强化程序表维持的行为的副作用（Falk, 1961, 1971）。

关于非人类被试的很多类型的附加行为，已有相当多的实验文献（参看评论：Staddon, 1977; Wetherington, 1982），针对人类被试的基础研究也有一些（例如，Kachanoff, Leveille, McLelland, & Wayner 1973; Lasiter, 1979）。在实验室中观察到的各种附加行为的常见例子包括攻击、排便、异食和跑滚轮。而一些常见的过度的人类问题行为可能会发展为附加行为（如滥用毒品、烟草、咖啡因和酒精，暴饮暴食，咬指甲，自我刺激，自我虐待）。这些潜在的过度的附加行为具有重要社会意义，但这种过度行为作为附加行为而被发展和维持下去的可能性在应用行为分析研究中基本上被忽略了。

福斯特（1978）在写给《应用行为分析杂志》的读者的延伸说明中指出，应用行为分析师忽视了附加行为这个潜在的重要领域。他说，应用行为分析研究中没有关于附加现象的数据或知识基础。类似地，埃普林和皮尔斯（1983）呼吁应用行为分析师将从实验室中得到的附加行为的研究发现扩展到对具有重要社会意义的人类行为的理解和控制上。据我们所知，莱尔曼、艾瓦塔、萨尔科内和林达尔（Lerman, Iwata, Zarcone, & Ringdahl, 2017）的文章提供了从1968年到2016年发表在《应用行为分析杂志》上的唯一有关附加行为的研究报告。莱尔曼及其同事对作为附加反应的刻板行为和自伤行为进行了评估。这项初步研究的数据显示，间歇强化并没有诱发自伤行为，但在某些人身上，刻板行为会表现出附加行为的特征。

福斯特（1978）以及埃普林和皮尔斯（1983）警告说，很多教师和治疗师可能会直接对附加行为实施干预，而不是对与其发生有功能关系的变量实施干预。这些直接干预可能徒劳无功，而且在金钱、时间和精力上所费不赀，因为附加行为似乎对使用操作依联的干预有阻抗。

附加行为在什么条件下发展和维持下去是未来应用行为分析的一个主要研究领域。针对附加行为的应用研究将推动应用行为分析这门科学的发展，并为改善治疗和教学实践提供重要基础。

摘要

间歇强化

1. 强化程序表是一个规则，它规定了行为的特定发生将产生强化的概率。
2. 连续强化和消退为所有其他强化程序表提供了界限。
3. 在间歇强化程序表中，只有选定的行为发生才会产生强化。
4. 连续强化（CRF）是用来增强行为的，主要用于学习新行为的初期阶段。
5. 间歇强化（INT）用于维持已建立的行为，尤其是在学习的维持阶段。

定义基本的间歇强化程序表

6. 比率程序表要求在一个反应产生强化前先有一定数量的反应。
7. 时距程序表要求在一个反应产生强化前先经过一定的时间。

程序表的效果和表现的一致性

8. 固定比率（FR）程序表要求在一个反应产生强化前先完成特定数量的反应。
9. FR 程序表会产生一种典型的反应模式：（1）在比率要求的第一个反应出现后，参与者完成所要求的反应，在各个反应之间几乎没有犹豫；（2）在获得强化后，出现强化后暂停现象。
10. 比率的大小和强化的等级大小可能会影响强化后暂停的持续时间。
11. 可变比率（VR）强化程序表要求在一个反应产生强化前先完成可变数量的反应。VR 程序表以一个平均（如平均值）数量的反应作为强化的要求。
12. VR 程序表产生一致而稳定的反应速率。它们通常不会像 FR 程序表那样出现强化后暂停。
13. 固定时距（FI）程序表为在前一个被强化的反应之后，经过一段特定的、恒定的持续时间后出现的第一个行为提供强化。强化物在固定时距结束后是可获得的，但直到第一个反应发出，才将其给予个体。
14. FI 程序表通常在时距的早期产生强化后反应暂停。最初反应速率缓慢，但在时距快要结束时，反应速率明显加快，通常在给予强化物前达到最大速率。这种临近时距结束时，反应速率逐渐加快的现象被称作 FI 扇贝曲线，因为其在累积图上呈现为圆角曲线。
15. 可变时距（VI）程序表为经过一段可变的持续时间后出现的第一个反应提供强化。
16. VI 强化程序表往往会产生低速到中速的稳定的反应速率。累积图上的 VI 程序表的梯度看起来是一致的，几乎没有反应暂停。
17. 当在时距程序表中加入限时保留时，在 FI 或 VI 时距结束后的一段有限时间内，强化仍然处于可获得的状态。

淡化间歇强化

18. 有两种程序常用来淡化程序表。第一种，逐渐增加反应比率或时距的持续时间。第二种，使用指令来清楚地传达强化程序表，以促进淡化过程的平稳过渡。指令包括规则、指南和标志。
19. 为了调整淡化过程和避免失去先前取得的进步，以小幅增量来改变程序表。
20. 在从较密集转向较稀疏的强化程序表的过程中，突然提高比率要求可能会产生比率张力。

基本间歇强化程序表的变体

21. 对高频率行为的差别强化（DRH）和对低频率行为的差别强化（DRL）是比率程序表的变体，它们提供强化依联于反应发生高于或低于反应速率标准。

· DRH 程序表产生较高的反应速率。

· DRL 程序表产生较低的反应速率。

22. 对降低反应频率的差别强化程序表是指，当反应数量少于基于个人表现而跨时距逐渐降低的标准时，就在一个预定长度的时距结束时提供强化。

23. 延迟程序表是增加反应变异性的一种方法。延迟程序表的强化依联于一个反应以某种预定方式（如不同形态、不同顺序）出现时有别于它之前的一个或多个反应。

24. 渐进比率强化程序表是固定比率（FR）程序表的变体，它的比率要求在时段内按增幅提高。

复合强化程序表

25. 连续强化、四种基本间歇强化程序表、对反应速率的差别强化和消退，这些程序的结合产生了复合强化程序表。

26. 复合程序表中的基本成分程序表：（1）可以相继或同时出现；（2）可以在有或没有区辨刺激的情况下出现；（3）使强化依联于反应达到每个成分程序表各自的要求，或达到复合程序表的综合要求。

27. 多重程序表（mult）以交替的，通常是随机的顺序，呈现两个或更多个基本的强化程序表。多重程序表内的基本程序表是接连而独立发生的。区辨刺激与每个基本程序表相关联，并且只要程序表有效，那个刺激就一直存在。

28. 行为对照描述了以下影响：（1）多重强化程序表中的一个成分程序表改变了，导致反应速率增加或减少；（2）这样的改变伴随着另一个不改变的成分的反应速率向相反的方向改变。

29. 并存强化（conc）程序表发生的情形是：（1）两个或更多个强化依联；（2）独立并同时操作；（3）针对两个或更多个行为而进行。每个程序表都与一个区辨刺激相关联。

30. 链接程序表（chain）与多重程序表类似。多重程序表和链接程序表都包含两种或更多种接连出现的基本程序表要求，都包含与每个独立程序表相关联的区辨刺激。

31. 混合强化程序表（mix）除了没有区辨刺激来表示独立成分程序表的存在以外，它所使用的程序与多重程序表是相同的。

32. 联结程序表（tand）与链接程序表的操作类似，不同之处在于链接程序表里的成分不使用区辨刺激。

33. 交替程序表（alt）为两个或更多个同时可获得的基本强化程序表提供了强化机会。第一个完成的程序表提供了强化，无论先完成程序表中的哪个成分。给予强化后，所有的程序表要求重新开始。

34. 连接强化程序表（conj）是在两个或更多个强化程序表的反应要求完成后给予强化。

关于在应用情境中使用强化程序表的观点

35. 本章前面介绍了一些在基础研究中得到证实的程序表效果。然而，应用行为分析师在将这些效果推广到应用情境中时应小心谨慎。

36. 应用行为分析师应将对基本间歇程序表和复合程序表的分析纳入其研究议程。更好地了解应用情境中的程序表效果将推动应用行为分析研究的发展及其应用。

37. 附加行为（如涂鸦、吸烟、闲聊和喝酒等消磨时间的行为）在什么条件下发展和维持下去是未来应用行为分析的一个重要研究领域。

第五部分

惩罚

第14章　正惩罚

第15章　负惩罚

惩罚是一个基本的学习原理。虽然惩罚经常被认为是坏事——强化的不幸的邪恶的孪生兄弟——但对学习而言，惩罚与强化同样重要。从产生疼痛、不适或失去强化物的后果中学习，对个体和物种而言都具有生存价值。

同强化一样，在惩罚依联中充当后果的刺激改变可以用以下两种类型的操作来描述："一个新的刺激被呈现"和"一个现有的刺激被去除"。第14章开篇定义了惩罚的基本原理，并根据对反应抑制后果的操作区分了正惩罚与负惩罚。这一章的其余部分聚焦于惩罚的副作用与局限性、影响惩罚有效性的因素、涉及正惩罚的干预的例子、有效使用惩罚的准则，以及与在应用情境中使用惩罚有关的伦理考虑。第15章介绍了两种以负惩罚为基础的行为改变策略：从正强化中罚时出局和反应代价。本章中的例子展示了罚时出局和反应代价是如何减少或消除不良行为的，而准则为有效实施这些策略提供了方向。

第 14 章 正惩罚

关键词

行为对照（behavioral contrast）

条件惩罚物（conditioned punisher）

惩罚的区辨刺激（discriminative stimulus for punishment）

泛化型条件惩罚物（generalized conditioned punisher）

负惩罚（negative punishment）

过偿纠正（overcorrection）

正向练习过偿纠正（positive practice overcorrection）

正惩罚（positive punishment）

惩罚物（punisher）

惩罚（punishment）

惩罚之后的恢复（recovery from punishment）

反应阻挡（response blocking）

反应中断与重新引导（response interruption and redirection, RIRD）

恢复性过偿纠正（restitutional overcorrection）

➡ 本章由田凯倩翻译。

行为分析师认证委员会 BCBA/BCaBA 任务清单（第 5 版）
第一部分：基础
B. 概念和原理
B-6 定义正惩罚依联和负惩罚依联并举例。
B-8 定义非条件强化物、条件强化物和泛化型强化物、泛化型惩罚物并举例。
第二部分：应用
G. 行为改变程序
G-16 使用正惩罚和负惩罚（如罚时出局、反应代价、过偿纠正）。
H. 选择和实施干预
H-4 当希望一个目标行为减少时，选择一个可接受的替代行为建立或增加。
H-5 当使用强化、消退和惩罚程序时，针对可能产生的不良影响做准备。

©2017 The Behavior Analyst Certification Board, Inc.,® (BACB®). 保留所有权利。本文件的当前版本可在 www.bacb.com 网站查阅。如需转载、复制或分发本文件，或有疑问，请直接联系行为分析师认证委员会。经授权使用。

你是否曾在漆黑的房间里走得太快而踢伤脚趾，然后便放慢脚步去开灯？你是否曾被锤子砸伤手指，然后下次挥动锤子前会避免以相同的方式握钉子？你是否曾在海滩派对上将三明治放在一旁不管，看着海鸥把它叼走，然后再也不会让从野餐篮里拿出来的食物离开你的视线？如果你有这些或类似的经历，那么你就已经是惩罚的受益者了。

把踢伤脚趾、砸伤手指或失去美味三明治的人称作惩罚的受益者而非"受害者"，这看起来可能很奇怪。虽然很多人认为惩罚是一件坏事——强化的邪恶的对立物——但对学习而言，惩罚与强化同样重要。

从产生疼痛、不适或失去强化物的后果中学习，对有机个体和我们人类而言都具有生存价值。惩罚教会我们不要重复做出那些会造成伤害的行为。幸运的是，我们通常不需要踢伤太多次脚趾或砸伤太多次手指就能减少产生那些结果的行为。虽然惩罚是一种自然现象，也是操作式条件作用的基本原理之一，但人们对它的理解并不深刻，而且经常误用，它在应用上也存在争议。关于在行为改变计划中使用惩罚而产生的一些误解和争议，至少可以归因于两个方面：一方面，实务工作者混淆了惩罚作为从实证中衍生的行为原理与它的日常用法及其法律含义；另一方面，实务工作者完全误用了惩罚。

惩罚通常被理解为对厌恶后果的应用——诸如身体上的疼痛、心理上的伤害、失去特权或罚款——为了教导行为不当的人，使其不再犯相同的错误。惩罚实施者或机构有时将惩罚当作一种行为报应来使用，或是为了"给别人上一课"，告诉他们如何做事。由法律制度实施的惩罚，如监禁和罚款，通常被认为是那些被定罪的违法者必须向社会还债的过程。

这些日常和法律上的惩罚概念，虽然在其各自的语境中具有不同程度的有效性和实用性，但事实上，这与作为行为原理的惩罚没有什么关系。在惩罚的日常含义中，大多数人会认为，教师将在课堂上出现不当行为的学生送至校长办公室，或警察向超速行驶的驾驶者开具罚单，都是在惩罚违规者。但是，作为一个行为原理，惩罚不是为了惩罚人；惩罚是一种反应→后果的依联，它能够抑制相似反应的未来发生频率。从行为分析的科学与实践的角度来看，去校长办公室报到并未惩罚到在课堂上胡闹的行为，除非去校长办公室报到使学生未来在课堂上胡闹的行为的发生率降低，而警察的罚单也没有惩罚到超速行驶的行为，除非驾驶者在收到罚单之后超速行驶的次数变少了。

在本章中，我们定义了惩罚，确定了影响惩罚有效性的因素，讨论了惩罚的副作用和局限性，描述了几个包含惩罚的行为改变策略的例子，提出了有效使用惩罚的准则，并讨论了使用惩罚的伦理考虑。在本章中的结论部分，我们提醒行为分析师注意惩罚在学习中的自然的和必要的作用，强调需要开展更多有关惩罚的基础研究和应用研究，并指出采用多种差别强化选择、刺激控制程序、从正强化中罚时出局（time-out from positive reinforcement）、反应阻挡（response blocking）和依联限制（contingent restraint）来取代以非条件惩罚物（unconditioned punisher）为备选技术的策略。

惩罚的定义与特征

这一部分介绍了定义惩罚的功能关系，说明了可以实施惩罚的两种操作，指出了可以作为惩罚物（punisher）的后果类型，解释了惩罚的区辨效果，并描述了惩罚之后的恢复效果。

惩罚的操作与效果界定

同强化一样，惩罚是根据它对行为频率的影响来界定的二项功能关系。当反应之后立即跟随一个可以减少这类行为的未来发生频率的刺激改变时，**惩罚**就产生了。

哈勒及其同事（1971）的一项早期研究提供了一个简单的惩罚例子。安德烈娅是一名有听力障碍的7岁女孩，"她一有机会就捏或咬自己、同伴、老师和教室里的访客，老师说她的行为破坏性太大，无法进行教学"（p.24）。在最初的6天基线期里，安德烈娅平均每天咬人或捏人71.8次。在干预条件期间，每当安德烈娅咬人或捏人时，她的老师就会立即伸出手臂，点指着她，并大喊"不可以！"在干预的第一天，安德烈娅咬人或捏人的频率大幅下降（参看图14.1）。在初始干预阶段，她的攻击行为呈下降趋势，最后平均每天发生5.4次。在为期3天的返回基线条件中，安德烈娅平均每天咬人和捏人30次。当老师恢复干预时（每当安德烈娅捏人或咬人时，老师就用手点指她，并说"不可以！"），安德烈娅的问题行为下降至每天3.1次。在第二个干预阶段，老师报告说安德烈娅的同学不再躲避她了，这可能是因为他们接

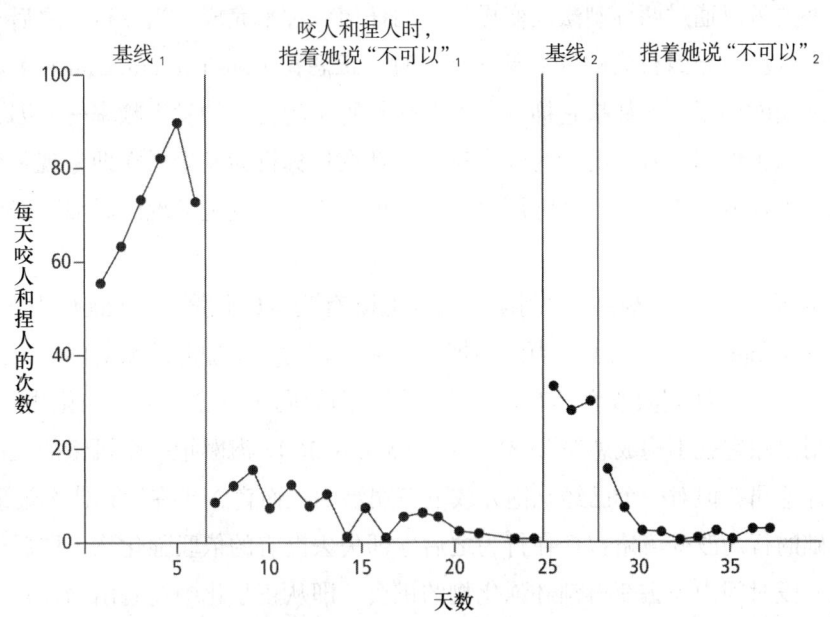

图14.1 一名7岁女孩在基线和惩罚期间（"不可以"加点指）咬人和捏人的次数

引自 R. V. Hall, S. Axelrod, M. Foundopoulos, J. Shellman, R. A. Campbell, & S. S. Cranston (1971). The Effective Use of Punishment to Modify Behavior in the Classroom. *Educational Technology*, 11(4), p. 25. 1971年版权归《教育技术》所有。经授权使用。

近安德烈娅的行为较少受到被咬或被捏的惩罚。

重要的是要指出，惩罚既不是由施加后果的人的行动来定义的（就社会中介惩罚而言），也不是由这些后果的本质来定义的[1]。一项以后果为基础的干预要符合惩罚的定义，必须观察到该行为在未来的发生次数减少。这项已被证明成功减少了安德烈娅咬人和捏人频率的干预——她的老师用手点指她并说"不！"——之所以可被归类为以惩罚为基础的干预，只是因为它的抑制效果。如果在实施干预后，安德烈娅咬人和捏人的频率仍维持在基线的反应水平上，那么她的老师用手点指她并说"不！"就不能算作惩罚。

因为惩罚物的呈现经常引发与被惩罚行为不兼容的行为，所以惩罚的即时抑制效果容易被高估。迈克尔（2004）进行了解释并提供了一个很好的例子。

> 在由惩罚刺激改变引发的行为停止后，才能看到受惩罚的反应的频率降低。因为惩罚刺激改变的引发效果（作为应答式非条件或条件诱发者，或作为操作式 S^D 或 MO）与未来由于以惩罚作为反应后果的改变方向相同（被惩罚的行为减弱了），前者很容易被误解为后者。例如，在一名幼童的不当行为受到严厉斥责（reprimand）后，该不当行为会立即停止，但主要是因为斥责控制了与该不当行为不兼容的行为——关注正在斥责他的成年人，否认对不当行为的责任，哭泣等情绪化的行为。然而，这种不当行为的突然全面中断并不意味着该行为在未来发生的频率已经降低，只有该行为的未来发生频率真的降低了，才是惩罚的真正效果。（pp. 36-37）

撤除问题行为的强化物而产生的消退效果（应尽可能将这一程序纳入以惩罚为基础的干预中）使惩罚的有效性难以判断，甚或难以判断反应的减少是否真的是由于惩罚依联。然而，惩罚可以迅速减少反应这一特征通常可用于与典型消退的逐渐减少的反应做区分。我们可以将图 14.1 中安德烈娅的咬人和捏人行为从基线到惩罚条件的立即减少与图 24.4 中典型消退的逐渐减少进行比较。

正惩罚和负惩罚

同强化一样，惩罚可以通过两种刺激改变操作中的任何一种来完成。当在行为之后立即呈现一个刺激（或提高既有刺激的强度），导致行为的发生频率减少时，**正惩罚**（positive punishment）就产生了。脚踢到椅子腿就是一个正惩罚的例子——如果它抑制了那个踢伤脚趾的行为的发生频率——因为疼痛刺激可以说是一个刺激的呈现。以正惩罚为基础的行为改变策略包括在目标行为发生后立即呈现一个依联刺激。安德烈娅的老师所使用的干预就是正惩罚，老师用手点指并说"不！"就是呈现或添加到安德烈娅的环境中的刺激。

当在行为之后立即去除一个已存在的刺激（或降低既有刺激的强度），导致行为的发生频率减少时，**负惩罚**（negative punishment）就产生了。当海鸥把三明治叼走时，参加海滩派对的人将三明治放在一旁不管的行为受到了负惩罚。要使刺激改变具有负惩罚功能，即等同于去除一个正强化物，"必须实施对强化物的动因操作，否则去除它就不构成惩罚"（Michael, 2004, p. 36）。海鸥把一个饥饿的人的三明治叼走是对他的粗心行为的一种惩罚，但对一个已经吃饱并放下三明治的人而言，或许没有什么效果。

以负惩罚为基础的行为改变策略包括在行为之后立即失去已有的依联强化物（即反应代价，一个类似罚款的程序）或在一段时间内失去获得额外强化物的机会（即从正强化中罚时出局，一个类似在比赛中坐冷板凳的程序）。第 15 章将重点讲述负惩罚。

同强化一样，当修饰语正和负与惩罚一起使用时，既不代表对要产生的行为改变的意图，也不代表对

---

[1] 虽然自动惩罚（automatic punishment）一词很少出现在行为分析的文献中，但它与自动强化（automatic reinforcement）类似。当一个惩罚性后果（如烫伤手指）是一个反应（如触碰热的炉子）的非社会中介的、不可回避的结果时，就发生了自动惩罚。

要产生的行为改变的期望；它们仅指出作为惩罚后果的刺激改变可以被描述为呈现一个新的刺激（正惩罚）或终止（或降低强度或减少数量）一个已有的刺激（负惩罚）。正如迈克尔（2004）所指出的，正惩罚和负惩罚很容易被误解。

> 假设你必须接受正惩罚或负惩罚，你会偏好哪一种？同强化一样，在清楚两者的具体内容之前，你当然不应做出决定。你会偏好负强化还是正惩罚？当然是负强化。（p. 37）

正惩罚和负强化也经常被混淆。由于正惩罚和负强化都与厌恶事件有关，厌恶控制（aversive control）这个概括性术语经常被用来描述涉及这两个或其中一个原理的干预。当正惩罚和负强化依联同步运用相同的厌恶事件时，区分这两个原理就会很困难。例如，鲍姆（2017）描述了体罚的应用和威胁可能会控制生活在警察国家中的人的行为。

> 如果当众发言会导致挨打，那么当众发言就是受到了正惩罚；如果撒谎可以回避挨打，那么撒谎就是受到了负强化。这两者往往是紧密相关的，因为如果一项活动受到了惩罚，那么一些替代行动将可以回避惩罚。（p. 163）

要辨识和区分涉及相同厌恶刺激事件而同时实施的正惩罚和负强化依联，关键在于：（1）认识到这两种依联对未来行为的发生频率的影响是相反的；（2）认识到必须包含两种不同的行为，因为相同的后果（即刺激改变）不可能同时充当同一行为的正惩罚与负强化。在正惩罚依联中，刺激在反应之前是不存在的，而是在一个反应之后才出现（或强度提高）的后果；而在负强化依联中，刺激在反应之前是存在的，且在反应之后被去除（或强度降低），这个去除或降低强度是反应的后果。例如，在阿兹林、鲁宾、奥布赖恩、艾伦和罗尔（1968）同时操作正惩罚和负强化依联的研究中，研究对象在平常的工作日中穿戴一个设备，当他们出现懒散反应时（圆肩或驼背达3秒），这个设备会自动发出55分贝的声响，当他们挺直肩膀时，这个设备会立即停止发出声响。懒散产生了声响（正惩罚），挺直肩膀则逃避了声响（负强化），而不懒散则可回避声响（负强化）。

威胁一个人如果做出某个行为就会惩罚他，不应将这与惩罚混为一谈。惩罚是一种行为→后果的关系，而以某个行为如果出现就会产生何种结果来威胁一个人，是该行为的前提事件。当惩罚的威胁抑制了行为时，可能是由于威胁发挥了建立型操作（establishing operation）的作用，引发了回避威胁惩罚的替代行为。

惩罚物的类型

惩罚物是一个紧随在反应之后，减少该行为未来发生频率的刺激改变。正惩罚依联中的刺激改变可被称作正惩罚物（positive punisher），或简单地称作惩罚物。同样，负惩罚物（negative punisher）一词用于负惩罚所涉及的刺激改变。虽然负惩罚物一词在技术上是准确的，但它显得笨拙，因为它指的是在目标行为发生时被去除的正强化物。因此，当大多数行为分析师使用惩罚物一词时，他们指的是其呈现具有惩罚功能的一个刺激（即正惩罚物）。同强化物一样，惩罚物可分为非条件惩罚物和条件惩罚物。

非条件惩罚物

非条件惩罚物［也被称作一阶惩罚物（primary punisher）或非习得性惩罚物（unlearned punisher）］是一种未曾与其他惩罚物匹配而其呈现具有惩罚功能的刺激。由于非条件惩罚物是某一物种演化史的产物（种系发生史），因此，同一物种中所有生物性完整的成员都容易受到相同的非条件惩罚物的惩罚。痛苦的刺激，如身体受到的创伤、某些气味和味道、身体限制、失去身体支撑以及极端的肌肉消耗，都是典型的作为人类的非条件惩罚物的刺激改变的例子（Michael, 2004）。同非条件强化物一样，非条件惩罚物对有机体而言是"直接影响其适应性的种系发生上的重要事件"（Baum, 2017, p. 67）。

然而，有机体的感受器能感受到的几乎所有的刺激——光、声音、温度，仅举几例——即使它们的强度还未达到会对身体造成伤害的程度，也都可以被加强到足以抑制行为的程度（Bijou & Baer, 1965）。与非条件强化物（如食物和水）的有效性取决于相关的建立型操作不同，在大多数情况下，很多非条件惩罚物会抑制其出现前的任何行为。有机体并不是一定要被"电击刺激剥夺"，电击的发生才具有惩罚功能。（但是，如果有机体在短时间内受到很多次特定电压水平的电击，尤其是低强度的电击，那么他的行为可能相对不易受到另一相似强度电击的影响。）

条件惩罚物

条件惩罚物［conditioned punisher, 也被称作二阶惩罚物（secondary punisher）或习得性惩罚物（learned punisher）]是一种因个体的条件作用历史而其呈现具有惩罚功能的刺激改变。条件惩罚物作为惩罚物发挥作用的能力是通过与一个或多个非条件惩罚物或先前已条件化（conditioned）的惩罚物进行刺激—刺激匹配而获得的。例如，一个原本为中性的刺激改变（如一个可听声）因与电击同时或几乎同时出现而变成能够抑制行为的条件惩罚物，即使后来没有电击也能抑制出现在声音之前的行为（Hake & Azrin, 1965）[1]。如果条件惩罚物重复出现，但没有伴随最初匹配的惩罚物，那么其惩罚的有效性就会减弱，直到不再是惩罚物为止。

对人类而言，即使没有经过与其他惩罚物直接进行匹配的过程，原先的中性刺激也可以变成条件惩罚物，阿莱西（Alessi, 1992）称之为语言类似物条件作用。这类似于第 11 章中描述的以语言匹配来形成条件强化物的条件作用的例子，恩格尔曼（1975）向一群学龄前儿童展示切成碎片的黄色纸片，并告诉他们"大孩子工作就是为了得到这些黄色纸片"（pp. 98–100）。从那时起，很多儿童开始格外努力地工作以得到黄色纸片。米尔滕贝格尔（2016）举了一个例子，一个木匠告诉他的徒弟，如果电锯开始冒烟，电锯马达可能会损坏，或者刀片可能会断裂。木匠的陈述将电锯冒出的烟建立为一种条件惩罚物，可以降低在电锯冒烟之前刚刚发生的任何行为的频率（如推电锯太过用力，以不恰当的角度持电锯）。

与多种形式的非条件惩罚物和条件惩罚物匹配的刺激改变会成为**泛化型条件惩罚物**（generalized conditioned punisher）。对很多人而言，斥责（"不！""不要那样做！"）和不赞同的手势（如板着脸、摇头、皱眉）是泛化型条件惩罚物，因为它们都曾与各种非条件惩罚物或条件惩罚物重复匹配（如烫伤手指、失去特权）。与泛化型条件强化物一样，泛化型条件惩罚物不受特定动因操作的影响，在大多数情况下都能发挥惩罚的作用。

再次强调一个关键点，惩罚物是由其功能（未来行为发生频率的减少）来定义的，而不是由其物理特性来定义的。在某些情况下，即使是具有非条件强化物或惩罚物作用的刺激改变也有可能产生相反的效果。例如，对一个吃得太饱的人来说，一口食物会发挥惩罚物的作用；而对食物剥夺的有机体来说，如果电击意味着将有食物出现，那么它就可能会发挥强化物的作用（例如，Holz & Azrin, 1961）。如果一名学生在做完数学题后得到了一张笑脸贴纸和赞扬，但其效率却因此下降了，那么笑脸贴纸和赞扬对这名学生而言就是惩罚物。一个行为后果在学校充当惩罚物，在家中可能就不是了；对大多数人来说，虽然共同经验意味着很多相同的刺激事件可以作为条件惩罚物发挥作用，但一个人的惩罚物有可能是另一个人的有力强化物。回想一下第 11 章中描述的两名学生下课后清理黑板擦的情景：这项活动对一名学生来说是惩罚，而对另一名学生来说是强化。

---

1 成为条件惩罚物的刺激在与惩罚物匹配之前不一定是中性刺激。该刺激在其他条件下可能已经作为强化物发挥作用了。例如，在一个情境中与强化重复匹配，而在另一个情境中与惩罚重复匹配的蓝光的出现究竟是条件强化物还是条件惩罚物，要根据情境而定。

惩罚的区辨效果

惩罚不会在背景真空的情况下发生。要确定在什么前提刺激条件下惩罚才会产生抑制行为的作用，就要重点关注惩罚发生的环境。以三项依联来说，"惩罚的操作式功能关系跟强化的操作式功能关系很像：（1）在一个特定的刺激情况（S）中，（2）某些行为（R），当其后紧随（3）某些刺激改变（S^P）时，这个三项依联未来在相同或相似的情况下的发生频率会降低"（Michael, 2004, p. 36）。

如果惩罚只在某些刺激条件下发生，而不在其他刺激条件下发生（例如，只有当大人在房间里时，孩子才会因为在晚餐前偷拿饼干罐里的饼干而被责骂），那么惩罚的抑制作用会在那些条件下最为普遍。惩罚的区辨操作是条件作用历史的产物，即反应在某个刺激存在的情况下受到过惩罚，而相似的反应在该刺激不存在的情况下没有受到过惩罚（或曾导致惩罚的频率或强度降低）。在高速公路上超速行驶是很多驾驶者的技能库中的一项技能，他们会在曾因超速而被警察拦下的道路附近在限速范围内行驶，但在从未见过巡逻警车的道路上则会继续超速行驶。

行为分析文献中没有标准的术语或符号，用于表示获得与惩罚有关的刺激控制的前提刺激。一些作者修改了强化的区辨刺激的符号（S^D），比如，祖尔策—阿扎罗夫和迈耶（1977）用 S^{D-} 表示三项惩罚依联中的前提刺激。其他作者将与惩罚依联的存在相关的前提刺激称作基于惩罚的区辨刺激（punishment-based S^D）（例如，Malott & Shane, 2016; Michael, 2004）。我们采纳了奥唐奈（O'Donnell, 2001）的建议，将 S^{Dp} 作为**惩罚的区辨刺激**（discriminative stimulus for punishment）的符号。"S^{Dp} 可以被定义为一种刺激条件，在这种刺激条件存在的情况下，反应依联惩罚的给予使得反应的发生概率比其不存在时要低。"（p. 262）图 14.2 显示了对正惩罚和负惩罚的区辨操作的三项依联示意图。

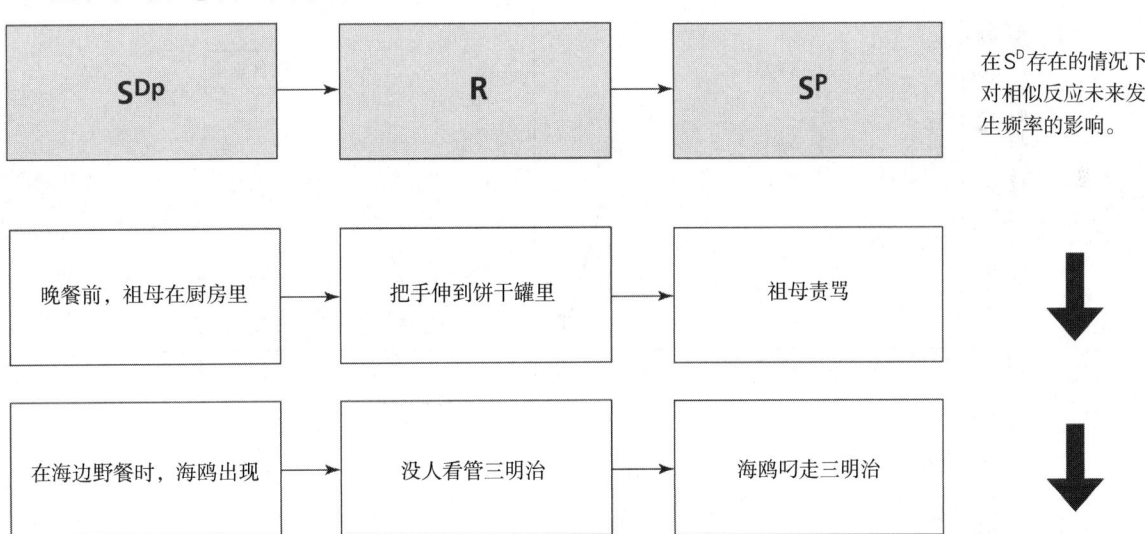

图 14.2 三项依联说明了区辨操作的正惩罚和负惩罚：在区辨刺激（S^{Dp}）存在的情况下发出的一个反应（R）紧随一个刺激改变（S^P），导致未来 S^{Dp} 呈现时，相似反应的发生频率降低。对惩罚的区辨操作是条件作用历史的产物，即在 S^{Dp} 存在的情况下，反应受到惩罚，而在 S^{Dp} 不存在的情况下，相似反应没有受到惩罚（或导致惩罚的频率或强度比在 S^{Dp} 存在的情况下要低）。

麦肯齐、史密斯、西蒙斯和瑟德隆德（McKenzie, Smith, Simmons, & Soderlund, 2008）的一项研究展示了通过与惩罚相关的刺激来控制服务对象的问题行为。黛安娜是一名重度智力障碍女性，她因长期戳眼睛而视力受损，甚至有两次一只眼睛被戳出了眼窝。几项以强化为基础的干预都无法在临床上达到有意义的减少行为的效果。

在最初的无腕带基线阶段，通过单向镜观察黛安娜，并测量她戳眼睛的持续时间。在随后的腕带（无斥责）条件中，治疗师在黛安娜第一次出现戳眼睛行为时进入房间，将两条红色网球腕带戴在黛安娜的手腕上，然后离开，在接下来的时段中不出现在黛安娜的视线里。在腕带（斥责）条件期间，当首次观察到戳眼睛行为时，治疗师立即进入房间并进行口头斥责（如"黛安娜，不要戳！"）。在斥责完并观察到黛安娜停止戳眼睛后，治疗师离开房间。这项计划"原是每隔3秒钟就重复一次斥责，直到她不再戳眼睛为止，但后来一直没有进行多次斥责的必要"（McKenzie et al., 2008, p. 257）。

从一个包含腕带（斥责）和无腕带（基线）时段交替进行的实验阶段中获得的数据显示，腕带快速成为并维持了对戳眼睛的刺激控制（参看图14.3）。在腕带（斥责）时段内，黛安娜戳眼睛的时间平均为2秒（范围为0~7秒），而在无腕带时段内平均为133秒（范围为2~402秒）。腕带的区辨控制在一项延迟多

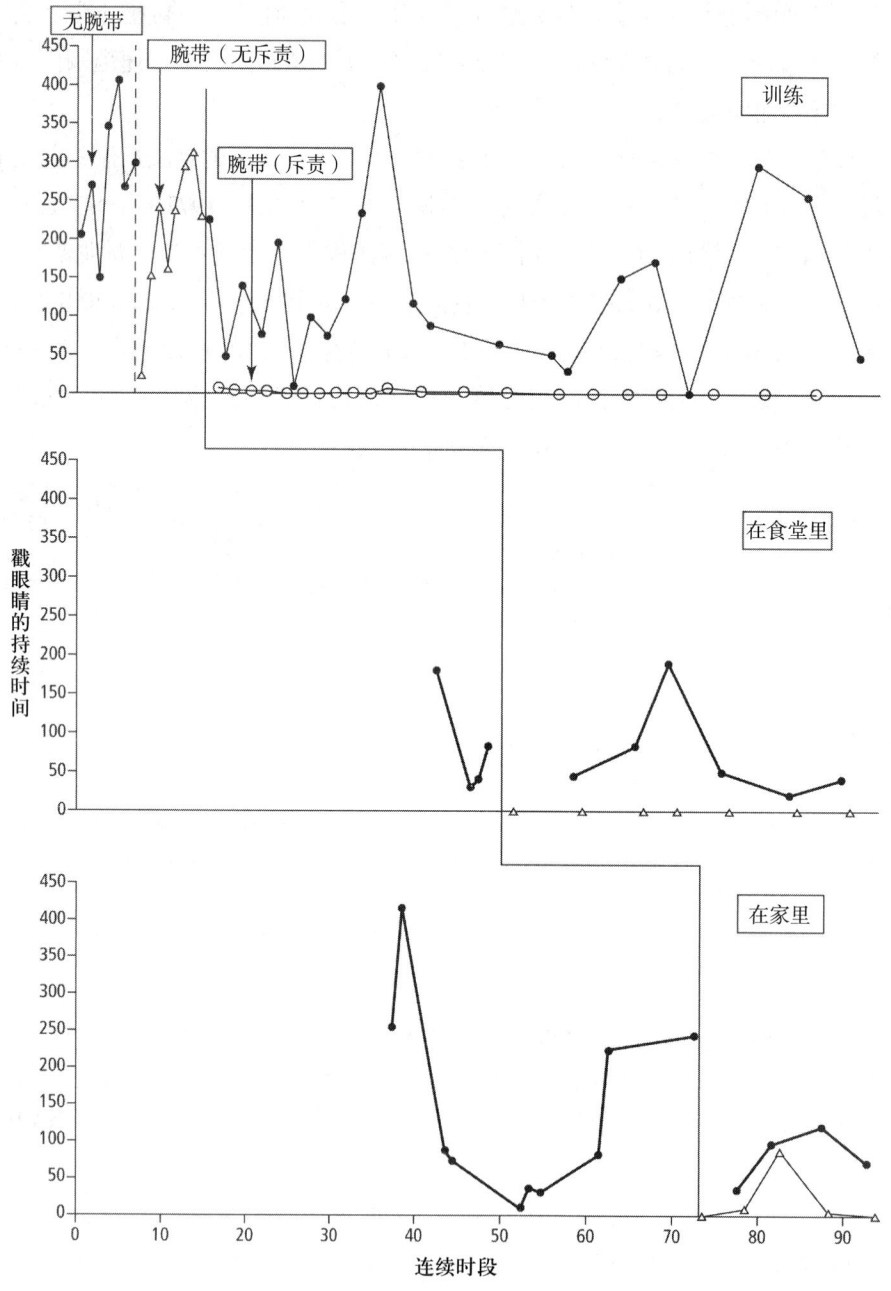

图14.3 惩罚的区辨效果的实验证明

引自 S. D. McKenzie, R. G., Smith, J. N. Simmons, & M. J. Soderlund (2008). Using a stimulus correlated with reprimands to suppress automatically maintained eye poking. *Journal of Applied Behavior Analysis*, 41, p. 258. 经约翰威立出版有限公司授权转载。

基线跨情境分析中得到复制。结果显示，斥责在干预情境中已成为刺激控制。值得注意的是，当黛安娜在食堂或家中戴腕带时，从不需要进行斥责。

惩罚之后的恢复

惩罚对行为的抑制作用通常不是永久性的，这个现象被称作**惩罚之后的恢复**（recovery from punishment），当受到惩罚的行为也获得强化时，尤其容易发生。图14.4是阿兹林（1960）开展的一系列基础实验室实验中的一项实验的结果，它证明了惩罚之后的恢复。最上面的一组数据路径是在进行任何惩罚之前，鸽子在食物强化按可变时距6分钟程序表出现时，一小时时段内的啄按键次数的累积记录。图中下半部分的数据路径显示了惩罚和强化期间的反应。从第一天开始，以及此后每天一小时时段，连续35个时段，每次鸽子啄按键都会立即受到中等强度的短暂电击（5毫安，持续100毫秒）。在惩罚阶段的第一天，依联电击抑制了鸽子啄按键的行为，但在接下来的20个时段中，反应逐渐恢复并稳定在每个时段约900个反应，而在惩罚之前为2800个反应。

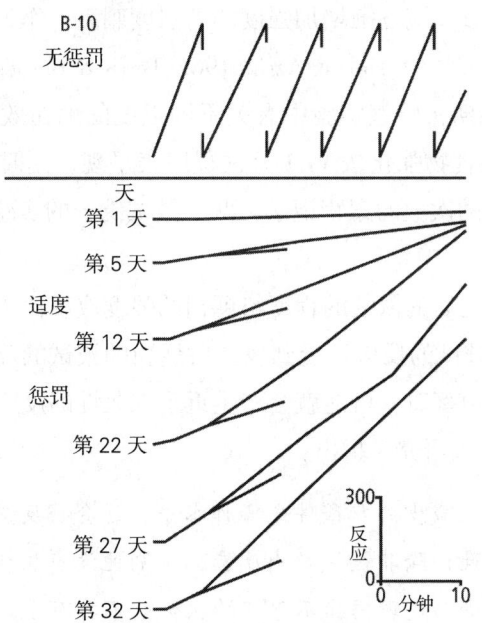

图14.4　在每个反应都进行惩罚，并同时实施可变时距程序表强化期间，一只鸽子的部分反应恢复情况。

引自 N. H. Azrin (1960). Effects of Punishment Intensity during Variable-Interval Reinforcement. *Journal of Experimental Analysis of Behavior*, 3, p. 127. 经约翰威立出版有限公司授权转载。

当惩罚较轻或一个人可以区辨出惩罚依联不会再出现时，反应更有可能恢复到惩罚前的水平。有时，惩罚停止后的反应不仅会恢复，还会短暂地超过惩罚前的水平（Azrin, 1960; Holz & Azrin, 1962）。虽然当惩罚停止时，惩罚的减弱反应作用往往会衰减，但强化的加强反应作用同样会衰减，当一个先前被强化过的行为被置于消退之下时，强化的加强反应作用往往会转瞬即逝（Vollmer, 2002）。迈克尔（2004）指出：

> 惩罚之后的恢复有时被当作反对使用惩罚来减少行为的理由。"不要使用惩罚，因为它的效果只是暂时的。"但是，相同的理由当然也可以用于强化。当行为发生时没有进行强化，强化的增强效果就会下降。当行为发生时没有进行惩罚，惩罚的减弱效果就会下降。（p. 38）

影响惩罚有效性的因素

回顾有关惩罚的基础研究和应用研究的文献，可以确定影响惩罚效果的几个关键变量：即时性、强度、程序表或频率、目标行为的无意强化和对替代行为的强化的可获得性（Axelrod, 1990; Azrin & Holz,

1966; Hineline & Rosales-Ruiz, 2013; Lerman & Vorndran, 2002）。

即时性

当惩罚物在目标反应出现后立即出现时，会获得最大的抑制作用。即使只延迟一点时间，也会降低惩罚的有效性[1]。

> 对人类和非人类的基础研究显示，当后果仅延迟10~30秒时，惩罚程序可能就无法抑制反应……当惩罚物延迟出现时，其他反应或目标行为的多次出现可能会在后果发生前产生干扰，进而减弱反应与其后果的依联。（Lerman & Toole, 2011, p. 359）

惩罚的强度

基础研究者验证了不同强度的惩罚物的效果，报告了三个可靠的发现：（1）惩罚刺激的强度与反应抑制之间存在正相关；（2）惩罚刺激的强度与惩罚之后的恢复之间存在负相关（如上所述和图14.4所示）；（3）先前以低强度呈现，并为后续反应逐渐增加强度的高强度刺激，作为惩罚可能是无效的（例如，Azrin & Holz, 1960; Hake, Azrin, & Oxford, 1967; Holz & Azrin, 1962; Terris & Barnes, 1969）。

阿兹林（1960）的另一项早期实验室实验中有关不同强度的惩罚效果的研究数据解释了前两个发现（参看图14.5）。每条曲线都是在食物强化按VI 1分钟程序表呈现，同时以不同强度的电击惩罚每个反应期间，鸽子在一小时内啄发光键的次数的累积记录。两只被试鸽子的实验结果显示，惩罚刺激越强烈，抑制行为就越迅速和彻底。

其他研究的数据表明，惩罚之后的恢复的程度与惩罚的强度成反比（例如，Azrin, 1960; Hake, Azrin, & Oxford, 1967），受到轻微惩罚的被试的反应比受到较严厉惩罚的被试的反应恢复得更快更彻底。当通过严厉的惩罚将行为完全抑制到零反应率时，可能就会产生近乎永久性的反应抑制。阿兹林和霍尔兹（Azrin & Holz, 1966）在回顾关于惩罚的基础研究时指出：

> 严厉的惩罚不只是将反应减少到非条件或操作水平，还会将反应减少到绝对零水平。由于只有在做出反应后才进行惩罚，因此，除非被试做出反应，否则他没有机会发现惩罚的不存在。如果惩罚过于严厉而完全消除了反应，那么发现惩罚不存在的机会就不再有了。（p. 410）

如果一个高强度刺激最初以低强度呈现，并且强度逐渐增加，那么该刺激可能不会是一个有效的惩罚物（Hineline & Rosales-Ruiz, 2013）。在以下几种情况下，反应恢复到惩罚之前的水平更有可能反弹：（1）惩罚很轻微；（2）对惩罚物产生了习惯化；（3）个人可以区辨出惩罚依联不再有效；（4）无意中强化了受到惩罚的行为；（5）员工培训（或缺乏培训）对处理完整度造成了不利影响（Lerman & Toole, 2011）。

然而，正如莱尔曼和福恩德兰（Lerman & Vorndran, 2002）所指出的，考察惩罚强度与处理成效之间的关系的应用研究相对较少，而且研究的结果并不一致，有时甚至相互矛盾（Cole, Montgomery, Wilson, & Milan, 2000; Singh, Dawson, & Manning, 1981; Williams, Kirkpatrick-Sanchez, & Iwata, 1993）。在选择惩罚刺激的强度时，实务工作者应该问：这种程度的惩罚物能抑制问题行为的发生吗？莱尔曼和福恩德兰（2002）建议："虽然惩罚刺激需要达到足够的强度才会有效，但这个强度不应超过必要的程度。"（p. 443）

惩罚的程序表和一致性

实施一个连续惩罚程序表（FR 1），即每次行为发生后都立即给予惩罚的后果，惩罚物的抑制作用会达到最大化。一般来说，紧随惩罚物的反应比例越大，反应减少的程度就越高（Azrin, Holz, & Hake,

---

[1] 指令或条件刺激与已知的厌恶事件匹配可以减少时间延迟造成的差距。

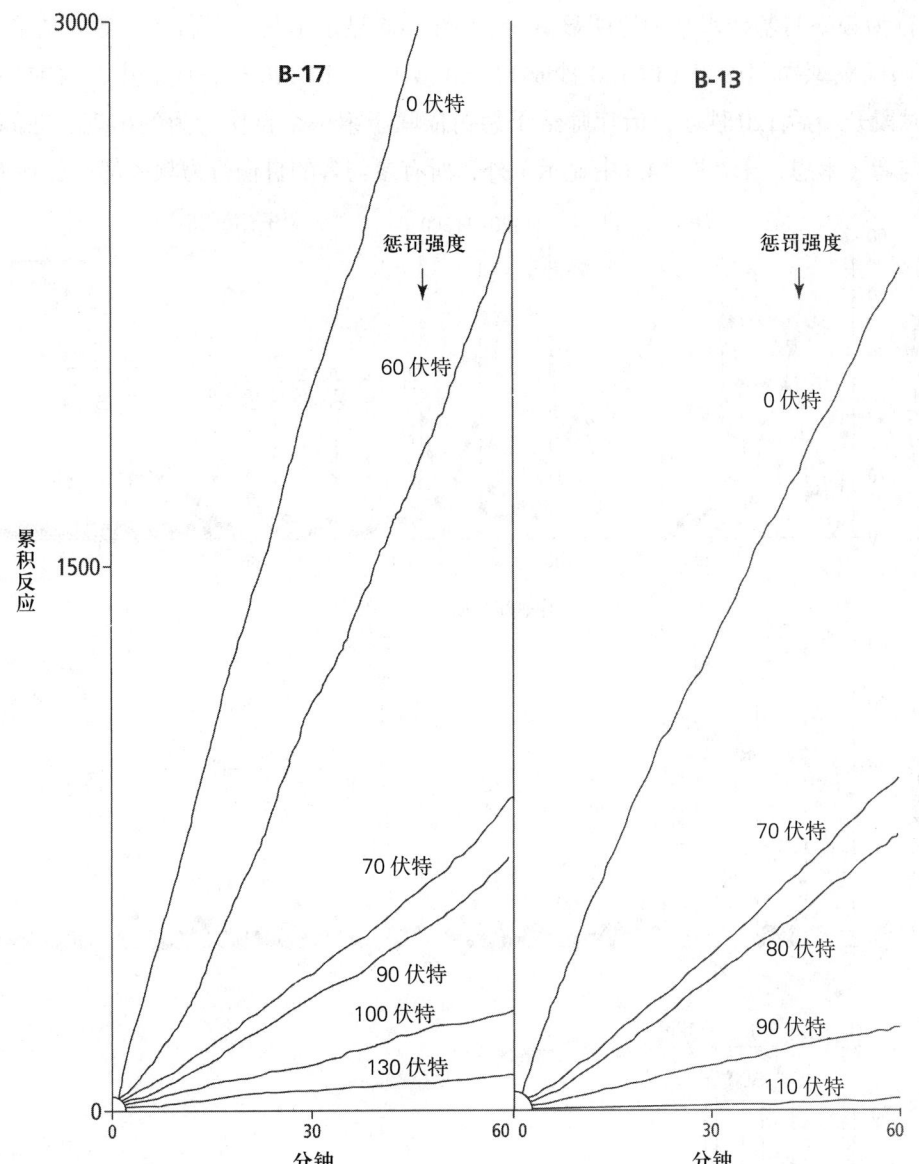

图 14.5 两只鸽子的反应率是惩罚强度的函数。每条曲线都是在并存强化按 VI 1 分钟程序表呈现,同时惩罚每个反应期间,鸽子在一小时内啄发光键的累积记录。

引自 N. H. Azrin (1960). Effects of Punishment Intensity during Variable-Interval Reinforcement. *Journal of Experimental Analysis of Behavior*, 3, p. 138. 经约翰威立出版有限公司授权转载。

1963; Zimmerman & Ferster, 1962)。阿兹林和霍尔兹(1966)总结了连续惩罚程序表和间歇惩罚程序表的相对效果。

> 只要能够维持惩罚依联,连续惩罚就会比间歇惩罚产生更大的抑制作用。然而,在终止惩罚依联后,连续惩罚会出现更快的反应恢复,这可能是因为个体可以更快地区辨出惩罚的不存在。(p. 415)

然而,间歇惩罚在某些情况下可能会部分有效(Cipani, Brendlinger, McDowell, & Usher, 1991; Clark, Rowbury, Baer, & Baer, 1973; Romanczyk, 1977)。莱尔曼、艾瓦塔、肖尔和德利翁(Lerman, Iwata, Shore, & DeLeon, 1997)证明,逐渐淡化惩罚程序表可能仍可以维持最初在连续程序表(FR 1)中实施的惩罚的抑制作用。参与者是五名重度智力障碍成人,他们都有咬手或撞头的长期自伤行为的历史。按连续程序表(FR 1)进行惩罚处理(对一名参与者实施从强化中罚时出局,对其他四名参与者实施依联限制),使五名参与者的自伤行为频率与基线水平相比明显减少。（图 14.6 显示了其中三名参与者的结果。）接下来，对所有参与者实施间歇惩罚程序表（FI 120 秒或 FI 300 秒）。在 FI 120 秒程序表中，自前一次实施惩罚后 120 秒或处理时段开始后 120 秒起，治疗师给予惩罚依联于第一个自伤行为的出现。在间歇惩罚程序表下，除一名参与者（韦恩，未在图 14.6 中显示）外，所有参与者的自伤行为频率都增加到了基线水平。

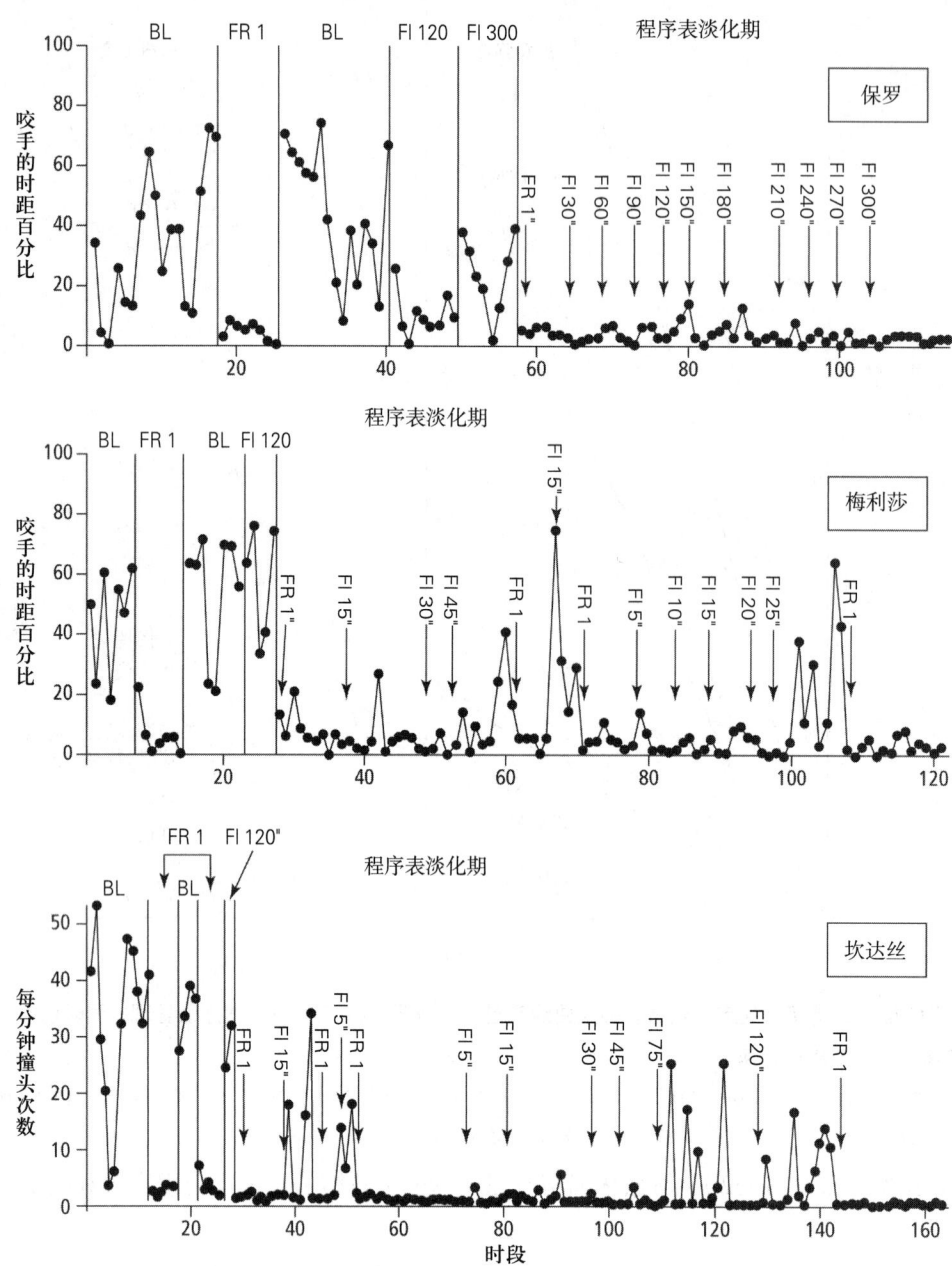

图 14.6 三名重度智力障碍成人在基线期间和按连续程序表（FR 1）与各种固定时距程序表实施的惩罚期间的自伤行为

引自 D. C. Lerman, B. A. Iwata, B. A. Shore, & I. G. DeLeon (1997). Effects of Intermittent Punishment on Self-Injurious Behavior: An Evaluation of Schedule Thinning. *Journal of Applied Behavior Analysis*, 30, p. 194. 经约翰威立出版有限公司授权转载。

在使用 FR 1 惩罚将每名参与者的自伤行为频率重新拉回低水平后，研究者逐渐淡化惩罚程序表。例如，在保罗的淡化程序表中，研究者将固定时距的持续时间以 30 秒的增量一直增加到 FI 300 秒（即 FI 30 秒、FI 60 秒、FI 90 秒等）。除几个时段外，随着惩罚程序表在 57 个干预时段中逐渐淡化，保罗的自伤行为频率仍保持在较低水平。在最后的 11 个按 FI 300 秒程序表进行惩罚的时段内，他的自伤行为发生率为平均 2.4% 的观察时距（而基线是 33%）。在另一名被试温迪（未在图 14.6 中显示）身上也获得了类似的逐渐淡化惩罚程序表的成功模式。

按 FI 300 秒程序表实施惩罚对五名参与者中的三名（保罗、温迪和韦恩）是有效的（即使惩罚从 FR 1 突然变成 FI 120 秒，再变成 FI 300 秒，他们的自伤行为频率仍然处于低水平），因此很少用到惩罚。在实践中，这使治疗师或工作人员免于持续监控该行为。

然而，对梅利莎和坎达丝而言，重复尝试逐渐淡化惩罚程序表未能将他们的自伤行为频率维持在 FR 1 惩罚时的水平。莱尔曼及其同事（1997）推测，按固定时距程序表实施惩罚无效的一个原因是，在一个人经历了一段时间的 FI 程序表后，惩罚的实施可以作为"无惩罚期的区辨刺激，导致反应在 FI 惩罚下逐渐全面增加"（p. 198）。

强化目标行为

惩罚的有效性是通过维持问题行为的强化依联来调节的。如果问题行为发生的频率高到足以引起人们的关注，那么它可能就会产生强化。如果目标反应从未得到强化，那么"既然反应极少出现，惩罚就几乎不会发生"（Azrin & Holz, 1966, p. 433）。

如果维持问题行为的强化可以减少到某个程度或被消除，惩罚将会更有效。当然，如果问题行为的所有强化都被扣留（这在很多情境中是难以实现的），它所导致的消退程序表就可以减少行为，而与惩罚依联无关。然而，正如阿兹林和霍尔兹（1966）所指出的：

> 物理世界经常提供无法轻易消除的强化依联。无论是走路还是驾车，我们在空间里移动的速度越快，就越快到达目的地。因此，跑步和超速行驶将不可避免地得到强化。要对跑步和超速行驶进行消退，唯有消除空间移动所导致的所有强化事件，而这一程序是不可能实现的。这就必须使用一些其他的减少行为的方法，如惩罚。（p. 433）

强化替代行为

霍尔兹、阿兹林和艾伦（Holz, Azrin, & Ayllon, 1963）发现，当精神病行为是患者获得强化的唯一途径时，惩罚对减少这种行为是无效的。然而，当患者可以发出替代反应以获得强化时，惩罚可以有效地减少他们的不当行为。米伦森（Millenson, 1967）总结了来自实验室和应用研究的相同发现，并指出：

> 如果为了消除某些行为而采用惩罚，那么无论不良行为导致了什么强化，都必须使更理想的行为能获得相同的强化。仅仅惩罚学生在课堂上的"不当行为"可能只能产生极少的永久效果……必须分析"不当行为"的强化物，也许还需要允许学生通过不同的反应方式或在其他情况下获得这些强化物……而要做到这一点，为这些受到惩罚的反应提供一种有奖励的替代行为就显得十分重要。（p. 429）

汤普森、艾瓦塔、康纳斯和罗斯科（Thompson, Iwata, Conners, & Roscoe, 1999）的研究很好地说明了如何通过强化替代反应来加强惩罚的抑制作用。该研究的参与者是四名因自伤行为而被转介到日间治疗项目的发展性障碍成人。例如，28 岁的谢莉会吐口水，然后把它擦到手掌上和其他物品的表面（如桌子、窗户），这导致了频繁的感染；34 岁的里基是一名聋盲者，他会频繁地撞自己的头和身体而造成瘀青（挫伤）。以前使用过的干预，如对恰当行为的差别强化、反应阻挡、保护设备，都无法有效地减少所有参与者的自伤行为。

针对每名参与者的功能性行为分析（参看第 27 章）显示，自伤行为是由自动强化维持的。研究者进行了强化物评估，以确定最常接触并引起最少自伤行为的材料（如木质串珠、能产生振动和音乐的镜像微动开关、气球）。然后，研究者进行了惩罚物评估，以确定能使每名参与者的自伤行为减少 75% 的最小侵入性后果。

汤普森及其同事（1999）使用一种结合了倒转设计、交替处理设计和多基线成分设计的实验设计，分析了惩罚搭配强化替代行为和无搭配强化替代行为对参与者的自伤行为的影响。在无惩罚条件期间，治疗师待在房间里，但不跟参与者互动，也不对自伤行为提供任何后果。在惩罚条件期间，每次自伤行为一发生，治疗师就立即给予参与者先前已确定的惩罚物。例如：

> 每当谢莉吐口水时，治疗师都会斥责（"不许吐口水"）她，并用一块布简单地擦干她的双手（以及任何其他弄湿了的表面）。每当里基做出自伤行为时，治疗师就会把他的双手按在膝盖上 15 秒。唐娜和林恩做出自伤行为后，治疗师会口头斥责他们，并将他们的双手交叉放在胸前 15 秒。（p. 321）

在每个无惩罚和有惩罚的阶段内，治疗师交替进行搭配强化和无搭配强化的干预时段。在搭配强化时段中，参与者可以持续接触到先前已确定为高偏好的休闲材料或活动；在无搭配强化时段中，参与者无法接触到休闲材料。

研究结果如图 14.7 所示，在无惩罚的基线阶段内，只有谢莉的自伤行为在强化时段中始终比在无强化时段中低。虽然全部四名参与者的自伤行为在引入惩罚后与基线水平相比都有所减少，但在搭配强化替代行为的时段中，惩罚的效果更为显著。另外，在搭配强化的惩罚条件时段中，对他们较少使用惩罚物。

汤普森及其同事（1999）得出结论，当强化替代行为时，惩罚的效果会更好，而实务工作者不需要增加惩罚刺激的厌恶性以提高惩罚的有效性。在使用一种较少限制的方法的同时，在惩罚程序中加入强化成分可能就足以获得期望的结果。

惩罚可能产生的副作用和问题

惩罚往往会产生各种各样的副作用，包括引起不良的情绪反应和攻击行为、逃避和回避，以及在非惩罚条件下问题行为的比率增加（Azrin & Holz, 1966; Hutchinson, 1977; Linscheid & Meinhold, 1990）。其他问题还包括不良行为的演示和过度使用惩罚，因为问题行为的减少对照顾者而言可能是一种负强化。

情绪和攻击反应

惩罚，尤其是厌恶刺激形式的正惩罚，可能会引发具有应答式和操作式成分的攻击行为（Azrin & Holz, 1966）。例如，电击会诱发实验室动物的反身性攻击和打斗行为（Azrin, Hutchinson, & Hake, 1963; Ulrich & Azrin, 1962; Ulrich, Wolff, & Azrin, 1962）。这种由疼痛引起的攻击行为也被称作应答式攻击（respondent aggression），是指直接攻击附近的人或物品。一名受到严厉惩罚的学生可能会开始抛扔或毁坏她所能触及的物品，并攻击其他学生或对她实施惩罚的人。而因为攻击行为在过去能使个体逃避厌恶刺激，所以惩罚后出现攻击行为，这被称作操作式攻击（operant aggression）（Azrin & Holz, 1966）。

逃避和回避

逃避和回避厌恶刺激是自然的反应。逃避和回避行为有多种形式，其中一些形式可能比受到惩罚的目标行为问题更严重。例如，一名因学习马虎或没做好上课准备而被反复训诫的学生可能会干脆不来上学。一个人可能会撒谎、欺骗、躲藏或表现出其他不良行为来回避惩罚。迈尔、祖尔策和科迪（Mayer, Sulzer, & Cody, 1968）指出，逃避和回避并不总是按照这些术语的字面意义发生。一个人可能会通过吸毒或酗酒，或仅仅通过"充耳不闻"来逃避惩罚环境。

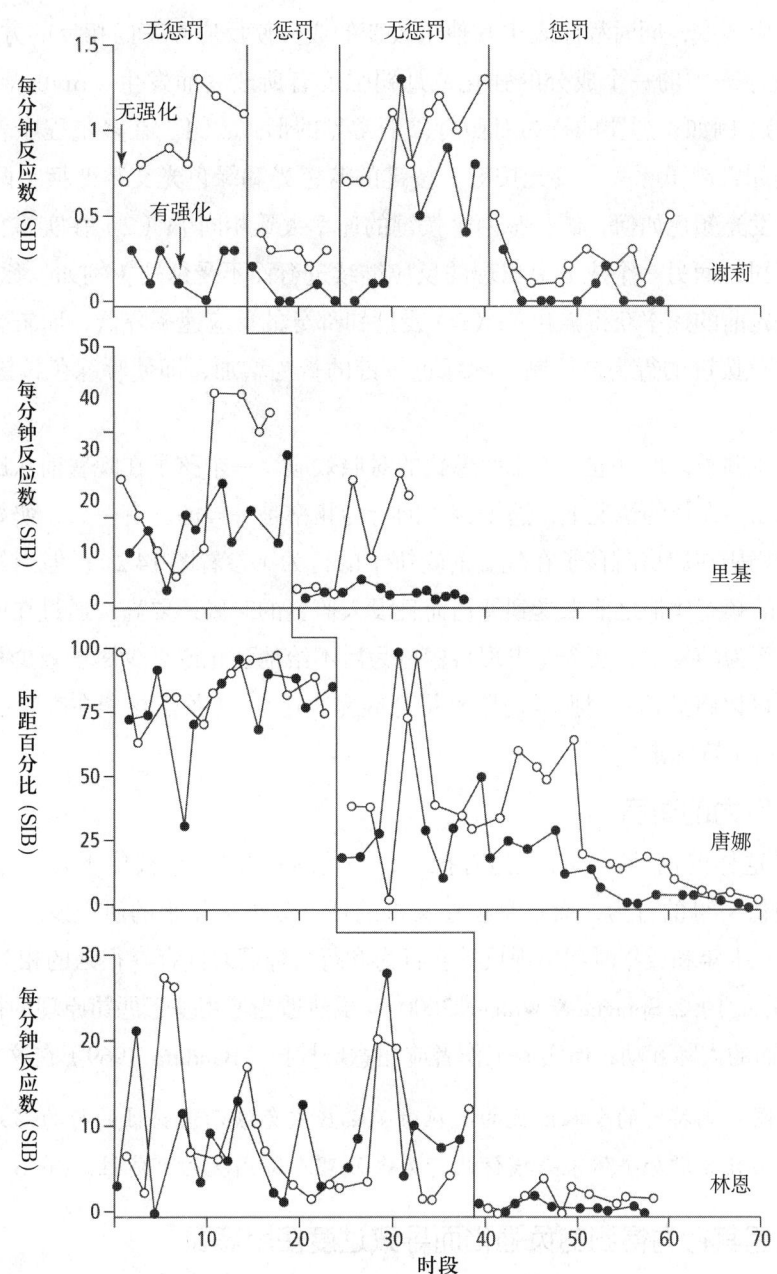

图 14.7 四名发展性障碍成人在惩罚和无惩罚阶段的交替搭配强化和无搭配强化条件下的自伤行为

引自 R. H. Thompson, B. A. Iwata, J. Conners, & E. M. Roscoe (1999). Effects of Reinforcement for Alternative Behavior during Punishment for Self-Injury. *Journal of Applied Behavior Analysis*, 32, p. 323. 经约翰威立出版有限公司授权使用。

随着惩罚物强度的增加,逃避和回避的可能性也会增加。例如,在一项评估特别设计的烟盒(这个烟盒在打开时会使使用者遭受电击)对减少吸烟的有效性的研究中,鲍威尔和阿兹林(Powell & Azrin, 1968)发现:"随着惩罚强度的增加,被试接触依联的持续时间会减少;最终,强度增加到了他们完全拒绝经历这个依联的程度。"(p.69)

逃避和回避作为惩罚的副作用,与情绪和攻击反应一样,可以通过针对问题行为提供理想的替代反应来减轻或避免,这样既避免了实施惩罚,又提供了强化。

行为对照

雷诺兹(1961)提出了**行为对照**这一术语,它指的是这样一种现象,即多重程序表中的一个成分的改变增加或减少了反应频率，同时程序表中其他未改变的成分使反应频率向相反的方向发生改变。[1] 行为对照可能会因多重程序表中的一个成分的强化或惩罚强度有所改变而发生（Brethower & Reynolds, 1962; Lattal & Griffin, 1972）。例如，惩罚的行为对照有以下常见的形式：（1）在多重程序表的两个成分中，反应的发生率相似（例如，鸽子啄一个发光按键，按键的蓝色光和绿色光交替变换，两个颜色的强化程序表相同，无论按键的发光颜色如何，鸽子啄两个按键的速率大致相同）；（2）在实施程序表的某一个成分时出现的反应受到惩罚，而另一个成分上出现的反应继续进行而不受惩罚（例如，啄蓝色按键受到惩罚，啄绿色按键则继续以先前的速率获得强化）；（3）受惩罚部分的反应速率降低，而未受惩罚部分的反应速率升高（例如，啄蓝色按键的行为被抑制，啄绿色按键的行为增加，即使啄绿色按键并没有比以前产生更多的强化）。

这里有一个假设性例子，可以进一步说明惩罚的对照效应。一个孩子在晚餐前从厨房中的饼干罐里拿饼干吃，在奶奶在场和不在场的情况下，这个孩子的行为频率是一样的。有一天，奶奶责备孩子在晚餐前吃饼干，这抑制了当奶奶在厨房时孩子在晚餐前吃饼干的行为（参看图14.2）；但当奶奶不在厨房时，男孩从罐子里拿饼干吃的频率比他之前未受到惩罚而且没人监督的时候还要高。通过在所有相关情境和刺激条件下持续惩罚目标行为的发生，在个体出现目标行为后不给他强化或至少尽量减少与强化的接触，并提供替代的理想行为，可以将惩罚的对照效应降到最低或完全避免。（关于孩子在晚餐前吃饼干的假设性例子，我们建议干脆把饼干罐拿走！）

惩罚可能包含不良行为的演示

大多数读者熟悉这样的例子，父母一边打孩子，一边说："这是在教你不要打你的玩伴！"不幸的是，孩子更有可能模仿父母的行为，而不是记住父母的话。三十多年来的研究发现，幼儿时期遭受严厉的、过度的惩罚与在青少年和成年时期出现反社会行为和行为障碍之间存在很强的相关性（Patterson, 1982; Patterson, Reid, & Dishion, 1992; Sprague & Walker, 2000）。虽然适当使用基于惩罚原理的行为改变策略不需要涉及严厉的对待或负面的人际互动，但实务工作者应注意班杜拉（Bandura, 1969）在这方面的宝贵建议。

> 任何人在试图控制特定的令人困扰的反应时，都应避免演示惩罚性的行为形式，这不仅会抵消直接训练的效果，而且会增加个体未来模仿此行为来处理人际困扰的可能性。（p. 313）

惩罚实施者可能会因其行为得到的负强化而导致过度使用惩罚

负强化可能是惩罚在育儿、教育和社会中被广泛使用和依赖的一个原因。当某甲对某乙的不当行为进行斥责或给予其他厌恶后果时，即时效果通常是暂时中断不当行为。而这种厌恶刺激的终止对某甲的行为起到了负强化的作用。里斯（1966）简要地说明了这个情况："惩罚强化了惩罚者。"（p. 37）阿伯和休厄德（Alber & Heward, 2000）描述了在一个典型的课堂活动中，自然依联如何在增强教师对学生的破坏性行为的斥责的同时，减少他对学生的恰当行为的依联赞扬和关注。

> 教师在学生表现出不当行为时给予关注（例如，"卡洛斯！你必须立刻坐下！"），这会得到不当行为的立即中断（例如，卡洛斯停止乱跑并回到座位上坐好）的负强化。因此，教师更有可能在未来关注学生的破坏性行为……虽然有极少数教师需要被教导要去斥责学生的不当行为，但很多教师需要得到帮助以提高他们赞扬学生的成就的频率。教师的赞扬行为通常不会像斥责行为那样得到有效的强化。赞扬学生的恰当行为通常不会产生即时效果——学生受到赞扬后继续学习。虽然赞扬学生高效率地完成某项作业可能会增加未来做出该行为的可能性，但对教师而言并没有即时后果。相

---

[1] 第13章已对多重强化程序表进行了介绍。

比之下，斥责学生常常会使教师的生活产生即时改善（即使是短暂的）——这对斥责而言就是有效的负强化。（pp. 178–179）

正惩罚干预

正惩罚的干预措施可以采取多种形式。我们在这一部分中介绍了五种形式：斥责、反应阻挡、反应中断与重新引导（response interruption and redirection, RIRD）、依联练习（contingent exercise）以及过偿纠正（overcorrection）。

斥责

在讨论了教师对斥责的过度依赖后，我们的第一个正惩罚干预的例子就集中在斥责上，这似乎有点奇怪。在发生不当行为后立即进行口头斥责，也许是试图进行正惩罚的最常见的形式。然而，很多研究显示，在发生不当行为时立即坚定地说"不可以！"或"停下来！不要那样做！"可以起到惩罚的作用（例如，Hall et al., 1971; Thompson et al., 1999; Van Houten, Nau, Mackenzie-Keating, Sameoto, & Colavecchia, 1982）。

虽然斥责被广泛地当作抑制不良行为的一种手段，但令人惊讶的是，很少有研究针对其作为惩罚物的有效性进行检验。范霍滕、诺、麦肯齐—基廷、萨梅奥托和科拉韦基亚（Van Houten, Nau, Mackenzie-Keating, Sameoto, & Colavecchia, 1982）开展了一系列实验，旨在确定哪些变量可以提高斥责作为针对课堂上的不当行为的惩罚物的有效性，结果显示，在目光接触并靠近学生的情况下进行斥责比在教室的另一边进行斥责更为有效。奥利里、考夫曼、卡斯和德拉布曼（O'Leary, Kaufman, Kass, & Drabman, 1970）的一项有趣的研究发现，只有被斥责的儿童能听到的小声斥责比全班都能听到的大声斥责更能有效地减少破坏性行为。

如果被斥责是一名儿童获得成人关注的唯一方式，那么斥责对儿童而言具有强化的功能而非惩罚的功能也就不足为奇了。的确，马德森、贝克尔、托马斯、科泽和普拉杰（Madsen, Becker, Thomas, Koser, & Plager, 1968）发现，在学生离开座位时反复使用斥责会增加而不是减少该行为。与针对其他惩罚刺激所做的研究一致，当问题行为的动因被最小化而替代行为的可获得性被最大化时，斥责作为惩罚物会更有效（Van Houten & Doleys, 1983）。

父母或教师最好不要采用不断斥责的模式。斥责应该在深思熟虑后有节制地使用，并与依联于恰当行为的频繁的赞扬和关注结合起来。奥利里及其同事（1970）建议：

> 一个理想的组合可能是频繁的赞扬、一些温和的斥责，以及偶尔的大声斥责……与赞扬结合起来，温和的斥责可能会对减少破坏性行为很有帮助。相反，大声的斥责似乎会使人陷入越来越多斥责的恶性循环，甚至导致更多的破坏性行为。（p. 155）

反应阻挡

反应阻挡——在一个人开始发出问题行为时立即给予身体上的干预，以阻止完成反应——已被证实能够有效地降低一些问题行为的发生频率，如长期咬手、戳眼睛和异食癖（例如，Lalli, Livezey, & Kates, 1996; Lerman & Iwata, 1996; Reid, Parsons, Phillips, & Green, 1993）。除了通过使用尽可能少的身体接触和限制来阻止反应的发生外，治疗师可能会使用口头斥责或辅助来阻止服务对象做出某个行为（例如，Hagopian & Adelinis, 2001）。

莱尔曼和艾瓦塔（1996）使用反应阻挡来治疗一名32岁的极重度智力障碍男性保罗的长期咬手行为（手的任何部分与嘴唇或口腔之间的接触）。在基线条件期间，保罗坐在椅子上，没有人跟他互动，也没有可用的休闲材料。在基线条件之后，按 FR 1 程序表实施反应阻挡。一位治疗师坐在保罗身后，当保罗企图把手放进嘴里时进行阻挡。"治疗师没有阻止保罗把手放进嘴里，但治疗师将自己的手掌放在保罗的嘴前约 2 厘米处以阻挡保罗的手进入嘴里。"（p. 232）反应阻挡立即而快速地将保罗把手放进嘴里的尝试次数减少至接近零的水平（参看图 14.8）。

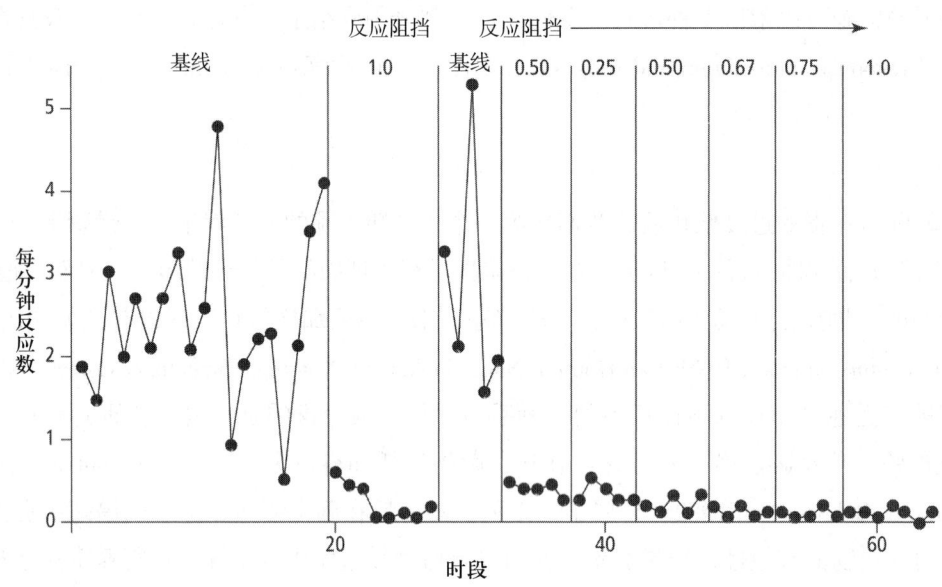

图 14.8　在基线期间和各种可变反应阻挡程序表下的咬手速率

引自 D. C. Lerman & B. A. Iwata (1996). A Methodology for Distinguishing between Extinction and Punishment Effects Associated with Response Blocking. *Journal of Applied Behavior Analysis*, 29, p. 232. 经约翰威立出版有限公司授权转载。

功能分析揭示出在没有社会中介后果的情况下，自伤行为或自我刺激行为持续出现，表明行为可能是由反应所产生的感觉刺激的自动强化维持的，此时通常会使用反应阻挡作为干预方法。因为反应阻挡会阻止学习者接触到通常由完成反应产生的感觉刺激，所以后续反应的减少可能是由于消退。莱尔曼和艾瓦塔（1996）把他们的研究作为区分将反应阻挡的抑制效果归因于惩罚机制还是消退机制的一种潜在的方法。他们的一部分解释如下：

> 根据使行为减少的机制（消退与惩罚），当一定比例的反应被阻挡时，不同的强化程序表或惩罚程序表会产生作用……因此，当更大比例的反应被阻挡时，强化程序表会变得更稀疏，而惩罚程序表会变得更密集。如果反应阻挡导致了消退，那么随着更多的反应被阻挡（即强化程序表被淡化），反应速率应该会增加或维持，直到消退［的效果］［即反应速率减少］在发展过程中的某个点出现。相反，如果该程序起到惩罚作用，那么随着更多的反应被阻挡（即惩罚程序表变得更密集），反应速率应该会减少。（pp. 231–232，方括号中的文字为补述）

所有的反应都被阻挡这一条件可能可以充当一个消退程序表（即对所有反应的感觉刺激形式的强化都没有了）或一个连续（FR 1）惩罚程序表（即在所有反应后都有身体接触）。正如莱尔曼和艾瓦塔（1996）所解释的那样，如果只有一些反应被阻挡，那么这种情况可能会形成间歇强化程序表或间歇惩罚程序表。因此，比较在不同反应比例被阻挡的情况下的反应速率应该可以判断出其效果是来自消退还是惩罚。

如果对保罗的咬手行为来说，反应阻挡起的是消退的作用，那么当对每个反应都实施阻挡程序时，就可以预期到最初的反应速率会增加；然而，研究者并没有观察到反应速率的增加[1]。如果反应阻挡起到的是

1　在第一次实施消退程序时，在反应速率开始减少前，有时会观察到反应速率的增加，这被称作消退爆发（extinction burst）。第 22 章将详细介绍消退的原理、程序和效果。

惩罚的作用，那么阻挡每个反应将构成一个连续惩罚程序表，而可以预期到反应的快速减少；这正是该研究所显示的结果（参看图14.8中的第一个反应阻挡[1.0]阶段的数据）。

相反，如果反应阻挡对保罗的咬手行为起到消退的作用，那么阻挡部分而非全部的反应会将咬手行为置于间歇强化程序表中，而可以预期到反应会较基线水平有所增加。再者，阻挡更大比例的反应会进一步淡化强化程序表，从而导致反应速率大幅增加。但是，随着更大比例的反应被阻挡，对保罗的自伤行为的抑制作用会变得更加明显，这正符合惩罚程序表变得更密集的预期结果。因此，实验结果表明，反应阻挡对保罗的咬手行为具有惩罚功能。

史密斯、拉索和勒（Smith, Russo, & Le, 1999）系统化地复制了莱尔曼和艾瓦塔（1996）的实验，他们发现一名41岁女性在接受反应阻挡处理后，戳眼睛的频率逐渐降低——显示为消退的一种反应模式。作者的结论是："虽然反应阻挡可能会通过惩罚而减少一名参与者的行为，但它可能会消退另一名参与者的行为。"（p. 369）

如果在反应发出之前就使用反应阻挡，那么它的抑制作用就不可能来自惩罚或消退。惩罚和消退都是行为→后果的关系。任何阻止整个目标行为发生的程序都会消除行为→后果的依联，因此应该被视为前提干预。然而，如果问题行为是连续渐进的运动或是一个反应链，那么在序列运动产生假定的强化物之前就阻挡该链中的初始运动或反应，就会改变行为→后果的依联。例如，在服务对象开始将手移向头部之后，阻挡他张开的手是一个后果，其抑制作用可以根据惩罚和/或消退来分析。

虽然与在反应发生后给予厌恶刺激相比，反应阻挡可能会被视为一种限制性较低和较为人性化的干预，但在实施上仍必须格外谨慎。诸如攻击和阻抗等反应阻挡程序的副作用都曾发生过（Hagopian & Adelinis, 2001; Lerman, Kelley, Vorndran & Van Camp, 2003）。为替代反应提供辅助和强化可以最大限度地减少阻抗和攻击。例如，一名有中度智力障碍和躁郁症的26岁男性在因有异食癖（吃下纸张、铅笔、油漆屑和人类排泄物）而接受反应阻挡处理期间出现了攻击行为，通过用辅助来补充反应阻挡，并重新引导去做一个替代行为（转移至一个有爆米花的房间），减少了攻击行为（Hagopian & Adelinis, 2001）。

反应中断与重新引导

反应中断与重新引导是反应中断的一种程序性变体，包括在刻板行为开始发生时中断它，并重新引导个体完成高概率行为。两种类型的RIRD已在文献中得到确认和评估：动作RIRD（motor RIRD）和发声RIRD（vocal RIRD）（Ahearn, Clark, MacDonald, & Chung, 2007; Cassella, Sidener, Sidener, & Progar, 2011; Shawler & Miguel, 2015; Wunderlich & Vollmer, 2015）。这两种类型主要用于那些发出高水平重复性的、刻板的和非功能性行为的孤独症人士。在程序上，RIRD是指当刻板行为开始发生时，治疗师立即给出一系列需要高概率的发声或动作反应的指令或要求（如"我拿的是什么？""告诉我你的名字。""拍手。"）。虽然萨伊尼、格雷戈里、乌兰和凡泰蒂（Saini, Gregory, Uran, & Fantetti, 2015）发现一个正确的要求反应就可以有效地中断行为，但RIRD通常在个体达到一组成功反应的标准后才终止（如连续三个正确反应）。RIRD已被单独使用，也可以与其他程序结合使用以减少刻板行为，从而使学生得以进行更多的人际互动或做出社会恰当行为。考虑使用RIRD程序的实务工作者在实施前应有足够的时间和资源并配备足够多接受过训练的工作人员。RIRD可能会占用大量的人力和时间，并且可能会使教学时间超出某些教育或治疗环境所允许的范围。

依联练习

依联练习是一种要求服务对象表现出与问题行为在形态上无关的反应的干预。研究发现，依联练习对各种自我刺激行为、刻板行为、破坏性行为、攻击行为和自伤行为具有与惩罚相同的效用（例如，

DeCatanzaro & Baldwin, 1978; Kern, Koegel, & Dunlap, 1984; Luce & Hall, 1981; Luiselli, 1984）[1]。在将依联练习作为惩罚物的最常被引用的例子中，卢斯、德尔夸德里和哈勒（Luce, Delquadri, & Hall, 1980）发现，在重复使用温和的依联练习后，两名重度障碍男孩的攻击行为减少到接近零水平。图 14.9 显示了一名 7 岁男孩贝纳在干预前和干预后在学校打其他孩子的情况。每次贝纳打了人，就会被要求起立和坐下 10 次。起初，需要用肢体辅助贝纳做出起立的动作，助手握着他的手，将他的上半身向前拉。肢体辅助伴随着"起立"和"坐下"的语言辅助。很快，每当贝纳做出打人行为时，离他最近的成人就会说："贝纳，不许打人。起立坐下 10 次。"仅仅是语言辅助就足以使贝纳完成练习。如果在依联练习期间出现打人行为，就恢复使用完整程序。

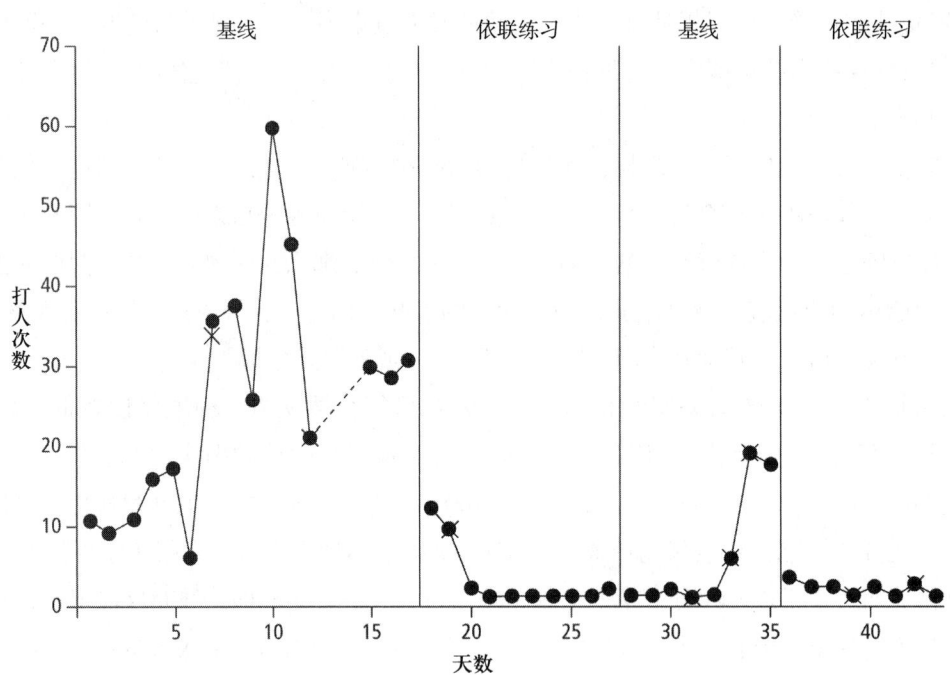

图 14.9 在基线和依联练习期间，一名 7 岁男孩在上课日的 6 个小时之内打其他孩子的次数。× 代表第二名观察者记录的反应测量值。

引自 S. C. Luce, J. Delquadri, & R. V. Hall (1980). Contingent Exercise: A Mild but Powerful Procedure for Suppressing Inappropriate Verbal and Aggressive Behavior. *Journal of Applied Behavior Analysis*, 13, p. 587. 经约翰威立出版有限公司授权使用。

过偿纠正

过偿纠正是一种减少行为的策略，它依联于问题行为的每一次发生，要求学习者从事与问题行为直接相关或逻辑相关的费力行为。过偿纠正最初是由福克斯和阿兹林（Foxx & Azrin, 1972, 1973; Foxx & Bechtel, 1983）开发的，作为减少机构情境中的智力障碍成人的破坏性行为和适应不良行为的方法，过偿纠正结合了惩罚的抑制作用和正向练习的教育作用。过偿纠正至少包含这两个成分中的一个：恢复和正向练习。

在**恢复性过偿纠正**（restitutional overcorrection）中，依联于问题行为，要求学习者将环境恢复成原貌以修复问题行为造成的损害，然后从事可以将环境变得比之前更好的其他行为。针对孩子反复穿着沾有泥巴的鞋在厨房地板上踩踏的行为，父母可以使用恢复性过偿纠正，要求孩子先擦掉泥巴并清理他的鞋，然

---

[1] 增加做出一个行为所需的努力和力量也可以是减少反应的一个有效策略（Friman & Poling, 1995）。至于是不是惩罚导致了反应的减少，尚未形成共识。与反应阻挡一样，将增加的反应努力概念化为惩罚程序的观点，是将多付出努力所需的运动视为目标行为反应类的一部分。在这种情况下，继续完成反应所需增加的努力是：(1) 学习者做出的反应所引起的后果；(2) 使未来的反应频率降低的具有惩罚功能的厌恶刺激。

后通过拖地、给一部分地板打蜡以及擦亮他的鞋来过偿纠正他的不良行为造成的影响。

阿兹林和福克斯（1971）在他们的如厕训练计划中使用了恢复性过偿纠正，他们要求意外失禁的人脱掉衣服、清洗衣服、把衣服晾起来晒干、洗澡、穿上干净的衣服，然后清理厕所的一部分区域。阿兹林和韦索沃夫基（Azrin & Wesolowki, 1974）消除了住院的智力障碍成人偷食物的行为，他们要求其不仅要归还偷走的食物或尚未吃完的食物，还要在小卖部购买一份同样的食物并送给受害者。

阿兹林和比萨莱尔（Azrin & Besalel, 1999）从过偿纠正中区分出了一种他们称作简单纠正（simple correction）的程序。在简单纠正程序中，学习者出现不当行为后，被要求将环境恢复到先前的状态。例如，要求一名在领取午餐时插队的学生排到队伍的最后面，这是简单纠正的程序。而要求该学生等到其他所有人都排好队并拿到餐点后再回到队伍中，则是过偿纠正。阿兹林和比萨莱尔建议使用简单纠正来减少那些不严重的、不常发生的、非故意的以及不严重干扰或惹恼他人的行为。

如果问题行为产生了不可逆的影响（如一个独一无二的盘子被打碎了），或者纠正行为超出了一个人的能力或技能，那么就无法进行纠正。在这种情况下，阿兹林和比萨莱尔（1999）建议，要求个体尽可能多地弥补其问题行为所造成的损害，参与所有的纠正环节，并协助实施其能力范围内的任何纠正步骤。例如，一个打碎邻居窗户的孩子可能会被要求清理玻璃碎片，测量窗户的尺寸，联系商家以更换新的玻璃窗，并在商家来安装新的玻璃窗时在场协助完成每个安装步骤。

在**正向练习过偿纠正**（positive practice overcorrection）中，依联于问题行为的每一次发生，要求学习者重复做出正确的行为或与问题行为不兼容的行为，直到达到规定的持续时间或行为次数。正向练习过偿纠正需要包含教育的成分，因为它要求个体做出恰当的替代行为。父母在儿子将泥巴带进房间里时，可以要求他练习在外面的门垫上擦去鞋底的污泥，如此持续2分钟或连续5次，然后再进入房间，以此增加正向练习的成分。包含恢复和正向练习的过偿纠正除了有助于教导个体什么是不该做的行为之外，还有助于教导个体什么是应该做的行为。当孩子打碎了独一无二的盘子时，可以要求他轻轻地、慢慢地清洗几个盘子，也许可以要求他格外小心。

研究者和实务工作者已使用正向练习过偿纠正来减少问题行为发生的频率，如如厕训练（Azrin & Foxx, 1971）、自我刺激和刻板行为（Azrin, Kaplan, & Foxx, 1973; Foxx & Azrin, 1973b）、异食癖（Singh & Winton, 1985）、磨牙（Steuart, 1993）、攻击兄弟姐妹（Adams & Kelley, 1992）和课堂破坏性行为（Azrin & Powers1975）。正向练习过偿纠正也已被用于与学业相关的行为（Lenz, Singh, & Hewett, 1991），最常见的是减少朗读和拼写错误（例如，Ollendick, Matson, Esveldt-Dawson, & Shapiro, 1980; Singh & Singh, 1986; Singh, Singh, & Winton, 1984; Stewart & Singh, 1986）。

正向练习过偿纠正也可以应用于减少或消除那些不产生永久性反应产物且可以修复或恢复到原来状态的行为。例如，休厄德、达迪格和罗塞特（Heward, Dardig, & Rossett, 1979）描述了一对父母如何使用正向练习过偿纠正来帮助他们正处于青春期的女儿尤妮斯说话时避免出现语法错误。尤妮斯常常在主语是第三人称单数时使用缩略词"don't"而不是"doesn't"（例如，"He don't want to go."）。在一项正强化计划中，尤妮斯每次正确使用"doesn't"就可以获得积分以兑换她喜欢的活动，但这对她的说话行为几乎没什么影响。尤妮斯虽然认同父母的观点，即应该按正确的语法说话，但声称这种行为已经是一种习惯了。于是，尤妮斯和她的父母决定使用一种温和的惩罚程序来补充强化计划。每当尤妮斯或她的父母抓到她在说话时错误地使用了"don't"时，她就要用正确的语法把刚才说的话完整地连续说10遍。尤妮斯戴着一个手腕计数器，提醒她注意听自己说的话，并记录自己使用正向练习程序的次数。

当正向练习有效地抑制了问题行为时，尚不清楚是哪一种行为机制造成了行为的改变。惩罚可能会导致反应频率的降低，因为问题行为的后果是个体从事费力的行为。而正向练习的结果之所以会造成问题行为频率的降低，也可能是因为不兼容行为的频率提高，即个体的技能库内已有的正确行为因密集的、重复的练习而得到增强。阿兹林和比萨莱尔（1999）认为，正向练习可能是有效的，因为它除了提供以前的环境中没有的额外的正向练习机会外，还需要付出"额外的努力"以减少不良行为在未来的发生频率。

过偿纠正的具体实施程序差别很大。实施时应该考虑的因素包括问题行为的类型和严重程度、对环境的影响、情境、期望的替代行为以及学习者现有的技能。图14.10提供了实施过偿纠正的一般准则（Azrin & Besalel, 1999; Foxx & Bechtel, 1983; Kazdin, 2001; Miltenberger & Fuqua, 1981）。

> 1. 一旦发生问题行为（或发现其造成的影响），立即以平静的、不带有任何情绪的语气告诉学习者他的行为不恰当，并简单解释为什么必须纠正该行为。不要批评或责骂。过偿纠正需要有逻辑相关的后果以减少未来问题行为的发生。批评和责骂并不能提高策略的有效性，而且可能会损害学习者与实务工作者之间的关系。
> 2. 提供明确的语言指令，告知学习者必须完成的过偿纠正程序。
> 3. 在问题行为发生后，尽快实施过偿纠正程序。当下的环境不允许立即实施过偿纠正程序时，告诉学习者何时实施过偿纠正程序。一些研究已经发现，晚些时候进行过偿纠正也可以是有效的（Azrin & Powers, 1975; Barton & Osborne, 1978）。
> 4. 全程监督学习者的过偿纠正活动。提供学习者完成整个过偿纠正程序所需的最少的反应辅助，包括轻微的肢体引导。
> 5. 针对学习者的正确反应提供最少的反馈。在实施过偿纠正程序期间，不要给予学习者太多的赞扬和关注。
> 6. 每当学习者在一般活动中"自发地"做出恰当行为时，向他提供赞扬、关注和其他形式的强化（虽然从技术层面来说，这不是过偿纠正程序的一部分，但建议以强化替代行为来补充所有以惩罚为基础的干预）。

图14.10 实施过偿纠正的准则

尽管有研究报告称纠正训练见效很快，治疗效果持久，实务工作者仍应注意几个与过偿纠正有关的潜在问题和局限性。第一，过偿纠正是一个费力费时的程序，需要实务工作者全神贯注。实施过偿纠正通常需要实务工作者在整个过程中直接监督学习者。第二，要使过偿纠正成为有效的惩罚，学习者与监督过偿纠正程序的人共处的这段时间一定不能具有强化性。"如果（这段时间）具有强化性，（比如）如果妈妈在孩子擦地板的时候与其聊天，给孩子喝牛奶吃饼干的休息时间，那么还不如叫孩子给整间厨房的地板打上蜡有效果。"（Heward et al., 1979, p. 63）

第三，一个频繁做出不当行为的孩子可能不会仅仅因为被要求实施一系列的"善后"工作就真的去做。阿兹林和比萨莱尔（1991）提出了三种策略以降低拒绝实施过偿纠正程序的可能性：（1）提醒学习者有哪些更严厉的纪律处分，如果坚持拒绝，就执行该纪律处分；（2）在问题行为发生之前讨论纠正的必要性；（3）将纠正确立为对任何破坏性行为的预期和常规惯例。如果孩子的反抗过于强烈或变得具有攻击性，过偿纠正可能就不是一种可行的处理方式。成人学习者必须自愿决定是否执行过偿纠正的常规惯例。

使用惩罚的准则

假设习惯化、处理完整度、强化和训练等问题可以得到解决，那么惩罚就可以快速地、持久地抑制问题行为。然而，不幸的是，机构政策、人类被试审查程序和过去的实践都限制了惩罚在研究和临床上的应用（Grace, Kahng, & Fisher, 1994）。尽管如此，在以下情况下，惩罚或许仍可以作为处理行为的一种选择：（1）当问题行为产生严重的身体伤害，必须迅速加以抑制时；（2）当以强化为基础的处理未能将问题行为减少至社会可接受的水平时；（3）当维持问题行为的强化物无法被辨识或被扣留时（Lerman & Vorndran, 2002）。

如果决定使用以惩罚为基础的干预，那么就应该采取措施，确保打算使用的惩罚物能真正发挥作用。以下准则将帮助实务工作者在应用惩罚时获得最佳效果，同时尽可能地减少不希望出现的副作用和问题。

这些准则的假设基础是，行为分析师已经进行了功能性行为评估以确定维持问题行为的变量，问题行为已被明确定义，以及参与者不能回避或逃避惩罚物。

选择有效且恰当的惩罚物

实施惩罚物评估

实施厌恶刺激评估是为了确定可作为惩罚物的刺激。费希尔及其同事（1994）指出了实施惩罚物评估的两个好处。第一，越早确定理想的惩罚物，就越早能将其用于干预问题行为。第二，惩罚物评估的数据可能会揭示出抑制行为所需的惩罚物的等级大小或强度，从而使实务工作者能够以最低强度的惩罚物来实现具有重要社会意义的反应抑制。

惩罚物评估与强化物评估一样，除了以下不同之处：行为分析师不测量与每个刺激接触的次数或持续时间，而测量与每个潜在惩罚物有关的整体反应抑制、负面语言、回避运动、逃避尝试或破坏性行为。然后基于来自惩罚物评估的数据提出关于每个刺激改变作为惩罚物的相对效果的假设。

在几个潜在惩罚物中决定使用哪一个应该基于惩罚物的相对侵入程度、一致且安全地给予惩罚物的难易程度以及潜在反应抑制的数据。在随后的观察中可能会发现，侵入性较低、耗时较少或易于实施的后果会导致目标行为显著降低（Thompson et al., 1999）。

使用质量和强度足够高的多种惩罚物

惩罚物的质量与过去和现在的影响参与者的一些变量有关。例如，汤普森及其同事发现，对里基、唐娜和林恩来说，15秒的身体限制是高质量的惩罚物，但对谢莉来说，身体限制的效果并不理想。虽然一定能引起逃避和回避的刺激通常是高质量的惩罚物，但实务工作者应该认识到，能够有效抑制某些行为的刺激改变可能不会影响其他行为，而那些具有高动因的问题行为可能只有通过极高质量的惩罚物才能得到抑制。

概括来说，基础研究者和应用研究者已经发现，惩罚刺激的强度、等级越高，数量越多，对行为的抑制作用就越大。这一发现是以最初就以最佳等级提供惩罚刺激为前提的，而不是随着时间的推移逐渐提高水平（Azrin & Holtz, 1966）。例如，汤普森及其同事（1999）使用先前描述的惩罚物评估程序来确定惩罚刺激的最佳等级大小或持续时间：要能使自伤行为水平和持续时间与基线期相比下降75%或更多。具体来说，他们确定，要达到这个惩罚刺激的标准，一名参与者在自伤行为发生时要把双手放在膝盖上15秒，而另外两名参与者在自伤行为发生时要遭到口头斥责，并将双手贴在身侧15秒。

一开始就有足够强度的惩罚刺激，这很重要，因为参与者可能会随着刺激等级的逐渐提高而适应该惩罚刺激。如果汤普森及其同事（1999）一开始使用的惩罚刺激是3秒的活动限制，然后逐步提高等级，从3秒提高到6秒，再到9秒，最后到15秒，那么15秒的活动限制对参与者来说可能就是无效的惩罚物。海因兰和罗萨莱斯—鲁伊斯（2013）建议实务工作者从"一个强烈但安全、实用和被接受的惩罚物开始，然后暂停进一步增加强度，直到其他变量被排除掉"（p. 488）。

使用多种惩罚物

重复呈现单一惩罚刺激会降低其有效性。使用多种惩罚物可以减少习惯化效应。此外，使用多种惩罚物可以提高侵入性较低的惩罚物的有效性。例如，沙洛普、布尔焦、艾瓦塔和伊万契奇（Charlop, Burgio, Iwata, & Ivancic, 1988）对呈现多种惩罚物与单一惩罚物（即严厉的"不可以！"、过偿纠正、罚时出局加上身体限制、一个巨大的声响）的效果进行了比较。参与者是三名5岁和6岁的发展性障碍儿童。他们的问题行为包括攻击行为（第一名儿童）、自我刺激和破坏性行为（第二名儿童）以及攻击和离席行为（第三名儿童）。多种惩罚物条件比单一呈现条件效果稍好，而且多种惩罚物提高了行为对侵入性较低的惩罚刺激的敏感性（参看图14.11）。沙洛普及其同事总结说："看来，呈现多种形式的常用的惩罚物，在不使用更具侵入性的惩罚程序的情况下，可能可以进一步减少不当行为的发生。"（p. 94）

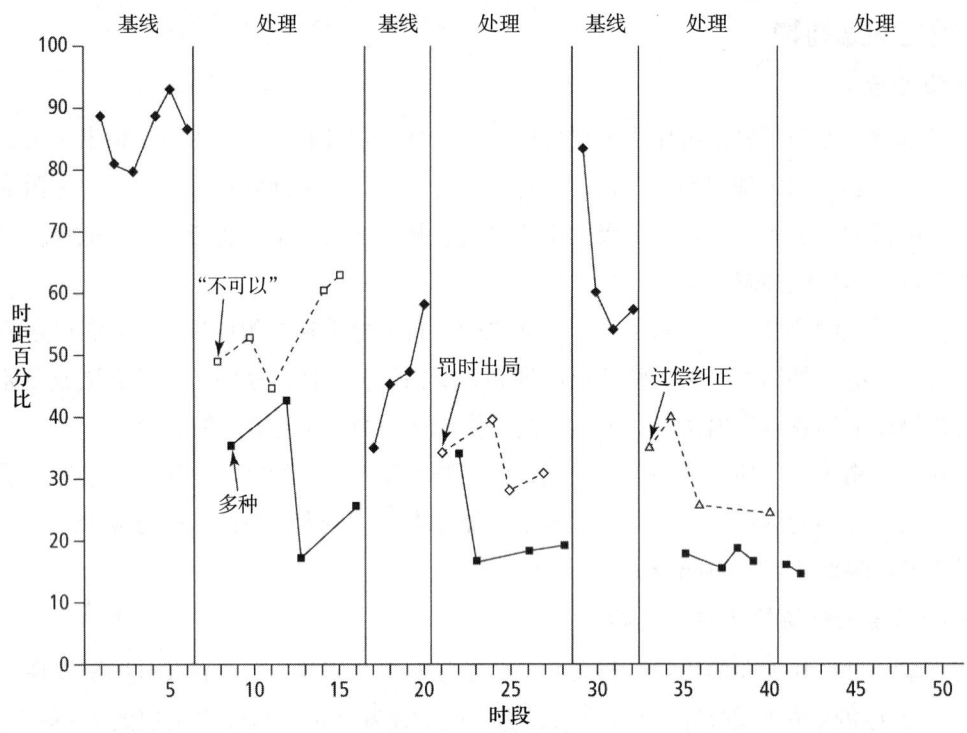

图14.11　一名6岁孤独症女孩发生自我刺激和破坏性行为的时距百分比

引自 M. H. Charlop, L. D. Burgio, B. A. Iwata, & M. T. Ivancic (1988). Stimulus Variation as a Means of Enhancing Punishment Effects. *Journal of Applied Behavior Analysis*, 21, p. 92. 经约翰威立出版有限公司授权转载。

在行为序列的起点给予惩罚物

在不当行为刚一出现时就惩罚比等到整个行为链完成后再惩罚更有效（Solomon, 1964）。一旦组成问题行为的反应序列启动，完成该链的每一步所产生的强有力的二阶强化物（secondary reinforcer）可能就会促使行为继续推进，从而抵消在行为结束后才实施惩罚所产生的阻止或抑制作用。因此，只要可行，惩罚刺激应在行为序列的初期出现，而不是后期（Heron, 1978）。例如，如果剧烈摆臂是戳眼睛这个自伤行为的可靠前兆，那么应该在刚一开始摆臂时就给予惩罚（如反应阻挡、限制）。

最初对每个行为实例都进行惩罚

当在每次反应后都跟随惩罚物时，惩罚最为有效。这种一致性在一开始实施惩罚干预时尤其重要。一致性的重要性不只是制订一个有效的惩罚程序表，也就是何时进行惩罚。一致性指的是惩罚物本身、其作为行为→后果功能关系的应用，以及它的程序性要素是否按照预期的方式实施，因此，一致性与处理完整度有关。我们可以简单想象这样一种情况：一名处于青春期的高中生在多位老师的课堂上出现破坏性行为，有一项干预计划是，依联于行为的发生，每一位老师都用手指着这名学生并发出严厉斥责："不可以！"然而，在实际实施时，有的老师执行了该计划，有的则没有。或者，少数老师用半开玩笑的语气说"不不不"，而其他老师则发出了严厉的斥责。当这些不一致的情况发生时，处理完整度就会受到威胁。因此，难以确定未能有效抑制破坏性行为的原因是某个刺激并非惩罚物，还是惩罚程序由于一个或多个处理实施上的失误而受到了损害。

逐渐转换至间歇惩罚程序表

虽然最有效的惩罚是惩罚物紧随在每一个问题行为实例出现之后（Hineline & Rosales-Ruiz, 2013），但实务工作者可能会发现这种连续惩罚程序表是不切实际的，因为他们缺乏资源和时间，无法顾及每一个行为实例（O'Brien & Karsh, 1990）。一些研究发现，在通过使用连续惩罚程序表减少了反应后，间歇惩罚程序表可能足以使行为维持在社会可接受的频率上（Clark, Rowbury, Baer, & Baer, 1973; Lerman et al., 1997; Romanczyk, 1977）。

我们提出使用间歇惩罚的两个准则。第一，这一点特别重要，在逐渐转为间歇惩罚程序表之前，应该使用连续惩罚程序表（FR 1）将问题行为减少至临床上可接受的水平。第二，将间歇惩罚与消退结合起来。如果无法辨识或扣留维持问题行为的强化物，那么已减少的反应就不太可能在间歇惩罚下继续保持。如果这两个间歇惩罚的准则都遵守了，而问题行为的频率回升到了不可接受的水平，那么就返回连续强化程序表，然后等恢复到可接受的低反应速率后，再逐渐转换至比先前所用程序表更密集的间歇惩罚程序表（如使用 VR 2 而非 VR 4）。

中介无法回避的反应—惩罚的延迟

在自然环境中，实施者想要用作问题行为惩罚物的后果经常会延迟出现。现实中，延迟可能是由于照顾者无法持续监督而错过行为，个体可能会逃避接收惩罚物，或者是不当行为可能没有被发现（Lerman & Vorndran, 2002）。当无法立即给予惩罚物时，应用行为分析师应设法在反应—惩罚的延迟中担任中介角色。

例如，罗利德和范霍滕（Rolider & Van Houten, 1985）在使用一个延迟的惩罚物之前，播放了儿童当天早些时候哭闹的录音。向儿童解释录音机的用途，并在录音时将录音机放在儿童的视线范围内，这样做可能能使录音机弥补不当行为与后果之间的时间差（即充当惩罚的区辨刺激）（Lerman & Vorndran, 2002）。

以配套干预补强惩罚

应用行为分析师通常不会将惩罚作为单一的干预方法来使用：他们会将惩罚与其他干预方法结合起来使用，主要有差别强化、消退和各种前提干预。基础研究者和应用研究者一致发现，当学习者可以做出其他反应以获得强化时，惩罚的有效性会提高。在大多数情况下，应用行为分析师应将对替代行为的差别强化、对不兼容行为的差别强化或对其他行为的差别强化（参看第 25 章）纳入处理计划以补强惩罚。当作为减少问题行为的程序时，差别强化包含两个成分：（1）强化的提供依联于出现问题行为以外的行为；（2）扣留问题行为的强化（如消退）。前面介绍的汤普森及其同事（1999）的研究提供了一个极佳的例子，说明了强化替代行为如何能够增强惩罚的抑制作用，并使相对温和的惩罚程序能够有效地处理那些一直阻抗改变的慢性问题行为。

我们建议实务工作者充分强化替代行为。另外，学习者通过发出恰当行为获得的强化越多，他发出问题行为的动因就会越少。换句话说，对替代行为进行大量的、一致的强化会起到废除型操作（abolishing operation）的作用，可以弱化（减少）问题行为的频率。

建议强化替代行为还有一个重要的原因。应用行为分析师的工作是通过教授服务对象和学生新的技能和更有效的控制环境的方式来建立技能库并获得成功。惩罚（某些过偿纠正程序除外）会消除个体技能库中的行为。虽然没有这些行为对个体而言可能会更好，但惩罚只教他不能做什么，而不教他该做什么。

功能性沟通训练、高概率索要序列和非依联强化等通过降低维持问题行为的强化物的有效性来降低问题行为频率（参看第 26 章）的前提干预，在与惩罚相结合时会更加有效。例如，费希尔及其同事（1993）发现，虽然功能性沟通训练未能将四名有重度智力障碍和交流障碍的参与者的破坏性行为减少至临床上显著的水平，但将功能性沟通训练与惩罚结合起来使用能最大限度和最稳定地减少问题行为。

关注副作用并为应对它做好准备

预测惩罚可能带来的副作用是很困难的。通过惩罚抑制一个问题行为可能会导致其他不良行为的增加。例如，惩罚自伤行为可能会导致不服从或攻击行为的增加。惩罚一个问题行为可能会同时导致理想行为的减少。例如，要求一名学生重写一段构思拙劣的文字可能会导致他不再做任何作业。虽然惩罚有可能并未产生我们不希望看到的副作用，但实务工作者应该对逃避和回避、情绪爆发和行为对照等问题保持警惕，并制订计划以应对此类事件的发生。

每日记录、绘图和评估数据

在以惩罚为基础的干预的初始阶段，数据收集尤为重要。与某些抑制作用通常是渐进式的行为减少程序（如消退、对替代行为的差别强化）不同，惩罚的抑制作用通常是快速的、突然的。阿兹林和霍尔兹（1966）在关于惩罚的基础研究的经典评论中写道：

> 几乎所有关于惩罚的研究都一致表明，只要惩罚有任何一点效果，通过惩罚来减少反应就是立即可见的。当数据是以每天的反应数量来呈现时，在实施惩罚的第一天，反应就会大幅减少或消除。当数据是以逐一时刻的变化来呈现时，在头几次给予惩罚……或在前几分钟内，反应就会减少。(p. 411)

在本章呈现的所有图表中，惩罚条件下的头几个数据点都为阿兹林和霍尔兹关于惩罚的即时效果的论断提供了额外的实证。由于惩罚的效果是突然产生的，实务工作者应特别注意干预中第一个或前两个时段的数据。在以惩罚为基础的干预中，如果问题行为在前两个时段内没有明显减少，我们建议实务工作者调整干预策略。

频繁地从惩罚的角度检视数据可以提醒有关人员注意干预的目的，并发现问题行为是否按预期减少或消除。当数据显示具有临床意义或社会意义的改变已经发生且能够维持时，就可以将惩罚转移至间歇程序表，或者完全终止。

使用惩罚的伦理考虑

关于使用惩罚的伦理考虑，主要围绕三个问题：服务对象获得安全和人道治疗的权利、专业人士使用最少限制程序的责任，以及服务对象获得有效治疗的权利。

获得安全和人道治疗的权利

自《希波克拉底誓言》（*Hippocrates*，公元前 460 年—公元前 377 年）诞生起，任何人类服务提供者的第一条伦理准则和责任就是不造成伤害。因此，任何行为改变计划，无论是以惩罚为基础的、用于减少威胁生命的自伤行为的干预，还是应用正强化教授新的学业技能，都必须保障所有参与者的人身安全，并且不能包含伤害、贬低或不尊重参与者的内容。

当治疗不会使照顾者和目标对象处于身体、心理或社会风险之中时，它才会被认为是安全的（Favell & McGimsey, 1993）。虽然关于人道治疗，尚没有一个普遍接受的定义，但合理的人道治疗应该是：（1）为达到治疗效果而设计；（2）以富有同情心和关怀的方式提供；（3）通过正式的评估来确定有效性，如果被证实无效则终止；（4）对个体所有的身体、心理和社会需求具有敏感性并迅速做出反应。[1]

最少限制的替代选择

人类服务专业人士的第二条伦理准则是，不过度侵入服务对象的生活以提供有效的干预。最少限制的替代选择的观念是，应先尝试使用侵入程度较低的程序，在确认无效后，再使用侵入程度较高的程序。

---

1 第 31 章将讨论应用行为分析师的伦理议题和实践。

干预可以被视为从最少限制到最多限制的一个连续体。一个治疗程序对个体的生活或独立性（如她在正常环境中进行日常活动的能力）影响越大，其限制性就越高。一个完全无限制的干预是一种逻辑上的谬误。以某种方式影响个体生活的治疗才有资格算作干预。在连续体的另一端，绝对的限制存在于单独监禁期间，个体在那里是完全没有独立性的。应用行为分析师开发和实施的所有行为改变干预都介于这两个极端之间。

选择任何以惩罚为基础的干预，基本上是在所有的正向程序或正向减少程序都被证明无法改善行为后，将它们视为无效的而排除使用。例如，盖洛德—罗斯（1980）提出了一个减少异常行为的决策模型，该模型要求实务工作者在使用惩罚之前，排除评估事项、不当或无效的强化程序表、生态变量以及课程修改。

一些作者和专业组织提出的观点是，所有以惩罚为基础的程序本质上都具有侵入性，因而不应使用（例如，LaVigna & Donnellen, 1986; Mudford, 1995）。其他人则提出相反的主张，即以惩罚为基础的程序因其固有的侵入性而应仅被作为最后的手段使用（Gaylord-Ross, 1980; Iwata, 1988）。

大多数人认为，以正强化为基础的干预比以负强化为基础的干预限制性少；强化干预比惩罚干预限制性少；负惩罚干预比正惩罚干预限制性少。然而，干预的侵入性或限制性不能由它所依据的行为原理来决定。限制性是一个相对的概念，取决于程序上的细节，最终取决于应用对象的水平。一项需要操作剥夺的正强化干预可能比每次做出错误反应蜂鸣声就会响起的正惩罚程序更具限制性，而一个人认为具有侵入性的干预可能对另一个人而言并无任何不适。霍纳（1990）认为，大多数人能接受用惩罚干预来减少问题行为，只要这些干预："（1）不造成身体疼痛；（2）不产生需要医疗护理的影响；（3）主观上被判断为符合我们社会中人们相互对待的常规方式。"（pp. 166–167）

弗里曼和波林（Friman & Poling, 1995）在考察以惩罚原理为基础的反应减少干预时指出，以惩罚为基础的策略，如要求个体做出费力的反应依联于目标行为的发生，符合霍纳（1990）提出的可接受的反应减少干预的标准。他们说："这些程序都没有造成疼痛或需要医疗护理的情况，也没有违反社会规范。例如，教练经常要求不服从指令的球员跑圈，军事训练的教官让行为不端的新兵做俯卧撑。"（p. 585）

虽然最少限制的替代选择的做法是假设在引入限制较多的干预之前，已经尝试了较少侵入性的程序并发现无效，但实务工作者必须在策略的有效性和侵入性之间取得平衡。加斯特和沃勒里（Gast & Wolery, 1987）认为，如果必须在侵入性较少但无效的程序与侵入性较多但有效的程序之间做出选择，那么应选择后者。由国际行为分析协会任命的有效治疗权利特别工作组（Task Force on the Right to Effective Treatment）就根据治疗方案的实证有效程度判断其最终限制性的重要性提出了以下观点（仅撷取部分）。

> 的确，就一个缓慢但非限制性的程序而言，如果长期的治疗会增加风险、严重抑制或妨碍个体参与所需的训练计划、推迟进入更理想的社会或居住环境，或导致适应并最终使用更具限制性的程序，那么它可能会被认为是具有高度限制性的程序。因此，在某些情况下，服务对象获得有效治疗的权利可能决定了使用见效更快但暂时更具限制性的程序。（Van Houten et al., 1988, p. 114）

有效治疗的权利

关于使用惩罚的伦理讨论，往往集中于它可能产生的副作用，以及得到惩罚物也许会对个体造成不必要的痛苦和可能的心理伤害。虽然这些问题都值得仔细思考，但针对获得有效治疗的权利，人们也提出了一个同样重要的伦理问题，尤其是对那些有长期的、足以威胁生命的严重问题行为的人而言。一些人主张，不使用研究证明能够有效抑制与他们的服务对象相似的自我毁灭行为的惩罚程序是不合伦理的，因为这样做妨碍了潜在的有效治疗，并且有使个体处于危险或不舒服状态的风险。例如，贝尔（1997）指出："当能够使个体从自己的习惯性行为所导致的更大的惩罚中解脱出来时，[惩罚]是一种合法的治疗技术，它是合理且值得推荐的。"(p. 111)

正如艾瓦塔（1988）所解释的，如果所有其他有足够研究基础以提供合理的成功机会的侵入性较少的治疗都无法起效，那么使用惩罚程序就是唯一合乎伦理的选择。

> 在理想世界中，不会发生治疗失败的情况。但在现实世界里，尽管我们尽了最大的努力，失败仍然会发生，留给我们的只有这些选项：行为问题朝着某个毁灭性的终点继续发展，（使用）限制、镇静药物或厌恶依联。我预测，如果我们运用我们的技能来最大限度地提高正强化计划的有效性，我们会经常取得成功。在遵循这样的路线走之后，我的进一步预测是，如果我们最终不得不在上述的备选方案中做出决定，那么服务对象的辩护人、家长或（如果必要的话）法院会选择或使用厌恶依联这个选项。为什么？因为在这种情况下，它是唯一合乎伦理的行动。(pp. 152–153)

在最少限制的替代选择、获得有效治疗的权利，以及贝尔（1971）的愿景（如果严重的行为问题仍未得到治疗，或无效的治疗被允许继续进行，使个体从更多的惩罚中解脱出来）之间取得平衡是一项艰难的挑战。然而，行为分析师并不是没有解决办法。自20世纪80年代以来，干预发展了四十多年，另外，最近在功能性行为分析的指导下，最少限制的替代干预也有了新进展，鉴于此，即使是最严重的威胁生命的行为也能够得到有效且人道的治疗，而无须诉诸使用有害或令人痛苦的非条件惩罚物（如水雾、芳香氨、电击）。研究显示，审慎地使用刺激控制程序（McKenzie et al., 2008）、罚时出局和依联限制（Lerman et al., 1997）、在惩罚机制中加入重要的强化成分（DRA）（Thompson et al., 1999）、有效地操纵斥责（McKenzie et al., 2008）、反应阻挡（Lalli, Lizevey, & Kates, 1996）、依联练习（Luce et al., 1980）、改变常用的惩罚物（Charlop et al., 1988）以及过偿纠正（Steuart, 1993）可以减少经常采用非条件惩罚物处理的问题行为。非条件惩罚物的应用已不再符合最少限制的替代选择或最佳实践的标准。

应用行为分析师实施功能性行为分析、实施全面的惩罚物评估、改变运用前提和后果的方法，并单独或综合应用这些方法，与他们在通过确保获得有效治疗的权利、提供最佳实践和使用最少限制的替代选择来改善服务对象的生活质量的使命相比，他们将在减少自伤行为或其他危险行为方面获得同样多或更多的成功。

惩罚政策和程序的保护措施

掌握了来自实验文献、需要应对的真实世界中的变量和依联（即长期的、威胁生命的问题），以及植根于伦理准则的做法和程序的知识，实务工作者就可以在必要时考虑采用惩罚方法，从而为其所护理的人提供有意义的方案。确保使用最佳实践方法的一个机制（Peters & Heron, 1993）是采取和使用可为实务工作者提供清晰的指导方针和保护措施的动态政策和程序。

机构可以制定在实施任何以惩罚为基础的干预时都必须遵守的政策和程序准则，以保护和确保服务对象获得安全、人道、最少限制和有效治疗的权利（Favell & McGimsey, 1993; Griffith, 1983; Wood & Braaten, 1983）。图14.12提供了这类文件可能包含的各种内容的要点和例子。

基于最佳实践，实务工作者应查阅地方、州或国家专业协会有关使用惩罚的政策声明。例如，行为治疗促进协会（Association for the Advancement of Behavior Therapy, AABT）提供了包括惩罚在内的治疗选择的指南（Favell et al., 1928）。国际行为分析协会遵守《美国心理学会伦理守则》（*American Psychological Association's Ethic Code*, 2004），并提出了有关治疗的问题。各种政策声明一致提出了机构在实施任何以

政策要求
- 干预必须符合地方、州和联邦的法规。
- 干预必须符合相关专业组织有关伦理行为的政策和规范。
- 干预应该包括增强和教授替代行为的程序。
- 干预必须包括行为改变的泛化和维持计划，以及终止或减少惩罚的标准。
- 在干预开始前，必须获得服务对象、家长或法定辩护人的知情同意。

程序保护措施
- 在干预开始前，所有相关的工作人员必须在以下方面接受训练：(1)正确实施惩罚程序的技术细节；(2)确保服务对象和工作人员的人身安全以及对服务对象进行人道治疗的程序；(3)如果出现如情绪爆发、逃避和回避的攻击行为、不服从等副作用，该怎么做。
- 必须为实施惩罚干预的工作人员提供督导和反馈，并在必要时提供附加培训课程。

评估要求
- 必须对每次发生的问题行为进行观察和记录。
- 必须记录每次惩罚的实施情况，并记录服务对象的反应。
- 必须由一个包括家长/辩护人、工作人员和技术顾问的团队定期检视数据（如每天或每周），以确保无效的治疗不再继续或有效的治疗不被终止。
- 必须从服务对象、重要他人和工作人员那里获取社会效度的数据，包含：(1)治疗的可接受度；(2)任何行为改变对服务对象的当前状况和未来展望的真实的和可能的影响。

图 14.12 建议在机构政策和程序准则中加入的内容，以帮助确保惩罚的使用合乎伦理、安全和有效。

惩罚为基础的干预时应遵守的要求、程序准则和预防措施，以及应采用的评估方法。第 31 章提供了更多关于应用行为分析师的伦理标准、获得知情同意、保护服务对象的权利以及确保安全和人道干预的程序的信息。

结论性观点

在本章的最后，我们简要地陈述一下我们关于惩罚原理的观点，特别是将非条件惩罚物作为备选技术的应用。我们相信，如果能够：(1) 在限制范围内，认识到并重视惩罚的自然作用及其对生存和学习的贡献；(2) 开展以惩罚为重点的基础研究和应用研究；(3) 采用包含差别强化选择、刺激控制程序、从正强化中罚时出局、反应阻挡和依联限制的治疗来取代以非条件惩罚物为备选技术的治疗，那么应用行为分析将会成为一门更强大、更有力量的学科，实务工作者也将做出更大的贡献。

应认识到惩罚在生存和学习中的自然和必要的作用

行为分析师不应将惩罚排除在可能有效的治疗性干预之外。正惩罚和负惩罚依联在日常生活中自然地发生是并存强化和惩罚依联的复杂组合的一部分，鲍姆（2017）所举的例子清楚地说明了这一点。

> 生活中充满了选择，这些选择提供了强化与惩罚的不同组合。上班会得到薪资（正强化）和遭遇麻烦（正惩罚），而打电话请病假可能会失去部分薪资（负惩罚）、回避麻烦（负强化）、获得休假时间（正强化）和招致职场中的一些不满情绪（正惩罚）。哪个关联组合胜出取决于哪些关联强大到足以占据支配地位，而这又取决于当前的情况和个人的强化和惩罚历史。(p. 68)

沃尔默（2002）建议继续开展关于惩罚的科学研究，因为计划外和计划中的惩罚经常发生，而有计划的、复杂的惩罚应用属于应用行为分析师研究的范围。我们认为研究惩罚属于行为科学的范畴。正如沃尔默所说："科学家和实务工作者有义务了解惩罚的本质，没有其他的原因，只因为惩罚（实际上）会发生。"（p. 469）

需要着重研究惩罚

很多不恰当和无效的惩罚应用可能反映了我们对惩罚原理的了解还不够全面（Lerman & Vorndran, 2002）。我们关于惩罚应用的技术性理解和建议来自几十年前的基础研究。虽然描述与现在仍然相关的问题的严谨的科学数据历久不衰，但对能够产生有效惩罚的机制和变量开展更多的基础研究无疑有助于发掘在复杂变量及其交互作用中仍然纠缠不清的元素。

得益于基础实验室研究，我们可以对在应用环境中难以操纵或不可能操纵的变量进行控制。然而，一旦在基础研究中发现了机制，就可以更有信心地设计或调整惩罚干预，以面对现实世界的挑战，但同时也要了解它的局限性和伦理问题。实务工作者必须知道何时、如何、为何以及在何种条件下，惩罚会对他们所服务的学生、服务对象或患者产生行为抑制。此外，我们必须认识到，虽然在所有的实验室控制和高度的内部效度下得到的实验结果可能会产生巨大的抑制作用，但实务工作者调整该惩罚程序并将其应用于现实时可能只会产生一小部分作用。尽管如此，对于那些自伤、自毁和似乎面临危及生命的情况的儿童而言，在行为抑制方面获得一部分改善可能就足够值得庆祝了。

至少有两种解释可以说明为什么开展关于惩罚的实验工作很困难。第一种，出于各种原因，人类被试审查委员会（Human Subjects Review Committees）可能不太热衷于支持惩罚研究。其影响是，如果针对惩罚开展基础研究的计划更少获得批准，那么有关惩罚在应用情境中的效果、副作用和适用性方面的数据就会更少。第二种，为了遵守伦理准则和确保个体获得最少限制的替代治疗权利，应用研究者已将重点转移到正向减少程序或较不具有侵入性的负惩罚应用上。

我们支持霍纳（2002）的呼吁，即在实地情境中开展关于惩罚的实际应用研究。在环境变量可能无法得到很好的控制以及给予惩罚物的实务工作者可能并非训练有素的专业人士的情况下，确定惩罚如何发挥作用非常重要。教育和临床中的惩罚应用也要求应用行为分析师了解产生有效应用的个体、背景和环境等变量。如果没有关于这些变量和条件的清楚和明确的知识作为基础，那么作为行为科学的应用行为分析就不能合理地宣称对其自身的基本概念已经实现了全面的分析（Lerman & Vorndran, 2002; Vollmer, 2002）。

以非条件惩罚物为备选技术的干预

艾瓦塔（1988）建议将涉及厌恶刺激依联的以惩罚为基础的干预作为备选技术。备选技术是指当所有其他方法都失败时，实务工作者转而采用的技术。艾瓦塔建议行为分析师不要提倡使用厌恶技术（因为提倡是无效的、不必要的，也不符合这个领域的最佳利益），而是参与有效厌恶技术的研究和开发。

> 我们必须下功夫，因为无论我们喜欢与否，每当失败发生时，备选技术就会发展变化，就厌恶刺激而言，我们处于一个可以做出一些贡献的独特位置。第一，我们可以改进技术，使其有效且安全。第二，我们可以通过纳入正强化依联来改善它。第三，我们可以管理它，以便以审慎和合乎伦理的方式运用。第四，当然也是最重要的，通过研究备选技术产生的条件和技术本身，我们最终可能这两者都用不到。你能想到应用行为分析领域有什么更好的命运吗？（p. 156）

摘要

惩罚的定义与特征

1. 当反应之后立即跟随一个可以减少这类行为的未来发生频率的刺激改变时，惩罚就产生了。

2. 惩罚既不是由施加后果的人的行动来定义的，也不是由这些后果的本质来定义的。一项以后果为基础的干预要符合惩罚的定义，必须观察到该行为在未来的发生次数减少。

3. 当在行为之后立即呈现一个刺激（或提高既有刺激的强度），导致行为的发生频率减少时，正惩罚就产生了。

4. 当在行为之后立即去除一个已存在的刺激（或降低既有刺激的强度），导致行为的发生频率减少时，负惩罚就产生了。

5. 由于正惩罚和负强化都与厌恶事件有关，厌恶控制这个术语经常被用来描述涉及这两个或其中一个原理的干预。

6. 惩罚物是一个紧随在行为发生之后，减少该行为未来发生频率的刺激改变。

7. 非条件惩罚物是一种未曾与其他惩罚物匹配而呈现具有惩罚功能的刺激。

8. 条件惩罚物是一种通过与非条件惩罚物或条件惩罚物匹配而获得惩罚能力的刺激。

9. 泛化型条件惩罚物在各种多样的动因操作下具有惩罚功能，是因为它先前与多种非条件惩罚物和条件惩罚物匹配过。

10. 惩罚的区辨刺激（S^{Dp}）是一个刺激条件，在这个条件中，在区辨刺激存在的情况下，某个反应类发生的频率比在该区辨刺激不存在的情况下要低。这是条件作用历史导致的，即反应在 S^{Dp} 存在的情况下受到惩罚，而相似反应在 S^{Dp} 不存在的情况下没有受到惩罚（或导致惩罚的频率或等级降低）。

11. 惩罚对行为的抑制作用通常不是永久性的。在受到惩罚的行为也获得强化时，惩罚之后的恢复尤其容易发生。

影响惩罚有效性的因素

12. 基础研究和应用研究的结果显示，惩罚在以下情况下会更加有效：
- 尽可能在目标反应出现后立即给予惩罚物
- 惩罚物的强度很高
- 每次行为发生后都立即给予惩罚的后果
- 减少对目标行为的强化
- 替代行为可以获得强化

惩罚可能产生的副作用和问题

13. 惩罚有时会造成不希望出现的副作用和问题，如下：
- 情绪和攻击反应
- 逃避和回避行为
- 行为对照：在一个情境或情况中因惩罚而减少的反应，可能在另一个情境或情况中随着反应未受惩罚而增加。
- 演示了不良行为
- 惩罚实施者因其行为得到负强化而导致过度使用惩罚

正惩罚干预

14. 斥责：要有节制地使用，一句简单坚定的斥责，如"不可以！"就能抑制未来的反应。

15. 反应阻挡：当学习者开始发出行为时，治疗师用身体干预来阻止或"阻挡"完成反应。

16. 反应中断与重新引导（RIRD）：这个方法是反应中断的一种变体，它包括在刻板行为开始发生时中断它，并重新引导个体完成高概率行为。

17. 依联练习：在这种干预中，要求服务对象表现出与问题行为在形态上无关的反应。

18. 过偿纠正：这是一种以惩罚为基础的策略，它依联于问题行为的每一次发生，要求学习者从事与问题行为直接相关或逻辑相关的费力行为。

19. 恢复性过偿纠正：在这种干预中，要求学习者将环境恢复成原貌以修复问题行为造成的损害，然后从事可以将环境变得比做出不当行为之前更好的其他行为。

20. 正向练习过偿纠正：在这个类型的过偿纠正中，要求学习者重复做出正确的行为或与问题行为不兼容的行为，直到达到规定的时间或反应次数。

使用惩罚的准则

21. 要达到应用惩罚的最佳效果，同时尽可能地减少不希望出现的副作用，实务工作者应该：

・选择有效且恰当的惩罚物：(1) 实施惩罚物评估以确定侵入性最少，并可以一致且安全地运用的惩罚物；(2) 使用质量和强度足够高的惩罚物；(3) 使用多种惩罚物以对抗习惯化，并增加最少侵入性惩罚物的有效性。

・如果问题行为包含一个反应链，尽可能在反应序列的初期给予惩罚物。

・每次行为出现时都进行惩罚。

・如果维持一个连续程序表是不切实际的，则逐渐转换至结合消退的间歇惩罚程序表。

・中介无法回避的反应—惩罚的延迟。

・以配套干预补强惩罚，尤其是差别强化、消退和前提干预。

・关注副作用并为应对它做好准备。

・每日记录、绘图和评估数据。

使用惩罚的伦理考虑

22. 任何人类服务专业人士或机构的第一条伦理责任就是不造成伤害。任何干预都必须保障所有参与者的人身安全，并且不能包含贬低或不尊重服务对象的元素。

23. 最少限制的替代选择的观念是，应先尝试使用侵入程度较低的程序（如正向减少方法），在确认无效后，再使用侵入程度较高的程序（如以惩罚为基础的干预）。

24. 服务对象获得有效治疗的权利引出了一个重要的伦理问题。一些人主张，不使用研究证明能够有效抑制自我毁灭行为的惩罚程序是不合伦理的，因为这样做妨碍了潜在的有效治疗，并且有可能使服务对象继续处于危险或不舒服的状态。

25. 提供应用行为分析服务的机构和个人可以通过制定并遵守一套政策标准、程序保护措施和评估要求来帮助确保以惩罚为基础的干预是安全、人道、合乎伦理和有效的。

结论性观点

26. 应用行为分析师必须认识和理解惩罚的自然作用及其对学习的重要性。

27. 很多对惩罚的误用反映了我们对惩罚原理的了解还不够全面，需要开展更多关于惩罚的基础研究和应用研究。

28. 应用行为分析师应提倡审慎的和合乎伦理的惩罚应用，纳入各类差别强化依联、前提干预和消退策略以减少行为，并研究考虑使用备选技术的条件，以达到最终不再需要这些策略的目的。

第 15 章 负惩罚

关键词

红利反应代价（bonus response cost）

依联观察（contingent observation）

逐出式罚时出局（exclusion time-out）

负惩罚（negative punishment）

非逐出式罚时出局（nonexclusion time-out）

隔板或选择空间罚时出局（partition or select space time-out）

计划式忽视（planned ignoring）

反应代价（response cost）

终止特定强化物接触（terminate specific reinforcer contact）

从正强化中罚时出局（罚时出局）[time-out from positive reinforcement (time-out)]

行为分析师认证委员会 BCBA/BCaBA 任务清单（第 5 版）

第一部分：基础

B. 概念和原理

B-6 定义正惩罚依联和负惩罚依联并举例。

B-8 定义非条件强化物、条件强化物和泛化型强化物、泛化型惩罚物并举例。

第二部分：应用

G. 行为改变程序

G-16 使用正惩罚和负惩罚（如罚时出局、反应代价、过偿纠正）。

H. 选择和实施干预

H-4 当希望一个目标行为减少时，选择一个可接受的替代行为建立或增加。

H-5 当使用强化、消退和惩罚程序时，针对可能产生的不良影响做准备。

©2017 The Behavior Analyst Certification Board, Inc.® (BACB®). 保留所有权利。本文件的当前版本可在 www.bacb.com 网站查阅。如需转载、复制或分发本文件，或有疑问，请直接联系行为分析师认证委员会。经授权使用。

➥ 本章由林珊翻译。

露丝观看史上最好笑的一段网络视频半分钟后，按了一个键。她没有看到预期出现的全屏显示，视频反而不见了。她重新打开视频，把光标移动到进度条上先前暂停时的位置，按同样的键，结果再次失去了访问视频的权限。露丝从此以后再也不会按那个让视频消失的键了！

肯特要去听他最喜欢的乐队即将举办的音乐会，在网上选择了最后两张前排票。他填入信用卡信息和账单地址后，被系统提示在点击购买按钮前要检查详细信息。就在这时，肯特的手机响起了短信提示音，接下来，他用了几分钟的时间回复短信。当肯特回到售票网站时，那两张票已经无法购买了。肯特从此以后在网上购物时，再也不会回复手机短信了。

负惩罚依联改变了这两个行为人的行为。露丝不再按那个导致视频消失的键；肯特在网上购物时不再回复短信。在**负惩罚**中，在一个反应之后立即移除一个刺激，以减少相似反应的未来发生频率。对照来看，在正惩罚中，在一个反应之后立即呈现一个刺激，以减少相似反应的未来发生频率。负惩罚和正惩罚依联都能减少行为的未来发生频率。区别在于作为惩罚后果的刺激改变的类型——移除或呈现（参看图 15.1 和图 14.2）。

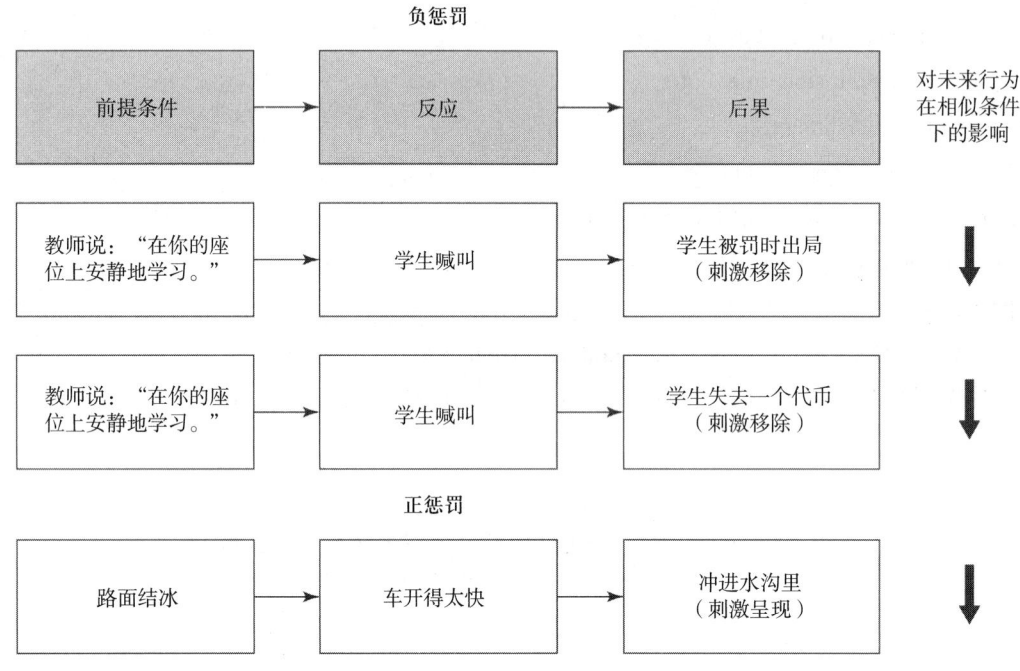

图 15.1 以作为惩罚后果的刺激改变的类型来区分负惩罚和正惩罚

应用行为分析师实施负惩罚时采用两种主要策略：从正强化中罚时出局（time-out from positive reinforcement）和反应代价（response cost）。本章介绍了它们的定义和操作，描述了如何在应用情境中使用这些负惩罚策略，概述了每个程序的可取和不可取之处，并提供了实践和伦理上的准则以帮助实务工作者有效地实施罚时出局和反应代价。

从正强化中罚时出局的定义

从正强化中罚时出局（或简称**罚时出局**）是指因反应依联而立即撤除赢得正强化物的机会，或立即失去接触正强化物的机会并达到一段特定的时间。为了发挥负惩罚的作用，罚时出局程序必须减少相似行为在未来的发生频率。罚时出局的定义隐含三个重要因素：（1）原环境和罚时出局环境必须具有区辨性；（2）因反应依联而失去的接触强化必须立即发生；（3）导致罚时出局的行为必须因罚时出局而在未来发生频率有所减少。[1]

罚时出局可以从程序、概念或功能的角度来考虑。从程序上讲，罚时出局意味着将一个人从强化环境里移出，或依联于问题行为的发生，禁止他在当前环境中接触强化物达到一段特定的时间。

从概念上讲，服务对象必须能够区分罚时出局和原环境：这就是说，原环境越有可辨的强化性，罚时出局作为负惩罚就越有效（Solnick, Rincover, & Peterson, 1977）。换句话说，原环境的强化价值的有无之间的差距越大，罚时出局就越有效。

从功能上讲，罚时出局可以减少相似行为的未来发生频率。如果未能减少相似行为的未来发生频率，那么即使将个体从一个情境中移出，或留在情境中但暂时与团体隔开，或失去接触强化物的机会，这样的罚时出局仍然无效。假设教师想使用逐出式罚时出局程序，把一名学生从教室（可能是原环境）中移出，但当学生回到教室时，问题行为继续出现，那么就不能说这是一个有效的罚时出局。

因此，与普遍的想法相反，罚时出局并不仅仅是把一个人转移到一个封闭的环境里。虽然这样的移动可能描述了孤立、逐出或隔离的一个要素（Costenbader & Reading-Brown, 1995），但仅仅是转移到另一个地方，还远远不足以被准确地称作从正强化中罚时出局。达到程序、概念和功能上的标准，才能算作从正强化中罚时出局。

应用情境中的罚时出局策略

在应用情境中，有两个基本的罚时出局类别：非逐出式（nonexclusion）罚时出局和逐出式（exclusion）罚时出局。在每种类型中都有几种程序性变体，在决定采取何种行动来减少相似行为的未来发生频率时，实务工作者有几种选择（参看图15.2）。一般来说，非逐出式罚时出局应该是首选的方法，因为实务工作

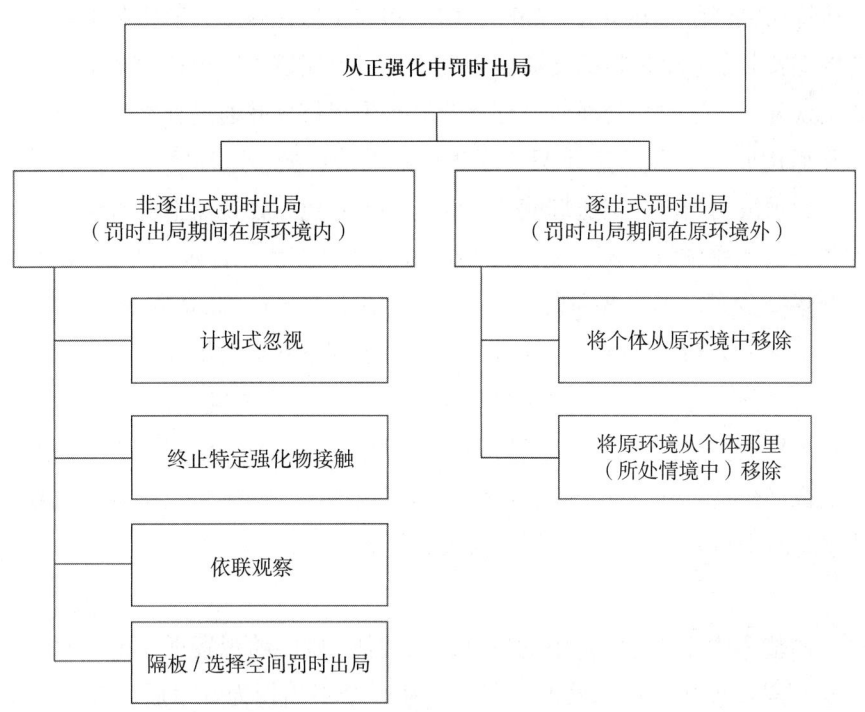

图 15.2 实施从正强化中罚时出局的策略

---

1 从正强化中罚时出局一词首次在行为学文献中出现，是在查尔斯·费尔斯特（Charles Ferster, 1958）的专著中。他叙述了以黑猩猩和鸽子为对象的五个实验。"所使用的基本范式……从正强化中'罚时出局'作为厌恶事件。为了研究罚时出局的效果，一个简单的反应会得到维持，如鸽子啄食一个圆形的键，或黑猩猩按压一个可以拨动的开关，在偶尔的啄食或按压发生后会有食物出现，以此维持这些反应。为了产生一个厌恶事件，在一个刺激存在的情况下不给予强化，而在第二个刺激存在的情况下交替给予强化。当反应速率在强化被中断的刺激存在的情况下降至零的时候，我们就可以将该刺激称作罚时出局刺激，把它用作厌恶事件，并测量它对基线表现的影响。"（p. 1）

者在选定恰当可用的变体时，在伦理上，有义务选用最有力的、最少限制的选项。无论采用哪种类型的罚时出局，我们认为，一般来说，罚时出局时段应该是短暂的，一个时段不超过2分钟或5分钟。

非逐出式罚时出局

非逐出式罚时出局（nonexclusion time-out）是指依联于目标行为的发生，参与者仍然留在原环境中，但该环境中的某些元素发生改变，导致：（1）赢得强化物的机会被移除；（2）一个特定的强化物被终止；（3）所处位置改变，可以继续观察正在进行的活动，但没有强化；（4）个体被转移到原环境中的不同空间里。

实施非逐出式罚时出局，通常有四种策略：计划式忽视（planned ignoring）、终止特定强化物接触（terminate specific reinforcer contact）、依联观察（contingent observation）和隔板/选择空间罚时出局（partition/select space time-out）。

计划式忽视

当依联于不当行为的发生，赢得社会性强化物——通常是关注、身体接触或语言互动——的机会被移除时，**计划式忽视**就发生了。在操作上，计划式忽视包括在一段特定的时间内有计划地将视线从个体身上移开、保持安静或不与个体进行任何互动（Kee, Hill, & Weist, 1999）。例如，如果在一对一的教学时段中发生了一个需要用罚时出局处理的行为，那么治疗师在罚时出局时距内背对学习者就可以了。治疗师转身的动作实质上移除了原环境，并且使学习者无法获得强化物。

终止特定强化物接触

终止特定强化物接触是罚时出局的一个变体，目标行为的每一次发生都会立即造成一个活动或感觉强化物的中止。韦斯特和史密斯（West & Smith, 2002）报告了应用这个策略来降低学校午餐时间的噪声水平。他们在食堂的墙上安装了一个模拟的交通信号灯，在灯上安装了一个传感器来检测噪声水平。当传感器检测到可接受的交谈分贝水平时，交通信号灯就会显示为绿灯，并通过食堂的扬声器播放音乐（即音乐被确定为强化物，从而构成一个原环境）。只要学生们的交谈声处于适当的水平，音乐就会一直播放。如果交谈分贝水平上升到预设的阈值，交通灯就会从绿色变为黄色，在视觉上警告学生们，继续提高音量将导致音乐暂停。如果分贝水平继续升高，交通灯会从黄色变成红色，音乐会停止10秒钟。在这个团体程序下，较高分贝的交谈减少了。毕晓普和斯顿普豪策（Bishop & Stumphauzer, 1973）已经证明，依联终止电视卡通片成功地减少了三名幼儿吸吮拇指的行为。在孩子们不知道的情况下，将一个遥控开关连在电视上。基线数据表明，每个孩子在看电视卡通片的时候都发出了高频率的吸吮拇指的行为。在实施终止接触特定强化物这个罚时出局的变体期间，当孩子出现吸吮拇指的行为时，电视会被立即关闭，而当吸吮拇指的行为停下来时，电视又会被打开。这个程序不仅在治疗地点（一间办公室）有效地减少了吸吮拇指的行为，在学校的讲故事时间中也有效地减少了吸吮拇指的行为。

依联观察

在**依联观察**中，调整个体在现有情境中的位置，以使他/她能够观察正在进行的活动，但失去接触可获得的强化物的机会。教师使用依联观察的方式是，在一个不当行为发生后，教师让违规的学生离开集体，但仍然能够看到彼此，并扣留（不给）强化物达到一段特定的时间。简而言之，学生被要求"坐着看"（Twyman, Johnson, Buie, & Nelson, 1994; White & Bailey, 1990）。当依联观察期结束时，学生重新加入集体，然后能够因表现出恰当行为而赢得强化物。一个运动方面的例子可用于类比说明依联观察的发生，当一名运动员在一场比赛中出现一次不必要的犯规时，教练会立刻让他"下场旁观"。这名运动员仍然可以观看比赛，但不能参与其中，也不能因对比赛结果有所贡献而获得社会性强化物（如观众的欢呼、队友的赞扬）。图 15.3 显示了怀特和贝利（White & Bailey, 1990）在两个融合体育班上使用依联观察来减少破坏性行为数量的效果。在实施依联观察时（即坐着看），两个班级的破坏性行为数量明显减少，并保持在接近零的水平。

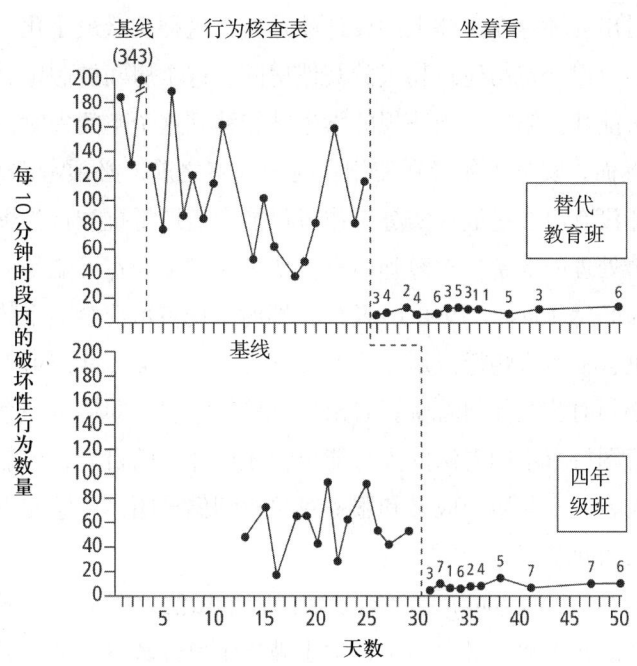

图 15.3 每 10 分钟观察时段内的破坏性行为数量。数据点上方的数字代表上课期间实施"坐着看"的次数。

引自 A. G. White & J. S. Bailey (1990). Reducing Disruptive Behaviors of Elementary Physical Education Students with Sit and Watch. *Journal of Applied Behavior Analysis*, 23, p. 357. 经约翰威立出版有限公司授权转载。

隔板/选择空间罚时出局

在**隔板**或**选择空间罚时出局**中，学生仍然留在原环境中，但他的视线会受到一块板子或一个隔间的限制，或者有一个特定的空间被当作罚时出局区（如一个地毯、一个角落）。教师实施隔板罚时出局的方式是，依联于不当行为，将学生从指定的座位上转移到某个隔开的地方达到一段特定的时间。虽然隔板或选择空间罚时出局具有将学生留在原环境中的优点——假定学生可以听到教师讲课的内容，可以听到教师赞扬其他学生的恰当行为——但可能也有缺点。那就是，第一，个体仍然有可能从其他学生那里获得强化，从而降低有效性。第二，该学生有可能变成其他学生嘲笑和贬低的对象（例如，"布兰登是个笨蛋，他闯祸了。"）。第三，由于该学生的视线和教师的视线可能至少有一部分是受限的，一些不良行为可能会在暗中发生。另外，必须考虑到这种移除形式的公众观感。最后，即使学生仍然留在教室里，隔板罚时出局区也可能会被视为逐出处理。

逐出式罚时出局

逐出式罚时出局是指在实施罚时出局时，将参与者实体与原环境分开。依联于目标行为的发生实施逐出式罚时出局，有两种基本方式：（1）将参与者立即从原环境中移除；（2）将原环境立即从参与者那里（所处情境中）移除。

将参与者从原环境中移除

罚时出局室（time-out room）是指任何一个封闭的、安全的、有人监督的、持续受到监控的房间，这个房间在参与者的正常教育或处理设施内，房间内没有既存的正强化物，也没有可以接触到潜在正强化物的渠道，可以安心地将个体置于其中。罚时出局室最好位于原环境的附近，里面应该有少量的家具（如一张桌子和一把椅子）。它应该有足够的光线、热量、安全设施和通风系统，但不应该有潜在的强化物品（如墙上的图片、电话、易碎物品、通往操场或热闹街道的窗户）。房间不应上锁，而且必须有工作人员持续监控。

罚时出局室有几个优点，这使它吸引了实务工作者的目光。第一，在罚时出局期间获得强化的机会被消除或大幅减少，因为罚时出局环境在实体上的设计就是要将这种刺激最小化。第二，在使用几次罚时出局室后，学生学会了区辨罚时出局室与建筑物里的其他房间。这个房间被假定具有条件厌恶属性，因此增加了原环境更具强化性的可能性。第三，当违规的学生被转移到这个空间中时，该学生在原环境中伤害其他学生的风险就会降低。然而，实务工作者在使用罚时出局室之前，必须考虑几个严重的和明显的缺点。护送学生去罚时出局室并非没有潜在挑战：实务工作者可能会遭遇抵抗和行为爆发，他们也应该预见到学生会情绪高涨，并做好妥善处理的准备。对教师而言，使用罚时出局室可能是一个负强化物，因此会增加使用罚时出局室的次数（Skiba & Raison, 1990）。此外，罚时出局室可能会为个体做出他人无法觉察的自我伤害或自我刺激行为创造机会，而这些行为是应该被制止的（Solnick et al., 1977）。这种情况会影响罚时出局的有效性。实务工作者必须对公众如何看待罚时出局室保持敏感。即使是一个看起来良好无害的罚时出局室，对使用这个房间的意图持有不同看法的人可能也会投以怀疑的目光，可能也会误解其使用目的。近年来，越来越多的实务工作者、专业协会成员和服务对象权利倡导团体不愿使用罚时出局室，他们都倾向于使用较少侵入性但仍有效的问题行为干预方式。[1]

使用走廊罚时出局（hallway time-out）曾经是学校的普遍做法，有些教师现在仍然在用，尽管越来越多的行政法规禁止这种做法。在走廊罚时出局中，学生被指示离开教室，坐（或站）在教室外的走廊或通道里，直到罚时出局期结束。我们不建议使用这种程序，原因有以下几个：（1）很多学区和儿童服务机构禁止教师和工作人员将儿童安置在无人监督的环境中；（2）学生有多个获得"非法"强化的来源（如其他教室里的学生、在走廊里走动的人们、学校的访客）；（3）学生逃跑的可能性增加（即该学生完全有可能从学校里跑出去）；（4）教师不太可能在自己的视线之外监控学生；（5）无人看管的学生，尤其是那些处于行为发作期的学生，可能会对他们自己或他人构成安全威胁。因此，基于伦理、安全和干预设计方面的考虑，我们强烈建议实务工作者在试图减少问题行为时，寻求走廊罚时出局以外的方法。

将原环境从参与者那里（所处情境中）移除

逐出式罚时出局的这个变体不要求改变参与者实体所处的位置。相反，它的做法是，依联于目标行为的发生，将原环境从参与者那里（所处情境中）移除出去。这种罚时出局形式是某些以计算机为基础的学习计划的特征，方式是在特定的错误反应后，屏幕立即变暗（或空白）几秒钟，剥夺使用者接触该活动的机会，使使用者无法获得强化物。

罚时出局的优点

易于应用

罚时出局，尤其是非逐出式罚时出局，是相对容易应用的程序。如果教师以就事论事，并非试图让学生难堪的态度行事，那么将学生从环境中移除出去是相对容易做到的。教师可以私下发出指令（例如，"戴恩，你打扰了莫妮克两次，现在你被罚时出局了。"），这有助于处理有不当行为但又不想离开教室的学生。如果行为严重到了需要实施逐出式罚时出局的程度，那么教师就必须坚持让学生离开；然而，教师应该在近距离内跟学生沟通为什么他必须离开，这样就不至于使学生为了在同学面前保全颜面而陷入公开挑战教师的境地。教师应该向学区咨询有关政策，以决定在护送学生到罚时出局地点时是否请求管理者或其他工作人员的帮助。

---

1 参看国际应用行为分析协会的《关于限制与隔离的立场声明》（*Position Statement on Restraint and Seclusion*, 2010）。

可接受度

罚时出局,尤其是非逐出式罚时出局,是符合可接受度标准的,因为实务工作者视其为恰当的、公平的和有效的程序。即便如此,实务工作者在针对重大或轻微的违规行为实施罚时出局之前,仍应向相关的管理机构核实,以确保符合学校或机构的政策。

快速抑制行为

在有效实施时,罚时出局会以中等到较快的速度抑制目标行为。有时只需要应用几次就能达到可接受的减少水平。其他减少行为的程序(如消退、对低频率行为的差别强化)也会产生效果,但它们可能很耗时。实务工作者可能没法花几天或一周的时间来等待行为的减少。在这种情况下,罚时出局是值得考虑的。

可以与其他应用技术相结合

罚时出局可以与其他程序相结合,扩展它在应用情境中的可用性(Dupuis, Lerman, Tsami, & Shireman, 2015)。当与差别强化相结合时,罚时出局可以增加理想行为并减少不良行为(Byrd, Richards, Hove, & Friman, 2002)。

有效使用罚时出局

虽然罚时出局已经显示出在减少行为方面的有效性,但它仍然不应该是首选的方法。实务工作者在面对减少目标行为的任务时,首先应该考虑非惩罚性的方法(如对替代行为的差别强化、消退)。罚时出局应只在有证据显示较少侵入性的程序已经失败的情况下被纳入考量。此外,要有效地实施罚时出局,实务工作者必须在实施罚时出局之前、期间和之后做出很多决定。图 15.4 显示了鲍威尔和鲍威尔(Powell &

步骤	任务	完成时间	教师签字
1.	尝试使用厌恶性较低的方法并记录结果。	_____	_____
2.	对破坏性行为进行操作定义。	_____	_____
3.	记录目标行为的基线数据。	_____	_____
4.	考虑强化的当前水平(如有必要,则提高水平)。	_____	_____
5.	决定使用何种罚时出局程序。	_____	_____
6.	决定如何设置罚时出局区。	_____	_____
7.	决定罚时出局的时长。	_____	_____
8.	决定将学生罚时出局时使用什么指令。	_____	_____
9.	设定表示中止罚时出局的具体标准。	_____	_____
10.	设定正式审查罚时出局程序的日期。	_____	_____
11.	针对常见的罚时出局问题指定备用程序。	_____	_____
12.	编写完整的程序。	_____	_____
13.	请同事和督导审查罚时出局程序。	_____	_____
14.	获得家长/监护人的许可,并在学生的个别化教育计划中附上书面计划。	_____	_____
15.	向学生和全班同学(如果合适的话)解释程序。	_____	_____
16.	实施程序,收集数据,每日检查进展。	_____	_____
17.	按规定正式审查程序。	_____	_____
18.	按需修改程序。	_____	_____
19.	记录结果,供未来的教师/计划参考。	_____	_____

引自 T. H. Powell & I. Q. Powell (1982). The Use and Abuse of Using the Timeout Procedure for Disruptive Pupils. *The Pointer*, 26(2), p. 21. 经海伦·德怀特·里德教育基金会授权转载。
Published by Heldref Publications, 1319 Eighteenth St., N. W., Washington DC 20036-1802. Copyright © 1982.

图 15.4 计划、实施、评估和终止罚时出局的步骤

Powell, 1982）的罚时出局实施核查表，它被用作决策过程的辅助工具。以下几个部分将对这些决定背后的几个考虑要点加以阐述。

丰富原环境

被选择的行为在原环境中必须得到强化。在选择在原环境中强化哪些行为时，实务工作者应该辨识出能够替代导致罚时出局的行为或与其不兼容的行为（如使用对替代行为的差别强化、对不兼容行为的差别强化）。差别强化会促进恰当行为的发展。此外，在强化性的陈述和斥责性的评论的比例上，应明显偏向强化性的陈述。还有，当学习者从罚时出局环境返回原环境时，应尽快为恰当行为提供强化。

假设任何强化刺激或惩罚刺激的有效性都来自前提—行为—后果的依联，那么实务工作者应该检视这种关系的所有方面，包括原环境。回答下列问题将有助于开展这方面的工作。

- 假定的强化物实际上真正发挥着强化物的功能吗？
- 目标行为起到什么功能（即关注、逃避）？
- 罚时出局情境是否恰当？依联有没有立即实施？

在这个背景下，实务工作者有责任将罚时出局进行个别化处理，以满足当时的特定情况需要。索尔尼克等人（Solnick et al., 1977）提供了指导："有关罚时出局的观点表明，能够可靠地减少问题行为的'标准的'罚时出局程序可能是不存在的。或者说，我们的任务是监控原环境和罚时出局环境对每名儿童而言的相对强化属性。"（p. 423）

定义导致罚时出局的行为

在实施罚时出局前，必须告知所有相关人员哪些行为会导致罚时出局。如果教师决定使用罚时出局，她应该用精确的、可观察到的术语描述会导致罚时出局的行为。仅仅告诉学生破坏性行为将导致罚时出局是不够的。举出具体的例子和非例子来说明什么是破坏性行为是比较好的做法。唐纳森和沃尔默（Donaldson & Vollmer, 2011）用可测量的标准给尖叫、破坏和攻击行为提供了操作定义。精确测量行为是很重要的，因为里迪克和查普曼（Readdick & Chapman, 2000）在罚时出局后的访谈中发现，儿童并不总是知道实施罚时出局的原因。提供明确的例子和非例子可以解决这个问题。

确定罚时出局的形式和变体

学校委员会可以制定政策，或者机构可以设定限制条件，从而规定应用情境中可使用的罚时出局变体的参数。此外，建筑物内的物理因素（如缺少可用空间）可能导致无法使用逐出式罚时出局。如前所述，行为分析师应该首先考虑非逐出式罚时出局的策略。

获得许可

使用罚时出局前，尤其是逐出式罚时出局的变体，实务工作者必须完成的一项重要任务是获得督导或管理者的许可。由于罚时出局可能会被误用（如将个体罚时出局太久，或者即使罚时出局无效仍继续使用），实务工作者必须在使用罚时出局前获得行政许可。然而，在应用情境中，互动的发生可能非常快速，这导致每一个罚时出局实例都单独获得许可会非常麻烦。比较好的方法是，实务工作者与管理者合作，事先决定对哪些违规行为使用何种罚时出局类型（如非逐出式和逐出式）、罚时出局的持续时间（如2~5分钟），以及哪些行为可以使学生回到原环境。我们建议实务工作者和楼内的其他实务工作者、照顾者以及家长一起沟通这些程序和/或政策。

解释罚时出局的程序和规则

除了要告知学生哪些行为会导致罚时出局以外，教师还应公布相关规则。公布规则有助于学生明确会造成依联的具体行为（Van Houten, 1979）。这些规则至少包括罚时出局的最初的持续时间和结束标准（即确定罚时出局何时生效，何时结束，以及当罚时出局期结束时，如果不当行为仍持续发生将如何处理）。

确定罚时出局的持续时间

罚时出局期应尽可能短，同时维持有效性。2~5分钟的罚时出局持续时间对减少行为来说通常是有效的，虽然如果一个人有较长的罚时出局期的历史，较短的持续时间最初也许不奏效。一般来说，超过15分钟的罚时出局期是无效的。

基于几个原因，较长的罚时出局期无法发挥效能。第一，个体可能会对较长的持续时间产生耐受性，并在罚时出局期内找到获得强化物的方法。悄悄地观察罚时出局中的个体，可能会找到个体是否获得强化物的证据（Solnick et al., 1977）。这种情况可能会发生在那些有自我刺激行为历史的人身上。罚时出局的持续时间越长，自我刺激的机会就越多，罚时出局的效果也就越差。第二，较长的罚时出局期会将个体从教育、治疗或家庭的原环境中移出，而在这些环境中，个体有机会学习和赢得强化物。第三，考虑到较长的罚时出局期从实务、法律和伦理的角度来看都不可取，对实务工作者来说，谨慎的做法是使用较短但一致的罚时出局期。当罚时出局期很短时，学生的学习成绩不会受到不利影响（Skiba & Raison, 1990）。

一致地应用罚时出局

不良行为的每一次发生都应导致罚时出局。如果教师、家长或治疗师不能在目标行为每次发生后都提供罚时出局的后果，那么最好使用减少行为的替代策略。偶尔使用罚时出局可能会导致学生或服务对象搞不清楚哪些行为是可接受的，哪些是不可接受的。

设定结束标准

实务工作者在考虑结束标准时可以参考下列选择：（1）用预定的额外时间增量来延长罚时出局期；（2）继续实施罚时出局，直到破坏性行为停止；（3）要求在固定的罚时出局期结束前的特定时间内无不良行为（如在5分钟的罚时出局期的最后30秒内无不良行为）。最后这种策略被称作释放依联（release contingency）。实施释放依联的理由有两个：（1）降低恰好在做出行为的时候释放个体而意外强化了导致罚时出局的行为的风险（即逃避依联）；（2）减少将导致罚时出局的行为继续带回或蔓延到原环境的效应。一些研究曾针对释放依联进行了评估（例如，Donaldson & Vollmer, 2011; Erford, 1999; Mace, Page, Ivancic, & O'Brien, 1986）。

唐纳森和沃尔默（2011）比较了固定持续时间和释放依联的罚时出局程序。参与者是四名学龄前儿童，他们表现出高频率的问题行为（如尖叫、哭闹、攻击、破坏）。研究者收集了以下数据：（1）导致罚时出局的行为；（2）产生延迟的反应（即在罚时出局期间发生的问题行为）。在基线期间，教师、家长和实验者照常进行定期的操场活动或围成圆圈的活动。他们期望儿童参与各种低要求的活动，而如果发生了破坏性事件，就不提供程序化的后果。如果儿童做出了有潜在危险的行为，如从游戏器材上跳下来，那么教师或实验者会通过阻挡或重新引导来进行干预，但不进行斥责。

在固定持续时间的罚时出局条件期间，每个时段开始前都向儿童出示一张黄色卡片，并告诉他："如果你被罚时出局了，不管发生什么事，你只需要在那里待4分钟。"（p. 698）然后将黄色卡片放在显眼的位置，每次发生问题行为都会导致固定持续时间的4分钟罚时出局。

在释放依联的罚时出局条件期间，每个时段开始前都向儿童出示一张红色卡片，并告诉他："如果你被罚时出局了，你必须在那里待4分钟，安静下来才能离开。"（p. 698）然后将红色卡片放在儿童看得见的地方，每次发生问题行为都会导致固定持续时间的4分钟罚时出局。然而，如果在那个4分钟时距的最后30

秒内出现了破坏性行为，罚时出局就会延长，直到 30 秒内没有问题行为发生，或者直到 10 分钟过去为止。

两种罚时出局程序都减少了全部四名参与者的问题行为（参看图 15.5）。唐纳森和沃尔默（2011）报告说，在固定时间或释放依联期间发生的问题行为，在罚时出局期结束后并没有蔓延到教室、家庭或操场。他们在讨论这项研究的结果时提出了这样的建议："应该首先考虑固定持续时间的罚时出局，因为实施释放依联并没有明显的好处，释放依联会导致较长时间的罚时出局，而且实施释放依联所需的努力比实施固定持续时间的罚时出局所需的努力要多。"（p. 704）

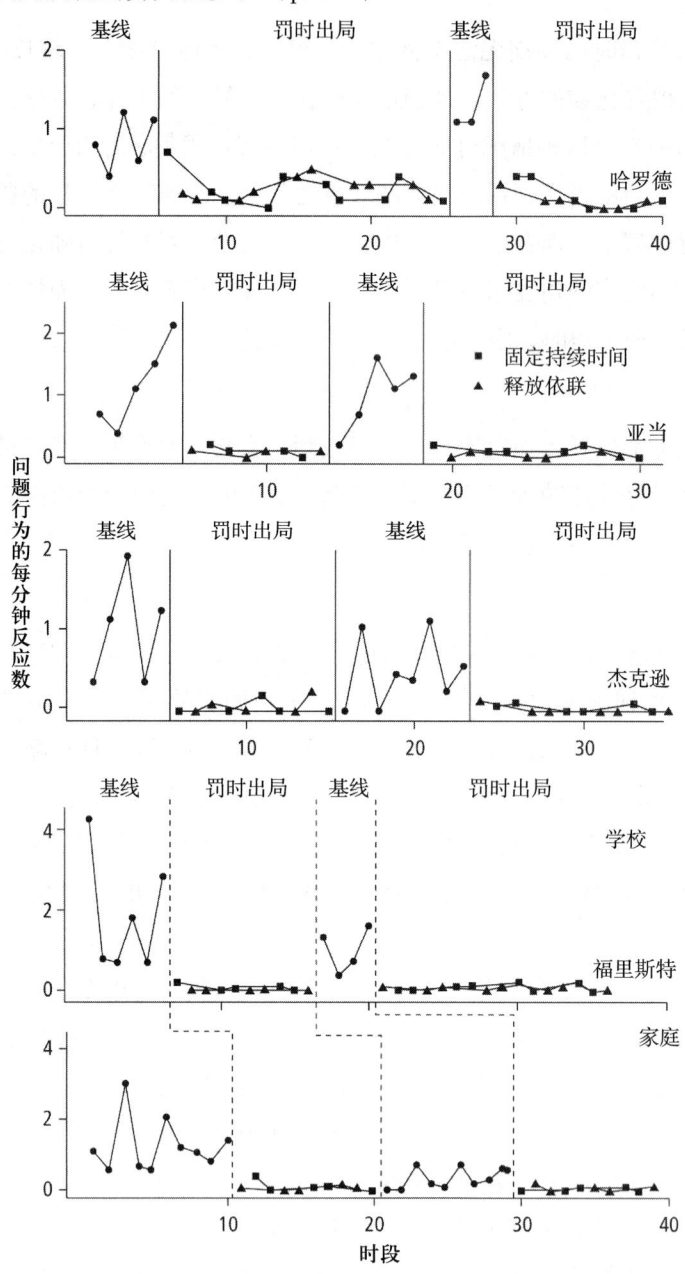

图 15.5 每名参与者导致罚时出局的问题行为的跨时段比率

引自 J. M. Donaldson & T. R. Vollmer (2011). An Evaluation and Comparison of Time-Out Procedures with and without Release Contingencies. *Journal of Applied Behavior Analysis*, 44, p. 699. 经约翰威立出版有限公司授权转载。

决定何时结束罚时出局，不仅要考虑学生在罚时出局期间或罚时出局临结束前的行为，还要考虑将一名有爆发性的、失控的学生带回原环境的影响。将一名行为不当的学生带回原环境，可能会产生两个不乐见的结果：（1）违规的学生可能会意识到，无论他的行为如何，他都可以在一段较短的时间后回到同学们中间；（2）有这种行为倾向的学生可能会意识到，他们也可以逃脱，然后再回到集体中，而不必改变他们的行为。在这样的行为得到控制或者可以实施其他形式的行为抑制之前，不应终止罚时出局。

如果实务工作者预料到导致罚时出局的不当行为可能会在罚时出局结束时发生，那么就不应该将个体从罚时出局中释放出去。结束标准应该包括建立这个依联，从而提高问题行为不被带回原环境的可能性。在临近罚时出局时段结束时使用辅助、提示或其他区辨刺激，可以为在罚时出局期的剩余时间内改善行为表现创造条件（例如，"罗萨里奥，等到两分钟后你的罚时出局结束了，你就可以回到你的同学们中间了"）。

确保遵守法律和伦理准则

关于罚时出局在应用情境中的使用，已经进行了广泛讨论。虽然围绕使用这一程序的法律诉讼主要集中在收容机构里的人群（例如，*Morales v. Turman*, 1973; *Wyatt v. Stickney*, 1974），但这些案件的裁决对罚时出局在教室、康复中心和临床情境中的使用产生了深远的影响。在法庭上提出的有关议题集中在保护服务对象的权利、罚时出局是否代表残忍和不寻常的惩罚，以及公众对罚时出局程序的接受程度。

法院的判决结果是，一个人接受治疗的权利包括免于不必要的和限制性的隔绝的权利。然而，判决也包括允许在行为改变计划中使用罚时出局的表述，只要该计划受到密切监控和监督，并旨在保护个体或他人免受身体伤害。

为了应对在实务、诉讼案件、关于有效教学的更多知识和最佳实践方面的情况变化，以及来自实务工作者、家长和照顾者的意见，行为分析师认证委员会（BACB, 2014）将其关于惩罚的伦理问题的观点进行了规范化，并写进了《行为分析师专业伦理执行条例》（*Professional and Ethical Compliance Code for Behavior Analysts*）中。在这份文件中，BACB 重申了三个指导原则：（1）接受服务的个体的福祉具有最高优先级；（2）个体（和家长/监护人）有权进行选择；（3）应遵循最少限制的原则。BACB 还在这份文件中提供了他们关于在应用情境中使用惩罚的观点。

国际行为分析协会（ABAI）的《关于限制与隔离的立场声明》在为有严重问题行为的服务对象提供服务的背景下对罚时出局、限制和隔离进行了区分。图 15.6 定义并总结了这些干预之间的关键区别。

为有严重行为问题的服务对象提供服务的行为分析师应该熟悉 ABAI 的立场声明，包括服务对象的权利、临床监督、程序保障和根据客观数据持续评估等内容。

为有挑战性行为的服务对象提供服务的行为分析师还必须遵守各校有关危机干预应用的政策和规定。特殊儿童委员会（Council for Exceptional Children, CEC, 2009）的《学校情境中的身体限制与隔离程序》（*Policy on Physical Restraint and Seclusion Procedures in School Settings*）是以学校工作为基础的实务工作者的一个重要指导来源（参看 https://www.cec.sped.org/~/media/Files/Policy/CEC%20Professional%20Policies%20and%20Positions/restraint%20and%20seclusion.pdf）。第 31 章将提供更多关于负惩罚和正惩罚在合乎伦理的使用方面的细节。

评估有效性

起码要做到的是，收集最初导致罚时出局的不当行为的数据。如果罚时出局是有效的，该行为的水平应该会大幅降低，而且环境里的其他人应该会注意到这种降低。基于法律和伦理上的原因，还应该保留额外的记录，记录罚时出局的使用情况，每次罚时出局的持续时间，以及个体在罚时出局之前、期间和之后的行为（Yell, 1994）。

在资源允许的情况下，除了收集目标行为的数据外，有时收集附带行为、意料之外的副作用和目标行为在其他情境中的数据也是有好处的。例如，罚时出局可能会引起情绪行为（如哭闹、攻击、退缩），这些行为可能会掩盖罚时出局的成果。对这些行为实例进行记录会很有帮助。此外，赖特曼和德拉布曼

	定义	要求	与行为干预计划（Behavior Intervention Program, BIP）是否兼容？
从正强化中罚时出局（罚时出局）	因反应依联而立即撤除赢得正强化物的机会，或立即失去接触正强化物的机会并达到一段特定的时间。	・如果使用逐出式罚时出局，要有一项行为干预计划。 ・知情同意。	・是的，一定程度上，罚时出局有保护和治疗的目的。
隔离	将个体非自愿地隔绝在一个私密的、防逃脱的环境中，在实体上将个体从原环境中移出，以中断问题行为或有害行为的发生。	・BIP禁止使用上锁的房间，禁止非自愿使用镇静药物。 ・知情同意。 ・审查其他以证据为基础的方法。 ・持续监控。	・是的，一定程度上，隔离有保护和治疗的目的。
限制	从身体上（如双臂交抱）或机械上（通过设备）限制一个人的自由活动，以防止发生严重的突发行为或自伤行为。	・接受关于行为的正向处理方法的训练。 ・接受缓和训练。 ・定期进行安全、消防和程序检查。 ・持续监控。 ・接受训练以确保个体在限制期间的健康和福祉。	・是的，一定程度上，限制有保护和治疗的目的。 ・是的，在紧急情况下使用限制可以防止即时伤害。

出自特殊儿童委员会的《学校情境中的身体限制与隔离程序》，这是以学校工作为基础的实务工作者的一个重要指导来源。

图15.6 罚时出局、隔离和限制的关键区别

（Reitman & Drabman, 1999）建议，如果在家庭中实施罚时出局，家长要保存实施罚时出局的日期、时间和持续时间的记录，以及关于罚时出局效果的简短逸事叙述。当与经验丰富的专家讨论时，这些逸事叙述将提供以逐一时段为基础的行为表现概况，使罚时出局程序的调整更有信息基础。赖特曼和德拉布曼的观点是：

> 罚时出局记录和围绕它所展开的讨论产生了丰富的信息，包括不当行为的类型、频率、背景和速率……将这些数据制成图表，可以为治疗师和服务对象提供关于已发生的行为改变程度的直观反馈，并促进新目标的设定。（p. 143）

终止罚时出局计划

人们有可能在罚时出局生效了一段时间之后继续实施。"鉴于启动惩罚计划所需的临床和行政上的努力，机构可能会倾向于将其保留到超过实际需要的时间，而不是花费更多的精力来评估继续实施的必要性。"（Iwata, Rolider, & Dozier, 2009, p. 204）

虽然一般建议任何行为改变计划的总长度根据数据来决定，但对罚时出局而言，应在启动后不久就开始计划何时结束。这就是说，一旦引入了罚时出局，而且数据显示目标行为的水平有所降低，就应该努力转换到使用正向的行为减少方法（如对替代行为的差别强化、对不兼容行为的差别强化），或者随着时间的推移减少罚时出局的实施。将罚时出局概念化为存在于一个连续体，可以为实务工作者提供背景以决定罚时出局对谁以及在哪些条件下使用。分析师可以提出这样的问题：对这个人来说，罚时出局仍然是必要的吗？有没有其他较少侵入性的行为减少程序可以采用？如果罚时出局仍然被认为是减少行为的最佳方法，那么如何以较少侵入性的方式来实施它（非逐出式与逐出式）？在超过证明有效的那个时间点之后继续使用罚时出局——或任何惩罚方法——会面临违反伦理的风险,并且可能会适得其反。

反应代价的定义

反应代价是指因反应依联而失去特定数量的正强化物,具有减少相似反应的未来发生频率的效果。实质上,反应代价就是针对不当行为的一种罚款。

反应代价通常是失去一个或多个泛化型条件强化物(如金钱、代币)、实物(如贴纸、弹珠)或已赢得的几分钟偏好活动时间(如听音乐、玩电脑游戏)(Lee, Penrod, & Price, 2017; Musser, Bray, Kehle, & Jenson, 2001; Tanol, Johnson, McComas, & Cote, 2010; Wahl, Hawkins, Haydon, Marsicano, & Morrison, 2016)。教师实施反应代价的方式是,依联于目标不当行为的发生,移除学生已持有的特定数量的正强化物。

失去的强化物的惩罚价值取决于参与者的个人强化偏好。例如,哈勒及其同事(1970)发现,一名男孩的反应依联是移走一些写着他名字的纸条,这减少了男孩在 30 分钟的阅读课和数学课上频频抱怨的行为。在反应代价条件期间,在每节课前,教师把五张写着男孩名字的纸条放在他的桌子上。每当男孩在这期间哭闹、叹气或抱怨时,教师就取走一张纸条。一项跨多节课多基线并倒返回基线的分析显示了反应代价与破坏性行为的显著减少之间的功能关系(参看图 15.7)。

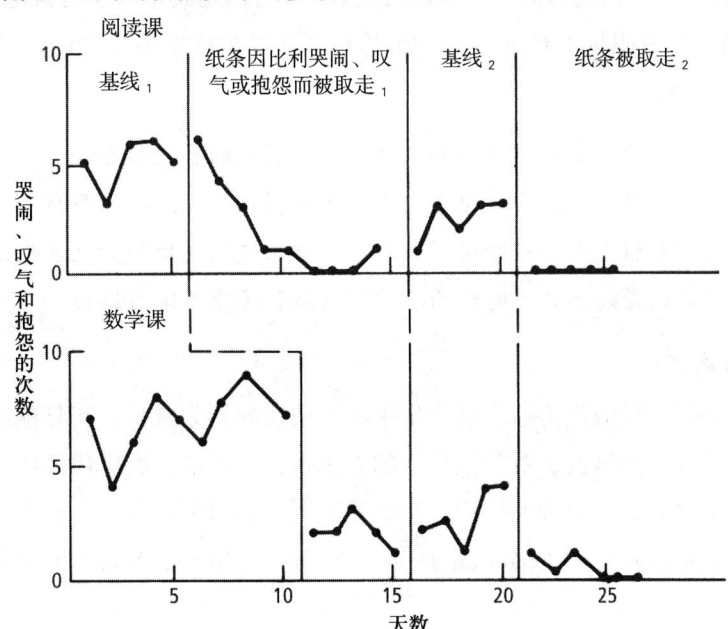

图 15.7 比利在 30 分钟的阅读课和数学课上出现哭闹、叹气和抱怨行为的次数

引自 R. V. Hall, R. Fox, D. Williard, L. Goldsmith, M. Emerson, M. Owen, E. Porcia, & R. Davis (1970). Modification of Disrupting and Talking-Out Behavior with the Teacher as Observer and Experimenter. paper presented at the American Educational Research Association Convention, Minneapolis. 经授权转载。

反应代价的优点

有效性

反应代价会减少相似行为的未来发生频率。根据莱尔曼和图尔(Lerman & Toole, 2011)的说法:"……特定数量的强化(如代币)的依联移除可以作为有效的惩罚物发挥作用。"(p. 352)伯克和赖特曼(Boerke & Reitman, 2011)强调了这一点,并列举了很多反应代价在以家庭、学业和医院为基础的情境中成功减少行为的应用的例子。实务工作者在面对破坏、不专注、不服从,甚至威胁生命的行为带来的重大挑战时,需要一个能可靠减少行为的程序。反应代价符合这个标准。

虽然很多研究的数据显示了反应代价的短期有效性,但关于个体和与其互动的重要他人的长期利益在很大程度上仍然是未知的（Lerman & Toole, 2011）。在莱尔曼和图尔关于开发以功能为基础的惩罚程序的总结中，反应代价是主要的例子，他们提供了几项关于提高反应代价的长期有效性的建议。

> ……可以通过以下方式改善惩罚程序：（1）通过处理开始前的回避、选择或活动评估来挑选惩罚物；（2）在每次行为发生后立即提供后果；（3）确保替代的强化来源是易于获得的；（4）建立区辨控制……；（5）……使用条件惩罚物。（pp. 363–364）

遵循莱尔曼和图尔提供的指导意见，实务工作者应该会取得成功。此外，应用行为分析师在训练实务工作者时，将这五项建议纳入他们的初始和后续的反应代价训练计划中是一个明智的做法。第 31 章中有更多的策略，可供担任督导的训练师参考使用。

最少限制的替代选择

我们在本书中反复陈述，特别是在第 31 章中进行了说明，行为分析师必须遵守伦理行为规范。《行为分析师专业伦理执行条例》（2014）详述了一项重要的应用，即实务工作者使用的干预要符合最少限制的替代原则。简而言之，这个原则是要先使用最有效但侵入性最少的方法，发现该方法无效后，再选择限制性较多的方法。因此，当行为分析师面对具有挑战性的行为，尤其是那些对其他减少性治疗（如消退、对低频率行为的差别强化）有阻抗的行为时，分析师有责任继续探索最少限制性的措施。莱尔曼和图尔（2011）补充了以下指导意见。

> 伦理准则规定，应优先考虑最少限制而又在临床上有效的替代程序……这种治疗选择方法的本质在于根据限制程度（即程序以某种方式限制个人自由或侵入个人生活的程度）或厌恶程度（即程序产生多少不舒适、痛苦或烦恼）分层安排惩罚程序。非逐出式罚时出局和反应代价通常被认为是最少限制性的程序，排在其后的是逐出式罚时出局、过偿纠正和其他身体惩罚物。（p. 353）

中度到快速的行为减少

与其他形式的惩罚类似，反应代价通常能产生中度到快速的行为减少。与其他经过较长时间才能展现出显著效果的行为减少程序（如消退、对替代行为的差别强化）不同，反应代价往往能迅速产生改变。通常在二至三个时段内就能注意到行为抑制作用，哈勒及其同事的研究数据（参看图 15.7）已经证明了这一点，唐纳森、德利翁、费希尔和康（Donaldson, DeLeon, Fisher, & Kahng, 2014）的复制研究也证明了这一点（参看图 15.8）。

例如，当在"代币"（在图 15.8 中以方形数据点表示）条件期间引入反应代价依联时，学生每次出现破坏性行为都会失去一个代币，后来每分钟的破坏性反应数量降至接近零。在与此相反的赢得代币条件中，每当实验者发出一个信号来记录行为出现与否时，学生做出任何一个恰当行为都可以赢得一个代币。在基线期 2 后重新引入"代币：选择"后，再次使用快速失去代币的方法。总体来说，数据显示破坏性行为立即显著减少。有趣的是，当学生可以选择（即赢得代币或失去代币）时，图 15.8 中显示的四名学生以及整个研究中其他三分之二的学生都偏好失去代币而不是获得代币。

便利性

反应代价便于实施，而且可用于以学校、家庭、医院和康复中心为基础的多种情境（Ashbaugh & Peck, 1998; Musser et al., 2001）。例如，如果学生被要求遵守明确规定的课堂程序、规则或契约，那么任何违规行为都会导致失去特定的强化物（如代币），而这是向学生发出的一个信号，未来的不当行为将导致相同的后果。在这些条件下，就可以斟酌决定如何制订规则。

在家庭中，反应代价具有一定程度的便利性，即它可以被纳入既存的常规活动中。例如，如果一个孩

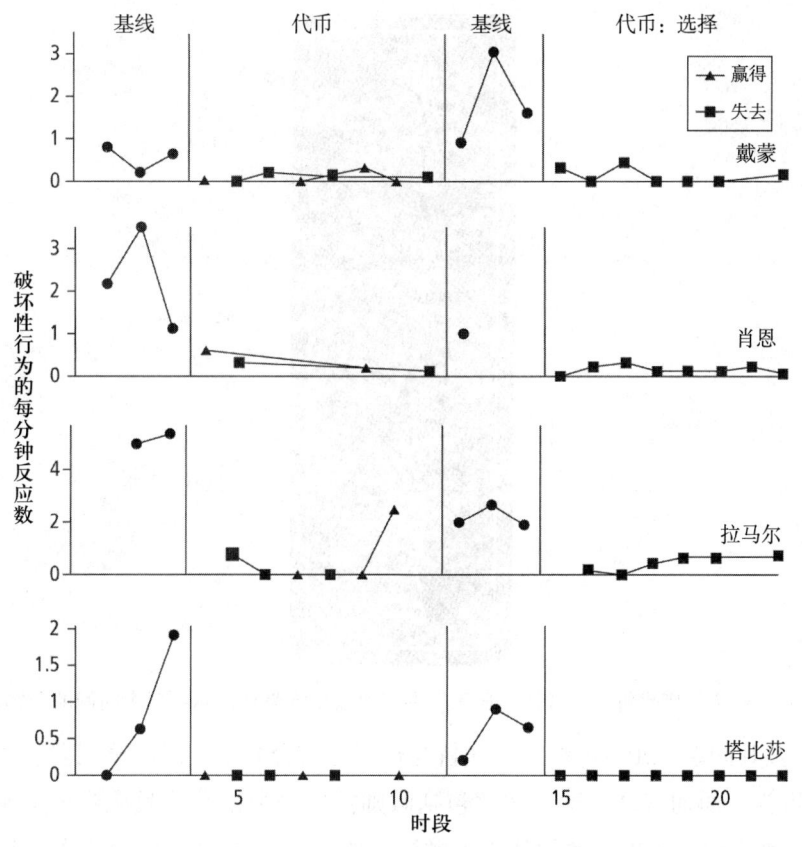

图 15.8　戴蒙、肖恩、拉马尔和塔比莎跨时段的破坏性行为的每分钟反应数

引自 J. M. Donaldson, I. G. DeLeon, A. B. Fisher, & S. W. Kahng (2014). Effects of and preference for conditions of token earn versus token loss. *Journal of Applied Behavior Analysis*, p. 544. 经约翰威立出版有限公司授权转载。

子打扫自己的房间，吃完饭后把自己的餐具放进厨房的水槽里，那么每周可以获得 7 美元零用钱（每天 1 美元）。没做到以上两项任务中的任何一项，或者都没做到，会导致失去金钱（如每次违规失去 50 美分）。在这个情境中，在一个显眼的位置张贴一张反应代价表，可以提供一个简单的反馈机制，让孩子和父母看到累积扣款情况（Bender & Mathes, 1995）。

图 15.9 显示了一个反应代价表的样例，可以用在教室或个别教学的情境中。实施反应代价程序时，教师要在板子或纸上写下一列递减的数字。在破坏性行为发生后，教师立刻画掉剩余数字中的最大数字。如果教师在板子上写下 0~15 的数字，并且发生了三个破坏性行为，那么学生在那一天中会得到 12 分钟的偏好活动时间。

可以与其他方法相结合

反应代价可以与其他行为改变程序结合起来使用（Athens, Vollmer, Sloman, & St. Peter Pipkin, 2008; DeLeon et al., 2008; Long, Miltenberger, Ellingson, & Ott, 1999; Watkins & Rapp, 2014）。例如，实务工作者可能会在现有的处理中加入反应代价，以进一步降低目标行为的水平。研究者可能会在现有的程序中加入反应代价，再撤除它，然后再恢复使用反应代价，作为成分分析的一部分，以校准行为的发生频率、速率或百分比的减少。这样的分析可能会引出一些重要的问题，如仅凭反应代价是否足以产生理想的降低水平，或者它是否必须和其他程序一起应用才能获得这种效果。下面的部分描述了几个替代选择。

反应代价结合正强化。反应代价可以和正强化结合使用。例如，学生在上午的独立学习期间，每完成一项作业，就可以得到一分、一颗星或一张贴纸，而如果未经允许就大声讲话，则会失去一分、一颗星或一张贴纸。唐纳森等人（2014）在他们的研究中使用了这种二分法的得—失程序。

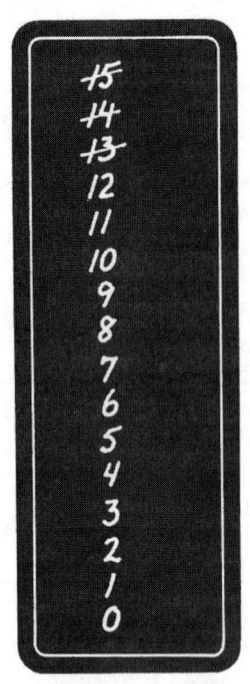

图 15.9 一个反应代价表的样例，显示了在三次违规行为后，剩余自由时间的分钟数。

马瑟（Musser）及其同事（2001）将反应代价与正强化结合起来，以改善三名有情绪障碍和对立违抗行为的学生的服从行为。简而言之，这些程序包括教师提出一个正常的服从要求（如"请把你的书拿出来"）。如果学生在5秒内服从要求，教师就给予赞扬。如果30分钟的时间过去了，没有出现不服从的情况，就给学生一张贴纸。如果学生在5秒内没有服从要求，教师就等待5秒，然后发出另一个指令（如"把你的书拿出来"）。然后，教师再等待5秒钟，看学生是否服从。如果学生服从，教师就给予赞扬。如果不服从，就拿走一张贴纸。后来，学生可以拿所拥有的贴纸去交换"神秘激励物"（如从袋子里拿出一个后备强化物）。结果显示，三名学生的不服从行为明显减少了。于是，一个友好和便利的双系统被证明有效，学生因为在若干时距中做出服从行为而赢得贴纸，因为不服从行为而失去贴纸——反应代价依联。

这种将反应代价与正强化相结合的方法至少有两个优点：（1）如果在整个反应代价实施期间都没有失去任何代币或积分，那么剩下的代币或积分可用来兑换后备条件强化物或非条件强化物；（2）实务工作者并非将自己的行为完全集中在实施负惩罚依联上。实务工作者大概还会专注于个体发出正向的、有建设性的行为以给予强化。如此一来，实务工作者就教授了个体新的行为，并减少了在法律和伦理方面的担忧。

反应代价结合团体后果。反应代价可以和团体后果结合使用。也就是说，依联于团体中的任何一名成员的不当行为，整个团体会失去特定数量的强化物。第28章中将要讨论的好行为游戏就是一个说明反应代价如何在团体中应用的范例。

反应代价结合对替代行为的差别强化（DRA）。曾有一项研究将反应代价与对替代行为的差别强化相结合，以处理一名5岁的发育迟缓儿童的拒食行为。康、塔博克斯和维尔克（Kahng, Tarbox, & Wilke, 2001）重复了基尼、费希尔、阿代利尼斯和维尔德（Keeney, Fisher, Adelinis, & Wilder, 2000）的研究，唯一的不同点在于将反应代价与DRA相结合。在基线条件期间，每30秒尝试呈现不同的食物组。如果参与者接受了食物，就会得到赞扬。如果拒绝了食物，该行为就会被忽视。根据强化物评估的结果，在DRA和反应代价条件期间，在进餐时提供书和录音带。如果接受了食物，就会得到赞扬。如果拒绝了食物，书和录音带会被移除30秒钟。在下一次尝试期间，将书和录音带重新放回依联于接受食物（即DRA）。父母和祖父母也接受了DRA结合反应代价程序的训练。结果显示，接受食物的时距百分比大幅增加，拒绝食物和破坏性行为的时距百分比大幅减少。

其他组合。沃特金斯和拉普（Watkins & Rapp, 2014）将反应代价与环境丰富相结合，以减少五名孤独症儿童和少年的刻板行为。在他们的研究中，参与者被置于三种条件下：没有互动；环境丰富，有通过刺激偏好评估辨识出的强化物；环境丰富，但每一次出现刻板行为，那些偏好的强化物就会被移除15秒。结果显示，当环境丰富和反应代价结合起来实施时，五名参与者的刻板行为都立即明显减少。此外，在撤除两种程序后，五名参与者中有三人的刻板行为没有增加。

大体上，直接将反应代价与其他程序相结合的研究结果都是正面的。无论是单独使用反应代价，还是与其他程序结合使用，都是有效的。但是，实务工作者应该记住：（1）惩罚程序并没有教授"新"的行为，相反，它们的目的是减少问题行为的频率；（2）目标行为发生时所在的环境也需要为恰当行为提供足够数量的强化物。换句话说，即使在单独实施反应代价时，也不要忘记考虑提供正强化可能产生的益处。将反应代价与行为建立方法（如DRA）相结合是一个很好的计划。

建立社会效度

正如第10章所讨论的，如果一个程序符合三个标准，就会被认为具有社会有效性：（1）目标行为对个体而言是重要的；（2）从方法上来看，程序是可接受的，符合最佳照顾标准；（3）处理结果产生了有意义的正向改变。

以这些标准为基础，可以提出一个合理的主张，即反应代价具有社会有效性。通常情况下，被选为用反应代价程序来处理的行为是引人注意的行为，而且在先前的干预下没有得到有意义的改善。另外，教师和学生自己报告称，他们可以接受反应代价程序（Donaldson et al., 2014; Hirst, Dozier, & Payne, 2016）。反应代价程序产生的明显的减少效果对参与其中的人来说达到了显著性水平。也就是说，他们的生活得到了改善。最终，他们未来会接触到更多的强化物和更少的惩罚物。

恩布里和比格兰（Embry & Biglan, 2008）将反应代价纳入了行为影响的52个基本单位清单。他们的观点是，反应代价符合条件的原因在于它具有社会有效性，易于实施，并能产生明确和单独的可被实验和应用分析重复验证的结果。

实施反应代价的方法

实施反应代价主要有两种方法。实务工作者可以：（1）从个体先前赢得而储存下来的现有强化物里收取罚款；（2）从个体剩余的、非依联性的强化物里收取罚款。

现有的反应代价储存

当从个体先前赢得而储存下来的现有正强化物里收取罚款时，个体会从目前拥有的强化物中失去特定数量的正强化物。例如，每出现一次不服从行为，就会从目前已经拥有的15分钟的自由时间中失去1分钟。在这种情况下，实施者是在针对已知对个体而言具有强化性且可获得的刺激应用反应代价。[1]

红利反应代价

当实务工作者将额外强化物非依联性地提供给参与者，又特意在目标行为发生的时候将其移除时，**红利反应代价**（bonus response cost）就发挥作用了。信息箱15.1讲述了一位父亲如何通过实施红利反应代价程序来减少两个儿子在晚餐桌上吵架和争论的行为。

1　在某些情况下，将非条件强化物和条件强化物（如食物、自由时间）从一个人身上移除，这种做法在法律和伦理上是不恰当的。例如，使用反应代价移除一个人依法享有的结构性休闲活动或自由时间是不可取的。为了避免出现任何潜在的问题，实务工作者应该考虑其他的方法，或者他们必须给出使用反应代价移除这些强化物的理由以获得当地人权委员会的许可。

> **信息箱 15.1**
>
> **父与子的小故事**
>
> 父亲：孩子们，我有话要跟你们说。
>
> 汤姆和皮特：好。
>
> 父亲：我们必须想方法解决在晚饭时吵架和斗嘴的问题。你们两个人互相攻击，已经干扰到全家人了，我没法安静地吃饭。
>
> 汤姆：好吧，通常是皮特先开始的。
>
> 皮特：我没有！
>
> 汤姆：你有……
>
> 父亲：（打断他们讲话）够了！这就是我说的，你们总是互相找碴儿。这太荒谬了，必须停止。我想了一下，打算这么办。你们平常做家务每周可以赚 5 美元零用钱，我本来很想规定下次吵架时无论你们谁先起的头，我都会没收这些零用钱，但我决定不这么做。相反，我打算额外给你们每个人 5 美元，你们吃晚饭的时候，每互怼或争吵一次，就会失去那些额外的零用钱中的 1 美元。假如你们安分，每周就可以得到那额外的 5 美元。如果你们吵两次架，就会失去 2 美元，那周的额外零用钱就只有 3 美元了。你们明白了吗？
>
> 皮特：如果不是我，是汤姆先开始的怎么办？
>
> 父亲：不管谁先开始，只要吵架，就扣 1 美元。如果汤姆先开始，而你不理他，那就只有他被扣钱。汤姆，对你来说也一样，如果皮特先开始，而你不理他，那就只有皮特被扣钱。还有，晚餐时间是从叫你们来餐桌前吃饭的时候开始的，到你们吃完离开为止。还有其他问题吗？
>
> 汤姆：我们什么时候开始？
>
> 父亲：我们今晚就开始。
>
> 请注意这一点，这位父亲向他的两个儿子完整地描述了依联。他告诉他们，如果不吵架会发生什么——他们每周会得到额外的 5 美元——他还告诉他们，如果兄弟中一人发起斗嘴，而另一个不予理会，会发生什么。此外，他清楚地界定了晚餐开始和结束的时间。所有这些说明都是一个完整的依联描述所必备的。请注意，男孩们平时因做家务而获得的零用钱不会受到这个红利反应代价依联的影响。理想的情况是，父亲会在儿子们表现出恰当的餐桌礼仪和礼节时予以赞扬，以便这些行为能够得到强化和增强。

有效使用反应代价

有效地使用反应代价，需要明确说明目标行为、罚款的时间点和罚款的金额。例如，行为分析师可能会说："在阅读期间出现任何不专注任务行为都会使你立刻失去一个代币。"此外，还需要解释拒绝遵守反应代价程序的有关规则。然而，在针对多个行为使用反应代价依联或行为的严重程度决定反应代价的情况下，对于较严重的行为应相应地处以较多罚款。事实上，惩罚的等级大小（反应代价）应反映目标行为的等级大小。

根据反应代价这个术语的提出者韦纳（1962）所说，反应代价罚款的等级大小相当重要。随着罚款等级的增加，不良行为发生的速率可能会大幅减少。然而，如果强化物的损失太大、太迅速，个体很快就会失去他/她所有的强化物，并出现负债的情况。一般来说，罚款等级应该高到能够抑制问题行为在未来的发生，但又不能高到使个体破产或使整个系统失去有效性。简而言之，如果服务对象失去代币或其他强化物的速度太快，他/她可能会放弃，变得消极或变得有攻击性，而程序将变得无效。此外，罚款等级不应任意改变。如果教师在上午针对每个不服从反应没收一个代币，那么这位教师在下午就不应针对同样的行为没收三个代币。

立即处以罚款

理想情况下，罚款应该在每一次不良行为出现后立即实施。行为发生后越快实施反应代价，这个程序就越有效。

使用反应代价还是红利反应代价？

以下三个考虑因素也许能帮助实务工作者决定是使用反应代价还是使用红利反应代价。第一个考虑因素是，最初应尝试最低厌恶性的程序。与最少限制的替代原则一致，我们应该确保每次违规所导致的强化物的损失是最小的。红利反应代价可能是这两种变体中厌恶性较低的一种，因为强化物不是从个体储存的强化物中直接扣除的，而是从一些非依联性的可获得（即红利）的强化物中扣除的。

第二个考虑因素与第一个类似，而且可以用问题的形式来陈述：攻击性的、情绪性的爆发的可能性有多高？从社会效度的角度来看，相对而言，学生（以及他们的父母）可能更愿意失去可获得的储存的强化物，而不太愿意失去赢得的强化物。因此，红利反应代价程序可能会激发更少的攻击性的或情绪性的爆发，或者更少地令学生或他们的父母不悦。

第三个考虑因素是，是否需要迅速减少行为。争斗行为或不顺从行为可能更适合用反应代价来抑制，因为其行为依联直接减少了学生的可获得的强化物。因反应依联而撤除强化物可以迅速而明显地减少行为。

确保有足够的强化物储备

你不可能从一个没有任何强化物的人身上移除正强化物。在使用反应代价前，实务工作者必须确保个体有足够的强化物储备。如果没有储备足够多的强化物，这个程序就不太可能成功。例如，在一个高度混乱的班级中，如果教师针对不当行为的每一次发生实施自由时间的反应依联撤除，那么学生可能会在第一个小时结束前就耗尽他们所有可用的自由时间，使教师烦恼在当天剩下的时间里怎么做。从保留给后续几天的自由时间中扣除，几乎是没有什么好处的。

以下两个建议可用于降低无强化物可用的可能性。第一，可以控制赢得的积分与失去的积分的比例。如果基线数据显示不当行为的发生频率很高，那么可以安排更多的强化物来为移除做准备。另外，确定罚款的等级大小以及事前明确陈述规则也会有所帮助。对于轻微的违规行为，可能需要相对较少的罚款，而对于重大的违规行为，则需要多得多的罚款。第二，如果个体已经失去了所有的强化物，而另一个不当行为又发生了，那么分析师可以考虑使用从正强化中罚时出局作为一个补充程序。

为了确定可获得的强化物的初始数量，实务工作者要收集一天或一个时段内不当行为的发生次数的基线数据。可以提高强化物数量的平均基线值以确保强化物充足，而不至于在实施反应代价后，强化物全部失去。虽然没有可用的经实证检验的准则，但谨慎的做法是增加强化物的数量，使其超过基线期的平均发生次数的25%。例如，如果基线数据显示每天的破坏性行为的平均次数为20次，那么实务工作者可以将25分钟的自由时间（正强化物）作为初始水平（即20×1.25）。如果实务工作者用积分而非百分比计算，那么可以在基线平均值的基础上增加10~20个积分，以确保有足够的缓冲空间。

了解出现非计划或预期外结果的可能性

在以下两种情况下，可能需要实施依联计划。第一种情况是发现反应代价的重复实施强化了不良行为，而没有惩罚不良行为。当出现这种情况时，实务工作者应该停止使用反应代价，转而使用另外一种行为减少程序（如罚时出局或DRA）。第二种情况发生在个体拒绝交出正强化物的时候。为了降低出现这种情况的可能性，实务工作者应该事前说明拒绝的后果，并做到：（1）确保有充足的后备强化物可用；（2）针对不愿交出强化物（如贴纸）的情况实施额外的处罚（Musser et al., 2001）；（3）向服从并立即交出强化物的个体退还一部分罚款；（4）避免出现这种拒绝的情况，保持对代币的控制，将代币数目记在一本账簿里、使用电子记录或将代币放在一个参与者拿不到的罐子里。

避免过度使用反应代价

反应代价应在处理那些重大的、无法忽略的不当行为和需要快速抑制行为时使用。教师或家长的大部分注意力应始终放在对正向行为的强化上；反应代价应是最后的一个选择，并应与其他最终旨在建立适应性行为的方法结合使用。

保存记录

实务工作者应该将反应代价的每一次实施和引起反应代价的行为记录下来。至少，分析师应该记录罚款的次数、谁被罚款以及罚款的效果。每天收集行为数据有助于确定反应代价程序的成效，否则可能会被忽视（Boerke & Reitman, 2011）。通过绘制反应代价干预的效果图，行为分析师可以：（1）确定这个程序的抑制作用的即时性、程度和持续时间；（2）记录干预的有效性，提供给基于个人偏见或因早期受训不足而对反应代价持怀疑态度的实务工作者参考（Cooke, 1984）。

使用反应代价的考虑因素

攻击行为增加

正强化物的反应依联撤除可能会增加学生在语言和身体上的攻击性。如果学生失去好几个代币，尤其是在短时间内失去好几个代币，可能会对教师发出语言或身体攻击。在实施反应代价时，应尽可能地忽略这些伴随发生的情绪行为（Walker, 1983）。尽管如此，教师仍应预见到这种行为发生的可能性，并且如果他们怀疑会有更糟糕的情况导致情绪爆发的余波，就不做出使用反应代价的决定，或准备好"渡过风暴"。

回避

反应代价的实施情境或实施者可能会成为一个条件厌恶刺激。如果这种情况发生在学校，学生可能会通过缺席或迟到来回避学校、课堂或教师。教师可以通过依联性地对恰当行为提供正强化来降低成为条件厌恶刺激的可能性。

附带减少良好行为

针对一个行为进行正强化物的反应依联撤除可能也会影响其他行为的发生（St. Peter, Byrd, Pence, & Foreman, 2016）。如果安杰利娜在数学课上每喊叫一次，教师就剥夺她1分钟的课间休息时间，那么这个反应代价程序可能就不只是减少了喊叫的行为，还降低了她的数学学习效率。安杰利娜可能会对教师说："既然我因为喊叫失去了课间休息时间，那我不做我的数学作业了。"她也可能会消极反抗，坐在座位上，双臂交叉，不学习。教师和其他实务工作者应预见到这种附带行为，并清楚地解释反应代价的规则，将其他同学作为做出恰当行为的典范予以强化，并避免面对面的冲突。

使受惩罚的行为获得关注

反应代价会使不良行为获得关注。也就是说，在不当行为发生后，学生会被告知失去强化物。教师的关注——即使是以告知失去强化物的形式呈现——可能也会成为获得关注的强化事件。实际上，教师的关注可能会增加不当行为的未来发生频率。例如，教师对某些学生使用反应代价可能会有困难，因为每次她在黑板上做一个记号，就意味着学生失去了一个正强化物（如几分钟的自由时间）。为了降低不当行为获得关注的可能性，教师应该确保"强化物给予比例"与"强化物移除比例"偏向于正强化。

不可预测性

与其他形式的惩罚一样，反应代价的副作用可能无法预测，而且与多个目前尚未完全了解或尚未研究透彻的跨参与者、情境或行为变量有关。这些变量包括罚款的等级大小、个体的惩罚和强化历史、针对某个行为被罚款的次数，以及可获得强化的替代反应的可用性。

处理完整度

处理完整度指的是一项有计划的干预在实施上的准确性和程序一致性。如果计划实施的忠实度不高，那么就很难判断缺乏明显的改善是因为干预没有按照计划实施，还是因为处理本身不够完善而不足以影响改变。

像其他行为建立或行为抑制的程序一样，反应代价也会在处理完整度方面受到两种可能的威胁：遗漏错误（omission errors）和类别错误（commission errors）。当分析师在目标行为发生后未能实施反应代价依联并收取适当的罚款时，就出现了遗漏错误。在这种情况下，目标行为发生了，而实务工作者要么没有记录为行为发生一次，要么观察到了该行为但未能处以罚款。无论是哪一种，都是一个遗漏错误。而当实务工作者对不该用反应代价来处理的行为收取罚款时，就出现了类别错误。换句话说，一个条件泛化型强化物在不该被移除的时候从个体身边被移除了。

关于遗漏错误和类别错误，有三点值得注意。第一，提供督导培训、练习、反馈和经常性的维持指导可以减少这些类型的错误发生的机会。第二，处理完整度的忠实度越高——即接近100%——行为越受抑制。第三，至少有一些非临床应用的数据表明，即使一个反应代价程序的实施中有一部分不正确（如混合了遗漏错误和/或类别错误），仍然有可能产生可接受的抑制结果（St. Peter et al., 2016）。在错误量表的连续体上，显然，实务工作者应该以零错误或极少错误为目标，但欣慰的是，事实上，一些错误可以存在，而整个反应代价计划不会受到严重的损害。

摘要

从正强化中罚时出局的定义

1. 从正强化中罚时出局（或简称罚时出局）是指因反应依联而立即撤除赢得正强化物的机会，或立即失去接触正强化物的机会并达到一段特定的时间。

2. 为了发挥负惩罚的作用，罚时出局程序必须减少相似行为在未来的发生频率。罚时出局的定义隐含三个重要因素：（1）原环境和罚时出局环境必须具有区辨性；（2）因反应依联而失去的接触强化必须立即发生；（3）导致罚时出局的行为必须因罚时出局而在未来发生频率有所减少。

应用情境中的罚时出局策略

3. 罚时出局有两种基本类型：逐出式罚时出局和非逐出式罚时出局。

4. 非逐出式罚时出局是指依联于目标行为的发生，参与者仍然留在原环境中，但该环境中的某些元素发生改变，导致：（1）赢得强化物的机会被移除；（2）一个特定的强化物被终止；（3）所处位置改变，可以继续观察正在进行的活动，但没有强化；（4）个体被转移到原环境中的不同空间里。

5. 实施非逐出式罚时出局，通常有四种策略：计划式忽视、终止特定强化物接触、依联观察和隔板/选择空间罚时出局。

6. 逐出式罚时出局是指在实施罚时出局时，将参与者实体与原环境分开。

7. 依联于目标行为的发生实施逐出式罚时出局，有两种基本方式：（1）将参与者立即从原环境中移除；（2）将原环境立即从参与者那里（所处情境中）移除。

8. 罚时出局是用于减少行为的一种理想的替代程序，因为它易于应用、接受度高、能迅速发挥行为抑制作用，以及可与其他方法相结合。

有效使用罚时出局

9. 若要罚时出局有效果，原环境必须具有强化性。

10. 要有效地使用罚时出局，就要明确说明导致罚时出局的行为、罚时出局的持续时间和罚时出局的结束标准。此外，实务工作者必须决定是使用非逐出式罚时出局还是使用逐出式罚时出局。

11. 罚时出局的结束标准可以概念化为三个维度：（1）任何一个罚时出局时段的持续时间；（2）离开罚时出局与返回原环境的行为标准；（3）罚时出局计划的总长度。

12. 在启动罚时出局之前，必须明确说明任何一个罚时出局时段的持续时间、促使终止罚时出局的行为标准和罚时出局计划的持续时间，并遵守适当的伦理和法律准则。

13. 在大多数罚时出局应用中，需要在开始实施前取得许可。

14. 实务工作者在实施罚时出局前应了解法律和伦理方面的注意事项。作为一种惩罚程序，罚时出局应只在正向减少程序失败后使用，而且使用时要有监控计划、督导和评估方面的考虑。

反应代价的定义

15. 反应代价是指因反应依联而失去特定数量的正强化物，具有减少相似反应的未来发生频率的效果。

16. 反应代价就是针对不当行为的一种罚款。

17. 反应代价通常是失去一个或多个泛化型条件强化物、实物或已赢得的几分钟偏好活动时间。

18. 失去的强化物的惩罚价值完全取决于参与者的个人强化偏好。

19. 对实务工作者来说，反应代价具有一些理想的特性：有效、符合最少限制的替代标准、能迅速产生行为抑制作用、便利、可与其他程序相结合，以及具有社会有效性。

实施反应代价的方法

20. 实施反应代价主要有两种方法。实务工作者可以：（1）从个体先前赢得而储存下来的现有强化物里收取罚款；（2）从个体剩余的、非依联性的强化物里收取罚款。

21. 当从个体先前赢得而储存下来的现有正强化物里收取罚款时，个体会从目前拥有的强化物中失去特定数量的正强化物。

22. 当实务工作者将额外强化物非依联性地提供给参与者，又特意在目标行为发生的时候将其移除时，红利反应代价就发挥作用了。

有效使用反应代价

23. 要有效使用反应代价，实务工作者应该立即进行罚款、决定是否优先使用红利反应代价、确保有足够的强化物储备、了解出现非计划或预期外结果的可能性、避免过度使用反应代价，以及保存有关其效果的记录。

使用反应代价的考虑因素

24. 实施反应代价可能会增加攻击行为、产生回避反应、影响良好行为的附带减少、使受惩罚的行为获得关注、无法预测（副作用），以及遭遇处理完整度不足带来的挑战。

第六部分

前提变量

第 16 章　动因操作

第 17 章　刺激控制

第四部分和第五部分详细介绍了行为之后立即出现的不同类型的刺激改变的效果。第六部分的两章讨论了行为发生前的刺激条件和改变所产生的效果。行为不会在真空的环境中出现。每一个反应都是在一组特定的前提条件的背景中发生的，这些前提事件在动因和学习中起着关键作用。

人们在任何特定时刻所做的事情，在一定程度上受他们当时想要的事物的影响。在第16章中，杰克·迈克尔和卡约·米格尔描述了动因操作，即环境变量：（1）改变某个刺激、物体或事件作为强化物（或惩罚物）的瞬间有效性；（2）改变所有曾在这种强化形式之前出现的行为的当前频率。

虽然强化的定义性特征是增加行为的未来发生频率，但强化还有一个重要的影响。第17章详细介绍了在反应之前刚刚出现的刺激或在强化期间出现的刺激如何获得影响行为的未来发生的引发功能。该章讲述了行为分析师如何在不断变化的前提刺激条件下使用差别强化来达到期望的刺激区辨和泛化的程度。

第16章 动因操作

杰克·迈克尔和卡约·米格尔

关键词

减缓效果（abative effect）

废除型动因操作（abolishing operation, AO）

行为改变效果（behavior-altering effect）

条件动因操作（conditioned motivating operation, CMO）

建立型操作（establishing operation, EO）

引发效果（evocative effect）

功能改变效果（function-altering effect）

动因操作（motivating operation, MO）

反身性条件动因操作（reflexive conditioned motivating operation, CMO-R）

强化物废除效果（reinforcer-abolishing effect）

强化物建立效果（reinforcer-establishing effect）

替代性条件动因操作（surrogate conditioned motivating operation, CMO-S）

传递性条件动因操作（transitive conditioned motivating operation, CMO-T）

非条件动因操作（unconditioned motivating operation, UMO）

动因操作解除匹配（MO unpairing）

价值改变效果（value-altering effect）

行为分析师认证委员会 BCBA/BCaBA 任务清单（第 5 版）
第一部分：基础
B. 概念和原理
B-12 定义动因操作并举例。
第二部分：应用
G. 行为改变程序
G-2 使用以动因操作和区辨刺激为基础的干预。

©2017 The Behavior Analyst Certification Board, Inc.,® (BACB®). 保留所有权利。本文件的当前版本可在 www.bacb.com 网站查阅。如需转载、复制或分发本文件，或有疑问，请直接联系行为分析师认证委员会。经授权使用。

  我们（杰克和卡约）非常喜欢墨西哥食物，尤其是墨西哥卷饼。当然，我们并不会时时刻刻都想着墨西哥食物，只在午餐或晚餐时间才会想到——换句话说，当我们有一阵子没吃东西或者饿了的时候才会想到。但有的时候，即使我们已经吃过饭了，仅仅是看到我们最喜欢的墨西哥餐厅，甚至可能是看到关于墨西哥食物的电视广告，我们都会想要再吃一些。在这种时候，我们会寻找一家不错的墨西哥餐厅，当我们找到餐厅时，会感到心满意足。当我们走进餐厅时，看到墨西哥玉米片，我们就想吃莎莎酱。我们虽然随时都可以吃莎莎酱，但如果没有和玉米片一起吃，光吃莎莎酱，听起来就没什么意思。吃完玉米片和莎莎酱后，我们能想到的就是喝上一口冰凉的玛格丽特鸡尾酒。而当玉米片吃完时，找服务员再加点玉米片，并下单卷饼，就成了世界上最重要的事。

  上述情景表明，某些刺激的价值可能会随着其他环境因素的变化而有条件地改变。我们并不是总想吃墨西哥食物，而导致去吃墨西哥食物这件事的行为（如开车去餐厅）也会因个人的动因不同而不同。从行为分析的角度来看，如果一个特定的行为没有发生，那么可能就意味着没有产生强化性的后果。然而，即使后果是可获得的，它们的价值或有效性可能也会随着时间的推移而改变。因此，仅凭强化的概念，无法正确解释一个人做出某个行为的动因（Michael, 1993）。去餐厅点餐一定会产生食物。然而，去餐厅的可能性的高低可能会因一个人吃东西的动因不同而不同。当我们说某人有动因或想要做某事时，我们是在假设：(1) 他想要的事物可能会在那一刻作为强化物发挥作用；(2) 先前已被如此强化的任何行为的当前频率将会增加。本章将从行为分析的角度讨论动因问题。

动因操作的定义和特征

  在学术生涯的早期，斯金纳（1938）使用驱力（drive）这个术语来描述作为动因变量的一个函数的行为的改变。[1] 虽然凯勒和舍恩菲尔德（1950）在基于斯金纳的工作成果而开展的研究中使用了这个术语，但他们将重点放在了建立驱力所需的特定环境操作（如剥夺、餍足和厌恶刺激）上（Miguel, 2013）。虽然并未采用凯勒和舍恩菲尔德提供的用法，但迈克尔（1982, 1993）重新引入了**建立型操作**（EO）这个术语来描述环境变量，这些环境变量可以瞬间改变：(1) 某个刺激、物体或事件作为强化物的有效性；(2) 所有被该刺激、物体或事件强化过的行为的当前频率。后来，拉腊威、斯尼塞尔斯基、迈克尔和波林

---

[1] 斯金纳（1938）使用驱力这个术语来表示强化以外的操作（如剥夺）与行为改变之间的关系。虽然斯金纳发现这个术语对于描述这些功能关系来说很有用，但他承认这是对这些操作与行为之间关系的一种推论状态，并指出这个术语"在一个描述性系统中实际上并不是必需的"（p. 368）。

（Laraway, Snycerski, Michael, & Poling, 2003）提出了一个具有包容性的术语，即**动因操作**（MO），以涵盖一个事实：这些变量不仅可以增强后果作为强化物的价值，而且可以减弱其作为强化物的价值。[1] 情境事件（setting event）这一术语也被用来描述一些可能符合动因操作定义的变量（参看信息箱 16.1 "什么是情境事件？"）。

> ### 信息箱 16.1
>
> #### 什么是情境事件？
>
> 情境事件这个术语最早出现在行为分析文献里（例如，Bijou & Baer, 1961; Kantor, 1959）是用来描述一组可能影响刺激—反应关系的变量（例如，McLaughlin & Carr, 2005）。更具体地说，这个描述适用于非离散的变量，例如，周围事件或物体的存在/不存在，剥夺/餍足，或近期的社会互动，所有这些都有可能对刺激的特定功能产生差别性的影响（Leigland, 1984; Wahler & Fox, 1981）。睡眠剥夺会影响哭泣的速率就是一个例子（Bijou & Baer, 1961）。
>
> 情境事件这个术语似乎描述了我们归类为动因操作（MO）的同一组环境变量。然而，文献中还没有出现关于这个术语的明确定义或功能性描述，而且大多数对情境事件的描述是形态上的而非功能上的（Leigland, 1984; Nosik & Carr, 2015; Smith & Iwata, 1997）。
>
> 动因操作这个概念描述了任何具有两个特定效果的变量，即价值改变效果和行为改变效果。因此，"将一个变量归类为动因操作比将其归类为一个情境事件有更多的证据要求"（Nosik & Carr, 2015, p. 221）。我们认同诺西克和卡尔（Nosik & Carr）的观点，即动因操作的概念因其功能性定义和越来越多的实证效用而成为描述情境事件这一术语下的变量的更好的分类选择。

因此，动因操作可以被定义为一个具有两种效果的环境变量：具有价值改变效果和行为改变效果。**价值改变效果**（value-altering effect）可以是：（1）某个刺激、物体或事件的强化有效性的提高，在这种情况下，动因操作是建立型操作；（2）强化有效性的降低，在这种情况下，动因操作是**废除型操作**（abolishing operation, AO）。**行为改变效果**（behavior-altering effect）可以是：（1）已被某个刺激、物体或事件强化过的行为的当前频率的增加，被称作**引发效果**（evocative effect）；（2）已被某个刺激、物体或事件强化过的行为的当前频率的减少，被称作**减缓效果**（abative effect）。除了频率之外，行为的其他方面，如反应的等级大小、潜伏期和相对频率（每一次机会的出现）都有可能被动因操作改变。这些关系如图 16.1 所示。

食物剥夺是一种建立型操作，它能提高食物作为强化物的有效性（价值改变效果），并引发（evoke）所有曾被食物强化过的行为（行为改变效果）。换句话说，在一段时间没吃东西后，食物会成为强化物，寻找食物等行为会增加。食物摄取（进食）是废除型操作，它会降低食物作为强化物的有效性，并减缓（abate）所有曾被食物强化过的行为。换句话说，在吃完饭后，不仅食物的强化有效性会降低，寻找食物的行为也会减少（包括其他先前已经产生食物的习得性行为）。这些行为的改变可以说是瞬间的。例如，食物剥夺（MO）增加了食物的价值和所有导致获得食物的行为，只要有机体仍处于被剥夺的状态。随着食物的获得，食物剥夺作为动因操作的有效性降低了（动物变得不那么饥饿），表现为：（1）食物作为强化物的价值降低了；（2）寻找食物的行为减少了。

---

[1] 有关这个概念的历史发展，参看米格尔（2013）的相关文章。

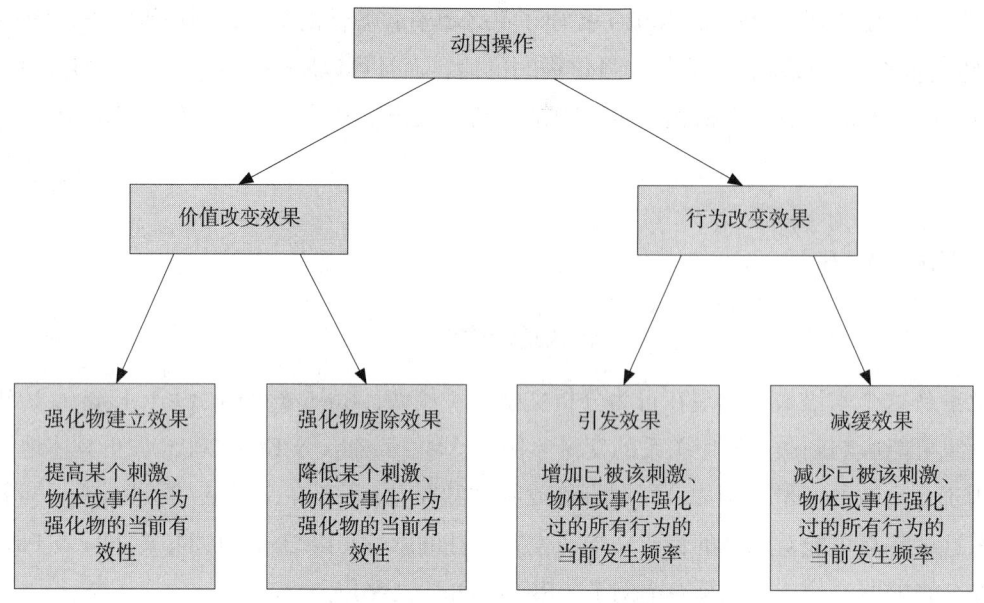

图 16.1　动因操作及其两种定义性效果

虽然饥饿一词被用来描述食物剥夺的影响，但这个词只是对一个可能伴随食物剥夺而发生的生理变化（如饥饿感）的描述（即命名）。虽然这些生理感觉可能会促使某人获取食物，但剥夺操作具有直接的价值改变效果和行为改变效果（Miguel, 2013）。因此，像饥饿和口渴这样的术语是非必要的（干预）变量，它们可能会掩盖对动因的行为分析。图 16.2 显示了与食物有关的动因操作的影响。

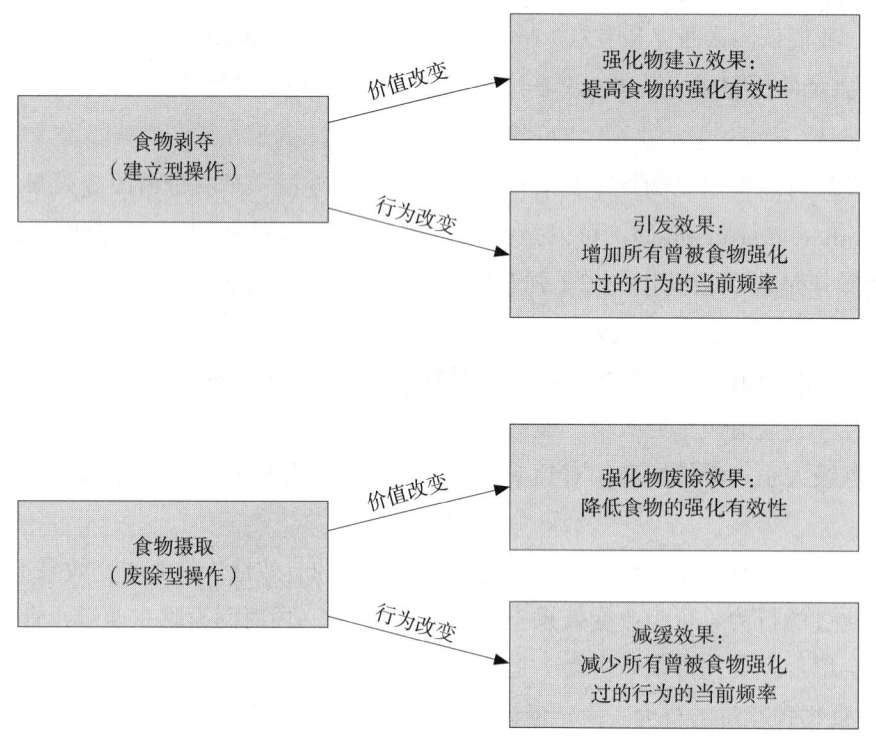

图 16.2　与食物有关的动因操作

疼痛刺激是一种建立型操作，它会提高"疼痛减轻"作为强化物的有效性，并引发所有曾被"疼痛减轻"强化过的行为。因此，头痛会使"减少（或消除）头痛"成为一个有效的强化物，也会引发过去造成头痛被移除的行为，如服用阿司匹林。当然，这两种效果只能在有机体正在经历头痛时才能被观察到，也是基于这个原因，我们说动因操作的效果是瞬间的。相反，"疼痛刺激减少"是一种废除型操作，它会降低"疼痛减轻"作为强化物的有效性，并减缓所有做出之后会出现"疼痛减轻"的行为。换句话说，一旦头痛消失，"消除头痛"就不再是一个强化物，服用阿司匹林的可能性就会大幅降低。图 16.3 显示了与疼痛刺激有关的动因操作的影响。

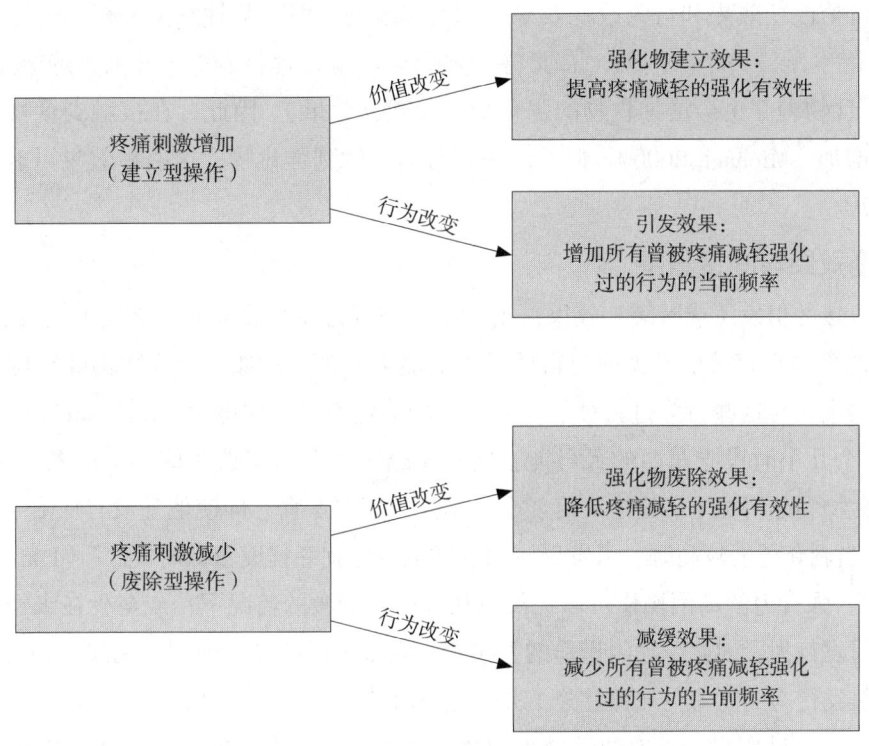

图 16.3　与疼痛刺激有关的动因操作

本章中有关价值改变效果和行为改变效果的大部分陈述指的是涉及强化而非惩罚的关系。我们可以合理地假设，动因操作也会改变刺激、物体和事件作为惩罚物的有效性，而具有建立或废除的效果；假设动因操作也会改变所有曾被那些刺激、物体和事件惩罚过的行为的当前频率，而减缓或引发该行为。在本章的后面，我们会探讨惩罚的动因操作。

区分价值改变效果与行为改变效果

动因操作的价值改变效果会影响用来增加行为未来频率的强化物的效力（Laraway, Snycersk, Olson, Becker, & Poling, 2014）。当操纵特定的环境变量（如 4、8 和 12 小时的食物剥夺）影响了有机体获得能产生相关后果（如食物）的新行为的速度时，就能观察到动因操作的价值改变效果。如此，一个动因操作直接改变了强化物（或惩罚物）增加和维持（或减少和消除）行为的效力（Laraway et al., 2014）。

强化物的价值也可能会根据特定的反应要求而变化（DeLeon, Frank, Gregory, & Allman, 2009）。评估特定强化物效力的一个方法是使用渐进比例强化程序表，也就是每次给予强化物后提高反应要求（Roane, 2008；参看第 13 章）。在这种安排下，有机体可能会在高强化程序表下做出反应而得到一个后果，但没有另一个后果，即使人们观察到在低反应要求下两个后果都增加了行为（Roane, Lerman, & Vorndran, 2001）。这个程序也许可以用来测量一个有效性受到动因操作影响的强化物的瞬间价值。其他测量强化物效力的方法可能包括选择准备和在回合尝试期间的反应潜伏期（Poling, Lotfizadeh, & Edwards, 2017）。

行为改变效果可以解释为因有机体的行为接触到强化而产生频率的改变，意味着这个改变只发生在获得强化物之后。然而，动因操作的水平与在消退（当不再获得任何强化物时）期间的反应之间存在强有力的关系（Keller & Schoenfeld, 1950）。早期研究（Skinner, 1938）显示，已经学会按压杠杆以获得食物的老鼠被置于不同剥夺程度的消退条件下时，会根据其所受剥夺程度的高低而以不同的速率按压杠杆。因此，不同的剥夺程度差别性地引发了先前已习得的反应。类似地，如果一名儿童发脾气后得到了家长的关注，那么发脾气行为的持续时间和强度可能与儿童在发脾气前所获关注的多少有相关性。

动因操作的价值改变效果和行为改变效果是同时出现的，但在某种意义上被认为是彼此独立的，因为其中一个不会衍生出另一个。例如，在获得任何食物之前，食物剥夺会增加先前被食物强化过的行为（引发效果）。食物剥夺也会增加食物的强化效力（建立效果）。因此，在接触到食物之后，寻找食物的行为会进一步增加（Michael, 2000）。但是，一旦行为接触到强化物，这两种效果可能会变得难以辨别（Poling et al., 2017）。

动因操作的直接效果与间接效果

由于有一个直接的引发（或减缓）效果，动因操作的行为改变效果可以增加（或减少）行为的频率。动因操作的强度似乎与它直接引发先前习得的行为的能力有关。例如，当食物剥夺程度较高时，寻找食物的行为可能会发生在与这些行为过去被强化时所处的情境不同的情境中（Lotfizadeh, Edwards, Redner, & Poling, 2012）。一个几小时没吃东西的人可能会向一位通常在背包里放一些零食的熟人（S^D）索要零食。不过，在极端的食物剥夺情况下，这个人可能会向陌生人索要零食，即使他并没有从陌生人那里获得食物的历史。看来，"当剥夺程度较高时，引发反应的刺激范围比剥夺程度较低时要广"（Lotfizadeh et al., 2012, p. 98）。换句话说，强有力的动因操作可以在没有相关区辨刺激的情况下，或至少在未经训练的刺激存在的情况下，直接引发行为。因此，动因操作的直接引发效果可以被描述为"在无涉于相关区辨刺激的情况下，其所具有的引发行为的能力"。[1] 要注意的是，个体在未"察觉"到强化的影响的情况下，强化就能对行为产生影响。同样，动因操作的有效性并不取决于个人在行为发生时能否描述动因操作对行为的影响（参看信息箱 16.2 "你需要知道自己有动因吗？"）。

信息箱 16.2

你需要知道自己有动因吗？

导致出现行为改变效果的变量常常被误解，人们常常假设个体必须理解（用语言描述）这个情况，然后因理解而做出恰当的行为。我们可以合理地假设，当老鼠按压杠杆获得水时，它并不知道按压杠杆在过去已受到水的强化，也不知道缺水时应该按压杠杆。类似地，人类不需要用语言描述一种情况来使动因操作影响行为。强化对行为的影响是自动的，这一事实表明，当相关的动因操作运作的时候，导致强化的那个行为会瞬间增加。因此，正如后果的强化效果并不取决于有机体对这种依联的理解，动因操作对行为产生影响，也不要求有机体能描述行为与后果之间的关系。一个花了很多时间读书的人可能无法辨识出将读书行为导向逐渐建立起来或被瞬间引发的依联。读书的频率（或持续时间）仍然是环境变量的一个函数，无论个体能否描述这些环境变量。

动因操作会间接影响相关区辨刺激（S^D）的引发或减缓的强度。例如，食物剥夺会提高任何与食物的可获得性相关的刺激的区辨控制。因此，背包里装有零食的朋友会是一个较强的区辨刺激，在食物剥夺程度较高时引发索要行为。同样，头痛越剧烈（动因操作），就越有可能在看到阿司匹林（作为一个区辨

---

[1] 直接引发效果指的是动因操作能够在没有区辨刺激的情况下直接引发行为。然而，我们必须注意，不要忽略了操作的一个定义性特征是存在于发生情境中的刺激（Catania, 2013）。

刺激）时引发服药行为。要注意，在区辨训练期间呈现的强化物的价值也取决于当前的动因操作（Laraway et al., 2003）。换句话说，建立对行为的刺激控制不仅取决于动因操作，也作为动因操作的一个函数而变化。例如，如果不为正确反应提供有效的强化物，儿童就永远学不会区辨蓝色和红色。总而言之，如果没有建立后果作为强化物的价值的动因操作，区辨学习就不太可能发生，而先前有效的区辨刺激也不会引发行为。

价值改变效果也会间接影响相关条件刺激的强化有效性。例如，食物剥夺不仅会提高食物作为后果而具备的增强行为的能力（即直接建立效果），也会提高与食物相关的任何其他刺激的强化有效性，如食物的味道、餐厅的景象等。同样，头痛不仅会将"消除头痛"建立为有效的强化物，也会将与疼痛减轻匹配过的所有刺激，如阿司匹林、睡觉、黑暗的环境等，建立为有效的强化物。后者属于条件效果，将在后面有关条件动因操作的部分中进行讨论。图 16.4 显示了动因操作的不同的直接效果和间接效果。

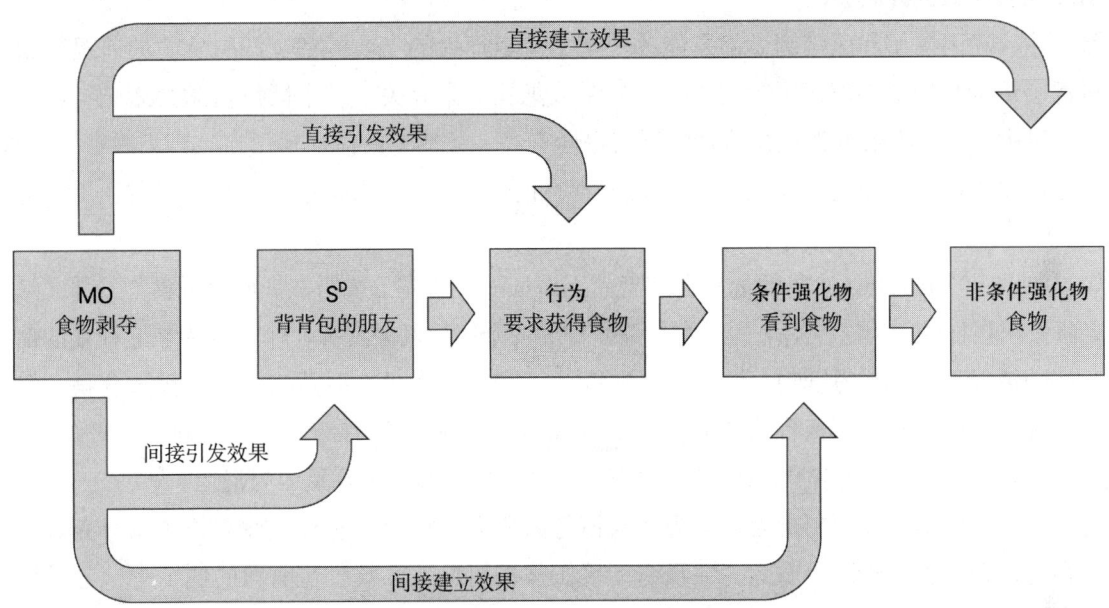

食物剥夺直接将食物建立为一种强化物（价值改变效果），并引发寻找食物的行为（行为改变效果）。食物剥夺间接地建立所有与食物相关的条件强化物的有效性（价值改变效果），并间接地影响与食物相关的区辨刺激的显著性（行为改变效果）。

图 16.4 动因操作（MO）的直接效果和间接效果

对比：行为改变效果与功能改变效果[1]

动因操作和区辨刺激都是有行为改变效果的前提变量。前提可以引发或减缓反应，但它们的出现并不会改变有机体的功能性行为技能库（functional behavioral repertoire）。因此，作为前提变量，动因操作会改变所有与这个动因操作有关的行为的当前频率。例如，一项困难的任务可能会是一个建立型操作，它会在那个瞬间增加所有过去导致任务移除的行为。向一名已经知道发脾气经常导致任务推迟或移除的儿童呈现困难任务，很可能会产生发脾气行为（即引发效果）。相反，如果不呈现这项任务，或者把它变得容易一点（废除型操作），那么发脾气的可能性就会降低（即减缓效果）。然而，作为一种干预策略，移除任务并不会改变儿童的技能库；它只是瞬间减缓了动因变量（困难任务）存在时会出现的行为。也就是说，当困难任务的存在只是前提操作的结果时，儿童的行为表现并不会有所不同。[2] 因此，减少或消除一个特定问

---

1 迈克尔（1986, 2004）使用"技能库改变效果"和"功能改变效果"这两个术语对能够改变有机体行为的未来概率的操作（如强化）和改变刺激的功能的操作进行分类。

2 虽然这是一个操纵动因操作的例子（即任务难度），但同样的讨论也适用于操纵 S^D。如果问题行为在爸爸（S^D）在场时更容易发生，而在妈妈（S^Δ）在场时不容易发生，那么爸爸离开房间（消除 S^D）就只能暂时减少（减缓）问题行为的频率。当爸爸回来时，孩子很可能会再次做出不良行为。

题行为的动因操作只是一种暂时而非永久的解决方法。当动因操作再次出现时，该问题行为可能会再次发生（Michael, 2000）。尽管如此，消除导致问题行为发生的环境条件（如动因操作）可能还是必要的，[1]尤其是当这些条件是贫乏或令人厌恶的时候（McGill, 1999）。

后果可以改变有机体的技能库，使有机体未来能有不同的行为。因此，后果具有**功能改变效果**。这些变量包括强化物、惩罚物和在没有强化物（消退程序）或没有惩罚物（惩罚之后的恢复程序）的情况下反应的发生。后果改变了任何在后果之前刚刚出现的行为的未来频率。在前面的例子中，如果将移除任务或降低任务难度依联于儿童要求休息或寻求帮助，那么这些行为在未来的相似条件下发生的频率会增加。换句话说，儿童的功能技能库因为可以做出两种新的反应——要求休息和寻求帮助——而发生改变了。

区分动因操作与区辨刺激

如前所述，动因操作和区辨刺激都是能改变某个特定行为的当前频率（即引发）的前提变量。每个操作变量都会影响反应的频率，因为它与强化后果或惩罚后果有关。一个区辨刺激会影响行为，是因为它的存在在过去与一个有效的强化物的差别可获得性有关。差别可获得性是指在区辨刺激存在的情况下，相关后果是可获得的（即强化），而在区辨刺激不存在的情况下，相关后果是不可获得的（即消退；参看第24章）。

例如，如果一只被剥夺了食物的老鼠在灯亮而不是灯灭的情况下按压杠杆而获得食物，那么灯光最终会引发老鼠按压杠杆的行为。在这个例子中，灯光作为一个区辨刺激发挥作用，因为在它存在的情况下比在它不存在的情况下更易获得食物。请注意，虽然在灯灭（S^Δ条件）时从来没有提供过食物，但如果过去在灯灭时都会提供食物，那么食物会成为一个有效的强化物。换句话说，食物在两种条件中都有价值（即强化），但只在灯亮时才能获得。在S^Δ条件期间按压杠杆的频率下降是因为消退。

相反，一个动因操作会控制行为是因为它与该行为的强化物的差别有效性有关。差别有效性指的是相关后果在有动因操作的情况下有效，在没有动因操作的情况下无效。在前面的例子中，老鼠只在灯亮（S^D）且有动因操作（即食物剥夺）时按压杠杆，而不会在没有动因操作（即食物餍足）时按压杠杆。当没有动因操作时，行为的减少并不是因为强化物不可获得（消退），而是因为强化物不再有价值或效用。

现在想象一下，老鼠学会了按压杠杆以消除电击。在这种情况下，按压杠杆导致疼痛减轻（或消除），这个后果是强化的一种形式。如果把作为前提的疼痛刺激当作一个区辨刺激，那么疼痛减轻（强化物）在有疼痛刺激的情况下一定是可获得的后果，而在没有疼痛刺激时不会是一个可获得的后果。更重要的是，如同前一个例子中的食物，疼痛减轻在这两种条件下应该都是有效的强化物，而无论它是否可获得。但就这个要求而言，有些动因变量不能成为区辨刺激。在没有疼痛作为前提的情况下，疼痛减轻不能成为一个强化物。[2]换句话说，在没有疼痛刺激的情况下，行为并不是因为消退而减少，而是因为不存在可能有价值的强化物而减少。如果没有感到疼痛，有机体就没有做出减少疼痛的行为的动因。

在前面那个灯亮/灯灭的区辨训练的例子中，强化物在灯亮条件中是可获得的，而在灯灭条件中是不可获得的，但仍然有效。也就是说，老鼠在灯灭时仍然"想要食物"，但食物不可获得。这种行为在灯灭（S^Δ）条件中发生的频率较低，因为它不再产生有效的强化物。相反，在没有食物剥夺的情况下，食物不会是有效的强化物；在没有疼痛刺激的情况下，移除疼痛也不会是有效的强化物。因此，食物剥夺和疼痛刺激可以成为动因操作，因为它们瞬间改变了：（1）某个刺激、物体或事件作为强化物的有效性（价值改

1　一个人的生活品质可能会受到社会性贫乏和/或极端令人厌恶的环境的威胁，从而可能导致受关注和逃避维持的问题行为的出现。改善环境除了有伦理上的必要性外，也会减少当前的问题行为，并有助于防止其在未来再次发生。

2　的确，在疼痛不存在的情况下，疼痛减轻作为一个强化形式是不可获得的，同样，在某种意义上，在食物剥夺不存在的情况下，食物强化也是不可获得的，但这种不可获得性与在区辨训练中发生并发展了区辨刺激的引发效果的不可获得性并不相同。

变效果）；（2）曾被该刺激、物体或事件强化过的行为的频率（行为改变效果）。

同样，瘙痒也不能成为引发抓痒行为的区辨刺激。虽然强化物（移除瘙痒）在瘙痒存在的情况下是可获得的，而在瘙痒不存在的情况下是不可获得的，但在瘙痒不存在的情况下，"移除瘙痒"并不是"抓痒行为"的有效的强化物。在这个意义上，最好将瘙痒解释为一个动因操作，这个动因操作将"移除瘙痒"建立为有效的强化物，而在瞬间引发抓痒行为。换句话说，瘙痒就是你抓痒的动因。

有很多前提刺激被认为是引发行为的区辨刺激，其实将它们归类为动因操作会比较好，对厌恶刺激而言尤其如此。例如，头痛是一个动因操作，它直接将移除头痛建立为非条件强化物，间接将阿司匹林建立为条件强化物（参看图 16.5）。头痛也会引发过去导致疼痛减轻的行为（寻找并服用阿司匹林）。如果在浴室里而不是在厨房里找到了阿司匹林，那么浴室会是寻找阿司匹林这个行为的区辨刺激，因为浴室已经与一个有效的强化物的可获得性建立了关系，而厨房会是寻找阿司匹林的 S^Δ，因为厨房已经与一个有效的强化物的不可获得性建立了关系。换句话说，要形成区辨，一个人必须在需要时在浴室里找到阿司匹林，而在厨房里找不到阿司匹林（动因操作；参看图 16.5 的上面两行）。在不头痛的情况下（废除型操作），一个人仍然能在浴室里找到阿司匹林，但他没有寻找的理由（阿司匹林可获得，但并非强化物），因为没有需要被移除的头痛感（不可获得的非强化物）。因此，在不头痛的情况下，寻找阿司匹林在任何一个地方都不会发生（参看图 16.5 的最下面一行）。

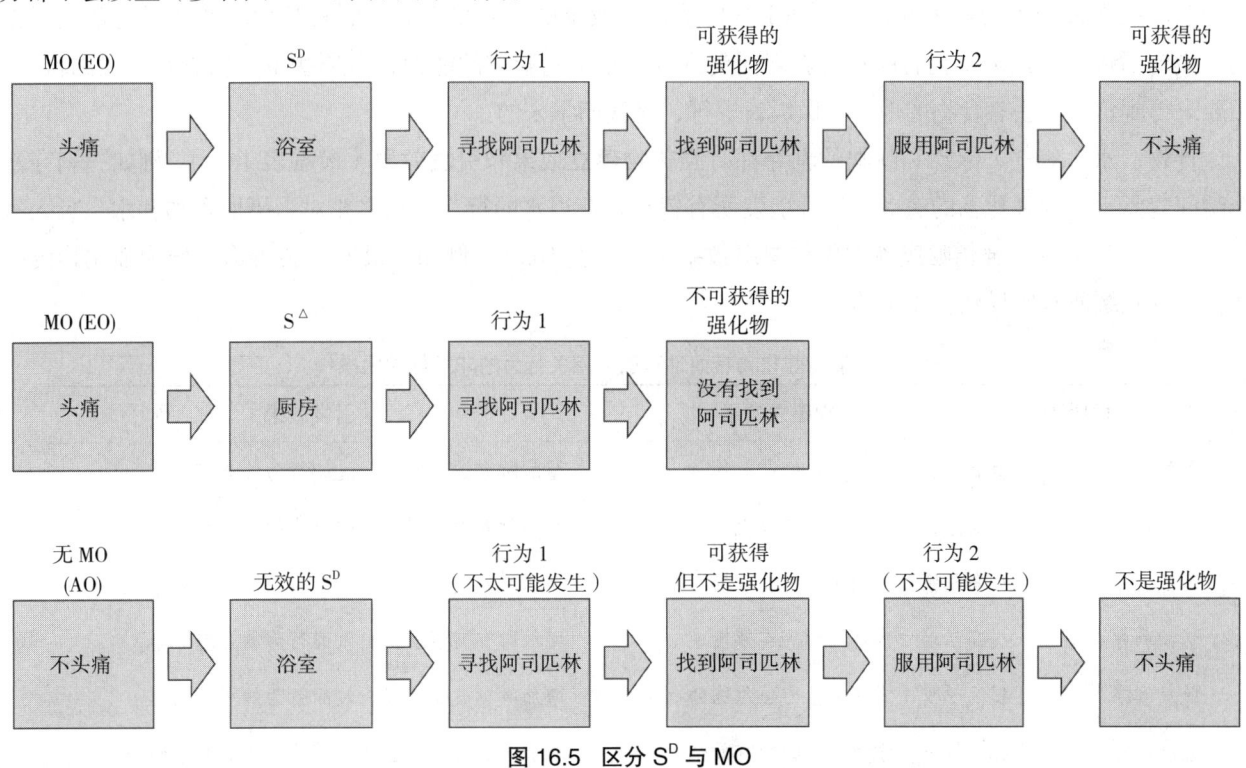

图 16.5　区分 S^D 与 MO

在应用情境中，当儿童得到指令去完成一项困难任务时，强化物可能是任务的完成或终止。此外，指令也会因与困难任务的关联而获得条件厌恶属性。因此，指令可以成为一个动因操作，将移除指令建立为强化物，并引发回避行为（Carbone, Morgenstern, Zecchin-Tirri, & Kolberg, 2010）。相反，如果任务的完成已经在有指令的情况下产生过赞扬这个强化物，而在没有指令的情况下没有产生过赞扬，那么该指令可能就具有区辨刺激的功能。在本章的后面，特别是在有关条件动因操作的部分，将会讨论其他最好被归类为动因操作而非区辨刺激的事件。

虽然行为分析师使用三项依联（前提-行为-后果）来理解操作式行为，但任何一个特定反应都有可能是由众多具有前提功能的变量引发的（即多种控制）。一名进入厨房并要求得到一块饼干的儿童之所以会这样做，是因为这样的行为在过去的相似情境下产生过强化。这些情境涉及将饼干建立为强化物的变量，以及提高要求得到饼干这个行为的可能性（以食物剥夺为动因操作）。然而，在饼干可获得的环境（厨房是一个区辨刺激）中，在有一位可以给儿童一块饼干的成人在场（也是一个区辨刺激）时，这个行为更有可能发生（Skinner, 1957）。在这种情况下，食物剥夺与提高饼干作为强化物的有效性相关，而厨房和成人都与饼干的可获得性相关。

总而言之，区辨刺激改变了当前对某一特定类型的行为有效的强化形式的差别可获得性；动因操作改变了某一特定类型的环境事件的差别强化有效性。用非技术性术语来说，区辨刺激会告诉你，你想要的某个事物是可获得的；动因操作则会使你想要某个事物。

非条件动因操作

对所有有机体而言，很多事件、操作和刺激条件都具有非条件的价值改变效果。也就是说，这些动因操作在未经学习的情况下建立或废除了刺激作为强化物的价值。例如，人类天生就有因食物剥夺而受到食物强化的影响的能力，以及因疼痛发作或加剧而受到疼痛减轻强化的影响的能力。因此，食物剥夺和疼痛刺激被称作**非条件动因操作**（unconditioned motivating operation, UMO）。[1]

动因操作被归类为非条件的，是基于其价值改变效果的非习得方面，而其行为改变效果通常是习得的。换句话说，我们天生就有因食物剥夺而受到食物强化的影响的能力，但那些由食物剥夺引发的行为，如要求得到食物、去有食物的地方、做饭，等等，是我们学来的。

食物、水、氧气、活动和睡眠的剥夺都有**强化物建立效果和引发效果**（参看表16.1）。例如，剥夺水会瞬间建立水作为强化物的有效性，并引发所有曾导致获得水的行为。与之相对，摄取食物和水、吸入氧气、活动和睡觉具有**强化物废除效果和减缓效果**（参看表16.2）。例如，摄取水会废除水作为强化物的有效性，并减缓所有曾导致获得水的行为。

表 16.1 提高强化物有效性和引发相关行为的非条件动因操作

非条件动因操作	强化物建立效果	引发效果
食物剥夺	提高食物作为强化物的有效性	增加所有被食物强化过的行为的当前频率
水剥夺	提高水作为强化物的有效性	增加所有被水强化过的行为的当前频率
睡眠剥夺	提高睡眠作为强化物的有效性	增加所有被睡眠强化过的行为的当前频率
活动剥夺	提高活动作为强化物的有效性	增加所有被活动强化过的行为的当前频率
氧气剥夺[a]	提高呼吸（氧气）作为强化物的有效性	增加所有被呼吸强化过的行为的当前频率
性剥夺	提高性刺激作为强化物的有效性	增加所有被性刺激强化过的行为的当前频率
变得太暖和	提高温度下降作为强化物的有效性	增加所有被变凉快强化过的行为的当前频率
变得太冷	提高温度上升作为强化物的有效性	增加所有被变暖和强化过的行为的当前频率
疼痛刺激增加	提高疼痛减轻作为强化物的有效性	增加所有被疼痛减轻强化过的行为的当前频率

a 这里的非条件动因操作其实不是氧气剥夺，而是血液中的二氧化碳堆积，这是因为在无法呼吸，或在吸入和呼出的空气中二氧化碳浓度都太高的情况下无法排出二氧化碳。

1 用非条件和条件这两个词修饰动因操作的方式与用它们修饰应答式诱发刺激以及操作式强化物和惩罚物的方式一样。非条件动因操作的效果，如同应答式行为的非条件诱发刺激以及非条件强化物和惩罚物一样，并不取决于有机体的学习历史。条件动因操作的效果，如同条件诱发刺激以及条件强化物和惩罚物的效果一样，取决于学习历史。

表 16.2　降低强化物有效性和减缓相关行为的非条件动因操作

非条件动因操作	强化物废除效果	减缓效果
摄取食物（在食物剥夺后）	降低食物作为强化物的有效性	降低所有被食物强化过的行为的当前频率
摄取水（在水剥夺后）	降低水作为强化物的有效性	降低所有被水强化过的行为的当前频率
睡觉（在睡眠剥夺后）	降低睡眠作为强化物的有效性	降低所有被睡眠强化过的行为的当前频率
活跃（在活动剥夺后）	降低活动作为强化物的有效性	降低所有被活动强化过的行为的当前频率
呼吸（在无法呼吸后）	降低呼吸（氧气）作为强化物的有效性	降低所有被呼吸强化过的行为的当前频率
性高潮或性刺激（在性剥夺后）	降低性刺激作为强化物的有效性	降低所有被性刺激强化过的行为的当前频率
变凉快（在太暖和后）	降低温度上升作为强化物的有效性	降低所有被变凉快强化过的行为的当前频率
变暖和（在太冷后）	降低温度下降为强化物的有效性	降低所有被变暖和强化过的所有行为的当前频率
疼痛刺激减少（在疼痛中）	降低疼痛减轻作为强化物的有效性	降低所有被疼痛减轻强化过的行为的当前频率

自上一次性活动以来的时间流逝，对性刺激而言是一个非条件动因操作。这种形式的剥夺建立了性刺激作为强化物的有效性，并引发了曾产生这种刺激的行为。与之相对，性高潮是一个非条件动因操作，它废除（减弱）了性刺激作为强化物的有效性，并减缓（降低其频率）了曾获得那种强化的行为。此外，对身体性敏感区的触觉刺激似乎也是一个非条件动因操作，它使更多相似刺激成为更有效的强化物，并引发过去获得这种刺激的行为。

与温度改变有关的非条件动因操作包括变得太冷或太暖。变冷是一个非条件动因操作，它将变暖建立为强化物，并引发产生过温暖的行为，如穿上外套或靠近热源。返回至舒适（即非令人厌恶的）温度是一个非条件动因操作，会废除温度上升作为强化物的有效性，并减缓曾产生温暖的行为。在这种情况下，穿上外套等行为就不太可能发生。变得太暖而让人不舒服是一个非条件动因操作，它将较低的温度建立为有效的强化物，并引发曾导致身体降温的行为。例如，变暖可能会引发开空调的行为。返回至正常温度会废除凉快作为强化物的有效性，并减缓导致身体降温的行为。在这种情况下，开空调就不太可能发生。

疼痛刺激的增加将疼痛减轻建立为强化物，并引发曾减轻疼痛（逃避）的行为。如前所述，头痛将其自身的移除建立为强化物，并引发任何曾消除头痛的行为，如服用阿司匹林。疼痛刺激的减少废除了疼痛减少作为强化物的有效性，并减缓了曾被疼痛减少强化过的行为。因此，当头痛消失时，消除头痛就不再是一个强化物，服用阿司匹林的行为就不太可能发生。

除了将疼痛减轻建立为强化物和引发曾产生疼痛减轻的行为外，疼痛刺激可能还会引发对其他有机体的攻击行为。[1] 疼痛刺激可能是一个非条件操作刺激，它将如损坏迹象等事件建立为有效的强化物，并引发曾被这种迹象强化过的行为。斯金纳（1953）在其对愤怒的分析中提出过这样的例证，并将这种分析扩展至爱和恐惧的情绪中。[2]

虽然食物的剥夺/餍足和疼痛的刺激/减轻都有非习得的价值改变效果，这是无可争议的，但对特定条件强化物的限制和接触似乎也会影响其价值。社会性强化物，如赞扬，就属于这种情况（Vollmer &

---

[1] 有的攻击行为可能是作为应答式非条件刺激的疼痛诱发的（Ulrich & Azrin, 1962）。
[2] 关于斯金纳对动因操作的一般背景下的情绪倾向的论述，参看迈克尔（1993, p. 197）的相关文章。

Iwata, 1991)。可以说，对婴儿而言，关注（如触碰、父母的声音）是一个非条件强化物，其价值可能会受到剥夺和餍足的影响。然而，对大多数成人而言，关注以其与其他形式的有效的强化物的关系而作为条件强化物发挥作用（Michael, 2000）。在这种情况下，对关注（或任何其他条件强化物）的接触和限制会成为一种条件动因操作，如下文所述。

惩罚的动因操作

动因操作可能也会改变（增加或减少）一个刺激的惩罚有效性和曾经受到该刺激惩罚的行为的频率（引发或减缓）。因此，一个与惩罚有关的建立型操作会具有惩罚物建立效果和减缓效果。例如，偏头痛会建立强光作为惩罚物的有效性，并减少过去所有产生过强光的行为的频率（如打开窗帘、开灯）。一些生理状态，如怀孕，可能会将特定的味道或气味建立为惩罚物，并减少过去产生这些气味的行为的发生。一个与惩罚有关的废除型操作会具有惩罚物废除效果和引发效果，使被惩罚过的行为再次出现（假设先前受到惩罚的行为的强化物依联是完整的）。喝酒可能会降低社会性不赞成作为惩罚物的有效性，并增加曾产生过某些社会性尴尬的行为（假设那些行为过去也产生过强化）。

大多数影响人类的惩罚物之所以有效，是因为有一段学习历史；也就是说，它们是条件惩罚物而不是非条件惩罚物。在条件惩罚物建立在它们已与强化物的移除（或可获得性减少）（即负强化）相匹配的情况下，这些条件惩罚物的有效性将取决于建立被移除的强化物的价值的相同动因操作。例如，父母不赞成的眼神可能会因为过去与限制孩子玩电子游戏匹配而成为一个条件惩罚物。当这个不赞成的眼神对玩电子游戏实施动因操作时，作为条件惩罚物是有效的。如果孩子当天已经玩够了电子游戏（即"餍足"），那么不赞成的眼神在减少行为方面的效果就不会很好。因此，通常在扣留强化物之前出现的社会性不赞成（如皱眉、摇头，或诸如"不"或"不好"等发声反应）只在实施扣留强化物的动因操作时才会作为有效的条件惩罚物发挥作用。然而，一个刺激有可能与多个不同的惩罚物产生关联。在这种情况下，这个刺激可能会作为泛化型条件惩罚物发挥作用，其有效性几乎不受动因操作的影响。如果不赞成的眼神已与各种强化物——包括泛化型强化物，如金钱——的丧失产生关联，那么这个眼神就几乎总是作为惩罚物发挥作用，因为强化物中至少有一个在任何特定时刻都是有价值的。

同样的道理也适用于负惩罚程序——罚时出局和反应代价（参看第15章）。用罚时出局来惩罚行为，只有当"原环境"是强化物时才会有效。索尔尼克、林科弗和彼得森（Solnick, Rincover, & Peterson, 1997）在试图减少一名智力障碍儿童的自伤行为和刻板行为时，比较了在原环境贫乏和丰富这两种情况下的罚时出局的有效性。贫乏的原环境条件与儿童平常的治疗时段看起来没有什么不同，儿童在治疗时段中做出的正确反应（将积木分类）得到了赞扬、食物和玩具的强化。在丰富的原环境条件期间，实验者播放音乐、引入新玩具，并通过持续辅助参与者玩玩具增加社会互动。罚时出局程序是指，当问题行为出现时，参与者在90秒内不能接触到强化物。他们的研究结果显示，当原环境丰富时，罚时出局是有效的；当原环境贫乏时，罚时出局一般是无效的。这表明负惩罚程序的有效性取决于对消除强化物所做的动因操作。反应代价也是如此；在实施反应代价程序时，除非依联于行为的被移除的事件与强化物一样有效，否则反应代价不会成为有效的惩罚程序。

一般来说，在观察惩罚的效果时，必须同时考虑导致被惩罚行为发生的强化物的状态。之所以选择减少某个行为，只会是因为这个行为一直在发生，而且其发生起到了强化的作用。例如，受关注维持的破坏性行为可能会在没有受到太多关注（强化的动因操作）的时候增加其发生频率。任何针对这个破坏性行为的惩罚程序都必须在针对关注进行动因操作时实施。

假设一个罚时出局程序被用来惩罚破坏性行为。如前所述，只有在与可获得的强化物（在原环境中的关注）有关的动因操作实施时，我们才会期望罚时出局具有惩罚的作用，而且只有在那些动因操作实施时，我们才会期望看到惩罚程序针对破坏性行为的减缓效果（即行为的立即减少）。在没有对破坏性行为实施动因操作（缺乏关注）时，要减缓的问题行为不会出现。

虽然这些复杂的行为关系还没有在概念性、实验性或应用性的行为分析文献中得到太多的关注，但它们似乎从现有的关于强化、惩罚和动因操作的知识中自然而然地延伸出来了。行为分析师应该意识到，任何涉及惩罚的情境都可能有这些行为关系的参与。[1]

动因操作的多种效果

大多数环境事件对行为的影响不止一种。重要的是要能辨认这些变量的效果，不要将它们混淆起来（Skinner, 1953, pp. 204–224）。在一项在动物实验室中演示的操作链研究中，多种效果显而易见。一只被剥夺了食物的老鼠拉着一根悬挂在实验室天花板上的绳子，拉绳行为会产生一个听觉刺激，如蜂鸣声。在蜂鸣声存在的情况下，老鼠按压杠杆并获得食物。蜂鸣声的出现具有两个明显的效果：（1）引发老鼠按压杠杆的行为；（2）增加老鼠未来拉绳的频率。蜂鸣声是引发效果的区辨刺激和强化效果的条件强化物。两种效果对行为的影响的方向是一致的：增加按压杠杆行为的当前频率和未来频率。[2] 类似地，一个饥饿的人可能会打开冰箱，寻找她的室友吃剩下的墨西哥菜。看到墨西哥菜引发了与吃墨西哥菜有关的行为（如把食物从冰箱里拿出来，加热），可能还会增加未来打开冰箱的频率。

类似地，如果在蜂鸣声存在的情况下按压杠杆而产生了电击，那么蜂鸣声将作为惩罚的区辨刺激（discriminative stimulus for punishment, S^{Dp}）发挥作用。蜂鸣声针对按压杠杆的当前频率有减缓效果，并作为条件惩罚物，减少未来拉绳的频率。同样，如果吃剩下的食物变质了，那么它会减缓吃剩菜的行为，也会减少打开冰箱寻找食物的行为。

如同区辨刺激，作为非条件动因操作的事件通常会对某一类行为的当前频率产生行为改变效果，而且当其作为后果出现时，会对在该后果事件之前刚刚发生的行为的未来频率产生功能改变效果。疼痛刺激的增加，如果作为前提，会产生动因操作的建立效果，会增加所有曾减缓疼痛的行为的当前频率；如果作为后果，会减少任何在疼痛增加之前刚刚发生的行为的未来频率。

如同前面所举的例子，具有非条件动因操作的引发效果的事件，如疼痛刺激，对在该事件出现之前刚刚发生的反应也会具有惩罚作用。不过，这个说法只适用于逐渐发生的事件（如食物或水的剥夺），这些事件不容易作为后果发挥作用。换句话说，虽然食物剥夺可以引发过去所有获得食物的行为，但作为减少行为未来发生频率的惩罚后果，它可能不会是有效的。

作为前提的具有动因操作的废除效果的事件，当作为后果呈现时，可能具有强化效果。例如，摄取食物瞬间减少了食物作为有效的强化物的强化价值（废除效果），也瞬间减少了过去产生过食物的行为（减缓效果）。作为后果，摄取食物增加了产生过食物的行为的未来发生频率（强化效果）。因此，当使用食物作为行为增加的后果（强化效果）时，要注意，重复摄取食物会降低其作为有效的强化物的价值（减缓效果）。类似地，如果通过移除某个物品来试图增加其作为强化物的价值（建立效果），那么移除该物品可能会减少任何在移除之前刚刚发生的行为的未来频率（惩罚效果）。表16.3和表16.4说明了环境事件的多种效果。

---

1 有时，人们认为行为原理过于简单，无法分析复杂的人类行为，因此需要一些非行为的——通常是认知的——方法。也许，提出这个观点的人的行为技能库对这项任务而言太过简单了。然而，行为原理本身并不那么简单，从前面在为理解惩罚动因操作的效果或疼痛刺激的习得功能上所做的努力中就可以看出来。

2 该蜂鸣声也将成为通常由口中食物诱发的平滑肌和腺体反应的应答式条件诱发刺激，并将条件化这些反应，使其受到当时出现的任何其他刺激的影响——一个更高阶的经典条件反射（classical conditioning）的实例（参看第2章）——但本章只讨论操作式关系。

表 16.3　对比环境事件的行为改变效果（动因操作引发效果）和功能改变（惩罚）效果

环境事件	作为非条件动因操作对当前行为的引发效果	作为惩罚对未来行为的功能改变效果
食物、水、睡眠、活动或性的剥夺	增加所有被食物、水、睡眠、活动或性强化过的行为的当前频率	应是惩罚，但开始时太过缓慢，无法作为行为后果发挥作用
氧气剥夺	增加所有被可以呼吸强化过的行为的当前频率	突然无法呼吸会减少在那次无法呼吸前的一类行为的未来频率
变得太冷	增加所有被变暖和强化过的行为的当前频率	减少在那次变得太冷前的一类行为的未来频率
变得太暖和	增加所有被变凉快强化过的行为的当前频率	减少在那次变得太暖和前的一类行为的未来频率
增加疼痛刺激	增加所有被疼痛减轻强化过的行为的当前频率	减少在那次疼痛刺激前的一类行为的未来频率

表 16.4　对比环境事件的行为改变效果（动因操作减缓效果）和功能改变（强化）效果

环境事件	作为非条件动因操作对当前行为的减缓效果	作为强化对未来行为的功能改变效果
摄取食物和水、睡觉、活动或有性行为	减少所有被食物、水、睡眠、活动或性强化过的行为的当前频率	增加在摄取食物或水、可以睡觉、可以活动或性活动前刚刚发生的一类行为的未来频率
呼吸（在无法呼吸后）	减少所有被可以呼吸（氧气）强化过的行为的当前频率	突然可以呼吸会增加在那次可以呼吸前的一类行为的未来频率
变凉快（在太暖和后）	减少所有被变凉快强化过的行为的当前频率	增加在那次变凉快前发生的一类行为的未来频率
变暖和（在太冷后）	减少所有被变暖和强化过的行为的当前频率	增加在那次变暖和前发生的一类行为的未来频率
疼痛刺激减少	减少所有被疼痛减轻强化过的行为的当前频率	增加在那次疼痛减轻前发生的一类行为的未来频率

条件动因操作

因有机体的学习历史而改变其他刺激、物体或事件的强化有效性的动因变量被称作**条件动因操作**（conditioned motivating operation, CMO）。与非条件动因操作一样，条件动因操作也会改变所有曾被其他事件强化过的行为的当前频率。一般而言，作为我们的经验的产物，有些环境变量会使我们在遇到这些变量之后想要的事物与在遇到这些变量之前想要的事物有所不同，并鼓励我们尝试获得我们现在想要的。例如，需要进入一个锁着门的房间，这会将该锁的钥匙建立为一个有效的强化物。锁着的门是一个条件动因操作，因为它的价值改变效果由涉及门、锁和钥匙的学习历史来决定。

目前看来至少有三种条件动因操作，它们在与另一个动因操作，或某种强化或惩罚形式产生关系之前，都是动因中性的事件。这些条件动因操作之间的区别在于它们如何被开发以及如何影响行为。**替代性条件动因操作**（surrogate conditioned motivating operation, CMO-S）由于某些类型的匹配而产生了与另一个动因操作相同的效果（即一个替代事物就是一个替代品或替身），**反身性条件动因操作**（reflexive CMO, CMO-R）改变了与自身的关系（使这个动因操作的移除成为有效的强化），而**传递性条件动因操作**（transitive CMO, CMO-T）使某些事物成为有效的强化（而不是改变自身）。

替代性条件动因操作

替代性条件动因操作是一个原本中性的刺激通过与其他非条件动因操作匹配而获得动因操作的效果。这个过程类似于应答式条件刺激、操作式条件强化物和操作式条件惩罚物通过与另一个在行为上有效的刺激匹配而获得它们的功能。

例如，餐厅可以对包括点餐在内的几种不同行为进行区辨控制，因为餐厅已与食物的可获得性建立了差别性的关联。然而，由于我们通常是在一段时间没有进食后才去餐厅（即此时食物剥夺为非条件动因操作），很可能在经过多次与食物剥夺匹配之后，餐厅会作为替代性条件动因操作发挥作用：（1）将食物建立为强化物；（2）引发过去产生过食物的行为（如点餐）。图16.6举例说明了餐厅如何成为替代性条件动因操作。

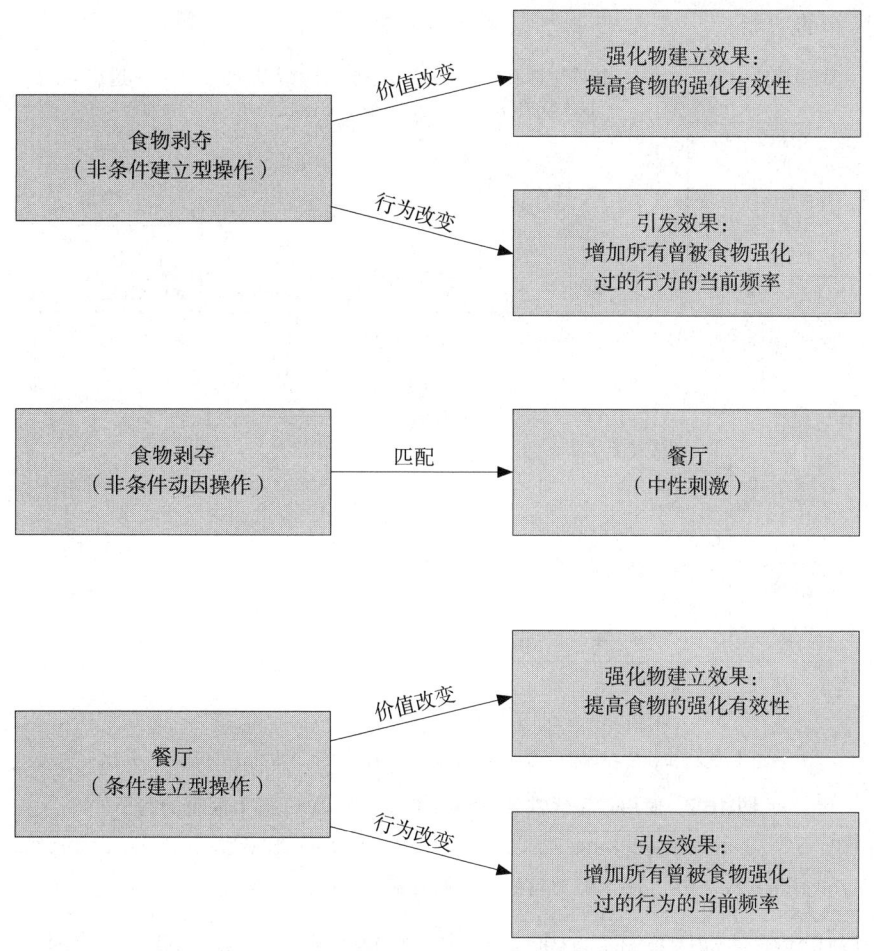

图16.6　替代性条件动因操作（CMO-S）的例子

然而，这种类型的条件动因操作的存在似乎与有机体的最佳生存利益相悖（Mineks, 1975）。例如，在前面那个例子中，在餍足的时候点菜，似乎并不健康。然而，一些动物研究显示，在高（如24小时）剥夺条件下与一个强化物（如食物）匹配的一个刺激比在低（如12小时）剥夺条件下与同一个强化物匹配的一个刺激更受欢迎（例如，Lewon & Hayes, 2014; Vasconcelos & Urcuioli, 2008）。换句话说，当两个刺激与同一个强化物进行匹配，但处在不同的动因操作条件下时，受到轻微剥夺的被试选择了与高剥夺水平相关的刺激。很可能除了食物剥夺（轻微剥夺）以外，与高剥夺相关的刺激的出现形成了一个替代性条件动因操作，这个操作使被试表现得好像比在其他情况下"更饿"，这可能是被试倾向于对高剥夺的选择更频繁地做出反应的原因。迪拉克、埃利曼和罗杰斯（Durlach, Elliman, & Rogers, 2002）发现，在相同的动因操作条件下，成人选择了与液体的高价值非条件动因操作（高盐食物）相关的味道和颜色的饮料，而不是与低价值非条件动因操作（低盐食物）匹配的饮料，这表明味道和颜色获得了替代性条件动因操作的属性。

奥赖利、兰乔利、金、拉利和多姆纳尔（O'Reilly, Lancioli, King, Lally, & Dhomhnaill, 2000）发现两名发展性障碍儿童在他们的父母与第三人互动时（注意力转移）表现出来的异常行为（推、捏、破坏物件和自伤）是由关注维持的，由于父母在和第三人交谈时给儿童提供的是低水平的关注，被转移的注意力和低水平的关注进行了匹配（动因操作）。这可能导致了注意力的转移作为替代性条件动因操作发挥作用。图16.7显示，两名参与者在短暂的功能分析中从未出现过问题行为，但在转移注意力条件（替代性条件动因操作）引入时出现了问题行为。非依联性地提供关注（废除型操作）使问题行为明显减少。追踪观察显示问题行为的水平有所下降。这些结果似乎表明，先前中性的刺激可能会由于与另一个有效的动因操作进行匹配而获得动因操作的功能。

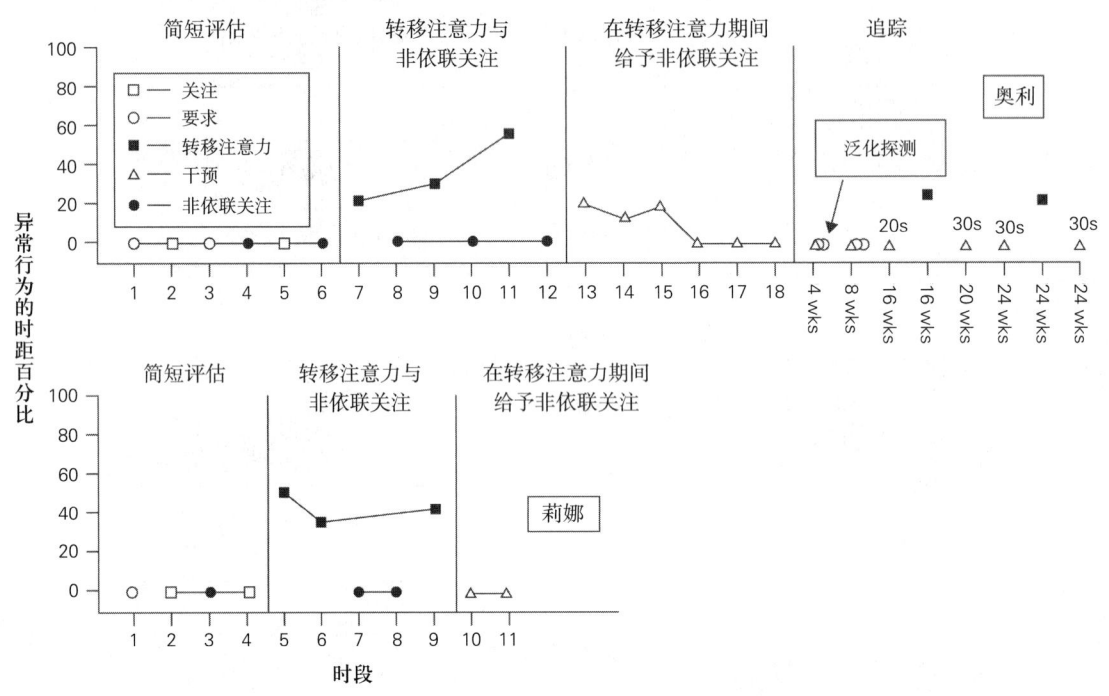

图 1 奥利和莉娜在评估、治疗评估和追踪时段中的异常行为的时距百分比

图 16.7 使用"替代性条件动因操作"（CMO-S）控制的例子

引自 M. F. O'Reilly, G. E. Lancioni, L. King, G. Lally, & O. N. Dhomhnaill (2000). Using Brief Assessment to Evaluate Aberrant Behavior Maintained by Attention. 经约翰威立出版有限公司授权转载。

在一项针对替代性条件动因操作的转换评估中，拉诺瓦兹、拉普、朗、里克林和卡罗尔（Lanovaz, Rapp, Long, Richling, & Carroll, 2014）将刻板行为的一个已知建立型操作条件（每个时段的最后两分钟）与一张海报板进行重复匹配。在这个匹配程序之后，四名孤独症参与者中的三名在有海报板的情况下表现出了更高频率的刻板行为。这些结果具有重要的应用意义，这表示在治疗环境中可能有很多环境特征仅仅通过与另一个动因操作匹配就能成为替代性条件动因操作而控制问题行为。如果在个体服从一个特定指令后，给他一个已知会引发刻板行为的玩具，如此重复匹配可能会将指令建立为替代性条件动因操作，从而增加特定形式的自动强化的价值，并引发刻板行为（Lanovaz et al., 2014）。

一般而言，替代性条件动因操作和有效的动因操作之间的关系可以通过两种**动因操作解除匹配**来弱化：在有效的动因操作不存在的情况下呈现先前中性的刺激（现在是替代性条件动因操作），或者在替代性条件动因操作存在和不存在的情况下同样频繁地呈现动因操作。在前面的例子中，如果指令之后不再有通常会引发刻板行为的玩具，或者父母与第三人交谈之后不再有低水平的关注，那么玩具或转移的注意力的价值改变效果和行为改变效果将会减弱。类似地，如果已知会引发刻板行为的玩具在有指令和没有指令的情况下同样频繁地呈现，或者不同的关注水平与父母和第三人交谈建立了联系，那么玩具和关注的动因有效性就会降低。

在一些看起来没有什么道理的行为的发展过程中，替代性条件动因操作似乎扮演了重要的角色，例如，吃过晚饭后看到一家餐厅而想再吃点什么，或者看到洗手间的标志后感到有尿意。餐厅和洗手间都有可能作为替代性条件动因操作引发行为，因为它们先前已经分别与食物剥夺和胀满的膀胱进行匹配了（Miguel, 2013）。

反身性条件动因操作

在疼痛刺激开始前系统性出现的任何刺激都会成为反身性条件动因操作，在这个操作中，它自己的结束作为强化物发挥作用，它的出现引发了过去产生过这种强化的任何行为。例如，在一个传统的区辨回避程序中[1]，在一个时距之后，一个最初为中性的刺激出现，然后跟着出现一个疼痛刺激——通常是电击（参看信息箱 16.3 "什么是厌恶刺激？"）。某个随意反应（不是有机体的种系发生技能库的一部分），如按压杠杆，终止了疼痛刺激（动物逃避了疼痛）并重新启动了一个时距。如果在警告刺激发生期间出现了相同的反应，这个反应会终止该刺激，这个时段内就不会发生电击。在程序的这个阶段出现的反应被认为回避了疼痛，被称作回避反应（avoidance response）。很多有机体学会了在警告刺激出现时做出反应，因此很少被电击。

信息箱 16.3

什么是厌恶刺激？

一个刺激被称作令人厌恶的，可能是因为它的依联移除具有强化功能，可能是因为它的依联呈现具有惩罚功能，可能是因为它作为动因操作引发了过去终止这个刺激的行为，也可能是因为它针对特定的平滑肌和腺体反应具有引发效果（如心跳加速、肾上腺素分泌）（Michael, 1993）。因此，一个厌恶刺激并不意味着一个特定的功能关系；它只是"不愉快的感觉""不愉快的心理状态"等常用语的行为学用法，出现这种用法可能是由于术语表达不够精细。

在这个例子中，警告刺激的作用与电击的作用类似，是逃避反应的动因操作，这个逃避反应的强化物是电击终止。然而，警告刺激将自己的终止建立为有效的强化物的能力来自有机体在警告刺激和电击匹配方面的学习历史。换句话说，警告刺激作为条件动因操作而引发回避反应，就如同疼痛刺激作为非条件动因操作而引发逃避反应。

警告刺激并不是一个与后果的可获得性相关的区辨刺激，而是一个与后果的强化有效性有关的动因操作。回想一下，区辨刺激与某一类特定行为的某一类后果的当前可获得性有关。可获得性的定义包括两个成分：(1) 在区辨刺激存在的情况下，反应之后必须跟随一个有效的后果（即它的动因操作正在起作用）；(2) 在区辨刺激不存在的情况下，反应发生后不能有后果（如果曾获得这样的后果，它就会是一个有效的强化物）。警告刺激与后果可获得性之间的关系不符合第二个要求。在没有警告刺激的情况下，没有未能在反应之后出现的有效后果，就像在没有区辨刺激的情况下出现的消退反应一样。回避反应并不终止不存在的警告刺激的事实，就像食物强化的不可获得性对于食物餍足的有机体的意义一样。

相反，一个在某种形式的改善之前出现的刺激可能会基于以下原因而成为反身性条件动因操作：(1) 将自己的结束建立为有效的惩罚物；(2) 减缓任何曾被如此惩罚的行为。例如，在一项由雇主实施的正向

---

1 区辨回避这个术语的出现是为了将这种类型的程序与"电击本身出现之前没有外感受刺激的改变"的回避程序（被称作无警告刺激的回避、非区辨回避或自由操作回避）区分开来。参看第 12 章。

评估之后可能出现过升迁或某种形式的奖励。这个历史将正向评估的结束建立为一个惩罚形式，并可能会减少所有可能导致不良评估的行为的发生频率（如迟到）。虽然这种关联性相当合理，但似乎很少有研究关注这类反身性条件动因操作。

反身性条件动因操作在日常生活中的负向互动辨识方面发挥了重要的作用。想象一下，一个陌生人问你某栋大楼在哪里，或问你现在几点钟。恰当的反应是迅速提供信息或说你不知道。通常，提问者会微笑着说："谢谢。"而且，你回答问题的行为可能会因为你知道对方得到了帮助而受到强化（Skinner, 1957）。从某种意义上说，这个问题是一个获得强化物的机会，而这些强化物先前是不可获得的。然而，这个问题也开启了一段可能被视为警告刺激的短暂时期，如果没有迅速做出反应，就会发生某种社交恶化（尴尬）。陌生人可能会重复他的问题，讲得更清楚或更大声，而如果你不迅速回应，他一定会认为你不善交际。你也可能会认为不提供答案是不妥当的。即使提问者没有显露出若得不到回应就会威胁你的意思，我们在这种情况下的社交历史仍然暗示了持续的不当行为的某种恶化。很多类似的情况可能都涉及正向成分与负向成分的混合，但在不方便回答问题的情况下（如听者正在赶时间），陌生人的感谢不是一个强有力的强化物，帮助他人也不是，而反身性条件动因操作可能是主要的控制变量。

另一个例子是一个人因为另一个人的善举而表示感谢。说"谢谢"是由某个人提供的帮助或善举引发的。助人的表现可能会被认为是一个 S^D，一个人学会了在这个 S^D 出现时说"谢谢你"，并得到了对方说"不客气"的强化。然而，在很多情况下，普通的礼貌性话语可能会涉及反身性条件动因操作的成分。思考一下下面这种情况。比尔双手提着东西，要从大楼里出来，走向他的卧车。当他走到大楼外门时，丹妮尔打开门，手扶着门，等比尔走出去。通常情况下，比尔会微笑着说："谢谢。"这个例子中的反身性条件动因操作的成分可以这样来说明：假设比尔走出大门时没有感谢别人替他开门，在这种情况下，丹妮尔讽刺地大声说："不客气！"这并不奇怪。别人的帮助可能会作为警告刺激（反身性条件动因操作）发挥作用，在没有出现某种形式的感谢（说"谢谢"）时，这个警告刺激的后面会系统性地跟着出现某种形式的不满。

在典型的实验室回避程序中，反应会终止警告刺激。将这一分析延伸到人类的情况中时，我们必须认识到警告刺激不仅仅是发起互动的事件。在前面的例子中，反身性条件动因操作并不是发声要求本身，因为它太简短了，难以终止。相反，这是一种更加复杂的社会刺激情况，包括被问问题和没有在适当的时间内做出反应。这种情况的终止就是对反应的强化。一些伴随着刺激——面部表情、攻击的姿势——的社交互动更像是在实验室里看到的能用回避反应来终止的警告刺激，但大多数社会互动涉及更为复杂的刺激条件，包括前面描述的索要和随后的那段时间。

在应用行为分析中，反身性条件动因操作是训练或教授在社交和语言技能库方面有缺陷者所使用的程序的一个成分。例如，在早期密集行为干预期间，通常会向学习者提出问题或发出口语指令，然后给予语言或肢体辅助，以使他们能够做出正确反应。这样的安排可能会作为反身性条件动因操作发挥作用，如果他们没有做出恰当的反应，就给予他们进一步的密集的社会互动（如错误纠正）。这样的问题和指令可能主要作为反身性条件动因操作发挥作用，而不是与得到赞扬或其他正向强化物的可能性有关的区辨刺激（Carbone et al., 2010）。换句话说，在这些情况下，正确反应很有可能部分受到负强化而不是正强化的维持。这些指令除了将它们自己的移除建立为强化物，并引发受逃避功能维持的行为外，可能还将与当前任务无关的活动或物品的价值建立为条件强化物。在这种情况下，指令将作为传递性条件动因操作发挥作用，如下面这部分所述（Michael, 2000）。图16.8说明了在指令后跟随一个厌恶事件，然后这个指令如何变成一个反身性条件动因操作，并且会：（1）将自己的移除建立为条件强化物；（2）引发任何曾产生过这种强化物的行为，如对指令的服从。

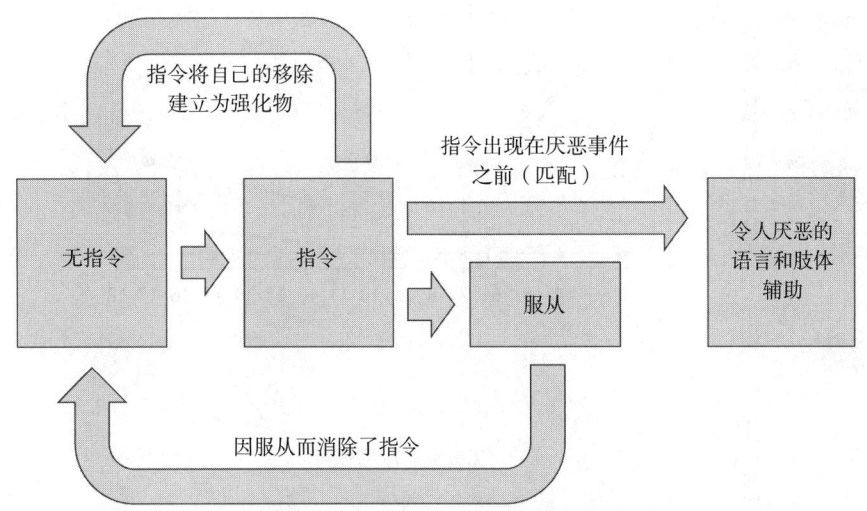

图 16.8 图解一个指令如何变成一个反身性条件动因操作（CMO-R）

受负强化维持的行为会受到各种前提刺激的影响，包括作为反身性条件动因操作的任务难度。改变这些任务可能会废除负强化的强化效力和减缓不当的逃避行为（Smith & Iwata, 1997）。麦科马斯、霍克、保内和埃尔罗伊（McComas, Hoch, Paone, & EL-Roy, 2000）试图评估问题行为的功能以及辨识在环境中可作为建立型操作的具体特征，他们针对三名发展性障碍儿童进行了一项典型的功能分析实验，实施了一项描述性评估以产生关于破坏性行为的可能的前提假设，并在分析中测试所假设的建立型操作的引发效果。虽然在呈现任务要求的情况下，所有参与者都出现了问题行为，但引发问题行为的具体任务特征（反身性条件动因操作）却因不同参与者而异。然而，研究者只是对教学方式做了一些特定的修改，而没有修改要求本身，就减少了所有参与者的问题行为。一名参与者（伊莱）的问题行为是由新的或困难的任务引发的（反身性条件动因操作）。在建立型操作分析期间，研究者比较了使用一项教学策略（即在数学任务进行期间提供可操作的教材）和不使用该策略时的问题行为水平。当使用该策略时，问题行为很少发生，这表明任务要求对于受逃避维持的问题行为所具有的建立效果和引发效果被教学策略的加入而消除了。这个效果可能是通过降低任务难度来实现的，从而解除了任务要求与厌恶属性的匹配。

图 16.9 显示了一名样本参与者的结果。功能分析（上图）表明，问题行为包括逃避学业任务。在建立型操作分析和追踪（中图）期间，与不使用教学策略时相比，使用教学策略时没有发生问题行为。此外，在使用教学策略时，参与者的服从度更高（下图）。

很多用于减弱或废除在任务要求下会引发问题行为的反身性条件动因操作的处理已经得到了评估（有关综述，参看 Carbone et al., 2010）。它们包括设计服从行为的竞争性强化物（例如，Piazza et al., 1997），通过在任务呈现期间嵌入偏好活动将引发问题行为的刺激与强化进行匹配（例如，Kemp & Carr, 1995），使用零错误程序降低任务的厌恶性（Heckaman, Alber, Hooper, & Heward, 1998），系统性地渐褪教学要求（Pace, Iwata, Cowdery, Andree, & McIntyre, 1993），改变所呈现的任务（McComas et al., 2000; Winterling, Dunlap, & O'Neill, 1987），提高教学速度以产生对恰当行为的更高的强化速率（Roxburgh & Carbone, 2013），呈现高偏好活动和低要求以抵消在时段前发生的反身性条件动因操作（例如，Horner, Day, & Day, 1997），在时段中提供活动和强化物的选择以降低任务的厌恶性（Dyer, Dun-lap, & Winterling, 1990），简单任务与困难任务穿插进行（Mace & Belfiore, 1990），逐步引入新任务（Smith, Iwata, Goh, & Shore, 1995），以及根据参与者在时段的早期或晚期出现问题行为的情况来调整任务的持续时间（Smith et al., 1995）。也有可能

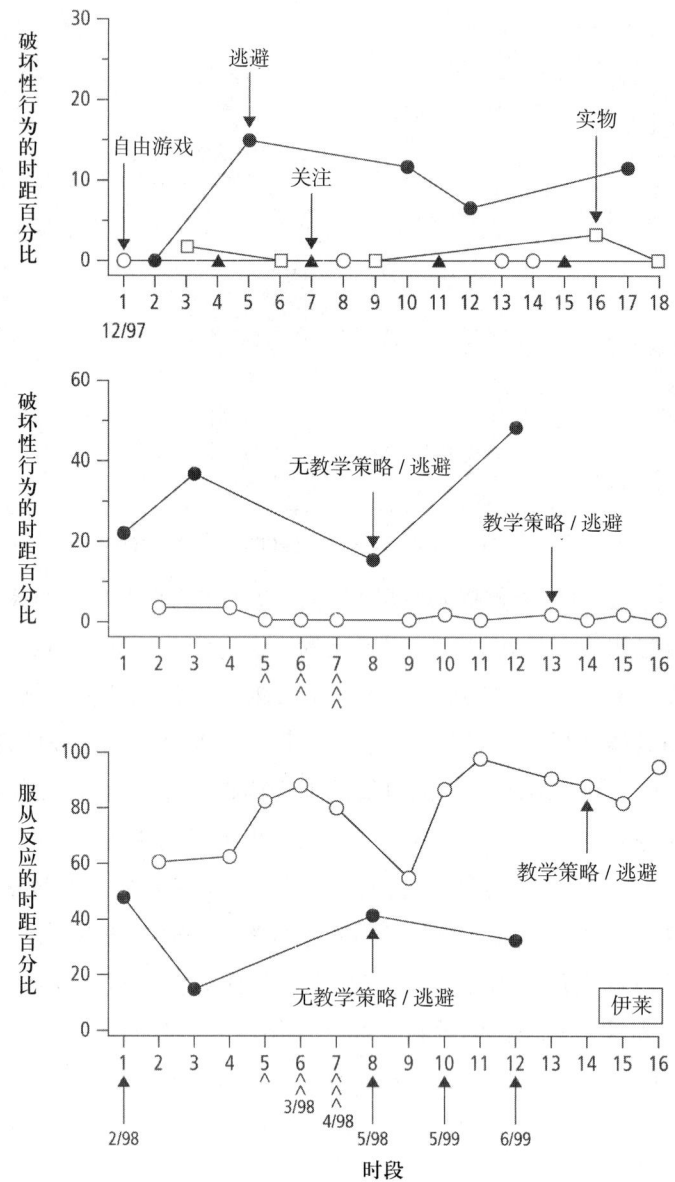

图1 对伊莱咬衣服的行为进行功能分析的时距百分比（上图）和建立型操作分析及其追踪（中图）。下图显示了服从反应的时距百分比。追踪时段开始于第五个时段。一个^符号表示在新情境中进行的探测，两个^符号表示对新指导者进行的探测，三个^符号表示对新材料进行的探测。

图 16.9　使用反身性条件动因操作（CMO-R）控制的例子

引自 J. J. McComas, H. Hoch, H. D. Paone, & D. El-Roy (2000). Escape Behavior During Academic Tasks: A Preliminary Analysis of Idiosyncratic Establishing Operations. 经约翰威立出版有限公司授权转载。

通过解除反身性条件动因操作与紧随其后的厌恶刺激的匹配来减弱反身性条件动因操作（Kettering, Neef, Kelley, & Heward, 2018）。

值得注意的是，受负强化维持的问题行为会改善相对贫乏的环境条件。因此，行为分析师在伦理上有责任辨识并修改这些厌恶变量（包括反身性条件动因操作），而不是仅通过某种形式的后果操纵（如逃避消退）来减少问题行为（Carbone et al., 2010; McGill, 1999）。

传递性条件动因操作

当一个环境变量建立了另一个事件作为强化物或惩罚物的有效性时，它就被称作传递性条件动因操作。在以前的行为分析文献中，这种类型的动因操作被描述为建立型刺激（S^E; Michael, 1982）或阻挡反应的条件建立型操作（Michael, 1988; 也可参看 Miguel, 2013）。条件强化物依赖于一个具有传递性条件动因操作功能的变量。因此，所有作为非条件动因操作发挥作用的变量也可以以其与相关的非条件强化物的关系而成为条件强化物的某些刺激的传递性条件动因操作。例如，食物剥夺不只是一个非条件动因操作，能瞬间（1）建立食物作为非条件强化物的价值；（2）引发过去所有获得食物的行为，它同时也是一个传递性条件动因操作，能瞬间（1）建立所有与食物匹配的条件强化物的价值（如餐厅里细心的服务员、菜单、餐具）；（2）引发过去所有获得这些条件强化物的行为。[1]

思考一下前面描述的简单的操作链：一只被剥夺了食物的老鼠拉动一根绳子，打开了蜂鸣器。在蜂鸣声存在的情况下，老鼠压下一根杠杆，获得了一颗食物粒。作为非条件动因操作的食物剥夺会使食物成为有效的非条件强化物，这种关联不需要学习历史。作为传递性条件动因操作的食物剥夺会使蜂鸣声成为有效的条件强化物，这显然需要学习历史。因此，食物剥夺在食物的强化有效性上是一个非条件动因操作，在蜂鸣声的强化有效性上是一个传递性条件动因操作。相反，食物摄取是一个废除食物和蜂鸣声的强化有效性的非条件动因操作。

在墨西哥餐厅里点墨西哥卷饼前，我们可能需要先开口叫服务员，以便引起他的注意。在这个场景中，食物剥夺是一个非条件动因操作，将食物建立为非条件强化物，它也是一个传递性条件动因操作，将看到服务员建立为条件强化物。而在前面的老鼠的例子中，食物摄取会降低食物和服务员的强化价值。

其他非条件动因操作，如疼痛刺激，也会建立条件强化物的强化价值。如前所述，作为非条件动因操作，头痛会将自己的移除建立为非条件强化物。然而，作为传递性条件动因操作，头痛也会建立曾减轻头痛的其他刺激（如阿司匹林）的强化价值。

可能会广泛使用条件强化物（包括泛化型条件强化物）来增强学业或其他具有重要社会意义的行为的临床工作者或教育工作者，不能忽视非条件动因操作与条件强化物之间的关系。研究表明，当允许参与者获取与代币匹配的一阶强化物和条件强化物时，代币形式的泛化型条件强化物的价值会降低（Ivy, Neef, Meindl, & Miller, 2016; Moher, Gould, Hegg, & Mahoney, 2008）。相反，当限制参与者获取后备强化物时，代币是更有效的强化物，这可以从反应速率的增加上得到证明。在实践中，这些数据表明，条件强化物和泛化型条件强化物（如代币）的价值取决于与它们的后备强化物有关的动因操作。因此，似乎可以合理地假设，当泛化型强化物与更多的后备强化物匹配时，它们的有效性会提高（Skinner, 1957, p. 54）。更具体地说，通过将假定的泛化型强化物与各种后备强化物——如在不同的动因操作控制下的食物和饮料——匹配，可以避免餍足（Moher et al., 2008）。例如，金钱几乎完全不受动因操作的控制，因为它已经和很多与几种不同的动因操作有关的有效的强化物匹配了。因此，当金钱的给予依联于行为时，很可能出现的情况是，这些动因操作中的一个或多个正在起作用，从而使它的有效性几乎不可能被废除。

如前所述，很多（可能是大多数）条件强化物的强化有效性不仅会被相关的非条件动因操作改变，还取决于其他刺激条件。这就是条件强化物的有效性常被说成取决于"背景"的原因。当背景不合适时，刺激可能具有可获得性，但没有被接触到，因为它们没有强化物的效力。如果改为合适的背景，将会引发曾出现在那些刺激前的行为，而这些刺激现在具有条件强化物的效力。行为的发生与其后果的可获得性无关，而与其后果的价值有关。例如，手电筒在家庭环境中通常是可获得的，但人们不会去接触它，直到停电时才会使用，这就使它变得有价值了。从这个意义上说，停电（突然的黑暗）引发了过去获得手电筒的行为（在某个抽屉中翻找）。然而，当灯又亮起时，手电筒作为强化物的价值被废除了，任何导致获得手

---

1 传递性条件动因操作的引发效果不容易与区辨刺激的引发效果相混淆。如果我们能将食物剥夺视为对曾被食物强化过的行为的动因操作（而不是区辨刺激），那么它作为曾被各种与食物有关的条件强化物强化过的行为的动因操作（而不是区辨刺激）就是一个简单的延伸。

电筒的行为都瞬间被减缓了。这种传递性条件动因操作关联的动因本质没有得到广泛的认可，这个例子中的引发变量（突然的黑暗）通常被解释为区辨刺激。

设想一名技工正在拆卸一台设备，他的助手根据他的要求递给他工具。[1] 技工看到了一个必须拆掉的有槽螺丝，于是要求助手递给他一把螺丝刀。看到螺丝引发了这个要求，而拿到工具是这个要求的强化。在以传递性条件动因操作来分析这个例子之前，看到螺丝会被认为是要求的区辨刺激，但螺丝并不曾与要求拿到工具所得到的强化的可获得性有过差别性的关联。在一般的技工的学习历史里，助手总会为技工提供其所要求拿到的工具，而这与要求行为发生时的刺激条件无关。更准确的解释是，看到螺丝是要求行为的传递性条件动因操作，而不是区辨刺激。

在这个复杂的情况中，有几个区辨刺激，这导致分析起来有点困难。螺丝是拧松螺丝动作（手里有螺丝刀时）或选择螺丝刀而不选择其他工具的区辨刺激。技工的口语要求虽然是由看到螺丝作为一个传递性条件动因操作引发的，但它依赖于"助手存在"这个区辨刺激。助手提供的螺丝刀也是技工伸手去拿这个行为的区辨刺激。然而，这里的关键问题是螺丝在引发要求行为中的作用，这是动因关系，而不是区辨关系（Michael, 1982）。

另一个常见的例子涉及引发相关保护行为的某种有危险性的刺激。想象一下，一名夜间巡逻的保安听到了可疑的声音。他按下电话上的按键，通知另一名保安，那名保安拿起自己的电话，询问是否需要帮助（这强化了第一名保安的通话行为）。可疑的声音并不是当它出现时会使第二名保安的反应更具可获得性的区辨刺激（无论第一名保安是否听到这个声音，第二名保安都会回应第一名保安），而是当它出现时会使第二名保安的反应更有价值的传递性条件动因操作。然而，这个例子中是有区辨刺激的。电话铃响是一个当它出现时会使一个人拿起电话、对着听筒说话、听到对方回应而得到强化的区辨刺激。接听并没有铃声响起的电话通常不会得到这样的强化。[2]（注意，顺便说一句，危险信号所引发的行为并不是像反身性条件动因操作一样导致信号本身终止的行为，而是导致其他事件的行为，在这里是保安的同事所发出的提供帮助的声音。）

图 16.10 显示了一个例子，突然的黑暗作为传递性条件动因操作发挥作用，将手电筒建立为条件强化物，并引发了寻找手电筒的行为。要注意的是，突然的黑暗也可能会作为反身性条件动因操作发挥作用，将自己的移除建立为强化物。[3]

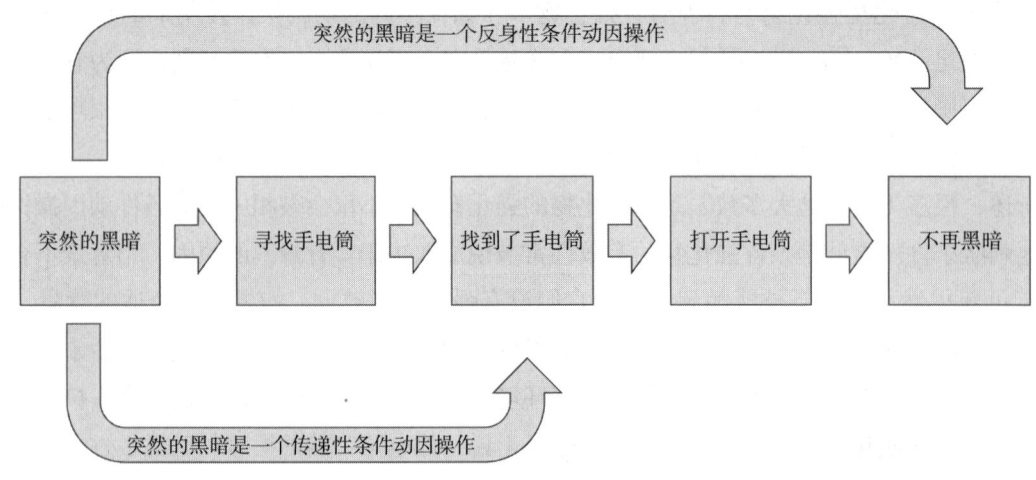

图 16.10　图解一个传递性条件动因操作（CMO-T）

1　这个例子首先是由迈克尔（1982）描述的。当时，传递性条件动因操作被称作建立型刺激或 S^E。
2　参看第 2 章中的信息箱 2.2 "当电话铃声响起时"。
3　如果移除黑暗被认为是一个非条件强化物，那么突然的黑暗会将移除黑暗建立为非条件动因操作的价值。

区辨刺激与传递性条件动因操作的区别取决于强化物的可获得性和刺激的存在与否之间的关系。如果强化物在某刺激存在的情况下比在该刺激不存在的情况下更易获得，那么这个刺激就是区辨刺激。如果强化物在刺激存在和不存在的情况下同样容易获得，那么该刺激就是传递性条件动因操作。螺丝刀在有螺丝和没有螺丝的情况下对技工来说通常都是可获得的。保安的同事的反应在有可疑的声音和没有可疑的声音的情况下都是可获得的。

传递性条件动因操作引发行为是因为它与后果的价值有关，而不是与后果的可获得性有关。区辨刺激和传递性条件动因操作这两种行为控制形式在起源上差异显著，在其他重要方面自然也会有所不同。这是行为分析中术语细化的一个例子，而不是实证关系上的新发现。这种细化的价值将体现在受到这种细化影响的行为分析师在理论和实践上表现出的更高的有效性上。

使用传递性条件动因操作来教授提要求。在语言技能库有严重缺陷者的语言改善计划中，提要求（mand）训练是必不可少的一个部分（参看第 18 章）。对这些人而言，提要求并不会从命名（tact）和接受性区辨训练（如听者行为）中自发产生。学习者必须想要某个事物，做出恰当的语言反应，然后被获得想要的事物强化。这个程序将反应置于相关的动因操作控制之下。通过操纵传递性条件动因操作，教师可以人为设计一个情境，使学习者想要一个事物，而这是达到另一个目的的手段（如通过问一个问题而获得信息）。任何刺激、物体或事件都可以是提要求的基础，只要安排一个环境使该刺激作为条件强化物发挥作用。因此，如果要获得玩最喜欢的玩具的机会，必须先得到一张纸，上面有用铅笔做的记号，那么就可以借此情境教授提要求以获得铅笔和纸。

通过操纵传递性条件动因操作来教授障碍人士学习提要求是常见的做法（例如，Alwell, Hunt, Goetz, & Sailor, 1989; Betz, Higbee, & Pollard, 2010; Goetz, Gee, & Sailor, 1985; Lechago, Carr, Grow, Love, & Almason, 2010; Shillingsburg, Valentino, Bowen, Bradley, & Zavatkay, 2011）。一个被称作中断链（interrupted-chain）的典型程序（Hall & Sundberg, 1987）是，将学习者完成先前已习得的任务所需的一个物品扣留下来。这个操纵作为传递性条件动因操作发挥作用，增加了该物品作为强化物的价值，从而创造出一个理想条件来教授学习者针对这个物品提要求。在一项关于提要求训练的研究中，希林斯伯格、鲍恩、瓦伦蒂诺和皮尔斯（Shillingsburg, Bowen, Valentino, & Pierce, 2014）将三名障碍儿童置于两种不同的情景之中。第一个情景是，有九个不同颜色（或动物图案）的杯子，在其中一个杯子里放置偏好物品。将一个代表偏好物信号的刺激（如一个空的糖果袋）放在参与者旁边。当参与者要求获得该物品时（如"我可以要一颗糖果吗？"），实验者回答说该物品在某个杯子的下面，这增加了物品所在位置的信息（哪个杯子）作为条件强化物的价值。第二个情景是，趁参与者不注意，将高偏好物品给予三名成人中的一名。作为偏好物品出现信号的刺激再次呈现，当儿童要求获得物品时，实验者说在另一名成人手里，但不说是谁。这句话作为传递性条件动因操作，增加了关于谁拥有这个物品的信息作为条件强化物的价值。实验者分别在情景 1 和 2 中使用延迟发音辅助来教参与者问"哪个杯子？"和"谁拥有它？"这些传递性条件动因操作的尝试与信息不具有强化物价值的尝试（废除型操作）交替进行，以便保证行为受建立型操作的控制，而非受环境的其他方面的控制。在废除型操作尝试期间，治疗师要么提供物品所在位置的信息，要么提供拥有物品的那个人的名字。除了关于参与者提要求的数据以外，研究者还收集了关于参与者是否选择了正确的杯子或靠近正确的成人以获得偏好物品的数据。所有参与者使用"哪个"和"谁"做出的提要求行为出现在建立型操作条件下的频率要高于出现在废除型操作条件下的频率，并且在两个条件下都靠近偏好物品，这表明中断链程序成功地将提要求行为置于传递性条件动因操作的功能控制之下。图 16.11 显示了关于"哪个"问题的实验结果。没有一名参与者在基线期间要求获得信息（左图），虽然每个人在提供物品位置信息的废除型操作条件下都选择了正确的容器（右图）。经过练习，参与者只在建立型操作条件下做出提要求行为（左图）。此外，在建立型操作条件下获得信息后，参与者开始选择正确的容器以获得偏好物品（右图）。关于"谁"的问题也得到了相似的结果。第18章将提供关于在提要求训练中使用传递性条件动因操作的更多细节。

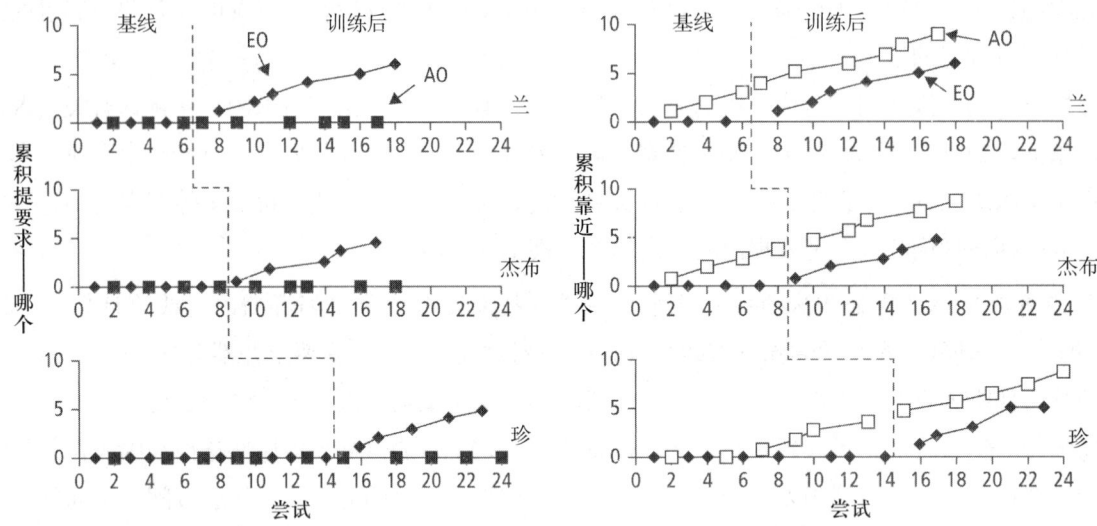

图1 兰、杰布和珍在基线期间和训练后探测期间独立做出用"哪个？"提要求的反应的累积记录（左）和靠近行为的累积记录（右）。

图 16.11 使用传递性条件动因操作（CMO-T）控制的例子

引自 M. A. Shillingsburg, C. N. Bowen, A. L. Valentino, & L. W. Pierce (2014). Mands for Information Using "Who?" and "Which?" in the Presence of Establishing and Abolishing Operations. 经约翰威立出版有限公司授权转载。

动因操作对处理效果泛化性的意义

在应用领域中，人们似乎对动因操作的强化物建立效果理解得相当充分，例如，临床工作者可能会暂时扣留食物、物品，甚至社会性关注，以使得它们作为所教授的行为的强化物更加有效（例如，Taylor et al., 2005）。然而，即使这些目标行为已经掌握得很好，而且成了学习者的技能库的一部分，它们也不会在未来或新的情境中出现，除非相关的动因操作能够有效地运作（Fragale et al., 2012; O'Reilly et al., 2012）。弗拉加莱（Fragale）及其同事在这项研究中教授三名孤独症儿童针对偏好物品提要求，并测试其跨情境泛化情况，新获得的提要求行为几乎只发生在教学时段前物品被限制接触的情况下，而当参与者在教学时段前就可以接触到物品时，提要求行为很少发生。这些结果表明，即使是已经建立起来的行为，如果没有动因操作，在未来的新情境中可能还是不会出现。因此，泛化和维持的失败可能不仅是因为新的（泛化）刺激与训练期间呈现的刺激不同，还因为动因操作不同。因此，在设计泛化时，实务工作者不仅要跨不同区辨刺激来设计（Stokes & Baer, 1977），还要跨不同的动因操作来设计（Miguel, 2017）。总之，为了让新获得的反应得到泛化和维持，其相关的动因操作也必须存在。

动因操作对应用行为分析的意义

应用行为分析研究表明，动因操作跨各种条件对多种行为都有影响。动因操作影响偏好评估（Gottschalk, Libby, & Graff, 2000; McAdam et al., 2005）和功能分析的结果（Fischer, Iwata, & Worsdell, 1997; Worsdell, Iwata, Conners, Kahng, & Thompson, 2000）、活动的参与情况（Klatt et al., 2000; Vollmer & Iwata, 1991）、教学时段内的反应（Roane, Lerman, Kelley, & Van Camp, 1999）、社交行为的启动（Taylor et al., 2005）、目标行为的获得速率（Ivy et al., 2016）以及挑战性行为的发生（O'Reilly et al., 2007）。

例如，戈特沙尔克（Gottschalk）及其同事（2000）比较了四名孤独症儿童在三种条件下的偏好评估的结果。在控制条件下，参与者在评估进行前的 24 小时内，已经三次获得了预先称好分量的四种食物。在餍足条件下，实验者同样提供预先称好分量的食物，但参与者在评估前只有 10 分钟的时间自由获得其中一种刺激。最后，在剥夺条件下，参与者有相同的预先称好分量的食物，但其中一种刺激在评估前的 48 小时内被剥夺了。结果显示，所有参与者在剥夺条件期间都有更高的靠近反应频率。这些结果在一项使用休闲物品、针对典型发育儿童和智力障碍人士的研究中得到了复制（McAdam et al., 2005），表明偏好评估的结果高度依赖于当前的动因操作。

沃斯德尔等人（2000）的研究试图评估动因操作对功能分析结果的影响，他们对六名有自伤行为的重度智力障碍人士进行了实验性功能分析，然后又进行了一项有关动因操作与问题行为的强化物存在或不存在的功能分析。在建立型操作条件中，实验者忽视问题行为以外的所有行为，而在废除型操作条件中，实验者给予非依联强化。这些条件都与连续强化的存在或不存在相关。实验者报告说，所有参与者在建立型操作和强化物存在的条件期间出现问题行为的频率很高。而当建立型操作和强化物都不存在时，或当建立型操作存在而强化物不存在时，几乎都没有出现问题行为。这些结果与"若要行为发生，必须在行为后有一个有效的强化物"这个观念相一致，并表明动因操作对功能分析的结果具有差别性的影响。

如前所述，动因操作除了影响常用的行为分析评估的结果外，研究还显示动因操作能够直接影响受一阶强化物、条件强化物或泛化型强化物强化的新行为的获得速率（例如，Ivy et al., 2016; Lang et al., 2009; Moher et al., 2008; O'Reilly et al., 2009），以及已经获得的行为的频率（例如，Klatt et al., 2000）。行为分析师也已直接使用动因操作来减少问题行为（例如，Rapp, Cook, McHugh, & Mann, 2017）和教授新技能（Lechago et al., 2010）。

针对动因操作的研究可以分为三个大类，艾瓦塔、史密斯和迈克尔（1991）这样描述这三大类：证明动因操作对行为的影响，使用动因操作来阐明评估结果，以及操纵动因操作来增加或减少行为。在这方面不断增多的文献对我们的实践产生了很大的影响。它使行为分析师认识到三项依联取决于可以调节强化有效性的第四个变量，之后才有区辨刺激的引发强度。对于解释评估结果和设计有效的行为分析干预而言，清楚地理解这些动因变量是至关重要的。

在我们的日常生活中，我们可以清楚地指出动因操作如何影响我们自己的行为。回到我们痴迷于墨西哥食物的小故事，我们知道食物剥夺是一个非条件动因操作，或者更具体地说，在一段时间内没有吃到墨西哥食物会增加墨西哥食物作为强化物的价值，会增加先前产生过墨西哥食物的行为的频率，如前往我们最喜欢的墨西哥餐厅。食物剥夺作为传递性条件动因操作，将看到餐厅建立为条件强化物，增加了在看到餐厅之前发生的任何行为（如开车去那里），并使我们看到它时感到愉快。当我们在餐厅里时，看到玉米片可能会增加莎莎酱作为强化物的价值，因为这两者往往是共变的（替代性条件动因操作）。莎莎酱的辛辣口感将自己的移除建立为强化物（反身性条件动因操作），这使我们喝水或喝任何其他液体（如太多的玛格丽特鸡尾酒）。当我们吃完玉米片时（传递性条件动因操作），我们叫服务员再给我们拿过来一些。而且，即使我们已经吃过饭了，仅仅是看到餐厅（替代性条件动因操作）就可能会让我们吃更多。由于动因变量在我们的生活中无所不在，因此，想要全面理解人类行为，就必须对动因操作的重要作用进行分析。

摘要

动因操作的定义和特征

1. 动因操作（MO）：（1）改变某个刺激作为强化物的有效性，即价值改变效果；（2）改变所有被该刺激强化过的行为的当前频率，即行为改变效果。

2. 价值改变效果可以是：（1）某个刺激的强化有效性的提高，在这种情况下，动因操作是建立型操作（EO）；（2）强化有效性的降低，在这种情况下，动因操作是废除型操作（AO）。

3. 行为改变效果可以是：（1）已被某个刺激强化过的行为的当前频率的增加，被称作引发效果；（2）已被某个刺激强化过的行为的当前频率的减少，被称作减缓效果。

4. 动因操作的价值改变效果会改变用来增加和维持（或减少和消除）行为的强化物（或惩罚物）的效力。

5. 行为改变效果是因有机体的行为接触到强化或惩罚而产生频率的改变，这个改变只发生在获得后果之后。

6. 动因操作中的价值改变效果和行为改变效果是同时出现的，但在某种意义上被认为是彼此独立的，因为其中一个不会衍生出另一个。然而，一旦行为接触到强化，这两个效果可能就无法识别。

7. 动因操作的行为改变效果能够直接增加或减少行为的频率。它也能间接影响相关区辨刺激的引发或减缓强度。

8. 动因操作的价值改变效果能够直接改变相关后果的强化（或惩罚）有效性。它也能间接改变与相关后果有关的任何（条件）刺激的强化（或惩罚）有效性。

9. 区辨刺激和动因操作会改变行为的当前频率（行为改变效果）。

10. 强化物、惩罚物和没有后果的反应发生会改变行为的未来频率（功能改变效果）。

区分动因操作与区辨刺激

11. 一个区辨刺激控制某一类行为的原因在于该刺激与该类行为的一个有效的强化物的差别可获得性有关。这表示，在该刺激存在的情况下，相关后果是可获得的，而在该刺激不存在的情况下，相关后果是不可获得的。大多数符合动因操作定义的变量不符合区辨刺激的第二个要求，因为在这个变量不存在的情况下，没有相关强化物的动因操作，因此也没有强化物的不可获得性。

12. 一个有用的对比是，区辨刺激与当前对某一类行为有效的强化形式的差别可获得性有关，而动因操作与某一特定事件的差别强化有效性有关。

13. 用非技术性术语来说，区辨刺激会告诉你，你想要的某个事物是可获得的；动因操作则会使你想要某个事物。

非条件动因操作

14. 对所有有机体而言，很多事件、操作和刺激条件都具有非条件的价值改变效果。也就是说，这些动因操作在未经学习的情况下建立或废除了刺激作为强化物的价值。

15. 人类主要的非条件动因操作是与食物、水、氧气、活动和睡眠的剥夺和餍足，以及与性强化、适宜的温度条件、疼痛刺激有关的操作。对每个变量来说，有两种动因操作，一种是建立型操作（EO），一种是废除型操作（AO）。同时，每个变量都有引发效果和减缓效果。因此，食物剥夺对相关行为来说是建立型操作，具有引发效果，食物摄取对相关行为来说是废除型操作，具有减缓效果。

惩罚的动因操作

16. 动因操作会改变（增加或减少）一个刺激的惩罚有效性和曾经受到该刺激惩罚的行为的频率（引发或减缓）。

17. 一个与惩罚有关的建立型操作会具有惩罚物建立效果和减缓效果。

18. 一个与惩罚有关的废除型操作会具有惩罚物废除效果和引发效果，即被惩罚过的行为再次出现

（假设先前受到惩罚的行为的强化物依联是完整的）。

19. 在条件惩罚物建立在它们已与强化物的移除（或可获得性减少）（即负强化）相匹配的情况下，这些条件惩罚物的有效性将取决于建立被移除的强化物的价值的相同动因操作。

20. 社会性不赞成、从强化中罚时出局和反应代价通常是作为惩罚发挥作用的刺激条件，因为它们与某些种类的强化物的可获得性减少有关。这些惩罚形式的动因操作就是可获得性减少的那些强化物的动因操作。

动因操作的多种效果

21. 大多数环境事件对行为的影响不止一种。

22. 作为非条件动因操作的事件通常会对某一类行为的当前频率产生行为改变效果，而且当其作为后果出现时，会对在该后果事件之前刚刚发生的行为的未来频率产生功能改变效果。

23. 具有动因操作引发效果的事件，如疼痛刺激，对在该事件出现之前刚刚发生的反应也会具有惩罚作用。

24. 具有动因操作废除效果的事件，如食物摄取，当作为后果呈现时，可能具有强化效果。

条件动因操作

25. 仅因有机体的学习历史而改变其他刺激、物体或事件的强化有效性的动因变量被称作条件动因操作（CMO）。与非条件动因操作一样，它们也会改变所有曾被其他事件强化（或惩罚）过的行为的当前频率。

26. 替代性条件动因操作（CMO-S）是一个刺激，通过与另一个动因操作匹配而获得动因操作有效性，这个刺激与和其匹配的动因操作具有相同的价值改变效果和行为改变效果。

27. 在一些看起来没有什么道理的行为的发展过程中，替代性条件动因操作似乎扮演了重要的角色，例如，吃过晚饭后看到一家餐厅而想再吃点什么，或者看到洗手间的标志后感到有尿意。餐厅和洗手间都有可能作为替代性条件动因操作引发行为，因为它们先前已经分别与食物剥夺和胀满的膀胱进行匹配了。

28. 通过在某种恶化或改善之前获得动因操作有效性的刺激被称作反身性条件动因操作（CMO-R）。一个例子是典型的逃避—回避程序中的警告刺激，它将自己的结束建立为强化，并引发所有可以实现这种结束的行为。

29. 一个在某种形式的改善之前出现的刺激可能会基于以下原因而成为反身性条件动因操作：（1）将自己的结束建立为有效的惩罚物；（2）减缓任何曾被如此惩罚的行为。

30. 反身性条件动因操作通常会被解释为一个区辨刺激。然而，反身性条件动因操作并不符合区辨刺激的定义，因为在它不存在的情况下，不能对一个不可获得的强化物进行动因操作，于是就没有强化物的不可获得性。

31. 反身性条件动因操作辨识了很多日常生活中的负向互动，这些互动原来也可能被解释为一系列正强化的机会。要求获得信息就是一个例子，它开启了一段短暂的时期，在此期间必须做出反应以终止越来越多的社交尴尬。

32. 在人们用来教授有效的社交和语言行为的程序中，反身性条件动因操作常常是被忽略的成分。学习者被问问题或得到指令时，如果他们没有做出恰当的反应，就给予他们进一步的密集的社会互动机会。问题或指令更多的可能是作为警告刺激发挥作用，即反身性条件动因操作，而不是与得到赞扬或其他正强化物的机会有关的区辨刺激。

33. 如果一个环境变量建立（或废除）了另一个刺激的强化有效性，并引发（或减缓）了曾被另一个刺激强化过的行为，这个变量就是传递性条件动因操作或CMO-T。

34. 具有非条件动因操作功能的变量也可以成为条件强化物的传递性条件动因操作，因为它们与非条件强化物有关。食物剥夺（作为非条件动因操作）不只将食物建立为强化物，也（作为传递性条件动因操作）将所有与获得食物有关的刺激（如将食物送入口中的餐具）建立为强化物。

35. 很多条件强化物的强化有效性不仅会被相关的非条件动因操作改变，而且可能还取决于其他刺激条件。然后，那些刺激条件，作为传递性条件动因操作，也会引发曾获得条件强化物的行为。

36. 传递性条件动因操作引发行为是因为它与后果的价值有关，而不是与后果的可获得性有关。

37. 通过操纵传递性条件动因操作来教授障碍人士学习提要求是常见的做法。一个被称作中断链的典型程序是，将学习者完成先前已习得的任务所需的一个物品扣留下来。这个操纵作为传递性条件动因操作发挥作用，增加了该物品作为强化物的价值，从而创造出一个理想条件来教授学习者针对这个物品提要求。

动因操作对处理效果泛化性的意义

38. 如果没有动因操作，已获得的行为在未来的新情境中可能不会出现。因此，泛化和维持的失败可能不仅是因为新的（泛化）刺激与训练期间呈现的刺激不同，还因为动因操作不同。

39. 在设计泛化时，实务工作者不仅要跨不同区辨刺激来设计，还要跨不同的动因操作来设计。为了让新获得的反应得到泛化和维持，其相关的动因操作也必须存在。

动因操作对应用行为分析的意义

40. 应用行为分析研究表明，动因操作跨各种条件对多种行为都有影响。动因操作影响偏好评估和功能分析的结果、活动的参与情况、教学时段内的反应、社交行为的启动、目标行为的获得速率以及挑战性行为的发生。

41. 有关动因操作的研究使行为分析师认识到三项依联取决于可以调节强化有效性的第四个变量，之后才有区辨刺激的引发强度。

42. 清楚地理解动因操作不仅对解释和评估结果非常重要，对设计有效的行为分析干预也非常重要。

43. 由于动因变量在我们的生活中无所不在，因此，想要全面理解人类行为，就必须对动因操作的重要作用进行分析。

第 17 章　刺激控制

关键词

前提刺激类（antecedent stimulus class）

任意刺激类（arbitrary stimulus class）

概念（concept）

条件型区辨（conditional discrimination）

恒定时间延迟（constant time delay）

区辨刺激（discriminative stimulus, S^D）

无错误学习（errorless learning）

特征刺激类（feature stimulus class）

最少到最多的反应辅助（least-to-most response prompts）

模板配对（matching-to-sample）

最多到最少的反应辅助（most-to-least response prompts）

过度选择的刺激控制（overselective stimulus control）

掩盖（overshadowing）

渐进时间延迟（progressive time delay）

反应辅助（response prompts）

刺激阻挡（stimulus blocking）

刺激控制（stimulus control）

干扰刺激（stimulus delta, S^Δ）

刺激区辨（stimulus discrimination）

刺激区辨训练（stimulus discrimination training）

刺激渐褪（stimulus fading）

刺激泛化（stimulus generalization）

刺激泛化梯度（stimulus generalization gradient）

刺激辅助（stimulus prompts）

时间延迟（time delay）

➡ 本章由陈彦璋翻译。

行为分析师认证委员会 BCBA/BCaBA 任务清单（第 5 版）
第一部分：基础
B. 概念和原理
B-2 定义刺激和刺激类并举例。 B-10 定义刺激控制并举例。 B-11 定义区辨、泛化和维持并举例。
第二部分：应用
G. 行为改变程序
G-4 使用刺激和反应辅助以及渐褪（如无错误、最多到最少、最少到最多、辅助延迟、刺激渐褪）。 G-10 教授简单区辨和条件型区辨。

©2017 The Behavior Analyst Certification Board, Inc.® (BACB®). 保留所有权利。本文件的当前版本可在 www.bacb.com 网站查阅。如需转载、复制或分发本文件，或有疑问，请直接联系行为分析师认证委员会。经授权使用。

除了选择和维持操作式行为外，强化还会赋予特定的前提刺激以控制功能，这些特定刺激的存在与否和有机体与它们的差别性接触有关。驾驶者在遇到停车标志、红灯、过马路的行人时踩刹车的次数远比在这些刺激不存在时要多。双语者转换语言以与听者的语言相匹配。棒球投手根据接球手发出的信号投出速球、曲球或变速球。

前提刺激控制在社会、教育、行为处理和治疗环境中发挥着重要的作用。它可以帮助我们理解为什么在某个情境中被视为恰当的行为在另一个情境中发生却是不恰当的。在操场上大声说话是恰当的，而在教室里喧哗就不恰当。参加聚会时迟到 15~20 分钟是可以的，而参加工作面试时迟到就不恰当。被家长、教师和社会普遍认为不恰当的行为，其本身并非行为问题，问题是在某些时间、某些地点或某些环境中发出行为被认为不恰当。这意味着刺激控制出了问题，而这是行为分析师的一个主要关注点。

本章介绍了刺激控制的基本概念和流程，建立刺激控制的方法，以及将刺激控制从人为设计的前提转移到自然发生的刺激的技术。

刺激控制：基本概念与流程

这个部分介绍了理解刺激控制需要知道的基本概念和流程：刺激区辨、刺激泛化、不精确的刺激控制、条件型刺激控制、前提刺激的应答式诱发和操作式区辨功能，以及前提刺激的区辨功能和动因功能。

刺激区辨

在一个基本的操作式条件作用的实验室演示中，将一只老鼠放在实验箱内，并给予它按压杠杆的机会。每按压一次，老鼠就获得一粒食物，然后，按压杠杆的速率增加了。这个简单的二项依联（操作式反应→强化）所展示的强化很少发生在实验室研究之外（Pilgrim, 2015）。

将前提刺激的存在与强化的可获得性结合起来操纵会使依联变得更加复杂，并能够展示出有机体的行为如何受到环境背景的控制。例如，有一个蜂鸣声偶尔出现，而老鼠只有在蜂鸣声出现时按压杠杆才会获得食物，在没有蜂鸣声时按压杠杆不会获得食物。在这些实验条件下，蜂鸣声存在时是**区辨刺激**（discriminative stimulus, S^D, 发音为"ess-dee"），不存在时是**干扰刺激**（stimulus delta, S^Δ, 发音为"ess-delta"）。经历几次这样的安排后，老鼠在蜂鸣声存在时按压杠杆的次数会比蜂鸣声不存在时多。

这个三项依联（区辨刺激→操作式反应→强化）"被视为操作式行为的基本分析单位"（Glenn, Ellis, & Greenspoon, 1992, p. 1332）。如果行为在 S^D 存在的情况下比在 S^D 不存在的情况下时更常发生，那么我们就说这个行为受到了**刺激控制**（stimulus control）。从技术上说，一个反应的速率、潜伏期、持续时间或等级大小在一个前提刺激存在时发生改变了，这就是刺激控制（Dinsmoor, 1995a, 1995b）。只有当一个刺激存在时发出的反应所产生的强化多于该刺激不存在时反应所产生的强化，才能说这个刺激得到了控制。当 S^D 成为一个丰富的强化程序表的信号，而 S^Δ 成为零机会强化（即消退）的信号时，有机体最终只会在 S^D 存在时发出反应，而在 S^Δ 条件下不会发出反应。出现这样的情况，就是产生了**刺激区辨**（stimulus discrimination）。

正如第 2 章中介绍的，一个 S^D 能够引发行为是因为它的存在已经与一个有效的强化物的差别可获得性建立了关联。也就是说，过去在 S^D 存在时发出的反应得到了强化，而过去在它不存在时（S^Δ）发出的反应导致了无强化（消退）或质量较低的强化，或比在 S^D 存在时可获得的强化更松散的强化程序表（Michael, 2004）。刺激控制的发展并不需要强化条件与消退条件的全有或全无的对抗。本书的一名作者在撰写本章过程中的间歇时间，到外面去扫落叶，在这件事中，他体验了一次日常生活中的刺激控制，它是由比 S^D 条件包含更少强化的 S^Δ 条件产生出来的刺激控制。

> 我把门前草坪上的几大堆树叶扫到路边后，市政府会派人用树叶收集器把这些树叶回收起来做肥料，然后我放下耙子，脱下外套。接着，我捡起耙子，开始清理草坪上另外一块有树叶的地方。但这一次，我虽然做着相同的挥扫动作，每个反应所能移动的树叶却变少了，而这在刚才还非常有效。我往下看，发现耙子的耙齿朝上（S^Δ）而不是朝下（S^D）。在那之后，我握耙子时就是耙齿朝下了！

刺激泛化

与刺激区辨不同，**刺激泛化**（stimulus generalization）是指 S^D 以外的刺激获得对行为的刺激控制的程度。与 S^D 共享相似物理属性的刺激最有可能获得引发功能。刺激泛化和刺激区辨是相对的概念。刺激泛化反映了较低程度的刺激控制，而刺激区辨显示了较高程度的控制。一名幼儿已被强化在父亲出现时说"爸爸"，如果她看到父亲的两个兄弟时也说"爸爸"，那么就出现了刺激泛化。以差别强化形式运作的更进一步的条件作用——幼儿看到父亲或其照片和画像时说"爸爸"，就给予她强化，而看到她的两位叔叔时说"爸爸"，就不给予她强化——可以提高一个刺激类（幼儿的父亲和他的画像）的刺激控制程度。

当新的刺激和控制前提刺激具有相似的物理维度时，就表示刺激泛化出现在这个新的刺激上。例如，如果一个行为有在蓝色刺激出现时产生强化的历史，那么刺激泛化出现在浅蓝色或深蓝色的刺激上的可能性就高于出现在红色或黄色的刺激上。此外，当新的刺激具有与控制刺激相同的其他元素（如大小、形状）时，刺激泛化也有可能发生。一名学生因对一个圆形做出反应而得到强化，那么遇到椭圆形时会比遇到三角形时更容易出现相同的反应。

刺激泛化梯度（stimulus generalization gradient）以图表的形式展现了刺激泛化和区辨的程度，显示了在一个刺激条件中被强化的反应在未经训练的刺激出现时发出的可能性。梯度代表泛化的程度。斜坡相对平坦，表示刺激控制很少。梯度较大，表示刺激控制较多。梯度通常用速率、计数（即总数）或跨所有刺激的总数的百分比来表示（参看图 17.1）。

行为分析师使用了几种程序来获得刺激泛化梯度。格特曼和卡利什（Guttman & Kalish, 1956）以其经典技术展示了一个很有代表性的例子。他们使用的技术非常重要，因为此前的很多研究者获得刺激泛化梯

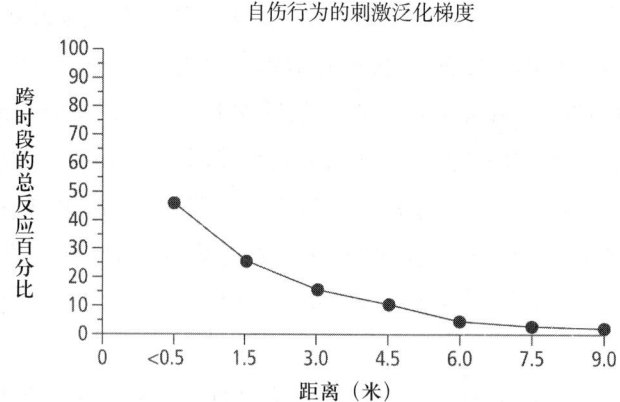

图 17.1 泛化测试期间每个特定距离跨时段的总反应百分比。<0.5、1.5、3.0、4.5、6.0、7.5 和 9.0 代表治疗师与女孩的距离（米）。

引自 J. S. Lalli, F. C. Mace, K. Livezey, & K. Kates (1998). Assessment of Stimulus Generalization Gradients in the Treatment of Self-Injurious Behavior. *Journal of Applied Behavior Analysis*, 31, p. 481. 经约翰威立出版有限公司授权转载。

度的方式是在相同的刺激值下条件化几组被试，然后用一个不同的刺激值对被试进行单独测试。很明显，这样的技术无法展现每名被试受刺激控制的程度。使用格特曼和卡利什提供的方法，可以获得每名被试的梯度变化，并为进一步了解支配刺激控制的原理奠定基础。

格特曼和卡利什（1956）使用可变时距（VI）1分钟程序表强化鸽子啄一个发光的碟盘，从光源发出的光在人类看来是黄绿色的（波长为 550 mµ）。啄盘行为的速率稳定下来之后，在消退条件下测试这些鸽子对原刺激的反应，并使用 11 种在训练期间未呈现过的随机排列的不同波长来测试刺激泛化。

刺激泛化涉及对一个新刺激的反应，在此之前，反应已在另一个相似刺激存在的情况下完成了条件化过程。如果反应在测试刺激泛化时得到了强化，就无法确定在第一个反应之后对新刺激的任何反应代表泛化，还是这些反应只是强化程序表的功能。格特曼和卡利什（1956）在消退条件下测试泛化，避免了混淆研究结果的问题。

拉利、梅斯、利夫齐和凯茨（Lalli, Mace, Livezey, & Kates, 1998）报告了一个极好的评估和呈现刺激泛化梯度的应用例子。他们在评估一名有重度智力障碍的 10 岁女孩的自伤行为和一名成人与她的身体距离之间的关系中使用了刺激泛化梯度。图 17.1 显示了实验结果，随着治疗师与女孩之间的距离的增加，各个时段的自伤行为总数的百分比逐渐降低。

不精确的刺激控制

当一个行为受到一个非相关的前提刺激的局限控制时，就发生了不精确的刺激控制（faulty stimulus control）。不关注教材里的重要刺激特征，学生也可以百分之百正确地完成作业，这样的教材在小学和初中课堂里十分常见。图 17.2 是一个可能产生不精确刺激控制的课堂作业的例子。除了每句中突出显示的词以外，学生不需要读任何文字就能判断哪个图配哪个句子。这样的例子还有，学生不需要阅读科学名词的定义，就能完成有关科学词汇的作业——学生将每个名词包含的字母数与名词定义旁边的空格数进行配对即可。在语文课上，学生的任务是组成复合词，但他们只要将颜色相同的格子用线连起来，就可以完成任务（例如，base 和 ball 都在蓝色的格子里，bath 和 tub 都在绿色的格子里），而不需要阅读文字并思考哪个词应该和哪个词组合起来（Heward, 2003）。学生在这种设计不良的教材里给出的答案其实是受到了非相关特征（如颜色、大小、在作业纸上的位置）的刺激控制，因此，这些教材无法针对原本想要教授的知识或技能提供有意义的练习。

图 17.2　一个可能产生不精确的刺激控制的教材的例子

引自 J. S. Vargas (1984). What Are Your Exercises Teaching: An Analysis of Stimulus Control in Instructional Materials. In W. L. Heward, T. E. Heron, D. S. Hill, & J. Trap Porter (Eds.). *Focus on Behavior Analysis in Education* (p. 132). Copyright: Charles E. Merrill Publishing Company.

瓦尔加斯（Vargas, 1984）指出，针对下列问题中的任何一个回答"是"的话，就表示该教材很可能会导致对学生行为的不精确的刺激控制。

1. 学生是否可以用图片或图表而不是文字来完成练习？
2. 教材中是否有突出显示的内容或内容编排是否会泄露答案，而使学生不需要仔细阅读题目？
3. 学生是否不读某段文字也能回答问题？
4. 是否同一页中所有题目的解答过程都一样，而使学生不需要区分不同的解题策略？
5. 作业中的问题是否不需要理解，也就是说，学生是否仅靠语法提示就可以作答？（p. 130）

在学校工作的应用行为分析师应在职责范围内找出并消除教材中的不精确的刺激控制。

条件型刺激控制

在一个简单的刺激区辨中，只有一个前提刺激控制了反应。将一个杯子放在饮水机的水龙头下面，然后按蓝色按钮，这是一个人想要得到冷水的简单区辨（参看图 11.3）。蓝色按钮是一个区辨刺激，它表示冷水是可获得的。当教师说"摸圆形"时，一名儿童在很多不同形状中进行选择并摸了圆形，这是一个简单区辨。在日常生活中，大多数刺激控制比三项依联所描述的简单区辨 $S^D \rightarrow R \rightarrow S^{R+}$ 来得复杂。强化的获得常常依赖于对多种刺激提供的环境背景进行区辨。

在一个**条件型区辨**中，一个在特定刺激出现时产生强化的反应依赖于（受制于）其他刺激的存在与否。当一位朋友说"请给我一杯冷（或热）水"时，你按蓝色（或红色）按钮是一个条件型区辨。朋友的请求是一个条件型刺激，而水龙头上方的按钮的颜色是区辨刺激。当儿童针对"指出和你的衣服颜色相同的圆形"做出正确反应时，儿童衣服的颜色是条件型刺激，它使相同颜色的圆形成为区辨刺激。

前提刺激的应答式诱发和操作式区辨功能

乍一看，操作式行为的刺激控制与通过条件刺激对应答式行为进行的控制很相似。区辨刺激和条件刺激都是前提刺激，当其出现时会增加某个行为的频率。然而，应用行为分析师必须能够区分对操作式行为具有引发功能的 S^D 与对应答式行为具有诱发功能的条件刺激。对理解操作式行为的前提控制来说，这是一个至关重要的区分。

在一项有关应答式条件作用的经典实验中，实验者向狗展示了食物。食物是一个非条件刺激，诱发非条件反应——唾液分泌。实验者随后引入蜂鸣声（一个中性刺激），蜂鸣声不会诱发唾液分泌。然后，经过几次蜂鸣声和给予食物的匹配，蜂鸣声成为一个在没有食物（一个非条件刺激）时能诱发唾液分泌的条件刺激。

有关操作式条件作用和应答式条件作用的实验室实验一致证明，前提刺激可以获得对行为的控制。蜂鸣声响起，老鼠按压杠杆。蜂鸣声响起，狗分泌唾液。虽然这两个例子相似，但按压杠杆是一个操作式行为，而分泌唾液是一个应答式行为，S^D 和条件刺激获得它们的控制功能的方式是截然不同的。一个 S^D 获得其对操作式行为的控制功能是通过它与紧随行为之后的刺激改变进行匹配。相反，一个条件刺激获得对应答式行为的控制功能是通过它与其他能诱发行为的前提刺激（即一个非条件刺激或一个条件刺激）进行匹配。

前提刺激的区辨功能与动因功能

理解操作式行为的前提控制的本质可能并不容易。区辨刺激和建立型操作有两个重要的相似点：两者都发生在所关注的行为之前，两者都具有引发功能。引发行为的意思是使行为发生或唤起行为。而问题往往会变成：一个特定反应是由一个区辨刺激（S^D）引发的，还是由一个建立型操作（EO）引发的，抑或是由两者共同引发的？

在某些情况下，一个前提刺激的改变引发了一个反应，而其中的功能关系看起来是一个 S^D。例如，在典型的电击—逃避程序中，把一只老鼠放在一个实验箱里，在一段设定好的时间内持续给予电击，直到反应出现才终止。然后，再次引入电击，直到电击再次因反应的出现而终止，如此反复。一只有经验的老鼠会立即逃避电击。在这种情况下，有些人会说电击是 S^D。电击这个前提刺激引发了一个被负强化（电击被移除）了的反应。实际上，在这种情况下，电击并没有 S^D 的功能。再次强调一个重点，一个 S^D 能引发行为是因为它的存在已经与一个有效的强化物的差别可获得性建立了关联。也就是说，过去在这个 S^D 存在时所发出的反应获得了强化，而过去在它不存在时（S^Δ）所发生的反应不曾被强化。

即使老鼠因终止了电击而获得强化，没有电击也不意味着更少的强化。在反应可以被强化之前，电击必须持续下去。在这个例子中，电击的发出是一个建立型操作，因为它改变了具有强化功能的事物（电击终止），而不是发出强化的差别可获得性的信号（Michael，2000）。一个明显的 S^D 效果往往不会有一个有效的差别强化与反应频率被改变建立关联的历史。这些情况可能与动因操作有关，而不是与刺激控制有关。

下面这个情节将实验室中的例子推向了应用背景：一位教师要求一名学生做作业，学生拒绝服从并干扰课堂秩序，然后教师将要求收回。后来，教师再次要求一个学业反应，不服从、破坏性行为、移除要求这样的循环持续发生。虽然教师的要求是一个前提刺激，引发了受负强化（教师的要求被移除）维持的攻击行为，但这不是一个 S^D。如同在迈克尔的实验室例子中的电击发出，教师的要求是一个引发攻击行为的建立型操作，而不是一个 S^D。在教师的要求尚未出现时，谈论引发攻击行为的 S^D 是没有意义的（McGill, 1999），就如同在电击尚未出现时，谈论引发反应的 S^D 是没有意义的。实验室里的老鼠在没有电击时，没有逃避电击的动因，学生在没有那些作业要求时，不会"想要"逃避教师布置的任务要求。一个前提刺激要具有 S^D 的功能，必须是当它存在时，一个特定行为产生强化，而当它不存在时，相同的行为不产生强化（Michael, 2000）。

将实验室和教室中的例子做一些改变，可以显现出建立型操作的引发功能和刺激控制的引发功能之间的不同。可以将实验条件改成蜂鸣声在实验时段内的不同时间出现，只有当蜂鸣声存在时做出的反应才能移除电击，在蜂鸣声不存在时做出的反应不会得到强化（即电击不会被移除）。在这些条件下，蜂鸣声就具有 S^D 的功能，并说明刺激控制已经形成。

可以将教室条件改成让两位教师对一名学生展开工作。一位教师在学生不服从时终止任务要求；另一位教师则不移除要求。在这种安排下，第一位教师的出现成为负强化的可获得性的信号；第二位教师成为消退的信号。那位终止任务要求的教师会成为一个引发学生不服从和破坏性行为的 S^D；第二位教师会成为不服从行为的 S^Δ。在这些有所改变的例子中，前提控制的特征在蜂鸣声和另一位教师存在与不存在的情况下会有所不同，而蜂鸣声和另一位教师将与强化频率的提高建立关联。

了解 S^D 和 MO 的引发功能有助于在技术层面描述前提控制，并提高对行为改变的理解（Laraway, Snycerski, Michael, & Poling, 2001）。最终，这将在教育和治疗中产生更高的有效性（也可参看第 16 章）。

发展刺激控制

下面这个部分描述了发展刺激控制的主要过程。

刺激区辨训练

刺激区辨训练的基本程序包括一个多重程序表（第 13 章），而各前提刺激条件代表其中每一个成分程序表。在某个刺激条件（S^D）出现时做出的反应受到强化，其他刺激（S^Δ）出现时做出的反应不会受到强化。当这个程序适当且一致地实施时，在 S^D 出现时的反应会逐渐多于在 S^Δ 出现时的反应。通常在一段时间后，参与者将学会在 S^Δ 存在时不做出反应。

应用行为分析师常常将区辨训练的常规的差别强化程序描述为强化条件与消退条件的交替实施，即在 S^D 条件中的一个反应产生强化，而在 S^Δ 条件中不产生强化。然而，要阐明和强调的一个重点是：S^Δ 不仅是用来表示零强化的一个条件（消退），它也是用来表示一个比 S^D 条件所提供的强化数量少或质量低的条件（Michael, 2004）。

马列里、德利翁、罗德里格斯—卡特和西文（Maglieri, DeLeon, Rodriguez-Catter, & Sevin, 2000）将区辨训练作为干预的一部分，以减少一名患有普拉德—威利综合征（Prader-Willi syndrome）的 14 岁女孩偷食物的行为，普拉德—威利综合征是一种通常与肥胖和食物偷窃有关的严重疾病。在区辨训练期间，教师将两个饼干罐子拿给女孩看。其中一个罐子上有警告标签（S^Δ），而另一个没有（S^D）。教师告诉女孩只能吃没有警告标签的罐子中的饼干。当两个罐子同时呈现时，教师问女孩："哪罐饼干可以吃？"如果女孩回答说她可以吃没有警告标签的罐子中的饼干，教师就让她吃一片该罐子中的饼干。这个区辨训练程序减少了女孩从有警告标签的罐子中偷饼干的行为。

研究者使用多重强化程序表来帮助学习者建立对社会性靠近反应（social approach response）的刺激控制（例如，Cammilleri, Tiger, & Hanley, 2008; Grow, LeBlanc, & Carr, 2010; Torelli, Lloyd, Diekman, & Wehby, 2016）。虽然教授学生引起教师的关注可以增加教师的赞扬和教学协助，从而改善学生的学业表现（参看第30章中的"教授学习者获得强化"），但教室是繁忙的地方，无法持续获得教师的关注。除了必须教授学生如何引起教师的关注以外，还要教授学生区辨什么时候引起关注是恰当的（Alber & Heward, 2000）。

卡米莱里等人（Cammilleri et al., 2008）使用了一个班级多重程序表，将三个小学教室中的学生对教师的索要行为置于刺激控制之下。在这项研究中，在每天的2~4个5分钟时段里，教师随机交替佩戴绿色花环或红色花环。在基线期间，每个花环并不与差别性后果匹配。教师回应学生的社会性靠近行为并为学生提供所需的学业协助。在多重程序表条件期间，绿色花环（S^D）代表教师的关注是可获得的，而红色花环（S^Δ）代表教师不给予关注。在多重程序表条件期间的每个时段开始之前，教师向学生说明与各个花环有关的依联："当我佩戴绿色花环时，我会回答你们的问题"或者"当我佩戴红色花环时，我不会回答你们的问题"（p. 301）。多重程序表条件期间的学生索要行为在适当的时段中得到维持，在不适当的时段中降到最低（参看图17.3）。

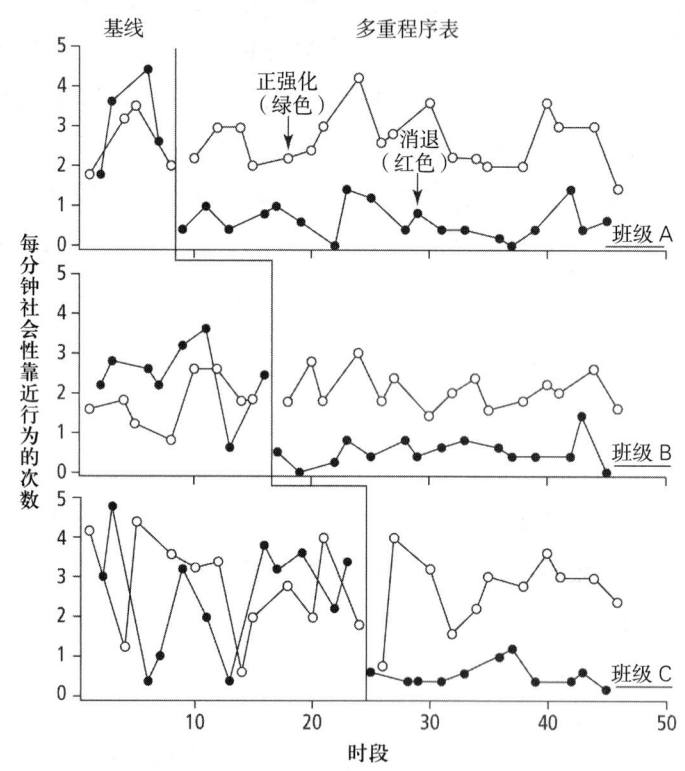

图17.3 跨三个小学班级在基线和多重程序表条件期间的社会性靠近行为比率

引自 A. P. Cammilleri, J. H. Tiger, & G. P. Hanley (2008). Developing Stimulus Control of Young Children's Requests to Teachers: Classwide Applications of Multiple Schedules. 经约翰威立出版有限公司授权转载。

教授条件型区辨

斯金纳曾对复杂的刺激控制做过初步研究，他使用了一个被称作**模板配对**（matching-to-sample）的实验程序。丁斯莫尔（Dinsmoor, 1995b）这样描述斯金纳的程序：向一只鸽子呈现三个并排摆放的按键并让它啄。尝试开始于中间的按键亮出颜色。啄中间亮灯的键会使它熄灭，并点亮两侧的按键。两侧按键中的一个按键的颜色与中间按键亮出的模板颜色相同。鸽子啄与模板按键颜色相同的侧按键会产生强化。错误的反应不会被强化。

斯金纳的模板配对程序包含三项依联：

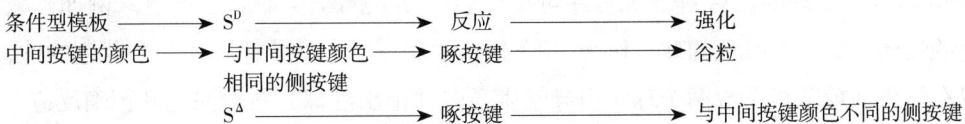

然而，由于环境背景的限制，这个基本的依联还不完整。作用于三项依联的情境事件会变成条件型区辨（Sidman, 1994; Spradlin & Simon, 2011）。

在斯金纳的程序里，中间按键的颜色是条件型刺激。三项依联只有在与模板刺激配对时才有效。强化的条件是区辨刺激的背景，而不是区辨刺激；也就是说，三项依联本身受制于情境控制。条件型区辨是在四项依联的层面上运作的。

在开始进行一个模板配对的尝试时，参与者将对呈现的模板刺激（即条件型模板）做出反应（被称作观察反应）。比对刺激（即区辨事件）通常（但不总是）在移走模板刺激之后呈现，以此为有效的三项依联以及其他无效的三项依联做准备。某个比对刺激将与条件型模板相配对。选择与模板配对的比对物，并拒绝不相配的比对物，将会产生强化。图 17.4 呈现了观察反应、条件型模板、区辨事件和比对配对的一

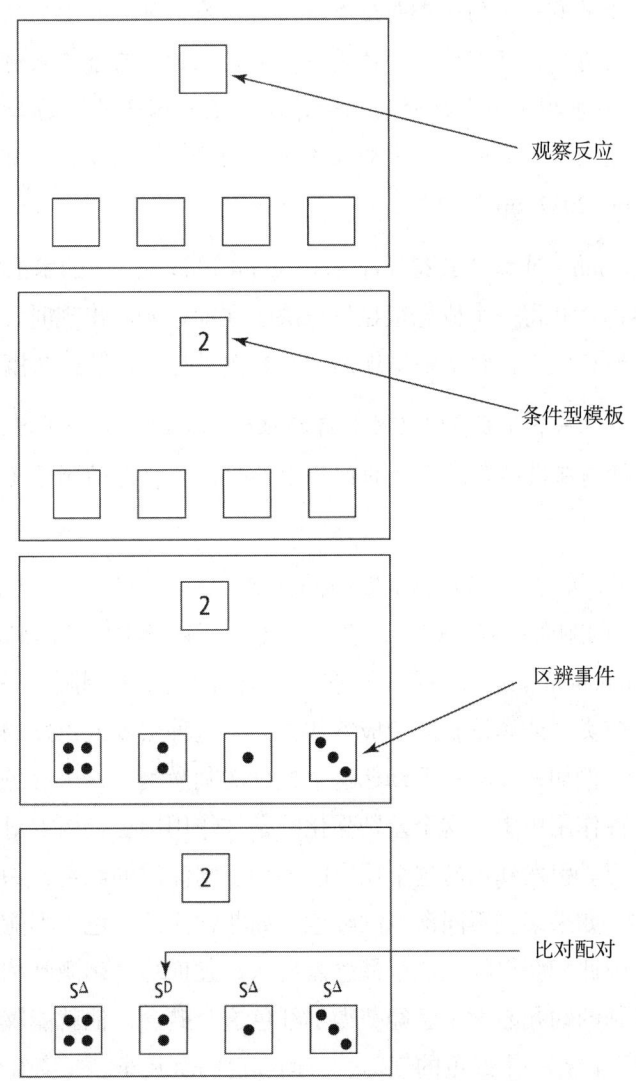

图 17.4 在模板配对尝试期间，观察反应、条件型模板、区辨事件和比对配对的例子。

个例子。选择与条件型模板不相配的比对刺激的反应不会被强化。在条件型区辨训练期间，同样的选择必须与其中一个条件型刺激相吻合，但与一个或多个其他模板刺激不吻合。在大多数模板配对的应用中，针对错误反应会使用纠正程序。有一种纠正程序是让学习者对相同的模板和比对刺激做出反应，直到正确反应受到强化。错误纠正程序和比对刺激的随机摆放可以控制受摆放位置影响的反应。第19章将描述若干使用模板配对来教授条件型区辨的例子。

教授概念

前面讲述的区辨训练描述了一个前提刺激如何获得对一个反应的引发控制，即行为在该刺激出现时的发生频率高于该刺激不出现时。区辨训练程序可用于教授幼儿园学生命名三原色。例如，教红色时，教师可以用红色的物体，如一个红色的球，作为 S^D 条件，而用非红色的物体，如一个黄色的球，作为 S^Δ 条件。教师可以在学生面前随机摆放两个球，引导学生命名并指出红球，然后强化其正确反应，而不强化错误反应。经过几次练习尝试，红球就对学生的反应产生了刺激控制，学生就可以稳定地区分红球与黄球。然而，这个简单的区辨训练可能不足以达到辨识红色的教学目标。教师可能不仅希望学生学会区辨红球和其他颜色的球，还希望学生理解红色这个概念。**概念**的定义是，这个概念的每一个例子具有一组共同特征（Layng, 2017）。

> 也就是说，一个概念的每一个例子都与这个概念的所有其他例子共享特定的**必有**特征。除了这些**必有**特征外，这些例子也有其他**可有**特征，这是概念的其他例子可能有或可能没有的……因此，这些共享的**必有**特征决定了某事物是某个概念的例子，而且这些例子共享的必有特征不会在彼此之间改变。其他非定义性特征是例子**可有**的，常常会在例子与例子之间改变，但那无法决定一个例子是不是这个概念的实例。（Layng, 2017, pp. 1–2）

概念形成（concept formation）或概念获得（concept acquisition）这样的术语对很多人而言意味着某种假设性构念或心理过程。然而，获得一个概念很显然取决于在前提刺激出现时发生的反应和在反应之后的后果。当给学习者提供一个概念但未在教学中呈现例子和非例子时，理解这个概念的学习者能够：

- 区分该概念的例子与缺少一个或更多定义性**必有**特征的相似的非例子（区辨）。
- 在包括非定义性**可有**特征在内的各式各样的例子中，辨识该概念的例子（刺激泛化）。［改写自莱宁（2017）］

概念形成是刺激泛化和区辨的一个行为结果（Keller & Schoenfeld, 1950; Zentall, Galizio, & Critchfield, 2002）。概念形成是一个复杂的刺激控制的例子，它既需要一个刺激类内部的刺激泛化，也需要刺激类之间的区辨。**前提刺激类**（antecedent stimulus class）是一组有共同关系的刺激。一个前提刺激类中的所有刺激都会引发相同的操作式反应类，或诱发相同的应答式行为。这种引发或诱发的功能是该类中所有刺激唯一的共同属性（Cuvo, 2000）。例如，思考一下红色这个概念的刺激类。一个红色的物体之所以被定义为红色的，是因为有一段特定的条件作用历史。这个差别强化的条件作用历史会引发对从浅红色到深红色的不同波长的光波做出的红色的反应。引发红色的这个反应的各种不同深浅的红色，除了共享一段条件作用历史以外，还属于同一个刺激类。如果某些不同深浅的红色（如非常浅的红色）不能引发红色的这个反应，它们就不是该刺激类的成员。因此，获得红色这个概念需要从经过训练的刺激到刺激类内的很多其他刺激的刺激泛化过程。如果先前提到的幼儿园学生已经获得了红色这个概念，他就能够辨识红色的球，以及在没有特别的训练或强化的情况下选择一个红色的气球、一辆红色的玩具车、一支红色的铅笔等。

除了刺激泛化，一个概念的形成需要能够区辨刺激类中的成员和非成员。例如，获得红色的概念，需要区辨红色和其他颜色，以及不相干的刺激维度，如形状或大小。获得这个概念，一开始是区辨红球和黄球，最后是区辨红衣和蓝衣，红玩具车和白玩具车，红铅笔和黑铅笔。

区辨训练是教授概念行为的基础。分享共同关系的一组前提刺激（即刺激类）以及其他刺激类中的前提刺激都要呈现。在能够获得概念前，教师要呈现概念的例子（即 S^D 条件）和非概念的例子（即 S^Δ 条件）。这种方法适用于所有概念的发展，甚至是高度抽象的概念（如诚实、爱国、公正、自由、分享）。概念的获得也可能是通过代替性的区辨训练和差别强化产生的。用概念的例子和非例子来呈现一个概念的语言定义可能已足够形成概念，而不需要额外的直接训练。

儿童文学作家常以代替性的方式来教授概念，如好与坏、诚实与不诚实、勇敢与怯懦。例如，有个小杂货店的老板要雇用一位年轻人。工作内容包括扫地、将货品装袋和保持货架整洁。老板希望能够聘请一个诚实的人，所以她决定测试所有的应聘者，看他们是否诚实。老板给第一位应聘的年轻人试用机会。在那位应聘者到来之前，老板将一美元纸币藏在那位年轻人能发现的地方。在测试结束时，老板问那位应聘者喜不喜欢在这个店里工作，是否想要这份工作，以及是否有任何令他惊讶或不寻常的事发生。这位应聘者回答说他想要这份工作，并表示没有什么令他惊讶的事发生。老板告诉这位应聘者，她还要考虑一下其他的应聘者。第二位应聘者测试的结果和第一位相同。他没有被录用。第三位应聘者在扫地时发现了一美元纸币，马上交给了老板。第三位应聘者说，他交出一美元纸币的原因是这可能是顾客或老板掉的。老板问他喜不喜欢这份工作，要不要当她的员工。这位年轻人回答说喜欢。老板告诉他，他得到这份工作的原因是他是个诚实的人。老板还把那一美元纸币给了他。

上面这个儿童故事呈现了诚实和不诚实行为的例子。诚实的行为得到奖励（即诚实的人获得了这份工作），而不诚实的行为没有得到奖励（即前两位应聘者没有得到这份工作）。这个故事代替性地教授了诚实的某种概念。

能组成一个类的各个刺激可能会有特征刺激类（feature stimulus class）和任意刺激类（arbitrary stimulus class）的功能（McIlvane, Dube, Green, & Serna, 1993; Catania, 2013; Spradlin & Simon, 2014）。**特征刺激类**中的所有刺激都有共同的物理形式（如外观结构）或共同的相对关系（如空间安排）。特征刺激类包括无数刺激，并构成了我们大部分的概念行为。例如，"狗"这个概念的基础就是特征刺激类，所有狗的共同物理形式都是该刺激类的成员。一名幼儿通过差别强化将学会区分狗和马、猫、牛等。物理上的形式为很多特征刺激类——如引发书、桌子、屋子、树、杯子、猫、地毯、洋葱和汽车等反应的特征刺激类——提供共同关系。一个相关关系或相对关系存在于其他特征刺激类中的各个刺激里，这些以相对关系为基础的特征刺激类的例子可以在如大于、高于、在……之上、在……的左边等概念中找到。

组成**任意刺激类**的刺激会引发相同的反应，但它们没有共同的刺激特征（即它们在物理形式上不相同，也不共享相关关系）。例如，一位教师可以使用 50%、1/2、平分、0.5 和一个涂上了阴影的圆形（参看图 17.5）来形成一个任意刺激类。经过训练，这些不同物理形式的刺激中的每一个都会引发一半这个相

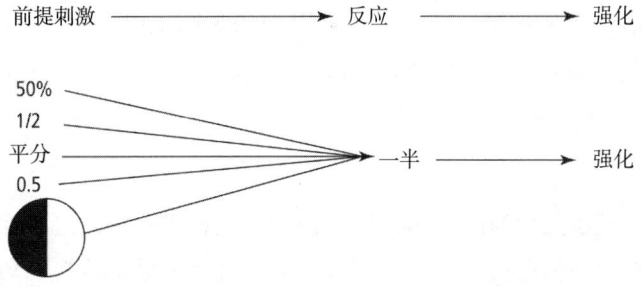

图 17.5　任意刺激类的例子：能够引发相同反应"一半"的不同物理形式的前提刺激

同的反应。可以将豆荚、芦笋、马铃薯和玉米建立为一个任意刺激类，以引发蔬菜这个反应。学生上英语课时，会学习将元音和由字母 A、E、I、O、U（有时还有 Y）组成的任意刺激类联系起来。

概念和复杂的语言关系的发展在养育子女、看护、教育和治疗中发挥着重要的作用。应用行为分析师在教授会产生特征刺激类和任意刺激类的概念和复杂的语言关系时，需要考虑不同的教学程序。一个常见的特征刺激类的教学程序是，针对是（S^D）这个概念的例子和不是（S^Δ）这个概念的例子所做出的反应进行差别强化。在特征刺激类中经常见到广泛的泛化，而视参与者的功能水平的高低，可能教授几个训练例子就足以发展概念。然而，刺激泛化并不是任意刺激类的一个特征。应用行为分析师使用模板配对程序来创造任意刺激中的刺激等价（stimulus equivalence）以发展任意刺激类（参看第 19 章）。

使用反应辅助和刺激辅助

辅助是补充的前提刺激，当最终会控制行为的某个自然 S^D 出现时，可以使用辅助引起一个正确反应。应用行为分析师在行为发生前和行为发生时可以提供反应辅助（response prompt）和刺激辅助（stimulus prompt）。**反应辅助**直接操作于反应，以提示正确反应。反应辅助有三种主要形式，分别是语言指令、示范和肢体引导。**刺激辅助**直接操作于前提任务刺激，与关键 S^D 结合起来以提示正确反应。

语言指令

应用行为分析师使用在功能上恰当的语言指令作为补充的反应辅助。语言反应辅助频繁出现在几乎所有以口语语言指令为形式（如口述、讲述）和以非口语语言指令为形式（如文字、手语、图片）的训练情境中。

教师经常使用口语语言指令辅助。假设有一位教师要求一名学生读出这句话："植物的生长需要土壤、空气和水。"学生读道："植物的生长需要……植物的生长需要……植物的生长需要……"这时，教师可以提供任何次数的语言辅助来引出下一个词。她可能会说："下一个词是土壤。指着土壤说土壤。"或者，她也许可以用一个和土壤押韵的词作为辅助。另一个例子是，阿德金斯和马修斯（Adkins & Mathews, 1997）教授居家照顾者使用口语语言反应辅助来改善两名有尿失禁和认知障碍的成人的排尿过程。这位居家照顾者从早上 6 点到晚上 9 点每隔 1 或 2 小时检查一次两名成人的尿布是否保持干燥。如果某一名成人的尿布处于干燥状态，照顾者就会赞扬他，然后叫他去上厕所，在例行检查期间，如果他的尿布保持干燥，就在他如厕时提供必要的帮助。这个在基线条件后开始实施的简单的反应辅助程序（即叫被照顾者去上厕所）使其中一名成人在 2 小时的辅助排尿条件期间，尿布上的尿液重量（克）每天平均减少了 22%，而在 1 小时的辅助排尿条件期间，尿布上的尿液重量平均减少了 69%。第二名成人只接受 1 小时的辅助排尿条件，结果尿布上的尿液重量每天平均减少了 55%。

克兰茨和麦克兰纳汉（Krantz & McClannahan, 1998）以及绍罗克夫、泰勒和波尔森（Sarokoff, Taylor, & Poulson, 2001）使用嵌入式的脚本作为非口语语言指令反应辅助，以改善孤独症儿童自发性的社交对话。这些儿童使用以图片显示的活动时间表，其中，嵌入式的脚本例子包括看、观察、我们一起来吃零食吧。在另一个非口语语言指令反应辅助的例子中，翁、塞罗卡和奥吉西（Wong, Seroka, & Ogisi, 2000）设计了一个包含 54 个步骤的核查表，以辅助一名有记忆障碍的糖尿病女性自我评估血糖浓度。这名参与者依照核查表上的顺序将已做到的一一勾选以示完成。

示范

应用行为分析师可以展示或示范恰当的行为，以此作为反应辅助。对已经学会模仿所需的某些行为成分的人而言，示范可以非常有效地辅助行为。例如，当一名球员已经能够拿球、将球举过头顶，并将球推离身体时，教练就可以向这名球员展示什么是正确的投篮，对这位教练而言，示范就是一种简单、实用，而且有效的方法。如果一名重度障碍儿童无法将鞋带握在手中，基本上就不会有教师用示范的方式教她系鞋带。另外，关注技能很重要。学习者必须观察示范者的示范，然后才能模仿那样的表现。最后，作为反应辅助，它只能用于已具有模仿能力的学习者身上。研究反复证明，示范可用于发展各种新的行为。第21章将详细讲述示范、模仿和观察学习。

肢体引导

肢体引导这种反应辅助最常用于幼儿、有重度障碍的学习者和身体受限的老人。使用肢体引导时，教师会部分引导学习者运动，或在反应的全过程中用肢体来引导学习者。

汉利、艾瓦塔、汤普森和林德伯格（Hanley, Iwata, Thompson, & Lindberg, 2000）报告了他们用肢体引导帮助重度智力障碍人士使用休闲物品的研究。康纳根、辛格、莫、兰德勒姆和埃利斯（Conaghan, Singh, Moe, Landrum, & Ellis, 1992）用肢体引导辅助有智力障碍和听力障碍的成人使用手语。当参与者在使用手语的过程中出错时，教师就用肢体引导参与者的双手以辅助其做出正确的反应。在另一个例子中，一位私人教练教授三位有重度障碍、骨质疏松症和关节炎的老人健身。当参与者未能独立拿着哑铃做推的动作，或是在推的动作未达到练习标准就停下来时，教练会用肢体引导他们的手臂运动（K. Cooper & Browder, 1997）。

肢体引导是一种有效的反应辅助，但与语言指令和示范相比，它的侵入性较高。它需要教师和学生有直接的身体接触，这给精确评估学生的进步造成了困难。虽然有的学习者需要肢体引导，但这样的反应辅助提供给学生在没有教师的直接帮助下发出行为的机会极少。可能还有一个问题，就是有的学习者抗拒身体接触。

刺激辅助

应用行为分析师经常使用动作、位置和重复前提刺激作为刺激辅助。例如，点指、轻敲、碰触或观察需要辨识的钱币，教师可以使用这些动作辅助来帮助学习者区辨1美分和10美分面额的硬币。在区辨硬币训练中，教师可以使用位置辅助，将正确的硬币放在靠近学生的地方。而当一个或多个刺激或反应维度（如颜色、大小、形状）和正确的选项相匹配时，就出现了重复辅助。例如，教师可以使用颜色中介程序，将数字与某个颜色联系起来，然后将颜色的名称与某个四则运算的答案联系起来（Van Houten & Rolider, 1990）。

实务工作者必须认识到，使用反应辅助和刺激辅助可能会有辅助依赖的风险（例如，Grow & LeBlanc, 2013）。导致辅助依赖的原因是未能成功地将刺激控制从辅助转移至理想的刺激上。本章后面将讲述有关刺激控制转移的重要研究基础和程序。

影响刺激控制发展的因素

应用行为分析师频繁地在 S^D 存在和不存在时对行为进行差别强化，以此建立刺激控制。有效的差别强化需要一致地使用具有强化物功能的后果。其他因素，如预关注技能（preattending skill）、刺激显著性（stimulus salience）、掩蔽（masking）和掩盖（overshadowing），也会影响刺激控制的发展。

预关注技能

刺激控制的发展需要具备某些先备技能。以学业或社会技能来说，学习者应该对教学情境中的 S^D 做出恰当的定向行为。这些预关注技能包括看教材、看教师所做的反应示范、听口语指令，以及在一小段时间内安静地坐着。针对尚未发展出预关注技能的学习者，教师应该使用直接的行为干预专门教授这些技能。学习者必须发出使他们的感觉接受器朝向恰当 S^D 的行为以发展刺激控制。

刺激显著性

刺激的显著性（即这个刺激在学习者的环境中的突显程度）会影响对刺激的关注，最终会影响刺激控制的发展（Dinsmoor, 1995b）。例如，康纳斯（Conners）及其同事（2000）在多因素功能分析中纳入了显著的线索（如特定的房间颜色、特定的治疗师）（参看第 27 章）。结果发现，与没有显著的线索时相比，有显著的线索时产生了更快、更清楚的结果，表明显著的线索提高了功能分析的效率。

某些刺激比其他刺激更具显著性，这取决于个人的感知觉能力、强化历史和环境背景。例如，一名学生可能会因为视力差而没有看到黑板上的字，或因为听力差而没有听到教师的口头指示，或因为过去没有掌握而无法专注于课程教材，或因为专注于课桌上的玩具而没有注意到教师的提示。

卡坦尼亚（2013）对于常用的术语显著性（如同我们在这里所使用的）一词的说明是："显著性并不是刺激的一个属性；它其实是有机体与该刺激有关的行为的一个属性。"（p. 140）我们可以换一种方式来说：虽然行为分析师可以改变一个刺激的不同方面（如大小、位置、颜色），以便增加其显著性，但是否达到了显著性，其实是由学习者对这些改变的差别性反应（或对这些改变缺乏差别性反应）决定的。

过度选择的刺激控制

在**过度选择的刺激控制**[overselective stimulus control, 也被称作刺激的过度选择（stimulus overselectivity）]中，控制行为的区辨刺激或刺激特征的范围是非常有限的（Lovaas, Koegel, & Schreibman, 1979）。有的孤独症儿童或智力障碍儿童会将注意力集中于一个物体或一个人的某个微小特征而不是整体上（Dube et al., 2016; Ploog, 2010）。例如，一名儿童第一次看到吉他时，他的注意力可能会集中在音孔上，而不去想关于这个乐器的其他任何事情，如它的大小、形状、配件，甚或它所发出的声音。这个选择性的刺激控制干扰了儿童对吉他是什么——它的全貌和功能——的了解。过度选择的刺激控制损害了儿童对环境中的相关意义的解读能力，也损害了对新的概念以及学业与语言技能的学习能力。

几项研究已经证明，教授学习者在做出一个选择反应之前先发出比较详细的观察反应可以改善学习者在模板配对活动中的表现（Doughty & Hopkins, 2011; Dube & McIlvane, 1999; Gutowski & Stromer, 2003）。法伯、迪克森和杜布（Farber, Dickson, & Dube, 2017）使用详细观察反应（elaborate observing responses）来改善有过度选择刺激控制的参与者的行为表现，实验过程如下所述：

> 在典型的配对程序中，先呈现模板刺激，学生对模板做出一个观察反应，然后呈现一排比对刺激，其中一个刺激与模板有正确的关联。对模板刺激发出的观察反应可以被归类为非差别性的反应或差别性的反应。如果是非差别性观察反应，这些对模板发出的反应在每一次尝试中都是一样的，只需要在模板刺激存在和不存在之间做出区辨。相反，差别性观察反应包括对各模板的不同刺激特征做出的区辨进行确认的行为要求。例如，如果模板刺激都是图片，那么一种差别性观察反应可能是大声说出图片的名称（例如，Constantine & Sidman, 1975）。（Farber et al., 2017, p. 88）

刺激阻挡和掩盖

刺激阻挡（stimulus blocking）和掩盖是降低刺激显著性的方法（Dinsmoor, 1995b）。在**刺激阻挡**（有时被称作掩蔽）中，即使一个刺激已获得对行为的刺激控制，一个具有竞争性的刺激仍可以阻挡住原刺激的行为引发功能（Didden, Prinsen, & Sigafoos, 2000; Seraganian & vom Saal, 1969）。例如，学生可能知道教师所提问题的答案，但不愿意在同学们面前表现出来。在这个例子中，使"关注"相关 S^D 变得比较困难的原因是来自不同强化依联的竞争，而不只是前提刺激。在**掩盖**中，一个复合刺激安排中最显著的成分控制着反应，并通过一个更相关的刺激干扰刺激控制的获得。例如，迪特林格和莱尔曼（Dittlinger & Lerman,

2011）发现，文章中的图片延迟了发展性障碍儿童对常见视觉词的阅读获得，这意味着图片掩盖了文字，从而干扰了学习。使用最少到最多的辅助层级来渐褪图片和要求学生做出既注意到文字又注意到图片的文图配对反应，已被证实是解决掩盖的有效方法（Richardson et al., 2017）。

应用行为分析师必须认识到，阻挡和掩盖可能会阻碍刺激控制的发展，因此需要应用一些程序来减少它们的影响。减少刺激阻挡和掩盖的影响的例子包括：（1）重新安排物理环境（如拉下窗帘、移走使人分心的事物、调座位）；（2）使教学刺激具有适当的强度（如快速发出指令、提供大量反应机会、使教学刺激具有适当的难度，以及提供设定目标的机会）；（3）对于在与教学相关的区辨刺激出现时做出的行为提供一致的强化。

刺激控制转移

应用行为分析师应只在教学的获得阶段提供反应辅助和刺激辅助作为补充的前提刺激。随着行为的稳定发生，应用行为分析师需要将刺激控制由反应辅助和刺激辅助转移到自然存在的刺激。应用行为分析师通过逐渐淡入或淡出刺激和逐渐呈现或移除前提刺激来转移刺激控制。最终，自然的刺激、一个部分改变了的刺激或一个新的刺激会引发反应。渐褪反应辅助和刺激辅助是将刺激控制由辅助转移到自然刺激的方式，而且可以将自然刺激出现时的错误反应次数降到最低。了解更多关于反应辅助和刺激辅助的渐褪程序的内容，可参看岑格哈尔、巴德、法雷尔和菲努普（Cenghar, Budd, Farrell, & Fienup, 2018）的相关文章。

重要的研究基础

特勒斯（Terrace, 1963a, b）使用刺激渐褪和重叠研究刺激控制的转移，这项研究是转移刺激控制的一个经典的例子，影响深远。在这项研究中，特勒斯教鸽子以最少的犯错次数区辨红—绿以及垂直—水平，他使用的逐步转移刺激控制技术被称作**无错误学习**（errorless learning）。为了教授红—绿区辨，在 S^D（绿光）成为鸽子反应的刺激控制之前，特勒斯在区辨训练开始时呈现 S^Δ（红光）。一开始使用的红光亮度低，持续时间短。在之后的刺激呈现过程中，特勒斯逐渐增加红光的亮度和持续时间，直到它和绿光只在颜色上有差别。通过使用这个程序，特勒斯教会了鸽子区辨红色和绿色，并且鸽子出现错误（对 S^Δ 反应）的次数极少。

特勒斯还证明了用红光和绿光获得的刺激控制能够以最少的错误次数（即在 S^Δ 出现时做出反应）转移到垂直线和水平线上。程序是，首先，将一条白色的垂直线重叠在绿光（S^D）上，将一条白色的水平线重叠在红光（S^Δ）上。然后，向鸽子呈现数次这两组复合刺激。最后，将红光和绿光的强度逐渐调低，直到只剩下垂直线和水平线作为刺激条件。鸽子几近完美地将刺激控制由红光和绿光转移到了垂直线和水平线上。也就是说，鸽子在垂直线存在时（S^D）出现反应，而很少在水平线存在时（S^Δ）出现反应。

继特勒斯的研究之后，其他先驱者（例如，Moore & Goldiamond, 1964）开展了具有里程碑意义的研究，表明在人类学习者身上也有可能以很少的错误反应实现刺激控制的转移，这为发展有效的程序以便将刺激控制由反应辅助转移到应用情境中的自然刺激奠定了基础。

将刺激控制由反应辅助转移到自然存在的刺激

沃勒里和加斯特（Wolery & Gast, 1984）描述了四种将刺激控制由反应辅助转移到自然刺激的程序。他们将这些程序称作最多到最少的辅助（most-to-least prompts）、渐进式引导（graduated guidance）、最少到最多的辅助（least-to-most prompts）和时间延迟（time delay）。

最多到最少的辅助

当参与者对自然刺激没有反应或反应错误时，应用行为分析师可以使用最多到最少的反应辅助，将刺激控制由反应辅助转移到自然刺激。使用**最多到最少的反应辅助**时，分析师用肢体引导参与者完成整个行为表现序列，然后，随着每次尝试和每个时段的进展，逐渐减少肢体协助量。通常，最多到最少的辅助是从肢体引导转移到视觉辅助，再到语言指令，最后到没有任何辅助的自然刺激。

渐进式引导

只要有必要，分析师就可以提供肢体引导，但一旦使用渐进式引导，就要立即开始渐褪肢体辅助，以便转移刺激控制。渐进式引导开始于应用行为分析师用双手紧紧跟随参与者的运动，但不碰触参与者。然后，分析师逐渐改变肢体辅助的位置，以增加自己的双手与参与者之间的距离。例如，如果分析师用肢体引导参与者拉外套拉链的手部运动，分析师的辅助可能是由手移动到手腕，然后到手肘，再到肩膀，最后没有任何身体接触。渐进式引导为学习者提供了必要时可以立刻获得的肢体辅助机会。

最少到最多的辅助

当使用**最少到最多的辅助**来转移刺激控制时，应用行为分析师在每一次尝试中都给予参与者一次在最少量的协助下做出反应的机会。如果参与者未能做出正确反应，那么他在下一次尝试中就会得到更多协助。最少到最多的辅助程序要求参与者在自然 S^D 呈现之后的一段特定时间内（如 3 秒钟）做出正确反应。如果反应没有在特定时间内发生，应用行为分析师就会再次呈现自然 S^D，并提供最少协助的反应辅助，如语言反应辅助。如果再经过相同的一段特定时间（如又一个 3 秒钟）后，参与者仍没有做出正确反应，分析师就再呈现自然 S^D 和另一个反应辅助，如一个手势。如果较少的辅助没有引发正确反应，就给予参与者部分或全部的肢体引导辅助。

应用行为分析师使用最少到最多的反应辅助程序时，在每一次尝试中都会呈现自然 S^D，并针对没有辅助下的正确反应设定相同的时间限制。例如，赫卡曼、阿伯、胡珀和休厄德（Heckaman, Alber, Hooper, & Heward, 1998）对四名孤独症学生实施了最少到最多 5 秒钟反应辅助程序，他们使用了指令、任意语言辅助、示范和肢体辅助。

根据两项比较最多到最少的辅助和最少到最多的辅助对孤独症儿童获得独自游戏技能的有效性的研究的结果，以及先前的研究，利比、韦斯、班克罗夫特和埃亨（Libby, Weiss, Bancroft, & Ahearn, 2008）针对选择辅助技术提供了以下建议。

- 当无法得知一名儿童的学习历史时，应使用最多到最少的辅助技术。
- 如果已经发现学习者的错误反应引发过问题行为或阻碍学习，那么最多到最少的辅助或其与时间延迟的结合是比较恰当的辅助程序。（下一部分将介绍时间延迟。）
- 当学生已经证明他可以通过最少到最多的辅助而快速获得技能，那么最少到最多的辅助可能就是比较理想的技术。
- 在所有的案例中都应监控进度以确保学习者的错误反应不会阻碍学习。[改写自利比等人（2008）]

时间延迟

图谢特（1971）发现，在呈现教学刺激和反应辅助之间插入一小段时间会导致学习者跨尝试"预料到"正确反应。**时间延迟**程序开始于同时呈现目标刺激（如一张狗的图片）和反应辅助（如教师说"狗"）。在学生能在几次尝试中做出正确反应后，教师在教学刺激与反应辅助之间加入延迟时间，直到学生在没有辅助的情况下做出正确反应。时间延迟被视为"无错误学习"技术，因为随着对反应的控制从人为设计的辅助转移到教学刺激，学生的错误会变少或完全没有错误。

时间延迟有两种变体，分别是渐进时间延迟（progressive time delay）和恒定时间延迟（constant time delay）。**渐进时间延迟**开始于同时呈现自然刺激和反应辅助（即 0 秒延迟）。通常，教师在加长时间延迟之前会先使用几次 0 秒延迟尝试。实施尝试的次数取决于任务难度和参与者的功能水平。在同时呈现后，教师逐步地、系统性地加长延迟时间，通常以 1 秒时距递增。在**恒定时间延迟**中，在学生在几次 0 秒时间延迟的尝试中做出正确反应后，教师就在后续的所有尝试中，在呈现教学刺激之后，都经过一段预先设定的、固定的延迟时间（通常是 3 或 4 秒），然后再呈现刺激辅助。

时间延迟已被用来教授多种技能，如常用词阅读（Knight et al., 2003），拼写单词（Stevens & Schuster, 1987），辨认数字（Ault et al., 1988），链接任务，如准备食物、买东西、工作和休闲技能（Dogoe & Banda, 2009）。同伴导师（Hughes & Fredrick, 2006）和家长（Dipipi-Hoy & Jitendra, 2004）也会有效地运用时间延迟。赫卡曼等人（1998）报告称，通过实施渐进时间延迟，立即减少了与先前用最少到最多的辅助程序教授的任务有关的破坏性行为的速率。有关时间延迟的研究评论，可参看布劳德、阿尔格林—德尔泽尔、斯普纳、米姆斯和贝克（Browder, Ahlgrim-Delzell, Spooner, Mims, & Baker, 2009）以及多戈埃和班达（Dogoe & Banda, 2009）的相关文章。

使用渐褪技术转移刺激控制

前面这一部分的焦点是在不改变任务刺激或教材的情况下使用的反应辅助。这里讲述的刺激控制塑造程序（stimulus control shaping procedure）会逐步地、系统性地修改任务刺激或教材，以便辅助正确反应。把补充的刺激条件淡入或淡出可以将刺激控制由刺激辅助转移到自然刺激。而刺激控制塑造可以通过刺激渐褪（stimulus fading）和刺激外形转变（stimulus shape transformation）来实现（McIlvane & Dube, 1992; Sidman & Stoddard, 1967）。

刺激渐褪

刺激渐褪涉及突显刺激的某个物理维度（如颜色、大小、位置）以提高正确反应的可能性，然后被突显或强调的维度渐渐淡入或淡出。以下是刺激渐褪的两个例子：（1）写出大写字母 A；（2）写出算术题目的答案 9。

$$A \; A \; A \; A \; A \; \text{.}$$

$$4 + 5 = 9, 4 + 5 = 9, 4 + 5 = 9, 4 + 5 = \text{.}$$

克兰茨和麦克兰纳汉（1998）渐褪了图片活动时间表中嵌入的脚本（如 Look 和 Watch me 等词）。嵌入式脚本的作用是辅助孤独症儿童进行社交对话，Look 和 Watch me 等词用 72 号粗体字印在长为 9 厘米的卡片上。渐褪脚本时，克兰茨和麦克兰纳汉先移除 1/3 的卡片，然后再移除 1/3。有时，在脚本渐褪期间，卡片上的字母的某些部分还有所保留，如 Look 中的字母 o 还能看到一部分。最后，将脚本和卡片移走。

帕特尔、皮亚扎、凯利、奥克斯纳和桑塔纳（Patel, Piazza, Kelly, Ochsner, & Santana, 2001）在一项关于进食障碍治疗的研究报告中，提供了一个刺激淡入和淡出的例子。严重挑食在进食障碍儿童中是一个常见的问题。例如，有些儿童厌恶高密度食物，因为那样的食物会引发作呕反应。帕特尔及其同事向水中慢慢加入康乃馨即食早餐（Carnation Instant Breakfast, CIB）和牛奶，以此治疗一名六岁男孩的广泛性发育进食障碍。这名男孩会喝少量的水。于是，研究者在淡入程序开始时，将一包 CIB 的 20% 加进 240 毫升的水里。男孩在连续三个时段内喝这样的 20% 混合液，然后，研究者逐渐向水里加入更多 CIB，一开始是每次增加5%，后来提高到10%。在男孩可以喝下加入一包 CIB 的 240 毫升混合液后，研究者将牛奶逐渐加进 CIB 和水的混合液中，每次加入 10% 的牛奶，同时将水淡出（例如，10% 的牛奶和 90% 的水，加上一包 CIB，然后是 20% 的牛奶和 80% 的水）。

很多应用行为分析师已将刺激的重叠和刺激渐褪结合在一起使用。在一个实例中，淡出一个刺激时，就发生了刺激控制转移。而在另一个应用中，淡入一个刺激的同时淡出另一个刺激，也发生了刺激控制转移。特勒斯（1963a, b）开展的证明刺激控制由红—绿区辨转移至垂直—水平区辨的研究，展现了两个特定刺激类和一个刺激类渐褪之间的重叠应用。把线条重叠在色光上，然后光渐渐淡出，只剩下垂直线和水平线作为区辨刺激。图 17.6 提供了特勒斯使用重叠和刺激渐褪程序的例子，呈现了从教授一个运算程序到教授 7-2=＿＿ 之间的一系列步骤。

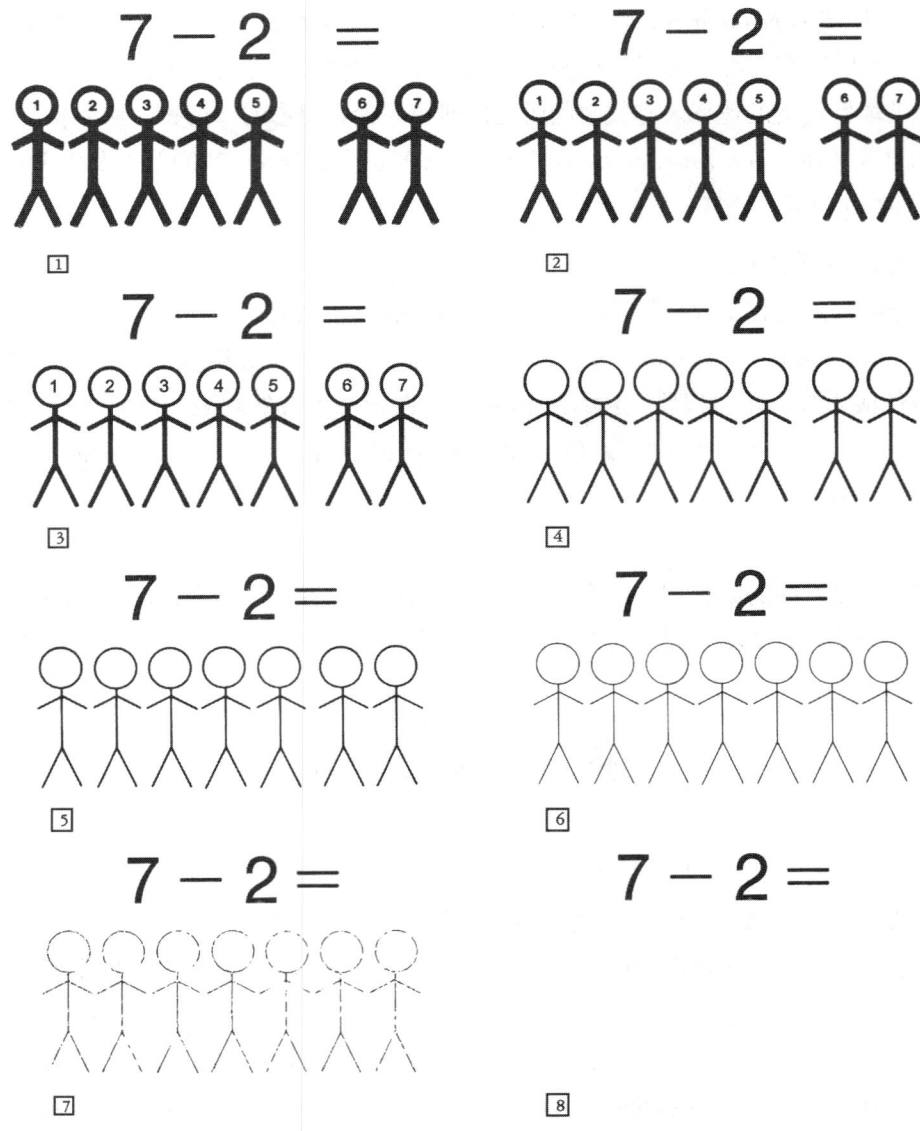

图 17.6 两个重叠刺激类的图示，其中一类后来淡出。

引自 T. Johnson (1973). *Addition and Subtraction Math Program with Stimulus Shaping and Stimulus Fading.* 未发表的研究项目，Ohio Department of Education. 经授权转载。

另一个常用的方法是淡入自然刺激和淡出刺激辅助。图 17.7 呈现了这个重叠程序，在这个程序中，淡出刺激辅助，而淡入自然刺激 8+5=＿＿。

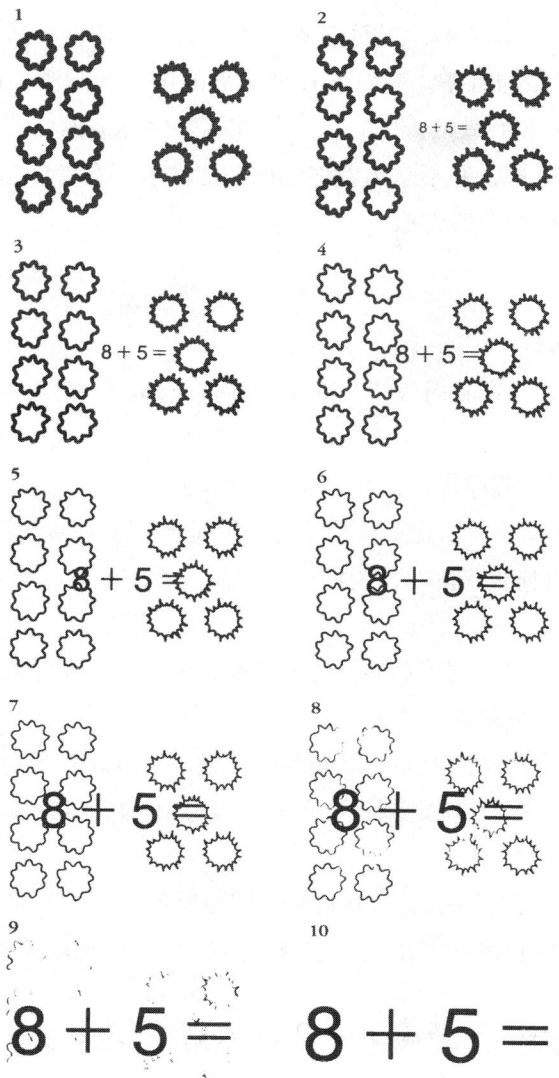

图 17.7　重叠和刺激渐褪（淡入自然刺激与淡出刺激辅助）的图示

引自 T. Johnson (1973). *Addition and Subtraction Math Program with Stimulus Shaping and Stimulus Fading*. 未发表的研究项目, Ohio Department of Education. 经授权转载。

刺激外形转变

在刺激外形转变的程序中，会使用一个能够辅助正确反应的初始刺激外形。这个初始外形渐渐改变而形成自然刺激，同时维持正确的反应。刺激辅助的外形必须是逐渐改变的，这样才能让学生继续做出正确反应。在教授文字辨识的过程中，使用刺激外形转变时，可能包括下列步骤（Johnston, 1973）。

总体来说，将刺激控制由反应辅助和刺激辅助转移到自然刺激的程序很多。虽然渐褪、重叠和刺激塑造程序往往能够成功地转移刺激控制，但为某些任务准备所需的刺激材料需要花费相当多的时间，使用相当多的技术，因此可能代价过高。实务工作者始终应该考虑效果最好、效率最高的行为改变策略。一项与大学生饮酒过度有关的研究在这方面提供了有用的信息。梅茨、科恩、舒尔茨和贝当古（Metz, Kohn, Schultz, & Bettencourt, 2017）比较了三种训练程序（刺激渐褪、重叠和语言反馈）在训练大学生倒出标准的 12 盎司啤酒上的有效性。刺激渐褪组的五名参与者中有四名达到了标准（倒出的量在 12 盎司的 10%

偏差范围内），不需要额外的训练；重叠组的四名参与者中有三名需要并接受了额外的刺激渐褪训练。但是，在仅有语言反馈组的四名参与者中，有三名在训练后的第一次倒酒中就达到了标准。研究者得出结论："语言反馈可能是相对容易和有效的方法，如果用在实际倒酒上的话。"（p. 29）我们认为，实务工作者应牢记这句格言：你能做这件事，并不意味着你应该做这件事。在设计和实施一项复杂的干预之前，总是应该考虑最简单和最有效的行为改变方法。

摘要

刺激控制：基本概念与流程

1. 行为更常在一个刺激（S^D）存在时发生，而不是在这个刺激（S^Δ）不存在时发生，这就表示这个行为受到了刺激控制。

2. 当 S^D 成为一个丰富的强化程序表的信号，而相对应的 S^Δ 成为零机会强化（即消退）的信号时，有机体最终只会在 S^D 存在时发出反应。出现这样的情况，就是产生了刺激区辨。

3. 刺激泛化是指 S^D 以外的刺激获得对行为的刺激控制的程度。与 S^D 共享相似物理属性的刺激最有可能获得引发功能。

4. 刺激泛化梯度以图表的形式展现了刺激泛化和区辨的程度，显示了在一个刺激条件中被强化的反应在未经训练的刺激出现时发出的可能性。

5. 刺激泛化反映了较低程度的刺激控制，而刺激区辨显示了较高程度的控制。

6. 在一个条件型区辨中，一个在特定刺激出现时产生强化的反应依赖于（受制于）其他刺激的存在与否。

7. 一个 S^D 获得其对操作式行为的控制功能是通过它与紧随行为之后的刺激改变进行匹配。相反，一个条件刺激获得对应答式行为的控制功能是通过它与其他能诱发行为的前提刺激（即一个非条件刺激或一个条件刺激）进行匹配。

8. 区分区辨刺激的引发功能和建立型操作可能并不容易。一个 S^D 能引发行为是因为它的存在已经与一个有效的强化物的差别可获得性建立了关联。建立型操作引发行为是因为它改变了具有强化功能的事物，而不是发出强化的差别可获得性的信号。

发展刺激控制

9. 刺激区辨训练包括在 S^D 存在时对反应进行强化，在 S^Δ 存在时不对反应进行强化。

10. 行为分析师常常使用模板配对程序教授和研究条件型区辨，这个程序包括观察反应的四项依联、条件型模板、区辨事件和比对配对。

11. 概念的定义是，这个概念的每一个例子具有一组共同特征。

12. 概念形成是一个复杂的刺激控制的例子，它既需要一个刺激类内部的刺激泛化，也需要刺激类之间的区辨。

13. 前提刺激类是一组有共同关系的刺激。这个类中的所有刺激都会引发相同的操作式反应类，或诱发相同的应答式行为。

14. 特征刺激类中的所有刺激都有共同的物理形式（如外观结构）或共同的相对关系（如空间安排）。

15. 组成任意刺激类的刺激会引发相同的反应，但它们没有共同的刺激特征（即它们在物理形式上不相同，也不共享相关关系）。

16. 辅助是补充的前提刺激，当最终会控制行为的一个 S^D 出现时，可以使用辅助引起一个正确反应。

17. 反应辅助（如语言指令、示范、肢体引导）直接操作于反应。刺激辅助（如运动、位置、重复）直接操作于前提任务刺激，与关键S^D结合起来以提示正确反应。

18. 应用行为分析师频繁地在S^D存在和不存在时对行为进行差别强化，以此建立刺激控制。有效的差别强化需要一致地使用具有强化物功能的后果。其他因素，如预关注技能、刺激显著性、过度选择刺激控制、刺激阻挡和遮盖，也会影响刺激控制的发展。

刺激控制转移

19. 特勒斯（1963a, b）实施过一项颇具影响力的基础研究，在这项研究中，他使用刺激渐褪和重叠来转移刺激控制。

20. 渐褪反应辅助和刺激辅助可以将刺激控制由辅助转移到自然刺激，并将学习者的错误减少到最低水平。

21. 在最多到最少的反应辅助程序中，分析师用肢体引导参与者完成整个行为表现序列，然后，随着每次尝试和每个时段的进展，逐渐减少肢体协助量。

22. 渐进式引导开始于应用行为分析师用双手紧紧跟随参与者运动，但不碰触参与者。然后，分析师逐渐改变肢体辅助的位置，以增加自己的双手与参与者之间的距离。

23. 在最少到最多的辅助中，在每一次尝试中都给予学习者在最少量的协助下做出反应的机会。在需要时，教师会在后续的每一次尝试中提高所提供的协助程度。

24. 时间延迟程序开始于同时呈现目标刺激和反应辅助。在学生能在几次尝试中做出正确反应后，教师在教学刺激与反应辅助之间加入延迟时间。

25. 刺激渐褪涉及突显刺激的某个维度以提高正确反应的可能性。被突显的维度渐渐淡入或淡出。

26. 刺激外形转变开始于使用一个能够辅助正确反应的初始刺激外形。这个初始外形渐渐改变而形成自然刺激，同时维持正确的反应。

第七部分

语言行为

第 18 章　语言行为

第18章专门讨论了人类行为技能库中的一个突出的特征。人类之所以有趣，主要是因为存在语言行为这个现象，而它又是我们用于表达这种兴趣的工具。语言行为使一代又一代人的进步成为可能，并促进了科学、技术、文学和艺术领域的发展。在斯金纳（1957）的概念分析的基础上，马克·桑德伯格（Mark Sundberg）提出将语言行为置于典型人类发展的背景中，强调了语言的形式和功能、语言行为的定义性特征、基于形态和基于选择的语言行为的区别、初级语言操作和听者区辨、内隐事件、生成语言学习以及为发育迟缓儿童设计的评估和干预。

第 18 章　语言行为

马克·L. 桑德伯格

关键词

自动附加（autoclitic）
自动依联（automatic contingencies）
双向赋名（bidirectional naming）
转码（codic）
复合语言区辨（compound verbal discrimination）
复制文字（copying text）
重复（duplic）
仿说（echoic）
初级语言操作（elementary verbal operants）
形式相似性（formal similarity）
生成学习（generative learning）
交互式语言（intraverbal）
听者（listener）
听者区辨（listener discrimination）
提要求（mand）
动作模仿（与手语有关的）[motor imitation (relating to sign language)]
多重控制（multiple control）
点对点对应（point-to-point correspondence）
内隐事件（private events）
基于选择的语言行为 [selection-based (SB) verbal behavior]
简单语言区辨（simple verbal discrimination）
讲者（speaker）
命名（tact）

➙ 本章作者感谢戴夫·帕尔默（Dave Palmer）、鲍勃·瑞安（Bob Ryan）、汉克·施林格（Hank Schlinger）、卡尔·桑德伯格（Carl Sundberg）和辛迪·桑德伯格（Cindy Sundberg）针对本章的先前版本所做的评论。

➙ 本章由林珊翻译。

命名延伸（tact extension）

听写（taking dictation）

文字（textual）

基于形态的语言行为（topography-based verbal behavior）

语言行为（verbal behavior）

语言条件型区辨（verbal conditional discrimination）

语言情节（verbal episode）

语言功能改变效果（verbal function-altering effect）

行为分析师认证委员会 BCBA/BCaBA 任务清单（第 5 版）

第一部分：基础

B. 概念和原理

B-10 定义刺激控制并举例。

B-12 定义动因操作并举例。

B-13 定义规则掌控的行为和依联塑造的行为并举例。

B-14 定义语言操作并举例。

第二部分：应用

F. 行为评估

F-4 评估相关技能的优势和不足。

G. 行为改变程序

G-2 使用以动因操作和区辨刺激为基础的干预。

G-10 教授简单区辨和条件型区辨。

G-11 使用斯金纳的分析教授语言行为。

G-21 使用程序促进刺激和反应泛化。

©2017 The Behavior Analyst Certification Board, Inc.,® (BACB®).保留所有权利。本文件的当前版本可在 www.bacb.com 网站查阅。如需转载、复制或分发本文件，或有疑问，请直接联系行为分析师认证委员会。

  贾森是一名 5 岁的孤独症男孩。他不会说话，不会模仿声音，也不会模仿动作。他经常尖叫，以使别人知道他想要或需要什么。当务之急是教授贾森沟通的方法，并减少他的尖叫行为。贾森喜欢几种食物和玩具，他被教授用手语表达这些需求。在 10 分钟的密集教学中，贾森学会了第一个无辅助的手语（"苹果"），大约一个小时后，他学会了第二个手语（"培乐多彩泥"）。此外，在第一个教学时段内，他的尖叫行为减少到了接近零的水平。在干预实施了四个月之后，贾森学会了 43 个手语，学会了模仿别人的声音和动作，并开始说话。两年内，贾森能够用口语辨识三百多种物品和动作，并且极少出现问题行为。贾森接受的干预计划是根据应用行为分析和斯金纳（1957）的语言行为分析设计的。

  本章包含两个主要部分。第一部分描述斯金纳（1957）的语言行为分析的核心元素，第二部分描述它在针对孤独症人士或其他智力障碍人士所做的语言评估和干预方面的部分应用。

斯金纳（1957）的语言行为分析

B. F. 斯金纳花了二十多年的时间发展他的语言分析。1931年，他从哈佛大学毕业，几年后开始进行这项研究，直到1957年完成。他的研究的主要前提是，语言构成了通过环境依联获得和维持的习得性行为（learned behavior）。斯金纳（1978）在思考自己在语言方面的工作成果时说："我相信，《语言行为》……将被证明是我最重要的工作成果。"（p. 122）斯金纳认为语言是一个重要的课题，因为语言行为是人类行为中的很多关键方面的核心（如语言获得、关系、智力、学术）。

《语言行为》（1957）据说是斯金纳的著作中最艰涩的一部。迈克尔（1984）指出，读者必须先了解行为分析的基本概念和原理，然后才能阅读《语言行为》。不过，迈克尔认为，更大的障碍在于分析主题的复杂程度。数百年来，语言学家致力于理解人类如何沟通交流。斯金纳的研究在很多方面有助于语言学家的工作，让我们从语言形式与语言功能之间的行为学区分开始。

语言的形式和功能

语言的形式属性包括语言反应的形态，而功能属性包括反应的原因。例如，一个孩子的哭泣可能是语言反应的形式，而她为什么哭泣则是功能。斯金纳（1957）对语言的说明也包括这两个元素，而与传统的治疗方法不同的是，他提供了功能属性上的行为分析。他很早就在著作中指出了形式和功能的区别。

> 我们的首要任务是简单**描述**：人类行为在这方面的细分的形态是什么？一旦这个问题有了初步的答案，我们就可以进入被称作**解释**的阶段：什么情境与行为的发生有关——这些情境的哪些变量是行为的功能？（p. 10）

形式

为了将形式和功能解释清楚，两个独立但又紧密相连的分类系统是必需的。语言的形式属性可以根据对发出言语（如说话、手语、文字、图标）的描述来分类。例如，就说话形态而言，通常会测量说出的话语的以下几个形态：（1）音素（phonemes）：构成一个单词的单个语音；（2）词素（morphemes）：最小的意义单位；（3）词汇（lexicon）：构成特定语言的所有单词；（4）句法（syntax）：句子中的单词、短语或从句的组织；（5）语法（grammar）：对特定语言的既定规范的遵守。对语言的形式上的描述还涉及按语法形式或词性对单词进行分类，具体来说，就是名词、动词、形容词、副词、介词、限定词、连词和感叹词（Barry, 1998; Brinton & Brinton, 2010）。传统的分类系统是以口语反应形式为基础的，因此，为适应非口语反应，有必要做出一些调整（Stokoe, Casterline, & Croneberg, 1965）。例如，手语涉及语素（cheremes）而非音素，而基于选择的图标系统（如iPad等通信设备）与音素没有明显的相似之处。

功能

第二种分类系统是一个单词可能具有的不同功能。例如，同一个单词（如book）可以有不同的含义（如一种用来阅读的东西或者预订宾馆的举动）。斯金纳认为，单词的含义并不存在于反应形式、认知加工系统、物理指称对象、结构规律或人的遗传天赋中，而是存在于引发和产生讲者与听者行为的即时的和历史环境的依联中。他撰写《语言行为》一书的首要目的就是辨识那些环境依联。

定义语言行为

几个世纪以来，语言学家一直困惑于语言究竟由什么构成。斯金纳（1957）认为，通常所说的沟通和语言是习得性的讲者和听者行为，控制非语言行为的同类环境变量（如强化、刺激控制、动因操作）也支配着语言行为的获得、维持和延伸。与使用语言（language）这个术语相比，斯金纳更喜欢使用语言行为（verbal behavior）这个术语，因为语言行为强调的是单个讲者和听者，而非整个语言社区［如英语这门语言（language）]。

斯金纳（1957）在定义语言行为时，将重点放在影响讲者和听者的即时的和历史的依联上。因此，他将**语言行为**定义为"以他人作为中介强化的行为"（p.2），但这些他人"必须以为了强化讲者行为而被精准条件化的方式回应"（p.225）。例如，如果一位母亲问孩子："你能让猫出去吗？"孩子（听者）必须做出行为，才能打开门，因此，强化物是由孩子（听者）的行为作为中介得来的。但是，孩子必须有训练历史，才能成功地用这种方式中介强化（如孩子理解他的[1]父母的话）。非语言行为，如母亲自己打开门，可以产生同样的强化物，但这个行为的强化不是由另一人中介的强化。

斯金纳对语言行为下定义并不是为了回答语言学家在"真实"语言的起源方面的疑问（例如，Hayes, Barnes-Holmes, & Roche, 2001; Hockett, 1960; Malott, 2003; Normand, 2009; Palmer, 2004）。迈克尔［在迈克尔和马洛特（2003）的文章中］说道："斯金纳对语言行为下定义……只是为了说明他在《语言行为》一书中的观点……这个主题可以缩小到传统上的语言领域（verbal field）。"（p.116）通过将语言视作由讲者和听者发出的行为，分析和应用的焦点落在了导致该行为的依联上[2]。

讲者和听者

讲者和听者的行为受不同但又紧密相连的依联的控制。这些依联以及它们建立和引发的行为起初是很简单的，但很快就会变得极其复杂。斯金纳（1957）分别说明了讲者和听者行为，并使用语言情节（verbal episodes）这一术语表示这两者之间的相互作用（p.38）。在一个**语言情节**中，**讲者**会以任何形式（说话、手语、目光接触）发出任何类型的语言反应，而**听者**：（1）充当讲者的听众；（2）给讲者提供强化；（3）以特定方式回应讲者的语言行为。讲者和听者的角色在交流中互换，而且通常涉及隐蔽的讲者和听者行为。本章将对这些讲者和听者的技能库进行定义、例证和阐述。然而，很重要的一点是，先要区分根据反应形式而做出的语言反应和根据刺激选择而做出的语言反应。

基于形态的语言行为和基于选择的语言行为

语言行为并不限于说出的话。任何形式的操作式行为都可以获得语言功能（如手语、指语、图标选择、盲文、面部表情、语调）。斯金纳在语言反应形式上的开阔视野丰富了需要扩大和替代沟通（augmentative and alternative communication, AAC）的无口语人士的选择。迈克尔（1985）试图针对语言反应形式的议题提供清晰的见解，他建议对基于形态的语言行为（如说话、手语、文字）和基于选择的语言行为［如以平板工具为基础的图标选择计划、图片交换沟通系统（Picture Exchange Communication System, PECS）、语音输出设备］进行区分。

迈克尔（1985）指出，在**基于形态**（topography-based, TB）**的语言行为**中，"可以将语言行为的单位（unit of verbal behavior）描述为在某个特定控制变量下的一个可区分形态的强度增加"（p.1）。这个种类的语言行为可能包括说话、手语、书写、指语和其他反应形式，其中，听者会受到讲者的特定反应形态的影响。例如，一名儿童想要玩 iPad，他打出 iPad 的手语，该反应形式告知了听者相关的动因，于是，他人可以给予特定的强化（iPad）。如果儿童打出的手语是"饼干"，那么该反应形态给予听者的信息就是一个不同的动因物，并涉及不同的后果。

在**基于选择**（selection-based, SB）**的语言行为**中，迈克尔（1985）指出，"可以将语言行为的单位描述为由不同刺激……或建立型操作导致的点指［或选择］反应的控制增加"（p.1）。例如，在前面讲到的

---

[1] 为了便于通读全文，用男性人称代词表示听者，女性人称代词表示讲者。

[2] 然而，当使用语言行为这一术语来表示斯金纳的语言分析时，其中的"语言"部分涉及讲者行为，那么这个术语中的听者行为在哪里呢？斯金纳在分析中并没有忽视听者，但读者在描述斯金纳的语言行为分析时必须加上"以及听者行为"这个短语。一个备选方案是在描述完整的语言领域时，使用"讲者和听者"这个短语。

iPad 的例子中，对"iPad"的索要也可以通过从一个比对队列中选出 iPad 的图标来实现。被选中的图标也会告知听者相关的动因，并使他人可以给予特定强化。在 SB 语言行为中，传送给听者的是被选择的刺激的相关信息，与此相对，在 TB 语言行为中，听者行为被讲者反应的形态所控制。

迈克尔对 TB 语言行为和 SB 语言行为的区分提供了概念上和实践上富有价值的指引，使人们得以理解几个重要的行为学议题（有关综述，参看 Shafer, 1993）。例如，这一区分可以促进重度语言发育迟缓儿童选择和使用 AAC（例如，Charlop-Christy, Carpenter, Le, LeBlanc, & Kellet, 2002; Frost & Bondy, 1994; McGreevy, Fry, & Cornwall, 2012; Sundberg, 1993a; Tincani, 2004）。另外，研究显示，与 SB 系统相比，TB 系统可以更有效地产生在刺激等价（stimulus equivalence）和关系框架（relational framing）中所观察到的各类生成学习（generative learning）（Jennings & Miguel, 2017; Lowenkron, 1998; Pérez-González, Salameh, & García-Asenjo, 2018; Polson & Parsons, 2000; C. T. Sundberg & Sundberg, 1990; C. T. Sundberg, Sundberg, & Michael, 2018; Wraikat, C. T. Sundberg, & Michael, 1991）。

行为交点

当一个婴儿学会走路时，她的人生从此改变了。一旦学会了站立和走路，新的刺激、动因物和强化物就是可以获得的，它们会立即引发和塑造新的行为。罗萨莱斯—鲁伊斯和贝尔（Rosales-Ruiz & Baer, 1997）将这些重大的人类发展改变称作行为交点，并将其定义为"使有机体的行为接触到影响更深远的后果的新依联的任何行为改变"（p. 533）。一个行为交点代表一名儿童在学习上的一个新的水平。

罗萨莱斯—鲁伊斯和贝尔（1997）详细阐述了他们的定义："使一个行为改变成为行为交点的，是它使个体的技能库暴露于新的环境中，尤其是新的强化物和惩罚物、新的依联、新的反应、新的刺激控制和新的维持性或破坏性依联的环境。当这些事件中的一部分或全部发生时，个体的技能库扩大……而这也许导致了更进一步的行为交点。"

行为交点有很多种，有的微不足道，有的对人类发展至关重要，因为它们具有影响深远的学习效果，而这可以改变一名儿童的发展进程。儿童早期最重要的一些行为交点包括动作行为（如抓握、爬行、走路）、社交行为（如共同注意、成人作为条件强化物）和语言获得（如模仿、仿说、听、提要求）（Bosch & Fuqua, 2001; Bosch & Hixson, 2004; Greer & Ross; 2008; Hixson, 2004; Hixson, Reynolds, Bradley-Johnson, & Johnson, 2010; Rosales-Ruiz & Baer, 1997; Staats, 1996）。

区分行为交点的获得和行为交点本身的促进作用十分重要。在行为交点的获得中，交点的元素是逐渐建立的，但它所产生的新的后果只在交点完成时才成为可获得的。例如，接近爬行的行为是逐渐被塑造出来的，但只有当爬行成功时，这个影响深远的后果才开始以一种更强有力的方式影响一个婴儿的行为（如通过爬行到另外一个房间而获得的自动强化）。对一名儿童来说，行为交点可能非常有价值，尤其是当它们与其他行为交点结合而产生更泛化的行为交点时（Greer & Ross, 2008; Hixson et al., 2010; Michael, Palmer, & Sundberg, 2011; Rosales-Ruiz & Baer, 1997）。例如，当一名儿童可以发出仿说、命名、听者行为和自我听者行为时，新的提要求和命名可能就会在没有正式训练或强化历史的情况下随机获得（Horne & Lowe, 1996; Pérez-González, Pastor, & Carnerero, 2014）。

初级语言操作和听者区辨

针对表达性语言和接受性语言所做的行为分析包括辨识控制不同类型的讲者和听者行为的前提和后果。斯金纳（1957）指出了讲者行为的三种独立的前提控制的来源：（1）动因变量；（2）非语言 S^D；（3）语言 S^D。这三种前提控制的来源和它们的相关后果历史提供了一个架构，可用于区分五种表达性语言（重复、提要求、命名、交互式语言、转码）。迈克尔（1982）将斯金纳的分类法中的这些基本成分称作**初级**

语言操作（elementary verbal operants）。接受性语言涉及听者行为，其行为特征主要是由语言 S^D（例如，教师说："摸红色气球。"然后儿童摸红色气球，而不是摸蓝色气球）控制的非语言听者区辨。然而，听者的行为中有很多也是语言（如隐蔽的自言自语），应该被视作语言行为（Schlinger, 2008a）。图 18.1 中呈现了初级语言操作和听者区辨的简要定义和例子，随后是对每种讲者和听者技能库的比较深入的处理。

讲者技能库（表达性语言）		
前提变量	行为	听者中介的后果
动因操作（被推具有较高价值）	提要求（说"推"）	特定的强化（被推了）
非语言 S^D（看到雪）	命名（说"雪"）	泛化 S^r（如赞扬、同意）
与反应有形式相似性的语言 S^D（听到"熊"）	重复（仿说、动作模仿、复制文字）（说"熊"）	泛化 S^r
没有形式相似性，但有点对点对应（看到书面的"狗"或听到"狗"）的语言 S^D	转码（文字、听写）（说"狗"或拼写"狗"）	泛化 S^r
没有点对点对应的语言 S^D（听到"几点？"）	交互式语言（说"上午 10 点"）	泛化 S^r
听者区辨（接受性语言）		
前提变量	行为	后果
语言 S^D 和一个非语言 S^D（说"给我一支笔"的同时展示一支笔）	非语言操作式行为（听者递给讲者一支笔）	泛化 S^r

图 18.1 初级语言操作与听者区辨

提要求

当一个人表示想喝点什么、询问怎么去邮局，或要求不被打扰时，她通常是在提要求。提要求使讲者能让听者知道她的需求和愿望。**提要求**关系是一种语言行为，在这个行为中，反应的形式（字词、手语、手势、图标交换等）受动因操作（MO）和特定强化历史的功能控制（图 18.1）。例如，一名坐在秋千上的儿童想要别人推她而发出"推"字，然后一名成人推了坐在秋千上的她，这就是一个可观察到的提要求行为。一个提要求行为得到的强化对那个 MO 来说是特定性的，也就是说，儿童要的是被成人推，而不仅仅是成人的拍手和欢呼。

命名

在一间屋子里，一名儿童看着她的朋友，说出朋友的名字，这通常叫作命名。命名涉及讲者用语言指认物理环境的各个方面的能力。**命名**关系（图 18.1）是一种语言行为，在这个行为中，反应的形式受非语言区辨刺激（S^D）和条件强化历史（S^r）的功能控制（如看到雪，说"雪"）。

重复

重复关系有三种类型：仿说、动作模仿和复制文字。它们具有相同的定义性特征，但各自又具有独特的形态特征。重复口说的字词是仿说的例子；模仿手语是动作模仿的例子；复制书写的字词是复制文字的例子。

重复：仿说。**仿说**关系（图 18.1）是一种重复语言行为，在这个行为中，口语反应的形式受听觉语言 S^D 的功能控制，这个听觉语言 S^D 具有刺激与反应产物之间的形式相似性，而且有泛化 S^r 历史（图 18.1）。当控制语言刺激和反应产物属于相同形式（如两者都是听觉的），且刺激和反应产物在物理意义上彼此相像时（如听到"熊"，说"熊"），就出现了**形式相似性**。

重复：动作模仿。**动作模仿**（与手语有关的）（图 18.1）是一种重复语言行为，在这个行为中，动作反应的形式受视觉语言 S^D 的功能控制，这个视觉语言 S^D 具有形式相似性和泛化 S^r 历史（如父母打出"汽车"的手语，儿童打出"汽车"的手语）。

重复：复制文字。书写与其他字母和单词相一致的字母和单词构成了复制文字（指语和盲文也可以被复制）。复制文字刺激具有与仿说和动作模仿相同的定义性特征，除了反应形式是书写的、指语的或盲文点字的这几点不同。**复制文字**（图 18.1）是一种语言行为，在这个行为中，转录反应的形式受文字语言 S^D 的功能控制，这个文字语言 S^D 具有形式相似性和泛化 S^r 历史（如写下一个在网站上看到的地址）。

转码

转码关系有两种类型：文字和听写。说话的文字行为是发出受书写语言 S^D 控制的口语反应，而听写是发出受口语语言 S^D 控制的转录和拼写行为。相似的转码关系也可以出现在手语和盲文中。

转码：文字。**文字**关系（图 18.1）是一种语言行为，在这个行为中，反应的形式受语言 S^D 和泛化 S^r 历史的功能控制，但没有刺激与反应产物之间的形式相似性。然而，语言刺激与语言反应之间具有各种类型的配对，斯金纳称之为点对点对应。当一个语言刺激的组成部分对应于一个语言反应的组成部分，但两者又没有物理上的相匹配的情况时［如看到"D-O-G"，然后说"dog"（狗）］，就会发生**点对点对应**。

转码：听写。当有人给你一个名字，你把它写下来时，你就将口说字词转换成了书写字词（拼写）。斯金纳所使用的**听写**这一术语（图 18.1）虽然有点过时，但仍然准确，在这种语言行为中，反应的形式受具有语言刺激与语言反应产物之间点对点对应的语言 S^D 和泛化 S^r 历史的功能控制，但没有形式相似性（如听到"dog"，然后打出"D-O-G"）。

交互式语言

回答问题、讲故事和回忆通常是交互式语言行为。我们的交互式语言技能库使我们在遇到语言刺激或在自己产生语言刺激时能够做出语言反应。**交互式语言**关系（图 18.1）是一种语言行为，在这个行为中，反应的形式受与语言刺激没有点对点对应（如收到短信"什么时间？"然后回复"上午 10 点"）的语言 S^D 的功能控制。这个行为也涉及泛化 S^r 的相关历史。

听者区辨

语言的一个重要成分是听者对讲者发出的语言刺激与对那些刺激做出的行动之间的区辨的能力，即使讲者和听者是同一个人。人们常常用接受性语言来表示听者区辨。**听者区辨**（图 18.1）可以被定义为由泛化 S^r 历史（如有人要一支笔，你伸手去拿一支笔）引发相应的非语言反应（或反应类）的一个语言 S^D。

模板配对

模板配对（matching-to-sample, MTS）程序教授儿童关注和组织影响他的感觉系统（如视觉、听觉、味觉）的各种刺激。泛化的配对技能库（如将一类中的各种物品的新的示例图片放在一起）能够促进建立各种刺激事件类之间的等价关系和非等价关系（第 19 章和第 20 章）。在针对重度语言发育迟缓儿童和成人的语言教学中，配对技能非常重要。例如，一名儿童能够配对各种狗的图片，区分狗与其他动物，并学会对着其中一张图片说出"狗"，那么这名儿童在没接受更多训练的情况下，可能就能正确地命名一张新的狗的图片。

语言操作的分类

对斯金纳的语言行为分析的运用，其中一个重要的组成部分是对语言反应进行分类的能力，这些反应包括提要求、命名、交互式语言等。对语言关系进行分类可以使我们更加精准地辨识、组织和解释可能控制某个特定话语的特定变量。分类也能帮助我们辨识可能被证实为有解释价值或临床价值的变量之间的细微差别（Palmer, 2016）。图 18.2 呈现的流程图可用于缩小一个语言行为样本的控制来源的范围。可以通过问下面这些问题来实现语言分类，这些问题与目标反应的可能的控制变量有关。

1. MO 是否会控制反应形式？如果是，那么这个反应至少部分是提要求。
2. S^D 是否会控制反应形式？如果是，那么_____。
3. S^D 是不是非语言？如果是，那么这个反应至少部分是命名。
4. S^D 是不是语言？如果是，那么_____。
5. 语言 S^D 与反应之间有没有形式相似性？如果有，那么这个反应是重复（仿说、模仿或复制文字）。如果没有，那么_____。
6. 语言 S^D 与反应之间有没有点对点对应？如果有，那么这个反应是转码（文字或听写）。如果没有，那么这个反应至少部分是交互式语言。

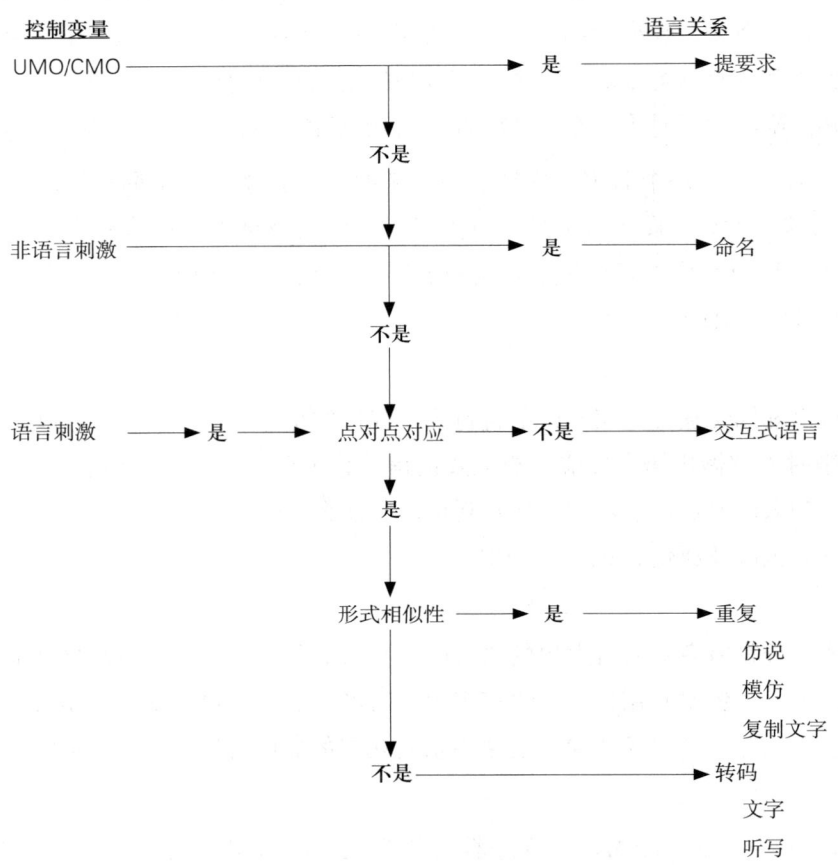

图 18.2　语言行为分类图

细述语言操作和听者行为

动因操作和提要求

动因是人类行为的前提控制的一个重要来源。我们每天做的很多事情都受到 MO 的控制（第 16 章）。非习得性 MO，如与食物、水、温暖和睡眠有关的 MO，是简单明确的、每天都必须有的。与此相反，习得性 MO，如与金钱、信息、旅行、关系等有关的 MO，往往较为复杂，部分原因在于这些事物对每个人而言存在差异性和独特性。

这两种 MO 都可以引发非语言行为和语言行为。此外，它们互相关联的特定强化历史可以改变其他 MO 和 S^D 的功能（Schlinger & Blakely, 1987, 1994）。例如，一天天气很热，某人在外面购物，好一阵子没喝任何东西，水的价值可能就会逐渐升高到引发非语言行为的程度（如寻找饮水机）。与这个 MO 有关的特定强化历史可能也会改变其他刺激的功能属性，如将饮水机建立为一个立即引发靠近行为的 S^D。如果找到了饮水机，又喝下了足够多的水，那么水的价值及其引发强度就会通过餍足而减弱，这就是一个废除型动因操作（AO），饮水机的功能属性就变成了 S^Δ（这个人停止寻找饮水机）。

同样的 MO（水剥夺）也可以引发语言行为（如向别人要水），但必须有一个听者来中介（给予）强化和完成这个语言情节。在这个例子中，来自听者的特定强化历史会改变 MO 的功能属性以及潜在听者的功能属性，将一些听者建立为提要求行为的 S^D（如服务员），而将其他听者建立为 S^Δ。当提要求获得成功的时候，这个行为会导致相同的特定强化，并通过获得水的非语言行为达到 AO，唯一的区别是获得水的方式。当 MO 引发语言反应而产生由听者中介的特定强化时，斯金纳（1957）将这个语言关系称作提要求（图 18.1）。

特定强化和提要求

提要求的定义性后果构成了斯金纳（1957）所称的特定强化（p. 56）。特定强化涉及强化与特定 MO 的关系所建立的强化（如水剥夺使水成为特定强化）。当提供充足的特定强化时，它会废除 MO。例如，对于寻找汽车钥匙来说，有一个有力的 MO，其特定强化是找到钥匙。这个特定强化也会改变任何数量的情境刺激的功能（如抽屉成为打开和搜寻行为的 S^D）。找到钥匙具有多重效果，它会废除 MO，同时起到强化作用，增强由 MO 引发的某个特定行为（如搜寻、提要求）。特定强化可以与其他语言操作的泛化 S^r 特征相对照。通过其与各种 MO 和相关强化历史的关系，泛化 S^r 获得增强效果，因此，泛化 S^r 并不依赖于单一的 MO（Michael, 2004）。

提要求关系的分类

对提要求关系进行分类很大程度上依赖于针对其两个定义性特征的讨论：(1) MO；(2) 特定强化。我们可以辨识控制提要求行为的不同类型的 MO，并通过提要求影响听者行为和产生特定强化的不同方式来对提要求行为进行分类。迈克尔及其同事（例如，Laraway, Snycerski, Michael, & Poling, 2003; Michael, 1982, 1993, 2004; 第 16 章）区分了两种主要的 MO 类型：非条件动因操作（UMO）和条件动因操作（CMO）。UMO 涉及人类先天的动因，不需要有学习历史来影响行为，而 CMO 是学习历史的直接结果。一般而言，可以这样做出区分：(1) MO 与剥夺和由这个剥夺建立的特定强化有关；(2) MO 与移除厌恶刺激和与此条件有关联的特定负强化有关。引发提要求的 UMO 和 CMO 各有不同的类型，每种类型各有不同的行为效果（第 16 章）。

由非条件动因操作引发的提要求

迈克尔和米格尔（第 16 章）辨识了九种 UMO，其中六种与剥夺有关（食物、水、睡眠、活动、氧气和性），三种与厌恶刺激有关（变得太热的厌恶条件、变得太冷的厌恶条件和疼痛刺激的增加）。这些 MO 中的任何一个（如睡眠剥夺）都可以引发习得性非语言行为（如上床）和/或语言行为（如提要求），与 MO 有关的特定强化也可以改变其他变量的功能效果（如一张沙发成为引发走向它的反应的 S^D）。

基于剥夺的 UMO。在婴儿首次发出的提要求中，有一些是非习得性剥夺所引发的（Bijou & Baer, 1965; Skinner, 1957）。起初是人类的一个生物过程，而后很快变成了习得性操作式行为。例如，食物剥夺起初诱发的哭泣可能是一个生物（应答式）事件，但通过强化过程（即喂食婴儿），哭泣变成了一个操作（Bijou & Baer, 1965; Novak & Pelaez, 2004; Schlinger, 1995）。每个不同的基于剥夺的 UMO 起初可能都会引发哭泣，但由于不同的特定强化的效果，反应形态开始发生变化（如饥饿的哭声听起来不同于疲倦的哭声）。到婴儿八周大的时候，父母往往能够区分哭泣的不同形式（Brazelton & Sparrow, 2006）。目光接触也能够充当婴儿的相似语言功能，因为 MO 和特定强化可以建立不同的"看"的行为，使其获得"提要求"的功能（Isaksen & Holth, 2009）。

厌恶刺激作为 UMO。有三种 UMO 与非习得性厌恶刺激有关（太热、太冷和疼痛刺激），移除它们，就是作为特定负强化发挥作用。迈克尔和米格尔（第 16 章）解释道："疼痛刺激将疼痛的减少建立为强化物，并引发已实现这种减少的（逃避）行为。"（p. 381）例如，如果一名儿童被烫到了，那么这个厌恶性 UMO 引发的行为可以是非语言的（如打开冷水龙头），也可以是语言的（如说"妈妈！"）。受厌恶刺激控制的提要求行为同样是在语言发展的早期就会出现，如与剥夺有关的提要求，在人类发展的很多方面占有一席之地（如语言获得、建立关系、智力发展）。任何类型的可辨识提要求行为对照顾者来说都是富有价值的，因为一个能辨认的反应形式可以帮助照顾者辨识儿童的内隐 MO 和他所想要的特定强化。因此，早期的提要求是一种让人们接近儿童的内在世界的可靠的接触方式。

由条件动因操作引发的提要求

CMO 比 UMO 更加多样化，而且可能会频繁地变化。迈克尔和米格尔（第 16 章）将 CMO 定义为"由有机体的学习历史而产生具有改变其他刺激、物体或事件的强化效果的动因变量"（p. 393）。例如，手机电量过低时发出的警示信号会提高电源线的价值，从而引发与特定强化历史有关的行为。迈克尔和米格尔（第 16 章）提出了三种 CMO：传递性条件动因操作（CMO-T）、反身性条件动因操作（CMO-R）和替代性条件动因操作（CMO-S），每一种都可以引发提要求行为。

词性。对某些 CMO 效果进行分类的另一种方式是通过词性来分类。例如，与名词有关的 CMO-T 通常涉及刺激改变（如遇到停车计时器），而它会改变物体的价值（如钱币）。动词通常涉及运动，刺激改变（如被放在马车上）可能会提高事件（如被拉动）的价值。在很多形容词、副词、介词以及语言信息、求助等当中，还可以找到相似类型的 CMO-T。对于需要语言干预的人来说，有很多方式可以捕捉或创造这些类型的 CMO-T 以达到教学目的。[1]

多重控制

人类行为的任何一个实例通常都是同时运作的多重变量的功能。行为分析师的任务是辨识其所关心的行为所受到的控制的相关来源是什么，而斯金纳对多重控制的分析可以在这个过程中提供帮助。斯金纳（1957）开始使用**多重控制**处理时说："我们从对语言行为中的基本功能关系的调查中发现了两个事实：（1）通常，一个单一反应的强度可能是不止一个变量的功能；（2）一个单一变量通常影响不止一个反应。"（p. 227）迈克尔等人（2011）认为，斯金纳所说的两个效果可以称作：（1）汇聚性多重控制（convergent multiple control）；（2）扩散性多重控制（divergent multiple control）。在汇聚性多重控制中，一个单一反应受到不止一个前提变量的控制。例如，一个提要求行为通常受到一个 MO（如要得到信息）和一个 S^D（如有一个听众）的控制。而在扩散性多重控制中，一个单一前提变量控制不止一个反应。例如，"达尔文是谁？"这个语言刺激可能会引发从听者变成讲者的一个人做出很多不同的语言反应，如"自然选择""HMS 贝格尔号"或"加拉帕戈斯群岛"。

涉及多重 MO 的汇聚性控制。任何语言情节都可能涉及多重类型的动因。MO 可能会组合和提升引发效果，或相互竞争以控制行为（例如，Michael et al., 2011; Sundberg, 2013）。例如，当与运动和社会互动有

---

[1] 了解更多详细信息，参看卡蓬（2013），恩迪科特和希格比（Endicott & Higbee, 2005），哈勒和桑德伯格（1987），兰达、汉森和希林斯伯格（Landa, Hansen, & Shillingsburg, 2017），莱查戈、卡尔、格罗、洛夫和阿尔马松（Lechago, Carr, Grow, Love, & Almason, 2010）、奥利森和贝克（Oleson & Baker, 2014），以及桑德伯格、洛布、黑尔和艾根赫（Sundberg, Loeb, Hale, & Eigenheer, 2002）的相关文章。

关的 MO 结合时，它们可能会引发一个提要求行为，如"你要去健身房吗？"MO 也常常相互竞争。例如，一个与食物剥夺有关的 MO 可能会与社交尴尬竞争，而引发"是的，我还要一块蛋糕"或"不要了，谢谢你"这两者中的一个反应。前提 MO 变量对于行为的汇聚性常常会产生新的效果（包括应答式和操作式），这种效果与复合安排中每个元素独立运作所产生的效果迥然不同。

涉及 MO 和 S^D 的汇聚性控制。MO 通常与 S^D 一同引发我们在日常生活中的行为。至于多重 MO，将 MO 和 S^D 结合起来可能会对行为产生累加性或竞争性的效果。例如，针对无语言儿童所做的早期提要求训练是由带有 MO 的仿说或模仿辅助与显著的非语言刺激相结合而组成的。MO 和 S^D 也可能会相互竞争。例如，一名家长可能会对孩子的行为拥有强有力的指令控制，除了当孩子玩电子游戏的时候。S^D 同样可以影响 MO，例如，当一个语言 S^D（如一个有关运动的问题）破坏了一个由当下 CMO-R 所控制的行为（如正在为一项考试做准备）时。

提要求控制。一个 MO 本身可能不足以控制行为，但当它与其他前提结合起来时，这个 MO 就会成功地参与行为的引发。例如，一个有关帮助他人的 MO 可能要到其他刺激出现，如有人跌倒，并与这个初期 MO 结合起来时，才会引发行为。看到有人跌倒而不提供帮助，这可能显示了与帮助他人有关的 MO 的弱点。帕尔默（2006）认为，在很多环境中，"前提本身并不足以引发相关的反应"（p. 100），但当其与其他变量结合起来时，可以引发行为。当谈到交互式语言关系时，帕尔默建议，使用交互式语言控制这个术语来辨识这种与语言 S^D 有关的补充型控制。一个类似的情况可以用在提要求控制上，一个 MO 本身不足以引发行为，但当它与其他变量结合起来时，会出现引发效果。

内隐事件

大多数 MO 类型是内隐的，也就是说，只有一个人能经历这种 MO 的影响。斯金纳（1953）将这种类型的隐蔽变量称作**内隐事件**（private event），并强调即使无法触及，在解释行为事件时，内隐事件作为因果关系变量也不能被忽视（Skinner, 1945, 1953, 1974）。斯金纳（1953）解释说："关于每个个体……宇宙中很小的一部分是内隐的。我们不必假设发生在一个有机体体表内的事件就具有特殊属性。内隐事件可能会通过其有限的可触及性被区分出来——就我们目前所知——而不是通过任何特殊的结构或性质被区分出来。"（p. 257）

很多事件发生在我们的身体内部，并影响我们的行为。例如，语言行为很容易成为隐蔽的行为。讲者会成为自己的听者，并以近似于回应他人的语言行为的方式回应自己的语言行为（Horne & Lowe, 1996）。我们的确会，也能够跟自己说话，以帮助我们解决问题、理解他人说的话、整理我们可能要说的话、回忆过去发生的事件、娱乐我们自己，等等。虽然他人总是无法触及这些内隐的语言事件，但在某些情况下，它们可以被间接测量到（Palmer, 2011）。

九种以听者行为区分的提要求类型

斯金纳认为，可以根据听者的差别中介行为和增强该听者行为的强化来对一些提要求行为进行分类。他提出了九种提要求行为（图 18.3）：索要、命令、祈祷、提问、建议、警告、许可、提供和呼叫。例如，关于索要和命令的区分，斯金纳认为，索要是对有动因强化讲者的听者（如服务员）发出的。听者提供的特定强化就是讲者索要的特定事项，而对听者而言的强化则是某种形式的泛化 S^r（如"谢谢！"）。与此相对，命令涉及没有意愿的听者，其语言刺激必须由厌恶刺激进行补充。听者提供的特定强化是服从讲者的命令。听者被威胁的移除所强化——因而是一种负强化。斯金纳为他所辨识的其他类型的提要求提供了相似的处理方法（图 18.3）。

提要求类型	讲者的MO	对讲者的特定强化	对听者行为的强化
索要	MO是一个有意愿的听者的行动	听者顺从	泛化型条件强化
命令	MO是一个没有意愿的听者的行动	听者顺从	移除厌恶威胁
祈祷	MO是产生一个情感倾向	发出祈祷行为	改善情感状态
提问	MO是有语言行动	语言信息被提供	泛化型条件强化
建议	MO是听者喜欢其后果	听者接受建议	接触强化和回避惩罚
警告	MO是告知听者一个可能的厌恶刺激	听者听从警告	回避厌恶刺激
提供	MO是使一个没有意愿的听者参与进来	听者参与	经历新事物
许可	MO是移除一个厌恶刺激	厌恶刺激被移除	做出行为而没有负面影响
呼叫	MO是听者的关注	听者发出专注行为	来自额外的讲者行为的强化

图18.3　以听者行为区分的提要求类型

新兴的提要求关系

在儿童的早期发育中，学会提要求是一个强有力的行为交点（Bijou & Baer, 1965; Greer & Ross, 2008; Rosales-Ruiz & Baer, 1997; Sundberg & Michael, 2001）。儿童的提要求技能库通常发展得很快（归因于MO和特定强化效果），而且往往只需要很少的正式教学。儿童一旦获得了基本的仿说、提要求、命名和听者技能库，这些行为交点结合起来，就能以各种不同的方式产生新兴的提要求行为。例如，儿童一旦获得了提要求框架（如"我要___"），并能够命名物体和行动，通过直接训练、随机暴露或关系框架，新的命名就可以被放入这个提要求框架中（例如，Hall & Sundberg, 1987; Horne & Lowe, 1996; Pérez-González, Pastor, & Carnerero, 2014; Rosales & Rehfeldt, 2007。更高级的和极具生成性的提要求交点涉及针对信息的提要求（如"那是什么？""妈妈在哪里？"）。儿童问问题的能力通过产生新的命名、仿说、提要求、交互式语言和听者行为而在其词汇发展中发挥重要作用。

非语言刺激控制和命名

提要求与命名之间的区别以MO与作为前提的S^D之间的区别以及MO与作为后果的特定和非特定强化之间的区别为基础。非语言S^D，如同MO，既可以引发非语言行为，也可以引发语言行为。例如，我们可以针对下雨做出非语言的反应——拿一把雨伞，或者做出语言的反应——谈论下雨这件事。当物理环境的非语言属性（如雨给人的视觉或触觉上的刺激）引发了一个语言反应，随后有一个泛化S^r时，斯金纳（1957）将这个语言关系称作命名（图18.1）。

迈克尔（2004）将非语言刺激定义为影响我们的感受器系统（如视觉的、听觉的、前庭觉的）的环境改变（如抵消一个刺激的发作）。当一个特定的非语言刺激（如下雨）引发了一个特定的反应，而在该反应之后立即出现强化时，就是刺激控制的开展。斯金纳（1957）指出了两种一般的非语言刺激控制，它们共同作用形成汇聚性多重控制而引发语言行为：（1）"控制大群体反应"的听众（p. 81）；（2）"整个物理环境——据说是讲者所'谈论'的所有事物和事件的世界"（p. 81）。

命名关系的分类

通过辨识控制反应的不同类型的非语言S^D，以及这些语言反应影响听者行为的不同方式，可以实现对命名的分类。此外，非语言S^D常常与其他非语言S^D、语言S^D和MO相互作用。下面简要介绍对各种非语言S^D和命名进行分类的几种方式。

不同的感觉接受器

人们可以通过受非语言刺激影响的感觉接受器来对命名进行分类。视觉刺激具有不同于听觉刺激、触觉刺激、嗅觉刺激等的功能属性。例如，儿童可能会在听到冰激凌贩卖车的音乐这个听觉非语言刺激的情况下发出"冰激凌车"这个命名，但在看到冰激凌贩卖车本身这个视觉非语言刺激时，却发不出同样的话语。

词性

也可以用词性来对命名进行分类（如名词、动词、副词），因为非语言刺激控制的一个独特类型往往涉及每一种词性。例如，引发很多名词的非语言刺激通常是静止的物体（如狗、房子），而引发动词的非语言刺激往往涉及运动（如跳、打开）。很多形容词涉及更加复杂的非语言刺激安排，其中相同的属性可能会在不同的物体上出现（如绿色的、大的、重的），这些属性而非物体本身是刺激控制的来源。就很多介词而言，物体本身与区辨无关，而它们彼此的空间关系才是非语言控制的相关来源（如在……旁边、在……之上、在……上面）。对于涉及其他词性（如代词、副词）的非语言刺激控制，也可以用类似的方式进行分析。

多重非语言刺激

大部分非语言环境涉及多重非语言刺激。在一个基本层级上，一个单一的刺激（如狗）包含多个非语言刺激（如一条尾巴、爪子、毛皮）。与环境的大部分接触涉及很多类型的多重非语言 S^D（如物体、行动、关系）。例如，看到一只狗而命名"狗在讨食"，这包含多重非语言刺激，每个刺激都在引发反应中发挥作用。一句话里的不同词性被不同的非语言刺激控制来源所控制。名词"狗"受到非语言物体的控制，动词"讨食"受到狗的行动的控制，而"在"是一个关系自动附加（relational autoclitic），它告知听者狗（名词）与讨食（动词）之间的协调关系。当一个句子包含其他词性（如形容词、代词）的单词时，更多的非语言 S^D 会在引发反应中发挥作用。因此，看起来可能是一个单一"意义"的单一话语，其实是受多重变量控制的多重反应。

汇聚性多重控制涉及非语言 S^D、语言 S^D 和 MO

非语言 S^D 经常与其他类型的前提变量一同参与到语言情节之中。例如，当一名儿童被问到"这张纸是什么形状的？"时，这里就涉及非语言 S^D 和语言 S^D。说"长方形"是受到了纸的实际（非语言）形状和（语言）口说词"形状"的多重控制。如果问题是"这张纸是什么颜色的？"就会引发不同的反应。这些控制变量的结合使得反应部分是命名，部分是交互式语言，而这两种控制来源都必须存在，这样才能使反应是正确的。非语言 S^D 也可以和 MO 共享控制。例如，一个与被割伤的手指有关的 MO 和一盒创可贴的非语言 S^D 会引发选择行为。

命名控制

当非语言前提本身不足以引发相关反应时，多重控制可能也会发挥作用（Palmer, 2016）。例如，如果一个人想不起来谈话对象的名字，那么补充语言刺激（如谈论共同的工作经历）可能有助于引发她的回忆。将帕尔默（2016）的交互式语言控制的概念延伸到非语言刺激不足以引发相关反应的情况，这可以被称作命名控制（tact control），它主张非语言刺激并不是控制的主要来源，而是前提变量的多重配置中的一个参与者。

内隐的非语言刺激控制

非语言刺激可以在讲者的体表内出现，并引发命名形式的语言行为。例如，如果一个人收紧腹部肌肉，那么这个反应会产生一个可以通过运动感受器命名的非语言反应产物。也就是说，一个人可以感觉到她的肌肉在动，并命名这个运动，虽然其他人不能。视觉想象也可以提供可被命名的非语言 S^D（例如，Horne & Lowe, 1996; Miguel, 2018; Skinner, 1974），从而提供在交互式语言上有时具有价值的刺激控制的补充来源。例如，基萨莫尔、卡尔和勒布朗（Kisamore, Carr, & Leblanc, 2011）证明了如何通过教授儿童发出视觉想象行为（如当被要求说出一些农场动物的名称时想象一座农场）来改善交互式语言。视觉想象也可以参与后面会提到的双向赋名关系（Horne & Lowe, 1996; Miguel, 2018）。

儿童在学会命名自己的隐性行为（如"我累了"）之前，先学会了命名自己的显性行为（如"我在跳舞"）。一个语言社区建立自我察觉的方式有好几种（斯金纳，1953，1974）。例如，可观察的外显附带行为可以给社区提供内隐刺激的信息（如一名儿童跛行），这些情况可用于教授儿童命名她自己的内隐事件。

当可观察的外部刺激（如因割伤而流的血）伴随着内隐刺激时，就是儿童学习受内隐非语言刺激控制的命名的另一种方式。成人可以命名与内隐刺激高度相关的公开刺激（以及附带行为），并在内隐刺激出现时提供和教授恰当的反应形式（如说"哎哟"），从而产生仿说—命名的转移。当情感、MO、语言 S^D、非语言 S^D 与其他变量相互作用，以及与当前背景和强化依联相互作用时，内隐事件可能会变得相当复杂。

命名延伸

一个命名关系一旦建立起来，命名反应就可以通过刺激泛化过程而出现在新异刺激条件下。斯金纳（1957）根据新异刺激与原始刺激的相关的或定义性的特征的共有程度，辨识出了四种不同的泛化层级。这四种**命名延伸**类型是一般的、隐喻的、转喻的和借喻的。在一般式命名延伸中，新异刺激具备所有与原始刺激相关的或定义性的特征。例如，如果一名儿童学会了在一棵枫树出现时将其命名为"树"，那么当他看到一棵橡树时，他就会正确地将其命名为"树"。当儿童遇到一个新异的非语言刺激，这个刺激具备树的一部分而非全部的定义性特征（如灌木丛）时，这个前提可能也会引发"树"这个反应，并展现出一个隐喻式命名延伸的例子。

新异刺激的另一种泛化是转喻式命名延伸，其中，新异刺激不具备任何原始刺激的定义性特征，但一些不相关的特征会获得刺激控制。例如，如果树上有一架秋千，儿童可能会想把秋千称为"树"，那么由于强化历史，秋千获得了对"树"这个反应的刺激控制。第四种新异命名被称作借喻式延伸，当获得控制的（刺激）属性与（原始刺激）定义性属性没有明确的联系时，可能就会发生借喻式延伸。例如，鞋这个非语言刺激与将其命名为"树"之间看起来是没有任何联系的，虽然这类借喻式延伸有可能发生。

命名抽象化

命名抽象化（tact abstraction）涉及学习命名一种属性（颜色、大小、形状），而不考虑物体本身。例如，红色可以作为广泛的非语言刺激（红色汽车、红色衣服、红色水果）中的一部分出现。有几种词性涉及抽象化，如副词（如快、慢）和介词（如靠近、高于），而运动和位置的属性则必须分别获得对行为的控制，无论该属性出现时所处的背景如何。

强化控制命名

除了有不同类型的前提变量来区分提要求和命名外，不同类型的强化也可以给每种操作下定义（Braam & Sundberg, 1991; Saunders & Sailor, 1979; Stafford, Sundberg, & Braam, 1988）。提要求关系涉及特定强化，而命名关系涉及泛化 S^r。斯金纳（1957）辨识出了五种不同的由听者提供的命名泛化 S^r；其中三种是由作为听者的第二人提供的：（1）教育性强化；（2）逃避或回避厌恶刺激；（3）延伸听者与环境的接触。另外两种则是讲者作为自己的听者而自行提供的：（4）自动强化；（5）一个邻近性或相关联使用的历史。

教育性强化

儿童正确辨识物理环境中的物体和事件的能力是语言发展的一个重要方面，父母和其他照顾者要格外努力地建立这方面的行为。斯金纳（1957）认为，它所涉及的泛化 S^r 的类型可以被视作教育性强化，他将其定义为"提供这种强化的主要原因是它建立和维持讲者的一种特定行为形式"（p. 84）。例如，教授一名儿童命名身体的部位，这涉及前提、行为和后果（一个回合尝试），其差别强化很明确是为了教学目的而提供的。这可以被视作人为设计的强化依联。尽管如此，这些依联在建立儿童的早期命名词汇或修复儿童受损的命名技能库方面是有价值的。

逃避或回避厌恶刺激

移除某个令人厌恶的事物可以成为一种负强化，从而增强行为。如果一个威胁性的语气伴随着一个非语言刺激（如教学尝试中的一句严厉的"这是什么？"），那么那个厌恶刺激的移除可能就是比社会性赞扬更强有力的后果（例如，Carbone, Morgenstern, Zecchin-Tirri, & Kolberg, 2008）。

延伸听者与环境的接触

命名的主要强化是听者所采取的行动，这个行动就是讲者命名行为的功能。迈克尔（1991）这样解释这个效果："由于讲者的命名行为，听者能够做某件若无讲者命名他就不能做的事，并为此提供泛化 S^r。"（p. 35）例如，如果一名驾驶者（作为听者）没有看到一辆迎面而来的汽车，一名乘客（作为讲者）命名"汽车来了"，就延伸了驾驶者与物理环境的接触，从而使得他更有效地行事。这个强化不是人为设计的，它产生了有效的听者行为，听者为此提供了强化（如"谢谢"）。

自动强化

环境依联能够在没有其他人直接参与的情况下影响人的行为。例如，从游泳中获得的强化可能来自行为本身——也就是说，感觉良好。斯金纳（1957）使用"自动"这个术语来辨识在没有其他人直接操纵的情况下，行为被环境变量引发、塑造、维持或减弱的情况。沃恩和迈克尔（Vaughan & Michael, 1982）指出，斯金纳使用自动一词只是为了平衡"任何将强化概念限制在已被其他人或团体刻意安排的情境中的倾向"（p. 218）。斯金纳（1957）还讨论了自动惩罚（p. 375）、自动消退（p. 164）、自动后果（p. 442）、自动塑造（p. 58）、自动 MO 控制（p. 220）和自动刺激控制（p. 416）。简而言之，所有基本的行为原理都可以在一个人身上自动运作，而且所有的**自动依联**都具有与非自动依联相同的定义性属性。因此，未经刻意安排的前提和后果常常能够以一种比直接操纵依联更加有效的方式来影响行为（Palmer, 1996; Skinner, 1968）。

在各种自动依联中，自动强化最受行为学研究者的关注。自动强化的发生有两种方式：（1）行为的反应产物发出强化（如婴儿牙牙学语、唱歌、矫揉造作、发出巧妙的短语）；（2）由来自物理环境的行为强化效果提供强化（如开灯、找到丢失的手机）。这两种自动强化都可以增加在它们之前出现的行为，而不需要其他人的参与。

自动强化的概念在语言教学和问题行为的处理方面有很多应用，同时，有越来越多的实证研究支持这方面的应用（例如，第 27 章；Shillingsburg, Hollander, Yosick, Bowen, & Muskat, 2015; Stock, Schulze, & Mirenda, 2008; Sundberg, Michael, Partington, & Sundberg, 1996; van Harran, 2015; Vollmer, 1994）。此外，多纳霍和帕尔默（Donahoe & Palmer, 1994）以及帕尔默（1996, 1998）描述了自动强化如何参与语言行为的更复杂方面的发展。例如，这些学者认为，当一名儿童使用的语法听起来像其语言社区中的其他人使用的语法时，他的语法会产生自动强化，但如果听起来奇怪或与众不同，就会受到自动惩罚。帕尔默（1996）将这个效果描述为实现与他人的同等（parity）。一些研究已经证明了自动强化如何参与语法和句法技能的建立和完善（例如，Østvik, Eikeseth, & Klintwall, 2012; Wright, 2006）。

一个邻近性或相关联使用的历史

每个讲者都有独特的、私人的、与她自己的语言行为相关的强化历史。这个历史会影响当前的环境依联，而这两组变量又相互作用。例如，如果一位朋友在谈论最近骑车环绕加拿大新斯科舍半岛的旅行，而你这个听者也有骑车环绕新斯科舍半岛的经历，那么其中就可能有一些强烈的隐蔽语言行为和非语言意象。这些隐蔽语言行为的反应产物为你即将扮演的讲者角色做好了准备。"新斯科舍"这个语言区辨刺激可能会隐蔽地引发"哈利法克斯"或"移民站"这样的自我交互式语言。一个路边的鲜花的隐蔽图像可能也会充当非语言 S^D 而引发"羽扇豆"这个自我命名。这些效应之所以发生，是因为有一个强化历史，其中，这些不同的刺激要么共同邻近性地发生，要么只是彼此关联（Palmer, 2016）。斯金纳将这个效应称作邻近性使用（contiguous usage），他说："总体而言，如果当前情境中的恰当反应很有力，那么这是有好处的。"（p. 86）这些反应受到它们产生的自动强化而得到自我增强。此外，它们的出现引发了使听者提供泛化 S^r（如"我也喜欢羽扇豆"）的概率增加的讲者行为。

生成学习

典型发育儿童在两岁到三岁之间会出现语言能力的爆发（Brazelton & Sparrow, 2006; Greer & Ross, 2008; Hart & Risley, 1995）。在这期间，儿童开始每天发出和理解新的单词，他的词汇量可以从 100 个增长到 1000 个单词。儿童可能会以新的方式在新的语境下组合和扩展这些新词，而且往往没有直接训练或强化历史（如一个蹒跚学步的小孩可能会说出一个骂人的单词而震惊听众）。幼儿似乎可以自己学习新单词。然而，有些儿童，尤其是那些孤独症儿童，却在获得语言的过程中挣扎，或者未能实现这一飞跃。

一些新兴的语言行为可以用刺激和反应的泛化来解释，而其他的则涉及生成学习范畴下的泛化过程。**生成学习**涉及一种行为效应，先前获得的技能启动或加速了其他技能的获得，而不依赖直接教学或强化历史（Alessi, 1987; Horne & Lowe, 1996; Staats, 1996; Stewart, McElwee, & Ming, 2013）。关于生成学习的研究有几条富有成效的路径，每一条都有助于我们理解这个重要的行为效应（例如，Becker, 1986; Engelmann & Carnine, 1982; Goldstein, 1983; Greer & Ross, 2008; Hayes et al., 2001; Hixson, 2004; Horne & Lowe, 1996; Johnson & Layng, 1994; Koegel & Koegel, 1988; Lowenkron, 1998; Malott, 2003; Rosales-Ruiz, & Baer, 1997; Sidman, 1994; Staats, 1996）。行为交点的概念（Rosales-Ruiz & Baer, 1997）能够帮助我们组织生成学习这个课题，尤其是将它应用于早期语言获得（Greer & Ross, 2008）。此外，斯塔茨（Staats, 1996）在累积—等级学习方面的研究成果有助于为生成学习提供概念基础（Hixson et al., 2010）。下面这个部分将描述生成学习产生新兴的命名关系的几种方式。

新兴的命名关系

刺激等价

西德曼（1971）以及西德曼和克雷森（Sidman & Cresson, 1973）的研究显示，模板配对（MTS）、仿说和听者技能的结合会产生新兴的 MTS、命名和文字关系。西德曼将这种效应称作刺激等价（第 19 章）。这些研究者展示的是，等价可以通过以下方式来建立：使用条件型区辨程序，直接教授一个单词（刺激 A）与一个物体（刺激 B）之间的单一 AB 关系，然后教授相同物体（刺激 B）与一个不同刺激（刺激 C）之间的 BC 关系，然后测试未经训练的关系（即 BA/CB 对称性测试和 AC/CA 传递性测试）的出现情况。当对称性和传递性都出现了新兴行为时，等价就发生了（Sidman & Tailby, 1982）。皮尔格林（Pilgrim, 第 19 章）这样描述西德曼早期的新兴命名和文字反应研究："令人振奋的结果是，这些男孩不仅正确命名了图片，还正确命名了书面单词；也就是说，他们能口读这些单词，而这在教学阶段开始之前是做不到的。"（p. 456）自西德曼开始研究起，等价程序已被证明是一种有效的方法，它可以产生一系列生成学习效果（第19章）。

重组泛化

戈尔茨坦（1983）将重组泛化（recombinative generalization）定义为"对先前已包括在其他刺激背景中的刺激成分的新异组合的差别反应"（p. 280）。例如，如果一名儿童被教授命名"绿色圆圈"和"红色方块"，然后在没有直接训练的情况下，儿童能够正确命名"绿色方块"和"红色圆圈"，那么就发生了重组泛化。矩阵训练（matrix training）是一个经常被用来制造重组泛化的程序，研究已经证明了矩阵训练在产生新兴命名关系中的有效性（例如，Axe & Sainato, 2010; Frampton, Wymer, Hansen, & Shillingsburg, 2016; Kohler & Malott, 2014; Pauwels, Ahearn, & Cohen, 2015）。

共同双向赋名

霍恩和洛（Horne & Lowe, 1996）认为，在早期语言获得过程中影响最深远的成就之一发生在仿说、命名、听者和自我听者这些技能结合起来，建立一个新的高阶语言交点的时候，他们称之为**共同双向赋名**（common bidirectional naming, C-BiN）。一旦儿童能够轻松地仿说新的单词，并获得了基本的 C-BiN 先备技能库，以听者身份获得的新词就可以立即产生讲者行为（一个命名）而无须进一步训练；或者，如果那个单词最初是作为命名获得的，它就可以立即产生听者关系而无须进一步训练（与对称性和相互蕴含一致）。赋名经验的强化历史（多范例教学）和自我仿说中介建立了单词与物体或事件之间的双向关系，并融合了讲者与听者技能库（Greer & Ross, 2008; Horne & Lowe, 1996; Miguel, 2016, 2018）。赋名交点具有深远的意义，格里尔和隆加诺（Greer & Longano, 2010）斩钉截铁地说："赋名显然是语言发展中的爆发来源。"（p. 73）此外，在无法获得这个重要的学习形式的障碍儿童身上，C-BiN 教学程序已经显示出了产生生成学习的有效性（例如，Fiorile & Greer, 2007; Lee, Miguel, Darcey, & Jennings, 2015）。

共同控制

洛温克伦（Lowenkron, 1984, 1988, 1989）证明了新兴的讲者和听者行为能够通过被他称作共同控制（joint control）的一种多重控制而产生。共同控制也涉及语言技能的结合（如仿说和命名的技能库），当引发相同反应形态的两个单独建立的前提同时出现时，就发生了共同控制。例如，当从一个参考清单里搜寻某个特定的条目时，一个自我仿说（如"Guttman 和 Kalish"）正在运行（公开或隐蔽地），直到一个文字刺激引发相同的反应形式（如读到"Guttman 和 Kalish"）。这两个反应形式的物理相似性产生了一个关于那个相似性的非语言 S^D，并引发了一个新兴的自动附加命名（如"就是它"）。自动附加命名的反应产物与文字刺激共同建立了引发新兴听者行为（如复制和粘贴参考条目）的条件型区辨。一旦共同控制作为泛化技能库（一个高阶交点）被获得，它的生成效果就会允许出现或促进很多复杂的讲者和听者行为（例如，Causin, Albert, Carbone, & Sweeney-Kerwin, 2011; Lowenkron, 1998, 2006; C. T. Sundberg et al., 2018; Tu, 2006）。

关系框架理论

海斯等人（2001）将西德曼的等价框架扩展到了非等价关系中，如比对、相反和差异（第20章）。当等价关系与非等价关系在新的背景中相互作用时，能够制造新兴命名的生成学习机会是很丰富的。一旦获得了泛化型操作的地位，关系反应就会成为能够产生若干深远衍生效果的高阶交点（例如，Dougher, Augustson, Markham, Greenway, & Wulfert, 1994; Hayes et al., 2001; Stewart et al., 2013）。在关系框架理论（Relational Frame Theory, RFT）中，框架是基于多范例训练的历史建立起来的，并根据当前背景以不同的方式进行组合。这个历史和当前的依联为衍生关系反应（derived relational responding）提供了建立的基础。

衍生关系反应的一个定义性特征是刺激功能的转换，它包括所有类型的转移（如相互蕴含、组合蕴含、功能转换）（Dymond & Rehfeldt, 2000; Hayes et al., 2001）。RFT 的独特之处在于对心理功能转换的处理（例如，Dougher et al., 1994; Dymond & Barnes, 1994）。在这类转换中，"如果一个相互蕴含或组合蕴含关系中的一个刺激被赋予一个直接的心理意义，那么其余的刺激就可能获得这个心理功能。例如，如果'柠檬'与实体柠檬在一个选择以味道为相关功能的背景中处于一个等价类（equivalence class）中，那么谈论柠檬可能就会与流口水或皱眉头联系起来"（Hayes, Gifford, & Ruckstahl, 1998, p. 289）。框架活动可以提供教学工具，用于建立可被发出、扩大和合并的刺激关系生成网络（例如，Dixon, 2016）。关于衍生关系反应的更多讨论，参看第 20 章。

受语言 S^D 控制的语言行为

作为讲者行为和听者行为的控制来源，在 MO 和非语言 S^D 以外，语言 S^D 构成了语言的第三种前提控制。我们往往以讲者或听者的角色对他人的话语和自己的话语做出反应。我们与人交谈、上网、阅读、书写，等等。斯金纳（1957）将语言刺激定义为"早期语言行为的产物"（p. 65）。也就是说，语言反应产生了反应产物。例如，口语产生听觉刺激，手语产生视觉刺激，盲文产生触觉刺激。这些反应产物可能具有区辨或动因的功能，会反过来引发听者的行为，包括使讲者成为她自己的听者。

语言 S^D 具有与非语言 S^D 相同的因果地位，因为这两种 S^D 都通过差别强化获得对行为的区辨控制。语言 S^D 具有在非语言 S^D 中看不到的独特效果和特征（Sundberg, 2016a）。例如，语言 S^D 可以是便携式的、内隐的和无环境支持的。我们不在意大利也可以谈论身处意大利的情境，背出数字来打开密码锁，解决问题，或仔细思考一个重要的抉择，所有这些都是在没有相关物理刺激的情况下发生的。谈话的语言反应产物可能会作为自动 S^r 发挥作用，如同 S^D 或 MO，引发其他行为。相比之下，非语言 S^D 受限于周边的物理环境（除想象外），对讲者来说，它在不同环境中的便携性或可获得性要低得多。

六种初级语言操作受到语言 S^D 的控制：仿说、动作模仿（与手语有关的）、复制文字、文字、听写和交互式语言（图 18.1）。所有这些语言操作，除交互式语言外，都可以被归类为重复或转码。

重复关系：仿说、动作模仿和复制文字

重复是最简单的语言操作，在语言学和学业发展中发挥重要作用。这种语言操作涉及口头复制语言刺激。语言刺激能够以多种形式出现（如口语、书写、手势、手语、指语、盲文）。它们可以被归为三种可区分的类型：仿说（听觉配对）、与手语有关的动作模仿（视觉配对）以及复制文字（如复制字母的形状、指语或盲文点字）。

仿说。 儿童复诵他人的音素和单词的能力对于学习辨识物体和行动来说至关重要。当出现一只鸭子时，家长可能会说："那是鸭子，你能说鸭子吗？"如果儿童回应："鸭子。"那么家长会说："对了！"在没有仿说辅助的情况下，这名儿童最终学会了说出鸭子这个名称。仿说行为也在形式更为复杂的语言行为中发挥关键作用，如随机语言学习、衍生关系反应、共同控制、双向赋名和问题解决等（例如，Hayes et al., 2001; Horne & Lowe, 1996; Lowenkron, 2006; Palmer, 2012; Schlinger, 2008a, 2008b）。

动作模仿。 有些类型的动作模仿构成了非语言行为（如跟着他人排队），而他人可能具有的功能属性跟仿说语言对聋人或听得见但不能说话的人来说所具有的功能属性是一样的。例如，一名儿童可能会在做爆米花时学会了模仿爆米花这个手语，以后就可以恰当地打出这个手语而无须模仿辅助。

复制文字。 文字语言刺激的形式包括书写、指语或盲文点字。学习复制这些刺激可以促进转码语言行为的发展（如学习阅读、书写和拼写）。例如，儿童往往是通过描笔画和复制来学习字母的书写，这可以

推动独立书写、拼写和阅读的发展进程。

转码关系：文字和听写

转码关系比重复关系复杂，因为语言 S^D 与语言反应之间缺少形式相似性。迈克尔（1982）指出，转码这个术语"是指在一个形式密码中所看到的一种关系，其中一个刺激被视作代表与它不相似的另一个刺激"（p. 2）。在转码关系中，需要额外的讲者行为来学习编码和将文字刺激转换成口语刺激，反之亦然。

文字。文字行为是在不涉及读者是否理解他所读内容的情况下而读的行为。理解所读内容，这个行为通常被辨识为阅读理解，并涉及若干功能独立的语言和非语言操作（如交互式语言行为、提要求、命名、听者区辨）。例如，在看到书面文字"芝加哥"时说"芝加哥"，通常是文字行为。但是，理解芝加哥是密歇根湖畔的一座城市，就不是文字行为（更有可能是交互式语言行为）。文字行为也可以发生在手语中。斯托科标记系统（Stokoe Notation System）就是设计成书面手语的一种形式（虽然并未广为使用）。它有55个书面语素，可类比英语的42个语音音素（Stokoe et al., 1965）。书面语素可以与手语相结合而被使用者阅读，其方式类似于口说，因为它们与特定手语具有点对点对应。

听写。听写包括书写和拼写口说的单词。学习这种编码所涉及的多种技能库不仅包括字母的手工生产（书写、打字、指语或点字），还包括单词的拼写。与文字一样，这个技能库的转码通常需要额外的教学。听写也可以出现在手语中。这种关系涉及看到一个手语并写出相应的语素。

交互式语言

交互式语言关系与由语言 S^D 引发的其他类型的语言行为不同，因为语言刺激与语言反应之间不存在点对点对应（图18.1）。幼儿发出的交互式语言的形式通常是唱歌、讲故事、描述活动等。在更高级的层次上，交互式语言行为是人类行为中的很多重要方面（如学业、社会互动、娱乐）的关键成分。如同其他语言操作，交互式语言反应形式可能包括说话、手语、书写字词等。如同提要求和命名，要理解交互式语言，必须理解它的控制变量。交互式语言可能包括至少四种不同的语言区辨（图18.4）：（1）简单语言；（2）复合语言；（3）语言条件；（4）语言功能改变。

区辨类型	定义	例子
简单	引发一个反应的单一成分语言刺激。	讲者：听到"一只小猫说……"后，说"喵"。 听者：当被要求"跳"时，儿童做出跳的行为。
复合	涉及两个或更多个 S^D 的语言刺激，其中每个 S^D 都独立引发行为，但当它们发生在同一组前提配置中时，一个不同的 S^D 就产生了。	讲者：在听到"红色、白色和……"后，说"蓝色"。 听者：当被要求"快速拍手"和"慢慢拍手"，"快速走"和"慢慢走"时，发出相应的非语言行为。
语言条件	在同一组前提配置中，改变另一个语言刺激的引发效果的一个语言刺激。	讲者：当被问到"你用什么吃东西？"和"你用什么洗手？"时，分别说"勺子"和"肥皂"。 听者：当被问到上述同样的问题时，用手指着勺子和肥皂。
语言功能改变	改变其他刺激的功能或动因操作的一个语言刺激（Schlinger & Blakely, 1994）。	讲者：在听到"当我叫到你的名字时，唱出你的那一部分"后，在正确的时间唱歌。 听者：在听到"当门铃响的时候，去叫你爸爸"后，在正确的时间发出正确的行为。

图18.4 语言区辨的四种类型

语言区辨的分类

通过辨识引发交互式语言反应的语言刺激控制类型可以对交互式语言关系进行分类。总体而言，以下列出的每种语言区辨都涉及复杂程度递增的语言刺激控制类型。

简单语言区辨

典型发育儿童获得的第一种交互式语言行为通常涉及**简单语言区辨**（simple verbal discrimination），也就是单一成分的词语或短语引发一个不匹配的语言反应。例如，听到"就位，预备……"时，儿童马上说"跑"，或者听到"巴斯……"时，儿童马上说"光年"[1]。这些早期的交互式语言反应可能起初受到了 MO 和其他补充变量的多重控制（如仿说、命名），但很快交互式语言刺激控制就建立起来了。

复合语言区辨

复合语言区辨（compound verbal discrimination）涉及汇聚性多重控制，即两个或更多个语言 S^D 共同引发一个反应。然而，由复合刺激引发的反应不同于由每个在孤立状态时呈现的语言 S^D 引发的反应（Eikeseth & Smith, 2013）。例如，听到"黄色"可能会交互式地引发任何数量的反应（如"颜色""校车"），听到"水果"可能也会引发任何数量的反应（如"苹果""橘子"），但当组合起来变成"黄色水果"时，它们会引发一个更特定的反应（如"香蕉""柠檬"）。在一个复合语言区辨中，单个词语不会改变彼此的功能；它们是一个更大的刺激配置的一部分，类似于单个非语言刺激（如尾巴、爪子）组成物体的方式（如一只狗）。在接下来介绍的这个语言刺激控制中，前提中的单个词语会彼此影响。

语言条件型区辨

当同一个前提配置中的语言刺激相互作用的时候，语言刺激控制会变得更加复杂。例如，话语中的语言刺激之间可能会产生条件型区辨，并需要更多的行为来发出交互式语言反应（即问题变得更难）。当一个语言刺激改变同一个前提配置中的另一个语言刺激的引发效果，而该刺激引发了反应时，就出现了**语言条件型区辨**（verbal conditional discrimination, VC^D）（Axe, 2008; Catania, 2013; Devine, Carp, Hiett, & Petursdottir, 2016; Eikeseth & Smith, 2013; Kisamore, Karsten, & Mann, 2016; Michael et al., 2011; Sundberg, 2016a; Sundberg & C. A. Sundberg, 2011）。例如，在语言前提"谁不去吃晚餐？"中，与条件型词语"不"有关的强化历史改变了短语"去吃晚餐"的引发效果，将它变成一个不同的语言 S^D 而引发一个相应的交互式语言反应。当语言刺激变成"谁去吃晚餐？"时，通过显示引发效果的改变，可以证明存在 VC^D 效果。

语言功能改变效果

语言刺激可以改变即时的或未来的 S^D 和 MO 的功能效果，并据此改变听者的行为。即时效果包括简单的操作式条件作用和应答式条件作用，而未来行为的改变比较复杂。例如，被告知"那座桥坏了，在 7-Eleven 商店那里左转，再走五英里，会有另一座桥"，这会改变未来遇到的刺激的功能效果，并在那时引发语言和非语言行为（如命名 7-Eleven，左转）。斯金纳（1957）将这种效果描述为通过指令来条件化听者行为（p. 357）。施林格和布莱克利（Schlinger & Blakely, 1994）以及施林格（2008b）认为，当语言刺激立即条件化听者行为，并在立即出现或后来出现的其他刺激和 MO 的行为功能中产生相对永久的改变时，这种效果可以用**语言功能改变**（verbal function-altering）这一术语来描述。听者的未来行为可能涉及任何讲者、听者或应答式关系。施林格和布莱克利（1987, 1994）认为，斯金纳（1969）的"规则掌控的行为"这一术语应保留给这些类型的语言功能改变效果。

讲者的未来交互式语言行为的条件化通常首先涉及初始的听者条件化，然后接触到新近建立的语言刺

---

1 译注：巴斯光年是动画电影《玩具总动员》中的角色。

激。例如，如果一名少年对他的同龄朋友说："如果你妈妈问你去哪儿了，你就说图书馆。"后来，这个人听到妈妈问这个问题时，就会如同得到指令那样引发说"图书馆"这个反应。在其他情境中，听到"你去哪儿了？"可能会有不同的引发效果（如"练习赛跑"）。然而，重要的是，要注意到，"这并不会发生在天真的讲者或听者身上，它是一个语言条件化的长久过程的最终结果"（斯金纳，1957, p. 360）。

涉及语言 S^D、非语言 S^D 和 MO 的汇聚性多重控制

语言 S^D 不仅会作为一种多重控制而相互结合，它还常常与非语言 S^D、MO 和应答式关系一同参与行为的控制。与其他汇聚性多重控制的例子一样，组合多重变量的效果可以是增加的，也可以是减少的。一方面，语言 S^D 可以额外提供一个受欢迎的非语言刺激，如参观历史遗迹时导游提供的信息。另一方面，语言 S^D 可以减弱、阻挡或扭曲其他非语言刺激、语言刺激和 MO 的控制。例如，当有人在观影期间说话时，你可能会错过非语言行动或对话。

交互式语言控制

依赖非语言 S^D 和 MO 的多重控制的语言 S^D 与不依赖那些控制的语言 S^D 是有区别的。那些不需要多重控制且有相关强化历史的语言 S^D 可以被归类为交互式语言操作（如儿童一听到"6×8 等于多少"就立刻说出"48"）。然而，有些语言刺激虽然只补充其他更关键的前提，却仍然在引发行为上发挥因果作用。帕尔默（2016）认为，"在语言前提本身不足以引发相关反应的情况下，我们应该谈论交互式语言控制，它通常是几个并存控制变量中的一个"（p. 99）。例如，在训练语言发育迟缓儿童命名时，一种常见的练习是拿着一个物件对他说："这是什么？"语言刺激"这是什么？"本身不足以引发正确反应，但是，它与物体一同呈现就可以成为一个重要的补充 S^D 而帮助引发儿童学习命名的反应。

内隐语言刺激控制

与 MO 一样，语言刺激与来自物理环境的支持无关，因此，它们可能是便携式的和内隐的。我们可以自言自语，也的确会这么做，这对我们自己来说往往是有好处的（如自我编辑、解决问题、思考）（参看信息箱 18.1）。我们自己的隐蔽语言行为提供了丰富的语言刺激（有时太多了）。这些语言刺激在功能上与公开的语言刺激没有什么不同，除了只有一个人能体验 S^D 或 MO 效果。隐蔽的语言刺激可以与其他变量结合起来，包括公开的变量。例如，在穿越机场并寻找正确的航站楼和登机口时，乘客可能会做出一系列公开的或隐蔽的语言行为，以协助自己在各种转换过程中导航。这样的语言行为可能包括自我仿说（如"B31 号登机口"）、自我交互式语言（如"B31 号登机口在另一个航站楼"）、自我文字（如阅读登机口的标志）以及共同控制，所有这些都可能是作为因果变量而参与到最终引发走向正确登机口的结果中。隐蔽的语言 S^D 获得的实验性的关注还很少，因为它涉及隐私问题；不过，它们在解释复杂行为中可能发挥着重要作用（Moore, 2008; Palmer, 2011; Schlinger, 2008a; Skinner, 1974; C. T. Sundberg et al., 2018）。

信息箱 18.1

我不该口不择言：斯金纳对自我编辑的分析

有的人可能会说出冒犯他人的、社会性不恰当的或不真实的话。也有的人可能会频繁地在言语上犯错、说话打结或反复离题。斯金纳在他的《语言行为》（1957）一书中用了三章的篇幅来讨论自我编辑（第 15 章至第 17 章）。他强调，一个讲者同时也是一个听者，包括她自己的语言行为的听者，并且为了有利于自己，在发出语言行为之前或发出之后不久就会对其进行自我编辑。自我编辑是讲者额外的工作，它的出现是由于有一个来自听者的强化历史或惩罚历史。然而，斯金

纳指出，在很多情况下，与强化相比，惩罚在自我编辑中的作用更加重要。

某些类型的语言和社会问题可能与缺乏自我编辑有关。斯金纳（1957）提出，在讨论自我编辑问题时，有两种行为上的区分。第一种区分是，在意自己说了什么的讲者与不在意自己说了什么的讲者之间的区别。"在意"涉及与来自听者的强化或惩罚历史有关的动因操作（MO）。同一个讲者也许在意她的语言行为是否获得了某一听者的正向反应，而不在意另一个听者。"在意"可能还涉及与来自听者的负向反应有关的 MO。一个讲者可能会在意她的话有没有伤害他人。

第二种区分是，知道自己说了什么和听者效果的讲者与不知道自己说了什么或不知道其效果的讲者之间的区别。这种区分是基于讲者能够命名她自己的语言行为的各方面的程度（如某些话可能会冒犯他人），能够命名她的听者行为的各方面的程度（如注意到不专心的听者），以及能够采取相应行为的程度。这里介绍三个基于这些区分而提出的自我编辑问题的例子，并提供一些有关干预的评论。

冒犯性的语言行为

有的人能够察觉到自己对他人说出的冒犯性的、伤害性的或社会负向的话，但他们也许并不在意。他们也许会展现出对听者正向反应的较弱的 MO，而展现出对听者负向反应的较强的 MO，或者对自己的冒犯行为所获得的来自同伴的社会性强化展现出较强的 MO。对他人说出负面言语的人可能不会寻求干预处理，因为他们并不觉得有什么不对。改变这种行为可能会很困难，因为很难控制相关的依联，尤其是 MO。

薄弱的语言技能库

有的人知道他们在表达自我方面存在困难。他们可能对自己说的话没有安全感，说话打结，或在公开发言中说话不流畅。遇到这些问题的人通常在意自己说的话，但他们的交互式语言技能比较薄弱，无法命名听者行为，或者自己的 MO 和情绪反应互相干扰。这些人更有可能寻求干预处理（如国际演讲会训练、公开演讲课程）。斯金纳（1957, pp. 405–417）描述了几种技术，教授有意愿参与的人编辑自己的语言行为（如在熟悉的听众面前预演、自我辅助、练习自我倾听、练习命名听者行为、改变听众、改变动因）。

语言行为的高速率

有的人可能察觉不到自己说的话对听者的影响，但他们的确在意（一个强有力的 MO）他人的正向反应。这些人可能会表现出高速率的讲话、主导一场谈话，或提供关于事件或所关注话题过多的细节。一般而言，惩罚会减少这种行为，但现场可能缺乏足够的惩罚，或者其他听者间歇性地强化了这个行为。这样的讲者可能会被自己的语言行为自动强化，听者技能库薄弱，或对听者观点的 MO 比较薄弱。有这些类型的编辑问题的人可能不会寻求干预处理，因为他们意识不到这里存在问题，即使干预可能会成功。

总结

斯金纳探讨自我编辑的三个章节从行为角度分析了很多类型的自我编辑问题和难题。我们可能会口不择言，而后又希望没有这么说，这是因为我们没能在把话说出口之前先编辑自己的语言行为。实现自我编辑需要讲者做额外的工作，而且还未必努力了就能做到。斯金纳（1957）为临床工作者和其他有兴趣了解或改善自我编辑技能库的人提供了很多实用的建议。

强化控制的重复、转码和交互式语言关系

听者提供的泛化 S^r（如赞扬、许可）建立了对语言行为的语言刺激控制，其方式与非语言刺激对语言行为的控制相同。针对命名关系辨识出的五种强化中的四种也适用于重复、转码和交互式语言关系：（1）教育性强化；（2）终止厌恶刺激；（3）自动强化；（4）一个邻近性或相关联使用的历史。不适用的强化形式被辨识为延伸听者接触物理环境的强化，这种形式是非语言刺激控制所特有的。然而，斯金纳还辨识出了一种语言刺激控制的独特泛化 S^r，它可以被称作促进式强化（facilitative reinforcement）。

促进式强化。斯金纳（1957）说，语言行为"可以被强化是因为它有助于获得其他类型的语言操作"（p. 67）。促进式强化具有自动强化的功能，如同解决问题时在发出语言行为链中观察到的那样。成功获得该链中的下一步是由前面的那一步促成的。这样的促进式强化在较为复杂的行为关系中，如共同控制和 BiN，发挥因果作用。例如，开车时重复指令（如在 7-Eleven 那里左转）会在遇到 7-Eleven 时促进共同控制的出现（Lowenkron, 1998）。

新兴的交互式语言关系

研究表明，交互式语言关系可以从先前获得的命名、交互式语言和听者技能库中产生，甚至可以从直接观察中产生（例如，Allan, Vladescu, Kisamore, Reeve, & Sidener, 2014; Braam & Poling, 1983; Devine et al., 2016; Grannan & Rehfeldt, 2012; Pérez-González & García-Asenjo, 2016; Pérez-González, García-Asenjo, Williams, & Carnerero, 2007; Petursdottir, Carr, Lechago, & Almason, 2008; Smith et al., 2016）。也有一些方法可以使新的交互式语言行为从现有的语言技能库组合中产生出来。

交互式语言双向赋名

霍恩和洛（1996）认为，新兴的交互式语言关系也可以通过交互式语言双向赋名（intraverbal bidirectional naming, I-BiN）产生（Miguel, 2016）。在 I-BiN 中，一个双向关系建立在至少两个语言刺激（如"猫"和"动物"）之间。当一个单向交互式语言关系的 AB 训练自动产生了一个逆转的 BA 交互式语言关系时，就发生了 I-BiN，反之亦然。例如，在学会了"猫"这个语言 S^D 与"动物"这个语言反应之间的单向交互式语言关系后，无须更进一步的训练，儿童就可以在"动物"作为语言 S^D 时发出"猫"作为反应。I-BiN 的成分包括仿说、自我仿说、听者、自我听者和命名技能库的结合。一旦建立，I-BiN，如同 C-BiN，就会作为高阶泛化型语言操作发挥作用，产生强有力的生成效果（例如，Horne & Lowe, 1996; Greer & Ross, 2008; Jennings & Miguel, 2017; Miguel, 2016, 2018; Pérez-González et al., 2018）。

简单的 I-BiN 可以通过教授儿童两个语言刺激（如"鞋和袜子"）之间的关系建立起来，然后教授儿童发出公开的或隐蔽的自我仿说来重复训练过的交互式语言关系（如"鞋和袜子，鞋和袜子"）。在重复的时候，逆转的交互式语言的基本成分被邻近性地囊括在这个短语之中（即"鞋"现在跟在"袜子"的后面），并且在这个反应之后会有直接的或自动的强化（Vaughan & Michael, 1982）。当这个逆转交互式语言无须训练而产生时，这个 I-BiN 效果与对称性和相互蕴含是一致的（例如，Horne & Lowe, 1996; Miguel & Petursdottir, 2009; Pérez-González et al., 2007; Petursdottir & Haflidadóttir, 2009）。一旦词与词之间的简单双向关系建立起来，新词就可以被添加到该类之中（如"脚部""衬衫"），并且可以出现更多新兴形式的交互式语言行为（如在听到"鞋穿在……"时说"脚上"）。

当一个刺激改变影响了一个 I-BiN 类中的一员时，其效果可以转移到该类中的所有成员上。呈现"蜘蛛"这个词，然后学习 I-BiN "蜘蛛是危险的"，这个新的语言刺激可以为整个蜘蛛刺激类产生生成性的语言功能改变效果（Schlinger & Blakely, 1994）。例如，儿童后来看到一只蜘蛛，如果她命名这只蜘蛛，命名的反应产物（即听到"蜘蛛"这个词）就会引发交互式语言反应"危险"，附带着一个听者行为的强化。

此外，提供强化的时候现场有蜘蛛这个非语言刺激，因此，将蜘蛛命名为"危险"可能也就发生了。涉及"危险"一词的新命名和交互式语言关系很可能是几个不同的等价类和非等价类的成员，而它们的效果可以在各类中转移（第20章）。例如，先前中性的蜘蛛现在可能会作为条件刺激发挥作用，并诱发应答式行为，或作为 CMO-R 引发回避行为，或作为非语言 S^D 引发新兴命名"危险"。

语言功能改变效果也可以转移到与蜘蛛在同一等价类中的刺激（如蚊子、蚂蚁、蟋蟀）上，而相似的应答式行为、回避行为和命名行为可能会出现。这种功能转换对于生成语言的重要之处在于它展示了一个新兴的命名关系如何产生一个新兴的交互式语言关系，更进一步展示了语言交点结合的深远影响（Greer & Ross, 2008; Hayes et al., 2001; Horne & Lowe, 1996; Rosales-Ruiz & Baer, 1997）。

关于更复杂的 I-BiN 及其生成效果的研究越来越多（例如，Carp & Petursdottir, 2015; Greer & Ross, 2008; Jennings & Miguel, 2017; Ma, Miguel, & Jennings, 2016; Pérez-González et al., 2018; Santos, Ma, & Miguel, 2015）。例如，詹宁斯和米格尔（Jennings & Miguel, 2017）考察了新兴刺激等价的交互式语言和命名训练的效果。这些研究者首先教授 17 名成人参与者命名鸟（A）、树（B）和爬行动物（C）。然后教授他们特定的几组刺激之间的单向交互式语言关系（如"红雀[A1]的树是七叶树[B1]，七叶树[B1]的爬虫是黑游蛇[C1]"）。然

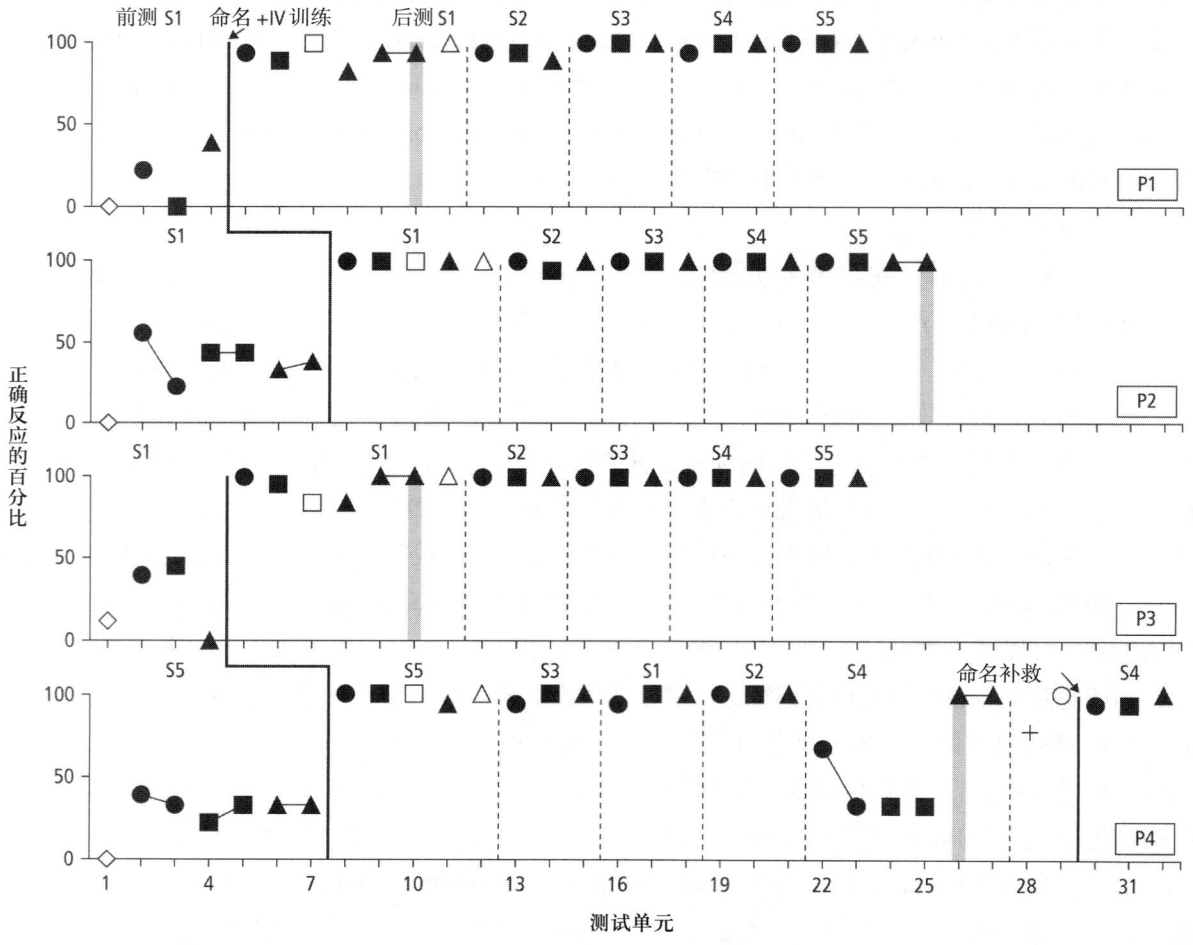

图 18.5　17 名参与者中的 4 名在模板配对（MTS）任务、命名、听者和交互式语言测试期间跨五组刺激的正确反应的百分比。实心的圆形、正方形和三角形分别代表三种在基线条件中测量到的构成等价的模板配对任务，随后是经过命名和交互式语言训练后的表现，然后是跨五组泛化。空心的圆形和正方形代表对新兴的双向交互式语言行为的测量。

引自 A. M. Jennings & C. F. Miguel. Training Intraverbal Bidirectional Naming to Establish Generalized Equivalence Performance. *The Journal of the Experimental Analysis of Behavior*, 108, p. 279. 经约翰威立出版有限公司授权转载。

后对参与者实施视觉—视觉 MTS 测验和交互式语言测验，以评估等价类形成的表现。此外，参与者会遇到四组新异刺激以评估泛化。图 18.5 呈现了 17 名参与者中 4 名的结果。实心的圆形、正方形和三角形分别代表三种构成等价的模板配对任务。等价的基线数据显示这些参与者的反应处于偶然水平。然而，在接受命名和交互式语言训练之后，4 名参与者都显示出了对所有等价测量接近 100% 的正确表现。此外，所有参与者都展示出了参与建立等价关系的新兴的交互式语言行为。总体而言，17 名参与者中有 13 名展示出了新兴的刺激等价。这些研究者得出结论，参与者的等价表现是由他们自己的 C-BiN 和 I-BiN 语言行为建立的。

听者行为

斯金纳的《语言行为》（1957）主要讲述的是讲者行为，但斯金纳强调，对语言的完整解释必须包括讲者行为和听者行为。与此相反，语言学家曾一度倾向于忽略讲者，而主要关注听者（Skinner, 1978）。不过，渐渐地，斯金纳的著作开始对语言学理论产生影响（Andresen, 1991）。在 1989 年斯金纳寄给我的一封信中（参看信息箱 18.2），他写道："语言学家们正开始接受我在书中表达的观点，这很令人吃惊。他们迟早要研究讲者行为，他们已经花了几个世纪的时间研究语言行为如何被听者理解。"虽然斯金纳的关注点集中在讲者身上，但施林格（2008b）注意到："斯金纳并没有忽视听者。事实上，在整部书中，他经常提及听者——听者这个词出现了 793 次，而讲者这个词出现了 893 次。"（p. 312）此外，《语言行为》中有两章主要是对听者行为的分析（第 6 章和第 7 章）。

信息箱 18.2

B. F. 斯金纳致马克·桑德伯格的信

哈佛大学心理学系

威廉·詹姆斯·霍尔

柯克兰街 33 号

马萨诸塞州剑桥市 02138

1989 年 8 月 7 日

马克·L. 桑德伯格博士

亲爱的马克：

谢谢你送我的新版书。我认为那里面有一些很出色的东西。我喜欢布鲁纳的评论。语言学家们正开始接受我在书中表达的观点，这很令人吃惊。他们迟早要研究讲者行为，他们已经花了几个世纪的时间研究语言行为如何被听者理解。

你引用的书一定是我的《行为分析的新问题》（*Recent Issues in the Analysis of Behavior*），那和语言行为没有特别的关系。

我这里一切都好。我正在行为分析协会大会这里誊写和编辑我为《行为学杂志》（*Journal of Behaviorology*）撰写的一篇论文的草稿。

祝一切顺利！

B. F. 斯金纳

B. F. 斯金纳致马克·桑德伯格的信。哈佛大学心理学系。经授权使用。

听者的不同角色

听者指的是语言交流中的积极参与者，并在此身份中扮演很多角色。斯金纳（1957）区分了听者的非语言责任和语言责任。非语言责任包括扮演听众（一个 S^D 或 MO）以及为讲者提供强化。给讲者的强化通常涉及某种直接受控于讲者话语的听者行动。

听者行动可能是非语言的（如有人叫一个孩子去拿鞋，他就去拿了鞋），也可能是语言的（如孩子问"你能帮我吗？"）。当一个听者采取语言行动时，她就变成了一个讲者，她的行为应该以讲者行为来解释（如提要求）。讲者与听者的角色互换，在语言交流中往往是迅速发生的，而且讲者和听者通常也是他们的语言行为的自我倾听者。在任何特定的语言交流中，所有这些技能库都会相互作用，并与当前的背景和依联相互作用。讲者与听者之间的相互作用（包括自我听者）构成了斯金纳所称的**语言情节**，它可以被当作语言行为中基本的讲者—听者单位。后面将会更详细地讲述听者的角色和语言情节的元素。

强化的中介物

听者的一个角色是针对讲者的行为给予后果，这可以有很多种方式。目光接触、点头、社会性赞扬和微笑等都可以作为泛化 S^r 发挥作用。但是，听者不仅会因为讲者发出语言行为而直接强化讲者，也会通过对讲者的语言行为反应而强化讲者的语言行为。例如，如果讲者说："你把遥控器拿给我好吗？"听者把遥控器递过去的这个非语言行为对讲者的语言行为来说就是特定强化，并废除 MO。听者可能也会忽略或惩罚讲者的语言行为，这可能会导致消退爆发或反应减少。由听者给予的这些类型的后果塑造和维持了讲者行为，并协助 S^D 和 MO 控制讲者行为。

充当听众

听者也充当讲者行为的非语言 S^D。斯金纳（1957）用了一整章的篇幅来讲述听者作为听众的角色，并指出了听众的三个次级分类。第一级是其所使用的语言（如说英语的听众引发英文单词），这也是最大的一级。第二级是引发差别反应的特殊听众。例如，一个人可能会对家长和非专业人士使用"奖励"这个词，而在和行为分析师谈话时会使用"强化"一词。第三级是"选择一个主题"，这也是听众扮演的最多的角色（Skinner, 1957, p. 175）。我们面对不同的人会谈论不同的话题。例如，一场涉及运动的讨论可能会被讲者语言社区的一个成员强化，但被另一个成员惩罚，而每一个听众都会获得多重和生成性的区辨功能。

理解讲者

听者行为最复杂的方面涉及可用于辨识理解讲者所说内容的事物。听者方面的理解可以通过非语言或语言行为来证明。非语言理解可以通过引发一个相应的非语言反应的语言刺激来证明。例如，在标准的接受性语言训练中，可能会给儿童看一组建筑物的图片，然后问他："邮局在哪里？"他对邮局图片的非语言选择就体现出了一种理解。语言理解可以通过引发听者一个恰当的语言反应的语言刺激来证明。例如，如果一名游客问一个路人邮局的位置，路人说："大约再过三个街区，左手边。"路人对游客的问题的理解通过他所发出的交互式语言行为得到了证明。

先前讲述的交互式语言关系的四种语言区辨同样可用作辨识各种非语言听者区辨的架构（图 18.4）。此外，还有第五种针对听者行为的语言区辨，通常被称作听觉条件型区辨（例如，Saunders & Green, 1999; Sidman et al., 1982）。这些听者区辨中的每一种都显示了以语言刺激与非语言刺激之间的条件型区辨形式进行的多重控制在听者理解上是多么重要的一个方面。

讲者语言情节和听者语言情节

图 18.6 展示了语言情节的一个例子，讲者在餐馆里问服务员："可以给我来点儿面包吗？"前提控制的来源是多重的：（1）一个与面包有关的 MO（MO_1）；（2）总体背景（餐馆）（非语言 S^D_1）；（3）一个接受性听众（服务员）（非语言 S^D_2）；如果服务员问："您还有别的需要吗？"（4）这些语言刺激都是相关的（语言 S^D_1）；如果面包在视线内，（5）那么非语言刺激（非语言 S^D_3）也有可能参与到这个前提配置当中。对听者（服务员）而言，他的行为受到讲者的话"可以给我来点儿面包吗？"（语言 S^D_2）的控制。讲者的话可能对听者行为具有多重扩散性效果。它们可能会引发语言反应（如"当然可以"）和非语言反应（如服务员送来面包），但只有送来面包这个反应才是对讲者的最终特定强化，并将 MO 的功能改变为废除型操作。这个例子中的泛化 S^r 虽然具有激励作用，但无法满足 MO。这个情节可能还涉及其他变量（如听者 MO、应答式关系、隐蔽行为）。这个相互作用可能也会产生新的 MO 和 S^D（如奶油、一杯酒）。

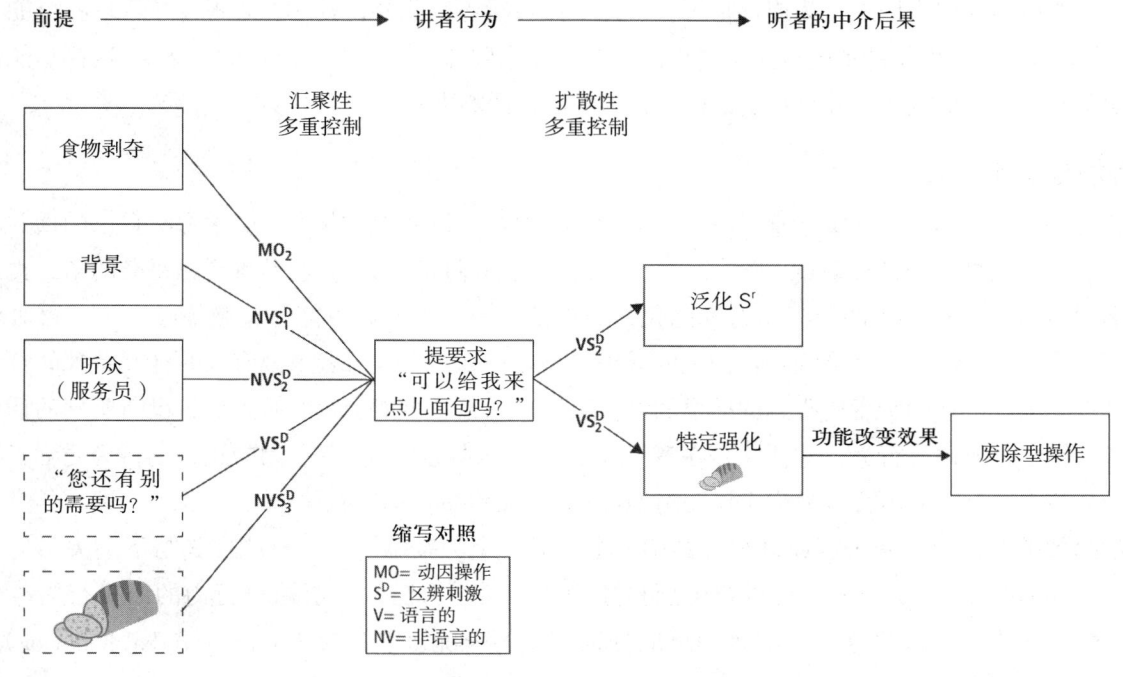

图 18.6 讲者与听者之间的一个语言情节

图 18.6 还展示了同一个词如何对讲者和听者具有不同的意义，以及分别解释为何必要。在这个例子中，每一方都涉及同一个词"面包"和它的非语言指称对象，但"面包"这个词在影响讲者和听者的个别四期依联中出现的位置不同。对讲者来说，"面包"是一个反应，而对听者来说，"面包"是一个刺激。此外，这个词对每个参与者的功能也不一样。对讲者来说，"面包"是提要求关系中的反应，而对听者来说，"面包"是引发非语言区辨的语言 S^D。因此，"面包"对讲者的意义不同于它对听者的意义，尽管其形式属性和非语言的语言学指称对象是相同的。

新兴的听者关系

听者是积极的反应者，新的听者关系可以通过刺激和反应泛化的过程而出现。此外，新的关系可以通过由先前所获技能的结合产生的生成过程而出现。一些研究已经证明了新异的听者行为可以从直接训练讲者关系中出现（例如，Byrne, Rehfeldt, & Aguirre, 2014; Cuvo & Riva, 1980; Ingvarsson, Cammilleri, & Macias, 2012; Lowe, Horne, Harris, & Randle, 2002; Petursdottir & Carr, 2011; Petursdottir & Haflidadóttir, 2009）。例如，英瓦松等人（Ingvarsson et al., 2012）的研究显示，直接的交互式语言训练足以使孤独症儿童生成新兴的听者区辨。

共同双向赋名

讲者交点与听者交点的合并是 BiN 的基础。一旦儿童获得了基本的仿说、命名、听者和自我听者交点，C-BiN 的先备技能库就建立了，并且作为命名获得（或观察）的新词可以立即生成听者关系，而无须进一步的训练（如对称性、相互蕴含）。一些研究已经证明了这种双向赋名及其对新兴的听者行为的影响（例如，Gilic & Greer, 2011; Greer & Ross, 2008; Horne & Lowe, 1996; Miguel & Kobari-Wright, 2013）。

条件化听者行为

新兴的听者行为也可以通过讲者行为而出现，这个讲者提供了条件化听者即时行为或未来行为的指令（规则）（Schlinger, 2008b; Skinner, 1957, 1969）。讲者的话语可以改变其他话语、物体和事件对听者而言的功能属性，但这要到那些刺激被接触到才会发生（Schlinger & Blakely, 1994）。例如，如果一个讲者说："别去比尔餐厅，它很可怕。"这个等价关系内的任何一个刺激被接触到时都可以获得一个新的引发效果。比尔餐厅现在可能会引发回避行为或"很可怕"这个命名行为。此外，餐厅、老板或顾客现在可能会引发"很可怕的事物"的等价关系中的行为，这可能包括攻击或破坏物品（如蓄意损毁财物）。这些功能效果的转换展现了指令的生成效果，并显示了话语对行为的潜在影响力。

自动附加语言行为

在获得语言的过程中，儿童会学习听他人说的话。而这个过程中，儿童也会学习听自己的话并对自己的话做出反应。她可能会自我编辑、限定、命令、否定或解释自己的话。这是重要且复杂的第二类语言行为，它是由讲者语言社区中的听者塑造和强化的。例如，一位管理者可能会稍微停顿一下，再对下属说出"做得不错"这句话。这个停顿在行为上的效果可能是什么？它对听者来说有没有什么特殊的意义？这个停顿可以产生一个伴随听者所听到的话语的语言刺激，并且它可能会改变听者对自己所听到的话语的反应。讲者操纵自己的语言行为，这往往是在意外或不知情的情况下发生的，因为这样的行为受到了听者的强化。斯金纳将这个二阶语言行为称作自动附加行为（autoclitic behavior）。

自动附加关系涉及"两个反应系统，其中一个以另一个为基础。上层只能在其与下层关系的意义上被理解"（Skinner, 1957, p. 313）。可以将上层描述为讲者关于自己的下层语言行为的语言行为。迈克尔（1991, 1992）认为，可以将这两个层级的反应分别辨识为一阶语言行为（primary verbal behavior），即下层，以及二阶自动附加行为（secondary autoclitic behavior），即上层。一个一阶语言反应构成了任何一个语言操作（如提要求、命名、交互式语言、文字），而二阶自动附加反应则受到"一阶语言操作的某些特征或其控制变量"的控制。例如，像"冰层很结实"这样的一阶反应可能会伴随着一个二阶反应："我认为。"这个二阶反应告知了听者这个一阶命名的薄弱本质。自动附加行为对听者来说很有用，这个听者可能会辅助讲者，如使用"你试过冰层了吗？"来辨识她的话语所受控制的来源。自动附加反应告诉了听者比一阶反应本身更多的信息，而且听者会因这个额外的信息而强化讲者。

迈克尔（1991）认为，并不是所有的讲者的二阶语言行为都具有自动附加功能。有些讲者对自己的语言行为的反应仅由更多的一阶语言行为组成。例如，与一场即将到来的会议有关的隐蔽语言行为可能会引发与会议有关的自我交互式语言或自我提要求。迈克尔（1991）将这种对自己的语言行为的反应辨识为简单二阶语言行为（simple secondary verbal behavior）。有几种方法可用于区分二阶自动附加反应与简单二阶语言反应。例如，二阶自动附加反应本身不能影响行为，它必须包含一阶反应的某些方面。简单二阶行为需要在一阶反应与二阶反应之间有一个严格的时间关系，一阶反应总是先发生，然后再产生引发二阶语言行为的相关的语言 S^D。自动附加关系与它的不同之处在于，一阶反应和二阶自动附加反应可能会以任何顺序出现，或同时出现（如"我认为那个出口是对的""那个出口是对的，我认为"，或缓慢地说出"对的"）。彼得森和勒杜（Peterson & Ledoux, 2014）认为，可以将二阶自动附加关系进一步分为自动附加提要求（autoclitic mand）和自动附加命名（autoclitic tact）。

自动附加提要求

自动附加提要求是一种二阶自动附加行为，它与一阶提要求具有相同的定义性特征（由 MO 和特定强化控制的反应），只不过自动附加提要求是二阶语言行为，它要求听者采取某个关于一阶反应的特定行动，自动附加行为是由听者的行动来强化的。例如，讲者说："相信我，他们错了。"这是用"相信我"公然要求听者口头上接受她说的"他们错了"作为事实，而不提出质疑。自动附加提要求能够以任何形式出现，伴随任何类型的语言互动，范围从细微到明显。

自动附加命名

自动附加命名是一种二阶语言行为，受一阶反应的某个非语言特征或其控制变量的控制，而且自动附加反应会向听者传达该特征。这个行为是由提供泛化 S^r 的听者来强化的。例如，讲者可能会说："我确定这是安全的。"其中的二阶自动附加反应"我确定"是在命名"这是安全的"这句话的强大控制来源。斯金纳（1957）辨识了几种自动附加命名。描述性自动附加命名（descriptive autoclitic tact）受前提事件的非语言属性和前提事件与一阶反应之间关系的控制。描述性自动附加又包括几种类型。例如，当讲者说出"就是那幢房子"（一阶反应）而隐蔽地命名这个非语言刺激控制（二阶自动附加反应）的强度，并在"就是那幢房子"前面附加标记"我确定"的时候，人们可能就会在讲者身上观察到对强度的一个自动附加命名。"我确定"是一个描述性自动附加命名，它告知了听者一阶关系的强度，并作为结果改变听者对"就是那幢房子"的反应。听者强化了讲者的行为，因为他受益于这个额外的信息。

量化自动附加命名（quantifying autoclitic tact）告知了听者一阶反应的应用范围。例如，讲者也许会在一阶命名"行为问题是由关注导致的"上自动标记一个附加命名"一些"。自动附加"一些"告知了听者这个词后面的整个叙述是有范围限制的。如果在一阶反应上标记的是"所有"，听者就会做出不同的行为。关系自动附加命名（relational autoclitic tact）告知了听者一阶反应的各个方面之间的一致之处。例如，在英文中，通过在名词词尾标记 's 来表示所有格关系，如在"supervisor's recommendation"（督导的建议）中，它就可以成为这个建议所受控制来源的命名，也可以成为来源与建议之间的一致性的命名。斯金纳认为，自动附加关系在涉及语法、句法、组合、分组、排序、标点、预测等（例如，Palmer, 2016）复杂的语言活动中发挥因果作用。

交互式语言自动附加框架

通过提供语言行为的较大单位的顺序、一致性、分组和组合，交互式语言自动附加框架可以促进特定话语中的字词之间的关系。穆尔（2008）将自动附加框架描述为"惯例所规定的语言行为发出的序列格式，像主语—谓语—宾语或行动者—行动—行动对象这样的句子。这些框架可能会变得极具泛化性，以至于它们后来会被应用于很多其他的情况中，而不是在原始的情况中"（p. 208）。斯金纳（1957）提供了下面这个自动附加框架的例子。

"如果（一个男孩）获得了一系列反应，如**男孩的玩具枪**、**男孩的鞋**和**男孩的帽子**，我们可能会假设'**男孩的_____**'这个部分框架已可用于与其他反应的重组。男孩第一次获得了一辆自行车，讲者可以组成**男孩的自行车**这个新的单位……这个情况的关系方面增强了一个框架，这个情况的特定特征增强了适用于这个情况的反应。"（p. 336）

帕尔默（2016）指出："令语言学家兴奋的很多语言行为的结构属性的兴起至少部分源于交互式语言和交互式语言控制的普遍性。尤其是，自动附加框架和语法标记大部分是交互式语言。"（p. 101）讲者必须获得这些交互式语言自动附加框架和标记，因为它们在有效实施语言行为上发挥重要的作用。关于自动附加框架的研究很少，但有一些已开始为人所知（例如，Luke, Greer, Singer-Dudek, & Keohane, 2011; Martins, Hübner, Gomes, Pinto Portugal, & Treu, 2015; Speckman, Greer, & Rivera-Valdes, 2012）。

斯金纳（1957）的语言行为分析的应用

在孤独症或其他类型的智力障碍的行为治疗中，可以找到对斯金纳的研究成果最成熟的诸多应用之一。[1] 被诊断为孤独症或智力障碍的人的主要障碍往往是语言问题，而有效的语言评估和干预策略对治疗计划来说是不可或缺的。乔·斯普拉德林（Joe Spradlin）首次将《语言行为》中的概念应用于智力障碍人士的沟通需要。他创造了帕森斯语言样本（Parsons Language Sample, 1963），这是一个以语言操作为基础的评估工具。斯普拉德林也为以语言行为为基础的语言干预计划的早期研究和发展做出了贡献（例如，Spradlin, 1966）。杰克·迈克尔是第一批在一整门课程中使用斯金纳（1957）的《语言行为》一书的教授之一，他率先对斯金纳的语言行为分析做出更进一步的发展（参看信息箱 18.3）。

信息箱 18.3

杰克·迈克尔和斯金纳的语言行为分析

1955 年，杰克·迈克尔开始在美国堪萨斯大学教授行为分析。他使用斯金纳（1953）的《科学与人类行为》一书作为课程教材。在该书中，斯金纳在一个注释（p. 201）中提到了他即将出版的《语言行为》。杰克就这本书与斯金纳取得了联系，斯金纳给杰克寄了一本早期版本的《语言行为》。杰克开始在他的课程中加入语言行为的内容。该书问世后，杰克开发了一门关于语言行为的完整课程，并从此几乎每一学年都教授这门课程，直到 2003 年退休。与斯金纳（1953）一样，杰克也一直主张，语言行为分析对完整地解释复杂的人类行为至关重要（例如，Michael, 1984）。

作为一名教师，杰克的主要目标之一是传授给学生必要的语言技能库，以准确地使用行为分析的概念和原理来分析任何背景下的行为，包括语言行为（Michael, 1995, 2004）。在教授他人的过程中，他持续深化自己对斯金纳的著作的理解，同时不断完善各种概念（如动因操作、正强化和负强化、自动强化、基于形态的语言行为和基于选择的语言行为、重复和转码的关系）。

关于语言行为的应用研究对杰克来说非常重要，但它的发展却很缓慢，尽管斯金纳（1957）曾预言："这个构想本质上是实用的，而且几乎每一步都值得立即进行技术应用。"（p. 12）1976 年，杰克在美国西密歇根大学开设了一门名为"语言行为应用"的研究生课程。这门课程启发了很多学生，尤其是那些需要撰写论文的学生，进行语言行为的研究。美国中西部行为分析协会（Midwestern Association for Behavior Analysis, MABA）的研讨会为展示这些研究成果提供了机会，一个热切支持语言行为研究的语言社区由此诞生。

1　阅读和研究这些课题，参看阿吉雷、瓦伦蒂诺和勒布朗（Aguirre, Valentino, & LeBlanc, 2016），戴蒙德、奥霍拉、惠兰和奥多诺万（Dymond, O'Hora, Whelan, & O'Donovan, 2006），甘巴、戈约斯和佩图斯多蒂尔（Gamba, Goyos, & Petursdottir, 2015），佩图斯多蒂尔（2018），佩图斯多蒂尔和迪瓦恩（Petursdottir & Devine, 2017），索泰和勒布朗（Sautter & LeBlanc, 2006），以及桑德伯格（2013）的相关文章。

杰克和 W. 斯科特·伍德（W. Scott Wood）在创立语言行为特殊兴趣团体（Verbal Behavior Special Interest Group, VB SIG）中发挥了重要作用。他们共同主持了在 1977 年 MABA 大会上举行的第一次会议。斯金纳以及其他很多著名的行为分析师出席并参与了讨论。会议提出，业界需要一个组织来研究语言行为和其他教学材料。在杰克的指导下，VB SIG 创办了一份简报，即 VB-NEWS，它最终发展成为《语言行为分析》杂志。得益于杰克在理解、教授、推进和应用斯金纳的语言行为上的不懈努力，我们现在拥有概念和实证研究上的健全体系，以及很多非常成功的临床应用。

语言评估的应用和干预

在特殊需要人群的语言评估和干预计划方面，行为分析做出了三项贡献：（1）应用行为分析技术；（2）一项关于人类发展的行为分析；（3）一项关于语言的行为分析。

应用行为分析技术

行为技术为教师、言语语言病理学家（speech-language pathologist, SLP）、家长和其他人提供了必要的程序和策略，以对需要正式教学的学生进行评估和教授语言技能（例如，Leaf & McEachin, 1999; Lovaas, 1987, 2003; Maurice, Green, & Luce, 1998; Romanczyk & McEachin, 2016）。接受特定的训练和督导之后才能有效地使用行为程序。例如，工作人员必须知道什么时候使用强化、消退、辅助、渐褪，等等。本书和其他一些行为分析教材（例如，Malott & Shane, 2013; Martin & Pear, 2015; Miltenberger, 2016; Sulzer-Azaroff, Mayer, & Wallace, 2013）都讲述了 ABA 的本质特征。

一项关于人类发展的行为分析

典型发育儿童在语言和社会技能上的发展情况可以作为针对语言发育迟缓儿童的教学的重要指南和参照标准。知道教授什么技能以及这些技能在典型语言发育过程中何时出现，是设计和安排一项语言干预计划的重要组成部分。始自比茹和贝尔（Bijou & Baer, 1961, 1965, 1967）的著作，行为分析在儿童发展研究方面有着悠久的历史。他们的研究为儿童在整个幼儿期如何学习和发展技能提供了行为方面的分析。现在已有一份致力于这方面研究的杂志[《行为发展公报》（*Behavioral Development Bulletin*）]，另有多部关于人类发展的行为方法的拓展和应用的著作（例如，Greer & Koehane, 2005; Morris et al., 1982; Novak & Pelaez, 2004; Rosales-Ruiz & Baer, 1997; Schlinger, 1995）。

一项关于语言的行为分析

斯金纳（1957）的语言行为分析提供了一个语言评估和干预上的架构。一项语言行为评估计划包括辨识初级语言操作、听者技能、自我听者技能、多重控制反应以及讲者—听者相互作用的强度，并按发展顺序进行。干预应以评估结果为基础，并聚焦于使用 ABA 教学程序以建立个人缺少或受损的讲者或听者技能。现在已有一些出版物详细说明了如何应用斯金纳的语言分析来教授语言发育迟缓人士（例如，Barbera & Rasmussen 2007; Carr & Miguel 2012; Dixon, 2014; Greer & Ross, 2008; LeBlanc & Dillon, 2009; McGreevy et al., 2012; Partington, 2006; Schramm, 2011; Sundberg, 2014, 2016b; Sundberg & Michael, 2001; Sundberg & Partington, 1998; Weiss & Demiri, 2011）。

语言评估的重要性

家长和儿科医生通常会监控儿童在语言获得上的进展，关注具有里程碑意义的事件，同时注意哪里表现出差距。语言发育迟缓与多种诊断相关联（如孤独症、沟通障碍），早期辨识具有重要价值。如果儿童无法使用话语来沟通，负面行为（如发脾气、攻击、社交退缩）就有可能提供沟通功能。当儿童的语言技能未能得到发展，或在某些方面受损，就应该接受专业的帮助，如由 SLP、行为分析师或心理学家提供的服务。

针对语言发育迟缓儿童实施的语言评估有三个主要目标：（1）辨识其迟缓或问题的性质；（2）将儿童的表现与预期标准进行对比；（3）如果需要适当的干预计划，那么提供干预指导。对于每一种讲者和听者行为，既需要独立评估，也需要用各种组合方式评估（如 C-BiN、等价关系和非等价关系），以获得基线水平的表现，并辨识干预计划的方向。目标是确定一名儿童能做什么和不能做什么（如提要求、仿说、听、命名、展现生成学习）。评估每个讲者和听者领域以及两者之间的相互作用是很有价值的，因为有一个很常见的现象，即我们会遇到能够发出一个单词作为一种语言行为（如命名）的语言发育迟缓儿童，但他无法发出这个单词作为另一种语言行为（如提要求）。

目前有多种标准化的语言评估工具可以使用，但没有一种能够对所有的语言操作和听者技能进行测量（Esch, LaLonde, & Esch, 2010）。不过，有几种标准参照语言评估可以使用，它们能够测量每一种语言操作和听者技能库（例如，Dixon, 2014; McGreevy et al., 2012; Partington, 2006; Partington & Sundberg, 1998; Spradlin, 1963; Sundberg, 1983, 2014; Sundberg & Partington, 1998; Sundberg et al., 1979）。这些评估以初级语言操作、听者行为、讲者和听者行为的各种组合以及感觉行为为框架。在以下几个部分中，我们将讲述每一种个别讲者和听者领域中的早期语言评估和干预策略。

提要求评估

评估儿童的提要求技能库涉及辨识 MO 控制语言反应的程度。先前描述的提要求分类系统可作为评估过程的指引。具体来说，各种 MO（即 UMO、CMO-T、CMO-R）之间的区别和它们对语言行为的引发效果是可以评估出来的。例如，当实施剥夺 UMO 时，儿童是否会发出提要求行为（如当她想要牛奶时说"牛奶"），或是当厌恶刺激具备 UMO 功能时，是否会发出提要求行为（如当天气冷时说"我们进去吧"）。对习得性 MO 来说，如 CMO-T（如为了一个丢失的玩具提要求）和 CMO-R（如提要求以修理一个破损的玩具），类似的过程也是必要的。此外，给予特定强化应该会废除 CMO-R（如玩具修好了），而这个效果应该得到评估。

也可以用与不同词性有关的跨 MO 来评估提要求技能（如与行动、位置、占有有关的 MO），可以在讲者与听者之间的社会互动中评估（如对同龄人提要求）。此外，斯金纳的九种提要求类型（图 18.3）可以为控制特定个人提要求的不同 MO 提供进一步的量化。包含多重变量的提要求也应得到评估，如包含多重 MO 的提要求（如提要求："我要剪刀和培乐多彩泥"），伴随非语言 S^D 的 MO（如"我要那个红色的"），伴随语言 S^D 的 MO（如在售货员推销后就某个电子游戏提要求），以及同时伴随语言和非语言 S^D 的 MO（如跟服务员要面包）。

提要求的阻碍

干预计划的一个重要组成部分是分析儿童在与他人的语言互动中出现的语言、学习和社交的阻碍（Sundberg, 2014）。由于提要求与 MO 以及与特定强化的关系，与其他语言操作相比，提要求更易受那些阻碍的干扰。这些变量十分强大，而且能迅速引发和塑造负面行为。例如，一名儿童尖叫，这可能会立刻引发一名成人的目光接触和关注，结果是尖叫行为增多，并受 MO 和 S^D 的控制。这些自然发生的依联可能比一项结构性的干预计划所提供的仔细培养和设计出来的依联更高效。一些常见的阻碍涉及 MO 和特定强化，如要求减弱 MO、快速餍足、相互竞争的 MO 和 S^D、反应形成与 MO 的不一致，以及泛化的由 CMO-R 主导的行为。

提要求的干预

如果一名幼儿未能发展出一套有关提要求的技能库，那么可能就需要接受特定的干预了。不会通过说话、手语或图标来提要求的话，负面行为（如发脾气）承担提要求功能的可能性就会增加。无语言学习者的干预计划的初始焦点通常在于既要建立可被接受的提要求形式（理想形式是说话，但手语和图标选择也是有效的），又要减少现有的作为提要求的负面行为形式。

反应形式

对一名无语言儿童开展提要求训练，一个重要的方面是建立一种可以对听者产生最佳效果的可靠反应形式。在早期提要求训练中，有三个选择：说话、手语和图标选择系统（在一些特殊情况下，也可以将书写字词作为第四个选择）。主要焦点应放在说话这种反应形式上。然而，如果一名儿童无法说话，那么手语和图标选择系统就可以作为提要求的形式（例如，Frost & Bondy, 1994; Sundberg & Partington, 1998）。某个儿童最适合哪种形式，取决于应该谨慎考虑的各种因素（Bondy, 2012; Carbone, Sweeney-Kervin, Attanasio, & Kasper, 2010; Sundberg, 1993a; C. T. Sundberg & Sundberg, 1990; Tincani, 2004）。

出于教学目的使用 MO

对缺乏提要求技能库或有障碍的儿童开展教学，照顾者需要具备特殊的技能。除了基本的 ABA 知识外，成人必须能够辨识和控制不同的 MO 和相关的特定强化，这些是教学技能的一部分。如果相关的 MO 不够有力，早期提要求训练就不可能成功。MO 往往很难控制，因为它们的力量可能会随着时间而变化，可能是非常短暂的，可能会突然或逐渐发作或抵消，而且可能会与其他 MO 和 S^D 相结合或竞争。此外，对儿童设置太高的反应标准可能会迅速减弱 MO（Alling & Poling, 1995）。

在提要求训练中，有两种常见的辨识和控制 MO 价值改变的方法：（1）捕捉 MO 价值改变自然发生的时刻；（2）制造一些改变后果价值的变化来创造 MO（Michael, 1993; Sundberg, 1993b, 2013）。捕捉自然环境中的动因可以通过观察可能是由 MO 引发的附带行为（如看着某个玩具）来实现。附带行为使人们注意到内隐 MO 的存在，并因此拥有教授一项新的提要求技能的机会（如"球"）。创造动因需要成人做出某个直接的改变（如呈现他想要的 iPad，但不启动），这个改变提高了某个其他改变的价值（如启动 iPad）。这个 MO 价值改变的开始，可用于建立一个新的提要求关系（如"iPad 启动"）。

捕捉和创造 UMO

对早期学习者或有困难的学习者而言，基于剥夺的 UMO（如食物、饮料）通常是一种比较容易上手的方法，因为这些 MO（如教儿童说出"饼干"或"果汁"作为早期的提要求技能）具有强大的引发效果。UMO 可以被捕捉到，以进行提要求训练。例如，如果儿童的手伸向一块饼干，那么就捕捉那个 MO，并实施一次提要求教学尝试。UMO 也可以被创造出来。例如，给儿童一些咸的食物来提高饮料作为强化的价值。这些条件也是实施匹配程序以促进更多行为、S^D 和各种 S^r 形式的发展的最佳方法（例如，Esch, Carr, & Grow, 2009; Rader et al., 2014; Stock et al., 2008）。

捕捉和创造 CMO-T

通过观察提高某个物品或事件价值的一些事件，可以捕捉到儿童所处自然环境中的 CMO-T。例如，一名成人用肥皂泡棒子吹出泡泡后，儿童在看泡泡飘浮和破裂时表现出兴奋。泡泡破裂后，棒子和特定的成人行为的价值提高了，这就是实施提要求训练的时机。其他能够捕捉 MO 的方法包括观察被中断的已建立的行为链（如丢了一块拼图碎片）、困难的例行任务（如穿上一件夹克）以及对事物的偏好（如某个杯子）。哈特和里斯利（Hart & Risley, 1975）在随机教学上的具有开拓性的工作是教授这些策略的典范。

CMO-T 也可以由照顾者创造出来以开展语言教学（例如，Albert, Carbone, Murray, Hagerty, & Sweeney-Kerwin, 2012; Hall & Sundberg, 1987; Landa, Hansen, & Shillingsburg, 2017; Oleson & Baker, 2014）。例如，如果儿童喜欢用剪刀剪培乐多彩泥，那么呈现彩泥可能就会提高剪刀的价值，儿童伸手去拿剪刀这个附带行为可以证实这一点。成人可以阻挡儿童与剪刀接触，以控制 MO 并教授她提要求。建立这些提要求的方法包括辅助、渐褪、差别强化和转换程序（Sundberg & Partington, 1998）。

词性。词性为更高级的提要求训练提供了一个发展架构。例如，除了针对食物提要求和实物强化以外，儿童还需要学习如何针对行动（动词）、物件的属性（形容词）和物件之间的关系（介词）等提要求。所有这些提要求都是受不同的 MO 控制的，每个特定的 MO 在实施教学的时候都应该是强有力的。

教授更多类型的提要求

从斯金纳列出的九种提要求类型（图 18.3）中可以得到进一步的指引。例如，问一个问题，这是一个提要求行为，它受与语言信息有关的 MO 控制，并被该信息的接收特定强化。在两岁到三岁的幼儿中，往往能够看到词汇量的暴增，这是因为幼儿会针对信息提要求。这些提要求涉及物品名称和事件名称的价值的升高（如"那是什么？"），或物品位置和事件位置的价值的升高（如"巴斯在哪里？"），而稍后的提问则可能涉及物品功能和事件功能的 MO（如"这个怎么打开？"），或事件的原因（如"这个是怎么坏掉的？"）。越来越多的研究提供了问问题这个行为中 MO 所发挥作用的证据，并展示了各种有效的教学程序（例如，Endicott & Higbee, 2006; Lechago, Carr, Grow, Love, & Almason, 2010; Lechago & Low, 2015; Shillingsburg, Gayman, & Walton, 2016; Sundberg, Loeb, Hale, & Eigenheer, 2002）。

多重控制

MO 经常与其他 MO、语言 S^D 和非语言 S^D 共享控制，作为汇聚性多重控制的类型。对提要求的建立来说，多重控制来源是相当有用的。儿童早期的提要求行为可能会受到 MO、仿说、交互式语言或非语言辅助的控制，而通过差别强化较高质量的反应这一过程，反应可以从这些额外的控制来源中独立出来。

教授延伸的提要求

斯金纳（1957）辨识了几种提要求技能跨 MO 和 S^D 泛化的方式，并探讨了相同的 MO 如何控制不同的反应形式（Miguel, 2017）。通过使用从关系框架理论中产生的程序，最新的研究已经证明一些方法可用于建立在相同的 MO 之下的新的提要求形式（例如，Hayes et al., 2001; Murphy & Barnes-Holmes, 2009; Rosales & Rehfeldt, 2007）。例如，墨菲和巴恩斯－霍姆斯（Murphy & Barnes-Holmes, 2009）针对三名孤独症参与者建立了包括"更多"和"更少"的多种类型的衍生提要求行为。这项研究以棋盘类游戏为背景，其中涉及成功所需的代币数量（更多或更少）。研究表明，使用补充辅助的条件型区辨训练程序可以建立一个新的提要求反应形式，该程序允许新异刺激与现有的提要求形式等价。也就是说，参与者在没有接受正式训练的情况下，学会了一种针对"更多"或"更少"提要求的新方法。

命名评估

评估命名技能库涉及确定非语言刺激控制语言行为的程度。这是一项繁重的任务，因为整个物理环境包含大量的非语言刺激。不同的词性为命名评估提供了架构，因为每种词性往往显示了一种不同类型的非语言刺激控制。很多名词涉及由静态物体组成的非语言 S^D，很多动词涉及由运动组成的非语言 S^D，而很多形容词和副词涉及由物体和事件属性以及它们之间的关系产生的非语言 S^D。针对其他词性（如介词、代词），也可以做出类似的分析。此外，C-BiN 关系评估可以辨识这个高阶语言操作的强度（例如，Greer & Ross, 2008; Miguel, 2016）。

感觉接受器

命名也可以跨受非语言刺激（如视觉的、听觉的、触觉的）影响的不同感觉接受器而得到评估。例如，当目标是视觉刺激（如一只猫）时，测试对一只猫的命名，并与目标是听觉刺激时（如听到猫的叫声）进行对比。

多重控制

当涉及多重变量时，命名会变得更加复杂。例如，名词—动词的命名，如"水洒出来了"，涉及至少两个刺激控制来源：一个是与水有关的非语言 S^D，另一个是与水的运动有关的非语言 S^D。通过抽样安排对应于不同词性的各种非语言刺激（如所有格—形容词—名词，主语—动词—名词），可以获得关于命名技能库的重要信息。此外，非语言 S^D 可以结合 MO 和 S^D 作为汇聚性多重控制。例如，儿童可能会因为一个 MO 和一个非语言 S^D 而说出她看到的一个电子游戏的名字，从而使该反应部分是提要求，部分是命名。

命名评估的一个重要方面是确定非语言刺激泛化发生的程度。命名延伸的四种类型为评估一个人在这方面的技能提供了架构。此外，命名内隐事件的能力是命名技能库的一个组成部分，它可以通过附带行为的出现（如跛行）或公开伴随（的事物）（如一块瘀青）来测量。

命名的干预

学习命名物理环境的特征是早期语言获得的一个里程碑。命名技能库一旦建立，它就可以在很多方面造福儿童。例如，命名可以促进听者行为和获得其他形式的语言行为，如提要求、交互式语言、C-BiN、等价类和关系框架（Horne & Lowe, 1996; Jennings & Miguel, 2017; Petursdottir & Carr, 2011; Sundberg, 2015）。如果儿童在幼儿期没能开始发展命名技能库，那么就需要接受干预了。教授儿童命名比教授提要求来得简单，因为控制命名的前提比 MO 更容易观察、测量、量化和控制。此外，通过易于安排和便携式的泛化 S^r，可以产生命名，而提要求却需要手头有正确的强化物。

命名干预计划的目标是建立流畅的和生成性的命名技能库，这个技能库对儿童来说是功能性的，并且会与其他讲者和听者技能库相融合。针对儿童的命名干预计划如何设计，取决于对她现有的命名技能的评估结果、其他的语言操作和相关技能的掌握情况，以及在命名获得上可能存在的阻碍（Sundberg, 2014）。一旦获得了这些数据，命名分类系统、不同的词性和 ABA 教学程序就可以提供一个架构，并指导干预计划的制订。命名反应的形式可以是说话、手语、书写刺激（包括盲文），在某些情况下，也可以是图标选择。命名也应该跨受非语言刺激（如触觉、味觉）影响的不同感觉接受器而建立。目前已经出现了一些包含命名干预计划核心要素的语言课程（例如，Barbera & Rasmussen, 2007; Leaf & McEachin, 1999; Lovaas, 2003; Maurice et al., 1996; Sundberg & Partington, 1998）。

多重控制

幼儿在两岁左右开始说出包含名词与动词或与其他词性新异结合的两词话语（例如，Brazelton, & Sparrow, 2006）。对一名未能获得名词—动词组合或其他类型的多重反应（如形容词—名词）的儿童而言，教授该技能涉及多种形式的非语言刺激控制（如一个球从斜坡滚下）的安排，同时要辅助儿童命名物体和它的运动（如"球在滚"）、渐褪辅助，以及强化最高质量的反应。这些类型的多重命名一旦获得，就应该用儿童的其他语言和非语言活动来加以泛化、延伸和形成框架。当儿童的语言技能库达到新兴的多重前提刺激能引发相应的多重反应的程度时，一个新的交点就形成了。

真实语言

两岁左右这个年纪也是所谓的"真实"语言的发展时期（例如，Hayes et al., 2001; Hockett, 1960; Horne & Lowe, 1996; Malott, 2003）。有趣的是，这段时间也是 C–BiN（Horne & Lowe, 1996）、等价关系（Sidman, 1994）、关系框架（Hayes et al., 2001）和共同控制（Lowenkron, 1998）开始出现的发展节点。可能就是在真实语言出现的节点，这些强大的行为交点开始展现出它们的生成效果。

命名内隐事件

教授语言发育迟缓儿童命名其体内出现的刺激可能是很困难的。儿童的附带行为是用来辨识内隐事件存在的最常见的方法。面部表情、停顿、身体运动、特定字词和某些短语具有"泄露"内隐事件——如渴望、不情愿或冷淡——的力量。附带行为，如儿童抱着肚子，可以作为一个教学机会来建立"生病"这个命名，因为与此内隐控制有关的来源是当场看得见的，所以可以使用刺激转移程序。公开的刺激也有可能伴随内隐事件（如血液），并提供给观察者一个教学机会。

重复和转码评估

评估受语言 S^D 控制的语言和非语言行为的强度，可以通过重复、转码、交互式语言和听者关系之间的技术区别来组织。重复技能库（仿说、动作模仿、复制文字）是可评估的最简单的语言操作，因为这些强大的技能库中的每一种都是由有限数量的单位组成的。例如，早期仿说技能库的强度可以用一页表格测量出来（Esch, 2014）。转码关系（文字和听写）也很容易评估，但涉及更多的技能，如字母区辨和发音。干预部分只包括重复的应用。转码应用（阅读、书写和拼写）的讲述则不在本章的范围之内。

重复的干预

重复他人的动作和声音的能力在获得语言、社交行为和生成学习能力方面发挥关键的作用（例如，Baer, Peterson, & Sherman, 1967; Greer & Ross, 2008; Horne & Lowe, 1996; Lovaas, 2003; Lowenkron, 1998; Palmer, 2012; Poulson, 2003）。例如，模仿成人玩躲猫猫游戏能够促进婴儿与成人之间特定的来回互动。这些互动能够产生直接的和自动的强化，从而建立模仿技能库中的其他技能。泛化型模仿技能库是一个重要的行为交点，因为它使儿童易于学习新的行为，而无须直接教学或强化历史（如怎样穿袜子或连接玩具火车的轨道）。动作模仿可能也具有（与手语或手势沟通有关的）语言功能，而且当它承担这种功能的时候，它可以被归类为重复行为，并具有类似于仿说关系的语言功能。如果婴幼儿未能发展出重复行为，可能就需要接受干预了。

教授动作模仿（与手语有关）

当动作模仿比建立仿说技能容易时，很多无口语的障碍儿童成功地获得了手语作为反应形式。一项正式计划的第一个目标是教授儿童复制他人做出的简单的动作。可以使用标准的 ABA 程序来建立这个技能库。对需要进一步协助的儿童来说，另一种方法是把模仿反应放在提要求框架内，也就是说，结合动作 S^D 与 MO 以及特定强化来达到训练的目的。例如，如果一名儿童展现出了对音乐的强大 MO，那么一个模仿尝试（如轻敲手臂以表达手语"音乐"），加上一个肢体辅助，就可以在其对音乐的 MO 强大的时候开展这个模仿教学，这可以使那个时刻很强大的特定强化形式被当作教学工具使用（Sundberg & Partington, 1998）。

教授仿说行为

儿童按要求复诵他人话语的能力是她获得语言的潜力的最重要的标准之一（例如，Lovaas, 1977）。仿说十分重要，因为它可以用来建立提要求、命名、交互式语言和听者技能。而无法复诵他人的话语将成为未来语言发展的重大阻碍，因此，这项技能往往是早期干预计划的一个关键成分（例如，Leaf & McEachin, 1999; Lovaas, 2003; Ross & Greer, 2003; Sundberg & Partington, 1998）。仿说技能库可以用 ABA 教学程序来建立。不过，对于在学习重复他人话语方面有困难的人而言，训练模仿所用的提要求框架程序也适用于仿说行为。

自动强化

通过将词语与现有的强化形式进行匹配，也可以建立仿说行为。例如，如果在将秋千上的儿童推出之前的那一刻，成人说出"秋千"这个词，那么"秋千"这个词最终可能就会成为 S^r。研究表明，这种匹配程序可以提高儿童的发声速率，并导致在仿说控制下发出目标声音（例如，Esch et al., 2009; Rader et al., 2014; Stock et al., 2008; Sundberg et al., 1996）。在获得仿说技能库方面有困难的儿童会受益于这些程序的组合实施，也会受益于使用手语或基于选择的图标系统。

听者的评估

可以使用本章前面讲述的词性和五种语言区辨来形成听者评估的架构。此外，评估自我听者技能也是至关重要的（Esch, Esch, McCart, & Petursdottir, 2010; Greer & Ross, 2008）。还应采取措施以评估儿童作为听者、中介强化以及展现情绪听者反应的能力。

简单语言区辨

对听者的简单语言区辨的强度的评估涉及确定语言刺激是否可靠地引发了相应的非语言反应。例如，当一名儿童被要求"走路"时，他走路，当被要求"跑"时，他跑。

听觉条件型区辨

听觉条件型区辨比较复杂，因为它涉及多重刺激和多重反应。这里说的刺激包括一系列其他刺激中的语言 S^D（如"碰一下鞋"）和非语言 S^D（如一张鞋的图片）。这里说的反应既包括扫描一系列非语言刺激，也包括发出一个非语言部分的反应（如指着鞋）。对这个技能库的评估涉及在语言和非语言复杂程度不断升高的过程中的各种词性组合的取样（例如，Dunn & Dunn, 2007; Sundberg, 2014）。

复合语言区辨

评估受复合语言刺激控制的听者行为涉及确定多个字词在一项听者区辨任务中是否共同产生了一个新的 S^D。例如，如果目标是教会一名儿童在一组事物中区分红色和绿色的蔬菜以及红色和绿色的水果，那么首先要单独测试每个要素（如"你能找到一些红色的东西吗？""你能找到一些水果吗？"），然后呈现目标语言刺激的组合（如"你能找到一个绿色的蔬菜吗？"），以确定这些刺激的混合是否引发了一个更特定的选择反应。

语言条件型区辨

在一个涉及听者行为的 VC^D 中，需要有两个单独的条件型区辨。第一个出现在前提事件中，这个相同的前提设置里有一个语言刺激改变另一个语言刺激的引发效果。例如，在一个包含语言刺激"哪个是不能穿的？"和一系列非语言刺激（如衬衫、球、电脑）的听者区辨中，与"不能"一词有关的强化历史改变了"穿"一词的区辨功能，使这个词变成了一个新的 S^D，这个新的 S^D 会参与跟那个比对队列有关的第二个条件型区辨。在第二个条件型区辨中，衬衫已被建立为 S^Δ，而球和电脑被建立为 S^D。嵌入短语中的"不能"与"能"的对照将决定是否发生 VC^D。对听者的 VC^D 技能库的评估可能非常复杂，它涉及在语言和非语言复杂程度不断升高的过程中的各种词性组合的取样（例如，Devine et al., 2016; Smith et al., 2016; Sundberg & C. A. Sundberg, 2011）。

语言功能改变效果

对听者来说，功能改变的未来效果包括在未来的某个时间点遇到的非语言刺激的引发效果的改变（Schlinger & Blakely, 1994）。例如，当家长向儿童发出某个涉及未来非语言事件的特定指令时，如"播广告的时候，去刷牙"，广告作为非语言 S^D 的效果如何，只能在后来广告出现的时候才能确定。对这个技能库的评估涉及这些不同类型的语言指令和非语言背景的呈现。

听者干预

如果一个婴儿或幼儿未能发展出早期听者技能，那么可以考虑使用各种已经产生成功结果（例如，Leaf & McEachin, 1999; Lovaas, 2003; Maurice et al., 1996）的干预计划和材料。早期听者区辨技能应该与命名技能同步建立（例如，Petursdottir & Carr, 2011）。例如，教授儿童命名一只鞋，同时让儿童从一系列选择中挑出一只鞋。这个混合的语言行为教学模式（Sundberg & Partington, 1998）由穿插进行的讲者和听者教学尝试组成，它有助于建立生成性的 C-BiN 技能库（Greer & Ross, 2008; Horne & Lowe, 1996）。学习当一个听者，这涉及在话语（或手语、文字等）间区辨的能力，尤其是当它们在新异组合、不同的非语言环境中和在不同的 MO 下出现时。在教授孤独症儿童或其他智力障碍儿童作为听者理解他人说的字词和句子时，五种语言区辨可以为这个过程提供一些组织方法。

简单语言区辨

教授听者简单的语言区辨涉及在不同的语言刺激控制下建立不同的非语言行为。例如，教儿童在有人说"拍手"的时候拍手，在有人说"跳"的时候跳，这涉及在话语间的区辨。使用 ABA 教学方法可以建立这些技能。

听觉条件型区辨

一个常见的听者训练程序（也被称作接受性命名）是，要求儿童通过发出某种形式的选择行为（例如，一听到"护士在哪里？"儿童就从一个比对队列中选择一张护士的图片）来辨识物体、行动、性质、位置，等等。发展听觉条件型区辨的一个关键成分是包含目标物品或活动的那个队列的配置。起初，该队列应清楚而简单，并包含特征鲜明的物件（如一根香蕉和一只猫）。一旦儿童获得了基本的区辨能力，训练就应该系统化地发展到更复杂的语言刺激和队列。至于命名，不同的词性可以充当听者条件型区辨训练的分类和课程的指引，市面上已有一些教学材料和方案可供发展这个技能库（例如，Leaf & McEachin, 1999; Lovaas, 2003）。

复合语言区辨

建立听者的复合语言区辨涉及在一个短语中安排不同的词性，以及操纵相应的非语言队列（例如，Devine et al., 2016; Eikeseth & Smith, 2013）。教授这些语言和非语言听者区辨涉及呈现单个字词的组合，这些组合已经存在于儿童的听者技能库中。例如，儿童也许可以作为听者而对"晃动"做出晃动身体的反应，对"手指"做出给成人看自己的手指的反应，但当被问到"你能晃动一下你的手指吗？"时，这名儿童无法做出正确的反应。要教授这些技能，可以使用模仿辅助并渐褪，目标是将"晃动一下手指"建立为新的复合语言 S^D，进而引发晃动手指的行为。最终可以在指令中加入新的名词和动词（如晃动脚趾、指一下你的手指）。矩阵训练为建立这些类型的区辨提供了一个有效的和生成性的模式。

语言条件型区辨

教授儿童发出听者 VC^D，可以通过一个叫作按功能、特征和类别划分的听者反应（listener responding by function, feature, and class, LRFFC）的程序来实现（DeSouza et al., 2019; Smith et al., 2016; Sundberg, 2014;

Sundberg & Partington, 1998）。在 LRFFC 训练程序中，当他人根据某物的功能（如乘坐、穿戴），特征或属性（如车轮、袖子），或类别（如交通工具、衣服）给予儿童语言 S^D 时，要求儿童辨识非语言刺激。可以将这些不同的语言刺激的元素组合起来，并与建立必要的 VC^D 进行对照。例如，呈现一个农场的场景，成人问儿童一系列 LRFFC 问题，如"哪种动物吃草？""谁种了干草？""哪种动物会下蛋？"和"鸡蛋是谁煮的？"不同的词性可以被用作 LRFFC 训练程序的架构。这种类型的听者训练的一个主要的好处是，它建立的 VC^D 也可用于教授交互式语言的行为。

语言功能改变效果

教授儿童对改变非语言刺激的未来效果的语言刺激做出反应，可以通过逐步增加起始语言刺激与其接触目标非语言事件之间的延迟来实现。例如，如果目标关系包括告诉儿童"当你爸爸来这里时，给他看你的奖状"，那么训练可以从在发出指令与爸爸到达之间制造短暂的延迟开始，然后逐渐增加延迟。一旦儿童掌握了，就应该引入伴随新的非语言背景的新的指令，以发展高级形式的听者行为。

交互式语言评估

交互式语言关系可能是初级语言操作中最难评估和量化的一种。即使儿童发出的早期交互式语言行为通常是直接而简单的，交互式语言关系仍然会迅速地变得更为复杂，因为多重语言刺激和多重反应都会参与到与听者有关的语言情节中。四种语言区辨、词性和涉及非语言 S^D 和 MO 的多重控制可以提供交互式语言的评估架构（Devine et al., 2016; Sundberg, 2014, 2016a; Sundberg & C. A. Sundberg, 2011）。此外，对 I-BiN 技能库的评估可以辨识这个高阶语言操作的强度和有效性（Greer & Ross, 2008; Miguel, 2016）。

简单语言区辨

在评估期间，可以采集到很多简单交互式语言区辨的例子（如唱歌、填空游戏、共同点联系）。可以从发展的视角将在这些类型的语言任务上的表现与典型发育儿童的表现进行比较。[1]

复合语言区辨

受复合语言刺激控制的讲者交互式语言行为的评估过程与听者的评估过程类似，只不过现场没有非语言刺激。例如，在没有任何图片的情况下呈现问题："你能告诉我一种红色的水果吗？"儿童说："苹果。"问她："你能告诉我一种红色的蔬菜吗？"她说："辣椒。"这构成了受复合语言 S^D 控制的交互式语言行为的一个量度。

语言条件型区辨

受语言条件型区辨控制的交互式语言行为的评估过程与听者的评估过程类似，只不过反应强度是在没有非语言刺激的情况下测试的。对这个技能库的评估涉及将对照语言刺激嵌入交互式语言自动附加框架中。例如，问儿童一个需要做出条件型交互式语言反应的问题，如"你脚上能穿什么？"还有"你头上能戴什么？""你头上会长出什么？""园子里会长出什么？"等。

语言功能改变效果

语言 S^D 也可以转换未来遇到的语言刺激的功能效果。评估一名儿童展现这些效果的能力，需要在以后的时间里观察目标交互式语言。例如，向儿童发出一个语言指令，如"如果你叔叔问你奖状是怎么来的，你就告诉他是通过努力学习得来的"。然后，当这位叔叔出现并问了这个目标问题时，记下儿童的反应。对这个技能库的评估涉及呈现各种类型的语言指令，并在未来衡量这些效果。

---

[1] 参看桑德伯格和 C. A. 桑德伯格（2011）设计的按发展顺序排列的包含 80 个项目的交互式语言次级测试，该测试曾用于编写《语言行为里程碑评估及安置计划》（*Verbal Behavior Milestones Assessment and Placement Program*, VB-MAPP）（Sundberg, 2014）。

交互式语言的干预

在获得交互式语言技能库之前，幼儿已经获得了数量相当可观的提要求、命名和听者技能的集合。交互式语言技能库通常是最后一个获得的初级语言操作（转码技能要到以后才会获得）。一些早期交互式语言关系是简单的短语、唱歌、有趣的填空和共同点联系。儿童的交互式语言技能库通常会在两岁到三岁间快速扩充。这个发展是与命名和听者区辨技能库的复杂程度相对应的，因而为儿童提供了交互式谈论的内容。四种语言区辨（图 18.4）和词性为早期交互式语言训练提供了组织方法。此外，典型发育儿童的交互式语言行为的发展可以为交互式语言计划提供参考架构（Devine et al., 2016; Kisamore et al., 2016; Sundberg, 2014; Sundberg & C. A. Sundberg, 2011）。

简单语言区辨

教授儿童初期交互式语言行为涉及在简单语言刺激控制下建立语言行为。例如，一名成人玩躲猫猫游戏，他可以说"躲猫……"，然后执行一个短暂的延迟，再说出"猫"以引发儿童说出"猫"的交互式语言反应。短语填空（"你乘坐一辆……"）通常比 WH 问题容易（"你能乘坐什么？"），因为填空往往仅涉及一个简单的语言区辨，而 WH 问题最终会涉及语言条件型区辨。在这个早期交互式语言层级上的主要目标是，将目标语言反应从仿说控制下独立出来，同时，教授儿童在她可能遇到的很多语言刺激中做语言区辨。此外，从填空到 WH 问题的程序能够帮助建立早期 I–BiN 技能库（Greer & Ross, 2008; Horne & Lowe, 1996）。

复合语言区辨

教授受复合语言刺激控制的交互式语言行为与先前讲过的听者区辨程序类似，只不过需要一个语言反应。例如，"哥哥"和"名字"这两个词可能会单独引发某些特定行为，但当它们结合在一起的时候，"哥哥的名字"，一个新的刺激就出现了，在这种情况下使用辅助、渐褪和强化特定反应（如"科里"）可以建立复合语言刺激控制。

语言条件型区辨

在考虑以建立 VC^D 为目标的干预计划时，确保儿童展现出了先备的讲者和听者技能是很重要的（DeSouza et al., 2019; Sundberg & C. A. Sundberg, 2011）。例如，在能够交互式地谈论有关冷和热的问题之前，有关冷和热的命名和听者技能库（如 LRFFC）已被建立是必要的条件。如果儿童能够展现出这些先备技能，而且这个技能库已被设定为优先目标，那么教学者就可以在数量可观的研究和临床应用文献中寻找关于受多重语言刺激控制的交互式语言反应的内容（有关综述，参看 Aguirre, Valentino, & LeBlanc, 2016; Petursdottir, 2018）。

例如，基萨莫尔等人（2016）展示了使用三种不同的程序对七名孤独症参与者建立多重控制下的交互式语言的效果。第一种程序涉及标准的辅助延迟和错误纠正，不过这个程序只对三名参与者有效。两名参与者受益于要求他们先仿说问题，再命名差别观察反应（differential observing response, DOR），另外两名参与者则需要在程序上做出其他修正。图 18.7 显示了未能受益于辅助延迟和错误纠正，但受益于仿说 DOR 程序的两名参与者的研究结果。两人的数据都显示，在辅助延迟和错误纠正期间的交互式语言反应都有变化，并且没有达到标准。然而，引入 DOR 程序后，反应达到了熟练掌握的程度。

语言功能改变效果

建立延迟的交互式语言行为的目标是教授儿童如何对以后可能会出现的特定语言 S^D 做出反应。教学计划涉及已知的交互式语言关系，以及改变第一次与第二次呈现目标语言 S^D 之间的时间距离。例如，如果目标是未来在餐馆里使用交互式语言进行互动，那么最初的条件化可能包括告诉儿童："当服务员问你

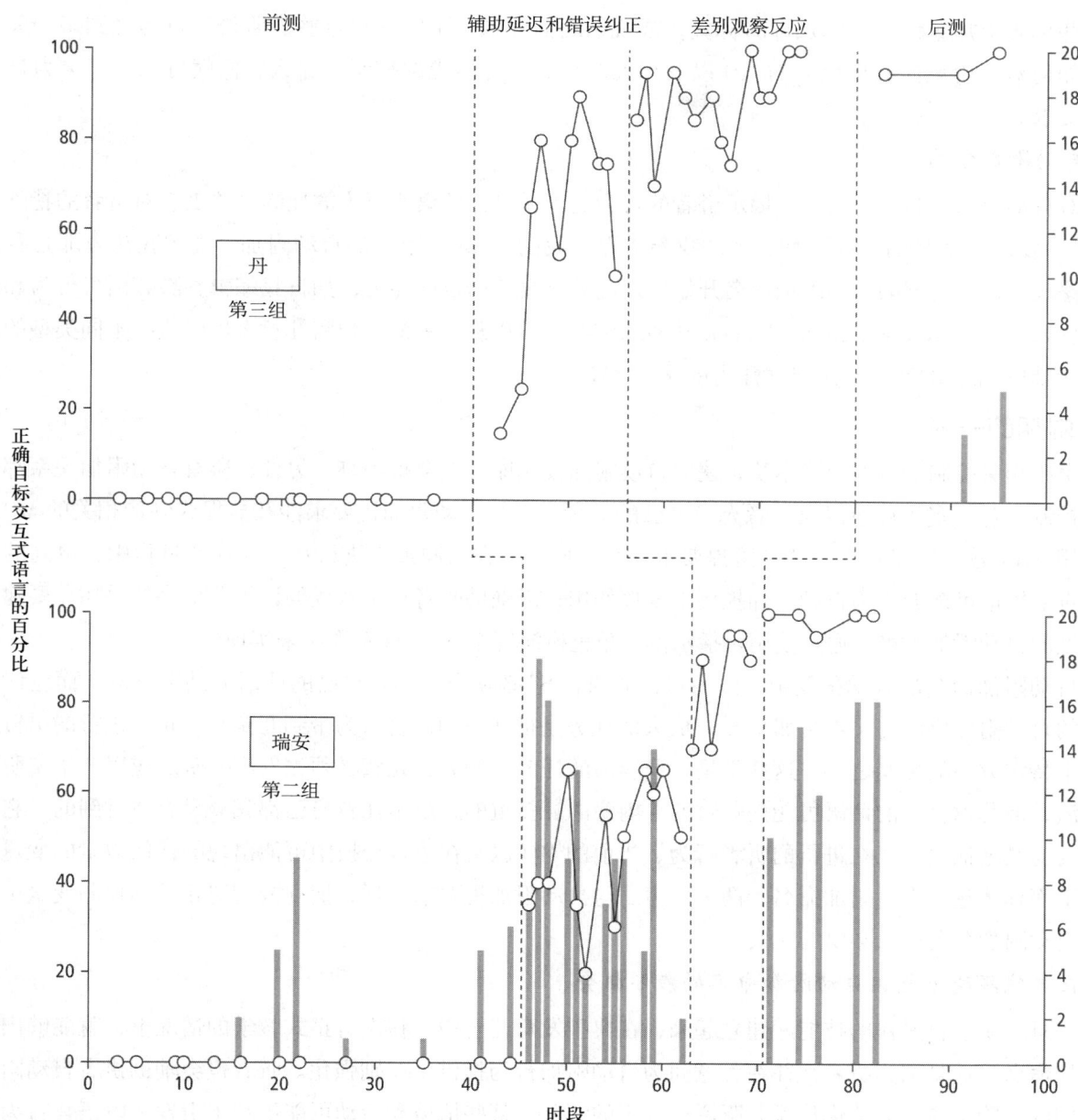

图 18.7 未能受益于辅助延迟和错误纠正（PD&EC），但受益于仿说差别观察反应（DOR）程序的两名参与者的研究结果。空心圆表示跨条件获得交互式语言反应，长条表示跨条件错误的数量。

引自 A. N. Kisamore, A. M. Karsten, & C. C. Mann (2016). Teaching Multiply Controlled Intraverbals to Children And Adolescents with Autism Spectrum Disorders. 经约翰威立出版有限公司授权转载。

'你想点些什么？'时，你告诉他'鸡块'。"然后使用角色扮演，引入第二名成人，并逐渐增加每名成人呈现语言 S^D 之间的时间。

自动附加评估

下列几项是开展自动附加教学必须具备的先备技能：（1）讲者现有的语言技能足以支持二阶语言行为；（2）讲者展示出了自我倾听的技能；（3）讲者可以命名自己的语言和非语言行为。在辨识这些类型的技能库何时出现（一般是在24至36个月大左右）时，发展里程碑会很有用。

自动附加提要求

获得一阶提要求后，二阶自动附加提要求就开始在讲者的提要求技能库中出现。例如，儿童会不会在某些词语上加重语气、添加即时标签，或说话之前停顿一下？如果这些二阶语言行为受到某个关于听者应如何对一阶反应做出反应的 MO 以及相关的特定强化历史的控制，那么它们就可以被归类为自动附加提要求。

自动附加命名

对自动附加命名的评估可以揭示讲者的行为是否受自己的语言行为的控制，并因它对听者的特殊效果（例如，发出一个强的自动附加，如"我知道那是我的"，或一个弱的自动附加，如"我认为那是我的"）而被修改。这些类型的自动附加命名开始展现出具有复杂语言的能力，如自我编辑、隐蔽语言行为和语言自我意识（Greer & Ross, 2008; Skinner, 1957, 1974）。可以从发展的视角将儿童发出受这些不同类型的非语言 S^D 控制的命名的能力与典型发育儿童进行比较。

自动附加的干预

由于相关控制变量的内隐本质，建立自动附加技能库可能会很困难。另外，所有自动附加关系都涉及多重控制变量、多重反应以及讲者充当自己的听者。教授自动附加提要求涉及捕捉或创造相关的 MO，以及使用 ABA 教学程序建立一个二阶提要求关系。例如，在与同龄人进行社会互动的过程中，更高的音量或特定的短语可能会作为自动附加提要求发挥作用，以辅助听者对讲者说的话给予更多的关注。要建立这些类型的自动附加，可以通过使用包括示范和角色扮演等基本的 ABA 程序来实现。

自动附加命名的教学很复杂，因为目标非语言 S^D 必须来自儿童自己的话语的某个方面，而应该引发儿童的自动附加反应的又正是那个 S^D。成人的任务是把儿童的语言行为带到儿童自己正在进行的语言行为的某个特定方面的控制之下。这并不是一项容易的任务。例如，儿童必须先发出一阶反应以产生二阶命名的刺激，但儿童自己的话语可能是短暂的、内隐的、多重的，或是儿童自己都完全没有注意到的。它们可能还要与其他话语、正在进行的听者行为、当前的 MO 以及在语言交换中可能出现的任何数量的变量相竞争。下面描述建立自动附加命名的两个程序。与自动附加提要求一样，捕捉或创造相关的控制变量可以为建立自动附加命名提供必要的元素。

在自然环境中捕捉自动附加命名的教学机会

一旦一阶语言操作的技能库建立起来，在典型发育儿童中，在没有正式教学的情况下，就能够出现自动附加命名。这是因为听者往往在无意间为自动附加行为提供了差别强化。听者也会辅助讲者自动附加扩展他们的一阶反应（如"你从哪儿听说这件事的？"）。某些情境和活动可能更利于引发一阶语言行为，如游戏活动、工艺美术，或户外活动和比赛。在很多情况下，自动附加行为已经出现在正在进行的语言行为的背景中，如果成人可以辨识其存在，就可以为那个行为提供强化。例如，在观察到水池中有一个波浪时，儿童发出反应："好——大啊！"——一个看起来包含描述性自动附加的反应。成人可以通过对"好"字给予关注（如成人说："哇！那真是最大的一个！"）来强化这个额外的自动附加行为。

自动附加命名依联的正式安排

如果儿童展现出了前面所说的先备技能，她可能就做好了通过直接教学程序（如多范例教学）学习发出自动附加行为的准备。例如，如果目标自动附加关系涉及儿童要告知听者影响她的一阶命名的感官模式，她就必须先学会区辨看到事物、听到事物、闻到事物，等等。正式的教学程序可以从一个标准的命名尝试引发的一阶反应开始，来为控制该反应的非语言来源（如视觉的或听觉的）的命名设置必要的条件。当刺激是视觉刺激时，可以用仿说辅助"我看到球了"以辅助一个反应（此时，"我看到"不是自动附加，而是一个一阶仿说操作）。当刺激是听觉刺激时（如一个球弹起来的声音），可以提供仿说辅助"我听到球了"。两种仿说辅助都需要渐褪、随机呈现教学尝试，以及将刺激控制转移到控制一阶命名"球"的感觉前提类型。将通过直接教学获得的技能转移到自然环境依联是很重要的，在自然环境依联中，感觉信息对听者而言非常有价值（如捉迷藏游戏、紧急情况）。可以实施类似的程序来处理很多其他类型的描述性自动附加、量化自动附加和关系自动附加。

自动附加是语言技能库的一个重要方面，但其控制依联的内隐本质使得人们很难对其开展研究。幸运的是，可供参考的有关自动附加的研究现在正不断增多（例如，Hübner, Austin, & Miguel, 2008; Lowenkron, 1998, 2006; Luke et al., 2011; Palmer, 2011; Sidener & Michael, 2006; Speckman et al., 2012; C. T. Sundberg et al., 2018）。

丧失语言行为

斯金纳的语言行为分析可以被当作评估和干预语言丧失者的指南，基本上与它被当作初始语言获得者的评估指南一样。语言技能库可能会严重弱化，这在失智症、阿尔茨海默病、失语症和创伤性脑损伤的案例中可以观察到（Baker, LeBlanc, & Raetz, 2008; Gross, Fuqua, & Merritt, 2013; Palmer, 1991; Sundberg, 2016b; Sundberg, San Juan, Dawdy, & Arguelles, 1990; Trahan, Donaldson, McNabney, & Kahng, 2014）。例如，患有失智症的成人会丧失记忆，出现离题的语言表达，或忽视日常生活中的重要方面（例如，Bourgeois, 1993; LeBlanc, Raetz, & Feliciano, 2011）。斯金纳（1957）曾谈到失语症和语言行为的丧失，他说："损伤发生的顺序似乎是按照从最少技能库中推论出的'困难'顺序来的。文字和仿说行为往往能够保存下来（除非涉及相关的感觉缺陷），而交互式语言和命名似乎是最脆弱的。"（p. 219）辨识一名成人受损的语言行为的功能控制来源和每个语言操作的强度，可以为他的干预计划的制订提供方向。例如，通过评估有关近期和过去事件的交互式语言技能库、针对信息提要求、对复杂刺激的命名，以及怪异或无关语言行为的出现，可以获得关于个体的语言丧失的性质的数据（例如，Gross et al., 2013; Sundberg, 2014）。

将斯金纳的语言行为分析应用于与语言丧失有关的问题的研究正不断增多（例如，Dixon, Baker, & Sadowski, 2011; LeBlanc et al., 2011; Oleson & Baker, 2014）。例如，奥利森和贝克（Oleson & Baker, 2014）考察了失智症老人在提要求方面出现的问题。两位研究者认为，"训练提要求使失智症患者有能力获得他们想要的物品和活动，这不仅能提高他们的生活质量……而且可能会减少攻击行为和其他挑战性行为"（p. 115）。在奥利森和贝克（2014）的一项研究中，两名失智症参与者被置于一个包含人为设计的MO（如提供纸张，没有彩色铅笔）、语言辅助、渐褪、特定强化和错误纠正的提要求训练条件下。结果显示，该程序对一名参与者是有效的，而对另一名参与者无效。图18.8显示了成功的参与者安德烈娅的结果，她获得了两个提要求行为，部分获得了第三个提要求行为。在提要求基线条件中，安德烈娅发出了间接的提要求口语词（如"我不知道做什么""好的"），以实心菱形表示，但她极少发出特定的目标话语（如"彩色铅笔"），以空心正方形表示。第一个条件仅包括人为设计的EO，这对引发目标提要求没有效果。然而，第二个条件包括人为设计的MO和一个间接的补充语言辅助，它产生了成功的提要求，并减少了不恰当的提要求。这些数据与本章开头讲述的那个故事中的贾森的数据相似，通过一个基本的提要求训练程序，贾森的不恰当提要求被一种可接受的反应形式取代了。很多已被证实对孤独症儿童或其他智力障碍儿童有效的其他教学程序也可以修改并用在正经历语言行为丧失的人身上。

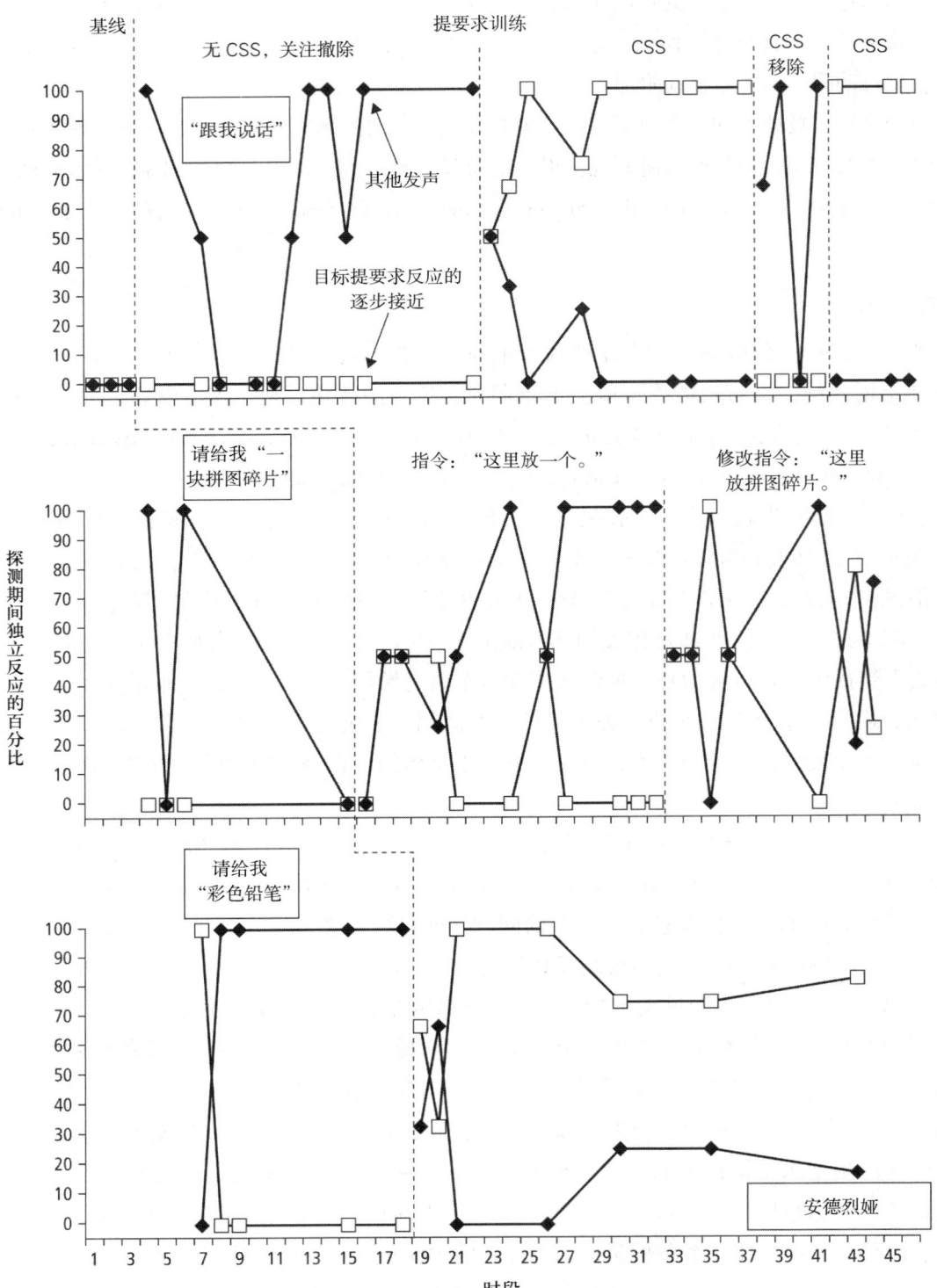

图 18.8 安德烈娅的结果显示她在基线期间没有提要求或只有很少的提要求;空心正方形表示特定的目标话语(如"彩色铅笔"),实心菱形表示间接的提要求口语词(如"我不知道做什么""好的")。第一个条件在引发目标提要求方面没有效果,第二个条件包括不同类型的语言辅助,如依联特定刺激(contingency specifying stimulus, CSS),它产生了成功的提要求,并减少了不恰当的提要求。

经国际行为分析协会授权转载。引自 C. R. Oleson & J. C. Baker (2014). from Teaching Mands to Older Adults with Dementia. *The Analysis of Verbal Behavior*, 30, p. 122. 版权清算中心传达授权。

摘要

斯金纳（1957）的语言行为分析

1. 斯金纳认为，语言构成了通过强化环境依联获得、维持和延伸的习得性讲者和听者行为。

2. 特定话语包括形式相似性（说出的话）和功能属性（为什么说那些话）。

3. 语言的形式属性包括通常以词性、从句和句子来分类的语言反应的形态和结构。

4. 语言的功能属性包括通常被称作语义学或词义的反应的原因。

5. 从行为学的视角来看，单词的含义存在于引发该单词的即时或历史的前提和后果中。

6. 通过将语言视作由讲者和听者发出的习得性行为，分析和应用的焦点落在了导致该行为的依联上。

7. 斯金纳（1957）将语言行为定义为"以他人作为中介强化的行为"（p. 2），但这些他人"必须以为了强化讲者行为而被精准条件化的方式回应"（p. 225）。

8. 语言涉及讲者与听者之间的相互作用，包括当讲者是她自己的听者时。斯金纳将这个相互作用的基本分析单位称作语言情节。

9. 在一个语言情节中，讲者会以任何形式（如说话、手语、目光接触）发出任何类型的语言行为（如提要求、命名、交互式语言）。

10. 在一个语言情节中，听者：（1）充当讲者的听众；（2）给讲者提供强化；（3）以特定方式回应讲者的行为。

11. 讲者和听者的角色在语言情节中互换，而且通常涉及隐蔽的讲者和听者行为。

12. 语言行为并不限于说出的话。任何形式的操作式行为都可以获得语言功能（如手语、指语、图标选择、盲文、面部表情、语调）。

13. 在基于形态的语言行为中，在某个特定的控制变量下，每个语言关系都涉及一种可区分的反应形式。

14. 在基于选择的语言行为中，每个语言关系的反应形式都是相同的（如点指、选择）；传达给听者的是被指出的刺激。

15. 行为交点是生成学习的一种形式，获得一项技能或一套特定的技能会使得个体在没有直接教学或强化历史的情况下获得其他技能。一个行为交点可以让个体接触到新的 MO、刺激、强化物和惩罚物，从而产生新的行为。

16. 讲者的语言技能库的基本成分被称作初级语言操作（如提要求、命名、交互式语言）。

17. 提要求是一种语言操作，其反应形式受动因操作（MO）和特定强化历史的功能控制。

18. 命名是一种语言操作，其反应形式受非语言 S^D 和泛化 S^r 历史的功能控制。

19. 重复关系有三种类型：仿说、动作模仿和复制文字。转码关系有两种类型：文字和听写。

20. 仿说（重复）是一种语言操作，其反应形式受与语言反应有形式相似性的语言 S^D 和泛化 S^r 历史的功能控制。

21. 当控制前提刺激和反应产物（1）具有相同的感官模式（即刺激和反应都是视觉的、听觉的或触觉的），（2）在物理意义上彼此相像时，就出现了形式相似性。

22. 交互式语言是一种语言操作，其反应形式受与语言反应之间没有点对点对应，但有泛化 S^r 历史的语言 S^D 的功能控制。

23. 当一个语言刺激的开始、中间和结束与一个语言反应的开始、中间和结束相匹配时，就发生了刺激与反应或反应产物之间的点对点对应。

24. 文字关系（转码）是一种语言操作，其反应形式受没有形式相似性，但有点对点对应的书写语言 S^D 和泛化 S^r 历史的功能控制。

25. 听写（重复）是一种语言操作，其反应形式受控制书写、打字、盲文点字或指语反应的语言 S^D 的功能控制。与文字关系一样，其中没有形式相似性，但有点对点对应和泛化 S^r 历史。

26. 听者区辨（通常所说的接受性语言）可以被定义为，由泛化 S^r 历史引发相应的非语言反应（或反应类）的一个语言 S^D。

27. 将非语言样本刺激与非语言比对刺激配对的泛化能力可以促进等价关系和非等价关系的建立。

28. 对语言关系进行分类可以使我们更加精准地辨识、组织和解释可能导致某个特定话语的特定变量。

细述语言操作和听者行为

29. 通过辨识控制提要求行为的不同类型的MO（如UMO、CMO）以及通过提要求影响听者行为和产生特定强化的不同方式可以对提要求进行分类。

30. 提要求的定义性后果构成了斯金纳（1957）所指出的特定强化。特定强化涉及强化与特定MO的关系所建立的强化（如水剥夺使水成为特定强化）。

31. 一些类型的MO与厌恶刺激有关（如太热、巨响、强烈要求），移除它们具有特定负强化的作用。

32. 当提供充足的特定正强化或负强化时，它会废除MO（如餍足）。

33. 人类行为的任何一个实例通常都是同时运作的多重变量的功能。多重控制有两种类型：汇聚性多重控制和扩散性多重控制。

34. 在汇聚性多重控制中，一个单一反应受到不止一个前提变量的控制。

35. 在扩散性多重控制中，一个单一前提变量控制不止一个反应。

36. 在单一语言情节中有多重MO和S^D同时运作是很常见的。

37. 多重前提变量的参与可能会提高或降低引发效果。

38. 一个内隐事件只能被一个人感觉到。然而，内隐事件可能具有即时行为效果（如MO、隐蔽的语言 S^D），并且应该得到完整的行为解释。

39. 当一个可公开观察的刺激与一个内隐刺激可靠地出现时，公开伴随就发生了。

40. 附带反应是指伴随一个内隐刺激可靠出现的可公开观察的行为。

41. 一旦儿童获得了基本的仿说、提要求、命名和听者技能库，这些行为交点的组合就可以用很多不同的方式（如命名转移到提要求、随机提要求学习）产生新兴的提要求和生成学习。

42. 通过辨识控制反应的不同类型的非语言 S^D，以及这些语言反应影响听者行为的不同方式，可以实现对命名的分类。

43. 非语言 S^D 经常与其他类型的前提变量（如CMO-T、语言 S^D）一同参与到语言情节之中。

44. 一个命名关系一旦建立起来，命名反应就可以通过刺激泛化过程延伸到非语言刺激条件。

45. 在一般式命名延伸中，新异刺激具备所有与原始刺激相关的或定义性的特征。

46. 在隐喻式命名延伸中，新异刺激具备原始刺激的某些而非全部的相关特征。

47. 在转喻式命名延伸中，新异刺激不具备任何原始刺激的相关特征，但一些不相关的特征会获得刺激控制。

48. 在借喻式命名延伸中，刺激属性与原始刺激没有明确的联系，但新异刺激会通过某种强化历史而获得控制地位。

49. 听者为命名提供了五种不同类型的泛化 S^r：（1）教育性强化；（2）逃避或回避厌恶刺激；（3）延

伸听者与环境的接触;（4）自动强化;（5）一个邻近性或相关联使用的历史。

50. 斯金纳（1957）使用"自动"这个术语来辨识在没有其他人直接操纵的情况下,行为被环境变量引发、塑造、维持或减弱的情况。

51. 自动强化可以发生在行为的反应产物提供强化的时候。

52. 自动强化可以发生在来自物理环境的行为强化效果提供强化的时候。

53. 生成语言学习是一种行为效应,先前获得的讲者和听者技能启动或加速了其他讲者和听者技能的获得,而不依赖直接教学或强化历史。

54. 儿童一旦获得了基本的仿说、命名、听者和模板配对技能库,这些行为交点结合起来,就能以各种不同的方式（如刺激等价、重组泛化、共同双向赋名、共同控制和关系框架）产生新兴的命名。

55. 刺激等价发生的情况是,例如,直接教授一个单词（刺激A）与一个物体（刺激B）之间的AB关系,以及直接教授相同物体（刺激B）与一个不同刺激（刺激C）之间的BC关系,可以产生几个未经训练的讲者和听者关系（BA/CB对称性和AC/CA传递性）。当对称性和传递性都出现新兴行为时,就发生了刺激等价。

56. 重组泛化是一种多重控制,涉及学习如何对既是讲者又是听者的前提变量的新异组合做出反应。

57. 双向赋名（BiN）是一个高阶语言交点,包括讲者和听者技能库在双向关系中的融合。在共同BiN中,以听者身份获得的新词会产生命名关系而无须进一步训练,作为命名获得的新词会产生听者关系而无须进一步训练。

58. 共同控制涉及语言技能（如仿说和命名）的结合,当引发相同反应形态的两个单独建立的前提同时出现,并产生引发行为的新兴S^D时,就发生了共同控制。

59. 关系框架涉及将西德曼的等价理论扩展至非等价刺激关系,如比对、相反和差异（第20章）。

60. 语言S^D具有与非语言S^D相同的因果地位,因为这两种S^D都通过差别强化获得对行为的区辨控制。

61. 有六种初级语言操作受语言S^D的控制：仿说、动作模仿（与手语有关的）、复制文字、文字、听写和交互式语言。除交互式语言外,所有这些关系都是重复或转码。

62. 通过辨识引发交互式语言反应的语言刺激控制类型可以对交互式语言关系进行分类。

63. 交互式语言反应可由四种不同类型的语言刺激控制：（1）简单语言区辨；（2）复合语言区辨；（3）语言条件型区辨；（4）语言功能改变区辨。

64. 简单语言区辨涉及引发交互式语言反应的单一成分的词语或短语。

65. 复合语言区辨涉及两个或更多个语言S^D（汇聚性多重控制）,其中每一个独立地引发行为,但当两个都在相同的前提配置中出现时,会产生一个不同的S^D,并引发一个更特定的交互式语言反应。

66. 语言条件型区辨是一种汇聚性多重控制,涉及在相同前提配置中改变另一个语言刺激引发效果的一个语言刺激。

67. 当语言刺激通过改变听者立即或后来遇到的其他刺激和MO（如指令）的功能,而使听者行为被条件化时,就出现了语言功能改变效果。

68. 听者提供的泛化S^r（如赞扬、许可）建立了对语言行为的语言刺激控制,其方式与非语言刺激对语言行为的控制相同。

69. 研究表明,交互式语言关系可以从先前获得的命名、交互式语言和听者技能库中产生,甚至可以从直接观察中产生。交互式语言行为也可以在双向赋名的过程中产生。

70. 交互式语言双向赋名（I-BiN）涉及双向关系,其建立在至少两个语言刺激（如"猫"和"动物"）

之间。当一个单向交互式语言关系的 AB 训练自动产生了一个逆转的 BA 交互式语言关系时，就发生了 I-BiN，反之亦然。

听者行为

71. 听者指的是语言交流中的积极参与者，并在此身份中扮演很多角色，如充当听众、为讲者提供强化，以及针对讲者的话采取行动。

72. 本章讲述的交互式语言关系的四种语言区辨同样可用作辨识各种非语言听者区辨的架构。此外，还有第五种针对听者行为的语言区辨，通常被称作听觉条件型区辨。

73. 在听觉条件型区辨中，一个语言刺激因强化历史而改变一个非语言刺激的引发效果，并引发一个相应的非语言反应。

74. 听者在倾听讲者说话的过程中经常会做出公开的或隐蔽的语言行为，当这种情况发生时，听者就是讲者，他的行为也应据此归类。

75. 讲者也可以是她自己的听者。我们可以自言自语，而且我们经常这么做。

自动附加语言行为

76. 讲者往往会在她自己正在进行的一阶语言行为上添加自动附加反应，因为自动附加反应为听者提供了关于讲者的一阶反应的更多信息，而且听者会因这个额外的信息而强化讲者。

77. 一个一阶语言反应构成了任何一个语言操作（如提要求、命名、交互式语言）。

78. 一个二阶自动附加反应受一阶语言操作的某些方面或其控制变量的控制。二阶自动附加行为有三种类型：自动附加提要求、自动附加命名、自动附加交互式语言框架。

79. 自动附加提要求要求听者采取某个关于一阶反应的特定行动，而且自动附加行为会被该行动强化。

80. 自动附加命名受一阶反应的某个非语言特征或其控制变量的控制，而且自动附加反应会向听者传达该特征。这个行为是由提供泛化 S^r 的听者来强化的。

81. 交互式语言自动附加框架提供了语言行为的较大单位的顺序、一致性、分组和组合。自动附加框架促进了特定话语中的字词之间的关系，而且是由提供泛化 S^r 的听者来强化的。

斯金纳（1957）的语言行为分析的应用

82. 在特殊需要人群的语言评估和干预计划方面，行为分析做出了三项贡献：（1）应用行为分析技术；（2）一项关于人类发展的行为分析；（3）一项关于语言的行为分析。

83. 应用行为分析可以为专业人士和家长提供必要的干预程序和科学方法以教授语言技能。

84. 典型发育儿童在语言和社会技能上的发展情况可以作为语言干预课程的重要指南。

85. 斯金纳的语言行为分析可以充当特定语言评估和干预计划的架构。

86. 针对语言发育迟缓儿童实施的语言评估有三个主要目标：（1）辨识其迟缓或问题的性质；（2）将儿童的表现与预期标准进行对比；（3）如果需要适当的干预计划，那么提供干预指导。

87. 针对语言发育迟缓儿童实施的语言评估包含初级语言操作、听者技能、自我听者技能、多重控制反应、讲者—听者相互作用的强度测量。

88. 评估儿童的提要求技能库涉及辨识各种 MO 控制语言反应的程度。

89. 在提要求训练中，有两种常见的辨识和控制 MO 价值改变的方法：（1）捕捉 MO 价值改变自然发生的时刻；（2）制造一些改变后果价值的变化来创造 MO。

90. 评估命名技能库涉及确定非语言刺激控制语言行为的程度。

91. 命名干预计划的目标是建立流畅的和生成性的命名技能库，这个技能库对儿童来说是功能性的，并且会与其他讲者和听者技能库相融合。

92. 可以使用本章前面讲述的词性和五种语言区辨来形成听者评估的架构。此外，评估儿童的自我听者技能也是至关重要的。

93. 早期听者区辨技能应该与早期命名技能同步建立。

94. 学习当一个听者，这涉及在话语（或手语、文字等）间区辨的能力，尤其是当它们在新异组合、不同的非语言环境中和在不同的 MO 下出现时。

95. 四种语言区辨、词性和涉及非语言 S^D 和 MO 的多重控制可以提供交互式语言的评估和干预架构。

96. 典型发育儿童的交互式语言行为的发展可以为交互式语言干预计划提供参考架构。

97. 下列几项是开展自动附加教学必须具备的先备技能：（1）讲者现有的语言技能足以支持二阶语言行为；（2）讲者展示出了自我倾听的技能；（3）讲者可以命名自己的语言和非语言行为。

98. 生成语言学习是语言干预计划的主要目标。来自刺激等价、关系框架、双向赋名和共同控制的各种程序有助于促进语言发育迟缓儿童出现新兴的生成技能库。

丧失语言行为

99. 语言技能库可能会退化，这在失智症、阿尔茨海默病、失语症和创伤性脑损伤的案例中可以观察到。斯金纳的语言行为分析可以被当作评估和干预语言丧失者的指南，基本上与它被当作首次学习沟通者的指南一样。

第八部分

发展新行为

第 19 章　以等价为基础的教学

第 20 章　以非等价关系设计新兴学习

第 21 章　模仿、示范与观察学习

第 22 章　塑造

第 23 章　串链

第八部分的五章描述了发展新的行为技能库的方法。

第 19 章由卡萝尔·皮尔格林（Carol Pilgrim）撰写，概述了以等价为基础的教学（EBI）的研究基础和核心概念，并讨论了 EBI 的几个关键成果，即类形成、延迟新兴、类扩大和类合并、功能转移和情境控制。这一章最后讲述了如何在教学和泛化情境中应用 EBI，以及从赋名理论和关系框架理论的视角看待各种应用。

第 20 章由汤姆·克里奇菲尔德（Tom Critchfield）和露丝·安妮·雷费尔特（Ruth Anne Rehfeldt）撰写，描述了如何以非等价关系设计学习程序。在定义了非等价类并说明了它们为何重要之后，作者介绍了解释非等价关系的基本词汇，描述了非等价关系的类型和例子，回顾了关键的理论概念，讨论了非等价关系在高阶心理建构中的角色，并解释了非等价关系如何以与应用行为分析的典型方法完全不同的方法为提高幸福感提供基础。

第 21 章详细讲述了如何通过示范、模仿和观察学习获得新的行为。在定义了这些术语和提供例子，并概述了针对没有模仿技能的学习者的训练流程之后，描述了实务工作者如何将示范作为行为改变策略，以及如何教授儿童成为技能娴熟的观察学习者。

第 22 章描述了通过对终点行为的逐步接近实施强化来塑造新的行为。这一章还包括提高塑造效率的程序和在应用情境中使用塑造的指南。

第 23 章说明了离散的反应如何连接起来，形成更复杂行为的行为链。这一章描述了任务分析——将复杂的任务分解成一系列教学步骤——的程序。最后讨论了不同的串链方法和影响行为链表现的因素。

第19章　以等价为基础的教学

卡萝尔·皮尔格林

关键词

类扩大（class expansion）

类合并（class merger）

特定类强化（class-specific reinforcement）

条件型区辨（conditional discrimination）

情境控制（contextual control）

衍生刺激关系（derived stimulus relations）

新兴刺激关系（emergent stimulus relations）

等价类形成（equivalence-class formation）

等价测试（equivalence test）

逐出（exclusion）

高阶操作类（higher-order operant class）

模板配对程序（matching-to-sample procedure）

节点刺激（节点）[nodal stimulus (node)]

反身性（reflexivity）

简单区辨（simple discrimination）

简单到复杂测试流程（simple-to-complex testing protocol）

刺激—控制形态（stimulus-control topographies）

刺激等价（stimulus equivalence）

对称性（symmetry）

训练结构（training structure）

功能转移（transfer of function）

传递性（transitivity）

➡ 本章由廖旖旎翻译。

行为分析师认证委员会 BCBA/BCaBA 任务清单（第5版）

第一部分：基础

B. 概念和原理

B-10 定义刺激控制并举例。
B-15 定义衍生刺激关系并举例。

第二部分：应用

G. 行为改变程序

G-10 教授简单区辨和条件型区辨。
G-12 实施以等价为基础的教学。
G-21 使用程序促进刺激和反应泛化。

©2017 The Behavior Analyst Certification Board, Inc.® (BACB®). 保留所有权利。本文件的当前版本可在 www.bacb.com 网站查阅。如需转载、复制或分发本文件，或有疑问，请直接联系行为分析师认证委员会。经授权使用。

  符号在我们的日常生活中发挥着重要的作用。回顾一下我今天早上通勤的情形：当我正要出家门时，我发现梳妆台上的小花瓶里有一束杜鹃花，这是我的另一半刚从花园里摘的。怀着对世界的美好憧憬，我按下了汽车仪表盘上的"启动"按钮，挂倒挡倒车出来，并按下"5号"台，收听当地的 NPR 广播（美国国家公共广播电台）。美国民主党和共和党正在针对美国移民（过去、现在和未来），甚至针对世界各地的移民观望者，展开一场关于"建墙"的意义的激烈辩论。我快速切换到我的随机音乐播放列表，与激烈辩论形成强烈对比的是约翰·列侬的《给和平一个机会》(*Give Peace a Chance*)。不一会儿，我转动方向盘，把车开进了当地银行分行的车道，在那里我可以存支票，并把钱从一个账户转移到另一个账户，连一枚硬币都不必碰到。接下来，我开车穿越校园时遇到了红绿灯、交通标志以及正在指挥交通的校警奥马利。穿戴着刚拿到的学位帽和学位服的毕业生在校园里的每一座海鹰雕塑前摆姿势，与朋友们一起自拍。我停好车，走向办公室，钟楼的钟声加快了我的脚步，我马上要去跟一名研究生见面，讨论她的论文写作进展。

  这个简短的小故事讲述了一连串的普通事件——它们是自然而然发生的，无须多想，漫不经意。然而，仔细观察，细心的读者不难发现这个小故事里的每一个细节都包含一个符号。从平凡到崇高（如从刹车到爱情），这些符号让我得以拥有一个平凡的早晨。的确，我们丰富多彩的生活都是周围事件的符号功能促成的，这既包括经验的准确性（如账户余额），也包括广泛性（如和平这样的抽象概念）。想象一下，对于那些无法轻易获得符号功能的人来说，其生活的世界必然存在一些局限性。相反，当多个符号功能快速生成时，将会带来好处。那么，对于缺乏这一功能的群体，应采取哪些措施来建立符号，或者有效地将其数量最大化呢？单一的符号如何在不同的个体间传递不同的含义呢（如从安全到压迫）？尽管我们可能觉得我们看到一个符号就知道一个，但老实说，当我们谈论一个符号的时候，我们究竟是什么意思？这里给出的几个例子有助于说明，如果我们要创造一个健康和幸福的世界，甚或仅仅是一个有最低功能的世界，找出上述几个问题的答案是很重要的。实际上，这些都是刺激等价研究中的核心问题。

  行为分析中关于刺激等价的研究探讨了一个人的环境经验如何建立或改变符号的功能，即符号影响我们行为的能力或符号的意义。因此，该研究能够帮助我们了解更多关于人类行为的知识，以及关于如何设计和实施教学程序以最大限度地提高学习效果等内容。事实上，以等价为基础的教学（equivalence-based instruction, EBI）最重要的特征之一是它的生成性。如果设计得当，少量而明确的教学可以产生一个广泛的和可预测的新关系网络，并且该网络无须直接教授。这对学生和教师来说当然是一个双赢的局面。EBI所产生的巨大"实惠"与人们现今所追求的有效和高效的教育策略紧密相关。本章通过阐述刺激等价在应用研究中的一系列等价结果，概述等价教学程序的主要特征，使其为实务工作者或教师所用，并被纳入教学工作中，这些进一步推动了刺激等价的基本概念的发展。

研究基础与核心概念

被称作**刺激等价**的符号功能的行为分析方法首次出现于20世纪70年代初（Sidman, 1971; Sidman & Cresson, 1973），并在1982年首次得到全面的操作性处理（Sidman & Tailby, 1982; Sidman et al., 1982）。在科学领域中，这并不是很久远的事。但自那时起，在基础实验、概念和应用行为分析科学领域中，恐怕没有其他任何一个主题受到如此多的关注。在我们将注意力转向刺激等价这一概念何以在本领域受到重视之前，让我们先简要回顾一下等价现象（equivalence phenomenon）。

关于符号刺激关系的开创性研究

教授了什么

西德曼关于阅读获得的初步研究（Sidman, 1971; Sidman & Cresson, 1973）为介绍等价方法的基本术语和概念提供了完美的知识背景。由于这些术语和概念对接下来的讲述至关重要，我们将在这里花一些时间来深入阐述西德曼的里程碑式研究中的术语和概念。实验的参与者是3名有重度智力障碍、住在治疗机构中的年轻男性（17~19岁）。尽管接受过丰富的教学训练，他们中仍然没有一名发展出任何阅读技能。西德曼针对这一关键的功能性技能库采用了一种被称作**模板配对的教学程序**，这种教学程序与日常课堂教学方法有很多共同之处。配对模板是回合尝试程序（discrete-trial procedure）；在西德曼的案例中，在每次教学尝试开始时，都会重复呈现20个不同口语字词中的一个，它被称作模板刺激（sample stimuli），此外，在教学设备的中央安装了一个圆形发光按键。参与者被要求触摸发光按键，以表明自己注意到了该口语字词，这一反应被称作观察反应（observing response）。观察反应导致呈现8张简笔图，即比对刺激（comparison stimuli）。它们围绕在模板按键周围呈圆形排列。其中一张作为比对的简笔图，对应了该尝试中作为模板刺激呈现的口语字词。例如，把口语字词"汽车"作为模板刺激，围绕在周围的比对刺激有汽车、太阳、杯子、猫、盒子、牛、帽子和狗的简笔图（参看图19.1关于两次尝试的呈现形式的说明）。参与者此时的任务是选择一个比对刺激，触摸那张图片。他们正确选择了与口语字词相对应的简笔图（例如，在听到口语字词"汽车"后，选择汽车图片）后，将会得到一些硬币并听到钟鸣声；也就是说，他们所做出的对应比对，对于强化来说是区辨性的。选择任何不匹配的比对刺激都没有程序化后果。在这两种情况下，给他们一个短暂的时距，然后再开始下一次尝试。

在所有的尝试中，这20个字词都作为模板刺激一一呈现。因此，在任何特定的尝试中，被指定为正确的或区辨性的比对刺激都会随着某一尝试中呈现的特定模板刺激的变化而变化。听到"汽车"后选择汽车图片会产生强化物，听到"杯子"后选择杯子图片会产生强化物，以此类推。参与者无法通过选择先前尝试中正确的比对刺激而持续获得强化，正确选择必须"与模板配对"。用更具技术性的专业术语来说，模板刺激的刺激控制决定了区辨比对刺激。因此，模板配对程序设置了一个四项依联，其中的积极元素包括两个前提刺激（模板刺激和正确的比对刺激）、选择反应和强化物。由于模板刺激决定了恰当的三项依

图 19.1 关于 AB 模板配对程序中的两次尝试的说明，每张图的上面都显示了口语模板刺激。

引自 M. Sidman (2009). Equivalence Relations and Behavior: An Introductory Tutorial. *The Analysis of Verbal Behavior*, 25, p. 8. 经授权使用。

联的单位，或区辨单位，因此，四项依联把我们更熟悉的三项依联带到了另一个层级的前提刺激控制之下。由四项依联产生的行为表现（即在每次尝试中选择恰当的比对刺激）被称作**条件型区辨**，即各个比对刺激之间的区辨以每次尝试呈现的模板刺激为条件，或者说取决于每次尝试呈现的模板刺激。因而这种安排下的模板刺激也被称作条件型刺激。在西德曼的第一个训练阶段内，每张图片的区辨功能以口语字词为条件。回到术语层面，西德曼的教学安排可以被称作任意的，或者有时甚至可以说是符号化的（symbolic）模板配对程序，因为在特定尝试中的正确比对刺激并不依赖它与模板的任何物理关系［这与同一模板配对（identity matching-to-sample）不同，即模板与正确比对在物理属性上相同，也与特异模板配对（oddity matching-to-sample）不同，即正确比对是所有比对刺激中唯一在物理上与模板不同的刺激］。

在与等价有关的文献中，用字母数字标签来表示个别的训练刺激，已司空见惯。这一惯例有助于形成标准化的描述系统，它能够轻而易举地适应文献中出现的各种刺激类型和训练程序的变体。这可能需要一点时间来适应，但事先熟悉这一描述系统有助于读者理解本章其他部分的研究描述。每个字母数字标签代表一个物理上独一无二的刺激，其中字母代表一个刺激组（如一组模板刺激或一组比对刺激），每个数字代表一个潜在的等价类。例如，在西德曼的阅读研究中，一系列口语字词的模板刺激以 A1、A2、A3……A20 标记；在整个训练尝试中，每个模板与来自刺激组 B 的 8 张图片一起呈现，以 B1、B2、B3……B20 标记。如前所述，在训练期间，在呈现模板刺激 A1 时选择比对刺激 B1，呈现模板刺激 A2 时选择比对刺激 B2，以此类推，将会产生一个充当强化物的后果，而选择任何一个其他的比对刺激将只导致时距的出现。一旦这一行为选择被可靠地展现出来，即呈现每一个模板 A 时选择正确的比对 B，该表现就被称作 AB 条件型区辨（AB conditional discrimination）。在西德曼的研究中，正确地将图片与口语字词配对构成了 AB 条件型区辨。

每名参与者在所有的 AB 任务中表现稳定之后，西德曼的第二阶段教学开始实施。（事实上，参与者在训练前就已能将一些图片与口语字词进行配对。）第二阶段的教学与第一阶段的教学基本相同，但有一个重要的区别。20 个书写字词取代图片成为比对刺激，而在任何特定尝试中呈现其中 8 个书写字词。口语字词再次作为模板刺激呈现（参看图 19.2）。因此，第二阶段构成了 AC 条件型区辨（AC conditional discrimination）。

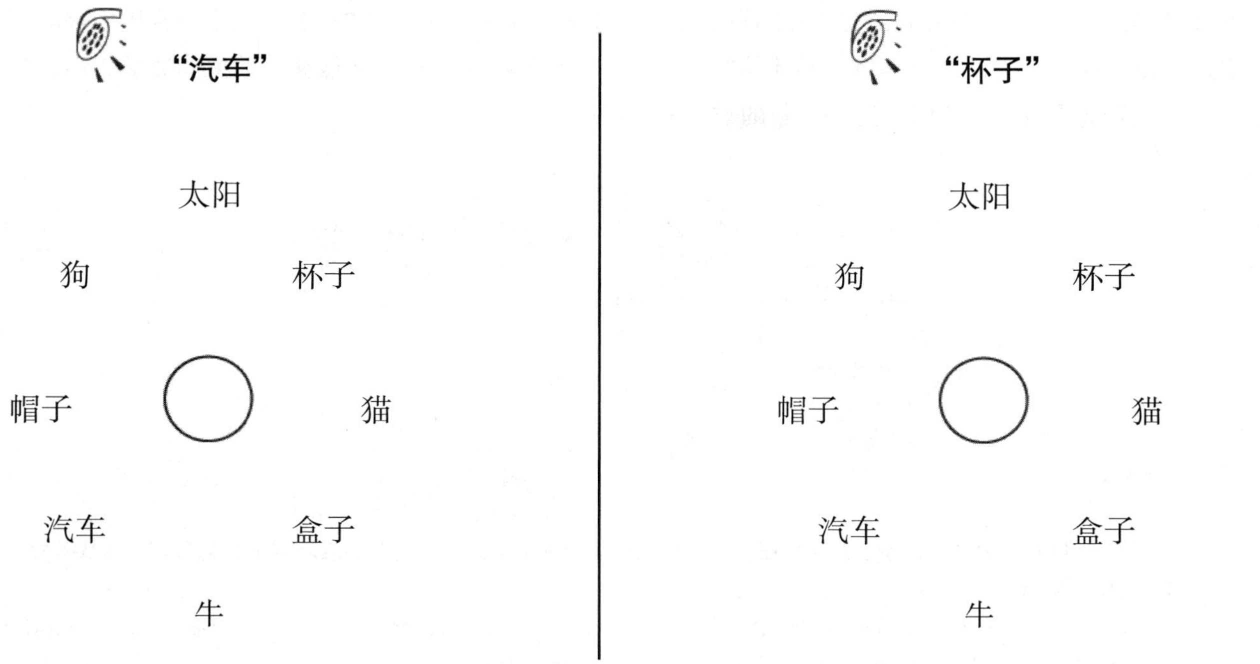

```
      "汽车"                              "杯子"

       太阳                                太阳

    狗      杯子                        狗      杯子

  帽子   ◯   猫                      帽子   ◯   猫

    汽车     盒子                       汽车     盒子

       牛                                 牛
```

图 19.2 关于 AC 模板配对程序中的两次尝试的说明，每张图的上面都显示了口语模板刺激。

引自 M. Sidman (2009). Equivalence Relations and Behavior: An Introductory Tutorial. *The Analysis of Verbal Behavior*, 25, p. 7.

　　这个训练阶段多花了一些时间才完成，对两名参与者（来自 Sidman & Cresson, 1973）来说，教学是通过逐步累加的方式增加字词集的规模；首先，从 9 个字词开始教，直至达到掌握标准，然后增加 5 个字词，总共 14 个，最后一起呈现所有的 20 个字词。当所有的 AB 和 AC 表现都很有力时，就可以思考重要的问题了。这些年轻人是否已经获得了可以合理描述为真正的阅读理解的技能？他们真的将这些字词理解为符号了，还是仅仅学会了通过训练程序发展出来的死记硬背式的匹配？

学会了什么

　　为了区分这两种可能性（真正理解与死记硬背），西德曼设计了一系列巧妙的测试或探测尝试（probe trial），它们仍然以模板配对的形式呈现，但没有任何程序化后果。换句话说，每次探测都是在消退条件下进行的，这就使得研究者可以解释它是符号化还是真正意义上的配对的功能。（实际上，在研究开始时，在开展任何教学之前，就呈现了这些相同的测试，以确定行为的基线水平；除了如上文提到的 AB 尝试中的一些正确选择，以及一些正确的赋名图片反应之外，基线的准确性水平普遍较低。）探测尝试呈现了参与者在训练过程中从未遇到过的模板刺激和比对刺激的新组合。因此，在探测中观察到的任何一致的反应类型（在没有强化的情况下）都可以被描述为**新兴刺激关系**（emergent stimulus relations）。**衍生刺激关系**（derived stimulus relations）这一术语有时被当作这些新兴表现（emergent performance）的同义词[1]。

　　等价研究中有四种关键的探测尝试类型。为了说明西德曼的训练和测试设计，图 19.3 展示了尝试类型的示意图，由于篇幅有限，这里只显示了每个训练组里 20 个刺激中的 3 个。图 19.4 使用字母数字式的刺激—名称系统来表示完全相同的信息，以说明这两种描述方式之间的关系。在这两种形式中，箭头从单独呈现的模板刺激点指向比对刺激数组。实线箭头表示在训练阶段就安排了的具体依联强化的刺激关系（即上述的 AB 和 AC 条件型区辨）。虚线箭头表示可以通过探测尝试来进行测试的未经训练的刺激关系。

---

[1] 正如我们将在关系框架理论那一部分中看到的那样，将这些术语等同起来可能是有问题的，因为后者带有关于行为反应基础的重要理论含义。因此，"新兴表现"这一术语通常被认为是一种理论中立的描述。

西德曼等人在 1982 年发表的论文（Sidman & Tailby, 1982; Sidman et al., 1982）从数学集合论中提取等价定义，为每种探测—尝试类型提供了描述符。他推断这些行为测试操作性地捕获了抽象的数学属性，当一系列事件被界定为彼此等价时，这一抽象的数学属性即成立。

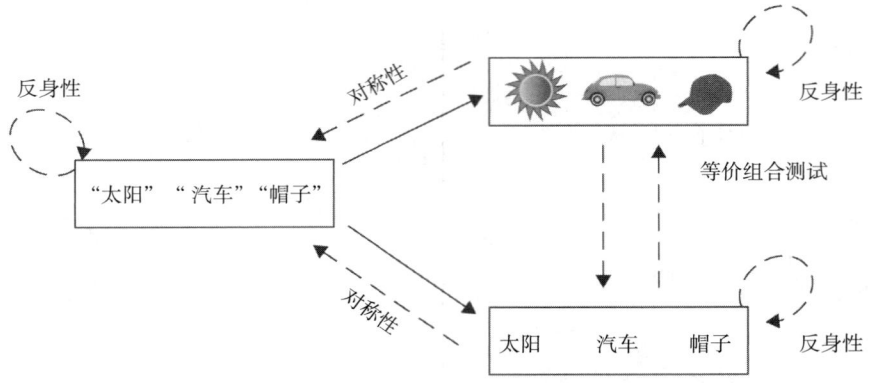

图 19.3　训练和测试的条件型区辨示意图。实线箭头表示训练的关系，虚线箭头表示测试的关系。箭头从模板刺激指向比对队列。

引自 D. M. Fienup & T. S. Critchfield (2010). Efficiently Establishing Concepts of Inferential Statistics and Hypothesis Decision Making through Contextually Controlled Equivalence Classes. 经约翰威立出版有限公司授权转载。

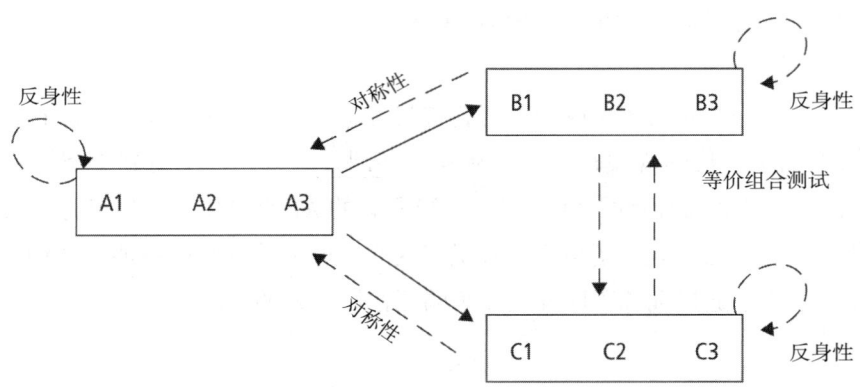

图 19.4　训练和测试的条件型区辨示意图，单个刺激用字母数字名称表示。

更进一步说，在教授了 AB 和 AC 条件型区辨之后，刺激的**反身性**是通过探测来测试每个实验刺激之间的泛化型同一配对（generalized identity matching）的。例如，把 B2 作为模板刺激，把 B1、B2、B3 作为比对刺激，选择刺激 B2 则表明具有反身性。在没有针对这一行为选择的依联强化的情况下，与所有的实验刺激（如西德曼的研究中的图片和文字）相一致的反身性行为选择，证明了每个刺激的功能与自身相等。**反身性**的数学表述是 A=A；因此，泛化型同一配对为这一数学属性提供了一个操作性定义。**对称性**的数学表述是，如果 A=B，那么 B=A，或者如果 A=C，那么 C=A。这一属性往往通过在训练期间逆转模板与比对刺激的角色来进行探测操作。例如，学会了呈现特定的模板刺激 A，选择正确的比对刺激 B（即呈现特定的 A1，选择 B1；呈现特定的 A2，选择 B2；呈现特定的 A3，选择 B3）之后，对称性探测将会把刺激 B 中的一个刺激作为模板刺激呈现，刺激 A1、A2、A3 作为比对选择。同样，在呈现特定的模板刺激 A，建立起正确选择比对刺激 C 之后，探测尝试将会把刺激 C 中的每一个刺激作为模板刺激呈现，A1、A2 和 A3 作为其比对队列。逆向刺激选择的一致模式（例如，呈现特定的 B1，选择 A1，或呈现特定的 C2，选择 A2）也是在选择没有强化的条件下在所有相关的探测中表明其对称属性。在西德曼的早期研究中，年轻的男性参与者接受的是一种修改版的典型对称性探测，因为训练中的刺激 A 是一组口语字词，同时呈现多个口语字词作为选择是很困难的。与标准化对称性测试不同，该研究中的刺激 B 和 C 中的每个刺激都是单独呈现的，即要求参与者直接说出（分别是命名和文字反应）而非从一组中选择，不得不说这项任务更难。尽管如此，令人兴奋的结果是，这些男孩不仅能正确地命名图片，还能读出书面文字；也就是说，尽管在训练期间并没有将朗读当作直接目标，在探测尝试中也没有可获得的强化物，他们仍然读出了在教学阶段开始之前无法读出的字词。这是一个惊人的发现，但是，这些男孩理解字词的含义吗？

第三种探测—尝试类型评估了这种可能性。**传递性**的数学表述是，如果 A=B，且 B=C，那么 A=C，并且当对称性和传递性都成立时，C=A。后者通常被称作等价组合测试（combined test for equivalence），或简称**等价测试**（equivalence test），因为两种属性被同时评估。本研究中的参与者接受过 AB 和 AC 训练，因此，他们的等价组合测试包括把刺激 B 作为模板刺激，把刺激 C 作为比对刺激，或者相反，把刺激 C 作为模板，把刺激 B 作为比对（即如果 A=B，且 A=C，则 B=C 且 C=B）。在一些探测尝试中，先呈现一张图片（来自刺激组 B），然后选择与之配对的书写字词（来自刺激组 C）。在另一些探测尝试中，先呈现一个书写字词，然后要求选择与之配对的图片。所有的 20 个可能的图片—字词组合都采用这种方法进行评估。同样，在没有强化选择的情况下，在所有相关的探测尝试中，参与者选择一致且正确的图文配对（例如，当呈现"太阳"这一书写字词时，选择太阳图片；或当呈现"汽车"这一书写字词时，选择汽车图片）都体现了对称性和传递性的组合属性。更重要的是，对这些男孩来说，这种一致性表现也代表了真正的阅读理解，这表明他们理解了这些字词的含义。西德曼（2007）描述了在针对这些年轻男性进行的首次探测尝试中观察到的情况；他和他的同事们站在一面单向镜后面观察，屏气凝神。当看到参与者一个接一个地做出正确反应时，这些科学家抑制不住地手舞足蹈，在这个时段结束时，研究助理跳了起来，拥抱参与者，并激动地喊道："肯特，你能阅读啦！"（Sidman, 2007, p. 315）研究者的这种兴奋来自刚刚观察到的实验结果所带来的力量和潜力。要知道，这三名年轻男性从未被直接教授过，这是他们人生中第一次展现出朗读和阅读理解的新兴模式。

现在，让我们结束基本的等价术语的学习，当三种类型——反身性、对称性和传递性（或等价组合测试）在没有强化的情况下，在探测尝试中都成功地表现出了上述的那些行为时，我们就说其满足了**等价类形成**（equivalence-class formation）的定义标准。在这里所讨论的研究中，有 20 个不同的刺激类，每类所包含的一个口语字词、一张图片和一个印刷字词（即 A1B1C1、A2B2C2……A20B20C20）可以被描述为等价类，因为每类中的单个成员在特定的背景中完全可以互换。换句话说，来自一个特定类的各个刺激无论是作为模板刺激还是作为比对刺激，相对于同一类中的任何其他成员，其功能都是相同的。正是这种新兴的可互换性使我们可以将每个类中的刺激表述为彼此的符号（例如，口语字词"汽车"、书写字词［汽车］和汽车图片之间显示了符号化关系）。进一步说，这种可互换性是使用结构化教学方法的结果，这种方法只涉及生成的关系总数中的一个小子集。

为什么重要

三名年轻男性在阅读获得上的成就鼓舞研究者在多个领域开展关于等价的研究。第一个原因是，刺激控制的新形式被创造了出来，这些刺激控制从未被当作教学程序的直接目标。让我们来看看在这些案例中采用这种方法的效果：20 个 AB（口语字词—图片）和 20 个 AC（口语字词—书写字词）的关系要么已经由参与者本身展现，要么通过配对模板训练程序的强化依联得以明确建立。由此产生的表现包括这 40 个关系，以及潜在的 60 个新的反身性关系、40 个新的对称性关系和 40 个新的组合等价关系，共计 180 个区辨操作单位！这种可靠的和可预测的新异刺激—控制关系模式的产生是一个惊人的行为现象，尤其是当新异控制并非基于刺激之间的物理上的相似性（如一阶刺激泛化）时，而仅仅为了了解出现这个现象的原因，就值得开展研究。在西德曼的研究（Sidman, 1971; Sidman & Cresson, 1973; Sidman & Tailby, 1982）开始之前，在大量的行为分析文献中，没有一篇指出在基本的四项依联训练后可以产生这样的生成能力。此后，大量相关的研究开始出现了。

西德曼的早期发现令人振奋的第二个原因毫无疑问地跟随上述的第一个原因而来，而且或许与本书的内容关系最为密切。鉴于西德曼研究的重点是阅读，通过等价策略来提高教学效率的潜力是显而易见的。西德曼早期的成功捕获了应用成果的圣杯——仅经少量的直接训练就可建立广泛的、多样的和灵活的技能库。这为将等价方法创造性地扩展到各种各样的学业和生活功能技能方面的行为目标铺平了道路，后面会讲述等价方法的一些应用。

上文描述的等价结果引人注目的第三个原因是它在很大程度上捕捉到了我们所说的"符号"的实质。探测尝试的三种定义类型揭示了一个任意的声音（即一个口语字词）、一组抽象的黑白标记（即一个书写字词）和一张相关的图片可以被同等和互换对待，就像一个符号和它的指代物一样。这种可替代性常被描述为一个符号"代表"其所指物，或一个符号和所指物"意义"相同；然而，对于辨识真正的符号所需的行为，长期以来一直缺乏明确的说明（例如，Sidman, 1994; Wilkinson & McIlvane, 2001; 信息箱 19.1 提供了一个经常导致混淆的例子）。西德曼的等价标准因而建立了一个令人信服的关于符号功能的操作性定义。如此一来，这些标准也为对人类而言至关重要的其他复杂行为表现（如分类、语义对应、语法）提供了实证的行为分析基础，并为发展（或改变）这些作为临床目标的行为提供了可能的途径。关于这一点的一个例子涉及对行为的新颖性或创造性的研究。的确，创造性有时会被错误地认为不适合作为行为学描述，因为根据定义，当一个行为第一次发生时并没有强化历史。然而，在等价程序中，新异行为可以通过探测尝试中的新兴表现以可预测的模式得到可靠的说明。其他扩展到复杂的人类功能的例子包括以等价为基础的指令遵循模式、社会刻板印象、错误记忆，以及广泛性焦虑或恐惧症的传播和治疗等临床课题，这里仅举几例[1]。这些复杂的反应模式有一个重要的共同特点，即它们涉及新兴的符号功能。

> ### 信息箱 19.1
>
> #### 但我知道我的狗听懂了
>
> 我们经常在媒体上听到关于聪明宠物的感人故事，尤其是狗，说它们能很好地理解主人的话，以至于能从事拯救生命的工作（还记得蒂米告诉莱西去找人帮忙吗？[2]），甚至会拨打 911 报警电话，并对着电话吠叫。的确，训练有素的狗能帮助有心理健康问题的主人应对过激情绪；听到指令时能为有身体障碍的主人捡回掉落的物品、开关门，支撑他们站立和行走；紧急情况下能为老人取药品、手机和其他物品。有研究报告称，狗能辨认超过 1000 个人类词语，最近的一项功能性磁共振成像（functional magnetic resonance imaging, fMRI）研究（Andics et al., 2016）发现，狗听到赞扬或中性的语气中出现有意义的话语时，与听到作为赞扬的无意义话语时，它们的大脑活动类

1　上述复杂行为模式的实证实验分析是由以下研究者实施的：奥古斯特松和多尔（Augustson & Dougher, 1997），奥古斯特松、多尔和马卡姆（Augustson, Dougher, & Markham, 2000），沙利耶斯、亨特、加里和哈珀（Challies, Hunt, Garry, & Harper, 2011），多尔、奥古斯特松、马卡姆、武尔费特和格林韦（Dougher, Augustson, Markham, Wulfert, & Greenway, 1994），格里夫和多尔（Griffee & Dougher, 2002），金瑟和多尔（Guinther & Dougher, 2010），海斯、汤普森和海斯（Hayes, Thompson, & Hayes, 1989），科伦伯格、海斯和海斯（Kohlenberg, Hayes, & Hayes, 1991），莫克森、基南和海因（Moxon, Keenan, & Hine, 1993），以及瓦特、基南、巴恩斯和凯恩斯（Watt, Keenan, Barnes, & Cairns, 1991）。

2　译注：来自电影《新灵犬莱西》（*Lassie*）。

型不同。此外，很多狗的主人相信宠物不仅能听懂他们的话，还能理解他们的情感；我们都知道，宠物在面对主人的欢笑与泪水时会有截然不同的反应。当然，这些研究报告以及其他很多类似的故事都说明了狗能听懂我们说的话，这是真的吗？

这个问题直指核心：究竟什么叫"听得懂话"？换一种略微不同的问法，例如，我们有任何理由相信狗对"坐"的反应不同于儿童或我们自己对"坐"的反应吗？这三种情况可能都是一听到这个口语命令，人和狗都立即完美地做出恰当的身体姿势，因此，观察这种特定的互动并不能揭示这三个实例之间的区别。尽管如此，我们是否应该放心地得出结论说，例子中的狗对"坐"这个字的含义的理解真的与儿童的理解一样？"坐"是某个动作或姿势的真正符号，还是说狗的"理解"仅限于在某个特定区辨刺激出现时表现出一种明确训练过的单一反应？这些就是西德曼在其早期的等价研究中寻求解决的棘手问题（Sidman, 1971; Sidman & Cresson, 1973; 如上所述），当时他想弄清楚与模板配对的教学程序是否使参与研究的男孩产生了真正的阅读理解能力。当这些男孩在听到字词时选择了恰当的书写字词，而这个行为先前已得到反复强化时，他们是理解了那些字词的含义，还是只是表现出了经过训练的机械反应？与狗的例子一样，准确选择经过直接训练的选项本身无法揭示出以上问题的答案。除了明确强化的行为模式外，还需要更多的指标来做出有关理解、领悟和符号功能的判断。回到"坐"的例子中，在儿童学会听从指令坐下之后，他可能会在恰当的场景中要求妈妈"坐"，准确地命名或描述别人的坐姿，将"坐"与有一个新出现的人坐着的图片配对，指出适合人坐在上面的物品，所有这些都不需要进一步教学。这些新异或新兴的表现为证明理解话语提供了所需的各种证据。相比之下，即使是最聪明的宠物，它们对"坐"的行为反应可能也仅限于做出一个已被训练出来的身体姿势。狗的确有可能被训练在听到很多不同的口语时做出特定甚至有用的反应，这的确令人印象深刻。然而，这并不足以证明真正的符号理解。

当然，为了说服我们认识和理解而将概念操作化，推动了西德曼在以反身性、对称性和传递性这三种属性为特征的等价或符号的模板配对方面的发展（Sidman & Tailby, 1982）。的确，自这些定义性特征被首次提出以来，用（非人类）动物证明等价模式的可能性一直是大量研究活动的主题。这方面的早期研究几乎没有发现什么证据以支持反应与等价属性相一致的成果，尤其是在对称性方面，从鸽子（例如，Hogan & Zentall, 1977）到卷尾猴（D'Amato, Salmon, Loukas, & Tomie, 1985），再到恒河猴和狒狒（Sidman et al., 1982），甚至黑猩猩（例如，Dugdale & Lowe, 1990），在这些动物身上都开展过研究。近期的一些工作集中在研究非常现实的可能性上，即为人类设计的实验程序在评估动物的等价类形成方面也许不是最理想的，换句话说，我们可能是以错误的方式向我们的动物被试提问。在更适应特定物种的优势和学习方式的方法安排方面（例如，对老鼠使用嗅觉刺激；Pena, Pitts, & Galizio, 2006），已经产生了一些有前景的线索。有趣的是，迄今为止，关于动物的等价类形成的最有说服力的证据来自两只名叫罗克基和里奥的海狮（Kastak, Schusterman, & Kastak, 2001）。

在这些被试身上的实验历史是经过多年累积而形成的，包括一些相关任务的大量训练，因而无法具体指出导致测试表现优异的全部因素。然而，你可以放心，在世界各地的实验室中，对动物的等价研究仍在顺利进行（例如，Galizio & Bruce, 2017）。

等价研究的持续发展：使用等价方法获得的关键结果

近年来，人们不断强调转换研究的重要性，无论是对一般科学（例如，Woolf, 2008; Zerhouni, 2005），还是对行为分析（例如，Critchfield, 2011; Mace & Critchfield, 2010）。转换研究的传统概念集中于将我们的基础实验室科学的研究结果转移到实务工作者手中，在那里，我们所获得的更多的理解可用于重要的功能目的。实际上，自早期提出构想以来，这种务实的策略一直是行为分析这门科学的定义性特征。"我们所说的某一事物的科学概念并不是被动的沉思。当我们发现了支配与我们有关的那一部分世界的规律时，我们就准备好有效地应对那个部分的世界了。"（Skinner, 1953, p. 13）与此同时，行为分析学家早就意识到，当实验室里发现的那些行为原理被应用于重大的社会问题时（Bear, Wolf, & Risley, 1968, 1987），更多关于那些原理及其操作的关键问题将不可避免地出现。这通常需要回到实验室里开展更进一步的研究，然后是新一轮的改进应用，如此循环往复。如此一来，实验室基础科学和临床实践相互补充和启发，转换研究代表了这样一种交互和动态的过程，从而提高两个领域的有效性，并为行为分析作为一门学科提供力量。就目前而言，恐怕没有比刺激等价更好的阐述转换研究这一议题的例子了。等价研究的故事中尤其值得注意的是它的背景，因为核心现象最初是在阅读教学的应用中被发现的，因此有了实验室研究的跟进，而不是相反——这对于应用行为分析师和基础研究者来说都是很有价值的示范。自西德曼的具有里程碑意义的研究开展以来，数以百计的基础实验分析并研究了等价类形成的必要条件和充分条件，而等价应用则帮助了大量的学习者，包括典型发育儿童与非典型发育儿童和大学生，以及有脑损伤和失智症的成人。随着这项工作的持续推进，一些关键性的科研成果为应用行为分析在等价方法上的使用范围和效果添砖加瓦。这些成果包括类形成、扩大和合并、功能转移（transfer of function）和情境控制（contextual control）。

类形成

在任何等价研究中，最重要的结果是展现新兴表现而显示刺激可互换性，从而形成等价类。传统上，解释等价的定义标准包括在没有强化的情况下，对反身性、对称性和传递性 / 等价进行探测尝试，从而得到有力且稳定的类一致反应（例如，Sidman & Tailby, 1982；参看图 19.3 和图 19.4 中虚线所指的那些重要测试）。最常用的类形成的量数是在每个定义属性上，参与者的比对选择与等价相一致的探测尝试的百分比。例如，在经过 AB 和 AC 条件型区辨训练后，刺激 C1 将在某些探测尝试中作为模板刺激呈现；选择 C1、A1 或 B1 将分别与反身性、对称性或等价组合测试上的等价类形成的探测相一致（同样参看图 19.4）。

为了说明这一点，图 19.5 提供了西德曼的一项研究中的最初参与者的数据（Sidman & Cresson, 1973）。三个图表展示了该研究中格外令人感兴趣的测试类型的结果：顶部的图表是字词—赋名关系（即文字反应或 CA 口语赋名），中间的图表是图片—印刷字词（BC）关系，底部的图表是印刷字词—图片（CB）关系（即阅读理解）。在一系列测试的每一次操作中，测试类型实际上是混在一起的，但在图表中分开展示，以便单独追踪每个表现。每个长条代表某种探测—尝试类型（即 CA、BC 或 CB）中某个测试的反应百分比，这些类型与潜在的等价类一致。（提示一下，20 个三成员类通过训练成为可能，每个类包括一个口语字词、一张图片和一个书写字词。）

在这项研究中，在大约一年的时间里实施了 4 次前测。当训练的目标刺激是日常环境中的常见刺激时，以等价为基础的教学研究往往需要进行这种前测。前测的结果在判断所关注的目标行为是否由评估下的程序化教学以外的学习引起方面具有重要作用。在本案例中，在四种前测中，对于三种探测类型中的每一种，类一致反应的百分比始终很低，可以说从未超过准确率的偶然水平，尽管在每次测试中都要反复练习，而且这 20 个字词曾与相应的图片配对过（也就是说，已学过 AB 关系）。前测的结果表明，这名参与者的表现并没有因持续的实验外经验而得到改善。AC 口语字词—书写字词的关系训练分别在三个单独的

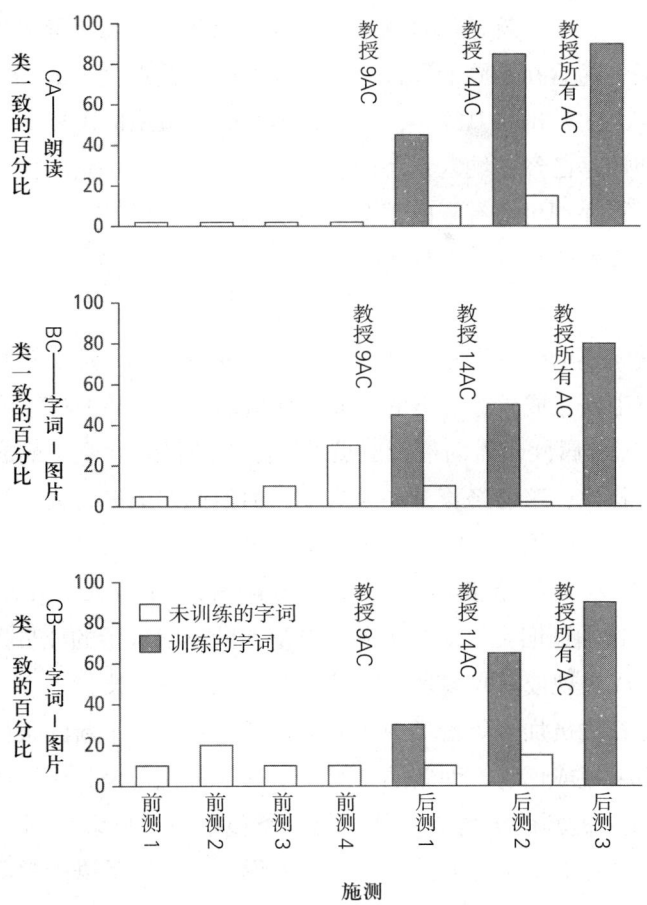

图 19.5 在三种探测类型 CA（顶部的图表）、BC（中间的图表）和 CB（底部的图表）中，选择类一致的比对选择的尝试百分比。每个或每对长条表示一次施测的数据。空心长条表示在训练中未涉及的字词的测试中的表现；实心长条表示在训练中已涉及的字词的测试中的表现。

引自 M. Sidman & O. Cresson (1973). Reading and Crossmodal Transfer of Stimulus Equivalences in Severe Retardation. *American Journal of Mental Deficiency*, 77, pp. 515–523.

教学阶段展开，先是学习 9 个字词，然后是 14 个，最后是所有的 20 个字词。每个教学阶段都包含一个总数达 20 个字词的后测。前两个后测的结果以两个长条（即图中的"9AC"和"14AC"）显示。其中，实心长条表示前一教学阶段中书写字词的尝试得分，空心长条表示尚未教授的书写字词的尝试得分。到第三个后测时（即图中的"所有 AC"），所有的 20 个字词都被囊括在训练中。各探测—尝试类别的后测结果相似。每次后测的类一致反应的百分比都远远高于前测的水平，但只有当尝试中包含训练组中的一个字词时才会如此。对于那些涉及未经训练的字词的尝试，反应大致保持在偶然水平。这一重要发现表明，教学改进应落脚于教学程序，而非其他无关因素（如增加动因或任务熟悉度、实验外的课堂经验）。在最终的后测中，在所有的探测类型中，类一致反应的百分比非常高，达到了 80% 或更高，这表明形成了 20 个三成员等价类。

这个例子很好地展示了等价类形成这一结论中的数据类型和实验推理。虽然在不同的研究中，判断类形成的具体标准略有不同，这取决于程序细节，但标准总是相当高的（如达到 90% 的类一致或更高的跨探测类型），并且常常包括进一步的规定，即在任何特定的探测类型上所产生的不一致反应的数量要少（如每个探测类型最多只能有一个错误）。

对很多参与者来说，等价结果会在第一次探测测试中立刻出现。然而，还有一种相对常见的结果，叫作延迟新兴（delayed emergence），也就是随着测试的继续，探测反应与类形成越来越一致，等价结果有时在测试开始时处于偶然水平，随后在不同的测试中改善到完美或接近完美的类一致，即使这些尝试中并没有后果（例如，Sidman, Kirk, & Willson-Morris, 1985; Spradlin, Cotter, & Baxley 1973）。事实上，图 19.5 中的数据说明了这种模式。即使是已经被纳入训练中的字词，它们的类一致的探测反应百分比在连续后测中也逐渐增加了。延迟新兴对在探测机会有限的情况下出现的关于等价"失败"的结论具有重要影响，当初始表现较弱而数据又显示出改善趋势时，应重复施测。

类扩大与类合并

如果以等价为基础的教学要为生成真正的功能性技能库提供基础，那么类规模的大小也是值得关注的问题。在目前所描述的研究中，三成员等价类的生成（如口语、图片和书写字词；Sidman, 1971; Sidman & Cresson, 1973）展现了所有等价属性所需的最低成员数。这个数量对儿童（或成人）本身来说具有明显的价值，因为与初始技能水平相比，这已经算是一大进步，但他们在语言行为、计算能力、硬币使用和分类等方面的流畅性上恐怕还有很大的提升空间。幸运的是，被称作**类扩大**（class expansion）和**类合并**（class merger）的等价结果已被广泛研究和记录（例如，Saunders, Saunders, Kirby, & Spradlin, 1988; Saunders, Wachter, & Spradlin, 1988），这为证明类可以扩大到包括潜在的无限数量的成员提供了有力的证据。重要的是，随着类规模的增加，生成表现或新兴表现的数量也会呈指数级增长。

在类扩大中，要将一名新成员加入等价类中，通常是通过教授一个新的条件型区辨。每个初始类中的一个成员在新的训练中充当模板或比对，而新的一组刺激扮演替代角色。为了说明这一点，再次思考一下西德曼关于阅读获得的文章中提到的等价类，其中每个类包括一个口语字词、一张图片和一个书写字词（A1B1C1、A2B2C2 等）。假设对那些年轻的男性参与者来说，从美国手语中学习相应的手语表达也会对他们的生活有所帮助。EBI 可以用来把三成员类扩大到四成员类，方法是教那些年轻男性将手语与口语进行配对。换句话说，将手语作为比对刺激（如 D1、D2、D3），将口语作为模板刺激（如 A1、A2、A3），通过强化选择恰当的比对刺激来教授 AD 条件型区辨。图 19.6 用实线灰色箭头说明了新的训练。类扩大将由在 DA、BD、CD、DB 和 CB 尝试上进行等价一致反应的探测来证明（例如，当呈现图片或书写字词时选择正确的手语；当呈现手语时给出正确的书写字词或图片）。图 19.6 用虚线灰色箭头说明了所有可能出现的新兴关系。请注意，在教授了一个额外的条件型区辨（AD）之后，每个等价类总共创建了六个新关系

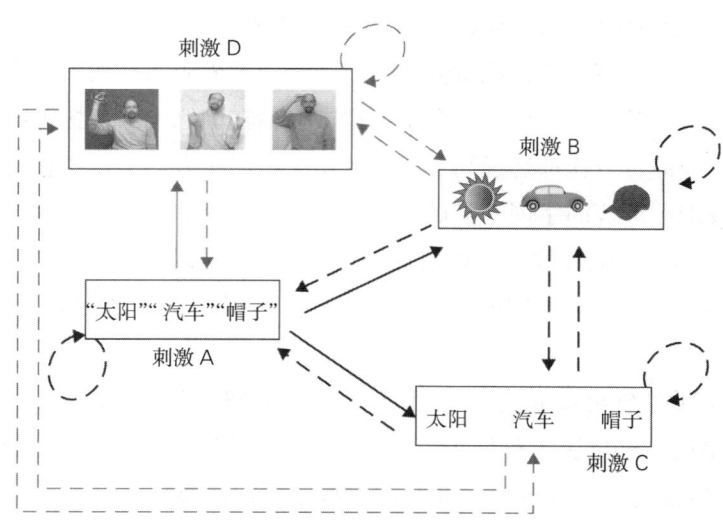

图 19.6　训练和测试的条件型区辨示意图。实线灰色箭头表示新的条件型区辨训练，虚线灰色箭头表示训练可能产生的新兴关系。

（即 AD、DA、BD、DB、CD 和 DC），这产生了少量的教学，但收获颇丰。一个接一个的额外条件型区辨教学可以使类规模逐渐增加，从三成员增加到四成员，再到五成员，甚至更多，即使是对幼儿开展教学，也可以参考这种策略（例如，Lazar, Davis-Lang, & Sanchez, 1984）。

在类合并中，通过教授一种新的但相互关联的条件型区辨，独立的等价类将被合并进而产生一个更大的类。图 19.7 所示的教学安排可能就很适合那些缺乏硬币认知技能的儿童或智力障碍人士。这里，教授 AB 和 AC 条件型区辨可以产生两个三成员等价类，其中一个类包括口语字词"一角"、印刷刺激"10 美分"和实际的 10 美分硬币（即 A1B1C1），另一个类包括口语字词"两角五分"、印刷刺激"25 美分"和实际的两角五分钱硬币（即 A2B2C2）。[1] 跟往常一样，我们将通过测验尝试寻找这些类形成的证据，这在图中以虚线表示。接下来开展两个额外的条件型区辨教学，教授 DE 和 DF。同样，两个新的等价类形成以虚线表示，其中一个类包括口语字词"10 美分"、两个五分钱和五个一分钱加一个五分钱（即 D1E1F1），另一个类包括口语字词"25 美分"、两个一角钱加一个五分钱，以及五个五分钱（即 D1E2F2）。这时，总共有四个独立的三成员类可能通过训练得以实现。

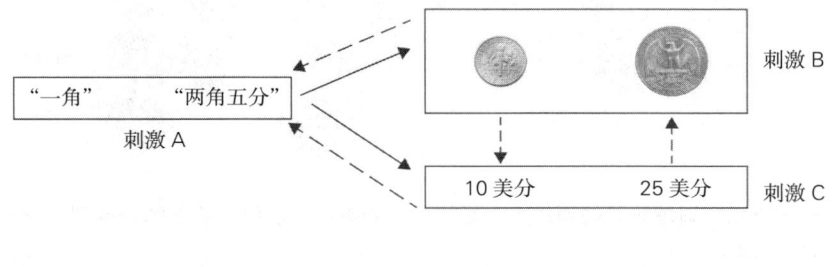

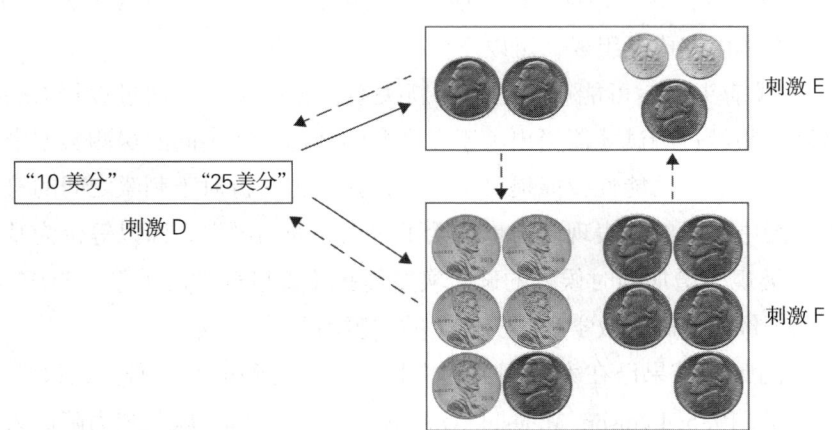

图 19.7　两个训练阶段的训练（实线箭头）和测试（虚线箭头）的条件型区辨的示意图，一个用于 AB 和 AC 条件型区辨，另一个用于 DE 和 DF 条件型区辨。

类一致的探测表现证实了这些类的形成，图 19.8 展示了可能导致类合并的额外教学步骤。粗体实线箭头代表教授了另一种条件型区辨——CE。给予 10 美分或 25 美分作为模板刺激，选择两个五分钱或两个一角钱加一个五分钱将分别得到强化物。

类合并描述了这样一种结果，即初始的独立类 A1B1C1 和 D1E1F1 的刺激进行配对，从而出现了一个单一的六成员类（A1B1C1D1E1F1）。

在我们的例子中，口语字词"一角"和"10 美分"，书写刺激"10 美分"，以及硬币恰当的排列组合，无论是一角钱、两个五分钱，还是五个一分钱加一个五分钱，都表明可以彼此互换。同样，与"两角五

---

[1] EBI 通常以三个类为目标。这里的例子为了说明问题而简化了。

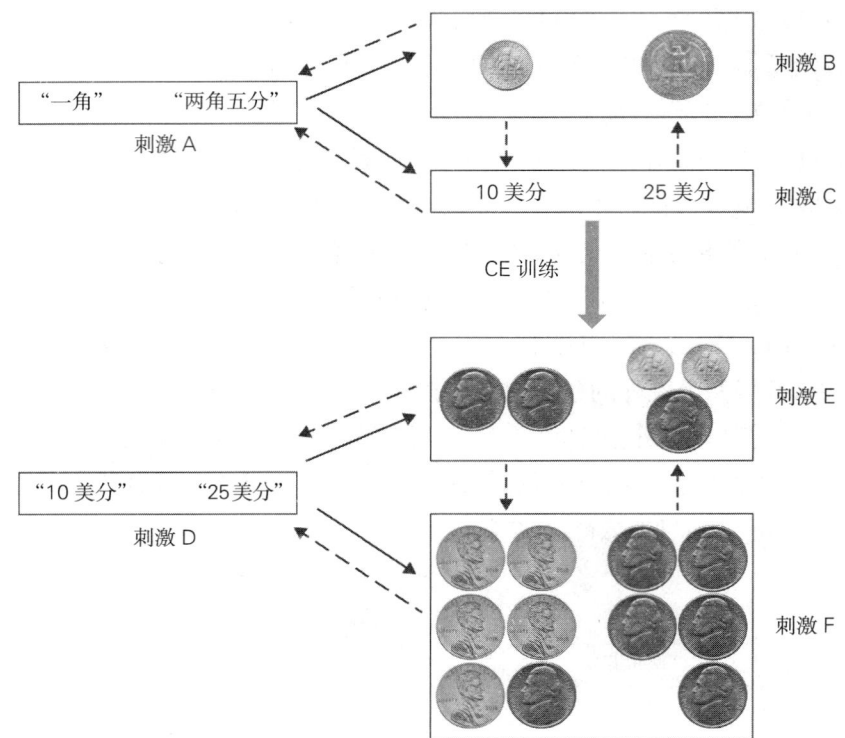

图 19.8　前两个训练阶段和第三个训练阶段的训练（实线箭头）和测试（虚线箭头）的条件型区辨的示意图。粗体实线箭头表示额外的 CE 条件型区辨训练。

分"类相关的那六个刺激可以合并，并且可以互换，形成第二个六成员类（A2B2C2D2E2F2）。简而言之，这四个初始等价类，每个类由三成员组成，可以产生两个六成员类。

图 19.9 中的灰色虚线箭头代表可能产生的所有新关系，这些关系是通过教授 CE 条件型区辨而出现的，而这些条件型区辨必须经过测试才能得出关于类合并的结论。在不同的探测类型中，积极的、类一致的反应不仅为学习使用硬币这一功能性技能提供了基础，而且为获得对于刺激之间的符号关系的认知或理解提供了必要的依据。图中展示的新表现网络也描绘了一幅惊人的画卷，即以等价为基础的教学有着巨大的生成潜力，尤其是当类规模增加的时候。的确，实线箭头（直接教学的关系）与虚线箭头（新兴关系）的平衡很好地呈现了以等价为基础的教学程序所产生的"轰动"效应。

上文讲述的类合并的等价结果已在大量相关的文献中反复得到证明，研究人群涉及典型发育儿童和成人（例如，Sidman et al., 1985; Johnson, Meleshkevich, & Dube, 2014），以及智力障碍人士（例如，Lane & Critchfield, 1998; Saunders, Saunders, Kirby, & Spradlin, 1988）。到目前为止，研究者尚未确定通过扩大或合并可以生成多大规模的等价类，这可能取决于特定的参与者或参与者群体。事实上，有人甚至认为，可以通过依次（如类扩大）或同时（如类合并）增加等价类中的成员数量来进行测量。与目前使用的标准化测试相比，这种方法在评估认知发展或脑损伤康复方面可能更为有效（例如，Sidman, 1986a; 1994）。

功能转移

刺激等价研究的第三个重要发现是**功能转移**，这甚至进一步增强了 EBI 的生成潜力。当一组刺激被认定为等价时，意味着该组中的每一个刺激都将以相同的方式发挥作用：每个刺激都可以与其他任何刺激互换。正如上文所述，这种功能的互换性是通过反身性、对称性和传递性/等价的测试来评估的，在这些测试中，类中的每个成员和类中的其他任何成员都能为对方提供同等的服务，无论哪种刺激组合以模板和比对的形式呈现。但是，如果为等价类中的一名成员教授一种新功能，那么会怎样呢？新功能只是一种刺

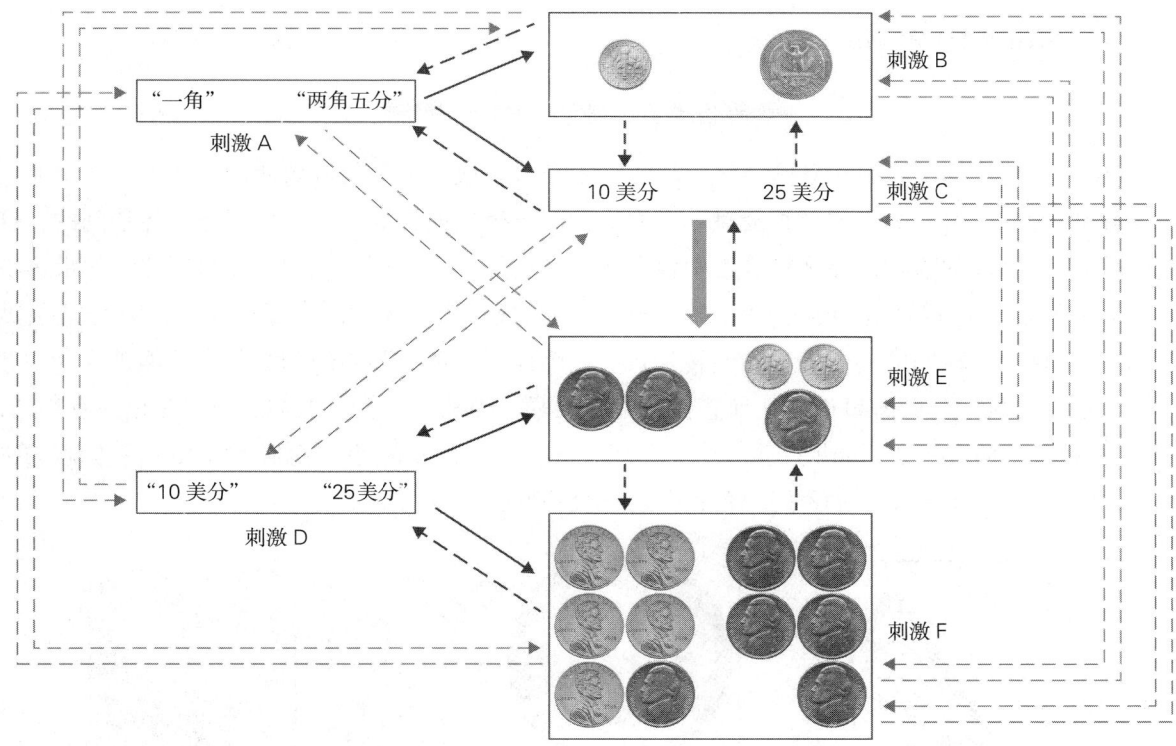

图 19.9 所有训练阶段的训练（实线箭头）和测试（虚线箭头）的条件型区辨示意图。粗体实线箭头表示额外的 CE 条件型区辨训练，它使类合并成为可能。虚线灰色箭头表示类合并可能产生的很多关系。

激—控制效应，而不是在模板配对任务中作为模板或比对刺激呈现。如果组成一个特定类的刺激确实是等价的，那么所教授的这个新功能将被类中的所有成员共享，换句话说，这个功能应该会转移到所有的类成员身上。

让我们继续讲述图 19.9 中的硬币等价的例子，假设我们的学生已经掌握了两个潜在生成的六成员类。作为下一个教学步骤，我们将为一角钱和两角五分钱（B1 和 B2）的硬币建立一个新功能。首先，我们告诉学生一角钱可以换两块糖，两角五分钱可以换五块糖。掌握了这一课后，我们将在一角钱和两角五分钱之间提供一个选择："你想要哪枚硬币？"选择两角五分钱的硬币将证实我们的教学程序为每一枚硬币建立了一个新功能——两角五分钱比一角钱更好或更有价值。随后的测验将针对每对刺激（A1 和 A2、C1 和 C2、D1 和 D2 等）呈现相同的选择。始终一致地选择 A2、C2、D2、E2 和 F2（而不是 A1、C1、D1、E1 和 F1）将证明功能转移效应，即两角五分钱类中的任何一个成员都比一角钱类中的任何一个成员更受偏爱或更有价值，尽管我们没有针对任何类进行直接的"价值"训练。

功能转移效应已经通过很多方式、形状和形式得到证明，很多不同的刺激功能也得到了证明（例如，Green, Sigurdardottir, & Saunders, 1991; Kohlenberg, Hayes, & Hayes, 1991; Smeets & Barnes-Holmes, 2003），这显示出了其产生新兴的、以等价为基础的、远超模板配对背景的表现的可能性。的确，功能转移可以说是类或类别的最大优势；一旦类成立，类中成员所学的任何新内容都可以适用于类中的所有成员，且无须额外训练。然而，如 19.2 信息箱所示，功能转移可能涉及适应性反应模式和问题反应模式的传播。转移效应是从类合并的等价角度来解释的（例如，在已确立的等价类成员和具有特殊功能的刺激类之间；例如，Sidman, 1994, 2000）。利用功能转移效应的以等价为基础的临床应用从某种程度上来说仍然具有一定的局限性，但其潜力是显而易见的。

信息箱 19.2

等价类曾经是个问题吗？

谈到 EBI 的设计与实施，必然会将关注点集中于这种教学方法的有效使用。然而，一个完全公平的问题是，等价类的形成是否会对一个人的功能产生负面影响？正如你可能已经猜到的，这个世界存在一些坏的事物，那么等价类中包含坏成员当然也是不可避免的。如前所述，如果等价类中的一个成员具有特定的功能（例如，如果有一个成员是"坏的"），那么类中的其他成员就很可能会共享这一相同的功能——功能转移效应。因此，物理上不同的刺激也有可能被视为"坏的"，即使它们从未与厌恶事件有任何直接匹配或关联。当然，建立坏事物的类有时也是有用的，甚至能够拯救生命。例如，如果儿童学会了远离有毒物品，那么看到附有如图 19.10 所示标志的物品就会立刻避开，任何家长对孩子这样的反应都会感到高兴。

图 19.10

相反，思考这样一个案例：一名大学生在生物课考试中遇到了难题。面对一个又一个的问题，她意识到前一天晚上复习得不够，她无法给出条理清晰的答案。她的心跳开始加速、呼吸变得急促，思维也越来越分散。题目没有答完便匆匆冲出考场，逃离了这个令人无法忍受的情境。我们对这一现象的看法应该能够达成一致，即这个故事描述了一种高度厌恶的经历。不幸的是，对这名学生来说，厌恶并没有就此停止。她开始注意到在其他类上也表现出了同样的呼吸急促和心跳加速，而不只发生在考试的时候。为考试做准备，或者仅仅是面对教师宣布测验、检测或期末考试这些事件，都可能会引发强烈的情绪。无论是考试还是正常上课日（有突击测验的可能……），她的学习模式都被打乱了，缺勤率增加。甚至是带有测验日期和期末考试时间表的教学大纲，她也难以翻阅，新学期注册更是令她无比沮丧。

这种现象在大学生群体中并不少见，我们通常用考试焦虑这一术语来描述。那么，等价类是如何发挥作用的呢？一种可能的解释（例如，Augustson, Dougher, & Markam, 2000; Dougher, Augustson, Markham, Wulfert, & Greenway, 1994; Friman, Hayes, & Wilson, 1998）是：对大学生来说，不难想象有这样一个等价类，包括实际的测试，口头表达和书写字词"测试""检测""测验"以及"期末考试"，考试日程材料，甚至是包含这些事件的较大的教学单位（如课程或学期）。上面提到的类中的不同成员几乎没有共同的物理特征，但在特定的情境中可以互换。它们在某种程度上是等价的，因此，与这个类中的一个成员有关的糟糕经历可能会引发对该类中其他成员的强烈情绪反应；也就是说，一个成员的功能可能会转移到其他所有成员身上。

焦虑这一概念解释的可行性已得到实验室模型的有力支持。为了说明这一点（Dougher et al., 1994），一组大学生通过抽象刺激进行的模板配对训练证明了两个四成员等价类的形成

（A1B1C1D1 和 A2B2C2D2）。然后，在计算机屏幕上呈现刺激 B1 或 B2 尝试。呈现 B1 时，伴随短暂电击；呈现 B2 时，不伴随电击。在研究的下一阶段，类中的其他成员被一一呈现，一次一个。刺激 C1 和 D1 诱发了与 B1 相似的皮肤电导反应（一种常见的测量情绪反应的实验方法），而 C2 和 D2 没有（Dougher et al., 1994），这表明诱发功能从 B1 转移到了 C1 和 D1。在第二个实验中，通过在没有电击的情况下多次呈现刺激，消退了 B1 的诱发功能。随后单独呈现刺激的测试表明 C1 和 D1 的诱发功能也已消退。这些有趣的结果被解释为一种可能的恐惧反应模式，其中一些看似无关痛痒的场景或事件可能会引起严重的，甚至使人衰弱的焦虑和恐惧，尽管患者报告说他们没有与该场景或事件有关的负面经历。该研究证实，负面经历不一定发生在当下触发的焦虑情境中，这取决于与之共享等价类成员身份的刺激本身。这种消退功能也可以跨类成员转移，某些有效治疗恐惧症的临床应用可能与此有关（Dougher et al., 1994），如系统脱敏（例如，Koegel, Openden, & Koegel, 2004; Wolpe, 1961）。

总之，等价类的生成性能够非常有效地创造富有成效的技能库，但同样的生成性在很多不理想的学习体验上也具有导致同样广泛的影响的潜力。社会刻板印象就适用于类似的分析——无论是正面的还是负面的——刻板印象是将对一个既定群体中某一成员的特征的认识延伸到其他个体身上，而其依据不过是他们的群体成员身份（例如，Kohlenberg et al., 1991; Moxon, Keenan, & Hine, 1993）。

情境控制

很多日常类或类别的一个基本特征是，类的组成可以根据背景发生转移，有时是巨大的转移。例如，如果谈话的主题由体育变为戏剧，那么"good plays"这个类可能包括的事件就会发生相当大的转变。[1] 同样，按音乐风格、时间阶段或国籍分类，开出的音乐家名单会相当不同。换句话说，完全相同的刺激可能会是不同类的成员，这取决于背景。当然，我们经常注意到，一个单词或短语的意义或功能取决于它所处的背景：当我们按照方向指示到达目的地时与当我们收到关于试题答案的反馈时，我们对"right"这个词的反应是不同的。[2] 如果关于等价类的研究对我们认识自然发生的类和类别（包括语言）有所帮助，那么我们就必须捕捉类成员所具有的这种灵活性——关于对等价类进行**情境控制**的研究已显现出这一点（例如，Bush, Sidman, & de Rose, 1989; Lynch & Green, 1991; Wulfert, Greenway, & Dougher, 1994）。信息箱 19.3 描述了情境控制在某些常见（双关语）的幽默形式中的作用。

信息箱 19.3

双关语为什么好笑？

双关语被定义为"通常幽默地利用词的多义和同音条件使语句具有双重意义，是一种言在此而意在彼的修辞方式"（韦氏词典）。双关语有时令我们捧腹大笑，有时令我们因其难解而叹息；我们甚至可能会为双关语道歉（例如，在说了双关语之后加上一句"这里并非有意使用双关语"），仿佛它是一种低级趣味。当然，也有人认为"双关语是文学的最高形式"（引自 Alfred Hitchcock），"双关语是愚人最后的避难所"（引自 Samuel Johnson），但从莎士比亚（Shakespeare）到刘易斯·卡

---

1 译注："good plays"在与体育有关的话题中可能指的是出色的技能或打法，在与戏剧有关的话题中可能指的是好剧本或好戏。
2 译注：在前者中，"right"的含义是"右边"，在后者中，其含义是"正确"。

罗尔（Lewis Carroll）、詹姆斯·乔伊斯（James Joyce），再到奥斯卡·王尔德（Oscar Wilde），这些作家都是公认的善用双关语。为什么这样的文字游戏会引起截然不同的反应？当使用双关语时，究竟是什么令我们觉得好笑，或者不好笑？

看看下面的例子：

★ I wondered why the baseball was getting bigger. Then it hit me.

直译：我好奇为什么这个棒球会越来越大，然后它击中了我。

双关：我好奇为什么这个棒球会越来越大，然后我明白了。[1]

★ I saw an ad for burial plots, and thought to myself, this is the last thing I need.

直译：我看到了一则关于墓地的广告，心想，这是我最不需要的东西。

双关：我看到了一则关于墓地的广告，心想，这是我（人生）最后会需要的东西。[2]

★ "Denial ain't just a river in Egypt." (Mark Twain)

直译："尼罗河不只是埃及的一条河。"［马克·吐温（Mark Twain）］

双关："拒绝不只是埃及的一条河。"[3]

★ A Freudian slip is when you say one thing but mean your mother.

直译：弗洛伊德式的口误是指你说了一件事，但实际指的是你的母亲。

双关：弗洛伊德式的口误是指你说了一件事，但实际指的是另一件事。[4]

★ You matter. Unless you multiply yourself by the speed of light. Then you energy.

直译：你是物质，除非你把自己乘以光速，这样你就是能量。

双关：你很重要，除非你把自己乘以光速，这样你就有了能量。[5]

★ "I went to a place to eat. It said 'breakfast at any time.' So I ordered French toast during the Renaissance." (Stephen Wright)

直译："我去了一家饭馆，那里写着'随时供应早餐'。所以我点了文艺复兴时期的法式吐司。"［斯蒂芬·赖特（Stephen Wright）］

双关："我去了一家饭馆，那里写着'供应任何时期的早餐'。所以我点了文艺复兴时期的法式吐司。"[6]

★ And my personal favorite——"Time flies like an arrow. Fruit flies like a banana." (Groucho Marx)

直译：还有我个人最喜欢的——"光阴似箭，水果如蕉。"［格劳乔·马克斯（Groucho Marx）］

双关：还有我个人最喜欢的——"光阴似飞箭，果蝇爱香蕉。"[7]

看到这些，我们开始抱怨双关语难懂了吗？在日常会话中，我们可以将上述的每一个例子描述为至少包含一个具有多种含义的词。它可以是多义词［例如，"matter"可以指物理上的物质或事物的重要性，"flies"可以指昆虫（苍蝇）或速度（飞行）］，也可以是近音词［例如，"denial"

---

[1] 译注："it hit me"有顿悟的意思。
[2] 译注："the last thing"既可以指最不……的事物，又可以指最后……的事物。
[3] 译注："denial"（拒绝）与"Nile"（尼罗河）发音相近。该双关语在不同的语境下有不同的理解。它可以被理解为讽刺某些人拒绝承认明显存在的事实。在心理学上可被理解为个体否定其在创伤情境下的想法、情感以及感觉或不愉快的事件以缓解或逃避痛苦。
[4] 译注："mean your mother"的谐音是"mean another"。该双关语在不同的语境下有不同的理解。它可以被理解为某人说出的事实可能无意中暴露了自己的亲子依恋关系。来源是弗洛伊德提出的"俄狄浦斯情结"。
[5] 译注：爱因斯坦著名的质能方程 $E=mc^2$，E（energe）代表能量，m（matter）代表质量，也表示重要的人或物，c 代表光速常量。
[6] 译注："at any time"可以指随时，也可指任何时期。
[7] 译注："flies"作动词指的是飞，作名词，加上前面的"fruit"，指的是果蝇。作者最喜欢这则双关语，后面会提到原因。

与"Nile"发音相近,"your mother"与"another"发音相近]。用更专业的术语来说,一则笑话中的一个或一些词对应不同情境下的等价类中的多个成员。例如,口语单词和书写单词"flies"既是一个表示名词成员的等价类,包括诸如拉丁名双翅目,大复眼有翅昆虫,如家蝇、马蝇和采采蝇,也是一个表示形容词成员的等价类,包括诸如"传递花粉的昆虫"或"害虫",它还是一个表示动词成员的等价类,包括诸如飞向空中、快速移动、自由移动或仅仅是指快速通过等的动词。一般来说,当一个特定的单词具有多种含义(大多数单词是这样的)时,该单词所处的语境会决定它的功能,我们已经看到了情境控制是如何决定特定刺激的类成员的身份的(即在这种情况下,"flies"是作为其名词类还是动词类的成员得到回应的)。

双关语的幽默至少有两种表现形式。第一种表现形式是,要么依据某个模棱两可的背景产生多个可能的类成员身份,要么该背景明显适用于不止一个等价类;上文中的前两个例子说明了这一类型的双关语。第二种表现形式是,故意设置双关语来引发与其冲突的类,如上文中的后面三个例子(例如,格劳乔首先为"flies"的动词类做了铺垫,然后在没有额外预兆或背景下切换到了名词类)。熟练掌握技巧的作家或演说家通常会利用语境抖包袱,使他们的话产生更精准的影响,后面这种双关语将读者/听众的反应往相反方向操纵,从而使他们会心一笑,但可能也会使那些不喜欢双关语的人笑不出来。(抱歉![1])

这些例子中的情境控制来自一种更为复杂的教学安排,它被称作五项依联(例如,Sidman, 1986b, 2000),先前提到的模板配对表现受到一个额外的前提刺激的控制。从我们说过的音乐家的例子来看,在"国籍"的背景下,将滚石乐队(Rolling Stones)作为模板刺激(A1),费尔波特协定乐队(Fairport Convention)(B1)将是恰当的选择(两个都是英国乐队);将鲍勃·迪伦(Bob Dylan)作为模板刺激(A2),大门乐队(The Doors)(B2)将是最佳配对(同为美国歌手)。相反,如果谈话主题(即背景)转向音乐风格,那么大门乐队(B2)将与滚石乐队(A1;都是摇滚乐队)配对,而费尔波特协定乐队(B1)将与鲍勃·迪伦(A2;都是民谣歌手)配对。

说得更专业一点,在一个条件(即背景1)下,当呈现特定模板(如A1)时,选择特定的比对刺激(如B1)将会得到强化,而当呈现相同模板(如A1)时,在另一个条件(即背景2)下,选择不同的比对刺激(如B2)将会得到强化。类似地,在背景1中,在特定的模板刺激A2下选择B2将会得到强化,而在背景2中,选择B1将会得到强化。因此,正确的配对不仅取决于所呈现的模板刺激,还取决于所处的背景。我们现在还对一个问题感兴趣,那就是语境控制下的条件型区辨训练是否也会产生受情境控制的等价类。

到目前为止,关于受情境控制的等价类的研究主要涉及典型发育成年参与者,因此,将研究扩展到其他参与者群体十分重要。一些研究者使用情境控制程序为大学课程设计了以等价为基础的教学集成包。例如,菲纳普和克里奇菲尔德(Fienup & Critchfield, 2010;也可参看 Fienup, Critchfield, & Covey, 2009)使用计算机化的等价方法教授大学生推断统计和假设检验的概念,并在训练前后针对课程内容进行测试。图 19.11 展示了训练和测试安排,训练关系用黑色箭头表示,测试关系用灰色箭头表示。第一课建立了两个三成员等价类,包括与推断统计有关的基本概念(A1B1C1 包括"低 p 值""统计显著"和"$p<0.05$";A2B2C2 包括"高 p 值""统计不显著"和"$p>0.05$")。第二课在根据科学假设和数据效应量方向得出统

---

[1] 译注:本段最后一句话的原文为"…, thereby creating a smile, but perhaps also the cha-grin of those who are not fans of puns."作者将"chagrin"一词拆分开,用"smile"和"grin"这两个都意为微笑的词来制造双关幽默,因此说了一声"抱歉"。

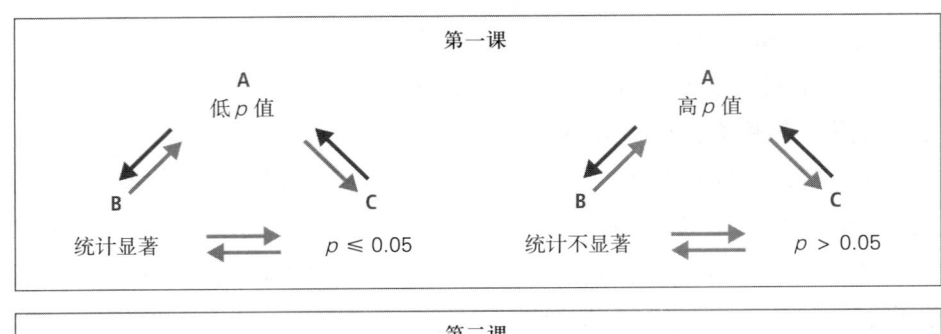

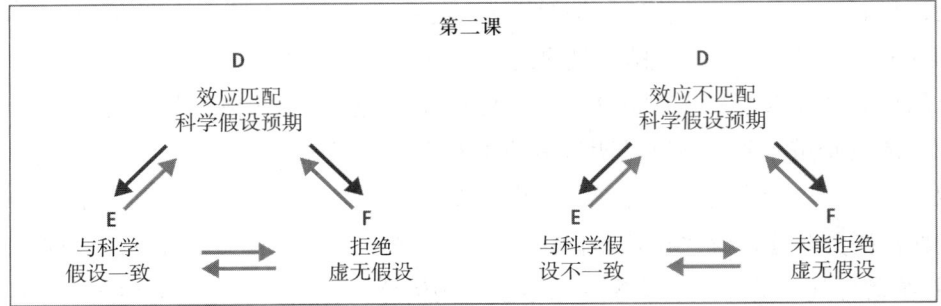

图 19.11 第一课和第二课的训练和测试的条件型区辨的示意图，黑色箭头表示训练关系，灰色箭头表示测试关系。

引自 D. M. Fienup & T. S. Critchfield (2010). Efficiently Establishing Concepts of Inferential Statistics and Hypothesis Decision Making through Contextually Controlled Equivalence Classes. 经约翰威立出版有限公司授权转载。

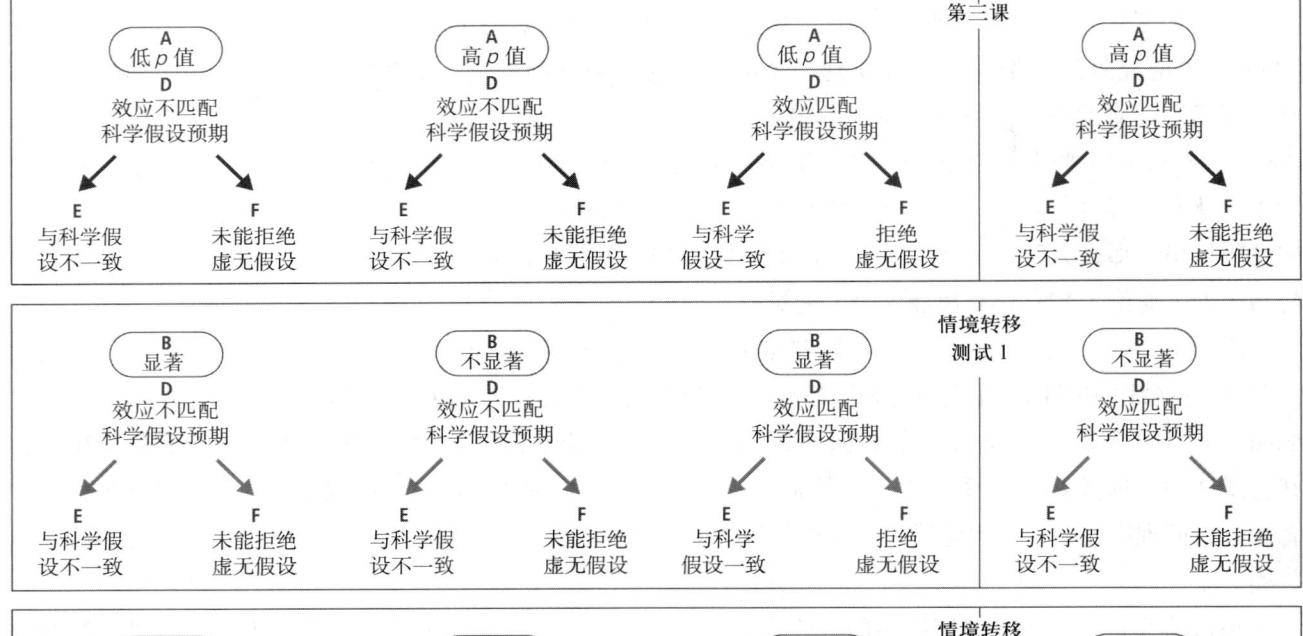

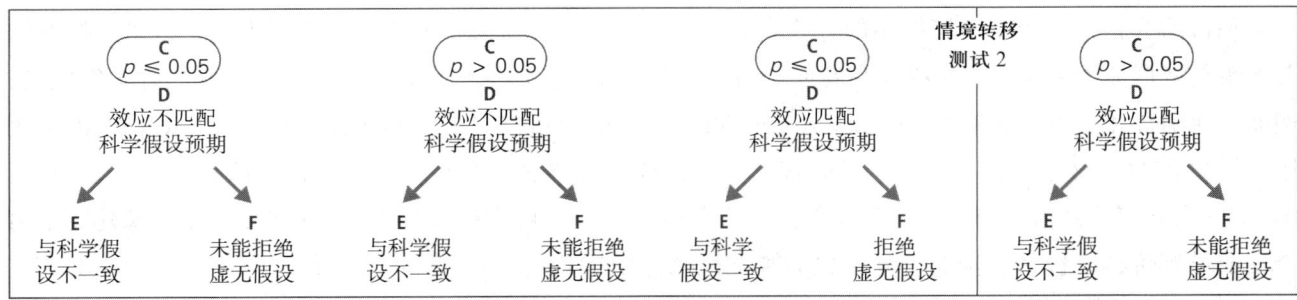

图 19.12 来自第三课（上图）和情境控制测试（中图和下图）的经过训练的情境控制关系的示意图，黑色箭头表示经过训练的关系，灰色箭头表示经过测试的关系。请注意，测试的情境刺激从来不是情境控制训练的一部分，而是第一课中建立的等价类的一部分。

引自 D. M. Fienup & T. S. Critchfield (2010). Efficiently Establishing Concepts of Inferential Statistics and Hypothesis Decision Making through Contextually Controlled Equivalence Classes. 经约翰威立出版有限公司授权转载。

计结论方面做了相同的事情（即 D1E1F1 和 D2E2F2，其中刺激 D 描述了一个假设和一个结果，刺激 E 表示与假设"一致"或"不一致"；刺激 F 表示"拒绝……"或"未能拒绝虚无假设"）。最后，图 19.12 中的第一部分描述了第三课，在第三课中，训练了刺激 A（"低 p 值"或"高 p 值"）对 DE 和 DF 配对的情境控制。请注意，正确选择 E 或 F 取决于模板刺激 D 和情境刺激 A。换句话说，选择"与科学假设一致"（E）或"拒绝虚无假设"（F）只有在呈现"效应匹配假设预期"（D）和"低 p 值"（A）的情况下才会得到强化。对于模板和情境刺激的任何其他组合，选择"与科学假设不一致"或"未能拒绝虚无假设"会得到强化。图 19.12 中的第二部分和第三部分展示了两个用于评估刺激 B 和 C 的情境控制转移的测试尝试。

得益于第一课和第二课，以及第三课中在情境控制下学习的关系，10 名学生全部表现出了 ABC 和 DEF 的等价类，从前测的中等分数提高到了后测的理想或接近理想的分数。图 19.13 呈现了每名学生在两种情境转移测试中（如图 19.11 所示）所有尝试的分数（左侧两图），以及第三课中需要控制的尝试的分数（右侧两图）。学生在大约 45 分钟的训练时间结束后出现了很多复杂的行为表现（比直接教授的关系数量多 4.7 倍）。更重要的是，这些新兴表现反映了即使没有教师的直接教学，学生仍然充分地理解了定义基本统计推理的相互关系——这个例子令人印象深刻，它展示了情境控制所带来的生成性和细微差别。

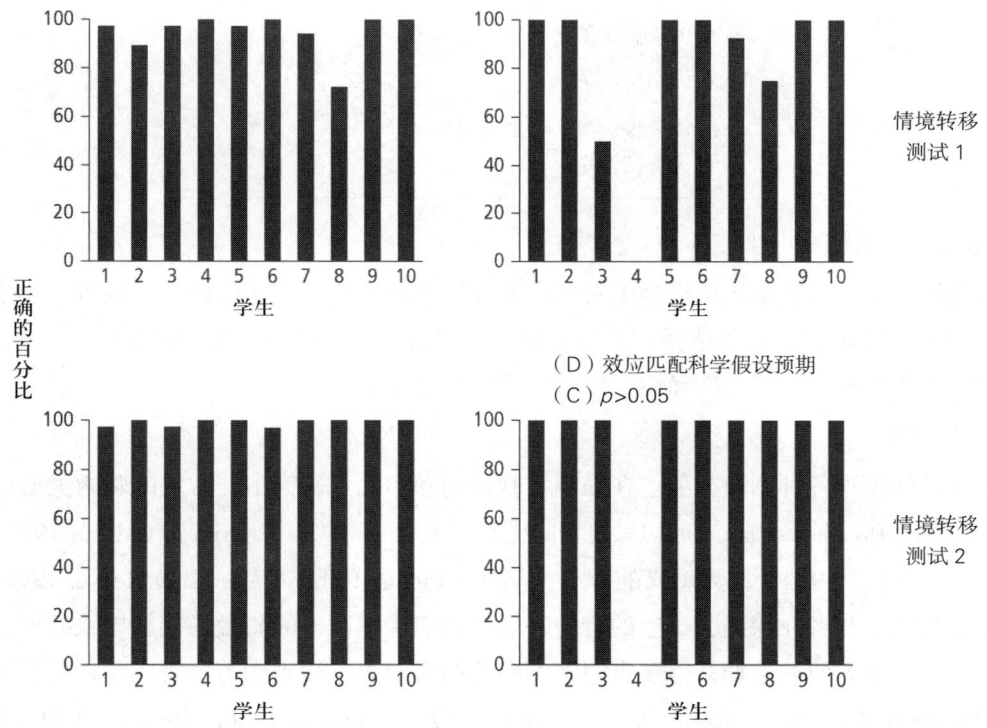

图 19.13 长条表示所测试的行为与新兴情境控制一致的百分比，图中的每名学生参加了两种情境转移测试（如图 19.11 所示），一种是参加所有的尝试（左图），另一种是第三课需要控制的尝试（右图）。

引自 D. M. Fienup & T. S. Critchfield (2010). Efficiently Establishing Concepts of Inferential Statistics and Hypothesis Decision Making through Contextually-Controlled Equivalence Classes. 经约翰威立出版有限公司授权转载。

设计以等价为基础的教学

等价结果确实令人印象深刻，但它不是凭空发生的。研究表明，无论是在实验室还是在临床环境中，大量的训练和测试变量对成功生成等价类都是极其重要的。为了说明这些变量，本章的这一部分将介绍在设计有效的 EBI 教学程序时需要做出的一系列决策，并列出实施顺序。事实上，等价结果已相当稳固，也通过多种多样的程序变体得到了证明，因此，实现强大的 EBI 设计并非只有一条途径。然而，毫无疑问，精心的设计可以帮助我们避免出现一些问题，这也是接下来将重点讨论的一些潜在的复杂议题。表 19.1 列出了用于指导 EBI 训练和测试的主要设计决策。

表 19.1　以等价为基础的教学的设计决策

I. 训练注意事项

　　A. 使用什么刺激以及多少刺激？

　　B. 如何呈现刺激？

　　C. 是否需要模板—观察或比对—观察的反应？

　　D. 给予什么指令？

　　E. 如何保证平衡的尝试安排？

　　F. 是否需要特殊的训练步骤？

　　G. 采用何种训练结构？

　　H. 训练时采用什么掌握（准确性）标准？

　　I. 训练期间如何安排后果？

II. 测试注意事项

　　A. 如何呈现探测尝试？

　　B. 如何安排后果？

　　C. 如何安排探测—尝试类型的顺序？

　　D. 等价类形成的标准是什么？

条件型区辨的基线训练

生成等价类最常用的方法是运用模板配对程序教授至少两个相互关联的条件型区辨。安排这样的四项依联需要很多方法上的选择，包括选择和呈现刺激、观察行为、发指令、探测—尝试类型的安排和顺序、教学程序设计、训练结构、掌握（准确性）标准以及后果的输出。

选择和呈现刺激

等价研究有效使用了各种刺激类型。在强调实验控制的实验室研究中，常见的刺激类型包括参与者不熟悉的线图（例如，Dougher et al., 1994）、抽象的图形或物品（例如，Pilgrim & Galizio, 1990）、外语字母（例如，Sidman & Tailby, 1982）或无意义的音节（例如，Fields, Hobbie, Adams, & Reeve, 1999），使用这类刺激的目的在于排除参与者在探测尝试中的行为表现是和实验室以外的刺激的接触导致的可能性。虽然听觉和视觉刺激也许是最方便的选择，但还有很多不同的刺激形态也被当作等价类成员，包括触觉刺激（仅通过触摸接触隐藏对象；例如，Bush, 1993）、气味（例如，Annett & Leslie, 1995）、味道（例如，Hayes, Tilley, & Hayes, 1988）和药物效应（DeGrandpre, Bickel, & Higgins, 1992）。在 EBI 的临床应用中，刺激的选择必定取决于目标技能的性质。

同样，这些选择实际上是无限的。就像西德曼的早期研究所表明的，早期语言训练项目可能包括实际物品或图片、口语单词和书写单词（Sidman, 1971; Sidman & Cresson, 1973），它们既可以是母语，也可以是非母语（例如，Joyce, Joyce, & Wellington, 1993），而旨在建立基本数学技能的项目可能包括物品的数量、数字和口语数字名称，或分数、小数和分数的图像表征（例如，Lynch & Cuvo, 1995）。还有其他的例子：盲文字母、印刷字母和口语字母名称成为退行性视力障碍儿童的等价类成员（例如，Toussant & Tiger, 2010），照片、办公室标牌和治疗师的口语名字成为脑损伤成人的等价类成员（Cowley, Green, & Braunling-

McMorrow, 1992），对于大学生来说，脑叶的名称、具体的脑叶功能和脑图成为可互换的类成员（Fienup, Covey, & Critchfield, 2010）。诸如此类的刺激集的应用研究通常包含控制程序，用以排除参与者在探测尝试中的表现有可能是学习实验室以外的刺激导致的可能性。策略包括对每种可能的刺激关系进行前测，并在一系列刺激子集教学之前和之后测试所有可能的刺激关系，还包括运用同时多基线设计。

等价研究的另一个重要决策涉及使用刺激的数量。同样，这依旧取决于参与者群体和教学目标。虽然文献中提到了很多变体，但在很多情况下，条件型区辨教学的最佳起点是跨尝试呈现三个不同的模板刺激（即 A1、A2 和 A3），每次尝试包含三个不同的比对刺激（即 B1、B2 和 B3）。乍一看，每组呈现三个刺激作为起点似乎不合常理——为什么不从更简单的开始呢？从一个或两个模板和比对刺激开始怎么样？问题是，这样做可能会在无意中强化与训练目标相冲突的刺激—控制模式。思考这样一种情况：在一个包含 20 次尝试的组里，模板刺激 A1 与比对刺激 B1 和 B2 每一次都出现，每次选择刺激 B1 都会产生强化物。参与者可能很快就学会了选择 B1，但这样只需在 B1 和 B2 这两个比对刺激之间进行简单区辨。如此一来，模板刺激 A1 在确定正确的比对选择方面就没有发挥任何作用，因为选择 B1 总是正确的。这不仅不可能通过 A1 建立选择 B1 的控制，对模板刺激更广泛地控制（如对参与者的注意和观察）也会减少，这使得条件型区辨在接下来的教学步骤中难以为继。

接下来，思考这样一种情况：两个模板刺激（如 A1 和 A2）在某组中跨尝试不规则交替呈现，在每次尝试中都呈现两个比对刺激（如 B1 和 B2）。现在，每次尝试必须由模板控制产生强化物（也就是说，呈现 A1 时只有选择 B1 才会得到强化，呈现 A2 时只有选择 B2 才会得到强化）。在这种情况下，有可能以两种方式做出正确的选择，并因此得到强化。例如，把 A1 作为模板刺激，儿童要么学习选择 B1［被称作 S 型或选择反应（selecting response）］，要么学习拒绝 B2［被称作 R 型或拒绝反应（reject responding）］，同时选择其他可获得的刺激。在第一种情况下，强化的是模板刺激 A1 与比对刺激 B1 之间的关系；在第二种情况下，强化的是模板刺激 A1 与比对刺激 B2 之间的关系——两种不同形式的刺激控制［也被称作不同的**刺激—控制形态**（stimulus-control topography）；Dube & McIlvane, 1996; McIlvane & Dube, 2003］。第一种形式的刺激控制与教师的教学目标一致；也就是说，保持了教师的教学目标与儿童的行为之间的刺激—控制形态连贯性。如果只建立第二种形式的刺激控制，就会出现连贯性缺乏的情况，任何由此产生的等价类也必然会不同于教师制订的教学目标（如 A1 和 B2 可能是同一类的成员；参看 Carrigan & Sidman, 1992）。使用两个或多个比对刺激会降低 R 型逐出控制的可能性，因为在任何特定的尝试中，需要得到强化的拒绝关系的数量会随着比对刺激数量的增加而增加。例如，使用 A1 作为模板刺激时，有 B1、B2 和 B3 这三个比对刺激，那么 B2 和 B3 都要被拒绝，而只有一个 S 型关系（如 A1B1）会产生强化物（例如，Sidman, 1987）。在某些情况下，将比对刺激限制在两个或在一系列尝试中仅呈现一个模板刺激可能最为恰当，但教师需要注意以上这两种形式在学习中是否造成了刺激控制冲突，如果是这样，那么可能需要加入额外的训练步骤以确保刺激控制中的转变。

考虑到以上问题，通常建议在每次尝试中呈现至少三个比对刺激。由于完整展示等价的全部三个属性（即反身性、对称性和传递性）至少需要两个相互关联的条件型区辨（如 AB 和 AC），这意味着需要至少三个刺激集（如 A、B 和 C 刺激），因此，总共需要九个不同的刺激作为实验的起点。在此基础上，每组刺激的数量可以根据手头上的任务适当增加（例如，西德曼的第一项研究使用了每组 20 个刺激，总共 60 个刺激），而且正如我们之前所看到的，刺激集的数量也是可以增加的。

以等价为基础的教学在刺激呈现方式上也相当灵活。现代技术使计算机化的模板配对程序设计和实施变得更为直观；基础实验室和应用领域的文献中有很多这样的例子（例如，参看 Green & Saunders, 1998;

Saunders & Williams, 1998）。模板刺激通常呈现在计算机屏幕的顶部或中间位置，而比对刺激呈现在模板刺激的下方或屏幕的角落里。参与者的反应（通常是鼠标点击、按键或触摸）被自动记录，随后立即提供听觉和/或视觉的程序化后果。因为所有的教学和测试参数都是预先编程好的，并统一应用，所以计算机呈现具有确保程序完整度的优势。事实上，为教育环境中的特定目标（如阅读、拼写、硬币等价）开发计算机化的以等价为基础的教学程序早已引起人们的关注（例如，Sidman, 1994），这使得教师可以从基础教学中腾出更多的时间开展更加个性化的教学。不得不说，当前的应用平台和互联网技术显著地增强了这种潜力，在未来也大有可为（例如，参看 Barron, Leslie, & Smyth, 2018）。

不过，并非一定要使用复杂的计算机编程开展等价方法的研究和应用，很多巧妙的"桌面程序"（table-top procedures）已被有效利用。例如，有研究使用了威斯康星通用测验仪（Wisconsin General Testing Apparatus），通过手动方式呈现刺激（Harlow, 1949），实验者和参与者坐在木制隔板的两边。在隔板的底部升起一扇门，实验者得以将装有刺激物的托盘呈现在参与者面前。例如，模板刺激可能被置于托盘顶部，三个比对刺激被置于托盘底部，排成一排。每个刺激物下面有一个藏匿强化物的凹槽（如一个可食用物、一分钱或一个代币），正确地移除比对刺激将得到强化物（例如，Pilgrim, Chambers, & Galizio, 1995）。类似的策略包括实验者利用一个大泰迪熊或布帘代替木制隔板以阻挡实验者的任何可能的提示，然后在参与者面前有序地排列刺激卡（例如，Horne, Lowe, & Randle, 2004）。在其他的安排中，在活页夹或笔记本的页面上呈现模板和比对刺激图片（例如，将模板刺激图片置于页面顶部，将比对刺激置于底部），其中每一页呈现一个新的尝试，还有更简单的方法，在参与者面前的桌子上将单个物体或带有刺激图片的卡片按固定方式排列。这种灵活的刺激呈现方式有助于将 EBI 的策略运用于特定的情境或参与者群体。同时，还需要对桌面程序进行适当的控制以防止实验者或教师提示（这可能导致对新兴行为的错误判断），并注意确保教学程序的完整度（这部分的欠缺可能会大大降低教学和测试方法的有效性）。此外，也可以利用这些常见策略，例如，让教师总是坐在或站在参与者的身后，从而避免可能的提示，以及纳入观察者间信度的测量。

观察反应

在模板配对程序中，对模板刺激的控制对于获得条件型区辨至关重要。正因如此，在每个配对尝试中，标准做法是要求参与者在模板刺激呈现时做出一个观察反应（observing response）（例如，用鼠标点击模板刺激或触摸模板刺激）。这个观察到模板而做出的反应将导致比对刺激的呈现和获得强化物的机会。观察反应的要求旨在增加参与者实际注意（即观察）模板的可能性。在难以建立模板控制的情况下，要求参与者对每个模板刺激做出独有的反应往往是有效的（例如，参看 Saunders & Williams, 1998）。例如，可能要求参与者为模板刺激 A1、A2 和 A3 提供不同但具体的名称（例如，Saunders & Spradlin, 1993; Pilgrim, Jackson, & Galizio, 2000）；或者，在呈现每个模板刺激时要求使用不同的手势（如挥手、竖起大拇指和鼓掌）或不同的程序表（如在两个比对刺激程序中运用固定比率程序表和对低频率行为的差别强化程序表；Sidman et al., 1982）。差别化模板要求（differential sample requirement）的优点在于它要求在不同尝试中呈现的模板刺激之间进行连续区辨（successive discrimination）。

同样，要求参与者在进行最终的比对选择之前对每个比对刺激做出观察反应，有时是有益的，尤其是当参与者并没有认真地看每个选项就冲动地做出选择的时候。例如，在选择反应之前触摸或赋名队列中的每个比对刺激，能够增加与每个选项接触的机会，从而增加对正确比对刺激做出反应的可能性。

指令

条件型区辨训练中的任务指令从简单的（如"拿一个"；Lynch & Green, 1991）到详细具体的都

有 [例如，"拿一样的"或"当看到这个（A1）时，选择这个（B1）"；Pilgrim, Jackson, & Galizio, 2000; Saunders, Saunders, Kirby, & Spradlin, 1988]。但最佳指令集必然还是取决于教学目标和参与者群体。在基础的实验室研究中，实验问题集中在强化依联在生成等价中的作用，在这里再加入教学控制将会使分析变得复杂。相反，当唯一关注的是产生应用性结果，而且控制变量的作用也不那么重要时，将教学或其他辅助策略与强化依联相结合可以增强条件型关系的获得，这种条件型关系也是生成新兴行为所必需的。

对某些群体而言，如幼儿或智力障碍人士，在没有其他教学程序设计的情况下，仅靠强化依联可能不足以建立任意条件型区辨（例如，Pilgrim, Jackson, & Galizio, 2000; Augustson & Dougher, 1992）。不过，只要教师确保在移除教学辅助后，经过训练的条件型区辨仍能维持，就可以说是为等价结果奠定了基础。

安排尝试的类型和顺序

仔细注意尝试类型的平衡分布和这些尝试类型在尝试组中的呈现顺序，对于防止多种形式的竞争性刺激控制干扰条件型区辨的获得至关重要。有几种标准实践是专门为防止此类问题的发生而开发的。假设我们要教授一个 AB 条件型区辨，例如，在呈现模板刺激 A1、A2 和 A3 的情况下，分别选择比对刺激 B1、B2 和 B3。这需要三种尝试类型，每个模板刺激各有一种；同时，还要呈现三个比对刺激作为每个模板的选择。这三种尝试类型在尝试组内应呈现相同的次数，以确保与每个比对刺激都有相同数量的强化机会。机会不平衡可能会造成偏差，倾向于对某个（或某几个）比对刺激的选择多于对其他刺激的选择。更进一步说，比对刺激在所有尝试中的位置应保持平衡，这可以确保每个刺激在相同数量的尝试中出现在每个可能的位置。如果没有做到这一点，可能会导致模板刺激与特定位置之间形成条件型关系，而不是与某一特定比对刺激之间。同样，正确的或 S+ 比对刺激的位置应该在尝试之间平衡分布，这样每个位置都会有相同数量的强化机会。如果没有做到，可能又会导致对某一刺激位置的偏爱。最后，我们通常会对一组内的连续尝试数量设定限制（如连续尝试不超过 2~3 次）：（1）使用相同的模板刺激，确保被模板控制；（2）在同一位置呈现 S+ 比对刺激，防止在无意间强化某一特定位置的反应。在满足这些限制条件的情况下，组内的尝试顺序应该是随机变化的。为了说明这一点，表 19.2 的上半部分列出了 9 次尝试，这些尝试平衡了每种尝试类型的数量以及每个比对刺激所处的位置，包括强化的或 S+ 选择。表 19.2 的下半部分显示了相同数量的 9 次尝试，它以半随机顺序防止在无意中强化刺激的顺序或位置选择。连续的尝试组和/或教学也应使用新的随机尝试顺序（保持相同的限制条件），以防止建立简单的行为链。

表 19.2 安排平衡的尝试组结构——训练

模板刺激	比对刺激		
	左边位置	中间位置	右边位置
A1	***B1***	B2	B3
A1	B3	***B1***	B2
A1	B2	B3	***B1***
A2	B1	***B2***	B3
A2	B3	B1	***B2***
A2	***B2***	B3	B1
A3	B1	B2	***B3***
A3	***B3***	B1	B2
A3	B2	***B3***	B1

（续表）

模板刺激	比对刺激		
	左边位置	中间位置	右边位置
A3	***B3***	B1	B2
A2	B1	***B2***	B3
A1	***B1***	B2	B3
A3	B1	B2	***B3***
A2	***B2***	B3	B1
A3	B2	***B3***	B1
A1	B2	B3	***B1***
A1	B3	***B1***	B2
A2	B3	B1	***B2***

注：***斜体黑体字***部分表示 S+ 或被强化的比对选择。

总而言之，在刺激呈现前计划好尝试安排有助于确保刺激—控制形态连贯性——也就是说，通过模板刺激对特定比对选择进行条件型控制。在理想情况下，某一尝试组里的尝试数量应足以在上述各个维度上保持平衡，而完成一节课所需的尝试或尝试组的数量取决于参与者群体。例如，幼儿在完成一定数量的尝试后可能会对任务失去兴趣，因此，一个尝试组包含 9~27 次尝试往往是很常见的，而大学生可以工作 1~3 个小时，也可以完成更多的尝试。

教学程序设计

如前所述，对一些参与者或参与者群体来说，除了需要运用模板配对强化依联这样的教学技术外，还需要运用其他的教学技术以掌握处于基线水平的任意条件型区辨。除了先前提到的语言指令以外，其他的增强措施包括运用各种辅助程序、示范正确选择（例如，Michael & Bernstein, 1991）和纠正程序，从而重复进行特定尝试，直到做出正确选择（例如，参看 Green & Saunders, 1998）。还有一些方法是系统地引入针对条件型控制的特定维度设计的特定的训练—尝试类型以促进获得所需的基线关系；这些方法包括教授成分简单区辨（component simple discriminations）、刺激—控制塑造（stimulus-control shaping）、逐出训练（exclusion training）和多重条件型区辨的程序化引入（programmed introduction of the multiple conditional discriminations）。

教授成分简单区辨。这种训练方法是基于这样一种认识，即除了对模板进行条件型控制外，准确的条件型区辨表现需要两种不同的简单区辨（例如，Carter & Eckerman, 1975）。这包括模板刺激之间的连续区辨（跨尝试依次呈现刺激）和比对刺激之间的同时区辨（在特定尝试中同时呈现选择队列）。这两种方法都有难点，尤其是对幼儿或智力障碍人士而言，而前者往往比后者更具挑战性（例如，Carter & Eckerman, 1975），但二者又是缺一不可的，欠缺其中任何一个必定导致条件型区辨任务的失败。

为了确保成分区辨教学的顺利进行，研究者设计了一个教学顺序，其中引入了一系列前备训练步骤（pretraining step）。首先，使用比对刺激（如 B1、B2 和 B3）教授简单同时区辨。这里的每个刺激都是跨阶段（例如，选择 B1 被强化，选择 B2 被强化，然后选择 B3 被强化）出现的 S+（也就是说，对某一刺激的选择被强化）。只有在稳定选择 S+ 之后才会进入新的阶段（Saunders & Spradlin, 1993）。在第二个前备训练步骤中，模板刺激（如 A1、A2 和 A3）将在一系列尝试中单独呈现，一次一个，而且只有当区辨表现足够明显时才会加入一个不同的反应（如赋名、按按钮的模式）（例如，Saunders & Spradlin, 1989, 1993）。在第三个步骤中，条件型区辨尝试将首次在组里呈现，此时，模板刺激 A1 与比对刺激集 B1、B2 和 B3 在一定数量的尝试中同时呈现。模板 A2 和模板 A3 将在接下来的组里进行与 A1 组数量相同的比对刺激选择和次数相同的尝试。此时，仍然需要注意差别化模板反应，组里的尝试数量逐渐减少，直到模板刺激 A1、A2 和 A3 的尝试类型完全混合。这样一来，仅靠模板刺激的控制就变得越来越必要。这时，该程序是一个标准的任意模板配对安排，准确的条件型反应逐步建立起来。

刺激—控制塑造。这个类别中有两种方法，即渐褪或无错误区辨程序，这些方法都是先教授一种易于获得的区辨，再逐步过渡到一种更为复杂的任意条件型区辨。无论哪种方法，都是以同一模板配对为起点。齐格蒙特、拉扎尔、杜布和麦基尔瓦纳（Zygmont, Lazar, Dube, & McIlvane, 1992）对两名 4~6 岁的典型发育儿童和两名中重度智力障碍儿童的研究（所有的儿童都没有在任意配对模板训练中获得成功）证明了刺激—控制塑造方法的有效性。在这项塑造计划中，研究者首先使用两张抽象的黑白线条图作为模板和比对刺激来建立同一配对；每个模板尝试交替进行并贯穿所有的训练步骤。然后，在第一阶段，一个模板刺激的形状在一系列训练步骤中小幅更改，但这些被更改的模板还是要与恰当的比对刺激配对。图 19.14 显示了基线期步骤 B 的初始训练刺激（图中第一行），其中的模板和 S+（即正确的比对）在基线期的形状一样；图中的下面几行显示了随后的训练中对模板刺激的线条图进行的一系列小幅更改。在实现了模板 1 的目标形状后（在第九步中，最终表现标记为 FP），针对模板 2 的第二阶段训练如法炮制，也是通过逐步更改模板刺激的形状来实现。训练结束时，四名参与者都能对不同的模板刺激和比对刺激做出准确的任意条件型区辨。虽然这项转化研究中使用的刺激是抽象的线条图，但这种塑造策略可以很容易地应用于广泛的教学材料中。

还有一种方法也可以跨一系列阶段塑造任意模板控制。最初，针对儿童，尤其是典型发育儿童，建立了准确的同一配对（Pilgrim, Jackson, & Galizio, 2000），先使用熟悉的日常物品的图片（如一支铅笔、一朵花和一个男孩的脸），再使用抽象的线条图，通过广泛的刺激类型对模板刺激进行条件型控制。在下一个训练阶段中提出了主题配对任务，其中的模板和正确的比对刺激在外形上是不相似的，但它们都是儿童熟悉的常见类别或主题的成员。例如，以冰激凌甜筒的图片为模板，选择生日蛋糕的图片而不是汽车或鸟的图片将会得到强化。这个步骤中的准确表现将把刺激控制扩展到在外形上与正确对比不相似的刺激。接下来，再用儿童不熟悉的线条图作为刺激的任意配对任务来呈现，这时，无论是先前没有掌握该任务的儿童，还是一开始就用这个顺序进行实验的儿童，都很快地学会了条件型区辨（Pilgrim et al., 2000）。

逐出训练。教授一个新的任意条件型区辨的方法的基础是一种被称作**逐出**的稳健结果，即当呈现新的模板刺激时，选择一个新的比对刺激，而非熟知的比对刺激（例如，de Rose, de Sousa, & Hanna, 1996; McIlvane & Stoddard, 1981）。例如，假设一名孤独症儿童的初始技能库包括当听到口语单词时可以从鸟、狗和猫的图片中选择相应的图片，但在将印刷字母与对应的口语名称配对的准确性方面只有偶然水平。随后，教师将口语单词"bird"（鸟）、"dog"（狗）和"C"作为模板呈现，把印有"鸟""狗"和"C"的图片作为比对选择。为了显示逐出效应，当呈现模板"C"时，儿童选择对应的印刷字母，这一选择随后会带来强化物。呈现口语名称，选择相应的字母（如 B 和 D）也可以用类似的方式建立。因此，通过仔细地混合新的模板—比对刺激组合与熟悉的刺激关系，教师可以反复创造机会，强化在呈现目标模板刺激的情况下的比对选择。虽然这个名称意味着"熟悉"的比对刺激会被逐出（一种 R 型或拒绝关系），但研究一致表明，一旦通过逐出得到证明，当新的关系与训练集（而不是熟悉的组合）中的其他模板和比对刺激

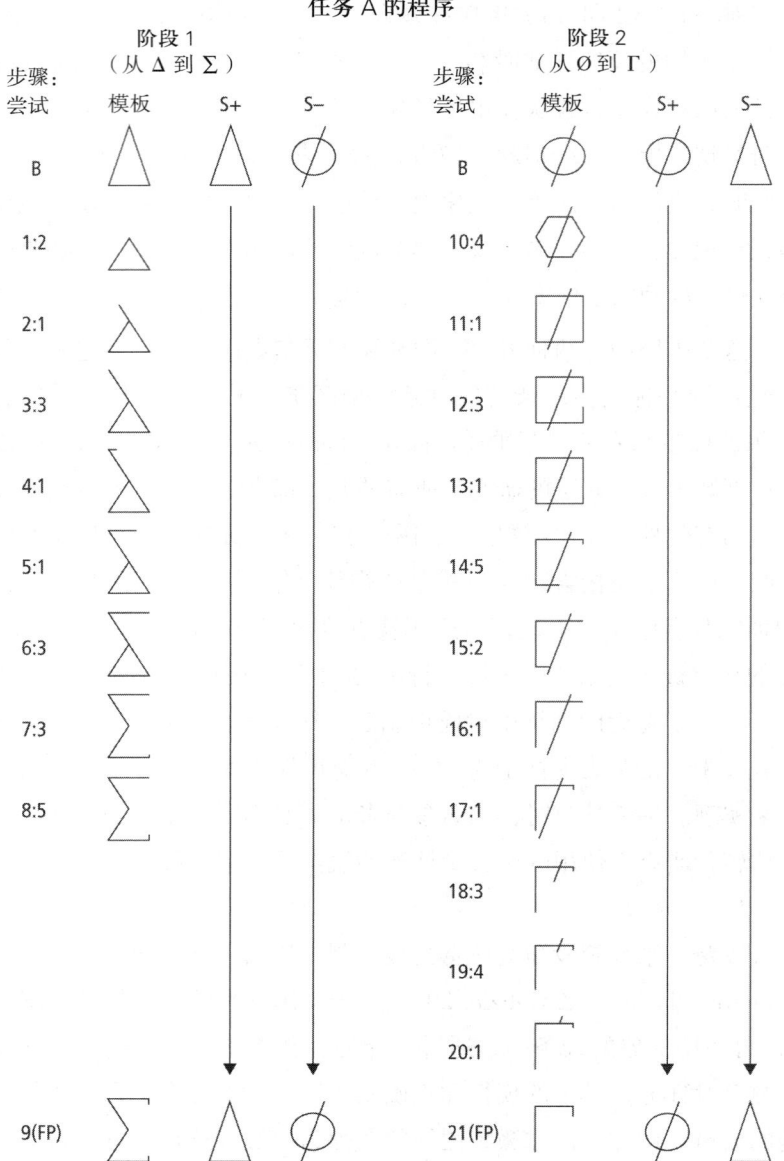

图 19.14 刺激控制塑造的步骤。通过在一系列步骤中修改模板刺激的形状,将基线(B)上的同一配对逐渐更改为任意配对,首先针对一个模板(如图左侧所示)进行塑造,然后针对另一个模板(如图右侧所示)进行塑造。

引自 D. M. Zygmont, R. M. Lazar, W. V. Dube, & W. J. McIlvane (1992). Teaching Arbitrary Matching via Sample Stimulus-control Shaping to Young Children and Mentally Retarded Individuals: A Methodological Note. 经约翰威立出版有限公司授权转载。

一起呈现时,对模板的条件型控制就会得到维持;也就是说,S 型或选择控制得到证明。我们回到上述例子,后续训练步骤可能会把三个字母名称作为模板刺激,并将三个印刷字母作为比对选择。通过这种方式,可以利用逐出程序设计来建立新的任意条件型区辨,作为等价结果的基线表现。

依次与同时引入多重条件型区辨。前面几个部分关注的是单一条件型区辨教学,但如前所述,两个(或两个以上)条件型区辨(如 AB 和 AC)对于所有等价类形成的定义性测试都是必要的。当然,上述任何一种教学策略都可用于训练额外的条件型区辨,但常常是不必要的。建立第一个任意关系往往有助于快速获得接下来要学习的知识(例如,Pilgrim et al., 2000),这是组块学习结果的一个例子(Harlow, 1949)。当智力智障儿童或成人接受 EBI 训练时,标准的做法是独立地教授每个条件型区辨(如先进行 AB 训练再进行 AC 训练），然后将构成一个单一尝试组内的每组关系的尝试类型混合。接下来就可以单独训练下一个条件型区辨（如 AD），然后将其加入全部三种混合尝试中，以此类推，这样就可以依次建立等价类的基线。还有一种方法——在训练开始时就从多重条件型区辨中引入混合的尝试类型——有时可以为参与者群体（如大学生）节省训练时间。

训练结构

无论是按顺序进行还是同时进行，教授多重条件型区辨都需要决定构成每个条件型区辨的模板—比对组合，以及不同条件型区辨之间相互关联的方式。这方面的教学安排通常被称作**训练结构**（training structure）。为了给所有的等价属性提供一个共同的基础，必须至少有一个刺激集，它通常被称作**节点刺激集**（nodal stimulus set），或简称**节点**（node），至少为两个条件型区辨所共同持有。在有关等价的实验和应用文献中，有很多关于不同训练结构的内容。例如，在上文详细讲述的西德曼的早期研究中，针对 AB 和 AC 条件型区辨进行了训练。这样的安排被称作一对多训练（one-to-many training），即一组模板刺激（如本例中的刺激 A）与多组比对刺激（如本例中的刺激 B 和 C）一起训练。这种训练结构的一个同义词是模板作为节点训练（sample-as-node training），它强调刺激集 A 在两个经过训练的条件型区辨中都具有模板功能，因而为来自不同条件型区辨（如刺激 B 和 C 之间）的刺激之间的新兴关系提供了基础。第二种流行的训练方案是多对一（many-to-one）或比对作为节点（comparison-as-node）结构。在这种安排中，将多组模板刺激与一组比对刺激一起进行训练，并将比对刺激作为节点。例如，针对 AB 和 CB 条件型区辨进行训练，使比对刺激集 B 为双方共有。第三种训练结构被称作线性系列训练（linear series training）。在这里，某一条件型区辨下的比对刺激充当下一个条件型区辨的模板刺激。例如，针对 AB 和 BC 的关系进行训练。这些训练结构中的每一个都可以应用到两个以上的条件型区辨中（例如，针对 AB、AC 和 AD 进行一对多训练；针对 AB、CB 和 DB 进行多对一训练；针对 AB、BC 和 CD 进行线性系列训练，其中包括两个不同的节点）。图 19.15 展示了这些常见的训练结构，四组（A 到 D）中的每组都有一个刺激。每组训练结构总共有三个条件型区辨，图中的箭头始终从模板刺激点指向比对刺激的行为选择点，对该比对刺激的行为选择将在特定的训练尝试中被强化。在每种情况下，针对箭头所示的配对行为训练将为没有任何箭头连接的刺激对（stimulus pairs）之间的新兴配对充当基线。最后，很多 EBI 的例子还使用了具有多个节点刺激的混合训练结构（如 AB、AC 和 DC 训练）；这个类别中有大量的变体。

常见的训练结构

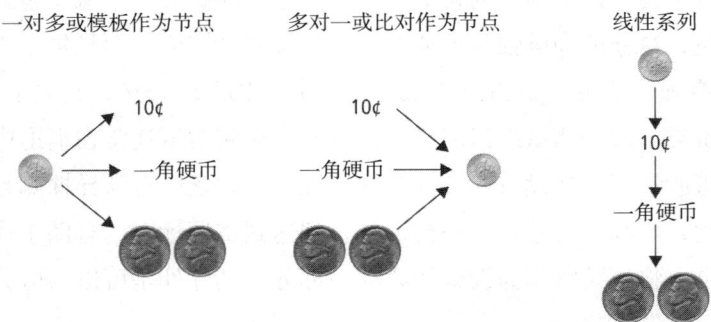

图 19.15　三种不同训练结构的示意图。每种结构有三个条件型区辨，从四组刺激（A、B、C 和 D）中各呈现一个刺激。左侧为一对多（或模板作为节点）结构，中间为多对一（或比对作为节点）结构，右侧为线性系列结构。

很多研究比较了这些训练结构在基线期的条件型区辨训练和产生等价结果方面的有效性（例如，Arntzen, 2012; Saunders, Saunders, Williams, & Spradlin, 1993）。一些研究报告称，一对多训练可以快速采集到基线，这也许是因为更具挑战性的模板刺激之间的连续区辨只需应用在一组刺激上（参看 Saunders & Green, 1999, 分析），但这些发现未能被稳定地成功复制。在不同的研究中，一对多和多对一的训练结构对于产生等价行为似乎同样有效，只是有的研究偏向于一对多（例如，Arntzen & Holth, 1997），而有的偏向于多对一（例如，Fields et al., 1999）。当然，两者都提供了坚实的基础，从中可以证明等价类。与其他训练结构相比，在生成等价方面，线性系列训练的表现始终不佳（例如，Arntzen, 2012），尤其是当经过训练的条件型区辨的数量增多时。虽然线性系列训练被证明对很多参与者有效，但除非出于其他实验需要（例如，为了避免等价成功的天花板效应，更好地分析其他程序变量的影响），否则最好避免这种训练安排。其他两种结构都是 EBI 的很好的选择，而最佳选择取决于各种因素，如使用的刺激类型（例如，在没有特殊程序的情况下，听觉刺激很难作为多个比对刺激同时呈现）和 EBI 计划的教学目标。

掌握（准确性）标准

经过训练的条件型区辨为等价类的形成提供了必要的先决条件，因此在所有尝试类型上的表现都是明显的、一致的，这一点至关重要。为了确保实现这一目标，EBI 计划要预先设定准确性或掌握标准，在进入下一个阶段训练之前，必须满足这些标准。一般情况下，要为每个尝试组测量总体准确性，并将其定义为选择 S+ 比对刺激的尝试数除以该组的尝试总数。（当某种行为未达预期时，还需针对特定尝试类型单独测量其准确性——如每个模板刺激的所有尝试——也是重要的分析。）因为中等的准确性分数（如 75%）可以反映刺激控制的多种来源（例如，参看 Sidman, 1980, 1987），所以掌握标准通常会设定在较高的准确性百分比上，并且通常需要一个以上的连续尝试组（除非构成该组的尝试数量很大）。例如，在一个系列研究（Pilgrim & Galizio, 1990; Pilgrim, Chambers, & Galizio, 1995）中，成人和儿童在每个包含 16 次尝试的尝试组中接受条件型区辨训练，每个训练阶段的掌握标准是连续两个时段至少达到 88% 的准确率（每个尝试组中的 16 次尝试中有 14 次是正确的），而且在任何一种尝试类型中最多出现一次错误。

在训练期间安排后果

针对一个或多个条件型区辨的模板配对训练通常包括在每次尝试中选择 S+ 的比对刺激从而得到强化物，直到达到设定的掌握标准。与任何应用行为分析计划一样，开展 EBI 训练，需要选择恰当的和有效的强化物。常见的例子包括能换钱或奖品的积分或代币、小零食、书面反馈（如"正确"或"错误"）、有吸引力的图片或卡通画、叮当声或钟声。有的教学计划还包括 S− 选择下的温和惩罚（如短暂的蜂鸣声、短暂的罚时出局或重复尝试），同样，也要将这些惩罚计划放到每次尝试中，直到达到掌握标准。然而，在立刻从连续强化转向等价属性测试之前，通常的做法是先进行间歇强化，减少包括程序化后果在内的每组中能得到强化的尝试数量，这样的间歇强化要通过一系列步骤来实施，而且每个步骤都要有掌握标准。例如，这些步骤可能包括有强化物的尝试占总尝试的 100%，之后是 75%，再之后是 50%。减少强化的目的是为引入用于评估等价类形成的测试或探测尝试做准备。探测尝试通常在消退中呈现，以提供关于新兴关系与直接训练关系的可能解释。在没有充分准备的情况下，缺乏针对新异探测行为的强化物可能会导致它在比对选择中出现波动，而利用间歇强化进行训练直到达到掌握标准，有助于在没有逐一尝试的后果下维持反应。与此相关的是，将惩罚物作为训练依联的一部分，其好处是可以为区分错误反应和仅由于强化物的缺乏而出现的无反应提供基础。

一些 EBI 计划在最后的训练步骤中包含精简的程序表，仅为 20% 甚或 0% 的尝试安排程序化后果（例如，Sidman & Tailby, 1982）。虽然动因可能会成为一个问题，但对经过训练的关系实施精简强化程序表的经验使参与者区辨训练尝试与后来的探测尝试的可能性有所降低，最终的结果是，探测反应不会被差别消退。抵消低强化物密度的策略包括提供强化的替代基础（例如，在 AB 和 AC 训练结束时呈现颜色配对尝试;例如,Sidman & Tailby, 1982)和/或指令(例如,"在游戏的这个部分中,我不能告诉你你做得对不对,你应该继续尽力去做")。如往常一样,这些策略的恰当性将取决于参与者群体和实施 EBI 计划的原因。

测试流程

与基线训练的情况一样,我们可以在等价文献中找到很多不同的测试程序。很多关于测试安排的决策都有各自的优点和缺点,因此需要仔细考虑程序细节,包括探测尝试的呈现方式和顺序、后果的安排和等价类形成的标准。

探测-尝试组的构成

探测尝试的呈现方法通常有两种:一种是集中测试(massed testing),另一种是与基线尝试类型结合的穿插(interspersing)探测尝试。在第一种方法中,尝试组仅由探测尝试组成。在第二种方法中,该组包括探测尝试和半随机顺序显示的基线训练尝试类型,通常相继呈现的探测尝试不超过一个或两个。集中测试可以更快地评估等价类的形成,但这种方法的问题是,当等价结果没有出来时,它无法确定前备基线关系有没有维持住。在区辨研究中引入新异尝试类型有时会干扰先前已掌握的行为(至少暂时会),这个问题可能在某些参与者群体中尤为明显。如果经过训练的条件型区辨不够有力,那么就没有理由期望出现等价合并,而且在缺乏基线-尝试类型的情况下,这种可能性既无法评估也无法补救。相关策略包括在测验开始阶段使用基线-检查尝试组(例如,Kennedy, Itkonen, & Lindquist, 1994)或交替使用基线-检查和集中-探测尝试组。这样的安排必然意味着等价评估要慢下来,而且这实际上与穿插的尝试类型有些类似。无论如何,在等价结果还没出来时,评估基线表现是否维持住至关重要。当进行穿插测试时,探测尝试和基线尝试的数量比例在不同的 EBI 计划中差异非常大,具体的比例通常由目标行为的总体强化密度(即在探测尝试中不给予强化,在基线尝试中进行间歇强化)以及为训练安排所描述的尝试类型的必要平衡组合决定。为了说明这一点,表 19.3 展示了一个由三个对称性探测和九个基线训练尝试组成的平衡尝试组。

表 19.3 安排平衡的尝试组结构——穿插的探测和基线尝试

模板刺激	比对刺激		
	左边位置	中间位置	右边位置
A3	*B3*	B1	B2
A2	B1	*B2*	B3
B1[*]	**A2**	***A3***	**A1**
A1	*B1*	B2	B3
A3[*]	B1	B2	*B3*
A2	*B2*	B3	B1
B2[*]	**A1**	***A2***	**A3**
A3	B2	*B3*	B1
A1[*]	B2	B3	*B1*
B3[*]	***A3***	**A1**	**A2**
A1	B3	*B1*	B2
A2[*]	B3	B1	*B2*

注:*斜体字*部分表示 S+ 比对刺激;**黑体字**部分表示探测尝试。

标有 * 的表示无程序化后果的尝试。

在测试期间安排后果

当基线—尝试类型被当作测试的一部分时,必须安排这些尝试的后果。在一些 EBI 计划中,至少为部分基线尝试(例如,Sidman et al., 1985)安排了后果,这样,经过训练的关系不仅会在测试期间得到评估,可能还会得到增强,这有助于促进参与者对整体任务的动因。在其他研究中,包括基线和探测在内的所有尝试类型都实施消退条件(例如,Bush et al., 1989)。后面这种安排常常会先用指令,如同前面讲述的在训练期间降低强化密度的例子(例如,"你不会再收到关于你所做选择的反馈,但仍然有一个正确答案,你应该继续尽力去做";例如,Dougher et al., 1994),当然,这种策略的有效性在语言能力较弱的参与者身上会大打折扣。在完全消退的情况下进行测试的一个好处是,基线与探测尝试类型之间至少有一个区辨依据会被排除,而且探测尝试被差别(如不那么仔细地注意)对待的可能性会降低。

为探测尝试设计后果还有一个问题。当然,绝大多数以等价为基础的教学,无论是基础的还是应用的,所有的探测尝试都是在消退条件下呈现的,这是因为一个主要的研究问题在于新的或新兴的表现在多大程度上源于实验训练。然而,在一个替代策略中,为满足与等价类形成相一致的探测反应安排了强化物(例如,Kastak, Schusterman, & Kastak, 2001)。在这种情况下,数据分析的重点是首次呈现的每种探测—尝试类型下的比对选择。由于直接强化还不能解释这些行为,所以得出关于新兴等价的结论仍然是可能的。进一步说,当 EBI 的实施纯粹出于现实原因时——例如,第一次建立一项重要的功能性技能——回答上述研究问题可能不如确保最大限度地获得该技能重要(Sidman, 1981),无论出于何种原因,当展示该技能时,肯定包括对技能的强化。

测试顺序

无论探测尝试是集中进行,还是与基线尝试穿插进行,EBI 的一个常见做法是在每个测试—尝试组内只呈现一种探测类型(即反身性、对称性、传递性和/或等价组合)。这种做法可以在一个测试组里呈现多种探测组合,而且简化了数据分析。然而,与这一部分所讨论的其他程序变量一样,文献显示,在不同的研究中,探测类型在呈现顺序上有很大差异。的确,测试方法的范围很广,从先引入用得最多的测试类型(例如,在训练 AB、BC 和 CD 条件型区辨之后,将等价组合的 DA 测试作为第一个探测类型呈现;Sidman & Tailby, 1982; Sidman et al., 1985)到从"最简单"的开始(例如,先测试 BA 对称性,然后是 AB 训练组合;Imam, 2006)。正如我们在其他程序变量中看到的那样,测试呈现的最佳顺序在很大程度上取决于特定的研究目标和参与者群体。

对于面向幼儿或智力障碍人士,且主要关注他们的等价类生成(而不是潜在因素)的 EBI 计划而言,一个值得推荐的测试方法是将探测类型按**从简单到复杂**的顺序呈现(例如,Adams, Fields, & Verhave, 1993)。在这种安排中,探测类型是按顺序引入的,从对称性开始,然后是传递性(如果需要的话),再到等价组合测试。类似地,节点少的探测类型先于节点多的探测类型。[1] 此外,每种探测类型都要在为形成探测关系而提供最基本的训练后立即出现;当探测和基线尝试穿插进行时,只将那些保证探测关系形成的基线纳入进来。

例如,图 19.15 展示了一项教授三个条件型区辨(AB、BC 和 CD)的线性系列训练 EBI 计划。表 19.4 给出了为这个训练制订的从简单到复杂的测试流程,包括以下一系列训练和测试阶段:训练 AB(硬币到价格符号)条件型区辨,直至掌握;呈现 BA(价格符号到硬币)对称性测试,中间穿插进行 AB 基线尝试;训练 BC(价格符号到书写硬币名称),直至掌握;呈现 CB(书写硬币名称到价格符号)对称性测试,中间穿插进行 BC 基线尝试;训练混合的 AB 和 BC;呈现 AC(硬币到书写硬币名称)传递性测试,然后按顺序呈现 CA(书写硬币名称到硬币)组合测试,中间穿插进行 AB 和 BC 基线尝试;训练 CD(书写硬

---

1 在很多群体中,对反身性的探测被省略了,主要是因为可以假设有同一配对,并且很可能是 EBI 训练之前的经验的结果。

币名称到一定数量的五分硬币），直至掌握；呈现 DC（一定数量的五分硬币到书写硬币名称）对称性测试，中间穿插进行 CD 基线尝试；训练混合的 BC 和 CD；呈现 BD 中一个节点（价格符号到五分硬币数量）的传递性测试，然后呈现 DB 中两个节点（五分硬币到价格符号）的组合测试，中间穿插进行 BC 和 CD 基线尝试；训练混合的 AB、BC 和 CD；呈现 AD 中两个节点（硬币到五分硬币）的传递性测试，然后呈现 DA 中两个节点（五分硬币到硬币）的组合测试，中间穿插进行 AB、BC 和 CD 基线尝试。这种系统地增加测试复杂性的方法在推进过程中积累了关于每个简单区辨的丰富经验，也被证明增加了强有力的等价结果的可能性（例如，Adams et al., 1993）。对于年龄较大的典型发育儿童和成人来说，可以使用更少的步骤，但在每个节点上依次进行对称性测试、传递性和组合测试可以使类的形成最大化。

表 19.4　从简单到复杂的测试流程

训练／测试阶段	训练尝试类型	测试—尝试类型
1	AB	
2	AB	BA
3	BC	
4	BC	CB
5	AB & AC	
6	AB & AC	AC
7	AB & AC	CA
8	CD	
9	CD	DC
10	BC & CD	
11	BC & CD	BD
12	BC & CD	DB
13	AB, BC, & CD	
14	AB, BC, & CD	AD
15	AB, BC, & CD	DA

判断类形成

"类形成"是 EBI 最基本的一个结果，前面也描述了评估"类形成"的基础知识。现在的主要问题是刺激互换性的新兴表现能否出现。由于对等价的解释需要对定义的探测—尝试类型做出可靠的类一致反应（例如，Sidman & Tailby, 1982），数据分析通常侧重于反映探测尝试的百分比，其中比对选择反映了从所提供的训练中预期的等价类。例如，如果教授从手语单词到图片（AB）以及从手语单词到书写单词（AC）的条件型区辨产生了等价关系，那么可以预测到会有 A1B1C1 和 A2B2C2 类生成，且每个类包括相对应的手语单词、图片和印刷单词。如果把书写单词 C1 作为模板刺激在尝试中呈现，那么类一致反应将包括对配对的手语单词、图片或书写单词（A1、B1 或 C1）分别进行对称性、组合性和反身性测试的比对选择。因此，可以计算出类一致反应的百分比，这可以是针对所有的探测尝试组合，也可以是当类一致的选择低于 100% 时针对每个探测类型单独计算。当呈现多个测试组时（如与呈现集中测试相比），这些测试值经常被绘制成图表，并在各个测试中进行追踪。与我们判断基线获得的情况一样，类一致反应的中等百分比（如60%~80%）表示刺激控制可能有多个来源（例如，参看Saunders & Williams, 1998; Sidman, 1980, 1987）。基于这个原因，得出关于类形成的结论需要相对较高（测试值）的类一致反应水平（如90%或更高）。就像我们的很多程序变量一样，在不同的研究中有不同的标准，但就纯粹的实际运用而言，任何探测关系的增加都可能为进一步的发展奠定有益的基础。

当我们预测的新行为没有立刻出现时，可以使用几种不同的策略来解决问题。最简单的方法也许是重复呈现探测组。如前所述，延迟新兴比较常见，其中探测表现经过额外测试才能得到提升（例如，Sidman et al., 1985; Sidman et al., 1986）。延迟新兴的可能原因是在整个探测尝试中不稳定地出现了多种竞争性刺激控制来源，我们可以逐渐弱化这些来源，最后留下等价关系作为刺激控制的主要来源（例如，Sidman, 1992, 1994）。除了重复测试外，重新接触训练组往往可以改善初始尝试的低分值，尤其是重新接触那些包含问题行为探测类型的基线数据的训练组。其他干预策略包括改进针对竞争性刺激控制的特定形式的训练或测试。例如，如果一次探测—尝试的错误分析记录了一个位置偏好，在该偏好中，无论有没有刺激呈现，参与者始终选择计算机屏幕的右下角，那么可以重新设计呈现形式，使得在任何尝试中都不再有刺激出现在该位置。

程序变体

以模板配对形式教授至少两种条件型区辨是评估等价类形成的核心前提。还有一些替代的训练方法被有效地用于：（1）探索可能生成等价类的程序范围；（2）提高以等价为基础的教学的效率；（3）改善EBI可能产生的各种表现。为了说明这一点，在此简单回顾几种最重要的替代方法，包括复合刺激、特定类强化和简单区辨训练的使用。

复合刺激

有一种程序变体建立在模板配对训练模式的基础上，以刺激复合物作为模板呈现。例如，可以把印刷单词"dog"（狗）[1]的图片和狗的图片以一张叠加在另一张上的形式呈现在模板—刺激位置上，在呈现该复合刺激后选择一个特定的比对刺激［如印刷单词"canine"（犬）］将会得到强化。通过利用这些复合刺激，EBI计划揭示了复合物的每个成分都可以作为独立的等价类成员；也就是说，在本例中，单词"dog""canine"以及狗的图片在单独呈现时都可以互换配对（例如，Groskreutz, Karsina, Miguel, & Groskreutz, 2010; Lane & Critchfield, 1998）。因此，通过使用复合模板，一定量的训练会产生更多的新兴关系和更大的等价类，这一发现对EBI具有重要意义。

施特罗默和麦凯（Stromer & MacKay, 1992）的研究证明了这一发现的应用意义，他们在模板配对训练中使用复合刺激提高了三名有学习障碍的9~13岁男孩的拼写技能。每个模板刺激都包含一个印刷单词和一张图片（如一个单词"dog"和一张狗的简笔画）。除了使用复合模板刺激外，该程序还包括目前所描述的标准教学法之外的三种变体。首先，采用同一模板配对（identity match-to-sample）的方法，即S+比对刺激与复合模板中的某一部分在外形上相同。就目前的例子而言，在任何特定的尝试中，比对刺激包括三张不同的图片，其中一张与复合模板的图片部分相同，还有一张是一组10个字母，其中一些字母的组合与模板刺激的书写单词部分相同。两种类型的同一尝试（即图片或字母比对刺激）通常以随机顺序呈现。选择与模板刺激外形相同的比对刺激将会得到强化。该研究采用的第二种程序变体被称作构造反应要求（constructed response requirement）。在将字母作为比对刺激的尝试中，参与者的任务是按正确的顺序触摸产生复合模板的书写单词中的字母。在教授完同一配对表现之后，引入第三种变体——延迟模板配对程

---

[1] 译注：此处的"dog"、下文中的"canine"以及图19.16中的"pisces"分别表示不同类型的狗，不过都有相同的意思，即"狗"。

序（delayed match-to-sample procedure）。在这个步骤中，在开始每次尝试时，都会像往常一样呈现复合模板；然而，当参与者看到复合模板时，模板就会从计算机屏幕上消失，比对刺激会在没有模板的情况下呈现。由于要呈现的比对刺激是不可预测的（即图片与字母），因此，这一操作需要注意模板的两个成分。

图 19.16 的上半部分说明了延迟程序；每一列代表一种不同的尝试类型，正如计算机屏幕中所显示的那样。在每种情况下，复合模板都显示在方框的顶部，而对模板的观察反应显示在方框的底部。注意，模板刺激不再出现在底部，可供选择的比对刺激要么如左侧所示的三张尝试类型的图片，要么如右侧所示的那一组可拼出模板单词的字母队列。

在研究过程中，这个训练安排了三组不同的印刷单词［即"dog"、"cat"（猫）、"owl"（猫头鹰）；"canine"、"feline"（猫科动物）、"avian"（鸟类）；等等］，一次呈现一组。相同的图片出现在所有印刷单词组的复合模板中；也就是说，这些图片在经过训练的条件型区辨中是共有的，因此可以用作节点。图 19.16 的下半部分显示了来自第二组的单词（上面一行）和第三组的单词（下面一行）的训练尝试；这里也有延迟程序，但没有在这张图中表示出来。注意，在这些尝试的例子中，狗的图片是每个复合模板所共有的。

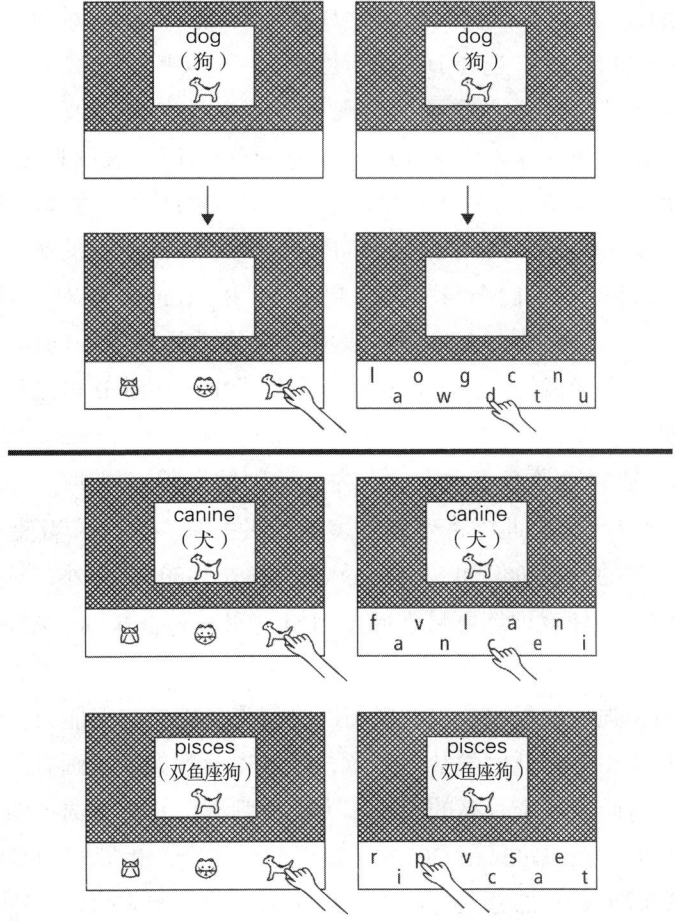

图 19.16 图的上半部分说明了延迟配对任务。每一列代表一种不同的尝试，首先显示的是复合模板；底部方框显示了由模板产生的观察反应。图的下半部分显示了用第二组和第三组单词进行的训练尝试。实验也使用了延迟程序，但没有在图中表示出来。

引自 R. Stromer & H. A. Mackay (1992). Spelling and Emergent Picture-printed Word Relations Established with Delayed Identity Matching to Complex Samples. *Journal of Applied Behavior Analysis*, 25, p. 898.

在测试尝试中，每个单词和图片单独作为模板呈现；所有的印刷单词、图片和构造反应的可能组合都在三组刺激训练后进行测试（即跨刺激集的多基线设计）。在每次测试中，三名男孩都只对训练过的刺激展示新兴表现。训练结束时，探测测试表明等价类形成，其中每个等价类包括一张图片、三个不同的印刷单词和三个不同的构造单词。也就是说，一个类中的任何视觉刺激都可以与其他任何一个配对（例如，"dog"和"canine"可以配对），并且可以引出这三个单词结构中的任何一个（例如，以"canine"为模板刺激，根据提供的字母选择，可以构造出"dog"）。此外，当相应的口语单词在探测尝试中作为模板刺激呈现时，儿童能够选出类中的任意三个印刷单词或图片，并正确拼写它们。也就是说，研究中的男孩们从EBI中建立了拼写技能库。

特定类强化

模板配对形式的第二种变体涉及后果的特殊安排，被称作差别结果（differential outcomes）或**特定类强化**（class-specific reinforcement）。在这个过程中，不仅正确的比对选择取决于模板刺激，传递的后果类型也取决于模板刺激。例如，呈现特定模板 A1，正确选择比对刺激 B1 会产生强化物 1：可能是一颗小棉花糖。呈现特定模板 A2，正确选择 B2 会产生不同的强化物——强化物 2：可能是一口果汁。第二种条件型区辨的教学原理相似；例如，呈现特定模板 A1，选择比对刺激 C1 会产生棉花糖，而呈现特定模板 A2，选择比对刺激 C2 会产生果汁。最后，让我们把刺激 D 添加到同一模板配对训练中，这样，呈现特定 D1，选择 D1 会产生棉花糖，呈现特定 D2，选择 D2 会产生果汁。

通过使用这个程序，已经获得了一些重要的发现。不仅差别结果有助于获得条件型区辨（例如，Litt & Schreibman, 1981），而且强化物–探测尝试（reinforcer-probe trial）表明特定类后果本身也成了等价类的成员，从而增加了通过教授单个条件型区辨所能增加的类成员的数量（例如，Dube, McIlvane, Mackay, & Stoddard, 1987; Dube, McIlvane, Maguire, Mackay, & Stoddard, 1989）。从上面的例子来看，当棉花糖或果汁的图片作为模板或比对刺激呈现时，它们会与相关的刺激 A、B、C 或 D 配对（即这些是强化物探测）。此外，这还证明了刺激 A、B、C 和 D 的可互换性，表明了等价类的形成（例如，Dube et al., 1987, 1989）。因此，特定类强化也可以作为类形成的一个节点；在这个例子中，刺激 D 可能仅凭其在受训后得到特定类后果的关系就能成为类成员。

这些发现对以等价为基础的教学意义重大。首先，差别结果程序提供了一种新的途径，因为强化物被加入相应的类中，提供特定数量的训练将生成更多的新兴关系。其次，当使用特定类强化物时，同一模板配对训练可以引起等价类的形成（例如，Dube et al., 1987, 1989），此外，对于某些目标群体来说，同一训练比等价研究中广泛使用的任意训练更易掌握（例如，Pilgrim, Jackson, & Galizio, 1990; Zygmont et al., 1992）。

有的研究开始探索特定类强化的程序，以此提高以等价为基础的应用能力。有这样一个例子，有一群具备数数能力但在数学前测中得分较低的学龄前儿童，他们先学习如何对画有总数为 4、7 或 10 的等量物体的图片进行配对（例如，将画有 4 个月亮的图片作为模板刺激，儿童要选择画有 4 颗心的图片而不是画有 7 个闪光灯或 10 个方块的图片；Luffman, 2012）。错误配对将会产生短暂的蜂鸣声，而正确配对会产生一个由两部分组成的特定类后果。一部分是每次正确配对都会产生相应的口语数词 [如 "Four！"（四）]，另一部分是产生两个视觉刺激中的一个，即相应的阿拉伯数字（如 "4"）或书写单词（如 "four"）。这两种视觉刺激各在一半的尝试中呈现。图 19.17 总结了训练的过程；图中的每一行显示了所教的配对的例子，左边一栏是模板刺激，中间一栏是正确的比对刺激，右边一栏是可能的后果。

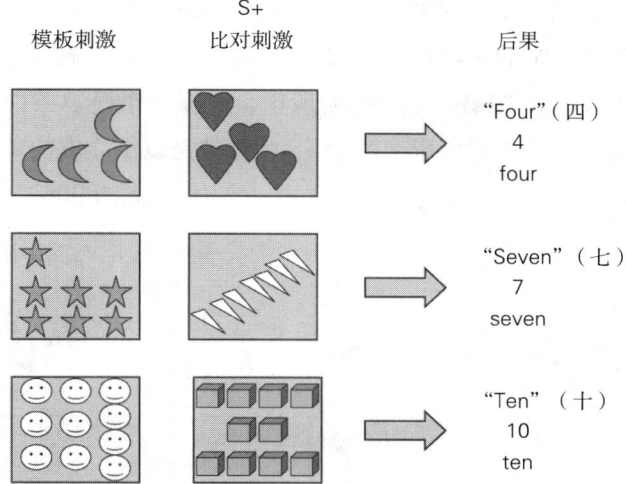

图 19.17 经过训练的条件型区辨训练图。每行代表一个经过训练的关系,左边一栏代表呈现的模板刺激,中间一栏代表 S+ 比对刺激,右边一栏代表选择 S+ 之后的复合后果。注意,任何特定尝试的后果都包括口语单词、数字或书写单词。

经过这个教学后,探测测试发现儿童显示出了对各个数量、数字、书写单词和口语单词的类一致配对。研究者在后续的教学阶段中安排了相同的复合后果,准确地将物品的数量与一个"+1"类型的加法问题进行配对(例如,呈现特定的 4 个物品,选择"3+1",而不是"6+1"或"9+1";AB 训练),然后将物品的数量与一个"+2"类型的加法问题进行配对(例如,呈现特定的 4 个物品,选择"2+2",而不是"5+2"或"8+2";AC 训练)。图 19.18 显示了在 AB 和 AC 条件型区辨训练中出现的所有刺激,包括特定类后果。

条件型区辨训练中使用的刺激集

A	B	C	后果
训练的数值	+1 刺激	+2 刺激	
4	3 + 1	2 + 2	"Four"、4、four
7	6 + 1	5 + 2	"Seven"、7、seven
10	9 + 1	8 + 2	"Ten"、10、ten

图 19.18 条件型区辨训练中使用的刺激集。注意,任何特定尝试的后果都包括口语单词、相应的阿拉伯数字或书写单词。

在完成三个教学阶段之后,探测测试表明儿童出现了包括至少六个成员的三个新兴的等价类(即物品数量、相应的阿拉伯数字、口语和书写单词、"+1"和"+2"的加法问题)。儿童现在可以将任何一个成员与其他成员进行互换,这在训练前是无法做到的。(探测组只在每个训练阶段之前和之后出现。)在这个例子中,EBI 帮助儿童学习了符号化的数量关系,这是他们理解数学的必不可少的起点。

三项依联训练

如前所述,获得任意条件型区辨对幼儿和发育迟缓人士来说很有挑战性。基于实践和理论上的原因(Sidman, 1994, 2000),关于以**简单区辨**或三项依联为基础的训练生成等价类的研究获得了可喜的结果(例如,Debert, Matos, & McIlvane, 2007; Pilgrim, Boye, Hogan, & Groff, 出版中; Sidman, Wynne, Maquire, & Barnes, 1989)。的确,简单区辨通常较易获得,这也表明该方法在 EBI 的应用上的巨大潜力。

为了说明这一点，让我们来看看上述数学教学计划的后续步骤。在这个例子中，除了简单区辨训练外，还安排了特定类后果训练（Yonkers, 2012）。在该研究中，经教师确认，四名有学习障碍的儿童在基本数学技能方面需要更多的支持。在第一个训练阶段中，教授三个简单条件型区辨，以正立的数字 4、7 或 10 作为 S+ 刺激。对于每一个条件型区辨，两个 S− 刺激都是以倒立方向（180°）或 90°方向呈现 S+ 数字。图 19.19 展示了三种区辨中的每次尝试呈现的方式，其中 S+ 刺激和两个 S− 刺激出现在计算机屏幕四个角中的三个角上。

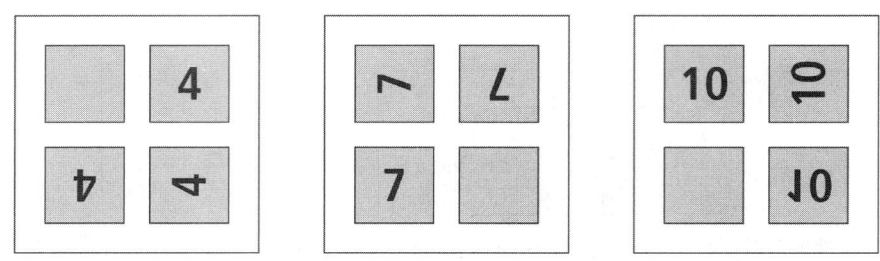

图 19.19　训练—尝试的布局示意图，每个布局都有三个经过训练的简单区辨。

选择任何一个 S− 刺激都会听到蜂鸣声，而选择 S+ 则会产生特定类复合后果（compound class-specific consequence），S+ 包括口语数字名称（如"Four！"）及其相应的书写单词（如"four"），如图 19.20 所示。

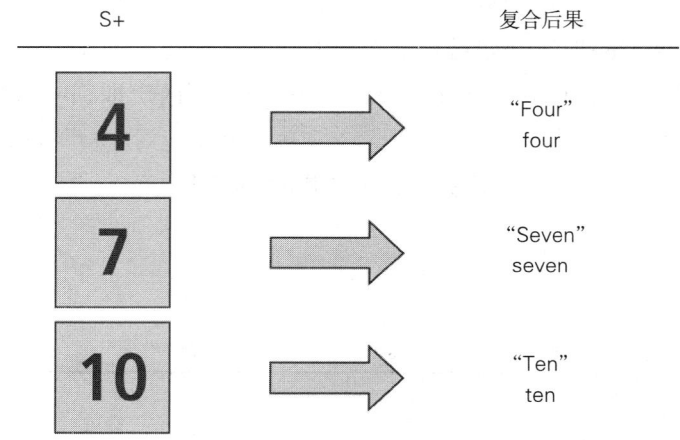

图 19.20　经过训练的简单区辨示意图。每行中的左边一栏代表 S+ 刺激，右边一栏代表选择 S+ 之后的复合后果。

在快速获得这些简单区辨之后，进行了条件型区辨探测尝试，对口语单词、书写单词和数词进行类一致配对，无论是把它们作为模板刺激，还是作为比对刺激。在随后的训练阶段，还教授了额外的简单区辨，其中呈现的刺激取决于每名儿童的技能水平，这是通过前测得到的。对于前测中得分最低的儿童，刺激集 B 是由正立方向"+1"的加法问题（即 3+1、6+1 和 9+1）组成的，而刺激集 C 是由正立方向"+2"的问题组成的（即 2+2、5+2 和 7+2）。图 19.21 展示了每种类型的训练尝试；图 19.22 展示了 9 种经过训练的简单区辨中的每种 S+ 刺激。

再者，选择正立的 S+ 刺激中的一个，而不是倒立或横向呈现的题目，会导致数字训练上的相同特定类后果（即正确的口语和书写数字名称，如图 19.21 和图 19.22 所示）。对于具备高阶技能的儿童，可以将乘法题目或罗马数字题目作为刺激集，这说明该方法可以灵活地满足每名儿童的需求。完成具有差别结果的简单区辨训练后，模板配对的探测测试表明了等价类的形成（例如，数字"4"，口语"Four"，书写"four"，数学题目 3+1 和 2+2）。图 19.23 显示了训练计划中所能实现的多种探测安排中的几种，在屏幕中央呈现一个模板刺激，在屏幕的四个角中的三个角上呈现比对刺激。然后，在该 EBI 计划中，9 种快速获

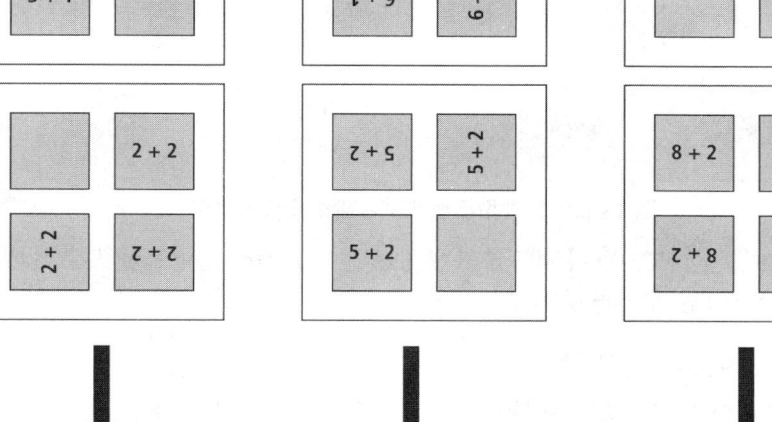

图 19.21　9 种经过训练的简单区辨中的每种尝试呈现的示意图。每行代表特定刺激集（A、B 或 C）的尝试，每列代表尝试类型，研究者为每类尝试设计了相同特定类复合后果，如图中的下面几行所示。

用于简单区辨训练的刺激集

A	B	C	后果
数字	+1 刺激	+2 刺激	
4	3 + 1	2 + 2	"Four"，four
7	6 + 1	5 + 2	"Seven"，seven
10	9 + 1	8 + 2	"Ten"，ten

图 19.22　在简单区辨训练期间呈现的所有 S+ 和后果刺激

得的简单区辨生成了三个五成员等价类，出现的 60 多个新兴条件型表现证明了这一结论。这些发现不仅确立了 EBI 方法的可行性，而且充分表明了 EBI 在产生生成性和功能性符号技能方面的高效率。

应用与泛化性

在过去的几年里，人们对以等价为基础的教学给予了热切的关注，它能够创造性被用于建立或增强不同参与者群体的表现和日益广泛的目标技能。等价范式固有的灵活性（即可以使用任何刺激组合）以及它所激发出的越来越多的有效教学和测试程序，使其对应用行为分析师极具吸引力。随着每一种新的应用被证实，等价结果的泛化性也进一步得到确认，这也是任何科学概念发展的关键所在。接下来，我们将从不

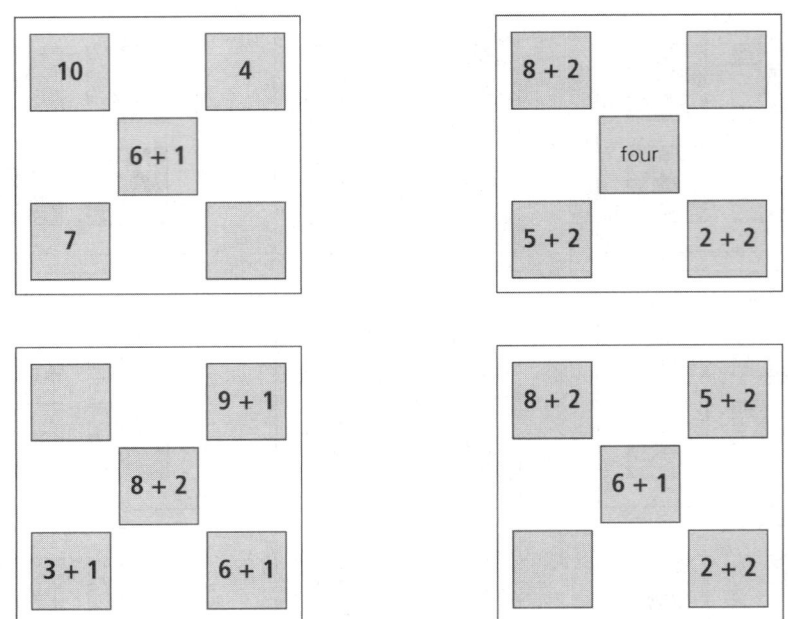

图 19.23　条件型区辨测试—尝试安排的例子

断积累的应用文献中回顾一些要点，以说明等价教学方法在智力障碍儿童和成人、典型发育儿童、成年临床人群和大学生群体中的应用范围与前景。

智力障碍儿童、成人和典型发育儿童

对这些群体来说，技能获得是必要的和持续的焦点，他们也一直是以等价为基础的临床应用的主要受益者。EBI 关注的重要类别包括语言和数字技能训练，以及其他的功能性的学业和生活技能。

语言技能训练

也许程序化的 EBI 的最大科研进展是在语言技能训练领域。在西德曼（1971; Sidman & Cresson, 1973）的最初研究发现的基础上，很多研究成功复制了等价类的形成，为参与者建立阅读技能奠定了基础（例如，Elias, Goyos, Saunders, & Saunders, 2008，关于智力障碍成人的研究；Osborne & Gatch, 1989，关于听力障碍学龄前儿童的研究；Sidman, Cresson, & Willson-Morris, 1974，关于两名唐氏综合征男孩的研究）。研究中的每个类包括一个口语单词或手语（用美国手语演示）、一个书写单词以及一张图片或一个物品。所有参与者在开始时都没有阅读技能，随着类的形成，他们学会了使用手语或口语命名图片/物品以及辨认书写单词。

正如本章前面所讲述的，还有一些研究表明等价方法可以有效地改善拼写表现（例如，de Souza et al., 2009; Goyos, Souza, Silvares, & Saunders, 2007; Melchiori, de Souza, & de Rose, 2000）。构造—反应（constructed-response）程序常常被用于这一目的，即在呈现口语或书写单词的情况下，参与者的任务是通过从选项库中按照顺序选择一系列字母或音节来生成一个单词，这要么是通过从计算机屏幕上按顺序触摸每个选项来生成单词，要么是通过在桌面任务中移动字母块来生成单词。这种教学方法已被证明对一些参与者群体有效，包括学龄前儿童、普通班和特殊班的年轻学生以及无阅读技能的成人。

刚才提到的研究中有一个令人兴奋的结果，即拼写表现的改善成功地泛化到了教学步骤中未直接训练的单词上。与上文描述的复合模板刺激一样，经过训练的复合物中的个别成分或个别单元似乎在自行施加刺激控制（如拼写中的单个字母）。因此，当这些小单元出现在新的安排中时（如当呈现新单词时），我们是有可能得到准确的回答的（如准确的拼写顺序）。当呈现新的模板刺激复合物时，具备生成和重组最小单位（如单词、音节、音素、字母）的能力对很多功能性语言技能（如阅读和拼写）教学来说显然是必不可少的。然后，不出所料，以等价为基础的语言教学的另一个重要发展也包括合并步骤，从而有意促进步骤重组，这也被称作重组泛化。一般的教学策略是使用特意选择的复合物进行教学，该复合物对于生成正确的新复合物极为重要。例如，一名儿童可能会被训练从书写单词"MAP"（地图）、"SAP"（汁液）、"MUM"（妈妈）或"SET"（放置）中正确选择所听到的口语单词，然后在测试中证明能够选择新单词"MET"或"SUM"。这种教学安排有时被称作矩阵训练，它强调在训练复合物与测试复合物之间设计的重叠单元。一言以蔽之，关键是在测试新组合之前建立所有成功表现的前备单元（关于这方面更多的阐述和例子，感兴趣的读者可参看 de Souza et al., 2009; Hanna et al., 2011; Mueller, Olmi, & Saunders, 2000）。

有这样一群行为分析师，他们通过一项复杂、全面、持续的阅读教学计划大大扩展了这一训练策略的适用性，参与者是就读于巴西公立学校的一群阅读技能较差的儿童（de Souza et al., 2009）。其中很多儿童来自社会经济地位低下的家庭，辍学风险极高。阅读课程作为一个整体，包含本章所描述的很多研究发现，并产生了巨大的成效，这导致出现了很多初次阅读者（例如，de Rose, de Souza, Rossito, & de Rose, 1992; Matos & Hubner–D'Oliveira, 1992）。总体来说，早期教学阶段的一些关键特征包括具有构造反应的模板配对程序和建立在葡萄牙语的一个有趣特征上的矩阵训练方法。很多葡萄牙语单词是由辅音—元音音节组成的［例如，"BOLA"在英语中是"ball"（球）；"LATA"的意思是"can"（罐）］。这些音节重组形成了新单词［例如，"BOTA"在英语中是"boot"（靴子）］，这给以音节为最小单位的生成性阅读技能训练奠定了良好的基础。对于构造反应，学生通过特定的印刷单词、口述单词和图片，学习选择正确的音节序列（而不是像上文中的拼写研究那样选择单个字母）。此外，研究者还教授了儿童 AB（口语单词—图片配对）和 AC（口语单词—书写单词配对）条件型区辨，就像我们前面提到的几个例子一样（例如，Sidman, 1971）。

这时所做的测试揭示了等价类的形成，等价结果包括训练过的单词和重组泛化的单词（即口语单词、图片和书写单词）。儿童在阅读和拼写方面也取得了明显的进步，无论是在音节的构造反应形式方面还是在书写方面，训练和泛化单词也是如此。这项综合教学计划还有后续教学阶段，儿童从获得阅读和写作音节到整个单词，再到句子和短篇故事，不断进步。这一阅读课程日臻完善，已经使来自巴西各地多所学校的阅读中心的三千多名学生受益，这很可能是迄今为止对以等价为基础的教学的最全面的应用。

数字技能教学

基本的阅读理解可以通过 EBI 来实现，基本的数字理解也是如此，其目标范围是从简单的数字类到更复杂的数学概念。前者的例子包括模板配对训练，参与者学习在口述数字名称（如"一""二"或"三"）时选择相应数量的物品或图片（如 *、** 或 ***）以及在相同的数字名称（AB 和 AC 条件型区辨）出现时选择恰当的数字（如 1、2 或 3）。探测测试表明这种训练会导致等价类形成，每个类都包括口述名称、数量和数字三种类型（例如，Gast, VanBiervliet, & Spradlin, 1979; Maydak, Stromer, Mackay, & Stoddard, 1995; 都是针对智力障碍人士进行的研究）。参与者对数量和数字产生的新兴配对表明他们理解了数字，即学会了正确命名数量和数字。这种训练中的变体也可以将两种不熟悉的语言（即美国本土的奥吉布韦语和达科他语）作为等价类成员来训练典型发育学龄前儿童学习数字名称（Haegele, McComas, Dixon, & Burns, 2011）。

后续研究以多种方式对简单数字类进行了阐述。在前面介绍的一个例子中（Luffman, 2012），勒夫曼（Luffman）使用复合特定类强化物（compound class-specific reinforcers）对典型发育幼儿进行了模板配对训练，探测表现证实了六成员等价类的形成，这六个成员包括数量、数字、口语数字名称、书写数字名称、算术题 X+1 和算术题 X+2，其中，算术题指代三个数值（即 4、7 和 10；关于所有刺激集，参看图 19.18）。在只教授 AA、AB 和 AC 条件型区辨之后，每个类成员都被精确地与类中的其他成员进行配对，产生了数百个新兴数字关系。儿童在这项研究中也学会了执行构造反应。对于在训练期间呈现的每个数量模板，在呈现比对刺激之前，儿童要在算盘上滑动相应数量的珠子；也就是说，需要一个特定类的结构式—观察反应（class-specific constructed-observing response）。在本研究的结论中，研究者提出进行泛化尝试，将三个数字作为模板呈现或作为比对刺激呈现，并将等于4、7或10（如2+2、4+3、5+5）的新的加法运算也分别作为模板或比对刺激（注意，如图19.18所示，在训练期间呈现了从1到10的所有数值）。儿童在这些新的探测类型上进行了准确的配对，并对新的模板组合执行了恰当的构造反应，从而证明了数值的重组泛化。

很多数学初学者在理解和回答分数和小数方面有困难，而EBI的设计有助于理解更为复杂的数学概念（例如，Hall, DeBernardis, & Reiss, 2006; Lynch & Cuvo, 1995）。为了说明这一点，林奇和库沃（Lynch & Cuvo, 1995）对7名11~13岁的在数学学习上有困难的学生进行了模板配对训练；这些五六年级学生的年级等值数学分数为3.0~3.7。研究者对AB和BC进行条件型区辨训练，其中刺激A包括12个以比率表示的分数（如3/5），刺激B包括12个以图表示的分数（即一个由100个方格组成的网格，其中有适当数量的方格被填充），刺激C包括12个以小数表示的数值（如0.60）。图19.24的上半部分显示了训练与测试的关系。与普遍较低的前测分数形成对比的是，所有7名学生在分数到小数的探测测试（即AC和CA）中都有明显的进步，且经常达到接近完美的水平，这表明等价类的形成。因此，由一个分数、一个阴影网格和一个小数值组成的12个等价类形成了，一个由12个新的分数（刺激D）组成的后续AD训练扩展了这个类，进而包含了第四个可互换成员。当采用纸笔来测试参与者求解未设置选项的分数题目时，在涉及

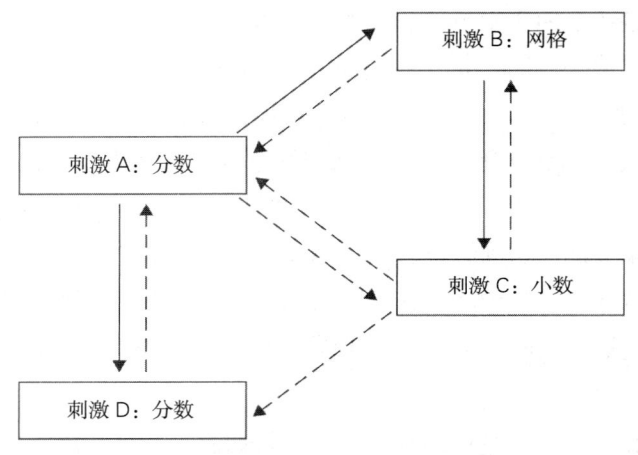

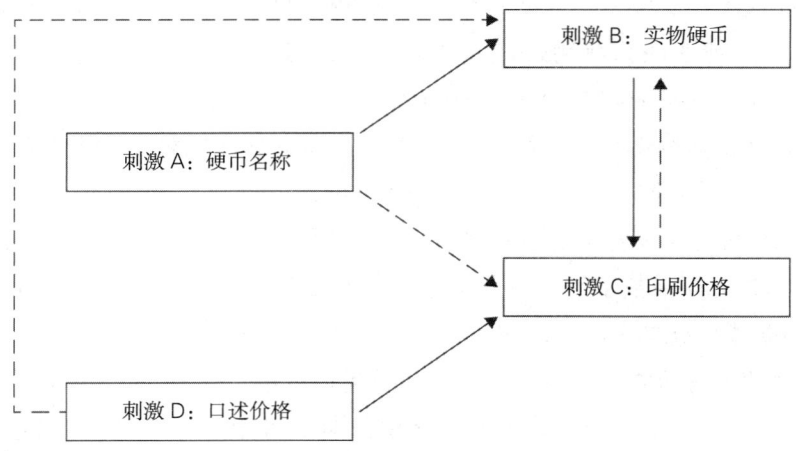

图19.24　图的上半部分展示了林奇和库沃（1995）的训练（实线箭头）和测试（虚线箭头）条件型区辨的示意图。图的下半部分展示了来自凯因茨、米格尔、卡奥和芬恩（Keintz, Miguel, Kao, & Finn, 2011）的相同信息。

新的分数的模板配对泛化测试中，参与者的得分参差不齐，有的相较于前测有很大的进步，有的则完全没有。值得注意的是，这项早期研究中的教学程序没有使用矩阵训练方法。

还有一个对障碍儿童和成人来说十分重要的功能性技能也与货币等价有关，其中口语或印刷价格以及各种硬币或美元的数量组合必须形成可互换性（参看图19.7中的例子）。这一目标也是很多EBI研究的主题（例如，Keintz et al., 2011; Stoddard, Brown, Hurlbert, Manoli & McIlvane, 1989），并使用了模板配对程序。在一项早期的经典研究中（McDonagh, McIlvane, & Stoddard, 1984），一名中度智力障碍女性被教授将两种不同的硬币组合与印刷价格进行配对，印刷价格有三种数值（分别是5、10和15美分）。没有经过进一步的训练，她就可以对硬币组合进行配对，还能给出每个组合的数值，这显示了等价类的形成。这个三成员类在经过教授额外硬币组合的一些数值之后被成功地扩大，这些结果后来被系统地复制到多名智力障碍人士身上（例如，Stoddard et al., 1989）。在近期的一项研究中（Keintz et al., 2011），两名孤独症学龄前儿童接受了这样的训练：儿童学习三个口述硬币名称（刺激A；"一分""五分"和"一角"）、三枚实物硬币（刺激B；一分、五分和一角）、三个印刷价格（刺激C；0.01美元、0.05美元和0.10美元），以及三个口述价格（刺激D；"1美分""5美分"和"10美分"）。在学习了AB、BC和DC条件型区辨后（参看图19.24的下半部分），两名儿童展现了包括口述硬币名称和价格名称、实际硬币和印刷价格的四成员等价类，此外，两名儿童都具备了命名每枚硬币的技能。总而言之，这些研究结果表明EBI在建立涉及大量单个硬币关系的符号等价方面有着巨大的潜力。

其他功能性技能

除了涉及基本语言和数字类的技能外，EBI还建立了一系列技能，这也进一步证明了该教学方法的灵活性。对于有认知障碍的儿童、成人以及典型发育儿童而言，接下来的几个例子反映了个别参与者需要具备和发展的各种技能。

一项有趣的研究（Arntzen, Halstadtrø, Bjerke, & Halstadtrø, 2010）专注于提高一名有孤独症和智力障碍的16岁男孩的音乐技能；这名男孩喜欢音乐，当有颜色代码引导弹奏哪个音符时，他可以在键盘上演奏几首简单的歌曲。以等价为基础的教学旨在教他读懂和演奏音乐和弦。在这项研究中，每个潜在类的刺激集包括：（1）和弦的挪威语（男孩的第二语言）名称；（2）有圆点表示手指位置的键盘图；（3）以音符表示和弦的五线谱；（4）和弦的越南语（男孩的第一语言）名称。在研究的各个阶段，八个不同的主和弦与相同数量的小和弦作为目标；这些和弦在前测中都没有被正确地演奏或命名。后测结果证实了大量四成员等价类的出现。作者还报告称，研究结束后，男孩可以继续使用和弦，他们建议使用EBI方法来帮助智力障碍人士获得更多的兴趣爱好技能，从而提高他们的生活质量。一项类似的研究也有效地运用了以等价为基础的方法来帮助典型发育学龄前儿童掌握简单的音乐技能（Tommis & Fazey, 1999）。同样，研究表明，在七周的追踪测试中，演奏简单旋律的技能得到了维持。

有几项研究聚焦于扩大刺激控制来源，用以教授障碍儿童和成人的关键功能性技能。例如，在很多特殊教育课堂上使用活动日程表这样的辅助工具来帮助儿童独立学习（例如，MacDuff, Krantz, & McClannahan, 1993; McClannahan, MacDuff, & Krantz, 2002）。通常，活动日程表上有一系列图片，每次呈现一张，每张图片代表儿童要完成的一项特定任务。为了实现从对图片控制到对文字控制的发展转变，研究者为两名6岁孤独症儿童设计了以等价为基础的教学，他们可以对图片做出准确反应（Miguel, Yang, Finn, & Ahern, 2009）。在儿童学习了将活动日程表中的六张图片与口述名称配对（AB训练），以及将六个相应的书写单词与相同的口述名称配对（AC训练）之后，两名儿童都能对活动日程上的书写名称做出准确反应了，还能将书写单词和图片进行准确配对，这表明儿童真正理解了单词，并且能够读出来。还有研究使用同样的策略（RehFeldt & Root, 2005; Rosales & RehFeldt, 2007）来提高有重度智力障碍的成年男性的提要求技能，他们已经学会了使用图片交换沟通系统获得图片上的物品（Frost & Bondy, 1994）。在成功建立图片交换要求后，参与者学习根据物品的口述名称选择正确的图片，以及根据相同的口述名称选择相应的书写单词（AB 和 AC 条件型区辨）。虽然参与者在前测中无法做到，但在训练后展现了等价类的形成，他们学会了将图片与对应的书写单词配对，反之亦然，他们学会了通过书写单词来就物品提要求。有些参与者还能命名书写单词，并使用命名和书写单词来就物品提要求。参与者在训练后一个月接受了维持测试（Rosales & RehFeldt, 2007），证明了功能性沟通技能的持久改善。

以等价为基础的教学也被用于教授障碍儿童和典型发育儿童的学业技能，如地理知识的学习。例如，有研究者给两名孤独症男孩上基础地理课，教他们将九个州的图画与听到的州名进行配对（AB 训练），然后将州的首府名称与州的图画进行配对（BC 训练；LeBlanc, Miguel, Cummings, Goldsmith, & Carr, 2003）。两名男孩的配对准确率在前测中的得分约等于偶然水平，后测显示出了强有力的新兴表现，这意味着等价类的形成；男孩学会了将州名与州首府配对，反之亦然，而且每种经过训练的关系皆可双向成立。其中一名男孩还在后测中表现出了很高的准确性，他在测试中可以准确地口头回答（而不是选择）训练中有关州的相关地理问题（如"佛罗里达州的首府是什么？"）。这一教学方法在一项针对五名被诊断为脆性 X 综合征（fragile X syndrome）的青年的研究中得到了系统复制，其中教授了三个州的名称、州的图画和州的首府名称（Hall et al., 2006）。在一个变体中，同样涉及地理内容，五名六岁的典型发育儿童被教授 AB 和 BC 交互式语言顺序（intraverbal sequences）而不是模板配对表现（Perez-Gonzalez, Herszlikowicz, & Williams, 2008）。在这个程序中，研究者口头提出一个地理问题（如"阿根廷的首都在哪里？"），然后教授儿童口头给出正确答案。因此，该程序要求儿童进行口头回答而不是像在模板配对任务中那样选择刺激（即基于形态的反应而不是基于选择的反应）。刺激集包括：（1）两个国家；（2）两个首府城市；（3）两个城市公园。在掌握了经过训练的交互式语言顺序（即国家—首府、首府—公园）之后，用每个可能的元素组合（即首府—国家、公园—首府、国家—公园以及公园—国家）呈现新问题进行探测。结果显示，大多数参与者至少在某些探测类型上展现出了准确的新兴反应。

EBI 在应用行为分析中的另一重要研究方向是在教授其他功能性技能之后，利用等价类这一明确手段促进泛化。也就是说，如果在某一刺激环境下教授一个新的表现，并且该刺激是等价类中的一个成员，那么这个新的表现可能也会受到该类中的其他成员的控制（即功能转移效应）。虽然这一可能性在临床工作中受到的关注较少，但已有一些前景很好的初步探索。泰勒和奥赖利（Taylor & O'Reilly, 2000）针对六名轻度智力障碍参与者进行研究，为他们建立了购物技能的反应链。研究中的所有参与者先在教室里接受任务序列训练（例如，进入商店，查阅两种商品的购物清单，找到第一种商品，把它放到购物车里，等等），随后在一家真实的杂货店里接受训练。对其中的两名参与者来说，这已构成他们的完整训练（即单范例训练）。其中的另外两名参与者在另外两家杂货店里进行了相同的任务序列训练（即多范例训练）。剩下的两名参与者在单范例训练之后还进行了 EBI 训练。AB 和 BC 条件型区辨使用了口语单词["Supermarket"（超市）、"Shop"（商店）和"Restaurant"（餐厅）]、对应的书写单词和真实场景中拍摄的照片开展教学。这个训练的一个亮点是在训练尝试中呈现了三张不同的超市环境照片。这些参与者通过探测尝试表现出了三成员等价类的形成，每个等价类包括一个口语单词、一个书写单词和一张相关照片。训练结束后，研究者对所有参与者的购物技能进行了评估，这些评估是在泛化的杂货店环境下进行的。研究结果表明，接受了 EBI 训练的参与者和接受了多范例训练的参与者的表现同样好，他们都可以准确地执行任务序列，而那些只接受了单范例训练的参与者的表现较差。本研究有一定的局限性，每个教学条件下参与者的数量较少，但结果表明，比起在多个地点开展成本较高的劳动密集型训练，EBI 教学对行为泛化具有同样的积极效果。当然，这些发现还值得进一步探讨。

最后一类重要的以等价为基础的教学涉及旨在提高儿童与感觉障碍（如视力或听力）有关的技能的计划。有一项研究使用等价方法教四名有退行性视力障碍的儿童（7~12 岁）学习命名盲文字母（Toussaint & Tiger, 2010）。虽然四名学生在盲文课堂已学习长达一年或更久的时间，具备命名印刷字母的能力，但没有一个人可以流畅地阅读盲文单词。研究中用于教学和测试的刺激集包括：（1）盲文字母；（2）印刷字母；（3）口语字母名称，一共有 5~26 个字母，具体数目取决于参与者。由于儿童已经掌握了印刷字母与口语字母名称之间的关系（BC 关系），因而教学重点落在了教儿童将盲文字母与印刷字母进行配对上（AB 关系）。在随后的后测中，四名儿童在印刷字母的模板刺激与盲文字母的比对之间、口语名称与盲文字母的比对之间表现出了强有力的新兴配对。他们还学会了命名盲文字母，这验证了等价类的形成，也为进一步开展盲文阅读教学提供了基础。关于听力障碍，有一项研究计划的目标是为耳聋儿童的人工耳蜗所提供的听觉刺激建立符号功能（Almeida-Verbu et al., 2008; da Silva, de Souza, & de Rose, 2006）。为了说明这一点，6~9 岁的早发性耳聋儿童接受了所有视觉刺激的 AB 和 AC 条件型区辨训练（Almeida-Verbu et al., 2008）。掌握了三成员等价类后，以听觉刺激为模板进行新的条件型区辨训练（DC 训练）。随后，所有的参与者都展现出了类扩大，这说明这些声音已经成为现有类中的符号等价成员（例如，D1 可以与 A1、B1 和 C1 互换，以此类推）。这些初步结果表明，一旦为幼儿植入人工耳蜗，让其获得听觉刺激，就有可能帮助他们了解到声音的意义，这或许是他们人生中的第一次。

成年临床人群

虽然有关 EBI 在成人临床问题上的应用研究与本书所回顾的研究相比还不算多，但已有一些研究对其进行了探讨，并为未来的研究者提供了重要参考。举个例子，有后天脑损伤或疾病的人经常表现出一些缺陷，而等价方法似乎很适合处理这些缺陷，如有的人无法说出或回应有关日常物品、事件或人物的词汇。有一项研究（Cowley et al., 1992）的对象是三名有脑损伤的成年男性，他们无法将治疗师的名字与他或她的面孔联系起来，即使在一起相处了好多个月，值得一提的是，像这样的独立功能性技能问题是很多康复机构所关注的。图 19.25 中的实线箭头描绘了所有参与的男性在前测中与三名不同的治疗师之间的刺激关系。粗线箭头表示训练的目标关系，虚线箭头表示潜在的新兴关系。后测结果显示了三名男性的等价类的形成；也就是说，口语名字、书写名字和面孔在任何组合中都得到了配对。其中两名男性还能做到当呈现治疗师面孔时呼出其名。还有一项研究对三名有脑损伤的成人的面孔—情绪识别进行了探索（Guercio, Podolska-Schroeder, & RehFeldt 2003）。虽然参与者在前测中无法做到这一点，但在学习了将两组面部表情与相应的书写标签（即快乐、悲伤和愤怒；AB 和 CB 训练）配对后，他们在对相同情绪的不同表现形式之间的配对上取得了很大的进步，并且能够正确地命名这些情绪。

老年学领域代表了等价方法的另一个应用目标，尽管这方面的工作还处于起步阶段。虽然一些老年人很容易表现出等价类的形成（例如，Perez-Gonzalez & Moreno-Sierra, 1999; Saunders, Chaney, & Marquis, 2005），但不可否认，年龄也是重要的影响因素（Wilson & Milan, 1995），年长参与者（62~81 岁）出现类形成的可能性比年轻参与者（19~22 岁）更低。此外，人们还发现等价类形成与简易精神状态检查（Mini Mental Status Examination, MMSE）得分之间有相关性（Gallagher & Keenan, 2015），MMSE 被广泛地应用于评估老年人的认知障碍状况。事实上，等价类形成的能力被证明是一种更为敏感的认知障碍测量指标，因为类形成的表现可以在 MMSE 的高分人群中看到，该人群的 MMSE 得分甚至比有认知困难的人的得分还要高。一项针对一名被诊断为阿尔茨海默病的参与者（一名 84 岁的女性，MMSE 得分为 20 分，即轻度认

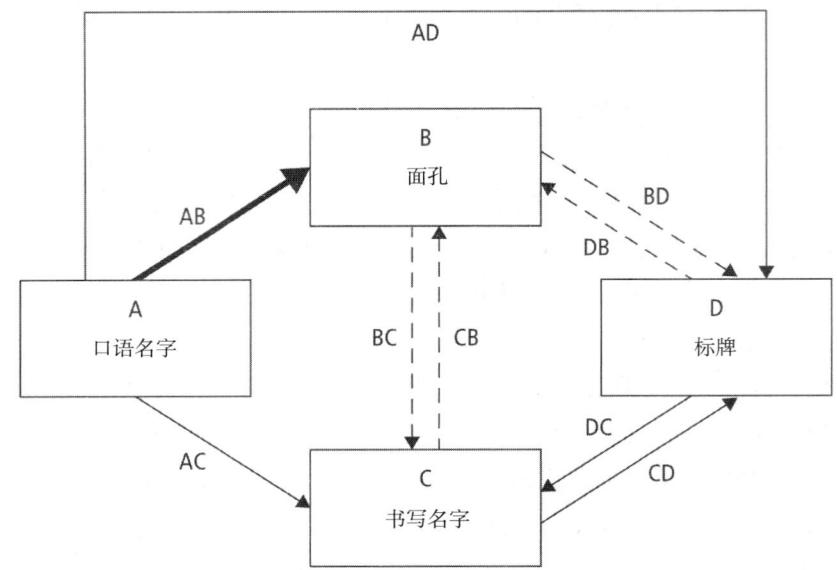

图 19.25 已有的（细实线箭头）、经过训练的（粗实线箭头）和测试的（虚线箭头）条件型区辨的示意图

引自 B. J. Cowley, G. Green, & B. Brounling-McMorrow (1992). Using Stimulus Equivalence Procedures to Teach Name-face Matching to Adults with Brain Injuries. 经约翰威立出版有限公司授权转载。

知障碍）的研究发现了延迟—同一配对（delay-identity matching）的证据，但没有发现等价类形成的证据（例如，Steingrimsdottir & Arntzen, 2011; 也可参看 Steingrimsdottir & Arntzen, 2014）。因此，等价方法在评估认知衰退方面可能有很多可供借鉴的地方。当然，EBI 是否可以有效地帮助丧失技能的个体，或者至少帮助有轻度损伤的个体维持他们已有的技能，这些还有待深入探究。

在医疗保健的广阔领域中，运用以 EBI 为基础的教学改善个人技能的可能性似乎很高。在一项与肥胖这一关键问题相关的创新研究中（Hausman, Borrero, Fisher, & Kahng, 2014），研究者试图教授大学生准确估计食物的分量大小，因为分量的大小可能与卡路里的摄入量直接相关，尤其是对超重的人而言（例如，Burger, Fisher, & Johnson, 2011）。在一项包括九名学生的研究中，有五名超重或肥胖，他们被教授将装有特定分量（即四分之一杯、半杯、一杯或两杯干燥食物）的量杯与盘中相同数量的食物配对，反之亦然（即 AB 和 BA 训练）。他们还被教授将四个辅助测量物品（即高尔夫球、网球、棒球和垒球）中的一个与每个装有特定分量的量杯配对，反之亦然（即 BC 和 CB 训练）。图 19.26 说明了这些训练过程。在前测、后测和为期一周的维持与泛化测试中，当在参与者面前呈现装满食物的容器时，每名参与者被要求将一半食物移到盘子里。这个过程中没有出现任何提示、辅助工具或量杯。泛化测试中呈现的食物也没有在训练

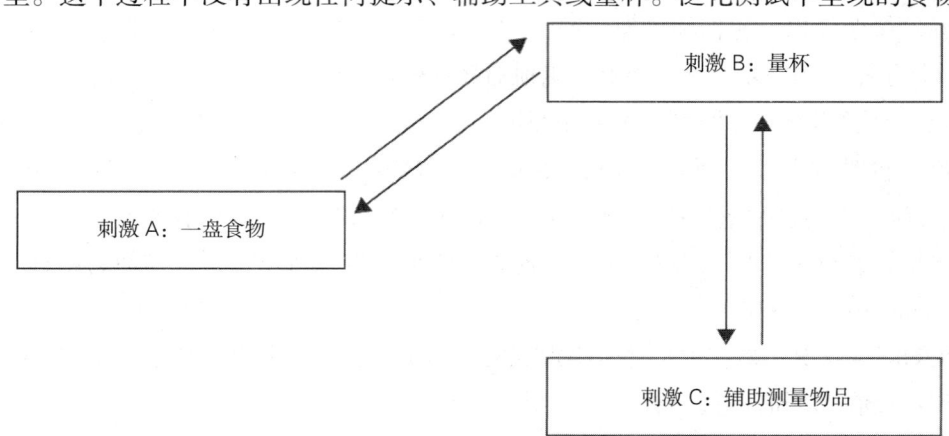

图 19.26 经过训练的条件型区辨的示意图

期间出现过。从训练前到训练后，九名参与者全部能够准确地估计分量的大小，其中七名参与者的情况改善在一周后得以维持。在泛化测试中，五名参与者可以准确估计至少一种新食物的分量大小。因此，一次简短的教学干预（50~90次尝试）就足以影响与健康饮食习惯相关的重要技能。当然，关于健康相关技能的EBI研究还需要进一步推进。

在大学教室里

在大学阶段的教学中，人们早已注意到以行为原理为基础的程序化教学技术所带来的益处（例如，Keller, 1968, 1982; Skinner, 1968），而现代技术只是增加了以更有效的方式提供课程内容的可行性。当然，很多大学课程或课程系列要求在进入高阶学习之前熟练掌握大量的基本事实和关系。遗憾的是，学生们往往采用死记硬背的学习方式（如闪卡），这使得他们并未真正地理解课程内容。相反，通过理解本章所讨论的问题，他们也许可以取得进步。在这种情况下，行为分析师理所当然地将以等价为基础的教学应用于大学的教学实践中，将教学方法的泛化性扩展到更为复杂的刺激集、久经考场的学生群体以及新的环境中。

关于这类问题，有一项早期研究（Fields et al., 2009）试图教心理学初学者学习双向方差分析中的统计交互作用的概念，很多这一层次的学习者在学习这一课题时面临很大的压力。模板配对训练为初学者建立了AB、BC和CD条件型区辨，图19.27展示了四组刺激，探测测试显示了四个类的出现，每个类有四个成员。每个类都包括描述某一特定统计交互作用的折线图、描述图中交互作用的文字、交互类型的标签以及定义交互类型的文字。四个类成员之间的可互换性（即无交互作用、交叉性交互作用、发散性交互作用和协同性交互作用）表明学生仅通过以EBI为基础的教学理解了统计概念。为了获得进一步的证据，在模板配对训练前后，学生用纸笔完成了相同交互类型的多项选择题测试，使用了新的折线图和图表描述。在完成90分钟的训练后，学生的测试分数有了明显的提高，从前测的平均50%提高到了后测的平均90%以上；所有学生都得到了相当于"A"或"B"等级的分数。因此，学生在训练中产生的理解可以泛化到新的例子中。相比之下，一组对照组的学生参加了两次测试，每次测试之间的间隔也是90分钟，但这一组没有接受EBI训练。对于这组学生来说，测试分数并没有因重复而发生变化，其中73%的学生得到了相当于"D"或"F"等级的分数。

菲纳普、科维和克里奇菲尔德（Fienup, Covey, & Critchfield, 2010）设计了一项EBI计划，它充分利用了类扩大或类合并的生成能力。这项研究中的课程内容是大脑结构和功能，这又是一个由大量相关事实组成的复杂课题。本科生志愿者接受了模板配对训练，训练中的刺激如图19.28的上半部分所示。研究者对每个训练阶段中所有潜在的传递性或等价关系进行了前测和后测。图19.28底部的虚线代表所有的测试关系，实线代表所有的训练关系。训练的第一阶段建立了AB和AC条件型区辨，并通过探测测试证明了4个三成员类的形成（即ABC类，每个类的三个成员包括大脑名称和对应脑叶的两个不同功能）。第二阶段的训练教授了AD和AE条件型区辨；同样，产生了4个三成员类（即ADF类，每个类的三个成员包括大脑名称、对应脑叶的位置和脑叶损伤造成的障碍）。研究者通过类合并/扩大的探测测试了每个类中刺激B、C、D和E之间可能出现的所有关系。总而言之，这项研究中的五成员类记录了80种不同的刺激关系，这是通过教授仅16种刺激子集生成的，这些课程仅花费了大约15分钟，不得不说，这极大地提高了教学效率。

EBI在大学课程中的应用似乎仅受限于教师的创造力。事实上，在很多不同学科中都使用了这种教学方法。统计学概念的学习是教学计划中的一个常见选择（例如，除了上文提到的，还有Albright, Reeve, Reeve, & Kisamore, 2015; Fienup, Hamelin, Reyes-Giordano, & Falcomata, 2011）。其他教学目标包括学习研

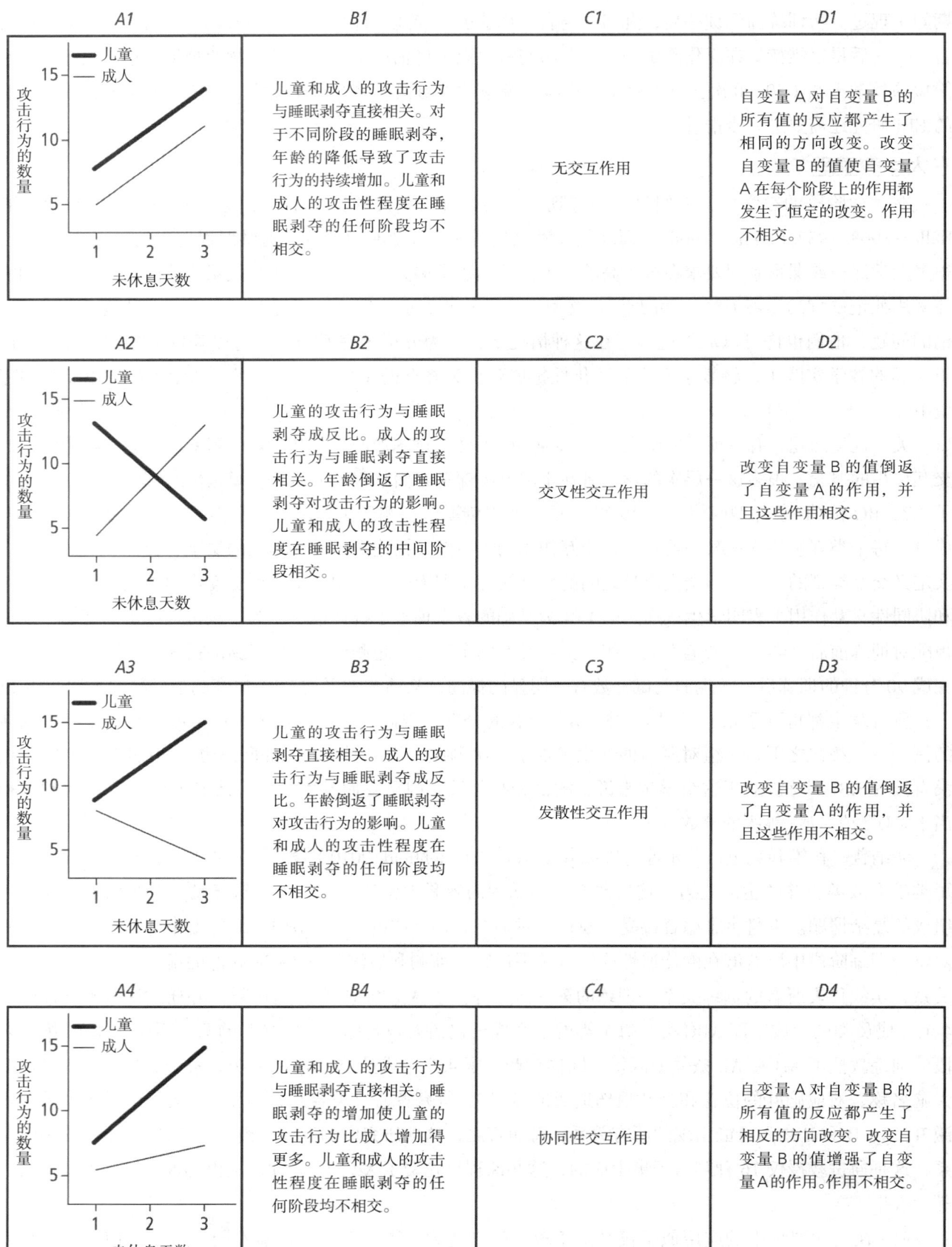

图 19.27 用于训练 AB、BC 和 CD 条件型区辨的刺激集。每列代表一个刺激集（A、B、C、D），每行代表一个潜在的等价类。

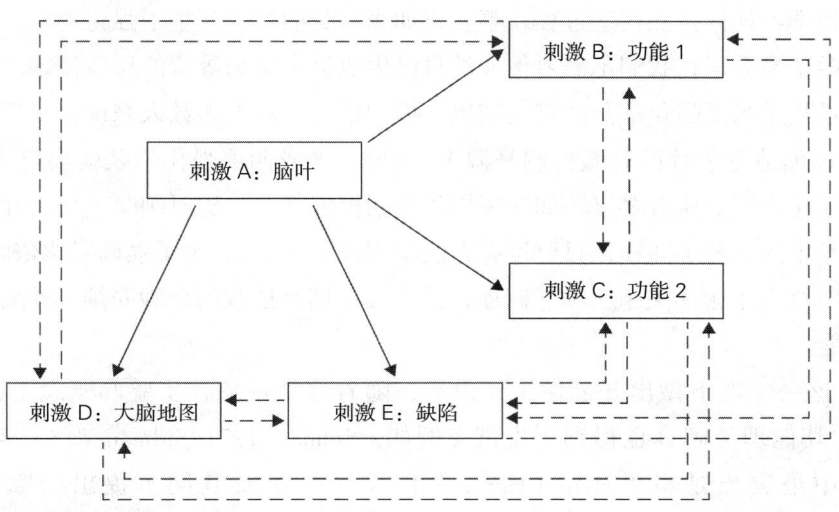

	第1组	第2组	第3组	第4组
A	大脑额叶	大脑枕叶	大脑顶叶	大脑颞叶
B	功能1：参与运动	功能1：参与感知视觉信息	功能1：参与感知触摸	功能1：参与听觉加工
C	功能2：参与高级认知功能	功能2：参与颜色和形状整合	功能2：参与感觉整合	功能2：参与记忆形成
D				
E	损伤导致冲动	损伤导致视力问题	损伤导致无法感知空间物体	损伤导致记忆和听力障碍

图19.28 图的上半部分显示了训练中使用的刺激；其中，每行代表一个刺激集（A、B、C、D、E），每列代表一个潜在的等价类。图的下半部分显示了所有经过训练的条件型区辨（实线箭头）和经过测试的条件型区辨（虚线箭头）。

引自 D. Fienup, D. Covey, & T. Critchfield (2010). Teaching Brain-behavior Relations Economically with Stimulus Equivalence Technology. 经约翰威立出版有限公司授权转载。

究设计中的概念（例如，Lovett, Rehfeldt, Garcia, & Dunning, 2011; Sella, Ribeiro, & White, 2014; Walker & Rehfeldt, 2012），学习障碍类别的诊断（Walker, Rehfeldt, & Ninness, 2010），以及学习精神药理学中的药物名称的分类（Zinn, Newland, & Ritchie, 2015）。这些研究都表明新兴模板配对关系产生的数量远远大于直接训练产生的数量，这已为我们带来了很高的教学效率，还有一些研究通过运用多种泛化测试再次显著地提高了这一效率。泛化测试包括探测没有经过训练的基于形态的反应（例如，口头命名刺激或写出答案；Albright et al., 2015; Sella et al., 2014），探测不同的呈现形式（例如，与传统课堂环境类似的多选项的纸笔测试；Albright et al., 2015; Critchfield & Fienup, 2010），呈现新的刺激（例如，Albright et al., 2015; Walker & Rehfeldt, 2012），以及使用追踪维持测试（例如，Albright et al., 2015; Walker & Rehfeldt, 2012）。

最后，除了从单个参与者水平的角度评估EBI的有效性外（如从前测到后测），有的研究还从团体上比较表现的改变。如上所述，菲尔茨等人（Fields et al., 2009）对接受训练的学生与未接受训练的学生进行了比较，发现经过训练的学生的表现更好。菲纳普和克里奇菲尔德（2011）对EBI组的结果与另外两组的结果进行了比较，那两组中的一组没有接受任何训练，另一组接受了所有可能关系的训练（所有可能的关系是指所有要训练的关系，以及在 EBI 组中用来做探测测试的那些关系）。研究结果表明，没有接受任何训练的学生表现较差；EBI 组和接受所有可能关系训练组的表现同样出色，但 EBI 组接受的训练关系数量明显更少。津恩等人（Zinn et al., 2015）将一组接受 EBI 训练的学生（EBI 组）与两个控制组进行对照和探测，这两个控制组接受的训练是 EBI 组里随机选择（而不是相互关联的）的子训练和子探测。其中一个控制组在训练的准确性标准方面与 EBI 条件相匹配，另一个控制组在训练尝试的数量方面与 EBI 条件相匹配。经过等价训练的一组（EBI 组）的探测表现明显优于非结构化教学组。洛维特等人（Lovett et al., 2011）将针对同一课题的一组接受 EBI 训练的学生与一组接受标准授课（以视频形式呈现）的学生进行了比较。结果显示两组学生的表现一样好。诚然，如果 EBI 要在大学的教学实践中产生更广泛的影响，进一步比较不同的教学形式将是未来研究的一个重要方向。

从替代理论方法到关系反应延伸的应用

西德曼（1994, 2000）的关于等价类形成的理论解释是，等价是一个基本的行为过程，类似于强化或区辨，个人不必刻意地学习如何按照这些过程行事。正如当自身的行为产生了强化物时，无须他人教我们频繁地做出回应，在西德曼看来，我们不需要他人教自己生成被定义为等价的反应模式。相反，从等价的角度看，基本的行为过程是当下强化依联的直接结果。换句话说，对大多数人来说，只要没有方法学特征的约束或干扰（如通过创造竞争性的刺激控制来源），设置三项或四项强化依联就会自动产生等价行为。此外，西德曼认为，强化依联的所有要素（如四项依联包括模板刺激、比对刺激、反应和后果）都可以在特定背景下充当等价类中的成员（同样，只要没有方法学问题的干扰）。为了强调强化依联是等价的基础，目前与 EBI 有关的文献强调了很多关于三项、四项，甚至五项训练依联的巧妙安排，并聚焦于这些依联如何使类的组成成为可能。

自西德曼在等价这一主题上做出开创性工作以来，随着这个现象在实验和概念上被不断探索和拓展，关于等价表现的其他理论解释也得到了发展（例如，Sidman, 1971; Sidman & Cresson, 1973; Sidman & Tailby, 1982）。其中最突出是霍恩和洛（Horne & Lowe, 1996）及其同事提出的赋名理论（naming theory）[1]，以及海斯、巴恩斯及其同事（例如，Hayes, Barnes-Holmes, & Roche, 2001）提出的关系框架理论（relational frame theory, RFT）。对这部分内容的完整介绍远远超出了本章的范围；感兴趣的读者可以阅读本章关于赋名理论的介绍，第 20 章将详细讲述以 RFT 为基础的研究。这一部分将对上述两种理论进行一些讨论，特别是从每种理论产生新兴（或衍生）行为的实践策略方面展开。随后，我们将为读者简要概述一些基于赋名和关系框架理论的代表性临床工作，为读者进一步开展应用行为分析方向的研究提供基础。

赋名理论和 RFT 的一个关键理论特征使之与西德曼（例如，2000）的理论区分开来。二者将新兴或衍生反应视为习得性行为，而不是强化依联的直接结果。换句话说，在特定的依联产生新兴表现之前，具体的学习历史是十分必要的。两个理论的训练历史的本质并不相同，这为接下来阐述它们在临床应用方法上的差异奠定了基础。不过，就这两个理论来说，应用的重点都放在了会产生泛化类或**高阶操作类**（higher-order operant class）的训练上。高阶操作是以前提与反应之间的一般关系定义的，而不是以具体刺激和反应定义的，并且任何特定的前提控制实例也只被当作较为一般的关系中的例子（例如，Catania, 1998）。泛化模仿被认为是高阶操作的经典例子（例如，Catania, 1998; Dinsmoor, 1995）。模仿通常被视为示范者动作与观察者动作之间的对应关系，而不是任何具体的示范动作或反应，模仿技能库被泛化是指它包

---

[1] 译注：赋名理论（naming theory）中的 "naming" 与 "tact" 都是 "命名" 的意思，但为区分两者，我们将 "naming" 译为 "赋名"，即 "赋予名字"；而 "tact"，我们遵循斯金纳语言行为的常用译法，称之为 "命名"。

括未经直接教授的、新的对应的行为。为了更好地说明高阶操作这一概念的核心作用，提要求（Catania, 1998; Skinner, 1957）和跟随指令（例如，Catania, 1998）也被当作高阶操作类的例子。创建高阶操作需要教授很多范例或进行多范例训练。例如，当在儿童面前呈现一系列不同的模仿动作时，儿童的行为在每个模仿动作下会被最大限度地塑造和强化。在教授了很多这样的对应关系后，儿童在看到新的模仿动作时就会表现出恰当的近似动作（例如，Baer, Peterson, & Sherman, 1967; Poulson, Kymissis, Reeve, Andreatos, & Reeve, 1991）。赋名和关系框架同样被视为高阶操作，二者通过很多具体范例的训练被创建，最终获得有区辨反应的更大泛化类。

赋名理论

有人建议将赋名理论（Horne & Lowe, 1996）视为高阶操作的技术术语，即个体对特定的物品或事件从事双向的说者和听者行为。例如，一名儿童看到了一双鞋，命名"鞋"（外显或内隐地），听到了自己说"鞋"，然后表现出听到自己说"鞋"而产生的听者行为——也许是朝向鞋或把脚放进鞋里。用技术术语来说，这样的完整循环满足了赋名的必要条件，而赋名被视为语言行为的基本单位。为了建立赋名操作，需要直接教授循环里的每个成分（如听者反应、命名反应）（例如，Horne et al., 2004; Lowe, Horne, Harris, & Randle, 2002），还需要教授很多不同的刺激或例子（如鞋、玩偶、狗）。一旦完全建立起来，就可以从循环中的任意一点发起（看到鞋然后说"鞋"，或听到"鞋"然后寻找鞋，这就满足了定义中所说的双向维度），而获得新的赋名实例只需要教授循环中的某一个成分（如教儿童听到新名字后选择新玩具就足以产生完整的赋名关系）。图19.29说明了看到任何不同的鞋时都可能引发说出"鞋"的行为，而听到"鞋"可能会引发对若干不同的鞋的听者反应，而这又会引发说出"鞋"这个语言行为，等等。因此，这里的赋名被视为分类，也就是将任意两个或多个具有相同名称的物品或事件一致对待；它们会引发相同的命名，从而引发相同的听者行为（例如，Horne, Hughes, & Lowe, 2006; Lowe, Horne, & Hughes, 2005）。人们认为赋名就是通过这种方式引发分类、等价表现和各种形式的功能转移（Horne & Lowe, 1996）。

当然，到目前为止，本章描述的大部分EBI计划都涉及名称（例如，Sidman, 1971; Sidman & Cresson, 1973），无论是作为听觉模板、书写模板或比对刺激，还是作为反应呈现，都得到了清楚的数据，提供刺激名称可以促进等价类的形成（例如，Randell & Remington, 1999, 2013; Sprinkle & Miguel, 2012）。这些发现与赋名理论是一致的，与西德曼的理论立场也是一致的，即强化依联中的任何一项，包括类一致的反应（如某一反应的名称），都可以成为等价类的成员。赋名理论中更独特的应用是试图通过针对构成完整赋名单位的每个独立成分的训练程序来生成新兴表现。确实，有研究者开发出了完善的教学流程来教授所涉及的听者和说者技能（例如，Horne & Lowe, 2000; Miguel & Petursdottir, 2009）。幼儿或智力障碍儿童是这些应用程序的主要使用者，这不足为奇，因为高阶的赋名技能尚不在他们的技能库中。

为了说明这一点，有两项研究比较了听者训练和命名训练对涉及母语单词和第二语言单词的交互式语言反应出现的影响（Petursdottir & Haflidadottir, 2009; Petursdottir, Olafsdottir, & Aradottir, 2008）。一共有六名五岁的典型发育儿童参与了这项研究。刺激包括彩色照片、冰岛语单词以及其他语言（西班牙语或意大利语）中的相应单词。儿童在基线期内可用冰岛语命名每张照片，并且每名儿童都接受了两套刺激集的训练。其中两名儿童只接受了命名训练，两名儿童只接受了听者训练，还有两名儿童接受了不同刺激集的每个形式的训练。命名训练包括呈现一张图片并教授儿童用第二语言进行口语命名。听者训练包括呈现三张图片并用第二语言发指令教授儿童选择正确的图片。前测与后测都用冰岛语呈现单词，并要求儿童说出该单词的第二语言名称，反之亦然。在整个研究中，两种形式的训练导致了从前测到后测的显著改善，其中，命名训练在新兴交互式语言上产生了最大的改善（也可参看May, Downs, Marchant, & Dymond, 2016）。

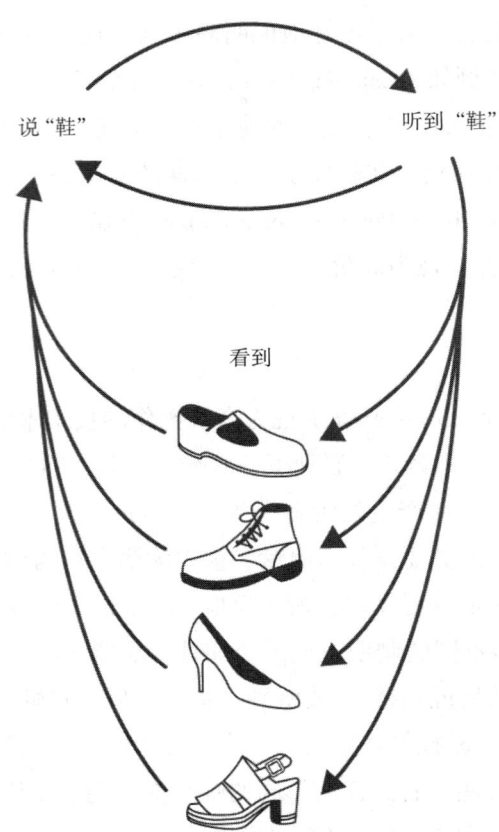

图 19.29 赋名关系的示意图,其中听到"鞋"会引发听者反应(如朝向任意不同的鞋),这反过来又会引发命名"鞋"这个语言行为。赋名单位可从循环中的任意一点发起。

引自 P. J. Horne & C. F. Lowe (1996). On the Origins of Naming and Other Symbolic Behavior. 经约翰威立出版有限公司授权转载。

在一项针对两名五岁孤独症儿童的研究中也得到了类似的结果(Grannan & Rehfeldt, 2012),该研究通过前测和后测测试儿童的交互式语言,要求儿童给出某一类别(如身体部位或车辆)成员的名称。尽管在前测中无正确反应,但在接受听者和命名训练后,儿童的交互式语言技能有了实质性的改善。

还有其他的研究评估过听者训练(Kobari-Wright & Miguel, 2014)和命名训练(Miguel & Kobari-Wright, 2013)对孤独症幼儿的分类技能的影响,这一技能是很多为这一群体设计的课程的常见目标,而且经常需要额外的训练。该研究使用的训练刺激是九张卡片,描绘了三种狗(即猎犬、玩具狗和牧羊犬),每种各三个例子。在分类测试的每次尝试中,将一种类别的一张图片当作一个模板刺激,搭配另外三张图片作为比对刺激,其中一张来自同一类别,另外两张来自不同类别。训练前和训练后分别对儿童进行两次分类测试,训练前和训练后的第二次测试还要求儿童在比对刺激呈现前先命名模板刺激。在前测中,分类的准确性约等于偶然水平,儿童随后接受全部的九张卡片的训练。每名儿童都接受了两种训练,一种是听者训练,即当给出类别名称时,儿童学习从三个比对刺激中选择正确的图片,另一种是命名训练,即当呈现图片时教儿童说出该类别名称,或者,如有必要,两种结合起来进行。在接受听者训练的四名儿童中,有三名儿童在分类测试和训练后的命名测试中展现出了近乎完美的新兴表现。然而,第四名儿童在命名反应和分类技能上均没有改善,不过,在给这名儿童增加了命名训练后,其测试的准确性堪称完美。先接受命名训练的两名儿童都表现出了准确的听者行为,在分类测试中也表现出色,尤其是当每次尝试中都要求对模板进行命名时。总体来说,这些数据表明,学会主动命名可能对这些群体的准确分类非常重要,而且对一些儿童来说,仅靠听者训练是不足以产生命名技能的。在一项针对两名有中度智力障碍和发声技能库极其有限的年轻男性的研究中,研究者得到了类似的结果(Ribeiro, Elias, & Goyos, 2010),他们的目标技能是手势的使用。在听者训练期间,研究者剪辑了六个手势中的每个手势的视频片段作为模板刺激呈现,并在每次尝试中呈现三个图片比对(AB 训练)。训练结束后,两名男性用同样的手势展示了新兴手势(命名)和新兴提要求行为。

总体来说,这里描述的研究说明了一种在赋名理论的前提下产生新异行为的方法。对于某些参与者来说,教授赋名单位的关键成分(如听者行为、命名)可以有效地生成符号化关系、类和分类的技能库。

关系框架理论

在关系框架理论中,构架(framing)被视为关键的高阶操作,其特征是依据一种刺激来回应另一种刺激(Hayes et al., 2001)。RFT 强调,我们在生活中学习了很多不同类型的关系(如大于、与之相反、不同于),每种关系都可以被视为一个框架,因为任何一对刺激都可以在框架中发挥作用。因此,等价只是众多框架中的一个[在 RFT 术语中被称作协调框架(frame of coordination)],虽然它无疑是框架中的一个早期的、重要的理论。如前所述,构架是行为,它必须被教授。多范例训练被视为构架学习的基础。一个经典的例子是,妈妈通过跟孩子一起看图画书来教授对称性。妈妈指着书中的一只狗的图片,说"狗",然后问:"狗在哪里?"——塑造、辅助和强化儿童用手指点指正确的图片。这种类似的互动还可以在对很多不同图片的观看中开展,直接训练儿童对不同图片的对称性反应。实施多范例训练有助于儿童学习名称与图片之间的双向关系的抽象性质,然后这种关系就可以被应用于新的例子,而不需要更多的塑造,用 RFT 术语来说,就是展现出了新兴的或衍生的关系的形成。因此,将一个表现描述为衍生的行为,意味着行动者本身做出了积极反应——从过往的经验范例中获得了相关的或框架性的反应。在很多框架的自然获得中,早期的范例很可能是以物理外形上的真实差异为特征的。例如,"大于"训练的初始范例很可能涉及成对的刺激,其中一个刺激在外形上比另一个刺激大。但是,一旦掌握了"大于"这个抽象关系的概念,我们就可以将其应用于新的刺激对,包括物理大小并不重要的那些刺激对。例如,在被告知 7 比 5 大,或一角比五分值钱后,学习者可以做出恰当的反应。

我们的世界中存在着很多潜在关系,RFT 为关键的构架属性引入了通用术语。这些术语包括相互蕴含(例如,如果 A 大于 B,则 B 小于 A;在等价关系中,对称性是相互蕴含的一个例子)、组合蕴含(combinatorial entailment,例如,如果 A 大于 B,B 大于 C,则 A 大于 C,C 小于 A;在等价关系中,传递性是组合蕴含的一个例子),以及功能转换(例如,如果 A 大于 B,并且 B 很好,那么 A 会更好;在等价关系中,在一个类中将完全相同的功能从一个刺激转移到另一种刺激是功能转换的一个例子)。此外,在特定数量的潜在关系中,RFT 强调了情境刺激的关键作用,以准确说明在任何特定情况下应该使用哪种关系。RFT 认为,在适当的训练历史和适当的背景下,框架可以被组合到虚拟的无限网络中,从而产生日益复杂的衍生表现。因此,框架被视为基本的行为单位,不仅仅是语言,也是人类所有复杂的认知功能的基本单位。实际上,从概念上讲,RFT 与各领域紧密相关,包括幼儿获得基本关系(如相反、不同)、宗教和灵性(例如,Barnes-Holmes, Hayes, & Gregg, 2001),以及成人心理病理学及其治疗(尤其是运用接纳与承诺疗法;例如,Hayes, Luoma, Bond, Masuda, & Lissis, 2006; Wilson, Hayes, Gregg, & Zettle, 2001)。

与理论广度一致的是,RFT 在临床应用上也涉及广泛的目标技能和参与者群体。这里列举的几个例子足以说明多范例训练和新兴关系表现的重点,而不仅仅是等价。(RFT 程序可能比目前为止描述的很多程序更为复杂,因为它通常针对多个关系。)一项早期的 RFT 应用研究(Berens & Hayes, 2007)探讨了多范例训练是否可以为四名 3~4 岁的典型发育女孩建立比较框架(大于和小于),她们在该框架中的前测分数较低。在每个测试或训练尝试中,研究者呈现两张或三张图片(如一个笑脸的图片、一道闪电的图片和一颗心的图片），并教授儿童刺激之间的比较关系。例如，当呈现两张图片时，研究者告诉儿童："这个（指向笑脸图片）比那个（指向闪电图片）大。"儿童随后被问道："你将用哪个买糖果？"在训练开始之前（即前测）和实施各个阶段的多范例训练之后，研究者都要用三种不同的刺激对儿童进行探测。所有的训练都是在单个刺激集中进行的。在第一个训练阶段，研究者使用相同的两张图片教授"大于"关系，而被设定为"大于"另一张图片的那一张在每次尝试中都不相同（即在一次尝试中 A 可能大于 B，在下一次尝试中 B 大于 A）。正确回答糖果—购买的问题在重复尝试中被强化。因此，训练提供了"大于"关系的多范例，并要求通过情境刺激（"大于"）和具体指令对目标行为进行控制，这与通过实际刺激的物理外形对目标行为进行控制相反。在接下来的训练阶段，儿童在双刺激尝试中继续学习"小于"关系，在三刺激尝试中学习"大于"和"小于"关系，在同一次尝试中同时学习"大于"和"小于"关系（例如，"A 大于 B，且 C 小于 B"）。在掌握了所有阶段的教学内容后，四名女孩通过新的刺激集表现出了新兴的比较关系。在大多数情况下，研究者使用在训练中没有使用过的尝试对儿童进行探测，儿童在测试中进一步表现出了准确性。也就是说，在经过两张图片的尝试训练后，她们在三张图片的尝试上的表现明显提高了，在分别教授了"大于"和"小于"关系后，她们在混合关系尝试上的表现也提高了。总之，多范例训练成功地产生了新兴表现，并且可以在很多不同的刺激对和不同的测试安排中泛化。

类似的方法还被用于教授孤独症幼儿建立关于"多"或"少"的新兴提要求行为（Murphy & Barnes-Holmes, 2009; Murphy, Barnes-Holmes, & Barnes-Holmes, 2005），以及教授儿童在第二语言中生成衍生命名（Rosales, Rehfeldt, & Lovett, 2011）。以后一种情况为例，研究者教授 3~4 岁讲西班牙语的儿童，当呈现英文名称时，教他们选择与之对应的图片（即听者训练）。如果这无法使儿童学会用英语命名，那么就用多个新单词进行额外的听者训练，然后用相同的单词开展命名训练。这样做的结果是，在仅进行听者训练后，儿童在原单词产生新兴命名方面有了实质性的改善，并有证据表明命名在一个月后继续维持。这些结果证明了多范例方法在语言训练计划中的价值，而泛化或高阶反应在语言训练中尤其重要。其他关于多范例训练的有趣研究试图在典型发育儿童和孤独症儿童中建立泛化的观点采择（perspective-taking）技能（例如，Barnes-Holmes, McHugh, & Barnes-Holmes, 2004; Heagle & Rehfeldt, 2006）。在学习了每种关系的多个例子之后，儿童学会了正确的衍生反应，会使用新的关系范例表达"我"与"你"，"这里"与"那里"，以及"现在"与"那时"（Heagle & Rehfeldt, 2006），所有这些都被认为是观点采择的关键成分，它们对更复杂的推理和社交技能而言必不可少（Barnes-Holmes, Hayes, Dymond, & O'Hara, 2001）。事实上，有研究报告称，对四个框架（相同、相反、更多和更少）进行密集的多范例训练后，15 名 11~12 岁的典型发育儿童在韦氏儿童智力量表（Wechsler Intelligence Scale for Children, WISC IV, 第 4 版）上的得分［一种常见的智商（IQ）测量方法］提高了，30 名 15~17 岁的典型发育儿童在区分能力倾向测验（Differential Aptitude Test, 第 5 版）上的得分也提高了（Cassidy, Roche, Colbert, Steward, & Gray, 2016），毫无疑问，这一有趣的发现值得进一步的研究。

对于成年参与者，运用多范例训练方法教授大学生（例如，Ninness et al., 2005）复杂的数学技能也是相当有效的（将数学公式的标准表达与因式分解表达相互匹配，并与这一数学公式的图像表达相互匹配），其中情境刺激（Ninness et al., 2006）和多种框架的作用（相同和相反；Ninness et al., 2009）已得到证实。当然，这些结果丰富了关于以等价为基础的教学的研究，并为更高效地教授大学的课程内容提供了重要参考。

在另一项研究计划中，使用多范例训练改变病态赌徒过度沉迷娱乐活动的行为（例如，Dixon & Holton, 2009; Hoon, Dymond, Jackson, & Dixon, 2007, 2008; Zlomke & Dixon, 2006）。为了说明这一点，五名

病态赌徒完成了延迟折扣（delay discounting）测试，在这个测试中，他们需要在当前能得到的钱和在未来某个时间能得到的钱之间做出一系列选择（例如，在今天得到 500 美元和 12 周后得到 700 美元之间进行选择）。过去的研究已经建立了折扣任务（discounting task）的稳定的可靠性（例如，Lagorio & Madden, 2005），并表明，与非赌徒相比，延迟后果对赌徒的价值更低；也就是说，赌徒表现出了更高程度的折扣（例如，Dixon, Jacobs, & Sanders, 2006）。在该研究中，金额小但较早得到钱的选择以紫色呈现；金额大但较晚得到钱的选择以粉色呈现。然后开展模板配对的多范例训练，如下所示：在每个训练尝试中，粉色或紫色方块作为情境刺激呈现，然后展示一个模板刺激以及刺激集 A 中的三个比对刺激，如图 19.30 所示。当呈现紫色情境时，选择比模板"更差"的比对刺激会得到强化物（例如，如果 C+ 作为模板刺激，选择 D– 而不是 B– 或 A）；当呈现粉色情境时，选择比模板刺激"更好"的比对刺激会得到强化物（例如，如果 C– 作为模板刺激，选择 B– 而不是 D– 或 F）。接下来，使用来自刺激集 A、B 和 C 中的刺激进行训练（即进行多范例训练），然后呈现没有后果的刺激集 A 至 F 的尝试，用新异刺激评估对情境刺激的控制。测试表现证明，紫色情境控制了选择"更差"的比对刺激，而粉红情境控制了选择"更好"的比对刺激。当折扣任务在后测中重复进行时，五名参与者全都在折扣上表现出了实质性的变化，例如，选择紫色所代表的金额小但较早得到钱的选项的频率远远低于前测。简而言之，简单的刺激提示大大改变了原本很稳定的折扣结果，其功能是通过一个简单的多范例教学程序和"更好"和"更差"的关系框架建立的。这些结果对针对这些临床人群的评估以及可能的干预的发展具有重要影响，也值得深入研究。

	训练的和测试的刺激			测试的和新异的刺激		
	A	B	C	D	E	F
1	字母等级 F	还好	$5	取消资格	低于平均智商	$1
2	字母等级 D–	好	$10	最后一名	平均智商	$5
3	字母等级 C+	很好	$20	第十名	高于平均智商	$20
4	字母等级 B–	非常好	$50	第二名	非常聪明	$50
5	字母等级 A	特别好	$75	第一名	天才	$100

图 19.30　多范例条件型区辨训练中使用的刺激集

引自 M. R. Dixon & B. Holton (2009). Altering the Magnitude of Delay Discounting by Pathological Gamblers. 经约翰威立出版有限公司授权转载。

总体来说，这一部分描述的研究强调了生成新的符号化行为的方法，该方法反映了关系框架理论的原理。大量证据表明，多范例训练有助于建立多种泛化的或高阶形式的反应，这有助于生成复杂的符号化技能。

结束语

本章介绍了以等价为基础的教学，这是应用行为分析研究和实践中最令人兴奋的方向之一。确实，等价方法具有强大的生成性，这已在不同的参与者群体、程序、情境和刺激集中被反复证明，引起了实务工作者、应用科学家、基础实验室科学家和概念理论家的关注，并确保行为分析特有的科研转化工作持续推进。目前的研究模式表明，随着科学家学会将最成功的项目的关键特征结合起来，更有效、更高效的等价流程会持续出现。毫无疑问，本章中描述和回顾的研究，从 EBI 方法可能实现的功能这个意义上说，只能代表冰山一角。

摘要

研究基础与核心概念

1. 刺激等价描述了一种用于理解和建立符号功能的行为分析方法。人们对等价现象的研究兴趣可以追溯到西德曼（1971; Sidman & Cresson, 1973）在阅读理解方面的早期研究。

2. 等价研究中经常使用任意模板配对程序来教授必要的基线表现并测试新兴（或未经训练的）表现。任意模板配对训练涉及具有不同物理外形刺激的回合尝试四项依联安排。测试从呈现模板刺激（如 A1 或 A2）开始；对模板刺激的观察反应会产生两个或更多个比对刺激（如 B1 和 B2）。选择模板刺激指定的正确比对刺激的行为会得到强化物，而选择任何其他的比对刺激则不会。任意模板配对训练会产生条件型区辨，其中比对刺激之间的区辨取决于所呈现的模板刺激（例如，呈现模板 A1，选择 B1；呈现模板 A2，选择 B2）。

3. 在教授了两个相互关联的条件型区辨（如 AB 和 BC）之后，会使用探测尝试来测试是否出现定义等价的未经训练的关系。探测尝试没有程序化后果；因此，这些尝试类型的一致反应模式被描述为新兴的或衍生的。关键探测类型包括：

- 反身性测试，即对所有训练刺激或 AA、BB 和 CC 进行泛化型同一配对测试；在数学集合论中，反身性被定义为 A=A。
- 对称性测试，即对模板和比对功能的可逆性或 BA 和 CB 的可逆性进行测试；在数学集合论中，对称性被定义为：如果 A=B，则 B=A。
- 传递性测试，即对训练期间从未同时出现过的刺激关系进行测试，该刺激关系与节点刺激有经过训练的关系或 AC 关系；在数学集合论中，传递性被定义为：如果 A=B，B=C，则 A=C。
- 组合或等价测试，即同时评估对称性和传递性或 CA。

4. 所有探测类型的正向结果都表明了一组特定刺激之间的可互换性，并得出了等价类形成的结论。也就是说，对反身性、对称性和传递性或等价尝试的反应显示了类中的任何成员都可以有效地作为模板或与任何其他成员进行比对的刺激。等价类由所有这些可互换的刺激组成（在这个例子中，如 A、B 和 C）。

5. 等价结果之所以重要，是因为：

- 很多刺激关系在仅教授少量内容后就会生成（即产生了令人印象深刻的"实惠"效果）。这种生成性对于行为的应用具有极其重要的意义。
- 等价的定义标准为符号功能提供了一个令人信服的操作性定义，并使我们对一系列复杂人类表现（如分类、语义对应、创造力）的行为分析成为可能。

6. 有关刺激等价的文献的特征在于一种真正的转化方法。我们对等价的理解和应用上的精进来自基础实验室研究、应用行为分析和概念发展之间必要且持续的相互作用。

7. 等价方法的几个关键成果为 EBI 计划的有效性做出了重要贡献。包括：
- 类形成——通常的测量是，在每一种定义的尝试类型上，做出与等价一致的比对选择在探测尝试中所占的百分比。这一量数经常在前测、训练、后测设计或跨刺激集的多基线实验设计中被用来进行比较。
- 延迟新兴——一种相对常见的现象，等价表现随着对其进行反复测试而逐渐增强。
- 类扩大——将一个已建立的等价类规模扩大，以加入一个或多个成员。类扩大常常通过教授新异刺激与已建立的类成员之间的新关系得以实现。新异刺激与已建立的类中的其他成员之间的新兴关系则通过类扩大得以验证。
- 类合并——合并独立等价类，进而建立一个更大的类。类合并常常通过教授将要合并的各独立类中的成员之间的新关系得以实现。类合并通过来自原独立类的其他刺激之间建立的新兴关系得以验证。
- 功能转移——教授已建立的等价类中的某个成员新功能会导致该类中的所有其他成员拥有相同的功能。
- 情境控制——刺激控制需要三个层次的前提刺激，这种条件型区辨中的刺激的功能会因情境的变化而变化。情境控制训练需要五项依联。根据情境的变化，它会使相同刺激成为多个等价类的成员。

设计以等价为基础的教学

8. 很多程序变量在成功生成等价类和防止产生有问题的刺激控制模式（该模式有可能与证明类形成产生竞争）方面具有重要作用。在做出有关训练和测试程序的决策时，需要考虑这些变量。

9. 计划模板配对的训练程序时，关键决策包括使用的刺激的数量和类型、刺激呈现的方式、观察反应包含的内容及其类型、指令的内容、平衡呈现尝试的方法、特殊训练步骤的必要性、训练结构的类型、训练步骤的掌握标准以及训练尝试的后果安排。

10. 计划测试流程时，关键决策包括探测—尝试组的组成、探测—尝试组的后果安排、探测—尝试呈现的顺序以及用于判断类形成的标准。

11. 除了标准的模板配对训练和测试方法可以形成等价，还有几种有效的程序变体已被认定对特定人群或特定 EBI 目标是有用的。这些包括：
- 刺激复合物——当一个包含两部分的刺激（如一张书写单词卡片与一张图片一起呈现）作为模板刺激在模板配对教学程序中呈现时，例如，复合物中的每个元素可以充当等价类中的独立成员，通过增加特定数量的训练扩大该类的规模。
- 特定类强化——根据前提预期类的功能为区辨反应提供独特的强化物（例如，在模板配对训练中，呈现 A1 选择 B1 将产生强化物 1，呈现 A2 选择 B2 将产生强化物 2）。特定类强化物可以充当等价类中的成员，通过增加特定数量的训练再次扩大类的规模。
- 三项依联训练——对一些学习者来说，简单区辨训练比条件型区辨训练更容易掌握，而且可以产生等价类形成。

应用与泛化性

12. 等价结果的泛化性已经通过 EBI 在不同人群、情境和教学目标上的创造性应用而得到反复证实和扩展。

13. EBI 应用的最大群体是智力障碍儿童和成人以及典型发育幼儿。教学目标包括语言和数字技能以及其他类型的功能性技能（如音乐、学业内容、盲文阅读）。

14. 针对成年临床人群的重要研究包括受脑损伤影响的与健康相关的行为和技能；老年学领域也是正

在探索的领域之一。

15. 聚焦于大学课程内容的以等价为基础的教学已经在很多学科和授课模式上取得了可喜的结果。

从替代理论方法到关系反应延伸的应用

16. 赋名理论和关系框架理论（RFT）为新异关系反应提供了不同的解释依据。二者都强调，新异反应是由特殊的学习历史产生的，而不是强化依联的直接结果（如西德曼的观点）。但是，赋名理论和 RFT 在所要求的学习历史的性质上是不同的。这些不同引起了生成新兴反应或衍生反应的独特应用程序。

17. 在赋名理论中，赋名是一个技术术语，用于描述说者和听者行为的双向高阶单位；该单位被认为会引发各种形式的分类，包括等价表现。从这个角度来看，旨在发展等价的应用程序包括针对赋名成分的教学——听者行为和命名。对于缺乏这些技能的参与者，针对这方面进行直接训练可以有效地产生有关类和类别的反应模式。

18. RFT 是重要的高阶操作，它根据一种刺激来构架或回应另一种刺激。它是通过教授很多特定关系的不同范例来建立的，该特定关系通过恰当背景被提取，随后被应用于新的关系中。RFT 所强调的等价只是我们通过这种方式学习的很多关系中的一个例子。从这个角度来看，多范例训练的应用程序是发展新异或衍生关系反应的关键教学方法。这一系列例子为生成泛化反应模式提供了证据，这种模式有助于生成复杂的符号化技能。

第20章　以非等价关系设计新兴学习

托马斯·S.克里奇菲尔德和露丝·安妮·雷费尔特

关键词

接纳与承诺疗法（acceptance and commitment therapy）
任意应用的关系反应（arbitrarily applicable relational responding）
任意关系（arbitrary relations）
行为僵化（behavioral inflexibility）
直证关系（deictic relations）
因果关系（causal relations）
情境刺激（contextual stimulus）
组合蕴含（combinatorial entailment）
衍生关系（derived relations）
区分关系（distinction relations）
阶层关系（hierarchical relations）
多范例训练（multiple-exemplar training）
相互蕴含（mutual entailment）
非等价关系（nonequivalence relations）
观点移动（perspective shifting）
关系框架理论（relational frame theory）
关系框架（relational frame）
规则掌控的行为（rule-governed behavior）
空间关系（spatial relations）
功能转换（transformation of function）
时间关系（temporal relations）

➡ 本章作者感谢布赖恩·罗奇（Bryan Roche）、丹·菲纳普（Dan Fienup）和丹尼尔·阿萨斯（Daniel Assaz）对本章的草稿所提供的有益的反馈。

➡ 本章由何舜瑶翻译。

行为分析师认证委员会 BCBA/BCaBA 任务清单（第 5 版）
第一部分：基础
B. 概念和原理
B-10 定义刺激控制并举例。 B-15 定义衍生刺激关系并举例。
第二部分：应用
G. 行为改变程序
G-10 教授简单区辨和条件型区辨。 G-12 实施以等价为基础的教学。 G-21 使用程序促进刺激和反应泛化。

©2017 The Behavior Analyst Certification Board, Inc.,® (BACB®). 保留所有权利。本文件的当前版本可在 www.bacb.com 网站查阅。如需转载、复制或分发本文件，或有疑问，请直接联系行为分析师认证委员会。经授权使用。

第 19 章介绍了等价（"相同"）关系[1]如何发挥作用，以及如何利用它们来生成有价值的新的学习。但是，在刺激可以象征性地、行为性地相互关联的众多方式中，等价只是其中的一种。**非等价关系**——那些基于"相同"以外的原因在某种程度上与刺激相关的关系——是人们如何理解周围世界并在其中有效发挥作用的重要组成部分。因此，我们认为，每个行为分析师都需要对刺激关系的一般概念和非等价关系的特定领域有扎实的理解和掌握（例如，Critchfield, 2018; Critchfield, Barnes-Holmes, & Dougher, 2018）。

我们对非等价关系的讨论旨在补充第 19 章中关于等价关系的讨论。要正确理解非等价关系，通常要以刺激关系为基础。通过掌握等价关系的概念基础和用于建立等价关系的程序，你将从本章中受益，做好准备吧。

本章分为六个部分。第一部分大致说明了什么是非等价关系以及它们为何重要。第二部分介绍了有关非等价关系和与之相关的现象的基本词汇。这是必要的，因为与等价关系有关的词汇并非总是足以描述非等价关系。第三部分描述了非等价关系的选择类型，并说明了它们的日常重要性。第四部分介绍了与非等价关系有关的关键理论概念。第五部分讨论了非等价关系在心理建设全貌中的角色，在现实世界中，这往往是人们所感兴趣的。第六部分说明了衍生刺激关系（包括非等价关系）如何以与应用行为分析中的典型方法完全不同的方式为增强总体幸福感提供基础。

虽然本章强调将非等价关系纳入应用干预措施的很多机会，但出于两个原因，我们会很少谈及实施的实际策略。第一，由于感兴趣的行为技能库可能很复杂，因此，创建它们的过程通常也很复杂。在开发教授非等价关系的规程（protocols）之前，感兴趣的学生可能需要消化其他数据源所提供的细节（例如，Rehfeldt & Barnes-Holmes, 2009）。但是，这样做需要具备在实践中发展出来的概念技能。关于衍生刺激关系的思考是一个复杂的逻辑过程，并不是很多人自然而然就能想到的，本章将对这一过程进行介绍。第二，在第 19 章中讨论的建立等价关系的机制，在很多方面也适用于非等价关系的构建（例如，Luciano et al., 2009）。例如，二者都依赖于直接教授由重叠条件型区辨组成的基线关系。在这两种情况下，必须先学习基线关系，然后再建立未教授的关系，并且具有共享成员的两个刺激类可以合并以形成更大的类，以

---

1 按照传统，我们将使用刺激关系这一术语作为各种"相关方式"的简写（Reese, 1968; 也可参看 Critchfield, Barnes-Holmes, & Dougher, 2018）。但是，这个术语有点用词不当。刺激关系实际上是一种行为关系，是个体对刺激组的反应方式。

此类推。第 19 章是获取这些基础知识的指南，本章在此基础上扩大了可能成为干预重点的衍生刺激关系的范围。

什么是非等价关系？它们为何重要？

为了解释非等价关系，我们将从第 19 章中的一个一般观点展开：大多数刺激关系是**任意关系**（Hayes, Fox, et al., 2001），刺激"走到一起"并不是因为它们在物理上完全相同，也不是依循宇宙定律的结果，而是因为社交语言强化依联教授人们以某种方式将它们联系起来。以图 19.7 中的例子为基础，没有固有的理由必须将可用于交换商品和服务的代币称作 10 美分，将其称作银色金属片或将其值表示为"10 ¢"。人们任意创造了这些符号以及它们之间的关系（如图 19.7 中的等价类）。例如，如果代币是一团粉红色的盐，并被称作犰狳，那么图 19.7 中的等价类看上去会有所不同，但功能是相同的。

因为刺激之间的关系是任意的，所以可能的关系的多样性仅受人类的技能库和经验的限制。人们创造各种符号，并设计出很多不同的方式进行比较和对比。他们如何做到这一点是他们如何了解世界的一个核心特征，因为世界的每一部分都通过一个人体验与之相连的世界的其他部分来赋予含义。想一想啤酒一词，它是一个特定饮料的任意印刷符号。啤酒的行为功能多种多样。为了弄清楚这一点，请回答以下问题，思考啤酒对你的意义（改编自 Barnes-Holmes, Hayes, Dymond, & O'Hora, 2001）。

- 啤酒的别称是什么？
- 啤酒的属性是什么？
- 啤酒由什么组成？
- 啤酒与什么类似？
- 在哪里可以找到啤酒？
- 啤酒与什么不同？
- 啤酒是什么事物的一个例子？
- 啤酒包括什么？
- 啤酒比什么更好？
- 啤酒有什么用？
- 喝啤酒之前发生了什么？

请注意，对于所有这些问题，都需要做出积极反应。你对啤酒的了解，在你对它的反应中就能明显地看出来。还要注意一点，所有必需的反应都涉及将目标词与其他词相关联。啤酒的行为功能是人们与之相关的事物所固有的。

图 20.1 提供了啤酒问题的一些示例答案。由此生成的图表使人联想到语义网络的认知心理学概念，它是一种旨在模拟长期记忆中知识的组织方式的假设性结构。[1] 根据使用各种不同方法（如自由联想，即给人们呈现一个词并要求其说出想到的第一个词）的研究，很多认知研究者得出的结论是，存储的知识的各个部分通过共享的含义相互联系（例如，Collins & Loftus, 1975）。

语义网络的构造值得一提，部分原因是它的出现早于行为分析师对衍生刺激关系的初期研究（Sidman, 1971），因此，行为分析领域以外的心理学家往往对此很熟悉。而且，尽管行为心理学和认知心理学常常被刻画为智力的大敌（Uttal, 2000），语义网络结构仍至少包含行为分析师认同的三个观察结果

---

[1] 与认知研究者所规划的语义网络相比，图 20.1 显得相当初级。啤酒与此处未显示的很多"世界的点滴"有关联，每个"点"本身也可以与很多其他事物有关联。冷与热对立。窖藏啤酒是用桶底发酵的酵母菌制成的。棒球场可能会让你想起你的父亲，因为他曾带你去看棒球比赛，等等。

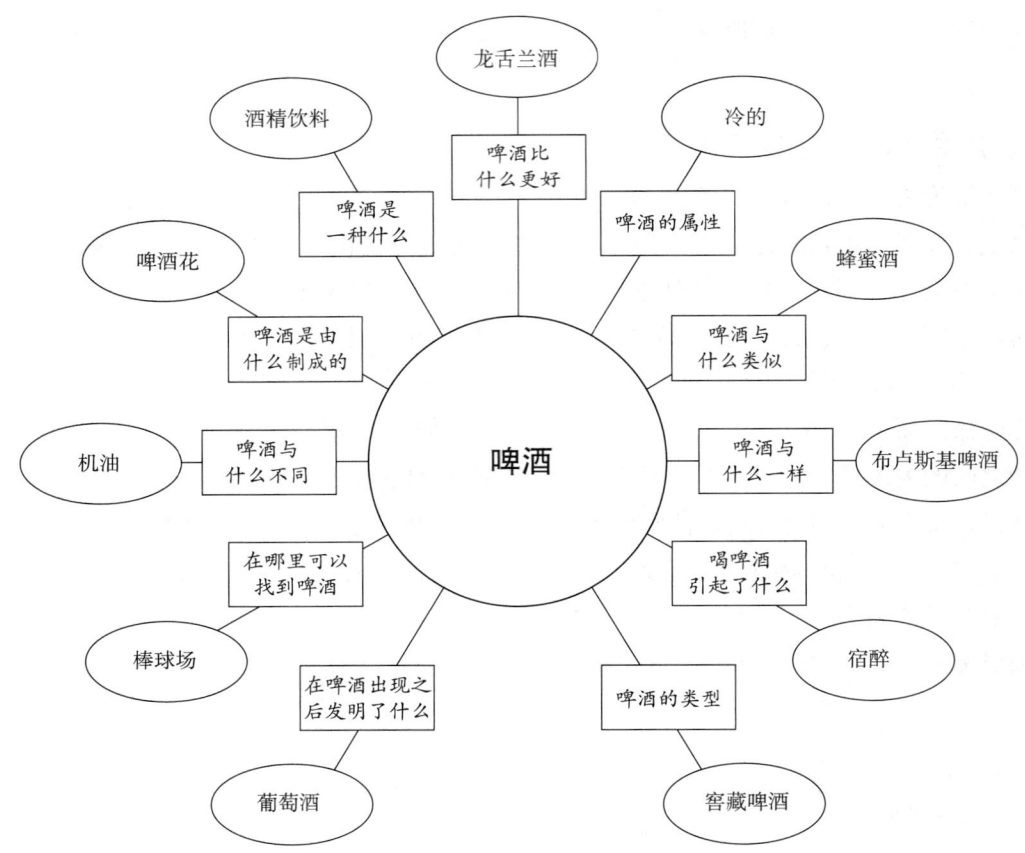

图 20.1 与啤酒有关的各种事物，说明了各种各样的刺激关系。除了"如同"的例子外，其他均为非等价关系。

（参看 Hayes, Barnes-Holmes, & Roche, 2001; Bill, 2001; Reese, 1968; Sidman, 1994）。第一，如图 20.1 所示，人们以很多不同的方式与"世界的点滴"产生关联。第二，感兴趣的关系是通过经验建立的，因此，每个人都将拥有与其学习历史一样独特的关系网络。第三，感兴趣的关系本质上是意义的基本单位，因为没有任何"世界的一点"是在离开了其与世界其他部分的联系而被人理解的。没有与啤酒有关的经验的人无法回答上面列出的任何问题，因为他不知道啤酒的含义。

行为分析师认为，他们从两个方面改进了语义网络的概念。第一，认知心理学家认为，"知识的点滴"以及它们之间的关系以某种方式表现（存储）在大脑内部（Collins & Loftus, 1975）。而行为分析师表示，我们每个人都学会了对啤酒等刺激做出反应的各种方式，如果我们对它们的反应在某种程度上是相互交织的，那么两种刺激是相关的（Critchfield et al., 2018; Reese, 1968）。

这是一个行为的网络，而不是知识的网络。[1] 第二，虽然大多数观察者认为关系网络源于个人经验，但相比于理解其形成经验，认知心理学家在描述已形成的网络的特征上付出了更多的努力。相比之下，行为分析师通常试图通过研究网络的获得来理解关系网络（Zentall, Galizio, & Critchfield, 2002）。因为应用干预的存在来策划行为改变，这种方法注重创建关系网络的经验，这比试图描述关系网络的特征（这是未指定的先前学习的产物）更具参考价值（Critchfield & Fienup, 2008）。

如第 19 章所述，关系网络中的等价类刺激是由"如同"关系联合在一起的。例如，英文中的啤酒（beer）一词有几个同义词（如 cold one、brewski 和 draft），这些刺激可以共同构成一个等价类。但是，如图 20.1 所示，除了啤酒本身，它在很多方面可能都很重要。实际上，只有知道什么不是啤酒，啤酒与什么

---

[1] 但要注意一点，即使没有物理刺激，刺激关系也可以使你对刺激做出反应。例如，你不需要有摆在面前的冷麦饮料就可以谈论啤酒，想象它的样子，想象它的味道，或回忆昨晚喝多了之后发生的糗事。相反，这些反应可以由参与啤酒的任意刺激关系的刺激引起。这一点对于本章的最后部分格外重要。

（但不完全相同）相似，啤酒的例子，啤酒的种类，等等，才能充分了解啤酒。这是非等价关系的本质。

在区分非等价关系与等价关系时，必须注意的一点是，前者有时没有经过恰当的承认就被包括在行为研究中。图 20.2 引用了一项研究，其中大学生学习了神经解剖学概念（Fienup, Covey, & Critchfield, 2010）。在这堂课中，学生将术语额叶作为模板刺激，并从几张大脑图片中学会了选择有箭头指向额叶的那张图片。通过将额叶作为模板刺激，学生学会了从几个选项中选择冲动，作为额叶损伤引起的症状。这堂课被描述为以等价为基础的教学，而实际上并没有涉及"如同"关系。相反，它涉及空间关系（spatial relation, 被称作额叶的大脑结构所在的位置）和因果关系（causal relation, 因被称作额叶的大脑结构受损而产生的症状）。

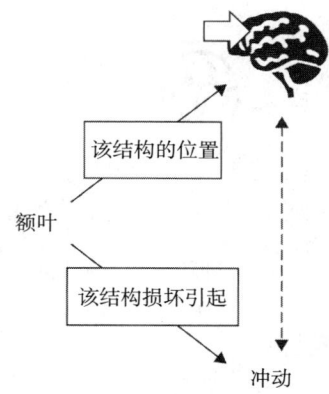

图 20.2 在大学生中建立的神经解剖学刺激类。已发布的报告将其称作等价类，但将其描述为非等价类更为准确。

引自 D. M. Fienup, D. P. Covey, & T. S. Critchfield (2010). Teaching Brain-Behavior Relations Economically with Stimulus Equivalence Technology, 图 1 和图 4. *Journal of Applied Behavior Analysis*, 43, pp. 19-33.

从某种意义上说，菲纳普及其同事在图 20.2 中称其为刺激关系并不重要，因为他们的学生都掌握了直接教授的内容，并表现出了未教授的关系（例如，当显示额叶的位置时，他们可以指出冲动是由该区域的损坏引起的）。这之所以可行，是因为研究中使用的模板配对程序为学生提供了有限的反应方式选项，因此，他们选择了以某种方式与模板相关的比对刺激。[1] 在一种不同类型的测试中可能会出现困难。例如，假设向学生展示额叶的图片，并要求说出其名称。回答冲动（将大脑图像、额叶和冲动视为"相同"）的学生会答错这个问题。因此，一个人"需要知道"的内容取决于通常包含非等价关系的依联强化作用（更多的信息，参看"理论基础"部分）。实际上，非等价关系似乎是很多被认为代表"深刻理解""更高思维"或"复杂认知"的能力的根源（Hayes et al., 2001），关于这一点，我们稍后再评论。

非等价关系词汇

很多用于描述等价关系的词汇的含义过于狭窄，以至于无法描述等价关系，因此，有人提出了更具包容性的替代方案（Hayes, Fox, et al., 2001）。回顾一下第 19 章，刺激等价类由"相同"关系来定义。图 20.3 的左上图显示了"相同"的两种新兴表现形式，即对称性和传递性（Sidman, 1994; 也可参看第 19 章）[2]，它们是三个词 [逾期（overdue）、迟到（tardy）和晚了（late）] 如何变得"意思相同"并被学习者视为可互换的一部分。我们所说的新兴指的是作为经验的一种间接产物而出现的关系反应，其中经验没有被直接传授（类似地，第 18 章提到了生成效果）。新兴关系也被称作**衍生关系**，这是我们接下来要用到的术语。

---

1 每次尝试的形式都类似于多项选择题。例如，当展示额叶的图片时，学生的任务就是选择与之相关的答案（冲动），而忽略与之无关的答案（视力下降、空间感知问题和听力问题）。第 19 章称其为基于选择的反应，它很可能会使学生通过在"存在的任何关系"的基础上做出反应而获得成功，而不是具体地等价。

2 第三个等价类的衍生属性，即反身性，不在这里讨论。反身性意味着等价类中的一个刺激被视为它自身。这也是非等价类的一个假设。

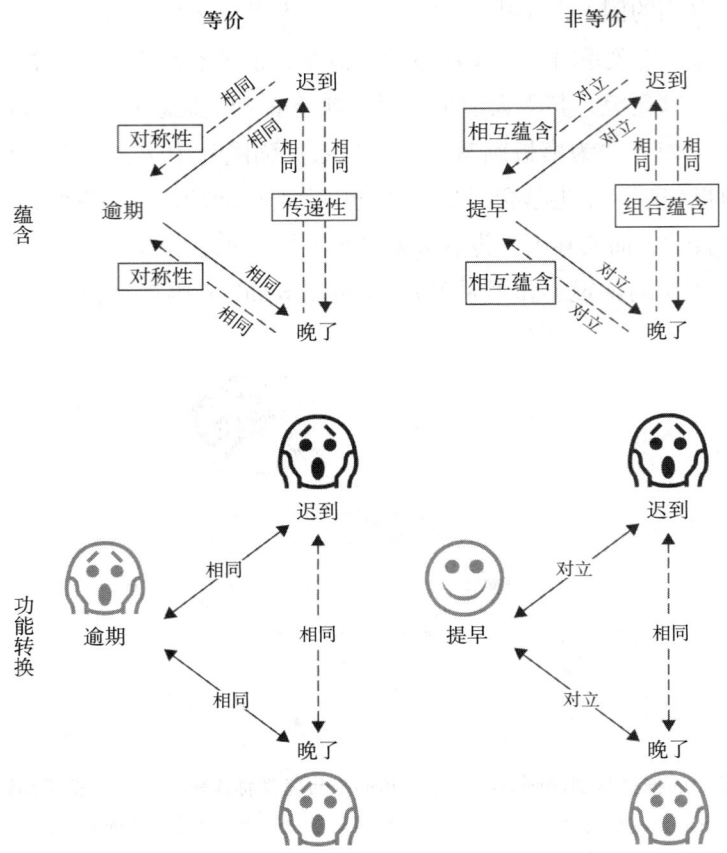

图 20.3 用于描述等价和非等价刺激类中衍生关系的术语之间的关系。上面：相互蕴含和组合蕴含分别替代对称性和传递性。下面：功能转换作为功能转移的替代。表情符号代表情感功能（恐惧和幸福）；黑色的符号是通过直接体验获得的，灰色的符号是功能转换的结果。

蕴含

对称性是指学习者对刺激 B 就像对刺激 A 一样做出反应后，可以自发地做出反向反应。对称性意味着彼此"相同"。例如，在图 20.3 的左上图中，在学习者看到逾期而被教授将其与迟到识别为"相同"之后，他应该在看到迟到这个词时也能将逾期视为"相同"。现在，思考一下图 20.3 的右上图中显示的非等价关系。向学习者展示提早（early），并教授他将迟到识别为"对立"。这种直接教授的关系的反向被期待能够自发地出现：给学习者展示迟到，他应该能够自发地将提早识别为"对立"。因为并非所有的衍生关系都涉及"相同"，一个已学习的关系的反向类型可能会不同于此学习关系的类型。例如，如果一个学习关系是 25 ¢ "大于" 10 ¢，那么反向的关系就是 10 ¢ "小于" 25 ¢。更为笼统的术语**相互蕴含**适用于任何衍生双向关系，只要这个双向关系里的一个"方向"已被直接习得（Hayes, Fox, et al., 2001）。[1]对称性是相互蕴含的一种特殊情况，但并非所有的相互蕴含都是对称性。

传递性是指学习者可以自发地将两个刺激视为可互换的（"相同"），因为它们通过"相同"与共同的第三种刺激间接相关。在图 20.3 的左上图中，显示为迟到的学习者应该能够自发地将晚了识别为"相同"，反之亦然。现在思考一下图 20.3 的右上图中的非等价关系。迟到和晚了（"相同"）之间的衍生关系不同于这些词与它们的共同同伴提早（"对立"）之间的衍生关系。虽然迟到和晚了被视为"相同"，但

---

1 蕴含一词仅表示一个事物依赖于另一个事物，因此，相互蕴含是指一种关系的一个方向（A 到 B）依赖于另一个方向（B 到 A），或可以从另一个方向预测到。

不是因为它们都与共同的第三种刺激"相同"。相反，在"敌人的敌人是我的朋友"的情况下，迟到和晚了都是同一个词的对立面。笼统的术语组合蕴含（combinatorial entailment）适用于任何涉及通过共同同伴"连接"在一起的刺激的衍生关系（Hayes, Fox, et al., 2001）。更精确地说，**组合蕴含**涉及两个刺激的关系，二者都与某些共同的第三种刺激一同参与相互蕴含。传递性是组合蕴含的一种特殊情况，但并非所有的组合蕴含都是传递性。

功能转换

如第 19 章所述，等价类的另一个定义性特征是**功能转移**。第 19 章指出，等价刺激以相同的方式发挥作用（控制相同的反应），这适用于一个类中任何刺激所获得的任何新的行为功能。例如，多尔及其同事发现，当经典条件反射使等价类中的一个刺激诱发恐惧时，类中所有其他刺激也会成为诱发恐惧的刺激（Dougher, Augustson, Markham, Greenway, & Wulfert, 1994；也可参看 Dymond, Schlund, Roche, & Whelan, 2014）。图 20.3 的左下图说明了这种效果。想象一下，有一天，一名敏感的学生因上课迟到而受到严厉谴责。这使她感到恐惧，并使迟到一词成为诱发恐惧的刺激。如果迟到是图 20.3 所示的等价类的一部分，那么逾期和晚了之类的词也会诱发恐惧。在这种情况下，功能"转移"是单个行为功能跨"相同"（一个等价类）刺激的传播。

现在思考一下图 20.3 的右下图中的非等价类。当迟到诱发恐惧时，晚了也会诱发恐惧，它就与迟到"相同"。但是，预期提早，也就是迟到的"对立面"诱发恐惧的想法是不合逻辑的，事实上，研究表明，事实并非如此（例如，Dymond & Barnes, 1995, 1996）。在这个例子中，现在，提早诱发令人愉快的反应，与恐惧"对立"。因此，迟到的功能不会"转移"到提早，而在将迟到和提早相结合的关系的约束下，它确实会影响提早获得的新功能。用一个概括性术语将这些种类的影响归纳起来，即**功能转换**，它可以被定义为一种刺激的行为功能由于同一类中另一种刺激的功能改变而系统性地改变（Hayes, Fox, et al., 2001）。在等价类中看到的功能转移是功能转换的一种特殊情况，但并非所有的功能转换都是功能转移。

如图 20.3 所示，功能转换的关键在于，对于特定的刺激，行为功能的改变与将刺激与其他刺激结合在一起的关系类型一致。这包含了很多可能性，包括不通过"相同"的关系结合的刺激都可以获得"相同"的行为功能，就像在等价类中一样。信息箱 20.1 描述了一个例子。请注意，这个例子中的刺激在时间上是相关的，并且无论是在"之前"还是"之后"，以"相同"的方式对刺激做出反应都没有不一致之处。

信息箱 20.1

非等价类中的功能转变：一个临床实例

肖恩是一名被诊断为"学校恐惧症"的高中生。他很害羞，不喜欢受到公众的关注，但一直很喜欢上学，直到有一天一位老师发脾气并开始向他大喊大叫。这令肖恩感到害怕，让他在全班同学面前蒙羞。这可能就是一个经典条件反射的例子，肖恩开始害怕他的老师。原先是喊叫声吓了他一跳，而现在，仅仅瞥见老师进入教室就足以使他浑身发抖，汗流浃背，胃部不适。

很快，即使没有任何其他令人不愉快的经历，肖恩也开始害怕教室本身。只是从走廊里看到其他学生坐在自己的座位上——即使没有老师在场——肖恩也会出现同样的令人不舒服的症状。随着时间的推移，渐渐演变成在看到学校建筑的外部、在通往学校建筑的漫长而弯曲的小径起点处看到学校的标志、听到将其带到学校的校车发出的声音时，肖恩也会出现这些症状。不久之后，肖恩完全拒绝上学，包括早晨提早出门，躲在家附近，直到他的校车离开为止。请注意，这不是刺激泛化的情况，涉及物理上相似的刺激之间共享的行为功能（第 17 章和第 30 章）。肖恩害怕的那些刺激绝不相似。这可能也不是高阶经典条件反射的情况（在这种情况下，与条件刺激匹配的中性刺激可以诱发与条件刺激所诱发的相同的反应）；基于这种条件刺激而做出的反应往往不可靠（Kehoe & Macrae, 1998）。

图 20.4 总结了肖恩在典型的上学日早晨的经历中刺激与时间的关系。首先，肖恩听到校车正在靠近他的车站。校车载着他，经过学校的标志，来到了学校建筑的前面，肖恩在那里下车，前往他的教室。最后，他走进教室，遇到了那个令人害怕的老师。因此，我们将各种刺激关联到一个时间阶层，该阶层涉及什么"发生在前"和什么"发生在后"。

图 20.4 对逃避学校的学生来说，引起恐惧的刺激之间的时间顺序关系

肖恩的状况很可能是通过与令人害怕的老师的直接或间接联系而转变了时间阶层中的刺激以诱发恐惧的结果。该时间阶层不是一个等价类。例如，校车与老师并不"相同"，因为通常我们对校车和老师的反应方式不同（我们跟老师说话，我们乘坐校车；至少可以说，将这些行为功能混淆在一起是一件别扭的事）。

类中的刺激如何在功能上转换取决于该类所包含的刺激关系的性质。在肖恩的例子中，时间阶层中的任何事物都不会与"恐惧"的行为功能发生冲突。你可以对"之前发生"和"之后发生"的事物产生同样的恐惧，因此所有刺激都具有相同的功能。但是，其他类型的关系会创造其他类型的功能转换。例如，假设在西德曼高中标志旁边贴着第二个标志，它指示返回肖恩家的路。这两个标志有对立的关联（在下一部分中将进一步讨论）。一个是从家到学校，另一个是从学校到家。在这个对立关系中，你不能两种刺激都害怕。相反，为了与"对立"的基础关系和创造它的学习历史保持一致，如果你害怕一个标志，那么在另一个出现时，你应该感到恐惧的对立面（靠近？喜悦？）。一般的观点是，在非等价类中，功能转换可能涉及相同或不同的行为功能，这取决于定义该类的特定关系的性质。

非等价关系的一些类型

现在，我们要确定几种非等价关系的基本类型并提供例子。所有这些都与日常经验有关，但我们并不是要表明我们描述的任何特定关系的特殊重要性。当利用非等价关系进行应用干预时，并不是从一种特定类型的关系开始的。相反，要确定需要解决的特定问题，并找到人们所做的需要进行功能分析的事情（例如，Hayes et. al., 2001; Rehfeldt & Barnes-Holmes, 2009）。牵连的刺激关系因不同问题而异，甚至可能包括以前没有研究过的关系。因此，应用行为分析师的责任是在任何特定情况下确定哪些关系是相关的，并弄清楚如何将它们整合到干预的规程之中（Rehfeldt & Barnes-Holmes, 2009）。

潜在的概念分析可能是涉及衍生刺激关系的行为设计中最费力的部分，但对等价关系和非等价关系来说，准确定义需要直接教授的内容以及逻辑上期望呈现未教授的关系至关重要（例如，Critchfield &

Twyman, 2014）。熟悉几种不同类型的关系对这一过程是有益的。

区分关系

区分关系涉及对刺激的差异做出反应。在某些区分关系中，有一个明确定义的刺激差异基础。例如，在数量维度上，"很多"和"很少"是两个极端（或至少是有高度分歧的值）。图 20.5 提供了一个高度简化的例子来说明教授儿童很多/很少的关系的教学程序（引自 Barnes-Holmes, Barnes-Holmes, Smeets, Strand, & Friman, 2004）。这个例子中的刺激是几种不同类型的代币，[1] 儿童学习这些可用于交换"很多"甜食或"很少"甜食的代币。通过一个语言程序来教授关系。[2] 于是，教师教授 AB 关系时说："用这个代币［指向 A］可以买很多甜食。这个代币［A］与那个代币［指向 B］相反。如果你想买尽可能多［或少］的甜食，你将使用哪个代币？"然后，一个正确的答案获得强化。在教授 BC 关系时，教师说："这个代币［指向 B］与那个代币［指向 C］相反。如果你想买尽可能多［或少］的甜食，你将使用哪个代币？"在由此生成的刺激类中，刺激 C 的功能应进行转换，以使其成为与 A "相同"的一个表示"很多"的代币。实际上，接受这种教学的儿童表现出了预期的衍生关系。他们能够使用代币作为符号来针对"再多一点"和"再少一点"提要求。

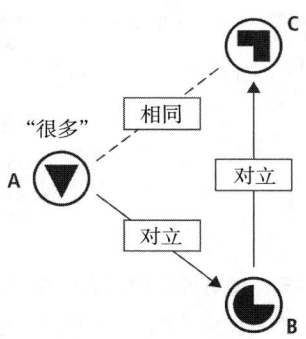

图 20.5 一个区分关系

引自 Y. Barnes-Holmes & colleagues (2004). Establishing Relational Responding in Accordance with More-than and Less-than as Generalized Operant Behavior in Young Children. *International Journal of Psychology and Psychological Therapy*, 4, pp. 531–538.

有关衍生刺激关系的文献倾向于将区分关系分为两个子类型，分别称作对立关系和比较关系，但我们知道这些子类型没有明确的定义。一种看待比较的合理方法是一种不涉及"对立面"的维度区分关系——但我们知道，并没有一个铁定的规则可用于确定一个关系什么时候涉及"对立面"。有时，我们称之为"对立"的刺激，以某个理论上可测量的维度为终点或极端做出定义："美"和"丑"是吸引力这个维度上的极端，"高温症"和"低温症"是体温这个维度上的极端。如信息箱 20.2 所示，其他"对立面"反映了没有中间值的互斥例子。

回顾一下，任意关系是由创造它们的社交语言强化依联所定义的，关于"对立"关系的最简单的说明可能是，当你看到它时，你通常会知道它是什么。但是，对立与比较之间的区分（双关语意味）并不总是那么清晰。例如，一个多与少的关系（图 20.5）确实是像巴恩斯－霍姆斯等人（Barnes-Holmes et al., 2004）所描述的对立的情况（"某种维度上的极端"）那样吗？或者，这是一种比较关系（毕竟，"更多"不是"最多"，"很少"不是"最少"）？坦白地说，我们并不确定，因此，我们向刚开始学习区分关系的

---

1 这个描述是我们为方便说明而设计的。实际上，刺激是几张彩色的纸盘，排列在桌子表面上，最左边或最右边的纸盘充当"很多"或"很少"的符号。从技术上来说，这个过程将空间关系（如下所述）与对立关系混淆了，尽管这对于当前的目的并不重要。

2 这种方法看起来与第 19 章中描述的模板配对规程截然不同。我们将在"理论基础"部分中详细介绍其中的差异。

> # 信息箱 20.2
>
> ## 高阶数学中的对立关系
>
> 对立关系以"不是—就是"(either-or)类别的形式存在,它对很多学术研究领域而言都很重要。克里斯·宁尼斯(Chris Ninness)及其同事使用衍生关系程序来教授大学生三角函数的概念,包括余弦和正割,此二者为倒数(Ninness et al., 2009)。根据数学规则,表达式可以是余弦或正割,但没有什么介于二者之间。
>
> 图 20.6 总结了学生掌握的一些关系。这项工作的一个有趣的特征是,与很多课堂的要求相一致,学生必须建构一个反应,而不是简单地指出一个正确的刺激。例如,在给他们展示一个余弦(A)的例子时,他们必须以倒数形式(B)写下它。这种对立的关系结合了几种"相同"的关系。在给出倒数(B)时,学生必须写出正割(C)的等价公式。在给出正割时,他们必须建构一个表示正确函数(D)的图。
>
>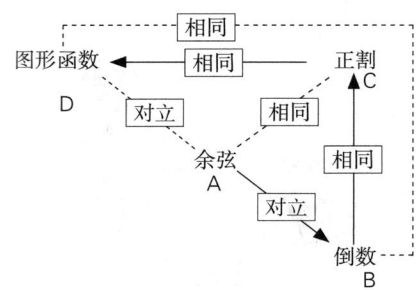
>
> **图 20.6** 在大学水平的三角函数课程中建立的相同和对立关系的简化版本
>
> 引自 C. Ninness & colleagues (2009). Constructing and Deriving Reciprocal Trigonometric Relations: A Functional Analytic Approach. *Journal of Applied Behavior Analysis*, 42, pp. 191-208.
>
> 一旦学习了基本关系,学生就证明了"相同"和"对立"的衍生关系。这些包括基线关系的逆转(相互蕴含)。例如,显示余弦的倒数,他们可以写出余弦(对立)。如图所示,他们可以写出相应的余弦倒数(相同)。他们还证明了在训练过程中没有直接关联的刺激之间的组合蕴含关系。例如,显示一个图形函数,学生可以写出相关的余弦公式(对立)或余弦倒数(相同)。这些结果泛化到了很多新颖的例子中,表明该课程教授了一种通用技能,而非只教授学生余弦和正割的特定例子。

学生推荐以下观点。如果有良好的实用理由来教授一个特定的关系,那么就不要太担心如何称呼它。相反,你要花费精力来确定需要教授哪些基线关系,以使期望得到的衍生关系成为合乎逻辑的结果(参看 Luciano, Becerra, & Valverde, 2009)。

空间关系与时间关系

空间关系涉及一个刺激与学习者或其他刺激之间的相关位置:上方与下方、左侧与右侧、前方与后方,以此类推。**时间关系**(temporal relation)涉及时间上的刺激(或事件)的相对位置(如信息箱 20.1 和图 20.4 所示的之前和之后)。空间和时间关系分别是地理和历史等学科中固有的关系,而这些关系是日常非学术经验中的明显成分。如果孩子没有对家长的指示"请站在托尼后面"或"吃完豌豆以后再吃冰激凌"做出恰当的反应,那么他可能很快就会遇到困难。如果不能对"在你后面!有个斧头杀手!"做出恰当的反应,那么更严重的后果将会等待着他。

我们尚未注意到任何专注于以"纯"形式构建衍生的空间或时间关系的应用研究，但一些实验室研究提出了可能会转化为应用用途的基本程序（Brassil, Hyland, O'Hora, & Stewart, 2018; May, Stewart, Baez, Freegard, & Dymond, 2017）。空间和时间关系是复杂的直证关系（deictic relations）的组成部分，涉及自我与世界之间的关系，并且已成为大量研究的焦点，正如我们将在"非等价关系与心理建设的全貌"那一部分中描述的那样。

因果关系

因果关系是"如果—那么"（if-then）关系。做出准确的因果归因是解释日常生活的重要部分，各种临床问题中普遍存在的错误的因果归因就说明了这一点（Curtis, 1989; Hayes et al., 2001; Matute & Miller, 1998; Torneke, 2010）。"如果—那么"关系也是理解和从事科学研究的主要特征。与其他种类的非等价关系一样，因果关系可以定义一个刺激类的结构，或者定义行为功能，而通过该行为功能，一个类中的刺激可以得到转换。我们没有发现关于这两种现象的研究，但在前一种情况下，似乎是由于重叠的因果关系（例如，如果A，那么B；如果B，那么C）将刺激结合在一起，就可能成为刺激类。在后一种情况下，信息箱20.3说明了一个在临床上有潜在重要性的现象，关系类中的刺激如何根据因果归因而转换。

信息箱 20.3

习得性无助与功能转换

很多临床状况的特征是负面的自我评价（Curtis, 1989），行为分析师可能会将其描述为行为控制规则（Torneke, 2010; 也可参看第18章的对规则掌控的行为的处理）。例如，抑郁症患者可能会说："我什么都不擅长。"或"为什么要尝试？我会失败的。"（Peterson & Bossio, 1989）根据习得性无助理论，有时，一个人会在特定的不愉快经历的条件下获得这些自我评估规则，在此期间，从定义上来说，个人的行为是无效的。然后，它们开始出现在新的情况下，它们阻碍有效的行动（Abramson, Seligman, & Teasdale, 1978）。

换句话说，自我评估规则会干扰可能产生重要强化物的行为（Torneke, 2010）。例如，假设你是一起抢劫案中的受害者。一天晚上，当你走在街上时，突然冒出来了三个人，打了你几拳，还抢劫了你。这种经历非常可怕，重要的是，它显然是无法预防的。你在错误的时间出现在错误的地点，你所做的一切都无法阻止你被压倒。也许，由于这次经历，你会对自己说："我很弱，很没用。我甚至不能照顾自己。"这是一个因果法则，可以用"如果—那么"的形式表述："如果我的幸福感取决于有效的行动，那么我将会失败。"后来，你发现自己在很多情况下都过分被动。你开始在课堂上投入很少的精力，这导致你的成绩下降。你停止对社交关系进行投资，这导致你的朋友与你疏远。习得性无助理论认为，这些事情的发生是因为新的情况以某种方式开始唤起你的"无助"规则（Abramson et al., 1978）。

自我归因（因果法则）一开始是如何生成的，这本身就是一个课题。现在可以说，足够多的研究表明，人类在生成自我归因方面是多产的（Barnes-Holmes, Hayes, & Dymond, 2001; Matute & Miller, 1998）。特别有趣的是，一旦形成"无助"的自我规则，就会将其应用于新的情境中。这似乎不太可能是刺激泛化（第17章和第30章），因为诸如"被抢劫"和"上大学"这样的情境几乎没有物理或感知觉上的共同特征。因此，除了首次经历的不可避免的不愉快事件的情境外，一定有其他事物造成了不恰当的被动情绪的传播。认知心理学家提出，共同因素是一种"无助"的精神状态（Abramson et al., 1978），这种状态会随着个体从一个情境移动到另一个情境。但是，达克、麦克休和里德（Dack, McHugh, & Reed, 2009）认为共同因素是涉及原始不愉快经历和新情境中的刺激的功能转换。

在达克及其同事（2009）的实验室研究中，参与者首先证明了在一个模板配对程序中形成了两个等价类。一类包括无用的（useless）一词和两个无意义的词（lewoly 和 gedeer），另一类包括好的（good）一词和两个无意义的词（matser 和 rigund）。接下来，参与者在两种不同的强化依联下工作；只有其中一种可以通过增加反应速率来提高强化速率。通过使用一个评定量表，他们说，他们觉得在此程序表上获得积分的效率比在其他程序表上更高。这两个强化程序表由不同颜色的灯发出信号。简单起见，假设蓝色表示使人感到有效率的程序表，黄色表示使人感到无效率的程序表。最后，在模板配对测试中，向参与者显示等价类中的一个词（或无意义的词）作为模板刺激，而两种与程序表有关的颜色则作为比对刺激。他们在无用的类中将蓝色与词配对，在好的类中将词与黄色配对。

这些结果说明了什么？参与者将与程序表有关的颜色配对到无用的和好的刺激上，这一事实部分反映了语言历史（他们已经知道了这些词的意思），部分反映了新的学习（他们通过强化程序表了解了颜色的"含义"）。通过将无用的和好的标签分配给与程序表有关的颜色，参与者基本生成了一个语言规则以描述强化程序表上的经验。通过功能转换，我们可以预期到无意义的词也会被规则控制所纠缠。例如，在刺激"lewoly"存在的情况下，可能会引出无用的规则。

这个实验并不是对习得性无助的完美类比，但它确实显示了不恰当的消极情绪如何通过预先存在的刺激类散布到新的情况中。以此类比，也许你的被抢劫的经历、你的学校经历和社会关系在一个可能被称作"努力和技能很重要的地方"的类中联合起来了。一旦"无助"的自我规则出现在其中一种情况中，在其他情况下应该也会出现。

三个实用的考虑

使用功能转换来创造新的强化物

强化物是 ABA 中几乎所有内容的核心，但对于兴趣受到高度限制的个体来说，很难找到有效的强化物（Tiger & Kliebert, 2011）。在这种情况下，可靠地创造新的强化物的方法具有相当重要的价值，而功能转换可用于此目的。在思考它如何对非等价关系起作用之前，我们先讨论一个在等价关系中稍微简单一点的功能转换的例子。如果早已有效的强化物成为一个等价类的成员（如使用第 19 章中描述的程序），那么通过功能转换，该类中的其他刺激也应该开始作为强化物发挥作用，即使它们从未与原始的强化物直接匹配。表 20.1 显示了一个例子（引自 Hayes, Kohlenberg, & Hayes, 1991）。想象一下，葡萄干已经可以作为某人的强化物了，而特定歌曲的音频剪辑则不然。教授某人在看到葡萄干时选择一个蓝色三角形，在听到音频剪辑播放时选择一个蓝色三角形。这应该在三个刺激之间建立了一个等价类，从而促进功能转换。随后，音频剪辑（从未与葡萄干直接匹配）应作为强化物发挥作用。[1] 发现以这种方式产生的新后果可以有效地改变标准操作情况下的行为，如强化程序表和区辨学习（Dougher, Hamilton, Fink, & Harrington, 2007; Hayes et al., 1991; Whelan, Barnes-Holmes, & Dymond, 2006）。

---

[1] 为了重复本章前面的观点，这可以解释为高阶匹配，其中将一个中性刺激与一个已经产生有效后果的刺激进行匹配。然而，由于高阶条件通常较弱，因此，尚不清楚该解释是否可以说明上述效应。

表 20.1 通过等价类和非等价类中的功能转换来创造新的强化物

刺激	与……匹配	关系类型	原始功能	转换了的功能
等价类				
葡萄干		相同	强化物	——
音频剪辑	蓝色三角形	相同	——	强化物
非等价类				
泡菜汁	蓝色三角形	相同	惩罚物	
音频剪辑	蓝色三角形	相同	——	惩罚物
猫	蓝色三角形	对立	——	强化物
洋娃娃	蓝色三角形	对立	——	强化物

等价类的例子：引自 S. C. Hayes & colleagues (1991). The Transfer of Simple and General Consequential Functions Through Simple and Conditional Equivalence Relations. *Journal of the Experimental Analysis of Behavior*, 56, pp. 119-137. 非等价类的例子：引自 R. Whelan & colleagues (2004). The Transformation of Consequential Functions in Accordance with the Relational Frames of Same and Opposite. *Journal of the Experimental Analysis of Behavior*, 82, pp. 177-195.

如前面的例子所示，新刺激在等价类中获得的行为功能与原始刺激所提供的是"相同"的。相比之下，在非等价类中，功能转换与定义该类的关系的类型一致——有时结果令人惊诧。表 20.1 进行了说明（引自 Whelan & Barnes-Holmes, 2004）。想象一下，对于某些人来说已经很有效的惩罚物，泡菜汁（P），成为一个包含其他多种刺激和既有"相同"又有"对立"关系的类的一部分（关于不同种类的关系如何能够纳入相同的刺激的解释，参看"理论基础"部分）。教授了两个"相同"的关系：闻到泡菜汁的气味后，选择一个蓝色三角形，听完歌曲的音频剪辑后，选择一个蓝色三角形。还教授了两个"对立"的关系：显示一只猫的图片，选择蓝色三角形作为它的对立，显示一个特定的洋娃娃的图片，选择蓝色三角形作为它的对立。通过功能转换，音频剪辑成为惩罚物（它与蓝色三角形"相同"，而蓝色三角形与惩罚物"相同"）。对于当前的讨论而言特别重要的一点是，猫和洋娃娃成了强化物（它们是蓝色三角形的对立面，而蓝色三角形与惩罚物"相同"）。因此创造了新的强化物，即使最初在非等价类中没有其他刺激作为强化物发挥作用。

如果你发现表 20.1 中的例子有些难以理解，请不要难过，因为有关强化物的标准观点并未为你做好准备面对它们。关于条件强化物的惯常描述是，它们是由中性刺激与已经有效的强化物匹配而产生的（参看第 11 章）。但是，表 20.1 中成为习得性强化物的刺激从未与已经有效的强化物直接匹配，这表明以匹配为重点的条件后果的解释太狭窄了。这并不奇怪，因为匹配观点早在对衍生刺激关系的系统研究开始之前就已经出现了（例如，Hull, 1943; Skinner, 1938; Wyckof, 1959）。但是，即使是最近的关于条件后果的理论解释都没有涉及衍生效应（例如，Fantino, Preston, & Dunn, 1993; Grace & Savastano, 2000; Shahan, 2010）。因此，可以毫不夸张地说，至少在这一领域，对衍生刺激关系的研究迫使人们重新思考行为理论的基本原理。

回到本书的主题，表 20.1 中描述的效果意味着一种使用衍生刺激关系为任何个体创造可能是无尽的强化物的方法。但是，还有很多东西有待研究。例如，据我们所知，表 20.1 中所建立的习得性强化物的长期耐久性还没有被探讨（我们假定新的强化物将经受与原始强化物相同的动因操作，而衍生的强化效果将取决于功能转换所依据的刺激类的保持)。这是未来研究和应用工作的一个有趣的方向。

不连贯的刺激类

到目前为止,我们已经描述了衍生刺激关系,其中直接学习的基线关系可以预测衍生关系的确切性质。然而,并非每一组重叠条件型区辨都是如此。思考一个涉及区分关系的例子,如图20.7(左图)所示,在这个例子中,我们不清楚刺激的具体差异究竟基于什么。

> 如果你被告知"蜜蜂与哺乳动物不同",那么你无法知道蜜蜂是什么样子的,或者确切地知道它们与哺乳动物有何不同。此外,组合地衍生意味着的差异关系也未具体指出。例如,如果你被告知蜜蜂与哺乳动物不同,而哺乳动物与鸟类不同,那么你无法知道蜜蜂与鸟类有何不同,甚或它们是否相同(Luciano et al., 2009, p. 169)。

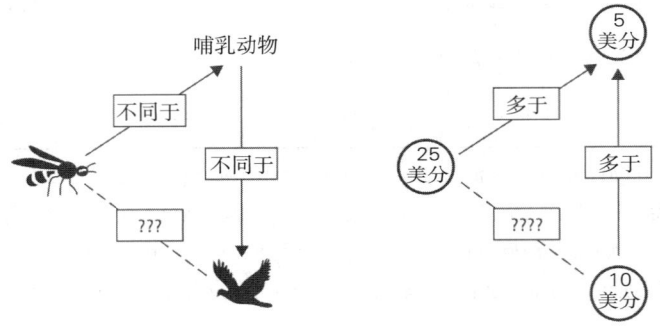

图20.7 两个逻辑上不连贯的刺激类。二者都包含重叠条件型区辨,但直接习得的基线关系不支持关于组合蕴含的明确预测。

图20.7(右图)显示了另一个例子。刚刚了解金钱的孩子被教授说25美分"多于"10美分,10美分"多于"5美分。这些关系本身并不能为判断是10美分"更多"还是25美分"更多"提供任何依据(请注意,问题不在于什么是真实的,而在于什么是从已经掌握的关系中可以得出的结论)。

在这些类中可能也还未定义的是,功能转换可能会如何继续进行。例如,在图20.7的左图中,如果你被一只好斗的鹦鹉攻击,之后就惧怕鸟,那么会发生什么事?这(如果真的发生了的话)如何影响你对蜜蜂和哺乳动物的情绪反应?某些事情可能会发生(刺激控制将永远存在,而当实验控制薄弱时,来自被试学习历史的未知影响将会占据主导地位;Sidman, 1960),但在这个例子中,根据刺激类中直接被教授的关系,我们无法猜测。[1]

这些例子凸显了我们为什么在衍生刺激关系干预中强调必须仔细设计所要教授的关系,以及从该教学中在逻辑上应该出现的关系的重要性。涉及衍生刺激关系的应用工作的一个显著优势是由此产生的"自由学习"(以未教授的关系为形式)(例如,Critchfield, 2018; Rehfeldt, 2011; Rehfeldt & Barnes-Holmes, 2009)。从这个角度来看,如果不能指定训练预期产生的衍生关系,那么应用的关系干预就毫无意义。

设计涉及非等价关系干预的工具

从历史上看,一位对教授衍生刺激关系感兴趣的应用行为分析师不得不创造刺激并从头开始设计培训规程。然而,近来行为分析师致力于开发标准化工具以简化该过程。我们将提到其中两个。

关系前兆和能力的培训和评估(Training and Assessment of Relational Precursors and Abilities, TARPA)是一个免费的软件程序,用于评估和建立衍生刺激关系。多项研究支持其信度和效度(Moran, Stewart, McElwee, & Ming, 2010, 2014; Moran, Walsh, Stewart, McElwee, & Ming, 2015)。在撰写本章时,该程序仅适用于等价关系,而将其扩展到非等价关系的开发工作正在进行当中。了解有关信息,请访问http://www.

---

[1] 还有一个问题:出于太过复杂的原因,即使有多个范例,也极不可能由不连贯的刺激关系产生泛化关系技能库(任意应用的关系反应)。

vb3.co.uk/.

促进高阶知识的出现（Promoting the Emergence of Advanced Knowledge, PEAK）关系培训系统是针对孤独症和相关障碍成人和儿童的评估和治疗课程，在市面上就可以买到。每册包含 184 个结构化课程和相关评估工具。四卷中的一卷侧重于衍生的等价关系，还有一卷侧重于衍生的非等价关系。超过 20 项经同行评议的研究提供了关于 PEAK 课程的信度、效度和有效性的证据（有关综述，参看 Dixon et al., 2017）。

理论基础

上一部分中的例子旨在阐明衍生的非等价关系的含义——"是什么"。在这一部分中，我们用两种方式探讨这些关系的原因——"为什么"。第一，在关于情境刺激的讨论中，我们要解释关系行为（就像所有的操作式行为一样）是如何针对具体情况而定的。第二，我们要介绍一种衍生关系的主导理论，重点介绍它的两个最有趣的主张。

刺激关系由情境控制来定义

重复先前的观察，在任意刺激关系中，刺激本身并没有规定它们之间如何关联。相反，是由人类的社会/语言习俗和强化依联来决定的。这些习俗和依联通过**情境刺激**来发挥它们的影响力，可以说，它们发出了刺激之间借以相互关联的特定方式的信号（Bush, Sidman, & Rose, 1989; Hayes, Fox, et al., 2001）。图 20.8 显示了一组刺激内的各种关系如何根据情境提示而变化。在这个例子中（改编自 Berens & Hayes, 2007），儿童必须掌握不熟悉的硬币之间的关系，这些硬币包括 25 美分、10 美分和 5 美分硬币。在左图中，给儿童展示 25 美分，然后问："哪个比较少？"正确答案是指出 10 美分。可以用类似的方式教授儿童 5 美分"少于"10 美分。这应该会产生一个衍生关系，即给儿童呈现 10 美分并允许他选择 5 美分或 25 美分时，他会正确地指出 5 美分是"比较少"的。不过，当情境为"多于"时，一切都会反过来（中图）。在"金钱"的背景下，可以将硬币视为等价（右图；它们都是金钱的类型）。[1] 于是，相同的刺激可以根据情境提示以多种方式相互关联。

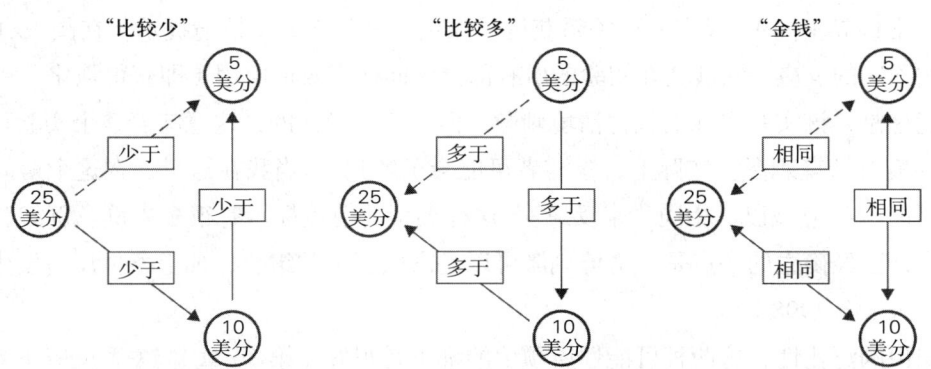

图 20.8 情境提示如何定义刺激关系。左：在"比较少"的背景下，硬币以某种方式相互关联（箭头从较有价值的硬币指向较没有价值的硬币）。中：在"比较多"的背景下，这些关系是对立的。右：在"金钱"的背景下，硬币在本质上是"相同"的。

左图和中图引自 N. M. Berens & S. C. Hayes (2007). Arbitrarily Applicable Comparative Relations: Experimental Evidence for a Relational Operant. *Journal of Applied Behavior Analysis*, 40, pp. 45–71.

从某种意义上说，情境刺激会在一个特定情境里对一个人发出关于他"需要知道"什么（也就是说，以哪种方式关联的刺激将被强化）的信号。为了对情境刺激有更好的了解，想象一下，你正在完成一个模板配对任务，而模板刺激是毕加索（Picasso），比对刺激是西班牙、米开朗琪罗（Michelangelo）和格里斯

---

[1] 凭借着属于一个共同类别而使非相同刺激彼此"相同"，这个现象是我们将在本章后面讨论的阶层关系（hierarchical relations）的基础之一。

（Gris），你应该选择哪一个？在不知道"真正被问的问题"是什么的情况下，这是一个无法做出的决定，因为这些比对中的每一个在某种情况下都是能够与毕加索进行恰当配对的选择。毕加索出生于西班牙。跟米开朗琪罗一样，毕加索也做过雕塑。跟胡安·格里斯（Juan Gris）一样，他也采用被称作分析立体主义的绘画风格。这里的"真正被问的问题"是一个情境提示，它告诉你应该在什么基础上选择比对刺激。由于学习到的情境提示以这种方式中介了任意刺激关系的性质，因此，情境刺激是应用刺激关系干预的一个重要组成部分。

在本章提供的很多例子中，我们都提到了语言情境刺激（如上面的"雕塑"），因为它们很容易理解。但是，情境刺激不一定是语言的。想象一下，你住在一栋可爱的房子里，而你的业余爱好涉及生存主义者的冒险，你在从事冒险活动时必须生活在荒郊野岭。在"在家"这个背景下，昆虫属于应回避的一个刺激类，例如，你可能会叫驱虫专家来消灭你家的白蚁。然而，当背景变成你独自在森林里没有食物时，白蚁作为挽救生命的营养来源，它可能就属于一个需要寻求而不是回避的事物的类了。情境刺激仅仅是一个其存在与有利于一个特定的相关方式的依联有相互关联的刺激。

情境刺激总是必需的吗？

前面的内容为仔细研究建立衍生刺激关系的模板配对程序奠定了基础，如第19章中所述。当我们在此讨论它们时，在迄今为止所进行的很多关于刺激等价的已发表的研究报告中，你很难找到有关情境刺激的参考资料。[1] 图19.1中的例子说明了这一点。在训练每个基线关系期间，模板刺激是一个口语词汇，而比对刺激是一些图片。因此，在一种类型的尝试中，模板可能是"汽车"，而比对可能是一只狗、一辆汽车、一头奶牛和一个咖啡杯的图片。选择汽车的图片，获得强化。然而，在这个过程中的任何时候都没有任何离散的刺激的出现与"相同"的依联相关。前面我们曾说过，衍生刺激关系依赖于情境刺激来示意应该操作的关系类型。很多不同的关系类型可以联合这些刺激。例如，咖啡杯是你可能会放在车里的东西，"奶牛"（cow）与"汽车"（car）的英文单词的开头发音相同，而狗则是追逐汽车的东西。

那么，参与者如何知道在尝试之间选择什么呢？存在两个可能性。第一种可能性是，在相对简单的实验范围内（与日常世界不同），只有一种关系获得了强化，因此不需要情境提示。在图19.1的实验中，一旦塑造成了"相同"的反应，它就会在实验的所有部分中同样有效地应用（即获得强化）。

第二种可能性是，该实验实际上包含情境刺激，但它们是隐式的，这意味着整个实验环境成了一个与强化依联相关的复合情境刺激。实际上，参与者可能会了解到："当我在这里，在这个房间里，有这个实验者和这些刺激时，我应该以'相同'来反应。"这种类型的情境提示有很多先例。例如，在有关经典条件反射的文献中，已经确立的一点是，情境刺激可以是离散刺激的组合，加上条件反射发生的情境的某些方面（Bouton & Nelson, 1998）。

对于所学知识的泛化性，这两种可能性所预示的都不是很好（第30章）。关系反应不受情境控制的人在依联瞬息万变的世界中会无所适从（例如，当被问及"你在车里带了什么？"时，指向一张汽车的图片是不妥当的）。如果一个人对"相同"做出反应所需的情境刺激高度特定于一种训练情境，那么他在其他地方可能就不会做出"相同"的反应。

对应用行为分析师来说，所有这些都表明，创造衍生刺激关系的努力应尽可能地纳入以日常环境中容易出现的提示为形式的明确而自然的情境刺激中。在人类世界中，这些提示往往是语言性质的，因此本章采用了很多语言的例子。虽然可以严格使用非语言模板配对程序来建立一个等价类，但对有语言的学习者来说，我们推荐包含一个情境的辅助，如说"选择相同的那个"，或简单地说"相同的"。

1　除了少数以情境提示作为明确主题的研究（例如，Bush et al., 1989）。

关系框架理论

既然你已经对什么是非等价关系有了一定的认识，那么接下来简要地研究一下它们的主要理论解释，即**关系框架理论**（RFT; Hayes et al., 2001），你曾在第 18 章和第 19 章中短暂地与它相遇。在本章中，我们不会讨论 RFT 或其他刺激关系理论，如西德曼（2000）所说的是否"更好"的问题。然而，RFT 已经对衍生刺激关系的研究产生了足够的影响，任何希望熟悉这个主题的学生都需要对该理论有实际的理解。迄今为止，关于非等价关系的绝大多数研究都受到了 RFT 的启发，因此，本章中使用的非等价关系的词汇（如相互蕴含和组合蕴含）也来自 RFT。此外，尽管已达成广泛共识，即衍生刺激关系为理解人类的"更高认知能力"提供了基础（例如，Hayes et al., 2001; Sidman, 1986, 1994），RFT 研究者仍然格外关注这一可能性（例如，参看本章"非等价关系与心理建设的全貌"部分）。对 RFT 的完整解释超出了当前讨论的范围，但我们将提及该理论的两个关键特征，这些特征有助于理解本章后面将要讨论的要点。

主张 1：相关刺激的行为是语言行为

RFT 假设衍生刺激关系本质上是语言关系（Hayes, 1984）。[1] 也就是说，相关刺激的行为是语言行为。我们知道，没有任何证据可以直接证实或反驳这一假设——它甚至可能无法确定地检验——但它得到了间接证据的支持。例如，衍生刺激关系充其量只有极少数是在非人类中产生的，并且是大量努力的产物（例如，Galizio & Bruce, 2018）。这与熟练使用语言的人类获得衍生刺激关系的明显容易程度和应用它们的广泛灵活性形成了鲜明的对比（如图 20.1）。此外，正如我们将在本章的后面部分描述的那样，人类的关系能力似乎是在儿童的语言行为急剧增长的同一时期出现的。这些观察结果表明，衍生刺激关系与人类独特的语言能力之间存在着深刻的联系。

从语言行为的角度思考刺激关系，引出了一个有趣的问题：在建立刺激关系的模板配对规程中发生了什么？而第 19 章称其大部分是非语言程序。一种可能性是，在"非语言"环境中，学习者运用隐蔽的语言行为来掌握刺激关系（例如，Horne & Lowe, 1996；有关赋名理论的信息，参看第 19 章）。然而，针对当前的目的，我们仅考虑以下可能性：如果刺激的关联是一种语言过程，那么从战略上可以利用语言行为来构建刺激关系。有些研究表明，只要简单地告诉学习者所需的重叠条件型区辨，就可以建立基线关系，并促进衍生关系的发展（例如，Berens & Hayes, 2007; Smyth, Barnes-Holmes, & Barnes-Holmes, 2008）。这表明，在应用工作中，有一种方法可以比使用复杂的模板配对规程更有效地建立刺激关系，正如信息箱 20.4 所讨论的。请注意，这种类型的研究预示了语言互动可能与衍生刺激关系相交的其他方式，我们将在本章的最后部分讨论这个问题。

信息箱 20.4

讲述不是教学，对吗？

关于讲述——这个备受非议的课堂教学的主体，人们早就注意到"讲述不是教学"（Telling isn't teaching）。由此推论，被动的倾听不是学习，正如斯金纳（1958）在倡导教学机器时所说的："机器，与讲述不同……机器会引起持续的活动。学生总是处于警惕和忙碌的状态。"（p. 971）在行为方法的教学系统中（例如，Keller, 1968; Skinner, 1958），学生的学习被认为依赖于频繁、积极的反应和反馈。这是专门针对以等价为基础的教学提出的（例如，Critchfield & Twyman, 2014）。

因此，仅通过告诉学生基线关系，似乎不可能建立衍生刺激关系。但是，以一些大学生为例，

---

1 第 19 章中介绍的赋名理论（Horne & Lowe, 1996）做出了类似的假设。

他们通过在线课程交付系统中的自动化课程学会了推断统计（Critchfield, 2014）。在课程的每一步中，学生都被要求阅读"笔记卡"，上面有一些简短的陈述，例如：

p 值低时，结果具有统计显著性。p 值高时，结果没有统计显著性。

前面的陈述包含两个 AB 关系（其中之一如图 20.9 中的左图所示）。阅读完每个陈述后，学生回答 2~4 个选择题，例如：

低 p 值

A. 无统计显著性

B. 有统计显著性

这些问题旨在充当注意力检查。正确答案获得"正确"的反馈，错误答案获得"错误"的反馈，并提示你查看相关的笔记卡。在接触了基线关系 AB 和 BC 之后，89%~100% 的学生正确回答了有关预期衍生关系的测试问题（BC；图 20.9 中的右图）。例如，与左图中显示的关系有关，学生正确回答了这个问题：

$p \leq 0.05$

A. 有统计显著性

B. 无统计显著性

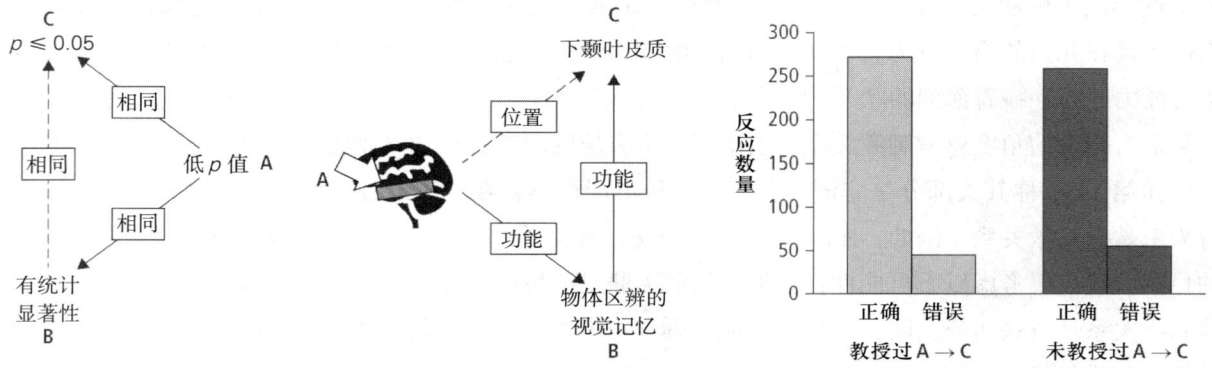

图 20.9 通过讲述基线关系而不是强化模板配对经验来建立大学生的刺激关系。左图：与推断统计有关的概念。中图：与神经解剖学有关的概念。右图：对于直接教授给学生的一种关系的正确反应与那些预期会立即出现的反应。对于每个组，单独的长条显示了对曾经首先熟练掌握和未首先熟练掌握基线关系的学生的正确反应。

左图引自 T. S. Critchfield (2014). Online Equivalence-based Instruction About Statistical Inference Using Written Explanation Instead of Match-to-Sample Training. *Journal of Applied Behavior Analysis*, 47, 606-611；中图引自 C. L. Pytte & D. M. Fienup (2012). Using Stimulus Equivalence Technology to Increase Efficiency in Teaching Neuroanatomy. *Journal of Undergraduate Neuroscience Education*, 10(2), A125-A131；右图引自 C. L. Pytte & D. M. Fienup (2012). Using Stimulus Equivalence Technology to Increase Efficiency in Teaching Neuroanatomy. *Journal of Undergraduate Neuroscience Education*, 10(2), A125-A131. 经皮特和菲纳普研究授权转载。

这个课程的显著特征在于它的高效率。用"讲述"代替了很多刺激关系规程中详细描述的模板配对尝试序列，学生完成课程的时间大约是以前的学生熟练掌握相同的模板配对规程所需时间的 25%~50%（参看 Fienup & Critchfield, 2010, 2011）。在这种特定的情况下，也许"讲述"是教学。在这一点上存在着不确定性，因为对于用以检查注意力的问题，确实需要一些积极的反应，即使学生不必正确回答这些问题（没有熟练掌握标准），回答也确实会产生依联反馈。因此，不能排除即使是小剂量的积极反应和反馈，对于研究的良好结果也是必要的。

皮特和菲纳普（Pytte & Fienup, 2014）开展的一项研究可能很有启发性。大学生学习了涉及大脑区域的神经解剖学概念、它们在大脑中的位置和行为功能。教学媒介是为了强调某些基线关系而组织的一场讲座。图20.9中的中图显示了一个例子。讲座中解释了七个大脑区域的AB和BC关系，但没有解释预期的衍生AC关系。对于其他七个作为阳性对照的大脑区域，AC关系也得到了解释。

在课程考试中，学生在没有教授的AC关系的问题上的答对率平均约为82%，无论讲座中是否解释了这些关系。因此，关于基线关系的"讲述"足以促进组合蕴含。这其实并不奇怪，因为过去的实验室研究已经表明，"讲述"基线关系（Smyth et al., 2008）和仅仅通过呈现成对刺激而没有任何外显反应的"示范"也有类似的效果（例如，Leader & Barnes-Holmes, 2001a）。

建立刺激类的"最佳"方法是什么？根据克里奇菲尔德（2014）的研究，虽然单单"讲述"和"示范"显然至少在某些情况下是可行的，但也许通过要求积极反应和反馈，可以获得更好的结果。然而，在这一点上，不同的证据之间存在矛盾。将"示范"程序与模板配对进行比较，在一项研究中（Clayton & Hayes, 2004）后者更可靠地建立了刺激类，而在另一项研究中（Leader & Barnes-Holmes, 2001b）却是前者。在至少一项针对大学生学习单一被试设计的研究中，讲座里的"讲述"和模板配对规程在促进衍生刺激类上取得了同样好的效果（Lovett, Rehfeldt, Garcia, & Dunning, 2011）。

为了更好地理解这些发现，值得一提的是，皮特和菲纳普（2014）的研究有一个特别有趣的特征，图20.9中的右图总结了这一特征。针对教授过和没教授过的AC关系，皮特和菲纳普分别计算了正确回答和没有正确回答基线关系问题的学生的准确性。无论是否告知学生AC关系，关键的问题似乎都在于首先完全掌握了基线AB和BC关系。对于确实获得了基线关系的学生，讲述对组合蕴含来说是没有必要的。对于没有熟练掌握基线关系的学生，讲述不足以进行组合蕴含。

皮特和菲纳普（2014）的研究结果表明，与模板配对规程一样，"讲述"或"示范"程序的关键之处可能在于它们是否牢固地建立了基线关系。不幸的是，虽然"讲述"和"示范"是几个世纪以来课堂教学的主要内容，但这些策略可靠地改变行为的条件仍有待人们充分理解。因此，暂时遵循大多数行为教学系统的工作（例如，Keller, 1968; Skinner, 1958）是明智的，并假设在某种程度上积极反应和依联反馈是刺激关系规程中有益的特征。然而，这并没有否认其他程序有潜力为有足够语言技能的学习者大大提高他们获得刺激关系的效率。

主张2：被强化的关系经验产生了一个泛化关系技能库

第19章将等价类描述为被强化的练习的结果，该类练习包含涉及特定刺激的基线关系。例如，思考一下图20.9（左图）中的类。根据标准观点，获得该类需要两种基线学习经验：在低p值存在的情况下选择$p \leq 0.05$（而不是$p > 0.05$）的强化经验，以及在低p值存在的情况下选择具有统计显著性的强化经验（在高p值存在的情况下选择相反的答案也需要被强化）。同样，根据标准观点，获得每个新的等价类（如逾期、迟到和晚了；图20.3中的右上图）需要类似的步骤。然而，RFT提出了一个改变刺激类获得性质的发展过程。这个说法的核心与西德曼（2000）的理论不同，后者认为衍生关系是特定强化依联的自动结果。RFT的假设与此相反，在有正确的学习历史的前提下，刺激类的衍生成为一个泛化的技能库，RFT称之为有潜力适用于任何数量的特定刺激的任意应用的关系反应（arbitrarily applicable relational responding）

（Barnes-Holmes & Barnes-Holmes, 2000）。

所需的学习历史让人想起创造通用模仿所需的内容（Baer, Peterson, & Sherman, 1967）。至少对于某些学习者而言，教师最初执行"做这个"的指令不足以辅助复制如触摸鼻子之类的动作。直接教学可以将特定动作置于"做这个"的控制之下，但辅助最初可能无法与其他动作一起使用（如拍手）。在直接教授模仿足够多的动作的情况下，"做这个"会成为泛化情境提示，辅助在教师下一步做什么的刺激控制下任何动作的模仿。在这个例子中，你可能认出了**多范例训练**，在第17章中将其描述为重复获得一些行为技能库，这些技能库因不同的情况、刺激或反应特征而异（也可参看 Holth, 2017）。在 RFT 的泛化关系操作的解释中，强化教授的一个特定类型（如等价）的每个新的刺激类都是一个范例，并且在足够的强化类形成下，刺激类的衍生成为一个可能适用于任何数量的特定刺激的高阶操作。它是通过本章前面提到的情境刺激实现的。简而言之，多范例训练所创造的是通过情境刺激进行的泛化控制。

当情境刺激变得具有泛化性时，它们所中介的关系行为被称作**任意应用的关系反应**（AARR; Hayes, Fox, et al., 2001），这意味着形成新的刺激类，几乎没有新的强化的实践。涉及任何特定类型关系的 AARR 都被称作一个**关系框架**（Hayes, Fox, et al., 2001），并且被认为与涉及其他类型的关系是分别形成的。AARR 的一个可能的例子如下：当你看到一家商店贴出一张告示，上面说你喜欢的点心在这家商店的价格"低于"在另一家商店的价格时，你不需要任何新的学习经验就知道如何应对。

由于 AARR 被认为是因积累的多范例经验而产生的，因此，人们不会期待缺乏广泛的强化相关历史的幼儿在学习基线关系后自发地表现出衍生关系。相反，他们将需要通过强化的实践来学习基线关系，从而获得那些关系。然而，随着关系经验的积累，儿童应该在没有广泛的强化条件型区辨训练的情况下就开始形成刺激类。

这种观点有两个重要含义。第一个含义涉及发展轨迹：从规范上讲，在儿童时代，关系能力应该随着年龄的增长而提高，尽管对于所有类型的关系而言，并不一定以相同的速度发展，因为每种类型的关系都是其自身的泛化类，需要其自身的形成性经历。在下一部分中，我们将描述支持该预测的证据。第二个含义是，使用多范例训练，应该有可能通过实验创造一种特定类型的 AARR。大量研究显示，在直接训练足够多的一种类型的刺激关系范例时后，可能在进一步训练的情况下就可以形成相同类型的新关系（Barnes-Holmes et al., 2004; Berens & Hayes, 2007; Dunne, Foody, Barnes-Holmes, Barnes-Holmes, & Murphy, 2014; Heagle & Rehfeldt, 2006; May et al., 2017; Ninness et al., 2009）。[1] 这些研究共同提醒我们，衍生刺激关系干预可以有两个目标：建立一个包含特定刺激的刺激类，以及建立一个泛化技能库，学习者可以通过该技能库形成具有新刺激的相似类。

以下是一篇简短的编辑评论：你不是 RFT 的拥护者，也能够欣赏显示出泛化的关联技能库（generalized repertoires of relating）的研究。ABA 中最难应对的挑战之一，就是创造可以超出特定干预的情境范围而泛化的行为改变（Stokes & Baer, 1968; 第30章）。AARR 很可能就是这种效果，虽然关于 AARR 仍有很多有待研究的地方。迄今为止，研究已经表明，在多范例经验的基础上，新近获得的关系技能库可以在实施干预的相同情境下应用于新异刺激。建议在一种情况下获得的关系能力扩展到非常不同的关系能力上却是另一回事（如在诊所里建立的关系也会出现在家庭或学校中）。目前，我们尚未发现有任何研究对这种 AARR 概念进行更严格的检验。[2] 然而，像刚刚描述的那些研究发现，强调了刺激关系干预不仅有

1　这些研究说明了没有外显的练习且不提供反馈的"讲述"和"示范"程序也可以产生衍生刺激关系的可能原因——它们可能会利用已经建立的 AARR。

2　同样不清楚的是，这些泛化技能库的适用范围有多大。RFT 文献在这一点上有些含糊。确切地说，问题的症结可能与什么在发挥情境刺激的作用有关。RFT 文献倾向于指向离散刺激（像那些语言标签，如"相反的"），但如果情境刺激可以是离散刺激加上如前面所建议的条件反射所发生情境的一些方面的组合，那么它们控制的技能库就可能无法轻易地从一个情境泛化到另一个情境。

可能建立一个被关注的特定刺激类，而且有可能启动泛化的关系技能库。

非等价关系与心理建设的全貌

正如本章中的很多图表所说明的那样，行为分析师常常从离散的刺激和反应的角度来思考行为，而这些刺激和反应往往是一刻不停地展开的。在行为分析之外，人的运作往往是在不同的分析水平上进行的。人们所说的诸如"智力"和"知识"之类的全貌建构，指的是在较长的时间架构内的运作。斯金纳（1945）通过将心理建设视为潜在的复杂行为现象的总括性术语，看到了一种调和两个分析层次的方法。他提出，如果你想知道"智力"是什么，请查看人们说到"智力"时所指的各种行为情况。在他看来，心理建构会触发某个东西。那个东西就是行为，它可以为具体说明是哪种行为提供信息。

从一开始，关系学习的先驱研究者就认为他们的使命是提供主流心理建构全貌思维的替代方法（Hayes, 1984; Hayes et al., 2001, Sidman, 1986, 1994）。在这部分中，我们会简要地探讨衍生刺激关系与三个这样的建构之间的可能联系：知识结构、自我概念和智力发展。

分类知识：阶层关系

在本章开头，我们将语义网络称作假设的结构，这些结构在长时记忆中组织了一些知识。图 20.1 显示，很多不同种类的衍生刺激关系可能与行为现象有关，这些行为现象使观察者首先谈到"知识"。有这样一种情况涉及对类别中的刺激做出反应，在这些类中：（1）不同的刺激被视为"相同"；（2）相同的刺激同时与其他类的刺激"不同"。正如拉科夫（Lakoff, 1987）所写的那样。

> 没有什么比对我们的思想、知觉、行动和语言进行分类更基本的了。每次我们将某个事物视为*一种*事物……我们正在分类。每当我们对*各种*事物——椅子、国家、情绪，无论什么事物——进行推理时，我们都在采用类别的概念……对我们如何分类的理解，对于我们如何思考和如何运作是至关重要的，因而对于理解什么使我们成为人类，也是至关重要的。（pp. 5–6）

类别关系本质上涉及非等价关系，因此，阶层关系与区分关系有很多共同点。虽然与麦芽啤酒有关，但啤酒并不与麦芽啤酒"相同"。相反，啤酒是包括麦芽啤酒的类别（图 20.1），但麦芽啤酒不包括啤酒。反过来说，麦芽啤酒是啤酒类别的成员，但啤酒不是麦芽啤酒的成员。这种分类中的不对称刺激关系被描述为**阶层关系**，它涉及一个刺激"包括"其他刺激（"包括"作为其他刺激的类别标签），而那些刺激是该类别刺激的"成员"。阶层关系意味着多种刺激关系类的嵌套。因此，印度淡色麦芽啤酒和英国苦啤酒虽然在某些方面"不同"，但它们因为是麦芽啤酒这个刺激类的成员而"相同"。麦芽啤酒和拉格啤酒虽然"不同"，但在啤酒的类型上却是"相同"的。啤酒和葡萄酒虽然是"不同"的，但在酒精饮料的类型上却是"相同"的，它们与非酒精饮料是"不同"的，尽管酒精和非酒精饮料都是饮料的类型，以此类推。

我们不会试图解释衍生刺激关系研究者建立阶层关系所用的程序，因为它们可能非常复杂（例如，Griffee & Dougher, 2002; Paliliunas, Belisle, Barron, & Dixon, 出版中）。感兴趣的读者可以从适用于建立阶层关系的一般考虑开始（Luciano et al., 2009），其中最重要的一点是建立情境刺激，以调解两个刺激是通过"成员"还是"包括"关系而相关（例如，Slattery & Stewart, 2014）。例如，在"包括"的背景中，动物"包括"狗（是动物的一种），但狗不"包括"动物（不是狗的一种）。在"成员"的背景中，狗是动物的"成员"，反之亦然。一旦建立，情境刺激就可以呈现泛化属性，从而引导新刺激的分类（Gil-Luciano, Ruiz, Valdivia-Salas, & Suárez-Falcón, 2017; Slattery & Stewart, 2014）。

综上所述，研究文献显示，可以使用衍生刺激关系规程来建立具有阶层属性的关系，但这并不一定意味着当人们学会在日常生活中进行分类时，类似的过程也会起作用。现实世界中的分类通常会表现出三种效应

（Murphy, 2002），任何以衍生刺激关系为基础的方法都必须复制出这些效应才是可信的。信息箱 20.5 介绍了这种现象，并说明了如何根据衍生刺激关系来概念化阶层类别。最近的研究表明，当通过衍生刺激关系规程制造阶层关系时，这些现象就会出现（Slattery & Stewart, 2014, Slattery, Stewart, & O'Hora, 2011）。

信息箱 20.5

阶层分类的三个特征

行为分析领域之外的研究者发现，三个属性确实适用于人们的分类方式（Murphy, 2002）。这些"包含"中的两个，指的是哪些刺激归于哪些类别，而第三个则涉及"属性归纳"，这可以看作行为功能的转换。

不对称性类包含（asymmetrical class containment）是指这一事实，即较高阶的类（如"动物"）包含较低阶的类（如"狗"），但不可以反向而推（即"狗"不包含"动物"）（Slattery & Stewart, 2014, p. 61）。

图 20.10（上图）显示，控制"包括"和"成员"关系的情境刺激被认为会指示单向刺激控制。该图的排列方式是，在"包括"的背景中，一个项目仅包括位于其右侧的项目。在"……的成员"这个背景中，一个项目只是位于其左侧的项目的成员。这同样适用于直接教授过的关系（如在图中动物"包括"狗和蚂蚁）和衍生的关系（如动物包括贵宾狗）。

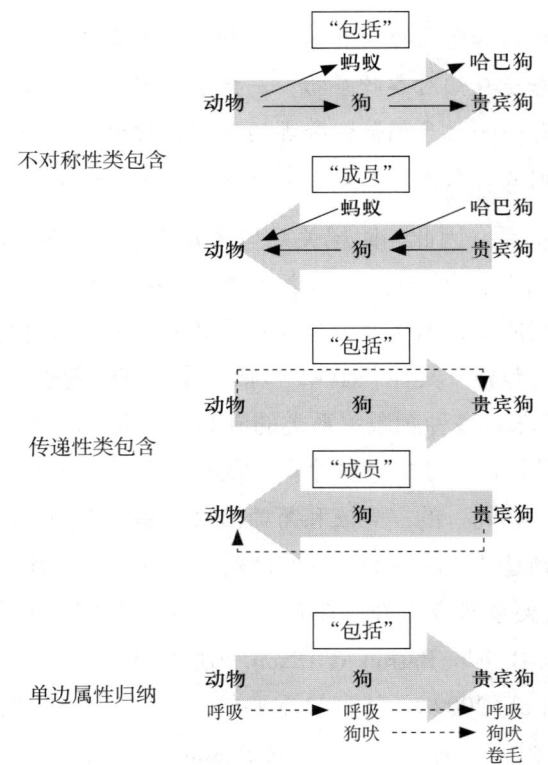

图 20.10　在阶层分类中常见的三种效应中固有的衍生刺激关系的例子。请注意，与本章中的其他图表不同，箭头并不是从模板指向比对刺激。箭头表示的是类包含，例如，要表示"包括"这个情境提示，用一个箭头从*动物*指向*狗*，代表*动物*类别包含*狗*。

传递性类包含（transitive class containment）是指将刺激（A）归类为高阶类（C）的成员，因为它是该高阶类的成员的子类（B）的成员。例如，如果教授儿童"贵宾狗"（A）是"狗"（B）的一种类型，那么儿童还可以在"狗"（B）是一种动物的基础上将"贵宾狗"归类为"动物"（C）（Slattery & Stewart, 2014, p. 61）。

传递性类包含的衍生刺激控制根据情境提示而单向流动。因为动物"包括"狗，而狗"包括"贵宾狗，所以在图 20.10 中，即使这个关系不是直接教授的，动物也被理解为"包括"贵宾狗。以类似的方式，贵宾狗会被理解为动物的"成员"。

单边属性归纳（unilateral property induction）指的是这样一个概念，即在低阶类（如"狗"）中也会发现高阶类（如"动物"）的属性或特征，但不可反向而推。例如，所有的动物都会呼吸，因此狗也会呼吸；然而，虽然狗有四条腿，但并非所有的动物都是如此（Slattery & Stewart, 2014, p. 61）。

图 20.10（下图）描绘了单边属性归纳，它是根据情境提示单向流动的功能转换。知道"呼吸"是动物的属性的人能够理解狗会呼吸，贵宾狗会呼吸。学会将"卷毛"识别为贵宾狗的属性的人不会假定所有的狗或所有的动物都具有该属性。

自我概念：直证关系

本章的大部分内容描述了人们如何将世界的不同方面相互联系起来。但是，人们也非常关注自己与世界之间的关系。诸如身份、自我概念和自我形象之类的各种心理建构，至少部分地探讨了这种自我/世界关系。然而，就像啤酒一样（图 20.1），"自我"不能脱离与之相关的事物的情境来理解。RFT 提供了有关这种"自我"的各个方面以及它产生和体现的关系的详细理论说明（Barnes-Holmes, Hayes, & Dymond, 2001; Torneke, 2010）。正如我们将在本章的最后部分中简要指出的那样，该主张有助于理解和解决各种临床问题。

让我们开始思考"自我"是如何与他人联系起来的，以此来解析"自我感"。当一名幼儿被问到她的狗在隔壁房间看到了什么时，幼儿可能会描述她看到的东西。幼儿不知道自己的视点与他人的不同。**观点移动**（perspective shifting）[1]意味着就像你从另一个人的视角去看世界那样做出反应，或者就像你处于另一个人的位置那样去感知一种处境（Batson, Early, & Salvarani, 1997）。但也有其他类型的观点移动。年龄很小的儿童也可能会混淆现时和当时的观点（问："昨天你做了什么？"儿童可能会描述她现在正在做的事情），或混淆这里和那里的观点（问："你在奶奶家看到了什么？"儿童可能会描述她在自己家里看到的东西）。

观点移动能力与广义的社会成功相关（例如，McHugh, Barnes-Holmes, Barnes-Holmes, Stewart, & Dymond, 2007），而这种能力受损则与"情绪智力"的降低（Bar-On & Parker, 2000）和包括孤独症（Baron-Cohen, Leslie, & Frith, 1985）在内的几种临床疾病（例如，Ingram, 1990; Mullins-Nelson, Salekin, & Leistico, 2006）相关。此外，如同本章最后部分所解释的那样，观点移动技能库与典型发育人士所遭遇的某些适应问题也有关系。

在行为分析的观点中，观点移动涉及特定种类的刺激关系。这些是习得的关系，而不是成熟的自动产物（Weil, Hayes, & Capurro, 2011），日常环境并不总是提供所需的学习经验（McHugh, Barnes-Holmes, & Barnes-Holmes, 2009; Valdivia-Salas, Luciano, Gutierrez-Martinez, & Visdomine, 2009）。幸运的是，研究开始显示出如何促进典型发育儿童（Heagle & Rehfeldt, 2006; Montoya-Rodriguez & Cobos, 2016; Rehfeldt, Dillen, Ziomek, & Kowalchuk, 2007）和孤独症儿童（Jackson, Mendoza, & Adams, 2014; Rehfeldt, Dillen, Ziomek, & Kowalchk, 2007）获得与观点移动相关的特定刺激关系。

---

[1] 传统的术语是观点采择，但这个术语通常仅用于强调自我与他人之间的差异。实际上，正如这一部分所详细阐述的，我们是在多个维度上移动了观点。

最常见的是，人们已经使用"巴恩斯—霍姆斯规程"（Barnes-Holmes Protocol）的变体建立了观点移动（例如，McHugh, Barnes-Holmes, & Barnes-Holmes, 2004；参看 Guinther, 2017）。该规程纳入了被称作**直证关系**的各种以自我为中心的区分关系，它们定义了自我与外部世界的各个方面之间的关系。直证关系有三个维度。我—你维度，区分自我与他人。这里—那里维度，区分自我与他人的地理位置（这里始终与我相关，而那里始终与你相关）。现时—当时维度，区分现在与其他时间发生的事件。

想一想成人在和幼儿说话时往往倾向使用的以自己为参照的语言互动方式，就可以体会到直证维度的日常重要性。成人可能会问儿童这样的问题："妈咪在做什么？"（我／你），"你在哪里？"（这里／那里），以及"你今天早上在幼儿园里做了什么？"（现时／当时）。正确答案的强化迫使人们关注重要的直证区分（例如，如果没有领悟到自己不是坐在另一个房间里的狗，就很难正确回答"你在哪里？"）。然而，这些是"简单"的直证关系，它们本身并不是观点移动，而是观点移动的先决条件。成人还会向儿童提出一些问题，这些问题需要在三个直证维度中的一个或多个维度上进行观点的反转。例如，"到了奶奶家，你想做什么？"这个问题要求对这里／那里和现时／当时都进行反转。这是观点移动的一个例子。

巴恩斯—霍姆斯规程使用语言来叙述情景，要求学习者回答反映该情景的三个直证维度的问题。表20.2 显示了这些情景的例子。这种语言形式不同于在很多情况下包含尽可能少的语言内容的模板配对程序。[1] 巴恩斯—霍姆斯规程中的情景代表了三个层次的直证复杂程度（表20.2，最左列）。简单的直证关系包括前面提到的三个核心直证维度，并且如前所述，那三个直证维度并不是观点移动的例子。建立观点移动的基石是反向的直证关系（涉及三个维度之一的反转）和双重反向关系（涉及多个维度的反转）。

表 20.2　用巴恩斯—霍姆斯规程来教授观点移动的示例项目

水平	示例项目[a]	我／你	这里／那里	现时／当时
简单	我有一块红砖，你有一块绿砖。我有哪块砖？	简单		
	我坐在这里的蓝色椅子上，你坐在那里的黑色椅子上。你坐在哪儿？	简单	简单	
	昨天我在看电视。今天我正在阅读。我现在在做什么？	简单		简单
反向	我有一块红砖，你有一块绿砖。如果我是你，而你是我，我会有哪块砖？	反向		
	我坐在这里的蓝色椅子上，你坐在那里的黑色椅子上。如果我是你，而你是我，你会坐在哪儿？	反向	简单	
	我坐在这里的蓝色椅子上，你坐在那里的黑色椅子上。如果这里是那里，而那里是这里，你会坐在哪儿？	简单	反向	
	昨天我在看电视。今天我正在阅读。如果现时是当时，而当时是现时，我当时在做什么？	简单		反向
双重反向	我坐在这里的蓝色椅子上，你坐在那里的黑色椅子上。如果我是你，而你是我，并且这里是那里，而那里是这里，你会坐在哪儿？	反向	反向	简单
	昨天你坐在这里的蓝色椅子上，今天你坐在那里的黑色椅子上。如果我是你，而你是我，并且现时是当时，而当时是现时，我会坐在哪儿？	反向	简单	反向
	昨天我坐在这里的蓝色椅子上，你坐在那里的黑色椅子上。如果这里是那里，而那里是这里，并且现时是当时，而当时是现时，我会坐在哪儿？	简单	反向	反向

a 项目可以代表三个不同的直证维度（我／你、这里／那里、现时／当时）。每个维度都可以用非直证（简单）或直证（反向和双重反向）形式表示。

引自 A. I. Heagle & R. A. Rehfeldt (2006). Teaching Perspective-Taking to Typically-Developing Children Through Derived Relational Responding. *Journal of Early and Intensive Behavioral Interventions*, 3, pp. 1-34. 表1。

你可能会对表20.2 中的某些情景感到困惑，即使是像你这样的高级学习者，也会如此。这说明直证关系不一定是"自然而然"的，因此不一定能在日常环境中获得（即使是高功能的成人也是如此；参看

---

[1] 虽然巴恩斯—霍姆斯规程已被用于三岁以下的幼儿，但由于其叙述形式，它可能会对发展程度相当于五岁或五岁以上的学习者产生最佳效果（例如，Montoya-Rodriguez, Molina, & McHugh, 2017）。

图 20.11）。因此，值得注意的是，巴恩斯—霍姆斯规程已被人们成功地用于教授幼儿和障碍人士观点移动（例如，Barron, Verkuylen, Belisle, Paliulias, & Dixon, 2018; Belisle, Dixon, Stanley, Munoz, & Daar, 2016; Heagle & Rehfeldt, 2006; Jackson et al., 2014; Rehfeldt et al., 2007）。

智力发展

智力

智力的建构可以追溯到心理学成为一门独立的学科之前，心理学家一直试图对其进行测量，这已有100多年的历史了。智力上的个体差异被认为具有实践上的重要意义。例如，学校使用智力测验来诊断学习问题，并将儿童安置于教育轨道（Kaufman, 2018）。可以说，任何有关智力的理论或实证上的努力都有可能引起人们极大的兴趣。

本章引言称"知识"和"理解"由衍生刺激关系组成（如图 20.1）。如果这是真的，那么接下来会有三件事。第一，那些由经验创造了各种各样衍生刺激关系的人会被认为是知识特别渊博的人。第二，因为已知的东西是新刺激关系的原始材料的一部分，所以那些"知道很多"的人在未来的学习中有一定的优势——他们拥有更多的概念上的钩子，可以用来悬挂新的学习。第三，回想一下，丰富的关系学习历史是 RFT 所假设的泛化关系技能库（AARR）的来源。这可能会使人们以异常的高速度和灵活性学习新事物，这是被称作聪明的一个基础。基于这些观察，RFT 理论家将"一般智力"与 AARR 等同起来（Barnes-Holmes, Barnes-Holmes, et al., 2001; 参看 Cassidy, Roche, & O'Hora, 2010），并开始研究标准化的智力测量中关系技能库与表现之间的联系。

早期结果令人鼓舞。多项研究发现，标准化智力测验分数与关系任务表现之间存在正相关的关系，包括那些强调阶层关系（Mulhern, Stewart, & McElwee, 2017）、时间关系（O'Hora et al., 2008）和区分关系（O'Hora, Pelaez, & Barnes-Holmes, 2005），以及涉及多种关系类型的组合（Colbert, Dobutowitch, Roche, & Brophy, 2017）。更令人兴奋的是，一些研究显示，以关系为中心的密集干预可以显著提高儿童的标准化智力测验分数（Amd & Roche, 2018; Cassidy, Roche, Colbert, Stewart, & Grey, 2016; Hayes & Stewart, 2016; Parra & Ruiz, 2016）。这些结果意味着应用行为分析师所关注的行为改变类型与学校和其他机构所重视的更大规模的功能测量之间存在潜在的重要联系。这也使进一步研究这一领域的时机更加成熟。

关系行为的发展趋势

在一个相关的主题上，如果像 RFT 提出的那样，关系能力是随着时间的推移而学习的，那么人们会期望看到在这些能力中与年龄相关的有序变化。需要说明的是，我们并不是说关系能力会随着年龄的增长而自动发展。相反，年龄是多范例关系经验的一个标志，在适当的环境中，它会随着时间的推移而不断积累。任何年龄的缺乏相关经验的人都完全有可能表现出一种特定类型的泛化关联。一些研究直接寻找关于关系能力发展的证据。有两项研究使用纵向设计，针对一名儿童开展研究，仅在儿童19~23个月大时才发现等价类形成的证据（Lipkins, Hayes, & Hayes, 1993; Luciano et al., 2007）。这种发现很有趣，原因有二。第一，在这些研究中，等价类的形成先于可能的前提关系能力的出现，如对称性关系。第二，从规范上讲，大约在同一年龄段，儿童第一次可靠地表现出语言行为（如物体的命名），而这种行为可能被认为是利用了等价关系（Luinge, Post, Wit, & Goorhuis-Brouwer, 2006）。

关系能力在成长发展中多早出现，刚才描述的纵向研究有些模棱两可，因为它们在评估关系能力的同时提供了关系经验。其他研究使用的横断设计仅提供足够的关系经验来一次评估表现，从而减少了研究规程建立任何新能力的机会。图 20.11（左图）总结了一项评估不同年龄儿童的阶层关系的研究的选定发现（Mulhern et al., 2017）。该图显示了在每个年龄组中，对于几种关系中的每一种都达到熟练掌握标准的儿童数量（每十个中有几个）。总体的模式是使以阶层类为基础的衍生相互蕴含和组合蕴含随着年龄的增长而变得越来越普遍。单独显示的是相对困难的阶层关系与非任意包含的结果，非任意包含是基于刺激的简单物理属性（如大小和颜色）的一个初级的、非阶层性分类的类型。非任意包含的发展轨迹比阶层关系的发展轨迹更陡峭，7~8岁年龄组的所有儿童都证明了这一点，而对于阶层关系而言，即使是年龄较大的儿童也无法可靠地展现这种关系。这与"困难"的分类发展相对较慢的一般假设是一致的（Bornstein & Arterberry, 2010）。

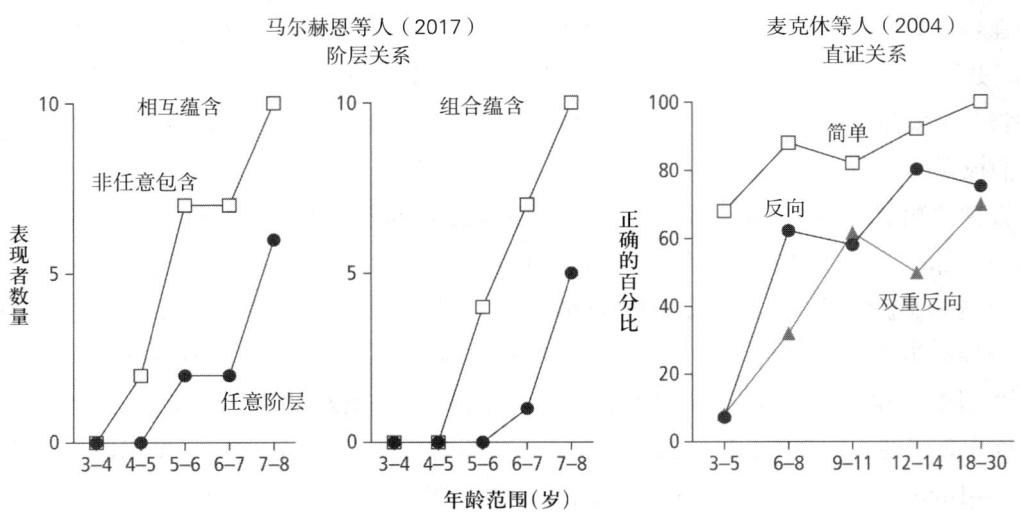

图20.11 左：在几个年龄组中表现出以阶层刺激关系为基础的相互和组合蕴含的儿童数量（每十个中有几个）。每个小组在一个相对简单的（非任意包含）和相对复杂的（任意阶层）分类中比较了能力的大小。右：显示自我参照关系的几个年龄组中儿童的正确回答百分比。结果分别显示了非直证关系（简单关系）和两种直证关系。

左：引自 T. Mulhern, I. Stewart, & J. McElwee. Investigating Relational Framing of Categorization in Young Children. *Psychological Record*, 67, pp. 519-536. 表5。右：改编自 L. McHugh, Y. Barnes-Holmes, & D. Barnes-Holmes. Perspective-taking as Relational Responding: A Developmental Profile. *Psychological Record*, 54, pp. 115-144. 图1。

图20.11（右图）总结了一项研究结果，该研究评估了3~30岁年龄者的直证关系（McHugh et al., 2004）。对于每种关系类型，该图显示了这些人正确回答的评估尝试的百分比。简单直证关系不涉及观点移动，即使在最小的儿童身上也很明显。确实涉及观点移动的反向关系和双重反向关系在6岁之前并不存在，它们即使在18~30岁年龄组中也不完全可靠。这一发现很有趣，原因有二。第一，反向/双重反向关系的点点滴滴的获得与观点转移是一项困难技能的假设相一致——例如，与左图中阶层关系的发展模式相比。第二，反向/双重反向关系的趋势与其他研究报告大体上一致，即在典型发育儿童中，诸如"心理理论"之类的以自我为中心的构想的可靠证据在5岁左右出现。在发展轨迹上可能存在文化差异，因为中国儿童比美国儿童更早表现出"心理理论"（Sabbagh, Xu, Carlson, Moses, & Lee, 2006）。假设"文化"意味着不同种类的社会学习环境，那么这一发现与学习关系能力的RFT立场是一致的。

衍生刺激关系与总体幸福感

上一部分讨论了一些心理建设全貌里各种类型的衍生刺激关系可能的相关性。这里还有一个：总体心理幸福感。"幸福感"可能意味着很多事情，其中一个关键的组成部分可能涉及行为方式，使它们与最有价值的强化物保持接触。三项依联的观点假设行为遵循了强化，因此，感兴趣的问题是这种情况什么时候永远不会发生。如下所述，有一个答案与人们关于衍生刺激关系所知的信息是有重合的，这为**接纳与承诺疗法**（acceptance and commitment therapy, ACT）奠定了基础。ACT是一种以实证为基础的行为疗法，将RFT纳入其影响之中，旨在帮助人们更好地接触他们的强化物（Hayes, 2005; Hayes, Strosahl, & Wilson,

2016; 也可参看 McEnteggart, 2018)。

紧接着，我们将有选择地介绍一些 ACT 干预的详情，与传统的 ABA 干预不同，ACT 干预严重依赖语言练习（例如，Assaz, Roche, Kanter, & Oshiro, 2018)。[1] 这与传统的 ABA 操作方式（modus operandi）大不相同。我们必须首先解释 ACT 的概念基础，这样，其以语言为基础的干预才有意义。这样做还将阐明 ACT 如何与这里以及第 19 章中描述的衍生刺激关系建立联系（更多有关这些联系的信息，参看 Assaz, et al., 2018; McEnteggart, 2018 ）。

由于理解 ACT 的规则需要付出一定的努力，让我们试着为此提供一些动力：ACT 是有用的。行为分析师对数据很感兴趣，作为强化物抽样的一项练习，图 20.12 以一项针对直接服务发展性障碍服务对象的

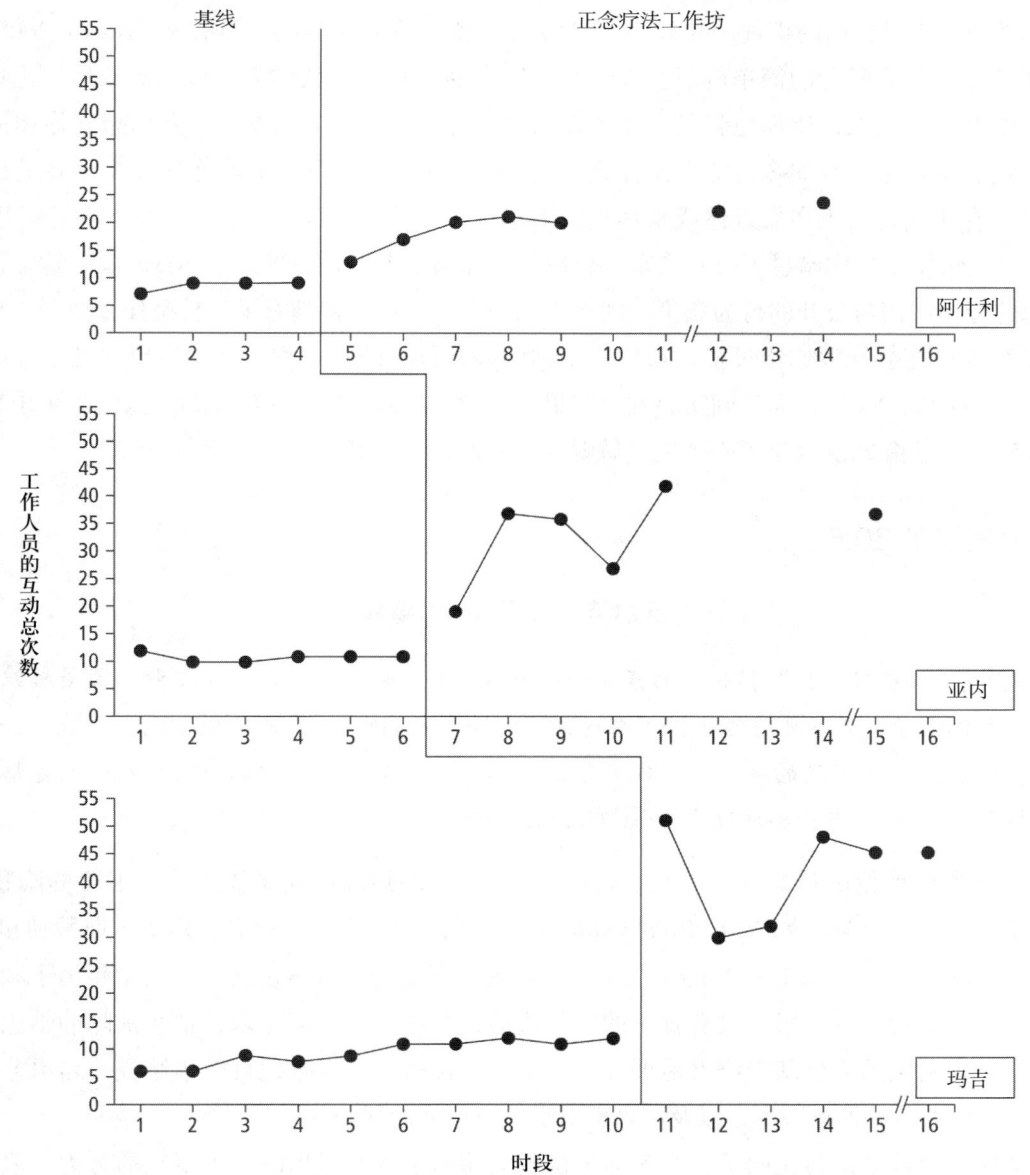

图 20.12　减少三名少年的严重攻击行为频率的干预效果

经爱思唯尔出版集团授权转载。引自 C. Chancey, et al.. The Impact of Mindfulness Skills on Interactions Between Direct Care Staff and Adults with Developmental Disabilities. 出版中。*Journal of Contextual Behavioral Science*. 版权清算中心传达授权。

---

[1] 出现这种情况的原因是，RFT 假设衍生刺激关系与语言行为之间存在难以处理的联系，在这种情况下，涉及衍生刺激关系的任何问题也都涉及语言行为。语言干预也和临床工作者常常借以为服务对象提供服务所使用的简短咨询是共存的。

支持工作人员实施的干预所获得的结果为形式，提供了一些数据（Chancey et al., 出版中）。在基线期间，工作人员很少与服务对象进行积极的互动。干预开始后，与服务对象的积极互动增加了一倍以上。然而，请注意，在实施这项干预之前不会进行功能评估（第 27 章），并且不包括直接针对与服务对象互动的辅助或后果。也就是说，尽管省略了很多传统的 ABA 中使用的方法，该干预仍然是有效的。稍后我们会描述干预，现在我们继续讲述这一部分的重点：我们认为应用行为分析师应该对任何有效的干预都感兴趣，并且对它的运作方式感到好奇，即使这意味着要超出熟悉的范围开展实践。在阅读有关 ACT 的文章时，请做好准备，它们与传统的 ABA 中使用的分析类型有着惊人的差异。

内隐事件如何减少与强化物的接触

ACT 的核心原理是，内隐事件（参看第 18 章）是人类面临的很多挑战的根源（Hayes, 2005）。以下是一个内隐事件如何形成问题的简单例子。你正在等待一辆公共汽车载你去上班，上班是强化物的一个重要来源。一个女人走过来，让你想起了自高中以来再未见过的一位老朋友。你开始想起你和你的朋友的共同经历，然后试着想象她如今可能在做什么。遐想随着你要搭乘的公共汽车所发出声音的出现戛然而止——而你没有注意到它正在靠近你或乘客正在上车——然后车就开走了。由于是"在脑海里"（Hayes, 2005）而不是在情境中，你错过了公共汽车，也损失了你那个工作日的很大一部分时间。这个孤立的事件说明了内隐的行为如何与公开的行为竞争。现在想象一下，一直"在脑海里"会是什么样子。从事一系列广泛的内隐行为可能会导致你错过很多与依联于你的公开行为的强化物。这种经历常见于各种临床疾病中（Chawla & Ostafin, 2007），而且确实会发生在很多虽没有临床疾病但无法获得完整的人生乐趣的人身上（Hayes, 2005）。信息箱 20.6 提供了一个关于后者的虚构但并不脱离现实的例子。

信息箱 20.6

沃尔特·米蒂的内隐事件

"我们正在经过！"指挥官的声音如同薄冰破裂。他穿着他的全副军装，戴着编织得很结实的白色帽子，潇洒地将帽子拉下来遮住一只冷灰色的眼睛。"我们做不到，长官。如果你问我，这真是一场飓风的破坏。""我不是在问你，伯格中尉。"指挥官说，"打开电源灯！将速度提升到 8500！我们要冲过去！"（Thurber, 1999, p. 55）

具有标志性地位的詹姆斯·瑟伯（James Thurber）的短篇小说《沃尔特·米蒂的隐秘生活》[《白日梦想家》（*The Secret Life of Walter Mitty*），在 2013 年被改编成电影，由本·斯蒂勒和克里斯汀·韦格（Ben Stiller & Kristin Wiig）主演] 就是这样开始的。故事讲述了一名中年男子和他的妻子在镇上的一系列午后差事。没有真正的飓风或伯格中尉。这些都是米蒂精心铺陈的幻想的一部分，而这一天发生的事情却围绕着他展开。在不同的转折点，米蒂把自己描绘成一名勇敢的军事指挥官，一位著名的外科医生，以及一名面对射击行刑队的罪犯。

这个故事通常被认为说明了一个人为了摆脱无聊的生活而付出的艰苦卓绝的努力，但他的无聊生活（缺乏外在的强化物）可能正是他的幻想导致的。每当米蒂陷入幻想时，对整个世界而言，他做什么都会变得无精打采。他错过了会谈。当交通信号灯改变时，他没能把他的车往前行驶。他忘记了在商店里要买什么。他幻想里的内隐行为把可能接触到强化物的公开行为排挤了出去。结果，其他人（包括他的妻子）认为米蒂很奇怪，要么远离他，要么指责他，试图促使他做出有用的行为。这放大了米蒂的孤独感。

令人不愉快的内隐事件独占了注意力并导致了公开的问题行为

如信息箱 20.6 所示，内隐事件和那些与高优先级的强化物接触的"幸福感行为"竞争的一种方式只是将其排挤掉。厌恶事件可能会引起不愉快的情绪反应，从而干扰幸福感行为（参看 Friman, Hayes, & Wilson, 1998）。对于实验室动物来说，这与电击诱发的"恐惧"会中断受到正强化的行为相似（例如，Estes & Skinner, 1941）。不愉快的情绪可能也会增加干扰幸福感行为的公开行为。一名女子在使用锤子时意外砸到自己的拇指，之后去踢了她的狗，又如在经历不愉快事件后变得具有社会攻击性的人，都说明了这一现象（例如，Roberton, Dafferm, & Bucks, 2012）。[1] 另外还有很多相关的、可能的回避行为。例如，想象一下，一位大学教授必须在很短的时间里完成一篇很长的文章。通过过去未能在截止日期前完成工作的经验而形成的刺激关系导致撰写那篇文章诱发了相当大的焦虑，而教授通过在应当写作时花很长的时间骑自行车来逃避这种焦虑。在这个严格意义上的假设例子（与本章的两位作者没有任何关系）中，骑自行车受到了负强化，并且发生频率越来越高，尽管从长远来看，这样做会损害与完成写作有关的强化物。

功能转换增加了与痛苦的接触

诸如抢劫之类的不愉快事件（信息箱 20.3）可能只发生了一次，但通过在衍生刺激关系中转换功能，人们可能会反复经历不愉快事件。为了说明这一点，让我们回到信息箱 20.1 中描述的那个有学校焦虑的男孩肖恩。这个男孩与他的老师经历了一个令人不愉快的时刻，而与那个时刻有关的痛苦扩大了，以致在他远离老师的生活中也有很大一部分被痛苦占据。"痛苦的蔓延"（参看 Dymond et al., 2014）始于直接经验（训斥）转换了一个已经存在的刺激类中的一个刺激（老师）的功能（图 20.4）。该类中的其他刺激也获得了相同的功能。对肖恩来说，这在功能上就像每天被他的老师大喊大叫很多次一样。

不那么直接的效果是可能的。假设你在度假时参观了一座苏格兰城堡，度过了一段愉快的时光。你喜欢这个建筑，墙上挂着的美丽的中世纪挂毯给你留下了深刻的印象，并发现导游描述的历史令人着迷。因此，你衍生了一个涉及城堡和所有这些刺激的非常愉快的刺激类。然后，你偶然发现了一枚徽章，这使你想起了你的母亲，她是苏格兰人的后裔，她很珍惜她的家族传下来的徽章。你的母亲在两年前因一种令人痛苦的疾病去世了，想到她会使你感到哀伤。这种新的功能转换意味着与城堡有关的刺激类将不再涉及全然的喜悦。

最后，泛化关系能力可以通过将愉快的功能转换为不愉快的功能而促进"痛苦的蔓延"。

> 想一想，一名六岁女孩在学校画了一幅画。她的父亲说："很好，你画得很好！"由于这名女孩具备一定程度的语言能力，因此她也会接触到与这句话相对立的陈述，即"不太好"和"画得不怎么好"。她可能没有在父亲说"很好"的那一刻接触到"不太好"，但她稍后可能会接触到。例如，当女孩尝试画另一幅画，而画出来的结果却不是她想象的那样时，她不需要任何人来评判她的这幅画，认为它"不太好"，或她"画得不怎么好"。（Torneke, 2010, pp. 136–137）[2]

说到底，令人不愉快的经历是"真实的"还是衍生的无关紧要——实际上，二者的经历没有区别（Friman et al., 1998）。由于刺激类内的功能转换，对幸福感行为造成约束的不愉快内隐事件可以随时随地发生。

---

1 ACT 理论家还假设，通过功能转换，内隐事件可以获得厌恶属性，并成为回避行为的动因操作，这种行为减少了内隐的厌恶刺激，但干扰了幸福感行为。有关 ACT 的完整解释不在本章讨论的范围之内。

2 回顾第 19 章，刺激类的基线关系是条件型区辨，这可能是最容易理解的例子，这意味着不仅要在关系情境中学习一个刺激"是"什么，还要学习它"不是"什么。因此，对立关系在刺激关系的获得中总是固有的，并且通过泛化对立技能库，我们总是通过体验快乐而在情境提示引起"对立"时被置于遭受痛苦的风险之中。

过度遵循规则会干扰幸福感行为

回忆一下信息箱 20.3 中描述的习得性无助的例子。令人不愉快的经历（如被抢劫）会导致产生泛化的自我规则，从而引发干扰幸福感行为的行为（回忆一下"我是没用的"规则如何损害了大学课程和社交关系）。当语言刺激（规则）引发行为，改变动因操作和/或指明该行为的后果时，就发生了**规则掌控的行为**，这也被称作指令控制（instructional control）（Hayes, 1989; Skinner, 1969）。规则和指令可能来自其他人，例如，父母告诉孩子："为了避免被汽车撞到，在过马路之前要左右两边都看看。"但是，接触环境依联的人也会产生自己的规则，并且这些语言刺激可以控制行为，就像在外部产生的规则一样（例如，Rosenfarb, Newland, Brannon, & Howey, 1992）。在规则控制下的行为（既包括自我产生的，也包括他人产生的）通常对局部依联的变化不敏感（Hayes, 1989; Skinner, 1969）。

RFT 认为规则掌控通过衍生刺激关系来运作。规则被认为是控制行为的，部分原因在于规则包括参与控制行为的"真实"（非语言）刺激所组成类中的刺激（话语）。例如，一名学生未能通过几何测验，这引发了他的规则"我的数学很糟糕"，"糟糕"和"数学"两个词的体验与实际的不愉快经历（测验失利）大致相同，它们是关联在一起的。你可能会意识到自我规则与直证关系相似，即以我—这里—现时为格式的人物—地点—时间关系。当自我规则沿着直证维度延伸时，它们会遍及日常生活经历，并广泛地破坏幸福感行为。自我规则"我的数学很糟糕"是基于在特定时间和地点发生的经历，但在所有的时间和地点都描述了（假设的）结果。这是这里/那里和现时/当时维度的扩展。信息箱 20.3 中遭遇抢劫的受害者也发生了同样的事情：一个事实陈述（当时我在那个地方没有用）延伸到了其他情况，在这种情况下，它可能不准确，但仍然可以控制行为（我在所有时间和所有地方都没用）。其他问题规则可能会使我/你的用语混为一谈，例如，一个男人的父亲离过四次婚，他会衍生出这样的结论："我永远不会在一段关系中找到持久的幸福。"（在关系技能上有问题的是父亲，而不是儿子。）有关刺激关系如何促进规则掌控的一个易于理解的一般介绍，请参看特内克（2010，第 6 章）的相关文章。

当自我规则控制的公开行为干扰幸福感行为时，自我规则就会成为问题。信息箱 20.7 描述了一个例子。在这个例子中，需要特别注意的是受自我规则控制的行为如何受到负强化维持。在这种情况下，令人不愉快的内隐事件会为公开行为和控制它的自我规则创造动因操作。终止这些内隐事件的行为会自动增强（例如，Dymond & Roche, 2009）。因此，对信息箱 20.1 中逃避上学的男孩来说，躲在附近直到校车离开后再出来，才可以预防与学校有关的恐惧。对信息箱 20.7 中固执于处理细菌的家长来说，清洁可以减轻他的焦虑。这是规则掌控的行为对改变不敏感的原因之一：规则掌控的行为会生成自己的即时强化物（McEnteggart, 2018）。

信息箱 20.7

卫生并发症[1]

乔基姆是两个女孩的父亲，女儿的年龄分别为 2 岁和 3 岁。当第一个女儿出生时，他和妻子决定，他做一个全职父亲，因为乔基姆的妻子挣的钱比他当一年级教师挣得多，而在这份工作中，乔基姆很会与孩子们相处。乔基姆很期待通过各种"实地考察"，就像他过去安排学生去公园、博物馆和动物园那样，教他的女儿们认识这个世界。他很兴奋自己能够帮助女儿们在入学之前发展

---

[1] 我们感谢西娅拉·麦肯特格特（Ciara McEnteggart）提供了这个例子。

出强大的基本学业技能。

但是，乔基姆出人意料地因为他这个全职父亲的角色而挣扎。基于他自己都不了解的原因，乔基姆一直为如何保护女儿们免受细菌侵害发愁，他制订了一套自我规则，如"为了成为好家长，我必须让我的孩子免受疾病侵扰"，以及"我需要保持房屋清洁"。不久之后，乔基姆变成了一个清洁机器。他拿着一瓶清洁喷雾剂在房子里走来走去，擦拭着他经过的每个门把手和电灯开关。他每天多次擦洗地板并多次对厨房的每个表面进行消毒。

纤尘不染的房间减轻了乔基姆关于细菌的焦虑，从这个意义上来说，这些行为是"有效"的。但它们与乔基姆作为家长所计划做的很多事却是不兼容的。结果是，他很少和女儿们一起玩，当他跟她们玩的时候，经常因为要清洁污渍而中断游戏。乔基姆没有安排任何"实地考察"，也没有教女儿们读书，因为他忙于消毒。简而言之，乔基姆在自己的家中成了一位缺席的父亲。这给他的女儿们带来了不良的影响，也使乔基姆失去了与她们互动和帮助她们长大成人的很多乐趣。在意识层面上，乔基姆知道这种得失取舍，但环境如果是危险的、不卫生的，自己将难辞其咎，这个想法非常令人厌恶，以至于他根本没想过自己也可以帮助自己。

ACT 的语言指导练习如何以阻碍有害的内隐事件为目标

在 ACT 中，内隐事件对幸福感行为的持续性干扰被称作心理僵化（psychological inflexibility）（Hayes, 2005）。我们将其称作**行为僵化**（behavioral inflexibility），这与灵活性对立，灵活性是一种"在当下"的能力，它使一个人的行为受当前情况下发生的事件的实时刺激控制（Hayes, 2005）。ACT 干预主要使用语言指导练习来破坏僵化并加强有助于提高幸福感的行为（Harris, 2008; Hayes et al., 2016）。第一类 ACT 练习被称作价值澄清（values clarification），旨在帮助人们在重要的生活领域（如人际关系、工作、休闲）中找到最有价值的正强化物（Lundgren, Dahl, & Hayes, 2008）。除其他功能外，这些练习还有助于识别高优先级强化物依联的行为（而内隐事件可能会干扰这些行为）。

第二类 ACT 练习设计的目的在于改变内隐事件的厌恶功能。有些练习模仿暴露治疗（例如，Wolpe, 1961），强迫个体反复接触引发焦虑的想法——例如，反复大声说出那些想法，直到其情绪属性减弱，而想法陈述仅仅被体验为声音；或者，想象引起焦虑的想法以卡通人物的可笑声音说出来（Harris, 2008）。

第三类 ACT 练习旨在减少内隐事件对其他行为的控制。一个有组织的概念是正念（mindfulness），正念被定义为"将一个人的注意力完全集中于当前的经验"（Marlatt & Kristeller, 1999, p. 68），以及不带评判的观察（Baer, 2003）。某些正念练习（如信息箱 20.8 中的"呼吸十次"）专注于世俗的外部刺激，以分散对恼人的内隐事件的注意力。[1] 其他练习（如信息箱 20.8 中的"浮叶"和"脚掌"）首先专注于世俗的事物，然后将其注意力转移到内隐的思想和规则上，包括那些可能出现问题的思想和规则。这里的目标是教授如何在不对内隐事件进行操作的情况下注意到它们。例如，对学校充满恐惧的肖恩（信息箱 20.1）在听到校车发出的声音时可能会感到焦虑和恐惧，但他可以学着观察这些内隐事件，并且仍然能坐上校车。那位着迷于清洁的父亲可能会意识到，他可以重复讲述关于保护孩子的规则，而不必每小时都擦洗地板。

---

[1] 这也许在功能上类似于使用反应中断/重新引导程序，它们以"分心"来防止即将到来的刻板和重复性公开行为出现（例如，Ahrens, Lerman, Kodak, Worsdell, & Keegan, 2011）。其他解释也是有可能的。

信息箱 20.8

三个 ACT 正念练习

开展这些练习有助于做到"不加评判地观察"（注意刺激而不对其做出其他反应）。练习它们的目的不是防止有问题的内隐事件出现，而是破坏它们对其他行为的控制。

呼吸十次（Harris，2008，p. 35）

1. 在一天当中暂停一会儿，深呼吸十次。专注于尽可能缓慢地呼气，直到肺部完全排空，然后使用隔膜吸气。
2. 注意你呼气时肺部排空和胸腔下降的感觉。注意你的腹部的起伏。
3. 注意哪些想法正在你的头脑中闪过。注意什么样的感受正出现在你的身体里。
4. 观察这些想法和感受时，不要评判它们是好还是坏，也不要试图改变它们，回避它们，或抓住它们不放。只是观察它们。
5. 注意以接受的态度来观察这些想法和感受是什么样子。

在流动的小溪上漂浮的叶子（Hayes，2005，pp. 76-77）

想象一条美丽的、缓慢流动的小溪。水，淌过溪石，绕过树木，随坡而降，穿谷而行。偶尔，一片大叶子掉入溪流，顺水漂流而下。想象一下，在一个温暖的、阳光明媚的日子里，你坐在小溪边，看着树叶漂过。

现在，开始留意你的思想。每当一个念头进入你的脑海中时，想象着将它写在其中一片叶子上。如果你用文字思考，请将它们化为文字显示在叶子上。如果你用图像思考，请将它们化为图像显示在叶子上。目标是你待在溪流边，让溪流上的叶子不断漂过。不要试图让溪流流得更快或更慢，不要试图以任何方式改变叶子上显示的内容。如果叶子消失了，或者你在精神上去了别的地方，或者你发现自己在溪流中或叶子上，请停下来，察觉到这已经发生。把这些认识归档。然后再次回到溪流边，观察一个想法进入你的脑海，把它写在叶子上，让叶子顺着溪流漂走。

脚掌冥想（Singh et al., 2011, p. 1055）

这个练习被用于一项干预中（稍后将讨论这项干预），目的是减少青春期男孩的攻击行为（结果总结在图 20.12 中）。

1. 如果你站着，请以自然的而非攻击性的姿势站立，脚掌平放在地板上。
2. 如果你现在坐着，请舒适地坐着，脚掌平放在地板上。
3. 自然呼吸，什么也不做。
4. 将你的思绪拉回到一件使你非常生气的事情上。保持愤怒的状态。
5. 你感到愤怒，愤怒的想法在你的脑海中流淌。让它们自然流动，不要限制它们。保持愤怒的状态。你的身体可能会显示出愤怒的迹象（如呼吸急促）。
6. 现在，将你所有的注意力完全转移到你的脚掌上。
7. 慢慢地，移动你的脚趾，感受你的鞋覆盖在你的脚上，感受你的袜子的质地、你的足弓的曲线，你的脚后跟紧贴在你的鞋的后部。如果你没有穿鞋，请用你的脚掌感受地板或地毯。

8. 保持自然呼吸，将注意力集中在脚掌上，直到你感到平静为止。
9. 开展这种正念练习，直到你能在任何地方使用它，无论何时发生可能导致你在语言或身体上有攻击性的事件，你都能使用它。
10. 请记住，一旦你冷静下来，你就可以带着笑容离开那个事件或情况，因为你控制住了你的愤怒。另外，如果你需要的话，你可以用冷静而清醒的头脑应对该事件或情况，而不进行语言威胁或身体攻击。

有效性的证据

现在明显可以看出，ACT干预采用的是与传统的ABA截然不同的形式。我们知道，习惯于从外部刺激和后果与行为的关系进行功能分析的读者可能会觉得ACT难以理解[1]，并且可能像其他一些行为分析师一样，反对通过内隐事件来研究公开行为的提议（例如，Baum, 2011; Fisher, Groff, & Roane, 2011）。然而，作为实证主义者，行为分析师致力于遵循数据，有大量证据支持ACT在很多领域中应对"幸福感"挑战的有效性。这包括学校面临的心理健康议题（Burckhardt, Manicavasagar, Batterham, Hadzi-Pavlovic, & Shand, 2017; Van der Gucht et al., 2017）和各种心理状况，如焦虑、抑郁、成瘾、慢性疼痛，以及身体健康上的问题（例如，A-Tjak et al., 2015; Hann & McCracken, 2014; Kanter, Baruch, & Gaynor, 2006）。然而，正向效果并不限于临床状况。例如，ACT（或使用其某些成分的干预）减轻了工作场所中的压力（Ly, Asplund, & Andersson, 2014），促进了大学生对体育活动的参与（Butryn, Forman, Hoffman, Shaw, & Juarascio, 2011），并改善了运动员在比赛中的表现（例如，Schwanhausser, 2009）。

使用ACT或其某些成分的干预可以减轻孤独症谱系障碍（autism spectrum disorder, ASD）儿童家长的压力和抑郁症状（Cachia, Anderson, & Moore, 2016; Singh et al., 2014），这样的效果也体现在支持发展性障碍服务对象的工作人员身上（Biglan, Layton, Jones, Hankins, & Rusby, 2013; McConachie, Mckenzie, Morris, & Walley, 2014）。ACT还被用于增加工作人员与发展性障碍服务对象之间的积极互动（Castro, Rehfeldt, & Root, 2016）。我们前面简要介绍过的图20.12，它用钱西等人（Chancey et al., 出版中）的一项研究数据说明了这一点。工作人员完成了正念练习，但干预本身并没有聚焦于与服务对象的互动，也没有就地辅助或强化与服务对象的互动。相反，改善了的互动可能是提升了的员工幸福感的分散副作用。

由于ACT依赖语言练习，因此，我们还不知道它能够多么广泛地应用于智力障碍人士。然而，一些已发布的应用程序针对的都是高功能的个体。在一个案例中，针对焦虑的ACT练习加上行为技能培训改善了三名发展性障碍人士中的两个人的工作面试表现（Brazeau et al., 2017）。一项随机对照试验发现，正念练习可以减轻被诊断为ASD的成人的抑郁和焦虑症状（Spek, Van Ham, & Nyklicek, 2013）。还有一个例子，请看图20.13，该图显示了正念练习对三名孤独症谱系障碍少年的攻击行为的影响（Singh et al., 2011）。在这个案例中，正念练习（信息箱20.8中的"脚掌冥想"）被专门用来为攻击行为创造替代行为。在干预的第一周，男孩们在父母的帮助下练习了30分钟。之后，他们每天在父母的监督下练习两次，直到连续四周没有攻击行为。练习在这时停止，但男孩们保留了可以根据需要使用的练习说明的数码录音。在基线期间，每周大约发生2~3次严重的攻击行为（打人、踢人和咬人），这些行为在引入正念练习后降至接近零的水平，并保持了大约三年。

---

1 任何对此感兴趣的读者都需要查阅ACT的主要文献，以便正确地了解ACT干预，这些有关ACT的主要文献采用自己的复杂词汇，这里我们基本上避免使用。

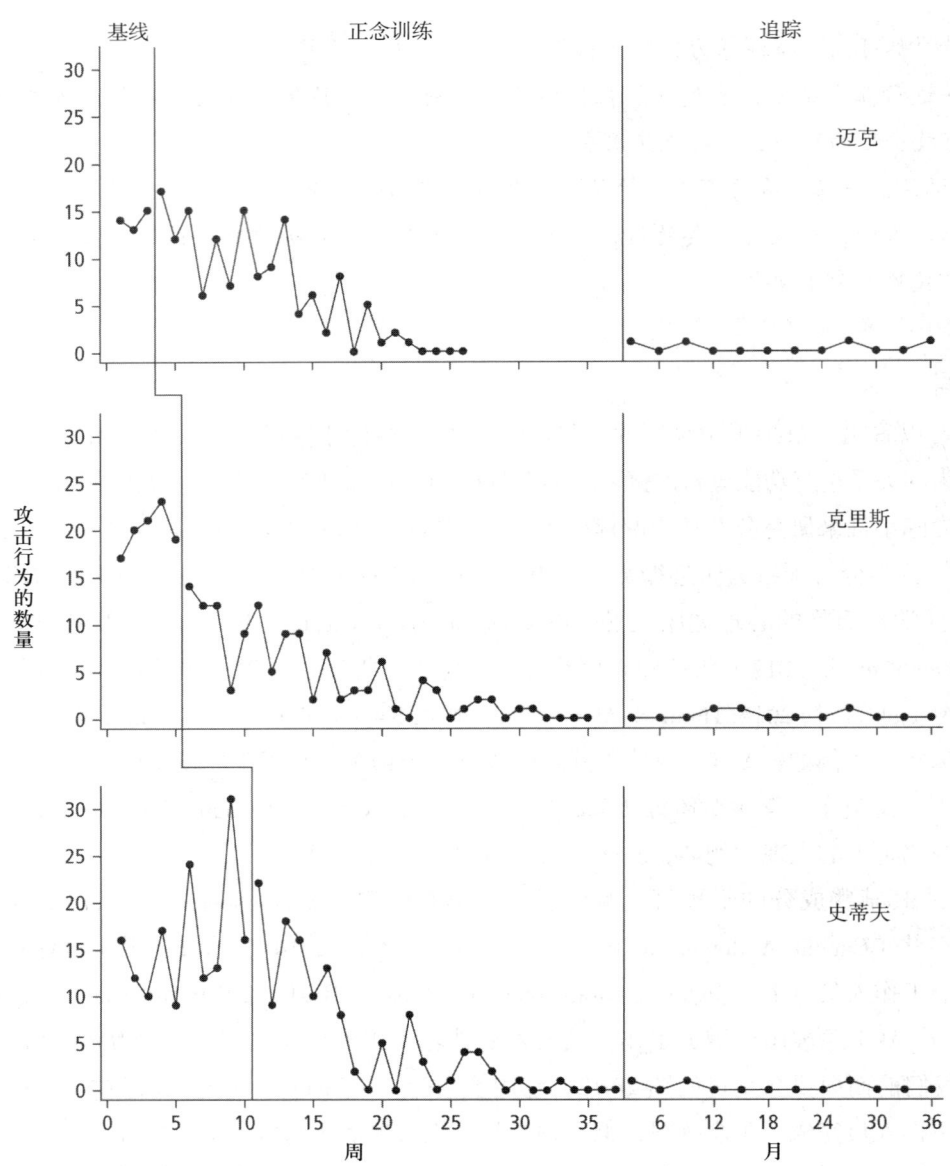

图 20.13　正念练习对三名孤独症少年的每周的身体攻击行为的影响

经爱思唯尔出版集团授权转载。引自 N. N. Singh & colleagues (2011). A Mindfulness-Based Strategy for Self-Management of Aggressive Behavior in Adolescents with Autism. *Research in Autism Spectrum Disorders*, 5, pp. 1153-1158. 版权清算中心传达授权。

虽然在已发表的 ACT 干预研究报告中只有少数直接针对发展性障碍人士，但一个特别有趣的现象是，当使用 ACT 提升父母或工作人员的幸福感时，他们所照顾的人可能会经历正面的涓滴效应（Cachia et al., 2016）。图 20.14 显示了一个例子（Singh et al., 2014），参与者是三名孤独症谱系障碍高功能少年的母亲们。过去，这三位母亲都曾与应用行为分析师合作，但由于日常执行的压力而放弃了行为计划；她们在参与这项研究前，至少有两年没有使用行为计划。在八周的时间里，母亲们完成了每周一次的以正念为基础的冥想工作坊。之后，她们被要求每天早晨继续练习正念，而家长日记显示大多数时候她们都做到了。通过自我报告评定量表的测量，母亲们的压力从基线水平下降到练习阶段的水平。伴随而来的是，虽然工作坊的焦点并不是行为干预，甚至不是孩子行为的改变，但孩子的攻击行为减少了，破坏性行为也减少了，孩子对母亲要求的服从性提高了（图 20.14 中未显示）。

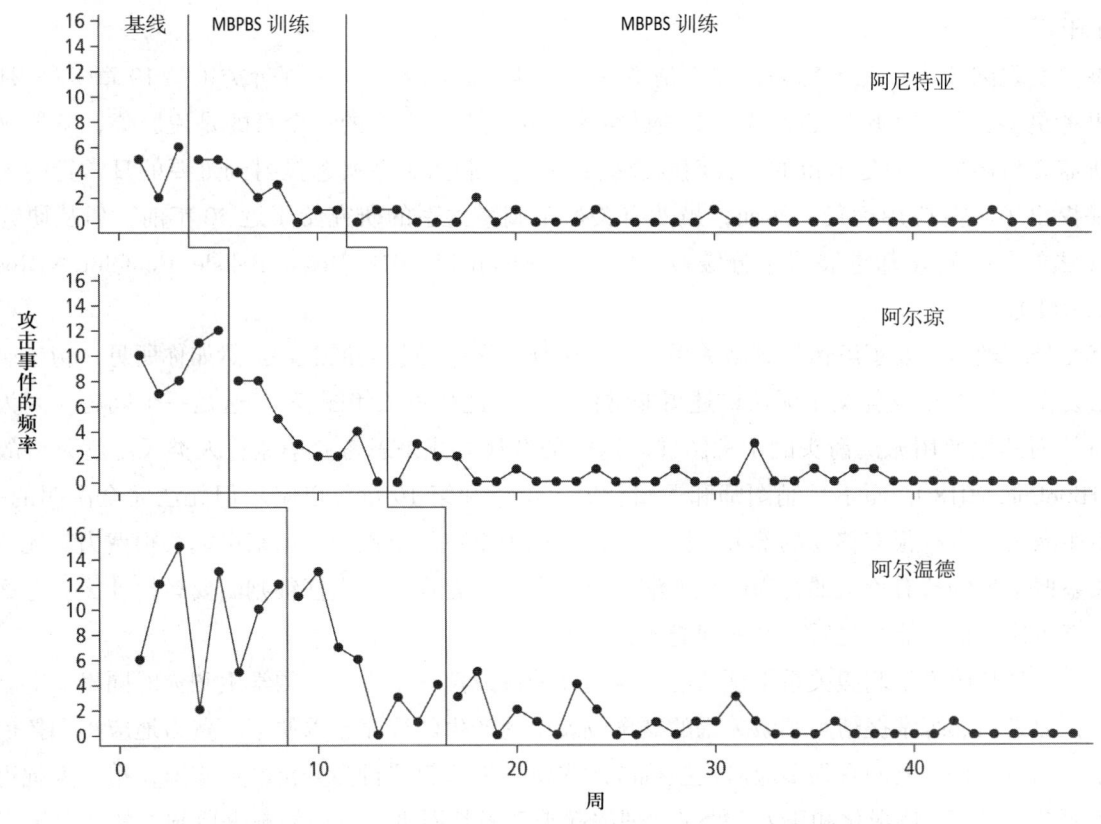

图 20.14　三名孤独症谱系障碍少年的每周攻击行为事件

经斯普林格出版社授权转载。引自 N. N. Singh & colleagues (2014). Mindfulness-based Positive Behavior Support (MBPBS) for mothers of adolescents with autism spectrum disorder: Effects on adolescent behavior and parental stress, *Mindfulness*, 5, pp. 646-657. 版权清算中心传达授权。

这一部分的结论："幸福感"的功能意义

像图 20.12 至图 20.14 所显示的那些结果，捕捉到了"幸福感"的本质，以及应用行为分析师应该对此建构感兴趣的原因。与大多数 ABA 干预形成对比的是，那些以 ACT 为基础的干预通常不会针对离散的问题行为，不会采用直接辅助，也不会系统化地操纵外部安排的后果。他们可能不教授任何特定的替代行为。但是，通过对行为功能的一般方面的处理，它们可以对应用行为分析师经常处理的各种问题产生积极影响。因此，ACT 的实务工作者可能会争辩说，传统的 ABA 忽略了行为问题的一个重要背景，即发生在个体内部的问题。从 ACT 的角度来看，当棘手的内隐事件未引发接触强化的问题行为或约束行为时，就存在幸福感。

无论这个论点是否被人们认可，至少有两个原因使得 ACT 值得探讨。第一，与本章的任务有关，ACT 在出人意料的方向上拓展了衍生刺激关系的概念，这必然会对感兴趣的观察者构成挑战，以确保那些概念能够被人们充分理解。第二，ACT 说明了应用科学的实践范围比经常在 ABA 领域中看到的更为广泛，因为 ABA 的重点仍然高度集中在障碍人士身上。那些认为 ABA 应该系统化地解决人类的全部问题和利益的人（例如，Friman, 2006; 也可参看第 1 章），应该会觉得 ACT 以典型发育人士为焦点，而且 ACT 认为很多人类问题中存在语言行为的因素——因此语言行为可以作为干预的工具，他们对此感到好奇。而那些未被 ACT 的理论框架说服的人，则必须考虑到数据显示它是有效的，并针对其原因给出令人信服的替代解释。总体来说，我们认为，任何迫使人们认真思考如何为大多数人实现最大利益的事情对 ABA 及其所服务的人都是有利的。

最终的评论

如果你发现阅读本章并不容易，你不是唯一一个这么想的人。学习等价类（第 19 章）是很困难的，而一旦思考更多有关"关联"的方式，事情就会变得更复杂。本章的一个目的是说服你，掌握这个困难的主题所需要付出的努力是值得的。我们已经提到了衍生刺激关系概念投射到重要的日常行为上的多种方法，并提出了一些应用途径。然而，虽然有关衍生刺激关系的研究始于近 50 年前，但从研究结果到开发新疗法的科研转化却进展得十分缓慢（例如，Critchfield, 2018; Dixon, Belisle, Rehfeldt, & Root, 2018; Rehfeldt, 2011）。

这有充分的理由。要了解衍生刺激关系，首先必须掌握一种新的词汇，虽然如你所见，衍生刺激关系可能非常复杂，以至于仅凭文字无法讲述得非常清楚（因此严重依赖图表）。这是一个问题，因为大多数人不会自然而然地使用充满箭头的示意图展示这样的替代方式来思考。毕竟，人类天生就是讲故事的人（例如，Hineline, 2018），而不是制图师和逻辑学家。本章和第 19 章可以暗示但无法完全阐明的一点是，由于衍生刺激关系具有很多移动的部分，因此，以它们为重点的干预设计起来可能会很费力。无论利用衍生刺激关系概念来创造有价值的行为改变的潜力有多大，只有在一个人仔细判断要教授什么、怎么教授和期望由此产生什么衍生能力之后，这种创造才会发生。

现在，充分利用衍生刺激关系干预的潜力所面临的挑战落在了你、你的学生和你的同事身上。要实现这个目标，你必须熟练掌握衍生刺激关系的概念以及由此产生的程序，以便毫不费力地应用和拓展这些概念和程序。幸运的是，我们有很多应对这些挑战的先例。那些教授行为分析的人知道，很多人觉得即使是最初级的概念，如正/负强化和正/负惩罚，理解起来都极其困难。但正如本书所阐述的，对于坚持不懈的人来说，理解新的概念最终将成为掌握非常复杂的程序的关键和必要的基础。

要开发以特定技能为目标的新的衍生刺激关系干预，是有很多机会的。建构得当的话，这些干预可以在没有直接教授的情况下既有效果又有效率地建立新的行为（Critchfield, 2018; Rehfeldt, 2011; 第 19 章）。就这一点而言，你可能会说，衍生刺激关系干预可以帮助 ABA 将过去已经做到的事情做得更好。然而，在本章中，我们提到了泛化关系技能库，并用大量的篇幅介绍了智力和幸福感等全貌的建构，以说明其重要性。回顾基本概念的复杂性，你应该注意到，在本章和第 19 章中，衍生刺激关系研究并不局限于特定群体或行为问题。在这方面，它满足了人们对行为分析长久以来的期望，即成为一门与人类所有经验相关的通用科学（例如，Skinner, 1953）。还有一个考虑因素。熟练掌握衍生刺激关系的概念并保持好奇心可能会导致工作（如 ACT 的例子所示）看起来与传统的 ABA 非常不同。因此，你可能会担心偏离使 ABA 如此成功的丰富传统。在很大程度上，衍生刺激关系的概念扩大了 ABA 的基础，而不是使其失效，但是，不可避免地，要掌握和应用这些概念，就需要更新 ABA 运作的方式。不要害怕；我们拥有良好的权威，可以接受变化。

> 不要把任何实践看作一成不变的。改变，并准备再次改变。不接受永恒真理。实验。（Skinner, 1979, p. 346）

摘要

什么是非等价关系？它们为何重要？

1. 刺激关系是刺激之间的任意关联，"关联"是指人对一个刺激的反应以某种方式与对其他刺激的反应交织在一起。

2. 刺激等价只是多种刺激关系中的一种。并非所有的刺激都是通过"相同"关联起来的，并且非等价关系是很多日常经验中必不可少的一部分。

非等价关系词汇

3. 讨论刺激等价的关键方法不适用于非等价关系，因此需要替代词汇。

4. 刺激等价文献中所谓的对称性被归入相互蕴含这一术语中，这意味着任何 A 对 B 关系的对立。例如，如果原始关系为"A 大于 B"，那么对立为"B 小于 A"。

5. 刺激等价文献中所谓的传递性被归入组合蕴含这一术语中，这意味着刺激的功能取决于与它们间接相关的其他刺激的任何衍生关系。

6. 刺激等价文献中所谓的功能转移被归入功能转换这一术语中。这意味着关系类中的刺激并没有全部获得相同的行为功能。然而，任何刺激所获得的功能取决于类中其他刺激所获得的功能。

非等价关系的一些类型

7. 与以等价为基础的教学中所用的类似的一些结构化规程已成功建立了具有日常重要性的非等价技能库。

8. 相同的刺激有多种关联方式这一观点暗示了情境刺激的存在，它们发出关于某种关联方式适合用于某个特定情境的信号。一般建议将明确的情境刺激作为注重衍生刺激关系的应用干预的一部分。

9. 区分关系涉及被判断为有差异的相对刺激。在对立关系中，刺激是对立的。在比较关系中，刺激的差异存在于某个可定义的维度上。

10. 刺激还可以从空间或时间的并置和因果关系中产生关联。

11. 结构化工具才刚刚开始用来设计这里所描述的衍生刺激关系。

理论基础

12. 大多数关于非等价关系的研究是以关系框架理论为指导的，该理论假设：（1）语言过程受衍生刺激关系束缚；（2）在有多种范例给予足够的强化经验的情况下，即使没有进一步的强化经验，人们也会发展出一种更高阶的、在各刺激集中建立衍生关系的能力。

13. 语言行为在衍生刺激关系中的角色尚不完全清楚，但假设有一个紧密的联系，这导致出现了一些有趣的研究。例如，正如该理论所预期的那样，提供被强化的多范例经验已被证明可以创造能够泛化的关系能力。这可能是关系框架理论所称的任意应用的关系反应的一个例子，这个泛化技能库可以使新的类在没有新的强化经验的情况下形成。

14. 研究还发现，对于某些学习者而言，只要告诉学习者有关一些刺激类的信息，就可以建立刺激类的基线关系。除其他事项外，这一发现可能意味着语言经验在功能上与很多刺激等价规程提供的大部分为非语言的模板配对经验相似。

非等价关系与心理建设的全貌

15. 分类知识：建立一种被称作阶层关系的非等价关系，会产生在认知心理学的分类研究中呈现的几种效果。

16. 自我概念：一种被称作直证关系的非等价关系，可能是重要的自我关系和社会技能库的基础，其中最主要的例子是观点移动，即一个人以另外一个人的方式来体验世界。

17. 智力发展：从规范上讲，在儿童发展过程中，各种类型的衍生刺激关系往往是逐渐出现的。重要的是，人们已经发现系统化地训练刺激关系可以提高儿童在标准化智力测验上的分数。

衍生刺激关系与总体幸福感

18. "幸福感行为"指的是一个人的最有价值的强化物所依联的那些行为。对总体的心理健康的很多挑战涉及通过内隐事件来约束幸福感行为，这些事件包括情绪反应和自我生成的规则。

19. *接纳与承诺疗法*是一种行为疗法，部分基于关系框架理论和关于衍生刺激关系（包括非等价关系）的研究。它着重于促进总体幸福感。在很多情况下，该疗法并不针对与问题相关的公开行为。相反，为了破坏有问题的内隐事件对行为的控制，该疗法采用与大多数 ABA 干预完全不同的语言指导练习。

20. 该疗法已被证明可以减轻某些临床疾病的症状，并增强非临床情况下的表现。另一个重要的应用是减轻障碍人士的父母和照顾者的压力和抑郁感。在一些有记录可查的案例中，照顾者的幸福感提升后，服务对象的行为也得到了改善。

第 21 章 模仿、示范与观察学习

关键词

泛化型模仿（generalized imitation）
模仿（imitation）
模仿训练（imitation training）
示范（modeling）
观察学习（observational learning）
视频示范（video modeling）
视频自我示范（video self-modeling）

行为分析师认证委员会 BCBA/BCaBA 任务清单（第 5 版）

第二部分：应用

G. 行为改变程序

G-5 使用示范和模仿训练。

©2017 The Behavior Analyst Certification Board, Inc.®（BACB®）.保留所有权利。本文件的当前版本可在 www.bacb.com 网站查阅。如需转载、复制或分发本文件，或有疑问，请直接联系行为分析师认证委员会。经授权使用。

  设想一下，一支由两位吉他手和一位创作歌手组成的三人乐队，在一场现代摇滚演唱会中表演。在他们的开场表演中，主吉他手即兴循环弹奏了一小段乐句。最新加入的、最年轻的副吉他手听到这段乐句后，立刻将其逐个音符地弹奏出来。

  换场休息时，身兼作曲和主唱的歌手对主吉他手说："你刚才在第一首曲子中加入的那段乐句很不错，但这种风格不适合我们的声音。别再重复弹这种类型的乐句了。"副吉他手听到了歌手的话。在乐队的第二场表演中，主吉他手又用力地弹奏了几个与开场表演相同风格的即兴乐句。而副吉他手没有模仿那些乐句。

  我们有大量的学习依赖于模仿、示范和观察学习，而且其中大多数是在没有他人有意干预的情况下发生的。两位吉他手的逸事展示了这三个过程。副吉他手模仿主吉他手示范的一段即兴弹奏。为达到最具适

➡ 本章由林珊翻译。

应性的目的，观察学习需要的不仅仅是关注和复制他人的行为。能对他人的行为后果进行区辨的观察学习者能够更好地确定要模仿什么行为。在观察到歌手不同意主吉他手的即兴弹奏后，副吉他手不再弹奏相似的乐句。

本章的第一部分对模仿进行了定义，并概述了一个可供没有表现出模仿行为的人学习的模仿训练流程。本章的第二部分和最后一部分介绍了应用行为分析师如何将示范作为一种行为改变策略，并教导儿童成为有能力的观察学习者。

模仿

模仿技能库可以促进行为的快速获得，如幼儿的社交和沟通技能的发展。如果没有模仿技能库，一个人就没有机会灵活地获得各种行为。几十年来，模仿这个课题在实验和理论上得到了相当多的关注（例如，Baer & Sherman, 1964; Carr & Kologinsky, 1983; Garcia & Batista-Wallace, 1977; Garfinkle & Schwartz, 2002; Wolery & Schuster, 1997）。实验文献显示，人们可以用获得与维持其他操作式行为的方式获得与维持模仿行为。也就是说：（1）强化会增加模仿的出现；（2）当一些模仿行为受到强化时，其他模仿行为就会出现，而不需要特定的训练和强化；（3）有些不会模仿的儿童可以被教会模仿。

模仿的定义

模仿的技术性定义包含四个标准：（1）模仿行为是由另一个人的行为示范（或行为的象征性代表）引起的；（2）模仿行为与示范行为具有形式相似性（formal similarity）；（3）模仿行为在时间上紧随示范行为；（4）示范是模仿行为的主要控制变量。

示范

示范（model）是指与行为分析师希望学习者模仿的行为具有形态相似性的前提刺激。示范可以是实际表现出一个行为的人（即兴弹奏的主吉他手），也可以是象征性的事物（即图片、视频）（Bandura, 1977）。

计划式示范（planned model）是预先安排的行为演示，要向学习者准确地展示他该做什么，可能是获得新的技能，也可能是改善已有技能的某些元素的形态。计划式示范可以是现场表现，如一名瑜伽教练演示如何做出下犬式动作（一种以双手双脚触地的伸展姿势；Downs, Miltenberger, Biedronski, & Witherspoon, 2015）。视频中有人表现目标行为，这通常也可以作为计划式示范。例如，勒布朗及其同事（2003）用视频示范教授三名孤独症儿童观点采择的技能。儿童学会了模仿视频中的示范者触碰或指向物体，如一个碗或一个盒子。此外，儿童还模仿了发声语言行为，如说"碗下面"或说"一"。

非计划式示范（unplanned model），无论好坏，在日常社会环境（如学校、工作场所、游戏、社区）中都会引起模仿。一名从未在外国乘坐过地铁的游客会模仿她前面的乘客扫票的动作，接着旋转闸门打开，她进入了站台。当一名儿童跟着他的父母参观未来可能会去的托儿所时，看到了几张儿童清理操场上的垃圾的照片。这名儿童在离开托儿所前，从地上捡起了一个被丢弃的塑料瓶，把它放进了回收箱。非计划式示范可能导致的不良结果是，例如，一名国际游客模仿当地人随意穿越一个危险的十字路口。

形式相似性

当示范者与模仿者的行为在物理上相似，并具有相同的感官模式（即看起来类似、听起来类似）时，就会出现形式相似性（Michael, 2004）。例如，一名学生观察教师用手指拼写"house"（房子）这个单词（即示范），接着，学生正确地复制了手指拼写（即模仿），学生的手指拼写与示范具有形式相似性。坐在高脚椅上的婴儿看到母亲用手轻敲盘子后，也用手轻敲盘子，婴儿的轻敲与母亲的轻敲具有形式相似性。

时间关系

示范表现与学习者行为之间的时间接近关系是模仿的一个重要特征。我们认为，参考其他行为原理和过程，可以更好地理解大部分"延迟模仿"的实例。例如，一个先前观察过的示范与复制这个示范的行为发生之间的潜伏期越长，就越有可能是示范以外的其他变量在控制反应。

让我们来思考两个乍看之下似乎是模仿的例子。一个是到了目的地要离开地铁站的国际游客，再次发出了刚才进站台前模仿其他乘客示范的旋转闸门操作行为。另一个是家长问："你今天在学校学了什么？"学生用手指拼出了"h-o-u-s-e"，这是他当天稍早时候模仿的一位耳聋同学的手指拼写行为。

当一个与先前模仿具有相同形态的反应在没有示范（如另一个乘客操作旋转闸门）的情况下出现时，该反应不是模仿行为。一个由于先前有开启旋转闸门的扫票经验，因此现在发出强化可得性信号的区辨刺激（如旋转闸门）——或一个提高曾经产生相关强化的行为当前频率的动因操作（如家长的问题）——与反应之间的关系，跟一个前提示范与该示范引发的模仿行为之间的关系，在功能上是不同的。因此，就定义而言，复制一个先前模仿过的示范形态的延迟行为，并不是模仿。

示范作为主要的控制变量

模仿通常被视作做同样的事（doing the same）。虽然做同样的事的形式相似性是模仿的必要条件，但这并不充分。即使示范并没有在功能上控制相似的行为，形式相似性仍然可以存在。模仿的最重要的属性是示范者的演示与学习者的形态相似行为的表现之间的控制关系。

贝尔、彼得森和舍曼（Baer, Peterson, & Sherman, 1967）说："任何行为都可以被视作模仿行为，只要它在时间上紧随其他人演示的行为（称作示范），并且其形态受到示范行为形态的功能性控制。"（p. 405, 着重强调的部分）

当一个示范在没有先前强化历史的情况下引发了一个相似行为时，我们就可以推断示范者行为与模仿者行为之间存在控制关系。模仿行为是在一个新异前提事件（即示范）之后发生的新的行为。在示范引发模仿行为后，该行为通常会接触到强化依联。这些新的强化依联接着便会成为行为重复的控制变量（即 $MO \rightarrow S^D \rightarrow R \rightarrow S^R$）。

霍尔特（Holth, 2003）这样解释新异的模仿实例与区辨操作之间的差异：

> 让我们想象一下，一只狗被训练成只要主人坐在椅子上它就坐下，只要主人转圈它就跟着转圈。狗是在模仿主人的行为吗？几乎可以确定，这不是模仿。这只狗同样可以很容易地被教授成当主人转圈时它坐下，当主人坐下时它转圈。因此，看似是模仿的举动可能只是一系列直接教授的**区辨操作**而已。我们只能通过引入新异例子来确定控制的来源。在没有示范的情况下，如果狗没有对新异表现"做出同样的"反应，就没有证据表明与主人行为的相似性对于确定狗的反应形式来说是重要的。因此，并没有真正的证据表明狗会模仿主人的行为，除非它对主人的行为的新实例也"做出同样的"反应。（p. 157, 原文中强调的部分）

霍尔特（2003）得出结论：模仿"只能通过没有直接强化历史的行为实例推断出来"（p. 157）。本章开头的逸事提供了一个我们推断为真正的模仿的例子。主吉他手即兴弹奏了一小段乐句，从来没听过或弹过该乐句的副吉他手立即复制出了一模一样的音符。这个例子符合模仿的条件：有人呈现了一个示范，达到了形式相似性，示范与模仿之间存在短暂的潜伏期，而且副吉他手没有这个新异乐句的强化历史。

我们将再次用我们的两名吉他手来说明复制他人行为的实例，它有可能看起来是模仿，但其实不是。主吉他手说："我对我们的开场曲有一个蛮好的想法，我弹给你听，如果你喜欢，我可以教你弹。"副吉他手听了以后很喜欢。于是两人一起练习，直到副吉他手可以弹得跟主吉他手一样好。后来在舞台上，主吉他手弹奏了这段曲子，副吉他手立刻同样弹了出来。这就不是一个模仿行为，这是一个有强化历史的区辨操作的例子。

模仿训练

模仿技能库使人们得以快速学会很多人类活动特有的新的复杂行为。典型发育儿童通过模仿非计划式示范而获得很多技能。大部分儿童在没有辅助，也没有家长、教师或其他照顾者的刻意强化安排的情况下，就会模仿他人的行为。梅尔佐夫和穆尔（Melzoff & Moore, 1977）报告称，12~21天大的婴儿就可以模仿成人手部和脸部的示范。

基于一些尚不完全清楚的原因，一些有孤独症和发展性障碍的婴幼儿不会模仿。这导致通常情况下可能进展迅速的学习需要密集的、渐进的、费时的指导。没有模仿技能库的儿童几乎没有机会快速发展新的行为，也很难在基本技能之外取得进步。贝尔等人（1967）指出了训练这些儿童模仿的重要性。

> 发展一个可被称作"模仿"的行为类是一项有趣的任务，一部分原因在于它与一般的社会化过程之间的关联，尤其是它与语言发展之间的关联，另外一部分原因在于它具有潜在价值，可作为针对需要特殊教学方法的儿童的一种训练技术。（p. 405）

模仿训练（imitation training）是一套以研究为基础的系统性步骤，用于教授没有模仿技能的学习者学习新异行为的示范。贝尔及其同事（1967）的经典研究"通过强化示范行为的相似性来发展模仿"（The Development of Imitation by Reinforcing Behavioral Similarity to a model），为如何教授模仿技能库提供了先驱性的展示。他们针对三名有重度智力障碍且没有模仿技能的幼儿开展实验。实验者教授儿童在实验者给出口语反应提示"这样做"后提供示范（如举起左臂）时发出简单的区辨（即与示范相似）的反应（如举起左臂）。贝尔及其同事为参与者选择了适合他们的技能进行训练（如点头答应、站起来、戴上帽子、开门）。实验者刚开始时使用肢体引导来辅助他们做出相似的反应，然后在接下来的几次尝试中逐渐减少引导。同时用话语"很好"和小块食物作为强化，以塑造越来越接近实验者所示范的反应的形态相似性。模仿反应的建立标准是，在一次尝试中，在没有塑造或辅助程序的情况下，学习者表现出实验中第一次演示的一个新异反应。

贝尔及其同事开发的模仿训练程序使不会模仿的学习者学会了模仿，这表示在没有针对那些行为进行特定训练和强化的情况下，一个新异示范对模仿行为产生了控制。一名参与者在接受了130个不同示范的相似性模仿训练之后，才做到了模仿一个新异示范。参与者2与参与者1的结果相似。参与者3在学习了八次对模仿行为形态的区辨操作之后，在第一次呈现第九个反应时做出了模仿。这名参与者模仿了第九个训练示范，该示范是一个新异的、没有训练和强化历史的示范行为。

模仿训练的结果是，两名参与者做到了100%的相似性模仿，但这是在接受了一百多个被强化的训练尝试之后的结果。因此，在模仿训练期间和之后给予正强化的重要性是不言而喻的。

> 最初的训练程序包含每名参与者的模仿技能库的可见的发展情况。这些是实验者第一次向参与者演示行为的场合。在直接训练或塑造之前，参与者表现出模仿新行为的任何尝试都可以归因于参与者有按照实验者的其他行为去做的强化历史。（Baer, Peterson, & Sherman, 1967, p. 411）

此外，三名儿童继续模仿新的反应，而且只要至少有一些模仿反应获得了强化，那些新获得的模仿就可以在很多时段中继续维持。当强化不再依联于模仿行为时，先前被强化的模仿和从未被强化的探测模仿都显著地减少了。然而，当使用少量的塑造程序，强化又依联于模仿行为的时候，所有的模仿行为都恢复了。图21.1显示了参与者3的实验结果。

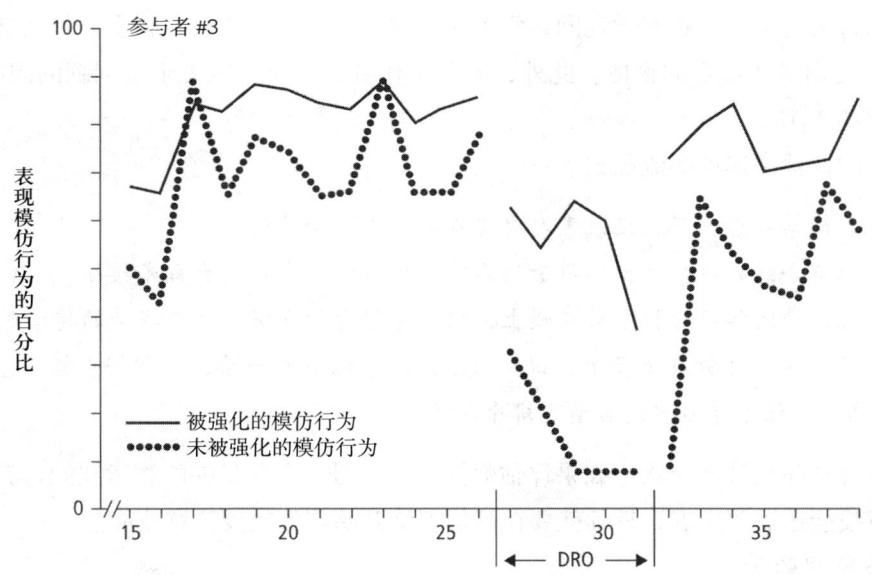

图 21.1 在强化模仿行为、DRO（强化模仿以外的任何行为）和重新建立强化期间，一名重度智力障碍儿童表现模仿行为的百分比。实线数据路径显示了八个被强化的模仿行为的结果；点状数据路径显示了从未被强化的模仿行为的结果。

引自 D. M. Baer, R. F. Peterson, & J. A. Sherman (1967). The Development of Imitation by Reinforcing Behavioral Similarity to a Model. *Journal of the Experimental Analysis of Behavior*, 21, p. 413. 1967 年版权归实验行为分析协会所有。经授权转载。

贝尔及其同事（1967）的研究结果可以总结如下：（1）原本没有模仿技能库的儿童通过一套包含塑造、提示、肢体引导和强化的程序学会了模仿；（2）当目标模仿行为产生强化时，参与者在没有强化的情况下模仿了其他新异示范行为；（3）儿童展现出了一种被称作学习定势（learning set）的效应（Harlow, 1959），或所谓的学习如何学习（learning-to-learn）的现象（随着参与者在模仿训练的过程中逐渐进步，他们获得新的模仿技能库所需的训练尝试的次数减少了）；（4）只要强化依联于至少一部分模仿反应，儿童的模仿技能库就可以在很多个时段内得到维持。

模仿训练的目的是教授学习者做出示范者所做的事，而不考虑所示范的行为是什么。如果训练是有效的，学习者就很可能会模仿那些尚未经过特定训练的示范，而那些模仿的行为很可能会在很多情境和环境中发生，常常不需要计划式的示范和强化。**泛化型模仿**（generalized imitation）这个术语常用来表示一个学习者在不同的情境和环境中模仿各种没有辅助、未经训练、没有强化的示范行为。泛化型模仿可视作参与者在未经训练的情况下模仿一个高阶反应类中的新异示范，而该模仿并不能预测是否会有强化。

人们模仿的示范行为的类型或类别的泛化程度可能取决于在训练期间使用的反应类的参数，而且可能需要直接设计程序。例如，扬、克兰茨、麦克兰纳汉和波尔森（Young, Krantz, McClannahan, & Poulson, 1994）发现，孤独症儿童在发声、玩玩具和手势反应类型的训练中模仿了新异示范，但他们的模仿并没有泛化到其他类型的示范中。

一个模仿训练程序

以贝尔及其同事的实验方法为基础，施特里费尔（Striefel, 1974）开发了一套供实务工作者使用的模仿训练程序。施特里费尔的程序包含以下部分：（1）评估，并在必要时教授模仿训练的先备技能；（2）选择训练所用的示范；（3）前测；（4）为训练所用的示范排序；（5）进行模仿训练。

评估，并在必要时教授模仿训练的先备技能

如果学习者不注意他人的示范，就无法模仿。因此，注意示范是模仿训练的一个先备条件。施特里费

尔（1974）将注意行为定义为：在教学期间，学习者坐在座位上，把手放在腿上，每当被叫到名字时，就看着训练者，再看向训练者指定的物体。此外，实务工作者往往需要减少干扰训练的问题行为（如攻击、尖叫、奇怪的手部动作）。

对于专注技能的评估，建议的流程如下：

1. **坐在座位上**。请学习者坐下，记录学习者坐在座位上的持续时间。
2. **看着教师**。以命令式的口吻叫出学习者的名字，记录学习者是否有目光接触。
3. **把手放在腿上**。辅助学习者把手放在腿上，记录学习者的手保持这个姿势的持续时间。
4. **看着物体**。将几个物体放在桌子上，说："看这里。"指令发出后，立即将手指从学习者的眼前移至其中一个物体上，记录学习者是否看了那个物体。

教师通常至少评估注意技能三次。如果评估数据显示学习者具备足够的注意技能，教师就可以开始模仿训练。如果注意技能还需要发展，教师就要在模仿训练开始前先教授注意技能。

选择训练模仿所用的示范

在最初的模仿训练中，实务工作者可能需要选择大约25种行为作为示范。将粗大运动肌肉动作（如举起一只手）和精细运动肌肉动作（如手语）纳入示范行为，可以为学习者提供机会以发展区分更为精细的模仿技能。

在最初的训练尝试中，实务工作者通常一次使用一个示范，而非一次做出一连串的动作。在学习者在每个场景中都能成功模仿一个示范行为后，实务工作者可以选择使用更复杂的示范，如行为序列。另外，最初的训练通常包括以下示范：（1）身体部位的运动（如摸鼻子、单脚跳、用手碰嘴）；（2）实物操作（如传递篮球、拿起玻璃杯、拉上外套的拉链）。

前测

针对学习者对示范行为的反应，应该事前进行测试，也就是前测。前测可能会显示出在未经训练的情况下，学习者能够模仿的一些示范行为。施特里费尔（1974）提倡的前测程序如下：

1. 帮助学习者为前测做好专注行为的准备（如坐好、把手放在腿上），并且往往采取与学习者相同的准备姿势。
2. 如果你进行的是实物示范，那么要将一个物体放在学习者面前，将另一个物体放在你自己面前。
3. 叫出学习者的名字，开始前测。当学习者的目光与你接触时，说"这样做"（即叫儿童的名字、暂停、"这样做"）。
4. 呈现示范。例如，如果选择的行为是拿起一个球，那你自己就拿起一个球并拿在手里几秒钟。
5. 立即赞扬每个与示范具有形式相似性的反应，并尽快给予强化物（如拥抱、食物）。
6. 将学习者的反应记录为正确或不正确（或无反应），或是否与示范相似（如摸了球，但没有拿起它）。
7. 继续对其他示范行为进行前测。

实务工作者可以在所有的运动和发声语言示范中使用前测程序（如叫名字、暂停、"这样做"、"说球"）。施特里费尔建议前测进行几个时段，直到对每个示范至少进行了三次前测。如果学习者在前测中对示范行为的正确反应达到了一个设定的标准水平（如尝试三次，三次正确反应），那么实务工作者就应该进一步使用其他示范。如果学习者未达到标准，那么实务工作者就应该选择该示范来进行模仿训练。

为训练所用的示范排序

实务工作者用前测的结果安排所选择的示范行为的呈现顺序,通常的排序是从最容易的模仿到最难的模仿。首先选作模仿训练的示范是学习者在前测尝试中能正确模仿一部分但不能全部正确模仿的示范。接下来选作训练的示范是学习者做出的反应不正确但与示范相近的示范。最后选作训练的示范是学习者做不到或做得不正确的示范。

进行模仿训练

施特里费尔(1974)建议将模仿训练时段分为以下四个阶段来进行:预评估、训练、后评估和探测模仿行为。除了实务工作者要在什么时候和多长时间呈现一次所选择的示范之外,模仿训练使用的程序和前测使用的程序是一样的。

预评估。预评估是在每个训练时段之前进行的一个简短的前测。实务工作者使用前三个选择的示范行为进行预评估。在预评估中,三个示范以随机顺序各呈现三次。如果在某个示范的三次呈现中,学习者的模仿行为都与其相似,那么这个示范就会从训练中移除。预评估程序使实务工作者得以评估该时段内学习者在所选的训练示范上的当前表现,并确定学习者在学习对示范做出反应方面的进展。

训练。在训练期间,实务工作者反复呈现预评估阶段中三个示范中的一个。首先被选择用于训练的示范是在预评估期间得到最多反应的示范(即行为与预评估阶段中的一部分而非全部相似)。然而,如果学习者只做出了近似的行为,那么与示范最相似的行为就会被选作首个训练目标。训练持续进行,直到学习者在五次连续教学尝试中都对示范做出正确的反应。

如果学习者对示范没有反应,模仿训练可能就要用肢体引导来辅助其做出反应。例如,实务工作者可以通过完整的反应过程来对学习者进行肢体引导。肢体引导可以使学习者体验到针对那个特定动作的反应和强化物。在肢体协助完成完整的反应后,实务工作者将逐渐撤除肢体引导,在学习者即将完成整个动作之前,放开学习者的身体,然后在随后的每次尝试中提前撤除肢体协助,以此继续渐褪肢体引导。最终,学习者可以在没有协助的情况下完成动作。当学习者能够连续五次在没有辅助的情况下对示范做出反应时,该示范就会被列入后评估中。

后评估。在后评估期间,实务工作者呈现五个先前已习得的示范和五个仍然被列为模仿训练目标的示范,每个示范各呈现三次。如果学习者能够在没有肢体引导的情况下,在连续三次后评估中,在 15 次机会中有 14 次正确地对示范做出反应,实务工作者就将这个最新学会的行为从模仿训练中移除。不过,在后评估期间使用肢体引导也是恰当的。如果学习者没有达到这个标准(在 15 次后评估机会中做出 14 次正确反应),施特里费尔(1974)建议继续使用该示范进行模仿训练。后评估程序使实务工作者得以评估学习者在先前和最近学习的行为上的表现。

探测模仿新异示范的行为。在每个模仿训练时段结束时,实务工作者使用大约五个未经训练的、新异的示范来探测模仿的发生,或将探测与训练尝试混合进行。探测的程序与预评估的程序相同,但不使用前提语言反应辅助(即叫儿童的名字、暂停、"这样做")或其他形式的反应辅助(如肢体引导)。探测那些未经训练的模仿能够提供学习者在发展模仿技能库——也就是学习做示范者所做的事情——上的进展数据。

关于模仿训练的指南

假设学习者具备模仿训练的先备技能(如注意技能、已有的模仿技能库),像加西亚等人(Garcia et al.)的研究那样,并已经决定使用现场示范或象征示范,那么以下指南可以使模仿训练达到最佳效果。

保持教学时段的活跃和简短

大多数实务工作者在模仿训练期间采用简短训练时段方式，通常为10~15分钟，但一般每天安排不止一个训练时段。而两次或三次的5分钟时段可能比一次较长的时段更为有效。为了保持快速和活跃的训练，在呈现示范与期望模仿反应之间只允许有几秒钟的时间。

对辅助下的反应和模仿反应都要予以强化

在模仿训练的早期阶段，对每一个在辅助下做出的反应和所有的模仿反应都要予以强化。如果学习者需要赞扬以外的强化物，那么就使用可立即呈现的、少量的后果，以便学习者能很快用完（如一小块麦片、5秒钟的音乐）。[1] 实务工作者应该只强化相同的反应，或强化在示范行为后立即出现（如3~5秒）的模仿行为。如果学习者稳定地做出正确的相同反应，但并非在示范之后立即发生，那么应该强化其延迟时间较短的反应（如依联从7秒递减到5秒、3秒，等等）。

将语言赞扬和关注与实物强化物进行匹配

通常来说，很多学习者在模仿训练期间需要使用实物后果，如食物或饮料。即便如此，随着训练的进行，我们希望社会性关注和语言赞扬能够维持住相配的反应或模仿的行为。为了达到这个目的，实务工作者应该将其他后果与社会性赞扬和语言赞扬匹配起来。社会性赞扬（如亲切地拍打学生的手臂）或描述性语言赞扬应该紧随在每个正确反应或近似的反应之后，与其他后果一同给予学习者。如果实务工作者能够在每个教学时段后安排一项学习者喜欢的活动，那么学习者参与模仿训练的意愿可能就会增强。

如果进展停滞，倒退回去再慢慢前进

如果学习者的表现变差，其中可能有可以辨识出来的原因，如强化物餍足或背景中有让人分心的事物；也可能是实务工作者呈现的示范对学习者来说太高级了。无论表现恶化是否有明确的原因，实务工作者都应该立即返回较早的成功表现水平。一旦恢复建立模仿反应了，训练就可以慢慢向前推进。

渐褪语言反应辅助和肢体引导

幼儿的父母和照顾者几乎总是用语言反应辅助和肢体引导来教授模仿技能。例如：（1）告诉儿童要挥手再见，照顾者示范挥手动作，然后用肢体引导儿童的挥手动作；（2）问儿童："牛怎么叫？"照顾者呈现一个示范："牛会叫哞。"然后告诉儿童要说"哞"；（3）如果儿童说出"哞"，照顾者就给予赞扬和关注。这种自然的教学过程与本章所提倡教授给无模仿技能学习者的模仿技能程序是相同的：即语言反应辅助"这样做"；呈现示范；必要时进行肢体引导。然而，语言反应辅助和肢体引导对于在日常环境中产生模仿行为是不起作用的。要等到所有的反应辅助都被撤除，模仿训练才算完成。儿童需要在没有反应辅助的支持下学习做示范者所做的事。因此，为了促进模仿的有效使用，要渐褪在训练相同配对反应时使用的反应辅助。

基于数据做出终止模仿训练的决定

如何做出终止模仿训练的决定取决于学习者的行为和教学计划目标。例如，当学生能够跨三个时段而对五个连续的新异示范的第一次呈现进行模仿，或模仿几个未经训练的行为链（如洗手、刷牙、指语）时，实务工作者可以应用这个标准来终止运动模仿训练。

---

1 在使用食物作为强化物之前，实务工作者应该确认学习者没有可能导致食物不能作为强化物的医疗状况（如食物过敏、吞咽困难），而且应该得到家长/监护人的允许。

示范

示范是一种行为改变策略，学习者通过模仿现场示范或象征示范获得新的技能。示范者准确地展示、演示或传达期望学习者做出的行为。示范的方式可以是现场演示，也可以是呈现行为的象征性代表（Bandura, 1977）。父亲拿着一把剃须刀轻轻地在他十几岁儿子的脸上移动，以此示范如何剃须；专业的高尔夫教练调整自己的头和手的位置，以此演示推杆时如何消除不连贯动作；这两个例子就是现场示范。象征示范指的是图片、照片、视频、音频或混合媒介的呈现，以此来说明或描述理想的行为。例如，德利·博维、弗勒代斯库、德巴尔、卡罗尔和绍罗科夫（Delli Bovi, Vladescu, DeBar, Carroll, & Sarokoff, 2017）用了一个配有解说的视频示范来教授工作人员如何实施一项多步骤的刺激评估程序。

视频示范

贝利尼和阿库利安（Bellini & Akullian, 2007）将**视频示范**（video modeling, VM）定义为"通过理想行为的视频呈现来演示这个理想行为的一种技术。视频示范干预通常涉及观看一段视频，然后模仿其中示范的行为……**视频自我示范**（video self-modeling, VSM）是视频示范的一个具体应用，个体通过观察自己成功地表现一个行为来模仿目标行为"（p. 264）。

大量研究显示，视频示范和视频自我示范对不同的年龄阶段、技能范围、障碍程度的儿童和成人都有积极影响（Bellini & Akullian, 2007; Qi, Barton, Collier, & Lin, 2017; 参看表 21.1）。视频示范也被用来训练工作人员实施评估或干预流程中的复杂的多步骤程序（Deliperi, Vladescu, Reeve, Reeve, & DeBar, 2015）。视频示范或视频自我示范的方式可能包括使用标准的录像带、智能平板装置、动画，还有从不同的摄像角度和背景，包括观点视角（point-of-view perspectives）来呈现。视频示范或视频自我示范可以与教学、反馈和排练等结合起来，使其更适用于开发新行为。不管是什么媒介或模式，证据显示，视频示范和视频自我示范方法都产生了模仿成果，在有些案例中，还产生了泛化的模仿成果。

阿尔迪等人（Aldi et al., 2016）提供了一个使用示范和模仿训练的例子。他们采用观点视角的示范方法教授两名 18 岁的孤独症谱系障碍男性学习日常生活技能（daily living skill, DLS）。两名年轻男性在自己的住所分别接受了三种日常生活技能的训练。参与者 1 接受的训练是烹饪、布置餐桌和叠牛仔裤，参与者 2 的任务是布置餐桌、清洁浴室水槽/台面和清洁镜子。

研究者使用苹果平板电脑的 iOS 软件，通过拍摄家庭成员在执行指定任务时的手臂和手掌的动作来创建观点视频示范。拍摄包括语言描述任务中的每一个步骤。训练视频的长度根据所要示范的 DSL 的不同而不同，通常少于 6 分钟。此外，根据任务的不同，示范的步骤数从 9 个到 23 个不等（如叠牛仔裤需要 9 个步骤，烹饪需要 23 个步骤）。干预方法包括参与者观看与所示范的技能库有关的视频。观看完视频后，参与者被要求完成任务（如叠衣服）。如果参与者出了错误，就重复观看该任务的视频片段，次数不限，直到熟练掌握为止。在有些案例中，研究者提供了手势辅助作为错误纠正程序的一部分。参与者的正确反应会得到研究者的赞扬。

图 21.2 显示，两名参与者都掌握了各自的技能组合。在为期一个月的追踪中，他们的技能维持在远高于基线水平的位置，但低于后来在处理期建立的熟练掌握水平，这表明有必要执行额外的行为维持教学计划。

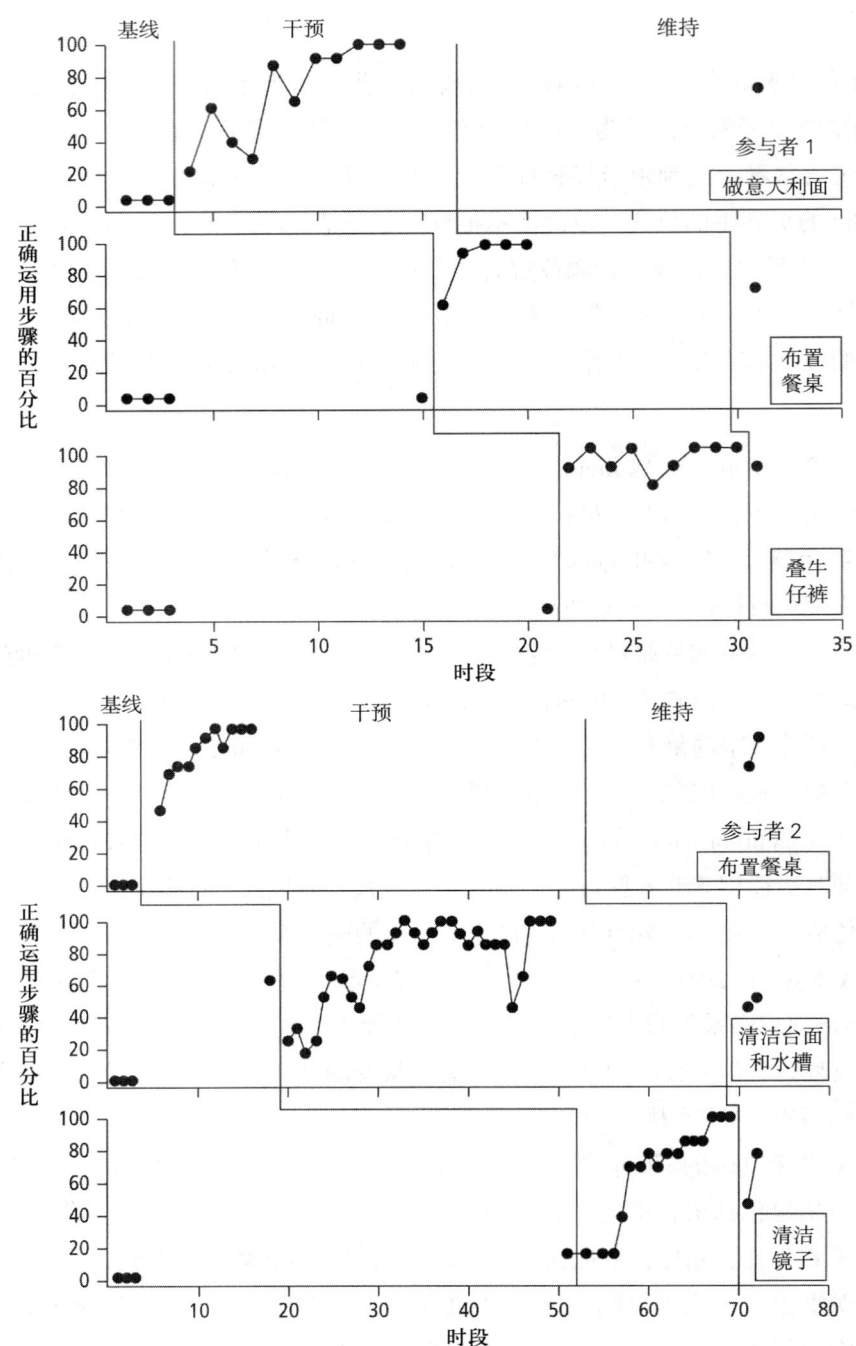

图 21.2 两名孤独症年轻成人运用日常生活技能的正确步骤百分比

引自 C. Aldi, A. Crigler, K. Kates-McElrath, B. Long, H. Smith, K. Rehak, & L. Wilkinson (2016). Examining the Effects of Video Modeling and Prompts to Teach Activities of Daily Living Skills. *Behavior Analysis in Practice*, 9, p. 386. 版权归斯普林格出版社所有。经授权转载。

应用行为分析师已经研究了各种示范和行为的效用，从而确定了示范和模仿训练的有效性。总体而言，这些进展得益于贝尔等人（1967）和班杜拉（Bandura, 1977）的开创性工作。表 21.1 提供了在日常生活、安全和学业技能的各项训练中所使用的示范、参与者和参与者行为处理方式的样例。

表 21.1 跨社会、日常生活、安全、学业和工作技能的示范研究样例

示范/形式	行为	学习者
社会技能		
自我示范/视频（Sherer et al., 2001）	交谈技能	孤独症儿童
典型发育同龄人/观点视频（Nikopoulos & Keenan, 2004）	发声或手势启动	孤独症儿童
日常生活技能		
观点视频示范（Aldi et al., 2016）	烹饪、布置餐桌、叠牛仔裤、清洁浴室水槽/台面和镜子	孤独症年轻成人
观点视频示范/逐步视频辅助（Cannella-Malone et al., 2011）	启动洗衣机清洗一批衣物，手洗一个盘子、勺子和杯子	重度智力障碍学生
观点视频辅助（Shipley-Benamou, Lutzker, & Taubman, 2002）	榨橙汁、准备寄信、布置餐桌、清洗鱼缸、喂宠物猫	孤独症儿童
观点逐步呈现的电脑视频辅助（Sigafoos et al., 2005）	做微波炉爆米花	发展性障碍成人
治疗师现场示范（Fu et al., 2015）	进食	两名有孤独症和食物选择问题的男孩
安全技能		
教学者现场示范，有练习和反馈（Christensen, Lignugaris-Kraft, & Fiechtl, 1996）	急救技能：处理割伤	障碍学龄前儿童
实验者在现场（Garcia, Dukes, Brady, Scott, & Wilson, 2016）	防火安全技能	三名4~5岁的孤独症儿童
现场示范和视频示范，有排练、赞扬和纠正反馈（Gunby, Carr, & LeBlanc, 2010）	预防诱拐反应（例如，当陌生人呈现一个诱饵时说"不要"，立即跑到一个安全的地方）	孤独症儿童
成人训练者/现场（Miltenberger et al., 2005）	枪支安全技能	4~5岁的典型发育儿童
学业技能		
同龄人现场发声示范（Taylor, DeQuinzio, & Stine, 2012）	读出看到的单词	孤独症儿童
图片辅助（Vedora & Barry, 2016）	接受性命名	孤独症青少年
视频示范（LeBlanc et al., 2003）	观点采择技能	孤独症儿童
同龄人手持电脑视频逐步示范（Cihak, 2009）	几何技能	有学习障碍的初中生
工作技能		
有脚本的和自然的情景视频示范（Allen, Wallace, Renes, Bowen, & Burke, 2010）	穿上"浣熊洛奇"的戏服，在大卖场迎接顾客	孤独症青少年和年轻成人
同龄人、同事、工作指导员执行任务的视频示范，有书面的指令或随身听里的语音指令（Kellems & Morningstar, 2012）	用吸尘器清理大厅地板上的灰尘、打扫人行道、盘点物品以补充库存、回收硬纸箱，等等	孤独症年轻成人

关于有效示范的指南

实验研究文献早已指出，有效示范的特征包括几个要素（Noell, Call, & Ardoin, 2011; Sulzer-Azaroff & Mayer, 1977）。示范者和模仿者共有的特征越多，示范—模仿关系就越有可能被建立和维持。以下部分概述了这些要素中的几个。

示范者与学习者的相似性

提供示范的人与学习者之间的相似性能够影响模仿行为发生的可能性（Bandura, 1969）。几乎任何一个变量都可以跟相似性有关，例如，过去的经验、年龄、性别、外貌。如果用模仿来教授一名青年如何减少药物滥用，那么一个成功"改过自新"的人可能会成为一个有效的示范者，会比没有相关经历的人发挥的作用更大。

声望

一个有声望或社会地位的示范者能够增加模仿行为的可能性。这些人通常是领导者。例如，高中生可能会模仿他们最喜欢的摇滚明星的穿着或发型；年轻的企业高管可能会模仿公司的资深高管的生活方式。消费者倾向于购买电影明星、名人或其他地位高的人"推销"的产品。当有声望的示范者与模仿者还有其他相似特征（如在音乐、艺术或运动方面有共同的兴趣）时，示范者的影响力会更大。

强调行为的关键方面

强调所示范的刺激中的关键方面可以增加模仿的可能性。例如，教师在教授学生认字的时候，可以举起一张写着蓝字的卡片，告诉学生这个字是蓝。教师可以通过在指令中间插入一个短暂的停顿来强调蓝这个字："说……蓝。"也可以通过减弱说这个字的强度，并在说到蓝这个字时提高音量，来强调这个字："说……蓝。"根据里斯利和雷诺兹（1970）的研究，所强调的刺激增加了模仿反应的概率，使得模仿成为强调示范的函数。

指令

当指令与示范呈现相结合时，模仿的效果会得到增强。指令——无论是口头的还是书面的——为特定行为的发生创设了情境。指令具有引导和辅助的作用，可以增加模仿出现的可能性。一些研究者曾经将包括旁白指示在内的不同指令形式结合起来，作为计划集成包的一部分，以增强视频示范的效果（Deliperi et al., 2015）。

背景

如果在一个真实情境里或以模拟真实情境的方式呈现示范，那么将会提高模仿出现的可能性。此外，这些情境应该被扩大到不同的环境中，以促进泛化型模仿。

排练和反馈

为学习者提供多个反应机会，再加上对示范行为的关键要素的反馈，可以提高示范的有效性（Poche, Yoder, & Miltenberger, 1988）。排练为分析师提供了以下机会：（1）判断学习者是否已经获得模仿技能；（2）强化模仿行为；（3）通过反馈和重新引导来纠正错误（Garcia, Dukes, Brady, Scott, & Wilson, 2016）。

强化

向学习者提供强化越频繁，模仿行为在未来出现的可能性就越高。同样，模仿者越频繁地观察、发现和识别被强化的示范行为，该示范行为就越有效（Bandura, Ross, & Ross, 1963; Noell et al., 2011）。

观察学习

观察学习需要觉察另一个人的行为及其后果，并用这些信息来决定是否模仿该行为（Delgado & Greer, 2009; DeQuinzio & Taylor, 2015）。观察学习通常涉及模仿，但并不要求模仿（Catania, 2013）。例如，一个行人看到走在她前面的人在"黑冰"（在柏油路上结成的薄冰，用眼睛看基本看不到）上滑了一跤，这个行人为了避开那个地方，可能就绕过那段路或者干脆直接过马路了。

观察学习需要有视力吗？信息箱 21.1 探讨了这个重要的问题。

信息箱 21.1

观察学习只适用于看得见的人吗？

由于观察学习带有视觉或视力的意味，一些读者可能会错误地认为只有视力好的人才能从中获益。当一位盲人注意到他人行为产生的听觉刺激和后果，并因此而模仿或不模仿那些行为时，他就是在使用观察学习。有双重感觉缺陷（即失明和失聪）的人也是一样，当他感觉到并模仿他人行为的触觉和动觉刺激产物时，他也是在使用观察学习。发展观察学习，需要在注意、模仿和区辨方面进行技能训练，它与感官模式无关。

观察学习的目的是，参与者"从间接接触他人所经历的后果中学习"（Delgado & Greer, 2009, p. 408）。麦克唐纳和埃亨（MacDonald & Ahearn, 2015）提供了一个跟教室有关的观察学习的例子。

> 观察学习的一个例子是，呈现一张图片，学生没有正确地指出与此图片所示相关联的单词。该学生观察到另一名学生收到教师发出的指令，并得到后果（以正向反馈或纠正反馈的形式）。然后，由于观察到这样的表现和随之而来的后果，这名学生在没有直接教学的情况下正确地指出了与图片相关联的单词。（p. 801）

德尔加多和格里尔（Delgado & Greer, 2009）教授孤独症儿童区辨正确和错误的单词阅读反应，做法如下：如果教师的反馈显示合作同伴的反应是正确的，就让孤独症儿童选择一个绿色积木；如果教师的反馈显示反应是错误的，就选择一个红色积木。只有在监测正确和错误反馈的条件下，才会出现他们所希望看到的观察学习。两位研究者的结论是，参与者学会新的单词是监测其同伴的正确和错误反应的结果。

观察学习者区辨示范者得到的反馈是至关重要的。回想一下前面提到过的吉他手的逸事。副吉他手区辨出了创作歌手对主吉他手的即兴之作的不满，于是不再弹奏那些乐句。根据德昆齐奥和泰勒（DeQuinzio & Taylor, 2015）的说法，"学会这样的区辨是产生观察学习的先决条件"（p. 41）。

德尔加多和格里尔（2009）认为，观察学习技能的获得可能是一个行为交点。

> 观察学习似乎是一个行为发展的交点……一个发展的交点发生于儿童可以接触从前接触不到的依联时……它显现出来的不仅是一个交点，还是一种能力，因为儿童现在能以他们从前不会但现在会的方式学习了。（p. 430）

泰勒和德昆齐奥（2012）在一篇文献综述中指出，孤独症谱系障碍儿童往往在这些反应上存在缺陷。他们认为，教授这些儿童持续注意他的同伴示范者、泛化型模仿同伴的发声和运动肌肉反应，以及区辨行为后果，可以促进他们在自然环境中实现观察学习。然而，时至今日，虽然已有研究专门考察了如何教授观察学习，但尚没有一种方法可用于评估观察学习的存在以及参与这种学习所需的技能。研究者曾试图通过结合同伴的依联、同伴监测和教授差别性观察反应来教授观察学习。每一项研究都聚焦于教授儿童注意区辨刺激或区辨与观察学习任务有关的后果，或者二者兼有。泰勒、德昆齐奥和斯泰恩（Taylor, DeQuinzio, & Stine, 2012）对教授儿童监测他人对单词的差别性反应的效果进行了评估。在训练条件下，参与者被教授模仿同伴读单词的声音，并将发声反应与配对板上的书写单词进行配对。在暴露条件下，参与者只观察同伴的阅读反应。每个条件结束后过 10 分钟进入测试条件，以评估先前观察的读单词的掌握情况。结果是，虽然只是模仿，但所有的参与者都在有监测和没有监测的情况下获得了单词的表达性辨识（expressive identification）。

教授观察学习的技能

如前所述，很多孤独症儿童和发展性障碍儿童不会模仿，观察学习也不存在。没有观察学习技能库的儿童"只能通过直接教学来学习新的操作式行为，而直接教学是一个既费时又费钱的过程"（Delgado & Greer, 2009, p. 431）。

研究者指出，发展观察学习技能库，要有三项必备技能：注意、模仿和区辨（DeQuinzio & Taylor, 2015; Greer, Dudek-Singer, & Gautreaux, 2006; Taylor & DeQuinzio, 2012; Taylor, DeQuinzio, & Stine, 2012）。

泰勒和德昆齐奥（2012）以及泰勒（2013）介绍了对没有模仿和观察学习技能的人进行干预的方法。干预一般包括以下三个部分：（1）发展注意技能；（2）教授模仿并制订泛化型模仿的计划；（3）强化对后果的区辨——"这样做，而不要那样做"的反应类——并继续练习区辨后果。

在示范的行动进行期间和之后，做出以下几种反应才能进行观察学习。

注意

注意的意思不仅仅是靠近和朝向一个刺激。德尔加多和格里尔（2009）以及泰勒和德昆齐奥（2012）指出，基础层次的注意意味着通过同伴或合作者中介的策略，参与者不仅保持对相关刺激的关注，还做出模仿的、配对的反应来确认自己观察到了该刺激。例如，在德尔加多和格里尔的研究中，参与者必须观察合作者，然后举起一个不同颜色的积木，表示合作者的反应是正确的还是错误的。同样，泰勒等人（2012）在研究中要求参与者不仅重复刺激单词（模仿），而且在单独的配对板上的该单词下面放置一个"筹码"，表示参与者注意到了该刺激单词。在泰勒及其同事看来，注意是一个更大的监测行为技能库的子集，它包括模仿一个示范和做出对示范行为的确认反应。

模仿

无论是用回合尝试训练（Smith, 2001），结合塑造、排练和肢体引导的模仿训练（Baer et al., 1967），加入语言描述的模仿训练（Jahr & Eldevik, 2002），还是与成人或同伴一起练习即时或延迟模仿（Taylor & DeQuinzio, 2012），都可以完成模仿技能库的教学，从而发展出新的、更复杂的行为库。泰勒和德昆齐奥（2012）描述了如何利用同伴教授模仿。

> 要教学习者模仿同伴的反应，教师最初可以让儿童与同伴隔桌相对而坐，或坐在地板上与同伴面对面。然后，教师让同伴演示动作（如同伴按照教师的指令来回推拉一辆玩具车），再向学习者发出一个指令，要求他模仿同伴（如教师可能会说"做约翰正在做的事"）。如有必要，教师可以引导儿童模仿同伴的动作。当儿童做出模仿动作时，教师要给予赞扬并提供儿童喜欢的零食或玩具，以强化他的模仿反应。为了促进泛化，教师可以让同伴每次示范不同的动作，直到儿童可以在没有任何辅助或强化的情况下模仿新异动作。（pp. 352, 353）

区辨

德昆齐奥和泰勒（2015）为缺乏这种技能的学生展示了一种有效的区辨训练程序。有四名孤独症学生参与他们的研究，研究者用一组未知的图片作为刺激物。跨基线、区辨训练和若干个10分钟的后测尝试，研究者测量了在有强化和没有强化的尝试中，在教师（呈现训练尝试）和一个合作成人示范者之间，学生针对所观察到的图片做出的正确命名反应。

在基线条件中，与成人示范者和参与者隔桌对坐的教师呈现一张图片，并指示："这是什么？"如果合作的成人示范者正确地说出了图片的名称，教师就给予赞扬（即"答对了"），并给他一个强化物。如果合作的成人在事先的安排下回答错误，教师就说："抱歉，答错了。"桌上的一个强化物会被挪到看不见的地方。无论成人示范者说的是正确的还是错误的,教师都不会将提供正确的图片命名作为后果的一部分。在区辨训练阶段,重复了基线条件,唯一的不同之处在于,教师给示范者提供一个后果("答对了")后,立即转向参与者,并说:"这是什么?"如果参与者回答正确,教师就赞扬他。如果参与者发出了错误的反应,教师就提供陈述形式的错误纠正:"在她答对的时候,跟她说一样的话。"相应地,在对成人示范者进行没有强化的若干次尝试后,再次立即向参与者呈现图片,并说:"这是什么?"如果参与者说"我不知道"或什么都不说,就终止那次尝试,然后开始下一次尝试。最后,大约每三到五个时段穿插训练泛化的时段,使用不同于基线和区辨训练所使用的图片。

图21.3显示了该研究的结果。每名参与者都学会了区辨合作的成人示范者被强化的反应,以及在对示范行为的未被强化的反应出现时说"我不知道"。在使用不同图片训练后的一段时间内,参与者都维持了区辨表现,虽然只维持在有限的水平上,但在额外的泛化训练开始后,区辨表现有所进步。

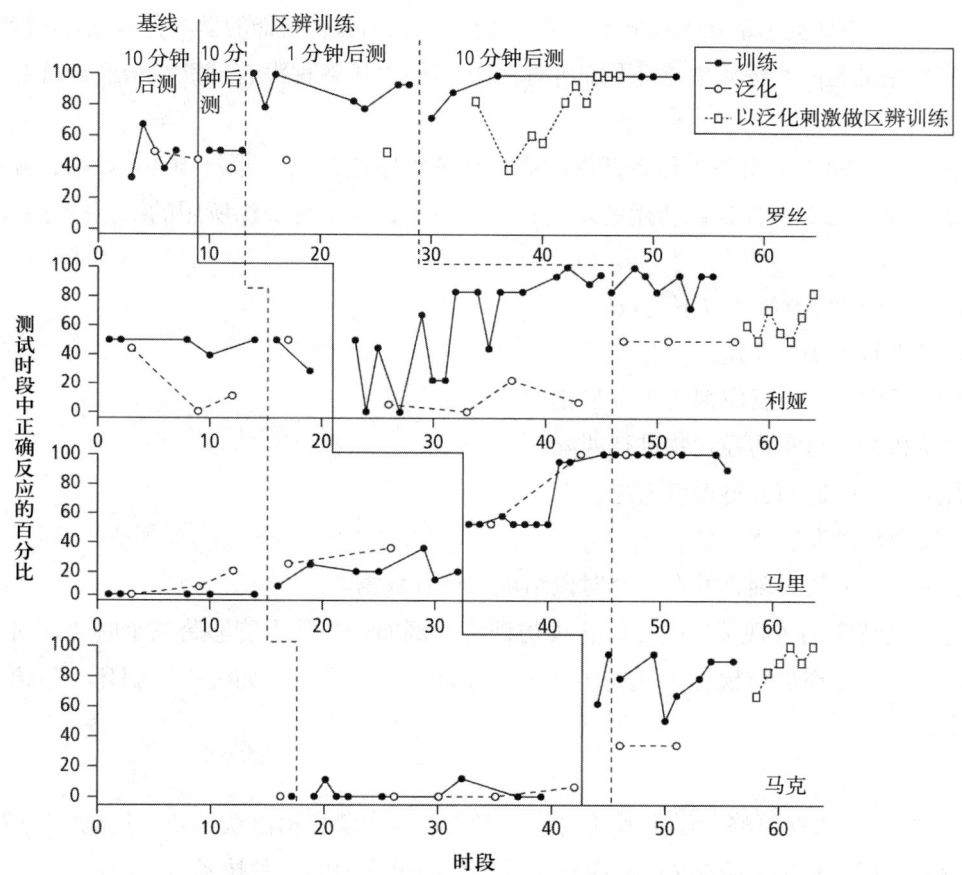

图21.3 三名孤独症儿童在基线、区辨训练和泛化时段结束后进行的测试时段中正确反应的百分比

引自 J. A. DeQuinzio & B. A. Taylor (2015). Teaching Children with Autism to Discriminate the Reinforced and Nonreinforced Responses of Others: Implications for Observational Learning. *Journal of Applied Behavior Analysis*, 48, p. 46. 版权归实验行为分析协会所有。经授权转载。

如果参与者的技能库中缺乏这些观察学习的必备技能——注意、模仿、延迟模仿和后果区辨——中的任何一项,那么可以单独教授那项技能,然后再结合在一起改善或增强观察学习。

摘要

模仿

1. 模仿包含四个标准:(1)模仿行为是由另一个人的行为示范(或行为的象征性代表)引起的;(2)模仿行为与示范行为具有形式相似性;(3)模仿行为在时间上紧随示范行为;(4)示范是模仿行为的主要控制变量。

2. 示范是把目标行为现场演示或象征演示给学习者,向他准确地展示该做什么。

3. 当模仿者的行为与示范在物理上相似,并具有相同的感官模式时,就会出现形式相似性。

4. 示范与学习者的行为之间短暂的潜伏期是模仿的一个重要特征。

5. 使用其他行为原理和过程可以更好地理解大部分延迟模仿的实例。

6. 模仿的最重要的定义属性是示范者的演示与学习者的表现形态相似行为之间的控制关系。

7. 模仿训练是一套以研究为基础的系统性步骤,用于教授没有模仿技能的学习者学习新异行为的示范。

8. 泛化型模仿指的是一个学习者在不同的情境和环境中模仿各种没有辅助、未经训练、没有强化的示范行为。

9. 施特里费尔(1974)为实务工作者开发的模仿训练程序包含以下部分:(1)评估,并在必要时教授模仿训练的先备技能;(2)选择训练所用的示范;(3)前测;(4)为训练所用的示范排序;(5)进行模仿训练。

10. 关于模仿训练的指南包括以下几点:
- 保持教学时段的活跃和简短。
- 对辅助下的反应和模仿反应都要予以强化。
- 将语言赞扬和关注与实物强化物进行匹配。
- 如果进展停滞,倒退回去再慢慢前进。
- 渐褪语言反应辅助和肢体引导。
- 测量和记录学习者的表现,并在每个时段结束后检查数据。
- 当学习者达到特定的表现标准时,终止模仿训练。例如,当学生能够跨三个时段而对五个连续的新异示范的第一次呈现进行模仿,或模仿几个未经训练的行为链(如洗手、刷牙、指语)时,就可以终止训练了。

示范

11. 示范是一种行为改变策略,学习者通过模仿现场示范或象征示范获得新的技能。

12. 视频示范是通过理想行为的视频呈现来演示这个理想行为的一种技术。

13. 在视频自我示范中,学习者观察自己成功表现目标行为的视频,并模仿自己的自我示范。

14. 以下几项可以提高示范的有效性:
- 示范者具有与学习者相似的特质。
- 示范者是学习者认为有声望或社会地位的人。
- 示范者强调目标行为的关键方面。
- 教学指令引导和辅助学习者注意示范者。
- 示范者在真实的背景中演示目标行为。
- 排练和反馈。
- 学习者观察示范者因为目标行为而获得强化;学习者因为模仿目标行为而获得强化。

观察学习

15. 观察学习需要觉察另一个人的行为及其后果，并用这些信息来决定是否模仿该行为。观察学习通常涉及模仿，但并不要求模仿。

16. 发展观察学习技能库，要有三项必备技能：注意、模仿和区辨。如果缺乏其中任何一项，那么可以单独教授，然后再结合起来。

第 22 章 塑造

关键词

响板训练（clicker training）

差别强化（differential reinforcement）

消退诱导的变异性（extinction-induced variability）

反应差别化（response differentiation）

塑造（shaping）

逐步接近（successive approximations）

行为分析师认证委员会 BCBA/BCaBA 任务清单（第 5 版）

第二部分：应用

G. 行为改变程序

G-7 使用塑造。

©2017 The Behavior Analyst Certification Board, Inc.,® (BACB®). 保留所有权利。本文件的当前版本可在 www.bacb.com 网站查阅。如需转载、复制或分发本文件，或有疑问，请直接联系行为分析师认证委员会。经授权使用。

神奇的呈现！

1955 年夏天，我在探索针对典型发育学龄前儿童的一些简单的强化程序表，使用的是各种依联给予的小饰品、小口糖果和饼干。这项研究是在华盛顿大学的一个新设计和新建立的拖车实验室中进行的。当人们进入实验室时，会看到远处的墙壁上有一面很大的单向玻璃窗，它的下面有一个供人做出反应的杠杆（其实就是一个欧赛达牌拖把的手柄）。杠杆上方有一个内缩灯泡，下方有一个小开口，用来递送"好东西"。

一名儿童在杠杆上做出的反应会被传送到一个电路中，这个电路是经过设计的，每一个被强化的反应都伴随着灯光的闪烁和从发送器马达传出的短暂蜂鸣声，表示好东西要送出来了。实验者在墙的后面用单向玻璃窗和这些装置进行操作。

➡ 本章由林珊翻译。

有一天，我邀请华盛顿大学心理学系的客座教授比尔·韦普朗克（Bill Verplanck）跟我一起观察儿童的表现。他所看到的景象给他留下了深刻的印象：儿童对固定和可变比率强化程序表以及固定和可变时距强化程序表发出了相当有秩序的反应。

在实验时段进行到大约一半的时候，韦普朗克建议我们尝试操作式行为的塑造。我们决定试试看能否让儿童到距离杠杆所在墙壁大约 14 英尺远的房间另一头拉动那里的窗帘绳。这个程序包括对于最终任务的手部动作塑造的逐步接近（successive approximations），也就是强化从椅子上下来、离杠杆越来越远、把手举起来、抓住并拉窗帘绳这几个动作。最初那个离开杠杆的动作发展得有点慢，因为每当儿童的离开行为获得强化时，他都必须回头或者跑回好东西发送口那里拿他的奖赏。不过，在一段相对较短的时间内，儿童的反应还是稳定地建立起来了：抓了一个好东西之后，儿童会跑向房间的另一头，拉动窗帘绳，然后一听到蜂鸣声响，他就会跑回奖赏发送口去拿好东西。

这个呈现太神奇了！……强化物的给予依联于行为形态的逐步接近，清楚地显示了新的操作式行为——任何一种新的操作式行为——可能是如何建立起来的。我见证了一个戏剧性的展示，这是我们多年来一直在心理学入门课程中告诉学生的东西，即对行为做科学分析的含义是预测和控制个人的行为。

——改编自 M. Dougher (2009). In Memoriam: Sidney W. Bijou, 1908–2009. *The Behavior Analyst*, pp. 363–364. 原载于 W. H. Redd, A. L. Porterfield, & B. L. Andersen (1978). *Behavior Modification: Behavioral Approaches to Human Problems*. New York: Random House. 经授权使用。

人们在很多情境中会使用塑造来帮助学习者获得新的行为。例如，沃尔夫、里斯利和米斯（Wolf, Risley, & Mees, 1964）在一个应用情境中对一名再不固定戴矫正眼镜就可能失明的儿童使用了塑造，以增加他戴眼镜的时间。阿森斯、沃尔默和圣彼得·皮普肯（Athens, Vollmer, & St. Peter Pipken, 2007）用塑造来改善有语言和学习障碍的学生的学业行为。研究者和训练者使用塑造来教授动物的功能性行为（如马匹被牵进拖运车时不会受伤，也不会伤害到工作人员），或达到吸引人或实用的目的（如教海豚做出娱乐表演的固定动作），或出于人道主义（如在以前的战区开展扫雷行动），或为了安全（如在机场、港口或交通繁忙的地方嗅出爆炸物质），或出于医疗评估的目的（如检测结核或坏死组织），以及帮助动物在免疫接种和牙齿检查等过程中保持平静（Poling et al., 2017; Pryor & Ramirez, 2014）。

根据特定行为的复杂性，或学习者目前的表现水平与理想的目标（终点）行为之间的差距，行为塑造可能要有大量的逐步接近才能实现终点行为。完成终点行为的时间、尝试次数和方向很少是能预测到的、即时的或线性的。学习者——人类或动物——有可能会发出一个更接近终点行为的渐进行为，但实务工作者并未察觉到并予以强化。在这种情况下，终点行为的实现会被延迟。然而，如果使用一种系统化的方法——也就是说，每一个更接近终点行为的实例都能被察觉和强化，同时将先前那些行为予以消退——那么就可以更快地取得进步。

虽然行为塑造可能很费时，但它是教授新行为的一种重要策略（Fonger & Malott, 2018）。每一位行为分析师的技能库里都应该有塑造这一项，特别是在教授那些不太可能通过遵从指令、获得随机接触机会或提供示范、肢体提示和语言辅助来学习的新异目标行为的情况下。

本章定义了行为的塑造、差别强化和逐步接近，呈现了在跨不同反应形态之间和在不同反应形态之内如何塑造行为的例子，并提出了改善行为塑造效率的方法。本章讲解了训练者如何使用响板训练（clicker training）来塑造人类和动物的新行为。接着，介绍了塑造的新兴应用，以及如何将塑造应用于大规模的社会与人道主义的实践。最后，提供了实施塑造的指南，并以"如何学习塑造行为"作为本章的结语。

塑造的定义

塑造是一个由三部分组成的过程。塑造者：（1）侦测学习者环境中的一个改变；（2）针对那个改变是否逐步接近所关注的终点行为做出区辨判断；（3）差别强化那个又近了一步的逐步接近行为。简而言之，**塑造**的定义是对朝向终点行为的逐步接近予以差别强化。侦测指的是，塑造者必须用他/她的一个或多个物理感官去看、听或以其他方式注意到一个改变的发生。区辨判断指的是，塑造者必须回答这个问题："我刚看到（或听到）的是不是理想终点行为的更近一步接近行为？" **差别强化**用在塑造中指的是，只对学习者发出的一个反应类中具有某个特定维度或质量的成员呈现非条件强化物或条件强化物，而将所有其他已发出的反应类成员进行消退处理。[1]

换句话说，塑造者在侦测到一个改变后，必须判定那个改变是否朝着与理想终点行为越来越接近的方向而去。如果是这样，塑造者便要立即强化那个行为。如果塑造者侦测到改变后，认为虽然出现了改变，但并非更接近终点行为，那么将对先前发出的那个行为进行消退处理，即塑造者不去强化它。

例如，假设一名呼吸治疗师（respiratory therapist, RT）的任务是提高一名正在从肺炎中逐渐康复的病人的肺活量。她使用一个肺活量计（spirometer），以毫升（ml）为单位测量肺活量。指导治疗工作的医生将病人的目标设定为1750毫升，而目前记录的病人肺呼吸量仅为250毫升（即有1500毫升的差距）。为了使用塑造，呼吸治疗师首先密切观察病人，注意呼吸量是否出现任何改变。如果有任何超过250毫升的容量水平改变（如250.01、251、255毫升），就给予病人赞扬（"太棒了，尤里，又提高了！"）。针对任何降低的吸气反应水平进行消退处理。[2] 图22.1展示了最初进行的四次尝试，说明了病人朝目标努力的过程。

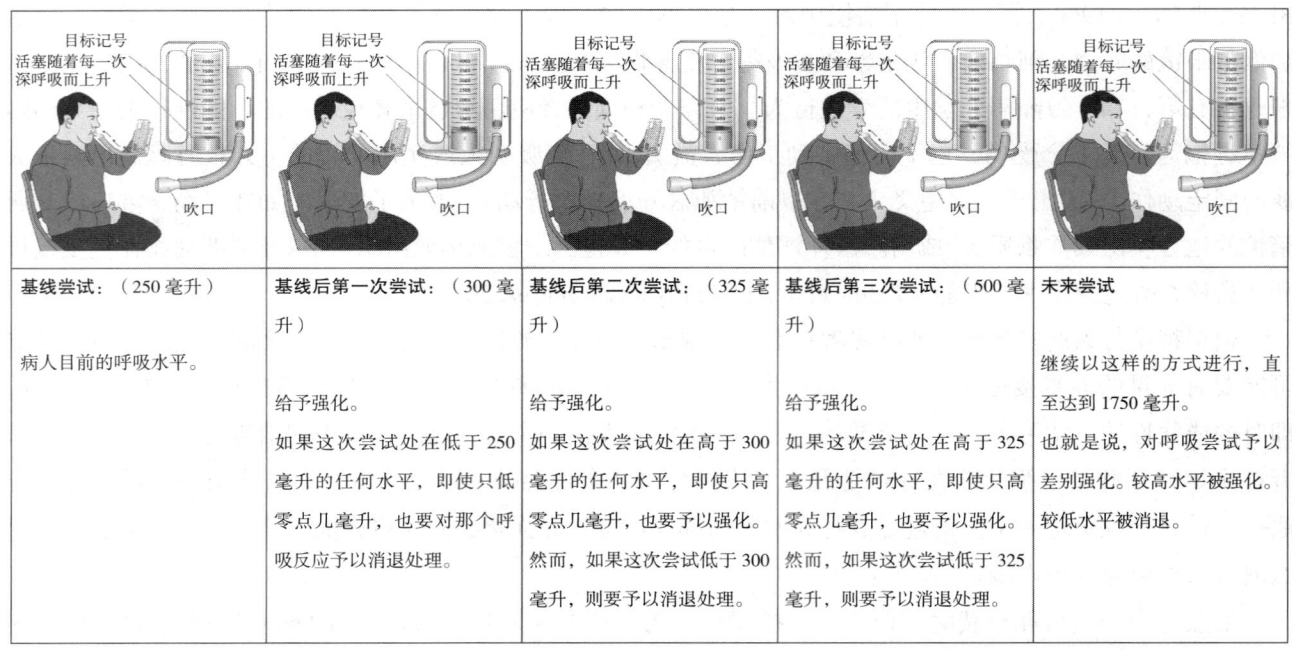

图22.1 举例说明一位呼吸治疗师：（1）检测病人呼吸量的改变；（2）判断那个改变是不是朝向终点行为（即1750毫升）的逐步接近；（3）差别强化更近一步的逐步接近反应。

---

1 当用于区辨训练时，差别强化要求：（1）在一个刺激条件（S^D）出现时强化反应；（2）在 S^D 条件不出现时，对反应予以消退处理。有关这个问题的讨论，请参考第17章和第24章。

2 肺活量计并没有被校准以显示微小的增量变化。它们登记的是较大的整数单位（500毫升、1000毫升，等等）。重点仍然在于：（1）治疗师要积极地观察肺活量计以便检测呼吸的改变；（2）判断这个改变是不是一个高于先前尝试的逐步接近；（3）如果是，予以强化。同时，针对病人所尝试的并非接近终点行为的反应予以消退。

然而，行为分析师不该被图 22.1 中明显的呼吸水平改善的阶梯式进展（如 300、325、500 毫升）所欺骗，这些水平是随意提供以做教学说明之用的。塑造在程序上的准确应用，绝对不是一个阶梯式的、固定梯度的变化过程，要求病人将其肺呼吸量从 250 毫升升到 300 毫升再升到 350 毫升，以此类推，达到 1750 毫升的目标。任何以某种增量提高肺活量水平朝向医生指导的 1750 毫升目标（比方说，从 250.1 毫升升到 276.5 毫升再升到 339 毫升，等等）的呼吸行为，都需要符合逐步接近 1750 毫升的标准，并得到强化。针对所有低于已建立的较高水平的行为尝试进行消退处理。

斯金纳（1953）在其著作《科学与人类行为》中使用一个比喻提出了塑造的概念。

> 操作式条件作用对行为的塑造就如同雕塑师对一块黏土的塑造……最终产物看起来有一种特殊的设计统一性或完整性，但我们找不到它突然出现的那个点。在同样的意义上，一个操作并不是在有机体行为中看起来完全长好了的某个东西，它是一个持续的塑造过程的结果。（p. 91）

通过仔细和熟练地操弄一块原始的、无差别的黏土，工匠将黏土的某些部分留在原来的位置，切掉其他部分，然后对其他部分进行改造和塑形，从而将其形式慢慢转变为最终的雕塑设计。与此相似的是，技能娴熟的实务工作者从最初可能与最终产物只有极少相似性的反应中塑造出新异的行为形式。重述一下，实务工作者使用塑造来差别强化朝向终点行为的逐步接近，同时将未能朝向终点行为的尝试予以消退处理。当目标行为的形态、比率、潜伏期、持续时间、反应间隔时间或等级大小达到预设的标准水平（如前面例子中医生确定的 1750 毫升的肺活量水平）时，就可以说产生了塑造的终点产物——终点行为。接下来将讨论塑造的两个关键程序成分：差别强化和逐步接近。

差别强化

> 当一个重球被掷到某个标志之外时，当撑竿跳或跳高过程中一根横杆被人越过时，当球被击过围墙（以及因此打破纪录或赢得比赛）时，就是差别强化在发挥作用。
>
> ——B. F. 斯金纳（1953, p. 97）

重申一下，差别强化是一种程序，它对具有预定维度或特质的反应给予强化，而对不表现该特质的行为不予强化（即这些反应被消退）。差别强化有三个基本效果：（1）一个反应类中与过去被强化的反应有相似功能的反应更有可能再次出现；（2）与未被强化的类成员相似的反应不太可能再次出现（即这些反应被消退）；（3）当反应未被强化而被消退时，**消退诱导的变异性**（extinction-induced variability）可能会出现。消退诱导的变异性是由一个反应类不被强化而产生的现象，即发生反应类形态的可改变性暂时增加，而在偶然情况下可由此产生一个更接近终点行为的行为。消退诱导的变异性涉及的是反应的形式，而消退涉及的是反应的比率。

当在一个反应类内始终一致地应用差别强化时，它的三重效果会导致出现一个新的类，主要由具有先前被强化的次级类特质的反应组成。这个新兴的类被称作**反应差别化**（response differentiation）。卡塔尼亚（Catania, 2013）提供了一个关于消退诱导的变异性如何建立反应差别化的简短描述。

> 塑造的基础是**差别强化**。在各个连续阶段，有些反应会被强化，有些则不会。此外，差别强化的标准随着反应朝向塑造目标的**逐步接近**的改变而改变。行为是变动的，这个属性使得塑造产生效果。没有两个反应是相同的，强化一个反应会产生一连串的反应，每一个都在某些维度如形态（形式）、力度、等级大小和方向上不同于被强化的那个反应。而在那些反应中，有些比其他更接近要塑造的反应，并且可能会被选为下一个强化的对象。强化这些反应仍然会产生其他反应，其中有些可能就更接

近要塑造的反应。因此，强化可用于改变反应的范围，直到塑造目标出现。（p. 114）

逐步接近

逐步接近指的是，对一个比它所要取代的反应更接近终点行为的行为循序渐进地改变提供强化的标准。换句话说，一旦出现更接近终点行为的更大增量行为，就给予强化。当一个在最初被强化的反应建立起来时，实务工作者要将强化的标准更改为反应更接近终点行为。然而，在更改标准的时候要小心。如果标准定得太低，会使得太多在相同表现水平上的行为被强化，导致进展变慢。如果标准定得太高，则会发生消退，使得进展受阻（Hanley & Tiger, 2011; Noell, Call, & Ardoin, 2014）。斯金纳（1953）讲述了逐步接近的重要本质。

> 反应以最终形式出现的原始概率非常低，在某些情况下甚至可能为零。通过这种方式，我们建立了原本可能永远无法出现于有机体技能库中的复杂的操作式行为。通过强化一系列逐步接近的反应，我们在短时间内将一个罕见的反应转变为概率非常高的反应。这是一个有效的程序，因为它察觉并利用了一个复杂行动的连续性质。（p. 92）

图 22.2 说明了一个可用于塑造间隔均匀的水平线的逐步接近的进展过程。插图 1 包含学习者当前技能库的产物（斯金纳的"无差别的块状"）。插图 6 显示了理想的终点行为产物。塑造开始于学习者当前的行为；在这个案例中，它是通过先侦测，后强化学习者较长的涂鸦画线（插图 1 里有星星记号的线条），并消退较短的涂鸦画线来实现的。反应差别化产生了一个新的反应类（即较长的画线）（参看插图 2）。塑造者将强化标准改变为必须更接近终点行为——在这个例子中就是较长的、不交错的画线。插图 3 至插图 5 显示了因将差别强化应用于每一个先前的反应类而可能出现的新的反应类。

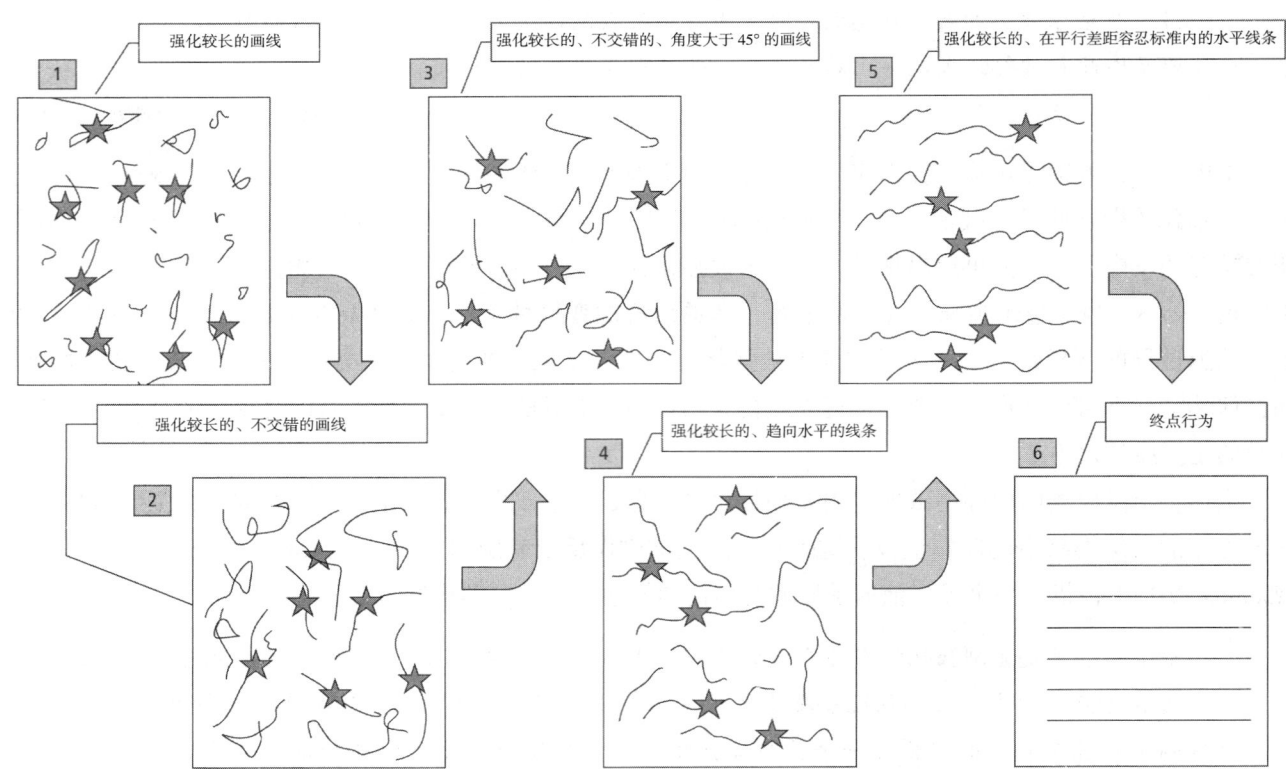

图 22.2　将涂鸦画线塑造为间隔均匀的水平线。星星记号代表被强化的反应。

塑造行为表现的不同维度

行为塑造可以在其任何可测量和可延展的维度上进行（参看表 22.1）。

表 22.1 可塑造的行为表现维度

表现维度	例子
形态（行为的形式）	· 精炼运动肌肉动作，如高尔夫挥杆、投掷动作或跳马行为。 · 在写字练习时间改善草写或印刷体字母的形式。
比率（单位时间内的反应数量）	· 在数学课习题时间增加每分钟完成题目的数量。 · 增加每分钟正确拼写和正确使用单词的数量。
潜伏期（从前提刺激开始到行为发生的时间）	· 减少从父母指示"去清理你的房间"到清理房间行为开始的服从时间。 · 增加从别人发出攻击性言论到有重度情绪障碍的学生进行报复的延迟时间。
持续时间（从反应开始到反应结束的时间）	· 增加学生保持专注于任务的时间。 · 增加专注于学习行为的分钟数。
反应间隔时间（IRT）	· 通过增加每吃一口食物之间的时间（IRT）来减少快速进食行为。 · 通过增加每次点燃香烟之间的时间（IRT）来减少吸烟行为。
等级大小（反应的强度或力度）	· 将所预估的说话者音量从 45 分贝增加到 65 分贝。 · 将操作一个扳手所需的扭矩从 20 英尺磅*增加到 30 英尺磅。

* 编注：英尺磅是英美制扭矩单位，1 英尺磅约合 1.355 牛米。

让我们聚焦于等级大小——也就是表 22.1 的最后一个维度——关于教授儿童使用某个分贝范围内的语音音量来与人交谈。假设一名行为分析师对一名说话声音很低（如低于 45 分贝）的学生开展教学，教师和同学们都听不清他说的话。预估和计划中与 65 分贝——正常交谈声音的振幅——中等接近的分贝数可能是 45 分贝、55 分贝和最终的 64 分贝。通过差别强化，任何高于 45 分贝（45.1、47.7、50.3 分贝）的反应都会被强化，而 45 分贝或更低的反应会被消退。随着逐步接近，强化标准会以某个增量逐渐提高到 55 分贝，最终达到 65 分贝。实际上，等级大小较低的反应不被强化，等级大小较高的反应（即那些接续发出高于 45、55、65 分贝的反应）被强化。

弗利斯（Fleece）及其同事（1981）开展过一项教学，使用塑造来提高两名儿童的语音音量，他们就读于专收肢体和发展性障碍儿童的私立托儿所。使用一个 0 到 20 分的量尺测量他们的语音音量，0 分代表儿童的声音别人听不见，10 分代表正常音量，20 分代表尖叫。塑造程序包括让儿童在一个声控的中继设备前背诵一段儿歌，其声音会启动一个灯光显示。灯光强度与音量水平的提高相对应：声音越高，灯光越亮；声音越低，灯光越暗。教师塑造语音音量的办法是，提高中继设备的灵敏度阈值。每一次启动灯光所需要的音量水平的提高都代表了向目标音量的逐步接近。

图 22.3 显示了针对儿童的进步表现的分析。而且，四个月后，儿童的语音音量依旧保持在较高水平。最后，根据学校工作人员的逸事报告，儿童较高的语音音量泛化到了教室以外的环境。

应用行为分析师可以测量语音音量，并使用先进的数字记录技术来运用差别强化。例如，埃杰顿和瓦恩（2017）使用数字平板电脑和应用程序（Voice Meter Pro™）测量了一名男孩发出声音的等级大小，他的声音经常低于一般谈话的音量。这个程序显示了一个温度计式的指标和三个表情符号（如中性、正向、负向），用文本辅助（"大点声，我听不见！""这样好多了。"和"那样太大声了！"）在视觉上对学习者发出要他调整声音强度的改变信号。虽然埃杰顿和瓦恩没有使用塑造——他们实施的是一个包含差别强化、视觉反馈和纠正陈述的干预集成包——但他们采用的应用程序是可调整的，可用于塑造语音音量。

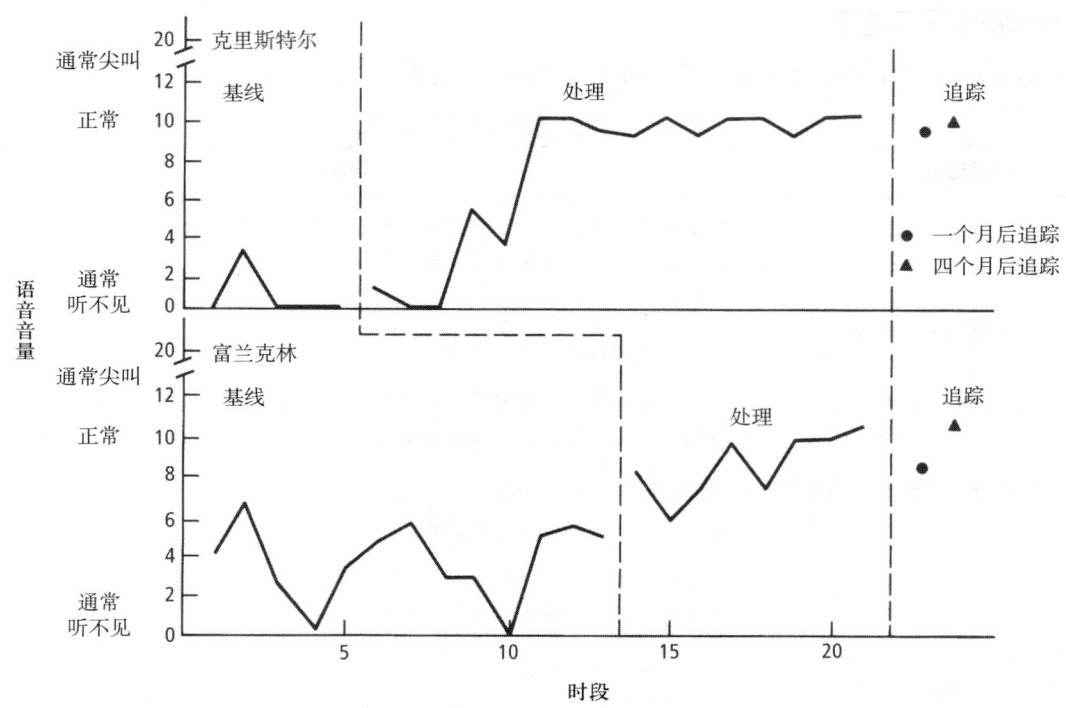

图 22.3　学生在教室泛化情境中每个时段的语音音量水平

引自 L. Fleece, A. Gross, T. O'Brien, J. Kistner, E. Rothblum, & R. Drabman (1981). Elevation of Voice Volume in Young Developmentally Delayed Children via an Operant Shaping Procedure. *Journal of Applied Behavioral Analysis*, 14, p. 354. 版权归实验行为分析协会所有。经授权转载。

跨反应形态与反应形态内的塑造

跨不同反应形态塑造行为意味着反应类内被选择的成员被差别强化，而其他反应类的成员被消退。很多复杂行为由多个反应类组成，每个类都是其做出表现的必要不充分的组件。以说话为例，它涉及舌头和嘴唇的运动、语音、单字发音、词组或句子生成，等等。当跨不同反应形态塑造行为时，实务工作者要逐渐提高给予强化的表现标准。

艾萨克斯、托马斯和戈尔戴蒙德（Isaacs, Thomas, & Goldiamond, 1960）报告了一项经典研究，展示了如何跨反应形态和在反应形态内塑造行为。他们成功地塑造了一名被诊断为紧张型精神分裂症的患者安德鲁的发声行为，尽管长久以来付出了许许多多的努力，他仍然有长达19年的时间没有说话。实际上，最初是由一位敏锐的心理学家注意到，在一包口香糖不慎掉落在地上时，安德鲁的被动表情发生了轻微的改变，从而开始了行为塑造的程序。在意识到口香糖可能是建立说话这个反应类里的行为的有效强化物后，心理学家将说话选为终点行为。

下一个要做的决定是选择一个初始行为来进行强化。唇部运动之所以被选为初始行为，是因为心理学家注意到，当有口香糖的时候，安德鲁出现了轻微的唇部运动，更重要的是，唇部运动是言语反应技能库的一部分。一旦唇部运动通过差别强化建立起来，心理学家就会等待下一个接近终点行为的反应。在这个阶段，单独的唇部运动不再获得强化；只有能发出声音的唇部运动才会获得强化。当安德鲁开始发出喉音时，发声获得了差别强化。然后喉音本身被塑造（即在一个反应形态内进行差别强化），直到安德鲁能说出"gum"（口香糖）为止。在实施塑造的第六周后，心理学家要求安德鲁说"gum"，他却回应"Gum, please"（请，口香糖）。在那个教学时段内和之后，安德鲁继续与心理学家和机构里的其他人交谈，讲述他的身份和背景。在这个强大的行为塑造演示中，在选择终点行为和最初的起点行为之后，反应技能库中的每个成员都是通过对逐步接近终点行为的差别强化而被塑造出来的。

在一个反应形态内塑造行为的意思是，行为的形式保持不变，但对行为的另一个可测量的维度运用差别强化（Noell et al., 2014）。为了说明这一点，我们假设在大学体育课上，教师正在指导学生进行水上救援。具体来说，她正在教授学生如何将救生圈抛向一段距离之外的在水里挣扎的人。由于这项活动的重要技能是将救生圈抛到落水者的附近（即伸手可及的地方），体育教师可能会通过对逐步接近一段特定距离的行为进行强化来塑造准确的抛投动作。换句话说，每次抛到那个人的附近（如2米内）的行为会被赞扬，而超出这个范围的抛投行为则不会被强化。当学生的抛投动作变得更准确时，就缩小范围，以使终点行为——抛投到落水者伸手可及的范围内——得以实现。在这个例子中，行为的等级大小被塑造，而其抛投动作的形式保持不变。重要的是要记住，要塑造的并不是抛投行为本身。通过差别强化塑造的是反应类内的抛投行为的理想维度，也就是抛投救生圈这个反应的等级大小。

塑造的益处

塑造是采用一种正向的（即强化的）方法教授新的行为。此外，它是一种系统化的方法：在任何逐步接近终点行为的反应发生时稳定地给予强化，而未能接近终点行为的反应则被消退。惩罚或其他厌恶程序通常不会被囊括在塑造计划中。而且，塑造通常会与其他已建立的行为改变或行为建立的程序相结合（如语言辅助或串链训练）。

哈里森和派尔斯（Harrison & Pyles, 2013）将语言辅助与塑造结合起来，改善了高中橄榄球队员的擒抱能力。图22.4显示了三名队员在橄榄球练习和比赛条件下的结果，他们的移动从步行到慢跑，再到快跑，逐渐被塑造。

当链中的某个行为尚不存在或尚未发展出来时，塑造可以进一步与串链程序相结合。[1] 假设一位行为分析师设计了一项包含七个步骤的任务分析来教授一名儿童系鞋带。然而，儿童无法完成任务分析中的第五个步骤，这时就可以使用行为塑造来教授一个逐步接近该步骤的行为。一旦通过塑造教会了第五个步骤，就可以继续使用串链训练来教授任务分析序列中的其他步骤。

塑造的局限

行为塑造至少有五个已知的局限，实务工作者应了解这些局限，并做好准备，在以下情况发生时加以处理。

1. 塑造新行为可能相当耗时，因为在达成终点行为前可能需要学习很多个接近行为。
2. 朝向终点行为的进展并非总是线性的。也就是说，学习者并非总是以连续的、渐进的或无错误的顺序从一个接近行为进展到下一个接近行为。进展可能是不规律的。如果行为过于不规律（即不像更接近终点的行为），那么可能需要再细分接近行为，以允许个体获得更多的强化和进步。实务工作者察觉和强化下一个接近终点行为的最小进展的能力是行为塑造获得成功的关键。如果实务工作者未能强化下一个接近行为——由于经验不足、专注于其他事或疏忽——那么与该行为相似的反应的出现次数会因此而减少，出现的相隔时间会更长。如果针对特定接近行为给予强化的时间超过了必要的时长，那么朝向终点行为的进展将会受到阻碍。
3. 塑造要求实务工作者**持续地**监控学习者，以侦测学习者表现出来的细微改变是否显示出下一个接近终点的行为。很多实务工作者——如忙于上课或要求较高的教师——无法密切地监控行为以注意到微小的改变。结果就是，塑造程序可能是不恰当的，或至少是低效率的。

---

[1] 第23章将详细讲述将一系列朝向终点行为的反应串联起来的程序。

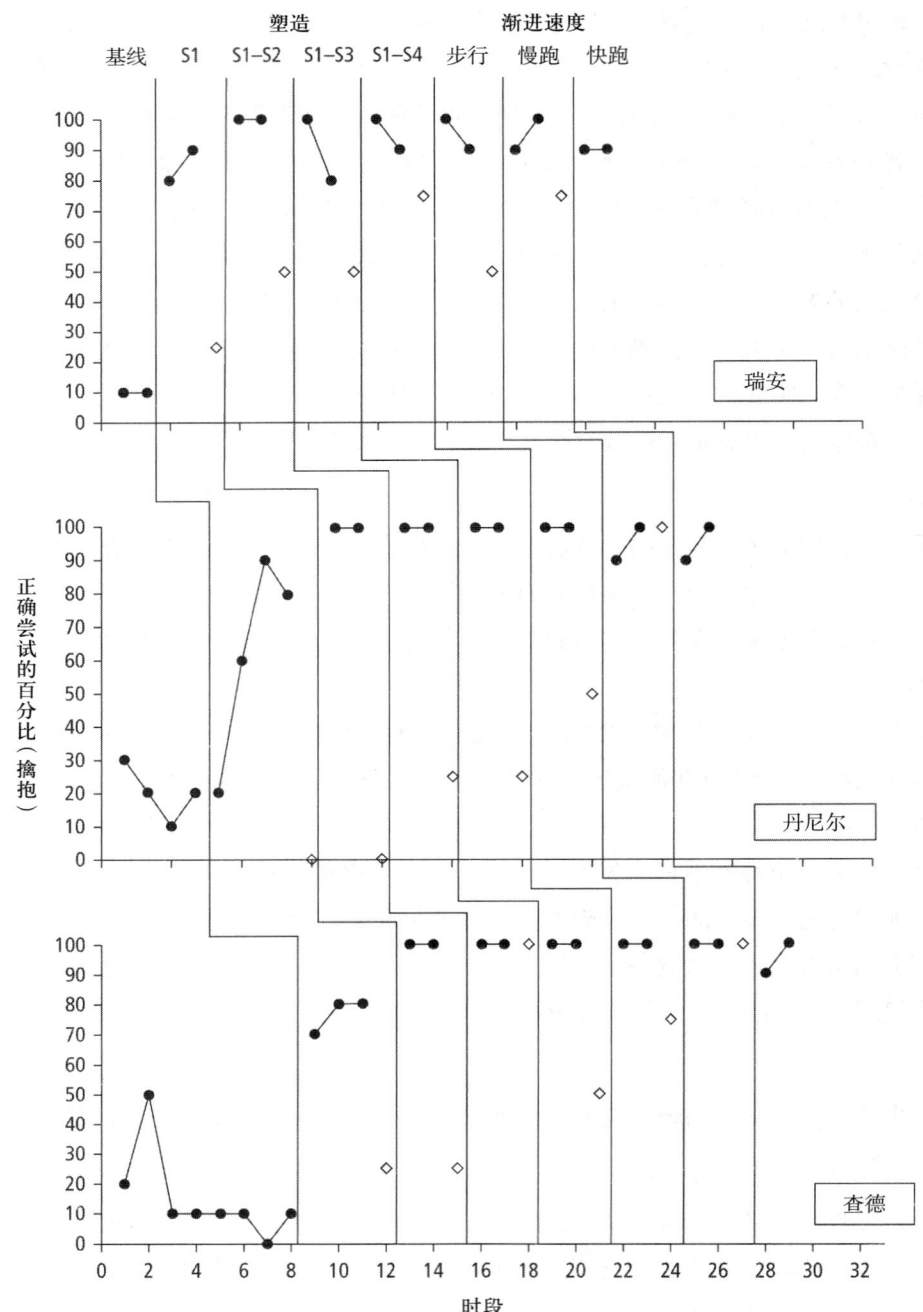

图22.4 跨所有练习阶段的正确擒抱尝试的百分比。空心数据点代表面对一名实际带球队员的完整擒抱动作的泛化探测。(在塑造程序中，S=技能。)

引自 A. H. Harrison & D. A. Pyles (2013). The Effects of Verbal Instruction and Shaping to Improve Tackling by High School Football Players. *Journal of Applied Behavior Analysis*, 46(2), p. 521. 版权归实验行为分析协会所有。经授权转载。

4. 塑造可能会被误用。举例来说，一个孩子试着发出低音量的要求以获取父亲的关注（如"爸爸，我想吃冰激凌。"）。父亲没有注意到孩子最初的要求。随着孩子的努力一次次得不到回应（即没有获得强化），她可能会变得更加坚定地想要得到父亲的关注。因此，她提出要求的频率和强度可能会因为消退诱导的变异性而增加（如"爸爸！我要吃冰激凌！"）。在听到越来越大声的要求后，父亲终于给了她冰激凌。然而，下一次，孩子在得到她父亲的关注之前可能会用更高的音量说出自己想要的东西。在这个情节中，父亲差别强化了一个关注寻求行为中不断升高的水平，而塑造出了用更高的音量叫喊以获得冰激凌的行为。以这个例子为背景，斯金纳（1953）预测了如下情节的结果："由不关注或忽视孩子行为的父母所实施的差别强化，非常接近于我们被赋予一项条件化孩子变得更烦人的任务所需采用的程序。"（p. 98）

5. 有害的行为是可以被塑造出来的。例如，拉西和艾弗森（Rasey & Iversen, 1993）的研究显示，差别强化可以塑造一只老鼠的行为，使其从平台的边缘跌落。实验者对老鼠伸鼻子嗅食物的行为使用差别强化，最终导致老鼠将鼻子伸出平台边缘并跌落平台 。[1] 不难推想，像大冒险和双人大冒险（Dare and Double Dare）（不回答问题便接受一项任务挑战的游戏）这样的青少年游戏，以及那些利用人们从同龄人或社交媒体那里获得"赞"和鼓动言论的差别强化而去做高风险行为的视频可能会导致危险的——有时甚至是悲剧性的——行为结果。

对比：塑造与刺激渐褪

塑造和刺激渐褪都可以逐渐改变行为，尽管方式大不相同。在塑造中，终点行为的前提刺激保持不变，而反应逐渐变得更加不同。在刺激渐褪中，情况正好相反：前提刺激逐渐改变，而反应基本保持不变。

提高塑造效率

除了显示如何跨反应形态和在反应形态内塑造行为，艾萨克斯及其同事（1960）的研究还说明了塑造的另一个方面——效率。在这项研究的早期阶段，心理学家等待下一个较接近最终行为的反应出现，然后给予强化物。由于等待可能很耗费时间，在第六个训练时段之后，他们使用了一个语言反应辅助"说口香糖"来提高效率。据推测，如果心理学家没有使用语言辅助，那么可能还得再进行好几个训练时段才能获得成功的结果。通过与区辨刺激、肢体引导、模仿辅助和/或百分等级程序表（percentile schedule）结合起来使用，塑造可以变得更有效率。

区辨刺激

区辨刺激（S^D）可以与行为塑造相结合。例如，当试图将握手塑造成一名发展性障碍成人的问候技能时，教师可能会说："弗兰克，把手伸出来。"另外，斯科特、斯科特和戈德华特（Scott, Scott, & Goldwater, 1997）使用发声辅助形式的区辨刺激（"伸出去！"）帮助一名撑竿跳高大学生运动员在助跑后将竿子插入指定位置。这个辅助的目的是帮助这名运动员在起跳前专注于伸展手臂。

卡兹丁（Kazdin, 2013）认为，任何一种辅助机制（S^D）都可用于帮助学习者准备做出反应，对于技能库薄弱和不太可能表现出可辨别的逐步接近终点行为的学习者来说尤其有用。"即使反应并不在服务对象的技能库中，事前的准备程序（priming procedure）也能启动早期的反应成分并促进塑造。"（p. 277）

肢体引导

第二种加强塑造的方法是肢体引导。在训练弗兰克握手的例子中，教师可以轻轻拍一下弗兰克的手臂，协助他伸出手臂，轻压他的手臂向前移动做出握手的动作，或者牢牢地抓住他的手臂协助他完成整个过程。任何用于增强或加快塑造的肢体引导辅助，以后都应予以渐褪。

模仿辅助

第三种提高塑造效率的方法是使用模仿辅助来示范伸出手臂（如"弗兰克，像这样把你的手伸出来。"）。与肢体引导一样，任何模仿辅助最终都应予以渐褪。

---

[1] 研究者准备了安全网以防止老鼠受伤。

百分等级程序表

由于实施塑造需要观察者具有娴熟的技能，能够做到：（1）侦测行为改变；（2）对终点行为的逐步接近运用差别强化；（3）消退非接近行为，因此，塑造被描述为"艺术多于科学"（Lattel & Neef, 1996）。高尔比卡（Galbicka, 1994）表示，如果实务工作者能从基于定性的、观察者侦测的标准来确定是否强化塑造计划中出现的下一个反应转移到采用定量的标准，那么将会获得益处。在他看来，百分等级程序表可以产生更精确的塑造程序，允许多名训练者在不同环境中实施塑造，减少完成一个塑造序列所需的时间，并定量地移向斯金纳的塑造概念。

百分等级程序表将塑造过程分解为各个成分，将这些成分转化为简单的数学陈述，然后使用这些等式，加上实验者或训练者指定的参数，来确定目前构成标准反应的内容，从而获得强化。（p. 740）

通过使用一个数学方程［即 $k=(m+1)(1-w)$］和一个计算机软件程序，百分等级程序表可以根据最近的观察持续地计算和调整强化标准。

在这个方程中，w 代表强化的密度，m 代表一个固定的最近观察次数。k 参数是从刚发生的 m 个反应中得出的反应值，而接下来的一个反应必须超过此值才符合强化标准。例如，w 值为 0.5，即达到强化标准的一个反应将在一半的时间内被观察到，将以强化和消退的混合来处理。m 值为 10，代表 10 个最近的观察根据其序数值从最少到最多进行排序，保持塑造程序跟着个人当前的技能库进行。用这些值来解方程，得出 k 值为 5.5。在大多数情况下，将 k 值四舍五入到一个整数，会比较容易实施百分等级程序表。在这个例子中，将 k 值四舍五入为 5，可以保持强化密度接近所有反应的一半，而使强化标准比一个较大的 k 值略微宽松。k 值为 5 代表这个观察在 10 个最近的观察中排名第五，而已排序的观察反应的值就是当前观察的行为必须超过的强化标准。（Athens et al., 2007, pp. 475–476）

已有多项应用研究在塑造戒烟（Lamb, Kirby, Morral, Galbicka, & Iguchi, 2010; Lamb, Morral, Kirby, Iguchi, & Galbicka, 2004）、增加目光接触的持续时间（Hall, Maynes, & Reiss, 2009）和增加学业任务专注度（Athens et al., 2007）方面评估了百分等级程序表的作用。在一项百分等级程序表塑造学业任务专注行为的有效性的参数研究中，阿森斯及其同事（2007）比较了三个 m 值（5、10 和 20）。他们的研究结果表明，当将相对大数量（N=20）的先前观察纳入考量时，百分等级程序表是最有效的。在讨论他们研究的局限性以及与他人的研究结果进行比较时，阿森斯等人注意到，虽然"这个程序看起来很有前景"，但"百分等级程序表对临床工作者和应用研究者的潜在效用尚有待观察"（p. 486）。

我们认同阿森斯等人的看法，百分等级程序表在某种程度上是令人鼓舞的。然而，为了在应用情境中发挥更大的作用，实务工作者需要能够熟练使用他们所推荐的数学公式，并在"实时"实施中熟练使用计算机软件程序。另外，百分等级程序表是否比传统的应用方法更能提高塑造的效率，仍是一个实证性的问题。如果有更多的实验研究针对将效率作为因变量进行检视，那么将有助于将百分等级程序表建立为传统应用的一种可行的替代方法。

响板训练

普赖尔（Pryor, 1999）将**响板训练**描述为一个以科学为基础的、使用正强化和消退来逐步塑造新行为的系统。响板是一个手持装置，上面有一个金属片或按钮，压一下会发出咔嗒声响。将强化与响板的声音进行匹配，使那个声响成为一个条件强化物。响板训练最初用于在不提供肢体引导的情况下塑造海豚的行为（Pryor & Norris, 1991），而后用于训练其他动物（如猫和马），最终用于塑造人类的复杂行为，如飞机驾驶技能（M. Pryor, 2005）。其他研究者和实务工作者（例如，Poling et al., 2011a）也使用了响板训练作为整体塑造计划的一部分以教授非洲巨鼠探测地雷。

响板训练员的关注点在于建立行为，而不在于停止行为。训练狗时，狗跳了起来，你不要对它吼叫，而要按下响板叫狗坐下。训练马踏出步子，你不要踢它，而要按下响板叫它走路。然后，一下接一下，你会逐渐"塑造"出更长久的坐或更多的走，直到得到你想要的最终结果。一旦学会了那个行为，你就继续赞扬和肯定它，并将响板和奖赏留给下一个你想训练的新事物。（Pryor, 2002, p. 1）

图 22.5 提供了 15 个关于开展响板训练的提示（Pryor, 2002）。

1. 按压后松开响板有弹性的一端，使其发出包含两种音调的咔嗒声响，然后给予奖赏。使用少量的奖赏。开始时使用美味的食物：对狗或猫而言，要用小块的烤鸡肉而非狗粮。
2. 在理想行为正在进行的时候按压响板，不要等到行为完成后再按压。制造咔嗒声响的时间点很重要。如果你的宠物在听到咔嗒声响时停止了行为，不要沮丧。咔嗒声响终止了它的行为。在那之后给宠物奖赏；给奖赏的时间点并不重要。
3. 当你的狗或其他宠物表现出你喜欢的行为时，按压响板。从宠物可以独立完成的简单事情开始（例如，坐下、走向你、用鼻子碰你的手、抬起一只脚、触碰并跟随一个目标物，如笔或勺）。
4. 按压响板一次（一压一放）。如果你想表达特别的热情，就增加奖赏的数量，而非按压响板的次数。
5. 训练的时间要短。宠物在三个 5 分钟的训练时段中的每个时段内所学到的东西比从一个小时无聊的重复训练中学到的还要多。将一些简短的响板训练融入常规活动中，你会得到激动人心的结果，并教会你的宠物很多新的技能。
6. 用咔嗒声响训练良好行为，以此纠正不良行为。当小狗在恰当位置大小便时，按压响板。当小狗将爪子放在地上而非放在访客身上时，按压响板。当小狗保持安静时，按压响板，而当小狗吵闹时，不要责骂它。在小狗正常走路、狗绳刚好松弛的时刻给予咔嗒声响和奖赏，以此纠正小狗拉着狗绳往前冲的行为。
7. 当宠物自发地（或意外地）接近目标行为时，按压响板。你可以哄骗或引诱宠物做出某个动作或姿势，但不要推、拉或抓它。让宠物自己做出这个行为。如果为了安全，你需要牵绳，那么将绳绕过你的肩膀或系在你的腰带上。
8. 不要等待"全貌"或"完美的行为"。只要是往正确方向进步的动作，就给予咔嗒声响和奖赏。如果你想让狗坐下，那么当它开始往下蹲时，就按压响板。如果你希望一叫它它就走到你身边，那么当它朝你的方向走几步时，就按压响板。
9. 持续地提高你的目标。一旦你得到了一个好的反应——例如，狗自发地躺下、朝你走来或反复坐下——你就开始要求更多。等一会儿，让狗趴得久一点、走得远一点、坐下得快一点，然后按压响板。这叫作"塑造"一个行为。
10. 当你的宠物学会为了咔嗒声响而做出一些行为时，它将开始在你面前自发地表现这种行为，试图让你按压响板。这就是该开始提供提示的时候了，如一个字或一个手势。如果在你提供提示期间或之后出现行为，就给出咔嗒声响，并且开始忽略在没有提示的情况下出现的行为。
11. 不要不断地命令宠物；响板训练不是以命令为基础的训练。如果你的宠物对提示没有反应，它不是不听话，它只是还没完全了解这个提示的意义。试着找到更多的方法来提示它，并对它表现出来的理想行为给予咔嗒声响。试着在一个安静的、不容易分心的地方训练一段时间。如果你有不止一只宠物，把它们分开，轮流训练。
12. 将响板带在身上，随时"捕捉"宠物可爱的行为，如竖起头、追逐尾巴或举起一只脚。以不使宠物感到困惑为前提，只要恰巧注意到这些不同的行为，就可以在任何时候使用响板。
13. 如果你生气了，就把响板放在一边。不要将责骂、用力拉扯狗绳和纠正训练与响板训练混在一起。否则，你的宠物将对响板失去信心，也许还会对你失去信心。
14. 假如你在某个特定的行为训练中没有取得任何进展，可能是因为你按压响板按得太迟。准确的时间点是很重要的。可以请其他人观察你，也许还能帮你用几次响板。
15. 最重要的是，要有乐趣！响板训练是拉近你与任何学习者之间的关系的一种绝佳方法。

引自 K. Pryor (2002). *Click to win! Clicker training for the show ring* (Appendix A). 2002 年版权归卡伦·普赖尔所有。Waltham, MA: Sunshine Books. 经授权转载。

引自 K. Pryor & L. Chamberlain (2016). https://www.clickertraining.com/files/the-modern-principles-of-shaping-SF-edits.pdf. 2016 年版权归卡伦·普赖尔所有。经授权转载。

图 22.5 普赖尔的 15 个关于开展响板训练的提示

塑造的新兴应用

至少有三种新兴的应用可供实施塑造时考虑：使用计算机教授塑造技能，将塑造程序与机器人工程相结合，以及在难以到达的城市、农村或偏远地区应用远程医疗技术来实施塑造和差别强化计划。

使用计算机教授塑造技能

目前有几种选择可用于使用计算机来教授塑造技能，或者将专门的软件与基于计算机的应用相结合。例如，"虚拟老鼠斯尼菲"（Sniffy the Virtual Rat）是一个基于计算机的、数字化的斯金纳箱里的白老鼠的动画。学生在自己的电脑上使用这个虚拟的模拟环境来练习基本的塑造。

夏莫夫和卡坦尼亚（Shimoff & Catania, 1995）认识到，以互动的方式向大量学生传授行为分析原理（如塑造）时，实际上会受到一些限制，因此，他们开发和改进了一些计算机模拟程序，用于教授塑造的概念。[1] 他们开发的程序"塑造游戏"（The Shaping Game）包含四个难度等级（简单、中等、困难、极难），是系列式的精进升级。从最简单的任务开始，一直到最困难的等级，学生要学习如何侦测应该获得强化的压杆行为的逐步接近，如何侦测不该被强化的反应。在后来的版本中，学生被要求塑造动画老鼠从斯金纳箱的一侧到另一侧的运动。夏莫夫和卡坦尼亚列举了计算机模拟的例子，并提出："即使是在不能提供真实（非模拟）实验室经验的课堂上，计算机也可以成为重要和有效的工具，以建立可能是由依联塑造出来的复杂行为。"（pp. 315–316）

马丁和皮尔（Martin & Pear, 2003）认为，计算机也许可以比人类更快地塑造行为的某些维度（如形态），因为计算机可以被校准并使用特定的决策规则编程来提供强化。他们进一步提出，在医疗应用的案例（如截肢者、中风患者）中，微小的肌肉运动可能不会被人类观察者发现，但可以通过校准微处理器来侦测可塑造的反应。在他们看来，"计算机……既准确又快速，并可能有助于回答有关什么塑造程序最有效这类基本问题……计算机也许至少能够像人类一样有效地塑造某些种类的行为"（p. 133）。

将塑造与机器人工程相结合

多里戈和科隆贝蒂（Dorigo & Colombetti, 1998），以及萨克西达、雷蒙德和图雷茨基（Saksida, Raymond, & Touretzky, 1997）探索了如何将塑造用于机器人训练。实质上，在使机器人通过达成初始、中间和最终目标来实现更复杂的命令的编程上，所使用的方法之一就是塑造。萨瓦赫（Savage, 1998）认为：

> 鉴于塑造是各种有机体如何适应情境不断变化的现实世界的一个重要决定因素，塑造可能的确有潜力成为现实世界的机器人互动的一个示范。然而，这个策略的成功取决于机器人专家对生物塑造原理的清晰理解和将这些原理有效地实施于机器人工程。(p. 321)

虽然多里戈和科隆贝蒂（1998）与萨克西达及其同事（1997）承认将逐步接近应用于机器人存在困难，但这个研究方向与人工智能方面的新兴知识相结合，提供了令人振奋的前景。

在难以到达的城市、农村或偏远地区应用远程医疗技术来实施塑造和差别强化计划

远程医疗技术是指通过高速的、以互联网为基础的互动影音，将主办机构的训练中心与农村或偏远地区相连接。每个地方——主办机构和偏远地区——都配有合适的计算机、摄像机、屏幕和路由器，以使主办地的培训者和偏远地区的受训者能够进行即时的双向沟通。

这些技术最初是为了给居住在农村或偏远地区的家庭提供咨询和评估服务而开发出来的（Barretto, Wacker, Harding, Lee, & Berg, 2006），现在已扩展到提供功能分析和干预等形式的额外服务，包括差别强化

1　他们也开发了强化程序表的模拟程序。

程序（Peterson, Volkert, & Zeleny, 2015）。远程医疗/远程保健技术不仅被证明产生了有效的结果，还有额外的益处，包括节省时间成本，它预示着未来在新兴农村/偏远地区提供更广泛服务的高效率。

在过去的十年里，人们开发出了一些令人振奋的新应用，用于提高人类的生活条件、改善安全状况与公共福利。将塑造与区辨训练相结合的应用已出现在几个领域的报告中：探测地雷（Edwards, Cox, Weetjens, Tewelde, & Poling, 2015; Poling et al., 2011a）、发现违禁品（Jezierski et al., 2014）、搜寻和定位被困在模拟坍塌建筑物中的人们（Edwards, La Londe, Cox, Weetjens, & Poling, 2016; La Londe et al., 2015），以及检测肺结核或坏死组织（Poling et al., 2011b; Poling et al., 2017）。例如，波林等人（2017）报告称，相比于仅使用传统显微镜诊断分析报告的病例，接受过训练的非洲巨鼠额外检测出了2000个活动性结核病病例。

同样，波林等人（2011a）在探测地雷的案例中使用了塑造、响板训练和差别强化，经过训练，非洲巨鼠成功地搜索了超过93000平方米的土地，找到了100多个地雷和其他爆炸物。它们在分辨埋在地面下的地雷和其他物质方面的准确率高达100%，这一发现后来被爱德华兹等人（Edwards et al., 2015）复制研究，得到了显著一致的结果。

值得注意的是，这些基于实地考察的工作提供了塑造的惊人范例，说明了如何将塑造与其他程序（即响板和区辨训练）相结合，帮助受疾病或战争摧残的人们恢复较为健康和有成效的生活。

关于塑造的指南

实务工作者在决定使用塑造前必须考虑各种因素。第一，需要评估终点行为和可用的资源。例如，一位五年级教师想让一名有学习障碍的学生解数学题的数量增加。该学生在一节题目数量为0~10道的数学课上平均完成了5道题。如果学生有能力在数学课结束时独立检查自己的表现，那么教师就可以对正确完成的题目数量给予差别强化，以此进行塑造。答对5道题、7道题、9道题的表现获得强化，然后在每节课上逐渐对更多的正确解题行为给予强化。

第二，由于实施塑造可能需要多个接近行为以及额外受过训练的人员，分析师应评估时间限制、人员问题或缺乏资源等情况是否会妨碍塑造的使用。

第三，有些行为似乎不适合使用塑造。例如，一个社区组织（如国际演讲会）的经理想要增加参与者的公开演讲技能库，那么辅助、示范或同伴辅导可能都比塑造有效。也就是说，告诉参与者或向参与者展示如何使用手势、声音变化或比喻，可能比单独塑造演讲技能要快得多。

第四，随着时间的推移，普赖尔最初提出的塑造十法则（Ten Laws of Shaping, 1999）如今已演变为现代塑造原理（The Modern Principles of Shaping）。这些原理可以帮助实务工作者在应用情境中实施塑造（参看图22.6）。

选择终点行为

实务工作者经常需要对有多种行为挑战的学习者进行教学。因此，他们必须尽快确定具有最高优先级的待改变行为。这个决定的终极标准在于干预之后学习者的预期独立性，即学习者从环境中获得额外强化物的可能性（Brown, McDonnell, Snell, & Brown, 2016）。例如，如果一名学生经常在教室里游荡，捉弄其他学生，把他们的作业或报告拿走，并用言语骚扰他们，那么塑造程序最好从一个与在教室里游荡不兼容的行为开始，因为这样对该学生和其他学生都有益处。此外，如果这名学生坐在座位上的行为建立起来了，跟这名学生互动的工作人员很可能就会注意到这个行为并予以强化。在这个例子中，实施塑造时，应该对比较持久的坐在座位上的行为实施差别强化。

> 1. **开始前要做好准备**。在训练时段开始时，要准备好立即给出咔嗒声响/奖赏。在塑造新行为时，要准备好捕捉动物的第一个朝向你的目标行为的微小接近行为。在使用目标棍子或毯子等道具时，更应如此。
> 2. **确保每一步的成功**。将行为分解成足够小的步骤，使学习者总有实际机会赢得强化物。
> 3. **一次训练使用一个标准**。同时实施两个标准或塑造一个行为的两个方面可能会令学习者感到非常困惑。一个咔嗒声响不应该意味着两个不同的标准。
> 4. **当出现一些变化时，放宽标准**。当引入新的标准或行为的某个方面时，暂时放宽原先掌握技能的标准。
> 5. **如果一扇门关上了，就去找另一扇**。如果某个塑造程序没有进展，就尝试使用另一个。
> 6. **保持训练时段的连续性**。在整个训练时段中，动物应该持续地参与学习过程。它应该从头到尾都在接受训练，消耗/享用它的强化物的时刻除外。这也意味着要保持较高的强化速率。
> 7. **如有必要，回到先前的行为**。如果行为恶化，迅速返回上一个或两个成功的接近行为，以使动物易于赢得强化物。
> 8. **将你的注意力放在学习者身上**。接一通电话、与人聊天或去做一件并不紧急的事情，这类会打断训练时段的非必要举动往往会导致学习者失去动力，并因缺少教学信息而感到不安。如果你需要休息一下，那么给学习者一个"告别礼物"，如少量的奖赏。
> 9. **领先于你的学习者**。做好准备，如果学习者的进展十分迅速，要准备好"跳过"塑造计划里的某些部分。
> 10. **见好就收**。用对学习者而言有强化效果的事物来结束每一个训练时段。如果可能的话，让时段在一个强大的行为反应上结束，但无论如何，尽量在你的学习者依然渴望继续学习的状态下结束。
>
> 引自 K. Pryor & L. Chamberlain (2016). https://www.clickertraining.com/files/the-modern-principles-of-shaping-SF-edits.pdf. 2016 年版权归卡伦·普赖尔所有。经授权转载。

图 22.6　普赖尔的现代塑造原理

精确地定义终点行为也很重要。例如，一位行为分析师可能想塑造一名重度智力障碍人士恰当地坐着这个行为。为此，"坐着"可被定义为在 15 分钟的晨间活动中，在椅子上挺直坐好，面向教室前方，臀部抵住椅子的底部，背部倚靠在椅背上。使用这个定义，行为分析师可以确定个体是否达到要求，以及哪些方面没有达到标准——如果要有效地实施塑造，这是一个重要的区辨（例如，学生的身体可能一半在椅子内，一半在椅子外，或学生可能坐在椅子上，但面向教室后方）。

确定成功的标准

确定了终点行为后，实务工作者应该确定成功的标准。在这里，实务工作者要明确行为必须在多大程度上准确、快速、强烈或持久，才能被视为塑造成功。可以采用几种方法来确定成功的标准。比较常见的包括速率、等级大小和持续时间。视具体的终点行为而定，任何或所有这些维度都可用于评估成就。例如，一位特殊教育教师要塑造解数学计算题时的速率表现，那么可能会从学生目前的表现水平（如每分钟半道题）开始，逐渐提高到比较高的速率（如每分钟四道题）。

成功的标准可以通过测量相似的同龄群体的行为、查阅文献中的既定规范或遵照国际准确性标准来确定。例如，各年级学生的阅读速率标准和准则（Kame'enui, 2002）、各年龄层儿童的体育技能（President's Council on Physical Fitness, 2005）、各年级家庭作业准则（Heron, Hippler, & Tincani, 2003），或公认的地雷探测标准（Poling, 2011a; Edwards et al., 2015），都可作为确认朝向终点行为有所进步的标准。

在前面的一个例子中，成功的标准可能是学生连续五天在晨间活动中，有 90% 的时间恰当地坐在自己的座位上。在这个例子中，有两个标准是明确界定的：每个时段中可接受的坐着这个行为的百分比（即 90%），以及达到标准以建立行为所需的天数（即连续五天）。波林及其同事（2011a）使用多个标准来确定每天的准确表现尝试的成功，以及连续多少天达到逐渐升高的表现水平。

评估反应技能库

评估反应技能库有两个理由。第一，建立了理想的终点行为后，确定当前行为水平与期望的目标行为之间的"行为差距"是很重要的。在先前我们提到的呼吸治疗的例子中,这个差距是1500毫升的呼吸量(即目标为1750毫升,当前水平为250毫升)。第二,评估反应技能库有助于预测可能在塑造过程中出现的逐步接近。当接近行为是观察者已知的——或意料之内的时候——实务工作者就能更好地观察接近行为的出现,并在其出现时予以强化。然而,实务工作者必须认识到,预测的接近行为是对行为的猜测。实际上,学习者可能表现出来的只是接近这些预测而已。实务工作者必须能做出专业的判断,相比于过去已被强化的行为,现在发生的行为是不是更接近终点行为?高尔比卡(1994)为行为分析师提供了一个评估现有反应技能库的指南。

> 成功的塑造者必须仔细确认个体当前的反应技能库的特征,明确界定在训练结束时最终行为将具有的特点,规划强化与消退之间的前进路线,以在恰当的时机塑造正确的反应,培养出最终行为序列,同时学习者不会完全失去其他反应。(p.739)

可以使用以下几种方法来分析跨技能库或技能库内的相关接近反应。第一,实务工作者可以咨询该领域的专家,以确认他们对特定终点行为的恰当接近行为序列的看法(Brown et al., 2016)。例如,可以咨询教过几年三位数乘法的教师,从他们的经验中了解学生做这类计算需要具备的先备技能。第二,如前所述,基于已发表的研究报告中的常规数据,可以估计所涉及的接近行为。第三,可以使用数码录像来分析行为的成分。数码慢动作回放有助于实务工作者看到一开始观察现场快速进行的行为时可能无法察觉的动作,但在累积了足够的观察经验后,就能侦测到这些动作。第四,实务工作者可以亲自实施目标行为,在过程中仔细记下离散的行为成分。

接近行为的最终确定、接近行为的顺序、对某个接近行为的强化持续时间,以及跳过或重复接近行为的标准,都取决于实务工作者的技能和判断。最终,应由学习者的表现来决定什么时候增加、维持或减少接近行为的规模,这是实务工作者必须持续监控和保持警觉的原因。

辨识所要强化的行为

在任何塑造时段开始时,塑造者必须密切观察参与者,以便侦测到任何朝向理想终点行为的动作,即使动作可能很轻微。在一个行为出现的瞬间,就要给予强化。因此,如果一位职业治疗师要塑造一名幼儿用勺子吃一碗马铃薯的终点行为,那么幼儿的任何一个手部或手指的动作,甚至只是轻轻抖一下,都要被强化。随后,逐步靠近勺子的手部或手指运动要被强化。此后,渐渐接近并碰触勺子、抓住勺子、举起勺子、将举起的勺子靠近嘴巴等动作要被强化,而其他行为则要被消退。相反,治疗师不要设定从碗里举起勺子的初始标准。这时设定这个行为标准会适得其反,因为举起勺子的行为可能还不在幼儿当前的技能库里。

消除干扰或外来刺激

在塑造期间消除干扰会增强这一过程。例如,如果父母想要塑造年幼的女儿穿衣行为的一个维度(如上学前穿衣的速度),但决定在女儿的卧室里开始塑造程序,由于那里的电视正在播放晨间卡通节目,这项塑造计划可能不会成功。因为卡通节目会与其他事物争夺女儿的注意力。如果在一个可以减少或完全消除这些分心事物的时间和地点进行,塑造会更有效。

逐步前进

以渐进方式向终点目标前进的重要性是毋庸置疑的。实务工作者应该预料到进步速度的改变,并做好准备,根据学习者的行为表现情况逐步前进。每一个新出现的终点行为的逐步接近都必须被侦测到并得到强化。否则,最坏的情况是塑造不成功,最好的情况是杂乱无章,导致需要花费更多的时间来完成。另外，要知道的一点是，某一个接近行为的出现并不意味着下一个接近终点行为的反应会立即产生或准确地产生。

实务工作者还必须意识到，在被试进步到下一个接近行为之前，可能需要在某个接近行为上尝试很多次。图22.7很好地说明了这个要点。斯科特及其同事（1997）发现，撑竿跳高运动员正确伸展手臂的百分比随着横杆高度的增加，一开始会出现下降的情况。虽然运动员面对初始高度时，手臂正确伸展的比率高达90%，但随着横杆高度调高，运动员手臂正确伸展的比率通常会下降到约70%。然而，在连续尝试了新的高度后，90%的正确率标准又会被重新确立。

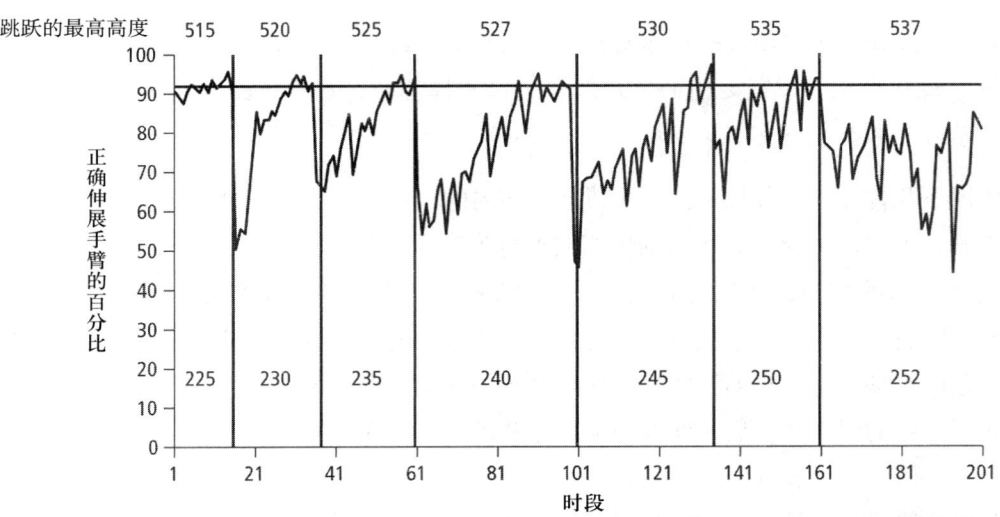

图22.7 在七种不同高度下正确伸展手臂的百分比。每个标准条件内标示的数字都代表电子光束的高度。

引自 D. Scott, L. M. Scott, & B. Goldwater (1997). A Performance Improvement Program for an International-Level Track and Field Athlete. *Journal of Applied Behavior Analysis*, 30, p. 575. 版权归实验行为分析协会所有。经授权转载。

限制每一层级的接近行为数量

正如从一个接近行为到下一个接近行为的逐步进展很重要，确保不对某个接近行为提供太多尝试以防阻碍进展同样重要。太多尝试可能会导致某个行为被建立得非常牢固，因为该接近行为在开始进展到下一阶段前需要被消退（Catania, 2013），所以某一接近行为受到强化的频率越高，消退它的过程所需的时间就越长。一般而言，如果学习者稳定地进步，那么给予强化的步调就是正确的。如果学习者犯了很多错误或行为完全停止，那么就意味着强化的标准提高得太快了。最后，如果个体的表现稳定在某一水平上而不再进步，那么就意味着塑造的节奏太慢了。实务工作者在塑造过程中，上述三种情况可能都会遇到。因此，他们必须保持警觉，并在必要时调整下一个逐步接近和强化程序表。

实现终点行为后继续强化

在终点目标行为出现并得到强化后，在一段时间内继续强化该行为是必要的，否则行为就会消失，表现会恢复到较低的水平。强化必须持续进行，直到达到成功塑造行为的标准，并建立一个维持强化程序表。

学习塑造

阅读本章所提供的陈述、图解、规则和指南，可以帮助新入行的分析师成为一个有技能的行为塑造者。这样的阅读是必要的，但对于成为技能娴熟的"塑造者"而言并不充分。学习如何熟练地塑造行为，最佳方法就是练习塑造行为！那么，如何练习塑造行为呢？让我们探讨几种选择，你是喜欢自己练习，还是喜欢跟伙伴一起练习或在一个团体里练习？其实都可以安排。然而，无论怎样安排，都要向技能娴熟、能够提供指导性反馈和强化的行为塑造者寻求建议和方向。

你自己

你可以尝试对动物塑造一个简单的终点行为（如教老鼠按压一根杆子，教鸽子啄一个圆盘或教狗听从"坐下"的命令）。终点行为越简单、环境越"可控"越好（如实验室、远离干扰的安静房间）。在视频平台 YouTube 上观看一个与你试图塑造的行为相似的良好的塑造训练的视频，或者用视频通话软件 Skype 或 FaceTime 向一位技能娴熟的同事咨询，这些都可能会加快你的学习进程。

另外，如果不容易找到动物、受控的实验室或与你合作的教师有限，那么可以考虑使用模拟程序，如虚拟老鼠斯尼菲（Alloway, Wilson, & Graham, 2005）。前面我们提到过这只基于计算机的、数字化的虚拟白老鼠，你可以在任何方便的时间或地点，在个人电脑上用它练习基本的塑造。

与伙伴一起

选择一位朋友或同事来玩"PORTL"，这是 Portable Operant Research and Teaching Laboratory（便携式操作研究和教学实验室）的缩写（Hunter & Rosales-Ruiz, 2018）。信息箱 22.1 概述了这个练习的原理，并解释了如何与伙伴一起玩 PORTL 以获得最大收益。[1]

信息箱 22.1

通过玩 PORTL 学习塑造

PORTL 是第二代桌面塑造游戏，最初由犬训练师凯·劳伦斯（Kay Laurence）开发，现在由北得克萨斯州大学（University of North Texas）教授乔斯·罗萨莱斯—鲁伊斯（Jose Rosales-Ruiz）和他的研究生推广到人类参与者身上。

PORTL 的原理

PORTL 完全是通过提供强化和改变环境安排来教授参与者塑造行为。早期训练帮助参与者练习塑造的基本元素——观察行为、在同伴出现下一个逐步接近动作时按压响板、持续地强化简单的行为，以及收集与记录数据——在没有语言指令、示范、手势或辅助的情况下进行。在中级训练期间，参与者继续学习更多的概念，包括提示和刺激控制、概念形成、串链、强化程序表、迷信行为、消退和复发，等等。最终，参与者获得了做教师和学习者的经验，这有助于建立理解和同理心，因为他们可以体验到游戏带给学生的挑战。

怎么玩 PORTL？

PORTL 在两个个体之间进行，教师和学习者使用一些小物件、一个响板来给行为"做记号"，用小型代币或积木作为强化物。

在每次练习开始时，教师向学习者展示一些精选的物件。学习者只得到两个指示："你的目标是赢得尽可能多的积木。""请与这些物件互动。"

当学习者表现出正确行为或接近一个正确行为时，教师按压响板，给予依联的代币。学习者将代币放入一个容器里，然后继续与物件进行互动。教师可以重新安排物件，或者添加和移除物件，以帮助学习者朝目标行为前进。

---

[1] 登录 https://youtu.be/YSu7ghj4ib0，可以看到一段讲解 PORTL 的视频。

> 教师和学习者要定期休息，以便填写数据单。教师记录刚刚发生的事情，以及计划她在下一个训练时段教授的内容。学习者记录他认为他学到了什么，以及他对练习的看法。休息时间可以安排在达到一个代币数量标准后（如 10 个代币），或者在一段特定的时间后（如 60 秒）。休息使教师得以继续评估学习者的进步，并调整塑造计划。
>
> 在每次练习后，教师和学习者要比较彼此的数据单。此外，学习者可以提供富有价值的、有关教师哪里做得好的反馈，以及有关哪些部分可能令人困惑及其原因的看法。
>
> 改编自 M. Hunter & J. Rosales-Ruiz (2018). *An introduction to PORTL: The Portable Operant Research and Teaching Lab*. https://www.artandscienceofanimaltraining.org/tools/portl-shaping-game/. 经授权使用。

在一个团体里

基南和迪伦伯格（Keenan & Dillenburger, 2000）描述了一项教授学生塑造原理的课堂活动。他们的"塑造游戏"（The Shaping Game）虽然与夏莫夫和卡坦尼亚（1995）开发的计算机模拟程序的名称一模一样，但它讲述的是一个团体的内在经验，而且有多个变体。玩这个游戏的主要方式是，一名志愿者学生一开始暂时离开教室，其他学生在教师的引导下，就所要塑造的目标行为达成共识，然后志愿者学生回到教室。目标行为可以是简单的动作——走到教室前面并关掉电灯——也可以是比较复杂的动作（如走到教室前面，单脚站立，同时用一只手摸肘部）。此时也选出了一个自愿当"塑造者"的人。[1] 当那名学生回到教室时，塑造者按压响板，然后强化第一个接近终点行为的行为。其他行为或动作则被消退。当志愿者学生做出全班学生共同决定的目标终点行为时，"塑造游戏"结束。根据基南和迪伦伯格的说法，这个游戏的成果是：

1. 教授了塑造涉及的基本原理。
2. 教授了有关强化依联的力量。
3. 演示了刺激控制的操作。
4. 展示了连续监控单个有机体的价值和存在的困难。
5. 展示了问卷如何产生一个不完整的行为记录（p. 22）。

摘要

塑造的定义

1. 塑造是一个由三部分组成的过程，分析师：（1）侦测学习者环境中的一个改变；（2）针对那个改变是否逐步接近所关注的终点行为做出区辨判断；（3）差别强化那个又近了一步的逐步接近行为。塑造的定义是对朝向终点行为的逐步接近予以差别强化。

2. 当目标行为的形态、比率、潜伏期、持续时间、反应间隔时间或等级大小达到预设的标准水平时，就可以说产生了终点行为——塑造的终点产物。

3. 差别强化指的是，只对学习者发出的一个反应类中具有某个特定维度或质量的成员呈现非条件强化物或条件强化物，而将所有其他已发出的反应类成员进行消退处理。

4. 差别强化有三个效果：与过去被强化的反应相似的反应更有可能再次出现，与未被强化的类成员相似的反应不太可能再次出现（即被消退），在这些被消退的反应中，有些可能与下一个终点行为的逐步接近行为比较相似，因而被当作强化目标。

---

[1] 有的变体是，当一个接近行为发生时，全班学生集体拍手，从而使全班学生成为塑造者。

5. 当在一个反应类内始终一致地应用差别强化时，它的三重效果会导致出现一个新的类，主要由具有先前被强化的次级类特质的反应组成。这个新兴的类被称作反应差别化。

6. 在塑造中，逐步改变的强化标准导致出现一连串新的反应类，或叫作逐步接近，每一个逐步接近在形式上都比它所取代的反应类更靠近终点行为。

7. 行为塑造可以在可测量的维度上进行，如形态（形式）、比率（单位时间内的反应数量）、潜伏期（前提刺激开始到行为发生的时间）、持续时间（从反应开始到反应结束的时间）、反应间隔时间（一个反应与下一个反应之间的时间）和等级大小（反应的强度或力度）。

跨反应形态与反应形态内的塑造

8. 跨不同反应形态塑造行为意味着反应类内被选择的成员被差别强化，而其他反应类的成员被消退。

9. 在一个反应形态内塑造行为的意思是，行为的形式保持不变，但对行为的另一个可测量的维度（如等级大小）运用差别强化。

10. 塑造是一种教授新行为的正向方法，可以与其他行为改变策略结合使用。

11. 塑造至少有五个局限，实务工作者在使用之前应该考虑清楚。

12. 在塑造中，前提刺激保持不变，而反应逐渐变得更加不同。在刺激渐褪中，反应保持不变，而前提刺激逐渐改变。

提高塑造效率

13. 通过与区辨刺激、肢体引导、模仿辅助和/或百分等级程序表结合起来使用，塑造可以变得更有效率。任何引入的辅助以后都应该渐褪。

响板训练

14. 响板训练是一个以科学为基础的、使用正强化和消退来逐步塑造行为的系统。

15. 响板是一个手持装置，上面有一个金属片或按钮，压一下会发出咔嗒声响，它提供了一个在咔嗒声响出现时表现出来的行为会获得强化的信号。

塑造的新兴应用

16. 使用计算机教授塑造、将塑造程序与机器人工程相结合，以及出于人道主义目的将远程医疗技术应用于难以触及的环境，是塑造的三个新兴应用。

关于塑造的指南

17. 在决定使用塑造之前，要评估所要学习的行为的本质、对工作人员的要求和可用的资源，以及在时间和精力方面结合不同的策略是否会更有效。

18. 在决定使用塑造程序之后，实务工作者要执行以下步骤：选择终点行为、确定成功的标准、分析反应类、辨识所要强化的第一个行为、消除干扰或外来刺激、逐步前进、限制每一层级的接近行为数量、实现终点行为后继续强化，以及学习如何塑造行为。

学习塑造

19. 要学习塑造行为，可以考虑塑造一个简单的行为、与一位同事一起工作、在一个团体里练习，或使用以计算机为基础的模拟器。

第 23 章　串链

关键词

逆向串链（backward chaining）
跳跃式逆向串链（backward chaining with leap aheads）
行为链（behavior chain）
行为链中断策略（behavior chain interruption strategy）
限时行为链（behavior chain with a limited hold）
串链（chaining）
顺向串链（forward chaining）
中断链程序（interrupted chain procedure）
任务分析（task analysis）
全任务串链（total-task chaining）
解除串链（unchaining）

行为分析师认证委员会 BCBA/BCaBA 任务清单（第 5 版）

第二部分：应用

G. 行为改变程序

G-8 使用串链。

©2017 The Behavior Analyst Certification Board, Inc.® (BACB®).保留所有权利。本文件的当前版本可在 www.bacb.com 网站查阅。如需转载、复制或分发本文件，或有疑问，请直接联系行为分析师认证委员会。经授权使用。

---

　　21 岁时，我在一个夏令营担任辅导员，这个夏令营专为脑瘫儿童提供教育、社交和娱乐方面的体验。夏令营中有一名男孩，我们叫他"乔"，他穿着一双松松垮垮的鞋，鞋舌被用力塞进鞋里，以确保鞋牢牢地固定在脚上。我很快了解到，乔这么穿并不是为了追求时尚，而是因为他还没有学会系鞋带。一位资深辅导员要求我在大约两周后夏令营结束前教会乔系鞋带。我欣然接受了这项挑战，因为有一个正宗的费城奶酪牛肉三明治正在等着我。

➡ 本章由廖旖旎和刘灵杰翻译。

我用我的"首选"程序——逆向串链,来开展这个项目。我使用了一个练习夹具,它是一个帆布包裹的木板,每边都有孔。我先把鞋带完整系好,但很松,然后把夹具递给乔,说:"系好你的鞋带。"乔把鞋带系紧,这是链中的最后一个行为。随后,我把夹具复原到最初的状态,并重复我给乔的指令:"系好你的鞋带。"一旦乔掌握了系紧鞋带这项任务,第二个要教的就是系鞋带这个序列中的倒数第二项任务:把穿好环的鞋带拉到木板夹具上(然后像之前那样把鞋带拉紧)。这个过程继续进行,直到完成系鞋带序列中的第一项任务(即交叉鞋带)。乔每一次完成整个链,也就是从首次尝试的只做最后一步,到最终从头开始完成序列里的每一步,他都会接触到自然强化物(一只自己系好鞋带的鞋)和社会性赞扬("乔,做得好!")。

乔每天练习10~15分钟,每周三天。在夏令营剩下的几天里,乔用一双牛津式的鞋练习了几次整个链。在夏令营的最后一天,他穿了一双新的运动鞋,资深辅导员要求乔系好鞋带。乔以瑞士钟表匠的精确度回应了辅导员的要求。我为乔的成功深感喜悦,并享受了一顿愉快的午餐!逆向串链再次取得了一场胜利。

——蒂姆·赫伦(Tim Heron)

本章定义了行为链(behavior chain),讲述了在应用情境中建立行为链的原理,并讨论了行为链训练中任务分析的重要性。本章介绍了构建和验证任务分析的程序,以及评估个人掌握程度的程序。接下来,阐述了四种行为改变方法——顺向串链(forward chaining)、全任务串链(total-task chaining)、逆向串链(backward chaining)和跳跃式逆向串链(backward chaining with leap aheads),并提供了关于决定在应用情境中使用哪种行为链程序的指南。本章还介绍了中断和打破不恰当链的技术。最后以检视影响行为链表现的几个因素作为本章的结语。

行为链的定义

行为链是导向一个最终结果的一个相关联的反应序列。每个反应都会产生一个刺激改变,这个刺激改变是该反应的条件强化,并对链中的下一个反应发挥区辨刺激(S^D)的作用。链中的最后一个反应获得的强化维持着链中所有先前反应所产生的刺激改变的强化效果。

雷诺兹(1975)提供了一个在实验室进行的行为链的例子(参看图23.1)。

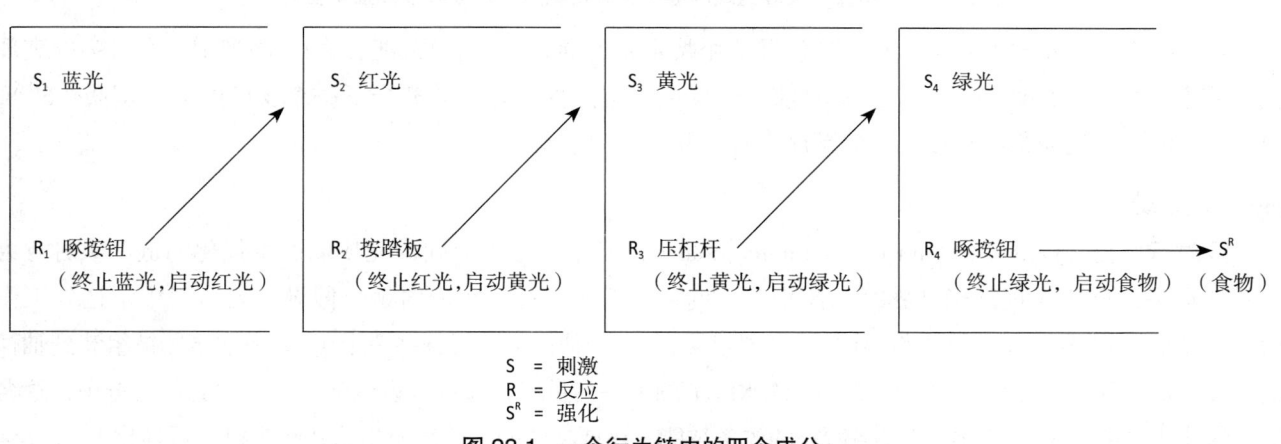

图 23.1　一个行为链中的四个成分

基于雷诺兹对链的描述(1975, pp. 59-60)。

假设给鸽子呈现一个蓝光按钮(S_1)。当鸽子啄按钮(R_1)时,蓝光灭,红光亮。当呈现红光按钮(S_2)时,鸽子按踏板(R_2),按钮变成了黄光。黄光(S_3)充当区辨刺激(S^D),使鸽子转一根横杆

(R_3),黄光灭,绿光亮(S_4)。最后在绿光(S_4)阶段,当鸽子啄灭绿光时,启动谷物传送机,送出一个食物强化物。由于每个刺激都具有双重功能,既是区辨刺激,又是条件强化物,因此刺激与刺激之间的连接是重叠的。事实上,正是刺激的双重功能将整个链连在一起的。(pp. 59-60)

如图23.1所示,这个链包含四个反应(R_1、R_2、R_3和R_4),每个反应都有一个特定的刺激条件(S_1、S_2、S_3和S_4)。蓝光(S_1)作为S^D引发第一个反应(R_1,啄按钮),啄按钮导致蓝光灭,红光亮(S_2)。此时的红光充当R_1的条件强化,并成为R_2(按踏板)的S^D。R_2(按踏板)导致红光灭,黄光亮(S_3),以此类推。最后一个反应产生食物,完成并维持整个链。

图23.2展示了一个发生在教室中的行为链。当学前班的儿童准备课间休息时,教师可能会对他们说:"请穿上你们的外套。"教师的这句话充当S^D(S_1),引发了该链中的第一个反应(R_1),确保儿童从衣橱中取出外套。教师发出陈述之后出现的反应(R_1)终止了教师继续发出该指令,而产生了学生将外套拿在手里的反应(S_2)。手里的外套既是从衣橱中取出外套(R_1)这一反应的条件强化,又是将手伸进袖子里(R_2)这一反应的S^D(S_2)。在双手拿起外套后,将一只手伸进袖子里这一反应终止了双手拿外套这一刺激条件,同时产生了一只手在袖子里、另一只手在外面(S_3)这一刺激,这里的刺激改变既是一只手伸进袖子的条件强化,也是另一只手伸进另一只袖子的S^D(S_3)。这个反应(R_3)终止了一只手在袖子里、另一只手在外面的刺激条件,进而成为完全穿好外套的S^D(S_4)。完全穿好外套是另一只手伸进袖子(R_3)的条件强化,也是拉上外套拉链(R_4)的S^D(S_4)。最后,学生拉上外套拉链,完成了整个链,得到了教师的赞扬,这是完全穿好外套这个行为的自然后果。

区辨刺激	反应	条件强化
S_1 "穿上你的外套。"	R_1 从衣橱取出外套	外套已在手里
S_2 外套已在手里	R_2 将一只手伸进袖子里	一只手在袖子里
S_3 一只手在袖子里/另一只手在外面	R_3 将另一只手伸进袖子里	外套已穿好
S_4 外套已穿好	R_4 拉上外套拉链	教师赞扬

图 23.2 由四个反应组成的链中的区辨刺激、反应和条件强化物

行为链有三个重要的特征:(1)它涉及一个特定系列的离散反应的表现;(2)序列中每个行为的表现在环境中产生一个刺激改变,方式是对前一个反应产生条件强化,并充当下一个反应的区辨刺激(S^D);(3)链中的各个反应都必须以特定的顺序出现,并在时间上紧密相连。

限时行为链

限时行为链(behavior chain with a limited hold)是必须在指定时间内完成以产生强化的链。限时行为链的特点是,反应表现准确且熟练。流水线上的装配任务就是一个限时链。假设一名员工为了达到工作的生产要求,需要在30分钟内将30个耦合器组装到30个轴杆上(每分钟一个)。如果耦合器被组装到轴杆上,被固定夹好,并在规定时间内被送往流水线上的下一名员工,就可以得到强化。在限时行为链中,这名员工的技能库中不仅要有完成该任务所需的先备技能,还要在时间上连续发出这些行为以获得强化。

当与一名服务对象一起工作时,按正确的顺序完成了一个行为链,但未能满足限时的标准,行为分析师应该测量每个成分反应的潜伏期和持续时间。如果评估显示服务对象在一个或多个成分反应上花费了太多时间,那么行为分析师可以针对表现的熟练程度实施依联。一种方法是为链中的每个反应的开始和完成设定时间标准,另一种方法是为完成整个链设定时间标准。

实施串链的理由

行为链是指以强化作为结尾的一个特定的刺激和反应序列，而**串链**（chaining）是指将特定的刺激和反应序列连接起来形成新的表现的各种方法。在顺向串链中，行为从序列的第一个反应开始连接。在逆向串链中，行为从序列的最后一个反应开始连接。本章后面会详细讨论这两种程序及其相关的变体。

向人们教授新的行为链，有几个原因。首先，针对发展性障碍学生——他们相当于初学者——所编制的教育计划的一个重要方面，就是提高他们的独立生活技能（如使用公共设施、满足个人需求、旅行、适当地进行社会交往）。随着这些技能的发展，学习者能够更有效地在最少限制的环境中生活，或者说，在不依赖成人照料的情况下参与各种活动。使用串链程序建立的复杂行为将帮助个体更加独立地生活。

其次，串链提供了一种方法，可以将一系列离散的行为组合起来，形成导致强化的反应序列。也就是说，串链可以为个体已经拥有的技能库增加新的行为。例如，一位发展性障碍人士在执行组装任务的过程中频繁地寻求同事或工作教练的帮助。教师可以使用串链程序来增加在获得强化之前需要完成的任务数量。为了做到这一点，教师可以给学习者一份清单，上面用文字或图片列出完成整个组装任务必须做到的各部分内容。完成第一项任务后，学习者划掉清单上的第一个单词或图片，然后继续第二项任务。

用行为学术语来说，清单上的第一个单词或图片是引发完成第一项任务这一反应的S^D。该反应在单词或图片存在的情况下，终止初始刺激的同时产生了下一个刺激，也就是清单上的第二个单词或图片。完成第二项任务获得条件强化，同时引发第三个S^D出现。串链程序通过这种方式促使简单的行为结合起来，进而形成一系列更长的复杂反应。

最后，串链可以与其他行为改变策略相结合，以帮助个体建立更复杂和适应性更强的技能库。麦克威廉斯、涅图普斯基、哈姆雷—涅图普斯基（McWilliams, Nietupski, & Hamre-Nietupski, 1990）教授三名中度智力障碍学生学习24步铺床技能，使用的干预包括串链、示范和错误纠正。兰伯特及其同事（2016）使用结合了辅助、指令和示范的顺向串链程序教授一名有孤独症的初中生三种复杂的篮球技能。

以任务分析建立行为链

行为分析师在将单个行为连接成链之前，必须构建和验证行为序列的成分的任务分析，并评估学习者对任务分析中的每个行为的掌握程度。**任务分析**涉及将复杂的任务分解成较小的、可教的单元，其产物是一系列排好顺序的步骤或任务。

构建和验证任务分析

构建和验证任务分析的目的是确定有效完成一项特定任务的必需和足够的行为序列。人各有别，一个人为了获得某个成果所必须表现出来的行为序列可能与另一个人需要做到的不完全相同。任务分析应根据学习者的年龄、技能水平和先前经验进行个别化处理（Brown, McDonnell, & Snell, 2016）。此外，有些任务分析由几个数量有限的主要步骤组成，每个主要步骤又包含四至五个次级任务。图23.3展示了麦克威廉斯及其同事开发的关于整理铺床的任务分析。

研究者和实务工作者通常采用下面的一种或四种方法的组合来构建和验证任务分析：观察能力较强的行为表现者、自己执行任务、询问专家或试错。

观察能力较强的行为表现者

特斯特、斯普纳、科伊尔和格罗西（Test, Spooner, Keul, & Grossi, 1990）通过观察两名成人执行任务的情况，制作了一份使用公共电话的任务分析，然后通过训练一名发展性障碍成人使用该任务分析来验证这个序列。在此基础上，研究者对最初的任务序列进行后续的修改。

> 有一张未整理的床，上面散乱地摆放着床罩、毛毯、枕头、床单和床包，学生将要：
>
> 第一部分：准备床铺
> 　　1. 将枕头从床上移开
> 　　2. 将床罩拉到床脚
> 　　3. 将毛毯拉到床脚
> 　　4. 将床单拉到床脚
> 　　5. 抚平床包的褶皱
>
> 第二部分：床单
> 　　6. 将床单的顶端拉到床头板
> 　　7. 将床单的右角撑平，垂在床脚
> 　　8. 重复步骤7，撑平床单左角
> 　　9. 将床单从床尾拉到床头并且左右对齐
> 　　10. 抚平褶皱
>
> 第三部分：毛毯
> 　　11. 将毛毯的顶端拉到床头板
> 　　12. 将毛毯的右角撑平，垂在床脚
> 　　13. 重复步骤12，撑平毛毯左角
> 　　14. 将毛毯与床单在床头处对齐
> 　　15. 抚平褶皱
>
> 第四部分：床罩
> 　　16. 将床罩的顶端拉到床头板
> 　　17. 将床罩右角拉到床脚接近地板
> 　　18. 重复步骤17，拉床罩左角
> 　　19. 将床罩的两边与地板对齐
> 　　20. 抚平褶皱
>
> 第五部分：枕头
> 　　21. 折叠床罩顶部，将其铺到距离枕头4英寸的范围内
> 　　22. 将枕头放在折叠的部分上
> 　　23. 用折叠的部分遮盖枕头
> 　　24. 抚平枕头和周围床罩的褶皱
>
> ----
>
> 引自 R. McWilliams, J. Nietupski, & S. Hamre-Nietupski (1990). Teaching Complex Activities to Students with Moderate Handicaps Through the Forward Chaining of Shorter Total Cycle Response Sequences. *Education and Training in Mental Retardation*, 25, p. 296. 1990 年版权归美国特殊儿童委员会所有。经授权转载。

图 23.3　铺床技能的任务分析

自己执行任务

范登波尔及其同事（1981）的一项研究提供了一个很好的例子，说明了如何自己确定和验证任务分析。为了确定在快餐店用餐所需的行为，研究小组在各种不同的快餐店吃饭，并记录下自己的活动。接下来，研究者将各自的发现合并起来，制作了一份包含22个项目的任务分析，涵盖了不同餐馆之间的差异，然后将这些步骤组织成四个技能群：定位、点餐、付款和吃饭，以及离开（参看图30.1）。自己执行这个任务有三个好处：（1）有机会切身体会行为序列的所有任务要求；（2）使研究者更清楚地知道需要教授哪些行为，以及与这些行为相关的区辨刺激有哪些；（3）使对学习者有效使用序列所需知道的反应形态的描述更为精细。图23.4显示了一个最初包含7个步骤的系鞋带序列如何在自己执行任务后扩大到14个步骤（参看 Bailey & Wolery, 1992）。

较短序列 [a]	较长序列 [b]
1. 稍稍拉紧鞋带	8. 捏住鞋带
2. 拉紧鞋带——垂直拉	9. 拉鞋带
3. 交叉鞋带	10. 拉起鞋带末端并使其一样长
4. 拉紧鞋带——水平拉	11. 左手拿起左边鞋带，右手拿起右边鞋带
5. 将鞋带打一个结	12. 将鞋带拿到鞋上方
6. 打蝴蝶结	13. 将右鞋带交叉过左鞋带形成圆锥形孔
7. 拉紧蝴蝶结	14. 将左鞋带朝着学生方向绕
	15. 拿着左鞋带穿过圆锥形孔
	16. 将鞋带互相拉开
	17. 将左鞋带弯成环
	18. 用左手捏住环
	19. 拿着右鞋带绕过手指——绕过环
	20. 将右鞋带推入孔中
	21. 将环拉开

来源：(a) Santa Cruz County Office of Education, Behavioral Characteristics Progression. Palo Alto, California, VORT Corporation, 1973. (b) Smith, D. D., Smith, J. O., & Edgar, E. "Research and Application of Instructional Materials Development." In N. G. Haring & L. Brown (Eds.), *Teaching the Severely Handicapped* (Vol. 1). New York: Grune & Stratton, 1976. 引自 D. B. Bailey & M. Wolery (1984). *Teaching Infants and Preschoolers with Handicaps*, p. 47. Columbus, OH: Charles E. Merrill. 经授权使用。

图 23.4　系鞋带教学中的初始和拓展步骤

询问专家

当验证任务分析时，公认具有专业资质的相关人员或协会可以成为宝贵的咨询资源。例如，斯托克斯、路易塞利和里德（Stokes, Luiselli, & Reed, 2010）根据美国橄榄球教练协会（1995）的建议，对橄榄球擒抱技能做了一个10步骤任务分析。斯托克斯、路易塞利、里德和弗莱明（Stokes, Luiselli, Reed, & Fleming, 2010）请五位大学橄榄球进攻线教练来验证一项进攻线卫学习护球传球技能的10步骤任务分析（参看图23.5）。

试错

系统化的试错程序可以帮助行为分析师开展任务分析。先使用系统化的试错方法生成初始的任务分析，然后在测试过程中进行细化和修改。通过实地测试进行修改和完善后，可以得到更实用和更合适的任务分析。如前所述，特斯特及其同事（1990）通过观察两名成年人完成任务的情况，生成了使用公用电话的初始任务分析。随后，他们让一位发展性障碍人士执行同样的任务，然后根据其表现修改任务分析。

无论使用什么方法对步骤进行排序，都必须辨识各个 S^D 和相应的反应。然而，仅仅能够做出某个反应是不够的；学习者必须能够区辨在哪种条件下做出哪种特定的反应。列出区辨刺激和相关的反应有助于训练者确定自然发生的 S^D 是否会引发不同的反应或多重反应。

评估掌握水平

评估掌握水平的目的是确定学习者能够独立完成任务分析中的哪些成分。有两种主要方法可用于评估学习者在训练前对任务分析行为的掌握程度——单一机会法和多重机会法。

步骤	描述
1. 双脚站立	双脚与肩同宽，膝盖弯曲50%，臀部向下与脚跟垂直，一只手放在中间触碰地面。
2. 双脚分开	一只脚站在另一只脚的脚趾和脚跟的中线上。
3. 迈出第一步	向一侧迈一大步，尽量保持平衡。
4. 头盔接触	头盔面罩接触到对手球衣号码的上方。
5. 手部摆放	两食指指向11点和1点方向，两拇指指向对手的喉结。
6. 手部位置	双手保持在对手的护肩和躯干范围内。
7. 手臂伸展	手臂向外伸展超过45度。
8. 臀部跟进	臀部转向对手的肚脐处。
9. 蹬腿	保持腿部连续运动，直到哨声响起。
10. 手部接触	双手接触对方身体，直到哨声响起。

引自 J. V. Stokes, J. K. Luiselli, D. D. Reed, & R. K. Fleming (2010). Behavioral Coaching to Improve Offensive Line Pass-Blocking Skills of High School Football Athletes. *Journal of Applied Behavior Analysis*, 43, p. 465. 2010年版权归实验行为分析协会所有。经授权使用。

图 23.5　对橄榄球进攻线卫护球传球的任务分析

单一机会法

单一机会法用于评估学生以正确顺序做出任务分析中的每个行为的能力。兰伯特及其同事（2016）使用单一机会法来评估与教授一名孤独症少年功能性篮球技能有关的目标链。如果他正确地发出链中的一个行为，球场上同队的球员就会改变自己的站位，成为他的下一个行为的 S^D。如果他没有表现出该行为，那么就终止评估探测。

图 23.6 展示了一名学生学习戴助听器的例子。加号（+）或减号（−）代表发出的正确或错误的行为。

这个例子中的评估是这样开始的，教师说："汤姆，戴上你的助听器。"然后记录汤姆对任务分析中的每一个步骤的反应。图中显示了汤姆在最初四天的评估中的数据。在第一天，汤姆打开助听器盒子，拿出线束。每一个步骤都正确、独立、循序，并在6秒时限内完成。然而，汤姆试图跳过步骤3和步骤4，直接将助听器的线束挂在头上（步骤5）。由于他持续表现这一行为超过了10秒，教师停止了评估，并将步骤3、步骤4和剩下的所有步骤都记录为错误。在第二天，汤姆顺序错乱地实施这一系列步骤，因此他在做完步骤1后就被暂停。在第三天和第四天，汤姆在做完步骤4后，在步骤5上花费的时间超过了6秒，因而评估又被暂停，熟练掌握的标准是连续三次探测都在6秒之内达到100%准确，数据显示汤姆仅在步骤1上达到了标准（步骤2上的3个"+"并不是连续记录到的）。

多重机会法

用于评估任务分析的多重机会法可以评估学习者对任务分析中所有行为的掌握程度。如果学习者在某个步骤上执行错误或顺序错误，或者超过完成该步骤的时限，行为分析师就为学习者完成该步骤，然后让她进入下一步骤。即使学习者在前面的步骤中出现错误，每一个表现正确的步骤也会被记录为正确的反应。

嵌入助听器的任务分析评估

教学提示:"戴上你的助听器"
教师:克里斯蒂娜
评估方式:单一机会法
学生:汤姆

日期

步骤	10月1日	10月2日	10月3日	10月4日
1. 打开盒子	+	+	+	+
2. 拿出线束	+	−	+	+
3. 臂1/带子1(束住)	−	−	+	+
4. 臂2/带子2(束住)	−	−	+	+
5. 将线束绕过头顶	−	−	−	−
6. 扎紧线束	−	−	−	−
7. 掀开口袋	−	−	−	−
8. 从盒子里拿出助听器	−	−	−	−
9. 将助听器放进口袋	−	−	−	−
10. 扣上口袋	−	−	−	−
11. 拿起耳模	−	−	−	−
12. 将耳模放进耳朵里	−	−	−	−
13. 打开助听器	−	−	−	−
14. 设定控制值	−	−	−	−
正确步骤的百分比	14%	7%	28%	28%

材料:助听器盒子、线束、耳模
反应潜伏期:6秒
记录符号:+(正确)−(错误)
标准:连续3天有100%正确表现

引自 D. J. Tucker & G. W. Berry (1980). Teaching Severely Multihandicapped Students to Put on Their Own Hearing Aids. *Journal of Applied Behavior Analysis*, 13, p. 69. 1980年版权归实验行为分析协会所有。

图 23.6 嵌入助听器的单一机会评估的任务分析资料单

图 23.7 显示了一个使用多重机会法评估一名学生(马克)在10天内每天早晨抵达学校的17个常规任务表现的例子。布朗等人(Brown et al., 2016)通过以下方式验证了他们的任务分析:(1)观察其他学生完成早晨抵达时的常规工作;(2)与马克的教师交换意见,了解她对任务的看法;(3)与马克一起"试验"任务分析,以确保任务分析是个别化的。在完成了这三个验证程序后,发现有两项任务对马克来说还是太难了,于是研究者将这两个步骤各自进一步细分成两个小步骤。布朗等人建议实务工作者使用系统化的程序来开发任务分析(参看信息箱23.1)。

使用多重机会法评估任务分析的关键是确保教学不会与评估相混淆。也就是说,如果学习者无法完成某项任务,行为分析师将完成该步骤,并重新安排学习者的位置,让其继续完成剩下的步骤。

单次机会法和多重机会法是确定学习者是否掌握了行为链的初始技能的有效方法。在这两种方法中,单一机会法是比较保守的方法,因为评估会在行为表现失败的第一个步骤就终止。此外,一旦教学开始,它为教学者提供的信息也比较少,但它仅需较短的时间,如果任务分析很长,则尤其如此,而且它会降低学习者在评估期间出现学习的可能性(Brown et al., 2016)。多重机会法需要较长的时间来完成,但它为行为分析师提供的信息比较多。也就是说,教学者可以了解到学习者已经掌握了任务分析中的哪些步骤,从而不必对技能库中已有的任务步骤进行教学。在下一部分中,我们将介绍串链的第三个成分:教授学生在时间上紧密相接地完成链中的每一个步骤。

706 应用行为分析（第3版）

教师： 沃顿　　**教学提示：** 乘坐校车到学校；校车停下，学生起立　　**目标：** 早晨到校常规
学生： 克万
时间： 马克　　**情境：** 校车到达的区域，人行道，大厅，走廊，教室
探测日期： 每天到达时　　**学习阶段：** 学习技能　　**教学方法：** 持续的时间延迟（0秒，4秒）
每个月的第一个星期二　　基线/探测阶段：多重任务分析评估（4秒潜伏期）

日期 →	9/21	9/22	9/23	9/24	9/27	9/28	9/30	10/1	10/4	10/5
延迟的辅助 →			0	0	4	4	4	4	4	4
任务步骤 ↓										
1. 下车	−	−	√	√	√	√	√	√	+	+
2. 打开门，走进去（有人帮助）	−	−	√	√	√	√	√	√	√	−
3. 沿着走廊走（穿过大厅向左转）	+	−	√	√	√	√	√	√	√	√
4. 打开克万老师的门，走进去	−	−	√	√	√	√	√	+	+	−
5. 向克万老师挥手*	−	−	√	√	+	+	+	+	+	+
6. 找到空放进小隔间，取下背包	+	+	√	√	√	+	√	√	√	√
7. 将背包放进小隔间（放在地板上）	−	−	√	√	√	+	+	+	+	+
8. 脱下外套	−	−	√	√	+	√	√	√	√	√
9. 把它挂起来（空钩子）	+	+	√	√	+	+	+	+	+	+
10. 走向你的日程表，拿一张卡（第一张）	−	−	√	√	√	+	+	+	+	+
11. 走向____，然后开始（第一张）	−	+	√	√	√	√	√	√	√	√
12. 走到日程表那里，拿彩虹地毯卡（老师按铃时）	+	−	√	√	√	+	+	+	+	+
13. 走到彩虹地毯上坐下（盘腿）	−	−	√	√	√	√	+	+	+	+
14. 听指令并做____（使用团体圆圈时间表）	−	−	√	√	√	√	√	√	√	√
15. 走到日程表那里，拿沃顿老师的教室卡（当团体圆圈时间结束时）	−	−	√	√	√	√	+	+	+	+
16. 找到克万老师，说再见	−	−	√	√	√	√	√	√	√	√
17. 走向沃顿老师的教室	−	−	√	√	√	+	+	+	+	+
全部独立完成	3	2	0	0	1	4	6	7	10	8
基线/教学/探测	B	B	T	T	T	T	T	T	T	P

日期	教师	逸事记录评论
9月23日	沃顿	在多数步骤上等待帮助
9月25日	沃顿	犯困，耳部感染
10月4日	克万	他表现得更坚定了
10月5日	克万	探测结果很棒！[放在任务分析单的背面]

材料： 到校日程表，背包，夹克
潜伏期： 0秒，4秒
标准： 5个教学日中有3天达到15个步骤中有10个正确（67%）

记录：测试：+ 正确，− 错误；教学：+ 无辅助下的正确
√：辅助下的正确（手势/部分肢体辅助）；− 无辅助/辅助下的错误
NR：无反应
* 社会性进阶步骤

Brown, Fredda E; Mcdonell, John J.; Snell, Martha E., *Instruction of Students with Severe Disabilities*, Loose-Leaf Version, 8th Ed., ©2016. 经培生教育出版集团授权转载和电子复制，纽约。

图23.7　以多重机会法评估学生早晨到校常规的任务分析数据收集表

信息箱 23.1

马克的早晨到校常规的任务分析是如何开展的

分析一系列事件并将这些任务分解成可教的步骤，并不是一个容易的过程。看看马克的老师们是如何为他设计晨间常规日程的任务分析和数据收集表的（图 23.7）。特教老师沃顿女士和学校的孤独症专家观察了其他儿童完成晨间常规任务的情况，然后分析了这些步骤。他们找出了马克需要注意的相关刺激和他们希望他学会的反应。沃顿老师还询问了马克的幼儿园老师克万女士以了解初始版本的任务分析，并在观察其他儿童早晨到校时使用这些步骤以确认其是合适的。然后，沃顿对马克试用当前版本的任务分析，以确保这些步骤对他来说是合理的。当她发现有些步骤对马克来说太难以至于无法独自完成时（如步骤 2：打开学校大楼的门），她修改了这些步骤，把一个步骤分成两个小步骤，或者加入成人/同伴的协助。马克的母亲熟悉儿子的到校常规流程，她被邀请核查这份任务分析，并加入了自己的想法。语言治疗师建议在流程中增加一个问候的步骤。马克的 17 步骤任务分析是在教师、语言治疗师和马克的母亲的通力合作下完成的，从而大大优化了验证的过程。

遵循如下的系统化流程，团队可以开发出更成功的任务分析。

1. 根据生态调查的结果为特定的学生辨识出一种对他来说具有功能性和适合年龄的重要技能，以此作为他的目标行为。
2. 简洁地定义目标技能，包括描述最适合任务自然表现的情境和材料。
3. 执行任务并观察同伴执行任务，在自然情境中选择合适的材料来使用，同时注意与其相关的步骤。
4. 调整步骤以配合学生的障碍和技能优势，根据需要采用部分参与原则、只在必要时针对化原则和成分分析，设计出既具有功能性又适合其年龄的任务分析。
5. 通过让学生执行任务来验证任务分析，在不确定的步骤上提供帮助，以便能够看到他在全部步骤上的表现。
6. 修改任务分析使之有效运作；针对看起来不合理的、难以适应的步骤，探索如何加入简单的、非污名化的改编。
7. 将任务分析写在数据收集表上，以确保：（1）任务分析中的步骤是以可观察行为的术语来表述的；（2）那些步骤能够导致行为产物或工作过程出现明显的改变；（3）步骤的顺序合乎逻辑；（4）以第二人称单数书写分解步骤，以便可以充当语言辅助（如果使用的话）；（5）使用不会让学生感到困惑的语言，并在括号中列出对评估至关重要的表现细节。

改编自 F. E. Brown, J. J. McDonnell, & M. E. Snell (2016). *Instruction of Students with Severe Disabilities* (8th ed.), pp. 158–159. 2016 年版权归培生教育出版集团所有。Upper Saddle River, NJ. 经授权使用。

行为串链方法

在构建和验证了任务分析、确定了成功掌握的标准和数据收集的程序后，下一步就是决定使用哪种串链程序来教授新的行为序列。行为分析师有四个选择：顺向串链、全任务串链、逆向串链和跳跃式逆向串链。

顺向串链

在**顺向串链**中，按自然发生的顺序来教授任务分析中确定的行为。具体来说，当序列中的第一个行为表现达到预设标准时，给予强化。然后，连续达到步骤 1 和步骤 2 的完成标准后，给予强化。接下来的每一步都需要按照正确顺序累加前面所有步骤的表现。

例如，在学习者连续三次正确完成第一个步骤"捏住鞋带"后，给予强化（参看图 23.4）。接下来，在以同样的标准完成这个步骤和下一个步骤后，才会给予强化，"拉鞋带"这个步骤也按同样的标准来实施。然后再加入"拉起鞋带末端并使其一样长"这个行为，在正确完成这三个步骤后，给予强化。最终，任务分析中的全部 14 个步骤都应以相似的方式实施。不过，教学者可以在其中任何一个特定的步骤上使用各种反应辅助和其他策略来引发学习者的反应。

较长的行为链可以被拆分成较短的链或技能群，以类似于单一反应单元的方式来教授这些较短的链或技能群。在熟练掌握某个技能群后，它就会与下一个技能或步骤联系起来。第一个技能群中的最后一个反应为第二个技能群中的第一个反应设置情境。实质上，这些不同的技能群会成为那些行为单元的类似物，而且这些技能群会相互联系起来。

麦克威廉斯及其同事（1990）结合顺向串链中的技能群，教授三名发展性障碍学生铺床技能。根据对整理铺床序列反应的任务分析，研究者确定了五个技能群，每个群包含 4~5 个次级任务（参看图 23.3）。在基线阶段，当给出指示"给我展示一下你们是如何铺床的"时，学生完成整个链，而研究者收集到的基线数据显示准确性很低，于是研究者选择了一个包括很多群的教学程序，将复杂的行为分解成较小的链，一次教授一个群（参看图 23.8）。

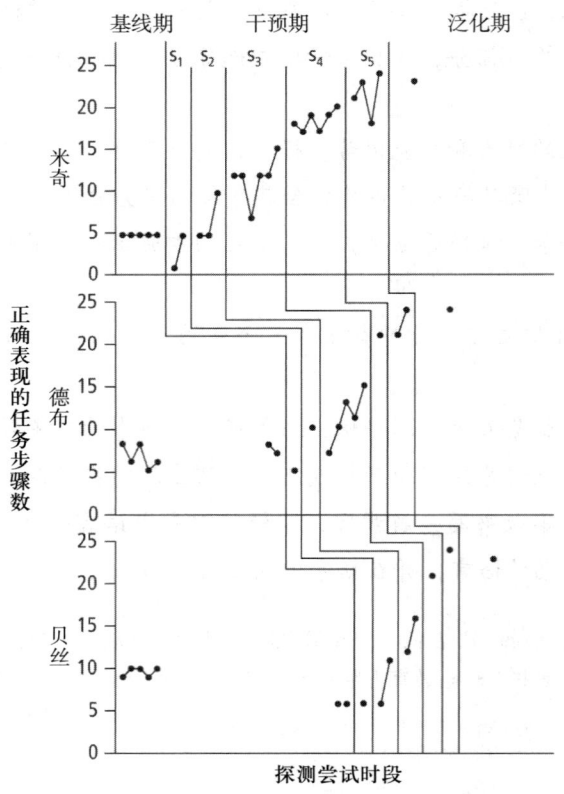

图 23.8　在基线期、干预期和泛化期正确表现的任务步骤数

引自 R. McWilliams, J. Nietupski, & S. Hamre-Nietupski (1990). Teaching Complex Activities to Students with Moderate Handicaps Through the Forward Chaining of Shorter Total Cycle Response Sequences. *Education and Training in Mental Retardation*, 25, p. 296. 1990 年版权归美国特殊儿童委员会所有。经授权使用。

最初的训练是由教师演示第一部分和第二部分的任务链。随后的训练包括教授前一部分内容、当前的教学目标以及序列中接下来的内容。例如，如果要进行第二部分的训练，那么需要演示第一部分、第二部分和第三部分。接下来，学生练习目标行为序列 2~5 次。当正确表现出序列时，给予赞扬。当出现错误时，启动一个由三个部分组成的纠正程序，包括语言重新引导、重新引导加示范，以及/或者肢体辅助，直到那次尝试能以一个正确的反应作为结束。学习者掌握了第一个技能群（S_1）后，引入第二个技能群（S_2），接着是第三个（S_3）、第四个（S_4），以此类推。

结果显示，使用顺向串链程序训练学生的铺床技能是有效的。也就是说，所有的学生都可以独立铺床，或者在教师的指导下只需极低程度的协助就能完成。此外，所有的学生都可以在泛化的情境中（即在家里）铺床。

麦克威廉斯及其同事的研究（1990）以及圭尔乔和科米尔（Guercio & Cormier, 2015）的研究展示了顺向串链的三个主要优点：（1）可以将较小的链连接成较大的链；（2）容易做到，因此教师可以在教室环境中实施；（3）可以与其他行为改变程序（如渐褪）相结合。

尽管顺向串链有其优点，它仍存在潜在的局限性。例如，在注意到学习者完成了训练目标的步骤后，分析师可能就会取消对这些步骤进行额外练习的计划，从而有可能因为缺乏强化或区辨刺激减弱而导致链的消退。反过来，分析师可能会让学习者在顺向串链干预里停留超过必要的时间，从而耽误他们学习其他的技能。为了消除这两种局限性中的任何一种，兰伯特等人（2016）建议分析师定期探测整个链以评估掌握和维持情况。

到目前为止，我们的讨论集中在通过教师的直接教学来教授行为链。然而，有证据表明，通过观察也可以学会链接反应（Wolery, Ault, Gast, Doyle, & Griffen, 1991）。格里芬、沃莱里和舒斯特（Griffen, Wolery, & Schuster, 1992）使用一个恒定时间延迟（constant time delay, CTD）程序来教授智力障碍学生准备食物行为中的一系列链接任务。在教师使用 CTD 教授一名学生链接反应期间，另外两名学生在一旁观察。结果显示，即使教师还未直接教授这些步骤，两名观察的学生也学会了链中至少 85% 的正确步骤。

全任务串链

全任务串链（有时被称作全任务呈现或整体任务呈现）是顺向串链的一种变体，学习者在每个时段中都接受任务分析中的每个步骤上的训练。训练者为学习者无法独立完成的任何一个步骤提供帮助，并训练整个链，直到学习者能够表现出整个序列的行为并达到预设标准。此外，根据链的复杂程度、学习者的技能库和可用的资源，可以纳入肢体协助和/或渐进式引导。

沃茨、嘉威尔和沃莱里（Werts, Caldwell, & Wolery, 1996）使用同伴示范和全任务串链来教授三名在普通教育课堂中学习的身心障碍小学生一些技能，如操作录音带、削铅笔和使用计算器。根据教师所建议的学生学习的顺序，将反应链针对每名学生进行个别化处理。每个时段分为三个部分：（1）探测身心障碍学生实施全任务反应链的能力；（2）由有能力的同伴示范整个链中的每个步骤，同时描述每个步骤；（3）再次对同伴的表现进行探测，以确定链中的表现。在同伴示范前后的探测过程中，引导身心障碍学生完成这个链。如果学生成功完成了，就记录为一个正确的反应，但不提供反馈。如果学生没有成功完成，教师会暂时挡住学生的视线而由教师完成这个步骤，然后重新指导学生完成剩下的步骤。反应链中的每个行为都会被计分。

三名学生都在同伴示范后学会了如何完成反应链，并在整个研究过程中达到了反应链的标准（三天中有两天是 100% 正确）。图 23.9 显示了本研究中的三名学生之一查利的结果。

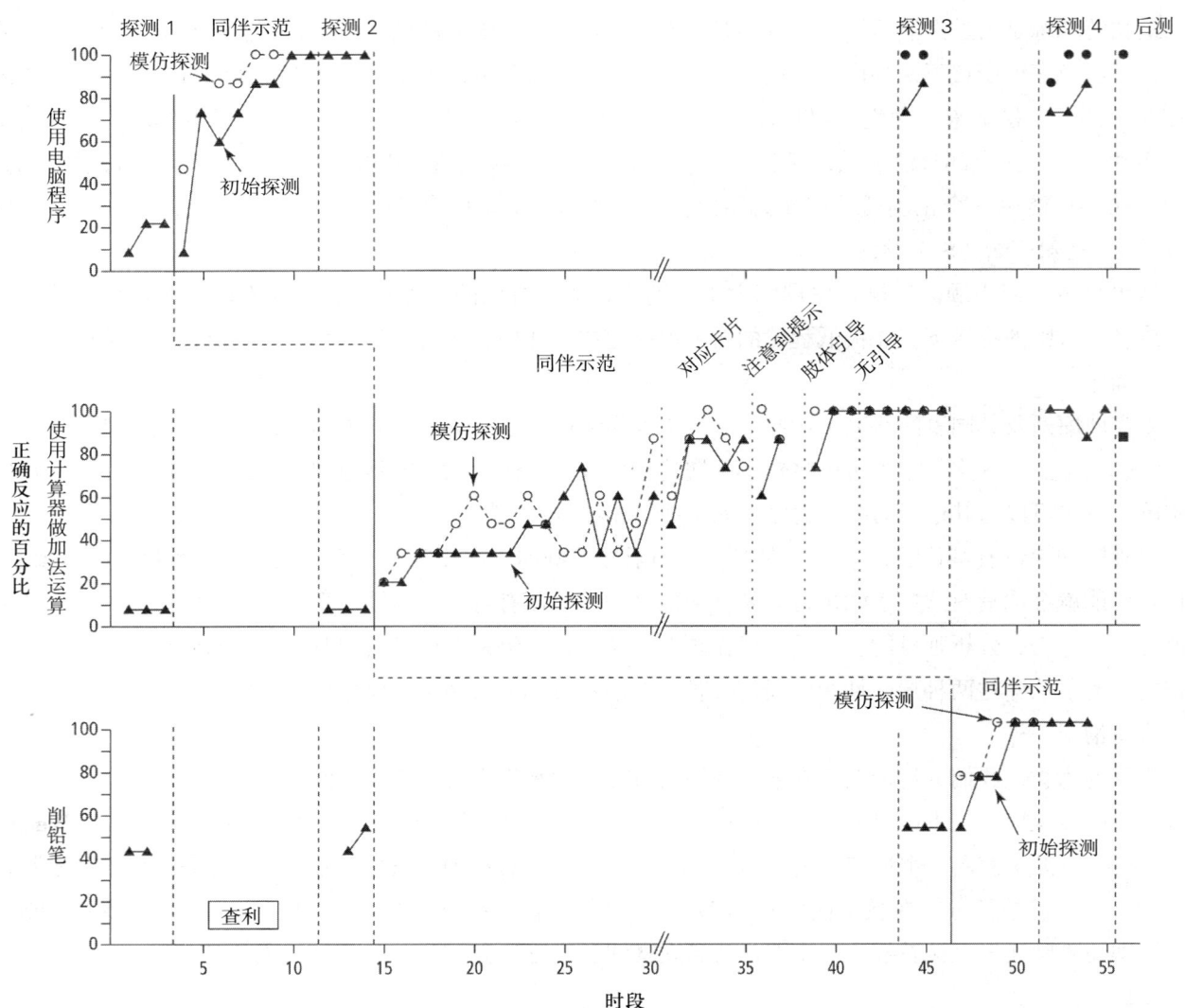

图 23.9 查利在三个反应链中正确实施这些步骤的百分比。三角形代表初始探测中的正确步骤的百分比,空心圆代表模仿探测中的正确步骤的百分比。

引自 M. G. Werts, N. K. Caldwell, & M. Wolery (1996). Peer Modeling of Response Chains: Observational Learning by Students with Disabilities. *Journal of Applied Behavior Analysis*, 29, p. 60. 1996 年版权归实验行为分析协会所有。经授权转载。

特斯特及其同事(1990)使用全任务串链,以最少到最多的辅助程序教授两名重度智力障碍少年使用公共电话。[1]在辨识和验证了 17 步骤任务分析后,研究者给了学生一张 3×5 的索引卡,上面有他们的家庭电话号码,还给了他们两枚 10 美分的硬币,引导他们"打电话回家",并收集基线数据。在训练期间,当学生在这 17 个步骤中的任何一个步骤上出现错误时,研究者就实施一个最少到最多的三步骤辅助程序(语言、语言加手势,以及语言加引导)。每个教学时段包含两次教学尝试,随后进行探测,以测量学生独立完成的步骤数。此外,还在其他两个情境中每周至少进行一次泛化探测。

结果显示,全任务串链加辅助的组合增加了每名学生正确完成任务分析的步骤数,学生的技能泛化到了两个社区情境中(参看图 23.10)。特斯特及其同事(1990)得出结论,全任务串链对实务工作者在社区情境中教授学习者很有帮助,使用每周两次的训练方案时尤其如此。

---

1 有关辅助程序,参看第 17 章。

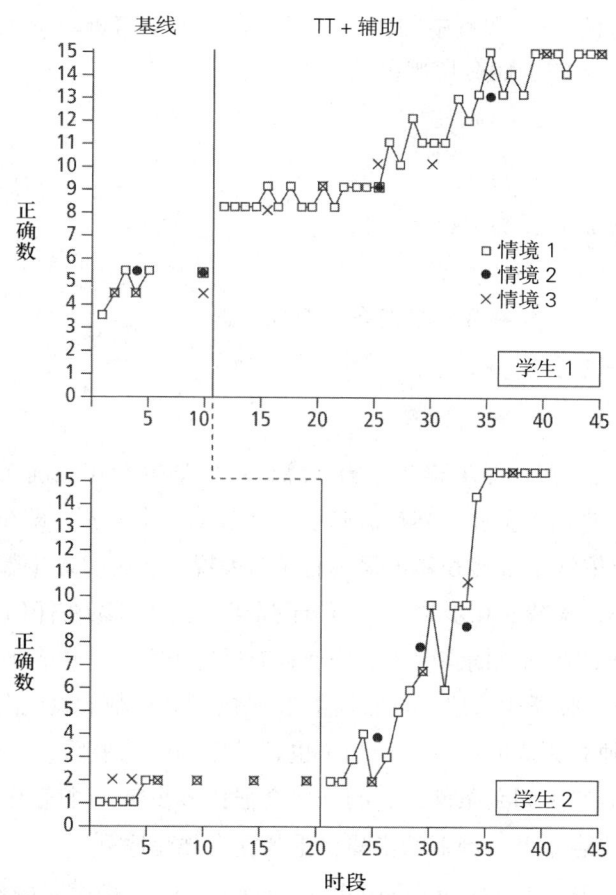

图 23.10　两名学生在基线期间和全任务串链（TT）加反应辅助期间正确完成公共电话任务分析的步骤数。情境 2 和情境 3 的数据点显示了泛化探测中的表现。

引自 D. W. Test, F. Spooner, P. K. Keul, & T. A. Grossi (1990). Teaching Adolescents with Severe Disabilities to Use the Public Telephone. *Behavior Modification*, 14, p. 165. 1990 年版权归世哲出版公司所有。经授权转载。

逆向串链

在使用**逆向串链**程序时，任务分析中确定的所有行为最初都由训练者完成，除了链中的最后一个行为。当学习者完成序列中的最后一个行为并达到预定标准时，给予强化。接下来，当序列中的最后一个和倒数第二个行为达到预定标准时，给予强化。随后，当最后两个和倒数第三个行为达到标准时，给予强化。这个序列以逆向的方式贯穿整个链，直到任务分析中的所有步骤以逆向顺序引入，并以累加的方式练习。

皮埃雷尔和舍曼（Pierrel & Sherman, 1963）在美国布朗大学（Brown University）用一只名为巴尔纳布斯的白老鼠进行了一次经典的逆向串链演示。皮埃雷尔和舍曼教巴尔纳布斯爬螺旋式楼梯、向下穿过吊桥、爬梯子、用链条拉一辆玩具汽车、进入玩具汽车并踩着踏板穿过隧道、爬楼梯、穿过一个封闭的管道、进入电梯，举起一个布朗大学校旗的微型复制品、离开电梯，最后按下栏杆，得到一粒食物。巴尔纳布斯因这一系列精细的表现而名声大噪，赢得了"受过大学教育的老鼠"的美誉。这 11 个反应的链的训练，开始于研究者将一个蜂鸣声建立为序列中的最后一个反应（按下栏杆）的 S^D，在蜂鸣声出现时对这个反应进行条件化。然后，在井底有电梯的情况下，序列中的倒数第二个反应（离开电梯）被条件化。链中的每个反应都被依次加入，这样，一个离散的刺激就成为下一个反应的 S^D，并作为前一个反应的条件强化物。[1]

---

[1] 如果想看巴尔纳布斯的行动，请参考 *Barnabus: A study in complex behavior chaining*［影片］. (1979). Boston: Northeastern University, 1979.

为了说明逆向串链，我们举一个教室中的例子，假设有一名学前班教师想教学生如何系鞋带。首先，教师对系鞋带进行任务分析，将行为成分按逻辑顺序排列。

1. 将鞋带在鞋上方交叉。
2. 打一个结。
3. 将鞋带在鞋的右侧弯曲成环，并用右手捏住它。
4. 用左手将另一条鞋带绕过这个环。
5. 用左手的食指或中指将左侧的鞋带穿过两条鞋带间的开口。
6. 捏住两个环，一手捏一个。
7. 把环拉紧。

教师从序列中的最后一个步骤，即步骤7开始训练，直到学生能够准确无误地完成连续的三次尝试。在步骤7上的每次正确尝试后都给予强化。然后教师引入倒数第二个步骤，即步骤6，训练学生实施链中的步骤6和最终的步骤7。强化依联于步骤6和步骤7的成功表现。然后引入步骤5，并在确定学生能够表现出之前的学习步骤（即步骤5、步骤6和步骤7）后给予强化。教师可以在任何一个步骤上使用补充的反应辅助来引发正确的反应。然而，在训练期间引入的任何补充反应辅助——语言、图片、示范或肢体辅助——都必须在训练的后期逐步渐褪，使学生可以在自然发生的S^D的刺激控制下表现出行为。

在逆向串链中，学习者独立完成的第一个行为（也就是序列中的最后一个行为）会产生终点强化：鞋带系好了。倒数第二个反应会产生刺激条件，它的开启会强化该步骤，并充当最后一个行为的S^D，而最后一个行为已建立在学习者的技能库里。剩下的步骤将重复这个强化序列。

哈戈皮安、法雷尔和阿马里（Hagopian, Farrell, & Amari, 1996）将逆向串链与渐褪结合起来，以减少乔希危及生命的行为，乔希是一名有孤独症和智力障碍的12岁男孩。由于在研究开始前的六个月中，乔希出现了各种与肠胃因素有关的医学并发症，经常呕吐和便秘，乔希拒绝吃下或喝下任何食物或液体。事实上，他以前吃东西时，也会将其吐出来。

在乔希的为期70天的干预过程中，研究者收集了有关液体接受、呕吐、吞咽和回避目标行为（用杯子喝水）的数据。在收集了乔希吞咽10毫升水的能力的基线数据后，开始实施没有水的吞咽条件。研究者在他的嘴里放了一个空的注射器，引导他吞咽。接下来，向注射器中加入少量的水，当乔希吞下水时给予强化。在随后的阶段中，注射器中的水量逐渐从0.2毫升增加到0.5毫升，再增加到1毫升，最终达到3毫升。为了在随后的条件下获得强化，乔希必须发出的目标链是，从杯子里摄取3毫升水，直到最后摄取30毫升水。在研究结束时，研究者成功地实施了泛化探测，乔希能够喝90毫升的水和果汁的混合饮料。

结果显示，串链程序提高了乔希发出目标链的能力（参看图23.11）。哈戈皮安及其同事这样解释他们的程序。

> 我们从已存在的行为（吞咽）开始，吞咽这个行为是用杯子喝饮料这个行为链中的第三个，也是最后一个反应。接下来，对链中的最后两个反应（接受和吞咽）进行强化。最后，只在链中的三个反应都发生时才给予强化。（p. 575）

逆向串链的一个主要优点是，学习者在每一次教学尝试中都会接触到终点强化物。作为强化的直接结果，给予强化时存在的刺激提高了它的区辨属性。进一步来说，链中的所有行为得到的重复强化增加了与这些行为和强化物有关联的所有刺激的区辨能力。逆向串链的主要缺点是，学习者在链中的前几个步骤中消极参与的可能性可能会在任何特定的训练时段中限制学习者做出的反应的总数。

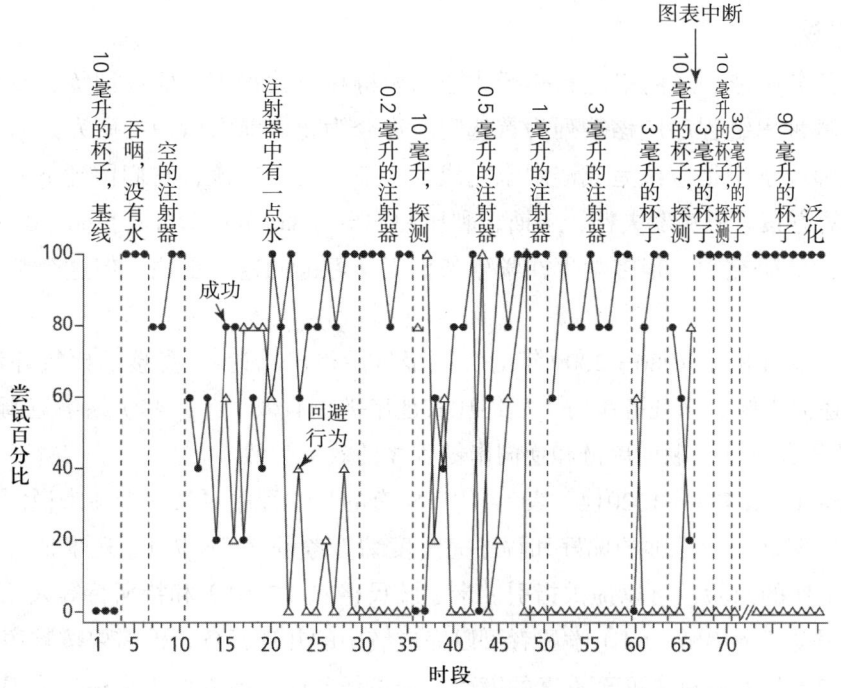

图 23.11 喝饮料行为的成功尝试百分比与回避行为的尝试百分比

引自 L. P. Hagopian, D. A. Farrell, & A. Amari (1996). Treating Total Liquid Refusal with Backward Chaining and Fading. *Journal of Applied Behavior Analysis*, 29, p. 575. 1996年版权归实验行为分析协会所有。经授权使用。

跳跃式逆向串链

斯普纳、斯普纳和乌利茨尼（Spooner, Spooner, & Ulicny, 1986）描述了逆向串链的一种变体，他们称之为跳跃式逆向串链。**跳跃式逆向串链**本质上与逆向串链的程序基本相同，只是在任务分析中并非在每个步骤上都进行训练。对选定的步骤仅做简单的探测。跳跃式的修改目的是减少全部训练所需的时间。在传统的逆向串链中，序列中的行为的逐步重复可能会减慢学习过程，尤其是当学习者已经掌握链中的部分步骤的时候。在前面提到的系鞋带的例子中，儿童可能会从步骤7，即序列中的最后一个行为，跳跃到步骤4，因为他已经掌握了步骤5和步骤6，这两个步骤已在他的技能库里。然而，重要的是要记住，学习者依然必须正确完成步骤5和步骤6，而且是与其他步骤一起按顺序进行，从而获得强化。

图 23.12 描述了顺向串链、全任务串链、逆向串链和跳跃式逆向串链的基本特征。

顺向串链	全任务串链	逆向串链	跳跃式逆向串链
任务分析中的各个行为是以自然发生的顺序来教授的。具体来说，在序列中的第一个行为的表现达到预定标准后给予强化。训练者完成或协助学习者完成链中的剩余任务。接下来，在学习者完成步骤1和步骤2并达到标准后给予强化。后续步骤需按照正确顺序累积完成前面所有的步骤。	顺向串链的一种变体，在每个训练时段中，在任务分析中的每个步骤上都会进行训练。训练者在学习者无法独立完成的步骤上提供帮助，并训练该链中的行为，直到他能独立完成序列中的所有行为，并达到预定标准。	任务是以"逆向"（从最后一个到第一个）顺序来教授的。开始时，除了链中的最后一个行为，任务分析中的全部行为都由训练者完成。在学习者表现出序列中的最后一个行为并达到预定标准后给予强化。接下来，在序列中的最后一个行为和倒数第二个行为的组合达到标准后给予强化。随后，在序列中的最后三个行为的组合达到标准后给予强化。这个系列以逆向进行，贯穿整个行为链，直到任务分析中的所有步骤都按逆向顺序被引入并累积完成。	这种类型的串链本质上与逆向串链的顺序基本相同，只是在任务分析的反向实施过程中并非在每个步骤上都进行训练。对选定的步骤仅做简单的探测。训练者跳过学习者已掌握的任务，"跳跃"到下一个未掌握的任务上，以此减少整个链的训练所花费的总时间。

图 23.12 顺向串链、全任务串链、逆向串链和跳跃式逆向串链的基本特征

选择一种串链方法

顺向串链、全任务串链、逆向串链和跳跃式逆向串链在自我护理、职业训练、娱乐和独立生活行为训练中应用广泛。哪种串链程序应该被列为首选呢？迄今为止，前人所做的研究并未给出一个明确的答案。此外，关于教师或学生是应该完成链中未完成的环节，还是应该将它们留到下一次训练中完成，研究也没有给出明确的方案。班克罗夫特、韦斯、利比和埃亨（Bancroft, Weiss, Libby, & Ahearn, 2011）的研究表明，虽然在他们的研究中，很多学生在学生条件下学习链的速度更快，但这个结果并不适用于所有的学生。

卡兹丁（2001）在分析了1980—2001年的实证报告后得出结论："直接的比较并没有显示出哪一种串链（顺向串链、逆向串链、全任务串链）始终比其他串链更有效。"（p. 49）斯洛克姆和泰格（Slocum & Tiger, 2011）的一项研究发现，顺向串链和逆向串链程序的效果类似。

西弗和布雷（Seaver & Bourret, 2014）表示："当所有的教学程序对某一个体来说同样有效时，实务工作者可以将学习者的偏好……教师的偏好和程序完整度纳入考量。"（p. 791）逸事证据、逻辑分析以及行为分析师为学习者工作的经验也可以提供指引。米尔滕贝格尔（2001）和特斯特等人（1990）断言，在下列情况下有必要使用全任务串链：（1）学习者可以完成链中的几项任务，但需要按顺序学习；（2）学习者拥有模仿技能库；（3）学习者有中度至重度的障碍；（4）任务序列或周期不是很长或很复杂。同样，班克罗夫特等人（Bancroft et al., 2011）建议，在决定使用哪种方法时考虑其他因素——学习者忍受肢体辅助的能力、学习者保持专注的持续时间或可用于学习链的总训练时间。

通过对学习者进行个别化的任务分析，系统化地应用单一机会法或多重机会法来确定教学的起点，以及依靠以数据为基础的、有可靠证据的研究文献，可以最大限度地降低在使用某种方法的过程中面临的不确定性。此外，通过确定一个人使用串链程序或变体的历史是否表明一种方法优于另一种方法，以及/或者通过收集所提议的方法的形成性评估数据（即干预期间对目标行为的测量）和总结性评估数据（即干预后对目标行为的测量）来确定其对个体的效果，可以减少疑虑。

中断和打破行为链

到目前为止，我们的讨论主要集中在建立行为链的程序上——也就是建立一个刺激条件及相关反应的序列，当单个成分被连接起来时，行为链就会产生强化。如前所述，链中连接两个反应的每个刺激都具有作为产生这个刺激的反应的条件强化物和下一个反应的区辨刺激的双重功能。

实务工作者使用串链为很多学习者拓展了技能库。然而，只知道如何将多个行为连接成一个实用的链，有时是不够的。行为分析师还应知道如何中断或打破那些不良的或不恰当的行为链（如吃过多的食物、开车时发短信）。以下六种方法可用于中断或打破行为链：消退、餍足、解除串链（unchaining）、中断链、取代 S^D 和通过时间延迟来延长链。

库恩、莱尔曼、福恩德兰和艾迪生（Kuhn, Lerman, Vorndran, & Addison, 2006）评估了消退、餍足和解除串链对障碍儿童在先前学习过的双反应链中的反应的影响。每个实验中的链是这样的：S_1（治疗师向儿童展示一个小盒子，里面有他喜欢的食物，然后关上盒子）→ R_1（儿童用手势示意"打开"）→ S_2（治疗师打开食物盒子）→ R_2（儿童用手势示意"吃"或"爆米花"）→（儿童获得食物）。

消退

使用消退程序中断或打破一个链时，实务工作者会对链中的一个或多个反应不予强化。库恩等人（2006）对链中的最后一个反应运用消退："R_1（'打开'）导致盒子像以前一样被打开，而关闭盒子且不

给予食物依联于 R_2（'吃'或'爆米花'）。"（p. 273）对 R_2 的消退导致四名儿童的 R_1 和 R_2 立即减少（图 23.13 显示了两名儿童的结果）。库恩及其同事将他们的发现扩展到了应对抓胳膊和揪头发的攻击行为的双反应链上，他们认为使用消退程序处理揪头发行为很可能会导致抓胳膊行为的减少。

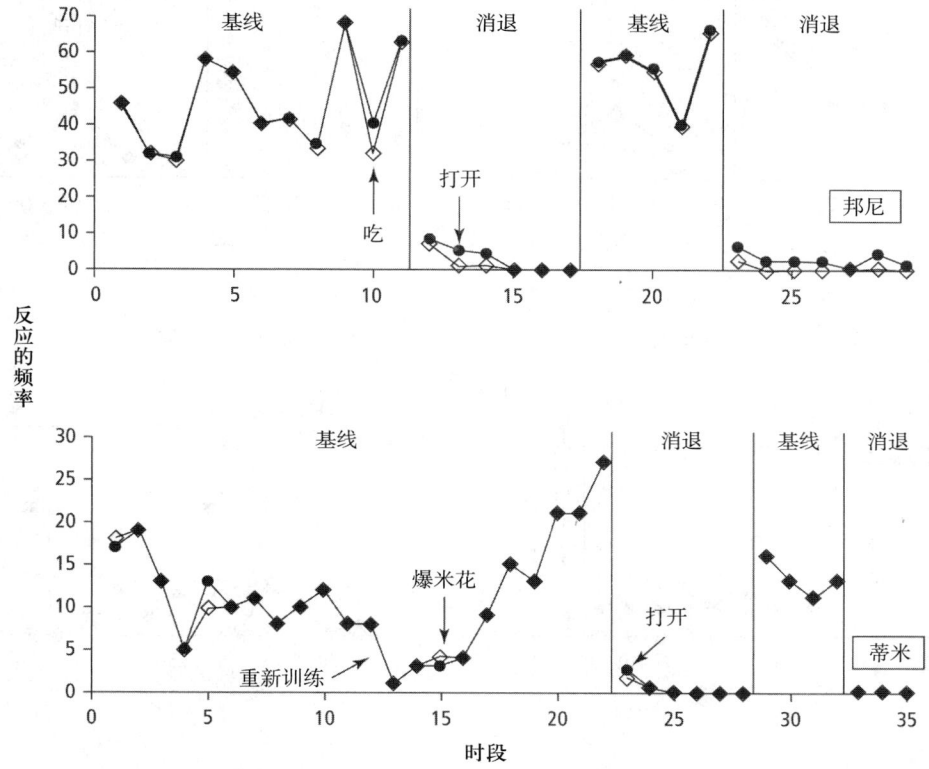

图 23.13 邦尼（上图）和蒂米（下图）在消退评估阶段恰当地表达"打开"和"吃"的频率（蒂米的反应是"爆米花"而不是"吃"）
引自 S. A. C. Kuhn, D. C. Lerman, C. M. Vorndran, & L. Addison (2006). Analysis of Factors That Affect Responding in a Two-Response Chain in Children with Developmental Disabilities. *Journal of Applied Behavior Analysis*, 39, p. 273. 2006 年版权归实验行为分析协会所有。经授权使用。

餍足

使用餍足程序中断或破坏链时，实务工作者会为链中的最后一个反应提供不限量的强化物（废除型动因操作）。结果是，链中的最后一个反应因强化物的有效性降低而减弱。可以预见，链中较早的反应也会减少，因为作为早期反应的条件强化物，刺激改变的有效性取决于它们与链的终点强化物之间的联系。

库恩及其同事（2006）评估了这个餍足条件。在每个实验时段开始之前，儿童在"餍足期"可以自由地接触食物 25~30 分钟。提前获得链的终点强化物减少了链中的两个反应（参看图 23.14）。R_2（"吃"）减少是时段前获得食物的直接结果；R_1（"打开"）减少是因为时段前获得食物削弱了打开食物盒子作为条件强化物的作用。

解除串链

解除串链是库恩等人（2006）为迈克尔（2000）描述的程序引入的一个术语，在双反应链存在的情况下，R_2 不仅会在 S_2 出现时（通常情况下）产生强化，在 S_2 不出现时也会产生强化。在迈克尔的例子中，一只被剥夺了食物的老鼠的第一个反应（R_1）导致出现了一个声音信号，在这个声音信号存在的情况下，第二个反应（R_2）产生了食物。在解除串链的过程中（迈克尔称之为终止匹配），R_1 继续产生声音信号，但无论声音信号是否存在，R_2 都会产生食物。从理论上说，R_1 会减少，因为它的直接后果，即声音信号，

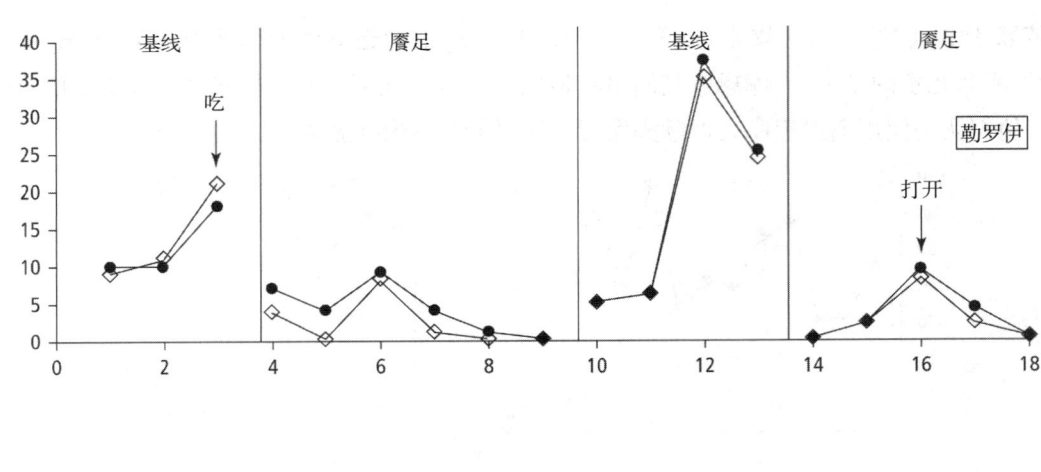
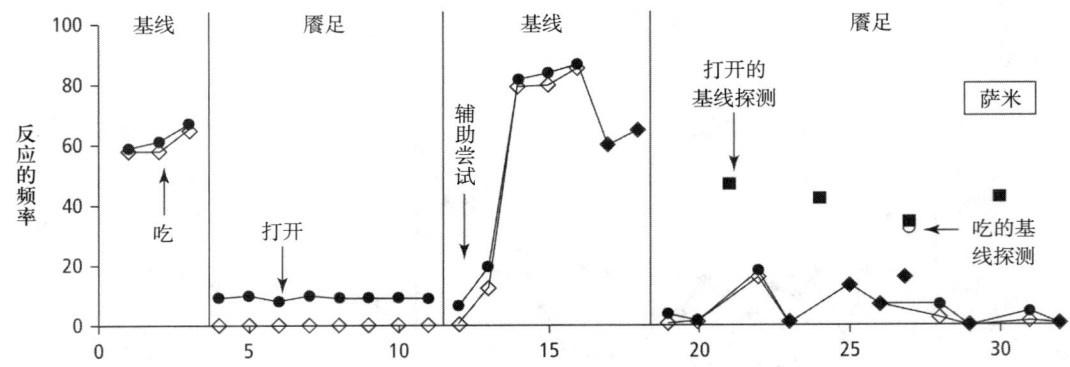
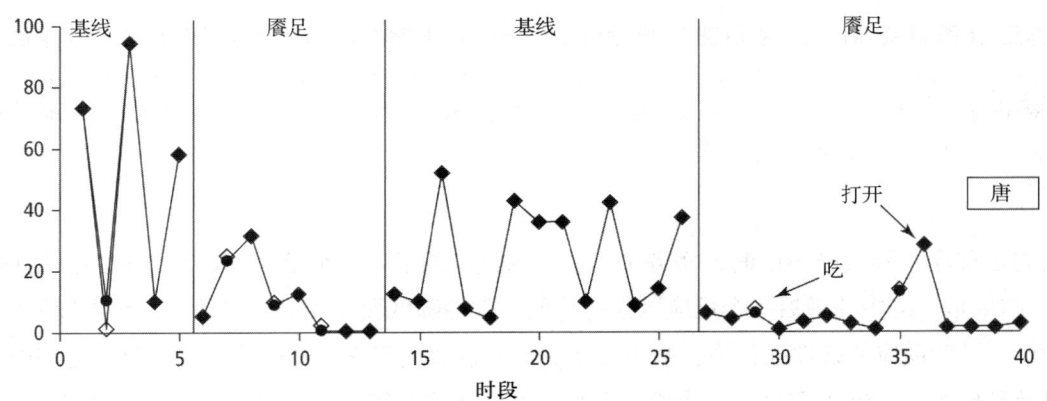

图 23.14 勒罗伊（上图）、萨米（中图）和唐（下图）在餍足评估阶段做出"打开"和"吃"的反应的频率

引自 S. A. C. Kuhn, D. C. Lerman, C. M. Vorndran, & L. Addison (2006). Analysis of Factors That Affect Responding in a Two-Response Chain in Children with Developmental Disabilities. *Journal of Applied Behavior Analysis*, 39, p. 272. 2006 年版权归实验行为分析协会所有。经授权使用。

失去了作为条件强化物的强化效果，因为它不再作为食物的区辨刺激（S^D）发挥作用。因此，解除串链中断了 R_1，而 R_2 未受影响。

库恩及其同事（2006）使用的解除串链程序如下：

> 无论 R_2 何时发生，强化的给予都依联于它。也就是说，儿童获得一小块食物依联于完成链（即先完成 R_1，然后完成 R_2），也依联于完成 R_2。因此，不管盒子是否被打开，R_2 都会产生食物。设置这个实验条件的目的是观察解除串链 R_1（即表达要打开盒子）和 R_2（即表达要食物）对反应链的

影响。一开始，对所有儿童而言，在"打开—吃"这个链之外，用手势示意"吃"（或对蒂米来说是"爆米花"）的强化物被放置在治疗师的背后以及盒子里，这样，治疗师在不打开盒子的情况下就可以提供强化物。从第 16 个时段（第一个解除串链阶段）和第 42 个时段（第二个解除串链阶段）开始，强化物被放置在唐面前的桌子上的盘子里，旁边是装有额外强化物的盒子。盘子里的强化物的给予依联于在链之外出现"吃"这个反应。（p. 274）

图 23.15 显示了参与实验的三名儿童的结果。解除串链对邦尼的影响非常小，因为在整个解除串链的条件下，她在链中持续发出这两种反应。相反，经过 3~4 次解除串链，蒂米不再发出 R_1。解除串链对唐

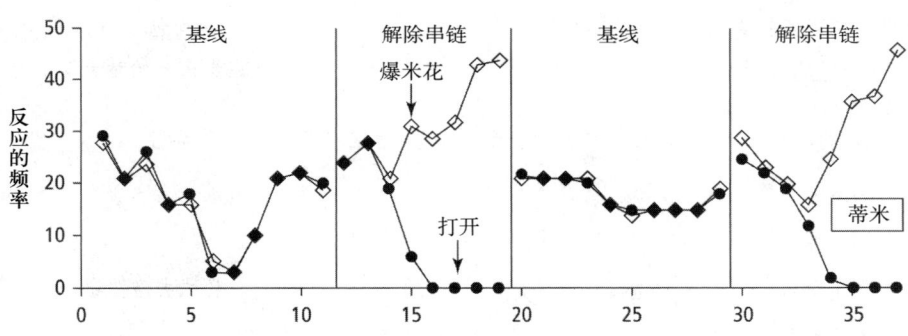

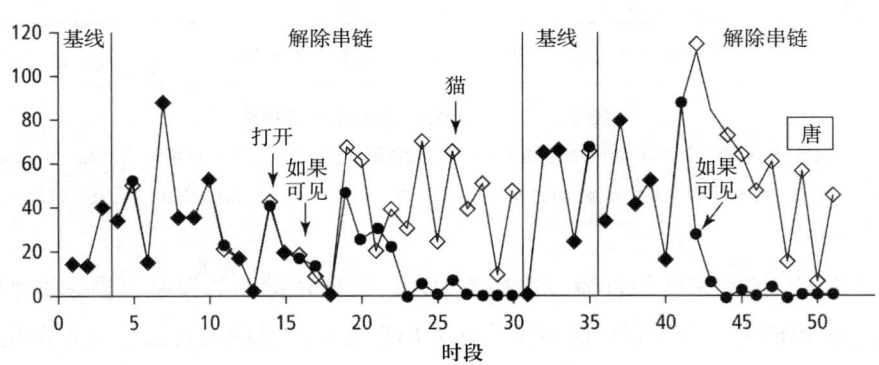

图 23.15 在对邦尼（上图）、蒂米（中图）和唐（下图）实施解除串链评估期间，恰当的"打开"和"吃"（对蒂米来说是"爆米花"）的反应的频率。

引自 S. A. C. Kuhn, D. C. Lerman, C. M. Vorndran, & L. Addison (2006). Analysis of Factors That Affect Responding in a Two-Response Chain in Children with Developmental Disabilities. *Journal of Applied Behavior Analysis*, 39, p. 275. 2006 年版权归实验行为分析协会所有。经授权使用。

的行为没有影响，直到研究者修改了程序，让参与者可以看到盘子里的食物，这导致了 R_1（"打开"）反应的减少。

虽然解除串链有望中断一个链中比较早先的反应，但库恩等人（2006）的数据并没有显示出解除串链的效果与消退和餍足这两种方法的效果一样强大或立竿见影。

中断链

行为链中断策略（behavior chain interruption strategy, BCIS）依赖于参与者最初独立完成链中所有关键元素的技能，但随后该链被中断，或者使链中的一个预设连接不可用，以便学习者可以发出另一个行为或在辅助下做出另一个行为。最初开发 BCIS 是为了增加语言和发声反应（Goetz, Gee, & Sailer, 1985; Hunt & Goetz, 1988），后来扩展到了图片沟通系统（Roberts-Pennell & Sigafoos, 1999）、手语（Romer, Cullinan, & Schoenberg, 1994）、启动开关（Gee, Graham, Goetz, Oshima, & Yoshioka, 1991）以及提要求训练的应用上（Albert, Carbone, Murray, Hagerty, & Sweeney-Kerwin, 2012; Hall & Sundberg, 1987）。

BCIS 的工作原理是，首先，实施一项评估以确定学习者能否独立完成包含两个或多个成分的链。图 23.16 展示的例子是烤面包的行为链，该链分为五个步骤，当特定的步骤被观察者阻挡时，评估学习者此时的苦恼程度和尝试完成的程度。在一个 3 点量表上对苦恼程度进行排序，并用二分量表（即是或不是）记录尝试情况。

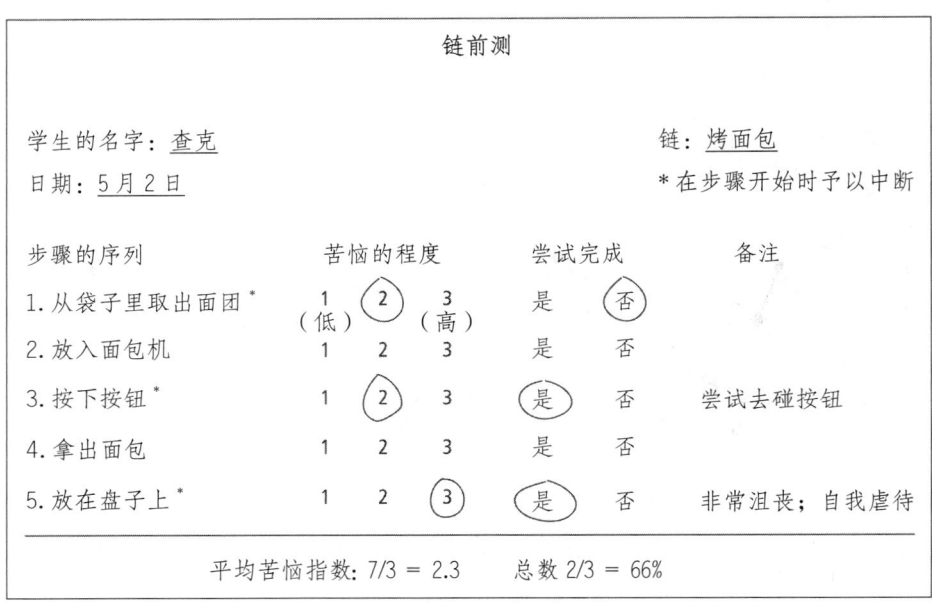

图 23.16　用于评估链的样本分数表

引自 L. Goetz, K. Gee, & W. Sailor. Using a Chain Interruption Strategy to Teach Communication Skills to Students with Severe Disabilities. *Journal of the Association of Persons with Severe Handicaps*, 1985, 13(1), p. 24. 版权归重度残疾人联合会所有。经授权使用。

在应用情境中使用 BCIS 来增加行为，选择要中断的链所依据的假设是：当它被中断时，不会给个体带来过多的苦恼。换句话说，要注意中断时不会使人出现强烈的反应或自伤行为。在收集了目标行为（如发声）的基线数据后，引导学习者完成这个链（如"烤面包"）。在一个链中的预定步骤上——假设是步骤 3（如"按下按钮"）——个体完成该步骤的能力受到限制。例如，实务工作者可能会暂时消极地阻挡学习者靠近面包机，然后辅助性地问他："你想要什么？"这时需要学习者用一个先前并不在他的技能库里的发声反应来完成这个链。也就是说，学习者会在辅助下说："按下按钮。"

中断链程序（Interrupted chain procedure, ICP）是 BCIS 的一种程序变体，需要安排环境，使学习者无法按照预定步骤继续完成链。在烤面包的链中实施 ICP 的实务工作者可能会把面包机藏起来，待学习者拿到一片面包后，问："你想要什么？"此时，语言辅助可以作为一种动因操作，引发学习者的反应："请给我面包机。"从而获得面包机并完成链。

虽然 BCIS 和 ICP 改善表现的确切行为机制仍有待科学探究、分析和解释，但一些基于实地的研究工作，包括那些检验泛化结果的研究（Grunsell & Carter, 2002），已经确认它们是有效的方法，尤其是对重度障碍人士而言。例如，卡特和格伦塞尔（Carter & Grunsell, 2001）对有关 BCIS 效果的文献回顾显示，它是积极的、有益的。在他们看来：

> BCIS 可被视作对其他自然技术的实证支持和补充。虽然目前的研究较少，但越来越多的研究已经证明，重度障碍人士通过 BCIS 获得了"提要求"技能。此外，还有研究显示，实施 BCIS 可能会增加"提要求"的反应速率。（p. 48）

BCIS 评估所依据的假设是"坚持完成任务与对中断的情绪反应被当作'高动因完成任务'的操作性定义"（Goetz et al., 1985, p. 23）。由于暂时中断链会使学习者无法获得完成链的强化物，这一过程可作为条件动因操作，用以引发学习者继续完成该链所需的额外行为（参看第 16 章）。"通过在链中的某一点上中断链，实务工作者可以将所需的额外物品（或行动）暂时设置为强化物，并安排机会教授更多种类的提要求行为。"（Albert et al., 2012, p. 73）

无论如何，越来越多的文献表明，由几个成分和特征组成的 BCIS/ICP 在自然情境中是一种实用的行为改变策略。通过使用中断链程序，参与者可以学会未经训练的任务和反应，从而提高这个程序的效率（Albert et al., 2012; Carter & Grunsell, 2001）。正如艾伯特（Albert）等人所言："通过在链中的某一点上中断链，实务工作者可以将所需的额外物品（或行动）暂时设置为强化物，并安排机会教授更多种类的提要求行为。"（p. 73）图 23.17 回顾了 BCIS/ICP 的关键成分和特征。

- 在链序列的中间而非初始阶段开始教学，这是 BCIS 与顺向串链和逆向串链程序的区别。由于教学始于序列的中段，中断序列可能会作为传递性条件动因操作或负强化物发挥作用，移除它会增加行为的发生。
- 在程序上，BCIS 以一项评估为基础，该评估验证了个体能够独立完成一个链，但当链在序列中间被中断时，个体会感受到中等程度的苦恼。
- 在中断时使用语言辅助（如"你想要什么？"），也可以使用全范围反应辅助，也就是示范和肢体引导。
- 在自然情境下中断训练（如用水盆洗头发、用微波炉做饼干）。
- 虽然不是在每项研究中都有压倒性的证据，但维持、泛化以及社会效度上的有力数据足以说服研究者在其他干预（如提要求—示范、时间延迟和随机教学）中纳入 BCIS。

图 23.17　BCIS 的关键成分和特征

将初始 S^D 换成替代链

当一个特定的 S^D 启动了一个不恰当的链时，完全阻挡那个 S^D 并把初始 S^D 替换成一个比较理想的链可能是有效的。例如，如果最喜欢的椅子（S_1）旁边有一个烟灰缸会引发一个链：寻找一包香烟（R_1）、寻找一个打火机（R_2）、点燃香烟（R_3），那么把烟灰缸替换成电视遥控器、报纸或书，可能会引起一个或多个理想的反应序列。

以时间延迟来延长链

马丁和皮尔（Martin & Pear, 2016）建议用餐者在吃每一口之前把餐具放在桌子上，或者在吃下一口之前引入 3~5 秒钟的时间延迟，以打破强化过度进食的行为链。如果用餐者"还没吃完这一口就准备吃下一口了",那么这就是一个不恰当的链(p.111)。一个比较理想的链是将这些成分分开,并引入短暂的延迟。

链的故障排查

关于分离链的成分,让我们来看一个餐厅实习生学习收拾餐桌的例子。在完成培训后,实习生能够正确而熟练地完成收拾餐桌的整个链所要求的每个行为(参看图23.18,上图)。然而,在工作现场,这位新员工开始发出不恰当的行为序列,具体来说,在收拾空桌子上的脏盘子时,他将剩余食物倒在了桌子上而不是把盘子和食物一起放进餐车里。换句话说,收拾餐桌这个链的初始S^D,也就是空的桌子上有脏盘子,引发了一个原本应该在链的较晚阶段才发生的反应(将盘子里的食物清理掉)。

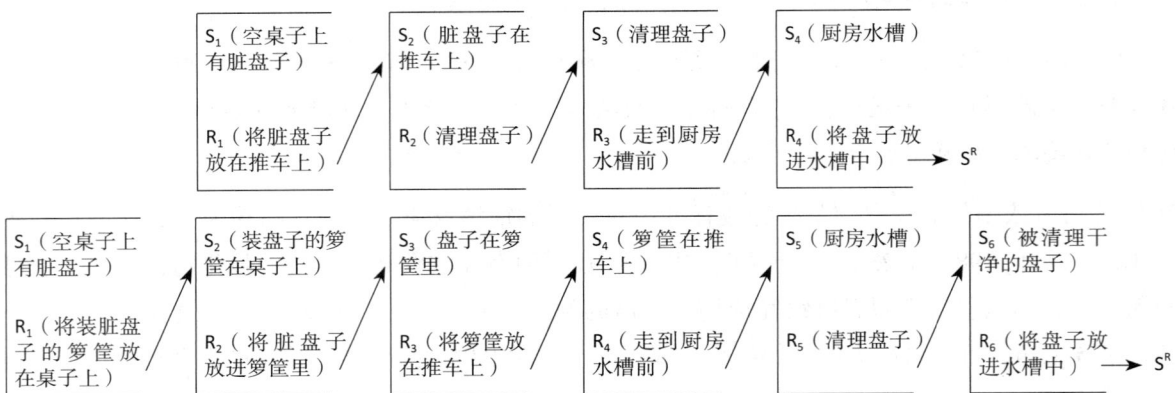

图 23.18 举例说明了原始的行为链(上图)和修改后用于打破不恰当的反应序列的行为链(下图)。

为了解决不恰当的链的问题和确定行动方案,行为分析师需要考虑几个可能的困难来源,包括:(1)重新检查各个S^D和反应S_1-R_1-S_2-R_2;(2)确定相似的S^D是否会产生不同的反应;(3)分析工作情境以辨识相关和不相关的S^D;(4)确定工作情境中的S^D是否不同于训练情境中的S^D;(5)辨识环境中存在的新异刺激。

重新检查S^D和反应序列

库恩等人(2006)指出,当家长、教师和/或照顾者无意中强化了一个不恰当的序列时,恰当的链可能会在不经意间被打破,整个链或链中的关键环节可能会受损。他们表示:

> "……如果一系列恰当的行为被不经意地连成一个链,而链中某些部分的依联发生了改变(例如,新手照顾者开始强化个体的终点反应,而未考虑这个反应是否跟在链中早期阶段的反应之后出现),那么这可能会消除链中早期阶段的恰当行为。"(p.265)

因此,通过重新检查S^D和反应序列,可能可以设计出一种更恰当的配置。

确定相似的S^D是否会产生不同的反应

图23.18(上图)显示了两个相似的S^D——空桌子上的脏盘子(S_1)和推车上的脏盘子(S_2)——都可能引起往桌子上倒食物的反应。换句话说,R_2(清理盘子)可能受到了S_1(空桌子上的脏盘子)的控制。图23.18(下图)显示了行为分析师如何通过重新排列S^D及其相关反应来纠正行为序列。于是,清理盘子变成了链中的第五个反应(R_5),它发生的地点是厨房水槽,远离餐桌和顾客。这样的调整可以减少或消除任何可能的混淆。

分析自然情境以辨识相关和不相关的S^D

训练计划的设计应该使学习者被训练成能够从不相关的变化中区辨出一个刺激的相关(即关键)成

分。图 23.18（下图）显示了 S_1 的至少两个相关特征：空桌子、空桌子上有脏盘子。不相关的刺激可能是桌子在餐厅里的位置、桌子上的餐具数量或餐具的摆放情况。S_5（厨房水槽的出现）的一个相关特征可能是水龙头、水槽的布置或脏盘子。最后，不相关的刺激可能是厨房水槽的大小、水龙头的类型或样式。

确定自然情境中的 S^D 是否不同于训练情境中的 S^D

在模拟训练期间，有可能由于自然环境的不可复制性或政府法规禁止而无法教授 S^D 的变化。例如，在仪表飞行员的能力考核中，有一项需要他们在"盘旋进入"机场时执行一系列复杂的进场和着陆操作，这只能在机场上的一架真的飞机上操作。模拟方法不被允许使用。因此，这里建议最后的训练时段在行为链应该表现出来的自然情境中进行，至少对于选定的链是如此。这样可以使训练者识别出其中存在的差异，并在现场进一步完善后续的区辨训练。

辨识环境中存在的新异刺激

在原来的训练环境中意外出现了新异刺激，可能也会导致产生不恰当的链。在餐厅的例子中，一群顾客的出现可能会导致学习者的链顺序错乱。同样，让人分心的刺激（如顾客进进出出、留在桌子上的小费）也有可能引发不恰当的链。另外，同事也可能会在不知不觉中给学习者发出矛盾的指令。在这些情况下，训练者应该辨识出新异刺激，并教授学习者区辨它们和环境中的其他 S^D。

影响行为链表现的因素

有几个因素会影响行为链的表现。下面我们将概述这些因素并给出处理建议。

任务分析的完整性

任务分析越完整、越准确，个体就越能在行为序列中获得进步。如果组成链的各元素的顺序不恰当，或是没有辨识出每个反应相对应的 S^D，那么学习链就会比较困难。

行为分析师在试图设计一份准确的任务分析时，应牢记两个关键点：第一，在训练之前必须进行规划。构建和验证任务分析所花费的时间是值得的。第二，构建完任务分析后，开始训练时要有一个预期，那就是在任务分析的不同步骤上可能需要做出调整，或使用更具侵入性的辅助。例如，麦克威廉斯及其同事（1990）注意到，他们的一名学生在任务分析中的几个步骤上进行大量的尝试和获得更具侵入性的辅助才能改善表现。

链的长度或复杂度

相比于较短或较简单的行为链，较长或较复杂的行为链需要更多的时间学习。同样，如果将两个或更多个链群连接起来，实务工作者可以预料到需要花费的训练时间会更长。

强化程序表

当强化物在链中的一个行为表现之后被呈现出来时，它会影响组成该链的各个反应。不过，它对每个反应的影响不尽相同。例如，在逆向串链中，在链末端的反应比在前端的反应增强得更快，因为它们被强化得更加频繁。行为分析师应注意以下两点：（1）如果使用恰当的强化程序表，链可以得到维持（参看第13章）；（2）当定义强化程序表时，可能需要考虑链中的反应数量。

刺激变化

贝拉米、霍纳和英曼（Bellamy, Horner, & Inman, 1979）提供了一个绝佳的图示，展示了刺激变化如何影响学习者在链中的表现。图 23.19 中的上面的照片显示了一个凸轮开关轴承，以及凸轮开关轴安装前和安装后的情况。下面的照片显示了四种不同类型的轴承，在装配过程中可以使用它们。在图中，每个轴承具有两个关键特征——中心有一个1.12厘米的圆孔，表面有一个或多个六角螺母槽——它们应该被放在凸轮开关轴上。没有这些特征的轴承，无论是否存在不相关的特征（如颜色、成分、重量），都不应引起反应。

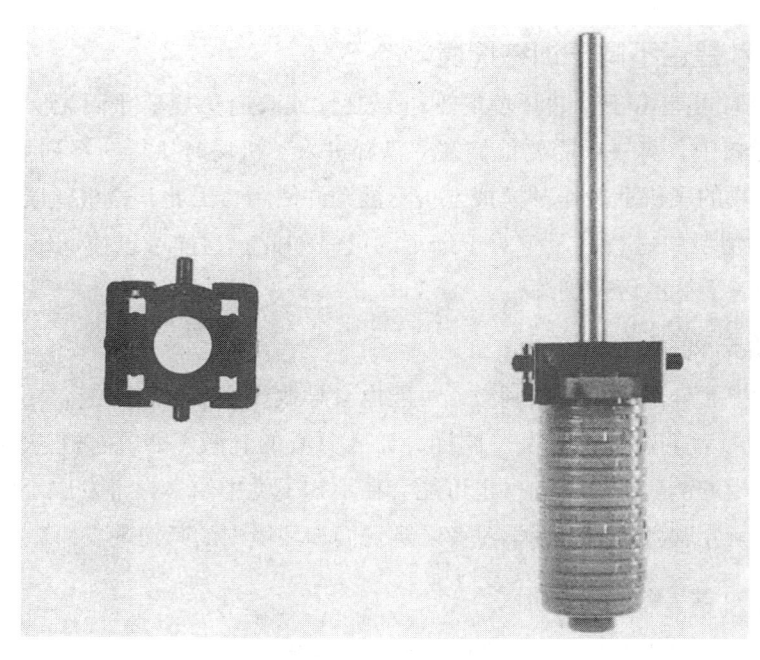

A　　　　　　　　B

凸轮开关轴承放置在凸轮开关轴上之前和之后

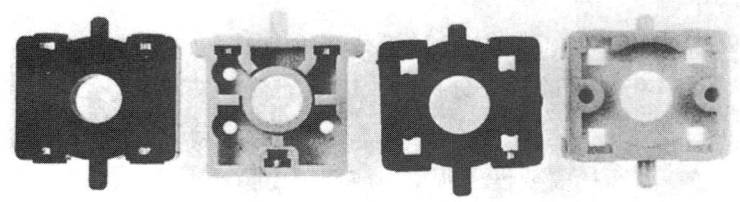

在凸轮开关装配中使用的四种不同类型的轴承

图 23.19　上图：凸轮开关轴承放置在凸轮开关轴上之前和之后。下图：在凸轮开关装配中使用的四种不同类型的轴承。

引自 G. T. Bellamy, R. H. Horner, & D. P. Inman (1979). *Vocational Habilitation of Severely Retarded Adults*, pp. 40, 42. Austin, TX: PRO-ED. 1979 年版权归 Pro-Ed 所有。经授权转载。

如果可能的话，行为分析师应为学习者介绍 S^D 的所有可能的变化。无论何种行为链，呈现刺激变化都会增加正确反应出现的概率。这包括，例如，在装配任务中，呈现各种筒和轴；在穿衣技能中，呈现不同的扣件、拉链和纽扣；在刷牙技能中，呈现各式各样的牙膏和挤牙膏的方式。

反应变化

一般来说，当刺激变化发生时，反应变化也必须发生，这样才能产生相同的效果。同样，贝拉米及其同事（1979）展示了凸轮轴装配结构图。图 23.20 中左上方的照片显示了轴承已被放置在凸轮轴上，固定夹正被用尖嘴钳定位。右上方的照片显示了固定夹的位置。左下方的照片显示了不同的轴承配置（即 S^D 不同）需要不同的反应。不能用钳子将固定夹从承重盖上抬起，而必须用扳手式工具将其按压到盖上。抬起或按压的反应改变了，选择的恰当工具的反应也改变了。因此，行为分析师应意识到，当刺激变化被引入时，可能需要针对链中的反应进行训练或再训练。

图 23.20 用固定环将轴承固定在凸轮轴上的两种方法

引自 G. T. Bellamy, R. H. Horner, & D. P. Inman (1979). *Vocational Habilitation of Severely Retarded Adults*, p. 44. Austin, TX: PRO-ED. 1979 年版权归 Pro-Ed 所有。经授权转载。

摘要

行为链的定义

1. 行为链是导向一个最终结果的一个相关联的反应序列。每个反应及其相关的刺激条件都会产生一个改变，这个改变是该反应的条件强化，并将对链中的下一个反应发挥区辨刺激的作用。链中的最后一个反应获得的强化维持着链中所有先前反应所产生的刺激改变的强化效果。

2. 链中连接两个序列反应的每个刺激都具有双重功能：它既是产生行为改变的条件强化物，又是链中下一个反应的 S^D。

3. 行为链有三个重要的特征：（1）它涉及一个特定系列的离散反应的表现；（2）序列中每个行为的表现在环境中产生一个刺激改变，方式是对前一个反应产生条件强化，并充当下一个反应的区辨刺激（S^D）；（3）链中的各个反应都必须以特定的顺序出现，并在时间上紧密相连。

4. 在限时行为链中，一个行为序列必须在特定时间内正确地执行以获得强化。熟练的反应是限时行为链的特征。

5. 如果学习者在一个或多个成分反应上花费了太多时间，那么行为分析师可以针对表现的熟练程度实施依联。一种方法是为链中的每个反应的开始和完成设定时间标准，另一种方法是为完成整个链设定时间标准。

实施串链的理由

6. 行为链是指以强化作为结尾的一个特定的刺激和反应序列，而串链是指将特定的刺激和反应序列连接起来形成新的表现的各种方法。

7. 串链是指将这些特定的刺激和反应序列连接起来形成新的表现的一种方法。在顺向串链中，行为从序列的第一个反应开始连接。在逆向串链中，行为从序列的最后一个反应开始连接。顺向串链和逆向串链有不同的变体。

8. 行为分析师应深刻理解建立行为链的三个理由：（1）链可以改善独立生活的技能；（2）链可以提供

一种方法，将其他行为结合成更复杂的序列；（3）链可以与其他程序结合起来帮助个体在泛化情境中建立技能库。

以任务分析建立行为链

9. 任务分析涉及将复杂的技能分解成较小的、可教的单元，其产物是一系列排好顺序的步骤或任务。

10. 构建和验证任务分析的目的是确定一项完整的任务所包含的逐步关键行为的序列，以便对学习者进行个别化处理并促使其高效地执行任务。任务分析可以通过观察能力较强的行为表现者、自己执行任务、询问专家或试错来构建。

11. 评估掌握水平的目的是确定学习者可以独立完成任务分析中的哪些成分。评估可以采用单一机会法或多重机会法来进行。

行为串链方法

12. 在顺向串链中，按自然发生的顺序来教授任务分析中确定的行为。具体来说，当序列中的第一个行为达到预设标准时，给予强化。然后，连续达到步骤1和步骤2的完成标准后，给予强化。在接下来的每一步中，强化的给予依联于在当时已训练到的所有步骤上的正确表现。

13. 全任务串链是顺向串链的一种变体，学习者在每个时段中都接受任务分析中的每个步骤上的训练。训练者为个体无法完成的任何一个步骤提供反应辅助。针对整个链进行训练，直到学习者能够表现出序列中所有的行为并达到标准。

14. 在逆向串链中，除任务分析中的最后一个步骤外，其余步骤都由训练者完成。当序列中的最后一个步骤达到预定标准时，给予强化。接下来，当倒数第二个和最后一个步骤达到预定标准时，给予强化。随后，当最后三个步骤达到标准时，给予强化，以此类推。逆向串链的主要优点是学习者在每次教学尝试中都能接触到链中的终点强化物。

15. 跳跃式逆向串链本质上与逆向串链的程序基本相同，只是在任务分析中并非在每个步骤上都进行训练。跳跃式的修改使训练者得以探测或评估序列中未经训练的行为。它的目的在于加快行为链的训练。

选择一种串链方法

16. 要决定是使用顺向串链、全任务串链、逆向串链还是使用跳跃式逆向串链，应以任务分析评估的结果、有可靠数据的实证研究和功能评估为依据，并考虑个体的认知、身体、运动和注意力等方面的能力。

中断和打破行为链

17. 中断或打破行为链至少有六种方式。它们包括消退、餍足、解除串链、中断链、取代S^D和建立时间延迟。

链的故障排查

18. 为了解决不恰当的链的问题，行为分析师应该考虑：（1）重新检查各个S^D和反应S_1-R_1-S_2-R_2；（2）确定相似的S^D是否会产生不同的反应；（3）分析工作情境以辨识相关和不相关的S^D；（4）确定工作情境中的S^D是否不同于训练情境中的S^D；（5）辨识环境中存在的新异刺激。

影响行为链表现的因素

19. 影响行为链表现的因素包括：（1）任务分析的完整性；（2）链的长度或复杂程度；（3）强化程序表；（4）刺激变化；（5）反应变化。

第九部分

以非惩罚程序减少行为

第 24 章　消退

第 25 章　差别强化

第 26 章　前提干预

第九部分描述了以非惩罚干预来减少或消除问题行为。第24章详细讲述了与由正强化、负强化和自动强化维持的行为有关的问题行为的消退程序。这一章包括消退的效果、影响消退阻抗的变量、关于有效使用消退的指南和不应使用消退的情况。第25章描述了四种研究中最常用于减少问题行为的差别强化：(1)对不兼容行为的差别强化（DRI）；(2)对替代行为的差别强化（DRA）；(3)对其他行为的差别强化（DRO）；(4)对低频率行为的差别强化（DRL）。这一章提供了这些差别强化程序的应用实例和有效使用的指南。第26章介绍了通过在行为发生之前改变环境来处理问题行为的定义，并提供了实例和指南。这一章从功能、刺激控制和依联独立这三个方面描述了处理问题行为的前提干预。

第 24 章　消退

关键词

逃避消退（escape extinction）

消退（extinction）

消退爆发（extinction burst）

消退诱导的变异性（extinction-induced variability）

消退阻抗（resistance to extinction）

再发（resurgence）

自发性恢复（spontaneous recovery）

行为分析师认证委员会 BCBA/BCaBA 任务清单（第 5 版）
第一部分：基础
B. 概念和原理
B-9 定义操作式消退并举例。
第二部分：应用
G. 行为改变程序
G-15 使用消退。

©2017 The Behavior Analyst Certification Board, Inc.®（BACB®）.保留所有权利。本文件的当前版本可在 www.bacb.com 网站查阅。如需转载、复制或分发本文件，或有疑问，请直接联系行为分析师认证委员会。经授权使用。

巴甫洛夫曾经研究过一个在某种意义上与条件作用相反的过程，而且发生得比较缓慢，他称之为"消退"。在我早期的笔记里，我有时称它为"适应"（adaptation），因为这个过程很像有人按一下键后，非条件反应慢慢消失。我获得的第一条消退曲线是意外出现的。在一个关于餍足的实验里，一只老鼠按压杠杆时，谷粒分配器卡住了。当时我不在场，等我回到实验室时，我发现了一条漂亮的曲线。虽然老鼠没有得到谷粒，但仍继续按压杠杆，起初的按压速度比平常快，因为它没有因吃东西而

➡ 本章由林珊翻译。

浪费时间，但随着时间的推移变得越来越慢。高低比率之间的一些波动使累积记录呈波浪状。

这个改变比巴甫洛夫的唾液反射实验情境中的消退更有秩序，我兴奋极了。那是一个周五的下午，实验室里没有人可以听我讲这件事。然后，整个周末我连过马路都格外小心，避免任何不必要的风险，以免我死了，没人知道我的发现了。

在我的新实验室里，我收集了更多的消退曲线，差不多都是相同的波浪形——老鼠起初按压得快，后来越来越慢，最终它们停了下来。

——B. F. 斯金纳（1979, p. 95）

对先前被强化过的行为扣留强化，以此降低该行为的比率：这个策略、过程和原理被称作消退。作为一种行为改变策略，消退提供零强化概率。作为一个行为过程，消退指的是当一个先前被强化过的行为不再产生强化时，这个行为的比率逐渐降低。作为一个原理，消退指的是对一个先前被强化过的行为扣留强化与由此导致的反应比率逐渐降低之间的功能关系。

在各种各样的情境中，实务工作者能够有效地使用消退来处理从轻微的干扰到攻击行为和自伤行为。消退的有效性主要取决于是否辨识出了维持目标行为的强化物，以及是否持续地扣留强化物。虽然实施消退程序看起来很简单，但在应用情境中有效地实施可能很困难。本章说明了以三个功能为基础的消退策略，解决了消退这个术语常见的误用问题，提出了消退的二级效应，并解释了影响消退阻抗的变量。本章最后提供了关于有效使用消退的指南，并讨论了不能将消退作为唯一的行为减少策略的情况。

消退的定义

当先前被强化过的行为不再获得强化时，就发生了作为行为改变策略的**消退**；因此，该行为在未来的发生率将会降低。[1] 凯勒和舍恩菲尔德（1950）这样定义消退："通过切断行为与效果之间的关系而使条件操作消失……R 型（操作）消退的原理可以这样表示：一个条件操作的强度可以通过扣留强化而减弱。"（pp. 70–71）同样，斯金纳（1953）写道："当强化物不再随时可得时，一个反应的频率在这个'操作式消退'中会变得越来越低。"（p. 69）

请注意，消退程序并不能阻止目标行为的发生。消退是通过改变环境来使行为不再产生强化，从而终止反应—强化物之间的关系。

当一位三年级的教师指示全班学生开始做练习作业时，莫伊拉不断喊叫，从座位上跳起来，并把作业材料扔到地上。莫伊拉的老师叫她安静下来，告诉她回到自己的座位上，耐心地跟她解释为什么这样做会干扰同学们学习，向她说明应该怎么做，并提出让莫伊拉执行另外一项任务。莫伊拉微笑着答应老师说自己会听话，但她恼人的破坏性行为仍然存在。老师怀疑莫伊拉扰乱课堂秩序是为了引起他的注意，于是决定给莫伊拉提供一项替代活动，但不再叫她安静下来，让她回到座位上，解释问题，或说明什么是好的行为。四天后，由于莫伊拉的破坏性行为没有引起老师或同学的注意，她的破坏性行为减少到零。

消退的程序形式和功能形式

沃尔默和阿森斯（Vollmer & Athens, 2011）指出："在应用行为分析的早期文献中，似乎存在一个强有力的假设，即问题行为总是由关注维持的。"（p. 319）因此，很多行为分析师和实务工作者依靠程序形式的消退（即只要忽略它，它就会消失）来处理问题行为。在上述的课堂例子中，就使用了程序性的消退。教师怀疑莫伊拉扰乱课堂秩序是为了引起他的注意，于是开始忽视她的破坏性行为。在这个情节中，莫伊

---

1 消退这一术语也用在应答式条件反射中（参看第 2 章）。在没有非条件刺激的情况下，一次又一次地呈现一个条件刺激（CS），直至该条件刺激不再诱发条件反应，这被称作应答式消退（respondent extinction）。

拉的问题行为原本由依联教师关注的形式的正强化所维持（例如，解释为什么喊叫乱动会干扰同学学习，说明她应该怎么做），而当教师持续扣留（不给予）那种关注时，破坏性行为减少了。然而，只是预设性地将"忽略它"作为应用消退的方法，可能无法扣留住维持问题行为的强化物。

目前，处理问题行为的最佳做法是从实施一项确定行为对服务对象的功能的评估开始（参看第27章）。如果评估指出消退是一种处理选择，那么它的形式要与问题行为的功能相匹配。如果功能评估显示莫伊拉的破坏性行为是由社会中介关注维持的，那么教师在她的破坏性行为出现后不给予她关注（即不叫她安静下来并回到座位上，不解释为什么喊叫和乱动干扰了同学们上课，不说明她应该怎么做）就是以功能为基础的消退应用。

如果功能评估显示莫伊拉的爆发是由逃避教学要求（即负强化）维持的，那么教师的关注就不会构成一个消退条件，因而很可能是无效的。对由负强化维持的行为实施消退，必须中断个体逃避或回避引发行为的刺激条件。在这种情况下，莫伊拉的破坏性行为将不再使她能够得到一项偏好活动，而回避做练习题。

弄清楚消退的程序变体和功能变体有助于实施更有效的处理（Lerman & Iwata, 1996a）。当消退的形式与问题行为的功能相匹配时，干预通常是有效的（Vollmer & Athens, 2011）。本章后面会详细讲述实施以功能为基础的消退的程序。

消退：一个专业术语的误用

消退可能是除负强化外，在应用行为分析中被误解和误用最多的专业术语。作为一个技术问题，消退应只用于确认：（1）对先前被强化过的行为扣留强化（程序）；（2）在消退程序实施下的反应比率降低（过程）；（3）对先前被强化过的行为扣留强化与由此导致的反应比率逐渐降低之间的功能关系（原理）。这一部分将描述消退术语的四种常见误用。

使用消退来指称行为的任何减少

一个常见的错误是使用消退来指称反应的任何减少。用"这个行为正被消除"这样的说法来描述由消退以外的任何行为改变策略或原理（如废除型动因操作、惩罚、强化替代行为）导致的反应减少，在概念上和技术上都是错误的。另一个常见的错误是将达到零计数的行为的任何减少说成"这个行为已被消除"。

混淆遗忘与消退

当讲者将消退与遗忘相混淆时，就出现了对消退这个术语的误用。在遗忘中，行为因时间的流逝而减弱，在此期间，人们没有机会表现出该行为。而在消退中，行为因不产生强化而减弱。

混淆反应阻挡与感觉消退

应用行为分析师在实施感觉消退（sensory extinction）时，使用护目镜、手套、安全帽以及腕关节重量砝码等物品来掩蔽从感觉刺激中获得的自动正强化。使用反应阻挡来减少问题行为看起来与感觉消退相似。然而，反应阻挡不是一种消退程序。在所有的消退程序中——包括感觉后果——个体依旧可以发出问题行为，但行为不会获得强化。相比之下，反应阻挡防止了目标行为的发生（Vollmer & Athens, 2011）。

混淆非依联强化与消退

非依联强化（NCR）是另一种减少行为的策略，人们有时会将其与消退相混淆。在NCR中，具有已知强化属性的刺激不受反应的影响，而按照固定时间或可变时间强化程序表提供给个体（参看第26章）。NCR并不包含扣留维持问题行为的强化物。

NCR是一种重要而有效的减少问题行为的干预方法，但NCR对行为的操作方式与消退不同。虽然两种程序都会导致行为的减少，但对行为的影响来自不同的控制变量。消退是通过消除强化后果来减少行为；NCR 则是通过创造废除型动因操作来减少行为（参看第 16 章）。

对消退术语的误用可能比概念或技术语言的错误更为有害。这种错误会导致错误的假设和错误的干预处理决定。信息箱 24.1 "消退的语义"举例说明了针对消退所做的正确、错误和有问题的推论陈述，涉及用于减少行为的干预处理、观察到的效果，以及造成行为改变的原理。

信息箱 24.1

消退的语义

陈述	意义
我们用消退来处理义明的不当喊叫。	指消退是一种行为改变程序。 如果程序扣留了义明喊叫行为先前的强化来源，那么这个陈述就是正确的。 如果程序扣留了义明喊叫行为假定的强化来源（如"我们忽视了义明的喊叫"），那么这个陈述就是错误的。
义明的喊叫正处于消退之中。	指消退是一个行为过程。 如果是描述在处理条件期间扣留义明喊叫行为先前的强化来源，而反应比率降低，那么这个陈述就是正确的。 如果是描述在处理条件期间扣留义明喊叫行为假定的强化来源，而反应比率降低，那么这个陈述就是错误的。如果是这种情况，那么反应比率降低是其他因素造成的。
消退减少了义明的喊叫。	指消退是一个行为原理。 只有当一个实验分析证明消退程序与行为减少发生之间存在功能关系时，这个陈述才是正确的。
奥德丽的第二语言技能被消退了。自三年前的最后一堂语言课以来，她没有再说过意大利语。	只有当奥德丽在上完语言课之后每次尝试说意大利语都没有产生强化时，将这种行为的缺乏归因于消退才是正确的。 如果奥德丽是因为在过去的时间里没有机会说意大利语而导致这项语言技能减弱，那么这个陈述就是将消退和遗忘混淆了。
因为功能分析显示莱芙基的问题行为是由负强化维持的，所以我建议使用逃避消退来处理。当你给莱芙基布置一项任务，而她开始做出问题行为时，要用肢体引导她完成任务，而不要让她逃避任务情境。	这段陈述正确地识别了逃避消退作为基于功能形式的消退，并描述了一个实施消退的程序。
我们通过阻挡手往眼睛方向移动来消退杰里米的揉眼睛行为，现在它是奏效的。	这段陈述可能将反应阻挡与消退混淆了。如果杰里米的揉眼睛是由感觉刺激形式的自动强化维持的，那么消退程序就会允许杰里米揉眼睛，但反应不会产生强化刺激。

消退程序

具体而言，消退程序有三种不同的形式，分别与由正强化、负强化和自动强化维持的行为有关联。[1]

---

[1] 与由正强化维持的行为相关联的消退有时被称作关注消退（attention extinction），尤其是在功能性行为评估（FBA）的文献中，社会性关注的强化是 FBA 探索的条件或假设之一。

消退由正强化维持的行为

当由正强化维持的行为不再产生强化物时,这些行为就被置于消退之中。在一项经典的消退研究中,威廉斯(1959)描述了移除正强化对一个 21 个月大的男孩的暴君式行为的影响。这个孩子在 18 个月大前患过重病,但在本研究开始时已完全康复。孩子要求得到父母的特别关注,尤其是在晚上睡觉前,如果父母没有给予关注,他就会发脾气(如尖叫、躁动不安、哭闹)。爸爸或妈妈每天晚上都要花半小时到一小时的时间在他的卧室里等他入睡。

虽然威廉斯没有推测发脾气行为是怎么发展起来的,但不难想象可能的解释。因为孩子在他的头 18 个月的大部分时间里重病缠身,哭闹是他能发出的表明正感到不适或痛苦或需要帮助的信号。事实上,孩子的哭闹可能就是被父母的关注所强化的行为。在患病期间,哭闹已经变成了一个高频率的行为,并在孩子的健康状况改善之后继续发生。父母后来意识到,孩子在上床睡觉前哭闹是为了得到他们的关注,于是试图忽视孩子的哭闹。父母如果不在房间里,孩子哭闹的强度就会变大,情绪变得激动。随着时间的推移,孩子在睡前索要关注的行为愈演愈烈。父母再次决定不在睡前陪伴孩子,但孩子的哭闹声更大了,而且出现了一些新的发脾气行为。父母又回到了孩子的卧室,向哭闹投降,教会了他们的孩子像暴君一般行事。

暴君式行为持续了三个月后,父母决定对孩子的发脾气行为采取一些措施。父母的关注似乎维持了发脾气,因此,他们打算采用消退程序。父母轻松悠闲地将孩子放到床上,然后离开卧室,并关上门。父母记录了从关门那一刻起孩子的尖叫和哭闹的持续时间。

图 24.1 中的实线数据路径显示了第一次消退干预后的 10 天内孩子发脾气的持续时间。在父母第一次将他放到床上而没有逗留的那一天,孩子发了 45 分钟脾气。之后发脾气行为逐渐减少,直到第 10 个时段,"当父母离开房间时,他不再呜咽、吵闹或哭泣。相反,他在父母离开时露出了笑容。父母报告说,孩子发出了快乐的声音,直到进入梦乡"(Williams, 1959, p. 269)。

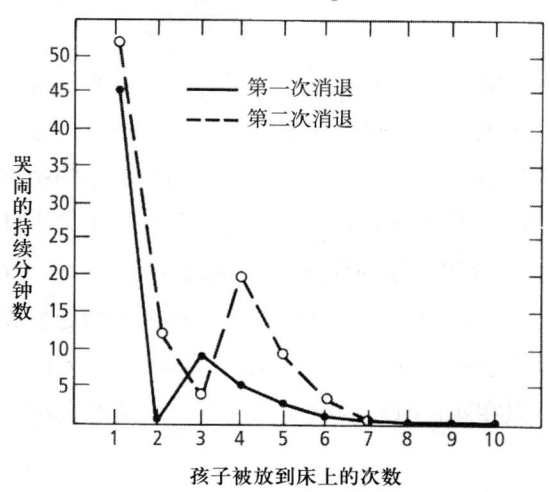

图 24.1 两个消退系列显示了孩子被放到床上引起的哭闹的持续时间。

根据 C. D. Williams (1959). The Elimination of Tantrum Behavior by Extinction Procedures. *Journal of Abnormal and Social Psychology*, 59, p. 269. 1959 年版权归美国心理学会所有。

大约一周没有发脾气了,但在孩子的姑姑将他放到床上后他又开始发脾气了。当孩子开始发脾气时,姑姑回到卧室陪着孩子,直到他入睡。于是发脾气行为又恢复到了先前的高水平,不得不再一次减少该行为的发生。

图 24.1 中的虚线数据路径显示了姑姑干预后的第二次消退处理情况。数据曲线与第一次移除父母关

注的曲线相似。在第二次移除期间，发脾气的持续时间稍长一些，但在第 9 个时段内降到了零。威廉斯报告说，在两年的追踪期间，孩子在睡前没有再发脾气了。

消退由负强化维持的行为

由负强化维持的行为不再产生厌恶刺激的移除，也就是说，个体不能逃避厌恶情境，这就表示这些行为被置于消退之中［也被称作**逃避消退**（escape extinction）］。

安德松和朗（Anderson & Long, 2002）提供了一种治疗方法，用于减少一名有中度至重度智力障碍的八岁孤独症男孩德鲁的问题行为。德鲁的问题行为包括自伤行为、攻击行为和破坏性行为。安德松和朗实施了功能性行为评估，根据评估结果，他们假设逃避任务情境维持了行为问题。基于这一假设，语言治疗师使用逃避消退来减少德鲁在学习模板配对和接受性语言（这些任务引发的问题行为比率最高）时表现出的问题行为。语言治疗师在这些任务中提供教学辅助。当德鲁在得到教学辅助后发生问题行为时，语言治疗师就用肢体引导他完成任务。逃避消退使得他在执行模板配对和接受性语言任务的过程中，问题行为显著减少。图 24.2 显示了在基线（即逃避）和逃避消退条件期间每分钟发出的问题行为的数量。

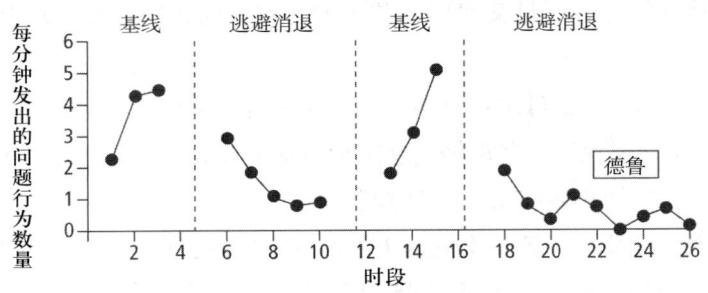

图 24.2　在基线和逃避消退条件期间德鲁的问题行为比率

根据 C. M. Anderson & E. S. Long (2002). Use of a Structured Descriptive Assessment Methodology to Identify Variables Affecting Problem Behavior. *Journal of Applied Behavior Analysis*, 35(2), p. 152. 2002 年版权归实验行为分析协会所有。

道森（Dawson）及其同事（2003）的一项研究提供了另一个逃避消退的绝佳例子。他们使用逃避消退来帮助三岁的玛丽，她因为完全拒绝食物而被送到专科医院接受针对严重行为问题的治疗。玛丽的病史包括胃食管反流、胃排空延迟和胃造口术依赖，以及其他医疗问题。她的拒绝食物行为包括在呈现一口食物时转头，将手放在勺子上或治疗师的手臂或手掌上，以及用手或围兜盖住自己的脸。

在拒绝食物 12 个时段后，开始实施逃避消退程序。如果玛丽拒绝一口食物，治疗师就把勺子放到玛丽的嘴边，直到她吃下去。当玛丽吐出那一口食物时，治疗师再次给她食物，直到她吞下去为止。在这个程序中，玛丽的拒绝并未使她逃避食物。在玛丽吞下 12 口食物后，治疗师终止了这个时段。玛丽在 12 个基线时段中没有接受任何食物，但在两个时段的逃避消退后，玛丽的食物接受度增加到了 100%。

消退由自动强化维持的行为

有些行为会产生自然的感觉后果，这些后果维持着产生后果的行为。林科韦尔（Rincover, 1981）将自然发生的感觉强化物描述为"听起来很好、看起来很好、尝起来很好、闻起来很好、摸起来很好，或这个动作本身很好"的刺激（p. 1）。由自动正强化维持的行为被置于消退（也被称作感觉消退）的方式是掩蔽或移除其感知觉后果（Vollmer & Athens, 2011）。

自动强化可以维持自伤行为和持续的、无目的的、重复的自我刺激行为（如轻弹手指、摇头、踮脚尖走路、拽头发、抚摸身体）。肯尼迪和苏泽（Kennedy & Sousa, 1995）报告了一名有重度障碍的 19 岁男性，他戳自己的眼睛长达 12 年之久，导致双眼视觉障碍。因为戳眼睛行为在他独处时最常发生，所以这个行为被认为具有感觉刺激的功能。当肯尼迪和苏泽用护目镜盖住他的眼睛以避免接触时，戳眼睛行为显著减少。

迪弗、米尔滕贝格尔和斯特里克（Deaver, Miltenberger, & Stricker, 2001）使用消退来减少捻头发行为。捻头发往往是拽头发这个严重自伤行为的前兆。蒂娜在2岁5个月大时，接受了针对捻头发和拽头发行为的治疗。功能分析记录显示，蒂娜并不是通过捻头发或拽头发来获取关注，而且捻头发最常发生在蒂娜独自睡觉的时候。感觉消退程序包括在日间托儿所午睡和在家睡觉时给蒂娜的双手戴上薄棉手套。图24.3显示，感觉消退使其在家里和日间托儿所里捻头发的行为减少至接近零的水平。

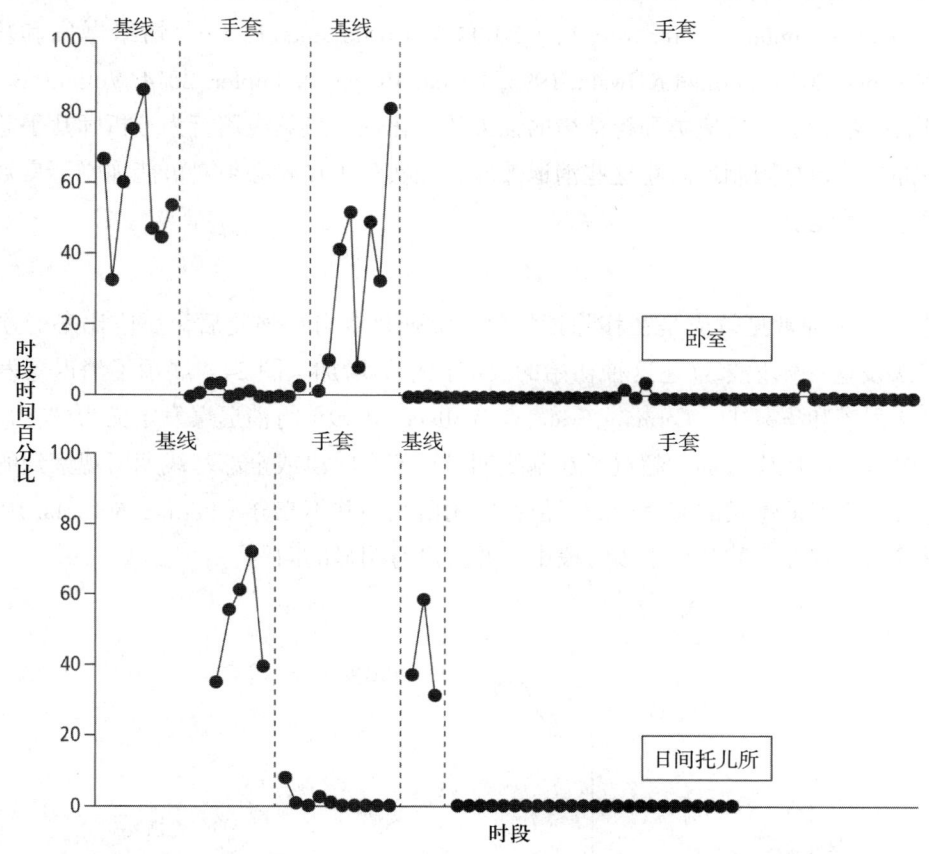

图24.3 在家里和日间托儿所里，在基线和处理条件期间捻头发的时段时间百分比。

根据 C. M. Deaver, R. G. Miltenberger, & J. M. Stricker (2001). Functional Analysis and Treatment of Hair Twirling in a Young Child. Journal of Applied Behavior Analysis, 34, p. 537. 2001年版权归实验行为分析协会所有。

林科韦尔、库克、皮普尔和帕卡德（Rincover, Cook, People, & Packard, 1979）以及林科韦尔（1981）提供了下列使用消退来处理自动强化的例子。

1. 一名儿童总是一会儿开、一会儿关电灯的开关。通过切断开关的电源，视觉后果被移除。
2. 一名儿童持续搔抓自己的皮肤，直到流出血来。给他的手戴上薄橡胶手套，使他感觉不到自己的皮肤，触觉后果被移除。然后，逐渐剪掉部分手套，渐褪手套的使用。
3. 一名儿童在呕吐后会吃下呕吐物。味觉消退程序包括在呕吐物里加入青豆。这名儿童不喜欢青豆，因此，呕吐物不再那么好吃，从而掩蔽了正向的感觉后果。
4. 一名儿童将手臂伸向身体两侧，不停地摇晃手指、手腕和手臂，以此来感受动觉刺激（即肌肉、肌腱和关节的刺激）。消退程序包括在他的手背上绑一个小震动器，以掩蔽动觉刺激。
5. 一名儿童持续地在桌子上旋转一个物品，如盘子，以此来制造听觉刺激。在他用来旋转物品的桌子表面铺上毯子，以掩蔽旋转盘子带来的听觉刺激。

消退的二级效应

当一个先前被强化过的行为再次发出,却没有得到通常会有的强化后果时,该行为的发生会减少至强化前的水平或完全停止。然而,在消退程序实施期间可能会出现很多未被强化的反应。消退期间反应比率的降低往往是偶发的,而反应之间的停顿会逐渐增加。

除了降低反应比率这一消退的主要效果之外,被置于消退之中的行为常常会显现出其他可预测的、使实务工作者难以应用消退程序的特征效应:(1)消退爆发;(2)反应变异;(3)反应等级大小的初始增加;(4)自发性恢复(spontaneous recovery);(5)再发(resurgence);(6)情绪爆发和攻击(Lattal, St. Peter Pipkin, & Escobar, 2013; Lerman & Iwata, 1995, 1996a; Murphy & Lupfer, 2014; Vollmer & Athens, 2011)。这些消退效应具有跨物种、跨反应类和跨情境的强大的泛化性。虽然应用行为分析师几乎总是将消退作为处理集成包的一部分,包括限制或防止这些消退效应,但实务工作者必须对可能加剧不良效应的环境条件和竞争性的依联保持警觉。

消退爆发

消退程序造成的一种常见效应是在移除正强化、负强化或自动强化后,反应比率的立即增加。行为学文献使用**消退爆发**这一术语来描述这种初始的反应比率的增加。图 24.4 展示了消退爆发的现象。在操作上,莱尔曼、艾瓦塔和华莱士(Lerman, Iwata, & Wallace, 1999)将消退爆发定义为"在最初的三个处理时段中的任何一个时段的反应增加,超过了在基线期最后五个时段或全部基线期所观察到的反应"(p. 3)。基础研究文献中有关于消退爆发的完整记载,但在应用研究中并不充分(Lerman & Iwata, 1995, 1996a)。在应用报告中,爆发只出现在少数几个干预时段中,并且没有明显的问题。

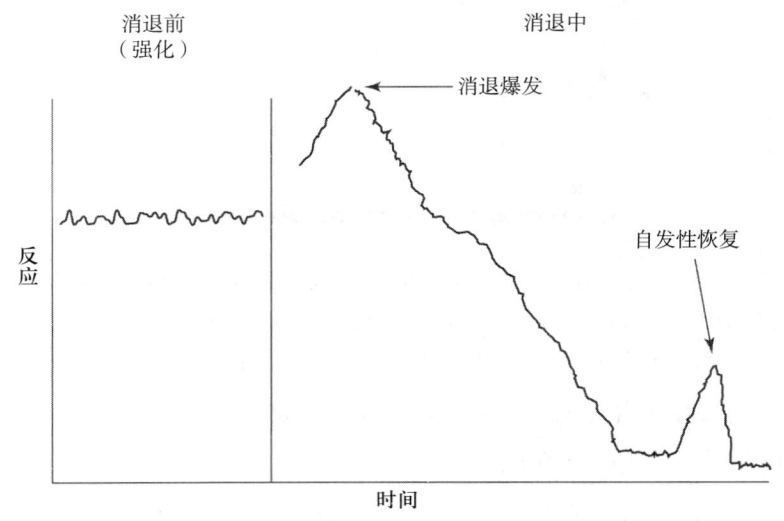

图 24.4 假设性数据说明了消退爆发和自发性恢复

戈和艾瓦塔(Goh & Iwata, 1994)提供了消退爆发的数据。史蒂夫是一名有重度发展性障碍的 40 岁男性,因自伤(撞头、打头)被转介来接受评估。功能分析显示,其自伤行为是被逃避指令强化的。戈和艾瓦塔使用消退来处理史蒂夫的自伤行为,图 24.5 中的上图显示了随着两个消退阶段的开始而出现的消退爆发。

问题行为在消退期间可能会先恶化,然后才有所改善。例如,实务工作者应该预料到破坏性行为在消退期间的初始增加。此后,问题行为开始下降,恢复到爆发前的表现水平。应用行为分析师必须预料到消退爆发的发生,并准备好持续扣留强化后果。消退爆发通常表明已经成功确认了维持问题行为的强化物(一个或多个),并且有很大的机会进行有效干预。

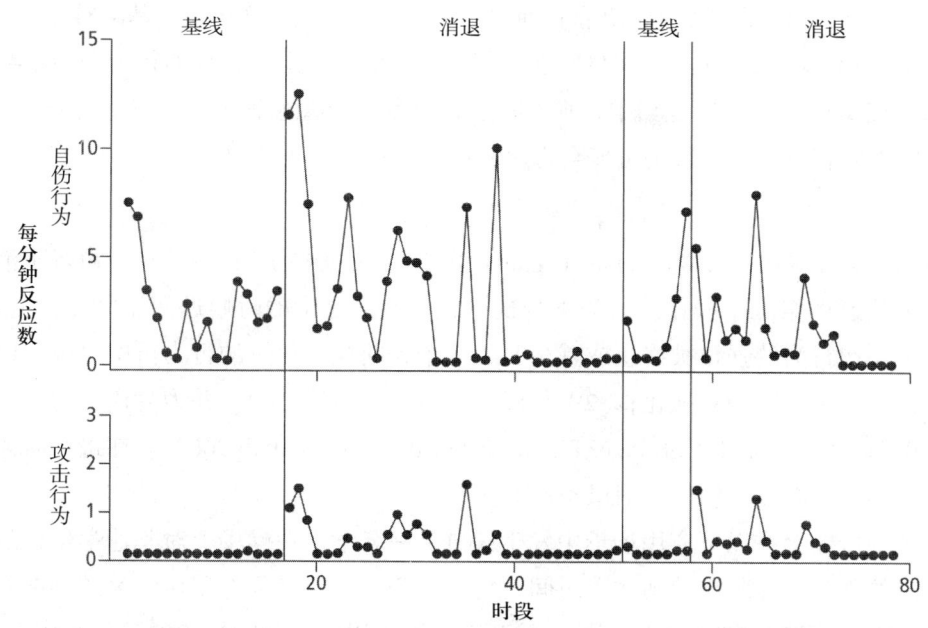

图 24.5　史蒂夫在基线和消退期间的自伤行为（上图）和攻击行为（下图）的每分钟反应数

引自 H.-L. Goh & B. A. Iwata (1994). Behavioral Persistence and Variability during Extinction of Self-Injury Maintained by Escape. 经约翰威立出版有限公司经授权转载。

反应变异

在消退过程中，有时会观察到多样化和新异的行为形式（Kinloch, Foster, & McEwan, 2009; Peleg, Martin, & Holth, 2017）。沃尔默和阿森斯（2011）在评论这种**消退诱导的变异性**（extinction-Induced variability）时指出：

> 从外行的角度来看，个体似乎是在"尝试"寻找新的或至少是其他的方式来获得强化。例如，如果一名儿童礼貌地请求得到一个强化物而被拒绝，那么他/她可能会开始抱怨或试图"偷"那个物品。（p. 323）

沃尔默和阿森斯（2011）还提出了一个应用行为分析师需要考虑的重要事项。虽然消退诱导的新行为通常是不理想的行为（如抱怨、偷窃、打人），但其他新异行为有可能是理想的和恰当的行为。行为分析师可以将恰当的新行为作为替代行为予以强化。

反应等级大小的初始增加

反应等级大小的增加可能也会发生在消退的早期阶段。忽视孩子睡前发脾气的父母可能会在孩子的发脾气行为开始减少前先经历孩子的尖叫声和踢打力度的增加。对教师和父母而言，如果出现了初始的反应等级增加，消退程序往往难以实施。例如，父母可能不愿意对发脾气行为忽视足够长的时间，因为发脾气是令人厌恶的，会干扰其他家庭成员或兄弟姐妹睡觉。罗利德和范霍滕（Rolider & Van Houten, 1984）针对这个实务上的问题提供了一个策略。他们建议教授父母忽视孩子逐渐增加的睡前哭闹的持续时间。他们使用基线数据来评估父母在照顾睡前哭泣的孩子之前能忽视这个行为多长时间。然后，父母逐渐增加他们的忽视的持续时间。每两天在照顾孩子之前多等待五分钟，直到达到足够的持续时间。

自发性恢复

在消退期间，行为通常会呈持续减少的趋势，直到达到强化前的水平或最终停止。然而，一个常常与消退过程相关的现象是，行为在减少到强化前的水平或完全停止后会重新出现。基础研究者通常将这种消退效应称作**自发性恢复**（Rescorla, 2004）。在自发性恢复中，先前在消退中减少的行为即使不再产生强化，也会再次出现。如果消退程序仍在实施当中，那么自发性恢复将是短暂而有限的（参看图24.4）。治疗师和教师需要对自发性恢复有所了解，否则可能会得出错误的结论，认为消退程序不再有效。

再发

如同温特鲍尔、勒克和布顿（Winterbauer, Lucke, & Bouton, 2013）所说："一个被置于消退之中的操作式行为可能会在取代它的第二个操作式行为本身也被置于消退之中的时候返回（'再发'）。"（p. 60）**再发**指的是，当对一个替代行为的强化被终止或减少时，一个先前被强化过的行为再次出现，以及产生这个效应的三阶段程序：（1）目标行为被强化；（2）目标行为被置于消退之中，并为替代行为提供强化；（3）两种反应都被置于消退之中（Lattal & St. Peter Pipkin, 2009; Lieving & Lattal, 2003）。在最后阶段，先前被强化过的目标行为重新出现，即使它仍处于消退条件下。

三阶段再发序列可能会在以下应用场景中发生：（1）一名学生在操场上对其他学生说的不礼貌的话产生了教师关注形式的强化；（2）在课间休息时，负责监督学生的教师忽视该学生的不礼貌言辞（即将问题行为置于消退之中），而对该学生的所有恰当的互动行为予以关注和赞扬（即强化替代行为）。消退加上对替代行为的差别强化的干预产生了理想的效果：学生在操场上的不当行为减少到零，而恰当的互动有所增加；（3）教师认为问题已经解决了，于是对替代行为的关注越来越少。后来，该学生的不礼貌言辞再次出现，教师对此感到意外。

再发不一定是一种负面的现象。当在消退实施之后，以及在技能库中的其他行为不成功期间，一个先前被强化过的适应性行为再次出现时，会出现人们希望看到的再发（Epstein, 1991; Hoffman & Falcomata, 2014）。拉塔尔和圣彼得·皮普金（Lattal & St. Peter Pipkin, 2009）描述了一个恰当的学业行为的再发，这是理想的再发的例子。

> 设想这样一个情景，一名学生在考试时忽然想起了与题目有关的信息。这可能会发展成如下情况。假设一位教师称赞某种特定的解题策略（类似强化阶段），但在随后教授不同结构问题的课堂上，这个策略并不奏效（类似强化替代行为阶段）。在这两种反应都没有得到强化的情况下（消退；例如，在考试期间，无论哪种反应都不会得到即时的赞扬），先前有效的那个策略可能会再发。（pp. 255–256）

虽然再发通常是暂时的，尤其是在这些反应没有得到强化，而替代行为的一些实例接触到了强化的时候（Wacker et al., 2010），但它仍有可能是一种强大的效应（Winterbauer et al., 2013）。基础研究和转换研究已经辨识出了很多影响再发的因素，包括目标行为在消退前的原始强化历史（Winterbauer & Bouton, 2010）、替代行为的强化程序表（Winterbauer & Bouton, 2012）、在不同于问题行为先前已被强化过的背景中强化替代行为（Mace et al., 2010）、强化多个替代行为（Bloom & Lambert, 2015）、反应需力（Wilson, Glassford, & Koerkenmeier, 2016）、在再发测试期间出现区辨刺激（King & Hayes, 2016），以及处理完整度上的失误（Fuhrman, Fisher, & Greer, 2016）。关于再发及其与应用行为分析师的相关性，请参看拉塔尔和圣彼得·皮普金（2009）、圣彼得·皮普金（2015），以及克斯特纳和彼得森（Kestner & Peterson, 2017）等人的相关文章。

情绪爆发和攻击

将一个行为置于消退之中可能会导致反应的强度或力度增加，而且可能会诱发其他情绪性或攻击性的行为（Vollmer & Athens, 2011）。常见的情绪爆发和攻击行为包括逃避、愤怒、长时间的抱怨和哭闹。其他例子还有逃避行为、生气和哭泣。

影响消退阻抗的变量

行为分析师将消退期间存在的持续反应称作**消退阻抗**（resistance to extinction）。消退阻抗是一个相对的概念。在消退期间持续发生的行为被认为具有比快速减少的行为更强的消退阻抗。在行为分析文献里出现的三个消退阻抗的量数是：（1）反应比率的下降；（2）在反应停止或达到某个最终的低水平之前发出的反应的总计数；（3）行为达到预设标准所需的持续时间（Lerman, Iwata, Shore, & Kahng, 1996; Reynolds, 1968）。

连续强化和间歇强化

第13章描述了连续强化程序表和间歇强化程序表及其效果。我们可以就消退阻抗与连续强化和间歇强化的关系做三个初步的陈述：（1）间歇强化（INT）产生的行为比先前被连续强化（CRF）所强化的行为具有更强的消退阻抗（Keller & Schoenfeld, 1950）；（2）在消退期间，相比于其他强化程序表，某些间歇强化程序表可能会产生更持久的反应（Ferster & Skinner, 1957）。例如，可变强化程序表［可变比率（VR）、可变时距（VI）］产生的行为可能比固定程序表［固定比率（FR）、固定时距（FI）］产生的行为具有更强的消退阻抗；（3）在一定程度上，强化程序表越宽松，消退阻抗的强度越大。

随着研究者对影响消退行为的强化程序表因素的不断发掘，应用行为分析师和实务工作者应该把这些陈述视为暂时的指导方针。例如，从最近的强化密度中可以预测反应在消退期间会继续出现（例如，Lerman et al., 1996; Mace et al., 2011）。麦克唐纳、埃亨、帕里—克昌维和班克罗夫特（MacDonald, Ahearn, Parry-Cruwys, & Bancroft, 2013）发现，四名孤独症男孩在CRF之后的几个五分钟消退时段中比在紧随INT之后的几个消退时段中更加持续地表现出问题行为。莱尔曼等人（1996）发现，CRF之后比INT之后更容易出现消退爆发。

动因操作

所有具有强化物功能的刺激都需要一个最低水平的建立型操作（即必须有动因；参看第16章）。高于最低水平的建立型操作（EO）的强度会影响消退阻抗。基础研究表明，"在高动因下实施消退比在低动因下实施消退产生的消退阻抗更强"（Keller & Schoenfeld, 1950, p. 75）。

强化的数量、等级大小和质量

一个行为产生强化的次数可能会影响消退阻抗。强化历史较长的行为可能比强化历史较短的行为有较多的消退阻抗。如果睡前发脾气行为已产生长达一年的强化，那么可能会比仅产生一周的强化的发脾气行为具有更多的消退阻抗。此外，强化物的等级大小和质量可能也会影响消退阻抗。等级和质量较高的强化物可能比等级和质量较低的强化物产生的消退阻抗更多。

先前的消退尝试数量

连续地应用条件作用和消退可能会影响消退阻抗。有时，问题行为会在消退期间逐渐减少，然后又意外地获得强化而增强。出现这种情况时，应用行为分析师可以再次应用消退程序。通常情况下，在再次应用消退的过程中，行为会随着总反应数的减少而减少。当参与者能够区辨消退的发生时，就有了添加的效应。随着每次连续地应用消退，行为的减少变得越来越快，直到撤除强化后只发生一个单一反应。

反应需力

应用研究者获得了一些关于反应需力及其对消退阻抗的影响的数据（例如，Lerman & Iwata, 1996a; Wilson et al., 2016）。一个反应所需的努力显然会影响它的消退阻抗。在消退期间，需要较大努力的反应比需要较小努力的反应减少得更快。

有效使用消退

已经有很多人提出了关于有效使用消退的准则，大多数作者提供的建议是相似的。下面列出了九条成功实施消退的准则。

扣留所有维持问题行为的强化物

有效使用消退的第一步是辨识并扣留维持目标行为的所有的强化来源。消退的有效性取决于对维持问题行为的后果的正确辨识。功能性行为评估极大地改善了应用情境中消退的使用并提高了其有效性（Vollmer & Athens, 2011; 第 27 章）。

应用行为分析师收集那些与问题行为有时间关联的前提和后果刺激的数据，并提供诸如以下问题的答案。

1. 当环境中发生某些事情而引发这个行为（如要求或请求）时，这个问题行为是否发生得更加频繁？
2. 问题行为发生的频率是否与前提刺激和社会性后果无关？
3. 当问题行为引起其他人的注意时，它是否发生得更加频繁？

如果第一个问题的答案是肯定的，那么这个问题行为可能是由负强化维持的。如果第二个问题的答案是肯定的，那么应用行为分析师必须考虑单独或合并扣留触觉、听觉、视觉、味觉、嗅觉和动觉后果。如果第三个问题的答案是肯定的，那么这个行为可能是由社会关注形式的正强化维持的。

在一些应用情境中，维持问题行为的后果是显而易见的。在本章前面讲述的威廉斯（1959）的研究中，父母的关注似乎是维持睡前暴君式行为的唯一强化来源。然而，行为往往是由多个强化来源维持的。课堂上的小丑行为可能是由教师对干扰行为的反应维持的，或是由同学们的关注维持的，或是由两者共同维持的。当约翰尼的父母带他去幼儿园时，约翰尼可能会哭闹，目的是逃避去幼儿园，或留住父母，或引起教师的关心和注意，或以上三者的组合。当问题行为由多个强化来源维持时，找出并扣留其中一个强化来源可能对行为的影响很小或没有任何影响。如果教师和同学的关注维持了课堂上的不当行为，那么只扣留教师的关注可能对问题行为产生不了什么影响。要想有效地应用消退程序，教师除了不提供关注外，还必须在其他学生忽视小丑行为时强化那些学生。

持续地扣留强化

确定了强化后果后，教师必须持续地扣留这些后果。所有的行为改变程序都需要持续实施，这一点对消退而言尤其重要，否则，行为可能会在无意中被置于间歇强化程序表中，从而使其对消退更加阻抗。教师、家长、治疗师和应用行为分析师经常报告说，连贯性是实施消退的过程中最困难的一个方面。未能持续地扣留强化所造成的错误会降低消退程序的有效性，这一点怎么强调都不过分。

将消退与其他程序结合起来

虽然消退可能是一种有效的单一干预方法，但很少有人推荐使用它（Vollmer & Athens, 2011; Vollmer et al., 1998）。我们建议应用行为分析师始终考虑将消退与其他处理方法结合起来，尤其是与强化替代行为结合起来。这样建议有两个原因。第一，当消退与其他程序——尤其是正强化——结合使用时，其有效性可能会提高。例如，通过将消退与对恰当行为的差别强化相结合，应用行为分析师可以通过强化恰当的替代行为和消退问题行为来改变环境。在干预期间，消退程序不应减少参与者获得的正向后果的总数。第二，差别强化和前提程序可以有效地减少消退爆发和攻击行为（Lerman et al., 1999）。

雷费尔特和钱伯斯（Rehfeldt & Chambers, 2003）将消退和差别强化结合起来，处理由社会关注形式的正强化维持的语言重复。参与者是一名孤独症成人。雷费尔特和钱伯斯认为社会性关注依联于恰当的、非重复的话语，并通过在参与者发出不恰当的语言行为时不予反应来实施关注消退。这项结合使用的处理程序增加了恰当的语言反应，减少了语言重复。这些数据显示，强化依联可能会维持一些孤独症人士的不寻常的语言模式。

弗里曼等人（Friman et al., 1999）开发的用于处理幼儿抗拒上床睡觉的睡前通行证是另一个将消退与强化恰当替代行为结合起来干预的例子。孩子一被放上床，就会得到一张小卡片，可以兑换一次短暂离开卧室进行特定活动的机会（如上厕所，再跟爸爸或妈妈抱一下）。然后，父母沉默着将孩子放回床上，并忽视孩子任何更进一步的哭叫。弗里曼（2006）在四名三岁儿童身上系统性地使用了这个睡前通行证后报告说，这项干预消除了睡觉时间的阻抗行为，而且没有产生消退爆发。

使用教学

强化依联会自动影响行为的未来发生频率。人们不需要知道、描述，甚或察觉到这些依联正在影响他们的行为。然而，当实务工作者向服务对象描述消退程序时，行为有时会在消退期间更快地减少。例如，当一部分学生在座位上独立做作业时，教师频繁地对其他学生进行小组教学。当独立做作业的学生提问时，他们就打断了教师的教学。很多教师纠正这个问题的方式是消退那些学生的提问。教师忽略学生的提问，直到小组教学结束。这个策略经常奏效。然而，如果教师告诉全班学生，他将忽略所有的提问，直到小组教学结束，消退程序往往会更有效。

为消退产生的攻击行为制订计划

在消退期间，一些过去很少发生的行为可能会变得更加突出。而这些由消退产生的行为往往是情绪性或攻击性的行为（Lerman et al., 1999; Vollmer & Athens, 2011）。斯金纳（1953）将反应形态的改变（如副作用）解释为情绪行为，包括有时伴随消退而来的攻击行为。

戈和艾瓦塔（1994）提供了一个具有说服力的证明，显示了当目标行为被置于消退之中时，攻击诱导的行为是怎么发生的。史蒂夫是一名有重度智力障碍的40岁男性。他因为自伤（撞头、打头）被转介来接受评估。功能分析显示，史蒂夫的自伤行为受到逃避教学情境的强化。戈和艾瓦塔使用消退来处理史蒂夫的自伤行为。史蒂夫在两个基线阶段中很少踢打其他人（即攻击行为），但在两次消退阶段开始时，攻击行为增加了（参看图24.5中的下图）。即使在基线和消退条件期间，史蒂夫的攻击行为仍未被处理，但当自伤行为水平稳定且较低时，在每一个消退阶段结束时，攻击行为基本上停止了。

在因消退的副作用而产生攻击行为时，应用行为分析师需要管理这些行为。确保消退产生的攻击行为不被强化是至关重要的。家长、教师和治疗师对攻击行为的反应往往是给予关注，这可能正是消退引发的攻击行为所得到的强化。例如，一位教师决定在进行小组教学时忽视莫伊拉的提问。当莫伊拉提出一个问题打断教师时，教师不做出反应。莫伊拉接着开始干扰其他做作业的学生。为了让莫伊拉安静下来，教师做出反应："哦，好吧，莫伊拉，你想知道什么？"实际上，教师的行为很可能不仅在小组教学时强化了莫伊拉打断教学的行为，也强化了莫伊拉对其他做作业的学生的不当干扰行为。

有时，消退产生的攻击行为会以语言暴力的形式出现。通常情况下，教师和家长不需要对此做出反应。如果消退产生的攻击行为导致了强化，那么个体仅仅用其他不当行为，如语言暴力，就能产生强化。

不过，教师和家长不能，也不应该忽视某些形式的攻击行为和自伤行为。他们需要知道：（1）他们可以忽视一些攻击行为；（2）何时需要干预攻击行为；（3）如何进行干预。

增加消退尝试的次数

每一次行为发生而不产生强化，就是一次消退尝试。应用行为分析师应尽可能地针对问题行为增加消退尝试的次数。增加消退尝试的次数就是通过加快消退过程（即行为—控制变量—主要效果这个序列的实例累积）来提高消退的效率。当可以容忍在干预期间问题行为的发生率增加时，应用行为分析师可以增加消退尝试的次数。例如，基思的父母使用消退程序来减少他的发脾气行为。父母注意到，基思在不能如他所愿地熬夜、吃零食和外出的时候，最常发脾气。为了实施消退计划，他们决定每天安排几个额外的情境，使基思无法如愿。基思因此更容易表现出较多的不当行为，从而使父母有更多的机会忽视他的行为。结果就是，基思的发脾气行为在刻意安排增加尝试的情况下在较短的时间内减少了。

将重要他人纳入消退

重要的是，环境中的其他人不要强化不理想的行为。例如，一位教师有必要与其他可能在课堂上提供帮助的人——家长志愿者、祖父母、音乐教师、语言治疗师、工业艺术专家——分享自己的消退计划，以避免他们强化不当行为。所有会接触到学习者的人都必须做到不强化问题行为，这样才能使消退取得最好的效果，也就是说，极少（如果有的话）出现消退爆发、反应等级显著增加等情况。

维持因消退而减少的行为

应用行为分析师使消退程序永久运作是为了维持因消退而减少的行为。永久性地应用逃避消退和关注消退是比较理想的做法。应用行为分析师也可以对某些感觉消退程序采取永久性应用的做法。例如，可以将用于阻碍物品在桌子上旋转的毯子一直保留在桌子上。但某些感觉消退如果永久性地实施会显得不合适和不方便。例如，要求蒂娜在日间托儿所睡午觉以及在家里睡觉时双手始终戴着薄棉手套就不合适，也不方便（参看图24.3）。在这种情况下，应用行为分析师可以通过逐渐渐褪感觉消退程序来维持治疗效果——例如，每三到四天剪掉手套的手掌部分一英寸，直到手套的手掌部分完全被移除。然后，分析师可以逐一移除手套的手指和拇指部分，最后移除整只手套。

防止意外的消退

理想的行为经常会意外地被置于消退之中。一位新手教师在同时面对一名专心做事的学生和很多没有专心做事的学生时，可能会将注意力放在大多数学生身上，极少关注或完全不关注那名专心做事的学生。将大部分注意力放在问题上（"会哭的孩子有糖吃"），而忽视进展顺利的情况，这是一般人的通常做法。然而，如果要维持行为的话，就必须持续强化它们。教师必须保持警惕，"捕捉学生表现良好的时刻"，并提供相应的强化。

何时不能使用消退

虽然大多数旨在减少行为的干预包括停止给予目标行为强化，但我们认为，至少在四种情况下，应用行为分析师不应将消退作为单一的干预方法。

行为具有危害性时

有些自伤、对他人有害或毁坏物品的行为严重到必须用最快的、最人道的程序加以控制。在这种情况下，不建议将消退作为单一的干预方法。

无法扣留住所有的强化来源时

实务工作者和重要他人可以在任何情况下停止对先前被强化过的行为进行强化。但是，如果目标行为接触到了其他强化来源，那么消退程序一开始就注定会失败。一个经典的例子就是前面提到的课堂小丑，如果教师尽职尽责地忽视他的滑稽举动，但他得到了同学们的关注，那么这个消退就不会成功。

需要反应比率快速下降时

实务工作者往往没有充裕的时间慢慢改变行为。对于一个在社区工作场所跟上级督导顶嘴的就业培训学员，可能还没来得及用消退干预解决他的问题行为，他就已经被开除了。

其他人有可能模仿问题行为时

有些行为如果只有一个人发出，只持续一会儿，是可以容忍的。如果几个人开始发出同样的行为，那可能就无法容忍了。如果其他人很可能会模仿被置于消退之中的行为（"嘿，如果萨德可以乱扔纸、打翻桌子或大叫咒骂，那我们也可以啊！"），那么将消退作为唯一的干预方法就是不明智的。

摘要

消退的定义

1. 对先前被强化过的行为扣留强化，以此降低该行为的比率；这个程序、过程和原理被称作消退。
- 作为一种行为改变程序，消退提供零强化概率。
- 作为一个行为过程，消退指的是当一个先前被强化过的行为不再产生强化时，这个行为的比率逐渐降低。
- 作为一个原理，消退指的是对一个先前被强化过的行为扣留强化与由此导致的反应比率逐渐降低之间的功能关系。

2. 功能性行为评估（参看第 27 章）使行为分析师能够清楚地区分消退的程序变体（即最常见的"只要忽略它，它就会消失"）和功能变体（即辨识维持行为的特定强化物）。

3. 行为分析师使用消退时应只用于确认：（1）对先前被强化过的行为扣留强化（程序）；（2）在消退程序实施下的反应比率降低（过程）；（3）对先前被强化过的行为扣留强化与由此导致的反应比率逐渐降低之间的功能关系（原理）。

4. 消退：（1）不是指行为的任何减少；（2）不同于遗忘；（3）不是反应阻挡；（4）不是非依联强化。

消退程序

5. 消退程序有三种不同的形式，分别与由正强化、负强化和自动（正和负）强化维持的行为有关联。

6. 当由正强化维持的行为不再产生强化物时，这些行为就被置于消退之中。

7. 由负强化维持的行为不再产生厌恶刺激的移除，也就是说，个体不能逃避厌恶情境，这就表示这些行为被置于消退之中（逃避消退）。

8. 由自动正强化维持的行为被置于消退（感觉消退）的方式是掩蔽或移除其感觉后果。

9. 由自动负强化维持的行为被置于消退的方式是不移除（逃避消退）令人厌恶的感觉刺激。

消退的二级效应

10. 被置于消退之中的行为通常会出现反应的发生和形态上的效应。

11. 常见的消退效应包括：（1）消退爆发；（2）反应变异；（3）反应等级大小的初始增加；（4）自发性恢复；（5）再发；（6）情绪爆发和攻击。

影响消退阻抗的变量

12. 在消退期间持续发生的行为被认为具有比快速减少的行为更强的消退阻抗。消退阻抗是一个相对的概念。

13. 间歇强化程序表产生的行为可能比连续强化程序表产生的行为具有更强的消退阻抗。

14. 可变强化程序表（如 VR、VI）产生的行为可能比固定程序表（如 FR、FI）产生的行为具有更强的消退阻抗。

15. 在一定程度上，强化程序表越宽松，消退阻抗的强度越大。

16. 消退抗拒很可能会随着对被扣留的强化物的建立型操作（EO）的强度增加而增加。

17. 强化物的数量、等级大小和质量可能会影响消退阻抗。

18. 连续地应用条件作用和消退可能会影响消退阻抗。

19. 反应需力可能会影响消退阻抗。

有效使用消退

20. 使用消退的九条准则如下：
・扣留所有维持问题行为的强化物。
・持续地扣留强化。
・将消退与其他程序结合起来。
・使用教学。
・为消退产生的攻击行为制订计划。
・增加消退尝试的次数。
・将重要他人纳入消退。
・防止意外的消退。
・维持因消退而减少的行为。

何时不能使用消退

21. 在以下情况下，不应将消退作为单一的干预方法：目标行为具有危害性时，无法扣留住所有的强化来源时，需要快速地减少行为时，或其他人有可能模仿问题行为时。

第 25 章 差别强化

关键词

对替代行为的差别强化（differential reinforcement of alternative behavior, DRA）
对不兼容行为的差别强化（differential reinforcement of incompatible behavior, DRI）
对低频率行为的差别强化（differential reinforcement of low rates, DRL）
对其他行为的差别强化（differential reinforcement of other behavior, DRO）
固定时距 DRO（fixed-interval DRO, FI-DRO）
固定瞬间 DRO（fixed-momentary DRO, FM-DRO）
全时段 DRL（full-session DRL）
时距 DRL（interval DRL）
间隔反应 DRL（spaced-responding DRL）
可变时距 DRO（variable-interval DRO, VI-DRO）
可变瞬间 DRO（variable-momentary DRO, VM-DRO）

行为分析师认证委员会 BCBA/BCaBA 任务清单（第 5 版）

第二部分：应用

G. 行为改变程序

G-14 使用强化程序来减弱行为（如对替代行为的差别强化、沟通性功能训练、对其他行为的差别强化、对低频率行为的差别强化、非依联强化）。

©2017 The Behavior Analyst Certification Board, Inc.,® (BACB®). 保留所有权利。本文件的当前版本可在 www.bacb.com 网站查阅。如需转载、复制或分发本文件，或有疑问，请直接联系行为分析师认证委员会。经授权使用。

是爱打开了门，还是差别强化打开了门？

有一个关于维多利亚女王和阿尔伯特亲王的故事，虽然很迷人，但并没有被证实是一个历史事实（Strachey, 1921）。不管是真还是假，这个故事说明了差别强化的作用。

故事是这样的，阿尔伯特亲王和维多利亚女王结婚后不久，就发生了争吵。阿尔伯特走（也有人

➡ 本章由林珊翻译。

说是踩着脚）出房间，把自己锁在书房里。维多利亚追了过去，拍打房门。"是谁？"阿尔伯特问。"英国女王，她要求进入房间。"阿尔伯特没有反应，维多利亚再次拍门。故事的另一个版本是这样的，维多利亚高声说道："我是英格兰、苏格兰、威尔士和爱尔兰的女王，是印度和整个英联邦的女皇，我是所有英国军队的最高统帅，我命令你开门！！！"阿尔伯特还是没有反应。于是响起了更愤怒的拍门声，然后停顿了一下。有人轻轻地叩门。"是谁？"阿尔伯特问。"你的妻子，阿尔伯特。"女王回答。

亲王立刻打开了门。

这个故事在互联网上到处流传，人们歌颂的是爱的真谛，或者是想表达一个重点：在解决冲突方面，非暴力手段比暴力手段更重要。

但对行为分析师来说，这是一个相当简单的例子，阿尔伯特亲王对女王的行为使用了老派而有效的差别强化（替代行为），尽管我们必须假设，在类似的情况下，她实际上更多的时候表现得更为平静和恳切。此外，女王的行为等级立即增加（即消退爆发）表明这种行为被强化过，要么是被阿尔伯特亲王强化的，要么是被其他人强化的，后者可能性更大。

还有，她的屈服对他的行为有什么影响呢？以后发生争吵，亲王愤然离去，把自己关在书房里的可能性会提高吗？我们不知道，但可以这么预测。

——H. D. 施林格（H. D. Schlinger, 2007, p. 385）

关于减少或消除问题行为的程序，实务工作者可以选择的范围非常广泛。虽然以消退或惩罚作为主要依据的干预往往是有效的，但可能会出现我们不希望看到的副作用。当一个具有长久和持续的强化历史的行为被置于消退之中时，我们通常会观察到适应不良的情绪行为和高于平常的反应比率。惩罚可能会引发逃避、回避、攻击和其他形式的不良的反控制。除了不理想的副作用外，将消退和惩罚用作减少问题行为的主要方法时，还有一个限制，就是既不能增强，也不能教授个体可以获得强化物的适应性行为。除了可能的不理想的副作用和缺少教育价值外，单独使用消退或任何形式的惩罚的干预方法都会引起重要的伦理和法律上的忧虑。为了消除这些限制和忧虑，应用行为分析师开发了差别强化程序来减少或消除问题行为。

差别强化的定义

差别强化是指强化一个反应类，而扣留对另一个反应类的强化。当被用作减少问题行为的程序时，差别强化包括：（1）强化的提供依联于问题行为以外的行为出现或问题行为比率的减少；（2）扣留对问题行为的强化。[1] 实施差别强化时，可以使用正强化，也可以使用负强化。

如同考德里、艾瓦塔和佩斯（Cowdery, Iwata, & Pace, 1990）所指出的：

差别强化不涉及长时间中断正在进行的活动（如罚时出局）、依联移除正强化物（如反应代价），或呈现厌恶刺激（如惩罚）。这些特征使差别强化成为侵入性最低的行为干预方法，而且可能因此而广受欢迎。（p. 497）

有三种经过深入研究的策略可用于减少不当行为，它们是对替代行为的差别强化（differential reinforcement of alternative behavior, DRA）、对其他行为的差别强化（differential reinforcement of other behavior, DRO）和对低频率行为的差别强化（differential reinforcement of low rates, DRL）。本章会对这些程序进行定义和举例说明，并提供有效减少问题行为的使用准则。

---

[1] 差别强化也被用于增加理想行为，如对高频率行为的差别强化（DRH）（参看第13章）和塑造（参看第22章）。不同形式的差别强化依联也被用作实验控制程序［参看第8章以及汤普森和艾瓦塔（2005）的相关文章］。

对替代行为的差别强化（DRA）

实务工作者使用**对替代行为的差别强化**（DRA）来强化问题行为的理想替代行为的发生，并扣留对问题行为的强化。DRA 具有增强替代行为和减弱问题行为的双重效果（有关评论，参看 Petscher, Rey, & Bailey, 2009）。DRA 可以被概念化为一个并存强化程序表，这个程序表中的两个反应类会获得不同比率的强化：（1）将替代行为置于一个高质量强化的密集程序表中；（2）将问题行为置于消退或一个非常精简的强化程序表中。由于这个并存程序表有利于替代行为，因此，服务对象会将更多的反应分配给替代行为，而将更少的反应分配给问题行为，正如匹配律所描述的那样（Borrero et al., 2010; 参看第 13 章）。

狄克逊、贝内迪克特和拉森（Dixon, Benedict, & Larson, 2001）使用 DRA 处理一名有中度智力障碍和精神疾病的 25 岁男性患者费尔南多的不当语言行为，这些行为包括与当时的语境无关的话语、与性有关的不当言论、句子中不合逻辑的词语，以及"精神病性"的陈述（如"我头上有一只名叫查克莱斯的紫色麋鹿"，p. 362）。研究者将恰当的语言行为定义为任何不符合上述不当话语的定义性特征的发声行为。功能分析显示，不恰当的语言陈述是由社会性关注维持的。

在 DRA 条件期间，研究者关注费尔南多的恰当陈述，针对他的陈述做 10 秒钟的评论，同时忽略其不恰当的语言行为。例如，如果费尔南多说到一项自己喜欢的活动，研究者会告诉他这个很有趣，希望他能很快再做一次。在 DRA 处理的初始阶段结束之后，研究者通过倒返两个反应类的依联来创造一个用于比较的"基线"条件：不当发声引起注意，恰当的语言行为则被忽略。从 B-A-B-A-B 设计中得出的数据显示，DRA 干预减少了费尔南多的不当语言行为，并增加了恰当的发声（图 25.1）。

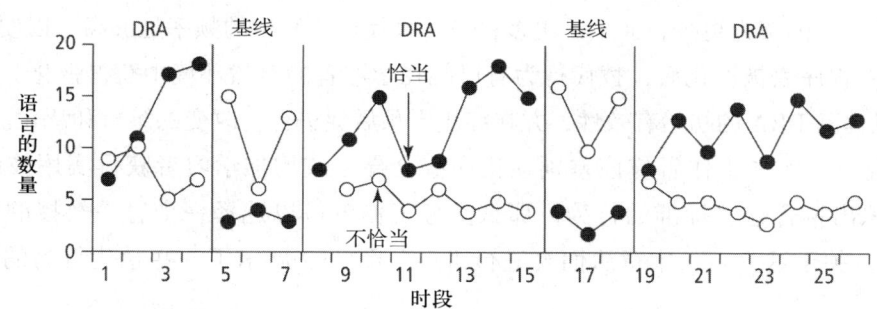

图 25.1 一位成年男性在 DRA 和基线条件期间的恰当语言和不当语言的数量

改编自 M. R. Dixon, H. Benedict, & T. Larson (2001). Functional Analysis and Treatment of Inappropriate Verbal Behavior. *Journal of Applied Behavior Analysis*, 34, p. 362. 经约翰威立出版有限公司授权使用。

在大多数已发表的评估 DRA 的研究报告中，替代行为和问题行为是相互排斥的反应类，其不同的形态使得参与者不可能同时做出这两种行为。在狄克逊等人（2001）的研究中，费尔南多不能同时发出恰当的语言和不恰当的语言。同样，学习者不能同时坐在座位上和离开座位（Friman, 1990），不能既礼貌地问"可以把那个给我吗？"又尖叫（Schlichenmeyer, Dube, & Vargas-Irwin, 2015），不能既遵从治疗师的指令完成任务又毁坏任务所需的材料（Ringdahl et al., 2002），也不能把一个不能吃的东西既放在垃圾桶里又放在嘴里（Slocum, Mehrkan, Peters, & Vollmer, 2017）。当我们通过强化一个不能与问题行为同时发生的行为来实施 DRA 时，这个程序有时被称作**对不兼容行为的差别强化**（differential reinforcement of incompatible behavior, DRI）。

DRA 的有效性并不取决于不兼容的替代行为。当参与者如常表现问题行为时，有一个可以"占据"他的替代行为可能就足够了。不过，理想的情况是，替代行为比填满时间的作用更大。适应性的活动或技能是最有益的替代行为。例如，任课教师可以指定两名经常争吵的学生一起做一个课程项目，并强化与项目开发有关的合作行为。一起合作课程项目并不是争吵的不兼容行为，这两个反应类可以同时发生。然而，这两名学生在从事合作行为时，可能不那么容易斗嘴。

使用逃避任务或要求情境作为强化物，这样的差别强化程序有时被称作对替代行为的差别负强化（differential negative reinforcement of alternative behavior, DNRA）（例如，Marcus & Vollmer, 1995; Piazza, Moses, & Fisher, 1996; Vollmer & Iwata, 1992）。使用 DNRA 来减少由逃避任务或要求情境维持的问题行为，包括对替代行为提供短期的逃避任务形式的负强化和对问题行为的逃避消退。

使用 DNRA 时，通常也会为替代行为提供正强化。例如，拉利、凯西和凯茨（Lalli, Casey, & Kates, 1995）允许参与者逃避任务 30 秒依联于使用一个替代反应（例如，给治疗师一张写有"休息"的卡片，或说"不要"）来取代不当行为。研究者也对参与者的替代反应给予赞扬。随着训练的进行，参与者逃避任务依联于使用接受过训练的语言反应，以及完成逐步增多的任务所需步骤。DNRA 干预增加了对接受过训练的语言反应的使用，减少了问题行为。[1]

使用 DRA 的准则

教师、治疗师和家长在教育、治疗和日常社会互动中使用 DRA 已有很长的历史，他们通常认为 DRA 是三种差别强化程序中最易于应用的。实务工作者经常使用 DRA 作为对各种问题行为的干预方法。很多研究者和实务工作者发现，遵循以下准则能够提高 DRA 的有效性。

选择替代行为

理想的情况是：（1）替代行为已存在于学习者当前的技能库中；（2）做出替代行为需要付出的努力比做出问题行为需要付出的努力更少，而不是更多；（3）替代行为发生的频率足够高，以便提供足够的强化机会；（4）在 DRA 程序表被淡化后，替代行为有可能在学习者的自然环境中获得强化。选择符合这些标准的替代行为可以提高 DRA 的初始有效性，并在终止干预后促进行为改变的维持和泛化。

在可能的情况下，实务工作者应该差别强化那些会导致或增加学习者获得实用技能机会的替代行为。如果无法辨识出符合这些标准的行为，那么实务工作者可以选择一个容易教授的替代行为，或考虑使用 DRO 程序，关于这一点，本章后面会进行讲述。图 25.2 展示了一些替代行为的例子（Webber & Scheuermann, 1991）。

选择高效的强化物并持续提供

当实务工作者呈现某些其假设具有强化功能的刺激改变时，可能会使任何以强化为基础的干预受到限制，甚至失效。为通过刺激偏好和强化物评估（参看第 11 章）或功能性行为评估（参看第 27 章）确定的替代行为提供后果，将提高 DRA 的有效性。此外，应选择与自然存在于处理情境中或可以创造（如在处理前先进行的匮乏）的动因操作有关的强化物。

在实施干预以前，维持问题行为的后果往往就是替代行为的最有效的强化物。研究者长期使用间接功能评估的结果来辨识 DRA 干预的强化物（例如，Durand, Crimmins, Caufield, & Taylor, 1989; McDonough, Johnson, & Waters, 2017）。功能分析则最常用来辨识维持行为的后果（例如，Athens & Vollmer, 2010; Dixon et al., 2001; Wilder, Masuda, O'Conner, & Baham, 2001）。

在差别强化干预中使用的强化物的等级大小可能不如其是否持续地提供和控制重要。莱尔曼、凯利、福恩德兰、库恩和拉鲁（Lerman, Kelley, Vorndran, Kuhn, & LaRue, 2002）提供的正强化（获得玩具）和负强化（逃避要求）的等级范围为 20~300 秒。他们发现在处理期间的强化物等级对反应的影响很小，在中

---

[1] DRA 是功能性沟通训练（FCT）的一个主要组成部分，在一项干预中，替代行为和问题行为具有相同的沟通功能（例如，说"请休息"导致了与过去的攻击或发脾气行为相同的强化）。第 26 章将详细讲述 FCT。

问题行为	替代行为
顶嘴	正向反应，如"是的，先生"或"好的"或"我知道了"，或可接受的问题，如"我能问你一个与此有关的问题吗？"或"我可以说说我的看法吗？"
咒骂	可接受的惊叹表达，如"可恶""胡说八道！"
不专注于任务	任何专注任务行为：看书、写字、看老师等。
离开座位	坐在座位上（臀部在椅子上，身体挺直）。
不服从	＿＿＿＿秒内遵守指示（时间限制取决于学生的年龄）；遵守第二次发出的指示。
大声说话（在不该说话时说话）	举手并安静地等待叫自己的名字。
卷面脏乱	除答案外，不做任何记号。
打人、掐人、踢人、推/挤人	用语言表达怒气；用拳头打自己的手心；坐或站在其他同学旁边，但不碰他们。
拖延	上课铃声响起（或规定时间）时坐到座位上。
自我伤害或自我刺激行为	坐着的时候双手放在桌子上或大腿上；双手不触碰身体的任何部位；头抬起来，不碰任何东西（桌子、肩膀等）。
不当使用物品	恰当地拿起或使用物品（如只在恰当的纸上写字等）。

改编自 J. Webber & B. Scheuermann (1991). Accentuate the Positive... Eliminate the Negative. *Teaching Exceptional Children*, 24(1), p. 15. 1991年版权归特殊儿童委员会所有。经授权使用。

图 25.2　常见的课堂行为问题的替代行为的例子

断处理后对维持行为几乎没有影响。然而，阿森斯和沃尔默（2010）实施的一系列实验"显示出相比于对问题行为的强化，为恰当行为提供更即时、持续时间更长或质量更好的某种强化组合的 DRA 的有效性"（p. 586）。

即时和持续地强化替代行为

除了具有强化物的潜在有效性外，实务工作者选择的刺激改变必须在替代行为出现时能够即时和持续地提供给个体。最初对替代行为应使用连续强化程序表（CRF），然后过渡到间歇强化程序表。每当替代行为出现时应即时和持续地呈现强化物，在牢固建立起替代行为后，实务工作者应逐渐淡化强化程序表。

对问题行为扣留强化

使用 DRA 干预问题行为，其有效性取决于替代行为产生的强化比率是否高于问题行为。要最大化两个反应类之间的强化比率的差异，就要扣留问题行为的所有强化（即消退程序表）。

理想情况下，替代行为始终会获得强化（至少在最初阶段），而问题行为始终被置于消退之中。正如沃尔默、罗恩、林达尔和马库斯（Vollmer, Roane, Ringdahl, & Marcus, 1999）所指出的："差别强化的完美实施需要在恰当行为发生后，尽可能即时提供强化物（如在 5 秒内）。处理效果可能会随着强化延迟时间的增加而降低，尤其是在不当行为偶尔被强化的情况下。"（p. 21）然而，实务工作者常常必须在非最佳条件下实施 DRA 强化程序表，在这种情况下，一些替代行为的出现没有产生强化，而问题行为有时会无意中产生强化物。

沃尔默及其同事（1999）进行的一项研究的结果显示，即使发生这样的处理"错误"，差别强化可能仍然有效。这些研究者将一个"完全实施"的 DRA 与不同等级的"部分实施"的 DRA 进行了比较，其中替代行为的 100% 的实例被强化（CRF），而异常行为的 0% 的实例被强化（消退）。例如，在 25%/75% 的程序表中，每四个恰当行为中只有一个会产生强化，而每四个不当行为的实例中有三个会获得强化物。正如预期的那样，完全实施差别强化产生了最好的效果，即不当行为"几乎完全被恰当行为取代，而如果强化程序表有利于不当行为，那么以较低等级实施差别强化最终会降低处理成效"（p. 20）。图 25.3 显示了对有重度智力障碍的 17 岁学生蕾切尔的干预的结果，她有自伤行为（SIB; 如撞头、咬手）和攻击他人的行为（如抓人、打人、拽头发）。

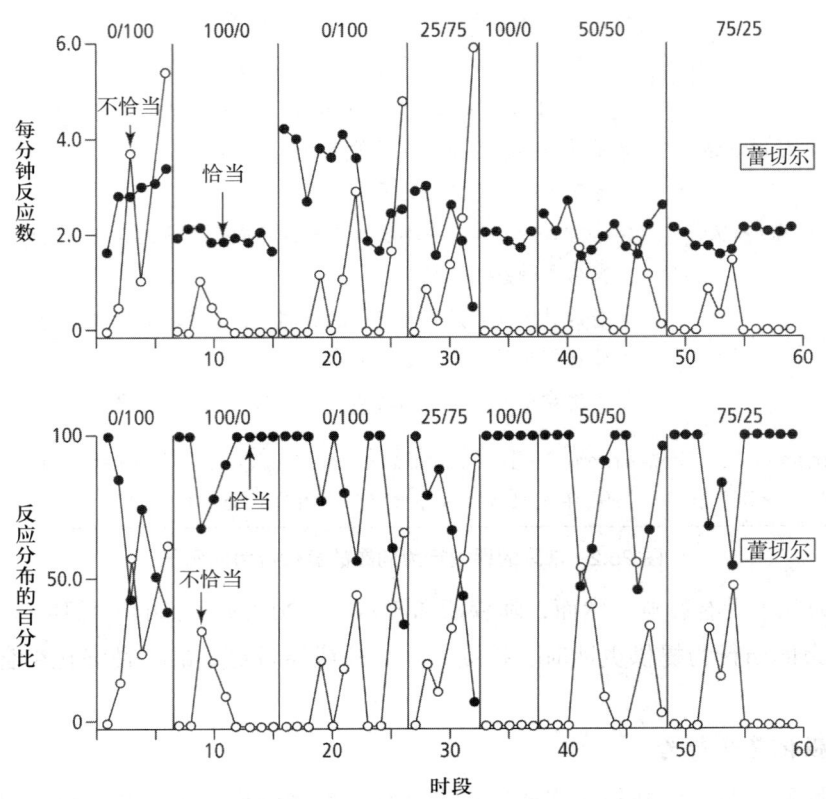

图 25.3　一名有重度发展性障碍的 17 岁学生在完全（100/0）和部分 DRA 实施等级下，每分钟的恰当反应和不当反应的次数（上图），以及恰当行为和不当行为的分布（下图）。

引自 T. R. Vollmer, H. S. Roane, J. E. Ringdahl, & B. A. Marcus (1999). Evaluating Treatment Challenges with Differential Reinforcement of Alternative Behavior. *Journal of Applied Behavior Analysis*, 32, p. 17. 经约翰威立出版有限公司授权转载。

沃尔默及其同事（1999）的研究有一个重要的、可能会令人感到意外的发现，即部分实施在某些条件下是有效的。在部分实施期间，如果参与者事先没有接触到完全实施，其行为会表现出"朝向恰当行为的不成比例的倾向"（p. 20）。研究者认为，这样的发现表明，在将差别强化延伸到很难维持处理忠实度的情境之前，刻意淡化其实施程度是可能的。研究者了解到干预处理的效果可能会随着时间的推移而减弱，因此，他们建议定期实施若干差别强化完全实施的加强时段，以重新确立恰当行为的优势。

注意处理再发

当干预处理从治疗场所转移到自然情境中时，或当新的治疗师和/或照顾者开始对服务对象展开工作时，一个先前经过 DRA 处理而减少的问题行为可能会在替代行为的强化程序表被淡化到可以在服务对象的日常环境中维持时更频繁地发生。当 DRA 依联减弱或受损时，用 DRA 处理的问题行为最终可能会被证实具有更强的消退阻抗（Nevin, Tota, Torquato, & Shull, 1990）。梅斯（Mace）及其同事（2010）进行了基础和转换研究实验，探索了 DRA 的坚持—增强效应以及可能的解决之道。

再发指的是，当替代行为的强化被终止或减少时，一个先前被强化的行为再次出现（Lattal & St. Peter

Pipkin, 2009; Lieving & Lattal, 2003）。富尔曼、费希尔和格里尔（Fuhrman, Fisher, & Greer, 2016）在 FCT 的背景下将再发描述为"当替代行为受到挑战（如消退或程序表淡化）时，一个先前被强化的反应（如破坏性行为）的复发"（p. 884）。此外，自发性恢复（即问题行为在逐渐减少至强化前的水平或完全停止后再次出现）和反应变异（即在消退过程中出现的新兴行为）也与再发有关（参看第 24 章）。研究已经辨识出在 DRA 应用过程中可能影响再发的几个因素，如强化的等级大小、强化程序表淡化、反应需力（例如，Wilson, Glassford, & Koerkenmeier, 2016）和处理完整度的偏差（例如，Fuhrman et al., 2016）。

消退引起的再发可能并非只出现在问题行为上，替代行为可能也会再发（Hoffman & Falcomata, 2014）。布卢姆和兰伯特（Bloom & Lambert, 2015）建议临床医生通过强化多个替代行为来减少问题行为的再发。兰伯特、布卢姆、萨马哈、戴顿和罗德瓦尔德（Lambert, Bloom, Samaha, Dayton, & Rodewald, 2015）的一项类比实验为这个说法提供了一些实证支持。实验测量了三位有发展性障碍的女性对五种形态不同的装置（即拨动灯开关、翘板灯开关、滑动灯开关、电源线开关和个人警报按钮）的反应比率。研究者任意指定其中一个开关作为目标反应（即问题行为），而其他所有开关被指定为替代行为。

研究者用一个固定比率（FR）1 程序表提供一个高偏好的食物，在初始强化阶段发展出独立且一致的目标反应之后，开始实施一个消除阶段，在这个阶段中，目标反应被置于消退之中，并用 FR 1 程序表强化一个替代反应（或三个替代反应的系列）。在最后的一个再发阶段中，所有的反应都被置于消退之中。在消除阶段所使用的强化替代行为的程序类似于传统的 DRA 干预。研究者将强化一系列替代行为的程序称作连环 DRA（serial DRA）。其结果是鼓舞人心的："在所有的情况下，在连环 DRA 成分中分布倾向于目标反应再发的总反应百分比比在传统 DRA 成分中的要少……我们的数据提供了初步证据，表明连环 DRA 的效果可能比传统 DRA 更持久、更理想。"（p. 765）

将 DRA 与其他程序相结合

鉴于 DRA 干预没有针对问题行为提供特定的后果，实务工作者很少会在问题行为具有破坏性、对学习者或他人有危险或威胁健康和安全的情况下，将 DRA 作为单一的干预方法。在这些情况下，实务工作者可能会将 DRA 与其他减少行为的程序（如反应阻挡、罚时出局、刺激渐褪、对其他行为的差别强化）结合起来，以产生更有效的干预（例如，Goh, Iwata, & Kahng, 1999; Jessel & Borrero, 2014; Patel, Piazza, Kelly, Oschsher, & Santana, 2001）。

以林达尔及其同事（2002）的研究为例，该研究比较了 DRA 结合与不结合指令渐褪策略对克里斯蒂娜的问题行为频率的影响，克里斯蒂娜是一个有中度发展性障碍和孤独症的 8 岁女孩。她在执行学业任务期间表现出了问题行为——破坏性行为：扔、撕或毁坏作业材料；攻击行为：打人、踢人、咬人；自伤行为：咬自己，情况非常严重，以至于她被送进了医院的日间治疗部门。由于先前的功能分析结果显示，克里斯蒂娜的问题行为是由逃避完成任务指令维持的，因此，两种条件下的 DRA 程序包括，给予克里斯蒂娜一分钟休息时间和接触休闲物品的机会依联于独立完成任务（如计算物品的数量、将相同颜色或形状的卡片进行配对）且没有出现问题行为。在没有指令渐褪的条件下，大约每 2 分钟给克里斯蒂娜一个完成作业的指令。而在有指令渐褪的条件下，在前三个教学时段不给克里斯蒂娜指令，之后每 15 分钟发出一个指令。发出指令的次数逐渐增加，直到与无渐褪的 DRA 条件下的次数相同为止。在无指令渐褪的 DRA 条件开始时，问题行为比率较高，但经过几个训练时段后，最后三个时段中的问题行为减少至平均每分钟 0.2 个反应（参看图 25.4）。而在有指令渐褪的 DRA 期间，最初问题行为很少，后来只在两个时段中出现（时段 9 和时段 14）。在有指令渐褪的 DRA 的最后三个时段中，克里斯蒂娜没有表现出问题行为，并且有指令渐褪的比率与无指令渐褪的比率相同（每分钟 0.5 个指令）。

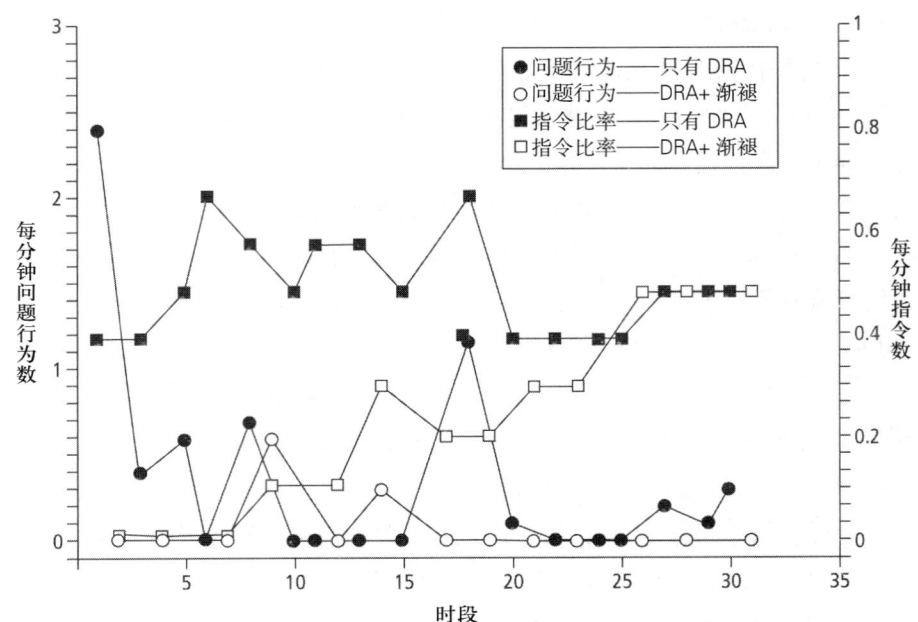

图25.4 在单独实施DRA和在实施DRA结合指令渐褪期间，一名有孤独症和发展性障碍的8岁学生的每分钟问题行为数（左侧 y 轴）和每分钟指令数（右侧 y 轴）。

根据 J. E. Ringdahl, K. Kitsukawa, M. S. Andelman, N. Call, L. C. Winborn, A. Barretto, & G. K. Reed (2002). Differential Reinforcement With and Without Instructional Fading. *Journal of Applied Behavior Analysis*, 35, p. 293. 2002年版权归实验行为分析协会所有。

对其他行为的差别强化（DRO）

雷诺兹（1961）将对其他行为的差别强化描述为"对不反应给予强化"（p. 59）。实务工作者在应用**对其他行为的差别强化**时，强化的提供依联于问题行为在整个时距内不发生（时距 DRO）或在特定时刻不发生（瞬间 DRO）。

研究者已经证明了 DRO 在减少不同被试人群的各种问题行为上的有效性，包括典型发育学生的课堂破坏性行为（Austin, Groves, Reynish, & Francis, 2015）、妥瑞氏综合征（抽动秽语综合征）少年的抽动行为（Capriotti et al., 2017）、孤独症儿童的刻板发声和异食癖（Rozenblat, Brown, Brown, Reeve, & Reeve, 2009; Slocum et al., 2017），以及重度智力障碍成人的自伤行为（Lindberg, Iwata, Kahng, & DeLeon, 1999）。行为分析师使用 DRO 来减少马匹的啃咬、咀嚼和前蹄刨地的动作（Fox, Bailey, Hall, & St. Peter, 2012; Fox & Belding, 2015）。

研究者提出了四种行为过程来解释 DRO 效果（Jessel & Ingvarsson, 2016; Poling & Ryan, 1982）。

> 第一，强化物的呈现可以作为废除型操作（即餍足）发挥作用，并暂时减少或消除目标反应。第二，反应—强化物的依联可以导致消退。第三，延迟接触强化物可以通过惩罚来抑制目标反应。第四，其他行为可以通过偶然的强化得到增强，从而导致目标行为的替换。
>
> 这四种过程中的每一种都有可能在不同的场合运作，或多种过程同时运作，这取决于 DRO 的安排和使用的强化物。（Jessel & Ingvarsson, 2016, pp. 991–992）

行为分析师实施 DRO 有两种主要方法。一种是时距 DRO（interval DRO），如果问题行为在一个预定的时距内未出现，则给予强化物；如果时距内出现任何问题行为的实例，则重置时距，并推迟强化。[1] 另一种是瞬间 DRO（momentary DRO），在一段时间内的预定时刻不出现问题行为会产生强化；其他时刻出现目标行为的实例不会改变下一次强化机会出现的时间。图 25.5 显示了用固定或可变的强化程序表来实施时距或瞬间的无行为要求的组合，可以产生四种基本的 DRO 安排（Lindberg et al., 1999）。

	要求不出现行为	
	时距	瞬间
强化程序表 固定	固定时距 DRO（FI-DRO）	固定瞬间 DRO（FM-DRO）
可变	可变时距 DRO（VI-DRO）	可变瞬间 DRO（VM-DRO）

图 25.5 将要求不出现行为（时距或瞬间）与强化程序表（固定或可变）结合起来，可以产生的四个 DRO 基本变体。

引自 J. S. Lindberg, B. A. Iwata, S. W. Kahng, & I. G. DeLeon (1999). DRO Contingencies: An Analysis of Variable-Momentary Schedules. *Journal of Applied Behavior Analysis*, 32, p. 125. 经约翰威立出版有限公司授权转载。

时距 DRO

以下几个部分介绍了使用固定 DRO、可变时距 DRO、固定瞬间 DRO 和可变瞬间 DRO 的强化程序表的程序。

固定时距 DRO（FI-DRO）

大多数时距 DRO 的应用会要求在持续时间相同的若干个连续时距结束时不出现行为。要实施**固定时距 DRO**（fixed-interval DRO, FI-DRO），行为分析师应做到：（1）设定一个标准的时距；（2）如果在时距内没有出现问题行为，那么就在时距结束时给予强化；（3）一旦出现问题行为，立即重新计时，开始新的时距。

例如，艾伦、戈特泽利希和博伊兰（Allen, Gottselig, & Boylan, 1982）使用 FI-DRO 程序来减少三年级学生的课堂破坏性行为。他们将一个厨房计时器设定为 5 分钟时距，只要课堂上没出现问题行为，就继续计时。如果有任何学生在 5 分钟时距内做出破坏性行为，就重置计时器，开始新的 5 分钟时距。当计时器发出时距结束的声音，而没有发生破坏性行为时，全班将得到一分钟的自由时间，学生可以累积这些时间，留到这节课结束时使用。[2]

随着问题行为的改善，行为分析师可以逐渐增加 DRO 时距和治疗时段的长度（Della Rosa, Fellman, DeBiase, DeQuinzio, & Taylor, 2015）。考德里及其同事（1990）使用 FI-DRO 来帮助 9 岁的男孩杰里，他从没上过学，大部分时间都在医院里度过。他经常用力地抓挠和摩擦皮肤，以至于全身都有开放性伤口。在治疗期间，实验者离开病房，透过观察窗观察杰里。研究者最初使赞扬和代币强化依联于 2 分钟的"不抓挠皮肤"，这个标准是根据基线评估设定的。如果杰里在时距内发生抓挠，实验者就进入病房，告诉杰里她很遗憾他一个代币都没能赚到，并请他再试一次。引入 DRO 后，杰里的 SIB 立刻降到零。随着 DRO 时距和时段长度的逐渐增加——从三个 2 分钟时距到三个 4 分钟时距——杰里的 SIB 仍然维持在较低水平。在短暂返回基线条件而抓挠行为迅速增加之后，考德里及其同事重新实施 DRO，每个时段有 5 个时距，

---

[1] 由于实施 DRO 和 DRL（本章后面会进行讨论）时出现的目标行为实例经常推迟强化，一些行为分析师将 DRO 和 DRL 概念化为负惩罚程序，而不是强化技术。例如，范霍滕和罗利德（Van Houten & Rolider, 1990）认为 DRO 和 DRL 是一种被他们称作依联强化延后（contingent reinforcement postponement）的程序的变体。

[2] 可以使用永久性产物测量数据来实施 DRO。例如，阿尔贝托和特劳特曼（Alberto & Troutman, 2013）描述了一个程序，每当学生没有在提交的论文中乱写乱画时，教师就提供强化。如果论文的长度或类型基本相同，那么这个程序就是固定时距 DRO 的一个变体。

并以 1 分钟增幅来增加时段长度。现在，杰里每个时段可以赚到 10 个代币，在 1 个时距内不抓挠就可以获得 1 个代币，如果在 5 个时距内都不抓挠就可以额外获得 5 个代币。杰里的 SIB 随着时段长度和 DRO 时距的增加而逐渐降到零，第 61 个时段为单一的 15 分钟 DRO 时距，随后是一个 25 分钟时距和三个 30 分钟时距（参看图 25.6）。

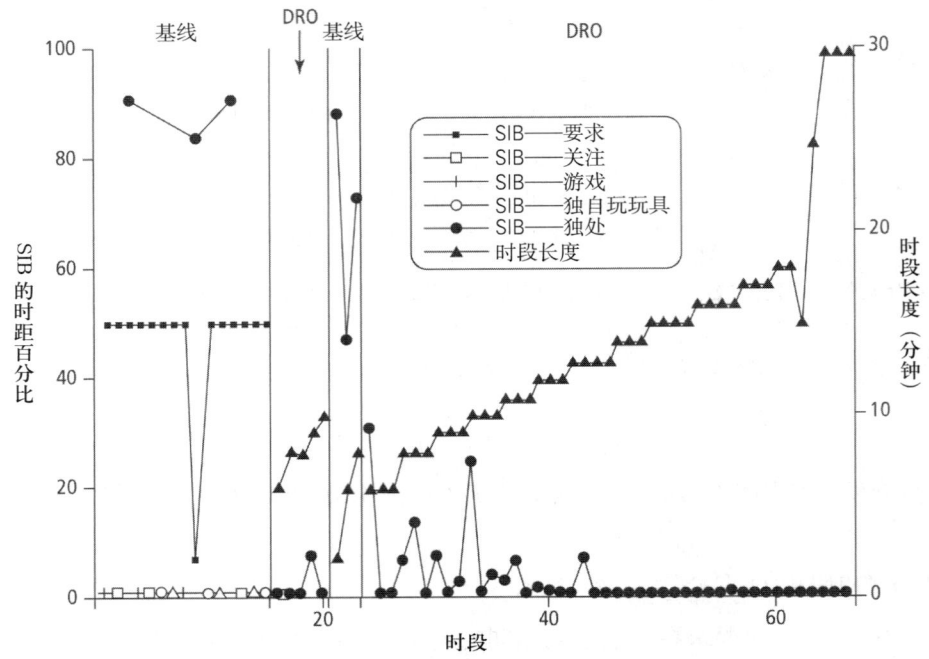

图 25.6 杰里的 SIB 在基线和 DRO 期间出现的时距百分比（左侧 y 轴），以及 DRO 时段的持续时间（右侧 y 轴）。第一个基线期间的其他数据点显示了功能分析的结果，证实了杰里的 SIB 在他独处时最常出现。

引自 G. Cowdery, B. A. Iwata, & G. M. Pace (1990). Effects and Side Effects of DRO as Treatment for Self-injurious Behavior. *Journal of Applied Behavior Analysis*, 23, p. 500. 经约翰威立出版有限公司授权转载。

库克、拉普和舒尔策（2015）对一名 8 岁的孤独症男孩使用了对其他行为的差别负强化（DNRO），当别人给他戴上医疗警报手环时，他会表现出问题行为（如大声喊叫、要求摘掉手环、在地板上打滚、打人、咬自己的手、拉扯和啃咬手环）。关于 DNRO 程序的描述和研究结果的图表，请参看第 9 章。

可变时距 DRO（VI-DRO）

要使用**可变时距 DRO**（variable-interval DRO, VI-DRO）程序表，行为分析师应做到：（1）建立一个可变时距的随机序列；（2）如果问题行为在时距内的任何时间都没有出现，那么就在每一个时距结束时给予强化。例如，10 秒的 VI-DRO 程序表提供强化依联于目标行为在持续时间不等、平均 10 秒（如 2 秒、5 秒、8 秒、15 秒、20 秒时距的随机序列）的时距内不出现。

姜、艾瓦塔和多尔西（Chiang, Iwata, & Dorsey, 1979）使用 VI-DRO 减少一名有发展性障碍的 10 岁学生乘坐校车期间的不当行为。他的破坏性行为包括攻击（如拍人、戳人、打人、踢人）、离开座位、刻板行为和不恰当的语言表达（如尖叫、吼叫）。研究者没有以时间的推移作为时距基础，而是使用了一个有趣的程序，他们称之为"以距离为基础"的 DRO 程序表。司机按照一些地标，如停车标志和红绿灯，将校车路线划分成几个部分，并在校车仪表板上安装了一个四位数的手动计数器。计数器在司机伸手可及的地方，也在学生的视野之内。在每个预定的地标，如果那名学生在 DRO 时距内没有做出破坏性行为，司机就赞扬该学生的行为，并在手动计数器上增加一分。到家或到学校后，司机会将该学生获得的分数写在卡片上，交给学生的父亲或教师。学生用获得的分数换取奖励（如玩玩具、在家庭和学校里的特权、小零食）。

姜及其同事（1979）使用两阶层跨情境多基线设计来评估 VI-DRO 干预的效果。在基线期，下午乘车时破坏性行为出现的比例从 20% 到 100% 不等，平均为 66.2%，上午乘车时的比例从 0% 到 92% 不等，平均为 48.5%。当只在下午乘车期间实施 VI-DRO 时，问题行为立即减少至平均 5.1%（范围为 0%~40%），但在上午乘车期间保持不变。当上午也实施这项干预时，所有的破坏性行为都被消除了。

普罗加尔（Progar）及其同事（2001）将 VI-DRO 作为一个连接强化程序表的成分，以减少 14 岁的孤独症男孩米尔蒂的攻击行为。连接强化程序表是指，当达到两个或两个以上的程序表成分要求时，参与者会获得强化（参看第 13 章）——在这个案例中，对完成任务使用 FR 3 强化程序表，对不出现攻击行为使用 VI 148 秒程序表。每当米尔蒂在可变时距内完成任务的三个成分（如铺床、吸尘、整理房间里的物品）而没有出现攻击行为时，就会得到一个食物强化物。如果在完成 FR 3 的要求之前出现攻击行为，就重置连接程序表的两个成分。这项干预大大减少了攻击行为的发生。

瞬间 DRO

在瞬间 DRO 程序表中，强化依联于在每个时距结束时没有出现问题行为，而不是像时距 DRO 那样在整个时距内都不出现问题行为。在这些时刻之间出现的问题行为实例并不影响强化。

固定瞬间 DRO（FM-DRO）

要实施**固定瞬间 DRO**（fixed-momentary DRO, FM-DRO）程序表，实务工作者应做到：（1）设定一个标准的时距；（2）在每个时距结束时观察参与者；（3）如果在每个时距结束时没有出现问题行为，就给予强化。

哈蒙德、艾瓦塔、弗里茨和登普西（Hammond, Iwata, Fritz, & Dempsey, 2011）检视了关于瞬间 DRO 程序表的研究并得出结论，FM-DRO 程序表"作为问题行为的处理手段通常是无效的。因为大多数 FM-DRO 早期研究包括在 DRO 时距结束时发出一个信号，所以尚不清楚 FM-DRO 的效果有限是由于（1）强化程序表本身对瞬间反应的要求，还是由于（2）信号使依联区辨更加突出"（p. 69）。[1] 研究者通过比较有信号和没有信号的 FM-DRO 来解决这个问题。四名特殊需要学生是这项研究的参与者——（1）塞思，耳聋，有学习障碍和攻击行为，6 岁；（2）亚历克斯，有孤独症、癫痫和攻击行为，14 岁；（3）柯蒂斯，有孤独症和攻击行为，13 岁；（4）阿比，有重度智力障碍、孤独症和癫痫，19 岁。功能分析显示，获得偏好物品形式的正强化维持了几名参与者的问题行为。

四名参与者在基线期可以接触到偏好物品。除信号外，有信号和没有信号的条件是相同的。

有信号的 FM-DRO。实验者暗自扣留强化物，以确保可以快速地给予强化物，而又不会因额外的动作（如伸手拿强化物）而在无意中发出时距结束的信号。在时距结束前三秒钟，实验者（坐在被试的正前方或旁边）将强化物举过头顶，发出即将给予强化的信号。如果在时距结束的那一秒内没有发生问题行为，就给予强化物（有 30 秒的时间接触玩具箱、看视频或获得食物）。如果在那一秒内发生问题行为，就移除信号，扣留强化物，直到下一个时距到来。

没有信号的 FM-DRO。这个条件和有信号的条件相似，只是实验者不会发出即将给予强化物的信号。相反，实验者将快速地给予强化物依联于时距结束时不出现问题行为。（p. 75）

在有信号的 FM-DRO 条件期间，塞思和亚历克斯的攻击行为迅速减少（参看图 25.7）。然而，有信号

---

1 哈蒙德及其同事（2011）报告了几个使用不同信号实施 FM-DRO 的例子：转身离开、辅助和赞扬（Harris & Wolchik, 1979），手势（Repp, Barton, & Brulle, 1983），音调（Conyers, Miltenberger, Romaniuk, Kopp, & Himle, 2003）和音乐（Sisson, Van Hasselt, Hersen, & Aurand, 1988）。

的 FM-DRO 条件在柯蒂斯和阿比身上产生了不同的结果（参看图 25.8）。柯蒂斯的攻击行为在第一次引入 FM-DRO 条件时有所增加，然后在第一次实施结束时大幅减少。在第二个有信号的 FM-DRO 条件期间没有减少，但当引入没有信号的 FM-DRO 条件时，攻击行为减少至零。与柯蒂斯的行为相似，阿比的打头行为在第二个也是最后一个没有信号的 DRO 阶段内有所减少，于是赢得了大量的可获得强化物。"这些数据表明，使用瞬间 DRO 时应谨慎，因为治疗师非常轻微的反应（如伸手去拿安排好的强化物）可能就会成为信号而使 FM-DRO 无效。"（Hammond et al., 2011, p. 80）

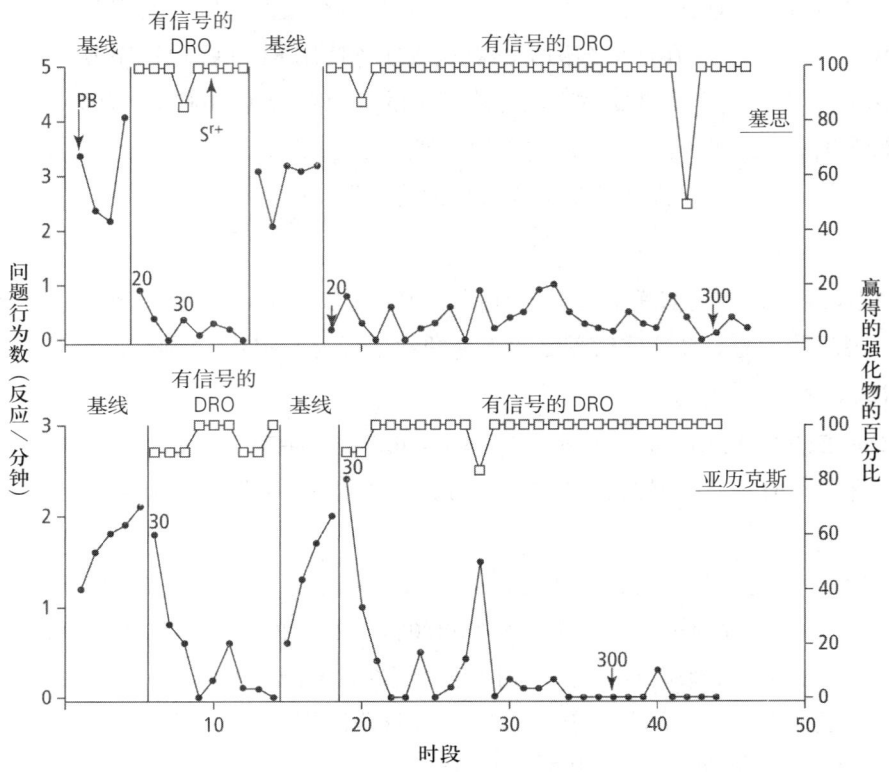

图 25.7 塞思和亚历克斯在基线条件和有信号的 DRO 条件期间的每分钟问题行为反应数量（左侧 y 轴），以及在 DRO 条件期间赢得的可获得强化物（S^{r+}）的百分比（右侧 y 轴）。问题行为的数据路径上方的数字代表每个阶段中的第一个和最后一个时段实施的 DRO 时距长度（秒）。

引自 J. L. Hammond, B. A. Iwata, J. N. Fritz, & C. M. Dempsey (2011). Evaluation of Fixed Momentary DRO Schedules Under Signaled and Unsignaled Arrangements. *Journal of Applied Behavior Analysis*, 44, p. 76. 经约翰威立出版有限公司授权转载。

可变瞬间 DRO（VM-DRO）

在**可变瞬间 DRO**（variable-momentary DRO, VM-DRO）程序表中，实务工作者需要：（1）建立一个可变时距的随机序列；（2）如果问题行为没有在每个时距结束的那一刻出现，那么就在时距结束时给予强化。林德伯格及其同事（1999）使用 VM-DRO 帮助一位有重度发展性障碍的 50 岁女性布里奇特改善频繁撞头和身体的行为。功能分析显示，这些自伤行为是由社会正强化维持的。在 VM-DRO 干预期间，自伤行为被置于消退之中，如果在每个时距结束时，布里奇特没有撞头或打自己，那么就可以得到治疗师 3~5 秒的关注。在基线之后的五个时段内，实验者使用了 VM-DRO 15 秒的程序表，布里奇特的自伤行为迅速减少至几乎为零（参看图 25.9）。布里奇特的自伤行为在第二个基线阶段有所增加，之后研究者再次实施平均 11 秒时距的 VM-DRO。自伤行为在第二个处理条件期间没有迅速减少。在自伤行为发生率较低的几个时段结束之后，时距长度增加到 22 秒，最终达到最高的目标时距长度 300 秒。

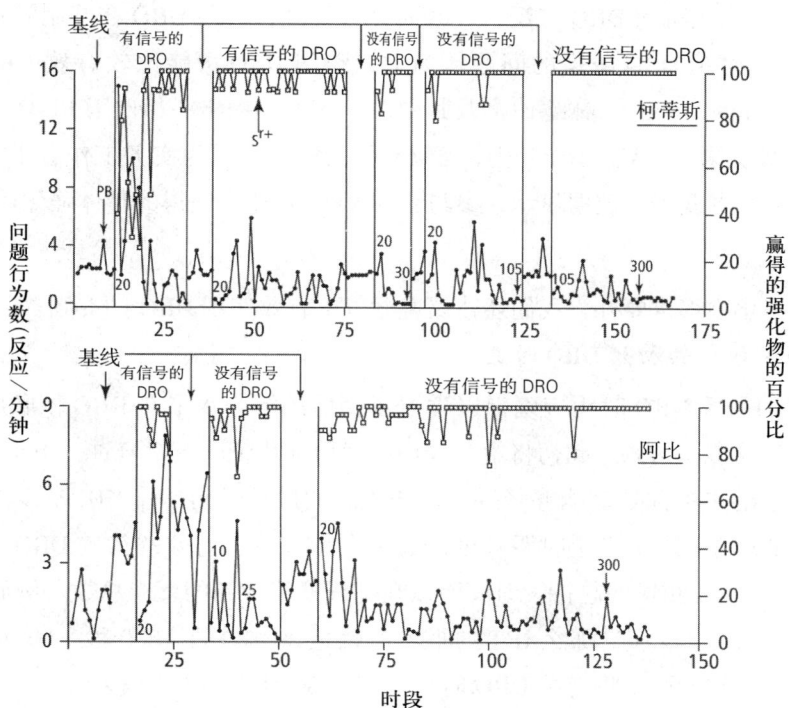

图 25.8 柯蒂斯和阿比在基线条件和有信号的 DRO 条件期间的每分钟问题行为反应数量（左侧 y 轴），以及在 DRO 条件期间赢得的可获得强化物（S^{r+}）的百分比（右侧 y 轴）。问题行为的数据路径上方的数字代表每个阶段中的第一个和最后一个时段实施的 DRO 时距长度（秒）。

引自 J. L. Hammond, B. A. Iwata, J. N. Fritz, & C. M. Dempsey (2011). Evaluation of Fixed Momentary DRO Schedules Under Signaled and Unsignaled Arrangements. *Journal of Applied Behavior Analysis*, 44, p. 76. 经约翰威立出版有限公司授权转载。

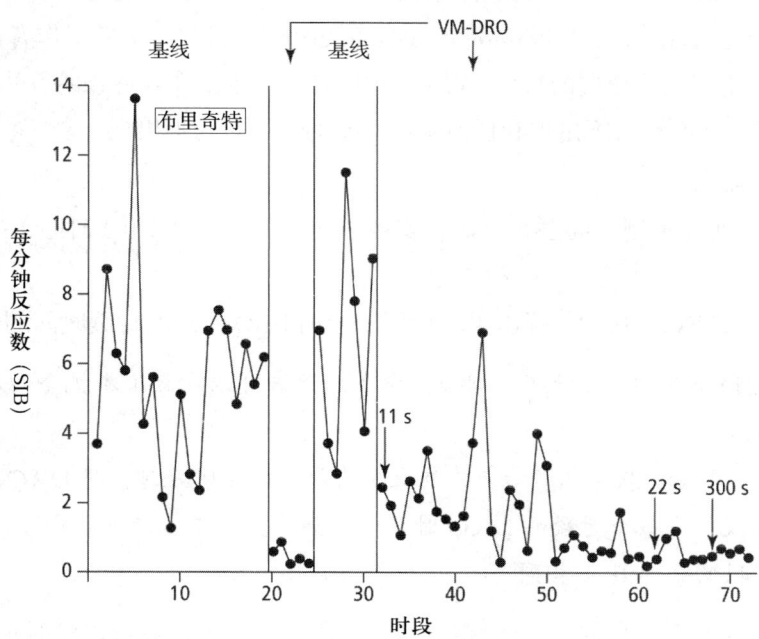

图 25.9 基线和处理条件期间的每分钟自伤行为反应数量

引自 J. S. Lindberg, B. A. Iwata, S. W. Kahng, & I. G. DeLeon (1999). DRO Contingencies: An Analysis of Variable-momentary Schedules. *Journal of Applied Behavior Analysis*, 32, p. 131. 经约翰威立出版有限公司授权转载。

时距 DRO 的应用范围比瞬间 DRO 广泛。一些研究者发现，时距 DRO 在抑制问题行为上比瞬间 DRO 有效，而在维持已通过时距 DRO 减少的问题行为上，瞬间 DRO 可能比较有效（Barton, Brulle, & Repp, 1986; Repp, Barton, & Brulle, 1983）。林德伯格及其同事（1999）指出，相比于 FI-DRO 程序表，VM-DRO 程序表有两个潜在优势。第一，VM-DRO 程序表似乎更为实用，因为实务工作者不需要时刻监控参与者的行为。第二，这些研究者获得的数据显示，参与者在 VM-DRO 中获得的整体强化比率高于 FI-DRO。

使用 DRO 的准则

除了选择高效的强化物很重要外，我们还建议遵循以下有效使用 DRO 的准则。

设定可以确保频繁强化的初始 DRO 时距

实务工作者建立的初始 DRO 时距应确保以学习者目前的行为水平在 DRO 依联应用时能够接触到强化。例如，考德里及其同事（1990）起初将给予赞扬和代币强化依联于 2 分钟"不出现抓挠"时距，因为那是"我们先前所见过的杰里独处时能够坚持不抓挠皮肤的最长时间"（p. 501）。以等于或略小于基线平均反应间隔时间（IRT）的间距来设定时距长度，通常会形成一个有效的初始 DRO 时距。为了计算平均 IRT，实务工作者用所有基线测量的总持续时间除以在基线期记录到的反应总数。例如，如果在 30 分钟的基线测量中总共记录了 90 个反应，那么 IRT 的平均值就是 20 秒（即 1800 秒÷90 个反应）。使用这些基线数据作为指导，实务工作者可以将初始 DRO 时距设定为 30 秒或小于 30 秒。

不要在无意中强化其他不理想的行为

在"纯粹"的 DRO 程序表中，强化依联于一个非常普遍的反应类，这个类仅以不出现目标问题行为来界定。因此，一个"纯粹"的 DRO 通常用于对发生率非常高的严重问题行为的治疗，这些人当前的技能库只能提供很少（如果有的话）可充当替代行为的其他行为，而且对他们来说，能表现出来的任何其他行为的问题都比目标行为的问题要小。

由于 DRO 并不要求发出任何特定的行为来获得强化，因此，当强化送达时，个体正在做的事情或行为就可能在未来更频繁地出现（Jessel, Borrero, & Becraft, 2015）。因此，实务工作者使用 DRO 时必须十分谨慎，不要在无意中强化其他不想要的行为。使用 DRO 时，实务工作者应该将在由程序表所指定的时距内或时刻提供强化依联于问题行为不出现和任何其他重要的不当行为不出现。

逐渐增加 DRO 时距

在初始 DRO 时距有效地控制了问题行为后，实务工作者可以增加 DRO 时距，一开始增量要小一些，然后逐渐增加。

波林和瑞安（Poling & Ryan, 1982）提出了三种用于增加 DRO 时距的持续时间的程序。

1. **以固定的持续时间**增加 DRO 时距。例如，实务工作者可以在每次有机会增加时距时，以 15 秒增量来增加 DRO 时距。
2. **按比例**增加时距。例如，实务工作者可以在每次有机会改变时距时，将 DRO 时距增加 10%。
3. **根据学习者的表现**改变每个时段的 DRO 时距。例如，实务工作者可以将每个时段的 DRO 时距设定为与前一个时段的平均 IRT 相同。

如果问题行为在引入一个较长的 DRO 时距后恶化，那么实务工作者可以将时距的持续时间减少至可以再次控制问题行为的水平。在重新达到原本已经获得的行为减少水平之后，再用较小的增量逐步增加 DRO 时距。

将 DRO 应用于其他情境和一天中的其他时间

当问题行为的频率在治疗情境中大幅减少时，可以在个体的自然环境中的其他活动和时间中引入 DRO 干预。让教师、父母或其他照顾者使用 DRO 程序表提供强化，将有助于提高干预的效果。例如，杰里的自伤行为在干预时段中得到良好控制后，考德里及其同事（1990）开始在一天中的其他时间和地点实施 DRO 干预（参看图 25.6）。开始时，如果杰里在休闲时间、教学时间或自由时间中的每个单一 30 分钟 DRO 时距内不做出抓挠动作，工作人员就会赞扬他并给他代币。然后，他们开始增加额外的 30 分钟 DRO 时距，直到 DRO 依联延伸至他所有醒着的时间。杰里在医院待了两年，后来他的自伤行为减少到可以出院回家的水平。杰里的父母学习了如何在家中实施 DRO 程序。

将 DRO 与其他程序相结合

可以将 DRO 作为一个单一的干预程序来使用。不过，与 DRA 一样，将 DRO 与其他行为减少程序一同纳入处理集成包，往往会产生更有效和更高效的行为改变。德祖比卡赖和克莱尔（De Zubicaray & Clair, 1998）将 DRO、DRI 和恢复（惩罚）结合起来，以减少一名住在慢性精神疾病治疗机构的 46 岁的智力障碍女性的身体和语言虐待与攻击行为。此外，罗利德和范霍滕（1984）做了三个实验，其结果显示，DRO 加上谴责的干预在减少儿童的各种问题行为方面（例如，一个 4 岁女孩虐待她的小妹妹的身体，一个 12 岁男孩吮吸拇指、睡前发脾气）比单独使用 DRO 有效。

人们也可以在一项效果不佳的干预中加入 DRO 作为补充。麦科德、艾瓦塔、加连斯基、埃林森和汤姆森（McCord, Iwata, Galensky, Ellingson, & Thomson, 2001）在"成效有限"的刺激渐褪干预中加入了 DRO 以减少 41 岁的女性萨拉的问题行为，她有重度智力障碍和视觉障碍。她的问题行为包括严重的自伤行为、破坏物品和由噪声引发的攻击行为。当实施 DRO 时，噪声值以 2 分贝的增量逐步提高，"治疗师以 6 秒为时距，如果时距内没有出现问题行为，就给她一个她喜欢的食物（半个奶酪泡芙）。如果时距内出现问题行为，就不给她食物，并重置 DRO 时距"（p. 455）。每当萨拉在连续三个 1 分钟的干预时段内都没有表现出问题行为时，研究者就将 DRO 时距增加 2 秒。这种程序表的淡化一直持续到萨拉能够在一个时段内不表现出问题行为。然后，治疗师在时段结束时给她食物。在干预中加入 DRO 后，萨拉的问题行为迅速减少，其问题行为在四十多个时段里可以维持在零或接近零的水平（参看第 6 章，图 6.6 中的下图）。治疗结束后，在嘈杂的环境中进行的探测显示，治疗效果得到了维持，并泛化到了萨拉的家中。

了解 DRO 的局限性

虽然 DRO 在减少问题行为上十分有效，但也不是没有缺点。使用时距 DRO 时，强化的提供只依联于时距内不出现问题行为，即使在这段时间内可能出现了另一个不当行为，也会提供强化。例如，假设使用 20 秒时距 DRO 来减少一名妥瑞氏综合征少年的脸部抽动。如果在每个 20 秒时距内都不出现脸部抽动，就在时距结束时给予强化。然而，如果少年在时距内或在时距结束时出现咒骂行为，仍然会给予强化。强化的提供依联于不出现脸部抽动，其时间点可能会接近发生咒骂的时间，从而无意中增强了另一个不当行为。在这种情况下，应该缩短 DRO 时距的长度，以及/或者拓宽问题行为的定义，将其他不良行为（如强化依联于没有脸部抽动和没有咒骂行为）纳入进来。

在瞬间 DRO 中，强化的提供依联于时距结束的那一刻不出现问题行为，即使不当行为可能在时距内出现过。在前面的例子中，在 FM-DRO 20 秒的程序表中，每到第 20 秒不出现脸部抽动，就给予强化，即使这个时距中有 50%、75%，甚至 95% 的时间发生过脸部抽动。在这种情况下，实务工作者应该使用时距 DRO，并缩短 DRO 时距的长度。

另外一个考虑因素是有多少资源可用于实施劳动密集型程序。罗森布拉特（Rozenblat）及其同事

（2009）发现，如果 DRO 时距非常短——在他们的案例中，短到只有 1 秒——那么在临床上可能无法只靠一名分析师或实务工作者完成。对若干学生实施一个研究时段，要为一系列时距计时，收集数据和记录行为表现，还要提供强化，这些工作显然超过了一个人的能力范围。因此，建议实务工作者在启动一项 DRO 计划之前，先评估人力资源。

对低频率反应的差别强化（DRL）

使用**对低频率反应的差别强化**（differential reinforcement of low rates, DRL）时，实务工作者：（1）在与前一个反应相隔至少一个最低标准时间才出现的目标行为之后，给予强化；（2）将强化依联于一段时间内出现的反应数量不超过一个预定标准。费尔斯特和斯金纳（Ferster & Skinner, 1957）在实验室研究中发现，对在逐渐增加的零反应时距之后才出现的一个反应给予强化物会降低总反应比率。卡坦尼亚（2013）描述了一个在实验室研究中发现的典型的 DRL 行为。

> 在 DRL 表现中，反应不太可能被消除，因为减少的低频率行为会产生更多的强化物。一旦一些反应得到强化，反应比率通常会升高，但如此一来，反应会更紧密地接连发生，导致能够达到程序表标准的反应变得更少，反应比率就会再次降低，如此反复。一般来说，反应会稳定在某个值上，在升高的比率伴随减少的强化和降低的比率伴随增加的强化之间变换。一只鸽子啄东西就可以通过这样的依联长久维持。因此，DRL 表现对于改变是高度抗拒的，虽然其比率会保持在相对较低的水平。因此，它再次说明了反应强度和反应比率的独立性（Nevin & Grace, 2000）。（p. 209）

由于 DRL 程序表的强化是在目标行为发生后给予的——而 DRO 的强化依联于行为的不发生——因此，行为分析师使用 DRL 来降低一个发生得过于频繁的行为的比率，但并不能完全消除这个行为。实务工作者之所以确认某个行为是问题行为，可能不是因为该行为的形式，而是因为该行为发生得太频繁。例如，一名学生在独立做作业时举手求助，或走到教师桌前求助，这在有限的比率下是恰当的，但如果发生得太频繁，就是一个问题行为。

在被告知某个行为必须减少，或被要求表现出恰当的反应比率时，有的学习者可能会减少发出该行为的频率。但当只靠指令无法将问题行为减少到可接受的比率的时候，实务工作者可能就需要实施一项以后果为基础（consequence-based）的干预了。DRL 为实务工作者提供了一种逐渐减少问题行为的干预方法，它比单独的指令更有力，但仍然不至于形成更具限制性的后果（如惩罚）。戴茨（1977）命名和描述了三种 DRL 程序：全时段 DRL、时距 DRL 和间隔反应 DRL（spaced-responding DRL）。

全时段 DRL

在**全时段 DRL**（full-session DRL）程序表中，当在整个教学或处理时段内出现的反应等于或少于一个预定标准时，就给予强化。如果在时段内的反应超过特定的数量限制，就不给予强化。例如，一位教师实施全时段 DRL，设定每节课上的破坏性行为出现的次数上限为 4 次，在一节课结束时强化的提供依联于在该节课上出现的破坏性行为的次数不多于 4 次。对课堂环境和处理情境中的问题行为来说，全时段 DRL 是一种易于实施的干预。

戴茨和雷普（Deitz & Repp, 1973）证明了全时段 DRL 在减少课堂不当行为方面的成效和实用性。他们减少了一名有发展性障碍的 11 岁男孩在不该说话时大声说话的行为。在 10 天的基线期中，这名学生在每节 50 分钟的课上平均有 5.7 次大声说话的行为。随着全时段 DRL 的引入，这名学生在当天放学前获得 5 分钟的游戏时间依联于在每节 50 分钟的课上大声说话不超过 3 次。在 DRL 条件期间，其大声说话的行为减少到了平均每 50 分钟 0.93 次。返回基线阶段后，大声说话的行为略微增加至平均每节课 1.5 次。

奥斯汀和贝文（Austin & Bevan, 2011）对三名因过度寻求关注而影响作业及时完成的小学女生实施了全时段 DRL 的变体。研究者为每名学生设定了被允许的协助要求的次数，"不仅反映了基线比率的下降，也反映了教师认为每名学生在 20 分钟的学习时间内可以提出要求的合理次数"（p. 454）。DRL 干预的实施情况如下：

> 独立学习时间开始时，每名学生都会拿到一张画有几个小方格的卡片，方格的数量对应于她们各自被允许的要求次数加一（例如，埃琳被允许寻求关注三次，因此她的卡片上有四个方格）。每当学生要求获得教师的关注时，教师会做出回应（上限为该时段所分配的数量），并在卡片上的一个方格里签上名字。如果学生的要求次数超过了所允许的数量，教师就在剩余的方格里签名但不与学生交流。然而，在 DRL 条件期间，没有任何一名学生提出多于预定数量的要求。如果在学习时段结束时，学生还有至少一个空白方格，她就会为团队赢得一分。更多的空格并不会使其获得额外的分数，因为我们希望学生能够利用这些可用于要求协助或关注的机会。（p. 454）

由于学生在学习时段内提出的在 DRL 限制内的要求获得了强化，对目标行为来说，这是一个恰当的干预程序，我们将奥斯汀和贝文（2011）的干预方法确定为全时段 DRL 的一个变体。这是一个倒返设计，它证明了在减少每名学生的关注寻求行为的比率上的有效性（参看图 25.10）。教师发现 DRL 程序表很容

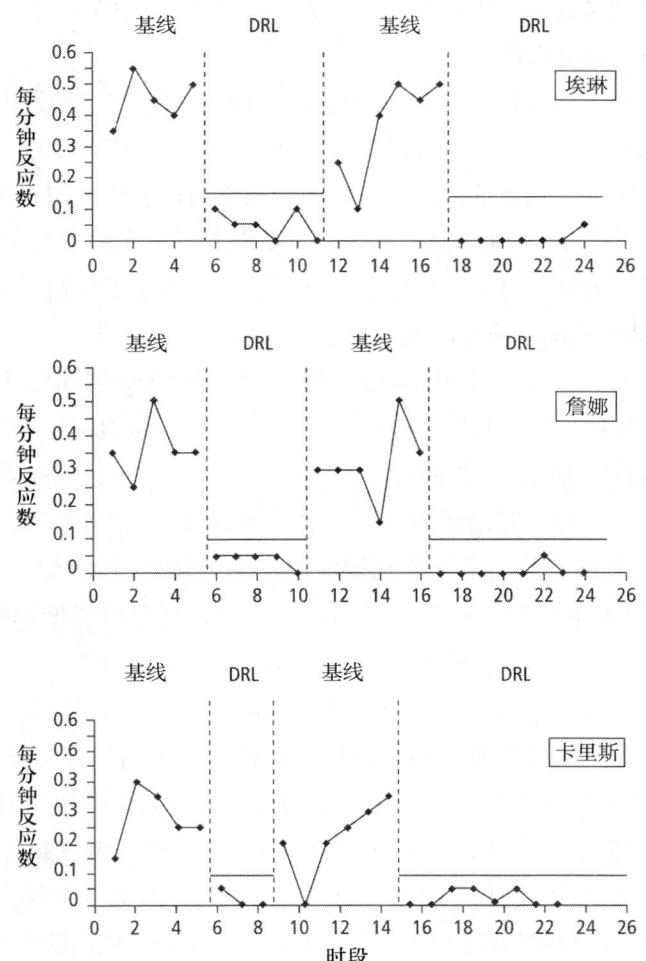

图 25.10 跨条件的要求关注比率。DRL 阶段的水平实线代表 DRL 程序表指定的反应限制。

引自 J. L. Austin & D. Bevan (2011). Using Differential Reinforcement of Low Rates to Reduce Children's Requests for Teacher Attention. *Journal of Applied Behavior Analysis*, 44, p. 456. 经约翰威立出版有限公司授权转载。

易实施和融入持续进行的课堂常规活动中,并表示会继续使用它。学生表示乐于使用方格卡片,喜欢为团体赢得分数,并希望教师继续使用这些卡片。

时距 DRL

使用**时距 DRL**(interval DRL)强化程序表时,实务工作者要将整个时段分成一系列相等的时距,如果每个时距内的问题行为数量等于或低于标准限制,就在每个时距结束时给予强化。如果学习者在时距内的反应数量超过标准数量,实务工作者就不给予强化,并开始一个新的时距。

戴茨及其同事(1978)使用时距 DRL 强化程序表来减少一名有学习障碍的学生的破坏性行为。这名 7 岁的学生在课堂上表现出了几种难以处理的不当行为(如奔跑、推搡、撞人、打人和扔东西)。该学生拿到了一张画有 15 个方格的纸,每个方格代表一个 2 分钟时距。如果学生在 2 分钟时距内只做出 1 次或没有做出不当行为,教师就会在一个方格里贴一张星星贴纸,每张星星贴纸代表学生有 1 分钟的时间跟教师一起去操场玩。如果学生在时距内做出 2 个不当行为,教师就立即开始一个新的 2 分钟时距。

间隔反应 DRL

使用**间隔反应 DRL**(spaced-responding DRL)强化程序表时,实务工作者在与前一个反应至少相隔一定时间的某个反应发生时给予强化。[1] 如第 4 章所述,反应间隔时间(IRT)是描述两个反应之间的持续时间的术语,IRT 与反应比率直接相关:IRT 越长,总反应比率越低;IRT 越短,总反应比率越高。当强化依联于较长的 IRT 时,反应比率会降低。

费弗尔、麦吉姆西和琼斯(Favell, McGimsey, & Jones, 1980)使用间隔反应 DRL 强化程序表和反应辅助来减少四名重度发展性障碍人士的快速进食行为。在开始治疗时,强化依联于吃两口食物之间的短暂独立停顿(IRT)。随着治疗的推进,强化的条件是逐渐增加的吃两口食物之间的停顿时间。研究者还使用肢体辅助来帮助学习者在吃两口食物之间停顿,当在全部食物入口的次数中有大约 75% 做到了至少 5 秒的独立停顿时,研究者渐褪反应辅助。最后,费弗尔及其同事逐渐淡化了食物强化和赞扬。进食的频率从基线期的每 30 秒 10~12 口降低到间隔反应 DRL 条件期间的每 30 秒 3~4 口。

辛格、道森和曼宁(Singh, Dawson, & Manning, 1981)使用间隔反应 DRL 干预来减少三名重度发展性障碍少女的刻板行为(如重复的肢体动作、身体摇摆)。在间隔反应 DRL 干预的第一阶段,每当女孩出现刻板反应的时间与上一个反应间隔至少 12 秒时,治疗师就赞扬她。一位实验者对间距进行计时,并使用一个自动亮灯的系统来提示治疗师何时给予强化。在实施了 DRL 12 秒 IRT 后,三个女孩的刻板行为全都迅速减少(参看图 25.11)。辛格及其同事系统化地将 IRT 标准从 12 秒增加至 30 秒、60 秒,然后是 180 秒。间隔反应 DRL 程序不仅大幅减少了三名被试的刻板反应,还获得了增加恰当行为(如微笑、说话、玩耍)的伴随效应。

大部分以操纵后果来减少行为的程序都有可能将行为的发生率减少至零,但间隔反应 DRL 不太可能做到这一点。因此,对于一个需要逐渐减少但仍应保持在较低比率的行为而言,间隔反应 DRL 是一种重要的干预手段。间隔反应 DRL 依联告诉学习者,他们的行为是可以接受的,但要少做一点。例如,教师可以使用间隔反应 DRL 来减少学生在课堂上提过多问题的行为。过于频繁地提问题会干扰课堂的学习和教学。为了实施干预,教师可以设定,如果学生在这一次提问前至少 5 分钟没有提问题,那么教师就对他现在的这个提问做出回应。这种间隔反应 DRL 干预可以减少(但不能消除)提问行为。

---

1 由于间隔反应 DRL 中的强化紧随目标行为的实例,因此它是与费尔斯特和斯金纳(1957)所描述的 DRL 强化程序表最相似的 DRL 应用变体。

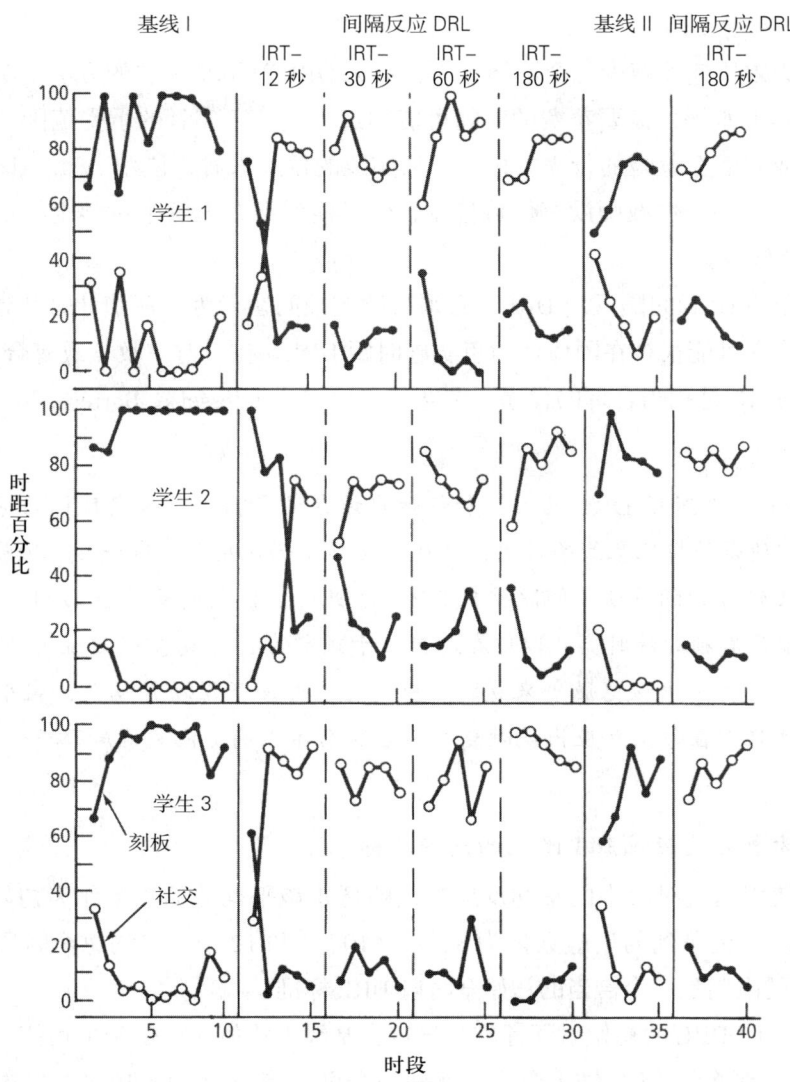

图 25.11 实施间隔反应 DRL 对三名重度发展性障碍少女的刻板行为的影响

引自 N. N. Singh, M. J. Dawson, & P. Manning (1981). Effects of Spaced Responding DRL on the Stereotyped Behavior of Profoundly Retarded Persons. *Journal of Applied Behavior Analysis*, 38, p. 524. 经约翰威立出版有限公司授权转载。

使用 DRL 的准则

有几个因素会影响三种 DRL 程序表在减少问题行为上的有效性，以下准则涉及这些因素。

选择最恰当的 DRL 程序

全时段 DRL、时距 DRL 和间隔反应 DRL 程序表为学习者提供了不同程度的强化。在这三种 DRL 程序中，只有间隔反应 DRL 是在特定反应发生后立即给予强化，而且在强化之前必须在一个最低要求的 IRT 之后发出反应。实务工作者使用间隔反应 DRL 来减少行为的发生，同时将那些行为维持在较低的比率。

在全时段 DRL 和时距 DRL 中，参与者不需要做出反应来获得强化物。在问题行为的比率变成零也可以接受的情况下，实务工作者可以应用全时段或时距 DRL，也可以将全时段或时距 DRL 作为以消除行为为目标的干预手段的起始步骤。

间隔反应 DRL 和时距 DRL 通常比全时段 DRL 产生的强化比率更高。针对有严重问题行为的学习者，安排频繁接触强化依联是特别合适的，而且往往是必要的。

了解 DRL 的局限性

如果实务工作者必须快速地减少一个不当行为，那么 DRL 就不是首选的方法。DRL 的进程较慢，要将不当行为减少至恰当的水平，需要花费的时间可能超过了实务工作者的承受范围。此外，不应将 DRL 用于处理自伤、暴力或有潜在危险的行为。最后，从实践的角度来看，使用 DRL 意味着实务工作者必须关注不当行为。例如，如果一位教师没有保持警觉，他可能就会在无意中对学生的不当行为给予太多关注，从而不经意地强化该行为。

要想有效应用时距 DRL 和间隔反应 DRL，必须持续监控问题行为、仔细计时和频繁强化。如果没有助手的帮助，实务工作者可能很难在团体环境里实施时距 DRL。在一对一教学或有合格的协助者在场时，时距 DRL 和间隔反应 DRL 是相当合理的程序。杰塞尔和博雷罗（Jessel & Borrero, 2014）提出了选择和应用 DRL 程序表的准则。

> 间隔时距 DRL 和全时段 DRL 的实施和评估应该在设定临床或研究目标的背景下进行。当目标是维持反应时，即使是维持比基线条件更低的反应比率（如应用于快速进食、频繁举手发问或闲聊），可能也需要使用比较费力的方法（间隔反应 DRL）。此外，使用间隔反应 DRL 程序表的局限性（如需要给每名学生配备单独的计时器，以便在反应低于预定的 IRT 时重新设置），可以通过在课堂情境中广泛使用科技设备（如平板电脑）来克服。教师可以在课堂活动开始前，在平板电脑上选择每名学生的 IRT。教师只需在每次反应出现时点击学生的名字以确定他/她是否符合给予强化物的标准。(p. 321)

使用基线数据作为初始反应或 IRT 限制的选择指标

实务工作者可以使用基线时段中的平均反应数或略低于该平均数的数量作为初始全时段 DRL 标准。例如，在五个基线时段中记录到的反应数量为 8、13、10、7 和 12 个，平均每个时段 10 个反应。因此，每个时段 8~10 个反应的限制是一个恰当的初始全时段 DRL 标准。

时距 DRL 和间隔反应 DRL 的初始时间标准可设定为基线平均值或略低于平均值。例如，基线平均值为每 60 分钟 4 个反应，那么每 15 分钟 1 个反应就是一个可接受的初始时距 DRL 标准。以相同的基线数据（即每 60 分钟 4 个反应）来看，间隔反应 DRL 程序表将 15 分钟作为初始 IRT 标准似乎是合理的。也就是说，只有当一个反应与前一个反应相隔至少 15 分钟时，才会产生强化。

逐步淡化 DRL 程序表

实务工作者应该逐步淡化 DRL 程序表，以达到期望的最终反应比率。实务工作者通常使用以下三个程序来淡化初始 DRL 时间标准。

1. 在使用**全时段 DRL** 时，实务工作者可以根据参与者当前的 DRL 表现来设定新的 DRL 标准。另一个选择是将一个略低于在最近几个 DRL 时段内发出的反应的平均数设定为新的 DRL 标准。
2. 在使用**时距 DRL** 时，如果当前的标准是每个时距超过 1 个反应，那么实务工作者可以逐渐减少每个时距内的反应数量；如果当前的标准是每个时距 1 个反应，那么可以逐渐增加标准时距的持续时间。
3. 在使用**间隔反应 DRL** 时，实务工作者可以根据最近几个时段的 IRT 平均值或略低于该平均值的数值来调整 IRT 标准。例如，赖特和沃尔默（Wright & Vollmer, 2002）将一个处理集成包中的 DRL 成分的 IRT 设定为先前五个时段的 IRT 平均值，成功地减少了一个 17 岁女孩的快速进食行为。研究者没有将 IRT 设定为超过 15 秒，因为不需要将这个女孩进食的速度降低到每分钟四口的水平。

实务工作者逐步地、系统化地改变与全时段、时距和间隔反应 DRL 相关联的时间和反应的标准，就能成功地淡化 DRL 强化程序表。

淡化 DRL 程序表的两个可能的决策规则如下：

规则 1：当学习者连续三次达到或超过标准时，实务工作者可能就要改变 DRL 标准了。

规则 2：当学习者在连续三个时段内至少有 90% 的强化机会时，实务工作者可能就要改变 DRL 标准了。

提供反馈

提供反馈有助于学习者监控自己的反应比率，以此提高 DRL 程序的有效性。全时段 DRL、时距 DRL 和间隔反应 DRL 程序为参与者提供了不同程度的反馈。其中，间隔反应 DRL 的反馈最为准确，因为强化是在每一个符合 IRT 标准的反应之后立即给予的。当一个不符合 IRT 标准的反应出现时，强化会被扣留，然后立刻重置时距，并开始一个新的时距。这个过程使学习者在每个时距内都能得到关于自己的反应的反馈。

时距 DRL 也提供了高水平的反馈，但略低于间隔反应 DRL。时距 DRL 提供给学习者两种反馈：第一个问题行为不会得到反馈。然而，第二个反应出现时会重置时距，这就为问题行为提供了一个后果。当时距内只出现一个或没有出现问题行为时，在时距结束时给予强化。这两种类型的反馈提高了时距 DRL 干预的有效性（Deitz et al., 1978）。

应用行为分析师可以安排有反馈或没有反馈的全时段 DRL。考虑到这个程序实施时当下时刻累积的反应，通常的安排是不提供反馈。戴茨（1977）指出，在全时段 DRL 中，学习者只对 DRL 标准做出反应：一旦学习者在时段内失去强化机会，他可能就会发出高比率的不当行为而没有后果。当强化程序表没有当下时刻的反馈时，学习者通常会保持在 DRL 限制以下。没有当下时刻的反馈，对有严重问题行为的学习者来说，全时段 DRL 的效果可能不及间隔反应和时距 DRL。全时段 DRL 的有效性极度依赖最初关于强化依联的口头描述（Deitz, 1977）。

摘要

差别强化的定义

1. 差别强化是指强化一个反应类，而扣留对另一个反应类的强化。

2. 当被用作减少问题行为的程序时，差别强化包括：（1）强化的提供依联于问题行为以外的行为出现（或问题行为比率的减少）；（2）尽可能扣留对问题行为的强化。

对替代行为的差别强化（DRA）

3. 实务工作者使用 DRA 来强化问题行为的理想替代行为的发生，并扣留对问题行为的强化。

4. DRA 可以被概念化为一个并存强化程序表，这个程序表中的两个反应类会获得不同比率的强化：（1）将替代行为置于一个高质量强化的密集程序表中；（2）将问题行为置于消退或一个非常精简的强化程序表中。

5. 学习者会将更多的反应分配给替代行为，而将更少的反应分配给问题行为，正如匹配律所描述的那样。

6. 当 DRA 包含强化一个不能与问题行为同时发生的行为时，这个程序有时被称作对不兼容行为的差别强化（DRI）。

7. 使用 DRA 时，实务工作者应该：

- 选择学习者当前技能库中已有的替代行为，而且做出该行为所需付出的努力与做出问题行为所需付出的努力相同，或前者少于后者，这些替代行为在干预以前已经表现过且有足够高的频率被强化，而且当干预结束时这些替代行为还有可能产生强化。
- 选择替代行为发生时可以提供的高效强化物，并在问题行为实例出现后扣留强化物。维持问题行为的后果可以作为替代行为的强化物发挥作用。
- 一开始用连续强化程序表来强化替代行为，然后逐渐淡化强化程序表。
- 当治疗从临床情境转移到自然情境中时，当新的治疗师和/或照顾者开始为服务对象工作时，当替代行为的强化程序表被淡化到在日常环境中可以维持的水平时，要警惕问题行为的发生率提高。
- 将DRA与其他减少行为的程序结合起来会产生更高效的干预。

对其他行为的差别强化（DRO）

8. 实务工作者在应用DRO时，强化物的提供依联于问题行为在整个时距内不发生（时距DRO）或在某些特定时刻不发生（瞬间DRO）。

9. 使用间距DRO时，在一个预定时距内不出现问题行为会产生强化，而时距内出现任何问题行为的实例，都会导致时距重置和强化推迟。

10. 使用瞬间DRO时，在一段时间内的预定时刻不出现问题行为会产生强化；其他时刻出现目标行为的实例不会改变下一次强化机会出现的时间。

11. 使用固定或可变时间程序表来实施时距DRO和瞬间DRO程序可以获得强化。

12. 使用DRO时，实务工作者应该：
- 建立一个初始DRO时距，确保以学习者目前的行为水平在DRO依联应用时会产生频繁的强化。
- 注意不要无意间强化了其他不当行为。
- 将在由程序表所指定的时距内或时刻提供强化依联于问题行为不出现和任何其他重要的不当行为不出现。
- 根据问题行为的减少而逐渐增加DRO时距。
- 在问题行为在治疗情境中大幅减少后，在其他情境和一天中的其他时间增加DRO。
- 将DRO与其他减少行为的程序结合起来。

对低频率反应的差别强化（DRL）

13. 使用DRL时，实务工作者：（1）在与前一个反应相隔至少一个最低标准时间才出现的目标行为之后，给予强化；（2）将强化依联于一段时间内出现的反应数量不超过一个预定标准。

14. DRL被用来降低一个发生得过于频繁的行为的比率，但并不能完全消除这个行为。

15. 在全时段DRL程序表中，当在整个教学或处理时段内出现的反应等于或低于标准限制时，给予强化。

16. 在时距DRL强化程序表中，实务工作者要将整个时段分成一系列相等的时距，如果每个时距内的反应数量等于或低于标准限制，就在每个时距结束时给予强化。

17. 在间隔反应DRL程序表中，在与前一个反应相隔至少一个最低反应间隔时间才出现的目标行为之后，给予强化。

18. 使用DRL时，实务工作者应该：
- 如果需要快速地减少一个问题行为，不要使用DRL。
- 不要使用DRL来处理自伤或其他暴力行为。
- 选择最适合的DRL程序表：当问题行为的比率变成零也可以接受时，可以使用全时段或时距DRL；

也可以将全时段或时距 DRL 作为旨在消除行为的干预的起始步骤。当要降低行为比率，又要将行为保留在学习者的技能库中时，使用间隔反应 DRL。
- 使用基线数据作为初始反应或 IRT 限制的选择指标。
- 逐步淡化 DRL 程序表，以达到期望的最终反应比率。
- 提供反馈以帮助学习者监控自己的反应比率。

第 26 章　前提干预

关键词

前提锻炼（antecedent exercise）

前提干预（antecedent intervention）

行为动量（behavioral momentum）

富饶的环境（enriched environment）

固定时间程序表（fixed-time schedule）

功能性沟通训练（functional communication training, FCT）

高概率要求序列［high-probability (high-*p*) request sequence］

非依联强化（noncontingent reinforcement, NCR）

限制（restraint）

可变时间程序表（variable-time schedule）

行为分析师认证委员会 BCBA/BCaBA 任务清单（第 5 版）

第二部分：应用

G. 行为改变程序

G-2 使用以动因操作和区辨刺激为基础的干预。

G-13 使用高概率指令序列。

G-14 使用强化程序来减弱行为（如对替代行为的差别强化、沟通性功能训练、对其他行为的差别强化、对低频率行为的差别强化、非依联强化）。

©2017 The Behavior Analyst Certification Board, Inc.,® (BACB®). 保留所有权利。本文件的当前版本可在 www.bacb.com 网站查阅。如需转载、复制或分发本文件，或有疑问，请直接联系行为分析师认证委员会。经授权使用。

　　一所私立小学的校长决定将学校的工作重点放在直接教学、精确教学和行为分析的应用上。这所学校服务的对象是有轻度至中度智力障碍、学习障碍和问题行为的学生。为了帮助学校改变工作重点，校长联系了当地一所大学的一位在应用行为分析方面有专长的教授，请他每周为学校教师开展课后在

➡ 本章由何舜瑶翻译。

职培训。校长希望在职培训专注于：（1）行为原理；（2）测量和分析；（3）应用策略和技术。

在职培训进展顺利。教师们开发了全校范围内的代币经济，其中包括一家商店，学生可以根据自己的表现去商店交换代币。然而，教师们报告了一个在课间休息时间日益严重的问题——四个男孩殴打和推挤其他学生。

在随后与教师的讨论中，他们提出了几种干预方法，包括反应代价或罚时出局，以解决操场上的不当行为。一位教师提出了下面这个建议。

不要对这些男孩使用惩罚。我建议建立一个操场安全巡逻队，由这四个男孩担任巡逻人员，并在课间休息时扩大代币经济的使用范围。我们可以与这些男孩见面，向他们介绍新的安全巡逻办法，并告诉他们已被选为第一批巡逻人员。然后，我们给他们戴上安全巡逻徽章。我们需要教会这几位新任巡逻人员：（1）如何辨识良好的操场行为——我们可以描述良好的操场行为的例子，并对这种操场行为进行角色扮演；（2）如何赞扬良好的操场行为；（3）如何在休息时间为表现出良好操场行为的其他学生发放代币。

这些教师接受并实施了这个方案。在实施的两周内，操场上的不当行为减少了，教师逐渐渐褪了操场上的安全巡逻队。

有趣的是，教师们报告说，虽然这四个男孩在前提干预之前跟其他学生在操场上的积极互动不多，但他们在接受干预之后似乎在操场上结交了朋友。

在早期的应用行为分析中，研究者和实务工作者强调了三项依联：后果如何影响行为，以及差别性后果如何产生区辨刺激和刺激控制。应用行为分析师很少试图通过操纵前提事件来改变行为。在20世纪80年代的三篇开创性文章发表之后，这种情况发生了戏剧性的变化：杰克·迈克尔（1982）为建立型操作进行了概念分析；布赖恩·艾瓦塔及其同事展示了一种评估自我伤害与特定前提事件之间的功能关系的方法（Iwata, Dorsey, Slifer, Bauman, & Richman, 1982）；特德·卡尔和马克·杜兰德（Ted Carr & Mark Durand, 1985）的实验表明，教授儿童在先前曾引起破坏性行为的情况下发出恰当的沟通反应，可以将不良行为减少至接近零。基于这些改变领域的文章所介绍的概念和技术，行为分析师已经开发出了各种各样的前提干预策略，用于减少问题行为，并促进社交、学术、休闲和工作环境中的适应性行为的发展。

前提干预的定义和分类

前提干预是在目标行为发生之前实施的，与目标行为的发生无关。有的前提干预可以操纵动因变量，有的可以使目标行为变得更费力或更不费力，有的涉及训练替代行为，有的包含对反应的差别性后果，还有的可以改变环境，从而使做出问题行为的机会受到限制（或者相反，使做出理想行为的机会更多）。表 26.1 列出了实务工作者可用于解决常见的行为问题和促进正向行为的前提干预的示例。

表 26.1 关于挑战性行为与可能的前提干预策略的例子

挑战性行为的情况	前提干预
当被要求做家庭作业或洗澡时，孩子不服从指令。	家长提供一个选择："你想先做作业，还是先洗澡？"
当被要求完成包含 25 道题的数学作业时，学生干扰课堂。	教师把 25 道题拆成五份作业，每份包含 5 道题。
进入教室等待第一堂课开始时，几名学生出现不良行为。	教师在公告栏上为每名学生钉上一张卡片。上面写有个性化的问题。进入教室后，学生从公告栏上取下自己的卡片，回到各自的座位上，在卡片上写下问题的答案。
专注于任务几分钟后，一名无口语的员工哭着将材料扔到地上，终止了工作活动。	主管教那名员工在疲劳或沮丧时打出"休息"的手势，并在员工这样做时提供短暂的休息时间。

(续表)

挑战性行为的情况	前提干预
婴儿在房间里爬行时，可能会遇到很多潜在的危险事件。	在楼梯口安装闸门，将插头插在电源插座上，给橱柜门上锁，并移走台灯。

虽然使用单一术语来指称如此多变的干预是一种很经济的做法，但理解每种干预的核心原理是有效应用的第一步。以刺激控制［区辨刺激（S^D）］为基础的前提干预会引发行为，因为它们与强化的可获得性的增加有关。然而，动因操作（MO）的引发功能与强化的差别可获得性无关。例如，即使没有有效的强化物，建立型操作也会增加某些行为的当前比率。无法区分前提事件的不同功能会导致概念上的混淆以及对服务对象的无效服务，甚至可能是不合伦理的。

除了提高概念的清晰度和一致性外，理解区辨刺激和建立型操作的引发功能的不同原因还具有重要的应用意义。涉及刺激控制的前提处理必须包括操纵在区辨刺激存在和不存在时强化的差别可获得性。以动因操作为基础的行为改变策略必须改变前提事件。理解这些差异就有可能根据前提事件而发展出更有效和更高效的行为改变模式。

前提干预的分类

前提干预可以用几种方式来分类。例如，史密斯（2011）提出了两大类针对问题行为的前提干预。"以功能为基础的前提干预直接操纵已被确定用于维持问题行为的特定操作依联中的至少一个成分。"（p. 297）根据这个定义，以刺激控制为基础的前提干预和那些涉及动因操作的干预就会被视为以功能为基础。史密斯将"效果不取决于引起并维持问题行为的变量的特定标识"的以前提为基础的干预归类为预设的干预（default interventions）（p. 297）。

前提干预也可以按行为改变是否需要差别性后果来分类。依联依赖（contingency-dependent）的前提干预的效果取决于前提存在或不存在时目标行为（或替代行为）的差别性后果。以刺激控制为基础的前提干预是依联依赖的。例如，当提出 2+2=？ 这个问题时，学生回答 4，并不是因为 2+2=？ 这个刺激，而是因为说 4 的强化历史，这可能包括对 4 以外的反应不进行强化的历史。第 17 章讨论了以刺激控制为基础的依联依赖的前提干预。

依联独立（contingency-independent）的前提干预的效果并不取决于目标行为的差别性后果。史密斯（2011）的预设前提干预是依联独立的，以动因操作为基础的前提干预也是如此。建立型操作和废除型操作的引发和减缓效应的发生与差别性后果无关（参看第 16 章）。表 26.2 提供了一些使用废除型动因操作来降低维持各种问题行为的强化物的有效性，同时减少那些行为的例子。第 16 章讨论了影响行为改变的动因操作。

表 26.2 使用废除型操作的前提干预的例子

废除型操作	例子
提供纠正辅助作为前提事件。	前提纠正学业辅助将破坏性行为减少至零（Ebanks & Fisher, 2003）。
教学时段前接触具有强化功能的刺激。	开展服从教学之前的一段父子游戏时间促使儿子服从父亲的要求（Ducharme & Rushford, 2001）。
提供可以自由参与的休闲活动。	有效地操纵休闲物品，使其与由自动强化维持的自伤行为相竞争（Lindberg, Iwata, Roscoe, Worsdell, & Hanley, 2003）。
降低噪声等级。	降低噪声等级减少了用双手捂耳朵的刻板行为（Tang, Kennedy, Koppekin, & Caruso, 2002）。

（续表）

废除型操作	例子
改变社交距离。	低水平的远距离接触减少了攻击行为（Oliver, Oxener, Hearn, & Hall, 2001）。
提供选择。	当学生有机会选择任务时，由逃避维持的问题行为减少了（Romaniuk et al., 2002）。
增加反应需力。	增加异食行为的反应需力减少了异食行为（Piazza, Roane, Kenney, Boney, & Abt, 2002）。

史密斯和艾瓦塔（1997）提醒我们，动因操作的效果是暂时性的，可能不会产生永久性的行为改善。但是，实务工作者可以运用消退和差别强化来补充 MO 操纵，从而更持久地改变行为（Phillips, Iannaccone, Rooker, & Hagopian, 2017）。

本章接下来的部分将介绍有科学证据证明有效性的三种依联独立的前提干预：非依联强化（NCR）、高概率要求序列（high probability request sequence）和功能性沟通训练（FCT）。本章最后简要讲述三种预设前提干预：限制（restraint）、富饶的环境（enriched environment）和前提锻炼（antecedent exercise）。

非依联强化

非依联强化是一种前提干预，它运用固定时间程序表（fixed-time schedule, FT）或可变时间程序表（variable time schedule, VT），独立于学习者的行为（即依联独立）而给予已知强化属性的刺激[1]。因为维持问题行为的强化物可以自由而频繁地获得，所以非依联强化可以有效地减少难以控制的问题行为，从而发挥废除型操作（AO）的作用，减少学生做出问题行为的动因。NCR 是治疗智力和/或发展性障碍人士表现出的严重问题行为的一种重要且有效的前提干预策略（Phillips et al., 2017）。对维持问题行为的强化依联进行功能分析，以确定使用正强化、负强化（逃避），还是自动强化来实施 NCR。

非依联强化和正强化

康、艾瓦塔、汤普森和汉利（Kahng, Iwata, Thompson, & Hanley, 2000）提供了一个应用非依联强化和正强化的绝佳例子。一项功能分析显示，社会性正强化维持了三名发展性障碍成人的自伤行为（SIB）或攻击行为。在基线期，其中两人每次发生自伤或攻击行为时，都会得到他人的关注，第三个人发生这些行为时，则会得到少许食物。在 NCR 的最初几个时段，先用固定时间程序表（如 5 秒）给予关注或少许食物。然后，将程序表淡化到最终标准的 300 秒。图 26.1 展示了三名参与者在基线期和非依联强化期的表现，并表明非依联强化程序能够有效地减少自伤行为和攻击行为。

非依联强化逃避

柯达、米尔滕贝格尔和罗曼纽克（Kodak, Miltenberger, & Romaniuk, 2003）分析了 NCR 逃避对两名 4 岁的孤独症男孩（安迪和约翰）的教学任务服从和问题行为的影响。安迪的任务是在教师说出特定的图像、单词或字母时指出与其对应的卡片。约翰的任务是用彩色笔描画单词里的每一个字母。他们的问题行为包括阻抗辅助、扔教材和打人。在基线期，治疗师发出有关任务要求的指令，发出指令后若出现问题行为，则移除任务材料，并转身离开孩子 10 秒钟。在 NCR 逃避条件期间，治疗师起初使用一个 10 秒固定时间逃避程序表，这意味着学生每 10 秒钟就有一次暂停教学的休息时间。当男孩在连续两个时段内达到

---

[1] 将 NCR 程序解释为提供强化物，不同于在技术上对强化的定义，因为强化的定义需要一个反应—强化物的关系（Poling & Normand, 1999）。我们使用 NCR 来描述根据时间传递且具有已知强化属性的刺激，是因为应用行为分析师一直这样使用，而且 NCR 这个术语具有描述性的作用。

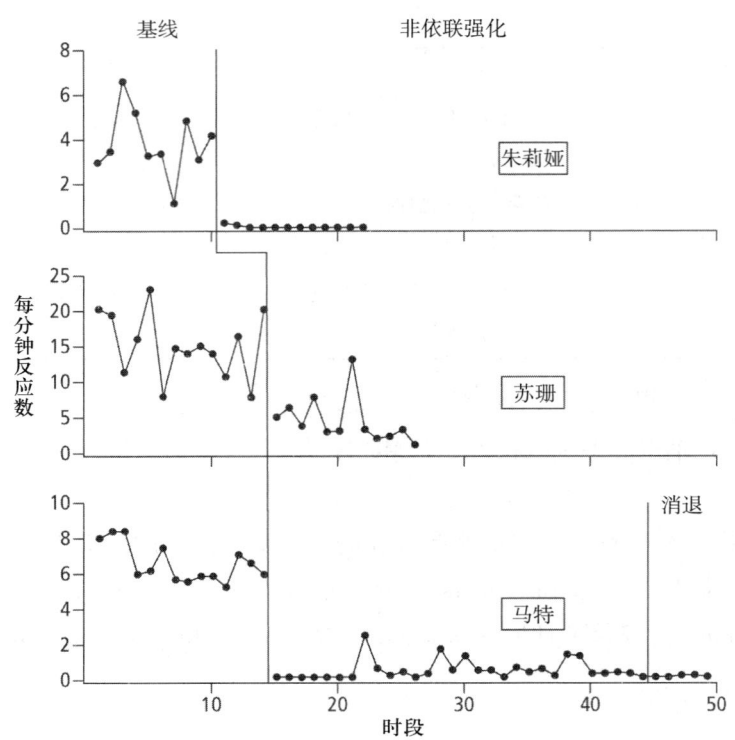

图 26.1 三名发展性障碍成人在基线期和非依联强化期内每分钟表现出的自伤或攻击行为的次数

引自 S. W. Kahng, B. A. Iwata, I. G. DeLeon, & M. D. Wallace (2000). A Comparison of Procedures for Programming Noncontingent Reinforcement. *Journal of Applied Behavior Analysis*, 33, p. 426. 2000 年版权归实验行为分析学会所有。经授权转载。

标准时，最初的 10 秒固定时间程序表会被淡化：从 10 秒到 20 秒，然后是 30 秒、1 分钟、1.5 分钟，直到最后的终点标准 2 分钟。结果是，NCR 逃避程序提高了服从度并减少了问题行为。

非依联强化与自动强化

林德伯格、艾瓦塔、罗斯科、沃斯德尔和汉利（Lindberg, Iwata, Roscoe, Worsdell, & Hanley, 2003）使用 NCR 作为一种治疗方法，以减少两名重度智力障碍女性的自伤行为（SIB）。功能分析显示，自动强化维持了她们的自伤行为。NCR 程序使朱莉和劳拉可以自由地获得各种高偏好的家庭休闲物品（如珠子、线等），她们可以在一整天里自行把玩。图 26.2 显示，将 NCR 用于对偏爱的休闲物品的操纵可以有效地减少自伤行为，而且这种效果可以维持到一年以后。这个实验非常重要，因为它表明 NCR 物品操纵可以与自动强化相竞争，以减少自伤的发生。但是，治疗由自动强化维持的问题行为通常需要增加其他治疗方法（如反应阻挡），以达到临床上的重要效果（Phillips et al., 2017）。

有效地使用非依联强化

下面的程序性建议指出了提高 NCR 的有效性的三个关键因素：（1）具有已知强化属性的刺激的数量和质量会影响 NCR 的有效性；（2）大多数包含 NCR 的治疗方法会将消退纳入进来；（3）在干预期间，强化物偏好有可能改变。换句话说，NCR 刺激可能无法一直与维持问题行为的强化物竞争。德利翁、安德斯、罗德里格斯—卡特和奈德（DeLeon, Anders, Rodriguez-Catter, & Neider, 2000）建议定期使用各种可获得的刺激，再加上 NCR 干预，以减少偏好改变的问题。

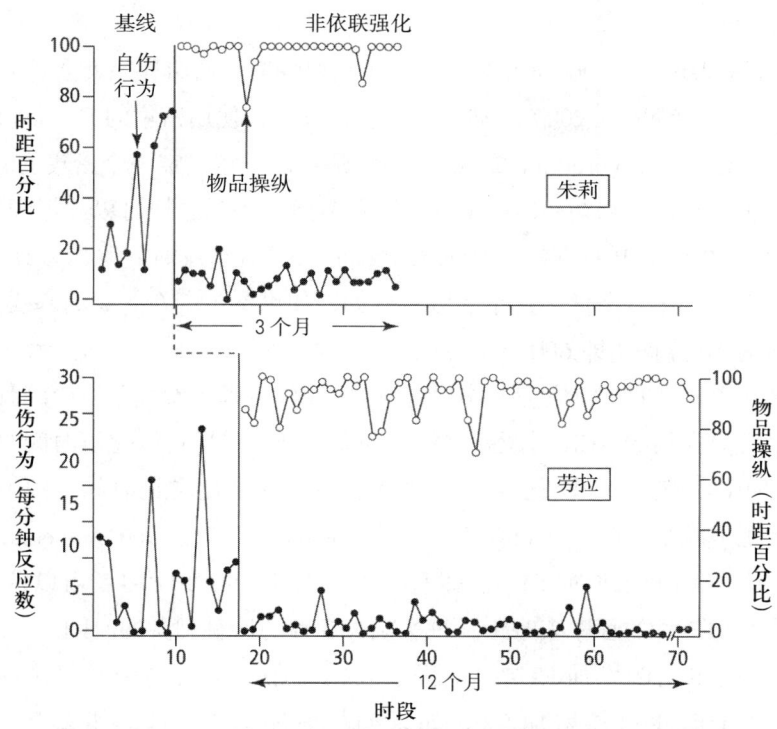

图 26.2　每天在家中实施 NCR 期间，观察到的朱莉和劳拉的自伤行为和操纵物品的程度。

引自 J. S. Lindberg, B. A. Iwata, E. M. Roscoe, A. S. Worsdell, & G. P. Hanley (2003). Treatment Efficacy of Noncontingent Reinforcement during Brief and Extended Application. *Journal of Applied Behavior Analysis*, 36, p. 14. 2003 年版权归实验行为分析学会所有。经授权转载。

功能性行为评估

使用 NCR 的有效性取决于正确地辨识维持问题行为的是正强化物、负强化物，还是自动强化物。功能性行为评估已经发展到可以通过准确指出维持行为的依联来大幅提高 NCR 的有效性[1]。

提高 NCR 的有效性

应用行为分析师可以增加比非 NCR 条件更多的已知强化属性的刺激数量以提高 NCR 干预的有效性。例如，林达尔、沃尔默、博雷罗和康奈尔（Ringdahl, Vollmer, Borrero, & Connell, 2001）发现，当基线和 NCR 条件包含相似数量的强化物时，NCR 是无效的。然而，当 NCR 程序表比基线程序表密集时，NCR 是有效的。应用行为分析师可以使用基线期的强化比率来建立一个初始 NCR 程序表，以确保基线与 NCR 条件之间存在差异。

林达尔及其同事（2001）建议在 NCR 干预中使用三个程序来突出强化的作用：（1）提供更多具有已知强化属性的刺激；（2）在处理初期使用一个不同的强化程序表（例如，连续提供或连续给予具有已知强化属性的刺激）；（3）将对其他行为的差别强化（DRO）与 NCR 处理集成包结合起来。DRO 可减少以时间为基础的 NCR 程序表对问题行为的偶然强化。

以时间为基础的 NCR 程序表

在大多数 NCR 的应用中，会使用固定时间程序表来提供已知强化属性的刺激。**固定时间程序表（FT）**是指两次呈现刺激的间隔时间是固定的。如果应用行为分析师将 NCR 设计为每次提供的时间间隔有变动，那就称作**可变时间程序表（VT）**。例如，NCR VT 10 秒程序表意味着平均每 10 秒呈现一次已知强化属性的刺激。VT 程序表可以以 5 秒、7 秒、10 秒、12 秒或 15 秒为时距，随机安排出现顺序以产生有效的结果

1　第 27 章将详细讲述功能性行为评估。

（Carr, Kellum, & Chong, 2001）。

设定初始的 NCR 时间程序表是实施 NCR 程序的一个重要环节。初始程序表会对干预的有效性产生重大影响（Kahng, Iwata, DeLeon, & Wallace, 2000）。研究者一直建议最初使用密集的 FT 或 VT 程序表（例如，Van Camp, Lerman, Kelley, Contrucci, & Vorndran, 2000）。治疗师可以任意设定一个密集的时间值（如 4 秒）。不过，根据问题行为的发生次数来设定初始时间值通常会更有效，因为这样可以确保频繁接触到 NCR 刺激。

以下程序可用于确定初始 NCR 程序表：用所有基线时段的总持续时间除以基线期记录到的问题行为总数，然后将初始时距设为等于或略低于这个商数。例如，如果参与者在 5 天的基线期内发生 300 次攻击行为，而每个基线时段为 10 分钟（即 600 秒），那么用 3000 秒除以 300 次反应，得到的商数为 10 秒。因此，根据这些基线数据，初始 FT 时距应为 7~10 秒。然后，分析师小幅增加 NCR 时距的持续时间，以此淡化程序表。不过，最好只在初始 NCR 时距问题行为的发生减少之后再淡化以时间为基础的程序表。

应用行为分析师使用三种程序来淡化 NCR 程序表：（1）固定地增加时间；（2）按照比例增加时间；（3）根据不同的时段增加或减少时间（Hanley, Iwata, & Thompson, 2001; Van Camp et al., 2000）。例如，治疗师可以使用一个固定的持续时间来增加 FT 或 VT 程序表的时距和减少学习者可以接触 NCR 刺激的时间。因此，治疗师可以每次增加 7 秒的程序表时距，每次减少 3 秒的接触刺激的时间。

同样，治疗师可以按照比例增加 FT 或 VT 程序表的时距，也就是说，每个时距都按照相同的比例增加时间。例如，每个时距可能增加 5%，如果初始时距为 600 秒，那么下一个时距就是 630 秒（5% × 600=30 秒；600+30=630 秒），以此类推。

最后，治疗师可以根据学习者在各时段的不同表现来改变程序表时距。例如，一个时段结束时，治疗师可以用学习者在这个时段内发生的问题行为次数除以时段的持续时间，将得到的商数作为下个时段的 FT 时距，并建立一个新的 NCR 时距。

如果问题行为在程序表淡化期间恶化，那么治疗师应该调整时距。在重新建立对问题行为的控制后，可以再次调整 NCR 时距的持续时间。不过，再次调整时应循序渐进。

设定终点标准

应用行为分析师通常会为 NCR 程序表淡化选择一个任意终点标准。康及其同事（2000）承认，研究尚未为 NCR 程序表淡化建立一个事实上的终点标准。虽然业界已使用各种时距时间——3 分钟、5 分钟、10 分钟——但在应用情境中，5 分钟的 FT 程序表似乎最受欢迎。5 分钟的 FT 程序表看起来既实用又有效。

信息箱 26.1 介绍了科伊和科斯特维奇（Coy & Kostewicz, 2018）提出的在教室里使用 NCR 的指南。

信息箱 26.1

在教室里实施 NCR

1. **建立背景**。第一步是利用数据收集和观察来辨识问题行为，并将明确定义的问题行为置于背景之中。定义应避开大范围的行为和不存在的行为，如"不专注任务""破坏性"或"不听"。行为定义应包括例子和非例子，例如，未经允许的喊叫，包括学生在未被点到的情况下的所有喊叫或说话的情况，但不包括在合唱中响应的情况。在界定了行为后，教师要确定在目标行为之前和之后通常会发生什么。这些背景信息可以使人们更好地了解行为发生的原因。除逸事或观察信息外，更多形式化的方法可以提供关于目标行为的全面信息。确定了与目标行为有关的背景后，教师要收集有关目标行为的基线数据，并在最有可能发生该行为的时候收集数据。数据收集的典型类型包括：（1）频率（行为在一定时间内发生多少次）；（2）每次发生的持续时间（行为发生多长时间）；（3）潜伏期（给出一个指示或提出一个要求后多长时间行为才开始）；（4）反应间隔时间（IRT；一个行为实例结束与另一个行为实例开始之间的时间）。

2. **辨识潜在的强化物**。NCR 依赖于谨慎而有目的地使用正强化物（例如，学生喜欢或愿意去争取的物品或事件）。强化物应与目标行为的常见后果相匹配。使用功能性强化物（例如，对于由逃避维持的行为，可以是从任务要求中解脱出来；对于寻求关注的行为，可以是给予赞扬）可以使 NCR 获得最大的成功机会。

3. **提供强化物**。在 NCR 期间，应持续提供功能性强化物，而不是对目标行为的出现做出反应。教师通过提供比学生因问题行为而得到的强化更频繁的强化来丰富环境。

4. **最终确定计划**。任何正式的行为干预计划都必须在实施之前进行良好的组织整理。书面行为计划包括背景信息、当前表现水平、实施指南以及监控或评估的部分。NCR 干预也有相同的要求。

5. **实施和评估**。查看完学生的基线行为数据并完成 NCR 计划工作表后，是时候将计划付诸实践了。实施 NCR 的实务工作者必须严格遵循时间表。电子科技（如手机应用程序）可以协助实施 NCR。教师在实施 NCR 时要注意几点事项。学生可能会在时距即将结束时出现问题行为。与其立即提供强化物，不如将强化物扣留大约 10 秒，或者等到学生不再表现出目标问题行为时再提供。一旦提供强化物，下一个 NCR 时距就开始了。实务工作者还应为 NCR 期间问题行为的短暂恶化做好准备。教师要进行监控，但不要理会这些恶化现象，并根据当前的强化程序表提供强化物。

引自 J. N. Coy & D. E. Kostewicz (2018). Noncontingent Reinforcement: Enriching the Classroom Environment to Reduce Problem Behaviors. *Teaching Exceptional Children*, 50, pp. 301–309. 2018 年版权归特殊儿童委员会所有。经授权转载。

使用 NCR 的注意事项

NCR 是一种有效的干预策略。除了有效之外，还有一些缺点。表 26.3 列出了 NCR 的优点和缺点。

表 26.3　NCR 可能的优点和缺点

优点
· NCR 比其他正向降低技术更容易应用，使用其他正向降低技术时，持续监控服务对象的行为才能依联提供强化物（Phillips et al., 2017）。
· NCR 有助于创造一种正向的学习环境，这始终是干预处理中的理想情况。
· 一个包含 NCR 和消退的处理集成包可以降低消退诱导的反应爆发（Van Camp et al., 2000）。
· 恰当行为与使用 NCR 提供具有已知强化属性的刺激的偶然配对可能会增强和维持那些理想的行为（Roscoe, Iwata, & Goh, 1998）。

缺点
· 自由获得 NCR 的刺激可能会降低做出适应性行为的动因。
· 问题行为与使用 NCR 提供具有已知强化属性的刺激的偶然配对可能会增强和维持问题行为（Van Camp et al., 2000）。
· NCR 逃避可能会扰乱教学过程。

高概率指令序列

学生的服从行为为很多重要行为的发展提供了机会。然而，不服从行为是发展性障碍人士和行为障碍人士的一个普遍存在的问题。高概率指令序列（high-probability instructional sequence, high-p）是一种非厌恶性的程序，可用于提高服从性和减少由逃避维持的问题行为。高概率指令序列可以减少对指令的过度缓慢反应，从而减少完成任务的总时间（Mace et al., 1988）。

当使用**高概率指令序列**时，实务工作者发出2~5个易于遵从且参与者有服从历史的指令。当学习者依序遵从几个高概率指令时，实务工作者立即发出目标指令［即低概率要求（low-p）］。在为管理严重行为问题而采用的服从性训练程序中，恩格尔曼和科尔文（Engelmann & Colvin, 1983）最早提供了关于高概率指令序列的正式描述。他们在下面的穿衣服小故事中使用了困难任务一词。

> **典型的指令序列**
>
> **教师**："请穿上你的衬衫。"（低概率要求）
>
> **学生**：为了逃避或回避困难任务而发脾气。
>
> **改进的指令序列与嵌入的高概率指令序列**
>
> **教师**："跟我击掌。"（高概率要求）
>
> **学生**：适当地拍一下教师伸出的手。
>
> **教师**："很好，做得好！现在把这个球放进你的口袋里。"（高概率要求）
>
> **学生**：把球放进口袋里。
>
> **教师**："好棒！做对了！现在穿上衬衫。"（低概率要求）
>
> **学生**：穿上了衬衫，没有发脾气。（p. 13, 括号中的文字为补述）

高概率指令序列对不服从行为的减少效果类似于废除型操作的减缓效应，它可以降低当前对低概率要求的不服从的强化效力（即降低逃避要求的价值）。实际上，"在高概率序列中，遵从几个高概率指令，并依联于这个服从行为而得到强化，可能会因此而提高对后续的低概率指令的服从"（Lipschultz & Wilder, 2017, p. 424）。一些行为分析师使用**行为动量**（behavioral momentum）来描述在强化条件改变后，行为对改变的阻抗，这个术语有时也用于描述高概率指令序列产生的效果（Mace et al., 1988; Nevin, Mandell, & Atak, 1983）。[1]

研究表明，对于从学龄前儿童到成年参与者的各种行为问题，高概率指令序列是一种有效的处理方法，无论他们有无残障。高概率指令序列产生的行为改善包括学龄前儿童的服从（Normand, Kestner, & Jessel, 2010; Wilder, Majdalany, Sturkie, & Smeltz, 2015）、学生对教师的学业指令的服从（Axelrod & Zank, 2012; Lee, Belfiore, Scheeler, Hua, & Smith, 2004）、有小儿喂食障碍的儿童的食物接受（Dawson et al., 2003; Ewry & Fryling, 2016; Patel et al., 2006）、社交互动增加（Jung, Sainato, & Davis, 2008），以及孤独症儿童对医疗检查要求的服从（Riviere, Becquet, Peltret, Facon, & Darcheville, 2011）。

基卢、萨伊纳托、戴维斯、奥斯佩尔特和保罗（Killu, Sainato, Davis, Ospelt, & Paul, 1998）对三名学龄前发展性障碍儿童做了一项研究，评估了高概率指令序列对服从低概率指令和出现问题行为的影响。在选择高概率要求时，研究者为其中两名儿童设定的服从标准是80%或更高，而第三名儿童为60%。选择低概率指令的标准是服从度在40%以下。

要求序列开始时，实验者或训练者提出了3~5个高概率要求。当一名儿童至少连续遵从3个高概率要

---

[1] 了解更多关于将反应比率和改变阻抗描述为操作式行为的两个独立部分的行为动量理论，请参看克雷格、内文和奥德姆（Craig, Nevin, & Odum, 2014），格里尔、费希尔、罗马尼和萨伊尼（Greer, Fisher, Romani, & Saini, 2016），内文（1992），以及谢安和斯威尼（Shahan & Sweeney, 2011）的相关文章。

求时，训练者立即提出一个低概率要求。在儿童做出每个服从反应后，立即给予赞扬。图26.3显示了三名儿童在高概率序列之前、期间和之后的表现。这项实验由两位不同的训练者提供要求序列，增加了三名儿童对低概率要求的服从反应。他们在不同时间和不同情境中都维持了服从反应。

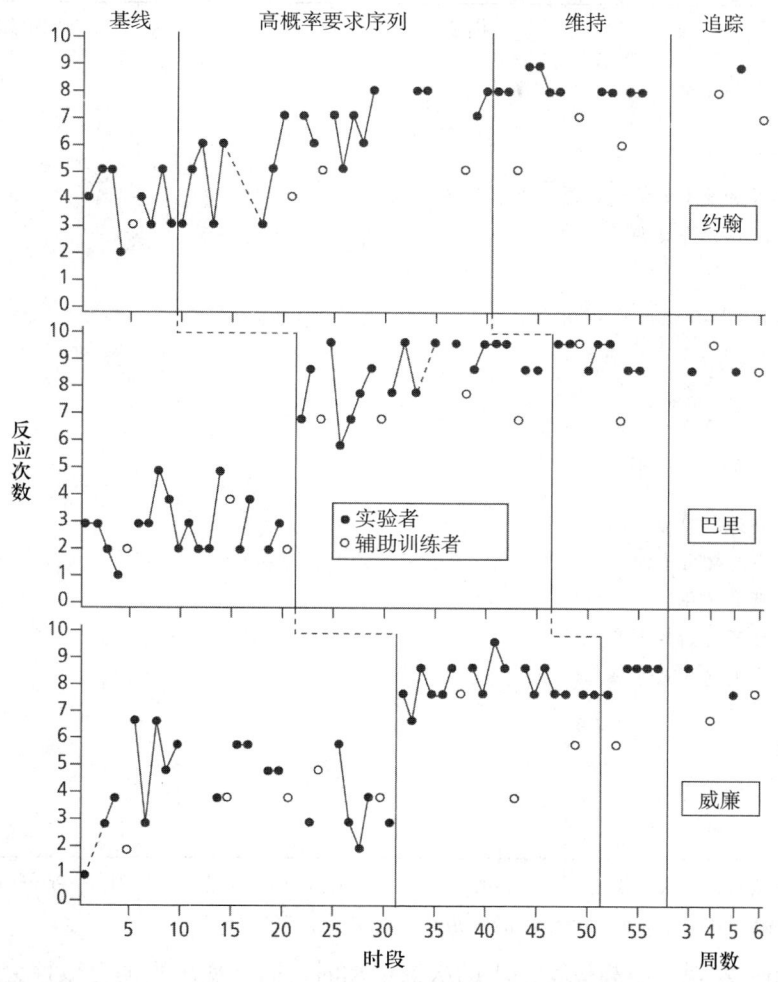

图 26.3 跨时段和条件，参与者对研究者和辅助训练者提出的低概率要求做出服从反应的次数。每个时段给予参与者10个低概率要求。图中的虚线表示学生缺席。

引自 K. Killu, D. M. Sainato, C. A. Davis, H. Ospelt, & J. N. Paul (1998). Effects of High Probability Request Sequences on Preschoolers' Compliance and Disruptive Behavior. *Journal of Behavioral Education*, 8, p. 358. 经授权使用。

有效地使用高概率指令序列

从当前的技能库中选择高概率指令

选择高概率指令的任务时，应在学习者当前的技能库中选择经常发生且持续时间很短的任务。阿多因、马滕斯和沃尔夫（Ardoin, Martens, & Wolfe, 1999）通过以下方式选择高概率指令：（1）制作一份与学生的服从行为相对应的要求清单；（2）清单上的每项要求都要在五个单独的时段里提出；（3）学生的服从度达到100%的任务才能被选为高概率要求。对于高概率指令，常用的标准是服从度达到80%或更高（例如，Belfiore, Basile, & Lee, 2008; Mace et al., 1988）。

阿克塞尔罗德和赞克（Axelrod & Zank, 2012）根据经验辨识出了五年级学生查尔斯和托马斯的高概率指令和低概率指令，他们在普通教育教室中接受特殊教育服务，并发出了高比率的不服从行为。教师列出了一份包含40条典型课堂指令的清单，然后在10天中的阅读时间和课堂作业时间里，向每个人随机呈现每个指令各 10 次。服从率达到 80% 或更高的指令被归类为高概率，而服从率只有 40% 或更低的指令被归类为低概率。研究中未使用服从率为 40%~80% 的指令。表 26.4 显示了托马斯服从教师命令的百分比。

表 26.4　托马斯在辨识期间服从教师命令的百分比

指令类别	指令	辨识期间的服从率（%）
高概率	跟教师击掌	100
	跟教师碰拳	100
	把手放在桌子上	90
	拿起书写用具（如铅笔、原子笔、彩色铅笔）	90
	将书写用具放进桌斗里	80
	放下书写用具	80
	把手放在腿上	80
	站起来	80
	将椅子移近桌子	80
	走到小组成员那里	80
	跟小组成员一起坐下	80
低概率	停止说话并继续做作业	10
	将不恰当的材料（如玩具、画图纸、彩色铅笔盒）放进桌斗里	10
	停止说话并举手	20
	未经允许离开后回到座位上	20
	读文章中的句子或段落	30
	在纸上写名字	30
	开始做作业	30
	拿出嘴里的书写用具	30
	走到教师的桌子附近	40

引自 M. J. Axelrod & A. J. Zank (2012). Increasing Classroom Compliance: Using a High Probability Command Sequence with Noncompliant Students. *Journal of Behavioral Education*, 21, p. 125.

梅斯（Mace, 1996）发现，当高概率要求的次数增加时，高概率序列的有效性会相应地增加。五个高概率序列可能比两个高概率序列更有效，但有效性的增加可能会影响效率。例如，如果两个或三个高概率指令可以获得与五个或六个高概率指令相同或几乎相同的效果，那么教师也许应该选择较短的序列，因为它更有效率。当参与者始终服从低概率要求时，训练者应该逐步减少高概率要求的次数。

快速地提出要求

高概率要求应以短暂的间距快速连续地提出。第一个低概率要求应该在服从高概率要求而得到强化物后立即提出。

确认服从行为

学习者的服从行为应该立即得到肯定。在前面的穿衣服的例子中，注意一点：教师是在肯定和赞扬学生的服从行为（"很好，做得好！"）之后才提出下一个要求的。

使用强有力的强化物

个体可能会发出攻击行为和自伤行为以逃避低概率要求。梅斯和贝尔菲奥尔（Mace & Belfiore, 1990）警告说，如果逃避行为的动因很高，那么社会性赞扬可能就不会增加服从反应。因此，在服从后立即呈现高质量的正向刺激会提高高概率干预的有效性（Mace, 1996）。

表 26.5 总结了使用高概率指令序列的准则。

表 26.5 使用高概率指令序列的准则

- 使用该程序之前，根据经验辨识高概率指令和低概率指令。高概率指令的服从率应为 80% 或更高；低概率指令的服从率应为 40% 或更低。
- 不要在问题行为刚刚发生后使用高概率要求序列，因为学生可能会了解到，用问题行为来回应低概率要求将产生一系列较简单的要求。
- 在教学时段初期以及教学全程中使用高概率要求序列，以降低问题行为产生强化的可能性。
- 以短暂的尝试间隔时间（intertrial intervals）（1~5 秒）快速呈现高概率指令，并强化每次对高概率指令的服从。
- 如果参与者不服从高概率指令，那么应辨识并消除与低概率指令相关的刺激，或者使用其他高概率指令。
- 在服从 3~5 个高概率指令后，立即呈现第一个低概率指令。
- 对高概率指令的服从提供高质量的强化物。
- 将高概率指令与低概率指令的比例渐褪至 1∶1。
- 对治疗漂移要保持警惕，实务工作者只提供高概率指令，以避免出现低概率要求引发的逃避动因的攻击行为和自伤行为。
- 如果程序无效，考虑增加额外的干预成分。

来源：改编自 Belfiore, Basile, & Lee, 2008; Davis & Reihle, 1996; Dawson et al., 2003; Horner, Day, Sprague, O'Brien, & Heathfield, 1991; Lipschultz & Wilder, 2017; Mace, 1996; Mace et al., 1988; Normand, Kestner, & Jessel, 2010; Penrod, Gardella, & Fernand, 2012; Pitts & Dymond, 2012; Wilder, Majdalany, Sturkie, & Smeltz, 2015。

功能性沟通训练

功能性沟通训练（FCT）建立了一种恰当的沟通行为，可与由动因操作（MO）引发的问题行为相竞争。与改变当前动因操作的 NCR 和高概率指令序列不同，FTC 可以发展对现有动因操作敏感的沟通行为。实务工作者使用对替代行为的差别强化（DRA）（参看第 25 章）来教授适应性反应，这种反应会产生与维持问题行为相同的强化物，从而使替代行为在功能上等同于问题行为。这种替代性沟通反应有很多形式，如发声、手语、沟通板、文字或图片卡、声音输出系统或手势（Brown et al., 2000; Shirley, Iwata, Kahng, Mazaleski, & Lerman, 1997）。

卡尔和杜兰德（1985）将功能性沟通训练的两个步骤描述为：（1）进行功能性行为评估，以辨识维持问题行为的具有已知强化属性的刺激；（2）将这些刺激作为强化物，以发展取代问题行为的替代行为。对很多由社会性关注维持的问题行为而言，FTC 是一种有效的处理方法。

以功能性沟通训练为基础的干预除了教授替代性沟通反应外，一般还包括几种行为改变策略。例如，应用行为分析师经常使用反应辅助、罚时出局、身体限制、反应阻挡、重新引导和消退的组合来处理困难行为。

杜兰德（1999）使用功能性沟通训练来减少五名重度障碍学生在学校和社区中的挑战性行为。杜兰德首先完成了功能性行为评估，以确定维持问题行为的物品和活动。之后，学生学会了使用数字化语音沟通设备来要求获得在功能性行为评估中确定的物品和活动。使用数字化语音进行交流之后，五名学生在学校和社区里发生问题行为的次数减少了。图 26.4 显示了每名学生在社区情境中发生问题行为的时距百分比。这些数据具有社会意义，因为它们揭示了教授能够在自然情境中获得强化的技能的重要性，进而促进了干预效果的泛化和维持。

有效地使用功能性沟通训练

FTC 是一种可以减少问题行为的恰当和有效的前提干预，很多因素可以增强其效果。接下来我们将讨

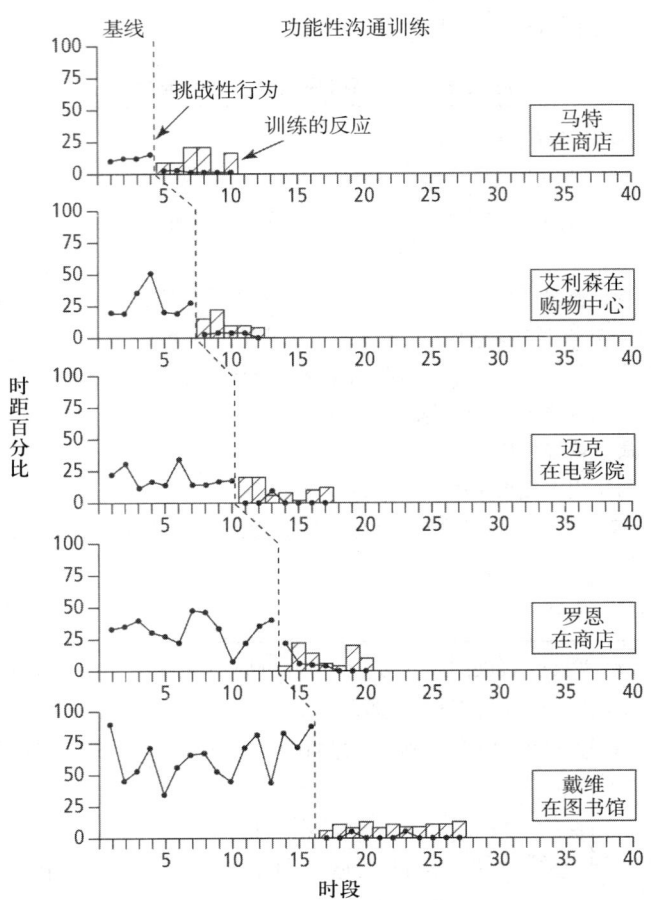

图 26.4 五名学生在基线期和功能性沟通训练期在社区里发生的挑战性行为的时距百分比。阴影条显示了每名学生独立沟通反应出现的时距百分比。

引自 V. M. Durand (1999). Functional Communication Training Using Assistive Devices: Recruiting Natural Communities of Reinforcement. *Journal of Applied Behavior Analysis*, 32, p. 260. 1999 年版权归实验行为分析学会所有。经授权转载。

论其中的主要因素。但是，我们认识到，安齐克、坎内拉—马隆和西加富斯（Andzik, Cannella-Malone, & Sigafoos, 2016）认为很少有研究分析实务工作者实施 FCT 的忠实度。他们的评论揭示了这个重要议题。

高密度的强化程序表

在沟通训练的早期阶段，在连续强化程序表中，替代性沟通反应应该产生维持问题行为的强化物。

减少使用语言辅助

在教授如何使用替代性沟通反应时，经常使用语言辅助，如说出"看"或"看着我"。在沟通反应稳固地建立起来后，训练者应逐渐减少语言辅助，如果可能的话，去除所有的语言辅助，使学习者不再依赖任何与干预有关的辅助（Miltenberger, Fuqua, & Woods, 1998）。

行为减少程序

如果在一个由消退或罚时出局组成的处理集成包中，对 FCT 进行个别化设计，那么 FCT 的有效性可能会得到增强（Shirley et al., 1997）。

淡化程序表

淡化一个已稳固建立的沟通反应的强化程序表是 FCT 处理集成包的一个重要部分。以时间为基础的程序，如固定地增加时间、按照比例增加时间，以及根据不同的时段增加时间等，并不适用于替代性沟通反应的淡化程序表。由于 FCT 干预并不改变引发问题行为的 MO，因此它们与差别性强化替代性沟通行为的方法不兼容。替代性沟通行为必须对 MO 的引发功能保持敏感以与问题行为相竞争。例如，想象一名发展性障碍儿童，他有遇到困难任务时做出自我刺激行为的历史。治疗师教授这名儿童在面对这些任务时寻求帮助（即替代性沟通行为），这减少了自我刺激行为。在寻求帮助的行为稳固建立起来之后，治疗师或照顾者不应该减少提供这种帮助的机会，因为这会打破替代性沟通行为—强化物的依联，并且会面临再次出现自我刺激的风险。

汉利、皮亚扎、费希尔、孔特鲁奇和马列里（Hanley, Piazza, Fisher, Contrucci, & Maglieri, 2001）建议使用一种淡化程序表的程序，在教授替代性沟通反应的初始阶段使用密集固定时距程序表（如 FI 2 秒、FI 3 秒），一旦建立起沟通反应，他们建议逐渐淡化 FI 程序表。不同于以时间为基础的程序，这种程序维持了行为与强化之间的依联。他们提醒说，在 FCT 干预期间淡化 FI 程序表可能会产生过高频率的替代性沟通行为，从而对家庭或课堂造成干扰。汉利及其同事进一步建议利用图片提示或外部"时钟"来告知什么时候可以获得强化物，以控制过于频繁的沟通反应。

有关 FCT 淡化程序表的研究和实践建议的更多讨论，请参看格里尔、费希尔、萨伊尼、欧文和琼斯（Greer, Fisher, Saini, Owen, & Jones, 2016），以及哈戈皮安、贝尔特和亚尔莫洛维奇（Hagopian, Boelter, & Jarmolowicz, 2011）的相关文章。

表 26.6 总结了 FCT 的优点和缺点。

表 26.6　功能性沟通训练可能的优点和缺点

优点
· 由于沟通反应通常能得到重要他人的强化，功能性沟通训练是泛化和维持替代性沟通反应的绝佳机会（Fisher, Kuhn, & Thompson, 1998）。
· 可能具有较高的社会效度。参与者报告说，与其他减少问题行为的程序相比，他们更喜欢 FCT（Hanley et al., 1997）。

缺点
· FCT 处理集成包通常包括消退程序，这可能会造成一些不理想的结果（参看第 22 章）。
· 消退程序很难持续使用，这会间歇性地强化问题行为。
· 参与者可能会发出过于频繁的替代性沟通反应（Fisher et al., 1998）。
· 学习者要求获得强化的行为可能会在照顾者不方便或不可能提供的时候出现（Fisher et al., 1998）。
· FCT 可以将引发问题行为的环境完好无损地保留下来，这可能会限制其总体的有效性（McGill, 1999）。

预设的干预

史密斯（2011）将预设的前提干预定义为"其效果不取决于对为问题行为创造机会和维持问题行为的变量的具体辨识"的处理方法（p. 297），并描述了三种主要类型：前提锻炼、富饶的环境和限制。史密斯和艾瓦塔（1997）指出，前提锻炼常用于处理自伤、攻击和刻板行为；富饶的环境常用于处理受自动正强化维持的问题行为；限制则是在有限的特定情况下针对严重行为问题的恰当干预。

前提锻炼

前提锻炼要求个体先进行某种费力的有氧运动（如步行、慢跑、跳舞、健美操、轮滑），再接受一个低概率任务。锻炼结束后，训练者指示个人完成任务，并记录其表现。

最近几十年的研究表明，前提锻炼减少了很多不良行为，如自伤行为和攻击行为，还有其他各种行为，如不恰当的发声、重复性动作、大声说话、离席和刻板行为等。"值得注意的是，与其他涉及费力活动的干预（如过偿纠正）相比（Foxx & Azrin, 1972, 1973），前提锻炼的实施与问题行为的发生无关。"

(Smith, 2011, pp. 298–299)

切利贝蒂、博博、凯利、哈里斯和汉德尔曼（Celiberti, Bobo, Kelly, Harris, & Handleman, 1997）使用多因素设计来分析两个水平的前提锻炼对一名 5 岁的孤独症男孩的自我刺激行为的影响。

学术设计紧接在应用锻炼条件之后进行。适应不良的自我刺激行为被单独追踪，从而能够辨识出比较容易改变的行为（如身体自我刺激和"离席"行为）和阻抗力比较强的行为（如视觉自我刺激）。考察时间因素的影响后发现，身体自我刺激和"离席"行为有所减少，但只发生在慢跑条件下。此外，在慢跑干预后立即观察到这些行为急剧减少，又逐渐增加，但在 40 分钟内未恢复到基线水平。(p. 139)（参看图 26.5）

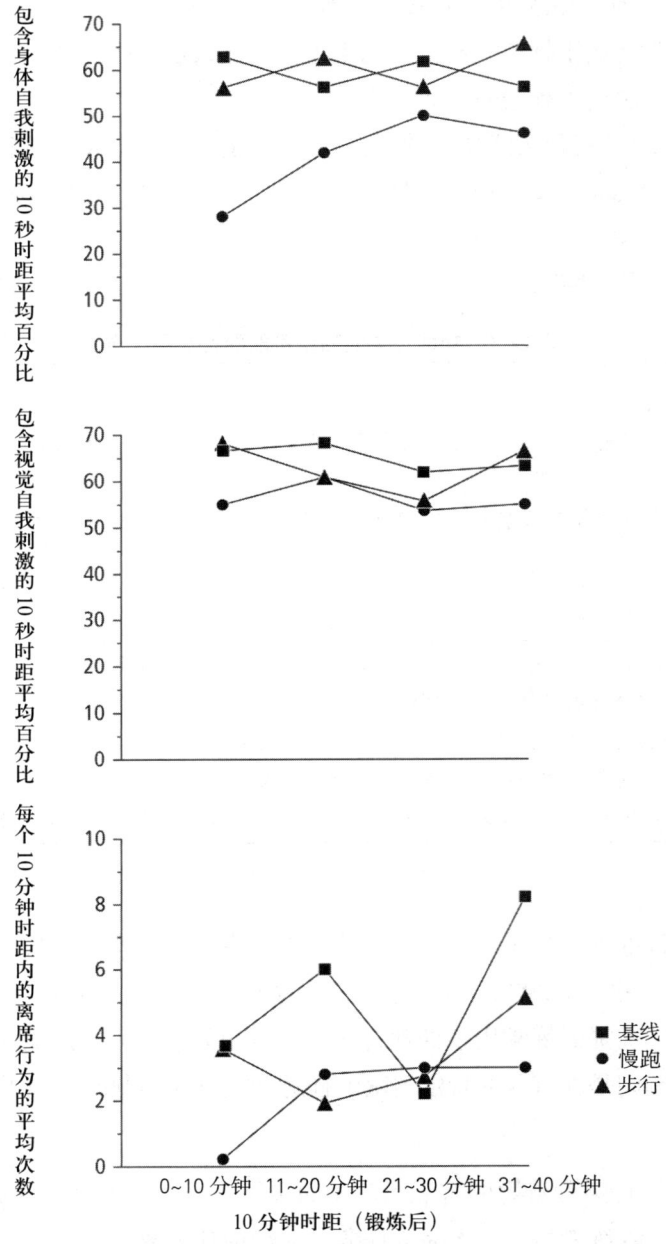

图 26.5　在实施基线（正方形）、步行（三角形）和慢跑（圆形）的处理条件后的跨四个 10 分钟时距内，身体自我刺激行为和视觉自我刺激行为的时距平均百分比，以及"离席"行为的平均频率。

引自 D. Celiberti, H. E. Bobo, K. S. Kelly, S. L. Harris, & J. S. Handleman (1997). The Differential and Temporal Effects of Antecedent Exercise on the Self-Stimulatory Behavior of a Child with Autism. *Research in Developmental Disabilities*, 18, p. 147. 经授权使用。

富饶的环境

富饶的环境（EE）干预使人们可以非依联性地获得偏爱的强化来源（如玩具、游戏、社交和娱乐活动）。非依联性地获得偏爱的强化来源可以使 EE 干预与问题行为提供的刺激相竞争（Horner, 1980）。如果有效，这种竞争会减少问题行为。

沃尔默、马库斯和勒布朗（Vollmer, Marcus, & LeBlanc, 1994）在功能分析没有得出结论后，检查了对三名参与者的干预情况。参与者是有重度障碍和自伤行为的 3 岁男孩罗恩和科里，以及有重度障碍和慢性吃手症的 4 岁女孩朗达。在刺激偏好评估（参看第 11 章）期间，沃尔默及其同事安排了一系列教师或家长建议的物品，包括食物、饮料、玩具和球。研究者使用标准评估程序，确认了每个孩子偏爱的和差别性的强化物。例如，朗达偏爱有声玩具和饼干，而其他孩子偏爱不同的物品。偏好刺激的 EE 干预减少了三个孩子的异常行为。

限制

限制包括从身体上限制、禁止或保护个体，以使目标行为无法发生。在行为分析文献中，有三种形式的限制作为前提干预：个人限制、防护装备限制和自我限制。

个人限制

个人限制是"在极有可能发生问题行为的情况下实施的，［并且］照顾者要用身体固定并握住（或抱住）对方的身体部位，以阻止问题行为的发生"（Smith, 2011, p. 300）。不应将作为前提干预的个人限制与反应阻挡相混淆，反应阻挡是指阻止已发生的问题行为（参看第 14 章）。

防护装备限制

防护装备限制（如带衬垫的头盔、手臂夹板、拳击手套、软垫连指手套、安全腰带、安全背带）可用于保护个体免受严重的自我伤害，并减少自伤行为的频率（Smith, 2011）。例如，马扎莱斯基、艾瓦塔、罗杰斯、沃尔默和扎尔科内（Mazaleski, Iwata, Rogers, Vollmer, & Zarcone, 1994）使用烤箱手套来治疗两名重度智力障碍女性的慢性吃手症。33 岁的马蒂和 34 岁的阿娃都住在公共住宿设施中。她们的慢性吃手症造成了轻微的组织损伤。阿娃除了把手放进嘴里外，还会拉扯舌头，这导致了周期性的疼痛和溃疡。在收集了吃手行为的基线数据后，研究者实施了两个条件。在非依联装备条件下，一名参与者在整个治疗时段内都戴着烤箱手套。而在依联装备条件下，仅在发生吃手行为后才把手套戴在那名参与者的手上。结果显示，非依联和依联的连指手套的使用都大大降低了吃手行为的比率。

自我限制

有自伤行为的人常常会使用自我限制。温迪是一名有唐氏综合征的 12 岁女孩，因用手打头导致视力下降和面部受伤而接受治疗。温迪通过"坐在她的手上或将双臂放在双腿之间或包裹在衣服里来实施自我限制。温迪的照顾者报告说，自我限制受到了鼓励，而很少被阻挡，但干扰了适应性技能的学习"（Scheithauer, O'Connor, & Toby, 2015, p. 908）。

SIB 与自我限制之间的独特关系引发了一些与治疗期间的控制变量有关的重要问题（Fisher & Iwata, 1996）：相同的强化依联会维持两个行为吗？SIB 和自我限制是否有共同的历史，但有不同的强化依联？SIB（或自我限制）是否对自我限制（或 SIB）具有强化作用？已经有人开始研究这些问题了。例如，史密斯、莱尔曼和艾瓦塔（1996）认为，自我限制为 SIB 提供了正强化。费希尔、格雷斯和墨菲（Fisher, Grace, & Murphy, 1996）提出，自我限制是通过逃避阻挡 SIB（escape from blocking SIB，如疼痛）的负强化来维持的。德比、费希尔和皮亚扎（Derby, Fisher, & Piazza, 1996）发现自我限制和 SIB 属于同一个功能反应类（两种行为均由社会性关注维持），并建议采用非依联强化作为自我限制和 SIB 的一种可能的治疗方法。我们还要做很多研究，才能完全理解造成自我限制效应的变量。

摘要

前提干预的定义和分类

1. 前提干预是在目标行为发生之前实施的，与目标行为的发生无关。

2. 史密斯（2011）指出了两大类前提干预：以功能为基础的前提干预操纵被确定为维持问题行为的依联中的至少一个成分；预设的干预的效果不取决于辨识引发和维持问题行为的变量。

3. 前提干预也可以按行为改变是否需要差别性后果来分类。依联独立的前提干预的效果并不取决于目标行为的差别性后果；依联依赖的前提干预的效果取决于前提存在或不存在时目标行为（或替代行为）的差别性后果。

非依联强化

4. NCR 是一种前提干预，它运用固定时间程序表（FT）或可变时间程序表（VT），独立于学习者的行为而给予已知强化属性的刺激。

5. 一个 NCR 富饶的环境可以作为废除型操作发挥作用，以降低做出问题行为的动因。

6. 对维持问题行为的强化依联进行功能分析，以确定使用正强化、负强化（逃避），还是自动强化来实施 NCR。

高概率指令序列

7. 实施高概率指令序列（high-p）的基本程序如下：

·第一，发出 2~5 个参与者有服从历史的指令，并强化每个服从反应。

·第二，在参与者依序服从几个高概率指令后，立即发出目标指令（即低概率指令）。

·第三，逐渐将高概率指令与低概率指令的比例渐褪至 1 : 1。

8. 高概率指令序列对不服从行为的减少效果类似于废除型操作的减缓效应，它可以降低当前对低概率要求的不服从的强化效力（即降低逃避要求的价值）。

9. 行为动量有时用于描述高概率指令序列产生的效果。

功能性沟通训练

10. FCT 建立了一种恰当的沟通行为，可与由动因操作（MO）引发的问题行为相竞争。

11. 实务工作者使用 DRA 来教授适应性反应，这种反应会产生与维持问题行为相同的强化物，从而使替代性沟通反应在功能上等同于问题行为。

预设的干预

12. 预设的前提干预的效果不取决于辨识引发和维持问题行为的变量。

13. 前提锻炼要求参与者先进行某种形式的有氧运动，再接受一个指令或进入一个问题行为频繁出现的环境。

14. 通过富饶的环境干预提供的非依联获得偏爱的强化来源可以使富饶的环境干预与问题行为所提供的刺激相竞争。

15. 应用行为分析的文献评估了从身体上限制、禁止或保护个体，以使问题行为无法发生的三种限制方法：个人限制、防护装备限制和自我限制。

第十部分

功能评估

第 27 章　功能性行为评估

改变行为往往是具有挑战性的、复杂的和令人沮丧的事。而在帮助那些有长期问题行为且一直抗拒改变的人时，行为分析师要确定做什么和怎么做，这样的任务尤其困难。南希·尼夫（Nancy Neef）和斯蒂芬妮·彼得森（Stephanie Peterson）在第27章中描述了一个评估过程，探讨了一个行为对于一个人的功能（或目的）。功能性行为评估使行为分析师能够根据实证对问题行为发生的原因做出假设，能够获得有用的信息，这些信息有助于设计有效的干预。彼得森和尼夫描述了功能性行为评估的基础及其在处理和预防问题行为方面的作用，并通过呈现个案范例说明了实施功能性行为评估的三种方法。

第 27 章 功能性行为评估

斯蒂芬妮·M. 彼得森和南希·A. 尼夫

关键词

简短功能分析（brief functional analysis）
条件型概率（conditional probability）
依联倒返（contingency reversal）
依联对应分析（contingency space analysis）
描述型功能性行为评估（descriptive functional behavior assessment）
功能分析（functional analysis）
功能性行为评估（functional behavior assessment, FBA）
功能等价（functionally equivalent）
间接功能评估（indirect functional assessment）
访谈知情合成依联分析（interview-informed synthesized contingency analysis）
基于潜伏期的功能分析（latency-based functional analysis）
散点图记录（scatterplot recording）
回合式功能分析（trial-based functional analysis）

行为分析师认证委员会 BCBA/BCaBA 任务清单（第 5 版）

第二部分：应用

F. 行为评估

F-6 描述问题行为的常见功能。
F-7 对问题行为实施描述型评估。
F-8 对问题行为实施功能分析。
F-9 解释功能评估数据。

©2017 The Behavior Analyst Certification Board, Inc.,® (BACB®). 保留所有权利。本文件的当前版本可在 www.bacb.com 网站查阅。如需转载、复制或分发本文件，或有疑问，请直接联系行为分析师认证委员会。经授权使用。

➡ 本章由王嘉琦翻译。

学生吃午餐前要洗手，斯特拉转动水龙头的把手，把自己的手放在流水之下，而芙洛却开始尖叫和发脾气。教师不明白为什么斯特拉在这个情境中表现得那么好，而芙洛表现得那么差。因此，当芙洛尖叫和发脾气时，教师完全不知道该怎么应对。哭闹和发脾气的原因可能有很多。要了解它们发生的原因，教师可以针对芙洛的问题行为实施功能性行为评估，这项评估可以为建立一项有效的行为干预提供有价值的信息。与第 1 章所讲述的决定论的科学规律一致，行为——包括问题行为——与环境中的其他事件具有规律性的关联。**功能性行为评估**（functional behavior assessment, FBA）可以使特定类型的环境事件与行为之间的关系形成假设。具体来说，设计 FBA 是为了获取相关信息，以了解一个人的行为的目的（功能）。本章讲述了功能性行为评估的基础，它在干预和预防困难行为方面发挥的作用，以及功能评估的替代方法。我们在本章中回顾和讨论了芙洛的问题行为的案例。

行为的功能

几十年来的研究证据表明，恰当和不恰当的行为，无论是洗手还是尖叫和发脾气，都是通过与社会环境和物理环境的互动来习得和维持的（参看 Schlinger & Normand, 2013）。正如第 11 章和第 12 章所阐释的，我们将这些行为—环境的互动描述为正强化依联或负强化依联。行为可以通过"获得某事物"或"摆脱某事物"而得到增强。

功能性行为评估用于辨识问题行为的强化类型和来源，并作为减少这些行为出现的干预的基础。功能性行为评估也可以作为一种强化物评估，它可以辨识当前维持问题行为的强化物。那些强化物可能是与个体互动的某个人提供的社会性正强化物或社会性负强化物，也可能是行为本身直接产生的自动强化物。功能性行为评估的理念是，如果可以辨识这些强化依联，那么就可以通过改变这些依联来设计干预以减少问题行为和增加适应性行为。功能性行为评估促进了对问题行为的积极主动的干预。尽管其他章节讨论了强化依联，这里仍然有必要简要地回顾一下它在 FBA 中的作用。

正强化

社会性正强化（关注）

问题行为通常会引起他人即时的关注，如转头、惊讶的面部表情、斥责、设法安慰、劝说或转移注意力，等等。这些反应可能会正强化问题行为（即使是无意的），问题行为因此更容易在类似的情况下发生。以他人的反应为形式的正强化所维持的问题行为通常会出现在他人的关注相对很少的情境中，而他人很少关注的原因要么是个体没有获得他人关注的技能库，要么是环境中的他人在忙别的事情。

实物强化

很多行为会产生接触强化材料或其他刺激的机会，就像按下电视遥控器的按钮就可以把频道切换到自己想看的电视节目上一样，问题行为也可以产生强化性的结果。一个孩子可能会哭闹和发脾气，直到他喜欢的电视节目出现为止；一个孩子偷走另一个孩子的糖，是因为这个行为可以产生接触这个物品的机会。当行为持续地产生他想要的物品或事件时，问题行为可能就会因此而发展出来。这通常是因为提供该物品可以使问题行为（如发脾气）暂时停止发生，虽然这样做可能会不经意地使问题行为未来在相似的情境中更有可能发生。

自动正强化

有些行为并不依赖他人的行为来提供一个结果；有些行为可以直接产生自己的强化。例如，吸吮拇指可以通过由手或嘴带来的身体刺激而得到强化。看见光的时候在眼前不停地摇晃手，这个行为可能是由光线遮挡之后又出现强化的，因为摇晃手可能会模拟出闪光的视觉刺激。正确地挥拍并击中飞过来的网球，这个行为可能是由球落在球拍的"最佳击点"上而发出的"啪啪"声强化的。将手放在水龙头下的这个行为可能是由水落在皮肤上的温暖刺激强化的。一个行为只有在社会性强化物被排除（如在个体独处时也会出现这个行为）后才能被认为由自动强化维持。

负强化

社会性负强化（逃避）

很多行为被习得是由于它们有效地终止或推迟了厌恶事件。挂断电话，终止了与电话销售员的互动；完成一项任务或家务，终止了其他人对完成这件事的要求或与这项任务本身有关的要求。问题行为也可以用同样的方式来维持。像攻击行为、自伤行为和怪异地说话这样的问题行为，可能会终止或避免与他人进行不想要的互动。例如，学生不遵守规定，可以推迟参加不喜欢的活动；在教室中干扰上课，往往会导致学生被请出教室，从而使他逃避了学习任务或教师的要求。所有这些行为都可以通过负强化得到增强，从而使个体能够逃避或回避困难的或不愉快的任务、活动或互动。

自动负强化

诸如身体疼痛或不舒服这样的厌恶刺激，是一个刺激被终止成为行为强化的动因操作。因此，可以直接终止厌恶刺激的行为是由作为反应的一个自动结果的负强化维持的。自动负强化产生的行为可能是恰当的，也可能是有害的。例如，涂抹炉甘石洗剂可以缓解一个人由碰到毒藤引发的瘙痒，涂抹的行为因此得到负强化，但持续不断地抓挠直到抓破皮肤也有可能以同样的方式得到负强化。某些形式的自伤行为可能会分散对其他疼痛来源的注意力，这可能说明这些自伤行为与个体的特定医学状况有关（例如，DeLissovoy, 1963）。

对比：功能与形态

从上述关于行为强化来源的讨论中，我们可以得出几个观点。重要的是要认识到，环境的影响并不区分理想的和不理想的行为形态。造成理想行为的强化依联也有可能产生不理想的行为。例如，前面提到的儿童斯特拉在午餐前洗手并把手擦干，她可能因为这样做而得到了教师的赞扬。而另一名儿童芙洛经常在相同的情境下发脾气，她可能得到了关注（以斥责的形式）。这两种形式的关注都具有强化各自行为的潜力。

同样，相同形态的行为对不同的人可能具有不同的功能。例如，一名儿童的发脾气行为可能是由关注形式的正强化维持的，而另一名儿童的发脾气行为可能是由逃避形式的负强化维持的（例如，Kennedy, Meyer, Knowles, & Shukla, 2000）。

因为看起来大不相同的行为可能会发挥相同的功能，而相同形式的行为可能会在不同的条件下发挥不同的功能，所以行为的形态或形式所揭示的有关行为成因条件的有用信息往往非常少。相对来说，辨识造成行为的条件（行为的功能）则可以指出需要改变哪些条件以改变行为。因此，评估行为的功能可以产生有用的信息，以设计可能有效的干预策略。

功能性行为评估在干预和预防中的作用

功能性行为评估和干预

如果能够确定环境与问题行为之间的因果关系，并且能够改变这个关系，问题行为的发生频率就会降低。以 FBA 的信息为基础的干预主要包括三种方法：改变前提变量、改变后果变量和教授替代行为。

改变前提变量

FBA 可以辨识可被改变的前提，从而降低问题行为的发生频率。改变问题行为的前提可以改变和／或消除：(1)对问题行为的动因操作；(2)触发问题行为的区辨刺激。例如，当芙洛被要求在午餐前洗手时，可以改变对她的发脾气行为所进行的动因操作，改变与午餐相关的一些特征，使回避特定事件不再具有强化作用。视发脾气的功能而定，改变与午餐相关的特征，一开始可能是减少餐桌布置的要求、改变座位安排以减少来自兄弟姐妹或同伴的嘲笑，或减少午餐前的点心，并在午餐时提供更多她喜欢的食物。或者，如果 FBA 显示流水是一个区辨刺激，会在儿童被要求洗手时触发问题行为，那么可以给她无水抗菌洗手液。在这种情况下，移除了问题行为的区辨刺激，问题行为就减少了。

改变后果变量

FBA 也可以辨识问题行为的强化来源以消除这个来源。例如，FBA 指出芙洛发脾气是由社会性负强化（回避或逃避）维持的，这说明几种处理方案（即改变那个关系）都有可能产生效果。可以通过确保问题行为（发脾气）之后不再出现强化物（如避免与摆放点心或午餐餐桌有关的活动）来将芙洛的发脾气行为置于消退之中。另一种方法是为替代行为而非问题行为提供强化物。最后，可以调整时间表，在洗手之前安排一项她更不喜欢的活动，从而提供一个逃避该活动的机会。

教授替代行为

FBA 也可用于辨识恰当的替代行为的强化来源。可以教授与发脾气具有相同功能（即产生相同的强化物）的替代性恰当行为。例如，如果芙洛的发脾气行为是由逃避午餐时间的活动维持的，那么教师可以教她在洗手之后碰触一张写有"等一下"的沟通卡片，这样可以推迟她在餐桌前就座的时间。

功能性行为评估和预设的技术

以 FBA 为基础的干预可能比不考虑行为功能的干预更有效（例如，Ervin et al., 2001; Iwata et al., 1994b）。知道一个行为为什么发生，往往意味着知道如何使其变好。相反，在了解一个人的问题行为的目的之前，过早地处理那个问题可能是低效的，有时甚至是有害的。例如，假设为了减弱芙洛在午餐前被要求洗手时出现的发脾气行为，实施了一个罚时出局程序。教师免除了芙洛的洗手活动，把她带到教室角落里的一把椅子附近。然而，可能在洗手之后出现的一些事件（那些与午餐时间有关的事情，如要求摆放椅子或布置餐桌或与他人互动）对芙洛来说是厌恶性的，而发脾气曾使她回避了那些事件。在这种情况下，这项干预是无效的，因为它没有采取任何行动来改变发脾气和回避与午餐有关的厌恶事件的后果之间的关系。事实上，如果干预产生了芙洛想要的结果，它可能会使问题行为恶化。如果停止洗手活动，并让芙洛坐在椅子上作为对发脾气的"罚时出局"，使她得以回避——或完全逃避——令人厌恶的午餐时间的事件，那么在未来的相似情境下，就更有可能发脾气。当罚时出局干预被证明不成功时，教师也许会尝试其他干预。但是，如果不了解问题行为的功能，就无法预测这些干预的有效性。

在最好的情况下，不考虑行为功能而选择和实施干预，其试错的过程可能是耗时而低效的。而在最坏的情况下，这种方法可能会导致问题行为变得更频繁或更严重。结果就是，照顾者可能会诉诸更具侵入性、强制性或以惩罚为基础的干预，也就是通常被称为预设的技术（default technology）的干预方法。

FBA 有几种方式可以降低对预设的技术的依赖，并促进实施更有效的干预。做过 FBA 后，更有可能实施以强化为基础的干预，而不太可能实施包含惩罚的干预（Pelios, Morren, Tesch, & Axelrod, 1999）。此外，以 FBA 为基础的干预的效果可能比不考虑问题行为功能的干预的效果更持久。如果把人为设计的依联叠加在维持行为的未知依联上，往往就需要继续这样做以维持行为的改善。如果这些叠加的依联终止，行为将继续受到未改变的操作依联的影响。

功能性行为评估和预防

进一步了解特定行为发生的条件后，FBA 还有助于预防可能出现的困难。虽然不考虑问题行为的功能而使用惩罚程序，可能可以抑制该问题行为，但由于该问题行为的动因操作仍然存在，因此可能会出现不受惩罚依联约束的其他行为。例如，让芙洛依联失去某些特权，可能会消除她每次被要求洗手时出现的发脾气行为，但不会消除作为强化物的回避行为，也不会消除建立回避成为强化物的条件。因此，导致回避的其他行为，如攻击、破坏物品或逃跑，可能会因此发展出来。如果干预能够解决问题行为的强化功能（而不是无视这些功能或与这些功能竞争），那么这些意外的效应就不太可能发生。

从更大范围来看，FBA 数据的积累可以更进一步协助预防工作的开展，因为它可以辨识出对问题行为未来的发展构成风险的情境。预防工作可以将焦点放在这些情境上。例如，艾瓦塔及其同事（1994b）做了 152 项自伤行为的强化功能的分析，他们根据分析所得数据发现，逃避任务要求或逃避其他厌恶刺激而造成自伤行为的情况占了最大的比例。研究者推测，这个研究发现可能是一个朝向更积极处理的举动所导致的意外结果。例如，芙洛在被要求洗手时发脾气，教师也许会认为芙洛不知道怎么洗手，于是可能就会决定把游戏时间换成卫生密集教学的时间。这样的干预非但不会减少问题行为，可能还会恶化问题行为。艾瓦塔及其同事（1994b）报告的数据表明，预防工作的方向应该是调整教学环境（例如，对理想行为提供更高频率的强化物、提供休息的机会，或提供遇到困难任务时请求和获得帮助的方法），以使它们不太可能成为逃避的厌恶刺激的来源（动因操作）。

功能性行为评估方法概述

FBA 方法可以分为三种类型：（1）功能（实验）分析；（2）描述型评估；（3）间接评估。可以根据这些方法的使用难易度、产生信息的类型和精确度（参看图 27.1）对它们进行连续的安排。当选择某一种或多种评估方法时，必须考虑每种方法的优点和局限性。我们先讨论功能分析（functional analysis, FA）和它的变体，因为描述型功能评估和间接功能评估方法都是由功能分析发展而来的。如同接下来要讲述的，功能分析是 FBA 中唯一能让实务工作者确认对问题行为与环境之间的功能关系所做假设的方法。

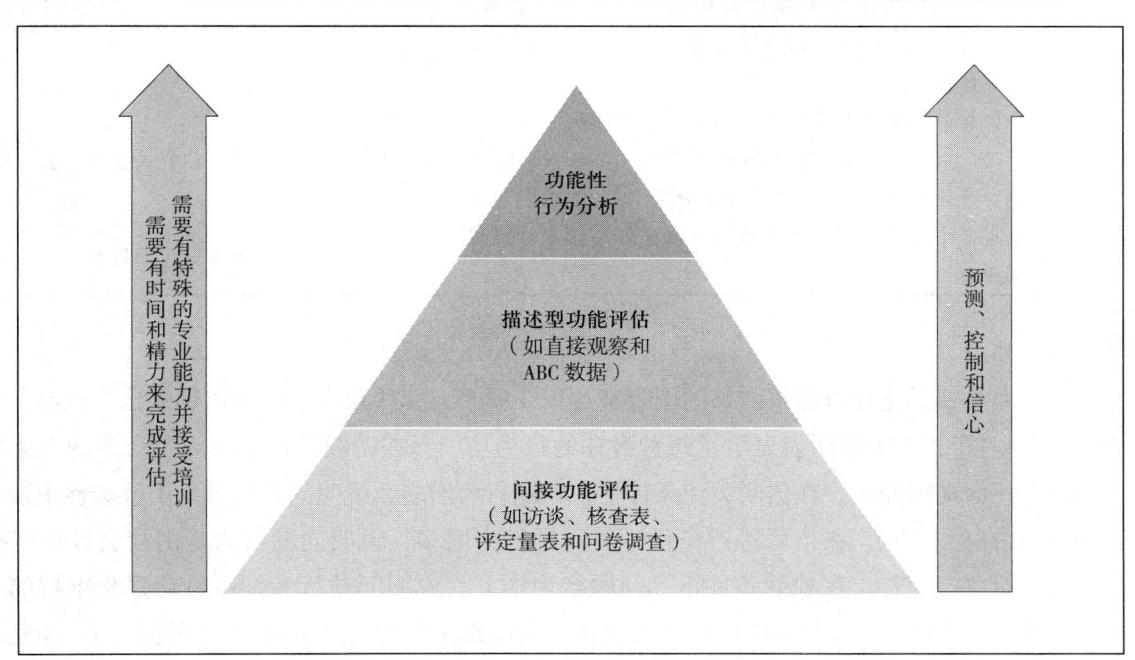

图 27.1 FBA 方法。左右箭头内确定的每种能力需求维度或成果的数量或价值从金字塔底部到顶部逐渐增加。

图片由丽贝卡·埃尔德里奇（Rebecca Eldridge）提供。

功能（实验）分析

基本程序

功能分析程序是由艾瓦塔、多尔西、斯利费尔、鲍曼和里奇曼（1994a）首先提出的。在**功能分析**中，研究者会将代表一个人的自然环境的前提和后果安排好，以便观察和测量它们各自对问题行为的影响。这种评估类型通常被称作类似物（analog），因为以系统化方式呈现的前提和后果与在自然的常规情境中呈现的前提和后果类似，但分析不是在自然发生的常规情境中进行的。实施行为评估时，行为分析师经常使用类似物条件，因为相比于自然发生的情境，行为分析师更容易控制与问题行为有关的环境变量。类似物是指实验中变量的安排，而非评估发生的环境。研究发现，在自然环境（如教室）中实施的功能分析往往会产生与在模拟情境中实施的功能分析相同（或更清晰）的结果（Noell, Van-Dertteyden, Gatti, & Whitmarsh, 2001）。

功能分析通常包括四个条件：三个测试条件——依联关注、依联逃避和独处——以及一个控制条件，在控制条件下，问题行为的发生率预期会比较低，因为个体能自由地获得强化物，并且他人不会对个体提出任何要求（参看表27.1）。不过，我们应该理解，不存在"标准的"功能分析。功能分析应该是灵活的和个别化的。实务工作者可以实施各种条件来研究各种特定的假设。例如，有的功能分析还包括实物测试条件（Day, Rea, Schussler, Larsen, & Johnson, 1988）。每个测试条件都包含一个动因操作和问题行为的一个潜在强化来源。实验者以交替的顺序系统化地一次呈现一个条件，并记录下每个时段内出现的问题行为。重复这些时段以确定问题行为在某个或某些条件下相对于其他条件更常出现的程度。

表27.1 功能分析的典型控制和测试条件中的动因操作和强化依联

条件	前提条件（动因操作）	问题行为的后果
游戏（控制）	持续提供喜欢的活动，提供社会性关注，不对个体提出要求。	忽略或不动声色地重新引导问题行为。
依联关注	转移注意力或不给予个体关注。	提供温和的责备或言语安抚形式的关注。（例如："不要这样，你会伤到别人的。"）
依联逃避	持续使用三步骤辅助程序来提出任务要求。[例如：（1）"你要折毛巾"；（2）示范折毛巾；（3）手把手协助个体折毛巾。]	移除任务材料，提供休息时间，并停止对完成任务的辅助。
依联实物	个体接触一个喜欢的玩具或活动后，移除玩具或停止活动。（例如，说："轮到我玩玩具了。"）可以继续提供中等偏爱或中性的玩具，成人也继续提供关注。	将其喜欢的玩具还给个体或恢复活动。
独处	呈现低水平的环境刺激（即没有治疗师、任务材料和游戏材料）。	忽略或不动声色地重新引导问题行为。

解释功能分析

研究者可以通过视觉化检查分析结果的图表来辨识在哪个或哪些条件下行为出现的比率较高，以确定问题行为的功能。图27.2中的图表显示了每种潜在的行为功能。在游戏条件下，问题行为的发生率预期很低，因为没有任何动因操作。在依联关注条件下，问题行为增多，说明问题行为是由社会性正强化维持的（参看图27.2的左上图）。在依联逃避条件下，问题行为增多，说明问题行为是由社会性负强化维持的（参看图27.2的右上图）。在独处条件下，问题行为增多，说明问题行为是由自动强化维持的（参看图27.2的左下图）。需要进一步分析以确定自动强化的来源是正向的还是负向的。问题行为可能是由多种强化来源维持的。例如，如果问题行为在依联关注和依联逃避条件下都有所增多，那么行为最有可能是由正强化和负强化二者维持的。

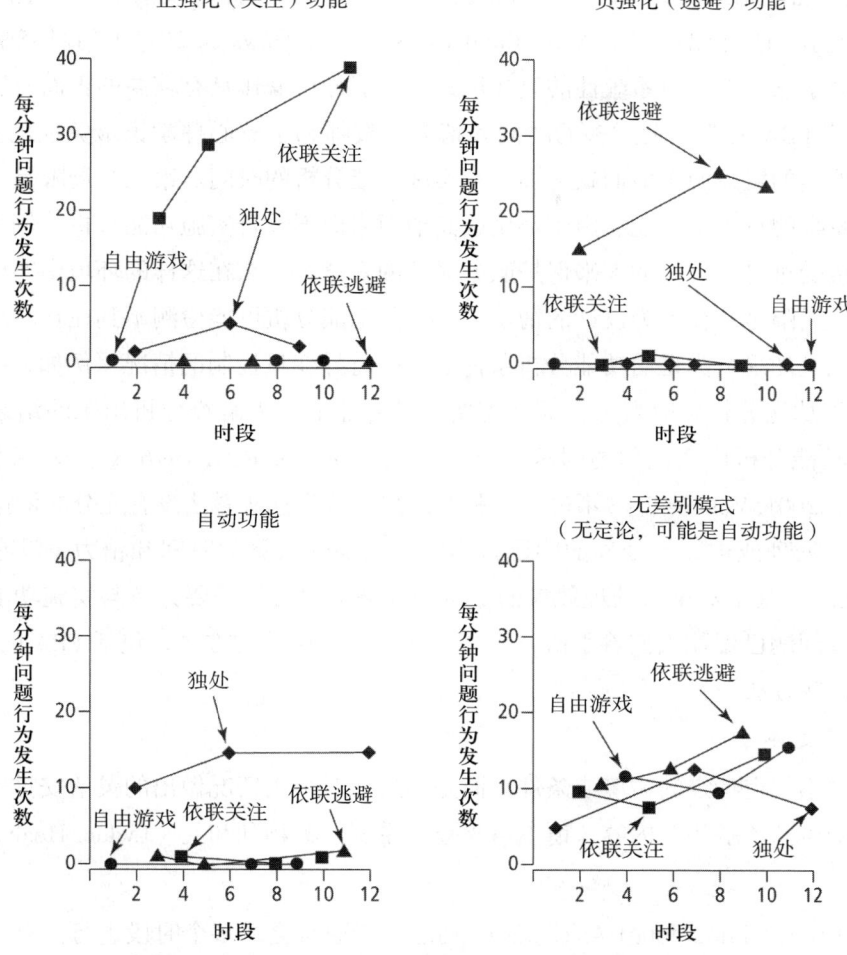

图 27.2　每种行为功能在功能分析时呈现的典型数据模式

如果问题行为在所有的条件下（包括游戏条件）都频繁发生，或跨条件地变动，那么反应就被认为是无差别的（undifferentiated）（参看图 27.2 的右下图）。这样的结果无法提供定论，但也可能出现在受自动强化维持的行为中。功能分析已经在数以百计的研究中得到了复制和扩展，证明了其作为一种评估和处理各种行为问题的方法的泛化性。[参看 1994 年和 2013 年的《应用行为分析杂志》特刊提供的功能分析的应用例子，以及汉利、艾瓦塔和麦科德（Hanley, Iwata, & McCord, 2003），比弗斯、艾瓦塔和莱尔曼（Beavers, Iwata, & Lerman, 2013）的评论。]

功能分析的优点

功能分析的主要优点是能够清楚地展示影响问题行为出现的一个或多个变量。实际上，功能（实验）分析是评估其他替代评估方案的科学证据标准，也是研究评估和处理问题行为时最常使用的方法（Arndorfer & Miltenberger, 1993）。由于功能分析可以针对维持问题行为的各种变量得出有效的结论，因此，它使以强化为基础的有效处理得以发展，并减少了依赖惩罚的程序（Brosnan & Healy, 2011; Ervin et al., 2001; Horner, Carr, Strain, Todd, & Reed, 2002; Iwata et al., 1994b; Pelios et al., 1999）。

功能分析的局限性

功能分析的第一个局限是，评估过程可能会暂时将不当行为增强或提高至不可接受的水平，或者可能会使原来的行为产生新的功能。第二个局限是，实务工作者对功能分析程序的接受度知之甚少（Ervin et al., 2001; Reid & Nelson, 2002）。刻意安排一些条件来为问题行为创设情境或者潜在地强化问题行为，对不理解其目的的人来说可能是反直觉的（或者认为这些条件是在自然常规情境中发生的行为的类似物）。奥尼尔、邦多克、克拉迪斯和霍肯（O'Neill, Bundock, Kladis, & Hawken, 2015）的研究中有一个有趣的发现，相比于学校心理学家，教师对系统性的直接观察和功能分析操作具有较高的正面看法和参与意愿。学校心理学家担心实施FBA需要花费过多的时间和精力。教师和学校心理学家最关注的是FA程序。奥尼尔及其同事认为，他们的疑虑源于他们缺乏训练和实施功能分析的时间。第三个局限是，某些行为（如那些虽然严重但不常发生的行为）可能会由于环境或其他因素而不适合实施功能分析。例如，如果没有恰当的安全设备或没有接受过足够训练的人来保护服务对象的安全，那么在这样的环境中实施功能分析可能就是不安全的。第四个局限是，在人为设计的情境中实施的功能分析可能检测不到在自然环境中导致问题行为发生的变量，特别是如果行为是由功能分析条件之外的特异变量控制的情况（例如，Noell et al., 2001）。第五个局限是，实施功能分析费时费力，而且需要具备专业能力来解释分析出来的结果，这些都是研究者经常谈到的阻碍功能分析广泛应用的因素［例如，Spreat & Connelly, 1996;《学校心理学评论》(*School Psychology Review*), 2001, Volume 2］。不过，汉利（2012）认为这些看法没有充分的依据。

当然，没有经过处理或被无效处理的问题行为同样会消耗大量的时间和精力（没有建设性的长期效果），而实施有效处理（基于对维持处理效果的变量的理解）很可能需要具备与实施功能分析所涉及的技能类似的技能。这些问题已促使人们着手研究提高功能分析实用性的方法，包括FBA的变体和替代方法，接下来将一一讲述这些方法。

功能分析程序的变体

功能分析程序并不规定特定的情境或条件，而是通过针对个人情况做出的灵活安排来展示相关性。这里描述了一些程序变体。了解相关内容，请参看莱登、希利、奥赖利和兰（Lydon, Healy, O'Reilly, & Lang, 2012）的相关文章。

简短功能分析（Brief Functional Analysis）。功能分析通常会跨多个时段进行。有时，时间的限制或问题行为的严重性可能会限制时段数目。在这种情况下，使用**简短功能分析**（Derby et al., 1992; Northup et al., 1991）可能是恰当的。在简短功能分析中，每个条件实施一个或两个5~10分钟的时段。交替实施一个产生问题行为的条件和一个不产生问题行为的条件，或者实施依联倒返（contingency reversal），从而做出令人信服的行为功能证明。依联倒返是指实验者先将推定的强化物依联于目标行为（如发脾气）的出现，然后依联于恰当的替代行为（如提出要求）的出现（请参看本章后面所举的玛丽的例子）。

简短功能分析可能是一个保留了FA的很多优点的强大程序，不过，与完整的功能分析相比，使用简短分析揭示行为功能的案例明显少很多（Kahng & Iwata, 1999; Wallace & Knights, 2003）。有些研究者（例如，Vollmer, Marcus, Ringdahl, & Roane, 1995）认为，实务工作者可以考虑一开始时使用简短功能分析，只在未能产生一个明确而可复制的模式的情况下才实施完整的功能分析。

在自然情境中实施功能分析。虽然不是功能分析的要求，但它们经常在实验室或临床情境中进行。然而，在通常会发生问题行为的情境中实施功能分析可能是有好处的，因为这些情境里有相关的刺激提示。萨索（Sasso）及其同事（1992）提供了一个在教室情境里实施的功能分析研究的最早证明。此后，很多人证明了在教室（例如，Wright-Gallo, Higbee, Reagon, & Davey, 2006）、工作场所（例如，Wallace & Knights, 2003）和家庭中（例如，Wacker et al., 2013）使用功能分析的效果。在自然情境里实施功能分析的一个挑战是，它的程序可能会干扰正在进行的常规活动，因而可能需要更多的人力，以便在教师或照顾者专心开展分析时协助监督其他学生、儿童或服务对象。一个可以在自然情境中做出的调整是使用回合式方法，这种方法比较容易嵌入正在进行的教室活动中（Sigafoos & Saggers, 1995）。

回合式功能分析（Trial-based Functional Analysis）。回合式功能分析（Bloom, Iwata, Fritz, Roscoe, & Carreau, 2011; Lambert, Bloom, & Irvin, 2012; Sigafoos & Sagers, 1995）由在教室活动中穿插的一系列实验尝试（回合）组成。（请参看本章后面所举的卡森的例子。）每个回合包括两个部分，每个部分持续1分钟。第一部分包括呈现建立型操作和问题行为的依联（测试条件），第二部分包括连续获得强化物（控制条件）。例如，在第一部分中，研究者可能会对儿童提出要求，一旦儿童发脾气，立刻终止要求。在第二部分中，持续地提供任务休息。这些条件是在自然发生的时候实施的（如在实施实物条件的自由游戏时间、实施逃避条件的课堂教学时间）。教师也许可以在自己的教室里忠实地实施程序（Rispoli et al., 2015），从而发现它比以时段为基础的功能分析更容易实施。然而，布卢姆等人介绍了一些可能会导致回合式功能分析结果不一致的因素。例如，个案接触相关的建立型操作和后果的时间可能太短暂，无法引发或维持问题行为。

合成功能分析（Synthesized Functional Analyses）。汉利、吉恩、范泽洛和汉拉蒂（Hanley, Jin, Vanselow, & Hanratty, 2014），以及杰塞尔、汉利和甘马格哈米（Jessel, Hanley, & Ghaemmaghami, 2016）描述了另一种功能分析的变体，旨在通过使用**访谈知情合成依联分析**（interview-informed synthesized contingency analysis, IISCA）来提高功能分析的效率。在测试条件下，当问题行为出现时，同时实施多个依联（如关注和逃避）。在控制条件下，研究者连续地、非依联性地（个体没有问题行为）呈现相同的强化物。例如，在汉利等人（2014）的研究中，在典型的关注和实物条件下，没有观察到参与者盖尔的问题行为，即使行为分析师假设关注和实物是维持问题行为的变量。相比于关注和实物接续出现的情况，当这两个依联一起呈现时（即关注和实物的呈现同时依联于问题行为），一个清晰的问题行为模式出现了。此外，只有在盖尔的母亲呈现依联时才会观察到这些效果，而行为分析师呈现时则没有这些效果。

当行为分析师在典型的FA条件下没有观察到问题行为，以及怀疑问题行为可能由多种依联维持时，这项技术可能具有特别的效用。目前，在有限的比较IISCA与典型功能分析的研究文献中，有的研究结果是相互矛盾的（Fisher, Greer, Romani, Zangrillo, & Owen, 2016; Hanley et al., 2014）。因此，IISCA的效用尚不明确。我们建议行为分析师密切关注关于这个课题的其他研究。

基于潜伏期的功能分析（Latency-based Functional Analysis）。有时，问题行为非常严重，不可能让行为反复发生而进行评估。在这种情况下，**基于潜伏期的功能分析**可能会有帮助（Thomasen-Sassi, Iwata, Neidert, & Roscoe, 2011）。（参看本章后面所举的伊利亚的例子。）基于潜伏期的功能分析与回合式功能分析的相同之处是，问题行为一旦出现，就会终止那个时段。但基于潜伏期的功能分析的时段可能会超过1分钟，因为只要有必要，建立型操作就会一直存在，以便引发问题行为（或直到预先设定的时间限制过期）。这里的问题行为的指标是从建立型操作开始到问题行为第一次出现之间的潜伏期。使用潜伏期测量可以减少分析所需的问题行为的发生次数，并缩短分析所需的时间。与回合式评估一样，基于潜伏期的评估也有一个局限，就是每个时段只接触一次依联。而依赖重复反应测量的分析通常是比较理想的。

前兆功能分析（Functional Analysis of Precursors）。有时，即使问题行为只发生一次，可能也会非常严重，导致它对服务对象或他人构成不可接受的风险。在这种情况下，对前兆行为（precursor behavior）——在目标行为之前固定出现的一个行为——实施功能分析是很有帮助的（Borrero & Borrero, 2008; Herscovitch, Roscoe, Libby, Bourret, & Ahearn, 2009; Najdowski, Wallace, Ellsworth, MacAleese, & Cleveland, 2008; Smith & Churchill, 2002）。（参看本章后面所举的威尔的例子。）例如，嘶吼可能是固定的攻击行为的信号，在这种情况下，可以对嘶吼进行功能分析。

除了上述各种功能分析的变体外，还有其他FBA方法可用在行为分析的过程中。虽然这些方法有时被用作功能分析的替代方法，但我们认为它们是这个过程中有价值的步骤，而不是功能分析的替代品。

功能分析的安全考虑

行为分析实务工作者在实施功能分析时，必须考虑与服务对象的安全密切相关的伦理问题。康等人（2015）指出，在对99名服务对象的功能分析进行的回顾性研究中，服务对象受伤的比率很低，即使受伤，也都很轻微。但是，因为实验者预期在FA中会引发目标行为，所以采取预防措施来确保所有相关人员的安全是很重要的。尤其是在分析具有潜在伤害性的行为如攻击、自伤和异食癖时，更应该采取相应措施。在评估潜在危险行为时，一些用于降低受伤风险的程序包括：进行医疗检查以排除身体健康上的问题，安排医护人员在场处理特别严重的行为（Iwata, 1982, 1994a），确保由接受过训练的实务工作者来计划和实施分析，加派工作人员在场以便阻挡危险行为，使用保护性装备，设定好终止实验时段的行为和/或医疗上的标准（Kahng et al., 2015），使用柔软的玩具进行分析（Hanley, 2012），以及使用简短功能分析或评估前兆行为（Najdowski et al., 2008; Smith & Churchill, 2002）。在分析过程中也可以使用保护性装备，然而，研究者发现，使用保护性装备可能会使FA结果失效（Borrero, Vollmer, Wright, Lerman, & Kelley, 2002; Le & Smith, 2002）。［获取更多有关其他可采用的保护性装备或措施的信息，请参看汉利（2012），以及威登、马奥尼和波林（Weeden, Mahoney, & Poling, 2010）的相关文章。］因此，虽然这些预防措施经常被研究者推荐使用，但还需要开展更多的研究来制订广为人所接受的以证据为基础的安全标准和最佳实践准则。

描述型功能性行为评估

与功能分析一样，**描述型功能性行为评估**（descriptive functional behavior assessment）也包含对行为的直接观察；而与功能分析不同的是，观察是在自然发生的条件下进行的。因此，描述型评估包含对与事件相关的问题行为的观察，而这些事件并不是以系统化的方式安排的。描述型评估起源于应用行为分析的早期阶段，比茹、彼得森和奥尔特（Bijou, Peterson, & Ault, 1968）最先提出了一种客观地定义、观察和记录行为及其周边环境事件的方法。这种方法后来被用来辨识可能与目标行为相关的事件。看起来与目标行为高度相关的事件可能会提供关于行为功能的假设。我们将介绍三种描述型分析的变体：ABC（前提—行为—后果）连续记录（ABC continuous recording）、ABC叙事记录（ABC narrative recording）和散点图。

在讲述描述型评估的形式之前，我们认为读者应该考虑一些注意事项。一般而言，下面解释的所有描述型评估的形式都被认为在检测行为功能上是无效的。这是因为它们往往会产生关注功能的假阳性推论。当一个人表现出严重的问题行为时，环境里往往充满关注——他人给予的关注常常既独立于问题行为，又依联于问题行为。此外，假阴性也有可能出现在逃避维持的问题行为上，因为环境里的其他人可能会刻意回避对个体提出要求或置个体于任何触发问题行为的情况之下。因此，读者应注意将根据描述型评估得出的结论限制在目标行为之前和之后的环境因素上（Hanley, 2012）。

ABC 连续记录

ABC连续记录是观察者记录在自然常规中的一段时间内发生的目标问题行为和被选定的环境事件。记录特定的前提、问题行为和后果的编码方式可能是根据从功能评估访谈（Functional Assessment Interview）或ABC叙事记录（稍后详述）中获得的信息而发展出来的。例如，拉利、布劳德、梅斯和布朗（Lalli, Browder, Mace, & Brown, 1993）在访谈和使用叙事记录观察后发展出了刺激和反应的编码，以记录在教室活动中发生或没有发生的问题行为的前提（如一对一教学、团体教学）和后果事件（关注、实物强化、逃避）。

使用 ABC 连续记录时，研究者会在数据表上标记特定事件的发生（使用部分时距、瞬间时间抽样或频率记录）（参看图 27.3）。无论问题行为有没有随之出现，只要目标环境事件（前提和后果）发生，就会将事件记录下来。这样记录数据可能会揭示出与目标行为在时间上十分接近的相关事件。例如，描述型数据可能显示，发脾气（行为）通常发生在学生被指示去洗手（前提）时；数据还可能显示，发脾气后，原来的任务要求通常会被移除。在这种情况下，一个可能的假设是，发脾气的动因来自学业要求，并由逃避这些要求（负强化）来维持。（参看本章后面所举的克里斯的例子。）

前提	行为	后果
ABC 记录表		
观察者：R. 范诺曼		
开始时间：上午 9:30　　结束时间：上午 10:15		
日期：2006 年 1 月 25 日		
□ 任务辅助 / 指令		□ 社会性关注
☒ 转移注意力		☒ 斥责
□ 社会性互动	☒ 发脾气	□ 任务要求
□ 做喜欢的活动	□ 攻击	□ 得到喜欢的物品
□ 移除喜欢的活动		□ 移除任务
□ 独处（没有关注 / 没有活动）		□ 转移注意力
☒ 任务辅助 / 指令		□ 社会性关注
□ 转移注意力		□ 斥责
□ 社会性互动	☒ 发脾气	□ 任务要求
□ 做喜欢的活动	□ 攻击	□ 得到喜欢的物品
□ 移除喜欢的活动		☒ 移除任务
□ 独处（没有关注 / 没有活动）		□ 转移注意力
☒ 任务辅助 / 指令		□ 社会性关注
□ 转移注意力		□ 斥责
□ 社会性互动	☒ 发脾气	□ 任务要求
□ 做喜欢的活动	□ 攻击	□ 得到喜欢的物品
□ 移除喜欢的活动		☒ 移除任务
□ 独处（没有关注 / 没有活动）		□ 转移注意力
□ 任务辅助 / 指令		□ 社会性关注
☒ 转移注意力		□ 斥责
□ 社会性互动	☒ 发脾气	□ 任务要求
□ 做喜欢的活动	□ 攻击	□ 得到喜欢的物品
□ 移除喜欢的活动		□ 移除任务
☒ 独处（没有关注 / 没有活动）		☒ 转移注意力
☒ 任务辅助 / 指令		□ 社会性关注
□ 转移注意力		□ 斥责
□ 社会性互动	□ 发脾气	□ 任务要求
□ 做喜欢的活动	□ 攻击	□ 得到喜欢的物品
□ 移除喜欢的活动		□ 移除任务
□ 独处（没有关注 / 没有活动）		□ 转移注意力

☒ 任务辅助 / 指令		☐ 社会性关注
☐ 转移注意力		☐ 斥责
☐ 社会性互动	☒ 发脾气	☐ 任务要求
☐ 做喜欢的活动	☐ 攻击	☐ 得到喜欢的物品
☐ 移除喜欢的活动		☒ 移除任务
☐ 独处（没有关注 / 没有活动）		☐ 转移注意力
☐ 任务辅助 / 指令		☐ 社会性关注
☒ 转移注意力		☐ 斥责
☐ 社会性互动	☐ 发脾气	☐ 任务要求
☐ 做喜欢的活动	☐ 攻击	☐ 得到喜欢的物品
☐ 移除喜欢的活动		☐ 移除任务
☐ 独处（没有关注 / 没有活动）		☐ 转移注意力
☒ 任务辅助 / 指令		☐ 社会性关注
☐ 转移注意力		☐ 斥责
☐ 社会性互动	☒ 发脾气	☐ 任务要求
☐ 做喜欢的活动	☐ 攻击	☐ 得到喜欢的物品
☐ 移除喜欢的活动		☒ 移除任务
☐ 独处（没有关注 / 没有活动）		☐ 转移注意力
☐ 任务辅助 / 指令		☐ 社会性关注
☐ 转移注意力		☒ 斥责
☒ 社会性互动	☒ 发脾气	☐ 任务要求
☐ 做喜欢的活动	☐ 攻击	☐ 得到喜欢的物品
☐ 移除喜欢的活动		☐ 移除任务
☐ 独处（没有关注 / 没有活动）		☐ 转移注意力
☒ 任务辅助 / 指令		☐ 社会性关注
☐ 转移注意力		☐ 斥责
☐ 社会性互动	☒ 发脾气	☐ 任务要求
☐ 做喜欢的活动	☐ 攻击	☐ 得到喜欢的物品
☐ 移除喜欢的活动		☒ 移除任务
☐ 独处（没有关注 / 没有活动）		☐ 转移注意力
☐ 任务辅助 / 指令		☐ 社会性关注
☐ 转移注意力		☐ 斥责
☒ 社会性互动	☒ 发脾气	☐ 任务要求
☐ 做喜欢的活动	☐ 攻击	☐ 得到喜欢的物品
☐ 移除喜欢的活动		☐ 移除任务
☐ 独处（没有关注 / 没有活动）		☒ 转移注意力

来源：记录表由勒妮·范诺曼（Renee Van Norman）开发。经授权使用。

图 27.3　ABC 连续记录样本数据收集表

ABC 连续记录的优点。以连续记录为基础的描述型评估使用精准的测量方法（与功能分析类似），在某些情况下，相关性可能会反映出因果关系（例如，Alter, Conroy, Mancil, & Haydon, 2008; Sasso et al., 1992）。由于评估是在问题行为发生的背景下实施的，如果证明接下来需要设计功能分析，这些评估结果就有可能提供有用的信息。此外，开展连续记录时不需要打乱个体的常规作息。

ABC 连续记录的考虑因素。虽然这类描述型分析可能会显示出特定事件与问题行为之间的相关性，但这样的相关性在很多情境中难以检测，尤其是当具有影响力的前提和后果没有稳定地在行为之前或之后出现的时候。在这种情况下，可能需要通过计算**条件型概率**（conditional probability）（目标行为在特定情况下发生的可能性）或进行**依联对应分析**（contingency space analysis, CSA，参看信息箱 27.1）来分析描述型数据。

信息箱 27.1

什么是依联对应分析？

内桑·范德韦勒（Nathan VanderWeele）和科琳娜·吉斯特（Corinne Gist）

依联对应指的是，以一个事件（如一个特定后果）的概率来展示在有或没有另一个事件（如一个特定行为的存在或不存在）的情况下事件与事件之间的关系（Martens, DiGennaro, Reed, Szczech, & Rosenthal, 2008; Matthews, Shimoff, & Catania, 1987; Schwartz, 1989）。例如，如果约翰尼在 20 个观察时距内喊叫了 13 次（B），结果是在其中 2 次喊叫发生后，教师让他离开教室，我们会说教师让约翰尼离开教室的概率是 2/13，或大约 15% 的发生率（参看下表中的原始数据，逃避/存在，B、B+C、B+C/B 这三列）。

关注	B	B+C	B+C/B
存在	13	9	0.69
不存在	7	3	0.43
逃避	B	B+C	B+C/B
存在	13	2	0.15
不存在	7	3	0.43
其他	B	B+C	B+C/B
存在	13	2	0.14
不存在	7	1	0.17

然而，单独辨识一个行为—后果关系的概率意味着对事件的不完整分析。除了确定行为发生之后出现后果的概率外，还应该确定行为不发生之后出现后果的概率（例如，根据上表中的原始数据，逃避/不存在，B、B+C、B+C/B 这三列，这个概率是 43%），通过比较得出的不同数值就是所谓的依联对应分析。[1]

将一般的操作依联对应的条件型概率绘制成图表，可以揭示出事件与行为之间的依联的程度（参看图 A），这可能会解决与 ABC 连续记录有关的一些限制的问题。CSA 在自然环境中进行，不需要对后果进行实验操纵。用直接观察来辨识行为与其后果之间的正、负或中性的依联。所谓"正"依联，指的是在行为发生后，更有可能出现一个特定后果。所谓"负"依联，指的是在行为发生后，不太可能出现一个特定后果。例如，如果约翰尼在一个观察期内喊叫了 13 次，其中 9 次引起了教师的关注，我们可以说，教师的关注（c）这个后果更有可能在约翰尼的喊叫行为（b）之后出现，这说明喊叫与教师的关注之间存在正依联。相反，如果约翰尼喊叫（b）后，教师更频繁地扣留关注（c），我们可以说，教师的关注不太可能在喊叫行为之后出现。因此，可能存在一个负依联，因为后果不太可能在行为之后出现。

如前所述，为了确定行为—后果关系的操作强度，要计算出行为发生之后后果发生的概率，以及行为没有发生时该后果发生的概率。计算这个概率，是用观察期间行为发生之后后果发生的次数除以行为发生的总次数，以及在行为没有发生的情况下，该后果发生的次数除以没有发生行

---

1 译注：本例中的 B 是不存在喊叫的 7 个时距。

为的总时距数。然后将这些数值画在图表的 x 轴上（参看图 A）。图中数据的位置代表行为—后果关系的类型和强度。如果数据点落在中性线的左上方，表示可能存在正依联，这个后果可能是维持行为继续发生的原因。如果数据点落在中性线的右下方，表示可能存在负依联，这个后果可能就不是维持行为继续发生的原因。如果数据点落在中性线上或非常接近中性线，则可能不存在依联，表示与行为发生与否无关，后果出现的可能性是相等的。此外，数据点距离中性线越远，假设的行为—后果关系在正依联方面越强，在负依联方面越弱。然而，需要注意的是，依联对应分析的结果是否有效在很大程度上取决于所收集的描述型数据的忠实度。

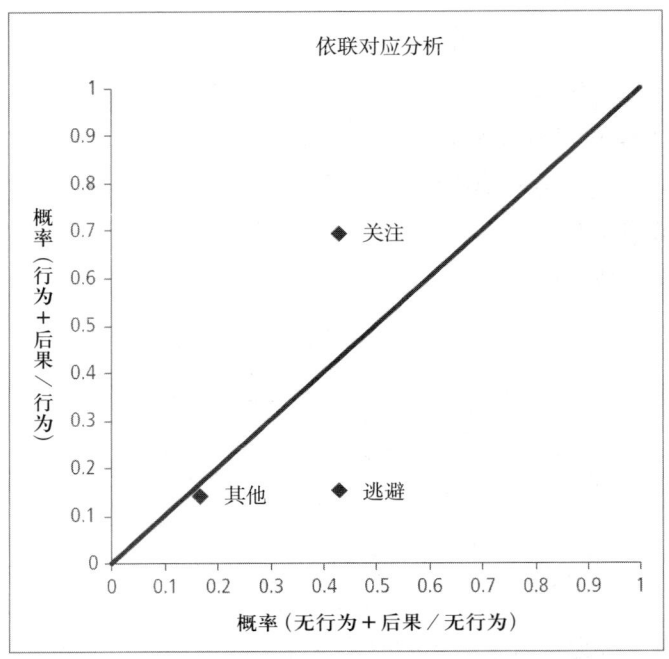

图 A 假设性依联对应分析数据以图表来显示潜在的正依联（关注）、负依联（逃避）和中性（其他）依联，这是一个依联对应关系的图表例子。y 轴的值等于特定行为发生的后果的概率，x 轴的值等于特定行为没有发生的后果的概率。

然而，条件型概率可能会产生误导。如果一个问题行为是由间歇强化维持的，那么该行为可能经常发生，即使行为之后并没有持续地出现一个特定的后果。例如，一位教师也许只在学生的发脾气行为频繁或严重到不可容忍的地步才将他罚时出局。在这种情况下，学生只有很小比例的发脾气行为会得到罚时出局的后果，条件型概率很低。于是，有一种可能性是，其中存在的一个功能关系（如发脾气受到逃避的负强化）不会被检测到。此外，儿童目前的行为干预计划可能要求重复发出三次指令和尝试提供一次肢体协助，然后再实施罚时出局。在发脾气出现之后得到关注的情况下，发脾气的条件型概率会很高。因此，一个描述型分析可能会显示出一个不存在的功能关系（如发脾气受到关注的正强化）。也许是基于这些原因，使用条件型概率计算来检视描述型方法在多大程度上导致与功能分析相同假设的研究通常会发现一致性较低（例如，Lerman & Iwata, 1993; Noell et al., 2001）。

ABC 叙事记录

ABC 叙事记录是一种描述型评估，与连续记录的不同之处是：（1）只在观察到所关注的行为时收集数据；（2）记录是开放式的（所有在目标行为之前和之后立即发生的事件都会被记录下来）（参看本书第 3 章的图 3.3）。由于观察者只在目标行为发生时记录数据，因此，叙事记录所花时间可能比连续记录要少。

然而，除了前面讲述的缺点外，叙事记录还有其他的一些缺点。

ABC叙事记录的考虑因素。由于已发表的研究报告中很少涉及叙事记录数据，因此，它们在辨识行为功能上的效用还没有建立起来。然而，ABC叙事记录可能可以辨识不存在的功能关系，因为只有与目标行为有关的前提和后果事件才会被记录下来；如果特定事件在目标行为不存在和目标行为存在时发生得同样频繁，那么ABC数据就不会提供相关的证据。例如，ABC数据可能会错误地指出同伴关注与破坏性行为之间存在相关性，即使在该学生没有做出破坏性行为时，同伴也频频给予关注。

ABC叙事记录的另一个潜在限制在于其准确性。除非观察者接受了足够的训练，否则他们可能会报告推断的情况或主观印象（例如，"感到尴尬""感到沮丧"），而不是以客观的词句来描述可观察的事件。此外，鉴于一些环境事件的发生可能在时间上很接近，分辨出是哪些事件引发了一个行为可能会很困难。莱尔曼、霍瓦内茨、斯特罗贝尔和特雷奥特（Lerman, Hovanetz, Strobel, & Tetreault, 2009）发现，教师使用更加结构化的方式收集的ABC数据比使用叙事记录收集的数据更准确。因此，ABC叙事记录可能最适合用于收集初步信息，为连续记录或正式的功能分析提供依据。

散点图记录

散点图记录（scatterplot recording）是一种记录目标行为在某些时间比在其他时间出现得更频繁的程序（Symons, McDonald, & Wehby, 1998; Touchette, MacDonald, & Langer, 1985）。具体来说，散点图把一天的时间分成很多块（如一系列30分钟的片段）。观察者在记录表上使用不同记号来标示每个时间片段内目标行为出现很多次、几次或完全不出现的情况（参看图27.4）。收集了几天的数据后，分析数据的模式（特定时间片段通常与问题行为相关）。如果发现有反复出现的反应模式，就可以针对问题行为在时间上的分布，检查其与特定环境事件的关联。例如，在某一时段内目标行为经常出现，这可能就与在那个时段内接收到的要求增加、关注减少、某些活动或某个特定的人存在有关。如果是这样，就可以在此基础上做出改变。

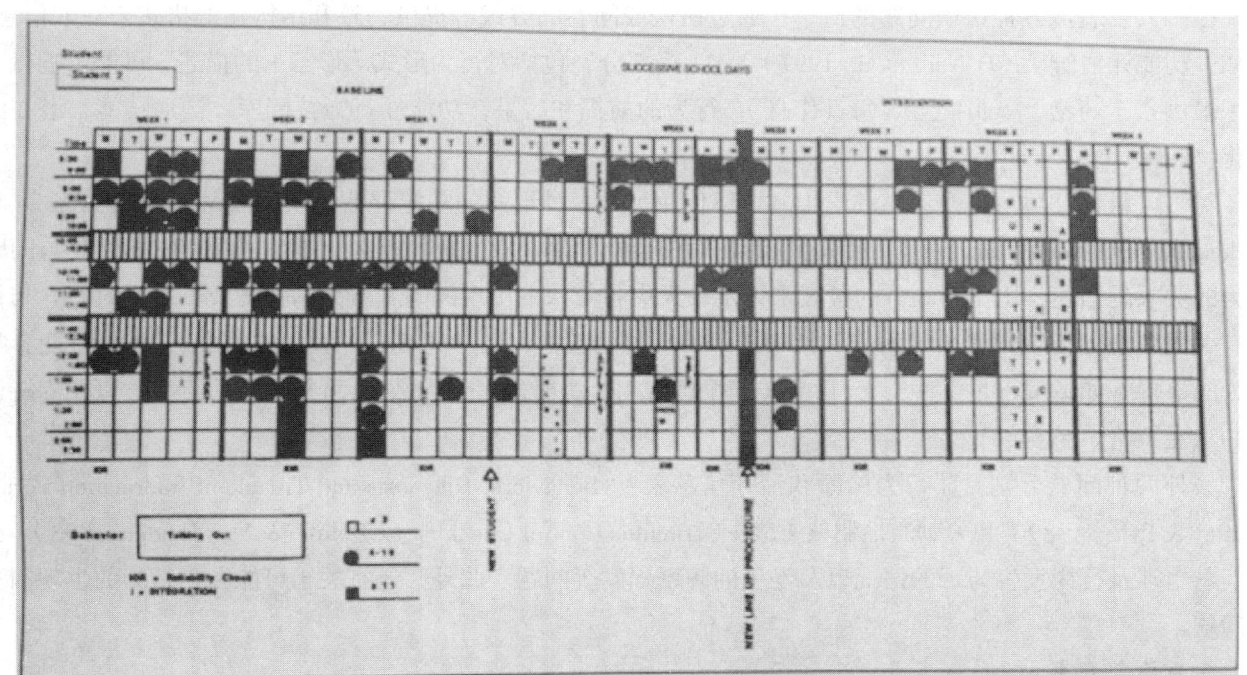

图27.4 散点图记录表的例子。不同形状的记号代表在每天的观察时段内观察到的大声说话的不同比率。空心方块代表2次以下；实心圆代表4~10次；实心方块代表11次或更多。

引自F. J. Symons, L. M. McDonald, & J. H. Wehby (1998). Functional Assessment and Teacher Collected Data. *Education and Treatment of Children*, 21, p. 145. Copyright ©1998. 经授权使用。

散点图的考虑因素。散点图的主要优点是能够确定问题行为发生的时段。这样的信息有助于精准地指出一天中的什么时段更适合做 ABC 评估，以获取更多有关问题行为功能的信息。虽然在实践中经常使用散点图，但人们对它的效用知之甚少。至于时间的模式是否具有明显的规律性，目前尚不清楚（Kahng et al., 1998）。还有一个问题是，使用散点图可能很难获得准确的数据（Kahng et al., 1998）。此外，评价行为发生的频繁程度的主观性（如"经常发生"与"有时发生"）可能会导致解释上的困难（这些评价标准在不同的教师或评价者之间可能有所不同）。

间接功能性行为评估

间接功能评估（Indirect functional assessment）方法使用结构性访谈、行为核查表、评定量表或问卷，从了解服务对象表现出的问题行为的情况的人（如教师、家长、照顾者和/或服务对象本人）那里获得信息，以确定自然环境中可能与问题行为相关的情况或事件。这种程序被称作"间接"的，因为它不涉及对行为的直接观察，而是根据他人对行为的回忆来获取信息。

行为访谈

访谈是评估中的常规手段。行为访谈（behavioral interview）的目的是获得关于问题行为、前提和后果的清晰和客观的信息。这可能包括对行为的明确描述（后果），何时（时间），何地（情境、活动、事件），和谁，发生的频率，在行为之前通常会发生什么（前提），在行为之后儿童和其他人通常会立即做什么（后果），以及以前采取过什么措施来解决这个问题，结果如何。访谈者可能会要求提供有关理想行为（或在什么情况下没有出现不当行为）的信息，以确定可供预测恰当行为和问题行为的模式或条件。通过行为访谈，还可以获得有关儿童的明显偏好（如最喜欢的物品或活动）、技能和沟通方法的信息。技能娴熟的访谈者提出的问题能够促使受访者做出关于事件的具体、完整和真实的回答，以及最少量的解释或推断。

很多人发表过各种访谈问题的清单，通过访谈或问卷的方式，提供一致和结构化的格式来获取信息。例如，功能评估访谈（O'Neill et al., 1997）有 11 个部分，包括对行为形式（形态）的描述，可能影响行为的一般因素（药物、人员配置、每日作息），行为的前提和后果，功能性行为技能库，沟通技能，潜在的强化物和治疗史。

对于可以自己填写自身信息的学生，可以使用另外一种形式的功能评估访谈（Kern, Dunlap, Clarke, & Childs, 1995; O'Neill et al., 1997）。问题包括在学校会给学生造成困扰的行为，学生的课程安排及其与问题行为的关系的描述，用 1 到 6 分的量表来评定一天中各节课上出现的问题行为的强度及其发生时间，与行为有关的各方面情境因素（如困难、无聊或不易理解的教材，同学的戏弄，教师的斥责），其他可能影响行为的事件（如睡眠不足、冲突），后果（当个体做出行为时发生了什么），可行的替代行为，以及支持计划的潜在策略。

另外两种问卷分别是《行为诊断和治疗信息表》（Behavioral Diagnosis and Treatment Information Form）（Bailey & Pyles, 1989）和《刺激控制核查表》（Stimulus Control Checklist）（Rolider & Van Houten, 1993），这些问卷也涉及行为发生与否的情况以及发生的频繁程度等问题。此外，还有关于可能影响行为的生理因素的问题。

行为评定量表

用于实施功能评估的行为评定量表（behavior rating scales）使用的是李克特量表，它要求提供信息者估计行为在特定条件下发生的频繁程度（如从不、很少、经常、总是）。关于行为功能的假设是基于与每个条件相关的分数。得到最高累积分数或平均分数的条件会被假设为与问题行为相关。例如，如果提供信息者说，当那名儿童被要求做什么事时，问题行为总会出现，那么就可能会做出负强化的假设。表 27.2 总结了几种行为评定量表的特点。

表 27.2 用于评估问题行为功能的行为评定量表

行为评定量表	所评估的功能	格式和题数	题目的例子和可能的功能
动因评估量表（Motivation assessment Scale, MAS）（Durand & Crimmins, 1992）	感觉强化、逃避、关注和实物强化	16 个问题（4 种功能，每种各 4 个问题）；7 分量表（从总是如此到从不如此）	行为的发生看起来是在回应你与房间里的其他人的交谈吗？（关注）
动因分析评定量表（Motivation Analysis Rating Scale, MARS）（Wieseler, Hanson, Chamberlain, & Thompson, 1985）	感觉强化、逃避和关注	6 个陈述语句（3 种功能，每种各 2 个语句），4 分量表（从总是如此到从不如此）	在你停止工作或停止对这个人提出要求后不久，这个行为就停止了。（逃避）
问题行为问卷（Problem Behavior Questionnaire, PBQ）（Lewis, Scott, & Sugai, 1994）	同伴关注、教师关注、逃避/回避同伴关注、逃避/回避教师关注，以及事件设定的评估	问题、7 点分数范围	当行为发生时，同伴对个体有语言反应或嘲笑吗？（同伴关注）
功能分析筛选工具（Functional Analysis Screening Tool, FAST）（Iwata & Deleon, 1996）	社会性强化（关注、偏好物品）、社会性强化（逃避）、感觉刺激的自动强化、减轻疼痛的自动强化	针对陈述是否描述了事实，回答是或否	当行为发生时，你通常会尝试让他平静下来，或利用他偏爱的活动（休闲物品、点心等）让他分心吗？（社会性强化、关注、偏好物品）
行为功能问卷（Questions About Behavioral Function, QABF）（Paclawskyj, Matson, Rush, Smalls, & Vollmer, 2000）	关注、逃避、非社会性的、身体的、实物	陈述、4 点分数范围	参与者表现出这个行为，试图得到你的回应。（关注）

间接功能性行为评估的考虑因素

一些间接评估方法可以为指导后续更客观的评估提供有用的信息来源，并有助于发展出关于可能造成或维持目标行为的变量的假设。由于间接形式的 FBA 不需要直接观察问题行为，大多数行为分析实务工作者认为这种方法很方便，而且在实施 FBA 时是有用的。然而，我们要提醒读者，封闭式间接评估工具，如动因评估量表（MAS）和行为功能问卷（QABF），已经被反复证明并不可靠，因此，它们在辨识功能上的效度是可疑的（参看 Hanley, 2012）。

实施功能性行为评估

最好将 FBA 视作一个四步骤过程。

1. 使用间接评估和描述型评估收集信息。
2. 解释来自间接评估和描述型评估的信息，并形成关于问题行为的目的的假设。
3. 使用功能分析检验假设。
4. 根据问题行为的功能制订干预方案。

收集信息

实施FBA前先与个体的教师、家长、照顾者和/或其他与个体关系密切的人进行功能评估访谈，通常是很有帮助的。从访谈中辨识和定义目标问题行为，辨识和定义可以观察的潜在前提和后果，获得关于问题行为和个体的强项的总体了解，以此来协助评估者做好直接观察的准备。访谈还有助于确定在做一个较大规模的FBA之前是否需要进行其他评估。例如，如果在访谈中发现个体有慢性中耳炎且目前还未得到治疗，那么在实施进一步的行为评估之前应该先实施医疗评估。

在很多情况下，如果个体具备语言技能，可以理解访谈问题并予以回应，那么对他进行访谈是有帮助的。有时，对于自己为什么在特定背景下做出问题行为，个体会提供有用的见解。

这个时候，在自然常规中直接观察问题行为是很有用的。这种观察有助于确认或否定从访谈中获得的信息。如果不清楚行为在什么时候最常发生，那么可以使用散点图分析来确定什么时候应该进一步观察行为。在确定了什么时间或时段常出现问题行为后，行为分析师就可以实施ABC评估了。从访谈中获得的信息有助于指导ABC评估，因为这时评估者应该已对目标行为、前提和后果有了明确的定义。然而，行为分析师还必须注意自然环境中可能出现的额外的、意想不到的前提和后果。教师或照顾者有时会忽略或察觉不到触发或跟随问题行为的特定刺激。

解释信息和提出假设

评估者应该分析从间接评估中得到的结果，以便分析行为和环境事件的模式，从而对问题行为的功能做出假设。如果问题行为最常发生在他人的关注较少的时候，而且常常引起他人的关注，那么假设关注维持了这个问题行为就是恰当的。如果问题行为最常发生在面临高要求的情况下，而且常常导致暂时免于执行任务（如罚时出局、停学或其他形式的任务延迟），那么假设逃避维持了这个问题行为就是恰当的。如果问题行为没有可预测的模式，或在上学日中以高比率出现，那么假设自动强化维持了这个问题行为就是恰当的。在检视评估结果并思考可能的假设时，行为分析师应该记住，行为可能具有多种功能，问题行为的不同形态可能具有不同的功能。

关于行为功能的假设应以ABC格式书写。具体而言，假设陈述应该说明假设触发问题行为的一个或多个前提、问题行为的形态和维持问题行为的后果。请看下面的例子。

假设的功能	前提	行为	后果
逃避洗手和/或吃午餐。	当有人辅助芙洛去洗手，准备吃午餐时……	芙洛尖叫并倒在地上，接下来……	送她去罚时出局，以此终止洗手和吃午餐。

用这种方式撰写假设陈述很有用，因为这会要求行为分析师专注于潜在的干预方向：包括调整前提和/或调整强化依联（可能涉及教授一个新行为和改变强化行为的事物或用消退来处理行为）。

检验假设

提出假设后，就可以实施功能分析来检验假设了。功能分析始终包含一个促进最低问题行为频率的控制条件。这通常是一个游戏条件，由以下几项组成：（1）能持续地接触偏爱的玩具和/或活动；（2）没有要求；（3）能持续得到关注。然后，选择用于检验特定假设的条件。例如，如果主要的假设是"问题行为是由逃避维持的"，那么就应该实施一个依联逃避条件。其他测试条件可能不需要实施。

对测试条件进行选择有助于使功能分析尽可能简短。然而，如果不实施其他测试条件，就不能对问题行为的其他功能得出结论。然而，由于没有实施依联关注条件，我们不能排除关注也在维持问题行为的可能性。

发展干预

FBA 完成后，可以制订一项与问题行为的功能相匹配的干预计划。干预计划可以采取多种形式。虽然 FBA 不能辨识哪些干预能有效地改善问题行为，但是，如本章前面所述，它确实能辨识可能触发行为的前提、应该补救的潜在行为缺陷和可以改变的强化依联。此外，FBA 还能辨识可作为干预集成包的一部分的强有力的强化物。干预应该与问题行为**功能等价**（functionally equivalent）。也就是说，如果问题行为具有逃避的功能，那么干预就应该提供逃避的机会（如脱离任务而得到休息），以便产生更为恰当的反应，或者以某种方式改变任务要求，以降低逃避的强化作用。

设计干预的一种有效的方法是通过检视已确认的假设来确定如何改变 ABC 依联以促进更正向的行为。例如，思考一下关于芙洛的假设，假设功能分析显示了一个与图 27.2 的右上图类似的模式。

假设的功能	前提	行为	后果
逃避洗手和/或吃午餐。	当有人辅助芙洛去洗手，准备吃午餐时……	芙洛尖叫并倒在地上，接下来……	送她去罚时出局，以此终止洗手和吃午餐。

我们可以通过改变芙洛被要求洗手的时间来改变前提（使洗手不在午餐之前，从而减少逃避引发的发脾气行为）。

假设的功能	前提	行为	后果
逃避洗手和/或吃午餐。	芙洛被辅助在休息之前去洗手。	不适用（回避了问题行为）。	不适用（后果是不相关的，因为未发生问题行为）。

可以通过教授芙洛一个新的行为（如打出"休息"的手语）来改变行为，而导致同样的结果（逃避吃午餐）。

假设的功能	前提	行为	后果
逃避洗手和/或吃午餐。	当有人辅助芙洛去洗手，准备吃午餐时……	有人辅助芙洛打出"休息"的手语，接下来……	终止洗手和吃午餐。

或者，也可以改变后果。例如，问题行为的强化物可以被保留，使问题行为被消退。

假设的功能	前提	行为	后果
逃避洗手和/或吃午餐。	当有人辅助芙洛去洗手，准备吃午餐时……	她尖叫并倒在地上，接下来……	继续提供洗手和午餐活动。

一项干预也可以由几个不同的部分组成，例如，可以教授芙洛替代行为（打出"休息"的手语），这个行为导致午餐活动暂停，而同时用逃避消退来处理发脾气行为。

FBA 也有助于辨识可能无效或可能使问题行为恶化的干预。涉及罚时出局、留校察看、停学，或计划式忽略的干预对由逃避维持的问题行为来说都不适合。涉及斥责、讨论或咨询的干预对由关注维持的问题行为来说都不适合。

我们关于干预的最后一个提醒是：在制订出干预计划后，FBA 并没有"就此结束"。一旦开始实施干预，评估就会持续进行，因为持续监控干预效果很重要。行为的功能并不是静态的。相反，它是动态的，会随着时间改变。由于问题行为的功能可能会发生改变，因此，干预可能会失去它的有效性（Lerman, Iwata, Smith, Zarcone, & Vollmer, 1994）。在这种情况下，可能需要进行额外的功能分析来修改干预计划。

以个案范例说明功能性行为评估的流程

FBA是一个具有高度特异性的过程。任何两个FBA都不会完全相同，因为每个人都有一套独特的技能和行为，以及独特的强化历史。实施FBA需要对行为原理有透彻的理解，以整合来自访谈和ABC评估的相关信息，形成相关的假设，并检验那些假设。除了这些技能外，还需要对行为干预（如差别强化程序、强化程序表以及促进维持和泛化的策略）有充分的了解，以设计最适合挑战性行为的功能的有效处理。此外，实务工作者必须及时了解功能分析和问题行为治疗方面的最新研究，因为证据基础在不断地发展。这似乎是一个令人生畏的过程。为了展现FBA在人的特异性差异中的应用，我们用以下一系列案例来说明它在制订干预计划方面的效用，而使问题行为变得无效、不相关或低效。

玛丽——简短功能分析

收集信息、解释信息并形成假设

玛丽是一个8岁的孤独症女孩，她被转介给一位行为分析师以评估严重的问题行为，具体来说是对家庭成员的攻击。社区精神卫生机构的社工人员为她提供每周三小时的"ABA治疗"，治疗费用由保险公司承担。每次治疗，玛丽的妈妈和妹妹都会参加。唯一具备咨询此案例所需技能的行为分析师在150英里外的一所大学工作，因此那位行为分析师通过远程咨询来帮助机构的工作人员进行功能分析。

行为分析师首先对玛丽的妈妈进行了功能评估访谈，妈妈说玛丽的攻击行为发生在各种场合，对象包括儿童和成人，一般发生在玛丽无法得到她想要的东西时，通常是她喜欢的玩具。当治疗师跟她妈妈讲话或讨论治疗进程时，玛丽也会出现攻击行为。不过，她最近在治疗时间攻击治疗师的行为已经有所减少。行为分析师随后收集了妈妈和妹妹参与游戏期间的ABC数据，以及玛丽在社区卫生机构进行ABA治疗期间的数据。ABC数据显示，当玛丽喜欢的玩具被移除时，出现了一个攻击行为的模式。数据还显示，攻击行为之后最常出现的后果是妈妈或妹妹将物品还给玛丽。行为分析师根据这些描述型数据提出假设，玛丽的攻击行为可能是由获得实物维持的。

检验假设

由于玛丽每周接受服务的时间有限，因此，行为分析师进行了简短功能分析以确定玛丽的攻击行为的功能。咨询行为分析师通过远程咨询训练玛丽的治疗师实施评估，并在评估期间提供指导和反馈。当时实施了4个5分钟的功能分析条件（自由游戏、关注、要求和实物），攻击行为只出现在实物条件中。在每个时段中，行为分析师使用10秒部分时距来记录问题行为发生的次数。在依联倒返期间，也记录了玛丽索要的次数。图27.5展示了这个功能分析的结果。在前四个条件结束之后，行为分析师指导现场治疗师实施功能性沟通训练（FCT），以教授玛丽索要实物。这被选作替代行为，因为FCT与问题行为的功能相同，并且可以有效地赢取强化物。在3个5分钟的训练时段中，玛丽索要的次数有所增加，攻击行为减少至零。接下来，行为分析师指导现场治疗师通过第二次实施实物条件的功能分析来进行依联倒返。在依联倒返的过程中，发生攻击行为的时距增加至50%，索要的次数则从11次减少至2次。恢复FCT后，攻击行为恢复至零，索要行为恢复至先前的处理水平。玛丽的治疗师在60分钟的治疗时间内完成了所有的功能分析和处理条件，妈妈和妹妹都在场。

制订干预计划

在实施简短功能分析期间，功能性沟通训练（教授恰当地索要）被证明是减少攻击行为的有效处理方法。它与行为功能相匹配，而且能够比问题行为更高效地获得实物。接下来，行为分析师、治疗师和玛丽的妈妈开了一次会来制订干预计划。玛丽的妈妈担心，当玛丽要求得到想要的物品而妈妈必须说"不行"时，可能会导致攻击行为。行为分析师与团队合作制订了一项治疗计划，在开始时，玛丽每次提出要求时

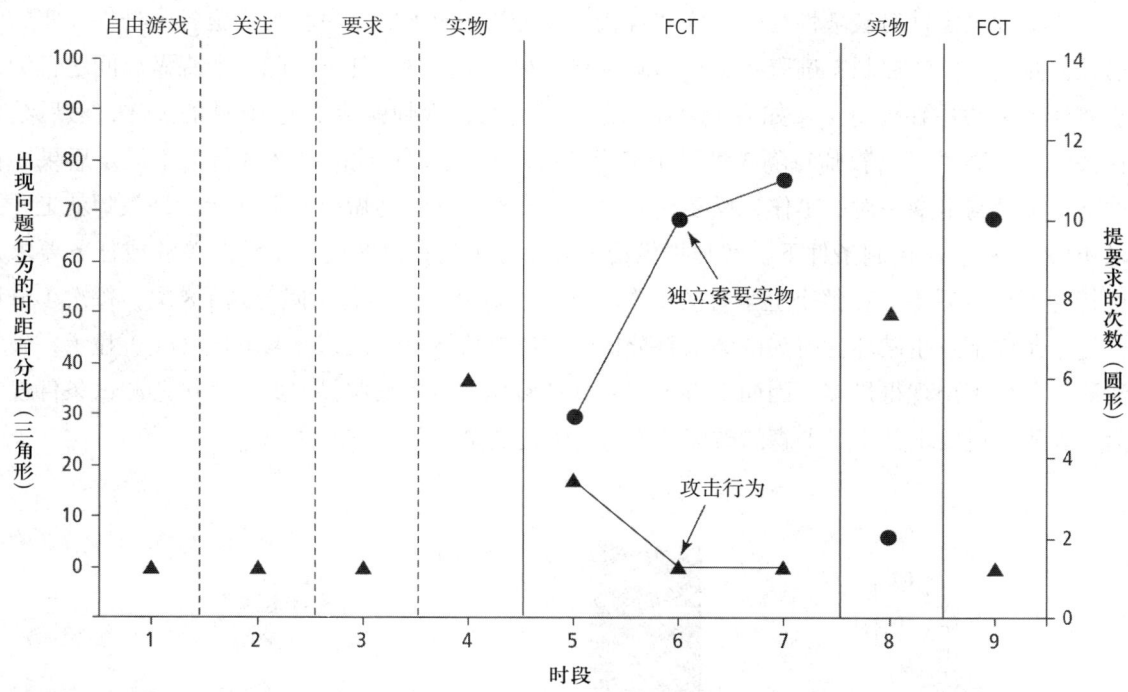

图 27.5 玛丽的简短功能分析的结果。图表描述了在每个条件下问题行为出现的 10 秒时距百分比（左侧 y 轴）和独立提要求的次数（右侧 y 轴）。

玛丽的案例由丽贝卡·埃尔德里奇和内桑·范德韦勒提供。

就提供给她，直到在连续 3 个 30 分钟的时段内攻击行为都减少至零。当玛丽定期提出要求而不出现攻击行为时，就引入下一个教授等待偏好物品的计划。要想得到偏好物品，玛丽必须在提出要求后等待（不做出攻击行为）1~60 秒。一旦玛丽掌握了等待的技能，她就被会教授在等待时间内完成一项任务。她只有在完成任务后才能得到偏好物品。然后，行为分析师和治疗师教授玛丽的妈妈实施这个程序，妈妈成功地完成了。

卡森——回合式功能分析

收集信息、解释信息并形成假设

卡森是一个患有染色体缺失症的 10 岁男孩，他在普通教育课堂上接受特殊教育服务。他表现出了几个问题行为——最明显的是在小组教学中跟同学讲话，教师提出问题时大声喊出答案，以及在教室里跑来跑去。这些行为只发生在普通教育课堂上。它们愈演愈烈，导致他离开普通教育环境而回到资源教室的时间越来越长。结果是，卡森错过了宝贵的学习时间，在学业上落在了后面。

负责卡森案例的行为分析师被要求实施 FBA，以便设计出干预计划，从而增加他在普通教育课堂上的时间和减少他的破坏性行为。在卡森的父母同意实施 FBA 后，行为分析师先对卡森的老师和专业助理人员进行功能评估访谈。从访谈中发现，卡森的问题行为似乎最常发生地毯上的小组活动时间和课桌上的个人学习时间。卡森的教师和专业助理无法确定卡森的问题行为的后果有什么明确的模式，因为他们已经尝试过很多不同的方法，但都没有成功。访谈结束后，行为分析师使用结构化数据表收集教师报告的问题最多的时段的 ABC 数据。ABC 评估显示，维持卡森的破坏性行为的可能是逃避要求或获得一对一的关注。

检验假设

这个时候，行为分析师需要检验自己的假设，但她对于在课堂情境中实施传统的行为分析持保留意见。她担心传统的 FA 需要花费很多时间，以及教师在教学过程中能否以高忠实度来实施 FA。基于这些原因，行为分析师决定针对破坏性行为实施回合式功能分析（TBFA），由教师实施各个条件。实施的4个条件包括关注测试、关注控制、逃避测试和逃避控制。在关注测试条件下，除非卡森做出问题行为，否则教师不会将注意力集中在他身上。如果卡森做出破坏性行为，教师就给予他10秒的关注，然后结束这个回合。在关注控制条件下，教师每隔5秒给予卡森60秒的关注，对他的破坏性行为不设定后果。在逃避测试条件下，教师与卡森一对一工作，反复辅助他完成任务。如果他做出破坏性行为，教师就走开并取消任务要求10秒。在逃避控制条件下，教师提供给卡森1分钟的休息时间，不给予关注或任务要求，对他的破坏性行为不设定后果。在整个上学日的正常教学中，每个条件实施（回合式）8次，每次1分钟。然后计算出每个条件下发生破坏性行为的尝试百分比，并绘制成图表。结果（参看图27.6）显示，破坏性行为在关注测试条件下出现得最多，因而支持了关注维持破坏性行为的假设。此外，逃避测试条件没有引发问题行为，表明逃避要求并不是卡森的破坏性行为的强化变量。

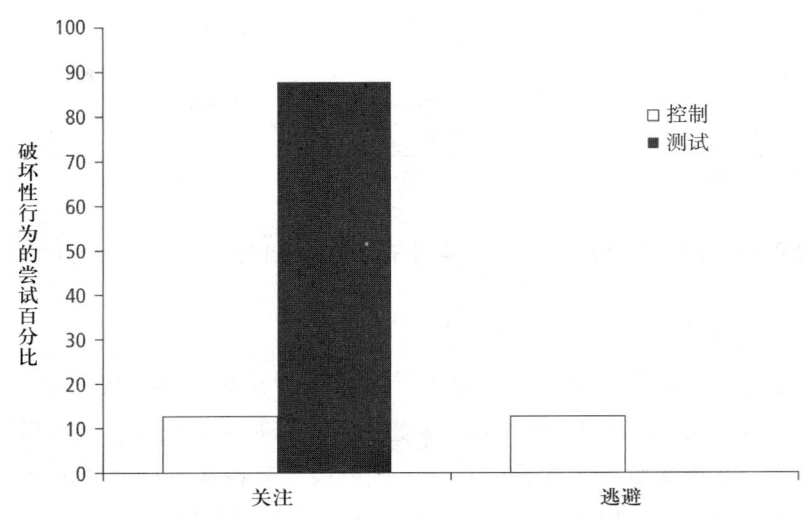

图27.6 对卡森实施回合式功能分析的结果。图表显示了在控制和测试两种条件下，发生破坏性行为的尝试百分比。
卡森的案例由丽贝卡·埃尔德里奇和内桑·范德韦勒提供。

制订干预计划

根据回合式功能分析的结果，行为分析师制订了一项包含多个部分的治疗计划，包括当卡森做出破坏性行为时终止关注、教他举手以获得关注，并在他安静地坐在课桌前的时间增多后给予他关注和依联休息。于是，问题行为被置于消退之中，而更恰当的行为（举手和安静地坐着学习）引起了教师的关注。

伊利亚——基于潜伏期的功能分析

收集信息、解释信息并形成假设

伊利亚是一个有孤独症谱系障碍的9岁男孩。他的问题行为是擅自跑开和不服从，他被转介给一位行为分析师来做功能分析。

行为分析师首先与伊利亚的妈妈进行了功能评估访谈（O'Neill et al., 1997）。伊利亚的妈妈报告说他的擅自跑开行为在社区和家里都经常发生。当他得不到想要的东西时（在社区），他会从商店里跑到马路上，当他拿不到玩具时（在家里），他会跑出家门。因此，妈妈很少带他出门，这限制了伊利亚一天中可以从事的活动的数量。妈妈把家里所有的门都锁上了。

接下来，行为分析师使用远程技术直接观察伊利亚在家中的行为。观察到了妈妈在多种自然发生的情境中与孩子一起工作的情景。行为分析师收集了试图跑开以及即时前提与后果的数据。阻挡了试图跑开的伊利亚以保证他的安全。在 ABC 评估期间，行为分析师观察到，当被要求完成学业任务时，他会试图跑开。而且当他跑开时，妈妈给予了他相当多的关注，想要让他坐回桌子前写作业。根据 ABC 观察，行为分析师假设伊利亚的跑开行为是由逃避任务要求、获得实物和关注维持的。

检验假设

功能分析是在伊利亚接受 ABA 服务的中心进行的。行为分析师决定实施基于潜伏期的功能分析。鉴于问题行为的危险性，她选择了这种评估方式。也就是说，她希望尽可能减少跑开行为的发生次数，当行为真正发生时，工作人员必须实施干预。行为分析师立刻强化了跑开行为，以此防止伊利亚跑得太远而离开这个情境。在这个案例中，跑开行为被定义为，伊利亚在未经允许的情况下离开教学情境和/或成人超过三英尺。除了实施基于潜伏期的 FA 外，行为分析师还要确保有额外的治疗师守在大楼的所有出口处，以防止伊利亚跑出大楼。FA 包括以下条件：实物、游戏（控制）、关注和要求。行为分析师在每个条件开始实施时启动计时器，跑开行为一出现，行为分析师就停止计时，并记录经过了多少时间。这就是跑开的潜伏期。图 27.7 显示了 FA 的结果。图表显示，跑开是由逃避要求和获得关注维持的，因为伊利亚在逃避和关注条件期间跑开的潜伏期最短。

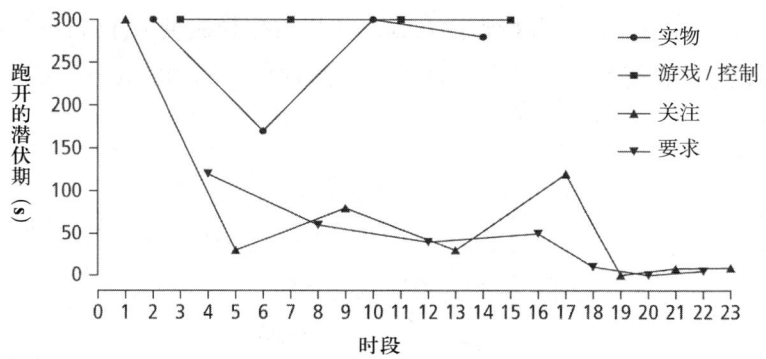

图 27.7　伊利亚在 FA 中的每个条件下的跑开行为的潜伏期。请注意，跑开行为在游戏/控制条件下从未出现过，因此图中的游戏条件的数据点出现在 300 秒处，这代表了整个时段的持续时间（5 分钟）。关注和要求条件期间的潜伏期最短，显示了逃避和关注的功能。

伊利亚的案例由德尼斯·里奥斯（Denice Rios）和妮科尔·霍林斯（Nicole Hollins）提供。

制订干预计划

当擅自跑开或任何其他危险的问题行为具有关注功能时，这可能就是一个挑战，因为不能将问题行为置于消退（即忽略）之中。这样的问题行为几乎总会引起至少一部分关注。伊利亚的情况就是如此。因此，行为分析师设计了一项提供并存强化依联的干预。当教师对伊利亚提出任务要求时，会给他三个选择，以绿、黄、红三种颜色发出不同依联的信号。绿色与完成指定的任务有关。如果伊利亚恰当地完成了任务，就会得到 60 秒的高质量休息时间。在休息时间里，他会得到妈妈的关注以及喜欢的玩具。如果他要求中断任务去休息（选择黄色），他会得到休息时间，不过只有 30 秒，他可以得到偏好度较低的玩具，而且他妈妈只陪他几秒而已。如果他跑开（选择红色），他可以逃避任务 10 秒，没有玩具可玩，妈妈会不动声色地阻挡他离开房间。随着时间的推移，获得高质量休息所需参与任务要求的持续时间越来越长，直到伊利亚稳定地投入任务要求中，而不会跑开。

威尔——评估前兆行为

收集信息、解释信息并形成假设

威尔 14 岁时初步诊断为孤独症。以他的年龄来说，他相当高大，会表现出高水平的身体攻击、语言爆发和在别人身上小便的行为。由于行为的严重性和高频率、高大的体型、缺乏信息充分的治疗且资源有限，威尔被送到了一个戒备森严的青少年拘留中心，在那里，他接触到了没有残障、犯下暴力重罪和/或团伙作案的犯人。为威尔提供服务的县政府意识到青少年拘留中心不是一个适合安置威尔的地方，但没有其他选择。作为最终手段，负责此案的服务协调人寻求了行为分析咨询。

参与这个案例后，行为分析师很快了解到，所有与威尔一起工作的人都怀疑是否还有其他方法可用。行为分析师对曾在拘留中心与他一起工作的人进行了FBA访谈。由于拘留中心是一个封闭的场所，工作人员无法提供很多关于威尔在不同情况下的表现的信息。访谈产生的有用信息非常少。此外，由于拘留中心的性质，对威尔在自然常规中的观察也很有限，因此无法完成正式的描述型评估。行为分析师建议实施功能分析，但威尔的一位社工人员担心威尔生起气来会连续几个小时表现出攻击行为。她还担心威尔的行为太严重，即使只让它发生一次，也会造成危险。

检验假设

功能分析包括四个条件：实物、自由游戏、逃避和关注。在每个条件下，使用10秒的部分时距测量系统来记录语言爆发的发生情况，并绘制成问题行为的时距百分比的图表（参看图27.8）。威尔在实物条件下表现出了高水平的语言爆发。行为分析师注意到，如果治疗师提供关注或任务要求（即跟在实物条件之后的关注条件和要求条件），将威尔的行为重新引导至某种形式的独立工作，那么他的语言爆发是可以被打断的。

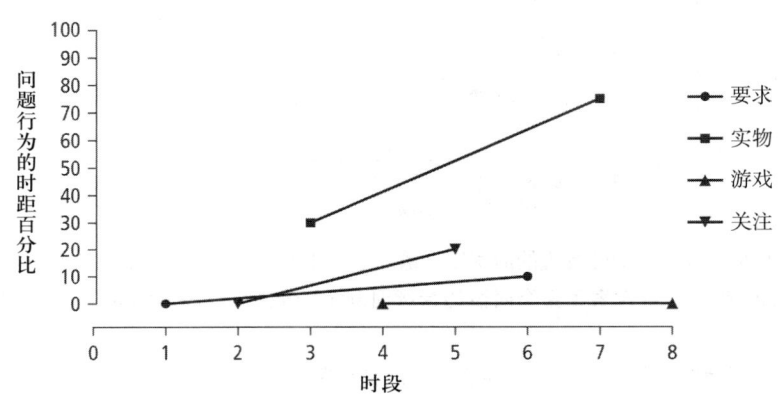

图27.8　威尔的前兆行为（语言爆发）的功能分析的结果

威尔的案例由科迪·莫里斯、德尼斯·里奥斯和劳埃德·彼得森（Lloyd Peterson）提供。

制订干预计划

根据功能分析的结果，行为分析师建议训练威尔以恰当而有效的方式要求得到实物。此外，建议将训练的重点放在教授威尔忍受得到实物的延迟时间。在他的正常生活环境中（如学校和家庭环境），并不是每一次都能立即获得他想要的实物，因此，训练威尔忍受延迟对于他的成功至关重要。鉴于此，行为分析师建议使用结构化治疗，如果在威尔以恰当的方式索要物品后没有出现语言爆发，就提供给他实物。在威尔能够以恰当的方式稳定地索要物品后，行为分析师慢慢增加了获得偏好物品的延迟时间，并让威尔在等待时执行一项独立任务。在适当地等待后，威尔获得了偏好物品。在观察了这一过程后，威尔的社工人员——尽管开始时有一些抵触——认为威尔可以生活在限制性较低的环境里了。

克里斯——评估ABC数据

收集信息、解释信息并形成假设

克里斯是一名被诊断为智力障碍的37岁男性，住在集体之家（group home）。他的语言技能库有限，而且需要使用轮椅移动。克里斯经常冲照顾者和同伴尖叫，发生的场合包括集体之家、各种日间活动和外出活动中。在对工作人员的访谈中发现，克里斯的尖叫在一天中的任何时候都会发生，最常发生在进行日间活动的时候。工作人员假设，克里斯看到室友得到工作人员的关注时会尖叫。行为分析师还注意到，当工作人员移动克里斯的轮椅时，他们往往是刚一走到克里斯的身后就推轮椅，而没有告诉他接下来要做什么。这似乎会吓到克里斯，行为分析师想知道克里斯的尖叫行为是不是由避免被人从日间活动的特定区域推走维持的。

行为分析师在克里斯住在集体之家期间和进行日间活动期间的几个不同的时间点进行了结构化 ABC 观察（类似于图 27.3 所示）和叙事记录（提供每个事件的描述）。克里斯不恰当的发声（尖叫）和恰当的发声都被记录了下来。收集完数据后，将每个前提和后果记录进行编码和归类，如关注、提出或移除一个要求、移动和独处。然后分析每次恰当或不恰当的发声，以确定行为之前的前提和行为之后的后果属于哪一类。然后将每一类的百分比绘制成图表，使用第 6 章中讲述的一些方法进行分析。结果如图 27.9 所示。

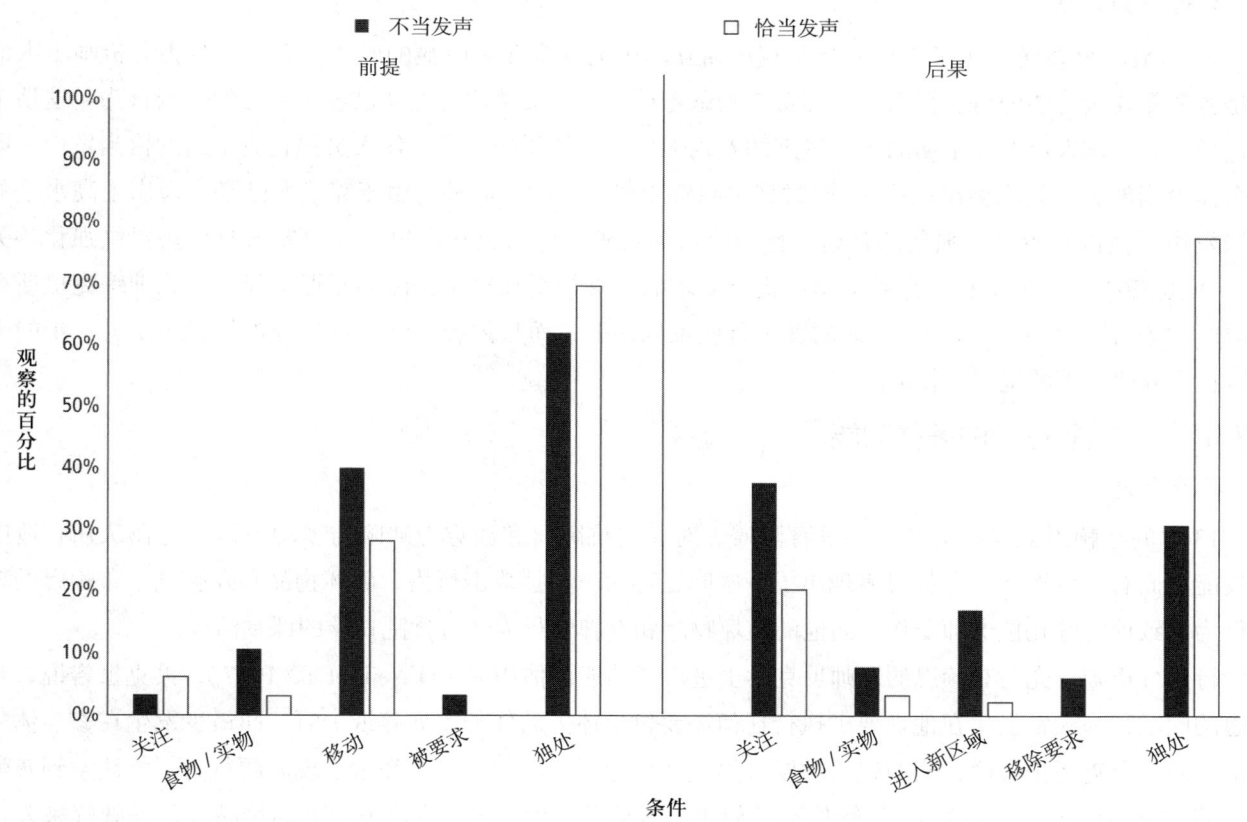

图 27.9 克里斯的 ABC 评估的结果。左侧显示了克里斯在各种前提变量——一对一关注、得到食物或实物、有人推他的轮椅（移动）、要求他做事、独处——之后，出现恰当和不当发声的百分比。右侧显示了克里斯在各种后果变量——一对一关注、得到食物或实物、到了一个新地方、移除对他的要求、独处——之前，出现恰当和不当发声的百分比。

克里斯的案例由科迪·莫里斯和贝姬·科尔布（Becky Kolb）提供。

根据 ABC 观察和 ABC 数据图表做出的假设是，克里斯的尖叫具有获得关注的功能。图表数据清楚地表明，在恰当和不恰当的发声之前，最常见的前提变量都是克里斯独处。然而，克里斯用恰当的方式尝试与工作人员互动后，极少得到他人的关注。相反，他在尖叫之后稳定地得到了工作人员的关注。事实上，克里斯因不恰当的发声而得到关注的可能性是恰当发声的大约两倍。此外，ABC 记录中的叙事部分（参看表 27.3）显示，克里斯恰当地发声（如"嗨""你好吗"）时，工作人员总是忽视他，然后他的发声升级为喉间发出咕噜咕噜的声音，最后变成尖叫。通常的情况是，直到克里斯开始尖叫，他才会得到工作人员真正的关注。

表 27.3 克里斯恰当和不当行为的 ABC 叙事评估结果

前提	行为	后果
克里斯独处。	说"嗨你"。	工作人员忽视。
克里斯独处。	说"啊吧",同时指着一本书。	工作人员忽视。
克里斯独处。	尖叫。	工作人员走过去告诉他"请停止喊叫",并问"克里斯,怎么了?"
让克里斯转而参与一项新的活动(物品分类)。	尖叫。	工作人员问他为什么生气——"克里斯,你需要什么?"
将克里斯转移到另一个房间(因为那里有一项活动)。	边走边对工作人员说:"你是我的孩子吗?"	工作人员忽视。

制订干预计划

由于 ABC 分析辨识出了工作人员与克里斯互动中的一个非常明显的问题,因此,行为分析师不太清楚是否还需要做功能分析。行为分析师希望先试着让工作人员关注克里斯已经表现出的恰当行为。这项干预包括倒返工作人员对克里斯的不当发声的差别强化。具体做法是让工作人员强化克里斯的恰当发声(即对个体恰当的关注要求做出回应),同时将尖叫置于消退之中。此外,由于克里斯已经表现出了高水平的恰当发声,他被教授忍受强化的延迟。行为分析师要求工作人员在克里斯提出要求时尽快提供强化(关注),但也教授工作人员在注意到克里斯提出要求后,慢慢增加给予关注的延迟时间,以此训练克里斯在必要时"等待"。最后,由于克里斯的发声有些难以理解,而且内容有限,行为分析师引入了进一步的干预以扩大和改善他的提要求技能库。

布赖恩——问题行为的多种功能

收集信息

13 岁的布赖恩被诊断为广泛性发育障碍、对立违抗障碍和注意力缺陷与多动障碍。他在认知和适应性技能方面有中度迟缓。布赖恩表现出了一些问题行为,包括攻击行为、破坏物品和发脾气。布赖恩的攻击行为导致他的好几位老师受伤,而他的破坏物品和发脾气行为经常扰乱日常的课堂活动。

行为分析师首先与布赖恩的老师贝克女士进行了功能评估访谈(O'Neill et al., 1997),贝克报告说,布赖恩的问题行为最常发生在他被要求执行任何需要付出体力的任务(如碎纸)时,而最少发生在参与休闲活动期间。贝克还报告说,当布赖恩被要求停止从事他喜欢的活动时,经常出现问题行为。她注意到布赖恩会使用复杂的语言(句子),尽管他经常使用语言威胁、咒骂和/或攻击、破坏物品以及发脾气来表达他的愿望和需要。

因为布赖恩有口语技能库,所以行为分析师还让他参与了学生辅助功能评估访谈(student-assisted functional assessment interview)(Kern et al., 1995)。在这个访谈中,布赖恩报告说,他发现他的数学功课太难了,写作和使用计算器又太简单了。他报告说,当他请求帮助时,有时教师会帮他,有时教师和工作人员会注意到他的良好表现,而且有时他会因为良好表现而得到奖赏。布赖恩表示,他的工作时间总是太长,特别是那些包含碎纸的工作。布赖恩还报告说,当他被允许接电话(他的教室工作)、做完数学题和玩游戏机时,他在学校里的问题最少。而当他在教室外和同学们玩的时候,他的问题最多,因为同学们经常戏弄他,对他说难听的话,并咒骂他。

行为分析师在两个不同的场合实施了 ABC 评估。表 27.4 展示了这项评估的结果。

表 27.4 布赖恩的攻击行为、破坏物品和发脾气行为的 ABC 评估结果

前提	行为	后果
成人将注意力转移到另一名学生身上；教师不允许布赖恩玩任天堂游戏（即当他问他是否可以玩时，跟他说不行）。	冲教师大喊："不公平！你为什么讨厌我？！"	教师告诉布赖恩"安静下来"。
教师正在跟另一名学生互动。	捶打沙发，试图离开教室。	教师让他选择活动，并口头警告他不可以离开教室。
教师将注意力转移到另一名学生身上。	冲另一名学生大喊："停止！"	教师说："布赖恩，别担心，我会处理的。"
故事时间，教师正在跟其他学生互动。	大笑。	教师斥责："停止！"
故事时间，教师正在听其他学生说话。	打断其他学生说话，并说："嘿，该我了。我知道接下来会发生什么！"	教师斥责："你需要听人家说话。"

解释信息并形成假设

根据访谈和 ABC 评估，布赖恩的问题行为的功能并不明确。行为分析师假设布赖恩的某些问题行为是由获得成人关注和偏好物品维持的。这个假设源于 ABC 评估，评估显示，当成人关注较少或接触偏好物品受限时，布赖恩会做出很多问题行为。而布赖恩的问题行为常常导致获得成人关注或偏好活动。行为分析师还假设逃避维持了问题行为，因为他的老师报告说，布赖恩在面对任务要求时会频繁做出问题行为，而且布赖恩自己报告说，他的一些工作太难了，工作时间太长了。于是，行为分析师实施了一项功能分析来检验这些假设。

检验假设

功能分析包括与先前描述的条件相同的条件，但有两个例外。第一，不实施独处条件，因为没有理由认为布赖恩的问题行为具有自动的功能。第二，增加一个依联实物条件，因为有理由认为布赖恩做出问题行为可能是为了得到偏好物品和活动。这个条件类似于游戏条件（即布赖恩在时段开始时就可以得到成人的关注和喜欢的玩具），不同的是，在整个时段内，他被告知是时候把玩具给老师，去玩别的东西（偏好度较低的东西）了。如果布赖恩遵从要求，把玩具交给老师，他就会得到一个偏好度较低的玩具。如果他做出问题行为，他就会被允许继续在短时间内玩喜欢的玩具。

图 27.10 显示了功能分析的结果。请注意，在持续关注和偏好物品都可得且没有人对布赖恩提出要求的游戏条件中，问题行为从未出现过，但在三个测试条件（依联关注、逃避和实物）中都出现过。这些结果表明，布赖恩的问题行为是由逃避、关注和获得偏好物品维持的。

制订干预计划

根据功能分析的结果，行为分析师实施了一项多成分干预，并根据背景的变化在不同的时间点改变干预成分。例如，当布赖恩执行一项工作任务时，行为分析师建议给他频繁要求休息的机会。此外，在工作情境中停止使用老师以前使用的罚时出局干预。在休闲时间，布赖恩过去被认为他会独自玩耍，现在重新安排教室时间表，以便布赖恩能够跟同学互动和玩耍。教授布赖恩在和同学一起玩耍的时候恰当地索要玩具。此外，还实施了几项干预，旨在提高老师对恰当行为的关注。训练布赖恩以恰当的方式要求老师关注他，而老师也开始做出回应，而不是像过去那样忽视这些要求。此外，还制订了一项自我监控计划，教授布赖恩监控自己的行为，并将他做的自我记录与老师做的记录进行对比。准确的自我记录会得到老师的赞扬，并且可以跟老师一起做喜欢的活动。布赖恩的老师们也执行了他们自己的计划以增加对布赖恩的关注和赞扬，在布赖恩的独立工作时间内，只要不出现问题行为，他们每 5 分钟就会赞扬他一次。

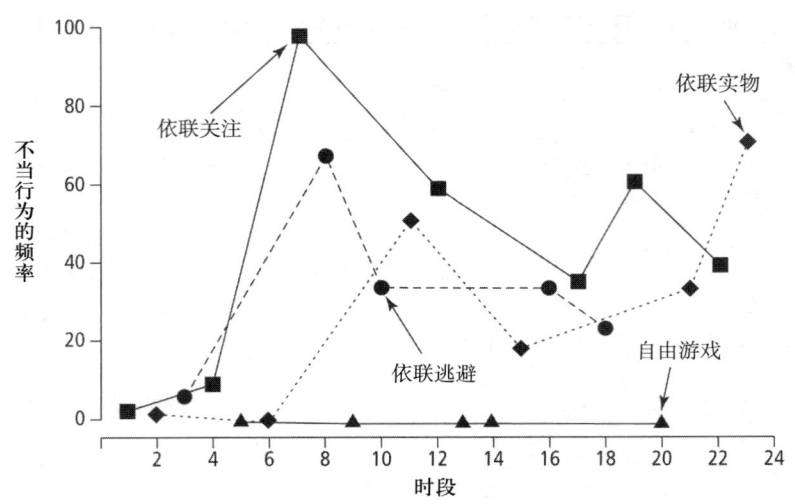

图 27.10　布赖恩的功能分析的结果。不当行为包括攻击行为、破坏物品和发脾气。

基于勒妮·范诺曼和阿曼达·弗劳特（Amanda Flaute）实施的布赖恩的功能分析。

洛兰——具有多种功能的多种形态

32 岁的洛兰有中度智力障碍。她被诊断为唐氏综合征和伴有精神病性症状的双相情感障碍，需要服用药物左洛复（Zoloft, sertraline）和利培酮（Risperdal, risperidone）。还需要服用卡马西平（Tegretol, carbamazepine）以控制癫痫发作。洛兰的语言技能很薄弱，发音很不清楚。她通过使用一些手语、简单的沟通设备、手势以及一些单词与人沟通。

洛兰在集体之家住了 9 年，在白天参加庇护工场的活动。洛兰在这两个地方都表现出了不服从、攻击和自伤行为，但由于她在集体之家表现出的问题行为更为严重和频繁，因此 FBA 以集体之家为主。洛兰的不服从行为包括趴在桌子上、推开他人或当他人向她提出要求时离开房间，攻击行为包括踢人、向他人扔东西、咬人和用力掐他人的手臂，自伤行为包括咬自己的手臂，拽自己的头发或掐自己的皮肤。

收集信息

行为分析师访谈的对象包括洛兰、她的父母以及集体之家和庇护工场的工作人员。洛兰的父母指出，在医生调整她的药物后，她的某些问题行为会增多。庇护工场的工作人员指出，洛兰工作时，如果有很多人在她身边，她会更容易出现问题行为。他们还指出，两个月前洛兰的药量发生了改变，不久之后，她的不服从行为有所增多。集体之家的工作人员指出，他们每天最担心的是要求洛兰做家务时，洛兰离开集体之家。她经常离开集体之家，直到警察接她才回来。很多邻居抱怨说，洛兰会在他们的前院门廊处坐上好几个小时，直到警察来把她带走。

行为分析师在庇护工场和集体之家中实施了 ABC 评估，以确定两个场所中的环境变量是否有所不同（如呈现任务的方式、整体关注度）。洛兰在庇护工场里的任务是首饰零件组装（知情人报告说她很喜欢这项活动），她可以顺利工作两个半小时。当有人关注她时，她似乎做得更好，而当忽视她时，她经常会分心而停止工作。不过，在这个工作场所中，并没有观察到问题行为。而在集体之家，当工作人员忽视她时，会观察到攻击行为，但没有其他问题行为发生。在集体之家进行 ABC 观察时，没有人对洛兰提出要求。事实上，集体之家的工作人员很少对她提出要求，因为他们试图避免她发生问题行为。

解释信息并形成假设

洛兰的某些问题行为似乎与她的药量改变有关。由于洛兰的医生认为她的药量符合治疗水平，因此，行为分析师决定分析与问题行为相关的环境事件。在 ABC 评估中能观察到的问题行为很有限，因为庇护工场的工作人员为了避免洛兰发生问题行为，对她的要求非常少。然而，当有人对她提出要求时，她就会不服从。因此，行为分析师假设逃避任务要求维持了这些问题行为。在 ABC 评估中，洛兰在被忽视时做出了攻击行为。虽然在 ABC 评估期间没有观察到自伤行为，但集体之家的工作人员报告说，洛兰经常在引发攻击的相同情境下发生自伤行为。因此，行为分析师假设攻击和自伤行为都是由关注维持的。

检验假设

功能分析包括自由游戏、依联关注和依联逃避条件（参看图 27.11）。由于问题行为可能具有不同的功能，因此对每个问题行为单独编码和绘制图表。不服从行为最常发生在依联逃避条件下，而极少发生在自由游戏或依联关注条件下。自伤行为最常发生在依联关注条件下，而极少发生在自由游戏或依联逃避条件下。这些数据表明，不服从行为具有逃避功能，自伤行为具有关注功能。如同经常在低频率、高强度的行为中出现的情况，洛兰的攻击行为极少发生在 FBA 的任何条件下，因此很难形成关于攻击行为的功能的假设。

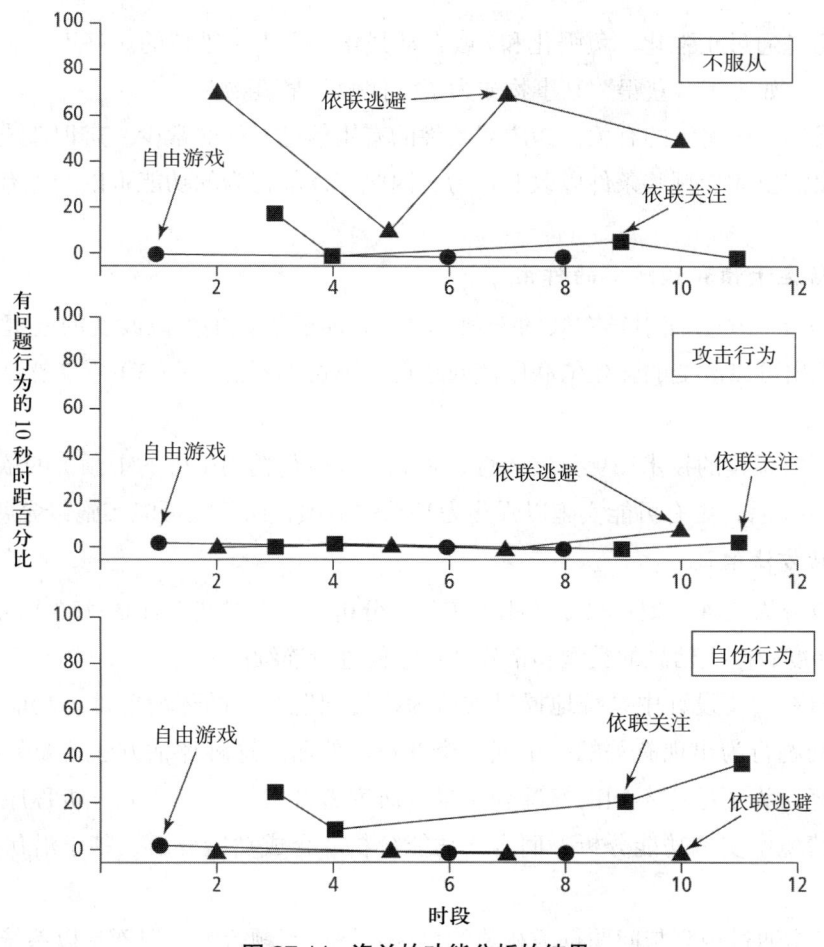

图 27.11　洛兰的功能分析的结果

基于科琳·M. 墨菲和塔比莎·柯比（Corrine M. Murphy & Tabitha Kirby）实施的洛兰的功能分析。

制订干预计划

由于 FBA 的结果显示洛兰的各个行为具有不同的功能，因此，行为分析师针对各种问题行为制订了不同的干预计划。为了解决不服从的问题，教授洛兰学会要求从困难的任务中脱离出来去休息。将任务分解成很多非常小的步骤，每次只给她一个任务要求。每次提出任务要求时，都会提醒她可以要求休息（可以说"请，休息"或碰一下休息卡）。如果洛兰要求休息，工作人员就将任务材料移除一段短暂的时间。

然后，再次呈现任务材料。此外，如果洛兰不服从，工作人员就不允许她逃避任务，而会辅助她完成任务的一个步骤，然后再呈现任务的另一个步骤。起初，如果洛兰在任务出现时恰当地要求休息，她被允许完全逃避任务。但随着时间的推移，她被要求先完成逐渐增多的工作，再得到休息。

对攻击行为的干预包括教授洛兰以恰当的方法获得关注（例如，拍拍某人的手臂，然后说"请问"或"嗨"），以及教授集体之家的工作人员在洛兰用这样的方式提出要求时定期给予关注。此外，由于洛兰的发音很不清楚，他们制作了一套图片沟通卡，以帮助洛兰跟他人对话。当工作人员无法理解洛兰说的话时，使用沟通卡可以帮助理解。最后，行为分析师鼓励工作人员在洛兰做出自伤行为时予以忽略。过去，当洛兰做出自伤行为时，工作人员会上前制止她的行为。功能分析显示，这种干预方式可能反而增加了自伤行为的发生，因此，行为分析师不建议这样做。

摘要

行为的功能

1. 很多问题行为是通过正强化、负强化和/或自动强化来习得和维持的。基于这个观点，问题行为可以说是有"功能"的（如为了"获得"某事物或为了"摆脱"某事物）。

2. 行为的形态或形式所揭示的有关行为成因条件的有用信息往往非常少。辨识造成行为的条件（行为的功能）则可以指出需要改变哪些条件以改变行为。因此，评估行为的功能可以产生有用的信息，以设计可能有效的干预策略。

功能性行为评估在干预和预防中的作用

3. FBA 至少可以在三个方面引导有效的干预：（1）它能够辨识出可以改变的前提变量以预防问题行为；（2）它能够辨识出可以改变的强化依联以使问题行为不再得到强化；（3）它能够帮助辨识替代行为的强化物。

4. FBA 可以降低对预设的技术（更具侵入性、强制性和以惩罚为基础的干预）的依赖，并促进实施更有效的干预。做过 FBA 后，更有可能实施以强化为基础的干预，而不太可能实施包含惩罚的干预。

功能性行为评估方法概述

5. FBA 方法可以分为三种类型：（1）功能（实验）分析；（2）描述型评估；（3）间接评估。可以根据这些方法的使用难易度、产生信息的类型和精确度对它们进行连续的安排。

6. 功能分析是指在实验设计中系统地操纵被认为维持问题行为的环境事件。功能分析的主要优点是能够清楚地展示与问题行为出现有关的一个或多个变量。然而，这种评估方法需要具备一定的专业知识和技术来实施和解释。为了适应不同的情况和背景，研究者开发了几种功能分析程序的变体，包括简短功能分析、在自然情境中实施功能分析、回合式功能分析、合成功能分析、基于潜伏期的功能分析和分析前兆行为。

7. 描述型评估是指通过观察与问题行为相关的事件来评估问题行为，但不是以系统化的方式来安排事件，包括使用 ABC 记录（连续和叙事）和散点图记录。这些评估方法的主要优点是比功能分析更容易实施，而且它们代表了发生在个体的自然常规生活中的依联。然而，在解释从描述型评估中得到的信息时必须谨慎，因为通过它们解析依联可能非常困难。

8. 间接功能评估方法使用结构化访谈、行为核查表、评定量表或问卷，从了解服务对象表现出的问题行为的情况的人（如教师、家长、照顾者和/或服务对象本人）那里获得信息，以确定自然环境中可能与问题行为相关的情况或事件。此外，这些形式的 FBA 很容易实施，但它们的准确性有限。因此，它们可能最适合用于形成假设。而对这些假设的进一步评估几乎总是必要的。

实施功能性行为评估

9. 鉴于不同的 FBA 程序各有其优点和局限性，最好将 FBA 视作一个四步骤过程。

· 使用间接评估和描述型评估收集信息。

· 解释来自间接评估和描述型评估的信息，并形成关于问题行为的目的的假设。

· 使用功能分析检验假设。

· 根据问题行为的功能制订干预方案。

10. 当教授取代问题行为的替代行为时，这个替代行为应该与问题行为功能等价（即替代行为产生的强化物应该与先前维持问题行为的强化物一样）。

第十一部分

特殊应用

第 28 章　代币经济、团体依联与依联契约

第 29 章　自我管理

第四部分至第十部分讲述了行为的基本原理，以及从这些原理中衍生出来的行为改变策略。第十一部分讲述了行为改变技术的几项应用。每项应用都代表了一种使用多种原理和程序来改变行为的策略方法。第28章介绍了代币经济、团体依联和依联契约。第29章详细叙述了个人可以实施的用于改变自己的行为的策略。

第 28 章　代币经济、团体依联与依联契约

关键词

后备强化物（backup reinforcer）
依联契约（contingency contract）
依赖型团体依联（dependent group contingency）
好行为游戏（Good Behavior Game）
团体依联（group contingency）
英雄程序（hero procedure）
独立型团体依联（independent group contingency）
相互依赖型团体依联（interdependent group contingency）
阶层系统（level system）
自我契约（self-contract）
代币（token）
代币经济（token economy）

行为分析师认证委员会 BCBA/BCaBA 任务清单（第 5 版）
第二部分：应用
G. 行为改变程序
G-17 使用代币经济。
G-18 使用团体依联。
G-19 使用依联契约。

©2017 The Behavior Analyst Certification Board, Inc.,® (BACB®). 保留所有权利。本文件的当前版本可在 www.bacb.com 网站查阅。如需转载、复制或分发本文件，或有疑问，请直接联系行为分析师认证委员会。经授权使用。

本章讨论了作为行为改变策略的代币经济（token economy）、团体依联（group contingency）和依联契约（contingency contract）。说明了每种策略的定义，并解释了其与行为原理的关系；讲述了每种策略的必

➡ 本章由陈慧聪翻译。

要组成部分，并提出了设计、实施和评估每种策略的指导方针。这三种策略之所以被安排在一章中讨论，是因为它们有几个共同的特点。第一，有扎实的研究基础证明它们的有效性；第二，它们都可以与集成包式计划中的其他方法相结合，产生附加效果；第三，这三种策略都可以在个人和多个团体的情境中使用；第四，这三种特殊应用的灵活性使它们成为各种不同情境中的实务工作者乐于采用的方法。

代币经济

代币经济是一个高度成熟且得到广泛研究的行为改变系统。它已经成功地应用于几乎所有可能的教育、居住、就业和治疗环境中（Bullock & Hackenberg, 2006; Doll, McLaughlin, & Barretto, 2013; Glynn, 1990; Hackenberg, 2009; Musser, Bray, Kehle, & Jenson, 2001; Pietras & Hackenberg, 2005; Stilitz, 2009; Wolfe, 1936）。在实验和应用文献中，代币经济对于改变以前阻抗矫正的行为的效用已经得到证实。此外，无论是由实务工作者来实施（Jowett Hirst, Dozier, & Payne, 2016），还是由小学里的同龄群体来实施（Alstot, 2015），代币经济都被证明是有效的。这一部分将说明代币经济的定义，并概述在应用情境中使用代币经济的有效程序。

代币经济的定义

代币经济（或代币强化系统）主要包括三个部分：（1）目标行为清单；（2）参与者发出目标行为后赢得的代币、点数或分数；（3）**后备强化物**列表——参与者可以用赢得的代币去换取的偏好物品、活动或特权。哈肯伯格（2009）将代币经济描述为"一套规定代币的产生、累积和交换关系的相互关联的依联"。在操作上，这些相互关联的工作分三个阶段进行。第一，确认和定义要予以强化的一个或多个行为。第二，选择用于交换的媒介——**代币**。第三，参与者用赢得的代币换取后备强化物列表上的某个后备强化物（即已知或假定为参与者的强化物的物品、活动或特权）。

> 除了有三个阶段外，代币经济的复杂性还来自三种相互关联的强化程序表，它们控制代币的交付时间（产生代币）、交换时间（产生交换），以及换取不同的物品或服务时必须付出的代币代价（代币交换；Hackenberg, 2009）。这些强化程序表代表了代币经济的内部机制，可以使用几个基本的强化程序表（如固定比率和可变时距）或复杂的强化程序表（如对其他行为的差别强化）来安排。（Ivy, Meindl, Overley, & Robson, 2017, p. 3）

代币的功能

商店或制造商的优惠券具有代币的功能。一名顾客在商店里购买了特定的商品，店员会直接给顾客一张纸质优惠券，或是用智能手机或平板电脑提供电子优惠券。顾客以后可以用这张优惠券以较低的价格购买另一个物品，或立即用它来兑换后备条件强化物。

货币形式的金钱是代币可在以后的时间里交换后备物品或活动（如食物、衣服、交通工具、娱乐）的例子。正如贝尔和麦克德维特（Bell & McDevitt, 2014）所说：

> 一个人只要思考一下金钱对人类行为的重要影响，就不难体会到条件强化的巨大力量。"代币"是一种可以用来交换其他强化物的物品。由于不需要依靠单一的强化物来产生效果，因此，代币也被称作"泛化型强化物"。金钱就是这样一种代币，它维持着我们的很多行为，但其他种类的代币也可以用来建立或维持特定的行为。（p. 242）

哈肯伯格（2009）指出："代币，顾名思义，是一种没有内在价值的物品；无论代币具有什么功能，都是通过与其他强化物的关系建立的，包括非条件强化物（如食物或水）和条件强化物（如金钱或信用）。因此，一种代币可能具有多种功能——强化、惩罚、区辨、引发——取决于其与不同事件的关系。"（p. 259）

代币的多种功能在代币经济中占有重要地位，代币之所以能在应用情境中产生效果，原因有三。第一，代币弥补了行为发生与获得后备强化物之间的时间差。例如，代币可能是在下午获得的，但后备强化物要到第二天早上才能获得。第二，代币弥补了行为发生与给予后备强化物之间的环境差距。例如，在学校获得的代币可以在家里换取强化物，或是早上在普通教育教室中获得的代币可以在下午在特殊教育教室中用于交换。第三，作为泛化型条件强化物，代币使动因管理对行为分析师而言变得不那么重要。

代币是泛化型条件强化物，由于可以与各种各样的后备强化物产生关联，因此独立于特定的动因状态。然而，泛化型条件强化物是一个相对的概念：它的有效性在很大程度上取决于后备强化物的广泛性，以及它对未来行为发生的影响力（Moher, Gould, Hegg, & Mahoney, 2008）。在学校、诊所、康复中心和医院，管理强有力的强化物的提供，或控制可能会随着时间或地点的改变而改变的强化物的剥夺状态，是困难的事情，因此，在这些地方，用代币换取各种各样的后备强化物是很实用的做法。

例如，希金斯、威廉斯和麦克劳克林（Higgins, Williams, & McLaughlin, 2001）使用代币经济来减少一

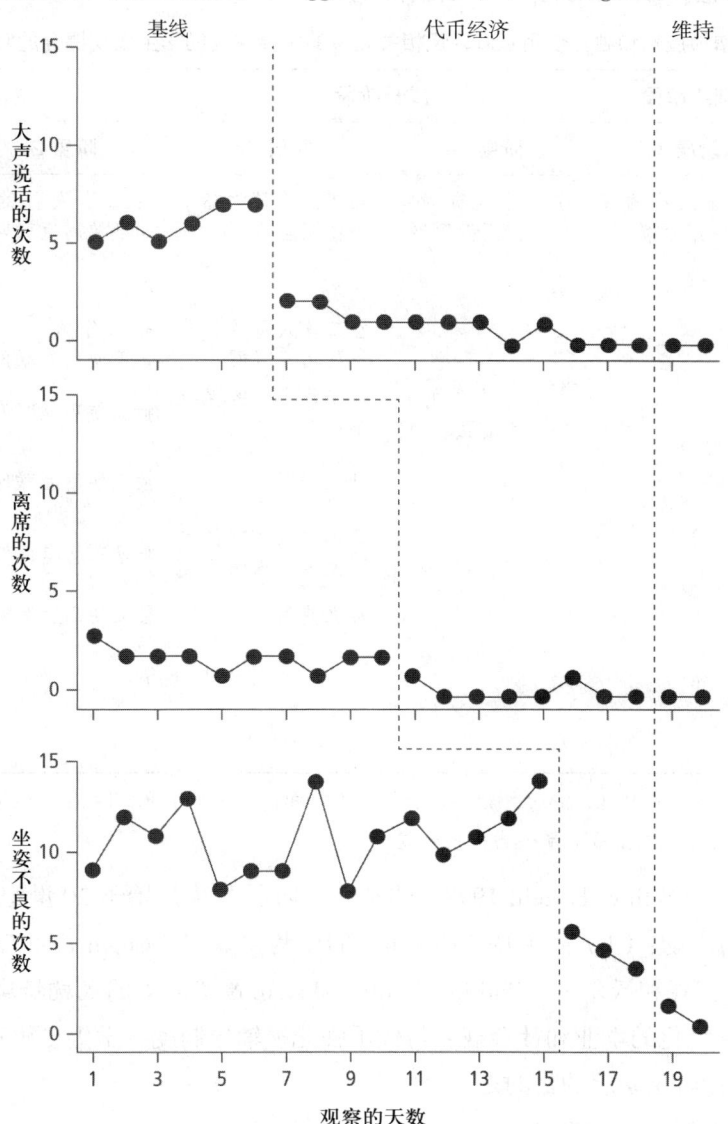

图 28.1 大声说话、离席行为和坐姿不良在基线、代币经济和维持这三个条件下的次数

引自 J. W. Higgins, R. L. Williams, & T. F. McLaughlin (2001). The Effects of a Token Economy Employing Instructional Consequences for a Third-Grade Student with Learning Disabilities: A Data-Based Case Study. *Education and Treatment of Children*, 24 (1), p. 103. 2001 年版权归 H. W. 威尔逊公司所有。经授权转载。

名有学习障碍的小学生的破坏性行为。这名学生表现出了高频率的离席行为、大声说话和坐姿不良。收集了这些行为的基线数据后，研究者开始实施代币经济。如果学生发出的是替代行为，而不是研究者想要减少的目标行为，他就会获得一个可以用来换取自由活动时间的打钩记号。研究者在另外两个情境中对学生的行为进行了维持检查，以判断持续效果如何。

图 28.1 显示了跨三个因变量的研究结果。代币经济开始实施与目标行为减少之间的功能关系得到了证实。此外，维持检查的结果显示，在代币经济阶段结束后，目标行为仍保持在较低水平。

阶层系统

阶层系统是代币经济的一种类型，参与者在等级中升高（有时是降低）依联于达到目标行为的特定表现标准。当参与者从一个阶层"升"到更高的一个阶层时，他们可以获得更多的特权，也被期待展现出更多的独立性（参看表 28.1 中的例子）。在阶层系统里，代币强化程序表会逐渐淡化，以使处于最高阶层的参与者能在类似于自然情境中的强化程序表下发挥作用。

表 28.1 以增加接触和独立使用互联网及相关设备的机会来奖励学生表现提升的阶层系统

设备	训练阶段	成长阶段		单独操作阶段	
	阶层 1	阶层 1+	阶层 2	阶层 2+	阶层 3
教室里的电脑	在工作人员的督导下使用互联网	在工作人员的督导下使用互联网	在工作人员的督导下使用互联网	在工作人员的督导下使用互联网	在工作人员的督导下使用互联网
自己的游戏机	无	无	无	无	独立使用互联网
自己的掌上游戏机	无	无	在工作人员的督导下使用互联网	在工作人员的督导下使用互联网	独立使用互联网
家里的电脑	无	在工作人员的督导下使用互联网	在工作人员的督导下使用互联网	独立使用互联网	独立使用互联网
社区（咖啡馆、图书馆等）	无	无	独立使用互联网	独立使用互联网	独立使用互联网
自己的笔记本电脑	无	无	在工作人员的督导下使用互联网	独立使用互联网	独立使用互联网
自己的平板电脑	无	无	独立使用互联网	独立使用互联网	独立使用互联网
自己的普通手机（只有通话和短信功能）	无	无	无	有	有
自己的智能手机	无	无	无	无	独立使用互联网

引自 D. Pritchard, H. Penney, & R. C. Mace. The *ACHIEVE!* Program: A Point and Level System for Reducing Severe Problem Behavior. ©2018. 经约翰威立出版有限公司授权转载。

根据史密斯和法雷尔（Smith & Farrell, 1993）的观点，阶层系统是始于20世纪60年代末和70年代的两个主要的教育进步的产物：(1) 休伊特（Hewett）的结构化教室（Engineered Classroom, 1968）；(2) 菲利普斯、菲利普斯、菲克森和沃尔夫（Phillips, Phillips, Fixen, & Wolf）的成就场域（Achievement Place, 1971）。这两项突破都将系统化的学业和社会规划与代币强化、辅导制度、学生自律和管理安排结合起来。史密斯和法雷尔表示，设计阶层系统的目的是：

> 通过自我管理促进学生的进步，培养学生对社会行为、情绪表现和学业表现的责任感……并帮助学生过渡到限制性较低的主流环境中……当学生展现出达成目标的证据时，就可以在阶层系统中获得提升。(p. 252)

在阶层系统里，学生必须获得和实现越来越精细的技能库，与此同时，代币、社会性赞扬或其他强化物逐步减少。阶层系统有内置的运作机制，可以使参与者循序获得一系列特权，这个机制的运作至少基于三个假设：（1）组合技术——所谓的"集成包式计划"——比单独引入单个依联更有效；（2）必须明确说明对学生的行为要求和期望；（3）必须使用差别强化程序来强化逐步接近下一个阶层的行为（Smith & Farrell, 1993）。

莱昂和拉加德（Lyon & Lagarde, 1997）提出了一个三阶层强化物组，将有用但喜好度较低的强化物放在第一阶层。在这个阶层，学生必须获得148点，也就是一周内可赚得的最高点数185点的80%，才能购买某些物品。在第三阶层，学生必须积累至少167点，也就是最高点数185点的90%，才能购买非常有力且喜好度非常高的强化物。随着学生在阶层系统中的提升，研究者或教师对学生的表现的期望也在增加。

卡瓦利耶、费雷蒂和霍奇斯（Cavalier, Ferretti, & Hodges, 1997）将自我管理方法与现有的阶层系统相结合，以改善两名有学习障碍的青春期学生的学业和社会行为。他们的个别化教育计划（individualized education program, IEP）的目标是提高在普通教育课堂中的参与度。基本上，普通教室的其他学生在教师制订的六阶层点数系统中都取得了一定的进步，但这两名目标学生在课堂上的不当语言使他们一直停滞在第一阶层。在收集了不当语言行为的数量的基线数据后，研究者训练学生在一天中的两个50分钟时距内自我记录这些行为。在明确定义了不当语言行为后，学生在模拟尝试期间练习自我记录，并得到了教师在一旁观察时的意见反馈。这个部分的重点在于学生记录的准确性，而准确的记录会使学生获得喜欢的强化物。在干预期间（阶层系统加自我记录），研究者告知学生他们将在两个50分钟时距内观察其记录的准确性。如果达到了每个阶层的标准（如比上一节课减少了五个不当语言行为），就给予一个强化物。随着学生的阶层的提升，强化物会换成喜好度更高的物品。

结果显示，在基线期内出现了大量的语言行为；然而，在对学生1开始实施集成包式干预后，不当语言减少了。在学生2身上也得到了同样的结果，证实了干预与不当语言的减少之间存在功能关系。

设计代币经济

设计和准备实施代币经济的基本步骤如下：

1. 确认目标行为和规则。
2. 选择代币。
3. 制订后备强化物列表。
4. 确定代币交换比例。
5. 确定何时、如何发放和交换代币，以及如果达不到赚取代币的要求，如何处理。
6. 全面正式实施前，先对系统进行实地测试。

确认目标行为和规则

第3章讲述了行为改变目标的选择和定义。该章提出的标准同样适用于代币经济的规则和目标行为的选择和定义。一般而言，选择以代币经济来干预的行为时要遵循以下几条准则：（1）只选择可观察和可测量的行为；（2）设定成功完成任务的标准；（3）开始时选择少量行为，包括一些容易完成的行为；（4）确保参与者具备目标行为的先备技能（Myles, Moran, Ormsbee, & Downing, 1992）。

在定义了适用于所有人的规则和行为后，应该建立针对个别学习者的标准和行为。很多代币经济的失败可以归因于对所有学习者要求相同的行为和设定相同的标准。代币经济通常是需要高度个别化的。例如，在教室环境里，教师可能要针对不同的学生选择不同的行为，或者不应将代币经济应用于教室中的所有学生。相反，代币经济应该只应用于那些最具挑战性的学生。不过，那些不在代币经济应用范围内的学生仍应持续接受其他形式的强化。

选择代币

经常使用的代币包括点数、计算标记、塑料条、棋子、优惠券、纸牌筹码、在卡片上打孔，或教师名字的首字母。选择代币的标准很重要。首先，应该使用安全的代币。如果接受代币者是幼儿，或是有严重的学习或行为问题的参与者，代币就不应该是可能会被吞下或可能会造成损伤的物品。代币也不宜过大或过于笨重。其次，行为分析师应管理代币的存放，确保学习者无法私自获得或伪造。如果使用的代币是计算标记，那么标注这些标记时，必须使用行为分析师特有的笔和纸。同样，如果在卡片上打孔，打孔机也应该为行为分析师所专有，以避免仿冒。

代币应该耐用，因为可能需要长期使用，而且应该易于携带、处理、储备、存放或累积。在发放代币的时候，应该确保实务工作者能够轻易地拿到代币。重要的是，应在目标行为发生后立即提供代币。代币应该很便宜，不需要花很多钱来购买。橡皮图章、星星贴纸、打钩记号和纽扣胸章都是便宜的物品，可作为代币反复使用。

虽然使用参与者喜欢的物品作为代币可能会适得其反——一位使用棒球卡作为代币的教师发现学生花费了过多的时间与代币互动（如阅读棒球卡上有关球员的内容），以至于代币分散了学生原来的注意力——但对某些学生而言，"迷恋的物品"可以作为有效的代币。在沙洛普—克里斯蒂和海梅斯（Charlop-Christy & Haymes, 1998）的一项研究中，参与者是三名参加课后活动的孤独症儿童。这三名儿童在活动中经常不专注于任务，而专注于一些物品，并做一些自我刺激的行为。在基线期内，儿童做出恰当行为时会获得星星记号，而做出不恰当的行为或不正确的反应时会被告知"再试一次"或"做错了"。当儿童获得五个星星记号时，就可以用这些代币换取不同的后备强化物（如食物、铅笔、笔记本）。在代币条件下，一个"迷恋"的物品（儿童先前一直关注的东西）被用作代币。当他们获得五个这样的代币时，就可以用它们换取食物或其他已知的强化物。沙洛普—克里斯蒂和海梅斯报告说，当使用儿童迷恋的物品作为代币时，他们的总体反应模式证明儿童的表现有所改善。

制订后备强化物列表

大多数代币经济可以使用自然发生的活动和事件作为后备强化物。例如，在教室、康复中心或学校中，代币可用于换取受欢迎的游戏或物品，或者可用于换取最喜欢的教室工作，例如，在办公室里传递信息或资料，做教师的助理，或操作媒体器材。代币也可用于换取全校范围内的特权，例如，图书馆或自习室的通行证，进入其他班级参与特别活动的时间（如一起上音乐课或体育课），或承担特殊责任，如担任学校巡逻员、自助食堂监督员或助教。希金斯及其同事（2001）在一项代币经济研究中使用自然发生的事件或物品作为后备强化物（即学生可以玩电脑游戏和阅读休闲书籍）。除此之外，游戏材料、嗜好类游戏、零食、电视时间、零用钱、允许放学回家或逛闹市区、观看体育赛事、礼物和特殊服装的优惠券也可以用作后备强化物，因为这些物品或活动经常出现在很多生活情境中。

如果过去不曾使用自然发生的常规活动或事件作为强化物，那么我们建议实施一次强化物评估（Sran & Borrero, 2010）。使用正式的强化物评估来辨识后备强化物可以增加那些刺激物成为强化物的机会。此外，强化物评估能够辨识个人的已知强化物，而不是针对整个团体的笼统的通用强化物。根据所服务的学生群体的特点，行为分析师应该准备好随着时间的推移实施多次评估，因为强化物的偏好可能会发生转移和改变（DeLeon et al., 2001）。所有的实务工作者都应尽可能使用最有力、侵入性最低和自然发生的强化物。

最后，后备强化物的选择应考虑到伦理和法律上的问题，而且必须符合各州和地方教育机构的相关规定。不应使用任何剥夺学习者基本需要（如食物），或不让参与者接触个人或特权信息或事件（如收发邮件、使用电话、参加宗教仪式、接受医疗护理、下课休息）的代币强化依联。此外，与所有公民享有的基本权利有关的生活舒适条件（如干净的衣服、充足的暖气、空气流通、热水供应）也不应被用在代币方案中。

确定代币交换比例

起初，赚取的代币数量与后备强化物之间的比例要低，以使学习者能够立即换取物品。此后，应适当调整交换比例，以维持参与者的反应能力。确定赚取代币与后备强化物之间的交换比例的一般准则如下：

- 在初始阶段保持低交换比例。
- 随着赚取代币的行为和代币收入的增加，提高获得后备强化物的代价，降低代币的价值，并增加后备强化物的数量。
- 随着赚取的代币数量的增加，增加奢侈的后备物品的数量。
- 提高后备物品中必需品的价格，使其高于奢侈品的价格。

确定发放代币的方式

如果选择在纸上画计算标记（如写"正"字）或在卡片上打孔作为代币，那么学习者如何接收代币就显而易见了。如果用优惠券或纸牌筹码作为代币，那么在换取后备物品之前，应先准备一些容器来存放累积的代币。有的实务工作者会让学习者制作单独的文件夹或容器来存放赚取的代币。还有一个建议是，在咖啡罐的塑胶盖上剪出一个缺口，以便投入代币。对于年龄较小的学习者，可以将代币串起来，做成项链或手链。

确定交换代币的方式

后备强化物列表上应注明每个物品的价格，学习者可以从中挑选。有的教师会把一张桌子当成一家商店，在桌子上展示所有的后备强化物（如游戏、气球、玩具、特权证书）。为了避免购买时的吵闹和混乱，学习者可以用填写或勾选的方式完成个人订单。然后将选购的物品放在一个袋子里，将订单订在袋子上，再交给购买者。在初始阶段，商店应经常开门，或许可以每天开两次。学习能力较差的参与者可能需要更频繁的交换期。接下来，交换时间可能仅限于周三和周五，或者只有周五。然后，代币交换应尽快以间歇性的方式进行。

明确说明如果无法达到代币要求将如何处理

有时，出于各种原因，参与者无法达到代币的要求。针对这种情况，一种处理方式是唠叨："你没有做功课。你知道你做完功课才能获得代币。你为什么不做功课呢？"另一种比较好的处理方式是做一个实事求是的依联重述："很抱歉，现在你还没有足够的代币来交换东西。再试试吧。"重要的是，要知道学习者是否具备赚取代币所需的技能。参加这项干预计划的学习者应该有能力满足各个反应需求。

当学习者挑战系统时应该怎么做？当学习者说她不想要任何代币和后备强化物时，实务工作者应该如何回应？一种不好的处理方式是争论、辩论或哄骗学习者。比较好的处理方式是用中性的话来回应（如"这是你的决定"），然后走开，预先排除掉任何争论的机会。这样不仅避免了冲突，而且保留了学习者获得代币的机会。在推动代币经济时，大多数参与者可以而且应该提供相关意见，例如，后备强化物的选择、经济规则的制订、后备物品的价格，以及在制度管理中是否承担某些一般性的责任。学习者可以是商店的销售员，或是负责记录谁拥有多少代币和购买了哪些商品的簿记员。当学习者被允许参与其中且承担的责任受到重视时，他们就不太可能挑战这个系统。

代币经济包括反应代价依联吗？将属于负惩罚程序的反应代价纳入代币经济，关于这方面的讨论，请参看第15章。代币经济可以包括一个损失代币的依联，用于处理不恰当的行为和违反规则的行为（Musser et al., 2001）。所有会导致反应代价的行为都应在规则中明确定义和说明。学习者必须了解什么行为会导致代币损失，以及会因为做出这样的行为而付出怎样的代价。不当行为越严重，代币损失越大。显然，打架、闹脾气或作弊会比轻微的违规行为（如擅自离席或大声说话）导致更大的代币损失。如果学习者没有代币，就不要将代币损失应用于某一行为。也就是说，不应让学生陷入负债的状况中，这可能会降低代币的强化价值。学习者赚取的代币应该总是比失去的多。

有几项研究比较了代币损失（反应代价）与代币赚取这两种依联的有效性。在反应代价程序中，每名参与者在开始时都拥有一定数量的代币，每次出现问题行为都会损失一个代币（例如，Conyers et al., 2004; Donaldson, DeLeon, Fisher, & Kahng, 2014; McGoey & DuPaul, 2000）。在代币赚取程序中，儿童赚取代币依联于在特定时距内发出某些特定的理想行为或不出现问题行为（DRO）。乔伊特·赫斯特等人（Jowett Hirst et al., 2016）比较了在个人和群体背景下，代币赚取和代币损失这两种依联对学生的专注任务表现的影响。结果显示，两种依联都能有效地提高学生的专注任务行为（参看图8.17）。在每个时段中，让儿童自己在两种操作方式中选择时，六名儿童中有五名会选择反应代价，而不是代币赚取。

由于实施代币损失依联所需的时间较短，使用代币系统作为行为管理策略的教师可能会发现，与安排代币赚取依联相比，安排代币损失依联是一个更好的选择。信息箱28.1"脏话优惠券"讲述了一位教师如何将反应代价程序纳入全班范围的代币经济中。

信息箱 28.1

脏话优惠券

在我担任有学习障碍和行为障碍的初中生的教师的第二年，一些学生令我困扰，他们几乎无法不说脏话或骂人。当他们在作业中遇到困难或者跟同学发生了不愉快的事情时，他们的咒骂言语就会如同黄石公园的"老忠实泉"一样喷涌而出。这种爆发式的行为是有传染性的，而且制造了很多问题。

为了解决这个问题，在收集了每天早上出现脏话的次数的基线数据后，我设计了一项方案，我给每名目标学生10张装订好的卡片，每张卡片上写着：**优惠券，可免费说脏话一次。说了脏话之后上交。**

在与每名学生的单独面谈中，我告诉他们，由于早上的工作量很大，我没有时间在他们每次说脏话的时候去纠正他们的行为。我告诉他们，我会使用别的方式，当我听到他们说脏话时，我会看着他们，然后给他们一个个人专属的暗号（例如，拽一下我的耳朵，拍一下我的鼻子，碰一下我的肩膀，等等）。当学生看到这些暗号时，必须从10张一沓的优惠券中撕下最上面的一张，放到我的桌子上。此外，我还告诉学生，所有剩余的优惠券都可以算进他们的点数存钱库，这些点数也可以通过完成作业来赚取。实际上，剩余的优惠券变成了"红利代币"，可以在周五的"教室商店"中换取廉价而理想的物品。这项方案很快减少了目标学生说脏话的次数。实际上，他们了解到那些额外的优惠券提供了机会，使他们能够购买原先买不起的很多高偏好物品。

——蒂莫西·E. 赫伦

对系统进行实地测试

在实际实施代币经济之前的最后一个步骤是进行一次实地测试。在三到五天的实地测试中，赚取了多少代币，就如实记录多少代币，只不过并不实际发放。实地测试期间的数据会被用在评估之中：学习者是否真的缺乏目标技能？是否有一些学习者已熟练掌握干预计划中的目标行为？是否有一些学习者没有获得代币？根据诸如此类的问题得到的答案，可以对系统做最后的调整。对一些学习者而言，可能需要定义更困难的行为；对另外一些学习者而言，可能需要不太具有挑战性的目标行为。相对于后备强化物的价格，或许实验者需要提供更多或更少的代币。

实施代币经济

人员训练

要成功启动代币经济，实务工作者必须掌握所有的实施要素。行为分析师可以在这个过程里提供帮助，例如，制订一份关键操作成分清单，并通过"示范—引导—测试"（"model-lead-test", MLT）这个直接教学程序来系统地教授实务工作者。MLT 程序强调行为分析师在示范、跟受训者互动、进行督导下的实践和独立实践，以及提供反馈和强化等方面的作用。更重要的是，行为分析师必须认识到，受训者在训练初期处于学习阶段，必然会犯错误。行为分析师应做好准备，可能需要提供加强训练、复习课程，或确保在受训者独立工作时，代币系统能按照设计要求实施。

普拉沃尼克、费雷里和莫平（Plavnick, Ferreri, & Maupin, 2010）发现，在两个 1 小时的训练时段中，教授早期儿童特殊教育班的三位教师实施代币经济的步骤，没有产生很好的效果，教师的实施水平不高。在训练开始前，三位教师几乎没有实施过代币计划中的任何关键步骤。在受训期间，三位教师正确实施代币步骤的次数大幅增加。然而，在独立实施阶段，他们正确实施各步骤的次数显著减少。数据显示，教师未能实施他们在受训期间"学会"的要素清单中的项目。引入自我监控后，正确完成的清单项目的数量有所增加，并且一直保持在较高水平。普拉沃尼克等人提醒实务工作者，在进行初步的训练之后，可能要有额外的支持和监控，才能维持高水平的表现。

初始代币训练

启动代币经济的初始训练的方式取决于学习者的功能水平。对于高功能的学习者或有轻度障碍的儿童，初始训练可能只需要很少的时间和精力，主要通过语言说明或示范来进行。通常情况下，针对这些学习者的初始代币训练可以在一个 30~60 分钟的时段内完成。一般有三个步骤就足够了。第一个步骤，给出一个代币系统的例子。实务工作者可以这样描述这个系统：

> 这是一个代币，你可以通过做出［指定行为］来赚取它。我会观察你的行为，当你做出［指定行为］时，你会赚到一个代币。还有，当你继续做出［指定行为］时，你会赚到更多的代币。在［指定时间段］后，你可以用你所赚取的代币交换桌子上的任何一个你想要而且买得起的物品。每个物品都标有购买所需的代币数量。你只能花费你已经赚到的代币。如果你想要的物品的代币标价超过了你现在所拥有的代币数量，那么你就必须在几个［指定时间段］内把赚到的代币存起来。

第二个步骤，示范给予代币的过程。例如，你可以要求每名单独的学习者或团体中的所有学习者做出指定行为。当学习者做出指定行为时，应立即赞扬他们（例如，"恩里克，我很高兴看到你一个人就能把事情做得这么好！"），并给予代币。

第三个步骤，示范交换代币的过程。应该把学习者带到商店，并向他们展示所有的物品。所有的学习者都应该有一个代币，这是他们从示范给予代币的过程中获得的。此时，商店内应该有几个用一个代币就能换取的物品（以后可以提高价格），如一个游戏、5分钟的自由活动时间、一张贴纸或当教师助理的特权。在交换过程中，学生应该实际使用代币去换取物品。对于功能水平较低的学习者，可能要有几个初始代币训练时段，才能对代币系统的运作有所了解。他们可能还需要进一步的反应辅助。

持续进行的代币训练

在代币强化训练期间，实务工作者和学生都应遵循有效使用强化的准则（参看第11章）。例如，应在理想行为发生之后立即依联性地发放代币。发放和交换代币的程序必须明确且始终一致。如果需要提供给教师、家长或学生一个加强训练时段以改善他们在发放、赚取或交换代币中的表现，实务工作者应该着手进行。最后，整个程序的焦点应该是通过给予代币来建立和增加理想行为，而不是通过反应代价来减少不良行为。

实施过程中的管理问题

必须教会学生如何管理他们赚到的代币。例如，获得代币后，应该将其存放在一个安全而又容易拿到的容器中，这样就不会碍事，但在需要的时候又可以拿到。如果将代币放在显眼而又容易拿到的地方，有些学生可能会因为把玩代币而忘记完成教师布置的学业任务。此外，将代币放在一个安全的地方，可以降低其他学生伪造或没收代币的风险。应采取预防措施，确保代币不会被伪造，也不会被正当获得代币的学生以外的人拿到。如果发生伪造或偷窃的情况，就换成不同的代币，这样可以降低这些不当获得的代币被用来进行交换的可能性。

还有一个管理问题与学生的代币存量有关。一些学生可能会囤积他们的代币，而不将它们拿出来换取后备强化物。另一些学生可能会试着用代币交换后备强化物，却没有足够的代币。这两种极端的情况都应该尽量避免。也就是说，代币规划的预期是所有的学生都能定期用赚取的至少一部分代币来进行交换。显而易见的是，当学生没有足够的代币换取物品时，不应允许他们为了参与一次交换而"借用"将来的预期收入。换句话说，不应允许学生赊账购买后备强化物。最后一个管理问题与长期违反规定、破坏制度，或一有机会就质疑系统的学生有关。实务工作者可以用以下方式最大限度地减少这种情况的发生：（1）确保代币作为泛化型条件强化物发挥作用；（2）实施强化物评估以确定后备物品具有强化功能，而且的确是学生的偏好物；（3）针对长期破坏规则者，使用替代程序。具体而言，如果个别学生试图破坏系统，那么可以修改这名学生的学习方案，将对替代行为的差别强化程序、消退或短暂的罚时出局等结合起来。

撤除代币经济

实务工作者可能会因为他们辛苦设计和实施的代币经济非常奏效而受到鼓舞，以至于不愿移除这个程序。然而，在大多数情况下，实务工作者和行为分析师应该考虑如何逐渐缩小并最终完全撤除代币经济。代币计划的一个目标应该是，在发放代币的同时给予描述性的语言赞扬，并最终使语言赞扬获得与代币相同的强化能力。因此，从一开始，代币经济的一个系统性目标就应该是最终撤除这项计划。这样的做法，除了对实务工作者有功能性的效用（即他们不必永远发放代币）外，对学习者也有好处。例如，如果一名学生被安排进入普通四年级教室全天上课，那么特殊教育教师对他实施代币经济时，就要确保学生的训练效果在将来没有代币经济时能够得到维持。

在行为水平达到标准后，有各种方法可用于逐步撤除代币强化物。遵循以下六条准则可以帮助实务工作者有效地开发并在以后撤除代币强化物。

第一，应将代币的发放与社会性认可和语言赞扬匹配起来。这应该会提高社会性认可的强化效果，并使学习者在代币撤除后能够维持理想行为。

第二，应逐渐增加赚取一个代币所需的反应次数。例如，刚开始时，如果学生读一页书就能获得一个代币，那么以后应该要求他读更多页的书以获得一个代币。

第三，应逐渐缩短实施代币经济的持续时间。例如，在9月，可能全天实施这个系统；在10月，只在上午8点半到12点以及下午2点到3点之间实施；在11月，可能缩短到只在上午8点半到10点以及下午2点到3点之间实施；在12月，时段和长度可能与11月相同，但每周只实施4天，以此类推。

第四，应逐渐增加充当后备物品的活动和特权的数量，这些活动和特权有可能存在于非训练情境中。例如，行为分析师应开始拿走商店里有但普通教室中可能没有的物品。商店里有吃的东西吗？在普通教室中通常是不会用食物作为强化物的。商店应逐渐增加普通教室中常见的物品（如各种类型的奖状、金星贴纸、给家长看的正面评语）。

第五，应系统地提高后备强化物里较理想的物品的价格，同时使不太理想的物品的价格保持在非常低的水平上。例如，在对几名有中度到重度智力障碍的少女实施的代币系统中，开始时，糖果、梳洗用品（如梳子、体香剂）和在学校食堂用餐的价格大致相同。慢慢地，糖果的价格不断提高到很高的水平，女孩们不再储存代币来换取糖果了。更多的女孩选择用代币来购买价格比糖果低很多的梳洗用品。

第六，应随着时间的推移逐渐渐褪代币的实体痕迹。接下来说明渐褪代币的实体痕迹的顺序。

- 学习者赚取筹码或垫圈等实体代币。
- 用纸条取代上述实体代币。
- 用在卡片上画的计算标记取代纸条，卡片由学习者保管。
- 在学校环境中，现在可以将卡片贴在学习者的桌子上。
- 将卡片从桌子上移除，改由分析师保管，但学习者可以随时查看卡片上的标记数量。
- 分析师保管标记，但上课期间不得查看数量。每天放学前由分析师公布数量，然后变成每两天公布一次。
- 代币系统停止运作。即使分析师仍在保管，也不再公布数量。

评估代币经济

要评估代币经济，可以使用任何可靠的、有效的、经过实地测试的最佳实践设计（如倒返、多因素）。鉴于代币经济计划大多以小团体方式进行，单一被试评估设计允许参与者做自己的对照。应用行为分析师应尽量在个体水平上评估有效性，因为即使加总之后的团体数据显示出了有效性，个体数据也未必那么有说服力（Davis & Chittum, 1994）。

前面描述的乔伊特·赫斯特等人（2016）的研究可以在这里提供佐证。当团体数据被加总时，两种程序同样有效。但当个体数据作为比较基准时，很多学生在反应代价依联中的表现更好（参看图8.17）。如果不做个体数据分析，这些结果就会被总的团体数据所掩盖。作者得出结论：

> 两种程序对团体中的一些人具有差别性效果，这说明分析个体数据很重要，因为如果我们只报告团体的平均数据，这些差别可能就不会被观察到。研究2的结果进一步说明了分析个体数据的重要性，它显示了对三名参与者的差别性效果……而总体结果却显示两种程序具有同样的效果。（pp. 340–341）

收集在代币经济实施之前、期间和/或之后的目标参与者和重要他人的社会效度数据，有助于回答"代币经济实施的结果是否使参与者有所改变？"这个问题。乔伊特·赫斯特等人（2016）在研究后所做的偏好评估显示，大多数学生偏爱反应代价条件，鉴于反应代价是与负惩罚相关的程序，可以说这是一个非常有趣的研究发现。重要的是，对通常建议的开始时使用"正向"方法来影响行为改变的准则来说，这样的研究发现至少为人们提供了一点停下来思考的空间，因为相反的证据表明，对某些学生来说，一个负惩罚程序可能是有效的，而且受到偏爱。

其他考虑事项

虽然代币经济很有效，但它也为学习者和实务工作者带来了一些挑战。

侵入性。代币系统可能具有侵入性。你需要花时间、精力和资源来建立、实施和评估一项代币计划。此外，由于大多数自然环境不会用代币来强化一个人的行为，因此，必须仔细思考如何在淡化代币程序表的同时维持参与者的行为表现。在任何情况下，代币经济计划都可能有很多"无法掌握的部分"，实务工作者必须做好处理它们的准备。

自我延续性。代币经济可以成为行为管理的一项有效程序，而行为分析师可能会因受到实施结果的鼓舞而不愿撤除这个系统。然后，学习者会继续努力争取自然环境中通常没有的后备强化物。

烦琐性。代币经济的实施可能非常烦琐，尤其是在有多名参与者和多种强化程序表的情况下。这样的代币系统可能需要参与者和行为分析师投入更多的时间和精力。

然而，即使代币经济的有效性已被反复证明，哈肯伯格（2018）指出，仍有很多需要学习的东西。

> 当实验室与应用研究之间产生双向影响，应用上的问题能够激发对基本机制的研究时，代币系统领域中的工作才能趋于完善。当以一项分析为基础并有助于这项分析时，关于代币经济的应用研究能够走在理论发展的最前沿，帮助设定科学研究议题。（p. 393）

团体依联

到目前为止，本书主要聚焦于强化依联在个体身上的应用。然而，应用研究也已经证明依联可以应用于群体。越来越多的行为分析师将注意力转向团体依联，将这种干预用在以下方面：减少公立学校环境中的破坏性行为（Stage & Quiroz, 1997），增加脑外伤成人的休闲活动（Davis & Chittum, 1994），促进戒烟（Meredith, Grabinski, & Dallery, 2011），改善儿童在学校和教室中的行为和学业表现（Skinner, Skinner, Skinner, & Cashwell, 1999; Popkin & Skinner, 2003; Skinner, Cashwell, & Skinner, 2000; Skinner, Skinner, & Burton, 2009），以及减少操场上的问题行为（Lewis, Powers, Kelk, & Newcomer, 2002），仅举几例。每一项应用都表明，如果管理得当，团体依联可以成为同时改变很多人的行为的一种有效且实用的方法（Stage & Quiroz, 1997）。在 30 年里收集到的纵向数据支持了这样的看法：团体依联对于普通教育和特殊儿童群体在跨多样化情境中的应用是有效的（Little, Akin-Little, & O'Neill, 2015）。

团体依联的定义

在**团体依联**中，行为的一个共同后果（通常是，但并非一定是，一个以强化功能为目的的奖励）依联于团体中某个成员的行为、部分成员的行为，或所有成员的行为。团体依联可分为依赖型、独立型和相互依赖型三个类型（Litow & Pumroy, 1975）。

使用团体依联的原因和好处

在应用情境中使用团体依联的原因有很多。首先，它可以节省管理时间。实务工作者不必对团体里的每个成员重复实施后果，而可以对所有的团体成员实施同一后果。从后勤的角度来看，实务工作者的工作量可能会减少。团体依联可以是有效的、经济的，实施它所需的实务工作者人数更少或时间更少。

还有一个好处是，当使用个人依联有实际困难时，实务工作者可以改用团体依联（Hanley & Tiger, 2011）。例如，一位想要减少多名学生的破坏性行为的教师可能很难针对教室中的每名学生实施个别化计划。对代课教师来说尤其如此，他可能会发觉团体依联是一个实用的替代选择，因为他对学生先前的强化历史了解有限，而团体依联适用于跨行为、跨情境或跨学生的各种情况。

当实务工作者必须迅速解决一个问题，如发生严重的破坏性行为的时候，也可以使用团体依联。实务工作者可能不仅要迅速减少破坏性行为，还要提高恰当行为的水平。

再者，由于团体依联为同伴充当改变中介人创造了机会，因此，这种类型的依联可以通过有效利用同伴的影响力或同伴的监控来实现行为改变（Gable, Arllen, & Hendrickson, 1994; Skinner et al., 1999）。诚然，同伴压力可能会对一些人产生不利的影响，他们可能会成为替罪羊，这些负面的影响可能会浮现出来（Romeo, 1998）。然而，通过随机建构依联的各项元素，可以将潜在的有害或负面的影响最小化（Kelshaw-Levering, Sterling-Turner, Henry, & Skinner, 2000; Popkin & Skinner, 2003）。

最后，实务工作者可以建立一个团体依联以促进团体中的正向社会互动和正向行为支持（Kohler, Strain, Maretsky, & DeCesare, 1990）。例如，教师可以为一名或一群残障学生建立团体依联。可以将这些残障学生纳入普通教育课堂，然后安排依联，全班学生获得自由时间依联于一名或多名残障学生的良好表现。

独立型团体依联

独立型团体依联的安排是，对所有的成员呈现一个依联，但只有达到这个依联的预设标准的成员才能获得强化（参看图28.2）。独立型团体依联常与依联契约和代币强化计划结合使用，因为它们所建立的强化程序表通常与团体中的其他成员的表现无关。

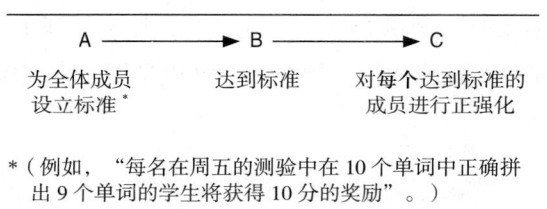

图 28.2　一个独立型团体依联

引自 Hirst, E. S. J., Dozier, C. L., Payne, S. W. (2016). Efficacy of and preference for reinforcement and response cost in token economies. *Journal of Applied Behavior Analysis*, 49, pp. 329–345. 经约翰威立出版有限公司授权转载。

布兰特利和韦伯斯特（Brantley & Webster, 1993）在一间普通教育教室中使用独立型团体依联，以减少25名四年级学生的破坏性行为。在收集了不专注任务行为、叫喊和离席行为的数据后，教师公布了有关专心上课、获得允许才能说话，以及坐在座位上的规定。然后建立了一个团体依联，在一天中的任何观察时段内，在一份公开张贴的名单上，每名学生都有可能在自己的名字旁边赢得一个打钩记号。当一名学生发出恰当行为或亲社会行为时，他的名字旁边就会出现一个打钩记号。获得奖励的标准从每周5天中的4天有4个打钩记号提高到有6个打钩记号。

结果显示，8周后，破坏性行为（如不专注任务行为、叫喊和离席行为）的总数减少了70%以上。一些不专注任务行为（如双手乱放）被完全消除。教师对这种方法感到满意，学生家长也表示能够理解校方为他们的孩子在学校里制订的程序。布兰特利和韦伯斯特（1993）总结道：

> 通过使用清楚的时距，独立型团体依联为学生增加了可依循的行为架构，通过限制和操作性地定义要遵守的规则、始终一致地监控行为和设定学生可以达到的标准，明确了教师的期待。（p. 65）

依赖型团体依联

在**依赖型团体依联**中，整个团体能否获得奖励取决于团体中的某个成员或一个小团体的表现。图28.3展示了一个依赖型团体的三项依联的例子。这个依联的运作方式如下：如果一个人（或整个团体中的一个小团体）的表现达到了特定标准，整个团体将共享强化物。整个团体能否获得奖励取决于个人（或小团体）的表现。如果一个人的表现没有达到标准，就不给予奖励。当一个人或小团体为全班赢得了奖励时，这样的依联被称作**英雄程序**（hero procedure）。根据克尔和纳尔逊（Kerr & Nelson, 2002）的观点，英雄程序能够增进学生间的正向互动，因为全班都受益于团体依联所针对的那名学生的行为改善。

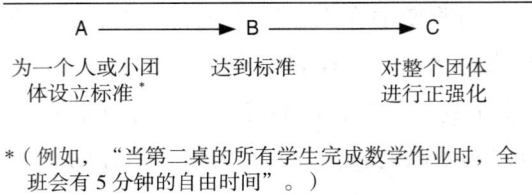

图 28.3　一个依赖型团体依联

引自 J. B., Plavnick, S. J. Ferreri, S. J., & A. N. Maupin (2010). The Effects of Self-Monitoring on the Procedural Integrity of a Behavioral Intervention for Young Children with Developmental Disabilities. *Journal of Applied Behavior Analysis*, 43, p. 318. 经约翰威立出版有限公司授权转载。

格雷沙姆（1983）在一个依赖型团体依联中使用了一个有趣的英雄程序的变体，在家中实施依联，在学校给予奖励。在这项研究中，一名在家中有严重破坏性行为（如放火、破坏家具）的 8 岁男孩会因为没有做出破坏性行为而赢得良好行为便条。比利没有做出破坏性行为的每一天都会收到一张良好行为便条，这相当于他的每日成绩单。他可以在第二天将便条拿到学校，一张便条可以换取果汁、休息时间和 5 个代币。当比利收到 5 张良好行为便条时，全班会举行一次聚会，比利担任聚会的主持人。格雷沙姆报告说，依赖型团体依联减少了比利在家中的破坏性行为的数量，这也是第一项将家庭和学校两种环境结合起来应用依赖型团体依联的研究。

相互依赖型团体依联

在**相互依赖型团体依联**中，团体中的所有成员都达到依联的标准（个人和团体）后，团体中的任何一个成员才能获得奖励（Elliot, Busse, & Shapiro, 1999; Kelshaw-Levering et al., 2000; Lewis et al., 2002; Skinner et al., 1999; Skinner et al., 2000）（参看图 28.4）。理论上，与依赖型和独立型团体依联相比，相互依赖型团体依联具有附加优势，因为它们将学生捆绑在一起以实现共同的目标，从而利用了同伴压力和团体凝聚力。

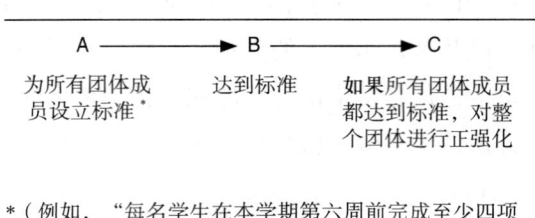

图 28.4　一个相互依赖型团体依联

提高依赖型或相互依赖型团体依联的有效性，可以通过随机安排依联的某些或全部成分来实现（Popkin & Skinner, 2003）。也就是说，随机选择依联中作为目标的学生、行为或强化物（Kelshaw-Levering et al., 2000; Skinner et al., 1999）。凯尔肖—利弗林（Kelshaw-Levering）及其同事（2000）的研究证明，无论是单独随机选择奖励，还是同时随机安排依联的多个成分（如学生、行为或强化物），都能有效地减少破坏性行为。

从程序上来说，相互依赖型团体依联可以在以下情况下实施：（1）当整个团体都达到标准时；（2）

当团体达到平均团体分数时（Kuhl, Rudrud, Witts, & Schulze, 2015）；（3）以好行为游戏（Good Behavior Game）或好学生游戏（Good Student Game）的结果为基础。在任何情况下，相互依赖型团体依联都代表一种"全或无"的安排。也就是说，要么所有人都获得奖励，要么没有一个人获得奖励（Popkin & Skinner, 2003）。

全体成员达到标准

刘易斯（Lewis）及其同事（2002）使用全体成员达到标准的变体来减少一所郊区小学的学生在操场上的问题行为。在一位教师对操场上的问题行为进行评估后，将教室内和操场上的社交技能教学与团体依联结合起来。在社交技能教学中，学生学会了如何与朋友相处、相互合作以及与人为善。在团体依联中，学生赚取了可以套在手腕上的弹性手环。课间休息时间结束后，学生把手环放进了教师的桌子上的一个罐子里。当罐子装满时，整个团体获得了一个强化物。图28.5显示了社交技能加团体依联在一天内跨三个课间休息时段的干预结果。

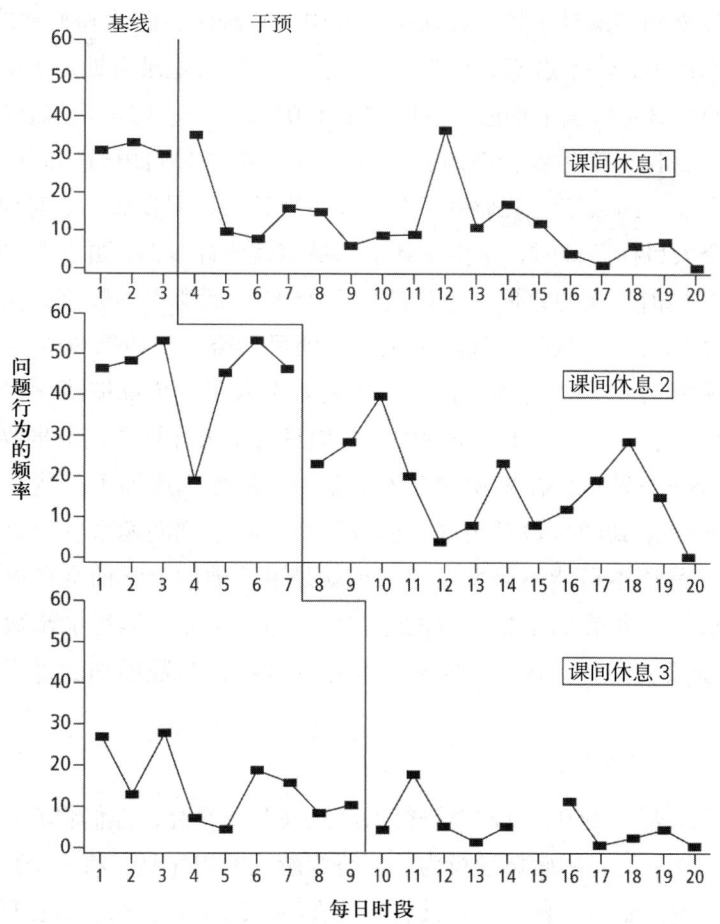

图28.5 跨课间休息时段的问题行为频率。 课间休息1由二年级和四年级的学生组成，课间休息2由一年级和三年级的学生组成，课间休息3由五年级和六年级的学生组成。幼儿园的学生在课间休息1和课间休息2期间都在操场上。

引自 T. J. Lewis, L. J. Powers, M. J. Kelk, & L. L. Newcomer. Reducing Problem Behaviors on the Playground: An Investigation of the Application of School-Wide Positive Behavior Supports. ©2002. 经约翰威立出版有限公司授权转载。

团体平均

贝尔和理查兹（Baer & Richards, 1980）使用团体平均的相互依赖型团体依联来提高5名小学生的数学和英语成绩。在他们的研究中，包括5名目标学生在内，全班10名学生都被告知，与前一周的平均分数相比，每提高 1 分就可以获得 1 分钟的额外课间休息时间。同时，每名学生都得到了一份明确说明了上述依联的合约。额外奖励将在接下来的一周里的每一天中实施。例如，如果学生在本周里的平均分数比上周提高了 3 分，那么在下周的每一天中，他们就可以额外获得 3 分钟的休息时间。这项历时 22 周的研究结果显示，在实施团体依联期间，所有学生都取得了进步。

库尔等人（Kuhl et al., 2015）在一项比较研究中使用相互依赖型团体依联来分析设定团体目标和设定个人目标对提高学生体育活动水平的影响。参与者是从两个分别有 25 和 30 名学生的班级中选出的 4 名学生（2 名男生和 2 名女生）。参与研究的学生会拿到一个计步器，记录他们在 24 小时内的总步数，每周 4 天（周一到周四）。在开展这项研究之前，教师从 20 个他认为对学生有强化作用的活动项目中选出 5 项活动。最后，学生从这 5 项活动中投票选出 15 分钟的额外自由时间作为他们的强化物。额外休息时间会在周五给予学生作为奖励。

研究使用了平衡倒返设计（counterbalanced reversal design）（ABACX），其中 X 代表最佳阶段。在基线期间，学生拿到了一个校准归零的计步器，在研究过程中，除洗澡、游泳和睡觉外，24 小时佩戴计步器。在基线期间，计步器被遮住了，学生看不到计步器上的数字。每天记录数据，每周 4 天。在教室累积总数条件下，对每名参与者的每日步数求平均值，然后加上 1500 步，把它定为累积总数目标。[1]

如果累积总数超过了目标，学生就会在周五获得 15 分钟的额外自由时间。在这个条件中，不遮盖计步器，学生可以看到计步器上的数字。教师每天都会公布当日的累积步数，并对他们在实现目标上的进展给予口头反馈。当引入个人目标条件时，学生拿到了未被遮盖的计步器，并与教师会面，教师告知每名学生的个人目标，这个目标是前 4 天的数据的平均值加上 1500 步后所得的数字。如果学生达到了目标，他会受到赞扬。如果没有达到目标，教师会鼓励学生继续朝目标努力。如果 80% 的学生每天都能达到他们的个人目标，周五就会有额外的自由时间。最后，研究者引入了一个反馈淡化程序表阶段。在 2 天条件中，每周只有 2 天计算和记录步数。在 4 天条件中，每周只有 1 天计算和记录步数。强化条件保持不变。

研究结果（参看图 28.6）显示，在累积和个人依联中，步数都增加了；然而，无论在平衡实施期间的顺序如何，个人依联中记录到的步数都更高。研究结束后收集到的逸事资料显示，在个人依联中，学生额外走了一些路，而这是原本可能不会发生的。也就是说，他们上学前会在体育馆里散步，放学后会跟同学玩动作类游戏，并让父母在离学校较远的地方就让他们下车，以增加步数。淡化阶段中的步数仍高于基线，但低于个人阶段的步数，这个事实表明在建立和维持步数增加的过程中，每日反馈发挥了重要的作用。

好行为游戏

巴里什、桑德斯和沃尔夫（1969）首次对**好行为游戏**展开了研究，他们将其作为一种相互依赖型团体依联，用于处理学生在课堂上的各种破坏性行为。好行为游戏的程序是，将一个班级（或一个团体）分成两个或更多个小组。在游戏开始前，各小组会被告知，在游戏结束时，拿到不良行为记号最少的小组会获得奖励。每个小组还被告知，如果自己的小组拿到的不良行为记号低于一个特定数目，小组也会获得奖励（对低频率行为的差别强化程序表）。巴里什等人报告的数据显示，这是一个可以减少课堂上的破坏性行为的有效方法。当在数学课或阅读课上开展好行为游戏时，大声说话和离席行为都处于较低水平。在未实施游戏条件时，破坏性行为的发生处于较高水平（参看图 28.7）。

在好行为游戏中，教师的注意力集中在观察和记录不良行为的发生上，如果一个小组或多个小组的违规次数低于标准次数，就给予强化物作为激励。好行为游戏的优点是可以让参与者在小组内部、小组之

---

[1] 加上总计的 1500 步，是因为研究者认为这个步数代表了每天 15~20 分钟的适度锻炼。

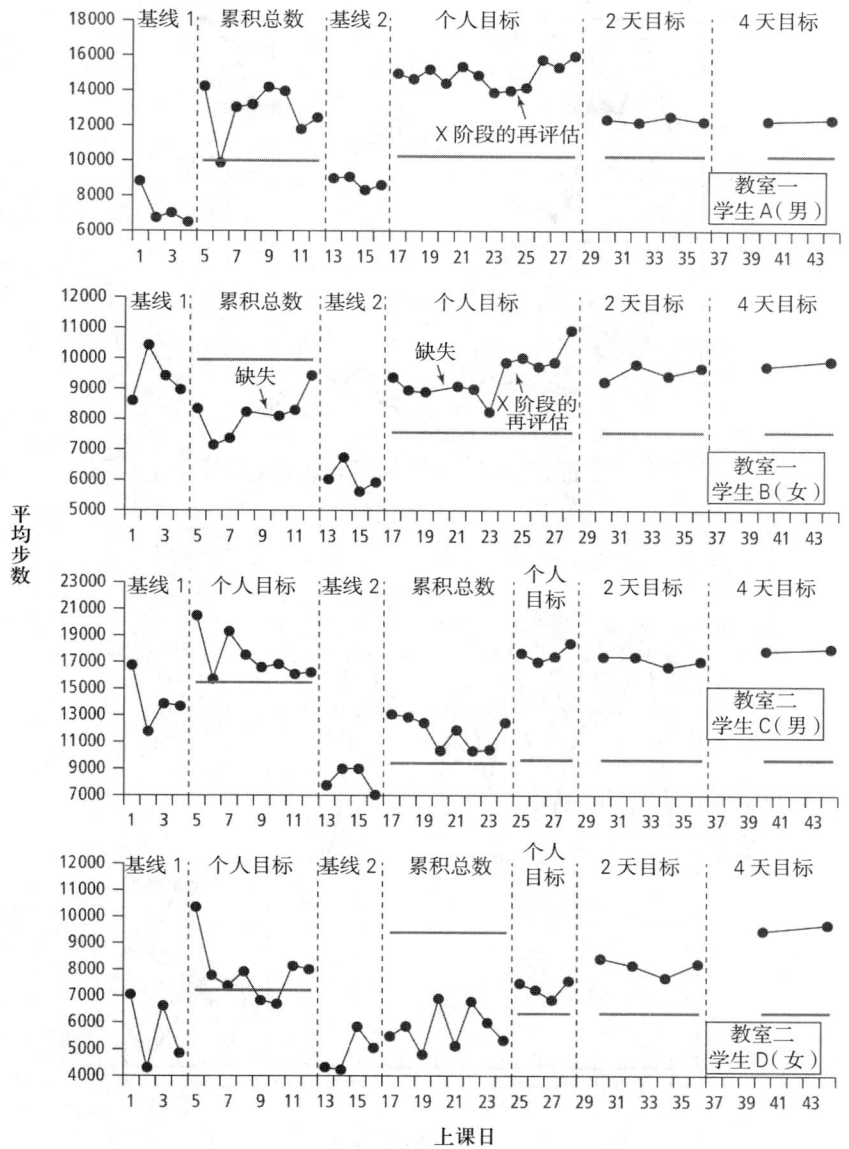

图 28.6 随机挑选的 4 名学生在累积目标和个人目标设定过程中的总步数

引自 S. Kuhl, E. H., Rudrud, B. N. Witts, & K. A. Schulze (2015). Classroom-based Interdependent Group Contingencies Increase Children's Physical Activity. *Journal of Applied Behavior Analysis*, 48, p. 609. 经约翰威立出版有限公司授权转载。

间，或针对某个标准进行竞争。

自巴里什等人的开创性研究出现以来，很多研究者针对各种情境和年龄层，结合其他程序，深入研究了好行为游戏（参看 Little, Akin-Little, & O'Neill, 2015; Tingstrom, Sterling-Tuner, & Wilczynski, 2006）。此外，一些研究者已经证明了好行为游戏作为一种预防措施的有效性（Embry, 2002; Lannie & McCurdy, 2007; Van Lier, Van Der Sar, Muthen, & Crijen, 2004）。对年幼但有破坏性行为和失控行为的儿童实施了一项成功的好行为游戏计划，目的是让他们在求学早期接触到社会化过程中的期望、规则和强化依联，以"避免"在初高中时期出现更严重的行为爆发。

例如，唐纳森、沃尔默、克劳斯、唐斯和贝拉尔（Donaldson, Vollmer, Krous, Downs, & Berard, 2011）在五位幼儿园教师身上复制了一次好行为游戏实验，这些教师在各自的晨间团体课程中都遇到了干扰课程目标的具有破坏性行为的学生。收集了破坏性行为比率的全部基线数据后，将全班学生分成两组，根据教

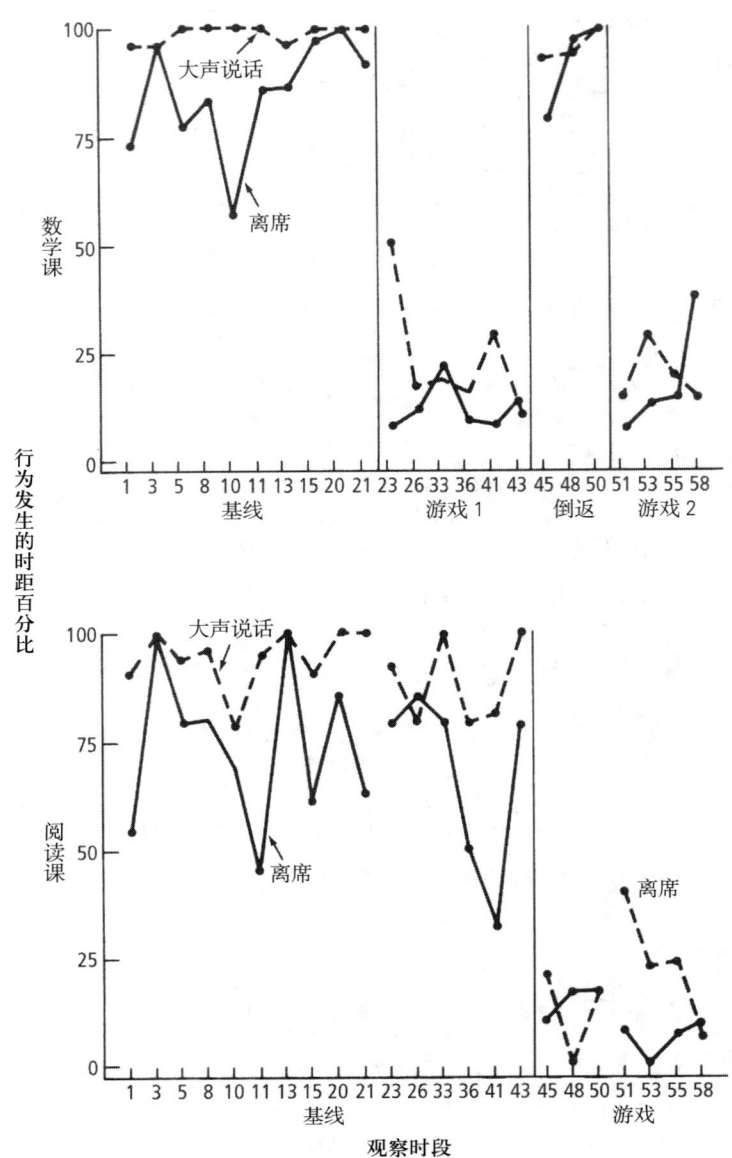

图 28.7　24 名四年级学生在数学课和阅读课上出现大声说话和离席行为的 1 分钟时距的百分比

引自 H. H. Barrish, M. Saunders, & M. M. Wolf (1969). Good Behavior Game: Effects of Individual Contingencies for Group Consequences on Disruptive Behavior in a Classroom. *Journal of Applied Behavior Analysis*, 2, p. 122. 经约翰威立出版有限公司授权转载。

师的判断，每组有相同数量的具有破坏性行为的学生。在好行为游戏中，教师讲述了必须坐在自己的地毯区内、不可对旁人动手动脚，以及被叫到名字时才能说话等规则。如果有人做出破坏性行为，实验者——以后是教师——会在黑板上做一个记号，同时大声宣布该组的一名组员违反了什么规则。两组中违规次数较少的一组获胜，或者两组都达到了教师设定的标准，也就是不良行为比基线水平减少了 80% 或更多，那么两组都是胜利者。

图 28.8 显示，在好行为游戏依联中，所有课堂上的破坏性行为都减少了。此外，在游戏实施者从实验者转移到教师后，尽管处理完整度的数据显示教师并未如训练时那样实施所有的程序，破坏性行为仍维持在较低水平。简而言之，即使教师因为要同时教学而使得游戏实施步骤受到影响，好行为游戏处理的结果仍然很好。

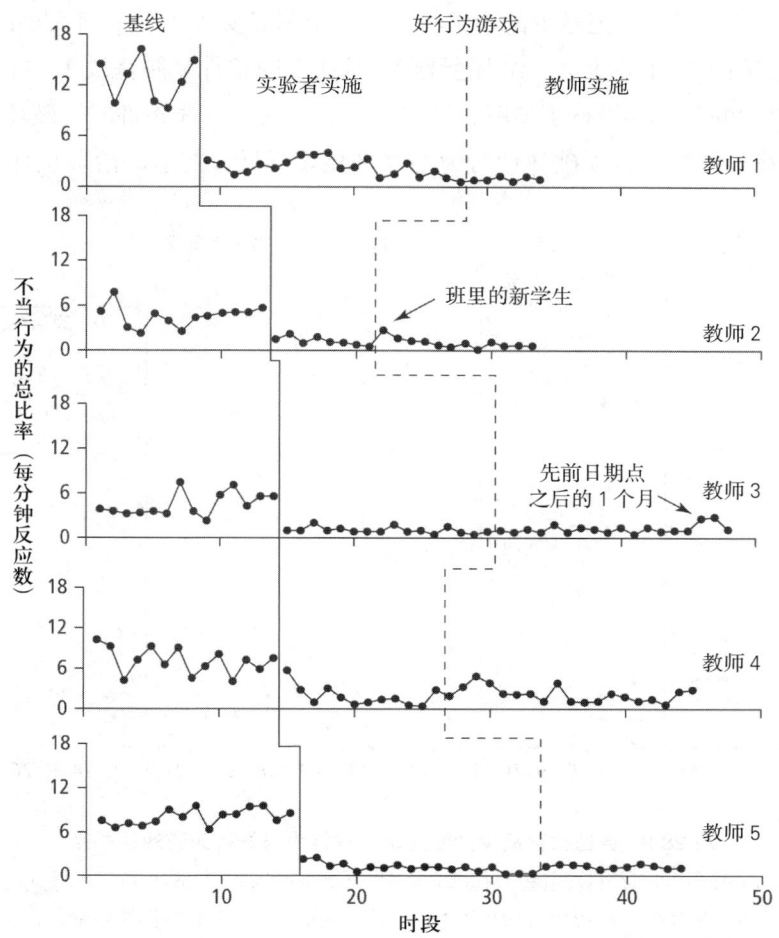

图 28.8 幼儿园学生的不当行为比率与实验者和教师实施好行为游戏的关系

引自 J. M. Donaldson, T. R. Vollmer, T. Krous, S. Downs, & K. P. Berard (2011). An Evaluation of the Good Behavior Game in Kindergarten Classrooms. *Journal of Applied Behavior Analysis*, 44, pp. 605–609. 经约翰威立出版有限公司授权转载。

最后，教师的逸事报告指出，当给学生提供选择时，他们"投票"决定继续玩这个游戏，直到年底，而其中 4 位教师在下一年中继续开展了好行为游戏。唐纳森等人（2011）提出：（1）学生因获胜而获得的奖励可能已成为他们的社会性强化物；（2）破坏性行为出现后在黑板上做的记号可能已成为他们的惩罚物；（3）学生在游戏期间（或之后）发生的社会互动可能影响了总体结果。无论是哪一种情况，这项研究都显示了好行为游戏对年轻学生群体的强大影响。

克莱因曼和萨伊格（Kleinman & Saigh，2011）成功地实施了一项好行为游戏的复制研究，研究对象是大都会区（纽约市哈林区）的一所多族裔公立高中的有极端破坏性行为的学生的某个班级。据观察，学生的行为高度失序，在课堂上擅自离席、喊叫、打架，导致先前的教师辞职。而新教师则遭遇了学生的咒骂、喊叫和扔东西。为了解决这个问题，新教师进行了一项强化物偏好调查，以此确定在学生的年龄条件和环境的预算限制下可以提供的奖励。研究采用了倒返设计，包括一个短暂的适应期，让学生适应教室中的观察者，然后是基线 1、好行为游戏、基线 2、好行为游戏 2 等条件。

在基线 1 期间，将学生分成两组，每组的破坏者人数大致相同。接下来，教师将一份对学生行为的"期望"清单贴在教室前面的黑板上，并在每次上课前宣读。最后，用与以往相同的方式（如教师斥责、把学生赶出教室）处理所有的破坏性行为。在好行为游戏 1 期间，教师宣布两组学生将要争取的每日和每周奖品。学生被告知，任何人做出界定的目标行为时，这个破坏者的名字都会被大声读出来，他所属的小组则会被标记一个记号。下课前，记号少的小组将获得一个每日奖品（如一口大小的糖果）。一周中记号少的小组会获得每周奖品（如比萨聚会、纸杯蛋糕）。基线2的条件复制基线1。好行为游戏2复制好行为游戏1。在研究结束后的几周内进行了追踪，结果显示，在实施基线条件时，破坏性行为的发生水平极高。在实施好行为游戏条件时，各项破坏性行为的水平显著降低，在追踪阶段仍保持在较低水平（参看图28.9）。

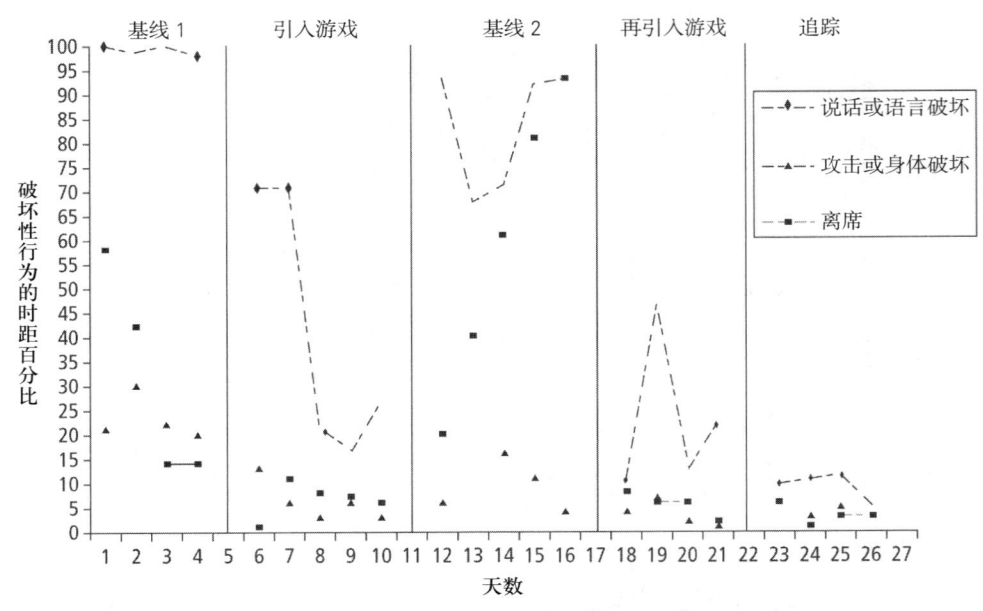

图28.9　普通教育高中学生的破坏性行为与好行为游戏的关系

引自 K. E. Kleinman & P. A. Saigh (2011). The Effects of the Good Behavior Game on the Conduct of Regular Education New York City High School Students. *Behavior Modification*, 35(1), p. 101. 2011年版权归世哲出版公司所有。经授权转载。

克莱因曼和萨伊格得出结论，好行为游戏：（1）迅速减少了破坏性目标行为；（2）为其针对年龄较大的学生的干预效果提供了强有力的外部效度；（3）在城市内部的多族裔环境中的学生身上产生了令人信服的社会效度认可数据。换句话说，学生表示自己可以观察到在好行为游戏阶段中行为改善的神奇效果。

好学生游戏

好学生游戏将相互依赖型团体依联（与好行为游戏相同）与附加的自我监控结合起来（Babyak, Luze, & Kamps, 2000）。基本上，好学生游戏是针对学生独自坐在座位上学习时发生问题行为而实施的干预。在好学生游戏中，教师要：（1）选择要矫正的目标行为；（2）确定目标和奖励；（3）确定是进行团体监控还是个人监控（或两者都进行）。

在进行好学生游戏训练时，学生按照示范—引导—测试的顺序接受指导：学生被分为四人到五人一组、定义目标行为、提供目标行为的例子和非例子、在教师的监督下练习、由一名或多名学生记录他们自己或小组的表现。表28.2显示了好学生游戏与好行为游戏的对比情况。请注意，奖励的给予与反馈是与目标行为有关的两个区别。

实施团体依联的准则

实施团体依联与实施任何其他行为改变程序一样，需要预先计划。这里给出了团体依联实施之前和实施期间的六条准则。

表 28.2　好行为游戏与好学生游戏的组成部分

组成部分	好行为游戏	好学生游戏
组织	学生分组进行游戏	学生分组或单独进行游戏
管理	教师监控和记录行为	学生自我监控和记录行为
目标行为	以违反规则或遵守规则来描述行为	以遵守规则来描述行为
记录	教师记录违反规则的行为	学生以可变时距程序表记录遵守规则的行为
强化系统	正	正
强化标准	各组违反规则的行为不能超过设定的数量	团体或个人的遵守规则的行为达到或超过设定的百分比
给予强化	取决于团体表现	取决于个人或团体表现
反馈	教师在违反规则的行为发生时给予反馈	教师按时距给予反馈。在游戏进行中给予赞扬和鼓励以强化正向行为

引自 A. E. Babyak, G. J. Luze, & D. M. Kamps (2000). The Good Student Game: Behavior Management for Diverse Classrooms. *Intervention in School and Clinic*, 35(2), p. 217. 版权清算中心传达授权。

选择有效的奖励

团体依联的一个重要方面是后果的强度，它必须强大到可以作为一种有效的奖励。我们建议实务工作者尽可能使用泛化型条件强化物或强化物列表。这两种策略都可以使依联个人化，从而增加它的力量、灵活性和适用性。

确定要改变的行为和任何可能受影响的附带行为

我们假设建立了一个依赖型团体依联：全班学生获得 10 分钟额外的自由时间依联于一名发展性障碍学生的学业进步表现。显然，教师需要收集这名学生的学习表现的数据。不过，教师也可以收集这名学生与她的非残障同学在课内外正面互动的次数的数据。使用团体依联的一个附加好处可能是发展性障碍学生从同学们那里获得了正向关注和鼓励。

设定恰当表现的标准

如果使用团体依联，使用对象必须具备做出指定行为所需的先备技能。否则，他们将无法达到标准，并且可能会遭到同学的嘲笑或欺凌（Stolz, 1978）。

根据汉布林、哈撒韦和沃达斯基（Hamblin, Hathaway, & Wodarski, 1971）的研究，可以将团体表现的平均水平、高水平或低水平作为团体依联的标准。在以平均表现作为标准的团体依联中，将团体表现予以平均，强化的给予依联于达到这个平均分数或更高的分数。如果数学作业的平均分数是答对 20 道题，那么答对 20 道题或更多就可以获得奖励。在高水平的团体依联中，获得奖励的条件是获得高分数。如果拼写测验的高分数是 95%，那么只有达到 95% 或更高的人才能获得奖励。在低水平的团体依联中，低分数决定了能否获得强化物。如果社会学学期论文的低分数是 C，那么得到 C 或更好成绩的学生可以获得强化物。

汉布林等人（1971）指出，这些不同的表现依联可能会产生差别性效果。他们的数据显示，在学业上表现不佳的学生在高水平依联中表现最差，而资优生则在高水平依联中表现最好。汉布林及其同事的数据表明，团体依联在改善行为方面是有效的，但在应用时应了解到，它对团体中的不同成员可能有不同的有效性。

适时结合其他程序

根据拉罗、塔克和麦圭尔（LaRowe, Tucker, & McGuire, 1980）的研究，团体依联可以单独使用，也可以与其他程序结合使用，以系统地改变行为表现。拉罗及其同事的研究旨在降低小学餐厅里的噪声水平。

他们的数据表明，对低频率行为的差别强化（DRL）可以很容易地被纳入团体依联中。在需要更高水平的团体表现的情况下，可以使用对高频率行为的差别强化（DRH）。无论是 DRL 还是 DRH，使用变标准设计可能都有助于提高分析处理效果的水平。

选择最恰当的团体依联

在选择具体的团体依联时，应尽可能以实务工作者、家长（如果适用）和参与者的总体计划目标为依据。例如，如果团体依联的目的是改善一个人或一小群人的行为，那么可能应该使用依赖型团体依联。如果实务工作者想要差别强化恰当行为，那么应该考虑使用独立型团体依联。但如果实务工作者希望团体中的每一名成员的行为都能达到特定水平，那么应该选择相互依赖型团体依联。无论选择哪种团体依联，都必须将第 31 章中讨论的伦理议题纳入考量。

监控个人和团体表现

当使用团体依联时，实务工作者必须观察团体和个人的表现。有时，团体表现有所改善，团体中的个人却没有改善，或至少改善得不够快（Jowett Hirst et al., 2016）。某些团体成员甚至可能会试图破坏团体依联，阻碍团体实现强化。在这种情况下，应针对破坏者安排个人依联，例如，将团体依联与其他减少行为或建立行为的程序结合起来。

团体导向依联的未来应用

大量的证据证实了团体导向依联在教室环境中对个人和团体跨各种教学、治疗或游戏情境的有效性（有关综述，参看 Maggin, Johnson, Chafouleas, Ruberto, & Berggren, 2012）。然而，尽管五十多年来的实证研究证明了其有效性，团体依联，尤其是好行为游戏及其变体，仍然没有被广泛采用，还有更多的适用群体有待探索（Vollmer, Joslyn, Rubow, Kronfli, & Donaldson, 2016）。

研究者也可以将注意力转向评估团体导向依联在处理社会面临的重大问题（如全球变暖、资源回收、减少武装冲突、药物滥用）中的作用。一些针对已知属于系统性的成瘾行为所做的初步研究使用了以互联网为基础的团体依联，获得了前景不错的研究结果（Dallery, Raiff, & Grabinski, 2013; Dallery, Meredith, Jarvis, & Nuzzo, 2015）。

依联契约

依联契约［也被称作行为契约（behavioral contract）］是一份文件，它明确说明了完成一个目标行为与获得或提供一个特定奖励之间的依联关系。依联契约规定了两个人或更多人之间如何对待对方。这种交换协议使一个人的行为（如准备晚餐）依赖于另一个人的行为（如昨晚在约定时间内收拾和清洗餐具）。虽然口头协议在法律上可能会被视为一种契约，但它不是依联契约，因为依联契约在设计、实施和评估方面的具体明确程度远超双方或各方口头约定中可能出现的情况。此外，签订依联契约的行动以及在实施过程中的高可见度都是依联契约不可或缺的部分。

依联契约已被用于改善学业表现（Wilkinson, 2003）、控制体重（Solanto, Jacobson, Heller, Golden, & Hertz, 1994）、遵从医嘱（Miller & Stark, 1994）和提高体育技能（Simek, O'Brien, & Figlerski, 1994）。依联契约的一项明显的优势是既可以单独实施，又可以在同时包含两个或更多个干预的集成包式计划中实施（De Martini-Scully, Bray, & Kehle, 2000）。鲍曼—佩罗特、伯克、德马林、张和戴维斯（Bowman-Perrott, Burke, DeMarin, Zhang, & Davis, 2015）在对关于行为契约的单一个案研究的元分析中得出结论，依联契约对儿童和青少年都有益处，"无论他们的年级、性别或残障情况"（p. 247），依联契约易于被各类实务工作者使用，而且可以与其他行为改变干预方法相结合（例如，De Martini-Scully et al., 2000; Navarro, Aguilar,

Aguilar, Alcalde, & Marchena, 2007）。

依联契约的组成部分

依联契约明确规定了任务、任务执行者，以及依联于完成任务的奖励和奖励提供者。图 28.10 展示了一名 10 岁男孩与其父母之间的依联契约，目的是帮助男孩在早上按时做好上学前的准备。这份契约包含所有依联契约必备的两个部分：任务说明和奖励说明，再加上一个可选择的任务记录。

契约

任务	奖励
何人：李	何人：妈妈
何事：做好上学前的准备	何事：邀请一位朋友在家过夜
何时：每个上课日	何时：完美周的周五晚上
做到多好：7:15 前起床，穿衣，吃完麦片。爸爸或妈妈至多提醒一次。	多少奖励：放学后朋友可以与李一起回家并在家过夜。两人可以在深夜吃比萨。

签名：李·贝勒　　　　　　　　　日期：2019 年 10 月 15 日
签名：奥德丽·贝勒　　　　　　　日期：2019 年 10 月 15 日

任务记录

周一	周二	周三	周四	周五	周一	周二	周三	周四	周五	周一	周二	周三	周四	周五
★	★		★	★	★	★	★	★	★	★	★	★	★	★
	糟糕！	李，很棒！						奖励！！						奖励

图 28.10　一个依联契约的例子

改编自 J. C. Dardig & W. I. Heward (2016). *Sign Here: A Contracting Book for Children and Their Parents* (2nd ed.). 1995 年版权归 J. C. 达迪格和 W. L. 休厄德所有。经授权使用。

任务

契约中的任务由四个部分组成。何人，指的是执行任务并获得奖励的人——在本例中，就是李这个男孩。何事，指的是李必须完成的任务或行为——做好上学前的准备。何时，指的是任务必须完成的时间——每个上课日。做到多好，这是任务中最重要的部分，可能也是整个契约中最重要的部分。它要求说明任务的具体内容。有时，列出任务的一系列步骤或子任务会很有帮助，这样当事人就可以把契约当成必须完成的任务的核查表。对于某些任务（如打扫房间、摆放晚餐所用的餐具），附上一张显示任务完成的照片会很有帮助。任何与任务有关的例外情况都应在这部分中写清楚。

奖励

契约中的奖励部分必须与任务部分一样完整和明确。教师和家长通常擅于具体写出契约中的任务部分，他们都知道希望孩子做到什么。然而，关于奖励，往往写得不够明确，可能会造成一些问题。诸如"可以看一会儿电视"或"有机会可以玩传球游戏"之类的关于奖励的表述不够清楚、具体，对完成任务者来说也不公平。

在奖励方面，何人，指的是判断任务完成情况并提供奖励的人。在李的"做好上学前的准备"的契约中，他的妈妈就是这个人。何事，指的是何种奖励。何时，指的是当事人可以获得奖励的时间。对于任何契约，都要在成功完成任务后给予奖励，这一点至关重要。不过，很多奖励无法在完成任务后立即给予。此外，有些奖励具有内在的、有限的可获得性，只能在某些特定时间提供（如看本地棒球队的比赛）。李的契约明确规定，如果他赢得了奖励，将在周五晚上拿到。多少奖励，指的是完成任务后可以获得的奖励的数量。如果有任何红利依联，应包含在这里，例如，"如在周一至周五都能遵守契约中的规定，埃利将在周六和周日赢得红利奖励"。

任务记录

在契约上留一点空间来记录任务完成情况，有两个目的。第一，将任务进展和提供奖励的情况记录在契约上，使各方都有机会定期查看契约。第二，如果在完成特定数量的任务之后才能获得奖励，那么可以在每一次任务完成后，将打钩记号、笑脸或星星贴纸贴在任务记录栏中，这样可以帮助当事人保持专注，直到全部任务完成而获得奖励。李的妈妈用记录栏中最上面的一行记录上课日。如果李在当日达到契约要求，就在中间那一行方格里贴上一个星星贴纸。最下面一行，李的妈妈用来写有关契约进展的评语。

依联契约的应用

教室契约

教师们采用契约来处理特定的纪律、行为表现和学业挑战的问题（De Martini-Scully et al., 2000; Flood & Wilder, 2002; Kehle, Bray, Theodore, Jenson, & Clark, 2000; Mruzek, Cohen, & Smith, 2007; Ruth, 1996）。例如，纽斯特罗姆（Newstrom）及其同事（1999）对一名有行为障碍的初中生使用依联契约，以改善他在拼写和写作上的书写技能。在收集了这名学生拼写和书写句子时正确使用大写字母和标点符号的百分比的基线数据后，研究者与该学生协商并签订了一份依联契约，规定学生的进步表现将带来在教室里使用电脑的自由时间。在每节包含拼写作业和写作（即造句）的语文课上课前，该学生都会被提醒契约中的相关条款。

图 28.11 显示了这项依联契约干预的结果。当分别实施拼写和造句的基线条件时，两个变量的平均

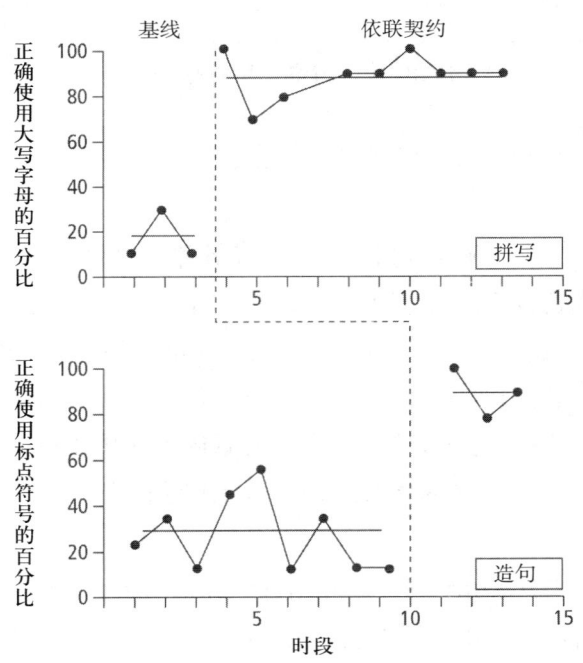

图 28.11 在基线和依联契约条件中，学生在拼写作业和写作中正确使用大写字母和标点符号的百分比。

引自 J. Newstrom, T. F. McLaughlin, & W. J. Sweeney (1999). The Effects of Contingency Contracting to Improve the Mechanics of Written Language with a Middle School Student with Behavior Disorders. *Child & Family Behavior Therapy*, 21(1), p. 44. 1999 年版权归霍沃思出版社所有。经授权转载。

分数都在 20% 的正确率范围内。在启用契约后，该学生在拼写和造句上的表现立即提升至约 84% 的正确率。研究者还报告了有关该学生拼写和写作的正面逸事证据，这是由与该学生有过互动的其他教师提供的。

威尔金森（Wilkinson, 2003）使用依联契约来减少一名一年级学生的破坏性行为。该学生的破坏性行为包括不专注任务行为、拒绝听从工作安排和指令、跟同学打架和发脾气。研究者与教师一起展开了行为咨询工作，包括问题的辨识、分析、干预和评估。依联契约包括学生从教师那里获得偏好奖励和社会性赞扬需要做到三种行为：增加专注于任务的时间、与同学进行恰当的互动，以及遵守教师的要求。对 13 个基线和依联契约时段的观察显示，当实施依联契约时，有破坏性行为的时距百分比有所下降。威尔金森报告说，该学生的破坏性行为大幅减少，并在之后的 4 周内维持在较低水平。

露丝（1996）针对一群有情绪问题和行为问题的学生进行了一项长达 5 年的结合依联契约与目标设定的纵向研究。在学生与他们的老师谈妥契约后，研究者加入目标设定部分，说明了他们的每日和每周目标，以及成功的标准水平。5 年后，参与研究的 43 名学生中有 37 名完成了这个项目，结果显示，他们实现了 75% 的每日目标、72% 的每周目标和 86% 的总目标。露丝总结了将两种策略结合起来的好处："当［目标设定］方法被纳入契约时，行为契约和目标设定中的动因方面可能会结合起来，产生最大的力量并获得最大的成功。"（p. 156）

家庭契约

米勒和凯利（Miller & Kelley, 1994）将依联契约与目标设定结合起来以改善 4 名青春期前的学生的家庭作业表现，这些学生经常无法按时完成家庭作业，而且可能有其他学业上的问题（如拖延、不专注任务、提交的作业中有错误）。在基线期间，家长记录孩子做家庭作业的时间、做完的题目的类型和准确性，以及正确答题的数目。接下来，在家长接受了有关目标设定、协商目标和撰写契约的训练后，家长和孩子进入目标设定和依联契约阶段。每天晚上，家长和孩子都会各自设定目标，然后据此协商出一个折中的目标。每周双方都会针对任务、奖励以及对未遵守契约规定的惩罚再次进行协商。使用一张记录表测量契约实施的进度。

图 28.12 显示了这项研究的结果。当目标设定与依联契约结合使用时，所有学生答题的准确性都有所提高。米勒和凯利的研究结果再次证实了依联契约可以成功地与其他策略相结合，从而创造出功能性的成果。

契约的临床应用

弗勒德和怀尔德（Flood & Wilder, 2002）将依联契约与功能性沟通训练结合起来以减少一名有注意力缺陷与多动障碍的小学生的不专注任务行为，他的不专注任务行为已经严重到了令人担心的程度，因此被转介到一个以诊所为基础的治疗项目中。在一家医疗机构的治疗室内进行了前提评估、功能性沟通训练和依联契约。具体而言，他们以前提评估来确定在学业任务由易到难、治疗师的关注由少到多的过程中，学生的不专注任务行为水平的变化。此外，还进行了偏好评估。治疗师用回合尝试训练来教授学生举手请求任务帮助（例如，"你能帮我解答这个问题吗？"）。治疗师坐在学生附近，对学生恰当的帮助请求做出回应，而对其他发声行为置之不理。一旦掌握了举手求助的方法，就建立了依联契约，学生赢得通过偏好评估确认的偏好物品依联于正确完成任务。结果显示，在基线期间，学生做除法题和应用题时，不专注任务表现水平较高。引入干预后，做除法题和应用题时的不专注行为立即减少。同时，解答除法题和应用题的正确率也有所提高。他在基线条件中正确解答除法题和应用题的百分比分别为 5% 和 33%，而在干预期间正确解题的百分比为 24% 和 92%。

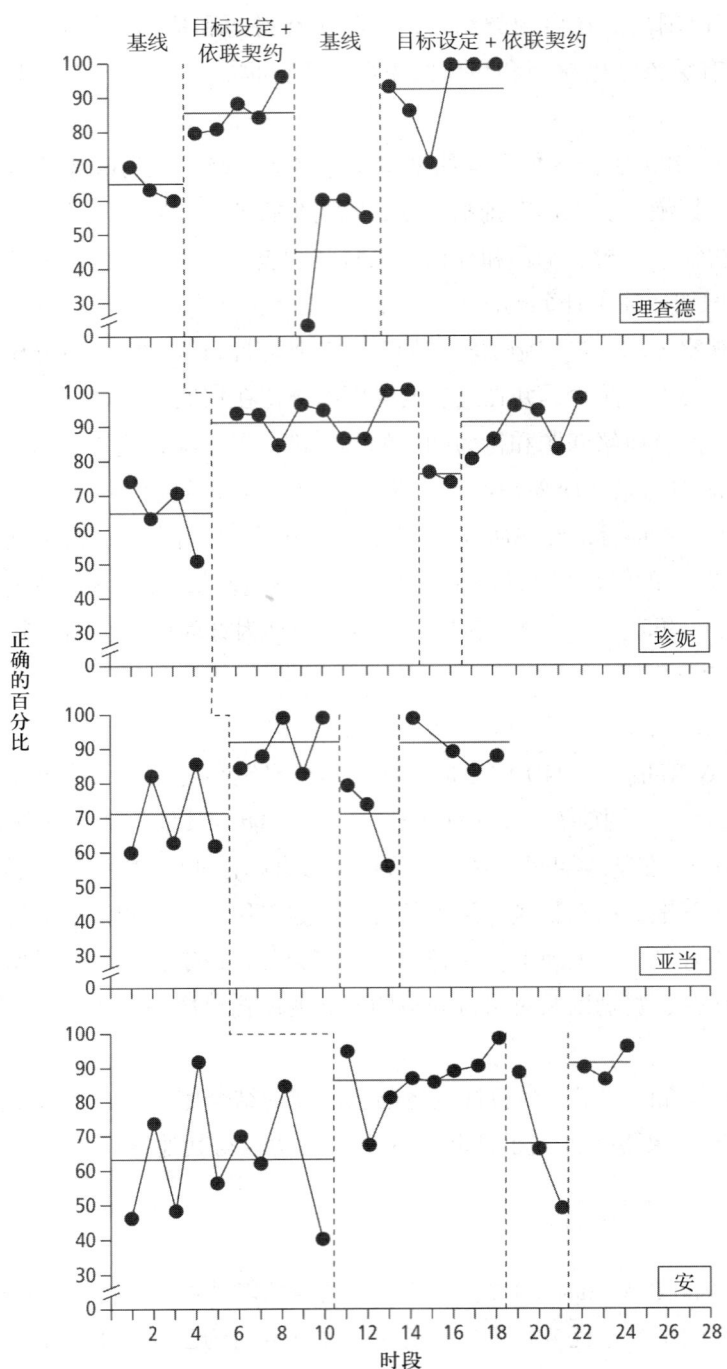

图 28.12 在基线条件和由目标设定与依联契约组成的处理条件中,正确完成家庭作业题目的百分比。各时段代表有家庭作业的连续上课日(即周一至周四)。在没有家庭作业的日子里不收集数据。

引自 D. L. Miller & M. L. Kelley (1994). The Use of Goal Setting and Contingency Contracting for Improving Children's Homework Performance. *Journal of Applied Behavior Analysis*, 27, p. 80. 经约翰威立出版有限公司授权转载。

使用契约教授儿童自我管理技能

在理想情况下,实施依联契约时,应让儿童全程积极参与契约的制订、实施和评估的过程。对很多儿童来说,这是他们人生中第一次确认合乎自己意愿的特定行动方式,然后安排环境的特定方面,以便创造行为发生的条件,并获得奖励。如果能在整个契约签订的过程中将各个环节中更多的决策权逐步而系统地交给儿童,他们就能掌握**自我契约**(self-contract)技能。自我契约是一个人与自己签订的依联契约,包括自己选择任务和奖励，自己监控任务的完成情况，并自己提供奖励。自我契约技能可以通过一个多步骤的过程来训练和提高，先由一名成人设计任务和奖励的所有环节，然后将各个环节的设计逐渐转移给儿童。

契约是如何运作的？

乍看之下，依联契约背后的行为原理似乎非常简单：一个行为之后紧随一个依联奖励——这毫无疑问是一个正强化的例子。然而，在大多数契约中，虽然有依联，但由于奖励提供得太迟，往往无法直接强化任务的完成。还有，很多成功的契约使用的是在任务完成后立即呈现，但对所指定的任务并不具备强化物功能的奖励。此外，行为契约不是单一行为与单一强化物关联的单一程序。契约更准确的概念是结合了多种行为原理和程序的干预集成包。

那么，契约是如何运作的呢？其中可能涉及多个原理、程序和因素的应用。当然，它涉及强化，但其关联并非如一开始看起来的那么简单或直接。契约可能还涉及规则掌控的行为（Malott & Shane, 2014; Skinner, 1969; 参看第 11 章）。契约描述了一项规则：一个特定的行为之后会有一个特定的（和即时的）后果。契约本身对做出目标行为具有反应辅助的作用，而且会促成一个太迟而无法强化某些行为（如周二练习小号）的后果（如周六晚上去看电影）的有效使用。如果能够与针对规则的语言行为产生关联（如"我刚刚练完小号，又拿到了一个周六看电影的打钩记号"），或与针对暂时代币强化物的语言行为产生关联（如练完小号后在契约上打一个钩），那么延迟的后果就可以帮助个体掌控自己在后果发生几小时前甚至几天前表现的行为。由于契约可以实际看到，因此对逃避"愧疚感"可能也有反应辅助的作用（Malott & Shane, 2014）。

制订依联契约

虽然教师、治疗师或家长可以单方面为儿童或服务对象制订一份契约，但通常在所有相关方面都在制订过程中发挥积极作用时，契约才会更有效。制订契约需要以各方都同意和受益的方式来明确规定任务和奖励。达迪格和休厄德（2016）描述了一个可供教师和家庭使用的程序，包括确定任务和奖励的五个步骤[1]。

第一步：召开会议。为了让整个团体（家人或同学）都能参与签订契约的过程，应先召开一次会议。在这次会议上，与会者可以讨论契约如何运作，如何帮助团体合作和更好地相处，以及契约如何帮助个体实现个人目标。家长或教师应强调自己会全程参与制订和实施契约的每个步骤。重要的是，要让儿童将签订契约视为群体中所有成员共同参与的行为交换过程，而不是成人强加给他们的东西。下面几个步骤中描述的经过实地测试的清单制作程序，为选择家庭契约和教室契约的任务和奖励提供了一个简单而合乎逻辑的框架。大多数团体可以在 1~2 小时内完成这一程序。

第二步：完成清单 A。在实际撰写契约之前，每名成员要完成三份清单。清单 A（参看图 28.13）旨在帮助每名成员确定自己在契约范围内可以执行的任务，以及已经在执行的、对团体有益的任务。通过这种方式，可以将正向关注集中于个别成员正在顺利完成的恰当行为。每名成员都应该有一份清单 A。每个人都应该尽可能详细地描述所有的任务。完成之后就可以将清单 A 放在一边，团体进入下一个步骤。如果有成员不会写字，可以用口述的方式完成清单。

---

[1] 这里描述的"在此处签字"（Sign Here）契约签订方法的研究和发展来自俄亥俄州立大学的三篇博士论文。卡布勒（Kabler, 1976）使用"在此处签字"方法教了三个班的四年级学生签订契约的技能。诺曼（1977）发现，在 9 个在家里有行为问题的孩子的家长中，有 8 位家长撰写和实施了契约，家里的破坏性行为有所减少。施鲁斯伯里（Shrewsberry, 1977）使用"在此处签字"方法教了 59 个家庭的家长签订契约，他们在 6 周内撰写并实施了 154 份契约。家长们认为其中 138 份（90%）契约成功地促进了他们的孩子对特定任务的完成。

```
清单 A        名字：夏洛特
我为我家做的事                          我帮助家人和自己的其他方式
1. 表演短剧娱乐家人                      1. 准时吃晚饭
2. 打扫自己的房间                        2. 离开房间时关灯
3. 练习小提琴                            3. 早上起床后完成例行事项
4. 洗碗                                  4. 放学回家后挂好外套
5. 帮爸爸叠衣服                          5. 爸妈一跟我说话我立即专心听
6. _____                           6. _____
7. _____                           7. _____
```

引自 J. C. Dardig & W. L. Heward (1981). *Sign Here: A Contracting Book for Children and Their Parents* (2nd ed., p. 111). Bridgewater, NJ: Fournies and Associates. 1981 年版权归富尔尼及其同事所有。经授权转载。

图 28.13 用于自我认定可被纳入依联契约任务的表格

第三步：完成清单 B。清单 B（参看图 28.14）旨在帮助团体成员找出其他成员可能的契约任务，以及他们已经完成的有益行为。通过清单 B，还可以找出团体成员之间在某些任务是否真正妥当和按时完成方面存在分歧的地方。

```
清单 B        名字：博比
博比为家里做的事                        博比帮助家人的其他方式
1. 当家人有要求时，用吸尘器清洁地毯      1. 把脏衣服放进洗衣篮中
2. 整理自己的床铺                        2. 不用别人催，主动做作业
3. 给妹妹读故事                          3. 自己做第二天将带到学校的午餐三明治
4. 倒垃圾                                4. 晚餐后清理餐桌
5. 扫落叶                                5. _____
6. _____                           6. _____
7. _____                           7. _____
```

引自 J. C. Dardig & W. L. Heward (1981). *Sign Here: A Contracting Book for Children and Their Parents* (2nd ed., p. 111). Bridgewater, NJ: Fournies and Associates. 1981 年版权归富尔尼及其同事所有。经授权转载。

图 28.14 用于认定其他家庭成员的契约任务的表格

每名成员都应该有一份清单 B，并将自己的名字写在清单顶部的三个空格中。可以在围坐桌边的成员间传阅这些清单，以便每个人都有机会在其他成员的清单的左右两栏各写上至少一个行为。除了自己的清单 B 外，每个人都应该在其他所有的清单 B 上写上至少一个正向行为。完成后，将这些清单放在一边，继续进行下一个步骤。

第四步：完成清单 C。清单 C（参看图 28.15）是一张有编号的表单。每名团体成员在上面写出自己

希望完成契约任务后获得的奖励。参与者不仅要列出自己平时喜欢的物品和活动，还要列出自己可能向往已久的特殊物品和活动。如果有两个人或更多人写下了相同的奖励，也没关系。完成清单C后，每个人都应收回自己的另外两份清单，并仔细阅读，如果有任何误解的项目，要与他人进行讨论。

清单C   名字：夏洛特

我最喜欢的事情、活动和特殊奖励

1. 听音乐
2. 电影
3. 新书
4. 与朋友过夜
5. 游泳
6. 带到学校的特殊午餐
7. 圣代冰激凌
8. 给宠物狗基利的玩具
9. 野餐
10. 新鞋
11.
12.
13.
14.
15.

引自 J. C. Dardig & W. L. Heward (1981). *Sign Here: A Contracting Book for Children and Their Parents* (2nd ed., p. 111). Bridgewater, NJ: Fournies and Associates. 1981年版权归富尔尼及其同事所有。经授权转载。

图 28.15 用于自我认定可被纳入依联契约奖励的表格

第五步：撰写和签订契约。最后这个步骤始于为每个人的第一份契约选择一项任务。成员间应进行讨论，互相帮助，以决定哪项任务最重要，应首先执行。每个人都应写下谁应该承担这项任务、任务的具体内容是什么、必须在什么时候完成、完成到怎样的程度，以及可能发生的例外情况。每个人还应检查清单C，并从其中选择一个与该任务相匹配、既不过多也不过少的奖励。每名成员都应写下由谁控制奖励、奖励什么、什么时候给予奖励，以及给予多少。团体中的每个人都应该在第一次会议中撰写并签订一份契约。

与无阅读能力者签订契约

参与者具有阅读能力并不是签订依联契约的先决条件；然而，个体必须能够接受契约的视觉或口头陈述（规则）的控制。与无阅读能力者签订契约涉及三类服务对象：（1）口语能力良好的学龄前儿童；（2）阅读能力有限的学龄儿童；（3）有足够的语言和概念能力但缺乏读写能力的成人。为无阅读能力者制订的契约明确规定了任务和奖励，可以使用符号、图像、照片、录音等非文字方式来适应这三类无阅读能力者中的儿童和成人的个人能力和偏好（参看图28.16）。

图 28.16　给无阅读能力者的依联契约

与拒绝签约者签订契约

虽然有些儿童渴望签约,大多数儿童至少愿意尝试签约,但有些儿童完全不愿意参与。以合作方式实施依联契约(Lassman, Jolivette, & Wehby, 1999)可能会减少儿童不服从的可能性,但家长或实务工作者绝不应强迫儿童签订契约。强制与行为契约的整体理念背道而驰。不过,当遇到儿童拒绝接受依联契约时,达迪格和休厄德(2016)建议家长不要放弃,采取以下策略与孩子沟通协商。

- **塑造和忽略**。记住,拒绝签约者的反契约行为只是**行为**。当孩子说"契约是笨蛋!"或"你永远别想让我签约"时,父母做得最糟糕的事也许是与孩子争论或试图使孩子相信契约是"很酷"的东西。比较好的做法是忽略负面言论,在他说出任何一句有关契约的稍微正面或中性的话的时候,如"不知道谁曾经为了_____跟他爸妈签过约",父母要给予关注。
- **示范**。在多孩家庭中,拒绝签约者的兄弟姐妹可能愿意尝试签约。在双亲家庭中,父母可以互相签约;单亲父母可以与朋友签约,这些都可以作为示范给拒绝签约者看。当拒绝签约者观察到兄弟姐妹和/或父母成功地使用了契约时,他可能会愿意尝试一下。
- **父母契约**。过往的经历可能会导致儿童对父母的"葫芦里卖的药"小心提防,并且认为自己总是吃亏的一方。在这种情况下,父母可以说:"好吧,如果你认为签约不公平(或是他所说的任何不喜欢契约的理由),那么我们先签一个有关我(我们)的行为的契约,你来控制奖励。"在控制了契约所规定的父母完成任务才能获得的奖励后,拒绝签约者可能会了解到契约是有效可行的,因此可能会愿意就自己的行为签订契约。
- **自我契约**。拒绝签约者或许不相信契约是有效力的,认为自己在完成任务后不会获得奖励。让孩子控制契约中的任务和奖励是消除这种怀疑的一种策略。而有了这样的自由,孩子会作弊吗?或许有的孩子会,但大多数不会。一些研究显示,孩子在自己设定的任务和奖励的标准下比在成人设定的标准下的行为表现更好(Dickerson & Creedon, 1981; Olympia, Sheridan, Jenson, & Andrews, 1994)。

然而,即使使用了最好的方法,现实情况是,有些拒绝签约者可能仍然不同意参加依联契约。在这种情况下,使用其他行为改变策略来处理目标行为是更好的选择。

实施和评估契约的准则

在确定依联契约是否适用于干预某一特定问题时,实务工作者应考虑所期望的行为改变的本质、参与者的语言和概念能力、他与签订契约的各方之间的关系,以及可获得的资源。通过依联契约改变的目标行为应该已经存在于个体的技能库内，并且在希望个体表现出恰当行为的情境中已有合适的刺激控制。如果恰当行为尚不在技能库内，那么应该尝试其他建立行为的技术（如示范、塑造、串链）。对于产生永久性产物（如已完成的家庭作业、打扫干净的房间）的行为，或是在奖励提供者（如教师或家长）面前发生的行为，使用契约的效果最为显著。

关于有效实施依联契约的规则和准则的清单不在少数（例如，Dardig & Heward, 2016; Downing, 1990; Homme, Csanyi, Gonzales, & Rechs, 1970）。表 28.3 列出了其中常用的规则和准则。

表 28.3 依联契约的规则和准则

规则和准则	评论
撰写公平的契约	任务难度与奖励大小之间的关系必须是公平的。制订契约的目标是实现双赢，而不是让某一方占上风。
撰写清楚的契约	在很多情况下，契约最大的优点是明确写出了对每个人的期望。当教师或父母的期望很清晰明确时，学习者的表现更有可能得到改善。依联契约必须言之有物、言出必行。
撰写诚实的契约	诚实的契约意味着当任务按规定完成时，会按约定的时间和数量给予奖励，如果任务未按规定完成，则不予奖励。
建立多层奖励	契约可以纳入对超越每日、每周或每月最佳表现的红利奖励。
考虑使用反应代价依联	偶尔可能需要纳入"罚款"——移除奖励——如果未完成约定的任务。
将契约张贴在显眼的地方	公开张贴可以使各方都看到在实现契约目标上的进展。
当任何一方持续不满时，重新协商并修改契约	签订契约的目的是让各方都能获得正面的经验，而不是进行一场乏味的耐力比赛来确定谁是幸存者。如果契约不奏效，就应重新设计任务或奖励，或两者都重新设计。
终止依联契约	依联契约是达到目的的手段，而不是最终的产物。一旦学习者出现了独立而熟练的表现，就可以终止契约。此外，当一方或双方始终无法达到契约要求时，可以而且应该终止契约。

评估契约最简单的方式是记录完成任务的情况。在契约中纳入任务记录有助于使评估成为契约签订过程中的一个自然副产品。通过将任务记录中的数据与签约前的任务完成的基线数据进行比较，可以客观地判定行为是否有所改善。当完成指定任务的频率高于实施契约前的频率时，就是好的结果。

有时，结果数据显示，与实施契约前相比，任务的完成更为频繁和稳定，但相关各方却并不满意。出现这种情况的原因，要么是最初促使制订契约的问题并未解决或目标并未实现，要么是一名或多名参与者对契约的履行方式不满意。第一种可能性是由于选错了任务行为。例如，假设九年级学生莱恩伍德为了提高代数作业的成绩，不再总是得 D 和 F，与父母签订了契约，规定任务为"每个上课日的晚上学习 1 小时代数"。之后的数周内，除了两个晚上，莱恩伍德都按要求学习了 1 小时代数，但他的不良成绩并没有得到提高。莱恩伍德的契约起作用了吗？正确的答案既是肯定的，又是否定的。肯定契约成功的理由是，莱恩伍德坚持完成了指定任务——每个上课日的晚上学习 1 小时代数。然而，就最初的目标——提高代数成绩而言，契约是失败的。契约帮助他改变了他所指定的行为，但他指定的行为是错误的。至少对莱恩伍德而言，学习 1 小时与他的目标没有直接关系。如果把契约改成要求"每晚正确解出 10 道代数方程题"（在代数测验中获得好成绩所需做出的行为），那么莱恩伍德获得好成绩的目标可能就会实现。

考虑参与者对契约的反应也非常重要。一份契约如果在指定的目标行为上产生了理想的改变，却引起了其他适应不良或情绪上的反应，那么这可能就是一个不可接受的解决方案。让服务对象参与契约制订过程并共同定期检查进展有助于避免出现这种情况。

摘要

代币经济

1. 代币经济，也被称作代币强化系统，是一个由三个主要部分组成的行为改变系统：（1）一份写有可获得强化的特定目标行为的清单；（2）参与者发出目标行为后可获得的代币或点数；（3）一个写有可供参与者用赢得的代币去选择和换取的物品或活动、特权和后备强化物的列表。

2. 代币是可以用作泛化型条件强化物的物品、符号、记号或筹码，因为它已与各种各样的后备强化物进行了匹配。

3. 阶层系统是代币经济的一种类型，参与者在阶层中升高或降低依联于达到目标行为的特定表现标准。当参与者从一个阶层"升"到更高的一个阶层时，他们可以获得更多的特权，也被期待展现出更多的独立性。

4. 设计代币经济包括六个基本步骤：（1）确认目标行为和规则；（2）选择将作为交换媒介的代币；（3）选择后备强化物列表；（4）确定代币交换比例；（5）撰写程序以明确规定发放和交换代币的时间和方式，以及达不到赢得代币的要求时如何处理；（6）在全面实施前先进行实地测试。

5. 建立代币经济时，要针对如何启动、实施、维持、移除和评估做出决定。

团体依联

6. 在团体依联中，行为的一个共同后果（通常是，但并非一定是，一个以强化功能为目的的奖励）依联于团体中某个成员的行为、部分成员的行为，或所有成员的行为。

7. 团体依联可分为独立型、依赖型和相互依赖型，行为分析师可以利用它们的多重优势来改善或减少行为。

8. 有助于实务工作者实施团体依联的六条准则是：（1）选择一种强有力的奖励；（2）确定要改变的行为和任何可能受影响的附带行为；（3）设定恰当表现的标准；（4）适时结合其他程序；（5）选择最恰当的团体依联；（6）监控个人和团体表现。

9. 团体依联在未来的应用方向可能是探索其在处理更大的社会问题（如全球变暖），或应对长期的、系统性的、难以处理的个人挑战（如戒烟、成瘾行为）方面的有效性。

依联契约

10. 依联契约是一份文件，它明确说明了完成一个目标行为与获得或提供一个特定奖励之间的依联关系。

11. 所有的依联契约都必须包含两个部分：任务说明和奖励说明。任务部分应具体指明何人、何事、何时以及做到多好。奖励部分应指明何人、何事、何时以及多少奖励。可以选择在契约中加入任务记录，以便有空间记录契约实施的进展以及提供的暂时奖励。

12. 自我契约是一个人与自己签订的依联契约，包括自己选择任务和奖励，自己监控任务的完成情况，并自己提供奖励。

13. 为无阅读能力者制订的契约可以使用符号、图像、照片、录音等非文字方式来规定任务和奖励。

第 29 章　自我管理

关键词

延迟折扣（delay discounting）
习惯倒返（habit reversal）
集中练习（massed practice）
自我控制（斯金纳的分析）[self-control (Skinner's analysis)]
自我控制（冲动控制）[self-control (impulse control)]
自我评价（self-evaluation）
自我指示（self-instruction）
自我管理（self-management）
自我监控（self-monitoring）
系统脱敏（systematic desensitization）

行为分析师认证委员会 BCBA/BCaBA 任务清单（第 5 版）

第二部分：应用

G. 行为改变程序

G-20 使用自我管理策略。

©2017 The Behavior Analyst Certification Board, Inc.,® (BACB®).保留所有权利。本文件的当前版本可在 www.bacb.com 网站查阅。如需转载、复制或分发本文件，或有疑问，请直接联系行为分析师认证委员会。经授权使用。

　　雷琳经常无法完成她需要做和想要做的事情。她每天实在太忙了！但雷琳逐渐开始懂得如何处理忙碌的生活了。今天早上，一张贴在衣柜门上的便条提醒她要穿灰色西装出席午餐会议。一张贴在冰箱上的便条则提醒她要将一份刚完成的销售报告带到办公室。而当雷琳上了汽车——手中拿着销售报告，身穿灰色西装，看上去很精神——正好坐在前一晚她放在驾驶座上、从图书馆借来的书上时，她很有可能当天就把书还回去，避免再次出现逾期罚款。

　　达里尔在将近一年前收集到了硕士论文的最后一个数据点。这是一个扎实的研究项目，他对研究

➜ 本章由陈慧聪翻译。

主题很感兴趣，并且认为它很重要，但撰写论文让达里尔感到非常痛苦。达里尔知道，如果他能坐下来，每天写一两个小时，论文就能完成。但这项任务的规模和难度令他心生畏惧。他真希望自己坐下来写论文的能力有他分心倾向的一半强大。

雷琳最近发现了自我管理的好处——用某些方式做事可以改变她想控制的其他行为的发生——她觉得自己是世界上最幸福的人。达里尔则非常需要进行一些自我管理。本章定义了自我管理，讲述了自我管理的用途，以及教授和学习自我管理技能的好处，介绍了多种自我管理策略和技术，并提供了成功设计和实施自我管理计划的指导原则。我们首先讨论一个人的"自我"作为行为控制者的作用。

"自我"作为行为的控制者

激进行为主义的一个基本原理是，行为的起因在于环境。在人类的整个演化过程中，由生存依联所选择的因果变量一直通过人类的基因禀赋传递着。行为的其他起因则在于个体一生中所经历的强化依联。如果是这样，那么一个人的自我还会发挥作用吗？如果会，是什么作用呢？

控制点：行为的内部或外部原因

通过观察事件的发展过程，可以明显地看出一些行为的近因。一位母亲抱起并安抚正在哭泣的婴儿，婴儿停止了哭泣。看到一辆汽车疾驰而来，高速公路上的工人立刻跳离路面。一位垂钓者朝着他上一次钓到鱼的地方投出鱼饵。行为分析师可能会指出，这些事件分别涉及逃避、回避和正强化依联。虽然其他人可能会对上述每个情景中的人的反应提供某种心灵主义的解释（如婴儿的哭声触发了母亲的哺育本能），但大多数人会指出相同的前提事件——婴儿哭了、汽车疾驰而来、上次有鱼上钩——作为这三个情景中的功能变量。分析这三个情景，几乎可以确定地揭示出，在行为之前刚刚发生的事件具有功能性的作用：哭泣的婴儿和疾驰的汽车是动因操作，引发了逃避和回避反应；上钩的鱼则是强化物，它导致了重复钓鱼行为，以便再次产生这个强化物。

但是，人类的很多行为并不紧随这些明显相关的前提事件而发生。尽管如此，长久以来，我们人类习惯于将行为与其发生前刚刚出现的事件建立起因果关系。正如斯金纳（1974）所指出的："我们通常倾向于草率地说：如果一件事在另一件事之后发生，后发生的事可能就是前面那件事引起的——遵循拉丁谚语'后发者因之而发'（post hoc, ergo propter hoc）。"（p. 7）当在周边环境中没有显而易见的因果变量时，人们就会更倾向于将行为归因于内部因素。斯金纳这样解释：

> 我们最熟悉的人是我们自己；在行为发生之前，我们会察觉到很多事情在我们的身体里发生，因此很容易将这些事情当作我们行为的原因……感觉发生在特定的时间点而可以作为行为的原因，几个世纪以来，人们一直把感觉当作行为的原因。当其他人与我们有相同的行为时，我们假设其他人的感觉和我们的是一样的。(pp. 7, 8)

为什么一个大学生在她的室友们夜夜狂欢时能从学期的第一周起就坚持执行既定的学习计划？当一群人参加一项减肥或戒烟项目时，每个人都接受相同的干预，为什么有的人能达到自己设定的目标，有的人却不能？为什么一个体能条件有限的高中篮球运动员总是比更有运动天赋的队友们表现得好？或许有人会说，那位用功的学生比她的不太用功的室友有更强的意志力；有人认为，减肥或戒烟成功的小组成员比那些失败或中途放弃的同伴对实现目标有更多的渴望；而体能条件有限的篮球运动员表现出色则被认为是其非凡的驱动力的结果。虽然一些心理学理论将因果关系的地位置于诸如意志力、渴望和驱动力等假设性构念之上，但这些解释性虚构会导致循环论证，无法使我们更进一步了解这些理论所声称能够解释的行为，因此也不将其纳入对"自我控制"的行为分析的讨论之中。[1]

斯金纳的自我控制的双反应概念化

斯金纳开创先河，将激进行为主义的哲学和理论应用于通常被认为受自我控制的行为。在他的经典教科书《科学与人类行为》中，斯金纳（1953）用了一整章的篇幅专门讨论自我控制。

> 当一个人控制自己，选择行动方案，思考解决问题的方法，或者努力提高自我认识时，他就是在**做出行为**。他控制自己的方式恰如他控制他人的行为的方式——通过操纵变量来实现，而行为是变量的函数。他做出的行为是一个合适的分析对象，而最终，行为必定可由个体本身之外的变量来解释。（pp. 228–229）

斯金纳（1953）将**自我控制**[斯金纳的分析]概念化为双反应现象。

> 一种反应是**控制性反应**（controlling response），它影响各个变量，从而改变另一种反应即**被控制性反应**（controlled response）的发生概率。控制性反应可以对任何与被控制性反应有关的变量进行操纵，因此会形成很多不同形式的自我控制。（p. 231）

斯金纳（1953）描述了各种各样的自我控制技术，包括使用身体限制（如用手轻拍自己的嘴以避免在尴尬的时刻打哈欠）、改变前提刺激（如把一盒糖果放到看不见的地方以避免吃得太多），以及"做别的事情"（如谈论另一个话题以避免谈论某个特定的话题），此类例子不胜枚举。自斯金纳最初列出这些技术以来，人们相继发展出了各种自我控制策略的分类法（例如，Kazdin, 2013; Watson & Tharp, 2014）。所有的自我控制或自我管理策略都可以在两种行为意义上进行操作化：（1）一个人想要改变的目标行为（斯金纳的被控制性反应）；（2）为改变目标行为而发出的自我管理行为（斯金纳的控制性反应）。请思考图 29.1 中的例子。

目标行为	自我管理行为
· 节省开支，不把钱花在不重要的事情上。	· 加入预扣工资计划。
· 周四晚上，将垃圾桶和资源回收桶从车库里搬到路边，周五早上将其收走。	· 周四早上去上班时将车倒出车库后，把垃圾桶和资源回收桶搬到你晚上要停车的地方。
· 每晚骑 30 分钟健身车。	· 制作一张骑健身车的时间记录表，每天早上拿给同事看。
· 写一份 20 页的期末报告。	·（1）列出报告大纲，将报告分为 5 个部分，每个部分 4 页；（2）为每个部分设定完成的截止日期；（3）给自己鄙视的组织开 5 张 10 美元的支票，交给室友；（4）在每个截止日将应完成的部分报告给室友看，并拿回一张 10 美元的支票。

图 29.1 自我管理的四个目标行为的例子，以及为实现每个目标而发出的自我管理行为

自我管理的定义

自我管理并不神秘。[2] 自我管理是指一个人发出一个行为以影响自己的另一个行为。但一个人每天发出的很多行为都会影响其他行为。把牙膏挤在牙刷上，可能会使刷牙这件事更快地发生，但我们并不会仅仅因为将牙膏挤在牙刷上引发了刷牙就把它视作一种"自我管理"的行动。那么，是什么使一些行为获得

1　第 1 章和第 11 章分别讨论了解释性虚构和循环论证。
2　自我管理也不是什么新概念。爱泼斯坦（1997）指出，斯金纳所讲述的很多自我管理技术是古希腊和罗马的哲学家已经讲述过的，并且几千年来一直出现在有组织的宗教教义中（参看 Bolin & Goldberg, 1979; Shimmel, 1977, 1979）。

了自我管理的特殊地位？我们如何区分自我管理与其他行为？

人们提出了很多有关自我控制或自我管理的定义，其中很多与托雷森和马奥尼（Thoresen & Mahoney, 1974）提出的定义相似。他们认为，在"相对缺乏"即时的外部控制的情况下，当一个人发出一个旨在控制另一种行为的反应时，就会产生自我控制。例如，一名男性独自在家，而且能做任何他想做的事，如果他放弃了花生和啤酒，骑了30分钟家用健身车，这名男性就展现出了自我控制。根据托雷森和马奥尼的定义，如果他的妻子在旁边提醒他别吃太多，赞扬他骑健身车，并在图表上记录他的骑车时间和里程数，那么他就不被认为具有自我控制的能力了。

但是，如果这名男性事先要求妻子提醒、赞扬和记录他的锻炼情况呢？他这样做是否构成一种自我控制？将自我控制概念化为只在缺乏"外部控制"的情况下发生的一个问题是，它排除了一个人为了实现他所想要的行为改变而事先设计包含外部控制的依联的情况。"相对缺乏外部控制"的自我控制概念还有一个问题，它制造了内部和外部控制变量之间的错误区分，而事实上，所有与行为有关的因果变量最终都存在于环境之中。

卡兹丁（2013）将自我控制定义为"一个人通过操作前提事件和后果事件，为实现自己选择的结果而有意做出的那些行为"（p. 627），对应用行为分析师而言，这类自我控制的定义更具功能性。根据这个定义，只要是一个人有目的地发出改变环境的行为以改变另一个行为，自我控制就发生了。在这个意义上，自我控制被认定是具有目的性的行为，即一个人把自己的反应标记（或命名）为旨在获得一个特定的结果（如减少每天的吸烟量）。

我们将**自我管理**定义为个人应用行为改变策略以产生预期的行为改善。这种广义的自我管理的定义，既包括单次的自我管理活动，如雷琳为了提醒自己第二天穿灰色西装而在衣柜门上贴便条，又包括复杂的和长期的自我指导行为改变计划，在这样的计划中，个人要计划和实施一个或多个依联以改变自己的行为。这也是一种功能导向的定义，根据这一定义，个人的目标行为必须产生预期的改变以证明自我管理的存在。

自我管理是一个相对的概念。一项行为改变计划可能只包含少量的自我管理，也可能完全由个人构想、设计和实施。自我管理发生在一个连续的过程中，实施自我管理的人控制行为改变计划的一个或所有组成部分。当一项行为改变计划由一个人或一个团队（如治疗师、家长、学校工作人员）代表另一个人（如服务对象、孩子、学生）实施时，外部改变中介人会操纵动因操作，安排区辨刺激，提供反应辅助，给予差别化后果，并观察和记录目标行为的发生与否。当一个人执行（也就是控制）行为改变计划中的任何元素时，都涉及某种程度的自我管理。

重要的是，我们应该认识到，将自我管理定义为个人应用行为改变策略以产生预期的行为改变，并不能解释这一现象。我们对自我管理的定义是描述性的，且过于宽泛。虽然自我管理策略可以根据其强调的三项或四项依联中的特定部分来分类，或根据其与某一特定行为原理（如刺激控制、强化）在结构上的相似性来分类，但很可能所有的自我管理策略都涉及多个行为原理。因此，当研究者和实务工作者描述自我管理策略时，应该详细地描述所使用的程序。在没有实验分析证明行为原理与行为改变的关系的情况下，行为分析师不应将自我管理干预的效果归因于特定的行为原理。只有通过这样的研究，应用行为分析才能产生关于自我管理的有效性的机制的更全面的解释。[1]

---

[1] 关于从行为学角度对自我控制/自我管理进行的各种概念分析，请参看布里格姆（Brigham, 1983）、卡坦尼亚（1975, 2013）、戈尔戴蒙德（1976）、休斯和劳埃德（Hughes & Lloyd, 1993）、坎费尔和卡罗利（Kanfer & Karoly, 1972）、马洛特（1984, 1989, 2005a, b）、穆尔（2015）、拉克林（1995, 2016），以及沃森和撒普（Watson & Tharp, 2014）的相关文章。

术语：是自我管理还是自我控制？

虽然自我管理和自我控制在行为学文献里经常互换使用，但我们建议，对于一个人采取"某些行动以改变随后的行为"的情况，使用自我管理（Epstein, 1997, p. 547, 原文中强调的部分）。我们这样建议，有三个原因。第一，自我控制是一个"本质上具有误导性"的术语，它意味着最终的行为控制存在于人的内部（Brigham, 1980）。虽然斯金纳（1953）承认，一个人通过操纵影响一个特定行为的变量，可以实现对那个特定行为的实际控制，但他认为控制性行为本身是从人与环境的互动中习得的。

> 一个人可能会花很多时间来规划自己的生活——他可能会选择一个自己会努力经营的生活环境，也可能会广泛地操纵他的日常环境。这样的活动似乎是高层次的自我决定的例证，但它也是行为，我们用环境中的其他变量和个人的历史来解释这样的行为。正是这些变量提供了最终的自我控制。（p. 240）

换句话说，"自我控制"（即控制性行为）的因果关系因素可以在一个人与环境的互动经验里找到。以一个人为了在特定时间起床（被控制性行为）而设定闹钟（控制性行为）的例子开始，以荷马的《奥德赛》（*Odyssey*）中的主要人物［奥德修斯（Odysseus）］令人印象深刻的自我控制的例子结束，爱泼斯坦（1997）对自我控制的来源做了如下描述。

> 就像所有的操作一样，很多现象都有可能产生［控制性］行为：如指令、示范、塑造或生成过程（Epstein, 1990, 1996）。它可能是由语言中介一个自我生成的规则而出现的（"我打赌，如果我设定闹钟，我会更早起床"），而这个规则又可能有若干个来源。奥德修斯让他的士兵将他绑在船的桅杆上（控制性行为），以降低他将船循着女妖的歌声（被控制性行为）驶向女妖的概率。这是一个巧妙的自我控制的例子，但它完全是由指令驱动的：女妖瑟西告诉他要这么做。（p. 547）

第二，将某一行为归因于自我控制可以作为一种解释性虚构。如同鲍姆（2017）所指出的，自我控制"似乎假设人可以控制一个［独立的］内在自我，或［有］一个内在自我在控制着外部行为。行为分析师拒绝接受这种心灵主义的说法。相反，他们问：'什么是人们所说的"自我控制"行为？'"（p. 167, 方括号中的文字为补述）。有时，自我（self）与心灵（mind）同义，"与古代的胎儿的概念相差无几——自我是一个居住在人体内部的人，其行为恰恰是解释其所居住的外部的人的行为所必需的"（Skinner, 1974, p. 121）。[1]

第三，非专业人士和行为分析师都经常使用自我控制来指称一个人延迟满足的能力。在操作性术语中，这个**自我控制**［作为冲动控制］的定义意味着，为了获得一个延迟的但更大或质量更高的强化物，不采取行动以获得一个即时的但价值较低的强化物（Rachlin & Greene, 1972; 参看信息箱 29.1）。使用同一术语来指称一个改变行为的策略和该策略可能造成的某种类型的行为结果会令人感到困惑，而且在逻辑上是错误的。将自我控制这个名词的使用限制在描述某一类型的行为（即不是冲动的行为）上，可以减少因同时使用自我控制来代表自变量和因变量所造成的混乱。在这个意义上，自我控制可以是一项行为改变计划可能实现的目标或结果，而无论那个行为是不是外部中介人或当事人实施的干预的产物。因此，一个人可以使用自我管理来实现自我控制或其他目标。

---

1 早期的生物学理论认为，胎儿是存在于卵子或精子里的完全成形的人。

信息箱 29.1

你是要现在的 10 美元，还是要明年的 100 美元？

行为分析师将自我控制概念化的一种方式是基于有机体在面对不同价值的奖励和什么时候获得奖励时所做的选择。在可以选择获得较大奖励或较小奖励时，无论是人还是实验动物，通常都会选择较大的奖励。在可以选择同等价值的即时奖励或延迟奖励时，有机体往往选择即时奖励。这样的简单决定是很容易预测到的——谁不希望奖励来得早一点、多一点——而且不需要自我控制呢？（Green & Estle, 2003; Odum, 2011）

但是，当在一个较小的、较早的奖励（SSR）与一个较大的、较晚的奖励（LLR）之间做选择时，就比较难预测了，而这正是我们每天都要面对的情况。在行为学研究中，选择 SSR（如吸一支烟）而不选择 LLR（如在未来更健康）被视作冲动行为，放弃 SSR 以获得 LLR 被视作自我控制（Ainslie, 1974; Rachlin & Green, 1972）。

延迟的奖励，无论其意义或等级大小（如一笔足以保障退休生活的金钱）如何，其对选择行为的影响都会因为其与当前环境之间的时间距离的增大而逐渐减小。无论是人还是实验动物，都会对延迟奖励的价值打折扣；奖励延迟得越久，折扣越大（即奖励的价值或对当前行为的影响越小）。行为分析师将这种现象称作**延迟折扣**（delay discounting）[或时间折扣（temporal discounting）]（Odum, 2011; Madden & Johnson, 2010）。

与对照组相比，注意力缺陷与多动障碍儿童（Neef et al., 2005）、强迫性赌徒（Dixon, Marley, & Jacobs, 2003）、重度吸烟者（Bickel, Odum, & Madden, 1999）、酗酒者（Vuchinich & Simpson, 1998）、过度肥胖者（Davis, Patte, Curtis, & Reid, 2010）和海洛因成瘾者（Kirby, Petry, & Bickel, 1999）对延迟奖励打了更大的折扣，说明这些人更容易冲动。行为分析师研究了三种减少冲动的策略：逐渐增加 LLR 的延迟时间、在延迟期间参与干预活动和做出承诺反应。

渐进延迟

渐进延迟策略最初是为了教鸽子"自我控制"而开发的（Ferster, 1953; Mazur & Logue, 1978），本质上是塑造对 LLR 的偏好。被试鸽子一开始在 LLR 和 SSR 之间进行选择时，每个奖励都是立即可得的（或是在一段短暂的、相同的延迟时间如两秒钟后可得）。在鸽子选择 LLR 到达某个标准次数后，在选择尝试中重复延长一点 LLR 的时间，延迟时间会在各时段中逐渐增加。

施魏策尔和祖尔策—阿扎罗夫（Schweitzer & Sulzer-Azaroff, 1988）报告了最早的一项将渐进延迟技术应用于人类的研究。被试是六名被教师描述为冲动的学龄前儿童。预评估证实，在面对 LLR 和 SSR 的选择时，这六名儿童始终不选 LLR 而选择 SSR。在实施干预后，六名儿童中有五名更频繁地选择 LLR，三名儿童在所有延迟时距的试验中都持续选择 LLR。渐进延迟训练减少了 ADHD 儿童（Neef, Bicard, & Endo, 2001; Neef, Mace, & Shade, 1993）、孤独症儿童和成人（Dixon & Cummings, 2001），以及发展性障碍成人（Dixon & Holcomb, 2000）的冲动选择。

干预活动

在 LLR 延迟时距中参与干预活动可能会增强自我控制。宾德、狄克逊和盖齐（Binder, Dixon, & Ghezzi, 2000）要求三名 ADHD 儿童在 LLR 延迟中参与一项干预性的语言活动。在延迟期间以多因素方式交替实施两个干预活动条件。一个条件是，儿童反复大声说："如果我再等一会儿，我会获得更大的奖励。"另一个条件是，儿童说出一张卡片所描绘的物品的名称。在两个干预活动条件中，所有的儿童都通过选择延迟奖励而展现出了自我控制。

有研究对结合渐进延迟和干预活动的自我控制训练程序进行了评估（Dixon et al., 1998; Dixon, Rehfeldt, & Randich, 2003; Dunkel-Jackson, Dixon, & Szekely, 2016）。在一项研究中，三名孤独症谱系障碍成人被问道："你是要现在得到一点（强化物），还是要在完成（测量杯子的尺寸或写字）后得到很多（强化物）？"（Dunkel-Jackson et al., 2016, p. 707）然后逐渐增加 LLR 的延迟时间，参与任务的持续时间也因此而增加。三名参与者都选择执行干预性的目标行为，并分别在 79%、77% 和 92% 的干预时段中赢得了 LLR。这种方法不仅增强了自我控制，还提高了任务参与度。

承诺反应

阿兹林和鲍威尔（Azrin & Powell, 1968）进行了一项限制连续吸烟的研究，他们使用了一种经过特殊设计的烟盒，在吸烟者从盒中拿出一支烟后，烟盒会被锁住。参与者选择了只从这个烟盒中取烟，因此，他们在吸完一支烟后，在一段预设的时间内不能再吸烟，在整个研究过程中，预设的禁烟时间从 6 分钟增加到 65 分钟。拉克林和格林（Rachlin & Green, 1972）认为，吸烟者使用上锁的烟盒是一个导向自我控制的承诺反应。既然吸烟者马上就要吸到烟了，这个时候下一支烟的价值是可以忽略的，因此很容易关上烟盒，在一段时间内放弃吸下一支烟。与此相似的是一名员工在月初加入一项薪资储蓄计划的承诺反应，当未来的薪资支票中有一部分钱将不可得（即其价值打了折扣）时，他更容易将已经到手的薪资存入储蓄账户（导向 LLR 的行为），而不是冲动地把钱花在吃大餐或买演唱会门票（导向 SSR 的行为）上。

拉克林（2016）区分了对未来行为的硬性承诺（关上上锁的烟盒）与软性承诺，软性承诺即制造随时间推移的行为样态，使之接触到隔一段时间才发生的依联（例如，我今天想吸多少支烟就吸多少支烟，但我承诺在接下来的六天里每天只吸与今天所吸数量相同的烟）。

想知道更多有关延迟折扣的实验分析、意义和潜在应用，请参看克里奇菲尔德和柯林斯（Critchfield & Kollins, 2001）、赫什、马登、斯皮加、德利翁和弗朗西斯科（Hursh, Madden, Spiga, DeLeon, & Francisco, 2013），以及雅各布斯、博雷罗和沃尔默（Jacobs, Borrero, & Vollmer, 2013）的相关文章。

自我管理的应用、优点和益处

在这一部分中，我们将介绍自我管理的四种基本应用，并说明对使用自我管理的人、教授他人自我管理的实务工作者以及整个社会来说，自我管理的众多优点和益处。

自我管理的应用

自我管理可以帮助一个人在日常生活中变得更有效能和效率、用好习惯取代坏习惯、完成困难的任务，以及实现个人目标。

过更有效能和效率的生活

雷琳写便条提醒自己，把从图书馆借的书放在车座上，都是用自我管理技术来克服健忘或缺乏条理等问题的例子。大多数人使用简单的自我管理技术，如去商店前先列出一个购物清单，或列出"待办事项"的清单，把每天的生活安排清楚。但是，可能很少有人会将这些行为视为"自我管理"。虽然很多广泛使用的自我管理技术可以被认为是常识，但一个对基本的行为原理有所认识的人可以运用这些知识，把这些常识性技术更系统、更一致地应用到生活中。

打破坏习惯，养成好习惯

有很多我们希望多做（或少做），也知道该做（或不该做）的行为都陷入了强化圈套（reinforcement trap）。鲍姆（2017）认为，冲动、坏习惯和拖延是自然存在的强化圈套的产物，在这些圈套中，即时但较小的后果比延迟但重要的结果对我们的行为的影响更大。鲍姆对影响吸烟行为的强化圈套进行了如下描述。

> 冲动行事会导致一个较小但相对即时的强化物。吸烟的短期强化……在于尼古丁的影响和社会性强化物，如显得成熟或老练。冲动行为的问题在于长期的不良影响。渐渐地，几个月或几年后，这个坏习惯会导致罹患癌症、心脏病和肺气肿等后果。
>
> 冲动行为的替代选择，如自我控制……戒烟……也会导致短期和长期的后果。短期后果具有惩罚性，但相对轻微和短暂：戒烟症状（如头痛）和可能的社会性不适。然而，从长远来看……戒烟可以减少罹患癌症、心脏病和肺气肿的风险，最终促进身体健康。（pp. 168–169）

强化圈套是一种具有双重影响的依联，它在促进保持坏习惯的同时，也不利于选择有长期益处的行为。虽然我们可能知道描述这种依联的规则，但这些规则很难被遵守。马洛特（1984）将这种弱规则（weak rule）描述为涉及延迟的、递增的，或无法预测结果的规则。一个弱规则的例子是，我最好不吸烟，否则有一天我可能会死于癌症。虽然潜在的后果——癌症和死亡——是严重的，但它发生在遥远的未来，而且即使到那时也并不是确定的事，这就严重地限制了它作为行为后果的有效性。因此，"不要吸烟，否则你可能会得癌症"这条规则是一个很难让人遵守的弱规则。任何一支烟对身体的伤害都很小，小到甚至让人无法察觉。罹患肺气肿和肺癌可能是几年后、吸了几千支烟后才发生的事。所以，多吸一口能有什么伤害呢？

自我管理为避免强化圈套的有害影响提供了一个策略。一个人可以使用自我管理的技术来安排能够抵消目前维持自我伤害行为的即时后果。

完成困难的任务

如果一个行为的即时结果只能让一个人向一个重大的长期结果靠近微乎其微的一小步，那将无法控制行为。自我管理上的很多问题是由微小但会累积而产生重要性的结果造成的。马洛特（2005a）认为，我们的行为是由每一个单个反应的结果控制的，而不是由大量的反应累积的结果控制的。

> 如果每个单个反应的结果都太微小或太不可能出现，那么即使这些结果的累积影响很大，反应与其结果之间的**自然依联**仍将是无效的。因此，当某个行为每次的发生只导致一个微不足道的结果时，即使多次重复这个行为会产生重要的影响，我们仍然很难管理自己的行为。而当这个行为每次的发生都导致一个重要的结果时，即使那个结果可能会被延迟很久，我们管理自己的行为仍然没什么困难。
>
> 大多数肥胖的美国人都知道描述这个依联的规则：**如果你不断地暴饮暴食，你就会超重**。但问题是，知道超重的规则并不能抑制你吃一次覆盖着鲜奶油和酒酿樱桃的巧克力圣代，因为吃这一次甜点并不会造成重大的伤害，而且它的确很好吃。因此，知道这个描述自然依联的规则对控制暴饮暴食几乎没有作用。
>
> 但我们的行为的结果也需要有发生的可能性。即使有可能一开车上街就发生严重的车祸，很多人还是没办法遵守系好安全带的规则。虽然没有系好安全带与发生车祸之间可能只有几秒钟的时间，但人们还是会不系安全带，因为发生车祸的概率很低。然而，如果他们在高危险性的赛车比赛中或在表演危

险特技时开车,他们总是会系安全带,因为发生严重事故的概率相当高。(pp. 516–517)

正如再吸一支烟或再吃一个热巧克力圣代的人不会察觉肺癌或肥胖等结果又明显可见地离他更近了一点,研究生达里尔也没有察觉到多写一个句子就能使他更接近完成硕士论文的目标。达里尔有能力多写一个句子,但他往往无法迈出这一步,并稳定地推进困难任务的完成进程,因为每个反应对剩余任务的规模大小产生的改变极小或几乎不可见。因此,他继续拖延。

将自我管理应用于这类行为表现问题时,涉及计划和实施一个或多个人为设计的依联,用以对抗无效的自然依联。自我管理的依联给每个反应或一系列较小反应提供即时后果或短期结果,这些人为设计的后果会增加目标反应的发生率,因而在一段时间后会产生完成任务所需的累积效果。

实现个人目标

人们可以使用自我管理实现个人目标,如学习弹奏乐器、学习外语、跑马拉松、每天按时练瑜伽(Hammer-Kehoe, 2012),或只是每天抽出一些时间来放松(Harrell, 2012),或听悦耳的音乐(Dams, 2012)。例如,有一位研究生想成为更好的吉他手,他使用自我管理来增加练习音阶与和弦的时间(Rohn, 2002)。每天睡觉前,如果他没有练习音阶与和弦达到标准时长,就向朋友付1美元的罚款。罗恩的自我管理计划还包括几个根据普雷马克原理(参看第11章)设计的依联。例如,如果他练习10分钟的音阶(通常是一个低比率行为),他就能弹出一首曲子(一个高比率行为)。

自我管理的优点和益处

使用自我管理策略的人、教授服务对象和学生自我管理技术的实务工作者可以获得很多潜在的益处。

自我管理可以影响外部行为改变中介人无法接触到的行为

自我管理可用于改变其他人无法观察到的行为。诸如自我怀疑的想法、强迫性的想法和忧郁的感觉等,都是可能需要应用自我管理来治疗的内隐事件(例如,Kostewicz, Kubina, & Cooper, 2000; Kubina, Haertel, & Cooper, 1994)。

即使是能被公开观察到的目标行为,也不都是发生于外部行为改变中介人所能接触到的地方和情境中。一个人想要改变的行为可能需要在他所接触到的所有情境和环境中,每天甚或每分钟都得到辅助、监控、评价,或者强化和惩罚。大多数成功的戒烟、减肥、运动和习惯倒返的计划,虽然是由他人策划和指导的,但都十分依赖参与者在离开治疗环境时使用各种自我管理技术。临床工作者所面临的很多行为改变目标都提出了相同的挑战:如何安排无论何时何地都能跟随服务对象的有效依联?例如,旨在提高一名员工的自尊和自信的目标行为当然可以在治疗师的治疗室中进行界定和练习,但要在工作场所实施一个活跃的依联,可能就需要应用自我管理技术。

外部行为改变中介人经常错过重要的行为实例

在大多数教育和治疗环境中,尤其是在大群体的情况下,很多重要的反应会被负责实施行为改变程序的人忽视。例如,教室是个特别繁忙的地方,学生表现出的理想行为常常会因为教师忙于其他任务或与其他学生互动而被忽视。结果是,学生错过了做出反应的机会,或做出了反应却没有得到反馈,因为从行为意义上说,它相当于教师不在场。然而,学会评价自己的行为表现,并以自我奖励和错误纠正,包括必要时寻求教师的帮助和赞扬等方式,给予自己反馈的学生(例如,Alber & Heward, 2000; Rouse, Everhart-Sherwood, & Alber-Morgan, 2014),并不依赖教师在每项学习任务上都给予指导和反馈。

自我管理可以促进行为改变的泛化和维持

如果一个行为改变:(1)在治疗结束后继续维持;(2)在原先学习以外的相关环境或情境中发生;

（3）扩散到其他有关联的行为，那么就具有泛化性（Baer, Wolf, & Risley, 1968）。没有这种泛化结果的重要行为改变必须通过持续的治疗以得到无限期的支持。[1] 当学生或服务对象不再处于获得行为改变的情境中时，她可能就不会再发出期望的反应。原先治疗环境的某些特定方面，包括负责实施行为改变计划的人（教师、治疗师、家长），可能已成为新近习得行为的区辨刺激，从而使学习者能在不同的情境中区辨特定依联是否存在。当非治疗环境中自然存在的依联不能强化目标行为时，将行为泛化到非治疗环境中就会受到阻碍。

自我管理可以克服困难而获得泛化的结果。贝尔和福勒（Baer & Fowler, 1984）提出并回答了一个有关促进泛化和维持新近习得的技能的实用性问题。

什么样的行为改变中介人可以在任何时间都与学生一起上每一堂必要的课，从而辅助和强化课程所要求的每一种理想的行为形式？学生的"自我"总是可以满足这样的要求。（p. 148）

小型的自我管理技能库可以控制很多行为

一个人如果学会了几种自我管理策略，就可以控制很多行为。例如，自我监控（self-monitoring）——观察和记录自己的行为——已被用于增加专注任务行为（Clemons, Mason, Garrison-Kane, & Wills, 2016）、学业生产力和准确性（例如，Rock, 2005）、家庭作业的完成和准确性（Falkenberg & Barbetta, 2013）、工作生产力（例如，Christian & Poling, 1997）、体育活动（Hayes & Van Camp, 2015）和社交谈话（Koegel, Park, & Koegel, 2014），以及减少目标行为，如吸烟（Foxx & Brown, 1979）和刻板行为或抽动症（Crutchfield, Mason, Chambers, Wills, & Mason, 2015; Fritz, Iwata, Rolider, Camp, & Neidert, 2012; Tiger, Fisher, & Bouxsein, 2009）。

具有各种不同能力的人都能学习自我管理技能

不同年龄和具有不同认知能力的人已经成功地运用了自我管理策略。学龄前儿童（例如，Sainato, Strain, Lefebvre, & Rapp, 1990）、从小学到高中的典型发育学生（Busacca, Moore, & Anderson, 2015）、有学习障碍的学生（McDougall et al., 2017）、有情绪障碍和行为障碍的学生（Bruhn, McDonald, & Kreigh, 2015）、孤独症儿童（Carr, Moore, & Anderson, 2014; Southall & Gast, 2011），以及有智力障碍和其他发展性障碍的儿童和成人（Grossi & Heward, 1998; Reynolds, Gast, & Luscre, 2014），都成功地运用了自我管理策略。甚至大学教授也能通过使用自我管理来改善他们的表现（Malott, 2005a）！

有些人在自己选择任务和表现标准的情况下会表现得更好

在一些研究中，参与者在自己选择的工作任务和后果下的表现会比在他人设定的依联下的表现更好（例如，Baer, Tishelman, Degler, Osnes, & Stokes, 1992; Olympia, Sheridan, Jenson, & Andrews, 1994; Parsons, Reid, Reynolds, & Bumgarner, 1990）。例如，洛维特和柯蒂斯（Lovitt & Curtiss, 1969）针对一名学生进行了三个简单实验，发现学生自己选择奖励和依联比由教师选择表现标准更有效。在实验1的第一阶段，被试是特殊教育班的一名12岁男孩，根据他正确完成的数学题和阅读任务的数量，获得教师指定的自由活动时间。在研究的下一阶段，学生可以自己指定获得1分钟自由活动时间所需正确完成的数学题和阅读任务数量。在研究的最后阶段，再次使用原先由教师指定的任务完成数量与强化之间的比例。在学生自己选择依联的实验阶段中，学生的学业反应速率的中位数是每分钟2.5个正确反应（数学和阅读任务合并报告），而在实施教师选择的两个实验阶段中，正确率分别为1.65和1.9。

迪克森和克里登（Dickerson & Creedon, 1981）在实验中对30个二年级和三年级学生使用了同轭控制

---

[1] 泛化的行为改变是应用行为分析的一个定义性目标，也是第30章的重点。

（Sidman, 1960）和组间比较实验设计，发现学生自己选择标准能显著改善他们在阅读和数学任务中的学业表现。洛维特和柯蒂斯（1969）以及迪克森和克里登的研究都证明了自我选择的强化依联可能比教师选择的依联更有效。然而，这方面的其他一些研究也指出，仅仅让孩子决定自己的行为表现标准并不能保证高水平的表现；一些研究发现，当给予儿童机会时，他们会选择过于宽松的标准（Felixbrod & O'Leary, 1973, 1974）。但有趣的是，在奥林匹娅（Olympia）及其同事（1994）对学生自我管理家庭作业团队的研究中，虽然被分配到可以自己选择表现目标团队的学生所选择的正确率标准比被分配到教师设定标准团队所要求的 90% 的正确率标准更宽松，但以总体表现来说，学生自己选择标准团队的表现还是比教师选择标准团队的表现略好一点。这个领域需要进行更多的研究，以确定学生在什么条件下会自主选择，并维持恰当的表现标准。

具有良好自我管理技能的人有助于营造更有效率和效能的团体环境

当由一个人负责监控、督导和为每个人的表现提供反馈时，任何一群共享工作环境的人的总体效能和效率都会受到限制。如果学生、队友、乐队成员或员工使用自我管理技能，而不必每件事都依赖教师、教练、乐队指挥或经理，那么将会改善整个团体的总体表现。例如，在课堂上，为学生的表现设定标准和目标、评价学生的作业、为学生的表现提供后果以及管理学生的社会行为，传统上这些事情的全部责任都由教师承担。做这些事情需要花费大量的时间。如果学生能够针对自己的学业表现进行自我评分，使用标准答案或自我检查的材料给予自己反馈（Bennett & Cavanaugh, 1998; Goddard & Heron, 1998），并在没有教师监督的情况下举止得体，教师就可以关注课程的其他方面和履行其他教学职责（Mitchem, Young, West, & Benyo, 2001; Saddler & Good, 2006）。

当哈勒、德尔夸德里和哈里斯（Hall, Delquadri, & Harris, 1977）观察小学班级，发现学生的主动反应水平很低时，他们推测，较高的学业生产率实际上可能是对教师的惩罚。虽然有相当多的证据表明，学生的高反应率与学业成就有关（例如，Hattie, 2009; MacSuga-Gage & Simonsen, 2015），但在大多数班级中，学生的反应生成得越多，教师需要批改的作业就越多。如果学生有自我管理技能，即使是最基本的自我管理技能，也能为教师省下大量时间。在一项研究中，在一个由五名小学特教学生组成的班级中，学生每天在 20 分钟一节的课堂上尽可能多地做算术题（Hundert & Batstone, 1978）。当由教师批改作业时，需要花费平均 50.5 分钟来做准备和讲课，并打分和记录每名学生的成绩。当由学生为自己的作业打分时，教师为讲一节算术课花费的总时间平均为 33.4 分钟。

教授学生自我管理技能可为其他课程领域提供有意义的练习

当学生学会定义和测量行为，以及绘制、评价和分析自己的反应时，他们会以相关的方式练习各种与数学和科学有关的技能。当学生学习如何实施自我实验，如使用 A–B 设计来评价他们的自我管理方案时，他们在逻辑思维和科学方法上都会得到有意义的练习（Marshall & Heward, 1979; Moxley, 1998）。

自我管理是教育的终极目标

当被问到教育应为学生实现什么目标时，大多数人——教育工作者和非专业人士——的答案都包括培养独立的和自我引导的公民，这样的公民不需要其他人的监督而有能力做出恰当的和建设性的行为。美国最有影响力的教育哲学家之一约翰·杜威（John Dewey, 1939）曾说："教育的理想目标是创造自我控制。"（p. 75）长久以来，在教师的引导或辅助下，学生的自我引导能力和评价自己的表现的能力被认为是人文教育的基石。

正如洛维特（1973）所观察到的，系统化地教授自我管理技能不是大多数学校课程的常规部分，这是一个矛盾的事实，因为"教育系统的一个明确目标是创造自食其力和独立的个体"（p. 139）。虽然自我控制是社会所期望和重视的，但它却很少被直接纳入学校课程当中。将自我管理纳入教学，作为课程整体的一部分，需要学生学习一系列相当复杂的技能（例如，Marshall & Heward, 1979; McConnell, 1999）。然而，如果系统教授自我管理技能取得了成功，那么付出的努力就是值得的，学生将拥有一种有效的手段来处理几乎没有或完全没有外部控制的情况。

自我管理有益于社会

自我管理具有两个重要的社会功能（Epstein, 1997）。第一，具有自我管理技能的公民更有可能实现他们的潜能，从而对社会做出更大的贡献。第二，自我管理帮助人们做出某些行为（如购买省油的汽车和乘坐公共交通工具），而做出这些行为所放弃的即时强化物所涉及的长远延迟的毁灭性结果，只有后代才会经历（如自然资源的消耗和气候变化）。掌握自我管理技能的人可以帮助自己节约资源、循环利用和减少化石燃料的使用，有助于创造一个更好的世界。自我管理技能可以为人们提供一种方法，使人们的行为符合一个立意良善但难以遵守的规则，即全球思维，本地行动。

自我管理帮助个体感到自由

鲍姆（2017）指出，落入强化圈套的人知道自己的成瘾行为、冲动或拖延与这些行为可能导致的最终后果之间是什么样的依联，他们感到不快乐和不自由。然而，"摆脱强化圈套的人就像摆脱胁迫的人一样，会感到自由和快乐。问问那些成功戒掉烟瘾的人"（p. 193）。

具有讽刺意味的是，一个能够熟练使用自我管理技术（根据决定论的假设来预测行为与环境之间的关系，再对这个关系进行科学分析，从而衍生出自我管理的技术）的人比一个相信自己的行为是自由意志的产物的人更有可能感到自由。在讨论哲学的决定论与自我控制之间的明显断层时，爱泼斯坦（1997）比较了两种人：一个是没有自我管理技能的人，一个是能够熟练管理自己的事务的人。

> 首先，想象一个没有自我管理技能的人。在斯金纳看来，这样的人会被所有即时的刺激所害，即使即时刺激与延迟惩罚有关。看到一块巧克力蛋糕她就吃，递给她一支香烟她就吸……虽然她可能会制订计划，但她没有能力付诸实行，因为她完全受当下事件的摆布。她就像在强风中被吹得失控的帆船……
>
> 在另一个极端，我们有一位技能娴熟的自我管理者。他同样会设定目标，且有足够的能力实现这些目标。他有避开危险强化物的技能，他能辨识影响其行为的条件，然后改变这些条件以适应自己。他在安排优先顺序时，将存在于遥远未来的可能性纳入考量。风一直吹，但他设定了船的目的地，并将它驶向那里。
>
> 这两个人是非常不同的。第一个人以近乎线性的方式受制于她的周围环境。而第二个人在非常重要的意义上控制着自己的生活……
>
> 前面描述的那位缺乏自我控制技能的女性**感觉受到了控制**。她可能相信自由意志（事实上，在我们的文化中，这样的假设应该是不会错的），但她自己的生活却不受控制。相信自由意志只会加重她的挫败感。她应该可以用**意志力**使自己摆脱任何困境。但"意志力"被证实是非常不可靠的。相比之下，那位自我管理者觉得**他处在自己的掌控之中**。具有讽刺意味的是，与斯金纳一样，他可能相信决定论，但他不只觉得他在自己的掌控之中，事实上，与我们所提到的冲动者相比，他在自己的生活中行使了更多的控制权。（p. 560, 原文中强调的部分）

自我管理使个体感觉良好

学习自我管理的最后一个理由同样重要，即控制自己的生活使人感觉良好。一个能以有目的的方式来安排环境，支持和维持理想行为的人，不仅在生活上更有成效，而且会对自己感觉良好。西摩（Seymour, 2002）描述了她在实施自我管理干预后的个人感受，她的目标是每周跑步 3 次，每次 30 分钟。

> 在过去的两年半中，罪恶感一直在我的内心深处剧烈地燃烧。[作为一名曾拿过垒球奖学金的运动员]我曾每天锻炼 3 个小时（每周 6 天），因为这样的锻炼可以为我支付学费……但现在这个依联消失了，我完全荒废了体育锻炼。自从我的自我管理计划开始以来，在 21 次跑步中，我跑了 15 次；所以我从基线期的 0% 提高到了干预期的 71%。对于这个结果，我很开心。由于这项干预的成功，我在过去两年半中的罪恶感消除了。我的精力更加充沛，我的身体感觉焕然一新，强壮有力。几个依联就能大大改善我的生活品质，这真是一件神奇的事。（pp. 7-12）

以前提为基础的自我管理策略

在这一部分以及接下来的三个部分中，我们将描述行为研究者和临床工作者开发的一些自我管理策略。虽然尚未出现一套标准的自我管理策略的命名或分类方案，但这些技术通常是根据其相对着重于目标行为的前提还是后果而分别呈现的。以前提为基础的自我管理策略的主要特征是操纵目标（被控制的）行为的前提事件或刺激。它们有时被归为一般术语，如环境计划（environmental planning）（Bellack & Hersen, 1977; Thoresen & Mahoney, 1974）或情境诱导（situational inducement）（Martin & Pear, 2015）。以前提为基础的自我管理方法包括以下各种策略：

- 操纵动因操作，使希望（或不希望）出现的行为更有可能（更不可能）出现。
- 提供反应辅助。
- 实施行为链的初始步骤，以确保以后会遇到能引发理想行为的区辨刺激。
- 移除不理想行为所需的材料。
- 将不理想行为限制在有限的刺激条件下。
- 为理想行为安排一个特定的环境。

操纵动因操作

动因操作是一种环境条件或事件，用于：（1）改变某个刺激、物体或事件作为强化物的有效性；（2）改变过去被这些刺激、物体或事件强化的所有行为的当前比率（参看第 16 章）。一个提高强化物的有效性，并对过去产生该强化物的行为具有引发效果的动因操作被称作建立型操作；而一个降低强化物的有效性，并对过去产生该强化物的行为具有减缓（即减弱）效果的动因操作被称作废除型操作。[1]

将动因操作纳入自我管理干预的一般策略是，表现出一个行为（控制性行为）来创造某种动因状态，而这个状态会增加（或减少）目标行为（被控制性行为）的后续发生率。想象一下，你受邀到厨艺一流的某人家中吃晚餐，你想要尽可能地享受这顿特殊的晚餐，但又担心可能无法吃到每一种食物。于是，你不吃午餐（控制性行为），如此创造了一个建立型操作，以增加你享用晚餐时从开胃菜至甜点的每一道菜都品尝到（被控制性行为）的可能性。相反，在去市场买菜前先吃一顿饭（控制性行为）可以作为一种废除型操作，以降低高糖和高脂肪含量的即食食物作为强化物的瞬间价值，从而减少你在市场购买这类食物的数量（被控制性行为）。

提供反应辅助

制造某种刺激，作为理想行为的额外线索和提醒，是一种简单而常常奏效的自我管理技术。反应辅助

---

[1] 第 16 章详细讲述了动因操作。

有多种形式（如视觉、听觉、文字、符号），可以是对定期发生的事件的永久性提示（如在个人日历的每个周四那里写上"今晚把垃圾扔掉！"），也可以是对单次事件的提示，像雷琳在一张便条上写上"今天穿灰色西装"，并把它贴在衣柜的门上，她早上穿衣服时肯定能看到。节食者经常把超重者，甚至可能是自己的不好看的照片贴在冰箱门上、冰激凌附近、食物橱柜里——任何他们可能寻找食物的地方。看到这些照片可能会引发其他控制性反应，如远离食物、给朋友打电话、去散步，或在一张"我没有吃它！"的表上做一个标记。

同一个物体可以作为各种行为的一般性反应辅助，如在手腕上套上橡皮筋，提醒自己稍后做某件事。然而，如果这个人后来想不起来这个物理提示所要辅助的具体任务，那么这种形式的反应辅助就是无效的。在"套上"一般性反应辅助的同时做一些自我指示，可能有助于当事人在以后看到提示时回忆起所要完成的任务。例如，本书的一位作者使用一个被他称为"记忆环"的小扣环作为一般性反应辅助。当他想到一项很重要但只能在当天晚些时候在另一个地方完成的任务时，他会将这个小扣环别在他的腰带或公文包的提手上，然后通过对自己重述三次目标任务（例如，"到阿普斯大楼借南希的日记""到阿普斯大楼借南希的日记""到阿普斯大楼借南希的日记"）来"启动记忆环"。当他后来在相关地方看到这个"记忆环"时，它通常能够成为有效的反应辅助，提醒他完成目标任务。

自己安排的提示也可用于辅助一个人在各种地方和情境中重复表现的行为。在这种情况下，一个人可能会在他的环境中植入补充性反应辅助。例如，一位想要增加与孩子互动和赞扬孩子次数的父亲，可以在各种颜色的便条纸上写下"ZAP！"（如图29.2所示），然后贴在家里他经常会看到的地方——微波炉上、电视遥控器上，或当作书签。每当他看到"ZAP！"提示时，他就会被提醒要对孩子的某些事发表意见，或问孩子一个问题，或寻找孩子的某个正面行为，以便给予关注或赞扬。

图 29.2　家长用以辅助自己选择的育儿行为的人为设计的提示

原创者为查尔斯·诺瓦克（Charles Novak）。引自 W. L. Heward, J. C. Dardig, & A. Rossett (1979). *Working with Parents of Handicapped Children*, p. 26, Columbus, OH: Charles E. Merrill.

智能手机、平板电脑、手表和其他便携式数码设备使人得以在任何应该发出目标行为的地方给自己提供听觉和视觉的反应辅助（Cullen & Alber-Morgan, 2015; Mechling, 2011）。有孤独症和其他障碍的人使用数码设备来辅助他们学习和持续完成各种日常生活（Cannella-Malone, Brooks, & Tullis, 2013; Cannella-Malone,

Chan, & Jimenez, 2017）和工作任务（Cullen, Alber-Morgan, Simmons-Reed, & Izzo, 2017）。

实施行为链的初始步骤

另一种以操纵前提为特征的自我管理技术是以某种方式行动来确保你的未来行为接触到能可靠地引发目标行为的区辨刺激（S^D）。虽然操作式行为是被行为后果选择和维持的，但很多行为在某个时刻的出现与否会受区辨刺激的存在与否的影响。

很多任务由反应链组成。链中的每个反应都会在环境中产生改变，这种改变既是在它之前发生的反应的条件强化物，又是链中下一个反应的区辨刺激（参看第 23 章）。一个行为链的成功完成需要每一个成分反应都被与其相关的区辨刺激引发。一个人在某个时间点上完成部分行为链（自我管理式的反应），从而改变了他的环境，这样他稍后就会遇到引发链中下一个反应的区辨刺激，并导向整个任务的完成（受自我管理的反应）。斯金纳（1983b）为这种策略提供了一个绝佳的例子。

> 在离家前的 10 分钟，你听到了一个气象报告：在你回来之前可能会下雨。你有了拿伞的念头（这句话的意思就是字面意思：你想到了拿伞的行为），但此时你还没能将这个念头付诸实行。10 分钟后，你出门了，没带伞。你解决这类问题的办法是，当行动的念头出现时就实施这个行为，越多越好。将伞挂在门把手或公文包的提手上，或以其他方式启动带伞出门的过程。（p. 240）

移除不理想行为所需的材料

改变环境，使不理想行为更不容易出现或最好不出现，这是另一种以前提为基础的自我管理策略。吸烟者把烟全部扔掉，节食者把家里、车里和办公室里的饼干和薯片全都拿走，这样做可以有效地控制吸烟和吃垃圾食品的行为，至少在当下时刻能奏效。虽然一个人可能仍然需要付出其他有关自我管理的努力，以避免寻找和获得有害物质，但移除不理想行为所需的物品是一个好的开始。

将不理想行为限制在有限的刺激条件下

一个人可以通过限制自己做出不理想行为的情境和刺激条件来减少那个不理想的行为。当受到限制的情境获得了对目标行为的刺激控制，以及个体很少触及该情境或该情境不具有强化性时，目标行为的发生频率就会降低。想象一下，一个人习惯性地摸脸和抓脸（他知道这是一个坏习惯，因为他的妻子经常唠叨这件事，并要求他停止做这个行为）。为了减少摸脸的次数，他决定做两件事：第一，每当他察觉到自己在摸脸时，他就立刻停止；第二，他随时可以去洗手间摸脸和抓脸，多久都可以。

诺兰（Nolan, 1968）报告了一名女性的案例，她使用限制性的刺激条件来帮助自己戒烟。这名女性发现，当旁边有人，或她看电视、读书、躺下休息时，她最常吸烟。于是，她限制自己只能在某个指定的地方吸烟，而且她将对吸烟有潜在强化作用的其他活动从那里移除。她指定了一把椅子作为她的"吸烟椅"，并将椅子放在看不到电视或不容易与人交谈的地方。她要求家人在她坐在吸烟椅上的时候，避免靠近她或与她交谈。她忠实地执行了这个程序，她的吸烟量从基线期的平均每天 30 支减少到每天 12 支。计划实施 9 天后，她决定减少靠近这把椅子的机会，以进一步减少她的吸烟行为。她将"吸烟椅"移至地下室，她的吸烟量减少到每天 5 支。在实施戒烟椅计划一个月后，她戒烟成功了。

戈尔戴蒙德（1965）使用了相似的策略来帮助一名与妻子交流时总是生闷气的男性。这名丈夫被限制只能在车库里的"生闷气凳"上生闷气。每当他想生闷气时，他就去车库，坐在他的凳子上不限时间地生闷气，生完闷气再离开。这名丈夫发现，当他必须坐在车库的凳子上生闷气时，这个行为大幅减少了。

为理想行为安排一个特定的环境

一个人可以通过保留或创造一个环境，让自己在那个环境里只能做出某个需要勤勉和专注的行为，以此实现对该行为的某种程度的刺激控制。当学生或教授选择一个特定的地方学习或工作，不受其他干扰，也不做别的事情，如做白日梦或写信时，学生能够改善他的学习习惯，教授能够提升他的学术生产力（Goldiamond, 1965）。斯金纳（1981b）在对有志成为作家的人提供如下建议时，就提出了这种刺激控制策略。

> 行为发生的条件同样很重要。找一个方便的地方是很重要的。它应该具备写作所需的所有工具。笔、打字机、录音机、档案、图书、舒适的桌椅……既然这个地方是为了控制一种特定的行为，那么任何时候你在那里都不应该做其他事情。(p. 2)

没有条件为单一活动安排一个特定环境的人，可以设计一种能够在多用途情境中开启和关闭的特殊刺激，如同沃森和撒普（2014）提供的例子。

> 一名男性的房间里只有一张桌子，这张桌子有多种用途，如写信、付账单、看电视和吃饭。但是，当他想专心学习或写作时，他总是将桌子搬离墙边，坐在桌子的另一侧。这样，坐在桌子的另一侧就成了只与专心从事智力工作有关的提示。(p. 168)

大多数学生有一台个人电脑，不仅用来做学术工作，还用来撰写和阅读个人电子邮件、处理家庭事务、浏览互联网、玩游戏、网上购物等。与那名在学习和写作时坐在桌子另一侧的男性相似的是，学生可能会在电脑桌面上显示一个特定的背景，从而发出一个信号：只有学术工作是在电脑上完成的。例如，当他坐下来学习或写作时，他可以把原来的标准桌面，如他的狗的照片，换成纯绿色的背景，纯绿色的背景提醒他只能从事学术工作。一段时间后，这个"学术工作"桌面可能会对理想行为产生某种程度的刺激控制。假如学生想停止学术工作而在电脑上做其他事情，他必须先改变电脑桌面背景。在达到工作时间或工作目标前改变电脑桌面可能会使他产生罪恶感，从而促使他回去工作，以逃避这种罪恶感。

当一个理想行为的频率不够高是因为有一个与之竞争的不理想行为出现时，也可以使用这种策略来增加理想行为。在一个案例中，一名有失眠症的成人大约在午夜12点就寝，但直至凌晨3点或4点才睡着。在这段时间中，他没有入睡，而是为一些琐事忧心，还打开了电视。治疗计划包括指导他只在感到困倦的时候上床，如果睡不着，就不要待在床上。如果他要思考一些问题或看电视，他可以这么做，但他必须下床，到另一个房间去。当他再次感到困倦时，回到床上，再次尝试入睡。如果还是睡不着，他就必须再次离开卧室。这名男性报告说，治疗计划开始后的头几天，他每晚要起床4次或5次，但在两周内，他就能上床，待在床上，然后入睡。

自我监控

与其他自我管理策略相比，自我监控已成为更多研究和临床应用的主题。**自我监控**［也被称作自我记录（self-recording）或自我观察（self-observation）］是指一个人系统地观察自己的行为和记录目标行为发生与否的过程。自我监控最初是一种收集只有服务对象自己能观察和记录的行为（如吃东西、吸烟、咬指甲）的数据的临床评估技术，但由于自我监控经常产生反应性效应，它成了一种重要的治疗干预方法。如同第3章和第4章讨论的，反应性指的是评估或测量的程序对一个人的行为所产生的影响。一般来说，观察和测量的方法越有侵入性，越有可能产生反应性。当观察和记录目标行为的人就是行为改变计划的主体时，就存在最高的侵入性，反应性出现的可能性也会非常高。

虽然研究者的测量系统引起的反应性代表研究中存在的不可控的变异性，必须尽可能地减少，但从临床角度来看，自我监控所产生的反应性效应是受到欢迎的。自我监控不仅经常改变行为，而且这种改变通常是朝教育或治疗上所期望的方向进行的。

行为分析师已教授成人使用自我监控策略来减少吸烟（Lipinski, Black, Nelson, & Ciminero, 1975; McFall, 1977）、增加体育活动（Kurti & Dallery, 2013）和热量消耗（Donaldson & Normand, 2009），以及停止咬指甲（Maletzky, 1974）。残障学生和普通学生都已将自我监控应用于增加在课堂上的专注任务行为（Legge, DeBar, & Alber-Morgan, 2010; Wills & Mason, 2014）、减少破坏性行为（Kamps, Conklin, & Wills, 2015; Martella, Leonard, Marchand-Martella, & Agran, 1993）、提高阅读理解能力（Crabtree, Alber-Morgan, & Konrad, 2010）、改善在不同学科上的表现（Holifield, Goodman, Hazelkorn, & Heflin, 2010; Wolfe, Heron, & Goddard, 2000）以及完成家庭作业（Falkenberg & Barbetta, 2013）。很多教师使用自我监控来增加他们在课堂教学中对特定赞扬语句的使用（Hager, 2012; Simonsen, MacSuga, Fallon, & Sugai, 2013），以及提高他们所使用的某些教学程序的忠实度（Belfiore, Fritts, & Herman, 2008; Pinkelman & Horner, 2016; Plavnick, Ferreri, & Maupin, 2010）。

在最早发表的关于儿童自我监控的报告中，布罗登、哈勒和米茨（Broden, Hall, & Mitts, 1971）分析了自我记录对两名八年级学生的行为的影响。莉莎的历史课成绩为D-，她在讲课形式的课堂上表现出了不良的学习行为。在7天的基线期内，一名观察者每天坐在教室后面30分钟（没有告诉莉莎有人观察她），使用10秒瞬间时间抽样记录莉莎的行为。这7天的基线数据显示，莉莎只在平均30%的观察时距中展现出了学习行为（如面向教师、在适当的时候做笔记），尽管她在与学校辅导教师面谈时两次承诺会"认真尝试"。在第8个观察时段开始前，辅导教师给了莉莎一张纸，上面有三行格子，每行各10个小方格，指示她在历史课上"想到时"记录下自己的学习行为。同时，辅导教师与她讨论了有关学习行为的一些问题，包括什么构成了学习的定义。

> 教师要求莉莎每天带着这张纸去上课，如果她正在学习，或在过去的几分钟里一直在学习，就在方格中记录"+"，如果她在她想记录时并未表现出学习行为，就记录"-"。在放学前的某个时间，她要将这张纸交给辅导教师。（p. 193）

图29.3显示了莉莎自我监控的结果。她的学习行为水平提高到78%（由独立观察者测量），而且在自我记录1期间大致保持在这个水平上。在基线2期间停止自我记录时，学习行为迅速降至基线水平，在自我记录2期间平均为80%。在自我记录加赞扬期间，莉莎的老师在历史课上只要有时间就关注她，并尽可能地赞扬她的学习行为。在这个条件期间，莉莎的学习行为增加到88%。

图29.3中的下图显示了观察者每个时段所记录的教师关注莉莎的次数。在实验的头四个阶段中，教师的关注和莉莎的学习行为的改变并没有明显的相关性，这表明教师的关注——通常对学生的行为具有强大的影响力——并不是一个混杂变量，也就是说，莉莎的学习行为的改善很可能是因为执行了自我记录程序。然而，自我监控的效果有可能被两个因素混杂：一个是莉莎每天放学前要将自我记录单交给辅导教师，另一个是在每周一次的学生—辅导教师面谈中，她因为记录单上有高比例的加号标记而得到教师的赞扬。

在布罗登及其同事（1971）报告的第二个实验中，一名上课"不断地"大声说话的八年级学生斯图使用自我监控来处理这个行为。一名观察者记录了斯图在午餐前和午餐后的两节数学课上每分钟讲话的次数，自我记录则首先在午餐前的数学课上实施。教师给了斯图一张画有2×5英寸的长方格的纸，并告诉他"你每次大声说话的时候，就在这里做一个标记"（p. 196）。教师告诉斯图要使用这个记录单，并在午餐后交给教师。记录单的上方写有学生的名字和日期，除此之外，没有别的指示，也没有对他的行为施加任何后果或其他依联。后来在午餐后的数学课上也实施自我记录。结果显示，在午餐前的数学课上，斯图

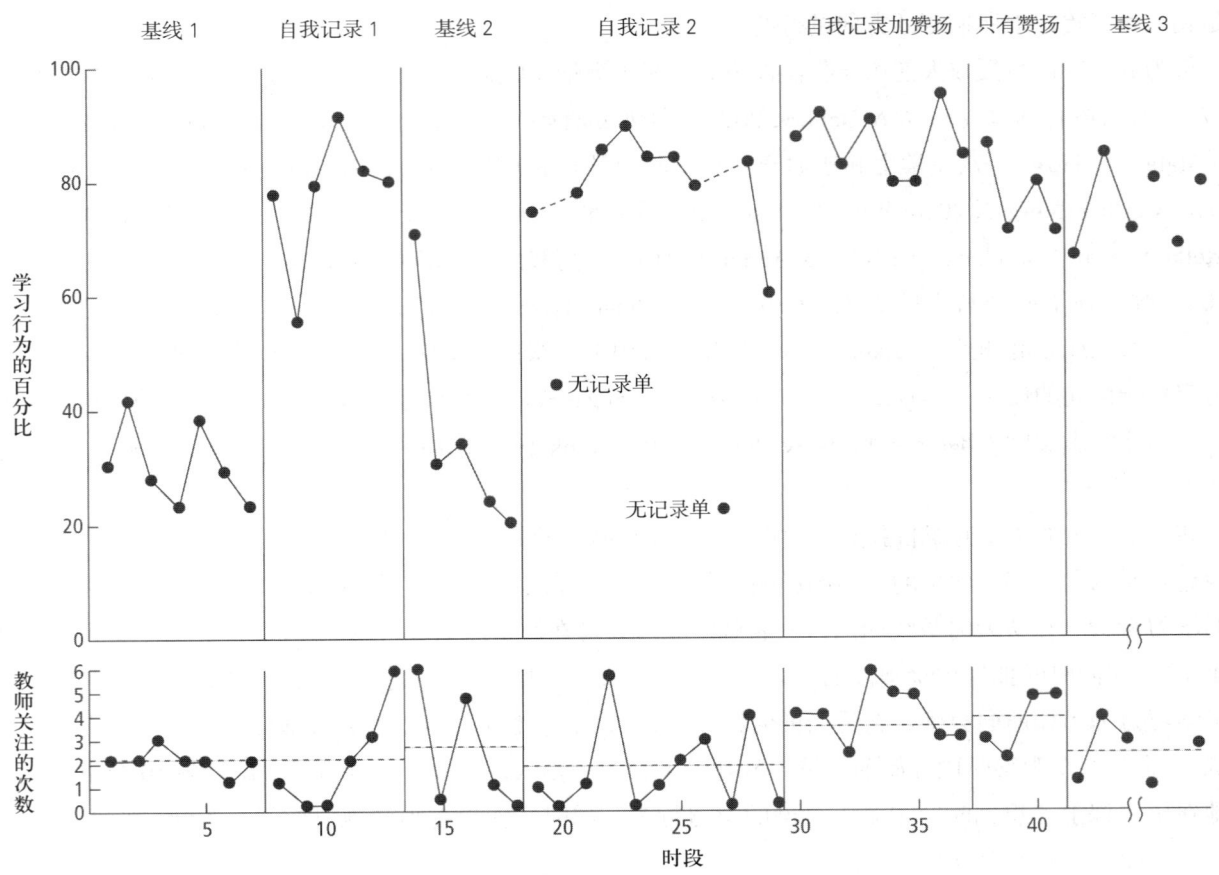

图 29.3　八年级女生在观察时距内专心上课的行为百分比

经实验行为分析协会授权转载。引自 M. Broden, R. V. Hall, & B. Mitts (1971). The Effect of Self-Recording on the Classroom Behavior of Two Eighth-Grade Students. *Journal of Applied Behavior Analysis*, 4, p. 194. 版权清算中心传达授权。

在基线期内每分钟出现 1.1 次大声说话，在自我记录阶段为每分钟 0.3 次。而在午餐后的数学课上，斯图平均每分钟出现 1.6 次大声说话，在自我记录阶段为每分钟 0.5 次。

这项结合倒返和多基线设计的研究显示了自我监控程序与斯图减少大声说话之间的明确的功能关系。然而，在实验的最后一个阶段，即使实施自我记录，斯图大声说话的比率仍然与初始基线水平相同。布罗登及其同事（1971）认为，在最后一个阶段，自我记录之所以效果不明显，可能是由于"没有针对大声说话的差别性比率给予依联，因此记录失去了有效性"（p. 198）。也可能是由于最初认为是自我记录造成了大声说话的减少，而这与斯图期望教师提供某种形式的强化混淆了。

从这两个实验中可以看出，要将自我监控单独作为一个直接的、"干净的"程序是极其困难的；它几乎总是包含其他的依联。然而，构成自我监控的各种程序和组合是能够有效地改变行为的。

自我评价

自我监控通常会与目标设定和自我评价结合使用。一个人在使用**自我评价**［self-evaluation，也被称作自我评估（self-assessment）］时，会将其表现与预设的目标或标准进行比较。也可以通过对自己收集的数据进行绘图来辅助实施自我评价（Kasper-Ferguson & Moxley, 2002; Stolz, Itoi, Konrad, & Alber-Morgan, 2008）。例如，格罗西和休厄德（1998）教授四名有发展性障碍的餐厅实习生选择生产力目标、自我监控工作和自我评价其表现是否达到了具有竞争力的生产力标准（即无残障餐厅员工在竞争情境中执行任务的一般效率）。这项研究中的工作任务包括刷锅盘、将锅盘放入洗碗机、清理和摆放桌子，以及扫地和拖地。

每名实习生接受 3 次、每次大约 35 分钟的自我评价训练，训练包括五个部分：（1）加快工作速度的理由（如能在竞争情境中找到并保住工作）；（2）设定目标（展示实习生的基线期表现的简单线图，与竞争标准进行比较，并辅助其设定生产力目标）；（3）使用计时器或秒表；（4）自我监控，并教授他们如何在一个以阴影区域标示竞争标准的图表上画出自己收集的数据；（5）自我评价（将自己的工作表现与竞争标准进行比较，并做出自我评价性的陈述，例如，"我的表现不在阴影区域内，我需要加快工作速度。"或"太好了，我在这个区域内。"）。当实习生连续三天达到自己的目标时，就选择一个新的目标。这时，四名实习生全部选择了竞争标准范围内的目标。

四名实习生的工作生产力都随着自我评价干预的实施而有所提高。图 29.4 显示了其中一名参与者的结果——查德，20 岁，有轻度认知障碍、脑瘫和癫痫。在研究开始的三个月前，查德在洗碗工作站接受了两项工作任务的训练：刷锅盘和将锅盘放入洗碗机（将脏锅盘放入空的洗碗机，这是一个六步骤行为链）。在整个研究过程中，在每天午餐操作前后的 10 分钟观察时间里记录他刷锅盘的表现。使用秒表测量实习生将锅盘放入洗碗机的时间；在午餐最忙碌的一个小时内，在每个观察时段中测量他装满 4~8 个洗碗机的时间。在基线期的每个观察时段结束后，查德会收到有关他的工作表现的准确性和质量的反馈。在基线期不提供任何有关他的表现生产力的反馈。

在基线期间，查德平均每 10 分钟刷 4.5 个锅盘，他的 15 个基线尝试中没有一个落在 10~15 个锅盘的

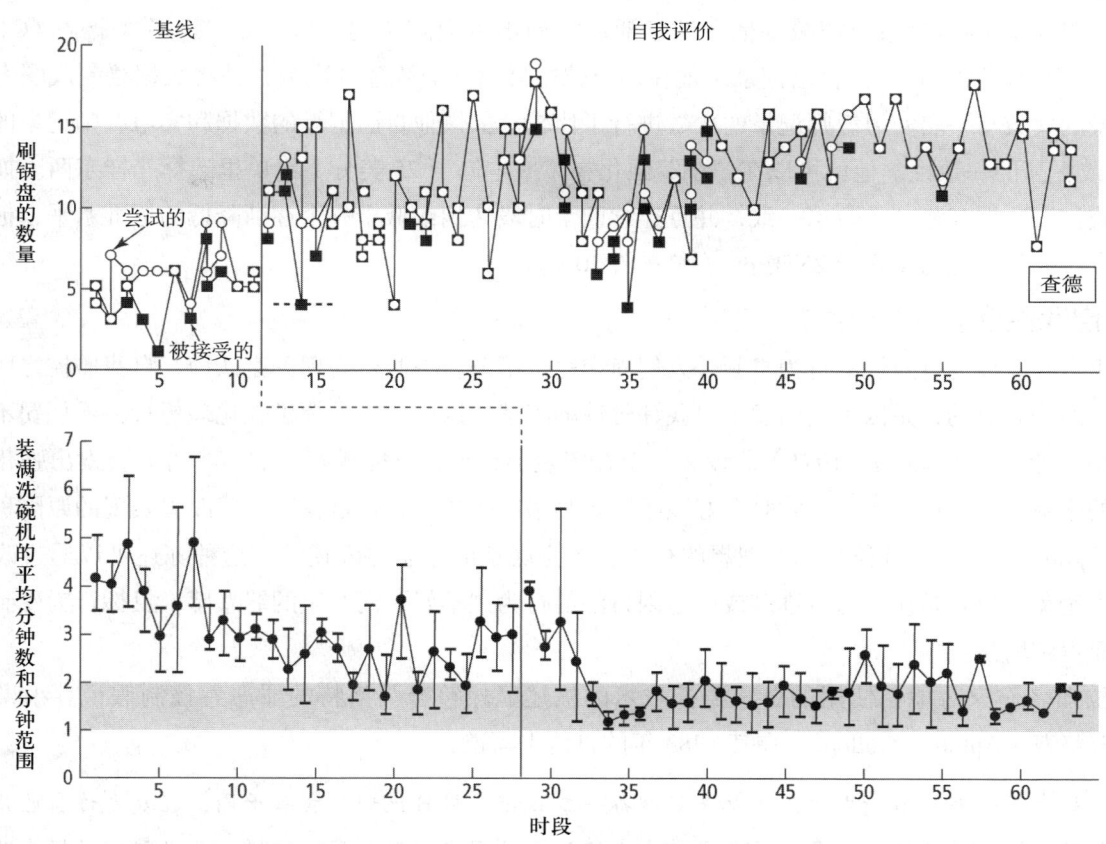

图 29.4 在基线期和自我评价期间，10 分钟内的刷锅盘的数量，以及将锅盘装满一个洗碗机所花费的平均时间和时间范围。阴影区域代表无残障餐厅员工的竞争表现范围。水平虚线代表查德自己选择的目标；没有虚线意味着查德设定的目标在竞争范围内。下图中穿过每个数据点的垂直线代表查德在 4~8 次尝试中的表现范围。

经发展性障碍处授权转载。引自 T. A. Grossi & W. L. Heward (1998). Using Self-Evaluation to Improve the Work Productivity of Trainees in a Community-Based Restaurant Training Program. *Education and Training in Mental Retardation and Developmental Disabilities*, 33, p. 256. 版权清算中心传达授权。

竞争范围内。在自我评价期间，查德刷锅盘的速度提高至平均每 10 分钟 11.7 个，在 89 个自我评价尝试中有 76% 落在或超出竞争范围。在基线期间，查德将锅盘装满一个洗碗机平均花费 3 分 2 秒，他的 97 个基线尝试中仅有 19% 落在 1~2 分钟的竞争范围内。在自我评价期间，查德装满一个洗碗机的平均时间为 1 分 55 秒，在 114 个自我评价尝试中，有 70% 落在竞争范围内。研究结束时，四名实习生中有三名表示喜欢计时和记录自己的工作表现。虽然有一名实习生表示自己计时和记录工作表现"压力太大"，但他表示自我监控有助于他向其他人展示自己有能力完成这项工作。

参与者对录像中自己的行为进行了自我评价，改善了他们在电脑工作台前的坐姿（Sigurdsson & Austin, 2008），以及他们做复杂瑜伽动作时的表现（Downs, Miltenberger, Biedronski, & Witherspoon, 2015）。

与强化相结合的自我监控

自我监控通常是包含反馈和强化的干预集成包的一部分，旨在实现自我或教师设定的目标（例如，Bulla & Frieder, 2017; Christian & Poling, 1997; Olympia et al., 1994）。强化物可以由自己管理，也可以由教师提供。例如，凯格尔、凯格尔、赫尔利和弗里（Koegel, Koegel, Hurley, & Frea, 1992）教授 4 名 6~11 岁的孤独症儿童，在他们自己记录恰当回答他人的问题（如"今天谁开车送你去学校？"）达到标准次数后，获得自己的强化物。

马尔泰拉（Martella）及其同事（1993）使用由教师提供强化物作为自我监控干预的一部分，帮助 12 岁的轻度智力障碍学生布拉德减少他在课堂活动中做出负面陈述的次数（如"我恨这个 #*%@! 的计算器""数学很讨厌"）。布拉德自己记录了他在两节课中做出负面陈述的次数，并将数据绘制成图表，然后将他记录的次数与一名实习教师记录的次数进行了比较。如果他自己记录的数据和实习教师记录的数据达到 80% 或更高的一致性，他就可以在"小"强化物（成本低于 25 美分）清单里选择一样东西。如果布拉德的自我记录数据与教师的数据一致，并且连续四个时段达到或低于一个逐渐降低的标准水平，他就可以选择一个"大"强化物（高于 25 美分）（参看图 30.16）。

为什么自我监控能发挥作用？

关于自我监控的有效性的行为机制，人们尚未完全了解。一些行为理论家认为，自我监控之所以在改变行为方面是有效的，是因为它引发了自我评价性的陈述，这些陈述发挥了强化理想行为或惩罚不理想行为的作用。考泰拉（Cautela, 1971）假设，一个在图表上记录自己完成家务的孩子可能会发出强化完成家务行为的隐蔽的语言反应（如"我是个好孩子"）。马洛特（1981）将自我监控能改善表现的原因称为罪恶感控制（guilt control）。自我监控不理想的行为会产生隐蔽的罪恶感陈述，而这种陈述可以通过改善自己的表现来避免。也就是说，通过逃避或回避因自己的行为"不好"而产生的罪恶感，目标行为受到了负强化，从而得到增强。

两位知名作家对他们使用的自我监控技术的描述显然符合马洛特的罪恶感控制假说。小说家安东尼·特罗洛普（Anthony Trollope）在其 1883 年的自传中写道：

> 当我开始写一本新书时，我总是会准备一本日记，将日记划分成若干周，在我允许自己用来完成工作的时间内持续记录。每一天，我都会在日记上注明我写了几页，这样，如果任何时候我陷入空闲状态一两天，这种空闲状态的记录就会在那里盯着我的脸，要求我更努力地工作，以便将不足的部分补上……我每周都会给自己分配很多页。平均页数约为 40 页。日记所记录的最低页数是 20 页，最高是 112 页。由于一页是一个模糊的说法，我将一页设定为 250 个字；至于字数，一不留神就容易变得散乱，所以我边写边逐字计算……记录一直摆在眼前，一周过去了，如果页数不足，我就会像长了针

眼一样感到疼痛，一个月的页数不足，这样的耻辱就会让我感到悲伤。（摘自 Wallace, 1977, p. 518）

罪恶感控制也有助于激励大文豪欧内斯特·海明威（Ernest Hemingway）。小说家欧文·华莱士（Irving Wallace, 1977）从乔治·普林普顿（George Plimpton）的文章中摘录了以下有关海明威所使用的自我监控技术的内容。

> 他持续追踪自己每天的进展情况——"这样就不会自欺欺人了"——将之记录在一张用纸箱的侧面制成的大图表上，挂在墙上瞪羚头标本的鼻子下方。图表上的数字显示了每天完成的字数，从 450、575、462、1250，再下降至 512。较高的数字出现在海明威付出额外努力的日子，如此一来，他就不会因为第二天在墨西哥湾流钓鱼而产生罪恶感了。（p. 518）

当自我监控改变目标行为时，究竟是哪些行为原理在起作用，我们还不清楚，因为很多自我监控程序涉及内隐的、隐蔽的行为。除了难以接触到这些内隐事件外，自我监控通常还会被其他变量混杂。自我监控通常是自我管理集成包的一部分，这个集成包包括强化依联或惩罚依联，或两者兼有，这些依联可以是外显明确的（例如，"如果这周我跑10英里，我就可以看一场电影。"），也可以是内隐不明的（例如，"我一定要向我太太展示一下我消耗的卡路里记录。"）。然而，无论涉及什么行为原理，自我监控往往都是改变一个人的行为的有效程序。

自我监控的准则和程序

实务工作者在对服务对象实施自我监控方案时，应考虑以下建议。

提供能使自我监控易于实施的材料

如果自我监控是困难的、烦琐的或费时的，那么最好的情况是它无效且不被参与者喜欢，最坏的情况是它可能会对目标行为产生负面影响。因此，应该为参与者提供材料和设备，使自我监控变得尽可能简单和高效。第4章中描述的所有测量行为的低科技设备和程序（如纸和笔、腕式计数器、手动计数器、计时器、秒表）都可用于自我监控。例如，一位教师想在一节课中至少赞扬学生10次，她可以在上课前在口袋中放10个1美分硬币。每当她赞扬一名学生的行为时，就将一枚硬币移至另一个口袋中。

大部分自我监控使用的记录表应该非常简单。由一系列方框或空格组成的自我记录表通常就足够有效了（例如，Broden et al., 1971）。使用某种瞬间时间抽样的程序，在不同时距内，参与者可以写上加号或减号，圈出是或否，或在笑脸或哭脸上打叉。或者，他可以在一个时距刚结束时记录下反应的次数。

对于特殊任务或一个行为链，也可以创建自我监控记录表。邓拉普和邓拉普（1989）教授有学习障碍的学生监控自己在解答借位减法问题过程中使用的步骤。每名学生在个别化步骤核查表上的每个步骤［例如，"我在所有比下排数字小的上排数字底下都画了线。""我只划掉了画有底线数字旁边的那一个数字，并写上了比原数字少一的数字。"（p. 311）］旁边记录加号或减号，设计步骤核查表是为了辅助学生避免犯特定类型的错误。

洛（2003）教授可能有行为障碍的小学生使用如图 29.5 所示的表格，自我监控坐在自己的座位上独立完成作业活动期间是否安静地写作业，评价自己写作业的情况，并遵循规定的顺序获得教师的帮助。这张表格被贴在每名学生的桌子上，具有提醒学生如何表现行为的作用，也是他们自我记录这些特定行为的工具。

"卡通计数"是一种自我监控的表格，以一系列卡通风格的小画来说明行为的依联。卡通计数不仅可以提醒幼儿要记录什么行为，还可以提醒他们如果达到特定的表现标准会有什么后果。戴利和拉纳利（Daly & Ranalli, 2003）开发了六格卡通计数，使学生能够自我记录一个不当行为和一个不兼容的恰当

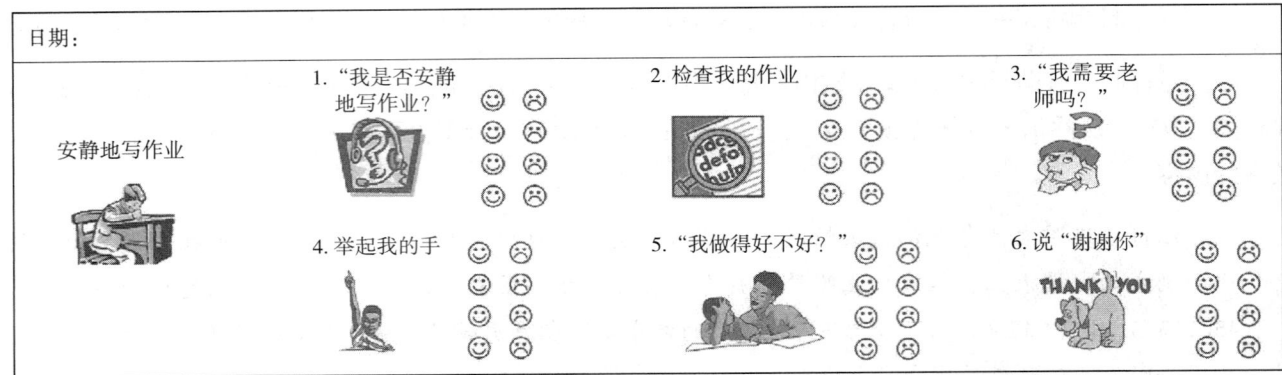

图 29.5　小学生用以自我监控是否安静写作业和按照规定程序寻求教师帮助的表格

引自 Y. Lo (2003). *Functional Assessment and Individualized Intervention Plans: Increasing the Behavioral Adjustment of Urban Learners in General and Special Education Settings.* 未发表的博士论文。Columbus, OH: The Ohio State University. 经授权转载。

行为。在图 29.6 所示的卡通计数中，F1 和 F4 显示学生在做数学作业，F5 是计数恰当的行为。达到依联所需要的解答数学问题的标准数量——这里设定为 10——也在 F5 中标示出来。F2 显示学生跟朋友讲话，这个不当行为会被记录在 F3 中。学生和别人讲话的次数不能超过 6 次，否则就达不到依联的要求。F6 "发生什么"描绘了学生的恰当行为和不当行为都达到标准时将获得的奖励。戴利和拉纳利提供了创造和使用"卡通计数"的详细步骤以教授儿童自我管理技能。

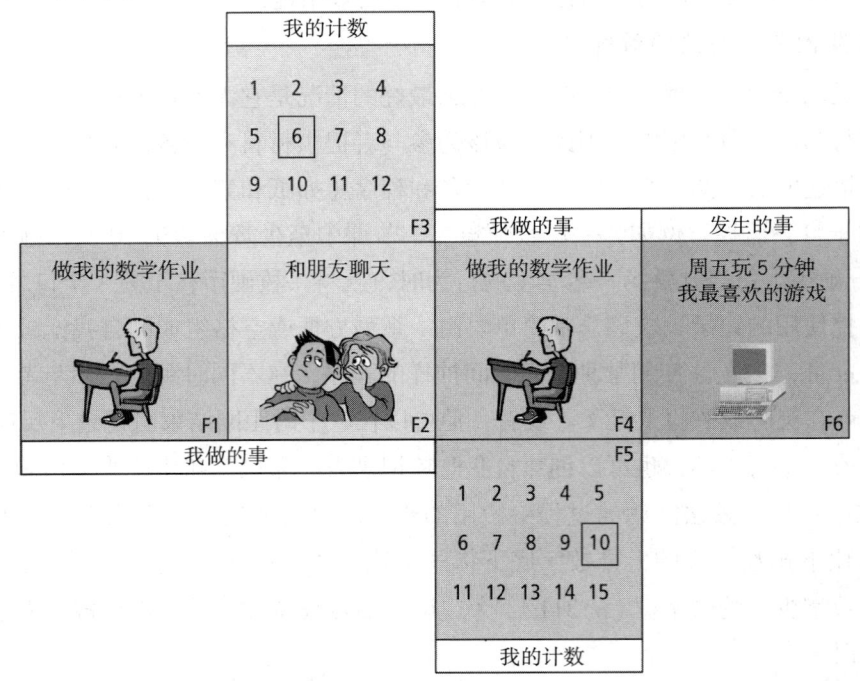

图 29.6　一个卡通计数的例子，可以贴在学生的桌子上以提醒学生做出目标行为、需要自我记录以及满足依联有何后果。

经过特殊儿童委员会授权转载。引自 P. M. Daly & P. Ranalli (2003). Using Countoons to Teach Self-Monitoring Skills. *Teaching Exceptional Children,* 35(5), p. 32. 版权清算中心传达授权。

自我监控表格还可用于自我记录几天内的多种任务表现。例如，初中教师可能会发现由扬及其同事（1991）开发的"教室表现记录"（Classroom Performance Record, CPR）是一种有效的方法，可以帮助学生监控他们的功课、家庭作业的完成情况、赢得的点数和公民分数。这个表格也为学生提供了有关他们目前在班上的表现、他们可能获得的学期成绩，以及改善他们表现的要点提示等信息。

在智能手表及其他能够自动计算步数、测量心率、记录时间和距离等变量的数码工具的帮助下，自我监控干预可以改善一个人的体能状况（例如，Hayes & Van Camp, 2015; Valbuena, Miltenberger, & Solley, 2015）。在一项研究中，大学生运动员通过用短信通知学业辅导员来自我监控他们的出勤情况和到达教室的时间（Bicard, Lott, Mills, Bicard, & Baylot-Casey, 2012）。

提供补充的提示或辅助

虽然有些自我记录的工具——贴在学生的桌子上的记录表、节食者的上衣口袋内计算热量的记事本、教师手腕上的高尔夫计数器——可以作为自我监控者的持续性提醒物品，但额外的辅助或提示对自我监控往往还是有帮助的。研究者和实务工作者已经使用各种听觉、视觉和触觉刺激作为对自我监控的提示或辅助。

预先录制的信号或音调已被广泛地应用在教室中，作为对自我监控的听觉辅助（例如，Todd, Horner, & Sugai, 1999）。例如，在格林、托马斯和希（Glynn, Thomas, & Shee, 1973）的一项研究中，如果二年级学生在听到录音信号声响起时觉得自己正专注于任务，就在一系列方格里做个记号。在30分钟的课堂上，总共有10个信号声以随机的时距出现。古尔查克（Gulchak, 2008）使用数码设备实施类似的程序，教授一个有情绪障碍和行为障碍的8岁男孩，当掌上电脑的闹钟每隔10分钟响一次的时候，用触控笔在电脑屏幕上的"你在专心学习吗？"标题下勾选是或否。

路德维格（Ludwig, 2004）使用写在教室白板上的视觉提示来辅助幼儿园儿童自我记录他们在早上写作业期间的表现，教师先在大型白板上写下一些物品、问题或题目，儿童在自己的作业单上写出答案。这些任务按主题分为14个部分，涵盖各个课程领域（如拼写、阅读理解、加减法问题、辨认时间和钱币）。每个部分结束时，实验者在白板上画一个笑脸，然后配上1~14的数字。白板上的数字笑脸与每名儿童的自我监控卡片上的14个数字笑脸相对应。

数码设备可以对自我监控者提供不突兀的视觉辅助。克莱蒙斯（Clemons）及其同事（2016）运用电脑程序使一个掌上平板电脑的触摸屏每隔30秒或每隔1分钟出现一次"我专心吗？"这个问题，紧接着出现"是"和"否"两个选项。三名残障程度不同的高中生在普通教室和独立的特教教室里使用这个系统后，都展现出了专注任务行为的改善。

触觉辅助也可用作提示自我记录时机的信号。例如，MotivAider（www.habitchange.com）是一个小型电子设备，根据用户的设定以固定或可变时距振动。这个设备非常适合用于发出信号来提醒人们进行自我监控或执行其他自我管理任务（例如，Legge et al., 2010），或辅助实务工作者关注学生或服务对象的行为（Flaute, Peterson, Van Norman, Riffle, & Eakins, 2005）。

自我监控的辅助无论是何种形式，都应该尽可能不突兀，以免干扰参与者或其他人。一般来说，在自我管理干预的开始阶段，实务工作者应该频繁地辅助参与者进行自我监控，随着参与者的自我监控技术的成熟度的提高，逐渐减少辅助次数。

自我监控目标行为的最重要的维度

自我监控是一种测量。正如我们在第4章中看到的，可以从不同的维度对特定的行为进行测量。目标行为的哪个维度应该被自我监控呢？当一个维度上的数值出现了你希望看到的改变，而这会导致在实现自我管理的目标方面产生最直接和最显著的进步时，这个维度就是应该被自我监控的维度。例如，一个想要通过少吃食物来减肥的人可以测量自己在一天中吃了几口食物（计数）、每顿饭中平均每分钟吃几口食物（速率）、从坐到餐桌前到拿起食物咬下第一口之间的时间（潜伏期）、每两口之间停顿多久（反应间隔时间）和/或每顿饭吃多久（持续时间）。虽然对上述每个维度的每日测量可以提供一些有关他的饮食的定量信息，但这些维度都不像每日摄入的总热量那样与他的目标直接相关。

很多研究考察了是否应该让学生自我监控其专注任务行为、学业表现或生产力。一些研究者发现注意力的自我监控更为有效（Harris, Friedlander, Saddler, Frizzelle, & Graham, 2005; Kneedler & Hallahan, 1981），一些研究者报告了自我监控学业表现的优势（Lam, Cole, Shapiro, & Bambara, 1994; Maag, Reid, & DiGangi, 1993; Reid, 1996），还有一些研究者发现这两种程序同样有效（Carr & Punzo, 1993; Shimabukuro, Pratter, Jenkins, & Edelen-Smith, 2000）。虽然学生自我监控注意力或行为表现都会导向专注任务行为的增加，但与自我记录专注任务行为相比，学生自我监控生产力时往往会完成更多的学业反应（例如，Maag et al., 1993; Lam et al., 1994; Reid & Harris, 1993）。此外，与自我记录专注任务行为相比，大多数学生更喜欢自我监控学业表现［例如，"你可以在数数时把数字说出来。"（Harris et al., 2005, p. 151）］。

一般而言，我们建议教授学生自我监控学业生产力的一个量数（如尝试回答的问题或项目的数量、正确答题的数量），而不是是否专注于任务。这是因为，无论我们是通过自我监控还是通过依联强化增加了专注任务行为，都不一定能附带提高生产力（例如，Marholin & Steinman, 1977; McLaughlin & Malaby, 1972; Wolfe et al., 2000）。但相对而言，当生产力提高时，专注任务行为几乎总是会得到改善。然而，当一个总是做出不专注任务行为和破坏性行为的学生对自己和教室中的其他人造成困扰时，至少在最初，他可能可以从自我监控专注任务行为中得到更多益处。

尽早和频繁实施自我监控

一般而言，目标行为的每一次出现都应该尽快做自我记录。然而，自我监控个人想要增加的行为的举动不应该干扰"该行为的自然流程"（Critchfield, 1999）。产生自然或人为设计的反应产物（如作业纸上的答案、写的字）的自我监控行为可以在干预时段之后以永久性产物测量来进行（参看第 4 章）。

某些目标行为的相关方面甚至可以在这个行为发生前就进行自我监控。与记录行为链中的终点行为相比，自我记录导致个体想要减少的不理想行为的行为链中的一个早期反应，能够更有效地使目标行为朝着理想的方向发展。例如，罗森斯基（Rozensky, 1974）报告称，当一名有 25 年烟瘾的女性记录她吸每支烟的时间和地点时，她吸烟的比率并没有什么变化。后来，在每次注意到自己出现导致吸烟的反应链（手伸向烟、从烟盒中拿出烟等）时，她开始记录相同的信息。这样的自我监控方式使她在几周内停止了吸烟。

一般来说，在行为改变计划的开始阶段，个体应该更频繁地进行自我监控。如果表现有所改善，那么随着表现的改善，自我监控的次数可以减少。例如，罗德、摩根和扬（1983）让行为障碍学生进行自我评价（使用 0 到 5 分的量表），以 15 分钟为一个时距，评价自己在一个上课日中遵守课堂规则和完成学业任务的程度。在研究的过程中，自我评价的时距逐渐增加，一开始延长至每 20 分钟一次，接着是每 30 分钟一次，然后是每小时一次。最终，撤除自我评价卡，学生口头报告他们的自我评价。在最后的自我评价条件中，学生平均每两天口头报告一次关于遵守课堂规则和完成学业任务情况的自我评价［即使用两天可变比率（VR）程序表］。

强化准确的自我监控

一些研究者报告称，自我监控的准确性与其在改变所记录的行为方面的有效性之间几乎没有关联（例如，Kneedler & Hallahan, 1981; Marshall, Lloyd, & Hallahan, 1993）。似乎对行为改变而言，准确的自我监控既不是充分条件，也不是必要条件。例如，洪德特和布赫（Hundert & Bucher, 1978）发现，虽然学生自己计算算数成绩的准确性很高，但他们的算数表现本身并没有改善。相反，在布罗登及其同事（1971）的研究中，虽然莉莎和斯图的自我记录的数据与独立观察者记录的数据很少有一致之处，但他们的行为却有所改善。尽管如此，准确的自我监控仍然是可取的，特别是当参与者以自我记录的数据为自我评价或自我管理依联的基础的时候。

虽然一些研究表明，在不存在针对准确性设置的外部依联的情况下，年幼儿童也能够准确地记录自己的行为（例如，Ballard & Glynn, 1975; Glynn et al., 1973），但其他研究者报告说，儿童自我记录的数据与独立观察者记录的数据之间的一致性偏低（Kaufman & O'Leary, 1972; Turkewitz, O'Leary & Ironsmith, 1975）。一个影响自我评分准确性的因素似乎是是否将自我报告的分数作为强化的基础。圣格罗西、奥利里、罗曼奇克和考夫曼（Santogrossi, O'Leary, Romanczyk, & Kaufman, 1973）发现，当儿童对自己的表现进行自我评价，并且这些评价被用来决定代币强化的水平时，他们自我监控的准确性会随着时间的推移逐渐下降。同样，洪德特和布赫（1978）发现，当更高的分数可以获得更高的积分以换取奖品时，以前能够准确地给自己的算术作业打分的学生会严重夸大自己的分数。

当自我记录的数据与独立观察者的数据一致时给予儿童奖励，并抽检儿童的自我评分报告，可以提高年幼儿童自我监控的准确性。德拉布曼、斯皮塔尔尼克和奥利里（Drabman, Spitalnik, & O'Leary, 1973）使用这些程序来教授行为障碍儿童对自己的课堂行为做自我评价。

> 现在，事情将有所变化。如果你的评分和我的评分相差不超过 1 个点数，那么你就可以保留你所有的点数。如果你的评分和我的评分相差超过 1 个点数，那么你就会失去所有的点数。此外，如果你的评分和我的评分完全一样，你就可以得到一个红利点数。（O'Leary, 1977, p. 204）

在儿童展现出他们能够可靠地评价自己的行为后，教师开始在一节课下课前从一顶帽子里抽出名字，只检查 50% 的儿童的自我评分，然后检查 33% 的儿童，然后是 25%，然后是 12%。在研究的最后 12 天里，教师不再检查任何儿童的自我评分。在这段不断减少检查和最后完全不检查的时间里，儿童持续地做出了准确的自我评价。罗德及其同事（1983）使用了类似的渐褪配对的技术。

更多有关教授儿童自我监控的例子和技术，请看约瑟夫和康拉德（Joseph & Konrad, 2009），麦克科洛、柯里尔、戴维斯和萨伊纳托（McCollow, Curiel, Davis, & Sainato, 2016），以及拉弗蒂（Rafferty, 2010）的相关文章。

自我管理的后果

在一个人的行为发生（或不发生）之后安排特定的后果是自我管理的基础策略。在这个部分中，我们将检视人们使用的各种自我强化和自我惩罚的策略。首先，我们简要地检视由"自我强化"这一概念引出的概念性议题。

自我强化是可能的吗？

斯金纳（1953）指出，不应将自我强化视作操作式强化原理的同义词。

> 操作式强化在自我控制中的地位尚不明确。从某种意义上说，所有的强化都是自我管理的，因为一个反应可能会被认为"制造了"它的强化，但"强化一个人自己的行为"并不只是这样……操作式行为的自我强化假定一个人有能力随时获得强化，但直到一个特定的反应发出后才会获得。如果一个人拒绝所有的社会接触，直到他完成某项特定的工作，可能就属于这种情况。毫无疑问，这种情况发生了，但这是操作式强化吗？大致上，它与用于条件化另一个人的行为的程序类似。但必须记得的是，这个人随时可以放下手中的工作而获得强化。我们必须解释他为什么不这么做。可能是因为这种放纵的行为已经受到了惩罚——比如说遭到反对——除非是在刚刚

完成一项工作的时候。（pp. 237-238）

戈尔戴蒙德（1976a）在讨论自我强化时，继续使用斯金纳的例子，并指出，一个人"没有作假而专注于任务的事实不能被简单地解释为获得以社会接触为形式的他的自我强化依联于完成工作"（p. 510）。换句话说，影响控制性反应的变量——在这个例子中是完成工作前放弃社会接触——仍需得到解释；简单地将自我强化说成行为的原因是一种解释性虚构。

问题并不在于被命名为"自我强化"的程序是否经常以与强化的定义性效果类似的方式改变行为；它们的确如此。然而，通过对自我强化实例的仔细考察，揭示出了更多的或不同于正强化的直接应用的内容（例如，Brigham, 1980; Catania, 2013; Goldiamond, 1976a, 1976b）。作为一个专业术语，自我强化（自我惩罚亦如此）是一种误称，而且它不是如一些作者所说的只是语义问题（例如，Mahoney, 1976）。将一种行为改变策略的有效性归因于一个已为人熟知的行为原理，而事实上是其他原理在运作，这就导致忽略了可能对更全面理解该策略具有关键作用的相关变量。一旦一个行为事件被确定为自我强化的例子，就认为对该行为事件的分析已经完成，这就排除了进一步寻找其他相关变量的可能性。

我们认同马洛特（2005a, 2012; Malott & Shane, 2014）的观点，他认为表现—管理的依联无论是由本人还是由其他人设计和实施，都最好被看作规则管控的强化和惩罚依联的类似物，因为反应与后果之间的延迟太久了。[1] 马洛特（2005a）提供了以下例子，说明了自我管理依联是负强化和惩罚依联的类似物。

> ［想一想］依联，**一旦我一天中摄入的热量超过1250卡路里，我就给别人5美元，让他拿去乱花**，比如给一个令人鄙视的室友或一个令人鄙视的慈善机构，尽管对很多人而言，给一个受人喜欢的慈善机构5美元也是足够令人厌恶的，一想到这件事就会惩罚自己的暴饮暴食行为。［这个］依联是一个处罚［惩罚］依联的类似物，之所以说是类似物，是因为损失5美元这件事通常会在超过1250卡路里的限制后1分钟以上发生。这种类似于处罚的依联能够有效地减少不理想行为。同样，为了有效地增加理想行为，回避［负强化］依联的类似物也很有效：**我每天运动一小时，就可以避免支付5美元的罚款**。但是，如果你没有在午夜前完成一小时的运动，你就必须支付5美元的罚款。（p. 519, 原文中强调的部分，方括号中的文字为补述）

用以增加行为的自我管理后果

一个人可以通过应用类似于正强化和负强化的依联来增加自我管理计划中的目标行为。自我选择的后果可以直接交付（由自我管理者直接接触后果），也可以间接交付（由其他人提供后果）。

正强化的自我管理类似物

当由学生根据对表现的自我评价来确定可赢得的代币数量、点数或自由活动时间时，各种目标行为都得到了改善（Glynn, 1970; Koegel et al., 1992; Olympia et al., 1994）。克雷格（2010）拿自己做实验，通过使用对其他行为的差别强化程序给自己发点数，以此减少自己咬指甲的次数。一块有倒计时功能的腕表以一小时DRO时距发信号。以自我管理奖励为特征的干预的效果很难评估，因为它们通常会与其他变量混杂。在对自我强化研究的回顾中，琼斯、纳尔逊和卡兹丁（Jones, Nelson, & Kazdin, 1977）把下面这些变量列为可能的混杂变量：参与者的历史、标准设定、自我监控、自我评价、自我强化反应的外部依联、目标行为的外部依联、实际或可疑的监视。

巴拉德和格林（Ballard & Glynn, 1975）的一项研究控制了自我监控，将其作为自我强化效果的变量。

1　第11章讨论了即时强化的重要性。

在基线条件之后，教授三年级学生自我评分和自我记录写作的几个方面——句子的数量、形容词的数量和动词的数量。结果发现，虽然学生每天都上交作文和计数表，但自我监控对其所测量的任何一个变量都没有产生影响。然后，学生拿到了一个笔记本，把自己的点数记录在笔记本上，每名学生可以在每天赢得的活动时间内选择活动，按每分钟1个点数进行兑换。这个自我强化程序大幅提高了前述三个因变量的值。

在自我寻求强化（self-recruited reinforcement）的研究中，学生被要求定期自我评价其工作，然后拿给教师看，并请求教师的反馈或帮助（例如，Alber, Heward, & Hippler, 1999; Craft, Alber, & Heward, 1998; Rouse et al., 2014）。从某种意义上说，寻求教师的关注，并因此得到教师的赞扬或其他形式的强化，这就是学生在管理自己的强化物（有关综述，参看 Alber & Heward, 2000）。

托德及其同事（1999）教授一名小学生使用一个包括自我监控、自我评价和自我寻求强化的自我管理系统。凯尔是一个9岁男孩，被确诊为学习障碍，正在接受阅读、数学和语言艺术方面的特殊教育服务。凯尔的个别化教育计划（IEP）还包括几个有关问题行为的目标（如扰乱独立活动和集体活动、戏弄和嘲笑同学，以及发表与性有关的不当言论）。教师的目标设定和日常评估已被证明无效。一个"行动小组"做了一项功能评估（参看第27章），并设计了一项包含自我管理系统的支持计划。

在两个15分钟的一对一训练时段中，凯尔学习如何使用自我管理系统，练习自我记录很多以角色扮演的方式呈现的专注和不专注任务行为的例子和非例子，并学习以恰当的方式寻求教师的关注和赞扬。在自我监控方面，凯尔使用单边耳机听一盘50分钟的录音带。录音带上有按4分钟可变时距程序表（两个检查点之间的时距范围为3~5分钟）预先录制的13个检查点的指示（如"检查1""检查2"）。每当凯尔听到一个检查点指示时，他就在自我记录卡上标记一个加号（如果他一直在安静地学习，并且保持手、脚和物品都处在属于自己的空间位置上）或一个零（如果他戏弄了同学和/或未安静学习）。

托德及其同事（1999）描述了寻求教师赞扬的情况以及如何将凯尔的特殊计划整合到全班学生的强化系统中。

> 每当凯尔在记录卡上标记三个加号时，他就会举手（在教学过程中）或走到教师面前（在团体项目中），要求教师对他的表现做出反馈。教师肯定了凯尔的良好表现，并在他的自我监控卡上做了记号，以提示他应该在哪里开始另外三个加号的计数。除了这些课内的依联外，如果凯尔在每节课结束时，在记录中没有超过两个零，他就可以获得一张自我管理者贴纸。班上所有的学生都可以因为做出恰当的行为而获得贴纸，每周计算全班的贴纸总数以换取班级奖励。因为贴纸是所有学生一起计算的，所以凯尔的贴纸价值得到了全班同学的肯定，并使他有机会获得正向的同辈关注。(p. 70)

第二阶段的自我管理程序（SM2）与第一阶段相同；而在第三阶段的自我管理程序（SM3）中，凯尔使用的是一盘95分钟的录音带，按5分钟可变时距程序表（两个检查点之间的时距范围为4~6分钟）预先录制了16个检查点。研究发现，当凯尔使用自我管理系统时，他出现问题行为的时距百分比远低于基线水平（参看图29.7）。同时，专注任务行为和作业完成率大幅增加。这项研究的一项重要成果是，凯尔的老师变得更频繁地赞扬他的行为。值得关注的是，这项自我管理干预在教师的要求下开始在课堂B时段实施（参看图29.7的下半部分），因为教师注意到，当凯尔开始在课堂A时段实施自我监控和寻求教师的赞扬时，他的表现发生了即时和"戏剧性的改变"。这一结果有力地证明了自我管理干预所具有的社会效度。

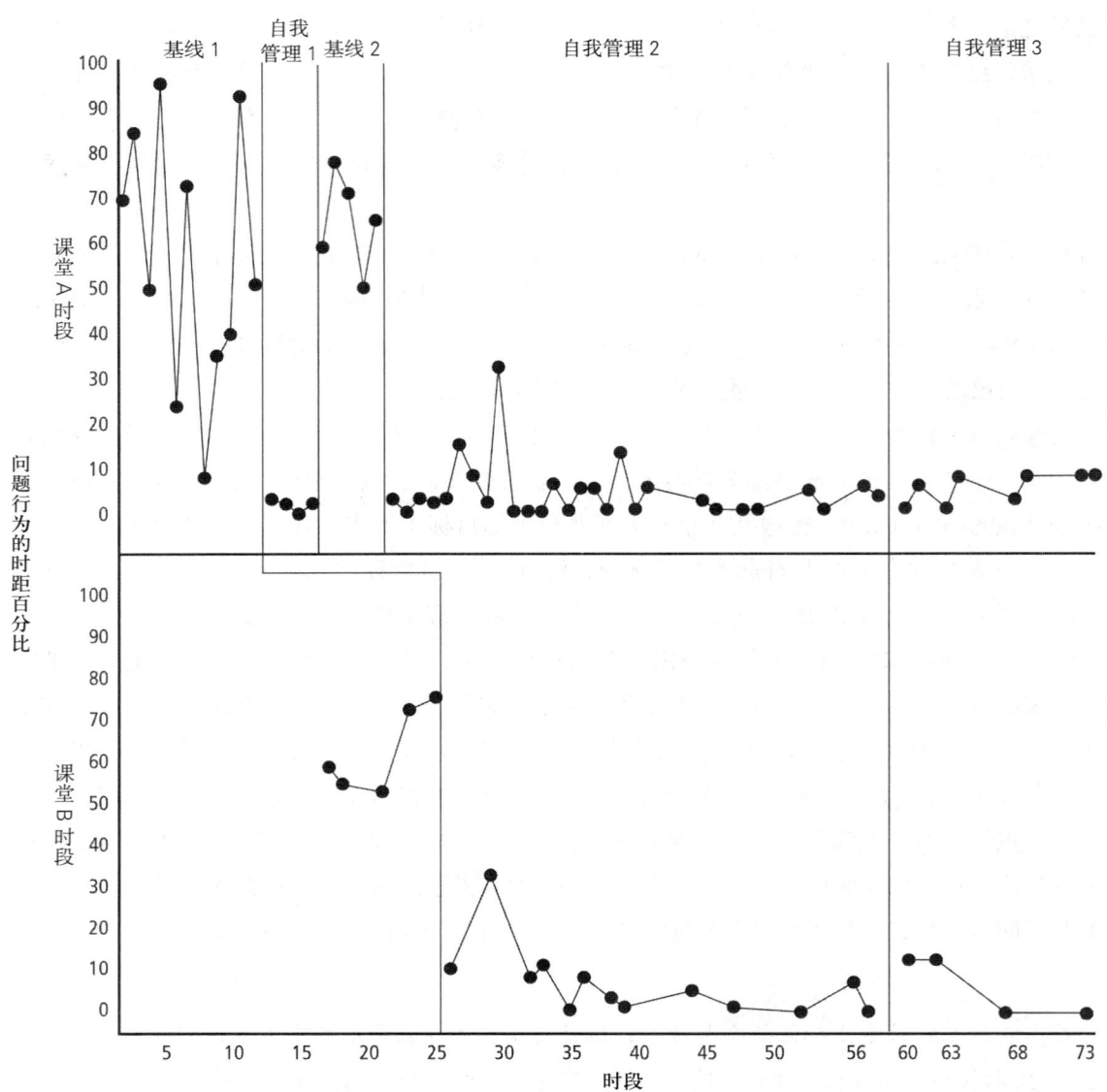

图 29.7 一名 9 岁男孩在基线（BL）和自我管理（SM）条件期间，在两节课上的 10 分钟探测中的问题行为情况。

经 Pro-Ed, Inc. 授权转载。引自 A. W. Todd, R. H. Horner, & G. Sugai (1999). Self-Monitoring and Self-Recruited Praise: Effects on Problem Behavior, Academic Engagement, and Work Completion in a Typical Classroom. *Journal of Positive Behavior Interventions*, 1, p. 71. 版权清算中心传达授权。

负强化的自我管理类似物

很多成功的自我管理干预都涉及类似于负强化的自我决定的逃避和回避依联。在马洛特（2012）探讨自我管理的著作《当我想要做它时，我会停止拖延》（*I'll Stop Procrastinating When I Get Around to It*）中有很多个案研究以逃避和回避依联为特征，其中发出目标行为能够使个体回避一个令人厌恶的事件。下页的表格提供了几个例子。

在 stickK.com 网站，一个人可以设计个性化的"承诺合约"，在合约中明确行为改变的目标、完成任务的日期、选择裁判以核实自我报告的任务完成情况，并上交自我决定的数额的金钱供网站保管，如果没有按照合约完成任务，该笔金钱就会被网站没收。一些人可能对使用负强化控制自己的行为感到不适，作为回应，马洛特（2012）提出在自我管理计划中建立"愉快的厌恶控制"。

目标行为 / 目标	自我管理依联
每天在日记中写一件有趣的事情,以便在每周写给父母的信中与他们分享。	每次凯莉忘记记日记,她就要帮朋友做家务,包括洗碗和洗衣服。(Garner, 2012)
每周进行四次半小时锻炼(如骑越野自行车、有氧运动、力量训练),其中3次必须在工作日进行,1次在周末进行。	将5美元的钞票钉在冰箱的软木贴板上,如果一周结束时没有实现锻炼目标,就把5美元交给我的室友。(Haroff, 2012)
每晚11点前练习半小时吉他。	如果没有练习,就在周日晚上11点做50个仰卧起坐。(Knittel, 2012)

厌恶控制不一定是令人厌恶的!……以下是我认为你为了获得愉快的厌恶控制程序所需要做的事情。你要确保令人厌恶的后果(处罚)是很小的,而且要确保处罚通常是可以回避的——回避反应必须是一个人在大多数时候很容易做出的反应,只要实施回避程序就会如此。

我们的日常生活中充满了这样的回避程序,而这些程序并没有让我们感到痛苦。你不会在每次进出一道门时都感到焦虑,即使如果你没有避开门框就有可能受伤。当你将剩菜放入冰箱,以免它们暴露在外面而变质时,你也不会出一身冷汗。这让我们想到了一条自我管理的规则:对于自己原本就想做的事,不要犹豫,请使用回避程序。只是要确保令人厌恶的后果尽可能小(但不能小到没有效果),而且反应很容易做出。(p. 80)

用以减少行为的自我管理后果

类似于正强化或负强化的自我管理后果可以减少不理想行为的发生。

正惩罚的自我管理类似物

一个人可以通过在每次行为发生后发出令人痛苦的刺激或实施令人厌恶的活动来减少不理想行为的发生频率。马奥尼(1971)报告了一个研究案例,一名受强迫性想法困扰的男性在手腕上戴了一根很粗的橡皮筋。每当他出现强迫性想法时,他就拉一下橡皮筋,给手腕带来短暂的疼痛感。一名15岁女孩强迫性地拉扯自己的头发达两年半之久,甚至导致了脱发,她也使用在手腕上弹橡皮筋的自我管理依联来改变她的习惯(Mastellone, 1974)。另一名女性在每拉扯一次头发或有拉扯头发的冲动时就做15次仰卧起坐,以此来阻止自己做出拉扯头发的行为(Mac-Neil & Thomas, 1976)。

自我管理一个正向练习的过偿纠正程序也可被视作自我管理的正惩罚的一个例子。休厄德、达迪格和罗塞特(1979)描述了一名少女经常在主语为第三人称单数的句子中说don't而不是doesn't(如 "She don't like that one.")的案例,并使用这种形式的自我管理正惩罚来减少她的口语错误比率。每当这个女孩发现自己在该说doesn't的时候说了don't时,她就暗自按照正确的语法连续重复10次刚才说的那一整句话。她戴了一个腕式计数器以提醒自己注意听自己说的话,并计算正向练习的次数。

负惩罚的自我管理类似物

负惩罚的自我管理类似物包括安排失去强化物(反应代价)或让自己在特定时期内无法接触强化(罚时出局)依联于目标行为的出现。反应代价和罚时出局依联是广泛使用的自我管理策略。人们最常使用的自我管理反应代价程序是每当目标行为出现时就支付小额罚款。在一项研究中,吸烟者通过每次点烟时撕毁一张美元钞票来降低他们的吸烟率(Axelrod, Hall, Weis, & Rohrer, 1971)。反应代价程序也被有效地运用在小学生身上,他们自己决定在做出不恰当的社会行为(Kaufman & O'Leary, 1972)或学习成绩不佳(Humphrey, Karoly, & Kirschenbaum, 1978)时应该失去多少代币。

詹姆斯（1981）教授一名从6岁起就有严重口吃的18岁男性使用从说话中罚时出局的程序。每当他发现自己口吃时，他就立即停止说话至少两秒钟，然后再继续说话。他说话不流利的频率明显减少。如果说话具有强化性，那么这个程序可能就发挥了罚时出局的作用（如在一段时间内不允许自己参与喜欢的活动）。

对实施自我管理后果的建议

设计和实施自我管理后果的人应该考虑以下建议。

选择小的、容易提供的后果

在自我管理计划中使用的奖励和处罚都应该是小的、容易提供的。在设计自我管理计划时常犯的一个错误是选择重大的后果。虽然一个人可能相信重大奖励的承诺（或相信严重厌恶事件的威胁）会激励她达到自我决定的表现标准，但重大的后果往往不利于计划的成功实施。自我选择的奖励和惩罚性后果不应是昂贵的、复杂的、费时的或过于严重的。如果是这样的话，个体可能就没有能力（在提供重大奖励的情况下）或没有意愿（在提供严重厌恶事件的情况下）立即且持续地提供这些后果。

一般而言，使用可以立即和频繁获得的小的后果是比较好的做法。这对旨在发挥惩罚物作用的后果来说尤其重要，因为惩罚物——要达到最大效果的话——必须在每次发出想要减少的目标行为时立即提供。

设定有意义而容易达到的强化标准

在设计涉及自我管理后果的依联时，个体应该避免出现实务工作者在对服务对象实施强化依联时常犯的两种错误：（1）设定的期望值过低，以至于不提高当前的表现水平也能获得自我管理的奖励；（2）设定的初始表现标准过高（更常见的错误），从而有效地设计了一个可能导致个体完全放弃自我管理的消退依联。任何以强化为基础的干预的有效性的关键都在于设定一个确保个体的行为能及早接触到强化的初始标准，以及确保继续获得强化的条件是与基线水平相比有所改善。第11章中描述的标准设定公式（criterion-setting formulae）（Heward, 1980）为做出这些决定提供了指南。

排除"违规强化"

违规的强化——在未达到依联的反应要求的情况下获得指定的奖励或其他具有同等强化效力的物品或事件——是自我管理方案的一种常见的缺陷。一个能够以违规方式轻松获得奖励的人不太可能努力工作以赢得反应—依联的奖励。

当人们使用日常偏爱的活动和享受作为自我管理计划中的奖励时，违规强化是很常见的。虽然日常的期望和享受很容易实现，但要一个人抛却他惯常享受的事物却很困难。例如，一个人习惯于在一天结束时，一边观看《今夜棒球》（*Baseball Tonight*）节目，一边喝啤酒、吃花生来放松自己，他可能无法坚持将享受这些好东西依联于达到自我管理计划的要求。

对抗这种形式的违规强化的方法之一是，保留自由使用过去惯常享受的活动或物品的权利，并将享受比平常高一等的物品或活动依联于达到表现标准。例如，上面那个情景里的男人每次达到他的表现标准时，他就可以选择一瓶冷藏在冰箱里侧的特殊的啤酒（如贝尔斯双心鱼IPA）来取代平时喝的普通品牌的啤酒。

必要时，让其他人来控制后果的提供

大部分无效的自我管理计划之所以失败，并不是因为"控制性行为"无法有效地控制"被控制性行为"，而是因为控制"控制性行为"的依联不够强大。换句话说，个体没有持续地发出"控制性行为"来达到效果。一个人做了大部分应该做的行为就应该获得自我决定的奖励，那么什么事情会让一个人不肯合

理化这样的作为？又是什么会让一个人一定要给自己一个自我决定的厌恶后果？在绝大多数情况下，这两个问题的答案都是——没有。

一个人如果真的想改变自己的行为，但在提供自我决定的后果上有困难，那么就应该找另外一个人来担任她的表现管理者。一个自我管理者要能通过创造一个依联来确保自己设计的后果被忠实地提供，而未能达到表现标准的后果既要令人厌恶，又要是所选的后果提供者的强化物。如果第一位依联负责人做不到按计划实施，那么自我管理者应该找另外一个人来做这项工作。

> 克丽丝蒂想在她那布满灰尘的跑步机上每天走20分钟，一周走6天。她试着让她的丈夫当她的表现契约者，但他不够严格，他总是同情她。所以她开除了他，改而雇用她的儿子；每当克丽丝蒂没有完成她的20分钟锻炼任务时，她就得帮儿子铺床，她的儿子可是不会手下留情的。（Malott, 2012, p. 132）

基于互联网的减少吸烟或戒烟的自我签订的契约（Dallery, Raiff, & Grabinski, 2013; Jarvis & Dallery, 2017）或在 stickK.com 网站上为自己创建的契约都有助于确保自我决定的后果得到执行。坎费尔（Kanfer, 1976）将这种自我管理称为决策性自我控制（decisional self-control）：一个人做出改变行为的初始决定，并计划如何实现，然后将实施程序交给另一方，以消除未发出控制性反应的可能性。坎费尔对"决策性自我控制"与"持久性自我控制"（protracted self-control）进行了区分，后者指的是一个人持续地进行自我剥夺以实现理想的行为改变。贝拉克和赫森（Bellack & Hersen, 1977）表示，决策性自我控制"通常被认为不如持久性自我控制，因为它不能为使用者提供持久的技能或资源"（p. 111）。

我们不认同这样的说法：涉及他人帮助的自我管理计划比不上完全由自己实施的自我管理计划。第一，将依联程序交给其他人负责可能会比"独自负责"更有效，因为其他人在应用后果时更能保持一致。第二，由于经历了一项自我管理计划的成功实施，他选择了目标行为、设定了表现标准、确定了自我监控/自我评价系统，并安排其他人来管理自我设计的后果，他获得了可供未来使用的自我管理技能库。

保持简单

一个人不应创造复杂精细的自我管理依联，除非有其必要。那些适用于为他人设计的行为改变计划的一般原理——采用最简单和侵入性最低但有效的干预——同样适用于自我管理计划。

其他自我管理策略

行为分析师使用的其他自我管理策略很难按四项依联进行分类。它们包括自我指示（self-instruction）、习惯倒返（habit reversal）、自我引导的系统脱敏（self-directed systematic desensitization）和集中练习（massed practice）。

自我指示

人们经常自言自语，针对自己的行为予以鼓励（例如，"我做得到，我以前做过这件事。"）、夸赞（例如，"好球，达里尔！你那5号铁杆真是神来一击！"）和告诫（例如，"不要再那样说了，你伤害了她的感情。"），也有特定的指示（例如，"把下面的绳子从中间穿过去。"）。这样的自言自语可以作为控制性反应——语言中介——以影响其他行为的发生。**自我指示**由自我生成的隐蔽或公开的语言反应组成，作为对理想行为的反应辅助。作为一种自我管理策略，自我指示通常被用来指导一个人完成行为链或一系列任务。

伯恩斯坦和凯维永（Bornstein & Quevillon, 1976）开展了一项研究，常被用来证明自我指示具有正面和持久的影响。为了使三名多动的学龄前男孩在课堂活动中专注于任务，他们教授了一系列自我指示，包括以下四种类型：

1. 与被分配的任务有关的问题（例如，"教师要我做什么？"）
2. 回答自我引导的问题（例如，"我应该复制那张图片。"）
3. 用话语引导儿童完成手头的任务（例如，"好的，首先我在这里画一条线。"）
4. 自我强化（例如，"那个部分我真的做得很不错。"）

在两个小时的训练时段中，儿童被教授使用由梅伊兴鲍姆和古德曼（Meichenbaum & Goodman, 1971）首创的、包含一系列训练步骤的自我指示。

1. 实验者一边示范任务，一边大声自言自语。
2. 儿童在实验者提供语言指示时执行任务。
3. 儿童在执行任务时大声自言自语，实验者则轻声说出指示。
4. 儿童在执行任务时轻声自言自语，实验者只动嘴唇而不发出声音。
5. 儿童在执行任务时动嘴唇但不发出声音。
6. 儿童在执行任务时以隐蔽的指示引导自己的行为（改编自 p. 117）。

在训练时段内，实验者使用了各种课堂任务进行训练，有简单的肌肉运动任务，如复制线条和图形，也有较复杂的任务，如拼搭积木和分组任务。儿童接受了自我指示的训练后，专注任务行为立即明显增多，而且改善后的行为维持了相当长的时间。研究者认为，儿童之所以能将训练情境泛化至教室，可能是因为实验者在训练期间告诉儿童去想象他们是与教师一起工作，而不是与实验者一起工作。研究者假设，行为圈套现象（Baer & Wolf, 1970）可能是使专注任务行为得以维持的原因；也就是说，自我指示最初可能产生了较好的行为，这反过来又得到了教师的关注，而教师的关注维持了他们的专注任务行为。

虽然一些评估自我指示的研究未能复制伯恩斯坦和凯维永（1976）的令人印象深刻的研究结果（例如，Billings & Wasik, 1985; Friedling & O'Leary, 1979），但其他的一些研究产生了普遍令人振奋的结果（Burgio, Whitman, & Johnson, 1980; Hughes, 1992; Kosiewicz, Hallahan, Lloyd, & Graves, 1982）。自我指示训练提高了高中生主动与熟识和不熟识的同龄人交谈的比率（Hughes, Harmer, Killian, & Niarhos, 1995；参看图 30.5）。

残障员工已经学会了通过提供语言辅助和自我指示来自我管理工作表现（Hughes, 1997）。例如，萨朗、埃利斯和雷诺兹（Salend, Ellis, & Reynolds, 1989）使用自我指示策略来教授四名重度认知障碍成人"边工作边说话"。当女工们将梳子装入塑料袋时对自己说"梳子上，梳子下，梳子进袋，袋子进箱"时，生产力大幅提高，而失误率有所降低。休斯和鲁施（Hughes & Rusch, 1989）教授了两名在清洁服务公司接受就业辅导的员工解决问题，他们使用的程序是由四句陈述组成的自我指示。

1. 陈述问题（如"胶带用完了"）
2. 陈述解决问题所需的反应（如"需要更多的胶带"）
3. 自我报告（如"修好了"）
4. 自我强化（如"做得好"）

奥利里和迪贝（O'Leary & Dubey, 1979）回顾了有关自我指示训练的文献，总结出了四个可能会影响儿童使用自我指示的有效性的因素。

在以下情况下，自我指示似乎是有效的自我控制程序：儿童的确实施了指示程序，儿童使用它们［自我指示］来影响其熟练掌握的行为，儿童曾因遵循自我指示而获得强化，指示的焦点是与后果关系最为密切的行为。（p. 451）

习惯倒返

在关于自我控制的讨论中，斯金纳（1953）将"做别的事"纳入自我管理策略。在一项有趣的"做别的事"的应用中，罗宾、施奈德和多尔尼克（Robin, Schneider, & Dolnick, 1976）教授11名有情绪障碍和行为障碍的小学生使用"乌龟技术"来控制自己的攻击行为：儿童将手臂和腿拉近身体，将头放在桌子上，放松肌肉，并想象自己是乌龟。儿童被教授只要觉得自己即将跟他人互相攻击、生自己的气并感觉到自己快要发脾气，或听到教师或同学喊"乌龟！"时，就使用这个乌龟反应。

阿兹林和纳恩（Azrin & Nunn, 1973）开展了一项被称作**习惯倒返**的干预，在这项干预中，教授服务对象自我监控其紧张不安的习惯，并通过做出与问题行为不兼容的行为（即做其他事）来尽早中断行为链。例如，当一个有咬指甲习惯的人发现自己开始咬指甲时，她可以将手紧握成拳头，持续2分钟或3分钟（Azrin, Nunn, & Frantz, 1980），或坐在自己的手上（Long, Miltenberger, Ellingson, & Ott, 1999）。习惯倒返通常作为一个处理集成包来实施，包括涉及反应检测的自我察觉训练、辨识出现在反应之前且触发反应的事件的程序，以及竞争反应训练。动因技术包括自我管理的后果、社会支持系统，可能还包括促进干预成果泛化和维持的程序。习惯倒返已经被证明是针对各种问题行为的有效的自我管理策略（Miltenberger, Fuqua, & Woods, 1998）。

曼库索和米尔滕贝格尔（Mancuso & Miltenberger, 2016）使用习惯倒返对6名想要提高演讲技能的女大学生进行了研究。这些大学生通过发出一些无意义的音节（如"啊""呃"或"嗯"）、啧啧的声音（舌头顶在上排牙齿后方，然后放松，发出"啧啧"声或咔嗒声），以及在句子中插入"好像"一词来填补演讲过程中的停顿。在整个研究过程中，研究者让参与者多次进行3~5分钟的演讲，并将这些目标行为录制下来。在每个时段中，研究者从25个话题（如我最喜欢的电影、我的第一份工作）里随机选择2个，并指示参与者选择其中一个。然后，参与者有10分钟的时间准备一个5分钟的演讲大纲。参与者在演讲过程中可以使用他们的大纲。

干预由参与者与研究者之间一对一的习惯倒返训练组成。在反应检测训练开始时，每名参与者要在3~5分钟的基线演讲录像中辨识自己做出的目标行为。然后，参与者要在现场演讲时练习检测目标行为，每当出现一个目标行为时就举起右手，每当意识到自己即将发出目标行为时就举起左手。当参与者能够100%辨识出一次演讲中出现的目标行为，或是在连续两次演讲中辨识出85%的目标行为时，反应检测训练就结束了。

接下来，每名参与者练习发出每个目标行为的竞争反应：每当出现"啊""呃"或"嗯"时，就停顿3秒钟；每当发出啧啧的声音时，就将舌头放在下排牙齿内侧3秒钟；每当在一句话中插入"好像"时，就把整个句子重讲一遍，但要去掉"好像"。当参与者达成比基线期演讲时的平均水平降低80%的标准时，竞争反应训练就结束了。

习惯倒返训练会导致参与者立即且持久地减少填补停顿（参看图29.8）。参与者在基线期发出从中等比率到高比率的填补停顿行为（全部参与者平均每分钟出现7.4个反应）。在完成习惯倒返训练后，所有参与者的平均填补停顿比率为每分钟1.4个反应。在2~5周后进行的追踪演讲中，每名参与者都维持了改善后的表现。

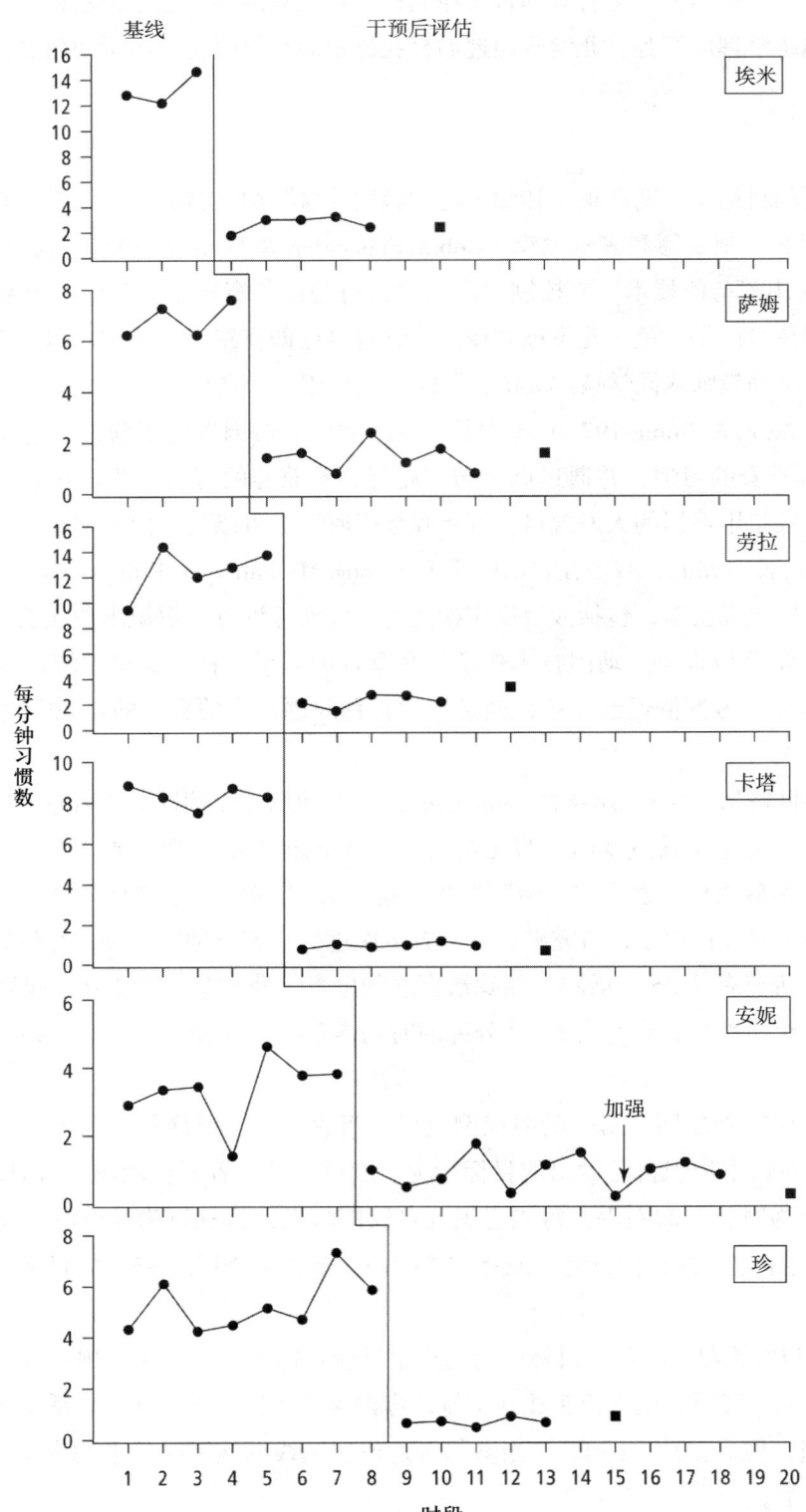

图 29.8 在基线期间和训练后，习惯倒返训练对 6 名大学生在演讲中的填补停顿比率的影响。向下的箭头代表安妮在一次加强训练后所进行的时段次数。方形数据点代表 2~5 周的追踪演讲。

引自 C. Mancuso & R. G. Miltenberger (2016). Using Habit Reversal to Decrease Filled Pauses in Public Speaking, *Journal of Applied Behavior Analysis*, 49, p. 191. 2016 年版权归实验行为分析协会所有。经授权转载。

自我引导的系统脱敏

系统脱敏（systematic desensitization）是一种应用广泛的治疗焦虑、恐惧和恐怖症的行为疗法，以从事替代行为（即做其他事）的自我管理策略为主要特征。**系统脱敏**最早是由沃尔普（1958, 1973）开发的，这种方法以一种行为（通常是肌肉放松）取代不理想的行为——恐惧和焦虑。服务对象设计了一个从自己最不害怕到最害怕的情况的层级结构，然后一边想象这些造成焦虑的情况，一边学习放松，先从最不害怕的情况开始想象，然后想象下一个害怕的情况，以此类推。图29.9显示了一个人在试图控制对猫的恐惧时可能形成的焦虑—刺激层级。当一个人能完全通过他的层级结构，一边想象每个场景的细节，一边保持深层的放松而不感到焦虑时，他就可以逐渐将自己暴露在真实的生活情境中。

指示

1. 你正在安全的家里坐在舒服的椅子上看电视。
2. 你正在看一个猫粮的广告，广告中没有出现猫。
3. 广告继续，现在出现了一只猫，它正在吃食物。
4. 一个男人正在轻拍这只猫。
5. 一个男人正抱着猫，并抚摸它。
6. 一个女人正抱着猫，猫正在舔她的手和脸。
7. 你正从家里的窗户向外望，看到街对面的草坪上有一只猫。
8. 你正坐在家门口，看到街对面的人行道上有一只猫经过。
9. 你正坐在你家的院子里，看到你家前面的人行道上有一只猫经过。
10. 一只猫在距离你15英尺的范围内走动。
11. 你的一位朋友抱起那只猫并和它玩。
12. 你的朋友距离你10英尺远，而那只猫正在舔他的脸。
13. 你的朋友抱着那只猫，走到距离你5英尺的范围内。
14. 你的朋友站在距离你2英尺远的地方，跟那只猫玩。
15. 你的朋友问你想不想抚摸那只猫。
16. 你的朋友伸出手，要把那只猫给你。
17. 他把猫放在地上，猫向你走来。
18. 猫在你的腿上蹭来蹭去。
19. 猫在你的两腿间走来走去，发出平稳低沉的声音。
20. 你蹲下来碰触那只猫。
21. 你抚摸那只猫。
22. 你抱起那只猫，抚摸它。(p. 71)

引自 W. W. Wenrich, H. H. Dawley, & D. A. General (1976). *Self-Directed Systematic Desensitization: A Guide for the Student, Client, and Therapist,* p. 71. 1976年版权归密歇根州卡拉马祖行为迪莉娅公司所有。经授权使用。

图29.9 可使用系统脱敏来处理的关于害怕猫的连续想象场景

在马丁和皮尔（Martin & Pear, 2015）以及温里克、道利和杰纳勒尔（Wenrich, Dawley, & General, 1976）的著作中，可以找到关于实现深层肌肉放松、建构和验证令人焦虑或恐惧的情境层级，以及实施自我引导的系统脱敏计划的详细程序说明。

集中练习

集中练习是一种强迫自己反复做出不理想行为的技术，有时能够减少该行为在未来的出现次数。沃尔夫（1977）报告了一个使用这种治疗方法的有趣案例：一名 20 岁的女性每次进入她的公寓时都会做 13 项强迫性的、仪式化的安全检查（如看床底下、检查衣柜、查看厨房）。在治疗计划开始时，她要求自己严格按照顺序完成 13 个步骤，然后将同样的仪式重复 4 次。这样做了一周后，她允许自己想检查公寓时就进行检查，但只要做出任何一个检查动作，就要把全部的常规检查重复 5 次。她很快就停止了她的强迫性检查行为。

对实施有效的自我管理计划的建议

将以下建议纳入自我管理计划的设计和实施中，应该能够提高成功的可能性。虽然这些指导原则尚未得到实验分析的严格检验——自我管理的研究还有很长的路要走——但每项建议都与行为分析在其他应用中被证明有效的程序是一致的，也与自我管理文献中通常推荐的"最佳实践"是一致的（例如，Malott, 2012; Martin & Pear, 2015; Watson & Tharp, 2014）。

1. 指定一个目标并定义要改变的行为。
2. 自我监控该行为。
3. 安排与自然依联相竞争的人为设计的依联。
4. 公开你要改变行为的承诺。
5. 找一个自我管理的伙伴。
6. 持续评估你的自我管理计划，并在必要时重新设计。

指定一个目标并定义要改变的行为

自我管理计划开始于辨识个人目标或目的，以及实现该目标或目的所需做出的特定行为改变。一个人可以使用实务工作者在为学生或服务对象选择目标行为时应考虑的大多数问题和议题（参看第 3 章），来评估自我决定的各个目标行为改变的社会重要性，进而排出优先次序。

自我监控该行为

一旦定义了目标行为，个体就应该立即开始自我监控。在实施任何其他形式的干预之前进行自我监控，可以获得与第 7 章所述的收集基线数据一样的益处。

1. 自我监控的基线数据提供了关于前提—行为—后果的相关性的信息，有助于设计有效的干预。
2. 自我监控的基线数据为设定自我管理后果的初始表现标准提供了指引。
3. 自我监控的基线数据为评估任何后续干预的效果提供了客观的基础。

在不使用其他自我管理策略的情况下，尽早开始自我监控的另一个原因是，仅仅通过自我监控就有可能实现你所期望的行为改善。

安排与自然依联相竞争的人为设计的依联

当仅靠自我监控无法实现期望的行为改变时，下一步就是人为设计一个依联来与自然依联相竞争。对目标行为的每次发生（也许是不发生）提供即时和明确的后果的依联，能够大幅增加一个人实现先前似乎难以实现的自我管理目标的概率。例如，如果为了减少吸烟，一名吸烟者吸每一支烟时都会自我记录并向自我管理伙伴报告，那位伙伴会提供依联赞扬、奖励和惩罚，那么吸烟者就安排了即时的、频繁的、比自然依联更有效的后果。吸烟的自然依联是未来罹患肺癌和肺气肿而死的威胁，但这两种疾病的后果并不会那么明显地立即发生，或在吸一支烟与吸下一支烟之间发生。

公开你要改变行为的承诺

公开分享自我管理的意图可能会提高自我管理计划的有效性。当一个人与他人分享目标，或预测自己未来的行为时，她已经安排了潜在的后果——赞扬或谴责——视她在实现目标上的成败而定。一个人应明确陈述她想做的事情和完成的期限。如果要更进一步地运用公开承诺，可以考虑公示的潜在力量（例如，一位尚未拿到终身教职的初级教师可以将她的写作计划制成图表，张贴在系主任或院长看得到的地方，以便他们在上面发表意见）。

马洛特（1981）将上述做法称为"自我管理的公众探照灯原理"。

> 公开陈述目标可以改善表现。但是，公开承诺所涉及的社会性依联究竟是如何产生行为改变的呢？我推测，它们增加了成功的奖励价值和失败的厌恶价值。但是，这些后果对直接强化问题的解决来说，可能延迟的时间太长了。相反，如要产生直接强化，社会性依联必须成为学生在关键时刻自我陈述的规则的一部分："如果我没有实现我的目标，我会看起来像个傻瓜；而如果我实现了，我会看起来很厉害。"这样的规则就成为对专注任务行为的即时自我强化的提示和对不专注任务行为的即时自我惩罚的提示。（Volume II, No. 18, p. 5）

斯金纳（1953）还从理论上阐述了当一个人与重要他人分享自我管理目标时起作用的行为原理。

> 通过将未实现的预测在会提供给我们厌恶刺激的人面前公开，我们安排了有可能增强行为承诺的后果。只有按照预测做出行为，我们才能逃避违背承诺的厌恶后果。（p. 237）

找一个自我管理的伙伴

设立自我管理交流是将另一个人带入自我管理计划的好方法，这个人对自我管理计划的实施情况所提供的差别性反馈可能与行为后果一样有效。两个人各有各的长期目标或一系列常规任务要做，根据他们的日程表、偏好、目标行为和各自的进展情况，同意每日或每周与对方互动——面对面，或通过电话、短信、电子邮件或社交媒体。他们分享自我监控的数据，互相赞扬或告诫，甚至有可能将更多的实物后果依联于表现。马洛特（1981）报告了一个成功的自我管理交流的例子，他和他的一位同事约定，每当有人未能完成自我决定的每日运动、整理家务和写作任务中的任何一项时，就要给对方1美元。他们每天早上通电话，报告过去24小时的表现。

为了帮助彼此备考、完成研究和写作任务，一群博士生成立了一个自我管理交流团体，他们称之为"博士论文俱乐部"（Ferreri et al., 2006）。在每周的会议上，每名成员报告各自的目标"学术行为"的数据（例如，根据每天写的字数或学习的小时数绘制的图表）。成员之间互相提供以下不同形式的社会支持：互相鼓励继续努力并赞扬获得的成果，担任彼此的自我管理干预设计的行为顾问，有时还互相提供奖励和惩罚。6名成员都在他们设定的期限内完成了论文并通过了论文答辩。

持续评估自我管理计划，并在必要时重新设计

> 自我管理的最大问题……是整个系统很可能会逐渐变质……所以你必须时刻保持警惕。同时，你必须准备好胶带和口香糖，把整个系统重新粘在一起。
>
> ——R. W. 马洛特（2012, p. 31）

大多数自我管理计划属于务实的、基于数据解决个人问题的方法，而不是强调实验分析与控制的严谨研究。然而，与研究者一样，自我管理者应根据数据做决策，如果数据显示计划实施的效果并不令人满意，那么就应该重新设计干预计划。

学会定义、观察、记录自己的行为和用图表描绘行为数据的人，可以通过自我实验来评估其在自我管理上的努力成果。一个简单的 A–B 设计（参看第 7 章）以前后对比的方式直接说明结果，通常就足以完成有效的自我评价。通过实验来确定自我管理干预与其效果之间的功能关系，虽然很有价值，但通常不及改变一个人的行为这个务实的目标重要。不过，变标准设计（参看第 9 章）不仅可以很好地以逐步递增的行为标准促成个人行为的改善，还可以更清楚地展示和帮助人们理解干预与目标行为改变之间的关系。

除了以数据为基础的评估外，人们还应该判断自我管理方案的社会效度（Wolf, 1978）。实务工作者在教授他人自我管理时可以提供核查表以协助他们的服务对象评估其自我管理工作的社会效度，核查表上的问题包括他们的干预计划的实用性如何，他们是否认为其自我管理计划以任何无法测量的方式影响了自己的行为，以及他们是否喜欢这项计划。

在评估任何一项行为改变计划的社会效度时，比较重要的一个方面是干预的结果——测量到的目标行为的改变——在多大程度上真正改变了参与者的生活。评估实施自我管理计划的结果的社会效度的一个途径是收集马洛特（2012）所称的效益测量（benefit measures）的数据。例如，一个人可以测量：

- 减少的体重磅数，作为少吃或多运动的效益测量。
- 肺活量的改善（在很多药店可以买到廉价的峰值呼气流量测量器，测量单位为立方厘米/秒），作为吸烟量减少的结果。
- 跑一英里缩短的时间，作为每天跑多少英里的效益。
- 较低的静息心率和较短的恢复时间，作为有氧健身运动的效益。
- 较高的外语模拟考试分数，作为学习的结果。

除了用来评估自我管理干预的社会效度外，效益测量的正向结果也可作为奖励和增强继续坚持自我管理的后果。

信息箱 29.2 "卸下我的重担"讲述了一项自我管理的减肥计划，其中包含本章所述的很多策略和建议。

信息箱 29.2

卸下我的重担：一项自我管理的减肥计划

乔是一位 63 岁的老人，最近，他的医生告诉他，对于 5 英尺 11 英寸的身高而言，必须将 195 磅的体重减至 175 磅，否则可能会面临严重的健康问题。虽然乔通过打理草坪和花园、砍木柴和搬运木柴、喂兔子，以及做其他的农舍杂务来维持规律的身体活动，但他惊人的胃口——长久以来被认为是"全郡第一"——已经给他带来了麻烦。医生的警告和最近一位高中同学的死亡吓得他和儿子坐下来制订了一项自我管理减肥计划。

乔的计划是一个干预集成包，包括以前提为基础的策略、自我监控、自我评价、依联契约、自我选择和自我管理的后果，以及由重要他人实施的依联管理。

目标

以每周减重 1 磅的速度，将体重从 195 磅降至 175 磅。

为实现目标所需做出的行为改变

减少进食，每天最多摄入 2100 卡路里的热量。

规则和程序

1. 每天早上穿衣服或吃饭前，先站到体重计上量体重，并将测量的结果绘制成"乔的体重图"，贴在浴室镜子上。
2. 全天在口袋中携带记事本、铅笔和热量计算器，在吃喝后**立刻**记录**所有的**食物和饮料（水除外）的种类和数量。
3. 在每晚上床前，将每日摄入的总热量绘制成"乔的饮食图"，贴在浴室镜子上。
4. **无论**体重有没有下降，**都不要**省略步骤1至步骤3。

即时的依联/后果

- 口袋中的热量计算器、笔记本和铅笔提供了持续可得的反应辅助。
- 记录所有的食物和饮料的摄入量，提供一个即时的后果。
- 当你没有吃任何你想吃的食物时，在笔记本上画一个星号，并进行自我赞扬（"好样的，乔！"）。

每日的依联/后果

- 如果一天中摄入的热量没有超过2100卡的标准，就在"乔的菜园罐子"里放50美分。
- 如果摄入的热量超过2100卡的标准，就从"乔的菜园罐子"里拿出1美元。
- 当连续3天摄入的热量达到标准时，就在"乔的菜园罐子"里额外放50美分。
- 让海伦在你摄入的热量达到标准的每一天中在契约上签名。

每周的依联/后果

- 每个周日的晚上，在事先写好日期和地址、贴好邮票的明信片上写下刚刚过去的一周中每日摄入的热量。海伦会在明信片上签名以证实你的自我报告，并在周一将明信片寄给比尔和吉尔。
- 如果在过去的7天中至少有6天摄入的热量达到标准，每个周一就可以从"乔的奖励列表"中获得一个物品或活动。

中期的依联/后果

- 经常在每日的热量限制内进食的话，"乔的菜园罐子"里就会有足够的钱购买春季菜园的种子和植物。
- 如果在五月游览俄亥俄州期间的体重每周至少减少1磅，就可以在自己选择的餐厅用餐。

长期的后果

- 感觉更好。
- 更好看。
- 更健康。
- 寿命更长。

成果

虽然乔经常在规则和程序中挣扎，但他坚持遵守自我管理计划的规定，在16周内减掉了22磅（成功减至173磅）。在经历了这段自我管理的尝试后，乔愉快地生活了30年。他的体重保持在175磅，享受园艺工作，在理发店的合唱团唱歌，听收音机转播的小熊队比赛实况。

行为改变行为

爱泼斯坦（1997）在谈及他写给一般大众的以自我管理为主题的书时，写道：

> 一名年轻男性的生活陷入了混乱（他吸烟、喝酒、暴饮暴食、丢三落四、拖延，等等），他向他的父母、老师和朋友寻求建议，但没有一个人可以帮助他。后来他想起了他的叔叔弗雷德（毫不掩饰地以弗雷德·斯金纳为原型），叔叔的生活似乎总是很和谐。在接二连三的拜访中，弗雷德叔叔向他透露了三个自我管理的"秘密"，都是 M 开头的：**改变（modify）你的环境、监控（monitor）你的行为、做出（make）承诺**。弗雷德叔叔还揭示并解释了"自我管理的原理"：**行为改变行为**。在每次拜访后，这名年轻男性都会尝试一种新的技术，他的生活从根本上得到了改善。在一个场景中，他看到教室里的孩子们都非常有创造力和洞察力，他们在一所公立学校接受了自我管理技术的训练。这当然是虚构的，但自我管理技术已经相当成熟，实现各种可能性指日可待。（p. 563，原文中强调的部分）

以斯金纳（1953）的自我控制的概念分析为基础，应用行为分析师发展出了很多自我管理的策略和方法，以教授不同能力水平的学习者如何应用它们。所有这些努力与发现的基础都是一项简单而又深刻的原理：行为改变行为。

摘要

"自我"作为行为的控制者

1. 我们倾向于将因果地位赋予行为之前刚刚发生的事件，而当因果变量在当下即时的、周边的环境中不那么明显时，我们会有转而将其归因于内部原因的强烈倾向。

2. 诸如意志力和驱动力等假设性构念是解释性虚构，不仅不会使我们更加了解这些构念声称可以解释的行为，还会导致循环论证。

3. 斯金纳（1953）将自我控制概念化为双反应现象：控制性反应，它影响各个变量，因而改变另一种反应即被控制性反应的发生概率。

自我管理的定义

4. 我们将自我管理定义为个人应用行为改变策略以产生预期的行为改变。

5. 自我管理是一个相对的概念。一项行为改变计划可能只包含少量的自我管理，也可能完全由个人构想、设计和实施。

6. 虽然自我管理和自我控制在行为学文献里经常互换使用，但我们建议，对于一个人采取某些行动以改变其随后的行为的情况，使用自我管理。我们这样建议，有三个原因：

- "自我控制"意味着最终的行为控制存在于人的内部，但"自我控制"的因果关系因素可以在一个人与环境的互动经验里找到。
- 作为一项因果关系因素，自我控制可以作为一种解释性虚构，假设"有一个［独立的］自我或［有一个］内在自我，控制着外部行为"（Baum, 2017, p. 167）。
- 非专业人士和行为工作者都使用自我控制来指称一个人在为了获得延迟的但更大或质量更高的奖励，不采取行动以获得即时的但价值较低的奖励时所展现出来的"延迟满足"的能力。

7. 人们会对延迟奖励的价值打折扣；延迟得越久，奖励的价值或对当前行为的影响越小。行为分析师将这个现象称作延迟折扣（或时间折扣）。

自我管理的应用、优点和益处

8. 自我管理的四项应用是：

- 过更有效能和效率的生活。
- 打破坏习惯，养成好习惯。
- 完成困难的任务。
- 实现个人生活目标。

9. 学习和教授自我管理技能的优点和益处包括以下几点：
- 自我管理可以影响外部行为改变中介人无法接触到的行为。
- 外部行为改变中介人经常错过重要的行为实例。
- 自我管理可以促进行为改变的泛化和维持。
- 运用小型的自我管理技能库可以控制很多行为。
- 具有各种不同能力的人都能学习自我管理技能。
- 有些人在自己选择任务和表现标准的情况下会表现得更好。
- 具有良好自我管理技能的人有助于营造更有效率和效能的团体环境。
- 教授学生自我管理技能可为其他课程领域提供有意义的练习。
- 自我管理是教育的终极目标。
- 自我管理有益于社会。
- 自我管理帮助个体感到自由。
- 自我管理使个体感觉良好。

以前提为基础的自我管理策略

10. 以前提为基础的自我管理策略的主要特征是操纵目标（被控制的）行为的前提事件或刺激，例如：
- 操纵动因操作，使希望（或不希望）出现的行为更有可能（更不可能）出现。
- 提供反应辅助。
- 实施行为链的初始步骤，以确保以后会遇到能引发理想行为的区辨刺激。
- 移除不理想行为所需的材料。
- 将不理想行为限制在有限的刺激条件下。
- 为理想行为安排一个特定的环境。

自我监控

11. 自我监控是指一个人通常以记录的方式来观察自己想要改变的行为，并对该行为做出反应的过程。

12. 自我监控最初是一种临床评估方法，用于收集只有服务对象能观察到的行为的数据，但由于它经常引起期望的行为改变，因此逐渐发展成为最广泛使用和研究的自我管理策略。

13. 自我监控通常会与目标设定和自我评价结合使用。一个人在使用自我评价时，会将其表现与一个预设的目标或标准进行比较。

14. 自我监控通常是包含对达到自己或教师选择的目标予以强化的干预的一部分。

15. 确定自我监控究竟如何运作是很困难的，因为这个程序必然包括内隐事件（隐蔽的语言行为），也因此受其混杂；自我监控通常包括外显或隐含的强化依联。

16. 通过渐褪配对技术，可以教授儿童正确地自我监控和记录他们的行为：开始时，儿童的记录与教师或家长的记录相符就可以获得奖励。一段时间后，儿童的记录与成人的记录相符的次数要求降低，最终儿童独立监控行为。

17. 对实现监控下的行为改善而言，自我监控的准确性既不是必要条件，也不是充分条件。

18. 自我监控的指导原则如下：
- 提供能使自我监控易于实施的材料。
- 提供补充的提示或辅助。
- 自我监控目标行为的最重要的维度。
- 尽早和频繁实施自我监控，但不要干扰期望增加的理想行为的自然流程。
- 强化准确的自我监控。

自我管理的后果

19. 作为一个专业术语，自我强化（自我惩罚亦如此）是一种误称。虽然行为可以通过自我管理的后果得到改变，但影响控制性反应的各种变量使得这种自我管理策略不再仅仅是操作式强化的直接应用。

20. 类似于正强化和负强化以及正惩罚和负惩罚的自我管理依联可以被纳入自我管理计划中。

21. 在设计涉及自我管理后果的自我管理计划时，个体应该：
- 选择小的、容易提供的后果。
- 设定有意义而容易达到的强化标准。
- 排除"违规强化"。
- 必要时，让其他人来控制后果的提供。
- 采用最简单和侵入性最低的有效依联。

其他自我管理策略

22. 自我指示（自言自语）可以作为控制性反应（语言中介），以影响其他行为的发生。

23. 习惯倒返是一个包含多个成分的处理集成包，服务对象学习自我监控他们不想要的习惯，并通过做出与问题行为不兼容的行为来尽早中断行为链。

24. 系统脱敏是一种治疗焦虑、恐惧和恐怖症的行为疗法，它涉及以一种行为（通常是肌肉放松）来取代不理想的行为——恐惧和焦虑。自我引导的系统脱敏让个体设计一个从自己最不害怕到最害怕的情况的层级结构，然后一边想象这些造成焦虑的情况，一边学习放松，先从最不害怕的情况开始想象，然后想象下一个害怕的情况，以此类推。

25. 集中练习是指一个人强迫自己反复做出一个不理想的行为以减少该行为在未来的出现次数。

对实施有效的自我管理计划的建议

26. 以下是设计和实施一项自我管理计划的六个步骤：

步骤1：指定一个目标并定义要改变的行为。
步骤2：自我监控该行为。
步骤3：安排与自然依联相竞争的人为设计的依联。
步骤4：公开你要改变行为的承诺。
步骤5：找一个自我管理的伙伴。
步骤6：持续评估自我管理计划，并在必要时重新设计。

行为改变行为

27. 自我管理的最基本的原理就是行为改变行为。

第十二部分

促进泛化型行为改变

第 30 章　行为改变的泛化与维持

实施改变行为的干预是一回事，而把这些行为改变扩展到不同时间、地点或新的行为上则是另一回事。实务工作者面临的最大的挑战或最重要的任务就是设计、实施和评估干预，使其产生的行为改变在干预终止后继续存在于训练情境以外的相关环境中，并产生没有直接教授过的相关行为。第30章定义了泛化型行为改变的主要类型，并介绍了应用行为分析师用以实现这些行为改变的策略和技术。

第 30 章　行为改变的泛化与维持

关键词

行为圈套（behavior trap）

人为设计的依联（contrived contingency）

人为设计的中介刺激（contrived mediating stimulus）

一般案例分析（general case analysis）

跨被试泛化（generalization across subjects）

泛化探测（generalization probe）

泛化情境（generalization setting）

泛化型行为改变（generalized behavior change）

不可区辨的依联（indiscriminable contingency）

教学情境（instructional setting）

多范例训练（multiple-exemplar training）

自然存在的依联（naturally existing contingency）

安排相同刺激（program common stimuli）

反应泛化（response generalization）

反应维持（response maintenance）

地点/情境泛化（setting/situation generalization）

宽松教学（teach loosely）

教授足够的范例（teach enough examples）

➡ 本章由陈慧聪翻译。

行为分析师认证委员会 BCBA/BCaBA 任务清单（第 5 版）
第一部分：基础
B. 概念和原理
B-11 定义区辨、泛化和维持并举例。
第二部分：应用
G. 行为改变程序
G-21 使用程序促进刺激和反应泛化。 G-22 使用程序促进维持。
H. 选择和实施干预
H-9 与支持服务对象和/或为服务对象提供服务的人合作。

©2017 The Behavior Analyst Certification Board, Inc.,® (BACB®). 保留所有权利。本文件的当前版本可在 www.bacb.com 网站查阅。如需转载、复制或分发本文件，或有疑问，请直接联系行为分析师认证委员会。经授权使用。

　　谢里的老师实施了一项干预，用来教授谢里在交作业前先完成包括多个部分的校内作业的每一个部分，然后再开始做另一项活动。现在，在干预结束三周后，谢里提交的大部分"已完成"的作业其实并未完成，而她的"坚持做一件事直到做完为止"的这个行为表现与干预开始前一样糟糕。

　　里卡多刚刚开始他的第一份竞争激烈的工作，在市区的一家公司担任复印机操作员。虽然他长期以来总是心不在焉，而且缺乏耐力，但他已经能够在职业培训中心的复印室里独立工作几个小时。然而，他的雇主却抱怨说，里卡多经常在工作几分钟后就停下来以寻求他人的关注。里卡多可能很快就要失去他的工作了。

　　布赖恩是一个被确诊为孤独症的 10 岁男孩。为了实现个别化教育计划中针对其功能性语言和沟通技能设定的目标，布赖恩的老师教他说"嗨，你好吗？"作为问候语。现在，无论布赖恩在什么时候遇到谁，都会做出相同的反应："嗨，你好吗？"布赖恩的父母为他们的儿子的这种呆板的、鹦鹉学舌式的语言感到担忧。

时间的流逝导致谢里失去了完成作业的能力。场景的改变打乱了里卡多的节奏，他在职业培训中心获得的绝佳的工作习惯在社区的工作场所不见了。布赖恩能随着时间的推移对新的人使用新的问候技能，但重复和受限的形式并没有给他带来什么好处。

　　上述三种情况都代表一种常见的教学失败类型。最具社会意义的行为改变能够持续一段时间，能够应用于所有相关的地点和情境，并伴随着其他功能上相关的反应。今天在教室里学会算钱和找零的学生，明天在便利店、下个月在超市也必须能够算钱和找零。在学校里学会了写好句子的新手作家，在给家人或朋友写便条或写信时，也必须能够写出更多有意义的句子。

　　应用行为分析师面临的最具挑战性或最重要的任务莫过于设计、实施和评估能够产生泛化型行为改变的干预。本章定义了泛化型行为改变的三个主要类型，并描述了研究者和实务工作者在促进泛化时最常使用的策略和技术。

泛化型行为改变：定义与关键概念

贝尔、沃尔夫和里斯利（1968）将**泛化型行为改变**列为应用行为分析的七个定义性特征之一。

> 如果一个行为改变被证明随着时间的推移能够保持稳定，如果它能够在各种可能的环境中出现，或如果能够扩散到各种相关的行为中，就可以说具有泛化性。（p. 96）

斯托克斯和贝尔（1977）在其具有开创性的综述文章《泛化的隐含技术》（*An Implicit Technology of Generalization*）中，强调了泛化型行为改变的三个方面——跨时间、跨地点和跨行为——他们将泛化定义为：

> 相关的行为在不同的非训练条件下（即跨被试、地点、人、行为和/或时间）发生，而未在这些条件下安排相同的事件。因此，当不需要进行额外的训练操作而发生了改变时，就可以说发生了泛化；或者，当需要一些额外的操作，但其成本明显低于直接干预时，也可以说发生了泛化。如果需要有相似的事件来产生跨条件的相似效果，就不能说发生了泛化。（p. 350）

换句话说，当学习者未在某个时间或地点全部重新训练就能在那个时间或地点发出经过训练的行为，或发出以前未被直接教授的功能相关的行为时，泛化型行为改变就很明显了。以下几个部分定义了泛化型行为改变的三种基本形式：反应维持、地点/情境泛化、反应泛化，并举例说明。

反应维持

我们将**反应维持**（response maintenance）定义为，在造成目标行为最初在学习者的技能库里出现的部分或全部干预终止后，学习者继续表现目标行为的程度。[1] 例如：

- 萨亚加在做分数的加减法时，不知道怎么计算最小公分母。老师让萨亚加将计算最小公分母的步骤写在提示卡上，告诉她有需要时就参考这张卡片。萨亚加开始使用提示卡，她的数学作业的准确性提高了。在使用提示卡一周后，萨亚加说她不再需要它了，并将它还给了老师。第二天，在分数加减法的小测验中，萨亚加正确计算出了每一道题的最小公分母。
- 洛兰在一家住宅景观公司上班的第一天，一位同事教她如何使用长柄工具拔除蒲公英。在没有进一步的指导的情况下，洛兰在一个月后仍能正确使用这个工具。
- 德里克上七年级时，他的一位老师教他记录作业，并将每门课的材料装在不同的文件夹里。现在，德里克是一名大二学生，他继续将这些组织技能应用于他的课业学习中。

反应维持在这三个例子中都是明显可见的：萨亚加在提示卡干预结束1天后在数学小测验中的表现；洛兰在训练结束1个月后仍能有效使用除草工具；德里克继续使用多年前习得的组织技能。一个新习得的行为必须维持多长时间，取决于学习者的环境为执行该行为提供了多少机会或要求。如果一个没有手机的人在听到一个电话号码后立即默念3遍，就足以让他在几分钟后凭记忆用借来的手机正确拨号，那么这个反应维持就足够了。其他的行为，如识字、自理、社交技能，则属于一个人必须终生维持的技能库。

继续实施初始干预的某些成分有助于学习者获得有意义的反应维持。斯普拉格和霍纳（Sprague & Horner, 1984）教授6名中度到重度认知障碍学生使用自动售货机的一项研究为这个观点提供了很好的例证。研究者提供给这些学生提示卡，帮助他们在没有其他人帮助的情况下操作自动售货机。提示卡的一面是食物或饮料的标志，另一面是25美分硬币的图像和与其对应的价格。在教学和泛化探测阶段使用提示卡，在研究结束时仍由学生保存。在研究结束18个月后，6名学生中有5名仍携带提示卡并独立使用

---

[1] 瓦克尔及其同事（2017）提出了另一个有关维持的概念：在干预处理遭遇挑战的情况下，处理效果的持久度。

自动售货机。

地点／情境泛化

地点／情境泛化是指学习者在不同于教学环境的地点或刺激情境中以任何有意义的方式发出目标行为的程度。例如：

- 在等待新的电动轮椅从工厂运来时，查斯使用了一个电脑模拟程序和一个操纵杆来学习如何操作他那即将到来的轮椅。当新轮椅到达时，查斯握着操纵杆，立即开始在大厅中来回滑动轮椅，并完美地转圈。
- 有人教授洛兰拔除花圃和覆盖区内的杂草。现在，洛兰开始在去花圃的路上拔除草坪上的杂草了，即使从来没有人指示她这么做。
- 在布朗迪的老师教会她读 10 个由"子音—母音—子音—字母 E"组成的单词［如 bike（自行车）、cute（可爱的）、made（制造）］后，布朗迪可以读出她从未学过的同类型的单词［如 cake（蛋糕）、bite（咬）、mute（无声的）］了。

范登波尔及其同事（1981）的一项研究提供了一个关于地点／情境泛化的绝佳例子。他们教授三名有多重障碍的年轻人在快餐店中独立用餐。这三名学生以前都在餐厅里用过餐，但如果没有人帮助他们，他们就无法点餐或付款。研究者首先建立了一项任务分析，内容是在快餐店里恰当地点餐、付款和用餐所需的步骤。教学在教室中进行，包括在模拟顾客—店员的互动中的每一个步骤上进行角色扮演，以及回答幻灯片中显示的顾客在快餐店里依序进行各项步骤的有关问题。将任务分析中的 22 个步骤分成四个主要部分：定位、点餐、付款、用餐和离开。当一名学生在教室中掌握了每个部分的步骤后，他会得到"随机确定的 2~5 美元的纸钞，并被指示去当地的一家餐厅吃午餐"（p. 64）。观察者在餐厅内记录每名学生在任务分析中的每个步骤上的表现。图 30.1 显示了在训练前（基线期）和训练后（追踪期）进行的泛化探测的结果。这项研究中的大部分探测是在某家麦当劳餐厅中进行的，根据这些探测结果评估从教室向外产生的泛化的程度，除此之外，研究者还在一家汉堡王餐厅里进行了追踪探测（也是对行为维持的测量）。

这项研究体现了大多数应用行为分析师在评估和促进泛化型行为改变时所使用的实用方法。理想的泛化反应的情境可以包含在教学环境里实施的干预的一个或多个成分，但不能包含所有的成分。如果在一个新环境中使用完整的干预计划才能产生行为改变，那么就不能称之为地点／情境的泛化。不过，如果训练计划中的某一个或某几个成分在一个泛化情境中产生了有意义的行为改变，而如果又能证明在泛化情境中所使用的那个成分或那几个成分并不足以在训练环境中产生行为改变，那么这个泛化情境中的行为改变就可以被称作地点／情境的泛化。

例如，范登波尔及其同事在课堂上教授有听力障碍的学生 3 如何使用点餐辅助工具。这个工具包括一个有塑料层压保护膜的纸板，上面预先印有问题（如"＿＿＿多少钱？"）和物品名称（如大汉堡），纸板上有一些供收银员写下回答的空间，以及一支蜡笔。只给学生钱和点餐卡并不能使他独立点餐、购买和用餐。然而，经过课堂教学，包括引导练习、角色扮演、社会性强化［"做得很好！记得找回零钱"（p. 64）］、纠正反馈，以及专门复习点餐辅助卡用法的教学时段，该学生在教学情境中做出了理想行为。之后，该学生在只有辅助卡协助的情况下，能够在餐厅点餐、付款和用餐。

教学情境与泛化情境的区别

教学情境指的是教学发生的环境，包括环境中可能影响学习者对目标行为的获得和泛化的所有计划内或计划外的方面。[1] 计划内的元素是教师为了实现初始的行为改变和促进泛化而安排的刺激和事件。例如，

---

1 由于本章中的大多数例子都是以学校为基础的，因此我们使用教育用语。为了将它们泛化至学校以外的情境，可以将教学视为处理、干预或治疗的同义词，将教学情境视为临床情境或治疗情境的同义词，将教师视为实务工作者、临床医生或治疗师的同义词。

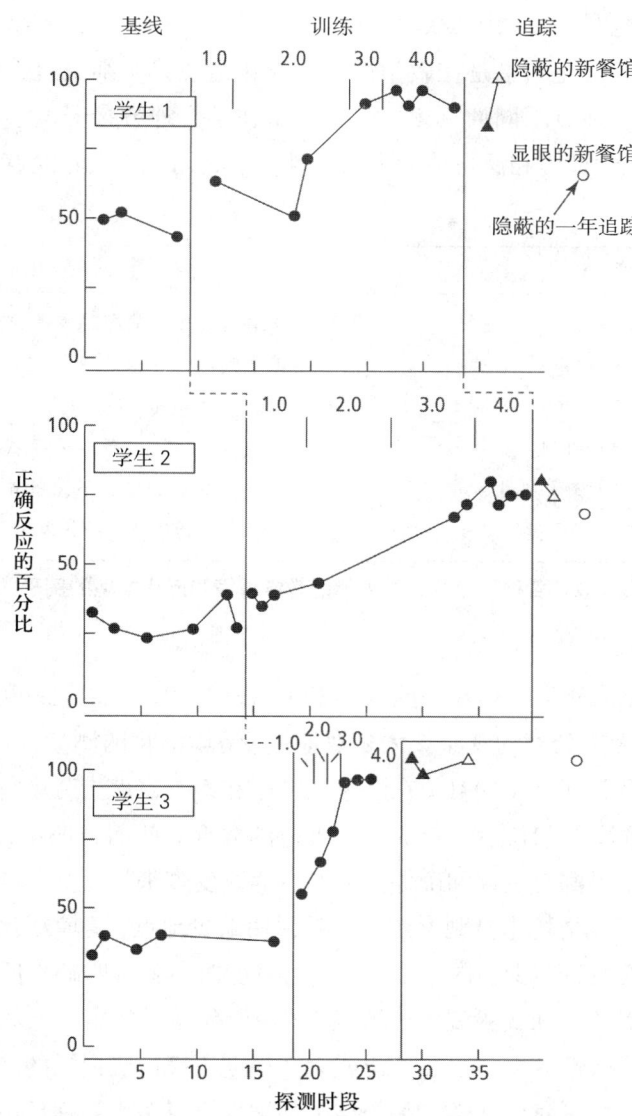

图 30.1 三名残障学生在课堂教学之前、期间和之后,在一家快餐店正确完成点餐所需步骤的百分比。追踪阶段的实心三角形代表在汉堡王餐馆使用典型的观察程序所进行的泛化探测,空心三角形代表在学生不知道自己正在被观察的情况下,在汉堡王餐厅进行的泛化探测。空心圆代表执行训练计划一年后,在另一家麦当劳餐厅进行的隐蔽泛化探测。

引自 R. A. van den Pol, B. A. Iwata, M. T. Ivanic, T. J. Page, N. A. Neef, & F. P. Whitley (1981). Teaching the Handicapped to Eat in Public Places: Acquisition, Generalization and Maintenance of Restaurant Skills. *Journal of Applied Behavior Analysis*, 14, p. 66. 经约翰威立出版有限公司授权转载。

一堂数学课的计划内元素包括一些数学问题,解答这些特定问题的步骤,以及呈现这些步骤的形式和顺序。教学情境的计划外方面是教师不知道或未纳入考量的、可能会影响目标行为的获得和泛化的因素。例如,应用题中的"多少"一词可能会对学生使用加法解题形成刺激控制,即使该题的正确解答需要使用不同的运算操作。或者,也许有一名学生总是使用减法来解答每一页应用题的第一道题,因为减法题总是首先出现在教学过程中。

泛化情境指的是以某种有意义的方式有别于教学情境的任何地方或刺激情境,其中目标行为的表现是被期望出现的。很多目标行为都有多种泛化情境。在教室里学会使用加法和减法解答应用题的学生,必须能够在家里、商店里以及棒球场球员休息区解答类似的问题。

图 30.2 显示了六种目标行为的教学情境和泛化情境的例子。当一个人在与原先学会某项技能的环境

完全不同的环境中使用该技能时——如图 30.2 中的第 1 例至第 3 例——很容易将该事件理解为跨情境泛化的例子。然而，很多重要的泛化结果是在教学情境与泛化情境只有细微差异的情况下发生的。泛化情境不一定是与提供教学的实际地点不同的地方。学生经常在某个地方接受教学，他们要在这里维持和泛化所学的技能。换句话说，教学情境和泛化情境可以而且经常是同一个实际地点（如图 30.2 中的第 4 例至第 6 例）。

教学情境	泛化情境
1. 在资源教室中，当特教老师提问时，举手回答。	1. 在普通教室中，当普通教育老师提问时，举手回答。
2. 在学校里跟语言治疗师练习对话技能。	2. 在镇上跟同伴谈话。
3. 在主场小组争夺赛中传篮球。	3. 在客场比赛中传篮球。
4. 在学校的座位上，解答垂直式加法问题。	4. 在学校的座位上，解答水平式加法问题。
5. 在没有干扰信息的情况下，解答家庭作业中的应用题。	5. 在有干扰信息的情况下，解答家庭作业中的应用题。
6. 在主管在场的情况下，在社区工作场所操作包装封口机。	6. 在主管不在场的情况下，在社区工作场所操作包装封口机。

图 30.2　各种目标行为的可能的教学情境和泛化情境的例子

地点 / 情境的泛化与反应维持的区别

因为任何地点 / 情境泛化的测量都是在一些教学发生后进行的，所以也许可以说地点 / 情境泛化和反应维持是一样的，或至少是无法分离的现象。大多数地点 / 情境泛化的测量提供了有关反应维持的信息，反之亦然。例如，范登波尔及其同事（1981）在汉堡王餐厅和第二家麦当劳进行的训练后泛化探测提供了地点 / 情境泛化（即到新的餐厅）和长达一年的反应维持的数据。然而，地点 / 情境泛化与反应维持之间存在功能上的区别，每一个结果都对设计和确保持久的行为改变带来了一些不同的挑战。当在教室或治疗室里产生的行为改变没有在泛化情境中被观察到时，就说明缺少地点 / 情境泛化。当在教室或治疗室里产生的行为改变在泛化情境中发生过至少一次，然后就不再发生时，就说明缺少反应维持。

凯格尔和林科弗（1977）的一项实验说明了地点 / 情境泛化与反应维持之间的功能性差别。参与者是三个年幼的孤独症男孩，每个人都有无口语、仿说或无法根据语境恰当说话的问题。训练者在一个小房间里，跟孩子隔桌相对而坐，进行一对一教学。每个孩子都被教授模仿一系列反应［例如，训练者说"摸你的（鼻子、耳朵）"或"做这个"，然后（举起他的手臂，拍他的手）］。每个 40 分钟的时段包括在教学情境中进行 10 个训练尝试，然后转换成由一名陌生成人站在树木环绕的室外，对孩子进行同样的训练。在教学情境中做出每一个正确反应后都会得到糖果和社会性赞扬。在泛化情境的尝试中，孩子接受了与在教室内相同的教学和示范辅助，但做出正确反应后没有得到强化或其他后果。

图 30.3 显示了每个孩子在教学情境和泛化情境中的正确反应的尝试百分比。每个孩子都在教学情境学会了对模仿示范做出反应。实验结束时，三个孩子在泛化情境中的正确反应都是 0%，但原因各不相同。孩子 1 和孩子 3 随着在教学情境中的表现的改善，开始在泛化情境中发出正确反应，但他们泛化的反应没有得到维持（很可能是泛化情境中的消退条件造成的）。而孩子 2 在教学情境中学会的模仿反应从未泛化到教学情境以外。因此，实验结束时的 0% 的正确反应率证实了孩子 1 和孩子 3 缺少反应维持，而孩子 2 则代表没有建立情境泛化。

反应泛化

反应泛化是学习者发出的未经训练的反应与经过训练的目标行为功能等价的程度。换句话说，在反应泛化中，出现了未被应用于教学依联的目标行为的有用变化。例如：

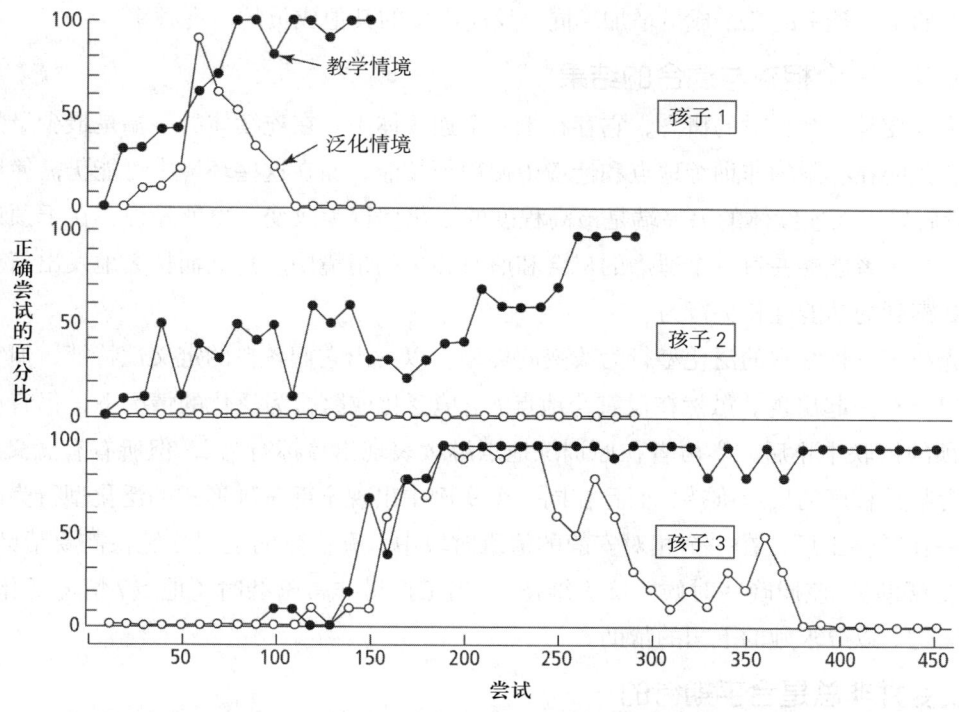

图 30.3　三个孩子交替进行 10 个教学情境训练尝试和 10 个泛化情境训练尝试的正确反应百分比

引自 R. L. Koegel & A. Rincover (1977). Research on the Differences Between Generalization and Maintenance in Extra-Therapy Responding. *Journal of Applied Behavior Analysis*, 10, p. 4. 经约翰威立出版有限公司授权转载。

- 特拉奇想通过帮她的哥哥修剪草坪来赚一点钱。她的哥哥教她将割草机从草坪的一边推到另一边，一排一排地割草。但特拉奇发现，先把外圈割完，再将除草机以同心圆方式向中心推进，也可以割得很快。
- 有人教洛兰用一根长柄除草工具清除杂草。洛兰有时也会用小铲子或徒手清除杂草，虽然从没有人这么教过或要求过她。
- 迈克尔的妈妈教他如何用电话旁边的铅笔和便条纸记录电话留言，包括写下来电者的姓名、电话号码和留言内容。有一天，迈克尔的妈妈回家，发现儿子的录音机在电话旁边。她按下拨放键，听到迈克尔的声音："奶奶来电话。她想知道你想让她周三晚上做什么菜。斯通先生来电话。他的电话号码是 555-1234。他说你的车已经好了，可以取了。"

第 8 章中描述的戈茨和贝尔（1973）对三个学龄前女孩所做的搭积木研究提供了一个关于反应泛化的绝佳例子。在基线期间，教师坐在女孩的旁边，安静而仔细地观察她们搭积木，但对积木的使用既不表现出热情，也不批评。在下一个条件期间，每当女孩放置或重搭积木，从而创造出在这个时段中没有出现过的积木造型时，教师就充满热情和饶有兴趣地做出评论（例如，"哦，这个做得真好——这个与众不同！"）。在接下来的一个条件中，当搭建出与同时段先前所做相同的积木造型时，就会获得赞扬（例如，"真棒啊！又一个拱门！"）。在研究结束前的最后一个阶段，再次给予描述性赞扬依联于搭建出不同的积木造型。与基线期或建构出相同造型会获得赞扬的阶段相比，三个孩子都在改变造型会获得赞扬的阶段里，搭建出了更多新的积木造型（参看图 8.7）。

尽管只有特定的反应才能产生强化（即在每次教师赞扬前出现的实际积木造型），共享该功能性特征的其他反应（即不同于孩子先前搭建出的造型）的频率仍然随着教师的赞扬而有所增加。于是，在强化造型变化的阶段中，孩子们搭建出了新的积木造型，即使这些造型未曾出现过，因此先前不可能获得过强化。强化新造型的反应类中的几个成员增加了同一反应类中的其他成员的出现频率。

泛化型行为改变：一个相对与混合的结果

泛化型行为改变是一个相对的概念，它存在于一个连续体中。在连续体的一端是最少量的泛化型行为改变——学习者只能在有限的非训练地点和情境中使用新技能，而在这些环境中可能仍需使用人为设计的反应辅助和/或后果。而连续体的另一端是最高程度的泛化型行为改变，也就是说，在干预计划的所有成分都结束之后，学习者能够在每一个适当的机会和所有相关的情境中，独立而持续地发出新获得的目标行为和先前未被观察到的功能性相关行为。

我们单独介绍了三种基本的泛化型行为改变的类型，以突出它们各自的定义性特征，但它们之间常有重叠，而且会组合在一起出现。虽然在没有跨地点/情境泛化或跨行为泛化的情况下，仍有可能获得反应维持（即在干预的依联中止后，学习者在原训练地点继续表现出目标行为），但所有有意义的地点/情境泛化量数都包含某种程度的反应维持，而且在同一个实例中出现全部三种形式的泛化型行为改变是很常见的。例如，周一在零件工厂，在一个相对安静的值班时段中，乔伊丝的上司教她在需要帮助时喊："约翰逊先生，我需要帮助。"该周晚些时候（反应维持），当工厂里非常嘈杂时（地点/情境泛化），乔伊丝来回挥手（反应泛化）以寻求她的上司的帮助。

泛化型行为改变并非总是合乎期待的

很难想象有什么行为重要到成为系统化教学的目标，而我们又不希望看到它的反应维持。[1] 然而，我们不希望看到的地点/情境泛化与反应泛化经常发生，实务工作者应设计干预计划来防止或尽量减少这些不良结果。不理想的地点/情境泛化有两种常见的形式：过度泛化（overgeneralization）和错误刺激控制（faulty stimulus control）。

过度泛化不是一个专业术语，但它是一个有效的描述性术语，指的是行为受控于一个过于广泛的刺激类的结果。也就是说，学习者在刺激存在时发出目标行为，虽然这些刺激与教学范例或情境存在某种程度的相似性，但并不是适合行为出现的场所。例如，一名学生学会了拼写 division（部门）、mission（使命）和 fusion（融合）等包含 –sion 字素的单词，当老师要求他拼写 fraction（分数）时，他写下了 f-r-a-c-s-i-o-n。

错误刺激控制是指目标行为受到不相关的前提刺激的限制性控制。例如，对于类似这样的应用题："林有 3 本书，尼古拉有 5 本书，他们总共有几本书？"学生学会了通过将题目中的数字相加来解答，以后每当学生遇到任何题目中有"总共"两个字时，就会将数字相加（例如，"拉卢卡有 3 颗糖，科琳娜和拉卢卡总共有 8 颗糖，科琳娜有多少颗糖？"）。[2]

当学习者做出功能等价但未经训练的反应，而导致表现不佳或出现不良的结果时，就表示发生了不理想的反应泛化。例如，虽然杰克在零件工厂的主管教他用两只手操作钻床，因为这是最安全的操作方式，但有时杰克只用一只手操作。一只手的反应与两只手的反应在功能上是等价的，因为都能生产出零件，但一只手的反应对杰克的健康和工厂的安全记录不利。或者，在特拉奇以同心圆方式修剪草坪后，也许她哥哥的一些客户表示不喜欢这样的同心长方形草坪外观。

信息箱 30.1 "对有时会造成混淆和误导的泛化术语的看法"，探讨了应用行为分析师用来描述这些结果的各种用语。

---

[1] 由干预计划的撤销方式导致的意外的问题行为的维持是一种不理想的结果（Ringdah & St. Peter, 2017）。请参看第 24 章中有关行为再发的讨论。

[2] 有关由教学材料设计的缺陷导致的错误刺激控制的例子，以及对检测和弥补这些缺陷的建议，可参看 J. S. 瓦尔加斯（J. S. Vargas, 1984）的相关文章。

信息箱 30.1

对有时会造成混淆和误导的泛化术语的看法

应用行为分析师使用各种不同的术语来描述以直接干预的附属物或副产品形式出现的行为改变。这些术语的重叠和多重含义可能会导致混淆和误导。例如，维持（maintenance）是最常用的行为改变术语，指的是在引发改变的干预撤除或终止后行为改变继续存在，它也是在一个实验条件里的干预处理中断或部分撤除时，最常用来指称该实验条件的术语。应用行为分析师应该区分作为行为量数的反应维持（即因变量）和作为实验条件（即自变量）的维持。在行为分析文献中发现的其他用于表示在设计的依联结束后继续出现的反应的术语包括持久力（durability）、行为持久性（behavioral persistence）、再发（resurgence）和（经常被误用的）消退阻抗（resistance to extinction）。

实施消退条件时可以测量反应维持，在这种情况下，个体继续做出反应的相对频率被描述为消退阻抗是正确的（参看第 24 章）。然而，用消退阻抗来描述大多数应用情境中的反应维持是不正确的，因为在处理后的环境中，目标行为的一些实例出现后通常会伴随某种形式的强化。

应用行为分析文献中用来描述在非训练情境或刺激条件下发生的行为改变的术语包括刺激泛化、情境泛化、训练转移，或就是简单的泛化。用刺激泛化来指称很多应用干预所实现的泛化型行为改变，在学术上是不正确的。刺激泛化是一个专业术语，指的是一个特定的行为过程：曾经在一个特定的刺激出现时被强化的一个反应，在消退条件下，在不同但相似的刺激出现时发生得更加频繁（Guttman & Kalish, 1956; 参看第 17 章）。这个术语的使用应仅限于描述这种现象。

未经直接训练而发生的行为可被称作附带（collateral）或副作用（side effect）、反应变异性（response variability）、诱导（induction）或伴随的行为改变（concomitant behavior change）。使事情变得更为复杂的是，泛化常常被用作对三种泛化型行为改变的统称。

约翰斯顿（1979）探讨了用泛化来形容泛化情境中的任何一个理想的行为改变所引起的一些问题。

> 这种用法具有误导性，因为它表明只有单一的现象在起作用，而事实上需要对多种现象进行描述、解释和控制……仔细地设计程序以实现刺激和反应泛化效果的最大化，在这个过程中，我们并没有用尽一切可供使用的策略，使被试在非教学情境中做出理想的行为。当我们认识到，要在泛化的情境中实现行为的影响力的最大化，必须仔细考虑所有的行为原理和过程时，我们成功的可能性会更大。（pp. 1–2）

对"泛化术语"的不一致使用，可能会导致研究者和实务工作者对于与泛化结果的存在与否有关的原理和过程做出错误的假设和结论。然而，应用行为分析师可能会继续将泛化作为一个双重目的术语来使用，有时用来表示行为改变的类型，有时用来表示产生该行为改变的原理和过程。斯托克斯和贝尔（1977）明确表示他们意识到了定义上的差异。

> 这里发展出来的泛化概念基本上是一个实用性的概念，它与传统的概念化有所不同（Keller & Schoenfeld, 1950; Skinner, 1953）。在很多方面，这种讨论会避开很多与术语有关的争议。（p. 350）

> 在讨论运用自然存在的强化依联来维持和扩展设计好的行为改变时，贝尔（1999）声称他倾向于使用泛化这一术语。
>
> > 它是在这里所介绍的技术中最好的一种，有趣的是，它并不符合教科书中的"泛化"定义。它是一种强化技术，而教科书中泛化的定义是由其他受到直接强化的行为改变导致的未受强化的行为改变……［但是］我们面对的是**泛化**一词的实用性用法，而不是教科书中的含义。我们强化彼此以务实的态度使用这个词，而且到目前为止，并没有出现什么问题，所以我们可能会继续坚持这种不精确的用法。（p. 30, 原文中强调的部分）
>
> 为了促进行为分析专业术语的准确使用，以及提醒人们关注的现象通常是多个原理和程序的产物，我们使用着重于泛化型行为改变类型的术语，而非带来这种改变的变量。

其他类型的泛化结果

在行为分析的文献中，还有不容易被归类为反应维持、地点/情境泛化和反应泛化的其他类型的泛化结果。一个人的技能库中的复杂成分有时会在极少的或几乎没有明显的直接条件作用的情况下快速出现。这种新兴的表现被称作刺激等价关系（Sidman, 1994, 2000）、重组泛化（Axe & Sainato, 2010; Goldstein, 1983）、双向赋名（Horne & Lowe, 1996; Miguel, 2016），以及关系框架理论（Hayes, Barnes-Holmes, & Roche, 2001）（参看第 18、19、20 章）。还有一种快速学习似乎是其他事件的泛化结果，被称作依联内收，它是一个过程，最初在一组依联条件下建立的行为被另一组不同的依联所吸收和重组，并在一个人的技能库中承担新的功能（Andronis, Layng, & Goldiamond, 1997; Layng, Twyman, & Stikeleather, 2004）。

有时，对一个人或多个人应用的干预会导致没有被同样的依联直接处理过的人出现行为改变。**跨被试泛化**（generalization across subjects）是指有些人没有直接接受过一项干预，但这些人的行为却因为在他人身上应用的干预依联而发生改变。这种现象已被各种相关或同义术语描述——替代性强化（vicarious reinforcement）（Bandura, 1971; Kazdin, 1973）、涟漪效应（ripple effect）（Kounin, 1970）和溢出效应（spillover effect）（Strain, Shores, & Kerr, 1976）——为评估处理效果的泛化提供了另一个维度。例如，凡图佐和克莱门特（Fantuzzo & Clement, 1981）研究了在一项数学活动中，一名获得教师管理或自我管理的代币强化的儿童所表现出的行为改变泛化到同桌同学身上的程度。

德拉布曼、哈默和罗森鲍姆（Drabman, Hammer, & Rosenbaum, 1979）将泛化处理效果的四个基本类型——（1）跨时间（即反应维持）；（2）跨情境（即地点/情境泛化）；（3）跨行为（即反应泛化）；（4）跨被试——结合为一个被他们称作泛化地图（generalization map）的概念架构。德拉布曼及其同事将每种泛化结果以二分法（即出现或未出现）来看待，并将四类泛化的所有可能进行排列组合，形成了 16 个泛化型行为改变的类别，从维持（第 1 类）到被试-行为-情境-时间泛化（第 16 类）。如果在任何"实验控制下的依联"中断后，目标被试继续在治疗情境中做出目标行为，那么就证明存在第 1 类泛化。第 16 类泛化，即泛化的"终极形式"，表现为"在依联被撤除后，非目标被试的非目标行为改变仍在一个不同的情境里持续出现"（p. 213）。

虽然德拉布曼及其同事承认"这样的分类可能会被证明是武断的"（p. 204），但他们提供了确定特定事件是否符合 16 个类别中的任何一类要求的客观陈述的规则。无论泛化型行为改变是否由德拉布曼及其同事所详述的这种泾渭分明和范围广泛的现象构成，他们的泛化地图都为研究者提供了一个客观架构，研究者可以用它来评估行为干预的扩展效果（Allen, Tarnowski, Simonian, Elliot, & Drabman, 1991）。例如，史蒂文森和凡图佐（Stevenson & Fantuzzo, 1984）在一项研究中测量了16个泛化地图类别中的15个类别，以便得知教授一名五年级男孩使用自我管理技术的效果。他们不仅测量了干预对教学情境（学校）中的目标行为（数学成绩）的影响，还评估了干预对男孩在家里的数学行为、在家和学校里的破坏性行为的影响，以及对一名没有接受干预的同伴在家和学校里的这两种行为的影响，并评估了以上所有行为的维持情况。

为泛化型行为改变制订计划

> 一般来说，应该规划泛化的发生，而非期待它的发生，或惋惜它的未发生。
> ——贝尔、沃尔夫和里斯利（1968, p. 97）

斯托克斯和贝尔（1977）回顾了270项已发表的与泛化型行为改变有关的研究，得出以下结论：实务工作者应该始终"假定除非经过某种形式的规划，否则泛化不会发生……采取行动时，要像天下没有'免费的'泛化一样——泛化绝不会'自然地'发生，而总是需要经过规划"（p. 365）。当然，无论是否经过规划，某一类和某种程度的泛化通常都是会发生的。无计划和无规划的泛化或许已经足够，但通常是不够的，对接受应用行为分析师服务的学习者（如有学习问题和发展性障碍的儿童和成人）而言尤其不够。另外，如果不加控制，无计划的泛化结果可能是不理想的。

要实现最佳的泛化结果，需要有考虑周到的、系统性的规划。这样的规划以两个重要步骤为起点：（1）选择符合自然强化依联的目标行为；（2）明确目标行为的所有理想变化，以及在教学结束后，这些行为应该（和不应该）发生的地点/情境。

选择符合自然存在的强化依联的目标行为

> 日常环境中充满了稳定、可靠和努力工作的强化来源，几乎所有的行为在我们看来都是自然的。正因如此，它们才会看起来如此自然。
> ——唐纳德·M. 贝尔（1999, p. 15）

人们提出了很多标准来确定所提出的教学目标是否符合学习者的需要或是否具有功能性。在为残障学生选择目标行为时，是否适合其年龄，以及一项技能所代表的正常化程度，常常被当作重要的标准（例如，Brown, McDonnell, & Snell, 2016）。第3章讨论了这些标准，以及其他很多在选择目标行为和排列优先顺序时应考虑的问题。然而，到头来，针对功能性，只有一个终极标准：一个行为只有在它达到能够为学习者产生强化的程度时才具有功能性。无论一个行为对一个人的健康或福祉而言有多么重要，也无论教师、家人、朋友或学习者本人如何认为该行为是理想的，这个标准都不会改变。我们重申：如果一个行为不能为学习者产生强化，它就不具有功能性。我们可以换一种说法：至少在某些场合无法产生强化物的行为无法得到维持。

艾伦和阿兹林（1968）认识到这一基本真理，他们建议实务工作者选择目标行为时遵循行为的关联性法则：只选择那些在学习者的干预后环境中会产生强化物的行为来改变。贝尔（1999）对这个标准的重要性深信不疑，并建议实务工作者遵循一项类似的规则。

> **一项好的规则是不制造任何不符合自然强化环境的刻意的行为改变**。打破这项规则，你将无限期地自行维持和扩展你想要的行为改变。如果你要打破这项规则，请在知情的情况下这样做。请确定你愿意并且能够做那些必须做的事情。（p. 16, 原文中强调的部分）

无论采用什么策略，任何有自然强化依联存在的行为改变要促进泛化和维持，都需要设法使学习者在泛化情境中发出该行为的频繁程度刚好足以接触到自然强化依联。在此以后，行为的泛化和维持虽做不到万无一失，但胜算很大。例如，在接受了有关操作方向盘、油门脚踏板和刹车的基本教学后，涉及移动车辆和道路的自然存在的强化和惩罚依联就会选择和维持有效的控制方向盘、加速和刹车行为。很少有驾驶者需要在操作方向盘、油门和刹车方面进行加强训练。

我们将**自然存在的依联**（naturally existing contingency）定义为任何独立于行为分析师或实务工作者的努力而运作的强化（或惩罚）依联。自然存在的依联包括没有社会中介而运作（如在结冰的人行道上快速行走通常会遭到滑倒的惩罚）的依联，以及在泛化情境中他人设计和实施的有社会中介的依联。一位特殊教育教师教授学生一套有针对性的社会和学业技能，对这些学生来说，普通教育教室就代表泛化情境，而由普通教育教师操作的代币经济就是他人安排设计和实施的有社会中介的依联的例子。虽然普通教育教师设计了代币经济，但它代表的是一组自然存在的依联，因为它已经在泛化情境中运作了。

我们将**人为设计的依联**（contrived contingency）定义为任何由行为分析师或实务工作者设计和实施以实现目标行为改变的获得、维持和／或泛化的强化（或惩罚）依联。前面的例子中的代币经济，从作为设计者和实施者的普通教育教师的角度来看，就是一种人为设计的依联。

实务工作者经常要承担一项艰巨的任务，即在没有可靠的自然存在的强化依联的情况下教授重要技能。在这种情况下，实务工作者应该认识到，目标行为的泛化和维持必须有人为设计的依联的支持，而且可能是无限期的支持，并据此制订计划。

明确目标行为的所有理想变化，以及这些行为应该（和不应该）发生的地点／情境

这一阶段为泛化结果制订的计划包括确定学习者需要做出的所有理想的行为改变，以及在直接训练终止后，目标行为应该出现的所有环境和刺激条件（Baer, 1999）。对某些目标行为而言，每个反应变化的最重要的刺激控制都是明确的（如读辅音—元音—辅音—字母 E 组成的单词），并且在数字上是受限制的（如解答个位数乘法题）。然而，对于很多重要的目标行为而言，学习者可能会遇到众多不同的环境和刺激条件，而在这些不同的环境和刺激条件下，一个行为也会以各种不同的反应形式来变成理想的行为。只有在教学前充分考虑这些可能性，行为分析师才能设计出最有可能使学习者做好准备的干预计划。

在某种意义上，为这部分泛化结果制订计划，类似于在不知道考题内容或形式的情况下帮助学生备考。一个（或多个）泛化情境中的各种刺激条件和强化依联就是学习者将面对的考题。实务工作者制订的计划包括确定期末考试的内容（问题的类型和形式）、是否会出现棘手的问题（如在不应该出现目标反应的情况下可能引发目标反应的混乱刺激），以及学习者是否需要以不同的方式使用新的知识或技能（反应泛化）。

列出所有需要改变的行为

列出所有需要改变的行为并不是一件容易的事，但这是了解未来的教学任务的全貌所必须做的事。例如，如果目标行为是教授孤独症男孩布赖恩跟人打招呼，那么在"嗨，你好吗？"之外，他还应该学习各种不同的问候语。布赖恩可能也需要学习其他行为以发起和参与对话，如回答问题、轮流等待、紧扣主题，等等。此外，他可能需要被教授什么时候做自我介绍、向谁做自我介绍。只有列出了目标行为的所有理想形式，实务工作者才能做出有意义的决定，即什么行为需要直接教授、什么行为留待泛化。

对于列出的所有行为改变，实务工作者应确定是否需要反应泛化，以及需要多大程度的反应泛化，然后针对自己希望看到的目标行为变化作为泛化结果列出优先顺序。

列出应该发生目标行为的所有地点和情境

如果要实现最佳泛化，则应列出学习者将发出目标行为的所有地点和情境。布赖恩将来需要向同龄儿童和成人、向男性和女性做自我介绍，并与这些人交谈吗？他将来需要与他人在家里、学校、午餐室和操场上交谈吗？他将来会遇到看起来是合适的谈话机但实际上并非如此的情况（如陌生成人靠近他并给他

糖果）吗？在这种情况下需要做出替代反应（如走开，寻找一个认识的成人）吗？（这种分析通常会导致在应教技能列表中增加额外的行为。）

在确定了目标行为应该发生的所有地点和情境后，应该根据其重要性和服务对象遇到这些情况的可能性高低排列优先顺序。接着，应该进一步分析完成排序的环境。在这些不同的地点和情境中，哪些区辨刺激通常会引发目标行为？在这些非训练的环境中，最常见的目标行为强化程序表是什么？在每个情境中，什么种类的强化物可能依联于发出目标行为？只有在行为分析师回答了以上所有的问题后——如果不是通过客观观察，至少也是通过仔细谨慎地估计——才能开始了解后续教学任务的全貌。

干预前的这些计划都值得做吗？

要获得前面所讲述的所有信息，需要投入大量的时间和精力。在资源有限的情况下，为什么不直接设计一项干预计划并立即开始尝试改变目标行为呢？的确，很多经过训练的行为显示出了泛化，尽管这些跨时间、跨情境和跨行为的扩展是无计划和无设计的。当选择的目标行为对个体而言真正具有功能性，以及当这些行为在与泛化情境有关的区辨刺激下已达到很高的熟练程度时，泛化的机会就会很大。但是，是什么让某些行为在不同的情境里成为熟练反应呢？哪些是所有相关情境中的所有相关区辨刺激呢？哪些是所有的相关情境呢？

如果没有一项系统性的计划，实务工作者通常会对这些重要问题的答案一无所知。很少有重要到足以被列为目标的行为只需如此有限的泛化结果，以至于这些问题的答案是那么显而易见。仅仅粗略地考虑一下与孩子做自我介绍有关的行为、情境和人物，就可以发现很多需要被纳入教学计划的因素。而一项完整的分析将会产生更多需要教授的行为。事实上，完整的分析将不可避免地揭示出更多受到时间或资源限制的需要教授的行为。布赖恩——这个正在学习跟人打招呼和自我介绍的 10 岁男孩——极有可能也需要学习很多其他技能，如自理、学业、娱乐和休闲技能，这些只是其中的几个例子。那么，既然无法教授所有的东西，为什么一开始还要列出清单呢？何不直接训练和盼望呢？[1]

贝尔（1999）讲述了列出所有行为改变的形式和它们应该发生的情境的六个可能的益处。

1. 现在你看到了你所面对的问题的全貌，因此也了解了你的教学计划需要包含的相应内容。
2. 如果没有教授问题的所有方面，你这样做是出于选择，而不是因为忘记了某些可能很重要的行为形式，或忘记了行为改变应该发生或不应该发生的一些其他的情况。
3. 如果没有教授问题的所有方面，导致产生了一套不够完整的行为改变，你也不会感到惊讶。
4. 你可以决定教授的比要学习的少，可能是因为这是你能实际做到或可能做到的事情。
5. 你可以决定教授什么是最重要的。你也可以决定以某种方式来教授希望出现的行为，并以此鼓励间接发展出该行为的其他形式，以及在某些你不会或不能直接教授的理想情境中，使该行为间接出现。
6. 但是，如果你选择上面的第 5 点所讨论的方案，而不是第 1 点所隐含的完整方案，那么你将会知道，如果你能直接教授每个理想的行为改变，理想的结果将更加确定。你所能采取的最佳行动是鼓励那些并非由你直接引起的行为改变。因此，你会选择第 5 个选项，要么是出于需要，要么是在仔细考虑了可能性、成本和效益之后的一场赌博。（pp. 10–11）

在确定了直接教授哪些行为和在哪些情境中教授这些行为后，行为分析师就可以考虑促进泛化结果的策略和技术了。

---

[1] 在没有制订和执行一项促进行为的维持与泛化的计划的情况下就教授一个新行为，这样的做法非常普遍，斯托克斯和贝尔（1977）称其为以"训练和盼望"（train and hope）的方法达到泛化。

促进泛化型行为改变的策略和技术

人们提出了很多促进泛化型行为改变的概念系统和方法学分类标准（例如，Horner, Dunlap, & Koegel, 1988; Osnes & Lieblein, 2003; Stokes & Baer, 1977; Stokes & Osnes, 1989）。这里提出的概念架构参考了这些作者和其他人的研究成果，以及我们在设计、实施和评估促进泛化结果的各种方法和教授实务工作者使用这些方法方面的经验。虽然人们展示了很多方法和技术，并赋予它们各种名称，但大部分能够有效促进泛化型行为改变的技术都可归类为五大策略方法。

- 教授全范围的相关刺激条件和反应要求。
- 使教学情境类似于泛化情境。
- 使目标行为在泛化情境中与强化的接触达到最大化。
- 中介泛化。
- 训练泛化。

在接下来的部分中，我们会描述并举例说明行为分析师使用上述五大策略的 13 项技术（参看图 30.4）。虽然每项技术都是单独描述的，但大部分促进泛化型行为改变的干预都会将这些技术结合起来应用（例如，Bord, Sidener, Reeve, & Disener, 2017; Grossi, Kimball, & Heward, 1994; Hughes, Harmer, Killina, & Niarhos, 1995; Trask-Tyler, Grossi, & Heward, 1994）。

教授全范围的相关刺激条件和反应要求
1. 教授足够的刺激范例。
2. 教授足够的反应范例。

使教学情境类似于泛化情境
3. 安排相同刺激。
4. 宽松教学。

使泛化情境中与强化的接触达到最大化
5. 教授目标行为达到自然存在的强化依联所要求的表现水平。
6. 安排不可区辨的依联。
7. 设定行为圈套。
8. 要求泛化情境中的人强化目标行为。
9. 教学习者赢得强化。

中介泛化
10. 人为设计一个中介刺激。
11. 教授自我管理技能。

训练泛化
12. 强化反应变异性。
13. 教授学习者泛化。

图 30.4　促进泛化型行为改变的策略和技术

教授全范围的相关刺激条件和反应要求

> 当教师想要建立泛化型行为改变时，最常犯的错误是教授一个泛化的范例，然后就期待学生从那个范例中实现泛化。
>
> ——唐纳德·M. 贝尔（1999, p. 18）

大多数重要的行为必须在各种各样的刺激条件下以各种方式表现出来。设想一个精通阅读、数学、与他人谈话和烹饪的人,他能阅读数千个不同的词汇,做各种数字组合的加减乘除运算,与他人交谈时能就多个话题发表相关和恰当的评论,能称量、组合各种食材,准备数百道菜。对实务工作者而言,帮助学习者做出范围如此广泛的表现是一项巨大的挑战。

应对这项挑战的一种方法是,在学习者未来可能需要某个目标行为的每一个地点/情境中,教授他该行为的所有理想形式。虽然这种方法不需要对反应泛化和地点/情境泛化进行设计(反应维持仍然是一个问题),但真正做到几乎是不可能的,也是不实际的。一位教师不可能对学生可能遇到的印在书本上的每一个字都提供直接教学,也不可能教授学生未来可能想做的每一道菜所需要的称量、倒水、搅拌和翻炒的动作。即使是在有可能教授每一个可能的例子的技能领域——可以教一位数乘两位数的全部900道乘法题——这样做也是不切实际的,原因有很多,其中一个是,学生不仅要学习很多其他类型的数学题,还要学习其他课程领域的技能。

一个名为**教授足够的范例**(teach enough examples)的策略由两部分组成,先教授学生对一个代表所有可能的刺激和反应范例的子集做出反应,然后探测学生在未经训练的范例上的表现。[1] 例如,要评估一名学生在两位数借位减法算术题上的解题能力的泛化情况,可以要求学生计算几道相同类型但未提供教学或引导练习的题目。如果这个泛化探测的结果显示,学生对这些未经教授的算数例题的反应是正确的,那么对这类问题的教学就可以终止。如果学生在**泛化探测**中表现不佳,那么实务工作者就教授更多的范例,然后再次评估学生在一组新的未经教授的范例中的表现。像这样教授新范例,然后再用未经教授的范例来探测的循环,要一直持续到学习者能够对代表泛化情境里全范围相关刺激条件和反应要求的未经训练的范例稳定一致地做出正确反应为止。

教授足够的刺激范例

促进地点/情境泛化的技术被称作教授足够的刺激范例(teach enough stimulus examples),指的是教授学习者对多个前提刺激条件范例做出正确反应,并探测学习者泛化到未经教授的刺激范例中的程度。每当教学内容本身的维度或教学环境背景发生改变时,一个不同的刺激范例就会被纳入教学计划。以下是四个维度的可供辨识和安排不同的教学范例的例子。

- 特定的**教学项目**(例如,乘法:7×2,4×5;字母的发音:a、t)
- 教授该项目时的**刺激背景**〔例如,以直式、横式、应用题的形式呈现乘法题;字母t在词首和词尾的发音:tab(标签)、bat(蝙蝠)〕
- 教学发生的**场景**(例如,学校里的大团体教学、合作型学习团体、家里)
- 开展教学的**人**(例如,教室里的教师、同学、父母)

一般而言,教学时使用的范例越多,学习者越有可能对未经训练的范例或情况做出正确反应。实现充分泛化所必须教授的范例数量会因相关因素的不同而有所不同,如教授的目标行为的复杂度、教学者采用的教学程序、学生在各种条件下发出目标行为的机会、自然存在的强化依联,以及学习者的泛化反应的强化历史。

有时只教两个范例就能在未经教授的范例上产生重要的泛化。斯托克斯、贝尔和杰克逊(1974)教授了四名很少问候他人或跟人打招呼的重度认知障碍儿童一个打招呼反应。该研究的资深作者充当宿舍助理,使用非条件强化物(薯片和M&M巧克力)和赞扬来塑造打招呼反应(至少举手来回挥动两次)。然后这位最初的训练者通过安排每天与每名儿童在不同地点(如游戏室、走廊、宿舍、庭院)进行3~6次接触来维

---

[1] 描述这个促进泛化型行为改变的策略的其他常见术语包括充足范例训练(training sufficient exemplars)、多样化训练(training diversely)和多范例训练(multiple-exemplar training)。

持学习者新学习的挥手反应。在整个研究过程中，有多达 23 名工作人员在每天的不同时段、不同的情境下系统地接近这些儿童，并记录他们是否通过做出挥手反应来跟他们打招呼。如果在探测时，儿童通过挥手向探测者打招呼，探测者会回应："嗨，（名字）。"探测者每天对每名儿童实施大约 20 个这样的泛化探测。

其中一名儿童（克里）在仅跟一位训练者学会打招呼反应后，就能恰当地对大多数工作人员使用这个反应，展现了良好的地点 / 情境泛化。然而，其他三名儿童虽然在不同的情境中几乎每次都会跟原先的训练者打招呼，但大多数时候不会跟其他工作人员打招呼。于是，第二位工作人员开始强化和维持这三名儿童的打招呼反应。在增加了第二位训练者后，三名儿童开始对其他工作人员产生广泛的泛化反应。斯托克斯等人（1974）的研究之所以重要，至少有两个原因。第一，该研究展示了对跨很多范例（在此研究中指的是人）的地点 / 情境泛化进行连续评估的有效方法。第二，该研究表明，仅教授两个范例，也可以产生广泛的泛化。

教授足够的反应范例

提供包含多种反应形态练习的教学有助于确保学习者获得理想的反应形式，并促进以未经训练的反应形态为形式的反应泛化。常被称作**多范例训练**的策略一般包括刺激和反应的变化。[1] 多范例训练已被用来促进不同的学习者对各种行为的泛化：孤独症儿童的听觉—视觉区辨任务（Carr, 2003）、共情技能（Sivaraman, 2017）、分享行为（Marzullo-Kerth, Reeve, Reeve, & Townsend, 2011）、残障儿童和青年人的食物准备（Trask-Tyler, Grossi, & Heward, 1994）、居家技能（Neef, Lensbower, Hockersmith, DePalma, & Gray, 1990）、职业技能（Horner, Eberhard, & Sheehan, 1986）、寻求帮助行为（Chadsey-Rusch, Drasgow, Reinoehl, Halle, & Collet-Klingenberg, 1993），以及大学生辨识行为分析术语的定义（Meindl, Ivy, Miller, Neef, & Williamson, 2013）。[2]

四名有中度认知障碍的高中女生参与了休斯及其同事（1995）的一项研究，该研究评估了一项被称为多范例自我指示训练（multiple-exemplar self-instructional training）的干预对她们获得和维持跟同伴交谈互动的影响。这些女生被推荐参与这项研究，是因为她们主动与同伴交谈或对同伴试图与她们交谈的回应的"比率很低或完全没有"，而且极少保持目光接触。其中一名女生塔尼娅最近在一家餐厅求职失败，因为她"在面试时沉默寡言且缺乏目光接触"（p. 202）。

休斯及其同事的干预计划中的一个关键元素是参与者和不同的同伴导师练习各种对话的开头和陈述语句。他们从普通教育教室招募了 10 名同伴导师作为志愿者，协助将对话技能教授给参与者。这些同伴导师有男有女，来自高中九年级至十二年级，有非洲裔、亚洲裔和欧洲裔美国人。参与者没有学习脚本化的对话开场白，而是使用从普通教育学生常用的对话开场白列表中挑选出来的多个开场白的例子进行练习。此外，鼓励参与者将对话语句调整成各自惯用的话语，通过增加在后续对话中可能会用到的语句的数量和范围，进一步促进泛化反应。

在进行多范例训练之前、期间和之后，对每名参与者使用自我指示、目光接触以及跟对话伙伴开启对话和回应的情况进行泛化探测。有 23~32 名学生成为参与者的对话伙伴，他们代表了全校学生的全范围特征（如性别、年龄、种族、有无残障），而且其中有的是参与者在研究开始之前认识的人，有的是原先不认识的人。在多范例训练期间，四名参与者开启对话的比率增加至接近普通教育学生的水平，并在训练完全终止后仍然维持在相同的比率上（参看图 30.5）。

---

[1] 拉弗朗斯、塔博克斯和霍瑟（LaFrance, Tarbox, & Holth, 2019）提出了混合操作教学（mixed operant Instruction）这一术语，用以描述在针对不同操作进行的连续尝试之间快速轮换的教学方式。跨语言操作（如要求、命名、交互式语言）而教授同一个目标（如水），可以促进语言操作之间的功能性相互依赖，以及讲者与听者技能库之间的功能性相互依赖（Fiorile & Greer, 2007; Greer, Stolfi, Chavez-Brown, & Rivera-Valdes, 2005; Nuzzolo-Gomez & Greer, 2004; Olaff, Ona, & Holth, 2017）。

[2] 霍瑟（2017）指出，在两种情况下，多范例训练是无效的：（1）当没有物理维度可以使泛化反应出现时；（2）当一个前提刺激与一个有效反应之间的关系较为复杂时。

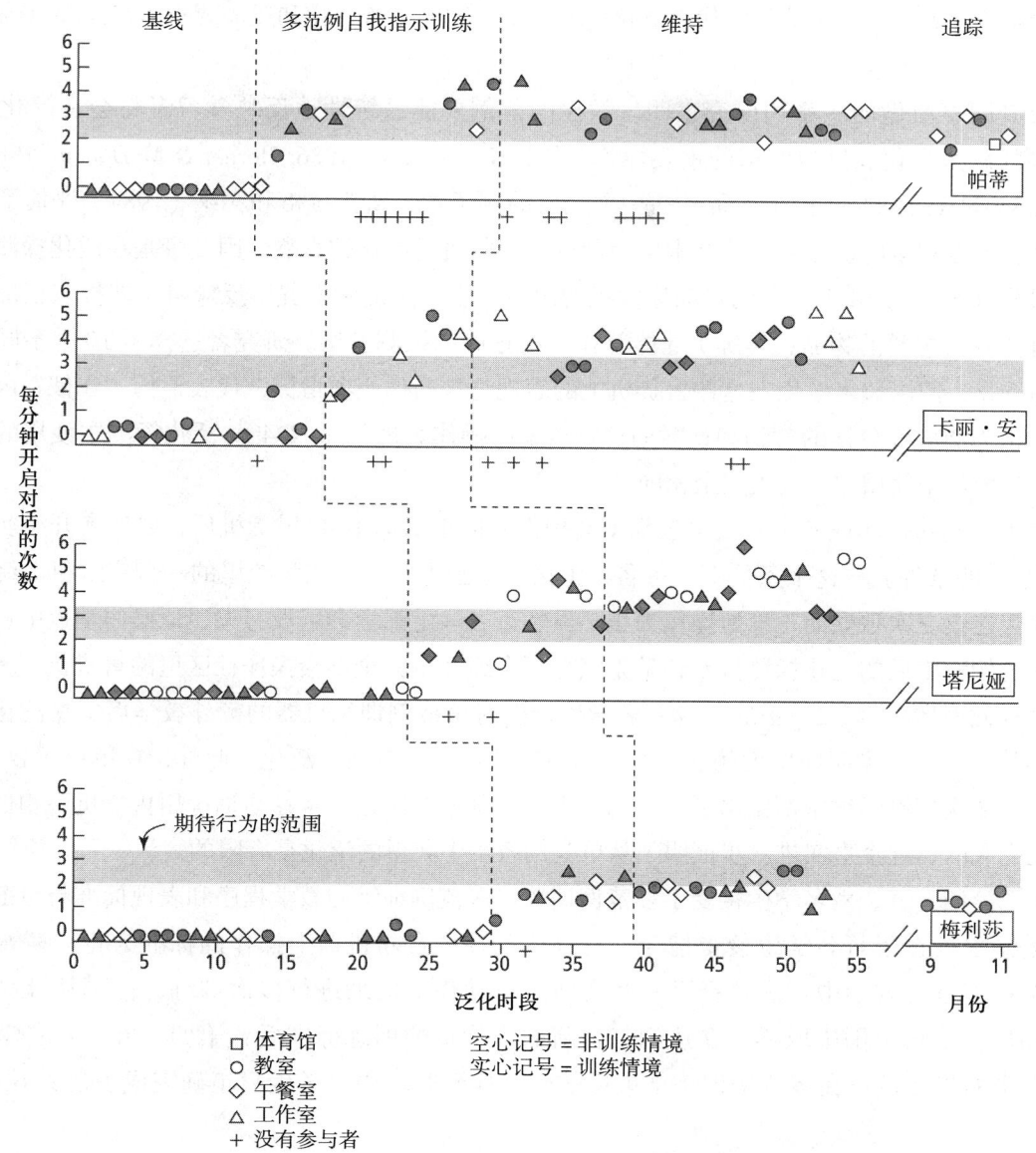

图 30.5 四名残障高中生在泛化时段每分钟向有残障或无残障谈话伙伴开启对话的次数。阴影部分代表普通教育学生的典型表现。

引自 C. Hughes, M. L. Harmer, D. J. Killina, & F. Niarhos (1995). The Effects of Multiple-Exemplar Training on High-School Students' Generalized Conversational Interactions. *Journal of Applied Behavior Analysis*, 28, p. 210. 经约翰威立出版有限公司授权转载。

一般案例分析

教授一名学习者对多重范例做出正确反应,并不能保证学习者会将这些反应泛化到未经教授的范例中。为了实现最佳泛化和区辨,行为分析师应该密切关注在教学过程中挑选使用的特定范例,而不是教什么例子都可以。最有效的教学设计中选择的教学范例必须能够代表自然环境中全范围的刺激情况和反应要求。[1] **一般案例分析** [general case analysis, 也被称作一般案例策略(general case strategy)] 是一种选择

---

[1] 关于如何全面而缜密地选择和对教授范例进行排序,以实现最佳效果和最佳效率的课程设计,请参看恩格尔曼和卡尔奈恩(Engelmann & Carnine, 1982)的《教学理论:原理与应用》(*Theory of Instruction: Principles and Applications*)。此外,克里奇菲尔德和特怀曼(2014),以及特怀曼、莱宁、斯蒂莱瑟和霍宾斯(Twyman, Layng, Stikeleather, & Hobbins, 2004)也从最大化学习成果的角度讨论了课程设计。

教学范例的系统性方法，用于选择能代表泛化情境中全范围的刺激变化和反应要求（Albin & Horner, 1988; Becker & Engelmann, 1978）。

霍纳及其同事所做的一系列研究表明，教授的范例要能系统性地反映学习者将会在泛化情境里遇到的全范围的刺激变化和反应要求的重要性（例如，Horner et al., 1986; Horner & McDonald, 1982; Horner, Williams, & Steveley, 1987）。在这类研究的一个经典的例子中，斯普拉格和霍纳（1984）评估了一般案例教学对六名有中度到重度认知障碍的高中生使用自动售货机的泛化的影响。因变量是在泛化探测时，每名学生正确操作社区中的10个不同的自动售货机的次数。学生正确做出五个反应链（即投入正确数量的钱币，启动机器获得想要的物品，等等）才能算作一次正确的探测尝试。研究者选择了10个不同的自动售货机来评估泛化，因为每名学生在这些售货机上的表现将被当作一项指标，代表他们"在俄勒冈州尤金市所有售卖价格为20~75分钱的食物和饮料的售货机上的操作表现"（p. 274）。泛化探测中使用的自动售货机没有一个与教学中使用的售货机完全相同。

在一个单一基线探测证实了六名学生都不会操作社区里的那10台售货机后，研究者开始实施被称为"单范例教学"的条件。在这个条件下，每名学生接受单独训练，要在学校里的一台售货机上练习到能连续两天、每天连续三次独立而正确地操作为止。虽然每名学生都学会了没有失误地操作学校中训练用的售货机，但单范例教学后的泛化探测显示，学生完全不会或几乎完全不会操作社区里的售货机（参看图30.6中的第二个探测时段）。第二、三、五和六名学生接受对单范例训练机器的额外教学后，在泛化探测中的表现仍然不尽人意，这说明在单范例上"过度学习"并不一定有助于泛化。此外，在单范例教学结束后，所有的学生在8次探测尝试中都做出了正确的表现，而其中7次是学生在与训练用售货机最相似的一号泛化售货机上完成的，这个事实进一步证明了从单范例教学中获得的泛化是有限的。

接下来，第四、五、六名学生接受了多范例训练。多范例训练的教学程序和表现标准与单范例条件下的相同，不同之处在于每名学生接受指导，直到达到在三台新机器上操作的标准为止。斯普拉格和霍纳（1984）在多范例教学中刻意选择了一些类似的自动售货机来进行多次训练，但不从社区售货机的刺激变化和反应要求范围中取样。在达到三台新的售货机的训练标准后，第四、五、六名学生还是无法操作社区中的售货机。在多范例训练结束后的6个探测时段中，学生只正确完成了总共60次尝试中的9次。

接下来，研究者引入一般案例教学，以多基线跨被试的方式进行。这一条件基本上与多范例教学相同，不同之处在于，现在一般案例教学所使用的三台新机器，加上单范例教学所使用的一台，为学生提供了覆盖社区售货机的全范围的刺激变化和反应要求的机会。然而，这三台新的训练机没有一台与泛化探测时使用的机器完全相同。在六名学生达到一般案例机器的训练标准后，每名学生在社区里的10台未经训练使用的售货机上的操作取得了明显的进步。斯普拉格和霍纳（1984）推测，第三名学生之所以在接受一般案例教学后的第一次泛化探测中表现不佳，是因为他在之前的探测中已经形成了仪式化的投币方式。第三名学生在第5个和第6个探测时段之间接受重复的投币训练后，他在机器上的泛化表现有了很大的改善。

负向的或"不要做它"教学范例

教授学生在什么时候、什么地方使用一项新的技能或某些知识，并不意味着他也会知道在什么时候、什么地方不要使用这个新学到的行为。例如，布赖恩需要学习不要对过去大约一个小时内刚打过招呼的人重复说"嗨，你好吗？"学习者必须被教授区辨在哪些刺激条件下发出反应是恰当的，在哪些刺激条件下发出反应是不恰当的。

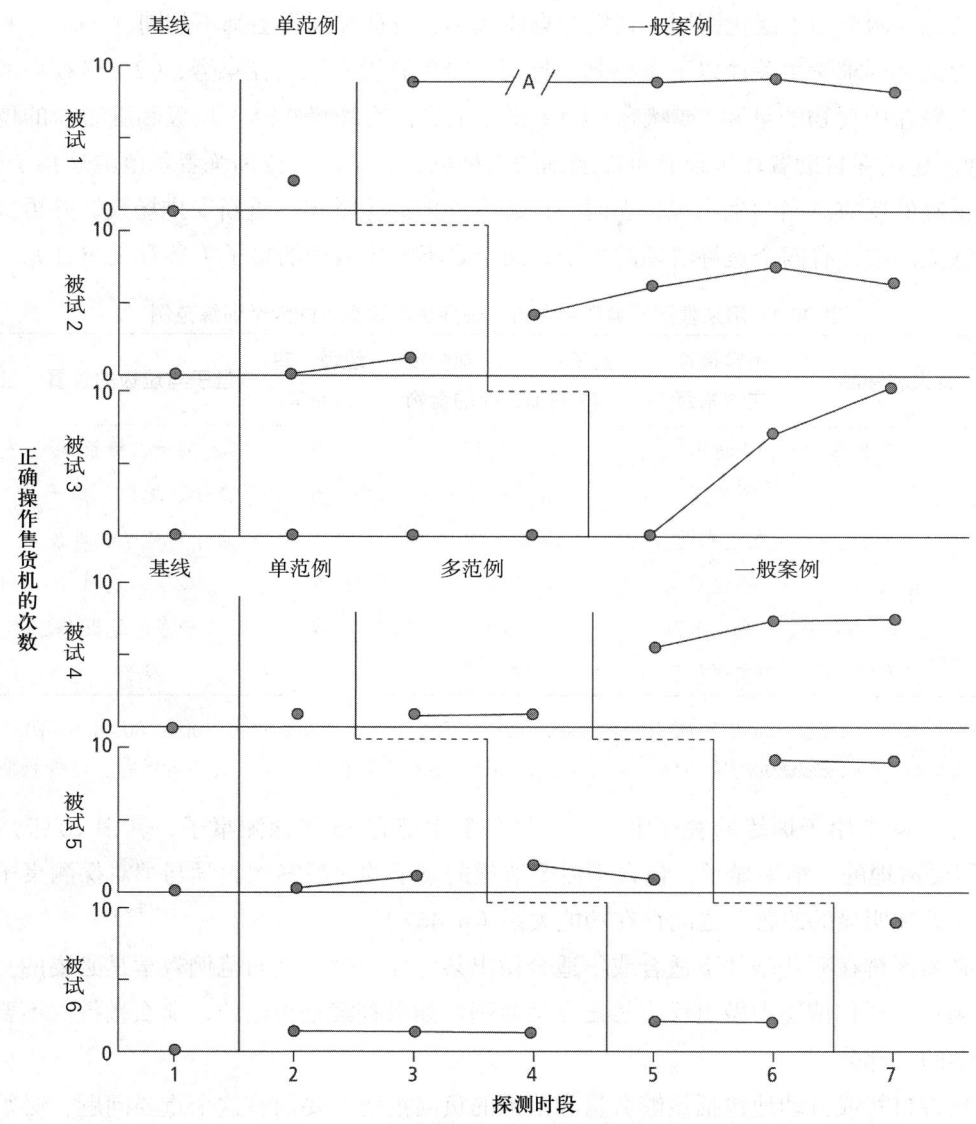

图 30.6 学生在跨阶段和跨探测时段中未经训练而正确操作售货机的次数

引自 J. R. Sprague & R. H. Horner (1984). The Effects of Single Instance, Multiple Instance, and General Case Training on Generalized Vending Machine Use by Moderately and Severely Handicapped Students. *Journal of Applied Behavior Analysis*, 17, p. 276. 经约翰威立出版有限公司授权转载。

将"不要做它"("don't do it")范例与正向范例混合在一起的教学，为学习者提供了练习区辨的机会，在什么刺激条件下不应发出（即 $S^{\triangle}$）目标行为，在什么刺激条件下发出目标行为是恰当的。[1]这样能使掌握很多概念和技能所需的刺激控制更加精准。

霍纳、埃伯哈德和希恩（Horner, Eberhard, & Sheehan, 1986）将"不要做它"的范例纳入训练计划中，教授四名有中度到重度认知障碍的高中生在自助餐厅里清理桌子。要做到正确清理桌子，学生必须撤除桌子上所有的碗盘和刀叉，移除桌子上、椅子上和桌子四周地面上的垃圾，擦拭桌面，摆好椅子，将脏了的餐盘和垃圾放到适当的容器中。此外，也教授学生使用卡片询问顾客是否用餐完毕。教学过程涉及三个地

---

[1] 帮助学生区辨何时不做出反应的教学范例（即 $S^{\triangle}$）有时也被称作负向范例（negative examples），并与正向范例（即 S^{D}）相对应。然而，在我们教授这个概念时，实务工作者告诉我们，负向教学范例（negative teaching example）这个名词暗示教师是在向学习者示范或展示如何不做出目标行为。通过为学生提供一些如何不表现某种行为的示范（即负向范例），可能对某些行为的理想形态上的教学会有帮助。但"不要做它"范例的功能是帮助学习者区辨那些发出"这个场合不适合做出反应"的信号的前提条件。

点,一个用于训练,两个用于泛化探测,它们在桌椅大小、特征和摆设上都不相同。

每个训练尝试都要求学生关注以下餐桌刺激特征:(1)有没有人坐在桌旁;(2)坐在桌旁的人是不是在吃东西;(3)餐盘中食物的量和/或状态;(4)桌子上有没有垃圾;(5)垃圾和脏餐盘的位置。每个训练时段 30 分钟,包括在自助餐厅里最有可能遇到的六种桌子类型。一位训练者示范清理桌子的正确动作,并用语言辅助正确的反应。当学生出现错误时,训练者立即制止学生,重新安排场景,并再次提供示范和协助。六个训练范例中,有四个是待清理的桌子,两个是不需要清理的桌子(参看表 30.1)。

表 30.1 用来教授残障学生在自助餐厅里清理桌子的六个训练范例

训练范例	有人和物品	顾客是否在吃东西	盘子:空的/部分残留/刚加进新的食物	垃圾:有或没有	盘子与垃圾的位置	正确的反应
1	0人+有物品	不适用	部分残留	有	桌子、椅子	不清理
2	0人	不适用	部分残留	有	桌子、地板、椅子	清理
3	2人	在吃东西	新的食物	有	桌子、椅子、地板	不清理
4	0人	不适用	空的	有	桌子、地板	清理
5	1人	不在吃东西	空的	有	椅子、地板	清理
6	2人	不在吃东西	空的	有	桌子	清理

引自 R. H. Horner, J. M. Eberhard, & M. R. Sheehan (1986). Teaching Generalized Table Bussing: The Importance of Negative Teaching Examples. *Behavior Modification*, 10, p. 465. 1986 年版权归世哲出版公司所有。经授权使用。

泛化探测在两家未用于训练的餐厅中进行。每名学生都有 15 张探测桌子,其中 10 张是待清理的状态,5 张是不需要清理的。结果显示,包含不需要清理的桌子的一般案例教学与"对探测桌子做出正确反应的百分比有立即和明显的改善"之间存在功能关系(p. 467)。

当学习者必须区辨在哪些条件下适合或不适合做出某种反应时,负向范例教学是必要的。实务工作者应该问这个问题:在泛化情境中做出反应总是合适的吗?如果答案是否定的,那么教授"不要做它"范例就应该成为教学的一部分。

教学情境是否自然或自动地包括足够数量和范围的负向范例?要回答这个重要问题,必须分析教学情境。实务工作者可能需要人为安排一些负向教学范例,而不应该假定自然环境将自然而然地呈现足够多的负向范例。在自然环境中进行训练,并不能保证学习者能接触到完成训练后的泛化情境中可能遇到的刺激条件。例如,在清理桌子的研究中,霍纳等人(1986)指出,"某些日子里,训练者必须主动安排一种或多种桌子类型,以确保学生能接触到某个并非可'自然地'接触到的桌子类型"(p. 464)。

"不要做它"教学范例的选择和排序应该以它们与正向范例(即 S^D)的差别程度为依据。最有效的负向教学范例和正向教学范例会共享很多相关特征(Horner et al., 1988)。例如,霍纳等人(1986)使用的"不需要清理"桌子与"需要清理"桌子就有很多共同特征(参看表 30.1)。这种差别最小的负向教学范例有助于学习者以自然环境所要求的精确度来完成目标行为。差别最小的负向教学范例有助于消除由过度泛化和错误刺激控制导致的"泛化错误"。

使教学情境类似于泛化情境

加州州立大学弗雷斯诺分校教练帕特·希尔认为,加州州立大学弗雷斯诺分校斗牛犬橄榄球队第一次赴俄亥俄体育场的比赛是一次全新的体验。所以上周在加州州立大学弗雷斯诺分校体育场练习时,希尔教练雇用了演出团体,在两小时的练习时间里,以大约 90 分贝音量演奏俄亥俄州立大学战歌。希尔教练说："我们制造了一些噪声和气氛，让我们有一种在现场比赛的感觉。"

——哥伦布·迪斯帕奇（Columbus Dispatch, 2000年8月27日）[1]

促进泛化的一个基本策略是，将学习者在泛化情境中可能接触到的刺激纳入教学情境当中。教学情境与泛化情境越相似，在泛化情境中发出目标行为的可能性越高。刺激泛化的原理指出，一个行为过去被强化过，在与那时的刺激条件非常相似的刺激条件下，这个行为可能就会出现，而在与训练刺激明显不同的刺激条件下，这个行为可能就不会出现。

刺激泛化是一个相对的现象：泛化情境中的刺激条件与教学中的刺激条件越相似，发出经过训练的反应的概率越高，反之亦然。与教学情境显著不同的泛化情境可能无法为目标行为提供充分的刺激控制。这样的情境可能还包含阻碍目标行为的刺激，因为那些刺激的新异性会让学习者感到困惑或诧异。在教学情境中让学习者接触会在泛化情境经常出现的刺激，可以提高这些刺激对目标行为产生刺激控制的可能性，同时让学习者做好准备来面对泛化情境中出现的可能会阻碍行为表现的刺激。应用行为分析师用来实施这一基本策略的两种技术是安排相同刺激（program common stimuli）和宽松教学（teach loosely）。

安排相同刺激

安排相同刺激是指将泛化情境的典型特征纳入教学情境中。虽然行为分析师为这一策略冠上了专有名称，但长久以来，很多领域中的成功的实务工作者一直在使用这种技术促进泛化型行为改变。例如，教练（如加州州立大学弗雷斯诺分校的希尔教练）、音乐教师、剧场导演都会举行教学比赛、模拟试镜和正式彩排，以训练他们的运动员、音乐家和演员在与"真实世界"的场景、音效、材料、人物和程序尽可能相似的情境中展现重要的技能。

范登波尔及其同事（1981）在教授三名年轻的残障成人学习如何在快餐店点餐和用餐时安排了相同的刺激。研究者在教室里使用了很多来自真实餐厅的物品和照片，以模拟真实餐厅里的刺激条件。教室的墙上贴着印有麦当劳的各种汉堡的图片和名称的塑胶标志，一张桌子被改造模拟"柜台"，用于角色扮演付款。用60张取自真实餐厅的照片制作成的幻灯片显示了顾客可能遇到的情况的例子，让学生练习对这些情况做出反应。

博尔（Bord）及其同事（2017）在教授一名孤独症儿童滑冰时，提供了一个安排相同刺激的例子。研究者在与滑冰场大小相同的椭圆形内，用大圆锥体设置了一个轮滑环境。它们还包括一些相同的特征，如人群（如出现在中央、场边，或没有人），不同时段的滑行方向（即顺时针、逆时针），以及播放音乐或没有音乐。

为什么要如此大费周章地模拟泛化情境？何不就在泛化情境里进行教学，以确保学习者能体验到情境中的所有相关方面呢？第一，在自然情境里进行教学有时是不太可能实现的，或不切实际的。可能没有足够的资源和时间把学生接到社区的真实情境里进行教学。

第二，社区实地训练可能无法让学生接触到以后会在同一情境中遇到的全范围例子。例如，如果学生在上学时间接受杂货店购物或过马路的现场实地教学，可能就不会体验到晚上经常出现的收银台前排长队或交通堵塞的情况。

第三，相比于教室教学，自然情境中的教学效果和效率可能会比较低，因为训练者无法阻止事件的自然发展，以设计出训练尝试所需的最佳数量和顺序（例如，Neef, Lensbower, Hockersmith, DePalma, & Gray, 1990）。

---

[1] 希尔教练模拟到俄亥俄州立大学"鞋子球场"做客的球队必将遭受噪声干扰的努力可能有点帮助；他的球队在比赛中一共得分两次。然而，这样的一些泛化设计并不能克服其他变量的影响，尤其是主场球队压倒性的优势。最终得分：七叶树队43分，斗牛犬队10分。

第四，模拟情境中的教学可能会更安全，尤其是当目标行为必须在有潜在危险的环境中进行时，或是当执行错误会产生严重的后果时（例如，Miltenberger et al., 2005），或是当儿童或有学习问题的成人必须实施复杂的程序时。如果程序涉及侵入身体，或练习过程中出现错误时会有潜在危险，就应该采用模拟训练。例如，尼夫、帕里什、汉尼根、佩奇和艾瓦塔（Neef, Parrish, Hannigan, Page, & Iwata, 1990）教授有神经性膀胱并发症的儿童用玩偶娃娃来练习自我导尿技能。

安排相同刺激是一个两步骤的过程：(1) 找出具有泛化情境特征的显著刺激；(2) 将这些显著刺激纳入教学情境。实务工作者通过直接观察或询问熟悉泛化情境的人，可以辨识出泛化情境中可能存在的刺激，将其纳入教学中。实务工作者应该观察泛化情境并记下其中重要到应被纳入训练中的突出特征。当无法直接观察时，实务工作者可以通过访谈或将核查表交给那些对泛化环境有第一手知识的人——在该泛化情境中居住或工作，或基于其他原因而熟悉泛化情境的人，来获得第二手知识。

如果可能的话，实务工作者在教学中所使用的强化物应该与目标行为在泛化情境中通常会产生的强化物相同。一旦学习者在自然环境中接触到那个或那些强化物，强化物本身就可以充当目标行为的区辨刺激（例如，Koegel & Rincover, 1977）。

如果泛化情境中有无法在教学情境中复制或模拟的重要刺激，那么就必须在泛化情境中进行至少一部分训练尝试。不过，如同先前指出的，实务工作者不应假定社区实地教学一定能保证学生接触到与泛化情境共有的所有重要刺激。

宽松教学

应用行为分析控制干预程序并将其标准化，以便最大化直接效果，并使干预效果能被他人解读和复制验证。然而，将教学程序限制在"精确重复的少数刺激或形式上，事实上，可能会相应地限制所学内容的泛化"（Stokes & Baer, 1977, p. 358）。在某种程度上，泛化型行为改变可以被视为与严格的刺激控制和区辨背道而驰。因此，促进泛化的一项技术是在教学中尽可能多地改变前提刺激的各种非关键维度。

宽松教学就是在教学时段内和跨教学时段随机改变教学情境的非关键方面。这种策略在促进泛化方面有两个优点或理由。第一，宽松教学减少了单一或一小群非关键刺激对目标行为获得绝对控制的可能性。一个目标行为如果不经意地被一个教学情境里偶尔出现但不总是出现的刺激所控制，那么不一定会在泛化情境里出现。这里有两个例子可以说明这种错误刺激控制。

- **遵从教师的指令**：当教师以高声和严肃表情发出指令时，学生会因遵从教师的指令而获得强化，而当教师发出的指令只包含这两个非关键变量中的一个或两个都没有时，学生可能就不会遵从指令。遵从教师指令的区辨刺激应该是教师指令的内容。
- **组装自行车的链轮**：自行车厂的一名新员工无意间学会了组装后轮的链轮，她先将一个红色链轮放在一个绿色链轮上，再将绿色链轮放在蓝色链轮上，因为在她接受培训那天，一款正在生产的特定车型的链轮组的颜色排列就是这样的。然而，正确组装一组链轮和个别链轮的颜色无关，真正相关的变量应该是链轮的相对大小（即最大的链轮放在最底层，然后放次大的，以此类推）。

在教学过程中，系统性地改变非关键刺激的出现或不出现，会大幅降低一个功能不相关的因素——教师说话的音调或链轮的颜色——获得对目标行为的控制的机会（Kirby & Bickel, 1988）。

开展宽松教学的第二个理由是，在教学中纳入各种各样的非关键刺激可以增加泛化情境包含教学情境的某些刺激的概率。从这个意义上说，宽松教学扮演的角色有点像在安排相同刺激时希望能够一举成擒的努力，使学生的表现不太可能在一个"陌生的"刺激出现时受到阻碍或"脱离原来的轨道"。

对前述两个例子应用宽松教学可能会导致以下结果：

- **遵从教师的指令**：在教学期间，教师改变先前提到的所有因素（如音调、面部表情），再加上在站着或坐着、从教室中的不同位置、在一天中的不同时间、在学生单独一人或在群体里、在将目光从学生身上移开时等不同的情况下发出指令。在每一个实例中，强化都依联于学生遵从教师的指令内容，无论任何非关键特征是否存在。
- **组装自行车的链轮**：在培训期间，新员工在组装的链轮有各种不同的颜色、链轮以不同顺序送来、在工厂车间很繁忙时、在不同班次的不同时段、是否播放音乐等不同的情况下组装链轮。无论这些非关键因素存在与否，无论它们的数值如何，强化都依联于按照相对尺寸正确组装链轮。

宽松教学很少被当作一种独立的策略来使用，它通常是在需要在不同的地点或情境进行高度变化的泛化时所使用的干预中可明确辨认的一个成分。例如，霍纳及其同事（1986）通过系统但随机的方式改变桌子的位置、每张桌子容纳的人数、桌子上的食物是全部吃完还是部分吃完，以及垃圾的数量和位置等方式，将宽松教学纳入清理桌子的训练计划中。休斯及其同事（1995）则是通过更换同龄教师和训练地点的方式纳入宽松教学。博尔及其同事（2017）的研究通过在教学情境中改变音乐类型（如摇滚、古典，或不播放音乐）和音量（如80分贝、60分贝、40分贝）来反映学习者在泛化情境中可能遇到的各种音乐。在采用环境（milieu）教学法、随机（incidental）教学法、自然主义（naturalistic）教学法的语言训练计划中，宽松教学通常是一个可辨认的特征（例如，Charlop-Christy & Carpenter, 2000; McGee, Morrier, & Daly, 1999; Warner, 1992）。

针对单独使用宽松教学的效果进行评估的研究报告很少。坎贝尔和施特雷梅尔－坎贝尔（Campbell & Stremel-Campbell, 1982）的实验是一个例外，他们评估了宽松教学作为促进两名中度认知障碍学生在新获得的语言技能上的泛化的策略的有效性。学生被教授在下列句型中正确使用"is"和"are"这两个词：在"wh"开头的问句中［如"What are you doing？"（你在做什么？）］，在一般疑问句［如"Is this mine？"（这是我的吗？）］和陈述问句［如"These are mine？"（这些是我的吗？）］中。以他们的个别化教育计划指定的教学活动为背景，每名学生接受两次15分钟的语言训练，一次是在一项学业任务中，另一次则是在一项自理任务中。学生可以根据各种自然出现的刺激主动发起语言互动，而教师可以通过故意放错教材或提供间接辅助来试着引发学生做出陈述或提出问题。在每日两次15分钟的自由游戏时间中做的泛化探测显示，在宽松教学时段获得的语言结构取得了良好的泛化效果。

在引入很多"宽松"之前，学习者应已在相当受限、简化和一致的条件下建立起目标行为的表现，这在教授复杂或困难的技能时尤为重要。只有非关键（即功能不相关）的刺激才应该被"放松"。实务工作者不应在不经意间放松那些在泛化情境中发挥可靠的区辨刺激作用的刺激（S^D），或放松那些作为"不要做它"范例的刺激（$S^{\triangle}$）。在发出何时该反应、何时不该反应的信号方面已知发挥重要作用的刺激，应该系统化地被纳入教学计划里作为教学范例。对某项技能而言不具有功能相关的刺激可能是另一项技能的关键性区辨刺激（S^D）。

贝尔（1999）将"变化教学情境或程序的非关键方面"这一概念推导到逻辑的极限，提出了以下关于"宽松教学"的建议。

- 由两位或更多位教师负责。
- 在两个或更多个地点进行教学。
- 在各种不同的位置进行教学。

- 变化你的音调。
- 变化你的用语。
- 从不同的角度呈现刺激，有时用这只手，有时用那只手。
- 有时有其他人在场，有时没有其他人在场。
- 在不同的日子穿明显不同的衣服。
- 变化强化物。
- 有时在较明亮的灯光下教学，有时在较昏暗的灯光下教学。
- 有时在吵闹的环境下教学，有时在安静的环境下教学。
- 在任何情境中，变化其装饰、家具和其所在的位置。
- 当你和其他人负责教学时，变化一天中教学的时段。
- 变化教学情境的温度。
- 变化教学情境的气味。
- 在可能的限制范围内，变化教学的内容。
- 尽可能频繁地、在学生预料不到的情况下实施上述各项。（p.24）

当然，贝尔（1999）并非建议教师在教授每个行为时变化以上所有因素。但是，在教学中建立合理的"宽松度"是教师在规划泛化的整体事项中的一个重要环节，而不是落入"训练和盼望"的困境。

比较教授足够的范例、安排相同刺激和宽松教学。教授足够的范例、安排相同刺激和宽松教学是以刺激控制原理为基础的促进泛化结果的三种相关的策略。每种策略都需要在教学中系统化地选择、呈现和变化前提刺激。教一位新手司机平行停车的教学计划可能包含这三种策略和刺激范例，表30.2列出了它们各自的定义和基本原理。

表 30.2 教授足够的范例、安排相同刺激和宽松教学的比较

策略	基本原理	范例：教授平行停车
教授足够的范例——选择和教授代表通常在泛化情境中出现的全范围的关键相关刺激变化和反应要求的范例。	提高在泛化情境中遇到未经教授的范例时做出正确反应的可能性。	· 有不同长度的停车位 · 在停车位的前方、后方或前后两方停放着其他车辆 · 开自己的车、朋友的车、租来的车 · 赶时间/约会要迟到了 · 有"禁止停车"的标志或停车计时器被布套遮盖 · 乘客质疑司机的平行停车能力
安排相同刺激——将已知或很可能存在于泛化情境中的刺激纳入教学情境。	提高地点/情境泛化的可能性。	· 交通堵塞、交通量很低或完全没有 · 车上有一位或多位乘客 · 人行道上有行人 · 收音机打开/关闭 · 白天或晚上
宽松教学——在教学时段内和跨教学时段变化功能不相关的刺激。	（1）将一个不相关刺激获得对目标行为的刺激控制的可能性降到最低；（2）安排相同刺激，达到学习者在泛化情境里会遇到任何"宽松"刺激的程度。	· 以不同音量播放音乐、体育或新闻广播 · 乘客（们）和驾驶者说话，或彼此交谈 · 天气：晴、雨、雾、雪 · 在停车位的前方和/或后方停放着昂贵的汽车 · 附近有警察或警车

这三种策略的不同之处在于某个特定的前提刺激对目标行为的关键程度，以及在教学过程中对这个刺激的辨识和控制的精确程度。图30.7呈现了三种策略的比较情况。宽松教学出现在重要性与精确度连续体的一端，在应用这个策略时，在教学时段内和跨教学时段随机地变化非关键刺激。在另一端的则是教

授足够的范例,在应用这个策略时,必须辨识代表泛化地点/情境的关键特征的范例并精准呈现。相对而言,安排相同刺激处于连续体的中间位置,并与两项技术都有交集。

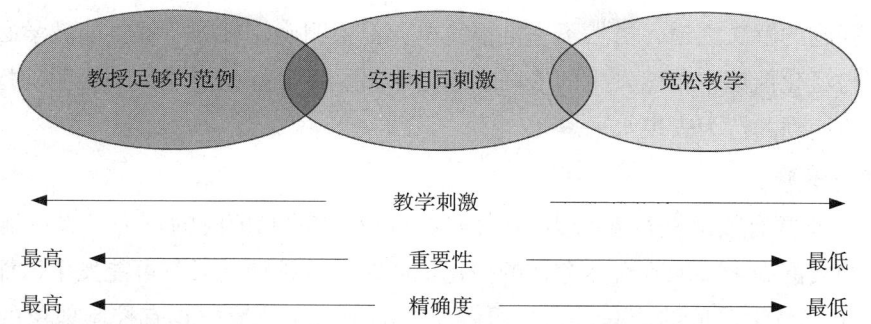

图 30.7 促进泛化的策略:教授足够的范例、安排相同刺激和宽松教学,所选择使用的教学刺激的相对重要性与相对精确度的比较。

判断某个刺激在重要性这一连续体上处于什么位置可能是一件令人困惑的事情。教授平行停车时,是应该将当时的交通量纳入特定的教学范例中,还是应该将其作为一个相同刺激来安排?是应该将乘客跟司机交谈或乘客之间交谈作为一个相同刺激来安排,还是应该把它当成宽松教学中予以变化的各种非关键刺激之一?在这两个例子中,任何一个答案都是有道理的。这些问题没有正确或错误的答案,但并不妨碍计划和实施泛化型行为改变的教学。重要的是,要将所有潜在相关的刺激纳入考量。我们建议实务工作者采取保守的做法来整合落在这些策略的重叠部分的刺激:在教学计划中,将可以作为教学范例或相同刺激的刺激建立为特定教学范例,将落在安排相同刺激与宽松教学之间的刺激安排为相同刺激。

使泛化情境中与强化的接触达到最大化

即使学习者在泛化情境中发出了新获得的目标行为,如果接触不到自然存在的强化依联,该行为的泛化和维持也会是短暂的。本章描述的促进泛化型行为改变的 13 种策略中,有 5 种涉及某种安排或人为设计的形式,使目标行为在泛化情境中获得强化。

将目标行为教授至自然依联所要求的水平

贝尔(1999)指出实务工作者常犯的一个错误:没有将目标行为教授至足以接触到自然强化依联的表现水平。

> 看似需要泛化型行为改变,事实上需要的可能只是更好的教学。尝试让学生的行为变得流畅,再看看他们是否需要更进一步的泛化支持。流畅的行为可能包括以下任何一个或全部的表现:高速率的表现、高准确性的表现、给予表现机会时的迅速反应,以及强有力的反应。(p. 17)

在泛化情境中可能会发生一个新的行为,但它接触不到自然存在的强化依联。确保新的行为改变能接触到自然存在的强化依联,可能需要学习者在目标行为的一个或多个维度上改善表现:准确性、速率、持续时间、潜伏期、等级大小和形态。例如,一名学生拿到一张作业单,要坐在座位上完成。如果这名学生的行为符合下列维度的情况,那么他就不太可能接触到对完成任务的强化,即使他有能力正确地完成作业单上的每一道题。

- **潜伏期太长**。花 5 分钟做"白日梦",然后再开始阅读作业说明的学生,可能不会在规定时间内完成作业而获得强化。
- **速度太慢**。同学只花不到 1 分钟就能阅读完独立课堂作业说明,而自己花 5 分钟才能完成的学生,可能不会在规定时间内完成作业而获得强化。

- **持续时间太短**。在没有直接督导的情况下一次只能独立工作 5 分钟的学生，将无法完成任何需要花超过 5 分钟来独立工作的任务。

诸如此类泛化问题的解决之道，虽然不一定很简单，但很明确。教师所提供的教学必须将学生的目标行为的表现提高到与泛化情境中自然发生的依联相当的水平。一项好的泛化计划会明确指出为达到自然存在的强化标准所必须达到的行为表现水平。

安排不可区辨的依联

那些帮助学习者非常有效地获得新行为的明确的、可预测的和即时的行为后果可能会妨碍泛化的反应。当一项新获得的技能尚未接触到自然存在的强化依联时，这种情况最有可能发生，而学习者能区辨在泛化情境中并没有出现教学情境的依联。当学习者能检测到泛化情境中具有控制地位的依联是否存在时（"游戏结束了，这里/现在不需要再反应了。"），学习者就可能会在泛化情境中停止做出反应，实务工作者努力发展出的行为改变可能会在接触到自然存在的强化依联之前就不再出现。

不可区辨的依联（indiscriminable contingency）是指学习者无法区辨下一个反应是否会产生强化的依联。作为一项促进泛化和维持的技术，安排不可区辨的依联涉及在泛化情境中人为设计一个具有以下两个特征的依联：（1）强化依联于一些目标行为的出现，而不是全部目标行为的出现；（2）学习者无法预测哪些反应会产生强化。

安排不可区辨的依联的基本原理是，让学习者在泛化情境中做出足够频繁和足够长时间的反应，使目标行为能与自然存在的强化依联充分接触。在此之后，就不必再安排人为设计的依联来促进泛化了。应用行为分析师使用两项相关的技术来安排不可区辨的依联：间歇强化程序表和延迟奖励。

间歇强化程序表。一个新习得的行为通常必须在泛化情境中重复出现一段时间，然后才能接触到自然存在的强化依联。在这段时间里，对于学习者在泛化情境中发出的反应，存在一个消退条件。对于在泛化情境中发出多少个反应才能获得强化，当前的或最近的某一行为的强化程序表在教学情境中发挥着重要的作用。已置于连续强化程序表（CRF）下的目标行为在实施消退时表现出有限的反应维持。当强化不再可得时，反应可能会快速减少到强化前的水平。对比之下，有间歇强化程序表历史的行为，在强化不再可得后，往往会在一段相对长的时间里继续出现（例如，Dunlap & Johnson, 1985; Hoch, McComas, Thompson, & Paone, 2002）。

凯格尔和林科弗（1977，实验二）展示了间歇强化程序表对泛化情境中的反应维持的影响。参与者是六名被诊断为孤独症且有重度到极重度认知障碍的 7~12 岁儿童，他们参与了先前的一项研究，并在该实验所采用的额外治疗情境中展现出了泛化反应（Rincover & Koegel, 1975）。如同本章前面描述的凯格尔和林科弗（1977）的实验一，训练者坐在小房间的桌子旁，对每名儿童进行一对一训练，泛化尝试则由一位陌生成人站在户外的草坪上实施，周围是树木。目标行为是：（1）对成人做出的模仿示范和"做这个"的语言指令做出非语言的模仿（如举起手臂）；（2）对语言指令（如"摸你的鼻子"）做出触摸身体某一部位的反应。在获得一个模仿反应后，从三种强化程序表（CRF、FR 2、FR 5）里随机选择其一，让每名儿童做更多的训练尝试。在这些额外的训练尝试结束后，每名儿童被带到户外进行反应维持的评估。到了户外，练习一直进行到在 100 次连续尝试中，儿童的正确反应下降到 0%，或维持在 80% 或以上的正确率为止。

刚刚在教学情境中接受连续强化程序表的行为，在泛化情境中很快就被置于消退之中（参看图 30.8）。用 FR 2 强化的训练行为，其泛化反应的表现时间会更长，而在教学情境里已经被转换成实施 FR 5 程序表的行为，其泛化反应会维持更久。这些结果清楚地表明，教学情境中的强化程序表对泛化情境中没有强化的反应具有可预测的影响：教学情境中的强化程序表越稀疏，在泛化情境中的反应维持时间越长。

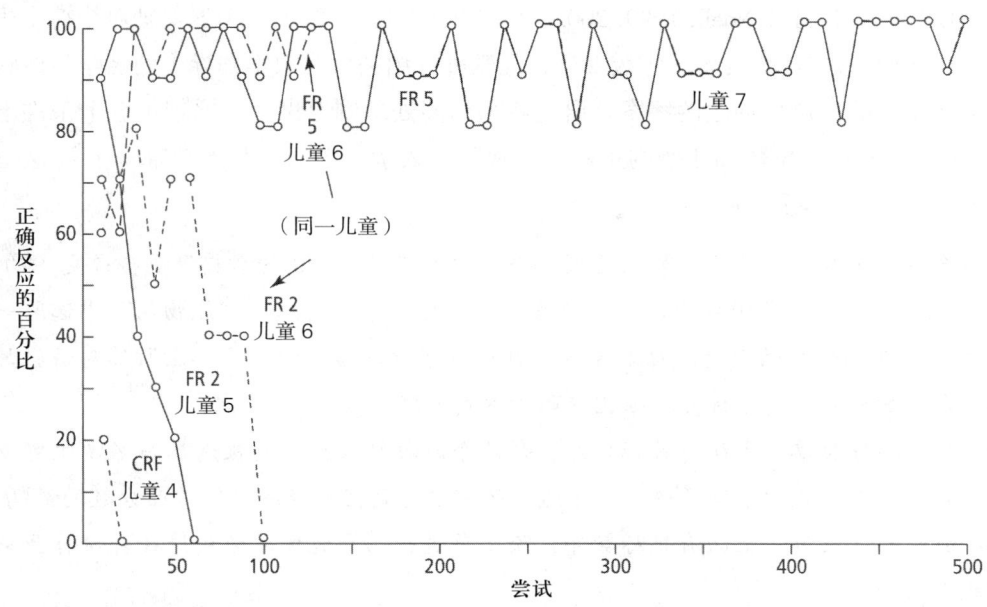

图30.8 在教学情境的最后时段实施不同的强化程序表，对三名儿童在泛化情境中的正确反应百分比的影响。

引自 R. L. Koegel & A. Rincover (1977). Research on the Differences between Generalization and Maintenance in Extra-Therapy Responding. *Journal of Applied Behavior Analysis*, 10, p. 8. 经约翰威立出版有限公司授权转载。

所有的间歇强化程序表的定义性特征是，只有一些反应会被强化，这意味着一些反应不会被强化。对于在间歇强化程序表下发展出来的行为，能在消退期得以维持的一种可能的解释是，在间歇强化程序表期间，对学习者来说，区辨出强化的不再可得是相对困难的。因此，间歇强化程序表的不可预测性可能就是强化程序表终止后行为得以维持的原因。

虽然所有不可区辨的强化依联一定涉及间歇强化程序表，但并非所有的间歇化强程序表都是不可区辨的。例如，凯格尔和林科弗（1977）使用的FR 2和FR 5强化程序表是间歇性的，很多学习者很快就能区辨出下一次反应会不会获得强化。对比之下，一个行为获得可变比率VR 5强化程序表支持的学生，不能确定下一个反应是否会获得强化。

延迟奖励。斯托克斯和贝尔（1977）认为，无法区辨行为会在什么时间获得强化，类似于无法区辨下一个反应是否会获得强化。他们引用了施瓦茨和霍金斯（1970）的一项实验，该实验让一个六年级女孩每天放学后观看她当天在数学课上的行为录像，如果她的姿势有所改善、摸脸的次数有所减少、说话音量大到足以让别人听到，就会获得赞扬和代币强化。放学后获得的强化只依联于在数学课上发出的行为，但她在拼写课上的行为也出现了类似的改善。研究者录下了女孩在拼写课上的行为，获得了泛化数据，但并未向她展示那些数据。斯托克斯和贝尔假设，由于强化是延迟的（产生赞扬和代币的行为在数学课上发出，而直到放学后才获得奖励），学生可能难以区辨何时需要做出较好的表现以获得强化。他们认为，目标行为的跨情境泛化可能是反应—强化的延迟所具有的不可区辨的本质导致的。

延迟奖励和间歇强化程序表有两个相似之处：（1）并非每次发出目标行为都给予强化（只有某些反应出现后有强化）；（2）没有明显的刺激来发出有关哪些反应会产生强化的信号。延迟奖励依联不同于间歇强化程序表的地方在于，它不是在目标行为发生后立即提供后果，而是在一段时间后提供奖励（即反应—奖励的延迟）。获得延迟奖励依联于学习者在较早的时期内在泛化情境中表现出目标行为。当延迟奖励依联发挥作用时，学习者不能区辨何时（或许还有何处，视依联的细节而定）必须发出目标行为以在后来获得奖励。因此，学习者获得奖励的最好机会就是"一整天都表现良好"（Fowler & Baer, 1981）。

弗里兰和内尔（Freeland & Noell, 1999, 2002）的两项相似研究调查了延迟奖励对维持学生的数学表现的影响。第二项研究的参与者是两名三年级女生，经教师介绍去接受数学辅导。两名学生的目标行为是学会写出总和在18以内的一位数加法的答案。研究者采用多处理倒返设计，比较了五个条件下在每天5分钟的加法作业时间内解答一位数加法题的正确"位数"的数量（例如，对于"5+6=？"这道题，写下答案"11"，算作2个正确"位数"）。

- **基线**：绿色的作业单，没有设计好的后果。告诉学生可以按自己的意愿做更多或更少的题目。
- **强化**：蓝色的作业单，每张作业单的顶部有一个目标数字，要想从"礼物箱"中选取一个奖品，就要达到所需的正确位数的数量。每名学生的目标数字是最后三张作业单上所答对位数的中位数。每节课后，所有的作业都会被评分，强化依联于达到表现目标。
- **延迟2**：白色的作业单，上面有目标数字；每两个时段结束后，随机选择每名学生完成的两张作业单中的一张来评分，强化依联于作业得分达到研究进行到任何连续三份作业分数的最高中位数。
- **延迟4**：白色的作业单，上面有目标数字，除了每进行四个时段才随机选择一份作业来评分外，过程与延迟2相同。
- **维持**：白色的作业单，与之前一样有目标数字，但作业单不会被评分，对学生的表现也不给予反馈或奖励。

在这项研究中，在不同条件下使用不同颜色的作业单，使学生很容易预测强化的可能性。绿色的作业单表示无论写对多少个位数都没有反馈或其他后果。蓝色的作业单表示达到表现目标会赢得"礼物箱"里的一个奖励。然而，在白色的作业单上达到表现目标只有在某些时候产生强化。这项研究从以下两方面显示出，让教学情境中的依联"看起来像"泛化情境中实际发生作用的依联是很重要的：（1）当恢复基线条件时，两名学生的反应大幅减少；在第二次回到基线时，更是完全停止反应；（2）在维持条件中，即使不提供强化，学生仍继续以高比率完成数学题（参看图30.9）。

当实施延迟（不可区辨）依联时，两名学生展现出了与强化阶段相同或更高的正确反应水平。当学生处于维持条件中时，埃米在18个时段里维持高反应水平，在最后6个时段则有不同的表现，而克丽丝滕在24个时段里展示出逐渐提高的表现比率。研究结果表明，实施不可区辨的依联的行为可以维持与实施可预测的强化程序表相同比率的表现，并且更能消退阻抗。

延迟后果已被用来促进各种目标行为的地点/情境泛化和反应维持，包括孤独症人士的学业和职业任务（Dunlap, Koegel, Johnson, & O'Neill, 1987），幼儿的玩具游戏、开启社会互动和选择健康零食（RA Baer, Blount, Dietrich, & Stokes, 1987; RA Baer, Williams, Osnes, & Stokes, 1984; Osnes, Guevremont, & Stokes, 1986），餐厅实习生对同事的起始动作做出恰当反应（Grossi et al., 1994），以及有关学业任务的表现（Brame, 2001; Theodore, Bray, Kehle, & Jenson, 2001）。

有效使用延迟后果可以降低（在某些情况下甚至是消除）学习者区辨现在有没有实施依联的能力。结果是学习者需要在任何时间都"表现良好"（即发出目标行为）。如果一个有效的依联能跨地点、跨目标行为地让学习者无法区辨，那么学习者就必须在所有地方和在他/她所有的相关技能上"表现良好"。

以下是两个例子，说明办公室清洁人员的主管如何使用不可区辨的依联来强化员工的高质量工作。

- 工作结束时，员工从主管的帽子里抽出一张纸条，上面写着需要清洁的房间号码和需要清洁的项目（例如，566号，用吸尘器吸地毯）。如果随机选中的项目已被妥当地打扫干净，员工就会获得一个奖励。

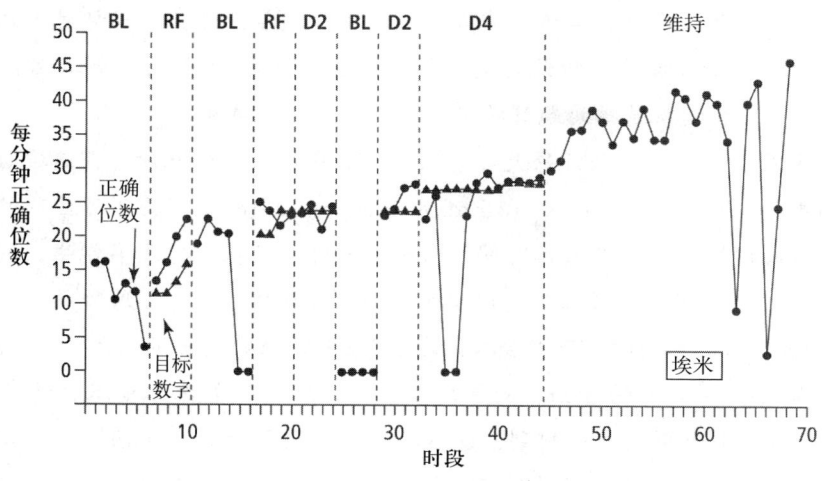

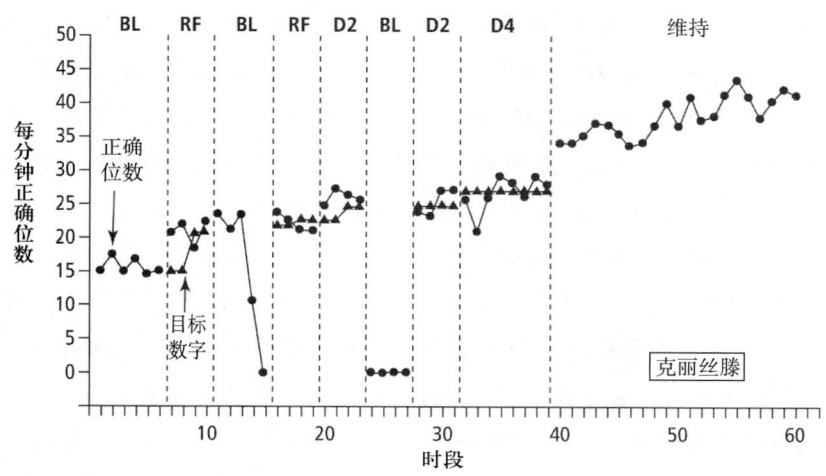

图 30.9 两名三年级学生在基线（BL）条件、强化依联于每个时段（RF）、每两个时段（D2）、每四个时段（D4）之后，随机选择的作业达到表现目标的条件中，以及维持条件中，解答数学题的每分钟正确位数。

引自 J. T. Freeland & G. H. Noell (2002). Programming for Maintenance: An Investigation of Delayed Intermittent Reinforcement and Common Stimuli to Create Indiscriminable Contingencies. *Journal of Behavioral Education*, 11, p. 13. 2002 年版权归人类科学出版社所有，经授权转载。

- 员工每打扫完一间房间，就在房间的门上贴一张签了名的贴纸。主管收集员工的贴纸，并在他认为清洁合格的房间的贴纸上签名。工作结束时，员工从当天留下的所有贴纸中随机抽出一张，如果上面有主管的签名，她就会获得一个奖励。

以下是五个涉及延迟奖励的在教室中应用不可区辨的依联的例子。每个应用实例都具有互相依赖团体依联的特点，即团体奖励依联于随机选择的学生的表现（参看第 28 章）。

- **转盘和骰子 I**。教师可以使用转盘和骰子来使学生在座位上做功课时更有成效。每隔几分钟（如在可变时距 5 分钟程序表中），教师：（1）随机选择一名学生的名字；（2）走到该学生的桌子旁，让他转转盘或掷骰子；（3）按照转盘或骰子上的数字，从学生目前正在做的作业题目开始往回数，找到对应的题目；（4）如果那道题做对了，就给学生一个代币。在这种不可区辨的依联下，那些立即开始做作业，在整节课中都快速而仔细答题的学生最有可能获得强化物。
- **转盘和骰子 II**。在 L. D. 休厄德、帕克和阿尔韦尔—摩根（L. D. Heward, Park, & Alber-Morgan,

2008）的研究中，二年级学生在黑板上完成了几种不同的学业任务。当计时工作时段结束时，一名学生转动转盘确定主题（阅读、辨认时间、社会研究或语言）。然后，第二名学生掷骰子确定项目编号。每名正确回答出随机选择的题目的学生都会获得一个奖励。

- **故事内容回忆游戏**。很多小学教师每天会拿出20~30分钟让学生默读，在这段时间内，学生可以默读自己选择的书籍（Temple, Ogle, Crawford, & Freppon, 2018）。实施不可区辨的依联可以鼓励学生在默读时间内有目的地阅读。在默读时间结束时，教师会随机选择几名学生，问与他们所阅读的书籍有关的问题。一名阅读伊丽莎白·温思罗普（Elizabeth Winthrop）所著的《阁楼里的城堡》（*The Castle in the Attic*）第3章的学生可能会被问道："威廉给银骑士吃了什么？"（答案：培根和吐司）。回答正确的学生会获得教师的赞扬、同学的掌声，以及一颗弹珠，可以放进盛放全班奖励的罐子里。学生不知道自己什么时候会被叫到，也不知道会被问到什么（Brame, Heward, & Bicard, 2002）。

- **罐子游戏**。教师准备装有纸条或卡片的三个罐子，纸条或卡片上分别标示不同的行为、表现标准和奖励。在事先宣布的时间结束时，教师随机从一个罐子中选出科目（如数学、科学、社会研究）或课堂规则（如参与、不随意说话）。从第二个罐子中选出表现标准（如70%、80%或90%的正确率，完成10、15或20道题）。再从第三个罐子中选出达到表现标准后可以获得的奖励。第四个罐子可能装有个别学生的名字或班上的小组，被抽中的学生或小组必须达到表现标准，才能让全班同学获得奖励。一些研究发现，"罐子游戏"既有趣，又能有效地改善和泛化学生的学业表现和对课堂规则的遵守（例如，Kelshaw-Levering, Sterling-Turner, Henry, & Skinner, 2000; Theodore et al., 2001; Zibreg Hargis, Pattie, Maheady, Budin, & Rafferty, 2017）。

- **分组同号答题**。将学生们分成若干小组，在共同学习活动中合作可能是有效的，但教师应该运用能够激励所有学生参与的教学程序。一项名为分组同号答题的技术可以确保所有的学生都积极参与（Hunter et al., 2015; Kagan & Kagan, 2009）。将学生分成三人或四人一组的异质性小组，按组就座，每名组员被编号为1、2、3或4。教师向全班同学提出一个问题，各组讨论这个问题并给出一个答案。接着，教师从1至4中随机选择一个数字，叫出一名或多名编号为这个数字的学生来回答问题。重要的是，小组中的每个人都知道问题的答案。这个策略促进了组内合作而非竞争。因为所有的学生都必须知道答案，组员不仅要帮助其他人了解答案，还要了解答案背后的方法和原理。最后，这个策略鼓励个人承担责任。

- **间歇评分**。大多数学生没有接受过足够的写作练习，而当有机会写作时，获得的反馈往往是无效的。其中一个原因可能是，给班上每名学生每天写的作文提供详细的反馈需要花费大量的时间和精力，即使是最认真负责的教师也难以负担。一个名为**间歇评分**的程序为这个问题提供了一个解决办法（Heward, Heron, Gardner, & Prayzer, 1991）。学生每天写作10~15分钟，但教师并不阅读和评价每名学生的作文，而是只对随机选择的20%~25%的学生的每日作文提供详细的反馈。那些作文被评分的学生根据个别化的表现标准获得点数，全班同学获得红利点数依联于被选中和被评分的作文的质量（例如，如果被选中的五篇作文中有四篇达到他们的个人标准）。被评分的学生作文可以作为下一次上课使用的教学案例的一个来源。

延迟奖励策略在促进泛化和维持上的有效性来自：(1)依联的不可区辨性（即学习者无法准确区辨何时在泛化情境中发出目标行为能在以后获得奖励）；(2)学习者知道发出目标行为与以后因此获得奖励之间的关系。信息箱30.2描述了如何使用不可区辨的依联来培养可以长久维系的行为，如资源回收和节约能源。

信息箱 30.2

用没有线索的依联培养善待地球的行为

2016 年地球的平均温度是有记录以来最高的，当进入 2019 年时，史上最热的 10 年都发生在 1998 年以后［美国国家航空航天局（National Aeronautics and Space Administration, NASA），2019］；［美国国家海洋与大气管理局（National Oceanic and Atmospheric Administration, NOAA），2019］。全球变暖导致冰层融化和海平面上升，灾难性的洪水、干旱和森林火灾的发生频率增加，并对一些物种的生存构成威胁［美国政府间气候变化专门委员会（Intergovernmental Panel on Climate Change），2018］。自 20 世纪中叶以来的人类活动，主要是燃烧化石燃料，导致大气中二氧化碳及其他温室气体的浓度增加，造成全球变暖（美国政府间气候变化专门委员会，2014）。

虽然一些否认气候变化的人坚决无视科学事实，但当前的挑战已由说服人们相信气候变化的事实转变为说服人们改变行为以应对气候变化（Thompson, 2010）。即使今天停止排放所有的化石燃料，我们的气候仍将持续变暖数十年（Marcott, Shakun, Clark, & Mix, 2013）。成功地适应这一现实，需要向可再生能源、改变交通基础结构、食物生产、环境保护的大规模转变，以及在全球范围内做出远超我们任何人现在所能做的行为改变的经济实践。但我们现在正在做的改变可以提供一个行为契机（behavioral wedge），让社会争取时间来发现可以改善现状的新技术，并进行必要的政策调整，以实现碳中和以及一个真正可持续发展的社会（Dietz, Gardner, Gilligan, Stern, & Vandenbergh, 2009）。

奖励绿色行为

《助推：如何做出有关健康、财富与幸福的最佳决策》（Nudge: Improving Decisions About Health, Wealth, and Happiness）一书的共同作者经济学家理查德·泰勒（Richard Thaler, 2012）在《纽约时报》上发表了一篇文章《让良好的公民意识变得有趣》（Making Good Citizenship Fun），开头写道："政府通常使用两种工具：劝导与惩罚，来鼓励人们做出公民行为，如纳税、安全驾驶或垃圾回收。但这些努力通常是无效的，所以也许现在是纳入一些正强化的好时机。"接下来，泰勒举了一些例子，说明政府可以使用以强化为基础的活动来促进人们做出想要回避的行为，包括在瑞典遵守汽车限速规定、在中国依法纳税，以及在中国台湾捡起人行道上的狗屎。

为奖励良好行为而做出努力，正在成为解决社会问题的一种方式，行为分析师应对此感到高兴。彩票和相关的激励机制实际上是有效的，而且在概念上与行为原理相符。然而，大多数这类计划的整体影响受限于有限足迹（restricted footprint，如有限的情境、奖励单一类型的绿色行为、奖励个人）和可预测性："游戏结束了。现在不需要做出反应了。"

以不可区辨的依联来增强现有的"绿色行为"，可以针对个人或群体分别设计，以便对很多情境中的多种反应提供很多奖励。有这样一项绿色行为改变计划，它的特点是以妥善设计的不可区辨的依联来呈现一个与过去大不相同而具有吸引力的"如果—那么"（"if-then"）依联：当你无法确定在什么地方、什么时候、做出哪种绿色行为会让你获得奖励时，让你的奖励最大化的最佳策略是，在所有地方、所有时间以各种方式做出绿色行为。

让我们来玩保护线索游戏

"保护线索"（Conservation Clue）是一种类似于经典的桌面游戏"线索"（Clue™）的侦探游戏，

但玩家不是要避免被捉到，而是要在各处留下他们所做的"良好的绿色行为"的线索。有关在家庭、工作和社区环境中玩保护线索游戏的目标行为、测量、奖励以及乐趣的例子，参看图A。

场景			
	我们居住的地方	我们工作的地方	我们购物的地方
行为	·拔掉插头 ·减少用水 ·减少使用空调 ·减少固体垃圾（回收与分解） ·重复使用容器	·回收纸张/垃圾 ·拼车/乘坐公共交通工具 ·将闲置设备断电 ·有效使用车辆 ·重复使用材料	·购买当地的食物和用品 ·购买大包装产品或减少包装 ·购买以再生材料制作的商品 ·用可重复使用的袋子购物
测量	·正在使用中的插头数 ·灯泡数 ·水电费账单 ·水电表的读数 ·回收物品的重量 ·购物收据	·公共交通工具的收据 ·运输车队的全球导航系统数据 ·员工使用再生材料的签名 ·负责监控绿色行为的人员的核实	·商店的收据 ·条码扫描 ·收银员核实
奖励	·当地商店的折扣 ·回收桶贴纸 ·水电费账单折扣 ·累积点数 ·虚拟奖励	·表扬 ·额外的休息时间 ·与老板共进午餐 ·印有公司标志的服饰 ·现金奖励	·减价商品 ·礼金卡 ·以购物者的名义做慈善捐赠 ·网络宣传 ·公开发布
	·罐子抽签 ·掷骰子 ·投掷飞镖	·转盘 ·机会轮 ·彩票	·收据上的物品随机半价 ·抽奖
游戏			

图A 在家庭、工作和购物场所玩保护线索游戏的目标行为、测量、奖励和方法

1. **以绿色行为为目标。**选择经常重复的行为，如关灯、拔掉电源插头或乘坐公共交通工具。一次性的行为，如买一辆插电式混合动力汽车或安装太阳能板，就不适用于这种方法（尽管它们可以通过其他方式来激励；参看 Chance & Heward, 2010）。

2. **确定如何检测和测量行为。**有些行为会留下很容易测量的产物，如使用的插座或灯泡的数量，或回收桶内物质的重量或体积。另外的一些行为必须在行为发生时记录下来，如在公交车票上做记号，或给携带可重复使用的购物袋的人发票据。招募人员对绿色行为进行监控与测量，可

以产生对目标行为的额外辅助、示范或随机的社会强化。担负环境可持续发展使命的学生团体或社区团体的成员会乐于担任"保护线索侦探"。

3. **准备游戏场地。** 就像运动员在维护得非常好的棒球场或溜冰场上会有更好的表现一样，保护线索游戏的玩家也会在经过充分准备的环境中表现出更多的绿色行为。准备工作包括两个主要行动：将反应障碍降到最低（如将回收桶放在人们容易接触到的地方），以及提醒参与者有机会加入游戏（换句话说，提供辅助来让玩家做出绿色行为）。

4. **选择奖励。** 作为一个以校园为基础的保护线索游戏，一些简单而相对便宜的奖励的例子包括印有学校标志的服饰、书店的折扣、与院长共进午餐、音乐会门票和当地绿色企业的礼券。通过网络获得和收集的具有象征意义的虚拟物品，如星星贴纸、奖杯和绿叶，也是有效和有趣的奖励（Pritchard, 2010; Twyman, 2010）。

5. **让它成为一场游戏。** 保护线索游戏的核心是用一个类似于游戏的程序来随机确定哪些绿色行为在什么地方、什么时候发出，获得什么奖励。前面描述的罐子技术是实施这种多维度不可区辨的依联的无数种方式之一。游戏规则和材料——转盘或骰子或飞镖板——应根据情境和玩家的兴趣来选择。关键因素是做出多种形式的绿色行为可以在完全不可预测的情况下获得奖励……而且很有趣。

6. **评估、修改、再玩一次。** 本着科学精神，保护线索游戏应该是一种实证性的努力。收集目标行为的基线数据，并与玩游戏后获得的任何收益相比较。这个游戏包括很多可以被监控和试验的变量，例如，哪些绿色行为更容易改变、哪些奖励更受欢迎，以及在两次抽签之间怎样的时距是最理想的。另外，应该评估玩家的满意度，并征求改进意见。

保护线索游戏是以强力行动支持良好意图的一种方式。初看之下，它所能造成的行为改变可能是微不足道的，但很多小的行动加在一起，就可以重新定义"本地行动，影响全球"。想象一下，伦敦或上海的居民、新泽西州付费高速公路上的驾驶者，或具有全球影响力的企业的员工都在玩保护线索游戏的景况。如果沃尔玛百货全球4253家分店的两百多万名员工都参与到保护线索游戏中来会怎样？如果每周在全球沃尔玛购物的两亿顾客都被邀请加入保护线索游戏又会怎样？

改编自 W. L. Heward & J. W. Kimball (2013). Sustaining Sustainability with Clueless Contingencies. *Sustain Magazine*, 28, pp. 4–15. 经授权使用。

安排不可区辨的依联的指导原则。 实务工作者在实施不可区辨的依联时，应考虑以下指导原则。

- 在发展新行为的初始阶段，或在增强很少使用的行为时，使用连续强化。
- 根据学习者的表现，系统性地稀释强化程序表（参看第13章）。请记住，强化程序表越稀疏，越不容易被学习者区辨（如FR 8程序表比FR 2程序表更不容易区辨）；可变强化程序表（如VR和VI程序表）比固定程序表（如FR和FI程序表）更不容易区辨。
- 刚开始使用延迟奖励时，目标行为发生后就立即给予强化，然后逐渐增加反应—强化的延迟。
- 每次给予延迟奖励时，都要向学习者解释，他是因为之前的某个特定行为而获得奖励的。这有助于建立和增强学习者对依联规则的理解。对于有重度智力障碍的学习者，延迟奖励干预可能不会奏效。

设定行为圈套

有些强化依联的力量非常强大，能产生重大且持久的行为改变。贝尔和沃尔夫（1970b）将这种依联称作**行为圈套**（behavior trap）。他们用捕鼠器作比喻，描述了房主如何只对老鼠施加相对少量的行为控制——让老鼠闻到奶酪的气味——就让行为改变产生相当程度的（在这种情况下，完全的）泛化与维持。

当然，一个没有捕鼠器的房主仍然能够杀死一只老鼠。他可以在老鼠洞外耐心等待，在老鼠逃走之前将它抓住，然后对这个不幸的动物施加各种形式的力量，以完成期望的行为改变。但完成这件事需要具备多项能力：十足的耐心、超强的协调能力、极度灵巧的身手，以及不发出声响的能耐。相比之下，使用捕鼠器的房主只需要做到很少的几件事：只要在捕鼠器上涂上奶酪，将其放在老鼠可能闻到奶酪的地方，这样，他就保证了对老鼠的未来行为造成泛化型改变。

用行为学术语来说，行为圈套的本质是**只需一个相对简单的反应就会进入圈套，而一旦进入就无法抗拒圈套所带来的泛化型行为改变**。对老鼠而言，进入圈套的反应只是闻到奶酪的气味。之后的一切几乎都是自动发生的。（p. 321，着重强调的部分）

行为圈套是一种相当普遍的现象，每个人都会时不时地经历。在学生"总想再多得到（或做到）一点"的活动中，行为圈套的作用尤其明显。最有效的行为圈套有四个基本特征：（1）以学生几乎无法抗拒的强化物作"诱饵"来"引诱"学生进入圈套；（2）学生进入圈套只需在技能库里做出一个不费力的反应；（3）圈套中相互关联的强化依联鼓励学生获得、拓展和维持目标学业和/或社会技能；（4）这些圈套可以保持长时间有效，因为学生几乎不会受到餍足效应的影响。

思考一下"不太想打保龄球的人"的例子。一个年轻人被劝说加入朋友的保龄球队做替补球员。他一直认为打保龄球一点都不酷，而且从电视上看，打保龄球似乎很容易，他不懂保龄球为什么可以被当作一项货真价实的运动。尽管如此，为了帮这一次忙，他还是同意参加。打球当晚，他发现打保龄球并非如他一直认为得那么容易（他有因接受运动挑战而获得强化的历史），而且一些他想要认识的人都热爱保龄球（即这是一个混合双打联赛）。在一周内，他就购买了适合自己手掌的保龄球、球袋和球鞋；他自己单独练习了两次，并报名参加了下一个联赛。

"不太想打保龄球的人"的例子说明了行为圈套的基本性质：易进难出。一些自然存在的行为圈套会导致适应不良的行为，如酗酒、药物成瘾和青少年犯罪。日常用语恶性循环（vicious circle）指的是在破坏性行为圈套中运作的自然强化依联。然而，实务工作者可以学着创造能帮助学生发展正向的、有建设性的知识和技能的行为圈套。阿伯和休厄德（1996）提供了建立成功圈套的指导原则，并举了一位小学教师利用学生喜欢棒球卡的特点来创造行为圈套的例子。

卡洛斯和很多在阅读和数学学习上感到很吃力的五年级学生一样，觉得上学日过得单调乏味，没什么意思。他没什么朋友，觉得即使是下课时间也和上课时没什么两样。他倒是能从棒球卡中获得一些慰藉，常常在上课时间研究、整理、把玩那些棒球卡。他的老师格林女士长久以来不知多少次不得不暂停上课，把卡洛斯与他心爱的棒球卡分开。然后，有一天，当格林老师教字母顺序教到一半，又必须走到卡洛斯那里没收他的卡片时，她发现，卡洛斯已经把美国国家联盟的所有左投手的名字按照字母顺序排好了！格林老师意识到，她发现了点燃卡洛斯的学业发展的火花的秘密。

卡洛斯惊喜地得知，格林老师不仅允许他将棒球卡留在座位上，而且鼓励他在上课过程中"玩棒球卡"。没过多久，格林老师就把棒球卡纳入跨学科的学习活动中。例如，在数学课上，卡洛斯计算击球率；在地理课上，他找出每个在他那一州出生的大联盟球员的故乡；在语文课上，他给他喜欢的球员写信索要签名照。卡洛斯的学业表现开始取得长足的进步，他对上学的态度也有了明显的改善。

但当一些同学开始对他的棒球卡知识以及玩棒球卡所带来的各种奇妙事情感兴趣时，对卡洛斯而言，学校就真的变得有趣了。格林老师协助卡洛斯在班上成立了一个棒球卡俱乐部，并向他们提出挑战，要他们想出把棒球卡融入课程中的新点子，这就给了卡洛斯和他的新朋友发展和练习社交技能的机会。（p. 285）

要求泛化情境中的人强化目标行为

问题可能仅仅是［强化的］自然群体睡着了，需要被唤醒和启动而已。

——唐纳德·M. 贝尔（1999, p. 16）

有时，无论学习者将目标行为做到多么好、多么频繁的程度，泛化情境中的潜在有效强化依联都不会以学习者可获得的形式发挥作用。依联是存在的，但处在沉睡状态。解决这种问题的一个方法是，告知泛化情境中的关键人物，他们对学习者获得和使用新技能并寻求帮助的努力所给予的关注是很重要、很有价值的。

例如，一位特殊教育教师一直在帮助一名学生参与普通教育班级的课堂讨论，做法是在资源教室反复提供练习的机会和反馈，告知普通教育班级的教师们有关那名学生的行为改变计划的事项，并请求他们留意和强化该学生在课堂上所表现出来的任何合理的参与行动。这些教师提供的少量依联关注可能就足以促成期望出现的新技能的泛化。

这项简单但往往有效的促进泛化技术在斯托克斯等人（1974）的研究中得到了证实。在该研究中，工作人员对每名儿童的挥手反应做出"嗨，（名字）"的回应。每天对每名儿童大约做 20 次这样的泛化探测。

威廉斯、唐利和凯勒（Williams, Donley, & Keller, 2000）训练两名孤独症学龄前儿童的母亲，教她们为正在学习对隐藏物件提出问题（如"那是什么？""我可以看吗？"）的孩子提供示范、反应辅助和强化。

来自重要他人的依联赞扬和关注可以增加已在泛化情境中使用的其他策略的有效性，第 29 章讲述的布罗登、哈勒和米茨（1971）的自我监控研究说明了这一点。在自我记录改善了八年级学生莉莎在历史课上的学习行为后，研究者要求她的老师在历史课上尽可能随时赞扬她的学习行为。在自我记录加赞扬条件中，莉莎的学习行为增加至平均 88%，并在之后仅给予赞扬的条件下维持了几乎同样高的水平（参看图 29.3）。

教授学习者寻求强化

"唤醒"具有强大潜在力量但处于沉睡中的自然强化依联的另一个方法就是教学习者向重要他人寻求强化。例如，西摩和斯托克斯（Seymour & Stokes, 1976）教授犯罪女孩在少管所的职业训练区提高工作生产力。然而，观察显示，无论她们的工作质量如何，少管所的工作人员都没有给予她们赞扬或正向互动。为确保这些女孩的改善后的工作行为得到泛化所亟须的自然强化环境并没有发生作用。为了解决这个问题，实验者训练女孩们用一个简单的反应来引起工作人员对她们的工作的注意。有了这个策略，工作人员赞扬良好工作表现的次数增多了。因此，教授女孩们一个可以用来寻求强化的额外反应，使目标行为得以接触到自然强化物，并由此扩展和维持了理想的行为改变。

已有不同年龄和能力的学生学会了如何在教室和社区情境中寻求教师和同龄人的关注：要完成学前任务，并在过渡期间保持专注任务的发育迟缓学龄前儿童（Connell, Carta, & Baer, 1993; Stokes, Fowler, & Baer, 1978），有学习障碍（Alber, Heward, & Hippler, 1999; Wolford, Alber, & Heward, 2001）、行为障碍（Alber, Anderson, Martin, & Moore, 2004; Morgan, Young, & Goldstein, 1983）和认知障碍（Mank & Horner, 1987; Rouse, Everhart-Sherwood, & Alber-Morgan, 2014），在完成各种学业和社交任务以及提高职业技能上需要帮助的中

小学生。克拉夫特、阿伯和休厄德（1998）的一项研究在这方面提供了一个具有代表性的例子。

克拉夫特及其同事（1998）评估了寻求关注训练对学生寻求教师关注以完成作业的影响。四名小学生接受特殊教育教师（第一作者）的训练，学习何时、如何、多久一次在普通教育教室寻求教师的关注。训练在特殊教育教室进行，包括示范、角色扮演、错误纠正和赞扬四个部分。学生被教授拿他们的作业给教师看，或每节课寻求教师帮助2~3次，并使用恰当的语句，如"我做得怎么样？"或"这样做对吗？"

在普通教育教室里每天20分钟的班会课上，研究者收集了学生寻求教师关注以及教师给予赞扬的数据。在这段时间内，普通教育学生在座位上完成了普通教育教师布置的几种独立课堂作业（阅读、语文和数学），而四名特殊教育学生则完成了特殊教育教师布置的拼写作业，这是一个在实验前即已确定的安排。在这段时间里，如果学生需要帮助，他们可以把作业拿到教师的办公桌上，请求帮助。

图30.10显示了寻求关注训练对儿童寻求赞扬的频率和获得教师赞扬的次数的影响。每名学生在每20分钟的时段中的寻求反应的平均频率从基线期的0.01~0.8次增加到训练后的1.8~2.7次。学生获得教师赞扬的平均次数从基线期的0.1~0.8次增加到训练后的1.0~1.7次。这项干预的终极意义和结果是每名学生完

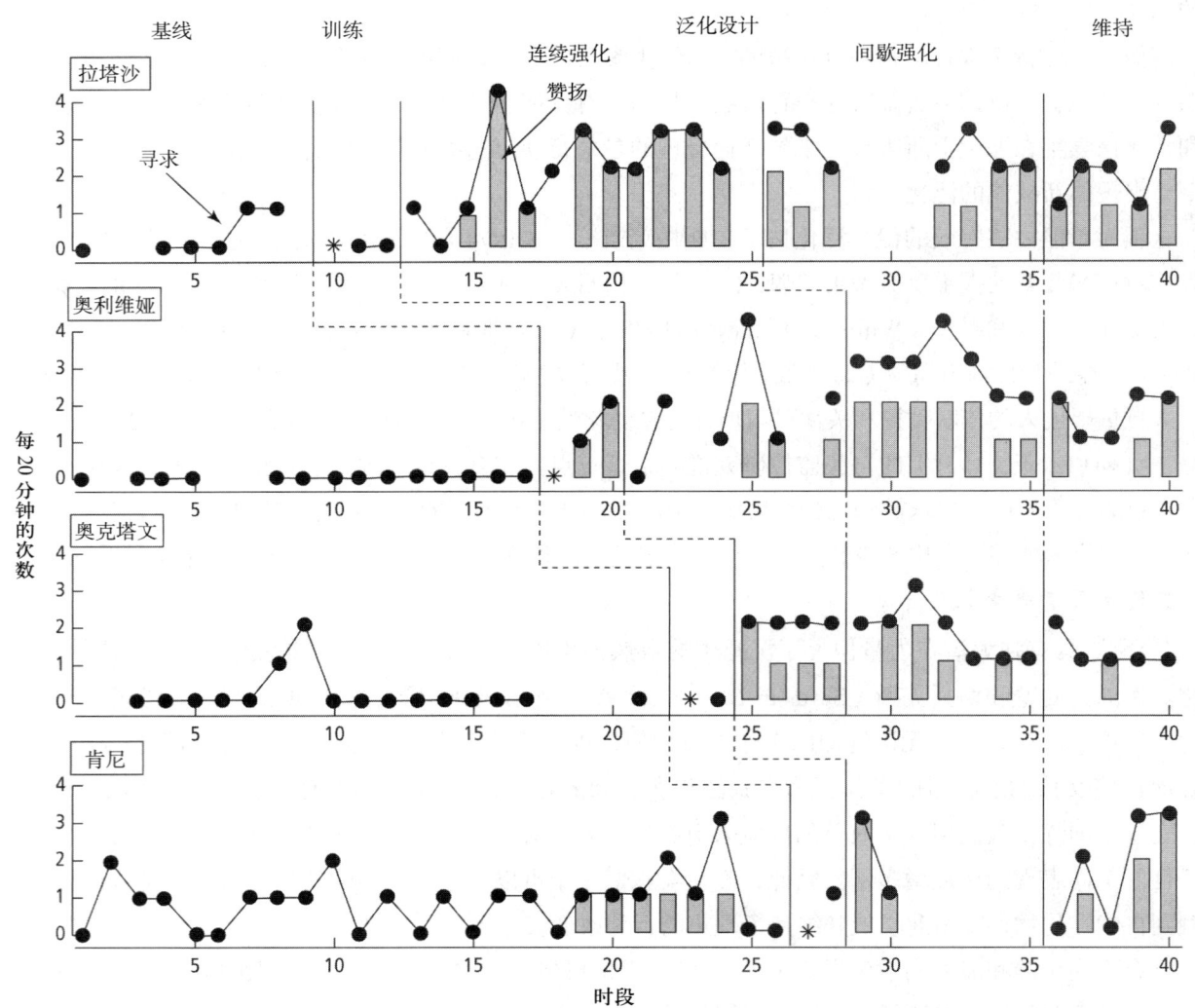

图30.10 每20分钟时段的寻求反应（数据点）和教师赞扬话语（条形图）的数量。寻求反应的目标为每时段2~3次。星号表示当时学生在资源教室接受训练。

引自 M. A. Craft, S. R. Alber, & W. L. Heward (1998). Teaching Elementary Students with Developmental Disabilities to Recruit Teacher Attention in a General Education Classroom: Effects on Teacher Praise and Academic Productivity. *Journal of Applied Behavior Analysis*, 31, p. 407. 经约翰威立出版有限公司授权转载。

成作业的数量和准确性都提高了（参看图 6.8）。

有关寻求关注的研究综述和教授儿童从重要他人那里寻求强化的建议，请参看阿伯和休厄德（2000）的相关文章。信息箱 30.3 "老师，你看，我都做完了！"提供了有关教授学生寻求教师关注的建议。

信息箱 30.3

"老师，你看，我都做完了！"
教授学生寻求教师关注

教室是一个非常繁忙的地方，即使是最细心的教师也很容易忽视学生的重要学业和社会行为。研究显示，相比于一名安静而高效地做作业的学生，教师更有可能关注一名做出破坏性行为的学生（Walker, 1997）。教师很难辨认出哪些是需要帮助的学生，尤其是较少寻求帮助的成绩较差的学生（Newman & Golding, 1990）。

虽然普通教育教室的教师被期待能够为残障学生调整教学，但事实并非完全如此。舒姆（Schumm）及其同事（1995）采访的大多数中学教师认为，残障学生应该承担寻求所需帮助的责任。因此，知道如何有礼貌地争取教师的关注和帮助，有助于残障学生更独立地运作，并会对他们获得的教学的质量产生积极的影响。

应该教谁寻求关注？

虽然大多数学生可能会从寻求教师赞扬和反馈中获益，但有一部分人是接受寻求关注训练的理想对象。

退缩的薇拉梅纳。薇拉梅纳很少问老师任何事，因为她很安静，而且很守规矩，她的老师有时甚至会忘记她在教室里。

忙碌的哈里。哈里通常在老师讲完之前，就已经把作业做了一半，争分夺秒地做作业使得他能第一个交作业。然而，他的作业经常不完整且错误连篇，所以他很少听到老师赞扬他。哈里可以从包含自我检查和自我纠正的寻求关注训练中获益。

吼叫的谢莉。谢莉刚做完她的作业，她希望老师看一下她的作业——现在就看！但谢莉不举手。她用大吼大叫的方式寻求老师的关注，同时打扰到了很多同学。谢莉应该被教授寻求教师关注的恰当方法。

烦人的皮特。皮特总是举手，安静地等待老师来到他的座位旁边，然后有礼貌地问老师："我做对了吗？"但他在 20 分钟内重复这个行为十几次，让他的老师觉得很烦。老师的正向关注常常会转变成斥责。针对皮特的寻求关注训练将教授他限制寻求教师关注的次数。

如何开始

1. **确认目标行为**。学生应针对有价值并有可能因而获得强化的目标行为寻求教师关注，如字写得很整齐、计算正确、完成指定的功课、在课间打扫卫生，以及在合作小组中做出贡献。
2. **教授自我评估**。学生在寻求教师关注前，应先自我评估其工作情况（如苏问自己："我的作业全部完成了吗？"）。在学生能从样例中可靠地分辨完整和不完整作业的区别后，她就可以学习核对标准答案以确定作业的准确性，或查看步骤或学业技能成分核查表，或抽查作业里的两三个题目后，再请老师来查看自己的作业。

3. **教授寻求关注的恰当方式**。教授学生何时、如何、多久一次寻求关注，以及在获得关注后如何回应。

   - **何时？** 学生应该在完成作业并检查完大部分作业后，发出寻求教师关注的信号。还应教授学生什么时候不要寻求教师关注（例如，当教师在指导另一名学生、跟其他人说话，或清点午餐数目时）。
   - **如何？** 传统的举手方式应该是每名学生的寻求关注的技能库中的一部分。教授哪些其他方法，应视普通教育教室的常规和教师的偏好而定（例如，教授学生在桌子上立起一面小旗子来代表求助信号，期待学生带着作业到教师的桌子前面寻求帮助和反馈）。
   - **多久一次？** 当帮助退缩的薇拉梅纳寻求教师关注时，不要让她变成烦人的皮特。多久寻求一次关注，是因教师和活动（如在座位上独立完成的作业、合作学习小组、全班教学）而异的。直接观察是建立最佳寻求关注频率的最佳方式，也可以询问普通教育教师希望学生何时、如何寻求教师帮助，以及求助的频繁程度。
   - **说什么？** 应教授学生几个可能会引起教师正向反馈的说法（例如，"请看看我的作业。""我做得好吗？""我做得如何？"）。语句要简短，但要教学生变换自己的提示词，以免听起来像鹦鹉学舌。
   - **怎么回应？** 在回应教师的反馈时，学生应该看着教师，微笑着说"谢谢"。礼貌地感谢教师，对教师是非常具有强化作用的。

4. **角色扮演完整流程**。首先为学生提供寻求反馈的理由（例如，你的作业做得很好，教师会很高兴；你会完成更多的作业；你的成绩可能会提高）。边示范边口述是展示寻求关注流程的好方法。当实施每一个步骤时，说："好，我已做完作业，现在我要检查作业。我在纸上写上我的名字了吗？是的。我做完了所有的题目吗？是的。我完成了所有的步骤吗？是的。好，老师现在看起来不忙，我要举手，安静地等她来到我的桌子旁边。"让另一名学生假扮普通教育教师，在你举手的时候走到你面前，然后你说："帕特森先生，请看看我的作业。"假扮教师的学生说："嗯，你做得很棒。"然后你微笑着说："谢谢你，帕特森先生。"在角色扮演的过程中给予赞扬并提供纠正反馈，直到学生能连续几次正确地实施整个过程为止。

5. **让学生准备好备用的回应**。当然，并不是学生每一次寻求关注的尝试都会获得教师的赞扬，有些寻求反应甚至会招致批评（例如，"这全都做错了，下次要注意。"）。利用角色扮演，让学生对这种可能性有所准备，并让他们练习有礼貌的回应（例如，"谢谢你帮我这个忙。"）。

6. **泛化至普通教育教室**。寻求关注训练是否成功，取决于学生能否在普通教育教室实际运用新的技能。

经世哲出版公司授权转载。引自 S. R. Alber & W. L. Heward (1997). Recruit It or Lose It! Training Students to Recruit Contingent Teacher Attention. *Intervention in School and Clinic*, 5, pp. 275–282. 版权清算中心传达授权。

中介泛化

另一个促进泛化型行为改变的策略是，安排某些人或某些事作为中介，确保目标行为能从教学情境转移到泛化情境。实施这一策略的两种技术是：人为设计一个中介刺激，以及教授学习者通过自我管理来中介自己的行为泛化。

人为设计一个中介刺激

中介泛化的一个策略是将目标行为置于教学情境中的某个刺激控制之下，这个刺激在泛化情境中会稳定可靠地辅助或协助学习者表现目标行为。被选择发挥这一重要作用的刺激可以是已存在于泛化情境中的刺激，也可以是加入教学计划中而随后将跟随学习者进入泛化情境的一个新的刺激。无论是泛化情境里自然存在的一个成分，还是被加入教学情境中的一个元素，要能有效地中介泛化，一个**人为设计的中介刺激**必须：（1）在教学中对目标行为具有功能性；（2）容易携带进入泛化情境中（Baer, 1999）。如果这个中介刺激能稳定可靠地辅助或帮助学习者表现目标行为，那么对学习者而言，它就是功能性的（functional）；如果这个中介刺激能轻易地跟随学习者进入所有重要的泛化情境，那么它就是可运输的（transportable）。

泛化情境里可用作人为设计的中介刺激的自然存在特征可能是实物或人。范登波尔及其同事（1981）使用餐巾纸作为一个人为设计的中介刺激，这是所有快餐店的一个共同特征。他们教学生，食物只能放在餐巾纸上。研究者通过这种方式排除了教学以及后来泛化和维持这些行为的过程中遇到的额外的挑战或困难，即教授学生区分干净的桌子和肮脏的桌子，只在干净的桌子旁就座，擦拭肮脏的桌子。经过特别设计的餐巾纸的特殊用途，只需训练一种反应，而餐巾纸充当那个行为的中介刺激。

卡里沃和柯达（Cariveau & Kodak, 2017）人为设计了一个共同刺激，以促进二年级学生在小组写作时间和作文课上的学业参与行为的泛化和维持。在干预期间的每节课开始时，教师将一张黄纸放在全班学生的面前，纸上写着一个数字，代表表现目标（如数字 8 表示这节课应该达到 80% 的学业参与）。在每节课结束时，如果一个随机选择的学生的表现达到了标准，整个小组的学生都会获得一项奖励。在倒返设计证明了学生的学业参与行为的增加与干预之间具有功能关系后，研究者实施了一个包含共同刺激的"维持"条件。"教师在所有参与者都看得到的地方放一张黄色卡片，上面写着一个目标数字（即共同刺激），并说：'这是你们今天的目标。'在每节课结束时，教师不提供有关参与者是否达到目标的信息，也不给予强化。"(p. 126)

这个维持条件一直进行到学生的学业参与的平均水平比第二个处理阶段的连续五个时段的平均水平低 20% 为止。图 30.11 显示了 6 名参与者中的 3 名的实验结果。虽然卡里沃和柯达（2017）的实验并不包括针对黄纸对学业参与的维持效果的分析，但他们为人为设计的共同刺激在泛化型行为改变过程中的潜在中介力量提供了充满希望的证明。

在选择一个刺激成为教学和泛化情境的共同刺激时，实务工作者应该考虑选择"人"。除了因为"人"是社交情境的一个必要特征外，人还是可移动的和很多行为的重要强化来源。斯托克斯和贝尔（1976）的研究是一个很好的例子，说明了当一个在学习者获得目标行为的教学情境中，具有功能性作用的人在泛化情境出现时所具有的引发效果的潜在影响。两名有学习障碍的学龄前儿童互相做对方的同伴导师，掌握了认字技能。然而，两名儿童在非训练情境中都没有表现出新的技能，直到一起学习的同伴出现在泛化情境中，新的技能才表现出来。

有些人为设计的中介刺激不仅可以充当反应辅助，还是帮助学习者表现目标行为的弥补性设备。这些设备在促进复杂行为的泛化和维持，以及通过简化复杂情况来延伸反应链方面特别有用。弥补性设备的三种常见的形式有提示卡、视觉活动时间表和自己操作的辅助设备。

提示卡。斯普拉格和霍纳（1984）给学生提示卡，帮助他们在没有他人帮助的情况下操作自动售货机。卡片的一面印有食物和饮料的标记，另一面是与商品价格相对应的硬币图片，提示卡不只在教学和泛化探测中使用，在计划结束时也让学生继续保留。18 个月后的追踪记录显示出，6 名学生中有 5 名仍然带着提示卡，并且能够独立使用自动售货机。

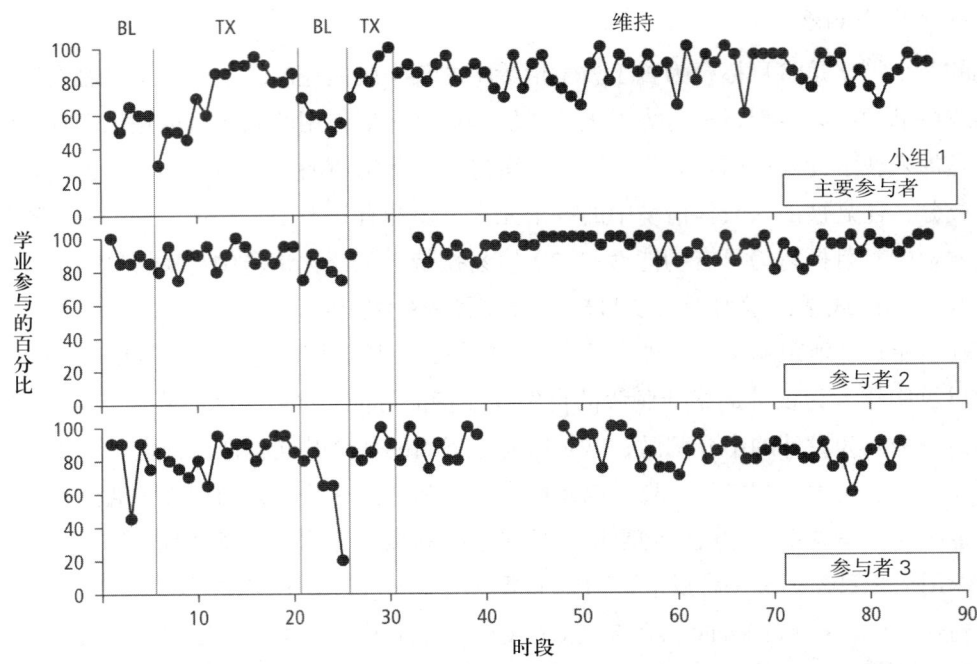

图 30.11 二年级学生在小组教学中跨基线（BL）、处理（TX）、维持各条件的学业参与。主要参与者是基线期内平均参与水平最低的学生，由他的数据来确定阶段的改变。

引自 T. Cariveau & T. Kodak (2017). Programming Randomized Dependent Group Contingency and Common Stimuli to Promote Durable Behavior Change. *Journal of Applied Behavior Analysis*, 50, p. 127. 经约翰威立出版有限公司授权转载。

在一项研究中，有学习障碍的初中生学会了在普通教育教室中进行合作学习小组活动时寻求同学的帮助。特殊教育教师给每名学生一张 3×5 英寸的层压提示卡，上面列出了寻求帮助的步骤（Wolford et al., 2001；参看图 30.12）。学生在进行寻求训练的特殊教育教室中练习使用这张提示卡。教师鼓励他们将提示卡放在他们在普通教育教室上的语言课的笔记本中，如果需要的话，可以在进行合作学习小组活动时查看提示卡，提醒自己何时和如何寻求帮助。

如何寻求帮助

1. 老师正在说话吗？
2. 那个学生正在跟其他人说话吗？
3. 引起那个学生的关注。
   — 轻声说出他的名字。
   — 说"请问"。
   — 轻拍他的肩膀。
4. 清楚地说出你的问题。
   — 你能告诉我们应该做什么吗？
   — 到目前为止，情况如何？
   — 你能看看我这样做对不对吗？
5. 说"谢谢"。

引自 T. Wolford, S. R. Alber, & W. L. Heward (2001). Teaching Middle School Students with Learning Disabilities to Recruit Peer Assistance During Cooperative Learning Group Activities. *Learning Disabilities Research & Practice*, 16, pp. 161–173.

图 30.12 初中生在合作学习小组活动中需要寻求同学帮助时，可以作为参考的层压卡片例子。

视觉活动时间表。视觉活动时间表使用图标、照片、插图和真实物品来描绘学习者将经历的事件或要完成的任务的序列。有的视觉时间表还包括表现标准，以及核查已完成的活动或任务的方式。图30.13显示了两个视觉活动时间表的例子。视觉活动时间表可以推动从一项活动到下一项活动的转换、提供空档时间的架构、帮助学习者了解不同活动与不同实体空间之间的关联，以及促进社会互动和提高沟通技能（Banda, Grimmett, & Hart, 2009; Morrison, Sainato, Benchaaban, & Endo, 2002; Pierce, Spriggs, Gast, & Luscre, 2013）。一个视觉活动时间表能让人更独立和更有自我决断力。学会使用视觉活动时间表的人不再需要教师、家长或工作人员告诉他们什么时候该开始一项活动，什么时候该开始进行下一项活动。视觉活动时间表不只是一种简单的辅助工具，它还能促进独立和提高自我决断力。

麦克达夫、克兰茨和麦克兰纳汉（1993）的实验是最早评估视觉活动时间表的行为分析实验之一。他们教授四个9~14岁的孤独症男孩在做家务，如吸尘、整理桌面，以及参与玩玩具等休闲活动时使用视觉活动时间表。研究者报告说，在训练使用图片活动时间表之前，这些男孩需要持续的监督和语言辅助来完成自理、家务和休闲活动。他们总结了研究结果，并针对维持和泛化提出了一种可能的解释。

> 当研究结束时，四个男孩都可以在没有成人辅助的情况下，在一个小时内表现出复杂的居家生活和休闲技能库。在此期间，他们频繁地转换任务，并能够在他们的集体之家里的不同地点间移动。图片活动时间表……成为功能性区辨刺激，在训练终止后促进持续的参与，并将泛化反应推广至新的活动流程和新的休闲活动中。（p. 97）

自己操作的辅助设备。很多研究显示，不同年龄段和不同认知水平的学习者可以使用移动影音播放设备独立完成各种学业、自理、家务和职场任务（例如，Bouck, Satsangi, Muhl, & Bartlett, 2013; Grossi, 1998; Mays & Heflin, 2011; Montgomery, Storey, Post, & Lemley, 2011; Trask-Tyler et al., 1994）。智能手机和平板电脑等个人移动设备的普及使人们得以用私密和常态化的方式听或看一连串自我提供的反应辅助，而不再需要麻烦别人或打扰别人。

教授自我管理技能

中介泛化型行为改变的最可能有效的方式，其关键在于每一个教学和泛化情境里始终存在的元素——学习者本身。第29章描述了可用于改变自己行为的各种自我管理策略。使用自我管理策略来中介泛化型行为改变的逻辑是：如果学习者能被教会一个行为（不是原来的目标行为，而是另一个行为——从自我管理的角度来看，是一个控制性反应），这个行为能在所有相关情境、所有恰当时间、以所有相关形式来辅助或强化目标行为，那么就能确保目标行为的泛化。但贝尔和福勒（Baer & Fowler, 1984）警告说：

> 给予学生一些自我控制的反应，旨在中介一些重要行为改变的泛化，并不能确保他们真的会使用那些中介反应。毕竟，自我控制的反应只是反应：它们也需要被泛化和维持，就像它们应该泛化和维持的行为改变一样。建立一个行为，用于作为泛化另一个行为的中介刺激，可能会成功——但也可能会导致要保证泛化两个反应的问题，而之前我们只有保证一个反应泛化的问题！（p. 149）

训练泛化

> 如果泛化本身被当作一个反应，那么在它身上也可以用强化依联，如同把它用在其他任何行为操作上一样。
>
> ——斯托克斯和贝尔（1977, p. 362）

在斯托克斯和贝尔（1997）的概念架构中，训练"进行泛化"（"to generalize"）是设计泛化型行为改变的八个主动策略之一。这里将"进行泛化"加上引号，意味着本章作者把"进行泛化"当作一个操

图 30.13　上图是视觉活动时间表，指出了上午的各项活动以及赢得自由时间内选择偏好活动的标准。下图是可携带活动时间表，图标可以变换位置。

引自 A. Aspen & L. Stack. Visual Activity Schedules for Students with Autism Spectrum Disorder. California Autism Professional Training and Information Network (2017). 经授权使用。

作式反应来假设其可能性，他们认识到"行为学家倾向于把泛化视为行为改变的结果，而不是行为本身（p. 363）"。虽然将变异的反应当成单独存在的一个操作，其效度仍存在很多争论（例如，de Souza Barba, 2012; Holth, 2012; Neuringer, 2003, 2004; Peleg, Martin, & Holth, 2017），但基础研究和应用研究已经证明了对多种反应予以强化的实用价值（例如，Neuringer & Jensen, 2013; Shahan & Chase, 2002）。应用行为分析师已经在使用的两项技术是强化反应变异性和教授学习者进行泛化。

强化反应变异性

反应变异性可以帮助个人解决问题。能够随机应变并发出多种反应的人，当遇到标准的反应形式无法获得强化的情况时，更有可能解决问题（例如，Arnesen, 2000; Marckel, Neef, & Ferreri, 2006; Miller & Neuringer, 2000; Neuringer, 2004; Shahan & Chase, 2002）。反应变异性可能也会产生受到重视的行为，因为它是新颖的或有创造性的（例如，Holman, Goetz, & Baer, 1977; Neuringer, 2003; Pryor, Haag, & O'Reilly, 1969）。反应变异性可能会使一个人接触到限制性更高的反应形式所无法接触到的强化来源和依联。通过接触这些依联而产生额外的学习，进一步扩大了一个人的技能库。

促进理想的反应泛化的一个直接方式是当反应变异性出现时予以强化。最简单的方法包括对新的反应形式给予差别强化，如同戈茨和贝尔（1973）那样，当儿童建造出不同的积木形态时，给予他们关注（参看图8.7）。这个差别强化程序的系统化复制包括从教授孤独症儿童建造不同的积木形态（Napolitano, Smith, Zarcone, Goodkin, & McAdam, 2010）到武术学生的不同拳脚技术（Harding, Wacker, Berg, Rick, & Lee, 2004）。

反应变异性与强化之间的依联可以用延迟强化程序表（lag reinforcement schedule）来形式化。延迟程序表中的强化依联于一个反应与其先前的一个反应（Lag 1 程序表），或与其先前的特定数量的反应（Lag 2 或更多）具有某种确定的不同之处。延迟强化程序表已在残障儿童身上产生了多种语言反应［Contreras & Betz, 2016; Heldt & Schlinger, 2012; 参看第13章中讨论的维斯科夫和唐纳森（2016）的研究］。

卡米莱里和汉利（Cammilleri & Hanley, 2005）使用延迟强化依联来增加两名5岁和7岁的典型发育女孩对课堂活动的选择的多样性，研究者选择她们参与这项研究的原因是，她们花费大量时间所做的活动都与学校系统性规划以发展特定技能的课程活动无关。在每个60分钟的时段开始时，儿童被告知她们可以选择任何活动，而且可以在任何时间变换活动。计时器每5分钟发出一次响声，以辅助活动选择。在基线期，对任何活动的选择都没有安排特定后果。干预包括一个延迟强化程序表，按此程序表，在第一次活动选择和随后每次做出新的选择时，教师会给儿童一张绿色卡片，稍后可以用它换取教师2分钟的关注（如果在一个时段内选择了全部的12项活动，产生了 Lag 12 依联，那就会重置）。

基线期间的活动选择显示出很小的变异性，两个女孩对搭积木都表现出了强烈的偏好（图30.14 显示了其中一个女孩的结果）。引入延迟依联后，两个女孩都立即选择和参与了更多不同的活动。研究者指出，"这种时间分配的转变产生的一个间接但重要的结果是学业单元完成数量的明显增加"（p. 115）。

教授学习者进行泛化

在所有促进泛化型行为改变的策略中，"告诉被试有泛化的可能性，然后要求他去实施"（Stokes & Baer, 1977, p. 363）是最简单和最廉价的。例如，尼恩内斯、富尔斯特和拉瑟福德（Ninness, Fuerst, & Rutherford, 1991）明确告诉三名有情绪障碍的初中生，用他们在教室里学到的自我管理程序来自我评估和自我记录从食堂走到教室的行为。休斯及其同事（1995）使用相似的程序促进泛化："在每个训练时段结束时，同伴教师提醒参与者，当他们想和人讲话时，要进行自我指示。"（p. 207）同样，每当沃尔福德（Wolford）及其同事（2001）在特殊教育教室里进行"如何在合作学习小组中寻求同学帮助"的训练结束时，都会辅助那些有学习障碍的初中生去语文教室的合作学习小组寻求同学帮助至少两次，但不超过四次。

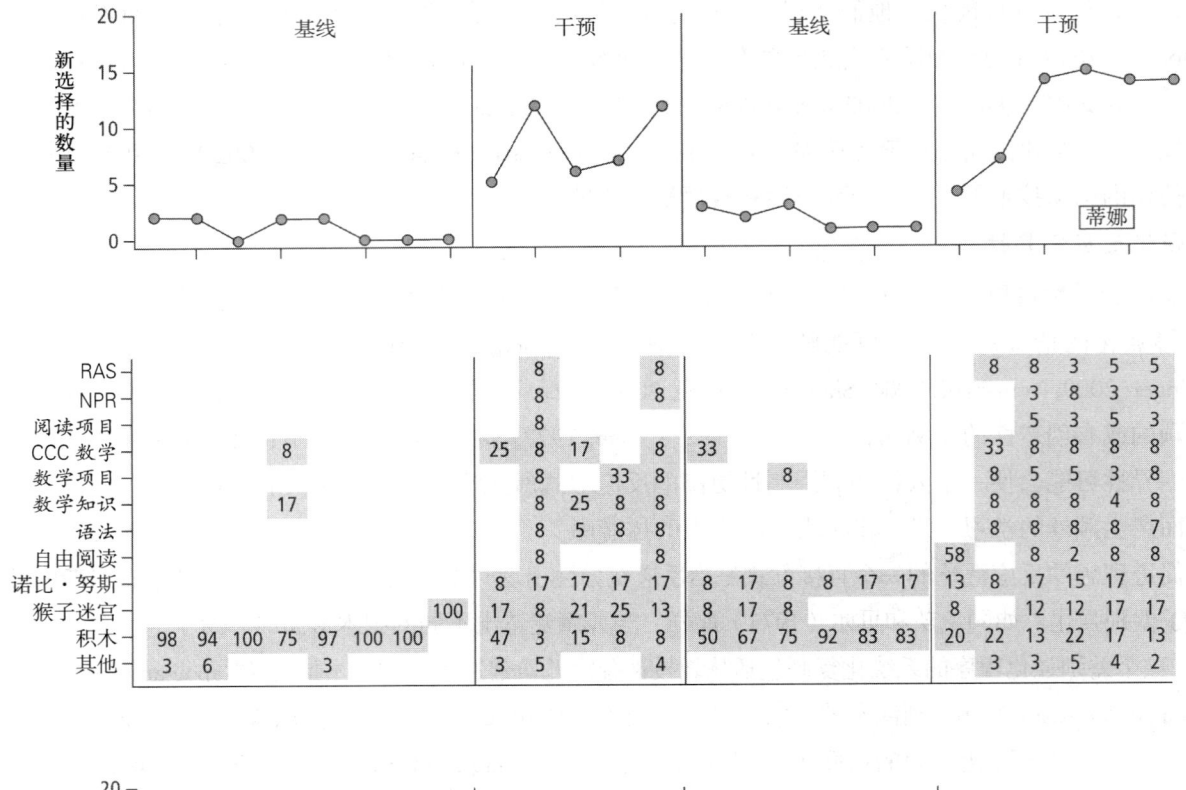

图 30.14 新活动的选择数量（上图）、设计活动（楷体字）和非设计活动（中图；有阴影覆盖的数字代表有一定程度的参与）里的参与时距百分比，以及学业单元完成的数量（下图）

引自 A. P. Cammilleri & G. P. Hanley (2005). Use of a Lag Differential Reinforcement Contingency to Increase Varied Selections of Classroom Activities. *Journal of Applied Behavior Analysis*, 38, p. 114. 经约翰威立出版有限公司授权转载。

在一定程度上，泛化发生了，泛化本身也得到了泛化，一个人可能会因此而变得擅长对新获得的技能进行泛化，或者，用斯托克斯和贝尔（1977）的话来说，变成了"已泛化的泛化者"。

修改和终止成功的干预

即使是最成功的行为改变计划，无限期地执行下去也是不可能、不切实际或不应该的。成功的干预计划的撤除应该以系统性的方式进行，应该以学习者在最重要的泛化情境中如何表现目标行为作为依据。逐步从人为设计的条件转移到典型的日常环境，将会提高学习者维持新行为模式的可能性。当实务工作者决定在多长时间内以多快的速度撤除干预成分时，应该考虑的因素包括干预的复杂性、行为发生改变的难易度或速度，以及对新行为来说，自然存在的强化依联的可获得性。

从干预条件转换到干预后环境，可以通过修改以下一个或多个成分入手，每个成分代表三项依联中的一个部分。

- 前提、辅助或与提示有关的刺激
- 任务要求和标准
- 后果或强化变量

虽然干预成分的撤除顺序可能无关紧要，但在大多数计划中，最好是在撤除干预的重要前提或后果成分之前，让所有与任务相关的要求尽可能与干预后环境里的要求相似。如此，学习者发出的目标行为水平就会与干预完全撤除后环境所要求的表现水平相同。

多年前，我们班上的一名研究生执行的一项行为改变计划说明了如何以逐步和系统性的方式撤除计划中的各个成分。一名发展性障碍男性已经具备穿衣服的技能，但他每天早上还是会花费大量的时间穿衣服（基线期间为 40~70 分钟）。干预开始时，做了一个纸钟挂在他的床边，设定指针位置，显示他该穿戴整齐以获得强化的时间。虽然他不会看时间，但他可以分辨纸钟的指针位置和旁边的真实时钟的指针位置是否一致。研究者加入两个任务相关的干预元素以提高初步成功的可能性。首先，每天早上给他较少、较容易穿的衣服（例如，不需要系腰带的裤子；不需要系鞋带的一脚蹬便鞋）。其次，虽然计划的最终目标是 10 分钟内穿完衣服，但根据他的基线表现，最初给他 30 分钟的时间穿衣服。在连续强化程序表中，首先使用食物强化物搭配语言赞扬。图 30.15 显示了干预的每个方面（前提、行为和后果）是如何被修改并最终完全撤除的，于是，当干预终止时，这名男性可以在 10 分钟内穿完所有的衣服，只使用来自工作人员的自然存在的间歇赞扬程序表，而不再有另外的时钟、图表或人为设计的强化。

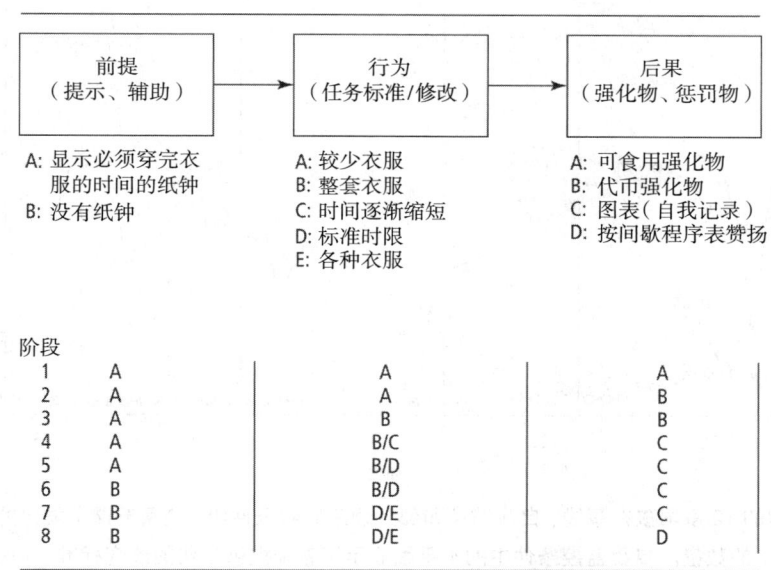

图 30.15 修改和撤除一名发展性障碍人士早上独立穿衣干预计划的成分以促进维持和泛化。

鲁施和卡兹丁（Rusch & Kazdin, 1981）描述了一种系统性撤除干预成分的方法，同时评估反应维持的情况，他们称之为"部分顺序撤除"（partial-sequential withdrawal）。马尔泰拉、伦纳德、马钱德—马尔泰拉和阿格兰（Martella, Leonard, Marchand-Martella, & Agran, 1993）在一项自我监控干预中，使用部分顺序撤除方法撤除干预的不同成分。研究者先实施这项干预计划以帮助 12 岁的轻度认知障碍学生布拉德减少在课堂活动中发出负面言论（如"我讨厌这个 @#!%ing 的计算器""数学真讨厌"）的次数。布拉德的自我管理干预包括：（1）在一张表格上自我记录在两节课上发出的负面言论；（2）将次数做成图表；（3）获得从"小"强化物清单（价格低于 25 美分）中所选择的强化物；（4）当他的自我记录与训练者的记录一致，并且连续四个时段达到或低于一个逐渐降低的标准时，就可以选择一个"大"强化物（价格高于 25 美分）。在布拉德的负面言论的比率降低后,研究者开始实施干预的四阶段部分顺序撤除。在第一阶段,将图表和赢得"大"强化物撤除;在第二阶段,要求布拉德在两节课上都不发出负面言论以获得"小"强化物;在第三阶段,布拉德使用与前两个阶段相同的一张自我监控表格来记录两节课的情况,而非一节课使用一张表格,而且不再提供"小"强化物;在第四阶段(追踪条件),除不特别强调要求标准的自我监控表格外,撤除所有的干预成分。在逐渐和部分撤除干预的过程中,布拉德的负面言论维持在较低水平(参看图30.16)。

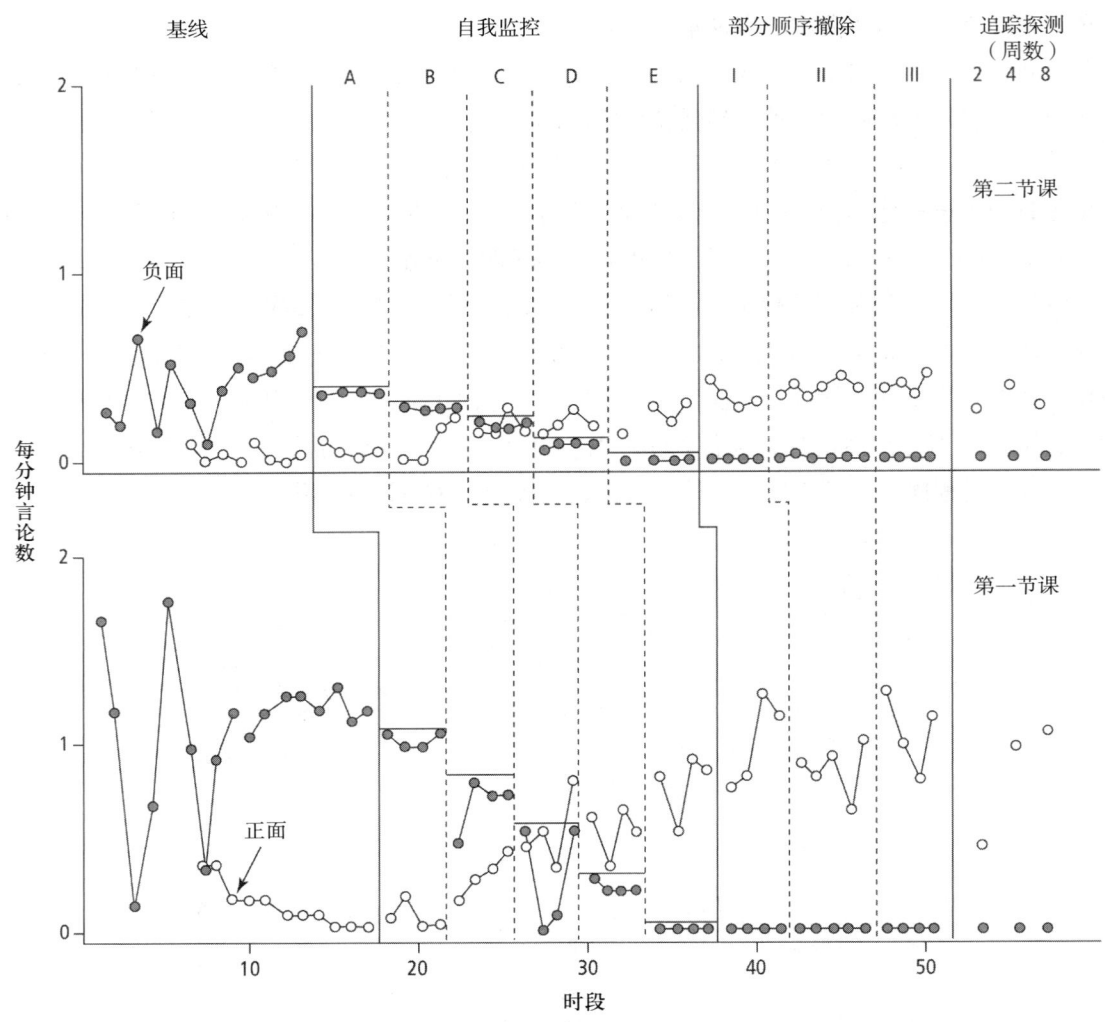

图30.16 一名有认知障碍的12岁男孩在基线、自我监控和部分顺序撤除条件中,在两节课上发出的负面言论(实心数据点)和正面言论(空心数据点)的数量。自我监控条件中的水平线显示了教师提供强化的改变标准。

引自 R. Martella, I. J. Leonard, N. E. Marchand-Martella, & M. Agran (1993). Self-Monitoring Negative Statements. *Journal of Behavioral Education*, 3, p. 84. 1993年版权归人类科学出版社所有。经授权转载。

终止一项有效干预的另一种方式是逐渐淡化程序表中整个干预运作的天数或次数。例如,法尔肯伯格和巴尔贝塔(Falkenberg & Barbetta, 2013)对四名小学生实施干预,包括学生自我监控,并每天与他们的特殊教育教师短暂会谈,查看他们的自我监控表格。当研究者确定学生的家庭作业完成率和准确性因为实施了几周的干预而得到提高,并维持在较高水平时,研究者决定进入渐褪一和渐褪二条件。在渐褪一条件中,学生继续自我监控其每日家庭作业的表现,但每周只和老师会面两次。在渐褪二条件中,学生继续自我监控,但每周只和老师会面一次。在两个渐褪条件和一个最后的维持阶段,即学生不再被辅助去做自我监控,也不再和老师会面,在整个过程中,学生的家庭作业的准确性维持在较高水平。

关于终止一项成功的行为改变计划，必须提出一些警告。实现具有重要社会意义的行为改善是应用行为分析的定义性目的。此外，那些改善后的行为应该能够维持，并且在其他相关的情境和行为上显示出泛化。在大多数情况下，实现最理想的行为改变泛化需要撤除大部分，甚至所有的干预成分。然而，与是否会产生所需要的行为改变相比，实务工作者、家长和其他负责帮助儿童学习重要行为的人，有时更关心最终能否撤除和如何撤除潜在有效的干预。思考如何妥善地最终撤除一项拟议的干预，或最终将之融入自然环境，是一件重要的事，而且与本书中所有的建议是一致的。同时，很明显，当要在两个或两个以上同样有效的干预计划中做出选择时，跟自然环境最相似和最容易撤除与终止的计划应被优先考虑。然而，不应因实现一个重要的行为改变所需的干预计划在未来不太可能完全撤除而舍弃这个重要的行为改变目标。为了维持某些行为，某种程度的干预可能永远是必要的。

促进泛化结果的指导原则

无论选择和应用何种特定策略，我们相信，实务工作者遵循下列五个指导原则，都会加强为促进泛化型行为改变而付出的努力。

1. 尽可能减少泛化的需求。
2. 在教学之前、期间和之后进行泛化探测。
3. 尽可能让重要他人参与进来。
4. 尽可能使用侵入性最低、成本最低的技术促进泛化。
5. 根据需要人为设计干预技术，以获得重要的泛化结果。

尽可能减少泛化的需求

实务工作者应尽可能减少对未教授的技能、地点和情境的泛化需求。要做到这一点，必须谨慎而系统化地评估哪些是最重要的行为改变。实务工作者应将学习者最常被人要求表现的知识和技能，以及最常因为使用那些技能而获益的地点和情境排出一个优先顺序。除了学习者现在所处的环境，实务工作者还要考虑他们在不久的将来和以后的人生中所必须面对的环境。

最重要的行为改变不应交给不确定的泛化技术。最重要的"技能—环境—刺激"组合应该始终是直接教授的，而且如果可能的话，应该首先教授。例如，一项教授一名残障的年轻人乘坐公共汽车系统的训练计划，应该以他最常乘坐的公共汽车路线（如往返于家、学校、工作地点和社区休闲中心之间）作为教学实例。对于学习者在训练后偶尔会去的目的地，不需要针对这些路线进行直接教学，而是用作泛化探测。要在训练过的路线上实现高水平的反应维持，仍将是一项挑战。

在教学之前、期间和之后进行泛化探测

在教学之前、期间和之后，应该进行泛化探测。

教学之前的泛化探测

教学之前的泛化探测也许能显示出学习者已能在泛化情境中表现部分或全部的所需行为，因而减少教学任务的范围。因为学习者在教学情境中没有表现出某个特定行为，就假定她在泛化情境中也没有或不能表现出这个行为，这是错误的。教学之前的泛化探测数据是唯一的客观基础，从中可以得知学习者在教学之后表现出的目标行为是泛化结果。

此外，教学之前的泛化探测让我们得以观察到泛化情境中依联的运作。了解这类信息可能对设计更有效的干预或教学有所助益。

教学期间的泛化探测

教学期间的泛化探测能显示出泛化是否已经出现、什么时候出现，以及能否终止、什么时候能够终止教学，或什么时候将焦点从获得转向维持。一位教师发现一名学生只接受某个特定类型的代数方程的几个例子的教学后，就能解答未教过的其他题目，因此转而进行课程中下一个题型的教学，比起在同样情况下继续提供更多同题型例子的教师来说，这位教师将会更有效地教授更多的课程内容。

教学期间的泛化探测也能显示出泛化是否出现，进而显示需要改变教学策略。斯普拉格和霍纳（1984）观察到一名学生的仪式性投币行为造成在泛化探测中表现不佳，于是，他们在一个训练时段中加入对投币步骤的反复练习，这名学生的泛化表现大幅改善了。

在一项教授孤独症儿童对他人做出共情回应的研究中，西瓦拉曼（Sivaraman, 2017）将泛化探测随机穿插在所有的处理时段中。泛化探测呈现的方式与基线期相同。每次探测尝试呈现的非训练区辨刺激都属于正在训练中的前提情绪（沮丧、悲伤或快乐）的相同类别。为评估高中橄榄球运动员从对一个以走路速度行进的假人练习擒抱到对一个真正带球跑者擒抱的泛化程度，哈里森和派尔斯（2013）在一项塑造计划里的每个阶段进行了"四擒抱"泛化探测（参看图 22.4）。

人为制造学习者使用新知识或技能的机会往往可以使泛化更高效。例如，实务工作者与其等待（或错失）自然出现的机会，而让学习者在泛化环境中使用新掌握的对话技能，不如招募一个"盟友"同伴去接近学习者。尼恩内斯等人（1991）使用会引起或分散学生的注意力的人为设计的泛化探测来测试他们使用一组自我管理技能的程度。

人为设计的泛化探测也可以作为获得和泛化的主要衡量标准。例如，米尔滕贝格尔及其同事（2005）将枪放在家庭和学校中儿童找得到的地方，用这样的人为设计机会来测量和教授儿童有关枪支安全的技能。如果一名儿童看到枪时，没有表现出目标安全技能（即不碰枪、远离枪和告诉成人），训练者就进入那个房间，进行现场训练，询问儿童应该怎么做，并将所有步骤演练五次。

教学之后的泛化探测

教学之后的泛化探测能揭示反应维持的程度。关于教学之后的探测要进行多长时间，这个问题的答案取决于目标行为的严重性、行为改变对个人生活质量的重要性、迄今为止探测所反映的反应维持的强度和一致性等因素。对于严重的行为问题，做长期的反应维持评估尤为关键。在有些案例中，对维持进行探测甚至长达几个月或几年（例如，Derby et al., 1997; Wagman, Miltenberger, & Woods, 1995）。里德、帕森斯和詹森（Reid, Parsons, & Jensen, 2017）报告称，在一家为重度残障青少年和成人开设的机构里，工作人员在接受密集训练后产生了理想的行为表现（在功能性任务上的参与程度有所提高），训练结束后，督导连续12周，大约每周观察一次工作人员并提供表现反馈，之后，观察和反馈改为每月一次。这项持续进行的监控和反馈计划在长达30年的追踪观察中使工作人员的表现始终维持在较高水平。

如果实行系统性的泛化和维持探测太困难或太刻意，实务工作者应考虑目标行为对学生或服务对象的相对重要性。如果一个行为重要到足以作为干预目标，那么就值得付出所需的任何努力来评估那项干预的泛化结果。

让重要他人参与进来

> 所有人都是各种行为改变的潜在教师。仅仅因为你被为指定"教师"或"行为分析师"，并不意味着你享有制造有意的行为改变能力的特权。事实上，也不可能有这样的特权。每个人都会对其所接触到的每个人在行为的改变和维持上产生影响。
>
> ——唐纳德·M. 贝尔（1999, p. 12）

教授泛化是一项大工程，实务工作者应尽可能寻求各种帮助。当重要行为需要辅助或强化时，几乎在任何时间、任何地点，周围都可以找到能帮忙的人；当社会性行为被设定为目标时，根据定义，人们就在那里。

除了参与者和行为分析师外，几乎每项行为改变计划都涉及其他人，而他们的合作对计划的成功来说是至关重要的。福克斯（1996）表示，在设计成功的行为改变干预时，"10% 是知道要做什么，90% 是让人们去做……很多计划之所以不成功，是因为把这个百分比弄颠倒了"（p. 230）。虽然福克斯指的是让工作人员以成功所需的一致性和忠实度来执行计划所面临的挑战和它的重要性，但对于重要他人的参与，道理是一样的。

贝尔（1999）建议，找出将要或可能参与行为改变计划的积极支持者或容忍者。积极支持者是指自然存在于泛化情境中的人，通过做特定的事情来促进目标行为的泛化和维持。积极支持者促进理想的泛化结果的方式是：为学习者安排使用或练习新技能的机会、给予提示和反应辅助、表现出目标行为时提供强化。

一项教授重度残障儿童独立进食的行为改变计划的积极支持者，可能包括学校食堂的一两位关键人物、一位经常帮助那名儿童的志愿者或助手、儿童的父母以及哥哥或姐姐。这些人是教学团队里的重要成员。如果要实现最理想的泛化，积极支持者一定要设法使他们与学习者共享的泛化情境中有很多学习者使用新技能的机会，也要使他们在那些环境里可以掌控的自然强化物（如赞扬、触摸或拥抱、微笑、陪伴）被用作目标行为的后果。不必，也不应该将积极支持者的名单局限于学校工作人员、家庭成员和同伴，因为他们可能无法经常出现在所有需要发生泛化的环境和情境中。

容忍者是指在泛化情境中，同意不做出阻碍泛化计划的行为的人。容忍者应被告知，学习者会在泛化情境中使用新技能，请他们保持耐心。一项独立进食计划的容忍者名单可能包括儿童的某些家人、学校食堂的员工和同伴。除了家庭和学校环境外，行为分析师应该考虑到在餐厅与儿童共用餐桌或分享用餐空间的一般大众可能扮演的角色。当学习者开始尝试在家庭和学校的熟悉依联以外的情境吃东西时，她最初的邋遢和迟钝（她可能总是比大多数人邋遢和迟钝）也许会导致陌生人发出各种反应，从而惩罚那些新的进食技能。被盯着、被嘲笑、被议论、被催促，甚或他人主动提供帮助，都有可能减少泛化的可能性。当然，行为分析师可以告知学校的工作人员和家庭成员有关正在进行中的进食干预计划的事项，并请他们不要干扰儿童独立进食的尝试。但一般大众是另外一个问题。不可能将这项干预计划告知所有人。然而，通过考虑学习者在泛化情境中可能遭遇的不宽容行为的类型，可以在制订教学计划时将练习如何应对这些情况纳入进来。可以将教学尝试设计成在学习者忽略那些无礼的言论而继续独立进食时给予强化。

尽可能使用侵入性最低、成本最低的技术

行为分析师应该先尝试使用侵入性较低和成本较低的技术来促进泛化，然后再考虑侵入性较高和成本较高的技术。前面已经说过，在所有可能促进泛化的技术中，提醒学生在泛化情境中使用新技能，是最简单和最廉价的方法。虽然实务工作者永远不应假设，如果告诉学习者泛化，就会产生想要的结果，但也不应忘记使用这项简单且无成本的技术。同样，将泛化情境中的一些最相关的特征融入教学情境（即安排相同刺激）往往有助于产生所需的泛化，而且比在自然情境中开展教学的成本要低（例如，Neef, Lensbower et al., 1990; van den Pol et al., 1981）。

使用成本较低的技术不仅可以节省有限的教学资源，而且只需较少可移动部件的侵入性较低的干预也比较容易撤除。通过系统性的泛化探测，可以确定泛化是否已经产生，以及是否需要更精密和更具侵入性的干预和支持。

根据需要人为设计干预技术，以获得重要的泛化结果

实务工作者不应过于担心干预计划的侵入性，而导致未能实施一项会对学习者产生重要结果的潜在有效的干预或程序。因此，如果有必要，实务工作者应忽略前面所说的指导原则，尽可能多地设计所需要的教学和泛化策略，使学习者得以泛化和维持关键的知识和技能。

行为分析师不应哀叹没有泛化，或责怪学习者没有能力表现出泛化型行为改变，而应安排所有具有社会效度而可能是扩展和维持目标行为所需依联。

唐贝尔的一些智慧结语

行为实务工作者所面临的最困难和最重大的挑战是，帮助学习者在具有重要社会意义的行为上实现泛化型改变。一个行为改变——无论最初多么重要——如果不能持续较长的时间、不能在合适的地点和情境里发出，或在需要展现多种形态时以有限的形式出现，那么对学习者而言就没有多大价值了。

过去40年的研究将斯托克斯和贝尔（1977）所描述的"泛化的隐含技术"的知识基础，发展推进为一套越来越明确和有效的促进泛化型行为改变的策略和技术。对这些方法的了解，结合本书从头到尾所讲述的基本原理和行为改变技术，为行为分析师提供了一种强有力的方法来帮助人们享受健康、快乐和充实的生活。我们以唐贝尔（1999）的一个极具智慧的观察来结束本章，他指出了一个人的经验（在这里是指经验的本质）与从该经验中学会或没有学会的一切之间的关系的基本真理。与斯金纳一样，贝尔明智地提醒我们，不要责怪学习者没有做出我们认为他应有的行为表现。

> 了解了任何事物的一个方面，绝不意味着你会自然而然地了解其他部分。现在能够熟练地做一件事，绝不意味着你能永远做好。能够一再地拒绝某种诱惑，绝不意味着你现在拥有品格、力量和纪律。因此，并不是（某一位）学习者愚钝、有学习障碍或不成熟，因为就这一点而言，所有的学习者都是相似的：**没有人能学到一个泛化的经验，除非有人教授他一个源自泛化的经验**。（p.1，原文中强调的部分）

摘要

泛化型行为改变：定义与关键概念

1. 如果经过训练的行为在其他时间或地点不用全部重新训练而表现出来，或是未经直接教授的功能相关的行为在那些时间或地点表现出来，就表示泛化型行为改变发生了。

2. 反应维持是指在造成一个行为最初在学习者的技能库里出现的部分或全部干预终止后，学习者继续表现该行为的程度。

3. 地点/情境泛化是指学习者在不同于教学环境的其他地点或情境里发出目标行为的程度。

4. 教学情境是发生教学的整体环境，涵盖有计划或无计划的会影响学习者的目标行为的获得和泛化的所有环境方面。

5. 泛化情境是以某种有意义的方式有别于教学情境的任何地方或刺激情境，其中目标行为的表现是被期望出现的。

6. 反应泛化是指学习者发出的未经训练的反应与经过训练的反应功能等价的程度。

7. 一些干预产生了跨时间、跨地点和跨其他行为的显著且广泛的泛化效果；另一些则产生了持久度和扩展范围有限的行为改变。

8. 不理想的地点/情境泛化有两种常见的形式：过度泛化和错误刺激控制。过度泛化是指行为受到一个太广泛的刺激类的控制。错误刺激控制是指目标行为受到不相关的前提刺激的控制。

9. 当学习者做出功能等价的任何未经训练的反应，而导致出现不良的结果时，就表示发生了不理想的反应泛化。

10. 其他类型的泛化结果（如刺激等价、依联内收和跨被试泛化）不容易被归到反应维持、地点/情境泛化和反应泛化的类别中。

11. 泛化地图是结合各种类型的泛化型行为改变并加以分类的概念架构。

为泛化型行为改变制订计划

12. 促进泛化型行为改变的第一步是选择符合自然存在的强化依联的目标行为。

13. 自然存在的依联是任何独立于行为分析师或实务工作者的努力而运作的强化（或惩罚）依联，包括已经在相关情境中实施的、通过人为设计而存在的社会中介依联。

14. 人为设计的依联是任何由行为分析师设计和实施以实现目标行为改变的获得、维持和/或泛化的强化（或惩罚）依联。

15. 为泛化制订的计划包括确定所有理想的行为改变，以及在直接训练终止后学习者应该发出目标行为的所有环境。

16. 制订计划清单的好处包括更好地了解教学任务的范围，以及有机会列出直接教授最重要的行为改变和教学情境的优先顺序。

促进泛化型行为改变的策略和技术

17. 研究者已将斯托克斯和贝尔（1977）所称的"泛化的隐含技术"发展推进为一套越来越明确和有效的促进泛化型行为改变的方法。

18. 教授足够的范例的策略是，教授一组所有可能的刺激和反应范例的子集，然后评估学习者在未经训练的范例上的表现。

19. 泛化探测是指在没有提供过直接训练的地点和/或刺激情境中，对学习者的目标行为的表现所做的任何测量。

20. 教授足够的刺激范例涉及教授学习者对不止一个前提刺激范例做出正确反应，并探测在未经教授的刺激范例上的泛化。

21. 一般而言，实务工作者教学时使用的范例越多，学习者越有可能对未经训练的范例或情况做出正确反应。

22. 让学习者做各种反应形态练习，有助于确保学习者获得理想的反应形式，并促进反应泛化。常被称作多范例训练的策略一般包括大量的刺激范例和反应的变化。

23. 一般案例分析是一种选择教学范例的系统性方法，用于选择能代表泛化情境中全范围的刺激变化和反应要求。

24. 负向的或"不要做它"教学范例帮助学习者辨识在怎样的刺激情境中不应表现出目标行为。

25. 差别最小的负向教学范例与正向教学范例有很多相同特征，有助于消除由过度泛化和错误刺激控制导致的"泛化错误"。

26. 教学情境与泛化情境越相似，在泛化情境中发出目标行为的可能性越高。

27. 安排相同刺激是指做出安排，使教学情境中包含泛化情境中的典型刺激特征。实务工作者通过直接观察和询问熟悉泛化情境的人，可以辨识出可能存在的刺激。

28. 宽松教学——在教学时段内和跨教学时段随机改变教学情境的非关键方面——（1）减少了单一或一小群非关键刺激对目标行为获得绝对控制的可能性；（2）使学习者的表现不太可能在泛化情境中在一

"陌生的"刺激出现时受到阻碍或"脱离原来的轨道"。

29. 一个新习得的行为可能会因为还没有被教授得足够好而无法接触到已经存在的强化依联。解决这种泛化问题的方法是教授学习者以自然发生的强化依联所要求的比率、准确性、形态、潜伏期、持续时间和/或等级大小来发出目标行为。

30. 间歇强化程序表和延迟奖励的使用可以创造不可区辨的依联,因为它使学习者难以区辨下一个反应是否会产生强化,从而促进泛化反应。

31. 行为圈套是一种强有力的强化依联,它具有四个定义性特征:(1)以几乎无法抗拒的强化物作"诱饵";(2)进入圈套只需在技能库里做出一个不费力的反应;(3)圈套中相互关联的强化依联鼓励学生获得、拓展和维持目标技能;(4)这些圈套可以保持长时间有效。

32. 唤醒一个已存在但不发挥作用的强化依联的一种方式是要求泛化情境中关键人物关注学习者,并赞扬他表现出的目标行为。

33. 唤醒一个自然强化依联的另一个策略是教学习者如何在泛化情境中寻求强化。

34. 中介泛化的一个策略是将目标行为置于教学情境中的一个人为设计的刺激控制之下,这个刺激在泛化情境中会稳定可靠地辅助或协助学习者表现目标行为。

35. 教授学习者自我管理技能,使他能够在任何时间、任何相关情境中辅助和维持自己的目标行为改变,是中介泛化型行为改变的最可能有效的方式。

36. 泛化的训练策略的基础在于将"进行泛化"当成一个操作式反应类,如同任何其他操作一样,是由强化的依联选择和维持的。

37. 促进反应泛化的一个策略是强化反应变异性。在延迟强化程序表中,强化依联于一个反应与其先前的一个反应(Lag 1 程序表),或与其先前的特定数量的反应(Lag 2 或更多)具有某种确定的不同之处。

38. 促进泛化型行为改变的最简单和最廉价的策略是告诉学习者泛化的有用性,然后教他这么做。

修改和终止成功的干预

39. 即使是最成功的行为改变计划,无限期地执行下去也是不可能、不切实际或不应该的。

40. 从正式干预程序转换到日常生活环境,可以通过逐渐撤除训练计划的三个成分来实现:(1)前提、辅助或与提示有关的刺激;(2)任务修改和标准;(3)后果或强化变量。

41. 不应因可能永远无法完全撤除干预就不做重要的行为改变。为了维持某些行为,某种程度的干预可能永远是必要的,在这种情况下,必须尝试继续进行必要的干预计划。

促进泛化结果的指导原则

42. 遵循下列五个指导原则,可以加强为促进泛化型行为改变而付出的努力。
- 尽可能减少泛化的需求。
- 在教学之前、期间和之后进行泛化探测。
- 尽可能让重要他人参与进来。
- 尽可能使用侵入性最低、成本最低的技术促进泛化。
- 根据需要人为设计干预技术,以获得重要的泛化结果。

第十三部分

伦理

第 31 章　应用行为分析师的伦理责任与专业责任

在第 31 章中，汤姆·弗里曼（Tom Freeman）、琳达·勒布朗（Linda LeBlanc）和乔斯·马丁内斯—迪亚斯（Jose Martinez-Diaz）帮助行为分析师解答与伦理实践有关的三个基本问题：什么是正确的事？什么是值得做的事？做一名优秀的行为分析师意味着什么？作者提出了伦理的定义，概述了专业实践标准和行为分析师的行为准则，介绍了为服务对象提供符合伦理的服务的策略和技术，并提供了关于行为分析师如何实现、维持和拓展其专业胜任能力的建议。

第 31 章　应用行为分析师的伦理责任与专业责任

托马斯·R. 弗里曼、琳达·A. 勒布朗和乔斯·A. 马丁内斯—迪亚斯

关键词

执行条例（Compliance Code）

保密（confidentiality）

利益冲突（conflict of interest）

反控制（countercontrol）

纪律标准（disciplinary standards）

行为伦理规范（ethical codes of behavior）

伦理（ethics）

欺诈行为（fraudulent conduct）

知情同意（informed consent）

疏忽（negligence）

风险效益分析（risk-benefit analysis）

➡ 本章作者感谢蒂莫西·E. 赫伦的付出，并感谢马修·诺曼德（Matthew Normand）对本章的先前版本做出的贡献。

➡ 本章由吴学颖翻译。

行为分析师认证委员会 BCBA/BCaBA 任务清单（第 5 版）

第二部分：应用

E. 伦理

按照《行为分析师专业伦理执行条例》(Professional and Ethical Compliance Code for Behavior Analysts) 行事。

- E-1 行为分析师的负责任行为。
- E-2 行为分析师对服务对象的责任。
- E-3 评估行为。
- E-4 行为分析师与行为改变计划。
- E-5 作为督导的行为分析师。
- E-6 行为分析师对行为分析行业的伦理责任。
- E-7 行为分析师对同事的伦理责任。
- E-8 公开陈述。
- E-9 行为分析师与研究。
- E-10 行为分析师对 BACB 的伦理责任。

H. 选择和实施干预

- H-3 根据服务对象的偏好、支持环境、风险、限制和社会效度等因素，推荐干预目标和策略。
- H-9 与支持服务对象和/或向服务对象提供服务的人合作。

I. 员工督导和管理

- I-1 陈述使用行为分析督导的原因和督导不力的潜在风险（如服务对象的成果不佳、受督导者的绩效不佳）。
- I-2 为督导和受督导者设立明确的绩效预期。
- I-3 根据对受督导者的技能评估选择督导目标。
- I-4 培训员工，使其胜任评估和干预程序的执行。
- I-5 使用绩效监督、反馈和强化系统。
- I-6 使用功能评估方法（如绩效诊断）确定影响员工绩效的变量。
- I-7 使用以功能为基础的策略提高员工绩效。
- I-8 评估督导的效果（如对服务对象的影响、对受督导者的技能库的影响）。

©2017 The Behavior Analyst Certification Board, Inc.® (BACB®). 保留所有权利。本文件的当前版本可在 www.bacb.com 网站查阅。如需转载、复制或分发本文件，或有疑问，请直接联系行为分析师认证委员会。经授权使用。

在应用行为分析的实践中，经常遇到伦理难题。考虑一下这些情况：

- 李住在乡下的一家面向智力障碍人士的营利性私立社区住家。他告诉机构主管哈恩博士，他想搬到邻近市区的廉租公寓。这个搬迁意味着该机构将失去一笔收入，可能会产生额外的转移安置费用（如搬迁费用、未来的入户督导），以及潜在的安全风险，因为李考虑搬去的那个市区的犯罪率正在飙升。哈恩博士该如何合乎伦理地回应李搬家的请求，而不致因利益冲突而产生偏见？
- 拉卢卡已经开始了为成为认证行为分析师而必须进行的督导下的现场工作。她的督导安卡已经是一名 BCBA 了。最近，安卡指示拉卢卡执行一些更高级的任务（如评估、设计方案），而那些任务超出了拉卢卡在学校进修课程所学的内容。她还没有被明确教授如何执行安卡指示她为服务对象所做的任务。此外，在目前的情况下，安卡没有直接观察拉卢卡的工作，也没有提供具体的反馈。拉卢卡担心自己犯错，从而影响服务对象的行为计划的质量。拉卢卡怎么做才能确保自己在顺利地学习新的行为分析技能的同时，使服务对象拥有最佳的学习计划？安卡原本应该怎么做，才能在最初就减少这种情况发生的可能性？
- 第二年担任教师的多尔蒂女士正在累积行为分析师认证所需的经验时数。在一场年度个别化教育计划（IEP）会议上，她察觉到学区行政官员多伊尔先生试图"引导"一名情绪障碍学生的家长接受修改过的 IEP 计划。多伊尔先生撤除了 IEP 团队推荐的应用行为分析服务，取而代之的是他自己建议的由一位辅助专业人士提供的基于感官的镇静技术。多尔蒂女士认为，多伊尔先生的建议的动机——至少有一部分——是他想为预算紧张的学区控制成本，而专业的行为分析服务意味着这名学生要接受比较昂贵的干预。第二年担任教师的多尔蒂女士担心，如果自己公开建言，可能会惹恼校长，导致自己失去工作。但是，如果她保持沉默，不告知家长学校团队最初的建议，这名学生就不太可能得到所需的服务。由于她正在累积接受督导的经验时数，有责任使自己的行为符合 BACB 的执行条例，那么，多尔蒂女士如何才能在试图保住教职和在学校行政官员面前维持其信誉的同时，成为学生权益的有效倡导者呢？

在这些情况下，行为分析师应该如何应对？本章将帮助人们思考和处理这个问题。我们首先定义了伦理，并讨论了在应用行为分析科学和实践中保持伦理与专业标准的重要性。我们讨论了在服务对象的服务范围内的伦理议题（如知情同意、利益冲突）、新技术的伦理意涵，以及建立专业网络以支持伦理行为的必要性。

什么是伦理以及伦理为什么重要？

伦理的定义

从行为分析的角度看，**伦理**（ethics）是由特定的行为规则来定义的。这些规则要么是宽泛的陈述，如库谢尔和基思-斯派格尔（Koocher & Keith-Speigel, 1998）的指导原则——（1）不伤害；（2）尊重自主；（3）造福他人；（4）做到公正；（5）真诚；（6）给予尊严；（7）以关怀和同情待人；（8）追求卓越；（9）接受究责——要么是较为具体的描述，如同一份专业的行为准则。对应用行为分析师而言，《行为分析师专业伦理**执行条例**》（以下简称《执行条例》，参看图 31.1）包括与各个领域的专业和伦理行为相关的 10 个部分。[1]

伦理规则描述的是个人的行为，而不是个人或群体的模糊的固有特征或典型特征。我们不应该说一个人或一个组织符合伦理或不符合伦理，因为这些术语描述的是个人的行为。

实现伦理有两种主要方法，人们称之为义务论（deontological）（即行为导向）方法和功利主义（utilitarian）或目的论（teleological）（即结果导向）方法。义务论方法只根据行为本身的性质来评估行为的伦理性，而不考虑其后果（O'Donohue & Ferguson, 2011; White, 1993）。功利主义方法则根据行为的后果或结果来判断这个行为的对与错。

这两种方法对行为分析师而言都很重要。义务论方法创建了一套牢固而必要的规则来指导伦理行为。例如，《执行条例》中提到，行为分析师不可以接受礼物。但是，在执行这些行为规则时，功利主义方法提供了必要的灵活性。关于禁止接受礼物，不难设想这样一种情况，一名发展性障碍成人兴奋地把她画的画送给行为分析师，或是一名年轻的服务对象害羞地把他在学校制作的泥塑作为节日礼物送给行为分析

---

[1] 行为分析师认证委员会（BACB）的《行为分析师专业伦理执行条例》（"条例"）整合、更新和取代了 BACB 原先的《行为分析师专业纪律、伦理标准和负责任行为准则》（*Professional Disciplinary and Ethical Standards and Guidelines for Responsible Conduct for Behavior Analysts*）。《执行条例》包括与行为分析师的专业和伦理行为相关的 10 个部分，以及一份术语表。自 2016 年 1 月 1 日起，所有 BACB 申请人、认证持有人和注册者都必须遵守《执行条例》。资料来源：www.BACB.com。

师。行为分析师可能会出于保持道德纯洁的目的而拒绝此类礼物，而这可能会不必要地损害双方的临床关系。然而，正如拉塔尔和克拉克（2007）所说："规则本身的针对性和全面性不足以涵盖一个困难的伦理决定的所有方面。"（p. 6）因此，功利主义方法提供了一种原则性的方法来分析和解决那些不能用简单的"是"或"否"来回答的伦理问题。我们也许可以把义务论方法类比为"法律条文"，而功利主义方法则试图体现"法律精神"。

```
1.0   行为分析师的负责任行为
      1.01   依据科学知识
      1.02   胜任的范围
      1.03   通过专业发展保持胜任能力
      1.04   诚实
      1.05   专业性与科学性的关系
      1.06   多重关系和利益冲突
      1.07   剥削关系
2.0   行为分析师对服务对象的责任
      2.01   接受服务对象
      2.02   责任
      2.03   咨询
      2.04   有第三方介入的服务
      2.05   服务对象的权利和特权
      2.06   保守秘密
      2.07   保存档案
      2.08   揭秘
      2.09   治疗／干预的效果
      2.10   对专业工作和研究的记录
      2.11   档案和数据
      2.12   合同、费用和财务安排
      2.13   准确的收费报告
      2.14   转介和费用
      2.15   中断或结束服务
3.0   评估行为
      3.01   行为分析评估
      3.02   医学咨询
      3.03   对行为分析评估的同意
      3.04   解释评估结果
      3.05   对服务对象记录的同意
4.0   行为分析师与行为改变计划
      4.01   理论上的一致性
      4.02   服务对象对计划的参与和同意
      4.03   个别化的行为改变计划
      4.04   对行为改变计划的审核
      4.05   阐述行为改变计划的目标
      4.06   阐述行为改变计划取得成功的条件
      4.07   影响行为改变计划实施的环境条件
      4.08   关于惩罚程序的考虑
```

4.09 最低限制性程序
4.10 避免有害的强化物
4.11 结束行为改变计划和行为分析服务

5.0 作为督导的行为分析师
5.01 督导的胜任能力
5.02 督导的数量
5.03 督导分配任务
5.04 设计有效的督导和培训
5.05 关于督导条件的沟通
5.06 向受督导者提供反馈
5.07 评估督导的效果

6.0 行为分析师对行为分析专业的伦理责任
6.01 维护原则
6.02 传播行为分析

7.0 行为分析师对同事的伦理责任
7.01 推广伦理文化
7.02 他人违反伦理并可能造成伤害

8.0 公开陈述
8.01 避免不真实或欺骗性的陈述
8.02 知识产权
8.03 他人的陈述
8.04 使用媒体作公开陈述和以媒体为基础的服务
8.05 感言和广告
8.06 当面招揽服务

9.0 行为分析师与研究
9.01 遵守法律法规
9.02 负责任研究的特征
9.03 知情同意
9.04 出于教育和指导的目的而使用保密信息
9.05 事后沟通
9.06 对经费申请和期刊文稿的评审
9.07 抄袭
9.08 认可他人的贡献
9.09 数据的准确性与使用

10.0 行为分析师对行为分析师认证委员会的伦理责任
10.01 向行为分析师认证委员会提供真实准确的信息
10.02 及时向行为分析师认证委员会反映、报告和更新有关信息
10.03 保密与行为分析师认证委员会的知识产权
10.04 考试中的诚实与违规行为
10.05 遵守行为分析师认证委员会关于督导和课程的标准
10.06 熟知本条例
10.07 制止非认证持有人谎称有认证

引自 2019 年 2 月 22 日 www.bacb.com/ethics-code/. Copyright 2014 Behavior Analyst Certification Board, Inc. (BACB®). 保留所有权利。版本为 2018 年 12 月 17 日。经授权使用。

图 31.1 行为分析师专业伦理执行条例

从哲学角度来看，斯金纳（1978，2005）倾向于功利主义观点，一再主张以伦理来管控行为，而伦理因此与个人、群体、文化和物种的生存存在功能性的关联（de Melo, de Castro, & de Rose, 2015）。当跨群体或文化的各种利益不完全一致，或不同的伦理准则相互冲突时，情况就会变得复杂。例如，某种行为可能符合一个群体的长期生存的利益，却可能对某个个体造成短期的损害。行为分析师在面临一个呈现出竞争、矛盾或有潜在危害的依联的复杂伦理问题时，朝向公平结果的有效导航，必须具备一个校准良好的伦理指南针和可靠的锚。行为分析师必须仔细考虑谁可能受益，谁可能受到伤害，以及专业和伦理执行条例可以提供的指引。

行为分析师的决定和行动必须始终以三个基本问题的答案为伦理基础：什么是正确的事？什么是值得做的事？做一名优秀的行为分析师意味着什么？（Reich, 1988; Smith, 1987, 1993）这些问题的答案指导着每一位行为分析师将个人行事和专业实践建立在一个至高的原则上：帮助他人学习如何改善他们的身体、情绪、社交和个人整体的状况。如同科里和卡拉南（Corey & Callanan, 1993）所说："在实务上遵守伦理的根本目的是提高服务对象的福祉。"（p. 4）

什么是正确的事？

这个问题的答案受到很多因素的影响，包括每个人在"对与错"上的学习历史、实践应用行为分析的背景，以及适用的伦理和法律上的行为规则。一名行为分析师会以既定的原则、经过验证的方法，以及请教其他行为分析师和相关领域的专业人士所做过的有效决定为基础来做决定。目标是保障那些委托他们照顾的人的福祉、这个行业的诚信和健康发展，以及最终确保文化的生存（Skinner, 1953, 2002）。

伦理最终与文化实践有关。在不同文化之间，或者在单一文化内部，伦理规范可能都会随着时间的推移而有所不同。在一种文化中可以接受的事物在另一种文化中可能不被接受（如娱乐性的饮酒）。而在某个时代可以接受的事物在 20 年后可能会完全不被接受。

个人历史。每一个人都代表一个独特的全然不同的学习历史。因此，每位专业人士都应该努力地获得初步的和经常性的培训和经验，以抵消我们个人或文化的背景可能带来的偏见或倾向。例如，假设一名行为分析师在成长过程中看到过她的哥哥做出自伤行为（SIB），而她现在正在为一名表现出类似自伤行为的儿童提供服务。她可能会想起她的父母为了帮助哥哥而使用的各种方法（如使用惩罚、禁止他参加家庭户外活动、使用治疗精神病的药物）。如果这名分析师接受过一些关于评估和治疗方案的适当训练，那么可以有效地减少这种个人经验的潜在影响，有利于她不带成见地探索合适的临床治疗方案。

实务工作者的文化背景或宗教背景可能也会影响他做出正确行动方案的决定。一个在以"不打不成器"哲学为基础的家庭文化中长大的人与一个被父母用"他长大就会好的"的方式教养的人，对孩子发脾气的反应可能就会不一样。不过，经过适当的行为分析训练，他的反应就不太会受文化偏见的影响，而能更多地采用以科学证据为基础的方法。

最后，一个人的专业培训和临床经验，如实务工作者对于使用自己熟悉的治疗方案感到舒适，这样的细微偏见可能会影响他的决策。这可能会导致其做出超出适当区辨控制范围的决定（即在那些治疗方案并非最佳实践的情况下使用相同的干预）。因此，实务工作者必须保持警惕，要意识到个人历史、文化背景，甚至临床经验都有可能对专业服务的提供产生不当的影响。为了抵消这些影响，实务工作者应定期与同事讨论专业议题、接受培训、在需要时寻求督导和咨询、阅读最新的研究文献，并回顾与自己的专业领域相关的案例研究（Bailey & Burch, 2016）。如果不当的影响仍然构成问题，遵守伦理的实务工作者在咨询后应该考虑将服务对象转移给其他服务提供者。

实践的背景。应用行为分析师在学校、家庭、社区环境、工作场所、康复中心和其他环境中工作。这些环境内的规则涵盖很多反应类（如出勤、使用病假、使用特定的正向或厌恶的干预策略）。规则中包含政策陈述，旨在帮助实务工作者区分法律问题和伦理问题。例如，有些做法是合法的，但不符合伦理。破坏专业信任，接受他人贵重的"传家宝"以代替服务的费用，或者与刚刚解除服务关系的18岁以上的服务对象发生自愿的性关系，都是合法但违反伦理的例子。有些行为则既违反法律，又违反伦理。例如，虚假陈述个人技能或承诺的服务，多收服务费用，提供服务时偷窃服务对象的物品，在身体、情绪、性关系或社会关系上虐待服务对象，与未达到法定同意年龄的人发生自愿的性关系，这些都是既违法又违反伦理的例子（Greenspan & Negron, 1994）。能够区分法律和伦理的行为分析师更有可能提供有效的服务，对服务对象保持专注的觉察，并且不会违反法律或专业的行为标准。

行为的伦理规范。专业的组织和协会制定或采用**行为的伦理规范**，为成员提供明确的指导方针，作为他们在履行专业职责时采取恰当行动的依据。这些规范通常还会设定一些规则和标准，对于违反专业规范的成员可能会实施分级制裁（如谴责、严厉批评、开除出组织）。专业行为分析师协会（Association of Professional Behavior Analysts）已经采用了行为分析师认证委员会的《行为分析师专业伦理执行条例》（2014）。本章后面会有更多关于这一点的探讨。

什么是值得做的事？

与"什么是值得做的事"有关的问题直接涉及实务工作的目标（即我们希望做到什么），以及为达到目标所使用的策略产生的影响。这个问题的答案通常是基于对当前的紧急情况的评估、干预的必要性以及对与任何所提议的干预相关的社会效度和成本效益比例（cost–benefit ratio）的分析。

当前的紧急情况（Existing Exigencies）。一名有严重自伤行为的成人，一名有严重喂食问题的儿童，或一名在课堂上有高度破坏性行为的学生，都给行为分析师带来了独特的问题解决挑战。毫无疑问，伤害自己或伤害他人的行为必须得到快速的评估和干预，对于这类危险的行为，必须从伦理角度考虑，因而会比其他危险性或破坏性程度较低的行为更早地成为改变目标。这样的行为虽然需要快速处理，但并不能因此成为采取情景式伦理（situational ethics）的理由，所谓情景式伦理，是指对短期内快速得到结果的承诺会损害对干预的长期效果的考虑。例如，一个正惩罚程序可能会立刻减少某个行为，但如果事先完成一份详细的行为功能分析，可能原本可以采用侵入性较小的干预方式。因此，行为分析师必须在当前面临的健康和安全问题、干预措施可能产生的任何短期与长期效果，以及确保所有行为程序都符合《执行条例》之间取得良好的平衡。

社会效度。社会效度指向的是：（1）计划中的行为干预目标是否可以接受；（2）使用的程序是否可以接受，是否与最佳治疗实践一致（Peter & Heron, 1993）；（3）获得的结果是否显示出有意义的、显著的和持久的改变（Wolf, 1978）。大多数人会认同教学龄儿童阅读是一个人们期望的目标。使用一个可以测量出有效性的教学方法，如直接教学，在程序上是良好的做法。而儿童展示出明显的阅读技能进步是一个具有社会重要性的结果。在任何意义上，教儿童或成人阅读都符合行为目标的社会效度在伦理上的考虑。新的阅读技能对个人的生活有积极的影响。

然而，我们无法对每种情况下的每项技能都提出同样的要求。考虑以下几个现实生活中的例子：一位行动困难、视力和听力有问题的50岁妇女学习辨识各种道路标志；一位有阿尔茨海默病的老人学习堆叠颜色环；一名有孤独症的一年级学生每天接受区辨各种跑车的回合尝试教学。在以上的每个例子中，就资源、目标和结果而言，治疗的现在和未来"价值"都值得怀疑。从伦理的角度来看，行为分析师必须慎重考虑某个目标是否应该作为一个待实现的目标，以及该目标实现后，在自然环境里能否持续。

成本效益比例。成本效益分析与背景有关。行为分析师必须权衡一项治疗或干预的成本（即计划、实施、监控和评估所涉及的资源）与预期收益（即个体未来可能得到的潜在收益）之间的可能差异。个体获得的益处应该大到足以证明为个体提供服务的短期和长期成本的合理性。例如，在本地邻近的公立学校系统可以提供同类服务的情况下，将一名有学习障碍的学生送到学费高昂的外州私立学校学习，特别是在转学并不能明确地导致显著的学习改善和社会行为结果的情况下，我们可能会认为这在伦理上是一项很难得到支持的计划。在另一个案例中，对一名有发展性障碍的 11 年级学生来说，一个注重学业、以考上大学为导向的教学课程可能不符合他的利益的最佳安排，而一个更具有功能性的个别化课程远比考上大学的教育计划更有可能提升这名学生的自立能力、独立性和长期的就业前景。如果将这名学生分配到一个学业要求过高的教育环境中，很可能会导致与逃避有关的反身性建立型操作，进而引发逃避/回避行为，那么这样的做法就是违反伦理的——尤其是如果有一个更具功能性的教育模式，本可以有效地帮助这名学生实现他的个别化短期和长期目标，就会更加突显这个例子中存在的伦理问题。斯普拉格和霍纳（1991）建议，成本效益分析中经常出现的棘手问题的最佳解决之道是成立决策小组。一个以小组为基础的决策过程可以负责任地从方方面面建立阶层式的观点收集体系。这有助于确保那些与干预结果有最高利益相关的人的意见得到最高程度的考虑。

做一名优秀的行为分析师意味着什么？

成为一名优秀的行为分析师，需要的不仅仅是遵守专业的行为准则。虽然遵守《执行条例》是必要的，但只做到这一点还不够。更进一步说，将服务对象的福祉作为决策过程的首要考虑因素的确是极其重要的，但仅仅如此还不够。一名优秀的实务工作者必须做到自我规范（Rosenberg & Schwartz, 2018）。这意味着符合伦理规范的实务工作者会寻求各种方法来校准自己的决策，确保在充分知情的情况下将价值、依联、权利和责任整合在一起，纳入决策考量（Smith, 1993）。此外，优秀的行为分析师会持续阅读最新的专业文献，寻求高级培训以改善他们的技能和使用系统化方法开展的专业实践（Rosenberg & Schwartz, 2018）。

伦理为什么重要？

行为分析实务工作者遵守伦理原则的目的是：(1) 产生具有重要社会意义的行为改变，进而为那些委托他们照顾的人产生与背景相关的和有意义的结果（Hawkins, 1984）；(2) 减少或消除似是而非或引人怀疑的干预方法及其潜在危害（如不良治疗、伤害自己或他人）；(3) 符合学术团体和专业组织的伦理标准（https://bacb.com/ethics-code/）。斯金纳（1953）关注伦理的发展，尤其是与社会上需要被照顾和保护的群体有关的伦理实践。他的伦理观点部分聚焦于**反控制**（countercontrol）的影响，他将反控制定义为：当一个人对胁迫或以厌恶形式存在的外在控制做出反应时，表现出"愤怒或沮丧的情绪反应，包括伤害或其他不利于控制者的操作式行为"（p. 321）。

反控制的特征通常是个人"行动超出范围、攻击或消极抵抗"（Delprato, 2002, p. 192）。斯金纳指出，反控制在那些有能力反抗剥削或恶劣的控制条件的个体中自然会被引发，但某些群体不具备这种能力或能力有限，如老人、儿童、有智力障碍或长期精神问题的人，或是被监禁的人（Skinner, 1976）。奥多诺休和弗格森（O'Donohue & Ferguson, 2011）扩展了这个概念，并得出结论："在个体处于不利地位的情况下，他们缺少有效的反控制机制，外部机构必须介入以抵消这种不平衡。"（p. 495）这通过制定和执行行为伦理准则才能实现。

伦理条例不仅提供了关于做什么的指南，而且帮助实务工作者避免陷入"情景式伦理"，即基于权宜之计、压力或错误的优先顺序而采取行动（或不采取行动）（Maxwell, 2003）。遵守专业伦理条例的实务工作者可以提高自己提供适当和有效服务的可能性，从而产生累积的社会效益。随着时间的推移，这些成文的规则通过一个基于选择的过程得到完善，从而起到促进文化生存的作用。斯金纳在关于群体控制和文化选择的讨论中，直接提出了这个有关伦理规则的重要性和功能的更广泛的观点。

> 如果没有得到帮助，一个人在自然的或社会的依联下只能做到极少的道德或伦理行为。当团体以条例或规则描述其实践时，要提供支持性的依联，即告诉一个人如何行事和何时执行这些支持性的规则……这都是被称作文化的社会环境的一部分，正如我们所看到的，（规则的）主要作用是使个人受到其行为的较远后果的控制。这种作用在文化演进的过程中已具有生存价值，因为那些实践规范的人因此而生活得更好，从而使得实践得到了发展。（Skinner, 2002, p. 173）

实务工作者应认识到，符合伦理的行为也许不会导致直接和即时的强化。实际上，符合伦理的行动可能还会在短期内对实务工作者不利。例如，一位行为分析师可能会拒绝一个很有前景的商业机会，因为它代表了潜在的利益冲突，或甚至只是看起来像一个冲突。在拒绝这个经济机会时，行为分析师表现出受到一套规则控制的行为，他把眼前的利益放在一边，而是选择遵守伦理标准。从长远来看，这会促进整个行业的发展。根据斯金纳的观点，这样的行为促进了群体的生存，并进而提升文化实践。此外，从长远来看，群体得到的利益也会回馈到行为分析师身上，因为"对个人自私行为的合理控制是与他作为群体成员所得到的利益相匹配的，因为群体控制着其他人的同样的自私行为"（Skinner, 1953, p. 327）。

应用行为分析师的专业执业标准

什么是专业的标准？

专业的标准是书面的指导方针或规则，为开展有组织的与专业相关的实践提供指导。专业的学会和认证或执照委员会制定、完善和修订管理其专业的标准，为成员在动态和多变的环境中提供恰当行为的参照标准。在实践中，这些组织最初会建立任务小组（task forces）来制定标准，并由各自的理事会及其成员审查和批准。除了制定行为准则外，大多数专业组织会对不遵守规则的成员实施制裁。做出重大的违规行为可能会导致被组织开除，或被吊销认证或执照。

五份相互补充、相互关联的文件叙述了应用行为分析师的专业行为和伦理实践的标准。其中两份文件具体说明了行为规范[《行为分析师专业伦理执行条例》《心理学家的伦理原则和行为规范》（Ethical Principles of Psychologists and Code of Conduct）]。另外三份文件是立场声明[即《接受有效行为治疗的权利》（The Right to Effective Behavioral Treatment）、《关于限制与罚时出局的声明》（Statement on Restraint and Seclusion）、《接受有效教育的权利》（The Right to Effective Education）]。这些文件的发布日期如下。

- 《行为分析师专业伦理执行条例》（行为分析师认证委员会，2014）
- 《心理学家的伦理原则和行为规范》（美国心理协会，2010）
- 《接受有效行为治疗的权利》（国际行为分析协会，1989）
- 《关于限制与罚时出局的声明》（国际行为分析协会，2010）
- 《接受有效教育的权利》（国际行为分析协会，1990）

行为分析师专业伦理执行条例

根据《行为分析师专业伦理执行条例》的序言，该文件"整合、更新和取代了BACB原先的《行为分析师专业纪律、伦理标准和负责任行为准则》"（2014, p. 1）。《执行条例》包含71项内容，分为10个不同的部分，"与行为分析师的专业和伦理行为有关，并附有术语表"。此条例自2016年1月1日起生效，"所有 BACB 申请人、认证持有人和注册者都必须遵守此条例"（2014, p. 1）（参看图 31.1）。

在过去的 10 年中，《执行条例》经历了几次修订，从无法执行的准则、参考资料和资源变成了具有纪律标准的可执行文件。**纪律标准**是一种陈述声明，影响范围包括知识产权、失职行为，以及一个视情况而提供纠正、惩戒和吊销行动的扩大合规系统（BACB, 2014; Carr, Ratcliff, Nosik, & Johnston, 出版中）。整篇《执行条例》不仅可以为服务对象和雇主提供参考，以判断行为分析师的行为是否恰当、专业和符合伦理（Carr et al., 出版中），也为有抱负的行为分析师在督导下的实践、处理投诉和执行伦理规范提供了一个程序。

接受有效的行为治疗的权利

国际行为分析协会已经发表了两篇讲述服务对象的权利的论文来表明立场。1986 年，该协会成立了一个任务小组来检视接受行为治疗者的权利，以及行为分析师如何确保服务对象得到恰当的服务。经过两年的研究，任务小组列出了服务对象的六项基本权利，作为指导行为治疗符合伦理和适当应用的基础（参看图 31.2）（Van Houten et al., 1988）。

接受有效的行为治疗的权利

1. 一个人有权利享受治疗的环境。
2. 一个人有权利接受以个人福祉为首要目标的服务。
3. 一个人有权利接受有胜任能力的行为分析师的治疗。
4. 一个人有权利参与教授功能技能的计划。
5. 一个人有权利接受行为评估和持续评估。
6. 一个人有权利接受可获得的最有效的治疗程序。

改编自 Association for Behavior Analysis International (1989). The Right to Effective Behavioral Treatment. Retrieved April 15, 2017, 引自 https://www.abainternational.org/about-us/policies-and-positions/. 版权归国际行为分析协会所有。经授权改编。

图 31.2　接受有效的行为治疗的权利

关于限制与罚时出局的声明

图 31.3 显示了国际行为分析协会关于限制与罚时出局的声明的部分内容。总体而言，该声明强调了 ABAI 的立场，即最少限制原则、个人有选择的权利和个人的整体福祉是最高优先事项。

---

1. 服务接受者的福祉是最高优先事项。
2. 个人有选择的权利。
3. 最少限制原则。

改编自 Association for Behavior Analysis International. Statement on Restraint and Seclusion, 2010. Retrieved October 30, 2017, 引自 https://www.abainternational.org/about-us/policies-and-positions/. 版权归国际行为分析协会所有。经授权改编。

图 31.3　ABAI 关于限制与罚时出局的声明的主要支持领域

确保专业的胜任能力

要获得行为分析的专业胜任能力，需要经过学术上的训练，包括修习正式的课程、督导下的实践和指导性的专业经验。虽然开设行为分析学系的大学非常少，但很多出色的行为分析师已经在设立于大学的心理学、教育学和其他人类服务系下的硕士和博士课程中得到了训练。[1]

行为分析鉴定和认证机构规定了成为行为分析师的最低课程要求和受督导的经验要求。行为分析师认证委员会（BACB）和国际行为分析协会（ABAI）的认证委员会也都对行为分析培训设定了最低标准。BACB认证单独的实务工作者，ABAI的认证委员会则是认证大学的培训计划，并验证系列课程是否符合BACB设定的获得认证所需的教学要求。实务工作者必须既达到认证标准，又通过认证考试。BACB进行了一项广泛的职业分析，制定了《行为分析师任务清单》，第4版于2012年制定。这份任务清单列出了所有行为分析师都应掌握的最基础的专业内容（BACB, 2012; Shook, Johnston, & Mellichamp, 2004; 参看Martinez-Diaz, 2003）。[2] 第5版《任务清单》（BACB, 2017）于2022年1月1日生效。

获得认证和执照

潜在的消费者必须能够识别一名执业的行为分析师有没有达到最低的训练标准和胜任标准（Moore & Shook, 2001; Shook & Favell, 1996; Shook & Neisworth, 2005）。专业认证资格可以公开表明一些人在某个领域中已达到特定要求（Shook & Favell, 1996）。那些寻求专业服务的人经常使用专业资质作为选择服务提供者的工具，而雇主可能会使用专业资质作为雇用专业人士的有效手段（Carr et al., 出版中）。有没有专业资质，再结合当一名专业人士出现超出负责任的专业行为范围时可能受到的纪律处分，这些信息可以用来加强对公众的保护。在过去，大部分私人执业的行为分析师取得的执照属于心理学、教育学或临床社会工作等领域。公众无法得知有执照的专业人士是否接受过应用行为分析的专门训练（Martinez-Diaz, 2003）。

在应用行为分析领域，有两类重要的专业证书：专业认证和执照。

专业认证

专业认证是由私营组织颁发的自愿性证书，由该专业领域的成员授权，而不是由政府授权。应用行为分析的专业认证机构是BACB，其理事会由行为分析师和一位消费者代表组成。这项国际认证跨越了州和国家的边界，为本专业的成员提供了更大的流动性，否则，他们的证书可能仅限于特定的地区（Hall & Lunt, 2005）。认证的资格要求是教育学历和课程要求、在督导下完成累积经验训练，以及通过一项心理测量的考试（Johnston, Mellichamp, Shook, & Carr, 2014）。跟其他专业一样，BACB要求专业人士具备有文件证明的继续教育经验和专业发展，并且特别强调在伦理领域和督导领域的发展（Carr et al., 出版中）。

州/国家颁发的执照

执照是依法成立的州、省或国家政府层级的文件，规定了在专业实践中的特权和限制（Green & Johnston, 2009）。执照是执业所需的强制性凭证资格，而不是获得某些成就的自愿性认证。关于执照的获得、维持和依法撤销的标准，则由指定的监管委员会制定，该委员会可能包括，也可能不包括该行业的成员。由于各州、跨州或全国性的法律经常发生变化，行为分析师有责任确保跟上并遵守执业所在地的最新执照规定。

在个人的胜任范围内执业

行为分析师必须根据专业训练、经验和表现，在其胜任范围内执业。例如，一位对典型发育青少年拥有丰富的工作经验的行为分析师，在没有获得额外的积极督导经验的情况下，不应该开始为受孤独症影响而语言发育迟缓的儿童或有发展性障碍的成人工作。行为分析师必须积累足够的有关任何新的临床人群工

1　了解有关提供行为分析研究生课程的大学和学院的名单，请参看ABAI网站的"行为分析培训目录"（https://www.abainternational.org/constituents/educators/training-directory.aspx）。

2　获取有关BACB的认证要求和过程的信息，请登录www.BACB.com。

作的督导经验。此外，一个只有临床工作经验的人在接受额外的训练和督导之前，不应该开始提供属于组织行为管理范围的服务。勒布朗、海尼克和贝克（LeBlanc, Heinicke, & Baker, 2012）对于以符合伦理责任的方式来扩大执业领域的人提出了指导方针。

即使是在自己的胜任范围内执业，也有可能遇到超出自己所受训练或经验的情况。在这种情况下，实务工作者必须将服务对象转介给另一位行为分析师或顾问，或者与另一位具有必要专长的服务提供者密切合作。在专业训练出现断层或差距时，可以通过参加工作坊、研讨会、课程和其他继续教育活动来弥补。然而，在执业中出现的专业方面的情况有可能超出一名认证行为分析师的经验（参看图31.4）。这时，行为分析师必须与能够提供加强训练、专业成长和指导的导师、督导或同事一起努力。

提出所关注的问题	符合伦理的问题解决策略
背景：朗达最近被州政府聘为高级行为分析师。她担任第20区的本地计划审议委员会主席，并监督经过州政府授权提供的行为服务。在委员会中有投票权的成员必须是认证行为分析师（BCBA）。斯坦利长期在第20区提供服务，他在旧的州法规下拿到了认证资格，过去一直以"认证行为分析师"签署他的服务项目。然而，在最近的一次项目讲解中，斯坦利签下了"斯坦利·史密斯，BCBA"（对方则是家长的签字）。在项目审议委员会会议结束后，朗达走到斯坦利的面前，问道："斯坦利，我看到你的签名是BCBA。你最近通过认证资格考试了吗？"斯坦利回答："我已经把我的证书送过去了。你在我的档案中应该可以看到。"朗达搜寻和检查了委员会的存档，以及其他适当的档案，没有找到斯坦利的证书。于是，朗达要求斯坦利提供一份证书副本，因为它可能"在系统里遗失了"。斯坦利没有照办。然后，她检查了认证委员会的注册表，发现他不在BCBA的名单中。她请他来办公室会面以澄清这个情况。他拒绝了。斯坦利后来向州政府平等就业机会委员会办公室提出受到年龄歧视的投诉。在这种情况下，朗达的最佳行动方案是什么？	分析：斯坦利似乎不是BCBA，因此不应该把自己当作BCBA来签署文件。他没有提供认证文件，他不在公开注册表中，而且拒绝与朗达会面以解释自己的声明（"我已经把我的证书送过去了"）与他不在注册表中的事实之间的差异。他很可能至少违反了《执行条例》中的1.04"诚实"、7.02"他人违反伦理并可能造成伤害"、8.01"避免不真实或欺骗性的陈述"，以及1.02"胜任的范围"。 行动：在采取进一步行动使事件升级前，朗达最好做两件事：（1）她应尝试核实斯坦利的确没有在祖父条款下合法颁发的任何一种证书（基本上可以排除斯坦利的证书是在邮件或档案中丢失的可能性）；（2）她应向所在州服务组织的上级督导寻求指导，以确保她在处理这个潜在的重大违规事件时遵守相关的规定。根据《执行条例》10.07"制止非认证持有人谎称有认证"，朗达负有立即向BACB举报斯坦利的伦理责任。此外，朗达可能必须对斯坦利的收费执业所在州发起一项调查，确保他一直以来收取的费用对他所提供的服务级别来说是恰当的。这可能需要她直接向资助方的欺诈调查部门举报斯坦利。而在歧视投诉方面，明智的做法是从她第一次询问斯坦利那一天起，就保存并建档所有与斯坦利互动的记录。通过电子邮件或信件的副本抄送，提醒她的上级督导注意处理投诉，将有助于确保整个事件保持透明。

图31.4　寻求指导以处理意料之外的情况

在督导和导师的指导下提高胜任能力

认识到需求

行为分析师经常为以下人员提供督导：（1）正在寻求行为分析师认证资格的年轻的专业人士；（2）持有准专业级别证书的个人［如注册行为技术员（Registered Behavior Technician®）］；（3）需要他人持续督导自己的实践的认证行为分析师；（4）非行为分析师。获得他人给予的有效督导对自己持续提供的行为服务的质量至关重要。它有助于受督导者的专业发展、督导的持续成长以及本领域的整体发展和实践，并在专业文献中得到证实（Sellers, Valentino, & LeBlanc, 2016）。全力扮演导师角色的督导将自己放在了终身顾问的位置，以帮助他人在整个职业生涯上面对很多具有挑战性的专业问题。担任督导也需要训练，《执行条例》也强调了这一需要（LeBlanc & Luiselli, 2016）。

为满足提供合格培训的需求，BACB召集了一个针对督导进行研究的工作小组，对那些为已获得认证或正在寻求认证的人提供督导的认证持有人提出了一些要求。这些要求已于 2015 年实施，其中包括：（1）在督导他人之前先进行有关督导工作的专门培训；（2）进修督导方面的继续教育；（3）建立一个将作为认证行为分析师的督导和受督导者公开联系起来的登记册。

《行为分析实践》杂志的一个特别栏目包括几篇文章，就个体督导和团体督导，以及在督导关系中可能出现的问题提供了实践建议（LeBlanc & Luiselli, 2016; Sellers, LeBlanc, & Valentino, 2016; Sellers, Valentino, & LeBlanc, 2016; Turner, Fischer, & Luiselli, 2016; Valentino, Sellers, & LeBlanc, 2016）。

开发督导的技能集

督导在督导关系中承担广泛的责任，包括有义务塑造核心的行为分析、概念、实验和应用技能库（Sellers, Valentino, & LeBlanc, 2016; Turner et al., 2016）。这些专业技能集还包括社会有效性训练、公开演讲、时间管理和压力管理的技能、解决问题的技能和符合伦理的决策，等等（Bailey & Burch, 2010）。

通过在职培训、导师传授经验或实地实习来发展这些技能库，可以使行为分析师对那些可能采用、执行或传播有效行为计划的人更有效地发挥影响力。当有人积极地示范，并将这些技能库清楚地传授给正在接受督导培训的人时，接受培训者未来将专业服务成功地提供给服务对象的可能性就会增加。当这些技能库受损，受督导者就无法学到重要的技能，他可能会完全离开这个专业，督导关系可能会变得紧张或受损，而对行为分析的整体观感可能也会受到损害（Sellers, Valentino, & LeBlanc, 2016）。塞勒斯、勒布朗和瓦伦蒂诺（Sellers, LeBlanc, & Valentino, 2016）提出了在整个督导期内检测和补救这些问题的具体建议（参看图 31.5）。

提出所关注的议题	符合伦理的问题解决策略
背景：亚斯米娜是一位 BCBA-D，负责督导一名有抱负的行为分析师巴里累积他的督导下的实务经验时数。巴里学习了很多新的概念和原理以及具体的应用程序，可以用在服务对象身上。巴里在治疗时段中正确地执行那些程序，但亚斯米娜注意到巴里经常在给服务对象上课时以及接受督导时迟到，数据收集中有很多错误，而且没有按时提交与工作有关的书面信息。而当他提交工作信息时，经常出现打字错误或不完整的句子。这一周，亚斯米娜发现，一名服务对象的技能获得数据已经连续几周没有被绘成图表了。她随便翻了一下数据表，发现服务对象的进展停滞在三周前，而治疗计划的改变早就该开始了。	分析：亚斯米娜意识到她的受督导者巴里在出勤、时间管理和组织技能方面存在问题，这会影响他提供恰当的、以数据为基础的临床服务的能力。他没有履行对服务对象的基本伦理责任。尽管她可以通过严格的督导来发现他的很多错误，但她估计一旦巴里不再接受严格的督导而独立执业，他会继续在这些问题上挣扎。亚斯米娜明确了自己对这名受督导者、行为分析领域和巴里现在与未来的服务对象的伦理责任。她必须与巴里谈话，制订一项专业发展计划以解决这些问题，帮助他建立所需的技能。 正如塞勒斯、勒布朗和瓦伦蒂诺（2016）所建议的，亚斯米娜应该首先反思她是否已向巴里明确指出对他的工作表现的具体期望。如果她还没有针对巴里的迟到或不良书面报告给予反馈，那么应该用基本的指示、示范、演练和反馈来明确地处理他那些存在问题的特定技能库。如果她已经提供了训练并给予反馈，而他的行为没有改变，那么亚斯米娜可以得出结论，巴里在时间管理技能上存在普遍的缺陷，这可能对他的技能库造成了不利的影响。 行动：亚斯米娜应该以清晰和明确的措辞与他谈论这个问题，表明自己很希望帮助他取得成功，并表示如果巴里的这些问题得不到解决，她对其未来的服务对象的长期利益感到担忧。她也许会问他过去是否有类似的问题。她也许还会要求查看他的时间管理和日程安排系统。如果她确定巴里在组织能力方面存在全面性的问题，而这会对他的工作表现产生广泛的影响（如没有时间规划、追踪任务和截止日期的系统），那么可以参考塞勒斯等人提供的建议，帮助受督导者制订一项支持计划。她可以指定有关的文章或书籍让他阅读［如戴维·艾伦（David Allen）所著的《搞定》(Getting Things Done, 2015)］；他们可以一起回顾那些阅读信息，她可以帮助巴里采用新的有效策略。他们可以选择一个电子日程表/笔记工具，为巴里建立一个新的系统，并为他在发展计划中的每一个成功步骤配备明确的强化依联。

图 31.5　在有督导的背景下辨识和管理表现问题

《执行条例》中的条款 5.0 阐述了行为分析师进行督导时的特定伦理准则。它规定"督导必须对这项工作的所有方面负全部责任"。塞勒斯、阿莱—罗萨莱斯和麦克唐纳（Sellers, Alai-Rosales, & MacDonald, 2016）为这一部分的每一项具体条款提供了原理依据，并举例说明了行为分析师不采取恰当行动遵守《执行条例》时可能出现的令人担忧的问题。例如，条款 5.02 提到了恰当的督导量（即督导活动的量要与提供高质量的、有效的督导的能力相称，进而促成高质量的干预服务）。塞勒斯和阿莱—罗萨莱斯等人提供了一个案例，一名好心的 BCBA 逐渐开始接受过多的受督导者。虽然她的用意是在社区中快速地用最大的容量来提供 BCBA 所能做到的服务，但她接受的受督导者过多，导致她无法有效监督，反而让很多新入行的受督导者产生了很不好的培训经验。实务工作者过度承诺，无论是出于经济压力，还是出于造福本领域的目的，导致恶劣结果的风险是一样高的。

在另一个例子中，塞勒斯和阿莱—罗萨莱斯等人描述了条款 5.05 的重要性。条款 5.05 指出了在督导关系开始时就以书面形式沟通各种条件（即写在督导合同中），以及遵守这些已沟通过的条件的重要性。督导的条件和双方对督导关系的期望必须在督导关系建立时就明确沟通好。如果没有沟通好，就会出现不确定性，导致出现与所需活动、表现标准和评价有关的争议，并可能出现督导是否签字核实受督导者达到经验要求的纠纷。如果督导和受督导者不在同一个组织阶层结构中（如督导不直接监管受督导者的临床工作），那么就更有可能对受督导者的有效活动、行动和胜任能力等产生错误认识。在合同里明确规定各项条件对于建立有效的工作关系非常关键。督导中可能会出现很多伦理上的困境，而督导必须充分接受与此角色相关的全面责任。督导必须积极地确保受督导者获得最佳结果，同时确保受督导者尽可能提供最高质量的临床服务。

开发一个人作为督导的技能集的伦理事项适用于本章开头提到的第二个情景。安卡没有为拉卢卡提供足够的督导。如果她以 BACB 提供的标准为基础，在督导关系开始时就以书面形式沟通好对自己和受督导者双方的条件和期望，并遵守这些准则，那么安卡会在督导这件事情上做得更好。此外，她应该只给拉卢卡分配已经接受过充分训练的任务。在这个案例中，拉卢卡必须告知安卡她需要额外的帮助，最可能的帮助形式是按照 BACB 的准则本身要求的实务亲自操作。如果安卡的督导行为没有立即得到改善，拉卢卡也许需要寻找一位新的、有胜任能力的督导，而且可能需要向 BACB 报告安卡提供的督导不够充分。

维持和增强专业能力

行为分析师有伦理责任了解本领域的进展情况。例如，在功能分析、动因操作等方面的概念进步和技术创新，以及匹配律的应用对临床和教育实践有着深远的影响。行为分析师可以通过获得继续教育学分、出席和参加专业会议、阅读专业文献，以及向同行评议和监督委员会提交案例等方式来维持和增强其专业胜任能力。

继续教育单元

行为分析师可以通过参加提供继续教育单元（continuing education unit, CEU）学分的培训活动来增强他们的专业胜任能力，并保持与新的知识同步发展。BACB 要求认证持有人在每个更新认证的周期内必须获得最低数量的 CEU 学分以保持认证身份。继续教育的类型包括：大学课程、由 BACB 核准的继续教育提供机构发出的 CE、上述任何一种类型的教学、由 BACB 直接发出的 CE、学术活动（如在期刊上发表文章或为期刊审阅文章），以及再次参加并通过 BACB 的认证考试。继续教育单元展示了行为分析师在他／她的技能库中持续增加相关的专业意识、知识和／或技能。现在，BACB 要求认证持有人在每个更新周期内都要有伦理和督导方面的 CEU，这表明这两个领域越来越重要，因为这对应用行为分析师有效地运作具有关键作用。

出席并在研讨会上演讲

出席和参加地方、州或全国性的研讨会可以提高每一位行为分析师的技能。"学习一件事的最好时机，就是当你必须教别人这件事的时候"，这句话至今仍然是至理名言。因此，参与研讨会可以帮助实务工作者提高自己的技能。

专业读物

在这个不断更新的领域中，自主学习是确保自己能够跟上最新发展的基本方法。所有的行为分析师除了定期阅读《行为分析实践》《应用行为分析杂志》和《行为科学的视角》(原《行为分析师》)之外，还应该研读其他与自己的专业领域和兴趣有关的行为学出版物。

监督和同行评议的机会

当行为分析师遇到一个棘手的问题时，他们会应用自己的技能库中的技能和技术来处理这个问题。例如，针对一名长期频繁地用力打自己的脸的儿童，行为分析师可以使用对替代行为的差别强化来增加儿童拿住偏好物品和参与游戏活动的行为，从而成功地渐褪保护头盔的使用。只要这项技术仍然在概念上保持系统性、与已发表的研究文献有关联，而且是有效的，那么渐褪保护头盔就不会产生伦理上的问题。然而，即使是技术上最娴熟、专业上最谨慎的实务工作者，也有可能受到导致处理漂移或错误的依联的影响。这就是监督和同行评议该发挥作用的时候了。

很多州都有在特定情况下进行监督的法律要求，而监督的必要性的界定通常在于所要处理的行为的类型与严重程度，以及/或者干预者建议使用的程序的限制性或侵入性。然而，某个特定司法管辖区内是否存在相关法律，不应决定我们是否应为同行评议和监督过程付出努力。这种专业上的监督：（1）通过确保有效和恰当程序的使用来保护接受行为分析服务的消费者；（2）通过提供有用的反馈、行政上的支持和帮助来保护行为分析师；（3）保护整个领域，减少因不规范地使用未经测试的、不恰当的和可能危险的治疗方式而引起诉讼或丑闻的可能性。

当向一群同行、专业人士或行为分析社区以外的其他利益相关者报告研究发现时，实务工作者必须概述符合临床与专业标准的执行程序。这样的报告也为行为分析师提供了一个机会，以阐明行为处理的成果、呈现易于解释的图表，以及用不涉及术语的清晰语言来解释在教育或临床处理上所做的各种选择的理由。

提出并证实专业声明

有时，过于热心或过于自信的行为分析师会提出不切实际的主张。例如，声称"我肯定能帮到你的儿子"，这几乎可以确定是一种不符合伦理的做法，尤其是在进行全面的功能评估之前。一个比较符合伦理的恰当陈述可能是："我曾与跟你的儿子有类似特征的孩子合作过，并取得了成功。"一位在与跟某个特定群体一同工作上具有丰富经验、在识别功能关系上具有娴熟技能、熟知相当数量的专业文献的行为分析师，不太可能做出没有事实依据或夸张的承诺。

当有人虚假或欺骗性地宣称自己拥有认证、执照、教育背景或某种训练类型，但实际上并不具备时，这个专业标准也与这种情况产生关联。做出与个人的专业经验或资历有关的不实陈述或声明永远是违反伦理的，而且很可能是欺诈行为，可能是违法。下面这一部分将更完整地讨论这个议题。

服务对象的服务中的伦理议题

虽然应用行为分析与其他领域有很多共同的伦理议题，但行为分析特有的伦理考量也是存在的。行为分析师常常在隐私属于重大考量的情况下（如如厕、穿衣服）教授技能或处理问题行为，或者最佳实践准则建议使用某些以证据为基础，但可能存在争议的干预方法（如使用厌恶程序以减少一个威胁生命的行为）。临床决策经常引发伦理问题，而这些事情必须在实施干预前得到解决（Herr, O'Sullivan, & Dinerstein, 1999; Iwata, 1988; Repp & Singh, 1990）。定期阅读和参考《执行条例》以及任务清单有助于实务工作者保持强大的伦理基础。

知情同意

任何有关提供服务的讨论都必须先得到同意。在进行任何评估、治疗或研究前，潜在的行为服务接受者或研究参与者都必须提供明确的书面和签字许可。这种对于开始实施任何方面的评估、干预和评价的正式许可被称作**知情同意**（informed consent），并要求在服务对象许可前提供所有相关信息。图 31.6 显示了一个提供此类信息的知情同意书的基本例子。

（机构/提供者的名称）
知情同意书

服务对象：_____ 出生日期：_____

授权同意声明：我证明我有权合法地对评估、信息发布以及涉及上述服务对象的所有法律问题给予同意。根据要求，我将向（提供服务者/机构）提供恰当的法律文件来支持以上声明。我在此也同意，如果我的法定监护人的身份发生改变，我会立即告知（提供服务者/机构）这一改变，并立即告知（提供服务者/机构）承担上述服务对象监护权者的姓名、地址和电话号码。

治疗同意书：我同意由（提供服务者/机构）及其工作人员对上述服务对象提供行为治疗。我了解所使用的程序将包括操纵前提和后果以产生行为改善。在治疗开始时，行为可能会在提供治疗的环境（如"消退爆发"）或其他环境中（如"行为对照"）恶化。肢体辅助和手动引导可能会作为行为治疗的一部分而被使用。（提供服务者/机构）已向我解释过实际将会使用的治疗方案。

我知道我随时可以撤销这份同意书。但是，我无法撤销对已经采取的行动的同意。这份同意书的副本被视为与原件同样有效。

家长/监护人：_____ 日期：_____

见证人：_____ 日期：_____

_____
改编自 ABA Technologies, Inc., Melbourne, FL. 版权归 ABA 技术公司所有。经授权使用。

图 31.6　知情同意书

知情同意符合三个条件才可被视为有效：（1）个体必须证明具有做决定的能力；（2）个体的决定必须出于自愿；（3）个体必须对治疗的所有重点有充分的认识。

做决定的能力

被视为有能力做出知情决定的人必须：（1）具有充分的心智过程或机能以获取知识；（2）具有挑选和表达其选择的能力；（3）具有从事理性思考而做出决定的能力。行为分析师将诸如"心智过程或机能"等概念看作假设性构念（即心灵主义），并没有广泛接受的评估工具可用来测试一个人在干预前的能力。然而，如果一个人"推理、记忆、做选择、理解行动的后果和为未来做计划的能力受损或有限"，那么他的能力极有可能受到质疑（O'Sullivan, 1999, p. 13）。如果残障影响了一个人理解其行为后果的能力，那么这个人会被视作无行为能力（Turnbull & Turnbull, 1998）。

赫尔利和奥沙利文（Hurley & O'Sullivan, 1999）认为："给予知情同意的能力是一个流动的概念，因人而异，因建议的程序而异。"（p. 39）一个人可能有能力同意风险很小或没有风险的正强化计划，但可能没有能力对较复杂的治疗方案做出决定，如操纵动因操作或使用惩罚。实务工作者不应假定一个人能针对某一种情况给予知情同意，就能针对所有的情况都给予真正的知情同意。

必须从法律和行为两方面来看待能力评估。法院认为，所谓有能力，相对于法律的胜任能力来说，必须是"当事人能够理性地理解程序的本质、风险以及其他相关的信息"（Kaimowitz v. Michigan Department of Mental Health, 1973, p. 150; Neef, Iwata, & Page, 1986）。因此，从操作上来说，是否具备能力往往取决于个人是否符合"知识"上的要求（参看下文）。判断发展性障碍人士是否具备做决定的能力是一项特定的挑战，行为分析师在任何时候遇到有关能力的问题，向法律专家咨询都是有益处的。

当一个人被认定为无行为能力者时，可以从其代理人或监护人那里取得知情同意。

代理人同意（Surrogate Consent）。代理人同意是一个法律上的程序，通过这个程序，另一个人——代理人——被授权为一名无行为能力者做决定，而做决定的依据来自被授权者对无行为能力者想要什么的了解。家庭成员或亲密的朋友最常担任代理人。

在大多数州，代理人的权力是有限的。当服务对象主动拒绝接受治疗时，代理人不能授权治疗（如当一名发展性障碍成人拒绝坐在牙医椅上时，代理人不能同意使用镇静剂），或者是对精神障碍人士实施一些具有争议性的医学程序，如绝育、堕胎或用于精神障碍的特定治疗（如电休克疗法或精神类药物）时，代理人不能授权（Hurley & O'Sullivan, 1999）。代理人在做决定时，需要考虑特定的信息。对无行为能力者而言，贝尔彻敦州立学校校长诉萨科威茨（Superintendent of Belchertown State School v. Saikewicz, 1977）这个具有里程碑意义的诉讼案件的判决明确了代理人在为那些自己无法做决定的人做知情同意决策时必须考虑的因素（Hurley & O'Sullivan, 1999）。图 31.7 列出了代理人关注的两个主要领域的必要信息：（1）为一个无行为能力的人做决定，其意愿是可以得知或可以推断而知的；（2）为一个不知道且可能无法知道其意愿的人（如终身极重度发展性障碍人士）做决定。

个人意愿可以得知或可推断而知

1. 个人目前的诊断和预后。
2. 个人对治疗问题所表达的偏好。
3. 个人的相关宗教或个人信仰。
4. 个人对医疗的行为和态度。
5. 个人对另一个人所接受的类似治疗的态度。
6. 个人对自己的疾病和治疗对其家人和朋友造成的影响所表达的顾虑。

个人意愿未知且可能无法得知

1. 治疗对个人的身体、情绪和心智功能的影响。
2. 个人因治疗的进行、暂停或撤除所要承受的身体痛苦。
3. 个人因现状或因治疗而遭受的羞辱、尊严的丧失和依赖性。
4. 治疗对个人的预期寿命的影响。
5. 个人在接受治疗和不接受治疗的情况下康复的可能性。
6. 治疗的风险、副作用和益处。

改编自 A. D. N. Hurley & J. L. O'Sullivan (1999). Informed Consent for Health Care. In R. D. Dinerstein, S. S. Herr, and J. L. O'Sullivan (Eds.), *A Guide to Consent*, pp. 50–51. Washington DC, American Association on Intellectual and Developmental Disabilities. 版权归美国智力与发展障碍协会所有。经授权使用。

图 31.7　代理人为无行为能力者做知情同意的决定时必须考虑的因素

监护人同意（Guardian Consent）。监护人是由法院命令指定的个人或组织，对个人的人身和/或财产行使任何或所有权力与权利［国家监护协会（National Guardianship Association, 2016）］。监护权是一个复杂的法律议题，因法律管辖区而异。因此，我们这里只讨论有关监护权的两个要点。

第一，监护权可以以法院认为恰当的方式进行限制。在大多数州，一个全面的监护人基本上要负责一个人的生活中的每一项重要的决定。法院为了保护个人权利，可能会裁决仅给予有限或暂时的监护权更为恰当。例如，监护权可能只适用于财务或医疗事项，也可能只在处理一件特定的重要事情时才有效（如需要做手术时）。监护人不得剥夺当事人的基本人权，如免受虐待的权利或隐私权。

第二，当一个缺乏能力的人被认定需要接受治疗，但该当事人拒绝接受治疗时，由代理人同意是不够的。在这种情况下，只有监护人可以提供监督和行使同意权。监护人的监护权越大，一个人对自己的生活的法律控制就越小。就此而言，行为分析的一个主要目标是提高我们的服务对象的独立性，任何形式的监护权都只有在绝对必要时才会考虑，且其行使应该限制在能够解决问题的最低程度上。

在所有的监护权案件中，法院是最终的决策主体，它可以采取任何行动，包括撤销监护权或决定谁应该担任监护人（O'Sullivan, 1999）。

自愿的决定

自愿同意是指在没有受到强迫、威胁或任何不正当影响的情况下所做的同意，而且知道这个同意可以在任何时候撤除。"撤销同意和在一开始就拒绝同意具有同样的效果。"（Yell, 1998, p. 274）

家庭成员、医生、支持人员或其他人都有可能对一个人同意或拒绝的意愿产生强烈的影响（Hayes, Adams, & Rydeen, 1994）。例如，发展性障碍人士可能会在跨学科的团队会议上被要求做出重大的决定。他人提出问题的方式可能会对个人施以微妙的或不那么微妙的压力，建议他予以同意（例如，"这个真的能帮到你。你同意我们所有人的意见，对吧？"）。因此，实务工作者应该考虑在一个较小的私人场合与个体和一位独立的维权人士讨论需要同意的事项。这样的讨论不应该有时间限制，也不应该有必须迅速同意的暗示。应该给这位可能接受服务的个体一定的时间，让他有机会思考，并与他信任的亲友讨论所有的选择。这些步骤有助于确保最后的同意是自愿的。

对治疗的了解

必须以清楚的、非技术性的语言向考虑接受行为服务或参与研究的人提供以下信息：（1）计划治疗的所有重要方面；（2）计划使用的程序或研究方案的所有潜在风险和益处；（3）所有可能的以证据为基础的替代治疗方案；（4）随时中断治疗的权利。一旦提供了以上信息，个人必须表现出对这些信息的了解，这显然与对他的能力的评估有关。他必须能够用自己的语言描述这些程序，并正确回答有关治疗计划的问题。例如，如果建议使用罚时出局程序，服务对象应该能够描述如何实施以及何时实施罚时出局。他应该能说出："如果我打了人，我就得去那边坐两分钟，然后才能回来。"而不是说："如果我打了人，我就会有麻烦。"图31.8列出了行为分析师应该向潜在的服务对象提供的其他信息，以确保自愿和知情同意（Cipani, Robinson, & Toro, 2003）。

作为提供同意信息的一部分，行为分析师应该实施一项**风险效益分析**（risk–benefit analysis）——即先权衡对服务对象（或其他人）的潜在危害与实施这些程序可能带来的益处——之后再进行评估或干预。[1] 贝利和伯奇（Bailey & Burch, 2016）鼓励人们对四个关键领域进行风险效益分析：（1）行为治疗的一般风险因素；（2）行为治疗的益处；（3）每个行为程序的风险因素；（4）包括各重要方面在内的风险和益处的

---

[1] 对风险效益分析的早期文献感兴趣的读者，可参看斯普力特（Spreat, 1982），以及阿克塞尔罗德、斯普力特、贝里和莫耶（Axelrod, Spreat, Berry, & Moyer, 1993）的相关文章。

> 行为分析师通过完成以下任务来帮助确保知情同意的有效性和明确性。
> - 制作服务对象能以其主要语言理解的恰当文件,清楚说明行为计划的所有要素,包括谁提供服务、服务提供者的资质、在什么条件下提供服务、建议的干预时长、风险和效益,以及如何评估这项计划。
> - 确保所有同意文件都在私下讨论,并在必要时确保服务接受者所选择的家庭成员、第三方权益维护者或其他证人在场,他们可以提供咨询和/或协助。
> - 在服务接受者方便的时间和地点安排有关同意的会议。会议应有足够的时间来处理所有的问题,并考虑调整或修改所提出的治疗方案。
> - 以书面形式记录行为分析师和服务接受者的责任,包括如何处理保密问题(即谁能够接触记录),与同意书更新有关的条文,例如,如果出现新的数据,有可能改变原来所提议的干预,则需要重新同意,以及任何与薪酬、沟通(如在干预期间和之后)、取消预约或服务终止相关的任何问题。
> - 在会议结束时,提供一份已签署并注明日期的同意书的副本。
>
> ---
> 改编自 E. Cipani, S. Robinson, & H. Toro (2003). *Ethical and Risk Management Issues in the Practice of ABA*. 该论文发表于佛罗里达行为分析学会的年度研讨会,St. Petersburg, FL. 经作者授权改编。

图 31.8　确保服务对象知情同意所需的信息

协调。风险效益分析应该在首次或随后的知情同意请求之前进行,并在整个服务提供过程中反复进行。例如,描述性评估的风险较小,可以帮助确定触发或维持行为的因素。然而,它并不能明确展现行为的功能关系。

另外,全面的功能分析,即系统化地操纵前提和后果,可以明确地展现行为的功能关系,但也可能会引发问题行为的短期增加,并有潜在的可能触发一个较为重大的行为意外事件、受伤或其他医源性(即由干预诱导的)效应。

要从多个以证据为基础的治疗方案中选择一个时,必须进行风险效益分析。这种分析有助于实务工作者选择最可能有效而又限制性最低的方案。

没有同意书的治疗

大多数州有法规政策授权在个人不能或不愿为一个必要的治疗提供知情同意的情况下采取相应的行动。通常在危及生命的紧急情况下,或有立即出现的严重伤害的风险时,可以授权同意。在某些司法管辖区中,如果学区确定某些服务是必要的(如特殊教育计划),但家长拒绝,学区可以通过渐进的行政审查、调解以及最终由法院采取行动的方式进行救济(Turnbull & Turnbull, 1998)。如同我们对工作的各个方面的考虑一样,在未能取得同意的情况下提供治疗,实务工作者需要咨询和遵循所有适用的现行的地方法、州法与全国法律和法规。这些法规在不同的司法管辖区可能有所不同,并且会可能随着时间的推移而改变。

保密

专业上的关系需要**保密**(confidentiality),这意味着与现在或过去接受服务的个人有关的任何信息,都不能与任何第三方讨论,或以其他方式提供给第三方,除非个人已经明确地授权公开那些信息。保密对行为分析师而言是一个专业的伦理标准,在很多司法管辖区也是一项法律要求(Koocher & Keith-Spiegel, 1998)。图 31.9 展示了一份标准的信息发布书(release of information, ROI)。请注意,ROI 具体指明了可以分享和发布的信息,以及发布这些信息的有效期。

```
                        （机构/提供者的名称）
                        信息发布与评估同意书

    服务对象：_____  出生日期：_____
    家长/监护人的姓名：_____

    我同意上述服务对象通过（提供者/机构）参与一项评估。我同意对上述服务对象在以下地点进行评估（圈
    出相关地点）。
        家庭        学校        其他：_____

    我了解并同意由特定人员在对上述服务对象进行评估的上述地点承担照顾责任。为了与这些人协调评估事
    项，我授权向上述地点负责照顾的人公开以下保密记录。

        评价/评估：_____
        个别化教育计划（IEP）或其他记录：_____
        其他：_____

    我知道这些记录可能包含精神疾病和/或药物与酒精的信息。我知道这些记录可能也包含与血源性病原体
    （如HIV、AIDS）相关的信息。我知道我随时可以撤销这份同意书。但是，我无法撤销对已经采取的行动的同意。
    本信息发布的副本与原件同样有效。这份同意书在服务终止后30天或在下一年度自动失效。

        家长/监护人：_____  日期：_____

        改编自 ABA Technologies, Inc., Melbourne, FL. 版权归 ABA 技术公司所有。经授权使用。
```

图 31.9　信息发布书

保密与依法披露的限制

在开始服务前，行为分析师必须向服务对象解释保密的限制，记录会议内容，并确保服务对象在文件上签字和注明日期。在以下情况下，出于有效目的，可以未经同意而披露保密信息：（1）法律强制要求；（2）服从法院的命令；（3）当可靠的信息表明服务对象或他人即将受到伤害或危险时；（4）当立即发生危机时；（5）当涉及第三方支付服务费用时。例如，如果一名学生很确定地告知学校的行为分析师，校舍中有一名学生带了一把上了膛的枪，那么该行为分析师就必须违反保密规定以保护学生、教职员工和管理人员的安全（参看 Tarasoff v. Regents of the University of California, 1976）。每当有必要这样披露时，都应将披露的信息限制在最低程度，以符合"有效目的"的要求。

信息披露的限制还与第三方资金来源有关，第三方指的是服务对象或服务对象监护人以外的付费者。通常，第三方付费者只能有限地获得与服务对象的基本信息、服务提供的证明，以及支付服务费用有关的保密材料。其他具体的治疗信息往往只在"第一方"（即服务接受者或其监护人）签署正式文件后，才能提供给第三方。

维持保密性

实务工作者必须采取适当的防护措施来确保服务对象信息的保密性，包括但不限于将纸质资料存放在上锁的文件柜中、使用有密码保护的电脑档案夹、尽可能使用加密档案、避免跨任何无线系统传送可识别的服务对象信息，以及在提供特定的服务对象信息时确认任何潜在接收方的身份和授权。

1996年的《健康保险携带和责任法案》(Health Insurance Portability and Accountability Act, HIPAA)，公共法104-191，特别涉及医疗信息和记录的保密性。很多以ABA为基础的行为服务是在医疗批准服务的保护伞（如商业保险、医疗补助、其他来自州政府的资助）之下提供的。在这种情况下，实务工作者必须谨慎遵循HIPAA的所有要求，以免遭受高额罚款和法律制裁。

近年来，随着社交媒体的使用呈现出不可阻挡的增长势头，在保密性方面出现了以前不曾预见的新挑战（参看信息箱31.1）。在本章后面，我们将讨论在不断扩大的全球公共通信网络中如何维持保密性的相关议题。

信息箱 31.1

当使用社交媒体导致违反保密规定时

丽贝卡是一位年轻的BCBA，她对七岁的服务对象贾罗德在学习语言方面取得很大的进步感到高兴。她在学校野餐时与贾罗德及其家人拍了一张自拍，并在贾罗德的家人口头同意后把照片发布在照片墙（Instagram）上。这是否构成一个伦理问题？口头同意显然是不够的。其他可能出现在照片背景里的人并没有同意发布照片。此外，家庭成员也许不想告知朋友和陌生人自己的孩子正在接受行为服务（孩子可能因此成为剥削或虐待的潜在目标）。

路易斯是一位年长的BCBA，来自一家30年前关闭的州政府设立的照顾机构，现在他在推特（Twitter）上发布了同事和服务对象的老照片，标题为"州立机构X的员工聚会"。照片精彩极了！每个人都喜欢看到自己和分享回忆。这些照片中的很多人已经去世了，路易斯是否违反了保密规定？"是的。"答案几乎是肯定的。但是，危害真的存在吗？如果路易斯在谷歌上搜索"来自州政府X机构的图片"，发现在互联网上已经能找到他曾经的服务对象的照片了呢？那么在推特上发布那些照片是否违反伦理？没有任何一种方法可以评估其潜在的危害，但如果没有一份来自服务对象的公开同意文件，这就是未经授权的违反保密规定的行为。

违反保密规定

违反保密规定适用于两个主要的反应类：(1)未经同意的有效披露；(2)由粗心、对保密要求的误解或疏忽大意造成的非故意违反。例如，如果一名行为分析师将关于儿童现状的保密信息提供给一位家长，但没有确认要求提供信息的家长是儿童实际的法定监护人，那么可能就会发生非故意的和粗心的违反行为。行为分析师应该知道谁拥有获得信息的授权，只有在确认适当的授权后才能公开受保护的信息。

在法律上，所有专业人士都必须举报疑似虐待儿童的行为。即使儿童担心举报会带来不良影响，任何层级的专业人士也必须站出来向有关当局举报此类案件。在涉及儿童的健康、安全或福祉时，保密性原则不适用。图31.10展示了一个表格样本，该表格记录了提供给服务对象的与举报虐待有关的信息。

保护服务对象的尊严、健康和安全

尊严、健康和安全问题常常围绕在人们的工作和生活环境中存在的依联和物理结构上。行为分析师应该敏锐地意识到这些问题。费弗尔和麦吉姆西（Favell & McGimsey, 1993）提供了一份治疗环境的可接受特征的清单，以确保服务对象的尊严、健康和安全（参看图31.11）。

> （机构/提供者的名称）
> **保密法/举报虐待同意书**
>
> 服务对象：_____
>
>   我知道与上述服务对象有关的所有评估和治疗信息都必须严格保密。与服务对象有关的任何信息，无论是口头还是书面形式，都不能在没有服务对象的法定监护人的书面同意的情况下透露给其他机构或个人。根据法律规定，保密规定不适用于以下情况：
>
> 1. 如果被举报或怀疑有人虐待或忽视未成年人、残障人士或老人，有关专业人士必须向政府的儿童与家庭事务部报告，以便进行调查。
> 2. 如果在服务期间，有关专业人士获悉某人有生命危险，该专业人士有责任警告潜在的受害者。
> 3. 如果法院命令调阅我们的记录、我们的次级契约服务者的记录，或传唤工作人员作证，我们必须向法院提供所要求的信息或出庭回答与服务对象有关的问题。
>
> 这份同意书将在以下签名日期一年后失效。
>
> 家长/法定监护人：_____ 日期：_____
>
> _____
> 改编自 ABA Technologies, Inc., Melbourne, FL. 版权归 ABA 技术公司所有。经授权使用。

图 31.10　举报虐待同意书的例子

> 1. 环境是有吸引力的：强化物已准备好；问题行为已减少；强化依联是有效的；有丰富的探索性游戏和练习；环境是人性化的。
> 2. 教授和维持功能技能：不以纸上作业或记录来判断环境，而是根据所观察到的训练和进步情况作为证据；随机教学可以使自然环境支持技能的获得与维持。
> 3. 问题行为得到了改善：在行为和程序上都采取纯粹的功能取向会产生有效的干预；以功能为基础的个别化定义取代了行为形态赋予的非特定标签。
> 4. 环境是限制性最低的选项。同样，这是根据行动自由和参与活动的参数而从功能上下的定义；社区环境实际上可能比居住机构环境更具限制性，这取决于它们对行为的影响。
> 5. 环境是稳定的：尽量减少日程安排、方案、同伴、照顾者等方面的变化；保持技能；重视一致性和可预测性。
> 6. 环境是安全的：物理环境的安全最为重要；有充分的督导和监控；以同行评议来确保所使用的恰当的计划程序建立在功能的基础上。
> 7. 服务对象选择住在这里：努力确定服务对象的选择；对替代环境进行抽样。
>
> _____
> 经普莱南出版公司授权转载。引自 J. E. Favell & J. E. McGimsey (1993). Defining an Acceptable Treatment Environment. In R. Van Houten and S. Axelrod (Eds.), *Behavior Analysis and Treatment* (pp. 25–45). 版权清算中心传达授权。

图 31.11　界定可接受的治疗环境

    是否确保了尊严可以通过回答下面的问题来检验：我是否尊重当事人的选择？我是否提供了足够的个人隐私空间？我是否超越了当事人的残障而尊重他？行为分析师可以通过定义自己的角色来帮助确保服务对象的尊严。通过使用行为的操作原理，他们可以教授学习者一些技能，而这些技能可以使学习者在他们自己的自然环境中对突发事件建立越来越有效的控制。每个人都有权利说"是""否"，或有时什么都不说（参看 Bannerman, Sheldon, Sherman, & Harchik, 1990）。

选择（choice）是提供符合伦理的行为服务的核心原则。用行为学术语来说，在行为选项和刺激选项两者都具有可能性和可获得性的情况下，才有做选择这个行动（Hayes et al., 1994）。实务工作者必须为服务对象提供行为选项，而服务对象必须能够根据这些选项的要求而表现出这些行动。要离开一个房间，一个人必须具有打开门的身体能力，而这个门不能被挡住或上锁。刺激选项是指同时呈现不止一个刺激物的选择（如选择吃苹果而不是橙子或梨）。要拥有公平的选择，服务对象必须有选项，必须能够执行每一个选项，并且必须能够体验选择它的自然后果。

疏忽（negligence）是指服务提供者没有展现出应有的专业完整度，并威胁到服务对象的健康和安全［参看《执行条例》1.04(c)］。疏忽通常的表现形式是不作为——不做应该做的事。例如，一名行为分析师可能接手了太多案例，而没有充分监控所有案例的进度；或者他可能没有计划好在休假期间提供足够的临床服务，导致服务对象在那几周内得不到服务；或者他可能突然终止了一个案例，而没有考虑到服务对象需要缓慢的渐褪服务。另外，疏忽有时表现为以轻率的方式行事。例如，一位经验不足的分析师可能会在社区活动中陪护太多的服务对象，而缺乏适当的监督，导致其中一名服务对象走到别的地方去了。这不是陪护者故意所为，但由于没有提供足够的监督，发生了疏忽的行为。

疏忽通常是非故意的，而**欺诈行为**（fraudulent conduct）则是故意的、蓄意的和欺骗性的行为，而且有可能对他人造成伤害。向服务接受者呈现不实的资历凭证、培训或背景信息是一种欺诈行为，超额收费或伪造服务对象的记录也是如此。不太明显的欺诈行为，如对原始数据进行轻微篡改（如数据收集者在观察周期结束很久以后才填写数据表），可能会、也可能不会导致正式制裁，但仍然构成明显的违反执业伦理的行为。当调查发现实务工作者有疏忽或欺诈行为时，几乎可以肯定的是，他们会受到专业制裁，并视情况和所显现的危害程度，有可能采取法律行动，导致罚款，甚至监禁。

与其他专业人士协同合作

行为分析师经常需要与大量的其他领域的专业人士合作，其中很多人赞同有科学支持的治疗方法。跨学科团队成员之间的这种合作可以为残障人士提供各种正向教育和行为上的成果（Brodhead, 2015; Hunt, Soto, Maier, & Doering, 2003），也可以提高治疗忠实度（Kelly & Tincani, 2013）。例如，行为分析师经常与医疗专业人士协同合作，尤其是当服务对象需要接受精神药物治疗以解决问题行为时。行为分析师必须知道医疗专业人士要遵守他们自己的专业伦理规范，就像任何治疗团队的每名专业人士都有自己的伦理规范一样。唯有在所有治疗团队成员之间保持清晰和频繁的沟通，尤其是在与任何"药物治疗方案、治疗或方案的变更"有关的情况下，才能在各学科领域之间实现有效协调（Newhouse-Oisten, Peck, Conway, & Frieder, 2017, p. 148）。

行为分析师还可能与非行为治疗的坚定支持者进行互动，这种治疗的有效性的证据是未知的、被忽视的或不可靠的，因而是无效的。在这种情况下，行为分析师必须运用他们的技术技能、社交技能和《执行条例》，为服务对象制订全面的计划。《执行条例》［2.09(d)］有一部分指出，行为分析师有责任"检查和评估自己所了解的可能影响行为改变计划目标的任何治疗方式"（BACB, 2014, p. 9）。纽豪斯—奥伊斯滕等人（Newhouse-Oisten et al., 2017）认为，行为分析师必须关注每一个所提议的干预方法的两个方面："这个干预有没有研究证据支持，以及这个干预的改变是否可与其他干预并存。"（p. 150）在确定最佳实践方式时，这种类型的分析具有明确的伦理重要性，但有时会在治疗团队中引起冲突。布罗德黑德（2015）在一个流程图里列出了一系列"是—否"问题，以不带偏见和客观的方式来评估这样的未知治疗：（1）非行为治疗是什么？（2）服务对象的安全是否受到威胁？（3）你熟悉那个方法吗？（4）如果你现在熟悉那个方法，是否有新的安全方面的顾虑？（5）当将非行为治疗转化为行为程序时，治疗能否成功？（6）对服务对象的影响是否足以证明有可能损害专业关系？布罗德黑德还提供了一份核查表，用于分析拟议的治疗方法，并对行为分析师可采取的伦理行动提出了建议。

施雷克和米勒（2010）提供了一个替代的相似做法，他们使用流程图帮助实务工作者评估有人拟议但未知的治疗方法在三个方面的效度：（1）基本理论；（2）治疗技术；（3）在有效性方面的主张。

信息箱 31.2 为专业人士提供了其他指导方针，以帮助家长、教师和其他人评估可能出现的替代治疗建议。

信息箱 31.2

专业人士帮助家长、教师和其他照顾者的指导方针

家长、教师和其他照顾者在试图确定某一特定的治疗方法是否符合最佳实践的标准，或是否属于当下流行或未经测试的干预时，并非没有资源可用。以下将说明三种资源。

首先，行为改变执行人可以咨询一位值得信赖的行为分析师以及他/她在这件事上所遵循的相应行为准则。《执行条例》指出："行为分析师始终有责任为服务对象提供有科学支持的、最有效的干预计划，并对服务对象进行相关教育。"[《执行条例》2.09(a)]。此外，《执行条例》6.02 指出："行为分析师应当通过报告、讨论以及其他方式使大众能够获得有关行为分析的信息，从而传播行为分析。"因此，当行为改变执行人听从行为分析师的建议时，他们所得到的建议就更有机会符合高质量的照顾标准。

其次，施雷克和梅热（Schreck & Mazur, 2008）提出了一系列六项战略技术，以对抗流行疗法/替代疗法的传播：（1）比较受质疑的疗法与 ABA 的有效性；（2）强调 ABA 的长期成本效益；（3）通过大众媒体宣传比较的结果；（4）向家长和雇主推销 ABA；（5）寻找一种方法，减少大众媒体对"简易"的解决方案和其影响的搜寻；（6）告知认证行为分析师使用没有证据支持的治疗方法将遇到的伦理困境和后果。

最后，赫伦、廷卡尼、彼得森和米勒（2005）建议所有的干预执行人开发由著名的天文学家卡尔·萨根（Carl Sagan）提出的"胡扯检测工具包"（Baloney Detection Kit）——一种用于提高怀疑思维和逻辑分析能力的概念工具箱。彼得斯和赫伦（1993）指出，实务工作者在试图判断任何教育或治疗方法是否有效时，应该考虑并回答以下五个问题。

1. 模型或程序是否源于合理的理论基础？
2. 研究方法是否有说服力和令人信服？
3. 现有文献中对此是否达成共识？
4. 是否有证据表明其能稳定一致地产生结果数据？
5. 是否有关于社会效度的证据？

当行为分析师使用其中一种模式或其他有效的结构化方法来协助引导与其他专业人士的合作，从而改善为服务对象提供的服务，并在这个领域中得到良好的体现时，服务对象的最佳利益将得到满足。然而，在极少数情况下，替代方法会干扰行为服务的有效提供，这时，实务工作者必须退出该案例，并向服务对象明确地说明理由。

这种与其他专业人士协同合作的方法可以应用于本章开头描述的第三个情景。多尔蒂女士身处困境，但她只是"感觉到"学校行政官员的意图,她必须与其协调服务。她应该继续为学生的最大利益辩护,但也应咨询她的督导以获得他的帮助,然后建议对官员所建议的治疗方法进行系统性的评估,以确定最有效的方法。

当一位行为分析师将一名服务对象转介给另一位专业人士时,绝不能收取转介费用或回扣。实务工作者应向服务对象提供一份选择清单、一个可能的服务提供者的选择,并让服务对象做出最后的决定。当一位专业人士转介一个案例,而让服务对象联系另一位专业人士时,不应有任何人收受金钱、礼物或其他好处。

社交媒体与新技术

社交媒体的使用无处不在,有力的证据表明,世界上绝大多数人都能接触到并经常使用智能手机、平板电脑和其他电子设备来分享信息并与他人互动(Greenwood, Perrin, & Duggan, 2016; Pagoto et al., 2016)。实际上,社交媒体和互联网已成为 21 世纪的市集和乡村广场,在这里,人们的社交互动蓬勃而兴盛。诚然,社交媒体为分享信息和讨论与行为科学有关的议题提供了良好的机会(如脸书上的"行为分析学生")。一些媒体平台(如脸书、推特)提供私人区域,让某个人或某几个经过筛选的人有特定和有限的权限来查看该区域内的帖子。于是,实务工作者可能会向一个人或特定的群体发送私人消息,以协助实现治疗目标或帮助维持治疗忠实度(如发出收集数据的提醒)。

此外,新技术为人们提供了从远程位置实时查看治疗时段的机会,这对督导、家长/监护人和培训中的行为分析师来说是很有用的。

尽管如此,所有治疗学科的成员仍然必须以正当的方式使用社交媒体,而不要违反保密规定或陷入道德流沙。未做安全防护的传输网络非常令人担忧,行为分析师必须非常熟悉所使用网络的安全性质和范围,以保护他们的信息往来。即使在所谓安全的社交媒体网站上,用户也必须谨慎,因为数据泄露始终有可能发生,而安全设置也有可能被提供服务的公司更改。因此,有关特定服务对象的信息必须始终被掩盖,以确保外界无法通过姓名或位置来识别被讨论的任何个体(Pagoto et al., 2016)。虽然《执行条例》也只是最近才开始面临这些新媒体带来的挑战,但奥利里、米勒、奥利芙和凯利(O'Leary, Miller, Olive, & Kelly, 2017)已经为在新兴的社交媒体环境中如何保持专业伦理提供了有用的建议(参看信息箱 31.3)。此外,信息箱 31.4 提出了避免落入社交媒体陷阱的方法。

帮助服务对象选择结果和行为改变的目标

行为分析服务的接受者(或接受者的监护人)应确认服务的最终目标,称为"结果"(outcome)。结果必须对个人有意义、在情境里是适当的,并且是可以实现的。这些目标应集中在个人生活质量的问题上(如获得工作、与他人建立长期关系、进入社区和教育环境)(Felce & Emerson, 2000; Risley, 1996)。行为分析师应帮助个人表达自己的喜好和生活目标,并确定他需要做(或不做)哪些行为,以帮助他实现这些目标。要改变的行为必须是对服务接受者有益的行为,而不是对实务工作者或照顾者有益的行为。

早期,行为分析师因其选择的目标行为常常主要让工作人员获益而受到批评(例如,Winett & Winkler, 1972)。例如,一名成人在工作环境中可能很容易将"温顺服从"确定为目标行为,即使改善工作技能和功能性社会互动对这个人有更多的益处。服从,过去经常在行为改变计划中出现,但它本身并不是一个恰当的目标。必须这样问:服从什么?唯有当服从能促进其他功能性或社会性技能的发展,进而对个体获得长期自我认同的结果有所助益时,教授服从才是符合伦理的。

> **信息箱 31.3**
>
> **对行为分析师使用社交媒体的建议**
>
> 1. **服务对象的真实身份应该被严格隐藏**。无论何时谈论任何与服务对象有关的事情，很多细节都可以改变，而讨论的重点不受影响。
> 2. **避免提出治疗建议**。社交媒体上的信息不足以让人给出特定的建议。
> 3. **让读者回到文献中去**。与其提出治疗建议，不如推荐一篇特定的论文或特定作者的作品。
> 4. **撰写免责声明**。确保任何人在读到你写的任何东西，尤其是对某个问题的答案时，不会以为其中存在专业上的关系。要明确说明这一点。
> 5. **提供资源**。除参考文献外，还要为感兴趣的人在搜索主题和网站方面提供方法，并提供线下讨论帖子的机会，以防行为分析师以外的人产生误解。
> 6. **提供组织机构里的培训**。这符合《执行条例》对我们创建伦理文化的要求。在工作情境中学习如何在危险的社交媒体潮流中导航前进，对于预防潜在的问题至关重要。
>
> 引自 P. N. O'Leary, M. M. Miller, M. L. Olive, & A. N. Kelly (2017). Blurred Lines: Ethical Implications of Social Media for Behavior Analysts. *Behavior Analysis in Practice*, 10, pp. 45–51. 经授权使用。

> **信息箱 31.4**
>
> **社交媒体的陷阱**
>
> 盖伊是一位资深的行为分析师，他在一个名为"行为分析问与答！"的脸书专页上阅读年轻的 BCBA 提出的与案例相关的问题，并提供答案和治疗建议以帮助他们。脸书专页上的每个人都告诉盖伊，自己非常感谢他的帮助。即使发布的问题都写得很小心，确保它们不包含服务对象的身份或特定环境的任何暗示，这里是否仍存在伦理问题？是的，而且有很多。年轻的实务工作者可能会开始依赖这位"脸书专家"和提供快速解答的人的高明建议。随着时间的推移，那些提问的人可能会变得不怎么搜索研究文献，不去寻求必要的督导或指导，或不去寻求咨询。他们最终可能会从事同样形式的"社交媒体指导"，因为盖伊已经将这种模式建立为恰当的专业行为形式。任何针对特定案例问题提供的建议，无论多么明智，都是以不完整的信息为基础的。其他阅读这些帖子的人，包括行为分析师以外的人，可能会不恰当地将这些建议应用在其他环境里存在其他行为问题的人身上。盖伊所做的每一个看似支持性的行动都违反了我们临床方法的核心重点：在个人的背景下直接评估行为，并将治疗建立在确定的功能关系之上。这位经验丰富的顾问的行为可能会帮助一些人，但几乎可以确定的是，他不知道自己可能已经造成了多么大的伤害。

关于恰当地选择目标，以及先前关于获得监护人、代理人或维权者意见的信息，可以应用于本章开头描述的第一个情景。哈恩博士可以建议李与一位他信赖的顾问或代理人会面，讨论从居住机构搬到公寓的利弊。另外，他们可以讨论李想搬家的原因，看看能否以更有效的方式满足他的需求并调整当前的环境，而不必让他搬走。

保存档案

保存良好的档案记录（如评估、治疗计划、进度笔记、数据）有助于未来提供服务，满足机构和/或组织的要求，确保准确的计费，方便未来的研究，并有助于符合法律要求。行为分析师通常必须将所有的案例档案记录保存7年，但须符合个人、州或司法管辖区的要求。《执行条例》指出，行为分析师要负责对个别服务对象的保密工作，"在形成、保存、使用、转移和销毁自己所管理的档案时，无论这些档案是以文字、自动化、电子还是以其他任何形式为媒介，都应当妥善保守秘密"[《执行条例》2.07(a)]。当销毁纸质记录时，要使用横切碎纸法。销毁电子记录时，必须完全清除在所有可能的存储位置中保存的所有文件。请注意，公共法104-191（HIPAA）禁止通过任何未做安全防护的媒介（如公共区域的传真线、电子邮件）进行保密文件的电子传输。

倡导服务对象的权益

提供必要的和需要的服务

在开始服务之前，行为分析师有责任确认是否需要对转介的案例进一步采取行动。这就给实务工作者带来了第一个伦理挑战：决定是接受还是拒绝这个案例。这个是否提供治疗的决定可以分为两个连续的决定：（1）目前的问题是行为干预可以处理的吗？（2）建议的干预有可能取得成功吗？

目前的问题是行为干预可以处理的吗？

为了确定行为干预是否必要且恰当，行为分析师应该找出下列问题的答案。

1. 这个问题是突然出现的吗？
   （1）这个问题是否有医学上的原因？
   （2）是否做过医疗评估？
2. 这是服务对象的问题还是其他人的问题？（例如，一名学生一直到四年级都表现良好，突然在五年级时出现了"行为问题"，尽管她在家中仍然表现良好。或许只要换一位教师，就可以解决这个问题。）
3. 是否尝试过其他干预措施？
4. 这个问题真的存在吗？（例如，一位家长非常担心他三岁的孩子"拒绝吃"每一餐提供的每一样食物。）
5. 这个问题能否以简单的或非正式的方法解决？（例如，上述的三岁孩子从整天敞开着的后门"溜走"。）
6. 这个问题由其他学科的专业人士来处理会不会更好？（例如，脑瘫儿童可能需要适应性设备而不是行为治疗。）
7. 这个行为问题是否属于紧急事件？

建议的干预有可能取得成功吗？

在思考干预是否有可能成功时，要问的问题包括：

1. 服务对象是否愿意参与？
2. 服务对象身边的照顾者是否愿意或是否能够参与？
3. 在研究文献中，这个行为是否被成功地治疗过？
4. 公众是否有可能支持？

5. 行为分析师是否具有适当的经验来处理这个问题？
6. 最有可能涉及执行这一计划的人对关键的环境依联是否有足够的控制？

如果以上六个问题的答案都是"是"，那么行为分析师就可以采取行动。如果以上任何一个问题的答案是"否"，那么行为分析师就应该认真考虑拒绝启动干预。

信奉科学方法

第1章讨论了与什么是科学以及科学如何应用于研究和改善行为有关的一般问题。科学方法与伦理有关，至少在一定程度上是这样，因为科学方法坚持以证据为基础的实践，运用直接测量来建立基于同行评议文献的方法的有效性，并坚持在开展任何新兴的实践之前进行测试以评估其有效性。随着主张"替代"治疗有效的可疑说法日趋普遍，并在缺少严格检视的情况下似乎越来越为公众所接受，信奉以证据为基础的实践更显重要（Shermer, 1997）。在萨根（1996）看来，非比寻常的主张需要非比寻常的证据，正如航天工程师詹姆斯·奥伯格（James Oberg）的幽默讽刺之言："在科学领域，保持开放的心态是一种美德，但别开放到让你的大脑掉出来。"（引自 Sagan, 1996, p. 187）

应用行为分析师的实践应以两个主要来源为基础：科学文献和在特定背景下频繁而直接的行为测量。在声誉良好的期刊上发表的经过同行评议的科学报告和权威的教科书为有效的干预策略提供了客观的信息。对行为进行直接而反复的测量提供了实证数据，为我们评估和评价工作的有效性提供了依据。伦理实践的基石是在坚实的、经过复制的研究证据的基础上提供有效的服务。

替代的/流行的治疗

教育和治疗领域中有各种各样的处理问题行为的教学技术和方法。这些所谓的疗法大多没有经过科学或实证的验证。随着新的未经测试的治疗方法的出现，合理寻求教育、社会或行为协助的家长、教师和其他照顾者可能很容易跟随不明智和无知的吹笛人的脚步而落入陷阱（Heron et al., 2005）。例如，科恩（1997）提倡这样的观点，即反复练习一项技能是有害的，因为它会摧毁学生的学习动因，并最终从总体上导致他们不喜欢学校。这个主张得到了公众的关注，尽管完全没有经过同行评议的证据来验证。相反，几十年来，在谨慎控制和复制下产生的科学研究已经证明，反复练习是掌握一项技能的决定性因素（Binder, 1996; Ericsson & Charness, 1994）。

信息箱31.5探讨了与持续出现的替代疗法和流行疗法有关的一些问题和难题。

信息箱 31.5

乳液、药水和错误观念

推广和销售对各种疾病无效的治疗方法由来已久。"蛇油推销员"在美国西部拓荒时代非常普遍，以至于现在这个词仍被用来指称销售假药的人，或者更广泛地指称推荐使用错误方法来解决问题的人。那些有可能寻求行为分析服务的人，往往会面临令人眼花缭乱的、关于各种替代疗法的说法和与之对抗的说法。很多人承诺会得到惊人的积极结果，甚至是完全"治愈"从青少年的对抗行为到与孤独症谱系障碍有关的所有疾病。这些说法大多没有根植于研究或同行评议文献的坚实基础。诸如 DIR/地板时光（DIR/Floortime）、多曼—得拉卡图身体模式疗法（Doman-Delacato patterning treatment）、芳香疗法（aromatherapy）、动物辅助疗法（animal-assisted therapies）和听觉统合训练（auditory integration training）（仅举几例）等疗法缺乏可靠的科学证据基础（Hines,

2001; Koocher & Gill, 2016; Mudford & Cullen, 2016）。其他替代疗法在得到广泛的研究后已被合理地驳斥，如辅助沟通系统（facilitated communication）（Jacobsen, Foxx, & Mulick, 2016; Lilienfeld, Marshall, Todd, & Shane, 2015）。我们预期会有其他未经测试的治疗方法进入市场，其中可能有很多会使用以新技术为基础的干预，听起来具有高度的科学性，但缺乏坚实的研究和复制基础。当行为分析师所服务的对象可能受到这些替代疗法的吸引而想尝试时，他/她有责任帮助服务对象评估该干预可能的有效性和潜在成本。

以证据为基础的最佳实践与限制性最低的选项

西尔韦斯特里和休厄德（Silvestri & Heward, 2016）将证据定义为"应用科学的方法来测试一项主张、理论或实践的有效性所得到的结果"。此外，他们指出，"非比寻常的证据必须得到复制。一项研究、一个逸事或一篇理论文章，无论其结论多么令人印象深刻或写得多么复杂，都不能作为实践的基础"，"任何非比寻常的主张，只要不是建立在与其相称的强大证据之上，都应该引起怀疑"（pp. 149–150）。

从伦理出发的行为分析的一个必备的组成部分是，干预和相关实践不仅要以证据为基础，而且要先使用最强大但侵入性最低的方法。此外，干预计划必须系统地设计、执行和评估。如果个人未能取得进展，则应检查数据系统，并根据需要修改干预计划。如果有进展，则应逐步退出干预，并评估泛化和维持情况。在干预的所有阶段中，数据和直接观察应该是推动治疗决策的依据。符合上述标准的模型和程序被认为是"最佳实践"，可以通过看它们是否至少符合五个标准来判断：模型或程序是否源于坚实的理论基础？研究方法是否具有说服力和令人信服？是否与现有文献有共识？是否有证据表明其结果数据是稳定一致的？是否有关于社会效度的证据？（Peters & Heron, 1993）《执行条例》2.09(c) 还指出，"在不止一种有科学支持的干预方法已经确立的情况下，行为分析师选择干预方法时应当考虑其他因素，其中包括但不限于效益与效果、干预风险与副作用、服务对象的倾向性与实施者的经验和所受培训等"（2014, p. 9）。盖格、卡尔和勒布朗（Geiger, Carr,

& LeBlanc, 2010）描述了一种类似的方法，用于在以功能为基础的问题行为治疗中进行选择，并把对安全的影响、环境资源，以及优先改善服务对象的生活质量和技能纳入考量（参看图 31.12）。

提出所关注的议题	符合伦理的问题解决策略
背景：马尔科是一个被诊断为孤独症谱系障碍的三岁孩子。他的语言能力极低，但很幸运地加入了一项早期密集行为干预计划。他在发展新技能方面的进步速度比其他人快。他经常对父母发脾气，尤其是在父母进行日常活动（如给他穿衣服）和卫生管理（如给他刷牙）的时候。他发脾气时会喊叫、哭闹，并做出自伤行为（如抓自己的手臂）和攻击行为（如抓和捏他人）。马尔科已经开始对行为计划中的工作人员表现出这些行为。他的 BCBA 进行了全面的功能评估，包括一项功能分析。发现这些行为的功能是逃避（即负强化功能）。BCBA 现在必须制订一项行为计划，以减少他的问题行为，并增加他恰当完成任务的次数。这位 BCBA 读到了好几篇文献，发现很多以证据为基础的干预方法都是针对由逃避维持的问题行为的功能治疗，他不确定哪种方法最适合这种情况。	分析和行动：马尔科的 BCBA 找到了一个已发表的临床决策模型，用于选择一些以功能为基础的方法来处理由逃避维持的问题行为（Geiger, Carr, & LeBlanc, 2010）。这个模型显示，在确定哪种干预最适合某个特定情况时，应该考虑五个核心因素：服务对象的生活质量、所涉及的相关人员的安全、环境的资源限制、服务对象的现有技能集，以及服务对象还需要获得什么技能。BCBA 回答了该模型提出的一系列渐进式问题，并确定最佳干预措施是功能性沟通训练（FCT）。现在进行的任务是有必要的，教学程序总体而言是相当好的。马尔科的工作人员和家长认为，只要问题行为随时间的推移而减少，他们就可以确保安全并容忍少量的问题行为。马尔科未来必须服从几个要求，他也被允许偶尔从任务中得到休息，这是干预计划的一部分。这使马尔科的 BCBA 能够考虑优先教授最重要的技能。由于马尔科的语言能力非常有限，因此必须教他在身处厌恶情境时要求得到休息或协助的方法。因此，FCT 是一个很好的首先实施的干预措施，其他干预在需要时可以添加。

图 31.12　选择以功能为基础的干预

利益冲突

当主要当事方单独或与家人、朋友或同事一起在互动的结果中拥有既得利益时，就会发生**利益冲突**（conflict of interest）。最常见的冲突形式出现在双重角色或多重角色的关系里。当一个人作为治疗师，与服务对象、家庭成员或与服务对象关系密切的人建立另一种类型的关系，或者承诺未来建立这种关系时，冲突就产生了。这些关系可能是财务上的、个人的、专业上的（如提供另一项服务），或其他对治疗师有利的关系。

在评估和干预阶段进行直接和频繁的观察会使行为分析师与服务对象（通常还有家庭成员、其他专业人士和照顾者）在各种自然情境中产生密切的接触。于是可能就会形成一些私人关系，而在不知不觉中跨越专业界限。例如，家庭成员可能会主动赠送礼物，或邀请行为分析师参加聚会或其他活动。在每一次涉及专业责任的互动中，行为分析师必须保持警觉，监控自己的行为，防止模糊个人行为与专业行为之间的界限。当在私人家庭中提供治疗时，这一点尤为重要。在服务情境中，任何形式的私人关系都有可能迅速发展成伦理上的复杂问题，所以要避免。

其他专业上的利益冲突也可能会发生。例如，教师绝不可以雇用在校学生作为校外企业的雇员。那名学生在一个领域的表现会潜在地影响另一个领域里的师生互动。受督导者不应该成为潜在的感情伴侣。同行评议委员会的成员不可以参与对自己或其受督导者的工作的评审。应遵循的一般规则是，实务工作者应该尽全力避免所有潜在的利益冲突。遇到疑问时，应该请教督导，或咨询值得信赖的和有经验的至交好友。

创造伦理实践的文化

符合伦理的或不符合伦理的行为是在环境背景下发生的，而我们可以安排环境来支持符合伦理的行为。进一步说，"理清遇到的问题并做出大多数人认为符合伦理的决定的能力是一种可以而且应该被教授的技能"（Lattal & Clark, 2007, p. 13）。当环境对有助于维持伦理实践的问题解决技能予以强大支持时，即使是最熟练的专业人士也能从中获益。为了培养伦理实践的文化（《执行条例》7.01），组织或机构可以致力于提供与伦理有关的培训、支持系统以及对伦理行为进行差别强化。布罗德黑德和希格比（2012）概述了在专业组织中教授和维持伦理行为的各种策略。他们强调起始和持续的伦理训练的重要性，以及直接将伦理作为一个专业发展主题的督导的重要性。此外，他们建议使用以前在伦理上较为复杂的情况作为教学机会，以防止再次发生同样的问题。

总之，一个旨在维持组织内的伦理行为的环境，其核心特征包括关于伦理和其依联的持续教育和讨论，以支持人们寻求对伦理问题的分析和协助（参看信息箱 31.6）。当个体行为分析师的工作环境中没有其他行为分析师时，应通过专业组织、研讨会或讲习会与其他行为分析师建立联系，以便在需要时得到支持和咨询。

信息箱 31.6

你所在的 ABA 组织有伦理方面的主管吗？

琳达·勒布朗的临床服务组织有一个伦理联络网，设有伦理主管的职位。担任这个职务的博士级行为分析师在督导方面拥有丰富的经验，而且接受过广泛的伦理培训。伦理主管是该组织的伦理主席和助理主席的导师，他们每个人都在整个组织中维护和支持伦理规范。伦理联络网负责旨在维持组织内所有层级在执业伦理上持续讨论的四个主要活动。

第一，联络网主管为所有组织成员设计初始的伦理培训，重点是：（1）构成我们伦理规范的各个方面的基础的核心原则；（2）在一个六步骤解决问题流程中进行结构化练习，包括检测；（3）分析潜在的伦理困境。

第二，联络网主管监控内部的伦理热线，任何组织成员遇到困难或令人困惑的情况而需要支持时，都可以拨打这个热线。通过这个机制寻求帮助的人，根据联络网入口的提交说明（即问题解决步骤）的提示，可以迅速得到帮助，并因对情况做了批判性分析而得到称赞，从而获得差别强化。伦理领导团队针对提交给热线的话题和情况进行分析，以训练团队成员应对伦理难题的技能。这些情况每个月都被用来制作被称为"讨论启动器"的教学材料，包括特定的角色扮演，可以在整个组织的督导活动中使用。

第三，临床团队每半年举办一次培训，以回顾热线所接收到的最具挑战性的情况的相关材料（如与为正在经历离婚或分居的家庭服务有关的伦理问题）。

第四，伦理联络网主管至少每年与该组织的行政领导进行一次讨论，重点讨论《执行条例》中与他们持续进行的活动直接相关的特定部分（如回顾与社交媒体相关的条例、与营销团队不征求感言相关的条例）。由于这些人所受训练和背景通常与行为分析师大不相同，因此他们可能会歪曲我们的规范和我们领域的重要特征，除非行为分析师承担起教育他们的责任，帮助他们了解我们所重视的某些行为的基本原则（条款 10.07）。

建立伦理联络网在个人层面和专业层面上都是很有意义的，因为它可以改善沟通、提高问题解决能力、加强团队协作，并为我们的服务对象提供更高质量的服务。

结论

在伦理实践中，每一天都会遇到挑战。这需要我们保持警觉，自我监控，并持续动态地应用自己信守的原则和行业规范。我们的行业已经制定了一套伦理行为准则，并阐明了违反这些准则的后果。然而，我们也可以在各种各样的环境中创建伦理文化，帮助培训实务工作者做出伦理决策，支持对伦理议题的持续讨论。如此，我们采取一种前提方法来促进人们做出符合伦理的行为，并有效地使行为分析师做好准备，使他们在伦理困境刚出现时（即在违反伦理的行为最有可能发生的时刻）就能采取符合伦理的行动。

无论涉及什么样的细节，大多数伦理挑战都可以通过回答本章一开始提出的三个问题来应对：什么是正确的事？什么是值得做的事？做一名优秀的行为分析师意味着什么？这三个问题可以作为有效的和符合伦理的决策过程的焦点。诚实而不带偏见地解决这些问题，将有助于实务工作者避免陷入很多潜在的伦理陷阱，从而使他们将精力集中在服务对象、学生或其他接受服务的人身上。

符合伦理地开展实践，信奉科学方法，并遵循应用行为分析的原理、程序及各个维度，实务工作者可以获得有效、准确、可靠和可信的数据，为决策提供依据。结果就是，他们将更有可能实现应用行为分析最初的和持续的承诺：运用从实验行为分析和应用行为分析研究中获得的知识来帮助每一位服务接受者解决具有社会重要性的问题。

摘要

什么是伦理以及伦理为什么重要？

1. 对应用行为分析师而言，伦理定义了特定的行为规则。

2. 实现伦理有两种方法，人们称之为义务论或"行为导向"方法，它只评估行为本身，以及功利主义或"结果导向"方法，它看的是行为的结果或后果。两种方法对行为分析师的伦理行为都有贡献。

3. 伦理描述的是解决以下三个基本问题的行为、实践和决策：什么是正确的事？什么是值得做的事？做一名优秀的行为分析师意味着什么？

4. 伦理之所以重要，是因为它可以帮助实务工作者确定与专业实践行为分析有关的行动步骤是恰当的还是不恰当的。伦理规范能够指导实务工作者如何行动，即使是在面对外部压力、优先排序或权宜行事的难题时。

5. 伦理实践来源于其他行为分析师和专业人士，以确保（1）服务对象（2）专业本身（3）整个文化的福祉。随着时间的推移，实践被编入行为的伦理规则，而这些规则可能会随着世界的变化而改变。

6. 包括文化和宗教经验在内的个人历史会影响实务工作者在任何情境下做出的关于行动步骤的决策。

7. 执业的行为分析师必须对工作情境和适用于该情境的特定规则和伦理标准有充分的了解。行为分析师必须非常熟悉与其执业有关的伦理和法律问题。

应用行为分析师的专业执业标准

8. 专业组织采用正式的行为声明、专业行为规范或行为的伦理标准来指导其成员做决策。另外，当发生偏离《执行条例》的事件时，组织会根据标准严格执行制裁。

9. 服务对象的福祉是伦理决策的首要考虑因素。

10. 行为分析师必须采取行动以确保他们的专业行为是自我规范的。

11. 专业标准、准则或实践规则是书面声明，为开展与组织相关的实践提供指导。

12. 行为分析师应遵循立场声明和伦理规范，如《行为分析师专业伦理执行条例》《心理学家的伦理原则和行为规范》《接受有效行为治疗的权利》《关于限制与罚时出局的声明》，以及《接受有效教育的权利》。

13. 行为分析师现在必须遵守《执行条例》，如有人认为行为分析师做出了违反该条例的行为，可以使用涉嫌违规通知书来举报。

确保专业的胜任能力

14. 要获得应用行为分析的专业胜任能力，需要经过正式的学术训练，包括修习课程、督导下的实践和指导性的专业经验。

15. 行为分析师在所有的专业和个人互动中都必须做到真实和准确。

16. 督导的胜任能力至关重要，因为大多数行为分析师会在他人的实践情境中督导他们的工作。

17. 行为分析领域的正式认证和/或执照可以帮助消费者识别至少具备最低标准的训练和胜任能力的实务工作者。

18. 行为分析师必须在其胜任、训练和经验范围内执业。

19. 行为分析师可以通过督导或指导经验来发展更多的胜任能力。

20. 行为分析师在督导和/或指导其他行为分析师、寻求行为分析认证的个人、准专业人士或非行为分析师时，要对指导范围中的所有方面负责。

21. 行为分析师有责任维持和增强其专业胜任能力，可以通过继续教育、参加专业会议、坚持阅读最新的专业文献和/或加入同行评议委员会来做到这一点。

服务对象的服务中的伦理议题

22. 知情同意符合三个条件才可被视为有效：具有做决定的能力、自愿做出的决定，以及对治疗有充分的认识。

23. 保密是指要求行为分析师不讨论或以其他方式发布他/她所照顾的人的相关信息的专业标准。只有获得当事人或当事人的监护人的正式允许，才能发布信息。

24. 执业的行为分析师有责任保护服务对象的尊严、健康和安全。必须尊重和保护各种权利，包括选择权、隐私权、享有治疗环境的权利，以及拒绝治疗的权利。

25. 行为分析师的疏忽（没做自己应做的事情）和欺诈行为（可能造成危害的故意欺骗）会对服务对象的健康和安全构成直接威胁，并可能导致专业制裁和可能的法律处罚。

与其他专业人士协同合作

26. 行为分析师必须以最符合服务接受者利益的方式与其他专业人士协调服务，这样做是以一种积极而专业的方式代表行为分析领域。

27. 唯有在所有治疗团队成员之间保持清晰和频繁的沟通，才能在各学科领域之间实现有效协调。

28. 当行为分析师引导与其他专业人士的合作，从而改善为服务对象提供的服务，并在这个领域中得到良好的体现时，服务对象的最佳利益将得到满足。

社交媒体与新技术

29. 社交媒体的使用和其他新技术的出现给行为分析师带来了越来越多的机会、挑战和潜在的伦理陷阱。行为分析师必须特别注意保护服务对象的隐私，避免在公共论坛上提出针对具体的治疗建议。

30. 新技术使实务工作者可以从远程位置实时查看治疗时段，这对督导、家长/监护人和培训中的行为分析师来说是很有用的。

31. 所有治疗学科的成员都必须以正当的方式使用社交媒体，而不违反保密规定或伦理准则。

32. 服务接受者必须有机会参与协助选择和批准治疗目标的过程。选择结果必须以造福服务接受者为主要目标。

倡导服务对象的权益

33. 在决定提供服务时，行为分析师必须确定服务是有必要的，医学上的原因已被排除，治疗环境将支持服务的提供，并存在对成功的合理预期。

34. 提供治疗的选择可以分为两套决策规则：（1）确定当前的问题适合使用行为干预来处理；（2）评估干预成功的可能性。

35. 行为分析师应倡导最有效的、有科学支持的治疗程序。行为分析师必须将任何建议的治疗程序的社会效度纳入考量。行为分析师有责任在必要且适当的时候客观地评估替代治疗。

36. 行为分析师要信奉科学方法，并在所有与消费者有关的服务中推广以证据为基础的实践。

利益冲突

37. 当主要当事方单独或与家人、朋友或同事一起在互动的结果中拥有既得利益时，就会发生利益冲突。

38. 要避免所有利益冲突的来源，尤其是双重关系。

创造伦理实践的文化

39. 与其他专业服务提供者合作时，行为分析师有责任检查和评估任何可能影响行为改变计划目标的治疗效应。

40. 为了培养伦理实践的文化，组织或机构可以致力于提供与伦理有关的培训、支持系统以及对伦理行为进行差别强化。

41. 一个旨在维持组织内的伦理行为的环境，其核心特征包括关于伦理和其依联的持续教育和讨论，以支持人们寻求对伦理问题的分析和协助。

尾 声

应用行为分析旨在了解行为如何运作以及如何更好地改变行为,这门学问自诞生之日起就一直在精进。较之过往,今天的行为分析师帮助了更多的人在更广泛的环境和情景中学习新技能、实现表现目标,以及用良好的行为取代问题行为。我们对未来的行为分析师抱有信心,他们在提高人们的生活质量方面将会更加娴熟和富有成效。

你们中的一些人将获得行为分析学科的更高学位,你们的研究、著述和教学将会扩展这门科学的知识基础和实践。你们中的很多人将成为以应用行为分析为基础来执业的专业人士。你们熟练而符合伦理地运用行为干预,这将会使与你们接触的人获得更高的生活质量。我们希望你们都能将所学到的关于行为的知识带到日常生活中。

关于应用行为分析对促进人类获得更健康快乐的体验具有什么潜在和必要的贡献,半个多世纪前埃伦·里斯(Ellen Reese, 1966)的一段话最能铿锵有力地表达我们的观点。

> 相关的问题是,如何利用我们日益增多的行为知识来获得最大的利益……这个问题关系到我们所有人,因为我们所有人都在对家人和朋友进行控制,而我们所有人都把控制权交给了教育、政府和法律方面的专业人士。我们可以忽视行为控制的技术,把所有事情都置于风险之中,我们也可以有效地使用这些技术来创造我们想要生活的世界。后者要求我们不断地学习新知。幸运的是,行为科学既不艰深,也不晦涩。它是一门年轻的科学,一门令人兴奋的科学,也是一门重要的科学;毫无疑问,人类应该研究的一门学问就是自己的行为。(p. 63)

应用行为分析仍然是一门年轻的、有活力的和不可或缺的科学。鉴于人类当今面临的挑战,它的良好发展潜力比在以往任何时候都更加显著。

感谢你们阅读我们的书。我们希望你们能继续学习应用行为分析,并运用你们日渐增多的知识来创造一个更美好的世界。这值得你们付出心血、时间和精力。

译 者 简 介

美国展望教育中心（SEEK Education）成立于 2000 年，总部位于美国洛杉矶市，得到联邦卫生保健服务部（Department of Health Care Service, DHCS）及加州卫生与公众服务局（California Health and Human Services Agency, CHHS）的认可，获得服务资格和经费补助。SEEK 以行为分析为指导原则，以提供高质量的应用行为分析服务为宗旨，专注于提升专业人士在临床科学领域的卓越能力，并积极推动临床实践，期望能为包括孤独症谱系障碍在内的各种发展性障碍儿童、青少年、成人及其家庭提供有效的治疗计划、早期干预、适应性技能训练、学校/社区融合、职业训练、行为咨询、家庭康复训练指导、专业师资人员和家长培训等服务。SEEK 亦致力于将应用行为分析推广至亚洲地区，多次举办大型学术研讨会议，并翻译应用行为分析教科书及相关重要书籍，借以传播行为分析科学，促使更多专业人士投入行为分析领域，共同为特殊需要群体提供最佳的治疗。

官方网站：www.seekeducation.org

图书在版编目（CIP）数据

应用行为分析：第 3 版 /（美）约翰·O. 库珀（John O. Cooper），（美）蒂莫西·E. 赫伦（Timothy E. Heron），（美）威廉·L. 休厄德（William L. Heward）著；美国展望教育中心译. —北京：华夏出版社有限公司，2023.11

书名原文：Applied Behavior Analysis: Third Edition
ISBN 978-7-5222-0488-8

Ⅰ.①应… Ⅱ.①约… ②蒂… ③威… ④美… Ⅲ.①行为分析 Ⅳ.①B848.4

中国国家版本馆 CIP 数据核字（2023）第 069722 号

Authorized translation from the English language edition, entitled APPLIED BEHAVIOR ANALYSIS, Third Edition, ISBN 978-0-13-475255-6 by COOPER, JOHN O.; HERON, TIMOTHY E.; HEWARD, WILLIAM L., published by Pearson Education, Inc, Copyright © 2020 Pearson Education, Inc.

All rights reserved. No part of this book may be reproduced or transmitted in any form or by any means, electronic or mechanical, including photocopying, recording or by any information storage retrieval system, without permission from Pearson Education, Inc.

CHINESE SIMPLIFIED language edition published by HUA XIA PUBLISHING HOUSE, Copyright © 2023.

©华夏出版社有限公司　未经许可，不得以任何方式使用本书全部及任何部分内容，违者必究。

本书封面贴有 Pearson Education（培生教育出版集团）激光防伪标签，无标签者不得销售。

北京市版权局著作权合同登记号：图字 01-2019-7478 号

应用行为分析：第 3 版

作　　者	［美］约翰·O. 库珀　　［美］蒂莫西·E. 赫伦　　［美］威廉·L. 休厄德
译　　者	美国展望教育中心
策划编辑	刘　娲
责任编辑	贾晨娜
责任印制	顾瑞清
出版发行	华夏出版社有限公司
经　　销	新华书店
印　　装	三河市万龙印装有限公司
版　　次	2023 年 11 月北京第 1 版　　2023 年 11 月北京第 1 次印刷
开　　本	880×1230　　1/16 开
印　　张	63.5
字　　数	1830 千字
定　　价	498.00 元

华夏出版社有限公司　　地址：北京市东直门外香河园北里 4 号　　邮编：100028
　　　　　　　　　　　　网址：www.hxph.com.cn　　电话：（010）64663331（转）

若发现本版图书有印装质量问题，请与我社营销中心联系调换。

第二部分：应用

E. 伦理

按照《行为分析师专业伦理执行条例》(Professional and Ethical Compliance Code for Behavior Analysts)行事。

E-1　行为分析师的负责任行为。

E-2　行为分析师对服务对象的责任。

E-3　评估行为。

E-4　行为分析师与行为改变计划。

E-5　作为督导的行为分析师。

E-6　行为分析师对行为分析行业的伦理责任。

E-7　行为分析师对同事的伦理责任。

E-8　公开陈述。

E-9　行为分析师与研究。

E-10　行为分析师对BACB的伦理责任。

F. 行为评估

F-1　在个案开始之初就检查记录和可获得的数据（如教育、医疗、历史数据）。

F-2　确定行为分析服务的需求。

F-3　确定具有社会重要性的行为改变目标及其优先顺序。

F-4　评估相关技能的优势和不足。

F-5　实施偏好评估。

F-6　描述问题行为的常见功能。

F-7　对问题行为实施描述型评估。

F-8　对问题行为实施功能分析。

F-9　解释功能评估数据。

G. 行为改变程序

G-1　使用正强化和负强化程序增强行为。

G-2　使用以动因操作和区辨刺激为基础的干预。

G-3　建立和使用条件强化物。

G-4　使用刺激和反应辅助以及渐褪（如无错误、最多到最少、最少到最多、辅助延迟、刺激渐褪）。

G-5　使用示范和模仿训练。

G-6　使用指令和规则。

G-7　使用塑造。

G-8　使用串链。

G-9　使用回合尝试、自由操作和自然主义教学安排。